中国栽培植物名录

（上册）

林秦文　编著

科学出版社
北　京

内 容 简 介

本书主要收集植物园及农、林等部门引种栽培维管植物共357科4720属（含57杂交属）27 506种（含247杂交种）653亚种1465变种7变型，其中13 941种为中国本土保育植物，13 635种为外来引进植物。每一种的内容包括中文名、学名、来源（本土或外来）及生长状态（野生、栽培或归化）、栽培植物园、栽培省份及原产地（自然分布区）等基础信息。

本书可供植物园及农、林等部门的科研与管理人员从事引种驯化、迁地保育或植物检疫等相关工作时参考使用，也可作为中国植物多样性研究的基础资料，还可作为环境保护人士及高等院校师生的参考书。

图书在版编目（CIP）数据

中国栽培植物名录 / 林秦文编著. —北京：科学出版社，2018.6
ISBN 978-7-03-052779-0

Ⅰ. ①中…　Ⅱ. ①林…　Ⅲ. ①引种栽培–植物志–中国　Ⅳ. ①Q948.52

中国版本图书馆CIP数据核字（2017）第102560号

责任编辑：马　俊　付　聪 / 责任校对：郑金红
责任印制：张　伟 / 封面设计：刘新新

科 学 出 版 社 出版
北京东黄城根北街16号
邮政编码：100717
http://www.sciencep.com

北京虎彩文化传播有限公司 印刷
科学出版社发行　各地新华书店经销

*

2018年6月第 一 版　开本：889 × 1194 1/16
2018年6月第一次印刷　印张：82 1/4
字数：2 902 000

定价：580.00元(上下册)

Catalogue of Cultivate Plants in China (Ⅰ)

By

Qinwen Lin

Science Press

Beijing

序

栽培植物是国家宝贵的生物资源，经济价值和生态价值巨大。相对于野生植物，栽培植物与人类生产生活的关系更为密切。栽培植物除了提供人类必需的粮、油、果、蔬等生活资料外，还具有种质资源保护、作物品种改良和新品种开发等功能。我国近年来在这一方面投入巨资开展植物的引种驯化工作，来自世界各地的植物被大量引种驯化，中国外来栽培植物种类急剧增加，但缺乏系统的归纳整理，影响了植物资源的充分利用。

目前，中国栽培植物本底资料不如野生植物完善。由于《中国植物志》和 *Flora of China* 均以记载中国本土的野生植物为主，外来引进栽培植物种类记载很少。因此，有关外来引进栽培植物的资料零散，再加上系统不统一导致的同物异名、异物同名、错误鉴定等，使栽培植物资源的利用率低，潜在价值未被充分发掘。尤其是当需要获取某种实际已有栽培的植物材料时，由于缺乏相关资料和信息，往往浪费大量时间和金钱重复从野外采集或从国外引种。因此，系统地整理中国栽培植物名录是一项具有重要意义的工作。

我主持的国家标本资源共享平台数字化了大量的栽培植物标本，需要一份中国栽培植物名录将这些数字化标本予以系统整理。鉴于林秦文博士分类学基础扎实，又酷爱植物分类学事业，我曾与他谈起过搜集整理中国栽培植物信息、编写中国栽培植物物种名录的想法。记得当时，我不仅说明此项工作的意义，还特别强调了此项工作的难度。他当时就下定决心做成此事。功夫不负有心人，经过七年的艰苦努力，克服重重困难，终于完成了这项重要工作。

林秦文博士通过广泛收集中国栽培植物相关书籍文献 200 多部，并对所有名称反复认真审核，经过与 TPL（植物名录，The Plant List，http://www.theplantlist.org/）、TROPICOS（http://www.tropicos.org）、TNRS（分类名称解析服务，Taxonomic Name Resolution Service，http://tnrs.iplantcollaborative.org/TNRSapp.html）等多个国际权威的植物物种名录数据库的比对校准，再邀请相关的分类学专家审核后定稿。因此，收录的名称是较为准确可靠的。该名录采用基于分子证据的新分类系统，便于交流使用，并与国际接轨。

从该书内容看，收集种类较为齐全，涵盖了农、林等行业的栽培植物种类，每个物种条目还列有中文名、学名、来源状态、生长状态、栽培省份（植物园）及原产地等信息，数据翔实可靠。

目前，与该书相似的著作主要有科学出版社 2014 年出版的《中国迁地栽培植物志名录》（以下简称《迁地名录》），收录了我国植物园迁地栽培的植物 312 科 3181 属 15 812 种及种下分类单元，每个物种条目包括有中文名、学名及栽培植物园信息。而该书收录名称 357 科 4720 属 27 506 种（不含种下等级），不仅物种收录范围大大超过了《迁地名录》，而且提供了所列物种的栽培省份和原产地信息。此外，该书收集的 13 635 种外来引进植物中不少是《中国生物物种名录》所没有的，后者主要收录中国本土植物和归化植物。

综上所述，该书的出版将对中国栽培植物的物种信息记录、交流、研究和利用起到重要促进作用，是国家标本资源共享平台资助的具有标志性的研究成果。借此机会，向林秦文博士表示祝贺，也希望他再接再厉，发挥分类学之长，有更多的成果面世。

马克平

2017 年 4 月 16 日于北京

前　言

纵观人类历史，人类的生存与发展与栽培植物的利用密不可分。早在原始社会晚期，人们就开始对野生植物进行栽培和驯化，也开启了漫长的农耕历史。据考证，葫芦、亚麻、大麦、小麦、南瓜、棉花和辣椒等是世界上最早的一批栽培植物。

农业方面，中国农作物驯化栽培历史非常悠久。考古证据表明，在距今 7000～5000 年前的新石器时代，中国各地就耕种粮食、栽培果树。公元前 2700 年，中国著名的“五谷”之说就已出现，可见当时中国已开始栽培各种作物。随着农业的不断发展，栽培作物的种类不断增多，栽培面积也不断扩大。据 1935 年瓦维洛夫的《主要栽培植物的世界起源中心》一书记载，中国是世界栽培植物八大起源中心之首，达 136 种（不包括园艺植物）。

园林方面，中国古代很早就开始野生花卉的栽培和利用。并有许多“花谱”专著，如《广群芳谱》等。中国十大名花，即梅、牡丹、菊、兰、月季、杜鹃、山茶、荷花、桂花和水仙，是中国对世界园艺的重要贡献（陈俊愉和程绪珂，1990）。上林苑，中国古代皇家园林，公元前 138 年就已建成，内有扶荔宫，引种栽培了来自南方的奇花异木，如菖蒲、山姜、桂、龙眼、荔枝、槟榔、橄榄、柑橘等。

在驯化本土野生资源植物的同时，中国很早就开始从外面引种植物。汉代张骞出使西域，就带回葡萄、大蒜、苜蓿、黄瓜、蚕豆、胡桃、胡萝卜等多种植物（王宗训，1989）。随着航海的发展和美洲新大陆的发现，明代以后引入中国的外来植物也日渐增加，许多种类（如玉米、西红柿、马铃薯等）逐渐成为重要的粮食和蔬菜作物。

然而古代由于知识不足以及技术落后，事实上栽培植物种类并不多。清代吴其濬的《植物名实图考》（1848 年）是古代已知植物最全面的名录，只不过 1714 种，但也比明代李时珍的《本草纲目》所载植物增加了 500 多种，其中有不少野生种类，栽培植物仅是其中的一部分。

中国栽培植物种类的飞速增长主要是发生在 19 世纪中期之后。其原因众多，但现代植物园及园林园艺的兴起无疑起到至关重要的作用。中国第一个现代植物园当属香港植物园（1871 年），之后台北植物园（1921 年）也属较早的一个植物园。在新中国成立前，中国大陆最早开始建立的植物园为熊岳树木园（1915 年）、南京中山植物园（1929 年）、华南植物园（1929 年）、庐山植物园（1934 年）和昆明植物园（1938 年）。1954 年后，又相继建立了杭州、北京、沈阳等地的各类植物园或树木园十余处。在这些植物园中，收集栽培植物是其最基本的工作。栽培植物收集的历史经历了零星收集阶段、广泛批量引种阶段、专科专属引种阶段再到系统引种阶段。一经开始，植物园收集栽培的植物种类很快便远远超过了农、林、果、蔬、牧等其他部门的栽培植物种类。目前中国有近 200 个各种类型的植物园，迁地保育约 23 000 种高等植物，涵盖了能源、药用、食用、观赏园艺和环境修复等重要类群野生资源植物，是国家战略资源植物的重要组成部分（黄宏文和张征，2012）。

中国虽然已收集、保存了大量的栽培植物，但随着时间的推移，名录档案的管理及更新没有跟上，以至于本底混乱不清。由于缺乏系统全面的栽培植物本底数据名录，不同领域的基础数据难于整合和共享，造成了信息沟通和资源共享的障碍，影响资源动态信息的获得，进而容易导致栽培植物资源的丢失及后续开发利用的不足。各植物园经过一定时间的发展后，会整理编目收集保存的栽培植物，形成栽培植物名录档案，这是有关栽培植物的宝贵资料。此外，农、林等部门出于研究资源植物的需要，也引种收集了一些专类栽培植物。这类资料一般散见于各类志书、图谱等专著中，如农作物方面的品种志、果树方面的《中国果树志》、蔬菜方面的《中国蔬菜品种志》、林木方面的《中国木本植物种子》及园林方面的《园林植物栽培手册》等。但是，不同行业部门及作者对栽培植物概念不同。农、林、果、蔬、牧的栽培植物常仅指经人工培育后，具有一定生产价值或经济性状，遗传性稳定，能适合人类需要的植物。园林植物书籍仅记载园林植物，而不包括植物园栽培保存的原生植物。因此，缺乏广义概念上的栽培植物名录。

还有一点值得注意的是，栽培植物中有大量引种自中国以外地区的外来植物。随着国际交流的频繁，大量非洲、美洲、欧洲及澳大利亚的植物被引种到中国。目前中国已经完成的志书，无论是中文版的《中国植物志》还是英文版的 *Flora of China*，均只记载了少量的外来植物，其他地方志书记载的外来植物种类更是有限。比如仙人掌科，目前中国引种超过 1000 种，但《中国植物志》和 *Flora of China* 均只记载了归化的 7 种。类似的多肉植物集中的科（如番杏科、景天科、大戟科、马齿苋科等）中许多引进物种均没有相关志书记载。再如棕榈科，《中国植物志》记载约 100 种，*Flora of China* 仅记载 77 种，而中国实际引种栽培超过 500 种。类似的例子还有很多。而一些著名或重要的栽培植物在引种后很长一段时间内常无相应名录或志书资料可以参考，如近年引进中国西南而大热的南美植物玛咖（*Lepidium meyenii*），还有块根形似红薯的菊科植物雪莲果（*Smallanthus sonchifolius*），再到植物园引种的东非植物乌干达十数樟（*Warburgia ugandensis*）等。

因此，按照统一的标准，全面整理整合中国栽培植物名录成为一项十分重要而有意义的工作。本书采取广义的栽培植物概念，即凡是在中国记载栽培过的植物均在该名录收录范围内，包括植物园栽培保存的原生植物及园林植物。实际操作中，主要收录中国植物园栽培的原生种和外来引进种植物，以物种等级为主，兼顾少量杂交种、亚种、变种，变型和品种原则上不在本书收录范围之内。此外，考虑到外来归化植物常由于引种而扩散，且数量不多，也酌情加以收录。

在名录编排上，本书采用了新近的分子分类系统进行排列，以便和国际接轨。其中，石松类和蕨类植物按照 PPG Ⅰ（2016）系统进行排列，同时属排列顺序参考了 Christenhusz 等（2011a）系统；裸子植物科属按 Christenhusz 等（2011b）系统排列；被子植物科属按 APGⅢ系统排列（APG，2009；刘冰等，2015）。在科属的界定上基本上采用 APGⅢ和 *Flora of China* 有关类群处理的意见，但一些类群参考了最新的分子系统学研究成果，对一些传统属进行了拆分或合并，因而个别学名为本书首次做出的组合。各属种及种下等级按照学名字母顺序进行排序。

本书编写历时七年。我在全国范围内收集了中国各植物园、公园、苗圃，以及农、林等部门栽培或引种的植物名录（书籍）200 余本，涉及芳香植物、果树、粮食、林木、牧草、蔬菜、药用植物、油料作物、园林植物等类别，全部录入计算机后建立了栽培植物信息记录的完整数据库。再利用计算机网络、数据库条件及大数据分析技术手段，经信息化处理和分类学校正后，结合专家审核把关，并进行分类体系重建，最终确定该书的物种名录。

本书收录了中国引进或保育的栽培植物共 357 科 4720 属（含 57 杂交属）27 506 种（含 247 杂交种）653 亚种 1465 变种 7 变型，其中 13 941 种为中国本土保育植物，13 635 种为外来引进植物。每一种的内容包括中文名、学名、来源（本土或外来）及生长状态（野生、栽培或归化）、栽培植物园、栽培省份及原产地（自然分布区）等基础信息。

通过对本书数据的分析，可以得到一些有意义的结果。①中国本土植物保育比例。按照 APG 系统概念，中国本土植物有 305 科 3097 属 32 784 种（在《中国植物志》、*Flora of China* 记载种类基础上增加了近年发表的一些新种数据），这些本土植物中保育了 288 科 2471 属 13 941 种，科属种保育比例分别为 94.43%、79.79%、42.52%。②全球植物保育情况。石松类与蕨类植物保育 41 科 154 属 1079 种，而世界石松类与蕨类植物有 51 科 340 属约 10 560 种（维基百科），科属种保育比例分别为 80.39%、45.29%、10.22%，相对而言科属保育水平相对较高。裸子植物保育 12 科 67 属 477 种，而世界裸子植物有 12 科 89 属 1000 多种（维基百科），科属种保育比例分别为 100%、75.28%、45%以上，所有科均得到了保育，属的保育水平也相对较高。被子植物保育 304 科 4499 属 25 951 种，而世界被子植物有 436 科约 13 164 属约 295 383 种（维基百科），科属种保育比例分别约为 69.72%、34.18%、8.79%，中国引进了 58 个非国产科，尚有 132 个科中国不产也没有引种，引进 2269 个非国产属，尚有大量的属种中国不产也没有引种。相比之下，欧洲的发达国家，如国土面积不大的英国，则保育有来自世界各地的 4 万多种植物，而拥有辽阔国土的中国却仅保育不到 3 万种植物，可见植物保育水平仍然较低，有待提高。③我国植物园保育情况。已有资料显示，我国保育植物最多的 10 个植物园分别为：XTBG（8016 种）、SCBG（7987 种）、XMBG（5902 种）、WBG（5727 种）、CBG（5220 种）、BBG（4825 种）、NBG（4240 种）、HBG（4159 种）、IBCAS（3949 种）、KBG（3603 种）。④我国各省份植物保育情况。我国保育植物最多的前 10 个省市为云南（10 864 种）、广东（8990 种）、台湾（8511 种）、北京（7870 种）、福建（7364 种）、湖北（5851 种）、江西（5757 种）、上海（5661 种）、浙江（4800 种）、江苏（4397 种）。可见这些省份之所以保育植物众多，与其拥有一个或多个重要植物园是息息相关的。这里有一点值得注意，地处中国北方寒冷地区的北京保育了极多的植物种类，这主要是借助了各种温室设施，才能保育大量本不可能生长的植物种类。⑤我国外来引进植物原产地情况。从世界各大洲分布来看，由多到少的顺序为北美洲（4288 种）、非洲（4097 种）、南美洲（3397 种）、亚洲（2966 种）、欧洲（1602 种）、大洋洲（1277 种）。从国家分布来看，前 10 个国家分别为墨西哥（2171 种）、美国（2022 种）、南非（1948 种）、巴西（1733 种）、秘鲁（1091 种）、玻利维亚（1010 种）、厄瓜多尔（993 种）、澳大利亚（922 种）、委内瑞拉（883 种）、哥伦比亚（882 种）。

目前，与本书相似的著作主要有科学出版社 2014 年出版的《中国迁地栽培植物志名录》（以下简称《迁地名录》），该书收录了我国植物园迁地栽培的植物 312 科 3181 属 15 812 种及种下分类单元。每个物种条目包括中文名、学名及栽培植物园信息。本书收录名称共 29 497 个（包含种下等级），范围涵盖并超过了《迁地名录》。经分析，《迁地名录》收录 4425 种外来引进种，未做区分标记，本书则收录 13 635 种外来引进种，并与本土保育种做明确区分。本书还收录了 599 个外来归化种，其中 293 种为《迁地名录》所未记载。在条目内容上，本书不仅将栽培植物园增加到 30 个，并提供栽培省份信息，而且还提供了所列物种的自然分布区/原产地信息（所属洲＋国家/地区）。作为“中国生物物种名录”系列丛书的补充，本书记载的 13 570 种外来引进植物很多是其他卷册所未记载的，可以作为有益的补充。

本书可供植物园及农、林等部门的科研与管理人员从事引种驯化、迁地保育或植物检疫等相关工作时参考使用，也可作为中国植物多样性研究的基础资料，还可作为环境保护人士及高等院校师生的参考书。

本书是在国家科技基础条件平台“国家标本资源共享平台”的多年资助下完成的。本书在编写过程中，还得到国内一些专家的支持和协助：傅德志（中国科学院植物研究所）提供了世界维管植物名录及分布数据供参考；李振宇（中国科学院植物研究所）对仙人掌科名录进行了详细的审校；刘冰（中国科学院植物研究所）提供了全书属的顺序，并审核了全书的多数引进属；刘夙（上海辰山植物园）提供了本书的部分中文名；汪远（上海辰山植物园）提供了下载的许多网络名录资源；谭运洪（中国科学院西双版纳热带植物园）审核并提供了所在植物园的部分最新种类；刘强（中国科学院西双版纳热带植物园）帮忙审核了兰科种类。还有，分类专家陈文俐、陈又生、金效华、刘全儒、覃海宁、杨永、张志翔、朱相云等均在名录编辑过程中给予过许多建议和帮助。此外，施济普（中国科学院西双版纳热带植物园）、黄俊婷（福州植物园）分别提供了各自所在植物园的宝贵名录资料；孙英宝提供了封面线条图。在这里一并对所有对本书提供支持和帮助的专家和朋友表示衷心的感谢！

本名录类群覆盖非常广，而每个类群的准确名录都需要类群专家多年的深入研究和积累。此外，栽培植物和人类活动息息相关，时有增减变化。再加上本书编研时间较短，以及作者水平所限，纰漏之处在所难免，恳请读者批评指正，并提出宝贵意见。

林秦文

2016年12月于香山

凡　例

1. **条目格式**

***中文名**（别名）**学名** 命名人【物种状态】 ♣栽培植物园; ●栽培省份; ★原产国家或地区.

由于信息缺失，条目中的中文名、省级分布及栽培植物园等信息可能为空。示例如下：

松叶蕨 Psilotum nudum (L.) P. Beauv. 【N, W/C】 ♣FBG, FLBG, GMG, GXIB, HBG, IBCAS, KBG, NBG, SCBG, TBG, TMNS, XMBG, XTBG; ●BJ, FJ, GD, GX, GZ, JS, JX, SC, TW, YN, ZJ; ★(AF): MG, NG, ZA; (AS): CN, ID, JP, KR, MY, SG, VN; (OC): AU.

2. **中文名**

中国原产种中文名一般以《中国植物志》为准，个别采用应用更广泛的名称。外来引进种中文名优先采用中国自然标本馆（CFH）网站上已有的中文名，其次酌情采纳百度、谷歌等搜索得到的网络中文名及各类相关文献中出现的中文名。对于当前还没有任何中文名的物种，尽量按照一定原则进行拟定，但仍有部分名称尚未有合适的中文名，则保存空白。*表示该中文名为新拟。

3. **学名**

中国原产种学名一般以 *Flora of China* 为准，外来引进种一般以 TPL 为准。但本书属概念一般以各个分子系统为准，一些名称据此做了相应的组合处理。“+”表示属间嵌合体，“×”表示杂交种或杂交属。限于篇幅，本书不收录异名。

4. **物种状态**

完整代码为【N/I/E, W/C/N】。其中 N/I/E 为：Native（原产）/Introduced（引进）/Exotic（不产），W/C/N 为：Wild（野生）/Cultivated（栽培）/Naturalized（归化）。纯野生物种和中国不产物种本书一般不收录。本书涉及的物种状态组合主要有以下 5 种状态。

【N, W/C】表示该种为中国原产，既有野生也有栽培。这里的栽培有时可能仅是保育（植物园名录中出现，但不是栽培）。这部分物种反映中国本土植物的保育状况。

【N, C】表示该种为中国原产，仅有栽培。这种状态的物种不多，如菊花、毛白杨等少数物种。

【I, C】表示该种为中国引进种（非原产），并且处于栽培状态。这部分物种反映中国对世界植物的保育状况。

【I, C/N】表示该种为中国引进种（非原产），在中国栽培后归化。

【I, N】表示该种为中国引进种（非原产），在中国仅归化。原则上不算栽培植物，但生境类似，常为杂草，本书酌情加以收录。

5. **栽培植物园**

以“♣”开始。代码见“植物园代码表”。

6. **栽培省级行政区**

以“●”开始。代码见“中国省级行政区简称及代码表”。

7. **原产国家或地区**

以“★”开始。代码见“世界各大洲、国家及地区代码表”。

植物园代码表

代码	中文名称	English Name
BBG	北京植物园	Beijing Botanical Garden
CBG	上海辰山植物园（中国科学院上海辰山植物科学研究中心）	Shanghai Chenshan Botanical Garden (Shanghai Chenshan Plant Science Research Center, Chinese Academy of Sciences)
CDBG	成都市植物园（成都市园林科学研究所）	Chengdu Botanical Garden (Chengdu Institute of Landscape Architecture)
FBG	福州植物园（福州国家森林公园）	Fuzhou Botanical Garden (Fuzhou National Forest Park)
FLBG	深圳市中国科学院仙湖植物园	Fairylake Botanical Garden, Shenzhen & Chinese Academy of Sciences
GA	赣南树木园（江西赣州市崇义县）	Gannan Arboretum (Chongyi County, Ganzhou, Jiangxi, China)
GBG	贵州省植物园	Guizhou Botanical Garden
GMG	广西药用植物园	Guangxi Medicinal Botanical Garden
GXIB	广西壮族自治区、中国科学院广西植物研究所桂林植物园（桂林市南郊雁山区雁山镇）	Guilin Botanical Garden, Guangxi Institute of Botany, Chinese Academy of Sciences (Yanshan Town,Yanshan District in the Southern Suburbs of Guilin, China)
HBG	杭州植物园	Hangzhou Botanical Garden
HFBG	黑龙江省森林植物园	Heilongjiang Forest Botanical Garden
IAE	中国科学院沈阳应用生态研究所沈阳树木园	Shenyang Arboretum, Institute of Applied Ecology, Chinese Academy of Sciences
IBCAS	中国科学院植物研究所北京植物园	Beijing Botanical Garden, Institute of Botany, Chinese Academy of Sciences
KBG	中国科学院昆明植物研究所昆明植物园	Kunming Botanical Garden, Kunming Institute of Botany, Chinese Academy of Sciences
LBG	江西省·中国科学院庐山植物园	Lushan Botanical Garden, Jiangxi Province and Chinese Academy of Sciences
MDBG	甘肃省治沙研究所民勤沙生植物园	Minqin Desert Botanical Garden, Gansu Desert Control Research Institute

代码	中文名称	English Name
NBG	南京中山植物园（江苏省中国科学院植物研究所）	Nanjing Botanical Garden Mem.Sun Yat-sen (Institute of Botany, Jiangsu Province and Chinese Academy of Sciences)
NSBG	重庆市南山植物园	Nanshan Botanical Garden, Chongqing City
SCBG	中国科学院华南植物园	South China Botanical Garden, Chinese Academy of Sciences
TBG	台北植物园	Taipei Botanical Garden
TEBG	中国科学院吐鲁番沙漠植物园	Turpan Desert Botanical Garden, Chinese Academy of Sciences
TMNS	台湾自然科学博物馆植物园	Botanical Garden, Taiwan Museum of Natural Science
WBG	中国科学院武汉植物园	Wuhan Botanical Garden, Chinese Academy of Sciences
WCSBG	中国科学院植物研究所四川都江堰市华西亚高山植物园	West China Subalpine Botanical Garden, Institute of Botany, Chinese Academy of Sciences, Dujiangyan city government, Sichuan
XBG	陕西省西安植物园（陕西省植物研究所）	Xi’an Botanical Garden, Shaanxi Province (Shaanxi Provincial Institute of Botany)
XLTBG	中国热带农业科学院香料饮料研究所兴隆热带植物园	Xinglong Tropical Botanical Garden, Spice and Beverage Research Institute, Chinese Academy of Tropical Agricultural Sciences
XMBG	厦门园林植物园	Xiamen Botanical Garden
XOIG	厦门华侨亚热带植物引种园	Xiamen Overseas Chinese Subtropical Plant Introduction Garden
XTBG	中国科学院西双版纳热带植物园	Xishuangbanna Tropical Botanical Garden, Chinese Academy of Sciences
ZAFU	浙江农林大学植物园	Botanical Garden, Zhejiang A & F University

中国省级行政区简称及代码表

Code	Province/Region	省/区	Code	Province/Region	省/区
AH	Anhui	安徽	JS	Jiangsu	江苏
BJ	Beijing	北京	JX	Jiangxi	江西
CQ	Chongqing	重庆	LN	Liaoning	辽宁
FJ	Fujian	福建	MO	Macao	澳门
GD	Guangdong	广东	NX	Ningxia	宁夏
GS	Gansu	甘肃	QH	Qinghai	青海
GX	Guangxi	广西	SC	Sichuan	四川
GZ	Guizhou	贵州	SD	Shandong	山东
HA	Henan	河南	SH	Shanghai	上海
HB	Hubei	湖北	SN	Shaanxi	陕西
HE	Hebei	河北	SX	Shanxi	山西
HI	Hainan	海南	TJ	Tianjin	天津
HK	Hong Kong	香港	TW	Taiwan	台湾
HL	Heilongjiang	黑龙江	XJ	Xinjiang	新疆
HN	Hunan	湖南	XZ	Xizang (Tibet)	西藏
NM	Inner Mongolia (Nei Mongol)	内蒙古	YN	Yunnan	云南
JL	Jilin	吉林	ZJ	Zhejiang	浙江

该二位字母代码来自信息产业部（2008）发布的《中华人民共和国信息产业部关于中国互联网络域名体系的公告》。其与《中华人民共和国分省地图集》（1988）使用的代码基本吻合，差别在于：后者澳门用 MC，河南用 HEN，河北用 HEB。本书为节省篇幅及前后文保持一致，采纳信息产业部（2008）的代码方案。

世界各大洲、国家及地区代码表

世界各大洲代码表

Code	Continent	洲
(AF)	Africa	非洲
(AN)	Antarctica	南极洲
(AS)	Asia	亚洲
(EU)	Europe	欧洲
(NA)	North America	北美洲
(OC)	Oceania	大洋洲
(SA)	South America	南美洲

国家或地区代码表

Code	Continent	Country/Area	国家或地区
AD	(EU)	Andorra	安道尔
AE	(AS)	United Arab Emirates (the)	阿拉伯联合酋长国
AF	(AS)	Afghanistan	阿富汗
AG	(NA)	Antigua and Barbuda	安提瓜和巴布达
AL	(EU)	Albania	阿尔巴尼亚
AM	(AS)	Armenia	亚美尼亚
AO	(AF)	Angola	安哥拉
AR	(SA)	Argentina	阿根廷
AS	(OC)	American Samoa	美属萨摩亚
AT	(EU)	Austria	奥地利
AU	(OC)	Australia	澳大利亚
AX	(EU)	Åland Islands	阿赫韦南马群岛（奥兰群岛）
AZ	(AS)	Azerbaijan	阿塞拜疆
BA	(EU)	Bosnia and Herzegovina	波斯尼亚和黑塞哥维那

Code	Continent	Country/Area	国家或地区
BD	(AS)	Bangladesh	孟加拉国
BE	(EU)	Belgium	比利时
BF	(AF)	Burkina Faso	布基纳法索
BG	(EU)	Bulgaria	保加利亚
BH	(AS)	Bahrain	巴林
BI	(AF)	Burundi	布隆迪
BJ	(AF)	Benin	贝宁
BL	(NA)	Saint Barthélemy	圣巴泰勒米岛
BM	(NA)	Bermuda	百慕大
BN	(AS)	Brunei Darussalam	文莱
BO	(SA)	Bolivia (Plurinational State of)	玻利维亚
BR	(SA)	Brazil	巴西
BS	(NA)	Bahamas (the)	巴哈马
BT	(AS)	Bhutan	不丹
BW	(AF)	Botswana	博茨瓦纳
BY	(EU)	Belarus	白俄罗斯
BZ	(NA)	Belize	伯利兹
CA	(NA)	Canada	加拿大
CD	(AF)	Congo (the Democratic Republic of the) [Zaire]	刚果民主共和国
CF	(AF)	Central African Republic (the)	中非
CG	(AF)	Congo (the)	刚果
CH	(EU)	Switzerland	瑞士
CI	(AF)	Côte d'Ivoire	科特迪瓦
CK	(OC)	Cook Islands (the)	库克群岛
CL	(SA)	Chile	智利
CM	(AF)	Cameroon	喀麦隆

Code	Continent	Country/Area	国家或地区
CN	(AS)	China	中国
CO	(SA)	Colombia	哥伦比亚
CR	(NA)	Costa Rica	哥斯达黎加
CU	(NA)	Cuba	古巴
CV	(AF)	Cabo Verde	佛得角群岛
CW	(NA)	Curaçao	库拉索
CX	(OC)	Kiritimati (Christmas Island)	圣诞岛
CY	(AS)	Cyprus	塞浦路斯
CZ	(EU)	Czechia	捷克
DE	(EU)	Germany	德国
DJ	(AF)	Djibouti	吉布提
DK	(EU)	Denmark	丹麦
DO	(NA)	Dominican Republic (the)	多米尼加共和国
DZ	(AF)	Algeria	阿尔及利亚
EC	(SA)	Ecuador	厄瓜多尔
EE	(EU)	Estonia	爱沙尼亚
EG	(AF)	Egypt	埃及
EH	(AF)	Western Sahara	西撒哈拉
ER	(AF)	Eritrea	厄立特里亚
ES	(EU)	Spain	西班牙
ES-CS	(AF)	Canary Islands	加那利群岛
ET	(AF)	Ethiopia	埃塞俄比亚
FI	(EU)	Finland	芬兰
FJ	(OC)	Fiji	斐济群岛
FM	(OC)	Micronesia (Federated States of)	密克罗尼西亚
FR	(EU)	France	法国

Code	Continent	Country/Area	国家或地区
GA	(AF)	Gabon	加蓬
GB	(EU)	United Kingdom of Great Britain and Northern Ireland (the)	英国
GE	(AS)	Georgia	格鲁吉亚
GF	(SA)	French Guiana	法属圭亚那
GH	(AF)	Ghana	加纳
GL	(NA)	Greenland	格陵兰
GM	(AF)	Gambia (the)	冈比亚
GN	(AF)	Guinea	几内亚
GQ	(AF)	Equatorial Guinea	赤道几内亚
GR	(EU)	Greece	希腊
GT	(NA)	Guatemala	危地马拉
GU	(OC)	Guam	关岛
GW	(AF)	Guinea-Bissau	几内亚比绍
GY	(SA)	Guyana	圭亚那
HN	(NA)	Honduras	洪都拉斯
HR	(EU)	Croatia	克罗地亚
HT	(NA)	Haiti	海地
HU	(EU)	Hungary	匈牙利
ID	(AS)	Indonesia	印度尼西亚
ID-ML	(AS)	Maluku (Moluccas), Indonesia	马鲁古群岛
IE	(EU)	Ireland	爱尔兰
IL	(AS)	Israel	以色列
IN	(AS)	India	印度
IQ	(AS)	Iraq	伊拉克
IR	(AS)	Iran (Islamic Republic of)	伊朗
IS	(EU)	Iceland	冰岛

Code	Continent	Country/Area	国家或地区
IT	(EU)	Italy	意大利
JM	(NA)	Jamaica	牙买加
JO	(AS)	Jordan	约旦
JP	(AS)	Japan	日本
KE	(AF)	Kenya	肯尼亚
KG	(AS)	Kyrgyzstan	吉尔吉斯斯坦
KH	(AS)	Cambodia	柬埔寨
KI	(OC)	Kiribati	基里巴斯
KM	(AF)	Comoros (the)	科摩罗
KP	(AS)	Korea (the Democratic People's Republic of)	朝鲜
KR	(AS)	Korea (the Republic of)	韩国
KW	(AS)	Kuwait	科威特
KY	(NA)	Cayman Islands (the)	开曼群岛
KZ	(AS)	Kazakhstan	哈萨克斯坦
LA	(AS)	Lao People's Democratic Republic (the)	老挝
LB	(AS)	Lebanon	黎巴嫩
LI	(EU)	Liechtenstein	列支敦士登
LK	(AS)	Sri Lanka	斯里兰卡
LR	(AF)	Liberia	利比里亚
LS	(AF)	Lesotho	莱索托
LT	(EU)	Lithuania	立陶宛
LU	(EU)	Luxembourg	卢森堡
LV	(EU)	Latvia	拉脱维亚
LW	(NA)	Leeward Islands	背风群岛
LY	(AF)	Libya	利比亚

Code	Continent	Country/Area	国家或地区
MA	(AF)	Morocco	摩洛哥
MC	(EU)	Monaco	摩纳哥
MD	(EU)	Moldova (the Republic of)	摩尔多瓦
ME	(EU)	Montenegro	黑山
MG	(AF)	Madagascar	马达加斯加
MK	(EU)	Macedonia (the former Yugoslav Republic of)	马其顿
ML	(AF)	Mali	马里
MM	(AS)	Myanmar	缅甸
MN	(AS)	Mongolia	蒙古
MP	(OC)	Northern Mariana Islands (the)	北马里亚纳群岛
MQ	(NA)	Martinique	马提尼克
MR	(AF)	Mauritania	毛里塔尼亚
MS	(NA)	Montserrat	蒙特塞拉特
MT	(EU)	Malta	马耳他
MU	(AF)	Mauritius	毛里求斯
MV	(AS)	Maldives	马尔代夫
MW	(AF)	Malawi	马拉维
MX	(NA)	Mexico	墨西哥
MY	(AS)	Malaysia	马来西亚
MZ	(AF)	Mozambique	莫桑比克
NA	(AF)	Namibia	纳米比亚
NC	(OC)	New Caledonia	新喀里多尼亚
NE	(AF)	Niger (the)	尼日尔
NF	(OC)	Norfolk Island	诺福克岛
NG	(AF)	Nigeria	尼日利亚
NI	(NA)	Nicaragua	尼加拉瓜

Code	Continent	Country/Area	国家或地区
NL	(EU)	Netherlands (the)	荷兰
NL-AN	(NA)	Netherlands Antilles	荷属安的列斯
NO	(EU)	Norway	挪威
NP	(AS)	Nepal	尼泊尔
NR	(OC)	Nauru	瑙鲁
NZ	(OC)	New Zealand	新西兰
OM	(AS)	Oman	阿曼
PA	(NA)	Panama	巴拿马
PAF	(OC)	Pacific Islands	太平洋岛屿
PE	(SA)	Peru	秘鲁
PF	(OC)	French Polynesia	法属波利尼西亚
PG	(OC)	Papua New Guinea	巴布亚新几内亚
PH	(AS)	Philippines (the)	菲律宾
PK	(AS)	Pakistan	巴基斯坦
PL	(EU)	Poland	波兰
PR	(NA)	Puerto Rico	波多黎各
PS	(AS)	Palestine, State of	巴勒斯坦
PT	(EU)	Portugal	葡萄牙
PT-20	(EU)	Azores	亚速尔群岛
PT-30	(EU)	Madeira	马德拉群岛
PW	(OC)	Palau	帕劳
PY	(SA)	Paraguay	巴拉圭
QA	(AS)	Qatar	卡塔尔
RE	(AF)	Réunion	留尼汪
RO	(EU)	Romania	罗马尼亚
RS	(EU)	Serbia	塞尔维亚

Code	Continent	Country/Area	国家或地区
RU	(EU)	Russian Federation (the)	俄罗斯
RU-AS	(AS)	Russian Federation (the) (Asian part)	俄罗斯（亚洲部分）
RW	(AF)	Rwanda	卢旺达
SA	(AS)	Saudi Arabia	沙特阿拉伯
SB	(OC)	Solomon Islands	所罗门群岛
SC	(AF)	Seychelles	塞舌尔
SD	(AF)	Sudan (the)	苏丹
SE	(EU)	Sweden	瑞典
SG	(AS)	Singapore	新加坡
SH	(AF)	Saint Helena, Ascension and Tristan da Cunha	圣赫勒拿（阿森松和特里斯坦-达库尼亚）
SI	(EU)	Slovenia	斯洛文尼亚
SJ	(EU)	Svalbard and Jan Mayen	斯瓦尔巴群岛和扬马延岛
SK	(EU)	Slovakia	斯洛伐克
SL	(AF)	Sierra Leone	塞拉利昂
SM	(EU)	San Marino	圣马力诺
SN	(AF)	Senegal	塞内加尔
SO	(AF)	Somalia	索马里
SR	(SA)	Suriname	苏里南
SS	(AF)	South Sudan	南苏丹
ST	(AF)	Sao Tome and Principe	圣多美和普林西比
SV	(NA)	El Salvador	萨尔瓦多
SY	(AS)	Syrian Arab Republic	叙利亚
SZ	(AF)	Swaziland	斯威士兰
TC	(NA)	Turks and Caicos Islands (the)	特克斯和凯科斯群岛
TD	(AF)	Chad	乍得

Code	Continent	Country/Area	国家或地区
TG	(AF)	Togo	多哥
TH	(AS)	Thailand	泰国
TJ	(AS)	Tajikistan	塔吉克斯坦
TL	(AS)	Timor-Leste	东帝汶
TM	(AS)	Turkmenistan	土库曼斯坦
TN	(AF)	Tunisia	突尼斯
TO	(OC)	Tonga	汤加
TR	(AS)	Turkey	土耳其
TT	(NA)	Trinidad and Tobago	特立尼达和多巴哥
TZ	(AF)	Tanzania, United Republic of	坦桑尼亚
UA	(EU)	Ukraine	乌克兰
UG	(AF)	Uganda	乌干达
US	(NA)	United States of America (the)	美国
US-HW	(OC)	Hawaii	夏威夷
UY	(SA)	Uruguay	乌拉圭
UZ	(AS)	Uzbekistan	乌兹别克斯坦
VA	(EU)	Holy See (the)	梵蒂冈城国
VE	(SA)	Venezuela (Bolivarian Republic of)	委内瑞拉
VG	(NA)	Virgin Islands (British)	英属维尔京群岛
VI	(NA)	Virgin Islands (U. S.)	美属维尔京群岛
VN	(AS)	Viet Nam	越南
VU	(OC)	Vanuatu	瓦努阿图
WF	(OC)	Wallis and Futuna	瓦利斯和富图纳群岛
WS	(OC)	Samoa	萨摩亚
WW	(NA)	Windward Islands	向风群岛
YE	(AS)	Yemen	也门

Code	Continent	Country/Area	国家或地区
YT	(AF)	Mayotte	马约特岛
ZA	(AF)	South Africa	南非
ZM	(AF)	Zambia	赞比亚
ZW	(AF)	Zimbabwe	津巴布韦

世界各大洲代码来自维基百科(https://en.wikipedia.org/wiki/List_of_sovereign_states_and_ dependent_territories_by_continent_(data_file))；国家及地区外文名称和代码来自国际标准代码 ISO 3166-2:2013 (https://www.iso.org/standard/63546.html)。地名的中文翻译遵从《世界地名翻译大辞典》(周国定，2007)。少数植物分布的区域，如与母国领土差异很大的海外领地或跨洲国家的部分区域，在上述代码表中没有相应代码，这时则在该国家代码后加上该地区代码(参考维基百科)，这样的地区主要有：太平洋上的夏威夷(Hawaii)隶属于美国，采用代码为 US-HW，马鲁古群岛隶属于印度尼西亚，采用代码为 ID-ML；南美洲的加拉帕戈斯群岛(Galápagos Islands)隶属于厄瓜多尔，采用代码为 EC-GP；北美洲的荷属安的列斯(Netherlands Antilles)采用代码为 NL-AN；非洲的加那利群岛(Canary Islands)隶属于西班牙，采用代码为 ES-CS，亚速尔群岛(Azores)及马德拉群岛(Madeira)均隶属于葡萄牙，分布采用代码 PT-20 及 PT-30；此外，俄罗斯联邦的亚洲部分和其欧洲部分在植物地理上差异较大，因此其亚洲部分代码采用 RU-AS；土耳其横跨欧亚大陆，本书物种分布中一般归属亚洲，但主要分布欧洲的物种在土耳其欧洲部分有分布时，则将土耳其列入欧洲。此外，一些植物的分布地区为地理区域概念，不能具体确认为哪些国家，因而自己编了代码，这样的地区代码有以下三个：PAF，泛指太平洋上的各个岛屿；LW 和 WW，分别指北美洲的背风群岛(Leeward Islands)和向风群岛(Windward Islands)。

目　录

序

前言

凡例

上　册

石松类和蕨类植物　**LYCOPHYTES AND FERNS**

裸子植物　**GYMNOSPERMS**

被子植物 ANGIOSPERMS

下 册

石松类和蕨类植物　LYCOPHYTES AND FERNS

1. 石松科　LYCOPODIACEAE

马尾杉属　Phlegmariurus

华南马尾杉 **Phlegmariurus austrosinicus** (Ching) L. B. Zhang 【N, W/C】 ♣XTBG; ●YN; ★(AS): CN.

龙骨马尾杉 **Phlegmariurus carinatus** (Desv. ex Poir.) Ching 【N, W/C】 ♣CBG, GMG, GXIB, SCBG, TMNS, XTBG; ●GD, GX, SH, TW, YN; ★(AS): CN, ID, IN, JP, KH, LA, MY, PH, SG, TH, VN; (OC): PAF.

柳杉叶马尾杉 **Phlegmariurus cryptomerianus** (Maxim.) Ching 【N, W/C】 ♣TMNS; ●TW; ★(AS): CN, ID, IN, JP, KP, PH.

杉形马尾杉 **Phlegmariurus cunninghamioides** (Hayata) Ching 【N, W/C】 ●TW; ★(AS): CN, JP.

金丝条马尾杉 **Phlegmariurus fargesii** (Herter) Ching 【N, W/C】 ♣GXIB; ●GX, TW; ★(AS): CN, JP.

福氏马尾杉 **Phlegmariurus fordii** (Baker) Ching 【N, W/C】♣FLBG, SCBG, XTBG; ●GD, JX, TW, YN; ★(AS): CN, ID, IN, JP, LK.

喜马拉雅马尾杉 **Phlegmariurus hamiltonii** (Spreng.) Á. Löve et D. Löve【N, W/C】♣SCBG; ●GD, TW; ★(AS): BT, CN, ID, IN, LK, MM, NP.

椭圆马尾杉 **Phlegmariurus henryi** (Baker) Ching 【N, W/C】 ♣CBG; ●SH; ★(AS): CN, VN.

闽浙马尾杉 **Phlegmariurus mingcheensis** Ching 【N, W/C】 ♣ZAFU; ●ZJ; ★(AS): CN.

*钱币马尾杉（钱币石松、鱼鳞石松）**Phlegmariurus nummularifolius** (Blume) Ching【I, C】♣SCBG; ●GD, TW; ★(AS): IN.

有柄马尾杉 **Phlegmariurus petiolatus** (C. B. Clarke) H. S. Kung et L. B. Zhang 【N, W/C】 ♣WBG; ●HB; ★(AS): CN, ID.

马尾杉 **Phlegmariurus phlegmaria** (L.) U. Sen et T. Sen 【N, W/C】 ♣CBG, SCBG, XMBG, XTBG; ●FJ, GD, SH, TW, YN; ★(AS): CN, ID, IN, JP, KH, LA, MY, TH, VN; (OC): PAF.

美丽马尾杉 **Phlegmariurus pulcherrimus** (Wall. ex Hook. et Grev.) Á. Löve et D. Löve 【N, W/C】 ♣HBG, LBG; ●JX, ZJ; ★(AS): BT, CN, ID, IN, LK, NP.

上思马尾杉 **Phlegmariurus shangsiensis** C. Y. Yang 【N, W/C】 ♣CBG; ●SH; ★(AS): CN.

鳞叶马尾杉 **Phlegmariurus sieboldii** (Miq.) Ching 【N, W/C】 ●TW; ★(AS): CN, JP, KP.

粗糙马尾杉 **Phlegmariurus squarrosus** (G. Forst.) Á. Löve et D. Löve 【N, W/C】 ♣NBG, XTBG; ●TW, YN; ★(AS): CN, ID, IN, KH, LA, LK, MM, MY, NP, PH, TH, VN; (OC): PAF.

台湾马尾杉 **Phlegmariurus taiwanensis** Ching【N, W/C】 ●TW; ★(AS): CN.

石杉属　Huperzia

蓝缨蕨 **Huperzia dalhousieana** (Spring) Trevis.【I, C】 ●TW; ★(OC): AU.

*蓝石杉 **Huperzia goebelii** (Nessel) Holub 【I, C】 ●TW; ★(AS): ID, MY.

昆明石杉 **Huperzia kunmingensis** Ching 【N, W/C】 ♣WBG; ●HB; ★(AS): CN.

小杉兰 **Huperzia selago** (L.) Bernh. ex Schrank et Mart.【N, W/C】♣TBG; ●TW; ★(AS): CN, IN, KR, MN, RU-AS; (OC): PAF.

蛇足石杉 **Huperzia serrata** (Thunb.) Rothm. 【N, W/C】 ♣CBG, FBG, FLBG, GA, GBG, GMG, GXIB, HBG, LBG, SCBG, WBG, XMBG, ZAFU; ●FJ, GD, GX, GZ, HB, JX, SC, SH, ZJ; ★(AS): CN, ID, IN, JP, KH, KP, KR, LA, LK, MM, MN, MY, NP, PH, RU-AS, TH, VN; (OC): AU.

四川石杉 **Huperzia sutchueniana** (Herter) Ching 【N, W/C】♣LBG, WBG, ZAFU; ●HB, JX, ZJ; ★(AS): CN, JP.

垂穗石松属　Palhinhaea

垂穗石松 **Palhinhaea cernua** (L.) Vasc. et Franco 【N, W/C】♣CBG, FBG, FLBG, GA, GBG, GMG,

LBG, SCBG, XMBG, XTBG, ZAFU; ●FJ, GD, GX, GZ, HI, HN, JX, SC, SH, YN, ZJ; ★(AS): CN, ID, JP, PH; (OC): PAF.

扁枝石松属　Diphasiastrum

扁枝石松 **Diphasiastrum complanatum** (L.) Holub 【N, W/C】♣GBG, GMG; ●GX, GZ, YN; ★(AS): CN, ID, JP, MN, RU-AS, VN.

石松属　Lycopodium

东北石松 **Lycopodium clavatum** L. 【N, W/C】♣FLBG, GBG, SCBG, TMNS; ●GD, GZ, HA, JX, NM, SC, TW, YN; ★(AS): CN, ID, JP, KP, KR, MN, MY, RU-AS, TH.

石松 **Lycopodium japonicum** Thunb. 【N, W/C】♣CBG, FBG, GA, GXIB, LBG, NBG, SCBG, WBG, XMBG, ZAFU; ●FJ, GD, GX, HB, JS, JX, SH, ZJ; ★(AS): BT, CN, ID, IN, JP, KH, LA, LK, MM, NP, VN.

藤石松属　Lycopodiastrum

藤石松 **Lycopodiastrum casuarinoides** (Spring) Holub ex R. D. Dixit 【N, W/C】♣FBG, FLBG, GA, GBG, SCBG, WBG, XMBG, ZAFU; ●FJ, GD, GZ, HB, JX, SC, ZJ; ★(AS): CN, JP, VN.

玉柏属　Dendrolycopodium

玉柏 **Dendrolycopodium obscurum** (L.) A. Haines 【N, W/C】♣CBG; ●GS, HB, HN, JL, JX, LN, SC, SH; ★(AS): CN, JP, KP, KR, MN, RU-AS.

2. 水韭科　ISOETACEAE

水韭属　Isoetes

中水韭 **Isoetes flaccida** A. Braun 【I, C】 ★(NA): US.

*假水韭 **Isoetes histrix** Bory et Durieu 【I, C】♣XOIG; ●FJ; ★(AF): DZ; (EU): FR.

宽叶水韭 **Isoetes japonica** A. Br. 【I, C】 ♣KBG, WBG, XMBG; ●FJ, HB, YN; ★(AS): JP.

大水韭 **Isoetes malinverniana** Ces. et De Not. 【I, C】 ★(EU): IT.

中华水韭 **Isoetes sinensis** Palmer 【N, W/C】♣HBG, NBG, SCBG, ZAFU; ●GD, JS, ZJ; ★(AS): CN.

台湾水韭 **Isoetes taiwanensis** De Vol 【N, W/C】♣SCBG, TMNS; ●GD, TW; ★(AS): CN.

云贵水韭 **Isoetes yunguiensis** Q. F. Wang et W. C. Taylor 【N, W/C】♣FLBG; ●GD, JX; ★(AS): CN.

3. 卷柏科　SELAGINELLACEAE

卷柏属　Selaginella

钝叶卷柏 **Selaginella amblyphylla** Alston 【N, W/C】♣KBG; ●YN; ★(AS): CN, MM, TH.

二形卷柏 **Selaginella biformis** A. Braun ex Kuhn 【N, W/C】♣FLBG, HBG, SCBG, XMBG; ●FJ, GD, JX, ZJ; ★(AS): CN, ID, IN, JP, KH, LA, LK, MM, MY, PH, TH, VN.

大叶卷柏 **Selaginella bodinieri** Hieron. ex H. Chr. 【N, W/C】♣GXIB; ●GX; ★(AS): CN.

小笠原卷柏 **Selaginella boninensis** Baker 【N, W/C】●TW; ★(AS): CN, JP.

布朗卷柏 **Selaginella braunii** Baker 【N, W/C】♣HBG, NBG, WBG; ●HB, JS, ZJ; ★(AS): CN, MY.

缘毛卷柏 **Selaginella ciliaris** (Retz.) Spring 【N, W/C】♣CBG, FLBG, XTBG; ●GD, JX, SH, YN; ★(AS): CN, ID, IN, LK, MY, NP, PH, SG, TH, VN; (OC): AU, PAF.

长芒卷柏 **Selaginella commutata** Alderw. 【N, W/C】♣CBG; ●SH; ★(AS): CN.

蔓出卷柏 **Selaginella davidii** Franch. 【N, W/C】♣BBG, GA, IBCAS; ●BJ, JX, SC; ★(AS): CN.

薄叶卷柏 **Selaginella delicatula** (Desv. ex Poir.) Alston 【N, W/C】♣FLBG, SCBG, TMNS, WBG, XMBG, XTBG; ●FJ, GD, HB, JX, TW, YN; ★(AS): BT, CN, ID, IN, KH, LA, LK, MM, MY, NP, PH, TH, VN.

深绿卷柏 **Selaginella doederleinii** Hieron. 【N, W/C】♣CBG, FBG, FLBG, GA, HBG, SCBG, WBG, XTBG, ZAFU; ●FJ, GD, HB, JX, SH, YN, ZJ; ★(AS): BT, CN, ID, IN, JP, MY, PH, TH, VN.

镰叶卷柏 **Selaginella drepanophylla** Alston 【N, W/C】♣GXIB; ●GX; ★(AS): CN.

疏松卷柏 **Selaginella effusa** Alston 【N, W/C】♣SCBG; ●GD; ★(AS): CN, VN.

攀缘卷柏 **Selaginella helferi** Warb. 【N, W/C】♣XTBG; ●YN; ★(AS): CN, GE, ID, IN, KH, LA,

MM, TH, VN; (EU): AL, AT, BA, BE, BG, CZ, DE, GR, HR, HU, IT, ME, MK, PL, RO, RS, SI, TR.

小卷柏 **Selaginella helvetica** (L.) Spring【N, W/C】♣XTBG; ●YN; ★(AS): CN, JP, KP, KR, MN, MY, NP, RU-AS, TR.

异穗卷柏 **Selaginella heterostachys** Baker【N, W/C】♣FBG, FLBG, LBG; ●FJ, GD, JX; ★(AS): CN, JP.

兖州卷柏 **Selaginella involvens** (Sw.) Spring【N, W/C】♣CBG, FBG, GMG, GXIB, LBG, SCBG, XMBG, XTBG; ●FJ, GD, GX, JX, SC, SH, YN; ★(AS): CN, ID, IN, JP, KH, KP, KR, LA, LK, MM, MY, NP, PH, TH, VN.

小翠云 **Selaginella kraussiana** (Kunze) A. Braun【I, C】♣FLBG, NBG, SCBG, XTBG; ●BJ, GD, JS, JX, TW, YN; ★(AF): BI, ES-CS, ET, KE, MG, TZ, ZA.

细叶卷柏 **Selaginella labordei** Hieron. ex H. Chr.【N, W/C】♣LBG; ●JX; ★(AS): CN, MM, PH.

耳基卷柏 **Selaginella limbata** Alston【N, W/C】♣FLBG; ●GD, JX; ★(AS): CN, JP.

*花叶卷柏 **Selaginella martensii** Spring【I, C】♣NBG; ●JS, TW; ★(NA): MX.

小叶卷柏 **Selaginella minutifolia** Spring【N, W/C】●TW; ★(AS): CN, ID, IN, KH, MM, MY, TH, VN.

江南卷柏 **Selaginella moellendorffii** Hieron.【N, W/C】♣CBG, FBG, FLBG, GA, GBG, GMG, GXIB, HBG, IBCAS, LBG, SCBG, TMNS, XMBG, ZAFU; ●BJ, FJ, GD, GX, GZ, JX, SC, SH, TW, ZJ; ★(AS): CN, JP, KH, PH, VN.

*鼠尾卷柏 **Selaginella myosurus** Alston【I, C】●BJ; ★(AF): NG.

伏地卷柏 **Selaginella nipponica** Franch. et Sav.【N, W/C】♣FBG, GBG, HBG, LBG, WBG, ZAFU; ●FJ, GZ, HB, JX, SC, ZJ; ★(AS): CN, JP, KR.

微齿卷柏 **Selaginella ornata** Spring【N, W/C】♣XTBG; ●YN; ★(AS): CN, IN, MY, VN.

黑顶卷柏 **Selaginella picta** (Griff.) A. Braun ex Baker【N, W/C】♣WBG, XTBG; ●HB, YN; ★(AS): CN, ID, IN, KH, LA, MM, TH, VN.

垫状卷柏 **Selaginella pulvinata** (Hook. et Grev.) Hand.-Mazz.【N, W/C】♣GBG, HBG, KBG, LBG, SCBG, XTBG; ●GD, GZ, JX, YN, ZJ; ★(AS): CN, ID, JP, KP, MN, TH, VN.

*反折卷柏 **Selaginella reflexa** Underw.【I, C】♣XTBG; ●YN; ★(NA): GT, MX.

疏叶卷柏 **Selaginella remotifolia** Spring【N, W/C】♣GA, GBG, TMNS; ●GZ, JX, TW; ★(AS): CN, ID, IN, JP, NP, PH.

高雄卷柏 **Selaginella repanda** (Desv. ex Poir.) Spring【N, W/C】♣TMNS, XTBG; ●TW, YN; ★(AS): CN, ID, IN, KH, LA, MM, MY, NP, PH, TH, VN.

Selaginella selaginoides (L.) P. Beauv. ex Mart. et Schrank【I, C】♣GXIB, WBG; ●GX, HB; ★(NA): CA, US.

中华卷柏 **Selaginella sinensis** (Desv.) Spring【N, W/C】♣BBG; ●BJ; ★(AS): CN, MN, RU-AS.

旱生卷柏 **Selaginella stauntoniana** Spring【N, W/C】♣TMNS; ●TW; ★(AS): CN, KP, KR.

卷柏 **Selaginella tamariscina** (P. Beauv.) Spring【N, W/C】♣CBG, FBG, FLBG, GA, GMG, GXIB, HBG, HFBG, KBG, LBG, NBG, SCBG, TBG, TMNS, XMBG, XTBG, ZAFU; ●FJ, GD, GX, HL, JS, JX, SC, SH, TW, YN, ZJ; ★(AS): CN, ID, IN, JP, KP, KR, MN, PH, RU-AS.

翠云草 **Selaginella uncinata** (Desv. ex Poir.) Spring【N, W/C】♣CBG, CDBG, FBG, GMG, GXIB, HBG, KBG, LBG, SCBG, TBG, WBG, XLTBG, XMBG, XTBG; ●FJ, GD, GX, HB, HI, JX, SC, SH, TW, YN, ZJ; ★(AS): CN, ID.

*匍茎卷柏 **Selaginella viticulosa** Klotzsch【I, C】♣NBG; ●JS; ★(NA): CR, PA; (SA): BR, CO, VE.

藤卷柏 **Selaginella willdenowii** (Desv. ex Poir.) Baker【N, W/C】●TW; ★(AS): CN, ID, IN, KH, LA, MM, MY, TH, VN.

剑叶卷柏 **Selaginella xipholepis** Baker【N, W/C】♣FLBG; ●GD, JX; ★(AS): CN.

4. 木贼科 EQUISETACEAE

木贼属 Equisetum

问荆 **Equisetum arvense** L.【N, W/C】♣BBG, CBG, FBG, LBG, SCBG, WBG, XBG, ZAFU; ●BJ, FJ, GD, HB, JX, NM, SC, SH, SN, TW, ZJ; ★(AS): CN, JP, KP, KR, MN, MY, RU-AS, TR; (OC): NZ.

披散木贼 **Equisetum diffusum** D. Don【N, W/C】♣GMG, KBG, WBG, XTBG; ●GX, HB, SC, YN; ★(AS): BT, CN, ID, IN, JP, LK, MM, NP, VN.

溪木贼 **Equisetum fluviatile** L.【N, W/C】♣HFBG, WBG; ●HB, HL, TW; ★(AS): CN, JP, KP, KR, MN, RU-AS; (OC): NZ.

木贼 **Equisetum hyemale** L. 【N, W/C】 ♣CBG, CDBG, FBG, HFBG, IBCAS, WBG, XBG, XMBG; ●BJ, FJ, HB, HL, LN, SC, SH, SN, TW, YN; ★(AS): CN, JP, KR, MN, RU-AS, SG; (OC): NZ.

犬问荆 **Equisetum palustre** L. 【N, W/C】 ♣WBG; ●HB; ★(AS): AZ, CN, ID, IN, JP, KR, MN, NP, RU-AS; (EU): BY, RS, RU.

节节草 **Equisetum ramosissimum** Desf. 【N, W/C】 ♣BBG, CBG, FLBG, GA, GBG, HBG, LBG, NBG, SCBG, TMNS, WBG, XMBG, XTBG, ZAFU; ●BJ, FJ, GD, GZ, HB, JS, JX, NM, SC, SH, TW, YN, ZJ; ★(AF): AO, BI, CV, MG, NG, TZ, ZA; (AS): AF, BD, BT, CN, CY, ID, IN, JP, LA, LK, MM, MY, NP, PH, SG, TH, VN, YE; (OC): FJ, NC, PAF; (EU): FR, MC, RU.

笔管草 **Equisetum ramosissimum** subsp. **debile** (Roxb. ex Vaucher) Hauke 【N, W/C】 ♣CBG, FBG, FLBG, GA, GBG, GMG, GXIB, KBG, SCBG, XLTBG, XMBG, XTBG; ●FJ, GD, GX, GZ, HI, JX, SC, SH, YN; ★(AS): CN, ID, IN, JP, MM, MY, NP, PH, TH.

斑纹木贼 **Equisetum variegatum** Schleich. ex F. Weber et D. Mohr 【N, W/C】 ♣WBG; ●HB; ★(AF): MA; (AS): CN, GE, MN, RU-AS; (EU): AT, BA, BE, CZ, DE, ES, FI, GB, HR, HU, IS, IT, ME, MK, NL, NO, PL, RO, RS, RU, SI.

阿拉斯加木贼 **Equisetum variegatum** subsp. **alaskanum** (A. A. Eaton) Hultén 【I, C】 ★(NA): US.

5. 松叶蕨科 PSILOTACEAE

松叶蕨属 Psilotum

松叶蕨 **Psilotum nudum** (L.) P. Beauv. 【N, W/C】 ♣FBG, FLBG, GMG, GXIB, HBG, IBCAS, KBG, NBG, SCBG, TBG, TMNS, XMBG, XTBG; ●BJ, FJ, GD, GX, GZ, JS, JX, SC, TW, YN, ZJ; ★(AF): MG, NG, ZA; (AS): CN, ID, JP, KR, MY, SG, VN; (OC): AU.

6. 瓶尔小草科 OPHIOGLOSSACEAE

七指蕨属 Helminthostachys

七指蕨 **Helminthostachys zeylanica** (L.) Hook. 【N, W/C】 ♣CBG, GMG, SCBG, TMNS, XMBG, XTBG; ●FJ, GD, GX, SH, TW, YN; ★(AS): CN, ID, IN, JP, LA, LK, MM, MY, PH, TH; (OC): AU, PAF.

小阴地蕨属 Botrychium

薄叶阴地蕨 **Botrychium daucifolium** Wall. ex Hook. et Grev. 【N, W/C】 ♣WBG, XTBG; ●HB, SC, YN; ★(AS): CN, ID, IN, LK, MM, MY, NP.

华东阴地蕨 **Botrychium japonicum** (Prantl) Underw. 【N, W/C】 ♣FBG, GMG, HBG, LBG, NBG, WBG; ●FJ, GX, HB, JS, JX, SC, ZJ; ★(AS): CN, JP.

粗壮阴地蕨 **Botrychium robustum** (Rupr.) Underw. 【N, W/C】 ♣CBG, GXIB, HBG, LBG, WBG; ●GX, HB, JX, SC, SH, ZJ; ★(AS): CN, GE, KP, KR, MN, RU-AS; (EU): AT, BA, CZ, DE, FI, HR, HU, IT, ME, MK, NO, PL, RO, RS, RU, SI.

阴地蕨 **Botrychium ternatum** (Thunb.) Sw. 【N, W/C】 ♣FBG, GA, HBG, LBG, NBG, WBG; ●FJ, GX, HB, JS, JX, SC, TW, ZJ; ★(AS): CN, JP, KP, KR, MY, VN; (OC): AU.

绒毛蕨萁属 Japanobotrychium

绒毛蕨萁（绒毛阴地蕨） **Japanobotrychium lanuginosum** (Wall. ex Hook. et Grev.) M. Nishida ex Tagawa 【N, W/C】 ♣WBG; ●HB, SC; ★(AS): BT, CN, ID, IN, LK, MM, MY, NP, PH, TH, VN; (OC): PAF.

瓶尔小草属 Ophioglossum

带状瓶尔小草 **Ophioglossum pendulum** L. 【N, W/C】 ♣SCBG; ●GD, TW; ★(AS): CN，ID, IN, MY, PH; (OC): AU, US-HW.

钝头瓶尔小草 **Ophioglossum petiolatum** Hook. 【N, W/C】 ♣TBG, TMNS, XTBG; ●TW, YN; ★(AS): CN, JP, KR, MY; (OC): NZ, PAF.

心叶瓶尔小草 **Ophioglossum reticulatum** L. 【N, W/C】 ♣LBG, TMNS, XMBG; ●FJ, JX, TW; ★(AF): CG, CM, MG, NG, ZM; (AS): CN, ID, IN, JP, KP, MY, SG, VN; (NA): CR, CU, JM, LW, MX, NI, PA, VG, WW; (SA): AR, BO, BR, CO, EC, PE, VE.

狭叶瓶尔小草 **Ophioglossum thermale** Kom. 【N, W/C】 ♣KBG, LBG, TMNS, WBG; ●HB, JX, TW, YN; ★(AS): CN, JP, KP, KR, MN, RU-AS.

瓶尔小草 **Ophioglossum vulgatum** L. 【N, W/C】

♣FBG, FLBG, GMG, GXIB, HBG, IBCAS, KBG, NBG, SCBG, WBG, XMBG, XTBG; ●BJ, FJ, GD, GX, GZ, HB, JS, JX, SC, SN, TW, XZ, YN, ZJ; ★(AF): MG; (AS): CN, JP, KR, MN, NP, RU-AS; (OC): AU.

7. 合囊蕨科 MARATTIACEAE

粒囊蕨属 Ptisana

合囊蕨（粒囊蕨）**Ptisana pellucida** (C. Presl) Murdock【N, W/C】♣TMNS; ●TW; ★(AS): CN, PH.

天星蕨属 Christensenia

天星蕨 **Christensenia aesculifolia** (Blume) Maxon【N, W/C】♣KBG, XTBG; ●YN; ★(AS): CN, ID, IN, MM, VN.

观音座莲属 Angiopteris

二回原始观音座莲 **Angiopteris bipinnata** (Ching) J. M. Camus【N, W/C】♣SCBG, XTBG; ●GD, YN; ★(AS): CN.

披针观音座莲 **Angiopteris caudatiformis** Hieron.【N, W/C】♣KBG, XTBG; ●YN; ★(AS): CN, MM.

长尾观音座莲 **Angiopteris caudipinna** Ching【N, W/C】♣CBG; ●SH; ★(AS): CN.

河口原始观音座莲 **Angiopteris chingii** J. M. Camus【N, W/C】♣FLBG, KBG; ●GD, JX, YN; ★(AS): CN.

大脚观音座莲 **Angiopteris crassipes** Wall. ex C. Presl【N, W/C】●YN; ★(AS): CN, ID, IN, KH, MM, VN.

尾叶观音座莲 **Angiopteris danaeoides** Z. R. He et Christ【N, W/C】♣SCBG; ●GD; ★(AS): CN.

食用观音座莲 **Angiopteris esculenta** Ching【N, W/C】♣CBG, FLBG, XTBG; ●GD, JX, SH, YN; ★(AS): CN.

观音座莲 **Angiopteris evecta** (G. Forst.) Hoffm.【N, W/C】♣CDBG, TMNS; ●SC, TW; ★(AS): CN, JP, PH; (OC): AU, PAF, PG.

福建观音座莲 **Angiopteris fokiensis** Hieron.【N, W/C】♣CBG, FBG, FLBG, GA, GBG, GMG, GXIB, HBG, IBCAS, KBG, SCBG, WBG, XLTBG, XMBG, XTBG, ZAFU; ●BJ, FJ, GD, GX, GZ, HB, HI, HN, JX, SC, SH, YN, ZJ; ★(AS): CN, JP.

楔基莲座蕨 **Angiopteris helferiana** C. Presl【N, W/C】♣BBG, WBG, XTBG; ●BJ, HB, YN; ★(AS): CN, MM.

河口观音座莲 **Angiopteris hokouensis** Ching【N, W/C】♣CBG, GXIB, KBG, NBG, XTBG; ●GX, JS, SH, YN; ★(AS): CN.

阔羽观音座莲 **Angiopteris latipinna** (Ching) Z. R. He【N, W/C】♣BBG, CBG, KBG, SCBG, XTBG; ●BJ, GD, SH, YN; ★(AS): CN, VN.

海金沙叶观音座莲 **Angiopteris lygodiifolia** Rosenst.【N, W/C】♣SCBG, TBG, TMNS, XTBG; ●GD, TW, YN; ★(AS): CN, JP.

强壮观音座莲 **Angiopteris robusta** Ching【N, W/C】♣GXIB; ●GX; ★(AS): CN.

法斗观音座莲 **Angiopteris sparsisora** Ching【N, W/C】♣KBG, XTBG; ●YN; ★(AS): CN.

圆基观音座莲 **Angiopteris subrotundata** (Ching) Z. R. He et Christenh.【N, W/C】♣KBG; ●YN; ★(AS): CN.

尖叶原始观音座莲 **Angiopteris tonkinensis** (Hayata) J. M. Camus【N, W/C】♣IBCAS; ●BJ; ★(AS): CN, VN.

王氏观音座莲 **Angiopteris wangii** Ching【N, W/C】♣KBG; ●YN; ★(AS): CN.

云南观音座莲 **Angiopteris yunnanensis** Hieron.【N, W/C】♣KBG, XTBG; ●YN; ★(AS): CN.

8. 紫萁科 OSMUNDACEAE

桂皮紫萁属 Osmundastrum

桂皮紫萁（分株紫萁）**Osmundastrum cinnamomeum** (L.) C. Presl【N, W/C】♣CBG, GXIB, KBG, LBG; ●GX, JX, SC, SH, YN; ★(AS): CN, ID, IN, JP, KP, KR, RU-AS, VN; (NA): CA, MX, US.

紫萁属 Osmunda

狭叶紫萁 **Osmunda angustifolia** Ching【N, W/C】♣FLBG; ●GD, JX, TW; ★(AS): CN.

紫萁 **Osmunda japonica** Houtt.【N, W/C】♣CBG, CDBG, FBG, FLBG, GA, GBG, GMG, GXIB, HBG, IBCAS, KBG, LBG, NBG, NSBG, SCBG, WBG, XMBG, XTBG, ZAFU; ●BJ, CQ, FJ, GD,

GX, GZ, HB, JS, JX, SC, SH, YN, ZJ; ★(AS): CN, ID, IN, JP, KP, KR, MN, MY, RU-AS.

宽叶紫萁 **Osmunda javanica** Blume 【N, W/C】 ♣KBG, XTBG; ●YN; ★(AS): CN, ID, IN, LA, MM, MY, TH, VN.

粤紫萁 **Osmunda mildei** C. Chr. 【N, W/C】 ♣FLBG; ●GD, JX; ★(AS): CN.

高贵紫萁 **Osmunda regalis** L. 【I, C】 ★(AF): MG, NG, ZA; (OC): NZ.

华南紫萁 **Osmunda vachellii** Hook. 【N, W/C】 ♣CBG, CDBG, FBG, FLBG, GA, GBG, GMG, GXIB, HBG, IBCAS, KBG, LBG, SCBG, WBG, XMBG, XTBG, ZAFU; ●BJ, FJ, GD, GX, GZ, HB, HN, JX, SC, SH, YN, ZJ; ★(AS): CN, ID, IN, MM, MY, VN.

绒紫萁属 Claytosmunda

绒紫萁 **Claytosmunda claytoniana** (L.) Metzgar et Rouhan 【N, W/C】 ♣KBG; ●SC, YN; ★(AS): CN, ID, IN, JP, KR, MY, NP, RU-AS; (NA): CA, US.

粗齿紫萁属 Plenasium

粗齿紫萁 **Plenasium banksiaefolium** (C. Presl) C. Presl 【N, W/C】 ♣CBG, FBG, FLBG, HBG, SCBG, TBG, TMNS, WBG, XMBG; ●FJ, GD, HB, JX, SH, TW, ZJ; ★(AF): MA; (AS): CN, JP, PH.

9. 膜蕨科 HYMENOPHYLLACEAE

膜蕨属 Hymenophyllum

蕗蕨 **Hymenophyllum badium** Hook. et Grev. 【N, W/C】 ♣FBG, KBG; ●FJ, YN; ★(AS): CN, ID, JP, LK, MY, NP, VN.

华东膜蕨 **Hymenophyllum barbatum** (Bosch) Baker 【N, W/C】 ♣FLBG, HBG, LBG; ●GD, JX, ZJ; ★(AS): CN, ID, IN, JP, KP, KR, LA, VN.

毛蕗蕨(华南膜蕨) **Hymenophyllum exsertum** Wall. ex Hook. 【N, W/C】 ♣FBG; ●FJ; ★(AS): CN, MY.

丛叶蕗蕨(流苏苞蕗蕨) **Hymenophyllum fimbriatum** J. Smith 【N, W/C】 ●TW; ★(AS): CN, ID, PH, VN; (OC): PG.

细叶蕗蕨(长柄蕗蕨) **Hymenophyllum polyanthos** (Sw.) Sw. 【N, W/C】 ♣FBG, GXIB, KBG, LBG; ●FJ, GX, JX, YN; ★(AF): MG; (AS): CN, ID, JP, KR, MM, MY, PH, SG, VN; (NA): BZ, CR, CU, DO, GT, HN, HT, JM, LW, MX, NI, PA, PR, SV, TT, WW; (SA): BO, BR, CO, EC, PE, VE.

厚叶蕨属 Cephalomanes

爪哇厚叶蕨 **Cephalomanes javanicum** (Blume) Bosch 【N, W/C】 ♣GA, TMNS; ●JX, TW; ★(AS): CN, ID, IN, JP, LK, MM, MY, SG, VN.

长片蕨属 Abrodictyum

直长片蕨(直长筒蕨) **Abrodictyum cupressoides** Ebihara et Dubuisson 【I, C/N】 ♣XTBG; ●YN; ★(AF): GA, MG.

广西长片蕨(广西长筒蕨) **Abrodictyum obscurum** var. **siamense** (Chr.) K. Iwats. 【N, W/C】 ♣FLBG, TMNS; ●GD, JX, TW; ★(AS): CN, TH, VN.

瓶蕨属 Vandenboschia

瓶蕨 **Vandenboschia auriculata** (Blume) Copel. 【N, W/C】 ♣CBG, GXIB, KBG, LBG, TMNS; ●GX, JX, SH, TW, YN; ★(AS): BT, CN, ID, IN, JP, MY, PH.

大叶瓶蕨 **Vandenboschia maxima** (Blume) Copel. 【N, W/C】 ●TW; ★(AS): CN, ID, JP, PH, TH, VN.

南海瓶蕨 **Vandenboschia striata** (D. Don) Ebihara 【N, W/C】 ♣CBG, FBG, LBG, SCBG, TMNS; ●FJ, GD, JX, SH, TW; ★(AS): CN, JP, MM, MY, VN.

假脉蕨属 Crepidomanes

假脉蕨 **Crepidomanes kurzii** (Bedd.) Tagawa et K. Iwats. 【I, C】 ♣TMNS; ●TW; ★(AS): MY; (OC): AU.

长柄假脉蕨 **Crepidomanes latealatum** (Bosch) Copel. 【N, W/C】 ♣FLBG, GXIB, KBG, LBG, XMBG; ●FJ, GD, GX, JX, YN; ★(AS): CN, ID, IN, JP, KR, LK, MY, VN.

团扇蕨 **Crepidomanes minutum** (Blume) K. Iwats. 【N, W/C】 ♣CBG, FBG, HBG, LBG, NBG, TMNS; ●AH, FJ, GD, GZ, HI, HN, JS, JX, SC, SH, TW, YN, ZJ; ★(AS): CN, ID, IN, JP, KH, KP, LK, MN, MY, RU-AS, VN; (OC): AU, PAF.

球杆毛蕨 **Crepidomanes thysanostomum** (Makino) Ebihara et K. Iwats. 【N, W/C】 ★(AS): CN, JP,

PH.

10. 双扇蕨科 DIPTERIDACEAE

燕尾蕨属 Cheiropleuria

二尖燕尾蕨（燕尾蕨）**Cheiropleuria bicuspis** (Blume) C. Presl 【N, W/C】 ♣SCBG; ●GD, GX, TW; ★(AS): CN, ID, IN, JP, MY, PH, SG.

双扇蕨属 Dipteris

中华双扇蕨 **Dipteris chinensis** H. Chr. 【N, W/C】 ♣KBG; ●GX, GZ, XZ, YN; ★(AS): CN, ID, JP, MM, VN.

双扇蕨 **Dipteris conjugata** Reinw. 【N, W/C】 ♣CBG, TBG; ●SH, TW; ★(AS): CN, ID, IN, JP, MY, PH, SG, TH; (OC): AU, FJ.

11. 里白科 GLEICHENIACEAE

芒萁属 Dicranopteris

大芒萁 **Dicranopteris ampla** Ching et P. S. Chiu 【N, W/C】 ♣CBG; ●SH; ★(AS): CN, VN.

芒萁 **Dicranopteris pedata** (Houtt.) Nakaike 【N, W/C】 ♣CBG, FBG, FLBG, GA, GBG, GMG, GXIB, HBG, LBG, NBG, NSBG, SCBG, TBG, TMNS, XLTBG, XMBG, XTBG, ZAFU; ●CQ, FJ, GD, GX, GZ, HI, JS, JX, SC, SH, TW, YN, ZJ; ★(AF): MG; (AS): CN, ID, IN, JP, KP, KR, LA, LK, MY, NP, PH, SG, TH, VN; (OC): AU.

大羽芒萁 **Dicranopteris splendida** (Hand.-Mazz.) Ching 【N, W/C】 ♣SCBG; ●GD; ★(AS): CN, MM.

里白属 Diplopterygium

广东里白（粤里白）**Diplopterygium cantonense** (Ching) Nakai 【N, W/C】 ♣FLBG; ●GD, JX; ★(AS): CN.

中华里白 **Diplopterygium chinensis** (Rosenst.) De Vol 【N, W/C】 ♣FBG, FLBG, SCBG, WBG, XTBG; ●FJ, GD, GX, GZ, HB, JX, TW, YN; ★(AS): CN.

里白 **Diplopterygium glaucum** (Thunb. ex Houtt.) Nakai 【N, W/C】 ♣CBG, FBG, GA, GBG, HBG, LBG, NSBG, SCBG, WBG, XMBG, ZAFU; ●CQ, FJ, GD, GZ, HB, JX, SC, SH, ZJ; ★(AS): CN, ID, IN, JP, KP, KR, MY, PH.

光里白 **Diplopterygium laevissimum** (H. Chr.) Nakai 【N, W/C】 ♣GA, LBG; ●JX; ★(AS): CN, JP, KR, PH, VN.

12. 海金沙科 LYGODIACEAE

海金沙属 Lygodium

海南海金沙 **Lygodium circinatum** (Burm. f.) Sw. 【N, W/C】 ♣CBG, FLBG, GMG, GXIB, KBG, SCBG, WBG, XTBG; ●GD, GX, HB, JX, SH, YN; ★(AS): CN, IN, KH, LA, LK, MY, PH, VN; (OC): AU, PAF.

曲轴海金沙 **Lygodium flexuosum** (L.) Sw. 【N, W/C】 ♣CBG, FLBG, GMG, SCBG, XTBG; ●GD, GX, JX, SH, YN; ★(AS): CN, ID, IN, LA, MY, PH, SG, TH, VN; (OC): AU, PAF.

海金沙 **Lygodium japonicum** (Thunb.) Sw. 【N, W/C】 ♣BBG, CDBG, FBG, FLBG, GA, GBG, GMG, GXIB, HBG, IBCAS, LBG, NBG, NSBG, SCBG, TBG, TMNS, XLTBG, XMBG, XTBG, ZAFU; ●BJ, CQ, FJ, GD, GX, GZ, HI, JS, JX, SC, TW, YN, ZJ; ★(AF): ZA; (AS): BT, CN, ID, IN, JP, KR, LA, LK, MM, MY, PH, SG; (OC): AU, PAF.

掌叶海金沙 **Lygodium longifolium** (Willd.) Sw. 【N, W/C】 ♣SCBG; ●GD; ★(AS): CN, ID, IN, LA, MY, PH, SG.

网脉海金沙 **Lygodium merrillii** Copel. 【N, W/C】 ♣SCBG; ●GD; ★(AS): CN, ID, PH, VN.

小叶海金沙 **Lygodium microphyllum** (Cav.) R. Br. 【N, W/C】 ♣FBG, FLBG, GA, GMG, SCBG, WBG, XTBG; ●FJ, GD, GX, HB, JX, YN; ★(AF): NG, ZA; (AS): CN, ID, IN, JP, MM, MY, PH, SG; (OC): AU.

羽裂海金沙 **Lygodium polystachyum** Wall. 【N, W/C】♣CBG, XTBG; ●SH, YN; ★(AS): CN, ID, IN, LA, MM, MY, TH, VN.

柳叶海金沙 **Lygodium salicifolium** C. Presl 【N, W/C】 ♣XTBG; ●YN; ★(AS): CN, ID, IN, LA, MM, MY, SG, TH, VN.

13. 莎草蕨科 SCHIZAEACEAE

莎草蕨属 Actinostachys

莎草蕨 **Actinostachys digitata** (L.) Wall. 【N,

W/C】 ♣SCBG; ●GD; ★(AS): CN, ID, IN, JP, MM, SG, VN.

14. 双穗蕨科 ANEMIACEAE

双穗蕨属 Anemia

*墨西哥双穗蕨 **Anemia mexicana** Klotzsch 【I, C】 ♣XTBG; ●YN; ★(NA): US.

*千枚双穗蕨 **Anemia phyllitidis** (L.) Sw. 【I, C】 ♣XTBG; ●YN; ★(AS): UZ; (SA): EC, GY.

*圆叶双穗蕨 **Anemia rotundifolia** Schrad. 【I, C】 ♣XTBG; ●YN; ★(SA): BR.

15. 槐叶蘋科 SALVINIACEAE

满江红属 Azolla

美洲满江红 **Azolla caroliniana** Willd.【I, N】●BJ, HE; ★(NA): MX, US; (SA): AR, UY.

*冠状满江红（墨西哥满江红）**Azolla cristata** Kaulf. 【I, C/N】 ♣KBG; ●YN; ★(NA): MX, US.

满江红 **Azolla imbricata** (Roxb. ex Griff.) Nakai 【N, W/C】 ♣FBG, FLBG, GA, GXIB, HBG, IBCAS, KBG, LBG, NBG, SCBG, TBG, TMNS, XMBG, XTBG, ZAFU; ●BJ, FJ, GD, GX, HN, JS, JX, SC, TW, YN, ZJ; ★(AF): MG; (AS): CN, JP, MY, SG; (OC): AU, NZ.

细叶满江红 **Azolla filiculoides** Lam. 【N, W/C】 ♣IBCAS, TMNS; ●BJ, GD, HN, JL, SC, TW, YN; ★(SA): AR, BO, BR, CL, CO, EC, GY, PE, UY.

*尼罗满江红 **Azolla nilotica** Mett. 【I, C】 ●FJ, ZJ; ★(AF): EG, MZ, SD.

羽叶满江红 **Azolla pinnata** R. Br.【I, N】♣SCBG, XTBG; ●GD, YN; ★(AF): GA, MG, TZ, ZA.

槐叶蘋属 Salvinia

速生槐叶蘋(人厌槐叶蘋)**Salvinia adnata** Desv.【I, C】 ♣IBCAS, SCBG, TMNS, XMBG; ●BJ, FJ, GD, TW; ★(SA): BR.

圆槐叶蘋 **Salvinia auriculata** Aubl. 【I, C】 ♣XTBG; ●YN; ★(OC): AU.

勺叶槐叶蘋 **Salvinia cucullata** Roxb. 【I, C】 ♣FLBG, TMNS; ●GD, JX, TW; ★(AS): LA, MY; (OC): AU.

小槐叶蘋 **Salvinia minima** Baker 【I, C】 ★(NA): PR, US.

槐叶蘋（槐叶苹）**Salvinia natans** All. 【N, W/C】 ♣FBG, FLBG, GA, HBG, IBCAS, LBG, NBG, SCBG, TMNS, WBG, XMBG, XTBG, ZAFU; ●BJ, FJ, GD, HB, JS, JX, TW, YN, ZJ; ★(AS): CN, GE, ID, IN, JP, KP, KR, MN, RU-AS, VN; (EU): BA, BE, BG, CZ, DE, ES, GR, HR, HU, IT, ME, MK, NL, PL, RO, RS, RU, SI.

大圆杯槐叶蘋 **Salvinia sprucei** Kuhn 【I, C】 ★(SA): BR.

16. 蘋科 MARSILEACEAE

线叶蘋属 Pilularia

美国线叶蘋 **Pilularia americana** A. Braun 【I, C】 ★(NA): US.

二叶蘋属 Regnellidium

二叶蘋 **Regnellidium diphyllum** Lindm. 【I, C】 ♣FLBG; ●GD; ★(SA): BR.

蘋属 Marsilea

心叶蘋(心叶田字草)**Marsilea coromandelina** Willd. 【I, C】 ♣TMNS; ●TW; ★(AF): MG, ZA.

汤匙蘋 **Marsilea drummondii** A. Braun 【I, C】 ★(OC): AU.

蝴蝶蘋 **Marsilea exarata** A. Braun【I, C】★(OC): AU.

南国蘋(南国田字草)**Marsilea minuta** L.【N, W/C】 ♣TMNS; ●TW; ★(AF): MG; (AS): CN, ID, IN, JP, LA, MY, NP, PH; (OC): AU.

蘋（苹）**Marsilea quadrifolia** L.【N, W/C】♣FBG, FLBG, GA, GBG, GMG, HBG, IBCAS, LBG, NBG, SCBG, XMBG, XTBG, ZAFU; ●BJ, FJ, GD, GX, GZ, JS, JX, LN, YN, ZJ; ★(AS): CN, ID, JP, KR, LA; (OC): AU.

17. 瘤足蕨科 PLAGIOGYRIACEAE

瘤足蕨属 Plagiogyria

瘤足蕨 **Plagiogyria adnata** (Blume) Bedd. 【N, W/C】♣FLBG, GBG, IBCAS, SCBG, WBG; ●BJ, GD, GZ, HB, JX, SC; ★(AS): CN, ID, IN, JP,

MM, MY, PH, TH, VN.

峨眉瘤足蕨 **Plagiogyria assurgens** H. Chr. 【N, W/C】 ●SC; ★(AS): CN.

华中瘤足蕨 **Plagiogyria euphlebia** (Kunze) Mett. 【N, W/C】 ♣FLBG, GBG, HBG, SCBG, WBG, XTBG; ●GD, GZ, HB, JX, SC, YN, ZJ; ★(AS): CN, ID, IN, JP, KR, MM, NP, PH, VN; (OC): AU.

镰羽瘤足蕨 **Plagiogyria falcata** Copel. 【N, W/C】 ♣HBG, WBG; ●HB, ZJ; ★(AS): CN, PH.

粉背瘤足蕨 **Plagiogyria glauca** (Blume) Mett. 【N, W/C】 ♣KBG, WBG; ●HB, YN; ★(AS): CN, ID, IN, MM, MY, PH; (OC): PAF.

华东瘤足蕨 **Plagiogyria japonica** Nakai 【N, W/C】 ♣BBG, CBG, GBG, HBG, IBCAS, LBG, SCBG, ZAFU; ●BJ, GD, GZ, JX, SC, SH, ZJ; ★(AS): CN, JP, KR, VN.

密羽瘤足蕨 **Plagiogyria pycnophylla** (Kunze) Mett. 【N, W/C】 ♣KBG, WBG; ●HB, YN; ★(AS): BT, CN, ID, IN, LK, MM, NP, PH.

耳形瘤足蕨 **Plagiogyria stenoptera** (Hance) Diels 【N, W/C】 ♣CBG, GXIB, KBG, SCBG, WBG; ●GD, GX, HB, SC, SH, YN; ★(AS): CN, JP, PH, VN.

18. 金毛狗蕨科 CIBOTIACEAE

金毛狗属 Cibotium

金毛狗蕨 **Cibotium barometz** (L.) J. Sm. 【N, W/C】 ♣BBG, CBG, FBG, FLBG, GA, GMG, GXIB, HBG, IBCAS, KBG, NBG, SCBG, TMNS, WBG, XMBG, XTBG, ZAFU; ●AH, BJ, FJ, GD, GX, HB, JS, JX, SC, SH, TW, YN, ZJ; ★(AS): CN, ID, IN, JP, LA, MM, MY, TH, VN.

菲律宾金毛狗蕨 **Cibotium cumingii** Kunze 【I, C】 ♣TBG, TMNS; ●TW; ★(AS): PH.

气孔椤 **Cibotium schiedei** Schltdl. et Cham. 【I, C】 ♣XTBG; ●YN; ★(NA): MX.

19. 蚌壳蕨科 DICKSONIACEAE

蚌壳蕨属 Dicksonia

软树蕨 **Dicksonia antarctica** Labill. 【I, C】 ♣CBG, FLBG, XTBG; ●GD, JX, SH, YN; ★(OC): AU.

蚌壳蕨 **Dicksonia arborescens** L'Hér. 【I, C】 ●BJ; ★(AF): SH.

20. 桫椤科 CYATHEACEAE

白桫椤属 Sphaeropteris

白桫椤 **Sphaeropteris brunoniana** (Hook.) R. M. Tryon 【N, W/C】 ♣CBG, NBG, XTBG; ●JS, SH, YN; ★(AS): BT, CN, IN, LA, MM, NP, VN.

笔筒树 **Sphaeropteris lepifera** (J. Sm. ex Hook.) R. M. Tryon 【N, W/C】 ♣CBG, FBG, FLBG, IBCAS, SCBG, TBG, TMNS, WBG, XMBG, XTBG; ●BJ, FJ, GD, HB, JX, SH, TW, YN; ★(AS): CN, JP, PH.

番桫椤属 Cyathea

澳洲树蕨 **Cyathea australis** Domin 【I, C】 ♣NBG, XTBG; ●JS, YN; ★(OC): AU.

树 蕨 **Cyathea simulans** (Baker) Janssen et Rakotondr. 【I, C】 ♣KBG; ●YN; ★(AF): RE.

*苏里南树蕨 **Cyathea surinamensis** (Miq.) Domin 【I, C】 ♣SCBG, XMBG; ●FJ, GD; ★(SA): GY.

桫椤属 Alsophila

毛叶黑桫椤（毛叶桫椤）**Alsophila andersonii** J. Scott ex Bedd. 【N, W/C】 ♣WBG; ●HB; ★(AS): CN.

*关节桫椤 **Alsophila articulata** J. Sm. ex T. Moore et Houlston 【I, C】 ♣XTBG; ●YN; ★(AS): MY.

中华桫椤 **Alsophila costularis** Baker 【N, W/C】 ♣IBCAS, WBG, XTBG; ●BJ, HB, YN; ★(AS): BT, CN, ID, IN, LK, MM, VN.

粗齿桫椤 **Alsophila denticulata** Baker 【N, W/C】 ♣CBG, KBG, SCBG, WBG; ●GD, HB, SH, YN; ★(AS): CN, JP.

兰屿桫椤 **Alsophila fenicis** (Copel.) C. Chr. 【N, W/C】 ♣TMNS; ●TW; ★(AS): CN, PH.

大叶黑桫椤 **Alsophila gigantea** Wall. ex Hook. 【N, W/C】 ♣CBG, IBCAS, SCBG, WBG, XLTBG, XTBG; ●BJ, GD, HB, HI, SH, YN; ★(AS): CN, ID, IN, JP, KH, LA, LK, MM, MY, NP, TH, VN.

西亚桫椤 **Alsophila khasyana** T. Moore ex Kuhn 【N, W/C】 ♣WBG; ●HB; ★(AS): CN, MM.

阴生桫椤 **Alsophila latebrosa** C. Presl 【N, W/C】 ♣XTBG; ●YN; ★(AS): CN, ID, IN, KH, LA, MY, TH.

南洋桫椤 **Alsophila loheri** (H. Chr.) R. M. Tryon 【N, W/C】 ♣XTBG; ●YN; ★(AS): CN, PH.

小黑桫椤 **Alsophila metteniana** Hance 【N, W/C】♣CBG, FLBG, IBCAS, SCBG, TMNS, WBG; ●BJ, GD, HB, JX, SH, TW; ★(AS): CN, JP.

黑桫椤 **Alsophila podophylla** Hook. 【N, W/C】♣BBG, CBG, FLBG, HBG, KBG, SCBG, TMNS, XLTBG, XMBG, XTBG; ●BJ, FJ, GD, HI, JX, SC, SH, TW, YN, ZJ; ★(AS): CN, JP, KH, LA, TH, VN.

*波纳佩桫椤 **Alsophila ponapeana** Hosok. 【I, C】♣XTBG; ●YN; ★(OC): FM.

*刚毛桫椤 **Alsophila setosa** Kaulf. 【I, C】♣TMNS; ●TW, YN; ★(SA): BR.

桫椤 **Alsophila spinulosa** (Wall. ex Hook.) R. M. Tryon 【N, W/C】♣BBG, CBG, CDBG, FBG, FLBG, GBG, GMG, GXIB, HBG, IBCAS, KBG, LBG, NBG, NSBG, SCBG, TMNS, WBG, XMBG, XTBG; ●BJ, CQ, FJ, GD, GX, GZ, HB, JS, JX, SC, SH, TW, YN, ZJ; ★(AS): BT, CN, ID, IN, JP, KH, LK, MM, NP, TH, VN.

21. 鳞始蕨科 LINDSAEACEAE

乌蕨属 Odontosoria

阔片乌蕨 **Odontosoria biflora** (Kaulf.) C. Chr. 【N, W/C】♣CBG, TMNS, XMBG; ●FJ, SH, TW; ★(AS): CN, JP.

乌蕨 **Odontosoria chinensis** (L.) J. Smith 【N, W/C】♣CBG, FBG, FLBG, GA, GBG, GMG, GXIB, HBG, IBCAS, KBG, LBG, NSBG, SCBG, WBG, XMBG, XTBG, ZAFU; ●BJ, CQ, FJ, GD, GX, GZ, HB, JX, SC, SH, SN, TW, YN, ZJ; ★(AF): MG; (AS): BT, CN, JP, KR, LA; (OC): NZ.

香鳞始蕨属 Osmolindsaea

香鳞始蕨 **Osmolindsaea odorata** (Roxb.) Lehtonen et Christ 【N, W/C】♣CBG; ●SC, SH; ★(AF): MG; (AS): BT, CN, ID, JP, KR, MY, NP, PH; (OC): AU.

鳞始蕨属 Lindsaea

华南鳞始蕨 **Lindsaea austrosinica** Ching 【N, W/C】♣IBCAS, WBG; ●BJ, HB; ★(AS): CN, KH, VN.

钱氏鳞始蕨 **Lindsaea chienii** Ching 【N, W/C】♣CBG, SCBG, WBG; ●GD, HB, SC, SH; ★(AS): CN, JP, TH, VN.

碎叶鳞始蕨 **Lindsaea chingii** C. Chr. 【N, W/C】♣CBG, LBG; ●JX, SH; ★(AS): CN, VN.

网脉鳞始蕨 **Lindsaea cultrata** (Willd.) Sw. 【N, W/C】♣IBCAS, KBG, SCBG, XTBG; ●BJ, GD, YN; ★(AS): CN, ID, IN, JP, KR, LK, MY, NP, PH, SG, TH, VN; (OC): AU.

剑叶鳞始蕨 **Lindsaea ensifolia** Sw. 【N, W/C】♣CBG, FLBG, SCBG, XTBG; ●GD, JX, SH, YN; ★(AF): MG, NG; (AS): CN, JP, LA, MY, SG; (OC): AU, PAF.

异叶鳞始蕨 **Lindsaea heterophylla** Dryand. 【N, W/C】♣FLBG, SCBG; ●FJ, GD, GX, JX, TW, YN; ★(AF): MG; (AS): CN, IN, MY, SG, VN; (OC): AU.

攀缘鳞始蕨 **Lindsaea merrillii** var. **yaeyamensis** (Tagawa) W. C. Shieh 【N, W/C】♣TMNS; ●TW; ★(AS): CN, JP.

团叶鳞始蕨 **Lindsaea orbiculata** (Lam.) Mett. ex Kuhn 【N, W/C】♣CBG, FBG, FLBG, GMG, GXIB, SCBG, WBG; ●FJ, GD, GX, GZ, HB, JX, SC, SH, TW, YN; ★(AS): CN, ID, IN, JP, LK, MM, MY, NP, PH, SG, TH, VN; (OC): AU.

22. 凤尾蕨科 PTERIDACEAE

珠蕨属 Cryptogramma

稀叶珠蕨 **Cryptogramma stelleri** (S. G. Gmel.) Prantl 【N, W/C】●HE, QH, SC, SN, SX, TW, XJ, XZ, YN; ★(AS): CN, ID, IN, JP, MN, NP, RU-AS; (EU): RU.

凤丫蕨属 Coniogramme

峨眉凤丫蕨 **Coniogramme emeiensis** Ching et K. H. Shing 【N, W/C】♣CBG, IBCAS, SCBG, XTBG; ●BJ, GD, SC, SH, YN; ★(AS): CN.

镰羽凤丫蕨 **Coniogramme falcipinna** Ching et K. H. Shing 【N, W/C】♣WBG; ●HB; ★(AS): CN.

全缘凤丫蕨 **Coniogramme fraxinea** (D. Don) Fée ex Diels 【N, W/C】♣TMNS, XTBG; ●TW, YN; ★(AS): CN, ID, IN, LA, MY, NP, VN; (OC): AU.

普通凤丫蕨 **Coniogramme intermedia** Hieron. 【N, W/C】♣GXIB, KBG, WBG, XTBG; ●GX, HB, YN; ★(AS): CN, JP, KP, KR, MN, RU-AS, VN.

无毛凤丫蕨 **Coniogramme intermedia** var. **glabra** Ching 【N, W/C】♣CBG, GBG, KBG, WBG, XTBG; ●GZ, HB, SC, SH, TW, YN; ★(AS): CN,

JP, KP, KR, VN.

凤丫蕨 **Coniogramme japonica** (Thunb.) Diels【N, W/C】♣CBG, GA, GBG, GXIB, HBG, IBCAS, KBG, LBG, NBG, SCBG, TMNS, WBG, XMBG, XTBG, ZAFU; ●BJ, FJ, GD, GX, GZ, HB, JS, JX, SH, TW, YN, ZJ; ★(AS): CN, JP, KR.

黑轴凤丫蕨 **Coniogramme robusta** (H. Chr.) H. Chr. 【N, W/C】 ♣CBG, KBG, WBG; ●HB, SC, SH, YN; ★(AS): CN.

紫秆凤丫蕨 **Coniogramme rubicaulis** Ching ex K. H. Shing【N, W/C】♣XTBG; ●YN; ★(AS): CN.

美丽凤丫蕨 **Coniogramme venusta** Ching ex K. H. Shing 【N, W/C】 ♣XTBG; ●YN; ★(AS): CN.

卤蕨属 Acrostichum

卤蕨 **Acrostichum aureum** L. 【N, W/C】 ♣CBG, FLBG, NBG, SCBG, TMNS, XMBG; ●FJ, GD, JS, JX, SH, TW; ★(AF): MG, NG, ZA; (AS): CN, ID, JP, MY, PH, SG, VN; (OC): AU.

尖叶卤蕨 **Acrostichum speciosum** Willd. 【N, W/C】 ♣SCBG, XTBG; ●GD, YN; ★(AF): MG; (AS): CN, ID, IN, JP, MY, PH, SG; (OC): AU, PAF.

水蕨属 Ceratopteris

角水蕨 **Ceratopteris cornuta** (P. Beauv.) Lepr. 【I, C】 ♣TMNS; ●TW; ★(AF): MG, NG; (OC): AU.

粗梗水蕨 **Ceratopteris pteridoides** (Hook.) Hieron. 【N, W/C】 ♣FLBG, GMG, GXIB, HBG, IBCAS, LBG, NBG, SCBG, TBG, TMNS, WBG, XMBG, XTBG, ZAFU; ●AH, BJ, FJ, GD, GX, HB, JS, JX, SC, TW, YN, ZJ; ★(AS): BD, CN, IN, VN; (NA): CR, HN, MX, NI, PA, SV, US; (SA): AR, BO, BR, CO, EC, PE, PY, VE.

水蕨 **Ceratopteris thalictroides** (L.) Brongn. 【N, W/C】 ♣FBG, HBG, NBG, SCBG, WBG, XTBG; ●FJ, GD, HB, JS, YN, ZJ; ★(AF): ZA; (AS): CN, ID, JP, KR, LA, MY, SG, VN; (OC): AU.

扇掌蕨属 Actiniopteris

扇掌蕨 **Actiniopteris semiflabellata** Pic. Serm. 【I, C】 ♣IBCAS; ●BJ; ★(AF): MG, ZA.

金粉蕨属 Onychium

野雉尾金粉蕨 **Onychium japonicum** (Thunb.) Kunze 【N, W/C】 ♣FBG, KBG, LBG, NBG, NSBG, SCBG, WBG, XMBG; ●BJ, CQ, FJ, GD, HB, JS, JX, YN; ★(AS): CN, ID, IN, JP, KR, NP, PH.

栗柄金粉蕨 **Onychium japonicum** var. **lucidum** (D. Don) H. Chr.【N, W/C】♣CBG, GA, GBG, GMG, GXIB, HBG, KBG, LBG, SCBG, TBG, TMNS, WBG, XMBG, ZAFU; ●FJ, GD, GX, GZ, HB, JX, SC, SH, TW, YN, ZJ; ★(AS): BT, CN, ID, IN, JP, KH, LA, LK, MM, NP, TH, VN.

繁羽金粉蕨 **Onychium plumosum** Ching 【N, W/C】 ♣KBG; ●YN; ★(AS): CN.

金粉蕨 **Onychium siliculosum** (Desv.) C. Chr. 【N, W/C】 ♣KBG, NBG; ●JS, YN; ★(AS): CN, ID, IN, KH, LA, MM, MY, PH, TH, VN.

粉叶蕨属 Pityrogramma

粉叶蕨 **Pityrogramma calomelanos** (L.) Link 【I, C/N】 ♣FLBG, IBCAS, KBG, SCBG; ●BJ, GD, JX, TW, YN; ★(NA): BZ, CR, CU, DO, GT, HN, JM, MX, NI, PA, PR, SV, US, VG; (SA): AR, BO, BR, CO, EC, GY, PE, PY, UY, VE.

天梯蕨属 Jamesonia

天梯蕨 **Jamesonia canescens** Kunze 【I, C】 ♣XTBG; ●YN; ★(NA): CR, MX; (SA): BR, EC.

凤尾蕨属 Pteris

猪鬣凤尾蕨 **Pteris actiniopteroides** H. Chr. 【N, W/C】 ♣CBG, GBG, SCBG; ●GD, GZ, SC, SH; ★(AS): CN.

红秆凤尾蕨 **Pteris amoena** Blume 【N, W/C】 ♣XTBG; ●BJ, YN; ★(AS): CN, ID, IN, MM.

银叶凤尾蕨 **Pteris argyraea** T. Moore 【I, C】 ●TW; ★(AS): IN.

紫轴凤尾蕨 **Pteris aspericaulis** Wall. ex J. Agardh 【N, W/C】 ♣KBG, SCBG, WBG, XTBG; ●GD, HB, YN; ★(AS): BT, CN, ID, IN, LK, NP, PH, TH.

高原凤尾蕨 **Pteris aspericaulis** var. **cuspigera** Ching 【N, W/C】 ♣XTBG; ●YN; ★(AS): CN.

三色凤尾蕨 **Pteris aspericaulis** var. **tricolor** T. Moore ex Lowe 【N, W/C】 ♣XTBG; ●YN; ★(AS): CN, LK.

华南凤尾蕨 **Pteris austrosinica** (Ching) Ching【N, W/C】 ♣CBG, WBG; ●HB, SH; ★(AS): CN.

钝裂凤尾蕨 **Pteris blumeana** C. Agardh 【I, C】

●TW; ★(AS): PH.

条纹凤尾蕨 **Pteris cadieri** H. Chr. 【N, W/C】 ♣CBG, FBG, FLBG, SCBG, WBG, XTBG; ●BJ, FJ, GD, HB, JX, SH, YN; ★(AS): CN, JP, VN.

海南凤尾蕨 **Pteris cadieri** var. **hainanensis** (Ching) S. H. Wu【N, W/C】♣CBG, FLBG, KBG, SCBG, WBG, XTBG; ●GD, HB, JX, SC, SH, YN; ★(AS): CN.

欧洲凤尾蕨 **Pteris cretica** L. 【N, W/C】 ♣BBG, CBG, IBCAS, KBG, LBG, SCBG, TMNS, WBG, XMBG, XTBG; ●BJ, FJ, GD, HB, JX, SC, SH, TW, YN; ★(AF): MG, ZA; (AS): BT, CN, ID, JP, KP, KR, LK, NP, VN; (OC): NZ.

中间凤尾蕨 **Pteris cretica** var. **intermedia** (Christ) C. Chr. 【N, W/C】 ♣CBG, FBG, FLBG, GA, GBG, GXIB, IBCAS, KBG, LBG, NSBG, SCBG, WBG, XMBG, XTBG; ●BJ, CQ, FJ, GD, GX, GZ, HB, JX, SC, SH, YN; ★(AS): BT, CN, KH, LK, NP, VN.

粗糙凤尾蕨 **Pteris cretica** var. **laeta** (Wall. ex Ettingsh.) C. Chr. et Tardieu 【N, W/C】 ♣CBG, SCBG, XTBG; ●GD, SH, YN; ★(AS): BT, CN, KH, LK, NP, VN.

珠叶凤尾蕨 **Pteris cryptogrammoides** Ching 【N, W/C】 ♣XMBG; ●FJ; ★(AS): CN.

指叶凤尾蕨 **Pteris dactylina** Hook. 【N, W/C】 ♣SCBG; ●GD, SC; ★(AS): CN, LK, MY, NP.

多羽凤尾蕨 **Pteris decrescens** H. Chr. 【N, W/C】 ♣KBG, SCBG, XTBG; ●GD, YN; ★(AS): CN, VN.

岩凤尾蕨 **Pteris deltodon** Baker【N, W/C】♣GBG, IBCAS, WBG; ●BJ, GZ, HB, SC; ★(AS): CN, JP, LA, VN.

刺齿半边旗 **Pteris dispar** Kunze【N, W/C】♣FBG, FLBG, GXIB, HBG, LBG, NBG, SCBG, TMNS, XMBG; ●FJ, GD, GX, JS, JX, SC, TW, ZJ; ★(AS): CN, JP, KR, MM, MY, PH.

疏羽半边旗 **Pteris dissitifolia** Baker 【N, W/C】 ♣WBG, XTBG; ●HB, YN; ★(AS): CN, LA, VN.

剑叶凤尾蕨 **Pteris ensiformis** Burm. f. 【N, W/C】 ♣CBG, CDBG, FBG, FLBG, GMG, GXIB, KBG, SCBG, TMNS, WBG, XLTBG, XMBG, XOIG, XTBG; ●FJ, GD, GX, HB, HI, JX, SC, SH, TW, YN; ★(AS): CN, ID, IN, JP, MY, NP, SG, VN; (OC): AU.

白羽凤尾蕨 **Pteris ensiformis** var. **victoriae** Baker 【N, W/C】 ♣KBG, XMBG, ZAFU; ●FJ, YN, ZJ; ★(AS): CN.

阔叶凤尾蕨 **Pteris esquirolii** H. Chr. 【N, W/C】 ♣KBG, SCBG, XTBG; ●GD, SC, YN; ★(AS): CN, VN.

溪边凤尾蕨 **Pteris excelsa** Gaudich. 【N, W/C】 ♣CBG, FBG, GBG, GXIB, KBG, SCBG, WBG, XTBG; ●FJ, GD, GX, GZ, HB, SC, SH, YN; ★(AS): CN, ID, IN, JP, KR, MY, NP, PH; (OC): US-HW.

傅氏凤尾蕨 **Pteris fauriei** Hieron. 【N, W/C】 ♣CBG, FBG, FLBG, GMG, GXIB, HBG, IBCAS, KBG, SCBG, TMNS, WBG, XMBG, XTBG; ●BJ, FJ, GD, GX, HB, JX, SC, SH, TW, YN, ZJ; ★(AS): CN, JP, VN.

百越凤尾蕨 **Pteris fauriei** var. **chinensis** Ching et S. H. Wu 【N, W/C】 ♣CBG, FLBG, HBG, IBCAS, TBG, TMNS, XMBG, XTBG; ●BJ, FJ, GD, JX, SH, TW, YN, ZJ; ★(AS): CN.

疏裂凤尾蕨 **Pteris finotii** H. Chr. 【N, W/C】 ♣SCBG; ●GD; ★(AS): CN, VN.

美丽凤尾蕨 **Pteris formosana** Baker 【N, W/C】 ♣TMNS; ●TW; ★(AS): CN, JP.

鸡爪凤尾蕨 **Pteris gallinopes** Ching 【N, W/C】 ♣SCBG; ●GD; ★(AS): CN.

林下凤尾蕨 **Pteris grevilleana** Wall. 【N, W/C】 ♣GXIB, SCBG; ●GD, GX; ★(AS): BT, CN, ID, IN, JP, MY, NP, PH, TH, VN.

长尾凤尾蕨 **Pteris heteromorpha** Fée 【N, W/C】 ♣XTBG; ●YN; ★(AS): CN, LA, MM, MY, PH, VN.

中华凤尾蕨 **Pteris inaequalis** Baker 【N, W/C】 ♣CBG; ●SH; ★(AS): CN, JP.

全缘凤尾蕨 **Pteris insignis** Mett. ex Kuhn 【N, W/C】 ♣CBG, FBG, FLBG, IBCAS, SCBG, WBG, XTBG; ●BJ, FJ, GD, HB, JX, SH, YN; ★(AS): CN, MY, VN.

平羽凤尾蕨 **Pteris kiuschiuensis** Hieron. 【N, W/C】 ♣CBG, WBG, XMBG; ●FJ, HB, SH; ★(AS): CN, JP.

华中凤尾蕨 **Pteris kiuschiuensis** var. **centrochinensis** Ching et S. H. Wu 【N, W/C】 ♣GXIB, WBG; ●GX, HB, SC; ★(AS): CN.

线羽凤尾蕨 **Pteris linearis** Poir. 【N, W/C】 ♣FLBG, SCBG, TMNS, WBG, XTBG; ●GD, HB, JX, SC, TW, YN; ★(AF): BI, CM, MG, MU, UG; (AS): CN, IN, VN.

三轴凤尾蕨 **Pteris longipes** D. Don 【N, W/C】 ♣XTBG; ●BJ, YN; ★(AS): BT, CN, ID, IN, LK, MY, NP, PH, TH.

长叶凤尾蕨 **Pteris longipinna** Hayata 【N, W/C】 ♣TMNS, XTBG; ●TW, YN; ★(AS): CN.

翠绿凤尾蕨 **Pteris longipinnula** Wall. ex J. Agardh 【N, W/C】 ♣XTBG; ●YN; ★(AS): CN, ID, IN, MY, VN.

两广凤尾蕨 **Pteris maclurei** Ching 【N, W/C】 ♣WBG; ●HB; ★(AS): CN.

琼南凤尾蕨 **Pteris morii** Masam. 【N, W/C】 ♣XTBG; ●YN; ★(AS): CN.

井栏边草（井栏凤尾蕨）**Pteris multifida** Roxb. 【N, W/C】 ♣BBG, CBG, CDBG, FBG, FLBG, GA, GBG, GMG, GXIB, HBG, IBCAS, KBG, LBG, NBG, NSBG, SCBG, TBG, TMNS, WBG, XLTBG, XMBG, XTBG, ZAFU; ●BJ, CQ, FJ, GD, GX, GZ, HB, HE, HI, JS, JX, SC, SH, TW, YN, ZJ; ★(AS): CN, JP, KR, PH, SG, VN.

斜羽凤尾蕨 **Pteris oshimensis** Hieron. 【N, W/C】 ♣CBG, SCBG, WBG, XTBG; ●GD, HB, SH, YN; ★(AS): CN, JP, VN.

半边旗 **Pteris semipinnata** L. 【N, W/C】 ♣CBG, FBG, FLBG, GA, GMG, GXIB, HBG, IBCAS, KBG, LBG, SCBG, TBG, TMNS, WBG, XLTBG, XMBG, XTBG, ZAFU; ●BJ, FJ, GD, GX, HB, HI, JX, SC, SH, TW, YN, ZJ; ★(AS): CN, ID, IN, JP, KR, LA, LK, MM, MY, PH, SG, TH, VN.

有刺凤尾蕨 **Pteris setulosocostulata** Hayata 【N, W/C】 ♣KBG; ●YN; ★(AS): CN, JP, PH.

澳洲凤尾蕨 **Pteris tremula** R. Br. 【I, C】 ★(AF): ZA; (OC): AU.

三叉凤尾蕨 **Pteris tripartita** Sw. 【N, W/C】 ♣KBG; ●YN; ★(AS): CN, ID, IN, LA, LK, MY, PH, SG; (OC): AU.

爪哇凤尾蕨 **Pteris venusta** Kunze 【N, W/C】 ♣XTBG; ●YN; ★(AS): BT, CN, ID, IN, KH, LA, LK, MM, MY, NP, VN.

蜈蚣凤尾蕨 **Pteris vittata** L. 【N, W/C】 ♣FBG, FLBG, GXIB, KBG, LBG, SCBG, WBG, XMBG, XTBG; ●FJ, GD, GX, HB, JX, YN; ★(AF): MG, ZA; (AS): BT, CN, ID, IN, JP, MY, NP, PH, SG; (OC): AU, NZ.

西南凤尾蕨 **Pteris wallichiana** J. Agardh 【N, W/C】 ♣FBG, GXIB, IBCAS, KBG, SCBG, TMNS, XTBG; ●BJ, FJ, GD, GX, SC, TW, YN; ★(AS): BT, CN, ID, IN, JP, LA, LK, MY, NP, PH.

铁线蕨属 **Adiantum**

团羽铁线蕨 **Adiantum capillus-junonis** Rupr. 【N, W/C】 ♣BBG, GBG, GMG, KBG, LBG, SCBG, WBG; ●BJ, GD, GX, GZ, HB, JX, YN; ★(AS): CN, JP, KP, KR.

铁线蕨 **Adiantum capillus-veneris** (L.) Hook. 【N, W/C】 ♣BBG, CBG, CDBG, FBG, FLBG, GBG, GMG, GXIB, HBG, IBCAS, KBG, LBG, NBG, SCBG, TBG, TMNS, WBG, XMBG, XOIG, ZAFU; ●BJ, FJ, GD, GS, GX, GZ, HB, HE, JL, JS, JX, SC, SH, SN, TW, YN, ZJ; ★(AF): MG, ZA; (AS): AF, CN, ID, IN, JP, MY, PH; (OC): AU, NZ.

鞭叶铁线蕨 **Adiantum caudatum** Henriq. 【N, W/C】 ♣FLBG, GMG, GXIB, SCBG, TMNS, WBG, XMBG, XTBG; ●FJ, GD, GX, HB, JX, TW, YN; ★(AS): CN, ID, KH, LA, NP, PH, VN.

白背铁线蕨 **Adiantum davidii** Franch. 【N, W/C】 ♣KBG, WBG; ●HB, YN; ★(AS): CN.

长尾铁线蕨 **Adiantum diaphanum** Blume 【N, W/C】 ♣CBG, FBG, TMNS; ●FJ, SH, TW; ★(AS): CN, ID, IN, LA, MY, PH, SG, VN; (OC): AU, NZ, PAF.

普通铁线蕨 **Adiantum edgeworthii** Hook. 【N, W/C】 ♣KBG, TMNS; ●BJ, SC, TW, YN; ★(AS): CN, ID, IN, JP, MM, NP, PH, VN.

肾盖铁线蕨 **Adiantum erythrochlamys** Diels 【N, W/C】 ♣WBG; ●HB; ★(AS): CN.

冯氏铁线蕨 **Adiantum fengianum** Ching 【N, W/C】 ♣KBG, WBG; ●HB, YN; ★(AS): CN.

长盖铁线蕨 **Adiantum fimbriatum** Christ 【N, W/C】 ♣KBG; ●YN; ★(AS): CN.

扇叶铁线蕨 **Adiantum flabellulatum** L. 【N, W/C】 ♣FBG, FLBG, GA, GMG, GXIB, HBG, IBCAS, KBG, LBG, SCBG, XMBG, XTBG, ZAFU; ●BJ, FJ, GD, GX, JX, SC, YN, ZJ; ★(AS): CN, ID, IN, JP, LK, MM, MY, SG, VN.

毛叶铁线蕨 **Adiantum hispidulum** Sw. 【N, W/C】 ♣BBG, CBG, FLBG, KBG, TMNS, XTBG; ●BJ, GD, JX, LN, SC, SH, TW, YN; ★(AS): CN, PH; (OC): AU, PAF.

贤育铁线蕨 **Adiantum hoi** Ching 【N, W/C】 ♣HBG; ●ZJ; ★(AS): CN.

仙霞铁线蕨 **Adiantum juxtapositum** Ching 【N, W/C】 ♣CBG; ●SH; ★(AS): CN.

宽叶铁线蕨 **Adiantum latifolium** Lam. 【I, C】 ●TW; ★(NA): BZ, CR, CU, DO, GT, HN, HT, JM, LW, MX, NI, PA, PR, SV, TT, WW; (SA): AR, BO, BR, CO, EC, PE, VE.

大叶铁线蕨 **Adiantum macrophyllum** Sw. 【I, C】

♣LBG, TBG, TMNS; ●JX, TW; ★(NA): PR, US.

假鞭叶铁线蕨 **Adiantum malesianum** J. Ghatak【N, W/C】♣CBG, GXIB, KBG, WBG, XTBG; ●GX, HB, SH, TW, YN; ★(AS): CN, ID, IN, LK, MM, MY, PH, TH, VN.

小铁线蕨 **Adiantum mariesii** Baker【N, W/C】♣CBG; ●SH; ★(AS): CN.

灰背铁线蕨 **Adiantum myriosorum** Baker【N, W/C】♣CBG, KBG, SCBG, WBG; ●GD, HB, SC, SH, YN; ★(AS): CN.

*光滑铁线蕨 **Adiantum nudum** A. R. Sm.【I, C】●BJ; ★(SA): GY.

掌叶铁线蕨 **Adiantum pedatum** L.【N, W/C】♣KBG; ●YN; ★(AS): CN, ID, JP, KP, KR, MN, MY, NP, RU-AS.

*秘鲁铁线蕨 **Adiantum peruvianum** Klotzsch【I, C】♣FLBG; ●GD, JX, TW; ★(SA): EC.

斜基铁线蕨 **Adiantum petiolatum** Desv.【I, C】♣TMNS; ●TW; ★(NA): PR, US.

半月形铁线蕨 **Adiantum philippense** L.【N, W/C】♣FLBG, GXIB, KBG, SCBG, TMNS, WBG, XTBG; ●BJ, GD, GX, HB, JX, TW, YN; ★(AF): MG, NG; (AS): CN, ID, IN, LA, MM, MY, PH, TH, VN.

楔叶铁线蕨 **Adiantum raddianum** C. Presl【I, C】♣BBG, KBG, NBG, TMNS, XMBG; ●BJ, FJ, JS, TW, YN; ★(AF): ZA; (AS): SG; (OC): NZ.

月芽铁线蕨 **Adiantum refractum** Christ【N, W/C】♣WBG; ●HB; ★(AS): CN.

*肾叶铁线蕨 **Adiantum reniforme** L.【I, C】●SC; ★(AF): KE, MG.

*细辛叶铁线蕨 **Adiantum reniforme** var. **asarifolium** (Willd.) R. Sim【I, C】♣XTBG; ●YN; ★(AF): ES-CS; (EU): PT-30.

荷叶铁线蕨 **Adiantum reniforme** var. **sinense** Y. X. Lin【N, W/C】♣GXIB, IBCAS, KBG, NSBG, SCBG, WBG, XMBG, XTBG; ●BJ, CQ, FJ, GD, GX, HB, YN; ★(AS): CN.

脆铁线蕨 **Adiantum tenerum** Sw.【I, C】●TW, YN; ★(AS): ID; (OC): US-HW.

梯叶铁线蕨 **Adiantum trapeziforme** L.【I, C】♣IBCAS, SCBG, TMNS; ●BJ, GD, TW; ★(NA): BZ, CR, CU, GT, HN, HT, JM, MX, NI, PR, SV, WW; (SA): BR, CO, EC.

书带蕨属 Haplopteris

剑叶书带蕨 **Haplopteris amboinensis** (Fée) X. C. Zhang【N, W/C】♣SCBG, WBG; ●GD, HB; ★(AS): CN, ID, IN, LK, MM.

带状书带蕨 **Haplopteris doniana** (Mett. ex Hieron.) E. H. Crane【N, W/C】♣CBG, KBG, SCBG, WBG; ●GD, HB, SH, YN; ★(AS): BT, CN, ID, IN, LK, MM.

唇边书带蕨 **Haplopteris elongata** (Sw.) E. H. Crane【N, W/C】♣CBG, FLBG, IBCAS, KBG, SCBG, XTBG; ●BJ, GD, JX, SH, YN; ★(AS): CN, ID, IN, JP, KH, LA, LK, MM, MY, NP, PH, TH, VN; (OC): PAF.

书带蕨 **Haplopteris flexuosa** (Fée) E. H. Crane【N, W/C】♣CBG, FBG, GA, GBG, HBG, IBCAS, KBG, LBG, NBG, SCBG, TMNS, WBG, XTBG; ●BJ, FJ, GD, GZ, HB, JS, JX, SC, SH, TW, YN, ZJ; ★(AS): BT, CN, ID, IN, JP, KH, KR, LA, LK, MM, NP, TH, VN.

平肋书带蕨 **Haplopteris fudzinoi** (Makino) E. H. Crane【N, W/C】♣LBG, WBG; ●HB, JX; ★(AS): CN, JP.

海南书带蕨 **Haplopteris hainanensis** (C. Chr. ex Ching) E. H. Crane【N, W/C】♣KBG, SCBG; ●GD, YN; ★(AS): CN, VN.

车前蕨属 Antrophyum

美叶车前蕨 **Antrophyum callifolium** Blume【N, W/C】♣IBCAS, KBG, SCBG, XTBG; ●BJ, GD, YN; ★(AS): BT, CN, ID, IN, KH, LA, LK, MY, PH, SG, TH, VN; (OC): AU, PAF.

车前蕨（革叶车前蕨）**Antrophyum henryi** Hieron.【N, W/C】♣KBG, XTBG; ●YN; ★(AS): CN, ID, IN, LK, TH.

长柄车前蕨 **Antrophyum obovatum** Baker【N, W/C】♣GMG, KBG; ●GX, SC, YN; ★(AS): CN, JP, TH, VN.

无柄车前蕨 **Antrophyum parvulum** Blume【N, W/C】●TW; ★(AS): CN, ID, IN, JP, LK, MY, PH, SG, TH, VN.

书带车前蕨 **Antrophyum vittarioides** Baker【N, W/C】♣KBG, WBG; ●HB, YN; ★(AS): CN, VN.

戟叶黑心蕨属 Calciphilopteris

戟叶黑心蕨 **Calciphilopteris ludens** (Wall. ex Hook.) Yesilyurt et H. Schneid.【N, W/C】♣KBG, SCBG, XTBG; ●GD, TW, YN; ★(AS): CN, ID, IN, KH, LA, MM, MY, PH, VN; (OC): AU.

旱蕨属 Pellaea

紫岩旱蕨 **Pellaea atropurpurea** (L.) Link 【I, C】 ★(NA): CA, GT, MX, US.

纽扣蕨 **Pellaea rotundifolia** Hook. 【I, C】 ♣CBG, KBG, XTBG; ●SH, TW, YN; ★(OC): NZ.

大叶绿旱蕨（绿旱蕨）**Pellaea viridis** (Forssk.) Prantl 【I, C】 ♣KBG; ●TW, YN; ★(AF): MG; (OC): AU, NZ.

金毛裸蕨属 Paragymnopteris

川西金毛裸蕨 **Paragymnopteris bipinnata** (H. Chr.) K. H. Shing 【N, W/C】 ♣KBG; ●YN; ★(AS): CN, RU-AS.

滇西金毛裸蕨 **Paragymnopteris delavayi** (Baker) K. H. Shing 【N, W/C】 ♣KBG; ●YN; ★(AS): CN, RU-AS.

欧洲金毛裸蕨 **Paragymnopteris marantae** (L.) K. H. Shing 【N, W/C】 ●BJ; ★(AS): CN, MY, RU-AS.

金毛裸蕨 **Paragymnopteris vestita** (Wall. ex C. Presl) K. H. Shing 【N, W/C】 ♣KBG; ●YN; ★(AS): CN, IN, NP, RU-AS.

泽泻蕨属 Parahemionitis

泽泻蕨 **Parahemionitis cordata** (Hook. et Grev.) Fraser-Jenk. 【N, W/C】 ♣CBG, IBCAS, KBG, SCBG; ●BJ, GD, SH, YN; ★(AS): CN, ID, IN, KH, LA, LK, MY, PH, VN.

黑心蕨属 Doryopteris

黑心蕨 **Doryopteris concolor** Tardieu 【N, W/C】 ♣IBCAS, TMNS; ●BJ, TW; ★(AF): MG, ZA; (AS): CN, PH; (OC): AU.

鸟足黑心蕨 **Doryopteris pedata** (L.) Fée 【I, C】 ●TW; ★(NA): PR, US.

粉背蕨属 Aleuritopteris

小叶中国蕨 **Aleuritopteris albofusca** (Baker) Pic. Serm. 【N, W/C】 ♣CBG; ●SH; ★(AS): CN.

白边粉背蕨 **Aleuritopteris albomarginata** (C. B. Clarke) Ching 【N, W/C】 ♣KBG, XTBG; ●YN; ★(AS): CN, IN, NP.

粉背蕨（多鳞粉背蕨）**Aleuritopteris anceps** (Blanf.) Panigrahi 【N, W/C】 ♣CBG, LBG, WBG; ●HB, JX, SC, SH; ★(AS): CN, IN, LK, NP, PH; (SA): EC.

银粉背蕨 **Aleuritopteris argentea** (S. G. Gmel.) Fée 【N, W/C】 ♣BBG, CBG, GXIB, HBG, IBCAS, LBG, NBG, SCBG, TMNS, WBG, XMBG, ZAFU; ●BJ, FJ, GD, GX, HB, HE, JL, JS, JX, LN, NM, SC, SD, SH, SN, SX, TW, YN, ZJ; ★(AS): CN, IN, JP, KP, LK, MN, RU-AS.

陕西粉背蕨 **Aleuritopteris argentea** var. **obscura** (H. Chr.) Ching 【N, W/C】 ♣BBG, LBG, SCBG; ●BJ, GD, JX; ★(AS): CN, IN, JP, KP, KR, MN.

无盖粉背蕨 **Aleuritopteris dealbata** (C. Presl) Fée 【N, W/C】 ♣TMNS; ●TW; ★(AS): CN, ID, IN, LK, NP.

裸叶粉背蕨 **Aleuritopteris duclouxii** (H. Chr.) Ching 【N, W/C】 ♣KBG; ●YN; ★(AS): CN.

中国蕨 **Aleuritopteris grevilleoides** (Christ) G. M. Zhang ex X. C. Zhang 【N, W/C】 ♣IBCAS; ●BJ, SC, YN; ★(AS): CN.

阔盖粉背蕨 **Aleuritopteris grisea** (Blanf.) Panigrahi 【N, W/C】 ●YN; ★(AS): CN, IN, NP, TH.

华北粉背蕨 **Aleuritopteris kuhnii** (Milde) Ching 【N, W/C】 ●BJ; ★(AS): CN, JP, KP, KR, MN, RU-AS.

丽江粉背蕨 **Aleuritopteris likiangensis** Ching 【N, W/C】 ♣KBG; ●YN; ★(AS): CN.

绒毛粉背蕨 **Aleuritopteris subvillosa** (Hook.) Ching 【N, W/C】 ♣CBG; ●SH; ★(AS): BT, CN, ID, IN, LK, MM, NP.

金爪粉背蕨（硫磺粉背蕨）**Aleuritopteris veitchii** (H. Chr.) Ching 【N, W/C】 ♣XTBG; ●YN; ★(AS): CN.

碎米蕨属 Cheilanthes

伯杰姬蕨 **Cheilanthes bergiana** Schltdl. 【I, C】 ★(AF): MG, ZA.

中华隐囊蕨 **Cheilanthes chinensis** (Baker) Domin 【N, W/C】 ♣WBG; ●HB; ★(AS): CN.

毛轴碎米蕨 **Cheilanthes chusana** Hook. 【N, W/C】 ♣CBG, FBG, FLBG, GXIB, HBG, LBG, SCBG, WBG, XMBG, ZAFU; ●FJ, GD, GX, HB, JX, SC, SH, TW, ZJ; ★(AS): CN, IN, JP, PH, VN.

厚叶碎米蕨 **Cheilanthes insignis** Ching 【N, W/C】 ♣XTBG; ●YN; ★(AS): CN.

旱蕨 **Cheilanthes nitidula** Hook. 【N, W/C】 ♣CBG, KBG, LBG; ●JX, SH, TW, YN; ★(AS):

BT, CN, ID, JP, LK, NP, VN.

隐囊蕨 **Cheilanthes nudiuscula** (R. Br.) T. Moore 【N, W/C】 ♣CBG, FLBG, SCBG, XMBG; ●FJ, GD, JX, SC, SH; ★(AS): CN, ID, PH; (OC): AU, PAF.

碎米蕨 **Cheilanthes opposita** Kaulf. 【N, W/C】 ♣XMBG; ●FJ; ★(AS): CN.

薄叶碎米蕨 **Cheilanthes tenuifolia** (N. L. Burman) Sw. 【N, W/C】 ♣FLBG, XTBG; ●GD, JX, YN; ★(AS): CN, ID; (OC): PAF.

23. 碗蕨科 DENNSTAEDTIACEAE

碗蕨属 Dennstaedtia

细毛碗蕨 **Dennstaedtia hirsuta** (Sw.) Mett. ex Miq. 【N, W/C】 ♣CBG, LBG; ●JX, SH; ★(AS): CN, JP, KP, KR, MN, RU-AS.

乌柄碗蕨 **Dennstaedtia melanostipes** Ching 【N, W/C】 ♣XTBG; ●YN; ★(AS): CN.

碗蕨 **Dennstaedtia scabra** (Wall. ex Hook.) T. Moore 【N, W/C】 ♣GA, GBG, LBG, SCBG, WBG; ●GD, GZ, HB, JX, SC; ★(AS): BT, CN, ID, IN, JP, KP, KR, LA, LK, MM, MY, NP, PH, VN.

光叶碗蕨 **Dennstaedtia scabra** var. **glabrescens** (Ching) C. Chr. 【N, W/C】 ♣CBG; ●SH; ★(AS): CN, IN, JP, KP, KR, LA, LK, VN.

溪洞碗蕨 **Dennstaedtia wilfordii** (T. Moore) H. Chr. 【N, W/C】 ♣FBG, IBCAS, LBG; ●BJ, FJ, JX; ★(AS): CN, JP, KP, KR, MN, RU-AS.

鳞盖蕨属 Microlepia

毛盖鳞盖蕨 **Microlepia × hirtiindusiata** P. S. Wang 【N, C】 ★(AS): CN.

金果鳞盖蕨 **Microlepia chrysocarpa** Ching 【N, W/C】 ♣KBG; ●YN; ★(AS): CN.

华南鳞盖蕨 **Microlepia hancei** Prantl 【N, W/C】 ♣CBG, FBG, FLBG, GMG, LBG, SCBG, TMNS, WBG, XMBG; ●FJ, GD, GX, HB, JX, SH, TW; ★(AS): CN, ID, IN, JP.

虎克鳞盖蕨 **Microlepia hookeriana** (Wall. ex Hook.) C. Presl 【N, W/C】 ♣FBG, IBCAS, KBG; ●BJ, FJ, SC, YN; ★(AS): CN, ID, IN, JP, MY, NP, TH, VN.

西南鳞盖蕨 **Microlepia khasiyana** (Hook.) C. Presl 【N, W/C】 ♣CBG, KBG, NSBG, WBG; ●CQ, HB, SC, SH, YN; ★(AS): CN, ID, IN, MM.

边缘鳞盖蕨 **Microlepia marginata** (Panz.) C. Chr. 【N, W/C】 ♣CBG, FBG, GBG, GXIB, IBCAS, KBG, LBG, NBG, SCBG, TMNS, WBG, XTBG, ZAFU; ●BJ, FJ, GD, GX, GZ, HB, JS, JX, SC, SH, TW, YN, ZJ; ★(AS): CN, ID, JP, KP, KR, LK, NP, VN; (OC): PAF.

二羽边缘鳞盖蕨 **Microlepia marginata** var. **bipinnata** Makino 【N, W/C】 ♣LBG; ●JX; ★(AS): CN, JP, LK, NP, VN.

光叶鳞盖蕨 **Microlepia marginata** var. **calvescens** (Wall. ex Hook.) C. Chr. 【N, W/C】 ♣FBG; ●FJ; ★(AS): CN, ID, IN, VN.

羽叶鳞盖蕨 **Microlepia marginata** var. **intramarginalis** (Tagawa) Y. H. Yan 【N, W/C】 ♣TMNS; ●TW; ★(AS): CN.

毛叶边缘鳞盖蕨 **Microlepia marginata** var. **villosa** (C. Presl) Y. C. Wu 【N, W/C】 ♣CBG, WBG; ●HB, SH; ★(AS): CN, ID, IN, JP, KH, LK, MM, NP, PH, VN.

团羽鳞盖蕨 **Microlepia obtusiloba** Hayata 【N, W/C】 ♣GXIB, IBCAS, TMNS; ●BJ, GX, TW; ★(AS): CN, JP, VN.

阔叶鳞盖蕨 **Microlepia platyphylla** (D. Don) J. Sm. 【N, W/C】 ♣KBG, WBG, XTBG; ●HB, YN; ★(AS): CN, ID, IN, LK, MM, NP, PH, VN.

假粗毛鳞盖蕨 **Microlepia pseudostrigosa** Tardieu et C. Chr. 【N, W/C】 ♣CBG, FBG, GBG, GXIB, WBG; ●FJ, GX, GZ, HB, SC, SH; ★(AS): CN, KR.

斜方鳞盖蕨 **Microlepia rhomboidea** C. Presl 【N, W/C】 ♣KBG; ●YN; ★(AS): CN, ID, IN, MM, NP, PH, VN.

粗毛鳞盖蕨 **Microlepia strigosa** (Thunb.) C. Presl 【N, W/C】 ♣CBG, FBG, GA, IBCAS, KBG, TMNS, WBG, XMBG, XTBG; ●BJ, FJ, HB, JX, SH, TW, YN; ★(AS): BT, CN, ID, IN, JP, KP, KR, MY, NP, PH, TH; (OC): NZ.

亚粗毛鳞盖蕨 **Microlepia substrigosa** Tagawa 【N, W/C】 ♣GXIB; ●GX; ★(AS): CN, JP.

薄叶鳞盖蕨 **Microlepia tenera** H. Chr. 【N, W/C】 ♣XTBG; ●YN; ★(AS): CN.

针毛鳞盖蕨 **Microlepia trapeziformis** (Roxb.) Kuhn 【N, W/C】 ♣KBG; ●YN; ★(AS): BT, CN, ID, IN, JP, MM, MY, PH, TH, VN.

稀子蕨属 Monachosorum

尾叶稀子蕨 **Monachosorum flagellare** (Makino) Hayata【N, W/C】♣LBG; ●JX, SC; ★(AS): CN, JP.

稀子蕨 **Monachosorum henryi** H. Chr. 【N, W/C】♣KBG, LBG, SCBG, WBG, XTBG; ●GD, HB, JX, SC, YN; ★(AS): BT, CN.

岩穴蕨 **Monachosorum maximowiczii** (Baker) Hayata【N, W/C】♣LBG; ●JX; ★(AS): CN, JP.

蕨属 Pteridium

欧洲蕨 **Pteridium aquilinum** (L.) Kuhn【N, W/C】♣FLBG, HBG, SCBG, XMBG; ●FJ, GD, JX, ZJ; ★(AF): MG, NG; (AS): CN, ID, JP, KP, KR, LA, MN, MY, PH, RU-AS, SG; (OC): AU.

蕨 **Pteridium aquilinum** var. **latiusculum** (Desv.) Underw. ex A. Heller【N, W/C】♣CBG, FBG, FLBG, GA, GBG, GMG, GXIB, HBG, LBG, NBG, NSBG, TBG, TMNS, XLTBG, XMBG, ZAFU; ●CQ, FJ, GD, GX, GZ, HE, HI, HN, JS, JX, LN, SC, SH, TW, ZJ; ★(AS): CN, JP, KP, KR, RU-AS.

食蕨 **Pteridium esculentum** (G. Forst.) Cockayne【N, W/C】♣IBCAS; ●BJ; ★(AS): CN, ID, IN, MY; (OC): AU, NZ, PAF.

毛轴蕨 **Pteridium revolutum** (Blume) Nakai【N, W/C】♣GBG, NSBG, XTBG; ●CQ, GZ, YN; ★(AS): CN, ID, IN, KH, LA, LK, MM, MY, NP, PH, TH, VN; (OC): AU.

姬蕨属 Hypolepis

姬蕨 **Hypolepis punctata** (Thunb.) Mett.【N, W/C】♣CBG, FBG, GBG, GMG, IBCAS, KBG, LBG, SCBG, TMNS, ZAFU; ●BJ, FJ, GD, GX, GZ, JX, SH, TW, YN, ZJ; ★(AS): CN, ID, IN, JP, KR, MY, NP, PH; (OC): AU, NZ, PAF.

匍匐姬蕨 **Hypolepis repens** (L.) C. Presl【I, C】★(NA): PR, US.

栗蕨属 Histiopteris

栗蕨 **Histiopteris incisa** (Thunb.) J. Sm.【N, W/C】♣CBG, FLBG, SCBG, TMNS, WBG, XTBG; ●GD, HB, JX, SH, TW, YN; ★(AF): MG, ZA; (AS): CN, ID, JP, MY, SG, TH; (OC): AU.

24. 冷蕨科 CYSTOPTERIDACEAE

羽节蕨属 Gymnocarpium

东亚羽节蕨 **Gymnocarpium oyamense** (Baker) Ching【N, W/C】♣WBG; ●HB; ★(AS): CN, JP, NP, PH; (OC): PAF.

亮毛蕨属 Acystopteris

亮毛蕨 **Acystopteris japonica** (Luerss.) Nakai【N, W/C】♣FBG; ●FJ; ★(AS): CN, JP.

冷蕨属 Cystopteris

宝兴冷蕨 **Cystopteris moupinensis** Franch.【N, W/C】♣KBG; ●YN; ★(AS): CN, ID, IN, JP, LK, NP.

25. 轴果蕨科 RHACHIDOSORACEAE

轴果蕨属 Rhachidosorus

脆叶轴果蕨 **Rhachidosorus blotianus** Ching【N, W/C】♣KBG; ●YN; ★(AS): CN, VN.

喜钙轴果蕨 **Rhachidosorus consimilis** Ching【N, W/C】♣KBG, XTBG; ●YN; ★(AS): CN.

轴果蕨 **Rhachidosorus mesosorus** (Makino) Ching【N, W/C】♣NBG; ●JS; ★(AS): CN, JP, KR.

云贵轴果蕨 **Rhachidosorus truncatus** Ching【N, W/C】♣KBG, XTBG; ●YN; ★(AS): CN.

26. 肠蕨科 DIPLAZIOPSIDACEAE

肠蕨属 Diplaziopsis

肠蕨 **Diplaziopsis javanica** (Blume) C. Chr.【N, W/C】♣IBCAS, KBG, XTBG; ●BJ, YN; ★(AS): CN, ID, IN, LK, MY, PH, VN; (OC): AU.

27. 铁角蕨科 ASPLENIACEAE

膜叶铁角蕨属 Hymenasplenium

细辛蕨 **Hymenasplenium cardiophyllum** (Hance) Nakaike【N, W/C】♣FLBG, IBCAS, SCBG,

XTBG; ●BJ, GD, JX, YN; ★(AS): CN, VN.

齿果铁角蕨 **Hymenasplenium cheilosorum** (Kunze ex Mettenius) Tagawa【N, W/C】♣FBG, GXIB, KBG, SCBG; ●FJ, GD, GX, SC, YN; ★(AS): BT, CN, ID, IN, JP, LK, MM, MY, NP, PH, TH, VN.

切边铁角蕨 **Hymenasplenium excisum** (C. Presl) S. Linds.【N, W/C】♣BBG, CBG, FLBG, KBG, TMNS, XTBG; ●BJ, GD, JX, SH, TW, YN; ★(AF): MG; (AS): CN, ID, IN, JP, MM, MY, PH, TH, VN; (OC): AU.

绒毛铁角蕨 **Hymenasplenium furfuraceum** (Ching) Viane et S. Y. Dong【N, W/C】♣SCBG; ●GD; ★(AS): CN.

单边铁角蕨 **Hymenasplenium murakami-hatanakae** Nakai【N, W/C】♣CBG, FLBG, IBCAS, LBG, WBG, XTBG; ●BJ, GD, HB, JX, SC, SH, YN; ★(AF): MG, NG, ZA; (AS): CN, ID, IN, JP, KR, LK, MM, MY, PH, VN; (OC): AU.

阴湿铁角蕨 **Hymenasplenium obliquissimum** (Hayata) Sugim.【N, W/C】♣SCBG, WBG, XTBG; ●GD, HB, YN; ★(AS): CN.

微凹铁角蕨 **Hymenasplenium retusulum** (Ching) Viane et S. Y. Dong【N, W/C】♣XTBG; ●YN; ★(AS): CN.

小铁角蕨 **Hymenasplenium subnormale** (Copel.) Nakai【N, W/C】♣TMNS; ●TW; ★(AS): CN, MY.

铁角蕨属 Asplenium

黑色铁角蕨 **Asplenium adiantum-nigrum** L.【N, W/C】♣WBG; ●HB; ★(AS): CN, ID, IN, PK; (EU): BY, FI, IS, RS, RU.

西南铁角蕨(埃及铁角蕨) **Asplenium aethiopicum** (Burm. f.) Bech.【I, C】♣XTBG; ●YN; ★(AF): EG, ET, MG, NG; (AS): CN, ID, IN, MM, MY, PH, TH, VN; (OC): AU, FM, PAF, US-HW; (NA): CR, DO, MX, NI, PA, PR, SV; (SA): AR, BO, CO, EC, PE, VE.

大鳞巢蕨 **Asplenium antiquum** Makino【N, W/C】♣CBG, NBG, SCBG, TMNS, XMBG, ZAFU; ●FJ, GD, JS, SH, TW, ZJ; ★(AS): CN, ID, JP, KR.

狭翅巢蕨 **Asplenium antrophyoides** H. Chr.【N, W/C】♣BBG, CBG, FBG, FLBG, GBG, GMG, IBCAS, KBG, LBG, WBG, XMBG, XTBG; ●BJ, FJ, GD, GX, GZ, HB, JX, SC, SH, TW, YN; ★(AS): CN, LA, VN.

华南铁角蕨 **Asplenium austrochinense** Ching【N, W/C】♣CBG, FBG, FLBG, HBG, LBG, SCBG, WBG; ●FJ, GD, HB, JX, SC, SH, ZJ; ★(AS): CN.

大盖铁角蕨 **Asplenium bullatum** Wall. ex Mett.【N, W/C】♣CBG, FBG, IBCAS, XTBG; ●BJ, FJ, SC, SH, TW, YN; ★(AS): CN, ID, IN, JP, LK, MM, VN.

线裂铁角蕨 **Asplenium coenobiale** Hance【N, W/C】♣GXIB, SCBG, XMBG; ●FJ, GD, GX, SC; ★(AS): CN, VN.

毛轴铁角蕨 **Asplenium crinicaule** Hance【N, W/C】♣CBG, FLBG, GXIB, KBG, LBG, SCBG, WBG, XTBG; ●GD, GX, HB, JX, SC, SH, YN; ★(AS): CN, ID, IN, LK, MM, MY, PH, VN; (OC): PAF.

乌来铁角蕨 **Asplenium cuneatiforme** H. Chr.【N, W/C】♣CBG; ●SH; ★(AF): MA; (AS): CN, GE, JP; (EU): AL, AT, BA, CZ, DE, GR, HR, IT, ME, MK, PL, RO, RS, SI.

水鳖蕨 **Asplenium delavayi** (Franch.) Copel.【N, W/C】♣GMG, KBG, WBG; ●GS, GX, GZ, HB, SC, YN; ★(AS): CN, ID, IN, LK, MM.

二型铁角蕨 **Asplenium dimorphum** Kunze【I, C】♣NBG; ●JS, TW; ★(OC): AU.

剑叶铁角蕨 **Asplenium ensiforme** Wall. ex Hook. et Grev.【N, W/C】♣KBG, LBG, SCBG, WBG, XTBG; ●GD, HB, JX, YN; ★(AS): CN, IN, LK, MY, NP.

低头铁角蕨(云南铁角蕨) **Asplenium exiguum** Bedd.【N, W/C】♣KBG, WBG; ●HB, YN; ★(AS): CN, ID, IN, MM, RU-AS, VN.

网脉铁角蕨 **Asplenium finlaysonianum** Wall. ex Hook.【N, W/C】♣SCBG, WBG, XTBG; ●GD, HB, YN; ★(AS): CN, ID, IN, LK, MY, VN.

厚叶铁角蕨 **Asplenium griffithianum** Hook.【N, W/C】♣SCBG, XTBG; ●GD, TW, YN; ★(AS): BT, CN, ID, IN, JP, LK, MM, NP, VN.

海南铁角蕨 **Asplenium hainanense** Ching【N, W/C】♣HBG; ●ZJ; ★(AS): CN, VN.

江南铁角蕨(剑叶铁角蕨) **Asplenium holosorum** Christ【N, W/C】♣CBG, GXIB, WBG; ●GX, HB, SC, SH; ★(AS): CN, JP, VN.

扁柄巢蕨 **Asplenium humbertii** Tardieu【N, W/C】♣SCBG, XTBG; ●GD, YN; ★(AS): CN, VN.

虎尾铁角蕨 **Asplenium incisum** Thunb.【N, W/C】♣FBG, GBG, HBG, LBG, WBG, ZAFU; ●FJ, GZ, HB, JX, SC, ZJ; ★(AS): CN, JP, KP, KR, MN, RU-AS.

胎生铁角蕨（印度铁角蕨）**Asplenium indicum** Sledge【N, W/C】♣CBG, GA, IBCAS, KBG, LBG; ●BJ, JX, SH, YN; ★(AS): BT, CN, JP, MM, PH, TH, VN.

江苏铁角蕨 **Asplenium kiangsuense** Ching et Y. X. Jin【N, W/C】♣LBG; ●JX; ★(AS): CN.

南海铁角蕨 **Asplenium loriceum** H. Chr.【N, W/C】♣FLBG, SCBG, TMNS, XMBG; ●FJ, GD, JX, TW; ★(AS): CN, JP, VN.

兰屿铁角蕨 **Asplenium matsumurae** H. Chr.【N, W/C】♣TMNS; ●TW; ★(AS): CN.

大果蹄盖蕨 **Asplenium monanthes** L.【I, C】♣LBG; ●JX; ★(AF): MG, ZA; (AS): AZ.

郎木铁角蕨 **Asplenium neovarians** Ching【N, W/C】♣XTBG; ●YN; ★(AS): CN.

巢蕨 **Asplenium nidus** L.【N, W/C】♣BBG, CBG, CDBG, FBG, FLBG, GMG, GXIB, HBG, IBCAS, KBG, NSBG, SCBG, TBG, TMNS, XLTBG, XMBG, XOIG, XTBG, ZAFU; ●BJ, CQ, FJ, GD, GX, HI, JX, SC, SH, TW, YN, ZJ; ★(AS): CN, ID, IN, JP, KH, LK, MM, MY, NP, PH, VN; (OC): AU, PAF.

倒挂铁角蕨 **Asplenium normale** D. Don【N, W/C】♣CBG, FLBG, HBG, LBG, NBG, SCBG, WBG, XMBG; ●FJ, GD, HB, JS, JX, SH, ZJ; ★(AF): MG; (AS): CN, ID, IN, JP, KR, LA, LK, MM, MY, NP, PH, VN; (OC): AU, PAF.

黑鳞巢蕨 **Asplenium oblanceolatum** Copel.【N, W/C】♣WBG; ●HB; ★(AS): CN.

东南铁角蕨 **Asplenium oldhamii** Hance【N, W/C】♣LBG; ●JX; ★(AS): CN.

北京铁角蕨 **Asplenium pekinense** Hance【N, W/C】♣BBG, CBG, GBG, HBG, IBCAS, KBG, NBG, SCBG, WBG, XTBG; ●BJ, GD, GZ, HB, JS, SC, SH, YN, ZJ; ★(AS): CN, JP, KP, KR, MN.

长叶巢蕨 **Asplenium phyllitidis** D. Don【N, W/C】♣IBCAS, KBG, SCBG, XTBG; ●BJ, GD, SC, TW, YN; ★(AS): CN, IN, NP, VN.

镰叶铁角蕨（革叶铁角蕨）**Asplenium polyodon** G. Forst.【N, W/C】♣FLBG, GMG, KBG, SCBG, TMNS, XTBG; ●GD, GX, JX, TW, YN; ★(AF): MG; (AS): CN, ID, IN, LK, MM, MY, VN; (OC): AU, NZ, PAF.

长叶铁角蕨 **Asplenium prolongatum** Hook.【N, W/C】♣CBG, FBG, FLBG, GA, GMG, GXIB, HBG, IBCAS, KBG, LBG, SCBG, TMNS, WBG, XMBG, XTBG; ●BJ, FJ, GD, GX, HB, JX, SC, SH, TW, YN, ZJ; ★(AS): CN, ID, IN, JP, KR, LK, MM, VN; (OC): FJ.

假大羽铁角蕨 **Asplenium pseudolaserpitiifolium** Ching【N, W/C】♣CBG, FLBG, GMG, GXIB, IBCAS, SCBG, TMNS, XTBG; ●BJ, GD, GX, JX, SC, SH, TW, YN; ★(AS): CN, ID, IN, JP, MM, PH, TH, VN.

骨碎补铁角蕨 **Asplenium ritoense** Hayata【N, W/C】♣TMNS; ●TW; ★(AS): CN, JP, KR.

过山蕨 **Asplenium ruprechtii** Sa. Kurata【N, W/C】♣GA, IBCAS, LBG, NBG; ●BJ, JS, JX; ★(AS): CN, JP, KP, KR, MN, RU-AS.

岭南铁角蕨 **Asplenium sampsonii** Hance【N, W/C】♣FLBG, GMG, SCBG, XMBG; ●FJ, GD, GX, JX; ★(AS): CN.

华中铁角蕨 **Asplenium sarelii** Hook.【N, W/C】♣GBG, HBG, LBG, NBG, WBG; ●GZ, HB, JS, JX, ZJ; ★(AS): CN, JP, KP, KR, RU-AS.

石生铁角蕨 **Asplenium saxicola** Rosenst.【N, W/C】♣GXIB, KBG, SCBG, WBG, XTBG; ●GD, GX, HB, SC, YN; ★(AS): CN, VN.

阿尔泰铁角蕨 **Asplenium scolopendrium** L.【N, W/C】♣CBG; ●SH, TW; ★(AS): CN, MN, RU-AS.

狭叶铁角蕨 **Asplenium scortechinii** Bedd.【N, W/C】♣XTBG; ●YN; ★(AS): CN, MY.

膜连铁角蕨 **Asplenium tenerum** G. Forst.【N, W/C】♣SCBG, TMNS; ●GD, TW; ★(AS): CN, ID, IN, JP, KR, LK, MM, MY, PH, SG, VN.

细茎铁角蕨 **Asplenium tenuicaule** Hayata【N, W/C】♣XTBG; ●YN; ★(AS): CN, JP, KP, MN, RU-AS.

羽裂铁角蕨（南方铁角蕨）**Asplenium thunbergii** Kunze【I, C】♣CBG, KBG, SCBG, WBG, XTBG; ●GD, HB, SH, TW, YN; ★(AF): MG, UG.

蒙自铁角蕨 **Asplenium trapezoideum** Ching【N, W/C】♣WBG; ●HB; ★(AS): CN.

铁角蕨 **Asplenium trichomanes** L.【N, W/C】♣CBG, FBG, GA, HBG, KBG, LBG, NBG, WBG, XTBG; ●BJ, FJ, HA, HB, JS, JX, SC, SH, SN, SX, TW, XJ, YN, ZJ; ★(AS): CN, JP, KR, MN, RU-AS; (OC): AU.

三翅铁角蕨 **Asplenium tripteropus** Nakai【N, W/C】♣CBG, GXIB, HBG, LBG, WBG; ●GX, HB, JX, SC, SH, ZJ; ★(AS): CN, JP, KP, KR, MM.

变异铁角蕨 **Asplenium varians** Wall. ex Hook. et Grev.【N, W/C】♣KBG; ●YN; ★(AS): BT, CN, IN, JP, KR, LK, MM, NP, VN.

闽浙铁角蕨 **Asplenium wilfordii** Mett. ex Kuhn 【N, W/C】♣FBG, LBG; ●FJ, JX; ★(AS): CN, JP, KR.

狭翅铁角蕨(华东铁角蕨)**Asplenium wrightii** Eaton ex Hook. 【N, W/C】♣BBG, CBG, FLBG, GXIB, KBG, LBG, SCBG, WBG, XTBG; ●BJ, GD, GX, HB, JX, SC, SH, YN; ★(AS): CN, JP, KR, VN.

28. 岩蕨科 WOODSIACEAE

岩蕨属 Woodsia

蜘蛛岩蕨 **Woodsia andersonii** (Bedd.) H. Chr. 【N, W/C】 ♣KBG; ●YN; ★(AS): CN, IN, LK.

膀胱蕨 **Woodsia manchuriensis** Hook. 【N, W/C】 ♣LBG; ●JX; ★(AS): CN, JP, KP, MN, RU-AS.

耳羽岩蕨 **Woodsia polystichoides** D. C. Eaton 【N, W/C】 ♣CBG, IBCAS, LBG, NBG, WBG; ●BJ, HB, JS, JX, SH; ★(AS): CN, JP, KP, KR, MN, RU-AS.

29. 球子蕨科 ONOCLEACEAE

东方荚果蕨属 Pentarhizidium

中华东方荚果蕨 **Pentarhizidium intermedium** (C. Chr.) Hayata 【N, W/C】 ♣KBG; ●SC, YN; ★(AS): CN, IN, NP, RU-AS.

东方荚果蕨 **Pentarhizidium orientale** (Hook.) Hayata 【N, W/C】 ♣CBG, HBG, KBG, LBG, NBG, SCBG, WBG; ●GD, HB, JS, JX, SC, SH, YN, ZJ; ★(AS): CN, ID, IN, JP, KR, NP, RU-AS.

球子蕨属 Onoclea

球子蕨 **Onoclea sensibilis** L. 【N, W/C】 ♣FLBG, HFBG, KBG, XTBG; ●GD, HA, HL, JX, LN, YN; ★(AS): CN, JP, KP, KR, MN, RU-AS; (OC): NZ.

荚果蕨属 Matteuccia

荚果蕨 **Matteuccia struthiopteris** (L.) Tod. 【N, W/C】♣CBG, FBG, FLBG, HFBG, IBCAS, KBG, LBG, NBG, WBG, XTBG; ●BJ, FJ, GD, HB, HL, JS, JX, LN, SC, SH, TW, YN; ★(AS): CN, GE, JP, KP, KR, MN, RU-AS; (EU): AT, BA, BE, CZ, DE, FI, HR, HU, IT, ME, MK, NO, PL, RO, RS, RU, SI.

30. 乌毛蕨科 BLECHNACEAE

光叶藤蕨属 Stenochlaena

光叶藤蕨 **Stenochlaena palustris** (Burm. f.) Bedd. 【N, W/C】♣CBG; ●SH, TW; ★(AS): CN, ID, IN, KH, LA, MY, NP, SG, TH, VN; (OC): AU.

狗脊属 Woodwardia

长羽狗脊 **Woodwardia cochinchinensis** Ching 【I, C】 ★(AS): LA.

崇澍蕨 **Woodwardia harlandii** Hook. 【N, W/C】 ♣FLBG, KBG, SCBG; ●GD, JX, YN; ★(AS): CN, JP, VN.

狗脊 **Woodwardia japonica** (L. f.) Sm. 【N, W/C】 ♣CBG, FBG, FLBG, GA, GBG, GXIB, HBG, IBCAS, KBG, LBG, NBG, NSBG, SCBG, WBG, XMBG, XTBG, ZAFU; ●BJ, CQ, FJ, GD, GX, GZ, HB, JS, JX, SC, SH, YN, ZJ; ★(AS): CN, JP, KR.

滇南狗脊 **Woodwardia magnifica** Ching et P. S. Chiu 【N, W/C】 ♣XTBG; ●YN; ★(AS): CN.

东方狗脊 **Woodwardia orientalis** Sw. 【N, W/C】 ♣FBG, FLBG, SCBG, TBG, WBG, XTBG; ●FJ, GD, HB, JX, TW, YN; ★(AS): CN, JP, PH.

珠芽狗脊 **Woodwardia prolifera** Hook. et Arn. 【N, W/C】 ♣CBG, FBG, GA, HBG, IBCAS, LBG, NBG, SCBG, TMNS, XMBG, ZAFU; ●BJ, FJ, GD, JS, JX, SH, TW, ZJ; ★(AS): CN, JP.

生根狗脊 **Woodwardia radicans** (L.) Sm. 【I, C】 ♣XTBG; ●YN; ★(AS): AZ; (EU): ES, IT, LU, SI.

顶芽狗脊 **Woodwardia unigemmata** (Makino) Nakai 【N, W/C】 ♣CBG, GA, GBG, IBCAS, KBG, SCBG, TMNS, XMBG, XTBG; ●BJ, FJ, GD, GZ, JX, SC, SH, TW, YN; ★(AS): BT, CN, ID, IN, JP, LK, MM, NP, PH, VN.

苏铁蕨属 Brainea

苏铁蕨 **Brainea insignis** (Hook.) J. Sm. 【N, W/C】 ♣BBG, CBG, FLBG, GXIB, HBG, IBCAS, KBG, LBG, NBG, SCBG, TMNS, XMBG, XTBG; ●BJ, FJ, GD, GX, GZ, JS, JX, SH, TW, YN, ZJ; ★(AS): CN, ID, IN, MY, PH.

乌毛蕨属 Blechnidium

乌毛蕨 **Blechnopsis orientalis** (L.) C. Presl 【N,

W/C】 ♣CBG, FBG, FLBG, GA, GBG, GMG, GXIB, HBG, IBCAS, KBG, LBG, SCBG, TBG, TMNS, WBG, XMBG, XTBG; ●BJ, FJ, GD, GX, GZ, HB, JX, SC, SH, TW, YN, ZJ; ★(AS): CN, ID, IN, JP, LA, LK, SG, VN; (OC): AU.

荚囊蕨属 Cleistoblechnum

荚囊蕨 **Cleistoblechnum eburneum** (Christ) Gasper et V. A. O. Dittrich 【N, W/C】 ♣CBG, GBG, IBCAS, KBG, WBG; ●BJ, GZ, HB, SC, SH, YN; ★(AS): CN, JP.

扫把蕨属 Diploblechnum

扫把蕨 **Diploblechnum fraseri** (A. Cunn.) De Vol 【N, W/C】 ●TW; ★(AS): CN, ID, IN, PH; (OC): NZ, PAF.

Neoblechnum

巴西乌毛蕨 **Neoblechnum brasiliense** (Desv.) Gasper et V. A. O. Dittrich 【I, C】 ●TW; ★(SA): EC, GY.

矮树蕨属 Oceaniopteris

矮树蕨 **Oceaniopteris gibba** (Labill.) Gasper et Salino 【I, C】 ♣IBCAS, XMBG, XTBG, ZAFU; ●BJ, FJ, GD, TW, YN, ZJ; ★(OC): NC, VU.

31. 蹄盖蕨科 ATHYRIACEAE

对囊蕨属 Deparia

介蕨 **Deparia boryana** (Willd.) M. Kato 【N, W/C】 ♣CBG, GXIB, SCBG, WBG; ●GD, GX, HB, SH; ★(AS): CN, ID, IN, LK, MM, MY, NP, PH, RU-AS, VN.

狭甘介蕨 **Deparia confusa** (Ching et Y. P. Hsu) Z. R. Wang 【N, W/C】 ♣FLBG; ●GD, JX; ★(AS): CN, RU-AS.

朝鲜介蕨 **Deparia coreana** (Christ) M. Kato 【N, W/C】 ●LN; ★(AS): CN, JP, KP, KR, RU-AS.

海南网蕨 **Deparia hainanensis** (Ching) R. Sano 【N, W/C】 ♣IBCAS; ●BJ; ★(AS): CN.

鄂西介蕨 **Deparia henryi** (Baker) M. Kato 【N, W/C】 ♣WBG; ●HB; ★(AS): CN, JP, RU-AS.

假蹄盖蕨 **Deparia japonica** (Thunb.) M. Kato 【N, W/C】 ♣BBG, FBG, FLBG, GXIB, HBG, LBG, SCBG, TBG, TMNS, XMBG, ZAFU; ●BJ, FJ, GD, GX, JX, SC, TW, ZJ; ★(AS): CN, ID, IN, JP, KR, MM, MN, NP, RU-AS.

单叶对囊蕨（单叶双盖蕨）**Deparia lancea** (Thunb.) Fraser-Jenk. 【N, W/C】 ♣CBG, FBG, FLBG, GA, HBG, IBCAS, KBG, LBG, NBG, SCBG, TMNS, WBG, XTBG; ●BJ, FJ, GD, HB, JS, JX, SC, SH, TW, YN, ZJ; ★(AS): CN, ID, IN, JP, LK, MM, NP, PH, VN.

华中介蕨 **Deparia okuboana** (Makino) M. Kato 【N, W/C】 ♣HBG, KBG, LBG, NBG; ●JS, JX, SC, YN, ZJ; ★(AS): CN, JP, RU-AS.

毛轴假蹄盖蕨 **Deparia petersenii** (Kunze) M. Kato 【N, W/C】 ♣CBG, FBG, FLBG, GBG, GXIB, LBG, NBG, SCBG, TMNS; ●FJ, GD, GX, GZ, JS, JX, SH, TW; ★(AS): CN, ID, IN, JP, LK, MM, MY, PH, SG, TH; (OC): NZ, PAF.

华中蛾眉蕨 **Deparia shennongensis** (Ching, Boufford et K. H. Shing) X. C. Zhang 【N, W/C】 ♣LBG; ●JX; ★(AS): CN.

峨眉介蕨 **Deparia unifurcata** (Baker) M. Kato 【N, W/C】 ♣CBG, GBG; ●GZ, SC, SH; ★(AS): CN, JP, RU-AS.

河北蛾眉蕨 **Deparia vegetior** (Kitag.) X. C. Zhang 【N, W/C】 ♣WBG; ●HB; ★(AS): CN.

绿叶介蕨 **Deparia viridifrons** (Makino) M. Kato 【N, W/C】 ♣GBG, LBG, XTBG; ●GZ, JX, YN; ★(AS): CN, JP, KP, RU-AS.

双盖蕨属 Diplazium

狭翅短肠蕨 **Diplazium alatum** (Christ) R. Wei et X. C. Zhang 【N, W/C】 ♣KBG, XTBG; ●YN; ★(AS): CN.

奄美短肠蕨 **Diplazium amamianum** Tagawa 【N, W/C】 ♣TMNS; ●TW; ★(AS): CN, JP.

粗糙短肠蕨 **Diplazium asperum** Blume 【N, W/C】 ♣CBG, XTBG; ●SH, TW, YN; ★(AS): CN, ID, IN, KH, LA, LK, MM, MY, PH, TH, VN; (OC): PAF.

褐色短肠蕨 **Diplazium axillare** Ching 【N, W/C】 ♣KBG; ●YN; ★(AS): CN, ID, IN, LK, MY.

美丽短肠蕨 **Diplazium bellum** (C. B. Clarke) Bir 【N, W/C】 ♣KBG; ●YN; ★(AS): BT, CN, ID, IN, LK, MM.

中华短肠蕨（中华双盖蕨）**Diplazium chinense** (Baker) Christ 【N, W/C】 ♣FBG, GMG, HBG, LBG, NBG, WBG; ●FJ, GX, HB, JS, JX, SC, ZJ; ★(AS): CN, JP, KR, VN.

边生短肠蕨 **Diplazium conterminum** Christ 【N, W/C】 ♣CBG, SCBG, XMBG; ●FJ, GD, SH; ★(AS): CN, JP, TH, VN.

厚叶双盖蕨 **Diplazium crassiusculum** Ching 【N, W/C】 ♣CBG, GA, GXIB, SCBG, WBG; ●GD, GX, HB, JX, SC, SH; ★(AS): CN, JP.

毛柄短肠蕨 **Diplazium dilatatum** Blume 【N, W/C】 ♣FLBG, KBG, SCBG, TMNS, WBG, XMBG, XTBG; ●FJ, GD, HB, JX, SC, TW, YN; ★(AS): CN, ID, IN, JP, LA, MM, MY, NP, PH, TH, VN; (OC): PAF.

鼎湖山毛轴线盖蕨 **Diplazium dinghushanicum** (Ching et S. H. Wu) Z. R. He 【N, W/C】 ♣SCBG; ●GD; ★(AS): CN.

光脚短肠蕨 **Diplazium doederleinii** (Luerss.) Makino 【N, W/C】 ♣KBG, SCBG, XMBG, XTBG; ●FJ, GD, YN; ★(AS): CN, JP, VN.

双盖蕨 **Diplazium donianum** (Mett.) Tardieu 【N, W/C】 ♣FLBG, IBCAS, KBG, SCBG, TMNS, XTBG; ●BJ, GD, JX, TW, YN; ★(AS): BT, CN, ID, IN, JP, LK, MM, MY, NP, VN.

隐脉双盖蕨 **Diplazium donianum** var. **aphanoneuron** (Ohwi) Tagawa 【N, W/C】 ♣XTBG; ●YN; ★(AS): BT, CN, IN, JP, MM, NP, VN.

独山短肠蕨 **Diplazium dushanense** (Ching ex W. M. Chu et Z. R. He) R. Wei et X. C. Zhang 【N, W/C】 ♣LBG; ●JX; ★(AS): CN.

菜蕨 **Diplazium esculentum** (Retz.) Sw. 【N, W/C】 ♣BBG, CBG, FBG, FLBG, HBG, KBG, LBG, TMNS, WBG, XMBG, XTBG, ZAFU; ●BJ, FJ, GD, HB, JX, SC, SH, TW, YN, ZJ; ★(AS): CN, ID, IN, TH.

毛轴菜蕨 **Diplazium esculentum** var. **pubescens** (Link) Tardieu et C. Chr. 【N, W/C】 ♣LBG, XTBG; ●JX, YN; ★(AS): CN, ID, IN, PH.

镰羽短肠蕨 **Diplazium griffithii** T. Moore 【N, W/C】 ♣CBG, FLBG, KBG; ●GD, JX, SH, YN; ★(AS): CN, ID, IN, VN.

薄盖短肠蕨 **Diplazium hachijoense** Nakai 【N, W/C】 ♣CBG, LBG, WBG; ●HB, JX, SC, SH; ★(AS): CN, JP, KR.

篦齿短肠蕨 **Diplazium hirsutipes** (Beddome) B. K. Nayar et S. Kaur 【N, W/C】 ♣FLBG, KBG; ●GD, JX, YN; ★(AS): CN, IN, VN.

台湾短肠蕨 **Diplazium kappanense** Hayata 【N, W/C】 ●TW; ★(AS): CN, JP.

广叶深山双盖蕨 **Diplazium latifrons** Alderw. 【N, W/C】 ♣CBG; ●SH; ★(AS): CN.

异裂短肠蕨 **Diplazium laxifrons** Rosenst. 【N, W/C】 ♣CBG, GXIB; ●GX, SH; ★(AS): BT, CN, ID, IN.

马鞍山双盖蕨 **Diplazium maonense** Ching 【N, W/C】 ♣CBG; ●SH; ★(AS): CN.

阔片短肠蕨 **Diplazium matthewii** (Copel.) C. Chr. 【N, W/C】 ♣FLBG, GXIB, SCBG, WBG; ●GD, GX, HB, JX; ★(AS): CN, VN.

大叶短肠蕨 **Diplazium maximum** (D. Don) C. Chr. 【N, W/C】 ♣CBG; ●SH; ★(AS): BT, CN, ID, IN, LK, MM, MY, NP.

大羽短肠蕨 **Diplazium megaphyllum** (Baker) Christ 【N, W/C】 ♣FLBG, KBG, TMNS; ●GD, JX, TW, YN; ★(AS): CN, MM, TH, VN.

江南短肠蕨（深山双盖蕨）**Diplazium mettenianum** (Miq.) C. Chr. 【N, W/C】 ♣CBG, LBG, SCBG, WBG; ●GD, HB, JX, SH; ★(AS): CN, JP, TH, VN.

小叶短肠蕨 **Diplazium mettenianum** var. **fauriei** (Christ) Tagawa 【N, W/C】 ♣LBG; ●JX; ★(AS): CN, JP, VN.

高大短肠蕨 **Diplazium muricatum** (Mettenius) Alderw. 【N, W/C】 ♣CBG, SCBG; ●GD, SH; ★(AS): CN, ID, IN, MM, NP.

*林生双盖蕨 **Diplazium nemorale** (Baker) Schelpe 【I, C】 ♣XTBG; ●YN; ★(AF): ZW.

假耳羽短肠蕨 **Diplazium okudairai** Makino 【N, W/C】 ♣GBG, WBG; ●GZ, HB; ★(AS): CN, JP, KR.

卵果短肠蕨 **Diplazium ovatum** (W. M. Chu ex Ching et Z. Y. Liu) Z. R. He 【N, W/C】 ♣CBG; ●SH; ★(AS): CN, VN.

刺轴菜蕨 **Diplazium paradoxum** Fée 【N, W/C】 ♣FLBG, IBCAS; ●BJ, GD, JX; ★(AS): CN, LK.

褐柄短肠蕨 **Diplazium petelotii** Tardieu 【N, W/C】 ♣KBG; ●YN; ★(AS): CN, TH, VN.

假镰羽短肠蕨 **Diplazium petrii** Tardieu 【N, W/C】 ♣CBG, IBCAS, XTBG; ●BJ, SH, YN; ★(AS): CN, JP, PH, VN.

薄叶双盖蕨 **Diplazium pinfaense** Ching 【N, W/C】 ♣CBG, SCBG; ●GD, SH; ★(AS): CN, JP.

羽裂短肠蕨 **Diplazium pinnatifidopinnatum** (Hook.) T. Moore 【N, W/C】 ♣KBG, SCBG; ●GD, YN; ★(AS): CN, ID, IN, MM, VN.

多生菜蕨 **Diplazium proliferum** (Lam.) Thouars

【I, C】 ♣XTBG; ●YN; ★(AF): MG, NG; (OC): AU.

毛轴线盖蕨 **Diplazium pullingeri** (Baker) J. Smith 【N, W/C】 ♣CBG, SCBG; ●GD, SH; ★(AS): CN, JP, TH, VN.

四棱短肠蕨 **Diplazium quadrangulatum** (W. M. Chu) Z. R. He 【N, W/C】 ♣KBG, SCBG; ●GD, YN; ★(AS): CN.

锯齿双盖蕨 **Diplazium serratifolium** Ching 【N, W/C】 ♣FLBG; ●GD, JX; ★(AS): CN, VN.

长羽柄短肠蕨 **Diplazium siamense** C. Chr. 【N, W/C】 ♣XTBG; ●YN; ★(AS): CN, TH.

锡金短肠蕨 **Diplazium sikkimense** (C. B. Clarke) C. Chr. 【N, W/C】 ♣XTBG; ●YN; ★(AS): CN, IN, LK, MM.

肉刺短肠蕨 **Diplazium simile** (W. M. Chu) R. Wei et X. C. Zhang 【N, W/C】 ♣KBG, WBG; ●HB, YN; ★(AS): CN, VN.

密果短肠蕨 **Diplazium spectabile** (Wall. ex Mettenius) Ching 【N, W/C】 ♣KBG; ●YN; ★(AS): BT, CN, ID, IN, LK, MY, NP.

大叶双盖蕨 **Diplazium splendens** Ching 【N, W/C】 ♣KBG; ●YN; ★(AS): CN, VN.

鳞柄短肠蕨 **Diplazium squamigerum** (Mettenius) C. Hope 【N, W/C】 ♣KBG, LBG, WBG; ●HB, JX, SC, YN; ★(AS): CN, ID, IN, JP, KR.

网脉短肠蕨 **Diplazium stenochlamys** C. Chr. 【N, W/C】 ♣KBG, WBG; ●HB, YN; ★(AS): CN, VN.

淡绿短肠蕨 **Diplazium virescens** Kunze 【N, W/C】 ♣CBG, FBG, FLBG, SCBG, WBG; ●FJ, GD, HB, JX, SH; ★(AS): CN, JP, KR, VN.

草绿短肠蕨 **Diplazium viridescens** Ching 【N, W/C】 ♣GXIB; ●GX; ★(AS): CN, VN.

深绿短肠蕨 **Diplazium viridissimum** Christ 【N, W/C】 ♣GXIB, IBCAS, KBG, TMNS; ●BJ, GX, TW, YN; ★(AS): CN, ID, IN, MM, MY, NP, PH, VN.

耳羽短肠蕨 **Diplazium wichurae** (Mett.) Diels 【N, W/C】 ♣CBG, LBG, TMNS; ●JX, SC, SH, TW; ★(AS): CN, JP, KR.

蹄盖蕨属 Athyrium

宿蹄盖蕨 **Athyrium anisopterum** H. Chr. 【N, W/C】 ♣FLBG; ●GD, JX, TW; ★(AS): CN, ID, IN, LK, MM, MY, NP, PH, SG, TH, VN.

中越蹄盖蕨 **Athyrium christensenii** Tardieu 【N, W/C】 ♣FLBG; ●GD, JX; ★(AS): CN, VN.

细齿角蕨 **Athyrium crenulatoserrulatum** Makino 【N, W/C】 ♣FLBG, WBG; ●GD, HB, JX; ★(AS): CN, JP, KP, KR, MN, RU-AS.

拟鳞毛蕨 **Athyrium cuspidatum** (Bedd.) M. Kato 【N, W/C】 ♣KBG, XTBG; ●YN; ★(AS): BT, CN, ID, IN, LK, MM, NP, TH.

角蕨 **Athyrium decurrenti-alatum** (Hook.) Q. W. Lin 【N, W/C】 ♣GXIB, LBG, NBG; ●GX, JS, JX; ★(AS): CN, JP, KR, RU-AS.

翅轴蹄盖蕨 **Athyrium delavayi** H. Chr. 【N, W/C】 ♣FLBG; ●GD, JX, SC; ★(AS): CN, ID, IN, JP.

薄叶蹄盖蕨 **Athyrium delicatulum** Ching et S. K. Wu 【N, W/C】 ♣XTBG; ●YN; ★(AS): CN.

溪边蹄盖蕨 **Athyrium deltoidofrons** Makino 【N, W/C】 ♣LBG; ●JX; ★(AS): CN, JP, KR.

希陶蹄盖蕨 **Athyrium dentigerum** (Wall. ex C. B. Clarke) Mehra et Bir 【N, W/C】 ●YN; ★(AS): CN, ID, IN, LK, NP.

湿生蹄盖蕨 **Athyrium devolii** Ching 【N, W/C】 ♣LBG; ●JX; ★(AS): CN.

疏叶蹄盖蕨 **Athyrium dissitifolium** (Baker) C. Chr. 【N, W/C】 ♣KBG, XTBG; ●YN; ★(AS): CN, MM, TH, VN.

轴果蹄盖蕨 **Athyrium epirachis** (H. Chr.) Ching 【N, W/C】 ♣GBG, WBG; ●GZ, HB, SC; ★(AS): CN, JP, KR.

喜马拉雅蹄盖蕨 **Athyrium fimbriatum** (Wall.) Bedd. 【N, W/C】 ●TW; ★(AS): BT, CN, ID, IN, LK, MM, NP.

长江蹄盖蕨 **Athyrium iseanum** Rosenst. 【N, W/C】 ♣CBG, FLBG, HBG, IBCAS, LBG, SCBG, XTBG; ●BJ, GD, JX, SH, YN, ZJ; ★(AS): CN, JP, KR.

紫柄蹄盖蕨 **Athyrium kenzo-satakei** Sa. Kurata 【N, W/C】 ♣LBG, WBG; ●HB, JX; ★(AS): CN, JP.

日本蹄盖蕨(日本安蕨)**Athyrium niponicum** (Mett.) Hance 【N, W/C】 ♣BBG, GBG, HBG, IBCAS, LBG, WBG; ●BJ, GZ, HB, JX, TW, ZJ; ★(AS): CN, JP, KP, KR, MM, NP, VN.

峨眉蹄盖蕨 **Athyrium omeiense** Ching 【N, W/C】 ♣SCBG; ●GD, SC; ★(AS): CN.

黑叶角蕨 **Athyrium opacum** (D. Don) Copel. 【N, W/C】 ♣CBG, GXIB, KBG, WBG, XTBG; ●GX, HB, SH, YN; ★(AS): BT, CN, ID, IN, JP, LK, MM, NP, RU-AS.

光蹄盖蕨 **Athyrium otophorum** (Miq.) Koidz. 【N,

W/C】♣CBG, GA, LBG, SCBG, WBG; ●GD, HB, JX, SC, SH; ★(AS): CN, JP, KP, KR; (OC): NZ.

玫瑰蹄盖蕨 **Athyrium roseum** H. Chr. 【N, W/C】 ♣FLBG; ●GD, JX; ★(AS): CN.

苍山蹄盖蕨 **Athyrium schimperi** Moug. ex Fée 【N, W/C】 ♣CBG; ●SH; ★(AF): MG, ZA; (AS): BT, CN, ID, IN, LK, MM, NP, PK.

华东蹄盖蕨（华东安蕨）**Athyrium sheareri** (Baker) Ching【N, W/C】♣BBG, GA, LBG, NBG, WBG; ●BJ, HB, JS, JX; ★(AS): CN, JP, KR.

软刺蹄盖蕨 **Athyrium strigillosum** (T. Moore ex E. J. Lowe) Salomon 【N, W/C】 ♣KBG; ●SC, YN; ★(AS): CN, ID, IN, JP, LK, MM, NP, VN.

察陇蹄盖蕨 **Athyrium tarulakaense** Ching 【N, W/C】 ●BJ; ★(AS): CN.

尖头蹄盖蕨 **Athyrium vidalii** (Franch. et Sav.) Nakai 【N, W/C】 ♣LBG; ●JX; ★(AS): CN, JP, KR, MN, RU-AS.

华中蹄盖蕨 **Athyrium wardii** (Hook.) Makino 【N, W/C】 ♣LBG, WBG; ●HB, JX; ★(AS): CN, JP, KP, KR, MN, RU-AS.

禾秆蹄盖蕨 **Athyrium yokoscense** (Franch. et Sav.) H. Chr. 【N, W/C】 ♣CBG, FLBG, LBG, NBG; ●GD, JS, JX, LN, SH; ★(AS): CN, JP, KP, KR, MN, RU-AS.

32. 金星蕨科 THELYPTERIDACEAE

针毛蕨属 Macrothelypteris

针毛蕨 **Macrothelypteris oligophlebia** (Baker) Ching 【N, W/C】 ♣CBG, KBG, LBG, NBG, SCBG, WBG; ●GD, HB, JS, JX, SH, YN; ★(AS): CN, JP.

雅致针毛蕨 **Macrothelypteris oligophlebia** var. **elegans** (Koidz.) Ching【N, W/C】♣LBG, ZAFU; ●JX, ZJ; ★(AS): CN, JP, KP, KR.

树形针毛蕨 **Macrothelypteris ornata** (Wall. ex Bedd.) Ching 【N, W/C】 ♣CBG; ●SH; ★(AS): BT, CN, ID, IN, MM, NP, TH.

刚鳞针毛蕨 **Macrothelypteris setigera** (Blume) Ching 【N, W/C】 ♣XTBG; ●YN; ★(AS): CN, ID, IN, MY.

普通针毛蕨 **Macrothelypteris torresiana** (Gaudich.) Ching【N, W/C】♣CBG, FBG, FLBG, GA, GXIB, IBCAS, KBG, LBG, NBG, SCBG, TBG, TMNS, XMBG; ●BJ, FJ, GD, GX, JS, JX, SH, TW, YN; ★(AF): MG, ZA; (AS): BT, CN, ID, IN, JP, MM, MY, NP, PH, VN; (OC): AU, PAF.

翠绿针毛蕨 **Macrothelypteris viridifrons** (Tagawa) Ching 【N, W/C】 ♣LBG; ●JX; ★(AS): CN, JP, KR.

卵果蕨属 Phegopteris

卵果蕨 **Phegopteris connectilis** (Michx.) Watt 【N, W/C】 ♣TMNS, WBG; ●HB, TW; ★(AS): CN, JP, KR, MN, MY, RU-AS; (EU): DK, GB.

延羽卵果蕨 **Phegopteris decursive-pinnata** (H. C. Hall) Fée 【N, W/C】 ♣CBG, FBG, GA, GBG, HBG, IBCAS, KBG, LBG, NBG, SCBG, TMNS, WBG, XTBG, ZAFU; ●BJ, FJ, GD, GZ, HB, JS, JX, SC, SH, TW, YN, ZJ; ★(AS): CN, JP, KR, VN.

紫柄蕨属 Pseudophegopteris

紫柄蕨 **Pseudophegopteris pyrrhorachis** (Kunze) Ching 【N, W/C】 ♣CBG, GXIB, LBG, WBG; ●GX, HB, JX, SC, SH; ★(AS): CN, ID, MM, MY.

对生紫柄蕨 **Pseudophegopteris rectangularis** (Zoll.) Holttum 【N, W/C】 ♣GXIB; ●GX; ★(AS): BT, CN, ID, IN, LK, MY.

凸轴蕨属 Metathelypteris

林下凸轴蕨 **Metathelypteris hattorii** (H. Itô) Ching 【N, W/C】 ♣LBG; ●JX; ★(AS): CN, JP.

疏羽凸轴蕨 **Metathelypteris laxa** (Franch. et Sav.) Ching 【N, W/C】 ♣LBG; ●JX; ★(AS): CN, JP, KR.

金星蕨属 Parathelypteris

钝角金星蕨 **Parathelypteris angulariloba** (Ching) Ching 【N, W/C】 ♣FLBG, IBCAS, WBG; ●BJ, GD, HB, JX; ★(AS): CN, JP, RU-AS.

狭叶金星蕨 **Parathelypteris angustifrons** (Miq.) Ching 【N, W/C】 ♣FBG, XMBG; ●FJ; ★(AS): CN, JP, RU-AS.

长根金星蕨 **Parathelypteris beddomei** (Baker) Ching【N, W/C】♣GBG; ●GZ; ★(AS): CN, ID, IN, JP, MY, PH, RU-AS.

狭脚金星蕨 **Parathelypteris borealis** (HARA) K.

H. Shing【N, W/C】♣LBG; ●JX; ★(AS): CN, JP, RU-AS.

金星蕨 **Parathelypteris glanduligera** (Kunze) Ching【N, W/C】♣BBG, FBG, FLBG, GA, GBG, GXIB, HBG, LBG, NSBG, WBG, XTBG, ZAFU; ●BJ, CQ, FJ, GD, GX, GZ, HB, JX, SC, YN, ZJ; ★(AS): CN, ID, IN, JP, KR, LK, NP, RU-AS, VN.

毛脚金星蕨 **Parathelypteris hirsutipes** (C. B. Clarke) Ching【N, W/C】♣FLBG; ●GD, JX; ★(AS): CN, ID, IN, LK, MM, RU-AS, VN.

光脚金星蕨 **Parathelypteris japonica** (Baker) Ching【N, W/C】♣HBG, LBG; ●JX, ZJ; ★(AS): CN, JP, KR, RU-AS.

光叶金星蕨 **Parathelypteris japonica** var. **glabrata** (Ching) K. H. Shing【N, W/C】♣LBG; ●JX; ★(AS): CN, JP, KP, KR.

禾秆金星蕨 **Parathelypteris japonica** var. **musashiensis** (Hiyama) Ching【N, W/C】♣LBG; ●JX; ★(AS): CN, JP, KP, KR.

中日金星蕨 **Parathelypteris nipponica** (Franch. et Sav.) Ching【N, W/C】♣CBG, GA, LBG, WBG; ●HB, JX, SH; ★(AS): CN, JP, KR, MN, RU-AS.

长毛金星蕨 **Parathelypteris petelotii** (Ching) Ching【N, W/C】♣XTBG; ●YN; ★(AS): CN, RU-AS, VN.

钩毛蕨属 Cyclogramma

耳羽钩毛蕨 **Cyclogramma auriculata** (J. Sm.) Ching【N, W/C】●BJ; ★(AS): BT, CN, ID, IN, LK, MM, NP.

焕镛钩毛蕨 **Cyclogramma chunii** (Ching) Tagawa【N, W/C】♣CBG; ●SH; ★(AS): CN.

峨眉钩毛蕨 **Cyclogramma omeiensis** (Baker) Tagawa【N, W/C】♣CBG; ●SH; ★(AS): CN, JP.

溪边蕨属 Stegnogramma

贯众叶溪边蕨 **Stegnogramma cyrtomioides** (C. Chr.) Ching【N, W/C】♣CBG; ●SH; ★(AS): CN.

圣蕨 **Stegnogramma griffithii** (Mett.) K. Iwats.【N, W/C】♣FLBG, GXIB, KBG, WBG; ●GD, GX, HB, JX, YN; ★(AS): CN, JP, VN.

闽浙圣蕨 **Stegnogramma mingchegensis** (Ching) Q. W. Lin【N, W/C】♣CBG; ●SH; ★(AS): CN.

戟叶圣蕨 **Stegnogramma sagittifolia** (Ching) L. J. He et X. C. Zhang【N, W/C】♣CBG, GA, SCBG; ●GD, JX, SH; ★(AS): CN.

峨眉茯蕨 **Stegnogramma scallanii** (Christ) K. Iwats.【N, W/C】♣CBG, GBG, LBG; ●GZ, JX, SH; ★(AS): CN, JP, VN.

羽裂圣蕨 **Stegnogramma wilfordii** Seriz.【N, W/C】♣CBG, FBG, GA, KBG, SCBG, WBG; ●FJ, GD, HB, JX, SH, YN; ★(AS): CN, JP, VN.

毛蕨属 Cyclosorus

渐尖毛蕨 **Cyclosorus acuminatus** (Houtt.) Nakai【N, W/C】♣CBG, FBG, FLBG, GA, GBG, GMG, GXIB, HBG, IBCAS, LBG, NBG, SCBG, TMNS, WBG, XTBG; ●BJ, FJ, GD, GX, GZ, HB, JS, JX, SH, TW, YN, ZJ; ★(AS): CN, JP, KR.

干旱毛蕨 **Cyclosorus aridus** (D. Don) Ching【N, W/C】♣FLBG, GA, GXIB, LBG, XTBG; ●GD, GX, JX, YN; ★(AS): CN, ID, IN, MY, NP, PH, VN; (OC): PAF.

节状毛蕨 **Cyclosorus articulatus** (Houlston et T. Moore) Panigrahi【N, W/C】♣XTBG; ●YN; ★(AS): CN.

鳞柄毛蕨 **Cyclosorus crinipes** (Hook.) Ching【N, W/C】♣SCBG, XTBG; ●GD, YN; ★(AS): CN, ID, IN, LK, NP, TH.

齿牙毛蕨 **Cyclosorus dentatus** (Forssk.) Ching【N, W/C】♣CBG, FLBG, GXIB, NSBG, TMNS, XMBG, XTBG; ●CQ, FJ, GD, GX, JX, SH, TW, YN; ★(AF): MG, NG; (AS): AZ, CN, ID, IN, JP, KR, MM, TH, VN.

福建毛蕨 **Cyclosorus fukienensis** Ching【N, W/C】♣WBG; ●HB; ★(AS): CN.

异果毛蕨 **Cyclosorus heterocarpus** (Blume) Ching【N, W/C】♣CBG, FLBG, SCBG, TMNS; ●GD, JX, SH, TW; ★(AS): CN, ID, MY, PH, TH, VN.

毛蕨 **Cyclosorus interruptus** (Willd.) Ching【N, W/C】♣FLBG, IBCAS, LBG, NSBG, TMNS, XMBG, XTBG; ●BJ, CQ, FJ, GD, JX, SC, TW, YN; ★(AF): MG, ZA; (AS): CN, ID, JP, KR, SG; (OC): US-HW.

闽台毛蕨 **Cyclosorus jaculosus** (H. Chr.) H. Itô【N, W/C】♣FBG, TMNS; ●FJ, TW; ★(AS): CN, JP, VN.

景洪毛蕨 **Cyclosorus jinghongensis** Ching【N, W/C】♣SCBG; ●GD; ★(AS): CN.

宽羽毛蕨 **Cyclosorus latipinnus** (Benth.) Tardieu【N, W/C】♣FBG, FLBG, KBG, SCBG, XMBG;

●FJ, GD, JX, YN; ★(AS): CN, ID, IN, LK, MY, PH, VN.

蝶状毛蕨 **Cyclosorus papilio** (C. Hope) Ching 【N, W/C】 ♣TMNS; ●TW; ★(AS): CN, ID, IN, JP, LK, NP.

华南毛蕨 **Cyclosorus parasiticus** (L.) Farw. 【N, W/C】 ♣CBG, FBG, FLBG, GA, GMG, GXIB, HBG, IBCAS, SCBG, TBG, TMNS, XMBG, ZAFU; ●BJ, FJ, GD, GX, HN, JX, SC, SH, TW, YN, ZJ; ★(AS): CN, ID, IN, JP, KR, LK, MM, MY, NP, PH, SG, TH, VN; (OC): AU.

小叶毛蕨 **Cyclosorus parvifolius** Ching 【N, W/C】 ♣XMBG; ●FJ; ★(AS): CN.

兰屿大叶毛蕨 **Cyclosorus productus** (Kaulf.) Ching 【N, W/C】 ♣TMNS; ●TW; ★(AS): CN, PH.

糙叶毛蕨 **Cyclosorus scaberulus** Ching 【N, W/C】 ♣SCBG; ●GD; ★(AS): CN.

短尖毛蕨 **Cyclosorus subacutus** Ching 【N, W/C】 ♣FBG; ●FJ; ★(AS): CN.

截裂毛蕨 **Cyclosorus truncatus** (Poir.) Farw. 【N, W/C】 ♣FLBG, SCBG, TMNS; ●GD, JX, TW; ★(AS): CN, ID, IN, JP, LK, MM, MY, PH; (OC): PAF.

星毛蕨属 Ampelopteris

星毛蕨 **Ampelopteris prolifera** (Retz.) Copel. 【N, W/C】 ♣CBG, FLBG, GMG, IBCAS, SCBG, TMNS; ●BJ, GD, GX, JX, SH, TW; ★(AF): MG, ZA; (AS): CN, MY; (OC): AU.

中脉蕨属 Mesophlebion

中脉蕨 **Mesophlebion chlamydophorum** (Rosenst. ex C. Chr.) Holttum 【I, C】 ●TW; ★(AS): ID; (OC): AU.

方秆蕨属 Glaphyropteridopsis

峨眉方秆蕨 **Glaphyropteridopsis emeiensis** Y. X. Lin 【N, W/C】 ♣XTBG; ●YN; ★(AS): CN.

方秆蕨 **Glaphyropteridopsis erubescens** (Wall. ex Hook.) Ching 【N, W/C】 ♣KBG, TMNS; ●TW, YN; ★(AS): BT, CN, IN, JP, MM, NP, VN.

龙津蕨属 Mesopteris

龙津蕨 **Mesopteris tonkinensis** (C. Chr.) Ching 【N, W/C】 ♣FLBG, XTBG; ●GD, JX, YN; ★(AS): CN, VN.

新月蕨属 Pronephrium

大羽叶新月蕨 **Pronephrium asperum** (C. Presl) W. C. Shieh et J. L. Tsai 【I, C】 ♣FLBG; ●GD, JX; ★(AS): MY; (OC): AU.

顶芽新月蕨 **Pronephrium cuspidatum** (Blume) Holttum 【N, W/C】 ♣CBG, TMNS; ●SH, TW; ★(AS): CN, JP, MY.

新月蕨 **Pronephrium gymnopteridifrons** (Hayata) Holttum 【N, W/C】 ♣FLBG, GA, SCBG, XTBG; ●GD, JX, YN; ★(AS): CN, PH.

针毛新月蕨 **Pronephrium hirsutum** Ching ex Y. X. Lin 【N, W/C】 ♣SCBG, WBG; ●GD, HB; ★(AS): CN.

红色新月蕨 **Pronephrium lakhimpurense** (Rosenst.) Holttum 【N, W/C】 ♣CBG, FLBG, GXIB, WBG, XMBG, XTBG; ●FJ, GD, GX, HB, JX, SC, SH, YN; ★(AS): CN, ID, IN, TH, VN.

微红新月蕨 **Pronephrium megacuspe** (Baker) Holttum 【N, W/C】 ♣CBG, FLBG, GXIB; ●GD, GX, JX, SH; ★(AS): CN, JP, TH, VN.

大羽新月蕨 **Pronephrium nudatum** (Roxb.) Holttum 【N, W/C】 ♣XTBG; ●YN; ★(AS): CN, ID, IN, LK, MM, PH, VN.

披针新月蕨 **Pronephrium penangianum** (Hook.) Holttum 【N, W/C】 ♣CBG, GBG, IBCAS, LBG, SCBG, WBG, XTBG; ●BJ, GD, GZ, HB, JX, SC, SH, YN; ★(AS): CN, ID, IN, LK, NP.

单叶新月蕨 **Pronephrium simplex** (Hook.) Holttum 【N, W/C】 ♣CBG, FLBG, GMG, SCBG; ●GD, GX, JX, SH; ★(AS): CN, VN.

三羽新月蕨 **Pronephrium triphyllum** (Sw.) Holttum 【N, W/C】 ♣CBG, FBG, FLBG, GMG, GXIB, KBG, SCBG, TMNS, XTBG; ●FJ, GD, GX, JX, SH, TW, YN; ★(AS): CN, ID, IN, JP, LK, MY, SG, VN; (OC): AU.

假毛蕨属 Pseudocyclosorus

尾羽假毛蕨 **Pseudocyclosorus caudipinnus** (Ching) Ching 【N, W/C】 ♣CBG, XTBG; ●SH, YN; ★(AS): CN.

溪边假毛蕨 **Pseudocyclosorus ciliatus** (Wall. ex Benth.) Ching 【N, W/C】 ♣CBG, FLBG, IBCAS, KBG, SCBG, XTBG; ●BJ, GD, JX, SH, YN; ★

(AS): CN, ID, IN, LK, MM, MY, NP, SG, TH, VN.

西南假毛蕨 **Pseudocyclosorus esquirolii** (H. Chr.) Ching 【N, W/C】 ♣CBG, GBG, LBG, TMNS; ●GZ, JX, SH, TW; ★(AS): CN, JP, MM, MY.

镰片假毛蕨 **Pseudocyclosorus falcilobus** (Hook.) Ching【N, W/C】♣CBG, FLBG, SCBG; ●GD, JX, SH; ★(AS): CN, ID, IN, JP, LA, MM, TH, VN.

庐山假毛蕨 **Pseudocyclosorus lushanensis** Ching ex Y. X. Lin 【N, W/C】 ♣LBG; ●JX; ★(AS): CN.

武宁假毛蕨 **Pseudocyclosorus paraochthodes** Ching ex K. H. Shing et J. F. Cheng 【N, W/C】 ♣WBG; ●HB; ★(AS): CN.

普通假毛蕨 **Pseudocyclosorus subochthodes** (Ching) Ching 【N, W/C】 ♣CBG, FBG, GXIB, LBG, SCBG, XTBG; ●FJ, GD, GX, JX, SC, SH, YN; ★(AS): CN, JP, KR.

假毛蕨 **Pseudocyclosorus tylodes** (Kunze) Ching 【N, W/C】♣FLBG, IBCAS, KBG, SCBG, TMNS; ●BJ, GD, JX, TW, YN; ★(AS): CN, ID, IN, LK, MM.

大金星蕨属 Amphineuron

大金星蕨 **Amphineuron immersum** (Blume) Holttum 【I, C】 ●TW; ★(AS): ID.

33. 翼囊蕨科 DIDYMOCHLAENACEAE

翼囊蕨属 Didymochlaena

翼囊蕨 **Didymochlaena truncatula** (Sw.) J. Sm. 【N, W/C】 ♣CBG; ●SH; ★(AF): AO, BI, CD, CG, CM, ET, FJ, GQ, KE, KM, MG, MW, MZ, NG, RW, UG, TZ, ZA, ZW; (AS): CN, MY, MM, SG, TH, VN; (OC): PG, VU; (NA): CU, DO, MX; (SA): EC, GF, GY, UY.

34. 肿足蕨科 HYPODEMATIACEAE

大膜盖蕨属 Leucostegia

大膜盖蕨 **Leucostegia immersa** Wall. ex C. Presl 【N, W/C】 ♣SCBG, WBG; ●GD, HB; ★(AS): CN, ID, KH, MM, MY, NP, PH, TH, VN.

肿足蕨属 Hypodematium

肿足蕨 **Hypodematium crenatum** (Forssk.) Kuhn 【N, W/C】 ♣CBG, GBG, IBCAS, KBG, LBG, SCBG, WBG; ●BJ, GD, GZ, HB, JX, SH, YN; ★(AF): MG; (AS): CN, IN, VN.

福氏肿足蕨 **Hypodematium fordii** (Baker) Ching 【N, W/C】 ♣LBG, NBG, WBG; ●HB, JS, JX; ★(AS): CN, JP.

球腺肿足蕨 **Hypodematium glanduloso-pilosum** (Tagawa) Ohwi【N, W/C】♣HBG; ●ZJ; ★(AS): CN, JP, KR, TH.

修株肿足蕨 **Hypodematium gracile** Ching 【N, W/C】 ♣LBG; ●JX; ★(AS): CN.

光轴肿足蕨 **Hypodematium hirsutum** (D. Don) Ching【N, W/C】♣KBG; ●YN; ★(AS): CN, ID, IN, LK, MM, NP.

35. 鳞毛蕨科 DRYOPTERIDACEAE

革叶蕨属 Rumohra

革叶蕨（汝蕨）**Rumohra adiantiformis** (G. Forst.) Ching【I, C】♣KBG, SCBG; ●BJ, GD, TW, YN; ★(AF): MG, ZA; (OC): AU.

黄腺羽蕨属 Pleocnemia

台湾黄腺羽蕨 **Pleocnemia leuzeana** (Gaudich.) C. Presl 【N, W/C】 ♣TMNS; ●TW; ★(AS): CN, PH.

黄腺羽蕨 **Pleocnemia winitii** Holttum 【N, W/C】 ♣CBG, KBG, SCBG, XTBG; ●GD, SH, TW, YN; ★(AS): CN, ID, IN, MY, TH, VN.

实蕨属 Bolbitis

多羽实蕨 **Bolbitis angustipinna** (Hayata) H. Itô【N, W/C】 ♣FLBG, XTBG; ●GD, JX, YN; ★(AS): BT, CN, ID, IN, LK, MM, NP, TH.

刺蕨 **Bolbitis appendiculata** (Willd.) K. Iwats. 【N, W/C】 ♣CBG, FLBG, IBCAS, KBG, SCBG, TMNS, XTBG; ●BJ, GD, JX, SH, TW, YN; ★(AS): CN, IN, JP, LA, LK, MY, PH, SG.

密叶实蕨 **Bolbitis confertifolia** Ching 【N, W/C】

♣XTBG; ●YN; ★(AS): CN.

间断实蕨 **Bolbitis deltigera** (Bedd.) C. Chr. 【N, W/C】 ●TW; ★(AS): BT, CN, ID, IN, LK, MM, NP, TH.

疏裂刺蕨 **Bolbitis fengiana** S. Y. Dong 【N, W/C】 ♣FLBG; ●GD, JX; ★(AS): CN.

厚叶实蕨 **Bolbitis hainanensis** Ching et C. H. Wang 【N, W/C】 ♣CBG; ●SH; ★(AS): CN.

河口实蕨 **Bolbitis hekouensis** Ching 【N, W/C】 ♣FLBG, KBG, SCBG, XTBG; ●GD, JX, YN; ★(AS): CN.

长叶实蕨 **Bolbitis heteroclita** (C. Presl) Ching 【N, W/C】 ♣CBG, FLBG, GMG, IBCAS, KBG, SCBG, TMNS, WBG, XMBG, XTBG; ●BJ, FJ, GD, GX, HB, JX, SH, TW, YN; ★(AS): CN, ID, IN, JP, MM, MY, NP, PH, SG, TH, VN.

黑木蕨 **Bolbitis heudelotii** (Bory ex Fée) Alston 【I, C】 ★(AF): NG, ZA.

长耳刺蕨 **Bolbitis longiaurita** F. G. Wang et F. W. Xing 【N, W/C】 ♣XTBG; ●YN; ★(AS): CN.

根叶刺蕨 **Bolbitis rhizophylla** (Kaulf.) Hennipman 【N, W/C】 ●TW; ★(AS): CN, PH.

中华刺蕨 **Bolbitis sinensis** K. Iwats. 【N, W/C】 ♣FLBG, KBG, SCBG, XTBG; ●GD, JX, YN; ★(AS): CN, ID, IN, KH, MM, TH, VN.

华南实蕨 **Bolbitis subcordata** (Copel.) Ching 【N, W/C】 ♣CBG, FBG, FLBG, GXIB, SCBG, TMNS, WBG; ●FJ, GD, GX, HB, JX, SC, SH, TW; ★(AS): CN, JP, VN.

镰裂刺蕨 **Bolbitis tonkinensis** K. Iwats. 【N, W/C】 ♣XTBG; ●YN; ★(AS): CN, TH, VN.

宽羽实蕨 **Bolbitis virens** (Wall. ex Hook. et Grev.) Schott 【N, W/C】 ♣XTBG; ●YN; ★(AS): CN, MY.

网藤蕨属 Lomagramma

网藤蕨 **Lomagramma matthewii** (Ching) Holttum 【N, W/C】 ♣CBG, XTBG; ●SH, YN; ★(AS): CN.

舌蕨属 Elaphoglossum

*非洲舌蕨 **Elaphoglossum conforme** (Sw.) Schott 【I, C】 ♣GXIB, KBG, LBG, XTBG; ●GX, JX, YN; ★(AF): MG, ZA.

舌蕨 **Elaphoglossum marginatum** T. Moore 【N, W/C】 ♣KBG; ●YN; ★(AS): BH, CN, ID, IN, MY, NP, PH, VN; (OC): AU, PAF.

南海舌蕨 **Elaphoglossum marginatum** var. **callifolium** (Blume) F. G. Wang, F. W. Xing et Mickel 【N, W/C】 ●TW; ★(AS): CN, ID, IN, MY, PH, SG, VN; (OC): AU.

华南舌蕨 **Elaphoglossum yoshinagae** (Yatabe) Makino 【N, W/C】 ♣CBG, FLBG, SCBG, WBG, XTBG; ●GD, HB, JX, SH, YN; ★(AS): CN, JP, LA.

云南舌蕨 **Elaphoglossum yunnanense** (Baker) C. Chr. 【N, W/C】 ♣KBG; ●YN; ★(AS): CN, ID, IN, MY, VN.

肋毛蕨属 Ctenitis

海南肋毛蕨 **Ctenitis decurrentipinnata** (Ching) Ching 【N, W/C】 ♣FLBG, IBCAS, SCBG, XTBG; ●BJ, GD, JX, YN; ★(AS): CN, VN.

直鳞肋毛蕨 **Ctenitis eatonii** (Baker) Ching 【N, W/C】 ♣TMNS; ●TW; ★(AS): CN, JP.

棕鳞肋毛蕨 **Ctenitis pseudorhodolepis** Ching et Chu H. Wang 【N, W/C】 ♣CBG, IBCAS; ●BJ, SC, SH; ★(AS): CN.

三相蕨 **Ctenitis sinii** (Ching) Ohwi 【N, W/C】 ♣FLBG, XMBG; ●FJ, GD, JX; ★(AS): CN, JP.

亮鳞肋毛蕨 **Ctenitis subglandulosa** (Hance) Ching 【N, W/C】 ♣FBG, GBG, GXIB, SCBG, TMNS, WBG, XTBG; ●FJ, GD, GX, GZ, HB, SC, TW, YN; ★(AS): CN, ID, IN, JP, PH; (OC): FJ.

贯众属 Cyrtomium

刺齿贯众（粗齿贯众）**Cyrtomium caryotideum** (Wall. ex Hook. et Grev.) C. Presl 【N, W/C】 ♣CBG, FBG, FLBG, GBG, IBCAS, KBG, WBG, XTBG; ●BJ, FJ, GD, GZ, HB, JX, SC, SH, YN; ★(AS): BT, CN, IN, JP, NP, PK, VN.

密羽贯众 **Cyrtomium confertifolium** Ching et K. H. Shing 【N, W/C】 ♣LBG; ●JX; ★(AS): CN.

披针贯众 **Cyrtomium devexiscapulae** (Koidz.) Koidz. et Ching 【N, W/C】 ♣GXIB, SCBG, WBG; ●GD, GX, HB; ★(AS): CN, JP.

全缘贯众 **Cyrtomium falcatum** (L. f.) C. Presl 【N, W/C】 ♣CBG, FLBG, GA, HBG, NBG, SCBG, TMNS, XMBG; ●FJ, GD, JS, JX, SC, SH, TW, ZJ; ★(AS): CN, JP, KP, KR, VN; (OC): AU, NZ.

贯众 **Cyrtomium fortunei** J. Sm. 【N, W/C】 ♣BBG, CBG, FBG, FLBG, GA, GBG, GMG, GXIB, HBG, IBCAS, KBG, LBG, NBG, NSBG,

SCBG, WBG, XBG, XMBG, XTBG, ZAFU; ●BJ, CQ, FJ, GD, GX, GZ, HB, JS, JX, SC, SH, SN, YN, ZJ; ★(AS): BT, CN, JP, KR, TH, VN.

惠水贯众 **Cyrtomium grossum** H. Chr. 【N, W/C】 ♣CBG, IBCAS, WBG; ●BJ, HB, SC, SH; ★(AS): CN.

单叶贯众 **Cyrtomium hemionitis** H. Chr. 【N, W/C】 ♣FLBG, IBCAS, KBG, SCBG, WBG, XTBG; ●BJ, GD, HB, JX, YN; ★(AS): CN, VN.

小羽贯众 **Cyrtomium lonchitoides** (H. Chr.) H. Chr. 【N, W/C】 ♣CBG, FLBG, GXIB, IBCAS, KBG; ●BJ, GD, GX, JX, SC, SH, YN; ★(AS): CN.

大叶贯众 **Cyrtomium macrophyllum** (Makino) Tagawa 【N, W/C】 ♣CBG, GXIB, KBG, LBG, SCBG, WBG; ●GD, GX, HB, JX, SC, SH, YN; ★(AS): BT, CN, ID, IN, JP, NP, PK.

低头贯众 **Cyrtomium nephrolepioides** (H. Chr.) Copel. 【N, W/C】 ♣CBG, WBG; ●HB, SH; ★(AS): CN.

邢氏贯众 **Cyrtomium shingianum** H. S. Kung et P. S. Wang 【N, W/C】 ♣SCBG, WBG; ●GD, HB; ★(AS): CN, VN.

台湾贯众 **Cyrtomium taiwanianum** Tagawa 【N, W/C】 ♣XTBG; ●YN; ★(AS): CN.

秦岭贯众 **Cyrtomium tsinglingense** Ching et K. H. Shing 【N, W/C】 ♣KBG, XTBG; ●YN; ★(AS): CN.

齿盖贯众 **Cyrtomium tukusicola** Tagawa 【N, W/C】 ♣SCBG; ●GD; ★(AS): CN, JP.

阔羽贯众 **Cyrtomium yamamotoi** Tagawa 【N, W/C】 ♣CBG, IBCAS, LBG, SCBG, WBG; ●BJ, GD, HB, JX, SC, SH; ★(AS): CN, JP.

耳蕨属 Polystichum

石生柳叶耳蕨 **Polystichum × rupestris** P. S. Wang et Li Bing Zhang 【N, C】 ♣XTBG; ●YN; ★(AS): CN.

刺叶耳蕨 **Polystichum acanthophyllum** (Franch.) H. Chr. 【N, W/C】 ♣SCBG; ●GD, SC, YN; ★(AS): CN.

圣诞耳蕨 **Polystichum acrostichoides** (Michx.) Schott 【I, C】 ★(NA): CA, US.

尖齿耳蕨 **Polystichum acutidens** (H. Chr.) Makino et Nemoto 【N, W/C】 ♣KBG, WBG, XTBG; ●HB, SC, YN; ★(AS): CN, VN.

尖头耳蕨 **Polystichum acutipinnulum** Ching et K. H. Shing 【N, W/C】 ♣XTBG; ●YN; ★(AS): CN.

高大耳蕨 **Polystichum altum** Ching 【N, W/C】 ♣CBG; ●SC, SH; ★(AS): CN.

节毛耳蕨 **Polystichum articulatipilosum** H. G. Zhou et Hua Li 【N, W/C】 ♣GXIB; ●GX; ★(AS): CN.

上斜刀羽耳蕨 **Polystichum assurgentipinnum** W. M. Chu et B. Y. Zhang 【N, W/C】 ♣CBG; ●SH; ★(AS): CN.

长羽芽孢耳蕨 **Polystichum attenuatum** Tagawa et Z. Iwats. 【N, W/C】 ♣KBG; ●YN; ★(AS): CN, ID, IN, MM, TH.

滇东南耳蕨 **Polystichum auriculum** Ching 【N, W/C】 ♣FLBG, KBG, XTBG; ●GD, JX, YN; ★(AS): CN.

镰羽贯众 **Polystichum balansae** Christ 【N, W/C】 ♣CBG, FBG, FLBG, GA, GBG, GMG, GXIB, LBG, SCBG, WBG, XMBG, XTBG; ●FJ, GD, GX, GZ, HB, JX, SC, SH, YN; ★(AS): CN, JP, KP, KR, VN.

单叶鞭叶蕨 **Polystichum basipinnatum** (Baker) Diels 【N, W/C】 ♣CBG, GXIB, SCBG; ●GD, GX, SH; ★(AS): CN.

川渝耳蕨 **Polystichum bissectum** C. Chr. 【N, W/C】 ♣CDBG, KBG; ●SC, YN; ★(AS): CN.

布朗耳蕨 **Polystichum braunii** (Spenn.) Fée 【N, W/C】 ♣WBG; ●HB; ★(AS): CN, GE, JP, KP, KR, MN, RU-AS; (EU): AT, BA, CZ, DE, HR, HU, IT, ME, MK, NO, PL, RO, RS, RU, SI.

峨眉耳蕨 **Polystichum caruifolium** Diels 【N, W/C】 ♣FLBG, KBG; ●GD, JX, YN; ★(AS): CN.

栗鳞耳蕨 **Polystichum castaneum** (C. B. Clarke) B. K. Nayar et S. Kaur 【N, W/C】 ♣CBG; ●SH; ★(AS): CN, ID, IN, LK, MM.

滇耳蕨 **Polystichum chingiae** Ching 【N, W/C】 ♣WBG; ●HB; ★(AS): CN.

拟角状耳蕨 **Polystichum christii** Ching 【N, W/C】 ♣KBG; ●YN; ★(AS): CN, VN.

华北耳蕨（鞭叶耳蕨）**Polystichum craspedosorum** (Maxim.) Diels 【N, W/C】 ♣CBG, GBG, WBG; ●GZ, HB, SC, SH; ★(AS): CN, JP, KP, KR, MN, RU-AS.

粗脉耳蕨 **Polystichum crassinervium** Ching ex W. M. Chu et Z. R. He 【N, W/C】 ♣GXIB; ●GX; ★(AS): CN.

毛发耳蕨 **Polystichum crinigerum** (C. Chr.) Ching 【N, W/C】 ♣KBG; ●YN; ★(AS): CN.

反折耳蕨 **Polystichum deflexum** Ching ex W. M. Chu 【N, W/C】 ♣KBG; ●YN; ★(AS): CN.

对生耳蕨 **Polystichum deltodon** (Baker) Diels 【N, W/C】♣FBG, IBCAS, SCBG, WBG; ●BJ, FJ, GD, HB, SC; ★(AS): CN, JP, MM, PH.

圆顶耳蕨 **Polystichum dielsii** H. Chr. 【N, W/C】 ♣FLBG, WBG; ●GD, HB, JX; ★(AS): CN, VN.

分离耳蕨 **Polystichum discretum** (D. Don) Diels 【N, W/C】 ♣KBG; ●SC, YN; ★(AS): BT, CN, ID, IN, MM, NP, PK, VN.

疏羽耳蕨 **Polystichum disjunctum** Ching ex W. M. Chu et Z. R. He【N, W/C】♣WBG, XTBG; ●HB, YN; ★(AS): CN, VN.

蚀盖耳蕨 **Polystichum erosum** Ching 【N, W/C】 ♣IBCAS, KBG, SCBG; ●BJ, GD, SC, YN; ★(AS): CN.

尖顶耳蕨 **Polystichum excellens** Ching 【N, W/C】 ♣CBG, FLBG, XTBG; ●GD, JX, SH, YN; ★(AS): CN.

杰出耳蕨 **Polystichum excelsius** Ching et Z. Y. Liu 【N, W/C】 ♣WBG; ●HB; ★(AS): CN.

长镰羽耳蕨 **Polystichum falcatilobum** Ching ex W. M. Chu et Z. R. He【N, W/C】♣FLBG; ●GD, JX; ★(AS): CN.

瓦鳞耳蕨 **Polystichum fimbriatum** C. Presl 【N, W/C】 ♣WBG; ●HB; ★(AS): CN.

台湾耳蕨 **Polystichum formosanum** Rosenst. 【N, W/C】 ♣TMNS; ●TW; ★(AS): CN, JP.

柳叶耳蕨(柳叶蕨) **Polystichum fraxinellum** (Christ) Diels【N, W/C】♣KBG, WBG, XTBG; ●HB, SC, YN; ★(AS): CN, VN.

玉龙蕨 **Polystichum glaciale** Christ 【N, W/C】 ♣KBG; ●YN; ★(AS): CN, IN, NP.

无盖耳蕨 **Polystichum gymnocarpium** Ching ex W. M. Chu et Z. R. He 【N, W/C】 ♣CBG; ●SH; ★(AS): CN.

小戟叶耳蕨 **Polystichum hancockii** (Hance) Diels 【N, W/C】 ♣GA, TMNS; ●JX, SC, TW; ★(AS): CN, JP, KP.

芒齿耳蕨(锯齿叶耳蕨) **Polystichum hecatopterum** Diels 【N, W/C】 ♣WBG; ●HB; ★(AS): CN.

尖羽贯众 **Polystichum hookerianum** (C. Presl) C. Chr. 【N, W/C】 ♣CBG, KBG, WBG; ●HB, SC, SH, YN; ★(AS): BT, CN, ID, IN, JP, LK, NP, VN.

深裂耳蕨 **Polystichum incisopinnulum** H. S. Kung et L. B. Zhang【N, W/C】♣IBCAS; ●BJ; ★(AS): CN.

广东耳蕨 **Polystichum kwangtungense** Ching 【N, W/C】 ♣CBG, SCBG; ●GD, SH; ★(AS): CN.

亮叶耳蕨 **Polystichum lanceolatum** Baker 【N, W/C】 ♣CBG, WBG; ●HB, SH; ★(AS): CN.

浪穹耳蕨 **Polystichum langchungense** Ching ex H. S. Kung 【N, W/C】 ♣CBG; ●SC, SH; ★(AS): CN.

宽鳞耳蕨 **Polystichum latilepis** Ching et H. S. Kung 【N, W/C】 ♣ZAFU; ●ZJ; ★(AS): CN.

鞭叶耳蕨(鞭叶蕨) **Polystichum lepidocaulon** (Hook.) C. Chr. 【N, W/C】 ♣CBG, GXIB, HBG, IBCAS, LBG, NBG, SCBG, TMNS; ●BJ, GD, GX, JS, JX, SH, TW, ZJ; ★(AS): CN, JP, KP, KR.

莱氏耳蕨 **Polystichum leveillei** C. Chr. 【N, W/C】 ♣WBG; ●HB; ★(AS): CN.

长芒耳蕨 **Polystichum longiaristatum** Ching, Boufford et K. H. Shing【N, W/C】♣WBG; ●HB; ★(AS): CN.

长鳞耳蕨 **Polystichum longipaleatum** H. Chr. 【N, W/C】 ♣IBCAS, KBG, SCBG; ●BJ, GD, SC, YN; ★(AS): CN, ID, IN, LK, NP.

庐山耳蕨 **Polystichum lushanense** Ching 【N, W/C】 ♣LBG; ●JX; ★(AS): CN.

黑鳞耳蕨 **Polystichum makinoi** (Tagawa) Tagawa 【N, W/C】 ♣BBG, CBG, HBG, IBCAS, LBG, NBG, WBG, XTBG; ●BJ, HB, JS, JX, SC, SH, YN, ZJ; ★(AS): BT, CN, JP, KR, NP.

镰叶耳蕨 **Polystichum manmeiense** (H. Chr.) Nakaike 【N, W/C】 ♣KBG; ●YN; ★(AS): CN.

黔中耳蕨 **Polystichum martinii** H. Chr. 【N, W/C】 ●TW; ★(AS): CN.

钝齿耳蕨 **Polystichum mengziense** Li Bing Zhang 【N, W/C】 ♣CBG; ●SH; ★(AS): CN, JP, MM.

斜基柳叶蕨 **Polystichum minimum** Crome 【N, W/C】 ♣SCBG; ●GD; ★(AS): CN.

穆坪耳蕨 **Polystichum moupinense** (Franch.) H. Chr. 【N, W/C】 ●YN; ★(AS): CN, ID, IN.

革叶耳蕨 **Polystichum neolobatum** Nakai 【N, W/C】♣CBG, LBG, WBG; ●HB, JX, SH; ★(AS): BT, CN, ID, IN, JP, NP.

尼泊尔耳蕨 **Polystichum nepalense** (Spreng.) C. Chr. 【N, W/C】 ♣KBG; ●YN; ★(AS): CN, ID, IN, MM, NP, PH.

宁陕耳蕨 **Polystichum ningshenense** Ching et Y. P. Hsu 【N, W/C】 ♣WBG; ●HB; ★(AS): CN.

尖叶耳蕨 **Polystichum parvipinnulum** Tagawa【N,

W/C】 ♣TMNS; •TW; ★(AS): CN.

乌鳞耳蕨 **Polystichum piceopaleaceum** Tagawa 【N, W/C】 ♣HBG; •ZJ; ★(AS): CN.

棕鳞耳蕨 **Polystichum polyblepharum** (Roem. ex Kunze) C. Presl 【N, W/C】 ♣CBG, LBG, NBG; •JS, JX, SH, TW; ★(AS): CN, JP, KP, KR; (OC): NZ.

假黑鳞耳蕨 **Polystichum pseudomakinoi** Tagawa 【N, W/C】 ♣CBG, LBG; •JX, SC, SH; ★(AS): CN, JP, KR.

假对马耳蕨 **Polystichum pseudotsussimense** Ching 【N, W/C】 ♣LBG; •JX; ★(AS): CN.

阔镰鞭叶蕨 **Polystichum putuoense** Li Bing Zhang 【N, W/C】 ♣HBG, NBG; •JS, ZJ; ★(AS): CN.

倒鳞耳蕨 **Polystichum retrosopaleaceum** (Kodama) Tagawa 【N, W/C】 ♣CBG, LBG, WBG; •HB, JX, SC, SH; ★(AS): CN, JP, KP.

阔鳞耳蕨 **Polystichum rigens** Tagawa 【N, W/C】 ♣CBG, WBG; •HB, SH, TW; ★(AS): CN, JP, KR.

粗壮耳蕨 **Polystichum robustum** Ching 【N, W/C】 ♣XTBG; •YN; ★(AS): CN.

灰绿耳蕨 **Polystichum scariosum** (Roxb.) C. V. Morton 【N, W/C】 ♣CBG, FLBG, KBG, SCBG, TMNS, WBG, XTBG; •GD, HB, JX, SH, TW, YN; ★(AS): CN, ID, IN, JP, LK, TH, VN.

半育耳蕨 **Polystichum semifertile** (C. B. Clarke) Ching 【N, W/C】 ♣FLBG, KBG, WBG; •GD, HB, JX, YN; ★(AS): BT, CN, ID, IN, LK, MM, NP, TH, VN.

黑鳞刺耳蕨 **Polystichum setiferum** (Forssk.) Moore ex Woyn. 【I, C】 •TW; ★(OC): NZ.

中华耳蕨 **Polystichum sinense** (H. Chr.) H. Chr. 【N, W/C】 ♣SCBG; •GD; ★(AF): ZA; (AS): CN, ID, IN, MN, NP, PK.

中华对马耳蕨 **Polystichum sinotsussimense** Ching et Z. Y. Liu 【N, W/C】 ♣SCBG; •GD, SC; ★(AS): CN.

多羽耳蕨 **Polystichum subacutidens** Ching ex L. L. Xiang 【N, W/C】 ♣FLBG, KBG; •GD, JX, YN; ★(AS): CN, VN.

拟流苏耳蕨 **Polystichum subfimbriatum** W. M. Chu et Z. R. He 【N, W/C】 ♣KBG; •YN; ★(AS): CN.

近边耳蕨 **Polystichum submarginale** (Baker) Ching ex L. L. Xiang 【N, W/C】 ♣XTBG; •YN; ★(AS): CN.

离脉柳叶蕨 **Polystichum tenuius** (Ching) Li Bing Zhang 【N, W/C】 ♣CBG, GXIB, IBCAS, KBG, WBG, XTBG; •BJ, GX, HB, SH, YN; ★(AS): CN.

中越耳蕨 **Polystichum tonkinense** (H. Chr.) W. M. Chu et Z. R. He 【N, W/C】 ♣XTBG; •YN; ★(AS): CN, VN.

斜方贯众 **Polystichum trapezoideum** (Ching et K. H. Shing ex K. H. Shing) Li Bing Zhang 【N, W/C】 ♣FLBG; •GD, JX; ★(AS): CN.

戟叶耳蕨 **Polystichum tripteron** (Kunze) C. Presl 【N, W/C】 ♣CBG, FLBG, GA, HBG, LBG, NBG, WBG; •GD, HB, JS, JX, LN, SC, SH, ZJ; ★(AS): CN, JP, KP, KR, MN, RU-AS.

对马耳蕨 **Polystichum tsus-simense** (Hook.) Diels 【N, W/C】 ♣CBG, FBG, GA, GBG, GXIB, HBG, IBCAS, KBG, LBG, SCBG, WBG, XTBG, ZAFU; •BJ, FJ, GD, GX, GZ, HB, JX, SC, SH, TW, YN, ZJ; ★(AS): CN, ID, IN, JP, KP, KR, VN.

单行贯众 **Polystichum uniseriale** (Ching ex K. H. Shing) Li Bing Zhang 【N, W/C】 ♣FLBG; •GD, JX; ★(AS): CN.

细裂耳蕨 **Polystichum wattii** (Bedd.) C. Chr. 【N, W/C】 ♣WBG; •HB; ★(AS): CN, ID, IN, MM.

西畴柳叶蕨 **Polystichum xichouense** (S. K. Wu et Mitsuta) Li Bing Zhang 【N, W/C】 ♣KBG; •YN; ★(AS): CN.

剑叶耳蕨 **Polystichum xiphophyllum** (Baker) Diels 【N, W/C】 ♣CBG, KBG, SCBG, WBG; •GD, HB, SC, SH, YN; ★(AS): CN.

倒叶耳蕨 **Polystichum yuanum** Ching 【N, W/C】 ♣KBG; •YN; ★(AS): CN.

云南耳蕨 **Polystichum yunnanense** H. Chr. 【N, W/C】 ♣KBG, SCBG; •GD, YN; ★(AS): CN, NP.

复叶耳蕨属 Arachniodes

斜方复叶耳蕨 **Arachniodes amabilis** (Blume) Tindale 【N, W/C】 ♣CBG, FBG, GA, GXIB, HBG, SCBG, TMNS, WBG, XTBG, ZAFU; •FJ, GD, GX, HB, JX, SC, SH, TW, YN, ZJ; ★(AS): CN, JP, KR, MY, NP.

多羽复叶耳蕨 **Arachniodes amoena** (Ching) Ching 【N, W/C】 ♣CBG, GA, SCBG; •GD, JX, SH; ★(AS): CN.

刺头复叶耳蕨 **Arachniodes aristata** (G. Forst.) Tindale 【N, W/C】 ♣CBG, FBG, FLBG, GA,

GXIB, LBG, NBG, SCBG, TMNS, WBG, XMBG; ●FJ, GD, GX, HB, JS, JX, SC, SH, TW; ★(AS): CN, IN, JP, VN.

阔羽复叶耳蕨（西南复叶耳蕨）**Arachniodes assamica** (Kuhn) Ohwi 【N, W/C】 ♣IBCAS, XTBG; ●BJ, YN; ★(AS): CN, ID, IN, JP, LK, MM, TH, VN.

粗齿黔蕨 **Arachniodes blinii** (H. Lév.) Nakai 【N, W/C】 ♣CBG, WBG; ●HB, SC, SH; ★(AS): CN.

背囊复叶耳蕨（大片复叶耳蕨）**Arachniodes cavalerii** (H. Chr.) Ohwi 【N, W/C】 ♣CBG, SCBG, WBG; ●GD, HB, SH; ★(AS): CN, JP, TH, VN.

中华复叶耳蕨 **Arachniodes chinensis** (Rosenst.) Ching 【N, W/C】 ♣CBG, FBG, FLBG, GA, GXIB, SCBG, XTBG, ZAFU; ●FJ, GD, GX, JX, SC, SH, YN, ZJ; ★(AS): CN, JP, MY.

细裂复叶耳蕨 **Arachniodes coniifolia** (T. Moore) Ching 【N, W/C】 ♣XTBG; ●YN; ★(AS): BT, CN, ID, IN, JP, LK, NP.

华南复叶耳蕨 **Arachniodes festina** (Hance) Ching 【N, W/C】 ♣FBG, FLBG, GA, IBCAS; ●BJ, FJ, GD, JX, SC; ★(AS): CN, VN.

粗裂复叶耳蕨 **Arachniodes grossa** (Tardieu et C. Chr.) Ching 【N, W/C】 ♣SCBG; ●GD; ★(AS): CN, VN.

海南复叶耳蕨 **Arachniodes hainanensis** (Ching) Ching 【N, W/C】 ♣SCBG, XTBG; ●GD, YN; ★(AS): CN.

毛枝蕨 **Arachniodes miqueliana** (Maxim. ex Franch. et Sav.) Ohwi 【N, W/C】 ♣LBG; ●JX; ★(AS): CN, JP, KR, MN, RU-AS.

黑鳞复叶耳蕨 **Arachniodes nigrospinosa** (Ching) Ching 【N, W/C】 ♣SCBG; ●GD; ★(AS): CN.

日本复叶耳蕨 **Arachniodes nipponica** (Rosenst.) Ohwi 【N, W/C】 ♣WBG; ●HB; ★(AS): CN, JP.

异羽复叶耳蕨 **Arachniodes simplicior** (Makino) Ohwi 【N, W/C】 ♣GBG, HBG, LBG, NBG, SCBG, WBG, XTBG, ZAFU; ●GD, GZ, HB, JS, JX, SC, TW, YN, ZJ; ★(AS): CN, JP, KP, KR.

华西复叶耳蕨 **Arachniodes simulans** (Ching) Ching 【N, W/C】 ♣CBG, WBG; ●HB, SC, SH; ★(AS): BT, CN, VN.

美丽复叶耳蕨 **Arachniodes speciosa** (D. Don) Ching 【N, W/C】 ♣CBG, GBG, IBCAS, LBG, NSBG, SCBG, WBG, XTBG; ●BJ, CQ, GD, GZ, HB, JX, SC, SH, YN; ★(AS): BT, CN, ID, JP, KR, NP.

清秀复叶耳蕨 **Arachniodes spectabilis** (Ching) Ching 【N, W/C】 ♣KBG, XTBG; ●YN; ★(AS): CN, TH.

华东复叶耳蕨 **Arachniodes tripinnata** (Goldm.) Sledge 【N, W/C】 ♣LBG; ●JX; ★(AS): CN.

鳞毛蕨属 Dryopteris

近缘鳞毛蕨 **Dryopteris affinis** Fraser-Jenk. 【I, C】 ●YN; ★(OC): NZ.

圆头红腺蕨 **Dryopteris annamensis** (Ching et S. K. Wu) L. B. Zhang 【N, W/C】 ♣XTBG; ●YN; ★(AS): CN, VN.

顶囊轴鳞蕨 **Dryopteris apiciflora** (Wall. ex Mett.) Kuntze 【N, W/C】 ♣KBG; ●YN; ★(AS): BT, CN, ID, IN, LK, MM, NP.

阿萨姆鳞毛蕨 **Dryopteris assamensis** (C. Hope) C. Chr. et Ching 【N, W/C】 ♣WBG; ●HB; ★(AS): CN, ID, IN, LK.

暗鳞鳞毛蕨 **Dryopteris atrata** (Wall. ex Kunze) Ching 【N, W/C】 ♣HBG, KBG, LBG; ●JX, YN, ZJ; ★(AS): BT, CN, ID, IN, JP, LK, MM, NP, TH.

大平鳞毛蕨 **Dryopteris bodinieri** (H. Chr.) C. Chr. 【N, W/C】 ♣KBG, XTBG; ●YN; ★(AS): CN, VN.

阔叶鳞毛蕨 **Dryopteris campyloptera** (Kunze) Clarkson 【I, C】 ♣BBG; ●BJ; ★(NA): CA, US.

阔鳞鳞毛蕨 **Dryopteris championii** (Benth.) C. Chr. ex Ching 【N, W/C】 ♣CBG, FBG, FLBG, GA, GXIB, HBG, LBG, NBG, NSBG, SCBG, XMBG, ZAFU; ●CQ, FJ, GD, GX, JS, JX, SC, SH, ZJ; ★(AS): CN, JP, KP, KR.

中华鳞毛蕨 **Dryopteris chinensis** (Baker) Koidz. 【N, W/C】 ♣FLBG, LBG, NBG; ●AH, GD, HA, JS, JX, LN, SD, ZJ; ★(AS): CN, JP, KP, KR, MN, RU-AS.

金冠鳞毛蕨 **Dryopteris chrysocoma** (H. Chr.) C. Chr. 【N, W/C】 ♣KBG; ●YN; ★(AS): BT, CN, ID, IN, LK, MM, NP.

二型鳞毛蕨 **Dryopteris cochleata** (D. Don) C. Chr. 【N, W/C】 ♣KBG, SCBG, XTBG; ●GD, YN; ★(AS): BT, CN, IN, LK, NP, PH, TH.

混淆鳞毛蕨 **Dryopteris commixta** Tagawa 【N, W/C】 ♣KBG, WBG, XTBG; ●HB, YN; ★(AS): CN, JP.

东北亚鳞毛蕨 **Dryopteris coreano-montana** Nakai 【N, W/C】 ♣FLBG; ●GD, JX; ★(AS): CN, JP,

KP, RU-AS.

粗茎鳞毛蕨 **Dryopteris crassirhizoma** Nakai 【N, W/C】♣FLBG, HFBG, IBCAS; ●BJ, GD, HL, JX, LN; ★(AS): CN, JP, KP, KR, MN, RU-AS.

桫椤鳞毛蕨 **Dryopteris cycadina** (Franch. et Sav.) C. Chr. 【N, W/C】 ♣CBG, NBG, SCBG, WBG; ●GD, HB, JS, SC, SH; ★(AS): CN, JP, KR; (OC): NZ.

迷人鳞毛蕨 **Dryopteris decipiens** (Hook.) Kuntze 【N, W/C】 ♣CBG, FBG, FLBG, LBG, SCBG, WBG; ●FJ, GD, HB, JX, SC, SH; ★(AS): CN, JP.

深裂迷人鳞毛蕨 **Dryopteris decipiens** var. **diplazioides** (H. Chr.) Ching 【N, W/C】 ♣FBG; ●FJ; ★(AS): CN, JP.

德化鳞毛蕨 **Dryopteris dehuaensis** Ching et K. H. Shing 【N, W/C】 ♣CBG, FBG, WBG; ●FJ, HB, SH; ★(AS): CN.

远轴鳞毛蕨 **Dryopteris dickinsii** (Franch. et Sav.) C. Chr. 【N, W/C】♣LBG; ●JX; ★(AS): CN, ID, IN, JP, KR.

弯柄假复叶耳蕨 **Dryopteris diffracta** (Baker) C. Chr. 【N, W/C】♣XTBG; ●YN; ★(AS): CN, JP, VN.

大宜昌鳞毛蕨 **Dryopteris enneaphylla** var. **pseudosieboldii** (Hayata) Tagawa et K. Iwats. 【N, W/C】 ♣TMNS; ●TW; ★(AS): CN.

红盖鳞毛蕨 **Dryopteris erythrosora** (D. C. Eaton) Kuntze 【N, W/C】 ♣CBG, GBG, GXIB, IBCAS, LBG, NBG, XTBG; ●BJ, GX, GZ, JS, JX, SC, SH, TW, YN; ★(AS): CN, JP, KP, KR.

近纤维鳞毛蕨 **Dryopteris fibrillosissima** Ching 【N, W/C】 ♣KBG; ●YN; ★(AS): CN.

台湾鳞毛蕨 **Dryopteris formosana** (H. Chr.) C. Chr. 【N, W/C】♣TMNS; ●TW; ★(AS): CN, JP, KR.

硬果鳞毛蕨 **Dryopteris fructuosa** (H. Chr.) C. Chr. 【N, W/C】 ♣KBG; ●SC, YN; ★(AS): BT, CN, ID, IN, MM, NP.

黑足鳞毛蕨 **Dryopteris fuscipes** C. Chr. 【N, W/C】 ♣CBG, FBG, FLBG, GBG, HBG, KBG, LBG, NSBG, SCBG, WBG, XTBG, ZAFU; ●CQ, FJ, GD, GZ, HB, JX, SC, SH, YN, ZJ; ★(AS): CN, ID, JP, KR.

华北鳞毛蕨 **Dryopteris goeringiana** (Kunze) Koidz. 【N, W/C】 ♣IBCAS, WBG; ●BJ, HB; ★(AS): CN, JP, KP, KR, MN, RU-AS.

裸果鳞毛蕨 **Dryopteris gymnosora** (Makino) C. Chr. 【N, W/C】 ♣CBG, WBG; ●HB, SH; ★(AS): CN, JP, VN.

边生鳞毛蕨 **Dryopteris handeliana** C. Chr. 【N, W/C】 ♣KBG; ●YN; ★(AS): CN, JP, KR.

草质假复叶耳蕨（假复叶耳蕨）**Dryopteris hasseltii** (Blume) C. Chr. 【N, W/C】 ♣FLBG; ●GD, JX; ★(AS): CN, ID, IN.

异鳞轴鳞蕨 **Dryopteris heterolaena** C. Chr. 【N, W/C】 ♣KBG; ●YN; ★(AS): CN.

假异鳞毛蕨 **Dryopteris immixta** Ching 【N, W/C】 ♣CBG, LBG, WBG; ●HB, JX, SC, SH; ★(AS): CN.

平行鳞毛蕨 **Dryopteris indusiata** (Makino) Makino et Yamam. 【N, W/C】 ♣CBG, GXIB, LBG, SCBG; ●GD, GX, JX, SH; ★(AS): CN, JP.

羽裂鳞毛蕨 **Dryopteris integriloba** C. Chr. 【N, W/C】♣FLBG, IBCAS, TMNS; ●BJ, GD, JX, TW; ★(AS): CN, MY, VN.

粗齿鳞毛蕨 **Dryopteris juxtaposita** H. Chr. 【N, W/C】 ♣WBG; ●HB; ★(AS): BT, CN, ID, IN, LK, NP.

密羽轴鳞蕨（泡鳞轴鳞蕨）**Dryopteris kawakamii** Hayata 【N, W/C】 ♣CBG, FLBG; ●GD, JX, SC, SH; ★(AS): CN.

京鹤鳞毛蕨 **Dryopteris kinkiensis** Koidz. ex Tagawa 【N, W/C】 ♣LBG, WBG; ●HB, JX; ★(AS): CN, JP, KR.

齿头鳞毛蕨 **Dryopteris labordei** (H. Chr.) C. Chr. 【N, W/C】 ♣GBG, ZAFU; ●GZ, ZJ; ★(AS): CN, JP.

狭顶鳞毛蕨 **Dryopteris lacera** (Thunb.) Kuntze 【N, W/C】 ♣CBG, HBG, LBG, NBG, WBG; ●HB, JS, JX, SH, ZJ; ★(AS): CN, JP, KP, KR.

脉纹鳞毛蕨 **Dryopteris lachoongensis** (Bedd.) B. K. Nayar et S. Kaur 【N, W/C】♣WBG; ●HB; ★(AS): BT, CN, ID, IN, LK, NP.

轴鳞鳞毛蕨 **Dryopteris lepidorachis** C. Chr. 【N, W/C】 ♣CBG, FBG, LBG; ●FJ, JX, SH; ★(AS): CN.

两广鳞毛蕨 **Dryopteris liangkwangensis** Ching 【N, W/C】♣GXIB, WBG, XTBG; ●GX, HB, YN; ★(AS): CN.

路南鳞毛蕨 **Dryopteris lunanensis** (H. Chr.) C. Chr. 【N, W/C】♣FLBG, KBG; ●GD, JX, YN; ★(AS): CN.

边果鳞毛蕨 **Dryopteris marginata** (C. B. Clarke) H. Chr. 【N, W/C】 ●YN; ★(AS): CN, ID, IN,

LK, MM, NP, TH, VN.

阔鳞轴鳞蕨（亮鳞肋毛蕨）**Dryopteris maximowicziana** (Miq.) C. Chr. 【N, W/C】 ♣CBG, LBG, WBG; ●HB, JX, SC, SH; ★(AS): CN, JP, KR.

细鳞鳞毛蕨 **Dryopteris microlepis** (Baker) C. Chr. 【N, W/C】 ♣XTBG; ●YN; ★(AS): CN.

山地鳞毛蕨 **Dryopteris monticola** (Makino) C. Chr. 【N, W/C】 ♣KBG; ●YN; ★(AS): CN, JP, KP, KR, MN, RU-AS.

黑鳞远轴鳞毛蕨 **Dryopteris namegatae** (Sa. Kurata) Sa. Kurata 【N, W/C】 ♣CBG, LBG; ●JX, SC, SH; ★(AS): CN, JP.

太平鳞毛蕨 **Dryopteris pacifica** (Nakai) Tagawa 【N, W/C】 ♣SCBG; ●GD; ★(AS): CN, JP, KR.

鱼鳞蕨 **Dryopteris paleolata** (Pic. Serm.) L. B. Zhang 【N, W/C】 ♣KBG, XTBG; ●YN; ★(AS): BT, CN, ID, IN, JP, LK, NP, VN.

半岛鳞毛蕨 **Dryopteris peninsulae** Kitag. 【N, W/C】 ♣CBG, WBG; ●HB, SC, SH; ★(AS): CN.

柄盖蕨 **Dryopteris peranema** L. B. Zhang 【N, W/C】 ♣KBG; ●YN; ★(AS): CN, PH.

柄叶鳞毛蕨 **Dryopteris podophylla** (Hook.) Kuntze 【N, W/C】 ♣FLBG, SCBG; ●GD, JX; ★(AS): CN.

蓝色鳞毛蕨 **Dryopteris polita** Rosenst. 【N, W/C】 ♣FLBG, XTBG; ●GD, JX, YN; ★(AS): CN, ID, IN, JP, MY, TH, VN.

红腺蕨 **Dryopteris pseudocaenopteris** (Kunze) L. B. Zhang 【N, W/C】 ♣KBG; ●TW, YN; ★(AS): BT, CN, ID, IN, LK, MM, MY, NP, PH, TH, VN.

*拟欧洲鳞毛蕨 **Dryopteris pseudofilix-mas** (Fée) Rothm. 【I, C】 ♣XTBG; ●YN; ★(NA): MX.

假稀羽鳞毛蕨 **Dryopteris pseudosparsa** Ching 【N, W/C】 ♣GXIB, KBG, XTBG; ●GX, YN; ★(AS): CN.

密鳞鳞毛蕨 **Dryopteris pycnopteroides** (H. Chr.) C. Chr. 【N, W/C】 ♣IBCAS; ●BJ; ★(AS): CN, JP.

藏布鳞毛蕨 **Dryopteris redactopinnata** S. K. Basu et Panigrahi 【N, W/C】 ♣KBG; ●YN; ★(AS): CN, ID, IN, MY, PK.

川西鳞毛蕨 **Dryopteris rosthornii** (Diels) C. Chr. 【N, W/C】 ♣CBG, WBG; ●HB, SC, SH; ★(AS): CN.

红褐鳞毛蕨 **Dryopteris rubrobrunnea** W. M. Chu 【N, W/C】 ♣CBG; ●SH; ★(AS): CN.

无盖鳞毛蕨 **Dryopteris scottii** (Bedd.) Ching 【N, W/C】 ♣CBG, FLBG, KBG, SCBG, WBG, XTBG; ●GD, HB, JX, SC, SH, YN; ★(AS): BT, CN, ID, IN, JP, LK, MM, MY, PH, SG, TH, VN.

两色鳞毛蕨 **Dryopteris setosa** (Thunb.) Akas. 【N, W/C】 ♣CBG, GA, LBG, WBG, ZAFU; ●HB, JX, SC, SH, ZJ; ★(AS): CN, JP, KP, KR.

无盖肉刺蕨 **Dryopteris shikokiana** (Makino) C. Chr. 【N, W/C】 ♣KBG; ●YN; ★(AS): CN, JP.

奇羽鳞毛蕨 **Dryopteris sieboldii** (T. Moore) Kuntze 【N, W/C】 ♣BBG, FLBG, IBCAS, LBG, WBG; ●BJ, GD, HB, JX; ★(AS): CN, JP.

纤维鳞毛蕨 **Dryopteris sinofibrillosa** Ching 【N, W/C】 ♣KBG, WBG; ●HB, SC, YN; ★(AS): CN, IN, NP, PK.

落鳞鳞毛蕨 **Dryopteris sordidipes** Tagawa 【N, W/C】 ♣TMNS; ●TW; ★(AS): CN, JP.

稀羽鳞毛蕨 **Dryopteris sparsa** (D. Don) Kuntze 【N, W/C】 ♣CBG, FBG, FLBG, GXIB, KBG, LBG, SCBG, WBG, XTBG; ●FJ, GD, GX, HB, JX, SC, SH, TW, YN; ★(AS): BT, CN, ID, IN, JP, MM, MY, NP, PH, TH, VN; (OC): AU.

褐鳞鳞毛蕨 **Dryopteris squamifera** Ching et S. K. Wu 【N, W/C】 ♣FBG, KBG, SCBG; ●FJ, GD, YN; ★(AS): CN, MY.

肉刺蕨（阿里山鳞毛蕨）**Dryopteris squamiseta** (Hook.) Kuntze 【N, W/C】 ●YN; ★(AF): MG; (AS): CN, ID, IN, LK.

狭鳞鳞毛蕨 **Dryopteris stenolepis** (Baker) C. Chr. 【N, W/C】 ♣KBG; ●YN; ★(AS): BT, CN, ID, IN, LK.

柳羽鳞毛蕨 **Dryopteris subimpressa** Loyal 【N, W/C】 ♣WBG; ●HB; ★(AS): CN, ID, IN, LK, NP.

半育鳞毛蕨（无柄鳞毛蕨）**Dryopteris sublacera** H. Chr. 【N, W/C】 ♣CBG, KBG; ●SC, SH, YN; ★(AS): BT, CN, ID, IN, LK, NP.

三角鳞毛蕨 **Dryopteris subtriangularis** (C. Hope) C. Chr. 【N, W/C】 ♣GXIB, SCBG; ●GD, GX, SC; ★(AS): CN, ID, IN, MM, PH, TH, VN.

华南鳞毛蕨 **Dryopteris tenuicula** C. G. Matthew et H. Chr. 【N, W/C】 ♣CBG, GXIB, SCBG; ●GD, GX, SC, SH; ★(AS): CN, JP, KP.

巢形轴鳞蕨 **Dryopteris transmorrisonense** (Hayata) Hayata 【N, W/C】 ♣KBG; ●YN; ★(AS): CN, ID, IN, LK.

观光鳞毛蕨 **Dryopteris tsoongii** Ching 【N, W/C】

♣CBG, LBG, WBG; ●HB, JX, SH; ★(AS): CN.

同形鳞毛蕨 **Dryopteris uniformis** (Makino) Makino【N, W/C】♣CBG, LBG, WBG; ●HB, JX, SH; ★(AS): CN, JP, KP, KR.

变异鳞毛蕨 **Dryopteris varia** (L.) Kuntze【N, W/C】♣CBG, FBG, FLBG, GBG, HBG, LBG, NBG, SCBG, TMNS, WBG; ●FJ, GD, GZ, HB, JS, JX, SC, SH, TW, ZJ; ★(AS): CN, ID, IN, JP, KP, KR, PH.

大羽鳞毛蕨 **Dryopteris wallichiana** (Spreng.) Hyl.【N, W/C】♣KBG; ●SC, YN; ★(AS): CN, ID, IN, JP, MM, MY, NP; (OC): US-HW.

黄山鳞毛蕨 **Dryopteris whangshangensis** Ching【N, W/C】♣CBG, WBG, ZAFU; ●HB, SC, SH, ZJ; ★(AS): CN.

细叶鳞毛蕨 **Dryopteris woodsiisora** Hayata【N, W/C】♣LBG; ●JX; ★(AS): CN.

永德鳞毛蕨 **Dryopteris yongdeensis** W. M. Chu【N, W/C】♣FLBG; ●GD, JX; ★(AS): CN.

栗柄鳞毛蕨 **Dryopteris yoroii** Seriz.【N, W/C】♣XTBG; ●YN; ★(AS): BT, CN, ID, IN, LK, MM, NP.

东亚柄盖蕨 **Dryopteris zhuweimingii** L. B. Zhang【N, W/C】♣KBG; ●SC, YN; ★(AS): CN.

36. 肾蕨科 NEPHROLEPIDACEAE

肾蕨属 Nephrolepis

长叶肾蕨 **Nephrolepis biserrata** (Sw.) Schott【N, W/C】♣FLBG, IBCAS, SCBG, TBG, TMNS, XMBG, XTBG; ●BJ, FJ, GD, JX, TW, YN; ★(AF): MG, NG, ZA; (AS): CN, ID, IN, JP, MY; (OC): AU.

毛叶肾蕨（布朗肾蕨）**Nephrolepis brownii** (Desv.) Hovenkamp et Miyam.【N, W/C】♣CBG, FLBG, SCBG, TMNS, XMBG; ●FJ, GD, JX, SH, TW; ★(AS): CN, ID, JP, MY, PH, SG, VN; (OC): AU.

肾蕨 **Nephrolepis cordifolia** (L.) C. Presl【N, W/C】♣BBG, CBG, CDBG, FBG, FLBG, GBG, GMG, GXIB, HBG, IBCAS, KBG, LBG, NBG, NSBG, SCBG, TBG, TMNS, WBG, XMBG, XOIG, XTBG, ZAFU; ●BJ, CQ, FJ, GD, GX, GZ, HB, JS, JX, SC, SH, TW, YN, ZJ; ★(AS): CN, JP, KR, MY, SG; (OC): AU, NZ.

高大肾蕨 **Nephrolepis exaltata** (L.) Schott【I, C】♣BBG, CBG, CDBG, FBG, FLBG, GXIB, IBCAS, KBG, LBG, SCBG, TBG, XLTBG, XMBG, XOIG, XTBG, ZAFU; ●BJ, FJ, GD, GX, HI, JX, SC, SH, TW, YN, ZJ; ★(NA): BM, BS, CR, CU, DO, GT, HN, HT, JM, KY, LW, MX, NI, PA, PR, SV, TT, US, WW; (SA): BO, BR, CO, EC, PE.

镰叶肾蕨 **Nephrolepis falcata** (Cav.) C. Chr.【N, W/C】♣IBCAS, NBG, SCBG, WBG, XMBG, XTBG; ●BJ, FJ, GD, HB, JS, YN; ★(AS): CN, ID, MM, MY, PH, SG, VN; (OC): US-HW.

37. 藤蕨科 LOMARIOPSIDACEAE

拟贯众属 Cyclopeltis

拟贯众 **Cyclopeltis crenata** (Fée) C. Chr.【N, W/C】♣IBCAS, KBG, SCBG, XMBG; ●BJ, FJ, GD, SC, TW, YN; ★(AS): CN, ID, MY, TH.

藤蕨属 Lomariopsis

藤蕨 **Lomariopsis cochinchinensis** Fée【N, W/C】♣XTBG; ●YN; ★(AS): CN, ID, IN, MY.

38. 三叉蕨科 TECTARIACEAE

爬树蕨属 Arthropteris

爬树蕨 **Arthropteris palisotii** (Desv.) Alston【N, W/C】♣TMNS; ●TW; ★(AF): MG, NG; (AS): CN, ID, IN, JP, MY, PH, VN; (OC): AU, PAF.

牙蕨属 Pteridrys

毛轴牙蕨 **Pteridrys australis** Ching【N, W/C】♣IBCAS, KBG, SCBG, XTBG; ●BJ, GD, TW, YN; ★(AS): CN, LA, MM, MY, TH, VN.

薄叶牙蕨 **Pteridrys cnemidaria** (H. Chr.) C. Chr. et Ching【N, W/C】♣CBG, FLBG, KBG, SCBG, XTBG; ●GD, JX, SH, YN; ★(AS): CN, ID, IN, LA, MM, VN.

云贵牙蕨 **Pteridrys lofouensis** (H. Chr.) C. Chr. et Ching【N, W/C】♣KBG; ●YN; ★(AS): CN.

三叉蕨属 Tectaria

*龙骨三叉蕨 **Tectaria carinata** (Alderw.) C. Chr.【I,

C】 ♣XTBG; ●YN; ★(AS): PH.

大齿叉蕨 **Tectaria coadunata** (Wall. ex Hook. et Grev.) C. Chr.【N, W/C】♣IBCAS, KBG, WBG, XTBG; ●BJ, HB, SC, YN; ★(AS): CN, ID, IN, LA, LK, MY, NP, TH, VN.

下延叉蕨 **Tectaria decurrens** (C. Presl) Copel.【N, W/C】♣FLBG, IBCAS, KBG, SCBG, TMNS, WBG, XMBG, XTBG; ●BJ, FJ, GD, HB, JX, SC, TW, YN; ★(AS): CN, ID, IN, JP, LK, MM, MY, PH, VN.

毛叶轴脉蕨 **Tectaria devexa** (Kunze ex Mett.) Copel.【N, W/C】♣FLBG, KBG, SCBG, TMNS; ●GD, JX, TW, YN; ★(AS): CN, ID, IN, JP, LK, MY, PH, TH, VN.

大叶叉蕨 **Tectaria dubia** (Bedd.) Ching【N, W/C】♣XTBG; ●YN; ★(AS): CN, ID, IN, VN.

黑柄叉蕨 **Tectaria ebenina** (C. Chr.) Ching【N, W/C】♣KBG; ●YN; ★(AS): CN, VN.

芽孢叉蕨 **Tectaria fauriei** Tagawa【N, W/C】♣FLBG, KBG, TMNS, WBG, XTBG; ●GD, HB, JX, TW, YN; ★(AS): CN, JP, MY, VN.

黑鳞轴脉蕨 **Tectaria fuscipes** (Wall. ex Bedd.) C. Chr.【N, W/C】♣CBG, FLBG, IBCAS, KBG, TMNS, WBG, XTBG; ●BJ, GD, HB, JX, SH, TW, YN; ★(AS): CN, IN, MM, VN.

鳞柄叉蕨 **Tectaria griffithii** (Baker) C. Chr.【N, W/C】●TW; ★(AS): CN, IN, KH, LK, MM, MY, PH, SG, VN.

粗齿叉蕨 **Tectaria grossedentata** Ching et Chu H. Wang【N, W/C】♣CBG, KBG; ●SH, YN; ★(AS): CN.

沙皮蕨 **Tectaria harlandii** (Hook.) C. M. Kuo【N, W/C】♣CBG, FLBG, KBG, SCBG, TMNS, WBG, XTBG; ●GD, HB, JX, SH, TW, YN; ★(AS): CN, JP, VN.

思茅叉蕨 **Tectaria herpetocaulos** Holttum【N, W/C】♣KBG, XTBG; ●YN; ★(AS): CN, LA, MY.

疣状叉蕨 **Tectaria impressa** (Fée) Holttum【N, W/C】♣CBG, SCBG, XTBG; ●GD, SH, YN; ★(AS): CN, ID, IN, LA, LK, MY, NP, TH, VN.

台湾轴脉蕨 **Tectaria kusukusensis** (Hayata) Lellinger【N, W/C】♣CBG, IBCAS, SCBG; ●BJ, GD, SH; ★(AS): CN, VN.

剑叶叉蕨 **Tectaria leptophylla** (C. H. Wright) Ching【N, W/C】♣KBG, WBG; ●HB, YN; ★(AS): CN, VN.

中形叉蕨 **Tectaria media** Ching【N, W/C】♣SCBG; ●GD; ★(AS): CN.

条裂叉蕨 **Tectaria phaeocaulis** (Rosenst.) C. Chr.【N, W/C】♣CBG, SCBG, WBG; ●GD, HB, SC, SH; ★(AS): CN, JP, VN.

多形叉蕨 **Tectaria polymorpha** (Wall. ex Hook.) Copel.【N, W/C】♣CBG, KBG, SCBG, TMNS, XTBG; ●GD, SH, TW, YN; ★(AS): CN, ID, IN, KH, LK, MY, NP, PH, TH, VN.

Tectaria prolifera (Hook.) R. M. Tryon et A. F. Tryon【I, C】♣XTBG; ●YN; ★(OC): AU.

五裂叉蕨 **Tectaria quinquefida** (Baker) Ching【N, W/C】♣KBG; ●YN; ★(AS): CN, VN.

疏羽叉蕨 **Tectaria remotipinna** Ching et Chu H. Wang【N, W/C】♣KBG; ●YN; ★(AS): CN.

洛克叉蕨 **Tectaria rockii** C. Chr.【N, W/C】♣SCBG; ●GD; ★(AS): CN, MM, TH, VN.

轴脉蕨 **Tectaria sagenioides** (Mett.) Ching【N, W/C】♣IBCAS, SCBG, XTBG; ●BJ, GD, TW, YN; ★(AS): CN, IN, MM, SG, VN.

棕毛轴脉蕨 **Tectaria setulosa** (Baker) Holttum【N, W/C】♣GXIB, KBG; ●GX, YN; ★(AS): CN, ID, IN, MM, MY, SG, VN.

燕尾叉蕨 **Tectaria simonsii** (Baker) Ching【N, W/C】♣CBG, FLBG, KBG, SCBG, XMBG, XTBG; ●FJ, GD, JX, SH, YN; ★(AS): CN, ID, IN, LK, MM, MY, TH, VN.

掌状叉蕨 **Tectaria subpedata** (Harr.) Ching【N, W/C】♣FLBG; ●GD, JX; ★(AS): CN, MM, VN.

无盖轴脉蕨 **Tectaria subsageniacea** (Christ) Christ【N, W/C】♣CBG, GXIB, XTBG; ●GX, SH, YN; ★(AS): CN, VN.

三叉蕨 **Tectaria subtriphylla** (Hook. et Arn.) Copel.【N, W/C】♣CBG, FLBG, GXIB, IBCAS, KBG, SCBG, TMNS, WBG, XMBG, XTBG; ●BJ, FJ, GD, GX, HB, JX, SH, TW, YN; ★(AS): CN, ID, IN, JP, LK, MM, VN.

翅柄叉蕨 **Tectaria vasta** (Blume) Copel.【N, W/C】♣FLBG, KBG; ●GD, JX, YN; ★(AS): CN, ID, IN, MY, SG, TH.

云南叉蕨 **Tectaria yunnanensis** (Baker) Ching【N, W/C】♣KBG, SCBG; ●GD, YN; ★(AS): CN, LA, VN.

地耳蕨 **Tectaria zeilanica** (Houtt.) Sledge【N, W/C】♣CBG, FLBG, IBCAS, KBG, SCBG, XTBG; ●BJ, GD, JX, SH, YN; ★(AS): CN, ID, IN, LK, MY, VN.

39. 篠蕨科 OLEANDRACEAE

篠蕨属 Oleandra

华南篠蕨 **Oleandra cumingii** J. Sm. 【N, W/C】 ♣FLBG, SCBG; ●GD, JX; ★(AS): CN, ID, IN, PH.

攀援篠蕨 **Oleandra neriiformis** Cavanilles 【N, W/C】 ●TW; ★(AS): CN, ID, MY, NP.

波边篠蕨 **Oleandra undulata** (Willd.) Ching 【N, W/C】 ♣KBG, SCBG, XTBG; ●GD, YN; ★(AS): CN, ID, IN, MY, PH.

高山篠蕨 **Oleandra wallichii** (Hook.) C. Presl 【N, W/C】 ♣KBG; ●YN; ★(AS): CN, ID, IN, MM, NP, TH, VN.

40. 骨碎补科 DAVALLIACEAE

骨碎补属 Davallia

*加那利骨碎补 **Davallia canariensis** (L.) Sm. 【I, C】 ●BJ; ★(AS): ID; (EU): ES, LU.

假脉骨碎补 **Davallia denticulata** (Burm. f.) Mett. ex Kuhn 【N, W/C】 ♣XTBG; ●TW, YN; ★(AF): MG; (AS): CN, LA, MY, SG, TH, VN; (OC): AU, PAF.

大叶骨碎补 **Davallia divaricata** Schltdl. et Cham. 【N, W/C】 ♣CBG, FBG, FLBG, GMG, GXIB, IBCAS, KBG, SCBG, TMNS, XMBG, XTBG; ●BJ, FJ, GD, GX, JX, SH, TW, YN; ★(AS): CN, KH, VN.

细裂小膜盖蕨 **Davallia faberiana** (C. Chr.) Q. W. Lin 【N, W/C】 ♣KBG; ●YN; ★(AS): CN, MM, TH.

杯盖阴石蕨（圆盖阴石蕨）**Davallia griffithiana** Hook. 【N, W/C】 ♣CBG, CDBG, FBG, FLBG, GMG, GXIB, HBG, IBCAS, KBG, LBG, NBG, SCBG, TMNS, WBG, XMBG, ZAFU; ●BJ, FJ, GD, GX, HB, JS, JX, SC, SH, TW, YN, ZJ; ★(AS): CN, ID, IN, LA, VN.

鳞轴小膜盖蕨 **Davallia perdurans** Christ 【N, W/C】 ♣KBG, TMNS; ●TW, YN; ★(AS): CN.

美小膜盖蕨 **Davallia pulchra** D. Don 【N, W/C】 ♣KBG; ●YN; ★(AS): BT, CN, ID, IN, LK, MM, NP, TH, VN.

阴石蕨 **Davallia repens** (L. f.) Kuhn 【N, W/C】 ♣CBG, FBG, FLBG, GMG, GXIB, HBG, IBCAS, SCBG, TMNS, XMBG; ●BJ, FJ, GD, GX, JX, SH, TW, ZJ; ★(AS): CN, ID, IN, JP, LK, MY, PH, TH; (OC): AU, PAF.

阔叶骨碎补 **Davallia solida** Ogata 【N, W/C】 ♣CBG, TMNS, XTBG; ●SC, SH, TW, YN; ★(AS): CN, MM, MY, PH, SG, TH, VN; (OC): AU.

骨碎补 **Davallia trichomanoides** Blume 【N, W/C】 ♣BBG, FBG, HBG, IBCAS, KBG, NBG, SCBG, TBG, TMNS, WBG, XMBG, XTBG; ●BJ, FJ, GD, HB, JS, LN, SD, TW, YN, ZJ; ★(AS): CN, JP, KR; (OC): NZ.

41. 水龙骨科 POLYPODIACEAE

剑蕨属 Loxogramme

中华剑蕨 **Loxogramme chinensis** Ching 【N, W/C】 ♣LBG; ●JX; ★(AS): BT, CN, ID, IN, MM, NP, TH, VN.

匙叶剑蕨 **Loxogramme grammitoides** (Baker) C. Chr. 【N, W/C】 ♣LBG; ●AH, FJ, JX, SC, TW; ★(AS): CN, JP, KR.

内卷剑蕨 **Loxogramme involuta** (D. Don) C. Presl 【N, W/C】 ♣WBG; ●HB; ★(AS): CN, ID, IN, LK, NP.

柳叶剑蕨 **Loxogramme salicifolia** (Makino) Makino 【N, W/C】 ♣BBG, HBG, WBG; ●BJ, HB, ZJ; ★(AS): CN, JP, KP, KR.

无肋剑蕨 **Loxogramme subecostata** C. Chr. 【I, C】 ●TW; ★(AS): MY.

节肢蕨属 Arthromeris

节肢蕨 **Arthromeris lehmannii** (Mett.) Ching 【N, W/C】 ♣IBCAS, KBG, SCBG, WBG; ●BJ, GD, HB, SC, YN; ★(AS): BT, CN, ID, IN, LK, MM, NP, PH, TH.

龙头节肢蕨 **Arthromeris lungtauensis** Ching 【N, W/C】 ♣CBG, SCBG, WBG; ●GD, HB, SC, SH; ★(AS): CN, LA, NP, VN.

狭羽节肢蕨 **Arthromeris tenuicauda** (Hook.) Ching 【N, W/C】 ♣WBG; ●HB; ★(AS): CN, ID, IN, MM.

单行节肢蕨 **Arthromeris wallichiana** (Spreng.) Ching 【N, W/C】 ♣KBG, WBG, XTBG; ●HB, YN; ★(AS): BT, CN, ID, IN, LK, MM, NP, VN.

雨蕨属 Gymnogrammitis

雨蕨 **Gymnogrammitis dareiformis** (Hook.) Ching

【N, W/C】♣KBG; ●YN; ★(AS): BT, CN, ID, IN, KH, LA, LK, MM, NP, TH, VN.

假瘤蕨属 Phymatopteris

灰鳞假瘤蕨 **Phymatopteris albopes** (C. Chr. et Ching) Pic. Serm. 【N, W/C】 ♣KBG, SCBG; ●GD, YN; ★(AS): CN.

白茎假瘤蕨 **Phymatopteris chrysotricha** (C. Chr.) Pic. Serm. 【N, W/C】♣KBG; ●YN; ★(AS): CN, MM.

掌叶假瘤蕨 **Phymatopteris digitata** (Ching) Pic. Serm. 【N, W/C】 ♣HBG; ●ZJ; ★(AS): CN.

黑鳞假瘤蕨 **Phymatopteris ebenipes** (Hook.) Pic. Serm. 【N, W/C】♣WBG; ●HB; ★(AS): BT, CN, IN, NP, TH.

恩氏假瘤蕨（恩氏茀蕨）**Phymatopteris engleri** (Luerss.) Pic. Serm. 【N, W/C】 ♣BBG; ●BJ; ★(AS): CN, JP, KR.

大果假瘤蕨 **Phymatopteris griffithiana** (Hook.) Pic. Serm. 【N, W/C】♣WBG; ●HB; ★(AS): BT, CN, ID, IN, LK, MM, NP, TH, VN.

海南假瘤蕨 **Phymatopteris hainanensis** (Ching) Pic. Serm. 【N, W/C】 ♣CBG, SCBG; ●GD, SH; ★(AS): CN.

金鸡脚假瘤蕨 **Phymatopteris hastata** (Thunb.) Pic. Serm. 【N, W/C】 ♣CBG, FBG, GA, HBG, LBG, NBG, TMNS, WBG, XMBG; ●FJ, HA, HB, JS, JX, SC, SD, SH, SN, TW, ZJ; ★(AS): CN, JP, KR, RU-AS, VN.

喙叶假瘤蕨 **Phymatopteris rhynchophylla** (Hook.) Pic. Serm. 【N, W/C】 ♣CBG, KBG; ●SH, YN; ★(AS): CN, ID, IN, KH, LA, LK, MM, NP, PH, TH, VN.

三指假瘤蕨 **Phymatopteris triloba** (Houtt.) Pic. Serm. 【N, W/C】●TW; ★(AS): CN, ID, IN, MY, PH, TH, VN.

三出假瘤蕨 **Phymatopteris trisecta** (Baker) Pic. Serm. 【N, W/C】 ♣KBG; ●YN; ★(AS): CN, MM, TH.

槲蕨属 Drynaria

秦岭槲蕨 **Drynaria baronii** (Christ) Diels 【N, W/C】 ♣CBG, IBCAS, KBG; ●BJ, SH, YN; ★(AS): CN, MN.

团叶槲蕨 **Drynaria bonii** H. Chr. 【N, W/C】 ♣CBG, GMG, GXIB, KBG, SCBG, WBG, XTBG; ●GD, GX, HB, SH, TW, YN; ★(AS): CN, ID, IN, KH, LA, MY, TH, VN.

川滇槲蕨 **Drynaria delavayi** H. Chr. 【N, W/C】 ♣IBCAS, KBG; ●BJ, YN; ★(AS): BT, CN, MM.

毛槲蕨 **Drynaria mollis** Bedd. 【N, W/C】♣IBCAS; ●BJ; ★(AS): CN, IN, NP.

小槲蕨 **Drynaria parishii** (Bedd.) Bedd. 【N, W/C】 ♣KBG; ●YN; ★(AS): CN, LA, MM, TH, VN.

石莲姜槲蕨 **Drynaria propinqua** (Wall. ex Mett.) Bedd. 【N, W/C】♣IBCAS, KBG, SCBG, XTBG; ●BJ, GD, SC, YN; ★(AS): BT, CN, ID, IN, LA, LK, MM, NP, TH, VN.

栎叶槲蕨 **Drynaria quercifolia** (L.) J. Sm. 【N, W/C】 ♣IBCAS, SCBG, XTBG; ●BJ, GD, TW, YN; ★(AS): BT, CN, ID, IN, LA, LK, MM, MY, NP, PH, SG, TH; (OC): AU, FJ, PAF.

硬叶槲蕨 **Drynaria rigidula** (Sw.) Bedd. 【N, W/C】 ♣SCBG, XTBG; ●GD, TW, YN; ★(AS): CN, ID, IN, KH, LA, MM, MY, TH, VN; (OC): AU, PAF.

槲蕨 **Drynaria roosii** Nakaike 【N, W/C】 ♣BBG, CBG, FBG, GA, GBG, GMG, GXIB, HBG, IBCAS, KBG, LBG, SCBG, TBG, TMNS, WBG, XMBG, XTBG, ZAFU; ●BJ, FJ, GD, GX, GZ, HB, JX, SC, SH, TW, YN, ZJ; ★(AS): CN, ID, IN, KH, LA, TH, VN.

连珠蕨属 Aglaomorpha

顶育蕨 **Aglaomorpha acuminata** Hovenkamp 【N, W/C】 ♣XTBG; ●TW, YN; ★(AS): CN, ID, IN, KH, LA, MY, PH, SG, TH, VN.

崖姜 **Aglaomorpha coronans** (Wall. ex Mett.) Copel. 【N, W/C】 ♣BBG, CBG, FBG, FLBG, GMG, GXIB, HBG, IBCAS, KBG, SCBG, TBG, TMNS, WBG, XMBG, XTBG; ●BJ, FJ, GD, GX, HB, JX, SH, TW, YN, ZJ; ★(AS): CN, ID, IN, LA, MM, MY, NP, TH, VN.

连珠蕨 **Aglaomorpha meyeniana** Schott 【N, W/C】 ♣TMNS; ●TW; ★(AS): CN, PH.

鹿角蕨属 Platycerium

美洲鹿角蕨 **Platycerium andinum** Baker 【I, C】 ♣TMNS; ●TW; ★(SA): PE.

象耳鹿角蕨 **Platycerium angolense** Welw. ex Hook. 【I, C】 ♣CBG; ●SH, TW; ★(AF): NG.

二歧鹿角蕨 **Platycerium bifurcatum** (Cav.) C. Chr. 【I, C】♣BBG, CBG, CDBG, FLBG, GXIB, HBG, IBCAS, KBG, NBG, SCBG, TBG, XMBG, XTBG;

●BJ, FJ, GD, GX, JS, JX, SC, SH, TW, YN, ZJ; ★(AS): ID; (OC): AU, PG.

皇冠鹿角蕨 **Platycerium coronarium** (Mull.) Desv. 【I, C】 ♣CBG, TMNS; ●SH, TW; ★(AS): LA, SG.

异叶鹿角蕨 **Platycerium ellisii** Baker【I, C】●TW; ★(AF): MG.

壮丽鹿角蕨 **Platycerium grande** J. Sm. 【I, C】 ♣CBG, XMBG; ●FJ, SH, TW, YN; ★(AS): LA, PH, SG; (OC): AU.

深绿鹿角蕨 **Platycerium hillii** T. Moore 【I, C】 ●TW; ★(OC): AU.

何其美鹿角蕨 **Platycerium holttumii** Joncheere et Hennipman【I, C】●TW; ★(AS): LA, MY, TH.

马达加斯加鹿角蕨 **Platycerium madagascariense** Baker 【I, C】 ●TW; ★(AF): MG.

四歧鹿角蕨 **Platycerium quadridichotomum** (Bonap.) Tardieu 【I, C】 ●TW; ★(AF): MG.

马来鹿角蕨 **Platycerium ridleyi** Christ 【I, C】 ●TW; ★(AS): MY, SG.

三角鹿角蕨 **Platycerium stemaria** (P. Beauv.) Desv. 【I, C】 ♣CBG; ●SH, TW; ★(AF): NG.

巨大鹿角蕨 **Platycerium superbum** de Jonch. et Hennipman 【I, C】 ●TW; ★(OC): AU.

立叶鹿角蕨 **Platycerium veitchii** C. Chr. 【I, C】 ●TW; ★(OC): AU.

鹿角蕨（印度鹿角蕨）**Platycerium wallichii** Hook. 【N, W/C】 ♣BBG, CBG, FLBG, KBG, LBG, NBG, SCBG, TMNS, XLTBG, XMBG, XOIG, XTBG; ●BJ, FJ, GD, HI, JS, JX, SH, TW, YN; ★(AS): CN, ID, IN, MM, TH.

女王鹿角蕨 **Platycerium wandae** Racib. 【I, C】 ●TW; ★(AF): NG.

爪哇鹿角蕨 **Platycerium willinckii** T. Moore 【I, C】 ●TW; ★(OC): AU.

石韦属 Pyrrosia

贴生石韦 **Pyrrosia adnascens** (Sw.) Ching 【N, W/C】♣CBG, FLBG, GMG, GXIB, IBCAS, KBG, SCBG, TMNS; ●BJ, GD, GX, JX, SH, TW, YN; ★(AS): CN, ID, IN, LA, NP, PH, TH; (OC): AU.

石蕨 **Pyrrosia angustissima** (Giesenh. ex Diels) Tagawa et K. Iwats. 【N, W/C】 ♣CBG, HBG, WBG; ●HB, SC, SH, ZJ; ★(AS): CN, JP, TH.

相近石韦 **Pyrrosia assimilis** (Baker) Ching 【N, W/C】 ♣CBG, GMG, IBCAS, LBG, SCBG; ●BJ, GD, GX, JX, SH; ★(AS): CN.

光石韦 **Pyrrosia calvata** (Baker) Ching 【N, W/C】 ♣CBG, CDBG, FLBG, GXIB, IBCAS, KBG, SCBG, WBG, XMBG, XTBG; ●BJ, FJ, GD, GX, HB, JX, SC, SH, YN; ★(AS): CN, VN.

下延石韦 **Pyrrosia costata** (Wall. ex C. Presl) Tagawa et K. Iwats. 【N, W/C】 ♣SCBG; ●GD; ★(AS): CN, ID, IN, LK, MM, MY, NP, TH.

华北石韦 **Pyrrosia davidii** (Baker) Ching 【N, W/C】♣CBG, IBCAS, KBG, WBG; ●BJ, HB, SC, SH, TW, YN; ★(AS): CN, KR, MN.

毡毛石韦 **Pyrrosia drakeana** (Franch.) Ching 【N, W/C】 ♣FLBG, IBCAS, KBG, WBG, XBG, XTBG; ●BJ, GD, HB, JX, SC, SN, YN; ★(AS): CN.

琼崖石韦 **Pyrrosia eberhardtii** (H. Chr.) Ching【N, W/C】 ♣CBG; ●SH; ★(AS): CN, TH, VN.

纸质石韦 **Pyrrosia heteractis** (Mett. ex Kuhn) Ching【N, W/C】♣IBCAS, XTBG; ●BJ, TW, YN; ★(AS): BT, CN, ID, IN, LK, MM, TH, VN.

平滑石韦 **Pyrrosia laevis** (J. Sm. ex Bedd.) Ching 【N, W/C】 ♣WBG, XTBG; ●HB, YN; ★(AS): CN, ID, IN, MM.

披针叶石韦 **Pyrrosia lanceolata** (L.) Farw. 【N, W/C】 ♣XTBG; ●TW, YN; ★(AF): MG; (AS): CN, ID, IN, MM, MY, NP, SG, TH; (OC): AU, PAF.

线叶石韦 **Pyrrosia linearifolia** (Hook.) Ching 【N, W/C】 ♣TMNS; ●TW; ★(AS): CN, JP, KR.

石韦 **Pyrrosia lingua** (Thunb.) Farw. 【N, W/C】 ♣CBG, FBG, FLBG, GA, GBG, GMG, GXIB, HBG, IBCAS, KBG, LBG, NBG, SCBG, TBG, TMNS, WBG, XMBG, XTBG, ZAFU; ●BJ, FJ, GD, GX, GZ, HB, JS, JX, SC, SH, TW, YN, ZJ; ★(AS): CN, ID, IN, JP, KP, KR, LA, VN.

南洋石韦 **Pyrrosia longifolia** (Burm. f.) C. V. Morton 【N, W/C】 ♣CBG; ●SH, TW; ★(AS): CN, ID, IN, LA, MY, SG; (OC): AU, PAF.

裸叶石韦 **Pyrrosia nuda** (Giesenh.) Ching 【N, W/C】♣IBCAS, KBG, XTBG; ●BJ, YN; ★(AS): BT, CN, LA, MM, NP.

钱币石韦 **Pyrrosia nummulariifolia** (Sw.) Ching 【N, W/C】 ♣XTBG; ●YN; ★(AS): BT, CN, ID, IN, MM, MY, PH, SG, TH.

有柄石韦 **Pyrrosia petiolosa** (H. Chr.) Ching 【N, W/C】 ♣BBG, CBG, GBG, HBG, IBCAS, KBG, LBG, NBG, WBG; ●BJ, GZ, HB, JS, JX, SC, SH, YN, ZJ; ★(AS): CN, KP, KR, MN, RU-AS.

抱树莲 **Pyrrosia piloselloides** (L.) M. G. Price 【N, W/C】 ♣SCBG, XMBG, XTBG; ●FJ, GD, TW,

YN; ★(AS): CN, ID, IN, MY, TH, VN.

槭叶石韦 **Pyrrosia polydactylos** (Hance) Ching【N, W/C】♣IBCAS, TBG, TMNS; ●BJ, TW; ★(AS): CN.

柔软石韦 **Pyrrosia porosa** (C. Presl) Hovenkamp【N, W/C】♣CBG, GMG, KBG, WBG; ●GX, HB, SC, SH, YN; ★(AS): BT, CN, ID, IN, LK, MM, MY, NP, PH, TH, VN.

庐山石韦 **Pyrrosia sheareri** (Baker) Ching【N, W/C】♣CBG, GBG, GXIB, HBG, IBCAS, KBG, LBG, NBG, SCBG, TMNS, WBG, XMBG, XTBG, ZAFU; ●BJ, FJ, GD, GX, GZ, HB, JS, JX, SC, SH, TW, YN, ZJ; ★(AS): CN, VN.

相似石韦 **Pyrrosia similis** Ching【N, W/C】♣FLBG, GMG, GXIB, XTBG; ●GD, GX, JX, YN; ★(AS): CN.

狭叶石韦 **Pyrrosia stenophylla** (Bedd.) Ching【N, W/C】♣IBCAS; ●BJ; ★(AS): BT, CN, ID, IN, LK, MM, NP.

绒毛石韦 **Pyrrosia subfurfuracea** (Hook.) Ching【N, W/C】♣FLBG, KBG; ●GD, JX, SC, YN; ★(AS): CN, ID, IN, MM, VN.

中越石韦 **Pyrrosia tonkinensis** (Giesenh.) Ching【N, W/C】♣CBG, GXIB, IBCAS, SCBG, XTBG; ●BJ, GD, GX, SH, YN; ★(AS): CN, JP, LA, TH, VN.

角脉蕨属 Goniophlebium

友水龙骨 **Goniophlebium amoenum** (Wall. ex Mett.) J. Sm. ex Bedd.【N, W/C】♣CBG, GA, GBG, IBCAS, KBG, SCBG, TMNS, WBG, XMBG, XTBG; ●BJ, FJ, GD, GZ, HB, JX, SC, SH, TW, YN; ★(AS): BT, CN, ID, IN, LA, LK, MM, NP, TH, VN.

中华水龙骨 **Goniophlebium chinense** (Christ) X. C. Zhang【N, W/C】♣LBG; ●JX, SC; ★(AS): CN.

川拟水龙骨 **Goniophlebium dielseanum** (C. Chr.) Rodl-Linder【N, W/C】♣KBG, XTBG; ●SC, YN; ★(AS): CN, ID, IN.

台湾水龙骨 **Goniophlebium formosanum** (Baker) Rodl-Linder【N, W/C】♣TMNS; ●TW; ★(AS): CN, JP.

篦齿蕨 **Goniophlebium manmeiense** (Christ) Rodl-Linder【N, W/C】♣KBG; ●YN; ★(AS): CN, ID, IN, KH, LA, LK, MM, TH, VN.

日本水龙骨 **Goniophlebium niponicum** (Mett.) Bedd.【N, W/C】♣CBG, FBG, GA, HBG, LBG, NBG, SCBG, WBG, ZAFU; ●FJ, GD, HB, JS, JX, SC, SH, ZJ; ★(AS): CN, ID, IN, JP, VN.

穴果棱脉蕨 **Goniophlebium subauriculatum** (Blume) C. Presl【N, W/C】♣NBG; ●JS, TW; ★(AS): CN, ID, IN, LA, MY, PH, TH, VN; (OC): AU, PAF.

蚁蕨属 Lecanopteris

矮蚁蕨 **Lecanopteris pumila** Blume【I, C】●TW; ★(AS): MY.

瘤蕨属 Phymatosorus

光亮瘤蕨 **Phymatosorus cuspidatus** (D. Don) Pic. Serm.【N, W/C】♣CBG, FLBG, GMG, GXIB, IBCAS, KBG, SCBG, WBG; ●BJ, GD, GX, HB, JX, SC, SH, YN; ★(AS): CN, ID, IN, LA, MM, NP, TH, VN.

阔鳞瘤蕨 **Phymatosorus hainanensis** (Noot.) S. G. Lu【N, W/C】♣IBCAS; ●BJ; ★(AS): CN, ID, IN, VN.

多羽瘤蕨 **Phymatosorus longissimus** (Blume) Pic. Serm.【N, W/C】●TW; ★(AS): CN, ID, IN, JP, LK, MY, PH, SG, TH, VN; (OC): PAF.

显脉瘤蕨 **Phymatosorus membranifolius** (R. Br.) Tindale【N, W/C】♣NBG; ●JS, TW; ★(AS): CN, ID, IN, KH, LK, MY, PH, TH, VN; (OC): PAF.

瘤蕨 **Phymatosorus scolopendria** (Burm. f.) Pic. Serm.【N, W/C】♣FLBG, IBCAS, KBG, TMNS; ●BJ, GD, JX, TW, YN; ★(AF): MG; (AS): CN, ID, IN, JP, LK, MY, PH, SG, TH; (OC): AU, PAF.

星蕨属 Microsorum

羽裂星蕨 **Microsorum insigne** (Blume) Copel.【N, W/C】♣CBG, FLBG, GA, GMG, IBCAS, KBG, WBG, XMBG, XTBG; ●BJ, FJ, GD, GX, HB, JX, SH, TW, YN; ★(AS): BT, CN, ID, IN, JP, MY, NP, VN.

膜叶星蕨 **Microsorum membranaceum** (D. Don) Ching【N, W/C】♣FLBG, KBG, SCBG, TMNS, WBG, XTBG; ●GD, HB, JX, SC, TW, YN; ★(AS): BT, CN, ID, IN, JP, LA, LK, MM, MY, NP, PH, TH, VN.

龙骨星蕨 **Microsorum membranaceum** var. **carinatum** W. M. Chu et Z. R. He【N, W/C】♣XTBG; ●YN; ★(AS): CN.

大叶星蕨 **Microsorum musifolium** Copel.【I, C】♣CBG; ●SH, TW; ★(AS): MY.

有翅星蕨 **Microsorum pteropus** (Blume) Ching【N, W/C】♣CBG, FLBG, IBCAS, SCBG, XMBG, XTBG; ●BJ, FJ, GD, JX, SH, TW, YN; ★(AS): CN, ID, IN, JP, MM, MY, NP, TH, VN.

星蕨 **Microsorum punctatum** (L.) Copel.【N, W/C】♣CBG, FLBG, GMG, HBG, IBCAS, KBG, LBG, SCBG, TMNS, XMBG, XTBG; ●BJ, FJ, GD, GX, JX, SC, SH, TW, YN, ZJ; ★(AF): MG, NG, ZA; (AS): CN, ID, IN, MY, PH, SG, TH, VN; (OC): AU.

泰国星蕨 **Microsorum siamensis** T. Boonkerd【I, C】●TW; ★(AS): TH.

广叶星蕨 **Microsorum steerei** (Harr.) Ching【N, W/C】♣XTBG; ●YN; ★(AS): CN, VN.

反光蓝蕨（蓝叶星蕨）**Microsorum thailandicum** Boonkerd et Noot.【I, C】♣SCBG; ●GD, TW; ★(AS): TH.

薄唇蕨属　Leptochilus

异叶线蕨 **Leptochilus × beddomei** (Manickam et Irudayaraj) X. C. Zhang et Noot.【N, C】♣IBCAS; ●BJ; ★(AS): CN.

胄叶线蕨 **Leptochilus × hemitomus** (Hance) Noot.【N, C】♣FLBG, SCBG, WBG, XTBG; ●GD, HB, JX, SC, YN; ★(AS): CN, ID, IN, JP, MY, VN.

薄唇蕨 **Leptochilus axillaris** (Cav.) Kaulf.【N, W/C】♣KBG, XTBG; ●YN; ★(AS): CN, ID, IN, MY, SG; (OC): PAF.

似薄唇蕨 **Leptochilus decurrens** Blume【N, W/C】♣FLBG, KBG, SCBG, TMNS, XTBG; ●GD, JX, TW, YN; ★(AS): CN, IN, JP, LA, MY, PH, VN.

掌叶线蕨 **Leptochilus digitatus** (Baker) Noot.【N, W/C】♣CBG, FLBG, GMG, IBCAS, KBG, SCBG, WBG, XMBG, XTBG; ●BJ, FJ, GD, GX, HB, JX, SH, YN; ★(AS): CN, VN.

线蕨 **Leptochilus ellipticus** (Thunb.) Noot.【N, W/C】♣BBG, CBG, FBG, FLBG, GA, GXIB, HBG, IBCAS, KBG, SCBG, TMNS, WBG, XMBG, XTBG; ●BJ, FJ, GD, GX, HB, JX, SC, SH, TW, YN, ZJ; ★(AS): BT, CN, ID, IN, JP, KR, MM, NP, PH, TH, VN.

断线蕨 **Leptochilus hemionitideus** (Wall. ex C. Presl) Noot.【N, W/C】♣CBG, FLBG, GMG, GXIB, SCBG, WBG, XTBG; ●GD, GX, HB, JX, SH, TW, YN; ★(AS): BT, CN, ID, IN, JP, MM, NP, PH, TH, VN.

矩圆线蕨 **Leptochilus henryi** (Baker) X. C. Zhang【N, W/C】♣CBG, FBG, HBG, KBG, SCBG, WBG, XTBG; ●FJ, GD, HB, SC, SH, YN, ZJ; ★(AS): CN.

绿叶线蕨 **Leptochilus leveillei** (Christ) X. C. Zhang et Noot.【N, W/C】♣FBG, FLBG, GXIB, SCBG; ●FJ, GD, GX, JX, SC; ★(AS): CN.

长柄线蕨 **Leptochilus pedunculatus** (Hook. et Grev.) Fraser-Jenk.【N, W/C】♣CBG, SCBG; ●GD, SH; ★(AS): CN, ID, IN, LK, MY, SG, TH, VN.

褐叶线蕨 **Leptochilus wrightii** León【N, W/C】♣FLBG, SCBG, TMNS, XTBG; ●GD, JX, TW, YN; ★(AS): CN, JP, KR, VN.

瓦韦属　Lepisorus

海南瓦韦 **Lepisorus affinis** Ching【N, W/C】♣SCBG; ●GD, TW; ★(AS): CN.

天山瓦韦 **Lepisorus albertii** (Regel) Ching【N, W/C】♣NBG; ●JS, TW; ★(AS): CN.

狭叶瓦韦 **Lepisorus angustus** Ching【N, W/C】♣CBG, IBCAS, WBG; ●BJ, HB, SC, SH; ★(AS): CN, IN, JP.

黄瓦韦 **Lepisorus asterolepis** (Baker) Ching【N, W/C】♣CBG, GA, HBG, IBCAS, LBG, SCBG, WBG; ●BJ, GD, HB, JX, SH, ZJ; ★(AS): CN, ID, JP, NP.

二色瓦韦（两色瓦韦）**Lepisorus bicolor** (Takeda) Ching【N, W/C】♣IBCAS, SCBG; ●BJ, GD, SC; ★(AS): CN, MM.

网眼瓦韦 **Lepisorus clathratus** (C. B. Clarke) Ching【N, W/C】♣CBG, IBCAS; ●BJ, SH; ★(AS): CN, IN, MN, NP, RU-AS.

扭瓦韦 **Lepisorus contortus** (H. Chr.) Ching【N, W/C】♣WBG; ●HB, SC, YN; ★(AS): CN, NP.

高山瓦韦 **Lepisorus eilophyllus** (Diels) Ching【N, W/C】♣WBG; ●HB; ★(AS): CN, ID, IN, LK, TH.

隐柄尖嘴蕨 **Lepisorus henryi** (Hieronymus ex C. Chr.) Li Wang【N, W/C】♣KBG; ●YN; ★(AS): BT, CN, MY, TH, VN.

异叶瓦韦 **Lepisorus heterolepis** (Rosenst.) Ching【N, W/C】♣IBCAS; ●BJ; ★(AS): CN.

庐山瓦韦 **Lepisorus lewisii** (Baker) Ching【N, W/C】♣BBG, CBG, LBG, SCBG, XMBG, ZAFU; ●BJ, FJ, GD, JX, SH, ZJ; ★(AS): CN.

线叶瓦韦 **Lepisorus lineariformis** Ching et S. K. Wu【N, W/C】♣IBCAS; ●BJ; ★(AS): CN.

带叶瓦韦 **Lepisorus loriformis** (Wall. ex Mett.)

Ching 【N, W/C】 ♣KBG; ●YN; ★(AS): CN.

大瓦韦 **Lepisorus macrosphaerus** (Baker) Ching 【N, W/C】 ♣CBG, FLBG, KBG, WBG, XTBG; ●GD, HB, JX, SC, SH, YN; ★(AS): CN, VN.

丝带蕨 **Lepisorus miyoshianus** (Makino) Fraser-Jenk. et Subh. Chandra【N, W/C】♣HBG, IBCAS, WBG; ●BJ, HB, ZJ; ★(AS): CN, ID, IN, JP.

白边瓦韦 **Lepisorus morrisonensis** (Hayata) H. Itô 【N, W/C】 ●YN; ★(AS): CN, ID, IN, LK, NP.

尖嘴蕨 **Lepisorus mucronatus** (Fée) Li Wang 【N, W/C】♣IBCAS, KBG; ●BJ, YN; ★(AS): CN, ID, LK, MY; (OC): AU.

粤瓦韦 **Lepisorus obscurevenulosus** (Hayata) Ching【N, W/C】♣FLBG, LBG, WBG; ●GD, HB, JX, SC; ★(AS): CN, JP.

稀鳞瓦韦 **Lepisorus oligolepidus** (Baker) Ching 【N, W/C】 ♣LBG, XTBG; ●JX, YN; ★(AS): CN, JP.

长瓦韦 **Lepisorus pseudonudus** Ching 【N, W/C】 ♣CBG, FLBG; ●GD, JX, SH; ★(AS): CN, IN.

中华瓦韦 **Lepisorus sinensis** (H. Chr.) Ching 【N, W/C】 ♣IBCAS, SCBG; ●BJ, GD; ★(AS): BT, CN, MM, TH, VN.

黑鳞瓦韦 **Lepisorus sordidus** (C. Chr.) Ching 【N, W/C】 ♣IBCAS; ●BJ; ★(AS): CN.

短柄瓦韦 **Lepisorus subsessilis** Ching ex Y. X. Lin 【N, W/C】 ♣IBCAS; ●BJ; ★(AS): CN.

太白瓦韦 **Lepisorus thaipaiensis** Ching et S. K. Wu 【N, W/C】 ♣IBCAS; ●BJ; ★(AS): CN.

瓦韦 **Lepisorus thunbergianus** (Kaulf.) Ching 【N, W/C】♣CBG, CDBG, FBG, FLBG, GMG, GXIB, HBG, IBCAS, KBG, LBG, NBG, SCBG, WBG, XTBG, ZAFU; ●BJ, FJ, GD, GX, HB, JS, JX, SC, SH, TW, YN, ZJ; ★(AS): BT, CN, JP, KP, KR, NP, PH.

阔叶瓦韦 **Lepisorus tosaensis** (Makino) H. Itô 【N, W/C】 ♣CBG, FLBG, LBG, SCBG, WBG; ●GD, HB, JX, SH; ★(AS): CN, JP, KP, KR.

乌苏里瓦韦 **Lepisorus ussuriensis** (Regel et Maack) Ching 【N, W/C】 ♣LBG; ●JX; ★(AS): CN, JP, KP, KR, MN, RU-AS.

远叶瓦韦 **Lepisorus ussuriensis** var. **distans** (Makino) Tagawa【N, W/C】♣CBG, LBG, WBG; ●HB, JX, SH; ★(AS): CN, JP, KP.

盾蕨属 Neolepisorus

剑叶盾蕨 **Neolepisorus ensatus** (Thunb.) Ching【N, W/C】 ♣IBCAS; ●BJ, SC; ★(AS): CN, JP, KP, KR.

江南星蕨 **Neolepisorus fortunei** (T. Moore) Li Wang【N, W/C】♣BBG, CBG, FBG, FLBG, GA, GBG, GXIB, HBG, IBCAS, KBG, LBG, NBG, SCBG, TMNS, WBG, XMBG, XTBG; ●BJ, FJ, GD, GX, GZ, HB, JS, JX, SC, SH, TW, YN, ZJ; ★(AS): BT, CN, JP, MM, MY, VN.

盾蕨 **Neolepisorus ovatus** Ching【N, W/C】♣CBG, FBG, FLBG, GA, GBG, GXIB, HBG, IBCAS, KBG, LBG, SCBG, WBG, XTBG, ZAFU; ●BJ, FJ, GD, GX, GZ, HB, JX, SC, SH, YN, ZJ; ★(AS): CN, ID, IN, JP, KR, NP, VN.

显脉星蕨 **Neolepisorus zippelii** (Blume) Li Wang 【N, W/C】♣KBG, XTBG; ●YN; ★(AS): CN, ID, MY, SG.

伏石蕨属 Lemmaphyllum

肉质伏石蕨 **Lemmaphyllum carnosum** (J. Sm. ex Hook.) C. Presl【N, W/C】♣CBG, IBCAS; ●BJ, SH; ★(AS): BT, CN, ID, IN, JP, LK, NP, TH, VN.

披针骨牌蕨 **Lemmaphyllum diversum** (Rosenst.) Tagawa【N, W/C】♣CBG, FLBG, GXIB, IBCAS, LBG, SCBG, WBG, XTBG; ●BJ, GD, GX, HB, JX, SC, SH, YN; ★(AS): CN, JP, VN.

抱石莲 **Lemmaphyllum drymoglossoides** (Baker) Ching【N, W/C】♣CBG, FBG, FLBG, GA, GBG, GMG, GXIB, HBG, IBCAS, KBG, LBG, NBG, SCBG, WBG; ●BJ, FJ, GD, GX, GZ, HB, JS, JX, SC, SH, YN, ZJ; ★(AS): CN.

伏石蕨 **Lemmaphyllum microphyllum** C. Presl 【N, W/C】 ♣CBG, FBG, FLBG, GMG, IBCAS, KBG, SCBG, TBG, TMNS, XMBG, XTBG; ●BJ, FJ, GD, GX, JX, SH, TW, YN; ★(AS): CN, JP, KP, KR, VN.

骨牌蕨 **Lemmaphyllum rostratum** (Burm. f.) Tagawa【N, W/C】♣CBG, GXIB, IBCAS, KBG, XTBG; ●BJ, GX, SC, SH, YN; ★(AS): CN, ID, IN, JP, MM.

毛鳞蕨属 Tricholepidium

毛鳞蕨 **Tricholepidium normale** (D. Don) Ching 【N, W/C】♣KBG, WBG; ●HB, YN; ★(AS): CN, ID, IN, MY, NP, VN.

扇蕨属 Neocheiropteris

扇蕨 **Neocheiropteris palmatopedata** (Baker) H. Chr. 【N, W/C】 ♣CBG, GXIB, IBCAS, KBG, SCBG, WBG, XTBG; ●BJ, GD, GX, GZ, HB, SC, SH, YN; ★(AS): CN.

鳞果星蕨属 Lepidomicrosorium

鳞果星蕨 **Lepidomicrosorium buergerianum** (Miq.) Ching et K. H. Shing 【N, W/C】 ♣GA, GXIB, HBG, LBG, SCBG, TBG, WBG; ●GD, GX, HB, JX, SC, TW, ZJ; ★(AS): CN, JP.

滇鳞果星蕨 **Lepidomicrosorium subhemionitideum** (Christ) P. S. Wang【N, W/C】♣WBG; ●HB; ★(AS): CN.

表面星蕨 **Lepidomicrosorium superficiale** (Blume) Li Wang 【N, W/C】 ♣CBG, FBG, FLBG, KBG, WBG, XMBG; ●FJ, GD, HB, JX, SC, SH, YN; ★(AS): CN, JP, MY, TH, VN; (OC): AU.

睫毛蕨属 Pleurosoriopsis

睫毛蕨 **Pleurosoriopsis makinoi** (Maxim. ex Makino) Fomin【N, W/C】♣FLBG; ●GD, JX; ★(AS): CN, JP, KP, KR, MN, RU-AS.

多足蕨属 Polypodium

*无毛多足蕨 **Polypodium leiorhizum** Wall. 【I, C】 ♣NBG; ●JS; ★(AS): VN.

东北多足蕨 **Polypodium virginianum** L. 【I, C】 ♣CBG; ●SH; ★(NA): CA, DO, US.

欧亚多足蕨 **Polypodium vulgare** L. 【N, W/C】 ♣NBG; ●JS; ★(AF): DZ, MA; (AS): CN, JP, KP, KR, MN, MY, RU-AS; (EU): BE, GB, FR, LU, MC, NL.

金水龙骨属 Phlebodium

金水龙骨 **Phlebodium aureum** (L.) J. Sm. 【I, C】 ●TW; ★(OC): AU.

*假金水龙骨 **Phlebodium pseudoaureum** (Cav.) Lellinger 【I, C】 ♣XTBG; ●YN; ★(NA): CR, DO, GT, HN, JM, LW, MX, NI, PA, SV, US; (SA): AR, BO, BR, CO, EC, PE, PY, VE.

小蛇蕨属 Microgramma

*异叶小蛇蕨 **Microgramma heterophylla** (L.) Wherry【I, C】♣XTBG; ●YN; ★(NA): BS, CU, DO, HT, JM, PR, US, VG.

禾叶蕨属 Grammitis

无毛禾叶蕨（无毛滨禾蕨）**Grammitis adspersa** (Blume) Blume 【N, W/C】 ♣SCBG; ●GD; ★(AS): CN, ID, IN, MY, PH, TH, VN; (OC): AU.

短柄禾叶蕨（短柄滨禾蕨）**Grammitis dorsipile** (Christ) C. Chr. et Tardieu 【N, W/C】 ♣SCBG; ●GD; ★(AS): CN.

锯蕨属 Micropolypodium

锯蕨 **Micropolypodium okuboi** (Yatabe) Hayata【N, W/C】 ♣FBG; ●FJ; ★(AS): CN, JP.

锡金锯蕨 **Micropolypodium sikkimense** Parris【N, W/C】 ♣KBG; ●GX, HN, SC, YN; ★(AS): BT, CN, ID, IN, LK, NP, VN.

滨禾蕨属 Oreogrammitis

滨禾蕨 **Oreogrammitis clemensiae** Copel. 【I, C】 ★(AS): MY, VN.

裸子植物　GYMNOSPERMS

1. 苏铁科　CYCADACEAE

苏铁属　Cycas

棱角苏铁（角苏铁）**Cycas angulata** R. Br. 【I, C】 ♣BBG, FLBG, SCBG, XMBG; ●BJ, FJ, GD, JX; ★(OC): AU.

伊里安苏铁（阿坡苏铁）**Cycas apoa** K. D. Hill 【I, C】 ♣BBG; ●BJ, GD; ★(OC): AU.

阿姆斯特朗苏铁 **Cycas armstrongii** Miq. 【I, C】 ♣FLBG; ●GD, JX; ★(OC): AU.

宽叶苏铁 **Cycas balansae** Warb.【N, W/C】♣FBG, FLBG, GA, GXIB, KBG, NBG, SCBG, WBG, XMBG, XTBG; ●FJ, GD, GX, HB, JS, JX, YN; ★(AS): CN, LA, MM, TH, VN.

安得拉苏铁（贝德姆苏铁）**Cycas beddomei** Dyer【I, C】 ●GD; ★(AS): IN.

叉叶苏铁 **Cycas bifida** (Dyer) K. D. Hill【N, W/C】♣CDBG, FBG, FLBG, GA, GXIB, IBCAS, KBG, SCBG, WBG, XMBG, XTBG; ●BJ, FJ, GD, GX, HB, JX, SC, YN; ★(AS): CN, KH, VN.

布干维尔苏铁 **Cycas bougainvilleana** K. D. Hill【I, C】 ●GD; ★(OC): AU.

凯恩斯苏铁（凯恩苏铁）**Cycas cairnsiana** F. Muell.【I, C】♣BBG, FLBG; ●BJ, GD, JX, TW; ★(OC): AU.

灰岩苏铁（银叶苏铁）**Cycas calcicola** Maconochie【I, C】 ♣FLBG, XMBG; ●FJ, GD, JX, TW; ★(OC): AU.

葫芦苏铁 **Cycas changjiangensis** N. Liu【N, W/C】♣FBG, FLBG, SCBG, XMBG, XTBG; ●FJ, GD, JX, YN; ★(AS): CN.

拳叶苏铁 **Cycas circinalis** L.【I, C】♣BBG, FLBG, SCBG, XMBG; ●BJ, FJ, GD, JX; ★(AS): IN.

昆岛苏铁（坎多苏铁）**Cycas condaoensis** K. D. Hill et S. L. Yang【I, C】♣XMBG; ●FJ; ★(AS): VN.

德保苏铁 **Cycas debaoensis** Y. C. Zhong et C. J. Chen【N, W/C】♣CBG, FBG, FLBG, GA, GXIB, SCBG, XMBG, XTBG; ●FJ, GD, GX, JX, SH, TW, YN; ★(AS): CN.

无齿苏铁 **Cycas edentata** de Laub. 【I, C】 ●TW; ★(AS): PH.

越南篦齿苏铁 **Cycas elongata** (Leandri) D. Y. Wang 【I, C】 ♣FBG, FLBG, GXIB, SCBG, XMBG, XTBG; ●FJ, GD, GX, JX, YN; ★(AS): VN.

锈毛苏铁 **Cycas ferruginea** F. N. Wei 【N, W/C】 ♣FBG, FLBG, GA, SCBG, XMBG, XTBG; ●FJ, GD, JX, YN; ★(AS): CN, VN.

鳞秕苏铁（软鳞苏铁）**Cycas furfuracea** W. Fitzg.【I, C】 ♣FLBG; ●GD, JX, TW; ★(OC): AU.

海南苏铁 **Cycas hainanensis** C. J. Chen ex C. Y. Cheng, W. C. Cheng et L. K. Fu 【N, W/C】 ♣CDBG, FBG, FLBG, GA, GXIB, KBG, SCBG, XLTBG, XMBG, XTBG; ●FJ, GD, GX, HI, JX, SC, YN; ★(AS): CN.

灰干苏铁 **Cycas hongheensis** S. Y. Yang et S. L. Yang ex D. Y. Wang 【N, W/C】 ♣FLBG, KBG, SCBG, XMBG, XTBG; ●FJ, GD, JX, SC, YN; ★(AS): CN.

无刺苏铁 **Cycas inermis** Lour. 【I, C】 ♣FLBG; ●GD, JX; ★(AS): VN.

爪哇苏铁 **Cycas javana** (Miq.) de Laub. 【I, C】 ♣FLBG, SCBG; ●GD, JX; ★(AS): ID.

大果苏铁（大种苏铁）**Cycas macrocarpa** Griff. 【I, C】 ●GD; ★(AS): TH.

间型苏铁（奥苏铁）**Cycas media** R. Br. 【I, C】 ♣BBG, FLBG, SCBG, XMBG, XTBG; ●BJ, FJ, GD, JX, YN; ★(OC): AU.

多羽叉叶苏铁 **Cycas multifrondis** D. Y. Wang【N, W/C】♣FLBG, XMBG, XTBG; ●FJ, GD, JX, TW, YN; ★(AS): CN.

多歧苏铁 **Cycas multipinnata** C. J. Chen et S. Y. Yang 【N, W/C】 ♣CBG, FBG, FLBG, KBG, SCBG, WBG, XMBG, XTBG; ●FJ, GD, HB, JX, SC, SH, TW, YN; ★(AS): CN, VN.

南印苏铁（锡兰苏铁）**Cycas nathorstii** J. Schust.【I, C】 ●GD; ★(AS): IN, LK.

北榄坡苏铁（诺根查苏铁）**Cycas nongnoochiae** K. D. Hill【I, C】♣BBG, XTBG; ●BJ, YN; ★(AS): TH.

昆士兰苏铁（玄武岩苏铁）**Cycas normanbyana** F.

Muell. 【I, C】 ♣FLBG; ●GD, JX; ★(OC): AU.

攀枝花苏铁 **Cycas panzhihuaensis** L. Zhou et S. Y. Yang【N, W/C】♣FBG, FLBG, GA, GXIB, HBG, IBCAS, KBG, LBG, NBG, NSBG, SCBG, WBG, XMBG, XTBG; ●BJ, CQ, FJ, GD, GX, HB, JS, JX, SC, TW, YN, ZJ; ★(AS): CN.

巴布亚苏铁 **Cycas papuana** F. Muell.【I, C】●GD; ★(OC): AU.

篦齿苏铁 **Cycas pectinata** Buch.-Ham. 【N, W/C】 ♣BBG, CBG, CDBG, FBG, FLBG, GXIB, IBCAS, KBG, SCBG, XMBG, XOIG, XTBG; ●BJ, FJ, GD, GX, JX, SC, SH, TW, YN; ★(AS): BT, CN, ID, IN, KH, LA, LK, MM, NP, SG, TH, VN.

岩生苏铁(岩石苏铁)**Cycas petraea** A. Lindstr. et K. D. Hill 【I, C】 ♣BBG, XTBG; ●BJ, YN; ★(AS): TH.

粉霜苏铁（粉种苏铁）**Cycas pruinosa** Maconochie 【I, C】 ●GD; ★(OC): AU.

苏铁 **Cycas revoluta** Thunb. 【N, W/C】 ♣BBG, CDBG, FBG, FLBG, GA, GBG, GMG, GXIB, HBG, IBCAS, KBG, LBG, NBG, NSBG, SCBG, TBG, TMNS, WBG, XBG, XLTBG, XMBG, XOIG, XTBG, ZAFU; ●BJ, CQ, FJ, GD, GX, GZ, HB, HI, JS, JX, SC, SN, TW, YN, ZJ; ★(AS): CN, JP.

吕宋苏铁（流明苏铁）**Cycas riuminiana** Porte ex Regel 【I, C】 ●GD; ★(AS): PH.

华南苏铁 **Cycas rumphii** Miq. 【N, W/C】 ♣BBG, FLBG, GBG, GXIB, HBG, KBG, LBG, NBG, SCBG, TMNS, XMBG, XTBG, ZAFU; ●BJ, FJ, GD, GX, GZ, HI, JS, JX, SC, TW, YN, ZJ; ★(AS): CN, MM, MY; (OC): AU.

舒曼苏铁(苏曼苏铁)**Cycas schumanniana** Lauterb. 【I, C】 ♣BBG; ●BJ, GD; ★(OC): AU.

鸟瞰堡苏铁(斯克支利苏铁)**Cycas scratchleyana** F. Muell. 【I, C】 ●GD; ★(OC): AU.

大洋苏铁（密克罗尼西亚苏铁）**Cycas seemannii** A. Br. 【I, C】 ●GD; ★(OC): AU.

叉孢苏铁 **Cycas segmentifida** D. Y. Wang et C. Y. Deng【N, W/C】♣FBG, FLBG, GA, GXIB, KBG, SCBG, XMBG, XTBG; ●FJ, GD, GX, GZ, JX, YN; ★(AS): CN, VN.

石山苏铁 **Cycas sexseminifera** F. N. Wei 【N, W/C】 ♣FBG, FLBG, GA, KBG, SCBG, XMBG, XTBG; ●FJ, GD, GX, JX, SC, YN; ★(AS): CN, VN.

暹罗苏铁（云南苏铁）**Cycas siamensis** Miq. 【I, C】 ♣BBG, CDBG, FBG, FLBG, GMG, GXIB, HBG, IBCAS, LBG, SCBG, XMBG, XTBG; ●BJ, FJ, GD, GX, HB, JX, SC, YN, ZJ; ★(AS): LA, TH, VN.

林生苏铁（密林苏铁）**Cycas silvestris** K. D. Hill 【I, C】 ♣FLBG; ●GD, JX; ★(OC): AU.

单羽苏铁 **Cycas simplicipinna** (Smitinand) K. D. Hill【I, C】♣FLBG, XMBG, XTBG; ●FJ, GD, JX, SC, YN; ★(AS): LA, VN.

球形苏铁（奥里萨苏铁）**Cycas sphaerica** Roxb. 【I, C】 ●GD; ★(AS): IN.

四川苏铁（贵州苏铁）**Cycas szechuanensis** C. Y. Cheng, W. C. Cheng et L. K. Fu 【N, W/C】 ♣CDBG, FBG, FLBG, GA, GBG, GXIB, IBCAS, KBG, NSBG, SCBG, WBG, XMBG, XTBG; ●BJ, CQ, FJ, GD, GX, GZ, HB, JS, JX, SC, YN; ★(AS): CN, VN.

台东苏铁 **Cycas taitungensis** C. F. Shen et al. 【N, W/C】 ♣BBG, FBG, FLBG, GA, GXIB, SCBG, TMNS, XMBG, XTBG; ●BJ, FJ, GD, GX, JX, SC, TW, YN; ★(AS): CN.

台湾苏铁（闽南苏铁、滇南苏铁、仙湖苏铁）**Cycas taiwaniana** Carruth. 【N, W/C】 ♣FBG, FLBG, GA, GXIB, KBG, NBG, SCBG, TBG, XMBG, XOIG, XTBG; ●FJ, GD, GX, HI, JS, JX, SC, TW, YN; ★(AS): CN, VN.

绿春苏铁 **Cycas tanqingii** D. Y. Wang 【N, W/C】 ♣FLBG, KBG, XMBG, XTBG; ●FJ, GD, JX, YN; ★(AS): CN, VN.

光果苏铁 **Cycas thouarsii** Gaudich. 【I, C】 ♣BBG, FLBG, GXIB, TBG; ●BJ, GD, GX, JX, TW; ★(AF): KM, MG, MZ, TZ.

河内苏铁 **Cycas tonkinensis** (Linden et Rodigas) L. Linden et Rodigas 【N, W/C】 ●GD; ★(AS): CN, VN.

库利昂苏铁（韦德苏铁）**Cycas wadei** Merr. 【I, C】 ♣FLBG, SCBG, XMBG; ●FJ, GD, JX; ★(OC): AU.

2. 泽米铁科 ZAMIACEAE

双子铁属 Dioon

卡利法诺双子铁 **Dioon califanoi** De Luca et Sabato 【I, C】 ●TW; ★(NA): MX.

双子铁（食用双子铁）**Dioon edule** Lindl. 【I, C】 ♣FLBG, KBG, SCBG, TMNS, XMBG, XTBG; ●FJ, GD, JX, TW, YN; ★(NA): MX.

狭叶双子铁（狭叶食用双子铁）**Dioon edule** var. **angustifolium** (Miq.) A. E. Murray 【I, C】

♣XMBG, XTBG; ●FJ, YN; ★(NA): MX.

侯姆格林双子铁(赫氏双子铁)**Dioon holmgrenii** De Luca, Sabato et Vázq. Torres 【I, C】 ♣FLBG; ●GD, JX, TW; ★(NA): MX.

神耳双子铁(洪都拉斯双子铁)**Dioon mejiae** Standl. et L. O. Williams 【I, C】 ♣FLBG, XMBG; ●FJ, GD, JX; ★(NA): HN, NI.

阔叶双子铁 **Dioon merolae** De Luca, Sabato et Vázq. Torres 【I, C】 ♣FLBG; ●GD, JX, TW; ★(NA): MX.

多刺双子铁 **Dioon spinulosum** Dyer【I, C】♣FBG, FLBG, SCBG, XMBG, XTBG, ZAFU; ●FJ, GD, JX, TW, YN, ZJ; ★(NA): MX.

托氏双子铁 **Dioon tomasellii** De Luca, Sabato et Vázq. Torres 【I, C】 ♣SCBG; ●GD; ★(NA): MX.

波温铁属 Bowenia

细齿波温铁(裂叶苏铁)**Bowenia serrulata** (W. Bull) Chamb. 【I, C】 ♣BBG, FLBG, XMBG; ●BJ, FJ, GD, JX; ★(OC): AU.

波温铁(波温苏铁)**Bowenia spectabilis** Hook. 【I, C】 ♣FLBG, SCBG, XMBG; ●FJ, GD, JX; ★(OC): AU.

澳洲铁属 Macrozamia

心山澳洲铁 **Macrozamia cardiacensis** P. I. Forst. et D. L. Jones 【I, C】 ♣BBG; ●BJ; ★(OC): AU.

普通澳洲铁(大泽米)**Macrozamia communis** L. A. S. Johnson 【I, C】 ♣FBG, FLBG, XMBG; ●FJ, GD, JX, TW; ★(OC): AU.

密叶澳洲铁(密叶大泽米)**Macrozamia conferta** D. L. Jones et P. I. Forst. 【I, C】 ♣FLBG; ●GD, JX; ★(OC): AU.

厚叶澳洲铁 **Macrozamia crassifolia** P. I. Forst. et D. L. Jones 【I, C】 ♣BBG; ●BJ; ★(OC): AU.

双羽澳洲铁(叉羽大泽米)**Macrozamia diplomera** (F. Muell.) L. A. S. Johnson【I, C】♣FBG, SCBG, XMBG; ●FJ, GD; ★(OC): AU.

代尔澳洲铁(戴尔大泽米)**Macrozamia dyeri** (F. Muell.) C. A. Gardner【I, C】♣BBG, FLBG; ●BJ, GD, JX; ★(OC): AU.

费氏澳洲铁 **Macrozamia fearnsidei** D. L. Jones【I, C】 ♣BBG; ●BJ; ★(OC): AU.

曲折澳洲铁(扭曲大泽米)**Macrozamia flexuosa** C. Moore 【I, C】 ♣FLBG; ●GD, JX; ★(OC): AU.

粉叶澳洲铁 **Macrozamia glaucophylla** D. L. Jones 【I, C】 ●TW; ★(OC): AU.

异羽澳洲铁(多裂大泽米)**Macrozamia heteromera** C. Moore 【I, C】 ♣FLBG, XMBG; ●FJ, GD, JX; ★(OC): AU.

光亮澳洲铁(光亮大泽米)**Macrozamia lucida** L. A. S. Johnson 【I, C】 ♣FLBG, SCBG; ●GD, JX; ★(OC): AU.

北部澳洲铁(玛氏大泽米)**Macrozamia macdonnellii** (F. Muell. ex Miq.) A. DC. 【I, C】 ♣XMBG; ●FJ; ★(OC): AU.

昆士兰澳洲铁(米氏大泽米)**Macrozamia miquelii** (F. Muell.) A. DC. 【I, C】 ♣FLBG, SCBG, XMBG; ●FJ, GD, JX, TW; ★(OC): AU.

山地澳洲铁(摩耳大泽米)**Macrozamia montana** K. D. Hill 【I, C】 ♣SCBG; ●GD; ★(OC): AU.

穆尔澳洲铁(摩瑞大泽米)**Macrozamia moorei** F. Muell. 【I, C】 ♣FBG, FLBG, SCBG, XMBG, XTBG; ●FJ, GD, JX, SH, YN; ★(OC): AU.

佩里山澳洲铁(派瑞大泽米)**Macrozamia mountperriensis** F. M. Bailey 【I, C】 ♣FLBG, XTBG; ●GD, JX, TW, YN; ★(OC): AU.

弗氏澳洲铁(弗氏大泽米)**Macrozamia pauli-guilielmi** W. Hill et F. Muell. 【I, C】 ♣FLBG, SCBG; ●GD, JX; ★(OC): AU.

宽轴澳洲铁(宽柄大泽米)**Macrozamia platyrhachis** F. M. Bailey【I, C】♣SCBG; ●GD; ★(OC): AU.

多型澳洲铁(多型大泽米)**Macrozamia polymorpha** D. L. Jones【I, C】♣FBG, XMBG; ●FJ; ★(OC): AU.

西部澳洲铁(瑞德大泽米)**Macrozamia riedlei** (Gaudich.) C. A. Gardner 【I, C】 ♣FLBG; ●GD, JX; ★(OC): AU.

澳洲铁(辐射大泽米)**Macrozamia spiralis** (Salisb.) Miq. 【I, C】 ♣FLBG, SCBG; ●GD, JX; ★(OC): AU.

鳞木铁属 Lepidozamia

鳞木铁(裴氏鳞叶铁)**Lepidozamia peroffskyana** Regel【I, C】♣BBG, FLBG, SCBG, XMBG; ●BJ, FJ, GD, JX; ★(OC): AU.

非洲铁属 Encephalartos

毛果奈特非洲铁 **Encephalartos aemulans** Vorster 【I, C】 ♣BBG, FLBG; ●BJ, GD, JX; ★(AF): ZA.

面包非洲铁 **Encephalartos altensteinii** Lehm. 【I,

C】 ♣BBG, TBG, XMBG; ●BJ, FJ, TW; ★(AF): ZA.

*平叶非洲铁 **Encephalartos aplanatus** Vorster 【I, C】 ♣BBG; ●BJ; ★(AF): ZA.

*沙质非洲铁 **Encephalartos arenarius** R. A. Dyer 【I, C】 ♣FLBG; ●GD, JX, TW; ★(AF): ZA.

非洲铁(普通非洲铁)**Encephalartos caffer** (Thunb.) Lehm. 【I, C】 ●GD; ★(AF): ZA.

*蜡状非洲铁 **Encephalartos cerinus** Lavranos et D. L. Goode 【I, C】 ♣BBG; ●BJ; ★(AF): ZA.

短刺叶非洲铁 **Encephalartos cupidus** R. A. Dyer 【I, C】 ♣XTBG; ●YN; ★(AF): ZA.

*尤金马雷非洲铁 **Encephalartos eugene-maraisii** Verd. 【I, C】 ♣BBG; ●BJ; ★(AF): ZA.

锐刺非洲铁(刺叶非洲铁)**Encephalartos ferox** G. Bertol. 【I, C】 ♣BBG, FLBG, XMBG; ●BJ, FJ, GD, JX, TW; ★(AF): ZA.

弗氏非洲铁 **Encephalartos friderici-guilielmi** Lehm. 【I, C】 ♣BBG, FLBG, SCBG; ●BJ, GD, JX; ★(AF): ZA.

合意非洲铁 **Encephalartos gratus** Prain 【I, C】 ♣BBG, FLBG, SCBG, XMBG, XTBG; ●BJ, FJ, GD, JX, TW, YN; ★(AF): MW, MZ.

海氏非洲铁 **Encephalartos hildebrandtii** A. Braun et Bouché 【I, C】 ♣BBG, FLBG, XTBG; ●BJ, GD, JX, TW, YN; ★(AF): KE, TZ.

粉叶非洲铁 **Encephalartos horridus** (Jacq.) Lehm. 【I, C】 ♣BBG; ●BJ, TW; ★(AF): ZA.

凯萨堡非洲铁 **Encephalartos kisambo** Faden et Beentje 【I, C】 ♣BBG, FLBG, SCBG; ●BJ, GD, JX, TW; ★(AF): KE.

毛非洲铁 **Encephalartos lanatus** Stapf et Burtt Davy 【I, C】 ♣BBG; ●BJ; ★(AF): ZA.

*莱邦博非洲铁 **Encephalartos lebomboensis** Verd. 【I, C】 ♣BBG, FLBG, SCBG, XMBG, XTBG; ●BJ, FJ, GD, JX, TW, YN; ★(AF): ZA.

来氏非洲铁 **Encephalartos lehmannii** Lehm. 【I, C】 ♣BBG, FLBG, KBG; ●BJ, GD, JX, TW, YN; ★(AF): ZA.

长叶非洲铁 **Encephalartos longifolius** (Jacq.) Lehm. 【I, C】 ♣BBG; ●BJ, GD, TW; ★(AF): ZA.

长籽非洲铁 **Encephalartos manikensis** (Gilliland) Gilliland 【I, C】 ♣BBG, SCBG, XMBG; ●BJ, FJ, GD, TW; ★(AF): MZ, ZW.

*姆辛加非洲铁 **Encephalartos msinganus** Vorster 【I, C】 ♣BBG; ●BJ; ★(AF): ZA.

莫桑比克非洲铁 **Encephalartos munchii** R. A. Dyer et Verdoorn 【I, C】 ♣BBG; ●BJ; ★(AF): MZ.

奈特非洲铁 **Encephalartos natalensis** R. A. Dyer et Verdoorn 【I, C】 ♣BBG, FLBG, KBG, XMBG; ●BJ, FJ, GD, JX, YN; ★(AF): ZA.

少齿非洲铁 **Encephalartos paucidentatus** Stapf et Burtt Davy 【I, C】 ♣BBG; ●BJ; ★(AF): ZA.

*启河非洲铁 **Encephalartos princeps** R. A. Dyer 【I, C】 ♣BBG; ●BJ, TW; ★(AF): ZA.

斯氏非洲铁 **Encephalartos sclavoi** De Luca, D. W. Stev. et A. Moretti 【I, C】 ♣BBG, FLBG; ●BJ, GD, JX; ★(AF): TZ.

*焦济尼非洲铁 **Encephalartos senticosus** Vorster 【I, C】 ♣BBG; ●BJ; ★(AF): ZA.

肯尼亚非洲铁 **Encephalartos tegulaneus** Melville 【I, C】 ♣BBG; ●BJ; ★(AF): KE.

雨王非洲铁 **Encephalartos transvenosus** Stapf et Burtt Davy 【I, C】 ♣BBG, FLBG, XMBG, XTBG; ●BJ, FJ, GD, JX, YN; ★(AF): ZA.

*特纳非洲铁 **Encephalartos turneri** Lavranos et D. L. Goode 【I, C】 ♣BBG; ●BJ; ★(AF): MZ.

姆伯鲁孜河非洲铁 **Encephalartos umbeluziensis** R. A. Dyer 【I, C】 ♣BBG, FLBG; ●BJ, GD, JX; ★(AF): MZ, SZ.

长毛非洲铁 **Encephalartos villosus** Lem. 【I, C】 ♣BBG, FLBG, XMBG, XTBG; ●BJ, FJ, GD, JX, YN; ★(AF): ZA.

怀氏非洲铁 **Encephalartos whitelockii** P. J. H. Hurter 【I, C】 ♣BBG; ●BJ; ★(AF): UG.

角状铁属 Ceratozamia

希氏角状铁(海氏角果泽米)**Ceratozamia hildae** G. P. Landry et M. C. Wilson 【I, C】 ♣FLBG; ●GD, JX; ★(NA): MX.

库氏角状铁 **Ceratozamia kuesteriana** Regel 【I, C】 ♣BBG; ●BJ; ★(NA): MX.

角状铁(角果泽米)**Ceratozamia mexicana** Brongn. 【I, C】 ♣SCBG, XMBG; ●FJ, GD; ★(NA): MX.

小果角状铁(小果角果泽米)**Ceratozamia microstrobila** Vovides et J. D. Rees 【I, C】 ♣BBG, FLBG; ●BJ, GD, JX; ★(NA): MX.

米兰达角状铁 **Ceratozamia mirandae** Vovides, Pérez-Farr., Iglesias 【I, C】 ♣BBG; ●BJ; ★(NA): MX.

诺氏角状铁(诺氏角果泽米)**Ceratozamia norstogii**

D. W. Stev.【I, C】♣BBG, FLBG; ●BJ, GD, JX; ★(NA): MX.

粗壮角状铁（巨型角果泽米）**Ceratozamia robusta** Miq.【I, C】♣BBG, FBG, FLBG, SCBG, XMBG; ●BJ, FJ, GD, JX; ★(NA): MX.

查氏角状铁（泽氏角果泽米）**Ceratozamia zaragozae** Medellín【I, C】♣BBG; ●BJ; ★(NA): MX.

蕨铁属 Stangeria

蕨铁（托叶铁）**Stangeria eriopus** (Kunze) Baill.【I, C】♣BBG, FLBG, IBCAS, SCBG, TBG, XMBG; ●BJ, FJ, GD, JX, TW; ★(AF): MZ, ZA.

小苏铁属 Microcycas

美冠小苏铁 **Microcycas calocoma** (Miq.) A. DC.【I, C】♣SCBG; ●GD; ★(NA): CU.

泽米铁属 Zamia

玻利维亚泽米铁 **Zamia boliviana** (Brongn.) A. DC.【I, C】♣XTBG; ●YN; ★(SA): BO, BR.

长刺泽米铁 **Zamia cremnophila** Vovides, Schutzman et Dehgan【I, C】♣XTBG; ●YN; ★(NA): MX.

全叶泽米铁（钝叶泽米铁）**Zamia erosa** O. F. Cook et G. N. Collins【I, C】♣BBG, GXIB, XMBG; ●BJ, FJ, GX; ★(NA): CU, JM, PR.

费氏泽米铁 **Zamia fischeri** Miq.【I, C】♣FLBG, SCBG, XMBG, XTBG; ●FJ, GD, JX, TW, YN; ★(NA): MX.

鳞秕泽米铁 **Zamia furfuracea** L. f. ex Aiton【I, C】♣BBG, FBG, FLBG, IBCAS, KBG, SCBG, TBG, TMNS, XLTBG, XMBG, XOIG, XTBG, ZAFU; ●BJ, FJ, GD, HI, JX, TW, YN, ZJ; ★(NA): US.

*无刺泽米铁 **Zamia inermis** Vovides, J. D. Rees et Vázq. Torres【I, C】♣BBG; ●BJ; ★(NA): MX.

勒氏泽米铁 **Zamia lecointei** Ducke【I, C】♣XTBG; ●YN; ★(SA): BR, GY.

洛氏泽米铁 **Zamia loddigesii** Miq.【I, C】♣BBG, XMBG, XTBG; ●BJ, FJ, YN; ★(NA): GT, MX.

多色泽米铁 **Zamia muricata** Willd.【I, C】♣SCBG, XTBG; ●GD, YN; ★(SA): GY.

坚脉泽米铁 **Zamia neurophyllidia** D. W. Stev.【I, C】♣XMBG; ●FJ, TW; ★(NA): CR, PA.

林顿泽米铁 **Zamia poeppigiana** Mart. et Eichler【I, C】♣FLBG; ●GD, JX; ★(SA): PE.

瘤状泽米铁 **Zamia pumila** L.【I, C】♣BBG, FBG, FLBG, SCBG, TBG, TMNS, XMBG, XTBG; ●BJ, FJ, GD, JX, TW, YN; ★(NA): PR, US.

褐叶泽米铁 **Zamia purpurea** Vovides, J. D. Rees et Vázq. Torres【I, C】●GD; ★(NA): MX.

矮泽米铁 **Zamia pygmaea** Sims【I, C】♣FLBG, XMBG, XTBG; ●FJ, GD, JX, YN; ★(NA): CU.

奇寡铁（哥伦比亚铁）**Zamia restrepoi** (D. W. Stev.) A. Lindstr.【I, C】●GD; ★(SA): CO.

罗兹泽米铁 **Zamia roezlii** Regel ex Linden【I, C】♣FLBG, XTBG; ●GD, JX, YN; ★(SA): CO, EC.

乔治泽米铁 **Zamia skinneri** Warsz. ex A. Dietr.【I, C】●TW; ★(NA): PA.

斯氏泽米铁 **Zamia standleyi** Schutzman【I, C】♣BBG, FLBG; ●BJ, GD, JX; ★(NA): HN.

花叶泽米铁 **Zamia variegata** Warsz.【I, C】♣BBG, SCBG; ●BJ, GD; ★(NA): BZ, GT, HN, MX.

韦氏泽米铁 **Zamia vazquezii** D. W. Stev., Sabato et De Luca【I, C】♣GXIB, XMBG; ●FJ, GX, TW; ★(NA): MX.

华美泽米铁 **Zamia verschaffeltii** Miq.【I, C】♣FLBG; ●GD, JX; ★(NA): MX.

3. 银杏科 GINKGOACEAE

银杏属 Ginkgo

银杏 **Ginkgo biloba** L.【N, W/C】♣BBG, CBG, CDBG, FBG, FLBG, GA, GBG, GMG, GXIB, HBG, IAE, IBCAS, KBG, LBG, NBG, NSBG, SCBG, TBG, TDBG, TMNS, WBG, XBG, XLTBG, XMBG, XOIG, XTBG, ZAFU; ●AH, BJ, CQ, FJ, GD, GS, GX, GZ, HA, HB, HI, JL, JS, JX, LN, NX, SC, SD, SH, SN, SX, TW, XJ, YN, ZJ; ★(AS): CN, JP, KR, MM.

4. 百岁兰科 WELWITSCHIACEAE

百岁兰属 Welwitschia

百岁兰 **Welwitschia mirabilis** Hook. f.【I, C】♣BBG, CBG, FLBG, XMBG; ●BJ, FJ, GD, JX, SH, TW; ★(AF): AO, ZA.

5. 买麻藤科 GNETACEAE

买麻藤属 Gnetum

台湾买麻藤 **Gnetum formosum** Markgr.【I, C】★(AS): VN.

显轴买麻藤（灌状买麻藤）**Gnetum gnemon** L.【N, W/C】♣XOIG, XTBG; ●FJ, YN; ★(AS): CN, ID, IN, MM, MY, PH, SG, TH, VN; (OC): PAF.

少苞买麻藤 **Gnetum gnemon** var. **brunonianum** (Griff.) Markgr.【I, C】♣XTBG; ●YN; ★(AS): ID, IN, MY.

直立买麻藤 **Gnetum gnemon** var. **tenerum** Markgr.【I, C】♣XTBG; ●YN; ★(AS): ID, MY, TH.

细柄买麻藤 **Gnetum gracilipes** C. Y. Cheng【N, W/C】♣XTBG; ●YN; ★(AS): CN.

海南买麻藤 **Gnetum hainanense** C. Y. Cheng ex L. K. Fu, Y. F. Yu et M. G. Gilbert【N, W/C】♣XTBG; ●YN; ★(AS): CN.

罗浮买麻藤 **Gnetum luofuense** C. Y. Cheng【N, W/C】♣SCBG; ●GD; ★(AS): CN.

买麻藤 **Gnetum montanum** Markgr.【N, W/C】♣BBG, CBG, FLBG, GMG, GXIB, SCBG, XMBG, XTBG; ●BJ, FJ, GD, GX, JX, SH, YN; ★(AS): BT, CN, ID, IN, LA, LK, MM, NP, TH, VN.

小叶买麻藤 **Gnetum parvifolium** (Warb.) W. C. Cheng【N, W/C】♣CBG, FBG, FLBG, GA, GMG, GXIB, SCBG, XMBG, XTBG; ●FJ, GD, GX, HI, JX, SH, YN; ★(AS): CN, LA, VN.

垂子买麻藤 **Gnetum pendulum** C. Y. Cheng【N, W/C】♣SCBG, XTBG; ●GD, YN; ★(AS): CN.

6. 麻黄科 EPHEDRACEAE

麻黄属 Ephedra

双穗麻黄 **Ephedra distachya** L.【N, W/C】♣HBG, IBCAS, TDBG; ●BJ, XJ, ZJ; ★(AS): AM, AZ, BH, CN, CY, GE, IL, IQ, IR, JO, KG, KW, KZ, LB, PS, QA, SA, SY, TJ, TM, TR, UZ, YE; (EU): AD, AL, BA, BG, ES, GR, HR, IT, ME, MK, PT, RO, RS, RU, SI, SM, VA.

木贼麻黄 **Ephedra equisetina** Bunge【N, W/C】♣IBCAS, MDBG, NBG, TDBG; ●BJ, GS, JS, NM, XJ; ★(AS): AF, CN, CY, KG, KH, KZ, MN, RU-AS, TJ, TM, TR, UZ.

雌雄麻黄 **Ephedra fedtschenkoae** Paulsen【N, W/C】●XJ; ★(AS): CN, CY, KZ, MN, RU-AS, TJ.

中麻黄 **Ephedra intermedia** Schrenk et C. A. Mey.【N, W/C】♣MDBG, NBG, TDBG, WBG; ●GS, HB, JS, NX, XJ; ★(AS): AF, CN, CY, KG, KH, KZ, MN, NP, PK, RU-AS, TJ, TM, UZ.

丽江麻黄 **Ephedra likiangensis** Florin【N, W/C】♣KBG; ●YN; ★(AS): CN.

单子麻黄 **Ephedra monosperma** J. G. Gmel. ex C. A. Mey.【N, W/C】●NM; ★(AS): CN, CY, KZ, MN, PK, RU-AS.

膜果麻黄 **Ephedra przewalskii** Stapf【N, W/C】♣MDBG, TDBG; ●GS, NM, NX, XJ; ★(AS): CN, CY, KG, KZ, MN, PK, RU-AS, TJ, UZ.

细子麻黄 **Ephedra regeliana** Florin【N, W/C】♣TDBG; ●XJ; ★(AS): AF, CN, CY, ID, IN, KG, KZ, PK, TJ, UZ.

皱子麻黄（斑子麻黄）**Ephedra rhytidosperma** Pachom.【N, W/C】●GS, NM, NX; ★(AS): CN, MN.

藏麻黄 **Ephedra saxatilis** (Stapf) Royle ex Florin【N, W/C】♣IBCAS; ●BJ; ★(AS): BT, CN, IN, LK, NP.

草麻黄 **Ephedra sinica** Stapf【N, W/C】♣HFBG, MDBG, NBG, TDBG, WBG; ●GS, HB, HL, JS, NM, XJ; ★(AS): CN, MN, RU-AS.

欧洲麻黄 **Ephedra tweediana** C. A. Mey.【I, C】♣IBCAS; ●BJ; ★(SA): AR, BR.

7. 松科 PINACEAE

雪松属 Cedrus

北非雪松 **Cedrus atlantica** (Endl.) Manetti ex Carrière【I, C】♣BBG, CBG, HBG, NBG; ●BJ, JS, NX, SH, TW, ZJ; ★(AF): DZ, MA.

短叶雪松 **Cedrus brevifolia** (Hook. f.) Elwes et A. Henry【I, C】●TW; ★(AS): CY.

雪松 **Cedrus deodara** (Roxb. ex Lamb.) G. Don【I, C】♣BBG, CBG, CDBG, FBG, FLBG, GA, GBG, GXIB, HBG, IBCAS, KBG, LBG, NBG, NSBG, SCBG, TBG, WBG, XBG, XMBG, ZAFU; ●BJ, CQ, FJ, GD, GX, GZ, HA, HB, JS, JX, LN, QH, SC, SD, SH, SN, SX, TJ, TW, YN, ZJ; ★(AS): AF, BT, IN, NP, PK.

黎巴嫩雪松 **Cedrus libani** A. Rich.【I, C】♣CBG, LBG, NBG; ●HE, JS, JX, SH, TW; ★(AS): IL,

JO, LB, SY, TR.

油杉属 Keteleeria

铁坚油杉 **Keteleeria davidiana** (C. E. Bertrand) Beissn. 【N, W/C】 ♣CBG, CDBG, FBG, FLBG, GA, GBG, GXIB, HBG, IBCAS, KBG, LBG, NBG, SCBG, WBG, XMBG, XTBG, ZAFU; ●BJ, FJ, GD, GX, GZ, HB, JS, JX, SC, SH, TW, YN, ZJ; ★(AS): CN, LA.

台湾油杉 **Keteleeria davidiana** var. **formosana** (Hayata) Hayata 【N, W/C】 ♣TBG; ●TW; ★(AS): CN.

云南油杉 **Keteleeria evelyniana** Mast. 【N, W/C】 ♣GBG, GXIB, HBG, KBG, NBG, SCBG, XTBG; ●GD, GX, GZ, JS, TW, YN, ZJ; ★(AS): CN, LA, VN.

油杉 **Keteleeria fortunei** (A. Murray bis) Carrière 【N, W/C】 ♣BBG, CBG, FBG, FLBG, GA, GBG, GXIB, HBG, KBG, LBG, NBG, SCBG, WBG, XMBG, XTBG, ZAFU; ●BJ, FJ, GD, GX, GZ, HB, HI, JS, JX, SH, TW, YN, ZJ; ★(AS): CN, VN.

冷杉属 Abies

欧洲冷杉（欧洲银冷杉）**Abies alba** Mill. 【I, C】 ♣BBG, IBCAS, KBG, LBG, NBG; ●BJ, JL, JS, JX, TW, YN; ★(AF): MA; (AS): GE, JP; (EU): AL, AT, BA, BE, BG, CZ, DE, ES, GB, GR, HR, HU, IT, LU, ME, MK, NO, PL, RO, RS, SI.

太平洋冷杉（温哥华冷杉）**Abies amabilis** (Douglas) Douglas ex J. Forbes 【I, C】 ●TW; ★(NA): CA, US.

香脂冷杉（胶冷杉）**Abies balsamea** (L.) Mill. 【I, C】 ♣BBG, IBCAS; ●BJ; ★(NA): CA, US.

百山祖冷杉 **Abies beshanzuensis** M. H. Wu 【N, W/C】 ♣HBG, IBCAS, ZAFU; ●BJ, ZJ; ★(AS): CN.

资源冷杉 **Abies beshanzuensis** var. **ziyuanensis** (L. K. Fu et S. L. Mo) L. K. Fu et Nan Li 【N, W/C】 ♣FLBG, LBG; ●GD, GX, HN, JX; ★(AS): CN.

希腊冷杉 **Abies cephalonica** Loudon 【I, C】 ♣IBCAS; ●BJ; ★(EU): GR, IT.

秦岭冷杉 **Abies chensiensis** Tiegh. 【N, W/C】 ♣FBG, FLBG, IBCAS, SCBG, XBG, XMBG; ●BJ, FJ, GD, JX, SN; ★(AS): CN.

云南黄果冷杉 **Abies chensiensis** subsp. **salouenensis** (Bordères et Gaussen) Rushforth 【N, W/C】 ♣KBG; ●YN; ★(AS): CN.

白冷杉 **Abies concolor** (Gordon) Lindl. ex Hildebr. 【I, C】 ♣IBCAS, NBG; ●BJ, JS, TW; ★(EU): GB.

苍山冷杉 **Abies delavayi** Franch. 【N, W/C】 ♣FLBG, GBG, KBG, LBG; ●GD, GZ, JX, YN; ★(AS): CN, MM.

怒江冷杉 **Abies delavayi** var. **nukiangensis** (W. C. Cheng et L. K. Fu) Farjon et Silba 【N, W/C】 ●YN; ★(AS): CN, ID, IN, MM, VN.

黄果冷杉 **Abies ernestii** Rehder 【N, W/C】 ♣FLBG, KBG; ●GD, JX, YN; ★(AS): CN.

冷杉 **Abies fabri** (Mast.) Craib 【N, W/C】 ♣GA, GXIB, IBCAS, LBG, SCBG, XMBG; ●BJ, FJ, GD, GX, JX, SC, TW; ★(AS): CN.

巴山冷杉 **Abies fargesii** Franch. 【N, W/C】 ♣CBG, FBG, SCBG, XBG; ●FJ, GD, SH, SN; ★(AS): CN, MM.

岷江冷杉 **Abies fargesii** var. **faxoniana** (Rehder et E. H. Wilson) Tang S. Liu 【N, W/C】 ♣IBCAS; ●BJ, SC; ★(AS): CN.

日本冷杉 **Abies firma** Siebold et Zucc. 【I, C】 ♣BBG, FBG, FLBG, GA, GBG, GXIB, HBG, IBCAS, KBG, LBG, NBG, SCBG, WBG, XMBG, ZAFU; ●BJ, FJ, GD, GX, GZ, HB, JS, JX, TW, YN, ZJ; ★(AS): JP.

川滇冷杉 **Abies forrestii** Coltm.-Rog. 【N, W/C】 ♣IBCAS, KBG, NBG; ●BJ, JS, YN; ★(AS): CN.

急尖长苞冷杉 **Abies forrestii** var. **smithii** R. Vig. et Gaussen 【N, W/C】 ♣KBG; ●YN; ★(AS): CN.

弗雷泽冷杉 **Abies fraseri** (Pursh) Poir. 【I, C】 ●TW; ★(NA): CA, US.

大冷杉 **Abies grandis** (Douglas ex D. Don) Lindl. 【I, C】 ♣LBG; ●JX, TW; ★(OC): NZ.

杉松 **Abies holophylla** Maxim. 【N, W/C】 ♣BBG, FLBG, GA, HBG, HFBG, IBCAS; ●BJ, GD, HL, JX, LN, ZJ; ★(AS): CN, KP, KR, MN, RU-AS.

日光冷杉 **Abies homolepis** Siebold et Zucc. 【I, C】 ♣LBG; ●JX, TW; ★(AS): JP.

朝鲜冷杉 **Abies koreana** E. H. Wilson 【I, C】 ♣CBG, IBCAS, LBG; ●BJ, JX, SH, TW; ★(AS): KR.

落基山冷杉 **Abies lasiocarpa** (Hook.) Nutt. 【I, C】 ♣BBG; ●BJ, TW; ★(EU): IS.

红冷杉 **Abies magnifica** A. Murray bis 【I, C】 ●TW; ★(NA): US.

臭冷杉 **Abies nephrolepis** (Trautv. ex Maxim.)

Maxim.【N, W/C】♣BBG, HBG, HFBG, IBCAS; ●BJ, HL, LN, SX, ZJ; ★(AS): CN, JP, KP, KR, MN, RU-AS.

高加索冷杉 **Abies nordmanniana** (Steven) Spach【I, C】♣IBCAS; ●BJ, TW; ★(AS): AM, AZ, GE, RU-AS, TR.

西班牙冷杉 **Abies pinsapo** Boiss.【I, C】♣IBCAS; ●BJ; ★(EU): AT, ES, LU.

壮丽冷杉 **Abies procera** Rehder【I, C】●TW; ★(AS): GE; (EU): BA, DE, GB, LU.

库页冷杉（北海道冷杉）**Abies sachalinensis** (F. Schmidt) Mast.【I, C】♣HBG; ●ZJ; ★(AS): JP, RU-AS.

新疆冷杉（鲜卑冷杉）**Abies sibirica** Ledeb.【N, W/C】♣NBG; ●JS, JX; ★(AS): CN, CY, KZ, MN, RU-AS; (EU): DE, FI, IS, RU.

西藏冷杉（藏冷杉）**Abies spectabilis** (D. Don) Mirb.【N, W/C】●TW; ★(AS): AF, CN, ID, IN, MM, NP, VN.

鳞皮冷杉 **Abies squamata** Mast.【N, W/C】♣LBG; ●JX; ★(AS): CN.

白叶冷杉 **Abies veitchii** Lindl.【I, C】●TW; ★(AS): JP.

元宝山冷杉 **Abies yuanbaoshanensis** Y. J. Lu et L. K. Fu【N, W/C】♣GXIB; ●GX; ★(AS): CN.

金钱松属 Pseudolarix

金钱松 **Pseudolarix amabilis** (J. Nelson) Rehder【N, W/C】♣BBG, CBG, CDBG, FBG, FLBG, GA, GBG, GXIB, HBG, IBCAS, KBG, LBG, NBG, NSBG, SCBG, WBG, XMBG, XTBG, ZAFU; ●AH, BJ, CQ, FJ, GD, GX, GZ, HB, JS, JX, LN, SC, SH, TW, YN, ZJ; ★(AS): CN.

长苞铁杉属 Nothotsuga

长苞铁杉 **Nothotsuga longibracteata** (W. C. Cheng) H. H. Hu ex C. N. Page【N, W/C】♣CBG, FBG, FLBG, GBG, GXIB, NBG, SCBG, WBG; ●FJ, GD, GX, GZ, HB, JS, JX, SC, SH; ★(AS): CN.

铁杉属 Tsuga

加拿大铁杉 **Tsuga canadensis** (L.) Carrière【I, C】♣IBCAS, LBG, NBG; ●BJ, JL, JS, JX, SN, TW; ★(NA): CA, US.

铁杉 **Tsuga chinensis** (Franch.) Pritz.【N, W/C】♣FBG, FLBG, HBG, KBG, LBG, NBG, NSBG, WBG, XBG, ZAFU; ●CQ, FJ, GD, HB, JS, JX, SC, SN, TW, YN, ZJ; ★(AS): CN.

米铁杉（日本铁杉）**Tsuga diversifolia** (Maxim.) Mast.【I, C】●JX, TW; ★(AS): JP.

云南铁杉 **Tsuga dumosa** (D. Don) Eichler【N, W/C】♣GBG, HBG, KBG, LBG; ●GZ, JX, SC, YN, ZJ; ★(AS): BT, CN, ID, IN, LK, MM, NP, VN.

异叶铁杉 **Tsuga heterophylla** (Raf.) Sarg.【I, C】●TW; ★(OC): NZ.

长果铁杉 **Tsuga mertensiana** (Bong.) Carrière【I, C】●JL, TW; ★(NA): US.

黄杉属 Pseudotsuga

短叶黄杉 **Pseudotsuga brevifolia** W. C. Cheng et L. K. Fu【N, W/C】♣HBG; ●ZJ; ★(AS): CN.

大果黄杉 **Pseudotsuga macrocarpa** (Vasey) Mayr【I, C】●TW; ★(NA): US.

花旗松 **Pseudotsuga menziesii** (Mirb.) Franco【I, C】♣BBG, HBG, IBCAS, LBG, NBG; ●BJ, CQ, HA, HE, JL, JS, JX, LN, NX, SN, TW, ZJ; ★(NA): US.

落基山花旗松（灰绿花旗松）**Pseudotsuga menziesii** var. **glauca** (Beissn.) Franco【I, C】♣IBCAS; ●BJ; ★(NA): US.

黄杉 **Pseudotsuga sinensis** Dode【N, W/C】♣FBG, FLBG, GBG, GXIB, HBG, KBG, LBG, NBG, WBG; ●FJ, GD, GX, GZ, HB, JS, JX, SC, YN, ZJ; ★(AS): CN.

落叶松属 Larix

欧洲落叶松 **Larix decidua** Mill.【I, C】♣HBG, LBG, NBG; ●BJ, HE, JS, JX, LN, TW, ZJ; ★(AS): GE; (EU): CH, CZ, FR, IT, LI, PL, RO, SI, UA.

波兰落叶松 **Larix decidua** var. **polonica** (Racib. ex Wóycicki) Ostenf. et Syrach【I, C】♣NBG; ●JS; ★(EU): PL.

日欧落叶松 **Larix eurolepis** A. Henry【I, C】●BJ; ★(EU): GB.

落叶松 **Larix gmelinii** (Rupr.) Kuzen.【N, W/C】♣HFBG, IBCAS, NBG, SCBG, XMBG; ●BJ, FJ, GD, HL, JL, JS, LN, NM, SX, TW; ★(AS): CN, JP, KP, KR, MN, RU-AS; (EU): DE, FI, NL.

库页落叶松 **Larix gmelinii** var. **japonica** (Maxim. ex Regel) Pilg.【I, C】●JX; ★(AS): JP.

黄花落叶松 **Larix gmelinii** var. **olgensis** (A. Henry)

Ostenf. et Syrach【N, W/C】♣HBG, HFBG, IAE, IBCAS; ●BJ, HL, JL, LN, NM, ZJ; ★(AS): CN, KP, MN, RU-AS.

华北落叶松 **Larix gmelinii** var. **principis-rupprechtii** (Mayr) Pilg.【N, W/C】♣BBG, FLBG, HBG, HFBG, IBCAS, LBG, XBG; ●BJ, GD, HE, HL, JL, JX, LN, NM, SN, SX, TW, XJ, ZJ; ★(AS): CN.

藏红杉 **Larix griffithii** Hook. f.【N, W/C】♣BBG, HBG, LBG, XMBG; ●BJ, FJ, JX, LN, SC, TW, YN, ZJ; ★(AS): BT, CN, IN, NP.

日本落叶松 **Larix kaempferi** (Lamb.) Carrière【I, C】♣BBG, FLBG, HBG, HFBG, IBCAS, LBG, NBG, WBG, XMBG; ●BJ, FJ, GD, HB, HL, JL, JS, JX, LN, NM, SC, TW, ZJ; ★(AS): JP.

北美落叶松(美洲落叶松)**Larix laricina** (Du Roi) K. Koch【I, C】●TW; ★(EU): GB.

四川红杉 **Larix mastersiana** Rehder et E. H. Wilson【N, W/C】●TW; ★(AS): CN.

西美落叶松 **Larix occidentalis** Nutt.【I, C】●BJ, TW; ★(NA): CA, US.

红杉 **Larix potaninii** Batalin【N, W/C】♣NBG; ●JS; ★(AS): CN.

大果红杉 **Larix potaninii** var. **australis** Hand.-Mazz.【N, W/C】♣CBG; ●SH, YN; ★(AS): CN.

秦岭红杉 **Larix potaninii** var. **chinensis** (Voss) L. K. Fu et Nan Li【N, W/C】♣WBG; ●HB, SN; ★(AS): CN, MN.

新疆落叶松 **Larix sibirica** Ledeb.【N, W/C】♣IBCAS, NBG; ●BJ, JS, TW; ★(AS): CN, MN, RU-AS.

银杉属 Cathaya

银杉 **Cathaya argyrophylla** Chun et Kuang【N, W/C】♣BBG, CDBG, FBG, FLBG, GA, GBG, GXIB, HBG, KBG, NSBG, SCBG, WBG; ●BJ, CQ, FJ, GD, GX, GZ, HB, HN, JX, SC, TW, YN, ZJ; ★(AS): CN.

云杉属 Picea

欧洲云杉 **Picea abies** (L.) H. Karst.【I, C】♣BBG, HBG, IBCAS, KBG, LBG, NBG; ●BJ, HE, JL, JS, JX, LN, NX, SD, TW, YN, ZJ; ★(EU): AT, DK, FI, GR, IS, NO, SE.

云杉 **Picea asperata** Mast.【N, W/C】♣BBG, GXIB, IBCAS, LBG, NBG, WBG, XMBG; ●BJ, FJ, GX, HB, JS, JX, SC, SH, TW, YN; ★(AS): CN.

麦吊云杉 **Picea brachytyla** (Franch.) E. Pritz.【N, W/C】♣LBG; ●JX, SC, YN; ★(AS): BT, CN, IN, LK, MM, RU-AS.

油麦吊云杉 **Picea brachytyla** var. **complanata** (Mast.) W. C. Cheng ex Rehder【N, W/C】♣CBG, KBG; ●SC, SH, YN; ★(AS): BT, CN, MM.

垂枝云杉 **Picea breweriana** S. Watson【I, C】●BJ; ★(EU): GB.

青海云杉 **Picea crassifolia** Kom.【N, W/C】♣BBG, HFBG, IBCAS, MDBG; ●BJ, GS, HL, LN, NM, NX, QH, XJ, YN; ★(AS): CN, MN.

银云杉(枞胶云杉)**Picea engelmannii** Parry ex Engelm.【I, C】♣NBG; ●BJ, JS; ★(EU): AT, BE, DE, FI, IS, NO.

白云杉 **Picea glauca** (Moench) Voss【I, C】♣BBG, HBG, IBCAS, NBG; ●BJ, JL, JS, LN, QH, TW, ZJ; ★(EU): AT, BE, DE, FI, IS, NO.

库页云杉 **Picea glehnii** (F. Schmidt) Mast.【I, C】♣HBG; ●TW, ZJ; ★(AS): JP, RU-AS.

虾夷云杉(鱼鳞云杉)**Picea jezoensis** (Siebold et Zucc.) Carrière【N, W/C】♣HFBG, NBG; ●HL, JS, TW; ★(AS): CN, JP, KP, KR, MN, RU-AS.

本岛云杉(虎尾云杉)**Picea jezoensis** var. **hondoensis** (Mayr) Rehder【I, C】♣HBG, NBG; ●JS, ZJ; ★(AS): JP.

长白鱼鳞云杉 **Picea jezoensis** var. **komarovii** (V. N. Vassil.) W. C. Cheng et L. K. Fu【N, W/C】●LN; ★(AS): CN, KP, KR.

兴安鱼鳞云杉 **Picea jezoensis** var. **microsperma** (Lindl.) W. C. Cheng et L. K. Fu【N, W/C】♣GBG, HBG, LBG; ●GZ, HL, JX, ZJ; ★(AS): CN, JP.

红皮云杉 **Picea koraiensis** Nakai【N, W/C】♣BBG, FLBG, GBG, HBG, HFBG, IAE, IBCAS; ●BJ, GD, GZ, HL, JL, JX, LN, XJ, YN, ZJ; ★(AS): CN, JP, KP, KR, MN, RU-AS.

小山云杉(朝鲜鱼鳞松)**Picea koyamae** Shiras.【I, C】♣IBCAS, NBG; ●BJ, JS, TW; ★(AS): KR.

丽江云杉 **Picea likiangensis** (Franch.) E. Pritz.【N, W/C】♣GXIB, HBG, KBG, LBG; ●GX, JX, TW, YN, ZJ; ★(AS): BT, CN.

川西云杉 **Picea likiangensis** var. **rubescens** Rehder et E. H. Wilson【N, W/C】♣IBCAS; ●BJ; ★(AS): CN.

黑云杉 **Picea mariana** (Mill.) Britton, Sterns et

Poggenb.【I, C】♣BBG; ●BJ, TW; ★(NA): US.

富士山云杉 **Picea maximowiczii** Regel ex Mast.【I, C】♣XMBG; ●FJ; ★(AS): JP.

白杄 **Picea meyeri** Rehder et E. H. Wilson【N, W/C】♣BBG, FLBG, HBG, HFBG, IBCAS, XBG; ●BJ, GD, HL, JL, JX, LN, SN, SX, ZJ; ★(AS): CN, MN.

大果青杄 **Picea neoveitchii** Mast.【N, W/C】♣CBG, HBG, WBG, XBG; ●HB, SH, SN, ZJ; ★(AS): CN.

新疆云杉(西伯利亚云杉)**Picea obovata** Ledeb.【N, W/C】●TW, XJ; ★(AS): CN, CY, KZ, MN, RU-AS.

塞尔维亚云杉 **Picea omorika** (Pančić) Purk.【I, C】♣BBG, CBG, IBCAS, NBG; ●BJ, JS, SH, TW; ★(AS): RU-AS.

高加索云杉(东方云杉)**Picea orientalis** (L.) Peterm.【I, C】♣BBG; ●BJ, TW; ★(AS): AM, AZ, GE, TR.

日本云杉 **Picea polita** (Siebold et Zucc.) Carrière【I, C】♣BBG, HBG, IBCAS; ●BJ, ZJ; ★(AS): JP.

蓝粉云杉 **Picea pungens** Engelm.【I, C】♣BBG, HBG, IBCAS, KBG, NBG; ●BJ, HB, JL, JS, LN, NM, SD, TW, YN, ZJ; ★(EU): AT, BA, CZ, DE, IS, IT, NO.

紫果云杉 **Picea purpurea** Mast.【N, W/C】♣HBG, LBG; ●JX, YN, ZJ; ★(AS): CN, JP.

红云杉 **Picea rubens** Sarg.【I, C】●BJ, TW; ★(NA): US.

雪岭云杉 **Picea schrenkiana** Fisch. et C. A. Mey.【N, W/C】♣BBG, IBCAS; ●BJ, LN, TW, XJ, YN; ★(AS): CN, CY, KG, KZ.

巨云杉(阿拉斯加云杉) **Picea sitchensis** (Bong.) Carrière【I, C】♣NBG; ●BJ, HB, JS, TW, ZJ; ★(NA): US.

长叶云杉 **Picea smithiana** (Wall.) Boiss.【N, W/C】♣BBG, HBG, IBCAS, KBG, LBG; ●BJ, JX, LN, TW, YN, ZJ; ★(AS): AF, CN, IN, NP, PK.

西藏云杉 **Picea spinulosa** (Griff.) A. Henry【N, W/C】♣IBCAS; ●BJ, SC; ★(AS): BT, CN, IN, LK, MM, NP.

青杄 **Picea wilsonii** Mast.【N, W/C】♣BBG, FLBG, HBG, HFBG, IAE, IBCAS, LBG, SCBG, WBG, XBG; ●BJ, GD, HB, HL, JL, JX, LN, SN, SX, YN, ZJ; ★(AS): CN, MN.

松属 Pinus

北京乔松 **Pinus × pekingensis** Y. D. Tang【N, C】♣IBCAS; ●BJ; ★(AS): CN.

斯氏杂交乔松 **Pinus × schwerinii**【I, C】♣CBG; ●SH; ★(EU): DE.

白皮五针松 **Pinus albicaulis** Engelm.【I, C】●TW; ★(NA): CA, US.

刺果松 **Pinus aristata** Engelm.【I, C】●TW; ★(NA): US.

华山松 **Pinus armandii** Franch.【N, W/C】♣BBG, CBG, CDBG, FBG, FLBG, GBG, GXIB, HBG, IBCAS, KBG, LBG, NBG, WBG, XBG, XMBG, ZAFU; ●BJ, FJ, GD, GS, GX, GZ, HA, HB, JL, JS, JX, LN, SC, SH, SN, SX, TW, YN, ZJ; ★(AS): CN, MM.

大别山五针松 **Pinus armandii** var. **dabeshanensis** (W. C. Cheng et Y. W. Law) Silba【N, W/C】♣WBG; ●AH, HB; ★(AS): CN.

墨西哥五针松(阿雅卡松)**Pinus ayacahuite** Ehrenb. ex Schltdl.【I, C】♣XMBG; ●FJ; ★(EU): GB.

白松 **Pinus ayacahuite** var. **veitchii** (Roezl) Shaw【I, C】♣NBG, XMBG; ●FJ, JS; ★(EU): GB.

狐尾松 **Pinus balfouriana** Balf.【I, C】♣FBG; ●FJ, TW; ★(NA): US.

北美短叶松 **Pinus banksiana** Lamb.【I, C】♣BBG, CDBG, FBG, HBG, HFBG, IBCAS, KBG, LBG, NBG, WBG; ●BJ, FJ, HB, HL, JL, JS, JX, LN, NM, SC, YN, ZJ; ★(NA): CA, US.

土耳其松(巴尔干松) **Pinus brutia** Ten.【I, C】♣BBG, IBCAS; ●BJ, JX, TW; ★(AS): AZ, CY, GE, IL, IQ, IR, LB, SY, TR; (EU): GR, UA.

垂枝赤松 **Pinus brutia** var. **eldarica** (Medw.) Silba【I, C】♣NBG; ●JS; ★(AS): AZ, CY, GE, IL, IQ, IR, LB, SY, TR; (EU): GR, UA.

白皮松 **Pinus bungeana** Zucc. ex Endl.【N, W/C】♣BBG, CBG, CDBG, FLBG, GA, GXIB, HBG, IBCAS, KBG, LBG, NBG, SCBG, WBG, XBG, XMBG; ●BJ, FJ, GD, GS, GX, HA, HB, JS, JX, LN, SC, SH, SN, SX, TW, YN, ZJ; ★(AS): CN, JP, KR, MN.

加那利松 **Pinus canariensis** C. Sm.【I, C】♣HBG, IBCAS; ●BJ, TW, ZJ; ★(AF): ES-CS.

加勒比松 **Pinus caribaea** Morelet【I, C】♣FBG, GXIB, HBG, KBG, XLTBG, XMBG; ●FJ, GX, HB, HI, SC, YN, ZJ; ★(NA): BS, CU, TC.

巴哈马松 **Pinus caribaea** var. **bahamensis** (Griseb.) W. H. Barrett et Golfari【I, C】★(NA): BS.

洪都拉斯松 **Pinus caribaea** var. **hondurensis** (Sénécl.) W. H. Barrett et Golfari 【I, C】 ♣HBG; ●ZJ; ★(NA): HN.

瑞士五针松 **Pinus cembra** L. 【I, C】 ♣HBG, XMBG; ●FJ, TW, ZJ; ★(AS): GE; (EU): BA, CZ, DE, FI, HR, IS, IT, ME, MK, NO, PL, RO, RS, RU, SI.

墨西哥果松（墨西哥矮松）**Pinus cembroides** Zucc. 【I, C】 ●TW; ★(NA): MX, US.

扭叶松 **Pinus contorta** Douglas ex Loudon 【I, C】 ●JL; ★(NA): US.

大果松 **Pinus coulteri** D. Don 【I, C】 ♣HBG; ●TW, ZJ; ★(NA): US.

高山松 **Pinus densata** Mast. 【N, W/C】 ♣XMBG; ●FJ, YN; ★(AS): CN.

赤松 **Pinus densiflora** Siebold et Zucc. 【N, W/C】 ♣BBG, CBG, HBG, HFBG, IAE, IBCAS, KBG, LBG, NBG, SCBG, XMBG; ●BJ, FJ, GD, HL, JL, JS, JX, LN, SH, TW, YN, ZJ; ★(AS): CN, JP, KP, KR, MN, RU-AS.

兴凯赤松 **Pinus densiflora** var. **ussuriensis** Liou et Q. L. Wang 【N, W/C】 ♣HFBG; ●HL, LN; ★(AS): CN, RU-AS.

麦根松 **Pinus devoniana** Lindl. 【I, C】 ♣XMBG; ●FJ; ★(NA): MX.

道格拉斯松 **Pinus douglasiana** Martínez 【I, C】 ♣GA; ●JX; ★(NA): MX.

杜兰戈松 **Pinus durangensis** Martínez 【I, C】 ♣XMBG; ●FJ; ★(NA): MX.

萌芽松 **Pinus echinata** Mill. 【I, C】 ♣HBG, XMBG; ●FJ, JL, TW, ZJ; ★(NA): US.

科罗拉多果松 **Pinus edulis** Engelm. 【I, C】 ●BJ, TW; ★(NA): US.

湿地松 **Pinus elliottii** Engelm. 【I, C】 ♣CDBG, FBG, FLBG, GA, GXIB, HBG, KBG, LBG, NBG, SCBG, TBG, WBG, XBG, XMBG, XOIG, XTBG, ZAFU; ●AH, BJ, FJ, GD, GX, HB, HI, JS, JX, SC, SN, TW, YN, ZJ; ★(NA): US.

大针松 **Pinus engelmannii** Carrière 【I, C】 ♣XMBG; ●FJ; ★(NA): US.

海南五针松 **Pinus fenzeliana** Hand.-Mazz. 【N, W/C】 ♣CBG, FLBG, GA, GBG, GXIB, HBG, KBG, LBG, SCBG, WBG, ZAFU; ●GD, GX, GZ, HB, JX, SH, YN, ZJ; ★(AS): CN, VN.

柔枝松 **Pinus flexilis** E. James 【I, C】 ♣CBG, IBCAS; ●BJ, SH; ★(NA): CA, US.

光松 **Pinus glabra** Walter 【I, C】 ●TW; ★(NA): US.

格蕾基松 **Pinus greggii** Engelm. ex Parl. 【I, C】 ♣GA, XMBG; ●FJ, JX, NM; ★(NA): MX.

叙利亚松 **Pinus halepensis** Mill. 【I, C】 ♣CDBG, HBG, IBCAS, KBG, NBG, TBG, XBG; ●BJ, JS, NX, SC, SN, TW, YN, ZJ; ★(OC): AU, NZ.

哈特威格松 **Pinus hartwegii** Lindl. 【I, C】 ♣XMBG; ●FJ; ★(NA): HN, MX.

波斯尼亚松 **Pinus heldreichii** H. Chr. 【I, C】 ♣CBG, IBCAS, NBG; ●BJ, JS, SH, TW, YN; ★(EU): AL, BA, BG, GR, HR, IT, ME, MK, RS, SI.

黑材松 **Pinus jeffreyi** A. Murray bis 【I, C】 ♣IBCAS; ●BJ; ★(NA): US.

卡西亚松（思茅松）**Pinus kesiya** Royle ex Gordon 【N, W/C】 ♣FLBG, GA, HBG, KBG, SCBG, XTBG; ●GD, JX, YN, ZJ; ★(AS): BT, CN, ID, IN, LA, LK, MM, PH, SG, TH, VN.

红松 **Pinus koraiensis** Siebold et Zucc. 【N, W/C】 ♣BBG, FLBG, HBG, HFBG, IAE, IBCAS, LBG, NBG; ●BJ, GD, HL, JL, JS, JX, LN, TW, YN, ZJ; ★(AS): CN, JP, KR, MN, RU-AS.

华南五针松 **Pinus kwangtungensis** Chun ex Tsiang 【N, W/C】 ♣CBG, CDBG, FBG, FLBG, GA, GBG, GXIB, HBG, KBG, LBG, SCBG, WBG, ZAFU; ●FJ, GD, GX, GZ, HB, JX, SC, SH, YN, ZJ; ★(AS): CN, VN.

巨松（糖松）**Pinus lambertiana** Douglas 【I, C】 ♣HBG; ●BJ, SN, TW, ZJ; ★(NA): MX, US.

南亚松 **Pinus latteri** Mason 【N, W/C】 ♣FLBG, HBG; ●GD, JX, ZJ; ★(AS): CN, KH, LA, MM, TH, VN.

平滑叶松 **Pinus leiophylla** Schiede ex Schltdl. et Cham. 【I, C】 ♣HBG; ●ZJ; ★(NA): US.

毛松（长寿松）**Pinus longaeva** D. K. Bailey 【I, C】 ●TW; ★(NA): US.

琉球松 **Pinus luchuensis** Mayr 【I, C】 ♣HBG, TBG; ●TW, ZJ; ★(AS): JP.

马尾松 **Pinus massoniana** Lamb. 【N, W/C】 ♣CDBG, FBG, FLBG, GA, GBG, GMG, GXIB, HBG, KBG, LBG, NBG, NSBG, SCBG, TBG, WBG, XMBG, XOIG, XTBG, ZAFU; ●AH, CQ, FJ, GD, GX, GZ, HA, HB, HN, JS, JX, SC, TW, YN, ZJ; ★(AS): CN, ID.

单叶果松 **Pinus monophylla** Torr. et Frém. 【I, C】 ●TW; ★(NA): US.

山地偃松 **Pinus montezumae** Lamb. 【I, C】 ♣FBG, NBG, XMBG; ●FJ, JS; ★(NA): MX.

加州五针松 **Pinus monticola** Douglas ex D. Don

【I, C】 ♣IBCAS, NBG; ●BJ, JS, TW; ★(NA): US.

台湾五针松 **Pinus morrisonicola** Hayata 【N, W/C】 ♣TBG; ●TW; ★(AS): CN.

欧洲山松 **Pinus mugo** Turra 【I, C】 ♣BBG, CBG, IBCAS, NBG; ●BJ, JS, JX, SH, TW; ★(EU): AD, AL, AT, BA, BG, CH, CZ, DE, ES, GR, HR, HU, IT, LI, ME, MK, PL, PT, RO, RS, SI, SK, SM, VA.

欧洲黑松 **Pinus nigra** J. F. Arnold 【I, C】 ♣BBG, CBG, CDBG, HBG, IBCAS, NBG; ●BJ, JL, JS, NM, SC, SH, TW, XJ, YN, ZJ; ★(AS): CY; (EU): ES, TR, UA.

南欧黑松 **Pinus nigra** subsp. **laricio** Maire 【I, C】 ●NX; ★(AS): CY; (EU): ES, TR, UA.

克里米亚松 **Pinus nigra** subsp. **pallasiana** (Lamb.) Holmboe 【I, C】 ♣CBG, IBCAS, NBG; ●BJ, JS, SH; ★(EU): UA.

卵果松（印果松）**Pinus oocarpa** Schiede 【I, C】 ♣GA, XMBG, XTBG; ●FJ, JX, SC, YN; ★(NA): MX.

长叶松 **Pinus palustris** Mill. 【I, C】 ♣FBG, FLBG, HBG, KBG, LBG, NBG, TBG, WBG, XBG, XMBG, XTBG; ●FJ, GD, HB, JS, JX, SC, SN, TW, YN, ZJ; ★(NA): US.

日本短叶松（日本五针松）**Pinus parviflora** Siebold et Zucc. 【I, C】 ♣CBG, CDBG, FBG, GXIB, HBG, IBCAS, KBG, LBG, NBG, NSBG, SCBG, WBG, XBG, XMBG, XOIG, ZAFU; ●BJ, CQ, FJ, GD, GX, HB, JS, JX, LN, SC, SH, SN, TW, YN, ZJ; ★(AS): JP.

日本五针松 **Pinus parviflora** var. **pentaphylla** (Mayr) A. Henry 【I, C】 ●TW; ★(AS): JP.

垂枝松 **Pinus patula** Schiede ex Schltdl. et Cham. 【I, C】 ♣CDBG, GA, HBG, TBG, XMBG, XTBG; ●FJ, JX, SC, TW, YN, ZJ; ★(NA): MX.

海岸松 **Pinus pinaster** Aiton 【I, C】 ♣CDBG, HBG, IBCAS, KBG, NBG, XMBG, XOIG; ●BJ, FJ, JS, SC, YN, ZJ; ★(AF): DZ, MA; (EU): ES, FR, IT, MT, PT.

意大利松 **Pinus pinea** L. 【I, C】 ♣HBG, IBCAS, KBG, NBG, TBG, XOIG; ●BJ, FJ, JS, TW, YN, ZJ; ★(AF): DZ, LY, MA, TN; (EU): AL, ES, FR, GR, HR, IT, PT, TR.

西黄松 **Pinus ponderosa** Douglas ex C. Lawson 【I, C】 ♣BBG, HBG, HFBG, IBCAS; ●BJ, HB, HL, JL, LN, NM, TJ, TW, XJ, ZJ; ★(NA): CA, US.

滑皮松（假球松）**Pinus pseudostrobus** Lindl. 【I, C】 ♣GA, XMBG, XTBG; ●FJ, JX, YN; ★(NA): MX.

*阿普科滑皮松 **Pinus pseudostrobus** var. **apulcensis** (Lindl.) Shaw 【I, C】 ♣XMBG, XOIG; ●FJ; ★(NA): MX.

偃松 **Pinus pumila** (Pall.) Regel 【N, W/C】 ♣HFBG; ●HL, LN, TW; ★(AS): CN, JP, KP, KR, MN, RU-AS.

刺松 **Pinus pungens** Lamb. 【I, C】 ♣NBG; ●JS; ★(NA): US.

辐射松（蒙达利松）**Pinus radiata** D. Don 【I, C】 ♣BBG, KBG; ●BJ, CQ, NM, SC, TW, YN; ★(NA): MX, US.

多脂松 **Pinus resinosa** Aiton 【I, C】 ♣HBG; ●JL, TW, ZJ; ★(NA): US.

刚松 **Pinus rigida** Mill. 【I, C】 ♣BBG, HBG, IBCAS, LBG, NBG; ●BJ, HB, JL, JS, JX, LN, ZJ; ★(NA): US.

西藏长叶松 **Pinus roxburghii** Sarg. 【N, W/C】 ♣HBG; ●SC, TW, ZJ; ★(AS): BT, CN, ID, IN, LK, MM, NP, PK.

鬼松 **Pinus sabiniana** Douglas 【I, C】 ●BJ, SN, TW; ★(NA): US.

晚松 **Pinus serotina** Michx. 【I, C】 ♣CDBG, FLBG, HBG, ZAFU; ●GD, JX, SC, ZJ; ★(NA): US.

新疆五针松 **Pinus sibirica** Du Tour 【N, W/C】 ♣HFBG, TDBG, XBG; ●HL, LN, SN, XJ; ★(AS): CN, CY, KZ, MN, RU-AS; (EU): RU.

巧家五针松 **Pinus squamata** X. W. Li 【N, W/C】 ♣FLBG, KBG; ●GD, JX, YN; ★(AS): CN.

北美乔松 **Pinus strobus** L. 【I, C】 ♣BBG, CBG, HBG, IBCAS, NBG, XMBG; ●BJ, FJ, JL, JS, JX, LN, SH, TW, ZJ; ★(NA): US.

墨西哥白松 **Pinus strobus** var. **chiapensis** Martínez 【I, C】 ♣GA, XMBG, XOIG; ●FJ, JX; ★(NA): MX.

欧洲赤松 **Pinus sylvestris** L. 【N, W/C】 ♣BBG, CBG, HBG, IBCAS, MDBG, NBG; ●BJ, GS, HL, JL, JS, LN, NM, SH, TW, XJ, ZJ; ★(AS): CN, CY, KR, KZ, MN, RU-AS; (EU): DK, FI, IS, NO, SE.

樟子松 **Pinus sylvestris** var. **mongolica** Litv. 【N, W/C】 ♣BBG, FLBG, GXIB, HBG, HFBG, IBCAS, KBG, MDBG, NBG, TDBG, XBG; ●BJ, GD, GS, GX, HL, JL, JS, JX, LN, NM, SN, SX, TW, XJ, YN, ZJ; ★(AS): CN, MN.

长白松 **Pinus sylvestris** var. **sylvestriformis** (Taken.) W. C. Cheng et C. D. Chu 【N, W/C】 ♣BBG, HFBG, IBCAS; ●BJ, HL, JL, LN, XJ; ★(AS): CN.

油松 **Pinus tabuliformis** Carrière 【N, W/C】 ♣BBG, FLBG, GBG, GXIB, HBG, HFBG, IAE, IBCAS, LBG, MDBG, NBG, SCBG, WBG, XBG, XMBG; ●BJ, FJ, GD, GS, GX, GZ, HA, HB, HE, HL, JL, JS, JX, LN, NM, NX, QH, SC, SD, SN, SX, TW, XJ, YN, ZJ; ★(AS): CN, KP, KR.

巴山松 **Pinus tabuliformis** var. **henryi** (Mast.) C. T. Kuan 【N, W/C】 ♣FBG, WBG; ●FJ, HB; ★(AS): CN.

黑皮油松 **Pinus tabuliformis** var. **mukdensis** (Uyeki ex Nakai) Uyeki 【N, W/C】 ♣HFBG, IBCAS; ●BJ, HL, LN; ★(AS): CN, KP, KR.

扫帚油松 **Pinus tabuliformis** var. **umbraculifera** Liou et Q. L. Wang 【N, W/C】 ♣BBG; ●BJ; ★(AS): CN.

火炬松 **Pinus taeda** L. 【I, C】 ♣CBG, CDBG, FBG, FLBG, GA, GXIB, HBG, KBG, NBG, SCBG, WBG, XBG, XMBG, XOIG, ZAFU; ●AH, BJ, FJ, GD, GX, HA, HB, JS, JX, SC, SH, SN, YN, ZJ; ★(NA): US.

黄山松 **Pinus taiwanensis** Hayata 【N, W/C】 ♣CBG, FBG, GXIB, HBG, IBCAS, KBG, LBG, NBG, SCBG, TBG, WBG, XBG, XMBG, XOIG; ●BJ, FJ, GD, GX, HB, JS, JX, LN, SC, SH, SN, TW, YN, ZJ; ★(AS): CN.

黑松 **Pinus thunbergii** Parl. 【I, C】 ♣CBG, CDBG, FBG, FLBG, GA, GBG, GXIB, HBG, IBCAS, KBG, LBG, NBG, NSBG, SCBG, TBG, WBG, XBG, XMBG, XOIG, XTBG, ZAFU; ●BJ, CQ, FJ, GD, GX, GZ, HB, JL, JS, JX, LN, SC, SH, SN, TW, YN, ZJ; ★(AS): JP.

热带松 **Pinus tropicalis** Morelet 【I, C】 ♣SCBG; ●GD; ★(NA): CU.

矮松 **Pinus virginiana** Mill. 【I, C】 ♣CDBG, KBG; ●SC, YN; ★(NA): US.

乔松 **Pinus wallichiana** A. B. Jacks. 【N, W/C】 ♣CBG, IBCAS, NBG; ●BJ, JS, SH, TW; ★(AS): AF, BT, CN, ID, IN, LK, MM, NP, PK.

毛枝五针松 **Pinus wangii** Hu et W. C. Cheng 【N, W/C】 ♣KBG; ●YN; ★(AS): CN, VN.

云南松 **Pinus yunnanensis** Franch. 【N, W/C】 ♣CDBG, FBG, GA, GBG, GXIB, HBG, IBCAS, KBG, NBG, SCBG, XBG, XMBG, XOIG; ●BJ, FJ, GD, GX, GZ, JS, JX, SC, SN, TW, YN, ZJ; ★(AS): CN.

8. 南洋杉科 ARAUCARIACEAE

南洋杉属 Araucaria

狭叶南洋杉（巴西南洋杉）**Araucaria angustifolia** (Bertol.) Kuntze 【I, C】 ♣KBG, SCBG, XMBG, XOIG, XTBG; ●FJ, GD, YN; ★(SA): AR, BR, EC.

智利南洋杉 **Araucaria araucana** (Molina) K. Koch 【I, C】 ♣CBG, FBG, XMBG, XTBG; ●FJ, SH, TW, YN; ★(SA): AR, CL.

大叶南洋杉 **Araucaria bidwillii** Hook. 【I, C】 ♣FBG, FLBG, GBG, GXIB, HBG, IBCAS, KBG, LBG, SCBG, XMBG, XOIG, XTBG; ●BJ, FJ, GD, GX, GZ, JX, YN, ZJ; ★(OC): AU, NZ, PAF.

柱冠南洋杉 **Araucaria columnaris** (G. Forst.) Hook. 【I, C】 ♣GXIB, IBCAS, NBG, XBG; ●BJ, GX, JS, SN, TW, YN; ★(OC): NC.

南洋杉 **Araucaria cunninghamii** Aiton ex D. Don 【I, C】 ♣BBG, CBG, CDBG, FBG, FLBG, GA, GMG, GXIB, HBG, IBCAS, KBG, LBG, NBG, NSBG, SCBG, TBG, TMNS, WBG, XBG, XMBG, XOIG, XTBG, ZAFU; ●BJ, CQ, FJ, GD, GX, HB, JS, JX, SC, SH, SN, TW, YN, ZJ; ★(OC): AU, PAF.

异叶南洋杉 **Araucaria heterophylla** (Salisb.) Franco 【I, C】 ♣CBG, FBG, FLBG, GA, GXIB, HBG, IBCAS, KBG, LBG, SCBG, TBG, TMNS, XLTBG, XMBG, XOIG, ZAFU; ●BJ, FJ, GD, GX, HI, JX, SH, TW, YN, ZJ; ★(OC): AU, NZ, PAF.

亮叶南洋杉 **Araucaria hunsteinii** K. Schum. 【I, C】 ♣TBG, XMBG; ●FJ, TW; ★(OC): PG.

山地南洋杉 **Araucaria montana** Brongn. et Gris 【I, C】 ●TW; ★(OC): NC.

卢氏南洋杉 **Araucaria rulei** F. Muell. 【I, C】 ●TW; ★(OC): NC.

恶来杉属 Wollemia

瓦勒迈杉 **Wollemia nobilis** W. G. Jones, K. D. Hill et J. M. Allen 【I, C】 ♣TMNS, XMBG; ●FJ, TW; ★(OC): AU.

贝壳杉属 Agathis

新西兰贝壳杉（南方贝壳杉）**Agathis australis** (D. Don) Lindl. 【I, C】 ♣XMBG; ●FJ; ★(OC): NZ.

贝壳杉 **Agathis dammara** (Lamb.) Rich. et A. Rich. 【I, C】 ♣FBG, FLBG, GXIB, HBG, KBG, LBG, SCBG, TBG, XMBG, XTBG; ●FJ, GD, GX, JX, TW, YN, ZJ; ★(AS): IN, PH.

斐济贝壳杉（大叶贝壳杉）**Agathis macrophylla** (Lindl.) Mast. 【I, C】 ♣XLTBG, XMBG; ●FJ, HI; ★(OC): FJ, SB, VU.

昆士兰贝壳杉（粗壮贝壳杉）**Agathis robusta** (C. Moore ex F. Muell.) F. M. Bailey 【I, C】 ♣SCBG, TBG, TMNS, XMBG; ●FJ, GD, TW; ★(OC): AU.

9. 罗汉松科 PODOCARPACEAE

叶枝杉属 Phyllocladus

叶枝杉 **Phyllocladus aspleniifolius** (Labill.) Hook. f. 【I, C】 ♣XMBG; ●FJ; ★(OC): AU.

核果杉属 Prumnopitys

昆士兰核果杉（布朗松）**Prumnopitys ladei** (F. M. Bailey) de Laub. 【I, C】 ♣SCBG; ●GD; ★(OC): AU.

鸡毛松属 Dacrycarpus

叠鸡毛松 **Dacrycarpus imbricatus** (Blume) de Laub. 【N, W/C】 ♣FBG, FLBG, GA, GMG, GXIB, HBG, KBG, SCBG, WBG, XMBG, XTBG; ●FJ, GD, GX, HB, HI, JX, YN, ZJ; ★(AS): CN, ID, IN, LA, MM, MY, PH, SG, VN; (OC): PAF.

鸡毛松 **Dacrycarpus imbricatus** var. **patulus** de Laub. 【N, W/C】 ♣XMBG; ●FJ; ★(AS): CN, ID, IN, KH, LA, MM, MY, PH, TH, VN.

陆均松属 Dacrydium

南洋杉状陆均松 **Dacrydium araucarioides** Brongn. et Gris 【I, C】 ●TW; ★(OC): NC.

陆均松 **Dacrydium pectinatum** de Laub. 【N, W/C】 ♣FLBG, GMG, HBG, LBG, SCBG, XLTBG, XMBG; ●FJ, GD, GX, HI, JX, ZJ; ★(AS): CN, ID, IN, PH.

扭叶杉属 Retrophyllum

小扭叶杉 **Retrophyllum minus** (Carrière) C. N. Page 【I, C】 ●TW; ★(OC): NC.

竹柏属 Nageia

长叶竹柏 **Nageia fleuryi** (Hickel) de Laub. 【N, W/C】 ♣CBG, CDBG, FBG, FLBG, GA, GXIB, KBG, SCBG, WBG, XMBG, XTBG, ZAFU; ●FJ, GD, GX, HB, HI, JX, SC, SH, YN, ZJ; ★(AS): CN, KH, LA, VN.

竹柏 **Nageia nagi** (Thunb.) Kuntze 【N, W/C】 ♣BBG, CDBG, FBG, FLBG, GA, GBG, GMG, GXIB, HBG, IBCAS, KBG, NBG, SCBG, TBG, TMNS, WBG, XBG, XLTBG, XMBG, XOIG, XTBG, ZAFU; ●BJ, FJ, GD, GX, GZ, HB, HI, HN, JS, JX, SC, SN, TW, YN, ZJ; ★(AS): CN, JP, KR, SG.

肉托竹柏 **Nageia wallichiana** (C. Presl) Kuntze 【N, W/C】 ♣FLBG, GA, SCBG, XMBG, XTBG; ●FJ, GD, JX, YN; ★(AS): CN, ID, IN, KH, LA, MM, MY, PH, SG, TH, VN; (OC): PAF.

非洲杉属 Afrocarpus

非洲杉（镰叶非洲杉）**Afrocarpus falcatus** (Thunb.) C. N. Page 【I, C】 ♣FLBG, SCBG, XTBG; ●GD, JX, YN; ★(AF): ET, KE, LS, MZ, SZ, TZ, ZA.

罗汉松属 Podocarpus

海南罗汉松 **Podocarpus annamiensis** N. E. Gray 【N, W/C】 ♣FLBG; ●GD, JX; ★(AS): CN, MM, VN.

兰屿罗汉松 **Podocarpus costalis** C. Presl 【N, W/C】 ♣FLBG, GA, GXIB, TBG, TMNS, XMBG, XTBG; ●FJ, GD, GX, JS, JX, TW, YN; ★(AS): CN, PH.

山地罗汉松 **Podocarpus cunninghamii** Colenso 【I, C】 ♣IBCAS; ●BJ; ★(OC): NZ.

帚叶罗汉松 **Podocarpus drouynianus** F. Muell. 【I, C】 ●TW; ★(OC): AU.

高大罗汉松 **Podocarpus elatus** R. Br. ex Endl. 【I, C】 ♣SCBG; ●GD; ★(OC): AU.

亨氏罗汉松（贺氏罗汉松）**Podocarpus henkelii** Stapf ex Dallim. et B. D. Jacks. 【I, C】 ♣FLBG, SCBG; ●GD, JX; ★(AF): ZA.

劳伦斯罗汉松 **Podocarpus lawrencei** Hook. f. 【I, C】 ♣CBG; ●SH; ★(OC): AU.

罗汉松 **Podocarpus macrophyllus** D. Don 【N, W/C】 ♣BBG, CDBG, FBG, FLBG, GA, GBG, GXIB, HBG, IBCAS, KBG, LBG, NBG, NSBG, SCBG, TBG, WBG, XLTBG, XMBG, XOIG, XTBG, ZAFU; ●BJ, CQ, FJ, GD, GX, GZ, HB, HI, JS, JX, SC, TW, YN, ZJ; ★(AS): CN, JP, KR, MM, SG.

狭叶罗汉松 **Podocarpus macrophyllus** var. **angustifolius** Blume 【N, W/C】 ♣GBG, GXIB, KBG, XTBG; ●GX, GZ, YN; ★(AS): CN, JP.

短叶罗汉松 **Podocarpus macrophyllus** var. **maki** Siebold et Zucc. 【N, W/C】 ♣FBG, FLBG, GA, GMG, GXIB, HBG, IBCAS, KBG, LBG, NBG, SCBG, WBG, XBG, XMBG, XOIG, XTBG, ZAFU; ●BJ, FJ, GD, GX, HB, JS, JX, SN, TW, YN, ZJ; ★(AS): CN, JP, MM.

台湾罗汉松 **Podocarpus nakaii** Hayata 【N, W/C】 ♣TBG, XMBG; ●AH, FJ, TW; ★(AS): CN.

百日青 **Podocarpus neriifolius** D. Don 【N, W/C】 ♣CBG, CDBG, FBG, FLBG, GBG, GXIB, HBG, KBG, LBG, NBG, SCBG, WBG, XBG, XMBG, XTBG, ZAFU; ●FJ, GD, GX, GZ, HB, JS, JX, SC, SH, SN, YN, ZJ; ★(AS): BT, CN, ID, IN, KH, LA, LK, MM, MY, NP, PH, SG, TH, VN; (OC): PAF.

雪罗汉松（高山罗汉松）**Podocarpus nivalis** Hook. 【I, C】 ♣CBG; ●SH; ★(OC): NZ.

*弯叶罗汉松 **Podocarpus parlatorei** Pilg. 【I, C】 ●GD; ★(SA): AR, BO, PE.

小叶罗汉松 **Podocarpus pilgeri** Foxw. 【N, W/C】 ♣FBG, GXIB, SCBG, WBG, XMBG; ●FJ, GD, GX, HB, HI; ★(AS): CN.

菲律宾罗汉松 **Podocarpus rumphii** Blume 【I, C】 ★(AS): MY, SG.

10. 金松科 SCIADOPITYACEAE

金松属 Sciadopitys

金松 **Sciadopitys verticillata** (Thunb.) Siebold et Zucc. 【I, C】 ♣BBG, CBG, FLBG, GBG, HBG, KBG, LBG, NBG, XMBG; ●BJ, FJ, GD, GZ, JS, JX, SH, TW, YN, ZJ; ★(AS): JP.

11. 柏科 CUPRESSACEAE

杉木属 Cunninghamia

杉木 **Cunninghamia lanceolata** (Lamb.) Hook. 【N, W/C】 ♣BBG, CBG, CDBG, FBG, FLBG, GA, GBG, GMG, GXIB, HBG, KBG, LBG, NBG, NSBG, SCBG, TBG, WBG, XBG, XMBG, XTBG, ZAFU; ●BJ, CQ, FJ, GD, GX, GZ, HA, HB, HN, JS, JX, SC, SH, SN, TW, YN, ZJ; ★(AS): CN, JP, KH, KR, LA, VN.

台湾杉属 Taiwania

台湾杉 **Taiwania cryptomerioides** Hayata 【N, W/C】 ♣CDBG, FLBG, GA, GBG, GXIB, HBG, IBCAS, KBG, LBG, NBG, SCBG, TBG, WBG, XMBG, XOIG, XTBG, ZAFU; ●BJ, FJ, GD, GX, GZ, HB, JS, JX, SC, TW, YN, ZJ; ★(AS): CN, MM, VN.

水杉属 Metasequoia

水杉 **Metasequoia glyptostroboides** Hu et W. C. Cheng 【N, W/C】 ♣BBG, CBG, CDBG, FBG, FLBG, GA, GBG, GXIB, HBG, IBCAS, KBG, LBG, NBG, NSBG, SCBG, TBG, WBG, XBG, XMBG, XOIG, XTBG, ZAFU; ●BJ, CQ, FJ, GD, GX, GZ, HB, JL, JS, JX, LN, SC, SH, SN, TW, YN, ZJ; ★(AS): CN.

北美红杉属 Sequoia

北美红杉 **Sequoia sempervirens** (D. Don) Endl. 【I, C】 ♣BBG, CBG, CDBG, FLBG, GA, GBG, GXIB, HBG, IBCAS, KBG, LBG, NBG, SCBG, TBG, XMBG, XOIG, ZAFU; ●BJ, FJ, GD, GX, GZ, JS, JX, SC, SH, TW, YN, ZJ; ★(NA): US.

巨杉属 Sequoiadendron

巨杉 **Sequoiadendron giganteum** (Lindl.) J. Buchholz 【I, C】 ♣CBG, HBG, IBCAS; ●BJ, GD, JX, SC, SH, TW, ZJ; ★(NA): US.

柳杉属 Cryptomeria

日本柳杉 **Cryptomeria japonica** (Thunb. ex L. f.) D. Don 【I, C】 ♣BBG, CBG, CDBG, FLBG, GA, GBG, GXIB, HBG, IBCAS, KBG, LBG, NBG, SCBG, TBG, WBG, XBG, XMBG, XTBG, ZAFU; ●BJ, FJ, GD, GX, GZ, HB, JS, JX, SC, SH, SN, TW, YN, ZJ; ★(AS): JP.

柳杉 **Cryptomeria japonica** var. **sinensis** Miq. 【N, W/C】 ♣CBG, CDBG, FBG, GXIB, IBCAS, KBG, LBG, NSBG, SCBG, WBG, XMBG, XTBG; ●BJ, CQ, FJ, GD, GX, HB, JX, SC, SH, YN, ZJ; ★(AS): CN, JP.

水松属 Glyptostrobus

水松 **Glyptostrobus pensilis** (Staunton ex D. Don) K. Koch 【N, W/C】 ♣CBG, CDBG, FBG, FLBG,

GA, GBG, GMG, GXIB, HBG, IBCAS, KBG, LBG, NBG, SCBG, WBG, XLTBG, XMBG, XTBG; ●BJ, FJ, GD, GX, GZ, HB, HI, JS, JX, SC, SH, YN, ZJ; ★(AS): CN, VN.

落羽杉属 Taxodium

落羽杉 **Taxodium distichum** (L.) Rich. 【I, C】 ♣CBG, CDBG, FBG, FLBG, GA, GXIB, HBG, KBG, LBG, NBG, SCBG, TBG, TMNS, WBG, XBG, XMBG, XOIG, XTBG, ZAFU; ●BJ, FJ, GD, GX, HB, HI, JS, JX, SC, SH, SN, TW, YN, ZJ; ★(NA): US.

池杉 **Taxodium distichum** var. **imbricatum** (Nutt.) Croom 【I, C】 ♣CDBG, FBG, FLBG, GA, GBG, GXIB, HBG, KBG, LBG, NBG, NSBG, SCBG, WBG, XBG, XMBG, XOIG, XTBG, ZAFU; ●CQ, FJ, GD, GX, GZ, HB, HI, JS, JX, SC, SN, TW, YN, ZJ; ★(NA): US.

墨西哥落羽杉 **Taxodium mucronatum** Ten. 【I, C】 ♣CDBG, FBG, GA, GXIB, HBG, KBG, NBG, SCBG, TBG, WBG, XBG, XMBG, ZAFU; ●BJ, FJ, GD, GX, HB, JS, JX, SC, SH, SN, TW, YN, ZJ; ★(NA): MX.

南非柏属 Widdringtonia

南非柏 **Widdringtonia nodiflora** (L.) E. Powrie 【I, C】 ●TW; ★(AF): MW, MZ, ZA, ZW.

澳柏属 Callitris

贝利澳柏 **Callitris baileyi** C. T. White 【I, C】 ♣XMBG; ●FJ; ★(OC): AU.

北澳柏 **Callitris columellaris** F. Muell. 【I, C】 ♣GA, SCBG, XMBG, XOIG; ●FJ, GD, JX; ★(OC): AU.

东澳柏（澳洲柏）**Callitris endlicheri** (Parl.) F. M. Bailey 【I, C】 ♣XMBG, XOIG; ●FJ, TW; ★(OC): AU.

南澳柏 **Callitris preissii** Miq. 【I, C】 ●TW; ★(OC): AU, NZ.

澳柏（菱苞澳洲柏）**Callitris rhomboidea** R. Br. ex Rich. et A. Rich. 【I, C】 ♣HBG, TBG, XMBG, XOIG; ●FJ, TW, ZJ; ★(OC): AU.

星鳞柏属 Actinostrobus

沙生星鳞柏 **Actinostrobus arenarius** C. A. Gardner 【I, C】 ♣TBG; ●TW; ★(OC): AU.

星鳞柏 **Actinostrobus pyramidalis** Miq. 【I, C】 ♣TBG; ●TW; ★(OC): AU.

罗汉柏属 Thujopsis

罗汉柏 **Thujopsis dolabrata** (L. f.) Siebold et Zucc. 【I, C】 ♣CBG, CDBG, GA, GBG, GXIB, HBG, KBG, LBG, NBG, SCBG; ●GD, GX, GZ, JS, JX, SC, SH, TW, YN, ZJ; ★(AS): JP.

崖柏属 Thuja

朝鲜崖柏 **Thuja koraiensis** Nakai 【N, W/C】 ♣LBG; ●JL, JX, LN, SC; ★(AS): CN, KR, MN.

北美香柏 **Thuja occidentalis** L. 【I, C】 ♣BBG, CBG, CDBG, FLBG, GA, HBG, IBCAS, KBG, LBG, NBG, SCBG, WBG, XBG, XMBG, ZAFU; ●BJ, FJ, GD, HB, HE, JS, JX, LN, NX, SC, SH, SN, YN, ZJ; ★(NA): CA, US.

北美乔柏 **Thuja plicata** Donn ex D. Don 【I, C】 ♣BBG, CBG, CDBG, GBG, HBG, IBCAS, LBG, NBG, TBG; ●BJ, GZ, JL, JS, JX, SC, SH, TW, ZJ; ★(NA): CA, US.

日本香柏 **Thuja standishii** (Gordon) Carrière 【I, C】 ♣CDBG, GA, GBG, HBG, IBCAS, KBG, LBG, NBG, SCBG; ●BJ, GD, GZ, JS, JX, SC, YN, ZJ; ★(AS): JP.

崖柏 **Thuja sutchuenensis** Franch. 【N, W/C】 ♣BBG, KBG, WBG; ●BJ, CQ, HB, YN; ★(AS): CN.

福建柏属 Fokienia

福建柏 **Fokienia hodginsii** (Dunn) A. Henry et H. H. Thomas 【N, W/C】 ♣CBG, CDBG, FBG, FLBG, GA, GBG, GMG, GXIB, HBG, KBG, LBG, NBG, NSBG, SCBG, WBG, XMBG, XTBG, ZAFU; ●CQ, FJ, GD, GX, GZ, HB, HN, JS, JX, SC, SH, YN, ZJ; ★(AS): CN, LA, VN.

扁柏属 Chamaecyparis

红桧 **Chamaecyparis formosensis** Matsum. 【N, W/C】 ♣FLBG, HBG, KBG, NBG, SCBG, TBG, WBG; ●GD, HB, JS, JX, TW, YN, ZJ; ★(AS): CN.

美国扁柏 **Chamaecyparis lawsoniana** (A. Murray bis) Parl. 【I, C】 ♣BBG, CBG, FLBG, GA, GBG, GXIB, HBG, IBCAS, KBG, LBG, NBG, SCBG, TBG, XOIG; ●BJ, FJ, GD, GX, GZ, HE, JS, JX,

NX, SH, TW, YN, ZJ; ★(NA): US.

日本扁柏 **Chamaecyparis obtusa** (Siebold et Zucc.) Endl. 【I, C】 ♣BBG, CBG, CDBG, FBG, FLBG, GA, GBG, GXIB, HBG, IBCAS, KBG, LBG, NBG, NSBG, SCBG, WBG, XBG, XMBG, XTBG, ZAFU; ●BJ, CQ, FJ, GD, GX, GZ, HB, JS, JX, SC, SH, SN, TW, YN, ZJ; ★(AS): JP.

台湾扁柏 **Chamaecyparis obtusa** var. **formosana** (Hayata) Hayata 【N, W/C】 ♣ZAFU; ●ZJ; ★(AS): CN, JP.

日本花柏 **Chamaecyparis pisifera** (Siebold et Zucc.) Endl. 【I, C】 ♣BBG, CBG, CDBG, FBG, FLBG, GA, GBG, GMG, GXIB, HBG, IBCAS, KBG, LBG, NBG, NSBG, SCBG, WBG, XBG, XMBG, XTBG, ZAFU; ●BJ, CQ, FJ, GD, GX, GZ, HB, JS, JX, LN, NX, SC, SH, SN, TW, YN, ZJ; ★(AS): JP.

尖叶扁柏 **Chamaecyparis thyoides** (L.) Britton, Sterns et Poggenb. 【I, C】 ♣CBG, GA, KBG, LBG, NBG, SCBG, ZAFU; ●GD, JS, JX, SH, TW, YN, ZJ; ★(NA): MX, US.

香漆柏属 Tetraclinis

香漆柏 **Tetraclinis articulata** (Vahl) Mast. 【I, C】 ♣IBCAS; ●BJ; ★(AF): DZ, MA, TN; (EU): ES, MT.

侧柏属 Platycladus

侧柏 **Platycladus orientalis** (L.) Franco 【N, W/C】 ♣BBG, CBG, CDBG, FBG, FLBG, GA, GBG, GMG, GXIB, HBG, HFBG, IBCAS, KBG, LBG, MDBG, NBG, NSBG, SCBG, TBG, TDBG, WBG, XBG, XLTBG, XMBG, XOIG, XTBG, ZAFU; ●BJ, CQ, FJ, GD, GS, GX, GZ, HA, HB, HE, HI, HL, JL, JS, JX, LN, NM, NX, SC, SD, SH, SN, SX, TW, XJ, YN, ZJ; ★(AS): CN, KR, RU-AS.

胡柏属 Microbiota

胡柏 **Microbiota decussata** Kom. 【I, C】 ♣BBG, CBG; ●BJ, SH; ★(AS): RU-AS.

翠柏属 Calocedrus

加州翠柏(北美翠柏) **Calocedrus decurrens** (Torr.) Florin 【I, C】 ♣BBG, CBG, IBCAS; ●BJ, JX, SH, TW; ★(NA): US.

翠柏 **Calocedrus macrolepis** Kurz 【N, W/C】 ♣BBG, CDBG, FLBG, GA, GBG, GXIB, HBG, IBCAS, KBG, SCBG, WBG, XMBG, XTBG, ZAFU; ●BJ, FJ, GD, GX, GZ, HB, HI, JX, SC, TW, YN, ZJ; ★(AS): CN, VN.

台湾翠柏 **Calocedrus macrolepis** var. **formosana** (Florin) W. C. Cheng et L. K. Fu 【N, W/C】 ♣NBG, TBG; ●JS, TW; ★(AS): CN.

美洲柏木属 Hesperocyparis

绿干柏 **Hesperocyparis arizonica** (Greene) Bartel 【I, C】 ♣CBG, CDBG, GA, GXIB, HBG, IBCAS, KBG, LBG, NBG, XMBG, XOIG; ●BJ, FJ, GX, JS, JX, SC, SH, TW, YN, ZJ; ★(NA): US.

内华达绿干柏 **Hesperocyparis arizonica** var. **nevadensis** (Abrams) de Laub. 【I, C】 ♣KBG; ●YN; ★(NA): US.

莫多克柏木 **Hesperocyparis bakeri** (Jeps.) Bartel 【I, C】 ●JX; ★(NA): US.

边沁柏木(边沁美洲柏) **Hesperocyparis benthamii** (Endl.) Bartel 【I, C】 ♣IBCAS; ●BJ; ★(NA): MX.

光滑柏木(光滑绿干柏) **Hesperocyparis glabra** (Sudw.) Bartel 【I, C】 ♣BBG, CBG, NBG, ZAFU; ●BJ, JS, SH, ZJ; ★(NA): US.

加州柏木 **Hesperocyparis goveniana** (Gordon) Bartel 【I, C】 ♣HBG, KBG; ●YN, ZJ; ★(NA): US.

瓜达卢佩柏木 **Hesperocyparis guadalupensis** (S. Watson) Bartel 【I, C】 ♣HBG, IBCAS, NBG; ●BJ, JS, ZJ; ★(NA): MX.

墨西哥柏木 **Hesperocyparis lusitanica** (Mill.) Bartel 【I, C】 ♣CDBG, FBG, GA, HBG, IBCAS, NBG, SCBG, TBG, XMBG; ●BJ, FJ, GD, JS, JX, SC, TW, YN, ZJ; ★(NA): BZ, GT, HN, MX, NI, SV.

大果柏木(蒙特里柏木) **Hesperocyparis macrocarpa** (Hartw. ex Gordon) Bartel 【I, C】 ♣GXIB, HBG, IBCAS, KBG, NBG, SCBG, TBG, XMBG, ZAFU; ●BJ, FJ, GD, GX, JS, TW, YN, ZJ; ★(NA): US.

北美金柏属 Callitropsis

柏木 **Callitropsis funebris** (Endl.) de Laub. et Husby 【N, W/C】 ♣CBG, CDBG, FBG, FLBG, GA, GBG, GMG, GXIB, HBG, KBG, LBG, NBG, NSBG, WBG, XMBG, XOIG, XTBG, ZAFU; ●BJ, CQ, FJ, GD, GX, GZ, HB, HI, JS, JX, SC, SH, YN,

ZJ; ★(AS): CN, MM.

北美金柏（黄柏木）**Callitropsis nootkatensis** (D. Don) Florin 【I, C】 ♣CBG, IBCAS, NBG; ●BJ, JS, JX, SH; ★(NA): CA, US.

金柏属 Xanthocyparis

金柏（越南黄金柏）**Xanthocyparis vietnamensis** Farjon et T. H. Nguyên 【I, C】 ♣KBG; ●YN; ★(AS): VN.

柏木属 Cupressus

*莱兰杂扁柏 **Cupressus × leylandii** Hort. 【I, C】 ♣BBG, CBG; ●BJ, NX, SH, ZJ; ★(OC): AU.

不丹柏木（藏柏）**Cupressus cashmeriana** Royle ex Carrière【N, W/C】♣HBG, NBG, TBG; ●JS, TW, ZJ; ★(AS): CN.

岷江柏木 **Cupressus chengiana** S. Y. Hu 【N, W/C】♣CDBG, FLBG, KBG, SCBG, WBG; ●GD, HB, JX, SC, YN; ★(AS): CN.

干香柏 **Cupressus duclouxiana** B. Hickel 【N, W/C】 ♣CDBG, FBG, GA, GBG, GXIB, HBG, KBG, NBG, SCBG, XMBG, XOIG; ●FJ, GD, GX, GZ, JS, JX, SC, YN, ZJ; ★(AS): CN, JP, MM.

巨柏 **Cupressus gigantea** Cheng et L. K. Fu 【N, W/C】 ♣IBCAS, SCBG; ●BJ, GD, SC, YN; ★(AS): CN.

地中海柏木 **Cupressus sempervirens** L. 【I, C】 ♣CBG, CDBG, GBG, HBG, IBCAS, KBG, LBG, NBG, TBG; ●BJ, GZ, JS, JX, SC, SH, TW, YN, ZJ; ★(AF): EG, LY; (AS): CY, IL, IR, JO, LB, SY, TR; (EU): AL, GR, IT, MT.

柱形地中海柏木 **Cupressus sempervirens** var. **stricta** Aiton 【I, C】 ♣NBG; ●JS; ★(AF): EG, LY; (AS): CY, IL, IR, JO, LB, SY, TR; (EU): AL, GR, IT, MT.

西藏柏木 **Cupressus torulosa** D. Don 【N, W/C】 ♣CDBG, FLBG, GA, GBG, GXIB, HBG, IBCAS, KBG, NBG, SCBG, TBG, XTBG; ●BJ, GD, GX, GZ, HE, JS, JX, SC, TW, YN, ZJ; ★(AS): CN.

刺柏属 Juniperus

古金色杂交柏 **Juniperus × pfitzeriana** Hort. 【I, C】 ♣BBG, CBG, IBCAS; ●BJ, SH; ★(NA): US.

北美沙地柏（阿斯赫刺柏）**Juniperus ashei** J. Buchholz【I, C】♣BBG; ●BJ; ★(NA): MX, US.

圆柏 **Juniperus chinensis** L. 【N, W/C】 ♣BBG, CBG, CDBG, FBG, FLBG, GA, GBG, GMG, GXIB, HBG, HFBG, IBCAS, KBG, LBG, MDBG, NBG, NSBG, SCBG, TBG, TDBG, TMNS, WBG, XBG, XLTBG, XMBG, XOIG, XTBG, ZAFU; ●BJ, CQ, FJ, GD, GS, GX, GZ, HB, HI, HL, JL, JS, JX, LN, NM, SC, SD, SH, SN, TW, XJ, YN, ZJ; ★(AS): CN, JP, KR, MN, RU-AS.

欧洲刺柏 **Juniperus communis** L. 【I, C】 ♣BBG, CBG, CDBG, GA, GXIB, HBG, HFBG, IBCAS, LBG, NBG, TDBG, XBG; ●BJ, GX, HL, JS, JX, SC, SH, SN, TW, XJ, ZJ; ★(EU): BA, BG, GR, HR, ME, MK, RS, RU, SI.

西伯利亚刺柏 **Juniperus communis** var. **saxatilis** Pall.【N, W/C】♣BBG, HFBG, IBCAS; ●BJ, HL, ZJ; ★(AS): AF, BT, CN, ID, IN, LK, MM, NP, PK.

鳄皮圆柏 **Juniperus deppeana** Steud.【I, C】●TW; ★(NA): MX, US.

希腊圆柏（洒银柏）**Juniperus excelsa** M. Bieb. 【I, C】 ♣GA; ●JX; ★(EU): AL, BA, GR, HR, ME, MK, RS, RU, SI.

臭柏（臭圆柏）**Juniperus foetidissima** Willd.【I, C】♣IBCAS; ●BJ; ★(AS): AM, AZ, GE, IR, LB, SY, TM, TR; (EU): AL, GR, MK, UA.

刺柏 **Juniperus formosana** Hayata 【N, W/C】 ♣CDBG, GBG, HBG, IBCAS, KBG, LBG, MDBG, NBG, NSBG, WBG, XMBG, ZAFU; ●BJ, CQ, FJ, GS, GZ, HB, JL, JS, JX, SC, SN, XJ, YN, ZJ; ★(AS): CN.

昆明柏 **Juniperus gaussenii** W. C. Cheng 【N, W/C】 ♣FLBG, KBG, SCBG, WBG; ●GD, HB, JX, YN; ★(AS): CN.

平枝圆柏 **Juniperus horizontalis** Moench 【I, C】 ♣BBG, CBG, IBCAS; ●BJ, GD, HE, NX, SH, TJ; ★(NA): US.

滇藏方枝柏 **Juniperus indica** Bertol. 【N, W/C】 ♣KBG; ●YN; ★(AS): BT, CN, NP.

塔枝圆柏 **Juniperus komarovii** Florin 【N, W/C】 ♣BBG, CDBG, FLBG, ZAFU; ●BJ, GD, JX, LN, SC, YN, ZJ; ★(AS): CN.

小子圆柏 **Juniperus microsperma** (Cheng et L. K. Fu) R. P. Adams 【N, W/C】 ★(AS): CN.

单子圆柏 **Juniperus monosperma** (Engelm.) Sarg.【I, C】 ♣GA; ●BJ, JX; ★(NA): US.

美洲刺柏（西美圆柏）**Juniperus occidentalis** Hook.【I, C】 ●TW; ★(NA): US.

尖叶刺柏（刺桧）**Juniperus oxycedrus** L. 【I, C】 ♣HBG, IBCAS, NBG; ●BJ, JS, ZJ; ★(AF): MA;

(AS): IL, IR, LB; (EU): FR, PT.

*腓尼基刺柏(红果圆柏)**Juniperus phoenicea** L.【I, C】 ♣FLBG, TBG; ●GD, JX, TW; ★(AF): EG, MA; (AS): IL, JO, LB, SA, TR; (EU): IT, PT.

红子刺柏(红果圆柏)**Juniperus pinchotii** Sudw.【I, C】 ♣BBG, KBG; ●BJ, YN; ★(NA): US.

垂枝香柏 **Juniperus pingii** W. C. Cheng ex Ferré【N, W/C】 ♣BBG, FLBG, KBG; ●BJ, GD, JX, YN; ★(AS): CN.

香柏 **Juniperus pingii** var. **wilsonii** (Rehder) Silba【N, W/C】♣CBG, KBG, SCBG, WBG; ●GD, HB, JL, SC, SH, YN; ★(AS): CN.

铺地柏 **Juniperus procumbens** (Siebold ex Endl.) Miq.【I, C】 ♣BBG, CBG, CDBG, FBG, FLBG, GA, GXIB, HBG, HFBG, IBCAS, KBG, LBG, NBG, NSBG, SCBG, WBG, XMBG, ZAFU; ●BJ, CQ, FJ, GD, GX, HB, HL, JS, JX, LN, SC, SH, TW, XJ, YN, ZJ; ★(AS): JP.

祁连圆柏 **Juniperus przewalskii** Kom.【N, W/C】 ♣IBCAS, MDBG, TDBG; ●BJ, GS, LN, QH, SC, XJ, YN; ★(AS): CN.

新疆方枝柏(昆仑方枝柏)**Juniperus pseudosabina** Fisch. et C. A. Mey.【N, W/C】 ♣BBG; ●BJ, XJ; ★(AS): AF, CN, KG, KZ, PK, TJ, UZ.

垂枝柏 **Juniperus recurva** Buch.-Ham. ex D. Don【N, W/C】 ●YN; ★(AS): BT, CN, IN, MM.

小果垂枝柏 **Juniperus recurva** var. **coxii** (A. B. Jacks.) Melville【N, W/C】♣KBG; ●YN; ★(AS): CN, JP, KP, KR, MN, RU-AS.

杜松 **Juniperus rigida** Siebold et Zucc.【N, W/C】 ♣BBG, CDBG, FBG, HBG, HFBG, IBCAS, LBG, MDBG, NBG, XMBG; ●BJ, FJ, GS, HE, HL, JS, JX, LN, NM, NX, SC, SN, SX, TW, XJ, ZJ; ★(AS): CN, JP, KR.

海滨刺柏 **Juniperus rigida** var. **conferta** (Parl.) Patschke【I, C】 ♣CBG; ●SH, SN; ★(AS): JP.

叉子圆柏 **Juniperus sabina** L.【N, W/C】 ♣BBG, CBG, IBCAS, MDBG, XBG; ●BJ, GD, GS, LN, NM, NX, SH, SN, XJ, YN; ★(AS): AM, AZ, BH, CN, GE, IL, IQ, IR, JO, KG, KW, KZ, LB, MN, PS, QA, RU-AS, SA, SY, TJ, TM, TR, UZ, YE; (EU): AD, AL, BA, BG, ES, GR, HR, IT, ME, MK, PT, RO, RS, SI, SM, VA.

沙柏 **Juniperus sabina** var. **arenaria** (E. H. Wilson) Farjon【N, W/C】 ♣MDBG; ●GS; ★(AS): CN, KP, KR.

兴安圆柏 **Juniperus sabina** var. **davurica** (Pall.) Farjon【N, W/C】 ♣BBG, HFBG; ●BJ, HL, LN; ★(AS): CN, KR, MN, RU-AS.

岩生圆柏(落基山圆柏)**Juniperus scopulorum** Sarg.【I, C】♣BBG, CBG, GA, IBCAS, XOIG; ●BJ, FJ, HB, JX, NM, QH, SH, TW; ★(NA): CA, US.

昆仑多子柏 **Juniperus semiglobosa** Regel【N, W/C】●BJ, LN, NX, SH; ★(AS): CN, IN, JP, KP, KR, MN, RU-AS.

高山柏 **Juniperus squamata** Buch.-Ham. ex D. Don【N, W/C】♣BBG, CBG, FBG, FLBG, HBG, IBCAS, KBG, LBG, NBG, SCBG, WBG; ●BJ, FJ, GD, HB, HE, JS, JX, LN, NX, SH, YN, ZJ; ★(AS): CN.

长叶高山柏 **Juniperus squamata** var. **fargesii** Rehder et E. H. Wilson【N, W/C】 ♣XBG; ●SN; ★(AS): CN.

北美圆柏 **Juniperus virginiana** L.【I, C】 ♣BBG, CBG, CDBG, FLBG, GA, GXIB, HBG, IBCAS, KBG, NBG, XMBG, ZAFU; ●BJ, FJ, GD, GX, JS, JX, LN, NM, SC, SD, SH, TW, YN, ZJ; ★(NA): CA, MX, US.

南方北美圆柏 **Juniperus virginiana** var. **silicicola** (Small) A. E. Murray【I, C】 ●BJ; ★(NA): MX, US.

12. 红豆杉科 TAXACEAE

白豆杉属 Pseudotaxus

白豆杉 **Pseudotaxus chienii** (W. C. Cheng) W. C. Cheng【N, W/C】 ♣GA, GXIB, HBG, IBCAS, KBG, LBG, NBG, SCBG, WBG; ●BJ, GD, GX, HB, HN, JS, JX, TW, YN, ZJ; ★(AS): CN.

红豆杉属 Taxus

杂种红豆杉 **Taxus × media** Rehder【I, C】♣BBG, CBG, WBG, ZAFU; ●BJ, HB, JS, JX, SC, SD, SH, SN, ZJ; ★(EU): GB.

欧洲红豆杉 **Taxus baccata** L.【I, C】 ♣IBCAS, KBG; ●BJ, YN; ★(AF): DZ, MA; (AS): AM, AZ, BH, CY, GE, IL, IQ, IR, JO, KW, LB, PS, QA, SA, SY, TR, YE; (EU): AD, AL, AT, BA, BE, BG, BY, CH, CZ, DE, ES, FR, GB, GR, HR, HU, IT, LU, MC, ME, MK, NL, PL, PT, RO, RS, RU, SI, SK, SM, UA, VA.

短叶红豆杉(美国红豆杉)**Taxus brevifolia** Nutt.【I, C】 ♣LBG; ●JX; ★(NA): CA, US.

加拿大红豆杉 **Taxus canadensis** Marshall【I, C】●JL; ★(NA): CA, US.

密叶红豆杉 **Taxus contorta** Griff. 【N, W/C】 ♣KBG, WBG, XTBG; ●HB, SC, YN; ★(AS): CN, IN, NP, PK.

东北红豆杉 **Taxus cuspidata** Siebold et Zucc. 【N, W/C】 ♣BBG, CBG, FBG, GXIB, HBG, HFBG, IBCAS, KBG, LBG, NBG, WBG, ZAFU; ●BJ, FJ, GX, HB, HL, JS, JX, LN, SC, SH, TW, YN, ZJ; ★(AS): CN, JP, KP, KR, MN, RU-AS.

矮紫杉 **Taxus cuspidata** var. **nana** Rehder 【I, C】 ♣IBCAS; ●BJ; ★(AS): JP.

喜马拉雅红豆杉（西藏红豆杉）**Taxus wallichiana** Zucc. 【N, W/C】 ♣GA, KBG, SCBG, WBG, XTBG; ●GD, HB, JX, SC, YN; ★(AS): BT, CN, ID, IN, LA, LK, MM, VN.

红豆杉 **Taxus wallichiana** var. **chinensis** (Pilg.) Florin 【N, W/C】 ♣CBG, CDBG, FBG, FLBG, GBG, HBG, IBCAS, KBG, LBG, NBG, NSBG, SCBG, WBG, XBG, XTBG; ●AH, BJ, CQ, FJ, GD, GZ, HB, JS, JX, LN, SC, SH, SN, TW, YN, ZJ; ★(AS): CN, VN.

南方红豆杉 **Taxus wallichiana** var. **mairei** (Lemée et H. Lév.) L. K. Fu et Nan Li 【N, W/C】 ♣CBG, CDBG, FBG, GA, GBG, GXIB, HBG, KBG, LBG, NBG, NSBG, SCBG, WBG, XLTBG, XMBG, ZAFU; ●CQ, FJ, GD, GX, GZ, HB, HI, JS, JX, SC, SH, TW, YN, ZJ; ★(AS): CN, IN, LA, MM, MY, PH, VN.

三尖杉属 Cephalotaxus

三尖杉 **Cephalotaxus fortunei** Hook. 【N, W/C】 ♣CBG, CDBG, FBG, FLBG, GA, GBG, GMG, GXIB, HBG, IBCAS, KBG, LBG, NBG, SCBG, WBG, XMBG, ZAFU; ●BJ, FJ, GD, GX, GZ, HB, HI, JS, JX, SC, SH, TW, YN, ZJ; ★(AS): CN, MM.

高山三尖杉 **Cephalotaxus fortunei** var. **alpina** H. L. Li 【N, W/C】 ♣KBG; ●YN; ★(AS): CN.

日本粗榧 **Cephalotaxus harringtonia** (Knight ex J. Forbes) K. Koch 【I, C】 ♣BBG, CBG, CDBG, HBG, IBCAS, KBG, NBG; ●AH, BJ, HE, JS, JX, LN, SC, SH, YN, ZJ; ★(AS): JP.

柱冠日本粗榧 **Cephalotaxus harringtonia** subsp. **drupacea** (Siebold et Zucc.) Silba 【I, C】 ♣CBG, HBG, KBG; ●SH, TW, YN, ZJ; ★(AS): JP.

矮生日本粗榧 **Cephalotaxus harringtonia** var. **nana** (Nakai) Rehder 【I, C】 ♣KBG; ●YN; ★(AS): JP.

贡山三尖杉 **Cephalotaxus lanceolata** K. M. Feng ex C. Y. Cheng, W. C. Cheng et L. K. Fu 【N, W/C】 ♣KBG; ●YN; ★(AS): CN, MM.

西双版纳粗榧 **Cephalotaxus mannii** E. Pritz. ex Diels 【N, W/C】 ♣GXIB, HBG, KBG, SCBG, XLTBG, XMBG, XTBG; ●FJ, GD, GX, HI, YN, ZJ; ★(AS): CN, ID, IN, LA, MM, TH, VN.

篦子三尖杉 **Cephalotaxus oliveri** Mast. 【N, W/C】 ♣CBG, CDBG, FBG, FLBG, GA, GBG, GXIB, IBCAS, KBG, SCBG, WBG; ●BJ, FJ, GD, GX, GZ, HB, JX, SC, SH, TW, YN; ★(AS): CN, LA.

粗榧 **Cephalotaxus sinensis** (Rehder et E. H. Wilson) H. L. Li 【N, W/C】 ♣BBG, CBG, CDBG, FBG, FLBG, GBG, GMG, GXIB, HBG, IBCAS, KBG, LBG, NBG, SCBG, WBG, XBG, XLTBG, XMBG, XTBG, ZAFU; ●BJ, FJ, GD, GX, GZ, HB, HI, JS, JX, LN, SC, SH, SN, TW, YN, ZJ; ★(AS): CN.

穗花杉属 Amentotaxus

穗花杉 **Amentotaxus argotaenia** (Hance) Pilg. 【N, W/C】 ♣CDBG, FBG, FLBG, GA, GBG, GMG, GXIB, HBG, IBCAS, KBG, LBG, NBG, SCBG, WBG; ●BJ, FJ, GD, GX, GZ, HB, JS, JX, SC, TW, YN, ZJ; ★(AS): CN, LA, VN.

云南穗花杉 **Amentotaxus yunnanensis** H. L. Li 【N, W/C】 ♣FLBG, GXIB, KBG, SCBG, WBG, XTBG; ●GD, GX, HB, JX, SC, YN; ★(AS): CN, LA, VN.

榧属 Torreya

巴山榧树 **Torreya fargesii** Franch. 【N, W/C】 ♣CBG, FBG, KBG, WBG; ●FJ, HB, SC, SH, YN; ★(AS): CN.

云南榧树 **Torreya fargesii** var. **yunnanensis** (W. C. Cheng et L. K. Fu) N. Kang 【N, W/C】 ♣FLBG, KBG, SCBG; ●GD, JX, YN; ★(AS): CN.

榧树 **Torreya grandis** Fortune ex Lindl. 【N, W/C】 ♣CBG, CDBG, FBG, FLBG, GA, GBG, GXIB, HBG, KBG, LBG, NBG, SCBG, WBG, XMBG, ZAFU; ●FJ, GD, GX, GZ, HB, JS, JX, SC, SH, YN, ZJ; ★(AS): CN, JP.

长叶榧树 **Torreya jackii** Chun 【N, W/C】 ♣FBG, GXIB, HBG, KBG, NBG; ●FJ, GX, JS, YN, ZJ; ★(AS): CN.

日本榧树 **Torreya nucifera** (L.) Siebold et Zucc. 【I, C】 ♣IBCAS, KBG, LBG; ●BJ, JX, YN; ★(AS): JP.

美洲榧树（佛罗里达榧树）**Torreya taxifolia** Arn. 【I, C】 ★(NA): US.

被子植物　ANGIOSPERMS

1. 莼菜科　CABOMBACEAE

水盾草属　Cabomba

水盾草 **Cabomba caroliniana** A. Gray 【I, C/N】 ♣SCBG, TMNS, WBG; ●BJ, GD, HB, TW; ★(NA): US.

紫菊花草 **Cabomba caroliniana** var. **pulcherrima** R. M. Harper 【I, C】 ★(NA): US.

红菊花草（红花穗莼）**Cabomba furcata** Schult. et Schult. f. 【I, C】 ♣SCBG, WBG; ●GD, HB; ★(NA): BM, CU, PR, US.

红金鱼草 **Cabomba haynesii** Wiersema 【I, C】 ★(NA): BM, CU, PR, US.

莼菜属　Brasenia

莼菜 **Brasenia schreberi** J. F. Gmel. 【N, W/C】 ♣FLBG, HBG, LBG, NBG, TMNS, WBG, XMBG, XTBG; ●FJ, GD, HB, JS, JX, SC, TW, YN, ZJ; ★(AF): AO, ZA; (AS): CN, ID, IN, JP, KP, KR, MN, RU-AS; (OC): AU, PAF.

2. 睡莲科　NYMPHAEACEAE

萍蓬草属　Nuphar

北美萍蓬草（美国萍蓬草）**Nuphar advena** R. Br. 【I, C】 ★(NA): US.

日本萍蓬草 **Nuphar japonica** DC. 【I, C】 ♣IBCAS, SCBG, TMNS, WBG; ●BJ, GD, HB, TW; ★(AS): JP, KR.

欧亚萍蓬草 **Nuphar lutea** (L.) Sm. 【N, W/C】 ♣BBG, IBCAS, KBG, WBG; ●BJ, HB, TW, YN; ★(AS): AM, AZ, BH, CN, CY, GE, IL, IQ, IR, JO, KW, LB, PS, QA, SA, SY, TR, YE; (EU): AD, AL, BA, BE, BG, ES, FR, GB, GR, HR, IT, LU, MC, MK, NL, PT, RO, SI, SM, VA.

美洲萍蓬草 **Nuphar lutea** subsp. **advena** (Aiton) Kartesz et Gandhi 【I, C】 ♣IBCAS; ●BJ; ★(NA): US.

*红柱萍蓬草 **Nuphar lutea** subsp. **rubrodisca** (Morong) Hellq. et Wiersema 【I, C】 ★(NA): US.

箭叶萍蓬草 **Nuphar lutea** subsp. **sagittifolia** (Walter) E. O. Beal 【I, C】 ♣IBCAS, WBG; ●BJ, HB; ★(NA): US.

萍蓬草 **Nuphar pumila** (Timm) DC. 【N, W/C】 ♣BBG, FLBG, GXIB, HBG, HFBG, IBCAS, KBG, LBG, NBG, SCBG, TBG, TMNS, WBG, XMBG, XTBG, ZAFU; ●BJ, FJ, GD, GX, HB, HE, HL, JL, JS, JX, SC, TW, YN, ZJ; ★(AS): CN, GE, JP, KP, KR, MN, RU-AS; (EU): BA, BE, CZ, DE, FI, GB, HR, ME, MK, NO, PL, RS, RU, SI.

中华萍蓬草 **Nuphar pumila** subsp. **sinensis** (Hand.-Mazz.) Padgett 【N, W/C】 ♣IBCAS, SCBG, WBG; ●BJ, GD, HB; ★(AS): CN.

合瓣莲属　Barclaya

长叶合瓣莲（红海带）**Barclaya longifolia** Wall. 【I, C】 ♣WBG; ●HB; ★(AS): LA, MM, MY.

婆罗洲合瓣莲（紫蝶）**Barclaya motleyi** Hook. f. 【I, C】 ★(AS): MY.

芡属　Euryale

芡实 **Euryale ferox** Salisb. 【N, W/C】 ♣BBG, FLBG, HBG, HFBG, IBCAS, LBG, NBG, SCBG, WBG, XMBG, ZAFU; ●AH, BJ, FJ, GD, HB, HL, HN, JS, JX, SC, SD, ZJ; ★(AS): CN, ID, IN, JP, KP, KR, MM, MN, RU-AS.

王莲属　Victoria

王莲（亚马孙王莲）**Victoria amazonica** (Poepp.) J. C. Sowerby 【I, C】 ♣FBG, FLBG, HBG, KBG, NBG, SCBG, XMBG, XOIG, XTBG; ●FJ, GD, JS, JX, TW, YN, ZJ; ★(SA): BO, BR, GY, PE.

克鲁兹王莲 **Victoria cruziana** A. D. Orb. 【I, C】 ♣FLBG, IBCAS, KBG, NBG, SCBG, TBG, WBG, XMBG; ●BJ, FJ, GD, HB, JS, JX, TW, YN; ★(SA): AR, PY.

睡莲属 Nymphaea

白睡莲 **Nymphaea alba** L. 【I, C】 ♣BBG, FBG, FLBG, HBG, IBCAS, KBG, NBG, SCBG, WBG, XMBG, XTBG, ZAFU; ●BJ, FJ, GD, HB, JS, JX, SC, YN, ZJ; ★(AF): DZ, EG, LY, MA, TN; (EU): AL, BA, ES, FR, GR, HR, IT, MC, ME, MK, RS, SI.

红睡莲 **Nymphaea alba** var. **rubra** Lonnr. 【I, C】 ♣BBG, FBG, FLBG, HBG, IBCAS, KBG, SCBG, WBG, XMBG, XTBG, ZAFU; ●BJ, FJ, GD, HB, JX, SC, YN, ZJ; ★(AF): DZ, EG, LY, MA, TN; (EU): AL, BA, ES, FR, GR, HR, IT, MC, ME, MK, RS, SI.

大睡莲 **Nymphaea ampla** (Salisb.) DC. 【I, C】 ●BJ; ★(NA): BZ, CR, CU, DO, GT, HN, HT, JM, MX, NI, PA, PR, SV, VG; (SA): BR, GY, PE, VE.

雪白睡莲 **Nymphaea candida** C. Presl 【N, W/C】 ♣BBG, IBCAS, SCBG, WBG; ●BJ, GD, HB, XJ; ★(AS): CN, CY, GE, KZ, MN, RU-AS; (EU): AT, BA, CZ, DE, ES, FI, HR, ME, MK, NO, PL, RO, RS, RU, SI.

非洲睡莲 **Nymphaea capensis** Thunb. 【I, C】 ♣FLBG, SCBG, WBG, XMBG; ●FJ, GD, HB, JX; ★(AF): ZA.

袖珍睡莲 **Nymphaea colorata** Peter 【I, C】 ♣TBG; ●TW; ★(AF): TZ.

*美洲睡莲 **Nymphaea elegans** Hook. 【I, C】 ●BJ; ★(NA): US.

巨睡莲 **Nymphaea gigantea** Hook. 【I, C】 ●TW; ★(OC): AU.

细瓣睡莲(美威丽)**Nymphaea gracilis** Zucc. 【I, C】 ♣WBG; ●HB; ★(NA): MX.

齿叶睡莲 **Nymphaea lotus** L. 【N, W/C】 ♣CBG, FLBG, IBCAS, SCBG, TBG, WBG, XMBG, XTBG; ●BJ, FJ, GD, HB, JX, SH, TW, YN; ★(AF): BI, DJ, EG, ER, ET, KE, RW, SC, SD, SO, TZ, UG; (AS): CN, ID, IN, LK, MM, PH, PK, TH, VN.

柔毛齿叶睡莲 **Nymphaea lotus** var. **pubescens** (Willd.) Hook. f. et Thomson 【N, W/C】 ♣FLBG, KBG, WBG, XMBG; ●FJ, GD, HB, JX, TW, YN; ★(AS): CN, ID, IN, LK, MM, PH, PK, TH, VN.

黄睡莲 **Nymphaea mexicana** Zucc. 【I, C】 ♣FLBG, HBG, IBCAS, KBG, NBG, SCBG, TBG, WBG, XMBG, XTBG; ●BJ, FJ, GD, HB, JS, JX, SC, TW, YN, ZJ; ★(NA): MX.

延药睡莲 **Nymphaea nouchali** Burm. f. 【N, W/C】 ♣IBCAS, SCBG, TMNS, WBG; ●BJ, GD, HB, TW; ★(AS): AF, CN, ID, IN, LK, MM, NP, PH, PK, TH, VN; (OC): AU, PAF.

蓝睡莲 **Nymphaea nouchali** var. **caerulea** (Savigny) Verdc. 【I, C】 ♣FLBG, IBCAS, TBG, WBG; ●BJ, GD, HB, HI, JX, TW, YN; ★(AF): EG.

香睡莲 **Nymphaea odorata** Aiton 【I, C】 ♣CBG, FLBG, HBG, IBCAS, SCBG, TBG, WBG, XMBG, XTBG; ●BJ, FJ, GD, HB, JX, SC, SH, TW, YN, ZJ; ★(NA): CA, MX, US.

红香睡莲 **Nymphaea odorata** subsp. **tuberosa** (Paine) Wiersema et Hellq. 【I, C】 ♣IBCAS, SCBG, WBG; ●BJ, GD, HB; ★(NA): US.

睡莲 **Nymphaea tetragona** Georgi 【N, W/C】 ♣BBG, GBG, GXIB, HBG, HFBG, IBCAS, KBG, NSBG, SCBG, WBG, XBG, XLTBG, XMBG, XOIG, XTBG, ZAFU; ●BJ, CQ, FJ, GD, GX, GZ, HB, HI, HL, SC, SN, YN, ZJ; ★(AS): CN, CY, ID, IN, JP, KP, KR, KZ, MM, MN, RU-AS, VN; (EU): AD, AL, AT, BA, BE, BG, BY, CH, CZ, DE, DK, ES, FI, FR, GB, GR, HR, HU, IS, IT, LU, MC, ME, MK, NL, NO, PL, PT, RO, RS, RU, SE, SI, SK, SM, UA, VA; (NA): CA, US.

斑荷根 **Nymphaea zenkeri** Gilg 【I, C】 ★(AF): CM.

3. 五味子科 SCHISANDRACEAE

八角属 Illicium

大屿八角 **Illicium angustisepalum** A. C. Sm. 【N, W/C】 ♣SCBG; ●GD; ★(AS): CN.

日本八角 **Illicium anisatum** Gaertn. 【N, W/C】 ♣HBG, KBG; ●TW, YN, ZJ; ★(AS): CN, JP, KR, PH.

台湾八角 **Illicium arborescens** Hayata 【N, W/C】 ♣TBG, TMNS; ●TW; ★(AS): CN.

短柱八角 **Illicium brevistylum** A. C. Sm. 【N, W/C】 ♣WBG; ●HB, SC; ★(AS): CN.

中缅八角 **Illicium burmanicum** E. H. Wilson 【N, W/C】 ♣WBG; ●HB; ★(AS): CN, ID, MM.

地枫皮 **Illicium difengpi** B. N. Chang 【N, W/C】 ♣GXIB, SCBG, XTBG; ●GD, GX, YN; ★(AS): CN.

红花八角 **Illicium dunnianum** Tutcher 【N, W/C】 ♣GXIB, SCBG, WBG; ●GD, GX, HB, SC; ★(AS): CN.

多花八角 **Illicium floridanum** J. Ellis 【I, C】 ♣BBG, KBG; ●BJ, YN; ★(NA): US.

红茴香（莽草）**Illicium henryi** Diels 【N, W/C】

♣CBG, FBG, GA, GBG, LBG, NBG, WBG, XMBG; ●AH, FJ, GX, GZ, HA, HB, HN, JS, JX, SC, SH, SN, YN; ★(AS): CN.

假地枫皮 **Illicium jiadifengpi** B. N. Chang 【N, W/C】♣HBG, LBG, WBG; ●HB, JX, ZJ; ★(AS): CN.

红毒茴 **Illicium lanceolatum** A. C. Sm. 【N, W/C】♣BBG, CBG, CDBG, FBG, GA, GXIB, HBG, KBG, LBG, NBG, SCBG, WBG, ZAFU; ●BJ, FJ, GD, GX, HB, JS, JX, SC, SH, YN, ZJ; ★(AS): CN.

大花八角 **Illicium macranthum** A. C. Sm. 【N, W/C】 ♣KBG; ●YN; ★(AS): CN.

大八角（匙叶八角）**Illicium majus** Hook. f. et Thomson 【N, W/C】 ♣CDBG, GXIB, KBG, SCBG, WBG; ●GD, GX, HB, SC, YN; ★(AS): CN, MM, VN.

滇西八角 **Illicium merrillianum** A. C. Sm. 【N, W/C】 ♣XTBG; ●YN; ★(AS): CN, MM.

小花八角 **Illicium micranthum** Dunn 【N, W/C】♣CBG, FBG, GA, XTBG; ●FJ, JX, SC, SH, YN; ★(AS): CN.

滇南八角 **Illicium modestum** A. C. Sm. 【N, W/C】♣GXIB, XTBG; ●GX, YN; ★(AS): CN.

野八角（川茴香）**Illicium simonsii** Maxim. 【N, W/C】 ♣FBG, KBG, XTBG; ●FJ, SC, YN; ★(AS): CN, ID, IN, MM.

灰木叶八角 **Illicium symplocifolium** How 【N, W/C】 ♣GXIB; ●GX; ★(AS): CN.

峦大八角 **Illicium tashiroi** Maxim. 【N, W/C】●TW; ★(AS): CN, JP.

厚皮香八角 **Illicium ternstroemioides** A. C. Sm. 【N, W/C】 ♣FLBG; ●GD, JX, SC; ★(AS): CN, VN.

粤中八角 **Illicium tsangii** A. C. Sm. 【N, W/C】♣SCBG; ●GD; ★(AS): CN.

八角 **Illicium verum** Hook. f. 【N, W/C】 ♣BBG, CDBG, FBG, GA, GMG, GXIB, HBG, KBG, NBG, SCBG, WBG, XMBG; ●BJ, FJ, GD, GX, HB, JS, JX, SC, TW, YN, ZJ; ★(AS): CN, LA, VN.

冷饭藤属 Kadsura

黑老虎 **Kadsura coccinea** (Lem.) A. C. Sm. 【N, W/C】 ♣CDBG, FBG, FLBG, GA, GBG, GMG, GXIB, HBG, LBG, SCBG, WBG, XMBG, XTBG; ●FJ, GD, GX, GZ, HB, JX, SC, TW, YN, ZJ; ★(AS): CN, IN, LA, MM, VN.

异形南五味子（多子南五味子）**Kadsura heteroclita** (Roxb.) Craib 【N, W/C】 ♣FLBG, GMG, GXIB, SCBG, WBG, XTBG; ●GD, GX, HB, JX, SC, YN; ★(AS): BT, CN, ID, IN, LA, LK, MM, MY, PH, TH, VN.

日本南五味子 **Kadsura japonica** (L.) Dunal 【N, W/C】 ♣CBG, HBG, KBG, NBG, TMNS, ZAFU; ●JS, SH, TW, YN, ZJ; ★(AS): CN, JP, KP, KR, PH.

南五味子 **Kadsura longipedunculata** Finet et Gagnep. 【N, W/C】♣CBG, CDBG, FBG, FLBG, GA, GMG, GXIB, HBG, LBG, NBG, SCBG, WBG, XMBG, XTBG; ●FJ, GD, GX, HB, JS, JX, SC, SH, YN, ZJ; ★(AS): CN.

冷饭藤 **Kadsura oblongifolia** Merr. 【N, W/C】♣CBG, GMG, SCBG, XTBG; ●GD, GX, SH, YN; ★(AS): CN, VN.

五味子属 Schisandra

绿叶五味子 **Schisandra arisanensis** subsp. **viridis** (A. C. Sm.) R. M. K. Saunders 【N, W/C】♣SCBG; ●GD; ★(AS): CN.

二色五味子 **Schisandra bicolor** W. C. Cheng 【N, W/C】 ♣HBG; ●ZJ; ★(AS): CN.

五味子 **Schisandra chinensis** (Turcz.) Baill. 【N, W/C】 ♣BBG, CBG, CDBG, GA, GBG, GXIB, HBG, HFBG, IAE, IBCAS, LBG, NBG, SCBG, WBG; ●BJ, GD, GX, GZ, HB, HL, JL, JS, JX, LN, SC, SH, TW, YN, ZJ; ★(AS): CN, JP, KP, KR, MN, RU-AS.

东亚五味子 **Schisandra elongata** (Blume) Baill. 【N, W/C】♣ZAFU; ●ZJ; ★(AS): BT, CN, ID, IN, LA, LK, MM, NP, VN.

金山五味子 **Schisandra glaucescens** Diels 【N, W/C】 ♣CBG, WBG; ●HB, SH; ★(AS): CN.

大花五味子 **Schisandra grandiflora** (Wall.) Hook. f. et Thomson 【N, W/C】♣WBG; ●HB; ★(AS): BT, CN, ID, IN, LK, MM, NP.

翼梗五味子 **Schisandra henryi** C. B. Clarke 【N, W/C】 ♣CBG, GXIB, HBG, KBG, LBG, SCBG, WBG, XTBG; ●GD, GX, HB, JX, SC, SH, YN, ZJ; ★(AS): CN, VN.

滇五味子 **Schisandra henryi** subsp. **yunnanensis** (A. C. Sm.) R. M. K. Saunders 【N, W/C】♣XTBG; ●YN; ★(AS): CN.

兴山五味子 **Schisandra incarnata** Stapf 【N, W/C】♣FBG, SCBG; ●FJ, GD; ★(AS): CN.

滇藏五味子 **Schisandra neglecta** A. C. Sm. 【N, W/C】 ♣XTBG; ●YN; ★(AS): BT, CN, ID, IN, LK, MM, NP.

重瓣五味子 **Schisandra plena** A. C. Sm. 【N, W/C】 ♣SCBG, XTBG; ●GD, YN; ★(AS): CN, ID, IN.

合蕊五味子 **Schisandra propinqua** (Wall.) Baill. 【N, W/C】 ♣KBG, SCBG, WBG; ●GD, HB, SC, YN; ★(AS): CN, ID, IN, MM, NP, TH.

铁箍散 **Schisandra propinqua** subsp. **sinensis** (Oliv.) R. M. K. Saunders 【N, W/C】 ♣CBG, FBG, GBG, KBG, SCBG, WBG; ●FJ, GD, GZ, HB, SC, SH, YN; ★(AS): CN.

毛叶五味子 **Schisandra pubescens** Hemsl. et E. H. Wilson 【N, W/C】 ♣CBG, WBG; ●HB, SH; ★(AS): CN, VN.

红花五味子 **Schisandra rubriflora** Rehder et E. H. Wilson 【N, W/C】 ♣KBG, XTBG; ●SC, TW, YN; ★(AS): CN, ID, IN, MM.

华中五味子 **Schisandra sphenanthera** Rehder et E. H. Wilson 【N, W/C】 ♣BBG, CBG, FBG, HBG, KBG, LBG, NBG, SCBG, WBG, XBG, XMBG; ●BJ, FJ, GD, HB, JS, JX, SC, SH, SN, TW, YN, ZJ; ★(AS): CN, MM.

4. 白樟科 CANELLACEAE

十数樟属 Warburgia

坦桑尼亚十数樟 **Warburgia elongata** Verdc. 【I, C】 ♣WBG; ●HB; ★(AF): TZ.

穆兰加十数樟 **Warburgia salutaris** (Bertol. f.) Chiov. 【I, C】 ♣WBG; ●HB; ★(AF): MZ, ZA, ZW.

斯图尔曼十数樟 **Warburgia stuhlmannii** Engl. 【I, C】 ♣WBG; ●HB; ★(AF): KE, TZ.

乌干达十数樟 **Warburgia ugandensis** Sprague 【I, C】 ♣FLBG, WBG; ●GD, HB; ★(AF): CD, ET, KE, MW, TZ, UG.

5. 林仙科 WINTERACEAE

单性林仙属 Tasmannia

披针叶单性林仙 **Tasmannia lanceolata** (Poir.) A. C. Sm. 【I, C】 ♣CBG; ●SH; ★(OC): AU.

林仙属 Drimys

林仙 **Drimys winteri** J. R. Forst. et G. Forst. 【I, C】 ♣XTBG; ●TW, YN; ★(SA): AR, CL.

6. 三白草科 SAURURACEAE

蕺菜属 Houttuynia

蕺菜 **Houttuynia cordata** Thunb. 【N, W/C】 ♣BBG, CBG, CDBG, FBG, FLBG, GA, GBG, GMG, GXIB, HBG, IBCAS, KBG, LBG, NBG, NSBG, SCBG, TBG, TMNS, WBG, XBG, XLTBG, XMBG, XTBG, ZAFU; ●BJ, CQ, FJ, GD, GX, GZ, HB, HI, JS, JX, SC, SH, SN, TW, YN, ZJ; ★(AS): BT, CN, ID, IN, JP, KP, KR, LA, LK, MM, NP, SG, TH, VN.

三白草属 Saururus

垂花三白草（苏奴草）**Saururus cernuus** L. 【I, C】 ★(NA): CA, US.

三白草 **Saururus chinensis** (Lour.) Baill. 【N, W/C】 ♣FBG, FLBG, GA, GMG, GXIB, HBG, IBCAS, KBG, LBG, NBG, SCBG, TMNS, WBG, XMBG, XTBG, ZAFU; ●BJ, FJ, GD, GX, HB, JS, JX, SC, TW, YN, ZJ; ★(AS): CN, ID, IN, JP, KP, KR, PH, VN.

裸蒴属 Gymnotheca

裸蒴 **Gymnotheca chinensis** Decne. 【N, W/C】 ♣GMG, GXIB, KBG, SCBG; ●GD, GX, YN; ★(AS): CN, VN.

白苞裸蒴 **Gymnotheca involucrata** C. Pei 【N, W/C】 ♣SCBG; ●GD, SC; ★(AS): CN.

7. 胡椒科 PIPERACEAE

齐头绒属 Zippelia

齐头绒 **Zippelia begoniifolia** Blume 【N, W/C】 ♣WBG, XTBG; ●HB, YN; ★(AS): CN, ID, IN, LA, MY, PH, VN.

草胡椒属 Peperomia

西瓜皮椒草（无茎豆瓣绿）**Peperomia argyreia** (Hook. f.) E. Morren 【I, C】 ♣BBG, CDBG, FBG,

FLBG, GXIB, IBCAS, KBG, NBG, SCBG, TBG, TMNS, XLTBG, XMBG, XOIG, ZAFU; ●BJ, FJ, GD, GX, HI, JS, JX, SC, TW, YN, ZJ; ★(SA): BO, BR, EC, VE.

银线豆瓣绿 **Peperomia argyroneura** Lauterb. et K. Schum. 【I, C】 ♣BBG; ●BJ; ★(OC): KI, PG.

椒草 **Peperomia arifolia** Miq. 【I, C】 ★(SA): AR, BO, BR, PY.

糙叶草胡椒 **Peperomia asperula** Hutchison et Rauh 【I, C】 ♣XMBG; ●FJ, TW; ★(SA): PE.

双色椒草 **Peperomia bicolor** Sodiro 【I, C】 ♣TMNS; ●TW; ★(SA): EC, PE.

石蝉草 **Peperomia blanda** (Jacq.) Kunth 【N, W/C】 ♣BBG, FBG, GMG, GXIB, KBG, SCBG, WBG, XMBG, XTBG; ●BJ, FJ, GD, GX, HB, YN; ★(AF): MG, ZA; (AS): CN, ID, IN, JP, KH, LK, MM, MY, TH, VN; (OC): AU.

皱叶椒草 **Peperomia caperata** Yunck. 【I, C】 ♣CDBG, FBG, FLBG, GXIB, IBCAS, KBG, LBG, NBG, SCBG, TMNS, XMBG, XOIG, ZAFU; ● BJ, FJ, GD, GX, JS, JX, SC, TW, YN, ZJ; ★(SA): BR.

硬毛草胡椒 **Peperomia cavaleriei** C. DC. 【N, W/C】 ♣CBG, WBG; ●HB, SH; ★(AS): CN.

红边椒草（琴叶椒草）**Peperomia clusiifolia** (Jacq.) Hook. 【I, C】 ♣BBG, CBG, CDBG, IBCAS, SCBG, TMNS, WBG, XMBG, XOIG, XTBG; ● BJ, FJ, GD, HB, SC, SH, TW, YN; ★(SA): VE.

塔椒草 **Peperomia columella** Rauh et Hutchison 【I, C】 ♣BBG, XMBG; ●BJ, FJ, TW; ★(SA): PE.

斧叶椒草 **Peperomia dolabriformis** Kunth 【I, C】 ♣BBG, FBG, IBCAS, WBG, XMBG; ●BJ, FJ, HB, SH, TW; ★(SA): PE.

芬氏椒草 **Peperomia fenzlei** Regel 【I, C】 ●YN; ★(SA): VE.

柳叶椒草（刀叶椒草、欢乐豆）**Peperomia ferreyrae** Yunck. 【I, C】 ♣CBG; ●BJ, SH; ★(SA): PE.

狭叶椒草 **Peperomia galioides** Kunth 【I, C】 ★(SA): GY.

玲珑椒草 **Peperomia glabella** (Sw.) A. Dietr. 【I, C】 ♣IBCAS, SCBG, TMNS, XMBG; ●BJ, FJ, GD, TW; ★(NA): BZ, CR, CU, DO, HT, JM, LW, PR, TT, US, VI, WW; (SA): BO, BR, CO, EC, GY, PY, UY, VE.

红背椒草 **Peperomia graveolens** Rauh et Barthlott 【I, C】 ♣CBG, SCBG; ●GD, SH; ★(SA): PE.

灰绿豆瓣绿 **Peperomia griseoargentea** Yunck. 【I, C】 ♣XTBG; ●YN; ★(SA): BR.

蒙自草胡椒 **Peperomia heyneana** Miq. 【N, W/C】 ♣KBG, SCBG, XTBG; •GD, YN; ★(AS): BT, CN, ID, IN, LK, MM, NP.

灰绿椒草 **Peperomia incana** (Haw.) A. Dietr. 【I, C】 ♣FLBG; •GD, JX, TW; ★(SA): BR.

*澳洲草胡椒 **Peperomia johnsonii** C. DC. 【I, C】 ♣SCBG; •GD; ★(OC): AU.

银道椒草 **Peperomia macrostachya** (Vahl) A. Dietr. 【I, C】 ♣TMNS; •TW; ★(SA): GY.

斑叶豆瓣绿 **Peperomia maculosa** (L.) Hook. 【I, C】 ★(NA): BZ, CR, GT, HN, MX, NI, PA, US; (SA): BO, BR, CO, EC, PE, VE.

北美椒草 **Peperomia mahanana** C. DC. 【I, C】 ♣XTBG; •YN; ★(NA): US.

石纹椒草 **Peperomia marmorata** Hook. f. 【I, C】 ♣SCBG; •GD; ★(SA): PE.

美皱椒草 **Peperomia meridana** Yunck. 【I, C】 ♣TMNS; ●TW; ★(SA): VE.

金光豆瓣绿 **Peperomia metallica** Linden et Rodigas 【I, C】 ★(SA): PE.

山椒草 **Peperomia nakaharai** Hayata 【N, W/C】 ♣SCBG; ●GD; ★(AS): CN.

白雪豆瓣绿 **Peperomia nivalis** Miq. 【I, C】 ♣BBG, IBCAS, XOIG; ●BJ, FJ; ★(SA): PE.

斑叶椒草 **Peperomia obliqua** Ruiz et Pav. 【I, C】 ♣NBG; ●JS; ★(SA): PE.

圆叶椒草 **Peperomia obtusifolia** (L.) A. Dietr. 【I, C】 ♣BBG, CBG, FBG, FLBG, IBCAS, KBG, NBG, SCBG, TMNS, WBG, XLTBG, XMBG, XOIG, XTBG, ZAFU; ●BJ, FJ, GD, HB, HI, JS, JX, SH, TW, YN, ZJ; ★(NA): NI, PA; (SA): BO, EC, PE.

密叶椒草 **Peperomia orba** G. S. Bunting 【I, C】 ♣TMNS; ●TW, YN; ★(OC): US-HW.

草胡椒 **Peperomia pellucida** (L.) Kunth 【I, C/N】 ♣BBG, FLBG, GMG, GXIB, HBG, SCBG, WBG, XMBG, XTBG, ZAFU; ●BJ, FJ, GD, GX, HB, JX, YN, ZJ; ★(NA): GT, MX, NI, PA, US; (SA): BO, BR, CL, EC, PE, PY, VE.

剑叶椒草 **Peperomia pereskiifolia** (Jacq.) Kunth 【I, C】 ♣TMNS; ●TW; ★(NA): PA; (SA): EC.

荷叶椒草 **Peperomia polybotrya** Kunth 【I, C】 ♣CBG, SCBG, TBG, TMNS, XMBG, XTBG; ● FJ, GD, SH, TW, YN; ★(SA): EC.

拟花叶椒草 **Peperomia pseudovariegata** C. DC. 【I, C】 ♣KBG; ●YN; ★(SA): CO.

鼓叶椒草（圆蔓草胡椒）**Peperomia rotundifolia** (L.) Kunth 【I, C】♣XMBG; ●FJ, TW; ★(NA): NI; (SA): BO, EC, PY.

兰屿椒草（红脉草胡椒）**Peperomia rubrivenosa** C. DC. 【N, W/C】♣TMNS; ●TW; ★(AS): CN, PH.

垂椒草 **Peperomia serpens** (Sw.) Loudon 【I, C】♣BBG, CDBG, FBG, FLBG, IBCAS, NBG, SCBG, TBG, TMNS, WBG, XLTBG, XMBG, XOIG, XTBG; ●BJ, FJ, GD, HB, HI, JS, JX, SC, TW, YN; ★(NA): BZ, CR, CU, DO, HT, JM, LW, PR, TT, US, VI, WW; (SA): BO, BR, CO, EC, GY, PY, UY, VE.

白脉椒草 **Peperomia tetragona** Ruiz et Pav. 【I, C】♣CBG, SCBG, TMNS, XMBG, XTBG; ●FJ, GD, SH, TW, YN; ★(SA): PE.

豆瓣绿 **Peperomia tetraphylla** (G. Forst.) Hook. et Arn. 【I, N】♣BBG, CDBG, FBG, FLBG, GBG, GMG, GXIB, KBG, NBG, SCBG, XMBG, XTBG, ZAFU; ●BJ, FJ, GD, GX, GZ, JS, JX, SC, YN, ZJ; ★(NA): NI, PA; (SA): BO, BR, EC, PE, PY.

花叶豆瓣绿 **Peperomia tithymaloides** A. Dietr. 【I, C】♣BBG, CDBG, GXIB, HBG, SCBG; ●BJ, GD, GX, SC, ZJ; ★(SA): PE.

斑叶垂椒草 **Peperomia verschaffeltii** Lem. 【I, C】♣LBG, TMNS; ●JX, TW; ★(SA): PE.

胡椒属 Piper

*无色胡椒 **Piper achromatolepis** Trel. 【I, C】♣XTBG; ●YN; ★(SA): PE.

树胡椒 **Piper aduncum** L. 【I, C】♣FLBG, XTBG; ●GD, JX, TW, YN; ★(NA): BZ, CR, CU, DO, GT, HN, HT, JM, LW, MX, NI, PR, TT, US, VI, WW; (SA): AR, BO, BR, CO, EC, GY, PY, UY, VE.

兰屿胡椒 **Piper arborescens** Roxb. 【N, W/C】♣TBG, TMNS; ●TW; ★(AS): CN, MY, PH.

华南胡椒 **Piper austrosinense** Y. Q. Tseng 【N, W/C】♣SCBG, XTBG; ●GD, YN; ★(AS): CN.

蒌叶 **Piper betle** L. 【N, W/C】♣FBG, FLBG, GMG, SCBG, XLTBG, XMBG, XTBG; ●FJ, GD, GX, HI, JX, TW, YN; ★(AS): CN, ID, IN, LA, LK, MM, MY, PH, SG, VN; (OC): AU.

苎叶蒟 **Piper boehmeriifolium** (Miq.) Wall. ex C. DC. 【N, W/C】♣GMG, GXIB, WBG, XTBG; ●GX, HB, YN; ★(AS): BT, CN, ID, IN, LA, LK, MM, MY, TH, VN.

光茎胡椒 **Piper boehmeriifolium** var. **glabricaule** (C. DC.) M. G. Gilbert et N. H. Xia 【N, W/C】♣XTBG; ●YN; ★(AS): CN.

大叶复毛胡椒 **Piper bonii** var. **macrophyllum** Y. Q. Tseng 【N, W/C】♣SCBG; ●GD; ★(AS): CN.

华山蒌 **Piper cathayanum** M. G. Gilbert et N. H. Xia 【N, W/C】♣SCBG; ●GD; ★(AS): CN.

勐海胡椒 **Piper chandocanum** C. DC. 【N, W/C】♣XTBG; ●YN; ★(AS): CN, LA, VN.

中华胡椒 **Piper chinense** Miq. 【N, W/C】♣SCBG; ●GD; ★(AS): CN.

紫红色胡椒 **Piper crocatum** Ruiz et Pav. 【I, C】★(SA): PE.

澄茄 **Piper cubeba** Bojer 【I, C】★(AS): ID.

费氏胡椒 **Piper ferriei** C. DC. 【I, C】★(AS): JP.

黄花胡椒 **Piper flaviflorum** C. DC. 【N, W/C】♣XTBG; ●YN; ★(AS): CN.

山蒟 **Piper hancei** Maxim. 【N, W/C】♣CBG, FBG, FLBG, GA, GXIB, HBG, LBG, SCBG, XMBG, XTBG, ZAFU; ●FJ, GD, GX, JX, SH, YN, ZJ; ★(AS): CN, JP.

哈氏胡椒 **Piper harmandii** C. DC. 【I, C】★(AS): LA.

毛脉树胡椒 **Piper hispidonervum** C. DC. 【I, C】♣XTBG; ●YN; ★(SA): BR.

河池胡椒 **Piper hochiense** Y. Q. Tseng 【N, W/C】♣GXIB; ●GX; ★(AS): CN.

毛蒟 **Piper hongkongense** C. DC. 【N, W/C】♣GMG, GXIB, SCBG, WBG, XTBG; ●GD, GX, HB, SC, YN; ★(AS): CN.

风藤 **Piper kadsura** (Choisy) Ohwi 【N, W/C】♣FBG, FLBG, GA, HBG, SCBG, TMNS, WBG, XMBG, XTBG; ●FJ, GD, HB, JX, TW, YN, ZJ; ★(AS): CN, JP, KP, KR.

大叶蒟 **Piper laetispicum** C. DC. 【N, W/C】♣GMG; ●GX; ★(AS): CN.

荜拔（荜茇）**Piper longum** L. 【N, W/C】♣BBG, FBG, FLBG, GMG, HBG, NBG, SCBG, WBG, XLTBG, XMBG, XTBG; ●BJ, FJ, GD, GX, HB, HI, JS, JX, TW, YN, ZJ; ★(AS): BT, CN, ID, IN, LA, LK, MM, MY, NP, VN.

粗梗胡椒 **Piper macropodum** C. DC. 【N, W/C】♣XTBG; ●YN; ★(AS): CN.

*南美胡椒 **Piper marequitense** C. DC. 【I, C】♣XTBG; ●YN; ★(SA): BO, CO, EC, PE.

酒胡椒（卡瓦胡椒）**Piper methysticum** G. Forst. 【I, C】♣XLTBG; ●HI; ★(OC): US-HW.

柄果胡椒 **Piper mischocarpum** Y. Q. Tseng 【N, W/C】 ♣XTBG; ●YN; ★(AS): CN.

短蒟 **Piper mullesua** Buch.-Ham. ex D. Don 【N, W/C】 ♣KBG, XTBG; ●TW, YN; ★(AS): BT, CN, ID, IN, LK, NP.

变叶胡椒 **Piper mutabile** C. DC. 【N, W/C】 ♣SCBG; ●GD; ★(AS): CN, VN.

胡椒 **Piper nigrum** L. 【I, C】 ♣CBG, FLBG, GMG, GXIB, HBG, SCBG, WBG, XLTBG, XMBG, XOIG, XTBG; ●CQ, FJ, GD, GX, HB, HI, JX, SH, TW, YN, ZJ; ★(AS): IN, LA, MM.

裸果胡椒 **Piper nudibaccatum** Y. Q. Tseng 【N, W/C】 ♣XTBG; ●YN; ★(AS): CN.

美叶胡椒 **Piper ornatum** N. E. Br. 【I, C】 ♣SCBG; ●GD, TW; ★(SA): BO.

角果胡椒 **Piper pedicellatum** C. DC. 【N, W/C】 ♣WBG, XTBG; ●HB, YN; ★(AS): BT, CN, ID, IN, LK, MY, VN.

樟叶胡椒 **Piper polysyphonum** C. DC. 【N, W/C】 ♣XTBG; ●YN; ★(AS): CN, LA.

毛叶胡椒 **Piper puberulilimbum** C. DC. 【N, W/C】 ♣XTBG; ●SC, YN; ★(AS): CN, MY.

毛蒌 **Piper pubescens** Pers. 【I, C】 ♣XTBG; ●YN; ★(SA): PY.

假荜拔 **Piper retrofractum** Vahl 【I, C】 ♣SCBG, XMBG, XTBG; ●FJ, GD, TW, YN; ★(AS): ID, IN, JP, MY, PH, TH, VN.

假蒟 **Piper sarmentosum** Roxb. 【N, W/C】 ♣GMG, GXIB, HBG, SCBG, WBG, XLTBG, XMBG, XTBG; ●FJ, GD, GX, HB, HI, TW, YN, ZJ; ★(AS): CN, ID, IN, KH, LA, MY, PH, TH, VN.

缘毛胡椒 **Piper semiimmersum** C. DC. 【N, W/C】 ♣WBG, XTBG; ●HB, YN; ★(AS): CN, VN.

小叶爬崖香 **Piper sintenense** Hatus. 【N, W/C】 ♣XTBG; ●TW, YN; ★(AS): CN, LA.

短柄胡椒 **Piper stipitiforme** C. C. Chang ex Y. Q. Tseng 【N, W/C】 ♣XTBG; ●YN; ★(AS): CN.

多脉胡椒 **Piper submultinerve** C. DC. 【N, W/C】 ●TW; ★(AS): CN.

滇西胡椒 **Piper suipigua** Buch.-Ham. ex D. Don 【N, W/C】 ♣WBG; ●HB; ★(AS): BT, CN, ID, IN, LK, NP.

长柄胡椒 **Piper sylvaticum** Roxb. 【N, W/C】 ♣KBG, XTBG; ●YN; ★(AS): BT, CN, ID, IN, LA, LK, MM.

球穗胡椒 **Piper thomsonii** (C. DC.) Hook. f. 【N, W/C】 ♣WBG, XTBG; ●HB, YN; ★(AS): BT, CN, IN, LA, VN.

粗穗胡椒 **Piper tsangyuanense** P. S. Chen et P. C. Zhu 【N,W】 ♣XTBG; ●YN; ★(AS): CN.

大胡椒 **Piper umbellatum** L. 【N, W/C】 ♣XTBG; ●YN; ★(AF): BI, CD, CM, GA, GH, GN, MG, NG, SL, TZ, UG; (AS): CN, ID, IN, KH, LK, MM, MY, PH, TH, VN; (NA): CR, DO, GT, HN, MX, NI, PA, PR, SV; (SA): BO, BR, CO, EC, GY, PE, VE.

石南藤 **Piper wallichii** (Miq.) Hand.-Mazz. 【N, W/C】 ♣GMG, SCBG, WBG, XTBG; ●GD, GX, HB, SC, YN; ★(AS): CN, ID, IN, MM, NP.

景洪胡椒 **Piper wangii** M. G. Gilbert et N. H. Xia 【N,W】 ♣XTBG; ●YN; ★(AS): CN.

蒟子 **Piper yunnanense** Y. Q. Tseng 【N, W/C】 ♣XTBG; ●YN; ★(AS): CN.

8. 马兜铃科 ARISTOLOCHIACEAE

马蹄香属 Saruma

马蹄香 **Saruma henryi** Oliv. 【N, W/C】 ♣IBCAS, LBG, WBG, XBG, XTBG; ●BJ, HB, JX, SN, YN; ★(AS): CN.

细辛属 Asarum

粗根细辛 **Asarum asaroides** (C. Morren et Decne.) Makino 【I, C】 ♣GXIB, SCBG; ●GD, GX; ★(AS): JP.

巴山细辛 **Asarum bashanense** Z. L. Yang 【N, W/C】 ♣WBG; ●HB; ★(AS): CN.

土细辛 **Asarum blumei** Duch. 【I, C】 ●TW; ★(AS): JP.

东方细辛 **Asarum campaniflorum** Y. Wang et Q. F. Wang 【N, W/C】 ●TW; ★(AS): CN.

北美细辛 **Asarum canadense** L. 【I, C】 ★(NA): CA, US.

花叶细辛 **Asarum cardiophyllum** Franch. 【N, W/C】 ♣XTBG; ●YN; ★(AS): CN.

短尾细辛 **Asarum caudigerellum** C. Y. Chen et C. S. Yang 【N, W/C】 ♣CBG; ●SH; ★(AS): CN.

尾花细辛 **Asarum caudigerum** Hance 【N, W/C】 ♣CBG, GA, GMG, GXIB, HBG, KBG, LBG, SCBG, WBG, XMBG, XTBG; ●FJ, GD, GX, HB, JX, SC, SH, YN, ZJ; ★(AS): CN, JP, VN.

双叶细辛 **Asarum caulescens** Maxim. 【N, W/C】 ♣CBG, WBG; ●HB, SH; ★(AS): CN, JP.

城口细辛 **Asarum chengkouense** Z. L. Yang 【N, W/C】 ♣WBG; ●HB; ★(AS): CN.

川北细辛 **Asarum chinense** Franch. 【N, W/C】 ♣WBG; ●HB; ★(AS): CN.

皱花细辛 **Asarum crispulatum** C. Y. Chen et C. S. Yang 【N, W/C】 ♣WBG; ●HB; ★(AS): CN.

铜钱细辛 **Asarum debile** Franch. 【N, W/C】 ♣CBG, WBG; ●HB, SC, SH; ★(AS): CN.

川滇细辛 **Asarum delavayi** Franch. 【N, W/C】 ♣FLBG, KBG, SCBG, WBG; ●GD, HB, JX, SC, YN; ★(AS): CN.

欧洲细辛 **Asarum europaeum** L. 【I, C】 ♣NBG, XTBG; ●JS, YN; ★(AS): GE, RU-AS; (EU): AL, AT, BA, BE, BG, BY, CZ, DE, GB, HR, HU, IT, LU, ME, MK, NL, NO, PL, RO, RS, RU, SI.

杜衡 **Asarum forbesii** Maxim. 【N, W/C】 ♣CBG, FBG, HBG, LBG, NBG, SCBG, WBG, XBG, XMBG, ZAFU; ●FJ, GD, HB, JS, JX, SH, SN, ZJ; ★(AS): CN.

福建细辛 **Asarum fukienense** C. Y. Chen et C. S. Yang 【N, W/C】 ♣HBG, WBG; ●HB, ZJ; ★(AS): CN.

地花细辛 **Asarum geophilum** Hemsl. 【N, W/C】 ♣GMG, GXIB, SCBG, WBG, XTBG; ●GD, GX, HB, SC, YN; ★(AS): CN.

库页细辛 **Asarum heterotropoides** F. Schmidt 【N, W/C】 ♣HFBG; ●HL, YN; ★(AS): CN, JP, KR, MN, RU-AS.

辽细辛 **Asarum heterotropoides** var. **mandshuricum** (Maxim.) Kitag. 【N, W/C】 ♣NBG; ●BJ, JS; ★(AS): CN, KR.

单叶细辛 **Asarum himalaicum** Hook. f. et Thomson ex Klotzsch 【N, W/C】 ♣CBG, WBG; ●HB, SC, SH; ★(AS): BT, CN, ID, IN, LK, NP.

下花细辛 **Asarum hypogynum** Hayata 【N, W/C】 ♣TMNS; ●TW; ★(AS): CN.

小叶马蹄香 **Asarum ichangense** C. Y. Chen et C. S. Yang 【N, W/C】 ♣LBG, SCBG, WBG; ●GD, HB, JX; ★(AS): CN.

灯笼细辛 **Asarum inflatum** C. Y. Chen et C. S. Yang 【N, W/C】 ♣WBG; ●HB; ★(AS): CN.

金耳环 **Asarum insigne** Diels 【N, W/C】 ♣CBG, GMG, GXIB, SCBG, XMBG; ●FJ, GD, GX, SC, SH; ★(AS): CN.

大花细辛 **Asarum macranthum** Hook. f. 【N, W/C】 ♣TBG, TMNS; ●TW; ★(AS): CN.

祁阳细辛 **Asarum magnificum** Tsiang ex C. Y. Cheng et C. S. Yang 【N, W/C】 ♣HBG, SCBG, ZAFU; ●GD, SC, ZJ; ★(AS): CN.

大叶马蹄香 **Asarum maximum** Hemsl. 【N, W/C】 ♣CBG, LBG, SCBG, WBG, XMBG; ●FJ, GD, HB, JX, SC, SH, TW, ZJ; ★(AS): CN.

南川细辛 **Asarum nanchuanense** C. S. Yang et J. L. Wu 【N, W/C】 ♣WBG; ●HB; ★(AS): CN.

红金耳环 **Asarum petelotii** O. C. Schmidt 【N, W/C】 ♣KBG, XTBG; ●YN; ★(AS): CN, VN.

长毛细辛 **Asarum pulchellum** Hemsl. 【N, W/C】 ♣CBG, SCBG, WBG; ●GD, HB, SC, SH; ★(AS): CN.

慈姑叶细辛（岩慈姑）**Asarum sagittarioides** C. F. Liang 【N, W/C】 ♣GXIB, SCBG; ●GD, GX; ★(AS): CN.

细辛（汉城细辛）**Asarum sieboldii** Miq. 【N, W/C】 ♣CBG, CDBG, HBG, LBG, NBG, NSBG, WBG, ZAFU; ●AH, CQ, GS, HB, HN, JS, JX, SC, SH, SN, ZJ; ★(AS): CN, JP, KP, KR, MN, RU-AS.

青城细辛 **Asarum splendens** (F. Maek.) C. Y. Chen et C. S. Yang 【N, W/C】 ♣GBG, IBCAS, KBG, SCBG, WBG; ●BJ, GD, GZ, HB, SC, YN; ★(AS): CN.

五岭细辛 **Asarum wulingense** C. F. Liang 【N, W/C】 ♣GBG, WBG; ●GZ, HB; ★(AS): CN.

马兜铃属 Aristolochia

木本马兜铃 **Aristolochia arborea** Linden 【I, C】 ♣SCBG; ●GD; ★(NA): GT, MX, SV.

竹叶马兜铃 **Aristolochia bambusifolia** C. F. Liang ex H. Q. Wen 【N, W/C】 ♣GXIB; ●GX; ★(AS): CN.

翅茎马兜铃 **Aristolochia caulialata** C. Y. Wu ex C. Y. Cheng et J. S. Ma 【N, W/C】 ♣XTBG; ●YN; ★(AS): CN.

长叶马兜铃 **Aristolochia championii** Merr. et Chun 【N, W/C】 ♣GMG, GXIB, SCBG, XTBG; ●GD, GX, YN; ★(AS): CN.

景东马兜铃 **Aristolochia chingtungensis** H. S. Lo 【N, W/C】 ♣XTBG; ●YN; ★(AS): CN.

欧洲马兜铃 **Aristolochia clematitis** L. 【I, C】 ♣IBCAS, XTBG; ●BJ, YN; ★(AF): MA; (AS): GE; (EU): AL, AT, BA, BE, BG, BY, CZ, DE, ES, GB, GR, HR, HU, IT, LU, ME, MK, NL, PL, RO, RS, RU, SI, TR.

北马兜铃 **Aristolochia contorta** Bunge 【N, W/C】 ♣BBG, HBG, IBCAS, XBG; ●BJ, SN, ZJ; ★(AS): CN, JP, KP, KR, MN, RU-AS.

瓜叶马兜铃 **Aristolochia cucurbitifolia** Hayata【N, W/C】 ♣TMNS; ●TW; ★(AS): CN.

马兜铃 **Aristolochia debilis** Siebold et Zucc. 【N, W/C】 ♣BBG, CBG, FBG, GBG, GMG, GXIB, HBG, KBG, LBG, NBG, SCBG, WBG, XLTBG, XMBG, XTBG, ZAFU; ●BJ, FJ, GD, GX, GZ, HB, HI, JS, JX, SC, SH, YN, ZJ; ★(AS): CN, JP.

*多米尼加马兜铃 **Aristolochia domingensis** Ekman et O. C. Schmidt【I, C】♣XTBG; ●YN; ★(NA): DO.

广防己 **Aristolochia fangchi** Y. C. Wu ex L. D. Chow et S. M. Hwang 【N, W/C】 ♣FBG, FLBG, GMG, GXIB, SCBG, XTBG; ●FJ, GD, GX, JX, YN; ★(AS): CN.

流苏马兜铃（弱茎马兜铃）**Aristolochia fimbriata** Cham. 【I, C】 ♣KBG, SCBG, XMBG, XTBG; ●FJ, GD, YN; ★(SA): AR, BO, BR, PY, UY, VE.

通城虎 **Aristolochia fordiana** Hemsl. 【N, W/C】 ♣FBG, GMG, SCBG; ●FJ, GD, GX; ★(AS): CN.

黄毛马兜铃 **Aristolochia fulvicoma** Merr. et Chun 【N, W/C】 ♣SCBG; ●GD; ★(AS): CN.

烟斗马兜铃 **Aristolochia gibertii** Hook. 【I, C】 ♣SCBG; ●GD; ★(SA): AR, BO, PY.

大马兜铃（巨花马兜铃）**Aristolochia gigantea** Mart. 【I, C】 ♣FLBG, SCBG, WBG, XMBG, XTBG; ●FJ, GD, HB, JX, YN; ★(NA): CR, PA, SV; (SA): BR, VE.

大花马兜铃 **Aristolochia grandiflora** Sw. 【I, C】 ♣KBG, NBG, SCBG; ●GD, JS, YN; ★(NA): CR, GT, MX, PA; (SA): EC.

西藏马兜铃 **Aristolochia griffithii** Hook. f. et Thomson ex Duch. 【N, W/C】 ♣KBG, XTBG; ●YN; ★(AS): BT, CN, ID, IN, LK, MM, NP.

海南马兜铃 **Aristolochia hainanensis** Merr. 【N, W/C】♣GXIB, SCBG, XTBG; ●GD, GX, YN; ★(AS): CN.

南粤马兜铃 **Aristolochia howii** Merr. et Chun 【N, W/C】 ♣SCBG; ●GD; ★(AS): CN.

凹脉马兜铃 **Aristolochia impressinervis** C. F. Liang 【N, W/C】 ♣GMG, GXIB, XMBG; ●FJ, GX; ★(AS): CN.

印度马兜铃 **Aristolochia indica** L.【I, C】♣KBG; ●YN; ★(AS): LA, MM; (OC): AU.

大叶马兜铃（异叶马兜铃）**Aristolochia kaempferi** Willd. 【N, W/C】 ♣FBG, HBG, LBG, NSBG, TMNS, WBG, XMBG; ●CQ, FJ, HB, JX, SC, TW, ZJ; ★(AS): CN, JP.

广西马兜铃 **Aristolochia kwangsiensis** Chun et F. C. How ex S. Yun Liang 【N, W/C】 ♣GMG, GXIB, SCBG, WBG, XMBG, XTBG; ●FJ, GD, GX, HB, SC, YN; ★(AS): CN.

锥籽马兜铃 **Aristolochia labiata** Willd. 【I, C】 ♣SCBG, XMBG; ●FJ, GD; ★(SA): EC.

美丽马兜铃 **Aristolochia littoralis** Parodi 【I, C】 ♣SCBG, XMBG, XTBG; ●FJ, GD, TW, YN; ★(NA): PR.

琉球马兜铃 **Aristolochia liukiuensis** Hatus.【I, C】 ★(AS): JP.

弄岗马兜铃 **Aristolochia longgangensis** C. F. Liang 【N, W/C】 ♣GXIB, SCBG; ●GD, GX; ★(AS): CN, VN.

美洲大叶马兜铃 **Aristolochia macrophylla** Lam. 【I, C】 ♣XTBG; ●YN; ★(NA): CA, US.

木通马兜铃 **Aristolochia manshuriensis** Kom.【N, W/C】 ♣HFBG, IBCAS, KBG, XTBG; ●BJ, HL, LN, YN; ★(AS): CN, KP, KR, RU-AS.

寻骨风 **Aristolochia mollissima** Hance 【N, W/C】 ♣FBG, FLBG, GXIB, HBG, LBG, NBG, SCBG, WBG, ZAFU; ●FJ, GD, GX, HB, JS, JX, ZJ; ★(AS): CN.

宝兴马兜铃 **Aristolochia moupinensis** Franch.【N, W/C】 ♣HBG, WBG; ●HB, SC, ZJ; ★(AS): CN.

偏花马兜铃 **Aristolochia obliqua** S. M. Hwang【N, W/C】 ♣XTBG; ●YN; ★(AS): CN.

滇南马兜铃 **Aristolochia petelotii** O. C. Schmidt 【N, W/C】♣NBG, XTBG; ●JS, YN; ★(AS): CN, VN.

多型马兜铃 **Aristolochia polymorpha** S. M. Hwang 【N, W/C】 ♣SCBG; ●GD; ★(AS): CN.

麻雀花 **Aristolochia ringens** Vahl【I, C】♣FLBG, SCBG, XMBG, XTBG; ●FJ, GD, JX, YN; ★(NA): CR, DO, JM, MX, PA, PR, SV, US; (SA): AR, BO, BR, CO, PE, VE.

革叶马兜铃 **Aristolochia scytophylla** S. M. Hwang et D. Y. Chen【N, W/C】♣GXIB; ●GX; ★(AS): CN.

小绿马兜铃 **Aristolochia sempervirens** L. 【I, C】 ♣XTBG; ●YN; ★(EU): GR.

耳叶马兜铃 **Aristolochia tagala** Cham. 【N, W/C】 ♣FBG, GMG, GXIB, SCBG, XTBG; ●FJ, GD, GX, YN; ★(AS): BT, CN, ID, IN, JP, KH, LA, LK, MM, MY, NP, PH, TH, VN; (OC): AU.

川西马兜铃 **Aristolochia thibetica** Franch. 【N, W/C】 ♣KBG; ●YN; ★(AS): CN.

背蛇生 **Aristolochia tuberosa** C. F. Liang et S. M. Hwang【N, W/C】♣GBG, GMG, KBG; ●GX, GZ, YN; ★(AS): CN.

管花马兜铃 **Aristolochia tubiflora** Dunn 【N, W/C】 ♣CBG, FBG, GA, HBG, LBG, WBG, ZAFU; ●FJ, HB, JX, SH, ZJ; ★(AS): CN.

变色马兜铃 **Aristolochia versicolor** S. M. Hwang 【N, W/C】 ♣XTBG; ●YN; ★(AS): CN.

香港马兜铃 **Aristolochia westlandii** Hemsl. 【N, W/C】♣GMG, GXIB, XTBG; ●GX, YN; ★(AS): CN, KP, KR.

港口马兜铃 **Aristolochia zollingeriana** Miq. 【N, W/C】 ♣SCBG, TMNS, XTBG; ●GD, TW, YN; ★(AS): CN, ID, IN, JP, MY.

9. 肉豆蔻科 MYRISTICACEAE

内毛楠属 Endocomia

内毛楠 **Endocomia macrocoma** (Miq.) W. J. de Wilde 【N, W/C】 ♣XTBG; ●YN; ★(AS): CN, ID.

风吹楠属 Horsfieldia

风吹楠 **Horsfieldia amygdalina** (Wall.) Warb. 【N, W/C】♣GXIB, WBG, XLTBG, XTBG; ●GX, HB, HI, YN; ★(AS): CN, ID, IN, LA, MM, TH, VN.

大叶风吹楠 **Horsfieldia kingii** (Hook. f.) Warb. 【N, W/C】 ♣BBG, GXIB, SCBG, WBG, XTBG; ●BJ, GD, GX, HB, HI, YN; ★(AS): CN.

云南风吹楠 **Horsfieldia prainii** (King) Warb. 【N, W/C】 ♣FBG, GXIB, SCBG, WBG, XTBG; ●FJ, GD, GX, HB, YN; ★(AS): CN, ID, IN, PH, TH; (OC): PAF.

红光树属 Knema

灰叶红光树 **Knema cinerea** Warb. 【I, C】♣XTBG; ●YN; ★(AS): ID, MM, SG.

假广子 **Knema elegans** Warb. 【N, W/C】 ♣WBG, XTBG; ●HB, YN; ★(AS): CN, KH, MM, TH, VN.

小叶红光树 **Knema globularia** (Lam.) Warb. 【N, W/C】♣SCBG, WBG, XTBG; ●GD, HB, YN; ★(AS): CN, ID, KH, LA, MM, MY, SG, TH, VN.

狭叶红光树 **Knema lenta** Warb. 【N, W/C】 ♣XTBG; ●YN; ★(AS): CN, ID, IN, MM, TH, VN.

大叶红光树 **Knema linifolia** (Roxb.) Warb. 【N, W/C】 ♣XTBG; ●YN; ★(AS): CN, ID, IN, MM.

红光树 **Knema tenuinervia** W. J. de Wilde 【N, W/C】 ♣XTBG; ●YN; ★(AS): BT, CN, ID, IN, LA, LK, NP, TH.

密花红光树 **Knema tonkinensis** (Warb.) W. J. de Wilde 【N, W/C】 ♣XTBG; ●YN; ★(AS): CN, LA, VN.

肉豆蔻属 Myristica

台湾肉豆蔻 **Myristica cagayanensis** Merr. 【N, W/C】 ♣TBG; ●TW; ★(AS): CN, PH.

锡兰肉豆蔻 **Myristica ceylanica** A. DC. 【I, C】 ♣TMNS; ●TW; ★(AS): LK.

肉豆蔻 **Myristica fragrans** Houtt. 【I, C】 ♣GXIB, SCBG, XMBG, XOIG, XTBG; ●FJ, GD, GX, TW, YN; ★(AS): IN.

菲律宾肉豆蔻(红头肉豆蔻)**Myristica simiarum** A. DC. 【N, W/C】 ♣TMNS; ●TW; ★(AS): CN, ID, MY, PH.

云南肉豆蔻 **Myristica yunnanensis** Y. H. Li 【N, W/C】♣BBG, NBG, XLTBG, XTBG; ●BJ, HI, JS, YN; ★(AS): CN, TH.

10. 木兰科 MAGNOLIACEAE

盖裂木属 Talauma

盖裂木 **Talauma hodgsonii** Hook. f. et Thomson 【N, W/C】 ♣FLBG, KBG, SCBG, XTBG; ●GD, JX, YN; ★(AS): BT, CN, ID, IN, LK, MM, MY, NP, TH.

黄花木兰 **Talauma persuaveolens** (Dandy) Dandy 【I, C】 ♣SCBG; ●GD; ★(AS): MY.

长喙木兰属 Lirianthe

绢毛木兰 **Lirianthe albosericea** (Chun et C. H. Tsoong) N. H. Xia et C. Y. Wu 【N, W/C】 ♣FLBG, SCBG; ●GD, HI, JX; ★(AS): CN, VN.

香港木兰(长叶木兰)**Lirianthe championii** (Benth.) N. H. Xia et C. Y. Wu 【N, W/C】 ♣FLBG, GA, GMG, GXIB, SCBG, WBG, XLTBG, XTBG; ●GD, GX, HB, HI, JX, TW, YN; ★(AS): CN,

VN.

夜香木兰 **Lirianthe coco** (Lour.) N. H. Xia et C. Y. Wu 【N, W/C】 ♣BBG, CDBG, FBG, FLBG, GBG, GMG, GXIB, HBG, KBG, NBG, SCBG, TBG, TMNS, WBG, XBG, XLTBG, XMBG, XOIG, XTBG; ●BJ, FJ, GD, GX, GZ, HB, HI, JS, JX, SC, SN, TW, YN, ZJ; ★(AS): CN, VN.

山玉兰 **Lirianthe delavayi** (Franch.) N. H. Xia et C. Y. Wu 【N, W/C】 ♣CBG, CDBG, FBG, FLBG, GA, GBG, GXIB, HBG, IBCAS, KBG, SCBG, WBG, XMBG, XTBG, ZAFU; ●BJ, FJ, GD, GX, GZ, HB, HI, JX, SC, SH, YN, ZJ; ★(AS): CN.

显脉木兰 **Lirianthe fistulosa** (Finet et Gagnep.) N. H. Xia et C. Y. Wu 【N, W/C】 ♣KBG, SCBG; ●GD, YN; ★(AS): CN, VN.

大叶木兰 **Lirianthe henryi** (Dunn) N. H. Xia et C. Y. Wu 【N, W/C】 ♣FLBG, KBG, SCBG, XTBG; ●BJ, GD, JX, YN; ★(AS): CN, LA, MM, TH.

木论木兰 **Lirianthe mulunica** (Y. W. Law et Q. W. Zeng) N. H. Xia et C. Y. Wu 【N, W/C】 ♣SCBG; ●GD; ★(AS): CN.

馨香木兰 **Lirianthe odoratissima** (Y. W. Law et R. Z. Zhou) N. H. Xia et C. Y. Wu 【N, W/C】 ♣CDBG, FBG, FLBG, GA, GXIB, KBG, SCBG, XMBG, XTBG; ●FJ, GD, GX, JX, SC, YN; ★(AS): CN.

上思木兰 **Lirianthe shangsiensis** (Y. W. Law, R. Z. Zhou et H. F. Chen) N. H. Xia et C. Y. Wu 【N, W/C】 ♣SCBG; ●GD; ★(AS): CN.

天女花属 Oyama

毛叶天女花 **Oyama globosa** (Hook. f. et Thomson) N. H. Xia et C. Y. Wu 【N, W/C】 ♣SCBG; ●GD; ★(AS): BT, CN, IN, LK, MM, RU-AS.

天女花 **Oyama sieboldii** (K. Koch) N. H. Xia et C. Y. Wu 【N, W/C】 ♣BBG, CBG, CDBG, FLBG, GA, GBG, HBG, HFBG, IBCAS, LBG, NBG, SCBG, WBG, XBG; ●AH, BJ, GD, GX, GZ, HB, HE, HL, JL, JS, JX, LN, SC, SD, SH, SN, TW, YN, ZJ; ★(AS): CN, JP, KP, RU-AS.

圆叶天女花 **Oyama sinensis** (Rehder et E. H. Wilson) N. H. Xia et C. Y. Wu 【N, W/C】 ♣BBG, KBG, SCBG; ●BJ, GD, SC, YN; ★(AS): CN, RU-AS.

西康天女花 **Oyama wilsonii** (Finet et Gagnep.) N. H. Xia et C. Y. Wu 【N, W/C】 ♣BBG, IBCAS, KBG, SCBG, WBG, XTBG; ●BJ, GD, HB, SC, YN; ★(AS): CN.

厚朴属 Houpoea

日本厚朴 **Houpoea obovata** (Thunb.) N. H. Xia et C. Y. Wu 【N, W/C】 ♣BBG, CBG, GA, GMG, IBCAS, KBG, SCBG; ●BJ, GD, GX, JX, LN, SH, YN; ★(AS): CN, JP.

厚朴 **Houpoea officinalis** (Rehder et E. H. Wilson) N. H. Xia et C. Y. Wu 【N, W/C】 ♣BBG, CBG, CDBG, FBG, FLBG, GA, GBG, GMG, GXIB, HBG, IBCAS, KBG, LBG, NBG, NSBG, SCBG, WBG, XBG, XMBG, ZAFU; ●BJ, CQ, FJ, GD, GX, GZ, HB, HI, JS, JX, LN, SC, SH, SN, TW, YN, ZJ; ★(AS): CN.

长喙厚朴 **Houpoea rostrata** (W. W. Sm.) N. H. Xia et C. Y. Wu 【N, W/C】 ♣BBG, CDBG, KBG, LBG, SCBG; ●BJ, GD, JX, SC, YN; ★(AS): CN, MM.

木莲属 Manglietia

奇异木莲 **Manglietia admirabilis** Y. W. Law et R. Z. Zhou 【N, W/C】 ♣SCBG; ●GD; ★(AS): CN.

白蕊木莲 **Manglietia albistaminata** Y. W. Law et R. Z. Zhou 【N, W/C】 ♣SCBG; ●GD; ★(AS): CN.

香木莲 **Manglietia aromatica** Dandy 【N, W/C】 ♣CBG, FBG, FLBG, GA, GXIB, KBG, LBG, NBG, SCBG, WBG, XTBG; ●FJ, GD, GX, HB, JS, JX, SC, SH, YN; ★(AS): CN, VN.

石山木莲 **Manglietia calcarea** X. H. Song 【N, W/C】 ♣SCBG; ●GD; ★(AS): CN.

深红木莲 **Manglietia carimina** Y. W. Law et R. Z. Zhou 【N, W/C】 ♣FLBG; ●GD, JX, SC; ★(AS): CN.

西藏木莲 **Manglietia caveana** Hook. f. et Thomson 【N, W/C】 ♣XTBG; ●YN; ★(AS): CN, ID, IN, MM.

睦南木莲 **Manglietia chevalieri** Dandy 【N, W/C】 ♣GXIB, SCBG; ●GD, GX; ★(AS): CN, LA, VN.

桂南木莲 **Manglietia conifera** Dandy 【N, W/C】 ♣CBG, CDBG, FBG, FLBG, GA, GBG, GXIB, HBG, KBG, LBG, NBG, SCBG, WBG, ZAFU; ●FJ, GD, GX, GZ, HB, JS, JX, SC, SH, YN, ZJ; ★(AS): CN, LA, VN.

粗梗木莲 **Manglietia crassipes** Y. W. Law 【N, W/C】 ♣GA, KBG, NBG, SCBG; ●GD, JS, JX, SC, YN; ★(AS): CN.

大叶木莲 **Manglietia dandyi** (Gagnep.) Dandy【N, W/C】♣CBG, FBG, GA, GXIB, KBG, NBG, SCBG, WBG; ●FJ, GD, GX, HB, JS, JX, SC, SH, YN; ★(AS): CN, LA, VN.

落叶木莲 **Manglietia decidua** Q. Y. Zheng【N, W/C】♣CBG, FBG, GA, GXIB, KBG, NBG, SCBG, ZAFU; ●FJ, GD, GX, JS, JX, SH, YN, ZJ; ★(AS): CN.

川滇木莲 **Manglietia duclouxii** Finet et Gagnep.【N, W/C】♣CDBG, KBG, LBG, SCBG, WBG; ●GD, HB, JX, SC, YN; ★(AS): CN, LA, VN.

木莲 **Manglietia fordiana** Oliv.【N, W/C】♣CBG, CDBG, FBG, FLBG, GA, GBG, GMG, GXIB, HBG, KBG, LBG, NBG, SCBG, WBG, XMBG, XTBG, ZAFU; ●FJ, GD, GX, GZ, HB, JS, JX, SC, SH, YN, ZJ; ★(AS): CN, VN.

海南木莲 **Manglietia fordiana** var. **hainanensis** (Dandy) N. H. Xia【N, W/C】♣FLBG, GXIB, HBG, SCBG, XLTBG, XMBG, XTBG; ●FJ, GD, GX, HI, JX, YN, ZJ; ★(AS): CN.

滇桂木莲 **Manglietia forrestii** W. W. Sm. ex Dandy【N, W/C】♣CBG, CDBG, FLBG, GXIB, KBG, SCBG, WBG, XTBG; ●GD, GX, HB, JX, SC, SH, YN; ★(AS): CN.

泰国木莲 **Manglietia garrettii** Craib【N, W/C】♣SCBG; ●GD; ★(AS): CN, TH, VN.

灰木莲 **Manglietia glauca** Blume【I, C】♣FBG, FLBG, GA, GXIB, HBG, KBG, SCBG, WBG, XMBG, XOIG, XTBG; ●FJ, GD, GX, HB, HI, JX, YN, ZJ; ★(AS): ID, IN, LA, VN.

苍背木莲 **Manglietia glaucifolia** Y. W. Law et Y. F. Wu【N, W/C】♣LBG, SCBG; ●GD, JX; ★(AS): CN, VN.

大果木莲 **Manglietia grandis** Hu et W. C. Cheng【N, W/C】♣CBG, CDBG, FBG, FLBG, GA, GXIB, KBG, LBG, NBG, SCBG, WBG, XTBG; ●FJ, GD, GX, HB, JS, JX, SC, SH, YN; ★(AS): CN.

广州木莲 **Manglietia guangzhouensis** A. Q. Dong, Q. W. Zeng et F. W. Xing【N, W/C】♣SCBG; ●GD; ★(AS): CN.

中缅木莲 **Manglietia hookeri** Cubitt et W. W. Sm.【N, W/C】♣CBG, GA, KBG, SCBG, WBG, XTBG; ●GD, HB, JX, SC, SH, YN; ★(AS): CN, ID, IN, MM, TH.

红花木莲 **Manglietia insignis** (Wall.) Blume【N, W/C】♣BBG, CBG, CDBG, FBG, FLBG, GA, GBG, GXIB, HBG, IBCAS, KBG, LBG, NBG, NSBG, SCBG, WBG, XTBG, ZAFU; ●BJ, CQ, FJ, GD, GX, GZ, HB, HI, JS, JX, SC, SH, YN, ZJ; ★(AS): CN, ID, IN, MM, NP, TH, VN.

贡山木莲 **Manglietia kungshanensis** Law【N, W/C】♣KBG, SCBG; ●GD, YN; ★(AS): CN.

毛桃木莲（广东木莲）**Manglietia kwangtungensis** (Merr.) Dandy【N, W/C】♣CBG, CDBG, FBG, FLBG, GA, GBG, GXIB, HBG, LBG, SCBG, XTBG; ●FJ, GD, GX, GZ, HI, JX, SC, SH, YN, ZJ; ★(AS): CN.

长梗木莲 **Manglietia longipedunculata** Q. W. Zeng et Y. W. Law【N, W/C】♣SCBG; ●GD; ★(AS): CN.

亮叶木莲 **Manglietia lucida** B. L. Chen et S. C. Yang【N, W/C】♣FBG, SCBG, XMBG; ●FJ, GD; ★(AS): CN.

大花木莲 **Manglietia magniflora** Law et Zhou【N, W/C】♣SCBG; ●GD; ★(AS): CN.

细蕊木莲 **Manglietia microgyne** Liou【N, W/C】♣XTBG; ●YN; ★(AS): CN.

蔑厂木莲 **Manglietia miechangensis** Y. W. Law et D. X. Li【N, W/C】♣GA, KBG, NBG, SCBG; ●GD, JS, JX, YN; ★(AS): CN.

荷花木莲 **Manglietia nucifera** D. X. Li et R. Z. Zhou【N, W/C】♣GA, SCBG; ●GD, JX; ★(AS): CN.

椭圆叶木莲 **Manglietia oblonga** Y. W. Law, R. Z. Zhou et X. S. Qin【N, W/C】♣GXIB, SCBG; ●GD, GX; ★(AS): CN.

卵果木莲 **Manglietia ovoidea** Hung T. Chang et B. L. Chen【N, W/C】♣FLBG, KBG, NBG, SCBG; ●GD, JS, JX, SC, YN; ★(AS): CN.

粗枝木莲 **Manglietia pachyclada** C. Y. Wu【N, W/C】♣FBG, SCBG; ●FJ, GD; ★(AS): CN.

厚叶木莲 **Manglietia pachyphylla** H. T. Chang【N, W/C】♣FLBG, GXIB, SCBG; ●GD, GX, JX, SC; ★(AS): CN.

锥花木莲 **Manglietia paruicula** Y. W. Law et R. Z. Zhou【N, W/C】♣FBG, FLBG, KBG, SCBG; ●FJ, GD, JX, YN; ★(AS): CN.

巴东木莲 **Manglietia patungensis** Hu【N, W/C】♣CBG, FBG, HBG, LBG, NBG, SCBG, WBG; ●FJ, GD, HB, JS, JX, SC, SH, ZJ; ★(AS): CN, ID, IN, VN.

毛柄木莲 **Manglietia pubipes** C. Y. Wu【N, W/C】♣SCBG; ●GD; ★(AS): CN.

长喙木莲 **Manglietia rostrata** Law et Zhou【N, W/C】♣FLBG, KBG, SCBG; ●GD, JX, YN; ★(AS): CN.

毛瓣木莲(锈毛木莲)**Manglietia rufibarbata** Dandy 【N, W/C】 ♣CBG, FLBG, KBG, SCBG, XTBG; ●GD, JX, SC, SH, YN; ★(AS): CN, LA, VN.

印尼木莲 **Manglietia sumatrana** Miq. 【I, C】 ♣SCBG; ●GD; ★(AS): ID.

四川木莲 **Manglietia szechuanica** Hu 【N, W/C】 ♣CBG, CDBG, KBG, SCBG, WBG; ●GD, HB, SC, SH, YN; ★(AS): CN.

腾冲木莲 **Manglietia tengchongensis** S. C. Yang et Y. W. Law 【N, W/C】 ●YN; ★(AS): CN.

天池木莲 **Manglietia tianchiensis** Li et Law 【N, W/C】 ♣GA, SCBG; ●GD, JX; ★(AS): CN.

毛果木莲 **Manglietia ventii** N. V. Tiep 【N, W/C】 ♣KBG, SCBG; ●GD, YN; ★(AS): CN, VN.

镇康木莲 **Manglietia zhengkangensis** R. Z. Zhou et D. X. Li 【N, W/C】 ♣SCBG; ●GD; ★(AS): CN.

焕镛木属 Woonyoungia

焕镛木 **Woonyoungia septentrionalis** (Dandy) Y. W. Law 【N, W/C】 ♣FBG, FLBG, GA, KBG, SCBG, WBG, XTBG; ●FJ, GD, GX, GZ, HB, HI, JX, SC, YN; ★(AS): CN.

单性木兰属 Kmeria

单性木兰 **Kmeria duperreana** (Pierre) Dandy 【I, C】 ♣SCBG; ●GD; ★(AS): VN.

北美木兰属 Magnolia

传拉氏木兰 **Magnolia fraseri** Walter 【I, C】 ♣SCBG; ●GD; ★(NA): US.

荷花木兰(荷花玉兰)**Magnolia grandiflora** L. 【I, C】 ♣BBG, CBG, CDBG, FBG, FLBG, GA, GBG, GMG, GXIB, HBG, IBCAS, KBG, LBG, NBG, NSBG, SCBG, TBG, TMNS, WBG, XBG, XLTBG, XMBG, ZAFU; ●BJ, CQ, FJ, GD, GX, GZ, HB, HI, JS, JX, SC, SH, SN, TW, YN, ZJ; ★(NA): US.

香木兰 **Magnolia guangnanensis** Y. W. Law et R. Z. Zhou 【N, W/C】 ♣FBG, FLBG; ●FJ, GD, JX; ★(AS): CN.

大叶木兰 **Magnolia macrophylla** Michx. 【I, C】 ♣SCBG; ●GD; ★(NA): US.

阿氏木兰 **Magnolia macrophylla** var. **ashei** (Weath.) D. L. Johnson 【I, C】 ♣SCBG; ●GD; ★(NA): US.

粉被大叶木兰(墨西哥厚朴)**Magnolia macrophylla** var. **dealbata** (Zucc.) D. L. Johnson 【I, C】 ♣SCBG; ●GD; ★(NA): US.

塔形木兰 **Magnolia pyramidata** Bartram 【I, C】 ♣SCBG; ●GD; ★(NA): US.

沙巴木莲 **Magnolia sabahensis** (Dandy ex Noot.) Figlar et Noot. 【I, C】 ♣SCBG; ●GD; ★(AS): MY.

三瓣木兰 **Magnolia tripetala** (L.) L. 【I, C】 ♣FLBG, KBG, SCBG; ●GD, JX, SC, YN; ★(NA): US.

北美木兰(白背玉兰)**Magnolia virginiana** L. 【I, C】 ♣KBG, SCBG, TBG; ●GD, TW, YN; ★(NA): US.

南方北美木兰(南方白背玉兰)**Magnolia virginiana** var. **australis** Sarg. 【I, C】 ★(NA): US.

拟单性木兰属 Parakmeria

恒春拟单性木兰 **Parakmeria kachirachirai** (Kaneh. et Yamam.) Y. W. Law 【N, W/C】 ♣KBG, SCBG; ●GD, YN; ★(AS): CN.

乐东拟单性木兰 **Parakmeria lotungensis** (Chun et C. H. Tsoong) Y. W. Law 【N, W/C】 ♣CBG, CDBG, FBG, FLBG, GA, GBG, GXIB, HBG, KBG, LBG, NBG, SCBG, WBG, XMBG, XTBG, ZAFU; ●FJ, GD, GX, GZ, HB, HI, HN, JS, JX, SC, SH, YN, ZJ; ★(AS): CN.

光叶拟单性木兰 **Parakmeria nitida** (W. W. Sm.) Y. W. Law 【N, W/C】 ♣CBG, GA, GXIB, KBG, NBG, SCBG, WBG, XTBG; ●GD, GX, HB, JS, JX, SC, SH, YN; ★(AS): CN, MM.

峨眉拟单性木兰 **Parakmeria omeiensis** W. C. Cheng 【N, W/C】 ♣CBG, KBG, SCBG, WBG; ●GD, HB, SC, SH, YN; ★(AS): CN.

云南拟单性木兰 **Parakmeria yunnanensis** Hu 【N, W/C】 ♣BBG, CBG, CDBG, FBG, FLBG, GA, GBG, GXIB, KBG, LBG, NBG, SCBG, WBG, XTBG, ZAFU; ●BJ, FJ, GD, GX, GZ, HB, JS, JX, SC, SH, YN, ZJ; ★(AS): CN, MM, VN.

厚壁木属 Pachylarnax

华盖木 **Pachylarnax sinica** (Y. W. Law) N. H. Xia et C. Y. Wu 【N, W/C】 ♣FLBG, GA, KBG, SCBG, WBG; ●GD, HB, JX, SC, YN; ★(AS): CN.

玉兰属 Yulania

洛伯纳玉兰 **Yulania × loebneri** Kache 【I, C】

♣BBG, CBG; ●BJ, SH, TW; ★(EU): DE, IT.

二乔玉兰 **Yulania × soulangeana** (Soul.-Bod.) D. L. Fu 【N, C】 ♣BBG, CBG, CDBG, FBG, FLBG, GA, GBG, GXIB, HBG, IBCAS, KBG, NSBG, SCBG, XMBG, ZAFU; ●BJ, CQ, FJ, GD, GX, GZ, JX, LN, SC, SH, TW, YN, ZJ; ★(AS): CN.

渐尖木兰 **Yulania acuminata** (L.) D. L. Fu 【I, C】 ♣CBG, SCBG; ●GD, JS, SH; ★(NA): CA, US.

天目玉兰 **Yulania amoena** (W. C. Cheng) D. L. Fu 【N, W/C】 ♣BBG, CBG, CDBG, GA, GBG, GXIB, HBG, IBCAS, LBG, NBG, SCBG, WBG, ZAFU; ●BJ, GD, GX, GZ, HB, JS, JX, LN, SC, SH, ZJ; ★(AS): CN.

望春玉兰 **Yulania biondii** (Pamp.) D. L. Fu 【N, W/C】 ♣BBG, CBG, CDBG, FBG, FLBG, GA, GBG, HBG, IBCAS, NBG, SCBG, WBG; ●BJ, FJ, GD, GS, GZ, HA, HB, HN, JS, JX, LN, SC, SH, SN, YN, ZJ; ★(AS): CN.

滇藏玉兰 **Yulania campbellii** (Hook. f. et Thomson) D. L. Fu 【N, W/C】 ♣CBG, CDBG, KBG, SCBG; ●GD, SC, SH, YN; ★(AS): BT, CN, IN, MM, NP.

黄山玉兰 **Yulania cylindrica** (E. H. Wilson) D. L. Fu 【N, W/C】 ♣BBG, CBG, CDBG, FBG, FLBG, GA, GXIB, HBG, IBCAS, KBG, LBG, NBG, SCBG, WBG, ZAFU; ●AH, BJ, FJ, GD, GX, HB, JS, JX, LN, SC, SH, YN, ZJ; ★(AS): CN.

光叶玉兰 **Yulania dawsoniana** (Rehder et E. H. Wilson) D. L. Fu 【N, W/C】 ♣CBG, KBG, SCBG; ●GD, SC, SH, YN; ★(AS): CN.

玉兰 **Yulania denudata** (Desr.) D. L. Fu 【N, W/C】 ♣BBG, CBG, CDBG, FBG, FLBG, GA, GBG, GXIB, HBG, HFBG, IBCAS, KBG, LBG, NBG, NSBG, SCBG, WBG, XBG, XMBG, XTBG, ZAFU; ●BJ, CQ, FJ, GD, GX, GZ, HB, HI, HL, JS, JX, LN, SC, SH, SN, TW, YN, ZJ; ★(AS): CN.

日本辛夷 **Yulania kobus** (DC.) Spach 【N, W/C】 ♣BBG, CBG, CDBG, FLBG, GA, HBG, IBCAS, KBG, NBG, SCBG, ZAFU; ●BJ, GD, JS, JX, SC, SD, SH, TW, YN, ZJ; ★(AS): CN, JP.

紫玉兰 **Yulania liliiflora** (Desr.) D. L. Fu 【N, W/C】 ♣BBG, CBG, CDBG, FBG, FLBG, GA, GBG, GMG, GXIB, HBG, IBCAS, KBG, LBG, NBG, NSBG, SCBG, TMNS, WBG, XBG, XLTBG, XMBG, XTBG, ZAFU; ●AH, BJ, CQ, FJ, GD, GX, GZ, HB, HI, JS, JX, LN, SC, SH, SN, TW, YN, ZJ; ★(AS): CN.

多花玉兰 **Yulania multiflora** (M. C. Wang et C. L. Min) D. L. Fu 【N, W/C】 ♣GXIB; ●GX; ★(AS): CN.

柳叶玉兰 **Yulania salicifolia** (Siebold et Zucc.) D. L. Fu 【I, C】 ♣CBG, KBG, SCBG; ●GD, SH, TW, YN; ★(AS): JP.

凹叶玉兰 **Yulania sargentiana** (Rehder et E. H. Wilson) D. L. Fu 【N, W/C】 ♣SCBG, WBG; ●GD, HB, SC; ★(AS): CN.

武当玉兰 **Yulania sprengeri** (Pamp.) D. L. Fu 【N, W/C】 ♣BBG, CBG, FBG, FLBG, GA, GBG, GXIB, HBG, KBG, NBG, SCBG, WBG, XBG; ●BJ, FJ, GD, GS, GX, GZ, HA, HB, JS, JX, LN, SC, SH, SN, YN, ZJ; ★(AS): CN.

星花玉兰 **Yulania stellata** (Maxim.) N. H. Xia 【I, C/N】 ♣BBG, CBG, GBG, HBG, IBCAS, SCBG; ●BJ, GD, GZ, LN, SH, TW, ZJ; ★(AS): JP.

宝华玉兰 **Yulania zenii** (W. C. Cheng) D. L. Fu 【N, W/C】 ♣BBG, CBG, CDBG, FLBG, GA, GBG, GXIB, HBG, IBCAS, KBG, LBG, NBG, SCBG, WBG; ●BJ, GD, GX, GZ, HB, JS, JX, SC, SH, YN, ZJ; ★(AS): CN.

长蕊木兰属 Alcimandra

长蕊木兰 **Alcimandra cathcartii** (Hook. f. et Thomson) Dandy 【N, W/C】 ♣FBG, FLBG, GA, GBG, KBG, SCBG, WBG, XTBG; ●FJ, GD, GZ, HB, JX, SC, YN; ★(AS): BT, CN, IN, MM, VN.

含笑属 Michelia

白兰 **Michelia × alba** DC. 【I, C】 ♣BBG, CBG, CDBG, FBG, FLBG, GA, GBG, GMG, GXIB, HBG, IBCAS, KBG, LBG, NBG, NSBG, SCBG, TBG, TMNS, WBG, XBG, XLTBG, XMBG, XTBG, ZAFU; ●AH, BJ, CQ, FJ, GD, GX, GZ, HB, HI, JS, JX, SC, SH, SN, TW, YN, ZJ; ★(AS): ID.

狭叶含笑 **Michelia angustioblonga** Y. W. Law et Y. F. Wu 【N, W/C】 ♣FLBG, SCBG; ●GD, JX; ★(AS): CN.

柏林苦梓 **Michelia bailina** Y. W. Law et R. Z. Zhou 【N, W/C】 ♣SCBG; ●GD; ★(AS): CN.

合果木 **Michelia baillonii** (Pierre) Finet et Gagnep. 【N, W/C】 ♣CDBG, FLBG, GA, GBG, GXIB, KBG, SCBG, XMBG, XOIG, XTBG; ●FJ, GD, GX, GZ, JX, SC, YN; ★(AS): CN, IN, KH, LA, MM, TH, VN.

苦梓含笑 **Michelia balansae** (A. DC.) Dandy 【N, W/C】 ♣CDBG, FBG, FLBG, GA, GBG, GXIB,

KBG, NBG, SCBG, WBG, XTBG; ●FJ, GD, GX, GZ, HB, HI, JS, JX, SC, YN; ★(AS): CN, VN.

双尖含笑 **Michelia biacuminata** Y. W. Law et R. Z. Zhou【N, W/C】♣FLBG; ●GD, JX; ★(AS): CN.

平伐含笑 **Michelia cavaleriei** H. Lév. 【N, W/C】♣CBG, FBG, FLBG, GA, GBG, GXIB, HBG, KBG, NBG, SCBG, WBG, ZAFU; ●FJ, GD, GX, GZ, HB, JS, JX, SC, SH, YN, ZJ; ★(AS): CN.

阔瓣含笑 **Michelia cavaleriei** var. **platypetala** (Hand.-Mazz.) N. H. Xia 【N, W/C】 ♣CBG, CDBG, FBG, FLBG, GA, GBG, GXIB, HBG, KBG, SCBG, WBG, ZAFU; ●FJ, GD, GX, GZ, HB, JX, SC, SH, YN, ZJ; ★(AS): CN.

黄玉兰 **Michelia champaca** L. 【N, W/C】 ♣BBG, CBG, CDBG, FBG, FLBG, GBG, GMG, GXIB, HBG, IBCAS, KBG, NBG, NSBG, SCBG, TBG, XBG, XLTBG, XMBG, XOIG, XTBG; ●BJ, CQ, FJ, GD, GX, GZ, HI, JS, JX, SC, SH, SN, TW, YN, ZJ; ★(AS): BT, CN, ID, IN, LA, MM, MY, NP, TH, VN.

乐昌含笑 **Michelia chapensis** Dandy 【N, W/C】 ♣CBG, CDBG, FBG, FLBG, GA, GBG, GXIB, KBG, LBG, NBG, NSBG, SCBG, WBG, XMBG, XTBG, ZAFU; ●CQ, FJ, GD, GX, GZ, HB, HI, JS, JX, SC, SH, YN, ZJ; ★(AS): CN, LA, VN.

台湾含笑 **Michelia compressa** (Maxim.) Sarg. 【N, W/C】 ♣FBG, GA, HBG, NBG, SCBG, TBG, TMNS, XTBG; ●FJ, GD, JS, JX, TW, YN, ZJ; ★(AS): CN, JP, KR, PH.

西畴含笑（多脉含笑）**Michelia coriacea** Hung T. Chang et B. L. Chen 【N, W/C】 ♣FLBG, GXIB, KBG, SCBG, WBG; ●GD, GX, HB, JX, YN; ★(AS): CN.

紫花含笑 **Michelia crassipes** Y. W. Law【N, W/C】♣CBG, CDBG, FBG, FLBG, GA, GBG, GXIB, KBG, LBG, NBG, SCBG, WBG; ●AH, FJ, GD, GX, GZ, HB, JS, JX, SC, SH, TW, YN; ★(AS): CN.

南亚含笑 **Michelia doltsopa** Buch.-Ham. ex DC. 【N, W/C】 ♣GA, KBG, SCBG, WBG, XTBG; ●GD, HB, JX, SC, YN; ★(AS): BT, CN, ID, IN, MM, NP.

雅致含笑 **Michelia elegans** Y. W. Law et Y. F. Wu 【N, W/C】 ♣SCBG; ●GD; ★(AS): CN.

含笑花 **Michelia figo** (Lour.) Spreng. 【N, W/C】 ♣BBG, CDBG, FBG, FLBG, GA, GBG, GMG, GXIB, HBG, IBCAS, KBG, LBG, NBG, NSBG, SCBG, TBG, TMNS, WBG, XBG, XLTBG, XMBG, XOIG, XTBG, ZAFU; ●AH, BJ, CQ, FJ, GD, GX, GZ, HB, HI, HL, JS, JX, SC, SN, TW, YN, ZJ; ★(AS): CN, LA.

素黄含笑 **Michelia flaviflora** Y. W. Law et Y. F. Wu 【N, W/C】 ♣SCBG; ●GD; ★(AS): CN, VN.

多花含笑 **Michelia floribunda** Finet et Gagnep.【N, W/C】 ♣CBG, CDBG, FBG, FLBG, GA, GBG, GXIB, KBG, NBG, SCBG, WBG, XTBG; ●FJ, GD, GX, GZ, HB, JS, JX, SC, SH, YN; ★(AS): CN, LA, MM, TH, VN.

金叶含笑 **Michelia foveolata** Merr. ex Dandy 【N, W/C】 ♣CBG, CDBG, FBG, FLBG, GA, GBG, GXIB, HBG, KBG, NSBG, SCBG, WBG, XTBG, ZAFU; ●CQ, FJ, GD, GX, GZ, HB, HI, HN, JX, SC, SH, TW, YN, ZJ; ★(AS): CN, LA, VN.

福建含笑 **Michelia fujianensis** Q. F. Zheng 【N, W/C】 ♣CBG, SCBG; ●GD, SH; ★(AS): CN.

棕毛含笑（灰岩含笑）**Michelia fulva** Hung T. Chang et B. L. Chen 【N, W/C】 ♣CBG, FLBG, GA, KBG, SCBG; ●GD, JX, SC, SH, YN; ★(AS): CN.

富宁含笑 **Michelia funingensis** D. X. Li et Y. W. Law 【N, W/C】 ♣FLBG, SCBG; ●GD, JX; ★(AS): CN.

香子含笑 **Michelia gioi** (A. Chev.) Sima et W. H. Chen 【N, W/C】 ♣CDBG, FBG, FLBG, GA, GXIB, KBG, SCBG, WBG, XTBG; ●FJ, GD, GX, HB, HI, JX, SC, YN; ★(AS): CN, VN.

广东含笑 **Michelia guangdongensis** (Y. H. Yan, Q. W. Zeng et F. W. Xing) Noot. 【N, W/C】 ♣CBG, CDBG, SCBG; ●GD, SC, SH; ★(AS): CN.

广西含笑 **Michelia guangxiensis** Y. W. Law et R. Z. Zhou 【N, W/C】 ♣FLBG, SCBG, XTBG; ●GD, JX, YN; ★(AS): CN.

壮丽含笑 **Michelia lacei** W. W. Sm. 【N, W/C】 ♣CDBG, FBG, FLBG, GA, GBG, GXIB, KBG, SCBG, WBG; ●FJ, GD, GX, GZ, HB, JX, SC, YN; ★(AS): CN, VN.

广南含笑 **Michelia lanata** Law【N, W/C】♣SCBG; ●GD; ★(AS): CN.

长柄含笑 **Michelia leveilleana** Dandy 【N, W/C】 ♣CBG, FBG, GA, SCBG; ●FJ, GD, JX, SH; ★(AS): CN.

流溪含笑 **Michelia liuxiensis** Law et Zhou 【N, W/C】 ♣SCBG; ●GD; ★(AS): CN, VN.

醉香含笑 **Michelia macclurei** Dandy 【N, W/C】 ♣BBG, CBG, CDBG, FBG, FLBG, GA, GBG, GMG, GXIB, HBG, KBG, NBG, SCBG, WBG, XMBG, XTBG, ZAFU; ●BJ, FJ, GD, GX, GZ, HB,

HI, JS, JX, SC, SH, YN, ZJ; ★(AS): CN, VN.

黄心含笑（黄心夜合）**Michelia martinii** (H. Lév.) H. Lév.【N, W/C】♣CBG, CDBG, FBG, FLBG, GA, GBG, GXIB, HBG, KBG, NBG, SCBG, WBG, XMBG; ●FJ, GD, GX, GZ, HA, HB, JS, JX, SC, SH, YN, ZJ; ★(AS): CN, LA, VN.

屏边含笑 **Michelia masticata** Dandy【N, W/C】♣WBG; ●HB; ★(AS): CN.

深山含笑 **Michelia maudiae** Dunn【N, W/C】♣CDBG, FBG, FLBG, GXIB, KBG, LBG, NBG, NSBG, SCBG, WBG, XMBG, XTBG; ●CQ, FJ, GD, GX, HB, JS, JX, SC, YN; ★(AS): CN, KH, VN.

白花含笑 **Michelia mediocris** Dandy【N, W/C】♣CBG, CDBG, FBG, FLBG, GA, GBG, GMG, GXIB, HBG, KBG, SCBG, WBG, XMBG, XTBG, ZAFU; ●FJ, GD, GX, GZ, HB, JX, SC, SH, TW, YN, ZJ; ★(AS): CN, KH, VN.

观光木 **Michelia odora** (Chun) Noot. et B. L. Chen【N, W/C】♣BBG, CBG, CDBG, FBG, FLBG, GA, GBG, GMG, GXIB, HBG, KBG, NBG, NSBG, SCBG, WBG, XLTBG, XMBG, XTBG, ZAFU; ●BJ, CQ, FJ, GD, GX, GZ, HB, HI, JS, JX, SC, SH, YN, ZJ; ★(AS): CN, LA, VN.

马关含笑 **Michelia opipara** Hung T. Chang et B. L. Chen【N, W/C】♣FLBG, GXIB, KBG, SCBG, XTBG; ●GD, GX, JX, SC, YN; ★(AS): CN, IN, NP.

红毛含笑 **Michelia rufivillosa** D. X. Li et S. C. Yang【N, W/C】♣GXIB, SCBG; ●GD, GX; ★(AS): CN.

石碌含笑 **Michelia shiluensis** Chun et Y. F. Wu【N, W/C】♣CBG, CDBG, FLBG, GXIB, SCBG; ●GD, GX, JX, SC, SH; ★(AS): CN.

诗琳通含笑 **Michelia sirindhorniae** (Noot. et Chalermglin) N. H. Xia et X. H. Zhang【I, C】♣SCBG, XMBG; ●FJ, GD; ★(AS): TH.

野含笑 **Michelia skinneriana** Dunn【N, W/C】♣CBG, CDBG, FBG, FLBG, GA, GBG, GXIB, HBG, KBG, LBG, NBG, SCBG, WBG, XMBG, ZAFU; ●FJ, GD, GX, GZ, HB, JS, JX, SC, SH, YN, ZJ; ★(AS): CN.

球花含笑 **Michelia sphaerantha** C. Y. Wu ex Y. W. Law et Y. F. Wu【N, W/C】♣FLBG, GA, GXIB, KBG, SCBG; ●GD, GX, JX, SC, YN; ★(AS): CN.

夏念和含笑 **Michelia xianianhei** Q. N. Vu【N, W/C】♣XTBG; ●YN; ★(AS): CN, VN.

绒叶含笑 **Michelia velutina** Blume【N, W/C】♣CDBG, FLBG, KBG; ●GD, JX, SC, YN; ★(AS): BT, CN, ID, IN, MM, NP, VN.

峨眉含笑 **Michelia wilsonii** Finet et Gagnep.【N, W/C】♣CBG, CDBG, FLBG, GA, GXIB, HBG, KBG, LBG, NBG, SCBG, WBG, XTBG, ZAFU; ●GD, GX, HB, JS, JX, SC, SH, YN, ZJ; ★(AS): CN.

川含笑 **Michelia wilsonii** subsp. **szechuanica** (Dandy) J. Li【N, W/C】♣CBG, CDBG, FLBG, GA, GBG, SCBG, WBG, ZAFU; ●GD, GZ, HB, JX, SC, SH, YN, ZJ; ★(AS): CN.

黄花含笑 **Michelia xanthantha** C. Y. Wu ex Y. W. Law et Y. F. Wu【N, W/C】♣FLBG, GXIB, KBG, SCBG; ●GD, GX, JX, YN; ★(AS): CN.

云南含笑 **Michelia yunnanensis** Franch. ex Finet et Gagnep.【N, W/C】♣BBG, CBG, CDBG, FLBG, GA, GBG, GXIB, KBG, LBG, NBG, SCBG, WBG, XTBG; ●BJ, GD, GX, GZ, HB, JS, JX, SC, SH, YN; ★(AS): CN.

云山含笑（云山白兰）**Michelia yunshanensis** Y. W. Law et R. Z. Zhou【N, W/C】♣FLBG, GXIB, SCBG; ●GD, GX, JX; ★(AS): CN.

鹅掌楸属 Liriodendron

鹅掌楸 **Liriodendron chinense** (Hemsl.) Sarg.【N, W/C】♣BBG, CBG, CDBG, FBG, FLBG, GA, GBG, GMG, GXIB, HBG, IBCAS, KBG, LBG, NBG, NSBG, SCBG, WBG, XBG, XMBG, XTBG, ZAFU; ●AH, BJ, CQ, FJ, GD, GX, GZ, HA, HB, HI, HN, JS, JX, LN, SC, SH, SN, TW, YN, ZJ; ★(AS): CN, VN.

北美鹅掌楸 **Liriodendron tulipifera** L.【I, C】♣BBG, CBG, CDBG, FLBG, GA, GXIB, HBG, IBCAS, KBG, LBG, NBG, SCBG, TBG, WBG, XMBG, ZAFU; ●BJ, FJ, GD, GX, HB, HE, JS, JX, LN, SC, SH, TW, XJ, YN, ZJ; ★(NA): US.

11. 番荔枝科 ANNONACEAE

蒙蒿子属 Anaxagorea

爪哇蒙蒿子 **Anaxagorea javanica** Blume【I, C】♣XTBG; ●YN; ★(AS): ID, MY, SG.

蒙蒿子 **Anaxagorea luzonensis** A. Gray【N, W/C】♣GXIB, XTBG; ●GX, YN; ★(AS): CN, ID, IN, KH, LA, LK, MM, PH, TH, VN.

依兰属 Cananga

依兰 **Cananga odorata** (Lam.) Hook. f. et Thomson【I, C】♣BBG, HBG, NBG, SCBG, TBG, TMNS, XBG, XLTBG, XMBG, XOIG, XTBG; ●BJ, FJ, GD, HI, JS, SC, SN, TW, YN, ZJ; ★(NA): CR, GT, HN, NI, PA; (SA): CO, EC.

小依兰 **Cananga odorata** var. **fruticosa** (Craib) J. Sinclair【I, C】♣XMBG, XTBG; ●FJ, YN; ★(NA): BZ, CR, GT, HN, NI, PA; (SA): CO, EC.

杯萼木属 Cyathocalyx

杯萼木 **Cyathocalyx annamensis** Ast【I, C】♣XTBG; ●YN; ★(AS): VN.

澄广花属 Orophea

澄广花 **Orophea hainanensis** Merr.【N, W/C】♣SCBG, XTBG; ●GD, YN; ★(AS): CN.

蚁花 **Orophea laui** Leonardía et Kessler【N, W/C】♣SCBG, XTBG; ●GD, YN; ★(AS): CN.

广西澄广花 **Orophea polycarpa** A. DC.【N, W/C】♣GXIB, WBG, XTBG; ●GX, HB, YN; ★(AS): CN, KH, LA, MY, TH.

云南澄广花 **Orophea yunnanensis** P. T. Li【N,W】♣XTBG; ●YN; ★(AS): CN.

金钩花属 Pseuduvaria

金钩花 **Pseuduvaria trimera** (W. G. Craib) Y. C. F. Su et R. M. K. Saunders【N, W/C】♣SCBG, XTBG; ●GD, YN; ★(AS): CN, MM, VN.

海岛木属 Trivalvaria

海岛木 **Trivalvaria costata** (Hook. f. et Thomson) I. M. Turner【N, W/C】♣SCBG, XTBG; ●GD, YN; ★(AS): CN, IN, LA, MM, MY, TH, VN.

暗罗属 Polyalthia

细基丸 **Polyalthia cerasoides** (Roxb.) Benth. et Hook. f. ex Bedd.【N, W/C】♣SCBG, XLTBG, XTBG; ●GD, HI, YN; ★(AS): CN, ID, IN, KH, LA, MM, TH, VN.

海南暗罗 **Polyalthia laui** Merr.【N, W/C】♣SCBG, XTBG; ●GD, HI, YN; ★(AS): CN, VN.

木羌叶暗罗 **Polyalthia litseifolia** C. Y. Wu ex P. T. Li【N, W/C】♣XTBG; ●YN; ★(AS): CN.

陵水暗罗 **Polyalthia littoralis** (Blume) Boerl.【N, W/C】♣SCBG, XTBG; ●GD, HI, YN; ★(AS): CN, LA, VN.

长叶暗罗 **Polyalthia longifolia** (Sonn.) Thwaites【I, C】♣CBG, FBG, FLBG, SCBG, TBG, TMNS, XLTBG, XMBG, XOIG, XTBG; ●FJ, GD, HI, JX, SC, SH, TW, YN; ★(AS): IN, LK.

沙煲暗罗 **Polyalthia obliqua** Hook. f. et Thomson【N, W/C】♣SCBG; ●GD, HI; ★(AS): CN, ID, IN, MY.

香花暗罗 **Polyalthia rumphii** (Blume ex Hensch.) Merr.【N, W/C】♣XTBG; ●YN; ★(AS): CN, ID, IN, MY, PH, SG, TH.

腺叶暗罗（景洪暗罗）**Polyalthia simiarum** (Buch.-Ham. ex Hook. f. et Thomson) Benth.【N, W/C】♣BBG, XTBG; ●BJ, YN; ★(AS): BT, CN, IN, KH, LA, MM, TH, VN.

暗罗 **Polyalthia suberosa** (Roxb.) Thwaites【N, W/C】♣FLBG, SCBG, TBG, XTBG; ●GD, HI, JX, TW, YN; ★(AS): CN, ID, IN, LA, LK, MM, MY, PH, SG, TH, VN.

疣叶暗罗（西藏暗罗）**Polyalthia verrucipes** C. Y. Wu【N, W/C】♣XTBG; ●YN; ★(AS): CN.

毛脉暗罗 **Polyalthia viridis** Craib【N, W/C】♣XTBG; ●YN; ★(AS): CN, TH.

鹿茸木属 Meiogyne

鹿茸木 **Meiogyne kwangtungensis** P. T. Li【N,W】♣XTBG; ●YN; ★(AS): CN.

嘉陵花属 Popowia

嘉陵花 **Popowia pisocarpa** (Blume) Endl.【N, W/C】♣SCBG; ●GD; ★(AS): CN, ID, IN, MM, MY, PH, SG, TH, VN.

银钩花属 Mitrephora

山蕉 **Mitrephora macclurei** Weeras. et R. M. K. Saunders【N,W】♣XTBG; ●YN; ★(AS): CN.

南洋银钩花 **Mitrephora maingayi** Hook. f. et Thomson【N, W/C】♣SCBG, WBG, XTBG; ●GD, HB, YN; ★(AS): CN, ID, IN, KH, LA, MY, PH, SG, VN.

银钩花 **Mitrephora tomentosa** Hook. f. et Thomson【N, W/C】♣BBG, GXIB, SCBG, XLTBG, XTBG; ●BJ, GD, GX, HI, YN; ★(AS): CN, IN, KH, LA, MM, TH, VN.

云南银钩花 **Mitrephora wangii** HU【N, W/C】

♣XTBG; ●YN; ★(AS): CN, TH.

野独活属 Miliusa

野独活 **Miliusa chunii** W. T. Wang 【N, W/C】 ♣GXIB, WBG, XTBG; ●GX, HB, YN; ★(AS): CN, VN.

楔叶野独活 **Miliusa cuneata** Craib 【N, W/C】 ♣XTBG; ●YN; ★(AS): CN, TH.

囊瓣木 **Miliusa horsfieldii** (Benn.) Baill. ex Pierre 【N, W/C】 ♣SCBG, XLTBG; ●GD, HI; ★(AS): CN, ID, IN, LA, MM, MY, PH, TH; (OC): AU.

中华野独活 **Miliusa sinensis** Finet et Gagnep. 【N, W/C】 ♣GXIB, WBG, XTBG; ●GX, HB, YN; ★(AS): CN.

云南野独活 **Miliusa tenuistipitata** W. T. Wang 【N, W/C】 ♣BBG, XTBG; ●BJ, YN; ★(AS): CN.

大叶野独活（版纳野独活）**Miliusa thorelii** Finet et Gagnep. 【N, W/C】 ♣XTBG; ●YN; ★(AS): CN.

藤春属 Alphonsea

金平藤春 **Alphonsea boniana** Finet et Gagnep. 【N, W/C】 ♣XTBG; ●YN; ★(AS): CN, MM, MY, TH, VN.

腺花藤春 **Alphonsea glandulosa** Y. H. Tan et B. Xue 【N, W/C】 ♣XTBG; ●YN; ★(AS): CN.

海南藤春 **Alphonsea hainanensis** Merr. et Chun 【N, W/C】 ♣SCBG, XTBG; ●GD, HI, YN; ★(AS): CN.

石密 **Alphonsea mollis** Dunn 【N, W/C】 ♣XTBG; ●YN; ★(AS): CN.

藤春 **Alphonsea monogyna** Merr. et Chun 【N, W/C】 ♣FLBG, SCBG, XTBG; ●GD, HI, JX, YN; ★(AS): CN.

多苞藤春 **Alphonsea squamosa** Finet et Gagnep. 【N, W/C】 ♣XTBG; ●YN; ★(AS): CN, VN.

多脉藤春 **Alphonsea tsangyuanensis** P. T. Li 【N, W/C】 ♣XTBG; ●YN; ★(AS): CN.

蕉木属 Chieniodendron

蕉木 **Chieniodendron hainanense** Tsiang et P. T. Li 【N, W/C】 ♣GXIB, SCBG, XLTBG, XMBG, XTBG; ●FJ, GD, GX, HI, YN; ★(AS): CN.

鹰爪花属 Artabotrys

香鹰爪花 **Artabotrys fragrans** Ast 【N, W/C】 ♣SCBG, XTBG; ●GD, YN; ★(AS): CN, VN.

鹰爪花 **Artabotrys hexapetalus** (L. f.) Bhandari 【I, C】 ♣CBG, FBG, FLBG, GA, GMG, GXIB, HBG, IBCAS, SCBG, TBG, TMNS, WBG, XBG, XLTBG, XMBG, XOIG, XTBG; ●AH, BJ, FJ, GD, GX, HB, HI, JX, SC, SH, SN, TW, YN, ZJ; ★(AS): IN, LK.

香港鹰爪花 **Artabotrys hongkongensis** Hance 【N, W/C】 ♣BBG, SCBG, XTBG; ●BJ, GD, YN; ★(AS): CN, VN.

点叶鹰爪花 **Artabotrys punctulatus** C. Y. Wu 【N, W/C】 ♣XTBG; ●YN; ★(AS): CN.

泰国鹰爪花 **Artabotrys siamensis** Miq. 【I, C】 ♣XTBG; ●YN; ★(AS): MM, TH.

哥纳香属 Goniothalamus

台湾哥纳香 **Goniothalamus amuyon** (Blanco) Merr. 【N, W/C】 ♣TMNS, XTBG; ●TW, YN; ★(AS): CN, PH.

景洪哥纳香 **Goniothalamus cheliensis** Hu 【N, W/C】 ♣XTBG; ●YN; ★(AS): CN.

哥纳香 **Goniothalamus chinensis** Merr. et Chun 【N, W/C】 ♣XTBG; ●YN; ★(AS): CN.

田方骨 **Goniothalamus donnajensis** Finet et Gagnep. 【N,W】 ♣XTBG; ●YN; ★(AS): CN, VN.

大花哥纳香 **Goniothalamus griffithii** Hook. f. et Thomson 【N, W/C】 ♣SCBG, XTBG; ●GD, YN; ★(AS): CN, ID, IN, MM, TH.

海南哥纳香 **Goniothalamus howii** Merr. et Chun 【N, W/C】 ♣XTBG; ●YN; ★(AS): CN.

柄芽银钩花 **Goniothalamus laoticus** (Finet et Gagnep.) Ban 【N, W/C】 ♣XTBG; ●YN; ★(AS): CN, LA, TH.

云南哥纳香 **Goniothalamus yunnanensis** W. T. Wang 【N,W】 ♣XTBG; ●YN; ★(AS): CN.

番荔枝属 Annona

杂种番荔枝 **Annona × atemoya** Hort. et Wester 【I, C】 ♣XOIG; ●FJ; ★(NA): BZ, CR, GT, HN, MX, PA, SV; (SA): BO, CO, EC, PE.

毛叶番荔枝（秘鲁番荔枝）**Annona cherimola** Mill. 【I, C】 ♣XOIG, XTBG; ●FJ, YN; ★(NA): BZ, CR, GT, HN, MX, PA, SV; (SA): BO, CO, EC, PE.

圆滑番荔枝 **Annona glabra** L. 【I, C】 ♣FLBG,

GMG, GXIB, HBG, NBG, SCBG, TBG, TMNS, XLTBG, XMBG, XOIG, XTBG; ●FJ, GD, GX, HI, JS, JX, TW, YN, ZJ; ★(NA): BZ, CR, GT, HN, MX, NI, PA, SV; (SA): BO, BR, CO, EC.

异叶番荔枝 **Annona macroprophyllata** Donn. Sm. 【I, C】 ●HI, TW; ★(NA): GT, MX, SV.

山地番荔枝 **Annona montana** Macfad. 【I, C】 ♣SCBG, TBG, XLTBG, XOIG; ●FJ, GD, HI, TW; ★(NA): CR, PA, PR, US; (SA): BO, BR, EC, PE, VE.

刺果番荔枝 **Annona muricata** L. 【I, C】 ♣BBG, FBG, FLBG, HBG, NBG, SCBG, XLTBG, XMBG, XOIG, XTBG; ●BJ, FJ, GD, HI, JS, JX, TW, YN, ZJ; ★(NA): BZ, CR, GT, HN, MX, PA, SV, US; (SA): BO, EC, PE, VE.

牛心番荔枝 **Annona reticulata** L. 【I, C】 ♣FBG, GMG, NBG, SCBG, TMNS, XMBG, XOIG, XTBG; ●FJ, GD, GX, HI, JS, TW, YN; ★(NA): BZ, CR, CU, GT, HN, MX, PA, SV; (SA): BO, EC, PE, VE.

番荔枝 **Annona squamosa** L. 【I, C】 ♣CBG, FBG, FLBG, GMG, GXIB, HBG, NBG, SCBG, WBG, XLTBG, XMBG, XOIG, XTBG; ●FJ, GD, GX, HB, HI, JS, JX, SC, SH, YN, ZJ; ★(NA): BZ, CR, CU, GT, HN, MX, PA, US; (SA): BO, CO, EC, PE.

霹雳果属 Rollinia

硬毛娄林果 **Rollinia hispida** Maas et Westra 【I, C】 ♣BBG, XMBG; ●BJ, FJ; ★(SA): EC, PE.

米糕娄林果（米糕霹雳果）**Rollinia mucosa** (Jacq.) Baill. 【I, C】 ●TW; ★(NA): BZ, CR, GT, HN, PA; (SA): BO, BR, CO, EC, GF, PE, VE.

异萼花属 Disepalum

窄叶异萼花（云桂暗罗）**Disepalum petelotii** (Merr.) D. M. Johnson 【N, W/C】 ♣WBG; ●HB; ★(AS): CN, LA, VN.

斜脉异萼花（斜脉暗罗）**Disepalum plagioneurum** (Diels) D. M. Johnson 【N, W/C】 ♣SCBG; ●GD, HI; ★(AS): CN, VN.

巴婆果属 Asimina

巴婆果（巴婆树）**Asimina triloba** (L.) Dunal 【I, C】 ♣WBG; ●BJ, HA, HB, HE, TW; ★(NA): CA, US.

瓜馥木属 Fissistigma

尖叶瓜馥木 **Fissistigma acuminatissimum** Merr. 【N, W/C】 ♣NBG, XTBG; ●YN; ★(AS): CN, VN.

多脉瓜馥木 **Fissistigma balansae** (A. DC.) Merr. 【N, W/C】 ♣GXIB, XTBG; ●GX, YN; ★(AS): CN, VN.

排骨灵 **Fissistigma bracteolatum** Chatterjee 【N, W/C】 ♣FBG, XTBG; ●FJ, YN; ★(AS): CN, MM, VN.

独山瓜馥木 **Fissistigma cavaleriei** (H. Lév.) Rehder 【N, W/C】 ♣WBG; ●HB; ★(AS): CN.

阔叶瓜馥木 **Fissistigma chloroneurum** (Hand.-Mazz.) Tsiang 【N, W/C】 ♣BBG, SCBG, WBG; ●BJ, GD, HB; ★(AS): CN, VN.

白叶瓜馥木 **Fissistigma glaucescens** (Hance) Merr. 【N, W/C】 ♣FBG, GXIB, SCBG, TBG, XTBG; ●FJ, GD, GX, HI, TW, YN; ★(AS): CN, VN.

广西瓜馥木 **Fissistigma kwangsiense** Tsiang et P. T. Li 【N, W/C】 ♣XTBG; ●YN; ★(AS): CN.

大叶瓜馥木 **Fissistigma latifolium** (Dunal) Merr. 【N, W/C】 ♣XTBG; ●YN; ★(AS): CN, ID, IN, MY, PH, SG, TH, VN.

小萼瓜馥木 **Fissistigma minuticalyx** (McGregor et W. W. Sm.) Chatterjee 【N, W/C】 ♣XTBG; ●YN; ★(AS): CN, MM.

瓜馥木（长柄瓜馥木）**Fissistigma oldhamii** (Hemsl.) Merr. 【N, W/C】 ♣CBG, FBG, GA, GMG, GXIB, HBG, SCBG, WBG, XMBG, XTBG; ●FJ, GD, GX, HB, HI, JX, SH, TW, YN, ZJ; ★(AS): CN, VN.

火绳藤 **Fissistigma poilanei** (Ast) Tsiang et P. T. Li 【N, W/C】 ♣XTBG; ●YN; ★(AS): CN, VN.

黑风藤 **Fissistigma polyanthum** (Hook. f. et Thomson) Merr. 【N, W/C】 ♣GMG, SCBG, WBG, XTBG; ●GD, GX, HB, YN; ★(AS): BT, CN, ID, IN, LK, MM, VN.

凹叶瓜馥木 **Fissistigma retusum** (H. Lév.) Rehder 【N, W/C】 ♣SCBG, XTBG; ●GD, YN; ★(AS): CN, MM.

瘤果瓜馥木 **Fissistigma thorelii** Merr. 【N, W/C】 ♣XTBG; ★(AS): CN, VN.

天堂瓜馥木 **Fissistigma tientangense** Tsiang et P. T. Li 【N, W/C】 ♣GXIB, SCBG, XTBG; ●GD, GX, YN; ★(AS): CN, VN.

东京瓜馥木 **Fissistigma tonkinense** (Finet et

Gagnep.) Merr. 【N,W】 ♣XTBG; ●YN; ★(AS): CN, VN.

香港瓜馥木 **Fissistigma uonicum** (Dunn) Merr. 【N, W/C】 ♣GXIB, SCBG, WBG; ●GD, GX, HB; ★(AS): CN, ID, IN.

贵州瓜馥木 **Fissistigma wallichii** (Hook. f. et Thomson) Merr. 【N, W/C】 ♣XTBG; ●YN; ★(AS): CN, ID, IN.

紫玉盘属 Uvaria

光叶紫玉盘 **Uvaria boniana** Finet et Gagnep. 【N, W/C】 ♣SCBG; ●GD; ★(AS): CN, VN.

刺果紫玉盘 **Uvaria calamistrata** Hance 【N, W/C】 ♣FLBG, XTBG; ●GD, JX, YN; ★(AS): CN, VN.

山椒子 **Uvaria grandiflora** Roxb. 【N, W/C】 ♣FLBG, SCBG, XMBG, XTBG; ●FJ, GD, JX, YN; ★(AS): CN, ID, IN, LA, LK, MM, MY, PH, SG, TH, VN.

黄花紫玉盘 **Uvaria kurzii** (King) P. T. Li 【N, W/C】 ♣WBG, XTBG; ●HB, YN; ★(AS): CN, ID, IN.

瘤果紫玉盘 **Uvaria kweichowensis** P. T. Li 【N, W/C】 ♣XTBG; ●YN; ★(AS): CN.

紫玉盘 **Uvaria macrophylla** Roxb. 【N, W/C】 ♣BBG, FLBG, GMG, GXIB, HBG, SCBG, WBG, XMBG, XTBG; ●BJ, FJ, GD, GX, HB, HI, JX, TW, YN, ZJ; ★(AS): CN, ID, LA, LK, MY, PH, TH, VN.

小果紫玉盘 **Uvaria micrantha** (A. DC.) Hook. f. et Thomson 【I, C】 ♣XTBG; ●YN; ★(AS): KH; (OC): PG.

小花紫玉盘 **Uvaria rufa** Blume 【N, W/C】 ♣XTBG; ●YN; ★(AS): CN, ID, IN, KH, LA, MY, PH, SG, TH, VN; (OC): AU.

东京紫玉盘 **Uvaria tonkinensis** Finet et Gagnep. 【N, W/C】 ♣SCBG, WBG, XTBG; ●GD, HB, YN; ★(AS): CN, LA, VN.

杯冠木属 Cyathostemma

*小花杯冠木 **Cyathostemma micranthum** (A. DC.) J. Sinclair 【I, C】 ♣XTBG; ●YN; ★(AS): LA, MY.

杯冠木 **Cyathostemma yunnanense** Hu 【N, W/C】 ♣XTBG; ●YN; ★(AS): CN, VN.

金帽花属 Melodorum

金帽花 **Melodorum fruticosum** Lour. 【I, C】 ♣XTBG; ●YN; ★(AS): LA.

皂帽花属 Dasymaschalon

丝柄皂帽花 **Dasymaschalon filipes** (Ridl.) Ban 【I, C】 ♣XTBG; ●YN; ★(AS): IN.

喙果皂帽花 **Dasymaschalon rostratum** Merr. et Chun 【N, W/C】 ♣WBG, XTBG; ●HB, HI, YN; ★(AS): CN, VN.

黄花皂帽花 **Dasymaschalon sootepense** Craib 【N, W/C】 ♣XTBG; ●YN; ★(AS): CN, KH, LA, TH, VN.

皂帽花 **Dasymaschalon trichophorum** Merr. 【N, W/C】 ♣SCBG, XTBG; ●GD, HI, YN; ★(AS): CN.

假鹰爪属 Desmos

假鹰爪 **Desmos chinensis** Lour. 【N, W/C】 ♣BBG, CBG, FBG, FLBG, GA, GMG, GXIB, HBG, NBG, SCBG, XLTBG, XMBG, XTBG; ●BJ, FJ, GD, GX, GZ, HI, JS, JX, SH, YN, ZJ; ★(AS): BT, CN, ID, IN, KH, LA, LK, MM, MY, NP, PH, SG, TH, VN.

毛叶假鹰爪 **Desmos dumosus** (Roxb.) Saff. 【N, W/C】 ♣XTBG; ●YN; ★(AS): BT, CN, ID, IN, LA, LK, MM, MY, SG, TH, VN.

亮花假鹰爪 **Desmos saccopetaloides** (W. T. Wang) P. T. Li 【N, W/C】 ♣SCBG, XMBG, XTBG; ●FJ, GD, YN; ★(AS): CN.

云南假鹰爪 **Desmos yunnanensis** (Hu) P. T. Li 【N, W/C】 ♣SCBG, XTBG; ●GD, YN; ★(AS): CN.

12. 蜡梅科 CALYCANTHACEAE

美国蜡梅属 Calycanthus

夏蜡梅 **Calycanthus chinensis** (W. C. Cheng et S. Y. Chang) P. T. Li 【N, W/C】 ♣BBG, CBG, CDBG, FBG, GA, GBG, GXIB, HBG, IBCAS, KBG, NSBG, SCBG, WBG, XMBG, ZAFU; ●BJ, CQ, FJ, GD, GX, GZ, HB, JX, SC, SH, TW, YN, ZJ; ★(AS): CN.

美国蜡梅 **Calycanthus floridus** L. 【I, C】 ♣BBG, CBG, HBG, IBCAS, KBG, LBG, NBG, SCBG, WBG, XTBG; ●BJ, GD, HB, JS, JX, SH, TW, YN, ZJ; ★(NA): US.

被粉美国蜡梅(光叶美国蜡梅)**Calycanthus floridus** var. **glaucus** (Willd.) Torr. et A. Gray 【I, C】

♣IBCAS, LBG, NBG, XTBG; ●BJ, JS, JX, YN; ★(NA): US.

长叶美国蜡梅 **Calycanthus floridus** var. **oblongifolius** (Nutt.) Boufford et Spongberg 【I, C】 ♣CBG, HBG, IBCAS, NBG, XTBG, ZAFU; ●BJ, JS, SH, TW, YN, ZJ; ★(NA): US.

西美蜡梅 **Calycanthus occidentalis** Hook. et Arn. 【I, C】 ♣CBG, IBCAS, NBG, ZAFU; ●BJ, JS, SH, TW, ZJ; ★(NA): US.

蜡梅属 Chimonanthus

西南蜡梅 **Chimonanthus campanulatus** R. H. Chang et C. S. Ding 【N, W/C】 ♣GXIB, ZAFU; ●GX, ZJ; ★(AS): CN.

山蜡梅 **Chimonanthus nitens** Oliv. 【N, W/C】 ♣CBG, CDBG, FBG, GA, GXIB, HBG, IBCAS, KBG, LBG, NBG, SCBG, ZAFU; ●BJ, FJ, GD, GX, JS, JX, SC, SH, YN, ZJ; ★(AS): CN.

蜡梅 **Chimonanthus praecox** (L.) Link 【N, W/C】 ♣BBG, CBG, CDBG, FBG, FLBG, GA, GBG, GXIB, HBG, IBCAS, KBG, LBG, NBG, NSBG, SCBG, WBG, XBG, XMBG, XOIG, XTBG, ZAFU; ●AH, BJ, CQ, FJ, GD, GX, GZ, HA, HB, HN, JS, JX, LN, SC, SH, SN, TW, YN, ZJ; ★(AS): CN, JP, KP.

柳叶蜡梅 **Chimonanthus salicifolius** S. Y. Hu 【N, W/C】 ♣CBG, CDBG, GA, HBG, LBG, NBG, ZAFU; ●JS, JX, SC, SH, ZJ; ★(AS): CN.

浙江蜡梅 **Chimonanthus zhejiangensis** M. C. Liu 【N, W/C】 ♣CDBG; ●SC; ★(AS): CN.

13. 莲叶桐科 HERNANDIACEAE

旋翼果属 Gyrocarpus

旋翼果 **Gyrocarpus americanus** Jacq. 【I, C】 ♣CBG; ●SH; ★(NA): BZ, CR, GT, HN, MX, NI, PA, SV; (SA): CO, EC, VE.

莲叶桐属 Hernandia

澳洲莲叶桐 **Hernandia cordigera** Vieill. 【I, C】 ♣SCBG; ●GD; ★(OC): AU.

莲叶桐 **Hernandia nymphaeifolia** (J. Presl) Kubitzki 【N, W/C】 ♣SCBG, TBG, TMNS, XMBG; ●FJ, GD, TW; ★(AF): MG; (AS): CN, ID, IN, JP, KH, LK, MY, PH, SG, TH, VN; (OC): AU, PAF.

青藤属 Illigera

宽药青藤 **Illigera celebica** Miq. 【N, W/C】 ♣GMG, SCBG, XTBG; ●GD, GX, YN; ★(AS): CN, ID, IN, KH, LA, MY, PH, TH, VN; (OC): PAF.

心叶青藤 **Illigera cordata** Dunn 【N, W/C】 ♣XTBG; ●YN; ★(AS): CN.

大花青藤 **Illigera grandiflora** W. W. Sm. et Jeffrey 【N, W/C】 ♣GXIB, XTBG; ●GX, YN; ★(AS): CN, IN, MM.

圆叶青藤 **Illigera orbiculata** C. Y. Wu 【N, W/C】 ♣XTBG; ●YN; ★(AS): CN.

小花青藤 **Illigera parviflora** Dunn 【N, W/C】 ♣GMG, GXIB, SCBG, XMBG, XTBG; ●FJ, GD, GX, YN; ★(AS): CN, MY, VN.

红花青藤 **Illigera rhodantha** Hance 【N, W/C】 ♣GMG, SCBG, WBG, XTBG; ●GD, GX, HB, HI, YN; ★(AS): CN, KH, LA, TH, VN.

绣毛青藤 **Illigera rhodantha** var. **dunniana** (H. Lév.) Kubitzki 【N, W/C】 ♣XTBG; ●YN; ★(AS): CN, KH, LA, TH, VN.

三叶青藤 **Illigera trifoliata** (Griff.) Dunn 【N, W/C】 ♣SCBG; ●GD; ★(AS): CN, ID, IN, LA, MM, MY, SG.

14. 樟科 LAURACEAE

厚壳桂属 Cryptocarya

尖叶厚壳桂 **Cryptocarya acutifolia** H. W. Li 【N, W/C】 ♣XTBG; ●YN; ★(AS): CN.

*芒尖厚壳桂 **Cryptocarya aristata** Kosterm. 【I, C】 ●HE, SH; ★(OC): NC.

短序厚壳桂 **Cryptocarya brachythyrsa** H. W. Li 【N, W/C】 ♣SCBG, XTBG; ●GD, HI, YN; ★(AS): CN.

岩生厚壳桂 **Cryptocarya calcicola** H. W. Li 【N, W/C】 ♣XTBG; ●YN; ★(AS): CN.

厚壳桂 **Cryptocarya chinensis** (Hance) Hemsl. 【N, W/C】 ♣CBG, SCBG, TBG, TMNS, XTBG; ●GD, HI, SH, TW, YN; ★(AS): CN, JP.

硬壳桂 **Cryptocarya chingii** W. C. Cheng 【N, W/C】 ♣FBG, SCBG; ●FJ, GD, HI; ★(AS): CN, VN.

黄果厚壳桂 **Cryptocarya concinna** Hance 【N, W/C】 ♣HBG, SCBG, TBG, XTBG; ●GD, HI, TW, YN, ZJ; ★(AS): CN, VN.

丛花厚壳桂 **Cryptocarya densiflora** Blume 【N, W/C】 ♣FBG, SCBG, XTBG; ●FJ, GD, HI, YN; ★(AS): CN, ID, IN, LA, MY, PH, VN; (OC): AU.

贫花厚壳桂 **Cryptocarya depauperata** H. W. Li 【N, W/C】 ♣SCBG, XTBG; ●GD, YN; ★(AS): CN.

菲岛厚壳桂 **Cryptocarya elliptifolia** Merr. 【N, W/C】 ♣SCBG, TMNS; ●GD, TW; ★(AS): CN, PH.

海南厚壳桂 **Cryptocarya hainanensis** Merr. 【N, W/C】 ♣XTBG; ●HI, YN; ★(AS): CN, VN.

钝叶厚壳桂 **Cryptocarya impressinervia** H. W. Li 【N, W/C】 ♣SCBG; ●GD, HI; ★(AS): CN, VN.

白背厚壳桂 **Cryptocarya maclurei** Merr. 【N, W/C】 ●HI; ★(AS): CN.

长序厚壳桂 **Cryptocarya metcalfiana** C. K. Allen 【N, W/C】 ♣FBG, SCBG, XTBG; ●FJ, GD, HI, YN; ★(AS): CN, VN.

雅安厚壳桂 **Cryptocarya yaanica** N. Chao 【N, W/C】 ♣CDBG, IBCAS; ●BJ, SC; ★(AS): CN.

云南厚壳桂 **Cryptocarya yunnanensis** H. W. Li 【N, W/C】 ♣XTBG; ●YN; ★(AS): CN, VN.

土楠属 Endiandra

革叶土楠 **Endiandra coriacea** Merr. 【N, W/C】 ♣TMNS; ●TW; ★(AS): CN, PH.

土楠 **Endiandra hainanensis** Merr. et F. P. Metcalf 【N, W/C】 ♣BBG; ●BJ; ★(AS): CN.

塞喀土楠 **Endiandra sankeyana** F. M. Bailey 【I, C】 ♣SCBG; ●GD; ★(OC): AU.

孔药楠属 Sinopora

孔药楠 **Sinopora hongkongensis** (N. H. Xia, Y. F. Deng et K. L. Yip) J. Li, N. H. Xia et H. W. Li 【N, W/C】 ♣SCBG; ●GD; ★(AS): CN.

琼楠属 Beilschmiedia

山潺 **Beilschmiedia appendiculata** (Allen) S. K. Lee et Y. T. Wei 【N, W/C】 ♣SCBG; ●GD; ★(AS): CN.

滇印琼楠 **Beilschmiedia assamica** Meisn. 【I, C】 ★(AS): BT, MM.

勐仑琼楠 **Beilschmiedia brachythyrsa** H. W. Li 【N, W/C】 ♣XTBG; ●YN; ★(AS): CN.

短序琼楠 **Beilschmiedia brevipaniculata** C. K. Allen 【N, W/C】 ♣GMG; ●GX; ★(AS): CN.

美脉琼楠 **Beilschmiedia delicata** S. K. Lee et Y. T. Wei 【N, W/C】 ♣FBG, FLBG; ●FJ, GD, JX; ★(AS): CN.

台琼楠 **Beilschmiedia erythrophloia** Hayata 【N, W/C】 ♣TBG, TMNS; ●TW; ★(AS): CN, JP.

广东琼楠 **Beilschmiedia fordii** Dunn 【N, W/C】 ♣WBG; ●HB; ★(AS): CN, VN.

糠秕琼楠 **Beilschmiedia furfuracea** Chun ex H. T. Chang 【N, W/C】 ♣SCBG; ●GD; ★(AS): CN.

顶序琼楠 **Beilschmiedia glauca** var. **glaucoides** H. W. Li 【N, W/C】 ♣WBG; ●HB; ★(AS): CN.

琼楠 **Beilschmiedia intermedia** C. K. Allen 【N, W/C】 ♣GA, NBG, SCBG, XLTBG, XMBG, XTBG; ●FJ, GD, HI, JS, JX, YN; ★(AS): CN, VN.

红枝琼楠 **Beilschmiedia laevis** C. K. Allen 【N, W/C】 ♣SCBG; ●GD, HI; ★(AS): CN, VN.

李榄琼楠 **Beilschmiedia linocieroides** H. W. Li 【N, W/C】 ♣XTBG; ●YN; ★(AS): CN.

长果琼楠 **Beilschmiedia longicarpa** Chun et S. Lee 【N, W/C】 ♣SCBG; ●GD; ★(AS): CN.

肉柄琼楠 **Beilschmiedia macropoda** C. K. Allen 【N, W/C】 ♣SCBG; ●GD; ★(AS): CN.

少花琼楠 **Beilschmiedia pauciflora** H. W. Li 【N, W/C】 ♣XTBG; ●YN; ★(AS): CN.

厚叶琼楠 **Beilschmiedia percoriacea** C. K. Allen 【N, W/C】 ♣GA, SCBG, XTBG; ●GD, HI, JX, YN; ★(AS): CN.

紫叶琼楠 **Beilschmiedia purpurascens** H. W. Li 【N, W/C】 ♣XTBG; ●YN; ★(AS): CN.

粗壮琼楠 **Beilschmiedia robusta** C. K. Allen 【N, W/C】 ♣XTBG; ●YN; ★(AS): CN.

西畴琼楠 **Beilschmiedia sichourensis** H. W. Li 【N, W/C】 ♣KBG; ●YN; ★(AS): CN.

网脉琼楠 **Beilschmiedia tsangii** Merr. 【N, W/C】 ♣GXIB, SCBG, WBG, XTBG; ●GD, GX, HB, YN; ★(AS): CN, VN.

东方琼楠 **Beilschmiedia tungfangensis** S. K. Lee et L. F. Lau 【N, W/C】 ♣SCBG; ●GD, HI; ★(AS): CN.

海南琼楠 **Beilschmiedia wangii** C. K. Allen 【N, W/C】 ♣SCBG; ●GD, HI; ★(AS): CN, VN.

滇琼楠 **Beilschmiedia yunnanensis** Hu 【N, W/C】 ♣XTBG; ●YN; ★(AS): CN.

油果樟属　Syndiclis

油果樟 **Syndiclis chinensis** C. K. Allen 【N,W】 ♣XTBG; ●YN; ★(AS): CN.

麻栗坡油果樟 **Syndiclis marlipoensis** H. W. Li 【N,W】 ♣XTBG; ●YN; ★(AS): CN.

西畴油果樟 **Syndiclis sichourensis** H. W. Li 【N,W】 ♣XTBG; ●YN; ★(AS): CN.

无根藤属　Cassytha

无根藤 **Cassytha filiformis** Mill. 【N, W/C】 ♣FBG, FLBG, GMG, SCBG, XMBG, XTBG; ●FJ, GD, GX, JX, YN; ★(AF): MG, NG, ZA; (AS): CN, JP, LA, MM, MY, SG, VN; (OC): AU, PAF.

新樟属　Neocinnamomum

滇新樟 **Neocinnamomum caudatum** (Nees) Merr. 【N, W/C】 ♣KBG, SCBG, XTBG; ●GD, YN; ★(AS): BT, CN, ID, IN, LK, MM, NP, TH, VN.

新樟 **Neocinnamomum delavayi** (Lecomte) H. Liu 【N, W/C】 ♣CDBG, GA, GXIB, HBG, KBG, SCBG, WBG, XTBG; ●GD, GX, HB, JX, SC, YN, ZJ; ★(AS): CN.

檬果樟属　Caryodaphnopsis

小花檬果樟 **Caryodaphnopsis henryi** Airy Shaw 【N,W】 ♣XTBG; ●YN; ★(AS): CN.

麻栗坡檬果樟 **Caryodaphnopsis malipoensis** Bing Liu et Y. Yang 【N,W】 ♣XTBG; ●YN; ★(AS): CN, VN.

檬果樟(宽叶檬果樟) **Caryodaphnopsis tonkinensis** (Lecomte) Airy Shaw 【N, W/C】 ♣SCBG, XTBG; ●GD, YN; ★(AS): CN, IN, MY, PH, VN.

润楠属　Machilus

狭基润楠 **Machilus attenuata** F. N. Wei et S. C. Tang 【N, W/C】 ♣GXIB; ●GX; ★(AS): CN.

枇杷叶润楠 **Machilus bonii** Lecomte 【N,W】 ♣XTBG; ●YN; ★(AS): CN, JP, VN.

短序润楠 **Machilus breviflora** (Benth.) Hemsl. 【N, W/C】 ♣FLBG, GA, SCBG; ●GD, JX; ★(AS): CN.

灰岩润楠 **Machilus calcicola** C. J. Qi 【N, W/C】 ♣CDBG, FBG, GXIB; ●FJ, GX, SC; ★(AS): CN, VN.

浙江润楠 **Machilus chekiangensis** S. K. Lee 【N, W/C】 ♣FBG, HBG, XTBG; ●FJ, YN, ZJ; ★(AS): CN.

黔桂润楠 **Machilus chienkweiensis** S. K. Lee 【N, W/C】 ♣CBG, CDBG, FBG, GA, GXIB, NBG, WBG; ●FJ, GX, HB, JS, JX, SC, SH; ★(AS): CN.

华润楠 **Machilus chinensis** (Benth.) Hemsl. 【N, W/C】 ♣NBG, SCBG; ●GD, HI, JS; ★(AS): CN, VN.

黄毛润楠 **Machilus chrysotricha** H. W. Li 【N, W/C】 ♣XMBG; ●FJ; ★(AS): CN.

刻节润楠 **Machilus cicatricosa** S. K. Lee 【N, W/C】 ●HI; ★(AS): CN, VN.

基脉润楠 **Machilus decursinervis** Chun 【N, W/C】 ♣GXIB, SCBG; ●GD, GX; ★(AS): CN, VN.

长梗润楠 **Machilus duthiei** King 【N, W/C】 ♣KBG, WBG, XTBG; ●HB, YN; ★(AS): BT, CN, IN, NP.

簇序润楠 **Machilus fasciculata** H. W. Li 【N, W/C】 ♣WBG, XTBG; ●HB, YN; ★(AS): CN.

黄心树(芳槁润楠) **Machilus gamblei** King ex Hook. f. 【N, W/C】 ♣XLTBG, XTBG; ●HI, YN; ★(AS): BT, CN, ID, IN, KH, LA, MM, NP, TH, VN.

光叶润楠 **Machilus glabrophylla** J. F. Zuo 【N, W/C】 ♣SCBG; ●GD; ★(AS): CN.

贡山润楠 **Machilus gongshanensis** H. W. Li 【N, W/C】 ♣KBG, XTBG; ●YN; ★(AS): CN.

黄绒润楠 **Machilus grijsii** Hance 【N, W/C】 ♣CDBG, FBG, GA, HBG, NBG, SCBG, ZAFU; ●FJ, GD, JS, JX, SC, ZJ; ★(AS): CN, KH, LA, VN.

宜昌润楠 **Machilus ichangensis** Rehder et E. H. Wilson 【N, W/C】 ♣CBG, GA, GBG, GXIB, HBG, LBG, SCBG, WBG; ●GD, GX, GZ, HB, JX, SC, SH, ZJ; ★(AS): CN, VN.

长叶润楠 **Machilus japonica** Siebold et Zucc. 【N, W/C】 ♣TBG; ●TW; ★(AS): CN, JP, KR.

大叶润楠 **Machilus japonica** var. **kusanoi** (Hayata) J. C. Liao 【N, W/C】 ♣GA, TMNS; ●JX, TW; ★(AS): CN.

广东润楠 **Machilus kwangtungensis** Yen C. Yang 【N, W/C】 ♣SCBG, XTBG; ●GD, YN; ★(AS): CN, VN.

薄叶润楠 **Machilus leptophylla** Hand.-Mazz. 【N, W/C】 ♣CBG, FBG, GA, GXIB, HBG, LBG, NBG, SCBG, WBG, ZAFU; ●FJ, GD, GX, HB, JS,

JX, SH, ZJ; ★(AS): CN.

利川润楠 **Machilus lichuanensis** W. C. Cheng【N, W/C】♣CBG, FBG, WBG; ●FJ, HB, SC, SH; ★(AS): CN.

木姜润楠 **Machilus litseifolia** S. K. Lee【N, W/C】♣CBG, FBG, FLBG, HBG, WBG; ●FJ, GD, HB, JX, SH, ZJ; ★(AS): CN.

暗叶润楠 **Machilus melanophylla** H. W. Li【N, W/C】♣XTBG; ●YN; ★(AS): CN.

小果润楠 **Machilus microcarpa** Hemsl.【N, W/C】♣CBG, FBG, HBG, WBG, XLTBG; ●FJ, HB, HI, SC, SH, ZJ; ★(AS): CN.

闽桂润楠 **Machilus minkweiensis** S. K. Lee【N, W/C】♣FBG; ●FJ; ★(AS): CN, VN.

小花润楠 **Machilus minutiflora** (H. W. Li) L. Li, J. Li et H. W. Li.【N,W】♣XTBG; ●YN; ★(AS): CN.

尖峰润楠 **Machilus monticola** S. K. Lee【N, W/C】●HI; ★(AS): CN.

南川润楠 **Machilus nanchuanensis** N. Chao【N, W/C】♣WBG; ●HB, SC; ★(AS): CN.

润楠（滇楠）**Machilus nanmu** (Oliv.) Hemsl.【N, W/C】♣BBG, CDBG, GA, GBG, KBG, NBG, WBG, XTBG; ●BJ, GZ, HB, JS, JX, SC, YN; ★(AS): CN.

倒卵叶润楠 **Machilus obovatifolia** (Hayata) Kaneh. et Sasaki【N, W/C】♣TBG, TMNS; ●TW; ★(AS): CN.

龙眼润楠 **Machilus oculodracontis** Chun【N, W/C】♣SCBG, XTBG; ●GD, YN; ★(AS): CN.

建润楠 **Machilus oreophila** Hance【N, W/C】♣GXIB, HBG, WBG, XTBG; ●GX, HB, YN, ZJ; ★(AS): CN.

赛短花润楠 **Machilus parabreviflora** Hung T. Chang【N, W/C】♣XTBG; ●YN; ★(AS): CN, VN.

刨花润楠 **Machilus pauhoi** Kaneh.【N, W/C】♣CBG, FBG, GA, GXIB, HBG, NBG, SCBG, WBG, XMBG, ZAFU; ●FJ, GD, GX, HB, JS, JX, SH, ZJ; ★(AS): CN.

凤凰润楠 **Machilus phoenicis** Dunn【N, W/C】♣FBG, GXIB, HBG, SCBG, ZAFU; ●FJ, GD, GX, ZJ; ★(AS): CN.

扁果润楠 **Machilus platycarpa** Chun【N, W/C】♣SCBG, XLTBG; ●GD, HI; ★(AS): CN, VN.

梨润楠 **Machilus pomifera** (Kosterm.) S. K. Lee【N, W/C】♣SCBG, XTBG; ●GD, YN; ★(AS): CN.

塔序润楠 **Machilus pyramidalis** H. W. Li【N, W/C】♣XTBG; ●YN; ★(AS): CN.

狭叶润楠 **Machilus rehderi** C. K. Allen【N, W/C】♣CBG, FBG, KBG, WBG; ●FJ, HB, SH, YN; ★(AS): CN.

粗壮润楠 **Machilus robusta** W. W. Sm.【N, W/C】♣GXIB, SCBG, XTBG; ●GD, GX, YN; ★(AS): CN, MM.

红梗润楠 **Machilus rufipes** H. W. Li【N, W/C】♣SCBG, WBG, XTBG; ●GD, HB, YN; ★(AS): CN.

柳叶润楠 **Machilus salicina** Hance【N, W/C】♣FBG, FLBG, GMG, GXIB, HBG, NBG, SCBG, WBG, XMBG, XTBG; ●FJ, GD, GX, HB, HI, JS, JX, YN, ZJ; ★(AS): CN, KH, LA, VN.

瑞丽润楠 **Machilus shweliensis** W. W. Sm.【N,W】♣XTBG; ●YN; ★(AS): CN, MM.

西畴润楠 **Machilus sichourensis** H. W. Li【N, W/C】♣GA; ●JX; ★(AS): CN.

细毛润楠 **Machilus tenuipilis** H. W. Li【N, W/C】♣GA, XTBG; ●JX, YN; ★(AS): CN.

红楠 **Machilus thunbergii** Siebold et Zucc.【N, W/C】♣CBG, CDBG, FBG, FLBG, GA, GXIB, HBG, KBG, LBG, NBG, SCBG, TBG, TMNS, WBG, XMBG, XTBG, ZAFU; ●FJ, GD, GX, HB, JS, JX, SC, SH, TW, YN, ZJ; ★(AS): CN, JP, KP, KR.

绒毛润楠 **Machilus velutina** Champ. ex Benth.【N, W/C】♣FBG, GA, GXIB, HBG, SCBG, WBG, XTBG, ZAFU; ●FJ, GD, GX, HB, HI, JX, YN, ZJ; ★(AS): CN, KH, LA, VN.

黄枝润楠 **Machilus versicolora** S. K. Lee et F. N. Wei【N, W/C】♣GXIB; ●GX; ★(AS): CN.

信宜润楠 **Machilus wangchiana** Chun【N, W/C】♣SCBG; ●GD; ★(AS): CN.

滇润楠 **Machilus yunnanensis** Lecomte【N, W/C】♣CDBG, FBG, FLBG, GA, GXIB, HBG, KBG, NBG, SCBG, WBG, XTBG; ●FJ, GD, GX, HB, JS, JX, SC, YN, ZJ; ★(AS): CN, MM.

香润楠 **Machilus zuihoensis** Hayata【N, W/C】♣KBG, TBG, TMNS; ●TW, YN; ★(AS): CN.

青叶润楠 **Machilus zuihoensis** var. **mushaensis** (F. Y. Lu) Y. C. Liu【N, W/C】♣XTBG; ●YN; ★(AS): CN.

鳄梨属 Persea

鳄梨 **Persea americana** Mill. 【I, C】 ♣BBG, CDBG, FLBG, GMG, GXIB, HBG, IBCAS, KBG, NBG, SCBG, TMNS, XLTBG, XMBG, XOIG, XTBG; ●BJ, FJ, GD, GX, HI, JS, JX, SC, TW, YN, ZJ; ★(NA): BZ, CR, GT, HN, MX, NI, PA, SV; (SA): AR, BO, BR, CO, EC, PE, PY.

红桂鳄梨（红湾鳄梨）**Persea borbonia** (L.) Spreng. 【I, C】 ♣HBG; ●ZJ; ★(NA): US.

印度鳄梨 **Persea indica** (L.) Spreng. 【I, C】♣HBG, KBG, XMBG; ●FJ, YN, ZJ; ★(AS): AZ; (EU): PT.

楠属 Phoebe

闽楠 **Phoebe bournei** (Hemsl.) Yen C. Yang 【N, W/C】 ♣CBG, CDBG, FBG, FLBG, GA, GXIB, HBG, LBG, NBG, SCBG, WBG, XMBG, ZAFU; ●FJ, GD, GX, HB, HI, JS, JX, SC, SH, ZJ; ★(AS): CN.

石山楠 **Phoebe calcarea** S. K. Lee et F. N. Wei 【N, W/C】 ♣GXIB, WBG; ●GX, HB; ★(AS): CN.

浙江楠 **Phoebe chekiangensis** P. T. Li 【N, W/C】 ♣BBG, CBG, CDBG, FBG, FLBG, GA, GXIB, HBG, IBCAS, KBG, LBG, NBG, SCBG, WBG, XMBG, ZAFU; ●BJ, FJ, GD, GX, HB, HI, JS, JX, SC, SH, YN, ZJ; ★(AS): CN.

山楠 **Phoebe chinensis** Chun 【N, W/C】 ●HB, SC; ★(AS): CN.

竹叶楠 **Phoebe faberi** (Hemsl.) Chun 【N, W/C】 ♣CBG, CDBG, FBG, NBG, WBG, XTBG; ●FJ, HB, JS, SC, SH, YN; ★(AS): CN.

台楠 **Phoebe formosana** (Hayata) Hayata 【N, W/C】 ♣TBG, TMNS, XMBG, XTBG; ●FJ, TW, YN; ★(AS): CN.

长毛楠 **Phoebe forrestii** W. W. Sm. 【N, W/C】 ●YN; ★(AS): CN.

粉叶楠 **Phoebe glaucophylla** H. W. Li 【N, W/C】 ♣KBG; ●YN; ★(AS): CN.

细叶楠 **Phoebe hui** W. C. Cheng ex Yen C. Yang 【N, W/C】 ♣CDBG, FBG; ●FJ, HB, SC; ★(AS): CN.

湘楠 **Phoebe hunanensis** Hand.-Mazz. 【N, W/C】 ♣CBG, FBG, GA, KBG, NBG, SCBG, WBG; ●FJ, GD, HB, JS, JX, SH, YN; ★(AS): CN.

红毛山楠 **Phoebe hungmoensis** S. K. Lee 【N, W/C】 ♣GA, SCBG, XLTBG; ●GD, HI, JX; ★(AS): CN, VN.

桂楠 **Phoebe kwangsiensis** H. Liu 【N, W/C】 ♣GXIB; ●GX; ★(AS): CN.

披针叶楠 **Phoebe lanceolata** (Nees) Nees 【N, W/C】 ♣KBG, XTBG; ●YN; ★(AS): BT, CN, ID, IN, LA, LK, MM, MY, NP, TH.

雅砻江楠 **Phoebe legendrei** Lecomte 【N, W/C】 ♣FBG, GA, SCBG; ●FJ, GD, JX; ★(AS): CN.

利川楠 **Phoebe lichuanensis** S. K. Lee 【N, W/C】 ♣SCBG, WBG; ●GD, HB, SC; ★(AS): CN.

大果楠 **Phoebe macrocarpa** C. Y. Wu 【N, W/C】 ♣FLBG, GXIB, KBG, SCBG, XTBG; ●GD, GX, JX, YN; ★(AS): CN, VN.

小花楠 **Phoebe minutiflora** H. W. Li 【N, W/C】 ♣WBG, XTBG; ●HB, YN; ★(AS): CN.

白楠 **Phoebe neurantha** (Hemsl.) Gamble 【N, W/C】 ♣CDBG, FBG, GA, HBG, KBG, LBG, NBG, SCBG, WBG; ●FJ, GD, HB, JS, JX, SC, YN, ZJ; ★(AS): CN.

光枝楠 **Phoebe neuranthoides** S. K. Lee et F. N. Wei 【N, W/C】 ♣GA, WBG; ●HB, JX; ★(AS): CN.

普文楠 **Phoebe puwenensis** W. C. Cheng 【N, W/C】 ♣SCBG, XTBG; ●GD, YN; ★(AS): CN.

红梗楠 **Phoebe rufescens** H. W. Li 【N, W/C】 ♣GBG, KBG, XTBG; ●GZ, YN; ★(AS): CN.

紫楠 **Phoebe sheareri** (Hemsl.) Gamble 【N, W/C】 ♣BBG, CBG, CDBG, FBG, GA, GBG, GXIB, HBG, KBG, LBG, NBG, SCBG, WBG, XMBG, XTBG, ZAFU; ●BJ, FJ, GD, GX, GZ, HB, JS, JX, SC, SH, YN, ZJ; ★(AS): CN, VN.

峨眉楠 **Phoebe sheareri** var. **omeiensis** (Yen C. Yang) N. Chao 【N, W/C】 ♣CDBG; ●SC; ★(AS): CN.

乌心楠 **Phoebe tavoyana** (Meisn.) Hook. f. 【N, W/C】 ♣SCBG; ●GD, HI; ★(AS): CN, ID, IN, KH, LA, MM, MY, TH, VN.

崖楠 **Phoebe yaiensis** S. K. Lee【N, W/C】♣WBG; ●HB; ★(AS): CN, VN.

楠木 **Phoebe zhennan** S. K. Lee et F. N. Wei 【N, W/C】 ♣BBG, CBG, CDBG, FBG, FLBG, KBG, NBG, NSBG, SCBG, WBG, XLTBG; ●BJ, CQ, FJ, GD, HB, HI, JS, JX, SC, SH, YN; ★(AS): CN.

赛楠属 Nothaphoebe

伞花赛楠 **Nothaphoebe umbelliflora** (Blume) Blume 【I, C】 ♣XTBG; ●YN; ★(AS): LA, SG.

油丹属 Alseodaphne

毛叶油丹 **Alseodaphne andersonii** (King ex Hook. f.) Kosterm. 【N, W/C】 ♣XTBG; ●YN; ★(AS): CN, ID, IN, LA, MM, TH, VN.

油丹 **Alseodaphne hainanensis** Merr. 【N, W/C】 ♣GXIB, KBG, SCBG, XLTBG, XTBG; ●GD, GX, HI, YN; ★(AS): CN, VN.

长柄油丹 **Alseodaphne petiolaris** Hook. f. 【N, W/C】 ♣GXIB, SCBG, XTBG; ●GD, GX, YN; ★(AS): CN, ID, IN, MM.

皱皮油丹 **Alseodaphne rugosa** Merr. et Chun 【N, W/C】 ●HI; ★(AS): CN.

莲桂属 Dehaasia

莲桂 **Dehaasia hainanensis** Kosterm. 【N, W/C】 ♣SCBG; ●GD, HI; ★(AS): CN.

广东莲桂 **Dehaasia kwangtungensis** Kosterm. 【N, W/C】 ♣GXIB; ●GX; ★(AS): CN.

拟檫木属 Parasassafras

拟檫木（密花黄肉楠）**Parasassafras confertiflorum** (Meisn.) D. G. Long 【N, W/C】 ♣KBG; ●YN; ★(AS): BT, CN, IN, MM.

黄肉楠属 Actinodaphne

南投黄肉楠 **Actinodaphne acuminata** (Blume) Meisn. 【N, W/C】 ♣CBG, SCBG; ●GD, SH; ★(AS): CN, JP.

红果黄肉楠 **Actinodaphne cupularis** (Hemsl.) Gamble 【N, W/C】 ♣GXIB, KBG, WBG; ●GX, HB, SC, YN; ★(AS): CN.

毛尖树 **Actinodaphne forrestii** (C. K. Allen) Kosterm. 【N, W/C】 ♣GA, KBG, SCBG, WBG; ●GD, HB, JX, YN; ★(AS): CN, VN.

白背黄肉楠 **Actinodaphne glaucina** C. K. Allen 【N, W/C】 ●HI; ★(AS): CN.

思茅黄肉楠 **Actinodaphne henryi** Gamble 【N, W/C】 ♣KBG, SCBG, WBG, XTBG; ●GD, HB, YN; ★(AS): CN, ID, TH.

黔桂黄肉楠 **Actinodaphne kweichowensis** Y. C. Yang et P. H. Huang 【N, W/C】 ♣GXIB; ●GX; ★(AS): CN.

柳叶黄肉楠 **Actinodaphne lecomtei** C. K. Allen 【N, W/C】 ♣GA, SCBG; ●GD, JX, SC; ★(AS): CN.

倒卵叶黄肉楠 **Actinodaphne obovata** (Nees) Blume 【N, W/C】 ♣XTBG; ●YN; ★(AS): BT, CN, ID, IN, LK, MM, NP.

峨眉黄肉楠 **Actinodaphne omeiensis** (Liou) C. K. Allen 【N, W/C】 ♣CDBG, SCBG, WBG; ●GD, HB, SC; ★(AS): CN.

毛黄肉楠 **Actinodaphne pilosa** (Lour.) Merr. 【N, W/C】 ♣FBG, GMG, SCBG, XTBG; ●FJ, GD, GX, HI, YN; ★(AS): CN, LA, VN.

黄肉楠 **Actinodaphne reticulata** Meisn. 【N, W/C】 ♣WBG, XLTBG; ●HB, HI; ★(AS): CN, IN.

马关黄肉楠 **Actinodaphne tsaii** Hu 【N, W/C】 ♣WBG; ●HB; ★(AS): CN.

新木姜子属 Neolitsea

新木姜子 **Neolitsea aurata** (Hayata) Koidz. 【N, W/C】 ♣CDBG, FBG, GA, GBG, GMG, GXIB, HBG, NBG, SCBG, TMNS, WBG; ●FJ, GD, GX, GZ, HB, JS, JX, SC, TW, ZJ; ★(AS): CN, JP.

浙江新木姜子 **Neolitsea aurata** var. **chekiangensis** (Nakai) Yen C. Yang et P. H. Huang 【N, W/C】 ♣CBG, HBG, LBG, ZAFU; ●JX, SH, ZJ; ★(AS): CN.

粉叶新木姜子 **Neolitsea aurata** var. **glauca** Yen C. Yang 【N, W/C】 ♣WBG; ●HB; ★(AS): CN.

云和新木姜子 **Neolitsea aurata** var. **paraciculata** (Nakai) Yen C. Yang et P. H. Huang 【N, W/C】 ♣FBG, GXIB, HBG, SCBG; ●FJ, GD, GX, ZJ; ★(AS): CN.

短梗新木姜子 **Neolitsea brevipes** H. W. Li 【N, W/C】 ♣FBG; ●FJ; ★(AS): CN, IN, NP.

锈叶新木姜子 **Neolitsea cambodiana** Lecomte 【N, W/C】 ♣FBG, GA, GXIB, SCBG, WBG; ●FJ, GD, GX, HB, HI, JX; ★(AS): CN, KH, LA.

香港新木姜子 **Neolitsea cambodiana** var. **glabra** C. K. Allen 【N, W/C】 ♣SCBG; ●GD; ★(AS): CN.

鸭公树 **Neolitsea chui** Merr. 【N, W/C】 ♣FBG, FLBG, GA, GMG, GXIB, HBG, KBG, SCBG, WBG; ●FJ, GD, GX, HB, JX, YN, ZJ; ★(AS): CN.

簇叶新木姜子 **Neolitsea confertifolia** (Hemsl.) Merr. 【N, W/C】 ♣CBG, CDBG, FBG, GA, GXIB, KBG, SCBG, WBG; ●FJ, GD, GX, HB, JX, SC, SH, YN; ★(AS): CN.

香果新木姜子 **Neolitsea ellipsoidea** C. K. Allen 【N, W/C】 ♣XTBG; ●HI, YN; ★(AS): CN.

海南新木姜子 **Neolitsea hainanensis** Yen C. Yang et P. H. Huang【N, W/C】♣GXIB; ●GX; ★(AS): CN.

团花新木姜子 **Neolitsea homilantha** C. K. Allen【N, W/C】♣SCBG, WBG; ●GD, HB; ★(AS): CN.

湘桂新木姜子 **Neolitsea hsiangkweiensis** Yen C. Yang et P. H. Huang【N, W/C】♣CBG, KBG, WBG; ●HB, SH, YN; ★(AS): CN.

广西新木姜子 **Neolitsea kwangsiensis** H. Liu【N, W/C】♣SCBG; ●GD; ★(AS): CN.

大叶新木姜子 **Neolitsea levinei** Merr.【N, W/C】♣CDBG, FBG, GBG, GMG, GXIB, HBG, SCBG, WBG; ●FJ, GD, GX, GZ, HB, SC, ZJ; ★(AS): CN.

龙陵新木姜子 **Neolitsea lunglingensis** H. W. Li【N, W/C】♣KBG; ●YN; ★(AS): CN.

勐腊新木姜子 **Neolitsea menglaensis** Yen C. Yang et P. H. Huang【N, W/C】♣XTBG; ●YN; ★(AS): CN.

长圆叶新木姜子 **Neolitsea oblongifolia** Merr. et Chun【N, W/C】●HI; ★(AS): CN.

钝叶新木姜子 **Neolitsea obtusifolia** Merr.【N, W/C】●HI; ★(AS): CN.

卵叶新木姜子 **Neolitsea ovatifolia** Yen C. Yang et P. H. Huang【N, W/C】♣SCBG; ●GD; ★(AS): CN.

显脉新木姜子 **Neolitsea phanerophlebia** Merr.【N, W/C】♣GA, GXIB, SCBG; ●GD, GX, JX; ★(AS): CN.

屏边新木姜子 **Neolitsea pingbienensis** Yen C. Yang et P. H. Huang【N, W/C】♣GA; ●JX; ★(AS): CN.

羽脉新木姜子 **Neolitsea pinninervis** Yen C. Yang et P. H. Huang【N, W/C】♣GA, SCBG, WBG; ●GD, HB, JX; ★(AS): CN.

多果新木姜子 **Neolitsea polycarpa** H. Liu【N, W/C】♣KBG; ●YN; ★(AS): CN, VN.

美丽新木姜子 **Neolitsea pulchella** (Meisn.) Merr.【N, W/C】●HI; ★(AS): CN.

紫新木姜子 **Neolitsea purpurascens** Yen C. Yang【N, W/C】♣WBG; ●HB; ★(AS): CN.

舟山新木姜子 **Neolitsea sericea** (Blume) Koidz.【N, W/C】♣CBG, CDBG, GA, HBG, IBCAS, KBG, NBG, SCBG, WBG, ZAFU; ●BJ, GD, HB, JS, JX, SC, SH, YN, ZJ; ★(AS): CN, JP, KP, KR.

新宁新木姜子 **Neolitsea shingningensis** Yen C. Yang et P. H. Huang【N, W/C】♣CBG, GA; ●JX, SH; ★(AS): CN.

四川新木姜子（贡山新木姜子）**Neolitsea sutchuanensis** Yen C. Yang【N, W/C】♣KBG; ●YN; ★(AS): CN.

小新木姜子 **Neolitsea umbrosa** (Nees) Gamble【I, C】♣SCBG; ●GD; ★(AS): BD, IN.

变叶新木姜子 **Neolitsea variabillima** (Hayata) Kaneh. et Sasaki【N, W/C】♣TBG; ●TW; ★(AS): CN.

毛叶新木姜子 **Neolitsea velutina** W. T. Wang【N, W/C】♣SCBG; ●GD; ★(AS): CN.

兰屿新木姜子 **Neolitsea villosa** (Blume) Merr.【N, W/C】♣TMNS; ●TW; ★(AS): CN, MY, PH.

巫山新木姜子 **Neolitsea wushanica** (Chun) Merr.【N, W/C】♣CBG, FBG, WBG; ●FJ, HB, SC, SH; ★(AS): CN.

紫云山新木姜子 **Neolitsea wushanica** var. **pubens** Yen C. Yang et P. H. Huang【N, W/C】♣CDBG, GA, GXIB, WBG; ●GX, HB, JX, SC; ★(AS): CN.

南亚新木姜子 **Neolitsea zeylanica** (Nees et T. Nees) Merr.【N, W/C】♣GMG; ●GX; ★(AS): CN, ID, IN, KH, LA, LK, MM, MY, PH, SG, TH, VN; (OC): AU.

月桂属 Laurus

月桂 **Laurus nobilis** L.【I, C】♣BBG, FBG, GXIB, HBG, IBCAS, KBG, NBG, NSBG, SCBG, WBG, XBG, XMBG, XOIG, ZAFU; ●BJ, CQ, FJ, GD, GX, HB, JS, SN, TW, YN, ZJ; ★(AF): MA; (AS): SY, TR; (EU): ES, PT.

山胡椒属 Lindera

乌药 **Lindera aggregata** (Sims) Kosterm.【N, W/C】♣CBG, CDBG, FBG, GA, GMG, GXIB, HBG, KBG, LBG, NBG, SCBG, TBG, TMNS, WBG, XLTBG, XMBG, XTBG, ZAFU; ●FJ, GD, GX, HB, HI, JS, JX, SC, SH, TW, YN, ZJ; ★(AS): CN, JP, PH, VN.

小叶乌药 **Lindera aggregata** var. **playfairii** (Hemsl.) H. B. Cui【N, W/C】♣SCBG; ●GD; ★(AS): CN.

台湾香叶树 **Lindera akoensis** Hayata【N, W/C】♣TBG, TMNS; ●TW; ★(AS): CN.

狭叶山胡椒 **Lindera angustifolia** W. C. Cheng【N, W/C】♣BBG, CBG, CDBG, GXIB, HBG, KBG, LBG, NBG, SCBG, XTBG; ●BJ, GD, GX, JS, JX,

SC, SH, YN, ZJ; ★(AS): CN, KP.

北美山胡椒（北方山胡椒）**Lindera benzoin** (L.) Blume【I, C】♣BBG, IBCAS, NBG; ●BJ, JS, TW; ★(NA): CA, US.

江浙山胡椒 **Lindera chienii** W. C. Cheng【N, W/C】♣CDBG, GXIB, HBG, NBG; ●GX, JS, SC, ZJ; ★(AS): CN.

鼎湖钓樟 **Lindera chunii** Merr.【N, W/C】♣SCBG, WBG; ●GD, HB; ★(AS): CN.

香叶树 **Lindera communis** Hemsl.【N, W/C】♣CBG, CDBG, FBG, FLBG, GA, GXIB, HBG, KBG, LBG, NBG, SCBG, TBG, WBG, XMBG, XOIG, XTBG; ●FJ, GD, GX, HB, HI, JS, JX, SC, SH, TW, YN, ZJ; ★(AS): CN, ID, IN, JP, LA, MM, TH, VN.

红果山胡椒（伏牛山胡椒）**Lindera erythrocarpa** Makino【N, W/C】♣CBG, CDBG, FBG, GA, GXIB, HBG, IBCAS, LBG, NBG, WBG, XMBG, ZAFU; ●BJ, FJ, GX, HB, JS, JX, SC, SH, ZJ; ★(AS): CN, JP, KP, KR.

绒毛钓樟 **Lindera floribunda** (C. K. Allen) H. B. Cui【N, W/C】♣CBG, FBG, NBG; ●FJ, JS, SH; ★(AS): CN.

香叶子（线叶香叶子）**Lindera fragrans** Oliv.【N, W/C】♣NBG, WBG; ●GZ, HB, SC, YN; ★(AS): CN.

山胡椒 **Lindera glauca** (Siebold et Zucc.) Blume【N, W/C】♣BBG, CBG, FBG, GA, GMG, GXIB, HBG, IBCAS, KBG, LBG, NBG, NSBG, WBG, XMBG, ZAFU; ●BJ, CQ, FJ, GX, HB, JS, JX, SC, SH, SX, YN, ZJ; ★(AS): CN, ID, IN, JP, KR, MM, VN.

广东山胡椒 **Lindera kwangtungensis** (H. Liu) C. K. Allen【N, W/C】♣FBG, GXIB, SCBG, WBG; ●FJ, GD, GX, HB, HI; ★(AS): CN.

黑壳楠 **Lindera megaphylla** Hemsl.【N, W/C】♣BBG, CBG, CDBG, FBG, GA, GBG, GXIB, HBG, KBG, NBG, NSBG, SCBG, WBG, XTBG, ZAFU; ●BJ, CQ, FJ, GD, GX, GZ, HB, JS, JX, SC, SH, YN, ZJ; ★(AS): CN, MM.

勐海山胡椒 **Lindera menghaiensis** H. W. Li【N, W/C】♣XTBG; ●YN; ★(AS): CN.

滇粤山胡椒 **Lindera metcalfiana** C. K. Allen【N, W/C】♣SCBG, WBG, XTBG; ●GD, HB, HI, YN; ★(AS): CN, VN.

网叶山胡椒 **Lindera metcalfiana** var. **dictyophylla** (C. K. Allen) H. B. Cui【N, W/C】♣KBG, XTBG; ●YN; ★(AS): CN, VN.

绒毛山胡椒 **Lindera nacusua** (D. Don) Merr.【N, W/C】♣SCBG, XTBG; ●GD, HI, YN; ★(AS): BT, CN, ID, IN, LK, MM, NP, VN.

勐仑山胡椒 **Lindera nacusua** var. **menglungensis** H. B. Cui【N, W/C】♣XTBG; ●YN; ★(AS): CN, LA.

绿叶甘橿（波密钓樟）**Lindera neesiana** (Wall. ex Nees) Kurz【N, W/C】♣CBG, FBG, HBG, IBCAS, LBG, SCBG, WBG; ●BJ, FJ, GD, HB, JX, SH, ZJ; ★(AS): BT, CN, IN, LK, MM, NP.

三桠乌药 **Lindera obtusiloba** Blume【N, W/C】♣BBG, CBG, CDBG, FBG, HBG, IBCAS, KBG, LBG, NBG, SCBG, WBG; ●BJ, FJ, GD, HB, JS, JX, LN, SC, SH, YN, ZJ; ★(AS): BT, CN, IN, JP, KP, KR, NP.

毛山胡椒 **Lindera pilosa** Kosterm.【I, C】♣XTBG; ●YN; ★(AS): ID.

大果山胡椒 **Lindera praecox** (Siebold et Zucc.) Blume【N, W/C】♣CBG, CDBG, HBG, WBG; ●HB, SC, SH, ZJ; ★(AS): CN, JP.

峨眉钓樟 **Lindera prattii** Gamble【N, W/C】♣WBG; ●HB, SC; ★(AS): CN.

西藏钓樟 **Lindera pulcherrima** (Nees) Hook. f.【N, W/C】♣KBG, WBG, XTBG; ●HB, SC, YN; ★(AS): BT, CN, IN, LK, MM, NP.

香粉叶 **Lindera pulcherrima** var. **attenuata** C. K. Allen【N, W/C】♣CBG, GXIB, SCBG, WBG; ●GD, GX, HB, SC, SH; ★(AS): CN.

川钓樟 **Lindera pulcherrima** var. **hemsleyana** (Diels) H. B. Cui【N, W/C】♣GXIB, KBG, WBG, XTBG; ●GX, HB, YN; ★(AS): CN.

山橿 **Lindera reflexa** Hemsl.【N, W/C】♣CBG, GA, GXIB, HBG, LBG, NBG, SCBG, WBG, XMBG, ZAFU; ●FJ, GD, GX, HB, JS, JX, SH, SX, ZJ; ★(AS): CN.

红脉钓樟 **Lindera rubronervia** Gamble【N, W/C】♣CBG, HBG, LBG, NBG, ZAFU; ●JS, JX, SH, ZJ; ★(AS): CN.

四川山胡椒 **Lindera setchuenensis** Gamble【N, W/C】♣FBG, HBG, SCBG, WBG; ●FJ, GD, HB, SC, ZJ; ★(AS): CN.

菱叶钓樟 **Lindera supracostata** Lecomte【N, W/C】♣CBG; ●SH; ★(AS): CN, MM.

三股筋香 **Lindera thomsonii** C. K. Allen【N, W/C】♣GA, KBG, WBG; ●HB, JX, YN; ★(AS): CN, ID, IN, MM, VN.

假桂钓樟 **Lindera tonkinensis** Lecomte【N, W/C】♣XTBG; ●YN; ★(AS): CN, LA, VN.

无梗钓樟 **Lindera tonkinensis** var. **subsessilis** H. W. Li 【N, W/C】 ♣XTBG; ●YN; ★(AS): CN.

大叶钓樟 **Lindera umbellata** Thunb. 【N, W/C】 ♣BBG, HBG, KBG; ●BJ, TW, YN, ZJ; ★(AS): CN, JP.

香面叶属 Iteadaphne

香面叶 **Iteadaphne caudata** (Nees) H. W. Li 【N, W/C】♣GA, SCBG, WBG, XTBG; ●GD, HB, JX, YN; ★(AS): CN, ID, IN, LA, MM, TH, VN.

单花木姜子属 Dodecadenia

单花木姜子 **Dodecadenia grandiflora** Nees 【N, W/C】 ♣GA; ●JX; ★(AS): BT, CN, ID, IN, LK, MM, NP.

木姜子属 Litsea

尖脉木姜子 **Litsea acutivena** Hayata 【N, W/C】 ♣SCBG; ●GD; ★(AS): CN, ID, IN, KH, LA, VN.

天目木姜子 **Litsea auriculata** S. S. Chien et W. C. Cheng 【N, W/C】 ♣CBG, CDBG, GA, HBG, KBG, LBG, NBG, WBG, ZAFU; ●HB, JS, JX, SC, SH, YN, ZJ; ★(AS): CN.

假辣子 **Litsea balansae** Lecomte 【N, W/C】 ♣XTBG; ●YN; ★(AS): CN, VN.

大萼木姜子 **Litsea baviensis** Lecomte 【N, W/C】 ♣SCBG, XTBG; ●GD, HI, YN; ★(AS): CN, TH, VN.

金平木姜子 **Litsea chinpingensis** Yen C. Yang et P. H. Huang 【N, W/C】 ♣GA, KBG, WBG, XTBG; ●HB, JX, YN; ★(AS): CN.

高山木姜子（大叶木姜子）**Litsea chunii** W. C. Cheng 【N, W/C】 ♣SCBG; ●GD, SC; ★(AS): CN.

朝鲜木姜子 **Litsea coreana** H. Lév. 【N, W/C】 ♣LBG, SCBG; ●GD, JX; ★(AS): CN, JP, KP.

毛豹皮樟 **Litsea coreana** var. **lanuginosa** (Migo) Yen C. Yang et P. H. Huang 【N, W/C】 ♣GA, KBG, LBG, SCBG, WBG, XTBG; ●GD, HB, JX, SC, YN; ★(AS): CN.

豹皮樟 **Litsea coreana** var. **sinensis** (C. K. Allen) Yen C. Yang et P. H. Huang 【N, W/C】 ♣CBG, FLBG, GA, GMG, HBG, NBG, SCBG, WBG, XMBG, ZAFU; ●FJ, GD, GX, HB, JS, JX, SH, ZJ; ★(AS): CN.

山鸡椒 **Litsea cubeba** (Lour.) Pers. 【N, W/C】 ♣BBG, CBG, FBG, FLBG, GA, GBG, GMG, GXIB, HBG, KBG, LBG, SCBG, TMNS, WBG, XMBG, XTBG, ZAFU; ●BJ, FJ, GD, GX, GZ, HB, HI, JX, SC, SH, TW, YN, ZJ; ★(AS): BT, CN, ID, JP, KP, KR, LA, MM, VN.

毛山鸡椒 **Litsea cubeba** var. **formosana** (Nakai) Yen C. Yang et P. H. Huang 【N, W/C】 ♣HBG, WBG; ●HB, ZJ; ★(AS): CN.

五桠果叶木姜子 **Litsea dilleniifolia** P. Y. Pai et P. H. Huang 【N, W/C】 ♣GXIB, SCBG, XTBG; ●GD, GX, HI, YN; ★(AS): CN.

黄丹木姜子 **Litsea elongata** (Nees) Hook. f. 【N, W/C】 ♣CBG, CDBG, FBG, GA, GXIB, HBG, KBG, LBG, NBG, SCBG, WBG, XTBG; ●FJ, GD, GX, HB, HI, JS, JX, SC, SH, YN, ZJ; ★(AS): BT, CN, ID, IN, LK, MM, NP, VN.

石木姜子 **Litsea elongata** var. **faberi** (Hemsl.) Yen C. Yang et P. H. Huang 【N, W/C】 ♣GA, KBG; ●JX, SC, YN; ★(AS): CN.

近轮叶木姜子 **Litsea elongata** var. **subverticillata** (Yen C. Yang) Yen C. Yang et P. H. Huang 【N, W/C】 ♣KBG, WBG; ●HB, YN; ★(AS): CN, VN.

兰屿木姜子 **Litsea garciae** Vidal 【N, W/C】 ♣TMNS; ●TW; ★(AS): CN, PH, SG.

潺槁木姜子 **Litsea glutinosa** (Lour.) C. B. Rob. 【N, W/C】 ♣FBG, FLBG, GMG, GXIB, HBG, NBG, SCBG, TMNS, WBG, XLTBG, XMBG, XTBG; ●FJ, GD, GX, HB, HI, JS, JX, TW, YN, ZJ; ★(AS): BT, CN, ID, IN, LA, LK, MM, MY, NP, PH, TH, VN; (OC): AU.

华南木姜子 **Litsea greenmaniana** C. K. Allen 【N, W/C】 ♣FBG, SCBG, XTBG; ●FJ, GD, YN; ★(AS): CN.

红河木姜子 **Litsea honghoensis** H. Liu 【N, W/C】 ♣GA, KBG, SCBG, WBG, XTBG; ●GD, HB, JX, SC, YN; ★(AS): CN.

湖南木姜子 **Litsea hunanensis** Yen C. Yang et P. H. Huang 【N, W/C】 ♣FBG; ●FJ; ★(AS): CN.

湖北木姜子 **Litsea hupehana** Hemsl. 【N, W/C】 ♣FBG, WBG; ●FJ, HB; ★(AS): CN.

黄肉树 **Litsea hypophaea** Hayata 【N, W/C】 ♣TBG, TMNS; ●GD, TW; ★(AS): CN.

宜昌木姜子 **Litsea ichangensis** Gamble 【N, W/C】 ♣CBG, FBG, GXIB, WBG; ●FJ, GX, HB, SC, SH; ★(AS): CN.

广东木姜子 **Litsea kwangtungensis** Hung T. Chang 【N, W/C】 ♣SCBG; ●GD; ★(AS): CN.

剑叶木姜子 **Litsea lancifolia** (Roxb. ex Nees) Benth. et Hook. f. ex Villar 【N, W/C】 ♣FLBG, XTBG; ●GD, JX, YN; ★(AS): BT, CN, ID, IN, MM, MY, PH, SG, TH, VN.

椭圆果木姜子 **Litsea lancifolia** var. **ellipsoidea** Yen C. Yang et P. H. Huang 【N, W/C】 ♣XTBG; ●YN; ★(AS): CN.

有梗木姜子 **Litsea lancifolia** var. **pedicellata** Hook. f. 【N, W/C】 ♣XTBG; ●YN; ★(AS): CN, IN.

大果木姜子 **Litsea lancilimba** Merr. 【N, W/C】 ♣GXIB, SCBG, WBG, XTBG; ●GD, GX, HB, HI, YN; ★(AS): CN, LA, VN.

圆锥木姜子 **Litsea liyuyingii** H. Liu 【N, W/C】 ♣XTBG; ●YN; ★(AS): CN.

长蕊木姜子 **Litsea longistaminata** (H. Liu) Kosterm. 【N, W/C】 ♣WBG, XTBG; ●HB, YN; ★(AS): CN, VN.

润楠叶木姜子 **Litsea machiloides** Yen C. Yang et P. H. Huang 【N, W/C】 ♣SCBG; ●GD; ★(AS): CN.

滇南木姜子 **Litsea martabanica** (Kurz) Hook. f. 【N, W/C】 ♣XTBG; ●YN; ★(AS): CN, MM, TH.

毛叶木姜子 **Litsea mollis** Hemsl. 【N, W/C】 ♣CBG, HBG, KBG, NSBG, WBG, XTBG; ●CQ, HB, SC, SH, YN, ZJ; ★(AS): CN, TH.

假柿木姜子 **Litsea monopetala** (Roxb.) Pers. 【N, W/C】 ♣GMG, GXIB, SCBG, WBG, XLTBG, XTBG; ●GD, GX, HB, HI, YN; ★(AS): BT, CN, ID, IN, KH, LA, LK, MM, MY, NP, PH, PK, SG, TH, VN.

宝兴木姜子 **Litsea moupinensis** Lecomte 【N, W/C】 ♣KBG; ●YN; ★(AS): CN, MM.

四川木姜子 **Litsea moupinensis** var. **szechuanica** (C. K. Allen) Yen C. Yang et P. H. Huang 【N, W/C】 ♣WBG, XBG; ●HB, SN; ★(AS): CN.

香花木姜子 **Litsea panamanja** (Buch.-Ham. ex Nees) Hook. f. 【N, W/C】 ♣SCBG, WBG, XTBG; ●GD, HB, YN; ★(AS): BT, CN, IN, MM, NP, VN.

红皮木姜子 **Litsea pedunculata** (Diels) Yen C. Yang et P. H. Huang 【N, W/C】 ♣GXIB, WBG; ●GX, HB; ★(AS): CN.

毛红皮木姜子 **Litsea pedunculata** var. **pubescens** Yen C. Yang et P. H. Huang 【N, W/C】 ♣BBG; ●BJ; ★(AS): CN.

越南木姜子 **Litsea pierrei** Lecomte 【N, W/C】 ♣XTBG; ●YN; ★(AS): CN, VN.

海桐叶木姜子 **Litsea pittosporifolia** Yen C. Yang et P. H. Huang 【N, W/C】 ♣SCBG; ●GD; ★(AS): CN.

杨叶木姜子 **Litsea populifolia** (Hemsl.) Gamble 【N, W/C】 ♣KBG, SCBG; ●GD, SC, YN; ★(AS): CN.

竹叶木姜子（大武山木姜子）**Litsea pseudoelongata** H. Liu 【N, W/C】 ♣SCBG; ●GD; ★(AS): CN.

木姜子 **Litsea pungens** Hemsl. 【N, W/C】 ♣BBG, CBG, FBG, GA, GBG, IBCAS, KBG, NSBG, SCBG, WBG, XBG, XMBG, XTBG; ●BJ, CQ, FJ, GD, GZ, HB, JX, SC, SH, SN, SX, YN; ★(AS): CN, JP, MM.

圆叶豺皮樟（圆叶豹皮樟）**Litsea rotundifolia** Hemsl. 【N, W/C】 ♣SCBG, XTBG; ●GD, YN; ★(AS): CN, ID, VN.

豺皮樟（豹皮樟）**Litsea rotundifolia** var. **oblongifolia** (Nees) C. K. Allen 【N, W/C】 ♣FBG, NBG, SCBG; ●FJ, GD, JS; ★(AS): CN, VN.

红叶木姜子（长梗木姜子）**Litsea rubescens** Lecomte 【N, W/C】 ♣KBG; ●YN; ★(AS): CN, MM.

滇木姜子 **Litsea rubescens** var. **yunnanensis** Lecomte 【N, W/C】 ♣KBG; ●YN; ★(AS): CN.

黑木姜子 **Litsea salicifolia** (Roxb. ex Nees) Hook. f. 【N, W/C】 ♣WBG, XTBG; ●HB, YN; ★(AS): BT, CN, IN, MM, NP, VN.

玉兰叶木姜子 **Litsea semecarpifolia** (Wall. ex Nees) Hook. f. 【N, W/C】 ♣XTBG; ●YN; ★(AS): CN, LA, MM, TH.

桂北木姜子 **Litsea subcoriacea** Yen C. Yang et P. H. Huang 【N, W/C】 ♣FBG; ●FJ; ★(AS): CN.

栓皮木姜子 **Litsea suberosa** Yen C. Yang et P. H. Huang 【N, W/C】 ♣WBG; ●HB; ★(AS): CN.

思茅木姜子 **Litsea szemaois** (H. Liu) J. Li et H. W. Li 【N, W/C】 ♣XTBG; ●YN; ★(AS): CN.

秦岭木姜子 **Litsea tsinlingensis** Yen C. Yang et P. H. Huang 【N, W/C】 ♣WBG; ●HB; ★(AS): CN.

伞花木姜子 **Litsea umbellata** (Lour.) Merr. 【N, W/C】 ♣WBG, XTBG; ●HB, YN; ★(AS): CN, ID, IN, KH, LA, MM, MY, SG, TH, VN.

黄椿木姜子 **Litsea variabilis** Hemsl. 【N, W/C】 ♣SCBG; ●GD, HI; ★(AS): CN, LA, TH, VN.

毛黄椿木姜子 **Litsea variabilis** var. **oblonga** Lecomte 【N, W/C】 ♣WBG; ●HB; ★(AS): CN, VN.

轮叶木姜子 **Litsea verticillata** Hance 【N, W/C】 ♣GA, GMG, GXIB, SCBG, WBG, XTBG; ●GD,

GX, HB, JX, YN; ★(AS): CN, KH, TH, VN.

绒叶木姜子 **Litsea wilsonii** Gamble 【N, W/C】 ♣CDBG; ●SC; ★(AS): CN, MM.

云南木姜子（多蕊木姜子）**Litsea yunnanensis** Yen C. Yang et P. H. Huang 【N, W/C】 ♣GXIB, XTBG; ●GX, YN; ★(AS): CN, VN.

檫木属 Sassafras

白檫木 **Sassafras albidum** (Nutt.) Nees 【I, C】 ♣BBG; ●BJ; ★(NA): CA, US.

台湾檫木 **Sassafras randaiense** (Hayata) Rehder 【N, W/C】 ♣TBG; ●TW; ★(AS): CN.

檫木 **Sassafras tzumu** (Hemsl.) Hemsl. 【N, W/C】 ♣CBG, CDBG, FBG, GA, GBG, GMG, GXIB, HBG, KBG, LBG, MDBG, NBG, NSBG, WBG, XMBG, XTBG, ZAFU; ●CQ, FJ, GS, GX, GZ, HB, JL, JS, JX, SC, SH, YN, ZJ; ★(AS): CN, VN.

樟属 Cinnamomum

毛桂 **Cinnamomum appelianum** Schewe 【N, W/C】 ♣GXIB, SCBG, WBG; ●GD, GX, HB; ★(AS): CN.

华南桂 **Cinnamomum austrosinense** H. T. Chang 【N, W/C】 ♣HBG, SCBG, XMBG; ●FJ, GD, ZJ; ★(AS): CN.

滇南桂 **Cinnamomum austroyunnanense** H. W. Li 【N, W/C】 ♣XTBG; ●YN; ★(AS): CN.

钝叶桂 **Cinnamomum bejolghota** (Buch.-Ham.) Sweet 【N, W/C】 ♣BBG, SCBG, XTBG; ●BJ, GD, HI, YN; ★(AS): BT, CN, ID, IN, LA, LK, MM, NP, TH, VN.

猴樟 **Cinnamomum bodinieri** H. Lév. 【N, W/C】 ♣CBG, CDBG, FBG, GA, GBG, GXIB, KBG, NBG, SCBG, WBG; ●FJ, GD, GX, GZ, HB, JS, JX, SC, SH, YN; ★(AS): CN.

阴香 **Cinnamomum burmannii** (Nees et T. Nees) Blume 【N, W/C】 ♣BBG, CBG, CDBG, FLBG, GA, GMG, GXIB, HBG, KBG, NBG, SCBG, WBG, XLTBG, XMBG, XTBG; ●BJ, FJ, GD, GX, GZ, HB, HI, JS, JX, SC, SH, YN, ZJ; ★(AS): CN, ID, IN, JP, MM, PH, SG, VN.

樟 **Cinnamomum camphora** (L.) J. Presl 【N, W/C】 ♣BBG, CBG, CDBG, FBG, FLBG, GA, GBG, GMG, GXIB, HBG, IBCAS, KBG, LBG, NBG, NSBG, SCBG, TBG, TMNS, WBG, XBG, XLTBG, XMBG, XOIG, XTBG, ZAFU; ●AH, BJ, CQ, FJ, GD, GX, GZ, HB, HI, HN, JS, JX, SC, SH, SN, TW, YN, ZJ; ★(AS): CN, JP, KR, LA, MM, SG, VN.

肉桂 **Cinnamomum cassia** Siebold 【N, W/C】 ♣BBG, FBG, GA, GBG, GMG, GXIB, HBG, KBG, NBG, SCBG, TMNS, WBG, XLTBG, XMBG, XTBG; ●BJ, FJ, GD, GX, GZ, HB, HI, JS, JX, SC, TW, YN, ZJ; ★(AS): CN.

坚叶樟 **Cinnamomum chartophyllum** H. W. Li 【N, W/C】 ♣XTBG; ●YN; ★(AS): CN.

聚花桂 **Cinnamomum contractum** H. W. Li 【N, W/C】 ●YN; ★(AS): CN.

*硬叶灌木樟 **Cinnamomum durifruticeticola** Hatus. 【I, C】 ♣XTBG; ●YN; ★(AS): JP.

尾叶樟 **Cinnamomum foveolatum** (Merr.) H. W. Li et J. Li 【N, W/C】 ♣WBG; ●HB; ★(AS): CN, VN.

云南樟 **Cinnamomum glanduliferum** (Wall.) Meisn. 【N, W/C】 ♣GBG, HBG, KBG, WBG, XMBG, XTBG; ●FJ, GZ, HB, YN, ZJ; ★(AS): BT, CN, ID, IN, LK, MM, MY, NP.

狭叶桂 **Cinnamomum heyneanum** Nees 【N, W/C】 ♣KBG, WBG, XTBG; ●HB, YN; ★(AS): CN, ID, IN.

八角樟 **Cinnamomum ilicioides** A. Chev. 【N, W/C】 ♣SCBG, XMBG; ●FJ, GD; ★(AS): CN, TH, VN.

大叶桂 **Cinnamomum iners** Wight 【N, W/C】 ♣KBG, TMNS, WBG, XTBG; ●HB, TW, YN; ★(AS): CN, ID, IN, KH, LA, LK, MM, MY, SG, TH, VN.

天竺桂 **Cinnamomum japonicum** Siebold ex Nakai 【N, W/C】 ♣BBG, CBG, CDBG, FBG, GA, GBG, GXIB, HBG, KBG, LBG, NBG, NSBG, SCBG, TMNS, WBG, XTBG, ZAFU; ●BJ, CQ, FJ, GD, GX, GZ, HB, JS, JX, SC, SH, TW, YN, ZJ; ★(AS): CN, JP, KP, KR.

野黄桂 **Cinnamomum jensenianum** Hand.-Mazz. 【N, W/C】 ♣BBG, CBG, FBG, KBG, LBG, SCBG, WBG, XTBG; ●BJ, FJ, GD, HB, JX, SC, SH, YN; ★(AS): CN.

兰屿肉桂 **Cinnamomum kotoense** Kaneh. et Sasaki 【N, W/C】 ♣BBG, CBG, IBCAS, KBG, SCBG, TMNS, XMBG, ZAFU; ●BJ, FJ, GD, SH, TW, YN, ZJ; ★(AS): CN.

软皮桂 **Cinnamomum liangii** C. K. Allen 【N, W/C】 ♣SCBG, WBG; ●GD, HB, HI; ★(AS): CN, VN.

油樟 **Cinnamomum longipaniculatum** (Gamble) N.

Chao ex H. W. Li【N, W/C】♣HBG, NBG, WBG; ●HB, JS, SC, YN, ZJ; ★(AS): CN.

长柄樟 **Cinnamomum longipetiolatum** H. W. Li【N, W/C】♣XTBG; ●YN; ★(AS): CN.

清化桂 **Cinnamomum loureiroi** Nees【I, C】♣FBG, FLBG, XLTBG, XMBG, XOIG; ●FJ, GD, HI, JX; ★(AS): VN.

银叶桂 **Cinnamomum mairei** H. Lév.【N, W/C】♣CBG, GXIB; ●GX, HI, SC, SH; ★(AS): CN.

沉水樟(牛樟) **Cinnamomum micranthum** (Hayata) Hayata【N, W/C】♣CDBG, FBG, FLBG, GA, GBG, GXIB, HBG, SCBG, TBG, TMNS, ZAFU; ●FJ, GD, GX, GZ, HI, JX, SC, TW, ZJ; ★(AS): CN, VN.

毛叶樟 **Cinnamomum mollifolium** H. W. Li【N, W/C】♣XTBG; ●YN; ★(AS): CN.

土肉桂 **Cinnamomum osmophloeum** Kaneh.【N, W/C】♣SCBG, TBG, TMNS, WBG, XTBG; ●GD, HB, TW, YN; ★(AS): CN.

黄樟(阳春樟) **Cinnamomum parthenoxylon** (Jack) Meisn.【N, W/C】♣CDBG, GA, GMG, GXIB, HBG, KBG, SCBG, WBG, XLTBG, XTBG, ZAFU; ●GD, GX, HB, HI, JX, SC, YN, ZJ; ★(AS): BT, CN, ID, IN, KH, LA, MM, MY, NP, PK, TH, VN.

少花桂 **Cinnamomum pauciflorum** Nees【N, W/C】♣FBG, GXIB, NBG, SCBG, WBG, XTBG; ●FJ, GD, GX, HB, JS, SC, YN; ★(AS): BT, CN, ID, IN, LK, MM, NP.

屏边桂 **Cinnamomum pingbienense** H. W. Li【N, W/C】♣XTBG; ●YN; ★(AS): CN.

阔叶樟 **Cinnamomum platyphyllum** (Diels) C. K. Allen【N, W/C】♣CDBG, WBG; ●HB, SC; ★(AS): CN.

网脉桂 **Cinnamomum reticulatum** Hayata【N, W/C】♣TBG, TMNS; ●TW; ★(AS): CN.

卵叶桂 **Cinnamomum rigidissimum** H. T. Chang【N, W/C】♣SCBG; ●GD, HI; ★(AS): CN.

绒毛樟 **Cinnamomum rufotomentosum** K. M. Lan【N, W/C】♣SCBG; ●GD; ★(AS): CN.

岩樟 **Cinnamomum saxatile** H. W. Li【N, W/C】♣GXIB, WBG, XTBG; ●GX, HB, YN; ★(AS): CN.

银木 **Cinnamomum septentrionale** Hand.-Mazz.【N, W/C】♣BBG, HBG, KBG, NSBG, SCBG, WBG, ZAFU; ●BJ, CQ, GD, HB, YN, ZJ; ★(AS): CN.

香桂 **Cinnamomum subavenium** Miq.【N, W/C】♣CBG, CDBG, FBG, GA, GXIB, HBG, KBG, LBG, NBG, SCBG, TBG, TMNS, WBG, XMBG, XTBG, ZAFU; ●FJ, GD, GX, HB, JS, JX, SC, SH, TW, YN, ZJ; ★(AS): CN, ID, IN, KH, LA, MM, MY, SG, TH, VN.

柴桂 **Cinnamomum tamala** (Buch.-Ham.) T. Nees et Eberm.【N, W/C】♣FBG, SCBG, WBG, XTBG; ●FJ, GD, HB, SC, YN; ★(AS): BT, CN, ID, IN, LA, LK, MM, NP; (OC): AU.

细毛樟 **Cinnamomum tenuipile** Kosterm.【N, W/C】♣KBG, XTBG; ●YN; ★(AS): CN.

假桂皮树 **Cinnamomum tonkinense** (Lecomte) A. Chev.【N, W/C】♣SCBG, WBG; ●GD, HB; ★(AS): CN, LA, VN.

粗脉桂 **Cinnamomum validinerve** Hance【N, W/C】♣SCBG, XLTBG; ●GD, HI; ★(AS): CN.

锡兰肉桂 **Cinnamomum verum** J. Presl【I, C】♣BBG, FBG, GMG, HBG, SCBG, TBG, TMNS, XMBG, XOIG, XTBG; ●BJ, FJ, GD, GX, HI, TW, YN, ZJ; ★(AS): LK.

川桂 **Cinnamomum wilsonii** Gamble【N, W/C】♣CDBG, FBG, FLBG, GXIB, NBG, WBG, XTBG; ●FJ, GD, GX, HB, JS, JX, SC, YN; ★(AS): CN.

加州桂属 Umbellularia

加州桂(北美木姜子) **Umbellularia californica** (Hook. et Arn.) Nutt.【I, C】♣WBG; ●HB; ★(NA): US.

15. 金粟兰科 CHLORANTHACEAE

草珊瑚属 Sarcandra

草珊瑚 **Sarcandra glabra** (Thunb.) Nakai【N, W/C】♣CBG, FBG, FLBG, GA, GBG, GMG, GXIB, HBG, LBG, NBG, SCBG, TMNS, WBG, XMBG, XTBG, ZAFU; ●FJ, GD, GX, GZ, HB, JS, JX, SC, SH, TW, YN, ZJ; ★(AS): CN, ID, IN, JP, KH, KP, KR, LA, LK, MY, PH, TH, VN.

海南草珊瑚 **Sarcandra glabra** subsp. **brachystachys** (Blume) Verdc.【N, W/C】♣FLBG, KBG, NBG, WBG, XTBG; ●GD, HB, JS, JX, YN; ★(AS): CN,

LA, TH, VN.

金粟兰属 Chloranthus

狭叶金粟兰 **Chloranthus angustifolius** Oliv. 【N, W/C】 ♣IBCAS, WBG; ●BJ, HB; ★(AS): CN, RU-AS.

鱼子兰 **Chloranthus erectus** Sweet 【N, W/C】 ♣CDBG, FLBG, IBCAS, KBG, NBG, XTBG; ●BJ, GD, JS, JX, SC, YN; ★(AS): BT, CN, ID, IN, KH, LA, LK, MM, MY, NP, PH, RU-AS, SG, TH, VN.

丝穗金粟兰 **Chloranthus fortunei** (A. Gray) Solms 【N, W/C】 ♣CBG, GMG, HBG, IBCAS, LBG, NBG, SCBG, WBG, ZAFU; ●BJ, GD, GX, HB, JS, JX, SH, ZJ; ★(AS): CN, JP, KR, RU-AS.

宽叶金粟兰 **Chloranthus henryi** Hemsl. 【N, W/C】 ♣CBG, FBG, GA, GBG, GMG, GXIB, HBG, LBG, SCBG, WBG, XMBG, XTBG; ●FJ, GD, GX, GZ, HB, JX, SC, SH, YN, ZJ; ★(AS): CN, RU-AS.

湖北金粟兰 **Chloranthus henryi** var. **hupehensis** (Pamp.) K. F. Wu 【N, W/C】 ♣WBG; ●HB, SC; ★(AS): CN.

全缘金粟兰 **Chloranthus holostegius** (Hand.-Mazz.) C. Pei et San 【N, W/C】 ♣GXIB, KBG, SCBG, XTBG; ●GD, GX, SC, YN; ★(AS): CN, RU-AS.

银线草 **Chloranthus japonicus** Siebold 【N, W/C】 ♣HFBG, IBCAS, XBG, XTBG; ●BJ, HL, SN, YN; ★(AS): CN, JP, KP, KR, MN, RU-AS.

多穗金粟兰 **Chloranthus multistachys** C. Pei 【N, W/C】 ♣FLBG, GBG, IBCAS, LBG, SCBG, WBG, XTBG; ●BJ, GD, GZ, HB, JX, SC, YN; ★(AS): CN, RU-AS.

台湾金粟兰 **Chloranthus oldhamii** Solms 【N, W/C】 ♣TMNS; ●TW; ★(AS): CN, RU-AS.

及己 **Chloranthus serratus** (Thunb.) Roem. et Schult. 【N, W/C】 ♣CBG, FBG, GMG, GXIB, HBG, IBCAS, LBG, NBG, SCBG, WBG, XMBG, ZAFU; ●BJ, FJ, GD, GX, HB, JS, JX, SC, SH, ZJ; ★(AS): CN, JP, KR, MN, RU-AS.

四川金粟兰 **Chloranthus sessilifolius** K. F. Wu 【N, W/C】 ♣WBG; ●HB, SC; ★(AS): CN, RU-AS.

金粟兰 **Chloranthus spicatus** (Thunb.) Makino 【N, W/C】 ♣BBG, FBG, FLBG, GA, GBG, GMG, GXIB, HBG, IBCAS, KBG, LBG, NSBG, SCBG, TBG, WBG, XBG, XMBG, XTBG, ZAFU; ●BJ, CQ, FJ, GD, GX, GZ, HB, JX, SC, SN, TW, YN, ZJ; ★(AS): CN, JP, RU-AS, TH.

16. 菖蒲科 ACORACEAE

菖蒲属 Acorus

菖蒲 **Acorus calamus** L. 【N, W/C】 ♣BBG, CBG, FBG, FLBG, GA, GBG, GMG, GXIB, HBG, HFBG, IBCAS, KBG, LBG, NBG, NSBG, SCBG, TMNS, WBG, XBG, XLTBG, XMBG, XTBG, ZAFU; ●BJ, CQ, FJ, GD, GX, GZ, HB, HI, HL, JS, JX, SC, SH, SN, TW, YN, ZJ; ★(AF): ZA; (AS): AF, BT, CN, GE, ID, IN, JP, KP, KR, LA, LK, MM, MN, MY, NP, PH, PK, RU-AS, TH, VN; (EU): AT, BA, BE, BG, CZ, DE, FI, GB, HR, HU, IT, ME, MK, NL, NO, PL, RO, RS, RU, SI.

金钱蒲（石菖蒲）**Acorus gramineus** Sol. ex Aiton 【N, W/C】 ♣BBG, CBG, CDBG, FBG, FLBG, GA, GBG, GMG, GXIB, HBG, IBCAS, KBG, LBG, NBG, NSBG, SCBG, TMNS, WBG, XBG, XLTBG, XMBG, XTBG, ZAFU; ●BJ, CQ, FJ, GD, GX, GZ, HB, HI, JS, JX, SC, SH, SN, TW, YN, ZJ; ★(AS): BT, CN, ID, IN, JP, KH, KR, LA, LK, MM, PH, RU-AS, SG, TH, VN.

17. 天南星科 ARACEAE

沼芋属 Lysichiton

沼芋 **Lysichiton americanus** Hultén et H. St. John 【I, C】 ★(NA): US.

堪察加沼芋 **Lysichiton camtschatcensis** (L.) Schott 【I, C】 ★(AS): JP, RU-AS.

臭菘属 Symplocarpus

*肾叶臭菘 **Symplocarpus renifolius** Schott ex Tzvelev 【N, W/C】 ♣BBG, TMNS; ●BJ, TW; ★(AS): CN, JP, KP, RU-AS.

紫萍属 Spirodela

紫萍 **Spirodela polyrhiza** (L.) Schleid. 【N, W/C】 ♣FBG, FLBG, GA, GBG, GMG, HBG, IBCAS, LBG, NBG, SCBG, TBG, WBG, XMBG, XTBG, ZAFU; ●BJ, FJ, GD, GX, GZ, HB, JS, JX, TW, YN, ZJ; ★(AF): EG, MA, NG; (AS): CN, GE, ID, IN, JP, KP, KR, NP, PH, SA, TR; (EU): AT, BA, BE, BG, CZ, DE, ES, FI, GB, HR, HU, IT, LU, ME, MK, NL, NO, PL, RO, RS, RU, SI, TR.

浮萍属 Lemna

浮萍 **Lemna minor** L. 【N, W/C】 ♣FBG, FLBG, GA, GBG, GMG, HBG, IBCAS, LBG, SCBG, WBG, XMBG, XTBG, ZAFU; ●BJ, FJ, GD, GX, GZ, HB, JX, YN, ZJ; ★(AF): MA; (AS): AF, BT, CN, ID, IN, JP, KZ, MN, NP, PH, PK, RU-AS, TM, TR; (EU): FR, IS, RS.

单脉萍 **Lemna minuta** Kunth 【I, N】 ★(NA): US.

稀脉浮萍 **Lemna perpusilla** Torr. 【N, W/C】 ♣GA, IBCAS, TBG, WBG, XTBG; ●BJ, HB, JX, TW, YN; ★(AF): CV, EG; (AS): BT, CN, ID, KR, LA, MY, PH, SG, YE; (OC): AU, FJ.

品藻 **Lemna trisulca** L. 【N, W/C】 ♣IBCAS, LBG, NBG, TMNS, WBG; ●BJ, HB, JS, JX, TW; ★(AF): MA; (AS): AF, AZ, CN, IN, JP, KG, KZ, MM, MN, PH, PK, RU-AS, TR; (EU): AL, BY, FR, HR, IS, RS.

斑萍属 Landoltia

斑萍（兰氏萍）**Landoltia punctata** (G. Mey.) Les et D. J. Crawford 【N, W/C】 ♣WBG; ●HB; ★(AF): EG; (AS): CN, ID, IN, JP, MY, PH, TH, VN; (OC): FJ, PAF; (NA): CR, US; (SA): BR, EC.

无根萍属 Wolffia

芜萍 **Wolffia globosa** (Roxb.) Hartog et Plas 【N, W/C】 ♣FBG, FLBG, GA, IBCAS, WBG, XMBG, XTBG, ZAFU; ●BJ, FJ, GD, HB, JX, YN, ZJ; ★(AF): AO, CV, MA, NG, ZA; (AS): CN, ID, IN, JP, KH, KR, LA, LK, MM, MY, NP, PH, PK, SG, TH, VN; (OC): AU.

花烛属 Anthurium

杂种花烛 **Anthurium × hybridum** Hort. 【I, C】 ★(EU): GB.

*凯勒花烛 **Anthurium × kellerianum** Engl. 【I, C】 ♣XTBG; ●YN; ★(EU): DE.

花烛（红掌）**Anthurium andraeanum** Linden 【I, C】 ♣BBG, CDBG, FBG, FLBG, IBCAS, KBG, LBG, SCBG, TBG, TMNS, WBG, XLTBG, XMBG, XOIG, XTBG, ZAFU; ●BJ, FJ, GD, HB, HI, JX, SC, SH, TW, YN, ZJ; ★(SA): CO, EC.

狭叶花烛 **Anthurium bakeri** Hook. f. 【I, C】 ♣XMBG; ●FJ; ★(NA): BM.

Anthurium barclayanum Engl. 【I, C】 ♣FLBG; ●GD, JX; ★(SA): EC, PE.

Anthurium bonplandii G. S. Bunting 【I, C】 ♣FLBG; ●GD, JX; ★(SA): BR, CO, GF, GY, PE, VE.

*布雷德花烛 **Anthurium bradeanum** Croat et Grayum 【I, C】 ♣XTBG; ●YN; ★(NA): CR, NI, PA.

Anthurium bulaoanum Engl. 【I, C】 ♣FLBG; ●GD, JX; ★(SA): EC.

*显脉花烛 **Anthurium clarinervium** Matuda 【I, C】 ♣SCBG, XMBG; ●FJ, GD; ★(NA): MX.

Anthurium crassinervium (Jacq.) Schott 【I, C】 ♣FLBG; ●GD, JX; ★(SA): CO, GY, PE, VE.

Anthurium crenatum (L.) Kunth 【I, C】 ♣FLBG; ●GD, JX; ★(NA): CR, DO, PR, VG, WW.

Anthurium croatii Madison 【I, C】 ♣FLBG; ●GD, JX; ★(SA): BO, BR, EC, PE.

水晶花烛 **Anthurium crystallinum** Linden et André 【I, C】 ♣CBG, FLBG, KBG, LBG, SCBG, TMNS, XMBG, XTBG; ●FJ, GD, JX, SH, TW, YN; ★(SA): CO.

*埃内斯蒂花烛 **Anthurium ernestii** Engl. 【I, C】 ♣FLBG; ●GD, JX, TW; ★(SA): EC.

*芬德勒花烛 **Anthurium fendleri** Schott 【I, C】 ♣FLBG; ●GD, JX, TW; ★(NA): BM.

*曲叶花烛 **Anthurium fornicifolium** Croat 【I, C】 ♣XTBG; ●YN; ★(SA): EC.

Anthurium galactospadix Croat 【I, C】 ♣FLBG; ●GD, JX; ★(SA): BR, CO, PE.

*哈里斯花烛 **Anthurium harrisii** (Graham) G. Don 【I, C】 ♣FLBG; ●GD, JX, TW; ★(SA): BR.

波叶花烛 **Anthurium hookeri** Kunth 【I, C】 ♣TMNS; ●TW; ★(SA): GY, VE.

Anthurium jenmanii Engl. 【I, C】 ♣FLBG; ●GD, JX; ★(NA): TT; (SA): BR, CO, EC, GF, GY, VE.

Anthurium lilacinum G. S. Bunting 【I, C】 ♣FLBG; ●GD, JX; ★(SA): BR, VE.

舌状花烛 **Anthurium linguifolium** Engl. 【I, C】 ♣XTBG; ●YN; ★(SA): EC.

*卢埃林花烛 **Anthurium llewelynii** Croat 【I, C】 ♣FLBG; ●GD, JX, TW; ★(SA): PE.

Anthurium longipeltatum Matuda 【I, C】 ♣FLBG; ●GD, JX; ★(NA): MX.

绒叶花烛 **Anthurium magnificum** Linden 【I, C】 ♣FLBG, SCBG, TBG, TMNS; ●GD, JX, TW; ★(SA): CO.

*钝头花烛 **Anthurium obtusatum** Engl. 【I, C】

♣FLBG; ●GD, JX, TW; ★(SA): CO.

钝形花烛 **Anthurium obtusum** (Engl.) Grayum【I, C】 ♣XTBG; ●TW, YN; ★(SA): EC.

*喜酸花烛 **Anthurium oxyphyllum** Sodiro【I, C】 ♣FLBG, XTBG; ●GD, JX, TW, YN; ★(SA): EC.

巴拉圭花烛 **Anthurium paraguayense** Engl.【I, C】 ♣FLBG, XMBG; ●FJ, GD, JX, TW; ★(SA): AR, BR, PE.

*寄生花烛 **Anthurium parasiticum** (Vell.) Stellfeld【I, C】 ♣FLBG; ●GD, JX, TW; ★(SA): BR.

掌叶花烛 **Anthurium pedatoradiatum** Schott【I, C】 ♣FLBG, SCBG, TMNS, XMBG, XTBG; ●FJ, GD, JX, TW, YN; ★(NA): MX.

*喜林芋状花烛 **Anthurium philodendroides** Sodiro【I, C】 ♣XTBG; ●YN; ★(SA): EC.

巴西花烛 **Anthurium plowmanii** Croat【I, C】 ●TW; ★(SA): BR, PE.

细裂花烛 **Anthurium podophyllum** (Cham. et Schltdl.) Kunth【I, C】 ●TW; ★(NA): MX.

*箭叶花烛 **Anthurium sagittale** Sodiro【I, C】 ♣XTBG; ●TW, YN; ★(SA): EC.

*萨尔瓦多花烛 **Anthurium salvadorense** Croat【I, C】 ♣FLBG; ●GD, JX, TW; ★(NA): SV.

Anthurium salvinii Hemsl.【I, C】 ♣FLBG; ●GD, JX; ★(NA): CR, GT, HN, MX, NI, PA; (SA): CO.

珠果花烛 **Anthurium scandens** (Aubl.) Engl.【I, C】 ♣XTBG; ●TW, YN; ★(SA): EC.

火鹤花 **Anthurium scherzerianum** Schott【I, C】 ♣BBG, FLBG, IBCAS, LBG, SCBG, TMNS, XMBG, XTBG, ZAFU; ●BJ, FJ, GD, JX, TW, YN, ZJ; ★(NA): GT.

鹊巢花烛（雀巢花烛、施氏花烛）**Anthurium schlechtendalii** Kunth【I, C】 ♣IBCAS; ●BJ; ★(NA): BZ, HN, MX.

*塞莱尔花烛 **Anthurium seleri** Engl.【I, C】 ♣FLBG; ●GD, JX, TW; ★(NA): GT.

天鹤花烛 **Anthurium sellowianum** Kunth【I, C】 ♣TMNS; ●TW; ★(SA): BR.

稀有火鹤 **Anthurium superbum** Madison【I, C】 ♣SCBG; ●GD; ★(SA): EC.

Anthurium trilobum Lindl.【I, C】 ♣FLBG; ●GD, JX; ★(NA): CR, PA; (SA): CO, EC, PE.

*乌帕拉花烛 **Anthurium upalaense** Croat et R. Baker【I, C】 ♣FLBG; ●GD, JX, TW; ★(NA): CR, NI.

深裂花烛 **Anthurium variabile** Kunth【I, C】 ♣FLBG, HBG, XMBG; ●FJ, GD, JX, TW, ZJ; ★(SA): BR.

皱叶花烛 **Anthurium veitchii** Mast.【I, C】 ♣SCBG; ●GD, TW; ★(SA): CO.

*温塔娜花烛 **Anthurium ventanasense** Croat【I, C】 ♣FLBG; ●GD, JX, TW; ★(SA): EC.

危地马拉花烛 **Anthurium verapazense** Engl.【I, C】 ♣FLBG, XTBG; ●GD, JX, TW, YN; ★(NA): GT.

瓦格纳花烛 **Anthurium wagenerianum** K. Koch et C. D. Bouché【I, C】 ♣FLBG, XTBG; ●GD, JX, TW, YN; ★(SA): VE.

长叶花烛 **Anthurium warocqueanum** T. Moore【I, C】 ♣CBG, IBCAS, SCBG; ●BJ, GD, SH, TW; ★(SA): CO.

*瓦氏花烛 **Anthurium warscewiczii** K. Koch【I, C】 ♣XTBG; ●YN; ★(SA): CO.

瓦特马尔花烛 **Anthurium watermaliense** L. H. Bailey et Nash【I, C】 ♣XTBG; ●YN; ★(SA): CO.

垂叶花烛 **Anthurium wendlingeri** G. M. Barroso【I, C】 ♣CBG; ●SH; ★(NA): CR.

石柑属 Pothos

石柑子（长柄石柑）**Pothos chinensis** (Raf.) Merr.【N, W/C】 ♣BBG, GBG, GMG, GXIB, IBCAS, KBG, NBG, SCBG, TMNS, WBG, XMBG, XTBG; ●BJ, FJ, GD, GX, GZ, HB, JS, SC, TW, YN; ★(AS): BT, CN, ID, IN, KH, LA, MM, NP, TH, VN.

光亮石柑子 **Pothos nitens** W. Bull【I, C】 ♣IBCAS; ●BJ; ★(AS): MY.

地柑 **Pothos pilulifer** Buchet ex P. C. Boyce【N, W/C】 ♣KBG, WBG, XTBG; ●HB, YN; ★(AS): CN, VN.

百足藤 **Pothos repens** (Lour.) Druce【N, W/C】 ♣FLBG, GMG, SCBG, WBG, XLTBG, XMBG, XTBG; ●FJ, GD, GX, HB, HI, JX, YN; ★(AS): CN, LA, VN.

螳螂跌打 **Pothos scandens** L.【N, W/C】 ♣BBG, GMG, GXIB, WBG, XMBG, XTBG; ●BJ, FJ, GX, HB, TW, YN; ★(AF): MG; (AS): CN, ID, IN, KH, LA, LK, MM, MY, NP, PH, SG, TH, VN.

红苞芋属 Rhodospatha

红苞芋 **Rhodospatha acosta-solisii** Croat【I, C】

♣XTBG; ●YN; ★(SA): PE.

白鹤芋属 Spathiphyllum

*绿巨人白鹤芋 **Spathiphyllum × cultorum** 【I, C】 ♣XTBG, ZAFU; ●YN, ZJ; ★(EU): GB.

巴氏万年青 **Spathiphyllum blandum** Schott 【I, C】 ●YN; ★(NA): BZ, GT, HN, MX; (SA): BR, CO.

*槽叶白鹤芋 **Spathiphyllum cannifolium** (Dryand. ex Sims) Schott 【I, C】 ♣BBG, FBG, IBCAS, SCBG, TMNS, WBG, XLTBG, XMBG, XTBG; ●BJ, FJ, GD, HB, HI, TW, YN; ★(SA): BR, CO, EC, GY, PE, VE.

匙鞘万年青 **Spathiphyllum cochlearispathum** (Liebm.) Engl. 【I, C】 ♣XMBG; ●FJ; ★(NA): MX, SV.

银苞芋 **Spathiphyllum floribundum** (Linden et André) N. E. Br. 【I, C】 ♣FLBG, KBG, TMNS, WBG, XMBG; ●FJ, GD, HB, JX, SC, TW, YN; ★(SA): GY, PE.

白鹤芋 **Spathiphyllum kochii** Engl. et K. Krause 【I, C】 ♣CBG, FLBG, SCBG, TBG, TMNS, WBG, XLTBG, XOIG, XTBG; ●FJ, GD, HB, HI, JX, SH, TW, YN; ★(SA): VE.

Spathiphyllum lechlerianum Schott 【I, C】 ♣FLBG; ●GD, JX; ★(SA): PE.

Spathiphyllum ortgiesi Regel 【I, C】 ♣FLBG; ●GD, JX; ★(NA): HN, MX.

光叶苞叶芋 **Spathiphyllum patinii** (R. Hogg) N. E. Br. 【I, C】 ♣CDBG, SCBG, XMBG; ●FJ, GD, SC; ★(SA): CO.

弯穗苞叶芋 **Spathiphyllum wallisii** Regel 【I, C】 ♣FBG, TMNS, XMBG; ●FJ, TW, YN; ★(AS): SG; (SA): VE.

崖角藤属 Rhaphidophora

粗茎崖角藤 **Rhaphidophora crassicaulis** Engl. et K. Krause 【N, W/C】 ♣SCBG, XMBG, XTBG; ●FJ, GD, YN; ★(AS): CN, LA, VN.

*厚叶崖角藤 **Rhaphidophora crassifolia** Hook. f. 【I, C】 ♣XTBG; ●YN; ★(AS): MY.

银脉崖角藤 **Rhaphidophora cryptantha** P. C. Boyce et C. M. Allen 【I, C】 ♣SCBG; ●GD, TW; ★(OC): PG.

爬树龙 **Rhaphidophora decursiva** (Roxb.) Schott 【N, W/C】 ♣BBG, FBG, FLBG, GBG, KBG, NBG, SCBG, WBG, XMBG, XTBG; ●BJ, FJ, GD, GZ, HB, JS, JX, TW, YN; ★(AS): BT, CN, ID, IN, KH, LA, LK, MM, NP, TH, VN.

独龙崖角藤 **Rhaphidophora dulongensis** H. Li 【N, W/C】 ♣XTBG; ●YN; ★(AS): CN.

粉背崖角藤 **Rhaphidophora glauca** (Wall.) Schott 【N, W/C】 ♣SCBG; ●GD, TW; ★(AS): BT, CN, ID, IN, LA, LK, MM, NP, TH.

*格罗克崖角藤 **Rhaphidophora gorokensis** P. C. Boyce 【I, C】 ♣XTBG; ●YN; ★(AF): SC.

狮子尾 **Rhaphidophora honkongensis** Schott 【N, W/C】 ♣BBG, FLBG, GMG, GXIB, KBG, NBG, SCBG, TMNS, WBG, XMBG, XTBG; ●BJ, FJ, GD, GX, HB, JS, JX, TW, YN; ★(AS): CN, VN.

毛过山龙 **Rhaphidophora hookeri** Schott 【N, W/C】 ♣CDBG, FBG, SCBG, WBG, XMBG, XTBG; ●FJ, GD, HB, SC, YN; ★(AS): BT, CN, IN, LA, MM, NP, TH, VN.

上树蜈蚣 **Rhaphidophora lancifolia** Schott 【N, W/C】 ♣KBG, WBG, XTBG; ●HB, YN; ★(AS): CN, IN.

针房藤 **Rhaphidophora liukiuensis** Hatus. 【N, W/C】 ♣TMNS; ●TW; ★(AS): CN, JP, PH.

绿春崖角藤 **Rhaphidophora luchunensis** H. Li 【N, W/C】 ♣KBG, XTBG; ●YN; ★(AS): CN.

大叶崖角藤 **Rhaphidophora megaphylla** H. Li 【N, W/C】 ♣KBG, NBG, SCBG, XMBG, XTBG; ●FJ, GD, JS, YN; ★(AS): CN, LA, TH, VN.

大叶南苏 **Rhaphidophora peepla** (Roxb.) Schott 【N, W/C】 ♣KBG, XTBG; ●YN; ★(AS): BT, CN, ID, IN, KH, LA, MM, NP, TH, VN; (OC): FJ.

上树南星属 Anadendrum

上树南星 **Anadendrum montanum** (Blume) Schott 【N, W/C】 ♣KBG, SCBG, WBG, XTBG; ●GD, HB, TW, YN; ★(AS): CN, ID, IN, LA, MM, MY, PH, SG, TH, VN.

藤芋属 Scindapsus

狭叶藤芋 **Scindapsus hederaceus** Miq. 【I, C】 ♣TMNS; ●TW; ★(AS): ID, IN, LA, MY, PH, SG, VN.

海南藤芋 **Scindapsus maclurei** (Merr.) Merr. et F. P. Metcalf 【N, W/C】 ♣FLBG, HBG, SCBG, WBG; ●GD, HB, JX, ZJ; ★(AS): CN, LA, TH, VN.

星点藤 **Scindapsus pictus** Hassk. 【I, C】♣CDBG, FLBG, KBG, SCBG, XMBG, XOIG; ●FJ, GD, JX, SC, TW, YN; ★(AS): ID, IN, MM, PH, SG.

龟背竹属 Monstera

孔叶龟背竹 **Monstera adansonii** Schott 【I, C】♣FLBG, LBG, SCBG, TMNS, XMBG, XTBG; ●FJ, GD, JX, TW, YN; ★(NA): BZ, CR, HN, MX, PA; (SA): BO, BR, EC, GY, PE, VE.

多孔龟背芋 **Monstera adansonii** var. **laniata** (Schott) Madison 【I, C】♣IBCAS, TMNS; ●BJ, TW; ★(NA): BZ, CR, HN, MX, PA; (SA): BO, BR, EC, GY, PE, VE.

*科罗拉多龟背竹 **Monstera coloradense** Croat 【I, C】♣XTBG; ●YN; ★(NA): US.

龟背竹 **Monstera deliciosa** Liebm. 【I, C】♣BBG, CBG, CDBG, FBG, FLBG, GXIB, HBG, IBCAS, KBG, NBG, NSBG, SCBG, TBG, TMNS, WBG, XBG, XLTBG, XMBG, XOIG, XTBG, ZAFU; ●BJ, CQ, FJ, GD, GX, HB, HI, JS, JX, SC, SH, SN, TW, YN, ZJ; ★(NA): CR, GT, HN, MX, NI, PA; (SA): CO, EC.

拎藤龟背芋 **Monstera epipremnoides** Engl. 【I, C】♣CDBG, TMNS, XMBG; ●FJ, SC, TW; ★(SA): GY.

斜叶龟背竹 **Monstera obliqua** Miq. 【I, C】♣BBG, CBG, FBG, IBCAS, SCBG, TBG, TMNS, XMBG, XOIG, XTBG; ●BJ, FJ, GD, SH, TW, YN; ★(NA): CR, NI, PA; (SA): BO, BR, CO, EC, PE, VE.

雷公连属 Amydrium

穿心藤 **Amydrium hainanense** (H. Li, Y. Shiao et S. L. Tseng) H. Li 【N, W/C】♣GXIB, WBG, XTBG; ●GX, HB, YN; ★(AS): CN, VN.

小雷公莲 **Amydrium humile** Schott 【I, C】♣FLBG, KBG, XTBG; ●GD, JX, YN; ★(AS): MY.

雷公连 **Amydrium sinense** (Engl.) H. Li 【N, W/C】♣CBG, WBG, XTBG; ●HB, SH, YN; ★(AS): CN, VN.

麒麟叶属 Epipremnum

绿萝 **Epipremnum aureum** (Linden et André) G. S. Bunting 【I, C】♣BBG, CBG, CDBG, FBG, FLBG, GMG, HBG, IBCAS, KBG, NBG, NSBG, SCBG, TBG, TMNS, WBG, XLTBG, XMBG, XOIG, XTBG, ZAFU; ●BJ, CQ, FJ, GD, GX, HB, HI, JS, JX, SC, SH, TW, YN, ZJ; ★(OC): PF.

巨麒麟叶 **Epipremnum giganteum** (Roxb.) Schott 【I, C】●TW; ★(AS): LA, VN.

*白斑麒麟叶 **Epipremnum pictum** Hort. 【I, C】●TW; ★(AS): ID.

麒麟叶 **Epipremnum pinnatum** (L.) Engl. 【N, W/C】♣BBG, CBG, CDBG, FBG, FLBG, GBG, GMG, GXIB, HBG, IBCAS, KBG, NSBG, SCBG, TBG, TMNS, WBG, XLTBG, XMBG, XTBG; ●BJ, CQ, FJ, GD, GX, GZ, HB, HI, JX, SC, SH, TW, YN, ZJ; ★(AS): CN, ID, IN, JP, KH, LA, MM, MY, PH, SG, TH, VN; (OC): AU, FJ, PAF.

刺芋属 Lasia

刺芋 **Lasia spinosa** (L.) Thwaites 【N, W/C】♣FLBG, GMG, GXIB, HBG, KBG, NBG, SCBG, TMNS, WBG, XLTBG, XMBG, XTBG; ●FJ, GD, GX, HB, HI, JS, JX, SC, TW, YN, ZJ; ★(AS): BT, CN, ID, IN, KH, LA, LK, MM, MY, NP, SG, TH, VN.

巨刺芋属 Lasimorpha

巨刺芋 **Lasimorpha senegalensis** Schott 【I, C】♣XMBG; ●FJ; ★(AF): BJ, CD, CI, CM, GA, GN.

曲籽芋属 Cyrtosperma

彩叶芋 **Cyrtosperma johnstonii** (N. E. Br.) N. E. Br. 【I, C】♣XTBG; ●YN; ★(OC): PG, SB.

曲籽芋 **Cyrtosperma merkusii** (Hassk.) Schott 【I, C】♣WBG; ●HB; ★(AS): ID, IN, MY, PH, SG.

囊苞芋属 Stylochaeton

囊苞芋 **Stylochaeton bogneri** Mayo 【I, C】♣SCBG; ●GD; ★(AF): KE, TZ.

雪铁芋属 Zamioculcas

雪铁芋 **Zamioculcas zamiifolia** (Lodd.) Engl. 【I, C】♣FBG, FLBG, IBCAS, SCBG, TMNS, XLTBG, XMBG, XTBG, ZAFU; ●BJ, FJ, GD, HI, JX, SC, TW, YN, ZJ; ★(AF): TZ, ZA.

水芋属 Calla

水芋 **Calla palustris** L. 【N, W/C】♣BBG, HFBG,

IBCAS, NBG, WBG, XTBG; ●BJ, HB, HL, JS, YN; ★(AS): CN, GE, JP, KP, KR, MN, RU-AS, TR; (EU): AT, BA, BE, CZ, DE, FI, GB, NL, NO, PL, RO, RU.

隐棒花属 Cryptocoryne

*贝氏水椒草 **Cryptocoryne beckettii** Thuill. ex Trimen 【I, C】 ♣BBG; ●BJ; ★(AS): LK.

*红辣椒水椒草 **Cryptocoryne ciliata** (Roxb.) Fisch. ex Wydler【I, C】♣XMBG; ●FJ; ★(AS): ID, IN, MM, MY, SG, VN.

*豹纹蛋水椒草 **Cryptocoryne cordata** Griff. 【I, C】 ●TW; ★(AS): ID, IN, MY.

旋苞隐棒花 **Cryptocoryne crispatula** Engl. 【N, W/C】 ♣GXIB, KBG, WBG, XTBG; ●GX, HB, YN; ★(AS): CN, ID, IN, KH, LA, MM, TH, VN.

*白辣椒水椒草 **Cryptocoryne griffithii** Schott 【I, C】 ♣XMBG; ●FJ, TW; ★(AS): MY, SG.

*原旋苞隐棒花 **Cryptocoryne retrospiralis** (Roxb.) Kunth 【I, C】 ♣XMBG; ●FJ; ★(AS): IN.

隐棒花 **Cryptocoryne spiralis** (Retz.) Fisch. ex Wydler 【I, C】 ★(AS): ID, MM.

*渥克水椒草 **Cryptocoryne walkeri** Schott 【I, C】 ♣WBG; ●HB; ★(AS): LK.

*温蒂水椒草 **Cryptocoryne wendtii** de Wit 【I, C】 ♣FLBG; ●GD, JX; ★(AS): LK.

*威利斯水椒草 **Cryptocoryne willisii** Reitz 【I, C】 ♣GA, XMBG; ●FJ, JX; ★(AS): LK.

瓶苞芋属 Lagenandra

长叶芭蕉草 **Lagenandra lancifolia** (Schott) Thwaites 【I, C】 ★(AS): LK.

圆叶芭蕉草 **Lagenandra meeboldii** (Engl.) C. E. C. Fisch. 【I, C】 ★(AS): ID.

卵叶芭蕉草 **Lagenandra ovata** (L.) Thwaites 【I, C】 ★(AS): ID, LK.

落檐属 Schismatoglottis

广西落檐 **Schismatoglottis calyptrata** (Roxb.) Zoll. et Moritzi 【N, W/C】 ♣SCBG; ●GD, TW; ★(AS): CN, ID, IN, KH, LA, MM, MY, PH, SG, VN.

落檐 **Schismatoglottis hainanensis** H. Li 【N, W/C】♣BBG, FLBG, GMG, GXIB, HBG, IBCAS, KBG, NBG, SCBG, TBG, WBG, XBG, XLTBG, XMBG, XTBG, ZAFU; ●BJ, FJ, GD, GX, HB, HI, JS, JX, SC, SN, TW, YN, ZJ; ★(AS): CN.

巴布亚落檐 **Schismatoglottis novo-guineensis** N. E. Br. 【I, C】 ★(AS): MY.

藏蕊落檐属 Aridarum

兰榕 **Aridarum purseglovei** (Furtado) M. Hotta【I, C】 ★(AS): MY.

展苞落檐属 Bucephalandra

展苞落檐 **Bucephalandra motleyana** Schott【I, C】 ★(AS): ID, MY.

水榕芋属 Anubias

水榕 **Anubias afzelii** Schott 【I, C】 ★(AF): CM, SL, SN.

巴卡水榕 **Anubias barteri** Schott【I, C】●BJ, TW; ★(AF): CM, GA.

无毛巴卡水榕 **Anubias barteri** var. **glabra** N. E. Br. 【I, C】 ★(AF): CM, GA.

迷你水榕 **Anubias barteri** var. **nana** (Engl.) Crusio 【I, C】 ♣FLBG, WBG; ●GD, HB, JX; ★(AF): CM, GA.

基莱泰水榕 **Anubias gilletii** De Wild. et T. Durand 【I, C】 ★(AF): GN, LR, SL.

三角水榕 **Anubias gracilis** A. Chev. ex Hutch. 【I, C】 ★(AF): GA.

戟叶水榕 **Anubias hastifolia** Engl.【I, C】★(AF): CM, GA.

异叶水榕 **Anubias heterophylla** Engl. 【I, C】 ★(AF): AO.

网藤芋属 Culcasia

伟蒂椒草 **Culcasia dinklagei** Engl.【I, C】♣FLBG; ●GD, JX; ★(AF): CF, CM, GA.

镰叶网藤芋 **Culcasia falcifolia** Engl. 【I, C】 ♣CBG; ●SH; ★(AF): CD, GA, MW, TZ, UG.

鞭藤芋属 Cercestis

网纹芋 **Cercestis mirabilis** (N. E. Br.) Bogner 【I, C】 ♣TMNS; ●TW; ★(AF): AO, CM, GA, NG.

喜林芋属 Philodendron

锄叶喜林芋 **Philodendron** × **domesticum** G. S. Bunting 【I, C】 ♣BBG, WBG, XMBG; ●BJ, FJ,

HB; ★(NA): US.

金叶喜林芋 **Philodendron andreanum** Devansaye 【I, C】 ♣NBG, TMNS, XMBG; ●FJ, TW; ★(SA): CO.

Philodendron angustilobum Croat et Grayum 【I, C】 ♣FLBG; ●GD, JX; ★(NA): CR, HN, MX, NI, PA, US.

细裂喜林芋(细裂蔓绿绒)**Philodendron angustisectum** Engl. 【I, C】 ♣TMNS; ●TW; ★(SA): CO.

粗糙喜林芋 **Philodendron asperatum** (K. Koch) K. Koch 【I, C】 ♣SCBG; ●GD; ★(SA): BR, PE, VE.

裂叶喜林芋 **Philodendron bipennifolium** Schott 【I, C】 ♣SCBG, XMBG, XOIG, XTBG; ●FJ, GD, YN; ★(SA): BR, GY, VE.

羽叶喜林芋 **Philodendron bipinnatifidum** Schott ex Endl. 【I, C】 ♣BBG, CBG, CDBG, FBG, FLBG, GXIB, HBG, IBCAS, KBG, NBG, NSBG, SCBG, TMNS, WBG, XLTBG, XMBG, XOIG, XTBG, ZAFU; ●BJ, CQ, FJ, GD, GX, HB, HI, JS, JX, SC, SH, TW, YN, ZJ; ★(SA): AR, BR.

*南美喜林芋 **Philodendron camposportoanum** G. M. Barroso 【I, C】 ♣FLBG, XTBG; ●GD, JX, TW, YN; ★(SA): BR, GY, PE.

心叶喜树蕉 **Philodendron cordatum** Kunth 【I, C】 ★(SA): BR.

紫背蔓绿绒 **Philodendron cruentum** Poepp. 【I, C】 ♣IBCAS, SCBG; ●BJ, GD; ★(SA): PE.

Philodendron domesticum G. S. Bunting 【I, C】 ♣FBG, XOIG; ●FJ; ★(NA): US.

红苞喜林芋 **Philodendron erubescens** K. Koch et Augustin 【I, C】 ♣BBG, CBG, CDBG, FBG, FLBG, IBCAS, KBG, LBG, NSBG, SCBG, TMNS, XLTBG, XMBG, ZAFU; ●BJ, CQ, FJ, GD, HI, JX, SC, SH, TW, YN, ZJ; ★(SA): CO.

美意喜林芋 **Philodendron fragrantissimum** (Hook.) G. Don 【I, C】 ●YN; ★(NA): BZ, CR, CU, HN, NI, PA, TT; (SA): BO, BR, CO, EC, GF, GY, PE, VE.

大喜林芋(大蔓绿绒)**Philodendron giganteum** Schott 【I, C】 ♣TMNS; ●TW; ★(NA): DO, LW, PR, VG; (SA): BR, VE.

心叶喜林芋 **Philodendron gloriosum** André 【I, C】 ♣FLBG; ●GD, JX, TW; ★(SA): CO.

鹅掌喜林芋(鹅掌蔓绿绒)**Philodendron goeldii** G. M. Barroso 【I, C】 ♣TMNS; ●TW; ★(SA): BR, GY, PE, VE.

大叶喜林芋(大叶蔓绿绒)**Philodendron grandifolium** (Jacq.) Schott 【I, C】 ♣FLBG; ●GD, JX, TW; ★(SA): GY, VE.

圆扇喜林芋(圆扇蔓绿绒)**Philodendron grazielae** G. S. Bunting 【I, C】 ♣SCBG, XLTBG, XMBG; ●FJ, GD, HI, SC; ★(SA): BR, PE.

锄叶蔓绿绒 **Philodendron hastatum** K. Koch et Sello 【I, C】 ♣SCBG; ●GD; ★(SA): BR, CO, EC.

常春喜林芋(心叶蔓绿绒)**Philodendron hederaceum** (Jacq.) Schott 【I, C】 ♣FLBG, IBCAS, NBG, SCBG, TBG, TMNS, WBG, XLTBG, XMBG, XOIG, XTBG, ZAFU; ●BJ, FJ, GD, HB, HI, JS, JX, SC, TW, YN, ZJ; ★(NA): BZ, CR, GT, HN, MX, PA; (SA): BO, BR, CO, EC, GF, GY, VE.

红背喜林芋(喜林芋)**Philodendron imbe** Hort. ex Engl. 【I, C】 ♣BBG, FBG, FLBG, NBG, SCBG, XMBG, XTBG; ●BJ, FJ, GD, JS, JX, YN; ★(SA): BR.

Philodendron krugii Engl. 【I, C】 ♣FLBG; ●GD, JX; ★(SA): CO, VE.

神锯喜林芋(神锯蔓绿绒)**Philodendron lacerum** (Jacq.) Schott 【I, C】 ●YN; ★(NA): CU, DO, JM, MX, US; (SA): BR.

白云喜林芋(白云蔓绿绒)**Philodendron mamei** André 【I, C】 ♣SCBG, TMNS; ●GD, TW; ★(SA): BR.

立叶喜林芋(立叶蔓绿绒)**Philodendron martianum** Engl. 【I, C】♣BBG, CBG, FLBG, GXIB, IBCAS, SCBG, TBG, TMNS, XMBG, XOIG, XTBG; ●BJ, FJ, GD, GX, JX, SH, TW, YN; ★(SA): BR.

明脉喜林芋(明脉蔓绿绒)**Philodendron melinonii** Brongn. ex Regel 【I, C】 ♣BBG, SCBG, TMNS, XLTBG, XMBG, XTBG; ●BJ, FJ, GD, HI, TW, YN; ★(SA): BR, GY, VE.

红叶喜林芋 **Philodendron minarum** Engl. 【I, C】 ♣XMBG; ●FJ; ★(SA): BR.

*帕氏喜林芋 **Philodendron palacioanum** Croat et Grayum 【I, C】 ♣XTBG; ●YN; ★(SA): PE.

琴叶喜林芋 **Philodendron panduriforme** (Kunth) Kunth 【I, C】♣BBG, FBG, FLBG, IBCAS, KBG, LBG, SCBG, TBG, TMNS, XMBG, XOIG, XTBG; ●BJ, FJ, GD, JX, TW, YN; ★(SA): BR, EC, GY, VE.

掌叶喜林芋 **Philodendron pedatum** (Hook.) Kunth 【I, C】 ♣FLBG, SCBG; ●GD, JX; ★(SA): BR, GY, VE.

辐状喜林芋 **Philodendron radiatum** Schott 【I, C】

●TW; ★(NA): CR, HN, MX, PA; (SA): CO.

箭叶喜林芋 **Philodendron sagittifolium** Liebm. 【I, C】♣FLBG; ●GD, JX, TW, YN; ★(NA): BZ, CR, GT, HN, MX, NI, PA; (SA): CO, VE.

Philodendron saxicola K. Krause 【I, C】 ♣FLBG; ●GD, JX; ★(SA): BR.

银叶喜林芋 **Philodendron sodiroi** N. E. Br. 【I, C】 ♣SCBG, TMNS, XTBG; ●GD, TW, YN; ★(SA): CO, EC.

鳞叶喜林芋（鳞叶喜树蕉）**Philodendron squamiferum** Poepp. 【I, C】 ♣SCBG, XMBG; ●FJ, GD; ★(SA): BR, GY.

Philodendron standleyi Grayum 【I, C】 ♣FLBG; ●GD, JX; ★(NA): CR, GT, HN, MX, PA.

三裂喜林芋 **Philodendron tripartitum** (Jacq.) Schott 【I, C】 ♣FLBG, GXIB, SCBG, XMBG; ●FJ, GD, GX, JX, TW; ★(NA): BZ, CR, GT, HN, JM, MX, PA; (SA): BO, BR, CO, EC, PE, VE.

长恩喜林芋 **Philodendron venosum** (Willd. ex Schult. et Schult. f.) Croat 【I, C】 ♣XMBG; ●FJ, YN; ★(SA): VE.

刺柄喜林芋 **Philodendron verrucosum** L. Mathieu ex Schott 【I, C】 ♣SCBG; ●GD, TW; ★(NA): CR, PA; (SA): CO, EC, PE.

鸟巢喜林芋（鸟巢蔓绿绒）**Philodendron wendlandii** Schott 【I, C】 ♣BBG, FLBG, LBG, TMNS, XMBG, XTBG; ●BJ, FJ, GD, JX, TW, YN; ★(NA): CR, NI, PA.

*威廉喜林芋 **Philodendron williamsii** Hook. f. 【I, C】 ♣SCBG; ●GD; ★(SA): BR.

小天使喜林芋 **Philodendron xanadu** Croat, Mayo et J. Boos 【I, C】 ♣SCBG, TMNS, XTBG; ●GD, TW, YN; ★(SA): BR.

水石芋属　Furtadoa

马来水石芋 **Furtadoa mixta** (Ridl.) M. Hotta 【I, C】 ★(AS): MY.

水石芋 **Furtadoa sumatrensis** M. Hotta 【I, C】 ★(AS): ID.

千年健属　Homalomena

千年健 **Homalomena occulta** (Lour.) Schott 【N, W/C】 ♣BBG, FLBG, GMG, GXIB, HBG, KBG, SCBG, WBG, XMBG, XTBG; ●BJ, FJ, GD, GX, HB, JX, YN, ZJ; ★(AS): CN, KH, LA, TH, VN.

大千年健 **Homalomena pendula** (Blume) Bakh. f. 【I, C】 ♣WBG, XTBG; ●HB, TW, YN; ★(AS): ID, IN, MY, SG.

菲律宾千年健（菲律宾扁叶芋）**Homalomena philippinensis** Engl. 【N, W/C】 ♣TMNS; ●TW; ★(AS): CN, PH.

心叶春雪芋 **Homalomena rubescens** (Roxb.) Kunth 【I, C】 ♣SCBG, TMNS; ●GD, TW; ★(AS): BT, ID, IN, LK, MM, PH, SG.

春雪芋 **Homalomena wallisii** Regel 【I, C】 ♣FLBG, SCBG, TMNS, XTBG; ●GD, JX, TW, YN; ★(AS): MY.

广东万年青属　Aglaonema

细斑粗肋草（细斑亮丝草）**Aglaonema commutatum** Schott 【I, C】 ♣FLBG, IBCAS, KBG, SCBG, TBG, XLTBG, XMBG, XOIG, XTBG, ZAFU; ●BJ, FJ, GD, HI, JX, SC, TW, YN, ZJ; ★(AS): IN, PH.

美丽粗肋草 **Aglaonema commutatum** var. **elegans** (Engl.) Nicolson 【I, C】 ♣TBG; ●TW; ★(AS): ID, PH.

心叶粗肋草 **Aglaonema costatum** N. E. Br. 【I, C】 ♣FBG, FLBG, IBCAS, SCBG, TBG, XLTBG, XMBG, XOIG, XTBG; ●BJ, FJ, GD, HI, JX, TW, YN; ★(AS): LA, MM, MY, SG, VN.

白雪粗肋草 **Aglaonema crispum** (Pitcher et Manda) Nicolson 【I, C】 ♣SCBG, TMNS, XMBG, XTBG; ●FJ, GD, TW, YN; ★(AS): MM, PH.

广东万年青 **Aglaonema modestum** Schott ex Engl. 【N, W/C】 ♣CDBG, FBG, FLBG, GXIB, IBCAS, KBG, LBG, NBG, NSBG, SCBG, WBG, XMBG, XTBG; ●BJ, CQ, FJ, GD, GX, HB, JS, JX, SC, YN; ★(AS): CN, LA, TH, VN.

长叶粗肋草 **Aglaonema nitidum** (Jack) Kunth 【I, C】 ♣FLBG, IBCAS, SCBG, TBG, XMBG, XTBG; ●BJ, FJ, GD, JX, TW, YN; ★(AS): ID, IN, MM, MY, SG, VN.

缕脉万年青 **Aglaonema ovatum** Engl. 【I, C】 ♣XMBG; ●FJ; ★(AS): LA, VN.

狭叶粗肋草 **Aglaonema philippinense** var. **stenophyllum** (Merr.) Jervis 【I, C】 ♣XTBG; ●YN; ★(AS): PH.

绒叶粗肋草 **Aglaonema pictum** (Roxb.) Kunth 【I, C】 ♣BBG, KBG, XTBG; ●BJ, TW, YN; ★(AS): MM, MY.

圆叶亮丝草 **Aglaonema rotundum** N. E. Br. 【I, C】 ♣CDBG, TMNS; ●SC, TW; ★(AS): ID.

越南万年青 **Aglaonema tenuipes** Engl. 【N, W/C】 ♣KBG, SCBG, TBG, WBG, XTBG; ●GD, HB, TW, YN; ★(AS): CN, LA, SG, TH, VN.

绿菲芋属 Nephthytis

绿菲芋（尼芬芋）**Nephthytis afzelii** Schott 【I, C】 ♣XTBG; ●YN; ★(AF): CI, CM, GA, GN, LR.

加纳尼芬芋 **Nephthytis swainei** Bogner 【I, C】 ♣XTBG; ●YN; ★(AF): GH.

长柄刺芋属 Anchomanes

长柄刺芋 **Anchomanes abbreviatus** Engl. 【I, C】 ♣IBCAS; ●BJ; ★(AF): KE, TZ.

马蹄莲属 Zantedeschia

马蹄莲 **Zantedeschia aethiopica** (L.) Spreng. 【I, C】 ♣CDBG, FBG, FLBG, GBG, GXIB, HBG, IBCAS, KBG, LBG, NSBG, SCBG, TMNS, WBG, XBG, XMBG, XOIG, XTBG, ZAFU; ●BJ, CQ, FJ, GD, GX, GZ, HB, JX, SC, SH, SN, TW, YN, ZJ; ★(AF): CV, LS, SZ, ZA; (EU): MC.

白马蹄莲 **Zantedeschia albomaculata** (Hook.) Baill. 【I, C】 ♣HBG, KBG, NBG, WBG, XMBG; ●FJ, HB, JS, TW, YN, ZJ; ★(AF): AO, CV, NG, TZ, ZA.

大花马蹄莲 **Zantedeschia albomaculata** subsp. **macrocarpa** (Engl.) Letty 【I, C】 ♣XMBG; ●FJ; ★(AF): AO, CV, NG, TZ, ZA.

黄花马蹄莲 **Zantedeschia elliottiana** (W. Watson) Engl. 【I, C】 ♣FBG, KBG, LBG, SCBG, XMBG, XTBG; ●BJ, FJ, GD, JX, TW, YN; ★(AF): ZA.

彩色马蹄莲 **Zantedeschia hybrida** Hort. 【I, C】 ★(EU): GB.

紫心黄马蹄莲 **Zantedeschia melanoleuca** (Hook. f.) Engl. 【I, C】 ♣KBG, SCBG; ●GD, YN; ★(AF): ZA.

红马蹄莲（粉红马蹄莲）**Zantedeschia rehmannii** Engl. 【I, C】 ♣FBG, KBG, LBG, XMBG; ●BJ, FJ, JX, TW, YN; ★(AF): MZ, SZ, ZA.

黛粉芋属 Dieffenbachia

大王黛粉叶（大王黛粉芋）**Dieffenbachia amoena** Hort. ex Gentil 【I, C】 ♣BBG, CDBG, FBG, FLBG, IBCAS, SCBG, TBG, TMNS, WBG, XMBG, XOIG, XTBG; ●BJ, FJ, GD, HB, JX, SC, TW, YN; ★(SA): AR.

星点黛粉叶（星点万年青）**Dieffenbachia bausei** Regel 【I, C】 ♣XOIG; ●FJ; ★(NA): US.

白斑黛粉叶（白斑万年青）**Dieffenbachia bowmannii** Carrière 【I, C】 ♣SCBG, TMNS, XMBG; ●FJ, GD, TW, YN; ★(SA): BR.

*雅致黛粉叶 **Dieffenbachia concinna** Croat et Grayum 【I, C】 ♣FLBG; ●GD, JX, TW; ★(NA): CR, NI.

革叶黛粉叶（革叶万年青）**Dieffenbachia daguensis** Engl. 【I, C】 ♣SCBG, XMBG; ●FJ, GD; ★(SA): EC.

福尼黛粉叶 **Dieffenbachia fournieri** N. E. Br. 【I, C】 ♣TMNS; ●TW; ★(SA): CO.

*堀地黛粉叶 **Dieffenbachia horichii** Croat et Grayum 【I, C】 ♣FLBG; ●GD, JX, TW; ★(NA): CR.

绮丽黛粉叶 **Dieffenbachia killipii** Croat 【I, C】 ♣XMBG; ●FJ, TW; ★(SA): BR.

*莱安黛粉叶 **Dieffenbachia leoncae** Hort. ex Micheli 【I, C】 ♣XMBG; ●FJ; ★(SA): CO.

白肋黛粉叶（白肋万年青）**Dieffenbachia leopoldii** W. Bull 【I, C】 ★(SA): BR.

大叶黛粉叶（大叶万年青）**Dieffenbachia macrophylla** Poepp. 【I, C】 ♣ZAFU; ●ZJ; ★(SA): PE.

斑叶黛粉叶（象牙黛粉叶）**Dieffenbachia maculata** (Lodd.) G. Don 【I, C】 ♣CDBG, FLBG, IBCAS, LBG, SCBG, TMNS, XMBG, XTBG; ●BJ, FJ, GD, JX, SC, TW, YN; ★(SA): EC.

雪纹黛粉叶 **Dieffenbachia memoria** Engl. 【I, C】 ♣BBG, SCBG; ●BJ, GD; ★(SA): BO, BR, EC.

奥氏黛粉叶 **Dieffenbachia oerstedii** Schott 【I, C】 ♣SCBG, XMBG, XTBG; ●FJ, GD, TW, YN; ★(NA): GT.

*帕氏黛粉叶 **Dieffenbachia parlatorei** Linden et André 【I, C】 ♣XTBG; ●TW, YN; ★(SA): CO, VE.

花叶黛粉叶（黛粉叶）**Dieffenbachia picta** Schott 【I, C】 ♣BBG, FLBG, GMG, GXIB, HBG, IBCAS, NSBG, SCBG, TBG, WBG, XLTBG, XMBG, XTBG; ●BJ, CQ, FJ, GD, GX, HB, HI, JX, SC, TW, YN, ZJ; ★(SA): BO, BR, EC.

白纹黛粉叶 **Dieffenbachia picta** var. **jenmannii** (Veitch ex Regel) Engl. 【I, C】 ★(SA): BO, BR, EC.

彩叶黛粉叶（彩叶黛粉芋）**Dieffenbachia seguine**

(Jacq.) Schott 【I, C】 ♣FBG, SCBG, TMNS, XMBG, XOIG, XTBG, ZAFU; ●FJ, GD, TW, YN, ZJ; ★(NA): BZ, CU, DO, HN, HT, JM, MX, PR, VG; (SA): BO, BR, CO, EC, GY, PE, VE.

华丽黛粉叶 **Dieffenbachia splendens** W. Bull 【I, C】 ★(NA): CR.

青荚芋属 Spathicarpa

青荚芋 **Spathicarpa hastifolia** Hook. 【I, C】 ♣XTBG; ●YN; ★(SA): AR, BO, BR, PY, UY.

魔芋属 Amorphophallus

白苞魔芋 **Amorphophallus albispathus** Hett. 【I, C】 ♣XMBG, XTBG; ●FJ, YN; ★(AS): TH.

白魔芋 **Amorphophallus albus** P. Y. Liu et J. F. Chen 【N, W/C】 ♣KBG; ●SC, YN; ★(AS): CN.

老挝魔芋 **Amorphophallus aphyllus** (Hook.) Hutch. 【I, C】 ♣XTBG; ●YN; ★(AS): LA.

珠芽魔芋 **Amorphophallus bulbifer** (Roxb.) Blume 【N, W/C】 ♣KBG, TMNS, XTBG; ●TW, YN; ★(AS): BT, CN, ID, IN, LK, MM, NP.

桂平魔芋（越滇魔芋、屏边魔芋）**Amorphophallus coaetaneus** S. Y. Liu et S. J. Wei 【N, W/C】 ♣KBG, XTBG; ●YN; ★(AS): CN, VN.

南蛇棒 **Amorphophallus dunnii** Tutcher 【N, W/C】 ♣KBG, SCBG; ●GD, YN; ★(AS): CN.

勐海魔芋 **Amorphophallus kachinensis** Engl. et Gehrm. 【N, W/C】 ♣KBG, NBG, XTBG; ●JS, YN; ★(AS): CN, LA, MM, TH.

东亚魔芋 **Amorphophallus kiusianus** (Makino) Makino 【N, W/C】 ♣GA, HBG, KBG, NBG, SCBG, XTBG, ZAFU; ●GD, JS, JX, YN, ZJ; ★(AS): CN, JP.

花魔芋 **Amorphophallus konjac** K. Koch 【N, W/C】 ♣BBG, CBG, CDBG, FBG, FLBG, GA, GBG, GMG, GXIB, HBG, KBG, LBG, NBG, SCBG, TMNS, WBG, XBG, XMBG, XTBG; ●BJ, FJ, GD, GX, GZ, HB, HN, JS, JX, SC, SH, SN, TW, YN, ZJ; ★(AS): CN, JP, LA, MM, PH, TH, VN.

西盟魔芋 **Amorphophallus krausei** Engl. 【N, W/C】 ♣KBG, XTBG; ●YN; ★(AS): CN, LA, MM, TH.

疣柄魔芋（大魔芋）**Amorphophallus paeoniifolius** (Dennst.) Nicolson 【N, W/C】 ♣KBG, SCBG, WBG, XMBG, XTBG; ●FJ, GD, GX, HB, YN; ★(AS): CN, ID, IN, LA, LK, MM, MY, PH, SG, TH, VN; (OC): AU, FJ, PAF.

巨魔芋 **Amorphophallus titanum** (Becc.) Becc. 【I, C】 ♣BBG; ●BJ; ★(AS): ID, MY.

东京魔芋 **Amorphophallus tonkinensis** Engl. et Gehrm. 【N, W/C】 ♣KBG, XTBG; ●YN; ★(AS): CN, VN.

野魔芋 **Amorphophallus variabilis** Blume 【N, W/C】 ♣SCBG; ●GD; ★(AS): CN, ID, IN, MM, MY, PH, SG; (OC): AU.

轮叶魔芋 **Amorphophallus verticillatus** Hett. 【I, C】 ♣XTBG; ●YN; ★(AS): VN.

谢君魔芋 **Amorphophallus xiei** H. Li et Z. L. Dao 【N, W/C】 ♣XTBG; ●YN; ★(AS): CN.

攸乐魔芋 **Amorphophallus yuloensis** H. Li 【N, W/C】 ♣KBG, XTBG; ●YN; ★(AS): CN.

滇魔芋 **Amorphophallus yunnanensis** Engl. 【N, W/C】 ♣KBG, WBG, XTBG; ●HB, YN; ★(AS): CN, LA, TH, VN.

细柄芋属 Hapaline

细柄芋 **Hapaline ellipticifolium** C. Y. Wu et H. Li 【N, W/C】 ♣KBG, XTBG; ●YN; ★(AS): CN.

五彩芋属 Caladium

五彩芋 **Caladium bicolor** (Aiton) Vent. 【I, C】 ♣BBG, CDBG, FBG, FLBG, GBG, GMG, GXIB, HBG, KBG, LBG, SCBG, TBG, XLTBG, XMBG, XOIG, XTBG, ZAFU; ●BJ, FJ, GD, GX, GZ, HI, JX, SC, SH, TW, YN, ZJ; ★(NA): BZ, GT, HN, MX, PA, PR, US; (SA): BO, BR, CO, EC, PE, VE.

小叶花叶芋 **Caladium humboldtii** (Raf.) Schott 【I, C】 ♣SCBG, TMNS, XTBG; ●GD, TW, YN; ★(SA): BR, GY, VE.

乳脉千年芋 **Caladium lindenii** (André) Madison 【I, C】 ★(SA): CO.

彩叶杯芋 **Caladium picturatum** K. Koch et C. D. Bouché 【I, C】 ★(SA): BR, VE.

合果芋属 Syngonium

白纹合果芋 **Syngonium angustatum** Schott 【I, C】 ♣NSBG; ●CQ; ★(NA): BZ, CR, GT, HN, MX, NI, PA; (SA): BR.

五指合果芋 **Syngonium auritum** (L.) Schott 【I, C】 ♣FBG, FLBG, IBCAS, SCBG, XMBG; ●BJ, FJ, GD, JX; ★(NA): CU, HT, JM.

红叶合果芋 **Syngonium erythrophyllum** Birdsey ex G. S. Bunting 【I, C】 ♣FLBG; ●GD, JX; ★(NA): PA.

鹅趾合果芋 **Syngonium hoffmannii** Schott 【I, C】 ♣XMBG, XOIG; ●FJ; ★(NA): CR, PA.

大叶合果芋 **Syngonium macrophyllum** Engl. 【I, C】 ♣FLBG, SCBG, TBG, XMBG; ●FJ, GD, JX, TW; ★(NA): BZ, CR, GT, HN, MX, NI, PA, SV; (SA): CO, EC.

三裂合果芋 **Syngonium mauroanum** Birdsey ex G. S. Bunting 【I, C】 ♣TMNS, XOIG; ●FJ, TW; ★(NA): CR, PA.

合果芋 **Syngonium podophyllum** Schott 【I, C】 ♣BBG, CBG, CDBG, FBG, FLBG, IBCAS, KBG, NBG, SCBG, TBG, WBG, XLTBG, XMBG, XTBG, ZAFU; ●BJ, FJ, GD, HB, HI, JS, JX, SC, SH, TW, YN, ZJ; ★(NA): BZ, CR, CU, DO, GT, HN, HT, JM, MX, NI, PA, PR, SV; (SA): BO, BR, CO, EC, GF, GY, PE, VE.

*雷氏合果芋 **Syngonium rayi** Grayum 【I, C】 ♣XTBG; ●YN; ★(NA): CR, PA.

Syngonium triphyllum Birdsey ex Croat 【I, C】 ♣FLBG; ●GD, JX; ★(NA): BZ, CR, HN, NI, PA; (SA): CO, EC.

绒叶合果芋 **Syngonium wendlandii** Schott 【I, C】 ♣SCBG, TMNS, XMBG, XTBG; ●FJ, GD, TW, YN; ★(NA): CR.

黄肉芋属 Xanthosoma

Xanthosoma brasiliense (Desf.) Engl. 【I, C】 ♣FLBG; ●GD, JX; ★(NA): PR, TT; (SA): CO, EC, GY.

紫柄芋（黄肉芋）**Xanthosoma sagittifolium** (L.) Schott 【I, C】 ♣IBCAS, SCBG, TBG, TMNS, XMBG, XTBG; ●BJ, FJ, GD, TW, YN; ★(NA): CR, PA; (SA): BR, EC, PE, VE.

暴风芋属 Typhonodorum

暴风芋（马达加斯加巨水芋）**Typhonodorum lindleyanum** Schott 【I, C】 ♣SCBG; ●GD; ★(AF): KM, MG, MU.

大薸属 Pistia

大薸 **Pistia stratiotes** L. 【N, W/C】 ♣BBG, FBG, FLBG, GA, GMG, GXIB, HBG, IBCAS, KBG, LBG, SCBG, TMNS, WBG, XMBG, XOIG, XTBG, ZAFU; ●BJ, FJ, GD, GX, HB, JX, SC, TW, YN, ZJ; ★(AF): AO, CV, EG, NG, ZA; (AS): BT, CN, ID, IN, JP, LA, LK, MM, MY, NP, PH, SG, VN; (OC): AU, NZ; (NA): CR, DO, GT, HN, MX, NI, PR, SV; (SA): AR, BO, BR, CO, EC, PE, PY, VE.

岩芋属 Remusatia

早花岩芋 **Remusatia hookeriana** Schott 【N, W/C】 ♣KBG, XTBG; ●YN; ★(AS): BT, CN, ID, IN, LA, LK, MM, NP, TH.

曲苞芋 **Remusatia pumila** (D. Don) H. Li et A. Hay 【N, W/C】 ♣KBG, XMBG, XTBG; ●FJ, YN; ★(AS): BT, CN, ID, IN, LK, NP, TH.

岩芋（台湾岩芋）**Remusatia vivipara** (Roxb.) Schott 【N, W/C】 ♣KBG, SCBG, TMNS, XTBG; ●GD, TW, YN; ★(AS): BT, CN, ID, IN, LA, LK, MM, NP, TH, VN, YE.

云南岩芋 **Remusatia yunnanensis** (H. Li et A. Hay) A. Hay 【N, W/C】 ♣KBG, XTBG; ●YN; ★(AS): CN.

泉七属 Steudnera

泉七 **Steudnera colocasiifolia** K. Koch 【N, W/C】 ♣GXIB, KBG, NBG, SCBG, XMBG, XTBG; ●FJ, GD, GX, JS, YN; ★(AS): CN, ID, IN, LA, MM, TH, VN.

斑叶泉七 **Steudnera discolor** W. Bull 【I, C】 ★(AS): ID, IN.

全缘泉七 **Steudnera griffithii** (Schott) Hook. f. 【N, W/C】 ♣KBG, XTBG; ●YN; ★(AS): CN, IN, MM.

芋属 Colocasia

卷苞芋（滇南芋）**Colocasia affinis** Schott 【N, W/C】 ♣WBG, XTBG; ●HB, YN; ★(AS): BT, CN, ID, IN, LK, MM, NP.

野芋（滇南芋）**Colocasia antiquorum** Schott 【N, W/C】 ♣CBG, FBG, GA, GBG, GXIB, HBG, KBG, SCBG, WBG, XMBG, XTBG; ●FJ, GD, GX, GZ, HB, JX, SC, SH, TW, YN, ZJ; ★(AS): CN.

芋 **Colocasia esculenta** (L.) Schott 【I, C】 ♣BBG, CBG, FBG, FLBG, GA, GXIB, HBG, IBCAS, KBG, LBG, SCBG, TBG, TMNS, WBG, XMBG, XOIG, XTBG, ZAFU; ●AH, BJ, CQ, FJ, GD, GX, HA, HB, HN, JS, JX, SC, SD, SH, TW, YN, ZJ; ★(AS): MY.

假芋（异色芋、墨脱芋）**Colocasia fallax** Schott【N, W/C】♣KBG, XMBG, XTBG; ●FJ, YN; ★(AS): BT, CN, ID, IN, LA, LK, NP, TH.

大野芋 **Colocasia gigantea** (Blume) Hook. f.【N, W/C】♣GXIB, HBG, KBG, LBG, NBG, NSBG, SCBG, TMNS, WBG, XMBG, XTBG, ZAFU; ●CQ, FJ, GD, GX, HB, JS, JX, TW, YN, ZJ; ★(AS): CN, ID, IN, KH, LA, MM, MY, TH, VN.

勐腊芋 **Colocasia menglaensis** J. T. Yin, H. Li et Z. F. Xu【N, W/C】♣XTBG; ●YN; ★(AS): CN, LA, MM, TH.

海芋属 Alocasia

黑叶观音莲 **Alocasia × mortfontanensis** André【I, C】♣CBG, FBG, FLBG, SCBG, XMBG, XOIG, ZAFU; ●FJ, GD, JX, SC, SH, TW, YN, ZJ; ★(EU): FR.

绒叶观音莲 **Alocasia cadieri** Chantrier【I, C】★(AS): VN.

尖尾芋 **Alocasia cucullata** (Lour.) G. Don【N, W/C】♣BBG, CBG, FBG, FLBG, GBG, GMG, GXIB, HBG, IBCAS, KBG, SCBG, TBG, TMNS, WBG, XLTBG, XMBG, XTBG, ZAFU; ●BJ, FJ, GD, GX, GZ, HB, HI, JX, SC, SH, TW, YN, ZJ; ★(AS): CN, ID, IN, JP, LA, LK, MM, NP, SG, TH, VN; (SA): EC.

龟甲草 **Alocasia cuprea** K. Koch【I, C】♣SCBG; ●GD, TW; ★(AS): MY.

紫苞海芋（孟连海芋）**Alocasia hypnosa** J. T. Yin, Y. H. Wang et Z. F. Xu【N, W/C】♣XTBG; ●YN; ★(AS): CN, LA, TH.

千手观音 **Alocasia lauterbachiana** (Engl.) A. Hay【I, C】●TW, YN; ★(AS): MY.

箭叶海芋 **Alocasia longiloba** Miq.【N, W/C】♣FBG, FLBG, KBG, SCBG, WBG, XTBG; ●FJ, GD, HB, JX, TW, YN; ★(AS): CN, ID, IN, KH, LA, MM, MY, SG, TH, VN.

热亚海芋 **Alocasia macrorrhizos** (L.) G. Don【N, W/C】♣FLBG, GXIB, KBG, NBG, SCBG, TMNS, WBG, XMBG, XTBG; ●BJ, FJ, GD, GX, HB, JS, JX, TW, YN; ★(AS): BT, CN, ID, LA, LK, MM, MY, PH, SG; (OC): AU, FJ.

海芋 **Alocasia odora** (Lindl.) K. Koch【N, W/C】♣CBG, CDBG, GMG, GXIB, HBG, IBCAS, LBG, NSBG, TMNS, XTBG; ●BJ, CQ, FJ, GX, JX, SC, SH, TW, YN, ZJ; ★(AS): BT, CN, ID, IN, JP, KH, LA, LK, MM, NP, PH, SG, TH, VN.

帝王海芋 **Alocasia princeps** W. Bull【I, C】●TW; ★(AS): MY.

黑鹅绒海芋 **Alocasia reginula** A. Hay【I, C】●TW; ★(AS): SG.

美叶海芋（美叶芋）**Alocasia sanderiana** W. Bull【I, C】♣BBG, XMBG; ●BJ, FJ; ★(AS): MM, PH.

盾叶观音莲 **Alocasia wentii** Engl. et K. Krause【I, C】♣CBG; ●SH, TW; ★(OC): PG.

半夏属 Pinellia

滴水珠 **Pinellia cordata** N. E. Br.【N, W/C】♣FBG, GA, GBG, GXIB, HBG, KBG, LBG, SCBG, WBG, XMBG; ●FJ, GD, GX, GZ, HB, JX, SC, YN, ZJ; ★(AS): CN.

虎掌 **Pinellia pedatisecta** Schott【N, W/C】♣BBG, FLBG, GA, GBG, GMG, GXIB, HBG, IBCAS, KBG, LBG, NBG, WBG, XBG, XTBG, ZAFU; ●BJ, GD, GX, GZ, HB, JS, JX, SC, SN, YN, ZJ; ★(AS): CN, MN.

盾叶半夏 **Pinellia peltata** C. Pei【N, W/C】♣HBG; ●ZJ; ★(AS): CN.

大半夏 **Pinellia polyphylla** S. L. Hu【N, W/C】♣XTBG; ●YN; ★(AS): CN.

半夏 **Pinellia ternata** (Thunb.) Makino【N, W/C】♣BBG, CBG, FBG, GA, GBG, GMG, GXIB, HBG, HFBG, IBCAS, KBG, LBG, NBG, NSBG, SCBG, TMNS, WBG, XBG, XMBG, XTBG, ZAFU; ●BJ, CQ, FJ, GD, GX, GZ, HB, HL, JS, JX, SC, SH, SN, TW, YN, ZJ; ★(AS): CN, JP, KP, KR, MN.

三裂叶半夏 **Pinellia tripartita** (Blume) Schott【N, W/C】♣XTBG; ●YN; ★(AS): CN, JP, KR.

天南星属 Arisaema

东北南星 **Arisaema amurense** Maxim.【N, W/C】♣HFBG, IBCAS, LBG; ●BJ, HL, JX; ★(AS): CN, JP, KP, KR, MN, RU-AS.

旱生南星 **Arisaema aridum** H. Li【N, W/C】♣KBG; ●YN; ★(AS): CN.

刺柄南星 **Arisaema asperatum** N. E. Br.【N, W/C】♣KBG, WBG; ●HB, SC, YN; ★(AS): CN.

长耳南星 **Arisaema auriculatum** Buchet【N, W/C】●SC, YN; ★(AS): CN, ID, IN.

滇南星 **Arisaema austroyunnanense** H. Li【N, W/C】♣XTBG; ●YN; ★(AS): CN, VN.

版纳南星 **Arisaema bannaense** H. Li【N, W/C】♣KBG, XTBG; ●YN; ★(AS): CN, MM.

灯台莲（七叶灯台莲）**Arisaema bockii** Engl. 【N, W/C】 ♣CBG, HBG, KBG, SCBG, WBG, ZAFU; ●GD, HB, SC, SH, YN, ZJ; ★(AS): CN.

沧江南星（丹珠南星）**Arisaema bonatianum** Engl. 【N,W】 ♣XTBG; ●YN; ★(AS): CN, NP.

北缅南星 **Arisaema burmaense** P. C. Boyce et H. Li 【N, W/C】 ♣KBG; ●YN; ★(AS): CN, MM.

金江南星（红根南星）**Arisaema calcareum** H. Li 【N, W/C】 ♣KBG; ●YN; ★(AS): CN.

白苞南星 **Arisaema candidissimum** W. W. Sm. 【N, W/C】 ♣KBG; ●YN; ★(AS): CN.

缘毛南星 **Arisaema ciliatum** H. Li 【N, W/C】 ♣XTBG; ●YN; ★(AS): CN.

棒头南星 **Arisaema clavatum** Buchet 【N, W/C】 ♣WBG; ●HB; ★(AS): CN.

会泽南星 **Arisaema dahaiense** H. Li 【N, W/C】 ♣KBG; ●YN; ★(AS): CN, MM.

奇异南星（雪里见）**Arisaema decipiens** Schott 【N, W/C】♣GBG, GXIB, KBG, WBG; ●GX, GZ, HB, SC, YN; ★(AS): CN, ID, IN, MM, VN.

云台南星 **Arisaema du-bois-reymondiae** Engl. 【N, W/C】 ♣HBG, KBG, LBG, ZAFU; ●JX, YN, ZJ; ★(AS): CN.

象南星（川中南星）**Arisaema elephas** Buchet 【N, W/C】 ♣KBG, SCBG, XTBG; ●GD, SC, YN; ★(AS): BT, CN, IN, LK, MM.

一把伞南星（长行南星）**Arisaema erubescens** (Wall.) Schott 【N, W/C】♣BBG, CBG, FLBG, GA, GBG, GMG, GXIB, HBG, KBG, LBG, SCBG, WBG, XBG, XMBG, XTBG, ZAFU; ●BJ, FJ, GD, GX, GZ, HB, JX, SC, SH, SN, YN, ZJ; ★(AS): BT, CN, ID, IN, LA, LK, MM, NP, TH, VN.

螃蟹七 **Arisaema fargesii** Buchet 【N, W/C】 ♣KBG, WBG; ●HB, YN; ★(AS): CN.

黄苞南星 **Arisaema flavum** (Forssk.) Schott 【N, W/C】 ♣KBG, XTBG; ●YN; ★(AS): AF, BT, CN, ID, IN, LK, NP, YE.

象头花（大理南星）**Arisaema franchetianum** Engl. 【N, W/C】 ♣KBG, WBG, XTBG; ●HB, SC, YN; ★(AS): CN, MM, VN.

二色南星（毛笔南星）**Arisaema grapsospadix** Hayata 【N, W/C】♣CBG, TMNS; ●SH, TW; ★(AS): CN, VN.

黎婆花 **Arisaema hainanense** C. Y. Wu ex H. Li, Y. Shiao et S. Tseng 【N, W/C】 ♣KBG; ●YN; ★(AS): CN.

天南星 **Arisaema heterophyllum** Blume【N, W/C】 ♣BBG, CBG, FBG, GA, GBG, GMG, HBG, HFBG, IBCAS, KBG, LBG, NBG, SCBG, TBG, TMNS, WBG, XMBG, ZAFU; ●BJ, FJ, GD, GX, GZ, HB, HL, JS, JX, SC, SH, TW, YN, ZJ; ★(AS): CN, JP, KP, KR.

湘南星 **Arisaema hunanense** Hand.-Mazz. 【N, W/C】 ♣WBG; ●HB; ★(AS): CN.

三匹箭（斑叶三匹箭）**Arisaema petiolulatum** Hook. f. 【N, W/C】 ♣GXIB, KBG, XTBG; ●GX, YN; ★(AS): CN.

丽江南星 **Arisaema lichiangense** W. W. Sm. 【N, W/C】 ♣KBG; ●YN; ★(AS): CN.

凌云南星 **Arisaema lingyunense** H. Li 【N, W/C】 ♣GXIB; ●GX; ★(AS): CN, MM.

花南星 **Arisaema lobatum** Engl.【N, W/C】♣CBG, KBG, LBG, WBG, XBG, XTBG; ●HB, JX, SC, SH, SN, YN; ★(AS): CN.

猪笼南星 **Arisaema nepenthoides** (Wall.) Mart. 【N, W/C】♣KBG; ●YN; ★(AS): BT, CN, ID, IN, LK, MM, NP.

屏边南星 **Arisaema pingbianense** H. Li【N, W/C】 ♣KBG; ●YN; ★(AS): CN, VN.

河谷南星 **Arisaema prazeri** Hook. f. 【N, W/C】 ♣XTBG; ●YN; ★(AS): CN, MM, TH.

普陀南星（阿里山南星）**Arisaema ringens** (Thunb.) Schott【N, W/C】♣TMNS, XMBG; ●FJ, SC, TW; ★(AS): CN, JP, KR.

岩生南星（银南星）**Arisaema saxatile** Buchet 【N, W/C】 ♣KBG; ●YN; ★(AS): CN.

细齿南星 **Arisaema serratum** (Thunb.) Schott 【N, W/C】♣KBG, XTBG; ●YN; ★(AS): CN, JP, KP, KR, RU-AS.

四国南星（全缘灯台莲）**Arisaema sikokianum** Franch. et Sav.【N, W/C】♣GMG; ●GX; ★(AS): CN, JP.

鄂西南星（云台南星）**Arisaema silvestrii** Pamp.【N, W/C】 ♣NBG; ●JS; ★(AS): CN.

瑶山南星 **Arisaema sinii** K. Krause 【N, W/C】 ♣KBG; ●YN; ★(AS): CN.

东俄洛南星（乡城南星）**Arisaema souliei** Buchet 【N, W/C】 ♣KBG; ●YN; ★(AS): CN.

美丽南星 **Arisaema speciosum** (Wall.) Mart. 【N, W/C】♣KBG; ●YN; ★(AS): BT, CN, ID, IN, LK, NP.

腾冲南星 **Arisaema tengtsungense** H. Li 【N, W/C】 ♣KBG; ●YN; ★(AS): CN, MM.

三叶南星 **Arisaema triphyllum** (L.) Schott 【I, C】

♣BBG, XTBG; ●BJ, YN; ★(NA): CA, US.

隐序南星 **Arisaema wardii** C. Marquand et Airy Shaw 【N, W/C】 ♣KBG; ●YN; ★(AS): CN.

双耳南星 **Arisaema wattii** Hook. f. 【N, W/C】 ♣KBG; ●YN; ★(AS): CN, ID, IN, MM.

乌蒙南星 **Arisaema wumengense** H. Li, Q. T. Zhang et L. S. Xie 【N, W/C】 ♣KBG; ●YN; ★(AS): CN.

山珠南星 **Arisaema yunnanense** Buchet 【N, W/C】 ♣KBG; ●YN; ★(AS): CN, VN.

维明南星 **Arisaema zhui** H. Li 【N, W/C】 ♣KBG; ●YN; ★(AS): CN.

犁头尖属 Typhonium

白脉犁头尖 **Typhonium albidinervium** C. Z. Tang et H. Li 【N, W/C】 ♣XTBG; ●YN; ★(AS): CN, LA.

犁头尖 **Typhonium blumei** Nicolson et Sivad. 【N, W/C】 ♣FBG, FLBG, GBG, GMG, GXIB, HBG, IBCAS, KBG, SCBG, TBG, TMNS, WBG, XLTBG, XMBG, XTBG; ●BJ, FJ, GD, GX, GZ, HB, HI, JX, SC, TW, YN, ZJ; ★(AS): CN, ID, IN, JP, KH, LA, MM, NP, PH, TH, VN; (OC): AU.

鞭檐犁头尖 **Typhonium flagelliforme** (Lodd.) Blume 【N, W/C】 ♣GMG, GXIB, KBG, SCBG, XMBG, XTBG; ●FJ, GD, GX, YN; ★(AS): BT, CN, ID, IN, KH, LA, LK, MM, MY, PH, SG, TH, VN; (OC): AU.

金平犁头尖 **Typhonium jinpingense** Z. L. Wang, H. Li et F. H. Bian 【N, W/C】 ♣KBG; ●YN; ★(AS): CN.

金慈姑 **Typhonium roxburghii** Schott 【N, W/C】 ♣KBG, TMNS, WBG, XTBG; ●HB, TW, YN; ★(AS): CN, ID, IN, JP, LA, LK, MY, PH, SG, TH; (OC): AU.

马蹄犁头尖 **Typhonium trilobatum** (L.) Schott 【N, W/C】 ♣GMG, KBG, XTBG; ●GX, YN; ★(AS): BT, CN, ID, IN, KH, LA, LK, MM, MY, NP, PH, SG, TH, VN; (OC): AU.

斑龙芋属 Sauromatum

高原犁头尖 **Sauromatum diversifolium** (Wall. ex Schott) Cusimano et Hett. 【N, W/C】 ♣XTBG; ●YN; ★(AS): BT, CN, ID, IN, KH, LK, MM, NP.

贡山斑龙芋 **Sauromatum gaoligongense** O. Loes. 【N, W/C】 ♣KBG; ●YN; ★(AS): CN.

独角莲 **Sauromatum giganteum** L. 【N, W/C】 ♣CBG, GMG, HBG, IBCAS, KBG, LBG, NBG, WBG, XBG, XMBG; ●BJ, FJ, GX, HB, JS, JX, SH, SN, YN, ZJ; ★(AS): CN.

西南犁头尖(昆明犁头尖、单籽犁头尖)**Sauromatum horsfieldii** Miq. 【N, W/C】 ♣KBG, WBG, XTBG; ●HB, YN; ★(AS): CN, ID, IN.

斑龙芋 **Sauromatum venosum** Welw. ex O. Hoffm. 【N, W/C】 ♣KBG, XMBG; ●FJ, YN; ★(AS): BT, CN, ID, IN, LK, MM, NP.

破土芋属 Biarum

*戴氏破土芋 **Biarum davisii** Turrill 【I, C】 ●TW; ★(EU): GR.

龙木芋属 Dracunculus

龙木芋 **Dracunculus vulgaris** Schott 【I, C】 ★(EU): AL, BA, BG, GR, MK.

疆南星属 Arum

克里特岛疆南星 **Arum creticum** Boiss. et Heldr. 【I, C】 ●TW; ★(EU): GR.

*意大利疆南星 **Arum italicum** Mill. 【I, C】 ♣XTBG; ●YN; ★(AF): MA; (AS): AZ, SA; (EU): AL, BA, BG, BY, DE, ES, GB, GR, HR, IT, LU, ME, MK, NL, RS, RU, SI, TR.

疆南星 **Arum korolkowii** Regel 【N, W/C】 ♣XTBG; ●YN; ★(AS): CN.

斑点疆南星 **Arum maculatum** L. 【I, C】 ♣XTBG; ●YN; ★(AF): MA; (AS): CY, MM, SA, TR; (EU): AL, AT, BA, BE, BG, BY, CZ, DE, ES, GB, GR, HR, HU, IT, LU, MC, ME, MK, NL, PL, RO, RS, RU, SI, TR.

18. 岩菖蒲科 TOFIELDIACEAE

岩菖蒲属 Tofieldia

杯萼岩菖蒲 **Tofieldia calyculata** (L.) Wahlenb. 【I, C】 ♣NBG, XTBG; ●JS, YN; ★(AS): GE; (EU): BA, CZ, DE, ES, HR, IS, IT, ME, MK, PL, RO, RS, RU, SI.

岩菖蒲 **Tofieldia thibetica** Franch. 【N, W/C】 ♣KBG, SCBG, WBG; ●GD, HB, SC, YN; ★(AS): CN.

19. 泽泻科 ALISMATACEAE

假泽泻属 Baldellia

假泽泻 **Baldellia ranunculoides** (L.) Parl. 【I, C】 ●SC; ★(AF): MA; (AS): AZ, TR; (EU): BA, BE, DE, ES, GB, GR, HR, IT, LU, MC, ME, MK, NL, NO, PL, RS, RU, SI.

泽泻属 Alisma

窄叶泽泻 **Alisma canaliculatum** A. Braun et C. D. Bouché 【N, W/C】 ♣HBG, LBG, SCBG, TMNS, WBG, ZAFU; ●GD, HB, JX, SC, TW, ZJ; ★(AS): CN, ID, IN, JP, KP, KR, MN, RU-AS.

草泽泻 **Alisma gramineum** Lej. 【N, W/C】 ♣FBG, WBG; ●FJ, HB; ★(AF): EG; (AS): AF, CN, GE, KZ, MN, PK, RU-AS, TJ, TR, UZ; (EU): AT, BA, BE, BG, CZ, DE, GB, GR, HR, HU, IT, ME, MK, NL, PL, RO, RS, RU, SI, TR.

膜果泽泻 **Alisma lanceolatum** With. 【N, W/C】 ♣WBG; ●HB; ★(AF): MA; (AS): AF, AM, AZ, BH, CN, CY, GE, IL, IQ, IR, JO, KG, KW, KZ, LB, MN, PK, PS, QA, RU-AS, SA, SY, TJ, TR, UZ, YE; (OC): AU, NZ, PAF; (EU): BY, DE, ES, FR, GR, IT, MC, RU.

小泽泻 **Alisma nanum** D. F. Cui 【N, W/C】 ♣WBG; ●HB; ★(AS): CN.

东方泽泻 **Alisma orientale** (Sam.) Juz. 【N, W/C】 ♣BBG, FBG, FLBG, GBG, GMG, HBG, HFBG, IBCAS, KBG, LBG, NBG, SCBG, WBG, XBG, XLTBG, XMBG, XTBG, ZAFU; ●BJ, FJ, GD, GX, GZ, HB, HI, HL, JS, JX, SC, SN, YN, ZJ; ★(AS): CN, ID, IN, JP, KR, MM, MN, NP, RU-AS, VN.

泽泻 **Alisma plantago-aquatica** L. 【N, W/C】 ♣BBG, GXIB, IBCAS, SCBG, TDBG, WBG, XMBG, XTBG; ●BJ, FJ, GD, GX, HB, XJ, YN; ★(AF): AO, CV, EG, MA, ZA; (AS): AF, AM, AZ, BH, CN, CY, GE, ID, IL, IN, IQ, IR, JO, JP, KG, KP, KR, KW, KZ, LB, MM, MN, NP, PK, PS, QA, RU-AS, SA, SY, TH, TJ, TR, UZ, VN, YE; (OC): AU, NZ, PAF; (EU): AD, AL, AT, BA, BE, BG, BY, CH, CZ, DE, DK, ES, FI, FR, GB, GR, HR, HU, IS, IT, LU, MC, ME, MK, NL, NO, PL, PT, RO, RS, RU, SE, SI, SK, SM, UA, VA; (NA): CA, US.

大叶泽泻 **Alisma subcordatum** Raf. 【I, C】 ♣BBG; ●BJ; ★(NA): CA, US.

黄花蔺属 Limnocharis

黄花蔺 **Limnocharis flava** (L.) Buchenau 【I, C】 ♣IBCAS, KBG, SCBG, WBG, XMBG, XTBG; ●BJ, FJ, GD, HB, TW, YN; ★(NA): CR, CU, DO, GT, HN, MX, NI, PA, SV; (SA): AR, BO, BR, CO, EC, PE, PY, VE.

拟花蔺属 Butomopsis

拟花蔺 **Butomopsis latifolia** (D. Don) Kunth 【N, W/C】 ♣GXIB, SCBG, WBG, XTBG; ●GD, GX, HB, YN; ★(AF): ZA; (AS): BT, CN, ID, IN, LA, LK, MM, NP, TH, VN; (OC): PAF.

水金英属 Hydrocleys

水金英 **Hydrocleys nymphoides** (Humb. et Bonpl. ex Willd.) Buchenau 【I, C】 ♣BBG, FLBG, GXIB, IBCAS, SCBG, TBG, TMNS, WBG, XMBG, XTBG; ●BJ, FJ, GD, GX, HB, JX, TW, YN; ★(NA): GT, PR, US; (SA): AR, BO, BR, CO, EC, GY, PE, PY, VE.

毛茛泽泻属 Ranalisma

长喙毛茛泽泻 **Ranalisma rostratum** Stapf 【N, W/C】 ♣SCBG, WBG, ZAFU; ●GD, HB, ZJ; ★(AS): CN, ID, IN, MY, VN.

匍茎慈姑属 Helanthium

玻利维亚匍茎慈姑（细叶皇冠）**Helanthium bolivianum** (Rusby) Lehtonen et Myllys 【I, C】 ♣SCBG, WBG; ●GD, HB; ★(SA): BO, VE.

匍茎慈姑（针叶皇冠）**Helanthium tenellum** (Mart. ex Schult. f.) J. G. Sm. 【I, C】 ★(NA): MX, US; (SA): AR, BR, GY.

*瓜德罗普匍茎慈姑（牙买加皇冠）**Helanthium zombiense** (Jérémie) Lehtonen et Myllys 【I, C】 ★(NA): JM.

泽薹草属 Caldesia

宽叶泽薹草 **Caldesia grandis** Sam. 【N, W/C】 ♣IBCAS, SCBG, WBG, XMBG; ●BJ, FJ, GD, HB; ★(AS): CN, ID, IN, MY.

泽薹草 **Caldesia parnassifolia** (L.) Parl. 【N, W/C】 ♣IBCAS, SCBG, WBG, XMBG, XTBG; ●BJ, FJ, GD, HB, YN; ★(AF): AO, EG, MA; (AS): CN, ID, IN, JP, KP, KR, NP, PK, TH, VN; (OC): AU, PAF.

肋果慈姑属 Echinodorus

花皇冠 **Echinodorus berteroi** (Spreng.) Fassett 【I, C】 ♣GXIB, WBG; ●GX, HB; ★(NA): CU, DO, HN, HT, JM, MX, PR, US; (SA): AR, EC, GY, PE.

象耳皇冠 **Echinodorus cordifolius** (L.) Griseb. 【I, C】 ★(NA): MX, US; (SA): CO, VE.

阿根廷皇冠 **Echinodorus grandiflorus** (Cham. et Schltdl.) Micheli 【I, C】 ♣SCBG; ●GD; ★(NA): CR, CU, GT, HN, MX, PA, SV; (SA): AR, BO, BR, CO, EC, PE, UY, VE.

皇冠 **Echinodorus grisebachii** Small 【I, C】 ♣BBG, SCBG, XMBG; ●BJ, FJ, GD, TW; ★(NA): CU, HN, NI; (SA): BO, BR, CO, EC, GF, GY, PE, VE.

长象耳皇冠 **Echinodorus horizontalis** Rataj 【I, C】 ★(SA): BR, CO, EC, PE, VE.

心叶皇冠 **Echinodorus longiscapus** Arechav. 【I, C】 ♣WBG; ●HB; ★(SA): AR, BR, PY, UY.

大叶皇冠 **Echinodorus macrophyllus** (Kunth) Micheli 【I, C】 ♣IBCAS, SCBG, WBG, XMBG, XTBG; ●BJ, FJ, GD, HB, YN; ★(NA): HN; (SA): AR, BO, BR, CO, EC, GY, PE, VE.

九冠草 **Echinodorus major** (Micheli) Rataj 【I, C】 ♣WBG; ●HB; ★(NA): MX; (SA): BR, PE, UY.

红斑皇冠 **Echinodorus palaefolius** (Nees et Mart.) J. F. Macbr. 【I, C】 ♣WBG; ●HB; ★(NA): MX; (SA): BR, PE, UY.

刺叶皇冠 **Echinodorus scaber** Rataj 【I, C】 ★(SA): BR, VE.

大剑皇冠 **Echinodorus subalatus** (Mart. ex Schult. f.) Griseb. 【I, C】 ♣IBCAS, WBG; ●BJ, HB; ★(NA): CR, GT, MX, NI, PA, SV; (SA): BO, BR, GY, PE, PY, VE.

长叶九冠 **Echinodorus uruguayensis** Arechav. 【I, C】 ♣SCBG; ●GD, TW; ★(SA): AR, BR, UY.

慈姑属 Sagittaria

冠果草 **Sagittaria guayanensis** Kunth 【I, C】 ♣TMNS, WBG, XTBG; ●HB, SC, TW, YN; ★(NA): GT, HN, JM, MX, NI, PA; (SA): AR, BO, CO, EC, GF, VE.

利川慈姑 **Sagittaria lichuanensis** J. K. Chen, X. Z. Sun et H. Q. Wang 【N, W/C】 ♣WBG; ●HB; ★(AS): CN.

蒙特登慈姑 **Sagittaria montevidensis** Cham. et Schltdl. 【I, C】 ♣SCBG, XMBG; ●FJ, GD; ★(NA): MX, US; (SA): AR, BO, BR, CL, EC, PE, PY, UY.

浮叶慈姑 **Sagittaria natans** Michx. 【N, W/C】 ♣WBG; ●HB; ★(AS): CN, ID, IN, JP, KP, KR, KZ, MN, RU-AS; (EU): FI, RU.

*阔叶慈姑 **Sagittaria platyphylla** (Engelm.) J. G. Sm. 【I, C】 ♣SCBG; ●GD; ★(NA): MX, PA, US.

小慈姑 **Sagittaria potamogetifolia** Merr. 【N, W/C】 ♣WBG; ●HB; ★(AS): CN.

矮慈姑 **Sagittaria pygmaea** Miq. 【N, W/C】 ♣FBG, GA, GBG, GXIB, HBG, IBCAS, LBG, SCBG, TMNS, WBG, XMBG, ZAFU; ●BJ, FJ, GD, GX, GZ, HB, JX, TW, ZJ; ★(AS): CN, JP, KP, KR, TH, VN.

欧洲慈姑 **Sagittaria sagittifolia** L. 【I, C】 ♣CDBG, GXIB, IBCAS, NBG, SCBG, WBG, XTBG; ●BJ, GD, GX, HB, JS, SC, YN; ★(AS): CY; (EU): AD, AL, AT, BA, BE, BG, BY, CH, CZ, DE, DK, ES, FI, FR, GB, GR, HR, HU, IS, IT, LU, MC, ME, MK, NL, NO, PL, PT, RO, RS, RU, SE, SI, SK, SM, UA, VA.

腾冲慈姑 **Sagittaria tengtsungensis** H. Li 【N, W/C】 ♣WBG; ●HB; ★(AS): BT, CN, IN, LK, NP.

野慈姑 **Sagittaria trifolia** L. 【N, W/C】 ♣BBG, CBG, FBG, FLBG, GA, GBG, GXIB, HBG, HFBG, IBCAS, LBG, NBG, SCBG, TMNS, WBG, XMBG, XTBG; ●AH, BJ, FJ, GD, GX, GZ, HA, HB, HE, HL, JS, JX, LN, SC, SH, TW, YN, ZJ; ★(AS): AF, CN, ID, IN, JP, KG, KP, KZ, LA, MM, MN, MY, NP, PH, PK, RU-AS, TH, TJ, UZ, VN; (OC): FJ.

华夏慈姑 **Sagittaria trifolia** subsp. **leucopetala** (Miq.) Q. F. Wang 【N, W/C】 ♣FLBG, GXIB, HBG, IBCAS, KBG, LBG, WBG, XMBG, XTBG, ZAFU; ●AH, BJ, FJ, GD, GX, HB, JX, SC, YN, ZJ; ★(AS): CN, JP, KP, KR.

20. 花蔺科 BUTOMACEAE

花蔺属 Butomus

花蔺 **Butomus umbellatus** L. 【N, W/C】 ♣BBG, HFBG, IBCAS, NBG, SCBG, WBG; ●BJ, GD, HB, HL, JS; ★(AF): MA; (AS): AF, AZ, CN, IN, KG, KZ, MN, PK, RU-AS, TJ, TR, UZ; (EU): BY, FR, HR, IS, RS, SI.

21. 水鳖科 HYDROCHARITACEAE

水鳖属 Hydrocharis

水鳖 **Hydrocharis dubia** (Blume) Backer 【N, W/C】 ♣FBG, GA, HBG, IBCAS, LBG, NBG, SCBG, WBG, XMBG, XTBG; ●BJ, FJ, GD, HB, JS, JX, SC, YN, ZJ; ★(AS): CN, ID, IN, JP, KR, MM, MN, PH, RU-AS, TH, VN; (OC): AU, PAF.

水蛛花属 Limnobium

美洲水鳖(水鬼花) **Limnobium laevigatum** (Humb. et Bonpl. ex Willd.) Heine 【I, C】 ★(NA): BM, CU, PR, US.

水凤梨属 Stratiotes

水凤梨 **Stratiotes aloides** L. 【I, C】 ★(EU): GB, NL.

富氧草属 Lagarosiphon

马达加斯加蜈蚣草 **Lagarosiphon madagascariensis** Casp. 【I, C】 ★(AF): MG.

大富氧草 **Lagarosiphon major** (Ridl.) Moss 【I, C】 ★(AF): ZA.

水筛属 Blyxa

无尾水筛 **Blyxa aubertii** Rich. 【N, W/C】 ♣SCBG, WBG, XTBG; ●GD, HB, YN; ★(AS): BT, CN, ID, IN, JP, KR, LA, LK, MM, MY, NP, PH, SG, TH, VN; (OC): AU, PAF.

有尾水筛 **Blyxa echinosperma** (C. B. Clarke) Hook. f. 【N, W/C】 ♣FBG, LBG, SCBG, WBG; ●FJ, GD, HB, JX; ★(AS): CN, ID, IN, JP, KP, LK, MM, MY, NP, PH, TH, VN; (OC): AU, PAF.

水筛 **Blyxa japonica** (Miq.) Maxim. ex Asch. et Gürke 【N, W/C】 ♣FLBG, LBG, SCBG, WBG, XTBG; ●GD, HB, JX, YN; ★(AS): CN, ID, IN, JP, KR, LA, MM, MY, NP, SG, TH, VN; (EU): IT, LU.

长茎箦藻 **Blyxa japonica** var. **alternifolia** (Miq.) C. D. K. Cook et Luond 【I, C】 ★(AS): ID, MY, SG.

光滑水筛 **Blyxa leiosperma** Koidz. 【N, W/C】 ♣WBG; ●HB; ★(AS): CN, ID, IN, JP, VN.

箦藻 **Blyxa novoguineensis** Hartog 【I, C】 ★(AS): PH.

八药水筛 **Blyxa octandra** (Roxb.) Planch. ex Thwaites 【N, W/C】 ♣SCBG; ●GD; ★(AS): CN, ID, IN, LK, MM, VN; (OC): AU, PAF.

水车前属 Ottelia

海菜花 **Ottelia acuminata** (Gagnep.) Dandy 【N, W/C】 ♣GXIB, KBG, WBG; ●GX, HB, YN; ★(AS): CN.

波叶海菜花 **Ottelia acuminata** var. **crispa** (Hand.-Mazz.) H. Li 【N, W/C】 ♣WBG; ●HB; ★(AS): CN.

靖西海菜花 **Ottelia acuminata** var. **jingxiensis** H. Q. Wang et S. C. Sun 【N, W/C】 ♣GXIB, WBG; ●GX, HB; ★(AS): CN.

路南海菜花 **Ottelia acuminata** var. **lunanensis** H. Li 【N, W/C】 ♣WBG; ●HB; ★(AS): CN.

龙舌草 **Ottelia alismoides** (L.) Pers. 【N, W/C】 ♣BBG, FBG, FLBG, GA, LBG, SCBG, TMNS, WBG, XMBG, XTBG; ●BJ, FJ, GD, HB, JX, TW, YN; ★(AF): EG; (AS): BT, CN, ID, IN, JP, KH, KP, KR, LA, LK, MM, MN, MY, NP, PH, RU-AS, SG, TH, VN; (OC): AU, PAF.

出水水菜花 **Ottelia emersa** Z. C. Zhao et R. L. Luo 【N, W/C】 ♣WBG; ●HB; ★(AS): CN.

贵州水车前 **Ottelia sinensis** (H. Lév. et Vaniot) H. Lév. ex Dandy 【N, W/C】 ♣SCBG; ●GD; ★(AS): CN, VN.

水蕴草属 Egeria

水蕴草 **Egeria densa** Planch. 【I, C/N】 ♣TBG, TMNS, WBG; ●HB, TW; ★(NA): CR, SV; (SA): AR, BR, CO, PY, UY, VE.

细叶蜈蚣草 **Egeria najas** Planch. 【I, C】 ★(SA): AR, BR, PY, UY.

水蕴藻属 Elodea

加拿大水蕴草(水蕴藻) **Elodea canadensis** Michx. 【I, C】 ♣WBG; ●HB; ★(NA): CA, US.

伊乐藻 **Elodea nuttallii** (Planch.) H. St. John 【I, C】 ●HB; ★(NA): CA, US.

黑藻属 Hydrilla

黑藻 **Hydrilla verticillata** (L. f.) Royle 【N, W/C】 ♣FBG, FLBG, GA, GBG, GXIB, HBG, IBCAS, LBG, SCBG, TBG, TMNS, WBG, XMBG, XTBG,

ZAFU; ●BJ, FJ, GD, GX, GZ, HB, JX, TW, YN, ZJ; ★(AS): AF, BT, CN, GE, ID, IN, JP, KR, KZ, LA, LK, MM, MN, MY, NP, PH, PK, RU-AS, SG, TH, VN; (EU): BA, GB, RU.

罗氏轮叶黑藻 **Hydrilla verticillata** var. **roxburghii** Casp. 【N, W/C】 ♣SCBG, WBG, XMBG; ●FJ, GD, HB, SC; ★(AS): CN, JP, MY, PH.

茨藻属 Najas

弯果茨藻 **Najas ancistrocarpa** A. Braun ex Magnus 【N, W/C】 ♣FBG, ZAFU; ●FJ, ZJ; ★(AS): CN, JP.

东方茨藻 **Najas chinensis** N. Z. Wang 【N, W/C】 ♣SCBG; ●GD; ★(AS): CN, JP.

纤细茨藻 **Najas gracillima** (A. Braun ex Engelm.) Magnus 【N, W/C】 ♣WBG; ●HB; ★(AS): CN, JP, MN.

草茨藻 **Najas graminea** Delile 【N, W/C】 ♣FBG, SCBG, WBG, XTBG; ●FJ, GD, HB, YN; ★(AF): EG; (AS): AF, CN, ID, IN, JP, KR, KZ, LK, MM, MY, NP, PH, PK, TH, TJ, TR, UZ, VN, YE; (OC): AU.

小竹节 **Najas guadalupensis** (Spreng.) Magnus 【I, C】 ★(NA): BZ, CA, CR, GT, MX, PA, SV, US; (SA): BO, BR, EC, GY, PE, VE.

大茨藻 **Najas marina** L. 【N, W/C】 ♣BBG, GA, IBCAS, LBG, WBG, XMBG; ●BJ, FJ, HB, JX; ★(AF): MA; (AS): CN, GE, ID, IN, JP, KG, KR, KZ, LK, MM, MN, MY, PK, RU-AS, TJ, TM, TR, UZ, VN; (EU): AT, BA, BE, BG, BY, CZ, DE, ES, FI, GB, GR, HR, HU, IT, LU, ME, MK, NL, NO, PL, RO, RS, RU, SI.

小茨藻 **Najas minor** All. 【N, W/C】 ♣FBG, GA, HBG, IBCAS, LBG, SCBG, TMNS, WBG, XMBG; ●BJ, FJ, GD, HB, JX, TW, ZJ; ★(AS): AF, CN, GE, ID, IN, JP, KR, KZ, LK, NP, PH, PK, TH, TJ, TR, UZ, VN; (EU): AT, BA, BE, BG, CZ, DE, HR, HU, IT, LU, ME, MK, NL, PL, RO, RS, RU, SI, TR.

澳古茨藻 **Najas oguraensis** Miki 【N, W/C】 ♣WBG; ●HB; ★(AS): CN, IN, JP, KP, KR, NP, PK.

虾子菜属 Nechamandra

虾子菜 **Nechamandra alternifolia** (Roxb.) Thwaites 【N, W/C】 ♣SCBG; ●GD; ★(AS): BD, CN, IN, LK, MM, NP, VN.

苦草属 Vallisneria

美洲苦草 **Vallisneria americana** Michx. 【I, C】 ♣IBCAS; ●BJ; ★(NA): CA, CU, HN, US.

密刺苦草 **Vallisneria denseserrulata** (Makino) Makino 【N, W/C】 ♣WBG; ●HB; ★(AS): CN, ID, PH.

丝带兰 **Vallisneria nana** R. Br. 【I, C】 ★(OC): AU.

苦草 **Vallisneria natans** (Lour.) H. Hara 【N, W/C】 ♣BBG, FLBG, GA, HBG, IBCAS, LBG, NBG, SCBG, TMNS, WBG, XMBG, XTBG, ZAFU; ●BJ, FJ, GD, HB, JS, JX, SC, TW, YN, ZJ; ★(AS): CN, ID, IN, JP, KR, MY, NP, PH, RU-AS, VN.

刺苦草 **Vallisneria spinulosa** S. Z. Yan 【N, W/C】 ♣WBG; ●HB; ★(AS): CN.

22. 水蕹科 APONOGETONACEAE

水蕹属 Aponogeton

绉叶草 **Aponogeton bernierianus** (Decne.) Hook. f. 【I, C】 ★(AF): MG.

大绉叶草(气泡浪草)**Aponogeton boivinianus** Baill. ex Jum. 【I, C】 ★(AF): MG.

卷浪草（小卷浪草）**Aponogeton capuronii** H. Bruggen 【I, C】 ★(AF): MG.

波浪草 **Aponogeton crispus** Thunb. 【I, C】 ★(AS): ID, LK.

长波浪草 **Aponogeton elongatus** F. Muell. ex Benth. 【I, C】 ★(OC): AU.

水蕹 **Aponogeton lakhonensis** A. Camus 【N, W/C】 ♣FBG, FLBG, SCBG, TMNS, WBG, XMBG; ●BJ, FJ, GD, HB, JX, TW; ★(AS): CN, ID, IN, KH, LA, MM, MY, TH, VN.

小绉边草 **Aponogeton loriae** Martelli 【I, C】 ★(OC): AU.

长叶网草（马达加斯加水蕹）**Aponogeton madagascariensis** (Mirb.) H. Bruggen 【I, C】 ★(AF): MG.

大浪草 **Aponogeton rigidifolius** H. Bruggen 【I, C】 ★(AS): LK.

大卷浪草（大浪草）**Aponogeton ulvaceus** Baker 【I, C】 ♣SCBG, WBG; ●GD, HB; ★(AF): MG.

波叶卷浪草（大卷浪草）**Aponogeton undulatus**

Roxb.【I, C】♣WBG; ●HB; ★(AS): BT, ID, IN, LK, MM.

23. 水麦冬科 JUNCAGINACEAE

水麦冬属 Triglochin

海韭菜 **Triglochin maritima** L.【N, W/C】♣WBG, XTBG; ●HB, YN; ★(AS): AF, BT, CN, GE, IN, JP, KG, KP, KR, KZ, LK, MN, NP, PK, RU-AS, TJ, TR; (EU): AT, BA, BE, BG, BY, CZ, DE, DK, ES, FI, FR, GB, HR, HU, IS, IT, LU, ME, MK, NL, NO, PL, RO, RS, RU, SI.

水麦冬 **Triglochin palustris** L.【N, W/C】♣TDBG, WBG; ●HB, XJ; ★(AS): CN, JP, MN, RU-AS; (EU): DK, GB.

24. 眼子菜科 POTAMOGETONACEAE

角果藻属 Zannichellia

角果藻 **Zannichellia palustris** L.【N, W/C】♣WBG; ●HB; ★(AF): CV, EG, MA, MG, TZ, ZA; (AS): CN, CY, ID, IN, JP, KR, MM, MN, RU-AS, TR, YE; (OC): AU; (EU): MC; (NA): CA, MX, US; (SA): AR, BO, BR, CO, PE.

篦齿眼子菜属 Stuckenia

丝叶眼子菜（扁茎眼子菜）**Stuckenia filiformis** (Pers.) Börner【N, W/C】♣WBG; ●HB; ★(AF): AO, CV, EG, MA; (AS): AF, BT, CN, ID, IN, KG, LK, MN, NP, PH, PK, RU-AS, TJ, TR, UZ; (OC): AU; (NA): CA, DO, GL, US.

长鞘菹草（帕米尔眼子菜）**Stuckenia pamirica** (Baagøe) Z. Kaplan【N, W/C】♣WBG; ●HB; ★(AS): CN, KG, TJ.

篦齿眼子菜 **Stuckenia pectinata** (L.) Börner【N, W/C】♣FBG, LBG, WBG; ●FJ, HB, JX; ★(AS): AZ, CN, ID, IN, JP, KR, LK, MM, PH, RU-AS, TR; (EU): FR, IS, RS.

眼子菜属 Potamogeton

单果眼子菜 **Potamogeton acutifolius** J. Presl et C. Presl【N, W/C】♣WBG; ●HB; ★(AS): CN, MN; (OC): AU.

菹草 **Potamogeton crispus** L.【N, W/C】♣BBG, FBG, GA, GBG, HBG, LBG, SCBG, TBG, TMNS, WBG, XMBG, ZAFU; ●BJ, FJ, GD, GZ, HB, JX, TW, ZJ; ★(AF): CV, EG, ZA; (AS): AF, BT, CN, ID, IN, JP, KG, KR, KZ, LA, LK, MM, MN, NP, PK, RU-AS, TH, TJ, TM, TR, UZ, VN; (OC): AU, FJ, NZ.

鸡冠眼子菜 **Potamogeton cristatus** Regel et Maack【N, W/C】♣FBG, GA, HBG, LBG, WBG; ●FJ, HB, JX, ZJ; ★(AS): CN, JP, KP, KR, MN, RU-AS.

眼子菜（泉生眼子菜）**Potamogeton distinctus** A. Benn.【N, W/C】♣BBG, FBG, GA, GBG, HBG, HFBG, IBCAS, KBG, LBG, SCBG, TMNS, WBG, XMBG; ●BJ, FJ, GD, GZ, HB, HL, JX, TW, YN, ZJ; ★(AS): BT, CN, ID, IN, JP, KP, KR, LK, MN, MY, NP, PH, RU-AS, TH, VN.

禾叶眼子菜（异叶眼子菜）**Potamogeton gramineus** L.【N, W/C】♣WBG; ●HB; ★(AF): EG, MA; (AS): CN, ID, IN, JP, KP, KR, KZ, MN, PH, PK, RU-AS, TM, TR, UZ, YE; (OC): AU.

圆叶眼子菜 **Potamogeton illinoensis** Morong【I, C】♣WBG; ●HB; ★(NA): BZ, CA, CR, CU, DO, GT, HN, HT, JM, MX, NI, PA, SV, US; (SA): AR, BO, BR, CL, CO, EC, PE.

光叶眼子菜 **Potamogeton lucens** L.【N, W/C】♣IBCAS, LBG, SCBG, WBG, XTBG; ●BJ, GD, HB, JX, YN; ★(AF): EG, MA; (AS): AF, AM, AZ, BH, CN, CY, GE, ID, IL, IN, IQ, IR, JO, KG, KW, KZ, LB, MM, MN, NP, PH, PK, PS, QA, RU-AS, SA, SY, TJ, TM, TR, UZ, YE; (EU): AD, AL, AT, BA, BE, BG, BY, CH, CZ, DE, DK, ES, FI, FR, GB, GR, HR, HU, IS, IT, LU, MC, ME, MK, NL, NO, PL, PT, RO, RS, RU, SE, SI, SK, SM, UA, VA.

微齿眼子菜 **Potamogeton maackianus** A. Benn.【N, W/C】♣LBG, SCBG, WBG; ●GD, HB, JX; ★(AS): CN, ID, JP, KP, KR, MN, PH, RU-AS.

浮叶眼子菜 **Potamogeton natans** L.【N, W/C】♣FBG, FLBG, HBG, IBCAS, SCBG, WBG, XMBG; ●BJ, FJ, GD, HB, JX, ZJ; ★(AF): AO, CV, EG, MA; (AS): AF, CN, CY, ID, IN, JP, KG, KR, KZ, LK, MM, MN, NP, PH, RU-AS, TJ, TR, UZ, VN, YE; (EU): AT, MC.

钝叶眼子菜 **Potamogeton obtusifolius** Mert. et W. D. J. Koch【N, W/C】♣WBG; ●HB; ★(AS): CN, JP, KG, KZ, MM, MN, RU-AS; (OC): AU.

三脊眼子菜（钝脊眼子菜）**Potamogeton octandrus** Poir.【N, W/C】♣FBG, GA, SCBG, TMNS, WBG, XMBG, XTBG, ZAFU; ●FJ, GD, HB, JX, TW, YN, ZJ; ★(AF): AO, NG, ZA; (AS): BT, CN,

ID, IN, JP, KP, KR, LK, MM, MN, MY, NP, RU-AS, TH, VN.

尖叶眼子菜（崇阳眼子菜）**Potamogeton oxyphyllus** Miq.【N, W/C】♣FBG, LBG, SCBG, WBG; ●FJ, GD, HB, JX; ★(AS): CN, ID, JP, KP, KR, MN, RU-AS.

穿叶眼子菜 **Potamogeton perfoliatus** L.【N, W/C】♣IBCAS, WBG; ●BJ, HB; ★(AF): EG; (AS): AF, CN, ID, IN, JP, KG, KP, KR, KZ, MN, PK, RU-AS, TJ, TR, UZ; (OC): AU, NZ, PAF.

蓼叶眼子菜 **Potamogeton polygonifolius** Pourr.【I, C】♣WBG; ●HB; ★(AF): DZ, MA; (EU): AL, BA, BG, DE, DK, FR, GB, GR, HR, IS, IT, MD, ME, MK, NO, RO, RS, SE, SI, TR, UA.

白茎眼子菜 **Potamogeton praelongus** F. Muell.【N, W/C】♣WBG; ●HB; ★(AF): EG; (AS): CN, ID, JP, KZ, MN, PH, RU-AS, TR; (OC): AU.

小眼子菜 **Potamogeton pusillus** L.【N, W/C】♣FBG, HBG, LBG, SCBG, WBG, XTBG; ●FJ, GD, HB, JX, YN, ZJ; ★(AF): AO, CV, EG, MA, ZA; (AS): AF, AM, AZ, BH, CN, CY, GE, ID, IL, IN, IQ, IR, JO, JP, KG, KP, KR, KW, KZ, LB, LK, MM, MN, NP, PH, PK, PS, QA, RU-AS, SA, SY, TJ, TM, TR, UZ, YE; (EU): AD, AL, AT, BA, BE, BG, BY, CH, CZ, DE, DK, ES, FI, FR, GB, GR, HR, HU, IS, IT, LU, MC, ME, MK, NL, NO, PL, PT, RO, RS, RU, SE, SI, SK, SM, UA, VA; (NA): CA, US.

小浮叶眼子菜 **Potamogeton vaseyi** J. W. Robbins【I, N】★(NA): CA, US.

竹叶眼子菜 **Potamogeton wrightii** Morong【N, W/C】♣GA, IBCAS, LBG, SCBG, TMNS, WBG, XMBG; ●BJ, FJ, GD, HB, JX, TW; ★(AS): CN, ID, IN, JP, KH, KP, KZ, LA, MM, MY, PH, PK, SG, TH, VN.

25. 川蔓藻科 RUPPIACEAE

川蔓藻属 Ruppia

川蔓藻 **Ruppia maritima** L.【N, W/C】♣WBG; ●HB; ★(AF): AO, CV, EG, MA, NG, ZA; (AS): CN, CY, ID, IN, JP, KR, LK, MM, MN, MY, PH, RU-AS, TR, VN, YE; (OC): AU, FJ; (EU): AD, AL, AT, BA, BE, BG, BY, CH, CZ, DE, DK, ES, FI, FR, GB, GR, HR, HU, IS, IT, LU, MC, ME, MK, NL, NO, PL, PT, RO, RS, RU, SE, SI, SK, SM, UA, VA; (NA): BS, CR, CU, GT, HN, JM, LW, MX, NI, PA, PR, SV, TT, US, VG; (SA): AR, BO, BR, PE, PY.

26. 丝粉藻科 CYMODOCEACEAE

木秆藻属 Thalassodendron

粗根木秆藻 **Thalassodendron pachyrhizum** Hartog【I, C】★(OC): AU.

27. 沼金花科 NARTHECIACEAE

沼金花属 Narthecium

美洲沼金花 **Narthecium americanum** Ker Gawl.【I, C】★(NA): US.

金光花 **Narthecium asiaticum** Maxim.【I, C】★(AS): JP.

加州沼金花 **Narthecium californicum** Baker【I, C】★(NA): US.

沼金花 **Narthecium ossifragum** (L.) Huds.【I, C】★(EU): BE, DE, ES, FR, GB, NL, PT.

肺筋草属 Aletris

高山粉条儿菜 **Aletris alpestris** Diels【N, W/C】♣GBG, SCBG; ●GD, GZ; ★(AS): CN.

无毛粉条儿菜 **Aletris glabra** Bureau et Franch.【N, W/C】♣SCBG, WBG; ●GD, HB; ★(AS): BT, CN, IN, LK, NP.

少花粉条儿菜 **Aletris pauciflora** (Klotzsch) Hand.-Mazz.【N, W/C】♣WBG; ●HB; ★(AS): BT, CN, ID, IN, LK, MM, NP.

短柄粉条儿菜 **Aletris scopulorum** Dunn【N, W/C】♣LBG; ●JX; ★(AS): CN, JP.

粉条儿菜 **Aletris spicata** (Thunb.) Franch.【N, W/C】♣GA, GBG, HBG, LBG, NBG, ZAFU; ●GZ, JS, JX, ZJ; ★(AS): CN, JP, KR, MY, PH.

狭瓣粉条儿菜 **Aletris stenoloba** Franch.【N, W/C】♣WBG; ●HB; ★(AS): CN.

28. 水玉簪科 BURMANNIACEAE

水玉簪属 Burmannia

水玉簪 **Burmannia disticha** L.【N, W/C】♣FLBG, KBG, SCBG, XMBG, XTBG; ●FJ, GD, JX, YN; ★(AS): BT, CN, ID, IN, LA, LK, MM, MY, NP,

VN; (OC): AU, PAF.

纤草 **Burmannia itoana** Makino【N, W/C】♣KBG, NBG, SCBG, XMBG; ●FJ, GD, JS, YN; ★(AS): CN, JP.

宽翅水玉簪 **Burmannia nepalensis** (Miers) Hook. f.【N, W/C】♣KBG; ●YN; ★(AS): CN, ID, IN, JP, NP, PH, TH, VN.

香港水玉簪 **Burmannia pusilla** var. **hongkongensis** Jonker【N, W/C】♣FLBG; ●GD, JX; ★(AS): CN.

29. 薯蓣科 DIOSCOREACEAE

蒟蒻薯属 Tacca

胀座蒟蒻薯 **Tacca ampliplacenta** L. Zhang et Q. J. Li【N, W/C】♣XTBG; ●YN; ★(AS): CN.

箭根薯 **Tacca chantrieri** André【N, W/C】♣BBG, CBG, GBG, GMG, GXIB, HBG, KBG, SCBG, WBG, XLTBG, XMBG, XTBG; ●BJ, FJ, GD, GX, GZ, HB, HI, SH, TW, YN, ZJ; ★(AS): CN, ID, IN, KH, LA, LK, MM, MY, SG, TH, VN.

广西裂果薯 **Tacca guangxiensis** (P. P. Ling et C. T. Ting) Q. W. Lin【N, W/C】♣GXIB; ●GX; ★(AS): CN, VN.

丝须蒟蒻薯 **Tacca integrifolia** Ker Gawl.【N, W/C】♣KBG, SCBG, XTBG; ●GD, TW, YN; ★(AS): BT, CN, ID, IN, KH, LA, LK, MM, MY, PK, SG, TH, VN.

蒟蒻薯 **Tacca leontopetaloides** (L.) Kuntze【I, C】♣GXIB, XTBG; ●GX, TW, YN; ★(AF): AO, MG, NG; (AS): ID, IN, LK, MM, MY, PH, VN; (OC): AU, FJ, PAF, PG, WS.

掌叶蒟蒻薯 **Tacca palmata** Blume【I, C】♣XTBG; ●YN; ★(AS): ID, IN, MY, PH, VN.

半掌叶蒟蒻薯 **Tacca palmatifida** Baker【I, C】♣XTBG; ●YN; ★(AS): ID.

裂果薯 **Tacca plantaginea** (Hance) Drenth【N, W/C】♣GBG, GMG, GXIB, HBG, SCBG, WBG, XLTBG, XMBG, XTBG; ●FJ, GD, GX, GZ, HB, HI, TW, YN, ZJ; ★(AS): CN, LA, TH, VN.

扇苞蒟蒻薯 **Tacca subflabellata** P. P. Ling et C. T. Ting【N, W/C】♣XTBG; ●YN; ★(AS): CN.

薯蓣属 Dioscorea

参薯 **Dioscorea alata** L.【I, C】♣BBG, FLBG, HBG, LBG, NBG, NSBG, XLTBG, XMBG, XTBG; ●BJ, CQ, FJ, GD, HI, HN, JS, JX, SC, TW, XZ, YN, ZJ; ★(AS): ID, IN, LA, LK, MM, MY, NP, PH, VN.

蜀葵叶薯蓣 **Dioscorea althaeoides** R. Knuth【N, W/C】♣NBG; ●JS; ★(AS): CN, TH.

三叶薯蓣 **Dioscorea arachidna** Prain et Burkill【N, W/C】♣SCBG, XTBG; ●GD, YN; ★(AS): CN, ID, IN, LA, VN.

丽叶薯蓣 **Dioscorea aspersa** Prain et Burkill【N, W/C】♣NBG, XTBG; ●YN; ★(AS): CN.

板砖薯蓣 **Dioscorea banzhuana** S. J. Pei et C. T. Ting【N, W/C】♣NBG; ●JS; ★(AS): CN.

大青薯 **Dioscorea benthamii** Prain et Burkill【N, W/C】♣SCBG; ●GD; ★(AS): CN.

尖头果薯蓣 **Dioscorea bicolor** Prain et Burkill【N, W/C】♣NBG, XTBG; ●YN; ★(AS): CN.

异叶薯蓣 **Dioscorea biformifolia** S. J. Pei et C. T. Ting【N, W/C】♣NBG, XTBG; ●YN; ★(AS): CN.

黄独 **Dioscorea bulbifera** L.【N, W/C】♣CBG, FBG, FLBG, GA, GBG, GMG, GXIB, HBG, KBG, LBG, NBG, NSBG, SCBG, TMNS, WBG, XBG, XMBG, XTBG, ZAFU; ●CQ, FJ, GD, GX, GZ, HB, JS, JX, SC, SH, SN, TW, YN, ZJ; ★(AS): BT, CN, ID, IN, JP, KH, KP, KR, LA, LK, MM, NP, PH, SG, TH, VN; (OC): AU, FJ.

*巴西薯蓣 **Dioscorea campos-portoi** R. Knuth【I, C】♣XTBG; ●YN; ★(SA): BR.

高加索薯蓣 **Dioscorea caucasica** Lipsky【I, C】♣NBG; ●JS; ★(AS): GE.

山葛薯 **Dioscorea chingii** Prain et Burkill【N, W/C】♣GA, XTBG; ●JX, YN; ★(AS): CN, VN.

薯莨 **Dioscorea cirrhosa** Lour.【N, W/C】♣FBG, GA, GBG, GXIB, HBG, NBG, SCBG, TBG, WBG, XMBG, XTBG; ●FJ, GD, GX, GZ, HB, JS, JX, TW, YN, ZJ; ★(AS): CN, JP, LA, TH, VN.

异块茎薯莨 **Dioscorea cirrhosa** var. **cylindrica** C. T. Ting et M. C. Chang【N, W/C】♣NBG; ●JS; ★(AS): CN.

叉蕊薯蓣 **Dioscorea collettii** Hook. f.【N, W/C】♣GBG, KBG, NBG, XTBG; ●GZ, JS, SC, YN; ★(AS): CN, ID, IN, LA, MM, TH, VN.

粉背薯蓣 **Dioscorea collettii** var. **hypoglauca** (Palib.) C. T. Ting, et al.【N, W/C】♣FBG, HBG, LBG, SCBG, ZAFU; ●FJ, GD, JX, ZJ; ★(AS): CN.

*黑薯蓣 **Dioscorea communis** (L.) Caddick et Wilkin【I, C】♣XTBG; ●YN; ★(AF): DZ; (AS):

GE, IL, IQ, IR, TR; (EU): BG, FR, GB.

菊叶薯蓣 **Dioscorea composita** Hemsl. 【I, C】 ♣NBG, SCBG, XTBG; ●GD, YN; ★(NA): BZ, CR, GT, HN, MX, SV.

卡梯尼福拉薯蓣 **Dioscorea cotinifolia** Kunth 【I, C】 ♣NBG; ●JS; ★(AF): ZA.

吕宋薯蓣 **Dioscorea cumingii** Prain et Burkill 【I, C】 ♣TMNS, XTBG; ●TW, YN; ★(AS): ID, IN, PH.

多毛叶薯蓣 **Dioscorea decipiens** Hook. f. 【N, W/C】 ♣NBG, XTBG; ●YN; ★(AS): CN, LA, MM, TH, VN.

高山薯蓣 **Dioscorea delavayi** Franch. 【N, W/C】 ♣GBG, WBG; ●GZ, HB; ★(AS): CN.

三角叶薯蓣 **Dioscorea deltoidea** Wall. ex Griseb. 【N, W/C】♣NBG, XTBG; ●YN; ★(AS): BT, CN, ID, IN, LK, MM, NP, TH, VN.

变色薯蓣 **Dioscorea dodecaneura** Vell. 【I, C】 ♣XTBG; ●TW, YN; ★(SA): AR, BR, GY, PE, VE.

*杜氏薯蓣 **Dioscorea dumetorum** (Kunth) Pax 【I, C】 ♣XTBG; ●YN; ★(AF): AO, GA, NG, ZA.

南非龟甲龙（龟甲龙） **Dioscorea elephantipes** (L'Hér.) Engl. 【I, C】♣BBG, CBG, NBG, SCBG, WBG, XMBG; ●BJ, FJ, GD, HB, JS, SH, TW; ★(AF): ZA.

甘薯 **Dioscorea esculenta** (Lour.) Burkill 【I, C】 ♣NBG, XTBG; ●YN; ★(AS): TH, VN.

有刺甘薯 **Dioscorea esculenta** var. **spinosa** (Prain) R. Knuth 【I, C】 ★(AS): IN, MY, TH.

七叶薯蓣 **Dioscorea esquirolii** Prain et Burkill 【N, W/C】 ♣GMG, NBG, XTBG; ●GX, JS, YN; ★(AS): CN.

无翅参薯 **Dioscorea exalata** C. T. Ting et M. C. Chang 【N, W/C】♣NBG; ●JS; ★(AS): CN, TH, VN.

山薯 **Dioscorea fordii** Prain et Burkill 【N, W/C】 ♣CBG, NBG, SCBG, XMBG; ●FJ, GD, JS, SH; ★(AS): CN.

福州薯蓣 **Dioscorea futschauensis** Uline ex R. Knuth 【N, W/C】 ♣FBG, NBG, SCBG, XMBG; ●FJ, GD, JS; ★(AS): CN.

宽果薯蓣 **Dioscorea garrettii** Prain et Burkill 【N, W/C】 ♣XTBG; ●YN; ★(AS): CN, TH.

光叶薯蓣 **Dioscorea glabra** Baron 【N, W/C】 ♣NBG, SCBG, WBG, XTBG; ●GD, HB, YN; ★(AS): BT, CN, ID, IN, KH, LA, LK, MM, MY, NP, SG, TH, VN; (OC): AU.

帝王龟甲龙 **Dioscorea glauca** Rusby 【I, C】 ●TW; ★(SA): BO, PE.

纤细薯蓣 **Dioscorea gracillima** Ridl. 【N, W/C】 ♣HBG, LBG, NBG; ●JS, JX, ZJ; ★(AS): CN, ID, IN, JP.

*半翅薯蓣 **Dioscorea hemicrypta** Burkill 【I, C】 ♣BBG; ●BJ; ★(AF): ZA.

黏山药 **Dioscorea hemsleyi** Prain et Burkill 【N, W/C】 ♣GBG, NBG; ●GZ, JS; ★(AS): CN, KH, LA, MM, VN.

白薯茛 **Dioscorea hispida** Dennst. 【N, W/C】 ♣FBG, GMG, KBG, NBG, SCBG, XLTBG, XMBG, XTBG; ●FJ, GD, GX, HI, JS, TW, YN; ★(AS): BT, CN, ID, IN, LA, LK, NP, PH, SG, TH, VN.

日本薯蓣 **Dioscorea japonica** Thunb. 【N, W/C】 ♣FBG, GA, GBG, HBG, LBG, NBG, SCBG, WBG, XTBG, ZAFU; ●FJ, GD, GZ, HB, JS, JX, SC, TW, YN, ZJ; ★(AS): CN, ID, IN, JP, KP, KR, LA.

毛藤日本薯蓣 **Dioscorea japonica** var. **pilifera** C. T. Ting et M. C. Chang 【N, W/C】 ♣LBG; ●JX; ★(AS): CN.

毛芋头薯蓣 **Dioscorea kamoonensis** Kunth 【N, W/C】 ♣NBG, WBG; ●HB; ★(AS): BT, CN, ID, IN, LA, LK, NP, VN.

柳叶薯蓣 **Dioscorea linearicordata** Prain et Burkill 【N, W/C】 ♣SCBG; ●GD; ★(AS): CN, LA.

柔毛薯蓣 **Dioscorea martini** Prain et Burkill 【N, W/C】 ♣NBG; ●JS; ★(AS): CN.

黑珠芽薯蓣 **Dioscorea melanophyma** Prain et Burkill【N, W/C】♣NBG, XTBG; ●YN; ★(AS): BT, CN, ID, IN, LK, NP.

石山薯蓣 **Dioscorea menglaensis** H. Li 【N, W/C】 ♣XTBG; ●YN; ★(AS): CN.

墨西哥龟甲龙 **Dioscorea mexicana** Scheidw. 【I, C】 ♣FLBG, IBCAS, NBG, SCBG, XMBG; ●BJ, FJ, GD, JS, JX, SH, TW; ★(NA): BZ, CR, GT, HN, MX, NI, PA.

*南美薯蓣 **Dioscorea mosqueirensis** R. Knuth 【I, C】 ♣XTBG; ●YN; ★(SA): BR.

穿龙薯蓣 **Dioscorea nipponica** Makino 【N, W/C】 ♣BBG, CBG, HBG, IBCAS, KBG, LBG, NBG, WBG, XBG; ●BJ, HB, JS, JX, SH, SN, YN, ZJ; ★(AS): CN, JP, KP, KR, MN, RU-AS.

紫黄姜 **Dioscorea nipponica** subsp. **rosthornii** (Diels) C. T. Ting 【N, W/C】 ♣WBG; ●HB, SC;

★(AS): CN.

光亮薯蓣 **Dioscorea nitens** Prain et Burkill 【N, W/C】 ♣NBG, XTBG; ●YN; ★(AS): CN.

黄山药 **Dioscorea panthaica** Prain et Burkill 【N, W/C】 ♣GXIB, HBG, KBG, NBG; ●GX, JS, YN, ZJ; ★(AS): CN, TH.

五叶薯蓣 **Dioscorea pentaphylla** A. Rich. 【N, W/C】 ♣FLBG, GMG, NBG, SCBG, XMBG, XTBG; ●FJ, GD, GX, JS, JX, YN; ★(AS): BT, CN, ID, IN, JP, LA, LK, MM, MY, NP, PH, VN; (OC): AU, FJ, PAF.

褐苞薯蓣 **Dioscorea persimilis** Prain et Burkill 【N, W/C】 ♣CBG, FBG, FLBG, NBG, SCBG, XTBG; ●FJ, GD, JS, JX, SH, YN; ★(AS): CN, ID, IN, LA, VN.

毛褐苞薯蓣 **Dioscorea persimilis** var. **pubescens** C. T. Ting et M. C. Chang 【N, W/C】 ♣XTBG; ●YN; ★(AS): CN.

薯蓣 **Dioscorea polystachya** Turcz. 【N, W/C】 ♣CBG, FBG, FLBG, GA, GMG, GXIB, HBG, IBCAS, KBG, LBG, NBG, SCBG, WBG, XBG, XMBG, XTBG, ZAFU; ●AH, BJ, CQ, FJ, GD, GS, GX, HA, HB, HE, HN, JS, JX, SC, SD, SH, SN, SX, TW, XJ, YN, ZJ; ★(AS): CN, JP, KP, RU-AS.

绿春薯蓣 **Dioscorea pseudonitens** Prain et Burkill 【N, W/C】 ♣XTBG; ●YN; ★(AS): CN.

昆氏薯蓣 **Dioscorea quinquelobata** Thunb. 【I, C】 ♣NBG; ●JS; ★(AS): JP.

*石生薯蓣 **Dioscorea rupicola** Kunth 【I, C】 ♣BBG; ●BJ; ★(AF): ZA.

非洲薯蓣（垂穗薯蓣）**Dioscorea sansibarensis** Pax 【I, C】 ♣NBG, XTBG; ●JS, TW, YN; ★(AF): AO, KM, MG.

小花刺薯蓣 **Dioscorea scortechinii** var. **parviflora** Prain et Burkill 【N, W/C】 ♣NBG; ●JS; ★(AS): CN, TH, VN.

马肠薯蓣 **Dioscorea simulans** Prain et Burkill 【N, W/C】 ♣GXIB, NBG, SCBG; ●GD, GX, JS; ★(AS): CN.

小花盾叶薯蓣 **Dioscorea sinoparviflora** C. T. Ting, M. G. Gilbert et Turland 【N, W/C】 ♣KBG, NBG; ●JS, YN; ★(AS): CN.

绵萆薢 **Dioscorea spongiosa** J. Q. Xi, M. Mizuno et W. L. Zhao 【N, W/C】 ♣LBG, NBG; ●JS, JX; ★(AS): CN.

毛胶薯蓣 **Dioscorea subcalva** Prain et Burkill 【N, W/C】 ♣GBG, NBG; ●GZ, JS; ★(AS): CN.

略毛薯蓣 **Dioscorea subcalva** var. **submollis** (R. Knuth) C. T. Ting et P. P. Ling 【N, W/C】 ♣NBG; ●JS; ★(AS): CN.

扁平龟甲龙（蔓龟草）**Dioscorea sylvatica** Eckl. 【I, C】 ♣BBG; ●BJ, FJ; ★(AF): ZA, ZM.

卷须状薯蓣 **Dioscorea tentaculigera** Prain et Burkill 【N, W/C】 ♣NBG, XTBG; ●YN; ★(AS): CN, MM, TH.

细柄薯蓣 **Dioscorea tenuipes** Franch. et Sav. 【N, W/C】 ♣HBG, LBG; ●JX, ZJ; ★(AS): CN, JP, KR.

山萆薢 **Dioscorea tokoro** Makino ex Miyabe 【N, W/C】 ♣LBG, NBG, WBG; ●HB, JS, JX; ★(AS): CN, JP, KR.

毡毛薯蓣 **Dioscorea velutipes** Prain et Burkill 【N, W/C】 ♣XTBG; ●YN; ★(AS): CN, MM, TH.

长柔毛薯蓣（大西洋薯蓣）**Dioscorea villosa** L. 【I, C】 ♣GXIB, NBG; ●GX, JS, TW; ★(NA): US.

云南薯蓣 **Dioscorea yunnanensis** Prain et Burkill 【N, W/C】 ♣GBG, NBG, XTBG; ●GZ, JS, YN; ★(AS): CN.

盾叶薯蓣 **Dioscorea zingiberensis** C. H. Wright 【N, W/C】 ♣HBG, LBG, NBG, WBG; ●HB, JS, JX, ZJ; ★(AS): CN, VN.

30. 翡若翠科 VELLOZIACEAE

黑炭木属 Xerophyta

黑炭木 **Xerophyta retinervis** Baker 【I, C】 ★(AF): BW, SZ, ZA.

Xerophyta schnizleinia (Hochst.) Baker 【I, C】 ★(AF): ET, GA, KE, NA, SO, UG.

31. 百部科 STEMONACEAE

金刚大属 Croomia

黄精叶钩吻 **Croomia japonica** Miq. 【N, W/C】 ♣HBG, LBG, SCBG, ZAFU; ●GD, JX, ZJ; ★(AS): CN, JP.

百部属 Stemona

百部 **Stemona japonica** (Blume) Miq. 【N, W/C】 ♣CBG, FBG, GA, GBG, GXIB, HBG, IBCAS, KBG, LBG, NBG, WBG, XBG, XMBG, ZAFU; ●BJ, FJ, GX, GZ, HB, JS, JX, SC, SH, SN, TW, YN, ZJ; ★(AS): CN, JP.

克氏百部 **Stemona kerrii** Craib 【N,W】 ♣KBG, XTBG; ●YN; ★(AS): CN, TH, VN.

云南百部 **Stemona mairei** (H. Lév.) K. Krause 【N, W/C】 ♣KBG, XTBG; ●YN; ★(AS): CN.

细花百部 **Stemona parviflora** C. H. Wright 【N, W/C】 ♣KBG, SCBG; ●GD, YN; ★(AS): CN.

直立百部 **Stemona sessilifolia** (Miq.) Miq. 【N, W/C】 ♣FBG, HBG, IBCAS, KBG, NBG, SCBG, XBG, XMBG; ●BJ, FJ, GD, JS, SN, YN, ZJ; ★(AS): CN, JP.

大百部 **Stemona tuberosa** Lour. 【N, W/C】 ♣CBG, FBG, GMG, GXIB, KBG, NBG, SCBG, TMNS, WBG, XMBG, XTBG; ●BJ, FJ, GD, GX, HB, JS, SC, SH, TW, YN; ★(AS): CN, ID, IN, KH, LA, MM, PH, TH, VN.

32. 环花草科 CYCLANTHACEAE

巴拿马草属 Carludovica

巴拿马草 **Carludovica palmata** Ruiz et Pav. 【I, C】 ♣CBG, TBG, TMNS, XMBG, XTBG; ●FJ, SH, TW, YN; ★(NA): BZ, CR, NI, PA; (SA): BO, EC, PE, VE.

33. 露兜树科 PANDANACEAE

藤露兜树属 Freycinetia

休氏藤露兜 **Freycinetia cumingiana** Gaudich. 【I, C】 ♣XTBG; ★(AS): PH.

露兜树属 Pandanus

*新喀露兜 **Pandanus altissimus** (Brongn.) Solms 【I, C】 ♣XTBG; ●YN; ★(OC): NC.

香露兜 **Pandanus amaryllifolius** Roxb. 【I, C】 ♣XOIG, XTBG; ●FJ, GD, TW, YN; ★(AS): IN.

露兜草（长叶露兜草）**Pandanus austrosinensis** T. L. Wu 【N, W/C】 ♣FLBG, SCBG, WBG, XTBG; ●GD, HB, JX, YN; ★(AS): CN.

小笠原露兜 **Pandanus boninensis** Warb. 【I, C】 ★(AS): JP.

短叶露兜 **Pandanus dubius** Spreng. 【I, C】 ♣XMBG; ●FJ, TW; ★(AS): ID, IN, MY, PH, SG.

小露兜 **Pandanus fibrosus** Gagnep. 【N, W/C】 ♣BBG, SCBG, XTBG; ●BJ, GD, TW, YN; ★(AS): CN, LA, VN.

狭叶露兜 **Pandanus graminifolius** Kurz 【I, C】 ♣XMBG; ●FJ; ★(AS): MM.

簕古子 **Pandanus kaida** Kurz 【N, W/C】 ♣IBCAS; ●BJ, TW; ★(AS): CN, ID, LK, MY, VN.

*巴布露兜 **Pandanus papuanus** Solms 【I, C】 ♣XTBG; ●YN; ★(OC): PG.

多头露兜 **Pandanus polycephalus** Lam. 【I, C】 ♣XTBG; ●TW, YN; ★(AS): ID, IN, MY, SG.

禾叶露兜 **Pandanus pygmaeus** Thouars 【I, C】 ♣SCBG, TBG, XMBG, XTBG; ●FJ, GD, TW, YN; ★(AF): MG; (AS): SG.

秀丽露兜 **Pandanus stellatus** Martelli 【I, C】 ♣XTBG; ●YN; ★(AF): MG.

露兜树 **Pandanus tectorius** Parkinson ex Du Roi 【N, W/C】 ♣BBG, CBG, CDBG, FBG, FLBG, GMG, GXIB, HBG, IBCAS, KBG, SCBG, TBG, TMNS, WBG, XLTBG, XMBG, XOIG, XTBG; ●BJ, FJ, GD, GX, HB, HI, JX, SC, SH, TW, YN, ZJ; ★(AS): CN, ID, IN, JP, LK, PH, SG, VN, YE; (OC): AU, FJ, PAF.

*小果露兜 **Pandanus tonkinensis** Martelli ex B. C. Stone 【I, C】 ♣KBG, SCBG; ●GD, YN; ★(AS): VN.

分叉露兜 **Pandanus urophyllus** Hance 【N, W/C】 ♣WBG, XTBG; ●HB, TW, YN; ★(AS): CN, IN, LA, VN.

扇叶露兜 **Pandanus utilis** Bory 【I, C】 ♣BBG, CBG, FLBG, IBCAS, KBG, SCBG, TBG, TMNS, WBG, XLTBG, XTBG; ●BJ, GD, HB, HI, JX, SH, TW, YN; ★(AF): MG.

34. 藜芦科 MELANTHIACEAE

棋盘花属 Anticlea

雅致棋盘花 **Anticlea elegans** (Pursh) Rydb. 【I, C】 ♣BBG; ●BJ; ★(NA): CA.

棋盘花 **Anticlea sibirica** (L.) Kunth 【N, W/C】 ♣BBG; ●BJ; ★(AS): CN, JP, KP, MN, RU-AS; (EU): RU.

藜芦属 Veratrum

毛叶藜芦 **Veratrum grandiflorum** (Maxim. ex Miq.) O. Loes. 【N, W/C】 ♣HBG, LBG, SCBG; ●GD, JX, ZJ; ★(AS): CN, JP, MN, RU-AS.

毛穗藜芦（绿花藜芦）**Veratrum maackii** Regel 【N,

W/C】♣FLBG; ●GD, JX; ★(AS): CN, JP, KP, KR, MN, RU-AS.

蒙自藜芦 **Veratrum mengtzeanum** O. Loes. 【N, W/C】♣GBG, KBG; ●GZ, YN; ★(AS): CN.

藜芦 **Veratrum nigrum** L.【N, W/C】♣FLBG, GA, IBCAS, LBG, NBG, SCBG, WBG, XBG; ●BJ, GD, HB, JS, JX, SN; ★(AS): CN, CY, JP, KP, KR, KZ, MN, RU-AS; (EU): AL, AT, BA, BG, CZ, DE, GR, HR, HU, IT, ME, MK, PL, RO, RS, RU, SI.

长梗藜芦 **Veratrum oblongum** O. Loes.【N, W/C】♣LBG; ●JX; ★(AS): CN, RU-AS.

牯岭藜芦 **Veratrum schindleri** O. Loes.【N, W/C】♣CBG, FLBG, HBG, LBG, SCBG, WBG, ZAFU; ●GD, HB, JX, SH, ZJ; ★(AS): CN.

狭叶藜芦 **Veratrum stenophyllum** Diels 【N, W/C】♣KBG; ●YN; ★(AS): CN.

白丝草属 Chionographis

中国白丝草（白丝草）**Chionographis chinensis** K. Krause 【N, W/C】♣SCBG; ●GD; ★(AS): CN.

丫蕊花属 Ypsilandra

小果丫蕊花 **Ypsilandra cavaleriei** H. Lév. et Vaniot 【N, W/C】♣WBG; ●HB; ★(AS): CN.

丫蕊花 **Ypsilandra thibetica** Franch. 【N, W/C】♣KBG, WBG; ●HB, SC, YN; ★(AS): CN.

胡麻花属 Heloniopsis

胡麻花 **Heloniopsis umbellata** Baker 【N, W/C】●BJ; ★(AS): CN, RU-AS.

熊尾草属 Xerophyllum

旱叶草（熊尾草）**Xerophyllum tenax** (Pursh) Nutt.【I, C】●TW; ★(NA): CA, US.

延龄草属 Trillium

加州巨型延龄草 **Trillium chloropetalum** var. **giganteum** (Hook. et Arn.) Munz【I, C】★(NA): US.

褐花延龄草 **Trillium erectum** L. 【I, C】★(NA): CA, US.

白色延龄草 **Trillium erectum** var. **album** (Michx.) Pursh 【I, C】★(NA): CA, US.

大花延龄草 **Trillium grandiflorum** (Michx.) Salisb.【I, C】★(NA): CA, US.

卵叶延龄草 **Trillium ovatum** Pursh 【I, C】★(NA): CA, US.

红延龄草 **Trillium sessile** L. 【I, C】★(NA): US.

延龄草 **Trillium tschonoskii** Maxim. 【N, W/C】♣FLBG, HBG, LBG, WBG, XBG; ●GD, HB, JX, SC, SN, YN, ZJ; ★(AS): BT, CN, IN, JP, KP, KR, LK, MM, MN, RU-AS.

重楼属 Paris

五指莲重楼 **Paris axialis** H. Li【N, W/C】♣KBG; ●YN; ★(AS): CN, RU-AS.

巴山重楼 **Paris bashanensis** F. T. Wang et Tang【N, W/C】♣WBG; ●HB; ★(AS): CN, RU-AS.

凌云重楼 **Paris cronquistii** (Takht.) H. Li 【N, W/C】♣KBG, SCBG; ●GD, YN; ★(AS): CN, RU-AS.

金线重楼 **Paris delavayi** Franch. 【N, W/C】♣KBG, XBG; ●SN, YN; ★(AS): CN, RU-AS, VN.

海南重楼 **Paris dunniana** H. Lév. 【N, W/C】♣KBG, XLTBG; ●HI, YN; ★(AS): CN, RU-AS.

球药隔重楼 **Paris fargesii** Franch. 【N, W/C】♣KBG, LBG; ●JX, YN; ★(AS): CN, IN, VN.

具柄重楼 **Paris fargesii** var. **petiolata** (Baker ex C. H. Wright) F. T. Wang et Tang【N, W/C】♣GMG, KBG, LBG, WBG; ●GX, HB, JX, SC, YN; ★(AS): CN.

长柱重楼 **Paris forrestii** (Takht.) H. Li 【N, W/C】♣KBG; ●YN; ★(AS): CN, MM, RU-AS.

禄劝花叶重楼 **Paris luquanensis** H. Li 【N, W/C】♣KBG; ●YN; ★(AS): CN, RU-AS.

毛重楼 **Paris mairei** H. Lév. 【N, W/C】♣KBG; ●YN; ★(AS): CN, RU-AS.

花叶重楼 **Paris marmorata** Stearn 【N, W/C】♣KBG; ●YN; ★(AS): BT, CN, IN, NP, RU-AS.

七叶一枝花 **Paris polyphylla** Sm. 【N, W/C】♣CBG, GA, GBG, GMG, GXIB, HBG, KBG, LBG, SCBG, WBG, XMBG, XTBG; ●FJ, GD, GX, GZ, HB, JX, SC, SH, YN, ZJ; ★(AS): BT, CN, IN, LA, MM, NP, TH, VN.

白花重楼 **Paris polyphylla** var. **alba** H. Li et R. J. Mitchell 【N, W/C】♣KBG; ●YN; ★(AS): CN.

华重楼 **Paris polyphylla** var. **chinensis** (Franch.) H. Hara【N, W/C】♣FBG, GXIB, HBG, LBG, NBG, WBG, XBG, XMBG, XTBG, ZAFU; ●FJ, GX, HB, JS, JX, SC, SN, YN, ZJ; ★(AS): CN, LA, MM, TH, VN.

长药隔重楼 **Paris polyphylla** var. **pseudothibetica** H. Li 【N, W/C】 ♣KBG; ●YN; ★(AS): CN.

狭叶重楼 **Paris polyphylla** var. **stenophylla** Franch. 【N, W/C】 ♣HBG, LBG, WBG; ●HB, JX, SC, ZJ; ★(AS): BT, CN, IN, MM, NP.

宽瓣重楼（滇重楼）**Paris polyphylla** var. **yunnanensis** (Franch.) Hand.-Mazz. 【N, W/C】 ♣GMG, KBG, WBG, XBG, XTBG; ●GX, HB, SN, YN; ★(AS): CN, IN, MM.

皱叶重楼 **Paris rugosa** H. Li et Kurita 【N, W/C】 ♣XTBG; ●YN; ★(AS): CN, RU-AS.

黑籽重楼 **Paris thibetica** Franch. 【N, W/C】 ♣GBG, HBG, WBG, XTBG; ●GZ, HB, YN, ZJ; ★(AS): BT, CN, IN, LK, MM, RU-AS.

平伐重楼 **Paris vaniotii** H. Lév. 【N, W/C】 ♣KBG; ●YN; ★(AS): CN, MM, RU-AS.

北重楼 **Paris verticillata** M. Bieb. 【N, W/C】 ♣CBG, HBG, XBG, ZAFU; ●SH, SN, ZJ; ★(AS): CN, JP, KP, KR, MN, RU-AS.

南重楼 **Paris vietnamensis** (Takht.) H. Li 【N, W/C】 ♣KBG; ●YN; ★(AS): CN, JP, VN.

35. 六出花科 ALSTROEMERIACEAE

宝珠木属 Luzuriaga

宝珠木 **Luzuriaga radicans** Ruiz et Pav. 【I, C】 ★(SA): AR, CL.

竹叶吊钟属 Bomarea

*粗毛竹叶吊钟 **Bomarea hirsuta** (Kunth) Herb. 【I, C】 ●TW; ★(NA): CR, HN; (SA): CO.

*多花竹叶吊钟 **Bomarea multiflora** (L. f.) Mirb. 【I, C】 ●TW; ★(SA): CO, VE.

六出花属 Alstroemeria

金黄六出花（智利六出花）**Alstroemeria aurea** Graham 【I, C】 ♣XMBG; ●FJ, YN; ★(SA): BO, CL.

淡紫六出花 **Alstroemeria caryophyllaea** Jacq. 【I, C】 ★(SA): BR.

六出花 **Alstroemeria hybrida** Hort. 【I, C】 ●TW; ★(NA): US.

粉花六出花（紫纹六出花）**Alstroemeria ligtu** L. 【I, C】 ♣IBCAS; ●BJ, TW; ★(SA): CL, PE.

鹦鹉六出花 **Alstroemeria pulchella** L. f. 【I, C】 ♣BBG; ●BJ; ★(NA): US.

扑克尔六出花 **Alstroemeria pulchra** Sims 【I, C】 ★(SA): CL.

多色六出花 **Alstroemeria versicolor** Ruiz et Pav. 【I, C】 ★(SA): CL.

36. 秋水仙科 COLCHICACEAE

万寿竹属 Disporum

短蕊万寿竹 **Disporum bodinieri** (H. Lév. et Vaniot) F. T. Wang et Tang 【N, W/C】 ♣CBG, GBG, IBCAS, WBG; ●BJ, GZ, HB, SC, SH; ★(AS): CN.

距花万寿竹 **Disporum calcaratum** D. Don 【N, W/C】 ♣GMG, XTBG; ●GX, YN; ★(AS): BT, CN, ID, IN, LA, LK, MM, NP, TH, VN.

万寿竹 **Disporum cantoniense** (Lour.) Merr. 【N, W/C】 ♣CBG, FLBG, GBG, GMG, GXIB, HBG, KBG, LBG, NBG, SCBG, WBG, XMBG, XTBG; ●FJ, GD, GX, GZ, HB, JS, JX, SC, SH, YN, ZJ; ★(AS): BT, CN, ID, IN, JP, LA, LK, MM, MY, NP, SG, TH, VN.

长蕊万寿竹 **Disporum longistylum** (H. Lév. et Vaniot) H. Hara 【N, W/C】 ♣IBCAS, XTBG; ●BJ, YN; ★(AS): CN.

大花万寿竹 **Disporum megalanthum** F. T. Wang et Tang 【N, W/C】 ♣CBG, WBG; ●HB, SH; ★(AS): CN.

南投万寿竹 **Disporum nantouense** S. S. Ying 【N, W/C】 ♣SCBG; ●GD; ★(AS): CN.

宝铎草 **Disporum sessile** D. Don 【N, W/C】 ♣CBG, GBG, HBG, IBCAS, LBG, SCBG, WBG, XMBG, XTBG, ZAFU; ●BJ, FJ, GD, GZ, HB, JX, SH, TW, YN, ZJ; ★(AS): CN, JP, KP, KR, MN, RU-AS.

山东万寿竹 **Disporum smilacinum** A. Gray 【N, W/C】 ●TW; ★(AS): CN, JP, KP, KR, MN, RU-AS.

横脉万寿竹 **Disporum trabeculatum** Gagnep. 【N, W/C】 ♣WBG, XTBG; ●HB, YN; ★(AS): CN, VN.

少花万寿竹 **Disporum uniflorum** Baker 【N, W/C】 ♣HBG, HFBG, IBCAS; ●BJ, HL, SC, TW, ZJ; ★(AS): CN, KP, KR.

宝珠草 **Disporum viridescens** (Maxim.) Nakai 【N, W/C】 ♣IBCAS; ●BJ, LN; ★(AS): CN, JP, KP,

KR, MN, RU-AS.

山慈姑属 Iphigenia

山慈姑 **Iphigenia indica** (L.) A. Gray ex Kunth【N, W/C】♣GMG; ●GX; ★(AS): CN, ID, IN, KH, LK, MM, NP, PH, TH, VN.

獐牙花属 Wurmbea

獐牙花 **Wurmbea capensis** Thunb.【I, C】★(AF): ZA.

嘉兰属 Gloriosa

黄嘉兰 **Gloriosa modesta** (Hook.) J. C. Manning et Vinn. 【I, C】 ♣NBG; ●JS, TW; ★(AF): ZA.

嘉兰 **Gloriosa superba** L. 【I, C】 ♣FLBG, HBG, SCBG, XMBG, XOIG, XTBG; ●FJ, GD, JX, SH, TW, YN, ZJ; ★(AF): ET, KE, SD, SO, TZ.

提灯花属 Sandersonia

提灯花 **Sandersonia aurantiaca** Hook.【I, C】●HI, TW, YN; ★(AF): ZA.

秋水仙属 Colchicum

秋水仙 **Colchicum autumnale** L. 【I, C】 ♣BBG, IBCAS, NBG; ●BJ, JS; ★(AF): MA; (AS): MM, TR.

杂色秋水仙 **Colchicum bivonae** Guss. 【I, C】 ★(AF): MA; (AS): SA, TR; (EU): BA, BG, GR, HR, IT, ME, MK, RS, SI, TR.

拜占庭秋水仙 **Colchicum lusitanum** Brot. 【I, C】 ★(AF): MA; (EU): BY, ES, IT, LU.

黄秋水仙 **Colchicum luteum** Baker【I, C】★(AS): KG.

白花美丽秋水仙 **Colchicum speciosum** Steven 【I, C】 ♣CBG; ●SH; ★(AS): TR.

摇船花属 Androcymbium

*尾尖摇船花 **Androcymbium cuspidatum** Baker【I, C】 ♣NBG; ●JS; ★(AF): ZA.

37. 金钟木科 PHILESIACEAE

金钟木属 Philesia

金钟木 **Philesia magellanica** J. F. Gmel. 【I, C】 ●TW; ★(SA): AR, CL.

智利钟花属 Lapageria

智利钟花 **Lapageria rosea** Ruiz et Pav. 【I, C】 ●TW; ★(SA): CL.

挂钟藤属 ×Philageria

挂钟藤 ×**Philageria veitchii** Mast.【I, C】★(SA): CL.

38. 菝葜科 SMILACACEAE

菝葜属 Smilax

尖叶菝葜 **Smilax arisanensis** Hayata 【N, W/C】 ♣GA; ●JX; ★(AS): CN, VN.

穗菝葜 **Smilax aspera** L. 【N, W/C】 ♣NBG, XTBG; ●JS, YN; ★(AF): MA; (AS): AZ, BT, CN, ID, IN, LK, MM, NP, SA, TR; (EU): AL, BA, BY, DE, ES, GR, HR, IT, LU, MC, ME, MK, RS, SI, TR.

疣枝菝葜 **Smilax aspericaulis** Wall. ex A. DC. 【N, W/C】 ♣WBG; ●HB; ★(AS): BT, CN, ID, IN, LK, MM, PH, VN.

圆叶菝葜 **Smilax bauhinioides** Kunth 【N, W/C】 ♣XTBG; ●YN; ★(AS): CN, VN.

圆锥菝葜 **Smilax bracteata** C. Presl 【N, W/C】 ♣FBG, XTBG; ●FJ, YN; ★(AS): CN, ID, IN, JP, KH, LA, MY, PH, TH, VN.

密疣菝葜 **Smilax chapaensis** Gagnep. 【N, W/C】 ♣WBG; ●HB; ★(AS): CN, VN.

菝葜 **Smilax china** L. 【N, W/C】 ♣BBG, CBG, FBG, FLBG, GA, GBG, GMG, GXIB, HBG, LBG, NBG, NSBG, SCBG, TMNS, WBG, XMBG, XTBG, ZAFU; ●BJ, CQ, FJ, GD, GX, GZ, HB, JS, JX, SC, SH, TW, YN, ZJ; ★(AS): CN, ID, IN, JP, KP, KR, LA, MM, PH, TH, VN; (OC): NZ.

柔毛菝葜 **Smilax chingii** F. T. Wang et Tang 【N, W/C】 ♣FBG, WBG; ●FJ, HB; ★(AS): CN.

银叶菝葜 **Smilax cocculoides** Warb. 【N, W/C】 ♣WBG, XTBG; ●HB, YN; ★(AS): CN.

筐条菝葜 **Smilax corbularia** Kunth 【N, W/C】 ♣SCBG, XTBG; ●GD, YN; ★(AS): CN, ID, IN, LA, MM, MY, VN.

合蕊菝葜 **Smilax cyclophylla** Warb. 【N, W/C】 ♣WBG; ●HB; ★(AS): CN.

小果菝葜 **Smilax davidiana** A. DC. 【N, W/C】 ♣CBG, FBG, GA, HBG, LBG, WBG, ZAFU; ●FJ, HB, JX, SH, ZJ; ★(AS): CN, ID, IN, JP, LA, VN.

托柄菝葜 **Smilax discotis** Warb. 【N, W/C】 ♣FBG, WBG; ●FJ, HB, SC; ★(AS): CN.

峨眉菝葜 **Smilax emeiensis** J. M. Xu 【N, W/C】 ♣SCBG; ●GD; ★(AS): CN.

长托菝葜 **Smilax ferox** Wall. ex Kunth 【N, W/C】 ♣KBG, SCBG, WBG, XTBG; ●GD, HB, YN; ★(AS): BT, CN, ID, IN, LA, LK, MM, NP, VN.

土茯苓 **Smilax glabra** Roxb. 【N, W/C】 ♣CBG, FBG, FLBG, GA, GBG, GMG, GXIB, HBG, KBG, LBG, NSBG, SCBG, WBG, XMBG, XTBG, ZAFU; ●CQ, FJ, GD, GX, GZ, HB, JX, SC, SH, YN, ZJ; ★(AS): CN, ID, IN, LA, MM, TH, VN.

黑果菝葜 **Smilax glaucochina** Warb. ex Diels 【N, W/C】 ♣CBG, GA, GBG, HBG, LBG, NBG, WBG, ZAFU; ●GZ, HB, JS, JX, SC, SH, ZJ; ★(AS): CN.

束丝菝葜 **Smilax hemsleyana** Craib 【N, W/C】 ♣XTBG; ●YN; ★(AS): CN, ID, IN, MM, TH.

粉背菝葜 **Smilax hypoglauca** Benth. 【N, W/C】 ♣CBG, FLBG, WBG, XTBG; ●GD, HB, JX, SH, YN; ★(AS): CN.

缘毛菝葜 **Smilax kwangsiensis** F. T. Wang et Tang 【N, W/C】 ♣GXIB; ●GX; ★(AS): CN.

马甲菝葜 **Smilax lanceifolia** Roxb. 【N, W/C】 ♣FLBG, SCBG, WBG, XTBG; ●GD, HB, JX, YN; ★(AS): BT, CN, ID, IN, KH, LA, LK, MM, MY, PH, TH, VN.

长叶菝葜 **Smilax lanceifolia** var. **lanceolata** (J. B. Norton) T. Koyama 【N, W/C】 ♣GXIB, XTBG; ●GX, YN; ★(AS): CN.

暗色菝葜 **Smilax lanceifolia** var. **opaca** A. DC. 【N, W/C】 ♣HBG, SCBG, WBG; ●GD, HB, ZJ; ★(AS): CN, ID, IN, KH, LA, MY, TH, VN.

粗糙菝葜 **Smilax lebrunii** H. Lév. 【N, W/C】 ♣WBG; ●HB; ★(AS): CN, MM.

无刺菝葜 **Smilax mairei** H. Lév. 【N, W/C】 ♣GXIB, WBG; ●GX, HB; ★(AS): CN.

大果菝葜 **Smilax megacarpa** A. DC. 【N, W/C】 ♣GXIB, SCBG, XTBG; ●GD, GX, YN; ★(AS): CN, ID, IN, KH, LA, MM, MY, PH, SG, TH, VN.

防己叶菝葜 **Smilax menispermoidea** A. DC. 【N, W/C】 ♣CBG, IBCAS, WBG; ●BJ, HB, SH; ★(AS): BT, CN, ID, IN, LA, LK, MM, NP, PH, VN.

小叶菝葜 **Smilax microphylla** C. H. Wright 【N, W/C】 ♣CBG, HBG, WBG; ●HB, SC, SH, ZJ; ★(AS): CN.

乌饭叶菝葜 **Smilax myrtillus** A. DC. 【N, W/C】 ♣WBG, XTBG; ●HB, YN; ★(AS): BT, CN, ID, IN, LA, MM.

黑叶菝葜 **Smilax nigrescens** F. T. Wang et Tang 【N, W/C】 ♣WBG; ●HB; ★(AS): CN.

白背牛尾菜 **Smilax nipponica** Miq. 【N, W/C】 ♣LBG, WBG; ●HB, JX; ★(AS): CN, JP, KP, KR.

抱茎菝葜 **Smilax ocreata** A. DC. 【N, W/C】 ♣WBG; ●HB; ★(AS): BT, CN, ID, IN, MM, NP, VN.

武当菝葜 **Smilax outanscianensis** Pamp. 【N, W/C】 ♣WBG; ●HB; ★(AS): CN.

卵叶菝葜 **Smilax ovalifolia** Roxb. 【N, W/C】 ♣GXIB; ●GX; ★(AS): BT, CN, ID, IN, LA, LK, MM, NP, TH, VN.

厚蕊菝葜（川鄂菝葜）**Smilax pachysandroides** T. Koyama 【N, W/C】 ♣WBG; ●HB; ★(AS): CN.

穿鞘菝葜 **Smilax perfoliata** Lour. 【N, W/C】 ♣GMG, SCBG, XMBG, XTBG; ●FJ, GD, GX, YN; ★(AS): BT, CN, ID, IN, JP, LA, LK, MM, TH, VN.

红果菝葜 **Smilax polycolea** Warb. 【N, W/C】 ♣WBG; ●HB, SC; ★(AS): CN.

方枝菝葜 **Smilax quadrata** A. DC. 【N, W/C】 ♣XTBG; ●YN; ★(AS): CN, ID, IN, MM.

牛尾菜 **Smilax riparia** A. DC. 【N, W/C】 ♣CBG, GA, GMG, GXIB, HBG, LBG, SCBG, WBG, XTBG; ●GD, GX, HB, JX, SH, YN, ZJ; ★(AS): CN, JP, KP, KR, MN, PH, RU-AS, VN.

尖叶牛尾菜 **Smilax riparia** var. **acuminata** (C. H. Wright) F. T. Wang et Tang 【N, W/C】 ♣WBG; ●HB; ★(AS): CN.

毛牛尾菜 **Smilax riparia** var. **pubescens** (C. H. Wright) F. T. Wang et Tang 【N, W/C】 ♣WBG; ●HB; ★(AS): CN.

短梗菝葜 **Smilax scobinicaulis** C. H. Wright 【N, W/C】 ♣CBG, LBG, WBG, XTBG; ●HB, JX, SH, YN; ★(AS): CN.

密刚毛菝葜 **Smilax setiramula** F. T. Wang et Tang 【N, W/C】 ♣XTBG; ●YN; ★(AS): CN.

华东菝葜 **Smilax sieboldii** Miq. 【N, W/C】 ♣CBG, FBG, HBG; ●FJ, SH, ZJ; ★(AS): CN, JP, KP, KR.

鞘柄菝葜 **Smilax stans** Maxim. 【N, W/C】 ♣CBG, GBG, HBG, IBCAS, SCBG, WBG; ●BJ, GD, GZ, HB, SC, SH, ZJ; ★(AS): CN, JP.

糙柄菝葜 **Smilax trachypoda** J. B. Norton 【N,

W/C】 ♣WBG; ●HB; ★(AS): CN.

三脉菝葜 **Smilax trinervula** Miq. 【N, W/C】 ♣WBG; ●HB; ★(AS): CN, JP.

青城菝葜 **Smilax tsinchengshanensis** F. T. Wang 【N, W/C】 ♣WBG; ●HB; ★(AS): CN.

金刚藤 **Smilax zeylanica** L. 【I, C】 ♣XTBG; ●YN; ★(AS): ID, IN, LK, MM.

肖菝葜属 Heterosmilax

华肖菝葜 **Heterosmilax chinensis** F. T. Wang 【N, W/C】 ♣WBG; ●HB; ★(AS): CN.

合丝肖菝葜 **Heterosmilax gaudichaudiana** (Kunth) Maxim. 【N, W/C】 ♣FLBG, GMG, SCBG; ●GD, GX, JX; ★(AS): CN, VN.

肖菝葜 **Heterosmilax japonica** Kunth 【N, W/C】 ♣CBG, CDBG, GBG, KBG, SCBG, WBG, XMBG, XTBG; ●FJ, GD, GZ, HB, SC, SH, YN; ★(AS): BT, CN, ID, IN, JP, VN.

多蕊肖菝葜 **Heterosmilax polyandra** Gagnep. 【N, W/C】 ♣XTBG; ●YN; ★(AS): CN, ID, IN, LA, TH.

云南肖菝葜 **Heterosmilax yunnanensis** Gagnep. 【N, W/C】 ♣WBG; ●HB; ★(AS): CN.

39. 百合科 LILIACEAE

仙灯属 Calochortus

白花仙灯 **Calochortus albus** (Benth.) Douglas ex Benth. 【I, C】 ●TW; ★(NA): US.

金仙灯 **Calochortus amabilis** Purdy 【I, C】 ●TW; ★(NA): US.

仙灯 **Calochortus luteus** Douglas ex Lindl. 【I, C】 ●TW; ★(NA): US.

单叶仙灯 **Calochortus monophyllus** (Lindl.) Lem. 【I, C】 ●TW; ★(NA): US.

辉花仙灯 **Calochortus splendens** Douglas ex Benth. 【I, C】 ●TW; ★(NA): US.

亚高山仙灯 **Calochortus subalpinus** Piper 【I, C】 ★(NA): US.

华丽仙灯 **Calochortus superbus** Purdy ex Howell 【I, C】 ●TW; ★(NA): US.

单花仙灯 **Calochortus uniflorus** Hook. et Arn. 【I, C】 ●TW; ★(NA): US.

挺拔仙灯 **Calochortus venustus** Douglas ex Benth. 【I, C】 ●TW; ★(NA): US.

锈点仙灯 **Calochortus vestae** (Purdy) Wallace 【I, C】 ●TW; ★(NA): US.

橙花仙灯 **Calochortus weedii** Alph. Wood 【I, C】 ●TW; ★(NA): US.

油点草属 Tricyrtis

台湾油点草 **Tricyrtis formosana** Baker 【N, W/C】 ♣BBG, CBG, TBG, TMNS; ●BJ, SH, TW; ★(AS): CN, JP.

硬毛油点草（毛油点草） **Tricyrtis hirta** (Thunb.) Hook. 【I, C】 ♣BBG; ●BJ, TW; ★(AS): JP.

宽叶油点草 **Tricyrtis latifolia** Maxim. 【N, W/C】 ♣CBG, GBG, HBG, WBG; ●GZ, HB, SC, SH, ZJ; ★(AS): CN, JP.

油点草 **Tricyrtis macropoda** Miq. 【N, W/C】 ♣CBG, FLBG, HBG, LBG, NBG, SCBG, WBG, ZAFU; ●GD, HB, JS, JX, SH, TW, ZJ; ★(AS): CN, JP, KR.

黄花油点草 **Tricyrtis pilosa** Wall. 【N, W/C】 ♣IBCAS, WBG, XBG, XTBG; ●BJ, HB, SC, SN, YN; ★(AS): BT, CN, IN, NP.

扭柄花属 Streptopus

腋花扭柄花 **Streptopus simplex** D. Don 【N, W/C】 ♣KBG; ●YN; ★(AS): BT, CN, IN, LK, MM, NP.

七筋姑属 Clintonia

北方七筋姑 **Clintonia borealis** (Aiton) Raf. 【I, C】 ♣XTBG; ●YN; ★(NA): CA, US.

七筋姑 **Clintonia udensis** Trautv. et C. A. Mey. 【N, W/C】 ♣KBG; ●SC, YN; ★(AS): BT, CN, ID, IN, JP, KP, KR, LK, MM, MN, NP, RU-AS.

顶冰花属 Gagea

林生顶冰花 **Gagea filiformis** (Ledeb.) Kunth 【N, W/C】 ●XJ; ★(AS): AF, CN, CY, KZ, MN, PK, RU-AS.

洼瓣花属 Lloydia

西藏洼瓣花 **Lloydia tibetica** Baker ex Oliv. 【N, W/C】 ♣WBG; ●HB; ★(AS): CN, NP.

老鸦瓣属 Amana

老鸦瓣 **Amana edulis** (Miq.) Honda 【N, W/C】

♣CBG, HBG, LBG, NBG, ZAFU; ●BJ, JS, JX, SH, ZJ; ★(AS): CN, JP, KR.

二叶老鸦瓣（阔叶老鸦瓣）**Amana erythronioides** (Baker) D. Y. Tan et D. Y. Hong 【N, W/C】 ♣HBG, IBCAS; ●BJ, ZJ; ★(AS): CN, JP.

猪牙花属 Erythronium

美洲猪牙花 **Erythronium americanum** Ker Gawl. 【I, C】 ★(NA): US.

加州猪牙花 **Erythronium californicum** Purdy 【I, C】 ●TW; ★(NA): US.

白蕊猪牙花 **Erythronium grandiflorum** Pursh 【I, C】 ★(NA): CA, US.

汉森猪牙花 **Erythronium hendersonii** S. Watson 【I, C】 ★(NA): US.

猪牙花 **Erythronium japonicum** Decne. 【N, W/C】 ●TW; ★(AS): CN, JP, KP, KR, MN, RU-AS.

俄勒冈猪牙花 **Erythronium oregonum** Applegate 【I, C】 ★(NA): CA, US.

郁金香属 Tulipa

阿尔泰郁金香 **Tulipa altaica** Pall. ex Spreng. 【N, W/C】 ★(AS): CN, CY, KZ, MN, RU-AS.

二型花郁金香 **Tulipa bifloriformis** Vved. 【I, C】 ★(AS): KG.

克氏郁金香 **Tulipa clusiana** DC. 【I, C】 ●TW; ★(AS): TR; (EU): DE, ES, GR, IT, LU.

毛蕊郁金香 **Tulipa dasystemon** (Regel) Regel 【N, W/C】 ★(AS): CN, CY, KG, KZ, TJ, UZ.

福氏郁金香 **Tulipa fosteriana** Irving 【I, C】 ●SH; ★(AS): UZ.

郁金香 **Tulipa gesneriana** L. 【I, C】 ♣CDBG, FBG, FLBG, GA, GBG, HBG, HFBG, LBG, NBG, WBG, XMBG, XOIG, ZAFU; ●AH, BJ, FJ, GD, GZ, HB, HL, JS, JX, SC, SD, SH, SN, TJ, TW, XJ, YN, ZJ; ★(AS): TR.

格里郁金香 **Tulipa greigii** Regel 【I, C】 ♣NBG; ●JS, SH, TW; ★(EU): GB.

异叶郁金香 **Tulipa heterophylla** (Regel) Baker 【N, W/C】 ★(AS): CN, CY, KG, KZ.

考夫曼郁金香 **Tulipa kaufmanniana** Regel 【I, C】 ●SH; ★(AS): KG.

迟花郁金香 **Tulipa kolpakovskiana** Regel 【N, W/C】 ●TW; ★(AS): CN, CY, KG, KZ.

奥氏郁金香 **Tulipa ostrowskiana** Regel 【I, C】 ★(AS): KZ.

垂蕾郁金香 **Tulipa patens** C. Agardh ex Schult. et Schult. f. 【N, W/C】 ★(AF): MA; (AS): CN, CY, KZ, LB, MN, PS, RU-AS, SY, TR; (EU): AL, BA, ES, FR, GR, HR, IT, MC, ME, MK, RS, SI.

准噶尔郁金香 **Tulipa schrenkii** Regel 【N, W/C】 ●TW; ★(AS): CN, CY, KZ; (EU): RU.

晚郁金香 **Tulipa tarda** Stapf 【I, C】 ●TW; ★(AS): KG.

土耳其郁金香 **Tulipa turkestanica** (Regel) Regel 【I, C】 ●TW; ★(AS): TR.

假百合属 Notholirion

假百合 **Notholirion bulbuliferum** (Lingelsh. ex H. Limpr.) Stearn 【N, W/C】 ♣SCBG; ●GD, SC, YN; ★(AS): BT, CN, IN, LK, NP.

钟花假百合 **Notholirion campanulatum** Cotton et Stearn 【N, W/C】 ♣KBG; ●YN; ★(AS): BT, CN, IN, LK, MM.

大百合属 Cardiocrinum

荞麦叶大百合 **Cardiocrinum cathayanum** (E. H. Wilson) Stearn 【N, W/C】 ♣CBG, CDBG, GBG, HBG, IBCAS, LBG, NBG, SCBG, WBG, ZAFU; ●BJ, GD, GZ, HB, JS, JX, SC, SH, ZJ; ★(AS): CN.

心叶大百合 **Cardiocrinum cordatum** (Thunb.) Makino 【I, C】 ●TW; ★(AS): JP, RU-AS.

大百合 **Cardiocrinum giganteum** (Wall.) Makino 【N, W/C】 ♣BBG, CBG, CDBG, GXIB, WBG, XMBG, XTBG; ●BJ, FJ, GX, HB, SC, SH, TW, YN; ★(AS): BT, CN, ID, IN, LK, MM, NP; (OC): NZ.

云南大百合（云南开耳合）**Cardiocrinum giganteum** var. **yunnanense** (Leichtlin ex Elwes) Stearn 【N, W/C】 ♣GXIB, IBCAS, KBG, SCBG, WBG, XBG; ●BJ, GD, GX, HB, SN, YN; ★(AS): CN, MM.

贝母属 Fritillaria

尖瓣贝母 **Fritillaria acmopetala** Boiss. 【I, C】 ●TW; ★(AS): TR.

川贝母 **Fritillaria cirrhosa** D. Don 【N, W/C】 ♣NBG, XBG; ●BJ, JS, SC, SN, YN; ★(AS): BT, CN, ID, IN, LK, NP.

米贝母 **Fritillaria davidii** Franch. 【N, W/C】 ♣XTBG; ●SC, YN; ★(AS): CN.

王贝母（皇冠贝母）**Fritillaria imperialis** L. 【I, C】

♣NBG; ●JS, TW; ★(AS): AF, IQ, IR, PK, TR.

阿尔泰贝母 **Fritillaria meleagris** L. 【N, W/C】 ♣CBG; ●SH, TW, YN; ★(AS): CN, GE, MN, RU-AS; (EU): AT, BA, BE, CZ, DE, FI, GB, HR, HU, IT, ME, MK, NL, NO, PL, RO, RS, RU, SI.

米氏贝母 **Fritillaria michailovskyi** Fomin 【I, C】 ★(AS): TR.

天目贝母 **Fritillaria monantha** Migo 【N, W/C】 ♣CBG, HBG, WBG; ●HB, SH, ZJ; ★(AS): CN.

伊贝母 **Fritillaria pallidiflora** Schrenk 【N, W/C】 ♣XBG; ●BJ, SN, TW; ★(AS): CN, CY, KZ.

波斯贝母 **Fritillaria persica** L. 【I, C】 ★(AS): TR.

*多花贝母 **Fritillaria pluriflora** Torr. ex Benth. 【I, C】 ●ZJ; ★(NA): US.

华西贝母 **Fritillaria sichuanica** S. C. Chen 【N, W/C】 ●SC; ★(AS): CN.

浙贝母 **Fritillaria thunbergii** Miq. 【N, W/C】 ♣GMG, HBG, NBG, XBG, XMBG, ZAFU; ●FJ, GX, JS, SN, TW, ZJ; ★(AS): CN, JP.

平贝母 **Fritillaria ussuriensis** Maxim. 【N, W/C】 ♣HFBG; ●BJ, HL; ★(AS): CN, KP, KR, MN, RU-AS.

黄花贝母 **Fritillaria verticillata** Willd. 【N, W/C】 ●TW; ★(AS): CN, CY, JP, KP, KR, KZ, MN, RU-AS.

百合属 Lilium

秀丽百合 **Lilium amabile** Palib. 【N, W/C】 ●LN, TW; ★(AS): CN, KP, KR.

玫红百合 **Lilium amoenum** E. H. Wilson ex Sealy 【N, W/C】 ●SC, YN; ★(AS): CN.

天香百合 **Lilium auratum** Lindl. 【I, C】 ♣TMNS; ●TW; ★(AS): JP.

阔叶天香百合 **Lilium auratum** var. **platyphyllum** Baker 【I, C】 ★(AS): JP.

滇百合 **Lilium bakerianum** Collett et Hemsl. 【N, W/C】 ♣XMBG; ●FJ, SC, YN; ★(AS): CN, MM, NP.

紫红花滇百合 **Lilium bakerianum** var. **rubrum** Stearn 【N, W/C】 ♣XMBG; ●FJ; ★(AS): CN.

无斑滇百合 **Lilium bakerianum** var. **yunnanense** (Franch.) Sealy ex Woodcock et Stearn 【N, W/C】 ♣KBG; ●YN; ★(AS): CN.

野百合 **Lilium brownii** F. E. Brown ex Miellez 【N, W/C】 ♣CBG, CDBG, FBG, GA, GMG, GXIB, HBG, KBG, LBG, NBG, SCBG, WBG, XMBG, XTBG, ZAFU; ●BJ, FJ, GD, GX, HB, HN, JS, JX, SC, SH, TW, YN, ZJ; ★(AS): BT, CN, ID, IN, JP, KH, KP, KR, LA, LK, MM, MY, NP, PH, PK, TH, VN.

百合 **Lilium brownii** var. **viridulum** Baker 【N, W/C】 ♣BBG, CDBG, FBG, FLBG, GA, GBG, GMG, HBG, IBCAS, LBG, NBG, SCBG, WBG, XBG, XLTBG, XMBG, XOIG, ZAFU; ●AH, BJ, FJ, GD, GX, GZ, HB, HI, HN, JS, JX, SC, SN, XJ, YN, ZJ; ★(AS): CN.

橙花百合 **Lilium bulbiferum** L. 【I, C】 ♣TMNS; ●TW; ★(AF): MA; (AS): GE; (EU): AT, BA, CZ, DE, ES, FI, HR, HU, IT, ME, MK, NO, PL, RO, RS, RU, SI.

条叶百合 **Lilium callosum** Siebold et Zucc. 【N, W/C】 ♣HBG, HFBG, IBCAS, LBG, NBG; ●BJ, HL, JS, JX, LN, TW, ZJ; ★(AS): CN, JP, KP, KR, MN, RU-AS.

圣母百合（马东百合）**Lilium candidum** L. 【I, C】 ♣XMBG; ●FJ, TW, YN; ★(AF): MA; (AS): CY, MM, SA, TR; (EU): AL, BA, DE, GR, HR, IT, MC, ME, MK, RS, SI.

垂花百合 **Lilium cernuum** Kom. 【N, W/C】 ●LN; ★(AS): CN, JP, KP, KR, MN, RU-AS.

加尔亚顿百合 **Lilium chalcedonicum** L. 【I, C】 ★(EU): AL, GR.

渥丹 **Lilium concolor** Salisb. 【N, W/C】 ♣XTBG; ●LN, TW, YN; ★(AS): CN, JP, KP, KR, MN, RU-AS.

有斑百合 **Lilium concolor** var. **pulchellum** (Fisch.) Baker 【N, W/C】 ♣IBCAS, NBG, ZAFU; ●BJ, JS, ZJ; ★(AS): CN, JP, KP, KR, MN.

毛百合 **Lilium dauricum** Ker Gawl. 【N, W/C】 ♣HFBG, IBCAS; ●BJ, HL, LN, TW; ★(AS): CN, JP, KP, KR, MN, RU-AS.

川百合 **Lilium davidii** Duch. ex Elwes 【N, W/C】 ♣CDBG, IBCAS, KBG, NBG, SCBG, TMNS, WBG, XMBG; ●BJ, FJ, GD, GS, HB, JS, LN, SC, TW, YN; ★(AS): CN.

兰州百合 **Lilium davidii** var. **willmottiae** (E. H. Wilson) Raffill 【N, W/C】 ♣NBG; ●JS; ★(AS): CN.

东北百合 **Lilium distichum** Nakai ex Kamib. 【N, W/C】 ♣HFBG; ●HL, LN; ★(AS): CN, JP, KP, KR, MN, RU-AS.

宝兴百合 **Lilium duchartrei** Franch. 【N, W/C】 ♣KBG, WBG; ●HB, SC, YN; ★(AS): CN.

透百合 **Lilium elegans** Thunb. 【I, C】 ●YN; ★(AS): JP.

台湾百合 **Lilium formosanum** Wallace 【N, W/C】 ♣NBG, TBG, TMNS; ●JS, TW; ★(AS): CN.

竹叶百合 **Lilium hansonii** Leichtlin ex Baker 【N, W/C】 ●TW; ★(AS): CN, JP, KP, KR.

湖北百合 **Lilium henryi** Baker 【N, W/C】 ♣HBG, NBG, TMNS, WBG, XMBG; ●BJ, FJ, GZ, HB, JS, JX, SC, TW, ZJ; ★(AS): CN.

日本百合 **Lilium japonicum** Thunb. 【I, C】 ●TW, YN; ★(AS): JP.

卷丹 **Lilium lancifolium** Thunb. 【N, W/C】 ♣CBG, CDBG, FLBG, GBG, GXIB, HBG, HFBG, IBCAS, KBG, LBG, NBG, SCBG, TMNS, WBG, XMBG, XOIG; ●BJ, FJ, GD, GX, GZ, HB, HL, JS, JX, LN, SC, SH, SX, TW, YN, ZJ; ★(AS): CN, JP, KP, MM; (OC): NZ.

柠檬色百合 **Lilium leichtlinii** Hook. f. 【N, W/C】 ●TW; ★(AS): CN, JP, KP, KR, RU-AS.

大花卷丹 **Lilium leichtlinii** var. **maximowiczii** (Regel) Baker 【N, W/C】 ♣HBG, XMBG; ●FJ, ZJ; ★(AS): CN, JP, KP, KR.

宜昌百合 **Lilium leucanthum** (Baker) Baker 【N, W/C】 ♣CBG, WBG, XMBG; ●FJ, HB, SC, SH, TW; ★(AS): CN.

紫脊百合 **Lilium leucanthum** var. **centifolium** (Stapf ex Elwes) Woodcock et Coutts 【N, W/C】 ●TW; ★(AS): CN.

丽江百合 **Lilium lijiangense** L. J. Peng 【N, W/C】 ♣KBG; ●YN; ★(AS): CN.

麝香百合 **Lilium longiflorum** Thunb. 【I, C】 ♣CDBG, FLBG, GMG, GXIB, NBG, SCBG, TMNS, XMBG, XTBG; ●BJ, FJ, GD, GX, HL, JS, JX, LN, SC, SH, TW, YN; ★(AS): JP.

*斑点百合 **Lilium maculatum** Thunb. 【I, C】 ●GD, TW; ★(AS): JP, RU-AS.

欧洲百合 **Lilium martagon** L. 【N, W/C】 ♣NBG, XMBG; ●FJ, JS, TW, ZJ; ★(AF): MA; (AS): CN, GE, MN, RU-AS, TR; (EU): AL, AT, BA, BE, BG, CZ, DE, ES, FI, GB, GR, HR, HU, IT, LU, ME, MK, NL, NO, PL, RO, RS, RU, SI, TR.

新疆百合 **Lilium martagon** var. **pilosiusculum** Freyn 【N, W/C】 ●XJ; ★(AS): CN, MN.

浙江百合 **Lilium medeoloides** A. Gray 【N, W/C】 ●TW; ★(AS): CN, JP, KP, RU-AS.

紫斑百合 **Lilium nepalense** D. Don 【N, W/C】 ♣KBG, XMBG; ●FJ, SC, TW, YN; ★(AS): BT, CN, ID, IN, LK, MM, NP.

豹斑百合 **Lilium pardalinum** Kellogg 【I, C】 ★(NA): US.

沙斯豹斑百合 **Lilium pardalinum** subsp. **shastense** (Eastw.) M. W. Skinner 【I, C】 ★(NA): US.

威金兹豹斑百合 **Lilium pardalinum** subsp. **wigginsii** (Beane et Vollmer) M. W. Skinner 【I, C】 ★(NA): US.

*矮小百合 **Lilium parvum** Kellogg 【I, C】 ●TW; ★(NA): US.

菲律宾百合 **Lilium philippinense** Baker 【I, C】 ●TW; ★(AS): PH.

报春百合 **Lilium primulinum** Baker 【N, W/C】 ●YN; ★(AS): CN, ID, IN, MM, TH.

川滇百合 **Lilium primulinum** var. **ochraceum** (Franch.) Stearn 【N, W/C】 ♣KBG, NBG; ●JS, YN; ★(AS): CN.

山丹 **Lilium pumilum** Delile 【N, W/C】 ♣BBG, FBG, GBG, HBG, HFBG, IBCAS, NBG, SCBG; ●BJ, FJ, GD, GZ, HL, JS, TW, ZJ; ★(AS): CN, KP, KR, MN, RU-AS.

黄帽百合 **Lilium pyrenaicum** Gouan 【I, C】 ♣NBG; ●JS; ★(AS): TR; (EU): DE, ES, GB.

岷江百合 **Lilium regale** E. H. Wilson 【N, W/C】 ♣CDBG, FLBG, IBCAS, KBG, NBG, SCBG, TBG, TMNS, XMBG; ●BJ, FJ, GD, JS, JX, SC, TW, YN; ★(AS): CN.

南川百合 **Lilium rosthornii** Diels 【N, W/C】 ♣CBG, CDBG; ●SC, SH, TW; ★(AS): CN.

红花百合 **Lilium rubellum** Baker 【I, C】 ★(AS): JP, MM.

通江百合（泸定百合）**Lilium sargentiae** E. H. Wilson 【N, W/C】 ♣KBG; ●SC, YN; ★(AS): CN.

紫花百合 **Lilium souliei** (Franch.) Sealy 【N, W/C】 ●YN; ★(AS): CN.

美丽百合 **Lilium speciosum** Thunb. 【N, W/C】 ♣CDBG, HBG, TMNS, XMBG; ●FJ, SC, TW, ZJ; ★(AS): CN, JP.

药百合 **Lilium speciosum** var. **gloriosoides** Baker 【N, W/C】 ♣HBG, LBG, TBG, TMNS, WBG, ZAFU; ●HB, JX, SC, TW, ZJ; ★(AS): CN, JP.

淡黄花百合 **Lilium sulphureum** Baker ex Hook. f. 【N, W/C】 ♣XMBG; ●FJ; ★(AS): CN, MM.

头巾百合 **Lilium superbum** L. 【I, C】 ♣TMNS; ●TW; ★(NA): US.

大理百合 **Lilium taliense** Franch. 【N, W/C】 ♣KBG; ●SC, TW, YN; ★(AS): CN.

青岛百合 **Lilium tsingtauense** Gilg 【N, W/C】

♣HBG, LBG, NBG, XMBG; ●AH, FJ, JS, JX, SD, ZJ; ★(AS): CN, KP, KR.

喜马拉雅百合 **Lilium wallichianum** Schult. et Schult. f. 【I, C】 ●TW; ★(AS): BT, ID, IN, LK, MM, NP.

尼尔基里百合 **Lilium wallichianum** var. **neilgherrense** (Wight) H. Hara 【I, C】 ★(AS): ID.

卓巴百合 **Lilium wardii** Stapf ex F. C. Stern 【N, W/C】 ♣KBG; ●XZ, YN; ★(AS): CN.

豹子花属 Nomocharis

开瓣豹子花 **Nomocharis aperta** (Franch.) W. W. Sm. et W. E. Evans【N, W/C】●SC, YN; ★(AS): CN, MM.

多斑豹子花 **Nomocharis meleagrina** Franch. 【N, W/C】 ♣LBG; ●JX; ★(AS): CN.

豹子花 **Nomocharis pardanthina** Franch. 【N, W/C】 ♣SCBG; ●GD, SC, YN; ★(AS): CN.

40. 兰科 ORCHIDACEAE

三蕊兰属 Neuwiedia

三蕊兰 **Neuwiedia singapureana** (Wall. ex Baker) Rolfe【N, W/C】♣WBG; ●HB, TW; ★(AS): CN, ID, IN, MY, SG, TH, VN.

拟兰属 Apostasia

拟兰 **Apostasia odorata** Blume【N, W/C】♣WBG, XTBG; ●HB, YN; ★(AS): CN, ID, IN, KH, LA, MY, TH, VN.

朱兰属 Pogonia

朱兰 **Pogonia japonica** Rchb. f.【N, W/C】♣FBG, LBG, WBG; ●FJ, HB, JX, TW; ★(AS): CN, JP, KP, KR, MN, RU-AS.

香荚兰属 Vanilla

南方香荚兰(越南香荚兰)**Vanilla annamica** Gagnep. 【N, W/C】 ♣FLBG; ●GD, JX; ★(AS): CN, LA, TH, VN.

狭叶香荚兰 **Vanilla mexicana** Mill. 【I, C】 ♣XTBG; ●YN; ★(NA): CU, MX; (SA): EC, VE.

野香子兰 **Vanilla moonii** Thwaites 【I, C】 ♣XMBG; ●FJ; ★(AS): LK.

Vanilla phaeantha Rchb. f. 【I, C】 ♣TMNS; ●TW; ★(NA): CR, CU, MX, PA.

扁叶香荚兰(香荚兰)**Vanilla planifolia** Jacks. ex Andrews 【I, C】 ♣BBG, GMG, GXIB, KBG, SCBG, WBG, XLTBG, XMBG; ●BJ, CQ, FJ, GD, GX, HB, HI, TW, YN; ★(NA): BZ, CR, CU, GT, MX, NI, PA; (SA): CO, EC, PE, VE.

大香荚兰 **Vanilla siamensis** Rolfe ex Downie 【N, W/C】 ♣NBG, SCBG, XMBG, XTBG; ●FJ, GD, TW, YN; ★(AS): CN, TH.

台湾香荚兰 **Vanilla somae** Hayata 【N, W/C】 ♣TMNS, XMBG; ●FJ, TW; ★(AS): CN, ID, IN, VN.

杓兰属 Cypripedium

东北杓兰 **Cypripedium × ventricosum** Sw. 【N, C】 ★(AS): CN, KR, RU-AS.

杓兰 **Cypripedium calceolus** L. 【N, W/C】 ♣HFBG; ●HL, JL; ★(AS): CN, GE, JP, KP, KR, MN, RU-AS; (EU): AT, BA, BG, CZ, DE, ES, FI, GB, GR, HR, HU, IT, ME, MK, NO, PL, RO, RS, RU, SI.

对叶杓兰 **Cypripedium debile** Rchb. f. 【N, W/C】 ●SC, TW; ★(AS): CN, ID, JP.

毛瓣杓兰 **Cypripedium fargesii** Franch.【N, W/C】 ♣KBG; ●YN; ★(AS): CN.

华西杓兰 **Cypripedium farreri** W. W. Sm. 【N, W/C】 ♣KBG, SCBG; ●GD, YN; ★(AS): CN.

大叶杓兰 **Cypripedium fasciolatum** Franch. 【N, W/C】 ♣WBG; ●HB, SC; ★(AS): CN, ID.

黄花杓兰 **Cypripedium flavum** P. F. Hunt et Summerh. 【N, W/C】 ♣KBG, WBG; ●HB, SC, YN; ★(AS): CN.

台湾杓兰 **Cypripedium formosanum** Hayata 【N, W/C】 ♣HBG, LBG, WBG, ZAFU; ●HB, JX, SC, TW, ZJ; ★(AS): CN.

紫点杓兰 **Cypripedium guttatum** Sw. 【N, W/C】 ♣HFBG, KBG, SCBG; ●GD, HL, YN; ★(AS): BT, CN, IN, KP, KR, LK, MN, RU-AS; (EU): RU.

绿花杓兰 **Cypripedium henryi** Rolfe 【N, W/C】 ♣KBG, SCBG, WBG; ●GD, HB, SC, YN; ★(AS): CN.

扇脉杓兰 **Cypripedium japonicum** Thunb. 【N, W/C】♣HBG, LBG, WBG; ●HB, JX, ZJ; ★(AS): CN, JP, KR.

丽江杓兰 **Cypripedium lichiangense** S. C. Chen et

P. J. Cribb【N, W/C】♣KBG; ●YN; ★(AS): CN, MM.

大花杓兰 **Cypripedium macranthos** Sw. 【N, W/C】 ♣BBG; ●BJ; ★(AS): CN, JP, KR; (EU): RU.

斑叶杓兰 **Cypripedium margaritaceum** Franch.【N, W/C】 ●YN; ★(AS): CN.

小花杓兰 **Cypripedium micranthum** Franch. 【N, W/C】 ♣HFBG; ●HL, LN; ★(AS): CN, ID.

离萼杓兰 **Cypripedium plectrochilum** Franch. 【N, W/C】 ♣KBG, WBG; ●HB, YN; ★(AS): CN, MM.

西藏杓兰 **Cypripedium tibeticum** King ex Rolfe【N, W/C】♣KBG, SCBG; ●GD, YN; ★(AS): BT, CN, IN, LK.

云南杓兰 **Cypripedium yunnanense** Franch. 【N, W/C】 ♣KBG; ●YN; ★(AS): CN.

兜兰属 Paphiopedilum

马面兜兰 **Paphiopedilum adductum** Asher 【I, C】 ♣SCBG, TMNS; ●GD, TW; ★(AS): PH.

卷萼兜兰 **Paphiopedilum appletonianum** (Gower) Rolfe 【N, W/C】 ♣BBG, FLBG, GBG, NBG, SCBG, TMNS, WBG, XMBG; ●BJ, FJ, GD, GZ, HB, HI, JS, JX, TW; ★(AS): CN, KH, LA, TH, VN.

根茎兜兰 **Paphiopedilum areeanum** O. Gruss 【N, W/C】 ♣WBG; ●HB; ★(AS): CN, MM.

疣边兜兰 **Paphiopedilum argus** (Rchb. f.) Stein【I, C】 ♣TMNS; ●TW; ★(AS): ID, PH.

杏黄兜兰 **Paphiopedilum armeniacum** S. C. Chen et F. Y. Liu 【N, W/C】 ♣BBG, CBG, FLBG, IBCAS, KBG, NBG, SCBG, TMNS, WBG, XMBG, XTBG; ●BJ, FJ, GD, HB, JS, JX, SC, SH, TW, YN; ★(AS): CN, MM.

黑色兜红 **Paphiopedilum barbatum** (Lindl.) Pfitzer 【I, C】 ♣XTBG; ●YN; ★(AS): MY, PH.

小叶兜兰 **Paphiopedilum barbigerum** Tang et F. T. Wang 【N, W/C】 ♣BBG, FLBG, GXIB, IBCAS, KBG, NBG, SCBG, TMNS, WBG, XTBG; ●BJ, GD, GX, HB, JS, JX, TW, YN; ★(AS): CN, VN.

巨瓣兜兰 **Paphiopedilum bellatulum** (Rchb. f.) Stein 【N, W/C】 ♣BBG, CBG, FLBG, IBCAS, KBG, NBG, SCBG, TMNS, WBG, XMBG, XTBG; ●BJ, FJ, GD, HB, JS, JX, SH, TW, YN; ★(AS): CN, ID, IN, LA, MM, TH.

硬皮兜兰 **Paphiopedilum callosum** (Rchb. f.) Stein 【I, C】 ♣FLBG, SCBG, TMNS, XTBG; ●GD, JX, TW, YN; ★(AS): LA, MY, TH, VN.

红旗兜兰 **Paphiopedilum charlesworthii** (Rolfe) Pfitzer【N, W/C】♣IBCAS, SCBG; ●BJ, GD, SC, TW; ★(AS): CN, ID, IN, MM, TH.

同色兜兰 **Paphiopedilum concolor** (Lindl. ex Bateman) Pfitzer【N, W/C】♣BBG, CBG, FLBG, GMG, GXIB, IBCAS, KBG, NBG, SCBG, TMNS, WBG, XMBG, XTBG; ●BJ, FJ, GD, GX, HB, JS, JX, SH, TW, YN; ★(AS): CN, KH, LA, MM, TH, VN.

小疣兜舌兰 **Paphiopedilum dayanum** (Lindl.) Stein 【I, C】 ♣TMNS; ●TW; ★(AS): MY.

德氏兜兰 **Paphiopedilum delenatii** Guillaumin 【N, W/C】 ♣SCBG, TMNS, WBG, XMBG; ●FJ, GD, HB, TW; ★(AS): CN, VN.

长瓣兜兰 **Paphiopedilum dianthum** Tang et F. T. Wang 【N, W/C】 ♣FLBG, GBG, GXIB, IBCAS, KBG, NBG, NSBG, SCBG, TMNS, WBG, XMBG, XTBG; ●BJ, CQ, FJ, GD, GX, GZ, HB, JS, JX, SC, TW, YN; ★(AS): CN, VN.

Paphiopedilum druryi (Bedd.) Pfitzer 【I, C】 ♣BBG; ●BJ; ★(AS): ID.

白花兜兰 **Paphiopedilum emersonii** Koop. et P. J. Cribb【N, W/C】♣IBCAS, KBG, SCBG, TMNS, WBG; ●BJ, GD, HB, TW, YN; ★(AS): CN, VN.

流放兜兰 **Paphiopedilum exul** (Ridl.) Rolfe 【I, C】 ♣BBG, SCBG, TMNS; ●BJ, GD, TW; ★(AS): ID, TH.

大波瓣兜兰 **Paphiopedilum fairrieanum** (Lindl.) Stein【I, C】♣SCBG; ●GD; ★(AS): BT, ID, IN, LK.

腺梗兜兰 **Paphiopedilum glanduliferum** (Blume) Stein【I, C】♣SCBG, TMNS; ●GD, TW; ★(OC): PG.

灰叶兜兰 **Paphiopedilum glaucophyllum** J. J. Sm.【I, C】 ♣BBG, FLBG, TMNS; ●BJ, GD, JX, TW; ★(AS): ID, IN.

云南兜兰 **Paphiopedilum godefroyae** (God.-Leb.) Stein 【N, W/C】 ♣BBG; ●BJ, TW; ★(AS): CN, MM.

瑰丽兜兰(格力兜兰) **Paphiopedilum gratrixianum** Rolfe 【N, W/C】 ♣BBG, SCBG; ●BJ, GD, SC; ★(AS): CN, LA, VN.

绿叶兜兰 **Paphiopedilum hangianum** Perner et O. Gruss【N, W/C】♣SCBG, WBG; ●GD, HB, TW; ★(AS): CN, VN.

细瓣兜兰 **Paphiopedilum haynaldianum** (Rchb. f.) Stein【I, C】♣SCBG, TMNS; ●GD, TW; ★(AS): PH.

巧花兜兰(海伦兜兰) **Paphiopedilum helenae** Aver.【N, W/C】♣GXIB, SCBG; ●GD, GX, SC; ★(AS): CN, VN.

轩尼斯兜兰 **Paphiopedilum hennisianum** (M. W. Wood) Fowlie【I, C】♣SCBG; ●GD; ★(AS): PH.

亨利兜兰 **Paphiopedilum henryanum** Braem【N, W/C】♣BBG, FLBG, IBCAS, KBG, NBG, SCBG, TMNS, WBG, XMBG; ●BJ, FJ, GD, HB, JS, JX, SC, TW, YN; ★(AS): CN, VN.

带叶兜兰 **Paphiopedilum hirsutissimum** (Lindl. ex Hook.) Stein【N, W/C】♣BBG, FLBG, GBG, GXIB, IBCAS, KBG, NBG, SCBG, TMNS, XMBG, XTBG; ●BJ, FJ, GD, GX, GZ, JS, JX, SC, TW, YN; ★(AS): CN, ID, IN, LA, MM, TH, VN.

Paphiopedilum hookerae (Rchb. f.) Stein【I, C】♣SCBG; ●GD; ★(AS): MY, VN.

波瓣兜兰 **Paphiopedilum insigne** (Wall. ex Lindl.) Pfitzer【N, W/C】♣GXIB, IBCAS, KBG, LBG, SCBG, TMNS, WBG, XMBG; ●BJ, FJ, GD, GX, HB, JX, TW, YN; ★(AS): CN, ID, IN, MM, VN.

爪哇兜舌兰 **Paphiopedilum javanicum** (Reinw. ex Lindl.) Pfitzer【I, C】♣TMNS; ●TW; ★(AS): IN.

杰克兜兰 **Paphiopedilum kolopakingii** Fowlie【I, C】♣SCBG; ●GD; ★(AS): ID.

劳伦斯兜兰 **Paphiopedilum lawrenceanum** (Rchb. f.) Pfitzer【I, C】♣TMNS; ●TW; ★(AS): ID, MY.

Paphiopedilum liemianum (Fowlie) K. Karas. et K. Saito【I, C】♣TMNS; ●TW; ★(AS): ID.

飞凤兜兰 **Paphiopedilum lowii** (Lindl.) Stein【I, C】♣BBG, SCBG, TMNS; ●BJ, GD, TW; ★(AS): ID, IN, MY.

麻栗坡兜兰 **Paphiopedilum malipoense** S. C. Chen et Z. H. Tsi【N, W/C】♣BBG, CBG, FLBG, GXIB, IBCAS, KBG, SCBG, TMNS, WBG, XMBG, XTBG; ●BJ, FJ, GD, GX, HB, JX, SC, SH, TW, YN; ★(AS): CN, VN.

窄瓣兜兰 **Paphiopedilum malipoense** var. **angustatum** (Z. J. Liu et S. C. Chen) Z. J. Liu et S. C. Chen【N, W/C】♣WBG; ●HB; ★(AS): CN.

浅斑兜兰 **Paphiopedilum malipoense** var. **jackii** (H. S. Hua) Aver.【N, W/C】♣SCBG, TMNS, WBG; ●GD, HB, TW; ★(AS): CN, VN.

硬叶兜兰 **Paphiopedilum micranthum** Tang et F. T. Wang【N, W/C】♣BBG, CBG, FLBG, GXIB, IBCAS, KBG, NBG, SCBG, TMNS, WBG, XMBG, XTBG; ●BJ, FJ, GD, GX, HB, JS, JX, SC, SH, TW, YN; ★(AS): CN, VN.

白兜兰 **Paphiopedilum niveum** (Rchb. f.) Stein【I, C】♣TMNS; ●TW; ★(AS): MM, MY.

飘带兜兰 **Paphiopedilum parishii** (Rchb. f.) Stein【N, W/C】♣BBG, FLBG, GXIB, HBG, IBCAS, KBG, SCBG, TMNS, WBG, XMBG, XTBG; ●BJ, FJ, GD, GX, HB, JX, TW, YN, ZJ; ★(AS): CN, IN, LA, MM, TH, VN.

菲岛兜兰 **Paphiopedilum philippinense** (Rchb. f.) Pfitzer【I, C】♣BBG, CBG, SCBG, TMNS; ●BJ, GD, SH, TW; ★(AS): PH.

Paphiopedilum philippinense var. **roebelenii** (A. H. Kent) P. J. Cribb【I, C】♣BBG; ●BJ; ★(AS): PH.

报春兜兰 **Paphiopedilum primulinum** M. W. Wood et P. Taylor【I, C】♣BBG, SCBG, TMNS; ●BJ, GD, TW; ★(AS): ID.

紫纹兜兰 **Paphiopedilum purpuratum** (Lindl.) Stein【N, W/C】♣FLBG, GXIB, IBCAS, KBG, SCBG, TMNS, XMBG, XTBG; ●BJ, FJ, GD, GX, JX, TW, YN; ★(AS): CN, VN.

Paphiopedilum randsii Fowlie【I, C】♣TMNS; ●TW; ★(AS): PH.

国王兜兰(罗斯德氏兜兰) **Paphiopedilum rothschildianum** (Rchb. f.) Stein【I, C】♣BBG, SCBG, TMNS; ●BJ, GD, TW; ★(AS): ID.

长须兜兰 **Paphiopedilum sanderianum** (Rchb. f.) Stein【I, C】♣BBG, SCBG, TMNS; ●BJ, GD, TW; ★(AS): MY.

Paphiopedilum sangii Braem【I, C】♣TMNS; ●TW; ★(AS): ID.

白旗兜兰 **Paphiopedilum spicerianum** (Rchb. f.) Pfitzer【N, W/C】♣BBG, CBG, SCBG, TMNS; ●BJ, GD, SH, TW; ★(AS): BT, CN, ID, IN, LK, MM.

粉妆兜兰 **Paphiopedilum stonei** (Hook.) Stein【I, C】♣SCBG, TMNS; ●GD, TW; ★(AS): ID.

苏氏兜兰 **Paphiopedilum sukhakulii** Schoser et Senghas【I, C】♣CBG, SCBG; ●GD, SH; ★(AS): MY, TH.

马六甲兜兰 **Paphiopedilum superbiens** (Rchb. f.) Stein【I, C】♣TMNS; ●TW; ★(AS): MY, PH.

虎斑兜兰 **Paphiopedilum tigrinum** Koop. et N.

Haseg. 【N, W/C】 ♣FLBG, KBG, SCBG, WBG; ●GD, HB, JX, YN; ★(AS): CN.

秀丽兜兰 **Paphiopedilum venustum** (Wall. ex Sims) Pfitzer 【N, W/C】 ♣CBG, SCBG, TMNS; ●GD, SC, SH, TW; ★(AS): BT, CN, ID, IN, LK, NP.

越南兜兰 **Paphiopedilum vietnamense** O. Gruss et Perner 【I, C】 ♣FLBG, SCBG; ●GD, JX; ★(AS): VN.

紫毛兜兰 **Paphiopedilum villosum** (Lindl.) Pfitzer 【N, W/C】 ♣BBG, CBG, FLBG, IBCAS, KBG, SCBG, WBG, XMBG, XTBG; ●BJ, FJ, GD, HB, JX, SC, SH, TW, YN; ★(AS): CN, ID, IN, LA, MM, TH, VN.

包氏兜兰 **Paphiopedilum villosum** var. **boxallii** (Rchb. f.) Pfitzer 【N, W/C】 ♣FLBG, XTBG; ●GD, JX, YN; ★(AS): CN, MM, VN.

密毛兜兰 **Paphiopedilum villosum** var. **densissimum** (Z. J. Liu et S. C. Chen) Z. J. Liu et X. Qi Chen 【N, W/C】 ♣FLBG; ●GD, JX; ★(AS): CN, ID, IN, MM.

彩云兜兰 **Paphiopedilum wardii** Summerh. 【N, W/C】 ♣BBG, FLBG, IBCAS, NBG, SCBG, TMNS, WBG, XMBG, XTBG; ●BJ, FJ, GD, HB, JS, JX, TW, YN; ★(AS): CN, MM.

文山兜兰 **Paphiopedilum wenshanense** Z. J. Liu et J. Yong Zhang 【N, W/C】 ♣SCBG; ●GD, SC; ★(AS): CN, ID, IN.

长翼兰属 Phragmipedium

贝司南美兜兰 **Phragmipedium besseae** Dodson et J. Kuhn 【I, C】 ●TW; ★(SA): EC, PE.

长翼兰 **Phragmipedium caudatum** (Lindl.) Rolfe 【I, C】 ♣BBG; ●BJ, TW; ★(NA): NI, PA; (SA): BO, CO, EC, GY, PE, VE.

圣杯兜兰(美洲兜兰)**Phragmipedium kovachii** J. T. Atwood, Dalström et Ric. Fernández 【I, C】 ♣CBG; ●SH, TW; ★(SA): PE.

长叶美洲兜兰 **Phragmipedium longifolium** (Warsz. et Rchb. f.) Rolfe 【I, C】 ♣TMNS; ●TW; ★(NA): CR, PA, US; (SA): CO, EC, PE.

哥伦比亚芦唇兰 **Phragmipedium schlimii** (Linden ex Rchb. f.) Rolfe 【I, C】 ♣SCBG; ●GD, TW; ★(SA): CO.

墨国兜兰属 Mexipedium

墨国兜兰 **Mexipedium xerophyticum** (Soto Arenas, Salazar et Hágsater) V. A. Albert et M. W. Chase 【I, C】 ★(NA): MX.

萼距兰属 Disa

萼距兰(单花双距兰)**Disa uniflora** P. J. Bergius 【I, C】 ●TW; ★(AF): ZA.

玉凤花属 Habenaria

落地金钱 **Habenaria aitchisonii** Rchb. f. 【N, W/C】 ♣TDBG; ●XJ; ★(AS): AF, BT, CN, ID, IN, LK.

薄叶玉凤花 **Habenaria austrosinensis** Tang et F. T. Wang 【N, W】 ♣XTBG; ●YN; ★(AS): CN, TH.

毛莛玉凤花 **Habenaria ciliolaris** Kraenzl. 【N, W/C】 ♣KBG, LBG, SCBG, XTBG; ●GD, JX, YN; ★(AS): CN, VN.

长距玉凤花 **Habenaria davidii** Franch. 【N, W/C】 ♣GBG, KBG; ●GZ, YN; ★(AS): CN.

厚瓣玉凤花 **Habenaria delavayi** Finet 【N, W/C】 ●YN; ★(AS): CN.

鹅毛玉凤花 **Habenaria dentata** (Sw.) Schltr. 【N, W/C】 ♣GBG, LBG, XTBG; ●GZ, JX, YN; ★(AS): BT, CN, IN, JP, KH, LA, MM, MY, NP, PH, TH, VN.

二叶玉凤花 **Habenaria diphylla** (Link) T. Durand et Schinz 【N, W/C】 ♣WBG; ●HB; ★(AF): MA; (AS): BT, CN, CY, ID, IN, PH, TH; (EU): ES, MC.

齿片玉凤花 **Habenaria finetiana** Schltr. 【N, W】 ♣XTBG; ●YN; ★(AS): CN, ID, IN, PH, VN.

线瓣玉凤花 **Habenaria fordii** Rolfe 【N, W/C】 ♣SCBG; ●GD; ★(AS): CN.

粉叶玉凤花 **Habenaria glaucifolia** Bureau et Franch. 【N, W/C】 ●SC, YN; ★(AS): CN.

粤琼玉凤花 **Habenaria hystrix** Ames 【N, W/C】 ●HI; ★(AS): CN, ID, PH.

大花玉凤花 **Habenaria intermedia** D. Don 【N, W/C】 ♣WBG; ●HB; ★(AS): CN, IN, NP.

坡参 **Habenaria linguella** Lindl. 【N, W/C】 ♣SCBG; ●GD; ★(AS): CN, VN.

细花玉凤花(长穗阔蕊兰)**Habenaria lucida** Wall. ex Lindl. 【N, W/C】 ♣SCBG; ●GD, HI, TW; ★(AS): CN, ID, IN, KH, LA, MM, TH, VN.

版纳玉凤花 **Habenaria medioflexa** Turrill 【N, W/C】 ♣XTBG; ●TW, YN; ★(AS): CN, LA, MY, TH, VN.

玉凤兰 **Habenaria medusa** Kraenzl. 【I, C】 ●TW;

★(AS): ID, IN, LA, VN.

莲座玉凤花 **Habenaria plurifoliata** Tang et F. T. Wang 【N, W/C】 ♣XTBG; ●YN; ★(AS): CN.

丝裂玉凤花 **Habenaria polytricha** Rolfe 【N, W/C】 ♣WBG; ●HB; ★(AS): CN, JP, PH.

橙黄玉凤花 **Habenaria rhodocheila** Hance 【N, W/C】 ♣GXIB, NBG, SCBG, XMBG; ●FJ, GD, GX, HI, JS, TW; ★(AS): CN, KH, LA, MM, MY, PH, TH, VN.

十字兰 **Habenaria schindleri** Schltr. 【N, W/C】 ♣LBG; ●JX; ★(AS): CN, JP, KP.

阔蕊兰属 Peristylus

小花阔蕊兰 **Peristylus affinis** (D. Don) Seidenf. 【N, W/C】 ♣GBG; ●GZ; ★(AS): BT, CN, IN, LA, MM, NP, TH.

条叶阔蕊兰 **Peristylus bulleyi** (Rolfe) K. Y. Lang 【N, W/C】 ♣WBG; ●HB; ★(AS): CN.

长须阔蕊兰 **Peristylus calcaratus** (Rolfe) S. Y. Hu 【N, W/C】 ●HI; ★(AS): CN, KH, LA, TH, VN.

阔蕊兰 **Peristylus goodyeroides** (D. Don) Lindl. 【N, W/C】 ♣GBG, GMG, LBG, WBG; ●GX, GZ, HB, JX; ★(AS): BT, CN, ID, IN, KH, LA, LK, MM, MY, NP, PH, TH, VN; (OC): PAF.

撕唇阔蕊兰 **Peristylus lacertifer** (Lindl.) J. J. Sm. 【N, W/C】 ♣SCBG, XMBG; ●FJ, GD, HI; ★(AS): CN, ID, IN, JP, MM, MY, PH, SG, TH, VN.

白蝶兰属 Pecteilis

狭叶白蝶兰 **Pecteilis radiata** (Thunb.) Raf. 【N, W/C】 ●TW; ★(AS): CN, JP.

龙头兰 **Pecteilis susannae** (L.) Raf. 【N, W/C】 ♣FBG, XTBG; ●FJ, TW, YN; ★(AS): BT, CN, ID, IN, KH, LA, MM, MY, NP, TH, VN.

角盘兰属 Herminium

叉唇角盘兰 **Herminium lanceum** (Thunb. ex Sw.) Vuikj 【N, W/C】 ♣LBG; ●JX; ★(AS): BT, CN, ID, IN, JP, KH, KR, LA, MM, MY, NP, PH, TH, VN.

角盘兰 **Herminium monorchis** (L.) R. Br. 【N, W/C】 ♣GBG, LBG; ●GZ, JX, SC; ★(AS): BT, CN, GE, IN, JP, KR, MN, NP, RU-AS; (EU): AT, BA, BE, BG, CZ, DE, FI, GB, HR, HU, IT, ME, MK, NL, NO, PL, RO, RS, RU, SI.

狗兰属 Cynorkis

钩形西奥兰 **Cynorkis uncata** (Rolfe) Kraenzl. 【I, C】 ♣CBG; ●SH; ★(AF): KE, TZ.

舌喙兰属 Hemipilia

扇唇舌喙兰 **Hemipilia flabellata** Bureau et Franch. 【N, W/C】 ♣KBG, XTBG; ●YN; ★(AS): CN.

裂唇舌喙兰 **Hemipilia henryi** Rolfe 【N, W/C】 ♣WBG; ●HB; ★(AS): CN.

广西舌喙兰 **Hemipilia kwangsiensis** Tang et F. T. Wang ex K. Y. Lang 【N, W/C】 ♣GXIB, XTBG; ●GX, YN; ★(AS): CN.

短距舌喙兰 **Hemipilia limprichtii** Schltr. 【N, W/C】 ♣GBG; ●GZ; ★(AS): CN.

小红门兰属 Ponerorchis

广布小红门兰(广布红门兰)**Ponerorchis chusua** (D. Don) Soó 【N, W/C】 ♣SCBG, WBG; ●GD, HB, SC; ★(AS): BT, CN, ID, IN, JP, KP, KR, MM, MN, NP, RU-AS.

Ponerorchis graminifolia Rchb. f. 【I, C】 ♣ZAFU; ●TW, ZJ; ★(AS): KR.

奇莱小红门兰 **Ponerorchis kiraishiensis** (Hayata) Ohwi 【N, W/C】 ♣WBG; ●HB; ★(AS): CN.

华西小红门兰(华西红门兰)**Ponerorchis limprichtii** (Schltr.) Soó 【N, W/C】 ♣WBG; ●HB; ★(AS): CN.

无柱兰属 Amitostigma

无柱兰 **Amitostigma gracile** (Blume) Schltr. 【N, W/C】 ♣HBG, LBG; ●JX, ZJ; ★(AS): CN, JP, KP, KR, RU-AS.

大花无柱兰 **Amitostigma pinguicula** (Rchb. f. ex S. Moore) Schltr. 【N, W/C】 ♣CBG, ZAFU; ●SH, ZJ; ★(AS): CN, RU-AS.

兜被兰属 Neottianthe

二叶兜被兰 **Neottianthe cucullata** (L.) Schltr. 【N, W/C】 ♣LBG; ●JX; ★(AS): BT, CN, IN, JP, KP, KR, MN, NP, RU-AS; (EU): PL, RU.

红门兰属 Orchis

意大利红门兰 **Orchis italica** Poir. 【I, C】 ●TW;

★(AF): MA; (AS): TR; (EU): AL, BA, BY, ES, GR, HR, IT, LU, ME, MK, RS, SI.

四裂红门兰 **Orchis militaris** Hornem. 【N, W/C】●TW; ★(AF): MA; (AS): AF, CN, GE, MN, RU-AS, TR; (EU): AT, BA, BE, BG, CZ, DE, ES, GB, HR, HU, IT, ME, MK, NL, PL, RO, RS, RU, SI, TR.

蜂兰属 Ophrys

角蜂眉兰 **Ophrys lutea** Biv. 【I, C】●TW; ★(AF): MA; (AS): SA, TR; (EU): BA, BY, DE, ES, GR, HR, IT, LU, ME, MK, RS, SI, TR.

眉兰 **Ophrys sphegodes** Mill. 【I, C】●TW; ★(AS): IR, SA, TR; (EU): AL, BA, BY, DE, ES, GB, GR, HR, HU, IT, LU, ME, MK, PT, RO, RS, RU, SI, TR.

长药兰属 Serapias

长药兰 **Serapias lingua** L. 【I, C】●TW; ★(AF): MA; (AS): SA, TR; (EU): AL, BA, BY, DE, ES, GR, HR, IT, LU, ME, MK, RS, SI.

倒距兰属 Anacamptis

蓝紫倒距兰 **Anacamptis morio** (L.) R. M. Bateman, Pridgeon et M. W. Chase 【I, C】●TW; ★(AF): MA; (AS): TR; (EU): ES, FR, IT, NO.

手参属 Gymnadenia

手参 **Gymnadenia conopsea** (L.) R. Br. 【N, W/C】♣WBG; ●HB, SC; ★(AS): CN, GE, JP, KP, KR, MN, RU-AS, TR; (EU): AL, AT, BA, BE, BG, CZ, DE, ES, FI, GB, GR, HR, HU, IT, LU, ME, MK, NL, NO, PL, RO, RS, RU, SI.

西南手参 **Gymnadenia orchidis** Lindl. 【N, W/C】♣KBG, SCBG; ●GD, YN; ★(AS): BT, CN, IN, LK, NP, PK.

掌裂兰属 Dactylorhiza

Dactylorhiza cordigera (Fr.) Soó 【I, C】★(EU): AT, BA, BG, GR, HR, ME, MK, RO, RS, RU, SI.

盔花兰属 Galearis

匙叶盔花兰（匙叶红门兰、二叶红门兰）**Galearis spathulata** (Lindl.) P. F. Hunt 【N, W/C】♣WBG; ●HB, SC; ★(AS): BT, CN, IN, MM, NP.

舌唇兰属 Platanthera

密花舌唇兰 **Platanthera hologlottis** Maxim. 【N, W/C】♣GBG, LBG; ●GZ, JX; ★(AS): CN, JP, KR, MN, RU-AS.

舌唇兰 **Platanthera japonica** (Thunb.) Lindl. 【N, W/C】♣CBG, HBG, LBG, WBG; ●HB, JX, SC, SH, ZJ; ★(AS): CN, JP, KP, KR.

尾瓣舌唇兰 **Platanthera mandarinorum** Rchb. f. 【N, W/C】♣FBG, GBG, LBG; ●FJ, GZ, JX; ★(AS): CN, ID, IN, JP, KP, KR, PH, RU-AS, VN.

小舌唇兰 **Platanthera minor** (Miq.) Rchb. f. 【N, W/C】♣CBG, FBG, GBG, GXIB, LBG, SCBG, WBG; ●FJ, GD, GX, GZ, HB, JX, SH; ★(AS): CN, JP, KP, KR, MN, RU-AS.

小花蜻蜓兰（东亚舌唇兰）**Platanthera ussuriensis** (Regel) Maxim. 【N, W/C】♣FBG, HBG, LBG; ●FJ, JX, ZJ; ★(AS): CN, JP, KP, KR, MN, RU-AS.

万鸟兰属 × Dactylodenia

万鸟兰 × **Dactylodenia engelii** M. Gerbaud, O. Gerbaud et J. M. Lewin 【I, C】●TW; ★(EU): FR.

针花兰属 Acianthus

Acianthus exsertus R. Br. 【I, C】●TW; ★(OC): AU.

铠兰属 Corybas

Corybas montanus D. L. Jones 【I, C】●BJ; ★(OC): AU.

葱叶兰属 Microtis

葱叶兰 **Microtis unifolia** (G. Forst.) Rchb. f. 【N, W/C】♣FBG, HBG, LBG, SCBG, WBG, XMBG, ZAFU; ●FJ, GD, HB, JX, TW, ZJ; ★(AS): CN, ID, IN, JP, PH; (OC): AU, NZ, PAF.

隐柱兰属 Cryptostylis

隐柱兰 **Cryptostylis arachnites** (Blume) Blume 【N, W/C】♣SCBG, TMNS; ●GD, TW; ★(AS): CN, ID, IN, KH, LA, LK, MM, MY, PH, SG, TH, VN.

台湾隐柱兰 **Cryptostylis taiwaniana** Masam. 【N, W/C】♣XMBG; ●FJ; ★(AS): CN, PH.

翅柱兰属 Pterostylis

头巾兰 **Pterostylis curta** R. Br. 【I, C】 ●TW; ★(OC): AU.

爬兰属 Herpysma

爬兰 **Herpysma longicaulis** Lindl. 【N, W/C】 ♣XTBG; ●YN; ★(AS): BT, CN, ID, IN, LK, MM, NP, TH, VN.

菱兰属 Rhomboda

小片菱兰（小片齿唇兰）**Rhomboda abbreviata** (Lindl.) Ormerod 【N, W/C】 ♣WBG; ●HB; ★(AS): CN, IN, NP, TH.

艳丽菱兰（艳丽齿唇兰）**Rhomboda moulmeinensis** (Parish et Rchb. f.) Ormerod 【N, W/C】 ♣WBG; ●HB, SC; ★(AS): CN, MM, TH.

叉柱兰属 Cheirostylis

中华叉柱兰 **Cheirostylis chinensis** Rolfe 【N, W/C】♣XTBG; ●SC, YN; ★(AS): CN, LA, MM, PH, VN.

大花叉柱兰 **Cheirostylis griffithii** Lindl. 【N, W/C】 ♣XTBG; ●YN; ★(AS): BT, CN, ID, IN, LK, MM, NP, PK, TH.

反瓣叉柱兰 **Cheirostylis thailandica** Seidenf. 【N, W】 ♣XTBG; ●YN; ★(AS): CN, TH.

云南叉柱兰 **Cheirostylis yunnanensis** Rolfe 【N, W/C】 ♣XTBG; ●YN; ★(AS): BT, CN, IN, LK, MM, TH, VN.

翻唇兰属 Hetaeria

滇南翻唇兰 **Hetaeria affinis** (Griff.) Seidenf. et Ormerod【N, W/C】♣XTBG; ●YN; ★(AS): CN, IN, MM, TH, VN.

四腺翻唇兰 **Hetaeria anomala** Lindl. 【N, W/C】 ♣TMNS; ●TW; ★(AS): CN, ID, IN, MY, PH, TH, VN.

长序翻唇兰 **Hetaeria finlaysoniana** Seidenf. 【N, W/C】 ♣XTBG; ●YN; ★(AS): CN, ID, LK, TH.

斜瓣翻唇兰 **Hetaeria obliqua** Blume 【N, W/C】 ●HI; ★(AS): CN, ID, IN, MY, SG, TH.

线柱兰属 Zeuxine

宽叶线柱兰 **Zeuxine affinis** (Lindl.) Benth. ex Hook. f. 【N, W/C】 ♣SCBG, TMNS; ●GD, TW; ★(AS): BT, CN, ID, IN, JP, LA, MM, MY, TH, VN.

白肋线柱兰 **Zeuxine goodyeroides** Lindl. 【N, W/C】 ♣XTBG; ●YN; ★(AS): BT, CN, IN, MM, NP, VN.

芳线柱兰 **Zeuxine nervosa** (Wall. ex Lindl.) Benth. ex Trimen 【N, W/C】 ♣FLBG, NBG, SCBG, WBG, XTBG; ●GD, HB, JS, JX, YN; ★(AS): BT, CN, ID, IN, JP, KH, LA, LK, NP, PH, TH, VN.

折唇线柱兰 **Zeuxine reflexa** King et Pantl. 【N, W/C】 ♣TMNS; ●TW; ★(AS): BT, CN, IN, LK, TH.

线柱兰 **Zeuxine strateumatica** (L.) Schltr. 【N, W/C】 ♣FLBG, SCBG, XMBG, XTBG; ●FJ, GD, JX, YN; ★(AS): AF, BT, CN, ID, IN, JP, KH, LA, LK, MM, MY, PH, SG, TH, VN.

白花线柱兰 **Zeuxine parvifolia** (Ridl.) Seidenf. 【N, W】 ♣XTBG; ●YN; ★(AS): CN, JP, KH, LA, MM, MY, PH, TH, VN.

开唇兰属 Anoectochilus

滇南开唇兰 **Anoectochilus burmannicus** Rolfe【N, W/C】 ♣SCBG, XTBG; ●GD, YN; ★(AS): CN, IN, LA, LK, MM, MY, TH.

台湾银线兰 **Anoectochilus formosanus** Hayata【N, W/C】 ♣GXIB, SCBG, TBG, TMNS; ●GD, GX, TW; ★(AS): CN, JP.

丽蕾金线兰 **Anoectochilus lylei** Rolfe ex Downie 【N, W】 ♣XTBG; ●YN; ★(AS): CN, TH.

金线兰 **Anoectochilus roxburghii** (Wall.) Lindl. 【N, W/C】 ♣FBG, FLBG, GA, GMG, HBG, SCBG, XMBG, XTBG; ●FJ, GD, GX, HI, JX, SC, TW, YN, ZJ; ★(AS): CN, ID, IN, LA, LK, NP, VN.

浙江金线兰 **Anoectochilus zhejiangensis** Z. Wei et Y. B. Chang 【N, W/C】 ♣SCBG; ●GD; ★(AS): CN.

长唇兰属 Macodes

电光拟线柱兰 **Macodes petola** (Blume) Lindl. 【I, C】 ♣IBCAS; ●BJ, TW; ★(AS): ID, IN, JP, MY, PH, SG, TH.

全唇兰属 Myrmechis

阿里山全唇兰 **Myrmechis drymoglossifolia**

Hayata 【N, W/C】 ♣LBG; ●JX; ★(AS): CN, RU-AS.

玛瑙兰属 Dossinia

玛瑙兰(多新兰) **Dossinia marmorata** C. Morren【I, C】 ●TW; ★(AS): MY.

血叶兰属 Ludisia

血叶兰 **Ludisia discolor** (Ker Gawl.) Blume 【N, W/C】 ♣FLBG, GXIB, KBG, SCBG, TMNS, XLTBG, XMBG, XTBG; ●FJ, GD, GX, HI, JX, TW, YN; ★(AS): CN, ID, IN, KH, LA, MM, MY, PH, SG, TH, VN.

齿唇兰属 Odontochilus

西南齿唇兰 **Odontochilus elwesii** C. B. Clarke ex Hook. f. 【N, W】 ♣XTBG; ●YN; ★(AS): BT, CN, ID, IN, LK, MM, TH, VN.

齿唇兰 **Odontochilus lanceolatus** (Lindl.) Blume 【N, W/C】 ●TW; ★(AS): CN, IN, MM, NP, TH, VN.

斑叶兰属 Goodyera

大花斑叶兰 **Goodyera biflora** (Lindl.) Hook. f. 【N, W/C】 ♣CBG, HBG, KBG, SCBG, WBG; ●GD, HB, SC, SH, YN, ZJ; ★(AS): CN, IN, JP, KR, NP, VN.

波密斑叶兰 **Goodyera bomiensis** K. Y. Lang 【N, W/C】 ♣SCBG; ●GD; ★(AS): CN.

大武斑叶兰 **Goodyera daibuzanensis** Yamam.【N, W/C】 ♣TMNS; ●TW; ★(AS): CN.

多叶斑叶兰 **Goodyera foliosa** (Lindl.) Benth. ex Hook. f. 【N, W/C】 ♣SCBG, XTBG; ●GD, SC, YN; ★(AS): BT, CN, ID, IN, JP, KP, KR, MM, NP, VN.

烟色斑叶兰 **Goodyera fumata** Thwaites【N, W/C】 ♣WBG, XTBG; ●HB, YN; ★(AS): BT, CN, ID, IN, JP, LK, MM, MY, PH, TH, VN.

光萼斑叶兰 **Goodyera henryi** Rolfe 【N, W/C】 ♣SCBG; ●GD; ★(AS): CN, JP, KP.

硬叶毛兰 **Goodyera hispida** Lindl. 【N, W/C】 ●TW; ★(AS): BT, CN, ID, IN, LK, MY, TH, VN.

花格斑叶兰 **Goodyera kwangtungensis** C. L. Tso 【N, W/C】 ♣NBG; ●JS; ★(AS): CN.

高斑叶兰 **Goodyera procera** (Ker Gawl.) Hook. 【N, W/C】 ♣BBG, FLBG, GXIB, SCBG, TMNS, WBG, XMBG, XTBG; ●BJ, FJ, GD, GX, HB, HI, JX, SC, TW, YN; ★(AS): BT, CN, ID, IN, JP, KH, LA, LK, MM, NP, PH, TH, VN.

绒序斑叶兰 **Goodyera pubescens** (Willd.) R. Br. 【I, C】 ●TW; ★(NA): US.

小斑叶兰 **Goodyera repens** (L.) R. Br. 【N, W/C】 ♣IBCAS, KBG, NBG, SCBG, WBG; ●BJ, GD, HB, JS, SC, YN; ★(AS): BT, CN, GE, IN, JP, KR, MM, MN, NP, RU-AS, TR; (EU): AT, BA, BE, BG, CZ, DE, ES, FI, GB, HR, HU, IT, ME, MK, NL, NO, PL, RO, RS, RU, SI.

红花斑叶兰（台湾斑叶兰）**Goodyera rubicunda** (Blume) Lindl.【N, W/C】♣WBG; ●HB; ★(AS): CN, ID, IN, JP, MY, PH, VN; (OC): AU, FJ, PAF, PG.

斑叶兰 **Goodyera schlechtendaliana** Rchb. f. 【N, W/C】 ♣CBG, GA, GMG, GXIB, HBG, LBG, SCBG, WBG, XMBG, XTBG; ●FJ, GD, GX, HB, JX, SC, SH, YN, ZJ; ★(AS): BT, CN, ID, IN, JP, KR, MM, MN, NP, PH, RU-AS, TH, VN.

歌绿斑叶兰 **Goodyera seikoomontana** Yamam. 【N, W】 ♣XTBG; ●YN; ★(AS): CN.

绒叶斑叶兰 **Goodyera velutina** Maxim. ex Regel 【N, W/C】 ♣CBG, SCBG, TMNS, WBG, XMBG; ●FJ, GD, HB, SC, SH, TW; ★(AS): CN, JP, KP, KR.

绿花斑叶兰 **Goodyera viridiflora** (Blume) Lindl. ex D. Dietr.【N, W/C】♣SCBG, WBG; ●GD, HB, TW; ★(AS): BT, CN, ID, IN, JP, MY, NP, PH, TH, VN.

秀丽斑叶兰 **Goodyera vittata** Benth. ex Hook. f. 【N, W/C】 ♣WBG; ●HB; ★(AS): BT, CN, IN, LK, NP.

钳唇兰属 Erythrodes

钳唇兰 **Erythrodes blumei** (Lindl.) Schltr. 【N, W/C】♣FLBG, SCBG, TMNS; ●GD, JX, TW; ★(AS): CN, ID, IN, LK, MM, MY, TH, VN.

环毛兰属 Cyclopogon

环毛兰 **Cyclopogon lindleyanus** (Link, Klotzsch et Otto) Schltr. 【I, C】 ★(SA): BO, EC, PE, VE.

肥根兰属 Pelexia

肥根兰 **Pelexia obliqua** (J. J. Sm.) Garay 【I, N】

●HK; ★(NA): CR, NI, SV.

绶草属 Spiranthes

绶草 **Spiranthes sinensis** (Pers.) Ames 【N, W/C】 ♣CBG, FBG, GA, GBG, GMG, HBG, LBG, SCBG, TMNS, WBG, XMBG, XTBG, ZAFU; ●FJ, GD, GX, GZ, HB, HL, JX, SC, SH, TW, YN, ZJ; ★(AS): AF, BT, CN, ID, IN, JP, KP, KR, LA, LK, MM, MN, MY, NP, PH, RU-AS, TH, VN; (OC): AU, PAF.

锚花兰属 Buchtienia

锚花兰 **Buchtienia ecuadorensis** Garay 【I, C】 ♣XTBG; ●YN; ★(SA): EC.

头蕊兰属 Cephalanthera

银兰 **Cephalanthera erecta** (Thunb.) Blume 【N, W/C】 ♣LBG; ●JX; ★(AS): BT, CN, JP, KP, KR, MN, RU-AS.

金兰 **Cephalanthera falcata** (Thunb.) Blume 【N, W/C】 ♣CBG, HBG, LBG, WBG; ●HB, JX, SC, SH, ZJ; ★(AS): CN, JP, KP, KR.

长苞头蕊兰 **Cephalanthera longibracteata** Blume 【N, W/C】 ♣CBG, LBG, WBG; ●HB, JX, SC, SH; ★(AS): CN, JP, KP, KR, MN, RU-AS.

头蕊兰 **Cephalanthera longifolia** (L.) Fritsch 【N, W/C】 ♣CBG; ●SH; ★(AF): MA; (AS): AZ, BT, CN, IN, LK, MM, NP, PK, TR; (EU): FR, HR, IS, RS, RU.

火烧兰属 Epipactis

火烧兰 **Epipactis helleborine** (L.) Crantz 【N, W/C】 ♣NBG, SCBG, WBG; ●GD, HB, SC; ★(AF): MA; (AS): AF, AZ, BT, CN, IN, LK, MN, NP, RU-AS, TR; (EU): BY, FR, IS, RS.

大叶火烧兰 **Epipactis mairei** (Schltr.) Hu 【N, W/C】 ♣WBG; ●HB, SC; ★(AS): BT, CN, IN, LK, MM, NP; (EU): NO.

疏花火烧兰 **Epipactis veratrifolia** Boiss. et Hohen. 【N, W/C】 ♣XTBG; ●YN; ★(AF): MA; (AS): CN, ID, IN, MM, NP, TR, YE; (EU): NO.

北火烧兰 **Epipactis xanthophaea** Schltr. 【N, W/C】 ●TW; ★(AS): CN, MN.

丛宝兰属 Limodorum

丛宝兰 **Limodorum abortivum** (L.) Sw. 【I, C】 ★(AF): MA; (AS): AM, AZ, GE, IR, RU-AS, SA, TR; (EU): AL, AT, BA, BE, BG, BY, CZ, DE, ES, GR, HR, HU, IT, LU, ME, MK, RO, RS, RU, SI, UA.

无叶兰属 Aphyllorchis

无叶兰 **Aphyllorchis montana** Rchb. f. 【N, W/C】 ♣SCBG; ●GD; ★(AS): BT, CN, ID, IN, JP, KH, LK, MM, MY, PH, TH, VN.

鸟巢兰属 Neottia

梅峰对叶兰 **Neottia meifongensis** (H. J. Su et C. Y. Hu) T. C. Hsu et S. W. Chung 【N, W/C】 ♣TMNS; ●TW; ★(AS): CN.

耳唇鸟巢兰 **Neottia tenii** Schltr. 【N, W/C】 ♣WBG; ●HB; ★(AS): CN.

折叶兰属 Sobralia

Sobralia candida (Poepp. et Endl.) Rchb. f. 【I, C】 ♣BBG; ●BJ; ★(SA): PE, VE.

箬叶兰 **Sobralia chrysostoma** Dressler 【I, C】 ♣CBG; ●SH; ★(NA): CR, NI, PA.

Sobralia decora Bateman 【I, C】 ♣BBG; ●BJ, TW; ★(NA): BZ, CR, GT, HN, MX, NI, PA, SV; (SA): CO.

Sobralia lancea Garay 【I, C】 ♣BBG; ●BJ, TW; ★(NA): CR; (SA): EC.

苇子兰 **Sobralia macrantha** Lindl. 【I, C】 ♣BBG, CBG, SCBG, TMNS; ●BJ, GD, SH, TW; ★(NA): BZ, GT, HN, MX, NI, SV.

大叶折叶兰（大叶箬叶兰）**Sobralia macrophylla** Rchb. f. 【I, C】 ♣CBG; ●SH; ★(NA): CR, PA; (SA): CO, EC, GY, PE.

黄花折叶兰（黄花竹叶兰）**Sobralia xantholeuca** B. S. Williams 【I, C】 ♣BBG, TMNS; ●BJ, TW; ★(NA): GT, HN, MX, SV.

厄勒兰属 Elleanthus

Elleanthus bifarius Garay 【I, C】 ●TW; ★(SA): EC.

Elleanthus blatteus Garay 【I, C】 ●TW; ★(SA): EC.

Elleanthus brasiliensis (Lindl.) Rchb. f. 【I, C】 ●TW; ★(SA): BR, GY.

Elleanthus capitatus (Poepp. et Endl.) Rchb. f. 【I, C】 ●TW; ★(NA): BM, CU.

Elleanthus fractiflexus Schltr. 【I, C】 ●TW; ★(SA): EC, PE.

Elleanthus graminifolius (Barb. Rodr.) Løjtnant 【I, C】 ●TW; ★(NA): BM, BZ, CR, GT, HN, MX, NI, PA; (SA): BO, CO, EC, GF, PE, VE.

Elleanthus oliganthus (Poepp. et Endl.) Rchb. f. 【I, C】 ●TW; ★(SA): EC, PE.

管花兰属 Corymborkis

管花兰 **Corymborkis veratrifolia** (Reinw.) Blume 【N, W/C】 ♣SCBG, XTBG; ●GD, YN; ★(AS): BT, CN, ID, IN, JP, KH, LA, LK, MM, MY, PH, SG, TH, VN.

竹茎兰属 Tropidia

阔叶竹茎兰 **Tropidia angulosa** (Lindl.) Blume 【N, W/C】 ♣SCBG, WBG, XTBG; ●GD, HB, YN; ★(AS): BT, CN, ID, IN, JP, LK, MM, MY, PH, TH, VN.

短穗竹茎兰 **Tropidia curculigoides** Lindl. 【N, W/C】 ♣SCBG, XTBG; ●GD, TW, YN; ★(AS): CN, ID, IN, KH, LA, LK, MM, MY, SG, TH, VN; (OC): AU.

竹茎兰 **Tropidia nipponica** Masam. 【N, W/C】 ♣SCBG, XTBG; ●GD, YN; ★(AS): CN, JP, PH.

芋兰属 Nervilia

广布芋兰 **Nervilia aragoana** Gaudich. 【N, W/C】 ♣NBG, SCBG, TMNS; ●GD, TW; ★(AS): BT, CN, ID, IN, JP, LA, LK, MM, MY, NP, PH, TH, VN; (OC): AU, FJ, PAF.

白脉芋兰 **Nervilia crociformis** (Zoll. et Moritzi) Seidenf. 【N, W/C】 ♣XTBG; ●YN; ★(AF): CD, CF, CG, CI, CM, ET, GH, GN, MG, ML, MW, MZ, SL, SN, TG, TZ, ZA, ZM, ZW; (AS): BT, CN, ID, IN, LA, LK, MY, NP, PH, TH, VN; (OC): AU, PAF.

毛唇芋兰 **Nervilia fordii** (Hance) Schltr. 【N, W/C】 ♣GMG, GXIB, SCBG, WBG, XMBG, XTBG; ●FJ, GD, GX, HB, YN; ★(AS): CN, TH, VN.

七角叶芋兰 **Nervilia mackinnonii** (Duthie) Schltr. 【N, W/C】 ♣WBG, XTBG; ●HB, YN; ★(AS): CN, IN, MM.

单花脉叶兰 **Nervilia nipponica** Makino 【N, W/C】 ♣TMNS; ●TW; ★(AS): CN.

毛叶芋兰（紫花芋兰）**Nervilia plicata** (Andrews) Schltr. 【N, W/C】 ♣NBG, WBG, XMBG, XTBG; ●FJ, HB, SC, YN; ★(AF): AO; (AS): BT, CN, ID, IN, LA, LK, MM, MY, PH, TH, VN; (OC): AU, PAF.

虎舌兰属 Epipogium

虎舌兰 **Epipogium roseum** (D. Don) Lindl. 【N, W/C】 ♣TMNS; ●TW; ★(AF): AO; (AS): BT, CN, ID, IN, JP, LA, LK, MY, NP, PH, TH, VN; (OC): AU, FJ.

天麻属 Gastrodia

天麻 **Gastrodia elata** Blume 【N, W/C】 ♣GBG, GMG, LBG, SCBG, WBG, XBG, XMBG; ●FJ, GD, GX, GZ, HB, JX, SN, TW, YN; ★(AS): BT, CN, ID, IN, JP, KP, KR, LK, MN, NP, RU-AS.

冬天麻 **Gastrodia pubilabiata** Sawa 【N, W/C】 ♣TMNS; ●TW; ★(AS): CN.

竹叶兰属 Arundina

竹叶兰 **Arundina graminifolia** (D. Don) Hochr. 【N, W/C】 ♣FLBG, GMG, GXIB, HBG, KBG, SCBG, TMNS, XLTBG, XMBG, XTBG; ●FJ, GD, GX, HI, JX, TW, YN, ZJ; ★(AS): BT, CN, ID, IN, JP, KH, LA, LK, MM, MY, NP, PH, SG, TH, VN; (OC): FJ.

筒瓣兰属 Anthogonium

筒瓣兰 **Anthogonium gracile** Wall. ex Lindl. 【N, W/C】 ♣FLBG, XTBG; ●GD, JX, YN; ★(AS): BT, CN, ID, IN, KH, LA, LK, MM, NP, TH, VN.

白及属 Bletilla

小白及 **Bletilla formosana** (Hayata) Schltr. 【N, W/C】 ♣CBG, GBG, TMNS, WBG, XMBG; ●FJ, GZ, HB, SC, SH, TW; ★(AS): CN, JP, RU-AS.

红白及 **Bletilla hybrida** 【N, C】 ♣SCBG; ●GD; ★(AS): CN.

黄花白及 **Bletilla ochracea** Schltr. 【N, W/C】 ♣CBG, GBG, HBG, XMBG, XTBG; ●FJ, GZ, SC, SH, YN, ZJ; ★(AS): CN, RU-AS, VN.

白及 **Bletilla striata** (Thunb.) Rchb. f. 【N, W/C】 ♣BBG, CBG, FBG, FLBG, GA, GBG, GMG, GXIB, HBG, IBCAS, KBG, LBG, NBG, SCBG, WBG, XBG, XMBG, XTBG, ZAFU; ●BJ, FJ, GD, GX, GZ, HB, JS, JX, SC, SH, SN, TW, YN, ZJ; ★(AS): CN, JP, KP, KR, MM, RU-AS.

笋兰属 Thunia

笋兰 **Thunia alba** (Lindl.) Rchb. f. 【N, W/C】 ♣BBG, FLBG, KBG, NBG, SCBG, TDBG, WBG, XTBG; ●BJ, GD, HB, JS, JX, TW, XJ, YN; ★(AS): BT, CN, ID, IN, LA, MM, MY, NP, TH, VN.

独蒜兰属 Pleione

芳香独蒜兰 **Pleione × confusa** Cribb et C. Z. Tang 【N, C】 ♣KBG, WBG; ●HB, SC, YN; ★(AS): CN.

春花独蒜兰 **Pleione × kohlsii** Braem 【N, W/C】 ♣KBG, WBG; ●HB, YN; ★(AS): CN.

白花独蒜兰 **Pleione albiflora** P. J. Cribb et C. Z. Tang 【N, W/C】 ♣KBG, WBG, XMBG; ●FJ, HB, YN; ★(AS): CN, MM.

独蒜兰 **Pleione bulbocodioides** (Franch.) Rolfe 【N, W/C】 ♣KBG, LBG, NBG, WBG; ●HB, JS, JX, YN; ★(AS): CN.

陈氏独蒜兰 **Pleione chunii** C. L. Tso 【N, W/C】 ♣KBG, WBG; ●HB, SC, YN; ★(AS): CN.

台湾独蒜兰 **Pleione formosana** Hayata 【N, W/C】 ♣CBG, HBG, IBCAS, KBG, LBG, SCBG, TMNS, WBG, XMBG, ZAFU; ●BJ, FJ, GD, HB, JX, SC, SH, TW, YN, ZJ; ★(AS): CN, JP.

黄花独蒜兰 **Pleione forrestii** Schltr. 【N, W/C】 ♣KBG; ●YN; ★(AS): CN, MM.

大花独蒜兰 **Pleione grandiflora** (Rolfe) Rolfe 【N, W/C】 ♣WBG; ●HB; ★(AS): CN, VN.

毛唇独蒜兰 **Pleione hookeriana** (Lindl.) Kuntze 【N, W/C】 ♣WBG; ●HB; ★(AS): BT, CN, IN, LA, MM, NP, TH.

四川独蒜兰 **Pleione limprichtii** Schltr. 【N, W/C】 ♣IBCAS, KBG, SCBG, WBG; ●BJ, GD, HB, YN; ★(AS): CN, MM.

秋花独蒜兰 **Pleione maculata** (Lindl.) Lindl. et Paxton 【N, W/C】 ♣KBG, NBG, SCBG, WBG, XTBG; ●GD, HB, JS, TW, YN; ★(AS): BT, CN, ID, IN, LA, LK, MM, NP, TH, VN.

美丽独蒜兰 **Pleione pleionoides** (Kraenzl.) Braem et H. Mohr 【N, W/C】 ♣WBG; ●HB, SC; ★(AS): CN.

疣鞘独蒜兰 **Pleione praecox** (Sm.) D. Don 【N, W/C】 ♣KBG, WBG, XTBG; ●HB, TW, YN; ★(AS): BT, CN, ID, IN, LA, LK, MM, NP, TH, VN.

岩生独蒜兰 **Pleione saxicola** Tang et F. T. Wang ex S. C. Chen 【N, W/C】 ♣WBG; ●HB; ★(AS): BT, CN, IN, LK.

二叶独蒜兰 **Pleione scopulorum** W. W. Sm. 【N, W/C】 ♣WBG; ●HB, YN; ★(AS): CN, IN, MM.

云南独蒜兰 **Pleione yunnanensis** (Rolfe) Rolfe 【N, W/C】 ♣KBG, SCBG; ●GD, YN; ★(AS): CN, MM.

曲唇兰属 Panisea

平卧曲唇兰 **Panisea cavaleriei** Schltr. 【N, W/C】 ♣FLBG, NBG, WBG, XTBG; ●GD, HB, JS, JX, YN; ★(AS): CN, IN.

曲唇兰 **Panisea tricallosa** Rolfe 【N, W/C】 ♣KBG, WBG; ●HB, HI, YN; ★(AS): BT, CN, IN, LA, NP, TH, VN.

单花曲唇兰 **Panisea uniflora** (Lindl.) Lindl. 【N, W/C】 ♣FLBG, KBG, XMBG, XTBG; ●FJ, GD, JX, SC, YN; ★(AS): BT, CN, ID, IN, KH, LA, MM, NP, TH, VN.

云南曲唇兰 **Panisea yunnanensis** S. C. Chen et Z. H. Tsi 【N, W/C】 ♣NBG, SCBG, XTBG; ●GD, YN; ★(AS): CN, VN.

蜂腰兰属 Bulleyia

蜂腰兰 **Bulleyia yunnanensis** Schltr. 【N, W/C】 ♣FLBG, KBG, WBG, XMBG, XTBG; ●FJ, GD, HB, JX, SC, YN; ★(AS): BT, CN, ID, IN, LK.

石仙桃属 Pholidota

节茎石仙桃 **Pholidota articulata** Lindl. 【N, W/C】 ♣CBG, FLBG, GXIB, KBG, NBG, SCBG, WBG, XMBG, XTBG; ●FJ, GD, GX, HB, JS, JX, SC, SH, YN; ★(AS): BT, CN, ID, IN, KH, LA, LK, MM, MY, NP, TH, VN.

细叶石仙桃 **Pholidota cantonensis** Rolfe 【N, W/C】 ♣FBG, FLBG, GA, GXIB, HBG, WBG, XMBG, ZAFU; ●FJ, GD, GX, HB, JX, SC, ZJ; ★(AS): CN.

石仙桃 **Pholidota chinensis** Lindl. 【N, W/C】 ♣BBG, CBG, FBG, FLBG, GBG, GMG, GXIB, HBG, KBG, NBG, SCBG, WBG, XLTBG, XMBG, XTBG; ●BJ, FJ, GD, GX, GZ, HB, HI, JS, JX, SC, SH, TW, YN, ZJ; ★(AS): CN, LA, MM, VN.

凹唇石仙桃 **Pholidota convallariae** (E. C. Parish et Rchb. f.) Hook. f. 【N, W/C】 ♣WBG, XMBG, XTBG; ●FJ, HB, YN; ★(AS): CN, ID, IN, LA, MM, TH, VN.

宿苞石仙桃（粗脉石仙桃）**Pholidota imbricata** Lindl. 【N, W/C】 ♣BBG, FLBG, KBG, WBG, XMBG, XTBG; ●BJ, FJ, GD, HB, JX, SC, TW, YN; ★(AS): BT, CN, ID, IN, KH, LA, LK, MM, MY, NP, PH, PK, TH, VN; (OC): FJ.

单叶石仙桃（文山石仙桃）**Pholidota leveilleana** Schltr. 【N, W/C】 ♣WBG, XTBG; ●HB, YN; ★(AS): CN, VN.

长足石仙桃 **Pholidota longipes** S. C. Chen et Z. H. Tsi 【N, W/C】 ♣WBG; ●HB; ★(AS): CN.

尖叶石仙桃（岩生石仙桃）**Pholidota missionariorum** Gagnep. 【N, W/C】 ♣WBG; ●HB; ★(AS): BT, CN, IN, LK, MM, VN.

尾尖石仙桃 **Pholidota protracta** Hook. f. 【N, W/C】 ♣WBG; ●HB; ★(AS): BT, CN, ID, IN, LK, MM, NP.

云南石仙桃 **Pholidota yunnanensis** Schltr. 【N, W/C】 ♣FLBG, NBG, SCBG, WBG, XTBG; ●GD, HB, JS, JX, YN; ★(AS): CN, ID, IN, VN.

贝母兰属 Coelogyne

粗糙贝母兰 **Coelogyne asperata** Lindl. 【I, C】 ●TW, YN; ★(OC): PG.

云南贝母兰 **Coelogyne assamica** Linden et Rchb. f. 【N, W】 ♣XTBG; ●YN; ★(AS): BT, CN, ID, IN, LA, LK, MM, TH, VN.

髯毛贝母兰 **Coelogyne barbata** Lindl. ex Griff. 【N, W/C】 ♣FLBG, WBG, XTBG; ●GD, HB, JX, YN; ★(AS): BT, CN, IN, MM, NP.

短翅贝母兰 **Coelogyne brachyptera** Rchb. f. 【I, C】 ♣CBG; ●SH, TW; ★(AS): LA, MM, VN.

滇西贝母兰 **Coelogyne calcicola** Kerr 【N, W/C】 ♣CBG, NBG, SCBG, WBG; ●GD, HB, JS, SH; ★(AS): CN, LA, MM, TH, VN.

眼斑贝母兰 **Coelogyne corymbosa** Lindl. 【N, W/C】 ♣BBG, FLBG, KBG, SCBG, WBG, XTBG; ●BJ, GD, HB, JX, YN; ★(AS): BT, CN, ID, IN, LK, MM, NP.

贝母兰 **Coelogyne cristata** Lindl. 【N, W/C】 ♣CBG, WBG, XMBG; ●FJ, HB, SH, TW; ★(AS): BT, CN, ID, IN, LK, MM, NP.

Coelogyne cumingii Lindl. 【I, C】 ♣XTBG; ●TW, YN; ★(AS): LA, MY, SG.

红花贝母兰 **Coelogyne ecarinata** C. Schweinf. 【N, W】 ♣XTBG; ●YN; ★(AS): CN, VN.

流苏贝母兰 **Coelogyne fimbriata** Lindl. 【N, W/C】 ♣BBG, FLBG, GXIB, NBG, SCBG, WBG, XMBG, XTBG; ●BJ, FJ, GD, GX, HB, HI, JS, JX, SC, TW, YN; ★(AS): BT, CN, ID, IN, KH, LA, LK, MM, MY, NP, TH, VN.

栗鳞贝母兰 **Coelogyne flaccida** Lindl. 【N, W/C】 ♣BBG, FLBG, KBG, NBG, SCBG, WBG, XMBG, XTBG; ●BJ, FJ, GD, HB, JS, JX, TW, YN; ★(AS): BT, CN, ID, IN, LA, LK, MM, NP, TH, VN.

褐唇贝母兰 **Coelogyne fuscescens** Lindl. 【N, W/C】 ♣WBG, XTBG; ●HB, TW, YN; ★(AS): BT, CN, ID, IN, LA, LK, MM, NP, TH, VN.

斑唇贝母兰 **Coelogyne fuscescens** var. **brunnea** (Lindl.) Lindl. 【N, W/C】 ♣XTBG; ●YN; ★(AS): CN, LA, MM, TH, VN.

具腺贝母兰 **Coelogyne glandulosa** Lindl. 【I, C】 ♣CBG; ●SH; ★(AS): ID.

贡山贝母兰 **Coelogyne gongshanensis** H. Li ex S. C. Chen 【N, W/C】 ♣WBG; ●HB; ★(AS): CN.

恩西纳尔贝母兰 **Coelogyne lawrenceana** Rolfe 【I, C】 ♣BBG, CBG; ●BJ, SH, TW; ★(AS): VN.

白花贝母兰 **Coelogyne leucantha** W. W. Sm. 【N, W/C】 ♣FLBG, KBG, SCBG, WBG, XTBG; ●GD, HB, JX, YN; ★(AS): CN, MM.

单唇贝母兰 **Coelogyne leungiana** S. Y. Hu 【N, W/C】 ●TW; ★(AS): CN, ID, IN, VN.

长柄贝母兰 **Coelogyne longipes** Lindl. 【N, W/C】 ♣SCBG, WBG, XTBG; ●GD, HB, TW, YN; ★(AS): BT, CN, ID, IN, LA, LK, MM, NP, TH, VN.

麻栗坡贝母兰 **Coelogyne malipoensis** Z. H. Tsi 【N, W/C】 ♣WBG; ●HB; ★(AS): CN, VN.

Coelogyne mayeriana Rchb. f. 【I, C】 ♣BBG; ●BJ; ★(AS): ID, IN, MY, SG.

Coelogyne miniata (Blume) Lindl. 【I, C】 ♣BBG; ●BJ; ★(AS): ID, IN.

Coelogyne mooreana Rolfe 【I, C】 ♣BBG; ●BJ; ★(AS): VN.

密茎贝母兰 **Coelogyne nitida** Hook. f. 【N, W/C】 ♣XTBG; ●YN; ★(AS): BT, CN, ID, IN, LA, LK, MM, NP, TH, VN.

卵叶贝母兰 **Coelogyne occultata** Hook. f. 【N, W/C】 ♣KBG, SCBG, WBG, XTBG; ●GD, HB, YN; ★(AS): BT, CN, IN, LK, MM.

长鳞贝母兰 **Coelogyne ovalis** Lindl. 【N, W/C】 ♣BBG, GXIB, KBG, XMBG, XTBG; ●BJ, FJ, GX, YN; ★(AS): BT, CN, ID, IN, LK, MM, NP, VN.

提琴贝母兰 **Coelogyne pandurata** Lindl. 【I, C】 ♣XMBG; ●FJ, TW; ★(AS): MY, PH.

盾状贝母兰 **Coelogyne peltastes** Rchb. f. 【I, C】

♣TMNS; ●TW; ★(AS): MY, PH.

黄绿贝母兰 **Coelogyne prolifera** Lindl. 【N, W/C】♣FLBG, NBG, WBG, XTBG; ●GD, HB, JS, JX, YN; ★(AS): BT, CN, ID, IN, LA, LK, MM, NP, TH, VN.

狭瓣贝母兰 **Coelogyne punctulata** Lindl. 【N, W/C】♣WBG, XMBG, XTBG; ●FJ, HB, SC, TW, YN; ★(AS): BT, CN, ID, IN, LK, MM, NP, VN.

五脊贝母兰 **Coelogyne quinquelamellata** Ames【I, C】 ♣SCBG; ●GD; ★(AS): PH.

挺茎贝母兰 **Coelogyne rigida** E. C. Parish et Rchb. f.【N, W/C】♣WBG, XTBG; ●HB, YN; ★(AS): CN, ID, IN, MM, TH, VN.

Coelogyne rochussenii de Vriese 【I, C】 ♣SCBG; ●GD, TW; ★(AS): ID, IN, MY, PH, SG.

Coelogyne salmonicolor Rchb. f. 【I, C】 ♣BBG; ●BJ; ★(AS): ID, MY.

撕裂贝母兰 **Coelogyne sanderae** Kraenzl. 【N, W/C】♣FLBG, WBG, XTBG; ●GD, HB, JX, YN; ★(AS): CN, MM, VN.

疣鞘贝母兰 **Coelogyne schultesii** S. K. Jain et S. Das 【N, W/C】 ♣SCBG, XTBG; ●GD, YN; ★(AS): BT, CN, ID, IN, LK, MM, NP, TH, VN.

美观贝母兰 **Coelogyne speciosa** (Blume) Lindl.【I, C】 ♣BBG, CBG; ●BJ, SH, TW; ★(AS): ID, IN, MM, MY.

双褶贝母兰（双褐贝母兰）**Coelogyne stricta** (D. Don) Schltr. 【N, W/C】 ♣WBG; ●HB, TW; ★(AS): BT, CN, ID, IN, LA, LK, MM, NP, VN.

疏茎贝母兰 **Coelogyne suaveolens** (Lindl.) Hook. f.【N, W/C】 ♣WBG, XTBG; ●HB, YN; ★(AS): CN, ID, IN, TH.

Coelogyne trinervis Lindl.【I, C】♣BBG; ●BJ, TW; ★(AS): ID, IN, LA, MM, MY, VN.

吉氏贝母兰 **Coelogyne tsii** X. H. Jin et H. Li 【N, W/C】 ♣FLBG; ●GD, JX, SC; ★(AS): CN.

Coelogyne usitana Roeth et O. Gruss【I, C】♣CBG; ●SH, TW; ★(AS): PH.

多花贝母兰 **Coelogyne venusta** Rolfe 【N, W/C】 ♣CBG; ●SH, TW; ★(AS): CN.

禾叶贝母兰 **Coelogyne viscosa** Rchb. f. 【N, W/C】♣BBG, FLBG, SCBG, WBG, XMBG, XTBG; ●BJ, FJ, GD, HB, JX, TW, YN; ★(AS): CN, ID, IN, LA, MM, MY, TH, VN.

镇康贝母兰 **Coelogyne zhenkangensis** S. C. Chen et K. Y. Lang【N, W/C】♣WBG; ●HB; ★(AS): CN.

新型兰属 Neogyna

新型兰 **Neogyna gardneriana** (Lindl.) Rchb. f.【N, W/C】♣SCBG, WBG, XTBG; ●GD, HB, SC, YN; ★(AS): BT, CN, ID, IN, LA, LK, MM, NP, TH, VN.

耳唇兰属 Otochilus

白花耳唇兰 **Otochilus albus** Lindl. 【N, W/C】♣WBG, XTBG; ●HB, YN; ★(AS): BT, CN, IN, MM, NP, TH, VN.

狭叶耳唇兰 **Otochilus fuscus** Lindl. 【N, W/C】♣FLBG, WBG, XTBG; ●GD, HB, JX, SC, YN; ★(AS): BT, CN, ID, IN, KH, LK, MM, NP, TH, VN.

宽叶耳唇兰 **Otochilus lancilabius** Seidenf. 【N, W】♣XTBG; ●YN; ★(AS): BT, CN, ID, IN, LA, LK, NP, VN.

耳唇兰 **Otochilus porrectus** Lindl. 【N, W/C】♣WBG, XTBG; ●HB, YN; ★(AS): CN, ID, IN, LA, MM, NP, TH, VN.

角柱兰属 Chelonistele

角柱兰 **Chelonistele sulphurea** (Blume) Pfitzer【I, C】♣BBG, CBG; ●BJ, SH; ★(AS): IN, MY, PH.

足柱兰属 Dendrochilum

Dendrochilum arachnites Rchb. f. 【I, C】 ♣BBG, XTBG; ●BJ, TW, YN; ★(AS): PH.

Dendrochilum bicallosum Ames 【I, C】 ♣BBG; ●BJ; ★(AS): ID, MY.

穗花一叶兰 **Dendrochilum cobbianum** Rchb. f.【I, C】 ♣BBG, CBG; ●BJ, SH, TW; ★(AS): PH.

铃兰状足柱兰 **Dendrochilum convallariiforme** Schauer 【I, C】 ●TW; ★(AS): PH.

Dendrochilum filiforme Lindl.【I, C】♣BBG; ●BJ, TW; ★(AS): PH.

Dendrochilum globigerum (Ridl.) J. J. Sm. 【I, C】♣BBG; ●BJ; ★(AS): MY.

Dendrochilum glumaceum Lindl. 【I, C】 ♣BBG; ●BJ, TW; ★(AS): PH.

石豆兰 **Dendrochilum longifolium** Rchb. f. 【I, C】♣BBG, NBG, SCBG, XTBG; ●BJ, GD, JS, TW, YN; ★(AS): ID, IN, MM, MY, PH, SG.

大足柱兰 **Dendrochilum magnum** Rchb. f. 【I, C】

♣BBG, CBG; ●BJ, SH, TW; ★(AS): PH.

Dendrochilum pallidiflavens Blume【I, C】♣BBG; ●BJ, TW; ★(AS): ID, IN, MM, PH, SG.

细嫩足柱兰 **Dendrochilum tenellum** (Nees et Meyen) Ames【I, C】♣BBG, CBG; ●BJ, SH, TW; ★(AS): ID, PH.

足柱兰 **Dendrochilum uncatum** Rchb. f.【N, W/C】♣BBG, CBG, TBG, TMNS, XMBG; ●BJ, FJ, SH, TW; ★(AS): CN, PH.

红穗兰 **Dendrochilum wenzelii** Ames【I, C】♣BBG, CBG, XMBG; ●BJ, FJ, SH, TW; ★(AS): PH.

瘦房兰属 Ischnogyne

瘦房兰 **Ischnogyne mandarinorum** (Kraenzl.) Schltr.【N, W/C】♣WBG; ●HB, SC; ★(AS): CN.

厚唇兰属 Epigeneium

宽叶厚唇兰 **Epigeneium amplum** (Lindl.) Summerh.【N, W/C】♣BBG, WBG, XTBG; ●BJ, HB, TW, YN; ★(AS): BT, CN, ID, IN, LK, MM, NP, TH, VN.

厚唇兰 **Epigeneium clemensiae** Gagnep.【N, W/C】♣NBG, XMBG, XTBG; ●FJ, YN; ★(AS): CN, LA, VN.

单叶厚唇兰 **Epigeneium fargesii** (Finet) Gagnep.【N, W/C】♣CBG, NBG, WBG, XTBG; ●HB, JS, SC, SH, YN; ★(AS): BT, CN, IN, TH, VN.

景东厚唇兰 **Epigeneium fuscescens** (Griff.) Summerh.【N, W/C】♣NBG; ●JS; ★(AS): BT, CN, IN, MM, NP.

台湾厚唇兰 **Epigeneium nakaharae** (Schltr.) Summerh.【N, W/C】♣SCBG, TBG, TMNS; ●GD, TW; ★(AS): CN.

双叶厚唇兰 **Epigeneium rotundatum** (Lindl.) Summerh.【N, W/C】♣KBG, SCBG; ●GD, YN; ★(AS): BT, CN, IN, MM, NP.

Epigeneium triflorum var. **orientale** (J. J. Sm.) J. B. Comber【I, C】♣BBG; ●BJ; ★(AS): IN.

石斛属 Dendrobium

Dendrobium aberrans Schltr.【I, C】♣BBG; ●BJ, TW; ★(OC): PG.

Dendrobium acanthephippiiflorum J. J. Sm.【I, C】♣XTBG; ●YN; ★(OC): AU.

针状石斛 **Dendrobium acerosum** Lindl.【I, C】♣CBG, TMNS; ●SH, TW; ★(AS): MM, MY, SG, VN.

剑叶石斛 **Dendrobium spatella** Rchb. f.【N, W/C】♣FLBG, NBG, SCBG, WBG, XMBG, XTBG; ●FJ, GD, GX, HB, HI, HK, JS, JX, SC, YN; ★(AS): CN, IN, KH, LA, MM, MY, TH, VN.

钩状石斛 **Dendrobium aduncum** Lindl.【N, W/C】♣BBG, CBG, FLBG, GBG, GMG, GXIB, NBG, SCBG, TMNS, WBG, XMBG, XTBG; ●AH, BJ, FJ, GD, GX, GZ, HB, HI, HK, HN, JS, JX, SC, SH, TW, YN; ★(AS): BT, CN, ID, IN, LA, LK, MM, TH, VN.

Dendrobium aemulum R. Br.【I, C】♣BBG; ●BJ, TW; ★(OC): AU.

白血红色石斛 **Dendrobium albosanguineum** Lindl. et Paxton【I, C】♣BBG, CBG, SCBG; ●BJ, GD, SH, TW; ★(AS): LA, MM.

Dendrobium alexandrae Schltr.【I, C】♣BBG, TMNS; ●BJ, TW; ★(OC): PG.

芦荟叶石斛 **Dendrobium aloifolium** (Blume) Rchb. f.【I, C】●TW; ★(AS): ID, LA, MM, MY, PH, SG, VN.

紫舌石斛（紫晶舌石斛）**Dendrobium amethystoglossum** Rchb. f.【I, C】♣CBG, XMBG; ●FJ, SH, TW; ★(AS): PH.

菱叶石斛 **Dendrobium anceps** Sw.【I, C】♣BBG, SCBG; ●BJ, GD; ★(AS): BT, ID, IN, LA, MM, VN.

卓花石斛兰 **Dendrobium anosmum** Lindl.【I, C】♣BBG, CBG, SCBG, TMNS, XMBG; ●BJ, FJ, GD, SH, TW; ★(AS): ID, IN, LA, LK, MY, PH, VN.

天线石斛兰 **Dendrobium antennatum** Lindl.【I, C】♣BBG, CBG, SCBG, TMNS; ●BJ, GD, SH, TW; ★(OC): AU, PG.

兜唇石斛 **Dendrobium aphyllum** (Roxb.) C. E. C. Fisch.【N, W/C】♣BBG, CBG, FLBG, IBCAS, KBG, NBG, SCBG, TMNS, WBG, XMBG, XTBG; ●BJ, FJ, GD, GX, GZ, HB, JS, JX, SH, TW, YN; ★(AS): BT, CN, ID, IN, LA, LK, MM, MY, NP, VN.

Dendrobium arcuatum J. J. Sm.【I, C】♣BBG, TMNS; ●BJ, TW; ★(AS): IN.

Dendrobium atavus J. J. Sm.【I, C】♣BBG; ●BJ; ★(AS): IN.

金草石斛兰 **Dendrobium atroviolaceum** Rolfe【I, C】♣BBG, CBG, TMNS; ●BJ, SH, TW; ★(OC):

PG.

耳叶石斛兰 **Dendrobium auriculatum** Ames et Quisumb. 【I, C】 ♣TMNS; ●TW; ★(AS): PH.

矮石斛 **Dendrobium bellatulum** Rolfe 【N, W/C】 ♣FLBG, KBG, SCBG, TMNS, WBG, XTBG; ●GD, GZ, HB, JX, TW, YN; ★(AS): CN, ID, IN, LA, MM, TH, VN.

Dendrobium bicameratum Lindl. 【I, C】 ♣BBG; ●BJ; ★(AS): BT, ID, IN, LK, MM.

Dendrobium bifalce Lindl. 【I, C】 ♣BBG; ●BJ; ★(OC): AU, PG.

双峰石斛（密房石斛）**Dendrobium bigibbum** Lindl. 【I, C】 ♣BBG, XMBG; ●BJ, FJ, HI, SC, TW; ★(OC): AU.

长苞石斛 **Dendrobium bracteosum** Rchb. f. 【I, C】 ♣CBG, SCBG, TMNS; ●GD, SH, TW; ★(AS): ID.

长苏石斛 **Dendrobium brymerianum** Rchb. f. 【N, W/C】 ♣CBG, FLBG, KBG, NBG, SCBG, WBG, XTBG; ●GD, HB, JS, JX, SH, YN; ★(AS): CN, ID, IN, LA, MM, TH, VN.

黄玉石斛兰 **Dendrobium bullenianum** Rchb. f. 【I, C】 ♣BBG, SCBG, TMNS; ●BJ, GD, TW; ★(AS): PH.

细管石斛 **Dendrobium canaliculatum** R. Br. 【I, C】 ●TW; ★(OC): AU.

紫皮兰 **Dendrobium candidum** Lindl. 【I, C】 ★(AS): IN.

短棒石斛 **Dendrobium capillipes** Rchb. f. 【N, W/C】 ♣BBG, CBG, NBG, SCBG, XTBG; ●BJ, GD, GZ, JS, SC, SH, TW, YN; ★(AS): CN, ID, IN, LA, MM, NP, TH, VN.

葱花石斛（头状石斛）**Dendrobium capituliflorum** Rolfe 【I, C】 ♣BBG, CBG, XMBG; ●BJ, FJ, SH; ★(OC): AU.

翅萼石斛 **Dendrobium cariniferum** Rchb. f. 【N, W/C】 ♣BBG, CBG, FLBG, KBG, NBG, SCBG, TMNS, WBG, XTBG; ●BJ, GD, HB, JS, JX, SH, TW, YN; ★(AS): CN, ID, IN, LA, MM, TH, VN.

肉花拟石斛 **Dendrobium carnosum** (Blume) Rchb. f. 【I, C】 ♣BBG; ●BJ, TW; ★(AS): SG, VN.

黄石斛（铁皮石斛、霍山石斛）**Dendrobium catenatum** Lindl. 【N, W/C】 ♣BBG, NBG, TMNS, WBG; ●AH, BJ, HA, HB, JS, JX, TW, ZJ; ★(AS): CN, JP.

长爪石斛 **Dendrobium chameleon** Ames 【N, W/C】 ♣TMNS, WBG; ●HB, TW; ★(AS): CN, PH.

奇提姆石斛 **Dendrobium chittimae** Seidenf. 【I, C】 ♣CBG; ●SH; ★(AS): VN.

喉红石斛 **Dendrobium christyanum** Rchb. f. 【N, W/C】 ♣FLBG, NBG, SCBG, TMNS, WBG; ●GD, HB, JS, JX, TW, YN; ★(AS): CN, LA, MM, TH, VN.

束花石斛 **Dendrobium chrysanthum** Wall. ex Lindl. 【N, W/C】 ♣BBG, CBG, FLBG, GBG, GXIB, KBG, SCBG, TMNS, WBG, XMBG, XTBG; ●BJ, FJ, GD, GX, GZ, HB, JX, SC, SH, TW, XZ, YN; ★(AS): BT, CN, ID, IN, LA, LK, MM, NP, TH, VN.

线叶石斛 **Dendrobium chryseum** Rolfe 【N, W/C】 ♣GMG, SCBG, TMNS, WBG; ●GD, GX, HB, SC, TW, YN; ★(AS): CN, ID, IN, MM, VN.

鼓槌石斛 **Dendrobium chrysotoxum** Lindl. 【N, W/C】 ♣BBG, CBG, FLBG, GXIB, IBCAS, KBG, NBG, SCBG, WBG, XMBG, XTBG; ●BJ, FJ, GD, GX, HB, JS, JX, SC, SH, TW, YN; ★(AS): CN, ID, IN, LA, MM, TH, VN.

朱红石斛 **Dendrobium cinnabarinum** Rchb. f. 【I, C】 ●TW; ★(AS): MY.

金草石斛 **Dendrobium cochliodes** Schltr. 【I, C】 ♣SCBG; ●GD; ★(OC): PG.

草石斛 **Dendrobium compactum** Rolfe ex W. Hackett 【N, W/C】 ♣SCBG, WBG, XTBG; ●GD, HB, TW, YN; ★(AS): CN, LA, MM, TH.

Dendrobium convolutum Rolfe 【I, C】 ♣BBG; ●BJ, TW; ★(OC): PG.

玫瑰石斛 **Dendrobium crepidatum** Griff. 【N, W/C】 ♣BBG, FLBG, GBG, KBG, NBG, SCBG, XMBG, XTBG; ●BJ, FJ, GD, GZ, JS, JX, TW, YN; ★(AS): BT, CN, ID, IN, LA, LK, MM, NP, TH, VN.

鸟嘴石斛兰 **Dendrobium cruentum** Rchb. f. 【I, C】 ♣CBG, TMNS; ●SH, TW; ★(AS): MM, VN.

木石斛 **Dendrobium crumenatum** Sw. 【N, W/C】 ♣BBG, CBG, NBG, SCBG, TMNS, WBG; ●BJ, GD, HB, JS, SH, TW, YN; ★(AS): CN, ID, IN, KH, LA, LK, MM, MY, PH, SG, TH, VN.

晶帽石斛 **Dendrobium crystallinum** Rchb. f. 【N, W/C】 ♣CBG, FLBG, NBG, SCBG, XMBG, XTBG; ●FJ, GD, JS, JX, SH, TW, YN; ★(AS): CN, KH, LA, MM, TH, VN.

Dendrobium cumulatum Lindl. 【I, C】 ♣BBG, SCBG; ●BJ, GD, SC, TW; ★(AS): BT, ID, IN, LA, LK, MM, VN.

雪山石斛 **Dendrobium cuthbertsonii** F. Muell. 【I,

C】 ●TW; ★(OC): PG.

Dendrobium cyanocentrum Schltr.【I, C】♣TMNS; ●TW; ★(OC): PG.

段谷石斛 **Dendrobium dantaniense** Guillaumin【I, C】 ♣TMNS; ●TW; ★(AS): VN.

白花石斛 **Dendrobium dearei** Rchb. f. 【I, C】 ♣BBG, SCBG, TMNS, XMBG; ●BJ, FJ, GD, TW; ★(AS): PH.

小豆苗石斛 **Dendrobium delacourii** Guillaumin【I, C】 ♣TMNS; ●TW; ★(AS): LA, MM, VN.

柔软石斛 **Dendrobium delicatum** (F. M. Bailey) F. M. Bailey【I, C】♣BBG, CBG; ●BJ, SH; ★(OC): AU.

叠鞘石斛 **Dendrobium denneanum** Kerr 【N, W/C】 ♣GBG, KBG, NBG, SCBG, TMNS, XMBG, XTBG; ●FJ, GD, GX, GZ, HI, JS, SC, TW, YN; ★(AS): BT, CN, IN, LA, MM, NP, TH, VN.

密花石斛 **Dendrobium densiflorum** Lindl. 【N, W/C】♣BBG, CBG, FLBG, GBG, GXIB, IBCAS, KBG, NBG, SCBG, TMNS, WBG, XLTBG, XMBG, XTBG; ●BJ, FJ, GD, GX, GZ, HB, HI, JS, JX, SH, TW, XZ, YN; ★(AS): BT, CN, ID, IN, LA, LK, MM, NP, TH, VN.

齿瓣石斛 **Dendrobium devonianum** Paxton 【N, W/C】 ♣FLBG, GBG, GXIB, NBG, SCBG, TMNS, WBG, XTBG; ●GD, GX, GZ, HB, JS, JX, SC, TW, XZ, YN; ★(AS): BT, CN, ID, IN, LA, LK, MM, TH, VN.

独角石斛 **Dendrobium dickasonii** L. O. Williams【I, C】 ★(AS): ID, IN, MM.

彩纹石斛 **Dendrobium discolor** Lindl. 【I, C】 ♣TMNS; ●TW; ★(OC): AU.

黄花石斛 **Dendrobium dixanthum** Rchb. f. 【N, W/C】 ♣CBG, FLBG, WBG; ●GD, HB, JX, SH, TW, YN; ★(AS): CN, LA, MM, TH.

龙石斛 **Dendrobium draconis** Rchb. f. 【I, C】 ♣BBG; ●BJ, TW; ★(AS): ID, IN, LA, MM, VN.

反瓣石斛 **Dendrobium ellipsophyllum** Tang et F. T. Wang【N, W/C】♣FLBG, NBG, SCBG, WBG, XTBG; ●GD, HB, JS, JX, TW, YN; ★(AS): CN, KH, LA, MM, TH, VN.

Dendrobium epidendropsis Kraenzl. 【I, C】 ♣TMNS; ●TW; ★(AS): PH.

燕石斛 **Dendrobium equitans** Kraenzl. 【N, W/C】 ♣SCBG, TBG, TMNS, WBG; ●GD, HB, TW; ★(AS): CN, PH.

直立石斛 **Dendrobium erectum** Schltr. 【I, C】 ♣CBG; ●SH; ★(OC): PG.

啮蚀石斛 **Dendrobium erosum** (Blume) Lindl. 【I, C】♣BBG, SCBG; ●BJ, GD, TW; ★(AS): ID, IN, MY.

景洪石斛 **Dendrobium exile** Schltr. 【N, W/C】 ♣SCBG, WBG, XTBG; ●GD, HB, TW, YN; ★(AS): CN, LA, TH, VN.

毛萼石斛 **Dendrobium eximium** Schltr. 【I, C】 ♣BBG; ●BJ, TW; ★(OC): PG.

费氏石斛 **Dendrobium fairchildiae** Ames et Quisumb. 【I, C】 ♣SCBG; ●GD, TW; ★(AS): PH.

串珠石斛 **Dendrobium falconeri** Hook. 【N, W/C】 ♣CBG, FLBG, KBG, SCBG, TMNS, WBG, XMBG, XTBG; ●FJ, GD, GX, HB, HN, JX, SC, SH, TW, YN; ★(AS): BT, CN, ID, IN, LK, MM, TH, VN.

Dendrobium falcorostrum Fitzg. 【I, C】 ♣BBG; ●BJ, TW; ★(OC): AU.

梵净山石斛 **Dendrobium fanjingshanense** Z. H. Tsi ex X. H. Jin et Y. W. Zhang【N, W/C】●GZ; ★(AS): CN.

法氏石斛 **Dendrobium farmeri** Paxton 【I, C】 ♣BBG, CBG, SCBG, TMNS; ●BJ, GD, SH, TW; ★(AS): BT, ID, IN, LA, LK, MM, MY, VN.

流苏石斛 **Dendrobium fimbriatum** (Blume) Lindl. 【N, W/C】 ♣BBG, CBG, FLBG, GBG, GXIB, KBG, NBG, SCBG, XMBG, XTBG; ●BJ, FJ, GD, GX, GZ, JS, JX, SH, TW, YN; ★(AS): BT, CN, ID, IN, LA, LK, MM, NP, PH, TH, VN.

棒节石斛 **Dendrobium findlayanum** E. C. Parish et Rchb. f. 【N, W/C】 ♣CBG, KBG, NBG, SCBG, WBG, XMBG, XTBG; ●FJ, GD, HB, JS, SH, TW, YN; ★(AS): CN, LA, MM, TH.

曲茎石斛（河南石斛）**Dendrobium flexicaule** Z. H. Tsi, S. C. Sun et L. G. Xu 【N, W/C】 ♣NBG, SCBG; ●GD, HA, HB, HN, SC; ★(AS): CN.

Dendrobium forbesii Ridl.【I, C】♣BBG; ●BJ, TW; ★(OC): PG.

亮花石斛 **Dendrobium formosum** Roxb. ex Lindl. 【I, C】 ♣CBG, TMNS, XMBG; ●FJ, SH, TW; ★(AS): BT, ID, IN, LK, MM, VN.

铬黄石斛 **Dendrobium friedericksianum** Rchb. f. 【I, C】 ♣CBG, TMNS; ●SH, TW; ★(AS): TH.

双花石斛 **Dendrobium furcatopedicellatum** Hayata 【N, W/C】 ♣NBG, SCBG, WBG; ●GD, HB, TW; ★(AS): CN.

粉灯笼石斛 **Dendrobium furcatum** Reinw. ex Lindl. 【I, C】 ♣TMNS; ●TW; ★(AS): ID.

斐吉石斛 **Dendrobium fytchianum** Bateman ex Rchb. f. 【I, C】 ●TW; ★(AS): MM.

曲轴石斛 **Dendrobium gibsonii** Paxton 【N, W/C】 ♣BBG, FLBG, SCBG, TMNS, WBG, XMBG, XTBG; ●BJ, FJ, GD, GX, HB, JX, TW, YN; ★(AS): BT, CN, ID, IN, LK, MM, NP, TH, VN.

Dendrobium glebulosum Schltr. 【I, C】 ●GD; ★(OC): PG.

苏拉威石斛 **Dendrobium glomeratum** Rolfe 【I, C】 ♣CBG, SCBG; ●GD, SH, TW; ★(AS): ID.

红花石斛（菲律宾石斛） **Dendrobium goldschmidtianum** Kraenzl. 【N, W/C】 ♣BBG, NBG, TBG, TMNS, WBG, XMBG, XTBG; ●BJ, FJ, HB, JS, TW, YN; ★(AS): CN, PH.

似禾叶石斛 **Dendrobium gracilicaule** Kraenzl. ex Warb. 【I, C】 ♣BBG, TMNS; ●BJ, TW; ★(OC): PG.

Dendrobium gracilicaule var. **howeanum** Maiden 【I, C】 ♣BBG; ●BJ; ★(OC): AU.

Dendrobium gracillimum (Rupp) Leaney 【I, C】 ♣BBG; ●BJ; ★(OC): AU.

杯鞘石斛 **Dendrobium gratiosissimum** Rchb. f. 【N, W/C】 ♣CBG, NBG, SCBG, WBG, XTBG; ●GD, HB, JS, SH, YN; ★(AS): CN, ID, IN, LA, MM, TH, VN.

格里菲斯石斛 **Dendrobium griffithianum** Lindl. 【I, C】 ♣BBG, CBG; ●BJ, SH; ★(AS): ID, IN, MM.

海南石斛 **Dendrobium hainanense** Matsum. et Hayata 【N, W/C】 ♣FLBG, IBCAS, SCBG, WBG, XMBG, XTBG; ●BJ, FJ, GD, HB, HI, HK, JX, YN; ★(AS): CN, IN, PH, TH, VN.

沙巴石斛 **Dendrobium hamaticalcar** J. J. Wood et Dauncey 【I, C】 ♣SCBG; ●GD, TW; ★(AS): MY.

细叶石斛 **Dendrobium hancockii** Rolfe 【N, W/C】 ♣BBG, CBG, GBG, SCBG, TMNS, WBG, XMBG, XTBG; ●BJ, FJ, GD, GS, GX, GZ, HA, HB, HN, SC, SH, SN, TW, YN; ★(AS): CN, VN.

苏瓣石斛 **Dendrobium harveyanum** Rchb. f. 【N, W/C】 ♣NBG, SCBG, WBG, XTBG; ●GD, HB, SC, TW, YN; ★(AS): CN, LA, MM, TH, VN.

Dendrobium hasseltii (Blume) Lindl. 【I, C】 ♣BBG; ●BJ; ★(AS): ID, IN.

疏花石斛 **Dendrobium henryi** Schltr. 【N, W/C】 ♣FLBG, NBG, SCBG, WBG, XTBG; ●GD, GX, GZ, HB, HN, JS, JX, YN; ★(AS): CN, LA, TH, VN.

重唇石斛 **Dendrobium hercoglossum** Rchb. f. 【N, W/C】 ♣FLBG, GXIB, NBG, SCBG, WBG, XTBG; ●GD, GX, HB, JS, JX, YN; ★(AS): CN, LA, MY, PH, SG, TH, VN.

尖刀唇石斛 **Dendrobium heterocarpum** Wall. ex Lindl. 【N, W/C】 ♣CBG, SCBG, WBG, XTBG; ●GD, HB, SH, TW, YN; ★(AS): BT, CN, ID, IN, LA, LK, MM, MY, NP, PH, TH, VN.

金耳石斛 **Dendrobium hookerianum** Lindl. 【N, W/C】 ♣WBG; ●HB, XZ, YN; ★(AS): BT, CN, ID, IN, LK, MM.

Dendrobium hymenanthum Rchb. f. 【I, C】 ♣BBG; ●BJ; ★(AS): MM, MY, PH, VN.

共有石斛 **Dendrobium indivisum** (Blume) Miq. 【I, C】 ♣SCBG; ●GD; ★(AS): ID, LA, MM, MY, PH, SG, VN.

高山石斛 **Dendrobium wattii** (Hook. f.) Rchb. f. 【N, W/C】 ♣FLBG, SCBG, WBG, XMBG; ●FJ, GD, HB, JX, TW, YN; ★(AS): CN, ID, IN, LA, MM, TH, VN.

小黄花石斛 **Dendrobium jenkinsii** Wall. ex Lindl. 【N, W/C】 ♣FLBG, SCBG, WBG, XTBG; ●GD, HB, JX, YN; ★(AS): BT, CN, IN, LA, MM, TH, VN.

Dendrobium johnsoniae F. Muell. 【I, C】 ♣BBG; ●BJ, TW; ★(OC): AU.

Dendrobium junceum Lindl. 【I, C】 ♣TMNS; ●TW; ★(AS): PH.

基思石斛 **Dendrobium keithii** Ridl. 【I, C】 ♣CBG, XMBG; ●FJ, SH; ★(AS): MY.

澳洲石斛 **Dendrobium kingianum** Bidwill ex Lindl. 【I, C】 ♣BBG, CBG, SCBG; ●BJ, GD, SH, TW; ★(OC): AU, NZ.

Dendrobium laevifolium Stapf 【I, C】 ♣BBG; ●BJ, TW; ★(AS): PH.

扁石斛兰 **Dendrobium lamellatum** (Blume) Lindl. 【I, C】 ♣TMNS; ●TW; ★(AS): ID, IN, LA, MM, MY, SG.

毛药石斛 **Dendrobium lasianthera** J. J. Sm. 【I, C】 ♣SCBG; ●GD, TW; ★(OC): AU.

Dendrobium lawesii F. Muell. 【I, C】 ♣BBG; ●BJ, TW; ★(OC): PG.

狮子石斛兰 **Dendrobium leonis** (Lindl.) Rchb. f. 【I, C】 ♣TMNS; ●TW; ★(AS): ID, LA, MY, SG, VN.

兔耳状石斛 **Dendrobium leporinum** J. J. Sm. 【I, C】 ♣NSBG; ●CQ; ★(OC): PG.

菱唇石斛 **Dendrobium leptocladum** Hayata 【N, W/C】 ♣TMNS, WBG; ●HB, TW; ★(AS): CN.

小黄瓜石斛（豆石斛）**Dendrobium lichenastrum** (F. Muell.) Rolfe 【I, C】 ♣BBG, SCBG, TMNS; ●BJ, GD, TW; ★(OC): PG.

矩唇石斛 **Dendrobium linawianum** Rchb. f. 【N, W/C】 ♣GBG, NBG, SCBG, TMNS; ●GD, GX, GZ, JS, SC, TW; ★(AS): CN.

聚石斛 **Dendrobium lindleyi** Steud. 【N, W/C】 ♣BBG, CBG, FLBG, GBG, GMG, SCBG, TBG, TMNS, WBG, XLTBG, XMBG, XTBG; ●BJ, FJ, GD, GX, GZ, HB, HI, HK, JX, SC, SH, TW, YN; ★(AS): BT, CN, ID, IN, JP, LA, LK, MM, TH, VN.

红兰草 **Dendrobium linguella** Rchb. f. 【I, C】 ♣BBG, GBG, GMG; ●BJ, GX, GZ; ★(AS): LA, MY, VN.

喇叭唇石斛 **Dendrobium lituiflorum** Lindl. 【N, W/C】 ♣CBG, SCBG, WBG, XTBG; ●GD, GX, HB, SH, TW, YN; ★(AS): CN, ID, IN, LA, MM, TH, VN.

美花石斛 **Dendrobium loddigesii** Rolfe 【N, W/C】 ♣BBG, CBG, FLBG, GBG, GXIB, KBG, NBG, SCBG, TMNS, WBG, XMBG, XTBG; ●BJ, FJ, GD, GX, GZ, HB, HI, HK, JS, JX, SC, SH, TW, YN; ★(AS): CN, JP, LA, VN.

罗河石斛 **Dendrobium lohohense** Tang et F. T. Wang 【N, W/C】 ♣CBG, GBG, GMG, GXIB, KBG, NSBG, SCBG, WBG, XMBG, XTBG; ●CQ, FJ, GD, GX, GZ, HB, HN, SC, SH, YN; ★(AS): CN.

长距石斛 **Dendrobium longicornu** Lindl. 【N, W/C】 ♣FLBG, KBG, NBG, SCBG, WBG, XTBG; ●GD, GX, HB, JS, JX, XZ, YN; ★(AS): BT, CN, ID, IN, LK, MM, NP, VN.

人面石斛（大叶石斛）**Dendrobium macrophyllum** A. Rich. 【I, C】 ♣SCBG, XMBG; ●FJ, GD; ★(AS): IN.

勐腊石斛 **Dendrobium menglaensis** X. H. Jin et H. Li 【N, W/C】 ♣XTBG; ●TW, YN; ★(AS): CN.

勐海石斛 **Dendrobium sinominutiflorum** S. C. Chen, J. J. Wood et H. P. Wood 【N, W/C】 ♣KBG, SCBG, XTBG; ●GD, GZ, YN; ★(AS): CN, VN.

Dendrobium mirbelianum Gaudich. 【I, C】 ♣BBG; ●BJ; ★(OC): AU.

Dendrobium mohlianum Rchb. f. 【I, C】 ♣BBG; ●BJ, TW; ★(OC): FJ.

细茎石斛（紫皮兰、广东石斛）**Dendrobium moniliforme** (L.) Sw. 【N, W/C】 ♣BBG, CBG, FLBG, GBG, GMG, GXIB, HBG, KBG, LBG, NBG, SCBG, TBG, TMNS, WBG, XMBG; ●AH, BJ, FJ, GD, GS, GX, GZ, HA, HB, HN, JS, JX, SC, SH, SN, TW, YN, ZJ; ★(AS): BT, CN, ID, IN, JP, KR, MM, NP, VN.

藏南石斛 **Dendrobium monticola** P. F. Hunt et Summerh. 【N, W/C】 ♣BBG, NBG, WBG; ●BJ, GX, HB, JS, SC, TW, XZ, YN; ★(AS): CN, ID, IN, LA, LK, NP, TH, VN.

Dendrobium mortii F. Muell. 【I, C】 ♣BBG; ●BJ, TW; ★(OC): AU.

杓唇石斛 **Dendrobium moschatum** (Buch.-Ham.) Sw. 【N, W/C】 ♣BBG, NBG, SCBG, TMNS, XMBG, XTBG; ●BJ, FJ, GD, JS, SC, TW, YN; ★(AS): BT, CN, ID, IN, LA, MM, NP, TH, VN.

毛芋石斛 **Dendrobium munificum** (Finet) Schltr. 【I, C】 ♣XMBG; ●FJ, TW; ★(OC): NC.

Dendrobium mutabile (Blume) Lindl. 【I, C】 ♣BBG, SCBG; ●BJ, GD; ★(AS): ID, IN.

红龙石斛 **Dendrobium nestor** O'Brien 【I, C】 ★(OC): AU.

石斛 **Dendrobium nobile** Lindl. 【N, W/C】 ♣BBG, CBG, FBG, FLBG, GA, GBG, GMG, GXIB, HBG, IBCAS, KBG, NBG, SCBG, TBG, TMNS, WBG, XLTBG, XMBG, XTBG; ●BJ, FJ, GD, GX, GZ, HB, HI, HK, JS, JX, LN, SC, SH, TW, XZ, YN, ZJ; ★(AS): BT, CN, ID, IN, LA, LK, MM, NP, TH, VN.

裸石斛 **Dendrobium nudum** (Blume) Lindl. 【I, C】 ♣BBG, CBG; ●BJ, SH, TW; ★(AS): ID, IN.

铁皮石斛 **Dendrobium officinale** Kimura et Migo 【N, W/C】 ♣FLBG, GBG, GXIB, HBG, KBG, LBG, NBG, SCBG, TMNS, WBG, XMBG, XTBG; ●AH, FJ, GD, GX, GZ, HA, HB, JS, JX, SC, TW, YN, ZJ; ★(AS): CN, ID, IN.

Dendrobium ovipostoriferum J. J. Sm. 【I, C】 ♣TMNS; ●TW; ★(AS): MY.

Dendrobium pachyphyllum (Kuntze) Bakh. f. 【I, C】 ♣BBG; ●BJ, TW; ★(AS): ID, IN, MM, MY, SG, VN.

Dendrobium palpebrae Lindl. 【I, C】 ♣BBG; ●BJ; ★(AS): VN.

Dendrobium papilio Loher 【I, C】 ♣TMNS; ●TW; ★(AS): PH.

少花石斛 **Dendrobium parciflorum** Rchb. f. ex Lindl. 【N, W/C】 ♣XTBG; ●HI, HK, YN; ★(AS): CN, ID, IN, LA, PH, TH, VN.

舌石斛 **Dendrobium parcum** Rchb. f. 【I, C】 ♣FLBG; ●GD, JX; ★(AS): MM.

紫瓣石斛 **Dendrobium parishii** Rchb. f. 【N, W/C】 ♣BBG, CBG, SCBG, TMNS, WBG; ●BJ, GD, GZ, HB, SH, TW, YN; ★(AS): CN, ID, IN, LA, MM, TH, VN.

Dendrobium parthenium Rchb. f. 【I, C】 ♣SCBG; ●GD, TW; ★(AS): MY.

土豆石斛 **Dendrobium peguanum** Lindl. 【I, C】 ♣CBG; ●SH, TW; ★(AS): BT, ID, IN, LK, MM.

肿节石斛 **Dendrobium pendulum** Roxb. 【N, W/C】 ♣CBG, FLBG, GXIB, KBG, NBG, SCBG, WBG, XMBG, XTBG; ●FJ, GD, GX, HB, JS, JX, SC, SH, TW, YN; ★(AS): CN, IN, LA, MM, TH, VN.

Dendrobium platygastrium Rchb. f. 【I, C】 ♣TMNS; ●TW; ★(OC): FJ.

人面石斛兰 **Dendrobium polysema** Schltr. 【I, C】 ♣BBG; ●BJ; ★(OC): PG.

单葶草石斛 **Dendrobium porphyrochilum** Lindl. 【N, W/C】 ♣NBG, WBG; ●GD, HB, YN; ★(AS): BT, CN, ID, IN, LK, MM, NP, TH, VN.

报春石斛 **Dendrobium polyanthum** Wall. ex Lindl. 【N, W/C】 ♣BBG, CBG, SCBG, TMNS, WBG, XMBG, XTBG; ●BJ, FJ, GD, HB, SC, SH, TW, YN; ★(AS): CN, ID, IN, LA, LK, MM, NP, TH, VN.

单花石斛 **Dendrobium prostratum** Ridl. 【I, C】 ♣BBG, TMNS; ●BJ, TW, XZ; ★(AS): MY, SG.

针叶石斛 **Dendrobium pseudotenellum** Guillaumin 【N, W/C】 ♣SCBG, WBG; ●GD, HB, YN; ★(AS): CN, VN.

紫红石斛 **Dendrobium purpureum** Roxb. 【I, C】 ♣CBG, SCBG; ●GD, SH, TW; ★(AS): IN.

Dendrobium purpureum subsp. **candidulum** (Rchb. f.) Dauncey et P. J. Cribb 【I, C】 ♣TMNS; ●TW; ★(AS): IN.

Dendrobium ramosii Ames 【I, C】 ♣BBG; ●BJ, TW; ★(AS): PH.

Dendrobium regium Prain 【I, C】 ♣BBG; ●BJ; ★(AS): ID.

红点石斛 **Dendrobium rhodostictum** F. Muell. et Kraenzl. 【I, C】 ♣XMBG; ●FJ, TW; ★(OC): PG.

竹枝石斛 **Dendrobium salaccense** (Blume) Lindl. 【N, W/C】 ♣CBG, FLBG, XTBG; ●GD, HI, JX, SH, XZ, YN; ★(AS): BT, CN, ID, IN, LA, LK, MM, MY, SG, TH, VN.

山打石斛 **Dendrobium sanderae** Rolfe 【I, C】 ♣BBG, TMNS; ●BJ, TW; ★(AS): PH.

绿玉石斛 **Dendrobium sanguinolentum** Lindl. 【I, C】 ♣BBG, TMNS; ●BJ, TW; ★(AS): ID, IN, MY, PH.

Dendrobium scabrilingue Lindl. 【I, C】 ♣BBG; ●BJ, TW; ★(AS): LA, MM.

Dendrobium schneiderae var. **major** Rupp 【I, C】 ♣BBG; ●BJ; ★(OC): AU.

舒兹石斛 **Dendrobium schuetzei** Rolfe 【I, C】 ♣BBG, TMNS; ●BJ, TW; ★(AS): PH.

滇桂石斛(广西石斛) **Dendrobium scoriarum** W. W. Sm. 【N, W/C】 ♣FLBG, NBG, SCBG, WBG; ●GD, GX, GZ, HB, JS, JX, YN; ★(AS): CN, VN.

毛刷石斛兰 **Dendrobium secundum** (Blume) Lindl. 【I, C】 ♣BBG, CBG, SCBG, TMNS, XMBG; ●BJ, FJ, GD, SH, TW; ★(AS): ID, IN, LA, MM, MY, PH, SG, VN.

绒毛石斛兰 **Dendrobium senile** E. C. Parish et Rchb. f. 【I, C】 ♣CBG, SCBG, TMNS; ●GD, SH, TW; ★(AS): LA, MM.

Dendrobium serratilabium L. O. Williams 【I, C】 ♣BBG; ●BJ, TW; ★(AS): PH.

Dendrobium shiraishii T. Yukawa et M. Nishida 【I, C】 ♣TMNS; ●TW; ★(OC): PG.

黄石斛石斛 **Dendrobium signatum** Rchb. f. 【I, C】 ♣SCBG; ●GD; ★(AS): TH.

华石斛 **Dendrobium sinense** Tang et F. T. Wang 【N, W/C】 ♣WBG; ●GD, HB, HI; ★(AS): CN.

绿宝石石斛 **Dendrobium smillieae** F. Muell. 【I, C】 ♣CBG, SCBG, TMNS, XMBG; ●FJ, GD, SH, TW; ★(OC): AU.

丛生石斛 **Dendrobium sociale** J. J. Sm. 【I, C】 ★(AS): VN.

小双花石斛 **Dendrobium somae** Hayata 【N, W/C】 ♣WBG; ●HB, TW; ★(AS): CN.

大明石斛兰 **Dendrobium speciosum** Sm. 【I, C】 ♣BBG, TMNS, XMBG; ●BJ, FJ, TW; ★(OC): AU.

Dendrobium speciosum var. **curvicaule** F. M. Bailey 【I, C】 ♣BBG; ●BJ; ★(OC): AU.

大明石斛 **Dendrobium speciosum** var. **grandiflorum** F. M. Bailey 【I, C】 ♣BBG, XMBG; ●BJ, FJ; ★(OC): AU.

Dendrobium speciosum var. **pedunculatum** Clemesha 【I, C】 ♣BBG; ●BJ; ★(OC): AU.

大鬼石斛兰 **Dendrobium spectabile** (Blume) Miq. 【I, C】 ♣BBG, SCBG, TMNS, XMBG; ●BJ, FJ, GD, TW; ★(OC): PG.

Dendrobium spectatissimum Rchb. f. 【I, C】 ♣TMNS; ●TW; ★(AS): MY.

羚羊石斛（大玉兔石斛）**Dendrobium stratiotes** Rchb. f. 【I, C】 ♣CBG; ●SH, TW; ★(AS): ID.

小沟石斛 **Dendrobium striolatum** Rchb. f. 【I, C】 ♣BBG; ●BJ, TW; ★(OC): AU.

梳唇石斛 **Dendrobium strongylanthum** Rchb. f. 【N, W/C】 ♣NBG, SCBG, WBG, XTBG; ●GD, HB, HI, TW, YN; ★(AS): CN, ID, IN, LA, MM, TH, VN.

叉唇石斛 **Dendrobium stuposum** Lindl. 【N, W/C】 ♣BBG, WBG, XTBG; ●BJ, HB, TW, YN; ★(AS): BT, CN, ID, IN, LK, MM, MY, PH, SG, TH.

具槽石斛 **Dendrobium sulcatum** Lindl. 【N, W/C】 ♣CBG, FLBG, NBG, SCBG, TMNS, WBG; ●GD, HB, JS, JX, SC, SH, TW, YN; ★(AS): BT, CN, ID, IN, LA, LK, MM, TH.

Dendrobium teretifolium R. Br. 【I, C】 ♣TMNS; ●TW; ★(OC): AU.

刀叶石斛 **Dendrobium terminale** E. C. Parish et Rchb. f. 【N, W/C】 ♣BBG, FLBG, WBG, XTBG; ●BJ, GD, HB, JX, YN; ★(AS): BT, CN, IN, MM, MY, TH, VN.

四棱石斛 **Dendrobium tetragonum** A. Cunn. ex Lindl. 【I, C】 ♣BBG, CBG, TMNS; ●BJ, SH, TW; ★(OC): AU.

Dendrobium tetragonum var. **giganteum** P. A. Gilbert 【I, C】 ♣BBG; ●BJ, TW; ★(OC): AU.

球花石斛 **Dendrobium thyrsiflorum** Rchb. f. ex André 【N, W/C】 ♣BBG, CBG, FLBG, KBG, NBG, SCBG, TMNS, WBG, XMBG, XTBG; ●BJ, FJ, GD, HB, JS, JX, SC, SH, TW, YN; ★(AS): CN, ID, IN, LA, MM, TH, VN.

Dendrobium toressae (F. M. Bailey) Dockrill 【I, C】 ♣BBG; ●BJ; ★(OC): AU.

翅梗石斛 **Dendrobium trigonopus** Rchb. f. 【N, W/C】 ♣CBG, FLBG, KBG, NBG, SCBG, TMNS, WBG; ●GD, HB, JS, JX, SH, TW, YN; ★(AS): CN, LA, MM, TH, VN.

三脉石斛 **Dendrobium trinervium** Ridl. 【I, C】 ♣CBG; ●SH, TW; ★(AS): LA, MY.

独角石斛兰 **Dendrobium unicum** Seidenf. 【I, C】 ♣CBG, SCBG, TMNS; ●GD, SH, TW; ★(AS): LA, VN.

Dendrobium vandoides Schltr. 【I, C】 ♣BBG; ●BJ; ★(OC): PG.

标准石斛 **Dendrobium vexillarius** J. J. Sm. 【I, C】 ♣CBG; ●SH, TW; ★(OC): PG.

女王石斛 **Dendrobium victoriae-reginae** Loher 【I, C】 ●TW; ★(AS): PH.

大苞鞘石斛 **Dendrobium wardianum** Warner 【N, W/C】 ♣FLBG, KBG, NBG, SCBG, WBG, XMBG, XTBG; ●FJ, GD, HB, JS, JX, YN; ★(AS): BT, CN, ID, IN, MM, TH, VN.

高山石斛 **Dendrobium wattii** (Hook. f.) Rchb. f. 【N, W/C】 ♣FLBG, SCBG, WBG, XMBG, XTBG; ●FJ, GD, HB, JX, TW, YN; ★(AS): CN, ID, IN, LA, MM, TH, VN.

Dendrobium wentianum J. J. Sm. 【I, C】 ♣TMNS; ●TW; ★(AS): ID.

紫兰 **Dendrobium wenzelii** Ames 【I, C】 ♣XMBG; ●FJ, TW; ★(AS): PH.

黑毛石斛 **Dendrobium williamsonii** Day et Rchb. f. 【N, W/C】 ♣BBG, GMG, GXIB, KBG, NBG, SCBG, WBG; ●BJ, GD, GX, HB, HI, JS, SC, TW, YN; ★(AS): CN, ID, IN, MM, VN.

西畴石斛 **Dendrobium xichouense** S. J. Cheng et Z. Z. Tang 【N, W/C】 ♣WBG; ●HB, YN; ★(AS): CN.

金石斛属 Flickingeria

滇金石斛 **Flickingeria albopurpurea** Seidenf. 【N, W/C】 ♣KBG, NBG, SCBG, WBG, XMBG, XTBG; ●FJ, GD, HB, JS, YN; ★(AS): CN, LA, TH, VN.

狭叶金石斛 **Flickingeria angustifolia** (Blume) A. D. Hawkes 【N, W/C】 ♣GXIB; ●GX, HI; ★(AS): CN, ID, IN, MM, MY, SG, TH, VN.

红头金石斛 **Flickingeria calocephala** Z. H. Tsi et S. C. Chen 【N, W/C】 ♣SCBG, XMBG, XTBG; ●FJ, GD, YN; ★(AS): CN.

金石斛（卵唇金石斛）**Flickingeria comata** (Blume) A. D. Hawkes 【N, W/C】 ♣WBG, XTBG; ●HB, YN; ★(AS): CN, ID, IN, MY, PH, SG; (OC): AU, FJ, PAF.

同色金石斛 **Flickingeria concolor** Z. H. Tsi et S. C. Chen 【N, W/C】 ♣FLBG; ●GD, JX; ★(AS): CN.

流苏金石斛 **Flickingeria fimbriata** (Blume) A. D. Hawkes 【N, W/C】 ♣BBG, FLBG, NBG, SCBG, TMNS, WBG, XMBG; ●BJ, FJ, GD, HB, HI, JS,

JX, TW; ★(AS): CN, ID, IN, LA, MM, MY, PH, SG, TH, VN.

Flickingeria ritaeana (King et Pantl.) A. D. Hawkes 【I, C】 ♣FLBG; ●GD, JX; ★(AS): IN.

三脊金石斛 **Flickingeria tricarinata** Z. H. Tsi et S. C. Chen 【N, W/C】 ♣FLBG; ●GD, JX; ★(AS): CN.

戟叶金石斛 **Flickingeria xantholeuca** (Rchb. f.) A. D. Hawkes【I, C】♣GBG; ●GZ, TW; ★(AS): ID, IN, MY, SG.

卡德兰属 Cadetia

Cadetia finisterrae Schltr. 【I, C】 ♣TMNS; ●TW; ★(OC): PG.

褐茎兰属 Diplocaulobium

Diplocaulobium aratriferum (J. J. Sm.) P. F. Hunt et Summerh. 【I, C】 ♣BBG; ●BJ; ★(AS): PH.

铅笔兰属 Dockrillia

舌叶石斛 **Dockrillia linguiforme** (Sm.) Brieger 【I, C】 ♣BBG; ●BJ, TW; ★(OC): AU.

维西石斛 **Dockrillia wassellii** (S. T. Blake) Brieger 【I, C】♣BBG, CBG, SCBG, TMNS; ●BJ, GD, SH, TW; ★(OC): AU.

石豆兰属 Bulbophyllum

尖苞石豆兰 **Bulbophyllum acutibracteatum** De Wild. 【I, C】 ♣CBG; ●SH; ★(AF): GA, GN.

赤唇石豆兰 **Bulbophyllum affine** Wall. ex Lindl. 【N, W/C】 ♣BBG, NBG, SCBG, XMBG, XTBG; ●BJ, FJ, GD, HI, JS, SC, YN; ★(AS): BT, CN, ID, IN, JP, LA, LK, NP, TH, VN.

白毛卷瓣兰 **Bulbophyllum albociliatum** (Tang S. Liu et H. Y. Su) K. Nakaj. 【N, W/C】 ♣WBG; ●HB; ★(AS): CN.

芳香石豆兰 **Bulbophyllum ambrosia** (Hance) Schltr. 【N, W/C】♣IBCAS, NBG, SCBG, WBG, XLTBG, XMBG, XTBG; ●BJ, FJ, GD, HB, HI, JS, SC, TW, YN; ★(AS): CN, IN, NP, VN.

大叶卷瓣兰 **Bulbophyllum amplifolium** (Rolfe) N. P. Balakr. et Sud. Chowdhury【N, W/C】♣SCBG; ●GD; ★(AS): BT, CN, ID, IN, LA, LK, MM.

梳帽卷瓣兰 **Bulbophyllum andersonii** (Hook. f.) J. J. Sm. 【N, W/C】 ♣KBG, SCBG, WBG, XTBG; ●GD, HB, SC, YN; ★(AS): BT, CN, ID, IN, LK, MM, VN.

白虾石豆兰 **Bulbophyllum annandalei** Ridl. 【I, C】 ♣CBG, SCBG; ●GD, SH, TW; ★(AS): MY.

柄叶石豆兰 **Bulbophyllum apodum** Hook. f. 【N, W/C】 ♣SCBG, XTBG; ●GD, YN; ★(AS): CN, IN, LK, MM, VN.

红蝉豆兰 **Bulbophyllum arfakianum** Kraenzl. 【I, C】 ♣XMBG; ●FJ, TW; ★(OC): PG.

Bulbophyllum auratum (Lindl.) Rchb. f. 【I, C】 ♣BBG, SCBG; ●BJ, GD, TW; ★(AS): PH.

Bulbophyllum baileyi F. Muell. 【I, C】♣BBG; ●BJ; ★(OC): AU.

毛唇石豆兰 **Bulbophyllum barbigerum** Lindl. 【I, C】 ♣CBG; ●SH, TW; ★(AF): CM, GA, NG.

二色卷瓣兰 **Bulbophyllum bicolor** Lindl. 【N, W/C】 ♣CBG; ●SH, TW; ★(AS): CN, IN, NP.

Bulbophyllum biflorum Teijsm. et Binn. 【I, C】 ♣BBG, CDBG; ●BJ, SC, TW; ★(AS): ID, IN, MY, PH.

团花石豆兰 **Bulbophyllum bittnerianum** Schltr. 【N, W】 ♣XTBG; ●YN; ★(AS): CN, LA, TH.

Bulbophyllum blepharistes Rchb. f. 【I, C】 ♣XTBG; ●TW, YN; ★(AS): ID, IN, LA, MM, MY, VN.

布卢门石豆兰 **Bulbophyllum blumei** (Lindl.) J. J. Sm.【I, C】♣BBG, CBG, SCBG, XMBG; ●BJ, FJ, GD, SH, TW; ★(AS): ID, MY, PH, SG.

波密卷瓣兰 **Bulbophyllum bomiense** Z. H. Tsi 【N, W/C】 ♣WBG; ●HB; ★(AS): CN.

绿蝉豆兰 **Bulbophyllum burfordiense** Garay, Hamer et Siegerist【I, C】♣SCBG; ●GD; ★(OC): SB.

卡梅仑石豆兰 **Bulbophyllum cameronense** Garay, Hamer et Siegerist【I, C】♣SCBG; ●GD; ★(AF): CM.

细脚石豆兰 **Bulbophyllum capillipes** E. C. Parish et Rchb. f. 【I, C】 ♣CBG; ●SH; ★(OC): FJ, NC.

尖叶石豆兰 **Bulbophyllum cariniflorum** Rchb. f. 【N, W/C】 ♣WBG; ●HB; ★(AS): BT, CN, ID, IN, LK, NP, TH.

茎花石豆兰 **Bulbophyllum cauliflorum** Hook. f. 【N, W/C】 ♣WBG, XTBG; ●HB, SC, YN; ★(AS): BT, CN, ID, IN, LK, MM.

中华卷瓣兰 **Bulbophyllum chinense** (Lindl.) Rchb. f. 【N, W/C】 ♣WBG; ●HB; ★(AS): CN.

城口卷瓣兰 **Bulbophyllum chondriophorum**

(Gagnep.) Seidenf. 【N, W/C】 ♣HBG, WBG; ●HB, ZJ; ★(AS): CN.

Bulbophyllum comberi J. J. Verm. 【I, C】 ♣BBG; ●BJ, TW; ★(AS): ID, IN, MY.

环唇石豆兰 **Bulbophyllum corallinum** Tixier et Guillaumin 【N, W/C】 ♣WBG; ●HB; ★(AS): CN, MM, TH, VN.

着冠石豆兰 **Bulbophyllum corolliferum** J. J. Sm. 【I, C】 ♣CBG; ●SH, TW; ★(AS): ID.

短耳石豆兰 **Bulbophyllum crassipes** Hook. f. 【N, W/C】 ♣WBG, XMBG, XTBG; ●FJ, HB, TW, YN; ★(AS): BT, CN, ID, IN, LA, LK, MM, MY, TH, VN.

Bulbophyllum cruentum Garay, Hamer et Siegerist 【I, C】 ♣SCBG; ●GD, TW; ★(OC): PG.

Bulbophyllum cumingii (Lindl.) Rchb. f. 【I, C】 ♣BBG; ●BJ, TW; ★(AS): PH.

大苞石豆兰 **Bulbophyllum cylindraceum** Wall. ex Lindl. 【N, W/C】 ♣NBG, WBG, XTBG; ●HB, YN; ★(AS): BT, CN, ID, IN, LK, NP.

直唇卷瓣兰 **Bulbophyllum delitescens** Hance 【N, W/C】 ♣KBG, NBG, WBG, XTBG; ●HB, HI, JS, YN; ★(AS): CN, IN, VN.

Bulbophyllum dentiferum Ridl. 【I, C】 ♣BBG; ●BJ, TW; ★(AS): ID, IN, MY.

戟唇石豆兰 **Bulbophyllum depressum** King et Pantl. 【N, W/C】 ♣WBG, XMBG; ●FJ, HB, HI; ★(AS): CN, ID, IN, TH.

普洱石豆兰 **Bulbophyllum didymotropis** Seidenf. 【N, W】 ♣XTBG; ●YN; ★(AS): CN, TH.

圆叶石豆兰 **Bulbophyllum drymoglossum** Maxim. 【N, W/C】 ♣GBG, WBG, XMBG, XTBG; ●FJ, GZ, HB, TW , YN; ★(AS): CN, JP, KP, KR.

棘唇石豆兰 **Bulbophyllum echinolabium** J. J. Sm. 【I, C】 ♣CBG, SCBG; ●GD, SH, TW; ★(AS): ID.

高茎卷瓣兰 **Bulbophyllum elatum** (Hook. f.) J. J. Sm. 【N, W/C】 ♣WBG; ●HB; ★(AS): BT, CN, ID, IN, LK, NP, VN.

匍茎卷瓣兰 **Bulbophyllum emarginatum** (Finet) J. J. Sm. 【N, W/C】 ♣NBG, WBG; ●HB; ★(AS): BT, CN, ID, IN, LK, MM, NP, VN.

多列石豆兰 **Bulbophyllum erythrostictum** Ormerod 【I, C】 ♣XMBG; ●FJ; ★(OC): PG.

小眼镜蛇石豆兰 **Bulbophyllum falcatum** (Lindl.) Rchb. f. 【I, C】♣CBG, XMBG; ●FJ, SH, TW; ★(AF): CM, GA, GN, NG.

壁虎石豆兰 **Bulbophyllum fascinator** (Rolfe) Rolfe 【I, C】 ♣BBG, CBG, SCBG, XMBG; ●BJ, FJ, GD, SH, TW; ★(AS): ID, LA, PH, VN.

南方卷瓣兰 **Bulbophyllum flabellum-veneris** (J. Koenig) Aver. 【N, W/C】 ♣BBG; ●BJ, TW; ★(AS): CN, ID, IN, LA, SG, VN.

领带兰 **Bulbophyllum fletcherianum** Hort. 【I, C】 ♣BBG, CBG, SCBG, WBG; ●BJ, GD, HB, SH, TW; ★(OC): PG.

尖角卷瓣兰 **Bulbophyllum forrestii** Seidenf. 【N, W/C】 ♣FLBG, NBG, WBG, XTBG; ●GD, HB, JS, JX, YN; ★(AS): CN, ID, IN, MM, TH.

易容石豆兰 **Bulbophyllum fraudulentum** Garay, Hamer et Siegerist 【I, C】 ♣CBG; ●SH; ★(OC): PG.

荷兰木鞋石豆兰 **Bulbophyllum frostii** Summerh. 【I, C】 ♣BBG, CBG, SCBG, XMBG; ●BJ, FJ, GD, SH; ★(AS): VN.

富宁卷瓣兰 **Bulbophyllum funingense** Z. H. Tsi et H. C. Chen 【N, W/C】 ♣NBG, SCBG; ●GD; ★(AS): CN, VN.

大花石豆兰 **Bulbophyllum grandiflorum** Blume 【I, C】 ♣BBG, XMBG; ●BJ, FJ, TW; ★(AS): ID, IN.

鹅头石豆兰 **Bulbophyllum grandifolium** Schltr. 【I, C】 ♣CBG, SCBG, WBG; ●GD, HB, SH; ★(OC): PG.

香蕉石豆兰 **Bulbophyllum graveolens** (F. M. Bailey) J. J. Sm. 【I, C】 ♣CBG, SCBG; ●GD, SH, TW; ★(OC): AU.

短齿石豆兰 **Bulbophyllum griffithii** (Lindl.) Rchb. f. 【N, W/C】 ♣NBG, WBG, XTBG; ●HB, YN; ★(AS): BT, CN, IN, NP, VN.

线瓣石豆兰 **Bulbophyllum gymnopus** Hook. f. 【N, W/C】 ♣FLBG, WBG, XTBG; ●GD, HB, JX, YN; ★(AS): BT, CN, ID, IN, LA, LK, TH.

海南石豆兰 **Bulbophyllum hainanense** Z. H. Tsi 【N, W/C】 ♣XTBG; ●YN; ★(AS): CN.

哈梅林石豆兰 **Bulbophyllum hamelinii** W. Watson 【I, C】 ♣CBG; ●SH; ★(AF): MG.

飘带石豆兰 **Bulbophyllum haniffii** Carr 【N, W/C】 ♣WBG; ●HB; ★(AS): CN, LA, MM, MY, TH.

角萼卷瓣兰 **Bulbophyllum helenae** (Kuntze) J. J. Sm. 【N, W/C】 ♣FLBG, NBG, SCBG, XTBG; ●GD, JS, JX, SC, YN; ★(AS): BT, CN, ID, IN, LA, LK, MM, NP.

落叶石豆兰 **Bulbophyllum hirtum** (Sm.) Lindl.

【N, W/C】 ♣NBG, WBG, XTBG; ●HB, YN; ★(AS): BT, CN, ID, IN, LK, MM, NP, TH, VN.

莲花卷瓣兰 **Bulbophyllum hirundinis** (Gagnep.) Seidenf. 【N, W/C】 ♣NBG, XTBG; ●JS, YN; ★(AS): CN, VN.

一挂鱼 **Bulbophyllum inconspicuum** Maxim. 【I, C】 ♣GA, GBG, GMG; ●GX, GZ, JX; ★(AS): JP.

穗花卷瓣兰 **Bulbophyllum insulsoides** Seidenf. 【N, W/C】 ♣WBG; ●HB; ★(AS): CN.

油膏石豆兰 **Bulbophyllum inunctum** J. J. Sm. 【I, C】 ♣CBG; ●SH, TW; ★(AS): MY.

堪布里石豆兰 **Bulbophyllum kanburiense** Seidenf. 【I, C】 ♣CBG; ●SH; ★(AS): MM, VN.

白花卷瓣兰 **Bulbophyllum khaoyaiense** Seidenf. 【N, W】 ♣XTBG; ●YN; ★(AS): CN, TH.

卷苞石豆兰 **Bulbophyllum khasyanum** Griff. 【N, W/C】 ♣WBG; ●HB; ★(AS): BT, CN, ID, IN, LK, MM, MY, TH, VN.

广东石豆兰 **Bulbophyllum kwangtungense** Schltr. 【N, W/C】 ♣CBG, FLBG, GMG, HBG, LBG, SCBG, ZAFU; ●GD, GX, JX, SC, SH, ZJ; ★(AS): CN.

毛花石豆兰 **Bulbophyllum lasianthum** Lindl. 【I, C】 ♣CBG; ●SH, TW; ★(AS): ID, IN, MY, SG.

猫面石豆 **Bulbophyllum lasiochilum** E. C. Parish et Rchb. f. 【I, C】 ♣BBG, CBG, SCBG; ●BJ, GD, SH, TW; ★(AS): LA, MM, MY.

Bulbophyllum laxiflorum (Blume) Lindl. 【I, C】 ♣SCBG; ●GD, TW; ★(AS): ID, IN, LA, MM, MY, PH, VN.

乐东石豆兰 **Bulbophyllum ledungense** Tang et F. T. Wang 【N, W/C】 ♣WBG; ●HB, HI; ★(AS): CN.

短莛石豆兰（豹斑石豆兰）**Bulbophyllum leopardinum** (Wall.) Lindl. ex Wall. 【N, W/C】 ♣NBG, SCBG, WBG, XTBG; ●GD, HB, YN; ★(AS): BT, CN, ID, IN, LA, LK, MM, NP, TH, VN.

利维纳石豆兰 **Bulbophyllum levanae** Ames 【I, C】 ♣CBG; ●SH, TW; ★(AS): PH.

齿瓣石豆兰 **Bulbophyllum levinei** Schltr. 【N, W/C】 ♣GA, HBG, WBG; ●HB, JX, ZJ; ★(AS): CN, VN.

须毛石豆兰 **Bulbophyllum lindleyanum** Griff. 【I, C】 ♣CBG; ●SH, TW; ★(AS): MM.

罗比石豆兰 **Bulbophyllum lobbii** Lindl. 【I, C】 ♣BBG, CBG, SCBG; ●BJ, GD, SH, TW; ★(AS): ID, IN, MM, MY, PH, SG.

长臂卷瓣兰 **Bulbophyllum longibrachiatum** Z. H. Tsi 【N, W/C】 ♣FLBG, NBG, SCBG, WBG; ●GD, HB, JS, JX; ★(AS): CN, VN.

Bulbophyllum longibracteatum Seidenf. 【I, C】 ♣BBG; ●BJ; ★(AS): LA.

Bulbophyllum longiflorum Thouars 【I, C】 ♣BBG, SCBG; ●BJ, GD, TW; ★(AS): ID, PH, VN.

长须石豆兰 **Bulbophyllum longissimum** (Ridl.) J. J. Sm. 【I, C】 ♣CBG; ●SH, TW; ★(AS): TH.

乌来卷瓣兰 **Bulbophyllum macraei** (Lindl.) Rchb. f. 【N, W/C】 ♣CBG, TBG, WBG; ●HB, SH, TW; ★(AS): CN, ID, IN, JP, LK, VN.

沙巴石豆兰 **Bulbophyllum mandibulare** Rchb. f. 【I, C】 ♣XMBG; ●FJ; ★(AS): MY.

新井响尾蛇兰 **Bulbophyllum maximum** (Lindl.) Rchb. f. 【I, C】 ♣CBG, SCBG; ●GD, SH, TW; ★(AF): AO, NG.

美发石豆兰 **Bulbophyllum medusae** (Lindl.) Rchb. f. 【I, C】 ♣CBG; ●SH, TW; ★(AS): MY, SG.

紫纹卷瓣兰 **Bulbophyllum melanoglossum** Hayata 【N, W/C】 ♣NBG, WBG; ●HB, JS; ★(AS): CN, PH.

勐海石豆兰 **Bulbophyllum menghaiense** Z. H. Tsi 【N, W/C】♣SCBG, WBG, XTBG; ●GD, HB, YN; ★(AS): CN.

勐仑石豆兰 **Bulbophyllum menglunense** Z. H. Tsi et Y. Z. Ma 【N, W/C】 ♣WBG, XTBG; ●HB, YN; ★(AS): CN.

念珠石豆兰 **Bulbophyllum moniliforme** E. C. Parish et Rchb. f. 【I, C】 ♣CBG; ●SH, TW; ★(OC): AU.

Bulbophyllum morphologorum Kraenzl. 【I, C】 ♣BBG, SCBG; ●BJ, GD; ★(AS): VN.

穆斯卡里红石豆兰 **Bulbophyllum muscari-rubrum** Seidenf. 【I, C】 ♣CBG; ●SH; ★(AS): TH.

钩梗石豆兰 **Bulbophyllum nigrescens** Rolfe 【N, W/C】 ♣CBG, WBG, XMBG, XTBG; ●FJ, HB, SH, YN; ★(AS): CN, MM, TH, VN.

黄花卷瓣兰 **Bulbophyllum obtusangulum** Z. H. Tsi 【N, W/C】 ♣NBG, WBG; ●HB, HI; ★(AS): CN.

Bulbophyllum obtusipetalum J. J. Sm. 【I, C】 ♣BBG; ●BJ; ★(AS): ID, MY.

密花石豆兰 **Bulbophyllum odoratissimum** (Sm.) Lindl. ex Hook. f. 【N, W/C】 ♣BBG, FLBG, GMG, KBG, SCBG, WBG, XTBG; ●BJ, GD, GX,

HB, JX, YN; ★(AS): BT, CN, ID, IN, LA, LK, MM, NP, TH, VN.

麦穗石豆兰 **Bulbophyllum orientale** Seidenf. 【N, W/C】♣FLBG, NBG, SCBG, WBG, XTBG; ●GD, HB, JS, JX, TW, YN; ★(AS): CN, LA, TH, VN.

直舌石豆兰 **Bulbophyllum orthoglossum** Kraenzl. 【I, C】 ♣CBG; ●SH, TW; ★(AS): PH.

帕胡德石豆兰 **Bulbophyllum pahudii** (de Vriese) Rchb. f. 【I, C】 ♣CBG; ●SH, TW; ★(AS): ID, IN.

牛魔王石豆兰 **Bulbophyllum patens** King ex Hook. f. 【I, C】 ♣SCBG; ●GD, TW; ★(AS): MY, SG, VN.

白花石豆兰 **Bulbophyllum pauciflorum** Ames 【N, W/C】 ♣WBG; ●HB; ★(AS): CN.

斑唇卷瓣兰 **Bulbophyllum pecten-veneris** (Gagnep.) Seidenf. 【N, W/C】 ♣BBG, CBG, TMNS, WBG, XTBG; ●BJ, HB, SH, TW, YN; ★(AS): CN, LA, VN.

长足石豆兰 **Bulbophyllum pectinatum** Finet 【N, W/C】 ♣KBG, NBG, SCBG, WBG, XTBG; ●GD, HB, JS, TW, YN; ★(AS): CN, ID, IN, MM, TH, VN.

大领带兰 **Bulbophyllum phalaenopsis** J. J. Sm. 【I, C】 ♣CBG, XMBG; ●FJ, SH, TW; ★(OC): PG.

彩色卷瓣兰（裂唇卷瓣兰）**Bulbophyllum picturatum** (Lodd.) Rchb. f. 【N, W/C】 ♣CBG; ●SH; ★(AS): CN, ID, IN, MM, TH, VN.

屏东卷瓣兰 **Bulbophyllum pingtungense** S. S. Ying et S. C. Chen 【N, W/C】 ♣CBG, SCBG; ●GD, SH; ★(AS): CN, LK.

扁茎石豆兰 **Bulbophyllum planibulbe** (Ridl.) Ridl. 【I, C】 ♣CBG; ●SH; ★(AS): MY.

Bulbophyllum plumatum Ames 【I, C】 ♣BBG; ●BJ, TW; ★(AS): PH.

锥茎石豆兰 **Bulbophyllum polyrrhizum** Lindl. 【N, W/C】♣FLBG, WBG, XTBG; ●GD, HB, JX, YN; ★(AS): CN, ID, IN, MM, NP, TH.

版纳石豆兰 **Bulbophyllum protractum** Hook. f. 【N, W】 ♣XTBG; ●YN; ★(AS): CN, ID, IN, MM, VN.

滇南石豆兰 **Bulbophyllum psittacoglossum** Rchb. f. 【N, W/C】 ♣XTBG; ●YN; ★(AS): CN, LA, MM, TH, VN.

曲萼石豆兰 **Bulbophyllum pteroglossum** Schltr. 【N, W/C】 ♣CBG, FLBG, SCBG, WBG, XTBG; ●GD, HB, JX, SH, TW, YN; ★(AS): BT, CN, ID, IN, MM, VN.

Bulbophyllum pulchellum Ridl. 【I, C】 ♣BBG; ●BJ; ★(AS): SG.

壁虎豆兰 **Bulbophyllum putidum** (Teijsm. et Binn.) J. J. Sm. 【I, C】 ♣CBG, XMBG; ●FJ, SH; ★(AS): ID, IN, LA.

球花石豆兰 **Bulbophyllum repens** Griff. 【N, W/C】 ♣XTBG; ●TW, YN; ★(AS): CN, VN.

伏生石豆兰 **Bulbophyllum reptans** (Lindl.) Lindl. ex Wall. 【N, W/C】♣SCBG, WBG, XTBG; ●GD, HB, SC, YN; ★(AS): BT, CN, IN, LA, MM, NP, VN.

Bulbophyllum reticulatum Bateman ex Hook. f. 【I, C】 ♣SCBG; ●GD, TW; ★(AS): MY.

藓叶卷瓣兰 **Bulbophyllum retusiusculum** Rchb. f. 【N, W/C】 ♣KBG, SCBG, TMNS, WBG; ●GD, HB, HI, SC, TW, YN; ★(AS): BT, CN, ID, IN, LA, LK, MM, MY, NP, TH, VN.

虎斑卷瓣兰 **Bulbophyllum retusiusculum** var. **tigridum** (Hance) Z.H.Tsi 【N,W】♣XTBG; ●YN; ★(AS): CN.

美花卷瓣兰 **Bulbophyllum rothschildianum** (O'Brien) J. J. Sm. 【N, W/C】 ♣CBG, SCBG, WBG; ●GD, HB, SH, TW; ★(AS): BT, CN, ID, IN, LK.

红唇石豆兰 **Bulbophyllum rufilabrum** C. S. P. Parish ex Hook. f. 【I, C】 ♣CBG; ●SH; ★(AS): MM.

窄苞石豆兰 **Bulbophyllum rufinum** Rchb. f. 【N, W/C】 ♣BBG, WBG; ●BJ, HB; ★(AS): CN, KH, LA, MM, TH, VN.

囊唇石豆兰 **Bulbophyllum scaphiforme** J. J. Verm. 【N, W】 ♣XTBG; ●YN; ★(AS): CN, TH, VN.

Bulbophyllum schillerianum Rchb. f. 【I, C】 ★(OC): AU.

少花石豆兰 **Bulbophyllum secundum** Hook. f. 【N, W】 ♣XTBG; ●YN; ★(AS): CN, IN, MM, NP, TH, VN.

鹳冠卷瓣兰 **Bulbophyllum setaceum** T. P. Lin 【N, W/C】 ♣TMNS; ●TW; ★(AS): CN.

二叶石豆兰 **Bulbophyllum shanicum** King et Pantl. 【N, W/C】♣WBG, XMBG, XTBG; ●FJ, HB, YN; ★(AS): CN, MM.

伞花石豆兰 **Bulbophyllum shweliense** W. W. Sm. 【N, W/C】♣NBG, XTBG; ●JS, YN; ★(AS): BT, CN, IN, LK, TH, VN.

新加坡石豆兰 **Bulbophyllum singaporeanum**

Schltr. 【I, C】 ♣CBG; ●SH; ★(AS): MY, SG.

匙萼卷瓣兰 **Bulbophyllum spathulatum** (Rolfe ex E. W. Cooper) Seidenf. 【N, W/C】 ♣BBG, NBG, SCBG, WBG, XTBG; ●BJ, GD, HB, JS, TW, YN; ★(AS): BT, CN, ID, IN, LA, LK, MM, TH, VN.

球茎卷瓣兰 **Bulbophyllum sphaericum** Z. H. Tsi et H. Li 【N, W/C】 ♣WBG, XTBG; ●HB, YN; ★(AS): CN.

短足石豆兰 **Bulbophyllum stenobulbon** E. C. Parish et Rchb. f. 【N, W/C】 ♣SCBG, XTBG; ●GD, YN; ★(AS): BT, CN, ID, IN, LA, LK, MM, TH, VN.

细柄石豆兰 **Bulbophyllum striatum** (Griff.) Rchb. f. 【N, W/C】 ♣NBG; ●JS; ★(AS): BT, CN, ID, IN, LK, NP, TH, VN.

Bulbophyllum subumbellatum Ridl. 【I, C】 ♣SCBG; ●GD, TW; ★(AS): ID, MY.

聚株石豆兰 **Bulbophyllum sutepense** (Rolfe ex Downie) Seidenf. et Smitinand 【N, W/C】 ♣FLBG, NBG, WBG, XTBG; ●GD, HB, JS, JX, TW, YN; ★(AS): CN, LA, TH.

带叶卷瓣兰 **Bulbophyllum taeniophyllum** E. C. Parish et Rchb. f. 【N, W/C】 ♣XTBG; ●YN; ★(AS): CN, ID, IN, LA, MM, MY, TH, VN.

云北石豆兰 **Bulbophyllum tengchongense** Z. H. Tsi 【N, W/C】 ♣NBG, WBG; ●HB; ★(AS): CN.

泰国卷瓣兰 **Bulbophyllum thaiorum** J. J. Sm. 【N, W】 ♣XTBG; ●YN; ★(AS): CN, TH.

小叶石豆兰 **Bulbophyllum tokioi** Fukuy. 【N, W/C】 ♣WBG; ●HB; ★(AS): CN.

球茎石豆兰 **Bulbophyllum triste** Rchb. f. 【N, W/C】 ♣NBG, XTBG; ●JS, YN; ★(AS): BT, CN, ID, IN, LK, MM, NP, TH.

伞花卷瓣兰 **Bulbophyllum umbellatum** Lindl. 【N, W/C】 ♣FLBG, SCBG, WBG, XTBG; ●GD, HB, JX, SC, YN; ★(AS): BT, CN, ID, IN, LK, MM, NP, TH, VN.

直立卷瓣兰 **Bulbophyllum unciniferum** Seidenf. 【N, W/C】 ♣WBG, XTBG; ●HB, YN; ★(AS): CN, TH.

宾士石豆兰 **Bulbophyllum unitubum** J. J. Sm. 【I, C】 ♣CBG; ●SH; ★(OC): PG.

鞘石豆兰 **Bulbophyllum vaginatum** (Lindl.) Rchb. f. 【I, C】 ♣CBG; ●SH, TW; ★(AS): ID, IN, LA, MY, SG.

等萼卷瓣兰 **Bulbophyllum violaceolabellum** Seidenf. 【N, W/C】 ♣FLBG, NBG, SCBG, WBG, XTBG; ●GD, HB, JS, JX, YN; ★(AS): CN, LA.

双叶卷瓣兰 **Bulbophyllum wallichii** Rchb. f. 【N, W/C】 ♣SCBG, WBG, XTBG; ●GD, HB, YN; ★(AS): BT, CN, IN, MM, NP, TH, VN.

温氏卷瓣兰 **Bulbophyllum wendlandianum** (Kraenzl.) Dammer 【I, C】 ♣CBG, SCBG; ●GD, SH; ★(AS): MM, PH.

蒙自石豆兰（德钦石豆兰）**Bulbophyllum yunnanense** Rolfe 【N, W/C】 ♣WBG; ●HB; ★(AS): BT, CN, IN, LK, NP.

大苞兰属 Sunipia

黄花大苞兰 **Sunipia andersonii** (King et Pantl.) P. F. Hunt 【N, W/C】 ♣FLBG, NBG, TMNS, XTBG; ●GD, JS, JX, TW, YN; ★(AS): BT, CN, ID, IN, LA, MM, TH, VN.

绿花大苞兰 **Sunipia annamensis** (Ridl.) P. F. Hunt 【N, W】 ♣XTBG; ●YN; ★(AS): CN, TH, VN.

白花大苞兰 **Sunipia candida** (Lindl.) P. F. Hunt 【N, W/C】 ♣FLBG, KBG, XTBG; ●GD, JX, YN; ★(AS): BT, CN, IN.

大花大苞兰 **Sunipia grandiflora** (Rolfe) P. F. Hunt 【I, C】 ♣XTBG; ●YN; ★(AS): MM.

淡黑大苞兰 **Sunipia nigricans** Avery. 【N, W】 ♣XTBG; ●YN; ★(AS): CN, VN.

大苞兰 **Sunipia scariosa** Lindl. 【N, W/C】 ♣FLBG, NBG, SCBG, WBG, XTBG; ●GD, HB, JS, JX, YN; ★(AS): BT, CN, ID, IN, LA, LK, MM, NP, TH, VN.

光花大苞兰 **Sunipia thailandica** (Seidenf. et Smitinand) P. F. Hunt 【N, W/C】 ♣XTBG; ●YN; ★(AS): CN, TH.

短瓣兰属 Monomeria

短瓣兰 **Monomeria barbata** Lindl. 【N, W/C】 ♣NBG, SCBG, WBG, XTBG; ●GD, HB, TW, YN; ★(AS): BT, CN, ID, IN, LK, MM, NP, TH, VN.

三角兰属 Trias

Trias intermedia Seidenf. et Smitinand 【I, C】 ♣CBG; ●SH; ★(AS): TH.

Trias nasuta (Rchb. f.) Stapf 【I, C】 ♣BBG; ●BJ, TW; ★(AS): IN, LA, MM, TH, VN.

Trias picta (E. C. Parish et Rchb. f.) C. S. P. Parish ex Hemsl. 【I, C】 ♣CBG; ●SH, TW; ★(AS): MM, TH.

栖林兰属 Drymoda

暹罗栖林兰 **Drymoda siamensis** Schltr. 【I, C】 ♣CBG; ●SH; ★(AS): LA, TH.

覆苞兰属 Stichorkis

Stichorkis coelogynoides (F. Muell.) Marg.,Szlach. et Kulak 【I, C】 ♣BBG; ●BJ; ★(OC): AU.

Stichorkis plantaginea (Lindl.) Marg.,Szlach. et Kulak 【I, C】 ♣BBG, XTBG; ●BJ, YN; ★(AS): NP.

Stichorkis reflexa (R. Br.) Marg.,Szlach. et Kulak 【I, C】 ♣BBG; ●BJ; ★(OC): AU.

丫瓣兰属 Ypsilorchis

丫瓣兰（裂瓣羊耳蒜）**Ypsilorchis fissipetala** (Finet) Z. J. Liu, S. C. Chen et L. J. Chen 【N, W/C】 ♣WBG; ●HB; ★(AS): CN.

鸢尾兰属 Oberonia

显脉鸢尾兰 **Oberonia acaulis** Griff. 【N, W/C】 ♣NBG, XTBG; ●JS, TW, YN; ★(AS): BT, CN, ID, IN, LK, MM, NP, TH, VN.

长裂鸢尾兰 **Oberonia anthropophora** Lindl. 【N, W/C】 ♣XTBG; ●TW, YN; ★(AS): CN, MM, MY, TH, VN.

阿里山鸢尾兰 **Oberonia arisanensis** Hayata 【N, W/C】 ♣TMNS; ●TW; ★(AS): CN, JP.

滇南鸢尾兰 **Oberonia austroyunnanensis** S. C. Chen et Z. H. Ji 【N,W】 ♣XTBG; ●YN; ★(AS): CN.

中华鸢尾兰 **Oberonia cathayana** Chun et Tang 【N, W/C】 ♣WBG; ●HB; ★(AS): CN.

狭叶鸢尾兰 **Oberonia caulescens** Lindl. 【N, W/C】 ♣TMNS, WBG; ●HB, TW; ★(AS): BT, CN, ID, IN, LK, NP, VN.

剑叶鸢尾兰 **Oberonia ensiformis** (Sm.) Lindl. 【N, W/C】 ♣GXIB, WBG, XTBG; ●GX, HB, YN; ★(AS): BT, CN, ID, IN, LA, LK, MM, NP, TH, VN.

齿瓣鸢尾兰 **Oberonia gammiei** King et Pantl. 【N, W/C】 ♣BBG, SCBG, WBG, XMBG, XTBG; ●BJ, FJ, GD, HB, TW, YN; ★(AS): CN, ID, IN, LA, LK, MM, TH, VN.

橙黄鸢尾兰 **Oberonia gigantea** Fukuy. 【N, W/C】 ♣WBG; ●HB; ★(AS): CN.

全唇鸢尾兰 **Oberonia integerrima** Guillaumin 【N, W/C】 ♣WBG, XTBG; ●HB, YN; ★(AS): CN, ID, LA, VN.

小叶鸢尾兰 **Oberonia japonica** (Maxim.) Makino 【N, W/C】 ♣SCBG, XTBG; ●GD, SC, YN; ★(AS): CN, JP, KP, KR.

条裂鸢尾兰 **Oberonia jenkinsiana** Griff. ex Lindl. 【N, W/C】 ♣KBG, XTBG; ●YN; ★(AS): BT, CN, IN, MM, TH, VN.

阔瓣鸢尾兰 **Oberonia latipetala** L. O. Williams 【N, W】 ♣XTBG; ●YN; ★(AS): CN.

小花鸢尾兰 **Oberonia mannii** Hook. f. 【N, W/C】 ♣WBG, XTBG; ●HB, YN; ★(AS): CN, ID, IN, MM.

大峨白兰 **Oberonia maxima** C. S. P. Parish ex Hook. f. 【I, C】 ●TW; ★(AS): ID, IN, MM.

勐海鸢尾兰 **Oberonia menghaiensis** S. C. Chen 【N, W/C】 ♣WBG; ●HB; ★(AS): CN.

勐腊鸢尾兰 **Oberonia menglaensis** S. C. Chen et Z. H. Tsi 【N, W/C】 ♣WBG; ●HB; ★(AS): CN.

鸢尾兰 **Oberonia mucronata** (D. Don) Ormerod et Seidenf. 【N, W/C】 ♣XTBG; ●YN; ★(AS): BT, CN, ID, IN, LA, LK, MM, MY, NP, PH, VN.

裂唇鸢尾兰 **Oberonia pyrulifera** Lindl. 【N, W】 ♣XTBG; ●YN; ★(AS): BT, CN, ID, IN, LK, TH.

棒叶鸢尾兰 **Oberonia cavaleriei** Finet 【N, W/C】 ♣GXIB, NBG, SCBG, WBG, XTBG; ●GD, GX, HB, JS, TW, YN; ★(AS): CN, ID, IN, LA, MM, NP, TH, VN.

玫瑰鸢尾兰 **Oberonia rosea** Hook. f. 【N, W/C】 ♣WBG; ●HB; ★(AS): CN, MY, VN.

红唇鸢尾兰 **Oberonia rufilabris** Lindl. 【N, W/C】 ♣XTBG; ●TW, YN; ★(AS): BT, CN, ID, IN, KH, LA, MM, MY, NP, TH, VN.

红唇鸢尾兰 **Oberonia rufilabris** Lindl. 【N, W/C】 ●TW; ★(AS): BT, CN, ID, IN, KH, LA, MM, MY, NP, TH, VN.

套叶兰 **Oberonia sinica** (S. C. Chen et K. Y. Lang) Ormerod 【N, W/C】 ♣NSBG; ●CQ; ★(AS): CN.

圆柱叶鸢尾兰 **Oberonia teres** Kerr 【N, W】 ♣XTBG; ●YN; ★(AS): CN, ID, IN, VN.

密苞鸢尾兰 **Oberonia variabilis** Kerr 【N, W】 ♣XTBG; ●YN; ★(AS): CN, TH, VN.

无耳沼兰属 Dienia

无耳沼兰（阔叶沼兰）**Dienia ophrydis** (J. Koenig) Seidenf. 【N, W/C】 ♣FLBG, NBG, SCBG, WBG, XTBG; ●GD, HB, JS, JX, YN; ★(AS): BT, CN,

ID, IN, JP, KH, LA, LK, MM, MY, NP, PH, SG, TH, VN.

沼兰属 Crepidium

浅裂沼兰 **Crepidium acuminatum** (D. Don) Szlach. 【N, W/C】 ♣XTBG; ●TW, YN; ★(AS): BT, CN, ID, IN, KH, LA, LK, MM, NP, PH, TH, VN; (OC): AU, PAF.

二耳沼兰 **Crepidium biauritum** (Lindl.) Szlach. 【N, W/C】 ♣FLBG, SCBG, WBG; ●GD, HB, JX, TW; ★(AS): CN, ID, IN, LA, MM, TH.

美叶沼兰 **Crepidium calophyllum** (Rchb. f.) Szlach. 【N, W/C】 ♣XTBG; ●TW, YN; ★(AS): BT, CN, ID, IN, KH, LA, LK, MM, MY, VN.

二脊沼兰 **Crepidium finetii** (Gagnep.) S. C. Chen et J. J. Wood 【N, W/C】 ♣SCBG; ●GD, HI; ★(AS): CN, ID, IN, LK, PH, VN.

细茎沼兰 **Crepidium khasianum** (Hook. f.) Szlach. 【N, W/C】 ♣XTBG; ●YN; ★(AS): CN, ID, IN, TH.

铺叶沼兰 **Crepidium mackinnonii** (Duthie) Szlach. 【N, W/C】 ●TW; ★(AS): CN, ID, IN.

鞍唇沼兰 **Crepidium matsudae** (Yamam.) Szlach. 【N, W/C】 ♣TMNS; ●TW; ★(AS): CN, JP.

深裂沼兰 **Crepidium purpureum** (Lindl.) Szlach. 【N, W】 ♣XTBG; ●YN; ★(AS): BT, CN, ID, IN, LA, LK, MM, PH, TH, VN.

羊耳蒜属 Liparis

尖唇羊耳蒜 **Liparis acuminata** Hook. f. 【I, C】 ★(AS): IN, VN.

扁茎羊耳蒜 **Liparis assamica** King et Pantl. 【N, W/C】 ♣WBG; ●HB; ★(AS): CN, ID, IN.

圆唇羊耳蒜 **Liparis balansae** Gagnep. 【N, W/C】 ♣WBG; ●HB, HI, SC; ★(AS): CN, TH, VN.

须唇羊耳蒜 **Liparis barbata** Lindl. 【N, W/C】 ♣XTBG; ●TW, YN; ★(AS): CN, ID, IN, LK, MM, MY, PH, TH.

保亭羊耳蒜 **Liparis bautingensis** Tang et F. T. Wang 【N, W/C】 ●HI; ★(AS): CN.

镰翅羊耳蒜 **Liparis bootanensis** Griff. 【N, W/C】 ♣FLBG, GMG, KBG, NBG, SCBG, TMNS, WBG, XTBG; ●GD, GX, HB, HI, JS, JX, TW, YN; ★(AS): BT, CN, ID, IN, JP, LA, MM, MY, PH, TH, VN.

丛生羊耳蒜 **Liparis caespitosa** (Lam.) Lindl. 【N, W/C】 ♣BBG, FLBG, WBG, XTBG; ●BJ, GD, HB, HI, JX, SC, TW, YN; ★(AS): BT, CN, ID, IN, LA, LK, MM, MY, PH, VN.

羊耳蒜(齿唇羊耳蒜)**Liparis campylostalix** Rchb. f. 【N, W/C】 ♣SCBG, WBG; ●GD, HB; ★(AS): CN, ID, IN, JP, KP, KR, RU-AS, VN.

平卧羊耳蒜 **Liparis chapaensis** Gagnep. 【N, W/C】 ♣IBCAS; ●BJ; ★(AS): CN, LA, MM, VN.

细茎羊耳蒜 **Liparis condylobulbon** Rchb. f. 【N, W/C】 ♣BBG, KBG, TMNS, XMBG; ●BJ, FJ, SC, TW, YN; ★(AS): CN, ID, IN, MM, MY, PH, TH; (OC): AU, FJ, PAF.

心叶羊耳蒜 **Liparis cordifolia** Hook. f. 【N, W/C】 ♣FLBG, WBG; ●GD, HB, JX; ★(AS): BT, CN, IN, NP, VN.

小巧羊耳蒜 **Liparis delicatula** Hook. f. 【N, W/C】 ♣XTBG; ●YN; ★(AS): BT, CN, IN, LA, VN.

大花羊耳蒜 **Liparis distans** C. B. Clarke 【N, W/C】 ♣GXIB, IBCAS, KBG, SCBG, WBG, XMBG, XTBG; ●BJ, FJ, GD, GX, HB, YN; ★(AS): CN, ID, IN, LA, PH, TH, VN.

福建羊耳蒜 **Liparis dunnii** Rolfe 【N, W/C】 ♣HBG, LBG; ●JX, SC, ZJ; ★(AS): CN.

扁球羊耳蒜 **Liparis elliptica** (Rchb. f.) Griseb. 【N, W/C】 ♣FLBG, TMNS, WBG, XMBG, XTBG; ●FJ, GD, HB, JX, TW, YN; ★(AS): BT, CN, ID, IN, JP, LK, MM, NP, PH, TH, VN; (OC): FJ.

锈色羊耳蒜 **Liparis ferruginea** Lindl. 【N, W/C】 ♣WBG, XTBG; ●HB, YN; ★(AS): CN, ID, IN, KH, MY, SG, TH, VN.

裂唇羊耳蒜 **Liparis fissilabris** Tang et F. T. Wang 【N, W/C】 ●HI; ★(AS): CN.

方唇羊耳蒜(方唇羊耳唇)**Liparis glossula** Rchb. f. 【N, W/C】 ♣WBG; ●HB; ★(AS): BT, CN, ID, IN, LK, NP.

恒春羊耳蒜 **Liparis grossa** Rchb. f. 【N, W/C】 ♣CBG, TMNS; ●SH, TW; ★(AS): CN, JP, MM, PH.

长苞羊耳蒜 **Liparis inaperta** Finet 【N, W/C】 ♣WBG; ●HB; ★(AS): CN.

宽叶羊耳蒜 **Liparis latifolia** Lindl. 【N, W/C】 ♣BBG, CBG, FBG, FLBG, SCBG, TMNS, WBG, XLTBG, XMBG, XTBG; ●BJ, FJ, GD, HB, HI, JX, SH, TW, YN; ★(AS): CN, ID, IN, MY, TH; (OC): PAF.

罗氏羊耳蒜 **Liparis loeselii** (L.) Rich. 【I, C】 ★(AS): GE, RU-AS; (EU): AT, BA, BE, BG, CZ, DE, FI, GB, HR, HU, IT, ME, MK, NL, NO, PL, RO, RS, RU, SI; (NA): CA, US.

黄花羊耳蒜 **Liparis luteola** Lindl. 【N, W/C】 ♣SCBG, WBG; ●GD, HB; ★(AS): CN, ID, IN, MM, TH, VN.

三裂羊耳蒜 **Liparis mannii** Rchb. f. 【N, W】 ♣XTBG; ●YN; ★(AS): BT, CN, ID, IN, LK, VN.

凹唇羊耳蒜 **Liparis nakaharae** Hayata 【N, W/C】 ♣TMNS; ●TW; ★(AS): CN.

见血青 **Liparis nervosa** (Thunb.) Lindl. 【N, W/C】 ♣CBG, FBG, GA, GBG, GXIB, HBG, IBCAS, LBG, NBG, SCBG, TBG, TMNS, WBG, XMBG, XTBG; ●BJ, FJ, GD, GX, GZ, HB, JS, JX, SC, SH, TW, YN, ZJ; ★(AS): BT, CN, ID, IN, JP, KH, KR, LA, LK, MM, PH, TH, VN.

紫花羊耳蒜 **Liparis nigra** Seidenf. 【N, W/C】 ♣TMNS, WBG; ●HB, HI, TW; ★(AS): CN, TH, VN.

Liparis nutans (Ames) Ames 【I, C】 ♣BBG; ●BJ; ★(AS): PH.

香花羊耳蒜 **Liparis odorata** (Willd.) Lindl. 【N, W/C】 ♣HBG, WBG, XTBG; ●HB, YN, ZJ; ★(AS): BT, CN, ID, IN, JP, LA, LK, MM, NP, TH, VN.

长唇羊耳蒜 **Liparis pauliana** Hand.-Mazz. 【N, W/C】 ♣CBG, HBG, LBG, XTBG; ●JX, SH, YN, ZJ; ★(AS): CN.

柄叶羊耳蒜 **Liparis petiolata** (D. Don) P. F. Hunt et Summerh. 【N, W/C】 ♣LBG, WBG; ●HB, JX; ★(AS): BT, CN, ID, IN, LK, NP, TH, VN.

翼蕊羊耳蒜 **Liparis regnieri** Finet 【N, W/C】 ♣XTBG; ●YN; ★(AS): CN, MM, TH, VN.

蕊丝羊耳蒜 **Liparis resupinata** Ridl. 【N, W/C】 ♣XTBG; ●TW, YN; ★(AS): BT, CN, IN, NP.

管花羊耳蒜 **Liparis seidenfadeniana** Szlach. 【N, W/C】 ♣WBG; ●HB; ★(AS): CN.

滇南羊耳蒜 **Liparis siamensis** Rolfe ex Downie 【N, W/C】 ●TW; ★(AS): CN, LA, MM, TH.

扇唇羊耳蒜（扇唇羊耳标）**Liparis stricklandiana** Rchb. f. 【N, W/C】 ♣FLBG, SCBG, WBG, XTBG; ●GD, HB, HI, JX, YN; ★(AS): BT, CN, IN, VN.

长茎羊耳蒜 **Liparis viridiflora** (Blume) Lindl. 【N, W/C】 ♣BBG, FLBG, GXIB, IBCAS, KBG, NBG, SCBG, WBG, XMBG, XTBG; ●BJ, FJ, GD, GX, HB, HI, JS, JX, TW, YN; ★(AS): BT, CN, ID, IN, KH, LA, LK, MM, MY, NP, PH, TH, VN.

原沼兰属　Malaxis

Malaxis arboricola P. O'Byrne 【I, C】 ♣XTBG; ●YN; ★(AS): MY.

沼兰 **Malaxis monophyllos** (L.) Sw. 【N, W/C】 ♣SCBG, WBG, XMBG; ●FJ, GD, HB, SC; ★(AS): CN, JP, KP, KR, MN, PH, RU-AS.

兰属　Cymbidium

纹瓣兰 **Cymbidium aloifolium** (L.) Sw. 【N, W/C】 ♣BBG, FLBG, GXIB, IBCAS, KBG, NBG, SCBG, TMNS, WBG, XMBG, XTBG; ●BJ, FJ, GD, GX, HB, HI, JS, JX, TW, YN; ★(AS): BT, CN, ID, IN, KH, LA, LK, MM, MY, NP, TH, VN.

黑珍珠兰 **Cymbidium canaliculatum** R. Br. 【I, C】 ♣TMNS, XMBG; ●FJ, TW; ★(OC): AU.

昌宁兰 **Cymbidium changningense** Z. J. Liu et S. C. Chen 【N, W/C】 ♣CBG; ●SH; ★(AS): CN.

Cymbidium chloranthum Lindl. 【I, C】 ♣TMNS; ●TW; ★(AS): ID, IN, MY.

垂花兰 **Cymbidium cochleare** Lindl. 【N, W/C】 ♣SCBG, TMNS; ●GD, TW; ★(AS): BT, CN, ID, IN, LK, MM, VN.

莎叶兰 **Cymbidium cyperifolium** Wall. ex Lindl. 【N, W/C】 ♣BBG, CDBG, IBCAS, KBG, SCBG, WBG, XTBG; ●BJ, GD, HB, SC, YN; ★(AS): BT, CN, ID, IN, KH, LA, LK, MM, NP, PH, TH, VN.

送春 **Cymbidium cyperifolium** var. **szechuanicum** (Y. S. Wu et S. C. Chen) S. C. Chen et Z. J. Liu 【N, W/C】 ♣CDBG, NSBG, SCBG, WBG; ●CQ, GD, HB, SC; ★(AS): CN, BT.

冬凤兰 **Cymbidium dayanum** Rchb. f. 【N, W/C】 ♣BBG, KBG, SCBG, TBG, TMNS, WBG, XLTBG, XMBG, XTBG; ●BJ, FJ, GD, HB, HI, TW, YN; ★(AS): BT, CN, ID, IN, JP, KH, LA, LK, MM, MY, PH, TH, VN.

落叶兰 **Cymbidium defoliatum** Y. S. Wu et S. C. Chen 【N, W/C】 ♣CDBG; ●SC; ★(AS): CN.

独占春 **Cymbidium eburneum** Lindl. 【N, W/C】 ♣FLBG, IBCAS, KBG, SCBG, TMNS, WBG, XLTBG, XMBG, XTBG; ●BJ, FJ, GD, HB, HI, JX, SC, TW, YN; ★(AS): BT, CN, ID, IN, LK, MM, NP, PH, VN.

莎草兰 **Cymbidium elegans** Lindl. 【N, W/C】 ♣GXIB, KBG, SCBG, WBG, XMBG, XTBG; ●FJ, GD, GX, HB, YN; ★(AS): BT, CN, ID, IN, LK, MM, NP, VN.

建兰 **Cymbidium ensifolium** (L.) Sw. 【N, W/C】 ♣BBG, CBG, CDBG, FBG, FLBG, GA, GBG, GMG, GXIB, HBG, IBCAS, LBG, NBG, NSBG,

SCBG, TBG, TMNS, WBG, XMBG, XOIG, XTBG, ZAFU; ●BJ, CQ, FJ, GD, GX, GZ, HB, HI, JS, JX, SC, SH, TW, YN, ZJ; ★(AS): CN, ID, IN, JP, KH, KR, LA, LK, MY, PH, SG, TH, VN.

长叶兰 **Cymbidium erythraeum** Lindl. 【N, W/C】 ♣IBCAS, KBG, SCBG, WBG, XMBG, XTBG; ●BJ, FJ, GD, HB, YN; ★(AS): BT, CN, ID, IN, LK, MM, NP, VN.

红柱兰 **Cymbidium erythrostylum** Rolfe 【I, C】 ♣BBG, WBG; ●BJ, HB; ★(AS): VN.

蕙兰 **Cymbidium faberi** Rolfe 【N, W/C】 ♣BBG, CDBG, FBG, FLBG, GA, GXIB, HBG, IBCAS, KBG, LBG, NSBG, SCBG, TMNS, WBG, XMBG, ZAFU; ●BJ, CQ, FJ, GD, GX, HB, HL, JX, SC, SD, SH, TW, YN, ZJ; ★(AS): BT, CN, IN, NP.

马来兰 **Cymbidium finlaysonianum** Lindl. 【I, C】 ♣BBG; ●BJ, TW; ★(AS): ID, IN, MY, PH, SG, VN.

多花兰 **Cymbidium floribundum** Lindl. 【N, W/C】 ♣CDBG, FLBG, GBG, GXIB, HBG, IBCAS, LBG, NBG, NSBG, SCBG, TMNS, WBG, XMBG, XTBG; ●BJ, CQ, FJ, GD, GX, GZ, HB, JS, JX, SC, TW, YN, ZJ; ★(AS): CN, VN.

金蝉兰 **Cymbidium gaoligongense** Z. J. Liu et J. Yong Zhang 【N, W/C】 ♣CBG; ●SH; ★(AS): CN.

春兰 **Cymbidium goeringii** (Rchb. f.) Rchb. f. 【N, W/C】 ♣BBG, CBG, CDBG, FBG, FLBG, GA, GBG, GXIB, HBG, IBCAS, KBG, LBG, NBG, NSBG, SCBG, TMNS, WBG, XBG, XMBG, XTBG, ZAFU; ●BJ, CQ, FJ, GD, GX, GZ, HB, JS, JX, SC, SH, SN, TW, YN, ZJ; ★(AS): BT, CN, ID, IN, JP, KP, KR, LK.

秋墨兰 **Cymbidium haematodes** Lindl. 【N, W/C】 ●TW; ★(AS): CN, ID, IN, LA, LK, TH.

虎头兰 **Cymbidium hookerianum** Rchb. f. 【N, W/C】 ♣BBG, CBG, CDBG, FBG, FLBG, GBG, GXIB, HBG, IBCAS, KBG, NBG, NSBG, SCBG, XMBG, XTBG; ●BJ, CQ, FJ, GD, GX, GZ, JS, JX, SC, SH, YN, ZJ; ★(AS): BT, CN, ID, IN, LK, MM, NP, VN.

大花惠兰 **Cymbidium hybridum** Hort. 【N, C】 ♣FBG, SCBG, XMBG, XOIG, ZAFU; ●FJ, GD, ZJ; ★(AS): CN.

美花兰 **Cymbidium insigne** Rolfe 【N, W/C】 ♣SCBG, WBG; ●GD, HB, HI; ★(AS): CN, TH, VN.

黄蝉兰 **Cymbidium iridioides** D. Don 【N, W/C】 ♣BBG, CDBG, KBG, NSBG, SCBG, WBG, XTBG; ●BJ, CQ, GD, HB, SC, TW, YN; ★(AS): BT, CN, ID, IN, LK, MM, NP, VN.

寒兰 **Cymbidium kanran** Makino 【N, W/C】 ♣BBG, CBG, CDBG, FBG, FLBG, GA, GXIB, HBG, IBCAS, NSBG, SCBG, TMNS, WBG, XMBG, XTBG; ●BJ, CQ, FJ, GD, GX, HB, HI, JX, SC, SH, TW, YN, ZJ; ★(AS): CN, JP, KP, KR, VN.

兔耳兰 **Cymbidium lancifolium** Hook. 【N, W/C】 ♣CBG, CDBG, FLBG, GXIB, KBG, LBG, NBG, NSBG, SCBG, TBG, TMNS, WBG, XMBG, XTBG; ●CQ, FJ, GD, GX, HB, HI, JS, JX, SC, SH, TW, YN; ★(AS): BT, CN, ID, IN, JP, KH, KR, LA, LK, MM, MY, NP, TH, VN; (OC): PAF.

碧玉兰 **Cymbidium lowianum** (Rchb. f.) Rchb. f. 【N, W/C】 ♣CBG, FLBG, IBCAS, KBG, SCBG, TMNS, WBG, XTBG; ●BJ, GD, HB, JX, SC, SH, TW, YN; ★(AS): CN, MM, TH, VN.

澳洲凤兰 **Cymbidium madidum** Lindl. 【I, C】 ●TW; ★(OC): AU.

硬叶兰 **Cymbidium mannii** Rchb. f. 【N, W/C】 ♣BBG, FLBG, GBG, GMG, GXIB, HBG, IBCAS, KBG, SCBG, TMNS, WBG, XLTBG, XMBG, XTBG; ●BJ, FJ, GD, GX, GZ, HB, HI, JX, TW, YN, ZJ; ★(AS): BT, CN, ID, IN, KH, LA, MM, MY, NP, TH, VN.

大雪兰 **Cymbidium mastersii** Griff. ex Lindl. 【N, W/C】 ♣FLBG, IBCAS, KBG, WBG, XTBG; ●BJ, GD, HB, JX, YN; ★(AS): BT, CN, ID, IN, LK, MM, TH, VN.

珍珠矮兰 **Cymbidium nanulum** Y. S. Wu et S. C. Chen 【N, W/C】 ♣SCBG; ●GD; ★(AS): CN, LA.

峨眉春蕙 **Cymbidium omeiense** Y. S. Wu et S. C. Chen 【N, W/C】 ♣CDBG; ●SC; ★(AS): CN.

丘北冬蕙兰(邱北冬蕙兰) **Cymbidium qiubeiense** K. M. Feng et H. Li 【N, W/C】 ♣FLBG, GXIB, IBCAS, NBG, SCBG, WBG, XMBG, XTBG; ●BJ, FJ, GD, GX, HB, JS, JX, TW, YN; ★(AS): CN.

单氏虎头兰 **Cymbidium sanderae** (Rolfe) P. J. Cribb et Du Puy 【I, C】 ★(AS): VN.

豆瓣兰 **Cymbidium serratum** Schltr. 【N, W/C】 ♣CDBG, IBCAS, KBG, LBG, NSBG, TMNS, XMBG; ●BJ, CQ, FJ, JX, SC, TW, YN; ★(AS): CN.

墨兰 **Cymbidium sinense** (Jacks.) Willd. 【N, W/C】 ♣BBG, CBG, CDBG, FBG, FLBG, GA, GMG, GXIB, HBG, IBCAS, KBG, LBG, NSBG, SCBG, TBG, TMNS, WBG, XLTBG, XMBG, XOIG,

XTBG; ●BJ, CQ, FJ, GD, GX, HB, HI, JX, SC, SH, TW, YN, ZJ; ★(AS): CN, ID, IN, JP, LK, MM, TH, VN.

斑舌兰 **Cymbidium tigrinum** C. S. P. Parish ex Hook. 【N, W/C】 ♣SCBG, WBG; ●GD, HB; ★(AS): CN, ID, IN, MM.

莲瓣兰 **Cymbidium tortisepalum** Fukuy. 【N, W/C】 ♣CBG, FLBG, IBCAS, TMNS, XMBG, XTBG; ●BJ, FJ, GD, JX, SC, SH, TW, YN; ★(AS): CN.

春剑 **Cymbidium tortisepalum** var. **longibracteatum** (Y. S. Wu et S. C. Chen) S. C. Chen et Z. J. Liu 【N, W/C】 ♣CDBG, NSBG, WBG, XMBG, XTBG, ZAFU; ●CQ, FJ, HB, SC, YN, ZJ; ★(AS): CN.

西藏虎头兰 **Cymbidium tracyanum** L. Castle 【N, W/C】 ♣CBG, IBCAS, KBG, NSBG, SCBG, WBG, XMBG, XTBG; ●BJ, CQ, FJ, GD, HB, SC, SH, XZ, YN; ★(AS): CN, MM, TH, VN.

文山红柱兰 **Cymbidium wenshanense** Y. S. Wu et F. Y. Liu 【N, W/C】 ♣IBCAS, SCBG, WBG, XTBG; ●BJ, GD, HB, YN; ★(AS): CN, VN.

滇南虎头兰 **Cymbidium wilsonii** (Rolfe ex De Cock) Rolfe 【N, W/C】 ♣KBG, NSBG, SCBG, WBG; ●CQ, GD, HB, YN; ★(AS): CN, VN.

斑被兰属 Grammatophyllum

美暗斑兰 **Grammatophyllum elegans** Rchb. f. 【I, C】 ♣BBG; ●BJ; ★(AS): PH; (OC): FJ.

多花斑被兰 **Grammatophyllum scriptum** (L.) Blume 【I, C】 ♣CBG, SCBG, XMBG; ●FJ, GD, SH, TW; ★(AS): MY, PH, SG; (OC): FJ.

斑被兰（老虎兰）**Grammatophyllum speciosum** Blume 【I, C】 ♣SCBG, TMNS; ●GD, TW; ★(AS): ID, LA, MM, MY, PH, SG, VN; (OC): SB.

合萼兰属 Acriopsis

合萼兰 **Acriopsis indica** C. Wright 【N, W/C】 ♣SCBG, XTBG; ●GD, TW, YN; ★(AS): CN, ID, IN, KH, LA, MM, MY, PH, TH, VN.

百合叶合萼兰 **Acriopsis liliifolia** (J. Koenig) Seidenf. 【I, C】 ♣BBG, CBG; ●BJ, SH, TW; ★(AS): BT, ID, IN, LA, LK, MM, PH, SG, VN.

盒足兰属 Thecopus

Thecopus maingayi (Hook. f.) Seidenf. 【I, C】 ♣SCBG; ●GD, TW; ★(AS): MY, VN.

豹斑兰属 Ansellia

Ansellia africana Lindl. 【I, C】 ♣BBG; ●BJ, TW; ★(AF): AO, CD, GA, NG, TZ, ZA, ZM.

棕兰属 Cymbidiella

豹斑拟惠兰 **Cymbidiella pardalina** (Rchb. f.) Garay 【I, C】 ♣CBG; ●SH, TW; ★(AF): MG.

节茎兰属 Oeceoclades

芋兰 **Oeceoclades gracillima** (Schltr.) Garay et P. Taylor 【I, C】 ♣CBG; ●SH, TW; ★(AF): MG.

Oeceoclades maculata (Lindl.) Lindl. 【I, C】 ♣BBG; ●BJ, TW; ★(AF): AO, MG, TZ.

Oeceoclades spathulifera (H. Perrier) Garay et P. Taylor 【I, C】 ♣TMNS; ●TW; ★(AF): MG.

地宝兰属 Geodorum

大花地宝兰 **Geodorum attenuatum** Griff. 【N, W/C】 ♣XTBG; ●YN; ★(AS): CN, LA, MM, TH, VN.

地宝兰 **Geodorum densiflorum** (Lam.) Schltr. 【N, W/C】 ♣GXIB, SCBG, TMNS, WBG, XTBG; ●GD, GX, HB, HI, TW, YN; ★(AS): BT, CN, ID, IN, JP, KH, LA, LK, MM, MY, PH, TH, VN; (OC): AU, FJ.

贵州地宝兰 **Geodorum eulophioides** Schltr. 【N, W/C】 ♣FLBG, XTBG; ●GD, HI, JX, YN; ★(AS): CN.

多花地宝兰 **Geodorum recurvum** (Roxb.) Alston 【N, W/C】 ♣XTBG; ●HI, YN; ★(AS): CN, ID, IN, KH, LA, MM, TH, VN.

美冠兰属 Eulophia

长距美冠兰 **Eulophia dabia** (D. Don) M. S. Balakr. 【N, W/C】 ♣XTBG; ●YN; ★(AS): AF, BT, CN, CY, IN, KH, LK, NP, PK, TJ, TM, UZ.

宝岛美冠兰 **Eulophia dentata** Ames 【N, W/C】 ♣TBG; ●TW; ★(AS): CN, PH.

黄花美冠兰 **Eulophia flava** (Lindl.) Hook. f. 【N, W/C】 ♣XMBG; ●FJ; ★(AS): CN, ID, IN, LA, MM, NP, TH, VN.

美冠兰(贵州美冠兰)**Eulophia graminea** Lindl. 【N,

W/C】 ♣FLBG, SCBG, TMNS, XMBG, XTBG; ●FJ, GD, HI, JX, TW, YN; ★(AS): BT, CN, ID, IN, JP, LA, LK, MM, MY, NP, PH, SG, TH, VN.

彼得氏芋兰 **Eulophia petersii** (Rchb. f.) Rchb. f. 【I, C】♣BBG, TMNS; ●BJ, TW; ★(AF): ER, ZA; (AS): YE.

美花美冠兰 **Eulophia pulchra** (Thouars) Lindl.【N, W/C】 ●TW; ★(AS): CN, ID, IN, KH, LA, LK, MM, MY, PH, TH, VN.

紫花美冠兰 **Eulophia spectabilis** (Dennst.) Suresh 【N, W/C】♣NBG, XTBG; ●JS, TW, YN; ★(AS): BT, CN, ID, IN, KH, LA, LK, MM, MY, NP, PH, SG, TH, VN; (OC): FJ, PAF.

无叶美冠兰 **Eulophia zollingeri** (Rchb. f.) J. J. Sm. 【N, W/C】♣FLBG, TMNS, XMBG; ●FJ, GD, JX, TW; ★(AS): BT, CN, ID, IN, JP, LK, MM, MY, PH, TH, VN.

斑唇兰属 Grammangis

线船兰 **Grammangis ellisii** (Lindl.) Rchb. f. 【I, C】♣BBG, XMBG; ●BJ, FJ, TW; ★(AF): MG.

画兰属 Graphorkis

Graphorkis concolor (Thouars) Kuntze 【I, C】♣CBG; ●SH; ★(AF): MG.

格罗兰属 Grobya

Grobya galeata Lindl.【I, C】♣BBG; ●BJ, TW; ★(SA): BR.

鼬蕊兰属 Galeandra

Galeandra baueri Lindl. 【I, C】♣BBG; ●BJ, TW; ★(SA): BR, GY.

Galeandra dives Rchb. f. et Warsz. 【I, C】♣BBG; ●BJ, TW; ★(SA): VE.

克劳兰属 Clowesia

Clowesia russelliana (Hook.) Dodson【I, C】♣BBG; ●BJ; ★(NA): BM, BZ, GT, MX, NI, SV; (SA): VE.

龙须兰属 Catasetum

Catasetum macrocarpum Rich. ex Kunth 【I, C】♣BBG; ●BJ, TW; ★(SA): AR, BR, GY, VE.

Catasetum macroglossum Rchb. f. 【I, C】♣BBG; ●BJ; ★(SA): EC.

Catasetum planiceps Lindl. 【I, C】 ♣BBG; ●BJ; ★(SA): BR, GY, VE.

Catasetum saccatum Lindl. 【I, C】 ♣BBG; ●BJ, TW; ★(SA): BR, EC, GY, PE, VE.

天鹅兰属 Cycnoches

*绿唇天鹅兰 **Cycnoches chlorochilon** Klotzsch 【I, C】 ♣CBG, WBG; ●HB, SH; ★(NA): PA; (SA): CO.

Cycnoches loddigesii Lindl. 【I, C】 ♣BBG; ●BJ; ★(SA): BR, GY, VE.

五指天鹅兰 **Cycnoches pentadactylon** Lindl. 【I, C】 ♣SCBG; ●GD; ★(SA): BR, PE.

绿天鹅兰 **Cycnoches warszewiczii** Rchb. f. 【I, C】♣SCBG, WBG; ●GD, HB, TW; ★(NA): CR, GT, PA.

香鲨兰属 Dressleria

*香鲨兰 **Dressleria dilecta** (Rchb. f.) Dodson 【I, C】♣BBG; ●BJ; ★(NA): CR, NI.

*象牙香鲨兰 **Dressleria eburnea** (Rolfe) Dodson【I, C】 ♣BBG; ●BJ; ★(NA): CR; (SA): EC.

飞燕兰属 Mormodes

Mormodes maculata var. **unicolor** (Hook.) L. O. Williams 【I, C】 ♣BBG; ●BJ; ★(NA): MX.

弯足兰属 Cyrtopodium

*牛角弯足兰 **Cyrtopodium punctatum** (L.) Lindl. 【I, C】 ♣BBG, SCBG; ●BJ, GD, TW; ★(NA): CU, PR, US.

拟蝶唇兰属 Psychopsis

拟蝶唇兰 **Psychopsis papilio** (Lindl.) H. G. Jones 【I, C】 ♣SCBG, WBG, XTBG; ●GD, HB, TW, YN; ★(NA): PA; (SA): BR, CO, GF, GY, VE.

魔鬼拟蝶唇兰 **Psychopsis versteegiana** (Pulle) Lückel et Braem 【I, C】 ♣XMBG; ●FJ, TW; ★(SA): BO.

毛足兰属 Trichopilia

Trichopilia hennisiana Kraenzl. 【I, C】 ♣BBG;

●BJ, TW; ★(SA): EC.

Trichopilia oicophylax Rchb. f. 【I, C】 ♣BBG; ●BJ; ★(SA): GY.

Trichopilia suavis Lindl. et Paxton 【I, C】 ♣BBG; ●BJ; ★(NA): CR, PA.

Trichopilia turialbae Rchb. f. 【I, C】 ♣BBG; ●BJ; ★(NA): CR, NI, PA.

金虎兰属 Rossioglossum

金虎兰 **Rossioglossum grande** (Lindl.) Garay et G. C. Kenn. 【I, C】 ●TW; ★(NA): CR, GT, MX, SV.

斑花金虎兰 **Rossioglossum insleayi** (Baker ex Lindl.) Garay et G. C. Kenn. 【I, C】 ●TW; ★(NA): MX.

瘤瓣兰属 Chelyorchis

大花瘤瓣兰 **Chelyorchis ampliata** (Lindl.) Dressler et N. H. Williams 【I, C】 ♣BBG, CBG, FLBG, SCBG, XMBG; ●BJ, FJ, GD, JX, SH, TW; ★(NA): HN, NI, PA, SV.

香花兰属 Cuitlauzina

垂花香花兰 **Cuitlauzina pendula** Lex. 【I, C】 ●TW; ★(NA): MX.

Cuitlauzina pulchella (Bateman ex Lindl.) Dressler et N. H. Williams 【I, C】 ♣BBG; ●BJ, TW; ★(NA): GT, HN, MX, NI, SV.

毛距兰属 Trichocentrum

Trichocentrum ascendens (Lindl.) M. W. Chase et N. H. Williams 【I, C】 ♣CBG, SCBG; ●GD, SH, TW; ★(NA): BZ, CR, GT, HN, MX, NI, PA, SV.

Trichocentrum carthagenense (Jacq.) M. W. Chase et N. H. Williams 【I, C】 ♣BBG; ●BJ, TW; ★(NA): BZ, CR, GT, HN, MX, NI, PA, SV.

Trichocentrum cavendishianum (Bateman) M. W. Chase et N. H. Williams 【I, C】 ♣BBG; ●BJ, TW; ★(NA): GT, HN, SV.

棒叶毛距兰 **Trichocentrum cebolleta** (Jacq.) M. W. Chase et N. H. Williams 【I, C】 ♣XMBG; ●FJ, TW; ★(NA): CR, GT, HN, MX, NI, SV.

兰欧毛距兰 **Trichocentrum lanceanum** (Lindl.) M. W. Chase et N. H. Williams 【I, C】 ♣BBG, SCBG, XMBG; ●BJ, FJ, GD; ★(SA): BR, GY, PE, VE.

Trichocentrum luridum (Lindl.) M. W. Chase et N. H. Williams 【I, C】 ♣CBG; ●SH, TW; ★(SA): VE.

Trichocentrum margalefii (Hágsater) M. W. Chase et N. H. Williams 【I, C】 ♣BBG; ●BJ, TW; ★(NA): MX.

Trichocentrum microchilum (Bateman ex Lindl.) M. W. Chase et N. H. Williams 【I, C】 ♣BBG; ●BJ, TW; ★(NA): GT, HN, MX, SV.

Trichocentrum stramineum (Bateman ex Lindl.) M. W. Chase et N. H. Williams 【I, C】 ♣BBG; ●BJ, TW; ★(NA): MX; (SA): BR.

柱状毛距兰 **Trichocentrum teres** (Ames et C. Schweinf.) M. W. Chase et N. H. Williams 【I, C】 ●TW; ★(NA): CR.

洛克兰属 Lockhartia

Lockhartia amoena Endrés et Rchb. f. 【I, C】 ♣BBG; ●BJ; ★(NA): CR, NI, PA.

Lockhartia biserra (Rich.) Christenson et Garay 【I, C】 ♣BBG; ●BJ, TW; ★(SA): BR, GY, VE.

Lockhartia hercodonta Rchb. f. ex Kraenzl. 【I, C】 ♣BBG; ●BJ, TW; ★(NA): BZ, CR, GT, HN, NI, PA; (SA): EC.

文心兰属 Oncidium

Oncidium alexandrae (Bateman) M. W. Chase et N. H. Williams 【I, C】 ★(SA): VE.

蝶花文心兰 **Oncidium aurarium** Rchb. f. 【I, C】 ♣BBG, CBG; ●BJ, SH; ★(SA): BO.

Oncidium auriferum Rchb. f. 【I, C】 ♣BBG; ●BJ; ★(SA): PE, VE.

高大文心兰 **Oncidium baueri** Lindl. 【I, C】 ♣BBG; ●BJ, TW; ★(NA): PR.

香花文心兰 **Oncidium blanchetii** Rchb. f. 【I, C】 ♣BBG; ●BJ, TW; ★(SA): BR.

Oncidium brachyandrum Lindl. 【I, C】 ♣BBG; ●BJ, TW; ★(NA): MX.

Oncidium bryolophotum Rchb. f. 【I, C】 ♣BBG; ●BJ; ★(NA): CR, PA.

Oncidium cariniferum (Rchb. f.) Beer 【I, C】 ♣BBG; ●BJ; ★(NA): CR, PA.

掌花文心兰 **Oncidium cheirophorum** Rchb. f. 【I, C】 ♣BBG; ●BJ, TW; ★(NA): BZ, CR, NI, PA.

Oncidium concolor Hook. 【I, C】 ♣BBG; ●BJ, TW; ★(SA): BR.

Oncidium crispum Lodd. ex Lindl. 【I, C】 ♣BBG; ●BJ, TW; ★(SA): BR.

Oncidium ensatum Lindl. 【I, C】 ♣BBG; ●BJ, TW; ★(NA): BZ, CR, GT, HN, MX, NI, PA.

浅黄文心兰 **Oncidium excavatum** Lindl. 【I, C】 ♣CBG; ●SH, TW; ★(SA): PE.

Oncidium fuscatum Rchb. f. 【I, C】 ♣BBG; ●BJ, TW; ★(SA): BR, PE.

葛氏文心兰 **Oncidium gardneri** Lindl. 【I, C】 ●TW; ★(SA): BR.

Oncidium ghiesbreghtianum A. Rich. et Galeotti【I, C】 ♣BBG; ●BJ, TW; ★(NA): MX.

Oncidium hastatum Mansf. 【I, C】 ♣BBG; ●BJ; ★(NA): MX.

Oncidium hastilabium (Lindl.) Beer【I, C】♣BBG; ●BJ; ★(SA): PE, VE.

Oncidium hintonii L. O. Williams 【I, C】 ♣BBG; ●BJ; ★(NA): MX.

Oncidium hyphaematicum Rchb. f.【I, C】♣BBG; ●BJ, TW; ★(SA): PE.

Oncidium incurvum Barker ex Lindl. 【I, C】 ♣BBG; ●BJ, TW; ★(NA): MX, NI.

早花文心兰 **Oncidium laeve** (Lindl.) Beer 【I, C】 ★(NA): MX.

Oncidium leucochilum Bateman ex Lindl. 【I, C】 ♣BBG; ●BJ, TW; ★(NA): GT, HN, MX.

长唇文心兰 **Oncidium longipes** Lindl. 【I, C】 ♣BBG, CBG; ●BJ, SH; ★(SA): AR, BR.

黄紫文心兰 **Oncidium luteopurpureum** (Lindl.) Beer 【I, C】 ●TW; ★(SA): BR, VE.

大花文心兰 **Oncidium macranthum** Lindl. 【I, C】 ●TW; ★(SA): EC, PE.

Oncidium microstigma Rchb. f. 【I, C】 ♣BBG; ●BJ; ★(SA): BR.

多花文心兰 **Oncidium nebulosum** Lindl. 【I, C】 ♣BBG, SCBG; ●BJ, GD; ★(NA): GT, MX.

金蝶兰 **Oncidium ornithorhynchum** Kunth 【I, C】 ♣BBG, SCBG, XLTBG; ●BJ, GD, HI, TW; ★(NA): GT, MX, NI, PA, SV; (SA): EC.

Oncidium panamense Schltr. 【I, C】 ♣BBG; ●BJ, TW; ★(NA): PA.

Oncidium pirarense Rchb. f. 【I, C】 ♣BBG; ●BJ; ★(SA): GY.

Oncidium planilabre Lindl. 【I, C】 ♣BBG; ●BJ, TW; ★(SA): PE.

Oncidium reflexum Lindl.【I, C】♣BBG; ●BJ, TW; ★(NA): MX.

Oncidium reichenheimii (Linden et Rchb. f.) Garay et Stacy 【I, C】 ♣BBG; ●BJ, TW; ★(NA): MX.

Oncidium sarcodes Lindl.【I, C】♣BBG; ●BJ, TW; ★(SA): BR.

文心兰 **Oncidium sphacelatum** Lindl. 【I, C】 ♣BBG, FBG, FLBG, SCBG, TBG, WBG, XMBG, XOIG, ZAFU; ●BJ, FJ, GD, HB, JX, TW, ZJ; ★(NA): BZ, GT, HN, MX, NI, SV.

Oncidium teretifolium Hort. 【I, C】 ♣CBG; ●SH; ★(SA): BR.

肿胀文心兰(小金蝶兰)**Oncidium varicosum** Lindl. 【I, C】 ♣BBG, SCBG; ●BJ, GD, TW; ★(SA): AR, BO, BR.

齿舌兰属 Odontoglossum

白唇齿舌兰 **Odontoglossum constrictum** Lindl.【I, C】 ★(SA): VE.

哈氏齿舌兰 **Odontoglossum harryanum** Rchb. f. 【I, C】 ★(SA): PE.

香花齿舌兰 **Odontoglossum odoratum** Lindl. 【I, C】 ★(SA): CO.

美丽齿舌兰 **Odontoglossum spectatissimum** Lindl. 【I, C】 ★(SA): VE.

Odontoglossum wyattianum A. G. Wilson 【I, C】 ♣BBG; ●BJ, TW; ★(SA): PE.

蜗牛兰属 Cochlioda

Cochlioda densiflora Lindl. 【I, C】 ♣BBG; ●BJ, TW; ★(SA): PE.

美堇兰属 Miltoniopsis

蝴蝶堇兰 **Miltoniopsis phalaenopsis** (Linden et Rchb. f.) Garay et Dunst. 【I, C】 ★(SA): CO.

高加兰属 Caucaea

高加兰 **Caucaea sanguinolenta** (Lindl.) N. H. Williams et M. W. Chase【I, C】♣BBG; ●BJ, TW; ★(SA): PE.

凸唇兰属 Cyrtochilum

厄瓜多尔凸唇兰 **Cyrtochilum edwardii** (Rchb. f.) Kraenzl. 【I, C】 ●TW; ★(SA): EC.

凸唇兰 **Cyrtochilum flexuosum** Kunth 【I, C】

♣BBG, CBG, WBG; ●BJ, HB, LN, SH, TW; ★(SA): PE.

Cyrtochilum gracile (Lindl.) Kraenzl. 【I, C】 ♣BBG; ●BJ, TW; ★(SA): EC, PE.

丽堇兰属 Miltonia

白花丽堇兰 **Miltonia candida** Lindl.【I, C】♣BBG; ●BJ, TW; ★(SA): BR.

栗花丽堇兰 **Miltonia clowesii** (Lindl.) Lindl.【I, C】●TW; ★(SA): BR.

锲唇丽堇兰 **Miltonia cuneata** Lindl.【I, C】♣BBG; ●BJ, TW; ★(SA): BR.

淡黄丽堇兰 **Miltonia flavescens** (Lindl.) Lindl. 【I, C】 ♣CBG; ●SH, TW; ★(SA): AR, BR, PY.

莫利丽堇兰 **Miltonia moreliana** A. Rich. 【I, C】 ♣BBG; ●BJ; ★(SA): BR, VE.

丽堇兰 **Miltonia phymatochila** (Lindl.) N. H. Williams et M. W. Chase 【I, C】 ♣BBG, SCBG; ●BJ, GD, TW; ★(SA): BR.

矩唇丽堇兰 **Miltonia regnellii** Rchb. f. 【I, C】 ●TW; ★(SA): BR.

Miltonia russelliana (Lindl.) Lindl. 【I, C】 ♣BBG; ●BJ; ★(SA): BR.

大花丽堇兰 **Miltonia spectabilis** Lindl. 【I, C】 ♣BBG, CBG; ●BJ, SH, TW; ★(SA): VE.

喜兰属 Aspasia

Aspasia epidendroides Lindl. 【I, C】 ♣BBG; ●BJ; ★(NA): CR, HN, NI, PA, SV; (SA): CO.

美乐兰 **Aspasia lunata** Lindl.【I, C】♣BBG, CBG; ●BJ, SH, TW; ★(SA): BR.

Aspasia principissa Rchb. f. 【I, C】 ♣BBG; ●BJ, TW; ★(NA): CR, NI, PA; (SA): CO.

Aspasia silvana F. Barros 【I, C】 ♣BBG; ●BJ; ★(SA): BR.

长萼兰属 Brassia

弓形长萼兰(蜘蛛兰)**Brassia arcuigera** Rchb. f.【I, C】 ♣BBG; ●BJ, TW; ★(NA): CR, PA; (SA): EC.

尾状长萼兰 **Brassia caudata** (L.) Lindl. 【I, C】 ♣CBG; ●SH; ★(NA): BZ, CR, DO, GT, HN, MX, NI, PA; (SA): BO, BR, EC, PE.

Brassia cauliformis C. Schweinf. 【I, C】 ♣BBG; ●BJ; ★(SA): PE.

Brassia chloroleuca Barb. Rodr. 【I, C】 ♣BBG; ●BJ; ★(SA): BR, GY.

Brassia cochleata Knowles et Westc.【I, C】♣BBG; ●BJ, TW; ★(SA): BR, PE, VE.

Brassia escobariana Garay 【I, C】 ♣XTBG; ●YN; ★(SA): CO.

Brassia gireoudiana Rchb. f. et Warsz. 【I, C】 ♣BBG; ●BJ; ★(NA): CR, PA.

Brassia lanceana Lindl. 【I, C】 ♣BBG; ●BJ; ★(SA): EC.

Brassia peruviana Poepp. et Endl. 【I, C】 ♣BBG; ●BJ; ★(SA): PE.

Brassia signata Rchb. f. 【I, C】 ♣BBG; ●BJ, TW; ★(SA): PE.

疣斑长萼兰 **Brassia verrucosa** Bateman ex Lindl. 【I, C】 ♣BBG, SCBG; ●BJ, GD, TW; ★(NA): CR, GT, HN, MX, NI, SV.

Brassia wageneri Rchb. f. 【I, C】 ♣BBG; ●BJ; ★(SA): BR, GY, PE, VE.

埃利兰属 Erycina

扇叶兰 **Erycina pumilio** (Rchb. f.) N. H. Williams et M. W. Chase 【I, C】 ♣XMBG; ●FJ; ★(SA): GY, PE.

虎斑兰属 Rhynchostele

Rhynchostele aptera (Lex.) Soto Arenas et Salazar 【I, C】 ♣BBG; ●BJ; ★(NA): MX.

Rhynchostele bictoniensis (Bateman) Soto Arenas et Salazar 【I, C】 ♣BBG; ●BJ, TW; ★(NA): GT, HN, MX, PA, SV.

心唇虎斑兰 **Rhynchostele cordata** (Lindl.) Soto Arenas et Salazar【I, C】●TW; ★(NA): GT, HN, MX, NI, SV.

Rhynchostele maculata (Lex.) Soto Arenas et Salazar 【I, C】 ♣BBG; ●BJ, TW; ★(NA): GT, MX.

罗氏虎斑兰 **Rhynchostele rossii** (Lindl.) Soto Arenas et Salazar【I, C】●TW; ★(NA): GT, MX, SV.

Rhynchostele uroskinneri (Lindl.) Soto Arenas et Salazar 【I, C】 ♣BBG; ●BJ; ★(NA): GT.

宫美兰属 Gomesa

Gomesa ciliata (Lindl.) M. W. Chase et N. H. Williams 【I, C】 ♣BBG; ●BJ, TW; ★(SA): BR.

小人兰 **Gomesa crispa** (Lindl.) Klotzsch ex Rchb. f. 【I, C】 ●TW; ★(SA): BR.

Gomesa croesus (Rchb. f.) M. W. Chase et N. H. Williams 【I, C】 ♣BBG; ●BJ, TW; ★(SA): BR.

Gomesa glaziovii Cogn. 【I, C】 ♣BBG; ●BJ; ★(SA): BR.

Gomesa planifolia (Lindl.) Klotzsch ex Rchb. f. 【I, C】 ♣BBG; ●BJ, TW; ★(SA): AR, BR.

鸟柱兰属 Ornithophora

鸟柱兰 **Ornithophora radicans** (Rchb. f.) Garay et Pabst 【I, C】 ♣BBG; ●BJ, TW; ★(SA): BR.

文黄兰属 Zelenkoa

文黄兰 **Zelenkoa onusta** (Lindl.) M. W. Chase et N. H. Williams 【I, C】 ♣BBG, SCBG; ●BJ, GD, TW; ★(SA): EC, PE.

托伦兰属 Tolumnia

Tolumnia variegata (Sw.) Braem 【I, C】 ♣BBG; ●BJ, TW; ★(NA): JM.

Tolumnia velutina (Lindl. et Paxton) Braem 【I, C】 ♣BBG; ●BJ; ★(NA): CU.

光唇兰属 Leochilus

光唇兰 **Leochilus oncidioides** Knowles et Westc. 【I, C】 ♣BBG; ●BJ, TW; ★(NA): GT, MX.

新堇兰属 Ionopsis

新堇兰 **Ionopsis utricularioides** (Sw.) Lindl. 【I, C】 ♣CBG, SCBG, XMBG; ●FJ, GD, SH, TW; ★(SA): EC.

凹唇兰属 Comparettia

Comparettia coccinea Lindl. 【I, C】 ●TW; ★(SA): BR, PE, VE.

Comparettia falcata Poepp. et Endl. 【I, C】 ●TW; ★(NA): BM, CU, PR, US.

Comparettia hirtzii (Dodson) M. W. Chase et N. H. Williams 【I, C】 ●TW; ★(SA): EC.

Comparettia ignea P. Ortiz 【I, C】 ●TW; ★(SA): CO.

Comparettia macroplectron Rchb. f. et Triana 【I, C】 ●TW; ★(SA): BO, CO.

Comparettia maloi I. Bock 【I, C】 ●TW; ★(SA): EC.

Comparettia speciosa Rchb. f. 【I, C】 ●TW; ★(SA): EC, PE.

凹萼兰属 Rodriguezia

Rodriguezia decora (Lem.) Rchb. f. 【I, C】 ♣BBG; ●BJ, TW; ★(SA): BR.

Rodriguezia lanceolata Ruiz et Pav. 【I, C】 ♣BBG; ●BJ, TW; ★(SA): BO, BR, CO, EC, GF, GY, PE, VE.

Rodriguezia obtusifolia (Lindl.) Rchb. f. 【I, C】 ♣BBG; ●BJ, TW; ★(SA): BR.

Rodriguezia satipoana Dodson et D. E. Benn. 【I, C】 ♣BBG; ●BJ, TW; ★(SA): PE.

长盘兰属 Macradenia

多花长盘兰（多花长腺兰）**Macradenia multiflora** (Kraenzl.) Cogn. 【I, C】 ♣XMBG; ●FJ; ★(SA): BR.

驼背兰属 Notylia

驼背兰 **Notylia barkeri** Lindl. 【I, C】 ♣BBG; ●BJ, TW; ★(SA): BR.

柯伦兰属 Koellensteinia

*禾叶柯伦兰 **Koellensteinia graminea** (Lindl.) Rchb. f. 【I, C】 ●TW; ★(SA): EC.

耳柱兰属 Otostylis

耳柱兰 **Otostylis brachystalix** (Rchb. f.) Schltr. 【I, C】 ★(NA): TT; (SA): BR, CO, GY, PE, VE.

豹皮兰属 Promenaea

豹皮兰 **Promenaea stapelioides** (Link et Otto) Lindl. 【I, C】 ♣BBG; ●BJ, TW; ★(SA): BR.

轭肩兰属 Zygosepalum

巨唇轭肩兰 **Zygosepalum labiosum** (Rich.) C. Schweinf. 【I, C】 ●TW; ★(SA): BR, GY, VE.

林登轭肩兰 **Zygosepalum lindeniae** (Rolfe) Garay et Dunst. 【I, C】 ★(SA): BR, GY, PE, VE.

轭瓣兰属 Zygopetalum

短瓣轭瓣兰 **Zygopetalum brachypetalum** Lindl. 【I, C】 ♣BBG; ●BJ, TW; ★(SA): BR.

毛轭瓣兰 **Zygopetalum crinitum** Lodd. 【I, C】 ♣BBG; ●BJ, TW; ★(SA): BR.

美丽轭瓣兰 **Zygopetalum maculatum** (Kunth) Garay 【I, C】 ♣BBG, SCBG; ●BJ, GD, TW; ★(SA): BR, PE.

马氏轭瓣兰 **Zygopetalum maxillare** Lodd. 【I, C】 ●TW; ★(SA): AR, BR.

飞鹰兰属 Pabstia

Pabstia jugosa (Lindl.) Garay 【I, C】 ●TW; ★(SA): BR.

Pabstia viridis (Lindl.) Garay 【I, C】 ●TW; ★(SA): BR.

缟狸兰属 Galeottia

Galeottia ciliata (Morel) Dressler et Christenson 【I, C】 ●TW; ★(SA): BO.

Galeottia fimbriata L. Linden et Rchb. f. 【I, C】 ●TW; ★(SA): BR.

缟狸兰 **Galeottia grandiflora** A. Rich. 【I, C】 ★(NA): CR, GT, HN, NI, PA.

Galeottia negrensis Schltr. 【I, C】 ●TW; ★(SA): CO.

抚稚兰属 Batemannia

Batemannia armillata Rchb. f. 【I, C】 ●TW; ★(SA): EC, GY, PE.

Batemannia colleyi Lindl. 【I, C】 ●TW; ★(SA): BR, EC, GY, PE, VE.

篦叶兰属 Dichaea

Dichaea glauca (Sw.) Lindl. 【I, C】 ♣BBG; ●BJ, TW; ★(NA): BM, BZ, CR, CU, DO, GT, HN, JM, MX, NI, PA, SV.

Dichaea muricatoides Hamer et Garay 【I, C】 ♣BBG; ●BJ; ★(NA): BZ, CR, GT, HN, MX, NI, SV.

Dichaea squarrosa Lindl. 【I, C】 ♣BBG; ●BJ, TW; ★(NA): CR, GT, HN, MX, SV.

羚角兰属 Chondrorhyncha

Chondrorhyncha aurantiaca Senghas et G. Gerlach 【I, C】 ●TW; ★(SA): PE.

Chondrorhyncha hirtzii Dodson 【I, C】 ●TW; ★(SA): EC.

Chondrorhyncha lankesteriana Pupulin 【I, C】 ●TW; ★(NA): CR, PA.

Chondrorhyncha lendyana Rchb. f. 【I, C】 ●TW; ★(NA): GT, MX, NI.

Chondrorhyncha rosea Lindl. 【I, C】 ★(SA): VE.

Chondrorhyncha viridisepala Senghas 【I, C】 ●TW; ★(SA): EC.

壳花兰属 Cochleanthes

Cochleanthes amazonica (Rchb. f. et Warsz.) R. E. Schult. et Garay 【I, C】 ♣BBG; ●BJ, TW; ★(SA): BR, EC, GY, PE.

Cochleanthes aromatica (Rchb. f.) R. E. Schult. et Garay 【I, C】 ♣BBG; ●BJ; ★(NA): CR, NI, PA.

克兰属 Kefersteinia

Kefersteinia auriculata Dressler 【I, C】 ♣BBG; ●BJ; ★(NA): PA.

Kefersteinia bengasahra D. E. Benn. et Christenson 【I, C】 ♣BBG; ●BJ; ★(SA): PE.

盾盘兰属 Warczewiczella

双色鸟喙兰 **Warczewiczella discolor** (Lindl.) Rchb. f. 【I, C】 ♣BBG; ●BJ; ★(NA): CR, PA.

帕卡兰属 Pescatoria

Pescatoria cerina (Lindl. et Paxton) Rchb. f. 【I, C】 ♣BBG; ●BJ, TW; ★(NA): CR, PA.

Pescatoria dayana Rchb. f. 【I, C】 ♣BBG; ●BJ, TW; ★(NA): PA; (SA): EC.

Pescatoria wallisii Linden et Rchb. f. 【I, C】 ♣BBG; ●BJ, TW; ★(SA): EC.

类毛兰属 Eriopsis

Eriopsis biloba Lindl. 【I, C】 ♣BBG; ●BJ, TW; ★(SA): BR, EC, GY, PE, VE.

鞭兰属 Scuticaria

Scuticaria hadwenii (Lindl.) Planch. 【I, C】 ♣BBG; ●BJ, TW; ★(SA): BR, GY.

双柄兰属 Bifrenaria

Bifrenaria aureofulva Lindl. 【I, C】 ♣BBG; ●BJ, TW; ★(SA): BR.

Bifrenaria harrisoniae (Hook.) Rchb. f. 【I, C】 ♣BBG, CBG, SCBG; ●BJ, GD, SH, TW; ★(SA): BR.

Bifrenaria inodora Lindl. 【I, C】 ♣BBG, XMBG; ●BJ, FJ, TW; ★(SA): BR.

Bifrenaria tyrianthina (Lodd. ex Loudon) Rchb. f. 【I, C】 ♣CBG; ●SH, TW; ★(SA): BR.

Bifrenaria venezuelana C. Schweinf. 【I, C】 ♣BBG; ●BJ; ★(SA): BR, GY, VE.

Bifrenaria vitellina (Lindl.) Lindl. 【I, C】 ♣BBG; ●BJ, TW; ★(SA): BR.

长寿兰属 Xylobium

Xylobium foveatum (Lindl.) G. Nicholson 【I, C】 ♣BBG; ●BJ, TW; ★(NA): CR, HN, MX, NI, PA; (SA): BO, BR, EC, PE.

薄叶兰属 Lycaste

芳香薄叶兰 **Lycaste aromatica** (Graham) Lindl. 【I, C】 ♣BBG, CBG; ●BJ, SH, TW; ★(NA): BZ, HN, MX, NI.

短苞薄叶兰 **Lycaste brevispatha** (Klotzsch) Lindl. et Paxton 【I, C】 ♣BBG; ●BJ, TW; ★(NA): PA.

Lycaste campbellii C. Schweinf. 【I, C】 ♣BBG; ●BJ, TW; ★(NA): PA.

Lycaste consobrina Rchb. f. 【I, C】 ♣BBG; ●BJ; ★(NA): GT.

红斑薄叶兰 **Lycaste cruenta** (Lindl.) Lindl. 【I, C】 ♣BBG; ●BJ, TW; ★(NA): GT, HN, MX, SV.

薄叶兰 **Lycaste deppei** (Lodd. ex Lindl.) Lindl. 【I, C】 ♣BBG, CBG; ●BJ, SH, TW; ★(NA): GT, MX, NI, SV.

毛唇薄叶兰 **Lycaste lasioglossa** Rchb. f. 【I, C】 ★(NA): GT, HN, MX, SV.

大叶薄叶兰 **Lycaste macrophylla** (Poepp. et Endl.) Lindl. 【I, C】 ♣CBG; ●SH, TW; ★(NA): CR, PA; (SA): BO, EC, PE.

Lycaste measuresiana (B. S. Williams) Oakeley 【I, C】 ♣BBG; ●BJ; ★(NA): NI.

施氏薄叶兰 **Lycaste skinneri** Lindl. 【I, C】 ●TW; ★(NA): GT, HN, MX, SV.

三色薄叶兰 **Lycaste tricolor** Rchb. f. 【I, C】 ♣CBG; ●SH, TW; ★(NA): CR, PA.

三棱薄叶兰 **Lycaste xytriophora** Linden et Rchb. f. 【I, C】 ♣CBG; ●SH, TW; ★(NA): CR; (SA): EC.

Sudamerlycaste

Sudamerlycaste ariasii (Oakeley) Archila 【I, C】 ★(SA): PE.

Sudamerlycaste cinnabarina (Lindl. ex J. C. Stevens) Archila 【I, C】 ●TW; ★(SA): PE.

Sudamerlycaste cobbiana (B. S. Williams) Archila 【I, C】 ●TW; ★(SA): CO.

Sudamerlycaste dyeriana (Sander ex Mast.) Archila 【I, C】 ●TW; ★(SA): PE.

Sudamerlycaste gigantea (Lindl.) Archila 【I, C】 ★(SA): PE.

Sudamerlycaste nana (Oakeley) Archila 【I, C】 ●TW; ★(SA): PE.

捧心兰属 Ida

*安德捧心兰 **Ida andreettae** (Dodson) Oakeley 【I, C】 ●TW; ★(SA): EC.

纤细捧心兰 **Ida ciliata** (Ruiz et Pav.) A. Ryan et Oakeley 【I, C】 ♣CBG; ●SH, TW; ★(SA): PE.

*肋叶捧心兰 **Ida costata** (Lindl.) A. Ryan et Oakeley 【I, C】 ●TW; ★(SA): PE.

*流苏捧心兰 **Ida fimbriata** (Poepp. et Endl.) A. Ryan et Oakeley 【I, C】 ●TW; ★(SA): PE.

*流苏捧心兰 **Ida fragans** (Oakeley) A. Ryan et Oakeley 【I, C】 ♣BBG; ●BJ; ★(SA): EC.

线形捧心兰 **Ida linguella** (Rchb. f.) A. Ryan et Oakeley 【I, C】 ♣CBG; ●SH; ★(SA): PE.

飞皇捧心兰 **Ida locusta** (Rchb. f.) A. Ryan et Oakeley 【I, C】 ♣CBG; ●SH, TW; ★(SA): PE.

小花捧心兰 **Ida peruviana** (Rolfe) A. Ryan et Oakeley 【I, C】 ♣CBG; ●SH; ★(SA): PE.

捧心兰 **Ida reichenbachii** (Gireoud ex Rchb. f.) A. Ryan et Oakeley 【I, C】 ♣CBG; ●SH, TW; ★(SA): PE.

郁香兰属 Anguloa

郁香兰（摇篮兰）**Anguloa clowesii** Lindl. 【I, C】 ●TW; ★(SA): CO, VE.

Anguloa ruckeri Lindl. 【I, C】 ♣BBG; ●BJ; ★(SA): EC.

独花郁香兰 **Anguloa uniflora** Ruiz et Pav. 【I, C】 ♣BBG; ●BJ, TW; ★(SA): EC, PE, VE.

郁香兰（安古兰）**Angulоa virginalis** Linden ex B. S. Williams 【I, C】 ♣CBG; ●SH, TW; ★(SA): EC, PE, VE.

等萼兰属 Ornithidium

Ornithidium sophronitis Rchb. f. 【I, C】 ♣BBG; ●BJ, TW; ★(SA): VE.

异颚唇兰属 Heterotaxis

异色颚唇兰 **Heterotaxis discolor** (Lodd. ex Lindl.) Ojeda et Carnevali 【I, C】 ●TW; ★(SA): EC.

巴西兰属 Brasiliorchis

细小巴西兰 **Brasiliorchis gracilis** (Lodd.) R. B. Singer, S. Koehler et Carnevali 【I, C】 ●TW; ★(SA): BR.

斑背巴西兰 **Brasiliorchis picta** (Hook.) R. B. Singer, S. Koehler et Carnevali 【I, C】 ♣BBG; ●BJ, TW; ★(SA): AR, BR.

Brasiliorchis porphyrostele (Rchb. f.) R. B. Singer, S. Koehler et Carnevali 【I, C】 ♣BBG; ●BJ, TW; ★(SA): BR.

Brasiliorchis schunkeana (Campacci et Kautsky) R. B. Singer, S. Koehler et Carnevali 【I, C】 ♣XTBG; ●TW, YN; ★(SA): BR.

壶唇兰属 Christensonella

Christensonella juergensii (Schltr.) Szlach., Mytnik, Górniak et Smiszek 【I, C】 ♣SCBG; ●GD, TW; ★(SA): AR, BR.

Christensonella uncata (Lindl.) Szlach., Mytnik, Górniak et Smiszek 【I, C】 ♣BBG; ●BJ, TW; ★(SA): CO, EC, GF, GY.

怪花兰属 Mormolyca

Mormolyca ringens (Lindl.) Gentil 【I, C】 ♣BBG; ●BJ, TW; ★(NA): BZ, GT, HN, MX, NI, PA, SV.

红褐怪花兰 **Mormolyca rufescens** (Lindl.) M. A. Blanco 【I, C】 ●TW; ★(SA): BO, BR, VE.

脂花兰属 Rhetinantha

*尖舌脂花兰 **Rhetinantha notylioglossa** (Rchb. f.) M. A. Blanco 【I, C】 ♣BBG; ●BJ, TW; ★(SA): BO, BR.

小颚唇兰属 Maxillariella

*高茎小颚唇兰 **Maxillariella elatior** (Rchb. f.) M. A. Blanco et Carnevali 【I, C】 ♣BBG; ●BJ; ★(NA): MX.

*红纹小颚唇兰 **Maxillariella infausta** (Rchb. f.) M. A. Blanco et Carnevali 【I, C】 ●TW; ★(SA): PE.

*蚁花小颚唇兰 **Maxillariella ponerantha** (Rchb. f.) M. A. Blanco et Carnevali 【I, C】 ●TW; ★(SA): EC.

*紫花小颚唇兰 **Maxillariella purpurata** (Lindl.) M. A. Blanco et Carnevali 【I, C】 ★(SA): CO, EC, GF, GY, PE, VE.

*粗壮小颚唇兰 **Maxillariella robusta** (Barb. Rodr.) M. A. Blanco et Carnevali 【I, C】 ●TW; ★(SA): BR.

*红花小颚唇兰 **Maxillariella sanguinea** (Rolfe) M. A. Blanco et Carnevali 【I, C】 ●TW; ★(NA): CR, NI, PA.

小颚唇兰 **Maxillariella tenuifolia** (Lindl.) M. A. Blanco et Carnevali 【I, C】 ♣CBG, SCBG, XMBG; ●FJ, GD, SH, TW; ★(NA): CR, MX.

多色小颚唇兰 **Maxillariella variabilis** (Bateman ex Lindl.) M. A. Blanco et Carnevali 【I, C】 ♣XMBG; ●FJ, TW; ★(NA): MX.

美洲三角兰属 Trigonidium

三角兰 **Trigonidium egertonianum** Bateman ex Lindl. 【I, C】 ♣XMBG; ●FJ, TW; ★(NA): BZ, CR, GT, HN, MX, NI, PA, SV; (SA): CO, EC, PE.

颚唇兰属 Camaridium

*头巾伏虎兰 **Camaridium cucullatum** (Lindl.) M. A. Blanco 【I, C】 ♣BBG; ●BJ, TW; ★(NA): GT.

*密花伏虎兰 **Camaridium densum** (Lindl.) M. A. Blanco 【I, C】 ♣BBG; ●BJ; ★(NA): MX.

斑花伏虎兰 **Camaridium meleagris** (Lindl.) M. A. Blanco 【I, C】 ★(NA): MX.

*伏虎兰 **Camaridium ochroleucum** Lindl. 【I, C】 ♣BBG; ●BJ, TW; ★(NA): PA; (SA): BR, GY, PE.

颚唇兰属 Maxillaria

蜘蛛颚唇兰 **Maxillaria arachnites** Rchb. f. 【I, C】 ●TW; ★(SA): BO, EC, PE.

Maxillaria crocea Lindl. 【I, C】 ♣BBG; ●BJ, TW; ★(SA): BR, PE, VE.

Maxillaria longipes Lindl. 【I, C】 ♣CBG; ●SH; ★(SA): PE.

Maxillaria luteoalba Lindl. 【I, C】 ♣BBG; ●BJ, TW; ★(SA): CO, EC, PE, VE.

Maxillaria nigrescens Lindl. 【I, C】 ♣BBG; ●BJ, TW; ★(SA): PE, VE.

Maxillaria palmifolia (Sw.) Lindl. 【I, C】 ♣BBG; ●BJ; ★(NA): CU.

Maxillaria reichenheimiana Endrés et Rchb. f. 【I, C】 ♣BBG; ●BJ, TW; ★(NA): CR, PA; (SA): BO, EC, VE.

黑眼颚唇兰（尚氏颚唇兰）**Maxillaria sanderiana** Rchb. f. ex Sander 【I, C】 ●TW; ★(SA): PE.

纹瓣颚唇兰 **Maxillaria striata** Rolfe 【I, C】 ●TW; ★(SA): PE.

鸽兰属 Peristeria

鸽兰 **Peristeria elata** Hook. 【I, C】 ♣BBG, CBG; ●BJ, SH, TW; ★(NA): CR, PA; (SA): CO, EC.

Peristeria lindenii Rolfe 【I, C】 ♣BBG; ●BJ; ★(SA): EC, PE.

须喙兰属 Cirrhaea

Cirrhaea dependens (Lodd.) Loudon 【I, C】 ♣BBG; ●BJ, TW; ★(SA): BR.

爪唇兰属 Gongora

芳香爪唇兰 **Gongora aromatica** Rchb. f. 【I, C】 ♣BBG; ●BJ; ★(SA): EC.

Gongora atropurpurea Hook. 【I, C】 ♣BBG; ●BJ; ★(SA): BR, EC, GY, PE, VE.

Gongora bufonia Lindl. 【I, C】 ♣BBG; ●BJ, TW; ★(SA): BR.

Gongora chocoensis Jenny 【I, C】 ♣BBG; ●BJ; ★(SA): CO.

爪唇兰 **Gongora claviodora** Dressler 【I, C】 ♣WBG; ●HB; ★(NA): CR, NI.

Gongora fulva Lindl. 【I, C】 ♣BBG; ●BJ, TW; ★(NA): PA.

Gongora galeata (Lindl.) Rchb. f. 【I, C】 ♣BBG; ●BJ, TW; ★(NA): GT, MX.

Gongora gratulabunda Rchb. f. 【I, C】 ♣BBG; ●BJ; ★(SA): CO.

Gongora horichiana Fowlie 【I, C】 ♣BBG; ●BJ, TW; ★(NA): CR, PA.

Gongora maculata Lindl. 【I, C】 ♣BBG; ●BJ; ★(NA): PA; (SA): PE.

—全红爪唇兰 **Gongora nigrita** Lindl. 【I, C】 ♣BBG, SCBG; ●BJ, GD, TW; ★(SA): BR, GY.

豹斑爪唇兰 **Gongora quinquenervis** Ruiz et Pav. 【I, C】 ♣BBG, SCBG; ●BJ, GD, TW; ★(SA): BR, EC, GY, PE, VE.

Gongora rufescens Jenny 【I, C】 ♣BBG; ●BJ; ★(SA): EC.

Gongora sanderiana Kraenzl. 【I, C】 ♣BBG; ●BJ; ★(SA): EC, PE.

Gongora truncata Lindl. 【I, C】 ♣BBG; ●BJ; ★(NA): GT, HN, MX.

单色爪唇兰 **Gongora unicolor** Schltr. 【I, C】 ♣CBG; ●SH; ★(NA): BZ, CR, GT, HN, MX, NI, PA.

奇唇兰属 Stanhopea

Stanhopea connata Klotzsch 【I, C】 ♣BBG; ●BJ, TW; ★(SA): PE.

Stanhopea gibbosa Rchb. f. 【I, C】 ♣BBG; ●BJ, TW; ★(NA): CR, NI.

白花奇唇兰 **Stanhopea guttulata** Lindl. 【I, C】 ♣BBG, CBG; ●BJ, SH, TW; ★(SA): BR.

密花奇唇兰 **Stanhopea hernandezii** (Kunth) Schltr. 【I, C】 ♣CBG; ●SH; ★(NA): MX.

奇唇兰 **Stanhopea insignis** J. Frost ex Hook. 【I, C】 ♣XMBG; ●FJ, TW; ★(SA): BR.

Stanhopea jenischiana F. Kramer ex Rchb. f. 【I, C】 ♣BBG; ●BJ, TW; ★(SA): PE.

香奇唇兰 **Stanhopea oculata** (Lodd.) Lindl. 【I, C】 ●TW; ★(NA): HN, MX, NI, SV; (SA): PE.

Stanhopea panamensis N. H. Williams et W. M. Whitten 【I, C】 ♣BBG; ●BJ; ★(NA): CR, PA.

Stanhopea pozoi Dodson et D. E. Benn. 【I, C】 ♣BBG; ●BJ; ★(SA): PE.

长苞奇唇兰 **Stanhopea saccata** Bateman 【I, C】 ♣CBG; ●SH; ★(NA): GT, HN, MX, SV.

奇唇兰（金鱼兰）**Stanhopea tigrina** Bateman ex Lindl. 【I, C】 ♣SCBG; ●GD, TW; ★(NA): MX.

紫黑色奇唇兰 **Stanhopea tigrina** var. **nigroviolacea** C. Morren 【I, C】 ♣CBG; ●SH; ★(NA): MX.

Stanhopea tricornis Lindl. 【I, C】 ♣BBG; ●BJ, TW;

★(SA): PE.

华氏奇唇兰 **Stanhopea wardii** Lodd. ex Lindl. 【I, C】 ♣CBG, SCBG; ●GD, SH, TW; ★(NA): CR, NI, PA.

吊桶兰属 Coryanthes

大花吊桶兰 **Coryanthes elegantium** Linden et Rchb. f. 【I, C】♣CBG, XMBG; ●FJ, SH, TW; ★(SA): BR, EC.

秘鲁吊桶兰 **Coryanthes verrucolineata** G. Gerlach 【I, C】 ●TW; ★(SA): PE.

侯勒兰属 Houlletia

Houlletia odoratissima Linden ex Lindl. et Paxton 【I, C】 ♣BBG; ●BJ, TW; ★(SA): BR, EC, GY, PE, VE.

固唇兰属 Acineta

Acineta antioquiae Schltr. 【I, C】 ♣BBG; ●BJ; ★(SA): CO.

黄花固唇兰 **Acineta chrysantha** (C. Morren) Lindl. 【I, C】 ♣BBG; ●BJ; ★(NA): BM, CR, PA.

Acineta superba (Kunth) Rchb. f. 【I, C】 ♣BBG; ●BJ, TW; ★(SA): EC, GY, PE, VE.

禾叶兰属 Agrostophyllum

禾叶兰 **Agrostophyllum callosum** Rchb. f. 【N, W/C】 ♣KBG, WBG, XTBG; ●HB, HI, YN; ★(AS): BT, CN, ID, IN, LK, MM, NP, TH, VN.

扁茎禾叶兰 **Agrostophyllum planicaule** (Wall. ex Lindl.) Rchb. f. 【N,W】 ♣XTBG; ●YN; ★(AS): CN, VN.

粉兰属 Coelia

囊唇兰 **Coelia bella** (Lem.) Rchb. f. 【I, C】♣BBG, CBG; ●BJ, SH, TW; ★(NA): BZ, CR, GT, HN, MX.

Coelia macrostachya Lindl. 【I, C】 ♣BBG; ●BJ, TW; ★(NA): CR, GT, HN, MX, NI, SV.

Coelia triptera (Sm.) G. Don ex Steud. 【I, C】 ♣BBG; ●BJ; ★(NA): CU, MX, PR.

独花兰属 Changnienia

独花兰 **Changnienia amoena** S. S. Chien 【N, W/C】 ♣CBG, FLBG, GA, HBG, LBG, NBG, WBG, ZAFU; ●GD, HB, JS, JX, SC, SH, ZJ; ★(AS): CN.

腻根兰属 Aplectrum

腻根兰 **Aplectrum hyemale** (Muhl. ex Willd.) Torr. 【I, C】 ★(NA): CA, US.

杜鹃兰属 Cremastra

杜鹃兰 **Cremastra appendiculata** (D. Don) Schltr. 【N, W/C】♣CBG, HBG, KBG, LBG, WBG, XBG; ●HB, JX, SC, SH, SN, TW, YN, ZJ; ★(AS): BT, CN, ID, IN, JP, KR, LK, NP, RU-AS, TH, VN.

斑叶杜鹃兰 **Cremastra unguiculata** (Finet) Finet 【N, W/C】 ♣WBG; ●HB; ★(AS): CN, JP, KR, RU-AS.

山兰属 Oreorchis

长叶山兰 **Oreorchis fargesii** Finet 【N, W/C】 ♣WBG; ●HB, SC; ★(AS): CN, RU-AS.

合粉兰属 Chysis

Chysis aurea Lindl. 【I, C】 ♣BBG; ●BJ, TW; ★(NA): BZ, GT, HN, MX, NI, PA; (SA): BO, CO, PE, VE.

Chysis bractescens Lindl. 【I, C】 ♣BBG, SCBG; ●BJ, GD, TW; ★(NA): GT, MX.

Chysis laevis Lindl. 【I, C】 ♣BBG; ●BJ; ★(NA): BZ, CR, HN, MX, NI, SV.

拟白及属 Bletia

Bletia campanulata Lex. 【I, C】 ●TW; ★(NA): CR, GT, HN, MX, NI, PA, SV; (SA): AR, VE.

Bletia catenulata Ruiz et Pav. 【I, C】 ●TW; ★(SA): BR, EC, PE.

Bletia gracilis Lodd. 【I, C】 ★(NA): MX.

Bletia patula Hook. 【I, C】 ●TW; ★(NA): CU, PR, US.

Bletia purpurea (Lam.) DC. 【I, C】 ●TW; ★(NA): BZ, CR, DO, GT, HN, JM, MX, NI, PA, SV; (SA): CO, EC, PE, VE.

梗帽兰属 Acianthera

*金刚梗帽兰 **Acianthera adamantinensis** (Brade) F.

Barros 【I, C】 •TW; ★(SA): BR.

*鳄状梗帽兰 **Acianthera alligatorifera** (Rchb. f.) Pridgeon et M. W. Chase【I, C】•TW; ★(SA): BR.

*橙花梗帽兰 **Acianthera aurantiaca** (Barb. Rodr.) Campacci 【I, C】 •TW; ★(SA): BR.

*耳状梗帽兰 **Acianthera auriculata** (Lindl.) Pridgeon et M. W. Chase【I, C】•TW; ★(SA): BR.

*燕麦状梗帽兰 **Acianthera aveniformis** (Hoehne) C. N. Gonç. et Waechter 【I, C】 •TW; ★(SA): BR.

*两耳梗帽兰 **Acianthera binotii** (Regel) Pridgeon et M. W. Chase 【I, C】 •TW; ★(SA): BR.

*暗紫梗帽兰 **Acianthera bragae** (Ruschi) F. Barros 【I, C】 •TW; ★(SA): BR.

*卡尔梗帽兰 **Acianthera caldensis** (Hoehne et Schltr.) F. Barros 【I, C】 •TW; ★(SA): BR.

*圆序梗帽兰 **Acianthera circumplexa** (Lindl.) Pridgeon et M. W. Chase【I, C】♣BBG; •BJ, TW; ★(NA): CR, GT, MX.

*延叶梗帽兰 **Acianthera decurrens** (Poepp. et Endl.) Pridgeon et M. W. Chase 【I, C】 •TW; ★(SA): CO, EC.

*无关节梗帽兰 **Acianthera exarticulata** (Barb. Rodr.) Pridgeon et M. W. Chase【I, C】•TW; ★(SA): BR.

*孔花梗帽兰 **Acianthera fenestrata** (Barb. Rodr.) Pridgeon et M. W. Chase 【I, C】 ♣XTBG; •YN; ★(SA): BR.

*颖花梗帽兰 **Acianthera glumacea** (Lindl.) Pridgeon et M. W. Chase 【I, C】 •TW; ★(SA): BR.

*霍夫曼梗帽兰 **Acianthera hoffmannseggiana** (Rchb. f.) F. Barros 【I, C】 •TW; ★(SA): BR.

*湿生梗帽兰 **Acianthera hygrophila** (Barb. Rodr.) Pridgeon et M. W. Chase【I, C】•TW; ★(SA): BR.

*鳞叶梗帽兰 **Acianthera hystrix** (Kraenzl.) F. Barros 【I, C】 •TW; ★(SA): BR.

*毛叶梗帽兰 **Acianthera leptotifolia** (Barb. Rodr.) Pridgeon et M. W. Chase【I, C】♣BBG; •BJ, TW; ★(SA): BR.

*淡黄梗帽兰 **Acianthera luteola** (Lindl.) Pridgeon et M. W. Chase 【I, C】 •TW; ★(SA): BR.

*鞘花梗帽兰 **Acianthera ochreata** (Lindl.) Pridgeon et M. W. Chase 【I, C】 •TW; ★(SA): BR.

*圆柄梗帽兰 **Acianthera pardipes** (Rchb. f.) Pridgeon et M. W. Chase【I, C】•TW; ★(SA): BR.

*栉花梗帽兰 **Acianthera pectinata** (Lindl.) Pridgeon et M. W. Chase 【I, C】 •TW; ★(SA): BR.

*毛花梗帽兰 **Acianthera pubescens** (Lindl.) Pridgeon et M. W. Chase【I, C】♣CBG; •SH, TW; ★(NA): CR, GT, HN, MX, NI, PA; (SA): EC.

*卷瓣梗帽兰 **Acianthera recurva** (Lindl.) Pridgeon et M. W. Chase 【I, C】 •TW; ★(SA): BR.

*蜥斑梗帽兰 **Acianthera saurocephala** (Lodd.) Pridgeon et M. W. Chase【I, C】•TW; ★(SA): BR.

*小花梗帽兰 **Acianthera sicaria** (Lindl.) Pridgeon et M. W. Chase【I, C】•TW; ★(NA): CR, HN, PA.

*松德梗帽兰 **Acianthera sonderiana** (Rchb. f.) Pridgeon et M. W. Chase【I, C】•TW; ★(SA): BR.

*垂叶梗帽兰 **Acianthera strupifolia** (Lindl.) Pridgeon et M. W. Chase【I, C】•TW; ★(SA): BR.

*柱叶梗帽兰 **Acianthera teres** (Lindl.) Borba【I, C】•TW; ★(SA): BR.

*中美梗帽兰 **Acianthera verecunda** (Schltr.) Pridgeon et M. W. Chase 【I, C】 •TW; ★(NA): CR, PA; (SA): EC.

蛇头兰属 Restrepiella

Restrepiella ophiocephala (Lindl.) Garay et Dunst. 【I, C】 •TW; ★(NA): BZ, CR, GT, MX, NI, SV; (SA): CO.

筒叶兰属 Leptotes

双色筒叶兰 **Leptotes bicolor** Lindl.【I, C】♣BBG, CBG; •BJ, SH, TW; ★(SA): BR.

假蕾丽兰属 Pseudolaelia

*假蕾丽兰 **Pseudolaelia vellozicola** (Hoehne) Porto et Brade 【I, C】 ♣BBG; •BJ; ★(SA): BR.

树甲兰属 Constantia

Constantia cipoensis Porto et Brade 【I, C】 •TW; ★(SA): BR.

Constantia cristinae F. E. L. Miranda【I, C】•TW; ★(SA): BR.

伊萨兰属 Isabelia

Isabelia pulchella (Kraenzl.) C. Van den Berg et M. W. Chase【I, C】♣BBG; •BJ, TW; ★(SA): BR.

Isabelia virginalis Barb. Rodr.【I, C】♣BBG; •BJ, TW; ★(SA): AR, BR.

章鱼兰属 Prosthechea

Prosthechea brassavolae (Rchb. f.) W. E. Higgins

【I, C】 ♣BBG; ●BJ; ★(NA): CR, GT, HN, MX, NI, PA, SV.

南美章鱼兰 **Prosthechea chacaoensis** (Rchb. f.) W. E. Higgins【I, C】♣BBG; ●BJ, TW; ★(NA): BZ, CR, GT, HN, MX, NI, PA, SV; (SA): VE.

Prosthechea chondylobulbon (A. Rich. et Galeotti) W. E. Higgins【I, C】♣BBG; ●BJ, TW; ★(NA): CR, GT, HN, MX, SV.

Prosthechea citrina (Lex.) W. E. Higgins 【I, C】 ♣BBG; ●BJ, TW; ★(NA): MX.

章鱼兰 **Prosthechea cochleata** (L.) W. E. Higgins 【I, C】 ♣BBG, SCBG, WBG, XMBG; ●BJ, FJ, GD, HB, TW; ★(NA): BZ, CR, CU, DO, GT, HN, JM, MX, NI, PA, PR, SV; (SA): VE.

Prosthechea concolor (Lex.) W. E. Higgins 【I, C】 ♣BBG; ●BJ, TW; ★(NA): MX.

香花章鱼兰 **Prosthechea fragrans** (Sw.) W. E. Higgins 【I, C】 ♣BBG, CBG, SCBG; ●BJ, GD, SH, TW; ★(NA): CR, CU, HN, JM, NI, PA, SV, TT, WW; (SA): BO, EC.

Prosthechea garciana (Garay et Dunst.) W. E. Higgins 【I, C】 ♣BBG; ●BJ, TW; ★(SA): VE.

Prosthechea ionophlebia (Rchb. f.) W. E. Higgins 【I, C】 ♣BBG; ●BJ; ★(NA): CR, PA.

Prosthechea linkiana (Klotzsch) W. E. Higgins 【I, C】 ♣BBG; ●BJ, TW; ★(NA): MX.

Prosthechea livida (Lindl.) W. E. Higgins 【I, C】 ♣BBG; ●BJ, TW; ★(NA): CR, GT, HN, MX, NI, PA, SV; (SA): EC, VE.

Prosthechea mariae (Ames) W. E. Higgins 【I, C】 ♣BBG; ●BJ, TW; ★(NA): MX.

Prosthechea michuacana (Lex.) W. E. Higgins 【I, C】♣BBG; ●BJ, TW; ★(NA): GT, HN, MX, SV.

Prosthechea obpiribulbon (Hágsater) W. E. Higgins 【I, C】 ♣BBG; ●BJ; ★(NA): MX.

*棱果章鱼兰 **Prosthechea prismatocarpa** (Rchb. f.) W. E. Higgins 【I, C】 ♣BBG, XMBG; ●BJ, FJ, TW; ★(NA): CR, PA.

Prosthechea pterocarpa (Lindl.) W. E. Higgins 【I, C】 ♣BBG; ●BJ, TW; ★(NA): MX.

小章鱼兰 **Prosthechea radiata** (Lindl.) W. E. Higgins【I, C】♣SCBG; ●GD; ★(NA): GT, HN, MX, NI, SV.

Prosthechea tripunctata (Lindl.) W. E. Higgins 【I, C】 ♣BBG; ●BJ, TW; ★(NA): MX.

虎斑章鱼兰 **Prosthechea vespa** (Vell.) W. E. Higgins【I, C】 ●TW; ★(NA): CR, CU, NI, PA; (SA): BO, BR, CO, EC, GY, PE, VE.

卵黄章鱼兰 **Prosthechea vitellina** (Lindl.) W. E. Higgins 【I, C】 ●TW; ★(NA): GT, HN, MX, SV.

围柱兰属 Encyclia

腺果围柱兰 **Encyclia adenocarpa** (Lex.) Schltr.【I, C】 ●TW; ★(NA): MX.

腺茎围柱兰 **Encyclia adenocaula** (Lex.) Schltr. 【I, C】 ♣BBG; ●BJ, TW; ★(NA): MX.

Encyclia advena (Rchb. f.) Porto et Brade 【I, C】 ♣BBG; ●BJ, TW; ★(SA): BR.

围柱兰 **Encyclia alata** (Bateman) Schltr. 【I, C】 ♣BBG, TMNS; ●BJ, TW; ★(NA): BZ, CR, GT, HN, MX, NI, PA, SV; (SA): VE.

Encyclia alata subsp. **parviflora** (Regel) Dressler et G. E. Pollard 【I, C】 ♣BBG; ●BJ; ★(NA): MX.

似树兰 **Encyclia ambigua** (Lindl.) Schltr. 【I, C】 ♣BBG, SCBG; ●BJ, GD; ★(NA): HN, MX, NI, SV.

Encyclia angustiloba Schltr. 【I, C】 ♣BBG; ●BJ; ★(SA): EC, PE.

Encyclia atrorubens (Rolfe) Schltr. 【I, C】 ♣BBG; ●BJ, TW; ★(NA): MX.

大花围柱兰 **Encyclia belizensis** (Rchb. f.) Schltr. 【I, C】 ♣BBG; ●BJ, TW; ★(NA): BZ, GT, MX, NI.

Encyclia bracteata Schltr. ex Hoehne【I, C】♣BBG; ●BJ, TW; ★(SA): BR.

多苞围柱兰 **Encyclia bractescens** (Lindl.) Hoehne 【I, C】♣XMBG; ●FJ, TW; ★(NA): BZ, GT, HN, MX, SV.

Encyclia candollei (Lindl.) Schltr. 【I, C】 ♣BBG; ●BJ, TW; ★(NA): MX.

Encyclia ceratistes (Lindl.) Schltr. 【I, C】 ♣BBG; ●BJ; ★(NA): CR, HN, MX, NI, PA, SV.

Encyclia chiapasensis Withner et D. G. Hunt 【I, C】 ♣BBG; ●BJ; ★(NA): MX.

心形围柱兰 **Encyclia cordigera** (Kunth) Dressler 【I, C】 ♣BBG, CBG, XMBG; ●BJ, FJ, SH, TW; ★(NA): CR, GT, MX, NI, PA, SV; (SA): CO, VE.

Encyclia diota (Lindl.) Schltr. 【I, C】 ♣BBG; ●BJ, TW; ★(NA): HN, MX, NI, SV.

Encyclia euosma (Rchb. f.) Porto et Brade 【I, C】 ♣BBG; ●BJ, TW; ★(SA): BR.

Encyclia flava (Lindl.) Porto et Brade【I, C】♣BBG;

●BJ, TW; ★(SA): BO, BR, PY.

Encyclia gracilis (Lindl.) Schltr.【I, C】♣BBG; ●BJ; ★(NA): BS, MX.

Encyclia guatemalensis (Klotzsch) Dressler et G. E. Pollard 【I, C】 ♣BBG; ●BJ, TW; ★(NA): BZ, GT, HN, MX, SV.

Encyclia hanburyi (Lindl.) Schltr. 【I, C】 ♣BBG; ●BJ, TW; ★(NA): HN, MX.

内曲围柱兰 **Encyclia incumbens** (Lindl.) Mabb.【I, C】 ♣BBG, SCBG; ●BJ, GD, TW; ★(NA): GT, HN, MX, SV.

Encyclia mapuerae (Huber) Brade et Pabst 【I, C】 ♣BBG; ●BJ; ★(SA): BR.

Encyclia microbulbon (Hook.) Schltr. 【I, C】 ♣BBG; ●BJ, TW; ★(NA): MX.

Encyclia microtos (Rchb. f.) Hoehne【I, C】♣BBG; ●BJ; ★(SA): PE, VE.

Encyclia nematocaulon (A. Rich.) Acuña 【I, C】 ♣BBG; ●BJ, TW; ★(NA): CU.

Encyclia oncidioides (Lindl.) Schltr.【I, C】♣BBG; ●BJ, TW; ★(SA): AR, BR, CO, VE.

Encyclia patens Hook.【I, C】♣BBG; ●BJ, TW; ★(SA): BR.

Encyclia pollardiana (Withner) Dressler et G. E. Pollard 【I, C】 ♣BBG; ●BJ; ★(NA): MX.

大头围柱兰 **Encyclia randii** (Barb. Rodr.) Porto et Brade 【I, C】 ♣CBG; ●SH, TW; ★(SA): BR.

Encyclia spatella (Rchb. f.) Schltr. 【I, C】 ♣BBG; ●BJ; ★(NA): MX; (SA): CO.

坦普尔围柱兰 **Encyclia tampensis** (Lindl.) Small 【I, C】 ♣BBG, XMBG; ●BJ, FJ, TW; ★(NA): US.

双丝兰属 Dinema

双丝兰（聚豆树兰）**Dinema polybulbon** (Sw.) Lindl.【I, C】♣CBG, SCBG, XMBG; ●FJ, GD, SH, TW; ★(NA): BZ, GT, HN, JM, MX, NI, PA, SV.

紫薇兰属 Broughtonia

紫薇兰 **Broughtonia sanguinea** (Sw.) R. Br.【I, C】♣BBG, CBG; ●BJ, SH, TW; ★(NA): JM.

四隔兰属 Tetramicra

Tetramicra canaliculata (Aubl.) Urb. 【I, C】 ♣BBG; ●BJ, TW; ★(NA): DO, LW, PR, US.

杰圭兰属 Jacquiniella

Jacquiniella leucomelana (Rchb. f.) Schltr. 【I, C】 ♣BBG; ●BJ; ★(SA): GY.

碗唇兰属 Scaphyglottis

碗唇兰（牛膝兰）**Scaphyglottis bidentata** (Lindl.) Dressler 【I, C】 ♣BBG, CBG; ●BJ, SH, TW; ★(NA): CR, NI, PA; (SA): VE.

Scaphyglottis graminifolia (Ruiz et Pav.) Poepp. et Endl.【I, C】♣BBG; ●BJ, TW; ★(SA): BO, CO, EC, GY, PE, VE.

幡唇兰属 Domingoa

Domingoa haematochila (Rchb. f.) Carabia 【I, C】 ♣BBG; ●BJ, TW; ★(NA): CU, PR, US.

Domingoa purpurea (Lindl.) Van den Berg et Soto Arenas 【I, C】 ♣BBG; ●BJ, TW; ★(NA): MX.

蕾丽兰属 Laelia

Laelia albida Bateman ex Lindl.【I, C】♣BBG; ●BJ, TW; ★(NA): MX.

蕾丽兰 **Laelia anceps** Lindl. 【I, C】 ♣CBG, XMBG; ●FJ, SH, TW; ★(NA): MX.

Laelia autumnalis (Lex.) Lindl.【I, C】♣BBG; ●BJ, TW; ★(NA): MX.

Laelia colombiana J. M. H. Shaw 【I, C】 ♣BBG; ●BJ; ★(SA): CO.

Laelia crawshayana Rchb. f. 【I, C】 ♣BBG; ●BJ, TW; ★(NA): MX.

Laelia gouldiana Rchb. f.【I, C】♣BBG; ●BJ, TW; ★(NA): MX.

Laelia longipes var. **lucasiana** (Rolfe) Schltr.【I, C】♣XTBG; ●YN; ★(SA): BR.

Laelia lundii Rchb. f. 【I, C】 ♣XTBG; ●YN; ★(SA): AR, BO, BR.

Laelia lyonsii (Lindl.) L. O. Williams【I, C】♣BBG; ●BJ; ★(NA): CU, JM.

Laelia marginata (Lindl.) L. O. Williams 【I, C】 ♣BBG; ●BJ, TW; ★(SA): GF, GY, VE.

Laelia rubescens Lindl. 【I, C】 ♣BBG, CBG; ●BJ, SH, TW; ★(NA): BM, CR, GT, HN, MX, NI, PA, SV, US.

美丽蕾丽兰 **Laelia speciosa** (Kunth) Schltr. 【I, C】 ♣BBG; ●BJ, TW; ★(NA): MX.

Laelia superbiens Lindl. 【I, C】 ♣BBG; ●BJ, TW; ★(NA): GT, HN, MX, NI.

香蕉兰属 Schomburgkia

Schomburgkia crispa Lindl. 【I, C】 ♣BBG; ●BJ, TW; ★(SA): BR, VE.

Schomburgkia moyobambae Schltr. 【I, C】 ♣BBG; ●BJ, TW; ★(SA): PE.

香蕉兰 **Schomburgkia undulata** Lindl. 【I, C】 ♣BBG, SCBG; ●BJ, GD; ★(SA): BO, CO, VE.

Schomburgkia undulata var. **lueddemanii** (Prill.) H. G. Jones 【I, C】 ♣BBG; ●BJ, TW; ★(SA): BO, CO, VE.

Schomburgkia weberbaueriana Kraenzl. 【I, C】 ♣BBG; ●BJ; ★(SA): BO, PE.

蚁兰属 Myrmecophila

Myrmecophila brysiana (Lem.) G. C. Kenn. 【I, C】 ♣BBG; ●BJ; ★(NA): BZ, CR, HN, MX, NI.

*蚁兰（香蕉兰）**Myrmecophila thomsoniana** (Rchb. f.) Rolfe 【I, C】 ♣BBG, SCBG; ●BJ, GD; ★(NA): GT, HN, KY.

Myrmecophila tibicinis (Bateman ex Lindl.) Rolfe 【I, C】 ♣BBG; ●BJ, TW; ★(SA): VE.

双角兰属 Caularthron

双角兰 **Caularthron bicornutum** (Hook.) Raf. 【I, C】 ♣CBG; ●SH, TW; ★(SA): BR, GY, VE.

树兰属 Epidendrum

Epidendrum anisatum Lex. 【I, C】 ♣BBG; ●BJ; ★(SA): PE.

Epidendrum arbusculum Lindl. 【I, C】 ♣BBG; ●BJ; ★(SA): EC.

Epidendrum bifarium Sw. 【I, C】 ♣BBG; ●BJ, TW; ★(SA): VE.

Epidendrum bracteolatum C. Presl 【I, C】 ♣BBG; ●BJ, TW; ★(SA): EC.

兔唇树兰 **Epidendrum centropetalum** Rchb. f. 【I, C】 ♣BBG, CBG; ●BJ, SH, TW; ★(NA): CR, HN, NI, PA.

白花树兰 **Epidendrum ciliare** L. 【I, C】 ♣BBG, SCBG, WBG, XMBG; ●BJ, FJ, GD, HB, TW; ★(NA): CR, GT, HN, MX, NI, PA, SV; (SA): BO, EC, VE.

Epidendrum cnemidophorum Lindl. 【I, C】 ♣BBG; ●BJ, TW; ★(NA): GT, HN, MX, SV.

Epidendrum coriifolium Lindl. 【I, C】 ♣BBG; ●BJ; ★(NA): CR, MX, PA; (SA): BO.

Epidendrum cristatum Ruiz et Pav. 【I, C】 ♣BBG; ●BJ, TW; ★(NA): BZ, CR, GT, HN, MX, NI, PA, TT; (SA): BO, BR, EC, PE.

奇异树兰（绿花树兰）**Epidendrum difforme** Jacq. 【I, C】 ♣CBG, SCBG; ●GD, SH, TW; ★(NA): CR, GT, HN, MX, PA, PR, SV; (SA): BO, CO, EC, PE.

Epidendrum eburneum Rchb. f. 【I, C】 ♣BBG; ●BJ, TW; ★(NA): CR, HN, NI, PA.

先花树兰 **Epidendrum flexuosum** G. Mey. 【I, C】 ●TW; ★(NA): BZ, CR, GT, HN, MX, NI, PA, PR, SV, TT; (SA): BO, BR, CO, EC, GF, GY, PE, VE.

Epidendrum fulgens Brongn. 【I, C】 ♣BBG; ●BJ, TW; ★(SA): BR.

Epidendrum garciae Pabst 【I, C】 ♣BBG; ●BJ; ★(SA): BR.

树兰（攀缘兰）**Epidendrum ibaguense** Kunth 【I, C】 ♣BBG, TBG; ●BJ, TW; ★(NA): CR, GT, MX, NI, PA, US; (SA): BO, CO, EC, GY, PE, VE.

Epidendrum ilense Dodson 【I, C】 ♣BBG; ●BJ, TW; ★(SA): EC.

Epidendrum laterale Rolfe 【I, C】 ♣BBG; ●BJ; ★(NA): CR.

Epidendrum magnoliae Muhl. 【I, C】 ♣BBG; ●BJ; ★(NA): US.

Epidendrum marmoratum A. Rich. et Galeotti 【I, C】 ♣BBG; ●BJ, TW; ★(NA): MX.

墨氏树兰 **Epidendrum medusae** (Rchb. f.) Pfitzer 【I, C】 ●TW; ★(SA): EC.

Epidendrum nitens Rchb. f. 【I, C】 ♣BBG; ●BJ; ★(NA): BZ, GT, MX.

夜花树兰 **Epidendrum nocturnum** Jacq. 【I, C】 ♣BBG; ●BJ, TW; ★(NA): BM, CU, PR, US.

Epidendrum oerstedii Rchb. f. 【I, C】 ♣BBG; ●BJ, TW; ★(NA): CR, HN, NI, PA.

锥花树兰 **Epidendrum paniculatum** Ruiz et Pav. 【I, C】 ♣CBG, SCBG; ●GD, SH, TW; ★(NA): BM, CR, GT, HN, PA; (SA): AR, BO, BR, CO, EC, GY, PE, VE.

Epidendrum parkinsonianum Hook. 【I, C】 ♣BBG, TMNS; ●BJ, TW; ★(NA): CR, GT, HN, MX, NI, PA, SV.

椒草状树兰 **Epidendrum peperomia** Rchb. f. 【I,

C】 ♣BBG, SCBG; ●BJ, GD, TW; ★(NA): CR, MX, NI, PA; (SA): BO, EC, VE.

Epidendrum polyanthum Lindl. 【I, C】 ♣BBG; ●BJ; ★(NA): BZ, CR, GT, HN, MX, NI, SV.

拟树兰 **Epidendrum pseudepidendrum** Rchb. f. 【I, C】 ♣BBG, SCBG; ●BJ, GD, TW; ★(NA): CR, PA.

血红树兰 **Epidendrum radicans** Pav. ex Lindl. 【I, C】 ♣FLBG, KBG, SCBG, WBG, XMBG; ●FJ, GD, HB, JX, SC, YN; ★(NA): CR, GT, HN, MX, NI, PA, SV; (SA): VE.

Epidendrum ramosum Jacq. 【I, C】 ♣BBG; ●BJ; ★(NA): BM, CU, PR, US.

Epidendrum robustum Cogn. 【I, C】 ♣BBG; ●BJ; ★(SA): BR.

侧生树兰 **Epidendrum secundum** Jacq. 【I, C】 ♣BBG, XMBG; ●BJ, FJ, TW; ★(NA): BM, CU, MX, PR, US.

斯坦福树兰 **Epidendrum stamfordianum** Bateman 【I, C】 ♣CBG, SCBG, XMBG; ●FJ, GD, SH, TW; ★(NA): PA.

Epidendrum strobiliferum Rchb. f. 【I, C】 ♣BBG; ●BJ; ★(NA): BZ, CR, CU, DO, GT, HN, JM, MX, NI, US; (SA): BO, BR, EC, GY, PE, VE.

棱茎树兰 **Epidendrum urichianum** Carnevali, Foldats et I. Ramírez 【I, C】 ♣CBG; ●SH; ★(SA): GY, VE.

Epidendrum veroscriptum Hágsater 【I, C】 ♣BBG; ●BJ, TW; ★(NA): BZ, GT, MX, NI, SV.

Epidendrum vesicatum Lindl. 【I, C】 ♣BBG; ●BJ, TW; ★(SA): BR.

朱虾兰属 Barkeria

朱虾兰 **Barkeria lindleyana** Bateman ex Lindl. 【I, C】 ♣BBG; ●BJ, TW; ★(NA): CR, MX.

*文内朱虾兰 **Barkeria lindleyana** subsp. **vanneriana** (Rchb. f.) Thien 【I, C】 ♣BBG; ●BJ; ★(NA): MX.

多花朱虾兰 **Barkeria obovata** (C. Presl) Christenson 【I, C】 ♣SCBG; ●GD, TW; ★(NA): CR, GT, HN, MX, NI, PA, SV.

附生朱虾兰 **Barkeria scandens** (Lex.) Dressler et Halbinger 【I, C】 ♣CBG; ●SH, TW; ★(NA): MX.

伏兰属 Meiracyllium

Meiracyllium trinasutum Rchb. f. 【I, C】 ♣BBG; ●BJ, TW; ★(NA): GT, HN, MX, SV.

哥丽兰属 Guarianthe

危地马拉哥丽兰 **Guarianthe × guatemalensis** (T. Moore) W. E. Higgins 【I, C】 ♣BBG, SCBG; ●BJ, GD; ★(NA): GT, MX, NI.

橙花哥丽兰（红花卡特兰）**Guarianthe aurantiaca** (Bateman ex Lindl.) Dressler et W. E. Higgins 【I, C】 ♣BBG, SCBG; ●BJ, GD, TW; ★(NA): GT, HN, MX, NI, SV.

多花哥丽兰 **Guarianthe bowringiana** (O'Brien) Dressler et W. E. Higgins 【I, C】 ♣BBG, FLBG, SCBG, WBG, XMBG; ●BJ, FJ, GD, HB, JX, TW, YN; ★(NA): BZ, GT, HN, MX.

哥丽兰（卷唇卡特兰）**Guarianthe skinneri** (Bateman) Dressler et W. E. Higgins 【I, C】 ♣BBG, CBG, XMBG; ●BJ, FJ, SH, TW; ★(NA): CR, GT, HN, MX, NI, SV.

洪丽兰属 Rhyncholaelia

须唇洪丽兰（猪哥喙丽兰）**Rhyncholaelia digbyana** (Lindl.) Schltr. 【I, C】 ♣BBG, CBG, SCBG, XMBG; ●BJ, FJ, GD, SH; ★(NA): BZ, HN, MX.

Rhyncholaelia glauca (Lindl.) Schltr. 【I, C】 ♣BBG, SCBG; ●BJ, GD, TW; ★(NA): GT, HN, MX.

白拉索兰属 Brassavola

兜状白拉索兰 **Brassavola cucullata** (L.) R. Br. 【I, C】 ♣BBG, XMBG; ●BJ, FJ, TW; ★(NA): GT, HN, MX, NI, SV, WW; (SA): VE.

鞭状白拉索兰 **Brassavola flagellaris** Barb. Rodr. 【I, C】 ♣XMBG; ●FJ, TW; ★(SA): BR.

白拉索兰（柏拉兰）**Brassavola nodosa** (L.) Lindl. 【I, C】 ♣BBG, CBG, SCBG, XMBG; ●BJ, FJ, GD, SH, TW; ★(NA): BM, PR, US.

Brassavola retusa Lindl. 【I, C】 ♣BBG; ●BJ; ★(SA): BR, PE, VE.

狭叶白拉索兰 **Brassavola subulifolia** Lindl. 【I, C】 ♣BBG, CBG; ●BJ, SH, TW; ★(SA): EC, VE.

潘瑞妮白拉索兰 **Brassavola tuberculata** Hook. 【I, C】 ♣BBG, CBG; ●BJ, SH, TW; ★(SA): AR, BR.

卡特兰属 Cattleya

Cattleya × dolosa Rchb. f. 【I, C】 ♣BBG; ●BJ, TW;

★(SA): BR.

Cattleya × schroederiana Rchb. f. 【I, C】 ♣BBG; ●BJ, TW; ★(SA): BR.

阿克卡特兰 **Cattleya aclandiae** Lindl. 【I, C】 ♣XMBG; ●FJ, TW; ★(SA): BR.

紫唇卡特兰 **Cattleya amethystoglossa** Linden et Rchb. f. ex R. Warner 【I, C】 ●TW; ★(SA): BR.

Cattleya bicalhoi Van den Berg 【I, C】 ♣BBG; ●BJ, TW; ★(SA): BR.

两色卡特兰 **Cattleya bicolor** Lindl. 【I, C】 ♣BBG; ●BJ, TW; ★(SA): BR.

Cattleya bradei (Pabst) Van den Berg 【I, C】 ♣BBG; ●BJ, TW; ★(SA): BR.

Cattleya brevipedunculata (Cogn.) Van den Berg 【I, C】 ♣BBG; ●BJ, TW; ★(SA): BR.

黄雷卡特兰 **Cattleya briegeri** (Blumensch. ex Pabst) Van den Berg 【I, C】 ♣BBG, SCBG; ●BJ, GD, TW; ★(SA): BR.

Cattleya caulescens (Lindl.) Van den Berg 【I, C】 ♣XTBG; ●TW, YN; ★(SA): BR.

Cattleya cernua (Lindl.) Van den Berg 【I, C】 ♣BBG; ●BJ, TW; ★(SA): AR, BR.

Cattleya cinnabarina (Bateman ex Lindl.) Van den Berg 【I, C】 ♣BBG, SCBG; ●BJ, GD, TW; ★(SA): BR.

皱波卡特兰 **Cattleya crispa** Lindl. 【I, C】 ♣BBG; ●BJ, TW; ★(SA): BR, VE.

鸡冠卡特兰 **Cattleya crispata** (Thunb.) Van den Berg 【I, C】 ♣BBG; ●BJ, TW; ★(SA): BR.

秀丽卡特兰 **Cattleya dowiana** Bateman et Rchb. f. 【I, C】 ♣BBG; ●BJ, TW; ★(NA): CR.

金黄秀丽卡特兰 **Cattleya dowiana** var. **aurea** (Linden) B. S. Williams et T. Moore 【I, C】 ●TW; ★(NA): CR.

Cattleya elongata Barb. Rodr. 【I, C】 ♣BBG; ●BJ, TW; ★(SA): BR.

Cattleya endsfeldzii (Pabst) Van den Berg 【I, C】 ♣BBG; ●BJ, TW; ★(SA): BR.

Cattleya forbesii Lindl. 【I, C】 ♣BBG, SCBG; ●BJ, GD, TW; ★(SA): BR.

Cattleya gaskelliana (N. E. Br.) B. S. Williams 【I, C】 ♣BBG; ●BJ, TW; ★(SA): CO, VE.

Cattleya gloedeniana (Hoehne) Van den Berg 【I, C】 ♣BBG; ●BJ, TW; ★(SA): BR.

大唇卡特兰 **Cattleya grandis** (Lindl.) A. A. Chadwick 【I, C】 ♣BBG; ●BJ, TW; ★(SA): BR.

斑点卡特兰 **Cattleya granulosa** Lindl. 【I, C】 ♣BBG, SCBG; ●BJ, GD, TW; ★(SA): BR.

Cattleya harrisoniana Bateman ex Lindl. 【I, C】 ♣BBG; ●BJ, TW; ★(SA): BR.

杂种卡特兰 **Cattleya hybrida** H. J. Veitch 【I, C】 ♣SCBG, XTBG; ●GD, SC, TW, YN; ★(SA): BR.

早花卡特兰 **Cattleya intermedia** Graham ex Hook. 【I, C】 ♣BBG, XMBG; ●BJ, FJ, TW; ★(SA): BR, PE, PY, UY.

Cattleya iricolor Rchb. f. 【I, C】 ♣BBG; ●BJ, TW; ★(SA): EC, PE.

大花卡特兰 **Cattleya jongheana** (Rchb. f.) Van den Berg 【I, C】 ♣XTBG; ●TW, YN; ★(SA): BR.

大花卡特兰 **Cattleya labiata** Lindl. 【I, C】 ♣BBG, NSBG, XMBG; ●BJ, CQ, FJ, GD, TW; ★(SA): BR.

劳氏卡特兰（娇小蕾丽兰）**Cattleya lawrenceana** Rchb. f. 【I, C】 ♣BBG; ●BJ, TW; ★(SA): BR, GY, VE.

Cattleya lobata Lindl. 【I, C】 ♣BBG; ●BJ, TW; ★(SA): BR.

罗氏卡特兰 **Cattleya loddigesii** Lindl. 【I, C】 ♣BBG, XMBG; ●BJ, FJ, TW; ★(SA): AR, BR.

Cattleya longipes (Rchb. f.) Van den Berg 【I, C】 ♣BBG; ●BJ, TW; ★(SA): BR.

鲁埃德曼卡特兰 **Cattleya lueddemanniana** Rchb. f. 【I, C】 ♣BBG; ●BJ, TW; ★(SA): VE.

Cattleya luetzelburgii Van den Berg 【I, C】 ♣BBG; ●BJ, TW; ★(SA): BR.

黄花卡特兰 **Cattleya luteola** Lindl. 【I, C】 ♣BBG; ●BJ, TW; ★(SA): BR, EC, PE.

*巨花卡特兰 **Cattleya maxima** Lindl. 【I, C】 ♣XMBG; ●FJ, TW; ★(SA): EC, PE, VE.

Cattleya milleri (Blumensch. ex Pabst) Van den Berg 【I, C】 ♣BBG; ●BJ, TW; ★(SA): BR.

委内瑞拉卡特兰 **Cattleya mossiae** C. Parker ex Hook. 【I, C】 ♣SCBG; ●GD, TW; ★(SA): VE.

珀西瓦尔卡特兰 **Cattleya percivaliana** (Rchb. f.) O'Brien 【I, C】 ♣BBG; ●BJ, TW; ★(SA): CO, VE.

Cattleya porphyroglossa Linden et Rchb. f. 【I, C】 ♣BBG; ●BJ, TW; ★(SA): BR.

Cattleya praestans (Rchb. f.) Van den Berg 【I, C】 ♣BBG; ●BJ, TW; ★(SA): BR.

紫花卡特兰 **Cattleya purpurata** (Lindl. et Paxton) Van den Berg 【I, C】 ♣BBG, XMBG; ●BJ, FJ, TW; ★(SA): BR.

Cattleya quadricolor Lindl. 【I, C】 ♣BBG; ●BJ,

TW; ★(SA): BR.

Cattleya reginae (Pabst) Van den Berg 【I, C】 ♣BBG; ●BJ, TW; ★(SA): BR.

王冠卡特兰 **Cattleya rex** O'Brien 【I, C】 ♣BBG; ●BJ, TW; ★(SA): PE.

席氏卡特兰 **Cattleya schilleriana** Rchb. f. 【I, C】 ♣BBG; ●BJ, TW; ★(SA): BR.

Cattleya schofieldiana Rchb. f. 【I, C】 ♣BBG, XTBG; ●BJ, TW, YN; ★(SA): BR.

Cattleya sincorana (Schltr.) Van den Berg 【I, C】 ♣BBG; ●BJ, TW; ★(SA): BR.

暗色卡特兰 **Cattleya tenebrosa** (Rolfe) A. A. Chadwick 【I, C】 ♣BBG; ●BJ, TW; ★(SA): BR.

Cattleya tigrina A. Rich. 【I, C】 ♣BBG; ●BJ, TW; ★(SA): BR.

卡特兰 **Cattleya trianae** Linden et Rchb. f. 【I, C】 ♣CDBG, SCBG; ●GD, SC, TW; ★(SA): CO.

Cattleya violacea (Kunth) Rolfe 【I, C】 ♣BBG; ●BJ, TW; ★(SA): BR, EC, GY, PE, VE.

Cattleya virens (Lindl.) Van den Berg 【I, C】 ♣BBG; ●BJ, TW; ★(SA): BR.

沃克卡特兰 **Cattleya walkeriana** Gardner 【I, C】 ♣CBG, SCBG, XMBG, XTBG; ●FJ, GD, SH, TW, YN; ★(SA): BR.

Cattleya wallisii (Linden) Linden ex Rchb. f. 【I, C】 ♣BBG; ●BJ, TW; ★(SA): BR.

Cattleya warneri T. Moore ex R. Warner 【I, C】 ♣BBG; ●BJ, TW; ★(SA): BR.

Cattleya xanthina (Lindl.) Van den Berg 【I, C】 ♣BBG; ●BJ, TW; ★(SA): BR.

贞兰属 Sophronitis

贞兰 **Sophronitis coccinea** Rchb. f. 【I, C】 ♣XTBG; ●TW, YN; ★(SA): AR, BR.

八团兰属 Octomeria

Octomeria grandiflora Lindl. 【I, C】 ♣BBG; ●BJ, TW; ★(SA): BR, GY, PE, VE.

Octomeria juncifolia Barb. Rodr. 【I, C】 ♣BBG; ●BJ, TW; ★(SA): BR.

Octomeria rodriguesii Cogn. 【I, C】 ♣BBG; ●BJ, TW; ★(SA): BR.

甲虫兰属 Restrepia

Restrepia trichoglossa F. Lehm. ex Sander 【I, C】 ♣BBG; ●BJ, TW; ★(NA): CR, GT, MX, PA; (SA): CO, EC, PE, VE.

Restrepia wageneri Rchb. f. 【I, C】 ♣BBG; ●BJ; ★(SA): VE.

飞仙兰属 Barbosella

Barbosella australis (Cogn.) Schltr. 【I, C】 ●TW; ★(SA): BR.

Barbosella cucullata (Lindl.) Schltr. 【I, C】 ●TW; ★(SA): BO, CO, EC, PE, VE.

Barbosella dolichorhiza Schltr. 【I, C】 ●TW; ★(NA): CR, NI; (SA): CO, EC, PE.

Barbosella dusenii (Samp.) Schltr. 【I, C】 ●TW; ★(SA): BR.

Barbosella hirtzii Luer 【I, C】 ●TW; ★(SA): EC.

Barbosella miersii (Lindl.) Schltr. 【I, C】 ★(SA): BR.

Barbosella prorepens (Rchb. f.) Schltr. 【I, C】 ●TW; ★(NA): BZ, CR, CU, DO, GT, HN, JM, MX, NI, PA; (SA): BO, CO, EC, PE, VE.

腋花兰属 Pleurothallis

心叶腋花兰 **Pleurothallis cardiostola** Rchb. f. 【I, C】 ●TW; ★(SA): PE, VE.

Pleurothallis cardiothallis Rchb. f. 【I, C】 ♣BBG; ●BJ; ★(NA): BZ, CR, GT, HN, MX, NI, PA; (SA): CO, EC.

Pleurothallis heliconioides Luer et R. Vásquez 【I, C】 ♣XTBG; ●YN; ★(SA): BO.

Pleurothallis lilijae Foldats 【I, C】 ♣BBG; ●BJ, TW; ★(SA): VE.

Pleurothallis marthae Luer et R. Escobar 【I, C】 ♣BBG; ●BJ, TW; ★(SA): CO.

Pleurothallis matudana C. Schweinf. 【I, C】 ♣BBG; ●BJ; ★(NA): CR, HN, MX, NI, SV; (SA): BO, CO, EC, PE.

Pleurothallis nuda (Klotzsch) Rchb. f. 【I, C】 ♣BBG; ●BJ, TW; ★(SA): PE, VE.

Pleurothallis palliolata Ames 【I, C】 ♣BBG; ●BJ; ★(NA): CR, PA.

Pleurothallis phyllocardia Rchb. f. 【I, C】 ♣BBG; ●BJ; ★(NA): CR, PA.

Pleurothallis prolifera Herb. ex Lindl. 【I, C】 ♣BBG; ●BJ; ★(SA): BO.

Pleurothallis restrepioides Lindl. 【I, C】 ♣BBG; ●BJ, TW; ★(SA): EC, PE.

Anathallis

Anathallis acuminata (Kunth) Pridgeon et M. W. Chase 【I, C】 ●TW; ★(SA): BO.

Anathallis adenochila (Loefgr.) F. Barros 【I, C】 ●TW; ★(SA): BR.

Anathallis aristulata (Lindl.) Luer 【I, C】 ●TW; ★(SA): BR.

Anathallis dryadum (Schltr.) F. Barros 【I, C】 ●TW; ★(SA): BR.

Anathallis linearifolia (Cogn.) Pridgeon et M. W. Chase 【I, C】 ●TW; ★(SA): BR.

Anathallis microgemma (Schltr. ex Hoehne) Pridgeon et M. W. Chase 【I, C】 ●TW; ★(SA): BR.

Anathallis piratiningana (Hoehne) F. Barros 【I, C】 ●TW; ★(SA): BR.

Anathallis rubens (Lindl.) Pridgeon et M. W. Chase 【I, C】 ●TW; ★(SA): EC.

Anathallis sclerophylla (Lindl.) Pridgeon et M. W. Chase 【I, C】 ●TW; ★(SA): BO, CO, EC, VE.

Anathallis seriata (Lindl.) Luer et Toscano 【I, C】 ●TW; ★(SA): GF, GY, VE.

Anathallis sertularioides (Sw.) Pridgeon et M. W. Chase 【I, C】 ♣BBG; ●BJ, TW; ★(SA): BR.

虫首兰属 Zootrophion

Zootrophion atropurpureum (Lindl.) Luer 【I, C】 ♣BBG; ●BJ, TW; ★(SA): BO, EC.

绒帽兰属 Trichosalpinx

*布氏绒帽兰 **Trichosalpinx blaisdellii** (S. Watson) Luer 【I, C】 ●TW; ★(NA): BZ, CR, GT, MX, NI, PA; (SA): EC.

*线萼绒帽兰 **Trichosalpinx chamaelepanthes** (Rchb. f.) Luer 【I, C】 ●TW; ★(SA): PE.

*纹瓣绒帽兰 **Trichosalpinx mathildae** (Brade) Toscano et Luer 【I, C】 ♣BBG; ●BJ; ★(SA): BR.

*橙花绒帽兰 **Trichosalpinx montana** (Barb. Rodr.) Luer 【I, C】 ●TW; ★(SA): BR.

*圆叶绒帽兰 **Trichosalpinx orbicularis** (Lindl.) Luer 【I, C】 ●TW; ★(NA): CR, NI, PA; (SA): BR, CO, EC, GF, PE, VE.

*紫花绒帽兰 **Trichosalpinx pergrata** (Ames) Luer 【I, C】 ●TW; ★(NA): CR, PA; (SA): CO.

树蛹兰属 Dryadella

Dryadella edwallii (Cogn.) Luer 【I, C】 ♣BBG; ●BJ, TW; ★(SA): BO, BR.

Dryadella zebrina (Porsch) Luer 【I, C】 ♣BBG; ●BJ, TW; ★(SA): BR.

帽花兰属 Specklinia

Specklinia corniculata (Sw.) Steud. 【I, C】 ♣BBG; ●BJ, TW; ★(NA): CR, CU, NI, PA.

Specklinia fulgens (Rchb. f.) Pridgeon et M. W. Chase 【I, C】 ♣BBG; ●BJ; ★(NA): CR, GT, PA, SV.

Specklinia grobyi (Bateman ex Lindl.) F. Barros 【I, C】 ♣BBG; ●BJ, TW; ★(NA): BZ, CR, GT, MX, PA; (SA): BO, BR, CO, EC, GF, GY, PE.

Specklinia tribuloides (Sw.) Pridgeon et M. W. Chase 【I, C】 ♣CBG; ●SH, TW; ★(NA): MX; (SA): BR.

碗萼兰属 Scaphosepalum

Scaphosepalum breve (Rchb. f.) Rolfe 【I, C】 ♣BBG; ●BJ, TW; ★(SA): GY, VE.

Scaphosepalum fimbriatum Luer et Hirtz 【I, C】 ♣BBG; ●BJ; ★(SA): EC.

Scaphosepalum ovulare Luer 【I, C】 ♣BBG; ●BJ; ★(SA): EC.

微柱兰属 Stelis

Stelis immersa (Linden et Rchb. f.) Pridgeon et M. W. Chase 【I, C】 ♣BBG; ●BJ, TW; ★(SA): VE.

Stelis papaquerensis Rchb. f. 【I, C】 ♣BBG; ●BJ, TW; ★(SA): BR, GY, PE, VE.

Stelis quadrifida (Lex.) Solano et Soto Arenas 【I, C】 ♣BBG; ●BJ; ★(NA): MX.

Stelis villosa (Knowles et Westc.) Pridgeon et M. W. Chase 【I, C】 ♣BBG; ●BJ, TW; ★(NA): MX.

Stelis xerophila (Schltr.) Soto Arenas 【I, C】 ♣BBG; ●BJ; ★(NA): MX.

小龙兰属 Dracula

Dracula erythrochaete (Rchb. f.) Luer 【I, C】 ♣BBG; ●BJ, TW; ★(NA): CR, PA.

Dracula houtteana (Rchb. f.) Luer 【I, C】 ♣BBG; ●BJ, TW; ★(SA): CO.

Dracula mopsus (F. Lehm. et Kraenzl.) Luer 【I, C】 ♣BBG; ●BJ, TW; ★(SA): EC.

猴面小龙兰 **Dracula simia** (Luer) Luer 【I, C】 ●TW; ★(SA): EC.

小龙兰 **Dracula vampira** (Luer) Luer 【I, C】 ●TW; ★(SA): EC.

尾萼兰属 Masdevallia

长尾尾萼兰 **Masdevallia caudata** Lindl. 【I, C】 ●TW; ★(SA): VE.

鹤花尾萼兰 **Masdevallia coccinea** Linden ex Lindl. 【I, C】 ●TW; ★(SA): CO.

Masdevallia infracta Lindl. 【I, C】 ♣BBG; ●BJ, TW; ★(SA): BO, BR, EC, PE.

红斑尾萼兰 **Masdevallia maculata** Klotzsch et H. Karst. 【I, C】 ★(SA): VE.

门多萨尾萼兰 **Masdevallia mendozae** Luer 【I, C】 ●TW; ★(SA): EC.

Masdevallia princeps Luer 【I, C】 ♣BBG; ●BJ, TW; ★(SA): PE.

白花尾萼兰 **Masdevallia tovarensis** Rchb. f. 【I, C】 ●TW; ★(SA): VE.

维茨尾萼兰 **Masdevallia veitchiana** Rchb. f. 【I, C】 ●TW; ★(SA): PE.

瓦格纳尾萼兰 **Masdevallia wageneriana** Linden ex Lindl. 【I, C】 ●TW; ★(SA): VE.

细瓣兰属 Diodonopsis

细瓣兰 **Diodonopsis erinacea** (Rchb. f.) Pridgeon et M. W. Chase 【I, C】 ●TW; ★(NA): CR, PA.

毛梗兰属 Eriodes

毛梗兰 **Eriodes barbata** (Lindl.) Rolfe 【N, W/C】 ♣FLBG, NBG, XTBG; ●GD, JS, JX, YN; ★(AS): BT, CN, IN, MM, TH, VN.

鹤顶兰属 Phaius

仙笔鹤顶兰 **Phaius columnaris** C. Z. Tang et S. J. Cheng 【N, W/C】 ♣GXIB, KBG, NBG, SCBG, WBG, XMBG, XTBG; ●FJ, GD, GX, HB, JS, YN; ★(AS): CN.

少花鹤顶兰 **Phaius delavayi** (Finet) P. J. Cribb et Perner 【N, W/C】 ♣KBG; ●SC, YN; ★(AS): CN.

黄花鹤顶兰 **Phaius flavus** (Blume) Lindl. 【N, W/C】 ♣BBG, GXIB, IBCAS, KBG, LBG, NBG, SCBG, TMNS, WBG, XMBG, XTBG; ●BJ, FJ, GD, GX, HB, HI, JS, JX, SC, TW, YN; ★(AS): BT, CN, ID, IN, JP, LA, LK, MM, MY, NP, PH, TH, VN; (OC): PAF.

海南鹤顶兰 **Phaius hainanensis** C. Z. Tang et S. J. Cheng 【N, W/C】 ♣SCBG, XMBG; ●FJ, GD; ★(AS): CN.

红唇鹤顶兰 **Phaius hybrida** Hort. 【N, C】 ♣KBG; ●YN; ★(AS): CN.

紫花鹤顶兰 **Phaius mishmensis** (Lindl. et Paxton) Rchb. f. 【N, W/C】 ♣FLBG, SCBG, TMNS, WBG, XTBG; ●GD, HB, JX, TW, YN; ★(AS): BT, CN, IN, JP, LA, MM, PH, TH, VN.

长茎鹤顶兰 **Phaius takeoi** (Hayata) H. J. Su 【N, W/C】 ♣SCBG, WBG, XTBG; ●GD, HB, YN; ★(AS): CN, VN.

鹤顶兰 **Phaius tankervilleae** (Banks ex L'Hér.) Blume 【N, W/C】 ♣BBG, CBG, FBG, FLBG, GBG, GMG, GXIB, HBG, IBCAS, KBG, LBG, NBG, SCBG, TBG, TMNS, WBG, XMBG, XTBG; ●BJ, FJ, GD, GX, GZ, HB, HI, JS, JX, SC, SH, TW, YN, ZJ; ★(AS): BT, CN, ID, IN, JP, LK, MY, NP, PH, VN; (OC): AU, FJ.

大花鹤顶兰 **Phaius wallichii** Lindl. 【N, W/C】 ♣WBG, XTBG; ●HB, YN; ★(AS): CN, ID, IN, LK.

文山鹤顶兰 **Phaius wenshanensis** F. Y. Liu 【N, W/C】 ♣WBG, XTBG; ●HB, YN; ★(AS): CN.

黄兰属 Cephalantheropsis

铃花黄兰 **Cephalantheropsis halconensis** (Ames) S. S. Ying 【N, W/C】 ♣TMNS; ●SC, TW; ★(AS): CN, PH.

黄兰 **Cephalantheropsis obcordata** (Lindl.) Ormerod 【N, W/C】 ♣GXIB, SCBG, TMNS; ●GD, GX, TW; ★(AS): CN, ID, IN, JP, LA, LK, MM, MY, PH, TH, VN.

虾脊兰属 Calanthe

白花长距虾脊兰 **Calanthe × dominyi** Lindl. 【N, C】 ♣CBG; ●SH; ★(AS): CN.

泽泻虾脊兰 **Calanthe alismatifolia** Lindl. 【N, W/C】 ♣CBG, FLBG, SCBG, TMNS, WBG, XTBG; ●GD, HB, JX, SC, SH, TW, YN; ★(AS): BT, CN, IN, JP, VN.

流苏虾脊兰 **Calanthe alpina** Hook. f. ex Lindl. 【N, W/C】 ♣FLBG, GXIB, WBG; ●GD, GX, HB, JX, SC; ★(AS): BT, CN, IN, JP, LK, NP.

狭叶虾脊兰 **Calanthe angustifolia** (Blume) Lindl. 【N, W/C】 ♣WBG; ●HB; ★(AS): CN, ID, IN, MY, PH, VN.

银带虾脊兰 **Calanthe argenteostriata** C. Z. Tang et S. J. Cheng 【N, W/C】 ♣CBG, FLBG, GXIB, IBCAS, KBG, NBG, SCBG, TMNS, WBG, XMBG, XTBG; ●BJ, FJ, GD, GX, HB, JS, JX, SH, TW, YN; ★(AS): CN, VN.

台湾虾脊兰 **Calanthe arisanensis** Hayata 【N, W/C】 ♣TMNS; ●TW; ★(AS): CN.

翘距虾脊兰 **Calanthe aristulifera** Rchb. f. 【N, W/C】 ♣CBG, SCBG, TMNS, WBG; ●GD, HB, SH, TW; ★(AS): CN, JP.

肾唇虾脊兰 **Calanthe brevicornu** Lindl. 【N, W/C】 ♣CBG, FLBG, KBG, WBG; ●GD, HB, JX, SC, SH, YN; ★(AS): BT, CN, ID, IN, LK, MM, NP.

棒距虾脊兰 **Calanthe clavata** Lindl. 【N, W/C】 ♣FLBG, SCBG, WBG; ●GD, HB, JX, SC, YN; ★(AS): BT, CN, ID, IN, KP, KR, LK, MM, MY, TH, VN.

剑叶虾脊兰 **Calanthe davidii** Franch. 【N, W/C】 ♣CBG, SCBG, WBG; ●GD, HB, SC, SH; ★(AS): CN, IN, JP, NP, VN.

密花虾脊兰 **Calanthe densiflora** Lindl. 【N, W/C】 ♣KBG, SCBG, WBG; ●GD, HB, YN; ★(AS): BT, CN, ID, IN, JP, LK, NP, VN.

虾脊兰 **Calanthe discolor** Lindl. 【N, W/C】 ♣CBG, FBG, GBG, GXIB, HBG, IBCAS, LBG, NBG, SCBG, WBG, XLTBG, XMBG; ●BJ, FJ, GD, GX, GZ, HB, HI, JS, JX, SC, SH, TW, ZJ; ★(AS): CN, JP, KR.

钩距虾脊兰 **Calanthe graciliflora** Hayata 【N, W/C】 ♣CBG, HBG, LBG, SCBG, TMNS, WBG, XTBG, ZAFU; ●GD, HB, JX, SC, SH, TW, YN, ZJ; ★(AS): CN.

叉唇虾脊兰 **Calanthe hancockii** Rolfe 【N, W/C】 ♣CBG, FLBG, KBG, SCBG, XTBG; ●GD, JX, SC, SH, YN; ★(AS): CN.

疏花虾脊兰 **Calanthe henryi** Rolfe 【N, W/C】 ♣WBG; ●HB; ★(AS): CN.

西南虾脊兰 **Calanthe herbacea** Lindl. 【N, W/C】 ♣WBG, XTBG; ●HB, SC, YN; ★(AS): BT, CN, IN, LK, MM, VN.

Calanthe hybrida Hort. 【N, C】 ●TW; ★(AS): CN.

粉花虾脊兰 **Calanthe izu-insularis** (Satomi) Ohwi et Satomi 【I, C】 ♣CBG; ●SH; ★(AS): JP.

葫芦茎虾脊兰 **Calanthe labrosa** (Rchb. f.) Rchb. f. 【N, W/C】 ♣FLBG, SCBG, WBG, XTBG; ●GD, HB, JX, YN; ★(AS): CN, MM, TH.

开唇虾脊兰 **Calanthe limprichtii** Schltr. 【N, W/C】 ♣WBG; ●HB; ★(AS): CN.

南方虾脊兰 **Calanthe lyroglossa** Rchb. f. 【N, W/C】 ♣TBG, TMNS, WBG, XTBG; ●HB, TW, YN; ★(AS): CN, ID, IN, JP, KH, LA, MM, MY, PH, TH, VN.

细花虾脊兰 **Calanthe mannii** Hook. f. 【N, W/C】 ♣WBG; ●HB, SC; ★(AS): BT, CN, ID, IN, LK, MM, NP, VN.

香花虾脊兰 **Calanthe odora** Griff. 【N, W/C】 ♣WBG; ●HB; ★(AS): BT, CN, ID, IN, KH, LA, LK, MM, TH, VN.

镰萼虾脊兰 **Calanthe puberula** Lindl. 【N, W/C】 ♣GXIB, TMNS; ●GX, SC, TW; ★(AS): BT, CN, ID, IN, JP, LK, NP, VN.

反瓣虾脊兰 **Calanthe reflexa** Maxim. 【N, W/C】 ♣GMG, HBG, WBG; ●GX, HB, SC, ZJ; ★(AS): CN, ID, IN, JP, KP, KR, VN.

大黄花虾脊兰 **Calanthe sieboldii** Decne. ex Regel 【N, W/C】 ♣CBG, TMNS, WBG; ●HB, SH, TW; ★(AS): CN, JP, KP, KR.

中华虾脊兰 **Calanthe sinica** Z. H. Tsi 【N, W/C】 ♣GXIB, SCBG, XTBG; ●GD, GX, YN; ★(AS): CN.

二列叶虾脊兰 **Calanthe speciosa** (Blume) Lindl. 【N, W/C】 ♣TMNS; ●TW; ★(AS): CN, ID, IN.

长距虾脊兰 **Calanthe sylvatica** (Thouars) Lindl. 【N, W/C】 ♣FLBG, NBG, SCBG, WBG, XMBG, XTBG; ●FJ, GD, HB, JS, JX, TW, YN; ★(AF): AO, CM, GA, MG, MU, RE, TZ, UG, ZA; (AS): BT, CN, ID, IN, JP, LK, MM, MY, NP, PH, TH, VN.

三棱虾脊兰 **Calanthe tricarinata** Lindl. 【N, W/C】 ♣GBG, KBG, SCBG, TMNS, WBG, XTBG; ●GD, GZ, HB, SC, TW, YN; ★(AS): BT, CN, ID, IN, JP, LK, NP.

三褶虾脊兰 **Calanthe triplicata** (Willemet) Ames 【N, W/C】 ♣BBG, CBG, FLBG, GMG, IBCAS, KBG, NBG, SCBG, TBG, TMNS, WBG, XMBG, XTBG; ●BJ, FJ, GD, GX, HB, HI, JS, JX, SC, SH, TW, YN; ★(AS): BT, CN, ID, IN, JP, KH, LA, LK, MM, MY, PH, VN; (OC): AU, FJ, PAF.

峨边虾脊兰 **Calanthe yuana** Tang et F. T. Wang

【N, W/C】 ♣WBG; ●HB; ★(AS): CN.

钩唇兰属 Ancistrochilus

Ancistrochilus rothschildianus O'Brien【I, C】●TW; ★(AF): BF, BJ, CG, CI, CV, EH, GH, GM, GN, GW, LR, ML, MR, NE, NG, SL, SN, TG, UG.

Ancistrochilus thomsonianus (Rchb. f.) Rolfe 【I, C】 ★(AF): NG, SL, SN, TG.

苞舌兰属 Spathoglottis

金黄苞舌兰 **Spathoglottis aurea** Lindl. 【I, C】 ♣TMNS; ●TW; ★(AS): ID, IN, MY, VN.

少花苞舌兰 **Spathoglottis ixioides** (D. Don) Lindl. ex Wall. 【N, W/C】 ♣BBG; ●BJ; ★(AS): BT, CN, IN, LK, NP.

黄花苞舌兰 **Spathoglottis kimballiana** Hook. f. 【I, C】 ♣TMNS; ●TW; ★(AS): PH, SG.

地生苞舌兰 **Spathoglottis paulinae** F. Muell. 【I, C】 ♣SCBG; ●GD; ★(OC): AU.

紫花苞舌兰 **Spathoglottis plicata** Blume 【N, W/C】 ♣TMNS, WBG, XMBG, XTBG; ●FJ, HB, TW, YN; ★(AS): CN, ID, IN, JP, LA, LK, MM, MY, PH, SG, TH, VN; (OC): AU, FJ, PAF.

苞舌兰 **Spathoglottis pubescens** Lindl. 【N, W/C】 ♣BBG, NBG, SCBG, XMBG, XTBG; ●BJ, FJ, GD, JS, SC, TW, YN; ★(AS): CN, ID, IN, KH, LA, MM, TH, VN.

坛花兰属 Acanthephippium

中华坛花兰 **Acanthephippium gougahense** (Guillaumin) Seidenf. 【N, W/C】♣KBG, SCBG, WBG; ●GD, HB, YN; ★(AS): CN, ID, IN.

爪哇坛花兰 **Acanthephippium javanicum** Blume 【I, C】 ●TW; ★(AS): ID, IN, MY.

锥囊坛花兰 **Acanthephippium striatum** Lindl. 【N, W/C】 ♣KBG, SCBG, TMNS, WBG; ●GD, HB, TW, YN; ★(AS): BT, CN, ID, IN, LK, MY, NP, TH, VN.

坛花兰 **Acanthephippium sylhetense** Lindl. 【N, W/C】 ♣BBG, CBG, FLBG, GXIB, KBG, SCBG, XMBG, XTBG; ●BJ, FJ, GD, GX, JX, SH, TW, YN; ★(AS): BT, CN, ID, IN, JP, LA, MM, MY, PH, TH.

卷舌兰属 Plocoglottis

尖瓣坚唇兰 **Plocoglottis plicata** (Roxb.) Ormerod 【I, C】 ♣TMNS; ●TW; ★(AS): ID, PH.

安兰属 Ania

香港安兰 **Ania hongkongensis** (Rolfe) Tang et F. T. Wang 【N, W/C】 ♣FLBG, NBG, SCBG, TMNS, XMBG; ●FJ, GD, JS, JX, TW; ★(AS): CN, VN.

绿花安兰 **Ania hookeriana** (King et Pantl.) Tang et F. T. Wang ex Summerh. 【N, W/C】 ♣TMNS, XTBG; ●HI, TW, YN; ★(AS): CN, ID, IN, LA, LK, TH, VN.

阔叶安兰 **Ania latifolia** Lindl. 【N, W/C】 ♣SCBG, XTBG; ●GD, YN; ★(AS): BT, CN, ID, IN, LA, MM, TH, VN.

槟榔屿安兰 **Ania penangiana** (Hook. f.) Summerh. 【N, W/C】 ♣SCBG, XTBG; ●GD, YN; ★(AS): CN, ID, IN, LA, MY, TH, VN.

南方安兰 **Ania ruybarrettoi** S. Y. Hu et Barretto 【N, W/C】 ♣SCBG; ●GD; ★(AS): CN, VN.

高褶安兰 **Ania viridifusca** (Hook.) T. Tang et F. T. Wang ex Summerh. 【N, W/C】 ♣XTBG; ●YN; ★(AS): CN, IN, MM, TH, VN.

带唇兰属 Tainia

心叶带唇兰(心叶球柄兰) **Tainia cordifolia** (Lindl.) Gagnep. 【N, W/C】♣FBG, NBG, SCBG, TMNS, XMBG, XTBG; ●FJ, GD, HI, JS, TW, YN; ★(AS): CN.

带唇兰 **Tainia dunnii** Rolfe 【N, W/C】 ♣CBG, FBG, GA, GXIB, LBG, NBG, SCBG, TMNS, WBG, XMBG, XTBG, ZAFU; ●FJ, GD, GX, HB, JS, JX, SC, SH, TW, YN, ZJ; ★(AS): CN.

卵叶带唇兰 **Tainia longiscapa** (Seidenf.) J. J. Wood et A. L. Lamb 【N, W/C】 ♣XTBG; ●YN; ★(AS): CN, LA, VN.

大花带唇兰 **Tainia macrantha** Hook. f. 【N, W/C】 ♣SCBG; ●GD, SC; ★(AS): CN, VN.

滇南带唇兰 **Tainia minor** Hook. f. 【N, W/C】 ♣XTBG; ●YN; ★(AS): BT, CN, ID, IN, LK, MM.

美丽云叶兰 **Tainia pulchra** (Blume) Gagnep. 【N, W/C】 ♣SCBG; ●GD, TW; ★(AS): BT, CN, ID, IN, KH, LA, LK, MM, MY, PH, SG, TH, VN.

云叶兰 **Tainia tenuiflora** (Blume) Gagnep. 【N, W/C】 ♣NBG, SCBG; ●GD, HI; ★(AS): CN, ID, IN, KH, LA, MY, TH, VN.

吻兰属 Collabium

Collabium chapaense (Gagnep.) Seidenf. et Ormerod 【I, C】 ♣XTBG; ●YN; ★(AS): VN.

吻兰 **Collabium chinense** (Rolfe) Tang et F. T. Wang 【N, W/C】 ♣SCBG; ●GD; ★(AS): CN, TH, VN.

台湾吻兰 **Collabium formosanum** Hayata 【N, W/C】 ♣NBG, SCBG, WBG, XTBG; ●GD, HB, YN; ★(AS): CN, VN.

金唇兰属 Chrysoglossum

锚钩吻兰 **Chrysoglossum assamicum** Hook. f. 【N, W/C】 ♣WBG; ●HB; ★(AS): CN, ID, IN, VN.

金唇兰 **Chrysoglossum ornatum** Blume 【N, W/C】 ♣TMNS, XTBG; ●TW, YN; ★(AS): BT, CN, ID, IN, KH, LK, MY, NP, PH, TH, VN; (OC): FJ, PAF.

蛤兰属 Conchidium

高山蛤兰（连珠绒兰、高山毛兰）**Conchidium japonicum** (Maxim.) S.C.Chen et J.J.Wood 【N, W/C】 ♣FLBG, TMNS, WBG; ●GD, HB, JX, TW; ★(AS): CN, JP.

网鞘蛤兰（网鞘毛兰）**Conchidium muscicola** (Lindl.) Rauschert 【N, W/C】 ♣WBG, XTBG; ●HB, YN; ★(AS): BT, CN, ID, IN, LA, LK, MM, NP, TH, VN.

蛤兰（对茎毛兰、小毛兰）**Conchidium pusillum** Griff. 【N, W/C】 ♣CBG, SCBG; ●GD, HI, SH; ★(AS): CN, ID, IN, MM, TH, VN.

菱唇蛤兰（菱唇毛兰）**Conchidium rhomboidale** (Tang et F. T. Wang) S. C. Chen et J. J. Wood 【N, W/C】 ♣SCBG, WBG, XTBG; ●GD, HB, HI, SC, YN; ★(AS): CN.

毛兰属 Eria

二裂唇毛兰 **Eria bilobulata** Seidenf. 【I, C】 ♣KBG; ●YN; ★(AS): ID, LA, VN.

匍茎毛兰 **Eria clausa** J. J. Sm. 【N, W/C】 ♣IBCAS, KBG, SCBG, XTBG; ●BJ, GD, YN; ★(AS): BT, CN, ID, IN, LK, MM, VN.

Eria connata J. Joseph, S. N. Hegde et Abbar. 【I, C】 ●SC; ★(AS): BT, IN, LK.

半柱毛兰 **Eria corneri** Rchb. f. 【N, W/C】 ♣FLBG, GBG, GXIB, IBCAS, KBG, SCBG, TMNS, WBG; ●BJ, GD, GX, GZ, HB, HI, JX, TW, YN; ★(AS): CN, ID, IN, JP, VN.

足茎毛兰 **Eria coronaria** (Lindl.) Rchb. f. 【N, W/C】 ♣CBG, FLBG, GXIB, IBCAS, KBG, SCBG, TMNS, WBG, XMBG, XTBG; ●BJ, FJ, GD, GX, HB, HI, JX, SC, SH, TW, YN; ★(AS): BT, CN, IN, MM, NP, TH, VN.

香港毛兰 **Eria gagnepainii** A. D. Hawkes et A. H. Heller 【N, W/C】 ♣KBG, SCBG, XTBG; ●GD, HI, YN; ★(AS): CN, VN.

香花毛兰 **Eria javanica** (Sw.) Blume 【N, W/C】 ♣BBG, SCBG, WBG, XMBG, XTBG; ●BJ, FJ, GD, HB, TW, YN; ★(AS): BT, CN, ID, IN, LA, LK, MM, MY, PH, SG, TH; (OC): PAF.

绿化毛兰 **Eria lanigera** Seidenf. 【N, W】 ♣XTBG; ●YN; ★(AS): CN, ID, IN, LA, LK, MM, TH, VN.

白绵毛兰 **Eria lasiopetala** (Willd.) Ormerod 【N, W/C】 ♣FLBG, WBG, XTBG; ●GD, HB, HI, JX, TW, YN; ★(AS): BT, CN, ID, IN, KH, LA, LK, MM, MY, NP, TH, VN.

橘苞毛兰 **Eria ornata** (Blume) Lindl. 【I, C】 ♣XMBG; ●FJ; ★(AS): PH.

黄绒毛兰 **Eria tomentosa** (J. Koenig) Hook. f. 【N, W/C】 ♣FLBG, XMBG, XTBG; ●FJ, GD, HI, JX, YN; ★(AS): CN, ID, IN, LA, MM, TH, VN.

Eria xanthocheila Ridl. 【I, C】 ♣SCBG; ●GD, TW; ★(AS): ID, IN, MY.

砚山毛兰 **Eria yanshanensis** S. C. Chen 【N, W/C】 ♣WBG; ●HB; ★(AS): CN.

矮柱兰属 Thelasis

小花矮柱兰 **Thelasis micrantha** (Brongn.) J. J. Sm. 【I, C】 ●TW; ★(AS): ID, MY, PH, SG, VN.

钝形矮柱兰 **Thelasis obtusa** Blume 【I, C】 ●TW; ★(AS): ID, PH.

矮柱兰 **Thelasis pygmaea** (Griff.) Blume 【N, W/C】 ♣NBG, XTBG; ●HI, JS, YN; ★(AS): CN, ID, IN, JP, MM, MY, NP, PH, SG, TH, VN.

盾柄兰属 Porpax

盾柄兰 **Porpax ustulata** (E. C. Parish et Rchb. f.) Kraenzl. 【N, W/C】 ♣XTBG; ●TW, YN; ★(AS): CN, MM, TH.

牛齿兰属 Appendicula

小花牛齿兰（海南牛齿兰）**Appendicula annamensis**

Guillaumin 【N, W/C】 ♣XLTBG, XMBG; ●FJ, HI; ★(AS): CN, VN.

牛齿兰 **Appendicula cornuta** Blume 【N, W/C】 ♣FLBG, HBG, SCBG, WBG, XMBG, XTBG; ●FJ, GD, HB, HI, JX, TW, YN, ZJ; ★(AS): BT, CN, ID, IN, KH, LA, LK, MM, MY, PH, SG, TH, VN; (OC): FJ.

优雅牛齿兰 **Appendicula elegans** Rchb. f. 【I, C】 ♣BBG, CBG; ●BJ, SH, TW; ★(AS): ID, IN.

台湾牛齿兰 **Appendicula reflexa** Blume 【N, W/C】 ♣SCBG; ●GD; ★(AS): CN, ID, IN, PH, VN; (OC): FJ.

柄唇兰属 Podochilus

柄唇兰 **Podochilus khasianus** Hook. f. 【N, W/C】 ♣FLBG, NBG, XMBG, XTBG; ●FJ, GD, JS, JX, YN; ★(AS): BT, CN, ID, IN, LK, MM, VN.

小叶柄唇兰 **Podochilus microphyllus** Lindl. 【I, C】 ●TW; ★(AS): ID, IN, LA, MM, MY, SG, VN.

钟兰属 Campanulorchis

球花钟兰 **Campanulorchis globifera** (Rolfe) Brieger 【I, C】 ♣WBG; ●HB; ★(AS): VN.

钟兰(石豆毛兰)**Campanulorchis thao** (Gagnep.) S. C. Chen et J. J. Wood 【N, W/C】 ♣SCBG, WBG, XTBG; ●GD, HB, HI, YN; ★(AS): CN, VN.

美柱兰属 Callostylis

竹叶美柱兰 **Callostylis bambusifolia** (Lindl.) S. C. Chen et J. J. Wood 【N, W/C】 ♣BBG, FLBG, KBG, SCBG, WBG, XMBG, XTBG; ●BJ, FJ, GD, HB, JX, YN; ★(AS): BT, CN, ID, IN, LK, MM, TH, VN.

美柱兰 **Callostylis rigida** Blume 【N, W/C】 ♣FLBG, NBG, SCBG, XTBG; ●GD, JS, JX, TW, YN; ★(AS): CN, ID, IN, LA, LK, MM, MY, TH, VN.

宿苞兰属 Cryptochilus

宿苞兰 **Cryptochilus luteus** Lindl. 【N, W/C】 ♣WBG, XTBG; ●HB, YN; ★(AS): BT, CN, ID, IN, LK, VN.

玫瑰宿苞兰(玫瑰毛兰)**Cryptochilus roseus** (Lindl.) S. C. Chen et J. J. Wood 【N, W/C】 ♣FLBG, SCBG, WBG, XMBG, XTBG; ●FJ, GD, HB, HI, JX, YN; ★(AS): CN, ID, IN.

红花宿苞兰 **Cryptochilus sanguineus** Wall. 【N, W/C】 ♣FLBG; ●GD, JX; ★(AS): BT, CN, IN, MM, NP.

气穗兰属 Aeridostachya

气穗兰(长囊毛兰)**Aeridostachya robusta** (Blume) Brieger 【N, W/C】 ♣WBG; ●HB; ★(AS): CN, ID, IN, MM, MY, PH, SG, TH; (OC): FJ, PAF.

苹兰属 Pinalia

钝叶苹兰 **Pinalia acervata** (Lindl.) Kuntze 【N, W/C】 ♣FLBG, WBG, XTBG; ●GD, HB, JX, SC, YN; ★(AS): BT, CN, ID, IN, KH, LA, LK, MM, TH, VN.

粗茎苹兰 **Pinalia amica** (Rchb. f.) Kuntze 【N, W/C】 ♣BBG, FLBG, SCBG, TMNS, XMBG, XTBG; ●BJ, FJ, GD, JX, TW, YN; ★(AS): BT, CN, ID, IN, KH, LA, LK, MM, NP, TH, VN.

双点苹兰 **Pinalia bipunctata** (Lindl.) Kuntze 【N, W/C】 ♣XTBG; ●YN; ★(AS): CN, ID, IN, LA, TH, VN.

苹兰(毛兰)**Pinalia bractescens** (Lindl.) Kuntze 【I, C】 ♣XTBG; ●TW, YN; ★(AS): BT, ID, IN, LA, LK, MM, MY, PH, SG, VN.

Pinalia carinata (Gibson) Kuntze 【I, C】 ●SC; ★(AS): BT, ID, IN, LK, PH, VN.

密苞苹兰(密苞毛兰)**Pinalia conferta** (S. C. Chen et Z. H. Ji) S. C. Chen et J. J. Wood 【N, W/C】 ♣WBG; ●HB; ★(AS): CN.

台湾苹兰(台湾毛兰)**Pinalia copelandii** (Leav.) W.Suarez et Cootes 【N, W/C】 ♣SCBG; ●GD; ★(AS): CN, PH.

Pinalia densa (Ridl.) W. Suarez et Cootes 【I, C】 ♣BBG; ●BJ, TW; ★(AS): MM, MY.

反苞苹兰 **Pinalia excavata** (Lindl.) Kuntze 【N, W/C】 ♣WBG; ●HB; ★(AS): BT, CN, ID, IN, LK, NP.

锈毛鞘兰 **Pinalia ferox** (Blume) Kuntze 【I, C】 ●TW; ★(AS): ID, MY.

禾叶苹兰 **Pinalia graminifolia** (Lindl.) Kuntze 【N, W/C】 ♣FLBG, WBG, XTBG; ●GD, HB, JX, YN; ★(AS): BT, CN, ID, IN, LK, MM, NP.

龙陵苹兰(龙陵毛兰)**Pinalia longlingensis** (S. C. Chen) S. C. Chen et J. J. Wood 【N, W/C】 ♣WBG; ●HB; ★(AS): CN.

Pinalia obesa (Lindl.) Kuntze 【I, C】 ♣CBG; ●SH, TW; ★(AS): IN, MY.

长苞苹兰（长苞毛兰）**Pinalia obvia** (W. W. Sm.) S. C. Chen et J. J. Wood【N, W/C】♣FLBG, SCBG, WBG, XTBG; ●GD, HB, JX, YN; ★(AS): CN.

Pinalia ornata (Lindl.) Kuntze 【I, C】 ♣TMNS; ●TW; ★(AS): ID, IN, LA, MY, PH.

大脚筒 **Pinalia ovata** (Lindl.) W. Suarez et Cootes 【N, W/C】♣TBG, TMNS; ●TW; ★(AS): CN, ID, IN, JP, PH; (OC): PAF.

厚叶苹兰 **Pinalia pachyphylla** (Aver.) S. C. Chen et J. J. Wood 【N, W/C】 ♣SCBG, WBG, XTBG; ●GD, HB, SC, YN; ★(AS): CN, VN.

五脊苹兰（五脊毛兰）**Pinalia quinquelamellosa** (Tang et F. T. Wang) S. C. Chen et J. J. Wood【N, W/C】 ♣WBG; ●HB; ★(AS): CN.

密花苹兰（密花毛兰）**Pinalia spicata** (D. Don) S. C. Chen et J. J. Wood 【N, W/C】 ♣BBG, GXIB, IBCAS, KBG, SCBG, WBG, XTBG; ●BJ, GD, GX, HB, SC, YN; ★(AS): BT, CN, ID, IN, LA, LK, MM, NP, TH, VN.

鹅白苹兰（鹅白毛兰）**Pinalia stricta** (Lindl.) Kuntze 【N, W/C】 ♣FLBG, SCBG, WBG, XTBG; ●GD, HB, JX, SC, YN; ★(AS): BT, CN, ID, IN, LK, MM, NP, VN.

马齿苹兰（马齿毛兰）**Pinalia szetschuanica** (Schltr.) S. C. Chen et J. J. Wood【N, W/C】♣WBG; ●HB; ★(AS): CN.

拟石斛属　Oxystophyllum

拟石斛（昌江石斛）**Oxystophyllum changjiangense** (S. J. Cheng et C. Z. Tang) M. A. Clem. 【N, W/C】 ♣FLBG, SCBG, WBG, XMBG, XTBG; ●FJ, GD, HB, HI, JX, TW, YN; ★(AS): CN.

毛鞘兰属　Trichotosia

瓜子毛鞘兰（瓜子毛兰）**Trichotosia dasyphylla** (E. C. Parish et Rchb. f.) Kraenzl.【N, W/C】♣SCBG, WBG, XTBG; ●GD, HB, YN; ★(AS): CN, IN, LA, MM, NP, TH, VN.

小叶毛鞘兰（小叶毛兰）**Trichotosia microphylla** Blume【N, W/C】♣WBG; ●HB; ★(AS): CN, ID, IN, MY, TH, VN.

少花毛鞘兰 **Trichotosia pauciflora** Blume 【I, C】 ●TW; ★(AS): ID, IN, MY.

高茎毛鞘兰（高茎毛兰）**Trichotosia pulvinata** (Lindl.) Kraenzl. 【N, W/C】 ♣CBG, WBG, XMBG, XTBG; ●FJ, HB, SH, TW, YN; ★(AS): CN, IN, KH, LA, MM, MY, TH, VN.

绒叶毛鞘兰 **Trichotosia velutina** (Lodd. ex Lindl.) Kraenzl. 【I, C】 ♣SCBG; ●GD; ★(AS): MY.

拟毛兰属　Mycaranthes

拟毛兰（竹枝毛兰）**Mycaranthes floribunda** (D. Don) S. C. Chen et J. J. Wood【N, W/C】♣FLBG, WBG, XTBG; ●GD, HB, JX, SC, YN; ★(AS): BT, CN, ID, IN, KH, LA, LK, MM, NP, TH, VN.

指叶拟毛兰（指叶毛兰）**Mycaranthes pannea** (Lindl.) S. C. Chen et J. J. Wood 【N, W/C】 ♣CBG, FLBG, IBCAS, KBG, SCBG, WBG, XMBG, XTBG; ●BJ, FJ, GD, HB, HI, JX, SC, SH, TW, YN; ★(AS): BT, CN, ID, IN, KH, LA, LK, MM, MY, SG, TH, VN.

柱兰属　Cylindrolobus

柱兰（棒茎毛兰）**Cylindrolobus marginatus** (Rolfe) S. C. Chen et J. J. Wood 【N, W/C】 ♣FLBG, SCBG, WBG, XTBG; ●GD, HB, JX, SC, YN; ★(AS): CN, MM, TH.

细茎柱兰（细茎毛兰）**Cylindrolobus tenuicaulis** (S. C. Chen et Z. H. Ji) S. C. Chen et J. J. Wood 【N, W/C】 ♣WBG; ●HB; ★(AS): CN.

藓兰属　Bryobium

Bryobium hyacinthoides (Blume) Y. P. Ng et P. J. Cribb【I, C】♣BBG; ●BJ, TW; ★(AS): MY, SG.

藓兰（版纳毛兰）**Bryobium pudicum** (Ridl.) Y. P. Ng et P. J. Cribb 【N, W/C】 ♣WBG; ●HB, TW; ★(AS): CN, ID, IN, MY, SG.

Bryobium retusum (Blume) Y. P. Ng et P. J. Cribb 【I, C】 ♣SCBG; ●GD; ★(OC): CX.

牛角兰属　Ceratostylis

牛角兰 **Ceratostylis hainanensis** Z. H. Tsi 【N, W/C】♣BBG, CBG, SCBG, WBG; ●BJ, GD, HB, HI, SH, TW; ★(AS): CN.

叉枝牛角兰 **Ceratostylis himalaica** Hook. f. 【N, W/C】 ♣FLBG, NBG, WBG, XTBG; ●GD, HB, JS, JX, SC, YN; ★(AS): BT, CN, IN, LA, MM, MY, NP, VN.

线形牛角兰 **Ceratostylis incognita** J. T. Atwood et

Beckner 【I, C】 ♣CBG; ●SH, TW; ★(AS): PH.

Ceratostylis retisquama Rchb. f. 【I, C】 ♣SCBG; ●GD, TW; ★(AS): PH.

管叶牛角兰 **Ceratostylis subulata** Blume 【N, W/C】 ♣BBG, NBG, SCBG, WBG, XTBG; ●BJ, GD, HB, HI, JS, TW, YN; ★(AS): BT, CN, ID, IN, KH, LA, MY, PH, SG, TH, VN.

石榴兰属 Mediocalcar

Mediocalcar bifolium J. J. Sm. 【I, C】 ♣BBG; ●BJ; ★(OC): PG.

石榴兰（小蜡烛兰）**Mediocalcar decoratum** Schuit. 【I, C】 ♣CBG; ●SH, TW; ★(OC): PG.

Mediocalcar versteegii J. J. Sm. 【I, C】 ♣BBG; ●BJ; ★(OC): PG.

岩雪兰属 Neobenthamia

岩雪兰（香球兰）**Neobenthamia gracilis** Rolfe 【I, C】 ♣BBG, XMBG; ●BJ, FJ; ★(AF): TZ.

多穗兰属 Polystachya

多穗兰 **Polystachya concreta** (Jacq.) Garay et H. R. Sweet 【N, W/C】 ♣BBG, CBG, SCBG, XTBG; ●BJ, GD, SH, TW, YN; ★(AF): GA, GN, MG; (AS): CN, ID, IN, KH, LA, LK, MM, MY, PH, SG, TH, VN; (OC): US-HW; (NA): CR, CU, DO, JM, LW, NI, PR, TT, US, WW; (SA): AR, BO, CO, EC, GY, PE, PY, VE.

Polystachya pubescens (Lindl.) Rchb. f. 【I, C】 ♣BBG; ●BJ; ★(AF): ZA.

Polystachya transvaalensis Schltr. 【I, C】 ♣BBG; ●BJ; ★(AF): KE, TZ, ZA.

白苇兰属 Bromheadia

Bromheadia scirpoidea Ridl. 【I, C】 ●TW; ★(AS): MY.

盛花兰属 Euanthe

Euanthe sanderiana (Rchb. f.) Schltr. 【I, C】 ♣BBG; ●BJ, TW; ★(AS): ID, PH.

狭唇兰属 Sarcochilus

Sarcochilus fitzgeraldii F. Muell. 【I, C】 ♣BBG; ●BJ, TW; ★(OC): AU.

蝴蝶兰属 Phalaenopsis

杂种蝴蝶兰 **Phalaenopsis × hybrida** Hort. 【N, C】 ♣BBG, FLBG, IBCAS, SCBG, TBG, TMNS, XLTBG, XMBG, XTBG, ZAFU; ●BJ, FJ, GD, HI, JX, SH, TW, YN, ZJ; ★(AS): CN, PH.

美丽蝴蝶兰 **Phalaenopsis amabilis** Lindl. 【I, C】 ♣BBG, FLBG, IBCAS, SCBG, TBG, TMNS, XLTBG, XMBG, XTBG, ZAFU; ●BJ, FJ, GD, HI, JX, SH, TW, YN, ZJ; ★(AS): IN, MY, PH.

虎纹蝴蝶兰 **Phalaenopsis amboinensis** J. J. Sm. 【I, C】 ♣TMNS; ●TW; ★(AS): ID.

蝴蝶兰 **Phalaenopsis aphrodite** Rchb. f. 【N, W/C】 ♣BBG, FBG, FLBG, IBCAS, NBG, NSBG, SCBG, TBG, TMNS, WBG, XLTBG, XMBG, XOIG, XTBG, ZAFU; ●BJ, CQ, FJ, GD, HB, HI, JS, JX, SH, TW, YN, ZJ; ★(AS): CN, PH.

尖囊蝴蝶兰（尖囊兰）**Phalaenopsis braceana** (Hook. f.) Christenson 【N, W/C】 ♣GXIB, XTBG; ●GX, YN; ★(AS): BT, CN, VN.

苏拉蝴蝶兰 **Phalaenopsis celebensis** H. R. Sweet 【I, C】 ♣BBG, TMNS; ●BJ, TW; ★(AS): ID.

皱叶蝴蝶兰 **Phalaenopsis corningiana** Rchb. f. 【I, C】 ♣TMNS; ●TW; ★(AS): MY.

鹿角蝴蝶兰 **Phalaenopsis cornu-cervi** (Breda) Blume et Rchb. f. 【I, C】 ♣BBG, CBG, TMNS; ●BJ, SH, TW; ★(AS): ID, IN, MM, PH, SG, VN.

大尖囊蝴蝶兰（大尖囊兰）**Phalaenopsis deliciosa** Rchb. f. 【N, W/C】 ♣CBG, FLBG, NBG, SCBG, TMNS, XTBG; ●GD, HI, JS, JX, SH, TW, YN; ★(AS): CN, ID, IN, KH, LA, LK, MM, MY, PH, TH, VN.

小兰屿蝴蝶兰 **Phalaenopsis equestris** (Schauer) Rchb. f. 【N, W/C】 ♣BBG, NBG, SCBG, TMNS, XMBG; ●BJ, FJ, GD, JS, TW; ★(AS): CN, JP, PH.

Phalaenopsis fasciata Rchb. f. 【I, C】 ♣BBG; ●BJ, TW; ★(AS): PH.

Phalaenopsis fimbriata J. J. Sm. 【I, C】 ♣BBG; ●BJ, TW; ★(AS): ID.

Phalaenopsis finleyi Christenson 【I, C】 ♣FBG; ●FJ, TW; ★(AS): VN.

Phalaenopsis floresensis Fowlie 【I, C】 ♣TMNS; ●TW; ★(AS): ID.

囊唇蝴蝶兰 **Phalaenopsis gibbosa** H. R. Sweet 【N, W/C】 ♣XTBG; ●TW, YN; ★(AS): CN, LA, VN.

象耳蝴蝶兰 **Phalaenopsis gigantea** J. J. Sm. 【I, C】 ♣TMNS, WBG; ●HB, TW; ★(AS): MY.

海南蝴蝶兰 **Phalaenopsis hainanensis** Tang et F. T. Wang 【N, W/C】 ●HI; ★(AS): CN.

豹纹蝴蝶兰 **Phalaenopsis hieroglyphica** (Rchb. f.) H. R. Sweet 【I, C】 ♣TMNS; ●TW; ★(AS): PH.

Phalaenopsis inscriptiosinensis Fowlie 【I, C】 ♣BBG; ●BJ; ★(AS): ID.

萼脊兰 **Phalaenopsis japonica** (Rchb. f.) Kocyan et Schuit. 【N, W/C】 ♣CBG, HBG, NBG, SCBG; ●GD, JS, SH, TW, ZJ; ★(AS): CN, JP, KP, KR.

爪哇蝴蝶兰 **Phalaenopsis javanica** J. J. Sm. 【I, C】 ♣TMNS; ●TW; ★(AS): ID, IN.

细花蝴蝶兰 **Phalaenopsis lindeni** Loker 【I, C】 ♣TMNS; ●TW; ★(AS): PH.

罗氏蝴蝶兰（洛氏蝴蝶兰）**Phalaenopsis lobbii** (Rchb. f.) Aver. 【N, W/C】 ♣CBG, SCBG; ●GD, SH, TW; ★(AS): BT, CN, ID, IN, LK, MM, VN.

短梗蝴蝶兰 **Phalaenopsis lueddemanniana** Rchb. f. 【I, C】 ♣BBG, TMNS; ●BJ, TW; ★(AS): PH.

麻栗坡蝴蝶兰 **Phalaenopsis malipoensis** Z. J. Liu et S. C. Chen 【N, W】 ♣XTBG; ●YN; ★(AS): CN.

版纳蝴蝶兰 **Phalaenopsis mannii** Rchb. f. 【N, W/C】 ♣CBG, NBG, SCBG, TMNS, WBG, XMBG, XTBG; ●FJ, GD, HB, JS, SH, TW, YN; ★(AS): BT, CN, ID, IN, LK, MM, NP, VN.

绒瓣蝴蝶兰 **Phalaenopsis mariae** Burb. ex R. Warner et H. Williams 【I, C】 ♣TMNS; ●TW; ★(AS): PH.

湿唇蝴蝶兰 **Phalaenopsis marriottiana** (Rchb. f.) Kocyan et Schuit. 【N, W】 ♣XTBG; ●YN; ★(AS): CN, VN.

Phalaenopsis micholitzii Rolfe 【I, C】 ♣TMNS; ●TW; ★(AS): PH.

Phalaenopsis modesta J. J. Sm. 【I, C】 ♣BBG; ●BJ, TW; ★(AS): MY.

乳黄蝴蝶兰 **Phalaenopsis pallens** (Lindl.) Rchb. f. 【I, C】 ♣TMNS; ●TW; ★(AS): PH.

侏儒蝴蝶兰（湿唇兰）**Phalaenopsis parishii** Rchb. f. 【N, W/C】 ♣BBG, CBG, FLBG, KBG, NBG, SCBG, TMNS, WBG, XTBG; ●BJ, GD, HB, JS, JX, SH, TW, YN; ★(AS): CN, IN, LA, MM, TH, VN.

五唇兰 **Phalaenopsis pulcherrima** (Lindl.) J. J. Sm. 【N, W/C】 ♣CBG, FLBG, NBG, SCBG, TMNS, WBG, XMBG, XTBG; ●FJ, GD, HB, HI, JS, JX, SH, TW, YN; ★(AS): CN, ID, IN, KH, LA, MM, MY, TH, VN.

*秀丽蝴蝶兰 **Phalaenopsis pulchra** (Rchb. f.) H. R. Sweet 【I, C】 ♣SCBG, TMNS; ●GD, TW; ★(AS): PH.

西蕾丽蝴蝶兰 **Phalaenopsis schilleriana** Rchb. f. 【I, C】 ♣SCBG, TMNS; ●GD, TW, YN; ★(AS): PH.

Phalaenopsis speciosa Rchb. f. 【I, C】 ♣TMNS; ●TW; ★(AS): IN.

滇西蝴蝶兰 **Phalaenopsis stobartiana** Rchb. f. 【N, W/C】 ♣FLBG; ●GD, JX; ★(AS): CN, MM.

小叶蝴蝶兰 **Phalaenopsis stuartiana** Rchb. f. 【I, C】 ♣CBG, TMNS; ●SH, TW; ★(AS): PH.

短茎萼脊兰 **Phalaenopsis subparishii** (Z. H. Tsi) Christenson 【N, W/C】 ♣WBG, ZAFU; ●HB, ZJ; ★(AS): CN.

南洋蝴蝶兰 **Phalaenopsis sumatrana** Korth. et Rchb. f. 【I, C】 ♣TMNS; ●TW; ★(AS): VN.

小尖囊蝴蝶兰（小尖囊兰）**Phalaenopsis taenialis** (Lindl.) Christenson et Pradhan 【N, W/C】 ♣CBG, GXIB, NBG, WBG; ●GX, HB, JS, SH, TW; ★(AS): BT, CN, IN, LA, MM, NP, TH.

盾花蝴蝶兰 **Phalaenopsis tetraspis** Rchb. f. 【I, C】 ♣SCBG, TMNS; ●GD, TW; ★(AS): IN.

Phalaenopsis venosa Shim et Fowlie 【I, C】 ♣TMNS; ●TW; ★(AS): ID.

大叶蝴蝶兰 **Phalaenopsis violacea** H. Witte 【I, C】 ♣CBG, SCBG, TBG, TMNS; ●GD, SH, TW; ★(AS): MY.

绿蝴蝶兰 **Phalaenopsis viridis** J. J. Sm. 【I, C】 ♣TMNS; ●TW; ★(AS): ID.

华西蝴蝶兰 **Phalaenopsis wilsonii** Rolfe 【N, W/C】 ♣CBG, KBG, NBG, SCBG, XMBG, XTBG; ●FJ, GD, JS, SC, SH, TW, YN; ★(AS): CN, VN.

羽唇兰属 Ornithochilus

羽唇兰 **Ornithochilus difformis** (Wall. ex Lindl.) Schltr. 【N, W/C】 ♣FLBG, GXIB, NBG, SCBG, XTBG; ●GD, GX, JS, JX, SC, YN; ★(AS): BT, CN, ID, IN, LA, MM, MY, NP, TH, VN.

盈江羽唇兰 **Ornithochilus yingjiangensis** Z.H.Tsi 【N,W】 ♣XTBG; ●YN; ★(AS): CN.

长足兰属 Pteroceras

长足兰 **Pteroceras leopardinum** (E. C. Parish et Rchb. f.) Seidenf. et Smitinand 【N, W】 ♣XTBG;

●YN; ★(AS): CN, ID, IN, MM, PH, TH, VN.

滇越长足兰 **Pteroceras simondianus** (Gagnep.) Aver. 【N, W/C】 ♣GXIB; ●GX, TW; ★(AS): CN, VN.

缅甸长足兰 **Pteroceras teres** (Blume) Holttum 【I, C】 ●SC, TW; ★(AS): BT, ID, IN, LA, PH, VN.

带叶兰属 Taeniophyllum

带叶兰 **Taeniophyllum glandulosum** Blume 【N, W】 ♣XTBG; ●YN; ★(AS): CN, ID, IN, JP, KP, LK, MY, TH, VN; (OC): AU, PAF.

兜唇带叶兰 **Taeniophyllum pusillum** (Willd.) Seidenf. et Ormerod 【N, W/C】 ♣CBG, XTBG; ●SH, TW, YN; ★(AS): CN, ID, IN, MY, TH, VN.

火炬兰属 Grosourdya

火炬兰 **Grosourdya appendiculata** (Blume) Rchb. f. 【N, W/C】 ♣CBG; ●SH, TW; ★(AS): CN, ID, IN, MM, MY, PH, TH, VN.

胼胝兰属 Biermannia

胼胝兰（拟距胼胝兰）**Biermannia calcarata** Aver. 【N, W】 ♣XTBG; ●YN; ★(AS): CN, VN.

虾尾兰属 Parapteroceras

虾尾兰 **Parapteroceras elobe** (Seidenf.) Aver. 【N, W】 ♣XTBG; ●YN; ★(AS): CN, TH, VN.

Parapteroceras odoratissimum (J. J. Sm.) J. J. Wood 【I, C】 ♣BBG, SCBG; ●BJ, GD; ★(AS): ID.

红头兰属 Tuberolabium

管唇兰 **Tuberolabium kotoense** Yamam. 【N, W/C】 ♣NBG, TBG, TMNS; ●TW; ★(AS): CN, PH.

棒轴管唇兰 **Tuberolabium rhopalorrhachis** (Rchb. f.) J. J. Wood 【I, C】 ♣BBG, CBG; ●BJ, SH; ★(AS): ID, MY, PH, VN.

芳菲兰属 Amesiella

*山地芳菲兰 **Amesiella monticola** Cootes et D. P. Banks 【I, C】 ♣CBG, SCBG; ●GD, SH, TW; ★(AS): PH.

*菲律宾芳菲兰 **Amesiella philippinensis** (Ames) Garay 【I, C】 ♣BBG, SCBG; ●BJ, GD, TW; ★(AS): PH.

举喙兰属 Seidenfadenia

棒叶举喙兰 **Seidenfadenia mitrata** (Rchb. f.) Garay 【I, C】 ♣CBG, XMBG; ●FJ, SH, TW; ★(AS): MM.

吉兰属 Tsiorchis

管叶吉兰（管叶槽舌兰）**Tsiorchis kimballiana** (Rchb. f.) Z. J. Liu, S. C. Chen et L. J. Chen 【N, W/C】 ♣CBG, FLBG, KBG, NBG, WBG, XTBG; ●GD, HB, JS, JX, SH, TW, YN; ★(AS): CN, LA, MM, TH, VN.

筒距吉兰（筒距槽舌兰）**Tsiorchis wangii** (Christenson) Z. J. Liu, S. C. Chen et L. J. Chen 【N, W/C】 ♣GXIB, NBG, SCBG; ●GD, GX, JS, TW; ★(AS): CN, VN.

拟槽舌兰属 Paraholcoglossum

大根拟槽舌兰（大根槽舌兰）**Paraholcoglossum amesianum** (Rchb. f.) Z. J. Liu, S. C. Chen et L. J. Chen 【N, W/C】 ♣BBG, CBG, FLBG, NBG, SCBG, WBG, XTBG; ●BJ, GD, HB, JS, JX, SH, YN; ★(AS): CN, ID, IN, LA, MM, TH, VN.

白唇拟槽舌兰（白唇槽舌兰）**Paraholcoglossum subulifolium** (Rchb. f.) Z. J. Liu, S. C. Chen et L. J. Chen 【N, W/C】 ♣BBG, CBG, FLBG, IBCAS, SCBG; ●BJ, GD, HI, JX, SH; ★(AS): CN, MM, TH, VN.

槽舌兰属 Holcoglossum

Holcoglossum calcicola Schuit. et P. Bonnet 【I, C】 ♣CBG; ●SH; ★(AS): LA.

短距槽舌兰 **Holcoglossum flavescens** (Schltr.) Z. H. Tsi 【N, W/C】 ♣FLBG, KBG, NBG, SCBG, WBG, XMBG; ●FJ, GD, HB, JS, JX, SC, YN; ★(AS): CN.

槽舌兰 **Holcoglossum quasipinifolium** (Hayata) Schltr. 【N, W/C】 ♣FLBG, SCBG, TMNS, WBG, XMBG, XTBG; ●FJ, GD, HB, JX, SC, TW, YN; ★(AS): CN.

滇西槽舌兰 **Holcoglossum rupestre** (Hand.-Mazz.) Garay 【N, W/C】 ♣NBG, WBG; ●HB; ★(AS): CN.

中华槽舌兰 **Holcoglossum sinicum** Christenson

【N, W/C】 ♣FLBG, NBG; ●GD, JS, JX; ★(AS): CN.

鸟舌兰属 Ascocentrum

鸟舌兰 **Ascocentrum ampullaceum** (Roxb.) Schltr. 【N, W/C】 ♣BBG, CBG, FLBG, KBG, SCBG, WBG, XMBG, XTBG; ●BJ, FJ, GD, HB, JX, SH, TW, YN; ★(AS): BT, CN, ID, IN, LA, LK, MM, NP, TH, VN.

Ascocentrum aurantiacum Schltr. 【I, C】 ♣SCBG; ●GD, TW; ★(AS): PH.

Ascocentrum curvifolium (Lindl.) Schltr. 【I, C】 ♣BBG; ●BJ; ★(AS): ID, IN, LA, MM, VN.

圆柱叶鸟舌兰 **Ascocentrum himalaicum** (Deb, Sengupta et Malick) Christenson 【N, W/C】 ♣SCBG, WBG, XMBG, XTBG; ●FJ, GD, HB, YN; ★(AS): BT, CN, ID, IN, LK, MM.

橙花鸟舌兰（橙花百代兰）**Ascocentrum miniatum** (Lindl.) Schltr. 【I, C】 ♣BBG, CBG, SCBG; ●BJ, GD, SH, TW; ★(AS): ID, IN, LA, MY, PH, VN.

尖叶鸟舌兰 **Ascocentrum pumilum** (Hayata) Schltr. 【N, W/C】 ♣TMNS, XTBG; ●TW, YN; ★(AS): CN.

筒叶蝶兰属 Paraphalaenopsis

邓氏拟蝶兰 **Paraphalaenopsis denevei** (J. J. Sm.) A. D. Hawkes 【I, C】 ★(AS): MY.

林生拟蝶兰 **Paraphalaenopsis labukensis** Shim, A. L. Lamb et C. L. Chan 【I, C】 ♣SCBG; ●GD, TW; ★(AS): MY.

棒叶拟蝶兰 **Paraphalaenopsis laycockii** (M. R. Hend.) A. D. Hawkes 【I, C】 ♣TMNS; ●TW; ★(AS): MY.

蛇舌拟蝶兰 **Paraphalaenopsis serpentilingua** (J. J. Sm.) A. D. Hawkes 【I, C】 ●TW; ★(AS): MY.

凤蝶兰属 Papilionanthe

白花凤蝶兰 **Papilionanthe biswasiana** (Ghose et Mukerjee) Garay 【N, W/C】 ♣FLBG, KBG, XTBG; ●GD, JX, YN; ★(AS): CN, MM, TH.

凤蝶兰 **Papilionanthe teres** (Roxb.) Schltr. 【N, W/C】 ♣CBG, FLBG, KBG, SCBG, TMNS, XMBG, XTBG; ●FJ, GD, JX, SH, TW, YN; ★(AS): BT, CN, ID, IN, LA, LK, MM, NP, TH, VN; (OC): FJ.

单花凤蝶兰 **Papilionanthe uniflora** (Lindl.) Garay 【I, C】 ★(AS): BT, IN, MM, NP.

万代凤蝶兰 **Papilionanthe vandarum** (Rchb. f.) Garay 【N, W/C】 ●TW; ★(AS): BT, CN, ID, IN, LK, MM, NP.

风兰属 Neofinetia

风兰 **Neofinetia falcata** (Thunb.) Hu 【N, W/C】 ♣BBG, CBG, HBG, NBG, SCBG, WBG, XMBG; ●BJ, FJ, GD, HB, JS, SC, SH, TW, ZJ; ★(AS): CN, JP, KP, KR.

万代兰属 Vanda

垂头万代兰 **Vanda alpina** (Lindl.) Lindl. 【N, W/C】 ♣NBG, SCBG, WBG, XTBG; ●GD, HB, YN; ★(AS): BT, CN, ID, IN, LK, NP, VN.

白柱万代兰 **Vanda brunnea** Rchb. f. 【N, W/C】 ♣BBG, FLBG, KBG, SCBG, WBG, XMBG, XTBG; ●BJ, FJ, GD, HB, JX, TW, YN; ★(AS): CN, LA, MM, TH, VN.

大花万代兰 **Vanda coerulea** Griff. ex Lindl. 【N, W/C】 ♣NBG, NSBG, SCBG, WBG, XMBG, XTBG; ●CQ, FJ, GD, HB, TW, YN; ★(AS): CN, ID, IN, MM, TH.

小蓝万代兰 **Vanda coerulescens** Griff. 【N, W/C】 ♣CBG, NBG, SCBG, WBG, XTBG; ●GD, HB, JS, SH, TW, YN; ★(AS): CN, ID, IN, MM, TH.

琴唇万代兰 **Vanda concolor** Blume 【N, W/C】 ♣FLBG, GXIB, KBG, SCBG, WBG, XTBG; ●GD, GX, HB, JX, SC, YN; ★(AS): CN, LA, VN.

叉唇万代兰 **Vanda cristata** Wall. ex Lindl. 【N, W/C】 ♣BBG, FLBG, SCBG, WBG, XTBG; ●BJ, GD, HB, JX, YN; ★(AS): BT, CN, ID, IN, LK, MM, NP, VN.

雅美万代兰 **Vanda lamellata** Lindl. 【N, W/C】 ♣BBG, SCBG, TMNS, WBG, XMBG; ●BJ, FJ, GD, HB, TW; ★(AS): CN, ID, JP, PH.

丁香万代兰 **Vanda lilacina** Teijsm. et Binn. 【I, C】 ♣BBG, CBG; ●BJ, SH, TW; ★(AS): LA, VN.

刘维尔万代兰 **Vanda liouvillei** Finet 【I, C】 ♣CBG; ●SH; ★(AS): ID, IN, LA, MM, VN.

吕宋万代兰 **Vanda luzonica** Loher ex Rolfe 【I, C】 ●TW; ★(AS): PH.

矮万代兰 **Vanda pumila** Hook. f. 【N, W/C】 ♣CBG, FLBG, KBG, SCBG, XMBG, XTBG; ●FJ, GD, JX, SH, YN; ★(AS): BT, CN, ID, IN, LA, LK, MM, NP, TH, VN.

纯色万代兰 **Vanda subconcolor** Tang et F. T. Wang 【N, W/C】 ♣FLBG, KBG, NBG, SCBG, WBG, XMBG, XTBG; ●FJ, GD, HB, HI, JS, JX, YN; ★(AS): CN.

*黑珊瑚万代兰 **Vanda tessellata** (Roxb.) Hook. ex G. Don 【I, C】 ♣BBG; ●BJ; ★(AS): ID, IN, LK, MM, NP.

小花万代兰 **Vanda testacea** (Lindl.) Rchb. f. 【I, C】 ♣CBG; ●SH; ★(AS): BT, ID, IN, LK, MM, NP.

三色万代兰 **Vanda tricolor** Lindl. 【I, C】 ♣BBG; ●BJ, TW; ★(AS): ID, IN, PH.

指甲兰属 Aerides

Aerides crassifolia C. S. P. Parish ex Burb. 【I, C】 ♣BBG, XTBG; ●BJ, YN; ★(AS): MM, VN.

指甲兰 **Aerides falcata** Lindl. et Paxton 【N, W/C】 ♣GXIB, KBG, WBG, XTBG; ●GX, HB, TW, YN; ★(AS): CN, ID, IN, KH, LA, MM, TH, VN.

扇唇指甲兰 **Aerides flabellata** Rolfe ex Downie 【N, W/C】 ♣CBG, FLBG, SCBG, XTBG; ●GD, JX, SH, TW, YN; ★(AS): CN, LA, MM, TH, VN.

黄仙人指甲兰 **Aerides houlletiana** Rchb. f. 【I, C】 ♣BBG, CBG; ●BJ, SH, TW; ★(AS): VN.

甲米指甲兰 **Aerides krabiensis** Seidenf. 【I, C】 ♣BBG, CBG; ●BJ, SH; ★(AS): MY.

紫仙人指甲兰 **Aerides lawrenceae** Rchb. f. 【I, C】 ♣CBG, XMBG; ●FJ, SH, TW; ★(AS): MY.

Aerides leeana Rchb. f. 【I, C】 ♣BBG; ●BJ, TW; ★(AS): PH.

香花指甲兰 **Aerides odorata** Lour. 【N, W/C】 ♣BBG, CBG, SCBG, WBG, XTBG; ●BJ, GD, HB, SH, TW, YN; ★(AS): BT, CN, ID, IN, KH, LA, LK, MM, MY, NP, PH, TH, VN.

Aerides quinquevulnera Lindl. 【I, C】 ♣BBG; ●BJ, TW; ★(AS): PH.

Aerides retrofractum Wall. ex Hook. 【I, C】 ♣XTBG; ●YN; ★(AS): IN.

多花指甲兰 **Aerides rosea** Lodd. ex Lindl. et Paxton 【N, W/C】 ♣CBG, FLBG, GXIB, IBCAS, KBG, SCBG, WBG, XMBG, XTBG; ●BJ, FJ, GD, GX, HB, JX, SC, SH, TW, YN; ★(AS): BT, CN, IN, LA, MM, TH, VN.

钻喙兰属 Rhynchostylis

Rhynchostylis coelestis (Rchb. f.) A. H. Kent 【I, C】 ♣BBG, SCBG; ●BJ, GD, TW; ★(AS): LA, VN.

海南钻喙兰 **Rhynchostylis gigantea** (Lindl.) Ridl. 【N, W/C】 ♣BBG, CBG, SCBG, XLTBG, XMBG, XTBG; ●BJ, FJ, GD, HI, SH, TW, YN; ★(AS): CN, ID, IN, KH, LA, MM, MY, PH, SG, TH, VN.

钻喙兰 **Rhynchostylis retusa** (L.) Blume 【N, W/C】 ♣CBG, FLBG, KBG, NBG, SCBG, TDBG, WBG, XMBG, XTBG; ●FJ, GD, HB, JS, JX, SH, TW, XJ, YN; ★(AS): BT, CN, ID, IN, KH, LA, LK, MM, MY, NP, PH, TH, VN.

钗子股属 Luisia

小花钗子股 **Luisia brachystachys** (Lindl.) Blume 【N, W/C】 ♣WBG, XTBG; ●HB, TW, YN; ★(AS): BT, CN, ID, IN, LA, LK, MM, VN.

圆叶钗子股 **Luisia cordata** Fukuy. 【N, W/C】 ♣WBG; ●HB; ★(AS): CN.

长瓣钗子股 **Luisia filiformis** Hook. f. 【N, W/C】 ●TW; ★(AS): BT, CN, ID, IN, LA, TH, VN.

纤叶钗子股 **Luisia hancockii** Rolfe 【N, W/C】 ♣CBG, HBG, XTBG; ●SH, YN, ZJ; ★(AS): CN.

长穗钗子股 **Luisia longispica** Z. H. Tsi et S. C. Chen 【N, W/C】 ♣WBG; ●HB; ★(AS): CN.

大花钗子股 **Luisia magniflora** Z. H. Tsi et S. C. Chen 【N, W/C】 ♣FLBG, NBG, SCBG, WBG, XTBG; ●GD, HB, JS, JX, YN; ★(AS): CN.

钗子股 **Luisia morsei** Rolfe 【N, W/C】 ♣FLBG, GMG, GXIB, KBG, NBG, SCBG, WBG, XMBG; ●FJ, GD, GX, HB, HI, JS, JX, YN; ★(AS): CN, LA, TH, VN.

叉唇钗子股 **Luisia teres** (Thunb.) Blume 【N, W/C】 ♣FLBG, NBG, SCBG, TMNS, WBG; ●GD, HB, JS, JX, TW; ★(AS): CN, JP, KP.

Luisia thailandica Seidenf. 【I, C】 ♣CBG; ●SH, TW; ★(AS): MM, VN.

棒叶钗子股 **Luisia tristis** (G. Forst.) Hook. f. 【I, C】 ♣GMG, SCBG; ●GD, GX, TW; ★(AS): ID, IN, LK, PH, VN; (OC): FJ.

白点兰属 Thrixspermum

抱茎白点兰 **Thrixspermum amplexicaule** (Blume) Rchb. f. 【N, W/C】 ●TW; ★(AS): CN, ID, IN, MY, PH, SG, TH, VN; (OC): PAF.

白点兰 **Thrixspermum centipeda** Lour. 【N, W/C】 ♣CBG, FLBG, IBCAS, KBG, NBG, SCBG, XTBG; ●BJ, GD, HI, JS, JX, SH, TW, YN; ★

(AS): BT, CN, ID, IN, KH, LA, MM, MY, PH, SG, TH, VN.

台湾白点兰 **Thrixspermum formosanum** (Hayata) Schltr. 【N, W/C】 ♣TMNS; ●TW; ★(AS): CN, VN.

Thrixspermum hartmannii (F. Muell.) Rchb. f. 【I, C】 ♣BBG; ●BJ, TW; ★(OC): AU.

Thrixspermum hystrix (Blume) Rchb. f. 【I, C】 ♣SCBG; ●GD, TW; ★(AS): ID, IN, LA, PH.

小叶白点兰 **Thrixspermum japonicum** (Miq.) Rchb. f. 【N, W/C】 ♣WBG; ●HB; ★(AS): CN, JP, KR.

三毛白点兰 **Thrixspermum merguense** (Hook. f.) Seidenf. et Smitinand 【N, W/C】 ●TW; ★(AS): CN, ID, IN, LA, MM, MY, PH, TH, VN.

Thrixspermum musciflorum A. S. Rao et J. Joseph 【I, C】 ♣CBG; ●SH; ★(AS): ID, IN.

长轴白点兰 **Thrixspermum saruwatarii** (Hayata) Schltr. 【N, W/C】 ♣SCBG, XTBG; ●GD, YN; ★(AS): CN.

厚叶白点兰 **Thrixspermum subulatum** (Blume) Rchb. f. 【N, W/C】 ♣TMNS; ●TW; ★(AS): CN, ID, IN, PH.

同色白点兰 **Thrixspermum trichoglottis** (Hook. f.) Kuntze 【N, W/C】 ♣XTBG; ●TW, YN; ★(AS): CN, ID, IN, LA, MM, MY, SG, TH, VN.

吉氏白点兰 **Thrixspermum tsii** W. H. Chen et Y. M. Shui 【N, W】 ♣XTBG; ●YN; ★(AS): CN.

小囊兰属 Micropera

钝形小囊兰 **Micropera obtusa** (Lindl.) T. Tang et F. T. Wang 【I, C】 ♣SCBG; ●GD; ★(AS): ID, IN.

小囊兰（小囊背兰）**Micropera poilanei** (Guillaumin) Garay 【N, W】 ♣XTBG; ●YN; ★(AS): CN, ID, IN, VN.

腺兰属 Adenoncos

大花腺兰（大指甲兰）**Adenoncos major** Ridl. 【I, C】 ♣CBG; ●SH, TW; ★(AS): MY, SG.

小花腺兰 **Adenoncos parviflora** Ridl. 【I, C】 ♣CBG; ●SH, TW; ★(AS): MY.

苏门答腊腺兰 **Adenoncos sumatrana** J. J. Sm. 【I, C】 ●TW; ★(AS): MY, SG.

脆兰属 Acampe

窄果脆兰 **Acampe ochracea** (Lindl.) Hochr. 【N, W/C】 ♣BBG, WBG, XTBG; ●BJ, HB, TW, YN; ★(AS): BT, CN, ID, IN, KH, LA, LK, MM, TH, VN.

短序脆兰 **Acampe papillosa** (Lindl.) Lindl. 【N, W/C】 ♣BBG, CBG, FLBG, KBG, WBG, XTBG; ●BJ, GD, HB, HI, JX, SH, TW, YN; ★(AS): BT, CN, ID, IN, LA, LK, MM, NP, TH, VN.

多花脆兰 **Acampe rigida** (Buch.-Ham. ex Sm.) P. F. Hunt 【N, W/C】 ♣BBG, FBG, FLBG, GMG, GXIB, KBG, NBG, SCBG, TMNS, WBG, XMBG, XTBG; ●BJ, FJ, GD, GX, HB, HI, JS, JX, TW, YN; ★(AS): BT, CN, ID, IN, KH, LA, LK, MM, MY, NP, PH, TH, VN.

拟万代兰属 Vandopsis

拟万代兰 **Vandopsis gigantea** (Lindl.) Pfitzer 【N, W/C】 ♣BBG, CBG, FLBG, KBG, NBG, SCBG, WBG, XMBG, XTBG; ●BJ, FJ, GD, HB, JS, JX, SC, SH, TW, YN; ★(AS): CN, LA, MM, MY, TH, VN.

Vandopsis lissochiloides (Gaudich.) Pfitzer 【I, C】 ♣BBG; ●BJ, TW; ★(AS): ID, LA, PH.

多花万带兰 **Vandopsis polyantha** T. Tang et F. T. Wang 【N, W/C】 ♣XTBG; ●YN; ★(AS): CN.

白花拟万代兰 **Vandopsis undulata** (Lindl.) J. J. Sm. 【N, W/C】 ♣FLBG, KBG, SCBG, XTBG; ●GD, JX, YN; ★(AS): BT, CN, IN, NP.

毛舌兰属 Trichoglottis

深紫毛舌兰（红蜈蚣）**Trichoglottis atropurpurea** Rchb. f. 【I, C】 ♣BBG, XMBG; ●BJ, FJ, TW; ★(AS): PH.

Trichoglottis cirrhifera Teijsm. et Binn. 【I, C】 ♣FLBG; ●GD, JX; ★(AS): IN.

毛舌兰 **Trichoglottis latisepala** Ames 【I, C】 ●TW; ★(AS): PH.

Trichoglottis orchidea (J. Koenig) Garay 【I, C】 ♣CBG; ●SH, TW; ★(AS): LA.

Trichoglottis pusilla (Teijsm. et Binn.) Rchb. f. 【I, C】 ♣BBG; ●BJ; ★(AS): ID, IN.

玫红毛舌兰 **Trichoglottis rosea** (Lindl.) J. J. Sm. 【N, W/C】 ♣TMNS; ●TW; ★(AS): CN, PH.

Trichoglottis subviolacea (Llanos) Merr. 【I, C】 ♣SCBG; ●GD, TW; ★(AS): PH.

三花毛舌兰（毛舌兰）**Trichoglottis triflora** (Guillaumin) Garay et Seidenf. 【N, W/C】 ♣CBG;

●SH, TW; ★(AS): CN, TH, VN.

掌唇兰属 Staurochilus

掌唇兰 **Staurochilus dawsonianus** (Rchb. f.) Schltr. 【N, W/C】 ♣CBG, WBG, XTBG; ●HB, SH, YN; ★(AS): CN, LA, MM, TH.

Staurochilus fasciatus (Rchb. f.) Ridl. 【I, C】 ♣BBG; ●BJ, TW; ★(AS): LA, MY, PH, VN.

Staurochilus ionosmus (Lindl.) Schltr. 【I, C】 ♣BBG; ●BJ, TW; ★(AS): PH.

小掌唇兰 **Staurochilus loratus** (Rolfe ex Downie) Seidenf. 【N, W/C】 ♣FLBG, XTBG; ●GD, JX, YN; ★(AS): CN, TH.

豹纹掌唇兰 **Staurochilus luchuensis** (Rolfe) Fukuy. 【N, W/C】♣TBG, TMNS; ●TW; ★(AS): CN, JP, PH.

菲律宾掌唇兰 **Staurochilus philippinensis** (Lindl.) Backer 【I, C】 ♣SCBG; ●GD, TW; ★(AS): PH.

香兰属 Haraella

香兰 **Haraella retrocalla** (Hayata) Kudô 【N, W/C】 ♣NBG, SCBG, TMNS, XMBG; ●FJ, GD, TW; ★(AS): CN.

叉喙兰属 Uncifera

叉喙兰 **Uncifera acuminata** Lindl. 【N, W/C】 ♣FLBG, KBG, WBG, XTBG; ●GD, HB, JX, YN; ★(AS): BT, CN, ID, IN, LK, NP.

中泰叉喙兰 **Uncifera thailandica** Seidenf. et Smitinand 【N, W】 ♣XTBG; ●YN; ★(AS): CN, TH.

鹿角兰属 Pomatocalpa

Pomatocalpa diffusum Breda 【I, C】 ♣BBG; ●BJ, TW; ★(AS): ID, IN, PH, SG.

鹿角兰 **Pomatocalpa spicatum** Breda, Kuhl et Hasselt 【N, W/C】 ♣CBG, FLBG, GXIB; ●GD, GX, HI, JX, SH, TW; ★(AS): BT, CN, ID, IN, LA, LK, MM, MY, PH, TH, VN.

台湾鹿角兰（黄绣球兰）**Pomatocalpa undulatum** subsp. **acuminatum** (Rolfe) S.Watthana et S.W.Chung 【N, W/C】 ♣TMNS, XTBG; ●TW, YN; ★(AS): CN.

盆距兰属 Gastrochilus

镰叶盆距兰 **Gastrochilus acinacifolius** Z. H. Tsi 【N, W/C】 ♣XTBG; ●HI, SC, YN; ★(AS): CN.

大花盆距兰 **Gastrochilus bellinus** (Rchb. f.) Kuntze 【N, W/C】 ♣CBG, FLBG, KBG, NBG, SCBG, WBG, XTBG; ●GD, HB, JS, JX, SH, TW, YN; ★(AS): CN, LA, MM, TH, VN.

流苏盆距兰 **Gastrochilus brevifimbriatus** S. R. Yi 【N, W】 ♣XTBG; ●YN; ★(AS): CN.

盆距兰 **Gastrochilus calceolaris** (Buch.-Ham. ex Sm.) D. Don 【N, W/C】 ♣BBG, CBG, FLBG, KBG, NBG, SCBG, WBG, XTBG; ●BJ, GD, HB, HI, JS, JX, SH, TW, YN; ★(AS): BT, CN, ID, IN, LA, LK, MM, MY, NP, PH, TH, VN.

列叶盆距兰 **Gastrochilus distichus** (Lindl.) Kuntze 【N, W/C】 ♣WBG, XTBG; ●HB, YN; ★(AS): BT, CN, ID, IN, LK, MM, NP.

城口盆距兰 **Gastrochilus fargesii** (Kraenzl.) Schltr. 【N, W/C】 ♣WBG; ●HB; ★(AS): CN.

台湾盆距兰 **Gastrochilus formosanus** (Hayata) Schltr. 【N, W/C】♣TMNS, WBG; ●HB, TW; ★(AS): CN.

红斑盆距兰 **Gastrochilus fuscopunctatus** (Hayata) Hayata 【N, W/C】 ♣WBG; ●HB; ★(AS): CN, KR.

广东盆距兰 **Gastrochilus guangtungensis** Z. H. Tsi 【N, W】 ♣XTBG; ●YN; ★(AS): CN.

海南盆距兰 **Gastrochilus hainanensis** Z. H. Tsi 【N, W/C】♣FLBG, XMBG, XTBG; ●FJ, GD, HI, JX, YN; ★(AS): CN, TH, VN.

细茎盆距兰 **Gastrochilus intermedius** (Griff. ex Lindl.) Kuntze 【N, W】 ♣XTBG; ●YN; ★(AS): CN, ID, TH, VN.

黄松盆距兰 **Gastrochilus japonicus** (Makino) Schltr. 【N, W/C】 ♣CBG, SCBG, XTBG; ●GD, SH, TW, YN; ★(AS): CN, JP, KR.

小花盆距兰 **Gastrochilus kadooriei** Kumar 【N, W】 ♣XTBG; ●YN; ★(AS): CN, VN.

狭叶盆距兰 **Gastrochilus linearifolius** Z. H. Tsi et Garay 【N, W】♣XTBG; ●YN; ★(AS): BT, CN, IN.

麻栗坡盆距兰 **Gastrochilus malipoensis** X. H. Jin et S. C. Chen 【N, W】 ♣XTBG; ●YN; ★(AS): CN.

无茎盆距兰 **Gastrochilus obliquus** (Lindl.) Kuntze 【N, W/C】 ♣CBG, FLBG, KBG, NBG, XTBG; ●GD, JS, JX, SC, SH, TW, YN; ★(AS): BT, CN, ID, IN, LA, LK, MM, NP, TH, VN.

滇南盆距兰 **Gastrochilus platycalcaratus** (Rolfe) Schltr. 【N, W/C】♣WBG, XTBG; ●HB, YN; ★

(AS): CN, MM, TH.

中华盆距兰 **Gastrochilus sinensis** Z. H. Tsi 【N, W/C】 ♣NBG, WBG, XTBG; ●HB, YN; ★(AS): CN.

宣恩盆距兰 **Gastrochilus xuanenensis** Z. H. Tsi 【N, W/C】 ♣WBG; ●HB; ★(AS): CN.

云南盆距兰 **Gastrochilus yunnanensis** Schltr. 【N, W/C】 ♣WBG, XTBG; ●HB, YN; ★(AS): CN, TH, VN.

蛇舌兰属 Diploprora

蛇舌兰 **Diploprora championii** (Lindl.) Hook. f. 【N, W/C】 ♣FLBG, NBG, SCBG, TBG, WBG, XLTBG, XMBG, XTBG; ●FJ, GD, HB, HI, JS, JX, TW, YN; ★(AS): BT, CN, ID, IN, LA, LK, MM, TH, VN.

槌柱兰属 Malleola

槌柱兰 **Malleola dentifera** J. J. Sm. 【N, W/C】 ♣XTBG; ●TW, YN; ★(AS): CN, ID, IN, MY, TH, VN.

寄树兰属 Robiquetia

Robiquetia cerina (Rchb. f.) Garay 【I, C】 ♣XMBG; ●FJ, TW; ★(AS): PH.

大叶寄树兰 **Robiquetia spathulata** (Blume) J. J. Sm. 【N, W/C】 ♣BBG, FLBG, SCBG, XTBG; ●BJ, GD, HI, JX, TW, YN; ★(AS): CN, ID, IN, LA, MM, PH, SG, VN.

寄树兰 **Robiquetia succisa** (Lindl.) T. Tang et F. T. Wang 【N, W/C】 ♣CBG, FLBG, GXIB, NBG, SCBG, XTBG; ●GD, GX, HI, JS, JX, SH, TW, YN; ★(AS): BT, CN, ID, IN, KH, LA, LK, MM, TH, VN.

盖喉兰属 Smitinandia

Smitinandia helferi (Hook. f.) Garay 【I, C】 ♣BBG; ●BJ, TW; ★(AS): LA, MM, VN.

盖喉兰 **Smitinandia micrantha** (Lindl.) Holttum 【N, W/C】 ♣FLBG, XTBG; ●GD, JX, YN; ★(AS): BT, CN, ID, IN, KH, LA, MM, MY, NP, TH, VN.

匙唇兰属 Schoenorchis

芳香匙唇兰 **Schoenorchis fragrans** (E. C. Parish et Rchb. f.) Seidenf. et Smitinand 【N, W/C】 ♣CBG; ●SH, TW; ★(AS): CN, ID, IN, MM.

匙唇兰 **Schoenorchis gemmata** (Lindl.) J. J. Sm. 【N, W/C】 ♣IBCAS, NBG, SCBG, WBG, XTBG; ●BJ, GD, HB, JS, SC, TW, YN; ★(AS): BT, CN, IN, KH, LA, MM, NP, TH, VN.

Schoenorchis juncifolia Reinw. ex Blume 【I, C】 ♣SCBG; ●GD, TW; ★(AS): ID, IN.

Schoenorchis micrantha Reinw. ex Blume 【I, C】 ♣CBG; ●SH; ★(AS): ID, IN, MY, PH, SG, VN; (OC): AU, FJ, PG.

圆叶匙唇兰 **Schoenorchis tixieri** (Guillaumin) Seidenf. 【N, W/C】 ♣NBG, XTBG; ●JS, YN; ★(AS): CN, VN.

隔距兰属 Cleisostoma

美花隔距兰 **Cleisostoma birmanicum** (Schltr.) Garay 【N, W/C】 ♣FLBG, XTBG; ●GD, HI, JX, TW, YN; ★(AS): CN, LA, MM, TH, VN.

金塔隔距兰 **Cleisostoma filiforme** (Lindl.) Garay 【N, W/C】 ♣XTBG; ●YN; ★(AS): BT, CN, ID, IN, LK, MM, NP, TH, VN.

长叶隔距兰 **Cleisostoma fuerstenbergianum** Kraenzl. 【N, W/C】 ♣CBG, SCBG, WBG, XMBG, XTBG; ●FJ, GD, HB, SH, TW, YN; ★(AS): CN, KH, LA, TH, VN.

隔距兰 **Cleisostoma linearilobatum** (Seidenf. et Smitinand) Garay 【N, W/C】 ♣NBG, WBG, XMBG, XTBG; ●FJ, HB, JS, TW, YN; ★(AS): CN, ID, IN, TH.

长帽隔距兰 **Cleisostoma longioperculatum** Z. H. Tsi 【N, W/C】 ♣SCBG; ●GD; ★(AS): CN.

勐海隔距兰 **Cleisostoma menghaiense** Z. H. Tsi 【N, W/C】 ♣KBG, WBG; ●HB, YN; ★(AS): CN.

南贡隔距兰 **Cleisostoma nangongense** Z. H. Tsi 【N, W/C】 ♣XTBG; ●YN; ★(AS): CN.

大序隔距兰 **Cleisostoma paniculatum** (Ker Gawl.) Garay 【N, W/C】 ♣CBG, FLBG, GXIB, KBG, NBG, SCBG, TMNS, WBG, XMBG, XTBG; ●FJ, GD, GX, HB, HI, JS, JX, SC, SH, TW, YN; ★(AS): CN, ID, IN, TH, VN.

短茎隔距兰 **Cleisostoma parishii** (Hook. f.) Garay 【N, W/C】 ♣FLBG, NBG, WBG, XMBG; ●FJ, GD, HB, HI, JS, JX; ★(AS): CN, MM.

大叶隔距兰 **Cleisostoma racemiferum** (Lindl.) Garay 【N, W/C】 ♣FLBG, NBG, SCBG, XTBG; ●GD, JS, JX, SC, YN; ★(AS): BT, CN, ID, IN,

LA, LK, MM, NP, TH, VN.

尖喙隔距兰 **Cleisostoma rostratum** (Lodd.) Seidenf. ex Aver. 【N, W/C】 ♣FLBG, GXIB, NBG, SCBG, WBG, XMBG, XTBG; ●FJ, GD, GX, HB, HI, JS, JX, YN; ★(AS): CN, KH, LA, MM, TH, VN.

毛柱隔距兰 **Cleisostoma simondii** (Gagnep.) Seidenf. 【N, W/C】 ♣FLBG, SCBG, XMBG, XTBG; ●FJ, GD, JX, TW, YN; ★(AS): BT, CN, IN, LA, MM, TH, VN.

广东隔距兰 **Cleisostoma simondii** var. **guangdongense** Z. H. Tsi 【N, W/C】 ♣CBG, FLBG, SCBG, XMBG; ●FJ, GD, HI, JX, SC, SH; ★(AS): CN.

短序隔距兰 **Cleisostoma striatum** (Rchb. f.) Garay 【N, W/C】 ♣KBG, SCBG, XTBG; ●GD, TW, YN; ★(AS): BT, CN, ID, IN, LK, MY, TH, VN.

红花隔距兰 **Cleisostoma williamsonii** (Rchb. f.) Garay 【N, W/C】 ♣CBG, GMG, GXIB, KBG, SCBG, WBG, XMBG; ●FJ, GD, GX, HB, SC, SH, TW, YN; ★(AS): BT, CN, ID, IN, LK, MM, MY, TH, VN.

钻柱兰属 Pelatantheria

尾丝钻柱兰 **Pelatantheria bicuspidata** Tang et F. T. Wang 【N, W/C】 ♣SCBG, XTBG; ●GD, YN; ★(AS): CN, TH.

锯尾钻柱兰 **Pelatantheria ctenoglossum** Ridl. 【N, W/C】 ♣BBG, SCBG, XTBG; ●BJ, GD, TW, YN; ★(AS): CN, LA, TH, VN.

钻柱兰 **Pelatantheria rivesii** (Guillaumin) Tang et F. T. Wang 【N, W/C】♣BBG, CBG, FLBG, KBG, NBG, SCBG, XTBG; ●BJ, GD, JS, JX, SC, SH, TW, YN; ★(AS): CN, LA, VN.

蜈蚣兰 **Pelatantheria scolopendrifolia** (Makino) Aver. 【N, W/C】♣FBG, HBG, SCBG, WBG; ●FJ, GD, HB, ZJ; ★(AS): CN, JP, KP, KR.

蜘蛛兰属 Arachnis

窄唇蜘蛛兰 **Arachnis labrosa** (Lindl. et Paxton) Rchb. f. 【N, W/C】♣FLBG, KBG, SCBG, TMNS, XTBG; ●GD, HI, JX, SC, TW, YN; ★(AS): BT, CN, ID, IN, JP, LA, LK, MM, TH, VN.

花蜘蛛兰属 Esmeralda

口盖花蜘蛛兰 **Esmeralda bella** Rchb. f. 【N, W/C】 ♣FLBG, XTBG; ●GD, JX, YN; ★(AS): CN, ID, IN, MM, NP, TH.

花蜘蛛兰 **Esmeralda clarkei** Rchb. f. 【N, W/C】 ♣FLBG, GXIB, WBG, XLTBG, XMBG, XTBG; ●FJ, GD, GX, HB, HI, JX, SC, YN; ★(AS): BT, CN, IN, MM, NP, TH, VN.

火焰兰属 Renanthera

中华火焰兰 **Renanthera citrina** Aver. 【N, W/C】 ♣CBG, FLBG, SCBG; ●GD, JX, SH; ★(AS): CN, VN.

火焰兰 **Renanthera coccinea** Lour. 【N, W/C】 ♣FLBG, SCBG, WBG, XLTBG, XMBG, XTBG; ●FJ, GD, HB, HI, JX, TW, YN; ★(AS): CN, ID, LA, MM, TH, VN.

Renanthera histrionica Rchb. f. 【I, C】 ♣CBG; ●SH; ★(AS): SG.

云南火焰兰 **Renanthera imschootiana** Rolfe 【N, W/C】 ♣BBG, FLBG, NBG, SCBG, WBG, XTBG; ●BJ, GD, HB, JS, JX, TW, YN; ★(AS): CN, ID, IN, MM, VN.

豹斑火焰兰 **Renanthera matutina** (Poir.) Lindl. 【I, C】♣BBG, SCBG; ●BJ, GD, TW; ★(AS): ID, IN, PH.

单歧火焰兰 **Renanthera monachica** Ames 【I, C】 ♣SCBG, XMBG; ●FJ, GD, TW; ★(AS): PH.

菲律宾火焰兰 **Renanthera philippinensis** (Ames et Quisumb.) L. O. Williams 【I, C】 ●TW; ★(AS): PH.

大喙兰属 Sarcoglyphis

Sarcoglyphis comberi (J. J. Wood) J. J. Wood 【I, C】 ♣BBG; ●BJ; ★(AS): ID, IN.

短帽大喙兰 **Sarcoglyphis magnirostris** Z. H. Tsi 【N, W/C】 ♣XMBG, XTBG; ●FJ, YN; ★(AS): CN.

大喙兰 **Sarcoglyphis smithianus** (Kerr) Seidenf. 【N, W/C】♣FLBG, XMBG, XTBG; ●FJ, GD, JX, YN; ★(AS): CN, LA, TH, VN.

坚唇兰属 Stereochilus

短轴坚唇兰 **Stereochilus brevirachis** Christenson 【N, W/C】 ♣SCBG; ●GD; ★(AS): CN, VN.

坚唇兰 **Stereochilus dalatensis** (Guillaumin) Garay 【N, W/C】♣CBG, XTBG; ●SC, SH, TW, YN; ★(AS): CN, TH, VN.

异型兰属 Chiloschista

Chiloschista exuperei (Guillaumin) Garay 【I, C】 ♣SCBG; ●GD, TW; ★(AS): VN.

广东异型兰 **Chiloschista guangdongensis** Z. H. Tsi 【N, W/C】 ♣SCBG; ●GD; ★(AS): CN.

宽囊异型兰 **Chiloschista parishii** Seidenf. 【I, C】 ♣CBG; ●SH, TW; ★(AS): BT, ID, IN, LK, MM, VN.

白花异型兰 **Chiloschista exuperei** (Guillaumin) Garay【N, W】♣XTBG; ●YN; ★(AS): CN, MM, TH.

异唇兰 **Chiloschista usneoides** (D. Don) Lindl. 【I, C】 ♣CBG; ●SH; ★(AS): NP.

异型兰 **Chiloschista yunnanensis** Schltr. 【N, W/C】♣CBG, FLBG, NBG, SCBG, XTBG; ●GD, JS, JX, SH, TW, YN; ★(AS): CN.

宿唇兰属 Chroniochilus

渐绿宿唇兰 **Chroniochilus virescens** (Ridl.) Holttum 【I, C】 ♣CBG; ●SH; ★(AS): MY.

肉兰属 Sarcophyton

Sarcophyton pachyphyllum (Ames) Garay 【I, C】 ♣BBG; ●BJ; ★(AS): PH.

气花兰属 Aeranthes

Aeranthes arachnites Lindl. 【I, C】 ♣BBG; ●BJ; ★(AF): MG, MU.

Aeranthes grandiflora Lindl. 【I, C】 ♣BBG; ●BJ; ★(AF): MG.

Aeranthes peyrotii Bosser【I, C】♣BBG; ●BJ, TW; ★(AF): MG.

多花气花兰 **Aeranthes polyanthemus** Ridl. 【I, C】 ♣CBG; ●SH; ★(AF): MG.

Aeranthes ramosa Rolfe 【I, C】 ♣BBG; ●BJ, TW; ★(AF): MG.

朱美兰属 Jumellea

Jumellea arachnantha (Rchb. f.) Schltr. 【I, C】 ♣BBG; ●BJ, TW; ★(AF): KM, MG.

Jumellea comorensis (Rchb. f.) Schltr. 【I, C】 ♣XMBG; ●FJ, TW; ★(AF): KM.

Jumellea confusa (Schltr.) Schltr. 【I, C】 ♣BBG, SCBG; ●BJ, GD; ★(AF): MG.

Jumellea densifoliata Senghas 【I, C】 ♣BBG; ●BJ; ★(AF): MG.

蠕距兰属 Plectrelminthus

Plectrelminthus caudatus (Lindl.) Summerh. 【I, C】 ♣CBG; ●SH, TW; ★(AF): CF, GA, GN, NG.

彗星兰属 Angraecum

Angraecum birrimense Rolfe 【I, C】 ♣BBG; ●BJ; ★(AF): NG.

杈枝彗星兰 **Angraecum distichum** Lindl. 【I, C】 ♣BBG, SCBG; ●BJ, GD, TW; ★(AF): AO, CF, CM, GA, GN, LR, NG.

Angraecum eburneum Bory【I, C】♣BBG, SCBG; ●BJ, GD, TW; ★(AF): KM, MG.

Angraecum eburneum subsp. **superbum** (Thouars) H. Perrier【I, C】♣BBG; ●BJ; ★(AF): KM, MG.

大象彗星兰 **Angraecum elephantinum** Schltr. 【I, C】 ♣CBG; ●SH, TW; ★(AF): MG.

Angraecum florulentum Rchb. f. 【I, C】 ♣BBG; ●BJ, TW; ★(AF): KM, MG.

狮王彗星兰（利昂风兰、狮子船形兰）**Angraecum leonis** (Rchb. f.) André 【I, C】 ♣BBG, CBG, SCBG; ●BJ, GD, SH, TW; ★(AF): KM, MG.

长距彗星兰 **Angraecum sesquipedale** Thouars 【I, C】 ♣BBG, CBG, SCBG; ●BJ, GD, SH, TW; ★(AF): MG.

银鸟兰属 Oeoniella

喇叭银鸟兰 **Oeoniella polystachys** (Thouars) Schltr. 【I, C】♣CBG, SCBG, XMBG; ●FJ, GD, SH, TW; ★(AF): MG.

银凤兰属 Oeonia

Oeonia rosea Ridl. 【I, C】 ●TW; ★(AF): MG.

隐足兰属 Cryptopus

隐足兰 **Cryptopus elatus** (Thouars) Lindl. 【I, C】 ♣BBG; ●BJ; ★(AF): MU.

薄花兰属 Diaphananthe

Diaphananthe pellucida (Lindl.) Schltr. 【I, C】

♣BBG; ●BJ; ★(AF): GA, GN, KM, NG.

Cribbia

Cribbia brachyceras (Summerh.) Senghas 【I, C】 ♣IBCAS; ●BJ; ★(AF): KE.

拟武夷兰属 Angraecopsis

Angraecopsis amaniensis Summerh.【I, C】♣BBG; ●BJ; ★(AF): MW.

Angraecopsis trifurca (Rchb. f.) Schltr. 【I, C】 ♣BBG; ●BJ; ★(AF): KM.

细距兰属 Aerangis

Aerangis articulata (Rchb. f.) Schltr.【I, C】♣BBG; ●BJ, TW; ★(AF): MG.

二裂叶细距兰 **Aerangis biloba** (Lindl.) Schltr. 【I, C】 ♣BBG, SCBG; ●BJ, GD, TW; ★(AF): NG.

空船兰 **Aerangis citrata** (Thouars) Schltr. 【I, C】 ♣BBG, CBG, XMBG; ●BJ, FJ, SH, TW; ★(AF): MG.

疑细距兰 **Aerangis confusa** J. Stewart 【I, C】 ♣CBG; ●SH, TW; ★(AF): TZ.

船形兰 **Aerangis fastuosa** (Rchb. f.) Schltr. 【I, C】 ♣BBG, SCBG; ●BJ, GD, TW; ★(AF): MG.

玻璃细距兰 **Aerangis hyaloides** (Rchb. f.) Schltr. 【I, C】 ♣CBG; ●SH, TW; ★(AF): MG.

Aerangis modesta (Hook. f.) Schltr.【I, C】♣BBG; ●BJ, TW; ★(AF): MG.

Aerangis mystacidii (Rchb. f.) Schltr. 【I, C】 ♣BBG; ●BJ, TW; ★(AF): TZ, ZA.

朗加兰属 Rangaeris

Rangaeris muscicola (Rchb. f.) Summerh. 【I, C】 ♣BBG; ●BJ; ★(AF): AO, NG, ZA.

裂距兰属 Podangis

水母兰 **Podangis dactyloceras** (Rchb. f.) Schltr.【I, C】 ♣CBG, SCBG; ●GD, SH, TW; ★(AF): AO, KM, NG, ST.

弯萼兰属 Cyrtorchis

Cyrtorchis arcuata (Lindl.) Schltr. 【I, C】 ♣BBG; ●BJ, TW; ★(AF): BI, CM, MZ, NG.

攀根兰属 Solenangis

无叶攀根兰 **Solenangis aphylla** (Thouars) Summerh. 【I, C】 ♣IBCAS; ●BJ; ★(AF): KE, TZ.

甲蛛兰属 × Aeridachnis

甲蛛兰 × **Aeridachnis** 【I, C】 ●HI; ★(AS): IN.

甲代兰属 × Aeridovanda

甲代兰 × **Aeridovanda** 【I, C】 ●TW.

蛛心兰属 × Aliceara

蛛心兰 × **Aliceara** 【I, C】 ●TW.

馥心兰属 × Angulocaste

馥心兰 × **Angulocaste** 【I, C】 ●TW.

阿达兰属 × Aranda

阿达兰 × **Aranda** 【I, C】 ♣CBG; ●HI, SH, TW, YN.

火蛛兰属 × Aranthera

火蛛兰 × **Aranthera** 【I, C】 ♣SCBG; ●GD.

舌带兰属 × Ascocenda

舌带兰 × **Ascocenda** 【I, C】 ♣SCBG; ●GD, HI, TW.

风鸟兰属 × Ascofinetia

风鸟兰 × **Ascofinetia** 【I, C】 ●TW.

蓓心兰属 × Beallara

蓓心兰(红狐狸)× **Beallara**【I, C】♣BBG, IBCAS; ●BJ.

修卡兰属 × Brassocattleya

修卡兰 × **Brassocattleya**【I, C】♣SCBG, XMBG; ●FJ, GD, TW; ★(SA): BR.

修嘉兰属 × Brassolaeliocattleya

修嘉兰（柏卡兰）× **Brassolaeliocattleya** 【I, C】

♣SCBG, XMBG; ●FJ, GD, TW; ★(SA): BR.

米勒斯修嘉兰（米勒斯柏卡兰）× **Brassolaeliocattleya milleri**【I, C】♣SCBG; ●GD; ★(SA): BR.

帕梅拉修嘉兰（帕梅拉柏卡兰）× **Brassolaeliocattleya pamelae**【I, C】♣SCBG; ●GD; ★(SA): BR.

嘉丽兰属 × Cattlianthe

嘉丽兰 × **Cattlianthe**【I, C】●TW.

刻心兰属 × Cochilioda

刻心兰 × **Cochilioda rosea**【I, C】●TW.

堇花兰属 × Colmanara

堇花兰 × **Colmanara**【I, C】●TW.

天燕兰属 × Cycnodes

天燕兰(天鹅兰)× **Cycnodes**【I, C】♣XTBG; ●YN.

德堇兰属 × Degarmoara

德堇兰（白仙女）× **Degarmoara**【I, C】♣CBG; ●SH.

铅笔石斛属 × Dockrilobium

铅笔石斛 × **Dockrilobium**【I, C】♣CBG; ●SH.

沛蝶兰属 × Doritaenopsis

沛蝶兰 × **Doritaenopsis**【I, C】●TW.

树卡兰属 × Epicattleya

树卡兰 × **Epicattleya**【I, C】♣CBG; ●SH.

树嘉兰属 × Epilaeliocattleya

树嘉兰(绿鸟)× **Epilaeliocattleya**【I, C】♣XMBG; ●FJ.

画唇兰属 × Graphiella

画唇兰 × **Graphiella**【I, C】●TW.

维丽兰属 × Guaricyclia

维丽兰 × **Guaricyclia**【I, C】●TW.

蕾嘉兰属 × Laeliocattleya

蕾嘉兰 × **Laeliocattleya**【I, C】●TW.

魔翡兰属 × Mokara

魔翡兰 × **Mokara**【I, C】●HI, TW.

花猫兰属 × Odontioda

花猫兰（瘤唇兰）× **Odontioda**【I, C】●TW.

× Otaara

× **Otaara**【I, C】

修宝兰属 × Potinara

修宝兰（春黄兰）× **Potinara**【I, C】♣SCBG, XMBG; ●FJ, GD.

瑞卡兰属 × Rhyncattleanthe

瑞卡兰 × **Rhyncattleanthe**【I, C】♣CBG; ●SH.

鸟喙兰属 × Rhynchocentrum

鸟喙兰 × **Rhynchocentrum**【I, C】●TW.

喙卡兰属 × Rhyncholaeliocattleya

喙卡兰 × **Rhyncholaeliocattleya**【I, C】●TW.

卡贞兰属 × Sophrocattleya

卡贞兰 × **Sophrocattleya**【I, C】●TW.

贞丽兰属 × Sophrolaelia

贞丽兰 × **Sophrolaelia**【I, C】●TW.

贞嘉兰属 × Sophrolaeliocattleya

贞嘉兰（苏嘉兰）× **Sophrolaeliocattleya**【I, C】♣SCBG, TBG; ●GD, TW.

华翡兰属 × Vascostylis

华翡兰 × **Vascostylis**【I, C】●TW.

雅轭兰属 × Zygonisia

雅轭兰 × **Zygonisia** 【I, C】 ●TW.

41. 聚星草科 ASTELIACEAE

聚星草属 Astelia

显脉聚星草 **Astelia nervosa** Banks et Sol. ex Hook. f. 【I, C】 ♣CBG; ●SH; ★(OC): NZ.

42. 仙茅科 HYPOXIDACEAE

小仙梅草属 Empodium

小仙梅草 **Empodium plicatum** (Thunb.) Garside 【I, C】 ★(AF): ZA.

小星梅草属 Spiloxene

小星梅草 **Spiloxene capensis** (L.) Garside 【I, C】 ●TW; ★(AF): ZA.

仙茅属 Curculigo

短莛仙茅 **Curculigo breviscapa** S. C. Chen 【N, W/C】 ♣GBG, GMG, GXIB; ●GX, GZ; ★(AS): CN.

大叶仙茅 **Curculigo capitulata** (Lour.) Kuntze 【N, W/C】 ♣BBG, CBG, CDBG, FBG, FLBG, GA, GMG, GXIB, IBCAS, KBG, NBG, NSBG, SCBG, TBG, TMNS, WBG, XMBG, XTBG; ●BJ, CQ, FJ, GD, GX, HB, JS, JX, SC, SH, TW, YN; ★(AS): BT, CN, ID, IN, JP, LA, LK, MM, MY, NP, PH, TH, VN; (OC): AU, PAF.

绒叶仙茅 **Curculigo crassifolia** (Baker) Hook. f. 【N, W/C】 ♣KBG; ●YN; ★(AS): BT, CN, ID, IN, LK, NP.

光叶仙茅 **Curculigo glabrescens** (Ridl.) Merr. 【N, W/C】 ♣HBG, SCBG, XMBG, XTBG; ●FJ, GD, YN, ZJ; ★(AS): CN, ID, IN, MY, PH, VN.

疏花仙茅 **Curculigo gracilis** (Kurz) Wall. ex Hook. f. 【N, W/C】 ♣XTBG; ●SC, YN; ★(AS): CN, KH, NP, TH, VN.

仙茅 **Curculigo orchioides** Gaertn. 【N, W/C】 ♣BBG, CBG, FBG, FLBG, GA, GBG, GMG, GXIB, HBG, IBCAS, KBG, LBG, SCBG, TMNS, WBG, XMBG, XTBG; ●BJ, FJ, GD, GX, GZ, HB, JX, SC, SH, TW, YN, ZJ; ★(AS): BT, CN, ID, IN, JP, KH, LA, LK, MM, NP, PH, PK, TH, VN; (OC): PAF.

中华仙茅 **Curculigo sinensis** S. C. Chen 【N, W/C】 ♣KBG, WBG; ●HB, YN; ★(AS): CN.

小金梅草属 Hypoxis

狭叶小金梅草 **Hypoxis angustifolia** Lam. 【I, C】 ★(AF): AO, BI, CM, CV, KE, MG, NG, TZ, UG, ZA.

小金梅草 **Hypoxis aurea** Lour. 【N, W/C】 ♣CBG, HBG, KBG, LBG, SCBG, WBG, XMBG, XTBG; ●FJ, GD, HB, JX, SH, YN, ZJ; ★(AS): BT, CN, ID, IN, JP, KH, KP, LA, LK, MM, MY, NP, PH, PK, TH, VN; (OC): PAF.

硬毛小金梅草 **Hypoxis hirsuta** (L.) Coville 【I, C】 ★(NA): CA, US.

红金梅草属 Rhodohypoxis

红金梅草 **Rhodohypoxis baurii** (Baker) Nel 【I, C】 ♣XMBG; ●FJ, TW; ★(AF): LS, SZ, ZA.

43. 蓝嵩莲科 TECOPHILAEACEAE

西风莲属 Zephyra

西风莲 **Zephyra elegans** D. Don 【I, C】 ★(SA): CL.

蓝嵩莲属 Tecophilaea

蓝嵩莲 **Tecophilaea cyanocrocus** Leyb. 【I, C】 ●TW; ★(SA): CL.

喉齿莲属 Odontostomum

喉齿莲 **Odontostomum hartwegii** Torr. 【I, C】 ●TW; ★(NA): US.

蓝星莲属 Cyanastrum

蓝星莲 **Cyanastrum cordifolium** Oliv. 【I, C】 ★(AF): CD, CG, CM, GA, GN, GQ.

沙堇莲属 Eremiolirion

沙堇莲 **Eremiolirion amboense** (Schinz) J. C.

Manning et Mannh. 【I, C】 ★(AF): AO, NA.

美堇莲属 Cyanella

美堇莲 **Cyanella hyacinthoides** Royen ex L.【I, C】 ★(AF): ZA.

黄花美堇莲 **Cyanella lutea** L. f. 【I, C】 ★(AF): NA, ZA.

44. 矛花科 DORYANTHACEAE

矛花属 Doryanthes

高大矛花 **Doryanthes excelsa** Corrêa 【I, C】 ♣SCBG; ●GD, TW; ★(OC): AU.

矛花 **Doryanthes palmeri** W. Hill ex Benth. 【I, C】 ♣SCBG; ●GD; ★(OC): AU.

45. 鸢尾蒜科 IXIOLIRIACEAE

鸢尾蒜属 Ixiolirion

准噶尔鸢尾蒜 **Ixiolirion songaricum** P. Yan 【N, W/C】 ♣IBCAS; ●BJ; ★(AS): CN.

鸢尾蒜 **Ixiolirion tataricum** (Pall.) Schult. et Schult. f. 【N, W/C】 ♣IBCAS; ●BJ, TW, XJ; ★(AS): AF, CN, CY, KG, KH, KZ, MN, PK, RU-AS, TM, TR.

46. 鸢尾科 IRIDACEAE

蓝星鸢尾属 Aristea

东非蓝星鸢尾 **Aristea abyssinica** Pax 【I, C】 ●TW; ★(AF): CV, MW, TZ, UG, ZA, ZM.

Aristea confusa Goldblatt 【I, C】 ♣XTBG; ●YN; ★(AF): ZA.

蓝星鸢尾 **Aristea ecklonii** Baker 【I, C】 ♣SCBG; ●GD, TW; ★(AF): ZA.

长管鸢尾属 Lapeirousia

山地长管鸢尾 **Lapeirousia oreogena** Schltr. ex Goldblatt 【I, C】 ●TW; ★(AF): ZA.

石竹长管鸢尾 **Lapeirousia silenoides** (Jacq.) Ker Gawl. 【I, C】 ●TW; ★(AF): ZA.

弯管鸢尾属 Watsonia

*留尼汪弯管鸢尾 **Watsonia borbonica** (Pourr.) Goldblatt【I, C】♣XTBG; ●YN; ★(AF): BI, RE, ZA.

Watsonia borbonica subsp. **ardernei** (Sander) Goldblatt【I, C】♣XTBG; ●YN; ★(AF): BI, RE, ZA.

*弗克弯管鸢尾 **Watsonia fourcadei** J. W. Mathews et L. Bolus 【I, C】 ♣NBG, XTBG; ●JS, YN; ★(AF): ZA.

*边缘弯管鸢尾 **Watsonia marginata** (L. f.) Ker Gawl. 【I, C】 ♣NBG; ●JS, TW; ★(AF): ZA.

弯管鸢尾 **Watsonia meriana** (L.) Mill. 【I, C】 ♣XTBG; ●YN; ★(AF): ZA.

*平顶弯管鸢尾 **Watsonia tabularis** J. W. Mathews et L. Bolus 【I, C】 ♣NBG, XTBG; ●JS, YN; ★(AF): ZA.

唐菖蒲属 Gladiolus

柯氏唐菖蒲 **Gladiolus × colvillei** Sweet 【I, C】 ●TW; ★(AF): ZA.

唐菖蒲（剑兰）**Gladiolus × gandavensis** Van Houtte【I, C】 ♣CDBG, FLBG, GA, GBG, GMG, GXIB, HBG, HFBG, IBCAS, LBG, NBG, TDBG, WBG, XBG, XMBG, ZAFU; ●AH, BJ, FJ, GD, GX, GZ, HB, HL, JL, JS, JX, LN, SC, SN, TJ, TW, XJ, YN, ZJ; ★(AF): ZA.

莱氏唐菖蒲 **Gladiolus × lemoinei** Baker【I, C】★(AF): ZA.

绯红唐菖蒲（深红唐菖蒲）**Gladiolus cardinalis** Curtis 【I, C】 ●TW; ★(AF): ZA.

普通唐菖蒲（罗马唐菖蒲）**Gladiolus communis** L.【I, C】●BJ, TW; ★(AF): DZ, EG, MA; (AS): CY, TR; (EU): CH, FR, GB, MC, RO.

*伊利里亚唐菖蒲 **Gladiolus communis** subsp. **illyricus** (W. D. J. Koch) O. Bolòs et Vigo 【I, C】 ♣NBG; ●JS, TW; ★(AF): MA; (AS): IR, LB, TR; (EU): ES, GR.

鹦鹉唐菖蒲 **Gladiolus dalenii** Van Geel 【I, C】 ●TW; ★(AF): AO, CF, CV, MG, MW, TZ, UG, ZA, ZM.

肉色唐菖蒲 **Gladiolus ecklonii** Lehm. 【I, C】 ●TW; ★(AF): ZA.

意大利唐菖蒲 **Gladiolus italicus** Mill. 【I, C】 ♣NBG, XTBG; ●JS, YN; ★(AF): EG, MA; (AS): CY, SA, TR; (EU): AL, BA, BG, BY, DE, ES, FR,

GR, HR, IT, LU, MC, ME, MK, RO, RS, RU, SI, TR.

*二色唐菖蒲 **Gladiolus murielae** Kelway 【I, C】 ●TW, YN; ★(AF): ET.

对生花唐菖蒲 **Gladiolus oppositiflorus** Herb. 【I, C】 ★(AF): ZA.

紫金唐菖蒲(金斑紫唐菖蒲)**Gladiolus papilio** Hook. f. 【I, C】 ★(AF): ZA.

圆叶唐菖蒲(灰白唐菖蒲)**Gladiolus tristis** L. 【I, C】 ●TW; ★(AF): ZA.

波瓣唐菖蒲 **Gladiolus undulatus** L.【I, C】●TW; ★(AF): ZA.

华生唐菖蒲 **Gladiolus watsonius** Thunb. 【I, C】 ●TW; ★(AF): ZA.

尖瓣菖蒲属 Melasphaerula

尖瓣菖蒲 **Melasphaerula ramosa** N. E. Br. 【I, C】 ♣XTBG; ●YN; ★(AF): CV, NA, ZA.

雄黄兰属 Crocosmia

雄黄兰 **Crocosmia × crocosmiiflora** (V. Lemoine) N. E. Br. 【I, C】 ♣CBG, FBG, GXIB, HBG, IBCAS, KBG, LBG, NBG, SCBG, WBG, XMBG, XTBG; ●BJ, FJ, GD, GX, HB, JS, JX, SC, SH, TW, YN, ZJ; ★(EU): FR.

*黄花雄黄兰 **Crocosmia aurea** (Pappe ex Hook.) Planch. 【I, C】 ♣NBG; ●JS; ★(AF): AO, CV, MW, TZ, ZA, ZM.

*红橙雄黄兰 **Crocosmia masoniorum** (L. Bolus) N. E. Br. 【I, C】 ●HL; ★(AF): ZA.

*波特雄黄兰 **Crocosmia pottsii** (Baker) N. E. Br. 【I, C】 ●BJ, SH, TW; ★(AF): ZA.

香雪兰属 Freesia

白花小苍兰 **Freesia alba** (G. L. Mey.) Gumbl. 【I, C】 ●TW; ★(AF): ZA.

芳晖小苍兰 **Freesia caryophyllacea** (Burm. f.) N. E. Br. 【I, C】 ●TW; ★(AF): ZA.

伞花小苍兰 **Freesia corymbosa** (Burm. f.) N. E. Br. 【I, C】 ♣XMBG; ●FJ, TW; ★(AF): ZA.

*疏序小苍兰(红射干) **Freesia laxa** (Thunb.) Goldblatt et J. C. Manning 【I, C】 ♣HBG, KBG; ●TW, YN, ZJ; ★(AF): ZA, ZM.

小苍兰 **Freesia refracta** (Jacq.) Klatt 【I, C】 ♣CDBG, FLBG, GXIB, HBG, IBCAS, NBG, WBG, XMBG, XOIG, ZAFU; ●BJ, FJ, GD, GX, HB, JS, JX, SC, SH, TW, YN, ZJ; ★(AF): ZA.

沙红花属 Romulea

沙红花(罗慕花)**Romulea bulbocodium** (L.) Sebast. et Mauri 【I, C】 ●TW; ★(AF): ZA.

茎花沙红花 **Romulea ramiflora** Ten.【I, C】●TW; ★(AF): DZ, MA; (AS): SA, TR; (EU): BY, DE, ES, FR, GR, HR, IT, LU, PT, SI, TR.

番红花属 Crocus

白番红花 **Crocus alatavicus** Regel et Semen. 【N, W/C】 ♣IBCAS; ●BJ; ★(AS): CN, CY, KG, KZ, UZ.

高加索番红花 **Crocus angustifolius** Weston【I, C】 ★(AS): AM, AZ, GE, IR, RU-AS, TR; (EU): GR, RU, UA.

金黄番红花 **Crocus chrysanthus** (Herb.) Herb. 【I, C】 ●TW; ★(AS): TR; (EU): AL, BA, BG, CZ, GR, HR, ME, MK, RO, RS, SI, TR.

番黄花 **Crocus flavus** Weston 【I, C】 ♣BBG; ●BJ; ★(EU): CZ, TR.

番红花 **Crocus sativus** L. 【I, C】 ♣BBG, CBG, GBG, GMG, GXIB, HBG, IBCAS, LBG, NBG, WBG, XBG, XMBG; ●BJ, FJ, GD, GX, GZ, HB, JS, JX, SC, SH, SN, TW, ZJ; ★(AS): GE, IR, TR; (EU): ES, FR, GB, IT, NL.

美丽番红花 **Crocus speciosus** M. Bieb. 【I, C】 ●TW, YN; ★(AS): IR, TR; (EU): RU, TR.

春番红花 **Crocus vernus** (L.) Hill 【I, C】 ♣NBG, XTBG; ●JS, TW, YN; ★(AS): GE; (EU): AL, AT, BA, CH, CZ, DE, ES, GB, HR, HU, IT, ME, MK, PL, RO, RS, RU, SI.

秋水仙番红花(托马西尼番紫花)**Crocus vernus** var. **tommasinianus** (Herb.) Nyman 【I, C】 ♣BBG; ●BJ, TW; ★(EU): HR.

酒杯花属 Geissorhiza

覆瓣酒杯花 **Geissorhiza imbricata** Ker Gawl. 【I, C】 ●TW; ★(AF): ZA.

酒杯花 **Geissorhiza radians** (Thunb.) Goldblatt 【I, C】 ●TW; ★(AF): ZA.

夜鸢尾属 Hesperantha

红旗花 **Hesperantha coccinea** (Backh. et Harv.)

Goldblatt et J. C. Manning 【I, C】 ♣BBG, SCBG; ●BJ, GD, TW; ★(AF): ZA.

僧帽夜鸢尾 **Hesperantha cucullata** Klatt 【I, C】 ●TW; ★(AF): ZA.

狒狒草属 Babiana

红蓝狒狒草 **Babiana rubrocyanea** (Jacq.) Ker Gawl. 【I, C】 ●TW; ★(AF): ZA.

狒狒草 **Babiana stricta** (Aiton) Ker Gawl. 【I, C】 ★(AF): ZA.

豁裂花属 Chasmanthe

豁裂花 **Chasmanthe aethiopica** (L.) N. E. Br. 【I, C】 ★(AS): TR.

*多花豁裂花 **Chasmanthe floribunda** (Salisb.) N. E. Br. 【I, C】 ●TW; ★(AF): ZA.

魔杖花属 Sparaxis

大花魔杖花（南非鸢尾）**Sparaxis grandiflora** (D. Delaroche) Ker Gawl. 【I, C】 ★(AF): ZA.

三色魔杖花 **Sparaxis tricolor** (Schneev.) Ker Gawl. 【I, C】 ★(AF): ZA.

漏斗鸢尾属 Dierama

直立漏斗鸢尾（直立红漏斗花）**Dierama erectum** Hilliard 【I, C】 ♣XTBG; ●YN; ★(AF): ZA.

火红漏斗鸢尾（火红漏斗花）**Dierama igneum** Klatt 【I, C】 ♣XTBG; ●YN; ★(AF): ZA.

艳丽漏斗鸢尾 **Dierama pulcherrimum** (Hook. f.) Baker 【I, C】 ♣XTBG; ●TW, YN; ★(AF): ZA.

谷鸢尾属 Ixia

宽叶谷鸢尾（粉鸟胶花）**Ixia latifolia** D. Delaroche 【I, C】 ★(AF): ZA.

谷鸢尾（斑点谷鸢尾）**Ixia maculata** L. 【I, C】 ♣NBG; ●JS; ★(AF): ZA.

绿花谷鸢尾（绿鸟胶花）**Ixia viridiflora** Lam. 【I, C】 ●TW; ★(AF): ZA.

观音兰属 Tritonia

观音兰 **Tritonia crocata** (L.) Ker Gawl. 【I, C】 ♣XMBG; ●FJ, TW; ★(AF): ZA.

红观音兰 **Tritonia deusta** subsp. **miniata** (Jacq.) M. P.de Vos 【I, C】 ★(AF): ZA.

Tritonia disticha subsp. **rubrolucens** (R. C. Foster) M. P.de Vos 【I, C】 ♣XTBG; ●YN; ★(AF): ZA.

鸢尾属 Iris

糖果百合（万花筒射干）**Iris × norrisii** (L. W. Lenz) C. Whitehouse 【I, C】 ●TW; ★(EU): GB.

尖裂鸢尾 **Iris acutiloba** C. A. Mey. 【I, C】 ♣HBG, NBG; ●JS, ZJ; ★(AS): AZ, IR, TR.

单苞鸢尾 **Iris anguifuga** Y. T. Zhao et X. J. Xue 【N, W/C】 ♣CBG, GXIB, HBG, WBG; ●GX, HB, SH, ZJ; ★(AS): CN, JP.

无叶鸢尾 **Iris aphylla** L. 【I, C】 ♣NBG; ●JS; ★(EU): CZ.

小髯鸢尾 **Iris barbatula** Noltie et K. Y. Guan 【N, W/C】 ●YN; ★(AS): CN.

卑斯麦鸢尾 **Iris bismarckiana** Dammann et Sprenger 【I, C】 ♣NBG; ●JS; ★(AS): SY.

中亚鸢尾 **Iris bloudowii** Ledeb. 【N, W/C】 ♣LBG, NBG; ●JS, JX, XJ; ★(AS): CN, CY, KZ, MN, RU-AS.

*短茎鸢尾 **Iris brevicaulis** Raf. 【I, C】 ●ZJ; ★(NA): CA, US.

*布查鸢尾 **Iris bucharica** Foster 【I, C】 ♣NBG; ●JS, TW; ★(AS): UZ.

西南鸢尾 **Iris bulleyana** Dykes 【N, W/C】 ♣CBG, IBCAS, KBG, LBG, NBG, SCBG; ●BJ, GD, JS, JX, SC, SH, YN; ★(AS): CN, MM.

高加索鸢尾 **Iris caucasica** Hoffm. 【I, C】 ♣NBG; ●JS; ★(AS): AF, GE, RU-AS, TR.

金脉鸢尾 **Iris chrysographes** Dykes 【N, W/C】 ♣CBG, IBCAS, KBG, NBG, SCBG, XTBG; ●BJ, GD, JS, SH, YN; ★(AS): CN, MM.

高原鸢尾 **Iris collettii** Hook. f. 【N, W/C】 ♣CBG, KBG, NBG, SCBG; ●GD, JS, SH, YN; ★(AS): CN, ID, IN, MM, NP, TH, VN.

扁竹兰 **Iris confusa** Sealy 【N, W/C】 ♣CBG, IBCAS, KBG, NBG, NSBG, SCBG, WBG, XTBG; ●BJ, CQ, GD, HB, JS, SC, SH, YN; ★(AS): CN.

鲜黄鸢尾 **Iris crocea** Jacquem. ex R. C. Foster 【I, C】 ♣IBCAS; ●BJ, TW; ★(AS): IN.

大锐果鸢尾 **Iris cuniculiformis** Noltie et K. Y. Guan 【N, W/C】 ♣CBG; ●SH; ★(AS): CN.

达瓦鸢尾 **Iris darwasica** Regel 【I, C】 ♣IBCAS; ●BJ; ★(AS): TR.

尼泊尔鸢尾 **Iris decora** Wall. 【N, W/C】 ♣CBG,

KBG; ●SH, YN; ★(AS): BT, CN, IN, NP.

长葶鸢尾 **Iris delavayi** Micheli 【N, W/C】 ♣CBG, HBG, IBCAS, KBG, WBG, XTBG; ●BJ, HB, SH, YN, ZJ; ★(AS): CN.

野鸢尾 **Iris dichotoma** Pall. 【N, W/C】 ♣BBG, CBG, GBG, HFBG, IBCAS, NBG, TDBG, WBG; ●BJ, GZ, HB, HL, JS, LN, SH, XJ; ★(AS): CN, KP, KR, MN, RU-AS.

射干 **Iris domestica** (L.) Goldblatt et Mabb. 【N, W/C】 ♣CBG, CDBG, FBG, FLBG, GA, GBG, GMG, GXIB, HBG, HFBG, IBCAS, KBG, LBG, MDBG, NBG, SCBG, TBG, TDBG, TMNS, WBG, XBG, XLTBG, XMBG, XOIG, XTBG, ZAFU; ●BJ, FJ, GD, GS, GX, GZ, HB, HI, HL, JS, JX, LN, SC, SH, SN, TW, XJ, YN, ZJ; ★(AS): BT, CN, ID, IN, JP, KP, KR, LA, LK, MM, MN, NP, PH, RU-AS, VN.

道格拉斯鸢尾 **Iris douglasiana** Herb. 【I, C】 ♣XTBG; ●TW, YN; ★(NA): US.

玉蝉花 **Iris ensata** Thunb. 【N, W/C】 ♣CBG, CDBG, FBG, GBG, HBG, HFBG, IBCAS, KBG, NBG, SCBG, WBG, XMBG, XTBG, ZAFU; ●BJ, FJ, GD, GZ, HB, HL, JS, LN, SC, SH, TW, XJ, YN, ZJ; ★(AS): CN, ID, IN, JP, KP, KR, MN, RU-AS.

花菖蒲 **Iris ensata** var. **hortensis** Makino et Nemoto 【N, W/C】 ♣HBG, IBCAS, LBG, NBG, WBG; ●BJ, HB, JS, JX, LN, YN, ZJ; ★(AS): CN, JP.

黄金鸢尾 **Iris flavissima** Pall. 【N, W/C】 ♣HFBG, NBG; ●HL, JS; ★(AS): CN, KZ, MN, RU-AS.

怪味鸢尾 **Iris foetidissima** L. 【I, C】 ♣HBG, KBG, NBG, WBG, XTBG; ●BJ, HB, JS, TW, YN, ZJ; ★(AF): DZ, MA; (AS): CY, TR; (EU): FR, MC, SE.

台湾鸢尾 **Iris formosana** Ohwi 【N, W/C】 ♣IBCAS; ●BJ; ★(AS): CN.

云南鸢尾 **Iris forrestii** Dykes 【N, W/C】 ♣CBG, KBG, NBG, WBG; ●HB, JS, SH, TW, YN; ★(AS): CN, MM.

德国鸢尾 **Iris germanica** L. 【I, C】 ♣BBG, CDBG, FBG, GBG, GXIB, HBG, IBCAS, KBG, LBG, MDBG, NBG, SCBG, TDBG, WBG, XBG, XMBG, XTBG, ZAFU; ●BJ, FJ, GD, GS, GX, GZ, HB, JS, JX, LN, SC, SN, TW, XJ, YN, ZJ; ★(AF): MA; (AS): CY, TR; (EU): CH, DE, ES, FR, MC, NL.

锐果鸢尾 **Iris goniocarpa** Baker 【N, W/C】 ♣CBG, WBG; ●HB, SH; ★(AS): BT, CN, IN, LK, MM, NP.

喜盐鸢尾 **Iris halophila** Pall. 【N, W/C】 ♣CBG, HBG, IBCAS, NBG, XBG; ●BJ, JS, SH, SN, TW, XJ, YN, ZJ; ★(AS): AF, CN, CY, KG, MN, PK, RU-AS, UZ; (EU): RO, UA.

蓝花喜盐鸢尾 **Iris halophila** var. **sogdiana** (Bunge) Grubov 【N, W/C】 ♣HBG, IBCAS, NBG, TDBG; ●BJ, JS, XJ, ZJ; ★(AS): AF, CN, KG, PK, UZ.

长柄鸢尾 **Iris henryi** Baker 【N, W/C】 ♣HBG, WBG; ●HB, TW, ZJ; ★(AS): CN.

六棱鸢尾 **Iris hexagona** Walter 【I, C】 ●TW; ★(NA): US.

虎克鸢尾 **Iris hookeri** Penny ex G. Don 【I, C】 ♣NBG; ●JS; ★(NA): CA, US.

蜂室鸢尾 **Iris iberica** Steven 【I, C】 ♣NBG; ●JS; ★(AS): GE, TR.

无名鸢尾 **Iris innominata** L. F. Hend. 【I, C】 ♣HBG, XTBG; ●YN, ZJ; ★(NA): US.

蝴蝶花 **Iris japonica** Thunb. 【N, W/C】 ♣CBG, FBG, FLBG, GA, GBG, GMG, GXIB, HBG, IBCAS, KBG, LBG, NBG, NSBG, SCBG, TMNS, WBG, XBG, XMBG, XTBG, ZAFU; ●BJ, CQ, FJ, GD, GX, GZ, HB, JS, JX, SC, SH, SN, TW, YN, ZJ; ★(AS): CN, IN, JP, MM, VN.

多枝鸢尾 **Iris juncea** Poir. 【I, C】 ♣XTBG; ●YN; ★(AF): DZ, MA; (EU): ES, IT, SI.

库门鸢尾 **Iris kemaonensis** Wall. ex D. Don 【N, W/C】 ♣NBG; ●JS, SC; ★(AS): BT, CN, ID, IN, LK, NP.

矮鸢尾 **Iris kobayashii** Kitag. 【N, W/C】 ♣NBG; ●JS; ★(AS): CN.

马蔺 **Iris lactea** Pall. 【N, W/C】 ♣BBG, CBG, GA, HBG, HFBG, IBCAS, KBG, MDBG, NBG, SCBG, TDBG, WBG, XBG, XMBG, ZAFU; ●AH, BJ, FJ, GD, GS, HB, HL, JS, JX, LN, NX, SH, SN, XJ, YN, ZJ; ★(AS): AF, CN, ID, IN, KP, KR, KZ, MN, PK, RU-AS.

燕子花 **Iris laevigata** Fisch. 【N, W/C】 ♣CBG, HBG, HFBG, IBCAS, LBG, NBG, SCBG, XMBG, XTBG; ●BJ, FJ, GD, HL, JS, JX, SH, TW, YN, ZJ; ★(AS): CN, ID, IN, JP, KP, MN, RU-AS, SG.

英国鸢尾 **Iris latifolia** (Mill.) Voss 【I, C】 ♣NBG; ●JS; ★(AS): CY; (EU): CH, DE, ES, GB, MC.

长瓣鸢尾 **Iris longipetala** Herb. 【I, C】 ♣NBG; ●JS; ★(NA): US.

镰叶鸢尾 **Iris longiscapa** Ledeb. 【I, C】 ♣NBG; ●JS; ★(AS): TM.

*洛尔泰鸢尾 **Iris lortetii** Barbey ex Boiss. 【I, C】

●BJ; ★(AS): SY.

淡黄鸢尾（意大利鸢尾）**Iris lutescens** Lam. 【I, C】 ♣SCBG; ●GD, TW; ★(AF): MA; (EU): BA, DE, ES, FR, HR, IT, LU, SI.

抱茎鸢尾 **Iris lutescens** subsp. **subbiflora** (Brot.) D. A. Webb et Chater 【I, C】 ♣NBG; ●JS; ★(AF): MA; (EU): BA, DE, ES, FR, HR, IT, LU, SI.

乌苏里鸢尾 **Iris maackii** Maxim. 【N, W/C】 ♣HFBG; ●HL; ★(AS): CN, RU-AS.

长白鸢尾 **Iris mandshurica** Maxim. 【N, W/C】 ♣CBG, HFBG, IBCAS; ●BJ, HL, SH; ★(AS): CN, KP, KR, RU-AS.

红花鸢尾 **Iris milesii** Baker ex Foster 【N, W/C】 ♣IBCAS; ●BJ; ★(AS): CN, ID, IN.

密苏里鸢尾 **Iris missouriensis** Nutt. 【I, C】 ♣NBG; ●JS; ★(NA): CA, MX, US.

东方鸢尾 **Iris orientalis** Mill. 【I, C】 ♣HBG, IBCAS, NBG; ●BJ, JS, ZJ; ★(AS): TR; (EU): GR.

香根鸢尾 **Iris pallida** Lam. 【I, C】 ♣NBG; ●JS; ★(AF): MA; (AS): IL, SA; (EU): AL, BA, BY, DE, HR, IT, ME, MK, RO, RS, SI.

波斯鸢尾 **Iris persica** L. 【I, C】 ♣XTBG; ●YN; ★(AS): IR, TR.

角柱鸢尾 **Iris prismatica** Pursh 【I, C】 ♣NBG; ●JS; ★(NA): US.

小鸢尾 **Iris proantha** Diels 【N, W/C】 ♣CBG, NBG, WBG; ●HB, JS, SH; ★(AS): CN.

粗壮小鸢尾 **Iris proantha** var. **valida** (S. S. Chien) Y. T. Zhao 【N, W/C】 ♣HBG; ●ZJ; ★(AS): CN.

黄菖蒲 **Iris pseudacorus** L. 【I, C】 ♣CBG, GBG, GXIB, HBG, IBCAS, KBG, LBG, NBG, SCBG, WBG, XMBG, XTBG, ZAFU; ●AH, BJ, FJ, GD, GX, GZ, HB, HL, JS, JX, LN, SC, SH, YN, ZJ; ★(AF): MA; (AS): TR; (EU): BE, CH, ES, FR, NL.

假矮鸢尾 **Iris pseudopumila** Tineo 【I, C】 ♣XTBG; ●YN; ★(EU): BA, HR, IT, ME, MK, RS, SI.

矮菖蒲 **Iris pumila** L. 【I, C】 ♣HBG, NBG; ●JS, ZJ; ★(AS): GE, ID; (EU): AL, AT, BA, BG, CH, CZ, GR, HR, HU, ME, MK, NL, RO, RS, RU, SI.

普尔迪鸢尾 **Iris purdyi** Eastw. 【I, C】 ●TW; ★(NA): US.

青海鸢尾 **Iris qinghainica** Y. T. Zhao 【N, W/C】 ♣WBG; ●HB; ★(AS): CN.

网脉鸢尾（葱鸢尾）**Iris reticulata** M. Bieb. 【I, C】 ♣IBCAS; ●BJ; ★(AS): GE, TR; (EU): ES, RU.

长尾鸢尾 **Iris rossii** Baker 【N, W/C】 ♣HBG; ●ZJ; ★(AS): CN, JP, KP, KR.

紫苞鸢尾 **Iris ruthenica** Ker Gawl. 【N, W/C】 ♣CBG, IBCAS, KBG, NBG; ●BJ, JS, LN, SH, XJ, YN; ★(AS): CN, CY, KP, KR, KZ, MN, RU-AS; (EU): RO, RU.

溪荪 **Iris sanguinea** Donn ex Hornem. 【N, W/C】 ♣CDBG, HBG, HFBG, IBCAS, KBG, LBG, NBG, SCBG, TBG, XMBG, XTBG; ●BJ, FJ, GD, HL, JS, JX, LN, SC, TW, YN, ZJ; ★(AS): CN, JP, KP, KR, MN, RU-AS.

山鸢尾 **Iris setosa** Pall. ex Link 【N, W/C】 ♣HFBG, IBCAS, KBG, LBG, NBG, XTBG; ●BJ, HL, JS, JX, YN; ★(AS): CN, JP, KP, KR, MN, RU-AS.

西伯利亚鸢尾 **Iris sibirica** L. 【N, W/C】 ♣CDBG, HBG, IBCAS, LBG, NBG, SCBG, TDBG, WBG, XTBG; ●BJ, GD, HB, JS, JX, SC, TW, XJ, YN, ZJ; ★(AS): CN, GE, KP, KR, MN, RU-AS, TR; (EU): AT, BA, BG, CZ, DE, HR, HU, IT, ME, MK, PL, RO, RS, RU, SI.

新泰尼鸢尾 **Iris sintenisii** Janka 【I, C】 ♣NBG; ●JS, TW; ★(AS): TR; (EU): AL, BA, BG, GR, HR, IT, ME, MK, RO, RS, RU, SI, TR.

小花鸢尾 **Iris speculatrix** Hance 【N, W/C】 ♣CBG, GBG, GXIB, HBG, IBCAS, LBG, NBG, SCBG, XMBG; ●BJ, FJ, GD, GX, GZ, JS, JX, SH, ZJ; ★(AS): CN.

拟鸢尾（琴瓣鸢尾）**Iris spuria** L. 【I, C】 ♣CBG, HBG, HFBG, IBCAS, XTBG; ●BJ, HL, SH, TW, YN, ZJ; ★(AS): AM, AZ, GE, TR; (EU): AT, CZ, DE, DK, ES, GB, GR, HU, IT, RO, RU, SE.

卡萨林尼鸢尾 **Iris spuria** subsp. **carthaliniae** (Fomin) B. Mathew 【I, C】 ♣XTBG; ●YN; ★(EU): AT, CZ, DE, DK, ES, GB, GR, HU, IT, RO, RU, SE.

弟氏鸢尾 **Iris spuria** subsp. **demetrii** (Achv. et Mirzoeva) B. Mathew 【I, C】 ♣HBG; ●ZJ; ★(AS): AZ.

苗色曼鸢尾 **Iris spuria** subsp. **musulmanica** (Fomin) Takht. 【I, C】 ♣NBG; ●JS; ★(AS): AM.

中甸鸢尾 **Iris subdichotoma** Y. T. Zhao 【N, W/C】 ♣CBG, KBG; ●SH, YN; ★(AS): CN.

鸢尾 **Iris tectorum** Maxim. 【N, W/C】 ♣CBG, CDBG, FBG, FLBG, GA, GBG, GMG, GXIB, HBG, IBCAS, KBG, LBG, NBG, SCBG, TMNS, WBG, XBG, XLTBG, XMBG, XOIG, XTBG, ZAFU; ●AH, BJ, FJ, GD, GX, GZ, HB, HI, JS, JX, SC, SH, SN, TW, XJ, YN, ZJ; ★(AS): BT, CN, ID, IN, JP, KP, KR, LK, MM.

细叶鸢尾 **Iris tenuifolia** Pall. 【N, W/C】 ♣HBG, HFBG, IBCAS, WBG; ●BJ, HB, HL, ZJ; ★(AS): AF, CN, KZ, MN, PK, RU-AS; (EU): RU.

粗根鸢尾 **Iris tigridia** Bunge ex Ledeb. 【N, W/C】 ♣CBG, HFBG, IBCAS; ●BJ, HL, SH; ★(AS): CN, KZ, MN, RU-AS, SY.

*块茎鸢尾 **Iris tuberosa** L. 【I, C】 ♣XTBG; ●YN; ★(AS): TR; (EU): FR, IT.

北陵鸢尾 **Iris typhifolia** Kitag. 【N, W/C】 ♣CBG, HFBG, NBG, WBG; ●HB, HL, JS, LN, SH; ★(AS): CN, MN.

爪形鸢尾 **Iris unguicularis** Poir. 【I, C】 ♣HBG, KBG, NBG, XTBG; ●JS, YN, ZJ; ★(AF): DZ; (AS): SY, TR; (EU): GR, HR.

单花鸢尾 **Iris uniflora** Pall. ex Link 【N, W/C】 ♣CBG, HFBG, IBCAS, NBG, WBG; ●BJ, HB, HL, JS, LN, SH; ★(AS): CN, KP, KR, MN, RU-AS.

纹瓣鸢尾（黄褐鸢尾）**Iris variegata** L. 【I, C】 ♣IBCAS, XTBG; ●BJ, TW, YN; ★(AF): MA; (AS): GE; (EU): AT, BA, BG, CH, CZ, HR, HU, IT, ME, MK, RO, RS, RU, SI.

囊花鸢尾 **Iris ventricosa** Pall. 【N, W/C】 ♣CBG, IBCAS, NBG, WBG; ●BJ, HB, JS, SH; ★(AS): CN, MN, RU-AS.

加岛鸢尾 **Iris virginica** L. 【I, C】 ♣CBG, NBG, SCBG; ●GD, JS, SH; ★(NA): CA, US.

扇形鸢尾 **Iris wattii** Baker ex Hook. f. 【N, W/C】 ♣CBG, HBG, IBCAS, KBG, WBG, XTBG; ●BJ, HB, SH, YN, ZJ; ★(AS): CN, ID, IN, MM.

黄花鸢尾 **Iris wilsonii** C. H. Wright 【N, W/C】 ♣GXIB, IBCAS, WBG; ●BJ, GX, HB, SC; ★(AS): CN.

西班牙鸢尾 **Iris xiphium** L. 【I, C】 ♣NBG, XMBG, ZAFU; ●FJ, JS, XJ, ZJ; ★(AF): DZ, MA; (AS): TR; (EU): ES, NL.

离被鸢尾属 Dietes

褐斑离被鸢尾 **Dietes bicolor** (Steud.) Sweet ex Klatt 【I, C】 ♣SCBG; ●GD; ★(AF): ZA.

离被鸢尾 **Dietes iridioides** (L.) Sweet 【I, C】 ♣CBG, FLBG, GXIB, HBG, KBG, SCBG, XMBG, XTBG; ●FJ, GD, GX, JX, SH, YN, ZJ; ★(AF): CV, MW, TZ, ZA.

魔星兰属 Ferraria

魔星兰 **Ferraria crispa** Burm. 【I, C】 ●TW; ★(AF): ZA.

肖鸢尾属 Moraea

孔雀肖鸢尾 **Moraea aristata** (D. Delaroche) Asch. et Graebn. 【I, C】 ●TW; ★(AF): ZA.

蝶形肖鸢尾 **Moraea papilionacea** (L. f.) Ker Gawl. 【I, C】 ♣HBG; ●ZJ; ★(AF): ZA.

*多花肖鸢尾 **Moraea polyanthos** L. f. 【I, C】 ♣XTBG; ●YN; ★(AF): ZA.

*图尔巴肖鸢尾 **Moraea tulbaghensis** L. Bolus 【I, C】 ●TW; ★(AF): ZA.

*伞花肖鸢尾 **Moraea umbellata** Thunb. 【I, C】 ♣NBG; ●JS; ★(AF): ZA.

丽白花属 Libertia

美丽丽白花 **Libertia chilensis** (Molina) Gunckel【I, C】 ♣HBG, XTBG; ●YN, ZJ; ★(SA): AR, CL.

大花丽白花（大花波鸢尾）**Libertia grandiflora** (R. Br.) Sweet 【I, C】 ♣XTBG; ●YN; ★(OC): NZ.

*新西兰丽白花 **Libertia peregrinans** Cockayne et Allan 【I, C】 ♣CBG; ●SH; ★(OC): NZ.

晨鸢尾属 Orthrosanthus

*钦博腊索晨鸢尾 **Orthrosanthus chimboracensis** (Kunth) Baker【I, C】♣NBG; ●JS; ★(NA): BM, CR, GT, HN, MX, PA, PR; (SA): BO, CO, EC, PE, VE.

春钟花属 Olsynium

春钟花 **Olsynium douglasii** (A. Dietr.) E. P. Bicknell 【I, C】 ●TW; ★(NA): US.

Olsynium junceum (E. Mey. ex C. Presl) Goldblatt 【I, C】 ♣KBG; ●YN; ★(SA): AR, BO, CL, PE.

庭菖蒲属 Sisyrinchium

狭叶庭菖蒲 **Sisyrinchium angustifolium** Mill. 【I, C】 ♣KBG, LBG, XTBG; ●JX, YN; ★(NA): CA, US.

美丽庭菖蒲（美丽蓝眼草）**Sisyrinchium bellum** S. Watson 【I, C】 ♣BBG, IBCAS; ●BJ; ★(NA): US.

加州庭菖蒲 **Sisyrinchium californicum** (Ker Gawl.) Dryand. 【I, C】 ♣CBG, XTBG; ●SH, TW, YN; ★(NA): CA, US.

百慕庭菖蒲 **Sisyrinchium montanum** Greene 【I, C】 ♣BBG, HBG, KBG, LBG, XTBG; ●BJ, JX, TW, YN, ZJ; ★(NA): BM, CA, US.

簇花庭菖蒲 **Sisyrinchium palmifolium** L. 【I, C】 ♣XTBG; ●YN; ★(SA): AR, BO, BR, PE, PY, UY.

庭菖蒲 **Sisyrinchium rosulatum** E. P. Bicknell 【I, C/N】 ♣BBG, CBG, IBCAS, SCBG; ●BJ, GD, SH; ★(NA): US.

智利庭菖蒲（智利豚鼻花）**Sisyrinchium striatum** Sm. 【I, C】 ♣HBG, KBG, XTBG; ●TW, YN, ZJ; ★(SA): AR, CL.

豹纹鸢尾属 Trimezia

黄扇鸢尾 **Trimezia martinicensis** (Jacq.) Herb. 【I, C】 ♣SCBG; ●GD; ★(NA): JM, LW, WW; (SA): BO, BR, VE.

巴西鸢尾属 Neomarica

蓝花巴西鸢尾（蓝马蝶花）**Neomarica caerulea** (Ker Gawl.) Sprague 【I, C】 ●TW; ★(NA): CR, HN, PA; (SA): BR.

巴西鸢尾（细梗马蝶花）**Neomarica gracilis** (Herb.) Sprague 【I, C】 ♣CBG, FBG, FLBG, GXIB, KBG, SCBG, TMNS, WBG, XLTBG, XMBG, XTBG; ●FJ, GD, GX, HB, HI, JX, SH, TW, YN; ★(NA): BZ, CR, GT, HN, MX, PA, PR; (SA): BR, CO, PY.

黄花巴西鸢尾 **Neomarica longifolia** (Link et Otto) Sprague 【I, C】 ♣SCBG; ●GD; ★(NA): CR; (SA): BR.

北部巴西鸢尾（马蝶花）**Neomarica northiana** (Schneev.) Sprague 【I, C】 ♣TBG; ●TW; ★(SA): BR.

壶鸢花属 Cipura

壶鸢花 **Cipura paludosa** Aubl. 【I, C】 ●TW; ★(NA): BZ, CR, GT, HN, MX, PA, SV; (SA): BO, BR, CO, GF, GY, PE, PY, VE.

*黄斑壶鸢花 **Cipura xanthomelas** Mart. ex Klatt 【I, C】 ●TW; ★(SA): BR.

杯鸢花属 Cypella

杯鸢花 **Cypella herbertii** (Lindl.) Herb. 【I, C】 ●TW; ★(SA): AR, BR, UY.

瓶鸢花属 Herbertia

*虎皮瓶鸢花 **Herbertia tigridioides** (Hicken) Goldblatt 【I, C】 ●TW; ★(SA): AR, BO.

红葱属 Eleutherine

红葱 **Eleutherine bulbosa** (Mill.) Urb. 【I, C/N】 ♣GMG, GXIB, HBG, KBG, SCBG, XMBG, XOIG, XTBG; ●FJ, GD, GX, YN, ZJ; ★(NA): CU, PR, US; (SA): BO, BR, EC, GF, PE.

笑面鸢尾属 Gelasine

笑面鸢尾 **Gelasine elongata** (Graham) Ravenna 【I, C】 ●TW; ★(SA): AR, BR.

虎皮花属 Tigridia

虎皮花 **Tigridia pavonia** (L. f.) DC. 【I, C】 ♣BBG, KBG, XMBG; ●BJ, FJ, TW, YN; ★(NA): GT, HN, MX, SV; (SA): BO, CO, EC, PE.

47. 黄脂木科 XANTHORRHOEACEAE

阿福花属 Asphodelus

白阿福花 **Asphodelus albus** Mill. 【I, C】 ♣HBG; ●ZJ; ★(AF): EG, MA; (AS): TR; (EU): AL, BA, BG, DE, ES, GR, HR, HU, IT, LU, ME, MK, RS, SI.

日光兰属 Asphodeline

日光兰 **Asphodeline lutea** (L.) Rchb. 【I, C】 ♣BBG, HBG; ●BJ, ZJ; ★(AF): DZ, EG, LY, MA, TN; (AS): TR; (EU): AD, AL, BA, BG, ES, FR, GR, HR, IT, MC, ME, MK, PT, RO, RS, SI, SM, VA.

火把莲属 Kniphofia

杂种火把莲 **Kniphofia × hybrida** Gumbl. 【I, C】 ♣SCBG, XMBG; ●FJ, GD; ★(AF): ZA.

短茎火把莲 **Kniphofia caulescens** Baker 【I, C】 ★(AF): LS, ZA.

黄花火把莲 **Kniphofia citrina** Baker 【I, C】 ♣IBCAS; ●BJ; ★(AF): ZA.

丛生火把莲 **Kniphofia ensifolia** Baker 【I, C】 ♣IBCAS, NBG; ●BJ, JS; ★(AF): ZA.

多叶火把莲 **Kniphofia foliosa** Hochst. 【I, C】 ♣BBG; ●BJ; ★(AF): ET.

疏花火把莲 **Kniphofia laxiflora** Kunth 【I, C】 ♣IBCAS; ●BJ; ★(AF): ZA.

多花火把莲 **Kniphofia multiflora** J. M. Wood et M. S. Evans 【I, C】 ★(AF): SZ, ZA.

矮火把莲 **Kniphofia pumila** (Aiton) Kunth 【I, C】 ♣KBG; ●YN; ★(AF): CD, ER, ET, KE, RW, SS, UG, ZA.

秋花火把莲（卢氏火把莲）**Kniphofia rooperi** (T. Moore) Lem. 【I, C】 ★(AF): ZA.

蔓生火把莲 **Kniphofia sarmentosa** (Andrews) Kunth 【I, C】 ♣IBCAS; ●BJ; ★(AF): ZA.

汤姆逊火把莲 **Kniphofia thomsonii** Baker 【I, C】 ♣CBG; ●SH; ★(AF): CD, ET, KE, TZ, UG.

三棱火把莲 **Kniphofia triangularis** Kunth 【I, C】 ♣HBG, XMBG; ●FJ, TW, ZJ; ★(AF): LS, ZA.

火把莲（火炬花）**Kniphofia uvaria** (L.) Oken 【I, C】 ♣BBG, CBG, GA, HFBG, IBCAS, KBG, NBG, SCBG, ZAFU; ●AH, BJ, GD, HL, JS, JX, SC, SH, TW, YN, ZJ; ★(AF): ZA.

独尾草属 Eremurus

阿尔泰独尾草 **Eremurus altaicus** (Pall.) Steven 【N, W/C】 ♣IBCAS; ●BJ; ★(AS): CN.

独尾草 **Eremurus chinensis** O. Fedtsch. 【N, W/C】 ♣BBG, WBG; ●HB; ★(AS): CN.

喜马拉雅独尾草 **Eremurus himalaicus** Baker 【I, C】 ★(AS): IN.

巨独尾草 **Eremurus robustus** (Regel) Regel 【I, C】 ●TW; ★(AS): TJ.

*狭叶独尾草 **Eremurus stenophyllus** (Boiss. et Buhse) Baker 【I, C】 ●BJ, TW; ★(AS): AF.

粗尾草属 Bulbinella

*多花粗尾草（凤尾百合、黄花棒）**Bulbinella floribunda** (Aiton) T. Durand et Schinz 【I, C】 ★(AF): ZA.

丛尾草属 Trachyandra

Trachyandra falcata (L. f.) Kunth 【I, C】 ●BJ; ★(AF): NA, ZA.

须尾草属 Bulbine

*一年生须尾草 **Bulbine annua** (L.) Willd. 【I, C】 ♣NBG; ●JS; ★(AF): ZA.

*日光须尾草 **Bulbine asphodeloides** (L.) Spreng. 【I, C】 ♣BBG; ●BJ; ★(AF): AO, BI, ZA; (AS): YE.

葱芦荟 **Bulbine cremnophila** van Jaarsv. 【I, C】 ♣XMBG; ●FJ; ★(AF): ZA.

须尾草（灌木须尾草、鳞芹）**Bulbine frutescens** (L.) Willd. 【I, C】 ♣XMBG; ●FJ, TW; ★(AF): ZA.

阔叶玉翡翠 **Bulbine latifolia** Spreng. 【I, C】 ♣XMBG; ●FJ, TW; ★(AF): ZA.

玉翡翠 **Bulbine mesembryanthemoides** Haw. 【I, C】 ♣IBCAS, XMBG; ●BJ, FJ, TW; ★(AF): ZA.

芦荟属 Aloe

翠绿芦荟（海虎兰）**Aloe × delaetii** Hort. 【I, C】 ♣CBG, IBCAS; ●BJ, FJ, SH; ★(AF): ZA.

*舍恩芦荟 **Aloe × schoenlandii** Baker 【I, C】 ★(AF): ZA.

青鬼城芦荟 **Aloe × spinosissima** Jahand. 【I, C】 ♣IBCAS, SCBG, XTBG; ●BJ, GD, YN; ★(AF): ZA.

皮刺芦荟 **Aloe aculeata** Pole-Evans 【I, C】 ♣CBG, IBCAS, XMBG; ●BJ, FJ, SH, TW; ★(AF): ZA.

尖刺芦荟 **Aloe acutissima** H. Perrier 【I, C】 ♣CBG; ●SH; ★(AF): MG.

安塔尼穆拉芦荟 **Aloe acutissima** var. **antanimorensis** Reynolds 【I, C】 ♣CBG; ●SH; ★(AF): MG.

无斑芦荟 **Aloe affinis** A. Berger 【I, C】 ♣CBG, IBCAS, NBG, SCBG, WBG, XTBG; ●BJ, GD, HB, JS, SH, YN; ★(AF): ZA.

非洲芦荟 **Aloe africana** Mill. 【I, C】 ♣GXIB, NBG, SCBG, XMBG; ●FJ, GD, GX, JS, TW; ★(AF): ZA.

雪女皇芦荟 **Aloe albiflora** Guillaumin 【I, C】 ♣SCBG, XMBG; ●FJ, GD; ★(AF): MG.

相似芦荟 **Aloe alooides** (Bolus) Druten 【I, C】 ♣CBG; ●SH, TW; ★(AF): ZA.

模棱芦荟 **Aloe ambigens** Chiov. 【I, C】 ♣CBG; ●SH; ★(AF): SO.

阿穆达特芦荟 **Aloe amudatensis** Reynolds 【I, C】 ♣CBG; ●SH; ★(AF): UG.

黄明锦芦荟 **Aloe andongensis** Baker 【I, C】 ♣XMBG; ●FJ; ★(AF): AO.

埃塞芦荟 **Aloe ankoberensis** M. G. Gilbert et Sebsebe 【I, C】 ♣CBG; ●SH; ★(AF): ET.

*马达加斯加芦荟 **Aloe antandroy** (Decary) H. Perrier 【I, C】 ♣BBG, IBCAS; ●BJ; ★(AF): MG.

木立芦荟(大芦荟) **Aloe arborescens** Mill. 【I, C/N】 ♣BBG, CBG, FLBG, GXIB, HBG, IBCAS, KBG, NBG, SCBG, WBG, XBG, XMBG, XTBG, ZAFU; ●BJ, FJ, GD, GX, HB, JS, JX, SC, SH, SN, TW, YN, ZJ; ★(AF): MW, ZA.

极乐锦芦荟 **Aloe arenicola** Reynolds 【I, C】 ♣IBCAS; ●BJ; ★(AF): ZA.

绫锦芦荟 **Aloe aristata** Haw. 【I, C】 ♣BBG, CBG, FLBG, GMG, GXIB, HBG, IBCAS, KBG, SCBG, XMBG; ●BJ, FJ, GD, GX, JX, SH, TW, YN, ZJ; ★(AF): ZA.

*粗糙芦荟 **Aloe aspera** Haw. 【I, C】 ★(AF): CV.

斑蛇龙芦荟 **Aloe bakeri** Scott-Elliot 【I, C】 ♣BBG, NBG, WBG, XMBG; ●BJ, FJ, HB, JS; ★(AF): MG.

大树芦荟 **Aloe barberae** Dyer 【I, C】 ♣CBG, IBCAS, SCBG, XTBG; ●BJ, GD, SH, TW, YN; ★(AF): ZA.

巴尔加拉芦荟 **Aloe bargalensis** Lavranos 【I, C】 ♣CBG; ●SH; ★(AF): SO.

美丽芦荟 **Aloe bellatula** Reynolds 【I, C】 ♣IBCAS; ●BJ; ★(AF): MG.

贝雷武芦荟 **Aloe berevoana** Lavranos 【I, C】 ♣CBG; ●SH; ★(AF): MG.

贝齐略芦荟 **Aloe betsileensis** H. Perrier 【I, C】 ♣CBG; ●SH; ★(AF): MG.

鲍威芦荟 **Aloe bowiea** Schult. et Schult. f. 【I, C】 ♣CBG, IBCAS; ●BJ, SH; ★(AF): ZA.

布瑞德瑞芦荟 **Aloe branddraaiensis** Groenew. 【I, C】 ♣IBCAS; ●BJ, TW; ★(AF): ZA.

短叶芦荟 **Aloe brevifolia** Mill. 【I, C】 ♣BBG, CBG, FLBG, IBCAS, XMBG; ●BJ, FJ, GD, JX, SH; ★(AF): ZA.

矮生短叶芦荟 **Aloe brevifolia** var. **depressa** (Haw.) Baker 【I, C】 ♣CBG, IBCAS; ●BJ, SH; ★(AF): ZA.

狮子锦芦荟(布鲁米芦荟) **Aloe broomii** Schönland 【I, C】 ♣CBG, IBCAS, XMBG; ●BJ, FJ, SH, TW; ★(AF): ZA.

塔卡斯狮子锦芦荟 **Aloe broomii** var. **tarkaensis** Reynolds 【I, C】 ♣IBCAS; ●BJ; ★(AF): ZA.

布赫洛芦荟 **Aloe buchlohii** Rauh 【I, C】 ♣CBG; ●SH; ★(AF): MG.

布尔芦荟 **Aloe buhrii** Lavranos 【I, C】 ♣CBG, IBCAS; ●BJ, SH, TW; ★(AF): ZA.

*青灰芦荟 **Aloe caesia** Salm-Dyck 【I, C】 ★(AF): CV.

喜岩芦荟 **Aloe calcairophila** Reynolds 【I, C】 ♣IBCAS; ●BJ; ★(AF): MG.

卡梅伦芦荟 **Aloe cameronii** Hemsl. 【I, C】 ♣CBG; ●SH; ★(AF): CM, MW, ZW.

代扎芦荟 **Aloe cameronii** var. **dedzana** Reynolds 【I, C】 ♣CBG; ●SH; ★(AF): CM, MW, ZW.

剑叶芦荟 **Aloe camperi** Schweinf. 【I, C】 ♣CBG, IBCAS, SCBG, XMBG, XTBG; ●BJ, FJ, GD, SH, TW, YN; ★(AF): ET.

头花芦荟 **Aloe capitata** Baker 【I, C】 ♣CBG, SCBG; ●GD, SH, TW; ★(AF): MG.

四体芦荟 **Aloe capitata** var. **quartziticola** H. Perrier 【I, C】 ♣CBG; ●SH; ★(AF): MG.

栗褐芦荟 **Aloe castanea** Schönland 【I, C】 ♣CBG, IBCAS, NBG; ●BJ, JS, SH, TW; ★(AF): ZA.

茶番仙人芦荟(菊花芦荟) **Aloe chabaudii** Schönland 【I, C】 ♣BBG, CBG, IBCAS; ●BJ, SH, TW; ★(AF): MW, MZ.

肯尼亚芦荟 **Aloe cheranganiensis** S. Carter et Brandham 【I, C】 ♣CBG, XTBG; ●SH, YN; ★(AF): KE.

细茎芦荟 **Aloe ciliaris** Haw. 【I, C】 ♣BBG, CBG, FLBG, IBCAS, SCBG, XMBG, XTBG; ●BJ, FJ, GD, JX, SH, TW, YN; ★(AF): ZA.

头状芦荟 **Aloe cipolinicola** (H. Perrier) J.-B. Castillon et J.-P. Castillon 【I, C】 ♣CBG, IBCAS; ●BJ, SH; ★(AF): MG.

棒花芦荟 **Aloe claviflora** Burch. 【I, C】 ♣CBG, IBCAS, NBG, XMBG; ●BJ, FJ, JS, SH, TW; ★(AF): ZA.

簇叶芦荟 **Aloe comosa** Marloth et A. Berger 【I, C】 ♣BBG, CBG, IBCAS; ●BJ, SH, TW; ★(AF): ZA.

*扁芦荟 **Aloe compressa** H. Perrier 【I, C】 ♣BBG; ●BJ; ★(AF): MG.

片岩扁芦荟 **Aloe compressa** var. **schistophila** H. Perrier 【I, C】 ♣IBCAS; ●BJ; ★(AF): MG.

疑芦荟 **Aloe confusa** Engl. 【I, C】 ♣CBG; ●SH; ★(AF): MZ.

圆锥芦荟 **Aloe conifera** H. Perrier 【I, C】 ♣BBG, CBG, IBCAS, XMBG; ●BJ, FJ, SH, TW; ★(AF): MG.

库伯芦荟 **Aloe cooperi** Baker 【I, C】 ♣CBG, XMBG; ●FJ, SH, TW; ★(AF): ZA.

崖生芦荟 **Aloe cremnophila** Reynolds et Bally 【I, C】 ♣CBG; ●SH; ★(AF): SO.

隐柄芦荟 **Aloe cryptopoda** Baker 【I, C】 ♣BBG, CBG, IBCAS; ●BJ, SH, TW; ★(AF): ZA.

道芦荟 **Aloe dawei** A. Berger 【I, C】 ♣CBG, IBCAS, KBG, SCBG, XTBG; ●BJ, GD, SH, YN; ★(AF): UG.

德布雷芦荟 **Aloe debrana** Christian 【I, C】 ♣CBG; ●SH; ★(AF): ET, ZW.

德卡里芦荟 **Aloe decaryi** Guillaumin 【I, C】 ♣CBG, SCBG; ●GD, SH; ★(AF): MG.

三隅锦芦荟 **Aloe deltoideodonta** Baker 【I, C】 ♣CBG, KBG, XMBG; ●FJ, SH, TW, YN; ★(AF): MG.

白三隅锦芦荟 **Aloe deltoideodonta** var. **candicans** H. Perrier 【I, C】 ♣CBG; ●SH; ★(AF): MG.

*中间芦荟 **Aloe deltoideodonta** var. **intermedia** H. Perrier 【I, C】 ★(AF): MG.

卢氏芦荟 **Aloe deltoideodonta** var. **ruffingiana** (Rauh et Petignat) J.-B. Castillon et J.-P. Castillon 【I, C】 ♣CBG; ●SH; ★(AF): MG.

第可芦荟 **Aloe descoingsii** Reynolds 【I, C】 ♣CBG, FLBG, IBCAS, SCBG, XMBG, XTBG; ●BJ, FJ, GD, JX, SH, TW, YN; ★(AF): MG.

窄第可芦荟 **Aloe descoingsii** subsp. **augustina** Lavranos 【I, C】 ♣CBG; ●SH; ★(AF): MG.

二岐芦荟 **Aloe dichotoma** Masson 【I, C】 ♣BBG, CBG, IBCAS, XMBG; ●BJ, FJ, GD, SH, TW; ★(AF): ZA.

巨箭筒芦荟 **Aloe dichotoma** subsp. **pillansii** (L. Guthrie) Zonn. 【I, C】 ♣BBG, XMBG; ●BJ, FJ, SH; ★(AF): ZA.

多杈芦荟 **Aloe dichotoma** subsp. **ramosissima** (Pillans) Zonn. 【I, C】 ♣CBG, IBCAS, XMBG; ●BJ, FJ, SH, TW; ★(AF): ZA.

迪奥利芦荟 **Aloe diolii** L. E. Newton 【I, C】 ♣CBG; ●SH; ★(AF): SD.

多花序芦荟 **Aloe divaricata** A. Berger 【I, C】 ♣CBG, IBCAS; ●BJ, SH; ★(AF): MG.

多萝西娅芦荟 **Aloe dorotheae** A. Berger 【I, C】 ♣CBG; ●SH; ★(AF): TZ.

戴尔芦荟 **Aloe dyeri** Schönland 【I, C】 ♣CBG, IBCAS, NBG; ●BJ, JS, SH, TW; ★(AF): ZA.

爱可芦荟 **Aloe ecklonis** Salm-Dyck 【I, C】 ♣CBG; ●SH, TW; ★(AF): ZA.

无齿芦荟 **Aloe edentata** Lavranos et Collen. 【I, C】 ♣CBG; ●SH; ★(AS): SA.

优雅芦荟 **Aloe elegans** Tod. 【I, C】 ♣CBG, IBCAS; ●BJ, SH; ★(AF): ET.

埃尔贡芦荟 **Aloe elgonica** Bullock 【I, C】 ♣CBG; ●SH; ★(AF): KE.

埃伦贝克芦荟 **Aloe ellenbeckii** A. Berger 【I, C】 ♣CBG; ●SH; ★(AF): KE.

喜沙芦荟 **Aloe eremophila** Lavranos 【I, C】 ●FJ; ★(AS): YE.

荒野芦荟 **Aloe ericetorum** Bosser 【I, C】 ♣CBG; ●SH; ★(AF): MG.

黑魔殿芦荟 **Aloe erinacea** D. S. Hardy 【I, C】 ♣IBCAS, NBG, XMBG; ●BJ, FJ, JS, SH, TW; ★(AF): ZA.

红叶芦荟 **Aloe erythrophylla** Bosser 【I, C】 ♣CBG, IBCAS; ●BJ, SH, TW; ★(AF): MG.

好味芦荟 **Aloe esculenta** L. C. Leach 【I, C】 ♣CBG; ●SH; ★(AF): AO, ZM.

高芦荟 **Aloe excelsa** A. Berger 【I, C】 ♣CBG, IBCAS, XMBG; ●BJ, FJ, SH; ★(AF): ZA.

镰刀芦荟 **Aloe falcata** Baker 【I, C】 ♣CBG, IBCAS; ●BJ, SH, TW; ★(AF): ZA.

好望角芦荟 **Aloe ferox** Mill. 【I, C】 ♣BBG, CBG, IBCAS, KBG, NBG, SCBG, XMBG; ●BJ, FJ, GD, JS, SH, TW, YN; ★(AF): ZA.

福氏芦荟 **Aloe fleurentinorum** Lavranos et L. E. Newton 【I, C】 ♣BBG, CBG, IBCAS; ●BJ, SH, TW; ★(AS): YE.

福斯特芦荟 **Aloe fosteri** Pillans 【I, C】 ♣CBG, IBCAS; ●BJ, SH, TW; ★(AF): ZA.

脆芦荟 **Aloe fragilis** Lavranos et Röösli 【I, C】 ♣CBG, IBCAS; ●BJ, SH; ★(AF): MG.

醉鬼亭芦荟 **Aloe gariepensis** Pillans 【I, C】 ♣CBG, IBCAS, NBG, XMBG; ●BJ, FJ, JS, SH, TW; ★(AF): ZA.

格斯特纳芦荟 **Aloe gerstneri** Reynolds 【I, C】 ♣CBG; ●SH; ★(AF): ZA.

粉绿芦荟 **Aloe glabrescens** (Reynolds et Bally) S. Carter et Brandham 【I, C】 ♣IBCAS; ●BJ; ★(AF): SO.

蓝芦荟 **Aloe glauca** Mill. 【I, C】 ♣CBG, IBCAS; ●BJ, SH; ★(AF): ZA.

球芽芦荟 **Aloe globuligemma** Pole-Evans 【I, C】 ♣BBG, CBG, IBCAS, SCBG; ●BJ, GD, SH, TW; ★(AF): ZA.

细叶芦荟 **Aloe gracilis** Haw. 【I, C】 ♣SCBG, XTBG; ●GD, YN; ★(AF): ZA.

大齿芦荟 **Aloe grandidentata** Salm-Dyck 【I, C】 ♣BBG, CBG, IBCAS; ●BJ, SH; ★(AF): ZA.

大宫芦荟 **Aloe greatheadii** Schönland 【I, C】 ♣IBCAS, XMBG; ●BJ, FJ; ★(AF): ZA.

蛇尾锦芦荟 **Aloe greatheadii** var. **davyana** Glen et Hardy 【I, C】 ♣BBG, CBG, IBCAS, NBG, XMBG; ●BJ, FJ, JS, SH, TW; ★(AF): ZA.

格林芦荟 **Aloe greenii** Baker 【I, C】 ♣CBG, IBCAS, NBG, XMBG; ●BJ, FJ, JS, SH, TW; ★(AF): ZA.

哈迪芦荟 **Aloe hardyi** Glen 【I, C】 ♣CBG; ●SH; ★(AF): ZA.

哈拉芦荟 **Aloe harlana** Reynolds 【I, C】 ♣CBG, IBCAS; ●BJ, SH; ★(AF): ET.

琉璃姬孔雀芦荟 **Aloe haworthioides** Baker 【I, C】 ♣CBG, FLBG, IBCAS, SCBG, WBG, XMBG; ●BJ, FJ, GD, HB, JX, SH, TW; ★(AF): MG.

青刀锦芦荟 **Aloe hereroensis** Engl. 【I, C】 ♣CBG, IBCAS, NBG, XMBG; ●BJ, FJ, JS, SH, TW; ★(AF): NA, ZA.

艳丽芦荟 **Aloe hexapetala** Salm-Dyck 【I, C】 ♣CBG, XMBG, XTBG; ●FJ, SH, TW, YN; ★(AF): ZA.

黄星锦芦荟 **Aloe hildebrandtii** Baker 【I, C】 ♣CBG, IBCAS; ●BJ, SH; ★(AF): SO.

青芦荟 **Aloe humbertii** H. Perrier 【I, C】 ♣XTBG; ●YN; ★(AF): MG.

帝王锦芦荟 **Aloe humilis** (L.) Mill. 【I, C】 ♣BBG, CBG, FLBG, IBCAS, NBG, WBG, XMBG, XTBG; ●BJ, FJ, GD, HB, JS, JX, SH, TW, YN; ★(AF): ZA.

伊碧提芦荟 **Aloe ibitiensis** H. Perrier 【I, C】 ♣CBG, IBCAS; ●BJ, SH, TW; ★(AF): MG.

伊马乐图芦荟 **Aloe imalotensis** Reynolds 【I, C】 ♣CBG, IBCAS; ●BJ, SH; ★(AF): MG.

无刺芦荟 **Aloe inermis** Forssk. 【I, C】 ♣SCBG, XMBG; ●FJ, GD, SH; ★(AS): YE.

伊尼扬加芦荟 **Aloe inyangensis** Christian 【I, C】 ♣CBG; ●SH; ★(AF): ZW.

伊萨鲁芦荟 **Aloe isaloensis** H. Perrier 【I, C】 ♣CBG, IBCAS; ●BJ, SH; ★(AF): MG.

杰克逊芦荟 **Aloe jacksonii** Reynolds 【I, C】 ♣CBG, IBCAS, SCBG, XTBG; ●BJ, GD, SH, YN; ★(AF): ET.

俏芦荟 **Aloe jucunda** Reynolds 【I, C】 ♣BBG, CBG, FLBG, IBCAS, SCBG, WBG, XMBG; ●BJ, FJ, GD, HB, JX, SH; ★(AF): SO.

翡翠殿芦荟 **Aloe juvenna** Brandham et S. Carter 【I, C】 ♣CBG, IBCAS, SCBG, WBG, XMBG, XTBG; ●BJ, FJ, GD, HB, SH, YN; ★(AF): MG.

科登芦荟 **Aloe kedongensis** Reynolds 【I, C】 ♣BBG, CBG, IBCAS, WBG, XTBG; ●BJ, HB, SH, YN; ★(AF): KE.

基利菲芦荟 **Aloe kilifiensis** Christian 【I, C】 ♣IBCAS; ●BJ; ★(AF): KE, TZ.

克拉波尔芦荟 **Aloe krapohliana** Marloth 【I, C】 ♣CBG, IBCAS; ●BJ, SH, TW; ★(AF): ZA.

艳芦荟 **Aloe laeta** A. Berger 【I, C】 ♣IBCAS; ●BJ, TW; ★(AF): MG.

红毛芦荟 **Aloe lanata** T. A. McCoy et Lavranos 【I, C】 ♣IBCAS; ●BJ; ★(AS): YE.

砖红芦荟 **Aloe lateritia** Engl. 【I, C】 ♣CBG; ●SH; ★(AF): KE, TZ.

*草栖芦荟 **Aloe lateritia** var. **graminicola** (Reynolds) S. Carter 【I, C】 ★(AF): KE, TZ.

石玉扇芦荟 **Aloe lineata** (Aiton) Haw. 【I, C】 ♣BBG, CBG, SCBG; ●BJ, GD, SH, TW; ★(AF): ZA.

*缪尔芦荟 **Aloe lineata** var. **muirii** (Marloth) Reynolds 【I, C】 ♣NBG; ●JS; ★(AF): ZA.

海滨芦荟（海岸芦荟）**Aloe littoralis** Baker 【I, C】 ♣CBG; ●SH, TW; ★(AF): NA, ZA.

流苏叶芦荟 **Aloe lomatophylloides** Balf.f. 【I, C】 ♣CBG; ●SH; ★(AF): MU.

百鬼夜行芦荟 **Aloe longistyla** Baker 【I, C】 ♣CBG, IBCAS; ●BJ, FJ, SH, TW; ★(AF): ZA.

变黄芦荟 **Aloe lutescens** Groenew. 【I, C】 ♣CBG, IBCAS; ●BJ, SH, TW; ★(AF): ZA.

大果芦荟 **Aloe macrocarpa** Tod. 【I, C】 ♣CBG; ●SH; ★(AF): NG.

斑痕芦荟（皂芦荟）**Aloe maculata** All. 【I, C】 ♣BBG, CBG, FLBG, GXIB, HBG, IBCAS, KBG, LBG, NBG, SCBG, TBG, WBG, XMBG, XTBG; ●BJ, FJ, GD, GX, HB, JS, JX, SH, TW, YN, ZJ; ★(AF): ZA.

鬼切芦荟 **Aloe marlothii** A. Berger 【I, C】 ♣CBG, IBCAS, KBG, NBG, SCBG, XMBG; ●BJ, FJ, GD, JS, SH, TW, YN; ★(AF): BW, MZ, ZA.

马萨瓦芦荟 **Aloe massawana** Reynolds 【I, C】 ♣XTBG; ●YN; ★(AF): KE, TZ.

*莫氏芦荟 **Aloe mawii** Christian 【I, C】 ♣BBG; ●BJ; ★(AF): MW.

巨刺芦荟 **Aloe megalacantha** Baker 【I, C】 ♣CBG; ●SH; ★(AF): ET.

黑刺芦荟 **Aloe melanacantha** A. Berger 【I, C】 ♣CBG, FBG, IBCAS, NBG, XMBG, XTBG, ZAFU; ●BJ, FJ, JS, SH, TW, YN, ZJ; ★(AF): ZA.

星光锦芦荟 **Aloe microstigma** Salm-Dyck 【I, C】 ♣CBG, IBCAS, SCBG, XMBG; ●BJ, FJ, GD, SH, TW; ★(AF): ZA.

福氏星光锦芦荟 **Aloe microstigma** subsp. **framesii** (L. Bolus) Glen et D. S. Hardy 【I, C】 ♣CBG; ●SH; ★(AF): ZA.

Aloe millotii Reynolds 【I, C】 ♣SCBG; ●GD; ★(AF): MG.

摩利亚芦荟 **Aloe morijensis** S. Carter et Brandham 【I, C】 ♣CBG; ●SH; ★(AF): KE.

穆本德芦荟 **Aloe mubendiensis** Christian 【I, C】 ♣BBG, SCBG, XTBG; ●BJ, GD, YN; ★(AF): UG.

梦殿锦芦荟 **Aloe mudenensis** Reynolds 【I, C】 ♣CBG, XMBG; ●FJ, SH, TW; ★(AF): ZA.

蒙克芦荟 **Aloe munchii** Christian 【I, C】 ♣CBG; ●SH; ★(AF): ZW.

多刺芦荟 **Aloe myriacantha** (Haw.) Schult. et Schult. f. 【I, C】 ♣CBG; ●SH; ★(AF): ZA.

昂山芦荟 **Aloe ngongensis** Christian 【I, C】 ♣CBG; ●SH; ★(AF): KE.

尼布尔芦荟 **Aloe niebuhriana** Lavranos 【I, C】 ♣CBG, IBCAS; ●BJ, SH; ★(AS): YE.

涅里芦荟 **Aloe nyeriensis** Christian et I. Verd. 【I, C】 ♣CBG, IBCAS; ●BJ, SH; ★(AF): KE.

药用芦荟 **Aloe officinalis** Forssk. 【I, C】 ♣IBCAS; ●BJ, FJ; ★(AS): YE.

薄丘芦荟 **Aloe parvibracteata** Schönland 【I, C】 ♣CBG, GA, NBG, XMBG, XTBG; ●FJ, JS, JX, SH, TW, YN; ★(AF): ZA.

*小芦荟 **Aloe parvidens** M. G. Gilbert et Sebsebe 【I, C】 ★(AF): ET.

侏儒芦荟（女王锦芦荟）**Aloe parvula** A. Berger 【I, C】 ♣BBG, CBG, IBCAS, XMBG; ●BJ, FJ, SH, TW; ★(AF): MG.

皮氏芦荟 **Aloe pearsonii** Schönland 【I, C】 ♣XMBG; ●FJ, TW; ★(AF): ZA.

红火棒芦荟 **Aloe peglerae** Schönland 【I, C】 ♣BBG, CBG, IBCAS, NBG; ●BJ, GD, JS, SH, TW; ★(AF): ZA.

吊芦荟（下垂芦荟）**Aloe pendens** Forssk. 【I, C】 ♣CBG, IBCAS, SCBG, WBG, XTBG; ●BJ, GD, HB, SH, YN; ★(AS): YE.

*五棱芦荟 **Aloe pentagona** Jacq. 【I, C】 ★(AF): CV.

抱茎芦荟（不夜城芦荟）**Aloe perfoliata** L. 【I, C】 ♣CBG, FBG, FLBG, IBCAS, KBG, NBG, SCBG, WBG, XMBG, XTBG; ●AH, BJ, FJ, GD, HB, JS, JX, SC, SH, TW, YN; ★(AF): ZA.

毕雷芦荟 **Aloe perrieri** Reynolds 【I, C】 ♣CBG; ●SH; ★(AF): MG.

石生芦荟 **Aloe petricola** Pole-Evans 【I, C】 ♣CBG, HBG, IBCAS, NBG; ●BJ, JS, SH, TW, ZJ; ★(AF): ZA.

绘叶芦荟 **Aloe pictifolia** D. S. Hardy 【I, C】 ♣CBG; ●SH; ★(AF): ZA.

*皮罗特芦荟 **Aloe pirottae** A. Berger 【I, C】 ★(AF): ET, SO.

折扇芦荟 **Aloe plicatilis** (L.) Mill. 【I, C】 ♣BBG, CBG, IBCAS, NBG, SCBG, XMBG; ●BJ, FJ, GD, JS, SH, TW; ★(AF): ZA.

多齿芦荟 **Aloe pluridens** Haw. 【I, C】 ♣IBCAS, NBG; ●BJ, JS, TW; ★(AF): ZA.

多叶芦荟（女王芦荟、螺旋芦荟）**Aloe polyphylla** Pillans 【I, C】 ♣CBG, XTBG; ●SH, TW, YN; ★(AF): ZA.

红穗芦荟 **Aloe porphyrostachys** Lavranos et Collen. 【I, C】 ♣CBG; ●SH; ★(AS): SA.

草地芦荟 **Aloe pratensis** Baker 【I, C】 ♣CBG, IBCAS, XMBG; ●BJ, FJ, SH, TW; ★(AF): ZA.

白磁杯芦荟 **Aloe pretoriensis** Pole-Evans 【I, C】 ♣CBG, IBCAS; ●BJ, SH, TW; ★(AF): ZA.

胧月夜芦荟 **Aloe prinslooi** Verd. et D. S. Hardy 【I, C】 ♣CBG, IBCAS, XMBG; ●BJ, FJ, SH; ★(AF): ZA.

浆果芦荟 **Aloe prostrata** (H. Perrier) L. E. Newton et G. D. Rowley 【I, C】 ♣CBG; ●SH, TW; ★(AF): MG.

粉叶芦荟 **Aloe pruinosa** Reynolds 【I, C】 ♣CBG, IBCAS; ●BJ, SH, TW; ★(AF): ZA.

*柔毛芦荟 **Aloe pubescens** Reynolds 【I, C】 ★(AF): ET.

*紫花芦荟 **Aloe purpurea** Lam. 【I, C】 ★(AF): RE.

白斑芦荟 **Aloe rauhii** Reynolds 【I, C】 ♣CBG, IBCAS, WBG, XMBG; ●BJ, FJ, HB, SH, TW; ★(AF): MG.

莱次芦荟 **Aloe reitzii** Reynolds 【I, C】 ♣CBG, HBG; ●SH, TW, ZJ; ★(AF): ZA.

雷诺兹芦荟 **Aloe reynoldsii** Letty 【I, C】 ♣CBG, SCBG, XTBG; ●GD, SH, TW, YN; ★(AF): ZA.

球根芦荟 **Aloe richardsiae** Reynolds 【I, C】 ♣CBG; ●SH, TW; ★(AF): TZ.

*里瓦芦荟 **Aloe rivae** Baker 【I, C】 ★(AF): ET.

里维耶尔芦荟 **Aloe rivierei** Lavranos et L. E. Newton【I, C】♣CBG, IBCAS; ●BJ, SH; ★(AS): YE.

石地芦荟 **Aloe rupestris** Baker 【I, C】 ♣CBG, IBCAS; ●BJ, SH, TW; ★(AF): ZA.

舍尔普芦荟 **Aloe schelpei** Reynolds【I, C】♣CBG; ●SH; ★(AF): ET.

侧花芦荟 **Aloe secundiflora** Engl. 【I, C】 ♣CBG; ●SH; ★(AF): TZ.

苏丹芦荟 **Aloe sinkatana** Reynolds【I, C】♣BBG, CBG, IBCAS, SCBG, XMBG, XTBG; ●BJ, FJ, GD, SH, YN; ★(AF): SD.

索马里芦荟 **Aloe somaliensis** C. H. Wright ex W. Watson【I, C】♣BBG, CBG, FBG, IBCAS, NBG, XMBG; ●BJ, FJ, JS, SH, TW; ★(AF): SO.

穗花芦荟 **Aloe spicata** L. f.【I, C】♣CBG, IBCAS; ●BJ, SH, TW; ★(AF): ZA.

壮丽芦荟 **Aloe splendens** Lavranos【I, C】♣CBG; ●SH; ★(AS): YE.

粗齿翡翠殿芦荟 **Aloe squarrosa** Baker ex Balf.f. 【I, C】 ♣CBG, IBCAS, SCBG, WBG, XMBG, XTBG; ●BJ, FJ, GD, HB, SH, YN; ★(AS): YE.

银芳锦芦荟 **Aloe striata** Haw. 【I, C】 ♣CBG, FLBG, IBCAS, NBG, SCBG, WBG, XMBG; ●BJ, FJ, GD, HB, JS, JX, SH, TW; ★(AF): ZA.

卡拉芦荟 **Aloe striata** subsp. **karasbergensis** (Pillans) Glen et D. S. Hardy 【I, C】 ♣CBG, SCBG, XTBG; ●GD, SH, YN; ★(AF): ZA.

微条芦荟 **Aloe striatula** Haw. 【I, C】 ♣CBG, IBCAS; ●BJ, SH; ★(AF): ZA.

索科德拉芦荟 **Aloe succotrina** Lam. 【I, C】 ♣IBCAS; ●BJ, FJ, TW; ★(AF): ZA.

支柱芦荟 **Aloe suffulta** Reynolds 【I, C】 ♣SCBG; ●GD; ★(AF): ZA.

开卷芦荟 **Aloe suprafoliata** Pole-Evans 【I, C】 ♣CBG, IBCAS; ●BJ, SH, TW; ★(AF): ZA.

索赞芦荟 **Aloe suzannae** Decary 【I, C】 ♣CBG; ●SH; ★(AF): MG.

斯温纳顿芦荟 **Aloe swynnertonii** Rendle 【I, C】 ♣CBG; ●SH, TW; ★(AF): MZ, ZW.

薄叶芦荟 **Aloe tenuifolia** Lam. 【I, C】 ♣CBG; ●SH; ★(AF): MZ.

篱芦荟 **Aloe tenuior** Haw.【I, C】♣CBG, IBCAS, KBG; ●BJ, SH, YN; ★(AF): ZA.

沙丘芦荟 **Aloe thraskii** Baker 【I, C】 ♣CBG, IBCAS, XMBG; ●BJ, FJ, SH, TW; ★(AF): ZA.

白花芦荟 **Aloe tomentosa** Deflers 【I, C】 ♣CBG, IBCAS; ●BJ, SH; ★(AS): YE.

毛花芦荟 **Aloe trichosantha** A. Berger 【I, C】 ♣CBG; ●SH; ★(AF): ER, ET; (AS): YE.

*结节芦荟 **Aloe tuberculata** Lag. 【I, C】 ★(AF): ZA.

飘摇芦荟 **Aloe vacillans** Forssk. 【I, C】 ♣CBG; ●SH; ★(AS): YE.

万巴伦芦荟 **Aloe vanbalenii** Pillans 【I, C】 ♣XTBG; ●TW, YN; ★(AF): ZA.

树型芦荟 **Aloe vaombe** Decorse et Poiss. 【I, C】 ♣CBG, IBCAS, SCBG, XTBG; ●BJ, GD, SH, TW, YN; ★(AF): MG.

什锦芦荟（翠花掌芦荟）**Aloe variegata** L. 【I, C】 ♣BBG, CBG, FBG, FLBG, GBG, GXIB, HBG, IBCAS, KBG, LBG, NBG, SCBG, WBG, XMBG, XOIG, ZAFU; ●BJ, FJ, GD, GX, GZ, HB, JS, JX, SH, TW, YN, ZJ; ★(AF): ZA.

库拉索芦荟（芦荟）**Aloe vera** (L.) Burm. f. 【I, C/N】 ♣BBG, CBG, CDBG, FBG, FLBG, GA, GBG, GMG, GXIB, HBG, IBCAS, KBG, LBG, NBG, NSBG, SCBG, TBG, TMNS, WBG, XBG, XLTBG, XMBG, XTBG, ZAFU; ●BJ, CQ, FJ, GD, GX, GZ, HB, HI, JS, JX, SC, SH, SN, TW, YN, ZJ; ★(AF): CV, EG, ES-CS, MA, MR, SD; (AS): JO, KW, OM, QA, SA, YE.

异色芦荟 **Aloe versicolor** Guillaumin 【I, C】 ♣SCBG; ●GD; ★(AF): MG.

维格芦荟 **Aloe viguieri** H. Perrier 【I, C】 ♣CBG, IBCAS; ●BJ, SH; ★(AF): MG.

石灰岩芦荟 **Aloe vryheidensis** Groenew. 【I, C】 ♣CBG; ●SH; ★(AF): ZA.

也门芦荟 **Aloe yemenica** J. R. I. Wood 【I, C】 ♣CBG; ●SH; ★(AS): YE.

斑马芦荟 **Aloe zebrina** Baker 【I, C】 ♣CBG, IBCAS, SCBG, WBG, XMBG, XTBG; ●BJ, FJ, GD, HB, SH, TW, YN; ★(AF): ZA.

松塔掌属 Astroloba

多宝塔 **Astroloba foliolosa** (Haw.) Uitewaal【I, C】 ♣BBG, NBG, XMBG; ●BJ, FJ, JS, TW; ★(AF): ZA.

白夜塔 **Astroloba herrei** Uitewaal【I, C】♣FLBG, XMBG; ●FJ, GD, JX; ★(AF): ZA.

*红花塔 **Astroloba rubriflora** (L. Bolus) Gideon F. Sm. et J. C. Manning 【I, C】 ●TW; ★(AF): ZA.

松塔掌 **Astroloba spiralis** (L.) Uitewaal 【I, C】 ●TW; ★(AF): ZA.

十二卷属 Haworthia

玉绿之光 **Haworthia affinis** Baker【I, C】♣WBG, XMBG; ●FJ, HB; ★(AF): ZA.

细柳瓦苇 **Haworthia angustifolia** Haw. 【I, C】 ♣BBG, SCBG, XMBG; ●BJ, FJ, GD, SH, TW; ★(AF): ZA.

丝叶柳瓦苇 **Haworthia angustifolia** var. **altissima** M. B. Bayer 【I, C】 ★(AF): ZA.

宽柳瓦苇 **Haworthia angustifolia** var. **baylissii** (C. L. Scott) M. B. Bayer 【I, C】 ♣BBG; ●BJ; ★(AF): ZA.

半立柳瓦苇 **Haworthia angustifolia** var. **paucifolia** G. G. Sm. 【I, C】 ★(AF): ZA.

蛛丝瓦苇（大牡丹）**Haworthia arachnoidea** (L.) Duval 【I, C】 ♣BBG, SCBG, XMBG; ●BJ, FJ, GD, TW; ★(AF): ZA.

丝牡丹 **Haworthia arachnoidea** var. **aranea** M. B. Bayer 【I, C】 ★(AF): ZA.

纳马夸兰蛛丝瓦苇 **Haworthia arachnoidea** var. **namaquensis** M. B. Bayer 【I, C】 ★(AF): ZA.

紫牡丹 **Haworthia arachnoidea** var. **nigricans** (Haw.) M. B. Bayer 【I, C】 ★(AF): ZA.

针绘卷 **Haworthia arachnoidea** var. **scabrispina** M. B. Bayer 【I, C】 ★(AF): ZA.

毛牡丹（僧衣绘卷）**Haworthia arachnoidea** var. **setata** (Haw.) M. B. Bayer【I, C】♣BBG, XMBG; ●BJ, FJ; ★(AF): ZA.

硬牡丹 **Haworthia arachnoidea** var. **xiphiophylla** (Baker) Halda 【I, C】 ★(AF): ZA.

翠莲（艾斯塔）**Haworthia aristata** Haw. 【I, C】 ●TW; ★(AF): ZA.

春庭乐锦 **Haworthia asperula** Haw.【I, C】♣BBG, IBCAS; ●BJ; ★(AF): ZA.

松之雪（垂叶鹰爪草）**Haworthia attenuata** (Haw.) Haw. 【I, C】 ♣BBG, CBG, CDBG, FLBG, IBCAS, SCBG, WBG, XMBG; ●BJ, FJ, GD, HB, JX, SC, SH, TW; ★(AF): ZA.

松之霜(高岭之花)**Haworthia attenuata** var. **radula** (Jacq.) M. B. Bayer 【I, C】 ♣FBG, FLBG, HBG, IBCAS, XMBG; ●BJ, FJ, GD, JX, SH, ZJ; ★(AF): ZA.

贝叶寿 **Haworthia bayeri** J. D. Venter et S. A. Hammer 【I, C】 ●TW; ★(AF): ZA.

草瓦苇 **Haworthia blackburniae** W. F. Barker 【I, C】 ●TW; ★(AF): ZA.

具齿草瓦苇 **Haworthia blackburniae** var. **graminifolia** (G. G. Sm.) M. B. Bayer 【I, C】 ♣BBG; ●BJ; ★(AF): ZA.

水牡丹(曲水之宴)**Haworthia bolusii** Baker【I, C】 ♣BBG, CBG, XMBG; ●BJ, FJ, SH, TW; ★(AF): ZA.

曲水之泉 **Haworthia bolusii** var. **blackbeardiana** (Poelln.) M. B. Bayer 【I, C】 ★(AF): ZA.

绿牡丹 **Haworthia bolusii** var. **pringlei** (C. L. Scott) M. B. Bayer 【I, C】 ★(AF): ZA.

硬叶寿 **Haworthia bruynsii** M. B. Bayer 【I, C】 ●TW; ★(AF): ZA.

岳城 **Haworthia cassytha** Baker 【I, C】 ♣CBG; ●SH; ★(AF): ZA.

大人座（星紫）**Haworthia chloracantha** Haw. 【I, C】 ♣BBG, CBG; ●BJ, SH, TW; ★(AF): ZA.

小人座 **Haworthia chloracantha** var. **denticulifera** (Poelln.) M. B. Bayer 【I, C】 ♣BBG; ●BJ; ★(AF): ZA.

假瞳（玉栉）**Haworthia chloracantha** var. **subglauca** Poelln. 【I, C】 ♣BBG; ●BJ; ★(AF): ZA.

龙爪(龙爪瓦苇)**Haworthia coarctata** Haw.【I, C】 ♣BBG, CBG, FLBG, HBG, IBCAS, SCBG, XMBG; ●BJ, FJ, GD, JX, SC, SH, TW, ZJ; ★(AF): ZA.

九天塔(华宵殿、九轮塔)**Haworthia coarctata** var. **adelaidensis** (Poelln.) M. B. Bayer【I, C】♣BBG, TMNS; ●BJ, TW; ★(AF): ZA.

绿玉爪 **Haworthia coarctata** var. **greenii** (Baker) M. B. Bayer 【I, C】 ●FJ; ★(AF): ZA.

黑蜥蜴 **Haworthia coarctata** var. **tenuis** (G. G. Sm.) M. B. Bayer 【I, C】♣IBCAS; ●BJ; ★(AF): ZA.

茧形寿 **Haworthia consanguinea** (M. B. Bayer) M. Hayashi 【I, C】 ★(AF): ZA.

玉露（水晶掌）**Haworthia cooperi** Baker 【I, C】 ♣BBG, CBG, IBCAS, NSBG, SCBG, XTBG; ●BJ, CQ, GD, SH, TW, YN; ★(AF): ZA.

帝玉露（狄水晶、狄玉露）**Haworthia cooperi** var. **dielsiana** (Poelln.) M. B. Bayer 【I, C】 ♣FLBG, IBCAS, KBG, WBG, XMBG; ●BJ, FJ, GD, HB, JX, YN; ★(AF): ZA.

红水晶（红幽灵）**Haworthia cooperi** var. **doldii** M.

B. Bayer 【I, C】 ★(AF): ZA.

绿钻石（玻璃十二卷、钻石玉露）**Haworthia cooperi** var. **gordoniana** (Poelln.) M. B. Bayer 【I, C】 ♣IBCAS; ●BJ; ★(AF): ZA.

依莎贝拉水晶掌 **Haworthia cooperi** var. **isabellae** (Poelln.) M. B. Bayer 【I, C】 ★(AF): ZA.

水晶掌 **Haworthia cooperi** var. **leightonii** (G. G. Sm.) M. B. Bayer 【I, C】 ★(AF): ZA.

玉章（刺玉露）**Haworthia cooperi** var. **pilifera** (Baker) M. B. Bayer 【I, C】 ♣BBG, CBG, KBG, NBG, SCBG, WBG, XMBG; ●BJ, FJ, GD, HB, JS, SH, YN; ★(AF): ZA.

姬玉露 **Haworthia cooperi** var. **truncata** (H. Jacobsen) M. B. Bayer 【I, C】 ♣CBG, SCBG, WBG, XMBG; ●FJ, GD, HB, SH; ★(AF): ZA.

毛玉露 **Haworthia cooperi** var. **venusta** (C. L. Scott) M. B. Bayer 【I, C】 ♣BBG, XMBG; ●BJ, FJ, TW; ★(AF): ZA.

狭叶水晶掌（青云之舞）**Haworthia cooperi** var. **viridis** (M. B. Bayer) M. B. Bayer 【I, C】 ★(AF): ZA.

绿心十二卷 **Haworthia crausii** M. Hayashi 【I, C】 ♣FLBG; ●GD, JX, TW; ★(AF): ZA.

毛曲水 **Haworthia cyanea** (M. B. Bayer) M. Hayashi 【I, C】 ★(AF): ZA.

翡翠莲（京之华、莲花座、水莲华）**Haworthia cymbiformis** (Haw.) Duval 【I, C】 ♣BBG, CBG, CDBG, FLBG, GA, GXIB, HBG, IBCAS, KBG, LBG, SCBG, WBG, XMBG; ●BJ, FJ, GD, GX, HB, JX, SC, SH, TW, YN, ZJ; ★(AF): ZA.

曲乙莲（乙女伞）**Haworthia cymbiformis** var. **incurvula** (Poelln.) M. B. Bayer 【I, C】 ★(AF): ZA.

水晶殿（草玉露、青玉帘）**Haworthia cymbiformis** var. **obtusa** (Haw.) Baker 【I, C】 ♣CBG, FBG, IBCAS, WBG, XMBG; ●BJ, FJ, HB, SH, TW; ★(AF): ZA.

枝莲 **Haworthia cymbiformis** var. **ramosa** (G. G. Sm.) M. B. Bayer 【I, C】 ★(AF): ZA.

冰玉莲 **Haworthia cymbiformis** var. **reddii** (C. L. Scott) M. B. Bayer 【I, C】 ♣BBG; ●BJ; ★(AF): ZA.

毛叶莲 **Haworthia cymbiformis** var. **setulifera** (Poelln.) M. B. Bayer 【I, C】 ★(AF): ZA.

青玉莲 **Haworthia cymbiformis** var. **transiens** (Poelln.) M. B. Bayer 【I, C】 ♣FBG, FLBG, IBCAS, KBG, NBG, WBG, XMBG, ZAFU; ●BJ, FJ, GD, HB, JS, JX, TW, YN, ZJ; ★(AF): ZA.

曲水卷 **Haworthia decipiens** Poelln. 【I, C】 ♣BBG; ●BJ, TW; ★(AF): ZA.

紫玉草 **Haworthia dentata** (M. B. Bayer) M. Hayashi 【I, C】 ★(AF): ZA.

棕色草瓦苇 **Haworthia derustensis** (M. B. Bayer) M. Hayashi 【I, C】 ★(AF): ZA.

白银寿 **Haworthia emelyae** Poelln. 【I, C】 ♣IBCAS, XMBG; ●BJ, FJ, TW; ★(AF): ZA.

康平寿 **Haworthia emelyae** var. **comptoniana** (G. G. Sm.) J. D. Venter et S. A. Hammer 【I, C】 ♣BBG, IBCAS, NBG, SCBG, WBG, XMBG; ●BJ, FJ, GD, HB, JS, SH, TW; ★(AF): ZA.

美吉寿 **Haworthia emelyae** var. **major** (G. G. Sm.) M. B. Bayer 【I, C】 ♣BBG, SCBG; ●BJ, GD, TW; ★(AF): ZA.

多叶寿（多叶宝寿）**Haworthia emelyae** var. **multifolia** M. B. Bayer 【I, C】 ♣BBG, FLBG, XMBG; ●BJ, FJ, GD, JX; ★(AF): ZA.

蛇尾兰（斑马十二卷、条纹十二卷、雪峡）**Haworthia fasciata** (Willd.) Haw. 【I, C】 ♣BBG, CBG, CDBG, FBG, FLBG, GA, GXIB, HBG, IBCAS, KBG, LBG, NBG, WBG, XMBG, ZAFU; ●AH, BJ, FJ, GD, GX, HB, JS, JX, SC, SH, TW, YN, ZJ; ★(AF): LS, ZA.

青玉草（黛玉草）**Haworthia floribunda** Poelln. 【I, C】 ●TW; ★(AF): ZA.

琉璃城 **Haworthia gigantea** (M. B. Bayer) M. Hayashi 【I, C】 ★(AF): ZA.

点纹瓦苇（点纹十二卷）**Haworthia glabrata** (Salm-Dyck) Baker 【I, C】 ♣SCBG; ●GD, TW; ★(AF): ZA.

青龙（钓瞳）**Haworthia glauca** Baker 【I, C】 ♣BBG; ●BJ, TW; ★(AF): ZA.

青瞳 **Haworthia glauca** var. **herrei** (Poelln.) M. B. Bayer 【I, C】 ♣CBG, XMBG; ●FJ, SH; ★(AF): ZA.

歌别夫人 **Haworthia globifera** (M. B. Bayer) M. Hayashi 【I, C】 ★(AF): ZA.

草水晶 **Haworthia gracilis** Poelln. 【I, C】 ●TW; ★(AF): ZA.

水晶莲（三角琉璃莲）**Haworthia gracilis** var. **isabellae** (Poelln.) M. B. Bayer 【I, C】 ♣BBG; ●BJ; ★(AF): ZA.

姬曲水（凌星）**Haworthia gracilis** var. **minor** (M. B. Bayer) M. Hayashi 【I, C】 ★(AF): ZA.

缨水晶（草水晶、御所缨）**Haworthia gracilis** var.

picturata M. B. Bayer 【I, C】 ♣CBG; ●SH; ★(AF): ZA.

细叶水晶（绿幽灵）**Haworthia gracilis** var. **tenera** (Poelln.) M. B. Bayer 【I, C】 ♣BBG; ●BJ; ★(AF): ZA.

野路寿（青鹰爪）**Haworthia heidelbergensis** G. G. Sm. 【I, C】 ♣BBG, CBG; ●BJ, SH, TW; ★(AF): ZA.

姬寿 **Haworthia heidelbergensis** var. **minor** M. B. Bayer 【I, C】 ★(AF): ZA.

磨姬寿 **Haworthia heidelbergensis** var. **scabra** M. B. Bayer 【I, C】 ★(AF): ZA.

枯苇锦 **Haworthia hemicrypta** (M. B. Bayer) M. Hayashi 【I, C】 ★(AF): ZA.

姬绫锦（天草）**Haworthia herbacea** Stearn 【I, C】 ♣BBG, CBG, FLBG, HBG, IBCAS, SCBG, WBG, XMBG, XTBG; ●BJ, FJ, GD, HB, JX, SH, TW, YN, ZJ; ★(AF): ZA.

绫锦 **Haworthia herbacea** var. **paynei** (Poelln.) M. B. Bayer 【I, C】 ★(AF): ZA.

岩蓝 **Haworthia intermedia** var. **livida** (M. B. Bayer) Esterhuizen 【I, C】 ★(AF): ZA.

姬子宝 **Haworthia kewensis** Poelln. 【I, C】 ♣CBG; ●SH; ★(AF): ZA.

帝王卷 **Haworthia kingiana** Poelln. 【I, C】 ●TW; ★(AF): ZA.

高文鹰爪（黑王寿）**Haworthia koelmaniorum** Oberm. et D. S. Hardy 【I, C】 ♣BBG, FLBG, XMBG; ●BJ, FJ, GD, JX, TW; ★(AF): ZA.

短叶高文鹰爪（矮黑王寿）**Haworthia koelmaniorum** var. **mcmurtryi** (C. L. Scott) M. B. Bayer 【I, C】 ★(AF): ZA.

笏玉草 **Haworthia kondoi** (M. B. Bayer) M. Hayashi 【I, C】 ★(AF): ZA.

琉璃殿 **Haworthia limifolia** Marloth 【I, C】 ♣BBG, CBG, CDBG, FBG, FLBG, GXIB, IBCAS, KBG, SCBG, TMNS, WBG, XMBG; ●BJ, FJ, GD, GX, HB, JX, SC, SH, TW, YN; ★(AF): MZ, SZ, ZA.

琉璃姿 **Haworthia limifolia** var. **arcana** G. F. Sm. et N. R. Crouch 【I, C】 ★(AF): ZA.

白琉璃殿 **Haworthia limifolia** var. **glaucophylla** M. B. Bayer 【I, C】 ★(AF): ZA.

琉璃宫（水车）**Haworthia limifolia** var. **ubomboensis** (I. Verd.) G. G. Sm. 【I, C】 ♣BBG, CBG, IBCAS, TMNS; ●BJ, SH, TW; ★(AF): ZA.

洋葱卷 **Haworthia lockwoodii** Archibald 【I, C】 ●TW; ★(AF): ZA.

长叶十二卷（巨龙阁）**Haworthia longiana** Poelln. 【I, C】 ♣BBG, CBG; ●BJ, SH, TW; ★(AF): ZA.

狼谷草 **Haworthia lupula** (M. B. Bayer) M. Hayashi 【I, C】 ★(AF): ZA.

麦克菊 **Haworthia maculata** (Poelln.) M. B. Bayer 【I, C】 ●TW; ★(AF): ZA.

扁叶瓦苇 **Haworthia maculata** var. **intermedia** (Poelln.) M. B. Bayer 【I, C】 ★(AF): ZA.

美艳寿（大鹰爪、美丽寿）**Haworthia magnifica** Poelln. 【I, C】 ♣BBG, LBG; ●BJ, JX, SH, TW; ★(AF): ZA.

美点寿 **Haworthia magnifica** var. **acuminata** (M. B. Bayer) M. B. Bayer 【I, C】 ♣BBG; ●BJ; ★(AF): ZA.

艳肌寿 **Haworthia magnifica** var. **atrofusca** (G. G. Sm.) M. B. Bayer 【I, C】 ★(AF): ZA.

青虾寿 **Haworthia magnifica** var. **dekenahii** (G. G. Sm.) M. B. Bayer 【I, C】 ●TW; ★(AF): ZA.

青蟹寿 **Haworthia magnifica** var. **splendens** J. D. Venter et S. A. Hammer 【I, C】 ♣NBG, XMBG; ●FJ, TW; ★(AF): ZA.

小疣寿（莫瑞莎）**Haworthia maraisii** Poelln. 【I, C】 ♣BBG, CBG; ●BJ, SH, TW; ★(AF): ZA.

小鹰爪草 **Haworthia maraisii** var. **meiringii** M. B. Bayer 【I, C】 ♣BBG; ●BJ, TW; ★(AF): ZA.

丰明殿 **Haworthia maraisii** var. **notabilis** (Poelln.) M. B. Bayer 【I, C】 ♣BBG; ●BJ; ★(AF): ZA.

齿边姬寿 **Haworthia maraisii** var. **toonensis** (M. B. Bayer) M. Hayashi 【I, C】 ★(AF): ZA.

巨星座（大疣冬星）**Haworthia margaritifera** var. **maxima** (Haw.) 【I, C】 ★(AF): ZA.

瑞鹤 **Haworthia marginata** (Lam.) Stearn 【I, C】 ♣BBG, FBG; ●BJ, FJ, TW; ★(AF): ZA.

山地瓦苇 **Haworthia marumiana** Uitewaal 【I, C】 ♣BBG, CBG; ●BJ, SH, TW; ★(AF): ZA.

菊绘卷 **Haworthia marumiana** var. **batesiana** (Uitewaal) M. B. Bayer 【I, C】 ♣BBG, CBG, IBCAS, SCBG, XMBG; ●BJ, FJ, GD, SH; ★(AF): ZA.

胶叶卷 **Haworthia marumiana** var. **dimorpha** (M. B. Bayer) M. B. Bayer 【I, C】 ★(AF): ZA.

卷边绘卷 **Haworthia marumiana** var. **viridis** M. B. Bayer 【I, C】 ★(AF): ZA.

满天星（秋天星）**Haworthia minima** Haw. 【I, C】 ♣XTBG; ●YN; ★(AF): ZA.

青虎 **Haworthia minima** var. **poellnitziana** (Uitewaal)

M. B. Bayer 【I, C】 ★(AF): ZA.

牛马蝗 **Haworthia minor** (Aiton) Duval 【I, C】 ♣BBG, HBG, XTBG; ●BJ, TW, YN, ZJ; ★(AF): ZA.

剑寿（黑寿乐、黑御影、卷边十二卷）**Haworthia mirabilis** (Haw.) Haw. 【I, C】 ♣BBG, CBG, SCBG; ●BJ, GD, SH, TW; ★(AF): ZA.

半岛寿 **Haworthia mirabilis** var. **badia** (Poelln.) M. B. Bayer 【I, C】 ●TW; ★(AF): ZA.

先圣殿 **Haworthia mirabilis** var. **beukmannii** (Poelln.) M. B. Bayer 【I, C】 ♣BBG; ●BJ; ★(AF): ZA.

万象 **Haworthia mirabilis** var. **calcarea** M. B. Bayer 【I, C】 ♣BBG; ●BJ; ★(AF): ZA.

青蛙寿 **Haworthia mirabilis** var. **paradoxa** (Poelln.) M. B. Bayer 【I, C】 ●TW; ★(AF): ZA.

魔剑寿 **Haworthia mirabilis** var. **sublineata** (Poelln.) M. B. Bayer 【I, C】 ★(AF): ZA.

霸王寿 **Haworthia mirabilis** var. **triebneriana** (Poelln.) M. B. Bayer 【I, C】 ♣XMBG; ●FJ, TW; ★(AF): ZA.

矮苇锦 **Haworthia modesta** (M. B. Bayer) M. Hayashi 【I, C】 ★(AF): ZA.

初紫 **Haworthia monticola** Fourc. 【I, C】 ●TW; ★(AF): ZA.

青鸟 **Haworthia monticola** var. **asema** M. B. Bayer 【I, C】 ♣BBG; ●BJ; ★(AF): ZA.

包叶瓦苇（包菜）**Haworthia mucronata** Haw. 【I, C】 ♣BBG; ●BJ, TW; ★(AF): ZA.

毛包菜 **Haworthia mucronata** var. **habdomadis** (Poelln.) M. B. Bayer 【I, C】 ♣BBG; ●BJ; ★(AF): ZA.

卷心瓦苇（卷心菜）**Haworthia mucronata** var. **inconfluens** (Poelln.) M. B. Bayer 【I, C】 ★(AF): ZA.

绿心瓦苇 **Haworthia mucronata** var. **morrisiae** (Poelln.) Poelln. 【I, C】 ♣BBG; ●BJ; ★(AF): ZA.

尖尾包菜 **Haworthia mucronata** var. **rycroftiana** (M. B. Bayer) M. B. Bayer 【I, C】 ★(AF): ZA.

缪特克 **Haworthia mutica** Haw. 【I, C】 ●TW; ★(AF): ZA.

西山寿 **Haworthia mutica** var. **nigra** M. B. Bayer 【I, C】 ★(AF): ZA.

黑蛟（尼古拉）**Haworthia nigra** Baker 【I, C】 ♣BBG, CBG, HBG; ●BJ, SH, TW, ZJ; ★(AF): ZA.

沙丘城（变叶黑蛟）**Haworthia nigra** var. **diversifolia** (Poelln.) Uitewaal 【I, C】 ♣XMBG; ●FJ; ★(AF): ZA.

黄花瓦苇 **Haworthia nortieri** G. G. Sm. 【I, C】 ♣CBG; ●SH, TW; ★(AF): ZA.

球型黄花瓦苇 **Haworthia nortieri** var. **globosiflora** (G. G. Sm.) M. B. Bayer 【I, C】 ★(AF): ZA.

毛叶黄花瓦苇 **Haworthia nortieri** var. **pehlemanniae** (C. L. Scott) M. B. Bayer 【I, C】 ★(AF): ZA.

地上之星 **Haworthia opalina** M. Hayashi 【I, C】 ●TW; ★(AF): ZA.

奥特娜 **Haworthia outeniquensis** M. B. Bayer 【I, C】 ●TW; ★(AF): ZA.

软天草 **Haworthia pallida** var. **flaccida** (M. B. Bayer) M. Hayashi 【I, C】 ★(AF): ZA.

群鲛 **Haworthia parksiana** Poelln. 【I, C】 ♣NBG; ●JS, TW; ★(AF): ZA.

毛蟹（毛岩蓝）**Haworthia pubescens** M. B. Bayer 【I, C】 ♣XMBG; ●FJ, TW; ★(AF): ZA.

普切莱 **Haworthia pulchella** M. B. Bayer 【I, C】 ●TW; ★(AF): ZA.

冬星（冬之星座）**Haworthia pumila** (L.) Duval 【I, C】 ♣BBG, CBG, CDBG, FLBG, HBG, IBCAS, LBG, NBG, SCBG, WBG, XMBG; ●BJ, FJ, GD, HB, JS, JX, SC, SH, TW, ZJ; ★(AF): ZA.

碧琉璃塔 **Haworthia pungens** M. B. Bayer 【I, C】 ●TW; ★(AF): ZA.

磨面寿（延寿城、银蕾）**Haworthia pygmaea** Poelln. 【I, C】 ♣BBG, XMBG; ●BJ, FJ, TW; ★(AF): ZA.

青蟹 **Haworthia pygmaea** var. **argenteomaculosa** (G. G. Sm.) M. B. Bayer 【I, C】 ♣BBG, XMBG; ●BJ, FJ; ★(AF): ZA.

鹰爪 **Haworthia reinwardtii** Haw. 【I, C】 ♣BBG, CBG, CDBG, FLBG, HBG, KBG, SCBG, TMNS, XMBG; ●BJ, FJ, GD, JX, SC, SH, TW, YN, ZJ; ★(AF): ZA.

矮鹰爪 **Haworthia reinwardtii** var. **brevicula** G. G. Sm. 【I, C】 ★(AF): ZA.

星之林 **Haworthia reinwardtii** var. **chalumnensis** G. G. Sm. 【I, C】 ★(AF): ZA.

小白鸽 **Haworthia reinwardtii** var. **kaffirsdriftensis** G. G. Sm. 【I, C】 ★(AF): ZA.

黄鹰爪 **Haworthia reinwardtii** var. **olivacea** G. G. Sm. 【I, C】 ★(AF): ZA.

缟马十二卷 **Haworthia reinwardtii** var. **zebrina** G. G. Sm. 【I, C】 ★(AF): ZA.

青磁杯 **Haworthia reticulata** (Haw.) Haw. 【I, C】 ♣BBG; ●BJ, TW; ★(AF): ZA.

刺叶青磁杯 **Haworthia reticulata** var. **attenuata** M. B. Bayer 【I, C】 ★(AF): ZA.

姬绿 **Haworthia reticulata** var. **hurlingii** (Poelln.) M. B. Bayer 【I, C】 ★(AF): ZA.

厚叶青磁杯（白磁杯）**Haworthia reticulata** var. **subregularis** (Baker) M. B. Bayer【I, C】★(AF): ZA.

寿（寿宝殿、正寿）**Haworthia retusa** Duval 【I, C】 ♣BBG, CBG, GXIB, HBG, KBG, NBG, SCBG, XMBG, XTBG; ●BJ, FJ, GD, GX, JS, SH, TW, YN, ZJ; ★(AF): ZA.

剑齿寿 **Haworthia rossouwii** Poelln. 【I, C】 ★(AF): ZA.

卡尔寿（灰寿）**Haworthia rossouwii** var. **calcarea** (M. B. Bayer) M. B. Bayer 【I, C】 ★(AF): ZA.

寿宴殿 **Haworthia ryderiana** Poelln. 【I, C】 ●SH; ★(AF): ZA.

大疣风车（硬叶十二卷）**Haworthia scabra** Haw. 【I, C】 ♣CBG; ●SH, TW; ★(AF): ZA.

木立龙鳞 **Haworthia scabra** subsp. **granulata** (Marloth) Halda 【I, C】 ★(AF): ZA.

长叶风车 **Haworthia scabra** var. **lateganiae** (Poelln.) M. B. Bayer 【I, C】 ♣BBG; ●BJ; ★(AF): ZA.

矮叶索帝达 **Haworthia scabra** var. **lavranii** (C. L. Scott) Halda 【I, C】 ★(AF): ZA.

钝叶风车 **Haworthia scabra** var. **morrisiae** (Poelln.) M. B. Bayer 【I, C】 ♣BBG; ●BJ; ★(AF): ZA.

风车 **Haworthia scabra** var. **starkiana** (Poelln.) M. B. Bayer【I, C】♣CBG, WBG, XMBG; ●FJ, HB, SH; ★(AF): ZA.

曲水之扇（赛米维亚）**Haworthia semiviva** (Poelln.) M. B. Bayer 【I, C】 ♣BBG; ●BJ, TW; ★(AF): ZA.

银星寿（白线寿）**Haworthia silviae** (G. G. Sm.) M. Hayashi 【I, C】 ★(AF): ZA.

索帝达（龙角）**Haworthia sordida** Haw. 【I, C】 ♣BBG; ●BJ, TW; ★(AF): ZA.

史扑寿（史卜鹰爪）**Haworthia springbokvlakensis** C. L. Scott 【I, C】 ♣BBG, IBCAS; ●BJ, TW; ★(AF): ZA.

白峰玉 **Haworthia tretyrensis** Breuer 【I, C】 ●TW; ★(AF): ZA.

玉扇（截型十二卷、绿玉扇）**Haworthia truncata** Schönland 【I, C】 ♣BBG, CBG, FLBG, IBCAS, NBG, SCBG, WBG, XMBG; ●BJ, FJ, GD, HB, JS, JX, SH, TW; ★(AF): ZA.

毛汉十二卷 **Haworthia truncata** var. **maughanii** (Poelln.) Halda 【I, C】 ♣BBG, CBG, NBG, XMBG; ●BJ, FJ, JS, SH, TW; ★(AF): ZA.

雪光寿（厚叶十二卷）**Haworthia turgida** Haw. 【I, C】 ♣BBG, CBG, SCBG, XMBG; ●BJ, FJ, GD, SH, TW; ★(AF): ZA.

青寿 **Haworthia turgida** var. **longibracteata** (G. G. Sm.) M. B. Bayer 【I, C】 ♣BBG; ●BJ; ★(AF): ZA.

雪花寿（雪之花）**Haworthia turgida** var. **suberecta** Poelln. 【I, C】 ♣IBCAS; ●BJ, FJ; ★(AF): ZA.

绿苇锦 **Haworthia variegata** L. Bolus 【I, C】 ●TW; ★(AF): ZA.

棘苇锦 **Haworthia variegata** var. **petrophila** M. B. Bayer 【I, C】 ♣BBG; ●BJ; ★(AF): ZA.

颚鳞（大帝鳞、龙鳞、鳄鳞）**Haworthia venosa** (Lam.) Haw. 【I, C】 ♣BBG, CBG; ●BJ, FJ, SH, TW; ★(AF): NA, ZA.

龙鳞锉掌 **Haworthia venosa** subsp. **tessellata** (Haw.) M. B. Bayer 【I, C】 ♣BBG, CBG, FLBG, HBG, NBG, TMNS, WBG, XMBG; ●BJ, FJ, GD, HB, JS, JX, SH, TW, ZJ; ★(AF): ZA.

颚口（沃里耶、鳄口）**Haworthia venosa** subsp. **woolleyi** (Poelln.) Halda 【I, C】 ★(AF): ZA.

龙鳞（龙鳞锉掌、蛇皮掌）**Haworthia venosa** var. **tessellata** (Haw.) Halda 【I, C】 ♣FLBG, WBG; ●GD, HB, JX; ★(AF): ZA.

树冰之精 **Haworthia villosa** M. Hayashi 【I, C】 ★(AF): ZA.

明桑 **Haworthia violacea** M. Hayashi 【I, C】 ★(AF): ZA.

绿曲水 **Haworthia virella** (M. B. Bayer) M. Hayashi 【I, C】 ★(AF): ZA.

龙城（龙宫城、三角鹰爪花）**Haworthia viscosa** (L.) Haw. 【I, C】 ♣BBG, CBG, FLBG, TMNS, XMBG; ●BJ, FJ, GD, JX, SH, TW; ★(AF): ZA.

沃尔卡 **Haworthia vlokii** M. B. Bayer 【I, C】 ●TW; ★(AF): ZA.

威特草 **Haworthia wittebergensis** W. F. Barker 【I, C】 ●TW; ★(AF): ZA.

草瑞鹤 **Haworthia zantneriana** Poelln. 【I, C】 ♣BBG; ●BJ, TW; ★(AF): ZA.

短叶草瑞鹤 **Haworthia zantneriana** var. **minor** M. B. Bayer 【I, C】 ★(AF): ZA.

鲨鱼掌属 Gasteria

孔雀扇 **Gasteria acinacifolia** (J. Jacq.) Haw.【I, C】♣BBG, CBG, KBG, XMBG; ●BJ, FJ, SH, TW, YN; ★(AF): ZA.

春莺啭 **Gasteria batesiana** G. D. Rowley 【I, C】♣BBG, CBG, SCBG, XMBG; ●BJ, FJ, GD, SH, TW; ★(AF): SZ, ZA.

*贝利斯沙鱼掌 **Gasteria baylissiana** Rauh 【I, C】♣BBG; ●BJ, TW; ★(AF): ZA.

假芦荟 **Gasteria brachyphylla** (Salm-Dyck) van Jaarsv.【I, C】♣BBG, XTBG; ●BJ, TW, YN; ★(AF): ZA.

短叶巨象 **Gasteria brevifolia** Haw.【I, C】♣GXIB, IBCAS, XMBG; ●BJ, FJ, GX; ★(AF): ZA.

白星龙(大牛舌)**Gasteria carinata** (Mill.) Duval【I, C】♣BBG, CDBG, FLBG, HBG, IBCAS, SCBG, XMBG, XTBG; ●BJ, FJ, GD, JX, SC, TW, YN, ZJ; ★(AF): ZA.

旋叶卧牛 **Gasteria carinata** var. **retusa** van Jaarsv.【I, C】●TW; ★(AF): ZA.

童氏卧牛 **Gasteria carinata** var. **thunbergii** (N. E. Br.) van Jaarsv. 【I, C】●TW; ★(AF): ZA.

沙鱼掌 **Gasteria carinata** var. **verrucosa** (Mill.) van Jaarsv. 【I, C】♣BBG, CBG, CDBG, FLBG, GXIB, HBG, IBCAS, KBG, NBG, SCBG, TBG, XBG, XMBG, XTBG, ZAFU; ●BJ, FJ, GD, GX, JS, JX, SC, SH, SN, TW, YN, ZJ; ★(AF): ZA.

元宝 **Gasteria cheilophylla** Baker 【I, C】♣BBG, CDBG, GA, NBG, XMBG; ●BJ, FJ, JS, JX, SC; ★(AF): ZA.

美丽沙鱼掌 **Gasteria dicta** N. E. Br.【I, C】♣KBG; ●YN; ★(AF): ZA.

青龙刀 **Gasteria disticha** Haw. 【I, C】♣BBG, CBG, FLBG, HBG, TBG, WBG, XMBG; ●BJ, FJ, GD, HB, JX, SH, TW, ZJ; ★(AF): ZA.

艾氏沙鱼掌 **Gasteria ellaphieae** van Jaarsv.【I, C】♣BBG, CBG; ●BJ, SH, TW; ★(AF): ZA.

*高沙鱼掌 **Gasteria excelsa** Baker 【I, C】♣BBG, IBCAS; ●BJ, TW; ★(AF): ZA.

*聚叶沙鱼掌 **Gasteria glomerata** van Jaarsv.【I, C】♣BBG; ●BJ, TW; ★(AF): ZA.

虎之卷 **Gasteria gracilis** Baker 【I, C】♣CBG, FLBG, IBCAS, SCBG, TMNS, XMBG; ●BJ, FJ, GD, JX, SH, TW; ★(AF): ZA.

照姬 **Gasteria laetipunctata** Haw.【I, C】★(AF): ZA.

子宝 **Gasteria minima** Poelln.【I, C】♣CBG, NBG, XBG; ●JS, SH, SN; ★(AF): ZA.

光滑砂鱼掌 **Gasteria nitida** (Salm-Dyck) Haw.【I, C】♣BBG, CBG, CDBG, FLBG; ●BJ, GD, JX, SC, SH, TW; ★(AF): ZA.

卧牛 **Gasteria nitida** var. **armstrongii** (Schönland) van Jaarsv.【I, C】♣BBG, CBG, FLBG, IBCAS, KBG, NBG, SCBG, WBG, XMBG; ●BJ, FJ, GD, HB, JS, JX, SH, TW, YN; ★(AF): ZA.

墨牟 **Gasteria obliqua** (Aiton) Duval 【I, C】♣BBG, CBG, FLBG, GXIB, HBG, IBCAS, KBG, SCBG, XMBG; ●BJ, FJ, GD, GX, JX, SH, TW, YN, ZJ; ★(AF): ZA.

恐龙 **Gasteria pillansii** Kensit【I, C】♣BBG, CBG, NBG, XMBG; ●BJ, FJ, JS, SH, TW; ★(AF): NA, ZA.

爱勒巨象 **Gasteria pillansii** var. **ernesti-ruschii** (Dinter et Poelln.) van Jaarsv. 【I, C】♣XMBG; ●FJ; ★(AF): ZA.

白光龙 **Gasteria pulchra** (Aiton) Haw. 【I, C】♣BBG, CBG, FLBG; ●BJ, GD, JX, SH, TW; ★(AF): ZA.

卧牛锦 **Gasteria rawlinsonii** Oberm. 【I, C】♣BBG; ●BJ, TW; ★(AF): ZA.

弗洛克砂鱼掌 **Gasteria vlokii** van Jaarsv. 【I, C】♣BBG, CBG; ●BJ, SH, TW; ★(AF): ZA.

× Astroworthia

*双肋松塔掌 × **Astroworthia bicarinata** (Haw.) G. D. Rowley 【I, C】★(AF): ZA.

元宝掌属 × Gasteraloe

波路(波露)× **Gasteraloe beguinii** (Radl) Guillaumin【I, C】♣FBG, SCBG; ●FJ, GD, SH; ★(AF): ZA.

翠花元宝掌 × **Gasteraloe pfrimmeri** Guillaumin【I, C】♣BBG; ●BJ; ★(AF): ZA.

黄脂木属 Xanthorrhoea

南方黄脂木(澳洲黄脂木)**Xanthorrhoea australis** R. Br.【I, C】♣FLBG, SCBG, XMBG; ●FJ, GD, JX, TW; ★(OC): AU.

*约翰逊黄脂木 **Xanthorrhoea johnsonii** A. T. Lee【I, C】●GD; ★(OC): AU.

草树 **Xanthorrhoea preissii** Endl.【I, C】♣KBG, XTBG; ●SH, TW, YN; ★(OC): AU.

黄脂木 **Xanthorrhoea resinosa** Pers.【I, C】●TW; ★(OC): AU.

天蓝百合属　Pasithea

天蓝百合 **Pasithea caerulea** (Ruiz et Pav.) D. Don【I, C】●TW; ★(SA): CL, PE.

麻兰属　Phormium

山麻兰（新西兰剑麻）**Phormium colensoi** Hook. f.【I, C】♣KBG, XTBG; ●YN; ★(OC): NZ.

麻兰（新西兰麻）**Phormium tenax** J. R. Forst. et G. Forst.【I, C】♣CBG, FBG, KBG, XMBG, XOIG; ●FJ, SH, TW, YN; ★(OC): NF, NZ.

山菅兰属　Dianella

澳洲山菅 **Dianella caerulea** Sims【I, C】♣SCBG, WBG, XTBG; ●GD, HB, YN; ★(OC): AU.

山菅 **Dianella ensifolia** (L.) DC.【N, W/C】♣CBG, FBG, FLBG, GMG, GXIB, HBG, IBCAS, KBG, LBG, NBG, NSBG, SCBG, WBG, XLTBG, XMBG, XTBG, ZAFU; ●BJ, CQ, FJ, GD, GX, HB, HI, JS, JX, SC, SH, YN, ZJ; ★(AF): MG; (AS): BT, CN, ID, IN, JP, KH, LA, LK, MM, MY, NP, PH, SG, TH, VN; (OC): AU, PAF, PG.

塔斯马尼亚山菅 **Dianella tasmanica** Hook. f.【I, C】♣CBG; ●SH; ★(OC): AU.

萱草属　Hemerocallis

黄花菜 **Hemerocallis citrina** Baroni【N, W/C】♣BBG, CBG, CDBG, FBG, FLBG, GBG, GXIB, HBG, IBCAS, KBG, LBG, MDBG, NBG, SCBG, TDBG, TMNS, WBG, XBG, XMBG, XTBG, ZAFU; ●BJ, FJ, GD, GS, GX, GZ, HA, HB, HE, HN, JS, JX, SC, SH, SN, SX, TW, XJ, YN, ZJ; ★(AS): CN, JP, KP, MN, RU-AS.

小萱草 **Hemerocallis dumortieri** E. Morren【N, W/C】♣IBCAS; ●BJ, TW; ★(AS): CN, JP, KP, KR.

北萱草 **Hemerocallis esculenta** Koidz.【N, W/C】♣IBCAS; ●BJ; ★(AS): CN, JP, KP, KR, MN, RU-AS.

西南萱草 **Hemerocallis forrestii** Diels【N, W/C】♣IBCAS, KBG, XTBG; ●BJ, YN; ★(AS): CN.

萱草 **Hemerocallis fulva** (L.) L.【N, W/C】♣CBG, CDBG, FBG, FLBG, GA, GBG, GMG, GXIB, HBG, HFBG, IBCAS, KBG, LBG, MDBG, NBG, NSBG, SCBG, TBG, WBG, XBG, XMBG, XTBG, ZAFU; ●AH, BJ, CQ, FJ, GD, GS, GX, GZ, HB, HL, JS, JX, LN, SC, SH, SN, TW, XJ, YN, ZJ; ★(AS): BT, CN, ID, IN, JP, KP, KR, LK, MM, TR.

长管萱草 **Hemerocallis fulva** var. **angustifolia** Baker【N, W/C】♣HBG; ●ZJ; ★(AS): CN, JP, KP, KR.

常绿萱草 **Hemerocallis fulva** var. **aurantiaca** (Baker) M. Hotta【N, W/C】♣HBG; ●ZJ; ★(AS): CN, JP, KP, KR.

重瓣萱草（长瓣萱草）**Hemerocallis fulva** var. **kwanso** Regel【N, W/C】♣GXIB, HBG, IBCAS, KBG, SCBG, WBG, XMBG; ●BJ, FJ, GD, GX, HB, LN, YN, ZJ; ★(AS): CN, JP, KP, KR.

海滨萱草 **Hemerocallis fulva** var. **littorea** (Makino) M. Hotta【I, C】♣HBG; ●ZJ; ★(AS): JP.

北黄花菜 **Hemerocallis lilioasphodelus** L.【N, W/C】♣BBG, GBG, HBG, HFBG, IBCAS, MDBG, NBG, WBG, XMBG; ●BJ, FJ, GS, GZ, HB, HL, JS, LN, XJ, ZJ; ★(AS): CN, ID, IN, JP, KP, MN, RU-AS, TR.

大苞萱草 **Hemerocallis middendorffii** Trautv. et C. A. Mey.【N, W/C】♣BBG, GXIB, HFBG, IBCAS, SCBG; ●BJ, GD, GX, HL, LN; ★(AS): CN, JP, KP, KR, RU-AS.

高生大苞萱草 **Hemerocallis middendorffii** var. **exaltata** (Stout) M. Hotta【N, W/C】♣HBG; ●ZJ; ★(AS): CN.

小黄花菜 **Hemerocallis minor** Mill.【N, W/C】♣CBG, GA, HBG, HFBG, IBCAS, KBG, TDBG, WBG, XMBG, XTBG; ●BJ, FJ, HB, HL, JX, LN, SH, XJ, YN, ZJ; ★(AS): CN, KP, MN, RU-AS.

矮萱草 **Hemerocallis nana** W. W. Sm. et Forrest【N, W/C】♣GBG, IBCAS, KBG; ●BJ, GZ, YN; ★(AS): CN.

折叶萱草 **Hemerocallis plicata** Stapf【N, W/C】♣FLBG, GBG, IBCAS, XTBG; ●BJ, GD, GZ, JX, YN; ★(AS): CN.

麝香萱草 **Hemerocallis thunbergii** Barr【I, C】♣HBG; ●ZJ; ★(AS): JP, KR.

48. 石蒜科　AMARYLLIDACEAE

百子莲属　Agapanthus

南非百子莲（百子莲）**Agapanthus africanus** (L.) Hoffmanns.【I, C】♣CBG, FBG, FLBG, GXIB, HBG, IBCAS, KBG, NBG, SCBG, TMNS, XMBG, XTBG; ●BJ, FJ, GD, GX, JS, JX, SC, SH, TW, YN, ZJ; ★(AF): ZA.

铃花百子莲 **Agapanthus campanulatus** F. M.

Leight.【I, C】♣SCBG; ●GD, YN; ★(AF): ZA.

具茎百子莲 **Agapanthus caulescens** Spreng.【I, C】♣SCBG; ●GD; ★(AF): CV, SZ, ZA.

蔻第百子莲 **Agapanthus coddii** F. M. Leight.【I, C】♣XTBG; ●YN; ★(AF): ZA.

闭口百子莲 **Agapanthus inapertus** Beauverd【I, C】★(AF): ZA.

垂花闭口百子莲 **Agapanthus inapertus** subsp. **pendulus** (L. Bolus) F. M. Leight.【I, C】★(AF): ZA.

早花百子莲 **Agapanthus praecox** Willd.【I, C】♣SCBG, XMBG; ●FJ, GD; ★(AF): CV, TZ, ZA.

东方百子莲 **Agapanthus praecox** subsp. **orientalis** (F. M. Leight.) F. M. Leight.【I, C】●TW; ★(AF): ZA.

葱属 Allium

尖瓣葱 **Allium acuminatum** Hook.【I, C】●TW; ★(NA): CA, US.

细茎葱 **Allium aflatunense** B. Fedtsch.【I, C】♣BBG, IBCAS; ●BJ, LN, TW, YN; ★(AS): TR.

南欧蒜 **Allium ampeloprasum** L.【I, C】●AH, BJ, GS, HE, NX, SC, SH, SX, TW, YN, ZJ; ★(AS): AM, AZ, BH, GE, IL, IQ, IR, JO, KW, LB, PS, QA, SA, SY, TR, YE; (EU): AD, AL, BA, BG, ES, GR, HR, IT, ME, MK, PT, RO, RS, SI, SM, VA.

矮韭 **Allium anisopodium** Ledeb.【N, W/C】♣BBG, IBCAS; ●BJ; ★(AS): CN, CY, KP, KR, KZ, MN, RU-AS.

深紫葱 **Allium atropurpureum** Waldst. et Kit.【I, C】♣BBG; ●BJ, TW; ★(EU): AT, BA, BG, HR, HU, IT, ME, MK, RO, RS, SI, TR.

蓝苞葱 **Allium atrosanguineum** Schrenk【N, W/C】●YN; ★(AS): AF, CN, CY, ID, IN, KG, KZ, MN, PK, RU-AS, TJ, UZ.

砂韭 **Allium bidentatum** Fisch. ex Prokh. et Ikonn.-Gal.【N, W/C】♣IBCAS; ●BJ, NM; ★(AS): CN, CY, KZ, MN, RU-AS.

棱叶韭 **Allium caeruleum** Wall.【N, W/C】♣IBCAS; ●BJ, TW; ★(AS): CN, CY, ID, IN, KG, KZ, MN, RU-AS, TJ, UZ.

龙骨韭 **Allium carinatum** L.【I, C】●TW; ★(AS): GE, TR; (EU): AL, AT, BA, BE, BG, CZ, DE, ES, GB, GR, HR, HU, IT, ME, MK, NL, PL, RO, RS, RU, SI, TR.

洋葱（分蘖洋葱、火葱、楼子葱、红葱、顶球洋葱）**Allium cepa** L.【I, C】♣FBG, GA, HBG, LBG, NBG, SCBG, TDBG, WBG, XMBG, XOIG, XTBG, ZAFU; ●AH, BJ, FJ, GD, GS, GX, GZ, HA, HB, HE, HL, HN, JL, JS, JX, LN, NM, NX, SC, SD, SH, SN, SX, TJ, TW, XJ, XZ, YN, ZJ; ★(AS): AM, AZ, BH, GE, IL, IQ, IR, JO, KW, LB, PS, QA, SA, SY, TR, YE.

香葱 **Allium cepiforme** G. Don【N, W/C】♣WBG; ●HB; ★(AS): CN.

藠头 **Allium chinense** Maxim.【N, W/C】♣FBG, NBG, SCBG; ●FJ, GD, JS; ★(AS): CN, ID, IN, JP, PH.

冀韭 **Allium chiwui** F. T. Wang et Tang【N, W/C】●BJ; ★(AS): CN.

野葱 **Allium chrysanthum** Regel【N, W/C】♣WBG; ●HB; ★(AS): CN.

纸花葱 **Allium cristophii** Trautv.【I, C】♣BBG; ●BJ, TW; ★(AS): IR, RU-AS.

天蓝韭 **Allium cyaneum** Regel【N, W/C】♣WBG; ●HB; ★(AS): CN, KP, NP.

杯花韭 **Allium cyathophorum** Bureau et Franch.【N, W/C】●YN; ★(AS): CN.

贺兰韭 **Allium eduardii** Stearn ex Airy Shaw【N, W/C】●BJ; ★(AS): CN, MN, RU-AS.

葱 **Allium fistulosum** L.【N, W/C】♣BBG, FBG, GA, GMG, GXIB, HBG, IBCAS, LBG, SCBG, TDBG, WBG, XBG, XLTBG, XMBG, XOIG, XTBG, ZAFU; ●AH, BJ, CQ, FJ, GD, GS, GX, GZ, HA, HB, HE, HI, HL, HN, JL, JX, LN, NM, NX, QH, SC, SD, SH, SN, SX, TJ, TW, XJ, XZ, YN, ZJ; ★(AS): CN.

大花葱 **Allium giganteum** Regel【I, C】♣IBCAS; ●BJ, TW, YN; ★(AS): TM.

宽叶韭 **Allium hookeri** Thwaites【N, W/C】♣CDBG, FBG, GA, IBCAS, SCBG, WBG, XMBG, XTBG; ●BJ, FJ, GD, GZ, HB, HN, JX, SC, SN, XZ, YN, ZJ; ★(AS): BT, CN, ID, IN, LK, MM.

木里韭 **Allium hookeri** var. **muliense** Airy Shaw【N, W/C】♣SCBG; ●GD; ★(AS): CN.

宽叶葱 **Allium karataviense** Regel【I, C】♣XTBG; ●TW, YN; ★(AS): UZ.

硬皮葱 **Allium ledebourianum** Schult. et Schult. f.【N, W/C】●TW; ★(AS): CN, CY, KZ, MN, RU-AS.

北韭 **Allium lineare** Ten.【N, W/C】●ZJ; ★(AS): CN, CY, GE, KZ, MN, RU-AS; (EU): AT, BA, CZ, DE, FR, IT, PL, RU.

对叶山葱 **Allium listera** Stearn【N, W/C】♣CBG;

●SH; ★(AS): CN.

马氏葱 **Allium macleanii** Baker 【I, C】 ★(AS): AF, IN, KG, KZ, NP, PK, TJ, TM.

大花韭 **Allium macranthum** Baker 【N, W/C】 ●YN; ★(AS): BT, CN, IN, LK.

薤白 **Allium macrostemon** Bunge 【N, W/C】 ♣BBG, CBG, FBG, GBG, HBG, IBCAS, LBG, WBG, XTBG, ZAFU; ●AH, BJ, FJ, GD, GS, GZ, HB, HN, JX, SC, SH, TW, YN, ZJ; ★(AS): CN, JP, KP, KR, MN, RU-AS.

黄花茖葱 **Allium moly** L. 【I, C】 ♣BBG; ●BJ; ★(AF): DZ, MA; (AS): TR; (EU): AT, CZ, DE, ES, IT.

单花韭 **Allium monanthum** Maxim. 【N, W/C】 ●BJ; ★(AS): CN, JP, KP, KR, MN, RU-AS.

蒙古韭 **Allium mongolicum** Regel 【N, W/C】 ♣MDBG, TDBG; ●GS, NM, NX, QH, XJ; ★(AS): CN, CY, KZ, MN, RU-AS.

水仙状韭 **Allium narcissiflorum** Vill. 【I, C】 ♣CBG; ●SH, TW; ★(EU): DE, FR, IT, LU, PT.

南欧葱（纸花葱）**Allium neapolitanum** Cirillo 【I, C】 ★(AF): EG, MA; (AS): CY, TR; (EU): AL, BA, ES, FR, GR, HR, IT, MC, ME, MK, PT, RS, SI.

长梗韭（长梗合被韭）**Allium neriniflorum** (Herb.) G. Don 【N, W/C】 ♣BBG, IBCAS; ●BJ; ★(AS): CN, MN, RU-AS.

峨眉韭 **Allium omeiense** Z. Y. Zhu 【N, W/C】 ♣IBCAS, SCBG; ●BJ, GD, SC; ★(AS): CN.

高地蒜 **Allium oreophilum** C. A. Mey. 【N, W/C】 ●TW; ★(AS): AF, CN, CY, KG, KZ, PK, RU-AS, TJ, TR, UZ.

卵叶韭（卵叶山葱）**Allium ovalifolium** Hand.-Mazz. 【N, W/C】 ♣LBG, WBG; ●HB, JX; ★(AS): CN.

天蒜 **Allium paepalanthoides** Airy Shaw 【N, W/C】 ♣CBG, WBG; ●HB, SC, SH; ★(AS): CN, MN.

*小葱 **Allium parvulum** Vved. 【I, C】 ♣XTBG; ●YN; ★(AS): TR.

碱韭 **Allium polyrhizum** Turcz. ex Regel 【N, W/C】 ♣TDBG; ●BJ, GS, NM, NX, XJ; ★(AS): CN, CY, KZ, MN, RU-AS.

蒙古野韭 **Allium prostratum** Trevir. 【N, W/C】 ♣BBG; ●BJ; ★(AS): CN, MN, RU-AS.

野韭 **Allium ramosum** Jacq. 【N, W/C】 ♣HFBG, IBCAS, NBG; ●BJ, GS, HL, JS, NM, SN, TW, XJ; ★(AS): CN, CY, KZ, MN, RU-AS.

绣球葱 **Allium rosenbachianum** Regel 【I, C】 ★(AS): AF.

*圆头蒜 **Allium rotundum** L. 【I, C】 ♣HBG, XTBG; ●HB, HN, JS, SC, SN, TW, YN, ZJ; ★(AF): MA; (AS): CY, IR, RU-AS, TR; (EU): DE, ES, MC, RU.

野黄韭 **Allium rude** J. M. Xu 【N, W/C】 ♣SCBG; ●GD; ★(AS): CN.

蒜 **Allium sativum** L. 【I, C】 ♣FBG, GA, GBG, GMG, HBG, IBCAS, LBG, NBG, TDBG, WBG, XBG, XLTBG, XMBG, XOIG, XTBG, ZAFU; ●AH, BJ, CQ, FJ, GD, GS, GX, GZ, HA, HB, HE, HI, HL, HN, JL, JS, JX, NM, NX, QH, SC, SD, SH, SN, SX, TJ, TW, XJ, XZ, YN, ZJ; ★(AS): KG, KZ, TJ, TM, UZ.

长喙韭 **Allium saxatile** M. Bieb. 【N, W/C】 ♣IBCAS, NBG; ●BJ, JS, TW; ★(AS): AM, AZ, CN, CY, GE, IR, KZ, RU-AS, TR; (EU): BA, BG, BY, HR, IT, ME, MK, RO, RS, RU, SI, UA.

北葱 **Allium schoenoprasum** L. 【N, W/C】 ♣CBG, GA, GMG, IBCAS, LBG, NBG, XMBG; ●BJ, FJ, GX, JS, JX, SH, TW; ★(AF): DZ, EG, LY, MA, TN; (AS): CN, CY, ID, IN, JP, KP, KZ, MN, PK, RU-AS, TR; (EU): AD, AL, AT, BA, BE, BG, BY, CH, CZ, DE, DK, ES, FI, FR, GB, GR, HR, HU, IS, IT, LU, MC, ME, MK, NL, NO, PL, PT, RO, RS, RU, SE, SI, SK, SM, UA, VA; (NA): CA, MX, US.

舒伯特葱 **Allium schubertii** Zucc. 【I, C】 ♣IBCAS; ●BJ, TW; ★(AS): JO, TR.

山韭 **Allium senescens** Thunb. 【N, W/C】 ♣IBCAS, KBG, XMBG; ●BJ, FJ, GS, LN, SC, XJ, YN; ★(AS): CN, GE, KP, KR, MN, RU-AS; (EU): AT, BA, BG, CZ, DE, ES, HR, HU, IT, LU, ME, MK, NO, PL, RO, RS, RU, SI.

高山韭 **Allium sikkimense** Baker 【N, W/C】 ♣WBG; ●HB; ★(AS): BT, CN, ID, IN, LK, NP.

圆头大花葱 **Allium sphaerocephalon** L. 【I, C】 ♣BBG; ●BJ, TW; ★(AF): EG, MA; (AS): AM, AZ, BH, CY, GE, IL, IQ, IR, JO, KW, LB, PS, SY, TR; (EU): AD, AL, AT, BA, BE, BG, BY, CH, CZ, DE, ES, FI, FR, GB, GR, HR, HU, IS, IT, LU, MC, ME, MK, PL, PT, RO, RS, RU, SI, SK, SM, UA, VA.

雾灵韭 **Allium stenodon** Nakai et Kitag. 【N, W/C】 ●BJ; ★(AS): CN.

长柄葱 **Allium stipitatum** Regel 【I, C】 ♣BBG; ●BJ; ★(AS): IR.

辉韭 **Allium strictum** Schrad. 【N, W/C】 ♣XTBG; ●YN; ★(AS): CN, CY, JP, KG, KZ, MN, RU-AS.

唐古韭 **Allium tanguticum** Regel 【N, W/C】 ♣CBG; ●SH; ★(AS): CN.

细叶韭 **Allium tenuissimum** L. 【N, W/C】 ♣IBCAS, LBG, ZAFU; ●BJ, JX, ZJ; ★(AS): CN, CY, KZ, MN, RU-AS.

球序韭 **Allium thunbergii** G. Don 【N, W/C】 ♣CBG, FLBG, IBCAS, TMNS, ZAFU; ●BJ, GD, JX, SH, TW, ZJ; ★(AS): CN, JP, KP, KR, MN.

三柱韭 **Allium trifurcatum** (F. T. Wang et Tang) J. M. Xu 【N, W/C】 ●YN; ★(AS): CN.

韭 **Allium tuberosum** Rottler ex Spreng. 【N, W/C】 ♣FBG, GA, GBG, GMG, GXIB, HBG, IBCAS, LBG, SCBG, TDBG, WBG, XBG, XLTBG, XMBG, XTBG, ZAFU; ●AH, BJ, CQ, FJ, GD, GS, GX, GZ, HA, HB, HE, HI, HL, HN, JL, JS, JX, LN, NM, NX, QH, SC, SD, SH, SN, SX, TJ, TW, XJ, XZ, YN, ZJ; ★(AS): BT, CN, IN, NP.

合被韭 **Allium tubiflorum** Rendle 【N, W/C】 ♣WBG; ●BJ, HB; ★(AS): CN.

熊葱 **Allium ursinum** L. 【I, C】 ♣BBG, GXIB; ●BJ, GX; ★(EU): AT, BA, BE, BG, CZ, DE, ES, FI, FR, GB, GR, HR, HU, IT, ME, MK, NL, NO, PL, RO, RS, RU, SI.

茖葱 **Allium victorialis** L. 【N, W/C】 ♣CBG, IBCAS, WBG; ●BJ, HB, SH, TW; ★(AS): CN, CY, GE, ID, IN, JP, KP, KR, KZ, MN, NP; (EU): AT, BA, BG, CZ, DE, ES, HR, HU, IT, LU, ME, MK, PL, RO, RS, RU, SI.

*瓦氏葱 **Allium waldsteinii** G. Don 【I, C】 ♣XTBG; ●YN; ★(AS): TR; (EU): GR, RU.

多星韭 **Allium wallichii** Kunth 【N, W/C】 ♣KBG; ●YN; ★(AS): BT, CN, ID, IN, LK, MM, NP.

白花葱 **Allium yanchiense** J. M. Xu 【N, W/C】 ●BJ; ★(AS): CN, MN.

紫娇花属 Tulbaghia

好望角紫娇花 **Tulbaghia capensis** L. 【I, C】 ●BJ; ★(AF): ZA.

紫娇花 **Tulbaghia violacea** Harv. 【I, C】 ♣CBG, FBG, NBG, XMBG, XTBG, ZAFU; ●FJ, JS, SC, SH, TW, YN, ZJ; ★(AF): ZA.

白棒莲属 Leucocoryne

白棒莲（光耀莲、阳光百合）**Leucocoryne ixioides** (Sims) Lindl. 【I, C】 ●TW; ★(SA): CL.

假葱属 Nothoscordum

假韭 **Nothoscordum gracile** (Aiton) Stearn 【I, N】 ♣XMBG; ●FJ; ★(NA): CR, HN, MX, PA; (SA): AR, BR, CO, EC, UY.

春星韭属 Ipheion

黄花韭 **Ipheion sellowianum** (Kunth) Traub 【I, C】 ●TW; ★(SA): AR, BR, UY.

花韭（春星韭、蓝春星花）**Ipheion uniflorum** (Lindl.) Raf. 【I, C】 ♣XMBG; ●FJ, TW; ★(SA): AR, UY.

兰花韭属 Miersia

兰花韭 **Miersia chilensis** Lindl. 【I, C】 ●TW; ★(SA): CL.

孤挺花属 Amaryllis

孤挺花 **Amaryllis belladonna** L. 【I, C】 ♣XTBG; ●TW, YN; ★(AF): ZA.

布风花属 Boophone

*布风花（草原风扇、双生布风、刺眼花）**Boophone disticha** (L. f.) Herb. 【I, C】 ♣BBG, CBG, SCBG, XMBG; ●BJ, FJ, GD, SH, TW; ★(AF): BW, ET, KE, MW, MZ, NA, SD, SO, SS, TZ, ZA, ZM, ZW.

*凤卵布风花（巨凤之卵）**Boophone haemanthoides** F. M. Leight. 【I, C】 ♣BBG, XMBG; ●BJ, FJ, TW; ★(AF): NA, ZA.

文殊兰属 Crinum

红花文殊兰 **Crinum × amabile** Donn 【I, C】 ♣BBG, CBG, FLBG, KBG, SCBG, WBG, XLTBG, XMBG, XTBG; ●BJ, FJ, GD, HB, HI, JX, SH, YN; ★(SA): EC.

狭叶文殊兰 **Crinum × augustum** Roxb. 【I, C】 ♣HBG, XMBG; ●FJ, ZJ; ★(SA): EC.

鲍氏文殊兰 **Crinum × powellii** Baker 【I, C】 ●TW, YN; ★(NA): CR, MX.

北美文殊兰 **Crinum americanum** L. 【I, C】 ★(NA): CU, MX, US.

紫文殊兰 **Crinum angustum** Roxb. 【I, C】 ♣FBG, IBCAS, XTBG; ●BJ, FJ, YN; ★(AF): SN.

亚洲文殊兰 **Crinum asiaticum** L. 【N, W/C】

♣CBG, FLBG, GMG, HBG, IBCAS, LBG, NBG, SCBG, TMNS, WBG, XMBG, XTBG; ●BJ, FJ, GD, GX, HB, JS, JX, SH, TW, YN, ZJ; ★(AS): BD, CN, ID, IN, JP, KH, KR, LA, LK, MM, MY, PH, SG, TH, VN; (OC): AU, FJ, NC, PG.

斑叶文殊兰（日本文殊兰）**Crinum asiaticum** var. **japonicum** Baker【I, C】♣FBG, SCBG, XLTBG, XMBG, XTBG; ●FJ, GD, HI, YN; ★(AS): JP.

红叶高大文殊兰 **Crinum asiaticum** var. **procerum** (Herb. et Carey) Baker【N, W/C】♣SCBG; ●GD; ★(AS): CN.

文殊兰 **Crinum asiaticum** var. **sinicum** (Roxb. ex Herb.) Baker【N, W/C】♣BBG, CDBG, FBG, FLBG, GA, GXIB, HBG, KBG, NSBG, SCBG, TBG, WBG, XBG, XLTBG, XMBG, XTBG; ●BJ, CQ, FJ, GD, GX, HB, HI, JX, SC, SN, TW, YN, ZJ; ★(AS): CN.

长叶文殊兰 **Crinum bulbispermum** (Burm. f.) Milne-Redh. et Schweick.【I, C】●TW; ★(AF): LS, SZ, ZA.

小喷泉（细叶龙鞭、小龙鞭）**Crinum calamistratum** Bogner et Heine【I, C】♣SCBG; ●GD; ★(AF): CM.

*钟花文殊兰 **Crinum campanulatum** Herb.【I, C】●BJ, TW; ★(AF): ZA.

大花文殊兰 **Crinum jagus** (J. Thomps.) Dandy【I, C】♣TBG, XMBG; ●FJ, TW; ★(AF): AO, CM, GA, GH, NG.

西南文殊兰 **Crinum latifolium** L.【N, W/C】♣GBG, GXIB, IBCAS, NBG, WBG, XTBG; ●BJ, GX, GZ, HB, JS, SC, TW, YN; ★(AS): CN, ID, IN, LA, LK, MM, TH, VN.

香殊兰（穆尔香殊兰）**Crinum moorei** Hook. f.【I, C】♣IBCAS, LBG; ●BJ, JX, TW; ★(AF): ZA.

龙鞭草 **Crinum natans** Baker【I, C】★(AF): CM, GA, GH, NG.

水生香殊兰 **Crinum paludosum** Verd.【I, C】●TW; ★(AF): ZA.

*泰国文殊兰 **Crinum thaianum** J. Schulze【I, C】●BJ; ★(AS): TH.

斯里兰卡文殊兰 **Crinum zeylanicum** (L.) L.【I, C】★(AS): LK.

沙殊兰属 Ammocharis

绸缎花 **Ammocharis coranica** (Ker Gawl.) Herb.【I, C】♣BBG; ●BJ, TW; ★(AF): CV, ZA, ZW.

风殊兰属 Cybistetes

纳米比亚绸缎花 **Cybistetes longifolia** (L.) Milne-Redh.et Schweick.【I, C】●TW; ★(AF): NA, ZA.

刺花盏属 Crossyne

*黄刺花盏 **Crossyne flava** (W. F. Barker ex Snijman) D. Müll.-Doblies et U. Müll.-Doblies【I, C】●TW; ★(AF): ZA.

*斑刺花盏 **Crossyne guttata** (L.) D. Müll.-Doblies et U. Müll.-Doblies【I, C】●TW; ★(AF): ZA.

柔石蒜属 Strumaria

*盘花柔石蒜 **Strumaria discifera** Marloth ex Snijman【I, C】●TW; ★(AF): ZA.

*珠芽柔石蒜 **Strumaria discifera** subsp. **bulbifera** Snijman【I, C】●TW; ★(AF): ZA.

*盐生柔石蒜 **Strumaria salteri** W. F. Barker【I, C】●TW; ★(AF): ZA.

*截叶柔石蒜 **Strumaria truncata** Jacq.【I, C】●TW; ★(AF): ZA.

*沃氏柔石蒜 **Strumaria watermeyeri** L. Bolus【I, C】●TW; ★(AF): ZA.

纳丽花属 Nerine

白纳丽花 **Nerine bowdenii** W. Watson【I, C】●TW; ★(AF): ZA.

线叶纳丽花 **Nerine filifolia** Baker【I, C】★(AF): ZA.

矮生纳丽花（曲娜丽花）**Nerine humilis** (Jacq.) Herb.【I, C】★(AF): ZA.

纳丽花（格恩西百合）**Nerine sarniensis** (L.) Herb.【I, C】●TW; ★(AF): ZA.

纳丽花 **Nerine undulata** (L.) Herb.【I, C】★(AF): ZA.

娇石蒜属 Hessea

*美丽娇石蒜 **Hessea speciosa** Snijman【I, C】●TW; ★(AF): ZA.

花盏属 Brunsvigia

南非灯台花 **Brunsvigia bosmaniae** F. M. Leight.【I, C】●TW; ★(AF): ZA.

波叶灯台花 **Brunsvigia grandiflora** Lindl. 【I, C】 ●TW; ★(AF): ZA.

约瑟芬灯台花 **Brunsvigia josephinae** Ker Gawl. 【I, C】 ●TW; ★(AF): ZA.

海边灯台花 **Brunsvigia litoralis** R. A. Dyer 【I, C】 ●TW; ★(AF): ZA.

灯台花（灯台百合）**Brunsvigia orientalis** (L.) Aiton ex Eckl. 【I, C】 ●TW; ★(AF): ZA.

羡仙花属 × Amarine

羡仙花 × **Amarine tubergenii** 【I, C】 ●TW; ★(AF): ZA.

美冠水仙属 Calostemma

Calostemma luteum Sims 【I, C】 ★(OC): AU.

*美冠水仙 **Calostemma purpureum** R. Br. 【I, C】 ●TW; ★(OC): AU.

玉簪水仙属 Proiphys

假玉簪 **Proiphys amboinensis** (L.) Herb. 【I, C】 ♣TMNS; ●TW; ★(AS): ID, PH, TH; (OC): AU, PG.

垂筒花属 Cyrtanthus

橘色垂筒花 **Cyrtanthus brachyscyphus** Baker 【I, C】 ●TW; ★(AF): ZA.

猩红垂筒花 **Cyrtanthus carneus** Lindl. 【I, C】 ●YN; ★(AF): ZA.

红色垂筒花（乔治百合）**Cyrtanthus elatus** (Jacq.) Traub 【I, C】 ●TW; ★(AF): ZA.

巨型垂筒花 **Cyrtanthus erubescens** Killick 【I, C】 ♣SCBG; ●GD; ★(AF): ZA.

垂筒花（曲管花）**Cyrtanthus mackenii** Hook. f. 【I, C】 ♣XMBG; ●FJ, TW; ★(AF): ZA.

贺春花 **Cyrtanthus mackenii** var. **cooperi** (Baker) R. A. Dyer 【I, C】 ♣XMBG; ●FJ; ★(AF): ZA.

斜叶垂筒花（偏花曲管花）**Cyrtanthus obliquus** (L. f.) Aiton 【I, C】 ●TW; ★(AF): ZA.

血红垂筒花 **Cyrtanthus sanguineus** (Lindl.) Walp. 【I, C】 ●TW; ★(AF): ZA.

卷叶垂筒花 **Cyrtanthus smithiae** Watt ex Harv. 【I, C】 ●TW; ★(AF): ZA.

螺旋垂筒花（弹簧石蒜）**Cyrtanthus spiralis** Burch. ex Ker Gawl. 【I, C】 ♣CBG; ●SH, TW; ★(AF): ZA.

双色垂筒花 **Cyrtanthus suaveolens** Schönland 【I, C】 ●TW; ★(AF): ZA.

小君兰属 Cryptostephanus

*森林石蒜 **Cryptostephanus vansonii** Verd. 【I, C】 ♣XTBG; ●YN; ★(AF): ZW.

君子兰属 Clivia

曲花君子兰 **Clivia** × **cyrtanthiflora** (Lindl. ex K. Koch et Fintelm) T. Moore 【I, C】 ●TW; ★(AF): ZA.

细叶君子兰 **Clivia gardenii** Hook. 【I, C】 ♣LBG; ●JX, TW; ★(AF): ZA.

君子兰 **Clivia miniata** (Lindl.) Bosse 【I, C】 ♣BBG, FBG, FLBG, GA, GXIB, HBG, IBCAS, KBG, LBG, NBG, SCBG, TBG, WBG, XMBG, XOIG, XTBG, ZAFU; ●BJ, FJ, GD, GX, HB, JS, JX, SC, TW, YN, ZJ; ★(AF): ZA.

垂笑君子兰 **Clivia nobilis** Lindl. 【I, C】 ♣BBG, FBG, FLBG, GA, GXIB, HBG, IBCAS, KBG, LBG, NSBG, TBG, WBG, XBG, XMBG, ZAFU; ●BJ, CQ, FJ, GD, GX, HB, JX, SN, TW, YN, ZJ; ★(AF): ZA.

Clinanthus

红花南君兰 **Clinanthus coccineus** (Ruiz et Pav.) Meerow 【I, C】 ●TW; ★(SA): PE.

肉色南君兰 **Clinanthus incarnatus** (Kunth) Meerow 【I, C】 ●TW; ★(SA): BO.

斑花南君兰 **Clinanthus variegatus** (Ruiz et Pav.) Meerow 【I, C】 ●TW; ★(SA): PE.

独秀花属 Gethyllis

*香果石蒜 **Gethyllis afra** L. 【I, C】 ●TW; ★(AF): ZA.

*纤毛香果石蒜 **Gethyllis ciliaris** (Thunb.) Thunb. 【I, C】 ♣XMBG; ●FJ; ★(AF): ZA.

大花香果石蒜 **Gethyllis grandiflora** L. Bolus 【I, C】 ●TW; ★(AF): ZA.

螺旋草 **Gethyllis spiralis** (Thunb.) Thunb. 【I, C】 ●TW; ★(AF): ZA.

宽叶毛弹簧 **Gethyllis villosa** (Thunb.) Thunb. 【I, C】 ●TW; ★(AF): ZA.

网球花属 Scadoxus

网球花 **Scadoxus multiflorus** (Martyn) Raf. 【I, C】 ♣BBG, FBG, FLBG, GMG, GXIB, HBG, KBG, SCBG, TBG, XLTBG, XMBG, XOIG, XTBG; ●BJ, FJ, GD, GX, HI, JL, JX, SC, TW, YN, ZJ; ★(AF): AO, CD, CF, GA, GH, GN, MW, TZ, UG, ZM.

凯氏网球花 **Scadoxus multiflorus** subsp. **katharinae** (Baker) Friis et Nordal 【I, C】 ♣NBG; ●JS; ★(AF): AO, CD, CF, GA, GH, GN, MW, TZ, UG, ZM.

绣球花 **Scadoxus pole-evansii** (Oberm.) Friis et Nordal 【I, C】 ●TW; ★(AF): ZW.

火焰网球花 **Scadoxus puniceus** (L.) Friis et Nordal 【I, C】 ●TW; ★(AF): TZ, ZA.

虎耳兰属 Haemanthus

虎耳兰(白花网球花)**Haemanthus albiflos** Jacq. 【I, C】 ♣BBG, GXIB, IBCAS, KBG, LBG, NBG, SCBG, WBG, XMBG, ZAFU; ●BJ, FJ, GD, GX, HB, JS, JX, TW, YN, ZJ; ★(AF): ZA.

*绯红虎耳兰（血莲）**Haemanthus coccineus** L. 【I, C】 ●TW; ★(AF): ZA.

*赤花虎耳兰 **Haemanthus tristis** Snijman 【I, C】 ●FJ; ★(AF): ZA.

石蒜属 Lycoris

红蓝石蒜 **Lycoris × haywardii** Traub 【N, C】 ♣FBG, HBG, NBG, XMBG, ZAFU; ●FJ, JS, SC, TW, ZJ; ★(AS): CN.

江苏石蒜 **Lycoris × houdyshelii** Traub 【N, C】 ♣NBG, XMBG; ●FJ, SC, TW; ★(AS): CN.

乳白石蒜 **Lycoris albiflora** Koidz. 【N, W/C】 ♣IBCAS, NBG, ZAFU; ●BJ, JS, SC, ZJ; ★(AS): CN, JP, KP.

安徽石蒜 **Lycoris anhuiensis** Y. Xu et G. J. Fan 【N, W/C】 ♣CBG, HBG, IBCAS, NBG, XMBG; ●BJ, FJ, JS, SC, SH, ZJ; ★(AS): CN.

忽地笑 **Lycoris aurea** (L'Hér.) Herb. 【N, W/C】 ♣BBG, CBG, CDBG, FBG, FLBG, GBG, GMG, GXIB, HBG, IBCAS, KBG, LBG, NBG, SCBG, TBG, WBG, XBG, XLTBG, XMBG, XTBG, ZAFU; ●BJ, FJ, GD, GX, GZ, HB, HI, JS, JX, SC, SH, SN, TW, YN, ZJ; ★(AS): CN, ID, IN, JP, LA, MM, PK, TH, VN.

短蕊石蒜 **Lycoris caldwellii** Traub 【N, W/C】 ♣HBG, NBG; ●JS, SC, ZJ; ★(AS): CN.

中国石蒜 **Lycoris chinensis** Traub 【N, W/C】 ♣CBG, HBG, IBCAS, NBG, XMBG, ZAFU; ●BJ, FJ, JS, SH, ZJ; ★(AS): CN, KR.

广西石蒜 **Lycoris guangxiensis** Y. Xu et G. J. Fan 【N, W/C】 ♣GXIB, IBCAS, NBG; ●BJ, GX, JS; ★(AS): CN.

香石蒜 **Lycoris incarnata** Comes ex Sprenger 【N, W/C】 ♣NBG, XMBG, ZAFU; ●FJ, SC, ZJ; ★(AS): CN.

长筒石蒜 **Lycoris longituba** Y. C. Hsu et G. J. Fan 【N, W/C】 ♣CBG, FBG, HBG, IBCAS, NBG, SCBG, XMBG, ZAFU; ●BJ, FJ, GD, JS, SH, TW, ZJ; ★(AS): CN.

黄长筒石蒜 **Lycoris longituba** var. **flava** Y. Xu et X. L. Huang 【N, W/C】 ♣NBG, XMBG; ●FJ, SC; ★(AS): CN.

石蒜 **Lycoris radiata** (L'Hér.) Herb. 【N, W/C】 ♣BBG, CBG, CDBG, FBG, FLBG, GA, GBG, GMG, GXIB, HBG, IBCAS, KBG, LBG, NBG, SCBG, WBG, XBG, XMBG, XTBG, ZAFU; ●BJ, FJ, GD, GX, GZ, HB, JS, JX, SC, SH, SN, TW, XJ, YN, ZJ; ★(AS): CN, JP, KP, KR, NP.

玫瑰石蒜 **Lycoris rosea** Traub et Moldenke 【N, W/C】 ♣IBCAS, NBG; ●BJ, JS, SC; ★(AS): CN.

夏水仙 **Lycoris sanguinea** Maxim. 【I, C】 ♣HBG, KBG; ●TW, YN, ZJ; ★(AS): JP, KP, KR.

陕西石蒜 **Lycoris shaanxiensis** Y. Xu et Z. B. Hu 【N, W/C】 ♣IBCAS, NBG, XMBG; ●BJ, FJ, JS, SC; ★(AS): CN.

换锦花 **Lycoris sprengeri** Comes ex Baker 【N, W/C】 ♣CBG, FBG, HBG, IBCAS, NBG, SCBG, XMBG, ZAFU; ●BJ, FJ, GD, JS, SH, ZJ; ★(AS): CN.

鹿葱 **Lycoris squamigera** Maxim. 【N, W/C】 ♣HBG, IBCAS, NBG, XBG, XMBG, ZAFU; ●BJ, FJ, JS, SC, SN, TW, ZJ; ★(AS): CN, JP, KP, KR.

稻草石蒜 **Lycoris straminea** Lindl. 【N, W/C】 ♣HBG, IBCAS, NBG, XMBG, XTBG; ●BJ, FJ, JS, SC, YN, ZJ; ★(AS): CN.

箭药莲属 Lapiedra

箭药莲 **Lapiedra martinezii** Lag. 【I, C】 ●TW; ★(AF): MA; (EU): ES.

秋雪片莲属 Acis

秋雪滴花 **Acis autumnalis** (L.) Sweet 【I, C】 ●TW;

★(EU): AL, ES, FR, GR, IT, PT.

雪片莲属 Leucojum

夏雪片莲 **Leucojum aestivum** L. 【I, C】 ♣HBG, IBCAS, WBG, XMBG; ●BJ, FJ, HB, SN, TW, YN, ZJ; ★(AS): AM, AZ, CY, GE, IR, LB, PS, RU-AS, SY, TR; (EU): AD, AL, AT, BA, BE, BG, BY, CH, CZ, DE, DK, ES, FI, FR, GB, GR, HR, HU, IS, IT, LU, MC, ME, MK, NL, NO, PL, PT, RO, RS, RU, SE, SI, SK, SM, UA, VA.

雪片莲 **Leucojum vernum** L. 【I, C】 ♣XTBG; ●SN, YN; ★(EU): AD, AL, AT, BA, BE, BG, CH, CZ, DE, ES, FR, GR, HR, HU, IT, LI, ME, MK, NL, PL, PT, RO, RS, RU, SI, SK, SM, UA, VA.

黄尖雪片莲 **Leucojum vernum** subsp. **carpathicum** (Sims) K. Richt. 【I, C】 ★(EU): CZ, HU, ME, PL, RO, RS, SK, UA.

雪滴花属 Galanthus

大雪滴花 **Galanthus elwesii** Hook. f. 【I, C】 ★(AS): AM, AZ, BH, GE, IL, IQ, IR, JO, KW, LB, PS, QA, SA, SY, TR, YE; (EU): AL, BA, BG, ES, FR, GR, HR, IT, MC, ME, MK, RO, RS, RU, SI.

雪滴花 **Galanthus nivalis** L. 【I, C】 ♣HBG; ●TW, ZJ; ★(AS): AM, AZ, BH, GE, IL, IQ, IR, JO, KW, LB, PS, QA, SA, SY, TR, YE; (EU): AL, AT, BA, BE, BG, CZ, DE, ES, FR, GB, GR, HR, HU, IT, ME, MK, NL, NO, PL, RO, RS, RU, SI, TR.

全能花属 Pancratium

全能花 **Pancratium biflorum** Roxb. 【N, W/C】 ♣XTBG; ●YN; ★(AS): CN, ID, IN, LK.

海水仙 **Pancratium maritimum** L. 【I, C】 ●TW; ★(AF): EG, ES-CS, MA; (AS): AM, AZ, GE, IL, IR, RU-AS, SA, SY, TR; (EU): AL, BA, BG, BY, DE, ES, GR, HR, IT, LU, MC, ME, MK, RS, SI, TR, UA.

水仙属 Narcissus

橙黄水仙 **Narcissus × incomparabilis** Mill. 【I, C】 ♣XMBG; ●FJ; ★(EU): AT, BA, DE, ES, HR, IT, ME, MK, RS, SI.

淡黄水仙 **Narcissus × taitii** Henriq. 【I, C】 ★(EU): PT.

黄裙水仙（围裙水仙）**Narcissus bulbocodium** L. 【I, C】 ●TW; ★(AF): DZ, MA; (EU): DE, ES, GB, LU.

仙客来水仙 **Narcissus cyclamineus** DC. 【I, C】 ●SH, TW; ★(EU): ES, LU.

长寿水仙（长寿花）**Narcissus jonquilla** L. 【I, C】 ♣BBG, FLBG, HBG, IBCAS, KBG, NBG, SCBG, TBG, WBG, XLTBG, XMBG, XTBG, ZAFU; ●AH, BJ, FJ, GD, HB, HI, JS, JX, SC, SH, TW, YN, ZJ; ★(EU): ES, PT.

纯白水仙（臭水仙）**Narcissus papyraceus** Ker Gawl. 【I, C】 ★(AF): DZ, EG, MA; (AS): LB, PS, SY, TR; (EU): AL, BA, ES, FR, GR, HR, IT, MC, ME, MK, PT, RS, SI.

多花水仙 **Narcissus papyraceus** subsp. **polyanthos** (Loisel.) Asch. et Graebn. 【I, C】 ♣NBG; ●JS; ★(AF): DZ, EG, MA; (AS): LB, PS, SY, TR; (EU): AL, BA, ES, FR, GR, HR, IT, MC, ME, MK, PT, RS, SI.

红口水仙 **Narcissus poeticus** L. 【I, C】 ♣XMBG; ●BJ, FJ, GD; ★(EU): AT, CH, CZ, DE, ES, FR, GR, HU, LI, PL, SK, UA.

黄水仙（喇叭水仙）**Narcissus pseudonarcissus** L. 【I, C】 ♣HBG, LBG, NBG, WBG, XMBG; ●BJ, FJ, GD, HB, JS, JX, SC, SN, YN, ZJ; ★(EU): BE, DE, ES, FR, GB, LU, MC, NL, PT.

二色喇叭水仙 **Narcissus pseudonarcissus** subsp. **bicolor** (L.) Baker 【I, C】 ★(EU): BE, DE, ES, FR, GB, LU, MC, NL, PT.

大花喇叭水仙 **Narcissus pseudonarcissus** subsp. **major** (Curtis) Baker 【I, C】 ★(EU): BE, DE, ES, FR, GB, LU, MC, NL, PT.

迟花水仙 **Narcissus serotinus** L. 【I, C】 ●TW; ★(AF): DZ, MA; (AS): SA, TR; (EU): BA, BY, ES, GR, HR, IT, LU, ME, MK, RS, SI.

欧洲水仙 **Narcissus tazetta** L. 【I, C】 ♣FBG, FLBG, HBG, NBG, TBG, WBG, XMBG; ●AH, BJ, FJ, GD, HB, JS, JX, SH, TW, ZJ; ★(AF): DZ, EG, ES-CS, LY, MA, TN; (AS): AE, BH, IL, IQ, IR, JO, KW, LB, OM, PS, QA, SA, SY, TR, YE; (EU): AL, BA, ES, FR, GR, HR, IT, MC, ME, MK, PT, RS, SI.

黄球头水仙 **Narcissus tazetta** subsp. **aureus** (Jord. et Fourr.) Baker 【I, C】 ●SH; ★(AF): DZ, MA, TN; (EU): AL, BA, ES, FR, GR, HR, IT, MC, ME, MK, PT, RS, SI.

水仙 **Narcissus tazetta** var. **chinensis** M. Roem. 【N, W/C】 ♣CBG, CDBG, FLBG, GA, GBG, GMG, GXIB, HBG, LBG, NBG, WBG, XBG, XMBG, XOIG, ZAFU; ●BJ, FJ, GD, GX, GZ, HB, JS, JX, SC, SH, SN, TW, YN, ZJ; ★(AS): CN, JP.

西班牙水仙（三蕊水仙）**Narcissus triandrus** L. 【I, C】 ●SH; ★(EU): DE, ES, LU, PT.

黄韭兰属　Sternbergia

黄韭兰 **Sternbergia lutea** (L.) Ker Gawl. ex Spreng. 【I, C】 ●TW; ★(AF): MA; (AS): AM, AZ, BH, GE, IL, IQ, IR, JO, KG, KW, KZ, LB, PS, QA, SA, SY, TJ, TM, TR, UZ, YE; (EU): AL, BA, BY, DE, ES, FR, GR, HR, IT, ME, MK, RS, SI.

瀑石莲属　Worsleya

蓝色孤挺花（蓝色朱顶红）**Worsleya procera** (Lem.) Traub 【I, C】 ●TW; ★(SA): BR.

小顶红属　Rhodophiala

新华胄 **Rhodophiala advena** (Ker Gawl.) Traub 【I, C】 ●TW; ★(SA): CL.

芭农华胄 **Rhodophiala bagnoldii** (Herb.) Traub 【I, C】 ●TW; ★(SA): CL.

牛血百合 **Rhodophiala bifida** (Herb.) Traub 【I, C】 ●TW; ★(SA): AR, BR.

草原华胄 **Rhodophiala pratensis** (Poepp.) Traub 【I, C】 ●TW; ★(SA): CL.

Rhodophiala rosea (Sweet) Traub 【I, C】 ♣XTBG; ●YN; ★(AF): AO, CV.

朱顶红属　Hippeastrum

草叶孤挺花 **Hippeastrum angustifolium** Pax 【I, C】 ★(SA): AR, BR, PY.

美丽孤挺花 **Hippeastrum aulicum** (Ker Gawl.) Herb. 【I, C】 ♣XTBG; ●TW, YN; ★(SA): BR.

白花孤挺花 **Hippeastrum brasilianum** (Traub et J. L. Doran) Dutilh 【I, C】 ●TW; ★(SA): BR.

沼泽孤挺花 **Hippeastrum breviflorum** Herb. 【I, C】 ★(SA): BR.

绿花孤挺花 **Hippeastrum calyptratum** (Ker Gawl.) Herb. 【I, C】 ★(SA): BR.

可利华胄 **Hippeastrum correiense** (Bury) Worsley 【I, C】 ★(SA): BR.

细瓣朱顶红 **Hippeastrum cybister** (Herb.) Benth. ex Baker 【I, C】 ●TW; ★(SA): AR, BO.

高雅华胄 **Hippeastrum elegans** (Spreng.) H. E. Moore 【I, C】 ★(SA): BO, BR, GY, VE.

爱邦华胄 **Hippeastrum evansiae** (Traub et I. S. Nelson) H. E. Moore 【I, C】 ●TW; ★(SA): BO.

劲香孤挺花 **Hippeastrum fragrantissimum** (Cárdenas) Meerow 【I, C】 ★(SA): BO.

杂交朱顶红 **Hippeastrum hybridum** hort. 【I, C】 ♣KBG; ●BJ, FJ, GD, GX, HI, YN, ZJ; ★(SA): .

蕾宝华胄（利奥朱顶红）**Hippeastrum leopoldii** T. Moore 【I, C】 ♣KBG; ●TW, YN; ★(SA): BO.

猫花朱顶红 **Hippeastrum mandonii** Baker 【I, C】 ●TW; ★(SA): BO.

小华胄 **Hippeastrum miniatum** (Ruiz et Pav.) Herb. 【I, C】 ★(SA): PE.

摩蕾华胄 **Hippeastrum morelianum** Lem. 【I, C】 ★(SA): BR.

红唇孤挺花 **Hippeastrum nelsonii** (Cárdenas) Van Scheepen 【I, C】 ★(SA): BO.

凤蝶朱顶红（芭比蝴蝶、派比奥）**Hippeastrum papilio** (Ravenna) Van Scheepen 【I, C】 ●TW; ★(SA): BR.

黄色小喇叭 **Hippeastrum parodii** Hunz. et A. A. Cocucci 【I, C】 ●TW; ★(SA): AR, BO.

鹦鹉华胄 **Hippeastrum psittacinum** (Ker Gawl.) Herb. 【I, C】 ●TW; ★(SA): BR.

大红朱顶红 **Hippeastrum puniceum** (Lam.) Voss 【I, C】 ♣TBG, XTBG; ●TW, YN; ★(SA): BO.

女王华胄（华胄兰）**Hippeastrum reginae** (L.) Herb. 【I, C】 ♣TBG; ●TW; ★(SA): BR, PE.

白肋朱顶红 **Hippeastrum reticulatum** (L'Hér.) Herb. 【I, C】 ♣FBG, FLBG, SCBG, TBG, WBG, XLTBG, XMBG, XTBG, ZAFU; ●FJ, GD, HB, HI, JX, TW, YN, ZJ; ★(SA): AR, BO, BR.

朱顶红（橙色飞燕、线缟华胄）**Hippeastrum striatum** (Lam.) H. E. Moore 【I, C】 ♣BBG, FBG, GXIB, KBG, WBG, XLTBG, XMBG, XTBG; ●BJ, FJ, GX, HB, HI, SC, YN; ★(SA): AR, BR.

花朱顶红（白士朱、朱顶兰、纵缟华胄）**Hippeastrum vittatum** (L'Hér.) Herb. 【I, C/N】 ♣CDBG, FLBG, GBG, GMG, GXIB, HBG, IBCAS, KBG, LBG, NBG, SCBG, XBG, XMBG, XOIG, XTBG, ZAFU; ●BJ, FJ, GD, GX, GZ, JS, JX, SC, SH, SN, TW, YN, ZJ; ★(SA): AR, BO, BR, EC, PE.

燕水仙属　Sprekelia

燕水仙（火燕花、燕子水仙）**Sprekelia formosissima** (L.) Herb. 【I, C】 ♣XMBG; ●FJ, TW; ★(NA): MX.

葱莲属　Zephyranthes

葱莲 **Zephyranthes candida** (Lindl.) Herb. 【I,

C/N】♣CBG, CDBG, FBG, FLBG, GMG, GXIB, HBG, IBCAS, KBG, LBG, NBG, NSBG, SCBG, TBG, TMNS, WBG, XBG, XLTBG, XMBG, XTBG, ZAFU; ●AH, BJ, CQ, FJ, GD, GX, HB, HI, JS, JX, SC, SH, SN, TW, YN, ZJ; ★(SA): AR, BR, PY, UY.

韭莲 **Zephyranthes carinata** Herb. 【I, C】♣FBG, FLBG, GMG, GXIB, HBG, IBCAS, KBG, NSBG, SCBG, TBG, WBG, XBG, XLTBG, XMBG, XTBG, ZAFU; ●BJ, CQ, FJ, GD, GX, HB, HI, JX, SC, SN, TW, YN, ZJ; ★(NA): GT, MX, NI; (SA): CO.

黄花葱兰 **Zephyranthes citrina** Baker 【I, C】♣SCBG, XMBG, XTBG; ●FJ, GD, TW, YN; ★(NA): BM, CU, PR, US.

尼氏葱莲 **Zephyranthes nelsonii** Greenm. 【I, C】●TW; ★(NA): MX.

小韭兰 **Zephyranthes rosea** Lindl. 【I, C】♣FLBG, SCBG, TMNS; ●GD, JX, TW; ★(NA): BS, CR, CU, PA, PR, US; (SA): CO.

小韭莲 **Zephyranthes verecunda** Herb. 【I, N】★(NA): MX.

美花莲属 Habranthus

*大花美花莲 **Habranthus robustus** Herb. ex Sweet 【I, C】♣SCBG; ●GD, TW; ★(SA): AR, BR, CO.

*橙花美花莲 **Habranthus tubispathus** (L'Hér.) Traub 【I, C】♣XTBG; ●TW, YN; ★(NA): CU, US; (SA): AR, BO, BR, CL, PY, UY.

紫鹃莲属 Eithea

紫鹃莲 **Eithea blumenavia** (K. Koch et C. D. Bouché ex Carrière) Ravenna 【I, C】●TW; ★(SA): BR.

仙顶红属 Placea

*可爱仙顶红 **Placea amoena** Phil. 【I, C】♣XTBG; ●TW, YN; ★(SA): CL.

黛玉花属 Chlidanthus

黛玉花 **Chlidanthus fragrans** Herb. 【I, C】●TW; ★(SA): BO, PE.

水鬼蕉属 Hymenocallis

金边水鬼蕉 **Hymenocallis caribaea** (L.) Herb. 【I, C】♣XMBG; ●FJ; ★(NA): BZ, VG, WW.

水鬼蕉 **Hymenocallis littoralis** (Jacq.) Salisb. 【I, C/N】♣BBG, CBG, FBG, FLBG, GXIB, HBG, IBCAS, KBG, LBG, NBG, NSBG, SCBG, XMBG, XTBG, ZAFU; ●BJ, CQ, FJ, GD, GX, JS, JX, SH, TW, YN, ZJ; ★(NA): BM, BZ, CR, GT, HN, MX, NI, PA, SV, US; (SA): CO, PE.

螯蟹百合 **Hymenocallis speciosa** (L. f. ex Salisb.) Salisb. 【I, C】♣KBG, LBG, TBG, XLTBG, XMBG, XTBG; ●FJ, GD, HI, JX, TW, YN; ★(NA): LW.

绿鬼蕉属 Ismene

美丽水鬼蕉 **Ismene × deflexa** Herb. 【I, C】●TW, YN; ★(SA): PE.

黄花水鬼蕉 **Ismene narcissiflora** (Jacq.) M. Roem. 【I, C】●YN; ★(SA): PE.

白杯水仙属 Pamianthe

白杯水仙（秘鲁百合、鳌瓣花）**Pamianthe peruviana** Stapf 【I, C】●TW; ★(SA): BO, PE.

狭管蒜属 Stenomesson

*狭管蒜 **Stenomesson pearcei** Baker 【I, C】●TW; ★(SA): BO, PE.

绿尖石蒜属 Phaedranassa

绿色女皇百合 **Phaedranassa viridiflora** Baker 【I, C】●TW; ★(SA): EC, PE.

绿筒石蒜属 Rauhia

*多花绿筒石蒜 **Rauhia multiflora** (Kunth) Ravenna 【I, C】♣BBG; ●BJ, TW; ★(SA): PE.

南美水仙属 Eucharis

*大花南美水仙（亚马孙百合、亚马孙石蒜）**Eucharis × grandiflora** Planch. et Linden 【I, C】♣FLBG, HBG, IBCAS, KBG, SCBG, TMNS, WBG, XLTBG, XMBG, XTBG; ●BJ, FJ, GD, HB, HI, JX, TW, YN, ZJ; ★(SA): EC.

南美水仙（亚马孙石蒜）**Eucharis amazonica** Linden ex Planch. 【I, C】♣BBG, FLBG, KBG, SCBG, WBG, XMBG, XTBG; ●BJ, FJ, GD, HB, JX, TW, YN; ★(SA): EC, PE, VE.

龙须石蒜属 Eucrosia

龙须石蒜 **Eucrosia bicolor** Ker Gawl. 【I, C】 ♣XLTBG, XTBG; ●HI, TW, YN; ★(SA): EC, PE.

*奇异龙须石蒜 **Eucrosia mirabilis** (Baker) Traub【I, C】 ●TW; ★(SA): EC, PE.

49. 天门冬科 ASPARAGACEAE

金星韭属 Bloomeria

环丝韭 **Bloomeria crocea** (Torr.) Coville 【I, C】 ●TW; ★(NA): US.

*矮环丝韭 **Bloomeria humilis** Hoover【I, C】●TW; ★(NA): US.

无味韭属 Triteleia

蓝无味韭 **Triteleia grandiflora** Lindl. 【I, C】 ★(NA): CA, US.

白无味韭 **Triteleia hyacinthina** (Lindl.) Greene【I, C】 ★(NA): CA, US.

无味韭(无味葱)**Triteleia ixioides** (Dryand. ex W. T. Aiton) Greene 【I, C】 ●TW; ★(NA): US.

高杯葱属 Milla

高杯韭(美拉花) **Milla biflora** Cav. 【I, C】 ●TW; ★(NA): GT, HN, MX, US.

瓶伞葱属 Behria

瓶伞葱 **Behria tenuiflora** Greene【I, C】 ★(NA): MX.

罗伞葱属 Bessera

罗伞韭 **Bessera elegans** Schult. f.【I, C】●TW; ★(NA): MX.

石仙韭属 Petronymphe

石仙韭(长管韭) **Petronymphe decora** H. E. Moore【I, C】 ●TW; ★(NA): MX.

蓝壶韭属 Dichelostemma

头花蓝壶韭 **Dichelostemma capitatum** (Benth.) Alph. Wood 【I, C】 ●TW; ★(NA): MX, US.

蓝壶韭 **Dichelostemma congestum** (Sm.) Kunth【I, C】 ●TW; ★(NA): CA, US.

多花蓝壶韭 **Dichelostemma multiflorum** (Benth.) A. Heller 【I, C】 ●TW; ★(NA): US.

紫灯韭属 Brodiaea

*加州冠花韭 **Brodiaea californica** Lindl. ex Lem. 【I, C】 ●TW; ★(NA): US.

冠花韭 **Brodiaea coronaria** (Salisb.) Jeps. 【I, C】 ★(NA): US.

哨兵花属 Albuca

细叶弹簧草 **Albuca circinata** Baker 【I, C】 ●TW; ★(AF): ZA.

哨兵花 **Albuca humilis** Baker【I, C】♣CBG; ●SH; ★(AF): ZA.

弹簧草 **Albuca namaquensis** Baker【I, C】♣BBG, CBG, FLBG, IBCAS, SCBG, WBG, XMBG; ●BJ, FJ, GD, HB, JX, SH, TW; ★(AF): ZA.

尼氏白筒花 **Albuca nelsonii** N. E. Br.【I, C】●TW; ★(AF): ZA.

螺状弹簧草 **Albuca spiralis** L. f. 【I, C】 ♣IBCAS; ●BJ, TW; ★(AF): ZA.

尾风信子属 Dipcadi

尾风信子 **Dipcadi serotinum** Medik. 【I, C】 ★(AF): EG, ET.

春慵花属 Ornithogalum

白花虎眼万年青(阿拉伯虎眼万年青) **Ornithogalum arabicum** L.【I, C】♣HBG, NBG, XMBG; ●FJ, JS, TW, ZJ; ★(AF): EG, MA, ZA; (AS): CY, IR, LB, SA, SY, TR; (EU): AT, BA, BE, BG, ES, GB, GR, HR, IT, LU, MC, ME, MK, RO, RS, RU, SI.

矮虎眼万年青 **Ornithogalum balansae** Boiss. 【I, C】 ●TW; ★(AS): IQ, TR.

白虎眼万年青 **Ornithogalum candicans** (Baker) J. C. Manning et Goldblatt 【I, C】 ♣IBCAS; ●BJ, TW, YN; ★(AF): ZA.

虎眼万年青 **Ornithogalum caudatum** Aiton 【I, C】 ♣CDBG, FLBG, GXIB, HBG, IBCAS, KBG, SCBG, WBG, XMBG, ZAFU; ●BJ, FJ, GD, GX, HB, JX, SC, YN, ZJ; ★(AF): ZA.

橙花虎眼万年青 **Ornithogalum dubium** Houtt.【I, C】♣CBG; ●BJ, SH, TW; ★(AF): ZA.

华美虎眼万年青 **Ornithogalum maculatum** Jacq.【I, C】★(AF): ZA.

垂花虎眼万年青 **Ornithogalum nutans** L.【I, C】♣NBG; ●JS, TW; ★(AS): GE, RU-AS, TR; (EU): AT, BA, BE, BG, CZ, DE, ES, GB, GR, HR, HU, IT, ME, MK, NL, NO, PL, RO, RS, SI, TR.

*帝王虎眼万年青 **Ornithogalum princeps** (Baker) J. C. Manning et Goldblatt【I, C】♣BBG, IBCAS; ●BJ; ★(AF): CV.

Ornithogalum pyrenaicum L.【I, C】♣NBG; ●JS; ★(AF): DZ, MA, ZA; (AS): IR, LB, SA, SY, TR; (EU): AT, BA, BE, BG, CH, ES, GB, GR, HR, IT, LU, ME, MK, RO, RS, RU, SI.

*桑德森虎眼万年青（大天鹅绒）**Ornithogalum saundersiae** Baker【I, C】●BJ, TW; ★(AF): ZA.

*好望角虎眼万年青（白云花、大眼雀梅、鸟乳花）**Ornithogalum thyrsoides** Jacq.【I, C】●BJ, TW; ★(AF): ZA.

伞花虎眼万年青 **Ornithogalum umbellatum** L.【I, C】●TW; ★(AF): MA; (AS): AM, AZ, BH, GE, IL, IQ, IR, JO, KW, LB, PS, QA, SA, SY, TR, YE; (EU): AD, AL, AT, BA, BE, BG, CH, CZ, DE, ES, FR, GR, HR, HU, IT, LI, ME, MK, PL, PT, RO, RS, SI, SK, SM, VA.

*绿花虎眼万年青（绿夏风信子）**Ornithogalum viridiflorum** (I. Verd.) J. C. Manning et Goldblatt【I, C】♣BBG, IBCAS; ●BJ, TW; ★(AF): LS, ZA.

苍角殿属 Bowiea

苍角殿（大苍角殿）**Bowiea volubilis** Harv.【I, C】♣BBG, IBCAS, XMBG; ●BJ, FJ, SH; ★(AF): AO, BW, KE, MZ, NA, TZ, ZA, ZM, ZW.

银桦百合属 Drimia

*高大海葱 **Drimia altissima** (L. f.) Ker Gawl.【I, C】★(AF): GA, TZ, ZA, ZM.

*库伯海葱 **Drimia cooperi** (Baker) Baker【I, C】★(AF): ZA.

丝叶百合 **Drimia filifolia** (Poir.) J. C. Manning et Goldblatt【I, C】★(AF): ZA.

岩香百合 **Drimia fragrans** (Jacq.) J. C. Manning et Goldblatt【I, C】★(AF): ZA.

鹰爪百合 **Drimia haworthioides** Baker【I, C】♣BBG, XMBG; ●BJ, FJ; ★(AF): ZA.

白海葱（海葱）**Drimia maritima** (L.) Stearn【I, C】♣NBG, SCBG; ●GD, JS; ★(AF): CV, DZ, MA; (AS): CY, LB; (EU): ES, FR, GR, IT, MC.

*单花海葱 **Drimia uniflora** J. C. Manning et Goldblatt【I, C】●TW; ★(AF): ZA.

小苍角殿属 Schizobasis

小苍角殿 **Schizobasis intricata** (Baker) Baker【I, C】★(AF): MZ, ZA.

水晶百合属 Litanthus

水晶百合 **Litanthus peteri** U. Müll.-Doblies et D. Müll.-Doblies【I, C】★(AF): ZA.

油点百合属 Ledebouria

*同色油点花 **Ledebouria concolor** (Baker) Jessop【I, C】★(AF): ZA.

*多花油点花 **Ledebouria floribunda** (Baker) Jessop【I, C】♣BBG; ●BJ; ★(AF): ZA.

*加氏油点花 **Ledebouria galpinii** (Baker) S. Venter et T. J. Edwards【I, C】♣CBG; ●SH; ★(AF): ZA.

油点百合（油点花）**Ledebouria socialis** (Baker) Jessop【I, C】♣BBG, FBG, FLBG, IBCAS, SCBG, TMNS, WBG, XMBG, XTBG; ●BJ, FJ, GD, HB, JX, TW, YN; ★(AF): ZA.

豹叶百合属 Drimiopsis

麻点百合（豹叶百合）**Drimiopsis botryoides** Baker【I, C】♣BBG, CBG, FLBG, GXIB, SCBG, WBG, XMBG; ●BJ, FJ, GD, GX, HB, JX, SH; ★(AF): BW, MZ, TZ, ZA, ZM, ZW.

阔叶麻点百合 **Drimiopsis maculata** Lindl. et Paxton【I, C】♣BBG, CBG, SCBG, WBG; ●BJ, GD, HB, SH, TW; ★(AF): ZA.

鱼鳞百合属 Resnova

Resnova humifusa (Baker) U. Müll.-Doblies et D. Müll.-Doblies【I, C】★(AF): ZA.

*大锈点花 **Resnova maxima** van der Merwe【I, C】★(AF): ZA.

凤梨百合属 Eucomis

秋凤梨百合 **Eucomis autumnalis** (Mill.) Chitt.【I,

C】♣CBG; ●SH; ★(AF): BW, LS, MW, SZ, ZA, ZW.

两色凤梨百合 **Eucomis bicolor** Baker 【I, C】 ★(AF): LS, ZA.

凤梨百合 **Eucomis comosa** (Houtt.) Wehrh. 【I, C】 ♣IBCAS, KBG; ●BJ, TW, YN; ★(AF): ZA.

淡黄凤梨百合 **Eucomis pallidiflora** Baker 【I, C】 ★(AF): LS, SZ, ZA.

波勒凤梨百合 **Eucomis pallidiflora** subsp. **pole-evansii** (N. E. Br.) Reyneke ex J. C. Manning 【I, C】 ♣IBCAS; ●BJ; ★(AF): LS, SZ, ZA.

万氏凤梨百合 **Eucomis vandermerwei** Verd. 【I, C】 ♣XTBG; ●YN; ★(AF): ZA.

金玉凤属 Daubenya

金玉凤 **Daubenya aurea** Lindl. 【I, C】 ●TW; ★(AF): ZA.

金熙凤 **Daubenya capensis** (Schltr.) A. M.van der Merwe et J. C. Manning 【I, C】 ★(AF): ZA.

火玉凤 **Daubenya marginata** (Willd. ex Kunth) J. C. Manning et A. M.van der Merwe 【I, C】 ★(AF): ZA.

黄熙凤 **Daubenya stylosa** (W. H. Baker) A. M.van der Merwe et J. C. Manning 【I, C】 ★(AF): ZA.

白玉凤属 Massonia

*二叶白玉凤 **Massonia bifolia** (Jacq.) J. C. Manning et Goldblatt 【I, C】 ●TW; ★(AF): ZA.

*矮生白玉凤 **Massonia depressa** Houtt. 【I, C】 ●TW; ★(AF): ZA.

紫镜 **Massonia pustulata** Jacq. 【I, C】 ♣CBG; ●FJ, SH, TW; ★(AF): ZA.

仙火花属 Veltheimia

仙火花 **Veltheimia capensis** (L.) DC. 【I, C】 ♣HBG; ●TW, ZJ; ★(AF): ZA.

纳金花属 Lachenalia

纳金花 **Lachenalia aloides** (L. f.) Engl. 【I, C】 ♣BBG; ●BJ, TW; ★(AF): ZA.

橙色纳金花 **Lachenalia aloides** var. **aloides** Engl. 【I, C】 ★(AF): ZA.

长筒立金花 **Lachenalia bulbifera** (Cirillo) Engl. 【I, C】 ●TW; ★(AF): ZA.

白花纳金花 **Lachenalia contaminata** Sol. 【I, C】 ♣IBCAS; ●BJ, TW; ★(AF): ZA.

*脓泡纳金花 **Lachenalia pustulata** Jacq. 【I, C】 ●TW; ★(AF): ZA.

毛叶纳金花 **Lachenalia trichophylla** Baker 【I, C】 ●TW; ★(AF): ZA.

绿花纳金花 **Lachenalia viridiflora** W. F. Barker 【I, C】 ●TW; ★(AF): ZA.

绵枣儿属 Barnardia

绵枣儿 **Barnardia japonica** (Thunb.) Schult. et Schult. f. 【N, W/C】 ♣BBG, CBG, FLBG, HBG, HFBG, LBG, NBG, SCBG, WBG, ZAFU; ●BJ, GD, HB, HL, JS, JX, LN, SH, ZJ; ★(AS): CN, JP, KP, RU-AS.

紫晶花属 Brimeura

蓝晶花 **Brimeura amethystina** (L.) Chouard 【I, C】 ●TW; ★(EU): AD, BA, DE, ES, FR, HR, ME, MK, RS, SI.

蓝铃花属 Hyacinthoides

西班牙蓝铃花 **Hyacinthoides hispanica** (Mill.) Rothm. 【I, C】 ♣NBG; ●JS, TW, YN; ★(EU): AD, BA, DE, ES, FR, GB, HR, IT, LU, ME, MK, PT, RS, SI.

*意大利蓝铃花（意大利锦枣儿）**Hyacinthoides italica** (L.) Rothm. 【I, C】 ♣BBG, NBG; ●BJ, FJ, JS; ★(EU): ES, FR, IT, PT.

无斑蓝铃花（蓝海葱）**Hyacinthoides non-scripta** (L.) Chouard ex Rothm. 【I, C】 ♣CBG, NBG; ●JS, SH; ★(EU): BE, ES, FR, GB, LU, MC, NL, PT.

蓝壶花属 Muscari

亚美尼亚蓝壶花 **Muscari armeniacum** Leichtlin ex Baker 【I, C】 ♣NBG; ●BJ, JS, TW, YN; ★(AS): AM, AZ, GE, IR, RU-AS, TR; (EU): GR, RU, TR, UA.

深蓝蓝壶花 **Muscari aucheri** (Boiss.) Baker 【I, C】 ♣IBCAS; ●BJ, TW; ★(AS): TR.

蓝壶花（串铃花、葡萄风信子）**Muscari botryoides** (L.) Mill. 【I, C】 ♣BBG, HBG, IBCAS, NBG, WBG, XMBG; ●BJ, FJ, HB, JS, SH, TJ, TW, ZJ; ★(EU): AD, AL, AT, BA, BG, CH, CZ, DE, GR, HR, HU, IT, LI, ME, MK, PL, RO, RS, SI, SK,

SM, VA.

宽叶蓝壶花（渐变蓝壶花、宽叶串铃花）**Muscari latifolium** J. Kirk【I, C】♣IBCAS; ●BJ, SH, TW; ★(AS): TR.

大果蓝壶花 **Muscari macrocarpum** Sweet 【I, C】★(AS): TR; (EU): GR.

*不显蓝壶花（蓝香水仙）**Muscari neglectum** Guss. ex Ten. 【I, C】 ♣NBG; ●JS; ★(AS): GE, TR; (EU): ES, FR, GR, IT.

总序蓝壶花（总状蓝壶花）**Muscari racemosum** Mill. 【I, C】♣KBG, XMBG; ●FJ, SH, YN; ★(AS): SY, TR.

假蓝壶花属 Pseudomuscari

假蓝壶花（假葡萄风信子、青花）**Pseudomuscari azureum** (Fenzl) Garbari et Greuter 【I, C】 ★(AS): TR.

丛毛蓝壶花属 Leopoldia

丛毛蓝壶花（丛生蓝壶花）**Leopoldia comosa** (L.) Parl. 【I, C】 ★(AS): AZ, CY, GE, IR, TR; (EU): BG, FR, GR, IT, MC, RO, RS.

罗马风信属 Bellevalia

*纤毛蓝盂花（毛叶水仙）**Bellevalia ciliata** (Cirillo) T. Nees 【I, C】 ♣NBG; ●JS, TW; ★(EU): DE, ES, FR, GR, IT, TR.

罗马风信子 **Bellevalia romana** (L.) Sweet 【I, C】 ♣KBG; ●YN; ★(AF): EG, MA; (EU): AL, BA, DE, ES, FR, GR, HR, IT, ME, MK, RO, RS, SI, TR.

蓝瑰花属 Scilla

*二叶蓝瑰花（二叶绵枣儿）**Scilla bifolia** L. 【I, C】 ♣NBG; ●JS, TW; ★(AF): EG, MA; (AS): GE, SA, TR; (EU): AL, AT, BA, BE, BG, CZ, DE, ES, FR, GR, HR, HU, IT, ME, MK, NL, PL, RO, RS, RU, SI, TR.

雪光花 **Scilla forbesii** (Baker) Speta【I, C】♣BBG; ●BJ, TW; ★(AS): TR.

草原锦枣儿 **Scilla litardierei** Breistr. 【I, C】 ♣NBG; ●JS; ★(EU): BA, HR, ME, MK, NL, RS, SI.

白雪光花 **Scilla luciliae** (Boiss.) Speta 【I, C】 ♣NBG; ●JS, TW; ★(AS): TR.

单叶锦枣儿 **Scilla monophyllos** Link 【I, C】 ♣NBG; ●JS; ★(AF): MA; (EU): ES, LU.

蓝绵枣儿 **Scilla nonscripta** Hoffmanns. et Link 【I, C】 ♣NBG; ●JS; ★(EU): GB.

葡萄牙蓝瑰花（地中海蓝钟花）**Scilla peruviana** L. 【I, C】♣HBG, XMBG; ●FJ, TW, ZJ; ★(AF): DZ, EG, LY, MA; (AS): CY; (EU): GB, MC, SE.

撒丁雪光花 **Scilla sardensis** (Whittall ex Barr et Sayden) Speta 【I, C】 ♣BBG; ●BJ, TW; ★(AS): TR.

西伯利亚绵枣儿 **Scilla siberica** Haw. 【I, C】 ★(AS): GE, TR; (EU): AT, BA, BG, CZ, HR, ME, MK, NL, RO, RS, RU, SI.

蚁播花属 Puschkinia

蚁播花 **Puschkinia scilloides** Adams 【I, C】 ●TW; ★(AS): GE, IQ, IR, TR.

风信子属 Hyacinthus

李维诺夫风信子 **Hyacinthus litwinovii** Czerniak. 【I, C】 ●TW; ★(AS): IQ, IR, TR.

风信子 **Hyacinthus orientalis** L. 【I, C】 ♣BBG, FBG, FLBG, HBG, IBCAS, NBG, WBG, XMBG, XOIG, ZAFU; ●BJ, FJ, GD, HB, JS, JX, SC, SH, SN, TJ, TW, YN, ZJ; ★(AS): AM, AZ, BH, GE, IL, IQ, IR, JO, KW, LB, PS, QA, SA, SY, TR, YE.

里海风信子 **Hyacinthus transcaspicus** Litv. 【I, C】 ●TW; ★(AS): TM.

知母属 Anemarrhena

知母 **Anemarrhena asphodeloides** Bunge 【N, W/C】 ♣FLBG, GMG, HBG, HFBG, IBCAS, KBG, NBG, SCBG, WBG, XBG, XMBG; ●BJ, FJ, GD, GX, HB, HL, JS, JX, SN, YN, ZJ; ★(AS): CN, KP, MN, RU-AS.

锥灯吊兰属 Echeandia

玉凤（花车）**Echeandia imbricata** Cruden 【I, C】 ★(NA): MX.

白丽 **Echeandia ramosissima** (C. Presl) Cruden 【I, C】 ★(NA): MX.

圆果吊兰属 Anthericum

高大圆果吊兰 **Anthericum liliago** L. 【I, C】 ★(AF): MA; (AS): GE, TR; (EU): AL, AT, BA, BE,

BG, CZ, DE, ES, GR, HR, HU, IT, LU, ME, MK, NL, PL, RO, RS, RU, SI.

圆果吊兰 **Anthericum ramosum** L.【I, C】★(AS): GE, TR; (EU): AL, AT, BA, BE, BG, CZ, DE, ES, HR, HU, IT, ME, MK, PL, RO, RS, RU, SI, TR.

乐园百合属 Paradisea

乐园百合 **Paradisea liliastrum** Bertol. 【I, C】♣NBG, XTBG; ●JS, YN; ★(EU): AD, AL, AT, BA, BG, CH, DE, ES, FR, GR, HR, IT, ME, MK, PT, RO, RS, SI, SM, VA.

葡萄牙乐园百合 **Paradisea lusitanica** (Cout.) Samp. 【I, C】 ★(EU): ES, PT.

吊兰属 Chlorophytum

*睑叶吊兰 **Chlorophytum blepharophyllum** Schweinf. ex Baker【I, C】♣XTBG; ●YN; ★(AF): AO, BI, CF, CM, NG, TZ, ZM.

短穗吊兰 **Chlorophytum brachystachyum** Baker【I, C】 ★(AF): AO, TZ, ZA, ZM.

南非吊兰 **Chlorophytum capense** (L.) Voss【I, C】♣BBG, GA, GBG, GMG, GXIB, HBG, KBG, LBG, NBG, SCBG, XBG, XLTBG, XMBG; ●AH, BJ, FJ, GD, GX, GZ, HI, JS, JX, SC, SN, YN, ZJ; ★(AF): ZA.

吊兰 **Chlorophytum comosum** (Thunb.) Jacques【I, C】♣BBG, CDBG, FBG, FLBG, GXIB, HBG, IBCAS, KBG, LBG, NBG, NSBG, SCBG, TBG, WBG, XMBG, XOIG, XTBG, ZAFU; ●BJ, CQ, FJ, GD, GX, HB, JS, JX, SC, SH, TW, YN, ZJ; ★(AF): BI, CD, CM, GN, KE, TZ, ZA.

具茎吊兰 **Chlorophytum comosum** var. **bipindense** (Engl. et K. Krause) A. D. Poulsen et Nordal【I, C】♣XTBG; ●YN; ★(AF): BI, CD, CM, GN, KE, TZ, ZA.

安曼吊兰（橙柄花）**Chlorophytum filipendulum** subsp. **amaniense** (Engl.) Nordal et A. D. Poulsen【I, C】♣XMBG, XTBG; ●FJ, YN; ★(AF): TZ.

小花吊兰 **Chlorophytum laxum** R. Br. 【N, W/C】♣BBG, FBG, FLBG, GMG, SCBG, TBG, XLTBG, XMBG, XTBG; ●BJ, FJ, GD, GX, HI, JX, TW, YN; ★(AF): AO, BF, GA, NG; (AS): CN, ID, IN, LK, MM, MY, SG, TH, VN, YE; (OC): AU, PAF.

宽叶吊兰 **Chlorophytum macrophyllum** (A. Rich.) Asch.【I, C】♣CDBG, FLBG; ●GD, JX, SC; ★(AF): AO, ET, NG, TZ, ZM.

马达加斯加吊兰 **Chlorophytum madagascariense** Baker【I, C】♣FLBG, SCBG, WBG, XTBG; ●GD, HB, JX, YN; ★(AF): MG.

大叶吊兰 **Chlorophytum malayense** Ridl. 【N, W/C】♣BBG, FBG, FLBG, GXIB, NBG, TMNS, WBG, XTBG; ●BJ, FJ, GD, GX, HB, JS, JX, TW, YN; ★(AS): CN, LA, MY, TH, VN.

西南吊兰 **Chlorophytum nepalense** (Lindl.) Baker【N, W/C】♣CDBG, FLBG, KBG, XTBG; ●GD, JX, SC, YN; ★(AS): BT, CN, ID, IN, LK, MM, NP.

鹭鸶草属 Diuranthera

鹭鸶草（鹭鸶兰）**Diuranthera major** Hemsl. 【N, W/C】♣HBG, IBCAS, KBG, SCBG, WBG, XTBG; ●BJ, GD, HB, YN, ZJ; ★(AS): CN.

小鹭鸶草（小鹭鸶兰）**Diuranthera minor** (C. H. Wright) Hemsl.【N, W/C】♣HBG; ●ZJ; ★(AS): CN.

玉簪属 Hosta

金头饰玉簪 **Hosta capitata** (Koidz.) Nakai【I, C】♣BBG; ●BJ; ★(AS): JP, KR.

东北玉簪 **Hosta ensata** F. Maek.【N, W/C】♣BBG, HFBG, IBCAS, LBG; ●BJ, HL, JX, LN; ★(AS): CN, KP, KR.

菊慈玉簪 **Hosta kikutii** F. Maek.【I, C】♣IBCAS; ●BJ; ★(AS): JP.

乌头状菊慈玉簪 **Hosta kikutii** var. **caput-avis** (F. Maek.) F. Maek.【I, C】♣IBCAS; ●BJ; ★(AS): JP.

朝鲜玉簪 **Hosta longipes** (Franch. et Sav.) Matsum.【I, C】♣IBCAS; ●BJ; ★(AS): JP, KR.

黑绿玉簪 **Hosta nigrescens** (Makino) F. Maek.【I, C】♣BBG, IBCAS; ●BJ; ★(AS): JP.

玉簪 **Hosta plantaginea** (Lam.) Asch. 【N, W/C】♣BBG, CBG, CDBG, FBG, FLBG, GA, GBG, GMG, GXIB, HBG, HFBG, IBCAS, KBG, LBG, NBG, SCBG, WBG, XBG, XMBG, XTBG, ZAFU; ●BJ, FJ, GD, GX, GZ, HB, HL, JS, JX, LN, SC, SH, SN, TW, XJ, YN, ZJ; ★(AS): CN, JP, KR.

直立玉簪 **Hosta rectifolia** Nakai【I, C】♣IBCAS; ●BJ, TW; ★(AS): JP, RU-AS.

粉叶玉簪 **Hosta sieboldiana** (Hook.) Engl.【I, C】♣BBG, FLBG, IBCAS, LBG, WBG, XTBG; ●BJ, GD, HB, JX, TW, YN; ★(AS): JP.

山地玉簪 **Hosta sieboldiana** var. **montana** (F. Maek.) Zonn.【I, C】♣BBG, IBCAS, NBG; ●BJ, JS, TW; ★(AS): JP.

白边玉簪（紫玉簪）**Hosta sieboldii** (Paxton) J. W. Ingram 【I, C】♣BBG, HBG, IBCAS, SCBG, WBG, XMBG, XTBG; ●BJ, FJ, GD, HB, YN, ZJ; ★(AS): JP.

*塔迪玉簪 **Hosta tardiva** Nakai 【I, C】♣IBCAS; ●BJ; ★(AS): JP.

波叶玉簪 **Hosta undulata** (Otto et A. Dietr.) L. H. Bailey 【I, C】♣GXIB, HBG, IBCAS, LBG, SCBG, WBG, XMBG, XTBG; ●AH, BJ, FJ, GD, GX, HB, JX, LN, YN, ZJ; ★(AS): JP.

紫萼 **Hosta ventricosa** Stearn 【N, W/C】♣BBG, CBG, CDBG, FLBG, GA, GBG, GMG, GXIB, HBG, HFBG, IBCAS, KBG, LBG, NBG, NSBG, SCBG, WBG, XMBG, ZAFU; ●BJ, CQ, FJ, GD, GX, GZ, HB, HL, JS, JX, LN, SC, SH, YN, ZJ; ★(AS): CN, JP.

矮小玉簪 **Hosta venusta** F. Maek. 【I, C】♣IBCAS, WBG; ●BJ, HB, TW; ★(AS): JP, KR.

糠米百合属 Camassia

大糠米百合（克美莲）**Camassia leichtlinii** (Baker) S. Watson 【I, C】●TW; ★(NA): US.

夸马克美莲（卡马百合、小糠米百合）**Camassia quamash** (Pursh) Greene 【I, C】●TW; ★(NA): CA, US.

草丝兰属 Hesperaloe

草丝兰 **Hesperaloe funifera** (K. Koch) Trel. 【I, C】●TW; ★(NA): MX, US.

*小花草丝兰 **Hesperaloe parviflora** (Torr.) J. M. Coult. 【I, C】♣BBG; ●BJ, TW; ★(NA): MX, US.

西丝兰属 Hesperoyucca

西丝兰 **Hesperoyucca whipplei** (Torr.) Trel. 【I, C】♣HBG; ●TW, ZJ; ★(NA): MX, US.

丝兰属 Yucca

王兰 **Yucca × dracaenoides** André 【I, C】♣TMNS; ●TW; ★(NA): US.

千手丝兰 **Yucca aloifolia** L. 【I, C】♣BBG, CBG, FLBG, HBG, IBCAS, KBG, SCBG, TBG, TMNS, WBG, XBG, XMBG, XTBG, ZAFU; ●BJ, FJ, GD, HB, JX, SC, SH, SN, TW, YN, ZJ; ★(NA): DO, MX, US.

香蕉丝兰 **Yucca baccata** Torr. 【I, C】♣BBG, CBG, KBG; ●BJ, SH, TW, YN; ★(NA): MX, US.

*短叶香蕉丝兰 **Yucca baccata** var. **brevifolia** L. D. Benson et Darrow 【I, C】●TW; ★(NA): US.

纳瓦霍丝兰 **Yucca baileyi** Wooton et Standl. 【I, C】★(NA): US.

短叶丝兰（小叶丝兰）**Yucca brevifolia** Engelm. 【I, C】♣FLBG, XMBG; ●FJ, GD, JX, SH, TW; ★(NA): US.

大丝兰 **Yucca carnerosana** (Trel.) McKelvey 【I, C】●TW; ★(NA): MX.

巴克尔丝兰 **Yucca constricta** Buckley 【I, C】★(NA): US.

戴氏丝兰 **Yucca desmetiana** Baker 【I, C】★(NA): MX.

高丝兰（皂树丝兰）**Yucca elata** (Engelm.) Engelm. 【I, C】♣FLBG, SCBG, XMBG; ●FJ, GD, JX, TW; ★(NA): MX, US.

安氏丝兰 **Yucca endlichiana** Trel. 【I, C】●TW; ★(NA): MX.

*法克森丝兰 **Yucca faxoniana** Sarg. 【I, C】●TW; ★(NA): MX, US.

柔软丝兰（丝兰）**Yucca filamentosa** L. 【I, C】♣BBG, CBG, FBG, FLBG, HBG, IBCAS, KBG, NBG, SCBG, TMNS, XBG, XMBG, XOIG; ●BJ, FJ, GD, JS, JX, SC, SD, SH, SN, TW, YN, ZJ; ★(NA): US.

树丝兰 **Yucca filifera** Chabaud 【I, C】●TW; ★(NA): MX.

软叶丝兰 **Yucca flaccida** Haw. 【I, C】♣BBG, CDBG, FBG, HBG, LBG, NBG, NSBG, XMBG; ●BJ, CQ, FJ, JS, JX, SC, SH, TW, YN, ZJ; ★(NA): US.

巨丝兰 **Yucca gigantea** Lem. 【I, C】♣FBG, GXIB, IBCAS, KBG, SCBG, XMBG, XTBG; ●BJ, FJ, GD, GX, TW, YN; ★(NA): MX.

小丝兰 **Yucca glauca** Nutt. 【I, C】♣BBG, SCBG; ●BJ, GD; ★(NA): US.

凤尾丝兰 **Yucca gloriosa** L. 【I, C】♣CBG, FBG, FLBG, GBG, HBG, IBCAS, KBG, LBG, NBG, NSBG, SCBG, TBG, WBG, XMBG, XTBG, ZAFU; ●BJ, CQ, FJ, GD, GZ, HB, JS, JX, SH, TW, YN, ZJ; ★(NA): US.

弯叶丝兰（垂丝兰）**Yucca gloriosa** var. **tristis** Carrière 【I, C】♣XTBG; ●TW, YN; ★(NA): MX, US.

*哈里曼丝兰 **Yucca harrimaniae** Trel. 【I, C】♣BBG; ●BJ, TW; ★(NA): US.

*佩里科丝兰 **Yucca periculosa** Baker【I, C】●TW; ★(NA): MX.

蓝丝兰(硬叶丝兰)**Yucca rigida** (Engelm.) Trel.【I, C】♣CBG; ●SH, TW; ★(NA): MX.

细叶丝兰 **Yucca rostrata** Engelm. ex Trel.【I, C】♣BBG, CBG, FLBG, SCBG, XMBG; ●BJ, FJ, GD, JX, SH, TW; ★(NA): MX, US.

变叶丝兰 **Yucca rupicola** Scheele【I, C】●TW; ★(NA): US.

宽叶丝兰(纤丝兰)**Yucca schidigera** Roezl ex Ortgies【I, C】♣FLBG; ●GD, JX, TW; ★(NA): MX, US.

斯肯特丝兰 **Yucca schottii** Engelm.【I, C】♣FLBG; ●GD, JX; ★(NA): MX, US.

窄叶丝兰 **Yucca thompsoniana** Trel.【I, C】♣BBG, CBG, FLBG, TBG; ●BJ, FJ, GD, JX, SH, TW; ★(NA): MX.

特莱氏丝兰 **Yucca treculeana** Carrière【I, C】♣XTBG; ●TW, YN; ★(NA): MX, US.

达提里罗丝兰 **Yucca valida** Brandegee【I, C】★(NA): MX.

巨麻属 Furcraea

巨麻(万年麻)**Furcraea foetida** (L.) Haw.【I, C】♣CBG, FBG, HBG, IBCAS, KBG, SCBG, TBG, TMNS, XMBG, XOIG, XTBG; ●BJ, FJ, GD, SH, TW, YN, ZJ; ★(NA): CR, JM, NL-AN, PR, WW; (SA): BO, BR, CO, VE.

塞洛万年麻 **Furcraea selloa** K. Koch【I, C】♣CBG, IBCAS, SCBG, TBG, WBG, XTBG; ●BJ, GD, HB, SC, SH, TW, YN; ★(SA): CO, EC.

龙荟兰属 Beschorneria

白花龙荟兰 **Beschorneria albiflora** Matuda【I, C】★(NA): GT, HN, MX.

硬叶龙荟兰 **Beschorneria rigida** Rose【I, C】★(NA): MX.

龙荟兰 **Beschorneria tubiflora** (Kunth et C. D. Bouché) Kunth【I, C】★(NA): MX.

龙舌兰属 Agave

亚利桑那龙舌兰 **Agave × arizonica** Gentry et J. H. Weber【I, C】♣CBG; ●SH, TW; ★(NA): US.

姬龙舌兰 **Agave × pumila** De Smet ex Baker【I, C】★(NA): MX.

阿克泰斯龙舌兰 **Agave aktites** Gentry【I, C】♣CBG; ●SH; ★(NA): MX.

龙舌兰 **Agave americana** L.【I, C】♣BBG, CBG, CDBG, FBG, FLBG, GA, GBG, GXIB, HBG, IBCAS, KBG, LBG, NBG, SCBG, TBG, TMNS, WBG, XBG, XLTBG, XMBG, XTBG, ZAFU; ●BJ, FJ, GD, GX, GZ, HB, HI, JS, JX, SC, SH, SN, TW, YN, ZJ; ★(NA): MX, US.

金边龙舌兰 **Agave americana** var. **marginata** Trel.【I, C】♣SCBG; ●GD; ★(NA): MX, US.

狭叶龙舌兰 **Agave angustifolia** Steud.【I, C】♣BBG, FLBG, GA, GBG, GXIB, HBG, SCBG, TBG, XMBG, XTBG; ●BJ, FJ, GD, GX, GZ, JX, TW, YN, ZJ; ★(NA): BM, CR, CU, GT, MX, NI, PA, SV.

伏地展开龙舌兰 **Agave applanata** Lem. ex Jacobi【I, C】●TW; ★(NA): MX, US.

糙叶龙舌兰(山丘龙舌兰)**Agave asperrima** Jacobi【I, C】♣CBG, SCBG; ●GD, SH, TW; ★(NA): MX, US.

暗绿龙舌兰 **Agave atrovirens** Karw. ex Salm-Dyck【I, C】♣CBG, SCBG, XMBG; ●FJ, GD, SH, TW; ★(NA): MX.

翠绿龙舌兰(初绿、狐尾龙舌兰)**Agave attenuata** Salm-Dyck【I, C】♣BBG, CBG, FBG, IBCAS, SCBG, TMNS, WBG, XMBG, XTBG; ●BJ, FJ, GD, HB, SC, SH, TW, YN; ★(NA): MX.

*齿叶龙舌兰 **Agave attenuata** subsp. **dentata** (J. Verschaff.) B. Ullrich【I, C】●TW; ★(NA): MX.

金黄龙舌兰 **Agave aurea** Brandegee【I, C】♣CBG; ●SH; ★(NA): MX.

褐齿龙舌兰 **Agave avellanidens** Trel.【I, C】♣CBG; ●SH; ★(NA): MX.

布勒龙舌兰 **Agave beauleriana** Jacobi【I, C】♣CBG; ●SH, YN; ★(NA): MX.

牛角龙舌兰(翡翠盘)**Agave bovicornuta** Gentry【I, C】♣BBG, CBG, SCBG; ●BJ, GD, SH, TW; ★(NA): MX.

多苞龙舌兰 **Agave bracteosa** S. Watson ex Engelm.【I, C】♣CBG; ●SH, TW; ★(NA): MX.

马盖麻 **Agave cantula** Roxb.【I, C】♣CBG, GXIB, HBG, XMBG; ●FJ, GX, SH, ZJ; ★(NA): HN, MX, SV.

蜡叶龙舌兰 **Agave cerulata** Trel.【I, C】♣CBG; ●SH, TW; ★(NA): MX.

纳尔逊蜡叶龙舌兰 **Agave cerulata** subsp. **nelsonii** (Trel.) Gentry【I, C】♣CBG; ●SH; ★(NA): MX.

恰帕斯龙舌兰 **Agave chiapensis** Jacobi 【I, C】 ♣CBG; ●SH, TW; ★(NA): GT, MX.

黄花龙舌兰 **Agave chrysantha** Peebles 【I, C】 ♣CBG; ●SH, TW; ★(NA): US.

科罗龙舌兰 **Agave colorata** Gentry【I, C】♣CBG; ●SH, TW; ★(NA): MX, US.

密生龙舌兰 **Agave congesta** Gentry【I, C】♣CBG; ●SH; ★(NA): MX.

铜叶龙舌兰 **Agave cupreata** Trel. et A. Berger 【I, C】 ♣CBG; ●SH, TW; ★(NA): MX.

类锯齿龙舌兰 **Agave dasylirioides** Jacobi et Bouch. 【I, C】 ♣CBG, KBG; ●SH, TW, YN; ★(NA): MX.

达茨里欧龙舌兰 **Agave datylio** F. A. C. Weber 【I, C】 ♣CBG; ●SH, TW; ★(NA): MX.

三角龙舌兰 **Agave decipiens** Baker【I, C】♣CBG; ●SH; ★(NA): US.

金边平龙舌兰 **Agave de-meesteriana** Jacobi 【I, C】 ★(NA): MX.

沙漠龙舌兰 **Agave deserti** Engelm.【I, C】♣BBG, CBG; ●BJ, SH, TW; ★(NA): US.

少花沙漠龙舌兰 **Agave deserti** var. **simplex** (Gentry) W. C. Hodgs. et Reveal 【I, C】 ♣CBG; ●SH; ★(NA): US.

异形龙舌兰 **Agave difformis** A. Berger 【I, C】 ♣CBG; ●SH, TW; ★(NA): MX, US.

杜兰戈龙舌兰 **Agave durangensis** Gentry 【I, C】 ♣CBG; ●SH, TW; ★(NA): MX.

剑叶龙舌兰 **Agave ensifera** Jacobi【I, C】♣HBG; ●ZJ; ★(NA): MX.

费尔格龙舌兰 **Agave felgeri** Gentry【I, C】♣CBG; ●SH, TW; ★(NA): MX.

乱雪龙舌兰（丝龙舌兰）**Agave filifera** Salm-Dyck 【I, C】♣BBG, CBG, IBCAS, SCBG, TBG, TMNS, XMBG, XTBG; ●BJ, FJ, GD, SH, TW, YN; ★(NA): MX, US.

福克斯龙舌兰 **Agave flexispina** Trel. 【I, C】 ♣CBG; ●SH, TW; ★(NA): MX.

黄条龙舌兰（灰叶剑麻）**Agave fourcroydes** Lem.【I, C】♣HBG, IBCAS, XMBG; ●BJ, FJ, ZJ; ★(NA): CU, GT, MX.

丰克龙舌兰 **Agave funkiana** K. Koch et C. D. Bouché【I, C】♣CBG; ●SH, TW; ★(NA): MX.

加门龙舌兰 **Agave garciae-mendozae** Galván et L. Hern. 【I, C】 ♣CBG; ●SH, TW; ★(NA): US.

双花龙舌兰（白丝龙舌兰）**Agave geminiflora** (Tagl.) Ker Gawl. 【I, C】 ♣BBG, CBG, HBG, SCBG; ●BJ, GD, SH, TW, ZJ; ★(NA): MX.

金特里龙舌兰 **Agave gentryi** B. Ullrich 【I, C】 ♣CBG; ●SH, TW; ★(NA): MX.

帝释天 **Agave ghiesbreghtii** Lem. ex Jacobi 【I, C】 ♣CBG, XMBG; ●FJ, SH, TW; ★(NA): GT, MX.

巨龙舌兰 **Agave gigantensis** Gentry【I, C】♣CBG; ●SH, TW; ★(NA): MX.

细梗龙舌兰 **Agave gracilipes** Trel.【I, C】♣CBG; ●SH, TW; ★(NA): US.

瓜达拉哈拉龙舌兰 **Agave guadalajarana** Trel. 【I, C】 ♣CBG; ●SH, TW; ★(NA): MX.

翠玉龙舌兰 **Agave guiengola** Gentry 【I, C】 ♣CBG, SCBG; ●GD, SH, TW; ★(NA): MX.

波叶龙舌兰 **Agave gypsophila** Gentry 【I, C】 ♣CBG, XMBG; ●FJ, SH, TW; ★(NA): MX.

哈佛龙舌兰 **Agave havardiana** Trel. 【I, C】 ♣CBG, FLBG; ●GD, JX, SH, TW; ★(NA): MX, US.

冬花龙舌兰 **Agave hiemiflora** Gentry 【I, C】 ♣CBG; ●SH; ★(NA): GT, MX.

大齿龙舌兰 **Agave horrida** Lem. ex Jacobi 【I, C】 ♣CBG, IBCAS, SCBG, XMBG; ●BJ, FJ, GD, SH, TW; ★(NA): MX, US.

彼罗特大齿龙舌兰 **Agave horrida** subsp. **perotensis** B. Ullrich 【I, C】 ♣CBG; ●SH; ★(NA): MX.

*胡尔特龙舌兰 **Agave hurteri** Trel. 【I, C】 ●TW; ★(NA): GT.

凹龙舌兰 **Agave impressa** Gentry 【I, C】 ♣CBG; ●SH, TW; ★(NA): MX.

异齿龙舌兰 **Agave inaequidens** K. Koch 【I, C】 ♣CBG; ●SH, TW; ★(NA): MX.

地峡龙舌兰 **Agave isthmensis** A. García-Mend. et F. Palma 【I, C】 ♣CBG, SCBG; ●GD, SH, TW; ★(NA): MX.

卡尔温斯基龙舌兰 **Agave karwinskii** Zucc.【I, C】 ♣CBG; ●SH; ★(NA): MX.

凯氏龙舌兰 **Agave kerchovei** Lem.【I, C】♣CBG, HBG, IBCAS, NBG; ●BJ, JS, SH, TW, ZJ; ★(NA): MX, US.

白肋龙舌兰 **Agave lechuguilla** Torr. 【I, C】 ♣SCBG; ●GD, TW; ★(NA): MX, US.

长萼龙舌兰 **Agave longisepala** Tod. 【I, C】 ♣XTBG; ●YN; ★(NA): MX.

八荒殿 **Agave macroacantha** Zucc.【I, C】♣CBG,

HBG, XMBG; ●FJ, SH, TW, ZJ; ★(NA): MX.

大理石龙舌兰 **Agave marmorata** Roezl 【I, C】 ♣CBG; ●SH, TW; ★(NA): MX.

麦凯尔维龙舌兰 **Agave mckelveyana** Gentry 【I, C】 ♣CBG; ●SH, TW; ★(NA): US.

无刺龙舌兰（水晶宫）**Agave mitis** Mart. 【I, C】 ♣CBG, IBCAS, KBG, ZAFU; ●BJ, SH, TW, YN, ZJ; ★(NA): MX, US.

*白口龙舌兰 **Agave mitis** var. **albidior** (Salm-Dyck) B. Ullrich 【I, C】 ●TW; ★(NA): US.

山龙舌兰 **Agave montana** Villarreal 【I, C】 ♣CBG; ●SH, TW; ★(NA): MX.

丝叶龙舌兰 **Agave multifilifera** Gentry 【I, C】 ♣CBG; ●SH, TW; ★(NA): MX.

墨菲龙舌兰 **Agave murpheyi** Gibson 【I, C】 ♣CBG; ●SH, TW; ★(NA): MX, US.

劲叶龙舌兰 **Agave neglecta** Small 【I, C】 ♣SCBG, XTBG; ●GD, YN; ★(NA): US.

尼赞达龙舌兰 **Agave nizandensis** Cutak 【I, C】 ♣CBG; ●SH, TW; ★(NA): MX.

暗淡龙舌兰 **Agave obscura** Schiede ex Schltdl. 【I, C】 ♣CBG; ●SH, TW; ★(NA): MX.

奥卡龙舌兰 **Agave ocahui** Gentry 【I, C】 ♣BBG, CBG, HBG; ●BJ, SH, TW, ZJ; ★(NA): MX.

带叶龙舌兰 **Agave ornithobroma** Gentry 【I, C】 ♣CBG, IBCAS; ●BJ, SH, TW; ★(NA): MX.

奥罗龙舌兰 **Agave oroensis** Gentry 【I, C】 ♣CBG; ●SH; ★(NA): MX.

奥尔蒂格龙舌兰 **Agave ortgiesiana** (Baker) Trel. 【I, C】 ♣CBG; ●SH, TW; ★(NA): MX.

卵叶龙舌兰 **Agave ovatifolia** G. D. Starr et Villarreal 【I, C】 ♣CBG; ●SH, TW; ★(NA): MX.

厚刺龙舌兰 **Agave pachycentra** Trel. 【I, C】 ♣CBG; ●SH; ★(NA): GT, HN, MX, SV.

帕梅龙舌兰 **Agave palmeri** Engelm. 【I, C】 ♣CBG, HBG; ●SH, TW, ZJ; ★(NA): MX, US.

褐刺龙舌兰 **Agave parrasana** A. Berger 【I, C】 ♣CBG, XMBG; ●FJ, SH, TW; ★(NA): MX.

巴利龙舌兰 **Agave parryi** Engelm. 【I, C】 ♣BBG, CBG; ●BJ, SH, TW; ★(NA): MX, US.

新墨西哥龙舌兰 **Agave parryi** subsp. **neomexicana** (Wooton et Standl.) B. Ullrich 【I, C】 ♣BBG, CBG; ●BJ, SH, TW; ★(NA): US.

科兹巴利龙舌兰 **Agave parryi** var. **couesii** (Engelm. ex Trel.) Kearney et Peebles 【I, C】 ♣CBG; ●SH; ★(NA): US.

吉祥天 **Agave parryi** var. **huachucensis** (Baker) Little 【I, C】 ♣CBG, FLBG, NBG, SCBG, XTBG; ●FJ, GD, JS, JX, SH, TW, YN; ★(NA): MX.

小花龙舌兰 **Agave parviflora** Torr. 【I, C】 ♣BBG, CBG, IBCAS, NBG, XMBG; ●BJ, FJ, JS, SH, TW; ★(NA): MX, US.

比哥氏龙舌兰 **Agave peacockii** Croucher 【I, C】 ♣CBG; ●SH; ★(NA): MX.

爱岩龙舌兰 **Agave petrophila** A. García-Mend. et E. Martínez 【I, C】 ♣CBG; ●SH; ★(NA): MX.

纳瓦罗龙舌兰 **Agave pintilla** L. 【I, C】 ★(NA): MX.

劲丝龙舌兰 **Agave polianthiflora** Gentry 【I, C】 ♣CBG; ●SH, TW; ★(NA): MX.

多刺龙舌兰 **Agave polyacantha** Haw. 【I, C】 ♣BBG, CBG, HBG, TBG; ●BJ, SH, TW, ZJ; ★(NA): MX.

棱叶龙舌兰（雷神）**Agave potatorum** Zucc. 【I, C】 ♣BBG, CBG, FBG, FLBG, GA, HBG, IBCAS, LBG, SCBG, TMNS, WBG, XMBG, XTBG, ZAFU; ●BJ, FJ, GD, HB, JX, SC, SH, TW, YN, ZJ; ★(NA): MX.

姬龙舌兰 **Agave pumila** De Smet ex Baker 【I, C】 ♣BBG, NBG, SCBG, XMBG; ●BJ, FJ, GD, JS, SH, TW; ★(NA): MX, US.

宽叶龙舌兰（沙门氏龙舌兰）**Agave salmiana** Otto ex Salm-Dyck 【I, C】 ♣CBG, FLBG; ●FJ, GD, JX, SH, TW; ★(NA): MX.

齿牙龙 **Agave salmiana** var. **ferox** (K. Koch) Gentry 【I, C】 ♣CBG, FLBG, HBG, SCBG; ●GD, JX, SH, TW, ZJ; ★(NA): MX.

白丝龙舌兰（泷之白丝）**Agave schidigera** Lem. 【I, C】 ♣CBG, GA, TMNS, XMBG; ●FJ, JX, SH, TW; ★(NA): MX.

肖特龙舌兰 **Agave schottii** Engelm. 【I, C】 ♣CBG; ●SH, TW; ★(NA): MX, US.

*泽曼龙舌兰 **Agave seemanniana** Jacobi 【I, C】 ●TW; ★(NA): CR, GT, HN, MX, NI.

肖伯纳龙舌兰 **Agave shawii** Engelm. 【I, C】 ●TW; ★(NA): MX, US.

戈德曼龙舌兰 **Agave shawii** subsp. **goldmaniana** (Trel.) Gentry 【I, C】 ♣CBG; ●SH; ★(NA): US.

施里夫龙舌兰 **Agave shrevei** Gentry 【I, C】 ♣CBG; ●SH, TW; ★(NA): MX.

巨大施里夫龙舌兰 **Agave shrevei** subsp. **magna** Gentry 【I, C】 ♣CBG; ●SH, TW; ★(NA): MX.

驮坪龙舌兰 **Agave shrevei** subsp. **matapensis** Gentry 【I, C】 ♣HBG; ●ZJ; ★(NA): MX.

剑麻 **Agave sisalana** Perrine ex Engelm. 【I, C】 ♣CBG, CDBG, FBG, FLBG, GA, GMG, GXIB, HBG, IBCAS, KBG, NBG, SCBG, TBG, TMNS, WBG, XBG, XLTBG, XMBG, XOIG, XTBG; ●BJ, FJ, GD, GX, HB, HI, JS, JX, SC, SH, SN, TW, YN, ZJ; ★(NA): MX.

葛花龙舌兰 **Agave sobria** Brandegee 【I, C】 ♣CBG; ●SH, TW; ★(NA): MX.

蓝长序龙舌兰（吹上）**Agave striata** Zucc. 【I, C】 ♣CBG, HBG, IBCAS, KBG, SCBG; ●BJ, FJ, GD, SH, TW, YN, ZJ; ★(NA): MX.

镰叶吹上 **Agave striata** subsp. **falcata** (Engelm.) Gentry 【I, C】 ♣IBCAS, XMBG; ●BJ, FJ, TW; ★(NA): MX.

直叶龙舌兰 **Agave stricta** Salm-Dyck 【I, C】 ♣BBG, CBG, FLBG, HBG, SCBG, TMNS, XMBG; ●BJ, FJ, GD, JX, SC, SH, TW, ZJ; ★(NA): MX.

太匮龙舌兰（特基拉龙舌兰）**Agave tequilana** F. A. C. Weber 【I, C】 ♣CBG; ●SH; ★(NA): MX.

仁王冠 **Agave titanota** Gentry 【I, C】 ♣CBG, FLBG, XMBG; ●FJ, GD, JX, SH, TW; ★(NA): MX.

图米龙舌兰 **Agave toumeyana** Trel. 【I, C】 ♣BBG, CBG; ●BJ, SH, TW; ★(NA): US.

贝拉龙舌兰 **Agave toumeyana** var. **bella** Breitung 【I, C】 ♣CBG; ●SH, TW; ★(NA): US.

三角叶龙舌兰 **Agave triangularis** Jacobi 【I, C】 ♣CBG, FLBG; ●FJ, GD, JX, SH, TW; ★(NA): MX.

特纳龙舌兰 **Agave turneri** R. Webb et Salazar-Ceseña 【I, C】 ♣CBG; ●SH; ★(NA): MX.

单带龙舌兰(单纹龙舌兰)**Agave univittata** Haw. 【I, C】 ♣CBG, HBG, IBCAS, KBG, SCBG, TMNS; ●BJ, GD, SH, TW, YN, ZJ; ★(NA): MX, US.

青瓷炉 **Agave utahensis** Engelm. 【I, C】 ♣BBG, CBG, KBG; ●BJ, SH, TW, YN; ★(NA): US.

苍空阁 **Agave utahensis** subsp. **kaibabensis** (McKelvey) Gentry 【I, C】 ♣CBG; ●SH; ★(NA): US.

青磁龙 **Agave utahensis** var. **eborispina** (Hester) Breitung 【I, C】 ♣CBG, XMBG; ●FJ, SH, TW; ★(NA): US.

曲刺妖炎 **Agave utahensis** var. **nevadensis** Engelm. ex Greenm. et Roush 【I, C】 ♣CBG; ●SH; ★(NA): US.

春龙舌兰 **Agave vera-cruz** Mill. 【I, C】 ♣HBG, XMBG; ●FJ, ZJ; ★(NA): MX.

鬼脚掌 **Agave victoriae-reginae** T. Moore 【I, C】 ♣BBG, CBG, FBG, FLBG, GA, HBG, IBCAS, LBG, NBG, SCBG, TMNS, WBG, XMBG, XOIG, ZAFU; ●BJ, FJ, GD, HB, JS, JX, SC, SH, TW, YN, ZJ; ★(NA): MX.

俾魔氏龙舌兰 **Agave vilmoriniana** A. Berger 【I, C】 ♣BBG, CBG; ●BJ, SH, TW; ★(NA): MX.

垂叶龙舌兰 **Agave vivipara** L. 【I, C/N】 ♣BBG, CBG, GMG, GXIB, HBG, IBCAS, KBG, NBG, TBG, TMNS, WBG, XMBG, XTBG; ●BJ, FJ, GX, HB, JS, SH, TW, YN, ZJ; ★(NA): NL-AN.

比斯凯诺龙舌兰 **Agave vizcainoensis** Gentry 【I, C】 ♣CBG; ●SH; ★(NA): MX.

展叶龙舌兰（韦伯龙舌兰）**Agave weberi** Cels ex Poiss. 【I, C】 ♣CBG; ●SH, TW; ★(NA): MX, US.

沃库马熙龙舌兰 **Agave wocomahi** Gentry 【I, C】 ♣CBG; ●SH, TW; ★(NA): MX.

木刺龙舌兰 **Agave xylonacantha** Salm-Dyck 【I, C】 ♣CBG; ●SH, TW; ★(NA): MX, US.

斑纹龙舌兰 **Agave zebra** Gentry 【I, C】 ♣BBG, CBG; ●BJ, SH, TW; ★(NA): MX.

龙香玉属　Manfreda

斑点龙香玉 **Manfreda maculosa** (Hook.) Rose 【I, C】 ♣CBG, SCBG, XMBG; ●FJ, GD, SH, TW; ★(NA): MX, US.

晚香玉属　Polianthes

双花晚香玉 **Polianthes geminiflora** (Lex.) Rose 【I, C】 ●TW; ★(NA): MX.

晚香玉 **Polianthes tuberosa** L. 【I, C】 ♣CDBG, GBG, GMG, GXIB, HBG, HFBG, IBCAS, KBG, LBG, NBG, SCBG, XBG, XMBG; ●AH, BJ, FJ, GD, GX, GZ, HL, JS, JX, LN, SC, SN, TW, YN, ZJ; ★(NA): MX.

朱蕉属　Cordyline

澳洲朱蕉 **Cordyline australis** (G. Forst.) Endl. 【I, C】 ♣CBG, FBG, FLBG, GXIB, HBG, NBG, SCBG, XMBG, XTBG; ●FJ, GD, GX, JS, JX, SH, TW, YN, ZJ; ★(OC): NZ.

斑克朱蕉 **Cordyline banksii** Hook. f. 【I, C】 ♣XTBG; ●TW, YN; ★(OC): NZ.

朱蕉（灌木朱蕉）**Cordyline fruticosa** (L.) A. Chev. 【I, C】 ♣BBG, CBG, CDBG, FBG, FLBG, GBG, GMG, GXIB, HBG, IBCAS, KBG, NBG, NSBG, SCBG, TBG, WBG, XBG, XLTBG, XMBG, XOIG, XTBG, ZAFU; ●BJ, CQ, FJ, GD, GX, GZ, HB, HI, JS, JX, SC, SH, SN, TW, YN, ZJ; ★(OC): AU, FJ, NZ, PAF.

蓝朱蕉 **Cordyline indivisa** (G. Forst.) Endl. 【I, C】 ♣CBG, KBG, SCBG, XMBG, XTBG; ●FJ, GD, SH, TW, YN; ★(OC): NZ.

*红花朱蕉 **Cordyline rubra** Otto et A. Dietr. 【I, C】 ♣SCBG; ●GD, TW; ★(OC): AU.

细叶朱蕉 **Cordyline stricta** (Sims) Endl. 【I, C】 ♣CDBG, GMG, GXIB, HBG, IBCAS, NBG, SCBG, XMBG, XOIG, ZAFU; ●BJ, FJ, GD, GX, JS, SC, TW, YN, ZJ; ★(OC): AU.

异蕊草属 Thysanotus

异蕊草 **Thysanotus chinensis** Benth. 【N, W/C】 ♣FLBG, XMBG; ●FJ, GD, JX; ★(AS): CN, ID, IN, MY, PH, TH, VN; (OC): AU, PAF.

龙舌百合属 Arthropodium

岩百合（龙舌百合）**Arthropodium cirratum** (G. Forst.) R. Br. 【I, C】 ♣KBG; ●BJ, YN; ★(OC): NZ.

袋熊果属 Eustrephus

袋熊果 **Eustrephus latifolius** R. Br. 【I, C】 ♣XMBG; ●FJ; ★(AS): ID, MY, PH; (OC): AU, NC, PAF.

多须草属 Lomandra

多须草 **Lomandra longifolia** Labill. 【I, C】 ♣SCBG; ●GD, TW, YN; ★(OC): AU.

天门冬属 Asparagus

山文竹 **Asparagus acicularis** F. T. Wang et S. C. Chen 【N, W/C】 ♣GXIB, SCBG, XTBG; ●GD, GX, YN; ★(AS): CN.

灌木天门冬 **Asparagus albus** L. 【I, C】 ♣WBG; ●HB, SC; ★(AF): MA; (AS): SA, TR; (EU): BY, ES, IT, LU, SI.

*乔状天门冬 **Asparagus arborescens** Willd. ex Schult. et Schult. f. 【I, C】 ●XJ; ★(EU): ES.

卵叶天门冬（叶门冬）**Asparagus asparagoides** (L.) Druce 【I, C】 ♣HBG, KBG, NBG, XMBG; ●BJ, FJ, JS, TW, YN, ZJ; ★(AF): AO, BW, ET, KE, MZ, NA, SO, TZ, ZA, ZM, ZW.

攀援天门冬 **Asparagus brachyphyllus** Turcz. 【N, W/C】 ♣XTBG; ●YN; ★(AS): CN, CY, KH, KP, KZ, MN, RU-AS, TJ, TM, UZ; (EU): RO, RU.

天门冬 **Asparagus cochinchinensis** (Lour.) Merr. 【N, W/C】 ♣BBG, CBG, FBG, FLBG, GA, GBG, GMG, GXIB, HBG, KBG, LBG, NBG, SCBG, TBG, TDBG, TMNS, WBG, XBG, XLTBG, XMBG, XTBG, ZAFU; ●BJ, FJ, GD, GX, GZ, HB, HI, JS, JX, SC, SH, SN, TW, XJ, YN, ZJ; ★(AS): CN, JP, KP, KR, LA, PH, VN.

非洲天门冬 **Asparagus densiflorus** (Kunth) Jessop 【I, C】 ♣CBG, CDBG, FBG, FLBG, HBG, KBG, LBG, NSBG, SCBG, TBG, WBG, XBG, XLTBG, XMBG, XOIG, XTBG, ZAFU; ●BJ, CQ, FJ, GD, HB, HI, JX, SC, SH, SN, TW, YN, ZJ; ★(AF): BW, MZ, NA, ZA, ZW.

镰叶天门冬 **Asparagus falcatus** L. 【I, C】 ♣IBCAS, SCBG, XMBG; ●BJ, FJ, GD, TW; ★(AF): AO, BW, ET, KE, MZ, NA, SO, TZ, ZA, ZM, ZW; (AS): SA.

羊齿天门冬 **Asparagus filicinus** Buch.-Ham. ex D. Don 【N, W/C】 ♣CBG, FLBG, GBG, GMG, GXIB, HBG, KBG, LBG, WBG, XBG, XMBG, XTBG; ●FJ, GD, GX, GZ, HB, JX, SC, SH, SN, YN, ZJ; ★(AS): BT, CN, ID, IN, LK, MM, NP, TH, VN.

短梗天门冬 **Asparagus lycopodineus** (Baker) F. T. Wang et Tang 【N, W/C】 ♣CBG, IBCAS, KBG, WBG, XTBG; ●BJ, HB, SC, SH, YN; ★(AS): BT, CN, ID, IN, MM.

松叶武竹 **Asparagus macowanii** Baker 【I, C】 ♣FLBG; ●GD, JX; ★(AF): MG, MU.

海天冬 **Asparagus maritimus** (L.) Mill. 【I, C】 ♣SCBG; ●GD; ★(AF): MA; (AS): SA; (EU): AL, BA, BG, DE, ES, GR, HR, IT, ME, MK, RS, RU, SI.

新疆天门冬 **Asparagus neglectus** Kar. et Kir. 【N, W/C】 ♣TDBG; ●XJ; ★(AS): AF, CN, CY, KH, KZ, MN, PK, RU-AS, TJ, TM, UZ.

石刁柏 **Asparagus officinalis** L. 【I, C】 ♣FLBG, GA, GBG, HBG, HFBG, IBCAS, KBG, LBG, MDBG, NBG, SCBG, TDBG, WBG, XBG, XMBG, XOIG, ZAFU; ●AH, BJ, FJ, GD, GS, GZ,

HA, HB, HE, HL, JS, JX, LN, SC, SD, SH, SN, TW, XJ, YN, ZJ; ★(AF): DZ, MA, TN; (AS): CY, MN, RU-AS, TR; (EU): AD, AL, AT, BA, BE, BG, BY, CH, CZ, DE, DK, ES, FI, FR, GB, GR, HR, HU, IS, IT, LU, MC, ME, MK, NL, NO, PL, PT, RO, RS, RU, SE, SI, SK, SM, UA, VA.

直立天门冬 **Asparagus pygmaeus** Makino 【I, C】 ♣HBG, XMBG; ●FJ, ZJ; ★(AS): JP.

曲蔓天门冬 **Asparagus ramosissimus** Baker 【I, C】 ♣XMBG; ●FJ; ★(AF): MG, ZA.

蓬莱松（法国松）**Asparagus retrofractus** L. 【I, C】 ♣BBG, CDBG, FLBG, SCBG; ●BJ, GD, JX, SC, TW; ★(AF): NA, ZA.

*爬天门冬 **Asparagus scandens** Thunb. 【I, C】 ●TW; ★(AF): ZA.

文竹 **Asparagus setaceus** (Kunth) Jessop 【I, C】 ♣BBG, CDBG, FBG, FLBG, GA, GBG, GMG, GXIB, HBG, IBCAS, KBG, LBG, NBG, NSBG, SCBG, TBG, WBG, XBG, XLTBG, XMBG, XOIG, XTBG, ZAFU; ●BJ, CQ, FJ, GD, GX, GZ, HB, HI, JS, JX, SC, SN, TW, YN, ZJ; ★(AF): AO, BW, ET, KE, KM, MZ, NA, SO, TZ, ZA, ZM, ZW.

滇南天门冬 **Asparagus subscandens** F. T. Wang et S. C. Chen 【N, W/C】 ♣XTBG; ●YN; ★(AS): CN.

轮叶天门冬 **Asparagus verticillatus** L. 【I, C】 ♣HBG, SCBG; ●GD, ZJ; ★(AS): GE, IR, TR; (EU): BA, BG, GR, HR, ME, MK, RO, RS, RU, SI, TR.

细枝天冬 **Asparagus virgatus** Baker 【I, C】 ♣SCBG; ●GD, TW; ★(AF): AO, BW, MW, MZ, TZ, ZA, ZM, ZW; (AS): YE.

雾冰玉属 Eriospermum

雾冰玉 **Eriospermum brevipes** Baker 【I, C】 ●BJ, GD, SC, SH, TW; ★(AF): ZA.

将军幡（雾冰玉）**Eriospermum dregei** Schönland 【I, C】 ●SC; ★(AF): ZA.

垂花雾冰玉 **Eriospermum mackenii** (Hook. f.) Baker 【I, C】 ★(AF): ZA.

绒毛雾冰玉 **Eriospermum paradoxum** (Jacq.) Ker Gawl. 【I, C】 ★(AF): ZA.

球子草属 Peliosanthes

大盖球子草 **Peliosanthes macrostegia** Hance 【N, W/C】 ♣GXIB, SCBG, WBG, XTBG; ●GD, GX, HB, SC, YN; ★(AS): CN, VN.

匍匐球子草 **Peliosanthes sinica** F. T. Wang et Tang 【N, W/C】 ♣XTBG; ●YN; ★(AS): CN.

簇花球子草 **Peliosanthes teta** Andrews 【N, W/C】 ♣GXIB, IBCAS, SCBG; ●BJ, GD, GX; ★(AS): BT, CN, ID, IN, LA, LK, MM, MY, SG, TH, VN.

山麦冬属 Liriope

禾叶山麦冬 **Liriope graminifolia** (L.) Baker 【N, W/C】 ♣BBG, FBG, FLBG, GA, HBG, IBCAS, KBG, LBG, SCBG, XTBG, ZAFU; ●BJ, FJ, GD, JX, SC, YN, ZJ; ★(AS): CN, PH.

甘肃山麦冬 **Liriope kansuensis** (Batalin) C. H. Wright 【N, W/C】 ♣XTBG; ●YN; ★(AS): CN.

长梗山麦冬 **Liriope longipedicellata** F. T. Wang et Tang 【N, W/C】 ♣WBG; ●HB, SC; ★(AS): CN.

矮小山麦冬 **Liriope minor** (Maxim.) Makino 【N, W/C】 ♣HBG, IBCAS, SCBG, WBG, XBG, XMBG, ZAFU; ●BJ, FJ, GD, HB, SN, ZJ; ★(AS): CN, JP, KR, PH.

阔叶山麦冬 **Liriope muscari** (Decne.) L. H. Bailey 【N, W/C】 ♣BBG, CBG, CDBG, FBG, FLBG, GA, GBG, GMG, GXIB, HBG, IBCAS, KBG, LBG, SCBG, TMNS, WBG, XBG, XMBG, XTBG, ZAFU; ●AH, BJ, FJ, GD, GX, GZ, HB, JX, SC, SH, SN, TW, YN, ZJ; ★(AS): CN, JP, SG.

山麦冬 **Liriope spicata** Lour. 【N, W/C】 ♣BBG, CBG, CDBG, FBG, FLBG, GBG, GMG, GXIB, HBG, HFBG, IBCAS, LBG, NBG, NSBG, SCBG, TMNS, WBG, XBG, XLTBG, XMBG, XTBG, ZAFU; ●BJ, CQ, FJ, GD, GX, GZ, HB, HI, HL, JS, JX, LN, SC, SH, SN, TW, YN, ZJ; ★(AS): CN, JP, KP, KR, LA, VN.

沿阶草属 Ophiopogon

短药沿阶草 **Ophiopogon angustifoliatus** (F. T. Wang et Tang) S. C. Chen 【N, W/C】 ♣CBG, SCBG, WBG; ●GD, HB, SH; ★(AS): CN.

连药沿阶草 **Ophiopogon bockianus** Diels 【N, W/C】 ♣FLBG, GMG; ●GD, GX, JX, SC; ★(AS): CN, LA, VN.

沿阶草 **Ophiopogon bodinieri** H. Lév. 【N, W/C】 ♣BBG, CDBG, FBG, FLBG, GA, GBG, KBG, NBG, NSBG, SCBG, WBG, XTBG; ●BJ, CQ, FJ, GD, GZ, HB, JS, JX, SC, YN; ★(AS): BT, CN, IN, LK.

长茎沿阶草 **Ophiopogon chingii** F. T. Wang et

Tang【N, W/C】♣KBG, WBG, XTBG; ●HB, SC, YN; ★(AS): CN.

棒叶沿阶草 **Ophiopogon clavatus** C. H. Wright ex Oliv.【N, W/C】♣WBG; ●HB, SC; ★(AS): CN.

厚叶沿阶草 **Ophiopogon corifolius** F. T. Wang et L. K. Dai【N, W/C】♣GXIB, SCBG, XTBG; ●GD, GX, YN; ★(AS): CN.

褐鞘沿阶草 **Ophiopogon dracaenoides** (Baker) Hook. f.【N, W/C】♣GMG, GXIB, WBG, XTBG; ●GX, HB, YN; ★(AS): BT, CN, ID, IN, LA, LK, TH, VN.

富宁沿阶草 **Ophiopogon fooningensis** F. T. Wang et L. K. Dai【N, W/C】♣WBG; ●HB; ★(AS): CN.

大沿阶草 **Ophiopogon grandis** W. W. Sm.【N, W/C】♣WBG; ●HB; ★(AS): CN, MM.

异药沿阶草 **Ophiopogon heterandrus** F. T. Wang et L. K. Dai【N, W/C】♣CBG, WBG; ●HB, SH; ★(AS): CN.

间型沿阶草 **Ophiopogon intermedius** D. Don【N, W/C】♣KBG, SCBG, TBG, WBG, XLTBG, XOIG, XTBG, ZAFU; ●FJ, GD, HB, HI, SC, TW, YN, ZJ; ★(AS): BT, CN, ID, IN, LK, MM, NP, SG, TH, VN.

剑叶沿阶草 **Ophiopogon jaburan** (Siebold) Lodd.【N, W/C】♣CBG, CDBG, FBG, FLBG, GMG, GXIB, HBG, LBG, SCBG, WBG, XMBG, XTBG; ●FJ, GD, GX, HB, JX, SC, SH, YN, ZJ; ★(AS): CN, JP, KP, KR, SG.

麦冬 **Ophiopogon japonicus** (L. f.) Ker Gawl.【N, W/C】♣BBG, CBG, CDBG, FBG, FLBG, GA, GBG, GMG, GXIB, HBG, IBCAS, KBG, LBG, NBG, NSBG, SCBG, TBG, WBG, XBG, XLTBG, XMBG, XOIG, XTBG, ZAFU; ●AH, BJ, CQ, FJ, GD, GX, GZ, HB, HI, JS, JX, SC, SH, SN, TW, YN, ZJ; ★(AS): CN, ID, IN, JP, KP, KR, LK, NP, PH, VN.

广西沿阶草 **Ophiopogon kwangsiensis** F. T. Wang et T. Tang【N, W/C】♣GXIB, XTBG; ●GX, YN; ★(AS): CN.

大叶沿阶草 **Ophiopogon latifolius** L. Rodr.【N, W/C】♣BBG, GXIB, WBG, XTBG; ●BJ, GX, HB, YN; ★(AS): CN, VN.

西南沿阶草 **Ophiopogon mairei** H. Lév.【N, W/C】♣CBG, WBG; ●HB, SC, SH; ★(AS): CN.

大花沿阶草 **Ophiopogon megalanthus** F. T. Wang et L. K. Dai【N, W/C】♣XTBG; ●YN; ★(AS): CN.

隆安沿阶草 **Ophiopogon multiflorus** Y. Wan【N, W/C】♣GXIB; ●GX; ★(AS): CN.

龙州沿阶草 **Ophiopogon ogisui** M. N. Tamura et J. M. Xu【N, W/C】♣GXIB; ●GX; ★(AS): CN.

长药沿阶草 **Ophiopogon peliosanthoides** F. T. Wang et Tang【N, W/C】♣WBG, XTBG; ●HB, YN; ★(AS): CN, VN.

山韭菜 **Ophiopogon pierrei** L. Rodr.【I, C】♣GMG; ●GX; ★(AS): KH.

屏边沿阶草 **Ophiopogon pingbienensis** F. T. Wang et L. K. Dai【N, W/C】♣WBG; ●HB; ★(AS): CN.

扁葶沿阶草 **Ophiopogon planiscapus** Nakai【I, C】♣BBG, CBG; ●BJ, SH, TW, ZJ; ★(AS): JP.

广东沿阶草（高节沿阶草）**Ophiopogon reversus** C. C. Huang【N, W/C】♣SCBG; ●GD; ★(AS): CN, JP.

卷瓣沿阶草 **Ophiopogon revolutus** F. T. Wang et L. K. Dai【N, W/C】♣XTBG; ●YN; ★(AS): CN, TH.

匍茎沿阶草 **Ophiopogon sarmentosus** F. T. Wang et L. K. Dai【N, W/C】♣GXIB, XTBG; ●GX, YN; ★(AS): CN, VN.

中华沿阶草 **Ophiopogon sinensis** Y. Wan et C. C. Huang【N, W/C】♣WBG; ●HB; ★(AS): CN, VN.

狭叶沿阶草 **Ophiopogon stenophyllus** (Merr.) L. Rodr.【N, W/C】♣SCBG, XTBG; ●GD, SC, YN; ★(AS): CN.

多花沿阶草 **Ophiopogon tonkinensis** L. Rodr.【N, W/C】♣KBG, WBG, XTBG; ●HB, YN; ★(AS): CN, VN.

簇叶沿阶草 **Ophiopogon tsaii** F. T. Wang et Tang【N, W/C】♣BBG, WBG, XTBG; ●BJ, HB, YN; ★(AS): CN.

木根沿阶草 **Ophiopogon xylorrhizus** F. T. Wang et L. K. Dai【N, W/C】♣FLBG, XTBG; ●GD, JX, YN; ★(AS): CN.

滇西沿阶草 **Ophiopogon yunnanensis** S. C. Chen【N, W/C】♣WBG; ●HB; ★(AS): CN.

熊丝兰属 Nolina

长叶熊丝兰 **Nolina longifolia** (Karw. ex Schult. et Schult. f.) Hemsl.【I, C】●TW; ★(NA): MX.

Nolina matapensis Wiggins【I, C】♣HBG; ●ZJ; ★(NA): MX.

*纳尔逊熊丝兰 **Nolina nelsonii** Rose 【I, C】 ●TW; ★(NA): MX.

*巴利熊丝兰 **Nolina parryi** S. Watson 【I, C】 ♣SCBG; ●GD; ★(NA): MX, US.

猬丝兰属 Dasylirion

顶毛猬丝兰 **Dasylirion acrotrichum** (Schiede) Zucc. 【I, C】 ♣BBG, CBG, XMBG; ●BJ, FJ, SH, TW; ★(NA): MX.

苍白猬丝兰 **Dasylirion glaucophyllum** Hook. 【I, C】 ♣CBG; ●FJ, SH, TW; ★(NA): MX.

长叶猬丝兰 **Dasylirion longissimum** Lem. 【I, C】 ♣BBG, CBG, SCBG, XMBG; ●BJ, FJ, GD, SH, TW; ★(NA): MX.

*四棱猬丝兰 **Dasylirion quadrangulatum** S. Watson 【I, C】 ●TW; ★(NA): MX.

得克萨斯猬丝兰（锯齿龙）**Dasylirion texanum** Scheele 【I, C】 ●TW; ★(NA): MX, US.

猬丝兰（稠丝兰）**Dasylirion wheeleri** S. Watson ex Rothr. 【I, C】 ♣SCBG; ●GD, TW, YN; ★(NA): MX, US.

杜兰戈猬丝兰 **Dasylirion wheeleri** var. **durangense** (Trel.) Laferr. 【I, C】 ♣CBG; ●SH, TW; ★(NA): MX.

砾丝兰属 Calibanus

胡克砾丝兰（胡氏酒瓶）**Calibanus hookeri** (Lem.) Trel. 【I, C】 ♣BBG, CBG, SCBG, XMBG; ●BJ, FJ, GD, SH, TW; ★(NA): MX.

酒瓶兰属 Beaucarnea

戈德曼酒瓶兰 **Beaucarnea goldmanii** Rose 【I, C】 ♣KBG; ●YN; ★(NA): GT, MX, SV.

*纤细酒瓶兰（纺锤百合）**Beaucarnea gracilis** Lem. 【I, C】 ♣BBG, CBG, SCBG, XMBG; ●BJ, FJ, GD, SH, TW; ★(NA): MX.

危地马拉酒瓶兰 **Beaucarnea guatemalensis** Rose 【I, C】 ♣CBG; ●SH, TW; ★(NA): GT.

酒瓶兰 **Beaucarnea recurvata** Lem. 【I, C】 ♣BBG, CBG, FBG, FLBG, HBG, IBCAS, KBG, TBG, TMNS, WBG, XLTBG, XMBG, XOIG, XTBG, ZAFU; ●BJ, FJ, GD, HB, HI, JX, SC, SH, TW, YN, ZJ; ★(NA): MX.

剑叶酒瓶兰 **Beaucarnea stricta** Lem. 【I, C】 ♣BBG, CBG; ●BJ, FJ, SH, TW; ★(NA): MX.

白穗花属 Speirantha

白穗花 **Speirantha gardenii** (Hook.) Baill. 【N, W/C】 ♣CBG, HBG, LBG, NBG, SCBG, ZAFU; ●GD, JS, JX, SH, ZJ; ★(AS): CN.

铃兰属 Convallaria

铃兰 **Convallaria majalis** L. 【N, W/C】 ♣BBG, CBG, HBG, HFBG, IBCAS, LBG, NBG, XMBG; ●BJ, FJ, HL, JS, JX, LN, SH, TW, ZJ; ★(AF): MA; (AS): CN, GE, JP, KP, MM, MN, RU-AS, TR; (EU): AL, AT, BA, BE, BG, CZ, DE, ES, FI, FR, GB, GR, HR, HU, IT, ME, MK, NL, NO, PL, PT, RO, RS, RU, SI.

蜘蛛抱蛋属 Aspidistra

忻城蜘蛛抱蛋 **Aspidistra alternativa** D. Fang et L. Y. Yu 【N, W/C】 ♣GXIB; ●GX; ★(AS): CN.

渐狭蜘蛛抱蛋（薄叶蜘蛛抱蛋）**Aspidistra attenuata** Hayata 【N, W/C】 ♣TBG, TMNS; ●TW; ★(AS): CN.

巴马蜘蛛抱蛋 **Aspidistra bamaensis** C. R. Lin, Y. Y. Liang et Yan Liu 【N, W/C】 ♣GXIB; ●GX; ★(AS): CN.

丛生蜘蛛抱蛋 **Aspidistra caespitosa** C. Pei 【N, W/C】 ♣GXIB; ●GX, SC; ★(AS): CN.

洞生蜘蛛抱蛋（洞生蜘蛛抱蛋）**Aspidistra cavicola** D. Fang et K. C. Yen 【N, W/C】 ♣GXIB; ●GX; ★(AS): CN.

蜡黄蜘蛛抱蛋 **Aspidistra cerina** G. Z. Li et S. C. Tang 【N, W/C】 ♣GXIB; ●GX; ★(AS): CN.

棒蕊蜘蛛抱蛋 **Aspidistra claviformis** Y. Wan 【N, W/C】 ♣GXIB, SCBG, XTBG; ●GD, GX, YN; ★(AS): CN.

合瓣蜘蛛抱蛋 **Aspidistra connata** Tillich 【N, W/C】 ♣GXIB; ●GX; ★(AS): CN.

十字蜘蛛抱蛋 **Aspidistra cruciformis** Y. Wan et X. H. Lu 【N, W/C】 ♣GXIB; ●GX; ★(AS): CN.

杯花蜘蛛抱蛋 **Aspidistra cyathiflora** Y. Wan et C. C. Huang 【N, W/C】 ♣GXIB; ●GX; ★(AS): CN.

大新蜘蛛抱蛋 **Aspidistra daxinensis** M. F. Hou et Yan Liu 【N, W/C】 ♣GXIB; ●GX; ★(AS): CN.

长药蜘蛛抱蛋 **Aspidistra dolichanthera** X. X. Chen 【N, W/C】 ♣GXIB; ●GX; ★(AS): CN, VN.

峨边蜘蛛抱蛋 **Aspidistra ebianensis** K. Y. Lang et

Z. Y. Zhu【N, W/C】♣GXIB; ●GX; ★(AS): CN.

蜘蛛抱蛋 **Aspidistra elatior** Blume 【N, W/C】♣BBG, CBG, CDBG, FBG, FLBG, GA, GBG, GMG, GXIB, HBG, IBCAS, KBG, LBG, NBG, NSBG, SCBG, TBG, WBG, XBG, XMBG, XTBG, ZAFU; ●AH, BJ, CQ, FJ, GD, GX, GZ, HB, JS, JX, SC, SH, SN, TW, YN, ZJ; ★(AS): CN, MM.

流苏蜘蛛抱蛋 **Aspidistra fimbriata** F. T. Wang et K. Y. Lang 【N, W/C】♣GA, WBG, XMBG, XTBG; ●FJ, HB, JX, YN; ★(AS): CN.

黄花蜘蛛抱蛋 **Aspidistra flaviflora** K. Y. Lang et Z. Y. Zhu【N, W/C】♣GXIB; ●GX; ★(AS): CN.

伞柱蜘蛛抱蛋 **Aspidistra fungilliformis** Y. Wan 【N, W/C】♣GXIB, SCBG; ●GD, GX; ★(AS): CN.

桂林蜘蛛抱蛋 **Aspidistra guangxiensis** S. C. Tang et Yan Liu 【N, W/C】♣GXIB; ●GX; ★(AS): CN.

海南蜘蛛抱蛋 **Aspidistra hainanensis** W. Y. Chun et F. C. How【N, W/C】♣XTBG; ●YN; ★(AS): CN.

河口蜘蛛抱蛋 **Aspidistra hekouensis** H. Li【N,W】♣XTBG; ●YN; ★(AS): CN.

环江蜘蛛抱蛋 **Aspidistra huanjiangensis** G. Z. Li et Y. G. Wei 【N, W/C】♣GXIB; ●GX; ★(AS): CN.

线萼蜘蛛抱蛋 **Aspidistra linearifolia** Y. Wan et C. C. Huang【N, W/C】♣GXIB, XTBG; ●GX, YN; ★(AS): CN.

隆安蜘蛛抱蛋 **Aspidistra longanensis** Y. Wan【N, W/C】♣GXIB, SCBG; ●GD, GX; ★(AS): CN.

巨型蜘蛛抱蛋 **Aspidistra longiloba** G. Z. Li 【N, W/C】♣GXIB; ●GX, SC; ★(AS): CN.

长梗蜘蛛抱蛋 **Aspidistra longipedunculata** D. Fang【N, W/C】♣CBG, GXIB; ●GX, SC, SH; ★(AS): CN.

长瓣蜘蛛抱蛋 **Aspidistra longipetala** S. Z. Huang 【N, W/C】♣GXIB; ●GX; ★(AS): CN.

罗甸蜘蛛抱蛋 **Aspidistra luodianensis** D. D. Tao 【N, W/C】♣GXIB, WBG, XTBG; ●GX, HB, YN; ★(AS): CN.

九龙盘 **Aspidistra lurida** Sieber ex C. Presl 【N, W/C】♣CBG, GXIB, SCBG, WBG, XMBG, XTBG; ●FJ, GD, GX, HB, SC, SH, TW, YN; ★(AS): CN, LA, SG.

大果蜘蛛抱蛋 **Aspidistra macrocarpa** nom. nud. 【N, W/C】♣SCBG; ●GD; ★(AS): CN.

啮边蜘蛛抱蛋 **Aspidistra marginella** D. Fang et L. Zeng 【N, W/C】♣GXIB; ●GX; ★(AS): CN.

小花蜘蛛抱蛋 **Aspidistra minutiflora** Stapf 【N, W/C】♣CBG, FLBG, GXIB, IBCAS, SCBG, WBG, XTBG; ●BJ, GD, GX, HB, JX, SH, YN; ★(AS): CN.

锥花蜘蛛抱蛋 **Aspidistra obconica** C. R. Lin et Y. Liu 【N, W/C】♣GXIB; ●GX; ★(AS): CN.

棕叶草 **Aspidistra oblanceifolia** F. T. Wang et K. Y. Lang【N, W/C】♣CBG, HBG, XTBG; ●SH, YN, ZJ; ★(AS): CN.

长圆叶蜘蛛抱蛋 **Aspidistra oblongifolia** F. T. Wang et K. Y. Lang 【N, W/C】♣GXIB; ●GX; ★(AS): CN.

峨眉蜘蛛抱蛋 **Aspidistra omeiensis** Z. Y. Zhu et J. L. Zhang【N, W/C】♣SCBG; ●GD, SC; ★(AS): CN.

乳突蜘蛛抱蛋 **Aspidistra papillata** G. Z. Li 【N, W/C】♣GXIB; ●GX; ★(AS): CN.

柳江蜘蛛抱蛋 **Aspidistra patentiloba** Y. Wan et X. H. Lu【N, W/C】♣GXIB, XTBG; ●GX, YN; ★(AS): CN.

紫点蜘蛛抱蛋 **Aspidistra punctata** Lindl. 【N, W/C】♣GXIB, SCBG; ●GD, GX; ★(AS): CN.

裂柱蜘蛛抱蛋 **Aspidistra quadripartita** G. Z. Li et S. C. Tang 【N, W/C】♣GXIB; ●GX; ★(AS): CN.

广西蜘蛛抱蛋 **Aspidistra retusa** K. Y. Lang et S. Z. Huang 【N, W/C】♣CBG, GXIB, XTBG; ●GX, SC, SH, YN; ★(AS): CN.

石山蜘蛛抱蛋 **Aspidistra saxicola** Y. Wan 【N, W/C】♣GXIB, XTBG; ●GX, YN; ★(AS): CN.

四川蜘蛛抱蛋 **Aspidistra sichuanensis** K. Y. Lang et Z. Y. Zhu 【N, W/C】♣CBG, GXIB, WBG, XTBG; ●GX, HB, SC, SH, YN; ★(AS): CN.

辐花蜘蛛抱蛋 **Aspidistra subrotata** Y. Wan et C. C. Huang【N, W/C】♣GXIB; ●GX; ★(AS): CN.

大花蜘蛛抱蛋 **Aspidistra tonkinensis** (Gagnep.) F. T. Wang et K. Y. Lang【N, W/C】♣KBG, WBG, XTBG; ●HB, YN; ★(AS): CN, VN.

卵叶蜘蛛抱蛋 **Aspidistra typica** Baill. 【N, W/C】♣BBG, FLBG, GXIB, IBCAS, SCBG, XTBG; ●BJ, GD, GX, JX, YN; ★(AS): CN, VN.

西林蜘蛛抱蛋 **Aspidistra xilinensis** Y. Wan et X. H. Lu 【N, W/C】♣GXIB; ●GX; ★(AS): CN.

盈江蜘蛛抱蛋 **Aspidistra yingjiangensis** L. J. Peng 【N, W/C】♣XTBG; ●YN; ★(AS): CN.

粽粑叶 **Aspidistra zongbayi** K. Y. Lang et Z. Y. Zhu 【N, W/C】 ●SC; ★(AS): CN.

吉祥草属 Reineckea

吉祥草 **Reineckea carnea** (Andrews) Kunth 【N, W/C】 ♣CBG, CDBG, FBG, FLBG, GA, GBG, GMG, GXIB, HBG, IBCAS, KBG, LBG, NBG, NSBG, SCBG, WBG, XBG, XMBG, XTBG, ZAFU; ●BJ, CQ, FJ, GD, GX, GZ, HB, JS, JX, SC, SH, SN, TW, YN, ZJ; ★(AS): CN, JP.

开口箭属 Campylandra

橙花开口箭 **Campylandra aurantiaca** Baker 【N, W/C】 ♣KBG; ●YN; ★(AS): CN, ID, IN, LK, NP.

开口箭 **Campylandra chinensis** (Baker) M. N. Tamura, S. Yun Liang et Turland 【N, W/C】 ♣BBG, CBG, FLBG, GMG, GXIB, HBG, KBG, LBG, SCBG, WBG, XBG, XMBG, XTBG, ZAFU; ●BJ, FJ, GD, GX, HB, JX, SC, SH, SN, YN, ZJ; ★(AS): CN.

筒花开口箭 **Campylandra delavayi** (Franch.) M. N. Tamura, S. Yun Liang et Turland 【N, W/C】 ♣CBG, KBG, WBG; ●HB, SC, SH, YN; ★(AS): CN.

剑叶开口箭 **Campylandra ensifolia** (F. T. Wang et Tang) M. N. Tamura, S. Yun Liang et Turland 【N, W/C】 ♣GBG, KBG, XTBG; ●GZ, YN; ★(AS): CN.

齿瓣开口箭 **Campylandra fimbriata** (Hand.-Mazz.) M. N. Tamura, S. Yun Liang et Turland 【N, W/C】 ♣KBG, XTBG; ●YN; ★(AS): CN, IN, NP.

利川开口箭 **Campylandra lichuanensis** (Y. K. Yang, J. K. Wu et D. T. Peng) M. N. Tamura, S. Yun Liang et Turland 【N, W/C】 ♣WBG; ●HB; ★(AS): CN.

长梗开口箭 **Campylandra longipedunculata** (F. T. Wang et S. Yun Liang) M. N. Tamura, S. Yun Liang et Turland 【N, W/C】 ♣IBCAS, KBG, NBG, XTBG; ●BJ, JS, YN; ★(AS): CN.

碟花开口箭 **Campylandra tui** (F. T. Wang et Tang) M. N. Tamura, S. Yun Liang et Turland 【N, W/C】 ♣KBG, XTBG; ●SC, YN; ★(AS): CN.

弯蕊开口箭 **Campylandra wattii** C. B. Clarke 【N, W/C】 ♣CBG, GMG, GXIB, KBG, SCBG, WBG, XTBG; ●GD, GX, HB, SH, YN; ★(AS): BT, CN, ID, IN.

云南开口箭 **Campylandra yunnanensis** (F. T. Wang et S. Yun Liang) M. N. Tamura, S. Yun Liang et Turland 【N, W/C】 ♣KBG, WBG; ●HB, YN; ★(AS): CN.

万年青属 Rohdea

万年青 **Rohdea japonica** (Thunb.) Roth 【N, W/C】 ♣BBG, CBG, CDBG, FBG, FLBG, GA, GBG, GMG, GXIB, HBG, IBCAS, KBG, LBG, NBG, NSBG, SCBG, TBG, WBG, XBG, XMBG, XOIG, XTBG, ZAFU; ●BJ, CQ, FJ, GD, GX, GZ, HB, JS, JX, SC, SH, SN, TW, YN, ZJ; ★(AS): CN, JP, KR.

长柱开口箭属 Tupistra

伞柱开口箭 **Tupistra fungilliformis** F. T. Wang et S. Yun Liang 【N, W/C】 ♣BBG, GXIB, XTBG; ●BJ, GX, YN; ★(AS): CN.

长柱开口箭 **Tupistra grandistigma** F. T. Wang et S. Yun Liang 【N, W/C】 ♣SCBG, WBG, XTBG; ●GD, HB, YN; ★(AS): CN, VN.

长穗开口箭 **Tupistra longispica** Y. Wan et X. H. Lu 【N, W/C】 ♣GXIB; ●GX; ★(AS): CN.

舞鹤草属 Maianthemum

高大鹿药 **Maianthemum atropurpureum** (Franch.) LaFrankie 【N, W/C】 ●SC, YN; ★(AS): CN, MM.

北美舞鹤草 **Maianthemum canadense** Desf. 【I, C】 ★(NA): CA, US.

管花鹿药 **Maianthemum henryi** (Baker) LaFrankie 【N, W/C】 ♣SCBG, WBG, XBG, ZAFU; ●GD, HB, SN, ZJ; ★(AS): CN, MM, VN.

鹿药 **Maianthemum japonicum** (A. Gray) LaFrankie 【N, W/C】 ♣CBG, HBG, IBCAS, WBG, XBG, ZAFU; ●BJ, HB, SC, SH, SN, ZJ; ★(AS): CN, JP, KP, RU-AS.

紫花鹿药 **Maianthemum purpureum** (Wall.) LaFrankie 【N, W/C】 ♣XTBG; ●YN; ★(AS): BT, CN, ID, IN, LK, NP.

总序鹿药（假黄精）**Maianthemum racemosum** (L.) Link 【I, C】 ♣BBG, IBCAS, XTBG; ●BJ, YN; ★(NA): CA, MX, US.

星花舞鹤草 **Maianthemum stellatum** (L.) Link 【I, C】 ★(NA): CA, MX, US.

竹根七属 Disporopsis

散斑竹根七 **Disporopsis aspersa** (Hua) Engl. ex K. Krause 【N, W/C】 ♣CBG, KBG, SCBG, WBG, XMBG, XTBG; ●(AS): CN.

竹根七 **Disporopsis fuscopicta** Hance 【N, W/C】 ♣GMG, GXIB, HBG, KBG, LBG, SCBG, WBG, XMBG, XTBG; ●FJ, GD, GX, HB, JX, SC, YN, ZJ; ★(AS): CN, MM, PH.

广西假万寿竹 **Disporopsis kwangsiensis** Wang et Tang 【N, W/C】 ♣GMG; ●GX; ★(AS): CN.

长叶竹根七 **Disporopsis longifolia** Craib 【N, W/C】 ♣BBG, GMG, GXIB, KBG, NBG, SCBG, XTBG; ●BJ, GD, GX, JS, YN; ★(AS): CN, LA, TH, VN.

深裂竹根七 **Disporopsis pernyi** (Hua) Diels 【N, W/C】 ♣CBG, HBG, KBG, LBG, NBG, SCBG, WBG, XTBG; ●GD, HB, JS, JX, SC, SH, YN, ZJ; ★(AS): CN.

黄精属 Polygonatum

五叶黄精 **Polygonatum acuminatifolium** Kom. 【N, W/C】 ♣IBCAS; ●BJ; ★(AS): CN, KR, MN, RU-AS.

卷叶黄精 **Polygonatum cirrhifolium** (Wall.) Royle 【N, W/C】 ♣GBG, GMG, GXIB, HBG, WBG, XBG, XTBG; ●GX, GZ, HB, SC, SN, YN, ZJ; ★(AS): BT, CN, ID, IN, LK, MM, NP.

垂叶黄精 **Polygonatum curvistylum** Hua 【N, W/C】 ♣XTBG; ●SC, YN; ★(AS): CN, NP.

多花黄精 **Polygonatum cyrtonema** Hua 【N, W/C】 ♣FBG, GMG, GXIB, HBG, LBG, NBG, SCBG, WBG, XMBG, XTBG; ●FJ, GD, GX, HB, JS, JX, YN, ZJ; ★(AS): CN.

镰叶黄精 **Polygonatum falcatum** A. Gray 【I, C】 ♣BBG, NBG; ●BJ, JS, TW; ★(AS): JP, KR.

长梗黄精 **Polygonatum filipes** Merr. ex C. Jeffrey et McEwan 【N, W/C】 ♣CBG, FBG, HBG, LBG, ZAFU; ●FJ, JX, SC, SH, ZJ; ★(AS): CN.

小玉竹 **Polygonatum humile** Fisch. ex Maxim. 【N, W/C】 ♣BBG, FLBG, HBG, IBCAS; ●BJ, GD, JX, TW, ZJ; ★(AS): CN, JP, KP, KR, MN, RU-AS.

毛筒玉竹 **Polygonatum inflatum** Kom. 【N, W/C】 ●TW; ★(AS): CN, JP, KR, MN, RU-AS.

二苞黄精 **Polygonatum involucratum** (Franch. et Sav.) Maxim. 【N, W/C】 ♣WBG; ●HB; ★(AS): CN, JP, KP, KR, MN, RU-AS.

滇黄精 **Polygonatum kingianum** Collett et Hemsl. 【N, W/C】 ♣GMG, GXIB, KBG, SCBG, WBG, XTBG; ●GD, GX, HB, SC, YN; ★(AS): CN, LA, MM, TH, VN.

热河黄精 **Polygonatum macropodum** Turcz. 【N, W/C】 ♣NBG; ●JS; ★(AS): CN.

大苞黄精 **Polygonatum megaphyllum** P. Y. Li 【N, W/C】 ●BJ; ★(AS): CN.

欧亚黄精（九龙环）**Polygonatum multiflorum** (L.) All. 【I, C】 ♣GMG, HBG; ●GX, TW, ZJ; ★(AS): AM, AZ, BH, GE, IL, IQ, IR, JO, KW, LB, PS, QA, RU-AS, SA, SY, TR, YE; (EU): AL, AT, BA, BE, BG, CZ, DE, ES, FI, GB, GR, HR, HU, IT, ME, MK, NL, NO, PL, RO, RS, RU, SI, TR.

节根黄精 **Polygonatum nodosum** Hua 【N, W/C】 ♣IBCAS; ●BJ; ★(AS): CN.

玉竹 **Polygonatum odoratum** (Mill.) Druce 【N, W/C】 ♣BBG, CBG, CDBG, FBG, FLBG, GA, GBG, GMG, GXIB, HBG, HFBG, IBCAS, KBG, LBG, NBG, SCBG, WBG, XMBG; ●BJ, FJ, GD, GX, GZ, HB, HL, JS, JX, LN, SC, SH, TW, YN, ZJ; ★(AF): MA; (AS): AM, AZ, CN, CY, GE, IR, JP, KP, KR, MN, RU-AS, TR, VN; (EU): AD, AL, AT, BA, BE, BG, BY, CH, CZ, DE, DK, ES, FI, FR, GB, GR, HR, HU, IS, IT, LU, MC, ME, MK, NL, NO, PL, PT, RO, RS, RU, SE, SI, SK, SM, UA, VA.

萎蕤 **Polygonatum odoratum** var. **pluriflorum** (Miq.) Ohwi 【N, W/C】 ♣BBG, CBG, GA, GBG, GXIB, HBG, IBCAS, LBG, SCBG, TBG, WBG, XBG, XMBG, XTBG, ZAFU; ●BJ, FJ, GD, GX, GZ, HB, JX, SC, SH, SN, TW, YN, ZJ; ★(AS): CN, JP, KP, KR.

康定玉竹 **Polygonatum prattii** Baker 【N, W/C】 ●SC, YN; ★(AS): CN.

点花黄精 **Polygonatum punctatum** Royle ex Kunth 【N, W/C】 ♣GBG, KBG, WBG, XTBG; ●GZ, HB, YN; ★(AS): BT, CN, ID, IN, LK, MM, NP, TH, VN.

新疆黄精 **Polygonatum roseum** (Ledeb.) Kunth 【N, W/C】 ♣IBCAS; ●BJ; ★(AS): CN, CY, ID, IN, KG, KZ, MN, RU-AS, TJ; (EU): NO.

黄精 **Polygonatum sibiricum** F. Delaroche 【N, W/C】 ♣BBG, CBG, GBG, GXIB, HBG, HFBG, IBCAS, NBG, SCBG, WBG, XBG, XMBG, ZAFU; ●BJ, FJ, GD, GX, GZ, HB, HL, JS, SC, SH, SN, ZJ; ★(AS): BT, CN, IN, KP, KR, LK, MN, RU-AS.

狭叶黄精 **Polygonatum stenophyllum** Maxim. 【N,

W/C】 ♣WBG; ●HB; ★(AS): CN, KP, KR, MN, RU-AS.

轮叶黄精 **Polygonatum verticillatum** (L.) All. 【N, W/C】♣SCBG, WBG, XTBG; ●GD, HB, SC, YN; ★(AS): AF, BT, CN, GE, IN, NP, PK, TR; (EU): AL, AT, BA, BE, BG, CZ, DE, ES, GB, HR, HU, IT, ME, MK, NL, NO, PL, RO, RS, RU, SI.

湖北黄精 **Polygonatum zanlanscianense** Pamp. 【N, W/C】 ♣CBG, HBG, NBG, WBG; ●HB, JS, SC, SH, ZJ; ★(AS): CN.

夏须草属 Theropogon

夏须草 **Theropogon pallidus** (Wall. ex Kunth) Maxim. 【N, W/C】 ♣KBG; ●YN; ★(AS): BT, CN, ID, IN, LK, MM, NP.

龙血树属 Dracaena

长花龙血树 **Dracaena angustifolia** (Medik.) Roxb. 【N, W/C】 ♣GMG, GXIB, KBG, NBG, SCBG, TBG, TMNS, WBG, XLTBG, XMBG, XTBG; ●FJ, GD, GX, HB, HI, JS, SC, TW, YN; ★(AS): BT, CN, ID, IN, KH, LA, MM, MY, PH, SG, TH, VN; (OC): AU, PG.

乔状龙血树（也门铁）**Dracaena arborea** (Willd.) Link 【I, C】 ♣GXIB, SCBG, ZAFU; ●GD, GX, SC, TW, ZJ; ★(AF): AO, CF, CM, GA, GH, NG.

长柄龙血树（长柄竹蕉）**Dracaena aubryana** Brongn. ex E. Morren 【I, C】 ♣FBG, FLBG, SCBG, TBG, XLTBG, XMBG, XOIG, XTBG; ●FJ, GD, HI, JX, TW, YN; ★(AF): AO, GA, GN, LR.

*婆罗洲龙血树 **Dracaena borneensis** (Merr.) Jankalski 【I, C】 ♣XTBG; ●YN; ★(AS): MY.

富贵竹 **Dracaena braunii** Engl. 【I, C】 ♣BBG, CBG, CDBG, FBG, FLBG, IBCAS, LBG, SCBG, TBG, XLTBG, XMBG, XOIG, XTBG, ZAFU; ●BJ, FJ, GD, HI, JX, SC, SH, TW, YN, ZJ; ★(AF): GA.

柬埔寨龙血树（海南龙血树）**Dracaena cambodiana** Pierre ex Gagnep. 【N, W/C】♣BBG, FBG, GMG, IBCAS, SCBG, WBG, XBG, XMBG, XTBG; ●BJ, FJ, GD, GX, HB, SN, TW, YN; ★(AS): CN, KH, LA, TH, VN.

剑叶龙血树 **Dracaena cochinchinensis** (Lour.) S. C. Chen 【N, W/C】 ♣BBG, CDBG, KBG, SCBG, WBG, XMBG, XTBG; ●BJ, FJ, GD, HB, SC, TW, YN; ★(AS): CN, KH, LA, VN.

红覆轮龙血树 **Dracaena concinna** Kunth 【I, C】 ♣XMBG; ●FJ; ★(AF): MU.

龙血树 **Dracaena draco** (L.) L. 【I, C】 ♣BBG, CBG, CDBG, HBG, IBCAS, KBG, SCBG, WBG, XMBG; ●BJ, FJ, GD, HB, SC, SH, TW, YN, ZJ; ★(AF): CV, ES-CS, MA; (EU): PT-30.

细枝龙血树 **Dracaena elliptica** Thunb. 【N, W/C】 ♣GXIB, SCBG, XTBG; ●GD, GX, TW, YN; ★(AS): CN, ID, IN, LA, MM, MY, SG, TH, VN.

香龙血树 **Dracaena fragrans** (L.) Ker Gawl. 【I, C】 ♣BBG, CBG, CDBG, FBG, FLBG, HBG, IBCAS, KBG, SCBG, TBG, WBG, XLTBG, XMBG, XOIG, XTBG, ZAFU; ●BJ, FJ, GD, HB, HI, JX, SC, SH, TW, YN, ZJ; ★(AF): AO, CG, CI, CM, KE, MZ, NG, SD, SS, TZ, UG, ZM, ZW.

虎斑龙血树（虎斑千年木）**Dracaena goldieana** W. Bull ex Mast. et Moore 【I, C】 ♣BBG; ●BJ, TW; ★(AF): CM, NG.

河口龙血树 **Dracaena hokouensis** G. Z. Ye 【N, W/C】 ♣WBG, XTBG; ●HB, YN; ★(AS): CN, TH, VN.

卷叶龙血树 **Dracaena longifolia** Ridl. 【I, C】 ♣XTBG; ●YN; ★(AS): MY.

百合竹（千年木）**Dracaena reflexa** Lam. 【I, C】 ♣BBG, CBG, CDBG, FBG, FLBG, IBCAS, KBG, SCBG, TBG, WBG, XLTBG, XMBG, XOIG, XTBG, ZAFU; ●BJ, FJ, GD, HB, HI, JX, SC, SH, TW, YN, ZJ; ★(AF): MG.

吸枝龙血树 **Dracaena surculosa** Lindl. 【I, C】 ♣BBG, CBG, FBG, FLBG, IBCAS, SCBG, TBG, XLTBG, XMBG, XOIG, XTBG; ●BJ, FJ, GD, HI, JX, SD, SH, TW, YN; ★(AF): CM, GH, GN, NG.

矮龙血树 **Dracaena terniflora** Roxb. 【N, W/C】 ♣NBG, WBG, XTBG; ●HB, TW, YN; ★(AS): CN, ID, IN, LK, MY, TH.

虎尾兰属 Sansevieria

*北非虎尾兰 **Sansevieria aethiopica** Thunb. 【I, C】 ♣XTBG; ●YN; ★(AF): BW, NA, ZA, ZW.

柱叶虎尾兰（小棒叶虎尾兰）**Sansevieria canaliculata** Carrière 【I, C】 ♣FLBG, SCBG; ●BJ, GD, JX; ★(AF): MG.

*显著虎尾兰 **Sansevieria conspicua** N. E. Br. 【I, C】 ♣CBG; ●SH; ★(AF): KE, TZ, ZM.

棒叶虎尾兰 **Sansevieria cylindrica** Bojer ex Hook. 【I, C】 ♣CBG, FBG, FLBG, HBG, IBCAS, NBG, SCBG, TBG, WBG, XLTBG, XMBG, XTBG; ●BJ, FJ, GD, HB, HI, JS, JX, SC, SH, TW, YN, ZJ; ★(AF): AO, RW.

爱氏虎尾兰 **Sansevieria ehrenbergii** Schweinf. ex Baker【I, C】♣CBG; ●SH, TW; ★(AF): SD, SO; (AS): YE.

禾叶虎尾兰 **Sansevieria gracilis** N. E. Br. 【I, C】♣BBG, IBCAS, TMNS; ●BJ, FJ, TW; ★(AF): MW.

长尖虎尾兰 **Sansevieria grandicuspis** Haw. 【I, C】♣XTBG; ●YN; ★(AF): TZ, ZA.

东非虎尾兰 **Sansevieria grandis** Hook. f. 【I, C】♣FLBG, XMBG; ●FJ, GD, JX; ★(AF): ZA.

大叶虎尾兰 **Sansevieria hyacinthoides** (L.) Druce 【I, C】 ♣HBG, IBCAS, NBG, SCBG, TBG, XMBG, XTBG; ●BJ, FJ, GD, JS, TW, YN, ZJ; ★(AF): ZA.

大叶虎皮兰 **Sansevieria masoniana** Chahin. 【I, C】♣IBCAS, XTBG; ●BJ, TW, YN; ★(AF): CD.

千岁兰 **Sansevieria nilotica** Baker 【I, C】★(AF): KE, SD.

*罗氏虎尾兰 **Sansevieria roxburghiana** Schult. et Schult. f. 【I, C】 ♣BBG; ●BJ; ★(AS): ID.

石笔虎尾兰 **Sansevieria stuckyi** God.-Leb. 【I, C】♣SCBG, TMNS, XMBG, XTBG; ●FJ, GD, TW, YN; ★(AF): MZ, TZ.

瓶尔小草虎尾兰 **Sansevieria subspicata** var. **concinna** (N. E. Br.) Mbugua 【I, C】 ♣XTBG; ●TW, YN; ★(AF): MZ.

*灌状虎尾兰 **Sansevieria suffruticosa** N. E. Br. 【I, C】 ♣BBG; ●BJ; ★(AF): TZ.

虎尾兰 **Sansevieria trifasciata** Prain 【I, C/N】♣BBG, CBG, CDBG, FBG, FLBG, GA, GBG, GXIB, HBG, IBCAS, KBG, NBG, SCBG, TBG, TMNS, WBG, XBG, XLTBG, XMBG, XOIG, XTBG, ZAFU; ●AH, BJ, FJ, GD, GX, GZ, HB, HI, JS, JX, SC, SH, SN, TW, YN, ZJ; ★(AF): CF, CG, CM, GA, NG.

短叶虎尾兰 **Sansevieria trifasciata** var. **harnii** Hort. 【I, C】♣HBG, SCBG; ●BJ, FJ, GD, ZJ; ★(AF): ZA.

金边虎尾兰 **Sansevieria trifasciata** var. **laurentii** (De Wild.) N. E. Br. 【I, C】♣CDBG, FBG, GMG, NSBG; ●CQ, FJ, GX, SC; ★(AF): CI, GN, NG.

尖叶虎尾兰 **Sansevieria volkensii** Gürke 【I, C】♣CBG, CDBG, HBG, XMBG; ●FJ, SC, SH, ZJ; ★(AF): CG, KE, SO, TZ.

大王桂属 Danae

大王桂(灌木百合)**Danae racemosa** (L.) Moench【I, C】 ●TW; ★(AS): TR; (EU): GB, NL.

假叶树属 Ruscus

假叶树 **Ruscus aculeatus** L. 【I, C】♣FBG, FLBG, GMG, GXIB, HBG, IBCAS, KBG, LBG, NBG, SCBG, WBG, XBG, XMBG, XTBG, ZAFU; ●BJ, FJ, GD, GX, HB, JS, JX, SN, TW, YN, ZJ; ★(EU): AL, BA, ES, FR, GR, HR, IT, MC, ME, MK, PT, RS, SI.

舌苞假叶树 **Ruscus hypoglossum** L. 【I, C】♣SCBG, XMBG, XTBG; ●FJ, GD, TW, YN; ★(AS): TR; (EU): AD, AL, AT, BA, BG, CH, CZ, DE, ES, GR, HR, HU, IT, LI, ME, MK, NL, PL, PT, RO, RS, RU, SI, SK, SM, VA.

50. 棕榈科 ARECACEAE

刺果椰属 Eugeissona

*刺果椰 **Eugeissona utilis** Becc. 【I, C】 ★(AS): MY.

酒椰属 Raphia

*南非酒椰(澳洲象鼻棕)**Raphia australis** Oberm. et Strey 【I, C】 ♣XTBG; ●YN; ★(AF): MZ, ZA.

粉酒椰 **Raphia farinifera** (Gaertn.) Hyl. 【I, C】♣SCBG, XMBG, XTBG; ●FJ, GD, YN; ★(AF): AO, BF, BI, BJ, CF, CG, CI, CM, GA, GH, GM, GN, KE, MW, MZ, NG, SL, SN, TZ, ZM, ZW.

虎克酒椰 **Raphia hookeri** G. Mann et H. Wendl. 【I, C】♣BBG, XMBG; ●BJ, FJ; ★(AF): AO, BJ, CF, CG, CI, CM, GA, GH, GQ, LR, NG, TG.

亚马孙酒椰 **Raphia taedigera** (Mart.) Mart. 【I, C】♣XTBG; ●YN; ★(AF): CM, NG.

酒椰(象鼻棕)**Raphia vinifera** P. Beauv. 【I, C】♣BBG, FLBG, SCBG, TBG, XMBG, XOIG, XTBG; ●BJ, FJ, GD, JX, TW, YN; ★(AF): BJ, CD, CF, CG, CM, GH, GM, NG, TG.

鳞果棕属 Lepidocaryum

鳞果棕 **Lepidocaryum tenue** Mart. 【I, C】★(SA): BR, CO, GY, PE, VE.

湿地棕属 Mauritia

*可瑞纳湿地棕 **Mauritia carana** Wallace 【I, C】♣XTBG; ●YN; ★(SA): BR, CO, GY, PE, VE.

湿地棕（波叶湿地棕、毛瑞榈）**Mauritia flexuosa** L. f. 【I, C】 ♣XMBG, XTBG; ●FJ, TW, YN; ★(NA): PA, TT; (SA): BO, BR, CO, EC, GY, PE, VE.

南美棕属 Mauritiella

南美棕（毛里特拉棕）**Mauritiella armata** (Mart.) Burret 【I, C】 ♣SCBG, XMBG, XTBG; ●FJ, GD, TW, YN; ★(SA): BO, BR, CO, EC, GY, PE, VE.

蚁藤属 Korthalsia

*小齿蚁藤 **Korthalsia laciniosa** (Griff.) Mart. 【I, C】 ●TW; ★(AS): ID, IN, LA, MM, MY, PH, SG, VN.

蛇皮果属 Salacca

滇西蛇皮果 **Salacca griffithii** A. J. Hend. 【N, W/C】 ♣XTBG; ●YN; ★(AS): CN, MM, TH.

*侧花蛇皮果 **Salacca secunda** Griff. 【I, C】 ♣BBG, SCBG, XTBG; ●BJ, GD, YN; ★(AS): BT, ID, IN, MM, TH.

瓦理蛇皮果 **Salacca wallichiana** Mart. 【I, C】 ♣XTBG; ●TW, YN; ★(AS): IN, LA, MM, MY, TH, VN.

蛇皮果 **Salacca zalacca** (Gaertn.) Voss 【I, C】 ♣BBG, SCBG, TMNS, XLTBG, XMBG, XOIG, XTBG; ●BJ, FJ, GD, HI, TW, YN; ★(AS): ID.

西谷椰属 Metroxylon

西谷椰 **Metroxylon sagu** Rottb. 【I, C】 ●YN; ★(AS): ID-ML; (OC): PG.

金刺椰属 Pigafetta

马来金刺椰（马来刺葵）**Pigafetta filaris** (Giseke) Becc. 【I, C】 ♣FLBG, XMBG, XTBG; ●FJ, GD, JX, YN; ★(AS): ID, ID-ML; (OC): PG.

钩叶藤属 Plectocomia

长钩叶藤 **Plectocomia elongata** Mart. ex Blume 【I, C】 ♣XTBG; ●YN; ★(AS): ID, IN, PH, SG, VN.

高地钩叶藤 **Plectocomia himalayana** Griff. 【N, W/C】 ♣TMNS, XMBG; ●FJ, TW; ★(AS): BT, CN, IN, LA, LK, NP, TH.

小钩叶藤 **Plectocomia microstachys** Burret 【N, W/C】 ♣BBG, SCBG, XMBG, XTBG; ●BJ, FJ, GD, YN; ★(AS): CN.

钩叶藤 **Plectocomia pierreana** Becc. 【N, W/C】 ♣XMBG, XTBG; ●FJ, TW, YN; ★(AS): CN, TH.

多鳞藤属 Myrialepis

多鳞藤 **Myrialepis paradoxa** (Kurz) J. Dransf. 【I, C】 ●TW; ★(AS): ID, IN, KH, LA, MM, MY, SG, TH, VN.

编织藤属 Plectocomiopsis

*禾叶编织藤 **Plectocomiopsis geminiflora** (Griff.) Becc. 【I, C】 ●TW; ★(AS): LA, MM, MY.

省藤属 Calamus

刺苞省藤（云南省藤）**Calamus acanthospathus** Griff. 【N, W/C】 ♣XTBG; ●TW, YN; ★(AS): BT, CN, ID, IN, LA, LK, MM, NP, TH, VN.

何氏省藤 **Calamus aruensis** Becc. 【I, C】 ♣XMBG, XTBG; ●FJ, TW, YN; ★(AS): ID.

昆士兰省藤（南方省藤）**Calamus australis** Mart. 【I, C】 ♣SCBG; ●GD; ★(OC): AU.

桂南省藤 **Calamus austroguangxiensis** S. J. Pei et S. Y. Chen 【N, W/C】 ♣GXIB; ●GX; ★(AS): CN.

西加省藤 **Calamus caesius** Blume 【I, C】 ♣XMBG, XTBG; ●FJ, YN; ★(AS): MY, PH.

截叶藤 **Calamus caryotoides** A. Cunn. ex Mart. 【I, C】 ♣SCBG; ●GD; ★(OC): AU.

*睫毛省藤 **Calamus ciliaris** Blume 【I, C】 ♣SCBG; ●GD; ★(AS): IN, MY.

短轴省藤 **Calamus compsostachys** Burret 【N, W/C】 ♣SCBG; ●GD; ★(AS): CN.

电白省藤（广西省藤）**Calamus dianbaiensis** C. F. Wei 【N, W/C】 ♣BBG, SCBG, XMBG; ●BJ, FJ, GD, GX; ★(AS): CN.

异株藤 **Calamus dioicus** Lour. 【I, C】 ♣BBG, SCBG, XMBG; ●BJ, FJ, GD; ★(AS): VN.

短叶省藤 **Calamus egregius** Burret 【N, W/C】 ♣BBG, XMBG; ●BJ, FJ; ★(AS): CN.

直立省藤（滇缅省藤）**Calamus erectus** Roxb. 【N, W/C】 ♣XTBG; ●TW, YN; ★(AS): BT, CN, ID, IN, LA, LK, MM, NP, TH.

细茎省藤 **Calamus exilis** Griff. 【I, C】 ♣XMBG, XTBG; ●FJ, YN; ★(AS): MY.

长鞭藤 **Calamus flagellum** Griff. ex Mart. 【N, W/C】 ♣SCBG, XMBG, XTBG; ●FJ, GD, TW, YN; ★(AS): BT, CN, ID, IN, LA, LK, MM, NP, TH, VN.

阔叶省藤（台湾省藤）**Calamus formosanus** Becc. 【N, W/C】 ♣BBG, FLBG, GXIB, HBG, TBG, TMNS, XLTBG, XMBG, XTBG; ●BJ, FJ, GD, GX, HI, JX, TW, YN, ZJ; ★(AS): CN.

小省藤 **Calamus gracilis** Roxb. 【N, W/C】 ♣XTBG; ●TW, YN; ★(AS): CN, ID, IN, LA, LK, MM, PH, VN.

褐鞘省藤 **Calamus guruba** Buch.-Ham. 【N, W/C】 ♣XTBG; ●TW, YN; ★(AS): BT, CN, ID, IN, KH, LA, MM, MY, TH.

滇南省藤 **Calamus henryanus** Becc. 【N, W/C】 ♣BBG, FLBG, SCBG, XMBG, XTBG; ●BJ, FJ, GD, JX, TW, YN; ★(AS): CN, LA, MM, TH, VN.

细省藤 **Calamus javensis** Blume 【I, C】 ♣XTBG; ●YN; ★(AS): IN, MY.

勐海省藤 **Calamus latifolius** Roxb. 【N, W/C】 ♣XTBG; ●YN; ★(AS): BT, CN, ID, IN, LK, MM, NP.

大喙省藤 **Calamus macrorrhynchus** Burret 【N, W/C】 ♣SCBG; ●GD; ★(AS): CN.

*马尼拉省藤 **Calamus manillensis** (Mart.) H. Wendl. 【I, C】 ♣SCBG, XMBG; ●FJ, GD; ★(AS): PH.

瑶山省藤 **Calamus melanochrous** Burret 【N, W/C】 ♣SCBG; ●GD; ★(AS): CN.

南巴省藤（斑岭省藤、倒卵果省藤、大藤）**Calamus nambariensis** Becc. 【N, W/C】 ♣BBG, FBG, KBG, XMBG, XTBG; ●BJ, FJ, TW, YN; ★(AS): BT, CN, ID, IN, LA, MM, NP, TH, VN.

泽生藤 **Calamus palustris** Griff. 【N, W/C】 ♣XMBG, XTBG; ●FJ, TW, YN; ★(AS): CN, ID, IN, KH, LA, MM, MY, TH, VN.

杖藤（弓弦藤）**Calamus rhabdocladus** Burret 【N, W/C】 ♣BBG, CDBG, FLBG, SCBG, WBG, XMBG, XTBG; ●BJ, FJ, GD, HB, JX, SC, TW, YN; ★(AS): CN, LA, VN.

省藤 **Calamus salicifolius** Becc. 【I, C】 ♣XTBG; ●YN; ★(AS): KH, VN.

单叶省藤 **Calamus simplicifolius** C. F. Wei 【N, W/C】 ♣BBG, FLBG, SCBG, XMBG, XTBG, ZAFU; ●BJ, FJ, GD, GX, JX, YN, ZJ; ★(AS): CN.

多刺鸡藤（阔叶鸡藤）**Calamus tetradactyloides** Burret 【N, W/C】 ♣BBG, XMBG; ●BJ, FJ; ★(AS): CN, VN.

白藤 **Calamus tetradactylus** Hance 【N, W/C】 ♣BBG, FBG, FLBG, GMG, GXIB, HBG, SCBG, XLTBG, XMBG, XTBG; ●BJ, FJ, GD, GX, HI, JX, TW, YN, ZJ; ★(AS): CN, KH, LA, TH, VN.

毛鳞省藤 **Calamus thysanolepis** Hance 【N, W/C】 ♣CBG, FBG, XMBG; ●FJ, SH; ★(AS): CN, VN.

粗鞘省藤 **Calamus trachycoleus** Becc. 【I, C】 ♣XMBG; ●FJ; ★(AS): ID.

柳条省藤 **Calamus viminalis** Reinw. ex Mart. 【N, W/C】 ♣SCBG, XTBG; ●GD, TW, YN; ★(AS): CN, ID, IN, KH, LA, MM, MY, TH, VN.

二列省藤（上思省藤）**Calamus viridispinus** Becc. 【I, C】 ♣SCBG; ●GD; ★(AS): IN, TH.

短穗省藤（多果省藤、大白藤）**Calamus walkeri** Hance 【N, W/C】 ♣BBG, XMBG, XTBG; ●BJ, FJ, YN; ★(AS): CN, VN.

黄藤属 Daemonorops

狭叶黄藤 **Daemonorops angustifolia** (Griff.) Mart. 【I, C】 ♣XTBG; ●YN; ★(AS): MY, TH.

血竭 **Daemonorops draco** (Willd.) Blume 【I, C】 ★(AS): ID, MY, TH.

黄藤 **Daemonorops jenkinsiana** (Griff.) Mart. 【N, W/C】 ♣BBG, CDBG, GXIB, SCBG, XMBG, XTBG; ●BJ, FJ, GD, GX, SC, TW, YN; ★(AS): BD, BT, CN, IN, KH, LA, MM, NP, PH, TH, VN.

长柄黄藤 **Daemonorops longistipes** Burret 【I, C】 ♣XTBG; ●YN; ★(AS): ID, MY, TH.

水椰属 Nypa

水椰 **Nypa fruticans** Wurmb 【N, W/C】 ♣BBG, XLTBG, XMBG, XOIG; ●BJ, FJ, HI; ★(AS): BD, CN, ID, IN, JP, KH, LK, MM, MY, PH, SG, TH, VN; (OC): AU, PAF, PG, SB.

菜棕属 Sabal

百慕大菜棕 **Sabal bermudana** L. H. Bailey 【I, C】 ♣SCBG, XMBG, XTBG; ●FJ, GD, YN; ★(NA): BM.

巨菜棕(巨箬棕)**Sabal causiarum** (O. F. Cook) Becc. 【I, C】 ♣FBG, SCBG, XMBG, XTBG; ●FJ, GD, YN; ★(NA): DO, HT, PR, VG.

*多米尼加菜棕 **Sabal domingensis** Becc. 【I, C】 ♣SCBG; ●GD; ★(NA): CU, DO, HT.

易通菜棕（易通箬棕）**Sabal etonia** Swingle ex Nash 【I, C】 ♣XMBG, XTBG; ●FJ, YN; ★(NA): US.

亚巴菜棕(亚巴箬棕) **Sabal japa** C. Wright ex Becc. 【I, C】 ♣TMNS; ●TW; ★(NA): CU.

牙买加菜棕(牙买加箬棕) **Sabal maritima** (Kunth) Burret 【I, C】 ♣BBG, CDBG, SCBG, XMBG, XTBG; ●BJ, FJ, GD, SC, YN; ★(NA): CU, JM.

西印度菜棕(灰绿棕、西印度箬棕) **Sabal mauritiiformis** (H. Karst.) Griseb. et H. Wendl. 【I, C】 ♣BBG, GXIB, SCBG, TMNS, XMBG, XTBG; ●BJ, FJ, GD, GX, TW, YN; ★(NA): BZ, CR, GT, HN, MX, NI, PA, TT; (SA): CO, VE.

墨西哥菜棕(墨西哥箬棕) **Sabal mexicana** Mart. 【I, C】 ♣FLBG, SCBG, TBG, XOIG, XTBG; ●BJ, FJ, GD, JX, TW, YN; ★(NA): BZ, CR, GT, HN, MX, NI, US.

矮菜棕 **Sabal minor** (Jacq.) Pers. 【I, C】 ♣BBG, CDBG, FBG, FLBG, HBG, KBG, SCBG, TBG, XMBG, XOIG, XTBG; ●BJ, FJ, GD, JX, SC, TW, YN, ZJ; ★(NA): US.

菜棕 **Sabal palmetto** (Walter) Lodd. ex Schult. et Schult. f. 【I, C】 ♣BBG, CBG, CDBG, FBG, FLBG, GXIB, HBG, IBCAS, SCBG, TBG, TMNS, XLTBG, XMBG, XOIG, XTBG; ●BJ, FJ, GD, GX, HI, JX, SC, SH, TW, YN, ZJ; ★(NA): BS, CU, US.

粉红菜棕(粉红箬棕) **Sabal rosei** (O. F. Cook) Becc. 【I, C】 ♣SCBG, TMNS, XTBG; ●GD, TW, YN; ★(NA): MX.

对裂菜棕 **Sabal yapa** C. Wright ex Becc. 【I, C】 ♣XMBG, XTBG; ●FJ, YN; ★(NA): BZ, CU, GT, MX.

单心棕属 Schippia

单心棕 **Schippia concolor** Burret 【I, C】 ♣SCBG, XMBG, XTBG; ●FJ, GD, YN; ★(NA): BZ, GT.

长刺棕属 Trithrinax

长刺棕(巴西扇棕) **Trithrinax brasiliensis** Mart. 【I, C】 ♣BBG, CBG, SCBG, XMBG, XTBG; ●BJ, FJ, GD, SH, TW, YN; ★(SA): AR, BO, BR, PY.

阿根廷长刺棕 **Trithrinax campestris** (Burmeist.) Drude et Griseb. 【I, C】 ♣SCBG; ●GD; ★(SA): AR, BO, BR, PY, UY.

海地棕属 Zombia

海地棕 **Zombia antillarum** (Desc.) L. H. Bailey 【I, C】 ★(NA): DO, HT.

银棕属 Coccothrinax

佛州银棕(香银棕) **Coccothrinax argentata** (Jacq.) L. H. Bailey 【I, C】 ♣BBG, SCBG, TMNS, XMBG, XTBG; ●BJ, FJ, GD, TW, YN; ★(NA): BS, CU, DO, HN, JM, KY, MX, US; (SA): CO.

安地列斯银棕(安地列斯白榈) **Coccothrinax argentea** (Lodd. ex Schult. et Schult. f.) Sarg. ex Becc. 【I, C】 ♣SCBG, XMBG, XOIG, XTBG; ●FJ, GD, YN; ★(NA): CU, DO, HT, US.

杜银棕 **Coccothrinax barbadensis** (Lodd. ex Mart.) Becc. 【I, C】 ♣TBG, XMBG, XTBG; ●FJ, TW, YN; ★(NA): LW, PR, TT, US, VG, WW; (SA): VE.

高茎银棕(高茎银榈) **Coccothrinax borhidiana** O. Muñiz 【I, C】 ♣XMBG; ●FJ, TW; ★(NA): CU.

博安娜银棕(博安娜银榈) **Coccothrinax boschiana** M. M. Mejía et R. García 【I, C】 ♣XMBG; ●FJ, TW; ★(NA): DO.

华盛顿银棕(华盛顿葵) **Coccothrinax crinita** (Griseb. et H. Wendl. ex C. H. Wright) Becc. 【I, C】 ♣BBG, SCBG, XMBG, XTBG; ●BJ, FJ, GD, TW, YN; ★(NA): CU.

依可玛银棕 **Coccothrinax ekmanii** Burret 【I, C】 ♣XMBG; ●FJ; ★(NA): CU, DO, HT.

纤细银棕 **Coccothrinax gracilis** Burret 【I, C】 ♣SCBG; ●GD; ★(NA): DO, HT.

米拉瓜银棕 **Coccothrinax miraguama** (Kunth) Becc. 【I, C】 ♣FBG, SCBG, TMNS, XMBG, XTBG; ●FJ, GD, TW, YN; ★(NA): CU, DO, HT.

小叶银棕(小叶扇葵) **Coccothrinax pauciramosa** Burret 【I, C】 ♣SCBG; ●GD; ★(NA): CU.

射叶银棕(射叶银葵) **Coccothrinax readii** H. J. Quero 【I, C】 ♣SCBG, XTBG; ●GD, YN; ★(NA): MX.

密银棕 **Coccothrinax spissa** L. H. Bailey 【I, C】 ♣SCBG, TMNS, XMBG, XTBG; ●FJ, GD, TW, YN; ★(NA): DO, HT.

白豆棕属 Leucothrinax

毛里斯白豆棕 **Leucothrinax morrisii** (H. Wendl.) C. Lewis et Zona 【I, C】 ♣XMBG, XTBG; ●FJ, YN; ★(NA): BS, NL-AN, US.

豆棕属 Thrinax

*艾氏豆棕 **Thrinax ekmaniana** Burret 【I, C】

♣XTBG; ●YN; ★(NA): CU.

豆棕 **Thrinax excelsa** Lodd. ex Mart. 【I, C】 ♣SCBG, TMNS, XMBG, XTBG; ●FJ, GD, TW, YN; ★(NA): JM.

小花豆棕 **Thrinax parviflora** Sw. 【I, C】 ♣SCBG, XMBG; ●FJ, GD; ★(NA): BZ, HN, JM, US, WW.

*辐射豆棕 **Thrinax radiata** Lodd. ex Schult. et Schult. f. 【I, C】 ♣FLBG, TMNS, XMBG, XTBG; ●FJ, GD, JX, TW, YN; ★(NA): BS, BZ, DO, GT, HN, HT, JM, LW, MX, NI, PA, PR, TT, US.

龟壳棕属 Chelyocarpus

*龟壳棕 **Chelyocarpus ulei** Dammer 【I, C】 ★(SA): BR, CO, EC, PE.

根刺棕属 Cryosophila

中美洲根刺棕 **Cryosophila guagara** P. H. Allen 【I, C】 ♣XTBG; ●YN; ★(NA): CR, PA.

银叶根刺棕 **Cryosophila stauracantha** (Heynh.) R. J. Evans 【I, C】 ♣TMNS, XMBG; ●FJ, TW; ★(NA): BZ, GT, HN, MX.

瓦斯根刺棕 **Cryosophila warscewiczii** (H. Wendl.) Bartlettt 【I, C】 ♣SCBG, XMBG, XTBG; ●FJ, GD, YN; ★(NA): CR, HN, NI, PA.

根刺棕 **Cryosophila williamsii** P. H. Allen 【I, C】 ♣BBG, SCBG, XMBG; ●BJ, FJ, GD; ★(NA): HN.

秘鲁棕属 Itaya

秘鲁棕 **Itaya amicorum** H. E. Moore 【I, C】 ★(SA): BR, CO, PE.

海枣属 Phoenix

无茎海枣(无茎刺葵) **Phoenix acaulis** Roxb. 【I, C】 ♣BBG, HBG, XMBG, XOIG, XTBG; ●BJ, FJ, YN, ZJ; ★(AS): BT, IN, LA, LK, MM, NP.

加那利海枣 **Phoenix canariensis** Chabaud 【I, C】 ♣BBG, CBG, FBG, FLBG, HBG, IBCAS, KBG, NBG, SCBG, TBG, TMNS, XLTBG, XMBG, XTBG, ZAFU; ●BJ, FJ, GD, HI, JS, JX, SC, SH, TW, YN, ZJ; ★(AF): ES-CS.

海枣 **Phoenix dactylifera** L. 【I, C】 ♣BBG, CBG, CDBG, FBG, FLBG, GA, GMG, GXIB, HBG, IBCAS, KBG, SCBG, TBG, TMNS, XBG, XMBG, XOIG, XTBG; ●BJ, FJ, GD, GX, JX, SC, SH, SN, TW, YN, ZJ; ★(AS): AM, AZ, BH, GE, IL, IQ, IR, JO, KW, LB, PS, QA, SA, SY, TR, YE.

粗壮海枣(刺葵、粗壮刺葵) **Phoenix loureiroi** Kunth 【N, W/C】 ♣BBG, CDBG, FLBG, GA, GMG, GXIB, HBG, NBG, SCBG, TBG, TMNS, XMBG, XOIG, XTBG, ZAFU; ●BJ, FJ, GD, GX, JS, JX, SC, TW, YN, ZJ; ★(AS): BT, CN, ID, IN, KH, LA, MM, NP, PH, PK, TH, VN.

大海枣(大刺葵) **Phoenix paludosa** Roxb. 【I, C】 ♣BBG, FLBG, SCBG, XMBG, XTBG; ●BJ, FJ, GD, JX, YN; ★(AS): ID, IN, KH, LA, MM, SG, TH, VN.

锡兰海枣(锡兰刺葵、槟榔竹) **Phoenix pusilla** Gaertn. 【I, C】 ♣BBG, SCBG, TBG, XMBG, XTBG; ●BJ, FJ, GD, TW, YN; ★(AS): IN, LK.

折叶海枣(折叶刺葵) **Phoenix reclinata** Jacq. 【I, C】 ♣BBG, FLBG, SCBG, TBG, TMNS, XMBG, XTBG; ●BJ, FJ, GD, JS, JX, SH, TW, YN; ★(AF): AO, CV, KM, MG, NG, ZA; (AS): OM, SA, YE.

软叶海枣(软叶刺葵、江边刺葵) **Phoenix roebelenii** O'Brien 【N, W/C】 ♣BBG, CBG, CDBG, FBG, FLBG, GA, GXIB, HBG, IBCAS, KBG, SCBG, TBG, WBG, XMBG, XOIG, XTBG; ●BJ, FJ, GD, GX, HB, JX, SC, SH, TW, YN, ZJ; ★(AS): CN, LA, MM, TH, VN.

岩海枣 **Phoenix rupicola** T. Anderson 【I, C】 ♣BBG, SCBG, TBG, TMNS, XMBG, XTBG; ●BJ, FJ, GD, TW, YN; ★(AS): BT, IN.

银海枣(林刺葵) **Phoenix sylvestris** (L.) Roxb. 【I, C/N】 ♣BBG, CBG, FBG, KBG, SCBG, TBG, TMNS, XLTBG, XMBG, XTBG; ●BJ, CQ, FJ, GD, HI, SC, SH, TW, YN, ZJ; ★(AS): BT, IN, LK, MM, NP, PK.

克里特海枣 **Phoenix theophrasti** Greuter 【I, C】 ♣SCBG, XMBG, XTBG; ●FJ, GD, YN; ★(AS): TR; (EU): GR, HR.

矮棕属 Chamaerops

矮棕 **Chamaerops humilis** L. 【I, C】 ♣BBG, FBG, FLBG, KBG, NBG, SCBG, TBG, TMNS, XMBG, XTBG; ●BJ, FJ, GD, JS, JX, TW, YN; ★(AF): DZ, MA, TN; (EU): BY, DE, ES, FR, IT, LU, MT, PT, SI.

银矮棕 **Chamaerops humilis** var. **argentea** André 【I, C】 ♣IBCAS, XMBG; ●BJ, FJ; ★(AF): DZ, MA, TN.

石山棕属 Guihaia

石山棕 **Guihaia argyrata** (S. K. Lee et F. N. Wei) S. K. Lee, F. N. Wei et J. Dransf. 【N, W/C】 ♣BBG, FLBG, GXIB, SCBG, WBG, XMBG, XTBG; ●BJ, FJ, GD, GX, HB, JX, YN; ★(AS): CN, VN.

两广石山棕 **Guihaia grossifibrosa** (Gagnep.) J. Dransf., S. K. Lee et F. N. Wei 【N, W/C】 ♣BBG, FBG, FLBG, SCBG, XMBG, XTBG; ●BJ, FJ, GD, JX, YN; ★(AS): CN, VN.

棕榈属 Trachycarpus

棕榈 **Trachycarpus fortunei** (Hook.) H. Wendl. 【N, W/C】 ♣BBG, CDBG, FBG, FLBG, GA, GBG, GMG, GXIB, HBG, IBCAS, KBG, LBG, NBG, NSBG, SCBG, TBG, TMNS, WBG, XBG, XLTBG, XMBG, XTBG, ZAFU; ●BJ, CQ, FJ, GD, GX, GZ, HB, HI, JS, JX, SC, SN, TW, YN, ZJ; ★(AS): BT, CN, IN, JP, LK, MM, NP, VN.

宽叶棕榈 **Trachycarpus latisectus** Spanner, Noltie et Gibbons 【I, C】 ♣XTBG; ●YN; ★(AS): IN.

山棕榈 **Trachycarpus martianus** (Wall. ex Mart.) H. Wendl. 【I, C】 ♣SCBG, TMNS, XMBG, XTBG; ●FJ, GD, TW, YN; ★(AS): ID, IN, MM, NP.

龙棕 **Trachycarpus nanus** Becc. 【N, W/C】 ♣BBG, FLBG, GXIB, IBCAS, KBG, SCBG, TMNS, XMBG, XTBG; ●BJ, FJ, GD, GX, JX, TW, YN; ★(AS): CN.

贡山棕榈 **Trachycarpus princeps** Gibbons, Spanner et San Y. Chen 【N, W/C】 ♣XMBG; ●FJ; ★(AS): CN.

塔基棕榈 **Trachycarpus takil** Becc. 【I, C】 ♣TMNS, XMBG, XTBG; ●FJ, TW, YN; ★(AS): NP.

针棕属 Rhapidophyllum

针棕 **Rhapidophyllum hystrix** (Fraser ex Thouin) H. Wendl. et Drude 【I, C】 ♣SCBG, XMBG, XTBG; ●FJ, GD, TW, YN; ★(NA): US.

棕竹属 Rhapis

棕竹 **Rhapis excelsa** (Thunb.) Henry 【N, W/C】 ♣BBG, CDBG, FBG, FLBG, GA, GBG, GMG, GXIB, HBG, IBCAS, KBG, LBG, NSBG, SCBG, TBG, TMNS, WBG, XLTBG, XMBG, XOIG, XTBG, ZAFU; ●BJ, CQ, FJ, GD, GX, GZ, HB, HI, JX, SC, TW, YN, ZJ; ★(AS): CN, VN.

细棕竹 **Rhapis gracilis** Burret 【N, W/C】 ♣BBG, FBG, FLBG, IBCAS, KBG, SCBG, WBG, XMBG, XTBG, ZAFU; ●BJ, FJ, GD, HB, JX, TW, YN, ZJ; ★(AS): CN, VN.

矮棕竹 **Rhapis humilis** Blume 【N, W/C】 ♣BBG, CDBG, FLBG, GXIB, HBG, IBCAS, KBG, NBG, SCBG, TBG, TMNS, WBG, XBG, XMBG, XTBG; ●BJ, FJ, GD, GX, HB, JS, JX, SC, SN, TW, YN, ZJ; ★(AS): CN, VN.

多裂棕竹 **Rhapis multifida** Burret 【N, W/C】 ♣BBG, CBG, FBG, FLBG, GXIB, HBG, KBG, SCBG, XLTBG, XMBG, XTBG; ●BJ, FJ, GD, GX, HI, JX, SH, TW, YN, ZJ; ★(AS): CN.

粗棕竹 **Rhapis robusta** Burret 【N, W/C】 ♣BBG, GXIB, SCBG, WBG, XMBG, XTBG; ●BJ, FJ, GD, GX, HB, YN; ★(AS): CN, VN.

薄叶棕竹 **Rhapis subtilis** Becc. 【I, C】 ♣FLBG, SCBG, XMBG, XTBG; ●FJ, GD, JX, TW, YN; ★(AS): IN, KH, LA, TH.

蒲葵属 Livistona

南方蒲葵 **Livistona australis** (R. Br.) Mart. 【I, C】 ♣BBG, FLBG, SCBG, TBG, XMBG, XOIG, XTBG; ●BJ, FJ, GD, JX, TW, YN; ★(OC): AU.

班氏蒲葵 **Livistona benthamii** F. M. Bailey 【I, C】 ♣SCBG, TMNS, XMBG, XTBG; ●FJ, GD, TW, YN; ★(OC): AU, PG.

索马里兰蒲葵 **Livistona carinensis** (Chiov.) J. Dransf. et N. W. Uhl 【I, C】 ♣TMNS; ●TW; ★(AF): DJ, SO; (AS): YE.

蒲葵 **Livistona chinensis** (Jacq.) R. Br. ex Mart. 【N, W/C】 ♣BBG, CBG, CDBG, FBG, FLBG, GA, GBG, GMG, GXIB, HBG, IBCAS, KBG, NBG, NSBG, SCBG, TBG, TMNS, WBG, XBG, XLTBG, XMBG, XOIG, XTBG, ZAFU; ●BJ, CQ, FJ, GD, GX, GZ, HB, HI, JS, JX, SC, SH, SN, TW, YN, ZJ; ★(AS): CN, JP.

裂叶蒲葵 **Livistona decora** (W. Bull) Dowe 【I, C】 ♣BBG, FBG, FLBG, SCBG, TMNS, XMBG, XTBG; ●BJ, FJ, GD, JX, TW, YN; ★(OC): AU.

矮蒲葵 **Livistona humilis** R. Br. 【I, C】 ♣XMBG; ●FJ, TW; ★(OC): AU.

美丽蒲葵 **Livistona jenkinsiana** Griff. 【N, W/C】 ♣BBG, SCBG, TBG, XMBG, XTBG; ●BJ, FJ, GD, TW, YN; ★(AS): BD, BT, CN, IN, LA, MM, MY, TH.

圆轴榈 **Livistona lorophylla** Becc. 【I, C】 ♣XTBG;

●YN; ★(OC): AU.

红蒲葵 **Livistona mariae** F. Muell.【I, C】♣SCBG, XTBG; ●GD, YN; ★(OC): AU.

梅里蒲葵 **Livistona merrillii** Becc.【I, C】♣SCBG, XMBG, XTBG; ●FJ, GD, YN; ★(AS): PH.

穆氏蒲葵 **Livistona muelleri** F. M. Bailey【I, C】♣SCBG, TBG, TMNS, XMBG, XTBG; ●FJ, GD, TW, YN; ★(OC): AU, PG.

光亮蒲葵 **Livistona nitida** Rodd【I, C】♣XTBG; ●YN; ★(OC): AU.

红叶蒲葵 **Livistona rigida** Becc.【I, C】♣XMBG; ●FJ; ★(OC): AU.

大叶蒲葵 **Livistona saribus** (Lour.) Merr. ex A. Chev.【I, C/N】♣BBG, FLBG, GXIB, IBCAS, SCBG, TBG, TMNS, XLTBG, XMBG, XTBG; ●BJ, FJ, GD, GX, HI, JX, SC, TW, YN; ★(AS): ID, IN, KH, LA, MY, PH, SG, TH, VN.

塔汉蒲葵 **Livistona tahanensis** Becc.【I, C】♣FLBG; ●GD, JX; ★(AS): MY.

新蒲葵属 Saribus

圆叶蒲葵 **Saribus rotundifolius** (Lam.) Blume【I, C】♣BBG, FLBG, KBG, SCBG, TBG, TMNS, XLTBG, XMBG, XOIG, XTBG; ●BJ, FJ, GD, HI, JX, TW, YN; ★(AS): ID, ID-ML, MY, PH.

棉毛蒲葵 **Saribus woodfordii** (Ridl.) Bacon et W. J. Baker【I, C】♣SCBG; ●GD; ★(OC): PG, SB.

轴榈属 Licuala

毛花轴榈 **Licuala dasyantha** Burret【N, W/C】♣CDBG, FBG, FLBG, TMNS, WBG, XMBG, XTBG; ●FJ, GD, HB, JX, SC, TW, YN; ★(AS): CN, VN.

单穗手杖椰 **Licuala densiflora** Becc.【I, C】♣SCBG; ●GD; ★(AS): MY.

锈毛轴榈 **Licuala ferruginea** Becc.【I, C】♣SCBG, XTBG; ●GD, YN; ★(AS): MY, SG.

边沁蒲葵 **Licuala flabellum** Mart.【I, C】♣SCBG; ●GD; ★(AS): ID.

穗花轴榈 **Licuala fordiana** Becc.【N, W/C】♣BBG, CDBG, FLBG, SCBG, XMBG, XTBG; ●BJ, FJ, GD, JX, SC, YN; ★(AS): CN, MY.

光亮轴榈 **Licuala glabra** Griff.【I, C】♣XTBG; ●YN; ★(AS): MY.

圆叶刺轴榈 **Licuala grandis** H. Wendl. ex Linden【I, C】♣BBG, CBG, FLBG, SCBG, TBG, TMNS, XLTBG, XMBG, XTBG; ●BJ, FJ, GD, HI, JX, SH, TW, YN; ★(AS): MY, SG.

海南轴榈 **Licuala hainanensis** A. J. Hend., L. X. Guo et Barfod【N, W/C】♣GXIB, SCBG, XTBG; ●GD, GX, YN; ★(AS): CN.

红果轴榈 **Licuala lauterbachii** Dammer et K. Schum.【I, C】♣SCBG, XTBG; ●GD, YN; ★(OC): PG.

马丹轴榈 **Licuala mattanensis** Becc.【I, C】♣SCBG, XTBG; ●GD, YN; ★(AS): MY.

圆形轴榈 **Licuala orbicularis** Becc.【I, C】♣SCBG, XMBG, XTBG; ●FJ, GD, TW, YN; ★(AS): MY.

盾轴榈 **Licuala peltata** Roxb. ex Buch.-Ham.【I, C】♣GXIB, XMBG, XTBG; ●FJ, GX, YN; ★(AS): BD, BT, ID, IN, LK, MM, MY, PH, SG, TH, VN.

*素里翁轴榈 **Licuala peltata** var. **sumawongii** Saw【I, C】♣XMBG, XTBG; ●FJ, YN; ★(AS): TH.

雅致轴榈 **Licuala pumila** Blume【I, C】♣SCBG; ●GD; ★(AS): IN.

豹斑轴榈 **Licuala radula** Gagnep.【I, C】♣XTBG; ●YN; ★(AS): VN.

澳洲轴榈 **Licuala ramsayi** (F. Muell.) Domin【I, C】♣SCBG, XMBG, XTBG; ●FJ, GD, YN; ★(OC): AU.

花叶轴榈 **Licuala robinsoniana** Becc.【I, C】♣CBG, SCBG, XTBG; ●GD, SH, TW, YN; ★(AS): VN.

*沙捞越轴榈 **Licuala sarawakensis** Becc.【I, C】♣TMNS, XMBG, XTBG; ●FJ, TW, YN; ★(AS): MY.

风车轴榈 **Licuala scortechinii** Becc.【I, C】♣XTBG; ●YN; ★(AS): MY.

刺轴榈 **Licuala spinosa** Wurmb【N, W/C】♣BBG, CDBG, FLBG, KBG, SCBG, TBG, TMNS, XLTBG, XMBG, XTBG; ●BJ, FJ, GD, HI, JX, SC, TW, YN; ★(AS): CN, ID, IN, LA, MM, MY, PH, SG, VN.

丝状轴榈(三叶轴榈)**Licuala triphylla** Griff.【I, C】♣SCBG, XTBG; ●GD, YN; ★(AS): MY.

菱叶棕属 Johannesteijsmannia

菱叶棕(泰氏棕)**Johannesteijsmannia altifrons** (Rchb. f. et Zoll.) H. E. Moore【I, C】♣BBG, CBG, FLBG, SCBG, XMBG, XTBG; ●BJ, FJ, GD, JX, SH, YN; ★(AS): ID, MY, TH.

约翰菱叶棕（约翰棕）**Johannesteijsmannia magnifica** J. Dransf. 【I, C】 ♣FBG, TMNS, XMBG, XTBG; ●FJ, TW, YN; ★(AS): MY.

沼地棕属 Acoelorrhaphe

沼地棕 **Acoelorrhaphe wrightii** (Griseb. et H. Wendl.) H. Wendl. ex Becc.【I, C】♣BBG, CBG, FLBG, SCBG, TBG, TMNS, XMBG, XOIG, XTBG; ●BJ, FJ, GD, JX, SH, TW, YN, ZJ; ★(NA): BS, CU, MX, US; (SA): CO.

锯棕属 Serenoa

锯棕 **Serenoa repens** (W. Bartram) Small 【I, C】 ♣BBG, GXIB, HBG, SCBG, TMNS, XMBG, XOIG, XTBG; ●BJ, FJ, GD, GX, TW, YN, ZJ; ★(NA): US.

石棕属 Brahea

石棕 **Brahea armata** S. Watson 【I, C】 ♣BBG, CBG, SCBG, TBG, TMNS, XMBG, XOIG; ●BJ, FJ, GD, SH, TW; ★(NA): MX.

高杆石棕(高杆岩榈)**Brahea brandegeei** (Purpus) H. E. Moore 【I, C】 ♣SCBG, XMBG; ●FJ, GD; ★(NA): MX.

*食用石棕（岩榈）**Brahea edulis** H. Wendl. ex S. Watson 【I, C】 ♣BBG, SCBG, TMNS, XMBG; ●BJ, FJ, GD, TW; ★(NA): MX.

瓶棕属 Colpothrinax

瓶棕 **Colpothrinax cookii** Read 【I, C】 ♣XMBG; ●FJ; ★(NA): BZ, CR, GT, HN, PA.

蜡棕属 Copernicia

白蜡棕 **Copernicia alba** Morong 【I, C】 ♣GXIB, SCBG, XMBG, XTBG; ●FJ, GD, GX, YN; ★(SA): AR, BO, BR, PY.

贝利蜡棕 **Copernicia baileyana** León 【I, C】 ♣TMNS, XMBG, XTBG; ●FJ, TW, YN; ★(NA): CU.

*伯特拉蜡棕 **Copernicia berteroana** Becc. 【I, C】 ♣SCBG; ●GD, TW; ★(NA): DO, HT.

*布里顿蜡棕 **Copernicia brittonorum** León 【I, C】 ♣XTBG; ●YN; ★(NA): CU.

肖蜡棕 **Copernicia fallaensis** León【I, C】♣SCBG, XTBG; ●GD, YN; ★(NA): CU.

巨蜡棕 **Copernicia gigas** Ekman ex Burret 【I, C】 ♣XMBG; ●FJ; ★(NA): CU.

光秃蜡棕 **Copernicia glabrescens** H. Wendl. ex Becc. 【I, C】 ♣XMBG; ●FJ; ★(NA): CU.

奇异腊棕 **Copernicia hospita** Mart. 【I, C】 ♣SCBG, XMBG, XTBG; ●FJ, GD, TW, YN; ★(NA): CU.

大舌蜡棕 **Copernicia macroglossa** H. Wendl. ex Becc.【I, C】♣TMNS, XMBG, XTBG; ●FJ, TW, YN; ★(NA): CU.

巴西蜡棕（桃果蜡棕）**Copernicia prunifera** (Mill.) H. E. Moore 【I, C】 ♣SCBG, TMNS, XMBG, XTBG; ●FJ, GD, TW, YN; ★(SA): BR.

坚蜡榈 **Copernicia rigida** Britton et P. Wilson 【I, C】 ♣SCBG, XMBG, XTBG; ●FJ, GD, YN; ★(NA): CU.

屋顶白蜡棕 **Copernicia tectorum** (Kunth) Mart.【I, C】 ♣XMBG; ●FJ; ★(SA): CO, GY, VE.

金棕属 Pritchardia

窗孔榈（金棕）**Pritchardia hillebrandii** Becc. 【I, C】 ♣TMNS, XMBG, XTBG; ●FJ, TW, YN; ★(OC): US-HW.

少女金棕 **Pritchardia maideniana** Becc. 【I, C】 ♣SCBG; ●GD; ★(OC): FJ, TO.

夏威夷金棕（夏威夷榔）**Pritchardia martii** (Gaudich.) H. Wendl. 【I, C】 ♣FBG, GXIB, XMBG, XTBG; ●FJ, GX, YN; ★(OC): US-HW.

金棕（太平洋金棕、太平洋棕）**Pritchardia pacifica** Seem. et H. Wendl.【I, C】♣CBG, FLBG, SCBG, TMNS, XLTBG, XMBG, XTBG; ●FJ, GD, HI, JX, SH, TW, YN; ★(OC): FJ, TO, WS.

*沙陶尔金棕 **Pritchardia schattaueri** Hodel 【I, C】 ♣SCBG; ●GD; ★(OC): US-HW.

比查金棕（比查榔）**Pritchardia thurstonii** F. Muell. et Drude 【I, C】 ♣FLBG, XMBG, XTBG; ●FJ, GD, JX, YN; ★(OC): FJ.

丝葵属 Washingtonia

丝葵 **Washingtonia filifera** (Linden ex André) H. Wendl. ex de Bary【I, C】♣BBG, CDBG, FLBG, GA, HBG, IBCAS, KBG, NBG, SCBG, TBG, WBG, XBG, XMBG, XOIG, XTBG, ZAFU; ●BJ, CQ, FJ, GD, HB, HI, JS, JX, SC, SN, TW, YN, ZJ; ★(NA): MX, US.

大丝葵 **Washingtonia robusta** H. Wendl. 【I, C】

♣BBG, FBG, IBCAS, KBG, SCBG, TBG, TMNS, XLTBG, XMBG, XTBG; ●BJ, FJ, GD, HI, SC, TW, YN; ★(NA): MX.

琼棕属 Chuniophoenix

琼棕 **Chuniophoenix hainanensis** Burret 【N, W/C】 ♣BBG, CBG, CDBG, FBG, FLBG, GXIB, SCBG, TMNS, WBG, XLTBG, XMBG, XOIG, XTBG; ●BJ, FJ, GD, GX, HB, HI, JX, SC, SH, TW, YN; ★(AS): CN.

矮琼棕 **Chuniophoenix nana** Burret 【N, W/C】 ♣CDBG, FBG, FLBG, SCBG, TMNS, XLTBG, XMBG, XTBG; ●FJ, GD, HI, JX, SC, TW, YN; ★(AS): CN, VN.

泰棕属 Kerriodoxa

泰棕 **Kerriodoxa elegans** J. Dransf. 【I, C】 ♣SCBG, XMBG, XTBG; ●FJ, GD, TW, YN; ★(AS): TH.

寒棕属 Nannorrhops

寒棕(阿富汗棕、中东矮棕)**Nannorrhops ritchieana** (Griff.) Aitch. 【I, C】 ♣SCBG, TMNS, XMBG, XTBG; ●FJ, GD, TW, YN; ★(AS): AF, IN, IR, PK, SA, YE.

鱼尾葵属 Caryota

菲岛鱼尾葵(肯氏鱼尾葵)**Caryota cumingii** Lodd. ex Mart. 【I, C】 ♣BBG, FLBG, SCBG, XMBG, XTBG; ●BJ, FJ, GD, JX, TW, YN; ★(AS): PH.

鱼尾葵 **Caryota maxima** Blume ex Mart. 【N, W/C】 ♣BBG, CBG, CDBG, FBG, FLBG, GA, GBG, GMG, GXIB, HBG, IBCAS, KBG, NSBG, SCBG, TMNS, WBG, XBG, XLTBG, XMBG, XOIG, XTBG, ZAFU; ●BJ, CQ, FJ, GD, GX, GZ, HB, HI, JX, SC, SH, SN, TW, YN, ZJ; ★(AS): BT, CN, ID, IN, LA, MM, MY, SG, TH, VN.

短穗鱼尾葵 **Caryota mitis** Lour. 【N, W/C】 ♣BBG, CDBG, FBG, FLBG, GXIB, HBG, IBCAS, KBG, NBG, SCBG, TBG, XLTBG, XMBG, XOIG, XTBG; ●BJ, FJ, GD, GX, HI, JS, JX, SC, TW, YN, ZJ; ★(AS): CN, ID, IN, KH, LA, MM, MY, PH, SG, TH, VN.

单穗鱼尾葵 **Caryota monostachya** Becc. 【N, W/C】 ♣BBG, FLBG, GXIB, SCBG, XMBG, XTBG; ●BJ, FJ, GD, GX, JX, TW, YN; ★(AS): CN, LA, VN.

董棕 **Caryota obtusa** Griff. 【N, W/C】 ♣BBG, CBG, FLBG, GA, GXIB, HBG, KBG, SCBG, TBG, XLTBG, XMBG, XTBG; ●BJ, FJ, GD, GX, HI, JX, SC, SH, TW, YN, ZJ; ★(AS): CN, ID, IN, LA, MM, TH, VN.

马来鱼尾葵 **Caryota rumphiana** Mart. 【I, C】 ♣XTBG; ●YN; ★(AS): ID, ID-ML, IN, PH, SG, VN; (OC): PG, SB.

大董棕 **Caryota rumphiana** var. **borneensis** (Becc.) Becc. 【N, W/C】 ♣TMNS, XLTBG, XTBG; ●HI, TW, YN; ★(AS): CN, ID, MY.

*合瓣鱼尾葵 **Caryota sympetala** Gagnep. 【I, C】 ♣SCBG; ●GD; ★(AS): KH, LA, VN.

*假董棕 **Caryota urens** L. 【I, C】 ♣CDBG, FBG, SCBG, XOIG; ●FJ, GD, SC; ★(AS): IN, LK.

斑纹鱼尾葵 **Caryota zebrina** Hambali et al. 【I, C】 ♣SCBG, TMNS, XTBG; ●GD, TW, YN; ★(OC): PG.

桄榔属 Arenga

澳洲桄榔 **Arenga australasica** (H. Wendl. et Drude) S. T. Blake ex H. E. Moore 【I, C】 ♣SCBG, XMBG, XTBG; ●FJ, GD, TW, YN; ★(OC): AU.

*婆罗洲桄榔 **Arenga borneensis** (Becc.) J. Dransf. 【I, C】 ♣XTBG; ●YN; ★(AS): ID, MY.

双籽棕 **Arenga caudata** (Lour.) H. E. Moore 【N, W/C】 ♣BBG, FBG, SCBG, WBG, XLTBG, XMBG, XTBG; ●BJ, FJ, GD, HB, HI, YN; ★(AS): CN, ID, IN, KH, LA, MM, MY, TH, VN.

山棕 **Arenga engleri** Becc. 【N, W/C】 ♣BBG, CBG, CDBG, FBG, FLBG, IBCAS, NBG, SCBG, TBG, TMNS, XMBG, XOIG, XTBG; ●BJ, FJ, GD, JS, JX, SC, SH, TW, YN; ★(AS): CN, JP.

*戟形桄榔 **Arenga hastata** (Becc.) Whitmore 【I, C】 ♣XTBG; ●YN; ★(AS): ID, MY, TH.

小花桄榔 **Arenga micrantha** C. F. Wei 【N, W/C】 ♣XMBG; ●FJ; ★(AS): BT, CN, IN.

小果桄榔 **Arenga microcarpa** Becc. 【I, C】 ♣BBG, SCBG, XLTBG, XMBG; ●BJ, FJ, GD, HI, TW; ★(AS): ID-ML; (OC): AU, PG.

苏门答腊桄榔 **Arenga obtusifolia** Mart. 【I, C】 ♣BBG, SCBG, TMNS, XMBG, XTBG; ●BJ, FJ, GD, TW, YN; ★(AS): ID, IN, MY, TH.

桄榔(砂糖椰)**Arenga pinnata** (Wurmb) Merr. 【I, C】 ♣BBG, CDBG, FBG, FLBG, GMG, GXIB, HBG, IBCAS, NBG, SCBG, TBG, TMNS, WBG, XMBG, XOIG, XTBG; ●BJ, FJ, GD, GX, HB, HI,

JS, JX, SC, TW, YN, ZJ; ★(AS): BT, ID, IN, KH, LA, LK, MM, MY, PH, SG, TH, VN.

鱼骨葵 **Arenga tremula** (Blanco) Becc. 【I, C】 ♣BBG, CBG, FBG, SCBG, TMNS, XLTBG, XMBG, XTBG; ●BJ, FJ, GD, HI, SH, TW, YN; ★(AS): PH.

波叶桄榔 **Arenga undulatifolia** Becc. 【I, C】 ♣BBG, SCBG, TMNS, XMBG, XOIG; ●BJ, FJ, GD, TW; ★(AS): ID, MY, PH, SG.

南椰 **Arenga westerhoutii** Griff.【N, W/C】♣FBG, SCBG; ●FJ, GD; ★(AS): BT, CN, IN, KH, LA, MM, MY, PH, SG, TH, VN.

小堇棕属 Wallichia

琴叶瓦理棕 **Wallichia caryotoides** Roxb. 【N, W/C】♣WBG, XMBG, XTBG; ●FJ, HB, TW, YN; ★(AS): BD, CN, MM, TH.

二列瓦理棕 **Wallichia disticha** T. Anderson 【N, W/C】♣SCBG, TMNS, XMBG, XTBG; ●FJ, GD, TW, YN; ★(AS): BD, BT, CN, ID, IN, LA, LK, MM, TH.

瓦理棕 **Wallichia gracilis** Becc.【N, W/C】♣FBG, KBG, SCBG, XMBG, XTBG; ●FJ, GD, TW, YN; ★(AS): CN.

密花瓦理棕 **Wallichia oblongifolia** Griff. 【N, W/C】 ♣FBG, SCBG, XMBG, XTBG; ●FJ, GD, TW, YN; ★(AS): BD, BT, CN, IN, MM, NP.

贝叶棕属 Corypha

贝叶棕 **Corypha umbraculifera** L.【I, C】♣SCBG; ●GD; ★(AS): ID, LK.

吕宋贝叶棕（高大贝叶棕、吕宋糖棕）**Corypha utan** Lam. 【I, C】 ♣FLBG, SCBG, XMBG, XOIG, XTBG; ●FJ, GD, JX, YN; ★(AS): ID, IN, LA, MM, MY, PH, SG, VN; (OC): AU, PG.

霸王棕属 Bismarckia

霸王棕 **Bismarckia nobilis** Hildebr. et H. Wendl. 【I, C】♣BBG, CBG, FBG, FLBG, SCBG, TMNS, WBG, XLTBG, XMBG, XTBG; ●BJ, FJ, GD, HB, HI, JX, SH, TW, YN, ZJ; ★(AF): MG.

翅核棕属 Satranala

翅核棕（翅果棕）**Satranala decussilvae** Beentje et J. Dransf. 【I, C】 ★(AF): MG.

叉茎棕属 Hyphaene

*革叶叉干棕（叉茎棕）**Hyphaene coriacea** Gaertn.【I, C】♣XMBG, XTBG; ●FJ, TW, YN; ★(AF): ET, KE, MG, MZ, SO, TZ, ZA.

叉干棕（分枝榈）**Hyphaene petersiana** Klotzsch ex Mart. 【I, C】 ♣XMBG; ●FJ, TW; ★(AF): AO, MZ, TZ, ZA, ZM, ZW.

埃及叉干棕（埃及姜饼棕）**Hyphaene thebaica** (L.) Mart. 【I, C】♣TMNS, XMBG, XTBG; ●FJ, TW, YN; ★(AF): BF, BJ, CI, EG, ER, ET, GM, GN, LR, NG, SD, SN; (AS): IL, IQ, PS, SA, YE.

阔叶棕属 Medemia

阔叶棕 **Medemia argun** (Mart.) Wuert. ex H. Wendl. 【I, C】 ★(AF): EG, SD.

红脉葵属 Latania

蓝脉葵 **Latania loddigesii** Mart. 【I, C】 ♣BBG, FLBG, SCBG, TMNS, XLTBG, XMBG, XTBG; ●BJ, FJ, GD, HI, JX, TW, YN; ★(AF): MU.

红脉葵（红脉棕）**Latania lontaroides** (Gaertn.) H. E. Moore 【I, C】 ♣BBG, CBG, FLBG, GA, SCBG, TBG, TMNS, XLTBG, XMBG, XTBG; ●BJ, FJ, GD, HI, JX, SC, SH, TW, YN; ★(AF): RE.

黄脉葵（黄棕榈）**Latania verschaffeltii** Lem.【I, C】♣BBG, CBG, FLBG, GA, SCBG, TBG, TMNS, XLTBG, XMBG, XTBG; ●BJ, FJ, GD, HI, JX, SC, SH, TW, YN; ★(AF): MU.

巨子棕属 Lodoicea

巨子棕（海椰子）**Lodoicea maldivica** (J. F. Gmel.) Pers. 【I, C】 ♣BBG, TMNS; ●BJ, TW; ★(AF): SC.

垂裂棕属 Borassodendron

垂裂棕（毛果榈、木糖棕）**Borassodendron machadonis** (Ridl.) Becc.【I, C】♣SCBG, TMNS, XMBG, XTBG; ●FJ, GD, TW, YN; ★(AS): IN, MM, MY, SG, TH.

糖棕属 Borassus

*埃塞俄比亚糖棕（糖椰）**Borassus aethiopum** Mart. 【I, C】 ♣BBG, XMBG, XTBG; ●BJ, FJ, YN; ★(AF): CF, GH, MG, NG, TZ, ZA.

糖棕 **Borassus flabellifer** L. 【I, C】 ♣BBG, CBG, FLBG, SCBG, TBG, XLTBG, XMBG, XOIG, XTBG; ●BJ, FJ, GD, HI, JX, SH, TW, YN; ★(AS): BD, ID, IN, LA, LK, MM, MY, SG, VN.

樱桃椰属 Pseudophoenix

*艾氏樱桃椰(依克曼葫芦椰)**Pseudophoenix ekmanii** Burret【I, C】♣SCBG, XMBG, XTBG; ●FJ, GD, TW, YN; ★(NA): DO, US.

*萨氏樱桃椰 **Pseudophoenix sargentii** H. Wendl. ex Sarg. 【I, C】 ♣XMBG; ●FJ, TW; ★(NA): BS, BZ, CU, DO, HT, LW, MX, PR, US.

膨茎樱桃椰(膨茎葫芦椰)**Pseudophoenix vinifera** (Mart.) Becc.【I, C】♣XMBG; ●FJ; ★(NA): DO, HT, US.

蜡椰属 Ceroxylon

南美蜡椰 **Ceroxylon alpinum** Bonpl. ex DC. 【I, C】 ♣SCBG, XMBG, XTBG; ●FJ, GD, YN; ★(SA): CO, EC, VE.

小叶蜡椰 **Ceroxylon parvifrons** (Engel) H. Wendl.【I, C】 ♣SCBG, XMBG; ●FJ, GD, TW; ★(SA): BO, CO, EC, PE, VE.

哥伦比亚蜡椰 **Ceroxylon quindiuense** (H. Karst.) H. Wendl. 【I, C】 ♣TMNS; ●TW; ★(SA): CO, PE.

牟加利蜡椰 **Ceroxylon vogelianum** (Engel) H. Wendl. 【I, C】 ♣TMNS, XMBG; ●FJ, TW; ★(SA): CO, EC, PE, VE.

昆士兰椰属 Oraniopsis

昆士兰椰 **Oraniopsis appendiculata** (F. M. Bailey) J. Dransf., A. K. Irvine et N. W. Uhl 【I, C】 ♣SCBG, XMBG; ●FJ, GD, TW; ★(OC): AU.

国王椰属 Ravenea

银叶国王椰 **Ravenea glauca** Jum. et H. Perrier 【I, C】 ♣GXIB, XMBG; ●FJ, GX; ★(AF): MG.

苏尼维国王椰(苏尼维椰)**Ravenea hildebrandtii** H. Wendl. ex C. D. Bouché【I, C】♣SCBG, TMNS, XMBG; ●FJ, GD, TW; ★(AF): KM.

美丽国王椰 **Ravenea krociana** Beentje 【I, C】 ♣XMBG; ●FJ; ★(AF): MG.

国王椰 **Ravenea rivularis** Jum. et H. Perrier【I, C】♣BBG, CBG, FBG, FLBG, GA, SCBG, TMNS, XMBG, XTBG, ZAFU; ●BJ, FJ, GD, JX, SC, SH, TW, YN, ZJ; ★(AF): MG.

大力国王椰 **Ravenea robustior** Jum. et H. Perrier 【I, C】 ♣SCBG, XMBG; ●FJ, GD; ★(AF): MG.

旱生国王椰 **Ravenea xerophila** Jum. 【I, C】 ♣XMBG; ●FJ; ★(AF): MG.

象牙椰属 Phytelephas

厄瓜多尔象牙椰 **Phytelephas aequatorialis** Spruce 【I, C】 ♣XTBG; ●YN; ★(SA): EC.

象牙椰 **Phytelephas macrocarpa** Ruiz et Pav. 【I, C】 ●TW; ★(SA): BO, BR, PE.

*泽曼象牙椰 **Phytelephas seemannii** O. F. Cook【I, C】 ♣XTBG; ●YN; ★(NA): PA; (SA): CO.

金椰属 Dictyocaryum

*拉马克金椰 **Dictyocaryum lamarckianum** (Mart.) H. Wendl.【I, C】♣SCBG, XMBG; ●FJ, GD; ★(NA): PA; (SA): BO, CO, EC, PE.

南美椰属 Iriartea

南美椰 **Iriartea deltoidea** Ruiz et Pav. 【I, C】 ♣SCBG, TMNS, XMBG, XTBG; ●FJ, GD, TW, YN; ★(NA): CR, NI, PA; (SA): BO, CO, EC, PE.

高跷椰属 Socratea

高跷椰 **Socratea exorrhiza** (Mart.) H. Wendl. 【I, C】 ♣SCBG, XMBG, XTBG; ●FJ, GD, TW, YN; ★(NA): CR, NI, PA; (SA): BO, BR, CO, EC, GY, PE, VE.

绳序椰属 Wettinia

*多毛绳序椰 **Wettinia hirsuta** Burret 【I, C】 ♣SCBG; ●GD; ★(SA): CO.

绳序椰(维细尼椰)**Wettinia maynensis** Spruce 【I, C】 ♣XMBG; ●FJ; ★(SA): PE.

酒瓶椰属 Hyophorbe

苦心酒瓶椰 **Hyophorbe amaricaulis** Mart. 【I, C】 ♣TBG; ●TW; ★(AF): MU.

印度酒瓶椰 **Hyophorbe indica** Gaertn. 【I, C】 ♣GXIB, XMBG; ●FJ, GX; ★(AF): RE.

酒瓶椰 **Hyophorbe lagenicaulis** (L. H. Bailey) H. E.

Moore 【I, C】 ♣BBG, CBG, FLBG, GA, KBG, SCBG, TMNS, XLTBG, XMBG, XOIG, XTBG; ●BJ, FJ, GD, HI, JX, SC, SH, TW, YN; ★(AF): MU.

棍棒椰 **Hyophorbe verschaffeltii** H. Wendl. 【I, C】 ♣BBG, CBG, FLBG, IBCAS, SCBG, TBG, TMNS, XLTBG, XMBG, XTBG; ●BJ, FJ, GD, HI, JX, SH, TW, YN; ★(AF): MU.

亚马孙椰属 Wendlandiella

亚马孙椰 **Wendlandiella gracilis** Dammer 【I, C】 ★(SA): BO, BR, PE.

巧椰属 Synechanthus

纤维巧椰 **Synechanthus fibrosus** (H. Wendl.) H. Wendl. 【I, C】 ♣XMBG; ●FJ; ★(NA): BZ, CR, GT, HN, MX, NI, PA.

巧椰（合生花棕）**Synechanthus warscewiczianus** H. Wendl. 【I, C】 ♣SCBG, TMNS, XMBG, XTBG; ●FJ, GD, TW, YN; ★(NA): CR, NI, PA; (SA): CO, EC.

竹节椰属 Chamaedorea

*斜茎竹节椰（翠玉椰）**Chamaedorea adscendens** (Dammer) Burret 【I, C】 ♣TMNS, XTBG; ●TW, YN; ★(NA): BM, BZ, GT, MX.

互生竹节椰 **Chamaedorea alternans** H. Wendl. 【I, C】 ♣SCBG, XMBG; ●FJ, GD; ★(NA): MX.

喜风竹节椰 **Chamaedorea anemophila** Hodel 【I, C】 ♣SCBG; ●GD; ★(NA): CR, PA.

美洲竹节椰 **Chamaedorea arenbergiana** H. Wendl. 【I, C】 ♣XMBG; ●FJ; ★(NA): BM, BZ, CR, GT, HN, MX, Ni, PA, SV; (SA): CO.

*本齐竹节椰 **Chamaedorea benziei** Hodel 【I, C】 ♣BBG; ●BJ; ★(NA): MX.

富贵竹节椰（富贵椰）**Chamaedorea cataractarum** Mart. 【I, C】 ♣FBG, FLBG, SCBG, TBG, TMNS, XMBG, XTBG; ●FJ, GD, JX, TW, YN; ★(NA): MX.

*哥斯达黎加竹节椰 **Chamaedorea costaricana** Oerst. 【I, C】 ♣SCBG, XMBG; ●FJ, GD, YN; ★(NA): BM, BZ, CR, HN, MX, NI, PA, US.

袖珍竹节椰（秀丽竹节椰、袖珍椰）**Chamaedorea elegans** Mart. 【I, C】 ♣BBG, CDBG, FBG, FLBG, IBCAS, KBG, LBG, NSBG, SCBG, TBG, TMNS, WBG, XLTBG, XMBG, XOIG, XTBG, ZAFU; ●BJ, CQ, FJ, GD, HB, HI, JX, SC, TW, YN, ZJ; ★(NA): BZ, GT, HN, MX, US.

二裂竹节椰（二裂坎棕）**Chamaedorea ernesti-augusti** H. Wendl. 【I, C】 ♣FLBG, SCBG, XMBG, XTBG; ●FJ, GD, JX, YN; ★(NA): BZ, GT, HN, MX.

镰叶竹节椰（镰叶坎棕）**Chamaedorea falcifera** H. E. Moore 【I, C】 ♣SCBG, XMBG; ●FJ, GD; ★(NA): GT.

茶马竹节椰（茶马椰、苇椰状竹节椰）**Chamaedorea geonomiformis** H. Wendl. 【I, C】 ♣SCBG, TBG, XMBG; ●FJ, GD, TW; ★(NA): BZ, CR, GT, HN, PA.

粉叶竹节椰 **Chamaedorea glaucifolia** H. Wendl. 【I, C】 ♣FBG, SCBG, XMBG; ●FJ, GD; ★(NA): MX, US.

克罗齐竹节椰 **Chamaedorea klotzschiana** H. Wendl. 【I, C】 ♣SCBG; ●GD; ★(NA): MX.

*大穗竹节椰 **Chamaedorea macrospadix** Oerst. 【I, C】 ♣XTBG; ●YN; ★(NA): CR, MX, PA.

燕尾竹节椰（燕尾葵）**Chamaedorea metallica** O. F. Cook ex H. E. Moore 【I, C】 ♣BBG, FLBG, GXIB, SCBG, TMNS, XLTBG, XMBG, XTBG; ●BJ, FJ, GD, GX, HI, JX, SC, TW, YN; ★(NA): MX.

小穗竹节椰（小穗椰）**Chamaedorea microspadix** Burret 【I, C】 ♣FLBG, SCBG, TBG, XMBG, XTBG; ●FJ, GD, JX, TW, YN; ★(NA): MX.

玲珑竹节椰（玲珑椰）**Chamaedorea nationsiana** Hodel et Cast. Mont 【I, C】 ♣XTBG; ●YN; ★(NA): GT.

长叶竹节椰（长叶坎棕）**Chamaedorea oblongata** Mart. 【I, C】 ♣BBG, FLBG, SCBG, XMBG, XTBG; ●BJ, FJ, GD, JX, YN; ★(NA): BZ, GT, HN, MX, NI, PA.

羽叶竹节椰（羽叶玲珑椰）**Chamaedorea pinnatifrons** (Jacq.) Oerst. 【I, C】 ♣XMBG; ●FJ; ★(NA): BZ, CR, GT, HN, MX, NI, PA, SV; (SA): BO, CO, EC.

山猫竹节椰（山猫椰）**Chamaedorea radicalis** Mart. 【I, C】 ♣BBG, SCBG, TMNS, XMBG, XTBG; ●BJ, FJ, GD, TW, YN; ★(NA): MX.

竹节椰（坎棕）**Chamaedorea schiedeana** Mart. 【I, C】 ♣SCBG, XTBG; ●GD, YN; ★(NA): MX.

雪佛里竹节椰（雪佛里椰、尤卡坦竹节椰）**Chamaedorea seifrizii** Burret 【I, C】 ♣BBG, FBG, FLBG, IBCAS, KBG, SCBG, TBG, TMNS, WBG, XLTBG, XMBG, XTBG, ZAFU; ●BJ, FJ,

GD, HB, HI, JX, SC, TW, YN, ZJ; ★(NA): BZ, GT, HN, MX.

匍茎竹节椰(匍茎玲珑椰)**Chamaedorea stolonifera** H. Wendl. ex Hook. f. 【I, C】 ♣XMBG; ●FJ; ★(NA): MX, US.

*特佩希竹节椰 **Chamaedorea tepejilote** Liebm. 【I, C】 ♣SCBG, XMBG, XTBG; ●FJ, GD, TW, YN; ★(NA): BZ, CR, GT, HN, MX, NI, PA, SV; (SA): CO, EC.

玛雅椰属 Gaussia

细叶玛雅椰(加西亚椰)**Gaussia attenuata** (O. F. Cook) Becc. 【I, C】 ♣XMBG, XTBG; ●FJ, YN; ★(NA): DO, PR.

玛雅椰 **Gaussia maya** (O. F. Cook) H. J. Quero et Read 【I, C】 ♣SCBG, TMNS, XMBG; ●FJ, GD, TW; ★(NA): BZ, GT, MX.

*华丽玛雅椰 **Gaussia princeps** H. Wendl. 【I, C】 ♣SCBG; ●GD; ★(NA): CU.

毒椰属 Orania

奥兰尼毒椰 **Orania longisquama** (Jum.) J. Dransf. et N. W. Uhl 【I, C】 ♣XMBG, XTBG; ●FJ, YN; ★(AF): MG.

细二列毒椰(细二列缘苞椰)**Orania ravaka** Beentje 【I, C】 ♣XMBG; ●FJ; ★(AF): MG.

林生毒椰(森林奥兰棕)**Orania sylvicola** (Griff.) H. E. Moore 【I, C】 ♣XTBG; ●YN; ★(AS): ID, MY, TH.

毒椰 **Orania trispatha** (J. Dransf. et N. W. Uhl) Beentje et J. Dransf. 【I, C】 ♣XMBG, XTBG; ●FJ, YN; ★(AF): MG.

大王椰属 Roystonea

高王棕(东拉王棕)**Roystonea altissima** (Mill.) H. E. Moore 【I, C】 ♣SCBG, XTBG; ●GD, YN; ★(NA): JM.

海地王棕(西班牙王棕)**Roystonea borinquena** O. F. Cook 【I, C】 ♣SCBG, XTBG; ●GD, YN; ★(NA): DO, HT, PR, US, VG.

东莱王棕 **Roystonea dunlapiana** P. H. Allen 【I, C】 ♣SCBG; ●GD; ★(NA): BZ, GT, HN, MX, NI.

菜王棕 **Roystonea oleracea** (Jacq.) O. F. Cook 【I, C】 ♣BBG, FBG, FLBG, SCBG, TBG, TMNS, XMBG, XTBG; ●BJ, FJ, GD, JX, TW, YN, ZJ; ★(NA): NL-AN, TT; (SA): CO, VE.

王棕(大王椰)**Roystonea regia** (Kunth) O. F. Cook 【I, C】 ♣BBG, CBG, CDBG, FLBG, HBG, IBCAS, KBG, SCBG, TBG, TMNS, WBG, XLTBG, XMBG, XOIG, XTBG, ZAFU; ●BJ, FJ, GD, HB, HI, JX, SC, SH, TW, YN, ZJ; ★(NA): BS, BZ, CU, DO, GT, HN, HT, KY, MX, US.

*星王棕 **Roystonea stellata** León 【I, C】 ♣XTBG; ●YN; ★(NA): CU.

窗孔椰属 Reinhardtia

线羽窗孔椰 **Reinhardtia elegans** Liebm. 【I, C】 ♣XMBG; ●FJ; ★(NA): HN, MX.

窗孔椰 **Reinhardtia gracilis** (H. Wendl.) Burret 【I, C】 ♣SCBG, XMBG, XTBG; ●FJ, GD, YN; ★(NA): BZ, CR, GT, HN, MX, NI, PA; (SA): CO, VE.

多米尼加窗孔椰 **Reinhardtia paiewonskiana** Read, Zanoni et M. M. Mejía 【I, C】 ♣XMBG, XTBG; ●FJ, TW, YN; ★(NA): DO.

*单生窗孔椰 **Reinhardtia simplex** (H. Wendl.) Burret 【I, C】 ♣SCBG; ●GD; ★(NA): CR, HN, MX, NI, PA; (SA): CO.

裂苞椰子属 Beccariophoenix

裂苞椰子 **Beccariophoenix madagascariensis** Jum. et H. Perrier 【I, C】 ♣FLBG, SCBG, TMNS, XMBG, XTBG; ●FJ, GD, JX, TW, YN; ★(AF): MG.

南非椰子属 Jubaeopsis

南非椰子 **Jubaeopsis caffra** Becc. 【I, C】 ♣TMNS, XMBG; ●FJ, TW; ★(AF): ZA.

森林椰子属 Voanioala

森林椰子 **Voanioala gerardii** J. Dransf. 【I, C】 ★(AF): MG.

香花椰子属 Allagoptera

香花椰子(沙生互生翼棕榈)**Allagoptera arenaria** (Gomes) Kuntze 【I, C】 ♣SCBG, TMNS, XMBG, XTBG; ●FJ, GD, TW, YN; ★(SA): BR.

多蕊椰 **Allagoptera caudescens** (Mart.) Kuntze 【I, C】 ♣SCBG, XMBG, XTBG; ●FJ, GD, YN; ★(SA): BR.

直叶椰子属 Attalea

杏叶直叶椰子 **Attalea amygdalina** Kunth 【I, C】 ♣SCBG, XTBG; ●GD, YN; ★(SA): CO.

大果直叶椰子 **Attalea butyracea** (Mutis ex L. f.) Wess. Boer 【I, C】 ♣SCBG; ●GD; ★(NA): CR, GT, HN, MX, NI, PA; (SA): BO, CO, EC, GY, PE, VE.

*羽状直叶椰子（亚达利亚棕）**Attalea cohune** Mart. 【I, C】 ♣BBG, SCBG, TBG, TMNS, XLTBG, XMBG, XTBG; ●BJ, FJ, GD, HI, TW, YN; ★(NA): BZ, CR, GT, HN, MX, NI, PA, SV; (SA): CO, EC.

杜拜直叶椰子 **Attalea dubia** (Mart.) Burret 【I, C】 ♣TMNS; ●TW; ★(SA): BR.

*马里帕直叶椰子（亚达里棕）**Attalea maripa** (Aubl.) Mart. 【I, C】 ♣XTBG; ●YN; ★(SA): BO, EC, GY, PE.

*油直叶椰子（油亚达利亚棕）**Attalea oleifera** Barb. Rodr. 【I, C】 ♣SCBG, XMBG; ●FJ, GD; ★(SA): BR.

直叶椰子 **Attalea phalerata** Mart. ex Spreng. 【I, C】 ♣TMNS, XMBG, XTBG; ●FJ, TW, YN; ★(SA): BO, CO, PE, PY.

迤逦椰子 **Attalea rostrata** Oerst. 【I, C】 ♣HBG, SCBG, XMBG, XTBG; ●FJ, GD, YN, ZJ; ★(NA): CR, NI.

*美艳直叶椰子（奥达尔椰）**Attalea speciosa** Mart. 【I, C】 ♣TBG, XTBG; ●TW, YN; ★(SA): BO, BR, GY.

美丽直叶椰子 **Attalea spectabilis** Mart. 【I, C】 ♣SCBG; ●GD; ★(SA): BR, VE.

果冻椰子属 Butia

果冻椰子（弓葵）**Butia capitata** (Mart.) Becc. 【I, C】 ♣BBG, FBG, FLBG, KBG, SCBG, TBG, TMNS, XLTBG, XMBG, XTBG; ●BJ, FJ, GD, HI, JX, SC, TW, YN; ★(SA): AR, BR.

毛果冻椰子（毛冻子椰）**Butia eriospatha** (Mart. ex Drude) Becc. 【I, C】 ♣BBG, KBG, SCBG, TBG, XMBG, XTBG; ●BJ, FJ, GD, TW, YN; ★(SA): BR.

巴拉圭果冻椰子（巴拉圭果冻棕）**Butia paraguayensis** (Barb. Rodr.) L. H. Bailey 【I, C】 ♣TMNS, XMBG, XTBG; ●FJ, TW, YN; ★(SA): AR, BR, PY, UY.

南美果冻椰子（南美弓葵）**Butia yatay** (Mart.) Becc. 【I, C】 ♣SCBG, XMBG, XTBG; ●FJ, GD, YN; ★(SA): AR, BR, UY.

椰子属 Cocos

椰子 **Cocos nucifera** L. 【N, W/C】 ♣BBG, CBG, FLBG, GMG, HBG, NBG, SCBG, TBG, TMNS, XLTBG, XMBG, XOIG, XTBG; ●BJ, FJ, GD, GX, HI, JS, JX, SC, SH, TW, YN, ZJ; ★(AF): KM, MG, NG, SC, TZ, ZA; (AS): BD, BT, CN, ID, IN, LK, MM, MY, PH, SA, SG, TH, VN, YE; (OC): AU, FJ, PAF, PG; (NA): BM, BZ, CR, GT, LW, MX, NI, PA, PR, US, WW; (SA): BO, BR, EC, PE, VE.

智利椰子属 Jubaea

智利椰子 **Jubaea chilensis** (Molina) Baill. 【I, C】 ♣BBG, FLBG, SCBG, TMNS, XMBG, XTBG; ●BJ, FJ, GD, JX, TW, YN; ★(SA): CL.

小穴椰子属 Lytocaryum

小穴椰子（凤尾棕）**Lytocaryum weddellianum** (H. Wendl.) Toledo 【I, C】 ♣BBG, SCBG, TMNS, XMBG, XTBG; ●BJ, FJ, GD, TW, YN; ★(SA): BR.

女王椰子属 Syagrus

*粗肋女王椰子 **Syagrus × costae** Glassman 【I, C】 ♣XMBG; ●FJ; ★(SA): BR.

苦味女王椰子（马提尼榈）**Syagrus amara** (Jacq.) Mart. 【I, C】 ♣SCBG, XTBG; ●GD, YN; ★(NA): LW, WW.

*冠花女王椰子（西雅棕）**Syagrus coronata** (Mart.) Becc. 【I, C】 ♣SCBG, XMBG, XTBG; ●FJ, GD, YN; ★(SA): BR.

大果女王椰子（大果西雅棕、纤叶棕）**Syagrus macrocarpa** Barb. Rodr. 【I, C】 ♣XTBG; ●YN; ★(SA): BR.

菜叶女王椰子（菜叶夏克棕）**Syagrus oleracea** (Mart.) Becc. 【I, C】 ♣TMNS, XMBG, XTBG; ●FJ, TW, YN; ★(SA): BO, BR, PY.

奥氏女王椰子（巴西单籽棕）**Syagrus orinocensis** (Spruce) Burret 【I, C】 ♣XTBG; ●YN; ★(SA): CO, GY, VE.

苦叶女王椰子（东巴夏克棕）**Syagrus picrophylla** Barb. Rodr. 【I, C】 ♣TMNS; ●TW; ★(SA): BR.

南美女王椰子（南美西雅椰）**Syagrus pseudococos** (Raddi) Glassman 【I, C】 ♣XMBG; ●FJ; ★(SA): BR.

女王椰子（皇后葵、金山葵）**Syagrus romanzoffiana** (Cham.) Glassman 【I, C】 ♣BBG, CBG, FBG, FLBG, GA, GXIB, HBG, IBCAS, KBG, SCBG, TBG, TMNS, XBG, XLTBG, XMBG, XOIG, XTBG; ●BJ, FJ, GD, GX, HI, JX, SC, SH, SN, TW, YN, ZJ; ★(SA): AR, BR, CO, PY, UY.

山可女王椰子（德森西雅棕）**Syagrus sancona** (Kunth) H. Karst. 【I, C】 ♣SCBG, XMBG, XTBG; ●FJ, GD, TW, YN; ★(SA): BO, CO, EC, PE, VE.

裂叶女王椰子（阿里古里椰）**Syagrus schizophylla** (Mart.) Glassman 【I, C】 ♣SCBG, TBG, XMBG, XTBG; ●FJ, GD, TW, YN; ★(SA): BR.

漂移女王椰子（漂移金山葵）**Syagrus vagans** (Bondar) A. D. Hawkes 【I, C】 ♣XMBG, XTBG; ●FJ, YN; ★(SA): BR.

脊果椰子属　Parajubaea

脊果椰子（帕拉久巴椰）**Parajubaea cocoides** Burret 【I, C】 ♣SCBG, XMBG; ●FJ, GD; ★(SA): CO, EC, PE.

*托雷利脊果椰子 **Parajubaea torallyi** (Mart.) Burret 【I, C】 ♣SCBG; ●GD, TW; ★(SA): BO.

刺茎椰子属　Acrocomia

刺茎椰子（格鲁椰）**Acrocomia aculeata** (Jacq.) Lodd. ex Mart. 【I, C】 ♣XMBG; ●FJ; ★(NA): BM, BZ, CR, CU, HN, MX, US, WW; (SA): AR, BO, BR, PY.

皱叶刺茎椰子 **Acrocomia crispa** (Kunth) C. F. Baker ex Becc. 【I, C】 ♣XMBG, XTBG; ●FJ, YN; ★(NA): CU.

星果椰子属　Astrocaryum

*棘刺星果椰子 **Astrocaryum aculeatum** G. Mey. 【I, C】 ♣XMBG; ●FJ; ★(SA): BO, BR, GY, PE, VE.

刺皮星果椰子 **Astrocaryum alatum** Loomis 【I, C】 ♣SCBG, TMNS, XTBG; ●GD, TW, YN; ★(NA): BM, CR, HN, NI, PA.

*马里博星果椰子 **Astrocaryum malybo** H. Karst. 【I, C】 ♣XMBG; ●FJ; ★(SA): CO.

墨西哥星果椰子（墨西哥星果棕）**Astrocaryum mexicanum** Liebm. ex Mart. 【I, C】 ♣SCBG, XTBG; ●GD, YN; ★(NA): BZ, GT, HN, MX, US.

巴拉星果椰子 **Astrocaryum murumuru** Mart. 【I, C】 ♣XMBG, XTBG; ●FJ, YN; ★(SA): BO, BR, CO, EC, GY, PE, VE.

黑星果椰子 **Astrocaryum standleyanum** L. H. Bailey 【I, C】 ♣XMBG, XTBG; ●FJ, YN; ★(NA): CR, PA; (SA): CO, EC.

食用星果椰子 **Astrocaryum vulgare** Mart. 【I, C】 ♣XMBG; ●FJ; ★(SA): BR, GF, GY, PE.

刺叶椰子属　Aiphanes

*埃格斯刺叶椰子 **Aiphanes eggersii** Burret 【I, C】 ♣SCBG; ●GD; ★(SA): EC.

刺叶椰子（刺孔雀椰）**Aiphanes horrida** (Jacq.) Burret 【I, C】 ♣BBG, TBG, TMNS, XMBG, XTBG; ●BJ, FJ, TW, YN; ★(SA): BO, BR, CO, PE, VE.

*小刺叶椰子 **Aiphanes minima** (Gaertn.) Burret 【I, C】 ♣SCBG, XMBG; ●FJ, GD; ★(NA): LW, PR, US, WW.

桃果椰子属　Bactris

桃果椰子（桃榈、桃椰）**Bactris gasipaes** Kunth 【I, C】 ♣BBG, FLBG, SCBG, XMBG, XTBG; ●BJ, FJ, GD, JX, TW, YN; ★(NA): BZ, CR, GT, HN, MX, NI, PA, SV, TT; (SA): BO, CO, EC, GF, GY, PE, VE.

*美洲桃果椰子（圭英利美人棕、几内亚桃果椰）**Bactris guineensis** (L.) H. E. Moore 【I, C】 ♣BBG, XMBG; ●BJ, FJ; ★(NA): CR, NI, PA; (SA): CO, EC, VE.

*大桃果椰子（大美人棕）**Bactris major** Jacq. 【I, C】 ♣BBG, TBG, XMBG; ●BJ, FJ, GD, TW; ★(NA): BZ, CR, GT, HN, MX, NI, PA, SV, US; (SA): BO, BR, CO, GF, GY, PE, VE.

墨西哥桃果椰子 **Bactris mexicana** Mart. 【I, C】 ♣SCBG, XMBG; ●FJ, GD; ★(NA): BZ, CR, GT, HN, MX, NI, US.

胄状桃果椰子（胃状桃榈）**Bactris militaris** H. E. Moore 【I, C】 ♣SCBG; ●GD; ★(NA): CR, NI, PA.

羽叶桃果椰子 **Bactris plumeriana** Mart. 【I, C】 ♣XMBG; ●FJ; ★(NA): CU, DO, HT, JM, US.

椰藤属　Desmoncus

椰藤（美洲藤）**Desmoncus chinantlensis** Liebm. ex Mart. 【I, C】 ♣XMBG; ●FJ; ★(NA): BZ, CR, GT, HN, MX, NI.

直刺椰藤 **Desmoncus orthacanthos** Mart. 【I, C】 ♣XTBG; ●YN; ★(SA): BR.

油棕属 Elaeis

油棕 **Elaeis guineensis** Jacq. 【I, C】 ♣BBG, CBG, FLBG, GMG, GXIB, HBG, SCBG, TBG, TMNS, XBG, XLTBG, XMBG, XOIG, XTBG; ●BJ, FJ, GD, GX, HI, JX, SH, SN, TW, YN, ZJ; ★(AF): AO, CF, GM, NG.

美洲油棕 **Elaeis oleifera** (Kunth) Cortés 【I, C】 ♣HBG, XMBG, XTBG; ●FJ, YN, ZJ; ★(NA): HN, NI, PA; (SA): CO, PE.

袖苞椰属 Manicaria

袖苞椰 **Manicaria saccifera** Gaertn. 【I, C】 ♣SCBG, XMBG; ●FJ, GD; ★(NA): BZ, CR, GT, HN, MX, NI, PA, TT; (SA): BR, CO, EC, PE, VE.

薄鞘椰属 Hyospathe

薄鞘椰 **Hyospathe elegans** Mart. 【I, C】 ★(NA): CR, PA; (SA): BR, CO, EC, GF, GY, PE, VE.

菜椰属 Euterpe

卡丁加菜椰（纤叶椰）**Euterpe catinga** Wallace 【I, C】 ♣XMBG; ●FJ; ★(SA): BR, CO, EC, GY, PE, VE.

食用菜椰（纤叶棕）**Euterpe edulis** Mart. 【I, C】 ♣BBG, TMNS, XMBG, XTBG; ●BJ, FJ, TW, YN; ★(SA): AR, BR, PY.

菜椰（千叶菜椰）**Euterpe oleracea** Mart. 【I, C】 ♣BBG, SCBG, TMNS, XMBG, XTBG; ●BJ, FJ, GD, TW, YN, ZJ; ★(NA): TT; (SA): BR, CO, EC, GY, VE.

玻利维亚菜椰（串珠埃塔棕）**Euterpe precatoria** Mart. 【I, C】 ♣SCBG, XMBG, XTBG; ●FJ, GD, YN; ★(NA): BM, BZ, CR, GT, HN, MX, NI, PA, SV, TT; (SA): AR, BO, BR, CO, EC, GY, PE, PY, UY, VE.

粉轴椰属 Prestoea

粉轴椰（山甘蓝椰）**Prestoea acuminata** (Willd.) H. E. Moore 【I, C】 ♣XMBG; ●FJ; ★(NA): BM, CR, CU, NI, PA, PR, US; (SA): BO, CO, EC, PE, VE.

酒果椰属 Oenocarpus

巴卡巴酒果椰 **Oenocarpus bacaba** Mart. 【I, C】 ♣XTBG; ●YN; ★(SA): BR, CO, GF, GY, PE, VE.

星蕊椰属 Welfia

星蕊椰（羽叶椰）**Welfia regia** H. Wendl. 【I, C】 ★(NA): CR, HN, NI, PA; (SA): CO, EC, PE.

丽椰属 Pholidostachys

丽椰 **Pholidostachys pulchra** H. Wendl. ex Burret 【I, C】 ★(NA): CR, NI, PA; (SA): CO.

草椰属 Calyptrogyne

草椰 **Calyptrogyne ghiesbreghtiana** (Linden et H. Wendl.) H. Wendl. 【I, C】 ♣SCBG, XMBG, XTBG; ●FJ, GD, TW, YN; ★(NA): BZ, CR, GT, HN, MX, NI, PA.

肖椰子属 Calyptronoma

肖椰子 **Calyptronoma plumeriana** (Mart.) Lourteig 【I, C】 ♣TMNS, XMBG; ●FJ, TW; ★(NA): CU, DO, HT.

溪肖椰子 **Calyptronoma rivalis** (O. F. Cook) L. H. Bailey 【I, C】 ♣XMBG; ●FJ; ★(NA): DO, HT, PR.

单叶椰属 Asterogyne

单叶椰 **Asterogyne martiana** (H. Wendl.) H. Wendl. ex Drude 【I, C】 ♣XMBG, XTBG; ●FJ, YN; ★(NA): BM, BZ, CR, GT, HN, NI, PA; (SA): CO, EC.

苇椰属 Geonoma

交叉苇椰 **Geonoma interrupta** (Ruiz et Pav.) Mart. 【I, C】 ♣XMBG; ●FJ, TW; ★(NA): BM, BZ, CR, MX, PA, WW; (SA): BO, CO, EC, PE, VE.

长鞘苇椰 **Geonoma longivaginata** H. Wendl. ex Spruce 【I, C】 ♣XTBG; ●YN; ★(NA): PA.

史氏苇椰（史考特氏影棕）**Geonoma schottiana** Mart. 【I, C】 ♣SCBG, TMNS, XMBG, XTBG; ●FJ, GD, TW, YN; ★(SA): BR.

波状苇椰 **Geonoma undata** Klotzsch 【I, C】 ♣XMBG; ●FJ; ★(SA): BO, CO, EC, PE, VE.

凤尾椰属 Pelagodoxa

凤尾椰 **Pelagodoxa henryana** Becc. 【I, C】

♣XTBG; ●YN; ★(OC): PF.

白叶椰属 Sommieria

白叶椰（白叶棕）**Sommieria leucophylla** Becc.【I, C】♣TMNS; ●TW; ★(OC): PG.

拱叶椰属 Actinorhytis

拱叶椰（马来椰）**Actinorhytis calapparia** (Blume) H. Wendl. et Drude ex Scheff.【I, C】♣XMBG, XTBG; ●FJ, YN; ★(AS): ID, MY, PH.

假槟榔属 Archontophoenix

假槟榔 **Archontophoenix alexandrae** (F. Muell.) H. Wendl. et Drude【I, C】♣BBG, CDBG, FBG, FLBG, GMG, GXIB, HBG, IBCAS, SCBG, TBG, TMNS, WBG, XBG, XLTBG, XMBG, XOIG, XTBG; ●BJ, FJ, GD, GX, HB, HI, JX, SC, SN, TW, YN, ZJ; ★(OC): AU.

阔叶假槟榔 **Archontophoenix cunninghamiana** (H. Wendl.) H. Wendl. et Drude【I, C】♣BBG, FLBG, TBG, XMBG, XTBG; ●BJ, FJ, GD, JX, TW, YN; ★(OC): AU.

紫假槟榔 **Archontophoenix purpurea** Hodel et Dowe【I, C】♣BBG, SCBG, XMBG, XTBG; ●BJ, FJ, GD, YN; ★(OC): AU.

叉叶椰属 Actinokentia

叉叶椰（射叶康桐）**Actinokentia divaricata** (Brongn.) Dammer【I, C】♣SCBG, XTBG; ●GD, YN; ★(OC): NC.

茶梅椰属 Chambeyronia

茶梅椰（肯托椰）**Chambeyronia lepidota** H. E. Moore【I, C】★(OC): NC.

大果茶梅椰 **Chambeyronia macrocarpa** (Brongn.) Vieill. ex Becc.【I, C】♣FLBG, SCBG, TMNS, XMBG, XTBG; ●FJ, GD, JX, TW, YN; ★(OC): NC.

橄榄椰属 Kentiopsis

橄榄椰（肯托椰）**Kentiopsis oliviformis** (Brongn. et Gris) Brongn.【I, C】♣SCBG, XMBG, XTBG; ●FJ, GD, YN; ★(OC): NC.

槟榔属 Areca

槟榔 **Areca catechu** L.【I, C】♣BBG, CBG, FLBG, GMG, HBG, SCBG, TBG, TMNS, XBG, XLTBG, XMBG, XOIG, XTBG; ●BJ, FJ, GD, GX, HI, JX, SC, SH, SN, TW, YN, ZJ; ★(AS): ID, IN, LK, MY, PH, TH; (OC): FJ.

斯里兰卡槟榔（锡兰槟榔）**Areca concinna** Thwaites【I, C】♣SCBG, XMBG, XTBG; ●FJ, GD, YN; ★(AS): LK.

古槟榔 **Areca guppyana** Becc.【I, C】♣XTBG; ●YN; ★(OC): SB.

大果槟榔 **Areca macrocarpa** Becc.【I, C】♣TBG; ●TW; ★(AS): PH.

三药槟榔 **Areca triandra** Roxb. ex Buch.-Ham.【I, C】♣BBG, CBG, CDBG, FBG, FLBG, GA, GXIB, KBG, SCBG, TBG, XLTBG, XMBG, XOIG, XTBG; ●BJ, FJ, GD, GX, HI, JX, SC, SH, TW, YN; ★(AS): BD, ID, IN, KH, LA, MM, MY, PH, SG, TH, VN.

橙槟榔（黄杆槟榔）**Areca vestiaria** Giseke【I, C】♣SCBG, XMBG, XTBG; ●FJ, GD, YN; ★(AS): SG.

密穗槟榔属 Nenga

*小密穗槟榔 **Nenga pumila** (Blume) H. Wendl.【I, C】♣XTBG; ●YN; ★(AS): IN, MY, TH.

*粗穗密穗槟榔 **Nenga pumila** var. **pachystachya** (Blume) Fernando【I, C】♣SCBG; ●GD, TW; ★(AS): ID.

山槟榔属 Pinanga

阿当山槟榔 **Pinanga adangensis** Ridl.【I, C】♣XTBG; ●YN; ★(AS): MY.

*具芒山槟榔 **Pinanga aristata** (Burret) J. Dransf.【I, C】♣XTBG; ●YN; ★(AS): ID, MY.

变色山槟榔（燕尾山槟榔、绿色山槟榔）**Pinanga baviensis** Becc.【N, W/C】♣BBG, CDBG, FLBG, GXIB, HBG, IBCAS, SCBG, TMNS, WBG, XMBG, XTBG; ●BJ, FJ, GD, GX, HB, JX, SC, TW, YN, ZJ; ★(AS): CN, VN.

红冠山槟榔 **Pinanga caesia** Blume【I, C】♣FBG, SCBG, XMBG, XTBG; ●FJ, GD, YN; ★(AS): ID.

亚山槟榔 **Pinanga coronata** (Blume ex Mart.) Blume【I, C】♣BBG, SCBG, XMBG, XTBG; ●BJ, FJ, GD, YN; ★(AS): ID, IN, MY, SG.

*密花山槟榔 **Pinanga densiflora** Becc.【I, C】●JS; ★(AS): ID.

金鞘山槟榔（金鞘椰）**Pinanga dicksonii** (Roxb.) Blume 【I, C】 ♣TMNS, XTBG; ●TW, YN; ★(AS): ID, SG.

菲岛山槟榔 **Pinanga geonomiformis** Becc. 【I, C】 ●YN; ★(AS): PH.

纤细山槟榔 **Pinanga gracilis** Blume【N, W/C】♣XTBG; ●YN; ★(AS): BT, CN, ID, IN, LK, MM, NP.

六列山槟榔 **Pinanga hexasticha** (Kurz) Scheff.【N, W/C】 ♣XTBG; ●YN; ★(AS): CN, MM.

黑茎山槟榔 **Pinanga insignis** Becc. 【I, C】 ♣SCBG, XMBG, XTBG; ●FJ, GD, TW, YN; ★(AS): PH.

爪哇山槟榔 **Pinanga javana** Blume 【I, C】 ♣SCBG, XTBG; ●GD, YN; ★(AS): IN.

斑点山槟榔 **Pinanga maculata** Porte ex Lem. 【I, C】 ●YN; ★(AS): PH.

苏岛山槟榔 **Pinanga patula** Blume 【I, C】 ♣XMBG; ●FJ; ★(AS): MM.

黄炳山槟榔 **Pinanga philippinensis** Becc. 【I, C】 ♣SCBG, XMBG; ●FJ, GD, TW; ★(AS): PH.

朗氏山槟榔 **Pinanga rumphiana** (Mart.) J. Dransf. et Govaerts 【I, C】 ♣XMBG; ●FJ; ★(AS): ID, ID-ML; (OC): PG.

黄冠山槟榔 **Pinanga scortechinii** Becc. 【I, C】 ♣SCBG, XMBG; ●FJ, GD; ★(AS): MY.

*壮丽山槟榔 **Pinanga speciosa** Becc. 【I, C】 ♣XTBG; ●YN; ★(AS): PH.

华山槟榔（长枝山竹、华山竹）**Pinanga sylvestris** (Lour.) Hodel【N, W/C】♣XTBG; ●YN; ★(AS): CN, VN.

彩颈椰属 Basselinia

*法维尔彩颈椰 **Basselinia favieri** H. E. Moore 【I, C】 ♣SCBG; ●GD; ★(OC): NC.

喀里多尼亚彩颈椰（喀里多尼亚椰）**Basselinia glabrata** Becc.【I, C】♣SCBG; ●GD; ★(OC): NC.

*纤细彩颈椰 **Basselinia gracilis** (Brongn. et Gris) Vieill. 【I, C】 ♣XMBG; ●FJ, TW; ★(OC): NC.

*紫蓝彩颈椰 **Basselinia pancheri** (Brongn. et Gris) Vieill. 【I, C】 ♣XMBG; ●FJ, TW; ★(OC): NC.

裂柄椰属 Burretiokentia

Burretiokentia hapala H. E. Moore【I, C】♣SCBG; ●GD; ★(OC): NC.

维拉裂柄椰 **Burretiokentia vieillardii** (Brongn. et Gris) Pic. Serm. 【I, C】 ♣SCBG, XMBG, XTBG; ●FJ, GD, YN; ★(OC): NC.

膨颈椰属 Cyphophoenix

白膨颈椰 **Cyphophoenix alba** (H. E. Moore) Pintaud et W. J. Baker 【I, C】 ♣XMBG; ●FJ; ★(OC): NC.

美丽膨颈椰（美丽林刺葵）**Cyphophoenix elegans** (Brongn. et Gris) H. Wendl. ex Salomon 【I, C】 ♣XMBG; ●FJ; ★(OC): NC.

洛亚尔膨颈椰（洛亚尔堤刺葵）**Cyphophoenix nucele** H. E. Moore 【I, C】 ♣SCBG; ●GD; ★(OC): NC.

肿瘤椰属 Cyphosperma

瘤籽椰 **Cyphosperma balansae** (Brongn.) H. Wendl. ex Salomon 【I, C】 ♣SCBG; ●GD; ★(OC): NC.

小山槟榔属 Lepidorrhachis

小山槟榔 **Lepidorrhachis mooreana** (F. Muell.) O. F. Cook 【I, C】 ♣XMBG; ●FJ; ★(OC): AU.

菱子椰属 Physokentia

丹尼斯菱子椰（邓氏所罗门椰）**Physokentia dennisii** H. E. Moore 【I, C】 ♣XMBG; ●FJ; ★(OC): SB.

红序菱子椰 **Physokentia petiolata** (Burret) D. Fuller 【I, C】 ♣SCBG; ●GD; ★(OC): FJ.

硬果椰属 Carpoxylon

硬果椰 **Carpoxylon macrospermum** H. Wendl. et Drude 【I, C】 ♣XTBG; ●TW, YN; ★(OC): VU.

琉球椰属 Satakentia

琉球椰 **Satakentia liukiuensis** (Hatus.) H. E. Moore 【I, C】 ♣SCBG, TMNS, XMBG, XTBG; ●FJ, GD, TW, YN; ★(AS): JP.

纵花椰属 Neoveitchia

纵花椰（斯托克椰）**Neoveitchia storckii** (H. Wendl.) Becc. 【I, C】 ♣SCBG, XMBG; ●FJ, GD, TW; ★

(OC): FJ.

瓶椰属 Cyphokentia

瓶椰 **Cyphokentia macrostachya** Brongn. 【I, C】 ♣HBG; ●ZJ; ★(OC): NC.

金果椰属 Dypsis

*白粉金果椰 **Dypsis albofarinosa** Hodel et Marcus 【I, C】 ♣XTBG; ●YN; ★(AF): MG.

安博思金果椰 **Dypsis ambositrae** Beentje 【I, C】 ♣XMBG; ●FJ; ★(AF): MG.

安开基金果椰 **Dypsis ankaizinensis** (Jum.) Beentje et J. Dransf. 【I, C】 ♣XTBG; ●YN; ★(AF): MG.

巴罗尼金果椰（拜偷狄棕）**Dypsis baronii** (Becc.) Beentje et J. Dransf. 【I, C】 ♣SCBG, TMNS, XMBG, XTBG; ●FJ, GD, TW, YN; ★(AF): MG.

金果椰 **Dypsis bejofo** Beentje 【I, C】 ♣XMBG; ●FJ; ★(AF): MG.

博韦尼金果椰 **Dypsis boiviniana** Baill. 【I, C】 ♣XMBG; ●FJ, TW; ★(AF): MG.

卡瓦达金果椰（加班达狄棕、卡巴达棕）**Dypsis cabadae** (H. E. Moore) Beentje et J. Dransf. 【I, C】 ♣SCBG, TMNS, XMBG, XTBG; ●FJ, GD, TW, YN; ★(AF): MG.

*卡尔金果椰 **Dypsis carlsmithii** J. Dransf. et Marcus 【I, C】 ♣XTBG; ●YN; ★(AF): MG.

红叶金果椰 **Dypsis catatiana** (Baill.) Beentje et J. Dransf. 【I, C】 ♣SCBG, XMBG; ●FJ, GD; ★(AF): MG.

优雅金果椰 **Dypsis concinna** Baker 【I, C】 ♣SCBG, XMBG; ●FJ, GD, TW; ★(AF): MG.

小角金果椰 **Dypsis corniculata** (Becc.) Beentje et J. Dransf. 【I, C】 ♣XMBG; ●FJ, TW; ★(AF): MG.

新叶红金果椰 **Dypsis crinita** (Jum. et H. Perrier) Beentje et J. Dransf. 【I, C】 ♣XMBG; ●FJ; ★(AF): MG.

三角金果椰（三角椰）**Dypsis decaryi** (Jum.) Beentje et J. Dransf. 【I, C】 ♣BBG, CBG, FBG, FLBG, IBCAS, SCBG, TMNS, XLTBG, XMBG, XOIG, XTBG; ●BJ, FJ, GD, HI, JX, SC, SH, TW, YN; ★(AF): MG.

鸳鸯金果椰（鸳鸯椰）**Dypsis decipiens** (Becc.) Beentje et J. Dransf. 【I, C】 ♣BBG, SCBG, TMNS, XMBG, XTBG; ●BJ, FJ, GD, TW, YN; ★(AF): MG.

青棵金果椰 **Dypsis faneva** Beentje 【I, C】 ♣XMBG; ●FJ; ★(AF): MG.

纤维根金果椰 **Dypsis fibrosa** (C. H. Wright) Beentje et J. Dransf. 【I, C】 ♣XMBG, XTBG; ●FJ, TW, YN; ★(AF): MG.

剪刀叶金果椰 **Dypsis forficifolia** Noronha ex Mart. 【I, C】 ♣XMBG; ●FJ, TW; ★(AF): MG.

智利喜金果椰 **Dypsis hildebrandtii** (Baill.) Becc. 【I, C】 ♣XTBG; ●YN; ★(AF): MG.

和氏金果椰（和氏狄棕）**Dypsis hovomantsina** Beentje 【I, C】 ♣TMNS, XMBG; ●FJ, TW; ★(AF): MG.

交叉金果椰 **Dypsis interrupta** J. Dransf. 【I, C】 ♣XMBG; ●FJ; ★(AF): MG.

娃娃金果椰 **Dypsis jumelleana** Beentje et J. Dransf. 【I, C】 ♣XMBG; ●FJ; ★(AF): MG.

披针金果椰（披针叶散尾葵）**Dypsis lanceolata** (Becc.) Beentje et J. Dransf. 【I, C】 ♣XTBG; ●YN; ★(AF): KM.

红冠金果椰（红冠棕）**Dypsis lastelliana** (Baill.) Beentje et J. Dransf. 【I, C】 ♣BBG, FBG, FLBG, SCBG, XMBG, XTBG; ●BJ, FJ, GD, JX, YN; ★(AF): MG.

红领金果椰（红领椰）**Dypsis leptocheilos** (Hodel) Beentje et J. Dransf. 【I, C】 ♣BBG, CBG, FLBG, TMNS, XMBG, XTBG; ●BJ, FJ, GD, JX, SH, TW, YN; ★(AF): MG.

囊金果椰 **Dypsis louvelii** Jum. et H. Perrier 【I, C】 ♣XMBG; ●FJ, TW; ★(AF): MG.

散尾葵 **Dypsis lutescens** (H. Wendl.) Beentje et J. Dransf. 【I, C】 ♣BBG, CBG, CDBG, FBG, FLBG, GMG, GXIB, HBG, IBCAS, KBG, NSBG, SCBG, TBG, TMNS, WBG, XLTBG, XMBG, XOIG, XTBG, ZAFU; ●BJ, CQ, FJ, GD, GX, HB, HI, JX, SC, SH, TW, YN, ZJ; ★(AF): MG.

马岛金果椰（马岛椰）**Dypsis madagascariensis** (Becc.) Beentje et J. Dransf. 【I, C】 ♣BBG, FLBG, SCBG, TBG, TMNS, XMBG, XTBG; ●BJ, FJ, GD, JX, TW, YN; ★(AF): MG.

马南金果椰 **Dypsis mananjarensis** (Jum. et H. Perrier) Beentje et J. Dransf. 【I, C】 ♣XMBG; ●FJ; ★(AF): MG.

马克多金果椰（马克多椰）**Dypsis mcdonaldiana** Beentje 【I, C】 ♣SCBG, XMBG; ●FJ, GD, TW; ★(AF): MG.

多节金果椰 **Dypsis nodifera** Mart. 【I, C】 ♣XMBG; ●FJ, TW; ★(AF): MG.

安尼蓝金果椰（安尼蓝狄棕）**Dypsis onilahensis**

(Jum. et H. Perrier) Beentje et J. Dransf. 【I, C】 ♣BBG, SCBG, TMNS, XMBG, XTBG; ●BJ, FJ, GD, TW, YN; ★(AF): MG.

欧咯培金果椰 **Dypsis oropedionis** Beentje 【I, C】 ♣XMBG; ●FJ; ★(AF): MG.

佩巴纳金果椰 **Dypsis pembana** (H. E. Moore) Beentje et J. Dransf. 【I, C】 ♣XMBG; ●FJ, TW; ★(AF): TZ.

倍丽金果椰（倍丽狄棕）**Dypsis perrieri** (Jum.) Beentje et J. Dransf. 【I, C】 ♣SCBG, TMNS, XMBG; ●FJ, GD, TW; ★(AF): MG.

羽叶金果椰（迷拟人散尾葵、绒毛布迪椰）**Dypsis pinnatifrons** Mart. 【I, C】 ♣KBG, SCBG, XMBG, XTBG; ●FJ, GD, YN; ★(AF): MG.

皮氏金果椰（皮氏狄棕）**Dypsis prestoniana** Beentje 【I, C】 ♣TMNS, XMBG; ●FJ, TW; ★(AF): MG.

高杆金果椰 **Dypsis procera** Jum. 【I, C】 ♣XMBG; ●FJ, TW; ★(AF): MG.

湿生金果椰 **Dypsis rivularis** (Jum. et H. Perrier) Beentje et J. Dransf. 【I, C】 ♣SCBG, XMBG; ●FJ, GD, TW; ★(AF): MG.

*粗壮金果椰 **Dypsis robusta** Hodel, Marcus et J. Dransf. 【I, C】 ♣XTBG; ●YN; ★(AF): MG.

马达加斯加金果椰 **Dypsis saintelucei** Beentje 【I, C】 ♣SCBG, XTBG; ●GD, YN; ★(AF): MG.

安博金果椰（安博沙椰）**Dypsis scottiana** (Becc.) Beentje et J. Dransf. 【I, C】 ♣XMBG; ●FJ; ★(AF): MG.

托荷金果椰 **Dypsis tokoravina** Beentje 【I, C】 ♣XMBG; ●FJ; ★(AF): MG.

皇子金果椰 **Dypsis tsaravoasira** Beentje 【I, C】 ♣XMBG; ●FJ, TW; ★(AF): MG.

曼尼拉金果椰（曼尼拉椰）**Dypsis utilis** (Jum.) Beentje et J. Dransf. 【I, C】 ♣SCBG, XMBG, XTBG; ●FJ, GD, TW, YN; ★(AF): MG.

玛瑙椰属 Marojejya

玛瑙椰 **Marojejya darianii** J. Dransf. et N. W. Uhl 【I, C】 ♣XMBG; ●FJ; ★(AF): MG.

美丽玛瑙椰 **Marojejya insignis** Humbert 【I, C】 ♣XMBG; ●FJ; ★(AF): MG.

多梗苞椰属 Masoala

多梗苞椰（非洲榈、梅索拉椰）**Masoala kona** Beentje 【I, C】 ♣SCBG, XMBG, XTBG; ●FJ, GD, TW, YN; ★(AF): MG.

*马岛多梗苞椰 **Masoala madagascariensis** Jum. 【I, C】 ♣XMBG; ●FJ, TW; ★(AF): MG.

隐萼椰属 Calyptrocalyx

隐萼椰（隐萼榈）**Calyptrocalyx albertisianus** Becc. 【I, C】 ♣XTBG; ●YN; ★(OC): PG.

*澳洲隐萼椰（白轴椰）**Calyptrocalyx australasicus** (H. Wendl. et Drude) Hook. f. 【I, C】 ♣SCBG; ●GD; ★(OC): PG.

*雅致隐萼椰（盖萼棕）**Calyptrocalyx elegans** Becc. 【I, C】 ♣TMNS, XTBG; ●TW, YN; ★(OC): PG.

球状隐萼椰 **Calyptrocalyx forbesii** (Ridl.) Dowe et M. D. Ferrero 【I, C】 ♣XTBG; ●YN; ★(OC): PG.

*霍勒龙隐萼椰 **Calyptrocalyx hollrungii** (Becc.) Dowe et M. D. Ferrero 【I, C】 ♣XMBG; ●FJ, TW; ★(OC): PG.

手杖椰属 Linospadix

手杖椰（单穗棕、密花轴榈）**Linospadix monostachyos** (Mart.) H. Wendl. 【I, C】 ♣SCBG, XMBG; ●FJ, GD; ★(OC): AU.

豪爵椰属 Howea

缨络豪爵椰（荷威棕）**Howea belmoreana** (C. Moore et F. Muell.) Becc. 【I, C】 ♣BBG, FBG, IBCAS, NBG, SCBG, XLTBG, XMBG; ●BJ, FJ, GD, HI, JS, TW; ★(OC): AU.

豪爵椰（豪爵棕）**Howea forsteriana** (F. Muell.) Becc. 【I, C】 ♣BBG, FLBG, SCBG, XMBG, XOIG; ●BJ, FJ, GD, JX, SH, TW; ★(OC): AU.

白轴椰属 Laccospadix

澳洲白轴椰（澳洲隐萼椰）**Laccospadix australasica** H. Wendl. et Drude 【I, C】 ♣FLBG, SCBG, XMBG; ●FJ, GD, JX; ★(OC): AU.

多刺椰属 Oncosperma

多刺椰 **Oncosperma horridum** (Griff.) Scheff. 【I, C】 ♣XMBG; ●FJ; ★(AS): ID, MY, PH, SG.

尼邦多刺椰（尼邦钩子棕）**Oncosperma tigillarium** (Jack) Ridl. 【I, C】 ♣BBG, XMBG, XTBG; ●BJ, FJ, GD, TW, YN; ★(AS): ID, MM.

华丽刺椰属 Deckenia

华丽刺椰 **Deckenia nobilis** H. Wendl. ex Seem. 【I, C】 ♣SCBG, XMBG, XTBG; ●FJ, GD, TW, YN; ★(AF): SC.

刺椰属 Acanthophoenix

大刺椰 **Acanthophoenix crinita** (Bory) H. Wendl. 【I, C】 ♣XMBG, XTBG; ●FJ, YN; ★(AF): RE.

刺椰 **Acanthophoenix rubra** (Bory) H. Wendl. 【I, C】 ♣SCBG; ●GD, TW; ★(AF): MU, RE.

射叶椰属 Ptychosperma

独射叶椰（独棕）**Ptychosperma ambiguum** (Becc.) Becc. ex Martelli 【I, C】 ♣BBG, FLBG, XMBG; ●BJ, FJ, GD, JX; ★(OC): PG.

巴提射叶椰 **Ptychosperma burretianum** Essig 【I, C】 ♣SCBG, TMNS, XMBG, XTBG; ●FJ, GD, TW, YN; ★(OC): PG.

昆奈射叶椰 **Ptychosperma cuneatum** (Burret) Burret 【I, C】 ♣TMNS, XMBG, XTBG; ●FJ, TW, YN; ★(OC): PG.

秀丽射叶椰（海桃椰、雅致青棕）**Ptychosperma elegans** (R. Br.) Blume 【I, C】 ♣SCBG, XLTBG, XMBG, XTBG; ●FJ, GD, HI, YN; ★(OC): AU.

劳特射叶椰 **Ptychosperma lauterbachii** Becc. 【I, C】 ♣XMBG; ●FJ, TW; ★(OC): PG.

穴穗射叶椰（穴穗青棕、紫果穴穗椰）**Ptychosperma lineare** (Burret) Burret 【I, C】 ♣XTBG; ●YN; ★(OC): PG.

射叶椰（青棕）**Ptychosperma macarthurii** (H. Wendl. ex H. J. Veitch) H. Wendl. ex Hook. f. 【I, C】 ♣BBG, CBG, FLBG, SCBG, TBG, XLTBG, XMBG, XOIG, XTBG; ●BJ, FJ, GD, HI, JX, SH, TW, YN; ★(OC): AU, FJ, PG.

小果射叶椰（小果青棕、小穗皱籽棕）**Ptychosperma microcarpum** (Burret) Burret 【I, C】 ♣XMBG, XTBG; ●FJ, TW, YN; ★(OC): PG.

近缘射叶椰（洋绉子棕）**Ptychosperma propinquum** (Becc.) Becc. ex Martelli 【I, C】 ♣SCBG; ●GD; ★(AS): ID-ML; (OC): PG.

所罗门射叶椰（所罗门青棕、所罗门绉籽棕）**Ptychosperma salomonense** Burret 【I, C】 ♣SCBG, XTBG; ●GD, YN; ★(OC): PG, SB.

桑德射叶椰（射线叶椰）**Ptychosperma sanderianum** Ridl. 【I, C】 ♣SCBG, TBG, XMBG, XTBG; ●FJ, GD, TW, YN; ★(OC): PG.

红果射叶椰（红果穴穗棕、穴穗皱果棕）**Ptychosperma schefferi** Becc. ex Martelli 【I, C】 ♣SCBG, XTBG; ●GD, YN; ★(OC): PG.

威提亚射叶椰（威提亚绉子棕）**Ptychosperma waitianum** Essig 【I, C】 ♣SCBG, XTBG; ●GD, YN; ★(OC): PG.

石坛椰属 Ponapea

*侯辛石坛椰 **Ponapea hosinoi** Kaneh. 【I, C】 ♣XTBG; ●YN; ★(OC): FM.

石坛椰（波那佩椰、波青棕）**Ponapea ledermanniana** Becc. 【I, C】 ♣XTBG; ●YN; ★(OC): PG.

圣诞椰属 Adonidia

圣诞椰 **Adonidia merrillii** (Becc.) Becc. 【I, C】 ♣BBG, FLBG, SCBG, TBG, TMNS, XLTBG, XMBG, XTBG; ●BJ, FJ, GD, HI, JX, TW, YN; ★(AS): MY, PH.

矛椰属 Balaka

矛椰 **Balaka longirostris** Becc. 【I, C】 ♣SCBG, XMBG; ●FJ, GD; ★(OC): FJ.

蜡轴椰属 Veitchia

蒙哥蜡轴椰（蒙哥斐济棕）**Veitchia arecina** Becc. 【I, C】 ♣XMBG, XTBG; ●FJ, TW, YN; ★(OC): VU.

无柄蜡轴椰 **Veitchia filifera** (H. Wendl.) H. E. Moore 【I, C】 ♣XTBG; ●YN; ★(OC): FJ.

乔氏蜡轴椰（乔氏维契棕）**Veitchia joannis** H. Wendl. 【I, C】 ♣SCBG, TMNS, XMBG, XTBG; ●FJ, GD, TW, YN; ★(OC): FJ.

斐济蜡轴椰（螺旋圣诞椰）**Veitchia simulans** H. E. Moore 【I, C】 ♣XTBG; ●YN; ★(OC): FJ.

旋叶蜡轴椰（旋叶维契棕）**Veitchia spiralis** H. Wendl. 【I, C】 ♣SCBG, TMNS, XMBG; ●FJ, GD, TW; ★(OC): VU.

韦弟蜡轴椰（韦弟维契棕）**Veitchia vitiensis** (H. Wendl.) H. E. Moore 【I, C】 ♣TMNS; ●TW; ★(OC): FJ.

黑茎蜡轴椰 **Veitchia winin** H. E. Moore 【I, C】 ♣XMBG, XTBG; ●FJ, TW, YN; ★(OC): VU.

木匠椰属 Carpentaria

木匠椰 **Carpentaria acuminata** (H. Wendl. et Drude) Becc. 【I, C】 ♣SCBG, TMNS, XLTBG, XMBG, XOIG, XTBG; ●FJ, GD, HI, TW, YN, ZJ; ★(OC): AU.

狐尾椰属 Wodyetia

狐尾椰 **Wodyetia bifurcata** A. K. Irvine 【I, C】 ♣BBG, CBG, FBG, FLBG, GA, SCBG, TMNS, WBG, XLTBG, XMBG, XTBG; ●BJ, FJ, GD, HB, HI, JX, SC, SH, TW, YN, ZJ; ★(OC): AU.

木果椰属 Drymophloeus

水皮木果椰（水皮棕）**Drymophloeus hentyi** (Essig) Zona 【I, C】 ♣TMNS, XTBG; ●TW, YN; ★(OC): PG.

*争议木果椰 **Drymophloeus litigiosus** (Becc.) H. E. Moore 【I, C】 ♣BBG, SCBG, TBG, XMBG, XTBG; ●BJ, FJ, GD, TW, YN; ★(AS): ID-ML; (OC): PG.

橄榄木果椰（橄榄木榈）**Drymophloeus oliviformis** (Giseke) Mart. 【I, C】 ♣TMNS, XMBG, XTBG; ●FJ, TW, YN; ★(AS): ID-ML; (OC): PG.

黑狐尾椰属 Normanbya

黑狐尾椰 **Normanbya normanbyi** (W. Hill) L. H. Bailey 【I, C】 ♣FLBG, SCBG, XMBG, XTBG; ●FJ, GD, JX, TW, YN; ★(OC): AU.

三叉羽椰属 Brassiophoenix

三叉羽椰（布拉索椰）**Brassiophoenix schumannii** (Becc.) Essig 【I, C】 ♣SCBG, XTBG; ●GD, YN; ★(OC): PG.

皱果椰属 Ptychococcus

*奇异皱果椰 **Ptychococcus paradoxus** (Scheff.) Becc. 【I, C】 ♣XMBG; ●FJ; ★(OC): PG, SB.

胡刷椰属 Rhopalostylis

胡刷椰（克马德克椰）**Rhopalostylis baueri** (Hook. f.) H. Wendl. et Drude 【I, C】 ♣XMBG; ●FJ; ★(OC): NF, NZ.

美味胡刷椰（美味棒花棕、尼卡棕）**Rhopalostylis sapida** (Sol. ex G. Forst.) H. Wendl. et Drude 【I, C】 ♣BBG, XMBG; ●BJ, FJ; ★(OC): NZ.

伞椰属 Hedyscepe

伞椰 **Hedyscepe canterburyana** (C. Moore et F. Muell.) H. Wendl. et Drude 【I, C】 ♣TMNS, XMBG; ●FJ, TW; ★(OC): AU.

肾子刺椰属 Nephrosperma

肾子刺椰（塞舌尔刺椰、塞舌尔棕）**Nephrosperma van-houtteanum** (H. Wendl. ex Van Houtte) Balf.f. 【I, C】 ♣BBG, TMNS, XMBG, XTBG; ●BJ, FJ, TW, YN; ★(AF): SC.

凤凰刺椰属 Phoenicophorium

凤凰刺椰 **Phoenicophorium borsigianum** (K. Koch) Stuntz 【I, C】 ♣TMNS, XMBG, XTBG; ●FJ, TW, YN; ★(AF): SC.

双花刺椰属 Roscheria

双花刺椰 **Roscheria melanochaetes** (H. Wendl.) H. Wendl. ex Balf.f. 【I, C】 ♣SCBG; ●GD, TW; ★(AF): SC.

竹马刺椰属 Verschaffeltia

竹马刺椰 **Verschaffeltia splendida** H. Wendl. 【I, C】 ♣BBG, TMNS, XLTBG, XTBG; ●BJ, HI, TW, YN; ★(AF): SC.

毛梗椰属 Bentinckia

毛梗椰（班秩克椰）**Bentinckia nicobarica** (Kurz) Becc. 【I, C】 ♣SCBG, XMBG, XTBG; ●FJ, GD, YN, ZJ; ★(AS): IN.

斜柱椰属 Clinostigma

*纤叶斜柱椰（萨摩亚棕）**Clinostigma gronophyllum** H. E. Moore 【I, C】 ♣XMBG; ●FJ; ★(OC): SB.

*哈兰斜柱椰（克兰椰）**Clinostigma harlandii** Becc. 【I, C】 ♣XMBG; ●FJ; ★(OC): VU.

密克罗斜柱椰（斜柱榈）**Clinostigma ponapense** (Becc.) H. E. Moore et Fosberg 【I, C】 ♣XMBG, XTBG; ●FJ, YN; ★(OC): FM.

萨摩亚斜柱椰 **Clinostigma samoense** H. Wendl. 【I, C】 ♣XMBG; ●FJ; ★(OC): WS.

猩红椰属　Cyrtostachys

猩红椰(红槟榔)**Cyrtostachys renda** Blume【I, C】♣BBG, CBG, FBG, SCBG, XLTBG, XMBG, XOIG, XTBG; ●BJ, FJ, GD, HI, SH, TW, YN; ★(AS): ID, MY, TH.

飓风椰属　Dictyosperma

白飓风椰(网子椰、白金椰)**Dictyosperma album** (Bory) H. L. Wendl. et Drude ex Scheff.【I, C】♣FLBG, SCBG, TBG, TMNS, XMBG, XTBG; ●FJ, GD, JX, TW, YN; ★(AF): MU, RE.

飓风椰(金棕、金椰)**Dictyosperma album** var. **aureum** Balf.f.【I, C】♣SCBG, XTBG; ●GD, YN; ★(AF): MU.

异苞椰属　Heterospathe

无茎异苞椰 **Heterospathe delicatula** H. E. Moore【I, C】♣SCBG; ●GD; ★(OC): PG.

高异苞椰(高异苞棕)**Heterospathe elata** Scheff.【I, C】♣SCBG, TMNS, XMBG, XTBG; ●FJ, GD, TW, YN; ★(AS): ID, ID-ML, PH, SG; (OC): KI, PF.

小异苞椰 **Heterospathe minor** Burret【I, C】♣XMBG; ●FJ, TW; ★(OC): SB.

异苞椰 **Heterospathe negrosensis** Becc.【I, C】♣XMBG; ●FJ, TW; ★(AS): PH.

所罗门异苞椰 **Heterospathe salomonensis** Becc.【I, C】♣XTBG; ●YN; ★(OC): SB.

水柱椰属　Hydriastele

贝佳丽水柱椰 **Hydriastele beccariana** Burret【I, C】♣XMBG; ●FJ; ★(OC): PG.

摩鹿加水柱椰 **Hydriastele beguinii** (Burret) W. J. Baker et Loo【I, C】♣TMNS, XMBG, XTBG; ●FJ, TW, YN; ★(AS): ID-ML.

新几内亚水柱椰(新几内亚单茎椰)**Hydriastele costata** F. M. Bailey【I, C】♣XMBG; ●FJ, TW; ★(AS): ID; (OC): PG.

凯萨水柱椰 **Hydriastele kasesa** (Lauterb.) Burret【I, C】♣XMBG; ●FJ; ★(OC): AU.

小花水柱椰 **Hydriastele micrantha** (Burret) W. J. Baker et Loo【I, C】♣SCBG; ●GD; ★(OC): PG.

*小果水柱椰 **Hydriastele microcarpa** (Scheff.) W. J. Baker et Loo【I, C】♣XMBG, XTBG; ●FJ, YN; ★(OC): PG.

*小穗水柱椰 **Hydriastele microspadix** (Warb. ex K. Schum. et Lauterb.) Burret【I, C】♣XMBG, XTBG; ●FJ, YN; ★(AS): ID.

南格拉水柱椰 **Hydriastele pinangoides** (Becc.) W. J. Baker et Loo【I, C】♣SCBG, XTBG; ●GD, YN; ★(OC): PG.

Hydriastele selebica (Becc.) W. J. Baker et Loo【I, C】♣SCBG; ●GD; ★(AS): ID.

水柱椰 **Hydriastele wendlandiana** (F. Muell.) H. Wendl. et Drude【I, C】♣XMBG, XTBG; ●FJ, YN; ★(OC): AU.

彩果椰属　Iguanura

美丽彩果椰 **Iguanura elegans** Becc.【I, C】●TW; ★(AS): ID, MY.

多形彩果椰 **Iguanura polymorpha** Becc.【I, C】♣XTBG; ●YN; ★(AS): MY.

彩果椰 **Iguanura wallichiana** (Mart.) Becc.【I, C】♣SCBG, XTBG; ●GD, YN; ★(AS): MY.

岩槟榔属　Loxococcus

岩槟榔 **Loxococcus rupicola** H. Wendl. et Drude【I, C】★(AS): LK.

棒椰属　Rhopaloblaste

棒椰(长条榈)**Rhopaloblaste augusta** (Kurz) H. E. Moore【I, C】♣XMBG, XTBG; ●FJ, YN; ★(AS): IN.

印尼棒椰(印尼垂叶椰)**Rhopaloblaste ceramica** (Miq.) Burret【I, C】♣XMBG; ●FJ; ★(AS): ID-ML; (OC): PG.

新加坡棒椰(星岛椰)**Rhopaloblaste singaporensis** (Becc.) Hook. f.【I, C】♣TMNS, XMBG; ●FJ, TW; ★(AS): MY, SG.

51. 鸭跖草科　COMMELINACEAE

浆果鸭跖草属　Palisota

浆果鸭跖草 **Palisota barteri** Hook. f.【I, C】♣XTBG; ●YN; ★(AF): CM, GA, GH, GN, NG.

鸭跖万年青 **Palisota pynaertii** De Wild.【I, C】♣XMBG; ●FJ; ★(AF): GA.

竹叶子属 Streptolirion

竹叶子 **Streptolirion volubile** Edgew. 【N, W/C】 ♣GBG, KBG, WBG, XTBG; ●GZ, HB, SC, YN; ★(AS): BT, CN, ID, IN, JP, KP, KR, LA, LK, MM, MN, NP, RU-AS, TH, VN.

假紫万年青属 Belosynapsis

假紫万年青 **Belosynapsis ciliata** (Blume) R. S. Rao 【N, W/C】 ♣XTBG; ●YN; ★(AS): BT, CN, ID, IN, JP, LA, LK, MY, PH, TH, VN; (OC): PAF.

蓝耳草属 Cyanotis

蛛丝毛蓝耳草 **Cyanotis arachnoidea** C. B. Clarke 【N, W/C】 ♣FBG, KBG, SCBG, XMBG, XTBG; ●FJ, GD, YN; ★(AS): CN, ID, IN, LA, LK, MM, TH, VN.

裘圆蓝耳草 **Cyanotis beddomei** (Hook. f.) Govaerts 【I, C】 ♣SCBG; ●GD; ★(AS): ID.

四孔草 **Cyanotis cristata** (L.) D. Don 【N, W/C】 ♣XTBG; ●YN; ★(AS): BT, CN, ID, IN, KH, LA, LK, MM, MY, NP, PH, SG, TH, VN.

绵毛蓝耳草(银毛冠)**Cyanotis lanata** Benth. 【I, C】 ♣BBG; ●BJ; ★(AF): AO, BI, CF, CM, MW, NG, TZ, ZA, ZM.

长叶蓝耳草 **Cyanotis longifolia** Benth. 【I, C】 ♣SCBG; ●GD; ★(AF): BI, GA, GN, TZ, UG, ZM.

毛蓝耳草 **Cyanotis somaliensis** C. B. Clarke 【I, C】 ♣SCBG, XMBG; ●FJ, GD, SH; ★(AF): RW.

蓝耳草 **Cyanotis vaga** (Lour.) Schult. et Schult. f. 【N, W/C】 ♣XTBG; ●YN; ★(AS): BT, CN, ID, IN, LA, LK, MM, NP, TH, VN, YE.

穿鞘花属 Amischotolype

穿鞘花 **Amischotolype hispida** (A. Rich.) D. Y. Hong 【N, W/C】 ♣GBG, GXIB, SCBG, TMNS, WBG, XMBG, XTBG; ●FJ, GD, GX, GZ, HB, TW, YN; ★(AS): CN, ID, IN, JP, KH, LA, MY, PH, TH, VN; (OC): PAF.

尖果穿鞘花 **Amischotolype hookeri** (Hassk.) H. Hara 【N, W/C】 ♣XTBG; ●YN; ★(AS): BT, CN, ID, IN, LA, LK, MM, NP, VN.

孔药花属 Porandra

孔药花 **Porandra ramosa** D. Y. Hong 【N, W/C】 ♣XTBG; ●YN; ★(AS): CN.

攀援孔药花 **Porandra scandens** D. Y. Hong 【N, W/C】 ♣XTBG; ●YN; ★(AS): CN, LA, TH, VN.

绒毡草属 Siderasis

绒毡草 **Siderasis fuscata** (Lodd.) H. E. Moore 【I, C/N】 ♣FLBG, SCBG, TMNS, XMBG; ●FJ, GD, JX, TW; ★(SA): BR.

鸳鸯草属 Dichorisandra

鸳鸯草 **Dichorisandra reginae** (L. Linden et Rodigas) H. E. Moore 【I, C】 ●SC; ★(SA): PE.

蓝姜 **Dichorisandra thyrsiflora** J. C. Mikan 【I, C】 ♣SCBG; ●GD; ★(NA): SV; (SA): BO, BR, CO, PE, VE.

鹤蕊花属 Cochliostema

鹤蕊花 **Cochliostema odoratissimum** Lem. 【I, C】 ♣CBG, XMBG; ●FJ, SH, TW; ★(NA): CR, NI, PA; (SA): CO, EC.

银波草属 Geogenanthus

银波草 **Geogenanthus poeppigii** (Miq.) Faden 【I, C】 ♣TMNS, XMBG; ●FJ, TW; ★(SA): BR, PE.

孀泪花属 Tinantia

直立孀泪花 **Tinantia erecta** (Jacq.) Schltdl. 【I, C/N】★(NA): BZ, CR, CU, DO, GT, HN, HT, JM, LW, MX, NI, PA, PR, SV, TT, WW; (SA): AR, BO, BR, CL, CO, EC, PE, PY, UY, VE.

光萼孀泪花 **Tinantia leiocalyx** C. B. Clarke ex J. D. Sm. 【I, C】 ★(NA): BZ, CR, GT, HN, MX, NI, PA, SV; (SA): CO, VE.

长柄孀泪花 **Tinantia longipedunculata** Standl. et Steyerm. 【I, C】 ★(NA): BZ, CR, GT, HN, MX, NI, PA, SV.

斑叶孀泪花 **Tinantia pringlei** (S. Watson) Rohweder 【I, C】 ★(NA): MX.

大叶孀泪花 **Tinantia standleyi** Steyerm. 【I, C】★(NA): BZ, CR, GT, HN, MX, NI, PA, SV; (SA): BR, CO, EC, PE, VE.

堇序孀泪花 **Tinantia violacea** Rohweder 【I, C】 ★(NA): BZ, CR, GT, HN, MX, NI, PA, SV.

银瓣花属 Weldenia

银瓣花 **Weldenia candida** Schult. f. 【I, C】 ★(NA): GT, MX.

新娘草属 Gibasis

新娘草 **Gibasis geniculata** (Jacq.) Rohweder【I, C】★(NA): BZ, CR, GT, HN, MX, NI, PA, PR, SV, US; (SA): AR, BO, BR, CO, EC, GY, PE, PY, VE.

*透明新娘草 **Gibasis pellucida** (M. Martens et Galeotti) D. R. Hunt 【I, C】 ♣SCBG; ●GD; ★(NA): GT, MX, SV.

紫露草属 Tradescantia

*安德森紫露草 **Tradescantia × andersoniana** W. Ludw. et Rohweder 【I, C】 ♣KBG; ●BJ, YN; ★(NA): US.

白花紫露草 **Tradescantia fluminensis** Vell. 【I, C/N】♣BBG, CBG, CDBG, FLBG, IBCAS, KBG, SCBG, TBG, WBG, XMBG, XOIG, XTBG, ZAFU; ●BJ, FJ, GD, HB, JX, SC, SH, TW, YN, ZJ; ★(SA): AR, BO, BR, PY, UY.

紫露草 **Tradescantia ohiensis** Raf. 【I, C】 ♣GA, GXIB, HBG, LBG, SCBG, XBG, XMBG, ZAFU; ●BJ, FJ, GD, GX, JX, SN, TW, ZJ; ★(NA): US.

紫竹梅 **Tradescantia pallida** (Rose) D. R. Hunt 【I, C】 ♣CDBG, FBG, FLBG, GXIB, HBG, IBCAS, KBG, LBG, SCBG, TBG, WBG, XLTBG, XMBG, XOIG, XTBG, ZAFU; ●BJ, FJ, GD, GX, HB, HI, JX, SC, TW, YN, ZJ; ★(NA): HN, MX, NI, PA; (SA): AR, BO, CO, EC, VE.

白雪姬 **Tradescantia sillamontana** Matuda 【I, C】 ♣BBG, FLBG, IBCAS, KBG, SCBG, TMNS, WBG, XLTBG, XMBG, XTBG; ●BJ, FJ, GD, HB, HI, JX, SH, TW, YN; ★(NA): MX, NI.

紫背万年青(紫万年青)**Tradescantia spathacea** Sw. 【I, C/N】♣BBG, CBG, FBG, FLBG, GMG, GXIB, HBG, IBCAS, KBG, NBG, SCBG, TBG, TMNS, XBG, XLTBG, XMBG, XOIG, XTBG; ●BJ, FJ, GD, GX, HI, JS, JX, SH, SN, TW, YN, ZJ; ★(NA): BZ, CR, DO, GT, JM, MX, PR; (SA): AR, BO, EC.

无毛紫露草 **Tradescantia virginiana** L. 【I, C】 ♣CBG, FLBG, GXIB, HBG, IBCAS, KBG, LBG, SCBG, XBG, XMBG; ●BJ, FJ, GD, GX, JX, LN, SC, SH, SN, TW, YN, ZJ; ★(NA): US; (SA): BR, EC.

吊竹梅 **Tradescantia zebrina** Heynh. 【I, C/N】 ♣BBG, CDBG, FBG, FLBG, GBG, GMG, GXIB, HBG, IBCAS, KBG, LBG, NBG, SCBG, TBG, TMNS, WBG, XBG, XLTBG, XMBG, XTBG, ZAFU; ●BJ, FJ, GD, GX, GZ, HB, HI, JS, JX, SC, SN, TW, YN, ZJ; ★(NA): CR; (SA): BO, EC.

锦竹草属 Callisia

锦怡心 **Callisia cordifolia** (Sw.) Andiers. et Woodson 【I, C】 ♣BBG, XTBG; ●BJ, YN; ★(NA): BZ, HN, MX, PA; (SA): CO, EC, PE, VE.

香锦竹草 **Callisia fragrans** (Lindl.) Woodson 【I, C】 ♣SCBG, XMBG, XTBG; ●FJ, GD, YN; ★(NA): LW, MX, NI, PR.

斑马锦竹草 **Callisia gentlei** var. **elegans** (Alexander ex H. E. Moore) D. R. Hunt 【I, C】 ♣KBG, NBG, TMNS, XMBG; ●FJ, JS, TW, YN; ★(NA): HN.

重扇 **Callisia navicularis** (Ortgies) D. R. Hunt 【I, C】 ♣BBG, CBG, FLBG, HBG, IBCAS, SCBG, TMNS, XMBG; ●BJ, FJ, GD, JX, SH, TW, ZJ; ★(NA): MX.

铺地锦竹草(洋竹草)**Callisia repens** (Jacq.) L. 【I, C/N】 ♣FLBG, IBCAS, SCBG, XLTBG, XMBG, XTBG; ●BJ, FJ, GD, HI, JX, TW, YN; ★(NA): GT, HN, MX, NI, PA, PR, SV; (SA): AR, BO, BR, CO, EC, PE, PY, VE.

须竹草属 Tripogandra

须竹草 **Tripogandra multiflora** (Sw.) Raf. 【I, C】 ★(NA): BZ, CR, GT, HN, JM, MX, NI, PA, SV, TT; (SA): AR, BO, BR, CO, EC, PE, PY, UY, VE.

聚花草属 Floscopa

聚花草 **Floscopa scandens** Lour.【N, W/C】♣CBG, FBG, FLBG, GA, GMG, SCBG, WBG, XMBG, XTBG; ●FJ, GD, GX, HB, JX, SH, YN; ★(AS): BT, CN, ID, IN, LA, LK, MM, NP, PH, SG, TH, VN; (OC): AU, PAF.

云南聚花草 **Floscopa yunnanensis** D. Y. Hong【N, W/C】 ♣XTBG; ●YN; ★(AS): CN.

水竹叶属 Murdannia

大苞水竹叶 **Murdannia bracteata** (C. B. Clarke) J. K. Morton ex D. Y. Hong 【N, W/C】 ♣GMG, GXIB, SCBG, WBG, XTBG; ●GD, GX, HB, YN; ★(AS): CN, LA, SG, TH, VN.

紫背水竹叶(紫背鹿衔草)**Murdannia divergens** (C. B. Clarke) G. Brückn.【N, W/C】♣SCBG, XTBG; ●GD, YN; ★(AS): BT, CN, ID, IN, LK, MM, NP, VN.

莛花水竹叶 **Murdannia edulis** (Stokes) Faden【N, W/C】♣SCBG, XMBG, XTBG; ●FJ, GD, YN; ★(AS): BT, CN, ID, IN, LA, LK, MM, MY, NP, PH, TH, VN; (OC): PAF.

宽叶水竹叶 **Murdannia japonica** (Thunb.) Faden【N, W/C】♣HBG, XTBG; ●YN, ZJ; ★(AS): BT, CN, ID, IN, JP, LA, LK, MM, MY, NP, TH, VN.

狭叶水竹叶 **Murdannia kainantensis** (Masam.) D. Y. Hong【N, W/C】♣FBG; ●FJ; ★(AS): CN.

疣草 **Murdannia keisak** (Hassk.) Hand.-Mazz.【N, W/C】♣WBG, XMBG; ●FJ, GX, HB; ★(AS): CN, JP, KP, KR, LA, MN, NP, RU-AS, VN.

牛轭草 **Murdannia loriformis** (Hassk.) R. S. Rao et Kammathy【N, W/C】♣FBG, GXIB, SCBG, TBG, XMBG, XTBG; ●FJ, GD, GX, TW, YN; ★(AS): CN, ID, IN, JP, LK, PH, TH, VN; (OC): PAF.

大果水竹叶 **Murdannia macrocarpa** D. Y. Hong【N, W/C】♣FLBG, XTBG; ●GD, JX, YN; ★(AS): CN, LA.

裸花水竹叶 **Murdannia nudiflora** (L.) Brenan【N, W/C】♣FBG, FLBG, GMG, GXIB, HBG, LBG, SCBG, XBG, XMBG, XTBG; ●FJ, GD, GX, JX, SN, YN, ZJ; ★(AF): MG; (AS): BT, CN, ID, IN, JP, KH, LA, LK, MM, MY, NP, PH, SG, VN; (OC): PAF.

细竹篙草 **Murdannia simplex** (Vahl) Brenan【N, W/C】♣GMG, GXIB, SCBG, TBG, TMNS, XTBG; ●GD, GX, TW, YN; ★(AF): AO, MG, NG, ZA; (AS): CN, ID, IN, LA, LK, MM, MY, TH, VN.

腺毛水竹叶 **Murdannia spectabilis** (Kurz) Faden【N, W/C】♣SCBG, XLTBG, XTBG; ●GD, HI, YN; ★(AS): CN, KH, LA, MM, PH, TH, VN.

水竹叶 **Murdannia triquetra** (Wall. ex C. B. Clarke) G. Brückn.【N, W/C】♣FBG, FLBG, GA, LBG, SCBG, WBG, XTBG, ZAFU; ●FJ, GD, HB, JX, YN, ZJ; ★(AS): CN, ID, IN, LA, MM, TH, VN.

波缘水竹叶 **Murdannia undulata** D. Y. Hong【N, W/C】♣XTBG; ●YN; ★(AS): CN.

云南水竹叶 **Murdannia yunnanensis** D. Y. Hong【N, W/C】♣XTBG; ●YN; ★(AS): CN.

网籽草属 Dictyospermum

网籽草 **Dictyospermum conspicuum** (Blume) J. K. Morton【N, W/C】♣XTBG; ●YN; ★(AS): CN, ID, IN, LA, MM, MY, TH, VN.

杜若属 Pollia

大杜若 **Pollia hasskarlii** R. S. Rao【N, W/C】♣XTBG; ●YN; ★(AS): BT, CN, ID, IN, LA, MM, NP, TH, VN.

杜若 **Pollia japonica** Thunb.【N, W/C】♣CBG, FBG, GA, GMG, GXIB, HBG, KBG, LBG, NBG, WBG, XMBG, XTBG; ●FJ, GX, HB, JS, JX, SC, SH, YN, ZJ; ★(AS): CN, JP, KP, KR, LA, VN.

川杜若(小杜若)**Pollia miranda** (H. Lév.) H. Hara【N, W/C】♣WBG, XTBG, ZAFU; ●HB, SC, YN, ZJ; ★(AS): CN, JP.

长花枝杜若 **Pollia secundiflora** (Blume) Bakh. f.【N, W/C】♣CBG, GXIB, HBG, SCBG, XTBG; ●GD, GX, SH, YN, ZJ; ★(AS): BT, CN, ID, IN, JP, LA, LK, MM, MY, PH, SG, TH, VN.

长柄杜若 **Pollia siamensis** (Craib) Faden ex D. Y. Hong【N, W/C】♣WBG; ●HB; ★(AS): CN, ID, IN, LA, LK, PH, TH, VN; (OC): PAF.

伞花杜若 **Pollia subumbellata** C. B. Clarke【N, W/C】♣CBG, XTBG; ●SH, YN; ★(AS): BT, CN, IN, MY.

密花杜若 **Pollia thyrsiflora** (Blume) Steud.【N, W/C】♣SCBG, XTBG; ●GD, YN; ★(AS): CN, ID, IN, LA, MY, PH, TH, VN.

钩毛子草属 Rhopalephora

钩毛子草 **Rhopalephora scaberrima** (Blume) Faden【N, W/C】♣WBG, XTBG; ●HB, YN; ★(AS): BT, CN, ID, IN, LA, LK, MM, MY, NP, PH, TH, VN.

竹叶菜属 Aneilema

赤道竹叶菜 **Aneilema aequinoctiale** (P. Beauv.) Loudon【I, C】♣FLBG; ●GD; ★(AF): AO, NG, ZA; (AS): YE.

鸭跖草属 Commelina

饭包草 **Commelina benghalensis** L.【N, W/C】♣FBG, GA, GXIB, HBG, IBCAS, LBG, NBG, SCBG, TMNS, XMBG, XTBG, ZAFU; ●BJ, FJ,

GD, GX, JS, JX, TW, YN, ZJ; ★(AF): CG, CV, EG, ET, KE, MG, MW, NG, TZ, UG, ZA, ZM; (AS): CN, ID, IN, JP, LA, LK, MM, MY, NP, PH, SG, TH, VN, YE.

天蓝鸭跖草（墨西哥鸭跖草）**Commelina coelestis** Willd. 【I, C】 ★(NA): GT, HN, MX; (SA): BO, EC.

鸭跖草 **Commelina communis** L. 【N, W/C】 ♣BBG, CDBG, FBG, FLBG, GA, GBG, GMG, GXIB, HBG, IBCAS, LBG, NBG, NSBG, SCBG, TBG, WBG, XBG, XLTBG, XMBG, XTBG, ZAFU; ●BJ, CQ, FJ, GD, GX, GZ, HB, HI, JS, JX, LN, SC, SN, TW, YN, ZJ; ★(AF): CV; (AS): CN, ID, IN, JP, KH, KP, KR, LA, LK, MM, MN, MY, PH, RU-AS, TH, VN; (OC): AU, FJ.

小花鸭跖草 **Commelina dianthifolia** Delile 【I, C】 ♣NBG; ●JS; ★(NA): MX, US.

竹节菜 **Commelina diffusa** Burm. f. 【N, W/C】 ♣BBG, CBG, FLBG, GA, GBG, GXIB, HBG, LBG, NBG, SCBG, TMNS, WBG, XMBG, XTBG, ZAFU; ●BJ, FJ, GD, GX, GZ, HB, JS, JX, NM, SC, SH, TW, YN, ZJ; ★(AF): AO, CV, ET, GA, MG, NG, SN, TZ, UG, ZA; (AS): BT, CN, ID, IN, JP, LA, LK, MM, MY, NP, PH, SG, TH, VN, YE; (NA): BZ, CR, DO, GT, HN, HT, JM, LW, MX, NI, PA, PR, SV, VG; (SA): AR, BO, BR, CO, EC, PE, VE.

大苞鸭跖草 **Commelina paludosa** Blume 【N, W/C】 ♣FBG, FLBG, GA, GMG, SCBG, WBG, XMBG, XTBG; ●FJ, GD, GX, HB, JX, YN; ★(AS): BT, CN, ID, IN, JP, KH, LA, LK, MM, MY, NP, PH, TH, VN.

*块根鸭跖草 **Commelina tuberosa** L. 【I, C】 ●TW; ★(NA): GT, HN, MX, NI, SV, US; (SA): AR, BO, PE.

波缘鸭跖草 **Commelina undulata** R. Br. 【N, W/C】 ♣WBG, XTBG; ●HB, YN; ★(AS): CN, ID, IN, LA, LK, PH, VN; (OC): AU.

52. 田葱科 PHILYDRACEAE

田葱属 Philydrum

田葱 **Philydrum lanuginosum** Banks et Sol. ex Gaertn. 【N, W/C】 ♣FLBG, GMG, TMNS, XMBG; ●FJ, GD, GX, JX, TW; ★(AS): CN, ID, IN, JP, KH, MM, MY, SG, TH, VN; (OC): AU, PAF.

53. 雨久花科 PONTEDERIACEAE

梭鱼草属 Pontederia

海寿花 **Pontederia cordata** L. 【I, C】 ♣FLBG, GA, GBG, GMG, GXIB, HBG, HFBG, IBCAS, KBG, LBG, NBG, SCBG, TMNS, WBG, XMBG, XTBG, ZAFU; ●AH, BJ, FJ, GD, GX, GZ, HB, HL, JS, JX, SC, TW, YN, ZJ; ★(NA): BZ, CR, CU, HN, US; (SA): AR, BO, BR, CO, PE, PY.

梭鱼草 **Pontederia lanceolata** Nutt. 【I, C】 ♣FLBG, GA, GBG, GMG, HBG, HFBG, IBCAS, KBG, LBG, NBG, SCBG, TMNS, WBG, XMBG, XTBG, ZAFU; ●AH, BJ, FJ, GD, GX, GZ, HB, HL, JS, JX, SC, TW, YN, ZJ; ★(NA): MX, US; (SA): AR, BO, BR, CO.

凤眼莲属 Eichhornia

天蓝凤眼莲 **Eichhornia azurea** (Sw.) Kunth 【I, C】 ♣SCBG; ●GD; ★(NA): BM, CR, CU, DO, HN, MX, NI, PA, PR, US; (SA): AR, BO, BR, CO, EC, GY, PE, PY, UY, VE.

凤眼蓝 **Eichhornia crassipes** (Mart.) Solms 【I, C/N】 ♣BBG, FBG, FLBG, GA, GBG, GMG, GXIB, HBG, IBCAS, LBG, NSBG, SCBG, TBG, TMNS, WBG, XBG, XMBG, XOIG, XTBG, ZAFU; ●AH, BJ, CQ, FJ, GD, GX, GZ, HB, HN, JX, LN, SC, SN, TW, YN, ZJ; ★(NA): BZ, CR, CU, DO, HN, MX, NI, PA, PR, SV, US; (SA): AR, BO, BR, CO, EC, GY, PE, PY, UY, VE.

南美艾克草（艾克草）**Eichhornia diversifolia** (Vahl) Urb. 【I, C】 ♣SCBG; ●GD; ★(NA): CR, CU, NI, PA, US; (SA): BO, BR, CO, EC, GY, PE, PY, VE.

雨久花属 Monochoria

高葶雨久花 **Monochoria elata** Ridl. 【N, W/C】 ♣WBG; ●HB; ★(AS): CN, MM, MY, TH, VN.

箭叶雨久花 **Monochoria hastata** (L.) Solms 【N, W/C】 ♣BBG, KBG, SCBG, TMNS, WBG, XTBG; ●BJ, GD, HB, TW, YN; ★(AS): BT, CN, ID, IN, KH, LA, LK, MM, MY, NP, PH, SG, VN.

雨久花 **Monochoria korsakowii** Regel et Maack 【N, W/C】 ♣BBG, FLBG, IBCAS, NBG, SCBG, WBG, XTBG; ●BJ, GD, HB, JS, JX, SC, YN; ★(AS): CN, ID, IN, JP, KP, MN, PK, RU-AS, VN; (EU): RU.

鸭舌草 **Monochoria vaginalis** (Burm. f.) C. Presl

【N, W/C】♣FBG, FLBG, GA, GBG, GMG, HBG, HFBG, IBCAS, KBG, LBG, NBG, SCBG, TMNS, WBG, XMBG, XTBG, ZAFU; ●AH, BJ, FJ, GD, GX, GZ, HB, HL, JS, JX, SC, TW, YN, ZJ; ★(AS): BT, CN, ID, IN, JP, KH, KR, LA, LK, MM, MY, NP, PH, PK, SG, TH, VN.

沼车前属 Heteranthera

沼车前（荔枝莲）**Heteranthera reniformis** Ruiz et Pav.【I, C】★(NA): BZ, CR, DO, HN, JM, MX, NI, PA, SV, US; (SA): AR, BO, BR, CO, EC, PE, PY, VE.

大竹叶 **Heteranthera zosterifolia** Mart.【I, C】♣SCBG; ●GD; ★(SA): AR, BO, BR, GY, PY, UY.

花问荆属 Hydrothrix

花问荆（火花、针叶竹节草）**Hydrothrix gardneri** Hook. f.【I, C】●BJ, GD, SH, YN; ★(SA): BR.

54. 血草科 HAEMODORACEAE

鸠尾花属 Xiphidium

鸠尾花 **Xiphidium caeruleum** Aubl.【I, C】♣XTBG; ●YN; ★(NA): BM, CR, CU, GT, HN, MX, NI, PA, PR, SV, US; (SA): BO, BR, CO, EC, GY, PE, VE.

折扇草属 Wachendorfia

*圆锥折扇草 **Wachendorfia paniculata** L.【I, C】♣XTBG; ●YN; ★(AF): ZA.

黑袋鼠爪属 Macropidia

黑袋鼠爪 **Macropidia fuliginosa** (Hook.) Druce【I, C】●TW; ★(OC): AU.

袋鼠爪属 Anigozanthos

淡黄袋鼠爪（袋鼠爪）**Anigozanthos flavidus** DC.【I, C】♣FLBG, GXIB, XMBG; ●BJ, FJ, GD, GX, JX, TW; ★(OC): AU.

矮生袋鼠爪 **Anigozanthos humilis** Lindl.【I, C】★(OC): AU.

长药袋鼠爪 **Anigozanthos manglesii** D. Don【I, C】♣FLBG, GXIB, KBG, XOIG; ●FJ, GD, GX, JX, TW, YN; ★(OC): AU.

美丽袋鼠花 **Anigozanthos pulcherrimus** Hook.【I, C】●TW; ★(OC): AU.

淡红袋鼠爪 **Anigozanthos rufus** Labill.【I, C】★(OC): AU.

*绿花袋鼠爪 **Anigozanthos viridis** Endl.【I, C】●JS; ★(OC): AU.

55. 鹤望兰科 STRELITZIACEAE

旅人蕉属 Ravenala

旅人蕉 **Ravenala madagascariensis** Adans.【I, C】♣BBG, CBG, FLBG, HBG, NBG, SCBG, TBG, TMNS, XLTBG, XMBG, XOIG, XTBG, ZAFU; ●BJ, FJ, GD, HI, JS, JX, SH, TW, YN, ZJ; ★(AF): MG.

鹤望兰属 Strelitzia

邱园鹤望兰 **Strelitzia × kewensis** S. A. Skan【I, C】★(AF): ZA.

白鹤望兰（扇芭蕉）**Strelitzia alba** (L. f.) Skeels【I, C】♣XMBG, XTBG; ●FJ, YN; ★(AF): BW, CV, MZ, ZA, ZW.

山鹤望兰 **Strelitzia caudata** R. A. Dyer【I, C】♣XMBG; ●FJ; ★(AF): ZA.

棒叶鹤望兰 **Strelitzia juncea** (Ker Gawl.) Link【I, C】♣IBCAS, SCBG, XMBG; ●BJ, FJ, GD; ★(AF): ZA.

大鹤望兰 **Strelitzia nicolai** Regel et K. Koch【I, C】♣BBG, FBG, FLBG, IBCAS, KBG, LBG, NBG, SCBG, XMBG, XTBG; ●BJ, FJ, GD, JS, JX, TW, YN; ★(AF): ZA.

鹤望兰 **Strelitzia reginae** Banks ex Aiton【I, C】♣BBG, CBG, CDBG, FBG, FLBG, GXIB, HBG, IBCAS, KBG, LBG, NBG, SCBG, TBG, WBG, XBG, XLTBG, XMBG, XOIG, XTBG, ZAFU; ●BJ, FJ, GD, GX, HB, HI, JS, JX, SC, SH, SN, TW, YN, ZJ; ★(AF): ZA.

56. 兰花蕉科 LOWIACEAE

兰花蕉属 Orchidantha

兰花蕉 **Orchidantha chinensis** T. L. Wu【N, W/C】♣BBG, FLBG, GXIB, SCBG, WBG, XMBG, XTBG; ●BJ, FJ, GD, GX, HB, JX, YN;

★(AS): CN.

长萼兰花蕉 **Orchidantha chinensis** var. **longisepala** (D. Fang) T. L. Wu 【N, W/C】 ♣GXIB, SCBG; ●GD, GX; ★(AS): CN.

流苏兰花蕉 **Orchidantha fimbriata** Holttum 【I, C】 ♣SCBG; ●GD; ★(AS): MY.

海南兰花蕉 **Orchidantha insularis** T. L. Wu 【N, W/C】 ♣FLBG, SCBG, XMBG; ●FJ, GD, JX; ★(AS): CN.

马来兰花蕉 **Orchidantha maxillarioides** (Ridl.) K. Schum. 【I, C】 ♣SCBG; ●GD; ★(AS): MY.

57. 蝎尾蕉科 HELICONIACEAE

蝎尾蕉属 Heliconia

钝蝎尾蕉（红火炬蝎尾蕉）**Heliconia × nickeriensis** Maas et de Rooij 【I, C】 ♣FBG, SCBG; ●FJ, GD; ★(SA): GY.

狭叶蝎尾蕉 **Heliconia angusta** Vell. 【I, C】 ♣SCBG; ●GD; ★(SA): BR.

橙黄蝎尾蕉（黄雀舌花）**Heliconia aurantiaca** Ghiesbr. ex Lem. 【I, C】 ●YN; ★(NA): BZ, CR, GT, HN, MX, NI, PA.

比海蝎尾蕉 **Heliconia bihai** (L.) L. 【I, C】 ♣FBG, SCBG, TMNS, XMBG, XTBG; ●FJ, GD, TW, YN; ★(NA): CU, PR, US.

布尔若蝎尾蕉 **Heliconia bourgaeana** Petersen 【I, C】 ♣FLBG, SCBG, XTBG; ●GD, JX, YN; ★(NA): BZ, GT, HN, MX.

粉垂蝎尾蕉 **Heliconia chartacea** Lane ex Barreiros 【I, C】 ♣FBG, SCBG, XTBG; ●FJ, GD, YN; ★(SA): CO, EC, GF, PE, VE.

*柯氏蝎尾蕉 **Heliconia collinsiana** Griggs 【I, C】 ♣FBG, SCBG, XTBG; ●FJ, GD, YN; ★(NA): BZ, GT, HN, MX, SV.

*鸡冠蝎尾蕉 **Heliconia cristata** Barreiros 【I, C】 ♣XTBG; ●YN; ★(SA): BR.

*短鞘蝎尾蕉 **Heliconia curtispatha** Petersen 【I, C】 ♣XTBG; ●YN; ★(NA): CR, PA; (SA): CO, EC.

火红蝎尾蕉 **Heliconia densiflora** Verl. 【I, C】 ♣SCBG; ●GD; ★(SA): BO, BR, GY, PE, VE.

黄火炬蝎尾蕉 **Heliconia episcopalis** Vell. 【I, C】 ♣SCBG, XTBG; ●GD, YN; ★(SA): BO, CO, EC, PE, VE.

依切诺蝎尾蕉 **Heliconia excelsa** L. Andersson 【I, C】 ♣XTBG; ●YN; ★(SA): EC.

*粉被蝎尾蕉 **Heliconia farinosa** Raddi 【I, C】 ♣SCBG; ●GD; ★(SA): AR, BR.

*格氏蝎尾蕉 **Heliconia griggsiana** L. B. Sm. 【I, C】 ♣XTBG; ●YN; ★(SA): CO, EC, VE.

翠鸟蝎尾蕉(硬毛蝎尾蕉)**Heliconia hirsuta** L. f. 【I, C】 ♣SCBG; ●GD; ★(NA): BZ, HN, NI, PA; (SA): AR, BO, BR, CO, EC, GY, PE, PY, VE.

Heliconia ignescens G. S. Daniels et F. G. Stiles 【I, C】 ♣SCBG; ●GD; ★(NA): CR, PA.

黄纹蝎尾蕉 **Heliconia indica** Lam. 【I, C】 ♣SCBG, XTBG; ●GD, YN; ★(NA): HN.

雅奎因蝎尾蕉 **Heliconia jacquinii** Lane ex Barreiros 【I, C】 ★(SA): VE.

红鹤蝎尾蕉 **Heliconia latispatha** Benth. 【I, C】 ♣FBG, SCBG, XMBG, XTBG; ●FJ, GD, YN; ★(NA): BZ, CR, GT, HN, MX, NI, PA, SV; (SA): CO, EC, PE, VE.

扇形蝎尾蕉 **Heliconia librata** Griggs 【I, C】 ♣SCBG; ●GD; ★(NA): BZ, GT, HN, MX, NI.

黄苞蝎尾蕉 **Heliconia lingulata** Ruiz et Pav. 【I, C】 ♣SCBG, XTBG; ●GD, YN; ★(SA): BO, PE.

五彩蝎尾蕉 **Heliconia marginata** (Griggs) Pittier 【I, C】 ♣BBG, FBG; ●BJ, FJ; ★(NA): CR, PA; (SA): BO, CO, EC, PE, VE.

牛排蝎尾蕉(马里红蝎尾蕉)**Heliconia mariae** Hook. f. 【I, C】 ♣SCBG; ●GD; ★(NA): BZ, CR, GT, HN, NI, PA; (SA): CO.

戈尔夫达尔蝎尾蕉 **Heliconia mathiasiae** G. S. Daniels et F. G. Stiles 【I, C】 ★(SA): CO, EC.

蝎尾蕉 **Heliconia metallica** Planch. et Linden ex Hook. 【I, C】 ♣CBG, FBG, NBG, SCBG, TMNS, WBG, XTBG; ●FJ, GD, HB, JS, SH, TW, YN; ★(NA): HN, NI, PA, SV; (SA): BO, CO, EC, PE, VE.

毛蝎尾蕉 **Heliconia mutisiana** Cuatrec. 【I, C】 ♣SCBG; ●GD; ★(SA): CO, EC.

下垂蝎尾蕉 **Heliconia nutans** Woodson 【I, C】 ♣SCBG; ●GD; ★(NA): CR, PA.

红茸蝎尾蕉（柠檬蝎尾蕉）**Heliconia orthotricha** L. Andersson 【I, C】 ♣SCBG, XTBG; ●GD, YN; ★(SA): BO, CO, EC, PE.

红垂蝎尾蕉 **Heliconia pendula** Wawra 【I, C】 ♣FBG, KBG, SCBG; ●FJ, GD, YN; ★(SA): BR, GY, PE, VE.

粉鸟蝎尾蕉（粉鸟赫蕉）**Heliconia platystachys** Baker 【I, C】 ♣XTBG; ●YN; ★(NA): CR, PA; (SA): CO, VE.

鹦鹉蝎尾蕉（红鸟蝎尾蕉）**Heliconia psittacorum** L. f. 【I, C】 ♣CBG, FBG, FLBG, SCBG, TMNS, XLTBG, XMBG, XTBG; ●FJ, GD, HI, JX, SH, TW, YN; ★(NA): BZ, CR, DO, GT, HN, MX, PA, PR, SV, TT; (SA): BO, BR, CO, EC, GF, GY, PE, VE.

高大蝎尾蕉（阿娜蝎尾蕉）**Heliconia rauliniana** Barreiros 【I, C】 ♣SCBG; ●GD; ★(SA): VE.

反卷蝎尾蕉 **Heliconia revoluta** (Griggs) Standl. 【I, C】 ★(SA): VE.

Heliconia richardiana Miq. 【I, C】 ♣SCBG; ●GD; ★(SA): BR, GF, VE.

金嘴蝎尾蕉 **Heliconia rostrata** Ruiz et Pav. 【I, C】 ♣BBG, CBG, FBG, FLBG, IBCAS, SCBG, TMNS, XLTBG, XMBG, XTBG; ●BJ, FJ, GD, HI, JX, SH, TW, YN; ★(NA): BZ, HN, MX; (SA): BO, BR, CO, EC, PE.

红宝石蝎尾蕉 **Heliconia rubra** Sessé et Moc. 【I, C】 ♣SCBG; ●GD; ★(NA): MX.

希特蝎尾蕉 **Heliconia schiedeana** Klotzsch 【I, C】 ★(SA): VE.

内卷蝎尾蕉 **Heliconia spathocircinata** Aristeg. 【I, C】 ♣SCBG; ●GD; ★(NA): CU, PA, PR, TT; (SA): BO, BR, CO, EC, PE, VE.

墨西哥蝎尾蕉 **Heliconia spissa** Griggs 【I, C】 ♣SCBG; ●GD; ★(NA): BZ, GT, HN, MX, NI, PA.

直立蝎尾蕉（沙伦蝎尾蕉）**Heliconia stricta** Huber 【I, C】 ♣SCBG, XMBG, XTBG; ●FJ, GD, YN; ★(SA): BO, BR, CO, EC, PE, VE.

黄蝎尾蕉 **Heliconia subulata** Ruiz et Pav. 【I, C】 ♣NBG, SCBG, XLTBG, XMBG, XTBG; ●FJ, GD, HI, YN; ★(NA): CR, MX, PA; (SA): BO, BR, CO, EC, GY, PE, PY, VE.

金刚蝎尾蕉 **Heliconia vellerigera** Poepp. 【I, C】 ♣XTBG; ●YN; ★(SA): BR, CO, EC, PE.

艳黄蝎尾蕉 **Heliconia wagneriana** Petersen 【I, C】 ♣SCBG, XTBG; ●GD, YN; ★(NA): BZ, CR, GT, NI, PA; (SA): CO, EC, PE, VE.

58. 芭蕉科 MUSACEAE

芭蕉属 Musa

大蕉 **Musa × paradisiaca** L. 【I, C】 ♣FBG, FLBG, GMG, GXIB, HBG, IBCAS, SCBG, TMNS, XBG, XLTBG, XMBG, XOIG, XTBG; ●BJ, CQ, FJ, GD, GX, HI, JX, SC, SN, TW, YN, ZJ; ★(AS): SA.

小果野蕉 **Musa acuminata** Colla 【N, W/C】 ♣BBG, CBG, FBG, FLBG, GMG, HBG, NBG, SCBG, WBG, XLTBG, XMBG, XOIG, XTBG; ●BJ, FJ, GD, GX, HB, HI, JS, JX, SC, SH, YN, ZJ; ★(AS): CN, ID, IN, LA, LK, MM, MY, PH, SG, TH, VN; (OC): AU, FJ.

中国蕉 **Musa acuminata** var. **chinensis** Häkkinen et H. Wang 【N, W/C】 ♣SCBG; ●GD; ★(AS): CN.

美叶芭蕉 **Musa acuminata** var. **sumatrana** (Becc.) Nasution 【I, C】 ♣SCBG, TMNS; ●GD, TW; ★(AS): ID.

野蕉 **Musa balbisiana** Colla 【N, W/C】 ♣CBG, FBG, GA, GXIB, SCBG, WBG, XMBG, XTBG; ●FJ, GD, GX, HB, JX, SH, YN; ★(AS): BT, CN, ID, IN, JP, LK, MM, MY, NP, PH, TH, VN; (OC): PAF.

芭蕉 **Musa basjoo** Siebold 【N, W/C】 ♣BBG, CDBG, FBG, FLBG, GA, GBG, GXIB, HBG, IBCAS, KBG, LBG, NBG, NSBG, SCBG, WBG, XMBG, XTBG, ZAFU; ●AH, BJ, CQ, FJ, GD, GX, GZ, HB, JS, JX, SC, YN, ZJ; ★(AS): CN.

Musa beccarii N. W. Simmonds 【I, C】 ♣SCBG; ●GD; ★(AS): MY.

红蕉 **Musa coccinea** Andrews 【N, W/C】 ♣CBG, CDBG, FBG, FLBG, GXIB, KBG, SCBG, TBG, TMNS, WBG, XLTBG, XMBG, XOIG, XTBG; ●FJ, GD, GX, HB, HI, JX, SC, SH, TW, YN; ★(AS): CN, ID, IN, PH, SG, VN; (OC): FJ.

纤细蕉 **Musa gracilis** Holttum 【I, C】 ♣XTBG; ●YN; ★(AS): MY.

阿宽蕉 **Musa itinerans** Cheesman 【N, W/C】 ♣SCBG, XTBG; ●GD, YN; ★(AS): CN, ID, IN, MM, TH.

台湾芭蕉 **Musa itinerans** var. **formosana** (Warb. ex Schum.) Häkkinen et C. L. Yeh 【N, W/C】 ♣TMNS; ●TW; ★(AS): CN, ID, IN.

版纳阿宽蕉 **Musa itinerans** var. **xishuangbannaensis** Häkkinen 【N, W/C】 ♣SCBG; ●GD; ★(AS): CN.

*砖红芭蕉 **Musa laterita** Cheesman 【I, C】 ♣FLBG, SCBG, XTBG; ●GD, JX, YN; ★(AS): ID, IN, MM.

勒加卜蕉 **Musa nagensium** Prain 【I, C】 ★(AS): ID, IN, MM.

紫苞芭蕉 **Musa ornata** Roxb. 【I, C】 ♣FBG, FLBG, SCBG, TMNS, XLTBG, XMBG, XTBG; ●FJ, GD, HI, JX, TW, YN; ★(AS): ID, IN, MM, SG.

玫瑰红蕉 **Musa rosea** Baker 【I, C】 ★(AF): ZA.

Musa rubinea Häkkinen et C. H. Teo 【N, W/C】 ♣SCBG; ●GD; ★(AS): CN.

阿希蕉（阿西蕉）**Musa rubra** Wall. ex Kurz 【N, W/C】 ♣FLBG, XTBG; ●GD, JX, YN; ★(AS): CN, ID, IN, MM, TH.

蕉麻 **Musa textilis** Née 【I, C】 ♣NBG, XMBG, XTBG; ●FJ, JS, YN; ★(AS): ID, IN, MM, NP, PH, VN.

穴芭蕉 **Musa troglodytarum** L. 【I, C】 ♣GXIB, XOIG; ●FJ, GX, YN; ★(AS): ID, IN, PH, VN; (OC): FJ.

朝天蕉 **Musa velutina** H. Wendl. et Drude 【I, C】 ♣FLBG, SCBG, TMNS, XTBG; ●GD, JX, TW, YN; ★(AS): ID, IN, MM, SG.

紫花蕉 **Musa violascens** Ridl. 【I, C】 ★(AS): MY.

云南蕉 **Musa yunnanensis** Häkkinen et H. Wang 【N, W/C】 ♣SCBG; ●GD; ★(AS): CN.

再富芭蕉 **Musa zaifui** Häkkinen et H. Wang 【N, W/C】 ♣XTBG; ●YN; ★(AS): CN.

象腿蕉属 Ensete

象腿蕉 **Ensete glaucum** (Roxb.) Cheesman 【N, W/C】 ♣BBG, CBG, FLBG, KBG, NBG, SCBG, XMBG, XOIG, XTBG; ●BJ, FJ, GD, JS, JX, SH, YN; ★(AS): CN, ID, IN, MM, NP, PH, TH, VN; (OC): PAF, PG.

粗柄象腿蕉（矮生象腿蕉）**Ensete ventricosum** (Welw.) Cheesman 【I, C】 ♣SCBG; ●GD, HI, TW; ★(AF): AO, CG, ET, KE, MW, MZ, TZ, UG, ZA, ZW.

象头蕉 **Ensete wilsonii** (Tutcher) Cheesman 【N, W/C】 ♣KBG, NBG, XTBG; ●JS, YN; ★(AS): CN.

地涌金莲属 Musella

地涌金莲 **Musella lasiocarpa** (Franch.) C. Y. Wu ex H. W. Li 【N, W/C】 ♣BBG, CBG, FBG, FLBG, GBG, GXIB, HBG, IBCAS, KBG, NBG, SCBG, WBG, XMBG, XTBG; ●AH, BJ, FJ, GD, GX, GZ, HB, JS, JX, SC, SH, TW, YN, ZJ; ★(AS): CN.

59. 美人蕉科 CANNACEAE

美人蕉属 Canna

大花美人蕉 **Canna × generalis** L. H. Bailey 【I, C】 ♣BBG, FBG, FLBG, GXIB, HBG, IBCAS, KBG, LBG, NBG, SCBG, TBG, TDBG, WBG, XBG, XLTBG, XMBG, XTBG, ZAFU; ●AH, BJ, FJ, GD, GX, HB, HI, HL, JS, JX, LN, SC, SN, TW, XJ, YN, ZJ; ★(EU): GB.

柔瓣美人蕉 **Canna flaccida** Roscoe 【I, C】 ♣FBG, FLBG, GA, GBG, GMG, GXIB, HBG, LBG, SCBG, XMBG, XTBG; ●FJ, GD, GX, GZ, JX, YN, ZJ; ★(NA): DO, NI, PA, US; (SA): BR.

粉美人蕉 **Canna glauca** Walter 【I, C】 ♣FBG, FLBG, GA, GXIB, IBCAS, SCBG, WBG, XMBG, XTBG; ●BJ, FJ, GD, GX, HB, JX, SC, YN; ★(NA): CR, HN, MX, NI, PA, PR, TT; (SA): AR, BO, BR, CO, EC, GY, PY, UY, VE.

美人蕉 **Canna indica** Curtis 【I, C/N】 ♣BBG, CDBG, FBG, FLBG, GA, GBG, GMG, GXIB, HBG, IBCAS, KBG, LBG, SCBG, TBG, TMNS, WBG, XBG, XLTBG, XMBG, XOIG, XTBG, ZAFU; ●BJ, FJ, GD, GX, GZ, HB, HI, JL, JS, JX, LN, SC, SH, SN, TW, YN, ZJ; ★(NA): BM, BZ, CR, CU, DO, GT, HN, JM, MX, NI, PA, PR, SV, TT, US; (SA): AR, BO, BR, CO, EC, GY, PE, PY, VE.

鸢尾美人蕉 **Canna iridiflora** Ruiz et Pav. 【I, C】 ★(SA): PE.

兰花美人蕉 **Canna orchioides** L. H. Bailey 【I, C】 ♣FLBG, GMG, HBG, SCBG, XMBG, XTBG; ●BJ, FJ, GD, GX, JX, YN, ZJ; ★(SA): AR.

阔叶美人蕉 **Canna tuerckheimii** Kraenzl. 【I, C】 ♣SCBG, TMNS; ●GD, TW; ★(NA): BZ, CR, GT, HN, MX, NI, PA; (SA): CO, EC.

紫叶美人蕉 **Canna warszewiczii** A. Dietr. 【I, C】 ♣KBG, SCBG, XMBG; ●FJ, GD, YN; ★(SA): AR, BR, PY.

60. 竹芋科 MARANTACEAE

肉柊叶属 Sarcophrynium

Sarcophrynium brachystachyum (Körn.) K. Schum. 【I, C】 ♣SCBG; ●GD; ★(AF): CF, CG, CM, GA, GH, GN, LR, NG.

翅果竹芋属 Thaumatococcus

翅果竹芋 **Thaumatococcus daniellii** (Benn.) Benth. 【I, C】 ♣SCBG; ●GD; ★(AF): CD, CM, GA, GN, LR.

肖竹芋属 Calathea

女王肖竹芋 **Calathea albertii** (Pynaert et Van Geert) L. H. Bailey et Raffill 【I, C】 ♣XTBG; ●YN; ★(NA): SV.

Calathea allouia (Aubl.) Lindl. 【I, C】 ♣SCBG; ●GD; ★(NA): GT, SV, WW; (SA): BR, CO, EC, PE, VE.

丽叶肖竹芋 **Calathea bella** (W. Bull) Regel 【I, C】 ♣CBG, NBG, TMNS, XMBG; ●FJ, JS, SH, TW, YN; ★(SA): BR.

肿节肖竹芋 **Calathea burle-marxii** H. A. Kenn. 【I, C】 ♣CBG; ●SH; ★(SA): BR.

黄苞肖竹芋（金花肖竹芋）**Calathea crocata** E. Morren et Joriss. 【I, C】 ♣BBG, XOIG; ●BJ, FJ; ★(SA): BR.

豹斑肖竹芋（响尾蛇肖竹芋）**Calathea crotalifera** S. Watson 【I, C】 ♣CDBG, FBG, GXIB, IBCAS, LBG, SCBG, XMBG, XTBG; ●BJ, FJ, GD, GX, JX, SC, TW, YN; ★(NA): BZ, CR, GT, HN, MX, NI, PA, SV; (SA): CO, EC, PE, VE.

*厄瓜多尔肖竹芋 **Calathea ecuadoriana** H. A. Kenn. 【I, C】 ♣XTBG; ●YN; ★(SA): EC, PE.

青纹肖竹芋（青纹竹芋）**Calathea elliptica** (Roscoe) K. Schum. 【I, C】 ♣CBG, SCBG; ●BJ, GD, SH; ★(SA): BR, GF, GY, VE.

Calathea eximia (K. Koch et C. D. Bouché) Körn. ex Regel 【I, C】 ♣SCBG; ●GD; ★(SA): PE.

白边肖竹芋 **Calathea illustris** M. P. Corrêa 【I, C】 ●BJ; ★(SA): BR.

Calathea lanata Petersen 【I, C】 ♣SCBG; ●GD; ★(SA): BR, CO, PE.

披针肖竹芋（箭羽竹芋）**Calathea lancifolia** Boom 【I, C】 ♣BBG, CBG, FBG, FLBG, HBG, IBCAS, NBG, SCBG, TMNS, XLTBG, XMBG, XOIG, XTBG; ●BJ, FJ, GD, HI, JS, JX, SH, TW, YN, ZJ; ★(SA): BR.

竹斑肖竹芋（竹斑竹芋）**Calathea leopardina** (W. Bull) Regel 【I, C】 ♣BBG, GXIB, HBG, SCBG, TMNS; ●BJ, GD, GX, SC, TW, ZJ; ★(SA): BR.

Calathea libbyana H. A. Kenn. 【I, C】 ♣SCBG; ●GD; ★(SA): EC.

荷花肖竹芋 **Calathea loeseneri** J. F. Macbr. 【I, C】 ♣SCBG, XTBG; ●GD, YN; ★(SA): BR, CO, EC, PE.

清秀肖竹芋（清秀竹芋）**Calathea louisae** Gagnep. 【I, C】 ♣BBG, CDBG, KBG, NBG, SCBG, TMNS, XMBG, XTBG; ●BJ, FJ, GD, JS, SC, TW, YN; ★(SA): BR.

黄柄肖竹芋（雪茄竹芋）**Calathea lutea** (Aubl.) E. Mey. ex Schult. 【I, C】 ♣SCBG, XTBG; ●GD, YN; ★(NA): BZ, CR, GT, HN, MX, NI, PA, PR, SV, TT; (SA): BO, CO, EC, GY, PE, VE.

绿道肖竹芋（绿芋竹芋）**Calathea majestica** (Linden) H. A. Kenn. 【I, C】 ♣FBG, FLBG, SCBG, TBG, XMBG, XTBG; ●FJ, GD, JX, TW, YN; ★(SA): BO, BR, CO, EC, PE, VE.

孔雀肖竹芋（孔雀竹芋）**Calathea makoyana** E. Morren 【I, C】 ♣BBG, CBG, FBG, FLBG, IBCAS, LBG, NBG, SCBG, TBG, TMNS, WBG, XLTBG, XMBG, XOIG, ZAFU; ●BJ, FJ, GD, HB, HI, JS, JX, SC, SH, TW, YN, ZJ; ★(SA): BR.

Calathea marantifolia Standl. 【I, C】 ♣SCBG; ●GD; ★(NA): BZ, CR, GT, HN, NI, PA; (SA): CO, EC, PE.

银道肖竹芋 **Calathea mediopicta** (E. Morren) Jacob-Makoy ex E. Morren 【I, C】 ★(SA): BR.

光亮肖竹芋 **Calathea micans** (L. Mathieu) Körn. 【I, C】 ●YN; ★(NA): BZ, CR, GT, HN, MX, NI, PA, PR, SV, TT; (SA): BO, BR, CO, EC, GY, PE, VE.

圆叶肖竹芋（青苹果竹芋）**Calathea orbifolia** (Linden) H. A. Kenn. 【I, C】 ♣CBG, FBG, SCBG, XTBG; ●BJ, FJ, GD, SH, TW, YN; ★(SA): BR.

肖竹芋 **Calathea ornata** (Linden) Körn. 【I, C】 ♣BBG, CBG, CDBG, FBG, FLBG, KBG, SCBG, TBG, XLTBG, XMBG, XOIG, XTBG, ZAFU; ●BJ, FJ, GD, HI, JX, SC, SH, TW, YN, ZJ; ★(SA): BR, EC, VE.

彩色肖竹芋（彩竹芋）**Calathea picturata** K. Koch et Linden 【I, C】 ♣BBG, FBG, FLBG, NBG, SCBG, TMNS, XLTBG, XMBG, XOIG, XTBG, ZAFU; ●BJ, FJ, GD, HI, JS, JX, TW, YN, ZJ; ★(NA): PA, SV; (SA): BR, CO, PE.

黄斑肖竹芋 **Calathea pilosa** Rusby 【I, C】 ♣KBG; ●YN; ★(SA): BO.

彩虹肖竹芋（彩虹竹芋）**Calathea roseopicta** (Linden) Regel 【I, C】 ♣BBG, CBG, FBG, FLBG, KBG, LBG, NBG, SCBG, TMNS, XMBG, XOIG; ●BJ, FJ, GD, JS, JX, SH, TW, YN; ★(SA): CO, EC, PE.

波浪肖竹芋（波浪竹芋、红背波浪肖竹芋）**Calathea rufibarba** Fenzl 【I, C】 ♣BBG, CBG, FBG, SCBG, XMBG, ZAFU; ●BJ, FJ, GD, SC, SH, TW, YN, ZJ; ★(SA): BR.

双线肖竹芋(双线竹芋)**Calathea sanderiana** (Sander) Gentil 【I, C】 ●TW; ★(NA): SV; (SA): PE.

Calathea sophiae Huber 【I, C】 ♣SCBG; ●GD; ★(SA): PE.

Calathea splendida (Lem.) Regel 【I, C】 ♣SCBG; ●GD; ★(SA): GF.

Calathea varians (K. Koch et Mathieu) Körn. 【I, C】 ♣SCBG; ●GD; ★(SA): BR.

Calathea variegata (K. Koch) Linden ex Körn. 【I, C】 ♣SCBG; ●GD; ★(SA): BO, BR, EC, PE, VE.

美丽肖竹芋 **Calathea veitchiana** Veitch ex Hook. f. 【I, C】 ♣BBG, FLBG, SCBG, TBG, TMNS, XTBG; ●BJ, GD, JX, TW, YN; ★(SA): EC.

Calathea villosa (Lodd. ex G. Don) Lindl. 【I, C】 ♣SCBG; ●GD; ★(NA): CR, PA; (SA): BO, BR, CO, GY, VE.

紫背天鹅绒肖竹芋 **Calathea warszewiczii** (L. Mathieu ex Planch.) Planch. et Linden 【I, C】 ♣CBG, FLBG, HBG, NBG, SCBG, TMNS, XTBG; ●BJ, GD, JS, JX, SH, TW, YN, ZJ; ★(SA): BR.

绒叶肖竹芋 **Calathea zebrina** (Sims) Lindl. 【I, C】 ♣BBG, CBG, CDBG, FBG, FLBG, IBCAS, KBG, LBG, NBG, SCBG, TBG, TMNS, WBG, XLTBG, XMBG, XOIG, XTBG, ZAFU; ●BJ, FJ, GD, HB, HI, JS, JX, SC, SH, TW, YN, ZJ; ★(SA): BR.

单室竹芋属 Monotagma

翡翠单室竹芋(翡翠竹芋) **Monotagma smaragdinum** (Linden et André) K. Schum. 【I, C】 ♣SCBG; ●GD; ★(SA): CO, PE.

多穗竹芋属 Pleiostachya

粉被多穗竹芋 **Pleiostachya pruinosa** (Regel) K. Schum. 【I, C】 ♣SCBG; ●GD; ★(NA): BZ, CR, CU, DO, GT, HN, MX, NI, PA, PR, SV, TT; (SA): AR, BO, BR, CO, EC, GY, PY, VE.

细穗竹芋属 Ischnosiphon

卵叶细穗竹芋(圆叶竹芋) **Ischnosiphon rotundifolius** (Poepp. et Endl.) Körn. 【I, C】 ♣BBG, IBCAS, SCBG, WBG, XMBG, ZAFU; ●BJ, FJ, GD, HB, ZJ; ★(SA): EC, PE.

水竹芋属 Thalia

水竹芋(再力花) **Thalia dealbata** Fraser 【I, C】 ♣FLBG, GXIB, IBCAS, KBG, SCBG, WBG, XLTBG, XMBG, XTBG, ZAFU; ●AH, BJ, FJ, GD, GX, HB, HI, JX, SC, YN, ZJ; ★(NA): US.

垂花水竹芋 **Thalia geniculata** L. 【I, C】 ♣IBCAS, SCBG, WBG, XMBG, XTBG; ●BJ, FJ, GD, HB, YN; ★(NA): BZ, CR, GT, HN, NI, PA, SV; (SA): CO, EC.

柊叶属 Phrynium

海南柊叶 **Phrynium hainanense** T. L. Wu et S. J. Chen 【N, W/C】 ♣SCBG, WBG; ●GD, HB; ★(AS): CN, VN.

少花柊叶 **Phrynium oliganthum** Merr. 【N, W/C】 ♣SCBG, WBG; ●GD, HB; ★(AS): CN, ID, VN.

尖苞柊叶 **Phrynium placentarium** (Lour.) Merr. 【N, W/C】 ♣BBG, GXIB, KBG, SCBG, WBG, XTBG; ●BJ, GD, GX, HB, TW, YN; ★(AS): BT, CN, ID, IN, LA, LK, MM, PH, TH, VN.

柊叶 **Phrynium rheedei** Suresh et Nicolson 【N, W/C】 ♣BBG, CBG, FBG, FLBG, GMG, GXIB, KBG, SCBG, XLTBG, XMBG, XTBG; ●BJ, FJ, GD, GX, HI, JX, SH, TW, YN; ★(AS): CN, ID, IN, LK, PH, VN.

Phrynium villosum Lodd. ex Sweet 【I, C】 ♣SCBG; ●GD; ★(AF): GN.

竹叶蕉属 Donax

竹叶蕉 **Donax canniformis** (G. Forst.) K. Schum. 【N, W/C】 ♣BBG, TMNS, XTBG; ●BJ, TW, YN; ★(AS): CN, ID, IN, KH, MY, PH, SG, TH, VN.

竹芋属 Maranta

竹芋 **Maranta arundinacea** L. 【I, C】 ♣BBG, FBG, FLBG, GMG, GXIB, HBG, NBG, SCBG, XLTBG, XMBG; ●BJ, FJ, GD, GX, HI, JS, JX, YN, ZJ; ★(NA): BZ, CR, CU, DO, GT, HN, JM, MX, NI, PA, PR, SV, VG; (SA): AR, BR, CO, EC, GF, PE, VE.

花叶竹芋 **Maranta cristata** Nees et Mart. 【I, C】 ♣BBG, FBG, FLBG, GMG, GXIB, HBG, IBCAS, NBG, SCBG, XMBG, XTBG; ●BJ, FJ, GD, GX, JS, JX, TW, YN, ZJ; ★(SA): BR, GY.

豹纹竹芋 **Maranta leuconeura** E. Morren 【I, C】 ♣BBG, CBG, CDBG, FLBG, HBG, KBG, SCBG, TBG, TMNS, WBG, XLTBG, XMBG, XOIG; ●BJ, FJ, GD, HB, HI, JX, SC, SH, TW, YN, ZJ; ★(NA): MX, SV; (SA): PY.

节根竹芋 **Maranta lietzei** (E. Morren) C. H. Nelson,

Sutherl. et Fern. Casas 【I, C】 ♣FLBG, SCBG, TMNS; ●GD, JX, TW; ★(NA): HN; (SA): BR.

Maranta ruiziana Körn. 【I, C】 ♣SCBG; ●GD; ★(SA): BO, BR, EC, GY, PE.

栉花芋属 Ctenanthe

可爱栉花竹芋（可爱栉花芋）**Ctenanthe amabilis** (E. Morren) H. A. Kenn. et Nicolson 【I, C】 ♣IBCAS, NBG; ●BJ, JS; ★(SA): BR.

青叶栉花竹芋 **Ctenanthe compressa** (A. Dietr.) Eichler 【I, C】 ♣CBG; ●SH, YN; ★(SA): BR, VE.

库梅栉花竹芋 **Ctenanthe kummeriana** (E. Morren) Eichler 【I, C】 ♣FBG, XMBG; ●FJ, YN; ★(SA): BR.

栉花竹芋 **Ctenanthe lubbersiana** (E. Morren) Eichler ex Petersen 【I, C】 ♣BBG, FLBG, LBG, SCBG, TMNS, XTBG; ●BJ, GD, JX, TW, YN; ★(SA): BR.

紫背栉花竹芋 **Ctenanthe oppenheimiana** (E. Morren) K. Schum. 【I, C】 ♣CBG, FBG, FLBG, SCBG, TMNS, XMBG, ZAFU; ●FJ, GD, JX, SC, SH, TW, YN, ZJ; ★(SA): BR.

银羽栉花竹芋（银羽竹芋）**Ctenanthe setosa** (Roscoe) Eichler 【I, C】 ♣BBG, SCBG, TMNS, XMBG, XTBG; ●BJ, FJ, GD, TW, YN; ★(SA): BR, PE.

紫背竹芋属 Stromanthe

伯第紫背竹芋（伯第紫竹芋）**Stromanthe porteana** Gris 【I, C】 ♣SCBG, TMNS; ●GD, TW; ★(SA): BR.

茂盛紫背竹芋 **Stromanthe thalia** (Vell.) J. M. A. Braga 【I, C】 ♣BBG, CBG, FBG, FLBG, IBCAS, KBG, NBG, SCBG, TBG, TMNS, WBG, XMBG, XTBG; ●BJ, FJ, GD, HB, JS, JX, SC, SH, TW, YN; ★(SA): BR.

Stromanthe tonckat (Aubl.) Eichler 【I, C】 ♣SCBG; ●GD; ★(NA): CR, HN, MX, NI, PA, TT; (SA): BO, BR, CO, GF, GY, VE.

芦竹芋属 Marantochloa

Marantochloa cuspidata (Roscoe) Milne-Redh. 【I, C】 ♣SCBG; ●GD; ★(AF): CM, GN, LR.

芦竹芋（长节竹芋）**Marantochloa leucantha** (K. Schum.) Milne-Redh. 【I, C】 ♣WBG, XTBG; ●HB, YN; ★(AF): AO, CF, CG, CM, GH, GN, LR, NG, TZ, UG.

紫花芦竹芋 **Marantochloa purpurea** (Ridl.) Milne-Redh. 【I, C】 ♣SCBG; ●GD; ★(AF): CF, CG, CM, GA, GH, GN, NG, UG.

穗花柊叶属 Stachyphrynium

穗花柊叶 **Stachyphrynium sinense** H. Li 【N, W/C】 ♣XTBG; ●YN; ★(AS): CN, ID, LK.

61. 闭鞘姜科 COSTACEAE

喇叭姜属 Chamaecostus

喇叭姜 **Chamaecostus subsessilis** (Nees et Mart.) C. D. Specht et D. W. Stev. 【I, C】 ♣SCBG; ●GD; ★(SA): BO, BR.

单花姜属 Monocostus

单花姜 **Monocostus uniflorus** (Poepp. ex Petersen) Maas 【I, C】 ♣SCBG, XTBG; ●GD, YN; ★(SA): PE.

双室姜属 Dimerocostus

Dimerocostus argenteus (Ruiz et Pav.) Maas 【I, C】 ♣SCBG; ●GD; ★(SA): BO, PE.

双室姜 **Dimerocostus strobilaceus** Kuntze 【I, C】 ♣SCBG; ●GD; ★(NA): CR, PA; (SA): BO, CO, EC, PE, VE.

西闭鞘姜属 Costus

非洲闭鞘姜（猴蔗西闭鞘姜）**Costus afer** Ker Gawl. 【I, C】 ♣SCBG; ●GD, TW; ★(AF): AO, CF, CM, GA, GH, GN, NG, TZ, UG.

花叶闭鞘姜 **Costus amazonicus** (Loes.) J. F. Macbr. 【I, C】 ♣SCBG, XTBG; ●GD, YN; ★(SA): BR, EC, GY, PE.

宝塔姜 **Costus barbatus** Suess. 【I, C】 ♣CBG, FBG, GXIB, SCBG, XMBG, XTBG; ●FJ, GD, GX, SH, TW, YN; ★(NA): CR.

Costus claviger Benoist 【I, C】 ♣SCBG; ●GD; ★(SA): BR, CO, GF, GY.

*多毛闭鞘姜 **Costus comosus** (Jacq.) Roscoe 【I, C】 ♣SCBG; ●GD, TW; ★(NA): CR, PA, SV; (SA): CO, EC, PE, VE.

红花闭鞘姜 **Costus curvibracteatus** Maas 【I, C】

♣KBG, XTBG; ●TW, YN; ★(NA): CR, NI, PA; (SA): CO.

戴氏闭鞘姜 **Costus deistelii** K. Schum. 【I, C】 ♣SCBG; ●GD; ★(AF): GH, GN.

大苞闭鞘姜 **Costus dubius** (Afzel.) K. Schum. 【I, C】 ♣FBG, FLBG, SCBG, XTBG; ●FJ, GD, JX, TW, YN; ★(AF): CM, GH, GN, NG, TZ.

Costus erythrocoryne K. Schum. 【I, C】 ♣SCBG; ●GD; ★(SA): CO, EC, PE.

红背闭鞘姜 **Costus erythrophyllus** Loes. 【I, C】 ♣SCBG; ●GD; ★(SA): EC, PE.

Costus fissiligulatus Gagnep. 【I, C】 ♣SCBG; ●GD; ★(AF): GA.

Costus glaucus Maas 【I, C】 ♣SCBG; ●GD; ★(NA): CR, NI, PA.

*圭亚那闭鞘姜 **Costus guanaiensis** Rusby 【I, C】 ♣SCBG; ●GD, TW; ★(NA): CR, PA; (SA): BO, CO, EC, PE, VE.

红秆闭鞘姜 **Costus laevis** Ruiz et Pav. 【I, C】 ♣SCBG, XTBG; ●GD, YN; ★(NA): CR, NI, PA; (SA): BO, CO, EC, PE.

Costus lateriflorus Baker 【I, C】 ♣SCBG; ●GD; ★(AF): CM.

Costus letestui Pellegr. 【I, C】 ♣SCBG; ●GD; ★(AF): CM.

Costus leucanthus Maas 【I, C】 ♣SCBG; ●GD; ★(SA): CO, EC.

Costus lima var. **scabremarginatus** Maas 【I, C】 ♣SCBG; ●GD; ★(NA): PA; (SA): CO, EC, VE.

Costus longebracteolatus Maas 【I, C】 ♣SCBG; ●GD; ★(SA): CO, EC.

美国闭鞘姜(非洲彩旗闭鞘姜)**Costus lucanusianus** J. Braun et K. Schum. 【I, C】 ♣XTBG; ●YN; ★(AF): CF, CM, GA, GH, GN, NG, UG.

绒叶闭鞘姜 **Costus malortieanus** H. Wendl. 【I, C】 ♣FBG, SCBG, XTBG; ●FJ, GD, YN; ★(NA): CR, NI, US.

Costus megalobractea K. Schum. 【I, C】 ♣SCBG; ●GD; ★(AF): CM.

Costus nudicaulis Baker 【I, C】 ♣SCBG; ●GD; ★(AF): GA.

长圆闭鞘姜 **Costus oblongus** S. Q. Tong 【N, W/C】 ♣FBG, SCBG, XTBG; ●FJ, GD, YN; ★(AS): CN.

红鞘闭鞘姜(红头姜)**Costus osae** Maas et H. Maas 【I, C】 ♣SCBG, XTBG; ●GD, YN; ★(NA): CR; (SA): CO, EC.

Costus phyllocephalus K. Schum. 【I, C】 ♣SCBG; ●GD; ★(AF): CF, CG, GA, TZ.

纹瓣闭鞘姜 **Costus pictus** D. Don 【I, C】 ♣FLBG, SCBG; ●GD, JX, TW; ★(NA): BZ, GT, HN, MX, NI, SV.

*折扇闭鞘姜 **Costus plicatus** Maas 【I, C】 ♣SCBG; ●GD, TW; ★(NA): CR, PA.

毛叶闭鞘姜 **Costus productus** Gleason ex Maas 【I, C】 ♣SCBG; ●GD, TW; ★(SA): PE.

美叶姜 **Costus pulverulentus** C. Presl 【I, C】 ♣SCBG, TMNS, XTBG; ●GD, TW, YN; ★(NA): BZ, CR, CU, GT, HN, MX, NI, PA, SV; (SA): CO, EC, VE.

洋闭鞘姜 **Costus scaber** Ruiz et Pav. 【I, C】 ♣SCBG; ●GD, TW; ★(NA): CR, DO, GT, HN, MX, NI, PA, TT, WW; (SA): BO, BR, CO, EC, GF, GY, PE, VE.

奇丽闭鞘姜 **Costus spectabilis** (Fenzl) K. Schum. 【I, C】 ♣SCBG; ●GD, TW; ★(AF): AO, BI, CF, NG, TZ.

穗花闭鞘姜 **Costus spicatus** (Jacq.) Sw. 【I, C】 ♣SCBG, XTBG; ●GD, TW, YN; ★(NA): CU, DO; (SA): BO.

鳞甲姜 **Costus spiralis** (Jacq.) Roscoe 【I, C】 ♣SCBG, TMNS, XTBG; ●GD, TW, YN; ★(SA): BO, BR, CO, PE, VE.

竹节闭鞘姜 **Costus stenophyllus** Standl. et L. O. Williams 【I, C】 ♣SCBG, XTBG; ●GD, TW, YN; ★(NA): CR.

Costus talbotii Ridl. 【I, C】 ♣SCBG; ●GD; ★(AF): CM, NG.

非洲粉红闭鞘姜 **Costus tappenbeckianus** J. Braun et K. Schum. 【I, C】 ♣SCBG; ●GD; ★(AF): GA.

光叶闭鞘姜 **Costus tonkinensis** Gagnep. 【N, W/C】 ♣FLBG, KBG, SCBG, WBG, XTBG; ●GD, HB, JX, TW, YN; ★(AS): CN, VN.

Costus varzearum Maas 【I, C】 ♣SCBG; ●GD; ★(SA): BR, PE.

金毛闭鞘姜 **Costus villosissimus** Jacq. 【I, C】 ♣SCBG, XTBG; ●GD, YN; ★(NA): CR, MX, NI, PA; (SA): CO, EC, VE.

绿苞闭鞘姜 **Costus viridis** S. Q. Tong 【N, W/C】 ♣FBG; ●FJ; ★(AS): CN.

Costus wilsonii Maas 【I, C】 ♣SCBG; ●GD; ★(NA): CR, PA.

红闭鞘姜 **Costus woodsonii** Maas 【I, C】 ♣SCBG; ●GD; ★(NA): CR, NI, PA; (SA): CO.

Costus zingiberoides J. F. Macbr. 【I, C】 ♣SCBG; ●GD; ★(SA): EC, PE.

独叶姜属 Paracostus

Paracostus englerianus (K. Schum.) C. D. Specht 【I, C】 ♣SCBG; ●GD; ★(AF): CF, GA, GH, NG.

闭鞘姜属 Hellenia

球花闭鞘姜 **Hellenia globosa** (Blume) S. R. Dutta 【I, C】 ♣SCBG; ●GD; ★(AS): ID, MY, TH.

莴笋花 **Hellenia lacerus** (Gagnep.) C. D. Specht 【N, W/C】 ♣BBG, SCBG, XTBG; ●BJ, GD, YN; ★(AS): BT, CN, ID, IN, LK, MM, NP, TH.

闭鞘姜 **Hellenia speciosa** (J. Koenig) S. R. Dutta 【N, W/C】 ♣CBG, FBG, FLBG, GMG, GXIB, HBG, KBG, NBG, SCBG, TMNS, WBG, XLTBG, XMBG, XTBG; ●FJ, GD, GX, HB, HI, JS, JX, SH, TW, YN, ZJ; ★(AS): BT, CN, ID, IN, KH, LA, LK, MM, MY, NP, PH, TH, VN; (OC): AU, FJ, PAF, PG.

小唇姜属 Tapeinochilos

菠萝姜 **Tapeinochilos ananassae** (Hassk.) K. Schum. 【I, C】 ♣SCBG; ●GD, TW, YN; ★(AS): ID; (OC): AU, PG.

Tapeinochilos dahlii K. Schum. 【I, C】 ♣SCBG; ●GD; ★(OC): PG.

Tapeinochilos densus K. Schum. 【I, C】 ♣SCBG; ●GD; ★(OC): PG.

Tapeinochilos pubescens Ridl. 【I, C】 ♣SCBG; ●GD; ★(OC): PG.

Tapeinochilos recurvatus K. Schum. 【I, C】 ♣SCBG; ●GD; ★(OC): PG.

62. 姜科 ZINGIBERACEAE

管唇姜属 Siphonochilus

Siphonochilus aethiopicus (Schweinf.) B. L. Burtt 【I, C】 ♣SCBG; ●GD; ★(AF): BF, CD, CF, ET, GH, MW, MZ, NG, SN, TG, TZ, UG.

Siphonochilus brachystemon (K. Schum.) B. L. Burtt 【I, C】 ♣SCBG; ●GD; ★(AF): KE, TZ, UG.

长果姜属 Siliquamomum

长果姜 **Siliquamomum tonkinense** Baill. 【N, W/C】 ♣SCBG, XTBG; ●GD, YN; ★(AS): CN, VN.

角果姜属 Siamanthus

角果姜 **Siamanthus siliquosus** K. Larsen et J. Mood 【I, C】 ♣SCBG, XTBG; ●GD, YN; ★(AS): TH.

短唇姜属 Burbidgea

*光叶凹唇姜 **Burbidgea nitida** Hook. f. 【I, C】 ♣XTBG; ●YN; ★(AS): MY.

大萼姜 **Burbidgea schizocheila** Hackett 【I, C】 ♣SCBG, XTBG; ●GD, YN; ★(AS): MY.

Burbidgea stenantha Ridl. 【I, C】 ♣SCBG; ●GD; ★(AS): ID, MY.

垂序姜属 Pleuranthodium

Pleuranthodium schlechteri (K. Schum.) R. M. Sm. 【I, C】 ♣SCBG; ●GD; ★(AS): ID; (OC): PG.

Pleuranthodium trichocalyx (Valeton) R. M. Sm. 【I, C】 ♣SCBG; ●GD; ★(OC): PG.

蝎尾姜属 Riedelia

Riedelia corallina (K. Schum.) Valeton 【I, C】 ♣SCBG; ●GD; ★(AS): ID; (OC): PG.

偏穗姜属 Plagiostachys

偏穗姜 **Plagiostachys austrosinensis** T. L. Wu et S. J. Chen 【N, W/C】 ♣SCBG; ●GD; ★(AS): CN.

Plagiostachys megacarpa Julius et A. Takano 【I, C】 ♣SCBG; ●GD; ★(AS): MY.

山姜属 Alpinia

水山姜 **Alpinia aquatica** (Retz.) Roscoe 【N, W/C】 ♣FBG; ●FJ; ★(AS): CN, IN.

Alpinia arctiflora (F. Muell.) Benth. 【I, C】 ♣SCBG; ●GD; ★(OC): AU.

银山姜 **Alpinia argentea** (B. L. Burtt et R. M. Sm.) R. M. Sm. 【I, C】 ♣CBG, SCBG; ●GD, SH; ★(AS): MY.

竹叶山姜 **Alpinia bambusifolia** C. F. Liang et D. Fang 【N, W/C】 ♣GXIB, SCBG, WBG; ●GD, GX, HB, SC; ★(AS): CN.

云南草蔻 **Alpinia blepharocalyx** K. Schum. 【N, W/C】♣FBG, SCBG, WBG, XTBG; ●FJ, GD, HB, YN; ★(AS): CN, ID, IN, LA, MM, TH, VN.

光叶云南草蔻 **Alpinia blepharocalyx** var. **glabrior** (Hand.-Mazz.) T. L. Wu【N, W/C】♣FBG, SCBG, XTBG; ●FJ, GD, YN; ★(AS): CN, TH, VN.

小花山姜 **Alpinia brevis** T. L. Wu et S. J. Chen【N, W/C】 ♣SCBG, XTBG; ●GD, YN; ★(AS): CN.

蓝果山姜 **Alpinia caerulea** (R. Br.) Benth. 【I, C】 ♣SCBG; ●GD; ★(OC): AU.

距花山姜 **Alpinia calcarata** (Haw.) Roscoe 【N, W/C】 ♣FBG, FLBG, NBG, SCBG, XMBG, XTBG; ●FJ, GD, JS, JX, YN; ★(AS): BT, CN, ID, IN, LK, MM, VN.

节鞭山姜 **Alpinia conchigera** Griff. 【N, W/C】 ♣FBG, NBG, SCBG, XTBG; ●FJ, GD, JS, YN; ★(AS): CN, ID, IN, KH, LA, MM, MY, SG, TH, VN.

从化山姜 **Alpinia conghuaensis** J. P. Liao et T. L. Wu 【N, W/C】 ♣SCBG; ●GD; ★(AS): CN.

革叶山姜 **Alpinia coriacea** T. L. Wu et S. J. Chen 【N, W/C】 ♣SCBG; ●GD; ★(AS): CN.

香姜 **Alpinia coriandriodora** D. Fang 【N, W/C】 ♣SCBG, XTBG; ●GD, YN; ★(AS): CN.

Alpinia elegans (C. Presl) K. Schum. 【I, C】 ♣SCBG; ●GD; ★(AS): PH.

无斑山姜 **Alpinia emaculata** S. Q. Tong【N, W/C】 ♣FBG, SCBG, XTBG; ●FJ, GD, YN; ★(AS): CN.

美山姜 **Alpinia formosana** K. Schum. 【N, W/C】 ♣SCBG, XTBG; ●GD, YN; ★(AS): CN, JP, MM.

*福氏山姜 **Alpinia foxworthyi** Ridl.【I, C】♣SCBG, XTBG; ●GD, YN; ★(AS): PH.

红豆蔻 **Alpinia galanga** (L.) Willd. 【N, W/C】 ♣CBG, FBG, FLBG, GMG, GXIB, KBG, NBG, SCBG, TMNS, WBG, XBG, XLTBG, XMBG, XTBG; ●FJ, GD, GX, HB, HI, JS, JX, SC, SH, SN, TW, YN; ★(AS): CN, ID, IN, LA, LK, MM, MY, PH, SG, TH, VN.

毛红豆蔻 **Alpinia galanga** var. **pyramidata** (Blume) K. Schum. 【N, W/C】 ♣SCBG; ●GD; ★(AS): CN, ID, IN.

脆果山姜 **Alpinia globosa** (Lour.) Horan. 【N, W/C】 ♣XTBG; ●YN; ★(AS): CN, VN.

狭叶山姜 **Alpinia graminifolia** D. Fang et G. Y. Lo 【N, W/C】 ♣GXIB, SCBG; ●GD, GX; ★(AS): CN.

光叶假益智 **Alpinia guangdongensis** S. J. Chen et Z. Y. Chen 【N, W/C】 ♣SCBG; ●GD; ★(AS): CN.

桂南山姜 **Alpinia guinanensis** D. Fang et X. X. Chen 【N, W/C】 ♣FBG, GXIB, SCBG, XTBG; ●FJ, GD, GX, YN; ★(AS): CN.

海南山姜（草豆蔻）**Alpinia hainanensis** K. Schum. 【N, W/C】 ♣CBG, FBG, GMG, GXIB, HBG, SCBG, WBG, XLTBG, XMBG, XTBG; ●FJ, GD, GX, HB, HI, SC, SH, TW, YN, ZJ; ★(AS): CN, VN.

光叶山姜 **Alpinia intermedia** Gagnep. 【N, W/C】 ♣FBG, SCBG, TMNS, XTBG; ●FJ, GD, TW, YN; ★(AS): CN, JP, PH.

山姜 **Alpinia japonica** (Thunb.) Miq. 【N, W/C】 ♣CBG, FBG, GA, GMG, GXIB, HBG, LBG, NSBG, SCBG, WBG, XMBG, XTBG, ZAFU; ●CQ, FJ, GD, GX, HB, JX, SC, SH, YN, ZJ; ★(AS): CN, JP, KR.

靖西山姜 **Alpinia jingxiensis** D. Fang 【N, W/C】 ♣GXIB; ●GX; ★(AS): CN.

密毛山姜 **Alpinia kawakamii** Hayata 【N, W/C】 ♣XTBG; ●YN; ★(AS): CN.

长柄山姜 **Alpinia kwangsiensis** T. L. Wu et S. J. Chen 【N, W/C】 ♣FBG, GXIB, SCBG, WBG, XTBG; ●FJ, GD, GX, HB, YN; ★(AS): CN.

黄果山姜 **Alpinia luteocarpa** Elmer 【I, C】 ♣SCBG; ●GD; ★(AS): PH.

假益智 **Alpinia maclurei** Merr.【N, W/C】♣SCBG, XTBG; ●GD, YN; ★(AS): CN, VN.

毛瓣山姜 **Alpinia malaccensis** (Burm. f.) Roscoe 【N, W/C】♣FBG, FLBG, SCBG, XTBG; ●FJ, GD, JX, TW, YN; ★(AS): BT, CN, ID, IN, LA, LK, MM, MY, PH, TH, VN.

疏花山姜 **Alpinia mesanthera** Hayata 【N, W/C】 ♣FLBG; ●GD, JX; ★(AS): CN.

*毛山姜 **Alpinia mollis** C. Presl 【I, C】 ♣XTBG; ●YN; ★(AS): PH.

钝山姜（马来良姜）**Alpinia mutica** Roxb. 【I, C】 ♣FLBG, SCBG, XTBG; ●GD, JX, YN; ★(AS): ID, MY.

那坡山姜 **Alpinia napoensis** H. Dong et G. J. Xu 【N, W/C】 ♣FBG, SCBG; ●FJ, GD; ★(AS): CN.

黑果山姜 **Alpinia nigra** (Gaertn.) Burtt 【N, W/C】

♣FLBG, SCBG, WBG, XTBG; ●GD, HB, JX, YN; ★(AS): BT, CN, ID, IN, LA, LK, MM, MY, SG, TH.

Alpinia novae-pommeraniae K. Schum. 【I, C】 ♣SCBG; ●GD; ★(OC): PG, VU.

垂叶山姜 **Alpinia nutans** (L.) Roscoe 【I, C】 ♣GXIB; ●GX; ★(AS): ID, IN, LK, MY, VN.

华山姜 **Alpinia oblongifolia** Hayata 【N, W/C】 ♣CBG, FBG, FLBG, HBG, NBG, SCBG, XMBG, XTBG; ●FJ, GD, JS, JX, SH, YN, ZJ; ★(AS): CN, LA, VN.

滨海山姜 **Alpinia oceanica** Burkill 【I, C】 ♣SCBG; ●GD; ★(OC): PG, VU.

高良姜 **Alpinia officinarum** Hance 【N, W/C】 ♣FLBG, GA, GXIB, HBG, NBG, SCBG, WBG, XBG, XMBG, XTBG; ●FJ, GD, GX, HB, JS, JX, SN, YN, ZJ; ★(AS): CN, MM, VN.

卵果山姜 **Alpinia ovoideicarpa** H. Dong et G. J. Xu 【N, W/C】 ♣SCBG; ●GD; ★(AS): CN.

益智 **Alpinia oxyphylla** Miq. 【N, W/C】 ♣CBG, FBG, FLBG, GMG, GXIB, HBG, KBG, SCBG, WBG, XLTBG, XMBG, XTBG; ●FJ, GD, GX, HB, HI, JX, SH, YN, ZJ; ★(AS): CN, VN.

柱穗山姜 **Alpinia pinnanensis** T. L. Wu et S. J. Chen 【N, W/C】 ♣GXIB; ●GX; ★(AS): CN.

宽唇山姜 **Alpinia platychilus** K. Schum. 【N, W/C】 ♣FLBG, SCBG, XTBG; ●GD, JX, TW, YN; ★(AS): CN.

多花山姜 **Alpinia polyantha** D. Fang 【N, W/C】 ♣CBG, FBG, GXIB, SCBG, XTBG; ●FJ, GD, GX, SH, YN; ★(AS): CN.

短穗山姜 **Alpinia pricei** Hayata 【N, W/C】 ♣TBG, TMNS; ●TW; ★(AS): CN.

矮山姜 **Alpinia psilogyna** D. Fang 【N, W/C】 ♣SCBG; ●GD; ★(AS): CN.

花叶山姜 **Alpinia pumila** Hook. f. 【N, W/C】 ♣CDBG, FBG, GA, GXIB, HBG, NSBG, SCBG, WBG, XMBG; ●CQ, FJ, GD, GX, HB, JX, SC, YN, ZJ; ★(AS): CN.

红花山姜(红花月桃) **Alpinia purpurata** (Vieill.) K. Schum. 【I, C】 ♣SCBG, TMNS, XLTBG, XTBG; ●GD, HI, TW, YN; ★(AS): MY.

绿苞山姜 **Alpinia roxburghii** Sweet 【N, W/C】 ♣SCBG, WBG, XTBG; ●GD, HB, YN; ★(AS): CN, ID, IN, VN.

红斑山姜 **Alpinia rubromaculata** S. Q. Tong 【N, W/C】 ♣XTBG; ●YN; ★(AS): CN.

皱叶山姜 **Alpinia rugosa** S. J. Chen et Z. Y. Chen 【N, W/C】 ♣SCBG, XTBG; ●GD, YN; ★(AS): CN.

密穗山姜 **Alpinia shimadae** Hayata 【N, W/C】 ♣SCBG, TMNS; ●GD, TW; ★(AS): CN.

四川山姜(箭秆风) **Alpinia sichuanensis** Z. Y. Zhu 【N, W/C】 ♣CBG, FBG, NBG, SCBG, XTBG; ●FJ, GD, JS, SC, SH, YN; ★(AS): CN.

密苞山姜 **Alpinia stachyodes** Hance 【N, W/C】 ♣FLBG, SCBG, WBG, XMBG, XTBG; ●FJ, GD, HB, JX, SC, YN; ★(AS): CN.

球穗山姜 **Alpinia strobiliformis** T. L. Wu et S. J. Chen 【N, W/C】 ♣SCBG; ●GD; ★(AS): CN.

光叶球穗山姜 **Alpinia strobiliformis** var. **glabra** T. L. Wu 【N, W/C】 ♣GXIB, SCBG; ●GD, GX; ★(AS): CN.

滑叶山姜 **Alpinia tonkinensis** Gagnep. 【N, W/C】 ♣FBG, SCBG, XTBG; ●FJ, GD, YN; ★(AS): CN, LA, VN.

台北山姜(敦六山姜) **Alpinia tonrokuensis** Hayata 【N, W/C】 ♣TMNS; ●TW; ★(AS): CN.

大花山姜 **Alpinia uraiensis** Hayata 【N, W/C】 ♣SCBG, TMNS; ●GD, TW; ★(AS): CN.

艳山姜 **Alpinia zerumbet** (Pers.) B. L. Burtt et R. M. Sm. 【N, W/C】 ♣BBG, CBG, CDBG, FBG, FLBG, GMG, GXIB, HBG, IBCAS, KBG, LBG, NBG, SCBG, TBG, TMNS, WBG, XBG, XLTBG, XMBG, XTBG, ZAFU; ●BJ, FJ, GD, GX, HB, HI, JS, JX, SC, SH, SN, TW, YN, ZJ; ★(AS): CN, ID, IN, KH, LA, LK, MM, MY, PH, SG, TH, VN.

豆蔻属 Amomum

三叶豆蔻 **Amomum austrosinense** D. Fang 【N, W/C】 ♣GXIB, SCBG, XTBG; ●GD, GX, YN; ★(AS): CN.

*白花豆蔻 **Amomum biflorum** Jack 【I, C】 ♣XTBG; ●YN; ★(AS): LA, MY, VN.

海南假砂仁 **Amomum chinense** W. Y. Chun 【N, W/C】 ♣FBG, IBCAS, SCBG, XTBG; ●BJ, FJ, GD, YN; ★(AS): CN.

爪哇白豆蔻 **Amomum compactum** Sol. ex Maton 【I, C】 ♣SCBG, XLTBG, XMBG, XTBG; ●FJ, GD, HI, YN; ★(AS): ID, IN.

荽味砂仁 **Amomum coriandriodorum** S. Q. Tong et Y. M. Xia 【N, W/C】 ♣SCBG, XTBG; ●GD, YN; ★(AS): CN.

长果砂仁 **Amomum dealbatum** Roxb. 【N, W/C】 ♣XTBG; ●YN; ★(AS): BT, CN, ID, IN, LK, MM, NP, TH.

长花豆蔻 **Amomum dolichanthum** D. Fang 【N, W/C】 ♣GXIB; ●GX; ★(AS): CN.

脆舌砂仁 **Amomum fragile** S. Q. Tong 【N, W/C】 ♣XTBG; ●YN; ★(AS): CN.

长序砂仁 **Amomum gagnepainii** T. L. Wu, K. Larsen et Turland 【N, W/C】 ♣GXIB, SCBG; ●GD, GX; ★(AS): CN, VN.

无毛砂仁 **Amomum glabrum** S. Q. Tong 【N, W/C】 ♣FLBG, SCBG, WBG, XTBG; ●GD, HB, JX, YN; ★(AS): CN.

野草果 **Amomum koenigii** J. F. Gmel. 【N, W/C】 ♣FBG, SCBG, WBG, XTBG; ●FJ, GD, HB, YN; ★(AS): CN, ID, IN, MM, TH.

广西豆蔻 **Amomum kwangsiense** D. Fang et X. X. Chen 【N, W/C】 ♣GXIB, SCBG; ●GD, GX; ★(AS): CN.

海南砂仁 **Amomum longiligulare** T. L. Wu 【N, W/C】 ♣FBG, SCBG, XTBG; ●FJ, GD, YN; ★(AS): CN, VN.

*长梗豆蔻 **Amomum longipes** Valeton 【I, C】 ♣XTBG; ●YN; ★(AS): ID, IN.

长柄豆蔻 **Amomum longipetiolatum** Merr. 【N, W/C】 ♣SCBG; ●GD; ★(AS): CN.

长舌砂仁 **Amomum macroglossa** K. Schum. 【I, C】 ♣SCBG; ●GD; ★(AS): MY.

九翅豆蔻 **Amomum maximum** Roxb. 【N, W/C】 ♣FLBG, SCBG, WBG, XTBG; ●GD, HB, JX, YN; ★(AS): CN, ID, IN.

勐腊砂仁 **Amomum menglaense** S. Q. Tong 【N, W/C】 ♣FLBG, SCBG, XTBG; ●GD, JX, YN; ★(AS): CN.

疣果豆蔻 **Amomum muricarpum** Elmer 【N, W/C】 ♣SCBG, XTBG; ●GD, YN; ★(AS): CN, PH, VN.

红壳砂仁 **Amomum neoaurantiacum** T. L. Wu, K. Larsen et Turland 【N, W/C】 ♣SCBG, WBG, XTBG; ●GD, HB, TW, YN; ★(AS): CN.

波翅豆蔻 **Amomum odontocarpum** D. Fang 【N, W/C】 ♣XTBG; ●YN; ★(AS): CN.

*少花豆蔻 **Amomum oliganthum** K. Schum. 【I, C】 ♣XTBG; ●YN; ★(AS): MY.

拟草果 **Amomum paratsaoko** S. Q. Tong et Y. M. Xia 【N, W/C】 ♣SCBG; ●GD; ★(AS): CN.

紫红砂仁 **Amomum purpureorubrum** S. Q. Tong et Y. M. Xia 【N, W/C】 ♣FLBG, SCBG, XTBG; ●GD, JX, YN; ★(AS): CN.

腐花豆蔻 **Amomum putrescens** D. Fang 【N, W/C】 ♣SCBG, XTBG; ●GD, YN; ★(AS): CN.

方片砂仁 **Amomum quadratolaminare** S. Q. Tong 【N, W/C】 ♣SCBG, XTBG; ●GD, YN; ★(AS): CN.

云南豆蔻 **Amomum repoeense** Pierre ex Gagnep. 【N, W/C】 ♣SCBG, XTBG; ●GD, YN; ★(AS): CN, KH, LA, TH, VN.

红花砂仁 **Amomum scarlatinum** H. T. Tsai et P. S. Chen 【N, W/C】 ♣SCBG, XTBG; ●GD, YN; ★(AS): CN.

Amomum sceletescens R. M. Sm. 【I, C】 ♣XTBG; ●YN; ★(AS): BN, MY.

银叶砂仁 **Amomum sericeum** Roxb. 【N, W/C】 ♣SCBG, XTBG; ●GD, YN; ★(AS): CN, ID, IN, LK, MM, NP.

头花砂仁 **Amomum subcapitatum** Y. M. Xia 【N, W/C】 ♣SCBG, XTBG; ●GD, YN; ★(AS): CN.

香豆蔻 **Amomum subulatum** Roxb. 【N, W/C】 ♣SCBG; ●GD, TW; ★(AS): BT, CN, ID, IN, LK, MM, NP.

白豆蔻 **Amomum testaceum** Ridl. 【N, W/C】 ♣FBG, HBG, SCBG, XMBG, XOIG, XTBG; ●FJ, GD, TW, YN, ZJ; ★(AS): CN, KH, MY, TH, VN.

梳唇砂仁 **Amomum thysanochililum** S. Q. Tong et Y. M. Xia 【N, W/C】 ♣SCBG, XTBG; ●GD, YN; ★(AS): CN.

草果 **Amomum tsao-ko** Crevost et Lemarié 【N, W/C】 ♣GMG, GXIB, HBG, KBG, SCBG, WBG, XTBG; ●GD, GX, HB, YN, ZJ; ★(AS): CN.

德保豆蔻 **Amomum tuberculatum** D. Fang 【N, W/C】 ♣WBG; ●HB; ★(AS): CN.

疣子砂仁 **Amomum verrucosum** S. Q. Tong 【N, W/C】 ♣SCBG, XTBG; ●GD, YN; ★(AS): CN.

砂仁 **Amomum villosum** Lour. 【N, W/C】 ♣CBG, FBG, GMG, GXIB, HBG, KBG, SCBG, WBG, XBG, XLTBG, XMBG, XTBG; ●FJ, GD, GX, HB, HI, SH, SN, YN, ZJ; ★(AS): CN, IN, KH, LA, MM, TH, VN.

缩砂仁 **Amomum villosum** var. **xanthioides** (Wall. ex Baker) T. L. Wu et S. J. Chen 【N, W/C】 ♣FBG, SCBG, XTBG; ●FJ, GD, YN; ★(AS): CN, IN, KH, LA, MM, TH, VN.

云南砂仁 **Amomum yunnanense** S. Q. Tong 【N,

W/C】 ♣SCBG, XTBG; ●GD, YN; ★(AS): CN.

绿豆蔻属 Elettaria

绿豆蔻(小豆蔻)**Elettaria cardamomum** (L.) Maton 【I, C】 ♣XOIG; ●FJ, TW; ★(AS): ID, LA, LK, MM.

茴香砂仁属 Etlingera

指唇姜 **Etlingera brevilabrum** (Valeton) R. M. Sm. 【I, C】 ♣SCBG; ●GD; ★(AS): ID, MY.

皱茴香砂仁 **Etlingera corrugata** A. D. Poulsen et Mood 【I, C】 ♣SCBG; ●GD; ★(AS): MY.

火炬姜 **Etlingera elatior** (Jack) R. M. Sm. 【I, C/N】 ♣BBG, CBG, FBG, KBG, SCBG, XLTBG, XMBG, XTBG; ●BJ, FJ, GD, HI, SH, TW, YN; ★(AS): IN, MY, TH.

红茴砂 **Etlingera littoralis** (J. Koenig) Giseke 【N, W/C】 ♣SCBG, XTBG; ●GD, YN; ★(AS): CN, ID, IN, LA, MM, MY, SG, TH, VN.

马来瓷玫瑰 **Etlingera maingayi** (Baker) R. M. Sm. 【I, C】 ♣SCBG; ●GD; ★(AS): MY.

Etlingera megalocheilos (Griff.) A. D. Poulsen 【I, C】 ♣XTBG; ●YN; ★(AS): ID, MY.

紫茴砂 (印尼玫瑰姜) **Etlingera pyramidosphaera** (K. Schum.) R. M. Sm. 【I, C】♣SCBG; ●GD; ★(AS): ID.

*秀丽茴砂(冰淇淋火炬姜)**Etlingera venusta** (Ridl.) R. M. Sm. 【I, C】 ♣SCBG; ●GD, TW; ★(AS): MY.

茴香砂仁 **Etlingera yunnanensis** (T. L. Wu et S. J. Chen) R. M. Sm. 【N,W】 ♣XTBG; ●YN; ★(AS): CN.

大豆蔻属 Hornstedtia

藏南大豆蔻 **Hornstedtia arunachalensis** S. Tripathi et V. Prakash 【I, C】 ♣SCBG; ●GD; ★(AS): IN.

Hornstedtia elongata (Teijsm. et Binn.) K. Schum. 【I, C】 ♣SCBG; ●GD; ★(AS): IN.

大豆蔻 **Hornstedtia hainanensis** T. L. Wu et S. J. Chen 【N, W/C】 ♣SCBG; ●GD; ★(AS): CN.

Hornstedtia scottiana (F. Muell.) K. Schum. 【I, C】 ♣SCBG; ●GD; ★(AS): ID.

西藏大豆蔻 **Hornstedtia tibetica** T. L. Wu et S. J. Chen 【N,W】 ♣XTBG; ●YN; ★(AS): CN.

Hornstedtia tomentosa (Blume) Bakh. f. 【I, C】 ♣SCBG; ●GD; ★(AS): IN, MY.

细管姜属 Leptosolena

细管姜(狭叶山姜)**Leptosolena haenkei** C. Presl【I, C】 ♣SCBG; ●GD; ★(AS): PH.

须叶姜属 Vanoverberghia

兰屿法氏姜 **Vanoverberghia sasakiana** Funak. et H. Ohashi 【N, W/C】 ♣TMNS; ●TW; ★(AS): CN.

椒蔻属 Aframomum

Aframomum albiflorum Lock 【I, C】 ♣XTBG; ●YN; ★(AF): MW.

*丹尼利椒蔻 **Aframomum daniellii** (Hook. f.) K. Schum. 【I, C】♣XTBG; ●YN; ★(AF): AO, CF, CM, NG.

Aframomum mala (K. Schum. ex Engl.) K. Schum. 【I, C】 ♣SCBG, XTBG; ●GD, YN; ★(AF): TZ, UG.

Aframomum sanguineum (K. Schum.) K. Schum. 【I, C】 ♣SCBG; ●GD; ★(AF): BI, CF.

Aframomum thonneri De Wild. 【I, C】 ♣SCBG; ●GD; ★(AF): GA.

艳苞姜属 Renealmia

*俯垂艳苞姜 **Renealmia cernua** (Sw. ex Roem. et Schult.) J. F. Macbr. 【I, C】 ♣SCBG; ●GD, TW; ★(NA): BM, CR, GT, MX, NI, PA, SV; (SA): BO, BR, CO, EC, PE, VE.

Renealmia nicolaioides Loes. 【I, C】♣SCBG; ●GD; ★(SA): CO, EC, PE, VE.

地豆蔻属 Elettariopsis

Elettariopsis curtisii Baker 【I, C】 ♣SCBG; ●GD; ★(AS): MY.

单叶拟豆蔻 **Elettariopsis monophylla** (Gagnep.) Loes. 【N, W/C】♣SCBG, XTBG; ●GD, YN; ★(AS): CN, LA.

Elettariopsis smithiae Y. K. Kam 【I, C】 ♣SCBG; ●GD; ★(AS): MY.

拟豆蔻属 Paramomum

拟豆蔻(宽丝豆蔻)**Paramomum petaloideum** S. Q.

Tong 【N, W/C】 ♣FBG, SCBG, WBG, XTBG; ●FJ, GD, HB, YN; ★(AS): CN.

舞花姜属 Globba

Globba arracanensis Kurz 【I, C】 ♣SCBG; ●GD; ★(AS): IN.

毛舞花姜 **Globba barthei** Gagnep. 【N, W/C】 ♣FLBG, GXIB, KBG, SCBG, XMBG, XTBG; ●FJ, GD, GX, JX, YN; ★(AS): CN, ID, IN, KH, LA, LK, PH, TH, VN.

峨眉舞花姜 **Globba emeiensis** Z. Y. Zhu 【N, W/C】 ●SC; ★(AS): CN.

Globba flagellaris K. Larsen 【I, C】 ♣SCBG; ●GD; ★(AS): TH.

Globba insectifera Ridl. 【I, C】 ♣SCBG; ●GD; ★(AS): IN.

Globba kerrii Craib 【I, C】 ♣SCBG; ●GD; ★(AS): TH.

Globba laeta K. Larsen 【I, C】 ♣SCBG; ●GD; ★(AS): TH.

澜沧舞花姜 **Globba lancangensis** Y. Y. Qian 【N, W/C】 ♣XTBG; ●YN; ★(AS): CN.

*多花舞花姜 **Globba multiflora** Wall. ex Baker 【I, C】 ♣SCBG, XTBG; ●GD, YN; ★(AS): BT, ID, IN, LK, MM.

Globba orixensis Roxb. 【I, C】 ♣SCBG; ●GD; ★(AS): BD.

Globba pendula Roxb. 【I, C】 ♣SCBG; ●GD; ★(AS): MY.

Globba purpurascens Craib 【I, C】 ♣SCBG; ●GD; ★(AS): TH.

舞花姜 **Globba racemosa** Sm. 【N, W/C】 ♣CBG, FBG, GXIB, KBG, LBG, NBG, SCBG, WBG, XMBG, XTBG; ●FJ, GD, GX, HB, JS, JX, SH, YN; ★(AS): BT, CN, ID, IN, LA, LK, MM, NP, TH.

Globba radicalis Roxb. 【I, C】 ♣SCBG; ●GD; ★(AS): IN.

双翅舞花姜 **Globba schomburgkii** Hook. f. 【N, W/C】 ♣FLBG, SCBG, XTBG; ●GD, JX, YN; ★(AS): CN, ID, LA, MM, TH, VN.

小珠舞花姜 **Globba schomburgkii** var. **angustata** Gagnep. 【N, W/C】 ♣XTBG; ●YN; ★(AS): CN, TH, VN.

Globba sessiliflora Sims 【I, C】 ♣SCBG; ●GD; ★(AS): ID.

Globba siamensis (Hemsl.) Hemsl. 【I, C】 ♣SCBG; ●GD; ★(AS): KH.

Globba wengeri (C. E. C. Fisch.) K. J. Williams 【I, C】 ♣SCBG; ●GD; ★(AS): IN.

美苞舞花姜 **Globba winitii** C. H. Wright 【I, C】 ♣FLBG, XTBG; ●GD, JX, YN; ★(AS): MM, SG, TH.

Globba xantholeuca Craib 【I, C】 ♣SCBG; ●GD; ★(AS): TH.

玉凤姜属 Gagnepainia

Gagnepainia godefroyi (Baill.) K. Schum. 【I, C】 ♣SCBG; ●GD; ★(AS): KH.

Gagnepainia thoreliana (Baill.) K. Schum. 【I, C】 ♣SCBG; ●GD; ★(AS): KH.

兰花姜属 Hemiorchis

Hemiorchis burmanica Kurz 【I, C】 ♣SCBG; ●GD; ★(AS): BD, IN.

Hemiorchis rhodorrhachis K. Schum. 【I, C】 ♣SCBG; ●GD; ★(AS): IN.

大苞姜属 Caulokaempferia

黄花大苞姜 **Caulokaempferia coenobialis** (Hance) K. Larsen 【N, W/C】 ♣GMG, SCBG; ●GD, GX; ★(AS): CN.

苞叶姜属 Pyrgophyllum

大苞姜 **Pyrgophyllum yunnanensis** (Gagnep.) T. L. Wu et Z. Y. Chen 【N, W/C】 ♣KBG, XTBG; ●TW, YN; ★(AS): CN.

姜黄属 Curcuma

Curcuma aerugenosa Roxb. 【I, C】 ♣SCBG; ●GD; ★(AS): IN.

姜荷花 **Curcuma alismatifolia** Gagnep. 【I, C】 ♣BBG, GXIB, SCBG, TMNS, XMBG, XTBG; ●BJ, FJ, GD, GX, SH, TW, YN; ★(AS): KH, LA, TH, VN.

极苦姜黄 **Curcuma amarissima** Roscoe 【N, W/C】 ♣FBG, SCBG, XTBG; ●FJ, GD, YN; ★(AS): CN, ID.

郁金 **Curcuma aromatica** Salisb. 【N, W/C】 ♣BBG, FBG, FLBG, GMG, GXIB, HBG, KBG, NBG, SCBG, TMNS, XMBG, XTBG; ●BJ, FJ,

GD, GX, JS, JX, SC, TW, YN, ZJ; ★(AS): BT, CN, ID, IN, LA, LK, MM, NP, VN.

Curcuma bicolor Mood et K. Larsen 【I, C】 ♣SCBG; ●GD; ★(AS): TH.

*多毛姜黄 **Curcuma comosa** Roxb. 【I, C】 ♣SCBG; ●GD, TW; ★(AS): ID, IN, LA, MM, TH.

Curcuma ecomata Craib 【I, C】 ♣SCBG; ●GD; ★(AS): TH.

高姜黄 **Curcuma elata** Roxb. 【I, C】 ♣SCBG, XTBG; ●GD, YN; ★(AS): MM, VN.

细莪术 **Curcuma exigua** N. Liu 【N, W/C】 ♣SCBG, XTBG; ●GD, YN; ★(AS): CN.

黄花姜黄 **Curcuma flaviflora** S. Q. Tong 【N, W/C】 ♣NBG, SCBG, XTBG; ●GD, YN; ★(AS): CN.

Curcuma haritha Mangaly et M. Sabu 【I, C】 ♣SCBG; ●GD; ★(AS): ID.

Curcuma harmandii Gagnep. 【I, C】 ♣SCBG; ●GD; ★(AS): KH, TH, VN.

粉苞郁金 **Curcuma inodora** Blatt. 【I, C】 ♣XTBG; ●YN; ★(AS): ID.

广西莪术 **Curcuma kwangsiensis** S. G. Lee et C. F. Liang 【N, W/C】 ♣FBG, GMG, GXIB, HBG, NBG, SCBG, WBG, XLTBG, XTBG; ●FJ, GD, GX, HB, HI, JS, YN, ZJ; ★(AS): CN.

姜黄 **Curcuma longa** L. 【I, C】 ♣CBG, FBG, GMG, GXIB, HBG, KBG, NBG, SCBG, XLTBG, XMBG, XTBG; ●FJ, GD, GX, HI, HN, JS, SC, SH, TW, YN, ZJ; ★(AS): IN.

南昆山莪术 **Curcuma nankunshanensis** N. Liu, X. B. Ye et Juan Chen 【N, W/C】 ♣SCBG; ●GD; ★(AS): CN.

*少花姜黄 **Curcuma oligantha** Trimen 【I, C】 ♣SCBG; ●GD, TW; ★(AS): ID, LK, MM.

*小花姜黄 **Curcuma parviflora** Wall. 【I, C】 ♣SCBG; ●GD, TW; ★(AS): LA, MM, MY, SG, TH, VN.

Curcuma parvula Gage 【I, C】 ♣SCBG; ●GD; ★(AS): IN.

女王郁金 **Curcuma petiolata** Roxb. 【I, C】 ♣SCBG, TMNS, XTBG; ●GD, TW, YN; ★(AS): ID, IN, MM, TH.

莪术 **Curcuma phaeocaulis** Valeton 【N, W/C】 ♣CBG, CDBG, FBG, FLBG, GMG, GXIB, HBG, NBG, SCBG, TMNS, WBG, XMBG, XTBG; ●FJ, GD, GX, HB, JS, JX, SC, SH, TW, YN, ZJ; ★(AS): CN, ID, IN, VN.

Curcuma rhabdota Sirirugsa et M. F. Newman 【I, C】 ♣SCBG; ●GD; ★(AS): LA, TH.

观音姜 **Curcuma roscoeana** Wall. 【I, C】 ♣SCBG, XTBG; ●GD, YN; ★(AS): IN, MM.

Curcuma rubrobracteata Škorničk., M. Sabu et Prasanthk. 【I, C】 ♣SCBG; ●GD; ★(AS): BD, IN, TH.

川郁金 **Curcuma sichuanensis** X. X. Chen 【N, W/C】 ♣SCBG, XTBG; ●GD, TW, YN; ★(AS): CN.

Curcuma singularis Gagnep. 【I, C】 ♣SCBG; ●GD; ★(AS): TH.

Curcuma strobilifera Wall. ex Baker 【I, C】 ♣SCBG; ●GD; ★(AS): IN.

Curcuma thorelii Gagnep. 【I, C】 ♣SCBG; ●GD; ★(AS): KH, LA.

绿花姜黄（二黄）**Curcuma viridiflora** Roxb. 【N, W/C】 ♣SCBG; ●GD; ★(AS): CN, ID, IN, MY, PH, TH, VN.

温郁金 **Curcuma wenyujin** Y. H. Chen et C. Ling 【N, W/C】 ♣FBG, HBG, SCBG; ●FJ, GD, ZJ; ★(AS): CN, ID, IN, LK, VN.

顶花莪术 **Curcuma yunnanensis** N. Liu et S. J. Chen 【N, W/C】 ♣SCBG, XTBG; ●GD, YN; ★(AS): CN.

印尼莪术 **Curcuma zanthorrhiza** Roxb. 【N, W/C】 ♣FLBG, SCBG, XTBG; ●GD, JX, YN; ★(AS): CN, ID, IN, LK, MY, PH, TH, VN.

姜黄花属 Hitchenia

姜黄花 **Hitchenia glauca** Wall. 【I, C】 ♣SCBG; ●GD; ★(AS): IN.

土田七属 Stahlianthus

白三七姜 **Stahlianthus campanulatus** Kuntze 【I, C】 ♣HBG, SCBG; ●GD, ZJ; ★(AS): TH, VN.

土田七 **Stahlianthus involucratus** (King ex Baker) Craib ex Loes. 【N, W/C】 ♣FBG, FLBG, GMG, GXIB, HBG, NBG, SCBG, XLTBG, XTBG; ●FJ, GD, GX, HI, JS, JX, YN, ZJ; ★(AS): BT, CN, ID, IN, LK, MM, TH.

窄唇姜属 Larsenianthus

Larsenianthus careyanus (Benth. et Hook. f.) W. J. Kress et Mood 【I, C】 ★(AS): IN.

Larsenianthus wardianus W. J. Kress , Thet Htun et Bordelon 【I, C】 ★(AS): MM.

姜花属 Hedychium

Hedychium biflorum Sirirugsa et K. Larsen 【I, C】 ♣SCBG; ●GD; ★(AS): TH.

碧江姜花 **Hedychium bijiangense** T. L. Wu et S. J. Chen 【N, W/C】 ♣SCBG, XTBG; ●GD, YN; ★(AS): CN.

深裂黄姜花 **Hedychium bipartitum** G. Z. Li 【N, W/C】 ♣SCBG; ●GD; ★(AS): CN.

Hedychium bousigonianum Pierre ex Gagnep. 【I, C】 ♣SCBG; ●GD; ★(AS): KH, TH, VN.

矮姜花 **Hedychium brevicaule** D. Fang 【N, W/C】 ♣GXIB, SCBG, WBG, XTBG; ●GD, GX, HB, YN; ★(AS): CN.

红姜花 **Hedychium coccineum** Buch.-Ham. ex Sm. 【N, W/C】 ♣FLBG, GXIB, KBG, NBG, SCBG, WBG, XMBG, XTBG; ●FJ, GD, GX, HB, JS, JX, YN; ★(AS): BT, CN, ID, IN, LA, LK, MM, NP, SG, TH, VN.

唇凸姜花 **Hedychium convexum** S. Q. Tong 【N, W/C】 ♣XTBG; ●YN; ★(AS): CN.

姜花 **Hedychium coronarium** J. Koenig 【N, W/C】 ♣BBG, CBG, CDBG, FBG, FLBG, GBG, GMG, GXIB, HBG, KBG, LBG, NBG, NSBG, SCBG, TBG, TMNS, WBG, XLTBG, XMBG, XTBG; ●AH, BJ, CQ, FJ, GD, GX, GZ, HB, HI, JS, JX, SC, SH, TW, YN, ZJ; ★(AS): BT, CN, ID, IN, KR, LA, LK, MM, MY, NP, PH, SG, TH, VN.

密花姜花 **Hedychium densiflorum** Wall. 【N, W/C】 ♣KBG, SCBG, XTBG; ●GD, TW, YN; ★(AS): BT, CN, IN, NP.

Hedychium elatum R. Br. 【I, C】 ♣SCBG; ●GD; ★(AS): BT, IN, MM, TH.

椭穗姜花（椭圆状姜花）**Hedychium ellipticum** Buch.-Ham. ex Sm. 【I, C】 ●TW; ★(AS): BT, IN, NP, TH, VN.

峨眉姜花 **Hedychium flavescens** Carey ex Roscoe 【N, W/C】 ♣NSBG, SCBG; ●CQ, GD, SC, TW; ★(AS): CN, ID, IN, LA, LK, NP, VN.

黄姜花 **Hedychium flavum** Roxb. 【N, W/C】 ♣CBG, FBG, FLBG, GXIB, KBG, NBG, SCBG, XMBG, XTBG; ●FJ, GD, GX, JS, JX, SH, YN; ★(AS): CN, IN, MM, TH, VN.

圆瓣姜花 **Hedychium forrestii** Diels 【N, W/C】 ♣CBG, FBG, GXIB, KBG, SCBG, XTBG; ●FJ, GD, GX, SC, SH, YN; ★(AS): CN, LA, MM, TH, VN.

宽苞圆瓣姜花 **Hedychium forrestii** var. **latebracteatum** K. Larsen 【N, W/C】 ♣SCBG; ●GD; ★(AS): CN, VN.

红丝姜花 **Hedychium gardnerianum** Sheppard ex Ker Gawl. 【I, C】 ♣SCBG, XMBG, XTBG; ●FJ, GD, YN; ★(AS): BT, IN, NP, VN.

无毛姜花 **Hedychium glabrum** S. Q. Tong 【N, W/C】 ♣SCBG; ●GD; ★(AS): CN.

Hedychium gracile Roxb. 【I, C】 ♣SCBG; ●GD; ★(AS): IN.

哈氏姜花 **Hedychium hasseltii** Blume 【I, C】 ♣SCBG; ●GD; ★(AS): IN.

荷氏短唇姜 **Hedychium horsfieldii** R. Br. ex Wall. 【I, C】 ♣SCBG, XTBG; ●GD, YN; ★(AS): ID, IN.

Hedychium khaomaenense Picheans. et Mokkamul 【I, C】 ♣SCBG; ●GD; ★(AS): MY.

广西姜花 **Hedychium kwangsiense** T. L. Wu et S. J. Chen 【N, W/C】 ♣GXIB; ●GX; ★(AS): CN.

Hedychium longicornutum Griff. ex Baker 【I, C】 ♣SCBG; ●GD; ★(AS): IN.

勐海姜花 **Hedychium menghaiense** X. Hu et N. Liu 【N, W/C】 ♣SCBG; ●GD; ★(AS): CN.

*马来姜花 **Hedychium muluense** R. M. Sm. 【I, C】 ♣SCBG, XTBG; ●GD, YN; ★(AS): MY.

Hedychium paludosum M. R. Hend. 【I, C】 ♣SCBG; ●GD; ★(AS): MY.

小苞姜花 **Hedychium parvibracteatum** T. L. Wu et S. J. Chen 【N, W/C】 ♣SCBG; ●GD; ★(AS): CN.

少花姜花 **Hedychium pauciflorum** S. Q. Tong 【N, W/C】 ♣SCBG, XTBG; ●GD, YN; ★(AS): CN.

Hedychium philippinense K. Schum. 【I, C】 ♣SCBG; ●GD; ★(AS): PH.

Hedychium roxburghii Blume 【I, C】 ♣SCBG; ●GD; ★(AS): IN.

Hedychium rubrum A. S. Rao et D. M. Verma 【I, C】 ♣SCBG; ●GD; ★(AS): IN.

小花姜花 **Hedychium sinoaureum** Stapf 【N, W/C】 ♣NBG; ●JS; ★(AS): CN, ID, IN, LK.

草果药 **Hedychium spicatum** Sm. 【N, W/C】 ♣FBG, KBG, SCBG, XTBG; ●FJ, GD, SC, TW, YN; ★(AS): BT, CN, ID, IN, LK, MM, NP, PH, TH.

疏花草果药 **Hedychium spicatum** var. **acuminatum** (Roscoe) Wall. 【N, W/C】 ♣SCBG, XTBG; ●GD, YN; ★(AS): BT, CN, IN, NP.

*窄瓣姜花 **Hedychium stenopetalum** Lodd. 【I, C】

♣SCBG; ●GD, TW; ★(AS): BT, ID, IN, LA, LK, MM, VN.

Hedychium tenellum (K. Schum.) R. M. Sm. 【I, C】 ♣SCBG; ●GD; ★(AS): ID.

腾冲姜花 **Hedychium tengchongense** Y. B. Luo 【N, W/C】 ♣SCBG, XTBG; ●GD, YN; ★(AS): CN.

毛姜花 **Hedychium villosum** Wall. 【N, W/C】 ♣FLBG, SCBG, WBG, XTBG; ●GD, HB, JX, YN; ★(AS): CN, ID, IN, MM, NP, TH, VN.

小毛姜花 **Hedychium villosum** var. **tenuiflorum** Wall. ex Baker 【N, W/C】 ♣FBG, KBG, XTBG; ●FJ, YN; ★(AS): CN, IN.

Hedychium wardii C. E. C. Fisch. 【I, C】 ♣SCBG; ●GD; ★(AS): IN.

西盟姜花 **Hedychium ximengense** Y. Y. Qian 【N, W/C】 ♣FLBG; ●GD, JX; ★(AS): CN.

盈江姜花 **Hedychium yungjiangense** S. Q. Tong 【N, W/C】 ♣SCBG, XTBG; ●GD, YN; ★(AS): CN.

滇姜花 **Hedychium yunnanense** Gagnep. 【N, W/C】 ♣CBG, KBG, SCBG, WBG, XTBG; ●GD, HB, SH, YN; ★(AS): CN, VN.

直唇姜属 Pommereschea

直唇姜 **Pommereschea lackneri** Wittm. 【N, W/C】 ♣WBG, XTBG; ●HB, YN; ★(AS): CN, MM, TH.

短柄直唇姜 **Pommereschea spectabilis** (King et Prain) K. Schum. 【N, W/C】 ♣FLBG, XTBG; ●GD, JX, YN; ★(AS): CN, MM.

喙花姜属 Rhynchanthus

喙花姜 **Rhynchanthus beesianus** W. W. Sm. 【N, W/C】 ♣KBG, SCBG, XTBG; ●GD, YN; ★(AS): CN, MM.

Rhynchanthus longiflorus Hook. f. 【I, C】 ♣SCBG; ●GD; ★(AS): MM.

距药姜属 Cautleya

多花距药姜 **Cautleya cathcartii** Baker 【N, W/C】 ♣FLBG, XTBG; ●GD, JX, TW, YN; ★(AS): CN, ID, IN, LK, NP.

距药姜 **Cautleya gracilis** (Sm.) Dandy 【N, W/C】 ♣FBG, SCBG, XTBG; ●FJ, GD, SC, TW, YN; ★(AS): BT, CN, ID, IN, LK, MM, NP, TH, VN.

红苞距药姜 **Cautleya spicata** (Sm.) Baker 【N, W/C】 ♣SCBG, XTBG; ●GD, TW, YN; ★(AS): BT, CN, ID, IN, LK, NP.

象牙参属 Roscoea

高山象牙参 **Roscoea alpina** Royle 【N, W/C】 ♣XTBG; ●YN; ★(AS): BT, CN, ID, IN, LK, MM, NP.

早花象牙参 **Roscoea cautleoides** Gagnep. 【N, W/C】 ♣KBG, SCBG; ●GD, YN; ★(AS): CN.

长柄象牙参 **Roscoea debilis** Gagnep. 【N, W/C】 ♣SCBG; ●GD; ★(AS): CN.

大花象牙参 **Roscoea humeana** Balf.f. et W. W. Sm. 【N, W/C】 ♣SCBG; ●GD; ★(AS): CN.

昆明象牙参 **Roscoea kunmingensis** S. Q. Tong 【N, W/C】 ♣KBG; ●YN; ★(AS): CN.

绵枣象牙参 **Roscoea scillifolia** (Gagnep.) Cowley 【N, W/C】 ♣SCBG; ●GD, YN; ★(AS): CN.

藏象牙参 **Roscoea tibetica** Batalin 【N, W/C】 ♣KBG; ●YN; ★(AS): BT, CN, ID, IN, LK, MM.

凹唇姜属 Boesenbergia

白斑凹唇姜 **Boesenbergia albomaculata** S. Q. Tong 【N, W/C】 ♣FLBG, SCBG, XTBG; ●GD, JX, YN; ★(AS): CN.

*小凹唇姜 **Boesenbergia minor** (Baker) Kuntze 【I, C】 ♣CBG; ●SH, TW; ★(AS): MY.

*皱凹唇姜 **Boesenbergia plicata** (Ridl.) Holttum 【I, C】 ♣SCBG; ●GD, TW; ★(AS): LA, MM, MY.

凹唇姜 **Boesenbergia rotunda** (L.) Mansf. 【N, W/C】 ♣FLBG, NBG, SCBG, XTBG; ●GD, JS, JX, TW, YN; ★(AS): CN, ID, IN, LA, LK, MM, MY, TH, VN.

拟姜黄属 Curcumorpha

拟姜黄（心叶凹唇姜）**Curcumorpha longiflora** (Wall.) A. S. Rao et D. M. Verma 【N, W/C】 ♣SCBG, XTBG; ●GD, YN; ★(AS): CN, ID, IN, LA, MM, TH.

山柰属 Kaempferia

Kaempferia angustifolia Roscoe 【I, C】 ♣SCBG; ●GD; ★(AS): ID, MY.

白花山柰 **Kaempferia candida** Wall. 【N, W/C】 ♣XTBG; ●YN; ★(AS): CN, KH, MM, VN.

紫花山柰 **Kaempferia elegans** (Wall.) Baker 【N, W/C】 ♣FLBG, SCBG, TMNS, WBG, XMBG, XTBG; ●FJ, GD, HB, JX, TW, YN; ★(AS): CN, ID, IN, LA, MM, MY, PH, SG, TH, VN.

Kaempferia filifolia K. Larsen 【I, C】 ♣SCBG; ●GD; ★(AS): TH.

山柰 **Kaempferia galanga** L. 【N, W/C】 ♣FBG, FLBG, GMG, GXIB, HBG, NBG, SCBG, WBG, XLTBG, XMBG, XTBG; ●FJ, GD, GX, HB, HI, JS, JX, SC, YN, ZJ; ★(AS): CN, ID, IN, KH, LA, LK, MM, PH, SG, VN.

大叶山柰 **Kaempferia galanga** var. **latifolia** (Donn) Gagnep. 【N, W/C】 ♣SCBG, XTBG; ●GD, YN; ★(AS): CN, KH.

白纹姜 **Kaempferia gilbertii** W. Bull 【I, C】 ♣TMNS, XMBG; ●FJ, GD, TW; ★(AS): IN, MM, SG.

Kaempferia larsenii Sirirugsa 【I, C】 ♣SCBG; ●GD; ★(AS): TH.

苦山柰 **Kaempferia marginata** Carey ex Roscoe 【N, W/C】 ♣SCBG; ●GD; ★(AS): CN, ID, IN, MM, TH.

*小花山柰 **Kaempferia parviflora** Wall. ex Baker 【N, W/C】 ♣SCBG, XTBG; ●GD, YN; ★(AS): CN, ID, IN, MM, TH.

海南三七 **Kaempferia rotunda** L. 【N, W/C】 ♣FBG, FLBG, KBG, SCBG, TMNS, XMBG, XTBG; ●FJ, GD, JX, TW, YN; ★(AS): BT, CN, ID, IN, LA, LK, MM, MY, PH, SG, TH, VN.

姜属 Zingiber

Zingiber aurantiacum (Holttum) Theilade 【I, C】 ♣SCBG; ●GD; ★(AS): MY.

Zingiber barbatum Wall. 【I, C】 ♣SCBG; ●GD; ★(AS): MM, TH.

匙苞姜 **Zingiber cochleariforme** D. Fang 【N, W/C】 ♣WBG; ●HB; ★(AS): CN.

Zingiber collinsii Mood et Theilade 【I, C】 ♣SCBG; ●GD; ★(AS): VN.

珊瑚姜 **Zingiber corallinum** Hance 【N, W/C】 ♣FLBG, GMG, SCBG, XTBG; ●GD, GX, JX, YN; ★(AS): CN, LA.

多毛姜 **Zingiber densissimum** S. Q. Tong et Y. M. Xia 【N, W/C】 ♣XTBG; ●YN; ★(AS): CN, TH.

侧穗姜 **Zingiber ellipticum** (S. Q. Tong et Y. M. Xia) Q. G. Wu et T. L. Wu 【N, W/C】 ♣SCBG, XTBG; ●GD, YN; ★(AS): CN.

黄斑姜 **Zingiber flavomaculosum** S. Q. Tong 【N, W/C】 ♣FLBG, SCBG, XTBG; ●GD, JX, YN; ★(AS): CN.

脆舌姜 **Zingiber fragile** S. Q. Tong 【N, W/C】 ♣FLBG, XTBG; ●GD, JX, YN; ★(AS): CN, TH.

Zingiber gracile Jack 【I, C】 ♣SCBG; ●GD; ★(AS): MY.

桂姜 **Zingiber guangxiense** D. Fang 【N, W/C】 ♣GXIB; ●GX; ★(AS): CN.

全唇姜 **Zingiber integrilabrum** Hance 【N, W/C】 ♣SCBG; ●GD; ★(AS): CN.

全舌姜 **Zingiber integrum** S. Q. Tong 【N, W/C】 ♣XTBG; ●YN; ★(AS): CN, TH.

毛姜 **Zingiber kawagoi** Hayata 【N, W/C】 ♣TMNS; ●TW; ★(AS): CN.

梭穗姜 **Zingiber laoticum** Gagnep. 【N, W/C】 ♣XTBG; ●YN; ★(AS): CN, LA.

细根姜 **Zingiber leptorrhizum** D. Fang 【N, W/C】 ♣FLBG, SCBG; ●GD, JX; ★(AS): CN.

Zingiber ligulatum Roxb. 【I, C】 ♣SCBG; ●GD; ★(AS): ID.

长腺姜 **Zingiber longiglande** D. Fang et D. H. Qin 【N, W/C】 ♣GXIB; ●GX; ★(AS): CN.

长舌姜 **Zingiber longiligulatum** S. Q. Tong 【N, W/C】 ♣XTBG; ●YN; ★(AS): CN.

龙眼姜 **Zingiber longyanjiang** Z. Y. Zhu 【N, W/C】 ♣NBG; ●JS, SC; ★(AS): CN.

*巨腺姜 **Zingiber macradenium** K. Schum. 【I, C】 ♣SCBG; ●GD, TW; ★(AS): ID.

马来西亚姜 **Zingiber malaysianum** C. K. Lim 【I, C】 ♣SCBG; ●GD; ★(AS): MY.

Zingiber martinii R. M. Sm. 【I, C】 ♣SCBG; ●GD; ★(AS): MY.

Zingiber matutumense Mood et Theilade 【I, C】 ♣SCBG, XTBG; ●GD, YN; ★(AS): PH.

勐海姜 **Zingiber menghaiense** S. Q. Tong 【N, W/C】 ♣NBG, XTBG; ●YN; ★(AS): CN.

蘘荷 **Zingiber mioga** (Thunb.) Roscoe 【N, W/C】 ♣CBG, GA, GBG, GXIB, HBG, KBG, LBG, SCBG, WBG, XMBG, XTBG; ●AH, FJ, GD, GX, GZ, HB, JX, SH, TW, YN, ZJ; ★(AS): CN, JP, KR.

斑蝉姜 **Zingiber monglaense** S. J. Chen et Z. Y.

Chen 【N, W/C】 ♣SCBG; ●GD; ★(AS): CN.

紫色姜 **Zingiber montanum** (J. Koenig ex Retz.) Link ex A. Dietr 【I, C】 ♣SCBG, XTBG; ●GD, YN; ★(AS): ID, IN, LA, LK, MM, PH, TH, VN.

Zingiber neglectum Valeton 【I, C】 ♣SCBG, XTBG; ●GD, YN; ★(AS): IN.

截形姜 **Zingiber neotruncatum** T. L. Wu, K. Larsen et Turland 【N, W/C】 ♣XTBG; ●YN; ★(AS): CN, LA.

黑斑姜 **Zingiber nigrimaculatum** S. Q. Tong 【N, W/C】 ♣XTBG; ●YN; ★(AS): CN.

光果姜 **Zingiber nudicarpum** D. Fang 【N, W/C】 ♣SCBG; ●GD; ★(AS): CN.

Zingiber odoriferum Blume 【I, C】 ♣SCBG; ●GD; ★(AS): IN.

姜 **Zingiber officinale** Roscoe 【N, W/C】 ♣CDBG, FBG, FLBG, GA, GBG, GMG, GXIB, HBG, LBG, NBG, SCBG, TMNS, WBG, XBG, XLTBG, XMBG, XOIG, XTBG, ZAFU; ●AH, BJ, CQ, FJ, GD, GX, GZ, HA, HB, HE, HI, HN, JS, JX, SC, SD, SN, TW, YN, ZJ; ★(AS): BT, CN, ID, IN, JP, KR, LA, LK, MM, PH, VN.

Zingiber olivaceum Mood et Theilade 【I, C】 ♣XTBG; ●YN; ★(AS): TH.

圆瓣姜 **Zingiber orbiculatum** S. Q. Tong 【N, W/C】 ♣FLBG, KBG, SCBG, XTBG; ●GD, JX, YN; ★(AS): CN.

丰花姜 **Zingiber ottensii** Valeton 【I, C】 ♣SCBG; ●GD, TW; ★(AS): ID, IN.

Zingiber papuanum Valeton 【I, C】 ♣SCBG; ●GD; ★(OC): PG.

少斑姜 **Zingiber paucipunctatum** D. Fang 【N, W/C】 ♣SCBG; ●GD; ★(AS): CN.

Zingiber phillippsiae Mood et Theilade 【I, C】 ♣SCBG; ●GD; ★(AS): MY.

多穗姜 **Zingiber pleiostachyum** K. Schum. 【N, W/C】 ♣SCBG; ●GD; ★(AS): CN.

Zingiber pseudopungens R. M. Sm. 【I, C】 ♣SCBG; ●GD; ★(AS): MY.

弯管姜 **Zingiber recurvatum** S. Q. Tong et Y. M. Xia 【N, W/C】 ♣SCBG, XTBG; ●GD, YN; ★(AS): CN.

红冠姜 **Zingiber roseum** (Roxb.) Roscoe 【N, W/C】 ♣FBG, SCBG, XTBG; ●FJ, GD, YN; ★(AS): CN, ID, IN, MM, TH.

Zingiber rubens Roxb. 【I, C】 ♣SCBG; ●GD; ★(AS): BD, BT, IN, MM, NP.

蜂巢姜 **Zingiber spectabile** Griff. 【I, C】 ●TW; ★(AS): ID, IN, MY.

唇柄姜 **Zingiber stipitatum** S. Q. Tong 【N, W/C】 ♣XTBG; ●YN; ★(AS): CN.

阳荷 **Zingiber striolatum** Diels 【N, W/C】 ♣GXIB, KBG, SCBG, WBG, XTBG; ●GD, GX, HB, HN, SC, YN; ★(AS): CN.

柱根姜 **Zingiber teres** S. Q. Tong et Y. M. Xia 【N, W/C】 ♣KBG, XTBG; ●YN; ★(AS): CN, TH.

Zingiber vinosum Mood et Theilade 【I, C】 ♣SCBG; ●GD; ★(AS): MY.

Zingiber viridiflavum Mood et Theilade 【I, C】 ♣SCBG; ●GD; ★(AS): MY.

畹町姜 **Zingiber wandingense** S. Q. Tong 【N, W/C】 ♣XTBG; ●YN; ★(AS): CN.

Zingiber wrayi Prain ex Ridl. 【I, C】 ♣SCBG; ●GD; ★(AS): MY.

版纳姜 **Zingiber xishuangbannaense** S. Q. Tong 【N, W/C】 ♣SCBG, XTBG; ●GD, YN; ★(AS): CN.

盈江姜 **Zingiber yingjiangense** S. Q. Tong 【N, W/C】 ♣XTBG; ●YN; ★(AS): CN.

云南姜 **Zingiber yunnanense** S. Q. Tong et X. Z. Liu 【N, W/C】 ♣KBG, XTBG; ●YN; ★(AS): CN.

红球姜 **Zingiber zerumbet** (L.) Roscoe ex Sm. 【N, W/C】 ♣FBG, FLBG, GMG, GXIB, HBG, SCBG, WBG, XLTBG, XMBG, XTBG; ●FJ, GD, GX, HB, HI, JX, TW, YN, ZJ; ★(AS): CN, ID, IN, KH, LA, LK, MM, MY, PH, SG, TH, VN; (OC): AU, FJ.

歧苞姜属 Distichochlamys

歧苞姜 **Distichochlamys citrea** M. F. Newman 【I, C】 ♣SCBG, XTBG; ●GD, YN; ★(AS): VN.

角山柰属 Cornukaempferia

角山柰 **Cornukaempferia aurantiflora** Mood et K. Larsen 【I, C】 ♣SCBG; ●GD; ★(AS): TH.

63. 鼓槌草科 DASYPOGONACEAE

鼓槌草属 Dasypogon

鼓槌草（毛瓣花）**Dasypogon bromeliifolius** R. Br. 【I, C】 ●TW; ★(OC): AU.

64. 香蒲科 TYPHACEAE

黑三棱属 Sparganium

线叶黑三棱 **Sparganium angustifolium** Michx.【N, W/C】♣NBG, WBG, XTBG; ●HB, JS, YN; ★(AS): CN, ID, IN, JP, MM, MN, RU-AS, TR; (OC): AU.

直立黑三棱 **Sparganium erectum** L.【I, C】♣XTBG; ●YN; ★(AS): IL, IQ, RU-AS, TR; (EU): FR, NL, SE.

曲轴黑三棱 **Sparganium fallax** Graebn.【N, W/C】♣HBG, SCBG, TMNS, WBG, XTBG; ●GD, HB, TW, YN, ZJ; ★(AS): BT, CN, ID, IN, JP, LK, MM.

短序黑三棱 **Sparganium glomeratum** (Laest. ex Beurl.) Neuman【N, W/C】♣HFBG; ●HL; ★(AS): CN, JP, MN, RU-AS; (EU): FI, NO, RU.

狭叶黑三棱 **Sparganium stenophyllum** Maxim. ex Meinsh.【N, W/C】♣WBG; ●HB; ★(AS): CN, ID, IN, JP, KP, MN, RU-AS, VN; (OC): AU.

黑三棱 **Sparganium stoloniferum** (Buch.-Ham. ex Graebn.) Buch.-Ham. ex Juz.【N, W/C】♣BBG, HBG, IBCAS, SCBG, TDBG, WBG, XTBG; ●BJ, GD, HB, XJ, YN, ZJ; ★(AS): AF, CN, JP, KP, KR, KZ, MN, PK, RU-AS, TJ, UZ.

云南黑三棱 **Sparganium yunnanense** Y. D. Chen【N, W/C】♣XTBG; ●YN; ★(AS): CN, ID, IN.

香蒲属 Typha

水烛 **Typha angustifolia** L.【N, W/C】♣BBG, FBG, FLBG, GA, GMG, GXIB, HBG, HFBG, IBCAS, KBG, LBG, NBG, TDBG, TMNS, WBG, XMBG, XTBG, ZAFU; ●BJ, FJ, GD, GX, HB, HL, JS, JX, SC, TW, XJ, YN, ZJ; ★(AS): AF, CN, GE, JP, KG, KR, KZ, MN, PK, TJ, TM, TR, UZ; (EU): AL, BG, CZ, DE, GR, HU, IT, RO, RU.

*南方香蒲 **Typha australis** K. Schum. et Thonn.【N, W/C】♣XTBG; ●YN; ★(AF): EG, MA; (AS): CN, CY, ID, IN, JP, LK, PH, RU-AS, TR, YE; (OC): FJ; (EU): MC.

达香蒲 **Typha davidiana** (Kronf.) Hand.-Mazz.【N, W/C】♣BBG, IBCAS, WBG, XTBG; ●BJ, HB, YN; ★(AS): CN.

长苞香蒲 **Typha domingensis** Pers.【N, W/C】♣GA, HBG, IBCAS, WBG, XMBG, XTBG; ●BJ, FJ, HB, JX, YN, ZJ; ★(AF): EG, MA, ZA; (AS): CN, CY, ID, IN, JP, KG, KP, KR, KZ, LK, MM, MN, MY, NP, PH, PK, RU-AS, TJ, TR, UZ, VN, YE; (OC): AU, FJ; (EU): MC.

象蒲 **Typha elephantina** Roxb.【N, W/C】♣WBG; ●HB; ★(AF): EG; (AS): BT, CN, ID, IN, LK, MM, NP, PK, TJ, TM, UZ, YE.

宽叶香蒲 **Typha latifolia** L.【N, W/C】♣BBG, HFBG, IBCAS, SCBG, WBG, XMBG, XTBG; ●BJ, FJ, GD, HB, HL, SD, SH, YN; ★(AF): MA, NG; (AS): AF, AZ, CN, ID, IN, JP, KG, KR, KZ, MN, PH, PK, RU-AS, SG, TJ, TM, TR, UZ, YE; (EU): FR, HR, IS, RS.

无苞香蒲 **Typha laxmannii** Lepech.【N, W/C】♣BBG, FLBG, GA, GMG, GXIB, HBG, HFBG, IBCAS, KBG, LBG, TDBG, TMNS, WBG, XMBG, XTBG, ZAFU; ●BJ, FJ, GD, GX, HB, HL, JX, SC, TW, XJ, YN, ZJ; ★(AS): AF, CN, GE, JP, KG, KR, KZ, MN, PK, TJ, TM, TR, UZ; (EU): AL, BG, CZ, DE, GR, HU, IT, RO, RU.

短序香蒲 **Typha lugdunensis** P. Chabert【N, W/C】♣WBG; ●BJ, HB; ★(AF): EG, MA; (AS): CN, ID, IN, LK, PH, RU-AS, TR; (OC): FJ.

小香蒲 **Typha minima** O. Loes.【N, W/C】♣BBG, IBCAS, SCBG, WBG, XTBG, ZAFU; ●BJ, GD, HB, SC, YN, ZJ; ★(AS): AF, CN, GE, KG, KZ, MN, PK, RU-AS, TJ, TM, TR, UZ; (EU): AT, BA, CZ, DE, HR, HU, IT, ME, MK, RO, RS, SI.

东方香蒲（香蒲）**Typha orientalis** C. Presl【N, W/C】♣BBG, CBG, GBG, GMG, HFBG, IBCAS, KBG, LBG, NBG, SCBG, TMNS, WBG, XMBG, XTBG, ZAFU; ●BJ, FJ, GD, GX, GZ, HB, HL, JS, JX, SC, SH, TW, YN, ZJ; ★(AS): CN, JP, KP, KR, MM, MN, PH, RU-AS; (OC): AU, PAF.

普香蒲 **Typha przewalskii** Skvortsov【N, W/C】♣WBG; ●HB; ★(AS): CN, MN, RU-AS.

65. 凤梨科 BROMELIACEAE

小花凤梨属 Brocchinia

蚁凤梨 **Brocchinia acuminata** L. B. Smith【I, C】★(SA): VE.

食虫凤梨 **Brocchinia hechtioides** Mez【I, C】●TW; ★(SA): BR, GY, VE.

小花凤梨 **Brocchinia paniculata** Schultes f.【I, C】★(SA): BR, CO, VE.

食蚁凤梨 **Brocchinia reducta** Baker【I, C】●TW; ★(SA): GY, VE.

光彩凤梨属　Lindmania

Lindmania guianensis (Beer) Mez 【I, C】 ★(SA): GY, VE.

Lindmania holstii Steyermark et L. B. Smith 【I, C】 ★(SA): VE.

点头凤梨属　Connellia

Connellia augustae (R. Schomburgk) N. E. Br. 【I, C】 ★(SA): GY, VE.

Connellia quelchii N. E. Br. 【I, C】 ★(SA): GY, VE.

雨蛙凤梨属　Glomeropitcairnia

雨蛙凤梨 **Glomeropitcairnia erectiflora** Mez 【I, C】 ★(NA): TT; (SA): VE.

粉衣凤梨属　Catopsis

Catopsis floribunda L. B. Sm. 【I, C】 ♣BBG; ●BJ; ★(NA): CU, HN, MX, NL-AN, PR, US; (SA): VE.

Catopsis morreniana Mez 【I, C】 ♣BBG; ●BJ, TW; ★(NA): CR, PA; (SA): CO, VE.

Catopsis nitida (Hook.) Griseb. 【I, C】 ♣BBG; ●BJ; ★(NA): NL-AN, PA; (SA): CO, VE.

Catopsis nutans (Sw.) Griseb. 【I, C】 ♣BBG; ●BJ, TW; ★(NA): BM, CR, CU, GT, HN, MX, NI, PA, PR, US; (SA): CO, EC, VE.

Catopsis paniculata E. Morren 【I, C】 ♣BBG; ●BJ; ★(NA): BZ, CR, GT, HN, NI, NL-AN, PA.

丝瓣凤梨属　Alcantarea

Alcantarea nevaresii Leme 【I, C】 ♣XTBG; ●TW, YN; ★(SA): BR.

Alcantarea regina (Velloso) Harms 【I, C】 ♣XTBG; ●YN; ★(SA): BR.

Alcantarea vinicolor (E. Pereira et Reitz) J. R. Grant 【I, C】 ♣XTBG; ●YN; ★(SA): BR.

丽穗凤梨属　Vriesea

Vriesea barbosae J. A. Siqueira et Leme 【I, C】 ●BJ, SH; ★(SA): BR.

Vriesea barilletii E. Morren 【I, C】 ●BJ; ★(SA): EC.

Vriesea bituminosa Wawra 【I, C】 ♣BBG; ●BJ, TW; ★(SA): BR, VE.

Vriesea bleheri Roeth et W. Weber 【I, C】 ♣BBG, SCBG, XTBG; ●BJ, GD, TW, YN; ★(SA): BR.

莺哥丽穗凤梨（莺歌凤梨）**Vriesea carinata** Wawra 【I, C】 ♣BBG, FBG, SCBG, TBG, XMBG, XTBG, ZAFU; ●BJ, FJ, GD, SC, TW, YN, ZJ; ★(SA): AR, BR, EC.

Vriesea chrysostachys E. Morren 【I, C】 ♣XTBG; ●TW, YN; ★(SA): BO, CO, EC, PE, VE.

Vriesea chrysostachys var. **stenophylla** L. B. Sm. 【I, C】 ♣XTBG; ●TW, YN; ★(SA): PE.

Vriesea dubia (L. B. Sm.) L. B. Sm. 【I, C】 ♣BBG; ●BJ; ★(SA): PE.

单箭丽穗兰 **Vriesea ensiformis** (Vell.) Beer 【I, C】 ♣XTBG; ●TW, YN; ★(SA): BR.

红苞莺哥凤梨 **Vriesea erythrodactylon** (E. Morren) E. Morren ex Mez 【I, C】 ♣XMBG; ●FJ, TW; ★(SA): BR.

网纹凤梨 **Vriesea fenestralis** Linden et André 【I, C】 ♣TMNS, XTBG; ●TW, YN; ★(SA): BR.

Vriesea flammea L. B. Sm. 【I, C】 ●BJ, TW; ★(SA): BR.

Vriesea fosteriana L. B. Sm. 【I, C】 ♣SCBG, TMNS; ●GD, TW; ★(SA): BR.

Vriesea geniculata (Wawra) Wawra 【I, C】 ♣BBG; ●BJ, TW; ★(SA): BR.

合萼光萼荷 **Vriesea glutinosa** Lindl. 【I, C】 ♣BBG, SCBG; ●BJ, GD, TW; ★(SA): BR, GY, VE.

Vriesea heliconioides (Kunth) Hook. ex Walp. 【I, C】 ♣TMNS; ●TW; ★(NA): BZ, CR, GT, HN, MX, NI, PA; (SA): BO, BR, CO, EC, GY, PE, VE.

波纹凤梨 **Vriesea hieroglyphica** (Carrière) E. Morren 【I, C】 ♣SCBG, TMNS; ●GD, TW; ★(SA): BR.

帝王凤梨 **Vriesea imperialis** Carrière 【I, C】 ♣BBG, SCBG, TMNS, XTBG; ●BJ, GD, TW, YN; ★(SA): BR.

Vriesea incurvata Gaudich. 【I, C】 ♣XOIG; ●FJ, TW; ★(SA): BR.

大阪神凤梨 **Vriesea kupperiana** Suess. 【I, C】 ♣SCBG; ●GD, TW; ★(NA): CR, NI, PA; (SA): CO, EC.

奥刺花凤梨 **Vriesea ospinae** H. E. Luther 【I, C】 ♣CBG, SCBG, XTBG; ●GD, SH, TW, YN; ★(SA): CO.

菲库丽穗凤梨 **Vriesea philippocoburgii** Wawra【I, C】♣CBG, XTBG; ●SH, TW, YN; ★(SA): BR.

Vriesea psittacina (Hook.) Lindl. 【I, C】♣XTBG; ●TW, YN; ★(SA): BR, PY.

Vriesea regina (Vell.) Beer 【I, C】♣BBG, XTBG; ●BJ, TW, YN; ★(SA): BR.

桑氏穗凤梨 **Vriesea saundersii** (Carrière) E. Morren 【I, C】●TW; ★(SA): BR.

许氏丽穗凤梨 **Vriesea schwackeana** Mez 【I, C】♣SCBG; ●GD, TW; ★(SA): BR.

红剑凤梨 **Vriesea simplex** (Vell.) Beer 【I, C】♣XTBG; ●TW, YN; ★(SA): BR, VE.

Vriesea speckmaieri W. Till【I, C】♣XTBG; ●YN; ★(SA): VE.

虎纹凤梨（火剑凤梨）**Vriesea splendens** (Brongn.) Lem. 【I, C】♣FBG, FLBG, IBCAS, SCBG, XMBG, XTBG; ●BJ, FJ, GD, JX, TW, YN; ★(SA): GY, VE.

Vriesea vinicolor E. Pereira et Reitz【I, C】♣XTBG; ●TW, YN; ★(SA): BR.

卷梗丽穗凤梨 **Vriesea xretroflexa** E. Morren 【I, C】♣SCBG; ●GD; ★(SA): BR.

达摩剑凤梨 **Vriesea zamorensis** (L. B. Sm.) L. B. Sm. 【I, C】♣SCBG; ●GD; ★(SA): PE.

夜花凤梨属 Werauhia

*黑帝王凤梨 **Werauhia sanguinolenta** (Cogn. et Marchal) J. R. Grant 【I, C】●TW; ★(NA): CR, NI, PA; (SA): BR, CO, EC, VE.

星花凤梨属 Guzmania

Guzmania barbiei Rauh【I, C】●SH; ★(SA): EC.

Guzmania calamifolia André ex Mez【I, C】♣BBG; ●BJ; ★(NA): BM, PA; (SA): CO, PE.

火炬凤梨 **Guzmania conifera** (André) André ex Mez【I, C】♣BBG, FBG, FLBG, SCBG, XMBG, ZAFU; ●BJ, FJ, GD, JX, SH, TW, ZJ; ★(SA): EC, PE.

Guzmania corniculata H. E. Luther 【I, C】●BJ; ★(SA): EC.

Guzmania diffusa L. B. Sm.【I, C】●SH; ★(SA): EC.

金顶凤梨 **Guzmania dissitiflora** (André) L. B. Sm.【I, C】♣BBG, FLBG, SCBG; ●BJ, GD, JX, TW; ★(NA): BM, CR, PA; (SA): CO, EC.

环带果子蔓 **Guzmania lindenii** (André) Mez 【I, C】♣SCBG; ●GD, TW; ★(SA): PE.

星花凤梨(果子蔓)**Guzmania lingulata** (L.) Mez【I, C】♣BBG, FBG, SCBG, TMNS, XMBG, XOIG, XTBG, ZAFU; ●AH, BJ, FJ, GD, SH, TW, YN, ZJ; ★(NA): BM, BZ, CR, CU, DO, HN, MX, NI, PA, PR, TT, US; (SA): BO, CO, EC, PE, VE.

暗红姑氏凤梨 **Guzmania lingulata** var. **cardinalis** (André) Mez 【I, C】♣XMBG, XTBG; ●FJ, YN; ★(SA): EC.

斑叶小红星 **Guzmania lingulata** var. **concolor** Proctor et Cedeño-Mald. 【I, C】♣FLBG, SCBG, XMBG, XTBG; ●FJ, GD, JX, TW, YN; ★(NA): PA.

红指果子蔓 **Guzmania melinonis** Regel 【I, C】♣FBG, SCBG; ●FJ, GD, TW; ★(SA): EC.

白花果子蔓 **Guzmania monostachia** (L.) Rusby ex Mez 【I, C】♣BBG, XTBG; ●BJ, SH, TW, YN; ★(NA): BM, CR, CU, DO, HT, JM, NI, PR, US; (SA): BO, EC.

哥伦比亚果子蔓 **Guzmania musaica** (Linden et André) Mez【I, C】●GD, TW; ★(NA): CR, PA; (SA): CO, EC, VE.

Guzmania rhonhofiana Harms 【I, C】♣XTBG; ●YN; ★(SA): EC.

Guzmania rubrolutea Rauh【I, C】♣SCBG; ●GD; ★(SA): EC.

红叶果子蔓 **Guzmania sanguinea** (André) André ex Mez【I, C】♣CBG, XTBG; ●SH, TW, YN; ★(SA): EC.

大擎天凤梨 **Guzmania wittmackii** (André) André ex Mez【I, C】♣IBCAS, XMBG, XTBG; ●BJ, FJ, TW, YN; ★(SA): EC.

斑叶黄金星 **Guzmania zahnii** (Hook. f.) Mez 【I, C】♣SCBG; ●GD, TW; ★(NA): CR, NI, PA.

铁兰属 Tillandsia

Tillandsia abdita L. B. Sm. 【I, C】♣BBG; ●BJ, TW; ★(NA): CR.

Tillandsia achyrostachys E. Morren ex Baker 【I, C】♣BBG; ●BJ, TW; ★(NA): MX.

红铁兰 **Tillandsia aeranthos** (Loisel.) L. B. Sm.【I, C】♣BBG, KBG; ●BJ, TW, YN; ★(SA): AR, BR.

Tillandsia albertiana Verv. 【I, C】♣BBG; ●BJ, TW; ★(SA): AR.

Tillandsia anceps Lodd. 【I, C】 ♣BBG; ●BJ, TW; ★(NA): BZ, CR, GT, NI, PA; (SA): CO, EC, GF, VE.

勾苞铁兰 **Tillandsia andreana** E. Morren ex André 【I, C】 ♣BBG, XTBG; ●BJ, TW, YN; ★(SA): CO, VE.

龟甲铁兰 **Tillandsia araujei** Mez 【I, C】 ♣BBG, SCBG; ●BJ, GD, TW; ★(SA): BR.

银叶花铁兰 **Tillandsia argentea** Griseb. 【I, C】 ●TW; ★(NA): CU.

Tillandsia argentina C. H. Wright 【I, C】 ♣BBG; ●BJ, TW; ★(SA): AR.

Tillandsia arhiza Mez 【I, C】 ♣BBG; ●BJ; ★(SA): PY.

Tillandsia atroviridipetala Matuda 【I, C】 ♣BBG; ●BJ, TW; ★(NA): MX.

Tillandsia bagua-grandensis Rauh 【I, C】 ♣BBG; ●BJ, TW; ★(SA): PE.

Tillandsia baileyi Rose ex Small 【I, C】 ♣BBG; ●BJ, TW; ★(NA): GT, HN, MX, NI, US.

Tillandsia bakeri L. B. Sm. 【I, C】 ♣BBG; ●BJ; ★(SA): PE.

柳叶铁兰 **Tillandsia balbisiana** Schult. et Schult. f. 【I, C】 ♣BBG; ●BJ, TW; ★(NA): BM, CU, US.

Tillandsia barclayana Baker 【I, C】 ♣BBG; ●BJ, TW; ★(SA): EC.

伯格铁兰 **Tillandsia bergeri** Mez 【I, C】 ♣XTBG; ●TW, YN; ★(SA): AR, BR.

短茎铁兰 **Tillandsia brachycaulos** Schltdl. 【I, C】 ♣BBG, SCBG; ●BJ, GD, TW, YN; ★(NA): BZ, CR, GT, HN, MX, NI, PA, SV; (SA): VE.

珠芽铁兰 **Tillandsia bulbosa** Hook. 【I, C】 ♣BBG, SCBG; ●BJ, GD, TW; ★(SA): BR.

Tillandsia butzii Mez 【I, C】 ♣BBG, SCBG; ●BJ, GD, TW; ★(NA): BZ, CR, GT, HN, MX, NI, PA, SV; (SA): VE.

Tillandsia cacticola L. B. Sm. 【I, C】 ♣BBG; ●BJ, TW; ★(SA): PE.

Tillandsia caerulea Kunth 【I, C】 ♣BBG; ●BJ, TW; ★(SA): PE.

具头铁兰 **Tillandsia capitata** Griseb. 【I, C】 ♣BBG, CBG, XTBG; ●BJ, SH, TW, YN; ★(NA): CU.

Tillandsia caput-medusae E. Morren 【I, C】 ♣BBG, SCBG, TMNS; ●BJ, GD, TW; ★(NA): CR, GT, HN, MX, NI, PA, SV.

Tillandsia cardenasii L. B. Sm. 【I, C】 ♣BBG; ●BJ; ★(SA): BO.

Tillandsia caulescens Brongn. ex Baker 【I, C】 ♣BBG; ●BJ, TW; ★(SA): PE.

Tillandsia cauligera Mez 【I, C】 ♣BBG; ●BJ, TW; ★(SA): PE.

Tillandsia chiapensis C. S. Gardner 【I, C】 ♣BBG; ●BJ, TW; ★(NA): MX.

Tillandsia circinnatioides Matuda 【I, C】 ●FJ, TW; ★(NA): MX.

Tillandsia comarapaensis H. E. Luther 【I, C】 ♣BBG; ●BJ, TW; ★(SA): BO.

Tillandsia compressa Bertero ex Schult. et Schult. f. 【I, C】 ♣BBG, SCBG; ●BJ, GD, TW; ★(NA): BM, CU.

Tillandsia concolor L. B. Sm. 【I, C】 ♣BBG, SCBG; ●BJ, GD, TW; ★(NA): MX.

Tillandsia copanensis Rauh et Rutschm. 【I, C】 ♣BBG; ●BJ; ★(NA): HN.

铁兰（紫花凤梨）**Tillandsia cyanea** Linden ex K. Koch 【I, C】 ♣BBG, CDBG, FLBG, IBCAS, KBG, SCBG, XMBG, XOIG, XTBG; ●BJ, FJ, GD, JX, SC, TW, YN; ★(SA): EC.

Tillandsia diaguitensis A. Cast. 【I, C】 ♣BBG; ●BJ, TW; ★(SA): AR.

Tillandsia didisticha (E. Morren) Baker 【I, C】 ♣BBG; ●BJ, TW; ★(SA): AR, BR, PE.

Tillandsia diguetii Mez et Rol.-Goss. 【I, C】 ♣BBG; ●BJ, TW; ★(NA): MX.

Tillandsia dodsonii L. B. Sm. 【I, C】 ♣BBG; ●BJ, TW; ★(NA): MX.

Tillandsia dura Baker 【I, C】 ♣BBG; ●BJ, TW; ★(SA): BR.

树猴铁兰 **Tillandsia duratii** Vis. 【I, C】 ♣BBG; ●BJ, TW; ★(SA): AR, BR.

丽穗铁兰（戴尔铁兰）**Tillandsia dyeriana** André 【I, C】 ♣BBG, SCBG; ●BJ, GD, TW; ★(SA): EC.

Tillandsia edithae Rauh 【I, C】 ♣BBG; ●BJ, TW; ★(SA): BO.

Tillandsia espinosae L. B. Sm. 【I, C】 ♣BBG, SCBG; ●BJ, GD, TW; ★(SA): PE.

喷泉铁兰 **Tillandsia exserta** Fernald 【I, C】 ♣BBG; ●BJ, TW; ★(NA): MX.

Tillandsia extensa Mez 【I, C】 ♣BBG; ●BJ; ★(SA): PE.

丛生铁兰 **Tillandsia fasciculata** Sw. 【I, C】 ♣BBG; ●BJ, TW; ★(NA): BS, BZ, CR, DO, GT, HN, HT, JM, MX, NI, PA, PR, SV, TT, VG; (SA): CO, PE, VE.

Tillandsia fasciculata var. **clavispica** Mez 【I, C】 ♣BBG; •BJ; ★(NA): CU.

Tillandsia festucoides Brongn. ex Mez 【I, C】 ♣BBG; •BJ, TW; ★(NA): BM, CU, PR, US.

Tillandsia filifolia Schltdl. et Cham. 【I, C】 ♣BBG, SCBG; •BJ, GD, TW; ★(NA): BZ, CR, GT, HN, MX, NI.

岐花铁兰 **Tillandsia flabellata** Baker 【I, C】 ♣BBG, IBCAS, SCBG, XMBG, XTBG; •BJ, FJ, GD, TW, YN; ★(NA): GT, HN, MX, SV.

Tillandsia flabellata var. **viridifolia** M. B. Foster 【I, C】 ♣BBG; •BJ; ★(NA): GT, HN, MX, SV.

Tillandsia flexuosa Sw. 【I, C】 ♣BBG; •BJ, TW; ★(NA): BM, CU, PR, US.

Tillandsia foliosa M. Martens et Galeotti 【I, C】 ♣BBG; •BJ, TW; ★(NA): MX.

香铁兰 **Tillandsia fragrans** André 【I, C】 ♣SCBG; •GD; ★(SA): VE.

Tillandsia fraseri Baker 【I, C】 ♣BBG; •BJ, TW; ★(SA): PE.

Tillandsia fuchsii W. Till 【I, C】 ♣BBG; •BJ, TW; ★(NA): MX.

Tillandsia funckiana Baker 【I, C】 ♣BBG; •BJ, TW; ★(SA): VE.

薄纱铁兰 **Tillandsia gardneri** Lindl. 【I, C】 ♣BBG; •BJ, TW; ★(SA): BR, GY, VE.

绿薄纱铁兰 **Tillandsia geminiflora** Brongn. 【I, C】 ♣BBG; •BJ, TW; ★(SA): AR, BR, GY.

大铁兰 **Tillandsia grandis** Schltdl. 【I, C】 ♣BBG, CBG; •BJ, SH, TW; ★(NA): HN, MX.

Tillandsia hammeri Rauh et Ehlers 【I, C】 ♣BBG, SCBG; •BJ, GD, TW; ★(NA): MX.

Tillandsia harrisii Ehlers 【I, C】 ♣BBG, SCBG; •BJ, GD, TW; ★(NA): GT.

Tillandsia heteromorpha Mez 【I, C】 ♣BBG; •BJ, TW; ★(SA): PE.

Tillandsia hondurensis Rauh 【I, C】 ♣BBG, SCBG; •BJ, GD, TW; ★(NA): HN.

显茎铁兰 **Tillandsia insignis** (Mez) L. B. Sm. et Pittendr. 【I, C】 •BJ, GD, YN; ★(NA): BM, CU, MX.

Tillandsia intermedia Mez 【I, C】 ♣BBG; •BJ, TW; ★(NA): MX.

章鱼铁兰 **Tillandsia ionantha** Planch. 【I, C】 ♣BBG, SCBG; •BJ, FJ, GD, TW; ★(NA): CR, GT, HN, MX, NI, PA, SV; (SA): PE.

Tillandsia ionantha var. **stricta** Koide 【I, C】 ♣BBG; •BJ, TW; ★(NA): MX.

Tillandsia ixioides Griseb. 【I, C】 ♣BBG, SCBG; •BJ, GD, TW; ★(NA): CU; (SA): AR.

Tillandsia jucunda A. Cast. 【I, C】 ♣BBG; •BJ, TW; ★(SA): AR.

Tillandsia juncea (Ruiz et Pav.) Poir. 【I, C】 ♣BBG; •BJ, TW; ★(SA): BR, PE.

Tillandsia karwinskyana Schult. et Schult. f. 【I, C】 ♣BBG; •BJ; ★(NA): PA; (SA): CO, VE.

Tillandsia kegeliana Mez 【I, C】 ♣BBG; •BJ, TW; ★(NA): BM.

Tillandsia koehresiana Ehlers 【I, C】 ♣BBG; •BJ; ★(SA): BO.

Tillandsia kolbii W. Till et Schatzl 【I, C】 ♣BBG; •BJ, TW; ★(NA): MX.

Tillandsia lampropoda L. B. Sm. 【I, C】 ♣BBG; •BJ; ★(NA): CR, GT, HN, MX, NI, SV.

Tillandsia latifolia Meyen 【I, C】 ♣BBG; •BJ, TW; ★(SA): EC, PE.

Tillandsia latifolia var. **leucophylla** Rauh 【I, C】 ♣BBG; •BJ; ★(SA): PE.

长苞铁兰（莱波迪铁兰） **Tillandsia leiboldiana** Schltdl. 【I, C】 •GD, TW, YN; ★(NA): BZ, CR, HN, MX, NI, PA.

林登氏铁兰 **Tillandsia lindenii** Regel 【I, C】 ♣FLBG, SCBG, XTBG; •GD, JX, TW, YN; ★(SA): PE.

Tillandsia lorentziana Griseb. 【I, C】 ♣BBG; •BJ, TW; ★(SA): AR, BR.

Tillandsia lotteae H. Hrom. ex Rauh 【I, C】 ♣BBG; •BJ; ★(SA): BO.

Tillandsia lymanii Rauh 【I, C】 ♣BBG; •BJ, TW; ★(SA): PE.

Tillandsia magnusiana Wittm. 【I, C】 ♣BBG; •BJ, TW; ★(NA): NI, SV.

Tillandsia makoyana Baker 【I, C】 ♣BBG; •BJ, TW; ★(NA): CR, GT, HN, MX, NI, SV.

Tillandsia mallemontii Glaz. ex Mez 【I, C】 ♣BBG; •BJ, TW; ★(SA): BR.

Tillandsia marnier-lapostollei Rauh 【I, C】 ♣BBG; •BJ; ★(SA): EC.

Tillandsia milagrensis Leme 【I, C】 ♣BBG; •BJ; ★(SA): BR.

Tillandsia mima L. B. Sm. 【I, C】 ♣BBG; •BJ, TW; ★(SA): PE.

多茎铁兰 **Tillandsia multicaulis** Steud. 【I, C】 ♣XTBG; ●TW, YN; ★(NA): BM.

多花铁兰 **Tillandsia multiflora** Benth. 【I, C】 ♣BBG; ●BJ, TW; ★(SA): EC, PE.

粗鳞铁兰 **Tillandsia paleacea** C. Presl 【I, C】 ♣SCBG; ●GD, TW; ★(SA): PE.

小花铁兰 **Tillandsia parviflora** Ruiz et Pav. 【I, C】 ●TW; ★(SA): PE.

Tillandsia paucifolia Baker 【I, C】 ♣BBG; ●BJ, TW; ★(NA): CU, MX, US.

Tillandsia pohliana Mez 【I, C】 ♣BBG; ●BJ, TW; ★(SA): AR, BR, PE.

Tillandsia polita L. B. Sm. 【I, C】 ♣BBG; ●BJ, TW; ★(NA): GT.

Tillandsia polystachia (L.) L. 【I, C】 ♣BBG; ●BJ, TW; ★(SA): AR, BR, GY, VE.

Tillandsia queroensis Gilmartin 【I, C】 ♣BBG; ●BJ, TW; ★(SA): PE.

Tillandsia recurvifolia Hook. 【I, C】 ♣BBG; ●BJ, TW; ★(SA): AR, BR.

Tillandsia reichenbachii Baker 【I, C】 ♣BBG; ●BJ, TW; ★(SA): AR.

Tillandsia remota Wittm. 【I, C】 ♣BBG; ●BJ, TW; ★(NA): SV.

Tillandsia rhodocephala Ehlers et Koide 【I, C】 ♣BBG; ●BJ, TW; ★(NA): MX.

Tillandsia rodrigueziana Mez 【I, C】 ♣SCBG; ●GD, TW; ★(NA): GT, HN, MX, NI, SV.

Tillandsia roezlii E. Morren 【I, C】 ♣BBG; ●BJ, TW; ★(SA): EC.

Tillandsia roland-gosselinii Mez 【I, C】 ♣BBG; ●BJ, TW; ★(NA): MX.

Tillandsia roseoscapa Matuda 【I, C】 ♣BBG; ●BJ, TW; ★(NA): MX.

Tillandsia rothii Rauh 【I, C】 ♣BBG; ●BJ, TW; ★(NA): MX.

Tillandsia rotundata (L. B. Sm.) C. S. Gardner 【I, C】 ♣BBG; ●BJ, TW; ★(NA): GT.

Tillandsia rubella Baker 【I, C】 ♣BBG; ●BJ; ★(SA): PE.

Tillandsia scaligera Mez et Sodiro 【I, C】 ♣BBG; ●BJ, TW; ★(SA): EC.

Tillandsia schatzlii Rauh 【I, C】 ♣BBG; ●BJ, TW; ★(NA): MX.

Tillandsia secunda Kunth 【I, C】 ♣BBG; ●BJ, TW; ★(NA): MX.

犀牛角铁兰 **Tillandsia seleriana** Mez 【I, C】 ♣BBG, SCBG; ●BJ, GD, TW; ★(NA): GT, MX, NI, SV.

Tillandsia straminea Kunth 【I, C】 ♣BBG; ●BJ, TW; ★(SA): PE.

Tillandsia streptocarpa Baker 【I, C】 ♣BBG; ●BJ, TW; ★(SA): AR, BR, PE.

电烫卷铁兰 **Tillandsia streptophylla** Scheidw. ex E. Morren 【I, C】 ♣BBG; ●BJ, TW; ★(NA): BZ, GT, HN, MX, NI.

多国花铁兰 **Tillandsia stricta** Sol. ex Ker Gawl. 【I, C】 ♣BBG, SCBG, XMBG; ●BJ, FJ, GD, TW; ★(SA): AR, BO, BR, PY, VE.

Tillandsia subteres H. E. Luther 【I, C】 ♣BBG; ●BJ, TW; ★(NA): HN.

Tillandsia tectorum E. Morren 【I, C】 ♣BBG; ●BJ, TW; ★(SA): PE.

Tillandsia tenuifolia L. 【I, C】 ♣SCBG; ●GD, TW; ★(NA): DO, PR; (SA): AR, BO, BR, GY, PY, VE.

Tillandsia tricholepis Baker 【I, C】 ♣BBG; ●BJ, TW; ★(SA): AR, BR, PE.

三色铁兰 **Tillandsia tricolor** Schltdl. et Cham. 【I, C】 ●BJ, TW, YN; ★(NA): BM.

松萝凤梨（空气凤梨）**Tillandsia usneoides** (L.) L. 【I, C】 ♣FBG, FLBG, GXIB, IBCAS, NBG, SCBG, XMBG; ●BJ, FJ, GD, GX, JS, JX, TW; ★(NA): BZ, CR, CU, DO, GT, HN, JM, KY, LW, MX, NI, PA, PR, SV, US; (SA): AR, BO, BR, CL, CO, EC, PE, PY, UY, VE.

Tillandsia utriculata L. 【I, C】 ♣BBG; ●BJ, TW; ★(NA): BZ, CR, DO, HN, HT, JM, KY, MX, NI, PA, PR, TT, US, VG; (SA): VE.

Tillandsia utriculata subsp. **pringlei** (S. Watson) C. S. Gardner 【I, C】 ♣BBG; ●BJ; ★(NA): MX.

天鹅绒铁兰 **Tillandsia velutina** Ehlers 【I, C】 ●TW; ★(NA): MX.

Tillandsia vicentina Standl. 【I, C】 ♣BBG; ●BJ, TW; ★(NA): MX.

粉苞铁兰 **Tillandsia wagneriana** L. B. Sm. 【I, C】 ♣BBG, SCBG, XMBG; ●BJ, FJ, GD, TW; ★(SA): PE.

霸王铁兰 **Tillandsia xerographica** Rohweder 【I, C】 ♣BBG, SCBG; ●BJ, FJ, GD, TW; ★(NA): GT, SV.

刺齿凤梨属 Hechtia

银叶凤梨 **Hechtia argentea** Baker 【I, C】 ♣BBG;

●BJ, TW; ★(NA): MX.

Hechtia caerulea (Matuda) L. B. Sm.【I, C】♣BBG, XTBG; ●BJ, TW, YN; ★(NA): MX.

Hechtia caudata L. B. Sm. 【I, C】 ♣XTBG; ●YN; ★(NA): MX.

Hechtia epigyna Harms 【I, C】 ♣XTBG; ●YN; ★(NA): MX.

Hechtia galeottii Mez 【I, C】 ♣XTBG; ●YN; ★(NA): MX.

聚花刺齿凤梨（华烛之典）**Hechtia glomerata** Zucc. 【I, C】 ♣BBG, TMNS, XMBG; ●BJ, FJ, TW; ★(NA): GT, HN, MX, US.

Hechtia guatemalensis Mez【I, C】♣XTBG; ●TW, YN; ★(NA): GT, HN, MX, NI, SV.

哈蒂凤梨 **Hechtia marnier-lapostollei** L. B. Sm. 【I, C】 ♣FLBG, SCBG; ●GD, JX, TW; ★(NA): MX.

山地银叶凤梨 **Hechtia montana** Brandegee【I, C】♣XMBG; ●FJ; ★(NA): MX.

王剑山凤梨 **Hechtia rosea** E. Morren ex Baker 【I, C】 ♣XMBG; ●FJ, TW; ★(NA): MX.

Hechtia stenopetala Klotzsch 【I, C】 ♣BBG; ●BJ; ★(NA): MX.

Hechtia tillandsioides (André) L. B. Sm. 【I, C】 ♣BBG; ●BJ, TW; ★(NA): MX.

聚星凤梨属　Navia

Navia arida L. B. Sm. et Steyerm.【I, C】●TW; ★(SA): GY, VE.

艳红凤梨属　Pitcairnia

黑白艳红凤梨 **Pitcairnia andreana** Linden 【I, C】 ♣SCBG; ●GD; ★(SA): CO.

阔叶穗花凤梨 **Pitcairnia angustifolia** Sol. 【I, C】 ♣BBG, HBG, XTBG; ●BJ, YN, ZJ; ★(NA): NL-AN, PR.

波氏比氏凤梨 **Pitcairnia bergii** H. E. Luther 【I, C】 ♣BBG; ●BJ; ★(SA): EC.

惠利氏艳红凤梨 **Pitcairnia brittoniana** (Mez) Mez 【I, C】♣XMBG; ●FJ; ★(NA): CR, NI; (SA): BO, CO, EC, GY, PE, VE.

密花艳红凤梨 **Pitcairnia densiflora** Brongn. ex Lem. 【I, C】 ♣XMBG; ●FJ; ★(NA): MX.

白被穗花凤梨 **Pitcairnia flammea** var. **floccosa** L. B. Sm.【I, C】♣FLBG, XMBG; ●FJ, GD, JX; ★(SA): BR.

异叶艳红凤梨（异叶艳凤梨）**Pitcairnia heterophylla** (Lindl.) Beer 【I, C】 ♣SCBG, TMNS, XMBG; ●FJ, GD, TW; ★(NA): BZ, CR, GT, HN, MX, NI, PA, SV; (SA): CO, EC, PE, VE.

全缘艳红凤梨（全缘艳凤梨）**Pitcairnia integrifolia** Ker Gawl. 【I, C】 ♣XTBG; ●TW, YN; ★(NA): TT; (SA): BR, VE.

洋穗凤梨 **Pitcairnia maidifolia** (C. Morren) Decne. ex Planch. 【I, C】 ♣SCBG; ●GD, TW; ★(NA): BM, BZ, CR, GT, HN, MX, NI, PA, SV; (SA): CO, EC, GY, VE.

Pitcairnia moritziana K. Koch et C. D. Bouché 【I, C】 ♣XTBG; ●YN; ★(SA): VE.

兰叶比氏凤梨 **Pitcairnia orchidifolia** Mez 【I, C】 ♣BBG; ●BJ; ★(SA): GY, VE.

Pitcairnia sanguinea (H. E. Luther) D. C. Taylor et H. Rob. 【I, C】 ♣BBG; ●BJ, TW; ★(SA): CO.

Pitcairnia saxicola L. B. Sm. 【I, C】 ♣NBG; ●JS; ★(NA): CR, HN, MX, PA.

史密斯艳凤梨 **Pitcairnia smithiorum** H. E. Luther 【I, C】 ♣XTBG; ●TW, YN; ★(SA): PE.

波叶比氏凤梨 **Pitcairnia undulata** Scheidw. 【I, C】♣BBG, SCBG, XTBG; ●BJ, GD, TW, YN; ★(NA): MX.

黄萼凤梨 **Pitcairnia xanthocalyx** Mart. 【I, C】 ♣NBG, SCBG, TBG, XTBG; ●GD, JS, TW, YN; ★(NA): MX.

卷药凤梨属　Fosterella

多浆凤梨 **Fosterella albicans** (Griseb.) L. B. Sm. 【I, C】 ♣BBG, SCBG, XTBG; ●BJ, GD, YN; ★(SA): AR, BO.

垂花凤梨 **Fosterella penduliflora** (C. H. Wright) L. B. Sm. 【I, C】 ♣SCBG; ●GD, TW; ★(SA): AR, BO, PE.

美丽福氏凤梨 **Fosterella spectabilis** H. E. Luther 【I, C】 ♣SCBG; ●GD, TW; ★(SA): BO.

刺垫凤梨属　Deuterocohnia

短叶凤梨 **Deuterocohnia brevifolia** (Griseb.) M. A. Spencer et L. B. Sm.【I, C】♣BBG, HBG, IBCAS, XMBG; ●BJ, FJ, TW, ZJ; ★(SA): AR, BO.

Deuterocohnia chrysantha (Phil.) Mez 【I, C】 ♣XTBG; ●YN; ★(SA): CL.

刺垫凤梨（长花雕凤梨）**Deuterocohnia longipetala** (Baker) Mez【I, C】♣XMBG; ●FJ, TW; ★(SA):

AR, BO, PE.

洛仑兹刺垫凤梨 **Deuterocohnia lorentziana** (Mez) M. A. Spencer et L. B. Sm. 【I, C】 ♣BBG; ●BJ, TW; ★(SA): AR.

Deuterocohnia lotteae (Rauh) M. A. Spencer et L. B. Sm. 【I, C】 ♣XTBG; ●TW, YN; ★(SA): BO.

Deuterocohnia strobilifera Mez 【I, C】 ♣XTBG; ●YN; ★(SA): BO.

刺矛凤梨属 Encholirium

*沙漠刺矛凤梨 **Encholirium horridum** L. B. Sm. 【I, C】 ♣XTBG; ●TW, YN; ★(SA): BR.

Encholirium spectabile Mart. ex Schult. et Schult. f. 【I, C】 ♣XTBG; ●YN; ★(SA): BR.

雀舌兰属 Dyckia

剑山之缟 **Dyckia brevifolia** Baker 【I, C】 ♣BBG, FBG, FLBG, HBG, IBCAS, NBG, SCBG, WBG, XMBG, XTBG; ●BJ, FJ, GD, HB, JS, JX, SH, TW, YN, ZJ; ★(SA): BR.

长果凤梨 **Dyckia choristaminea** Mez 【I, C】 ♣XMBG; ●FJ, TW; ★(SA): BR.

Dyckia cinerea Mez 【I, C】 ♣BBG, XTBG; ●BJ, YN; ★(SA): BR.

Dyckia dawsonii L. B. Sm. 【I, C】 ♣XTBG; ●TW, YN; ★(SA): BR.

Dyckia encholirioides (Gaudich.) Mez 【I, C】 ♣XTBG; ●TW, YN; ★(SA): BR.

小雀舌兰 **Dyckia encholirioides** var. **rubra** (Wittm.) Reitz 【I, C】 ♣BBG, TBG, XMBG; ●BJ, FJ, SC, TW; ★(SA): BR.

福德雀舌兰 **Dyckia fosteriana** L. B. Sm. 【I, C】 ♣BBG, TMNS; ●BJ, TW; ★(SA): BR.

大叶小雀舌兰 **Dyckia frigida** Hook. f. 【I, C】 ♣BBG, FLBG, XMBG; ●BJ, FJ, GD, JX; ★(SA): BR.

Dyckia leptostachya Baker 【I, C】 ♣BBG, SCBG, XTBG; ●BJ, GD, YN; ★(SA): AR, BR.

银白叶雀舌兰 **Dyckia marnierlapostollei** L. B. Sm. 【I, C】 ♣NBG; ●JS; ★(SA): BR.

Dyckia marnier-lapostollei L. B. Sm. 【I, C】 ♣BBG, XMBG, XTBG; ●BJ, FJ, TW, YN; ★(SA): BR.

灰叶小雀舌 **Dyckia minarum** Mez 【I, C】 ♣FLBG; ●GD, JX; ★(SA): BR.

Dyckia niederleinii Mez 【I, C】 ♣SCBG, XTBG; ●GD, YN; ★(SA): AR.

阔叶雀舌兰 **Dyckia platyphylla** L. B. Sm. 【I, C】 ♣CBG; ●SH, TW; ★(SA): BR.

疏花小雀舌兰 **Dyckia rariflora** Schult. et Schult. f. 【I, C】 ♣BBG, FLBG, XMBG; ●BJ, FJ, GD, JX; ★(SA): BR.

细叶剑山 **Dyckia remotiflora** A. Dietr. 【I, C】 ♣XMBG, XTBG; ●FJ, TW, YN; ★(SA): AR, BR.

Dyckia remotiflora var. **montevidensis** (K. Koch) L. B. Sm. 【I, C】 ♣XTBG; ●YN; ★(SA): BR.

沙漠凤梨 **Dyckia velascana** Mez 【I, C】 ♣BBG, SCBG, XTBG; ●BJ, GD, TW, YN; ★(SA): AR.

展苞凤梨属 Pepinia

Pepinia bulbosa (L. B. Sm.) G. S. Varad. et Gilmartin 【I, C】 ★(SA): CO, VE.

Pepinia corallina (Linden et André) G. S. Varad. et Gilmartin 【I, C】 ★(SA): PE.

Pepinia leopoldii W. Till et S. Till 【I, C】 ★(SA): VE.

Pepinia sanguinea H. Luther 【I, C】 ★(SA): CO.

龙舌凤梨属 Puya

高山龙舌凤梨 **Puya alpestris** (Poepp.) Gay 【I, C】 ♣SCBG, XTBG; ●GD, YN; ★(SA): AR.

龙舌凤梨（火星草）**Puya chilensis** Molina 【I, C】 ★(SA): CL.

Puya coerulea Lindl. 【I, C】 ♣XTBG; ●YN; ★(SA): CL.

Puya coerulea var. **violacea** (Brongn.) L. B. Sm. et Looser 【I, C】 ♣XTBG; ●YN; ★(SA): CL.

Puya lanata (Kunth) Schult. et Schult. f. 【I, C】 ♣BBG, XTBG; ●BJ, TW, YN; ★(SA): EC, PE.

Puya laxa L. B. Sm. 【I, C】 ♣XTBG; ●TW, YN; ★(SA): BO.

Puya longispina Manzan. et W. Till 【I, C】 ♣CBG; ●SH; ★(SA): EC.

奇异龙舌凤梨 **Puya mirabilis** (Mez) L. B. Sm. 【I, C】 ♣BBG, IBCAS, SCBG, XTBG; ●BJ, GD, TW, YN; ★(SA): AR, BO.

皇后凤梨 **Puya raimondii** Harms 【I, C】 ●FJ; ★(SA): BO, PE.

Puya tuberosa Mez 【I, C】 ♣BBG; ●BJ; ★(SA): BO, PE.

红心凤梨属　Bromelia

Bromelia alsodes H. St. John 【I, C】 ♣BBG; ●BJ; ★(NA): BZ, GT, HN, MX, NI.

烈焰红心凤梨 **Bromelia balansae** Mez 【I, C】 ♣BBG; ●BJ, TW; ★(SA): AR, BO, BR, CO, PY.

红心凤梨 **Bromelia karatas** L. 【I, C】 ★(NA): BZ, CR, GT, HN, MX, NI, NL-AN, PA; (SA): BR, CO, EC, VE.

企鹅红心凤梨 **Bromelia pinguin** L. 【I, C】 ♣XTBG; ●YN; ★(NA): BZ, CR, GT, HN, MX, NI, NL-AN, PA; (SA): EC, GY.

Bromelia serra Griseb. 【I, C】 ♣SCBG, XTBG; ●GD, TW, YN; ★(SA): AR, BO, BR, GF, GY, PY.

头花凤梨属　Greigia

Greigia landbeckii (Lechler ex Phil.) Phil. 【I, C】 ★(SA): CL.

Greigia sphacelata (Ruiz et Pav.) Regel 【I, C】 ★(SA): CL.

束花凤梨属　Fascicularia

束花凤梨 **Fascicularia bicolor** Mez 【I, C】 ★(SA): CL.

凤梨属　Ananas

小凤梨 **Ananas ananassoides** (Baker) L. B. Sm. 【I, C】 ♣XMBG, XTBG; ●FJ, YN; ★(NA): CR, PA; (SA): BO, BR, CO, EC, GY, PE, VE.

红凤梨 **Ananas bracteatus** (Lindl.) Schult. et Schult. f. 【I, C】 ♣FBG, FLBG, SCBG, TMNS, XMBG, XOIG, XTBG; ●FJ, GD, JX, TW, YN; ★(SA): AR, BO, BR, EC, PY.

凤梨 **Ananas comosus** (L.) Merr. 【I, C】 ♣BBG, CBG, FBG, FLBG, GMG, HBG, IBCAS, KBG, LBG, NSBG, SCBG, TBG, WBG, XBG, XLTBG, XMBG, XOIG, XTBG; ●BJ, CQ, FJ, GD, GX, HB, HI, JX, SC, SH, SN, TW, YN, ZJ; ★(SA): BR, PY.

光亮凤梨 **Ananas lucidus** (Aiton) Schult. et Schult. f. 【I, C】 ★(SA): BR, CO, EC, GF, PE, VE.

Ananas parguazensis Camargo et L. B. Sm. 【I, C】 ♣BBG; ●BJ, TW; ★(SA): BR, CO, GF, GY, VE.

长序凤梨属　Neoglaziovia

Neoglaziovia variegata (Arruda) Mez 【I, C】 ♣BBG, XTBG; ●BJ, TW, YN; ★(SA): BR.

姬凤梨属　Cryptanthus

姬凤梨 **Cryptanthus acaulis** (Lindl.) Beer 【I, C】 ♣BBG, CBG, CDBG, FLBG, GXIB, IBCAS, NBG, SCBG, TBG, XMBG, XOIG, XTBG; ●BJ, FJ, GD, GX, JS, JX, SC, SH, TW, YN; ★(SA): BR.

铜色姬凤梨 **Cryptanthus bahianus** L. B. Sm. 【I, C】 ♣BBG, SCBG; ●BJ, GD, TW; ★(SA): BR.

汤匙凤梨 **Cryptanthus beuckeri** E. Morren 【I, C】 ♣BBG, TMNS; ●BJ, TW; ★(SA): BR.

双带姬凤梨（绒叶小菠萝）**Cryptanthus bivittatus** (Hook.) Regel 【I, C】 ♣CBG, CDBG, FBG, FLBG, HBG, NBG, SCBG, XMBG, XOIG, XTBG; ●FJ, GD, JS, JX, SC, SH, TW, YN, ZJ; ★(SA): BR.

长叶姬凤梨（隐花凤梨）**Cryptanthus bromelioides** Otto et A. Dietr. 【I, C】 ♣BBG, SCBG, XMBG, XOIG, XTBG; ●BJ, FJ, GD, TW, YN; ★(SA): BR.

Cryptanthus caulescens I. Ramírez 【I, C】 ♣XTBG; ●YN; ★(SA): BR.

Cryptanthus colnagoi Rauh et Leme 【I, C】 ♣BBG, SCBG, XTBG; ●BJ, GD, TW, YN; ★(SA): BR.

Cryptanthus delicatus Leme 【I, C】 ♣BBG, XTBG; ●BJ, YN; ★(SA): BR.

Cryptanthus dianae Leme 【I, C】 ♣BBG; ●BJ; ★(SA): BR.

福斯特姬凤梨 **Cryptanthus fosterianus** L. B. Sm. 【I, C】 ♣BBG, CBG, TMNS, XTBG; ●BJ, SH, TW, YN; ★(SA): BR.

Cryptanthus lacerdae Antoine 【I, C】 ♣XOIG; ●FJ; ★(SA): BR.

Cryptanthus leopoldo-horstii Rauh 【I, C】 ♣BBG; ●BJ, TW; ★(SA): BR.

Cryptanthus lutherianus I. Ramírez 【I, C】 ♣SCBG; ●GD, TW; ★(SA): BR.

波缘姬凤梨 **Cryptanthus marginatus** L. B. Sm. 【I, C】 ♣CBG, SCBG, XTBG; ●GD, SH, YN; ★(SA): BR.

Cryptanthus microglazioui I. Ramírez 【I, C】 ♣BBG; ●BJ, TW; ★(SA): BR.

假花莛小凤梨 **Cryptanthus pseudoscaposus** L. B. Sm. 【I, C】 ♣CDBG; ●SC; ★(SA): BR.

Cryptanthus scaposus E. Pereira 【I, C】 ♣BBG; ●BJ; ★(SA): BR.

Cryptanthus warren-loosei Leme 【I, C】 ♣BBG, CBG, SCBG, XTBG; ●BJ, GD, SH, YN; ★(SA): BR.

虎纹小凤梨 **Cryptanthus zonatus** (Vis.) Beer 【I, C】 ♣BBG, CDBG, SCBG, TBG, TMNS, XMBG, XOIG, XTBG; ●BJ, FJ, GD, SC, TW, YN; ★(SA): BR.

虎纹姬凤梨 **Cryptanthus zonatus** var. **viridis** Beer 【I, C】 ♣NBG; ●JS; ★(SA): BR.

叶苞凤梨属 Orthophytum

阿尔万叶苞凤梨 **Orthophytum alvimii** W. Weber 【I, C】 ♣BBG, SCBG; ●BJ, GD, TW; ★(SA): BR.

本辛莪萝凤梨 **Orthophytum benzingii** Leme et H. E. Luther 【I, C】 ♣XTBG; ●TW, YN; ★(SA): BR.

Orthophytum disjunctum L. B. Sm. 【I, C】 ♣BBG, XTBG; ●BJ, TW, YN; ★(SA): BR.

Orthophytum foliosum L. B. Sm. 【I, C】 ♣BBG, SCBG, XTBG; ●BJ, GD, TW, YN; ★(SA): BR.

Orthophytum fosterianum L. B. Sm. 【I, C】 ♣BBG, XTBG; ●BJ, TW, YN; ★(SA): BR.

光滑叶苞凤梨（无毛莪萝凤梨）**Orthophytum glabrum** (Mez) Mez 【I, C】 ♣SCBG, XTBG; ●GD, YN; ★(SA): BR.

虎斑莪萝凤梨 **Orthophytum gurkenii** Hutchison 【I, C】 ♣BBG, XTBG; ●BJ, TW, YN; ★(SA): BR.

Orthophytum lemei E. Pereira et I. A. Penna 【I, C】 ♣BBG, XTBG; ●BJ, TW, YN; ★(SA): BR.

Orthophytum lucidum Leme et H. E. Luther 【I, C】 ♣XTBG; ●YN; ★(SA): BR.

Orthophytum magalhaesii L. B. Sm. 【I, C】 ♣BBG, XTBG; ●BJ, TW, YN; ★(SA): BR.

Orthophytum maracasense L. B. Sm. 【I, C】 ♣BBG, XTBG; ●BJ, TW, YN; ★(SA): BR.

红花莪萝凤梨 **Orthophytum rubrum** L. B. Sm. 【I, C】 ♣BBG, XTBG; ●BJ, YN; ★(SA): BR.

神圣叶苞凤梨 **Orthophytum sanctum** L. B. Sm. 【I, C】 ♣BBG, SCBG; ●BJ, GD; ★(SA): BR.

岩石莪萝凤梨 **Orthophytum saxicola** (Ule) L. B. Sm. 【I, C】 ♣BBG, CBG, XTBG; ●BJ, SH, TW, YN; ★(SA): BR.

苏黎世莪萝凤梨 **Orthophytum sucrei** H. E. Luther 【I, C】 ♣BBG, SCBG, XTBG; ●BJ, GD, YN; ★(SA): BR.

Orthophytum vagans M. B. Foster 【I, C】 ♣BBG; ●BJ, TW; ★(SA): BR.

刺穗凤梨属 Acanthostachys

短序刺穗凤梨 **Acanthostachys pitcairnioides** (Mez) Rauh et Barthlott 【I, C】 ♣BBG; ●BJ, TW; ★(SA): BR.

刺穗凤梨（松球凤梨）**Acanthostachys strobilacea** (Schult. et Schult. f.) Klotzsch 【I, C】 ♣BBG, HBG, SCBG, XTBG; ●BJ, GD, TW, YN, ZJ; ★(SA): AR, BR, PY.

光萼荷属 Aechmea

短花光萼荷 **Aechmea abbreviata** L. B. Sm. 【I, C】 ●TW; ★(SA): EC.

Aechmea aculeatosepala (Rauh et Barthlott) Leme 【I, C】 ♣BBG; ●BJ, TW; ★(SA): EC.

Aechmea allenii L. B. Sm. 【I, C】 ♣BBG, XTBG; ●BJ, FJ, YN; ★(NA): HN, PA.

Aechmea alopecurus Mez 【I, C】 ♣BBG, SCBG; ●BJ, GD, TW; ★(SA): BR.

Aechmea amicorum B. R. Silva et H. Luther 【I, C】 ♣WBG; ●HB, TW; ★(SA): BR.

安德森光萼荷 **Aechmea andersonii** H. E. Luther et Leme 【I, C】 ♣BBG, CBG, XTBG; ●BJ, SH, TW, YN; ★(SA): BR.

白果菠萝 **Aechmea angustifolia** Poepp. et Endl. 【I, C】 ♣XTBG; ●TW, YN; ★(SA): EC.

Aechmea apocalyptica Reitz 【I, C】 ♣BBG; ●BJ, TW; ★(SA): BR.

鹰爪光萼荷 **Aechmea aquilega** (Salisb.) Griseb. 【I, C】 ♣BBG, CBG, SCBG, XTBG; ●BJ, GD, SH, YN; ★(SA): BR, GY, VE.

Aechmea aripensis (N. E. Br.) Pittendr. 【I, C】 ♣BBG; ●BJ, TW; ★(NA): TT; (SA): VE.

天蓝光萼荷 **Aechmea azurea** L. B. Sm. 【I, C】 ♣BBG, CBG, XTBG; ●BJ, SH, TW, YN; ★(SA): BR.

Aechmea bambusoides L. B. Sm. et Reitz 【I, C】 ♣BBG; ●BJ; ★(SA): BR.

Aechmea biflora (L. B. Sm.) L. B. Sm. et M. A. Spencer 【I, C】 ♣BBG, XTBG; ●BJ, TW, YN; ★(SA): EC.

Aechmea blanchetiana (Baker) L. B. Sm. 【I, C】 ♣BBG, SCBG, XTBG; ●BJ, GD, TW, YN; ★

(SA): BR.

苞叶光萼荷 **Aechmea bracteata** (Sw.) Griseb. 【I, C】 ♣BBG, CBG, SCBG, XTBG; ●BJ, GD, SH, TW, YN; ★(NA): BM, BZ, CR, GT, HN, MX, NI, PA.

红苞光萼荷 **Aechmea bromeliifolia** (Rudge) Baker 【I, C】 ♣BBG, NBG, SCBG; ●BJ, GD, JS, TW; ★(SA): AR, BR, GY, PE, VE.

Aechmea burle-marxii E. Pereira 【I, C】 ♣BBG; ●BJ, TW; ★(SA): BR.

蓝花光萼荷 **Aechmea caesia** E. Morren ex Baker 【I, C】 ♣BBG, SCBG, XTBG; ●BJ, GD, YN; ★(SA): BR.

小萼光萼荷 **Aechmea calyculata** (E. Morren) Baker 【I, C】 ♣SCBG, XTBG; ●GD, TW, YN; ★(SA): AR, BR.

白凤梨 **Aechmea candida** E. Morren ex Baker 【I, C】 ●TW, YN; ★(SA): BR.

Aechmea carvalhoi E. Pereira et Leme 【I, C】 ♣XTBG; ●TW, YN; ★(SA): BR.

小头光萼荷 **Aechmea castanea** L. B. Sm. 【I, C】 ♣BBG, CBG, SCBG, XTBG; ●BJ, GD, SH, YN; ★(SA): BR.

尾花光萼荷 **Aechmea caudata** Lindm. 【I, C】 ♣CBG, SCBG, XTBG; ●GD, SH, TW, YN; ★(SA): BR.

斑纹光萼荷(斑马凤梨)**Aechmea chantinii** (Carrière) Baker 【I, C】 ♣CBG, FLBG, SCBG, TMNS, WBG, XOIG, XTBG; ●FJ, GD, HB, JX, SH, TW, YN; ★(SA): BR, EC, GY, PE, VE.

富氏斑马凤梨 **Aechmea chantinii** var. **fuchsii** H. Luther 【I, C】 ♣CBG, XTBG; ●SH, YN; ★(SA): BR, EC, GY, PE, VE.

绿叶光萼荷 **Aechmea chlorophylla** L. B. Sm. 【I, C】 ♣CBG, XTBG; ●SH, TW, YN; ★(SA): BR.

林氏光萼荷 **Aechmea comata** (Gaudich.) Baker 【I, C】 ♣SCBG, XTBG; ●GD, TW, YN; ★(SA): BR.

Aechmea correia-araujoi E. Pereira et Moutinho 【I, C】 ♣XTBG; ●TW, YN; ★(SA): BR.

Aechmea cucullata H. Luther 【I, C】 ♣XTBG; ●TW, YN; ★(SA): EC.

Aechmea curranii (L. B. Sm.) L. B. Sm. et M. A. Spencer 【I, C】 ♣XTBG; ●TW, YN; ★(SA): BR.

柱花光萼荷 **Aechmea cylindrata** Lindm. 【I, C】 ♣CBG, SCBG, XTBG; ●GD, SH, TW, YN; ★(SA): BR.

银花光萼荷 **Aechmea dealbata** E. Morren ex Baker 【I, C】 ♣BBG, CBG, SCBG, XTBG; ●BJ, GD, SH, TW, YN; ★(SA): BR.

Aechmea decurva Proctor 【I, C】 ♣XTBG; ●YN; ★(NA): JM.

亮丽光萼荷 **Aechmea dichlamydea** Baker 【I, C】 ♣BBG; ●BJ, TW; ★(SA): VE.

离花光萼荷 **Aechmea disjuncta** (L. B. Sm.) Leme et J. A. Siqueira 【I, C】 ♣BBG, CBG; ●BJ, SH, TW; ★(SA): BR.

列花光萼荷 **Aechmea distichantha** Lem. 【I, C】 ♣BBG, CBG, SCBG, XTBG; ●BJ, GD, SH, TW, YN; ★(SA): AR, BO, BR, PY.

斑马光萼荷 **Aechmea distichantha** var. **glaziovii** (Baker) L. B. Sm. 【I, C】 ♣CBG, SCBG; ●GD, SH; ★(SA): AR, BO, BR, PY.

斯氏列花光萼荷 **Aechmea distichantha** var. **schlumbergeri** E. Morren ex Mez 【I, C】 ♣BBG, CBG, XTBG; ●BJ, SH, YN; ★(SA): AR, BO, BR, PY.

艾默光萼荷 **Aechmea emmerichiae** Leme 【I, C】 ♣BBG, CBG, SCBG; ●BJ, GD, SH; ★(SA): BR.

Aechmea entringeri Leme 【I, C】 ♣XTBG; ●YN; ★(SA): BR.

广序光萼荷 **Aechmea eurycorymbus** Harms 【I, C】 ♣BBG, CBG, XTBG; ●BJ, SH, YN; ★(SA): BR.

被粉光萼荷 **Aechmea farinosa** (Regel) L. B. Sm. 【I, C】 ♣BBG, CBG, XTBG; ●BJ, SH, TW, YN; ★(SA): BR.

美叶光萼荷 **Aechmea fasciata** (Lindl.) Baker 【I, C】 ♣BBG, CDBG, FBG, FLBG, HBG, IBCAS, NBG, SCBG, TMNS, XMBG, XOIG, XTBG; ●BJ, FJ, GD, JS, JX, SC, TW, YN, ZJ; ★(SA): BR.

芬德勒光萼荷 **Aechmea fendleri** André 【I, C】 ♣BBG, CBG, SCBG, XTBG; ●BJ, GD, SH, TW, YN; ★(SA): VE.

长穗光萼荷 **Aechmea filicaulis** (Griseb.) Mez 【I, C】 ♣XTBG; ●TW, YN; ★(SA): VE.

Aechmea flavorosea E. Pereira 【I, C】 ♣BBG, XTBG; ●BJ, TW, YN; ★(SA): BR.

Aechmea flemingii H. E. Luther 【I, C】 ♣BBG; ●BJ, TW; ★(NA): LW.

Aechmea floribunda Mart. ex Schult. et Schult. f. 【I, C】 ♣BBG; ●BJ; ★(SA): BR.

Aechmea fosteriana L. B. Sm. 【I, C】 ♣BBG; ●BJ, TW; ★(SA): BR.

珊瑚凤梨 **Aechmea fulgens** Brongn. 【I, C】 ♣BBG, CBG, IBCAS, SCBG, XMBG, XTBG; ●BJ, FJ,

GD, SH, TW, YN; ★(SA): BR.

瓶刷光萼荷 **Aechmea gamosepala** Wittm. 【I, C】 ♣BBG, CBG, SCBG, XTBG; ●BJ, GD, SH, TW, YN; ★(SA): AR, BR.

大光萼荷 **Aechmea gigantea** Baker【I, C】♣BBG, SCBG; ●BJ, GD, TW; ★(SA): VE.

瓶刷凤梨 **Aechmea gracilis** Lindm.【I, C】♣BBG, SCBG, XMBG, XTBG; ●BJ, FJ, GD, YN; ★(SA): BR.

瓜拉图巴光萼荷 **Aechmea guaratubensis** E. Pereira 【I, C】 ♣BBG, CBG, XTBG; ●BJ, SH, TW, YN; ★(SA): BR.

古肯光萼荷 **Aechmea gurkeniana** E. Pereira et Moutinho【I, C】♣BBG, CBG; ●BJ, SH, TW; ★(SA): BR.

Aechmea haltonii H. E. Luther【I, C】♣BBG; ●BJ, TW; ★(NA): PA.

Aechmea hoppii (Harms) L. B. Sm. 【I, C】 ♣BBG, XTBG; ●BJ, TW, YN; ★(SA): EC, PE.

Aechmea incompta Leme et H. E. Luther 【I, C】 ♣BBG, SCBG, XTBG; ●BJ, GD, TW, YN; ★(SA): BR.

肯特光萼荷 **Aechmea kentii** (H. E. Luther) L. B. Sm. et M. A. Spencer 【I, C】 ♣BBG, CBG; ●BJ, SH, TW; ★(SA): EC.

Aechmea lamarchei Mez 【I, C】 ♣BBG; ●BJ; ★(SA): BR.

薄花光萼荷 **Aechmea leptantha** (Harms) Leme et J. A. Siqueira 【I, C】 ♣CBG, SCBG; ●GD, SH; ★(SA): BR.

Aechmea lingulata (L.) Baker 【I, C】 ♣BBG; ●BJ, TW; ★(NA): CR, JM, PA, VG; (SA): BR, VE.

Aechmea linharesii Leme 【I, C】 ♣BBG; ●BJ; ★(SA): BR.

莱德曼光萼荷 **Aechmea lueddemanniana** (K. Koch) Mez【I, C】♣BBG, CBG, IBCAS, SCBG, XMBG, XTBG; ●BJ, FJ, GD, SH, TW, YN; ★(NA): BZ, CR, HN, MX, NI.

Aechmea macrochlamys L. B. Sm. 【I, C】 ♣BBG; ●BJ; ★(SA): BR.

Aechmea magdalenae (André) André ex Baker 【I, C】 ♣BBG; ●BJ, TW; ★(NA): BM, BZ, CR, GT, MX, NI, PA, SV; (SA): EC, VE.

Aechmea manzanaresiana H. E. Luther 【I, C】 ♣BBG, XTBG; ●BJ, TW, YN; ★(SA): EC.

Aechmea marauensis Leme 【I, C】 ♣BBG, SCBG, XTBG; ●BJ, GD, TW, YN; ★(SA): BR.

Aechmea mariae-reginae H. Wendl. 【I, C】 ♣BBG, XTBG; ●BJ, TW, YN; ★(NA): CR, NI, PA.

梅利宁光萼荷 **Aechmea melinonii** Hook. 【I, C】 ♣BBG, CBG; ●BJ, SH; ★(SA): BR, GF, GY.

Aechmea mertensii (G. Mey.) Schult. et Schult. f. 【I, C】 ♣BBG; ●BJ, TW; ★(SA): EC.

墨西哥光萼荷 **Aechmea mexicana** Baker 【I, C】 ♣BBG, CBG, XTBG; ●BJ, SH, TW, YN; ★(NA): BM, BZ, CR, GT, HN, MX, NI, PA; (SA): CO, EC.

红花光萼荷 **Aechmea miniata** (Beer) Baker 【I, C】 ♣CBG, SCBG, XTBG; ●GD, SH, YN; ★(SA): BR.

Aechmea mollis L. B. Sm. 【I, C】 ♣BBG; ●BJ, TW; ★(SA): BR.

Aechmea moorei H. E. Luther 【I, C】 ♣BBG; ●BJ; ★(SA): EC, PE.

多花光萼荷 **Aechmea multiflora** L. B. Sm. 【I, C】 ♣CBG, XTBG; ●SH, YN; ★(SA): BR.

Aechmea nallyi L. B. Sm. 【I, C】 ♣BBG; ●BJ; ★(SA): PE.

Aechmea nidularioides L. B. Sm. 【I, C】 ♣BBG; ●BJ, TW; ★(SA): EC, PE.

裸茎光萼荷 **Aechmea nudicaulis** (L.) Griseb. 【I, C】 ♣BBG, CBG, SCBG, XTBG; ●BJ, GD, SH, TW, YN; ★(SA): EC.

尖头少叶光萼荷 **Aechmea nudicaulis** var. **cuspidata** Baker 【I, C】 ♣BBG, CBG; ●BJ, SH; ★(SA): EC.

琴山光萼荷 **Aechmea organensis** Wawra 【I, C】 ♣BBG, CBG, XTBG; ●BJ, SH, TW, YN; ★(SA): BR.

大蜻蜓凤梨 **Aechmea orlandiana** L. B. Sm. 【I, C】 ♣BBG, CBG, XTBG; ●BJ, SH, TW, YN; ★(SA): BR.

贝卢瓦大蜻蜓凤梨 **Aechmea orlandiana** subsp. **belloi** E. Pereira et Leme 【I, C】 ♣BBG, CBG, XTBG; ●BJ, SH, YN; ★(SA): BR.

华丽光萼荷 **Aechmea ornata** (Gaudich.) Baker 【I, C】 ♣BBG, CBG, XTBG; ●BJ, SH, TW, YN; ★(SA): BR.

光萼荷 **Aechmea paniculata** Ruiz et Pav. 【I, C】 ★(SA): PE.

Aechmea paradoxa (Leme) Leme 【I, C】 ♣BBG, XTBG; ●BJ, TW, YN; ★(SA): BR.

剑叶光萼荷 **Aechmea pectinata** Baker 【I, C】 ♣SCBG; ●GD, TW; ★(SA): BR.

垂花光萼荷 **Aechmea penduliflora** André 【I, C】

♣BBG, NBG, XTBG; ●BJ, JS, YN; ★(NA): CR; (SA): CO, EC, PE, VE.

Aechmea perforata L. B. Sm. 【I, C】 ♣BBG; ●BJ; ★(SA): BR.

显脉蜻蜓凤梨 **Aechmea phanerophlebia** Baker【I, C】 ♣BBG; ●BJ, TW; ★(SA): BR.

皮内利光萼荷 **Aechmea pineliana** (Brongn. ex Planch.) Baker 【I, C】 ♣BBG, XTBG; ●BJ, TW, YN; ★(NA): SV; (SA): BR.

Aechmea pittieri Mez【I, C】 ♣BBG; ●BJ; ★(NA): CR.

Aechmea pseudonudicaulis Leme 【I, C】 ♣BBG; ●BJ; ★(SA): BR.

玫瑰紫光萼荷 **Aechmea purpureorosea** (Hook.) Wawra【I, C】 ♣BBG, CBG, SCBG, XTBG; ●BJ, GD, SH, TW, YN; ★(SA): BR.

拉辛光萼荷 **Aechmea racinae** L. B. Sm. 【I, C】 ♣BBG, CBG, SCBG, XTBG; ●BJ, GD, SH, TW, YN; ★(SA): BR.

Aechmea racinae var. **tubiformis** E. Pereira 【I, C】 ♣BBG; ●BJ; ★(SA): BR.

多序光萼荷 **Aechmea ramosa** Mart. ex Schult. et Schult. f. 【I, C】 ♣BBG, CBG, XMBG, XTBG; ●BJ, FJ, SH, TW, YN; ★(SA): BR.

金豆光萼荷 **Aechmea ramosa** var. **festiva** L. B. Sm. 【I, C】 ♣BBG, XTBG; ●BJ, YN; ★(SA): BR.

曲叶光萼荷 **Aechmea recurvata** (Klotzsch) L. B. Sm. 【I, C】 ♣BBG, CBG, SCBG, XTBG; ●BJ, GD, SH, TW, YN; ★(SA): AR, BR.

本氏弯曲光萼荷 **Aechmea recurvata** var. **benrathii** (Mez) Reitz 【I, C】 ♣CBG, XTBG; ●SH, YN; ★(SA): AR, BR.

奥氏弯曲光萼荷 **Aechmea recurvata** var. **ortgiesii** (Baker) Reitz 【I, C】 ♣BBG, CBG; ●BJ, SH; ★(SA): AR, BR.

Aechmea retusa L. B. Sm. 【I, C】 ♣BBG, XTBG; ●BJ, TW, YN; ★(SA): EC, PE.

本氏光萼荷 **Aechmea roberto-seidelii** E. Pereira 【I, C】 ♣CBG, SCBG, XTBG; ●GD, SH, TW, YN; ★(SA): BR.

Aechmea romeroi L. B. Sm. 【I, C】 ♣BBG; ●BJ, TW; ★(SA): EC.

红光萼荷 **Aechmea rubens** (L. B. Sm.) L. B. Sm. 【I, C】 ♣BBG, CBG; ●BJ, SH, TW; ★(SA): BR.

紫红光萼荷 **Aechmea rubrolilacina** Leme 【I, C】 ♣BBG, CBG, XTBG; ●BJ, SH, TW, YN; ★(SA): BR.

Aechmea seidelii (Leme) L. B. Sm. et M. A. Spencer 【I, C】 ♣BBG, XTBG; ●BJ, YN; ★(SA): BR.

齿叶光萼荷 **Aechmea serrata** (L.) Mez 【I, C】 ♣BBG, CBG, SCBG, XTBG; ●BJ, GD, SH, TW, YN; ★(NA): WW.

Aechmea servitensis André 【I, C】 ♣BBG, XTBG; ●BJ, YN; ★(SA): EC.

Aechmea smithiorum Mez【I, C】 ♣BBG; ●BJ; ★(NA): LW, WW.

Aechmea sphaerocephala (Gaudich.) Baker 【I, C】 ♣BBG; ●BJ, TW; ★(SA): BR.

圆锥光萼荷 **Aechmea strobilina** (Beurl.) L. B. Sm. et Read 【I, C】 ★(NA): PA.

特斯曼光萼荷 **Aechmea tessmannii** Harms 【I, C】 ♣BBG, CBG, XTBG; ●BJ, SH, TW, YN; ★(SA): EC, PE.

斑叶紫光萼荷 **Aechmea tillandsioides** (Mart. ex Schult. et Schult. f.) Baker【I, C】 ♣BBG, FLBG, XTBG; ●BJ, GD, JX, TW, YN; ★(SA): EC.

Aechmea tocantina Baker 【I, C】 ♣BBG, XTBG; ●BJ, TW, YN; ★(SA): BR, GY, VE.

三角光萼荷 **Aechmea triangularis** L. B. Sm. 【I, C】 ♣BBG, CBG, XTBG; ●BJ, SH, TW, YN; ★(SA): BR.

麦粒光萼荷 **Aechmea triticina** Mez【I, C】 ♣BBG, CBG, SCBG, XTBG; ●BJ, GD, SH, TW, YN; ★(SA): BR.

瓦勒朗光萼荷 **Aechmea vallerandii** (Carrière) Erhardt, Götz et Seybold 【I, C】 ♣BBG, CBG; ●BJ, SH, TW; ★(SA): BR, PE.

维多利亚光萼荷 **Aechmea victoriana** L. B. Sm. 【I, C】 ♣CBG, SCBG, XMBG, XTBG; ●FJ, GD, SH, TW, YN; ★(SA): BR.

沃斯光萼荷 **Aechmea warasii** E. Pereira 【I, C】 ♣BBG, CBG, XTBG; ●BJ, SH, TW, YN; ★(SA): BR.

韦伯克光萼荷 **Aechmea weilbachii** Didr. 【I, C】 ♣BBG, CBG, HBG, XTBG; ●BJ, SH, TW, YN, ZJ; ★(SA): BR.

Aechmea williamsii (L. B. Sm.) L. B. Sm. et M. A. Spencer【I, C】 ♣BBG, XTBG; ●BJ, YN; ★(SA): BR, EC, PE.

Aechmea winkleri Reitz 【I, C】 ♣BBG, SCBG, XTBG; ●BJ, GD, TW, YN; ★(SA): BR.

Aechmea zebrina L. B. Sm. 【I, C】 ♣BBG, XTBG; ●BJ, TW, YN; ★(SA): EC.

卷瓣凤梨属 Ursulaea

Ursulaea macvaughii (L. B. Sm.) Read et Baensch 【I, C】 ♣XTBG; ●TW, YN; ★(NA): MX.

Ursulaea tuitensis (Magana et E. J. Lott) Read et Baensch 【I, C】 ♣BBG, XTBG; ●BJ, TW, YN; ★(NA): MX.

薄苞凤梨属 Ronnbergia

Ronnbergia brasiliensis E. Pereira et I. A. Penna 【I, C】 ♣BBG; ●BJ, TW; ★(SA): BR.

松塔凤梨属 Hohenbergia

Hohenbergia castellanosii L. B. Sm. et Read 【I, C】 ♣BBG; ●BJ, TW; ★(SA): BR.

Hohenbergia correia-araujoi E. Pereira et Moutinho 【I, C】 ♣BBG, SCBG, XTBG; ●BJ, GD, TW, YN; ★(SA): BR.

Hohenbergia lanata E. Pereira et Moutinho 【I, C】 ♣BBG; ●BJ; ★(SA): BR.

Hohenbergia rosea L. B. Sm. et Read 【I, C】 ♣BBG, XTBG; ●BJ, TW, YN; ★(SA): BR.

星光球花凤梨 **Hohenbergia stellata** Schult. et Schult. f. 【I, C】 ♣BBG, CBG, SCBG, XTBG; ●BJ, GD, SH, TW, YN; ★(NA): NL-AN, TT; (SA): BR, VE.

水塔花属 Billbergia

愉悦水塔花 **Billbergia amoena** (Lodd.) Lindl. 【I, C】 ♣BBG, CBG, SCBG, XTBG; ●BJ, GD, SH, TW, YN; ★(SA): BR.

Billbergia brasiliensis L. B. Sm. 【I, C】 ♣BBG; ●BJ, TW; ★(SA): BR.

美丽水塔花 **Billbergia decora** Poepp. et Endl. 【I, C】 ♣BBG, NBG, SCBG; ●BJ, GD, JS; ★(SA): BO, BR, EC, PE.

Billbergia distachia var. **maculata** Reitz 【I, C】 ♣BBG; ●BJ; ★(SA): BR.

Billbergia euphemiae E. Morren 【I, C】 ♣XTBG; ●TW, YN; ★(SA): BR.

Billbergia horrida Regel 【I, C】 ♣BBG, XTBG; ●BJ, TW, YN; ★(SA): BR.

考茨基水塔花 **Billbergia kautskyana** E. Pereira 【I, C】 ♣BBG, CBG, XTBG; ●BJ, SH, TW, YN; ★(SA): BR.

Billbergia kuhlmannii L. B. Sm. 【I, C】 ♣BBG, SCBG, XTBG; ●BJ, GD, TW, YN; ★(SA): BO, BR.

Billbergia leptopoda L. B. Sm. 【I, C】 ♣BBG, XTBG; ●BJ, YN; ★(SA): BR.

雷氏水塔花 **Billbergia lietzei** E. Morren 【I, C】 ♣BBG, IBCAS; ●BJ, TW; ★(SA): BR.

马纳瑞水塔花 **Billbergia manarae** Steyerm. 【I, C】 ♣BBG, CBG, SCBG, XTBG; ●BJ, GD, SH, TW, YN; ★(SA): VE.

米娜水塔花 **Billbergia minarum** L. B. Sm. 【I, C】 ♣CBG, XTBG; ●SH, TW, YN; ★(SA): BR.

宽叶水塔花 **Billbergia morelii** Brongn. 【I, C】 ★(SA): BR.

垂花水塔花 **Billbergia nutans** H. Wendl. ex Regel 【I, C】 ♣BBG, CBG, CDBG, FLBG, GBG, GXIB, HBG, IBCAS, NBG, SCBG, TMNS, XBG, XMBG, XTBG; ●BJ, FJ, GD, GX, GZ, JS, JX, SC, SH, SN, TW, YN, ZJ; ★(SA): AR, BR, PY, UY.

水塔花 **Billbergia pyramidalis** (Sims) Lindl. 【I, C】 ♣BBG, CBG, FBG, FLBG, GMG, GXIB, HBG, IBCAS, KBG, NBG, SCBG, TMNS, WBG, XLTBG, XMBG, XOIG, XTBG; ●BJ, FJ, GD, GX, HB, HI, JS, JX, SH, TW, YN, ZJ; ★(NA): CU, NL-AN; (SA): BR, GF, VE.

玫瑰红水塔花（委内瑞拉筒叶凤梨）**Billbergia rosea** Beer 【I, C】 ♣IBCAS, NBG, XMBG, XTBG; ●BJ, FJ, JS, TW, YN; ★(NA): TT; (SA): GY, VE.

桑德水塔花 **Billbergia sanderiana** E. Morren 【I, C】 ♣BBG, CBG; ●BJ, SH, TW; ★(SA): BR.

绿水塔花 **Billbergia viridiflora** H. Wendl. 【I, C】 ♣SCBG; ●GD, TW; ★(NA): BZ, GT, MX.

条纹水塔花 **Billbergia vittata** Brongn. ex Morel 【I, C】 ●TW; ★(SA): BR.

斑马水塔花 **Billbergia zebrina** (Herb.) Lindl. 【I, C】 ♣BBG, IBCAS, SCBG, XMBG, XTBG; ●BJ, FJ, GD, TW, YN; ★(SA): AR, BR, PY, UY.

鳞药凤梨属 Androlepis

鳞药凤梨（鳞蕊凤梨）**Androlepis skinneri** (K. Koch) Brongn. ex Houllet 【I, C】 ♣XTBG; ●TW, YN; ★(NA): BZ, GT, HN, MX, NI, SV.

塔序凤梨属 Portea

Portea alatisepala Philcox 【I, C】 ♣BBG, XTBG; ●BJ, TW, YN; ★(SA): BR.

菠蒂亚星果凤梨 **Portea petropolitana** (Wawra) Mez 【I, C】 ♣BBG, CBG, TMNS, XTBG; ●BJ, SH, TW, YN; ★(SA): BR.

Portea petropolitana var. **extensa** L. B. Sm. 【I, C】 ♣XTBG; ●YN; ★(SA): BR.

Portea petropolitana var. **noettigii** (Wawra) L. B. Sm. 【I, C】 ♣XTBG; ●YN; ★(SA): BR.

围苞凤梨属 Canistrum

Canistrum fosterianum L. B. Sm. 【I, C】 ♣BBG; ●BJ, TW; ★(SA): BR.

桑德瑞心花凤梨 **Canistrum sandrae** Leme 【I, C】 ♣CBG, XTBG; ●SH, YN; ★(SA): BR.

葵花凤梨属 Edmundoa

Edmundoa ambigua (Wand. et Leme) Leme 【I, C】 ♣BBG; ●BJ, TW; ★(SA): BR.

芳香心花凤梨 **Edmundoa lindenii** Leme 【I, C】 ♣BBG, CBG, XTBG; ●BJ, SH, TW, YN; ★(SA): BR.

Edmundoa perplexa (L. B. Smith) Leme 【I, C】 ♣BBG; ●BJ; ★(SA): BR.

丽冠凤梨属 Quesnelia

田野丽冠凤梨 **Quesnelia arvensis** (Vell.) Mez 【I, C】 ♣BBG, CBG, XTBG; ●BJ, SH, TW, YN; ★(SA): BR.

Quesnelia augusto-coburgii Wawra 【I, C】 ♣BBG, XTBG; ●BJ, YN; ★(SA): BR.

埃氏丽冠凤梨 **Quesnelia edmundoi** L. B. Sm. 【I, C】 ♣BBG, CBG, XTBG; ●BJ, SH, TW, YN; ★(SA): BR.

矮小丽冠凤梨 **Quesnelia humilis** Mez 【I, C】 ♣BBG, SCBG, XMBG, XTBG; ●BJ, FJ, GD, TW, YN; ★(SA): BR.

叠搭丽冠凤梨 **Quesnelia imbricata** L. B. Sm. 【I, C】 ♣BBG, CBG, XTBG; ●BJ, SH, YN; ★(SA): BR.

大丽冠凤梨 **Quesnelia liboniana** (De Jonghe) Mez 【I, C】 ♣NBG; ●JS, TW; ★(SA): BR.

Quesnelia marmorata (Lem.) Read 【I, C】 ♣BBG, XTBG; ●BJ, TW, YN; ★(SA): BR.

龟甲凤梨 **Quesnelia testudo** Lindm. 【I, C】 ♣BBG, CBG, SCBG, XTBG; ●BJ, GD, SH, TW, YN; ★(SA): BR.

多穗凤梨属 Araeococcus

线叶凤梨 **Araeococcus flagellifolius** Harms 【I, C】 ♣BBG, XMBG; ●BJ, FJ, TW; ★(SA): BR, CO, GF, GY, VE.

Araeococcus goeldianus L. B. Sm. 【I, C】 ♣XTBG; ●YN; ★(SA): BR, GF, GY.

Araeococcus parviflorus (Mart. ex Schult. et Schult. f.) Lindm. 【I, C】 ♣XTBG; ●YN; ★(SA): BR.

鸟巢凤梨属 Nidularium

Nidularium angustifolium Ule 【I, C】 ♣XTBG; ●YN; ★(SA): BR.

Nidularium antoineanum Wawra 【I, C】 ♣BBG; ●BJ, TW; ★(SA): BR.

Nidularium campos-portoi (L. B. Sm.) Leme 【I, C】 ♣BBG; ●BJ, TW; ★(SA): BR.

鸟巢凤梨（红杯巢凤梨）**Nidularium fulgens** Lem. 【I, C】 ♣BBG, SCBG, XTBG; ●BJ, GD, TW, YN; ★(SA): BR.

深紫鸟巢凤梨（深紫巢凤梨）**Nidularium innocentii** Lem. 【I, C】 ♣BBG, SCBG, XMBG; ●BJ, FJ, GD, TW; ★(SA): BR.

考茨基鸟巢凤梨 **Nidularium kautskyanum** Leme 【I, C】 ♣BBG, CBG; ●BJ, SH; ★(SA): BR.

Nidularium linehamii Leme 【I, C】 ♣BBG; ●BJ, TW; ★(SA): BR.

Nidularium lymanioides E. Pereira et Leme 【I, C】 ♣BBG, XTBG; ●BJ, TW, YN; ★(SA): BR.

高花巢凤梨 **Nidularium procerum** Lindm. 【I, C】 ♣BBG, SCBG, XTBG; ●BJ, GD, TW, YN; ★(SA): BR.

微红鸟巢凤梨 **Nidularium rutilans** E. Morren 【I, C】 ♣BBG, CBG, SCBG, XTBG; ●BJ, GD, SH, TW, YN; ★(SA): BR.

姜黄凤梨属 Canistropsis

Canistropsis billbergioides (Schult. et Schult. f.) Leme 【I, C】 ♣BBG, IBCAS, SCBG, XMBG, XTBG; ●BJ, FJ, GD, TW, YN; ★(SA): BR.

伯切尔巢凤梨 **Canistropsis burchellii** (Baker) Leme 【I, C】 ♣BBG, SCBG, XTBG; ●BJ, GD, YN; ★(SA): BR.

Canistropsis correia-araujoi (E. Pereira et Leme) Leme 【I, C】 ♣BBG, SCBG, XTBG; ●BJ, GD,

TW, YN; ★(SA): BR.

小红巢凤梨 **Canistropsis microps** (E. Morren ex Mez) Leme 【I, C】 ♣BBG, XTBG; ●BJ, YN; ★(SA): BR.

Canistropsis pulcherrima (E. Pereira et Leme) Leme 【I, C】 ♣BBG; ●BJ; ★(SA): BR.

赛德尔鸟巢凤梨 **Canistropsis seidelii** (L. B. Sm. et Reitz) Leme 【I, C】 ★(SA): BR.

彩叶凤梨属 Neoregelia

Neoregelia abendrothae L. B. Sm. 【I, C】 ♣BBG; ●BJ, TW; ★(SA): BR.

瓶状凤梨 **Neoregelia ampullacea** (E. Morren) L. B. Sm. 【I, C】 ♣BBG, CBG, SCBG, XTBG; ●BJ, GD, SH, TW, YN; ★(SA): BR.

Neoregelia angustibracteolata E. Pereira et Leme 【I, C】 ♣XTBG; ●YN; ★(SA): BR.

Neoregelia angustifolia E. Pereira 【I, C】 ♣XTBG; ●YN; ★(SA): BR.

巴伊亚凤梨 **Neoregelia bahiana** (Ule) L. B. Sm. 【I, C】 ♣BBG, XTBG; ●BJ, TW, YN; ★(SA): BR.

布拉加凤梨 **Neoregelia bragarum** (E. Pereira et L. B. Sm.) Leme 【I, C】 ♣BBG, XTBG; ●BJ, YN; ★(SA): BR.

Neoregelia brigadeirensis C. C. Paula et Leme 【I, C】 ♣XTBG; ●YN; ★(SA): BR.

布勒凤梨 **Neoregelia burlemarxii** Read 【I, C】 ♣BBG, XTBG; ●BJ, TW, YN; ★(SA): BR.

Neoregelia camorimiana E. Pereira et I. A. Penna 【I, C】 ♣XTBG; ●TW, YN; ★(SA): BR.

Neoregelia capixaba E. Pereira et Leme 【I, C】 ♣BBG, SCBG, XTBG; ●BJ, GD, TW, YN; ★(SA): BR.

彩叶凤梨 **Neoregelia carolinae** (Beer) L. B. Sm. 【I, C】 ♣BBG, CBG, FBG, FLBG, HBG, IBCAS, KBG, NBG, SCBG, TBG, TMNS, WBG, XMBG, XOIG, XTBG; ●BJ, FJ, GD, HB, JS, JX, SH, TW, YN, ZJ; ★(SA): BR.

卡思卡特凤梨 **Neoregelia cathcartii** C. F. Reed et Read 【I, C】 ♣BBG, CBG, XTBG; ●BJ, SH, TW, YN; ★(SA): VE.

绿斑凤梨 **Neoregelia chlorosticta** (E. Morren) L. B. Sm. 【I, C】 ♣BBG, SCBG, XMBG, XTBG; ●BJ, FJ, GD, TW, YN; ★(SA): BR.

Neoregelia coimbrae E. Pereira et Leme 【I, C】 ♣BBG, SCBG, XTBG; ●BJ, GD, TW, YN; ★(SA): BR.

紧凑凤梨 **Neoregelia compacta** (Mez) L. B. Sm. 【I, C】 ♣BBG, SCBG, XTBG; ●BJ, GD, YN; ★(SA): BR.

同心彩叶凤梨 **Neoregelia concentrica** (Vell.) L. B. Sm. 【I, C】 ♣BBG, SCBG, XMBG, XTBG; ●BJ, FJ, GD, TW, YN; ★(SA): BR.

Neoregelia crispata Leme 【I, C】 ♣BBG, XMBG, XTBG; ●BJ, FJ, TW, YN; ★(SA): BR.

暗紫凤梨 **Neoregelia cruenta** (Graham) L. B. Sm. 【I, C】 ♣BBG, CBG, TMNS, XTBG; ●BJ, SH, TW, YN; ★(SA): BR.

Neoregelia cyanea (Beer) L. B. Sm. 【I, C】 ♣BBG, XTBG; ●BJ, TW, YN; ★(SA): BR.

密叶卷凤梨 **Neoregelia doeringiana** L. B. Sm. 【I, C】 ♣BBG, SCBG, XTBG; ●BJ, GD, TW, YN; ★(SA): BR.

离瓣彩叶凤梨 **Neoregelia eleutheropetala** (Ule) L. B. Sm. 【I, C】 ♣BBG; ●BJ, TW; ★(SA): BR, PE, VE.

埃尔顿彩叶凤梨 **Neoregelia eltoniana** W. Weber 【I, C】 ♣BBG, CBG, SCBG, XTBG; ●BJ, GD, SH, TW, YN; ★(SA): BR.

Neoregelia farinosa (Ule) L. B. Sm. 【I, C】 ♣BBG, XTBG; ●BJ, TW, YN; ★(SA): BR.

积水凤梨 **Neoregelia fluminensis** L. B. Sm. 【I, C】 ♣SCBG, XTBG; ●GD, TW, YN; ★(SA): BR.

Neoregelia gavionensis Martinelli et Leme 【I, C】 ♣BBG, XTBG; ●BJ, TW, YN; ★(SA): BR.

霍尼彩叶凤梨 **Neoregelia hoehneana** L. B. Sm. 【I, C】 ♣CBG; ●SH, TW; ★(SA): BR.

约翰凤梨 **Neoregelia johannis** (Carrière) L. B. Sm. 【I, C】 ♣BBG, CBG, XTBG; ●BJ, SH, TW, YN; ★(SA): BR.

考茨基凤梨 **Neoregelia kautskyi** E. Pereira 【I, C】 ♣BBG, XTBG; ●BJ, TW, YN; ★(SA): BR.

科尔凤梨 **Neoregelia kerryae** Leme 【I, C】 ♣CBG, XTBG; ●SH, TW, YN; ★(SA): BR.

光滑凤梨 **Neoregelia laevis** (Mez) L. B. Sm. 【I, C】 ♣BBG, CBG, SCBG, XTBG; ●BJ, GD, SH, TW, YN; ★(SA): BR.

Neoregelia leucophoea (Baker) L. B. Sm. 【I, C】 ♣BBG, XTBG; ●BJ, YN; ★(SA): BR.

Neoregelia lilliputiana E. Pereira 【I, C】 ♣BBG, SCBG, XTBG; ●BJ, GD, TW, YN; ★(SA): BR.

大萼凤梨 **Neoregelia macrosepala** L. B. Sm. 【I,

C】 ♣XTBG; ●TW, YN; ★(SA): BR.

斑点凤梨 **Neoregelia maculata** L. B. Sm. 【I, C】 ♣CBG, SCBG, XTBG; ●GD, SH, TW, YN; ★(SA): BR.

Neoregelia macwilliansii L. B. Sm. 【I, C】 ♣BBG; ●BJ, TW; ★(SA): BR.

马格达莱纳凤梨 **Neoregelia magdalenae** L. B. Sm. et Reitz 【I, C】 ♣CBG, XTBG; ●SH, TW, YN; ★(SA): BR.

大理石凤梨 **Neoregelia marmorata** (Baker) L. B. Sm. 【I, C】 ♣BBG, CBG, TMNS, XTBG; ●BJ, SH, TW, YN; ★(SA): BR.

马丁凤梨 **Neoregelia martinellii** W. Weber 【I, C】 ♣BBG, SCBG, XTBG; ●BJ, GD, TW, YN; ★(SA): BR.

Neoregelia mooreana L. B. Sm. 【I, C】 ♣BBG; ●BJ, TW; ★(SA): PE.

穆库热凤梨 **Neoregelia mucugensis** Leme 【I, C】 ♣XTBG; ●TW, YN; ★(SA): BR.

冰心凤梨 **Neoregelia nivea** Leme 【I, C】 ♣XTBG; ●TW, YN; ★(SA): BR.

Neoregelia odorata Leme 【I, C】 ♣SCBG, XTBG; ●GD, TW, YN; ★(SA): BR.

香花彩叶凤梨 **Neoregelia olens** (Hook. f.) L. B. Sm. 【I, C】 ♣BBG, CBG, SCBG, XTBG; ●BJ, GD, SH, TW, YN; ★(SA): BR.

Neoregelia oligantha L. B. Sm. 【I, C】 ♣BBG, XTBG; ●BJ, TW, YN; ★(SA): BR.

Neoregelia pascoaliana L. B. Sm. 【I, C】 ♣BBG; ●BJ, TW; ★(SA): BR.

少花凤梨 **Neoregelia pauciflora** L. B. Sm. 【I, C】 ♣BBG, SCBG, XTBG; ●BJ, GD, TW, YN; ★(SA): BR.

垂叶凤梨 **Neoregelia pendula** L. B. Sm. 【I, C】 ♣BBG, XTBG; ●BJ, TW, YN; ★(SA): BR, PE.

短垂叶凤梨 **Neoregelia pendula** var. **brevifolia** L. B. Sm. 【I, C】 ♣BBG, CBG; ●BJ, SH; ★(SA): BR, PE.

Neoregelia pernambucana Leme et J. A. Siqueira 【I, C】 ♣BBG; ●BJ; ★(SA): BR.

皮氏彩叶凤梨 **Neoregelia pineliana** (Lem.) L. B. Sm. 【I, C】 ♣XTBG; ●TW, YN; ★(SA): BR.

帝王彩叶凤梨 **Neoregelia princeps** (Baker) L. B. Sm. 【I, C】 ♣CBG, XTBG; ●SH, TW, YN; ★(SA): BR.

斑纹彩叶凤梨 **Neoregelia punctatissima** (Ruschi) Ruschi 【I, C】 ♣SCBG, XTBG; ●GD, TW, YN; ★(SA): BR.

Neoregelia roethii W. Weber 【I, C】 ♣SCBG, XTBG; ●GD, TW, YN; ★(SA): BR.

红彩叶凤梨 **Neoregelia rubrifolia** Ruschi 【I, C】 ♣SCBG, XTBG; ●GD, TW, YN; ★(SA): BR.

红紫凤梨 **Neoregelia rubrovittata** Leme 【I, C】 ♣SCBG, XTBG; ●GD, TW, YN; ★(SA): BR.

血红凤梨 **Neoregelia sanguinea** Leme 【I, C】 ♣XTBG; ●YN; ★(SA): BR.

萨皮提布凤梨 **Neoregelia sapiatibensis** E. Pereira et I. A. Penna 【I, C】 ♣XTBG; ●TW, YN; ★(SA): BR.

匐茎凤梨 **Neoregelia sarmentosa** (Regel) L. B. Sm. 【I, C】 ♣SCBG, TMNS, XTBG; ●GD, TW, YN; ★(SA): BR.

Neoregelia seideliana L. B. Sm. et Reitz 【I, C】 ♣XTBG; ●YN; ★(SA): BR.

相似凤梨 **Neoregelia simulans** L. B. Sm. 【I, C】 ♣BBG, SCBG, XTBG; ●BJ, GD, TW, YN; ★(SA): BR.

端红凤梨 **Neoregelia spectabilis** (T. Moore) L. B. Sm. 【I, C】 ♣CDBG, FBG, FLBG, GBG, HBG, IBCAS, KBG, NBG, SCBG, WBG, XMBG, XTBG; ●BJ, FJ, GD, GZ, HB, JS, JX, SC, SH, TW, YN, ZJ; ★(SA): BR.

Neoregelia tarapotoensis Rauh 【I, C】 ♣SCBG, XTBG; ●GD, TW, YN; ★(SA): PE.

暗花凤梨 **Neoregelia tristis** (Beer) L. B. Sm. 【I, C】 ♣BBG, SCBG, XTBG; ●BJ, GD, TW, YN; ★(SA): BR.

Neoregelia uleana L. B. Sm. 【I, C】 ♣XTBG; ●YN; ★(SA): BR.

威尔逊凤梨 **Neoregelia wilsoniana** M. B. Foster 【I, C】 ♣CBG, SCBG, XTBG; ●GD, SH, TW, YN; ★(SA): BR.

扎斯拉夫凤梨 **Neoregelia zaslawskyi** E. Pereira et Leme 【I, C】 ♣XTBG; ●TW, YN; ★(SA): BR.

花纹彩叶凤梨 **Neoregelia zonata** L. B. Sm. 【I, C】 ♣BBG, SCBG, XTBG; ●BJ, GD, TW, YN; ★(SA): BR.

杯苞凤梨属 Wittrockia

Wittrockia superba Lindm. 【I, C】 ♣BBG; ●BJ, TW; ★(SA): BR.

鳞药光萼荷属 × Androlaechmea

鳞药光萼荷 × **Androlaechmea** 【I, C】 ●TW; ★

(SA).

水塔光萼荷属 × Billmea

水塔光萼荷 × **Billmea**【I, C】♣XTBG, CBG; ●SH, TW, YN; ★(SA).

围苞光萼荷属 × Canmea

围苞光萼荷(心花光萼荷)× **Canmea**【I, C】♣BBG, CBG, XTBG; ●BJ, SH, TW, YN; ★(SA).

彩姬凤梨属 × Cryptananas

彩姬凤梨 × **Cryptananas** 【I, C】 ♣XTBG, CBG, SCBG; ●GD, SH, YN; ★(SA).

姬红苞凤梨属 × Cryptbergia

姬红苞凤梨 × **Cryptbergia**【I, C】●TW; ★(SA).

雀舌垫凤梨属 × Dyckcohnia

雀舌垫凤梨 × **Dyckcohnia**【I, C】♣BBG; ●BJ; ★(SA).

彩叶光萼荷属 × Neomea

彩叶光萼荷 × **Neomea**【I, C】♣BBG, CBG, SCBG, XTBG; ●BJ, GD, SH, TW, YN; ★(SA).

彩叶苞凤梨属 × Neophytum

彩叶苞凤梨(杂种大红凤梨)× **Neophytum** 【I, C】♣BBG, XTBG; ●BJ, TW, YN; ★(SA).

鸟巢光萼荷属 × Nidumea

鸟巢光萼荷 × **Nidumea** 【I, C】 ♣BBG, CBG, SCBG, XTBG; ●BJ, GD, SH, YN; ★(SA).

鸟巢彩凤梨属 × Niduregelia

鸟巢彩凤梨 × **Niduregelia** 【I, C】 ●TW; ★(SA).

展苞红凤梨属 × Pitinia

展苞红凤梨 × **Pitinia** 【I, C】 ♣XTBG; ●YN; ★(SA).

银龙凤梨属 × Puckia

银龙凤梨 × **Puckia** 【I, C】 ●TW; ★(SA).

× Quesistrum

× **Quesistrum** 【I, C】 ●TW; ★(SA).

丽冠光萼荷属 × Quesmea

丽冠光萼荷 × **Quesmea** 【I, C】 ♣XTBG; ●TW, YN; ★(SA).

丽冠彩凤梨属 × Quesregelia

丽冠彩凤梨 × **Quesregelia** 【I, C】 ●TW; ★(SA).

丽穗铁兰属 × Vrieslandsia

丽穗铁兰 × **Vrieslandsia** 【I, C】 ♣XTBG; ●TW, YN; ★(SA).

66. 黄眼草科 XYRIDACEAE

黄眼草属 Xyris

南非黄眼草 **Xyris capensis** Thunb. 【I, C】 ♣XTBG; ●YN; ★(AF): AO, CF, CV, KE, MG, NG, TZ, ZA.

台湾黄眼草 **Xyris formosana** Hayata 【N, W/C】 ♣TMNS, XMBG; ●FJ, TW; ★(AS): CN.

黄眼草 **Xyris indica** L. 【N, W/C】 ♣BBG, FLBG, XMBG; ●BJ, FJ, GD, JX; ★(AS): BT, CN, ID, IN, KH, LA, LK, MM, MY, PH, TH, VN; (OC): AU, PAF.

葱草 **Xyris pauciflora** Willd. 【N, W/C】 ♣FLBG, SCBG, XMBG, XTBG; ●FJ, GD, JX, YN; ★(AS): BT, CN, ID, IN, KH, LA, LK, MM, MY, NP, PH, SG, TH, VN.

67. 谷精草科 ERIOCAULACEAE

谷精草属 Eriocaulon

高山谷精草 **Eriocaulon alpestre** Hook. f. et Thomson ex Körn. 【N, W/C】 ♣WBG; ●HB; ★(AS): BT, CN, ID, IN, JP, KP, LK, NP, PH, TH, VN.

毛谷精草 **Eriocaulon australe** R. Br. 【N, W/C】 ♣SCBG, XMBG, XTBG; ●FJ, GD, YN; ★(AS):

CN, ID, IN, KH, MY, TH, VN; (OC): AU, PAF.

谷精草 **Eriocaulon buergerianum** Körn. 【N, W/C】 ♣FBG, FLBG, GA, GBG, HBG, LBG, SCBG, TMNS, WBG, XMBG, ZAFU; ●FJ, GD, GZ, HB, JX, TW, ZJ; ★(AS): CN, JP, KP, KR, VN.

白药谷精草 **Eriocaulon cinereum** R. Br. 【N, W/C】♣FBG, GA, LBG, WBG, XMBG; ●FJ, HB, JX; ★(AF): AO, ZA; (AS): AF, BT, CN, ID, IN, JP, KH, KP, KR, LA, LK, MM, MY, NP, PH, PK, TH, VN; (OC): AU, PAF.

长苞谷精草 **Eriocaulon decemflorum** Maxim. 【N, W/C】 ♣FBG, LBG, XMBG; ●FJ, JX; ★(AS): CN, JP, KP, KR, MN, RU-AS.

尖苞谷精草 **Eriocaulon echinulatum** Mart. 【N, W/C】 ♣XMBG; ●FJ; ★(AS): CN, ID, IN, JP, KH, LA, MM, MY, PH, TH, VN.

江南谷精草 **Eriocaulon faberi** Ruhland 【N, W/C】 ♣FBG, LBG, XMBG; ●FJ, JX; ★(AS): CN.

溪生谷精草 **Eriocaulon fluviatile** Trimen 【N, W/C】 ♣FLBG; ●GD, JX; ★(AS): CN, ID, LK, VN.

小谷精草 **Eriocaulon luzulifolium** Mart. 【N, W/C】 ♣FLBG, GMG; ●GD, GX, JX; ★(AS): CN, ID, IN, TH.

南投谷精草 **Eriocaulon nantoense** Hayata 【N, W/C】 ♣XMBG, XTBG; ●FJ, YN; ★(AS): CN, IN, NP, VN.

尼泊尔谷精草 **Eriocaulon nepalense** Kunth 【N, W/C】 ♣SCBG; ●GD; ★(AS): CN, ID, IN, JP, LA, MM, NP, TH, VN.

华南谷精草 **Eriocaulon sexangulare** Willd. ex Link 【N, W/C】 ♣FBG, FLBG, LBG, SCBG, TMNS, WBG, XMBG; ●FJ, GD, HB, JX, TW; ★(AF): MG; (AS): CN, ID, IN, JP, KH, LA, LK, MM, MY, PH, TH, VN; (OC): PAF.

流星谷精草(菲律宾谷精草) **Eriocaulon truncatum** Buch.-Ham. ex Mart. 【N, W/C】 ♣FLBG, SCBG, WBG, XMBG; ●FJ, GD, HB, JX; ★(AS): CN, ID, IN, JP, LA, LK, MM, MY, PH, SG, TH, VN; (OC): PAF.

乌苏里谷精草 **Eriocaulon ussuriense** Körn. ex Regel 【N, W/C】 ♣WBG; ●HB; ★(AS): CN.

鞘谷精属 Syngonanthus

*鞘谷精 **Syngonanthus chrysanthus** (Bong.) Ruhland 【I, C】 ●TW; ★(SA): BR, UY.

Syngonanthus elegans (Bong.) Ruhland 【I, C】

头谷精属 Paepalanthus

凤梨食虫谷精 **Paepalanthus bromelioides** Silveira 【I, C】 ★(SA): BR.

水谷精属 Tonina

水谷精 **Tonina fluviatilis** Aubl. 【I, C】 ★(NA): BZ, CR, HN, MX, NI, PA; (SA): BO, BR, CO, EC, GF, GY, PE, VE.

68. 花水藓科 MAYACACEAE

花水藓属 Mayaca

花水藓 **Mayaca fluviatilis** Aubl. 【I, C】 ♣SCBG; ●GD; ★(NA): BM, BZ, CR, CU, DO, GT, HN, JM, MX, NI, PA, PR, SV, US, VG; (SA): AR, BO, BR, CO, EC, GY, PE, PY, VE.

69. 灯心草科 JUNCACEAE

地杨梅属 Luzula

地杨梅 **Luzula campestris** (L.) DC. 【N, W/C】 ♣SCBG; ●GD; ★(AF): MA; (AS): CN, IN, JP, MM, TR; (EU):AT, MC.

散序地杨梅 **Luzula effusa** Buchenau 【N, W/C】 ♣CBG, WBG; ●HB, SC, SH; ★(AS): BT, CN, IN, LK, MM, MY, NP, PH.

多花地杨梅 **Luzula multiflora** (Ehrh.) Lej. 【N, W/C】♣GBG, LBG; ●GZ, JX; ★(AF): MA; (AS): BT, CN, CY, IN, JP, KR, MN, NP, RU-AS, TR; (EU):AT, MC.

雪白地杨梅 **Luzula nivea** (Nathh.) DC. 【I, C】 ♣BBG, XTBG; ●BJ, YN; ★(AS): GE; (EU): BA, DE, ES, HR, IT, ME, MK, RO, RS, SI.

羽毛地杨梅 **Luzula plumosa** E. Mey. 【N, W/C】 ♣LBG; ●JX; ★(AS): BT, CN, ID, IN, JP, KP, KR, LK, MN, NP, RU-AS.

冬黄地杨梅(林地杨梅) **Luzula sylvatica** (Huds.) Gaudin 【I, C】 ♣BBG; ●BJ; ★(AF): MA; (AS): GE; (EU): AL, AT, BA, BE, BG, CZ, DE, ES, FR, GB, GR, HR, IT, LU, ME, MK, NL, NO, PL, RO, RS, RU, SI, TR.

灯心草属 Juncus

翅茎灯心草 **Juncus alatus** Franch. et Sav. 【N,

W/C】 ♣HBG, LBG, WBG, XMBG, ZAFU; ●FJ, HB, JX, ZJ; ★(AS): CN, JP, KP, KR.

葱状灯心草 **Juncus allioides** Franch. 【N, W/C】 ♣WBG; ●HB; ★(AS): BT, CN, ID, IN, LK, NP.

小灯心草 **Juncus bufonius** L. 【N, W/C】 ♣GBG, LBG; ●GZ, JX; ★(AF): CV, EG, MA, ZA; (AS): AF, BT, CN, CY, ID, IN, JP, KP, KR, KZ, LK, MM, MN, NP, PH, PK, RU-AS, TH, TR, VN, YE; (EU):AT, MC.

疏花灯心草 **Juncus decipiens** (Buchenau) Nakai 【N, W/C】 ♣GXIB, SCBG, TMNS, WBG; ●GD, GX, HB, TW, ZJ; ★(AS): CN, ID, IN, MN, PH, RU-AS.

星花灯心草 **Juncus diastrophanthus** Buchenau 【N, W/C】 ♣IBCAS, LBG, WBG, ZAFU; ●BJ, HB, JX, ZJ; ★(AS): CN, ID, IN, JP, KP, KR.

灯心草 **Juncus effusus** L. 【N, W/C】 ♣BBG, CBG, FBG, GA, GBG, HBG, HFBG, IBCAS, LBG, NBG, NSBG, SCBG, WBG, XLTBG, XMBG, XTBG; ●BJ, CQ, FJ, GD, GZ, HB, HI, HL, JS, JX, SC, SH, TW, YN, ZJ; ★(AF): CV, MA, MG, ZA; (AS): BT, CN, CY, ID, IN, JP, KP, KR, LA, LK, MN, MY, NP, PH, RU-AS, TH, TR, VN; (EU):AT, MC.

扁茎灯心草 **Juncus gracillimus** (Buchenau) V. I. Krecz. et Gontsch. 【N, W/C】 ♣LBG, WBG; ●HB, JX; ★(AS): CN, JP, KP, KR, MN, PK, RU-AS.

片髓灯心草 **Juncus inflexus** L. 【N, W/C】 ♣BBG, SCBG, WBG; ●BJ, GD, HB; ★(AF): CV, MA, ZA; (AS): BT, CN, CY, ID, IN, LK, MY, NP, PK, TR, VN, YE; (EU):AT, MC.

卡西灯心草 **Juncus khasiensis** Buchenau 【N, W/C】 ●YN; ★(AS): BT, CN, ID, IN, LK, NP.

矮灯心草 **Juncus minimus** Buchenau 【N, W/C】 ●YN; ★(AS): BT, CN, IN, LK, NP.

多花灯心草 **Juncus modicus** N. E. Br. 【N, W/C】 ●YN; ★(AS): CN.

开展灯心草 **Juncus patens** E. Mey. 【I, C】 ●BJ, TW; ★(NA): MX, US.

单花灯心草 **Juncus perparvus** K. F. Wu 【N, W/C】 ♣HBG; ●ZJ; ★(AS): CN.

单枝灯心草 **Juncus potaninii** Buchenau 【N, W/C】 ♣SCBG; ●GD; ★(AS): CN, JP, KR, NP.

笄石菖 **Juncus prismatocarpus** R. Br. 【N, W/C】 ♣FBG, FLBG, GA, LBG, TMNS, WBG, XMBG, XTBG, ZAFU; ●FJ, GD, HB, JX, TW, YN, ZJ; ★(AS): BT, CN, ID, IN, JP, KH, KP, LA, LK, MM, MY, NP, PH, PK, RU-AS, TH, VN; (OC): AU, NZ, PAF.

野灯心草 **Juncus setchuensis** Buchenau 【N, W/C】 ♣CBG, FLBG, GA, HBG, KBG, LBG, WBG, XBG, XTBG, ZAFU; ●GD, HB, JX, SC, SH, SN, YN, ZJ; ★(AS): CN, JP, KP, KR.

假灯心草 **Juncus setchuensis** var. **effusoides** Buchenau 【N, W/C】 ♣GMG, HBG; ●GX, ZJ; ★(AS): CN, JP, KP, KR.

坚被灯心草 **Juncus tenuis** Willd. 【N, W/C】 ♣LBG; ●JX; ★(AF): ZA; (AS): CN, ID, IN, JP, KP, KR, MN, RU-AS, TR; (EU):AT, MC;

中亚灯心草 **Juncus turkestanicus** V. I. Krecz. et Gontsch. 【I, C】 ★(AS): PK, TR.

针灯心草 **Juncus wallichianus** J. Gay ex Laharpe 【N, W/C】 ♣TMNS; ●TW; ★(AS): BT, CN, ID, IN, JP, KP, KR, LA, LK, MN, NP, RU-AS, VN.

70. 莎草科 CYPERACEAE

石龙刍属 Lepironia

石龙刍（短穗石龙刍）**Lepironia articulata** (Retz.) Domin 【N, W/C】 ●TW; ★(AS): CN, ID, IN, JP, KH, LA, LK, MY, SG, TH, VN; (OC): AU, FJ.

割鸡芒属 Hypolytrum

海南割鸡芒 **Hypolytrum hainanense** (Merr.) Tang et F. T. Wang 【N, W/C】 ♣FLBG; ●GD, JX; ★(AS): CN, VN.

割鸡芒 **Hypolytrum nemorum** (Vahl) Spreng. 【N, W/C】 ♣GXIB, KBG, LBG, SCBG, WBG, XMBG, XTBG; ●FJ, GD, GX, HB, JX, YN; ★(AS): BT, CN, ID, IN, KH, LA, LK, MM, MY, PH, SG, TH, VN; (OC): AU, FJ.

擂鼓艻属 Mapania

华擂鼓艻 **Mapania silhetensis** C. B. Clarke 【N, W/C】 ♣SCBG, XTBG; ●GD, YN; ★(AS): CN, IN, VN.

单穗擂鼓艻 **Mapania wallichii** C. B. Clarke 【N, W/C】 ♣SCBG, XTBG; ●GD, YN; ★(AS): CN.

裂颖茅属 Diplacrum

裂颖茅 **Diplacrum caricinum** R. Br. 【N, W/C】 ♣SCBG; ●GD; ★(AS): CN, ID, IN, JP, KH, LA, LK, MM, MY, PH, SG, TH, VN; (OC): AU, PAF.

珍珠茅属 Scleria

华珍珠茅 **Scleria ciliaris** Nees【N, W/C】♣XTBG; ●YN; ★(AS): CN, ID, IN, KH, LA, MM, MY, PH, SG, TH, VN; (OC): AU, PAF.

圆秆珍珠茅 **Scleria harlandii** Hance 【N, W/C】♣SCBG; ●GD; ★(AS): CN, KH, VN.

黑鳞珍珠茅 **Scleria hookeriana** Boeckeler 【N, W/C】 ♣GA, LBG, NSBG, WBG; ●CQ, HB, JX; ★(AS): CN, ID, IN, MY, VN.

毛果珍珠茅 **Scleria levis** Retz. 【N, W/C】 ♣FBG, HBG, LBG, SCBG, XMBG, XTBG; ●FJ, GD, JX, YN, ZJ; ★(AS): BT, CN, ID, IN, JP, KH, LA, LK, MM, MY, NP, PH, SG, TH, VN; (OC): AU, PAF.

扁果珍珠茅 **Scleria oblata** S. T. Blake ex J. Kern【N, W/C】 ♣XTBG; ●YN; ★(AS): CN, ID, IN, LK, PH.

小型珍珠茅 **Scleria parvula** Steud. 【N, W/C】♣FBG, GBG, SCBG, XMBG; ●FJ, GD, GZ; ★(AF): NG; (AS): BT, CN, ID, IN, JP, KH, KR, LA, LK, NP, PH, TH, VN.

纤秆珍珠茅 **Scleria pergracilis** (Nees) Kunth 【N, W/C】 ♣LBG; ●JX; ★(AF): NG, ZA; (AS): CN, ID, IN, KH, KR, LA, LK, MM, NP, PH, TH, VN.

香港珍珠茅(光果珍珠茅)**Scleria radula** Hance【N, W/C】 ♣XTBG; ●YN; ★(AS): CN, ID, IN, LK, MY, NP, PH, VN.

高秆珍珠茅 **Scleria terrestris** (L.) Fassett 【N, W/C】 ♣GA, GBG, GMG, NSBG, SCBG; ●CQ, GD, GX, GZ, JX; ★(AS): BT, CN, ID, IN, JP, KH, LA, LK, MM, MY, NP, PH, SG, TH, VN; (OC): AU, PAF.

一本芒属 Cladium

克拉莎(华克拉莎)**Cladium jamaicense** C. B. Clarke 【I, C】 ★(NA): MX, US; (SA): AR, BR, PY, UY.

曲秆莎属 Caustis

曲秆莎 **Caustis flexuosa** R. Br. 【I, C】 ●TW; ★(OC): AU.

鳞籽莎属 Lepidosperma

鳞籽莎 **Lepidosperma chinense** Nees et Meyen ex Kunth【N, W/C】♣FLBG, WBG, XMBG, ZAFU; ●FJ, GD, HB, JX, ZJ; ★(AS): CN, ID, MY, VN; (OC): AU.

黑莎草属 Gahnia

散穗黑莎草 **Gahnia baniensis** Benl 【N, W/C】♣SCBG; ●GD; ★(AS): CN, ID, IN, JP, MY, VN; (OC): PAF.

黑莎草 **Gahnia tristis** Nees 【N, W/C】 ♣CBG, FBG, FLBG, GA, LBG, SCBG, WBG, XMBG, ZAFU; ●FJ, GD, HB, JX, SH, ZJ; ★(AS): CN, ID, IN, JP, MY, PH, SG, TH, VN.

赤箭莎属 Schoenus

长穗赤箭莎 **Schoenus calostachyus** (R. Br.) Roem. et Schult. 【N, W/C】 ♣SCBG, WBG; ●GD, HB; ★(AS): CN, ID, IN, JP, MY, SG, TH, VN; (OC): AU, PAF.

刺子莞属 Rhynchospora

白鳞刺子莞 **Rhynchospora alba** (L.) Vahl 【N, W/C】 ♣SCBG, WBG, XTBG; ●GD, HB, YN; ★(AS): CN, GE, JP, KP, KR, KZ, MN, RU-AS, TR; (EU): AT, BA, BE, CZ, DE, ES, FI, GB, HR, HU, IT, LU, ME, MK, NL, NO, PL, RO, RS, RU, SI.

华刺子莞 **Rhynchospora chinensis** Nees et Meyen【N, W/C】♣FBG, LBG, SCBG, XMBG; ●FJ, GD, JX; ★(AS): CN, ID, IN, JP, KR, LK, MM, TH, VN.

白鹭莞 **Rhynchospora colorata** (L.) H. Pfeiff. 【I, C】 ♣SCBG, TMNS, XMBG; ●FJ, GD, TW; ★(NA): BS, BZ, CU, DO, GT, HN, JM, LW, MX, PR, US; (SA): PE.

柔弱刺子莞 **Rhynchospora gracillima** C. Wright【N, W/C】♣XMBG; ●FJ; ★(AF): MG, NG; (AS): CN, ID, IN, LK, MY, TH; (OC): AU, PAF.

刺子莞 **Rhynchospora rubra** (Lour.) Makino 【N, W/C】 ♣FBG, FLBG, GA, LBG, SCBG, XMBG; ●FJ, GD, JX; ★(AF): MG, NG; (AS): BT, CN, ID, IN, JP, KR, LA, LK, MM, MY, NP, PH, SG, TH, VN; (OC): AU, PAF.

*皱刺子莞 **Rhynchospora rugosa** (Vahl) Gale 【I, C】♣SCBG, XMBG; ●FJ, GD; ★(NA): MX, PA; (SA): BO, BR, CO, EC, PE, VE.

白喙刺子莞 **Rhynchospora rugosa** subsp. **brownii** (Roem. et Schult.) T. Koyama 【I, C】 ♣FBG, SCBG, XMBG; ●FJ, GD; ★(AS): ID, IN, JP, LK, MY, NP, PH, TH, VN.

扁穗草属　Blysmus

内蒙古扁穗草 **Blysmus rufus** (Huds.) Link 【N, W/C】 ♣WBG; ●HB; ★(AS): CN, GE, KG, KZ, MN, PK, RU-AS, TJ, UZ; (EU): BA, CZ, DE, FI, GB, NL, NO, PL, RU.

藨草属　Trichophorum

三棱针蔺 **Trichophorum mattfeldianum** S. Yun Liang 【N, W/C】 ♣GBG, WBG; ●GZ, HB; ★(AS): CN, VN.

矮针蔺 **Trichophorum pumilum** (Vahl) Schinz et Thell. 【N, W/C】 ♣WBG; ●HB; ★(AS): AF, CN, KG, KZ, MN, NP, PK, TJ, UZ; (EU): FR, IT, NO.

玉山针蔺 **Trichophorum subcapitatum** (Thwaites et Hook.) D. A. Simpson 【N, W/C】 ♣GA, LBG, WBG, ZAFU; ●HB, JX, ZJ; ★(AS): CN, ID, IN, JP, LA, LK, MY, PH, TH, VN.

藨草属　Scirpus

细枝藨草 **Scirpus filipes** C. B. Clarke 【N, W/C】 ♣SCBG, WBG; ●GD, HB; ★(AS): CN.

海南藨草 **Scirpus hainanensis** S. M. Huang 【N, W/C】 ♣SCBG; ●GD; ★(AS): CN.

庐山藨草 **Scirpus lushanensis** Ohwi 【N, W/C】 ♣GBG, LBG, WBG; ●GZ, HB, JX; ★(AS): CN, ID, IN, JP, KP, KR, RU-AS, TH, VN.

东北藨草（单穗藨草）**Scirpus radicans** Poir. 【N, W/C】 ♣IBCAS; ●BJ; ★(AS): CN, GE, JP, KR, KZ, MN, RU-AS; (EU): AT, BA, CZ, DE, FI, HR, HU, IT, ME, MK, NO, PL, RO, RS, RU, SI.

百球藨草 **Scirpus rosthornii** Diels 【N, W/C】 ♣LBG, WBG; ●HB, JX; ★(AS): CN, JP, NP.

百穗藨草 **Scirpus ternatanus** Reinw. ex Miq. 【N, W/C】 ♣SCBG; ●GD; ★(AS): BT, CN, ID, IN, JP, LK, MM, MY, NP, PH, TH, VN.

球穗藨草（茸球藨草）**Scirpus wichurae** Boeckeler 【N, W/C】 ♣LBG, SCBG, TDBG; ●GD, JX, XJ; ★(AS): BT, CN, ID, IN, JP, KP, KR, MN, RU-AS, TH.

羊胡子草属　Eriophorum

细秆羊胡子草 **Eriophorum gracile** Sm. 【N, W/C】 ♣IBCAS, WBG; ●BJ, HB; ★(AS): CN, GE, JP, KP, KR, KZ, MN, RU-AS; (EU): AT, BA, BE, BG, CZ, DE, FI, GB, HR, HU, IT, ME, MK, NL, NO, PL, RO, RS, RU, SI.

薹草属　Carex

广东薹草 **Carex adrienii** E. G. Camus 【N, W/C】 ♣SCBG; ●GD; ★(AS): CN, LA, VN.

Carex albula Allan 【I, C】 ♣NBG; ●JS; ★(OC): NZ.

高秆薹草 **Carex alta** Boott 【N, W/C】 ♣GBG; ●GZ; ★(AS): CN, ID, IN, MM, VN.

阿齐薹草 **Carex argyi** H. Lév. et Vaniot 【N, W/C】 ♣XTBG; ●YN; ★(AS): CN.

阿里山薹草 **Carex arisanensis** Hayata 【N, W/C】 ♣SCBG; ●GD; ★(AS): CN, JP.

短鳞薹草 **Carex augustinowiczii** Meinsh. ex Korsh. 【N, W/C】 ●BJ; ★(AS): CN, JP, KR, MN, RU-AS.

浆果薹草 **Carex baccans** Nees 【N, W/C】 ♣CBG, FBG, GBG, GMG, KBG, SCBG, XTBG; ●FJ, GD, GX, GZ, SC, SH, YN; ★(AS): BT, CN, ID, IN, KH, LA, LK, MM, MY, NP, PH, TH, VN.

宝华山薹草 **Carex baohuashanica** Tang et F. T. Wang ex L. K. Dai 【N, W/C】 ♣SCBG; ●GD; ★(AS): CN.

青绿薹草 **Carex breviculmis** R. Br. 【N, W/C】 ♣FBG, GA, LBG, SCBG, WBG, XMBG; ●BJ, FJ, GD, HB, JX; ★(AS): BT, CN, ID, IN, JP, KP, KR, MM, NP, PH, RU-AS, VN; (OC): AU.

短尖薹草 **Carex brevicuspis** C. B. Clarke 【N, W/C】 ♣GA, ZAFU; ●JX, ZJ; ★(AS): CN.

亚澳薹草 **Carex brownii** Tuck. 【N, W/C】 ♣GA, LBG, SCBG; ●GD, JX; ★(AS): CN, ID, IN, JP, KP, KR; (OC): AU, NZ, PAF.

褐果薹草 **Carex brunnea** Thunb. 【N, W/C】 ♣LBG, SCBG, WBG; ●GD, HB, JX; ★(AS): CN, IN, JP, KP, KR, MM, NP, PH, VN, YE.

棕红薹草（布坎南薹草）**Carex buchananii** Berggr. 【I, C】 ♣CBG, NBG; ●BJ, JS, SH; ★(OC): NZ.

羊须草 **Carex callitrichos** V. I. Krecz. 【N, W/C】 ♣HFBG; ●HL; ★(AS): CN, JP, KP, MN, RU-AS.

发秆薹草 **Carex capillacea** Boott 【N, W/C】 ♣GA, LBG; ●JX, YN; ★(AS): CN, ID, IN, JP, KP, KR, MM, MN, PH, RU-AS, TH, VN; (OC): AU.

中华薹草 **Carex chinensis** Retz. 【N, W/C】 ♣SCBG, XMBG; ●FJ, GD; ★(AS): CN.

仲氏薹草 **Carex chungii** Z. P. Wang 【N, W/C】 ♣NBG; ●JS; ★(AS): CN.

灰化薹草 **Carex cinerascens** Kük. 【N, W/C】

♣LBG; ●JX; ★(AS): CN, JP, KR, MN, RU-AS.

发状薹草 **Carex comans** Berggr. 【I, C】 ♣CBG, NBG, SCBG; ●BJ, GD, JS, SH; ★(OC): NZ.

十字薹草 **Carex cruciata** Wahlenb. 【N, W/C】 ♣CBG, GA, IBCAS, SCBG, WBG; ●BJ, GD, HB, JX, SH; ★(AF): MG; (AS): BT, CN, ID, IN, JP, LA, LK, MM, MY, NP, PH, TH, VN; (OC): AU.

隐穗薹草 **Carex cryptostachys** Brongn. 【N, W/C】 ♣SCBG, WBG; ●GD, HB; ★(AS): CN, ID, IN, MY, PH, SG, TH, VN; (OC): AU, PAF.

无喙囊薹草 **Carex davidii** Franch. 【N, W/C】 ♣LBG, WBG; ●HB, JX; ★(AS): CN, PH.

朝鲜薹草 **Carex dickinsii** Franch. et Sav. 【N, W/C】 ♣HBG; ●ZJ; ★(AS): CN, JP, KP, KR.

二形鳞薹草 **Carex dimorpholepis** Steud. 【N, W/C】 ♣CBG, LBG, SCBG, ZAFU; ●GD, JX, SH, ZJ; ★(AS): CN, ID, IN, JP, KP, KR, LK, MM, NP, TH, VN.

秦岭薹草 **Carex diplodon** Nelmes 【N, W/C】 ♣WBG; ●HB; ★(AS): CN.

皱果薹草 **Carex dispalata** Boott 【N, W/C】 ♣CBG, IBCAS, WBG; ●BJ, HB, SH; ★(AS): CN, JP, KR, MN, NP, RU-AS.

景洪薹草 **Carex doisutepensis** T. Koyama 【N, W/C】 ♣XTBG; ●YN; ★(AS): CN, TH.

长穗薹草 **Carex dolichostachya** Hayata 【N, W/C】 ●BJ; ★(AS): CN, JP, PH.

签草 **Carex doniana** Spreng. 【N, W/C】 ♣GA, HBG, LBG, ZAFU; ●JX, ZJ; ★(AS): CN, ID, IN, JP, KP, KR, MN, MY, NP, PH, RU-AS, VN.

寸草 **Carex duriuscula** C. A. Mey. 【N, W/C】 ♣XMBG; ●FJ; ★(AS): AF, CN, KG, KR, KZ, MN, PK, RU-AS, TJ, TM, TR, UZ.

白颖薹草 **Carex duriuscula** subsp. **rigescens** (Franch.) S. Yun Liang et Y. C. Tang 【N, W/C】 ♣BBG, IBCAS; ●BJ; ★(AS): CN, RU-AS.

细叶薹草 **Carex duriuscula** subsp. **stenophylloides** (V. I. Krecz.) S. Yun Liang et Y. C. Tang 【N, W/C】 ♣NBG; ●BJ, JS; ★(AS): AF, CN, KG, KP, KR, KZ, MN, PK, TJ, TM, UZ.

*坦桑尼亚薹草 **Carex echinochloe** subsp. **nyasensis** (C. B. Clarke) Lye 【I, C】 ♣XTBG; ●YN; ★(AF): TZ.

*高薹草 **Carex elata** All. 【I, C】 ♣XTBG; ●YN; ★(AF): MA; (AS): CY, GE, SA, TR; (EU): AT, BA, BE, CZ, DE, ES, FI, FR, GB, GR, HR, HU, IT, LU, MC, ME, MK, NL, NO, PL, RO, RS, RU, SI.

川东薹草 **Carex fargesii** Franch. 【N, W/C】 ♣LBG, WBG; ●HB, JX; ★(AS): CN, IN, NP.

蕨状薹草 **Carex filicina** Nees 【N, W/C】 ♣KBG, SCBG; ●GD, YN; ★(AS): BT, CN, ID, IN, LA, LK, MM, MY, NP, PH, TH, VN.

日本丝柄薹草（线柄薹草）**Carex filipes** Franch. et Sav. 【N, W/C】 ♣IBCAS; ●BJ; ★(AS): CN, JP, KR, RU-AS.

少囊薹草 **Carex filipes** var. **oligostachys** Kük. 【N, W/C】 ♣GBG; ●GZ; ★(AS): CN, KP, MN, RU-AS.

柔弱薹草 **Carex flacca** Schreb. 【I, C】 ♣CBG, IBCAS, NBG; ●BJ, JS, SH; ★(AF): EG, MA; (AS): TR; (EU): AT, BE, CH, DK, FR, GB, GR, TR.

穿孔薹草 **Carex foraminata** C. B. Clarke 【N, W/C】 ♣LBG; ●JX; ★(AS): CN, JP.

溪水薹草 **Carex forficula** Franch. et Sav. 【N, W/C】 ♣IBCAS; ●BJ; ★(AF): EG, MA; (AS): CN, JP, KP, KR, MN, RU-AS, TR, YE; (EU): ES, FR, IS, IT, NO.

刺喙薹草 **Carex forrestii** Kük. 【N, W/C】 ♣IBCAS; ●BJ; ★(AS): CN.

穹隆薹草 **Carex gibba** Wahlenb. 【N, W/C】 ♣HBG, LBG, SCBG; ●GD, JX, ZJ; ★(AS): CN, JP, KP, KR, VN.

涝峪薹草 **Carex giraldiana** Kük. 【N, W/C】 ♣IBCAS; ●BJ; ★(AS): CN.

长梗扁果薹草（长梗薹草）**Carex glossostigma** Hand.-Mazz. 【N, W/C】 ♣GA, LBG; ●JX; ★(AS): CN.

长囊薹草 **Carex harlandii** Boott 【N, W/C】 ♣IBCAS, SCBG; ●BJ, GD; ★(AS): CN, ID, IN, MM, TH, VN.

长叶薹草 **Carex hattoriana** Nakai ex Tuyama 【N, W/C】 ♣GBG, HBG, WBG; ●GZ, HB, ZJ; ★(AS): CN, JP, VN; (OC): AU.

疏果薹草 **Carex hebecarpa** C. A. Mey. 【N, W/C】 ♣XMBG; ●FJ; ★(AS): BT, CN, ID, IN, LK, MY, NP, VN; (SA): PE.

亨氏薹草（亨氏薹草）**Carex henryi** C. B. Clarke ex Franch. 【N, W/C】 ♣WBG; ●HB; ★(AS): CN, ID, LK, NP.

异鳞薹草 **Carex heterolepis** Bunge 【N, W/C】 ♣IBCAS; ●BJ; ★(AS): CN, JP, KP, KR, MN, RU-AS.

异穗薹草 **Carex heterostachya** Bunge 【N, W/C】 ♣BBG, IBCAS; ●BJ; ★(AS): CN, KP, KR, MN,

TR.

低矮薹草 **Carex humilis** Leyss. 【N, W/C】 ♣IBCAS; ●BJ, YN; ★(AF): MA; (AS): CN, GE, JP, KP, KR, MN, RU-AS, TR; (EU): AL, AT, BA, BE, BG, CZ, DE, ES, GB, GR, HR, HU, IT, ME, MK, PL, RO, RS, RU, SI.

缺刻薹草 **Carex incisa** Boott 【I, C】 ★(AS): JP, KR, RU-AS.

狭穗薹草 **Carex ischnostachya** Steud. 【N, W/C】 ♣FBG, GBG, HBG; ●FJ, GZ, ZJ; ★(AS): CN, JP, KP, KR.

鸭绿薹草 **Carex jaluensis** Kom. 【N, W/C】 ♣WBG; ●HB; ★(AS): CN, KP, KR, MN, RU-AS.

高氏薹草 **Carex kaoi** Tang et F. T. Wang ex S. Y. Liang 【N, W/C】 ♣WBG; ●HB, SC; ★(AS): CN.

褐柄薹草 **Carex kiotensis** Franch. et Sav. 【N, W/C】 ♣HBG; ●ZJ; ★(AS): CN, JP.

筛草 **Carex kobomugi** Ohwi 【N, W/C】 ♣CBG; ●SH; ★(AS): CN, JP, KP, KR, MN, RU-AS; (NA): US.

棕叶薹草 **Carex kucyniakii** Raymond 【N, W/C】 ♣CBG, NBG, ZAFU; ●JS, SH, ZJ; ★(AS): CN, VN.

大披针薹草 **Carex lanceolata** Boott 【N, W/C】 ♣BBG, GA, GBG, LBG; ●BJ, GZ, JX; ★(AS): CN, JP, KP, KR, MN, RU-AS; (OC): AU, NZ.

亚柄薹草 **Carex lanceolata** var. **subpediformis** Kük. 【N, W/C】 ♣GBG; ●GZ; ★(AS): CN, JP.

弯喙薹草 **Carex laticeps** C. B. Clarke ex Franch. 【N, W/C】 ♣LBG, WBG; ●HB, JX; ★(AS): CN, JP, KP, KR.

卵形薹草 **Carex leporina** L. 【N, W/C】 ♣KBG; ●YN; ★(AS): CN, RU-AS, TR.

舌叶薹草 **Carex ligulata** Nees 【N, W/C】 ♣CBG, LBG, ZAFU; ●JX, SH, ZJ; ★(AS): CN, ID, IN, JP, KP, KR, LK, NP.

刘氏薹草 **Carex liouana** F. T. Wang et Tang 【N, W/C】 ♣SCBG; ●GD; ★(AS): CN.

二柱薹草 **Carex lithophila** Turcz. 【N, W/C】 ●BJ; ★(AS): CN, JP, KR, MN, RU-AS.

长咀薹草 **Carex longirostrata** C. A. Mey. 【I, C】 ★(AS): RU-AS.

长密花穗薹草 **Carex longispiculata** Y. C. Yang 【N, W/C】 ♣WBG, XTBG; ●HB, YN; ★(AS): CN.

龙胜薹草 **Carex longshengensis** Y. C. Tang et S. Yun Liang 【N, W/C】 ♣GXIB; ●GX; ★(AS): CN.

城口薹草 **Carex luctuosa** Franch. 【N, W/C】 ♣WBG; ●HB; ★(AS): CN.

卵果薹草 **Carex maackii** Maxim. 【N, W/C】 ♣LBG; ●JX; ★(AS): CN, JP, KP, KR, MN, RU-AS.

斑点果薹草 **Carex maculata** Boott 【N, W/C】 ♣SCBG, WBG; ●GD, HB; ★(AS): CN, ID, IN, JP, KR, LK, MN, MY; (OC): AU.

弯柄薹草 **Carex manca** Boott 【N, W/C】 ♣SCBG, WBG, XMBG; ●FJ, GD, HB; ★(AS): CN, ID, VN.

套鞘薹草 **Carex maubertiana** Boott 【N, W/C】 ♣GA, GBG, SCBG, WBG; ●GD, GZ, HB, JX; ★(AS): CN, ID, IN, LK, NP, VN.

乳突薹草 **Carex maximowiczii** F. Schmidt 【N, W/C】 ♣HBG, LBG; ●JX, ZJ; ★(AS): CN, JP, KP, KR, MN, RU-AS.

滑茎薹草 **Carex micrantha** Kük. 【N, W/C】 ♣GA; ●JX; ★(AS): CN, KP, RU-AS.

芒髯薹草（莫罗薹草）**Carex morrowii** Boott 【I, C】 ♣CBG, SCBG, WBG, XMBG; ●BJ, FJ, GD, HB, SH; ★(AS): JP.

棕榈叶薹草 **Carex muskingumensis** Schwein. 【I, C】 ♣CBG, NBG; ●JS, SH, YN; ★(NA): CA, US.

条穗薹草 **Carex nemostachys** Steud. 【N, W/C】 ♣CBG, FLBG, GA, GBG, LBG, SCBG, WBG, ZAFU; ●GD, GZ, HB, JX, SH, ZJ; ★(AS): CN, ID, IN, JP, KH, LA, MM, TH, VN.

新多穗薹草 **Carex neopolycephala** Tang et F. T. Wang ex L. K. Dai 【N, W/C】 ♣WBG; ●HB; ★(AS): CN.

翼果薹草 **Carex neurocarpa** Maxim. 【N, W/C】 ♣WBG; ●HB; ★(AS): CN, JP, KP, KR, MN, RU-AS.

黑薹草 **Carex nigra** (L.) Reichard 【I, C】 ♣CBG; ●SH; ★(AF): MA; (AS): BT, CY, IN, LK, NP, RU-AS, TR; (EU): BE, FR, GB, LU, MC, NL; (NA): CA, US.

大岛薹草（欧氏薹草）**Carex oshimensis** Nakai 【I, C】 ♣CBG, ZAFU; ●SH, ZJ; ★(AS): JP.

白头山薹草 **Carex peiktusani** Kom. 【N, W/C】 ♣IBCAS; ●BJ; ★(AS): CN, JP, KR.

扇叶薹草 **Carex peliosanthifolia** F. T. Wang et Tang ex P. C. Li 【N, W/C】 ♣SCBG; ●GD; ★(AS): CN.

悬穗薹草 **Carex pendula** Huds. 【I, C】 ●TW; ★(AF): MA; (AS): TR; (EU): AT, BE, CH, ES, FR,

GB, LU, MC, NL, PT.

霹雳薹草 **Carex perakensis** C. B. Clarke 【N, W/C】 ♣GBG; ●GZ; ★(AS): CN, ID, IN, LA, MM, MY, TH, VN.

镜子薹草 **Carex phacota** Spreng. 【N, W/C】 ♣LBG, SCBG, XMBG; ●FJ, GD, JX, SC; ★(AS): BT, CN, ID, IN, JP, KR, LK, MM, MY, NP, PH, TH, VN.

密苞叶薹草 **Carex phyllocephala** T. Koyama 【N, W/C】 ♣XMBG; ●FJ; ★(AS): CN, JP.

囊果薹草 **Carex physodes** M. Bieb. 【N, W/C】 ♣TDBG; ●XJ; ★(AS): AF, CN; (EU): RU.

类白穗薹草 **Carex polyschoenoides** K. T. Fu 【N, W/C】 ♣WBG; ●HB; ★(AS): CN.

粉被薹草 **Carex pruinosa** Boott 【N, W/C】 ♣FBG, LBG, ZAFU; ●FJ, JX, ZJ; ★(AS): BT, CN, ID, IN, LK, MM, PH, RU-AS, TH, VN.

似莎薹草 **Carex pseudocyperus** L. 【N, W/C】 ♣KBG; ●YN; ★(AF): MA; (AS): CN, GE, JP, MN, RU-AS, TR; (EU): AL, AT, BA, BE, BG, CZ, DE, ES, FI, GB, HR, HU, IT, LU, ME, MK, NL, NO, PL, RO, RS, RU, SI.

锈点薹草 **Carex pseudoligulata** L. K. Dai 【N, W/C】 ♣GA; ●JX; ★(AS): CN.

矮生薹草 **Carex pumila** Thunb. ex A. Murray 【N, W/C】 ♣CBG; ●SH; ★(AS): CN, JP, KP, KR, MN, RU-AS; (OC): AU.

书带薹草 **Carex rochebrunii** Franch. et Sav. 【N, W/C】 ♣LBG; ●JX, YN; ★(AS): BT, CN, ID, IN, JP, LK, NP.

点囊薹草 **Carex rubrobrunnea** C. B. Clarke 【N, W/C】 ♣WBG; ●HB; ★(AS): BT, CN, IN, MM, VN.

大理薹草 **Carex rubrobrunnea** var. **taliensis** (Franch.) Kük. 【N, W/C】 ♣GA, LBG; ●JX; ★(AS): CN.

*粗糙薹草 **Carex scabrata** Schwein. 【I, C】 ♣XTBG; ●YN; ★(NA): CA, US.

花葶薹草 **Carex scaposa** C. B. Clarke 【N, W/C】 ♣CBG, GA, IBCAS, KBG, LBG, SCBG, WBG, XMBG, XTBG, ZAFU; ●BJ, FJ, GD, HB, JX, SH, YN, ZJ; ★(AS): CN, VN.

糙叶花葶薹草 **Carex scaposa** var. **hirsuta** P. C. Li 【N, W/C】 ♣SCBG; ●GD; ★(AS): CN.

硬果薹草 **Carex sclerocarpa** Franch. 【N, W/C】 ♣WBG; ●HB; ★(AS): CN.

多穗仙台薹草 **Carex sendaica** var. **pseudosendaica** T. Koyama 【N, W/C】 ♣LBG, WBG; ●HB, JX; ★(AS): CN, JP.

宽叶薹草 **Carex siderosticta** Hance 【N, W/C】 ♣BBG, CBG, GA, HBG, IBCAS, LBG, WBG, ZAFU; ●BJ, HB, JX, SH, ZJ; ★(AS): CN, JP, KR, MN, RU-AS.

毛缘宽叶薹草 **Carex siderosticta** var. **pilosa** H. Lév. ex T. Koyama 【N, W/C】 ♣IBCAS; ●BJ; ★(AS): CN, JP, KP, KR.

冻原薹草 **Carex siroumensis** Koidz. 【N, W/C】 ♣XTBG; ●YN; ★(AS): CN, JP, KP, KR.

柄果薹草 **Carex stipitinux** C. B. Clarke ex Franch. 【N, W/C】 ♣GBG, LBG; ●GZ, JX; ★(AS): CN.

柄囊薹草 **Carex stipitiutriculata** P. C. Li 【N, W/C】 ●YN; ★(AS): CN.

长柱头薹草 **Carex teinogyna** Boott 【N, W/C】 ♣FLBG, SCBG; ●GD, JX; ★(AS): CN, ID, IN, JP, KP, KR, MM, VN.

宽薹草 **Carex testacea** Sol. ex Boott 【I, C】 ♣NBG, SCBG; ●GD; ★(OC): NZ.

藏薹草 **Carex thibetica** Franch. 【N, W/C】 ♣CBG, IBCAS, WBG; ●BJ, HB, SH; ★(AS): CN, VN.

横果薹草 **Carex transversa** Boott 【N, W/C】 ♣HBG; ●ZJ; ★(AS): CN, JP, KP, KR.

三穗薹草 **Carex tristachya** Thunb. 【N, W/C】 ♣LBG, SCBG, XMBG; ●FJ, GD, JX; ★(AS): CN, JP, KP, KR, PH.

单性薹草 **Carex unisexualis** C. B. Clarke 【N, W/C】 ♣LBG, WBG, ZAFU; ●HB, JX, ZJ; ★(AS): CN, JP.

斑叶薹草 **Carex variegata** (All.) Lam. 【I, C】 ♣NBG; ●JS; ★(NA): US.

健壮宿柱薹草 **Carex wahuensis** subsp. **robusta** (Franch. et Sav.) T. Koyama 【N, W/C】 ♣ZAFU; ●ZJ; ★(AS): CN, JP, KP, KR.

嵩草属 Kobresia

大花嵩草 **Kobresia macrantha** Boeckeler 【N, W/C】 ♣LBG; ●JX; ★(AS): CN, NP.

钩状嵩草 **Kobresia uncinioides** (Boott) C. B. Clarke 【N, W/C】 ♣WBG; ●HB; ★(AS): BT, CN, IN, LK, MM, NP.

球柱草属 Bulbostylis

球柱草 **Bulbostylis barbata** Kunth 【N, W/C】 ♣FBG, FLBG, GA, HBG, LBG, SCBG, XMBG, XTBG; ●FJ, GD, JX, YN, ZJ; ★(AF): NG; (AS):

BT, CN, ID, IN, JP, KH, KP, KR, LA, LK, MY, NP, PH, PK, SG, TH, VN.

丝叶球柱草 **Bulbostylis densa** (Wall.) Hand.-Mazz. 【N, W/C】♣GBG, LBG, WBG; ●GZ, HB, JX; ★(AF): NG; (AS): BT, CN, ID, IN, JP, KR, LK, MM, MN, NP, PH, RU-AS, TH, VN.

星穗莎属 Actinoschoenus

星穗莎（华飘拂草）**Actinoschoenus thouarsii** (Kunth) Benth. 【N, W/C】♣SCBG; ●GD; ★(AF): MG; (AS): CN, ID, IN, KH, LK, MY, PH, TH, VN.

扁拂草属 Abildgaardia

扁拂草（独穗飘拂草）**Abildgaardia ovata** (Burm. f.) Kral【N, W/C】♣XMBG; ●FJ; ★(AF): CV, NG; (AS): BT, CN, ID, IN, JP, KP, KR, LA, LK, MY, NP, PH, PK, SG, TH, VN, YE; (OC): AU, FJ, PAF.

飘拂草属 Fimbristylis

披针穗飘拂草 **Fimbristylis acuminata** Vahl 【N, W/C】 ♣SCBG; ●GD; ★(AS): BT, CN, ID, IN, JP, LA, LK, MY, PH, SG, TH, VN; (OC): AU.

夏飘拂草 **Fimbristylis aestivalis** Vahl 【N, W/C】 ♣FBG, GA, SCBG, XTBG; ●FJ, GD, JX, YN; ★(AS): BT, CN, ID, IN, JP, KR, LA, LK, MM, MN, NP, PH, RU-AS, TH, VN.

无叶飘拂草 **Fimbristylis aphylla** (R. Br.) F. Muell. 【N, W/C】♣WBG; ●HB; ★(AF): NG, ZA; (AS): CN, ID, IN, LK, PH, TH, VN; (OC): AU.

扁鞘飘拂草 **Fimbristylis complanata** Benth. 【N, W/C】 ♣GBG, LBG; ●GZ, JX; ★(AF): NG, ZA; (AS): BT, CN, ID, IN, JP, KP, KR, LK, MM, MY, NP, PH, PK, SG, TH, VN, YE; (OC): AU, FJ.

矮扁鞘飘拂草 **Fimbristylis complanata** var. **exaltata** (T. Koyama) Y. C. Tang ex S. R. Zhang et T. Koyama 【N, W/C】 ♣FBG; ●FJ; ★(AS): CN, JP, KP, KR.

黑果飘拂草 **Fimbristylis cymosa** R. Br. 【N, W/C】 ♣TMNS, XMBG; ●FJ, TW; ★(AF): CV; (AS): CN, ID, IN, JP, KR, LA, LK, MY, NP, PH, SG, TH, VN, YE; (OC): AU, FJ, PAF.

两歧飘拂草 **Fimbristylis dichotoma** (L.) Vahl 【N, W/C】♣BBG, FBG, FLBG, LBG, SCBG; ●BJ, FJ, GD, JX; ★(AF): NG; (AS): AF, BT, CN, ID, IN, JP, KG, KR, LA, LK, MM, MY, NP, PH, PK, SG, TH, TR, UZ, VN, YE; (OC): AU, PAF.

拟二叶飘拂草 **Fimbristylis diphylloides** Makino 【N, W/C】♣GA, LBG, XMBG; ●FJ, JX; ★(AS): CN, JP, KP, KR.

起绒飘拂草 **Fimbristylis dipsacea** (Rottb.) Benth. 【N, W/C】♣SCBG; ●GD; ★(AF): NG; (AS): CN, ID, IN, JP, KP, KR, LA, LK, MM, MY, PH, RU-AS, TH, VN; (SA): BR, GY, VE.

知风飘拂草 **Fimbristylis eragrostis** (Nees) Hance 【N, W/C】 ♣SCBG; ●GD; ★(AS): CN, ID, IN, LA, LK, MM, MY, TH, VN; (OC): AU, PAF.

彭佳屿飘拂草（锈鳞飘拂草）**Fimbristylis ferruginea** (L.) Vahl 【N, W/C】 ♣XMBG; ●FJ; ★(AS): CN, ID, IN, JP, KR, LK, MM, PH, SG, VN, YE; (EU): ES, HR.

暗褐飘拂草 **Fimbristylis fusca** (Nees) Benth. 【N, W/C】 ♣GA, SCBG, XTBG; ●GD, JX, YN; ★(AS): CN, ID, IN, JP, LA, LK, MM, MY, NP, PH, SG, TH, VN.

纤细飘拂草 **Fimbristylis gracilenta** Hance 【N, W/C】 ♣SCBG; ●GD; ★(AS): CN, ID, MY, TH, VN.

宜昌飘拂草 **Fimbristylis henryi** C. B. Clarke 【N, W/C】 ♣GA, LBG, SCBG, WBG, XTBG; ●GD, HB, JX, YN; ★(AS): CN.

细茎飘拂草 **Fimbristylis leptoclada** Benth. 【N, W/C】 ♣SCBG; ●GD; ★(AS): CN, IN, JP, LK, MY, PH, SG, TH, VN; (OC): AU.

水虱草 **Fimbristylis littoralis** Gaudich. 【N, W/C】 ♣FLBG, GA, GBG, HBG, LBG, SCBG, WBG, ZAFU; ●GD, GZ, HB, JX, ZJ; ★(AS): BT, CN, ID, IN, JP, KR, LA, LK, MM, PH, TH, VN; (OC): AU, FJ, PAF.

长穗飘拂草 **Fimbristylis longispica** Steud. 【N, W/C】 ♣XMBG; ●FJ; ★(AS): CN, JP, KR, MM, MY, PH, VN.

垂穗飘拂草 **Fimbristylis nutans** (Retz.) Vahl 【N, W/C】 ♣SCBG; ●GD; ★(AS): CN, ID, IN, JP, LK, MM, MY, PH, SG, TH, VN.

海南飘拂草 **Fimbristylis pauciflora** Chun et F. C. How 【N, W/C】♣WBG; ●HB; ★(AS): CN, ID, IN, JP, MM, MY, SG, TH, VN; (OC): AU, PAF.

砂生飘拂草 **Fimbristylis psammocola** Tang et F. T. Wang 【N, W/C】 ♣XTBG; ●YN; ★(AS): CN.

五棱秆飘拂草 **Fimbristylis quinquangularis** (Vahl) Kunth 【N, W/C】 ♣FBG, LBG, XTBG; ●FJ, JX, YN; ★(AF): MG, NG; (AS): AF, CN, ID, IN, KZ, LK, MM, NP, PH, PK, TH, UZ, VN; (OC): AU, FJ.

结状飘拂草 **Fimbristylis rigidula** Nees 【N, W/C】 ♣GA; ●JX; ★(AS): BT, CN, ID, IN, LK, MM, NP, PH, PK, TH, VN.

少穗飘拂草 **Fimbristylis schoenoides** (Kunth) K. Schum. 【N, W/C】 ♣XMBG, XTBG; ●FJ, YN; ★(AF): CV, NG; (AS): BT, CN, ID, IN, KR, LA, LK, MY, NP, PH, PK, SG, TH, VN; (OC): AU, PAF.

绢毛飘拂草 **Fimbristylis sericea** (Poir.) R. Br. 【N, W/C】 ♣CBG, XMBG; ●FJ, SH; ★(AS): CN, ID, IN, JP, KP, KR, MY, TH, VN; (OC): AU, PAF.

栗色飘拂草 **Fimbristylis spadicea** (L.) Vahl 【I, C】 ♣XTBG; ●YN; ★(NA): BS, BZ, CR, CU, DO, GT, HN, JM, MX, NI, PA, PR, US, VG; (SA): AR, BR, CO, EC, GY, VE.

畦畔飘拂草 **Fimbristylis squarrosa** Vahl 【I, N】 ♣GBG, XTBG; ●GZ, YN; ★(AF): ET, GA, MG, NG, ZA.

双穗飘拂草 **Fimbristylis subbispicata** Nees 【N, W/C】 ♣SCBG, XMBG; ●FJ, GD; ★(AS): CN, JP, KP, MN, RU-AS, VN.

四棱飘拂草 **Fimbristylis tetragona** A. Dietr. 【N, W/C】 ♣SCBG; ●GD; ★(AS): CN, ID, IN, LK, MM, MY, NP, PH, SG, TH, VN; (OC): AU, FJ, PAF.

西南飘拂草 **Fimbristylis thomsonii** Boeckeler 【N, W/C】 ♣SCBG; ●GD; ★(AS): BT, CN, ID, IN, JP, LA, LK, MM, MY, PH, TH, VN.

伞形飘拂草（球穗飘拂草）**Fimbristylis umbellaris** (Lam.) Vahl 【N, W/C】 ♣XTBG; ●YN; ★(AS): CN, ID, IN, JP, KP, KR, LA, LK, MM, MY, NP, PH, VN.

荸荠属 Eleocharis

锐棱荸荠 **Eleocharis acutangula** (Roxb.) Schult. 【N, W/C】 ♣SCBG, WBG, XMBG; ●FJ, GD, HB; ★(AF): BF, CF, NG, TG, ZA, ZM; (AS): CN, ID, IN, JP, KH, LA, LK, MM, MY, NP, PH, SG, TH, VN; (OC): AU; (NA): CR, HN, MX; (SA): AR, BO, BR, EC, PE, PY, VE.

紫果蔺 **Eleocharis atropurpurea** (Retz.) Kunth 【N, W/C】 ♣FLBG, GA, WBG; ●GD, HB, JX; ★(AF): NG; (AS): BT, CN, ID, IN, JP, NP, PH, PK, TR, VN; (EU): BA, IT.

密花荸荠 **Eleocharis congesta** D. Don 【N, W/C】 ♣SCBG, TMNS, WBG, XTBG; ●GD, HB, TW, YN; ★(AS): BT, CN, ID, IN, JP, KP, KR, LA, LK, MM, MY, NP, PH, PK, RU-AS, TH, VN.

荸荠（野荸荠）**Eleocharis dulcis** (Burm. f.) Trin. ex Hensch. 【N, W/C】 ♣BBG, FLBG, GA, GBG, GXIB, HBG, IBCAS, KBG, LBG, NBG, SCBG, TBG, TMNS, WBG, XBG, XMBG, XTBG, ZAFU; ●AH, BJ, FJ, GD, GX, GZ, HA, HB, HE, JS, JX, SC, SH, SN, TW, YN, ZJ; ★(AF): MG, NG, ZA; (AS): CN, ID, IN, JP, KP, KR, LA, LK, MM, MY, NP, PH, PK, SG, TH, VN; (OC): AU, FJ.

须藨草 **Eleocharis fluctuans** (L. T. Eiten) Roalson et Hinchliff 【I, C】 ★(SA): BR.

黑籽荸荠 **Eleocharis geniculata** (L.) R. Br. 【N, W/C】 ♣XMBG, XTBG; ●FJ, YN; ★(AF): CM, NG, SN, TZ; (AS): AF, CN, ID, IN, JP, LK, MM, MY, PH, PK, SG, TH, VN, YE; (NA): BS, BZ, CA, CR, CU, DO, GT, HN, HT, JM, LW, MX, NI, PA, PR, SV, TT, US, WW; (SA): AR, BO, BR, CO, EC, PE, PY, VE.

多节荸荠 **Eleocharis interstincta** (Vahl) Roem. et Schult. 【I, C】 ♣HBG; ●ZJ; ★(NA): BM, BS, BZ, CR, CU, DO, GT, HN, HT, JM, MX, NI, PA, PR, SV, TT, US, VG, WW; (SA): AR, BO, BR, CL, CO, EC, GY, PE, PY, VE.

*钝三棱荸荠 **Eleocharis obtusitrigona** (Lindl. et Nees) Steud. 【I, C】 ♣XTBG; ●YN; ★(SA): AR, BR.

假马蹄 **Eleocharis ochrostachys** Boeckeler 【N, W/C】 ♣SCBG; ●GD; ★(AS): CN, ID, IN, JP, KH, LA, LK, MM, MY, PH, SG, TH, VN.

沼泽荸荠 **Eleocharis palustris** (L.) Roem. et Schult. 【N, W/C】 ♣WBG; ●HB; ★(AF): MA; (AS): AF, BT, CN, JP, KZ, MM, MN, NP, RU-AS, TR, YE; (EU): RS.

透明鳞荸荠 **Eleocharis pellucida** J. Presl et C. Presl 【N, W/C】 ♣LBG, WBG; ●HB, JX; ★(AS): CN, ID, IN, JP, KP, LK, MM, MN, MY, PH, RU-AS, TH, VN.

稻田荸荠 **Eleocharis pellucida** var. **japonica** (Miq.) Tang et F. T. Wang 【N, W/C】 ♣WBG; ●HB; ★(AS): CN, JP, KP, KR, TH.

少花荸荠 **Eleocharis quinqueflora** (Hartmann) O. Schwarz 【N, W/C】 ♣WBG; ●HB; ★(AF): EG, MA; (AS): AF, CN, GE, IN, KG, KZ, MN, NP, PK, RU-AS, TJ, UZ; (EU): AL, AT, BA, BE, BG, CZ, DE, ES, FI, FR, GB, GR, HR, HU, IS, IT, ME, MK, NL, NO, PL, RO, RS, RU, SI.

贝壳叶荸荠 **Eleocharis retroflexa** (Poir.) Urb. 【N, W/C】 ♣SCBG; ●GD; ★(AF): KE, TZ; (AS): BT, CN, ID, IN, JP, KH, LA, LK, MM, MY, NP, PH, SG, TH, VN; (NA): BZ, CR, CU, GT, HN, JM, LW, PA, PR, SV, TT; (SA): CO, EC, VE.

螺旋鳞荸荠 **Eleocharis spiralis** Boeckeler 【N, W/C】 ♣IBCAS; ●BJ; ★(AS): CN, ID, IN, KH, LK, MM, MY, PH, SG, TH, VN; (OC): AU.

龙师草 **Eleocharis tetraquetra** Kom. 【N, W/C】 ♣FBG, GA, LBG, SCBG; ●FJ, GD, JX; ★(AS): AF, BT, CN, ID, IN, JP, KR, LK, MM, MN, NP, PH, PK, RU-AS, TH, VN; (OC): AU, PAF.

三面秆荸荠 **Eleocharis trilateralis** Tang et F. T. Wang 【N, W/C】 ♣WBG, XTBG; ●HB, YN; ★(AS): CN.

具槽秆荸荠 **Eleocharis valleculosa** Ohwi 【N, W/C】 ♣BBG, GA, WBG; ●BJ, HB, JX; ★(AS): CN, JP, KP, KR.

具刚毛荸荠 **Eleocharis valleculosa** var. **setosa** (Ohwi) Kitag. 【N, W/C】 ♣WBG; ●HB; ★(AS): CN, JP, KP, KR.

牛毛毡 **Eleocharis yokoscensis** (Franch. et Sav.) Tang et F. T. Wang 【N, W/C】 ♣GA, GBG, GMG, HBG, LBG, SCBG, TMNS, WBG, XMBG, ZAFU; ●FJ, GD, GX, GZ, HB, JX, TW, ZJ; ★(AS): CN, ID, IN, JP, KP, KR, MM, MN, PH, RU-AS, VN.

云南荸荠 **Eleocharis yunnanensis** Svenson 【N, W/C】 ♣XTBG; ●YN; ★(AS): CN.

芙兰草属 Fuirena

毛芙兰草 **Fuirena ciliaris** (L.) Roxb. 【N, W/C】 ♣XTBG; ●YN; ★(AF): EG, NG, ZA; (AS): CN, ID, IN, JP, KH, KP, KR, LA, LK, MM, MY, NP, PH, TH, VN; (OC): AU, PAF.

芙兰草 **Fuirena umbellata** Rottb. 【N, W/C】 ♣FBG, FLBG, SCBG; ●FJ, GD, JX; ★(AF): AO, MG, NG, ZA; (AS): BT, CN, ID, IN, JP, KH, LA, LK, MY, NP, PH, SG, TH, VN; (OC): AU.

三棱草属 Bolboschoenus

*溪流三棱草 **Bolboschoenus fluviatilis** (Torr.) Soják 【I, C】 ♣HBG; ●ZJ; ★(NA): CA, US.

球穗三棱草 **Bolboschoenus maritimus** subsp. **affinis** (Roth) T. Koyama 【N, W/C】 ♣TDBG; ●XJ; ★(AS): AF, CN, ID, IN, JP, KH, KZ, LA, MN, PK, RU-AS, TH, TM, UZ, VN.

扁秆荆三棱 **Bolboschoenus planiculmis** (F. Schmidt) T. V. Egorova 【N, W/C】 ♣BBG, IBCAS, TMNS, WBG, XMBG; ●BJ, FJ, HB, TW; ★(AS): CN, JP, KP.

荆三棱 **Bolboschoenus yagara** (Ohwi) Y. C. Yang et M. Zhan 【N, W/C】 ♣NBG; ●JS, ZJ; ★(AS): CN, ID, IN, JP, KP, KZ, MN, RU-AS, VN; (EU): RU.

大藨草属 Actinoscirpus

大藨草 **Actinoscirpus grossus** (L. f.) Goetgh. et D. A. Simpson 【N, W/C】 ♣SCBG, XTBG; ●GD, YN; ★(AS): BT, CN, ID, IN, JP, KH, LA, LK, MM, MY, NP, PH, PK, SG, TH, VN.

水葱属 Schoenoplectus

曲氏水葱 **Schoenoplectus chuanus** (T. Tang et F. T. Wang) S. Yun Liang et S. R. Zhang 【N, W/C】 ♣WBG; ●HB; ★(AS): CN.

佛海水葱 **Schoenoplectus clemensii** (Kük.) G. C. Tucker 【N, W/C】 ♣FLBG, XTBG; ●GD, JX, YN; ★(AS): CN, VN.

萤蔺 **Schoenoplectus juncoides** (Roxb.) Palla 【N, W/C】 ♣GA, GMG, HBG, IBCAS, LBG, SCBG, WBG, XTBG, ZAFU; ●BJ, GD, GX, HB, JX, YN, ZJ; ★(AS): BT, CN, ID, IN, JP, KP, KR, LA, LK, MM, MY, NP, PH, PK, TH, TJ, UZ, VN.

吉林水葱 **Schoenoplectus komarovii** Ohwi 【N, W/C】 ♣IBCAS, WBG; ●BJ, HB; ★(AS): CN, JP, KP, KR, RU-AS.

北水毛花 **Schoenoplectus mucronatus** (L.) Palla 【N, W/C】 ♣NBG, SCBG, WBG, XTBG, ZAFU; ●GD, HB, JS, YN, ZJ; ★(AF): EG; (AS): BT, CN, ID, IN, JP, LA, LK, MY, NP, PH, RU-AS, SG, TR, VN, YE; (OC): AU; (EU): MC.

水毛花 **Schoenoplectus mucronatus** subsp. **robustus** (Miq.) T. Koyama 【N, W/C】 ♣GA, GBG, HBG, LBG, SCBG, TBG, TMNS, WBG, XMBG, XTBG; ●FJ, GD, GZ, HB, JX, TW, YN, ZJ; ★(AS): CN, ID, IN, JP, KP, KR, LK, MY.

红鳞水毛花 **Schoenoplectus mucronatus** var. **sanguineus** (Tang et F. T. Wang) P. C. Li 【N, W/C】 ♣WBG; ●HB; ★(AS): CN.

钻苞水葱 **Schoenoplectus subulatus** (Vahl) Lye 【N, W/C】 ♣WBG; ●HB; ★(AF): ZA; (AS): CN, ID, IN, JP, LK, MY, PH, TH.

仰卧秆水葱 **Schoenoplectus supinus** (L.) Palla 【N, W/C】 ♣HFBG, WBG; ●HB, HL; ★(AF): CV, EG; (AS): AF, CN, ID, IN, KZ, LA, LK, MM, MY, NP, PH, PK, RU-AS, TH, UZ, VN; (OC): AU, PAF; (EU): ES, FR, IT.

水葱 **Schoenoplectus tabernaemontani** (C. C. Gmel.) Palla 【N, W/C】 ♣BBG, FLBG, HBG,

IBCAS, KBG, SCBG, WBG, XBG, XMBG, XTBG, ZAFU; ●BJ, FJ, GD, HB, JX, SC, SN, YN, ZJ; ★(AS): AF, CN, IN, JP, KG, KP, KR, KZ, MM, NP, PH, PK, RU-AS, TJ, TM, TR, UZ, VN.

三棱水葱 **Schoenoplectus triqueter** (L.) Palla 【N, W/C】 ♣BBG, FLBG, GA, GBG, HBG, IBCAS, LBG, SCBG, WBG, XTBG; ●BJ, GD, GZ, HB, JX, SC, YN, ZJ; ★(AF): CV, EG, ZA; (AS): AF, BT, CN, CY, ID, IN, JP, KG, KP, KR, KZ, LK, PK, RU-AS, TJ, TR, UZ; (EU): ES, FR, GB, IT, MC.

猪毛草 **Schoenoplectus wallichii** (Nees) T. Koyama 【N, W/C】 ♣GBG, GMG, SCBG, XMBG, XTBG; ●FJ, GD, GX, GZ, YN; ★(AS): CN, IN, JP, KP, KR, MM, MY, PH, VN.

岩胡子草属 Erioscirpus

岩胡子草（丛毛羊胡子草）**Erioscirpus comosus** (Nees) Palla 【N, W/C】 ♣WBG; ●HB; ★(AS): AF, BT, CN, ID, IN, MM, NP, PK, VN.

球莎属 Ficinia

球莎 **Ficinia nodosa** (Rottb.) Goetgh., Muasya et D. A. Simpson 【I, C】 ★(OC): AU, NZ.

细莞属 Isolepis

垂枝细莞（孔雀蔺）**Isolepis cernua** (Vahl) Roem. et Schult. 【I, C】 ♣FBG, XBG, XMBG; ●FJ, SN, TW; ★(AF): CV, MA, ZA; (AS): CY, SG, TR; (EU): AT, BE, FR, GB, IT, LU, MC, NL, PT; (NA): MX, US; (SA): AR, BO, CL, EC, PE, UY.

*魔鬼细莞 **Isolepis diabolica** (Steud.) Schrad. 【I, C】 ♣XTBG; ●YN; ★(AF): ZA.

细莞 **Isolepis setacea** (L.) R. Br. 【N, W/C】 ♣XTBG; ●YN; ★(AF): CV, EG, MA, ZA; (AS): AF, BT, CN, ID, IN, KG, KZ, LK, MM, NP, PK, TH, TJ, TR, UZ, YE; (OC): AU, NZ, PAF; (EU): BE, FR, GB, LU, MC, NL.

莎草属 Cyperus

银条伞草 **Cyperus albostriatus** Schrad. 【I, C】 ★(AF): ZA.

野生风车草 **Cyperus alternifolius** L. 【I, C】 ♣CBG, HBG, IBCAS, KBG, NBG, SCBG, TMNS, WBG, XBG, XMBG, XOIG, XTBG; ●AH, BJ, FJ, GD, HB, JS, SC, SH, SN, TW, YN, ZJ; ★(AF): MG.

阿穆尔莎草 **Cyperus amuricus** Maxim. 【N, W/C】 ♣LBG, XTBG, ZAFU; ●JX, SC, YN, ZJ; ★(AS): CN, ID, IN, JP, KP, KR, MN, RU-AS, VN.

节莎草 **Cyperus articulatus** L. 【I, N】 ★(AF): AO, CV, EG, MG, NG, ZA; (AS): ID, IN, LK, NP, VN, YE; (OC): AU; (EU): MC.

短叶水蜈蚣 **Cyperus brevifolius** (Rottb.) Hassk. 【N, W/C】 ♣SCBG, WBG; ●GD, HB; ★(AF): AO, MG, NG, ZA; (AS): AF, BT, CN, ID, IN, JP, KR, LA, LK, MM, MN, MY, NP, PH, PK, RU-AS, SG, TH, VN; (OC): AU, FJ, PAF; (EU): MC.

无刺鳞水蜈蚣 **Cyperus brevifolius** var. **leiolepis** (Franch. et Savigny) T. Koyama 【N, W/C】 ♣FLBG, GA, GBG, GMG, GXIB, HBG, KBG, LBG, SCBG, TBG, TMNS, WBG, XMBG, XTBG, ZAFU; ●FJ, GD, GX, GZ, HB, JX, TW, YN, ZJ; ★(AS): CN, JP, KP, KR, NP.

华湖瓜草 **Cyperus chilensis** Boeckeler 【N, W/C】 ♣SCBG, XTBG; ●GD, YN; ★(AF): AO, MG, NG, ZA; (AS): BT, CN, ID, IN, JP, KH, KP, KR, LA, LK, MM, MY, NP, PH, SG, TH, VN; (OC): AU, PAF.

密穗砖子苗 **Cyperus compactus** Retz. 【N, W/C】 ♣XTBG; ●YN; ★(AS): CN, ID, IN, JP, LK, MM, MY, NP, PH, VN; (OC): AU.

扁穗莎草 **Cyperus compressus** L. 【N, W/C】 ♣FBG, GBG, HBG, LBG, SCBG, XMBG, XTBG; ●FJ, GD, GZ, JX, YN, ZJ; ★(AF): AO, EG, MA, MG, NG, ZA; (AS): AF, BT, CN, ID, IN, JP, LA, LK, MM, MY, NP, PH, PK, SG, TH, VN; (OC): AU, FJ, PAF; (EU): MC.

展穗砖子苗（复出穗砖子苗）**Cyperus concinnus** R. Br. 【N, W/C】 ♣XTBG; ●YN; ★(AS): CN.

长尖莎草 **Cyperus cuspidatus** Kunth 【N, W/C】 ♣KBG, LBG, XTBG; ●JX, YN; ★(AF): AO, MG, NG, ZA; (AS): BT, CN, ID, IN, LA, LK, MM, MY, NP, PH, PK, SG, TH, VN; (OC): AU, PAF.

莎状砖子苗（莎草砖子苗）**Cyperus cyperinus** (Retz.) Suringar 【N, W/C】 ♣XTBG; ●YN; ★(AS): BT, CN, ID, IN, JP, LK, MM, MY, NP, PH, SG, TH, VN, YE; (OC): AU, FJ.

砖子苗（翅鳞莎、小穗砖子苗）**Cyperus cyperoides** (L.) Kuntze 【N, W/C】 ♣FBG, FLBG, GA, GBG, GMG, LBG, NSBG, SCBG, WBG, XTBG, ZAFU; ●CQ, FJ, GD, GX, GZ, HB, JX, YN, ZJ; ★(AF): AO, MG; (AS): BT, CN, ID, IN, JP, KR, LA, LK, MM, MY, NP, PH, PK, SG, TH, VN; (OC): AU, FJ, PAF; (EU): MC.

宽穗扁莎 **Cyperus diaphanus** Schrad. ex Roem. et Schult. 【N, W/C】 ♣XTBG; ●YN; ★(AS): BT, CN, ID, IN, JP, KH, KP, KR, LK, MM, MY, NP, PH, RU-AS, TH, VN.

异型莎草 **Cyperus difformis** L.【N, W/C】♣BBG, SCBG, WBG, XMBG, XTBG, ZAFU; ●BJ, FJ, GD, HB, YN, ZJ; ★(AF): CV, EG, MA, MG, NG, ZA; (AS): AF, BT, CN, ID, IN, JP, KG, KP, KR, KZ, LK, MM, MN, MY, NP, PH, PK, RU-AS, SG, TH, TJ, TR, UZ, VN, YE; (OC): AU, FJ; (EU): MC.

多脉莎草 **Cyperus diffusus** Vahl【N, W/C】♣FLBG, SCBG, XMBG, XTBG; ●FJ, GD, JX, YN; ★(AF): AO, EG, MA, NG; (AS): BT, CN, ID, IN, KH, LA, LK, MM, MY, NP, PH, TH, VN; (OC): AU.

长小穗莎草 **Cyperus digitatus** Roxb.【N, W/C】♣XTBG; ●YN; ★(AF): EG, GA, NG, ZM; (AS): CN, ID, IN, LA, LK, MM, MY, NP, PH, PK, TH, VN; (NA): CR, CU, DO, GT, HT, JM, MX, NI, PA, SV, TT, WW; (SA): AR, BO, BR, CO, EC, PE, VE.

疏穗莎草 **Cyperus distans** L. f.【N, W/C】♣SCBG, XTBG; ●GD, YN; ★(AF): AO, MG, NG, ZA; (AS): BT, CN, ID, IN, JP, KH, LA, LK, MM, MY, NP, PH, SG, TH, VN; (OC): AU, FJ, PAF.

油莎草 **Cyperus esculentus** L.【I, C】♣GMG, TDBG, XBG, XMBG, XOIG; ●BJ, FJ, GX, LN, SN, XJ; ★(AF): MA, MG, NG; (AS): AZ, ID, LA, MM, NP, TR, VN, YE; (EU): AL, AT, BG, BY, DE, ES, GR, HR, IT, LU, RU, SI.

高秆莎草 **Cyperus exaltatus** Retz.【N, W/C】♣FBG, SCBG, WBG; ●FJ, GD, HB; ★(AF): AO, EG, NG; (AS): CN, CY, ID, IN, JP, KP, KR, LK, MM, MY, NP, PH, PK, SG, TH, VN, YE; (OC): AU, PAF; (EU): MC.

球穗扁莎 **Cyperus flavidus** Retz.【N, W/C】♣FLBG, LBG, SCBG, XTBG; ●GD, JX, YN; ★(AF): CV, EG, MA, MG; (AS): AF, BT, CN, ID, IN, JP, KH, KP, KR, KZ, LA, LK, MM, MY, NP, PH, PK, RU-AS, TH, TJ, TM, TR, UZ, VN; (OC): AU, PAF.

褐穗莎草 **Cyperus fuscus** L.【N, W/C】♣BBG, XTBG; ●BJ, YN; ★(AF): EG, MA; (AS): AF, AZ, CN, ID, IN, KG, KZ, LA, MN, MY, PK, RU-AS, TH, TJ, TM, TR, UZ, VN, YE; (EU): BA, FI, FR, IS, MC, NO, RS.

*光滑莎草 **Cyperus glaber** L.【I, C】♣BBG; ●BJ; ★(AF): CV; (AS): ID, IN, MM, TR; (EU): AT, BA, BG, GR, HR, IT, ME, MK, RO, RS, RU, SI, TR.

头状穗莎草 **Cyperus glomeratus** L.【N, W/C】♣BBG, IBCAS, ZAFU; ●BJ, ZJ; ★(AF): EG; (AS): CN, ID, IN, JP, KP, KR, KZ, LK, MN, NP, PH, RU-AS, TJ, TR, UZ, VN; (EU): AT, BA, BG, CZ, DE, GR, HR, HU, IT, ME, MK, RO, RS, RU, SI.

畦畔莎草 **Cyperus haspan** Rottb.【I, C/N】♣FBG, IBCAS, LBG, SCBG, WBG, XMBG, XTBG, ZAFU; ●BJ, FJ, GD, HB, JX, SC, YN, ZJ; ★(AF): AO, MG, NG.

泰国水剑（水兰）**Cyperus helferi** Boeckeler【I, C】♣SCBG; ●GD; ★(AS): MM, TH.

叠穗莎草（迭穗莎草）**Cyperus imbricatus** Retz.【N, W/C】♣SCBG; ●GD, YN; ★(AF): EG, MG, NG, TZ, ZA; (AS): AF, CN, ID, IN, JP, LA, MM, MY, NP, PH, SG, TH, VN; (NA): BM, CR, CU, DO, GT, HN, HT, MX, NI, PA, PR, TT, US; (SA): AR, BO, BR, CO, EC, PE, PY, UY, VE.

风车草 **Cyperus involucratus** Rottb.【I, C】♣BBG, CDBG, FLBG, GXIB, KBG, NSBG, SCBG, TBG, WBG, XLTBG, XMBG, XTBG, ZAFU; ●BJ, CQ, FJ, GD, GX, HB, HI, JX, SC, TW, YN, ZJ; ★(AF): MG.

碎米莎草 **Cyperus iria** L.【N, W/C】♣BBG, FBG, GA, HBG, IBCAS, LBG, NBG, SCBG, WBG, XTBG, ZAFU; ●BJ, FJ, GD, HB, JS, JX, YN, ZJ; ★(AF): BW, NG, TZ, UG; (AS): AF, BT, CN, ID, IN, JP, KR, LA, LK, MM, MY, NP, PH, PK, SG, TH, TM, UZ, VN; (NA): CR, CU, DO, GT, JM, MX, NI, PA, PR, SV, US; (SA): AR, BO, BR, CO, EC, PE, VE.

线状穗莎草 **Cyperus linearispiculatus** T. L. Dai【N, W/C】♣XTBG; ●YN; ★(AS): CN.

短叶茳芏 **Cyperus malaccensis** subsp. **monophyllus** (Vahl) T. Koyama【N, W/C】♣TMNS, XMBG; ●FJ, TW; ★(AS): CN, ID, IN, JP, VN.

海滨莎 **Cyperus maritimus** (Lam.) P. Silva【N, W/C】♣SCBG; ●GD; ★(AF): NG; (AS): CN, ID, IN, JP, LK, MM, MY, PH, SG, TH, VN.

旋鳞莎草 **Cyperus michelianus** (L.) Delile【N, W/C】♣BBG, SCBG, ZAFU; ●BJ, GD, ZJ; ★(AS): CN, GE, ID, IN, JP, KR, KZ, LA, LK, MM, NP, PH, PK, TH, TR, VN; (EU): AT, BA, BG, CZ, DE, GR, HR, HU, IT, LU, ME, MK, PL, RO, RS, RU, SI.

湖瓜草 **Cyperus microcephalus** R. Br.【N, W/C】♣LBG; ●JX; ★(AS): CN, ID, IN, JP, KH, KR, LA, MM, MY, PH, SG, TH, VN; (OC): AU, PAF.

具芒碎米莎草 **Cyperus microiria** Steud.【N, W/C】♣BBG, FBG, FLBG, LBG, SCBG, WBG, XTBG, ZAFU; ●BJ, FJ, GD, HB, JX, YN, ZJ; ★(AS): CN, ID, IN, JP, KP, KR, MN, TH, VN.

单穗水蜈蚣 **Cyperus nemoralis** Cherm.【N, W/C】

♣FLBG, GMG, GXIB, SCBG, XTBG; ●GD, GX, JX, YN; ★(AF): MG, NG, ZA; (AS): BT, CN, ID, IN, JP, KH, LA, LK, MM, MY, NP, PH, PK, SG, TH, VN; (OC): FJ, PAF.

白鳞莎草 **Cyperus nipponicus** Franch. et Sav. 【N, W/C】♣BBG, FLBG, LBG; ●BJ, GD, JX; ★(AS): CN, JP, KR.

断节莎（三头水蜈蚣）**Cyperus odoratus** L. 【N, W/C】 ♣GMG, SCBG, WBG; ●GD, GX, HB; ★(AS): CN, ID, IN, LK, MM, PH, VN.

三轮草 **Cyperus orthostachyus** Franch. et Sav.【N, W/C】 ♣GBG; ●GZ; ★(AS): CN, JP, KP, KR, MN, RU-AS, VN.

纸莎草 **Cyperus papyrus** L.【I, C】♣FLBG, HBG, IBCAS, KBG, SCBG, TBG, TMNS, WBG, XMBG, XTBG; ●BJ, FJ, GD, HB, JX, TW, YN, ZJ; ★(AF): BI, CG, EG, ER, ET, KE, RW, SD, SS, TZ, UG.

毛轴莎草 **Cyperus pilosus** Baker 【N, W/C】 ♣FBG, GA, GBG, LBG, SCBG, ZAFU; ●FJ, GD, GZ, JX, ZJ; ★(AS): BT, CN, ID, IN, JP, LK, MM, MY, NP, PH, SG, TH, VN; (OC): AU, FJ, PAF.

水蜈蚣 **Cyperus polyphyllus** Vahl 【N, W/C】 ★(AF): AO, MG, ZA; (AS): CN, ID, IN, LK, MY, SG, VN; (OC): FJ.

多枝扁莎 **Cyperus polystachyus** Jungh.【N, W/C】♣FLBG, SCBG, XMBG; ●FJ, GD, JX; ★(AS): CN, ID, IN, JP, KP, VN; (OC): PAF.

矮纸莎草（小纸莎草）**Cyperus prolifer** Lam.【I, C】♣SCBG, XMBG, ZAFU; ●FJ, GD, ZJ; ★(AF): CV, MG, TZ, UG, ZA.

疏鳞莎草 **Cyperus pumilio** Nees 【N, W/C】 ♣XTBG; ●YN; ★(AF): AO, CV, EG, MA; (AS): CN, ID, IN, LK, PH; (OC): FJ; (EU): MC.

矮扁莎 **Cyperus pumilus** L. 【N, W/C】 ♣FLBG, SCBG; ●GD, JX; ★(AF): AO, MG, NG, ZA; (AS): BT, CN, ID, IN, LK, MM, MY, NP, PH, PK, SG, TH, VN; (OC): AU.

矮莎草 **Cyperus pygmaeus** Lam.【N, W/C】♣GA, SCBG; ●GD, JX; ★(AF): AO, CV, EG, MA, ZA; (AS): AF, CN, ID, IN, JP, KP, KR, LA, LK, MM, NP, PH, PK, RU-AS, TH, TR, VN, YE; (EU):AT, MC.

香附子 **Cyperus rotundus** L. 【N, W/C】 ♣FBG, FLBG, GA, GBG, GMG, GXIB, HBG, KBG, LBG, NBG, SCBG, TBG, TMNS, WBG, XBG, XLTBG, XMBG, XTBG, ZAFU; ●FJ, GD, GX, GZ, HB, HI, JS, JX, SC, SN, TW, YN, ZJ; ★(AF): AO, CV, EG, MA, MG, NG; (AS): AF, BT, CN, CY, ID, IN, JP, KG, KR, KZ, LA, LK, MM, MY, NP, PH, PK, RU-AS, SG, TH, TJ, TR, UZ, VN, YE; (OC): AU, FJ, NZ; (EU): MC.

红鳞扁莎 **Cyperus sanguinolentus** Vahl【N, W/C】♣SCBG, TDBG, XTBG; ●GD, XJ, YN; ★(AF): AO, CV, EG, MA; (AS): BT, CN, ID, IN, JP, KG, KP, KR, KZ, LK, MM, MN, MY, NP, PH, PK, RU-AS, SG, TH, TJ, TM, TR, UZ, VN, YE; (OC): AU; (EU): MC.

水莎草 **Cyperus serotinus** Rottb. 【N, W/C】 ♣FBG, GA, GBG, LBG, SCBG, WBG, XTBG, ZAFU; ●FJ, GD, GZ, HB, JX, YN, ZJ; ★(AS): CN, ID, IN, JP, KP, KR, MN, RU-AS, TR, VN.

粗根茎莎草 **Cyperus stoloniferus** Retz. 【N, W/C】♣XMBG; ●FJ; ★(AF): CV, MA; (AS): CN, ID, IN, JP, KH, LA, LK, MM, MY, PH, PK, SG, TH, VN; (OC): AU, FJ, PAF.

苏里南莎草 **Cyperus surinamensis** Rottb. 【I, N】★(NA): BS, BZ, CR, DO, GT, HN, HT, MX, NI, PA, PR, SV, TT, US, VG, WW; (SA): AR, BO, BR, CL, CO, EC, GY, PE, PY, VE.

窄穗莎草 **Cyperus tenuispica** Steud. 【N, W/C】♣GBG; ●GZ; ★(AF): NG; (AS): BT, CN, ID, IN, JP, KR, LA, LK, MM, MY, NP, PH, PK, TH, TJ, UZ, VN.

71. 帚灯草科 RESTIONACEAE

竹灯草属 Elegia

南非竹灯草 **Elegia capensis** (Burm. f.) Schelpe 【I, C】 ●TW; ★(AF): ZA.

72. 须叶藤科 FLAGELLARIACEAE

须叶藤属 Flagellaria

须叶藤 **Flagellaria indica** L. 【N, W/C】 ♣TBG; ●TW; ★(AS): CN, ID, IN, JP, KH, LK, MM, MY, PH, SG, TH, VN; (OC): AU, FJ, PAF.

73. 禾本科 POACEAE

皱稃草属 Ehrharta

皱稃草 **Ehrharta erecta** Lam. 【I, N】 ●GD, YN; ★(AF): BW, ET, ZA, ZM, ZW; (AS): SA, YE.

稻属 Oryza

阔叶稻 **Oryza latifolia** Desv. 【I, C】 ★(NA): BZ, CR, CU, DO, GT, HN, HT, JM, LW, MX, NI, PA, PR, SV, TT, WW; (SA): BO, BR, CO, EC, PE, VE.

疣粒野生稻 **Oryza meyeriana** (Zoll. et Moritzi) Baill. 【N, W/C】 ♣SCBG, WBG; ●GD, HB; ★(AS): BT, CN, ID, IN, LA, LK, MM, MY, PH.

疣粒稻 **Oryza meyeriana** subsp. **granulata** (Nees et Arn. ex Steud.) Tateoka 【N, W/C】 ♣SCBG, XTBG; ●GD, YN; ★(AS): CN, ID, IN, KH, LA, LK, MM, MY, PH, TH.

药用稻 **Oryza officinalis** Wall. ex Watt 【N, W/C】 ♣GXIB, SCBG, XTBG; ●GD, GX, YN; ★(AS): BT, CN, ID, IN, KH, LK, MM, MY, NP, PH, TH, VN; (OC): PAF.

野生稻 **Oryza rufipogon** Griff. 【N, W/C】 ♣GXIB, SCBG, WBG, XTBG; ●GD, GX, HB, HN, TW, YN; ★(AS): CN, ID, IN, KH, LK, MM, MY, PH, TH, VN; (OC): AU, PAF, PG.

稻 **Oryza sativa** L. 【N, W/C】 ♣GA, GBG, GMG, HBG, HFBG, IBCAS, LBG, NBG, SCBG, WBG, XMBG, XOIG, ZAFU; ●AH, BJ, CQ, FJ, GD, GS, GX, GZ, HA, HB, HE, HI, HL, HN, JL, JS, JX, LN, NM, NX, SC, SD, SH, SN, SX, TJ, TW, XJ, XZ, YN, ZJ; ★(AS): BT, CN, ID, IN, JP, KR, LA, LK, MM, MN, TH.

籼稻 **Oryza sativa** subsp. **indica** S. Kato 【N, W/C】 ●AH, BJ, FJ, GD, GX, GZ, HA, HB, HI, HN, JS, JX, SC, SD, SH, SN, TW, ZJ; ★(AS): BT, CN, ID, IN, KR, LA, LK, MM, MN, TH.

粳稻 **Oryza sativa** subsp. **japonica** S. Kato 【N, W/C】 ●AH, BJ, FJ, GD, GX, GZ, HA, HB, HE, HI, HL, HN, JL, JS, JX, LN, NM, NX, SC, SD, SH, SN, SX, TJ, TW, XJ, XZ, ZJ; ★(AS): CN, JP.

假稻属 Leersia

李氏禾 **Leersia hexandra** Sw. 【N, W/C】 ♣FLBG, IBCAS, SCBG, WBG, XMBG; ●BJ, FJ, GD, HB, JX; ★(AF): ET, KE, MG, NG, SO, TZ, ZA, ZM, ZW; (AS): BT, CN, CY, ID, IN, JP, LA, LK, MM, MY, NP, PH, SG, TH, VN; (OC): AU, PAF; (EU): AD, AL, AT, BA, BE, BG, BY, CH, CZ, DE, DK, ES, FI, FR, GB, GR, HR, HU, IS, IT, LU, MC, ME, MK, NL, NO, PL, PT, RO, RS, RU, SE, SI, SK, SM, UA, VA; (NA): BZ, CR, CU, DO, GT, HN, HT, JM, LW, MX, NI, PA, PR, SV, TT, WW; (SA): BO, BR, CO, EC, PE, VE.

假稻 **Leersia japonica** (Honda) Honda 【N, W/C】 ♣GA, LBG, WBG, ZAFU; ●HB, JX, SC, ZJ; ★(AS): CN, JP, KR.

蓉草 **Leersia oryzoides** (L.) Sw. 【N, W/C】 ♣FBG, SCBG; ●FJ, GD; ★(AS): AZ, CN, JP, KG, KH, KR, KZ, RU-AS, TJ, TM, UZ; (EU): AL, AT, BA, BE, BG, CZ, DE, ES, FI, GB, HR, HU, IT, LU, ME, MK, NL, PL, RO, RS, RU, SI, TR.

秕壳草 **Leersia sayanuka** Ohwi 【N, W/C】 ♣LBG, ZAFU; ●JX, ZJ; ★(AS): CN, JP, KP, VN.

水禾属 Hygroryza

水禾 **Hygroryza aristata** (Retz.) Nees ex Wight et Arn. 【N, W/C】 ♣BBG, FBG, IBCAS, SCBG, TMNS, WBG, XMBG, XTBG, ZAFU; ●BJ, FJ, GD, HB, TW, YN, ZJ; ★(AS): CN, ID, IN, KH, LA, LK, MM, MY, NP, PK, TH, VN.

菰属 Zizania

水生菰 **Zizania aquatica** L. 【I, C】 ★(NA): US.

菰 **Zizania latifolia** Turcz. 【N, W/C】 ♣BBG, FBG, FLBG, GA, GBG, GMG, HBG, HFBG, IBCAS, KBG, LBG, WBG, XMBG, XOIG, XTBG, ZAFU; ●AH, BJ, CQ, FJ, GD, GX, GZ, HB, HL, HN, JS, JX, SC, SD, SH, TW, YN, ZJ; ★(AS): CN, ID, IN, JP, KP, MM, MN, RU-AS.

沼生菰 **Zizania palustris** L. 【I, C】 ●TW; ★(NA): CA, US.

酸竹属 Acidosasa

粉酸竹 **Acidosasa chienouensis** (T. H. Wen) C. S. Chao et T. H. Wen 【N, W/C】 ♣XMBG; ●FJ; ★(AS): CN.

酸竹 **Acidosasa chinensis** C. D. Chu et C. S. Chao ex Keng f. 【N, W/C】 ♣FLBG, IBCAS, SCBG; ●BJ, GD, JX; ★(AS): CN.

黄甜竹 **Acidosasa edulis** (T. H. Wen) T. H. Wen 【N, W/C】 ♣FBG, GXIB, XMBG, ZAFU; ●FJ, GX, TW, ZJ; ★(AS): CN.

灵川酸竹 **Acidosasa lingchuanensis** (C. D. Chu et C. S. Chao) Q. Z. Xie et X. Y. Chen 【N, W/C】 ♣GXIB; ●GX; ★(AS): CN.

长舌酸竹（长舌酸黎竹）**Acidosasa nanunica** (McClure) C. S. Chao et G. Y. Yang 【N, W/C】 ♣SCBG; ●GD, HN, YN; ★(AS): CN.

斑箨酸竹 **Acidosasa notata** (Z. P. Wang et G. H.

Ye) S. S. You【N, W/C】♣XMBG; •FJ, TW; ★(AS): CN.

毛花酸竹 **Acidosasa purpurea** (Hsueh et T. P. Yi) Keng f. 【N, W/C】 •FJ, GD, YN; ★(AS): CN.

黎竹 **Acidosasa venusta** (McClure) Z. P. Wang et G. H. Ye【N, W/C】♣BBG; •BJ, GD; ★(AS): CN.

悬竹属 Ampelocalamus

射毛悬竹 **Ampelocalamus actinotrichus** (Merr. et Chun) S. L. Chen, T. H. Wen et G. Y. Sheng 【N, W/C】 ♣SCBG, XMBG; •FJ, GD; ★(AS): CN.

贵州悬竹 **Ampelocalamus calcareus** C. D. Chu et C. S. Chao【N, W/C】♣FLBG, XMBG; •FJ, GD, JX, YN; ★(AS): CN.

小篷竹 **Ampelocalamus luodianensis** T. P. Yi et R. S. Wang【N, W/C】♣XTBG; •GZ, YN; ★(AS): CN.

南川竹 **Ampelocalamus melicoideus** (P. C. Keng) D. Z. Li et Stapleton 【N, W/C】 •YN; ★(AS): CN.

勐腊悬竹 **Ampelocalamus menglaensis** Hsueh et F. Du 【N, W/C】 •YN; ★(AS): CN.

冕宁悬竹 **Ampelocalamus mianningensis** (Q. Li et Xin Jiang) D. Z. Li et Stapleton【N, W/C】 •YN; ★(AS): CN.

坝竹 **Ampelocalamus microphyllus** (Hsueh et T. P. Yi) Hsueh et T. P. Yi【N, W/C】♣CDBG, WBG; •HB, SC, YN; ★(AS): CN.

内门竹 **Ampelocalamus naibunensis** (Hayata) T. H. Wen 【N, W/C】 ♣TBG, TMNS; •TW; ★(AS): CN.

碟环竹 **Ampelocalamus patellaris** (Gamble) Stapleton【N, W/C】•YN; ★(AS): BT, CN, ID, IN, LA, LK, MM, NP.

羊竹子 **Ampelocalamus saxatilis** (Hsueh et T. P. Yi) Hsueh et T. P. Yi 【N, W/C】 •YN; ★(AS): CN.

爬竹 **Ampelocalamus scandens** Hsueh et W. D. Li 【N, W/C】 ♣GXIB, SCBG, XMBG, XTBG; •FJ, GD, GX, GZ, TW, YN; ★(AS): CN.

北美箭竹属 Arundinaria

北美箭竹 **Arundinaria gigantea** (Walter) Muhl.【I, C】 •JS, YN; ★(NA): US.

*顶盖北美箭竹 **Arundinaria gigantea** subsp. **tecta** (Walter) McClure 【I, C】 •JS; ★(NA): US.

巴山木竹属 Bashania

饱竹子 **Bashania aristata** Y. Ren, Yun Li et G. D. Dang 【N, W/C】 •SC, TW; ★(AS): CN.

冷箭竹 **Bashania fangiana** (A. Camus) Keng f. et T. H. Wen 【N, W/C】 ♣CDBG; •SC, TW; ★(AS): CN.

巴山木竹 **Bashania fargesii** (E. G. Camus) Keng f. et T. P. Yi【N, W/C】♣BBG, CDBG, GA, WBG; •BJ, HB, JX, SC, SN, YN; ★(AS): CN.

寒竹属 Chimonobambusa

狭叶方竹 **Chimonobambusa angustifolia** C. D. Chu et C. S. Chao【N, W/C】♣CBG, FBG, SCBG, WBG; •FJ, GD, HB, SH, SN, YN; ★(AS): CN.

缅甸方竹 **Chimonobambusa armata** (Gamble) Hsueh et T. P. Yi 【N, W/C】 •XZ, YN; ★(AS): CN, ID, IN, MM.

短节方竹 **Chimonobambusa brevinoda** Hsueh et W. P. Zhang 【N, W/C】 •YN; ★(AS): CN.

平竹 **Chimonobambusa communis** (Hsueh et T. P. Yi) K. M. Lan【N, W/C】♣BBG, WBG; •BJ, HB; ★(AS): CN.

小方竹 **Chimonobambusa convoluta** Q. H. Dai et X. L. Tao 【N, W/C】 ♣GXIB, XTBG; •GX, YN; ★(AS): CN.

大明山方竹 **Chimonobambusa damingshanensis** Hsueh et W. P. Zhang 【N, W/C】 ♣GXIB; •GX; ★(AS): CN.

大叶方竹 **Chimonobambusa grandifolia** Hsueh et W. P. Zhang 【N, W/C】 •YN; ★(AS): CN.

合江方竹 **Chimonobambusa hejiangensis** C. D. Chu et C. S. Chao【N, W/C】♣FBG; •FJ, SC; ★(AS): CN.

毛环方竹 **Chimonobambusa hirtinoda** C. S. Chao et K. M. Lan【N, W/C】•TW, YN; ★(AS): CN.

乳纹方竹 **Chimonobambusa lactistriata** W. D. Li et Q. X. Wu 【N, W/C】 •TW, YN; ★(AS): CN.

寒竹 **Chimonobambusa marmorea** (Mitford) Makino【N, W/C】♣CDBG, FBG, NBG, SCBG, TMNS, XMBG, XTBG, ZAFU; •FJ, GD, JS, SC, TW, YN, ZJ; ★(AS): CN, JP.

小花方竹 **Chimonobambusa microfloscula** McClure 【N, W/C】 •YN; ★(AS): CN, VN.

荆竹 **Chimonobambusa montigena** (T. P. Yi) Ohrnb. 【N, W/C】 •TW; ★(AS): CN.

宁南方竹 **Chimonobambusa ningnanica** Hsueh f.

et L. Z. Gao 【N, W/C】 ♣KBG, XMBG, XTBG; ●FJ, GZ, YN; ★(AS): CN.

刺竹子 **Chimonobambusa pachystachys** Hsueh f. et T. P. Yi 【N, W/C】 ♣FBG; ●FJ, SC, YN; ★(AS): CN.

刺黑竹 **Chimonobambusa purpurea** Hsueh f. et T. P. Yi 【N, W/C】 ♣CDBG, FBG, WBG, XMBG; ●FJ, HB, SC, SN, TW, YN; ★(AS): CN.

方竹 **Chimonobambusa quadrangularis** (Fenzl) Makino 【N, W/C】 ♣CBG, CDBG, FBG, FLBG, GA, GXIB, HBG, IBCAS, LBG, SCBG, TBG, TMNS, WBG, XMBG, ZAFU; ●BJ, FJ, GD, GX, HB, HN, JS, JX, SC, SH, TW, ZJ; ★(AS): CN, JP.

月月竹 **Chimonobambusa sichuanensis** (T. P. Yi) T. H. Wen 【N, W/C】 ♣BBG, CDBG; ●BJ, SC, YN; ★(AS): CN.

八月竹（龙拐竹）**Chimonobambusa szechuanensis** (Rendle) Keng f. 【N, W/C】 ♣CDBG; ●SC, YN; ★(AS): CN.

永善方竹 **Chimonobambusa tuberculata** Hsueh f. et L. Z. Gao 【N, W/C】 ●YN; ★(AS): CN.

筇竹 **Chimonobambusa tumidissinoda** Ohrnb. 【N, W/C】 ♣CDBG, GA, GXIB, KBG, SCBG, XMBG; ●FJ, GD, GX, JX, SC, TW, YN; ★(AS): CN.

金佛山方竹 **Chimonobambusa utilis** (Keng) Keng f. 【N, W/C】 ♣KBG, ZAFU; ●SC, YN, ZJ; ★(AS): CN.

香竹属 Chimonocalamus

香竹 **Chimonocalamus delicatus** Hsueh et T. P. Yi 【N, W/C】 ♣GXIB; ●GX, TW, YN; ★(AS): CN.

小香竹 **Chimonocalamus dumosus** Hsueh et T. P. Yi 【N, W/C】 ●TW, YN; ★(AS): CN.

流苏香竹 **Chimonocalamus fimbriatus** Hsueh et T. P. Yi 【N, W/C】 ♣XTBG; ●YN; ★(AS): CN.

西藏香竹 **Chimonocalamus griffithianus** (Munro) Hsueh et T. P. Yi 【N, W/C】 ●TW; ★(AS): CN, ID, IN, LA, MM.

长舌香竹 **Chimonocalamus longiligulatus** Hsueh et T. P. Yi 【N, W/C】 ●YN; ★(AS): CN.

长节香竹 **Chimonocalamus longiusculus** Hsueh et T. P. Yi 【N, W/C】 ●YN; ★(AS): CN.

马关香竹 **Chimonocalamus makuanensis** Hsueh et T. P. Yi 【N, W/C】 ●TW, YN; ★(AS): CN.

山香竹 **Chimonocalamus montanus** Hsueh et T. P. Yi 【N, W/C】 ●TW; ★(AS): CN.

灰香竹 **Chimonocalamus pallens** Hsueh et T. P. Yi 【N, W/C】 ♣SCBG; ●GD, TW, YN; ★(AS): CN.

镰序竹属 Drepanostachyum

扫把竹 **Drepanostachyum fractiflexum** (T. P. Yi) D. Z. Li 【N, W/C】 ●SC, YN; ★(AS): CN.

匍匐镰序竹 **Drepanostachyum stoloniforme** S. H. Chen et Zhen Z. Wang 【N, W/C】 ♣FBG, XMBG; ●FJ; ★(AS): CN.

箭竹属 Fargesia

油竹子 **Fargesia angustissima** T. P. Yi 【N, W/C】 ♣XMBG; ●FJ, YN; ★(AS): CN.

马亨箭竹 **Fargesia communis** T. P. Yi 【N, W/C】 ●YN; ★(AS): CN.

美丽箭竹 **Fargesia concinna** T. P. Yi 【N, W/C】 ●YN; ★(AS): CN.

带鞘箭竹 **Fargesia contracta** T. P. Yi 【N, W/C】 ●YN; ★(AS): CN.

龙头箭竹 **Fargesia dracocephala** T. P. Yi 【N, W/C】 ♣CBG, FLBG; ●GD, JX, SH; ★(AS): CN.

空心箭竹 **Fargesia edulis** Hsueh et T. P. Yi 【N, W/C】 ●YN; ★(AS): CN.

丰实箭竹 **Fargesia ferax** (Keng) T. P. Yi 【N, W/C】 ●SC, TW; ★(AS): CN.

凋叶箭竹 **Fargesia frigidis** T. P. Yi 【N, W/C】 ●YN; ★(AS): CN.

棉花竹 **Fargesia fungosa** T. P. Yi 【N, W/C】 ♣SCBG; ●GD, SC, YN; ★(AS): CN.

冬竹 **Fargesia hsuehiana** T. P. Yi 【N, W/C】 ●YN; ★(AS): CN.

喜湿箭竹 **Fargesia hygrophila** Hsueh et T. P. Yi 【N, W/C】 ●YN; ★(AS): CN.

隆林箭竹 **Fargesia longlinensis** F. Du 【N, W/C】 ●YN; ★(AS): CN.

龙山箭竹 **Fargesia longshancia** F. Du 【N, W/C】 ●GZ, YN; ★(AS): CN.

泸水箭竹 **Fargesia lushuiensis** Hsueh et T. P. Yi 【N, W/C】 ●YN; ★(AS): CN.

阔叶箭竹 **Fargesia macrophylla** Hsueh f. et C. M. Hui 【N, W/C】 ●YN; ★(AS): CN.

大姚箭竹 **Fargesia mairei** (Hack. ex Hand.-Mazz.) T. P. Yi 【N, W/C】 ●YN; ★(AS): CN.

华西箭竹（矮箭竹）**Fargesia nitida** (Mitford) Keng f. ex T. P. Yi 【N, W/C】 ♣GA, HBG, HFBG,

WBG, XBG; ●AH, FJ, GS, HB, HL, HN, JS, JX, SC, SH, SN, ZJ; ★(AS): CN.

怒江箭竹 **Fargesia nujiangensis** Hsueh f. et C. M. Hui 【N, W/C】 ●YN; ★(AS): CN.

云龙箭竹 **Fargesia papyrifera** T. P. Yi 【N, W/C】 ♣KBG; ●YN; ★(AS): CN.

少花箭竹 **Fargesia pauciflora** (P. C. Keng) T. P. Yi 【N, W/C】 ♣CDBG; ●SC, YN; ★(AS): CN.

密毛箭竹 **Fargesia plurisetosa** T. H. Wen 【N, W/C】 ♣XTBG; ●YN; ★(AS): CN.

红壳箭竹 **Fargesia porphyrea** T. P. Yi 【N, W/C】 ●YN; ★(AS): CN.

拐棍竹 **Fargesia robusta** T. P. Yi 【N, W/C】 ●GS, SC, SN; ★(AS): CN.

青川箭竹 **Fargesia rufa** T. P. Yi 【N, W/C】 ♣CDBG; ●GS, SC; ★(AS): CN.

糙花箭竹 **Fargesia scabrida** T. P. Yi 【N, W/C】 ●GS; ★(AS): CN.

腾冲箭竹 **Fargesia solida** T. P. Yi 【N, W/C】 ●YN; ★(AS): CN.

箭竹 **Fargesia spathacea** Franch. 【N, W/C】 ♣CBG, WBG, XBG; ●HB, SC, SH, SN, YN; ★(AS): CN.

细枝箭竹 **Fargesia stenoclada** T. P. Yi 【N, W/C】 ♣CDBG; ●SC; ★(AS): CN.

德钦箭竹 **Fargesia sylvestris** T. P. Yi 【N, W/C】 ●YN; ★(AS): CN.

伞把竹 **Fargesia utilis** T. P. Yi 【N, W/C】 ●YN; ★(AS): CN.

秀叶箭竹（元江箭竹）**Fargesia yuanjiangensis** Hsueh et T. P. Yi 【N, W/C】 ●YN; ★(AS): CN.

玉龙山箭竹 **Fargesia yulongshanensis** T. P. Yi 【N, W/C】 ●YN; ★(AS): CN.

云南箭竹（昆明实心竹）**Fargesia yunnanensis** Hsueh et T. P. Yi 【N, W/C】 ♣GXIB, KBG, SCBG; ●GD, GX, YN; ★(AS): CN.

铁竹属 Ferrocalamus

裂箨铁竹 **Ferrocalamus rimosivaginus** T. H. Wen 【N, W/C】 ●YN; ★(AS): CN.

铁竹 **Ferrocalamus strictus** Hsueh et Keng f. 【N, W/C】 ♣SCBG; ●GD, YN; ★(AS): CN.

贡山竹属 Gaoligongshania

贡山竹 **Gaoligongshania megalothyrsa** (Hand.-Mazz.) D. Z. Li, Hsueh et N. H. Xia 【N, W/C】 ♣CBG; ●SH, YN; ★(AS): CN.

短枝竹属 Gelidocalamus

亮竿竹 **Gelidocalamus annulatus** T. H. Wen 【N, W/C】 ●GZ; ★(AS): CN.

台湾矢竹 **Gelidocalamus kunishii** (Hayata) Keng f. et T. H. Wen 【N, W/C】 ♣TBG, TMNS; ●TW; ★(AS): CN.

井冈短枝竹（井冈寒竹）**Gelidocalamus stellatus** T. H. Wen 【N, W/C】 ●JX, YN; ★(AS): CN.

箬竹属 Indocalamus

髯毛箬竹 **Indocalamus barbatus** McClure 【N, W/C】 ♣BBG, GA, GXIB, HBG, ZAFU; ●BJ, GX, JX, ZJ; ★(AS): CN.

巴山箬竹 **Indocalamus bashanensis** (C. D. Chu et C. S. Chao) H. R. Zhao et Y. L. Yang 【N, W/C】 ●YN; ★(AS): CN.

赤水箬竹 **Indocalamus chishuiensis** Y. L. Yang et C. J. Hsueh 【N, W/C】 ♣FBG; ●FJ; ★(AS): CN.

都昌箬竹 **Indocalamus cordatus** T. H. Wen et Y. Zou 【N, W/C】 ♣FBG, XMBG; ●FJ; ★(AS): CN.

美丽箬竹 **Indocalamus decorus** Q. H. Dai 【N, W/C】 ♣BBG, FBG, GXIB, SCBG; ●BJ, FJ, GD, GX; ★(AS): CN.

广东箬竹 **Indocalamus guangdongensis** H. R. Zhao et Y. L. Yang 【N, W/C】 ♣FBG, SCBG, ZAFU; ●FJ, GD, ZJ; ★(AS): CN.

粽巴箬竹 **Indocalamus herklotsii** McClure 【N, W/C】 ♣GA, SCBG, XTBG; ●GD, JX, YN; ★(AS): CN.

光叶箬竹 **Indocalamus hirsutissimus** var. **glabrifolius** Z. P. Wang et N. X. Ma 【N, W/C】 ♣SCBG; ●GD, YN; ★(AS): CN.

毛鞘箬竹 **Indocalamus hirtivaginatus** H. R. Zhao et Y. L. Yang 【N, W/C】 ●JX; ★(AS): CN.

湖南箬竹 **Indocalamus hunanensis** B. M. Yang 【N, W/C】 ♣SCBG; ●GD, HN, YN; ★(AS): CN.

阔叶箬竹 **Indocalamus latifolius** (Keng) McClure 【N, W/C】 ♣BBG, CBG, FBG, GA, HBG, IBCAS, KBG, LBG, NBG, SCBG, WBG, XBG, XMBG, XTBG, ZAFU; ●AH, BJ, FJ, GD, HB, HN, JS, JX, SC, SD, SH, SN, YN, ZJ; ★(AS): CN.

箬叶竹 **Indocalamus longiauritus** Hand.-Mazz. 【N,

W/C】♣CBG, CDBG, FBG, GXIB, HBG, NSBG, SCBG, WBG, XMBG; ●CQ, FJ, GD, GX, HA, HB, HN, SC, SH, YN, ZJ; ★(AS): CN.

矮箬竹 **Indocalamus pedalis** (Keng) Keng f. 【N, W/C】 ♣HBG, XMBG, XTBG, ZAFU; ●FJ, SC, YN, ZJ; ★(AS): CN.

锦帐竹 **Indocalamus pseudosinicus** McClure 【N, W/C】 ♣FBG; ●FJ; ★(AS): CN.

小叶箬竹 **Indocalamus pumilus** Q. H. Dai et C. F. Huang 【N, W/C】 ♣GXIB, ZAFU; ●GX, ZJ; ★(AS): CN.

水银竹 **Indocalamus sinicus** (Hance) Nakai 【N, W/C】 ♣SCBG; ●GD; ★(AS): CN.

箬竹 **Indocalamus tessellatus** (Munro) Keng f. 【N, W/C】 ♣FBG, GA, GBG, HBG, IBCAS, SCBG, XMBG; ●BJ, FJ, GD, GZ, JX, SC, ZJ; ★(AS): CN.

胜利箬竹 **Indocalamus victorialis** Keng f. 【N, W/C】♣BBG, FBG, HBG, ZAFU; ●BJ, FJ, SC, ZJ; ★(AS): CN.

鄂西箬竹 **Indocalamus wilsonii** (Rendle) C. S. Chao et C. D. Chu 【N, W/C】 ♣CDBG, WBG; ●HB, SC; ★(AS): CN.

大节竹属 Indosasa

甜大节竹 **Indosasa angustata** McClure 【N, W/C】 ♣SCBG, XTBG; ●GD, YN; ★(AS): CN, VN.

大节竹 **Indosasa crassiflora** McClure 【N, W/C】 ♣FBG, WBG, XMBG; ●FJ, HB; ★(AS): CN, VN.

橄榄竹 **Indosasa gigantea** (T. H. Wen) T. H. Wen 【N, W/C】 ♣FBG, XMBG, ZAFU; ●FJ, TW, YN, ZJ; ★(AS): CN.

算盘竹 **Indosasa glabrata** C. D. Chu et C. S. Chao 【N, W/C】 ♣GXIB; ●GX; ★(AS): CN.

毛算盘竹 **Indosasa glabrata** var. **albohispidula** (Q. H. Dai et C. F. Huang) C. S. Chao et C. D. Chu 【N, W/C】 ♣GXIB; ●GX; ★(AS): CN.

浦竹仔 **Indosasa hispida** McClure 【N, W/C】 ♣XMBG, XTBG; ●FJ, GD, YN; ★(AS): CN.

粗穗大节竹 **Indosasa ingens** Hsueh et T. P. Yi 【N, W/C】 ♣XTBG; ●YN; ★(AS): CN.

花箨唐竹（棚竹）**Indosasa longispicata** W. Y. Hsiung et C. S. Chao 【N, W/C】 ♣ZAFU; ●GX, JX, ZJ; ★(AS): CN.

横枝竹 **Indosasa patens** C. D. Chu et C. S. Chao 【N, W/C】 ●GX, HN; ★(AS): CN.

摆竹 **Indosasa shibataeaoides** McClure 【N, W/C】 ♣GXIB, XTBG, ZAFU; ●GX, HN, YN, ZJ; ★(AS): CN.

单穗大节竹 **Indosasa singulispicula** T. H. Wen 【N, W/C】 ♣XMBG, XTBG; ●FJ, YN; ★(AS): CN.

中华大节竹 **Indosasa sinica** C. D. Chu et C. S. Chao 【N, W/C】 ♣FBG, GXIB, SCBG, XMBG, XTBG; ●FJ, GD, GX, GZ, YN; ★(AS): CN, LA.

五爪竹 **Indosasa triangulata** Hsueh et T. P. Yi 【N, W/C】 ●YN; ★(AS): CN.

少穗竹属 Oligostachyum

屏南少穗竹 **Oligostachyum glabrescens** (T. H. Wen) Q. F. Zheng et Y. M. Lin 【N, W/C】 ●FJ, TW; ★(AS): CN.

凤竹 **Oligostachyum hupehense** (J. L. Lu) Z. P. Wang et G. H. Ye 【N, W/C】♣GXIB; ●GX, HB; ★(AS): CN.

云和少穗竹 **Oligostachyum lanceolatum** G. H. Ye et Z. P. Wang 【N, W/C】 ●ZJ; ★(AS): CN.

四季竹 **Oligostachyum lubricum** (T. H. Wen) Keng f. 【N, W/C】 ♣GA, GXIB, HBG, XMBG, ZAFU; ●AH, FJ, GX, JX, YN, ZJ; ★(AS): CN.

林仔竹 **Oligostachyum nuspiculum** (McClure) Z. P. Wang et G. H. Ye 【N, W/C】 ♣SCBG; ●GD; ★(AS): CN.

肿节少穗竹 **Oligostachyum oedogonatum** (Z. P. Wang et G. H. Ye) Q. F. Zhang et K. F. Huang 【N, W/C】 ♣BBG, GXIB, HBG, XMBG, ZAFU; ●BJ, FJ, GX, TW, YN, ZJ; ★(AS): CN.

糙花少穗竹 **Oligostachyum scabriflorum** (McClure) Z. P. Wang et G. H. Ye 【N, W/C】 ♣FBG, HBG; ●FJ, TW, ZJ; ★(AS): CN.

短舌少穗竹（永安少穗竹）**Oligostachyum scabriflorum** var. **breviligulatum** Z. P. Wang et G. H. Ye 【N, W/C】 ●GD; ★(AS): CN.

秀英竹 **Oligostachyum shiuyingianum** (L. C. Chia et But) G. H. Ye et Z. P. Wang 【N, W/C】 ♣SCBG; ●GD; ★(AS): CN.

少穗竹 **Oligostachyum sulcatum** Z. P. Wang et G. H. Ye 【N, W/C】♣BBG, FBG, GXIB, HBG, XMBG, ZAFU; ●BJ, FJ, GX, TW, ZJ; ★(AS): CN.

刚竹属 Phyllostachys

尖头青竹 **Phyllostachys acuta** C. D. Chu et C. S. Chao 【N, W/C】 ♣FBG, HBG, ZAFU; ●FJ, HN,

JS, ZJ; ★(AS): CN.

黄古竹 **Phyllostachys angusta** McClure【N, W/C】♣BBG, FBG, GXIB, HBG, WBG, ZAFU; ●BJ, FJ, GX, HA, HB, ZJ; ★(AS): CN.

石绿竹 **Phyllostachys arcana** McClure【N, W/C】♣BBG, CBG, FBG, GA, HBG, WBG, XMBG, XTBG, ZAFU; ●BJ, FJ, HB, JS, JX, SH, YN, ZJ; ★(AS): CN.

乌芽竹 **Phyllostachys atrovaginata** C. S. Chao et H. Y. Chou【N, W/C】♣FBG, HBG, WBG, XMBG; ●FJ, HB, HN, YN, ZJ; ★(AS): CN.

人面竹 **Phyllostachys aurea** Rivière et C. Rivière【N, W/C】♣BBG, CDBG, FBG, FLBG, GA, GXIB, HBG, KBG, SCBG, TBG, TMNS, WBG, XMBG, XTBG, ZAFU; ●BJ, FJ, GD, GX, HB, JX, SC, TW, YN, ZJ; ★(AS): CN, JP.

黄槽竹 **Phyllostachys aureosulcata** McClure【N, W/C】♣BBG, FBG, FLBG, GA, HBG, IBCAS, WBG, XMBG, ZAFU; ●AH, BJ, FJ, GD, HB, JS, JX, SC, YN, ZJ; ★(AS): CN.

蓉城竹 **Phyllostachys bissetii** McClure【N, W/C】♣CDBG, FBG, FLBG, GA, HBG, WBG, ZAFU; ●FJ, GD, HB, JS, JX, SC, YN, ZJ; ★(AS): CN.

湖南刚竹 **Phyllostachys carnea** G. H. Ye et Z. P. Wang【N, W/C】♣XMBG; ●FJ; ★(AS): CN.

毛壳花哺鸡竹 **Phyllostachys circumpilis** C. Y. Yao et S. Y. Chen【N, W/C】♣GXIB, HBG; ●GX, ZJ; ★(AS): CN.

白哺鸡竹 **Phyllostachys dulcis** McClure【N, W/C】♣BBG, FBG, HBG, WBG, XMBG, XTBG, ZAFU; ●BJ, FJ, HB, JS, SH, TW, YN, ZJ; ★(AS): CN.

毛竹（方竿毛竹）**Phyllostachys edulis** (Carrière) J. Houz.【N, W/C】♣BBG, CDBG, FBG, FLBG, GA, GBG, GXIB, HBG, KBG, LBG, NSBG, SCBG, TBG, TMNS, WBG, XBG, XMBG, ZAFU; ●AH, BJ, CQ, FJ, GD, GX, GZ, HB, HN, JS, JX, LN, SC, SN, TW, YN, ZJ; ★(AS): CN, JP, KP, KR, PH, VN.

甜笋竹 **Phyllostachys elegans** McClure【N, W/C】♣FBG, HBG, ZAFU; ●FJ, HN, TW, ZJ; ★(AS): CN.

角竹 **Phyllostachys fimbriligula** T. H. Wen【N, W/C】♣FBG, GXIB; ●FJ, GX, ZJ; ★(AS): CN.

曲竿竹 **Phyllostachys flexuosa** Rivière et C. Rivière【N, W/C】♣FBG, FLBG, GXIB, SCBG, XMBG, XTBG, ZAFU; ●BJ, FJ, GD, GX, HN, JX, YN, ZJ; ★(AS): CN.

花哺鸡竹 **Phyllostachys glabrata** S. Y. Chen et C. Y. Yao【N, W/C】♣FBG, HBG, XMBG, ZAFU; ●FJ, JS, ZJ; ★(AS): CN.

淡竹 **Phyllostachys glauca** McClure【N, W/C】♣BBG, CDBG, FBG, HBG, NBG, SCBG, WBG, XMBG, XTBG, ZAFU; ●BJ, FJ, GD, HB, HN, JS, SC, SH, YN, ZJ; ★(AS): CN.

变竹 **Phyllostachys glauca** var. **variabilis** J. L. Lu【N, W/C】♣BBG, FBG, GA, GXIB, HBG; ●BJ, FJ, GX, HA, JX, ZJ; ★(AS): CN.

水竹 **Phyllostachys heteroclada** Oliv.【N, W/C】♣FBG, GA, GBG, GXIB, HBG, NSBG, SCBG, WBG, XBG, XMBG, XTBG, ZAFU; ●CQ, FJ, GD, GX, GZ, HB, HN, JX, SC, SN, TW, YN, ZJ; ★(AS): CN.

实心竹 **Phyllostachys heteroclada** f. **solida** (S. L. Chen) C. P. Wang et Z. H. Yu【N, W/C】♣GA, HBG, WBG, XMBG; ●AH, FJ, HB, HN, JX, YN, ZJ; ★(AS): CN.

红壳雷竹 **Phyllostachys incarnata** T. H. Wen【N, W/C】♣BBG, FBG, GXIB, ZAFU; ●BJ, FJ, GX, YN, ZJ; ★(AS): CN.

红哺鸡竹 **Phyllostachys iridescens** C. Y. Yao et S. Y. Chen【N, W/C】♣BBG, FBG, GA, HBG, WBG, ZAFU; ●BJ, FJ, HB, JS, JX, TW, ZJ; ★(AS): CN.

假毛竹 **Phyllostachys kwangsiensis** W. Y. Hsiung, Q. H. Dai et J. K. Liu【N, W/C】♣FBG, GXIB, SCBG, XMBG, ZAFU; ●FJ, GD, GX, HN, YN, ZJ; ★(AS): CN.

大节刚竹 **Phyllostachys lofushanensis** Z. P. Wang, C. H. Hu et G. H. Ye【N, W/C】●GD; ★(AS): CN.

台湾桂竹 **Phyllostachys makinoi** Hayata【N, W/C】♣FBG, HBG, LBG, TBG, TMNS, XMBG, ZAFU; ●FJ, JX, TW, ZJ; ★(AS): CN, JP.

美竹 **Phyllostachys mannii** Gamble【N, W/C】♣BBG, FBG, HBG, WBG, XMBG, XTBG, ZAFU; ●BJ, FJ, HB, YN, ZJ; ★(AS): CN, IN, MM.

毛环竹 **Phyllostachys meyeri** McClure【N, W/C】♣FBG, HBG, WBG, XMBG, ZAFU; ●FJ, HA, HB, ZJ; ★(AS): CN.

篌竹 **Phyllostachys nidularia** Munro【N, W/C】♣BBG, FBG, FLBG, GA, HBG, LBG, SCBG, WBG, XMBG, XTBG, ZAFU; ●BJ, FJ, GD, HA, HB, JS, JX, SC, SN, YN, ZJ; ★(AS): CN, VN.

实肚竹 **Phyllostachys nidularia** f. **farcata** H. R. Zhao et A. T. Liu【N, W/C】♣GXIB; ●GX; ★(AS): CN.

光箨篌竹 **Phyllostachys nidularia** f. **glabrovagina** T. H. Wen 【N, W/C】 ♣BBG, GA, GXIB; ●BJ, GX, JX, SN; ★(AS): CN.

富阳乌哺鸡竹 **Phyllostachys nigella** T. H. Wen【N, W/C】♣FBG, FLBG, HBG, XMBG; ●FJ, GD, JX, ZJ; ★(AS): CN.

紫竹 **Phyllostachys nigra** (Lodd. ex Lindl.) Munro 【N, W/C】 ♣BBG, CDBG, FBG, FLBG, GA, GBG, GMG, GXIB, HBG, IBCAS, KBG, LBG, NBG, NSBG, SCBG, TBG, TMNS, WBG, XBG, XMBG, XTBG, ZAFU; ●AH, BJ, CQ, FJ, GD, GX, GZ, HB, HN, JS, JX, SC, SN, TW, YN, ZJ; ★(AS): CN, ID, JP, KR, PH, VN.

毛金竹 **Phyllostachys nigra** var. **henonis** (Mitford) Rendle【N, W/C】♣CDBG, FBG, HBG, IBCAS, LBG, WBG, XMBG, XTBG, ZAFU; ●BJ, FJ, HB, JX, LN, SC, YN, ZJ; ★(AS): CN, IN, JP, KP, KR, PH, VN.

灰竹 **Phyllostachys nuda** McClure 【N, W/C】 ♣BBG, FBG, HBG, TBG, TMNS, WBG, ZAFU; ●BJ, FJ, HB, SN, TW, ZJ; ★(AS): CN.

安吉金竹 **Phyllostachys parvifolia** C. D. Chu et H. Y. Chou 【N, W/C】 ♣BBG, FBG, GXIB, HBG, WBG, ZAFU; ●BJ, FJ, GX, HB, YN, ZJ; ★(AS): CN.

灰水竹 **Phyllostachys platyglossa** C. P. Wang et Z. H. Yu 【N, W/C】 ♣FBG, HBG, WBG, ZAFU; ●FJ, HB, JS, YN, ZJ; ★(AS): CN.

高节竹 **Phyllostachys prominens** W. Y. Hsiung 【N, W/C】 ♣FBG, FLBG, HBG, WBG, XMBG, ZAFU; ●AH, FJ, GD, HB, JX, YN, ZJ; ★(AS): CN.

早园竹 **Phyllostachys propinqua** McClure 【N, W/C】 ♣BBG, CBG, CDBG, FBG, GXIB, HBG, IBCAS, SCBG, WBG, ZAFU; ●BJ, FJ, GD, GX, HA, HB, SC, SH, ZJ; ★(AS): CN.

桂竹（斑竹、寿竹）**Phyllostachys reticulata** (Rupr.) K. Koch【N, W/C】♣BBG, CDBG, FBG, FLBG, GA, GBG, GXIB, HBG, LBG, NBG, TBG, TMNS, WBG, XBG, XMBG, ZAFU; ●BJ, CQ, FJ, GD, GX, GZ, HA, HB, HN, JS, JX, SC, SD, SN, TW, YN, ZJ; ★(AS): CN, JP.

河竹 **Phyllostachys rivalis** H. R. Zhao et A. T. Liu 【N, W/C】 ♣FBG; ●FJ, ZJ; ★(AS): CN.

芽竹 **Phyllostachys robustiramea** S. Y. Chen et C. Y. Yao【N, W/C】♣FBG, HBG, WBG; ●FJ, HB, YN, ZJ; ★(AS): CN.

红壳竹 **Phyllostachys rubella** C. D. Chu et C. S. Chao 【N, W/C】 ♣XMBG; ●FJ; ★(AS): CN.

红后竹 **Phyllostachys rubicunda** T. H. Wen 【N, W/C】 ♣FBG, HBG, WBG, ZAFU; ●FJ, HB, ZJ; ★(AS): CN.

红边竹 **Phyllostachys rubromarginata** McClure 【N, W/C】 ♣FBG, HBG, SCBG, XMBG, XTBG; ●AH, FJ, GD, HA, HN, YN, ZJ; ★(AS): CN.

衢县红壳竹 **Phyllostachys rutila** T. H. Wen 【N, W/C】 ♣FBG, FLBG, HBG; ●FJ, GD, JS, JX, ZJ; ★(AS): CN.

漫竹 **Phyllostachys stimulosa** H. R. Zhao et A. T. Liu 【N, W/C】 ♣FBG, HBG, WBG, XMBG, ZAFU; ●FJ, HB, ZJ; ★(AS): CN.

金竹 **Phyllostachys sulphurea** (Carrière) Rivière et C. Rivière【N, W/C】♣BBG, CDBG, FLBG, GA, GXIB, HBG, NBG, SCBG, WBG, XMBG, XTBG, ZAFU; ●AH, BJ, FJ, GD, GX, HB, HN, JS, JX, SC, TW, YN, ZJ; ★(AS): CN, JP.

刚竹 **Phyllostachys sulphurea** var. **viridis** R. A. Young【N, W/C】♣HBG, XTBG; ●AH, BJ, HN, SD, YN, ZJ; ★(AS): CN.

天目早竹 **Phyllostachys tianmuensis** Z. P. Wang et N. X. Ma【N, W/C】♣FBG, GXIB, XMBG; ●FJ, GX, ZJ; ★(AS): CN.

乌竹 **Phyllostachys varioauriculata** S. C. Li et S. H. Wu 【N, W/C】 ♣BBG, GXIB, HBG, XMBG; ●AH, BJ, FJ, GX, ZJ; ★(AS): CN.

硬头青竹 **Phyllostachys veitchiana** Rendle 【N, W/C】 ●HB; ★(AS): CN.

长沙刚竹 **Phyllostachys verrucosa** G. H. Ye et Z. P. Wang 【N, W/C】 ●HN; ★(AS): CN.

早竹（黄条早竹）**Phyllostachys violascens** Rivière et C. Rivière 【N, W/C】 ♣FBG, HBG, WBG, XMBG, ZAFU; ●AH, FJ, HB, JS, YN, ZJ; ★(AS): CN.

东阳青皮竹 **Phyllostachys virella** T. H. Wen 【N, W/C】 ♣FBG, GXIB; ●FJ, GX, ZJ; ★(AS): CN.

粉绿竹 **Phyllostachys viridiglaucescens** Rivière et C. Rivière【N, W/C】♣FBG, GXIB, HBG, SCBG, XMBG; ●FJ, GD, GX, JS, YN, ZJ; ★(AS): CN.

乌哺鸡竹（黄竿乌哺鸡竹）**Phyllostachys vivax** McClure 【N, W/C】 ♣BBG, FBG, HBG, SCBG, WBG, XMBG, ZAFU; ●BJ, FJ, GD, HA, HB, HN, JS, YN, ZJ; ★(AS): CN.

云和哺鸡竹 **Phyllostachys yunhoensis** S. Y. Chen et C. Y. Yao【N, W/C】♣HBG, ZAFU; ●YN, ZJ; ★(AS): CN.

苦竹属 Pleioblastus

高舌苦竹 **Pleioblastus altiligulatus** S. L. Chen et S. Y. Chen【N, W/C】♣FBG; ●FJ, ZJ; ★(AS): CN.

苦竹 **Pleioblastus amarus** (Keng) Keng f. 【N, W/C】♣BBG, CDBG, FBG, GA, GBG, GXIB, HBG, LBG, NBG, NSBG, SCBG, WBG, XMBG, XTBG, ZAFU; ●BJ, CQ, FJ, GD, GX, GZ, HB, HN, JS, JX, SC, YN, ZJ; ★(AS): CN.

杭州苦竹 **Pleioblastus amarus** var. **hangzhouensis** S. L. Chen et S. Y. Chen【N, W/C】♣HBG; ●ZJ; ★(AS): CN.

垂枝苦竹 **Pleioblastus amarus** var. **pendulifolius** S. Y. Chen 【N, W/C】♣FBG, XMBG; ●FJ, ZJ; ★(AS): CN.

日本苦竹 **Pleioblastus argenteostriatus** (Regel) Nakai 【I, C】♣BBG, FBG, GXIB, HBG, WBG, XMBG, ZAFU; ●BJ, FJ, GX, HB, ZJ; ★(AS): JP.

滇南苦竹 **Pleioblastus austroyunnanensis** Hsueh et F. Du 【N, W/C】 ●YN; ★(AS): CN.

青苦竹 **Pleioblastus chino** (Franch. et Sav.) Makino【N, W/C】♣BBG, SCBG, XMBG, XTBG, ZAFU; ●AH, BJ, FJ, GD, HN, YN, ZJ; ★(AS): CN, JP.

无毛翠竹 **Pleioblastus distichus** (Mitford) Nakai【N, W/C】♣CBG; ●SH; ★(AS): CN, JP.

菲白竹 **Pleioblastus fortunei** (Van Houtte) Nakai【N, W/C】♣BBG, CBG, CDBG, FBG, GXIB, HBG, SCBG, TBG, TMNS, WBG, XMBG, XTBG, ZAFU; ●BJ, FJ, GD, GX, HB, JS, SC, SH, TW, YN, ZJ; ★(AS): CN, JP.

大明竹 **Pleioblastus gramineus** (Bean) Nakai 【N, W/C】♣BBG, CDBG, FBG, FLBG, GA, GXIB, HBG, SCBG, TMNS, WBG, XMBG, XTBG, ZAFU; ●BJ, FJ, GD, GX, HB, JX, SC, TW, YN, ZJ; ★(AS): CN, JP.

仙居苦竹 **Pleioblastus hsienchuensis** T. H. Wen【N, W/C】♣FBG; ●FJ, ZJ; ★(AS): CN.

光箨苦竹 **Pleioblastus hsienchuensis** var. **subglabratus** (S. Y. Chen) C. S. Chao et G. Y. Yang【N, W/C】♣GXIB, HBG, XMBG; ●FJ, GX, ZJ; ★(AS): CN.

华丝竹 **Pleioblastus intermedius** S. Y. Chen 【N, W/C】♣FBG, GXIB; ●FJ, GX, JS, ZJ; ★(AS): CN.

衢县苦竹 **Pleioblastus juxianensis** T. H. Wen, C. Y. Yao et S. Y. Chen 【N, W/C】♣FBG, HBG; ●FJ, ZJ; ★(AS): CN.

金刚竹 **Pleioblastus kongosanensis** Makino 【I, C】♣FBG, ZAFU; ●FJ, ZJ; ★(AS): JP.

琉球矢竹 **Pleioblastus linearis** (Hack.) Nakai 【N, W/C】♣SCBG, TMNS, WBG, XMBG, ZAFU; ●FJ, GD, HB, TW, YN, ZJ; ★(AS): CN, JP.

斑苦竹 **Pleioblastus maculatus** (McClure) C. D. Chu et C. S. Chao【N, W/C】♣BBG, FBG, FLBG, GA, HBG, NSBG, WBG, ZAFU; ●BJ, CQ, FJ, GD, GX, HB, HN, JS, JX, SC, SN, TW, YN, ZJ; ★(AS): CN.

丽水苦竹 **Pleioblastus maculosoides** T. H. Wen【N, W/C】♣FBG, GXIB; ●FJ, GX, ZJ; ★(AS): CN.

橙绿鞘苦竹 **Pleioblastus nagashima** (Mitford) Nakai 【I, C】♣HBG, WBG; ●HB, ZJ; ★(AS): JP.

油苦竹 **Pleioblastus oleosus** T. H. Wen 【N, W/C】♣BBG, FBG, GXIB, HBG, KBG, WBG, XMBG, ZAFU; ●BJ, FJ, GX, HB, HN, TW, YN, ZJ; ★(AS): CN.

川竹 **Pleioblastus simonii** (Carrière) Nakai 【N, W/C】♣GXIB, HBG, SCBG, TMNS, XTBG; ●GD, GX, TW, YN, ZJ; ★(AS): CN, JP.

实心苦竹 **Pleioblastus solidus** S. Y. Chen 【N, W/C】♣FBG, GXIB, HBG, XMBG, ZAFU; ●FJ, GX, TW, ZJ; ★(AS): CN.

菲黄竹 **Pleioblastus viridistriatus** (Regel) Makino【I, C】♣BBG, CBG, FBG, FLBG, HBG, KBG, SCBG, XMBG, XTBG, ZAFU; ●BJ, FJ, GD, JS, JX, SH, YN, ZJ; ★(AS): JP.

武夷山苦竹 **Pleioblastus wuyishanensis** Q. F. Zheng et K. F. Huang 【N, W/C】 ●FJ; ★(AS): CN.

宜兴苦竹 **Pleioblastus yixingensis** S. L. Chen et S. Y. Chen 【N, W/C】♣GXIB; ●GX, JS, YN; ★(AS): CN.

矢竹属 Pseudosasa

尖箨茶竿竹 **Pseudosasa acutivagina** T. H. Wen et S. C. Chen 【N, W/C】 ●ZJ; ★(AS): CN.

茶竿竹 **Pseudosasa amabilis** (McClure) Keng f.【N, W/C】♣CDBG, FBG, FLBG, GXIB, HBG, SCBG, WBG, XMBG, ZAFU; ●FJ, GD, GX, HB, HN, JX, SC, TW, YN, ZJ; ★(AS): CN.

福建茶竿竹 **Pseudosasa amabilis** var. **convexa** Z. P. Wang et G. H. Ye【N, W/C】♣FBG, SCBG; ●FJ, GD, HN; ★(AS): CN.

托竹 **Pseudosasa cantorii** (Munro) Keng f. 【N, W/C】 ♣FBG, HBG, SCBG, XMBG, XTBG; ●FJ, GD, YN, ZJ; ★(AS): CN.

彗竹 **Pseudosasa hindsii** (Munro) S. L. Chen et G. Y. Sheng ex T. G. Liang【N, W/C】♣FBG, FLBG, SCBG, TBG, TMNS, ZAFU; ●FJ, GD, HK, JX, SC, TW, ZJ; ★(AS): CN.

矢竹 **Pseudosasa japonica** (Steud.) Makino 【N, W/C】 ♣BBG, FBG, FLBG, GA, HBG, SCBG, TBG, TMNS, WBG, XMBG, ZAFU; ●BJ, FJ, GD, HB, JX, TW, YN, ZJ; ★(AS): CN, JP, KP, KR.

广竹 **Pseudosasa longiligula** T. H. Wen 【N, W/C】 ♣GXIB; ●GX; ★(AS): CN.

面竿竹 **Pseudosasa orthotropa** S. L. Chen et T. H. Wen 【N, W/C】 ♣FBG, HBG; ●FJ, ZJ; ★(AS): CN.

近实心茶竿竹 **Pseudosasa subsolida** S. L. Chen et G. Y. Sheng【N, W/C】♣FBG; ●FJ, HN; ★(AS): CN.

笔竹 **Pseudosasa viridula** S. L. Chen et G. Y. Sheng 【N, W/C】 ♣SCBG, XMBG, XTBG; ●FJ, GD, YN, ZJ; ★(AS): CN.

岳麓山茶竿竹 **Pseudosasa yuelushanensis** B. M. Yang 【N, W/C】 ●HN; ★(AS): CN.

赤竹属 Sasa

Sasa kogasensis Nakai 【I, C】 ♣KBG; ●YN; ★(AS): JP.

宝根曲竹 **Sasa kurilensis** (Rupr.) Makino et Shibata 【I, C】 ♣ZAFU; ●ZJ; ★(AS): JP, KR, RU-AS.

赤竹 **Sasa longiligulata** McClure 【N, W/C】 ♣HBG; ●FJ, ZJ; ★(AS): CN.

光赤竹 **Sasa masamuneana** (Makino) C. S. Chao et Renvoize 【I, C】 ★(AS): JP.

大叶苦竹 **Sasa palmata** (Burb.) E. G. Camus 【I, C】 ♣ZAFU; ●ZJ; ★(AS): JP, RU-AS.

矮苦竹 **Sasa ramosa** (Makino) Makino et Shibata 【I, C】 ★(AS): JP.

红壳赤竹 **Sasa rubrovaginata** C. H. Hu 【N, W/C】 ♣GXIB; ●GX; ★(AS): CN.

中国箬竹 **Sasa scytophylla** Koidz. 【I, C】 ♣ZAFU; ●ZJ; ★(AS): JP.

Sasa senanensis (Franch. et Sav.) Rehder 【I, C】 ♣ZAFU; ●ZJ; ★(AS): JP, RU-AS.

光箬竹 **Sasa subglabra** McClure 【N, W/C】 ♣SCBG; ●GD; ★(AS): CN.

Sasa tsuboiana Makino 【I, C】 ♣ZAFU; ●ZJ; ★(AS): JP.

山白竹 **Sasa veitchii** (Carrière) Rehder 【I, C】 ●TW, YN; ★(AS): JP.

华箬竹属 Sasamorpha

庆元华箬竹 **Sasamorpha qingyuanensis** C. H. Hu 【N, W/C】 ♣HBG; ●ZJ; ★(AS): CN.

华箬竹 **Sasamorpha sinica** (Keng) Koidz. 【N, W/C】 ♣CBG, HBG, SCBG; ●AH, GD, JX, SH, ZJ; ★(AS): CN.

业平竹属 Semiarundinaria

短穗竹 **Semiarundinaria densiflora** (Rendle) T. H. Wen 【N, W/C】 ♣BBG, FLBG, GXIB, HBG, IBCAS, NBG, SCBG, WBG, XMBG, ZAFU; ●BJ, FJ, GD, GX, HB, JS, JX, SC, TW, YN, ZJ; ★(AS): CN.

业平竹 **Semiarundinaria fastuosa** (Mitford) Makino【N, W/C】♣GXIB, SCBG, TBG, TMNS, ZAFU; ●GD, GX, TW, YN, ZJ; ★(AS): CN, JP.

中华业平竹 **Semiarundinaria sinica** T. H. Wen 【N, W/C】 ♣GXIB; ●GX, ZJ; ★(AS): CN.

夜叉竹 **Semiarundinaria yashadake** (Makino) Makino 【I, C】 ♣ZAFU; ●ZJ; ★(AS): JP.

鹅毛竹属 Shibataea

江山倭竹 **Shibataea chiangshanensis** T. H. Wen 【N, W/C】 ●ZJ; ★(AS): CN.

鹅毛竹 **Shibataea chinensis** Nakai 【N, W/C】 ♣BBG, CBG, FBG, GA, HBG, LBG, NBG, SCBG, WBG, XBG, XMBG, XTBG, ZAFU; ●BJ, FJ, GD, HB, JS, JX, SH, SN, YN, ZJ; ★(AS): CN, JP.

细鹅毛竹 **Shibataea chinensis** var. **gracilis** C. H. Hu 【N, W/C】 ●JS; ★(AS): CN.

芦花竹 **Shibataea hispida** McClure 【N, W/C】 ♣CBG; ●SH, YN; ★(AS): CN.

倭竹 **Shibataea kumasaca** (Steud.) Makino 【N, W/C】♣BBG, FBG, SCBG, TBG, TMNS, XMBG, ZAFU; ●BJ, FJ, GD, TW, ZJ; ★(AS): CN, JP.

狭叶鹅毛竹（翡翠倭竹）**Shibataea lancifolia** C. H. Hu【N, W/C】♣HBG; ●JS, YN, ZJ; ★(AS): CN.

南平倭竹 **Shibataea nanpingensis** Q. F. Zheng et K. F. Huang 【N, W/C】 ♣FBG; ●FJ; ★(AS): CN.

福建倭竹 **Shibataea nanpingensis** var. **fujianica** (Z.

D. Zhu et H. Y. Zhou) C. H. Hu 【N, W/C】 ●FJ; ★(AS): CN.

唐竹属 Sinobambusa

独山唐竹 **Sinobambusa dushanensis** (C. D. Chu et J. G. Zhang) T. H. Wen【N, W/C】●YN; ★(AS): CN.

白皮唐竹 **Sinobambusa farinosa** (McClure) T. H. Wen 【N, W/C】 ♣HBG; ●ZJ; ★(AS): CN.

扛竹 **Sinobambusa henryi** (McClure) C. D. Chu et C. S. Chao 【N, W/C】 ♣SCBG; ●GD, GX; ★(AS): CN.

竹仔 **Sinobambusa humilis** McClure 【N, W/C】 ♣HBG; ●ZJ; ★(AS): CN.

晾衫竹 **Sinobambusa intermedia** McClure 【N, W/C】♣CDBG, FBG, HBG, SCBG, WBG, XMBG; ●FJ, GD, HB, SC, TW, YN, ZJ; ★(AS): CN.

肾耳唐竹 **Sinobambusa nephroaurita** C. D. Chu et C. S. Chao 【N, W/C】 ♣FBG, GXIB, SCBG, XMBG; ●FJ, GD, GX, SC; ★(AS): CN.

红舌唐竹 **Sinobambusa rubroligula** McClure 【N, W/C】 ♣GXIB, XMBG; ●FJ, GX, YN; ★(AS): CN.

唐竹 **Sinobambusa tootsik** (Makino) Makino ex Nakai【N, W/C】♣BBG, FBG, GXIB, HBG, SCBG, TBG, TMNS, WBG, XMBG, ZAFU; ●BJ, FJ, GD, GX, HB, TW, YN, ZJ; ★(AS): CN, JP, VN.

筱竹属 Thamnocalamus

落叶筱竹 **Thamnocalamus tengchongensis** Hsueh et Hu 【N, W/C】 ●YN; ★(AS): CN.

玉山竹属 Yushania

草丝竹 **Yushania andropogonoides** (Hand.-Mazz.) T. P. Yi 【N, W/C】 ●YN; ★(AS): CN.

显耳玉山竹 **Yushania auctiaurita** T. P. Yi 【N, W/C】 ●YN; ★(AS): CN.

百山祖玉山竹 **Yushania baishanzuensis** Z. P. Wang et G. H. Ye 【N, W/C】 ♣ZAFU; ●ZJ; ★(AS): CN.

金平玉山竹 **Yushania bojieiana** T. P. Yi 【N, W/C】 ●YN; ★(AS): CN.

短锥玉山竹 **Yushania brevipaniculata** (Hand.-Mazz.) T. P. Yi【N, W/C】♣BBG, CDBG; ●BJ, SC; ★(AS): CN.

绿春玉山竹 **Yushania brevis** T. P. Yi 【N, W/C】 ●YN; ★(AS): CN.

灰绿玉山竹 **Yushania canoviridis** G. H. Ye et Z. P. Wang 【N, W/C】 ♣WBG; ●HB; ★(AS): CN.

硬壳玉山竹 **Yushania cartilaginea** T. H. Wen 【N, W/C】 ●YN; ★(AS): CN.

德昌玉山竹 **Yushania collina** T. P. Yi 【N, W/C】 ●YN; ★(AS): CN.

鄂西玉山竹 **Yushania confusa** (McClure) Z. P. Wang et G. H. Ye【N, W/C】♣CBG, LBG, WBG; ●HB, JX, SH; ★(AS): CN.

粗柄玉山竹 **Yushania crassicollis** T. P. Yi 【N, W/C】 ●YN; ★(AS): CN.

大围山玉山竹 **Yushania daweishanensis** B. M. Yang 【N, W/C】 ●YN; ★(AS): CN.

腾冲玉山竹 **Yushania elevata** T. P. Yi 【N, W/C】 ●YN; ★(AS): CN.

沐川玉山竹 **Yushania exilis** T. P. Yi 【N, W/C】 ♣CDBG; ●SC; ★(AS): CN.

粉竹 **Yushania falcatiaurita** Hsueh et T. P. Yi 【N, W/C】 ●YN; ★(AS): CN.

弯毛玉山竹 **Yushania flexa** T. P. Yi 【N, W/C】 ●YN; ★(AS): CN.

盈江玉山竹 **Yushania glandulosa** Hsueh et T. P. Yi 【N, W/C】 ●YN; ★(AS): CN.

毛竿玉山竹 **Yushania hirticaulis** Z. P. Wang et G. H. Ye 【N, W/C】 ♣XMBG; ●FJ; ★(AS): CN.

光亮玉山竹 **Yushania levigata** T. P. Yi 【N, W/C】 ●YN; ★(AS): CN.

蒙自玉山竹 **Yushania longiuscula** T. P. Yi 【N, W/C】 ●YN; ★(AS): CN.

马边玉山竹 **Yushania mabianensis** T. P. Yi 【N, W/C】 ●YN; ★(AS): CN.

隔界竹 **Yushania menghaiensis** T. P. Yi【N, W/C】 ♣XTBG; ●YN; ★(AS): CN.

多枝玉山竹 **Yushania multiramea** T. P. Yi 【N, W/C】 ●YN; ★(AS): CN.

玉山竹 **Yushania niitakayamensis** (Hayata) Keng f. 【N, W/C】 ♣LBG; ●JX, TW; ★(AS): CN, PH.

马鹿竹 **Yushania oblonga** T. P. Yi 【N, W/C】 ●YN; ★(AS): CN.

少枝玉山竹 **Yushania pauciramificans** T. P. Yi 【N, W/C】 ●YN; ★(AS): CN.

滑竹 **Yushania polytricha** Hsueh et T. P. Yi 【N, W/C】 ●YN, ZJ; ★(AS): CN.

海竹 **Yushania qiaojiaensis** Hsueh et T. P. Yi 【N, W/C】 ●YN; ★(AS): CN.

皱叶玉山竹 **Yushania rugosa** T. P. Yi 【N, W/C】 ●YN; ★(AS): CN.

单枝玉山竹 **Yushania uniramosa** Hsueh et T. P. Yi 【N, W/C】 ●YN; ★(AS): CN.

长肩毛玉山竹 **Yushania vigens** T. P. Yi 【N, W/C】 ●YN; ★(AS): CN.

紫花玉山竹 **Yushania violascens** (Keng) T. P. Yi 【N, W/C】 ●YN; ★(AS): CN.

阴阳竹属 × Phyllosasa

阴阳竹 × **Hibanobambusa tranquillans** 【I, C】 ♣SCBG, XMBG, ZAFU; ●FJ, GD, TW, YN, ZJ; ★(AS): JP.

牧笛竹属 Aulonemia

*奎科牧笛竹 **Aulonemia queko** Goudot 【I, C】 ●JS; ★(SA): CO, EC, PE.

*巴西牧笛竹 **Aulonemia ulei** (Hack.) McClure et L. B. Sm. 【I, C】 ●JS; ★(SA): BR.

菲尔竹属 Filgueirasia

*沙生菲尔竹 **Filgueirasia arenicola** (McClure) Guala 【I, C】 ●JS; ★(SA): BR.

*美人菲尔竹 **Filgueirasia cannavieira** (Alvaro da Silveira) Guala 【I, C】 ●JS; ★(SA): BR.

灯芯竺属 Glaziophyton

*奇异灯心竹 **Glaziophyton mirabile** Franch. 【I, C】 ●JS; ★(SA): BR.

偏穗竹属 Merostachys

*三出偏穗竹 **Merostachys ternata** Nees 【I, C】 ●JS; ★(SA): BR.

丘竹属 Chusquea

*纤毛丘竹 **Chusquea ciliata** Phil. 【I, C】 ●JS; ★(SA): CL.

Chusquea coronalis Soderstr. et C. E. Calderón 【I, C】 ♣SCBG; ●GD; ★(NA): CR, GT, MX, SV.

朱丝贵竹 **Chusquea culeou** É. Desv. 【I, C】 ●BJ, JS; ★(SA): CL.

*卡明丘竹 **Chusquea cumingii** Nees 【I, C】 ●JS; ★(SA): CL.

*费尔丘竹 **Chusquea fernandeziana** Phil. 【I, C】 ●JS; ★(SA): AR, CL.

*多叶丘竹 **Chusquea foliosa** L. G. Clark 【I, C】 ●JS; ★(NA): CR, GT, MX, PA.

*利布曼丘竹 **Chusquea liebmannii** E. Fourn. 【I, C】 ♣SCBG; ●GD, JS; ★(NA): CR, GT, MX, SV.

*大穗丘竹 **Chusquea macrostachya** Phil. 【I, C】 ●JS; ★(SA): CL.

*山地丘竹 **Chusquea montana** Phil. 【I, C】 ●JS; ★(SA): CL.

*针叶丘竹 **Chusquea pinifolia** (Nees) Nees 【I, C】 ●JS; ★(SA): BR.

*鹅毛丘竹 **Chusquea quila** Kunth 【I, C】 ●BJ, JS; ★(SA): CL.

*塞勒丘竹 **Chusquea sellowii** Rupr. 【I, C】 ●JS; ★(SA): BR.

*单花丘竹 **Chusquea simpliciflora** Munro 【I, C】 ●JS; ★(NA): CR, GT, MX, NI, PA; (SA): CO, EC, VE.

*湿生丘竹 **Chusquea uliginosa** Phil. 【I, C】 ●JS; ★(SA): CL.

*瓦尔迪维亚丘竹 **Chusquea valdiviensis** É. Desv. 【I, C】 ●JS; ★(SA): AR, CL.

瓜多竹属 Guadua

*抱茎叶瓜多竹 **Guadua amplexifolia** J. Presl 【I, C】 ●JS; ★(NA): CR, HN, MX, NI, PA, PR, SV; (SA): CO, EC, VE.

瓜多竹 **Guadua angustifolia** Kunth 【I, C】 ♣SCBG, XMBG, XTBG; ●FJ, GD, JS, TW, YN, ZJ; ★(NA): CR, HN, PA, PR, TT; (SA): AR, BO, BR, CO, EC, GF, PE, PY, VE.

*聚叶瓜多竹 **Guadua glomerata** Munro 【I, C】 ●JS; ★(SA): BO, BR, CO, EC, GF, GY, PE, VE.

*特丽妮瓜多竹 **Guadua trinii** (Nees) Rupr. 【I, C】 ●JS; ★(SA): AR, BR, PY, UY.

*韦伯鲍尔瓜多竹 **Guadua weberbaueri** Pilg. 【I, C】 ●JS; ★(SA): BO, BR, CO, EC, GF, PE, VE.

墨西哥竹属 Otatea

Otatea acuminata (Munro) C. E. Calderón ex Soderstr. 【I, C】 ♣SCBG; ●GD; ★(NA): CR, HN, MX, US.

簕竹属 Bambusa

花竹 **Bambusa albolineata** L. C. Chia 【N, W/C】

♣FBG, FLBG, GXIB, NBG, SCBG, WBG, XMBG, XTBG, ZAFU; ●FJ, GD, GX, HB, JS, JX, TW, YN, ZJ; ★(AS): CN.

狭耳坭竹 **Bambusa angustiaurita** W. T. Lin 【N, W/C】 ♣FBG; ●FJ; ★(AS): CN.

狭耳簕竹 **Bambusa angustissima** L. C. Chia et H. L. Fung 【N, W/C】 ♣SCBG; ●GD; ★(AS): CN.

印度簕竹 **Bambusa bambos** (L.) Druce 【N, W/C】 ♣FBG, HBG, SCBG, TBG, XMBG, XOIG, XTBG; ●FJ, GD, TW, YN, ZJ; ★(AS): CN, ID, IN, LA, MM.

扁竹 **Bambusa basihirsuta** McClure 【N, W/C】 ♣FBG, GXIB, HBG, SCBG, XMBG, XTBG; ●FJ, GD, GX, HK, YN, ZJ; ★(AS): CN.

吊丝球竹 **Bambusa beecheyana** Munro 【N, W/C】 ♣FBG, GMG, GXIB, HBG, SCBG, TMNS, XMBG, XTBG; ●FJ, GD, GX, TW, YN, ZJ; ★(AS): CN.

大头典竹 **Bambusa beecheyana** var. **pubescens** (P. F. Li) W. C. Lin 【N, W/C】 ♣FLBG, SCBG, TBG, TMNS, XMBG; ●FJ, GD, GX, JX, TW; ★(AS): CN.

孟竹 **Bambusa bicicatricata** (W. T. Lin) L. C. Chia et H. L. Fung 【N, W/C】 ♣FLBG, GXIB, SCBG, XTBG; ●GD, GX, HI, JX, YN; ★(AS): CN.

簕竹 **Bambusa blumeana** Schult. et Schult. f. 【N, W/C】 ♣FBG, GXIB, HBG, SCBG, TBG, TMNS, XMBG, XTBG; ●FJ, GD, GX, TW, YN, ZJ; ★(AS): CN, ID, IN, LA, MY, PH, TH, VN.

妈竹 **Bambusa boniopsis** McClure 【N, W/C】 ♣CDBG, FBG, HBG, SCBG, TBG, TMNS, XMBG, XTBG; ●FJ, GD, HI, SC, TW, YN, ZJ; ★(AS): CN.

缅甸竹 **Bambusa burmanica** Gamble 【N, W/C】 ♣SCBG; ●GD, YN; ★(AS): CN, LA, MM, MY, TH.

单竹（箪竹）**Bambusa cerosissima** McClure 【N, W/C】 ♣FBG, FLBG, GXIB, HBG, SCBG, XMBG, XTBG; ●FJ, GD, GX, JX, YN, ZJ; ★(AS): CN, VN.

粉单竹（粉箪竹）**Bambusa chungii** McClure 【N, W/C】 ♣BBG, FBG, FLBG, GMG, GXIB, HBG, SCBG, WBG, XLTBG, XMBG, XTBG; ●BJ, FJ, GD, GX, HB, HI, HN, JX, SC, TW, YN, ZJ; ★(AS): CN, VN.

焕镛簕竹 **Bambusa chunii** L. C. Chia et H. L. Fung 【N, W/C】 ♣SCBG; ●GD; ★(AS): CN, LA.

破篾黄竹 **Bambusa contracta** L. C. Chia et H. L. Fung 【N, W/C】 ♣FLBG, GXIB, SCBG, XMBG; ●FJ, GD, GX, JX; ★(AS): CN.

东兴黄竹 **Bambusa corniculata** L. C. Chia et H. L. Fung 【N, W/C】 ♣FLBG, SCBG, XMBG; ●FJ, GD, JX; ★(AS): CN.

牛角竹 **Bambusa cornigera** McClure 【N, W/C】 ♣GXIB, HBG, SCBG, XMBG; ●FJ, GD, GX, ZJ; ★(AS): CN.

吊罗坭竹 **Bambusa diaoluoshanensis** L. C. Chia et H. L. Fung ex S. H. Chen 【N, W/C】 ♣FLBG, SCBG, XMBG; ●FJ, GD, JX; ★(AS): CN.

坭簕竹 **Bambusa dissimulator** McClure 【N, W/C】 ♣FBG, GMG, HBG, SCBG; ●FJ, GD, GX, ZJ; ★(AS): CN.

白节簕竹 **Bambusa dissimulator** var. **albinodia** McClure 【N, W/C】 ♣HBG, SCBG; ●GD, ZJ; ★(AS): CN.

毛簕竹 **Bambusa dissimulator** var. **hispida** McClure 【N, W/C】 ♣GXIB; ●GX; ★(AS): CN.

料慈竹 **Bambusa distegia** (Keng et Keng f.) L. C. Chia et H. L. Fung 【N, W/C】 ♣FLBG, GXIB, SCBG, XMBG, XTBG; ●FJ, GD, GX, JX, SC, YN; ★(AS): CN.

长枝竹 **Bambusa dolichoclada** Hayata 【N, W/C】 ♣FBG, HBG, SCBG, TBG, TMNS, XMBG, XTBG; ●FJ, GD, TW, YN, ZJ; ★(AS): CN.

慈竹 **Bambusa emeiensis** L. C. Chia et H. L. Fung 【N, W/C】 ♣CDBG, FBG, FLBG, GBG, HBG, KBG, NSBG, SCBG, WBG, XBG, XMBG, XTBG, ZAFU; ●CQ, FJ, GD, GZ, HB, HN, JX, SC, SN, YN, ZJ; ★(AS): CN.

大眼竹 **Bambusa eutuldoides** McClure 【N, W/C】 ♣FBG, FLBG, GXIB, HBG, SCBG, XMBG, XTBG; ●FJ, GD, GX, JX, SC, YN, ZJ; ★(AS): CN.

银丝大眼竹 **Bambusa eutuldoides** var. **basistriata** McClure 【N, W/C】 ♣FBG, GXIB, SCBG, XMBG; ●FJ, GD, GX, YN; ★(AS): CN.

青丝黄竹 **Bambusa eutuldoides** var. **viridivittata** (W. T. Lin) L. C. Chia 【N, W/C】 ♣FLBG, SCBG; ●GD, JX, SC, YN; ★(AS): CN.

小簕竹 **Bambusa flexuosa** Hort. ex Rivière et C. Rivière 【N, W/C】 ♣FBG, SCBG; ●FJ, GD; ★(AS): CN, LA.

鸡窦簕竹 **Bambusa funghomii** McClure 【N, W/C】 ♣HBG, SCBG; ●GD, ZJ; ★(AS): CN.

坭竹 **Bambusa gibba** McClure 【N, W/C】 ♣FBG, FLBG, HBG, SCBG, XMBG, XTBG; ●FJ, GD,

GX, HK, JX, TW, YN, ZJ; ★(AS): CN, VN.

鱼肚腩竹 **Bambusa gibboides** W. T. Lin【N, W/C】♣FBG, GXIB, HBG, SCBG, XMBG, XTBG; ●FJ, GD, GX, YN, ZJ; ★(AS): CN.

大绿竹 **Bambusa grandis** (Q. H. Dai et X.l.Tao ex Keng f.) Ohrnb. 【N, W/C】 ♣GXIB, SCBG, XMBG, XTBG; ●FJ, GD, GX, YN; ★(AS): CN.

桂单竹（桂箪竹）**Bambusa guangxiensis** L. C. Chia et H. L. Fung【N, W/C】♣GXIB; ●GX; ★(AS): CN.

藤单竹（藤箪竹）**Bambusa hainanensis** L. C. Chia et H. L. Fung【N, W/C】♣SCBG, XMBG; ●FJ, GD; ★(AS): CN.

毛竿竹 **Bambusa hirticaulis** R. S. Lin 【N, W/C】♣SCBG; ●GD; ★(AS): CN.

乡土竹 **Bambusa indigena** L. C. Chia et H. L. Fung【N, W/C】 ♣FLBG, GXIB, SCBG, XMBG; ●FJ, GD, GX, JX; ★(AS): CN.

黎庵高竹 **Bambusa insularis** L. C. Chia et H. L. Fung 【N, W/C】 ♣FLBG, SCBG; ●GD, HI, HK, JX, YN; ★(AS): CN.

绵竹 **Bambusa intermedia** Hsueh et T. P. Yi 【N, W/C】 ♣FBG, GXIB, SCBG, XTBG; ●FJ, GD, GX, GZ, SC, YN; ★(AS): CN.

东帝汶黑竹 **Bambusa lako** Widjaja 【I, C】♣XMBG; ●FJ; ★(AS): TL.

油簕竹 **Bambusa lapidea** McClure 【N, W/C】♣BBG, FLBG, GXIB, HBG, SCBG, XMBG, XTBG; ●BJ, FJ, GD, GX, JX, SC, YN, ZJ; ★(AS): CN, VN.

藤枝竹 **Bambusa lenta** L. C. Chia 【N, W/C】♣FBG; ●FJ, TW; ★(AS): CN.

花眉竹 **Bambusa longispiculata** Gamble 【N, W/C】 ♣FLBG, SCBG, TMNS, XMBG, XTBG; ●FJ, GD, JX, TW, YN; ★(AS): BD, CN, MM.

大耳坭竹 **Bambusa macrotis** L. C. Chia et H. L. Fung 【N, W/C】 ♣SCBG; ●GD; ★(AS): CN.

马岭竹 **Bambusa malingensis** McClure 【N, W/C】♣FLBG, SCBG, XTBG; ●GD, JX, YN; ★(AS): CN.

孝顺竹（垂柳竹、西风竹）**Bambusa multiplex** (Lour.) Raeusch. ex Schult. et Schult. f.【N, W/C】♣BBG, CDBG, FBG, FLBG, GA, GBG, GMG, GXIB, HBG, KBG, LBG, NBG, NSBG, SCBG, TBG, TMNS, WBG, XBG, XLTBG, XMBG, XOIG, XTBG, ZAFU; ●AH, BJ, CQ, FJ, GD, GX, GZ, HB, HI, HK, HN, JS, JX, SC, SN, TW, YN, ZJ; ★(AS): BT, CN, JP, LA, MM, SG, VN.

毛凤尾竹（毛凤凰竹）**Bambusa multiplex** var. **incana** B. M. Yang【N, W/C】♣SCBG; ●GD; ★(AS): CN.

观音竹 **Bambusa multiplex** var. **riviereorum** Maire【N, W/C】 ♣FBG, GXIB, SCBG, XMBG; ●FJ, GD, GX, YN; ★(AS): CN.

石角竹 **Bambusa multiplex** var. **shimadae** (Hayata) Sasaki 【N, W/C】 ♣SCBG; ●GD, TW; ★(AS): CN.

黄竹仔 **Bambusa mutabilis** McClure 【N, W/C】♣SCBG, XTBG; ●GD, YN; ★(AS): CN.

乌脚绿竹 **Bambusa odashimae** Hatus. ex Ohrnb.【N, W/C】 ♣SCBG; ●GD; ★(AS): CN.

绿竹 **Bambusa oldhamii** Munro【N, W/C】♣BBG, FBG, GXIB, HBG, SCBG, TBG, TMNS, XMBG, XOIG, XTBG, ZAFU; ●BJ, FJ, GD, GX, HI, TW, YN, ZJ; ★(AS): CN.

米筛竹 **Bambusa pachinensis** Hayata 【N, W/C】♣SCBG, TBG, TMNS; ●GD, JX, TW; ★(AS): CN.

长毛米筛竹 **Bambusa pachinensis** var. **hirsutissima** (Odash.) W. C. Lin 【N, W/C】♣FBG, HBG, SCBG, TBG, TMNS, XMBG; ●FJ, GD, TW, ZJ; ★(AS): CN.

大薄竹 **Bambusa pallida** Munro 【N, W/C】♣XTBG; ●YN; ★(AS): CN, ID, IN, LA, MM, TH.

水单竹（水箪竹）**Bambusa papillata** (Q. H. Dai) Q. H. Dai 【N, W/C】 ♣SCBG, XTBG; ●GD, GX, YN; ★(AS): CN.

撑篙竹 **Bambusa pervariabilis** McClure【N, W/C】♣BBG, FBG, FLBG, GMG, GXIB, HBG, SCBG, WBG, XMBG, XTBG; ●BJ, FJ, GD, GX, GZ, HB, JX, SC, TW, YN, ZJ; ★(AS): CN.

花撑篙竹 **Bambusa pervariabilis** var. **viridistriata** Q. H. Dai et X. C. Liu 【N, W/C】 ♣SCBG; ●GD; ★(AS): CN.

石竹仔 **Bambusa piscatorum** McClure 【N, W/C】♣SCBG, XLTBG; ●GD, HI; ★(AS): CN.

灰竿竹 **Bambusa polymorpha** Munro 【N, W/C】♣FLBG, XMBG, XTBG; ●FJ, GD, JX, YN; ★(AS): CN, ID, IN, LA, MM, TH.

牛儿竹 **Bambusa prominens** H. L. Fung et C. Y. Sia 【N, W/C】 ♣FBG, FLBG, SCBG, XMBG, XTBG; ●FJ, GD, JX, SC, YN; ★(AS): CN.

孖竹 **Bambusa rectocuneata** (W. T. Lin) N. H. Xia,

R. S. Lin et R. H. Wang【N, W/C】♣SCBG; ●GD; ★(AS): CN.

甲竹 **Bambusa remotiflora** (Kuntze) L. C. Chia et H. L. Fung 【N, W/C】 ♣FBG, FLBG, GXIB, HBG, SCBG, XMBG, XTBG; ●FJ, GD, GX, JX, YN, ZJ; ★(AS): CN, VN.

硬头黄竹 **Bambusa rigida** Keng et Keng f. 【N, W/C】 ♣CDBG, FBG, GA, HBG, LBG, NSBG, SCBG, WBG, XMBG, XTBG; ●CQ, FJ, GD, HB, HN, JX, SC, TW, YN, ZJ; ★(AS): CN.

龙丹竹 **Bambusa rongchengensis** (T. P. Yi et C. Y. Sia) D. Z. Li 【N, W/C】 ♣SCBG, XTBG; ●GD, SC, YN; ★(AS): CN.

木竹 **Bambusa rutila** McClure【N, W/C】♣FBG, HBG, SCBG, ZAFU; ●FJ, GD, SC, YN, ZJ; ★(AS): CN, VN.

掩耳黄竹 **Bambusa semitecta** W. T. Lin et Z. M. Wu 【N, W/C】 ♣SCBG; ●GD; ★(AS): CN.

车筒竹 **Bambusa sinospinosa** McClure 【N, W/C】 ♣FBG, FLBG, GMG, GXIB, SCBG, XMBG, XOIG, XTBG; ●FJ, GD, GX, JX, YN; ★(AS): CN, VN.

锦竹 **Bambusa subaequalis** H. L. Fung et C. Y. Sia 【N, W/C】 ♣FLBG, SCBG, WBG, XMBG; ●FJ, GD, HB, JX, SC, YN; ★(AS): CN.

信宜石竹 **Bambusa subtruncata** L. C. Chia et H. L. Fung 【N, W/C】 ♣FBG, FLBG, GXIB, SCBG, XMBG; ●FJ, GD, GX, JX; ★(AS): CN.

油竹 **Bambusa surrecta** (Q. H. Dai) Q. H. Dai 【N, W/C】 ♣FBG, GXIB, SCBG, XMBG; ●FJ, GD, GX, YN; ★(AS): CN.

马甲竹 **Bambusa teres** Munro【N, W/C】♣SCBG; ●GD; ★(AS): BT, CN, ID, IN, MM, NP.

青皮竹 **Bambusa textilis** McClure 【N, W/C】 ♣BBG, FBG, FLBG, GXIB, HBG, KBG, SCBG, WBG, XMBG, XTBG; ●BJ, FJ, GD, GX, HB, HN, JX, SC, TW, YN, ZJ; ★(AS): CN.

光竿青皮竹 **Bambusa textilis** var. **glabra** McClure 【N, W/C】 ♣GXIB, HBG, SCBG, XMBG; ●FJ, GD, GX, ZJ; ★(AS): CN.

崖州竹 **Bambusa textilis** var. **gracilis** McClure【N, W/C】 ♣FLBG, GXIB, HBG, SCBG, WBG, XMBG, XTBG; ●FJ, GD, GX, HB, JX, YN, ZJ; ★(AS): CN.

俯竹（马甲竹）**Bambusa tulda** Benth. 【N, W/C】 ♣FBG, FLBG, SCBG, TBG, TMNS, XMBG, XTBG; ●FJ, GD, GX, JX, TW, XZ, YN; ★(AS): BT, CN, ID, IN, LA, LK, MM, NP, TH, VN.

青竿竹 **Bambusa tuldoides** Munro 【N, W/C】 ♣FBG, FLBG, HBG, SCBG, TMNS, WBG, XMBG, XTBG; ●FJ, GD, HB, JX, TW, YN, ZJ; ★(AS): CN, LA, MM, SG.

乌叶竹 **Bambusa utilis** W. C. Lin 【N, W/C】 ♣TBG, TMNS; ●TW; ★(AS): CN.

壮绿竹 **Bambusa valida** (Q. H. Dai) W. T. Lin 【N, W/C】 ♣SCBG, XMBG, XTBG; ●FJ, GD, GX, YN; ★(AS): CN.

吊丝箪竹 **Bambusa variostriata** (W. T. Lin) L. C. Chia et H. L. Fung 【N, W/C】 ♣FBG, GXIB, SCBG, XTBG; ●FJ, GD, GX, SC, YN; ★(AS): CN.

佛肚竹 **Bambusa ventricosa** McClure 【N, W/C】 ♣BBG, CDBG, FBG, FLBG, GA, GBG, GMG, GXIB, HBG, IBCAS, KBG, NSBG, SCBG, TBG, TMNS, WBG, XLTBG, XMBG, XOIG, XTBG, ZAFU; ●BJ, CQ, FJ, GD, GX, GZ, HB, HI, JX, SC, TW, YN, ZJ; ★(AS): CN, VN.

大佛肚竹（龙头竹）**Bambusa vulgaris** Schrad. 【N, W/C】 ♣BBG, FBG, FLBG, GMG, GXIB, HBG, NBG, SCBG, TBG, TMNS, WBG, XLTBG, XMBG, XOIG, XTBG, ZAFU; ●BJ, FJ, GD, GX, HB, HI, JS, JX, TW, YN, ZJ; ★(AS): CN, LA, MM.

霞山坭竹 **Bambusa xiashanensis** L. C. Chia et H. L. Fung 【N, W/C】 ♣FBG, FLBG, SCBG, XMBG; ●FJ, GD, JX; ★(AS): CN.

疙瘩竹 **Bambusa xueana** Ohrnb.【N, W/C】●YN; ★(AS): CN.

越南竹属 Bonia

芸香竹（单枝竹）**Bonia amplexicaulis** (L. C. Chia, H. L. Fung et Y. L. Yang) N. H. Xia 【N, W/C】 ♣GXIB, SCBG; ●GD, GX, YN; ★(AS): CN.

响子竹 **Bonia levigata** (L. C. Chia, H. L. Fung et Y. L. Yang) N. H. Xia 【N, W/C】 ♣SCBG; ●GD, YN; ★(AS): CN.

单枝竹 **Bonia saxatilis** (L. C. Chia, H. L. Fung et Y. L. Yang) N. H. Xia【N, W/C】♣GXIB; ●GX; ★(AS): CN.

箭竿竹 **Bonia saxatilis** var. **solida** (C. D. Chu et C. S. Chao) D. Z. Li【N, W/C】 ●YN; ★(AS): CN.

牡竹属 Dendrocalamus

大弯龙竹 **Dendrocalamus annulatum** Hsueh et F. Du 【N, W/C】 ●YN; ★(AS): CN.

马来甜龙竹 **Dendrocalamus asper** (Schult. et Schult. f.) Backer ex K. Heyne【N, W/C】♣FBG, SCBG, TBG, XMBG, XTBG; ●FJ, GD, TW, YN; ★(AS): CN, ID, IN, LA, MM, MY, PH, SG, TH.

椅子竹 **Dendrocalamus bambusoides** Hsueh f. et D. Z. Li【N, W/C】♣FBG, SCBG, XMBG, XTBG; ●FJ, GD, YN; ★(AS): CN.

小叶龙竹 **Dendrocalamus barbatus** Hsueh et D. Z. Li【N, W/C】♣FBG, FLBG, SCBG, XMBG, XTBG; ●FJ, GD, JX, YN; ★(AS): CN.

毛脚龙竹 **Dendrocalamus barbatus** var. **internodiradicatus** J. R. Xue et D. Z. Li【N, W/C】♣FLBG, SCBG, XMBG, XTBG; ●FJ, GD, JX, YN; ★(AS): CN.

*印度牡竹 **Dendrocalamus bengkalisensis** Widjaja【I, C】♣XTBG; ●YN; ★(AS): IN.

缅甸龙竹 **Dendrocalamus birmanicus** A. Camus【N, W/C】♣XTBG; ●YN; ★(AS): CN, MM.

勃氏甜龙竹 **Dendrocalamus brandisii** (Munro) Kurz【N, W/C】♣GXIB, SCBG, XMBG, XTBG; ●FJ, GD, GX, TW, YN; ★(AS): CN, IN, LA, MM, TH, VN.

美穗龙竹 **Dendrocalamus calostachyus** (Kurz) Kurz【N, W/C】♣SCBG, XTBG; ●GD, YN; ★(AS): CN, IN, MM.

大叶慈竹 **Dendrocalamus farinosus** (Keng et Keng f.) L. C. Chia et H. L. Fung【N, W/C】♣FBG, SCBG, XMBG, XTBG; ●FJ, GD, GX, GZ, SC, YN; ★(AS): CN.

福贡龙竹 **Dendrocalamus fugongensis** Hsueh et D. Z. Li【N, W/C】♣XTBG; ●YN; ★(AS): CN.

龙竹 **Dendrocalamus giganteus** Munro【N, W/C】♣FLBG, GXIB, SCBG, TBG, TMNS, XMBG, XTBG; ●FJ, GD, GX, JX, TW, YN; ★(AS): CN, LA, MM, MY, TH, VN.

版纳甜龙竹 **Dendrocalamus hamiltonii** Nees et Arn. ex Munro【N, W/C】♣FBG, FLBG, SCBG, TMNS, XMBG, XTBG; ●FJ, GD, JX, TW, YN; ★(AS): BT, CN, ID, IN, LA, LK, MM, NP.

虎克龙竹 **Dendrocalamus hookeri** Munro【N, W/C】♣XTBG; ●YN; ★(AS): BT, CN, IN, LK, MM.

建水龙竹 **Dendrocalamus jianshuiensis** Hsueh et D. Z. Li【N, W/C】●YN; ★(AS): CN.

景洪牡竹 **Dendrocalamus jinghongensis** P.Y.Wang, Y. X. Zhang et D. Z. Li【N, W/C】♣XTBG; ●YN; ★(AS): CN;

厚毛龙竹 **Dendrocalamus laevigatus** Hsueh et K. L. Wang【N, W/C】♣XTBG; ●YN; ★(AS): CN.

麻竹 **Dendrocalamus latiflorus** Munro【N, W/C】♣FBG, FLBG, GXIB, HBG, NSBG, SCBG, TBG, TMNS, XLTBG, XMBG, XOIG, XTBG, ZAFU; ●CQ, FJ, GD, GX, GZ, HI, HK, JX, SC, TW, YN, ZJ; ★(AS): CN, JP, LA, MM, VN.

广东甜竹 **Dendrocalamus latifolius** K. Schum. et Lauterb.【I, C】♣GA; ●JX; ★(AS): ID, ID-ML, PH; (OC): PG.

长舌龙竹 **Dendrocalamus longiligulatus** N. H. Xia et V. T. Nguyen【N, W/C】♣XTBG; ●YN; ★(AS): CN.

黄竹 **Dendrocalamus membranaceus** Munro【N, W/C】♣FBG, SCBG, TMNS, XMBG, XTBG; ●FJ, GD, TW, YN; ★(AS): CN, LA, MM, TH, VN.

流苏黄竹 **Dendrocalamus membranaceus** f. **fimbriligulatus** Hsueh et D. Z. Li【N, W/C】♣XTBG; ●YN; ★(AS): CN.

毛竿黄竹 **Dendrocalamus membranaceus** f. **pilosus** Hsueh et D. Z. Li【N, W/C】♣XTBG; ●YN; ★(AS): CN.

花竿黄竹 **Dendrocalamus membranaceus** f. **striatus** Hsueh et D. Z. Li【N, W/C】♣XMBG, XTBG; ●FJ, YN; ★(AS): CN.

勐龙牡竹 **Dendrocalamus menglongensis** Hsueh et K. L. Wang ex N. H. Xia, R. S. Lin et Y. B. Guo【N, W/C】♣XTBG; ●YN; ★(AS): CN.

吊丝竹 **Dendrocalamus minor** (McClure) Chia et H. L. Fung【N, W/C】♣FBG, FLBG, GXIB, SCBG, XMBG, XTBG; ●FJ, GD, GX, JX, YN; ★(AS): CN.

花吊丝竹 **Dendrocalamus minor** var. **amoenus** (Q. H. Dai et C. F. Huang) Hsueh et D. Z. Li【N, W/C】♣BBG, FLBG, GXIB, SCBG, WBG, XMBG; ●BJ, FJ, GD, GX, HB, JX, YN; ★(AS): CN.

黑竿龙竹 **Dendrocalamus nigrescens** F. Du et Hsueh f.【N, W/C】●YN; ★(AS): CN.

过江竹 **Dendrocalamus pachycladus** Hsueh et D. Z. Li【N, W/C】♣XMBG, XTBG; ●FJ, YN; ★(AS): CN.

粗穗龙竹 **Dendrocalamus pachystachyus** Hsueh et D. Z. Li【N, W/C】♣SCBG, XTBG; ●GD, YN; ★(AS): CN.

金平龙竹 **Dendrocalamus peculiaris** Hsueh et D. Z. Li 【N, W/C】 ♣XTBG; ●YN; ★(AS): CN.

粉麻竹 **Dendrocalamus pulverulentus** L. C. Chia et P. P. H. But 【N, W/C】 ♣SCBG, XMBG; ●FJ, GD, YN; ★(AS): CN.

野龙竹 **Dendrocalamus semiscandens** Hsueh et D. Z. Li 【N, W/C】 ♣SCBG, XMBG, XTBG; ●FJ, GD, YN; ★(AS): CN.

锡金龙竹 **Dendrocalamus sikkimensis** Gamble ex Oliv. 【N, W/C】 ♣XTBG; ●YN; ★(AS): BT, CN, IN, LK.

歪脚龙竹 **Dendrocalamus sinicus** L. C. Chia et J. L. Sun 【N, W/C】 ♣BBG, FBG, FLBG, SCBG, XMBG, XTBG; ●BJ, FJ, GD, JX, YN; ★(AS): CN, LA.

黄麻竹 **Dendrocalamus stenoauritus** (W. T. Lin) N. H. Xia 【N, W/C】 ♣FBG, FLBG, GXIB, SCBG, XMBG, XTBG; ●FJ, GD, GX, JX, YN; ★(AS): CN.

牡竹 **Dendrocalamus strictus** (Roxb.) Nees 【N, W/C】 ♣FBG, GXIB, SCBG, TBG, TMNS, XMBG, XTBG; ●FJ, GD, GX, TW, YN; ★(AS): CN, ID, IN, LA, MM, TH, VN.

粉白龙竹 **Dendrocalamus strictus** var. **sericeus** (Munro) Haines 【N, W/C】 ♣XTBG; ●YN; ★(AS): CN, IN, LA.

白沙竹 **Dendrocalamus suberosus** (W. T. Lin et Z. M. Wu) N. H. Xia 【N, W/C】 ♣XTBG; ●YN; ★(AS): CN.

毛龙竹 **Dendrocalamus tomentosus** Hsueh et D. Z. Li 【N, W/C】 ♣XMBG; ●FJ, YN; ★(AS): CN.

黔竹 **Dendrocalamus tsiangii** (McClure) L. C. Chia et H. L. Fung 【N, W/C】 ♣NBG, SCBG; ●GD, GX, GZ, JS, SC, YN; ★(AS): CN.

西双版纳牡竹 **Dendrocalamus xishuangbannaensis** D. Z. Li et H. Q. Yang 【N, W/C】 ♣XTBG; ●YN; ★(AS): CN.

云南龙竹（山甜竹）**Dendrocalamus yunnanicus** Hsueh et D. Z. Li 【N, W/C】 ♣FLBG, GXIB, SCBG, XTBG; ●GD, GX, JX, SC, YN; ★(AS): CN, VN.

藤竹属 Dinochloa

平节藤竹 **Dinochloa bannaensis** K. L. Wang 【N, W/C】 ♣XTBG; ●YN; ★(AS): CN.

无耳藤竹 **Dinochloa orenuda** McClure 【N, W/C】 ♣XMBG; ●FJ; ★(AS): CN.

藤竹 **Dinochloa utilis** McClure 【N, W/C】 ♣BBG; ●BJ; ★(AS): CN.

巨竹属 Gigantochloa

白毛巨竹 **Gigantochloa albociliata** (Munro) Kurz 【N, W/C】 ♣SCBG, XMBG, XTBG; ●FJ, GD, YN; ★(AS): CN, IN, LA, MM, TH.

马来巨草竹 **Gigantochloa apus** (Schult.) Kurz 【I, C】 ♣FBG, SCBG, TMNS; ●FJ, GD, TW; ★(AS): IN, LA, MM, MY, TH.

黑巨龙竹 **Gigantochloa atroviolacea** Widjaja 【I, C】 ♣XMBG; ●FJ; ★(AS): ID.

*越南巨竹 **Gigantochloa cochinchinensis** A. Camus 【I, C】 ♣XTBG; ●YN; ★(AS): VN.

打洛滇竹 **Gigantochloa daliensis** (Btise) Kurz 【N, W/C】 ♣XTBG; ●YN; ★(AS): CN.

滇竹 **Gigantochloa felix** (Keng) Keng f. 【N, W/C】 ♣FLBG, XMBG, XTBG; ●FJ, GD, JX, YN; ★(AS): CN.

毛笋竹 **Gigantochloa levis** (Blanco) Merr. 【N, W/C】 ♣FBG, FLBG, SCBG, XMBG, XTBG; ●FJ, GD, JX, TW, YN; ★(AS): CN, ID, IN, MY, PH, TH.

长舌巨竹 **Gigantochloa ligulata** Gamble 【I, C】 ♣SCBG, XTBG; ●GD, YN; ★(AS): MY, TH.

勐仑巨竹 **Gigantochloa menglungensis** Kunth 【N, W/C】 ♣XTBG; ●YN; ★(AS): CN.

黑毛巨竹 **Gigantochloa nigrociliata** (Buse) Kurz 【N, W/C】 ♣SCBG, XMBG, XTBG; ●FJ, GD, YN; ★(AS): CN, ID, IN, LA, MM, TH.

南峤滇竹 **Gigantochloa parviflora** (Keng f.) Keng f. 【N, W/C】 ♣SCBG, XTBG; ●GD, YN; ★(AS): CN.

琴丝滇竹 **Gigantochloa rostrata** K. M. Wong 【I, C】 ♣XMBG, XTBG; ●FJ, YN; ★(AS): MY.

小黑竹 **Gigantochloa scortechinii** Gamble 【I, C】 ♣XTBG; ●YN; ★(AS): ID, MY, TH.

花巨竹 **Gigantochloa verticillata** (Willd.) Munro 【N, W/C】 ♣FLBG, SCBG, XMBG, XTBG; ●FJ, GD, HK, JX, TW, YN; ★(AS): CN, ID, IN, MM, MY, TH, VN.

缅竹属 Maclurochloa

山缅竹 **Maclurochloa montana** (Ridl.) K. M. Wong 【I, C】 ●YN; ★(AS): MY.

梨藤竹属 Melocalamus

澜沧梨藤竹 **Melocalamus arrectus** T. P. Yi 【N, W/C】♣SCBG, XMBG, XTBG; ●FJ, GD, YN; ★(AS): CN.

梨藤竹 **Melocalamus compactiflorus** (Kurz) Benth. 【N, W/C】♣SCBG, XMBG, XTBG; ●FJ, GD, GX, XZ, YN; ★(AS): CN, ID, IN, LA, MM.

流苏梨藤竹 **Melocalamus compactiflorus** var. **fimbriatus** (Hsueh et C. M. Hui) D. Z. Li et Z. H. Guo 【N, W/C】 ♣XTBG; ●YN; ★(AS): CN.

西藏梨藤竹 **Melocalamus elevatissimus** Hsueh et T. P. Yi 【N, W/C】 ♣XMBG; ●FJ; ★(AS): CN.

皱果梨藤竹 **Melocalamus rugosus** Hort. 【N, W/C】 ●YN; ★(AS): CN.

大吊竹 **Melocalamus scandens** Hsueh et C. M. Hui 【N, W/C】 ●YN; ★(AS): CN.

新小竹属 Neomicrocalamus

新小竹 **Neomicrocalamus prainii** (Gamble) Keng f. 【N, W/C】 ♣SCBG; ●GD, YN; ★(AS): CN, ID, IN, MM.

云南新小竹 **Neomicrocalamus yunnanensis** (T. H. Wen) Ohrnb. 【N, W/C】 ●YN; ★(AS): CN.

泰竹属 Thyrsostachys

大泰竹 **Thyrsostachys oliveri** Gamble 【N, W/C】 ♣SCBG, XMBG, XTBG; ●FJ, GD, YN; ★(AS): CN, LA, MM.

泰竹 **Thyrsostachys siamensis** Gamble 【N, W/C】 ♣FBG, FLBG, GXIB, SCBG, TBG, TMNS, XMBG, XOIG, XTBG; ●CQ, FJ, GD, GX, JX, TW, YN; ★(AS): CN, LA, MM, SG, TH.

狭叶竹属 Nastus

*极雅狭叶竹 **Nastus elegantissimus** (Hassk.) Holttum 【I, C】♣SCBG; ●GD, TW; ★(AS): IN, TH, VN.

空竹属 Cephalostachyum

薄竹 **Cephalostachyum chinense** (Rendle) D. Z. Li et H. Q. Yang 【N, W/C】 ♣XMBG, XTBG; ●FJ, YN; ★(AS): CN.

空竹 **Cephalostachyum latifolium** Munro 【N, W/C】 ♣XTBG; ●TW, YN; ★(AS): BT, CN, IN, MM.

独龙江空竹 **Cephalostachyum mannii** (Gamble) Stapleton 【N, W/C】 ●TW; ★(AS): CN, ID, IN.

小空竹 **Cephalostachyum pallidum** Munro 【N, W/C】 ●YN; ★(AS): CN, ID, IN, MM.

糯竹（香糯竹）**Cephalostachyum pergracile** Munro 【N, W/C】 ♣BBG, FBG, FLBG, SCBG, XMBG, XTBG; ●BJ, FJ, GD, JX, TW, YN; ★(AS): CN, LA, MM.

真麻竹 **Cephalostachyum scandens** Bor 【N, W/C】 ●TW, YN; ★(AS): CN, MM.

金毛空竹 **Cephalostachyum virgatum** (Munro) Kurz 【N, W/C】 ♣SCBG, XMBG, XTBG; ●FJ, GD, TW, YN; ★(AS): CN, ID, IN, KH, LA, MM, VN.

梨竹属 Melocanna

大梨竹（梨竹）**Melocanna baccifera** (Roxb.) Kurz 【N, W/C】 ♣FBG, FLBG, SCBG, TBG, TMNS, WBG, XMBG, XTBG; ●FJ, GD, HB, JX, TW, YN; ★(AS): BT, CN, ID, IN, LK, MM.

梨竹（小梨竹）**Melocanna humilis** Roep. ex Trin. 【N, W/C】 ♣XTBG; ●YN; ★(AS): CN, MM.

李海竹属 Neohouzeaua

微毛糯米竹 **Neohouzeaua puberula** (McClure) T. H. Wen 【N, W/C】 ♣XMBG; ●FJ; ★(AS): CN.

泡竹属 Pseudostachyum

泡竹 **Pseudostachyum polymorphum** Munro 【N, W/C】 ♣FBG, FLBG, GXIB, SCBG, XMBG, XTBG; ●FJ, GD, GX, JX, YN; ★(AS): BT, CN, ID, IN, LK, MM, VN.

箣竻竹属 Schizostachyum

耳垂竹 **Schizostachyum auriculatum** Q. H. Dai et D. Y. Huang 【N, W/C】 ♣GXIB; ●GX; ★(AS): CN.

长节坭竹 **Schizostachyum blumei** Nees 【I, C】 ♣XTBG; ●YN; ★(AS): BN, IN, MM, MY.

短枝黄金竹 **Schizostachyum brachycladum** (Kurz) Kurz 【N, W/C】 ♣SCBG, XTBG; ●GD, YN; ★(AS): CN, ID, IN, LA, MY, PH, SG.

莎簕竹 **Schizostachyum diffusum** (Blanco) Merr. 【N, W/C】 ♣TBG, TMNS; ●TW; ★(AS): CN,

PH.

苗竹仔 **Schizostachyum dumetorum** (Hance) Munro 【N, W/C】 ♣FBG, SCBG; ●FJ, GD; ★(AS): CN.

沙罗单竹 **Schizostachyum funghomii** McClure 【N, W/C】 ♣FBG, FLBG, GXIB, SCBG, XMBG, XTBG; ●FJ, GD, GX, JX, YN; ★(AS): CN, VN.

山骨罗竹 **Schizostachyum hainanense** Merr. ex McClure 【N, W/C】 ♣SCBG; ●GD, HI; ★(AS): CN, VN.

岭南簕箣竹 **Schizostachyum jaculans** Holttum 【N, W/C】 ♣SCBG; ●GD; ★(AS): CN, MY, SG.

长节间簕箣竹 **Schizostachyum longinternodium** N. H. Xia, R. S. Lin et C. H. Zheng 【N, W】 ♣XTBG; ●YN; ★(AS): CN.

小薄竹 **Schizostachyum pingbianense** Hsueh et Y. M. Yang ex T. P. Yi 【N, W/C】 ●YN; ★(AS): CN.

簕箣竹 **Schizostachyum pseudolima** McClure 【N, W/C】 ♣GXIB, SCBG, XTBG; ●GD, GX, HI, YN; ★(AS): CN, VN.

黄金丽竹 **Schizostachyum zollingeri** Steud. 【I, C】 ♣TMNS; ●TW; ★(AS): IN, LA, MY, TH, VN.

总序竹属 Racemobambos

小吊竹 **Racemobambos multiramosa** Holttum 【I, C】 ●YN; ★(OC): PG.

短颖草属 Brachyelytrum

日本短颖草 **Brachyelytrum japonicum** (Hack.) Matsum. ex Honda 【N, W/C】 ♣LBG; ●JX; ★(AS): CN, JP, KR.

显子草属 Phaenosperma

显子草 **Phaenosperma globosa** Munro ex Benth. 【N, W/C】 ♣FBG, GBG, HBG, LBG, WBG, ZAFU; ●FJ, GZ, HB, JX, ZJ; ★(AS): CN, ID, IN, JP, KP, KR.

甜茅属 Glyceria

尖花甜茅 **Glyceria acutiflora** Torr. 【I, C】 ♣LBG; ●JX; ★(NA): US.

甜茅 **Glyceria acutiflora** subsp. **japonica** (Steud.) T. Koyama et Kawano 【N, W/C】 ♣FBG; ●FJ; ★(AS): CN, JP, KP, KR, MN, RU-AS.

假鼠妇草 **Glyceria leptolepis** Ohwi 【N, W/C】 ♣LBG; ●JX; ★(AS): CN, JP, KP, KR, MN, RU-AS.

水甜茅 **Glyceria maxima** (Hartm.) Holmb. 【N, W/C】 ♣BBG, NBG; ●BJ, JS; ★(AS): CN, CY, GE, IR, KG, KZ, MN, RU-AS, TJ, TM, TR, UZ; (EU): AD, AL, AT, BA, BE, BG, BY, CH, CZ, DE, DK, ES, FI, FR, GB, GR, HR, HU, IS, IT, LU, MC, ME, MK, NL, NO, PL, PT, RO, RS, RU, SE, SI, SK, SM, UA, VA.

卵花甜茅 **Glyceria tonglensis** C. B. Clarke 【N, W/C】 ●GS; ★(AS): BT, CN, ID, IN, LK, MM, MY, NP.

臭草属 Melica

小穗臭草 **Melica ciliata** L. 【N, W/C】 ♣BBG; ●BJ; ★(AF): MA; (AS): CN, GE, KH, KZ, SA, TM; (EU): AL, AT, BA, BE, BG, BY, CZ, DE, ES, FI, GR, HR, HU, IT, LU, ME, MK, PL, RO, RS, RU, SI, TR.

大花臭草 **Melica grandiflora** Koidz. 【N, W/C】 ♣LBG, ZAFU; ●JX, ZJ; ★(AS): CN, JP, KP.

广序臭草 **Melica onoei** Franch. et Sav. 【N, W/C】 ♣LBG; ●JX; ★(AS): BT, CN, IN, JP, KP, KR, LK, PK.

细叶臭草 **Melica radula** Franch. 【N, W/C】 ♣BBG; ●BJ; ★(AS): CN, MN.

臭草 **Melica scabrosa** Trin. 【N, W/C】 ♣BBG, IBCAS, LBG; ●BJ, JX, SC; ★(AS): CN, KP, KR, MN.

德兰臭草 **Melica transsilvanica** Schur 【N, W/C】 ♣TDBG; ●XJ; ★(AS): CN, CY, GE, KG, KH, KZ, MN, RU-AS, TJ, TM, UZ; (EU): AL, AT, BA, BG, CZ, DE, GR, HR, HU, IT, ME, MK, PL, RO, RS, RU, SI.

针茅属 Stipa

宝石草 **Stipa brachychaeta** Godr. 【I, C】 ♣BBG; ●BJ; ★(EU): FR.

长芒草 **Stipa bungeana** Trin. 【N, W/C】 ♣BBG, IBCAS; ●BJ, SC; ★(AS): CN, CY, KG, KZ, MN.

针茅 **Stipa capillata** L. 【N, W/C】 ♣KBG; ●TW, YN; ★(AS): CN, CY, GE, KG, KH, KZ, MN, PK, RU-AS, SA, TJ, TM, UZ; (EU): AL, AT, BA, BG, CZ, DE, ES, GR, HR, HU, IT, ME, MK, PL, RO, RS, RU, SI, TR.

大针茅 **Stipa grandis** P. A. Smirn. 【N, W/C】

♣NBG; ●JS, SC; ★(AS): CN, MN, RU-AS.

细叶针茅 **Stipa lessingiana** Trin. et Rupr. 【N, W/C】●YN; ★(AS): CN, CY, KG, KH, KZ, MN, RU-AS, TJ, TM; (EU): BG, RO, RU.

羽状针茅 **Stipa pennata** L. 【I, C】♣SCBG; ●GD; ★(EU): AT, DE, FR, HU, TR.

新疆针茅 **Stipa sareptana** Beck 【N, W/C】●NM, XJ; ★(AS): CN, CY, KZ, MN, RU-AS, TJ; (EU): RU.

细茎针茅 **Stipa tenuissima** Trin. 【I, C】♣CBG, NBG, ZAFU; ●BJ, JS, SH, YN, ZJ; ★(NA): MX, US.

天山针茅 **Stipa tianschanica** Roshev. 【N, W/C】●GS, NM, SN, SX; ★(AS): CN, KG, KZ, MN, RU-AS, UZ.

绿针茅 **Stipa viridula** Trin. 【I, C】★(NA): CA, US.

架绳草属 Ampelodesmos

海岛架绳草 **Ampelodesmos mauritanicus** (Poir.) T. Durand et Schinz 【I, C】★(NA): US.

落须草属 Oryzopsis

长毛落芒草 **Oryzopsis hymenoides** (Roem. et Schult.) Ricker 【I, C】♣MDBG; ●GS, TW; ★(NA): CA, MX, US.

落芒草属 Piptatherum

钝颖落芒草 **Piptatherum kuoi** S. M. Phillips et Z. L. Wu 【N, W/C】♣GBG; ●GZ; ★(AS): CN, JP.

雉尾茅属 Anemanthele

新西兰风草（雉尾茅）**Anemanthele lessoniana** (Steud.) Veldkamp 【I, C】★(OC): NZ.

芨芨草属 Achnatherum

大叶直芒草 **Achnatherum coreanum** (Honda) Ohwi 【N, W/C】♣LBG; ●JX; ★(AS): CN, JP, KP.

湖北芨芨草 **Achnatherum henryi** (Rendle) S. M. Phillips et Z. L. Wu 【N, W/C】♣WBG; ●HB; ★(AS): CN.

醉马草 **Achnatherum inebrians** (Hance) Keng ex Tzvelev 【N, W/C】♣TDBG; ●XJ; ★(AS): CN, MN.

京芒草 **Achnatherum pekinense** (Hance) Ohwi 【N, W/C】♣BBG; ●BJ, SC; ★(AS): CN, JP, KP, MN, RU-AS.

芨芨草 **Achnatherum splendens** (Trin.) Nevski 【N, W/C】♣MDBG, TDBG; ●GS, NM, SC, XJ; ★(AS): AF, CN, ID, IN, KG, KH, KZ, MN, PK, RU-AS, TJ, TM, UZ.

龙常草属 Diarrhena

龙常草 **Diarrhena mandshurica** Maxim. 【N, W/C】♣IBCAS; ●BJ; ★(AS): CN, KR.

扇穗茅属 Littledalea

扇穗茅 **Littledalea racemosa** Keng 【N, W/C】●GS, SC; ★(AS): CN.

雀麦属 Bromus

田雀麦 **Bromus arvensis** Lam. 【I, C】★(AS): GE; (EU): AL, AT, BA, BE, BG, BY, CZ, DE, ES, FI, GB, GR, HR, HU, IT, ME, MK, NL, NO, PL, RO, RS, RU, SI, TR.

显脊雀麦 **Bromus carinatus** Hook. et Arn. 【I, C】★(NA): CA, MX, US.

扁穗雀麦 **Bromus catharticus** Vahl 【N, W/C】♣XMBG; ●FJ, HE, QH, SC, SN, SX; ★(AS): BT, CN, IN, JP, LK, MN.

加拿大雀麦 **Bromus ciliatus** Lam. 【I, C/N】●NM; ★(NA): CA, US.

无芒雀麦 **Bromus inermis** Steven 【N, W/C】♣TDBG; ●BJ, GS, HE, JL, NM, QH, SC, SX, XJ; ★(AS): CN, GE, JP, KG, KZ, MN, TJ, UZ; (EU): AT, BA, BE, BG, CZ, DE, ES, FI, GB, HR, HU, IS, IT, ME, MK, NL, NO, PL, RO, RS, RU, SI, TR.

雀麦 **Bromus japonicus** Houtt. 【N, W/C】♣GA, GBG, LBG, NBG, WBG, ZAFU; ●GS, GZ, HB, JS, JX, NM, QH, SC, XJ, ZJ; ★(AS): CN, CY, JP, KG, KH, KR, KZ, MN, RU-AS, TJ, TM, UZ; (EU): AD, AL, AT, BA, BE, BG, BY, CH, CZ, DE, DK, ES, FI, FR, GB, GR, HR, HU, IS, IT, LU, MC, ME, MK, NL, NO, PL, PT, RO, RS, RU, SE, SI, SK, SM, UA, VA.

甘蒙雀麦 **Bromus korotkiji** Drobow 【N, W/C】●GS, NM; ★(AS): CN, MN.

山地雀麦 **Bromus marginatus** Nees ex Steud. 【I, C】★(NA): CA, US.

疏花雀麦 **Bromus remotiflorus** (Steud.) Keng 【N,

W/C】 ♣FBG, GA, GBG, LBG, ZAFU; ●FJ, GZ, JX, SC, ZJ; ★(AS): CN, JP, KP.

硬雀麦 **Bromus rigidus** Rchb. 【I, C/N】 ♣LBG; ●JX; ★(AF): DZ, EG, LY, MA, TN; (AS): AM, AZ, BH, GE, IL, IQ, IR, JO, KW, LB, PS, QA, SA, SY, TR, YE; (EU): AL, AT, BA, CH, CZ, DE, ES, FR, GR, HR, HU, IT, LI, MC, ME, MK, PL, RS, SI, SK.

山丹雀麦 **Bromus riparius** Rehmann 【N, W/C】 ●BJ; ★(AS): AM, AZ, BH, CN, GE, IL, IQ, IR, JO, KW, LB, MN, PS, QA, RU-AS, SA, SY, TR, YE; (EU): BA, BG, GR, HR, ME, MK, RO, RS, RU, SI.

新麦草属 Psathyrostachys

华山新麦草 **Psathyrostachys huashanica** Keng f. ex P. C. Kuo 【N, W/C】 ♣FLBG, IBCAS; ●BJ, GD, JX; ★(AS): CN.

新麦草 **Psathyrostachys juncea** (Fisch.) Nevski 【N, W/C】 ♣TDBG; ●BJ, HL, SC, XJ; ★(AS): CN, KG, KZ, MN, RU-AS; (EU): RU.

大麦属 Hordeum

野生六棱大麦（六棱大麦）**Hordeum agriocrithon** Åberg 【N, W/C】 ●AH, GD, HB, JS, NM, NX, QH, XJ, YN; ★(AS): CN.

短芒大麦草 **Hordeum brevisubulatum** (Trin.) Link 【N, W/C】 ●GS, HE, JL, NM, QH, SC; ★(AS): AF, CN, CY, KG, KH, KZ, MN, NP, PK, RU-AS, TM, TR, UZ; (EU): RU.

球茎大麦 **Hordeum bulbosum** L. 【I, C/N】 ♣NBG; ●JS; ★(AS): KG, KZ, SA, TJ, TM, UZ; (EU): AL, BA, BG, DE, ES, GR, HR, IT, LU, ME, MK, RO, RS, RU, SI, TR.

二棱大麦 **Hordeum distichon** L. 【I, C】 ♣HBG; ●ZJ; ★(AS): IQ.

裸麦 **Hordeum distichon** var. **nudum** L. 【N, W/C】 ●TW, XZ; ★(AS): CN, IQ.

芒颖大麦草 **Hordeum jubatum** L. 【N, W/C】 ●BJ, HE, HL, JL, LN, SC, XZ; ★(AS): CN, GE, RU-AS; (EU): BA, BE, DE, FI, NL, NO.

大麦草 **Hordeum secalinum** Schreb. 【I, C】 ★(AF): DZ, EG, LY, MA, TN; (AS): AM, AZ, GE, IR, LB, PS, RU-AS, SY, TR; (EU): AL, BA, ES, FR, GR, HR, IT, MC, ME, MK, RS, SI, UA.

大麦 **Hordeum vulgare** L. 【I, C】 ♣HBG, LBG, WBG, XMBG, XOIG, ZAFU; ●AH, BJ, FJ, GD, GS, GZ, HA, HB, HE, HL, HN, JL, JS, JX, LN, NM, NX, QH, SC, SD, SH, SN, SX, TJ, TW, XJ, XZ, YN, ZJ; ★(AF): EG; (AS): AE, BH, IL, IQ, IR, JO, KW, LB, OM, PS, QA, SA, SY, YE.

青稞 **Hordeum vulgare** var. **coeleste** L. 【I, C】 ●GS, HE, HL, QH, SC, XZ, YN; ★(AS): IL, JO.

披碱草属 Elymus

短芒披碱草 **Elymus breviaristatus** Keng f. 【N, W/C】 ●QH, SC; ★(AS): CN.

短颖披碱草 **Elymus burchan-buddae** (Nevski) Tzvelev 【N, W/C】 ●GS, NM, QH, SC, SN, XJ; ★(AS): CN, IN, NP.

加拿大披碱草 **Elymus canadensis** L. 【I, C】 ●BJ, SN; ★(NA): CA, MX, US.

犬草 **Elymus caninus** (L.) L. 【N, W/C】 ●JL; ★(AS): AZ, CN, JP, KG, KH, KZ, MN, RU-AS, TM, UZ; (EU): BY, FR, HR, RS, TR.

纤毛披碱草 **Elymus ciliaris** (Trin.) Tzvelev 【N, W/C】 ♣BBG, FBG, GBG, IBCAS, LBG, SCBG, WBG; ●BJ, FJ, GD, GZ, HB, JX, SC; ★(AS): CN, JP, KP, MN, RU-AS.

日本纤毛草 **Elymus ciliaris** var. **hackelianus** (Honda) G. H. Zhu et S. L. Chen 【N, W/C】 ♣ZAFU; ●SC, ZJ; ★(AS): CN, JP, KP, KR.

披碱草 **Elymus dahuricus** Griseb. 【N, W/C】 ♣IBCAS; ●BJ, GS, HE, NM, QH, SC; ★(AS): BT, CN, CY, ID, IN, JP, KG, KH, KP, KR, KZ, LK, MN, NP, RU-AS, TM, UZ.

圆柱披碱草 **Elymus dahuricus** var. **cylindricus** Franch. 【N, W/C】 ●HE, SC; ★(AS): CN.

长穗偃麦草 **Elymus elongatus** (Host) Runemark 【I, C】 ●SN, TW; ★(AF): MA; (AS): SA; (EU): BA, BG, BY, DE, ES, GR, HR, IT, LU, ME, MK, RO, RS, RU, SI, TR.

瓶刷披碱草 **Elymus elymoides** (Raf.) Swezey 【I, C】 ★(NA): CA, US.

肥披碱草 **Elymus excelsus** Griseb. 【N, W/C】 ●NM, SC, SN, XJ; ★(AS): CN, JP, KP, MN, RU-AS.

脆轴偃麦草 **Elymus farctus** (Viv.) Runemark ex Melderis 【I, C】 ★(AS): AZ, TR; (EU): AT, BA, CZ, HU, IS, RU.

粉绿披碱草 **Elymus glaucus** Buckley 【I, C】 ★(NA): CA, US.

真穗披碱草 **Elymus gmelinii** (Ledeb.) Tzvelev 【N, W/C】 ●HE, NM, SC, SN, XJ; ★(AS): CN, CY,

JP, KG, KH, KP, KZ, MN, RU-AS, TM, UZ.

中间偃麦草 **Elymus hispidus** (Opiz) Melderis 【I, C】 ●SC, SX, XJ; ★(EU): AL, AT, BA, BG, CZ, DE, ES, GR, HR, HU, IT, ME, MK, PL, RO, RS, RU, SI, TR.

本田披碱草 **Elymus hondae** (Kitag.) S. L. Chen 【N, W/C】 ♣GBG; ●GZ, SC; ★(AS): CN.

鹅观草（柯孟披碱草）**Elymus kamoji** (Ohwi) S. L. Chen 【N, W/C】 ♣FBG, GA, GBG, HBG, LBG, ZAFU; ●FJ, GZ, JX, SC, ZJ; ★(AS): CN, JP, KP, RU-AS.

阿拉善鹅观草 **Elymus kanashiroi** (Ohwi) Q. W. Lin 【N, W/C】 ●NM, NX, XJ; ★(AS): CN, MN.

*粗穗披碱草 **Elymus lanceolatus** (Scribn. et J. G. Sm.) Gould 【I, C】 ●XJ; ★(NA): CA, US.

蓝披碱草 **Elymus magellanicus** (Desv.) Á. Löve 【I, C】 ♣CBG; ●SH; ★(SA): AR, CL.

垂穗披碱草 **Elymus nutans** Griseb. 【N, W/C】 ●GS, SC; ★(AS): BT, CN, ID, IN, JP, LK, MN, NP, RU-AS.

缘毛披碱草 **Elymus pendulinus** (Nevski) Tzvelev 【N, W/C】 ●SC, SN; ★(AS): CN, JP, KP, MN, RU-AS.

多秆缘毛草 **Elymus pendulinus** subsp. **multiculmis** (Kitag.) Á. Löve 【N, W/C】 ♣GBG; ●GZ, SC; ★(AS): CN.

偃麦草 **Elymus repens** (L.) Gould 【N, W/C】 ♣TDBG, XTBG; ●BJ, SC, SN, XJ, YN; ★(AS): AZ, BT, CN, ID, JP, KP, KR, MN, RU-AS; (EU): HR, RS.

硬叶披碱草 **Elymus semicostatus** (Nees ex Steud.) Melderis 【I, C】 ●GS, NM; ★(NA): US.

老芒麦 **Elymus sibiricus** L. 【N, W/C】 ♣TDBG; ●GS, HB, JL, NM, QH, SC, SX, XJ; ★(AS): CN, ID, IN, JP, KP, KR, MN, NP, RU-AS.

西方披碱草 **Elymus smithii** (Rydb.) Gould 【I, C】 ●BJ, GS; ★(NA): CA, US.

兰丛披碱草 **Elymus spicatus** (Pursh) Gould 【I, C】 ★(NA): CA, US.

麦蕒草 **Elymus tangutorum** (Nevski) Hand.-Mazz. 【N, W/C】 ●JL, SC; ★(AS): BT, CN, IN, LK, MN, NP.

贫花鹅观草 **Elymus trachycaulus** (Link) Gould ex Shinners 【I, C】 ●BJ; ★(EU): RU.

细瘦鹅观草（日本披碱草、细瘦披碱草）**Elymus tsukushiensis** Honda 【N, W/C】 ♣HBG, LBG; ●JX, ZJ; ★(AS): CN, MN, RU-AS.

仲彬草属 Kengyilia

青海以礼草 **Kengyilia kokonorica** (Tzvelev) J. L. Yang, C. Yen et B. R. Baum 【N, W/C】 ●QH, SC; ★(AS): CN.

疏花以礼草 **Kengyilia laxiflora** (Keng) S. L. Chen 【N, W/C】 ●NM, SC; ★(AS): CN.

薄冰草属 Thinopyrum

毛冰草 **Thinopyrum intermedium** subsp. **barbulatum** (Schur) Barkworth et D. R. Dewey 【I, C】 ★(AS): AM, AZ, BH, GE, IL, IQ, IR, JO, KG, KW, KZ, LB, PS, QA, SA, SY, TJ, TM, TR, UZ, YE; (EU): AD, AL, AT, BA, BG, CH, CZ, DE, ES, GR, HR, HU, IT, LI, ME, MK, PL, PT, RO, RS, SI, SK, SM, VA.

埃克薄冰草 **Thinopyrum ponticum** (Podp.) Barkworth et D. R. Dewey 【I, C】 ●BJ, SD; ★(EU): BG.

猬草属 Hystrix

猬草 **Hystrix duthiei** (Stapf) Bor 【N, W/C】 ♣LBG, WBG; ●HB, JX; ★(AS): CN, IN, NP.

赖草属 Leymus

羊草 **Leymus chinensis** (Trin.) Tzvelev 【N, W/C】 ♣IBCAS; ●BJ, GS, HL, JL, NM, SC, SN, XJ; ★(AS): CN, KP, MN, RU-AS.

灰色赖草 **Leymus cinereus** (Scribn. et Merr.) Á. Löve 【I, C】 ★(NA): CA, US.

毛穗赖草 **Leymus paboanus** (Claus) Pilg. 【N, W/C】 ●GS, NM, QH, SC, XJ; ★(AS): AF, CN, CY, KG, KH, KZ, MN, RU-AS, TM, UZ; (EU): RU.

大赖草 **Leymus racemosus** (Lam.) Tzvelev 【N, W/C】 ♣TDBG; ●NM, XJ; ★(AS): CN, CY, KG, KH, KZ, MN, RU-AS, TM, UZ.

赖草 **Leymus secalinus** (Georgi) Tzvelev 【N, W/C】 ●NM, SC; ★(AS): CN, ID, IN, JP, KG, KH, KP, KZ, MN, RU-AS, TM, UZ.

无芒赖草 **Leymus triticoides** (Buckley) Pilg. 【I, C】 ★(NA): CA, MX, US.

冰草属 Agropyron

山冰草 **Agropyron arenarium** Opiz ex Bercht. 【I, C】 ●JL; ★(EU): CZ.

冰草 **Agropyron cristatum** (L.) Gaertn. 【N, W/C】 ●BJ, GS, HE, JL, NM, QH, SC, TW, XJ, YN; ★(AS): CN, JP, KP, MN, PK, RU-AS.

沙生冰草 **Agropyron desertorum** (Fisch. ex Link) Schult. 【N, W/C】 ●NM, SC; ★(AS): CN, MN, RU-AS.

长芒冰草 **Agropyron longearistatum** (Boiss.) Boiss. 【I, C】 ★(AS): AF, IR.

沙芦草 **Agropyron mongolicum** Keng 【N, W/C】 ●GS, NM, NX, XJ; ★(AS): CN, MN.

西伯利亚冰草 **Agropyron sibiricum** (Willd.) P. Beauv. 【N, W/C】 ●BJ, QH; ★(AS): CN, KG, KH, KZ, MN, RU-AS, TM, UZ.

黑麦属 Secale

黑麦 **Secale cereale** L. 【I, C】 ♣LBG, NBG; ●BJ, GS, JS, JX, QH, TW; ★(AS): TR; (EU): TR.

野黑麦（小黑麦）**Secale sylvestre** Host 【I, C】 ♣BBG; ●BJ, GZ, HL, NM, NX, SN, TJ, XJ; ★(AS): AM, AZ, GE, IR, KG, KZ, TJ, TM, TR, UZ; (EU): AL, BA, BG, GR, HR, HU, MD, ME, MK, RO, RS, RU, SI, TR, UA.

小麦属 Triticum

冯吉西杜姆小麦 **Triticum × fungicidum** Zhuk. 【I, C】 ★(AS): RU-AS.

普通小麦 **Triticum aestivum** L. 【I, C】 ♣GA, GBG, GMG, HBG, HFBG, LBG, NBG, WBG, XMBG, XOIG, ZAFU; ●AH, BJ, CQ, FJ, GD, GS, GX, GZ, HA, HB, HE, HL, HN, JL, JS, JX, LN, NM, NX, QH, SC, SD, SH, SN, SX, TJ, TW, XJ, XZ, YN, ZJ; ★(AS): AM, AZ, BH, GE, IL, IQ, IR, JO, KW, LB, PS, QA, SA, SY, TR, YE.

西藏小麦 **Triticum aestivum** subsp. **tibeticum** J. Z. Shao 【N, C】 ★(AS): CN.

云南小麦 **Triticum aestivum** subsp. **yunnanense** King ex S. L. Chen 【N, C】 ★(AS): CN.

波斯小麦 **Triticum carthlicum** Nevski 【I, C】 ●BJ; ★(AS): TR.

多毛小麦 **Triticum comosum** Sibth. et Smith 【I, C】 ★(EU): GR.

黑尔多毛小麦 **Triticum comosum** var. **heldreichii** (Boiss.) C. Yen et J. L. Yang 【N, C】 ★(AS): CN.

野生二粒小麦 **Triticum dicoccoides** (Körn. ex Asch. et Graebn.) Schweinf. 【I, C】 ●BJ; ★(AS): TR.

一粒小麦 **Triticum monococcum** L. 【I, C】 ●BJ; ★(AF): ET; (EU): CH, TR.

德国小麦(斯卑尔脱小麦) **Triticum spelta** L. 【I, C】 ★(AF): ET.

提莫非维小麦 **Triticum timopheevii** (Zhuk.) Zhuk. 【I, C】 ●BJ; ★(AS): TR.

茹可夫斯基小麦 **Triticum timopheevii** subsp. **zhukovskyi** (Menabde et Ericzjan) L. B. Cai 【I, C】 ★(AS): TR.

杂生小麦 **Triticum turanicum** Jakubz. 【I, C】 ★(AS): CY, KG, KH, KZ, RU-AS, TM, UZ.

圆锥小麦 **Triticum turgidum** Steud. 【I, C】 ●BJ, TW, XZ; ★(AF): EG, ET; (EU): TR.

硬粒小麦 **Triticum turgidum** subsp. **durum** (Desf.) Husn. 【I, C】 ●BJ, TW; ★(AF): ET.

波兰小麦 **Triticum turgidum** subsp. **polonicum** (L.) Thell. 【I, C】 ●BJ, XJ; ★(AF): EG.

乌拉尔图小麦 **Triticum urartu** Thumanjan ex Gandilyan 【I, C】 ★(AS): TR.

瓦维洛夫小麦 **Triticum vavilovii** (Tumanian) Jakubz. 【I, C】 ★(AS): AZ.

类大麦属 Crithopsis

类大麦草 **Crithopsis delileana** (Schult.) Roshev. 【I, C】 ★(AF): LY, TN; (AS): AZ, IQ, IR, IL, JO, LB, PK, SY, TR.

山羊草属 Aegilops

两芒山羊草 **Aegilops biuncialis** Vis. 【I, C】 ●BJ, QH, SN; ★(EU): FR, IT, TR.

多毛山羊草 **Aegilops comosa** Sibth. et Smith 【I, C】 ★(EU): GR, TR.

圆柱山羊草 **Aegilops cylindrica** Host 【I, C】 ●BJ; ★(EU): BG, DE, GR, HU, TR.

黏果山羊草 **Aegilops kotschyi** Boiss. 【I, C】 ★(AF): LY; (AS): AF, IN, TR.

巴勒斯坦山羊草 **Aegilops kotschyi** var. **palaestina** Eig 【I, C】 ★(AF): LY.

无芒山羊草 **Aegilops mutica** Boiss. 【I, C】 ★(AS): TR.

卵穗山羊草 **Aegilops neglecta** Req. ex Bertol. 【I, C】 ●BJ; ★(AF): MA; (AS): SA; (EU): AL, BA, BG, DE, ES, GR, HR, IT, LU, ME, MK, RO, RS, RU, SI, TR.

西尔斯山羊草 **Aegilops searsii** Feldman et Kislev 【I, C】 ★(AS): IL.

东方山羊草 **Aegilops speltoides** Tausch【I, C】★(AS): IR; (EU): BG, DE, GR, IT, TR.

节节麦（山羊草）**Aegilops tauschii** Coss.【I, N】●HA, SN, XJ; ★(AS): AF, IR, KG, KZ, PK, TM, UZ.

三芒山羊草（短穗山羊草）**Aegilops triuncialis** L.【I, C】●BJ; ★(AF): MA; (AS): SA; (EU): AL, BA, BG, DE, ES, FR, GR, HR, IT, LU, ME, MK, RS, RU, SI, TR.

伞穗山羊草 **Aegilops umbellulata** Zhuk.【I, C】●BJ; ★(EU): GR, TR.

单芒山羊草 **Aegilops uniaristata** Steud.【I, C】★(EU): AL, BA, GR, HR, IT, ME, MK, RS, SI, TR.

土耳其山羊草 **Aegilops vavilovii** (Zhuk.) Chennav.【I, C】★(EU): TR.

偏凸山羊草 **Aegilops ventricosa** Tausch【I, C】★(AS): SA; (EU): BY, DE, ES, FR, IT.

虉草属 Phalaris

水虉草 **Phalaris aquatica** L.【I, C】★(AF): DZ, EG, LY, MA, SD, TN; (AS): AM, AZ, BH, GE, IL, IQ, IR, JO, KW, LB, PS, QA, SA, SY, TR, YE; (EU): AD, AL, BA, BG, ES, GR, HR, IT, ME, MK, PT, RO, RS, SI, SM, VA.

虉草 **Phalaris arundinacea** L.【N, W/C】♣IBCAS, KBG, LBG, SCBG, WBG, ZAFU; ●BJ, GD, HB, JX, LN, NM, SC, XJ, YN, ZJ; ★(AS): BT, CN, IN, JP, KR, LK, MM, MN, RU-AS; (EU): AD, AL, BA, BG, DE, ES, GB, GR, HR, IT, ME, MK, PT, RO, RS, SI, SM, VA.

玉带草（丝带草）**Phalaris arundinacea** var. **picta** L.【I, C】♣BBG, CBG, IBCAS, SCBG, ZAFU; ●BJ, GD, HL, SH, ZJ; ★(EU): GB.

加那利虉草 **Phalaris canariensis** L.【I, C】●TW; ★(AF): DZ, EG, ES-CS, LY, MA, TN; (AS): LB, PS, SY, TR; (EU): AL, BA, ES, FR, GR, HR, IT, MC, ME, MK, PT, RS, SI.

天蓝虉草（球茎虉草）**Phalaris coerulescens** Desf.【I, C】●SC; ★(AF): DZ, EG, ES-CS, LY, MA, TN; (AS): LB, PS, SY, TR; (EU): AL, BA, ES, FR, GR, HR, IT, MC, ME, MK, PT, RS, SE, SI.

细虉草 **Phalaris minor** Retz.【I, N】★(AF): DZ, EG, ET, MA, TN; (AS): AM, AZ, BT, GE, IN, IR, PK, TR; (EU): AL, BA, BG, GR, HR, HU, MD, ME, MK, RO, RS, RU, SI, TR, UA.

奇虉草 **Phalaris paradoxa** L.【I, N】★(AF): DZ, EG, ER, ES-CS, ET, MA, TN; (AS): IL, IQ, JO, LB, SA, SY, TR; (EU): DE, ES, FR, GB, GR.

凌风草属 Briza

大凌风草 **Briza maxima** L.【I, C/N】♣BBG, LBG, XMBG, XTBG; ●BJ, FJ, JX, TW, YN; ★(AF): DZ, EG, ES-CS, LY, MA, TN; (AS): LB, PS, SY, TR; (EU): AL, BA, ES, FR, GR, HR, IT, MC, ME, MK, PT, PT-30, RS, SI.

凌风草 **Briza media** L.【N, W/C】♣BBG, LBG, XMBG; ●BJ, FJ, JX, YN; ★(AF): DZ, EG, ES-CS, LY, MA, SD, TN; (AS): AZ, BT, CN, GE, IN, NP, RU-AS; (EU): AT, BG, BY, CH, DK, FI, FR, GR, HR, IS, IT, NL, RS, TR.

银鳞茅 **Briza minor** L.【I, N】♣CBG; ●SH; ★(AF): DZ, EG, ET, MA, TN; (AS): AM, AZ, BT, GE, IN, IR, PK, TR; (EU): AL, BA, BG, GR, HR, HU, MD, ME, MK, RO, RS, RU, SI, TR, UA.

剪股颖属 Agrostis

普通剪股颖 **Agrostis canina** Ucria【N, W/C】●BJ; ★(AS): AZ, CN, JP, KR, MN, SA; (EU): BY, HR, RS, RU, SI, TR.

丝状剪股颖（细弱剪股颖）**Agrostis capillaris** Huds.【N, W/C】♣NBG; ●BJ, JS, SC, ZJ; ★(AS): AF, AZ, BT, CN, JP, SA; (EU): BY, HR, RS, SI, TR.

华北剪股颖 **Agrostis clavata** Trin.【N, W/C】♣GA, GBG, KBG, LBG, ZAFU; ●GZ, JX, SC, YN, ZJ; ★(AS): CN, JP, KP, MN, RU-AS.

巨序剪股颖 **Agrostis gigantea** Roth【N, W/C】♣LBG, NBG, TDBG; ●JS, JX, XJ; ★(AS): AF, CN, CY, ID, IN, JP, KP, MN, NP, PK, RU-AS; (EU): AD, AL, AT, BA, BE, BG, BY, CH, CZ, DE, DK, ES, FI, FR, GB, GR, HR, HU, IS, IT, LU, MC, ME, MK, NL, NO, PL, PT, RO, RS, RU, SE, SI, SK, SM, UA, VA.

小花剪股颖（多花剪股颖）**Agrostis micrantha** Steud.【N, W/C】♣GBG; ●GZ, SC; ★(AS): BT, CN, ID, IN, LK, MM, NP.

台湾剪股颖 **Agrostis sozanensis** Hayata【N, W/C】♣GA, LBG, ZAFU; ●JX, SC, ZJ; ★(AS): CN.

西伯利亚剪股颖 **Agrostis stolonifera** Leers【N, W/C】♣BBG, GA, KBG; ●BJ, GD, HL, JX, SD, SH, TW, XJ, YN; ★(AS): BT, CN, ID, IN, JP, KR, LK, MM, MN, NP, RU-AS.

芒剪股颖 **Agrostis vinealis** Honck.【N, W/C】♣GBG; ●GZ; ★(AS): BT, CN, GE, IN, JP, KP, LK, MN, PK, RU-AS; (EU): AT, BA, BE, CZ, DE, GB, HR, HU, ME, MK, NL, NO, PL, RO, RS, RU, SI.

拂子茅属 Calamagrostis

花叶拂子茅 **Calamagrostis × acutiflora** (Schrad.) DC. 【I, C】 ♣CBG, IBCAS; ●BJ, SH, TW; ★(NA): US.

＊比哈里拂子茅 **Calamagrostis × bihariensis** Simonk. 【I, C】 ♣XTBG; ●YN; ★(AS): IN.

拂子茅 **Calamagrostis epigejos** (L.) Roth 【N, W/C】 ♣FBG, GA, ZAFU; ●FJ, JX, NM, ZJ; ★(AS): CN, CY, JP, KG, KH, KP, KR, KZ, MN, PK, RU-AS, TJ, TM; (EU): AD, AL, AT, BA, BE, BG, BY, CH, CZ, DE, DK, ES, FI, FR, GB, GR, HR, HU, IS, IT, LU, MC, ME, MK, NL, NO, PL, PT, RO, RS, RU, SE, SI, SK, SM, UA, VA.

大拂子茅 **Calamagrostis macrolepis** Litv. 【N, W/C】 ●BJ; ★(AS): CN, JP, MN, RU-AS, TJ.

假苇拂子茅 **Calamagrostis pseudophragmites** Blytt 【N, W/C】 ♣GBG, TDBG; ●GZ, NM, SC, XJ; ★(AS): BT, CN, CY, GE, ID, IN, JP, KG, KH, KR, KZ, LK, MN, PK, RU-AS, TJ, TM, UZ; (EU): AL, AT, BA, BG, CZ, DE, ES, HR, HU, IT, ME, MK, NL, PL, RO, RS, RU, SI, TR.

野青茅属 Deyeuxia

疏穗野青茅 **Deyeuxia effusiflora** Rendle 【N, W/C】 ♣GBG, LBG, NSBG, ZAFU; ●CQ, GZ, JX, SC, ZJ; ★(AS): CN.

大叶章 **Deyeuxia purpurea** (Trin.) L. Liou 【N, W/C】 ♣HFBG; ●HL; ★(AS): CN, JP, KP, MN, RU-AS.

野青茅 **Deyeuxia pyramidalis** (Host) Veldkamp 【N, W/C】 ♣BBG, FBG, GA, GBG, IBCAS, LBG, WBG; ●BJ, FJ, GZ, HB, JX, SC, TW; ★(AS): BT, CN, GE, JP, KP, KR, MN, PK, RU-AS; (EU): AT, BA, BE, BG, CZ, DE, ES, FI, GR, HR, HU, IT, LU, ME, MK, NO, PL, RO, RS, RU, SI.

糙野青茅 **Deyeuxia scabrescens** (Griseb.) Munro ex Duthie 【N, W/C】 ♣GBG; ●GZ, SC; ★(AS): BT, CN, ID, IN, MM, NP, PK.

棒头草属 Polypogon

棒头草 **Polypogon fugax** Nees ex Steud. 【N, W/C】 ♣FBG, GA, GBG, SCBG, TDBG, ZAFU; ●FJ, GD, GZ, JX, SC, XJ, ZJ; ★(AF): ET, SO; (AS): BT, CN, CY, ID, IN, JP, KG, KH, KP, KR, KZ, LK, MM, NP, PK, RU-AS, SA, TJ, TM, UZ, YE.

长芒棒头草 **Polypogon monspeliensis** (L.) Desf. 【N, W/C】 ♣WBG, ZAFU; ●HB, SC, ZJ; ★(AF): DZ, EG, LY, MA, TN; (AS): BT, CN, CY, ID, IN, JP, KG, KH, KR, KZ, LK, MN, PK, RU-AS, TJ, TM, UZ; (EU): AD, AL, AT, BA, BE, BG, BY, CH, CZ, DE, DK, ES, FI, FR, GB, GR, HR, HU, IS, IT, LU, MC, ME, MK, NL, NO, PL, PT, RO, RS, RU, SE, SI, SK, SM, UA, VA.

黄花茅属 Anthoxanthum

＊南黄花茅 **Anthoxanthum australe** (Schrad.) Veldkamp 【I, C】 ♣NBG; ●JS; ★(EU): AT, DE.

光稃香草 **Anthoxanthum glabrum** (Trin.) Veldkamp 【N, W/C】 ♣IBCAS, NBG; ●BJ, JS, SC; ★(AS): CN, KZ, MN, RU-AS.

茅香 **Anthoxanthum nitens** (G. H. Weber) Y. Schouten et Veldkamp 【N, W/C】 ♣XMBG; ●FJ, SC; ★(AS): AF, CN, JP, KG, KR, MN, RU-AS.

黄花茅 **Anthoxanthum odoratum** L. 【N, W/C】 ♣NBG; ●JS; ★(AS): BT, CN, CY, IN, JP, KP, KR, LK, MN, RU-AS; (EU): AD, AL, AT, BA, BE, BG, BY, CH, CZ, DE, DK, ES, FI, FR, GB, GR, HR, HU, IS, IT, LU, MC, ME, MK, NL, NO, PL, PT, RO, RS, RU, SE, SI, SK, SM, UA, VA.

＊香黄花茅（毛鞘茅香）**Anthoxanthum odoratum** var. **pubescens** Gray 【I, C】 ♣NBG; ●JS; ★(EU): CZ.

兔尾草属 Lagurus

兔尾草 **Lagurus ovatus** L. 【I, C】 ★(AF): DZ, EG, ES-CS, LY, MA, TN; (AS): LB, PS, SA, SY, TR; (EU): AL, BA, ES, FR, GR, HR, IT, MC, ME, MK, RS, SI.

三毛草属 Trisetum

三毛草 **Trisetum bifidum** (Thunb.) Ohwi 【N, W/C】 ♣FBG, GA, GBG, LBG, WBG, XMBG, ZAFU; ●FJ, GZ, HB, JX, SC, ZJ; ★(AS): CN, JP, KP, KR.

湖北三毛草 **Trisetum henryi** Rendle 【N, W/C】 ♣LBG; ●JX; ★(AS): CN.

落草属 Koeleria

阿尔泰落草 **Koeleria altaica** (Domin) Krylov 【N, W/C】 ♣BBG; ●BJ; ★(AS): CN, CY, KZ, MN, RU-AS.

粉落草 **Koeleria glauca** (Spreng.) DC. 【I, C】 ♣BBG; ●BJ; ★(AS): GE, MN, RU-AS; (EU): AT,

BE, BY, CZ, DE, ES, GB, HU, NL, PL, RO, RU.

小花落草 **Koeleria micrathera** (Desv.) Griseb. 【I, C】 ★(SA): AR, CL.

异燕麦属 Helictotrichon

奢异燕麦 **Helictotrichon hookeri** subsp. **schellianum** (Hack.) Tzvelev 【N, W/C】 ●NM, SC; ★(AS): CN, KG, KZ, MN.

变绿异燕麦 **Helictotrichon junghuhnii** (Buse) Henrard 【N, W/C】 ♣GBG; ●GZ, SC; ★(AS): BT, CN, ID, IN, MM, NP, PK.

藏异燕麦 **Helictotrichon tibeticum** (Roshev.) Keng f. 【N, W/C】 ●GS, SC; ★(AS): CN, MN.

燕麦草属 Arrhenatherum

异颖燕麦草 **Arrhenatherum album** (Vahl) Clayton 【I, C】 ★(EU): ES, LU.

燕麦草 **Arrhenatherum elatius** (L.) Mert. et W. D. J. Koch 【I, C】 ♣FBG, HBG, IBCAS, NSBG, SCBG, XMBG, ZAFU; ●BJ, CQ, FJ, GD, GS, SN, XJ, ZJ; ★(AS): CY; (EU): AD, AL, AT, BA, BE, BG, BY, CH, CZ, DE, DK, ES, FI, FR, GB, GR, HR, HU, IS, IT, LU, MC, ME, MK, NL, NO, PL, PT, RO, RS, RU, SE, SI, SK, SM, UA, VA.

球茎燕麦草 **Arrhenatherum elatius** var. **bulbosum** (Willd.) Spenn. 【I, C】 ♣BBG, CBG, FBG, HBG, KBG, NBG, XMBG, XTBG; ●BJ, FJ, JS, SH, YN, ZJ; ★(EU): GB.

燕麦属 Avena

裂稃燕麦 **Avena barbata** Brot. 【I, C】 ♣NBG; ●JS; ★(EU): ES, FR, GR, IT, PT.

莜麦 **Avena chinensis** Fisch. ex Roem. et Schult. 【N, W/C】 ●BJ, GS, HN, NM, SC, SX; ★(AS): CN, MN, RU-AS.

野燕麦 **Avena fatua** L. 【I, N】 ♣FBG, GA, GBG, LBG, SCBG, XMBG, ZAFU; ●FJ, GD, GZ, JS, JX, SC, TW, ZJ; ★(AF): DZ, EG, LY, MA, SD, TN; (AS): IN, KG, KZ, PK, TJ, TM, UZ; (EU): AD, AL, AT, BA, BE, BG, BY, CH, CZ, DE, DK, ES, FI, FR, GB, GR, HR, HU, IS, IT, LU, MC, ME, MK, NL, NO, PL, PT, RO, RS, RU, SE, SI, SK, SM, UA, VA.

光稃野燕麦 **Avena fatua** var. **glabrata** (Peterm.) Malzev 【I, C】 ♣FBG, ZAFU; ●FJ, ZJ; ★(AF): DZ, EG, LY, MA, SD, TN; (EU): AD, AL, AT, BA, BE, BG, BY, CH, CZ, DE, DK, ES, FI, FR, GB, GR, HR, HU, IS, IT, LU, MC, ME, MK, NL, NO, PL, PT, RO, RS, RU, SE, SI, SK, SM, UA, VA.

*摩洛哥燕麦 **Avena maroccana** Gand. 【I, C】 ●QH; ★(AF): MA.

裸燕麦 **Avena nuda** L. 【I, C】 ●BJ, GS, HE, NM, QH, SC, SX; ★(AS): CY; (EU): AD, AL, AT, BA, BE, BG, BY, CH, CZ, DE, DK, ES, FI, FR, GB, GR, HR, HU, IS, IT, LU, MC, ME, MK, NL, NO, PL, PT, RO, RS, RU, SE, SI, SK, SM, UA, VA.

燕麦 **Avena sativa** L. 【I, C】 ♣NBG, SCBG, XTBG; ●BJ, GD, GS, HB, HE, HL, NM, QH, SC, SD, SN, SX, TW, YN; ★(AS): CY; (EU): AD, AL, AT, BA, BE, BG, BY, CH, CZ, DE, DK, ES, FI, FR, GB, GR, HR, HU, IS, IT, LU, MC, ME, MK, NL, NO, PL, PT, RO, RS, RU, SE, SI, SK, SM, UA, VA.

不实野燕麦 **Avena sterilis** Delile ex Boiss. 【I, C】 ★(AS): TM; (EU): FR, GR, TR.

长颖燕麦 **Avena sterilis** subsp. **ludoviciana** (Durieu) Gillet et Magne 【I, C】 ♣BBG, NBG; ●BJ, JS; ★(EU): FR, TR.

蓝禾属 Sesleria

秋蓝禾（秋蓝草）**Sesleria autumnalis** (Scop.) F. W. Schultz 【I, C】 ♣CBG; ●SH; ★(EU): BA, HR, ME, MK, RS, SI.

蓝禾（天蓝草）**Sesleria caerulea** (L.) Ard. 【I, C】 ♣BBG; ●BJ; ★(EU): AT, BA, BG, CZ, DE, FI, FR, HR, HU, IT, ME, MK, PL, RO, RS, RU, SI.

猬禾属 Echinaria

*猬禾 **Echinaria capitata** (L.) Desf. 【I, C】 ♣NBG; ●JS; ★(AF): MA; (AS): AM, AZ, BH, GE, IL, IQ, IR, JO, KG, KW, KZ, LB, PS, QA, SA, SY, TJ, TM, TR, UZ, YE; (EU): AL, BA, BG, DE, ES, GR, HR, IT, LU, ME, MK, PT, RS, RU, SI, TR.

发草属 Deschampsia

发草 **Deschampsia cespitosa** (L.) P. Beauv. 【N, W/C】 ♣GBG, XTBG; ●BJ, GZ, SC, YN; ★(AS): BT, CN, CY, GE, ID, IN, JP, KG, KP, KZ, LK, MN, PK, RU-AS, TJ, UZ; (OC): AU; (EU): AD, AL, AT, BA, BE, BG, BY, CH, CZ, DE, DK, ES, FI, FR, GB, GR, HR, HU, IS, IT, LU, MC, ME, MK, NL, NO, PL, PT, RO, RS, RU, SE, SI, SK, SM, UA, VA; (NA): CA, US; (SA): AR, CL, PE.

绒毛草属 Holcus

绒毛草 **Holcus lanatus** L.【I, C/N】♣LBG; ●HN, JX; ★(AF): DZ, EG, ES-CS, LY, MA, TN; (AS): AM, AZ, GE, IR, RU-AS, TR; (EU): AL, BA, ES, FR, GR, HR, IS, IT, MC, ME, MK, RS, RU, SI, UA.

德国绒毛草 **Holcus mollis** L.【I, C/N】♣BBG, HBG; ●BJ, ZJ; ★(AF): DZ, EG, LY, MA, TN; (AS): CY; (EU): AD, AL, AT, BA, BE, BG, BY, CH, CZ, DE, DK, ES, FI, FR, GB, GR, HR, HU, IS, IT, LU, MC, ME, MK, NL, NO, PL, PT, RO, RS, RU, SE, SI, SK, SM, UA, VA.

鸭茅属 Dactylis

鸭茅 **Dactylis glomerata** L.【N, W/C】♣HBG, KBG, LBG, NBG; ●BJ, JS, JX, SC, YN, ZJ; ★(AS): BT, CN, CY, ID, IN, JP, KG, KR, KZ, MN, NP, RU-AS, TJ, TR, UZ; (EU): AD, AL, AT, BA, BE, BG, BY, CH, CZ, DE, DK, ES, FI, FR, GB, GR, HR, HU, IS, IT, LU, MC, ME, MK, NL, NO, PL, PT, RO, RS, RU, SE, SI, SK, SM, UA, VA.

金顶草属 Lamarckia

金颈草 **Lamarckia aurea** (L.) Moench【I, C】★(AF): DZ, EG, ES-CS, ET, LY, MA, TN; (AS): IN, LB, PS, SA, SY, TR; (EU): AL, BA, ES, FR, GR, HR, IT, MC, ME, MK, PT, RS, SI.

洋狗尾草属 Cynosurus

洋狗尾草 **Cynosurus cristatus** L.【I, C/N】★(EU): AL, BA, DE, ES, FR, GB, GR, HR, IT, MC, ME, MK, PT, RS, SI.

滨硬禾属 Cutandia

滨硬禾 **Cutandia maritima** (L.) Barbey【I, C】★(AF): MA; (AS): LB, PS, SA, SY, TR; (EU): AL, BY, DE, ES, GR, HR, IT, LU, SI.

假牛鞭草属 Parapholis

假牛鞭草 **Parapholis incurva** (L.) C. E. Hubb.【I, C/N】♣CBG; ●SH; ★(AF): DZ, EG, LY, MA, TN; (AS): CY, LB, PS, SY, TM, TR; (EU): AL, BA, ES, FR, GR, HR, IT, MC, ME, MK, RS, SI.

羊茅属 Festuca

阿尔卑斯羊茅 **Festuca alpina** Suter【I, C】♣IBCAS; ●BJ; ★(EU): AT, BA, CH, DE, FR, HR, IT, ME, MK, RS, SI.

超级羊茅 **Festuca amethystina** L.【I, C】♣BBG; ●BJ; ★(EU): AT, BA, BG, CZ, DE, FR, GR, HR, HU, IT, ME, MK, PL, RO, RS, RU, SI, TR.

苇状羊茅 **Festuca arundinacea** Vill.【N, W/C】♣IBCAS, KBG, NBG, ZAFU; ●BJ, GD, GZ, HB, HL, JS, SC, SD, SH, SX, TW, XJ, YN, ZJ; ★(AS): CN, CY, KG, KZ, TJ, TM, UZ; (EU): AD, AL, AT, BA, BE, BG, BY, CH, CZ, DE, DK, ES, FI, FR, GB, GR, HR, HU, IS, IT, LU, MC, ME, MK, NL, NO, PL, PT, RO, RS, RU, SE, SI, SK, SM, UA, VA.

*弯叶羊茅 **Festuca curvula** Gaudich.【I, C】♣NBG; ●JS; ★(EU): AT, BA, CH, DE, FR, IT.

高羊茅 **Festuca elata** Keng f. ex E. B. Alexeev【N, W/C】♣GXIB; ●BJ, GS, GX, SC, SH, ZJ; ★(AS): CN.

帚羊茅 **Festuca eskia** Ramond ex DC.【I, C】●YN; ★(EU): DE, ES, FR, RO.

远东羊茅 **Festuca extremiorientalis** Ohwi【N, W/C】●SC; ★(AS): CN, JP, KP, KR, MN, RU-AS.

细弱羊茅 **Festuca filiformis** Pourr.【I, C】♣BBG, NBG; ●BJ, JS; ★(EU): DE, ES, FR, GB, IT.

蓝羊茅 **Festuca glauca** Vill.【I, C】♣BBG, CBG, IBCAS, NBG, XTBG, ZAFU; ●BJ, JS, SH, TW, YN, ZJ; ★(EU): CH, DE.

爱达荷羊茅 **Festuca idahoensis** Elmer【I, C】♣KBG; ●YN; ★(NA): CA, US.

*长叶羊茅 **Festuca longifolia** Thuill.【I, C】●BJ, SH; ★(EU): FR, GB, IT.

昆明羊茅 **Festuca mazzettiana** E. B. Alexeev【N, W/C】♣NBG; ●JS, YN; ★(AS): CN.

米勒蓝羊茅 **Festuca muelleri** Vickery【I, C】♣CBG; ●SH; ★(OC): AU.

青灰羊茅 **Festuca obovata** Kit.【I, C】●YN; ★(EU): HU.

羊茅 **Festuca ovina** L.【N, W/C】♣GBG, LBG, TDBG; ●BJ, GS, GZ, JX, SC, XJ; ★(AS): CN, CY, JP, KP, KR, MN, NP, RU-AS; (EU): AD, AL, AT, BA, BE, BG, BY, CH, CZ, DE, DK, ES, FI, FR, GB, GR, HR, HU, IS, IT, LU, MC, ME, MK, NL, NO, PL, PT, RO, RS, RU, SE, SI, SK, SM, UA, VA.

小颖羊茅 **Festuca parvigluma** Steud.【N, W/C】♣GBG, LBG, ZAFU; ●GZ, JX, SC, ZJ; ★(AS): CN, JP, KP, KR.

草甸羊茅 **Festuca pratensis** Huds.【N, W/C】●SC, TW, XJ; ★(AS): CN, JP, MN, RU-AS; (EU): BY, HR, LU, RS, TR.

紫羊茅 **Festuca rubra** L.【N, W/C】♣GBG, KBG, LBG; ●BJ, GD, GS, GZ, HB, HL, JX, SC, SD, TW, XJ, YN; ★(AF): DZ, EG, LY, MA, SD, TN; (AS): BT, CN, CY, ID, JP, KG, KR, KZ, MN, PK, RU-AS, TJ, UZ; (EU): AD, AL, AT, BA, BE, BG, BY, CH, CZ, DE, DK, ES, FI, FR, GB, GR, HR, HU, IS, IT, LU, MC, ME, MK, NL, NO, PL, PT, RO, RS, RU, SE, SI, SK, SM, UA, VA; (NA): CA, US.

变异紫羊茅 **Festuca rubra** subsp. **commutata** Gaudin【I, C】●BJ; ★(NA): CA, US.

*西门羊茅 **Festuca simensis** Hochst. ex A. Rich.【I, C】●SC; ★(AF): CD, CM, ET, KE, SD, UG.

中华羊茅 **Festuca sinensis** Keng f. et S. L. Lu【N, W/C】●GS, QH, SC; ★(AS): CN.

草稃羊茅 **Festuca trachyphylla** (Hack.) Krajina【I, C】★(EU): AT, BA, BE, CZ, DE, FI, GB, NL, NO, PL, RU.

黑麦草属 Lolium

多花黑麦草 **Lolium multiflorum** Lam.【I, C/N】♣HBG, KBG, LBG, NBG, SCBG; ●BJ, GD, HL, JS, JX, SC, SD, SH, SN, TW, XJ, YN, ZJ; ★(AF): DZ, EG, ES-CS, LY, MA, SD, TN; (AS): AF, AM, AZ, BT, GE, IN, IR, PK, TR; (EU): AL, BA, ES, FR, GR, HR, IT, MC, ME, MK, PT, RS, SI.

黑麦草 **Lolium perenne** L.【I, C/N】♣BBG, CDBG, GBG, GXIB, HBG, KBG, LBG, NBG, WBG, XMBG, ZAFU; ●BJ, FJ, GD, GS, GX, GZ, HB, HL, JS, JX, NM, SC, SD, SH, TJ, TW, XJ, YN, ZJ; ★(AF): DZ, EG, LY, MA, SD, TN; (AS): AF, AM, AZ, BT, GE, IN, IR, PK, TR; (EU): AL, BA, ES, FR, GR, HR, IT, MC, ME, MK, PT, RS, SI.

欧黑麦草 **Lolium persicum** Boiss. et Hohen.【I, N】★(AS): AF, CY, KG, KH, PK, RU-AS, TJ, TM, UZ, YE.

疏花黑麦草 **Lolium remotum** Schrank【I, N】♣NBG; ●JS; ★(AS): AF, RU-AS; (EU): AL, BA, BG, GR, HR, HU, MD, ME, MK, RO, RS, RU, SI, TR, UA.

硬直黑麦草 **Lolium rigidum** Gaudich.【I, C/N】♣NBG; ●JS, TW; ★(AF): DZ, EG, ES-CS, LY, MA, SD, TN; (AS): AF, AM, AZ, BT, GE, IN, IR, PK, TR; (EU): AL, BA, ES, FR, GR, HR, IT, MC, ME, MK, PT, RS, SI.

毒麦 **Lolium temulentum** L.【I, N】♣XTBG; ●YN; ★(AF): DZ, EG, ET, MA, TN; (AS): AM, AZ, BT, GE, IN, IR, PK, TR; (EU): AL, BA, BG, GR, HR, HU, MD, ME, MK, RO, RS, RU, SI, TR, UA.

田野黑麦草 **Lolium temulentum** var. **arvense** (With.) Bab.【I, N】★(AF): DZ, EG, ES-CS, LY, MA, SD, TN; (AS): AF, AM, AZ, BT, GE, IN, IR, PK, TR; (EU): AL, BA, ES, FR, GR, HR, IT, MC, ME, MK, PT, RS, SI.

长芒毒麦 **Lolium temulentum** var. **longiaristatum** Parnell【I, N】●AH, GZ, JS, JX, QH, SC, YN; ★(AF): DZ, EG, ES-CS, LY, MA, SD, TN; (AS): AF, AM, AZ, BT, GE, IN, IR, PK, TR; (EU): AL, BA, ES, FR, GR, HR, IT, MC, ME, MK, PT, RS, SI.

碱茅属 Puccinellia

朝鲜碱茅 **Puccinellia chinampoensis** Ohwi【N, W/C】●JL; ★(AS): CN, KP, KR.

碱茅 **Puccinellia distans** (Jacq.) Parl.【N, W/C】●BJ, GS, NM, XJ; ★(AF): DZ, EG, LY, MA, TN; (AS): CN, CY, JP, KG, KH, KP, KZ, MN, PK, RU-AS, TJ, TM, UZ; (EU): AD, AL, AT, BA, BE, BG, BY, CH, CZ, DE, DK, ES, FI, FR, GB, GR, HR, HU, IS, IT, LU, MC, ME, MK, NL, NO, PL, PT, RO, RS, RU, SE, SI, SK, SM, UA, VA; (NA): CA, US.

羊茅状碱茅 **Puccinellia festuciformis** (Host) Parl.【I, C】★(AS): SA, TR; (EU): AT, BA, BG, DE, ES, GR, HR, HU, IT, LU, ME, MK, RO, RS, RU, SI, TR.

佛利碱茅 **Puccinellia phryganodes** (Trin.) Scribn. et Merr.【I, C】★(NA): CA, GL, US.

星星草 **Puccinellia tenuiflora** (Griseb.) Scribn. et Merr.【N, W/C】♣BBG; ●BJ, HL, JL; ★(AS): CN, CY, JP, KZ, MN, RU-AS.

沿沟草属 Catabrosa

沿沟草 **Catabrosa aquatica** (L.) P. Beauv.【N, W/C】♣WBG; ●HB; ★(AS): AF, AZ, CN, KG, KH, KZ, MM, MN, PK, RU-AS, TJ, TM; (EU): BY, HR, LU, RS.

莎禾属 Coleanthus

莎禾 **Coleanthus subtilis** (Tratt.) Seidel ex Roem. et Schult.【N, W/C】♣LBG; ●JX; ★(AS): CN, GE, MN, RU-AS; (EU): AT, CZ, DE, FR, IT, NO, RU.

单蕊草属 Cinna

单蕊草 **Cinna latifolia** (Trevir.) Griseb.【N, W/C】

♣IBCAS; ●BJ; ★(AS): CN, JP, KP, KR, MN, RU-AS; (EU): FI, NO, RU; (NA): CA, US.

看麦娘属 Alopecurus

看麦娘 **Alopecurus aequalis** Sobol. 【N, W/C】 ♣BBG, FBG, GA, GBG, HFBG, IBCAS, LBG, SCBG, WBG, XMBG, ZAFU; ●BJ, FJ, GD, GZ, HB, HL, JX, SC, ZJ; ★(AS): BT, CN, CY, IN, JP, KG, KH, KP, KR, KZ, LK, MM, MN, NP, RU-AS, TJ, TM, UZ; (EU): AD, AL, AT, BA, BE, BG, BY, CH, CZ, DE, DK, ES, FI, FR, GB, GR, HR, HU, IS, IT, LU, MC, ME, MK, NL, NO, PL, PT, RO, RS, RU, SE, SI, SK, SM, UA, VA.

苇状看麦娘 **Alopecurus arundinaceus** Poir. 【N, W/C】 ♣TDBG; ●XJ; ★(AS): CN, CY, GE, KG, KH, KZ, MN, PK, RU-AS, TJ, TM, UZ; (EU): BA, BG, DE, ES, FI, GR, HR, IT, LU, ME, MK, NO, PL, RO, RS, RU, SI, TR.

日本看麦娘 **Alopecurus japonicus** Steud. 【N, W/C】 ♣LBG, NBG, WBG, ZAFU; ●HB, JS, JX, SC, ZJ; ★(AS): CN, JP, KP.

大穗看麦娘 **Alopecurus myosuroides** Huds. 【I, C】 ★(AS): AM, AZ, GE, IR, KG, KH, KZ, PK, TJ, TM, UZ; (EU): AD, AL, AT, BA, BE, BG, BY, CH, CZ, DE, DK, ES, FI, FR, GB, GR, HR, HU, IS, IT, LU, MC, ME, MK, NL, NO, PL, PT, RO, RS, RU, SE, SI, SK, SM, UA, VA.

大看麦娘 **Alopecurus pratensis** Bourg. ex Lange 【N, W/C】 ♣BBG, IBCAS; ●BJ, SC; ★(AS): BT, CN, CY, IN, JP, KG, KZ, LK, MN, RU-AS, TJ, UZ; (EU): AD, AL, AT, BA, BE, BG, BY, CH, CZ, DE, DK, ES, FI, FR, GB, GR, HR, HU, IS, IT, LU, MC, ME, MK, NL, NO, PL, PT, RO, RS, RU, SE, SI, SK, SM, UA, VA.

菵草属 Beckmannia

菵草 **Beckmannia syzigachne** (Steud.) Fernald 【N, W/C】 ♣BBG, GA, HFBG, IBCAS, LBG, WBG, ZAFU; ●BJ, HB, HL, JX, ZJ; ★(AS): CN, CY, JP, KG, KP, KR, KZ, MN, RU-AS; (EU): AD, AL, AT, BA, BE, BG, BY, CH, CZ, DE, DK, ES, FI, FR, GB, GR, HR, HU, IS, IT, LU, MC, ME, MK, NL, NO, PL, PT, RO, RS, RU, SE, SI, SK, SM, UA, VA; (NA): CA, US.

梯牧草属 Phleum

毛梯牧草(刚梯牧草) **Phleum hirsutum** Honck. 【I, C】 ♣NBG; ●JS; ★(EU): CH, IT.

山梯牧草 **Phleum montanum** K. Koch 【I, C】 ♣NBG; ●JS; ★(EU): FR, TR.

鬼蜡烛 **Phleum paniculatum** Huds. 【N, W/C】 ♣GA, LBG, ZAFU; ●JX, SC, ZJ; ★(AS): AF, CN, CY, ID, IN, JP, KG, KH, KZ, PK, TJ, TM, UZ; (EU): AL, AT, BA, BG, DE, ES, GR, HR, HU, IT, ME, MK, RO, RS, RU, SI, TR.

梯牧草 **Phleum pratense** L. 【I, C/N】 ♣KBG, LBG, NBG, WBG; ●BJ, GS, HB, JS, JX, SC, TW, YN; ★(AF): MA; (AS): KG, KZ, LB, PS, SY, TJ, TM, TR, UZ; (EU): AL, BA, ES, FR, GR, HR, IT, MC, ME, MK, PT, RS, SI.

意大利梯牧草 **Phleum subulatum** (Savi) Asch. et Graebn. 【I, C】 ♣NBG; ●JS; ★(AS): IL, JO, SY, TR; (EU): GR.

粟草属 Milium

粟草 **Milium effusum** L. 【N, W/C】 ♣BBG, GBG, LBG; ●BJ, GZ, JX, SC; ★(AS): AF, BT, CN, CY, ID, IN, JP, KG, KP, KR, KZ, LK, MN, PK, RU-AS, TJ; (EU): AD, AT, BA, BE, BG, BY, CH, CZ, DE, DK, FI, GB, HR, HU, IS, LU, ME, MK, NL, NO, PL, PT, RO, RS, RU, SE, SI, SK, SM, UA, VA; (NA): CA, US.

早熟禾属 Poa

短缩早熟禾 **Poa abbreviata** R. Br. 【I, C】 ★(NA): CA, US.

白顶早熟禾 **Poa acroleuca** Steud. 【N, W/C】 ♣FBG, GA, GBG, HBG, LBG, ZAFU; ●FJ, GZ, JX, SC, TW, ZJ; ★(AS): CN, JP, KP, KR, MN, RU-AS.

扁秆早熟禾 **Poa anceps** G. Forst. 【I, C】 ●SC; ★(OC): AU, NZ.

早熟禾 **Poa annua** L. 【N, W/C】 ♣FBG, GA, GBG, GXIB, HBG, IBCAS, KBG, LBG, SCBG, TBG, TDBG, XMBG, XTBG, ZAFU; ●BJ, FJ, GD, GS, GX, GZ, JX, SC, TW, XJ, YN, ZJ; ★(AF): AO, BI, BJ, CD, CG, CI, ET, GA, GH, GN, GQ, KE, MW, NG, ST, TG, TZ, UG, ZA, ZM, ZW; (AS): AF, BT, CN, CY, ID, IN, JP, KG, KH, KP, KR, KZ, LK, MM, MN, MY, NP, PK, RU-AS, TJ, TM, UZ, VN; (OC): AU, NZ, PAF, PG; (EU): AD, AL, AT, BA, BE, BG, BY, CH, CZ, DE, DK, ES, FI, FR, GB, GR, HR, HU, IS, IT, LU, MC, ME, MK, NL, NO, PL, PT, RO, RS, RU, SE, SI, SK, SM, UA, VA; (NA): BM, BZ, CR, CU, DO, GT, HN, JM, MX, NI, PA, PR, SV, US, VG; (SA): AR, BO, BR, CO, EC, GY, PE, PY, VE.

阿洼早熟禾 **Poa araratica** Trautv. 【N, W/C】 ●QH, SC; ★(AS): CN, CY, IN, JP, KG, KP, KZ, MN, NP, PK, RU-AS, TJ, UZ.

巴顿早熟禾 **Poa badensis** Haenke ex Willd. 【I, C】 ★(AS): GE, RU-AS; (EU): AL, AT, BA, BG, CZ, DE, HR, HU, IT, ME, MK, RO, RS, SI.

鳞茎早熟禾 **Poa bulbosa** L. 【N, W/C】 ♣HBG; ●ZJ; ★(AF): DZ, EG, LY, MA, SD, TN; (AS): AF, CN, CY, ID, IN, KG, KH, KZ, MN, NP, PK, RU-AS, TJ, TM, UZ; (EU): AL, BA, De, ES, FR, GR, HR, IT, MC, ME, MK, PT, RS, SI.

加拿大早熟禾 **Poa compressa** L. 【I, C/N】 ♣IBCAS, NBG; ●BJ, JS; ★(NA): CA, US.

法氏早熟禾 **Poa faberi** Rendle 【N, W/C】 ♣LBG, WBG, ZAFU; ●HB, JX, ZJ; ★(AS): CN.

杂早熟禾 **Poa hybrida** Gaudich. 【I, C】 ★(AS): GE; (EU): AT, BA, DE, GR, HR, IT, ME, MK, RO, RS, RU, SI.

大萼早熟禾 **Poa macrocalyx** Trautv. et C. A. Mey. 【I, C】 ★(NA): CA, US.

林地早熟禾 **Poa nemoralis** L. 【N, W/C】 ♣GA, GBG, KBG, LBG, NBG; ●GS, GZ, JS, JX, NM, QH, SC, YN; ★(AS): BT, CN, CY, ID, IN, JP, KG, KP, KR, KZ, LK, MN, NP, PK, RU-AS, TJ, UZ; (EU): AD, AL, AT, BA, BE, BG, BY, CH, CZ, DE, DK, ES, FI, FR, GB, GR, HR, HU, IS, IT, LU, MC, ME, MK, NL, NO, PL, PT, RO, RS, RU, SE, SI, SK, SM, UA, VA.

寡穗早熟禾 **Poa paucispicula** Scribn. et Merr. 【I, C】 ★(NA): CA, US.

禾状早熟禾 **Poa poiformis** (Labill.) Druce 【I, C】 ♣IBCAS; ●BJ; ★(OC): AU.

草地早熟禾 **Poa pratensis** L. 【N, W/C】 ♣BBG, GA, GBG, HBG, IBCAS, KBG, LBG, NBG; ●BJ, GD, GS, GZ, HB, HL, JS, JX, NM, QH, SC, SD, SH, TW, XJ, YN, ZJ; ★(AF): AO, BI, BJ, CD, CG, CI, ET, GA, GH, GN, GQ, KE, MW, NG, ST, TG, TZ, UG, ZA, ZM, ZW; (AS): AF, AZ, BT, CN, CY, ID, IN, JP, KG, KH, KP, KR, KZ, LK, MM, MN, NP, PK, RU-AS, TJ, TM, UZ; (OC): AU, NZ, PAF, PG; (EU): AD, AL, AT, BA, BE, BG, BY, CH, CZ, DE, DK, ES, FI, FR, GB, GR, HR, HU, IS, IT, LU, MC, ME, MK, NL, NO, PL, PT, RO, RS, RU, SE, SI, SK, SM, UA, VA; (NA): BM, BZ, CR, CU, DO, GT, HN, JM, MX, NI, PA, PR, SV, US, VG; (SA): AR, BO, BR, CO, EC, GY, PE, PY, VE.

细叶早熟禾 **Poa pratensis** subsp. **angustifolia** (L.) Gaudin 【N, W/C】 ♣IBCAS; ●BJ, NM, SC; ★(AS): AF, BT, CN, CY, IN, JP, KG, KH, KP, KR, KZ, LK, MM, MN, NP, PK, RU-AS, TJ, TM, UZ; (EU): AD, AL, AT, BA, BE, BG, BY, CH, CZ, DE, DK, ES, FI, FR, GB, GR, HR, HU, IS, IT, LU, MC, ME, MK, NL, NO, PL, PT, RO, RS, RU, SE, SI, SK, SM, UA, VA.

矮早熟禾 **Poa pumila** Host 【I, C】 ★(EU): AL, AT, BA, GR, HR, IT, ME, MK, RO, RS, SI.

巨早熟禾 **Poa secunda** subsp. **juncifolia** (Scribn.) Soreng 【I, C】 ★(NA): CA, MX, US.

硬质早熟禾 **Poa sphondylodes** Trin. 【N, W/C】 ♣BBG, LBG, NBG; ●BJ, JS, JX, NM, SC; ★(AS): CN, JP, KP, KR, MN, RU-AS.

三叶早熟禾 **Poa trichophylla** Boiss. 【I, C】 ★(EU): GR.

普通早熟禾 **Poa trivialis** L. 【I, C/N】 ♣IBCAS, LBG; ●BJ, JX, SH, TW, ZJ; ★(AS): AF, BT, CY, ID, IN, IR, JP, KG, KH, KR, KZ, LK, MN, PK, RU-AS, TJ, TM, UZ; (EU): AL, BA, BE, CZ, DE, DK, ES, FR, GB, GR, HR, HU, IS, IT, ME, MK, NL, NO, PT, RS, SE, SI, TR.

欧早熟禾 **Poa trivialis** subsp. **sylvicola** (Guss.) H. Lindb. 【I, C】 ★(AS): KG, KH, TJ, TM; (EU): FR, GR, RU.

中间早熟禾 **Poa ursina** Velen. 【I, C】 ★(EU): BG.

山地早熟禾 **Poa versicolor** subsp. **orinosa** (Keng) Olonova et G. H. Zhu 【N, W/C】 ●GS, SC; ★(AS): CN, KP, KR.

多变早熟禾 **Poa versicolor** subsp. **varia** (Keng ex L. Liou) Olonova et G. H. Zhu 【N, W/C】 ●GS; ★(AS): CN.

三芒草属 Aristida

三芒草 **Aristida adscensionis** L. 【N, W/C】 ♣BBG, TDBG; ●BJ, SC, XJ; ★(AF): NG, ZA; (AS): BT, CN, CY, IN, LK, MN; (OC): AU; (EU): AD, AL, AT, BA, BE, BG, BY, CH, CZ, DE, DK, ES, FI, FR, GB, GR, HR, HU, IS, IT, LU, MC, ME, MK, NL, NO, PL, PT, RO, RS, RU, SE, SI, SK, SM, UA, VA; (NA): CA, US.

华三芒草 **Aristida chinensis** Munro 【N, W/C】 ♣FBG, SCBG; ●FJ, GD; ★(AS): CN, ID, IN, KH, MM, PH, TH, VN.

黄草毛 **Aristida cumingiana** Trin. et Rupr. 【N, W/C】 ♣SCBG; ●GD; ★(AS): CN, ID, IN, LA, MM, NP, PH, TH, VN.

针禾属 Stipagrostis

大颖针禾 **Stipagrostis grandiglumis** (Roshev.)

Tzvelev 【N, W/C】 ♣TDBG; ●XJ; ★(AS): CN, MN.

羽毛针禾 **Stipagrostis pennata** (Trin.) De Winter 【N, W/C】 ♣TDBG; ●XJ; ★(AS): AF, CN, CY, KG, KH, KZ, RU-AS, TM, UZ; (EU): RU.

芦竹属 Arundo

芦竹 **Arundo donax** L. 【N, W/C】 ♣BBG, CBG, CDBG, FBG, GA, GBG, GXIB, HBG, HFBG, IBCAS, LBG, NBG, SCBG, TBG, WBG, XBG, XMBG, XTBG, ZAFU; ●AH, BJ, FJ, GD, GX, GZ, HB, HL, JS, JX, SC, SH, SN, TW, YN, ZJ; ★(AF): KE, MG, TZ, ZA; (AS): AF, BT, CN, ID, IN, JP, KH, KR, KZ, LA, LK, MM, MY, NP, PK, SG, TH, TJ, TM, UZ, VN; (OC): AU, NZ.

台湾芦竹 **Arundo formosana** Hack. 【N, W/C】 ♣TBG, TMNS, XMBG; ●FJ, TW; ★(AS): CN, JP, PH.

蓝沼草属 Molinia

蓝沼草(天蓝麦氏草) **Molinia caerulea** (L.) Moench 【I, C】 ♣BBG, CBG, NBG; ●BJ, JS, SH, TW; ★(AF): DZ, EG, ET, LY, MA, SD, TN; (AS): AM, AZ, GE, KG, RU-AS, SA; (EU): BY, HR, IE, IS, RS, RU, SI.

箱根草属 Hakonechloa

箱根草 **Hakonechloa macra** (Munro) Honda 【I, C】 ♣CBG, SCBG; ●GD, SH, TW, ZJ; ★(AS): JP.

芦苇属 Phragmites

芦苇 **Phragmites australis** (Cav.) Trin. ex Steud. 【N, W/C】 ♣BBG, FBG, GA, GBG, GMG, HBG, HFBG, IBCAS, LBG, MDBG, NBG, TDBG, TMNS, WBG, XMBG, XTBG, ZAFU; ●AH, BJ, FJ, GS, GX, GZ, HB, HL, JS, JX, NM, SC, TW, XJ, YN, ZJ; ★(AF): AO, BF, BI, BJ, CG, CI, CV, DJ, DZ, EG, EH, ER, ET, GH, GM, GN, GW, KE, LR, LY, MA, ML, MR, NE, NG, RW, SC, SD, SL, SN, SO, TG, TN, TZ, UG, ZA; (AS): AE, AM, AZ, BD, BH, BT, CN, CY, GE, IL, IN, IQ, IR, JO, JP, KG, KW, KZ, LB, LK, MN, MV, NP, OM, PK, PS, QA, RU-AS, SA, SY, TJ, TM, TR, UZ, VN, YE; (OC): AU, NC, NZ, PAF, PG, SB; (EU): AD, AL, AT, BA, BE, BG, BY, CH, CZ, DE, DK, ES, FI, FR, GB, GR, HR, HU, IS, IT, LU, MC, ME, MK, NL, NO, PL, PT, RO, RS, RU, SE, SI, SK, SM, UA, VA; (NA): BM, BZ, CA, CR, CU, DO, GT, HN, JM, MX, NI, PA, PR, SV, US, VG; (SA): AR, BO, BR, CL, CO, EC, GF, GY, PE, PY, UY, VE.

卡开芦 **Phragmites karka** (Retz.) Trin. ex Steud. 【N, W/C】 ♣GMG, IBCAS, KBG, TMNS, XTBG; ●BJ, GX, TW, YN; ★(AF): AO, BI, CG, CM, GA, GH, KE, MG, MZ, NG, TZ, ZA, ZM, ZW; (AS): BT, CN, ID, IN, JP, KH, LA, LK, MM, MY, PH, TH, VN; (OC): AU, PAF.

总苞草属 Elytrophorus

总苞草 **Elytrophorus spicatus** (Willd.) A. Camus 【N, W/C】 ♣XTBG; ●YN; ★(AF): NG, TZ, ZA, ZM; (AS): BT, CN, ID, IN, LK, MM, NP, TH, VN; (OC): AU, PAF.

鹧鸪草属 Eriachne

鹧鸪草 **Eriachne pallescens** R. Br. 【N, W/C】 ♣FLBG, SCBG, XMBG; ●FJ, GD, JX; ★(AS): CN, ID, IN, MM, MY, PH, SG, TH, VN; (OC): AU, PAF.

小丽草属 Coelachne

小丽草 **Coelachne simpliciuscula** (Steud.) Munro ex Benth. 【N, W/C】 ♣FLBG, SCBG; ●GD, JX; ★(AS): BT, CN, ID, IN, KH, LK, MM, MY, NP, TH, VN.

柳叶箬属 Isachne

白花柳叶箬 **Isachne albens** Trin. 【N, W/C】 ♣XTBG; ●SC, YN; ★(AS): BT, CN, ID, IN, LK, MM, MY, NP, TH, VN.

柳叶箬 **Isachne globosa** (Thunb.) Kuntze 【N, W/C】 ♣FBG, FLBG, GA, GBG, LBG, XMBG, XTBG, ZAFU; ●FJ, GD, GZ, JX, SC, YN, ZJ; ★(AS): BT, CN, ID, IN, JP, KP, KR, LK, MM, MY, NP, PH, SG, TH, VN; (OC): AU, FJ, FM, NC, NZ, PAF, PG.

紧穗柳叶箬 **Isachne globosa** var. **compacta** W. Z. Fang ex S. L. Chen 【N, W/C】 ♣XMBG; ●FJ; ★(AS): CN.

浙江柳叶箬 **Isachne hoi** Keng f. 【N, W/C】 ♣ZAFU; ●ZJ; ★(AS): CN.

日本柳叶箬 **Isachne nipponensis** Ohwi 【N, W/C】 ♣GXIB, ZAFU; ●GX, SC, ZJ; ★(AS): CN, JP, KP, KR.

瘦脊柳叶箬 **Isachne pauciflora** Hack. 【N, W/C】 ♣SCBG; ●GD; ★(AS): CN, PH; (OC): PG.

矮小柳叶箬 **Isachne pulchella** Roth 【N, W/C】

♣XTBG; ●YN; ★(AS): CN, ID, IN, MY, NP, SG, TH, VN; (OC): AU, PAF, PG.

平颖柳叶箬 **Isachne truncata** A. Camus【N, W/C】♣SCBG; ●GD, SC; ★(AS): CN, VN.

稗荩属 Sphaerocaryum

稗荩 **Sphaerocaryum malaccense** (Trin.) Pilg.【N, W/C】♣FBG, FLBG, LBG, SCBG, XMBG; ●FJ, GD, JX, TW; ★(AS): CN, ID, IN, LA, LK, MM, MY, PH, SG, TH, VN.

白穗茅属 Chionochloa

白穗茅 **Chionochloa conspicua** (G. Forst.) Zotov【I, C】♣BBG; ●BJ; ★(OC): NZ.

蒲苇属 Cortaderia

蒲苇 **Cortaderia selloana** (Schult.) Asch. et Graebn.【I, C】♣CBG, FBG, HBG, WBG, XMBG, XTBG, ZAFU; ●BJ, FJ, HB, SC, SH, YN, ZJ; ★(SA): AR, BO, BR, CL, CO, PY, UY.

齿稃草属 Schismus

齿稃草 **Schismus arabicus** Nees【N, W/C】♣TDBG; ●XJ; ★(AF): DZ, EG, ET, KE, LY, MA, SO, TN, TZ; (AS): AF, AM, AZ, CN, GE, ID, IN, IR, KG, KZ, MN, PK, RU-AS, SA, TJ, TM, TR, UZ, YE; (EU): AL, BA, ES, FR, GR, HR, IT, MC, ME, MK, RS, SI.

类芦属 Neyraudia

山类芦 **Neyraudia montana** Keng【N, W/C】♣LBG; ●JX; ★(AS): CN.

类芦 **Neyraudia reynaudiana** (Kunth) Keng ex Hitchc.【N, W/C】♣FBG, GA, GMG, KBG, LBG, XMBG, XTBG; ●FJ, GX, JX, YN; ★(AS): BT, CN, ID, IN, JP, KH, LA, MM, MY, NP, TH, VN.

九顶草属 Enneapogon

九顶草 **Enneapogon desvauxii** P. Beauv.【N, W/C】●GS, NM, NX, SC; ★(AF): NA, SO, ZA; (AS): CN, CY, ID, IN, KG, KZ, MN, PK, RU-AS.

画眉草属 Eragrostis

鼠妇草 **Eragrostis atrovirens** (Desf.) Trin. ex Steud.【N, W/C】♣FBG, SCBG, XMBG; ●FJ, GD; ★(AF): MG, NG; (AS): BT, CN, IN, LA, LK, MM, SG; (OC): AU, PAF, PG.

秋画眉草 **Eragrostis autumnalis** Keng【N, W/C】♣BBG; ●BJ, SC; ★(AS): CN.

长画眉草 **Eragrostis brownii** (Kunth) Nees【N, W/C】♣FBG, XTBG; ●FJ, YN; ★(AS): CN, ID, IN, JP, LK, MM, MY, PH, SG; (OC): AU, NZ, PAF.

大画眉草 **Eragrostis cilianensis** (All.) Janch.【N, W/C】♣BBG, FBG, GA, GBG, HBG, IBCAS, LBG, WBG, XMBG, XTBG; ●BJ, FJ, GZ, HB, JX, SC, YN, ZJ; ★(AF): MG, NG, ZA; (AS): BT, CN, IN, JP, KR, LK, MM, MN, RU-AS; (OC): AU, NZ, PG; (EU): DE, FR, IT.

珠芽画眉草（扭枝画眉草）**Eragrostis cumingii** Steud.【N, W/C】♣GA; ●JX, SC; ★(AS): CN, JP, LA, MM, MY; (OC): AU, PAF.

弯叶画眉草 **Eragrostis curvula** (Schrad.) Nees【I, N】♣KBG, NBG, SCBG; ●BJ, GD, HB, JS, TW, YN, ZJ; ★(AF): LS, MW, NG, TZ, ZA.

短穗画眉草 **Eragrostis cylindrica** (Roxb.) Arn.【N, W/C】♣FLBG, XMBG; ●FJ, GD, JX; ★(AS): CN, NP, VN.

*美洲画眉草 **Eragrostis elliottii** S. Watson【I, C】●BJ, TW; ★(NA): BM, BZ, CR, CU, DO, GT, HN, HT, JM, LW, MX, NI, PA, PR, SV, US, VG, WW.

双药画眉草 **Eragrostis elongata** (Willd.) J. Jacq.【N, W/C】♣XMBG; ●FJ; ★(AS): CN, ID, LA, LK, MM, MY, PH, TH, VN; (OC): AU, NC, PG.

知风草 **Eragrostis ferruginea** (Thunb.) P. Beauv.【N, W/C】♣FBG, GA, GBG, GXIB, HBG, LBG, NSBG, ZAFU; ●CQ, FJ, GX, GZ, JX, SC, ZJ; ★(AS): BT, CN, ID, IN, JP, KP, KR, LA, LK, MM, NP, VN.

乱草 **Eragrostis japonica** (Thunb.) Trin.【N, W/C】♣FBG, GA, LBG, WBG, XMBG, XTBG, ZAFU; ●FJ, HB, JX, YN, ZJ; ★(AF): MG, NG, ZA; (AS): BT, CN, ID, IN, JP, KR, LA, MM, MY, NP, PH, TH, VN.

小画眉草 **Eragrostis minor** Host【N, W/C】♣BBG, GA, GBG, LBG, TDBG, XMBG, XTBG, ZAFU; ●BJ, FJ, GZ, JX, SC, XJ, YN, ZJ; ★(AF): MG, ZA; (AS): BT, CN, CY, IN, JP, LK, MM, MN, RU-AS; (EU): AD, AL, AT, BA, BE, BG, BY, CH, CZ, DE, DK, ES, FI, FR, GB, GR, HR, HU, IS, IT, LU, MC, ME, MK, NL, NO, PL, PT, RO, RS, RU, SE, SI, SK, SM, UA, VA.

多秆画眉草 **Eragrostis multicaulis** Steud.【N,

W/C】 ♣LBG; ●JX; ★(AS): BT, CN, ID, IN, JP, LK, MN, MY, RU-AS; (OC): US-HW.

华南画眉草 **Eragrostis nevinii** Hance 【N, W/C】 ♣XMBG; ●FJ; ★(AS): CN.

黑穗画眉草 **Eragrostis nigra** Nees ex Steud. 【N, W/C】 ♣GBG, XMBG; ●FJ, GZ, SC; ★(AS): BT, CN, ID, IN, LK, MM, NP.

细叶画眉草(广西画眉草) **Eragrostis nutans** (Retz.) Nees ex Steud. 【N, W/C】 ♣XTBG; ●YN; ★(AS): CN, ID, IN, JP, MM, PH, VN.

宿根画眉草 **Eragrostis perennans** Keng 【N, W/C】 ♣FBG, FLBG, GA, SCBG, XMBG; ●FJ, GD, JX, SC; ★(AS): CN.

疏穗画眉草 **Eragrostis perlaxa** Keng f. 【N, W/C】 ♣FBG, FLBG, SCBG, XMBG; ●FJ, GD, JX; ★(AS): CN.

画眉草 **Eragrostis pilosa** (L.) P. Beauv. 【N, W/C】 ♣BBG, FBG, GA, GBG, IBCAS, LBG, WBG, XMBG, XTBG, ZAFU; ●BJ, FJ, GS, GZ, HB, JX, NM, SC, YN, ZJ; ★(AF): MG, NG, ZA; (AS): BT, CN, CY, ID, IN, JP, KR, LA, LK, MM, MN, RU-AS, SG; (EU): AD, AL, AT, BA, BE, BG, BY, CH, CZ, DE, DK, ES, FI, FR, GB, GR, HR, HU, IS, IT, LU, MC, ME, MK, NL, NO, PL, PT, RO, RS, RU, SE, SI, SK, SM, UA, VA.

多毛知风草 **Eragrostis pilosissima** Link 【N, W/C】 ♣FBG, GA, SCBG; ●FJ, GD, JX; ★(AS): CN, VN.

美丽画眉草 **Eragrostis spectabilis** (Pursh) Steud. 【I, C】 ♣BBG, NBG; ●BJ, JS; ★(NA): CA, US.

苔麸 **Eragrostis tef** (Zucc.) Trotter 【I, C】 ★(AF): ET.

鲫鱼草 **Eragrostis tenella** Nees 【N, W/C】 ♣FBG, GBG, SCBG, XMBG; ●FJ, GD, GZ; ★(AF): ET, GH, MG, NG, TZ; (AS): BT, CN, ID, IN, LA, LK, MM, SA; (OC): AU.

牛虱草 **Eragrostis unioloides** (Retz.) Nees ex Steud. 【N, W/C】 ♣GA, SCBG, XMBG, XTBG; ●FJ, GD, JX, YN; ★(AF): MG, ZA; (AS): BT, CN, ID, IN, LA, LK, MM, MY, SG, VN.

结缕草属 Zoysia

结缕草 **Zoysia japonica** Steud. 【N, W/C】 ♣CDBG, FBG, GA, HBG, IBCAS, KBG, NBG, SCBG, XMBG, ZAFU; ●BJ, FJ, GD, GS, JS, JX, LN, SC, SD, TW, YN, ZJ; ★(AS): CN, JP, KP, KR, MM, MN, RU-AS, SG.

大花结缕草 **Zoysia macrantha** Desv. 【I, C】 ♣NBG; ●JS; ★(OC): AU.

大穗结缕草 **Zoysia macrostachya** Franch. et Sav. 【N, W/C】 ♣NBG; ●JS; ★(AS): CN, JP, KP, KR.

沟叶结缕草 **Zoysia matrella** (L.) Merr. 【N, W/C】 ♣FBG, GXIB, HBG, NSBG, SCBG, TBG, WBG, XLTBG, XMBG, XOIG, XTBG, ZAFU; ●CQ, FJ, GD, GX, HB, HI, TW, YN, ZJ; ★(AS): CN, ID, IN, JP, LA, LK, MM, MY, PH, SG, TH, VN; (OC): AU, FM, PG.

细叶结缕草 **Zoysia matrella** var. **pacifica** Goudsw. 【N, W/C】 ♣NBG, XMBG, ZAFU; ●FJ, ZJ; ★(AS): CN, JP, PH, TH; (OC): PAF.

小结缕草 **Zoysia minima** (Colenso) Zotov 【I, C】 ♣NBG; ●JS; ★(OC): NZ.

中华结缕草 **Zoysia sinica** Hance 【N, W/C】 ♣FBG, IBCAS, LBG, NBG, XMBG; ●BJ, FJ, JS, JX, YN; ★(AS): CN, JP, KP, KR.

鼠尾粟属 Sporobolus

双蕊鼠尾粟 **Sporobolus diandrus** (Retz.) P. Beauv. 【N, W/C】 ♣FBG, SCBG; ●FJ, GD; ★(AS): BT, CN, ID, IN, JP, LK, MM, MY, NP, PH, PK, TH; (OC): AU, NZ, PAF.

牛奀草 **Sporobolus elongatus** R. Br. 【I, C】 ♣FLBG, GBG, GMG, HBG, XTBG; ●GD, GX, GZ, JX, YN, ZJ; ★(OC): AU, NZ.

鼠尾粟 **Sporobolus fertilis** (Steud.) Clayton 【N, W/C】 ♣FBG, GA, LBG, NSBG, SCBG, XMBG, ZAFU; ●CQ, FJ, GD, JX, SC, ZJ; ★(AS): BT, CN, ID, IN, JP, LK, MM, MY, NP, PH, TH, VN; (OC): AU.

异鳞鼠尾粟 **Sporobolus heterolepis** (Gray) A. Gray 【I, C】 ♣XTBG; ●YN; ★(NA): CA, US.

毛鼠尾粟 **Sporobolus piliferus** (Trin.) Kunth 【N, W/C】 ♣LBG; ●JX; ★(AS): BT, CN, ID, IN, JP, KP, LK, MY, NP, PH.

具枕鼠尾粟 **Sporobolus pyramidatus** (Lam.) C. L. Hitchc. 【I, N】 ★(NA): BS, BZ, CR, CU, DO, GT, HN, HT, JM, LW, MX, NI, PA, PR, SV, TT, US, VG, WW; (SA): AR, BO, BR, CO, EC, PE, PY, UY, VE.

热带鼠尾粟 **Sporobolus tenuissimus** (Schrank) Kuntze 【I, C】 ♣HBG; ●ZJ; ★(NA): BS, BZ, CR, DO, HN, JM, PA, PR, SV, TT, US, WW; (SA): BR, EC, PE, PY, VE.

盐地鼠尾粟 **Sporobolus virginicus** (L.) Kunth 【N, W/C】 ♣XMBG; ●FJ; ★(AS): CN, ID, IN, JP, LK, MY, PH, SG, TH, VN.

粗野鼠尾粟 **Sporobolus wrightii** Munro ex Scribn. 【I, C】 ●TW; ★(NA): MX, US.

隐花草属 Crypsis

隐花草 **Crypsis aculeata** (L.) Aiton 【N, W/C】 ♣TDBG, WBG; ●HB, XJ; ★(AF): MA; (AS): CN, CY, KG, KH, KR, KZ, MN, RU-AS, SA, TM, UZ; (EU): AL, AT, BA, BG, CZ, DE, ES, GR, HR, HU, IT, LU, ME, MK, RO, RS, RU, SI, TR.

米草属 Spartina

互花米草 **Spartina alterniflora** Loisel. 【I, C/N】 ♣XMBG; ●FJ; ★(NA): CA, US; (SA): AR, BR.

大米草 **Spartina anglica** C. E. Hubb. 【I, C/N】 ●SC; ★(EU): GB.

大绳草 **Spartina cynosuroides** (L.) Roth 【I, C】 ★(NA): US.

狐米草 **Spartina patens** (Aiton) Muhl. 【I, C】 ★(EU): GB.

草原米草（草原网茅）**Spartina pectinata** Bosc ex Link 【I, C】 ♣CBG; ●SH; ★(NA): CA, US.

沙芦属 Calamovilfa

巨沙芦 **Calamovilfa gigantea** (Nutt.) Scribn. et Merr. 【I, C】 ●SC; ★(NA): US.

獐毛属 Aeluropus

小獐毛 **Aeluropus pungens** (Vahl) Boiss. 【N, W/C】 ♣NBG; ●JS; ★(AS): CN, ID, IN, KG, KH, KZ, RU-AS, TM, UZ.

獐毛 **Aeluropus sinensis** (Debeaux) Tzvelev 【N, W/C】 ♣NBG; ●GS, JS, NM, QH, XJ; ★(AS): CN, MN.

高因茅属 Gouinia

*宽叶高因茅 **Gouinia latifolia** (Griseb.) Vasey 【I, C】 ♣BBG; ●BJ, TW; ★(SA): AR, BO, BR, CO, GY, PE, PY, VE.

三齿稃属 Tridens

*软丝三齿稃 **Tridens flaccidus** (Döll) Parodi 【I, C】 ♣XTBG; ●YN; ★(SA): BR, CO, GY, VE.

千金子属 Leptochloa

千金子 **Leptochloa chinensis** (L.) Nees 【N, W/C】 ♣CDBG, FBG, GA, GBG, LBG, SCBG, WBG, XMBG, ZAFU; ●FJ, GD, GZ, HB, JX, SC, ZJ; ★(AF): BI, DJ, ER, ET, KE, RW, SC, SD, SO, TZ, UG, ZA; (AS): BT, CN, ID, IN, JP, KH, KR, LA, LK, MM, MY, PH, SG, TH, VN.

双稃草 **Leptochloa fusca** (L.) Kunth 【N, W/C】 ♣SCBG; ●GD; ★(AS): CN, ID, IN, LA, LK, MM, MY, PH, PK, TH.

短尖千金子 **Leptochloa mucronata** (Michx.) Kunth 【I, C/N】 ♣GA, LBG; ●JX; ★(NA): BM, BZ, CR, CU, DO, GT, HN, HT, JM, LW, MX, NI, NL-AN, PA, PR, SV, TT, US, WW; (SA): BO, BR, CO, EC, PE, VE.

虮子草 **Leptochloa panicea** (Retz.) Ohwi 【I, N】 ♣FBG, GXIB, WBG, XMBG, XTBG; ●FJ, GX, HB, SC, YN; ★(NA): BM, BZ, CR, CU, DO, GT, HN, HT, JM, LW, MX, NI, NL-AN, PA, PR, SV, TT, US, WW; (SA): BO, BR, CO, EC, PE, VE.

弯穗草属 Dinebra

弯穗草 **Dinebra retroflexa** (Vahl) Panz. 【I, N】 ★(AF): AO, BF, BJ, CF, CG, CI, CM, ET, GH, GN, ML, NE, NG, SD, SL, SN, SS, TD, TG, UG, ZA, ZM, ZW; (AS): AF, IN.

䅟属 Eleusine

䅟 **Eleusine coracana** (L.) Gaertn. 【N, W/C】 ♣GBG, LBG, XMBG, XTBG; ●FJ, GZ, HN, JX, SC, TW, YN; ★(AF): KE, NG, RW, SD, TZ, UG, ZA, ZM, ZW; (AS): BT, CN, IN, LA, LK, MM, NP, PK, SA, YE.

牛筋草 **Eleusine indica** (L.) Gaertn. 【N, W/C】 ♣BBG, FBG, FLBG, GA, GBG, GMG, GXIB, HBG, IBCAS, LBG, SCBG, TBG, TMNS, XMBG, XTBG, ZAFU; ●BJ, FJ, GD, GX, GZ, JS, JX, SC, TW, YN, ZJ; ★(AF): NG; (AS): AZ, BT, CN, IN, JP, KR, LA, MM, RU-AS, SG; (EU): BG, DE, ES, IT, LU.

虎尾草属 Chloris

孟仁草 **Chloris barbata** Sw. 【N, W/C】 ♣XMBG; ●FJ; ★(AF): NG, ZA; (AS): CN, ID, IN, JP, LK, MM, MY, PH, PK, SG, TH, VN; (OC): AU, PAF.

台湾虎尾草 **Chloris formosana** (Honda) Keng 【N, W/C】 ♣SCBG, XMBG; ●FJ, GD; ★(AS): CN, VN.

非洲虎尾草 **Chloris gayana** Kunth 【I, C】 ●SH, TW; ★(AF): BI, ET, MG, NG, TZ, ZA.

异序虎尾草 **Chloris pycnothrix** Trin. 【I, C/N】

♣XTBG; ●YN; ★(AF): ET, KE, MG, NG, TZ, UG, ZA, ZM.

虎尾草 **Chloris virgata** Sw. 【N, W/C】 ♣BBG, IBCAS, TDBG, XMBG; ●BJ, FJ, GS, NM, SC, XJ; ★(AF): KE, NG, TZ, ZA; (AS): AF, BT, CN, ID, IN, JP, KR, LK, MM, MN, NP, PK, RU-AS; (OC): AU, NZ, PAF; (EU): AT, BE, CH, CZ, DE, FR, GB, HU, LI, LU, MC, NL, PL, SK; (NA): CA, MX, US; (SA): AR, CL.

小草属 Microchloa

小草 **Microchloa indica** (L. f.) P. Beauv. 【N, W/C】 ♣XMBG, XTBG; ●FJ, YN; ★(AF): AO, BI, CG, CM, KE, MG, NG, TZ, ZA, ZM, ZW; (AS): CN, ID, IN, KH, LA, MM, PH, TH, VN; (OC): AU, PAF.

长穗小草 **Microchloa indica** var. **kunthii** (Desv.) B. S. Sun et Z. H. Hu 【N, W/C】 ♣XTBG; ●YN; ★(AS): CN.

真穗草属 Eustachys

真穗草 **Eustachys tenera** (J. S. Presl) A. Camus 【N, W/C】 ♣XMBG; ●FJ; ★(AS): CN, ID, IN, MY, PH, TH, VN; (OC): PAF.

狗牙根属 Cynodon

狗牙根 **Cynodon dactylon** (L.) Pers. 【N, W/C】 ♣CDBG, FBG, GA, GBG, GMG, HBG, IBCAS, KBG, LBG, NSBG, SCBG, TBG, TDBG, WBG, XMBG, XTBG, ZAFU; ●BJ, CQ, FJ, GD, GS, GX, GZ, HB, HL, JS, JX, NM, SC, SD, SH, TW, XJ, YN, ZJ; ★(AF): MA; (AS): AZ, BT, CN, GE, ID, IN, JP, KR, LA, MM, MY, PH, SA, SG; (EU): AL, AT, BA, BG, BY, CZ, DE, ES, GB, GR, HR, HU, IT, LU, ME, MK, NL, RO, RS, RU, SI, TR.

双花狗牙根 **Cynodon dactylon** var. **biflorus** Merino 【N, W/C】 ♣ZAFU; ●ZJ; ★(AS): CN.

弯穗狗牙根 **Cynodon radiatus** Roth 【N, W/C】 ♣XTBG; ●YN; ★(AS): BT, CN, ID, IN, LK, MM, MY, NP, PH, PK, TH, VN; (OC): PAF.

非洲狗牙根 **Cynodon transvaalensis** Burtt Davy 【I, C】 ♣NBG; ●JS; ★(AF): ET, KE, MG, TZ, UG, ZA.

草沙蚕属 Tripogon

中华草沙蚕 **Tripogon chinensis** (Franch.) Hack. 【N, W/C】 ♣BBG; ●BJ, SC; ★(AS): CN, JP, KR, MN, PH, RU-AS.

锋芒草属 Tragus

虱子草 **Tragus berteronianus** Schult. 【N, W/C】 ♣BBG; ●BJ, SC; ★(AF): ET, MG, NA, TZ, UG, ZA, ZM, ZW; (AS): AF, CN, ID, IN, IR, MM, MN, MY, PK, RU-AS, SA, TH, YE; (NA): CR, CU, DO, GT, HN, HT, JM, MX, NI, PA, PR, SV, US, VG; (SA): AR, BO, BR, CO, EC, GY, PE, PY, VE.

垂穗草属 Bouteloua

垂穗草 **Bouteloua curtipendula** (Michx.) Torr. 【I, C】 ●BJ, TW; ★(NA): CA, MX, US.

格兰马草 **Bouteloua gracilis** (Kunth) Lag. ex Steud. 【I, C】 ●BJ; ★(NA): CA, US.

野牛草属 Buchloe

野牛草 **Buchloe dactyloides** (Nutt.) Engelm. 【I, C/N】 ♣BBG, HBG, IBCAS, NBG, XMBG; ●BJ, FJ, JS, XJ, ZJ; ★(NA): CA, MX, US.

侧穗草属 Chondrosum

单侧穗草 **Chondrosum simplex** (Lag.) Kunth 【I, C】 ♣XTBG; ●YN; ★(NA): MX, US; (SA): AR, BO, CL, CO, EC, PE.

乱子草属 Muhlenbergia

毛发乱子草（粉黛乱子草、毛芒乱子草） **Muhlenbergia capillaris** (Lam.) Trin. 【I, C】 ●SH, TW; ★(NA): BS, CU, GT, MX, PR, US.

乱子草 **Muhlenbergia huegelii** Trin. 【N, W/C】 ♣IBCAS; ●BJ; ★(AS): AF, BT, CN, ID, IN, JP, KP, LK, MM, MN, NP, PH, PK, RU-AS.

日本乱子草 **Muhlenbergia japonica** Steud. 【N, W/C】 ♣BBG, GBG; ●BJ, GZ; ★(AS): CN, JP, KR, MN, RU-AS.

多枝乱子草 **Muhlenbergia ramosa** (Hack.) Makino 【N, W/C】 ♣LBG; ●JX; ★(AS): CN, JP.

龙爪茅属 Dactyloctenium

龙爪茅 **Dactyloctenium aegyptium** (L.) Willd. 【N, W/C】 ♣FBG, FLBG, GA, LBG, SCBG, XMBG; ●FJ, GD, JX, SC; ★(AF): NG, ZA; (AS): BT, CN, ID, IN, LA, LK, MM, MY, SG, VN; (OC): AU.

隐子草属 Cleistogenes

丛生隐子草 **Cleistogenes caespitosa** Keng 【N, W/C】 ♣BBG; ●BJ; ★(AS): CN, MN, RU-AS.

朝阳隐子草 **Cleistogenes hackelii** (Honda) Honda 【N, W/C】 ♣FBG, LBG; ●FJ, JX; ★(AS): CN, JP, KP, KR, MN, RU-AS.

北京隐子草 **Cleistogenes hancei** Keng 【N, W/C】 ♣BBG, FBG; ●BJ, FJ; ★(AS): CN, MN, RU-AS.

糙隐子草 **Cleistogenes squarrosa** (Trin. ex Ledeb.) Keng 【N, W/C】 ●NM; ★(AS): CN, KZ, MN, RU-AS.

粽叶芦属 Thysanolaena

粽叶芦 **Thysanolaena latifolia** (Roxb. ex Hornem.) Honda 【N, W/C】 ♣GXIB, KBG, LBG, SCBG, XMBG, XTBG; ●FJ, GD, GX, JX, YN; ★(AS): BT, CN, ID, IN, KH, LA, LK, MM, MY, NP, PH, SG, TH, VN; (OC): PAF.

酸模芒属 Centotheca

假淡竹叶（酸模芒）**Centotheca lappacea** (L.) Desv. 【N, W/C】 ♣SCBG, XTBG; ●GD, YN; ★(AF): AO, BF, BJ, CG, CI, CV, EH, GH, GM, GN, GW, LR, MG, ML, MR, NE, NG, SL, SN, TG; (AS): BT, CN, ID, IN, LA, LK, MM, MY, NP, PH, SG, TH, VN; (OC): AU, PAF, PG.

淡竹叶属 Lophatherum

淡竹叶 **Lophatherum gracile** Brongn. 【N, W/C】 ♣CDBG, FBG, FLBG, GA, GBG, GMG, GXIB, HBG, LBG, NSBG, SCBG, TMNS, WBG, XLTBG, XMBG, XTBG, ZAFU; ●CQ, FJ, GD, GX, GZ, HB, HI, JX, SC, TW, YN, ZJ; ★(AS): BD, BT, CN, ID, IN, JP, KH, KP, KR, LK, MM, MY, NP, PH, TH, VN; (OC): AU, PAF, PG.

中华淡竹叶 **Lophatherum sinense** Rendle 【N, W/C】 ♣GA, LBG; ●JX; ★(AS): CN, JP, KP, KR.

小盼草属 Chasmanthium

小盼草（小判草）**Chasmanthium latifolium** (Michx.) H. O. Yates 【I, C】 ♣BBG, CBG, NBG, SCBG; ●BJ, GD, JS, SH, TW; ★(NA): MX, US.

莲座黍属 Dichanthelium

莲座黍（渐尖二型花）**Dichanthelium acuminatum** (Sw.) Gould et C. A. Clark 【I, N】 ★(NA): BZ, CA, CU, DO, GT, HN, HT, JM, MX, NI, PA, PR, US, WW.

囊颖草属 Sacciolepis

囊颖草 **Sacciolepis indica** (L.) Chase 【N, W/C】 ♣FBG, LBG, XMBG, XTBG; ●FJ, JX, YN; ★(AF): AO, BI, CG, GN, KE, KM, MG, MU, MW, MZ, RE, TZ, ZA, ZM, ZW; (AS): BT, CN, IN, JP, KP, KR, LA, MM, MY, NP, SG, TH, VN; (OC): AU, NZ.

鼠尾囊颖草 **Sacciolepis myosuroides** (R. Br.) A. Camus 【N, W/C】 ♣XTBG; ●YN; ★(AF): AO, BI, CG, GN, KE, KM, MG, MU, MW, MZ, RE, TZ, ZA, ZM, ZW; (AS): CN, ID, IN, LA, LK, MM, MY, NP, PH, SG, TH, VN; (OC): AU, PAF.

矮小囊颖草 **Sacciolepis myosuroides** var. **nana** S. L. Chen et T. D. Zhuang 【N, W/C】 ♣XTBG; ●YN; ★(AS): CN.

马唐属 Digitaria

异马唐 **Digitaria bicornis** (Lam.) Roem. et Schult. 【N, W/C】 ♣XMBG; ●FJ; ★(AS): CN, ID, IN, LA, LK, MM, MY, SG, TH; (OC): AU, PAF.

纤毛马唐 **Digitaria ciliaris** (Retz.) Koeler 【N, W/C】♣BBG, FBG, GA, GBG, HBG, LBG, WBG, XMBG, XTBG; ●BJ, FJ, GZ, HB, JX, SC, YN, ZJ; ★(AF): BI, DJ, ER, ET, KE, RW, SC, SD, SO, TZ, UG, ZA, ZM, ZW; (AS): BT, CN, CY, IN, JP, LK, MM, MN, MY, SG; (OC): AU, NZ; (EU): AD, AL, AT, BA, BE, BG, BY, CH, CZ, DE, DK, ES, FI, FR, GB, GR, HR, HU, IS, IT, LU, MC, ME, MK, NL, NO, PL, PT, RO, RS, RU, SE, SI, SK, SM, UA, VA.

毛马唐 **Digitaria ciliaris** var. **chrysoblephara** (Fig. et De Not.) R. R. Stewart 【N, W/C】 ♣IBCAS, ZAFU; ●BJ, ZJ; ★(AS): CN.

十字马唐 **Digitaria cruciata** (Nees) A. Camus 【N, W/C】 ♣NSBG; ●CQ, GZ, SC; ★(AS): BT, CN, ID, IN, LK, MM, NP.

俯仰马唐 **Digitaria eriantha** Steud. 【I, C】 ★(AF): AO, BW, MW, MZ, NA, ZA, ZW.

亨利马唐 **Digitaria henryi** Rendle 【N, W/C】 ♣XMBG; ●FJ; ★(AS): CN, JP, VN.

止血马唐 **Digitaria ischaemum** (Schreb.) Muhl. 【N, W/C】♣BBG, GA, GBG, HBG, IBCAS, LBG, SCBG, XMBG; ●BJ, FJ, GD, GZ, JX, SC, ZJ; ★(AS): BT, CN, CY, IN, JP, LK, MM, MN, PK,

RU-AS; (EU): AD, AL, AT, BA, BE, BG, BY, CH, CZ, DE, DK, ES, FI, FR, GB, GR, HR, HU, IS, IT, LU, MC, ME, MK, NL, NO, PL, PT, RO, RS, RU, SE, SI, SK, SM, UA, VA.

长花马唐 **Digitaria longiflora** (Retz.) Pers. 【N, W/C】 ♣FLBG, XMBG, XTBG; ●FJ, GD, JX, SC, YN; ★(AF): MG, NG, ZA; (AS): BT, CN, ID, IN, LA, LK, MM, MY, NP, PK, SG, TH, VN; (OC): AU.

红尾翎 **Digitaria radicosa** (Miq) Miq. 【N, W/C】 ♣FBG, GA, XTBG, ZAFU; ●FJ, JX, YN, ZJ; ★(AS): BT, CN, ID, IN, JP, LA, LK, MM, MY, NP, PH, PK, SG, TH; (OC): AU, PAF.

马唐 **Digitaria sanguinalis** (L.) Scop. 【N, W/C】 ♣BBG, FBG, GA, GBG, HBG, IBCAS, LBG, SCBG, WBG, XMBG; ●BJ, FJ, GD, GX, GZ, HB, JX, SC, ZJ; ★(AF): AO, BI, BJ, CD, CG, CI, ET, GA, GH, GN, GQ, KE, MW, NG, ST, TG, TZ, UG, ZA; (AS): BT, CN, CY, IN, JP, KR, LK, SG; (OC): AU, NZ; (EU): AD, AL, AT, BA, BE, BG, BY, CH, CZ, DE, DK, ES, FI, FR, GB, GR, HR, HU, IS, IT, LU, MC, ME, MK, NL, NO, PL, PT, RO, RS, RU, SE, SI, SK, SM, UA, VA; (NA): CA, US; (SA): AR, CL, PE.

海南马唐(短颖马唐) **Digitaria setigera** Roth 【N, W/C】 ♣FBG, SCBG; ●FJ, GD; ★(AS): BT, CN, ID, IN, JP, LK, MM, MY, NP, SG, TH, VN; (OC): AU, NZ, PAF.

紫马唐 **Digitaria violascens** Link 【N, W/C】 ♣FLBG, GA, GBG, LBG, NSBG, XMBG, XTBG, ZAFU; ●CQ, FJ, GD, GZ, JX, SC, YN, ZJ; ★(AF): ZA; (AS): BT, CN, ID, IN, JP, KR, LA, LK, MM, MY, NP, PH, PK, SG, TH, VN; (OC): AU, NZ, PAF; (SA): AR, BO, BR, CL, CO, PE, PY, VE.

稗属 Echinochloa

长芒稗 **Echinochloa caudata** Roshev. 【N, W/C】 ♣BBG, XTBG, ZAFU; ●BJ, YN, ZJ; ★(AS): CN, JP, KP, MN, RU-AS.

光头稗 **Echinochloa colona** (L.) Link 【N, W/C】 ♣BBG, FBG, FLBG, GA, GBG, LBG, NSBG, SCBG, WBG, XMBG, XTBG, ZAFU; ●BJ, CQ, FJ, GD, GZ, HB, JX, SC, YN, ZJ; ★(AF): AO, BI, BJ, CD, CG, CI, ET, GA, GH, GN, GQ, KE, MW, NG, ST, TG, TZ, UG, ZA; (AS): BT, CN, IN, LA, LK, MM, SG; (OC): AU; (EU): AD, AL, BA, BG, ES, GR, HR, IT, ME, MK, PT, RO, RS, SI, SM, VA; (NA): BZ, CR, CU, DO, GT, HN, HT, JM, LW, MX, NI, PA, PR, SV, TT, WW; (SA): BO, BR, CO, EC, PE, VE.

稗 **Echinochloa crusgalli** (L.) P. Beauv. 【N, W/C】 ♣BBG, FBG, GA, GBG, HBG, IBCAS, LBG, SCBG, TDBG, WBG, XMBG, XTBG, ZAFU; ●BJ, FJ, GD, GZ, HB, HL, JL, JX, LN, SC, TW, XJ, YN, ZJ; ★(AF): AO, BI, BJ, CD, CG, CI, ET, GA, GH, GN, GQ, KE, MW, NG, ST, TG, TZ, UG, ZA; (AS): CN, ID, KR, LA, LK, MN, MY, RU-AS; (OC): AU; (EU): AD, AL, BA, BG, ES, GR, HR, IT, ME, MK, PT, RO, RS, SI, SM, VA; (NA): BZ, CR, CU, DO, GT, HN, HT, JM, LW, MX, NI, PA, PR, SV, TT, WW; (SA): BO, BR, CO, EC, PE, VE.

小旱稗 **Echinochloa crusgalli** var. **austrojaponensis** Ohwi 【N, W/C】 ♣FBG; ●FJ; ★(AS): CN, JP, PH.

无芒稗 **Echinochloa crusgalli** var. **mitis** Peterm. 【N, W/C】 ♣FBG, GBG, HBG, IBCAS, LBG; ●BJ, FJ, GZ, JX, NX, SC, ZJ; ★(AF): AO, BI, BJ, CD, CG, CI, ET, GA, GH, GN, GQ, KE, MW, NG, ST, TG, TZ, UG, ZA; (AS): BT, CN, IN, LA, LK, MM, SG; (OC): AU; (EU): AD, AL, BA, BG, ES, GR, HR, IT, ME, MK, PT, RO, RS, SI, SM, VA; (NA): BZ, CR, CU, DO, GT, HN, HT, JM, LW, MX, NI, PA, PR, SV, TT, WW; (SA): BO, BR, CO, EC, PE, VE.

西来稗 **Echinochloa crusgalli** var. **zelayensis** (Kunth) Hitchc. 【N, W/C】 ♣FBG; ●FJ; ★(AS): CN, JP; (NA): MX, US.

孔雀稗 **Echinochloa cruspavonis** (Kunth) Schult. 【N, W/C】 ♣SCBG; ●GD; ★(AS): CN.

紫穗稗 **Echinochloa esculenta** (A. Braun) H. Scholz 【N, W/C】 ●TW; ★(AS): CN, JP.

湖南稗子 **Echinochloa frumentacea** Link 【N, W/C】 ●BJ, HN, TW; ★(AS): BT, CN, IN, LK, MM, MN.

*糙穗稗 **Echinochloa muricata** (P. Beauv.) Fernald 【I, C】 ♣XTBG; ●YN; ★(NA): CA, MX, US.

水田稗(水稗) **Echinochloa oryzoides** (Ard.) Fritsch 【N, W/C】 ♣FBG, LBG, SCBG, WBG; ●FJ, GD, HB, JX; ★(AS): CN, CY, ID, IN, JP, KG, KH, KP, KZ, PK, RU-AS, TM, UZ.

露籽草属 Ottochloa

露籽草 **Ottochloa nodosa** (Kunth) Dandy 【N, W/C】 ♣SCBG; ●GD; ★(AS): CN, ID, IN, LA, LK, MM, MY, PH, SG, TH, VN; (OC): AU, PAF.

凤头黍属 Acroceras

凤头黍 **Acroceras munroanum** (Balansa) Henrard 【N, W/C】 ♣SCBG; ●GD; ★(AS): CN, ID, IN,

KH, LK, MM, MY, PH, SG, TH, VN.

山鸡谷草 **Acroceras tonkinense** (Balansa) Henrard 【N, W/C】 ♣FLBG, XTBG; ●GD, JX, YN; ★(AS): CN, ID, IN, LA, MM, MY, TH, VN.

毛颖草属 Alloteropsis

毛颖草 **Alloteropsis semialata** (R. Br.) Hitchc. 【N, W/C】 ♣FBG, SCBG, XMBG; ●FJ, GD; ★(AF): NG; (AS): CN, ID, IN, KH, LA, MM, MY, SG, TH, VN; (OC): AU.

紫纹毛颖草 **Alloteropsis semialata** var. **eckloniana** (Nees) Pilg. 【N, W/C】 ♣FBG; ●FJ; ★(AS): CN, IN, MY.

钩毛草属 Pseudechinolaena

钩毛草 **Pseudechinolaena polystachya** (Humb., Bonpl. et Kunth) Stapf 【N, W/C】 ♣XTBG; ●YN; ★(AF): MG, NG, ZA; (AS): BT, CN, IN, LK, MM, MY, TH, VN; (OC): PAF, PG; (NA): BZ, CR, CU, DO, GT, HN, HT, JM, LW, MX, NI, PA, PR, SV, TT, WW; (SA): BO, BR, CO, EC, GF, GY, PE, PY, UY, VE.

弓果黍属 Cyrtococcum

弓果黍 **Cyrtococcum patens** (L.) A. Camus 【N, W/C】 ♣FBG, FLBG, GXIB, SCBG, XMBG, XTBG; ●FJ, GD, GX, JX, YN; ★(AS): BT, CN, ID, IN, JP, LA, LK, MM, MY, NP, PH, SG, TH, VN; (OC): PAF.

求米草属 Oplismenus

竹叶草 **Oplismenus compositus** (L.) Beauv. 【N, W/C】 ♣FBG, GBG, GXIB, HBG, NSBG, SCBG, XMBG, XTBG; ●CQ, FJ, GD, GX, GZ, SC, YN, ZJ; ★(AF): MG, ZA; (AS): BT, CN, ID, IN, JP, LA, LK, MM, MY, PH, PK, TH; (OC): AU, PAF, US-HW; (NA): MX; (SA): BO, BR, CO, PE, VE.

无芒竹叶草 **Oplismenus compositus** var. **submuticus** S. L. Chen et Y. X. Jin 【N, W/C】 ♣XTBG; ●YN; ★(AS): CN.

疏穗竹叶草 **Oplismenus patens** Honda 【N, W/C】 ♣SCBG; ●GD; ★(AS): CN, JP, VN.

云南竹叶草 **Oplismenus patens** var. **yunnanensis** S. L. Chen et Y. X. Jin 【N, W/C】 ♣XTBG; ●YN; ★(AS): CN.

求米草 **Oplismenus undulatifolius** (Ard.) Roem. et Schult. 【N, W/C】 ♣BBG, GA, HBG, LBG, NSBG, WBG, XTBG, ZAFU; ●BJ, CQ, HB, JX, SC, YN, ZJ; ★(AF): MG, ZA; (AS): BT, CN, ID, IN, JP, KP, KR, LK, PH, PK; (OC): AU.

狭叶求米草 **Oplismenus undulatifolius** var. **imbecillis** (R. Br.) Hack. 【N, W/C】 ♣LBG; ●JX, YN; ★(AS): CN, ID, JP.

日本求米草 **Oplismenus undulatifolius** var. **japonicus** (Steud.) Koidz. 【N, W/C】 ♣LBG; ●JX; ★(AS): CN, JP.

钝叶草属 Stenotaphrum

钝叶草 **Stenotaphrum helferi** Munro ex Hook. f. 【N, W/C】 ♣FBG, GXIB, SCBG, XMBG, XTBG; ●FJ, GD, GX, YN; ★(AS): CN, MM, MY, TH, VN.

侧钝叶草 **Stenotaphrum secundatum** (Walter) Kuntze 【I, C/N】 ♣FBG, IBCAS, NBG, SCBG, TBG, XLTBG, XMBG; ●BJ, FJ, GD, HI, JS, TW; ★(NA): BZ, CR, CU, DO, GT, HN, HT, JM, LW, MX, NI, PA, PR, SV, TT, US, WW; (SA): AR, BO, BR, CO, EC, GF, GY, PE, PY, UY, VE.

狗尾草属 Setaria

莩草 **Setaria chondrachne** (Steud.) Honda 【N, W/C】 ♣LBG; ●JX; ★(AS): CN, JP, KP, KR.

大狗尾草 **Setaria faberi** R. A. W. Herrm. 【N, W/C】 ♣FBG, GA, GBG, HBG, LBG, NSBG, SCBG, WBG, XMBG, ZAFU; ●CQ, FJ, GD, GZ, HB, JX, SC, ZJ; ★(AS): CN, JP, KP, KR.

西南莩草 **Setaria forbesiana** (Nees ex Steud.) Hook. f. 【N, W/C】 ♣GBG; ●GZ; ★(AS): BT, CN, ID, IN, LK, MM, NP.

梁 **Setaria italica** (L.) P. Beauv. 【N, W/C】 ♣GBG, HBG, HFBG, LBG, NBG, SCBG, XMBG, XOIG; ●AH, BJ, FJ, GD, GS, GX, GZ, HA, HB, HE, HI, HL, HN, JL, JS, JX, LN, NM, NX, QH, SC, SD, SN, SX, TJ, TW, XJ, XZ, YN, ZJ; ★(AS): CN, IN, JP, KR, LA, MM, MY, SA; (EU): AT, BA, BG, CZ, DE, ES, GR, HR, HU, IT, ME, MK, PL, RO, RS, RU, SI, TR.

平原狗尾草 **Setaria macrostachya** Kunth 【I, C】 ★(OC): AU.

棕叶狗尾草 **Setaria palmifolia** (J. Koenig) Stapf 【N, W/C】 ♣BBG, CBG, FBG, FLBG, GMG, GXIB, HBG, NSBG, SCBG, TBG, TMNS, WBG, XMBG, XTBG, ZAFU; ●BJ, CQ, FJ, GD, GX, HB, JX, SC, SH, TW, YN, ZJ; ★(AS): BT, CN, IN, JP,

LA, LK, MM, MY.

幽狗尾草 **Setaria parviflora** (Poir.) M. Kerguelen 【I, C/N】 ♣SCBG, XMBG; ●FJ, GD; ★(NA): BZ, CR, CU, DO, GT, HN, HT, JM, LW, MX, NI, PA, PR, SV, TT, US, WW; (SA): AR, BO, BR, CO, EC, PE, PY, UY, VE.

皱叶狗尾草 **Setaria plicata** (Lam.) T. Cooke 【N, W/C】 ♣CBG, FBG, GBG, HBG, NSBG, WBG, XMBG, XTBG; ●CQ, FJ, GZ, HB, SC, SH, YN, ZJ; ★(AS): CN, ID, IN, JP, MY, NP, TH.

金色狗尾草 **Setaria pumila** (Poir.) Roem. et Schult. 【N, W/C】 ♣NSBG, XMBG, XTBG; ●CQ, FJ, NM, TW, YN; ★(AS): BT, CN, IN, LA, LK, MM, RU-AS.

褐毛狗尾草 **Setaria pumila** subsp. **pallidefusca** (Schumach.) B. K. Simon 【I, C】 ★(AS): CY; (EU): AD, AL, AT, BA, BE, BG, BY, CH, CZ, DE, DK, ES, FI, FR, GB, GR, HR, HU, IS, IT, LU, MC, ME, MK, NL, NO, PL, PT, RO, RS, RU, SE, SI, SK, SM, UA, VA.

南非狗尾草 **Setaria sphacelata** (Schumach.) Stapf et C. E. Hubb. ex Moss 【I, C】 ●HB, YN; ★(AF): BI, CF, CM, ET, GA, GH, GN, MG, NG, TZ, ZA, ZM.

倒刺狗尾草 **Setaria verticillata** (L.) P. Beauv. 【I, C】 ★(AF): MA; (AS): AZ; (EU): AL, AT, BA, BE, BG, BY, CZ, DE, GR, HR, HU, IT, LU, ME, MK, NL, PL, RO, RS, RU, SI, TR.

狗尾草 **Setaria viridis** (L.) P. Beauv. 【N, W/C】 ♣BBG, FBG, GA, GBG, GMG, GXIB, HBG, IBCAS, LBG, TDBG, WBG, XMBG, ZAFU; ●BJ, FJ, GX, GZ, HB, JX, NM, SC, XJ, ZJ; ★(AS): CN, CY, JP, KP, KR, MM, MN, RU-AS, TJ; (EU): AD, AL, AT, BA, BE, BG, BY, CH, CZ, DE, DK, ES, FI, FR, GB, GR, HR, HU, IS, IT, LU, MC, ME, MK, NL, NO, PL, PT, RO, RS, RU, SE, SI, SK, SM, UA, VA.

巨大狗尾草 **Setaria viridis** var. **pygmaea** (Asch. et Graebn.) B. Fedtsch. 【N, W/C】 ♣TDBG; ●XJ; ★(AS): CN, JP.

类雀稗属 Paspalidium

类雀稗 **Paspalidium flavidum** (Retz.) A. Camus 【N, W/C】 ♣XTBG; ●YN; ★(AS): BT, CN, ID, IN, KH, LA, LK, MM, MY, PH, TH, VN; (OC): AU, PAF.

蒺藜草属 Cenchrus

光梗蒺藜草 **Cenchrus calicululatus** Cav. 【I, N】 ★(OC): AU, FJ, NC, NZ, PAF, SB.

水牛草 **Cenchrus ciliaris** L. 【I, N】 ★(AF): EG, MA, MG, NG, ZA; (AS): AM, AZ, GE, IN, IR, PK, TR.

蒺藜草 **Cenchrus echinatus** L. 【I, N】 ♣XMBG; ●FJ; ★(NA): US.

倒刺蒺藜草 **Cenchrus setiger** Vahl 【I, N】 ★(AF): BI, DJ, DZ, EG, ER, ET, KE, LY, MA, RW, SC, SD, SO, TN, TZ, UG; (AS): IN, IR, JO, KW, MM, OM, QA, SA, YE.

少花蒺藜草 **Cenchrus spinifex** Cav. 【I, N】 ●BJ, HE, NM; ★(NA): MX, US.

狼尾草属 Pennisetum

狼尾草 **Pennisetum alopecuroides** (L.) Spreng. 【N, W/C】 ♣BBG, CBG, FBG, FLBG, GBG, GMG, HBG, IBCAS, KBG, LBG, NSBG, SCBG, WBG, XMBG, ZAFU; ●BJ, CQ, FJ, GD, GX, GZ, HB, JX, LN, SC, SH, TW, YN, ZJ; ★(AS): CN, ID, IN, JP, KP, KR, MM, MY, PH, SG; (OC): AU, NZ, PAF.

铺地狼尾草 **Pennisetum clandestinum** Hochst. ex Chiov. 【I, C/N】 ♣NBG; ●BJ, JS, SC, YN; ★(AF): BI, DJ, ER, ET, KE, RW, SC, SD, SO, TZ, UG, ZA.

白草 **Pennisetum flaccidum** Griseb. 【N, W/C】 ♣GBG, XLTBG; ●BJ, GZ, HI, SC; ★(AS): AF, BT, CN, CY, IN, LK, NP, PK, RU-AS, TJ.

御谷 **Pennisetum glaucum** (L.) R. Br. 【I, C】 ♣BBG, FBG, GA, GBG, HBG, LBG, SCBG, TDBG, XMBG, XTBG, ZAFU; ●BJ, FJ, GD, GZ, HB, JS, JX, SC, SN, TW, XJ, YN, ZJ; ★(AF): BF, BJ, CG, CI, CV, EH, GH, GM, GN, GW, LR, ML, MR, NE, NG, SL, SN, TG.

长尾狼尾草 **Pennisetum macrourum** Trin. 【I, C】 ♣BBG; ●BJ; ★(AF): ET, TZ, ZA, ZM; (AS): SA, YE.

小御谷 **Pennisetum mezianum** Leeke 【I, C】 ★(AF): KE, TZ, UG, ZA.

东方狼尾草 **Pennisetum orientale** Rich. 【I, C】 ♣CBG; ●BJ, SH; ★(AF): DZ, EG, LY, MA, TN; (AS): AE, AF, BD, BH, BT, IL, IN, IQ, IR, JO, KG, KH, KW, KZ, LA, LB, LK, MM, OM, PS, QA, RU-AS, SA, SY, TH, TJ, TM, TR, UZ, VN, YE.

牧地狼尾草（多穗狼尾草、多枝狼尾草）**Pennisetum polystachion** (L.) Schult. 【I, C/N】 ●HI; ★(AF): BI, CF, GA, GN, MG, NG, TZ, UG, ZM.

象草 **Pennisetum purpureum** Schumach. 【I, C/N】

♣FLBG, NBG, SCBG, TMNS, WBG, XLTBG, XMBG, XOIG, XTBG; ●FJ, GD, GX, HB, HI, JS, JX, SC, TW, YN; ★(AF): CF, MG, NG, TZ, ZA, ZM; (AS): JO, KW, OM, QA, SA, YE.

绒毛狼尾草 **Pennisetum setaceum** (Forssk.) Chiov. 【I, C】 ♣CBG, FBG, SCBG, XMBG; ●BJ, FJ, GD, SH; ★(AF): DZ, EG, LY, MA, TN; (AS): AM, AZ, BH, GE, IL, IQ, IR, JO, KW, LB, PS, QA, SA, SY, TR, YE.

羽绒狼尾草 **Pennisetum villosum** Fresen. 【I, C】 ★(AF): DZ, EG, LY, MA, TN; (AS): AM, AZ, BH, GE, IL, IQ, IR, JO, KW, LB, PS, QA, SA, SY, TR, YE.

鬣刺属 Spinifex

老鼠艻 **Spinifex littoreus** (Burm. f.) Merr. 【N, W/C】 ♣SCBG, XMBG; ●FJ, GD; ★(AS): CN, ID, IN, JP, KH, LK, MM, MY, PH, TH, VN.

伪针茅属 Pseudoraphis

长稃伪针茅 **Pseudoraphis balansae** Henrard 【N, W/C】 ♣SCBG; ●GD; ★(AS): CN, TH, VN.

伪针茅 **Pseudoraphis brunoniana** (Griff.) Pilg. 【N, W/C】 ♣NBG; ●JS; ★(AS): CN, ID, IN, MM, PH, TH, VN.

糖蜜草属 Melinis

糖蜜草 **Melinis minutiflora** P. Beauv. 【I, C/N】 ♣GXIB; ●GD, GX; ★(AF): MG, NG, ZA.

毛叶蜜糖草（颖苞糖蜜草） **Melinis nerviglumis** (Franch.) Zizka 【I, C】 ♣SCBG; ●GD, TW; ★(AF): GA, LS, MG, MW, TZ, ZA, ZM.

红毛草 **Melinis repens** (Willd.) Zizka 【I, C/N】 ♣FLBG, SCBG, XMBG; ●FJ, GD, JX; ★(AF): BF, BI, BW, CF, CG, CI, CM, ER, ET, GH, GN, KE, MG, MW, NG, RW, SN, TZ, UG, ZA.

尾稃草属 Urochloa

类黍尾稃草 **Urochloa panicoides** P. Beauv. 【N, W/C】 ★(AF): ZA; (AS): BT, CN, ID, IN, LA, LK, MM; (OC): AU, NZ.

光尾稃草 **Urochloa reptans** var. **glabra** S. L. Chen et Y. X. Jin 【N, W/C】 ♣XTBG; ●YN; ★(AS): CN.

科罗拉尾稃草 **Urochloa texana** (Buckley) R. D. Webster 【I, C】 ★(NA): MX, US.

臂形草属 Brachiaria

信号臂形草（信号草） **Brachiaria brizantha** (A. Rich.) Stapf 【I, C】 ♣SCBG, XLTBG, XOIG; ●FJ, GD, HB, HI, YN; ★(AF): ET, KE, MG, NG, TZ, UG, ZA, ZM, ZW.

网脉臂形草 **Brachiaria dictyoneura** (Fig. et De Not.) Stapf 【I, C】 ●GD; ★(AF): BI, TZ, ZA.

湿生臂形草 **Brachiaria humidicola** (Rendle) Schweick. 【I, C】 ★(AF): AO, ET, KE, NG, SD, TZ, ZA, ZM, ZW.

巴拉草 **Brachiaria mutica** (Forssk.) Stapf 【I, C/N】 ♣SCBG, XOIG; ●FJ, GD; ★(AF): EG, GH, NG, UG; (AS): AE, BH, IL, IQ, IR, JO, KW, LB, OM, PS, QA, SA, SY, YE.

四生臂形草 **Brachiaria subquadripara** (Trin.) Hitchc. 【N, W/C】 ♣SCBG, XMBG; ●FJ, GD; ★(AF): KE, TZ, UG; (AS): CN, ID, JP, LK, MY; (OC): AU, PAF.

毛臂形草 **Brachiaria villosa** (Lam.) A. Camus 【N, W/C】 ♣FBG, GA, GBG, SCBG, XTBG; ●FJ, GD, GZ, JX, SC, YN; ★(AS): BT, CN, ID, IN, JP, MM, NP, PH, TH, VN.

无毛臂形草 **Brachiaria villosa** var. **glabrata** S. L. Chen et Y. X. Jin 【N, W/C】 ♣XTBG; ●YN; ★(AS): CN.

野黍属 Eriochloa

高野黍 **Eriochloa procera** (Retz.) C. E. Hubb. 【N, W/C】 ♣SCBG, XTBG; ●GD, YN; ★(AF): BI, DJ, ER, ET, KE, RW, SC, SD, SO, TZ, UG; (AS): CN, ID, IN, LA, LK, MM, MY, PH, SG, TH, VN; (OC): AU, PAF, PG.

野黍 **Eriochloa villosa** (Thunb.) Kunth 【N, W/C】 ♣BBG, FBG, GA, GBG, LBG, ZAFU; ●BJ, FJ, GZ, HB, JX, SC, ZJ; ★(AS): CN, JP, KP, KR, MN, RU-AS, VN.

黍属 Panicum

可爱黍 **Panicum amoenum** Balansa 【N, W/C】 ♣XTBG; ●YN; ★(AS): CN, ID, IN, LA, MM, MY, TH, VN.

兰黍 **Panicum antidotale** Retz. 【I, C】 ★(AS): AF, BD, BT, IN, MM, PK, VN.

糠稷 **Panicum bisulcatum** Thunb. 【N, W/C】 ♣FBG, GA, GBG, LBG, SCBG, WBG, ZAFU; ●FJ, GD, GZ, HB, JX, SC, ZJ; ★(AS): CN, ID,

IN, JP, KP, KR, MN, PH, RU-AS; (OC): AU, PAF.

短叶黍 **Panicum brevifolium** Jahn ex Schrank 【N, W/C】 ♣FLBG, GA, SCBG, XTBG; ●GD, JX, YN; ★(AF): MG, NG, ZA; (AS): BT, CN, ID, IN, LA, LK, MM, MY, TH, VN.

发枝黍(毛线稷) **Panicum capillare** L. 【I, C】 ●JS, TW; ★(NA): CA, US.

光头黍 **Panicum coloratum** L. 【I, N】 ●NM; ★(AF): CM, EG, ET, KE, TZ, ZA; (AS): IN, SA; (EU): GR.

洋野黍(水生黍) **Panicum dichotomiflorum** Michx. 【I, N】 ♣FBG, XTBG; ●FJ, YN; ★(NA): CA, US.

大黍 **Panicum maximum** Jacq. 【I, C/N】 ♣SCBG, XLTBG, XMBG, XOIG; ●FJ, GD, HI, SC, TW; ★(AF): MG, NG, TZ, ZA; (AS): PS, YE.

稷 **Panicum miliaceum** L. 【N, W/C】 ♣HFBG, TDBG; ●AH, BJ, GD, GS, HA, HB, HE, HI, HL, JL, JS, LN, NM, NX, QH, SC, SD, SN, SX, TW, XJ, XZ, YN; ★(AS): BT, CN, GE, IN, JP, KR, MM, MN, RU-AS; (EU): AL, AT, BA, BG, BY, CZ, DE, ES, GR, HR, HU, IT, ME, MK, PL, RO, RS, RU, SI, TR.

心叶稷 **Panicum notatum** Retz. 【N, W/C】 ♣FBG, SCBG, XTBG; ●FJ, GD, YN; ★(AS): BT, CN, ID, IN, LA, LK, MM, MY, NP, PH, TH, VN.

铺地黍 **Panicum repens** L. 【I, C/N】 ♣FBG, GA, GMG, SCBG, TMNS, XMBG; ●FJ, GD, GX, JX, SC, TW; ★(AF): MG, NG, UG, ZA; (AS): IL, JP, MM, MY, SG, VN; (OC): AU.

绵毛稷 **Panicum scabriusculum** Elliott 【I, C】 ♣LBG; ●JX; ★(NA): US.

细柄黍 **Panicum sumatrense** Roth 【N, W/C】 ♣SCBG, XTBG; ●GD, SC, TW, YN; ★(AS): CN, ID, IN, LK, MM, MY, PH.

发枝稷 **Panicum trichoides** Sw. 【I, N】 ★(NA): BZ, CR, CU, DO, GT, HN, HT, JM, LW, MX, NI, PA, PR, SV, TT, WW; (SA): AR, BO, BR, CO, EC, PE, VE.

柳枝稷 **Panicum virgatum** L. 【I, C】 ♣CBG, IBCAS, NBG; ●BJ, JS, SH, TW, YN; ★(NA): CA, MX, US.

膜稃草属 Hymenachne

膜稃草 **Hymenachne amplexicaulis** (Rudge) Nees 【I, C/N】 ♣XTBG; ●YN; ★(NA): BZ, CR, CU, DO, GT, HN, HT, JM, LW, MX, NI, PA, PR, SV, TT, WW; (SA): AR, BO, BR, CO, EC, PE, PY, VE.

弊草 **Hymenachne assamica** (Hook. f.) Hitchc. 【N, W/C】 ♣WBG; ●HB; ★(AS): CN, ID, IN, MM, TH.

距花黍属 Ichnanthus

大距花黍(距花黍) **Ichnanthus pallens** var. **major** (Nees) Stieber 【N, W/C】 ♣FLBG, SCBG; ●GD, JX; ★(AS): CN, ID, IN, JP, LK, MM, MY, PH, TH, VN.

地毯草属 Axonopus

地毯草 **Axonopus compressus** (Sw.) P. Beauv. 【I, C/N】 ♣SCBG, TBG, XMBG, XTBG; ●FJ, GD, TW, YN; ★(NA): BS, BZ, CR, CU, DO, HN, JM, MX, NI, PA, PR, SV, TT, US, VG, WW; (SA): AR, BO, BR, CO, EC, GF, GY, PE, PY, UY, VE.

类地毯草 **Axonopus fissifolius** (Raddi) Chase 【I, C/N】 ♣SCBG; ●GD, TW; ★(NA): BZ, CR, GT, HN, JM, MX, NI, PA, PR, SV, US; (SA): AR, BO, BR, CO, EC, GF, PE, PY.

雀稗属 Paspalum

黑籽雀稗 **Paspalum atratum** Swallen 【I, C】 ●GD; ★(SA): AR, BO, BR, CO, PY.

两耳草 **Paspalum conjugatum** C. Cordem. 【N, W/C】 ♣SCBG, TBG, XMBG, XTBG; ●FJ, GD, SC, TW, YN; ★(AF): NG; (AS): BT, CN, ID, IN, JP, LA, LK, MM, SG, TH, VN; (OC): AU, NZ.

毛花雀稗 **Paspalum dilatatum** Poir. 【I, N】 ●SC; ★(SA): AR, BO, BR, EC, PE, PY, UY, VE.

双穗雀稗 **Paspalum distichum** L. 【I, C/N】 ♣FBG, GA, GBG, LBG, NSBG, SCBG, WBG, XMBG, XTBG, ZAFU; ●CQ, FJ, GD, GZ, HB, JX, SC, YN, ZJ; ★(NA): BZ, CR, CU, DO, GT, HN, HT, JM, LW, MX, NI, PA, PR, SV, TT, WW; (SA): BO, BR, CO, EC, PE, VE.

裂颖雀稗 **Paspalum fimbriatum** Kunth 【I, N】 ★(NA): BS, BZ, DO, GT, HT, JM, LW, MX, NI, PR, TT, US, WW; (SA): BR, GY, VE.

大雀稗 **Paspalum giganteum** Baldwin ex Vasey 【I, C】 ♣SCBG; ●GD; ★(NA): US.

长叶雀稗 **Paspalum longifolium** Roxb. 【N, W/C】 ♣CBG, XTBG; ●SH, YN; ★(AS): BT, CN, ID, IN, JP, LK, MM, MY, NP, SG, TH, VN; (OC): AU, PAF.

棱稃雀稗 **Paspalum malacophyllum** Trin.【I, C】★(NA): MX, US; (SA): AR, BO, BR, PY.

百喜草 **Paspalum notatum** Flüggé【I, C】♣GXIB, SCBG, XLTBG, XMBG; ●BJ, FJ, GD, GX, HB, HI, HL, JX, SD, TW, ZJ; ★(NA): BM, BS, BZ, CR, CU, DO, GT, HN, HT, JM, MX, NI, PA, PR, SV, TT, US, VG; (SA): AR, BO, BR, CO, EC, PE, PY, UY, VE.

山雀稗 **Paspalum oligostachyum** Salzm. ex Steud.【I, C】♣XTBG; ●YN; ★(SA): BR, GY, VE.

开穗雀稗 **Paspalum paniculatum** L.【I, C】★(NA): BM, BS, BZ, CR, CU, DO, GT, HN, HT, JM, LW, MX, NI, PA, PR, SV, TT, US, VG, WW; (SA): AR, BO, BR, CO, EC, PE, PY, UY, VE.

皱稃雀稗 **Paspalum plicatulum** Michx.【I, C】★(NA): BZ, CR, CU, DO, GT, HN, HT, JM, LW, MX, NI, PA, PR, SV, TT, US, VG, WW; (SA): AR, BO, BR, CO, EC, PE, PY, UY, VE.

黄毛雀稗 **Paspalum rufum** Nees ex Steud.【I, C】★(SA): AR, BR, PY.

鸭乸草 **Paspalum scrobiculatum** L.【I, N】♣FBG, XTBG; ●FJ, GX, YN; ★(AF): BF, BJ, CG, CI, CV, EH, ET, GH, GM, GN, GW, LR, MG, ML, MR, NE, NG, SL, SN, TG, TZ, UG, ZA, ZM.

囡雀稗 **Paspalum scrobiculatum** var. **bispicatum** Hack.【I, N】♣SCBG; ●GD; ★(AF): MG.

圆果雀稗 **Paspalum scrobiculatum** var. **orbiculare** (E. Forst.) Hack.【I, C/N】♣GBG, GMG, NSBG, SCBG, XMBG, XTBG; ●CQ, FJ, GD, GX, GZ, SC, YN; ★(AF): BF, BJ, CG, CI, CV, EH, GH, GM, GN, GW, LR, ML, MR, NE, NG, SL, SN, TG.

雀稗 **Paspalum thunbergii** Kunth ex Steud.【N, W/C】♣FBG, GA, GBG, LBG, SCBG, WBG, XMBG, ZAFU; ●FJ, GD, GZ, HB, JX, SC, ZJ; ★(AS): BT, CN, ID, IN, JP, KP, KR, LK.

丝毛雀稗 **Paspalum urvillei** Steud.【I, N】●GX; ★(NA): BM, BS, BZ, CR, DO, HN, HT, JM, PR, US; (SA): AR, BO, BR, EC, PY, UY, VE.

海雀稗 **Paspalum vaginatum** Sw.【I, N】♣NBG, SCBG; ●BJ, GD, SH, TW; ★(NA): BZ, CR, CU, DO, GT, HN, HT, JM, LW, MX, NI, PA, PR, SV, TT, WW; (SA): BO, BR, CO, EC, PE, VE.

粗秆雀稗 **Paspalum virgatum** L.【I, C】★(NA): BM, BS, BZ, CR, CU, DO, GT, HN, HT, JM, KY, MX, NI, PA, PR, SV, TT, US, VG; (SA): AR, BO, BR, CL, CO, EC, GF, GY, PE, PY, UY, VE.

野古草属 Arundinella

孟加拉野古草 **Arundinella bengalensis** (Spreng.) Druce【N, W/C】♣XTBG; ●SC, YN; ★(AS): BT, CN, ID, IN, LA, LK, MM, NP, TH, VN.

溪边野古草 **Arundinella fluviatilis** Hand.-Mazz.【N, W/C】♣LBG, WBG; ●HB, JX; ★(AS): CN.

毛秆野古草 **Arundinella hirta** (Thunb.) Tanaka【N, W/C】♣BBG, FBG, GA, GBG, HBG, IBCAS, LBG, NSBG, WBG, XMBG, ZAFU; ●BJ, CQ, FJ, GZ, HB, JX, SC, ZJ; ★(AS): CN, JP, KR, MN, RU-AS.

石芒草 **Arundinella nepalensis** Trin.【N, W/C】♣IBCAS, SCBG; ●BJ, GD; ★(AF): MG, ZA; (AS): BT, CN, IN, LK, MM, NP, PK, TH, VN; (OC): AU, PAF.

多节野古草 **Arundinella nodosa** B. S. Sun et Z. H. Hu【N, W/C】♣XTBG; ●YN; ★(AS): CN.

刺芒野古草 **Arundinella setosa** Trin.【N, W/C】♣FBG, GA, LBG, XMBG; ●FJ, JX, SC; ★(AS): BT, CN, ID, IN, LA, LK, MM, MY, NP, PH, TH, VN; (OC): AU, PAF.

无刺野古草 **Arundinella setosa** var. **esetosa** Bor ex S. M. Phillips et S. L. Chen【N, W/C】♣SCBG, WBG; ●GD, HB; ★(AS): CN, IN, MM, NP.

耳稃草属 Garnotia

锐颖葛氏草（三芒耳稃草）**Garnotia acutigluma** (Steud.) Ohwi【N, W/C】♣FBG, SCBG; ●FJ, GD; ★(AS): BT, CN, ID, IN, MM, MY, PH, VN.

耳稃草 **Garnotia patula** (Munro) Benth.【N, W/C】♣SCBG; ●GD; ★(AS): CN, MM, VN.

无芒耳稃草 **Garnotia patula** var. **mutica** (Munro) Rendle【N, W/C】♣SCBG; ●GD; ★(AS): CN, MM, VN.

直立耳稃草 **Garnotia stricta** Brongn.【I, C】★(AS): ID, MM.

束尾草属 Phacelurus

束尾草 **Phacelurus latifolius** (Steud.) Ohwi【N, W/C】♣SCBG; ●GD; ★(AS): CN, JP, KP, KR.

皱颖草属 Rhytachne

*皱颖草 **Rhytachne subgibbosa** (C. Winkl. ex Hack.)

Clayton【I, N】★(NA): HN, MX; (SA): AR, BR, GY, PE, PY, VE.

葫芦草属 Chionachne

野薏仁 **Chionachne gigantea** (J. Koenig) Veldkamp【I, C】♣XTBG; ●YN; ★(AS): BD, ID, IN, LA, LK, MM, MY, PK, TH, VN.

蜈蚣草属 Eremochloa

蜈蚣草 **Eremochloa ciliaris** (L.) Merr.【N, W/C】♣CBG, FLBG, GA, GBG, GMG, GXIB, HBG, IBCAS, KBG, NSBG, SCBG, TMNS, WBG, XMBG, XTBG, ZAFU; ●BJ, CQ, FJ, GD, GX, GZ, HB, JX, SC, SH, TW, YN, ZJ; ★(AS): CN, ID, IN, KH, LA, MM, MY, PH, TH, VN.

假俭草 **Eremochloa ophiuroides** (Munro) Hack.【N, W/C】♣FBG, GXIB, LBG, NBG, SCBG, TBG, WBG, XMBG, ZAFU; ●FJ, GD, GX, HB, JS, JX, SC, TW, ZJ; ★(AS): CN, IN, KH, LA, MM, TH, VN.

马陆草 **Eremochloa zeylanica** (Trimen) Hack.【N, W/C】♣SCBG, WBG; ●GD, HB; ★(AS): CN, ID, IN, LK.

筒轴茅属 Rottboellia

筒轴茅 **Rottboellia cochinchinensis** (Lour.) Clayton【N, W/C】♣GMG, GXIB, SCBG; ●GD, GX; ★(AF): BI, CM, KE, LR, MG, TZ; (AS): BT, CN, ID, SG; (OC): AU, NZ, PAF.

蛇尾草属 Ophiuros

蛇尾草 **Ophiuros exaltatus** (L.) Kuntze【N, W/C】♣XTBG; ●YN; ★(AS): CN, ID, IN, LA, LK, MM, MY, PH, TH, VN; (OC): AU, PAF.

牛鞭草属 Hemarthria

大牛鞭草 **Hemarthria altissima** (Poir.) Stapf et C. E. Hubb.【N, W/C】♣FBG, LBG, WBG, ZAFU; ●FJ, HB, JX, SC, ZJ; ★(AF): ES-CS, MG, MU, NG, ZA; (AS): AM, AZ, CN, GE, ID, IN, IR, LA, MM, TH, TR, VN; (EU): ES, FR, IT.

扁穗牛鞭草 **Hemarthria compressa** (L. f.) R. Br.【N, W/C】♣GA, NBG, NSBG, SCBG; ●CQ, GD, JS, JX, SC; ★(AS): AF, BT, CN, ID, IN, IQ, JP, KP, KR, LA, LK, MM, MN, MY, NP, PK, TH, VN.

具鞘牛鞭草(黄茅) **Hemarthria vaginata** Buse【N, W/C】♣GA, GBG, GMG, LBG, WBG, XMBG; ●FJ, GX, GZ, HB, JX, SC; ★(AS): BT, CN, ID, IN, MM, NP, TH, VN.

薏苡属 Coix

水生薏苡 **Coix aquatica** Roxb.【N, W/C】♣WBG; ●HB; ★(AS): BT, CN, ID, IN, LA, LK, MM, MY, TH, VN.

薏苡 **Coix lacryma-jobi** L.【I, C/N】♣CBG, CDBG, FBG, FLBG, GA, GBG, GMG, HBG, HFBG, KBG, LBG, NBG, SCBG, TDBG, TMNS, WBG, XLTBG, XMBG, XTBG, ZAFU; ●AH, BJ, FJ, GD, GX, GZ, HB, HE, HI, HL, HN, JL, JS, JX, LN, NM, SC, SD, SH, SX, TW, XJ, YN, ZJ; ★(AS): ID, MY, PH.

薏米 **Coix lacryma-jobi** var. **ma-yuen** (Rom. Caill.) Stapf【I, C/N】♣HBG, IBCAS, TMNS, XBG, XMBG; ●BJ, FJ, SC, SN, TW, ZJ; ★(AS): ID, MY, PH.

小珠薏苡 **Coix lacryma-jobi** var. **puellarum** (Balansa) A. Camus【I, C/N】★(AS): ID, MY, PH.

窄果薏苡 **Coix lacryma-jobi** var. **stenocarpa** (Oliv.) Stapf【I, C/N】★(AS): ID, MY, PH.

摩擦草属 Tripsacum

鸭足状摩擦草(鸭茅状摩擦禾) **Tripsacum dactyloides** (L.) L.【I, C】★(NA): CR, DO, HT, MX, US; (SA): BO, CO, EC, VE.

摩擦草 **Tripsacum laxum** Nash【I, C/N】★(NA): CR, DO, GT, MX; (SA): GF, VE.

玉蜀黍属 Zea

玉米(玉蜀黍) **Zea mays** L.【I, C】♣FBG, GA, GBG, GMG, HBG, HFBG, IBCAS, LBG, NBG, SCBG, WBG, XLTBG, XMBG, XOIG, ZAFU; ●AH, BJ, CQ, FJ, GD, GS, GX, GZ, HA, HB, HE, HI, HL, HN, JL, JS, JX, LN, NM, NX, QH, SC, SD, SH, SN, SX, TJ, TW, XJ, XZ, YN, ZJ; ★(NA): MX.

墨西哥野玉米(类蜀黍) **Zea mexicana** (Schrad.) Kuntze【I, C】♣XTBG; ●BJ, GD, SC, YN; ★(NA): MX.

金须茅属 Chrysopogon

竹节草 **Chrysopogon aciculatus** (Retz.) Trin.【N,

W/C】 ♣GMG, NSBG, SCBG, TBG, XMBG, XTBG; ●CQ, FJ, GD, GX, TW, YN; ★(AS): AF, BT, CN, ID, IN, JP, KH, LA, LK, MM, MY, NP, PH, PK, SG, TH, VN; (OC): AU, PAF.

刺金须茅 **Chrysopogon gryllus** (L.) Trin. 【N, W/C】♣BBG; ●BJ; ★(AS): AF, BT, CN, IN, NP, PK; (EU): AL, AT, BA, BG, CZ, DE, GR, HR, HU, IT, ME, MK, RO, RS, RU, SI, TR.

香根草属 Vetiveria

香根草 **Vetiveria zizanioides** (L.) Nash 【I, C/N】 ♣CBG, GA, GXIB, HBG, LBG, NBG, SCBG, TMNS, WBG, XBG, XMBG, XTBG; ●FJ, GD, GX, HB, JS, JX, SH, SN, TW, YN, ZJ; ★(AS): IN.

黄金茅属 Eulalia

龚氏金茅 **Eulalia leschenaultiana** (Decne.) Ohwi 【N, W/C】 ♣XMBG; ●FJ; ★(AS): BT, CN, ID, IN, LK, MY, PH, TH, VN.

四脉金茅 **Eulalia quadrinervis** (Hack.) Kuntze 【N, W/C】 ♣FBG, GA, LBG; ●FJ, JX, SC; ★(AS): BT, CN, ID, IN, JP, KP, KR, LK, MM, MY, NP, PH, TH, VN.

金茅 **Eulalia speciosa** (Debeaux) Kuntze 【N, W/C】 ♣FBG, GA, LBG, XMBG; ●BJ, FJ, JX, SC; ★(AS): CN, ID, IN, JP, KH, KP, KR, MM, MY, NP, PH, TH, VN.

芒属 Miscanthus

奇岗芒 **Miscanthus × giganteus** J. M. Greef , Deuter ex Hodk., Renvoize 【I, C】 ●BJ; ★(NA): US.

五节芒 **Miscanthus floridulus** (Labill.) Warb. ex K. Schum. et Lauterb. 【N, W/C】 ♣FBG, GA, GBG, GXIB, HBG, IBCAS, KBG, LBG, NBG, TBG, TMNS, WBG, XMBG, XTBG, ZAFU; ●BJ, FJ, GX, GZ, HB, JS, JX, SC, TW, YN, ZJ; ★(AS): CN, JP, LA, MM, MY, VN.

南荻 **Miscanthus lutarioriparius** L. Liou ex Renvoize et S. L. Chen 【N, W/C】 ♣WBG; ●HB; ★(AS): CN.

荻 **Miscanthus sacchariflorus** (Maxim.) Hack. 【N, W/C】 ♣BBG, HBG, IBCAS, SCBG, WBG, XTBG, ZAFU; ●BJ, GD, HB, YN, ZJ; ★(AS): CN, JP, KP, KR, MN, RU-AS.

芒 **Miscanthus sinensis** Andersson 【N, W/C】 ♣CBG, FBG, FLBG, GA, GBG, GXIB, HBG, IBCAS, LBG, NSBG, SCBG, WBG, XMBG, XTBG, ZAFU; ●BJ, CQ, FJ, GD, GX, GZ, HB, JX, LN, SC, SH, TW, YN, ZJ; ★(AS): CN, JP, KH, KP, KR, LA, MM, MN, RU-AS, VN.

高粱属 Sorghum

黑高粱 **Sorghum × almum** Parodi 【I, C/N】 ●GX, TW; ★(AF): BI, DJ, ER, ET, KE, RW, SC, SD, SO, TZ, UG.

苏丹草 **Sorghum × drummondii** (Nees ex Steud.) Millsp. et Chase 【I, C】 ●JS; ★(AF): BI, DJ, ER, ET, KE, RW, SC, SD, SO, TZ, UG.

高粱 **Sorghum bicolor** (L.) Moench 【I, C/N】 ♣GA, GXIB, HBG, HFBG, IBCAS, LBG, NBG, TDBG, WBG, XMBG, XOIG; ●AH, BJ, FJ, GD, GS, GX, GZ, HA, HB, HE, HI, HL, HN, JL, JS, JX, LN, NM, NX, SC, SD, SH, SN, SX, TJ, TW, XJ, YN, ZJ; ★(AF): DZ, EG, LY, MA, SD, TN.

球果高粱 **Sorghum bicolor** var. **subglobosum** (Hack.) Snowden 【I, C】 ★(AF): DZ, EG, LY, MA, SD, TN.

石茅 **Sorghum halepense** (L.) Pers. 【I, C/N】 ♣SCBG, XMBG; ●FJ, GD; ★(AF): DZ, EG, LY, MA, TN; (AS): LB, PS, SY, TR; (EU): AL, BA, ES, FR, GR, HR, IT, MC, ME, MK, PT, RS, SI.

光高粱 **Sorghum nitidum** (Vahl) Pers. 【N, W/C】 ♣XTBG; ●SC, YN; ★(AS): BT, CN, ID, IN, JP, KP, KR, LA, LK, MM, PH, TH; (OC): AU, PAF, PG.

甘蔗属 Saccharum

斑茅 **Saccharum arundinaceum** Retz. 【N, W/C】 ♣FBG, GA, HBG, LBG, NBG, SCBG, WBG, XMBG, XTBG, ZAFU; ●FJ, GD, HB, JS, JX, SC, YN, ZJ; ★(AS): BT, CN, ID, IN, LA, LK, MM, MY, NP, SG, TH, VN.

河八王 **Saccharum narenga** (Nees ex Steud.) Hack. 【N, W/C】 ♣FBG, GA, WBG; ●FJ, HB, JX, SC; ★(AS): BT, CN, ID, IN, LK, MM, NP, PK, TH, VN.

甘蔗 **Saccharum officinarum** L. 【I, C】 ♣CBG, SCBG, XMBG, XOIG; ●FJ, GD, GX, GZ, HB, HI, HN, JX, SC, SH, TW, YN, ZJ; ★(AS): ID; (OC): PG.

狭叶斑茅 **Saccharum procerum** Roxb. 【N, W/C】 ♣KBG; ●YN; ★(AS): CN, IN, MM, NP, TH.

竹蔗 **Saccharum sinense** Roxb. 【N, W/C】 ♣GA,

GMG, HBG, LBG, SCBG, WBG, XLTBG, XMBG; ●FJ, GD, GX, HB, HI, HN, JX, SC, YN, ZJ; ★(AS): CN, MM.

甜根子草 **Saccharum spontaneum** L. 【N, W/C】♣FBG, XTBG; ●FJ, SC, YN; ★(AF): DZ, EG, LY, MA, TN; (AS): AF, BT, CN, CY, ID, IN, JP, KH, KP, KR, LA, LK, MM, MY, PH, PK, SG, TH, TM, VN; (OC): AU, PAF, PG; (EU): AL, BA, ES, FR, GR, HR, IT, MC, ME, MK, RS, SI.

蔗茅属 Erianthus

短髭蔗茅 **Erianthus brevibarbis** Michx. 【I, C】★(NA): US.

台蔗茅 **Erianthus formosanus** Stapf 【N, W/C】♣FBG; ●FJ; ★(AS): CN.

长齿蔗茅（滇蔗茅）**Erianthus longisetosus** Andersson 【N, W/C】♣XTBG; ●SC, YN; ★(AS): BT, CN, ID, IN, LK, MM, TH.

沙生蔗茅 **Erianthus ravennae** (L.) P. Beauv. 【N, W/C】♣TDBG; ●XJ; ★(AF): DZ, EG, LY, MA, TN; (AS): AF, CN, CY, ID, IN, KG, KH, KZ, PK, TJ, TM, UZ; (EU): AL, BA, BG, BY, DE, ES, GR, HR, IT, ME, MK, RO, RS, SI, TR.

蔗茅 **Erianthus rufipilus** Griseb. 【N, W/C】♣GBG, KBG; ●GZ, YN; ★(AS): BT, CN, ID, IN, LK, MM, NP, PK, VN.

水蔗草属 Apluda

水蔗草 **Apluda mutica** L. 【N, W/C】♣FBG, GMG, SCBG, XMBG, XTBG; ●FJ, GD, GX, SC, YN; ★(AS): AF, BT, CN, ID, IN, JP, KH, LA, LK, MM, MY, NP, PH, PK, TH, VN; (OC): AU, PAF.

假高粱属 Sorghastrum

黄假高粱 **Sorghastrum nutans** (L.) Nash 【I, C】♣NBG; ●JS; ★(NA): CA, US.

球穗草属 Hackelochloa

球穗草 **Hackelochloa granularis** (L.) Kuntze 【N, W/C】♣FBG, LBG, XTBG; ●FJ, JX, YN; ★(AF): DZ, EG, LY, MA, SD, TN; (AS): BT, CN, ID, IN, JP, KH, LA, LK, MM, MY, NP, PH, TH, YE; (OC): FM, PG.

白茅属 Imperata

白茅 **Imperata cylindrica** (L.) Raeusch. 【N, W/C】♣CBG, FBG, FLBG, GXIB, IBCAS, NBG, SCBG, WBG, XBG, XMBG, XTBG, ZAFU; ●BJ, FJ, GD, GX, HB, JS, JX, SC, SH, SN, YN, ZJ; ★(AF): BI, DJ, ER, ET, KE, MA, NG, RW, SC, SD, SO, TZ, UG; (AS): AF, BT, CN, ID, IN, JP, KG, KH, KR, KZ, LA, LK, MM, MY, NP, PH, PK, RU-AS, SA, SG, TH, TM, UZ, VN; (EU): AL, BA, BG, BY, DE, ES, GR, HR, IT, LU, ME, MK, RS, SI, TR.

大白茅 **Imperata cylindrica** var. **major** (Nees) C. E. Hubb. 【N, W/C】♣BBG, GA, GBG, GMG, GXIB, HBG, KBG, LBG, NBG, TMNS, XLTBG, XMBG, ZAFU; ●BJ, FJ, GX, GZ, HI, JS, JX, SC, TW, YN, ZJ; ★(AS): AF, CN, ID, IN, JP, KP, KR, LK, MM, MY, PH, PK, TH, VN.

金发草属 Pogonatherum

金丝草 **Pogonatherum crinitum** (Thunb.) Kunth 【N, W/C】♣FBG, GA, GBG, GMG, HBG, LBG, SCBG, TMNS, XMBG, XTBG, ZAFU; ●FJ, GD, GX, GZ, JX, TW, YN, ZJ; ★(AF): MG; (AS): BT, CN, ID, IN, JP, LA, LK, MM, MY, NP, PH, PK, SG, TH, VN; (OC): MP, PAF, PG.

金发草 **Pogonatherum paniceum** (Lam.) Hack. 【N, W/C】♣GMG, WBG; ●GX, HB; ★(AS): AF, BT, CN, ID, IN, LA, LK, MM, MY, NP, PK, SA, SG, TH, VN; (OC): AU, PAF, PG.

假高粱属 Pseudosorghum

假高粱 **Pseudosorghum fasciculare** (Roxb.) A. Camus 【N, W/C】♣XTBG; ●YN; ★(AS): BT, CN, ID, IN, LK, MM, PH, TH, VN.

黄茅属 Heteropogon

黄茅 **Heteropogon contortus** (L.) P. Beauv. ex Roem. et Schult. 【N, W/C】♣FBG, SCBG; ●FJ, GD; ★(AF): ES-CS, MG, MU, NG, ZA; (AS): AM, AZ, CN, GE, ID, IN, IR, LA, MM, TH, TR, VN; (EU): ES, FR, IT.

菅属 Themeda

苞子草 **Themeda caudata** (Nees ex Hook. et Arn.) A. Camus 【N, W/C】♣GA, GBG, XTBG; ●GZ, JX, SC, YN; ★(AS): BT, CN, ID, IN, LA, LK, MM, MY, NP, PH, TH, VN.

小菅草 **Themeda minor** L. Liou 【N, W/C】♣XTBG; ●YN; ★(AS): CN.

中华菅（小菅草）**Themeda quadrivalvis** (L.) Kuntze

【N, W/C】 ♣XTBG; ●YN; ★(AS): BT, CN, ID, IN, LK, MM, NP, TH, VN.

黄背草 **Themeda triandra** Forssk. 【N, W/C】 ♣BBG, GBG, HBG, LBG, SCBG; ●BJ, GD, GZ, JX, SC, ZJ; ★(AF): BI, DJ, ER, ET, KE, MG, NG, RW, SC, SD, SO, TZ, UG, ZA; (AS): BT, CN, ID, IN, JP, KP, KR, LA, LK, MM, MN, MY, NP, PH, TH, VN; (OC): AU, NZ, PAF, PG.

毛菅 **Themeda trichiata** S. L. Chen et T. D. Zhuang 【N, W/C】 ♣XTBG; ●YN; ★(AS): CN.

菅 **Themeda villosa** (Poir.) A. Camus 【N, W/C】 ♣FBG, GBG, LBG, SCBG, WBG, XTBG; ●FJ, GD, GZ, HB, JX, YN; ★(AS): BT, CN, ID, IN, LK, MM, MY, NP, PH, SG, TH, VN.

楔颖草属 Apocopis

瑞氏楔颖草 **Apocopis wrightii** Munro 【N, W/C】 ♣GA, LBG; ●JX; ★(AS): CN, MM, TH.

单序草属 Polytrias

单序草 **Polytrias indica** (Houtt.) Veldkamp 【N, W/C】 ♣FBG; ●FJ; ★(AS): CN, ID, IN, MM, MY, PH, VN; (OC): PAF.

鸭嘴草属 Ischaemum

毛鸭嘴草 **Ischaemum anthephoroides** (Steud.) Miq. 【N, W/C】 ♣GXIB; ●GX; ★(AS): CN, JP, KP.

有芒鸭嘴草 **Ischaemum aristatum** L. 【N, W/C】 ♣GA, LBG, SCBG, XMBG, ZAFU; ●FJ, GD, JX, ZJ; ★(AS): CN, IN, JP, KH, KP, LA, MM, MY, PH, TH, VN.

粗毛鸭嘴草 **Ischaemum barbatum** Retz. 【N, W/C】 ♣FLBG, GA, LBG, XMBG; ●FJ, GD, JX; ★(AS): CN, ID, IN, JP, KH, LA, LK, MM, MY, PH, SG, TH, VN; (OC): AU, PAF.

细毛鸭嘴草 **Ischaemum ciliare** Retz. 【N, W/C】 ♣GA, SCBG, WBG, XMBG, XTBG; ●FJ, GD, HB, JX, SC, YN; ★(AS): CN, ID, IN, JP, LA, LK, MM, MY, SG, TH, VN; (OC): US-HW.

觿茅属 Dimeria

镰形觿茅 **Dimeria falcata** Hack. 【N, W/C】 ♣FBG; ●FJ; ★(AS): CN, ID, IN, MM, TH, VN.

觿茅 **Dimeria ornithopoda** Trin. 【N, W/C】 ♣FBG, LBG, SCBG; ●FJ, GD, JX; ★(AS): CN, ID, IN, JP, KP, KR, LA, LK, MM, MY, NP, PH, SG, TH, VN; (OC): AU, PAF.

华觿茅 **Dimeria sinensis** Rendle 【N, W/C】 ♣FBG, LBG; ●FJ, JX; ★(AS): CN, TH.

莠竹属 Microstegium

刚莠竹（单穗旱莠竹）**Microstegium ciliatum** (Trin.) A. Camus 【N, W/C】 ♣GBG, GXIB, NSBG, XTBG; ●CQ, GX, GZ, SC, YN; ★(AS): BT, CN, ID, IN, JP, LA, LK, MM, MY, NP, TH, VN.

蔓生莠竹 **Microstegium fasciculatum** (L.) Henrard 【N, W/C】 ♣FLBG, SCBG, XMBG; ●FJ, GD, JX; ★(AS): BT, CN, ID, IN, LA, MM, MY, NP, TH, VN.

膝曲莠竹 **Microstegium fauriei** subsp. **geniculatum** (Hayata) T. Koyama 【N, W/C】 ♣FBG; ●FJ; ★(AS): CN, ID, IN, MY.

竹叶茅 **Microstegium nudum** (Trin.) A. Camus 【N, W/C】 ♣GA, LBG; ●JX; ★(AF): MG, ZA; (AS): BT, CN, ID, IN, JP, LK, MM, MY, NP, PH, PK, VN; (OC): AU, PAF.

柔枝莠竹 **Microstegium vimineum** (Trin.) A. Camus 【N, W/C】 ♣FBG, GA, GBG, LBG, NSBG, SCBG, WBG, XTBG, ZAFU; ●CQ, FJ, GD, GZ, HB, JX, SC, YN, ZJ; ★(AS): BT, CN, ID, IN, JP, KP, KR, LK, MM, MN, NP, PH, RU-AS, VN.

细柄草属 Capillipedium

硬秆子草 **Capillipedium assimile** (Steud.) A. Camus 【N, W/C】 ♣FBG, GA, GBG, KBG, LBG; ●FJ, GZ, JX, YN; ★(AS): BT, CN, ID, IN, JP, KR, MM, MY, NP, TH, VN.

细柄草 **Capillipedium parviflorum** (R. Br.) Stapf 【N, W/C】 ♣BBG, GA, GBG, LBG, ZAFU; ●BJ, GZ, JX, SC, ZJ; ★(AS): BT, CN, ID, IN, JP, MM, MY, NP, PH, PK, TH.

双花草属 Dichanthium

双花草 **Dichanthium annulatum** (Forssk.) Stapf 【I, C/N】 ♣SCBG; ●GD, SC; ★(AF): EG, KE, SD, SO, TZ, ZA; (AS): AE, BH, BT, ID, IL, IN, IQ, IR, JO, KW, LA, LB, LK, MM, MY, NP, OM, PH, PK, PS, QA, SA, SG, SY, YE.

孔颖草属 Bothriochloa

高大孔颖草 **Bothriochloa alta** (Hitchc.) Henrard 【I,

C】 ★(NA): HN, MX; (SA): AR, BO, EC.

臭根子草 **Bothriochloa bladhii** (Retz.) S. T. Blake 【N, W/C】 ♣GA, SCBG, XMBG; ●FJ, GD, JX, SC; ★(AF): MG, NG, ZA; (AS): AZ, BT, CN, GE, ID, IN, JP, LA, LK, MM, MY, NP, PK, SG, TH, VN, YE; (OC): AU, NZ, PAF, PG.

白羊草 **Bothriochloa ischaemum** (L.) Henrard 【N, W/C】 ♣BBG, FBG, GA, LBG, WBG, XMBG; ●BJ, FJ, HB, JX, SC; ★(AF): DZ, EG, ES-CS, LY, MA, SD, TN; (AS): AF, BT, CN, IN, KH, KP, KR, KZ, MN, NP, PK, TJ, TM, UZ, VN; (EU): AL, BA, ES, FR, GR, HR, IT, MC, ME, MK, RS, SI.

孔颖草 **Bothriochloa pertusa** (L.) Maire 【N, W/C】 ♣GA, SCBG, XTBG; ●GD, JX, SC, YN; ★(AS): CN, ID, IN, MM, MY, NP, PK, TH, VN; (OC): AU, PAF.

香茅属 Cymbopogon

柠檬草(香茅)**Cymbopogon citratus** (DC.) Stapf 【I, C】 ♣BBG, CBG, CDBG, GMG, GXIB, HBG, NBG, SCBG, TMNS, WBG, XBG, XLTBG, XMBG, XOIG, XTBG; ●BJ, FJ, GD, GX, HB, HI, JS, SC, SH, SN, TW, YN, ZJ; ★(AS): ID, IN, LA, MM, VN.

芸香草 **Cymbopogon distans** (Nees ex Steud.) W. Watson 【N, W/C】 ♣GXIB, XBG, XMBG, XTBG; ●FJ, GX, SC, SN, YN; ★(AS): CN, IN, NP, PK.

曲序香茅 **Cymbopogon flexuosus** (Nees ex Steud.) W. Watson 【N, W/C】 ♣HBG, XLTBG; ●HI, TW, ZJ; ★(AS): BT, CN, ID, IN, MM, MY, NP, SG, TH, VN.

橘草 **Cymbopogon goeringii** (Steud.) A. Camus 【N, W/C】 ♣GA, HBG, LBG, XTBG, ZAFU; ●JX, YN, ZJ; ★(AS): CN, JP, KP.

鲁沙香茅 **Cymbopogon martini** (Roxb.) W. Watson 【I, C】 ★(AS): IN.

青香茅 **Cymbopogon mekongensis** A. Camus 【N, W/C】 ♣GMG, SCBG; ●GD, GX; ★(AS): CN, LA, TH, VN.

亚香茅 **Cymbopogon nardus** (L.) Rendle 【I, C】 ♣HBG, NBG, SCBG, TMNS, XMBG, XTBG; ●FJ, GD, JS, TW, YN, ZJ; ★(AS): LK.

扭鞘香茅 **Cymbopogon tortilis** (J. Presl) A. Camus 【N, W/C】 ♣HBG, LBG, XMBG, XTBG; ●FJ, JX, SC, YN, ZJ; ★(AS): CN, PH, VN.

枫茅 **Cymbopogon winterianus** Jowitt ex Bor 【I, C】 ♣XTBG; ●HI, SC, YN; ★(AS): ID, IN.

裂稃草属 Schizachyrium

裂稃草 **Schizachyrium brevifolium** (Sw.) Buse 【N, W/C】 ♣FBG, GA, LBG, SCBG, ZAFU; ●FJ, GD, JX, ZJ; ★(AF): AO, BI, CG, CM, MG, MW, NG, SN, ZA, ZM, ZW; (AS): BT, CN, ID, IN, JP, KP, KR, LA, LK, MM, MY, NP, PH, TH, VN; (OC): AU, PAF.

扫状裂稃草(扫状须芒草)**Schizachyrium condensatum** (Kunth) Nees 【I, C】 ♣BBG; ●BJ; ★(NA): BM, BZ, CR, CU, DO, GT, HN, HT, JM, LW, MX, NI, PA, PR, SV, TT, VG, WW; (SA): AR, BO, BR, CO, EC, GY, PE, PY, UY, VE.

旱茅 **Schizachyrium delavayi** (Hack.) Bor 【N, W/C】 ♣GBG; ●GZ; ★(AS): BT, CN, IN, MM, NP.

斜须裂稃草 **Schizachyrium fragile** (R. Br.) A. Camus 【N, W/C】 ♣IBCAS, SCBG; ●BJ, GD; ★(AS): CN, ID, IN, VN; (OC): AU, FM, NC, PAF, PG.

红裂稃草 **Schizachyrium sanguineum** (Retz.) Alston 【N, W/C】 ♣SCBG; ●GD; ★(AF): AO, BI, CG, CM, MG, MW, NG, SN, ZA, ZM, ZW; (AS): CN, ID, IN, LA, LK, MM, MY, PH, SG, TH, VN; (OC): PAF, PG.

帚状裂稃草(小须芒草)**Schizachyrium scoparium** (Michx.) Nash 【I, C】 ●BJ; ★(NA): CA, MX, US.

须芒草属 Andropogon

非洲须芒草 **Andropogon gayanus** Kunth 【I, C】 ♣SCBG; ●GD; ★(AF): BI, CF, NG, TZ, ZM, ZW.

大须芒草 **Andropogon gerardii** Vitman 【I, C】 ★(NA): CA, GT, MX, US.

砂生须芒草 **Andropogon gerardii** subsp. **hallii** (Hack.) Wipff 【I, C】 ★(NA): US.

南美须芒草 **Andropogon leucostachyus** Kunth 【I, C】 ♣IBCAS; ●BJ; ★(NA): BZ, CR, CU, DO, GT, HN, HT, JM, MX, NI, PA, PR, SV, TT, US; (SA): AR, BO, BR, CO, EC, GF, GY, PE, PY, UY, VE.

西藏须芒草 **Andropogon munroi** C. B. Clarke 【N, W/C】 ♣CBG, NBG; ●JS, SH; ★(AS): BT, CN, IN, NP, PK.

苞茅属 Hyparrhenia

纤细苞茅 **Hyparrhenia filipendula** (Hochst.) Stapf

【I, C】★(AF): BI, CF, ET, GN, KE, MG, NG, SO, TZ, ZA, ZM, ZW.

红鞘草 **Hyparrhenia hirta** (L.) Stapf 【I, C】♣XTBG; ●YN; ★(AF): MG, ZA; (AS): AM, AZ, BH, GE, IL, IQ, IR, JO, KW, LB, PK, PS, QA, SA, SY, TR, YE; (EU): AD, AL, BA, BG, ES, FR, GR, HR, IT, ME, MK, PT, RO, RS, SI, SM, VA.

苞茅 **Hyparrhenia newtonii** (Hack.) Stapf 【N, W/C】♣XTBG; ●YN; ★(AF): GN, MG, MW, NG; (AS): CN, ID, IN, TH, VN.

荩草属 Arthraxon

荩草 **Arthraxon hispidus** (Thunb.) Merr. 【N, W/C】♣BBG, FBG, GA, GBG, GXIB, HBG, IBCAS, LBG, XMBG, ZAFU; ●BJ, FJ, GX, GZ, HB, JX, SC, ZJ; ★(AS): BT, CN, CY, ID, IN, JP, KG, KP, KR, KZ, LA, LK, MM, MN, MY, NP, PH, PK, RU-AS, TH, TJ, UZ; (OC): AU, PAF.

中亚荩草 **Arthraxon hispidus** var. **centrasiaticus** (Griseb.) Honda 【N, W/C】♣WBG; ●HB; ★(AS): CN, KG, KZ, TJ, UZ.

小叶荩草 **Arthraxon lancifolius** (Trin.) Hochst. 【N, W/C】♣LBG; ●JX, SC; ★(AF): ET, NG; (AS): BT, CN, ID, IN, LK, MM, NP, PH, PK, TH, VN; (OC): PAF.

茅叶荩草 **Arthraxon prionodes** (Steud.) Dandy 【N, W/C】♣BBG, LBG; ●BJ, JX, SC; ★(AS): AF, BT, CN, ID, IN, LK, MM, PK, TH, VN.

拟金茅属 Eulaliopsis

拟金茅 **Eulaliopsis binata** (Retz.) C. E. Hubb. 【N, W/C】♣WBG; ●HB, SC; ★(AS): AF, BT, CN, ID, IN, JP, LK, MM, NP, PH, PK, TH.

大油芒属 Spodiopogon

油芒 **Spodiopogon cotulifer** (Thunb.) Hack. 【N, W/C】♣FBG, GA, GBG; ●FJ, GZ, JX, SC; ★(AS): CN, IN, JP, KP, KR.

大油芒 **Spodiopogon sibiricus** Trin. 【N, W/C】♣BBG, HBG, IBCAS, LBG; ●BJ, GS, JX, SC, ZJ; ★(AS): CN, JP, KP, KR, MN, RU-AS.

74. 金鱼藻科 CERATOPHYLLACEAE

金鱼藻属 Ceratophyllum

金鱼藻 **Ceratophyllum demersum** L. 【N, W/C】♣BBG, FBG, FLBG, GBG, GMG, HBG, IBCAS, LBG, NBG, SCBG, TBG, TMNS, WBG, XLTBG, XMBG, XTBG, ZAFU; ●BJ, FJ, GD, GX, GZ, HB, HI, JS, JX, SC, TW, YN, ZJ; ★(AF): AO, EG, MA, NG; (AS): CN, CY, ID, IN, JP, KP, KR, MM, MN, PH, RU-AS, TR, YE; (OC): AU, FJ, NZ; (EU): AD, AL, AT, BA, BE, BG, BY, CH, CZ, DE, DK, ES, FI, FR, GB, GR, HR, HU, IS, IT, LU, MC, ME, MK, NL, NO, PL, PT, RO, RS, RU, SE, SI, SK, SM, UA, VA; (NA): BM, BZ, CR, CU, DO, GT, HN, JM, MX, NI, PA, PR, SV, US, VG; (SA): AR, BO, BR, CO, EC, GF, GY, PE, PY, VE.

粗糙金鱼藻 **Ceratophyllum muricatum** subsp. **kossinskyi** (Kuzen.) Les 【N, W/C】♣WBG; ●HB; ★(AS): CN, KZ.

五刺金鱼藻 **Ceratophyllum platyacanthum** subsp. **oryzetorum** (Kom.) Les 【N, W/C】♣WBG; ●HB; ★(AS): CN, JP, KP, KR.

细金鱼藻 **Ceratophyllum submersum** L. 【N, W/C】♣WBG, XMBG; ●FJ, HB; ★(AF): AO, EG; (AS): CN, ID, IN, MN, PH, RU-AS, TR; (OC): AU, FJ.

75. 领春木科 EUPTELEACEAE

领春木属 Euptelea

领春木 **Euptelea pleiosperma** Hook. f. et Thomson 【N, W/C】♣BBG, CBG, FBG, FLBG, GBG, GXIB, HBG, IBCAS, KBG, NBG, SCBG, WBG, ZAFU; ●BJ, FJ, GD, GS, GX, GZ, HA, HB, HN, JS, JX, SC, SH, YN, ZJ; ★(AS): BT, CN, ID, IN, LK.

76. 罂粟科 PAPAVERACEAE

罂粟木属 Dendromecon

罂粟木 **Dendromecon rigida** Benth. 【I, C】●TW; ★(NA): US.

花菱草属 Eschscholzia

花菱草 **Eschscholzia californica** Cham. 【I, C】♣BBG, CDBG, GBG, GMG, GXIB, HBG, HFBG, IBCAS, KBG, LBG, NBG, SCBG, WBG, XMBG, XOIG, ZAFU; ●BJ, FJ, GD, GX, GZ, HB, HL, JS, JX, LN, SC, TW, XJ, YN, ZJ; ★(NA): US.

美花菱草 **Eschscholzia lobbii** Greene 【I, C】

♣NBG; ●JS; ★(NA): US.

金杯罂粟属 Hunnemannia

金杯罂粟 **Hunnemannia fumariifolia** Sweet 【I, C】 ★(OC): US-HW.

裂叶罂粟属 Romneya

裂叶罂粟 **Romneya coulteri** Harv. 【I, C】 ♣CBG; ●SH, TW; ★(OC): NZ.

蓟罂粟属 Argemone

大花蓟罂粟 **Argemone grandiflora** Sweet 【I, C】 ♣IBCAS; ●BJ; ★(NA): MX.

蓟罂粟 **Argemone mexicana** L. 【I, C/N】 ♣GXIB, IBCAS, KBG, LBG, SCBG, XMBG, XTBG; ●BJ, FJ, GD, GX, JS, JX, YN; ★(NA): MX.

白花蓟罂粟 **Argemone pleiacantha** Greene 【I, C】 ★(NA): US.

罂粟属 Papaver

波塞尔罂粟 **Papaver burseri** Crantz 【I, C】 ♣NBG; ●JS; ★(EU): AT, BA, CZ, PL.

克尔纳罂粟 **Papaver californicum** A. Gray 【I, C】 ♣NBG; ●JS; ★(NA): US.

灰毛罂粟 **Papaver canescens** Tolm. 【N, W/C】 ♣NBG, TDBG; ●JS, XJ; ★(AS): CN, MN, RU-AS.

长果罂粟（光叶罂粟）**Papaver dubium** L. 【I, C】 ♣HBG, NBG; ●JS, ZJ; ★(AS): JP; (OC): AU, NZ.

杂罂粟 **Papaver hybridum** L. 【I, C】 ♣NBG; ●JS, TW; ★(AF): ZA; (OC): AU, NZ.

野罂粟 **Papaver nudicaule** L. 【N, W/C】 ♣BBG, HFBG, IBCAS, KBG, NBG, TDBG, WBG, XBG; ●BJ, HB, HL, JS, SN, TW, XJ, YN; ★(AS): AF, BT, CN, IN, KG, KP, KZ, LK, MN, RU-AS, TJ, UZ.

鬼罂粟 **Papaver orientale** L. 【I, C】 ♣BBG, CBG, IBCAS, NBG, WBG, XMBG; ●BJ, FJ, HB, JS, LN, SH, TW, XJ; ★(AS): AM, AZ, GE, IR, TR.

黑环罂粟 **Papaver pavoninum** C. A. Mey. 【N, W/C】 ♣NBG; ●JS; ★(AS): AF, CN, KG, KZ, PK, RU-AS, TM, UZ.

虞美人 **Papaver rhoeas** L. 【I, C】 ♣BBG, CDBG, FBG, GA, GBG, GXIB, HBG, HFBG, IBCAS, KBG, LBG, NBG, SCBG, TDBG, WBG, XBG, XLTBG, XMBG, XOIG, ZAFU; ●BJ, FJ, GD, GX, GZ, HB, HI, HL, JL, JS, JX, SC, SD, SN, TW, XJ, YN, ZJ; ★(AF): DZ, EG, LY, MA, TN; (AS): AM, AZ, GE, IR, LB, PS, SY, TR; (EU): AL, BA, ES, FR, GR, IT, MC, MK.

罂粟 **Papaver somniferum** L. 【I, C】 ♣GBG, HBG, IBCAS, LBG, NBG, SCBG, WBG, XMBG, XTBG; ●BJ, FJ, GD, GZ, HB, HL, JS, JX, TW, XJ, YN, ZJ; ★(AF): DZ, EG, LY, MA, TN; (AS): AM, AZ, GE, IR, LB, PS, SY, TR; (EU): AL, BA, ES, FR, GR, IT, MC, MK.

绿绒蒿属 Meconopsis

皮刺绿绒蒿 **Meconopsis aculeata** Royle 【N, W/C】 ●XZ; ★(AS): CN, IN, PK.

藿香叶绿绒蒿 **Meconopsis betonicifolia** Franch. 【N, W/C】 ●TW; ★(AS): CN, MM.

大花绿绒蒿 **Meconopsis grandis** Prain 【N, W/C】 ●XZ; ★(AS): BT, CN, ID, IN, LK, NP.

全缘叶绿绒蒿 **Meconopsis integrifolia** (Maxim.) Franch. 【N, W/C】 ♣SCBG; ●GD, GS, QH, SC, YN; ★(AS): CN, MM.

柱果绿绒蒿 **Meconopsis oliveriana** Franch. et Prain ex Prain 【N, W/C】 ●HB, SC, SN; ★(AS): CN.

拟秀丽绿绒蒿 **Meconopsis pseudovenusta** G. Taylor 【N, W/C】 ●YN; ★(AS): CN.

五脉绿绒蒿 **Meconopsis quintuplinervia** Regel 【N, W/C】 ♣IBCAS; ●BJ; ★(AS): CN.

总状绿绒蒿 **Meconopsis racemosa** Maxim. 【N, W/C】 ●SC, YN; ★(AS): CN, MM.

美丽绿绒蒿 **Meconopsis speciosa** Prain 【N, W/C】 ●YN; ★(AS): CN.

秃疮花属 Dicranostigma

秃疮花 **Dicranostigma leptopodum** (Maxim.) Fedde 【N, W/C】 ♣HBG, NBG, XBG; ●JS, SN, TW, ZJ; ★(AS): CN.

海罂粟属 Glaucium

角海罂粟 **Glaucium corniculatum** (L.) Curtis 【I, C】 ♣HBG; ●ZJ; ★(AF): ZA; (OC): AU, NZ.

海罂粟 **Glaucium fimbrilligerum** Boiss. 【N, W/C】 ♣BBG; ●BJ; ★(AS): AF, CN, KG, KZ, RU-AS, UZ.

黄花海罂粟(黄海罂粟)**Glaucium flavum** Crantz【I,

C】 ♣BBG, IBCAS; ●BJ; ★(OC): AU, NZ.

新疆海罂粟 **Glaucium squamigerum** Bunge 【N, W/C】 ♣SCBG, TDBG; ●GD, XJ; ★(AS): CN, KG, KZ, MN, RU-AS, TJ, UZ.

血水草属 Eomecon

血水草 **Eomecon chionantha** Hance 【N, W/C】 ♣CBG, GBG, GMG, GXIB, HBG, KBG, LBG, NBG, SCBG, WBG, XMBG; ●FJ, GD, GX, GZ, HB, JS, JX, SC, SH, YN, ZJ; ★(AS): CN.

血根草属 Sanguinaria

血根草 **Sanguinaria canadensis** L. 【I, C】♣SCBG; ●GD; ★(NA): CA, US.

博落回属 Macleaya

博落回 **Macleaya cordata** (Willd.) R. Br. 【N, W/C】 ♣BBG, CBG, GA, GBG, GMG, GXIB, HBG, HFBG, KBG, LBG, NBG, SCBG, TBG, WBG, XMBG, ZAFU; ●BJ, FJ, GD, GX, GZ, HB, HL, JS, JX, SC, SH, TW, YN, ZJ; ★(AS): CN, JP.

小果博落回 **Macleaya microcarpa** (Maxim.) Fedde 【N, W/C】 ♣BBG, IBCAS, KBG, WBG, XBG; ●BJ, HB, SN, YN; ★(AS): CN.

博落木属 Bocconia

肖博落迴 **Bocconia arborea** S. Watson 【I, C】 ♣SCBG; ●GD; ★(NA): GT, HN, MX, NI.

荷青花属 Hylomecon

荷青花 **Hylomecon japonica** (Thunb.) Prantl et Kündig 【N, W/C】♣CBG, HBG, HFBG, IBCAS, WBG, XBG, ZAFU; ●BJ, HB, HL, LN, SH, SN, ZJ; ★(AS): CN, JP, KP, RU-AS.

多裂荷青花 **Hylomecon japonica** var. **dissecta** (Franch. et Sav.) Fedde 【N, W/C】♣WBG, XBG; ●HB, SN; ★(AS): CN, JP.

锐裂荷青花 **Hylomecon japonica** var. **subincisa** Fedde 【N, W/C】 ♣WBG; ●HB; ★(AS): CN.

金罂粟属 Stylophorum

白屈菜罂粟 **Stylophorum diphyllum** (Michx.) Nutt. 【I, C】 ♣IBCAS; ●BJ; ★(NA): CA, US.

金罂粟 **Stylophorum lasiocarpum** (Oliv.) Fedde 【N, W/C】 ♣WBG; ●HB, SC; ★(AS): CN.

四川金罂粟 **Stylophorum sutchuenense** (Franch.) Fedde 【N, W/C】 ♣CBG, WBG; ●HB, SH; ★(AS): CN.

白屈菜属 Chelidonium

白屈菜 **Chelidonium majus** L. 【N, W/C】 ♣BBG, CBG, HBG, IBCAS, KBG, LBG, NBG, SCBG, WBG, XBG; ●BJ, GD, HB, JS, JX, SH, SN, YN, ZJ; ★(AS): CN, JP, KP, KR, MN, RU-AS; (OC): NZ.

角茴香属 Hypecoum

细果角茴香 **Hypecoum leptocarpum** Hook. f. et Thomson 【N, W/C】 ●BJ; ★(AS): BT, CN, ID, IN, LK, MN.

荷包牡丹属 Lamprocapnos

荷包牡丹 **Lamprocapnos spectabilis** (L.) Fukuhara 【N, W/C】 ♣BBG, HBG, HFBG, IBCAS, KBG, LBG, NBG, XMBG; ●BJ, FJ, HL, JL, JS, JX, LN, SC, TW, XJ, YN, ZJ; ★(AS): CN, JP, KP, KR, RU-AS; (EU): CZ, FI.

黄药属 Ichtyoselmis

黄药(大花荷包牡丹)**Ichtyoselmis macrantha** (Oliv.) Lidén 【N, W/C】 ♣CBG; ●GZ, HB, SC, SH; ★(AS): CN, MM.

马裤花属 Dicentra

加拿大马裤花 **Dicentra canadensis** (Goldie) Walp. 【I, C】 ★(NA): CA, US.

金耳坠花 **Dicentra chrysantha** (Hook. et Arn.) Walp. 【I, C】 ★(NA): US.

马裤花（僧帽荷包牡丹）**Dicentra cucullaria** (L.) Bernh. 【I, C】 ★(NA): CA, US.

缕毛马裤花 **Dicentra eximia** (Ker Gawl.) Torr. 【I, C】 ♣BBG; ●BJ; ★(NA): US.

华丽马裤花 **Dicentra formosa** (Haw.) Walp. 【I, C】 ♣BBG, CBG; ●BJ, SH; ★(NA): CA, US.

奇妙马裤花 **Dicentra peregrina** (Rudolph) Makino 【I, C】 ★(AS): JP, RU-AS.

红堇属 Capnoides

红堇 **Capnoides sempervirens** (L.) Borkh. 【I, C】

★(NA): CA.

紫金龙属 Dactylicapnos

紫金龙 **Dactylicapnos scandens** (D. Don) Hutch. 【N, W/C】 ♣KBG, XTBG; ●TW, YN; ★(AS): BT, CN, IN, LK, MM, NP, TH, VN.

扭果紫金龙 **Dactylicapnos torulosa** (Hook. f. et Thomson) Hutch. 【N, W/C】 ♣KBG; ●YN; ★(AS): BT, CN, IN, MM.

紫堇属 Corydalis

灰绿黄堇 **Corydalis adunca** Maxim. 【N, W/C】 ♣WBG; ●HB; ★(AS): CN, MN, RU-AS.

北越紫堇 **Corydalis balansae** Prain 【N, W/C】 ♣FBG, SCBG, XTBG; ●FJ, GD, YN; ★(AS): CN, JP, LA, VN.

囊距紫堇 **Corydalis benecincta** W. W. Sm. 【N, W/C】 ●YN; ★(AS): CN.

地丁草 **Corydalis bungeana** Turcz. 【N, W/C】 ♣IBCAS, SCBG; ●BJ, GD; ★(AS): CN, KP, KR, MN, RU-AS.

东紫堇 **Corydalis buschii** Nakai 【N, W/C】 ●HL; ★(AS): CN, KP, KR, MN, RU-AS.

地柏枝 **Corydalis cheilanthifolia** Hemsl. 【N, W/C】 ♣WBG; ●HB; ★(AS): CN.

夏天无 **Corydalis decumbens** (Thunb.) Pers. 【N, W/C】 ♣FBG, HBG, IBCAS, LBG, XMBG; ●BJ, FJ, JX, ZJ; ★(AS): CN, JP, KR.

紫堇 **Corydalis edulis** Maxim. 【N, W/C】 ♣CBG, FBG, GA, GBG, HBG, LBG, NBG, NSBG, SCBG, WBG, ZAFU; ●CQ, FJ, GD, GZ, HB, JS, JX, SC, SH, ZJ; ★(AS): CN, JP.

北京延胡索 **Corydalis gamosepala** Maxim. 【N, W/C】 ♣IBCAS, NBG; ●BJ, JS; ★(AS): CN.

钩距黄堇 **Corydalis hamata** Franch. 【N, W/C】 ●YN; ★(AS): CN.

巴东黄堇（巴东紫堇）**Corydalis hemsleyana** Franch. et Prain 【N, W/C】 ♣WBG; ●HB; ★(AS): CN.

异果黄堇 **Corydalis heterocarpa** (Durieu) Ball 【N, W/C】 ♣ZAFU; ●ZJ; ★(AS): CN, JP, KR.

土元胡 **Corydalis humosa** Migo 【N, W/C】 ♣ZAFU; ●ZJ; ★(AS): CN.

刻叶紫堇 **Corydalis incisa** (Thunb.) Pers. 【N, W/C】 ♣HBG, LBG, NBG, ZAFU; ●JS, JX, ZJ; ★(AS): CN, JP, KP, KR.

狭距紫堇 **Corydalis kokiana** Hand.-Mazz. 【N, W/C】 ●YN; ★(AS): CN.

细果紫堇 **Corydalis leptocarpa** Hook. f. et Thomson 【N, W/C】 ♣XTBG; ●YN; ★(AS): BT, CN, ID, IN, LK, MM, NP, TH.

暗绿紫堇 **Corydalis melanochlora** Maxim. 【N, W/C】 ♣KBG; ●YN; ★(AS): CN.

蛇果黄堇 **Corydalis ophiocarpa** Hook. f. et Thomson 【N, W/C】 ♣LBG, WBG; ●AH, GS, HA, HB, JX, NX, SC, SN, SX, TW; ★(AS): BT, CN, ID, IN, JP, LK, MN.

黄堇 **Corydalis pallida** (Thunb.) Pers. 【N, W/C】 ♣CBG, FBG, GA, GMG, GXIB, HBG, IBCAS, NBG, SCBG, WBG, ZAFU; ●AH, BJ, FJ, GD, GX, HB, JS, JX, LN, SH, ZJ; ★(AS): CN, JP, KP, KR, MN, RU-AS.

小花黄堇 **Corydalis racemosa** Bunge 【N, W/C】 ♣FBG, GBG, GXIB, HBG, LBG, SCBG, XMBG, ZAFU; ●FJ, GD, GX, GZ, JX, SC, ZJ; ★(AS): CN, JP.

地锦苗 **Corydalis sheareri** S. Moore 【N, W/C】 ♣GMG, GXIB, HBG, SCBG; ●GD, GX, SC, ZJ; ★(AS): CN, VN.

箐边紫堇 **Corydalis smithiana** Fedde 【N, W/C】 ♣KBG; ●YN; ★(AS): CN.

珠果黄堇 **Corydalis speciosa** Maxim. 【N, W/C】 ●LN; ★(AS): CN, JP, KP, KR, MN, RU-AS.

金钩如意草 **Corydalis taliensis** Franch. 【N, W/C】 ♣KBG; ●YN; ★(AS): CN.

天祝黄堇 **Corydalis tianzhuensis** M. S. Yan et C. J. Wang 【N, W/C】 ♣WBG; ●HB; ★(AS): CN.

齿瓣延胡索 **Corydalis turtschaninovii** Besser 【N, W/C】 ♣HFBG, LBG; ●HL, JX, LN; ★(AS): CN, JP, KP, KR, MN, RU-AS.

川鄂黄堇 **Corydalis wilsonii** N. E. Br. 【N, W/C】 ♣WBG; ●HB; ★(AS): CN.

延胡索 **Corydalis yanhusuo** (Y. H. Chou et Chun C. Hsu) W. T. Wang ex Z. Y. Su et C. Y. Wu 【N, W/C】 ♣GBG, GMG, HBG, HFBG, LBG, NBG, WBG, XBG, XMBG; ●FJ, GX, GZ, HB, HL, JS, JX, SN, TW, ZJ; ★(AS): CN.

烟堇属 Fumaria

药用烟堇 **Fumaria officinalis** L. 【I, C/N】 ♣NBG, TMNS; ●FJ, JS, TW; ★(EU): BY, EE, LT, LV, MD, RU, UA.

77. 木通科 LARDIZABALACEAE

大血藤属 Sargentodoxa

大血藤 **Sargentodoxa cuneata** (Oliv.) Rehder et E. H. Wilson 【N, W/C】 ♣CBG, GA, GBG, GMG, GXIB, HBG, LBG, NBG, SCBG, WBG, XTBG; ●AH, GD, GX, GZ, HA, HB, HN, JS, JX, SC, SH, YN, ZJ; ★(AS): CN, LA, VN.

猫儿屎属 Decaisnea

猫儿屎 **Decaisnea insignis** (Griff.) Hook. f. et Thomson 【N, W/C】 ♣CBG, CDBG, FBG, GBG, GXIB, NBG, SCBG, WBG, XBG, ZAFU; ●FJ, GD, GX, GZ, HB, JS, SC, SH, SN, TW, ZJ; ★(AS): BT, CN, ID, IN, LK, MM, NP.

串果藤属 Sinofranchetia

串果藤 **Sinofranchetia chinensis** (Franch.) Hemsl. 【N, W/C】 ♣CBG, KBG, SCBG, WBG; ●GD, HB, SH, YN; ★(AS): CN.

木通属 Akebia

木通 **Akebia quinata** (Houtt.) Decne. 【N, W/C】 ♣BBG, CBG, FBG, GA, GBG, GMG, HBG, LBG, NBG, SCBG, WBG, XTBG, ZAFU; ●BJ, FJ, GD, GX, GZ, HB, JS, JX, SC, SD, SH, TW, YN, ZJ; ★(AS): CN, JP, KP, KR; (OC): NZ.

三叶木通 **Akebia trifoliata** (Thunb.) Koidz. 【N, W/C】 ♣BBG, CBG, GA, GBG, GMG, GXIB, HBG, IBCAS, KBG, LBG, NBG, SCBG, WBG, XBG, ZAFU; ●BJ, GD, GS, GX, GZ, HA, HB, HE, JS, JX, SC, SD, SH, SN, SX, TW, YN, ZJ; ★(AS): CN, JP.

白木通 **Akebia trifoliata** subsp. **australis** (Diels) T. Shimizu 【N, W/C】 ♣CBG, FBG, GA, GMG, HBG, KBG, LBG, NBG, SCBG, WBG, XMBG; ●FJ, GD, GS, GX, HA, HB, HE, JS, JX, SD, SH, SX, YN, ZJ; ★(AS): CN.

牛藤果属 Parvatia

三叶野木瓜 **Parvatia brunoniana** (Wall. ex Hemsl.) Decne. 【N, W/C】 ♣XTBG; ●YN; ★(AS): CN, ID, IN, MM, NP, TH, VN.

野木瓜属 Stauntonia

西南野木瓜（黄蜡果）**Stauntonia cavalerieana** Gagnep. 【N, W/C】 ♣GXIB, HBG; ●GX, ZJ; ★(AS): CN, LA.

野木瓜 **Stauntonia chinensis** DC. 【N, W/C】 ♣CBG, FBG, GA, GMG, GXIB, HBG, LBG, NBG, SCBG, WBG, XMBG, XTBG; ●FJ, GD, GX, HB, JS, JX, SH, YN, ZJ; ★(AS): CN, LA, VN.

羊瓜藤 **Stauntonia duclouxii** Gagnep. 【N, W/C】 ♣WBG; ●HB; ★(AS): CN.

日本野木瓜 **Stauntonia hexaphylla** Decne. 【I, C】 ♣FBG, GMG, HBG, KBG, XMBG; ●FJ, GX, TW, YN, ZJ; ★(AS): JP, KR.

斑叶野木瓜 **Stauntonia maculata** Merr. 【N, W/C】 ♣FLBG; ●GD, JX; ★(AS): CN.

倒卵叶野木瓜（钝药野木瓜）**Stauntonia obovata** Hemsl. 【N, W/C】 ♣CBG, FBG, ZAFU; ●FJ, SH, ZJ; ★(AS): CN.

石月 **Stauntonia obovatifoliola** Hayata 【N, W/C】 ♣SCBG, WBG; ●GD, HB; ★(AS): CN.

五指那藤 **Stauntonia obovatifoliola** subsp. **intermedia** (Y. C. Wu) T. Chen 【N, W/C】 ♣GXIB, SCBG; ●GD, GX; ★(AS): CN.

尾叶那藤 **Stauntonia obovatifoliola** subsp. **urophylla** (Hand.-Mazz.) H. N. Qin 【N, W/C】 ♣CBG, GXIB, SCBG, WBG, ZAFU; ●GD, GX, HB, SH, ZJ; ★(AS): CN.

少叶野木瓜 **Stauntonia oligophylla** Merr. et Chun 【N, W/C】 ♣SCBG; ●GD; ★(AS): CN.

八月瓜属 Holboellia

五月瓜藤 **Holboellia angustifolia** Wall. 【N, W/C】 ♣FBG, FLBG, HBG, KBG, WBG; ●FJ, GD, HB, JX, SC, SN, YN, ZJ; ★(AS): BT, CN, ID, IN, LK, MM, NP.

鹰爪枫 **Holboellia coriacea** Diels 【N, W/C】 ♣CBG, GA, HBG, LBG, SCBG, WBG, ZAFU; ●GD, HB, JX, SC, SH, TW, ZJ; ★(AS): CN.

牛姆瓜 **Holboellia grandiflora** Réaub. 【N, W/C】 ♣CBG, CDBG, IBCAS, SCBG, WBG, XBG; ●BJ, GD, HB, SC, SH, SN; ★(AS): CN, VN.

八月瓜 **Holboellia latifolia** Wall. 【N, W/C】 ♣XTBG; ●YN; ★(AS): BT, CN, ID, IN, LK, MM, NP.

78. 防己科 MENISPERMACEAE

古山龙属 Arcangelisia

黄连藤 **Arcangelisia flava** (L.) Merr. 【I, C】

♣GMG; ●GX, HI; ★(AS): ID, LA, MY.

古山龙 **Arcangelisia gusanlung** H. S. Lo 【N, W/C】 ♣SCBG, XTBG; ●GD, YN; ★(AS): CN.

连蕊藤属 Parabaena

连蕊藤 **Parabaena sagittata** Miers 【N, W/C】 ♣WBG, XTBG; ●HB, YN; ★(AS): BT, CN, ID, IN, LA, LK, MM, NP, TH, VN.

球果藤属 Aspidocarya

球果藤 **Aspidocarya uvifera** Hook. f. et Thomson 【N, W/C】 ♣XTBG; ●YN; ★(AS): BT, CN, ID, IN, LK, MM, TH.

大叶藤属 Tinomiscium

大叶藤 **Tinomiscium petiolare** Hook. f. et Thomson 【N, W/C】 ♣BBG, GMG, XTBG; ●BJ, GX, YN; ★(AS): CN, ID, MM, MY, SG, TH, VN.

天仙藤属 Fibraurea

天仙藤 **Fibraurea recisa** Pierre 【N, W/C】 ♣GXIB, KBG, SCBG, WBG, XMBG, XTBG; ●FJ, GD, GX, HB, YN; ★(AS): CN, KH, LA, VN.

假黄藤 **Fibraurea tinctoria** Lour. 【I, C】 ♣GMG, SCBG; ●GD, GX; ★(AS): LA, MM, SG.

青牛胆属 Tinospora

波叶青牛胆 **Tinospora crispa** (L.) Hook. f. et Thomson 【N, W/C】 ♣GMG, TMNS, XMBG, XTBG; ●FJ, GX, TW, YN; ★(AS): CN, ID, IN, KH, LA, MM, MY, PH, SG, TH.

海南青牛胆 **Tinospora hainanensis** H. S. Lo et Z. X. Li 【N, W/C】 ●HI; ★(AS): CN.

青牛胆 **Tinospora sagittata** (Oliv.) Gagnep. 【N, W/C】 ♣CBG, CDBG, FBG, GBG, GMG, GXIB, SCBG, WBG, XMBG, XOIG, XTBG; ●FJ, GD, GX, GZ, HB, SC, SH, YN; ★(AS): CN, VN.

云南青牛胆 **Tinospora sagittata** var. **yunnanensis** (S. Y. Hu) H. S. Lo 【N, W/C】 ♣SCBG, XTBG; ●GD, YN; ★(AS): CN.

中华青牛胆 **Tinospora sinensis** (Lour.) Merr. 【N, W/C】 ♣GMG, GXIB, SCBG, XLTBG, XMBG, XTBG; ●FJ, GD, GX, HI, YN; ★(AS): BT, CN, ID, IN, KH, LK, NP, TH, VN.

瘤茎藤 **Tinospora tuberculata** Beumée ex K. Heyne 【I, C】 ♣XMBG; ●FJ; ★(AS): ID.

风龙属 Sinomenium

风龙 **Sinomenium acutum** (Thunb.) Rehder et E. H. Wilson 【N, W/C】 ♣CBG, HBG, LBG, NBG, WBG, XBG, XMBG, XTBG; ●FJ, HB, JS, JX, SC, SH, SN, YN, ZJ; ★(AS): CN, IN, JP, KR, NP, TH.

蝙蝠葛属 Menispermum

北美蝙蝠葛 **Menispermum canadense** L. 【I, C】 ♣XTBG; ●YN; ★(NA): CA, US.

蝙蝠葛 **Menispermum dauricum** DC. 【N, W/C】 ♣BBG, FBG, HBG, HFBG, IBCAS, KBG, LBG, NBG, SCBG, WBG, XBG, XMBG, ZAFU; ●BJ, FJ, GD, HB, HL, JS, JX, SN, YN, ZJ; ★(AS): CN, JP, KP, KR, MN, RU-AS.

秤钩风属 Diploclisia

秤钩风 **Diploclisia affinis** (Oliv.) Diels 【N, W/C】 ♣FBG, LBG, SCBG, XMBG; ●FJ, GD, JX; ★(AS): CN.

苍白秤钩风 **Diploclisia glaucescens** (Blume) Diels 【N, W/C】 ♣BBG, GMG, SCBG, XMBG, XTBG; ●BJ, FJ, GD, GX, HI, YN; ★(AS): CN, ID, IN, LK, MM, PH, TH, VN.

细圆藤属 Pericampylus

细圆藤 **Pericampylus glaucus** (Lam.) Merr. 【N, W/C】 ♣BBG, FBG, GMG, SCBG, WBG, XTBG; ●BJ, FJ, GD, GX, HB, YN; ★(AS): BT, CN, ID, IN, LA, LK, MM, MY, PH, TH, VN.

夜花藤属 Hypserpa

夜花藤 **Hypserpa nitida** Miers ex Benth. 【N, W/C】 ♣SCBG, WBG, XTBG; ●GD, HB, YN; ★(AS): CN, ID, IN, LA, LK, MM, MY, PH, SG, TH.

密花藤属 Pycnarrhena

密花藤 **Pycnarrhena lucida** (Teijsm. et Binn.) Miq. 【N, W/C】 ♣SCBG, XTBG; ●GD, YN; ★(AS): CN, ID, IN, KH, LA, MY, TH, VN.

硬骨藤 **Pycnarrhena poilanei** (Gagnep.) Forman

【N, W/C】♣SCBG, WBG, XTBG; ●GD, HB, YN; ★(AS): CN, TH, VN.

崖藤属 Albertisia

崖藤 **Albertisia laurifolia** Yamam. 【N, W/C】♣SCBG, XTBG; ●GD, YN; ★(AS): CN, VN.

香料藤属 Tiliacora

香料藤 **Tiliacora triandra** Diels 【I, C】 ●TW; ★(AS): LA, MY, TH.

藤枣属 Eleutharrhena

藤枣 **Eleutharrhena macrocarpa** (Diels) Ecrman 【N, W/C】 ♣XTBG; ●YN; ★(AS): CN, ID, IN.

血果藤属 Haematocarpus

血果藤 **Haematocarpus validus** Bakh. f. 【N, W】 ♣XTBG; ●YN; ★(AS): BD, CN, IN.

木防己属 Cocculus

多毛木防己 **Cocculus hirsutus** (L.) W. Theob. 【I, C】 ★(AS): IN.

樟叶木防己 **Cocculus laurifolius** DC. 【N, W/C】 ♣BBG, CBG, CDBG, FBG, GA, GMG, GXIB, SCBG, XMBG, XTBG; ●BJ, FJ, GD, GX, HI, JX, SC, SH, YN; ★(AS): BT, CN, ID, IN, JP, LA, LK, MM, MY, NP, TH.

木防己 **Cocculus orbiculatus** C. K. Schneid. 【N, W/C】 ♣BBG, CBG, CDBG, FBG, FLBG, GBG, GMG, GXIB, HBG, KBG, LBG, NBG, SCBG, WBG, XMBG, XTBG, ZAFU; ●BJ, FJ, GD, GX, GZ, HB, JS, JX, SC, SH, YN, ZJ; ★(AS): CN, ID, IN, JP, KP, KR, LA, MY, NP, PH, SG; (OC): US-HW.

毛木防己 **Cocculus orbiculatus** var. **mollis** (Wall. ex Hook. f. et Thomson) H. Hara 【N, W/C】 ♣XMBG, XTBG; ●FJ, YN; ★(AS): CN, IN, NP.

粉绿藤属 Pachygone

粉绿藤 **Pachygone sinica** Diels【N, W/C】♣SCBG; ●GD; ★(AS): CN.

肾子藤 **Pachygone valida** Diels 【N, W/C】 ♣SCBG, XTBG; ●GD, YN; ★(AS): CN.

滇粉绿藤 **Pachygone yunnanensis** H. S. Lo 【N, W/C】 ♣XTBG; ●YN; ★(AS): CN.

轮环藤属 Cyclea

毛叶轮环藤 **Cyclea barbata** Miers 【N, W/C】 ♣GMG, GXIB, SCBG; ●GD, GX; ★(AS): BT, CN, ID, IN, LA, LK, MM, TH, VN.

粉叶轮环藤 **Cyclea hypoglauca** (Schauer) Diels 【N, W/C】♣FBG, FLBG, GA, GMG, GXIB, HBG, SCBG, XMBG, XTBG; ●FJ, GD, GX, JX, YN, ZJ; ★(AS): CN, VN.

云南轮环藤 **Cyclea meeboldii** Diels 【N, W/C】 ♣XTBG; ●YN; ★(AS): CN, ID, IN.

铁藤 **Cyclea polypetala** Dunn【N, W/C】♣SCBG, XTBG; ●GD, YN; ★(AS): CN, TH, VN.

轮环藤 **Cyclea racemosa** Oliv. 【N, W/C】 ♣FBG, GA, GBG, XMBG, XTBG; ●FJ, GZ, JX, YN; ★(AS): CN.

四川轮环藤 **Cyclea sutchuenensis** Gagnep. 【N, W/C】♣GMG, SCBG, XTBG; ●GD, GX, YN; ★(AS): CN.

南轮环藤 **Cyclea tonkinensis** Gagnep. 【N, W/C】 ♣XTBG; ●YN; ★(AS): CN, LA, VN.

西南轮环藤 **Cyclea wattii** Diels【N, W/C】♣GBG, XTBG; ●GZ, YN; ★(AS): CN, IN.

锡生藤属 Cissampelos

美非锡生藤 **Cissampelos pareira** L. 【I, C】 ♣XTBG; ●YN; ★(AS): IN.

锡生藤 **Cissampelos pareira** var. **hirsuta** (Buch-Ham. ex DC.) Forman【N, W/C】♣XTBG; ●YN; ★(AF): MG, MU; (AS): CN, ID, IN, LA, LK, MY, NP, PH, TH, VN; (OC): AU, PAF; (NA): BZ, CR, CU, DO, GT, HN, HT, JM, MX, NI, PR, SV, VG; (SA): AR, BO, BR, CO, PE, PY, VE.

千金藤属 Stephania

白线薯 **Stephania brachyandra** Diels 【N, W/C】 ♣GMG, KBG, XTBG; ●GX, YN; ★(AS): CN, MM.

金线吊乌龟 **Stephania cephalantha** Hayata 【N, W/C】 ♣CBG, FBG, FLBG, GA, GBG, GMG, HBG, KBG, LBG, SCBG, WBG, XMBG, ZAFU; ●FJ, GD, GX, GZ, HB, JX, SC, SH, YN, ZJ; ★(AS): CN.

景东千金藤 **Stephania chingtungensis** H. S. Lo 【N, W/C】 ♣XTBG; ●YN; ★(AS): CN.

一文钱 **Stephania delavayi** Diels 【N, W/C】

♣HBG, KBG, WBG, XTBG; ●HB, YN, ZJ; ★(AS): CN, MM.

齿叶地不容 **Stephania dentifolia** H. S. Lo et M. Yang 【N, W/C】 ♣XTBG; ●YN; ★(AS): CN.

血散薯 **Stephania dielsiana** Y. C. Wu 【N, W/C】 ♣GXIB, SCBG; ●GD, GX; ★(AS): CN.

大叶地不容 **Stephania dolichopoda** Diels 【N, W/C】 ♣KBG, XTBG; ●YN; ★(AS): CN, ID, IN.

地不容 **Stephania epigaea** H. S. Lo 【N, W/C】 ♣BBG, GXIB, HBG, IBCAS, KBG, NBG, XMBG, XTBG; ●BJ, FJ, GX, JS, YN, ZJ; ★(AS): CN.

*直立山乌龟 **Stephania erecta** Craib 【I, C】 ●TW; ★(AS): TH.

江南地不容 **Stephania excentrica** H. S. Lo 【N, W/C】 ♣WBG; ●HB, SC; ★(AS): CN.

光千金藤 **Stephania forsteri** (DC.) A. Gray 【N, W/C】 ♣XTBG; ●YN; ★(AS): CN, ID, IN, VN; (OC): AU, PAF.

西藏地不容 **Stephania glabra** (Roxb.) Miers 【N, W/C】 ♣XTBG; ●YN; ★(AS): BT, CN, ID, IN, LK, MM, NP, TH.

海南地不容 **Stephania hainanensis** H. S. Lo et Y. Tsoong 【N, W/C】 ♣BBG, SCBG, XLTBG, XMBG; ●BJ, FJ, GD, HI; ★(AS): CN.

千金藤(千斤藤) **Stephania japonica** (Thunb.) Miers 【N, W/C】 ♣BBG, CBG, CDBG, FBG, HBG, LBG, NBG, WBG, XMBG, XTBG, ZAFU; ●BJ, FJ, HB, JS, JX, SC, SH, YN, ZJ; ★(AS): BT, CN, ID, IN, JP, KP, KR, LA, LK, MM, MY, NP, PH, TH, VN; (OC): AU.

桐叶千金藤 **Stephania japonica** var. **discolor** (Blume) Forman 【N, W/C】 ♣BBG, KBG, NBG, XTBG; ●BJ, JS, YN; ★(AS): CN, IN, LA, MM, MY, NP, TH, VN.

桂南地不容 **Stephania kuinanensis** H. S. Lo et M. Yang 【N, W/C】 ♣GXIB; ●GX; ★(AS): CN.

广西地不容 **Stephania kwangsiensis** H. S. Lo 【N, W/C】 ♣FBG, GXIB, SCBG, XMBG, XTBG; ●FJ, GD, GX, SC, YN; ★(AS): CN.

粪箕笃 **Stephania longa** Lour. 【N, W/C】 ♣FBG, FLBG, GMG, GXIB, SCBG, XMBG; ●FJ, GD, GX, JX; ★(AS): CN, LA.

马山地不容 **Stephania mashanica** H. S. Lo et B. N. Chang 【N, W/C】 ♣GXIB; ●GX; ★(AS): CN.

小花地不容 **Stephania micrantha** H. S. Lo et M. Yang 【N, W/C】 ♣GXIB; ●GX; ★(AS): CN.

汝兰 **Stephania sinica** Diels 【N, W/C】 ♣GMG, HBG; ●GX, SC, ZJ; ★(AS): CN, LA.

小叶地不容 **Stephania succifera** H. S. Lo et Y. Tsoong 【N, W/C】 ♣XLTBG; ●HI; ★(AS): CN.

粉防己 **Stephania tetrandra** S. Moore 【N, W/C】 ♣CBG, FBG, GMG, GXIB, HBG, LBG, SCBG, XMBG; ●FJ, GD, GX, JX, SH, ZJ; ★(AS): CN, VN.

黄叶地不容 **Stephania viridiflavens** H. S. Lo et M. Yang 【N, W/C】 ●FJ, YN; ★(AS): CN.

云南地不容 **Stephania yunnanensis** H. S. Lo 【N, W/C】 ♣XTBG; ●YN; ★(AS): CN.

79. 小檗科 BERBERIDACEAE

南天竹属 Nandina

南天竹 **Nandina domestica** Thunb. 【N, W/C】 ♣BBG, CBG, CDBG, FBG, FLBG, GA, GBG, GMG, GXIB, HBG, IBCAS, KBG, LBG, NBG, NSBG, SCBG, TBG, TMNS, WBG, XBG, XLTBG, XMBG, XTBG, ZAFU; ●BJ, CQ, FJ, GD, GX, GZ, HB, HI, JS, JX, SC, SH, SN, TW, YN, ZJ; ★(AS): CN, IN, JP; (OC): NZ.

红毛七属 Caulophyllum

红毛七 **Caulophyllum robustum** Maxim. 【N, W/C】 ♣CBG, HBG, HFBG, LBG, WBG, XBG; ●HB, HL, JX, SC, SH, SN, ZJ; ★(AS): CN, JP, KP, KR, MN, RU-AS.

牡丹草属 Gymnospermium

江南牡丹草 **Gymnospermium kiangnanense** (P. L. Chiu) Loconte 【N, W/C】 ♣HBG; ●ZJ; ★(AS): CN, RU-AS.

小檗属 Berberis

福瑞卡小檗 **Berberis × frikartii** C. K. Schneid. ex Vandel. 【I, C】 ♣BBG, CBG, IBCAS; ●BJ, SH, TW; ★(EU): GB.

中间小檗 **Berberis × media** Groot. ex Boom 【I, C】 ♣BBG, CBG; ●BJ, SH, TW; ★(EU): GB.

渥太华小檗 **Berberis × ottawensis** C. K. Schneid. ex Rehder 【I, C】 ♣BBG, CBG, IBCAS; ●BJ, SH; ★(NA): CA.

堆花小檗 **Berberis aggregata** C. K. Schneid. 【N, W/C】 ♣HBG, IBCAS, KBG, NBG; ●BJ, JS, YN,

ZJ; ★(AS): CN.

枸杞状小檗 **Berberis ahrendtii** R. R. Rao et Uniyal 【I, C】 ♣IBCAS; ●BJ; ★(EU): GB.

美丽小檗 **Berberis amoena** Dunn 【N, W/C】 ♣IBCAS, KBG; ●BJ, YN; ★(AS): CN.

抱持小檗 **Berberis amplectens** (Eastw.) Wheeler 【I, C】 ♣NBG; ●JS; ★(NA): US.

黄芦木 **Berberis amurensis** Rupr. 【N, W/C】 ♣BBG, CBG, HFBG, IBCAS, NBG, SCBG, TDBG, WBG, XBG, XTBG; ●BJ, GD, HB, HL, JS, LN, NM, SH, SN, XJ, YN; ★(AS): CN, JP, KP, KR, MN, RU-AS.

有棱小檗 **Berberis angulosa** Wall. ex Hook. f. et Thomson【N, W/C】♣SCBG; ●GD; ★(AS): BT, CN, ID, IN, LK, NP.

安徽小檗 **Berberis anhweiensis** Ahrendt 【N, W/C】 ♣CBG, HBG, SCBG; ●GD, SH, ZJ; ★(AS): CN.

近似小檗 **Berberis approximata** Sprague 【N, W/C】 ♣KBG; ●YN; ★(AS): CN.

西固小檗 **Berberis aridocalida** Ahrendt 【N, W/C】 ♣CBG, IBCAS; ●BJ, SH; ★(AS): CN.

密齿小檗 **Berberis aristatoserrulata** Hayata 【N, W/C】 ♣GXIB, NBG; ●GX, JS; ★(AS): CN, JP.

黑果小檗 **Berberis atrocarpa** C. K. Schneid. 【N, W/C】 ♣HBG, WBG; ●HB, ZJ; ★(AS): CN.

那觉小檗 **Berberis atroviridis** Steud. 【N, W/C】 ♣IBCAS; ●BJ; ★(AS): CN.

康松小檗 **Berberis beaniana** C. K. Schneid. 【N, W/C】 ♣IBCAS; ●BJ; ★(AS): CN.

汉源小檗 **Berberis bergmanniae** C. K. Schneid. 【N, W/C】 ♣CBG; ●SH; ★(AS): CN.

*二齿小檗 **Berberis bidentata** Lechl. 【I, C】 ♣BBG, CBG; ●BJ, SH, TW; ★(SA): AR, CL.

短柄小檗 **Berberis brachypoda** Maxim. 【N, W/C】 ♣CBG, FBG, IBCAS, NBG, WBG; ●BJ, FJ, HB, JS, SH; ★(AS): CN.

加拿大小檗 **Berberis canadensis** Guimpel 【I, C】 ♣CBG, IBCAS, NBG, XTBG; ●BJ, JS, SH, YN; ★(NA): CA, US.

单花小檗 **Berberis candidula** (C. K. Schneid.) C. K. Schneid. 【N, W/C】 ♣CBG; ●SH; ★(AS): CN.

卡罗尔小檗 **Berberis carolii** C. K. Schneid. 【N, W/C】 ♣IBCAS; ●BJ; ★(AS): CN.

贵州小檗 **Berberis cavaleriei** H. Lév. 【N, W/C】 ♣SCBG; ●GD; ★(AS): CN.

中国小檗 **Berberis chinensis** K. Koch 【N, W/C】 ♣HFBG, NBG; ●HL, JS; ★(AS): CN.

华东小檗 **Berberis chingii** C. Y. Cheng 【N, W/C】 ♣LBG; ●JX, YN; ★(AS): CN.

壶小檗 **Berberis chitria** Buch.-Ham. ex Lindl. 【I, C】 ♣IBCAS; ●BJ; ★(AS): IN, NP.

秦岭小檗(多萼小檗) **Berberis circumserrata** (C. K. Schneid.) C. K. Schneid. 【N, W/C】 ♣CBG, IBCAS, TDBG; ●BJ, SH, XJ; ★(AS): CN.

雅洁小檗 **Berberis concinna** Hook. f. 【N, W/C】 ♣SCBG; ●GD; ★(AS): BT, CN, IN, LK, NP.

克里特小檗 **Berberis cretica** L. 【I, C】 ♣IBCAS; ●BJ; ★(EU): ES, GR, HR.

达尔文小檗 **Berberis darwinii** Hook. 【I, C】 ♣CBG; ●SH, TW; ★(SA): AR, CL.

密穗小檗(直穗小檗) **Berberis dasystachya** Maxim. 【N, W/C】 ♣IBCAS, NBG, TDBG, WBG, XBG; ●BJ, HB, JS, SN, XJ; ★(AS): CN.

朝鲜小檗 **Berberis declinata** Schrad. 【I, C】 ♣IBCAS, NBG; ●BJ, JS; ★(AS): KR.

壮刺小檗 **Berberis deinacantha** C. K. Schneid. 【N, W/C】 ♣KBG; ●YN; ★(AS): CN.

显脉小檗 **Berberis delavayi** C. K. Schneid. 【N, W/C】 ♣CBG, KBG; ●SH, YN; ★(AS): CN.

鲜黄小檗 **Berberis diaphana** Maxim. 【N, W/C】 ♣HBG, IBCAS; ●BJ, ZJ; ★(AS): CN.

松潘小檗 **Berberis dictyoneura** C. K. Schneid. 【N, W/C】 ♣IBCAS, WBG; ●BJ, HB; ★(AS): CN.

刺红珠 **Berberis dictyophylla** Franch. 【N, W/C】 ♣KBG; ●YN; ★(AS): CN.

首阳小檗 **Berberis dielsiana** Fedde 【N, W/C】 ♣IBCAS, WBG, XBG; ●BJ, HB, SN; ★(AS): CN.

乌鸦小檗 **Berberis empetrifolia** Lam. 【I, C】 ●TW; ★(SA): AR, CL.

异长穗小檗 **Berberis feddeana** C. K. Schneid. 【N, W/C】 ♣WBG; ●HB; ★(AS): CN.

芬德勒小檗 **Berberis fendleri** A. Gray 【I, C】 ♣IBCAS; ●BJ; ★(NA): US.

大叶小檗 **Berberis ferdinandi-coburgii** C. K. Schneid. 【N, W/C】 ♣WBG, XTBG; ●HB, YN; ★(AS): CN.

多花小檗 **Berberis floribunda** Wall. ex G. Don 【I, C】 ♣SCBG; ●GD; ★(AS): NP.

大黄檗 **Berberis francisci-ferdinandi** C. K. Schneid. 【N, W/C】 ♣HBG, IBCAS; ●BJ, ZJ; ★(AS): CN.

湖北小檗 **Berberis gagnepainii** C. K. Schneid.【N, W/C】♣WBG, XTBG; ●HB, SC, TW, YN; ★(AS): CN.

涝峪小檗 **Berberis gilgiana** Fedde 【N, W/C】♣IBCAS, NBG; ●BJ, JS; ★(AS): CN.

错那小檗 **Berberis griffithiana** C. K. Schneid.【N, W/C】♣SCBG; ●GD; ★(AS): BT, CN, IN, LK.

安宁小檗 **Berberis grodtmannia** C. K. Schneid.【N, W/C】♣SCBG; ●GD; ★(AS): CN.

黄茎小檗 **Berberis grodtmannia** var. **flavoramea** C. K. Schneid.【N, W/C】♣SCBG; ●GD; ★(AS): CN.

波密小檗 **Berberis gyalaica** Ahrendt 【N, W/C】♣SCBG; ●GD; ★(AS): CN.

南湖小檗 **Berberis hayatana** Mizush. 【N, W/C】♣SCBG; ●GD; ★(AS): CN.

川鄂小檗 **Berberis henryana** C. K. Schneid. 【N, W/C】♣HBG, WBG; ●HB, ZJ; ★(AS): CN.

异果小檗 **Berberis heteropoda** Schrenk【N, W/C】♣FBG, HBG, IBCAS, NBG; ●BJ, FJ, JS, XJ, ZJ; ★(AS): CN, RU-AS.

异柄小檗 **Berberis holstii** Engl. 【I, C】♣NBG; ●JS; ★(AF): ET, KE, MW, SO, TZ, UG.

虎克小檗 **Berberis hookeri** Lem. 【N, W/C】♣IBCAS; ●BJ; ★(AS): BT, CN, IN, LK.

伊犁小檗 **Berberis iliensis** Popov【N, W/C】●XJ; ★(AS): CN, CY, KZ, RU-AS.

显著小檗 **Berberis insignis** Hook. f. et Thomson【N, W/C】♣IBCAS; ●BJ; ★(AS): BT, CN, IN, LK, MM.

川滇小檗 **Berberis jamesiana** Forrest et W. W. Sm.【N, W/C】♣CBG, HBG, IBCAS, KBG, NBG, SCBG; ●BJ, GD, JS, SH, XJ, YN, ZJ; ★(AS): CN, RU-AS.

豪猪刺 **Berberis julianae** C. K. Schneid.【N, W/C】♣BBG, CBG, CDBG, FBG, GA, GBG, GXIB, HBG, IBCAS, KBG, LBG, NBG, SCBG, WBG, XTBG; ●BJ, FJ, GD, GX, GZ, HB, JS, JX, SC, SH, TW, YN, ZJ; ★(AS): CN.

甘肃小檗 **Berberis kansuensis** C. K. Schneid. 【N, W/C】♣HFBG, IBCAS; ●BJ, HL, LN; ★(AS): CN.

喀什小檗 **Berberis kaschgarica** Rupr. 【N, W/C】♣IBCAS; ●BJ, XJ; ★(AS): CN, RU-AS.

台湾小檗 **Berberis kawakamii** Hayata 【N, W/C】♣SCBG; ●GD; ★(AS): CN.

掌刺小檗 **Berberis koreana** Palib. 【N, W/C】♣BBG, HBG, HFBG, IBCAS, KBG, NBG; ●BJ, HL, JS, LN, YN, ZJ; ★(AS): CN, KR.

昆明小檗 **Berberis kunmingensis** C. Y. Wu ex S. Y. Bao 【N, W/C】♣HBG; ●ZJ; ★(AS): CN.

光叶小檗 **Berberis lecomtei** C. K. Schneid. 【N, W/C】♣NBG; ●JS; ★(AS): CN.

天台小檗 **Berberis lempergiana** Ahrendt 【N, W/C】♣CBG, CDBG, FBG, HBG, SCBG; ●FJ, GD, SC, SH, ZJ; ★(AS): CN.

炉霍小檗 **Berberis luhuoensis** T. S. Ying 【N, W/C】♣NBG; ●JS; ★(AS): CN.

枸杞小檗 **Berberis lycium** Royle【I, C】♣IBCAS; ●BJ; ★(AS): AF, IN, MM.

大萼小檗 **Berberis macrosepala** Hook. f. et Thomson【I, C】♣IBCAS; ●BJ; ★(AS): BT, IN.

小叶小檗 **Berberis microphylla** G. Forst. 【I, C】♣BBG, HBG; ●BJ, ZJ; ★(SA): AR, CL.

小花小檗 **Berberis minutiflora** C. K. Schneid.【N, W/C】♣NBG; ●JS; ★(AS): CN.

玉山小檗 **Berberis morrisonensis** Hayata 【N, W/C】♣SCBG; ●GD; ★(AS): CN.

圆叶小檗 **Berberis nummularia** Bunge 【N, W/C】♣IBCAS, NBG, TDBG; ●BJ, JS, XJ; ★(AS): AM, CN, IR, KG.

札氏厚刺小檗 **Berberis pachyacantha** subsp. **zabeliana** (C. K. Schneid.) Jafri【I, C】♣IBCAS; ●BJ; ★(AS): PK.

淡色小檗 **Berberis pallens** Franch. 【N, W/C】♣IBCAS; ●BJ; ★(AS): CN.

鸡脚连 **Berberis paraspecta** Ahrendt 【N, W/C】♣KBG; ●YN; ★(AS): CN.

阔叶小檗 **Berberis platyphylla** (Ahrendt) Ahrendt【N, W/C】♣KBG; ●YN; ★(AS): CN.

细叶小檗 **Berberis poiretii** C. K. Schneid. 【N, W/C】♣CDBG, GA, HBG, HFBG, IBCAS, TDBG, XLTBG; ●BJ, HI, HL, JX, LN, NM, SC, XJ, ZJ; ★(AS): CN, KP, KR, MN, RU-AS.

刺黄花 **Berberis polyantha** Hemsl. 【N, W/C】♣IBCAS; ●BJ; ★(AS): CN.

少齿小檗 **Berberis potaninii** Maxim. 【N, W/C】♣WBG; ●HB; ★(AS): CN.

短锥花小檗 **Berberis prattii** C. K. Schneid. 【N, W/C】♣IBCAS, NBG, SCBG; ●BJ, GD, JS; ★(AS): CN.

粉果小檗 **Berberis pruinocarpa** C. Y. Wu ex S. Y. Bao 【N, W/C】♣XTBG; ●YN; ★(AS): CN.

粉叶小檗 **Berberis pruinosa** Franch. 【N, W/C】 ♣HBG, KBG, SCBG; ●GD, YN, ZJ; ★(AS): CN.

柳叶小檗 **Berberis salicaria** Fedde 【N, W/C】 ♣HBG, IBCAS, SCBG, TDBG, WBG; ●BJ, GD, HB, XJ, ZJ; ★(AS): CN.

血红小檗 **Berberis sanguinea** K. Koch 【N, W/C】 ♣HBG, IBCAS, SCBG; ●BJ, GD, XJ, ZJ; ★(AS): CN.

刺黑珠 **Berberis sargentiana** C. K. Schneid. 【N, W/C】 ♣CBG, CDBG, FBG, WBG; ●FJ, HB, SC, SH; ★(AS): CN.

陕西小檗 **Berberis shensiana** Ahrendt 【N, W/C】 ♣CBG; ●SH; ★(AS): CN.

短苞小檗 **Berberis sherriffii** Ahrendt 【N, W/C】 ♣IBCAS; ●BJ; ★(AS): CN.

西伯利亚小檗 **Berberis sibirica** Pall. 【N, W/C】 ♣HBG, HFBG, IBCAS, NBG, TDBG; ●BJ, HL, JS, TW, XJ, ZJ; ★(AS): CN, JP, MN, RU-AS.

西保德小檗 **Berberis sieboldii** Miq. 【I, C】 ♣IBCAS, NSBG; ●BJ, CQ; ★(AS): JP.

锡金小檗 **Berberis sikkimensis** (C. K. Schneid.) Ahrendt 【N, W/C】 ♣SCBG; ●GD; ★(AS): BT, CN, IN, LK, NP.

华西小檗 **Berberis silva-taroucana** C. K. Schneid. 【N, W/C】 ♣IBCAS, KBG; ●BJ, SC, YN; ★(AS): CN.

兴山小檗 **Berberis silvicola** C. K. Schneid. 【N, W/C】 ♣FBG, WBG; ●FJ, HB; ★(AS): CN.

假豪猪刺 **Berberis soulieana** C. K. Schneid. 【N, W/C】 ♣BBG, CBG, FBG, HBG, SCBG, WBG, XBG; ●BJ, FJ, GD, HB, SH, SN, TW, ZJ; ★(AS): CN.

短梗小檗 **Berberis stenostachya** Ahrendt 【N, W/C】 ♣IBCAS; ●BJ; ★(AS): CN.

近直小檗 **Berberis suberecta** Ahrendt 【N, W/C】 ♣IBCAS; ●BJ; ★(AS): CN.

藏小檗 **Berberis thibetica** C. K. Schneid. 【N, W/C】 ♣IBCAS; ●BJ; ★(AS): CN, JP.

日本小檗 **Berberis thunbergii** DC. 【I, C】 ♣BBG, CBG, CDBG, FBG, GA, HBG, HFBG, IBCAS, KBG, LBG, NBG, SCBG, TDBG, WBG, XMBG, ZAFU; ●BJ, FJ, GD, HB, HE, HL, JL, JS, JX, LN, NX, SC, SH, TW, XJ, YN, ZJ; ★(AS): JP.

川西小檗 **Berberis tischleri** C. K. Schneid. 【N, W/C】 ♣KBG; ●YN; ★(AS): CN.

芒齿小檗 **Berberis triacanthophora** Fedde 【N, W/C】 ♣FBG, SCBG, WBG; ●FJ, GD, HB, SC; ★(AS): CN.

线叶小檗 **Berberis trigona** Kunze ex Poepp. et Endl. 【I, C】 ●TW; ★(SA): AR, CL.

土库曼小檗 **Berberis turcomanica** Kar. ex Ledeb. 【I, C】 ♣IBCAS, NBG; ●BJ, JS; ★(AS): TM.

具芒小檗 **Berberis umbellata** Wall. ex G. Don 【I, C】 ♣IBCAS, NBG; ●BJ, JS; ★(AS): IN, NP.

巴东小檗 **Berberis veitchii** C. K. Schneid. 【N, W/C】 ♣IBCAS, WBG; ●BJ, HB; ★(AS): CN.

匙叶小檗 **Berberis vernae** C. K. Schneid. 【N, W/C】 ♣IBCAS, NBG, WBG; ●BJ, HB, JS, XJ; ★(AS): CN, MN.

疣枝小檗 **Berberis verruculosa** Hemsl. et E. H. Wilson 【N, W/C】 ♣CBG, IBCAS; ●BJ, SH, TW; ★(AS): CN.

变绿小檗 **Berberis virescens** Hook. f. 【N, W/C】 ♣HBG, IBCAS; ●BJ, ZJ; ★(AS): BT, CN, IN, LK, NP.

庐山小檗 **Berberis virgetorum** C. K. Schneid. 【N, W/C】 ♣CBG, GA, GMG, HBG, LBG, NBG, SCBG, WBG, XMBG; ●BJ, FJ, GD, GX, HB, JS, JX, SH, ZJ; ★(AS): CN.

欧洲小檗（刺小檗）**Berberis vulgaris** L. 【I, C】 ♣HBG, IBCAS, NBG, XTBG; ●BJ, JS, YN, ZJ; ★(AS): GE; (EU): AL, BA, ES, FR, GR, HR, IT, MC, ME, MK, RS, SI.

沃尔特小檗 **Berberis walteriana** Ahrendt 【I, C】 ♣SCBG; ●GD; ★(EU): GB.

金花小檗 **Berberis wilsoniae** Hemsl. 【N, W/C】 ♣CBG, GBG, HBG, IBCAS, KBG, NBG, SCBG, WBG; ●BJ, GD, GZ, HB, JS, SH, YN, ZJ; ★(AS): CN.

古宗金花小檗 **Berberis wilsoniae** var. **guhtzunica** (Ahrendt) Ahrendt 【N, W/C】 ♣NBG; ●JS; ★(AS): CN.

云南小檗 **Berberis yunnanensis** Franch. 【N, W/C】 ♣IBCAS; ●BJ; ★(AS): CN.

鄂西小檗 **Berberis zanlanscianensis** Pamp. 【N, W/C】 ♣FBG, WBG; ●FJ, HB; ★(AS): CN.

两型小檗属 ×Mahoberberis

两型小檗 ×**Mahoberberis aquicandidula** Jensen 【I, C】 ★(EU): SE.

十大功劳属 Mahonia

北美十大功劳 **Mahonia aquifolium** (Pursh) Nutt.

【I, C】 ♣BBG, CBG, IBCAS, NBG, XTBG; ●BJ, JS, SH, TW, YN; ★(NA): CA, US.

阔叶十大功劳 **Mahonia bealei** (Fortune) Carrière 【N, W/C】 ♣BBG, CBG, CDBG, FBG, GA, GBG, GMG, GXIB, HBG, IBCAS, KBG, LBG, NBG, NSBG, SCBG, WBG, XBG, XLTBG, XMBG, XOIG, XTBG, ZAFU; ●AH, BJ, CQ, FJ, GD, GX, GZ, HA, HB, HI, HN, JS, JX, SC, SH, SN, YN, ZJ; ★(AS): CN, JP; (OC): NZ.

小果十大功劳 **Mahonia bodinieri** Gagnep. 【N, W/C】 ♣NSBG, SCBG, ZAFU; ●CQ, GD, ZJ; ★(AS): CN.

短序十大功劳 **Mahonia breviracema** Y. S. Wang et P. G. Xiao 【N, W/C】 ♣GXIB, WBG, XTBG; ●GX, HB, YN; ★(AS): CN.

鄂西十大功劳 **Mahonia decipiens** C. K. Schneid. 【N, W/C】 ♣FBG, WBG; ●FJ, HB, SC; ★(AS): CN.

长柱十大功劳 **Mahonia duclouxiana** Gagnep. 【N, W/C】 ♣HBG, KBG; ●SC, YN, ZJ; ★(AS): CN, ID, IN, MM, TH.

宽苞十大功劳 **Mahonia eurybracteata** Fedde 【N, W/C】 ♣CBG, CDBG, FBG, GBG, HBG, WBG; ●AH, FJ, GZ, HA, HB, HN, JX, SC, SH, SN, ZJ; ★(AS): CN.

安坪十大功劳 **Mahonia eurybracteata** subsp. **ganpinensis** (Lév.) S. S. Ying et Boufford 【N, W/C】 ♣FBG, GA, HBG, NSBG, SCBG, XTBG; ●CQ, FJ, GD, JX, SC, YN, ZJ; ★(AS): CN.

北江十大功劳 **Mahonia fordii** C. K. Schneid. 【N, W/C】 ♣FBG, GXIB, SCBG, WBG; ●FJ, GD, GX, HB; ★(AS): CN.

十大功劳 **Mahonia fortunei** (Lindl.) Fedde 【N, W/C】 ♣BBG, CDBG, FBG, GA, GBG, GMG, GXIB, HBG, IBCAS, KBG, LBG, NBG, NSBG, SCBG, TBG, TMNS, WBG, XBG, XLTBG, XMBG, XOIG, XTBG, ZAFU; ●BJ, CQ, FJ, GD, GX, GZ, HB, HI, JS, JX, SC, SN, TW, YN, ZJ; ★(AS): CN, ID, IN, JP.

细柄十大功劳 **Mahonia gracilipes** (Oliv.) Fedde 【N, W/C】 ♣FBG, GBG, HBG, SCBG, WBG, XTBG; ●FJ, GD, GZ, HB, SC, YN, ZJ; ★(AS): CN.

滇南十大功劳 **Mahonia hancockiana** Takeda 【N, W/C】 ♣XTBG; ●YN; ★(AS): CN.

台湾十大功劳 **Mahonia japonica** (Thunb.) DC. 【N, W/C】 ♣CDBG, GBG, HBG, NBG, TBG, TMNS, WBG, XMBG; ●FJ, GZ, HB, JS, SC, TW, ZJ; ★(AS): CN, JP; (OC): NZ.

细齿十大功劳 **Mahonia leptodonta** Gagnep. 【N, W/C】 ♣WBG; ●HB; ★(AS): CN.

长苞十大功劳 **Mahonia longibracteata** Takeda 【N, W/C】 ♣FBG; ●FJ, SC; ★(AS): CN.

小叶十大功劳 **Mahonia microphylla** T. S. Ying et G. R. Long 【N, W/C】 ♣FLBG, GXIB; ●BJ, GD, GX, HB, JX; ★(AS): CN.

尼泊尔十大功劳 **Mahonia napaulensis** DC. 【N, W/C】 ♣HBG, NSBG, SCBG, XTBG; ●CQ, GD, YN, ZJ; ★(AS): BT, CN, ID, IN, LK, MM, NP.

喀斯特十大功劳 **Mahonia nervosa** (Pursh) Nutt. 【I, C】 ♣CBG; ●SH; ★(NA): US.

阿里山十大功劳 **Mahonia oiwakensis** Hayata 【N, W/C】 ♣TMNS, ZAFU; ●TW, ZJ; ★(AS): CN.

峨眉十大功劳 **Mahonia polyodonta** Fedde 【N, W/C】 ♣FBG, WBG; ●FJ, HB; ★(AS): CN, ID, IN, MM.

匍匐十大功劳 **Mahonia repens** (Lindl.) G. Don 【I, C】 ♣CBG; ●BJ, SH; ★(NA): MX, US.

网脉十大功劳 **Mahonia retinervis** P. G. Xiao et Y. S. Wang 【N, W/C】 ♣HBG, SCBG; ●GD, ZJ; ★(AS): CN.

沈氏十大功劳 **Mahonia shenii** Chun 【N, W/C】 ♣FBG, GMG, GXIB, SCBG, WBG; ●FJ, GD, GX, HB; ★(AS): CN.

长阳十大功劳 **Mahonia sheridaniana** C. K. Schneid. 【N, W/C】 ♣FBG, WBG; ●FJ, HB; ★(AS): CN.

靖西十大功劳 **Mahonia subimbricata** Chun et F. Chun 【N, W/C】 ♣GXIB; ●GX; ★(AS): CN.

二叶鲜黄连属 Jeffersonia

二叶鲜黄连 **Jeffersonia diphylla** (L.) Pers. 【I, C】 ★(NA): US.

鲜黄连属 Plagiorhegma

鲜黄连 **Plagiorhegma dubium** Maxim. 【N, W/C】 ♣HFBG; ●HL; ★(AS): CN, JP, KP, KR, RU-AS.

淫羊藿属 Epimedium

粗毛淫羊藿 **Epimedium acuminatum** Franch. 【N, W/C】 ♣KBG, SCBG, WBG, XTBG; ●GD, HB, SC, YN; ★(AS): CN.

保靖淫羊藿 **Epimedium baojingensis** Q. L. Chen

et B. M. Yang【N, W/C】♣WBG; ●HB; ★(AS): CN.

黔北淫羊藿 **Epimedium borealiguizhouense** S. Z. He et Y. K. Yang【N, W/C】♣WBG; ●HB; ★(AS): CN.

淫羊藿 **Epimedium brevicornu** Maxim.【N, W/C】♣CBG, IBCAS, NBG, SCBG, WBG, XBG; ●BJ, GD, HB, JS, SC, SH, SN; ★(AS): CN.

宝兴淫羊藿 **Epimedium davidii** Franch.【N, W/C】♣CBG, KBG, WBG; ●HB, SC, SH, YN; ★(AS): CN.

德务淫羊藿 **Epimedium dewuense** S. Z. He, Probst et W. F. Xu【N, W/C】♣WBG; ●HB; ★(AS): CN.

长蕊淫羊藿 **Epimedium dolichostemon** Stearn【N, W/C】♣WBG; ●HB; ★(AS): CN.

恩施淫羊藿 **Epimedium enshiense** B. L. Guo et P. K. Hsiao【N, W/C】♣CBG, FBG, WBG; ●FJ, HB, SH; ★(AS): CN.

川鄂淫羊藿 **Epimedium fargesii** Franch.【N, W/C】♣CBG, IBCAS, WBG; ●BJ, HB, SC, SH; ★(AS): CN.

木鱼坪淫羊藿 **Epimedium franchetii** Stearn【N, W/C】♣CBG, FBG, SCBG, WBG; ●FJ, GD, HB, SC, SH; ★(AS): CN.

大花淫羊藿 **Epimedium grandiflorum** var. **thunbergianum** (Miq.) Nakai【I, C】♣IBCAS; ●BJ; ★(AS): JP.

湖南淫羊藿 **Epimedium hunanense** (Hand.-Mazz.) Hand.-Mazz.【N, W/C】♣CBG, WBG; ●HB, SC, SH; ★(AS): CN.

镇坪淫羊藿 **Epimedium ilicifolium** Stearn【N, W/C】♣CBG, IBCAS; ●BJ, SC, SH; ★(AS): CN.

朝鲜淫羊藿 **Epimedium koreanum** Nakai【N, W/C】♣BBG, GBG, HBG, HFBG, LBG, NBG, SCBG, WBG; ●BJ, GD, GX, GZ, HB, HL, HN, JS, JX, LN, SC, SD, SN, SX, ZJ; ★(AS): CN, JP, KP, KR, MN, RU-AS.

黔岭淫羊藿 **Epimedium leptorrhizum** Stearn【N, W/C】♣CBG, WBG; ●HB, SC, SH; ★(AS): CN.

利川淫羊藿 **Epimedium lichuanense** Z. E. Zhao【N, W/C】♣CBG; ●SH; ★(AS): CN.

时珍淫羊藿 **Epimedium lishihchenii** Stearn【N, W/C】♣CBG; ●SH; ★(AS): CN.

天平山淫羊藿 **Epimedium myrianthum** Stearn【N, W/C】♣CBG, IBCAS, WBG; ●BJ, HB, SH; ★(AS): CN.

柔毛淫羊藿 **Epimedium pubescens** Maxim.【N, W/C】♣CBG, WBG; ●HB, SC, SH; ★(AS): CN.

三枝九叶草 **Epimedium sagittatum** (Siebold et Zucc.) Maxim.【N, W/C】♣CBG, FBG, FLBG, GA, GBG, GMG, GXIB, HBG, KBG, LBG, NBG, SCBG, WBG, XBG, XMBG, XTBG, ZAFU; ●FJ, GD, GX, GZ, HB, JS, JX, SC, SH, SN, YN, ZJ; ★(AS): CN, JP.

光叶淫羊藿 **Epimedium sagittatum** var. **glabratum** T. S. Ying【N, W/C】♣IBCAS; ●BJ; ★(AS): CN.

星花淫羊藿 **Epimedium stellulatum** Stearn【N, W/C】♣IBCAS, WBG; ●BJ, HB; ★(AS): CN.

四川淫羊藿 **Epimedium sutchuenense** Franch.【N, W/C】♣CBG, IBCAS, WBG; ●BJ, HB, SC, SH; ★(AS): CN.

偏斜淫羊藿 **Epimedium truncatum** H. R. Liang【N, W/C】♣SCBG, WBG; ●GD, HB; ★(AS): CN.

巫山淫羊藿 **Epimedium wushanense** T. S. Ying【N, W/C】♣IBCAS, SCBG, WBG; ●BJ, GD, HB, SC; ★(AS): CN.

鬼臼属 Dysosma

云南八角莲 **Dysosma aurantiocaulis** (Hand.-Mazz.) Hu【N, W/C】●YN; ★(AS): CN, MM.

川八角莲 **Dysosma delavayi** (Franch.) Hu【N, W/C】♣GBG, KBG; ●GZ, SC, YN; ★(AS): CN.

小八角莲 **Dysosma difformis** (Hemsl. et E. H. Wilson) T. H. Wang【N, W/C】♣GBG, LBG, NBG, WBG; ●GZ, HB, JS, JX, SC; ★(AS): CN, VN.

利川八角莲 **Dysosma lichuanensis** Z. Zheng et Y. J. Su【N, W/C】♣WBG; ●HB; ★(AS): CN.

六角莲 **Dysosma pleiantha** (Hance) Woodson【N, W/C】♣CBG, FLBG, GBG, GMG, GXIB, HBG, LBG, NBG, SCBG, WBG, XMBG, ZAFU; ●FJ, GD, GX, GZ, HB, JS, JX, SH, YN, ZJ; ★(AS): CN, VN.

八角莲 **Dysosma versipellis** (Hance) M. Cheng ex T. S. Ying【N, W/C】♣CBG, FBG, FLBG, GA, GXIB, IBCAS, KBG, LBG, NBG, SCBG, WBG, XMBG; ●BJ, FJ, GD, GX, HB, JS, JX, SC, SH, YN; ★(AS): CN.

山荷叶属 Diphylleia

南方山荷叶 **Diphylleia sinensis** H. L. Li【N, W/C】

♣KBG, WBG, XTBG; ●HB, YN; ★(AS): CN.

北美桃儿七属 Podophyllum

北美桃儿七(足叶草) **Podophyllum peltatum** L. 【I, C】 ★(NA): CA, US.

桃儿七属 Sinopodophyllum

桃儿七 **Sinopodophyllum hexandrum** (Royle) T. S. Ying【N, W/C】♣IBCAS, KBG, XTBG; ●BJ, SC, YN; ★(AS): AF, BT, CN, IN, LK, NP, PK.

80. 毛茛科 RANUNCULACEAE

黄连属 Coptis

黄连 **Coptis chinensis** Franch. 【N, W/C】 ♣CBG, GA, GBG, GMG, HBG, LBG, NBG, SCBG, WBG; ●GD, GX, GZ, HB, JS, JX, SC, SH, TW, ZJ; ★(AS): CN.

短萼黄连 **Coptis chinensis** var. **brevisepala** W. T. Wang et P. G. Xiao 【N, W/C】 ♣CBG, GMG, GXIB, HBG, LBG, ZAFU; ●GX, JX, SH, ZJ; ★(AS): CN.

峨眉黄连 **Coptis omeiensis** (C. Chen) C. Y. Cheng【N, W/C】 ♣SCBG; ●GD, SC; ★(AS): CN.

云南黄连 **Coptis teeta** Wall. 【N, W/C】 ♣KBG; ●YN; ★(AS): CN, MM.

唐松草属 Thalictrum

尖叶唐松草 **Thalictrum acutifolium** (Hand.-Mazz.) B. Boivin【N, W/C】♣HBG, LBG, SCBG; ●GD, JX, ZJ; ★(AS): CN.

高山唐松草 **Thalictrum alpinum** L. 【N, W/C】 ♣NBG; ●JS; ★(AS): AF, BT, CN, ID, IN, JP, KZ, LK, MM, MN, NP, PK, RU-AS, VN; (EU): AT, BA, DE, ES, FI, FR, GB, HR, IS, IT, ME, MK, NO, RO, RS, RU, SI.

欧洲唐松草 **Thalictrum aquilegiifolium** L. 【I, C】 ♣BBG, CBG, IBCAS; ●BJ, SC, SH, ZJ; ★(AS): CY, RU-AS; (EU): AD, AL, AT, BA, BE, BG, BY, CH, CZ, DK, ES, FI, FR, GB, GR, HR, HU, IS, IT, LU, MC, ME, MK, NL, NO, PL, PT, RO, RS, RU, SE, SI, SK, SM, UA, VA.

唐松草 **Thalictrum aquilegiifolium** var. **sibiricum** Regel et Tiling【N, W/C】♣HBG, HFBG, IBCAS, NBG, SCBG, XMBG, ZAFU; ●BJ, FJ, GD, HE, HL, JS, JX, LN, NM, SC, SD, ZJ; ★(AS): CN, JP, KP, KR, MN.

贝加尔唐松草 **Thalictrum baicalense** Turcz. ex Ledeb. 【N, W/C】 ♣IBCAS; ●BJ; ★(AS): CN, JP, KP, KR, MN, RU-AS.

绢毛唐松草 **Thalictrum brevisericeum** W. T. Wang et S. H. Wang【N, W/C】♣KBG; ●YN; ★(AS): CN.

星毛唐松草 **Thalictrum cirrhosum** H. Lév. 【N, W/C】 ♣KBG; ●YN; ★(AS): CN.

偏翅唐松草 **Thalictrum delavayi** Franch. 【N, W/C】 ♣BBG, GBG, KBG, SCBG, WBG; ●BJ, GD, GZ, HB, YN; ★(AS): CN, MM.

大叶唐松草 **Thalictrum faberi** Ulbr. 【N, W/C】 ♣CBG, HBG, LBG, SCBG, ZAFU; ●GD, JX, SH, ZJ; ★(AS): CN.

西南唐松草 **Thalictrum fargesii** Franch. ex Finet et Gagnep.【N, W/C】♣NBG, WBG; ●HB; ★(AS): CN.

花唐松草 **Thalictrum filamentosum** Maxim. 【N, W/C】 ♣BBG; ●BJ; ★(AS): CN, JP, MN, RU-AS.

黄唐松草 **Thalictrum flavum** L.【N, W/C】♣BBG, IBCAS, NBG; ●BJ, JS; ★(AS): CN, GE, MN, RU-AS; (EU): AL, AT, BA, BE, BG, CZ, DE, ES, FI, FR, GB, HR, HU, IT, LU, ME, MK, NL, NO, PL, RO, RS, RU, SI.

粉绿唐松草 **Thalictrum flavum** subsp. **glaucum** Batt. 【I, C】 ♣CBG; ●SH; ★(AS): GE, RU-AS; (EU): AL, AT, BA, BE, BG, CZ, DE, ES, FI, FR, GB, HR, HU, IT, LU, ME, MK, NL, NO, PL, RO, RS, RU, SI.

腺毛唐松草 **Thalictrum foetidum** L. 【N, W/C】 ♣IBCAS; ●BJ; ★(AS): BT, CN, IN, JP, LK, MN, NP, RU-AS; (EU): AT, BA, BG, CZ, DE, ES, HR, HU, IT, ME, MK, RO, RS, RU, SI.

多叶唐松草 **Thalictrum foliolosum** DC.【N, W/C】♣KBG, XTBG; ●YN; ★(AS): BT, CN, ID, IN, LK, MM, NP, TH.

华东唐松草 **Thalictrum fortunei** S. Moore 【N, W/C】 ♣CBG, HBG, LBG, NBG, WBG, XMBG, ZAFU; ●FJ, HB, JS, JX, SC, SH, ZJ; ★(AS): CN.

巨齿唐松草 **Thalictrum grandidentatum** W. T. Wang et S. H. Wang 【N, W/C】 ♣SCBG; ●GD; ★(AS): CN.

大花唐松草 **Thalictrum grandiflorum** Maxim.【N, W/C】 ♣BBG; ●BJ; ★(AS): CN.

盾叶唐松草 **Thalictrum ichangense** Lecoy. ex Oliv.【N, W/C】 ♣GBG, GMG, GXIB, SCBG, WBG;

●GD, GX, GZ, HB, SC; ★(AS): CN.

爪哇唐松草 **Thalictrum javanicum** Blume 【N, W/C】♣GBG; ●GZ, SC; ★(AS): BT, CN, ID, IN, LK, NP.

*保加利亚唐松草 **Thalictrum lucidum** L. 【I, C】♣NBG; ●JS; ★(EU): AL, AT, BA, BG, CZ, DE, GR, HR, HU, ME, MK, PL, RO, RS, RU, SI, TR.

长喙唐松草 **Thalictrum macrorhynchum** Franch. 【N, W/C】♣WBG; ●HB; ★(AS): CN.

亚欧唐松草 **Thalictrum minus** L. 【N, W/C】♣BBG, TDBG; ●BJ, XJ; ★(AS): CN, CY, JP, KP, KR, MN, RU-AS; (EU): AD, AL, AT, BA, BE, BG, BY, CH, CZ, DE, DK, ES, FI, FR, GB, GR, HR, HU, IS, IT, LU, MC, ME, MK, NL, NO, PL, PT, RO, RS, RU, SE, SI, SK, SM, UA, VA.

岩生亚欧唐松草 **Thalictrum minus** subsp. **saxatile** Ces. 【I, C】♣IBCAS; ●BJ; ★(EU): DE.

东亚唐松草 **Thalictrum minus** var. **hypoleucum** (Siebold et Zucc.) Miq.【N, W/C】♣BBG, HFBG, IBCAS, NBG, SCBG, WBG, XBG; ●BJ, GD, HB, HL, JS, SN; ★(AS): CN, JP, KP, KR.

密叶唐松草 **Thalictrum myriophyllum** Ohwi 【N, W/C】♣TDBG; ●XJ; ★(AS): CN.

稀蕊唐松草 **Thalictrum oligandrum** Maxim. 【N, W/C】♣WBG; ●HB; ★(AS): CN.

瓣蕊唐松草 **Thalictrum petaloideum** L.【N, W/C】♣IBCAS; ●BJ; ★(AS): CN, KP, KR, MN, RU-AS.

狭裂瓣蕊唐松草 **Thalictrum petaloideum** var. **supradecompositum** (Nakai) Kitag. 【N, W/C】♣HBG; ●ZJ; ★(AS): CN.

长柄唐松草 **Thalictrum przewalskii** Maxim. 【N, W/C】♣SCBG, WBG; ●GD, HB; ★(AS): CN, MN.

多枝唐松草 **Thalictrum ramosum** B. Boivin 【N, W/C】♣GBG, GMG; ●GX, GZ, SC; ★(AS): CN.

美丽唐松草 **Thalictrum reniforme** Wall. 【N, W/C】♣IBCAS; ●BJ; ★(AS): BT, CN, IN, LK, NP.

粗壮唐松草 **Thalictrum robustum** Maxim. 【N, W/C】♣WBG; ●HB; ★(AS): CN.

罗氏唐松草 **Thalictrum rochebrunnianum** Franch. et Sav. 【N, W/C】♣KBG; ●YN; ★(AS): CN.

箭头唐松草 **Thalictrum simplex** L. 【N, W/C】♣BBG, IBCAS; ●BJ, SC; ★(AS): CN, GE, JP, KP, KR, MN, RU-AS; (EU): AT, BA, BG, CZ, DE, ES, FI, HR, HU, IT, ME, MK, NO, PL, RO, RS, RU, SI.

短梗箭头唐松草 **Thalictrum simplex** var. **brevipes** H. Hara 【N, W/C】♣IBCAS, NBG, WBG; ●BJ, HB, JS; ★(AS): CN, JP, KP, KR.

散花唐松草 **Thalictrum sparsiflorum** Turcz. ex Fisch. et C. A. Mey. 【N, W/C】♣IBCAS; ●BJ; ★(AS): CN, KP, KR, MN, RU-AS; (NA): CA, US.

石砾唐松草 **Thalictrum squamiferum** Lecoy. 【N, W/C】♣SCBG; ●GD, YN; ★(AS): BT, CN, IN, LK.

展枝唐松草 **Thalictrum squarrosum** Stephan ex Willd. 【N, W/C】♣GMG, IBCAS; ●BJ, GX; ★(AS): CN, MN, RU-AS.

深山唐松草 **Thalictrum tuberiferum** Maxim. 【N, W/C】♣HBG; ●ZJ; ★(AS): CN, JP, KP, KR, MN, RU-AS.

阴地唐松草 **Thalictrum umbricola** Ulbr. 【N, W/C】♣GXIB; ●GX; ★(AS): CN.

弯柱唐松草 **Thalictrum uncinulatum** Franch. ex Lecoy. 【N, W/C】♣WBG; ●HB; ★(AS): CN.

拟耧斗菜属 Paraquilegia

拟耧斗菜 **Paraquilegia microphylla** (Royle) J. R. Drumm. et Hutch.【N, W/C】●YN; ★(AS): CN, CY, IN, KZ, LK, MN, NP, PK, RU-AS, TJ.

尾囊草属 Urophysa

尾囊草 **Urophysa henryi** (Oliv.) O. E. Ulbr. 【N, W/C】♣WBG; ●HB; ★(AS): CN.

距瓣尾囊草 **Urophysa rockii** O. E. Ulbr. 【N, W/C】♣IBCAS; ●BJ; ★(AS): CN.

天葵属 Semiaquilegia

天葵 **Semiaquilegia adoxoides** (DC.) Makino 【N, W/C】♣CBG, GA, GBG, GMG, GXIB, HBG, IBCAS, LBG, NBG, ZAFU; ●BJ, GX, GZ, JS, JX, SC, SH, ZJ; ★(AS): CN, JP, KP, KR.

耧斗菜属 Aquilegia

长白耧斗菜 **Aquilegia amurensis** Kom. 【N, W/C】●LN; ★(AS): CN, MN, RU-AS.

紫黑耧斗菜 **Aquilegia atrata** Koch【I, C】♣NBG; ●JS; ★(EU): AT, BA, CH, DE, IT.

贝加尔漏斗菜 **Aquilegia baikalensis** K. C. Davis 【I, C】♣NBG; ●JS; ★(AS): RU-AS.

贝托洛耧斗菜 **Aquilegia bertolonii** Schott 【I, C】 ♣NBG, XMBG; ●FJ, JS; ★(EU): DE, IT.

日本耧斗菜 **Aquilegia buergeriana** Siebold et Zucc. 【I, C】 ●XJ; ★(AS): JP, KP, KR.

加拿大耧斗菜 **Aquilegia canadensis** L. 【I, C】 ♣BBG, SCBG; ●BJ, GD; ★(NA): CA, US.

黄花耧斗菜 **Aquilegia chrysantha** A. Gray 【I, C】 ♣NBG; ●BJ, HL, JS, TW; ★(NA): MX, US.

金黄耧斗菜 **Aquilegia chrysantha** var. **aurea** (Janka) K. C. Davis 【I, C】 ♣NBG; ●JS; ★(NA): MX, US.

蓝花耧斗菜（变色耧斗菜）**Aquilegia coerulea** E. James 【I, C】 ♣BBG, IBCAS, NBG; ●BJ, JS, TW; ★(NA): MX, US.

*艾因耧斗菜 **Aquilegia einseleana** F. W. Schultz 【I, C】 ♣NBG; ●JS; ★(EU): AT, BA, CH, DE, IT.

黄花加拿大耧斗菜 **Aquilegia flavescens** S. Watson 【I, C】 ★(NA): US.

台岛耧斗菜 **Aquilegia formosa** Fisch. ex DC. 【I, C】 ♣NBG; ●BJ, JS; ★(NA): CA, US.

大花耧斗菜 **Aquilegia glandulosa** Miq. 【N, W/C】 ♣KBG; ●YN; ★(AS): CN, JP, MN, RU-AS.

秦岭耧斗菜 **Aquilegia incurvata** P. K. Hsiao 【N, W/C】 ♣XBG; ●SN; ★(AS): CN.

白山耧斗菜（洋牡丹）**Aquilegia flabellata** Siebold et Zucc. 【N, W/C】 ♣BBG, HFBG, KBG, NBG; ●BJ, HL, JS, TW, YN; ★(AS): CN, JP, KP.

长距耧斗菜 **Aquilegia longissima** A. Gray ex S. Watson 【I, C】 ♣NBG; ●JS, TW; ★(NA): MX, US.

青莲耧斗菜 **Aquilegia olympica** Boiss. 【I, C】 ♣BBG, NBG; ●BJ, JS; ★(AS): AM.

尖萼耧斗菜 **Aquilegia oxysepala** Trautv. et C. A. Mey. 【N, W/C】 ♣HBG, HFBG, KBG, NBG, XMBG; ●FJ, HL, JS, LN, YN, ZJ; ★(AS): CN, JP, KP, KR, MN, RU-AS.

甘肃耧斗菜 **Aquilegia oxysepala** var. **kansuensis** (Brühl) Brühl ex Hand.-Mazz. 【N, W/C】 ♣WBG; ●HB; ★(AS): CN.

小花耧斗菜 **Aquilegia parviflora** Ledeb. 【N, W/C】 ♣IBCAS; ●BJ; ★(AS): CN, JP, MN, RU-AS.

高山耧斗菜 **Aquilegia pyrenaica** DC. 【I, C】 ♣BBG, NBG; ●BJ, JS; ★(EU): DE, ES, FR.

直距耧斗菜 **Aquilegia rockii** Munz 【N, W/C】 ●SC, YN; ★(AS): CN.

西伯利亚耧斗菜 **Aquilegia sibirica** Schur ex Nyman 【N, W/C】 ♣CBG; ●SH; ★(AS): CN, CY, KZ, MN, RU-AS.

二色耧斗菜 **Aquilegia skinneri** Hook. 【I, C】 ♣NBG; ●BJ, JS; ★(NA): GT, MX.

耧斗菜 **Aquilegia viridiflora** Pall. 【N, W/C】 ♣BBG, HFBG, IBCAS, KBG, NBG, XMBG; ●BJ, FJ, HL, JS, LN, TW, YN; ★(AS): CN, JP, MN, RU-AS.

紫花耧斗菜 **Aquilegia viridiflora** var. **atropurpurea** (Willd.) Finet et Gagnep. 【N, W/C】 ♣IBCAS; ●BJ; ★(AS): CN, MN.

欧耧斗菜 **Aquilegia vulgaris** L. 【I, C】 ♣BBG, CBG, IBCAS, KBG, NBG, XMBG; ●BJ, FJ, JS, LN, SC, SH, TW, YN; ★(AS): CY; (EU): AD, AL, AT, BA, BE, BG, BY, CH, CZ, DK, ES, FI, FR, GB, GR, HR, HU, IS, IT, LU, MC, ME, MK, NL, NO, PL, PT, RO, RS, RU, SE, SI, SK, SM, UA, VA.

华北耧斗菜 **Aquilegia yabeana** Kitag. 【N, W/C】 ♣IBCAS, WBG; ●BJ, HB, LN, XJ; ★(AS): CN, MN.

人字果属 Dichocarpum

耳状人字果 **Dichocarpum auriculatum** (Franch.) W. T. Wang et P. K. Hsiao 【N, W/C】 ♣SCBG; ●GD, SC; ★(AS): CN.

蕨叶人字果 **Dichocarpum dalzielii** (J. R. Drumm. et Hutch.) W. T. Wang et P. K. Hsiao 【N, W/C】 ♣GMG, HBG; ●GX, ZJ; ★(AS): CN.

纵肋人字果 **Dichocarpum fargesii** (Franch.) W. T. Wang et P. K. Hsiao 【N, W/C】 ♣WBG; ●HB; ★(AS): CN.

人字果 **Dichocarpum sutchuenense** (Franch.) W. T. Wang et P. K. Hsiao 【N, W/C】 ♣WBG; ●HB; ★(AS): CN.

侧金盏花属 Adonis

夏侧金盏花 **Adonis aestivalis** Link ex Webb et Berthel. 【N, W/C】 ♣CBG, NBG, XMBG; ●FJ, JS, SH; ★(AS): CN, PK; (OC): AU.

小侧金盏花 **Adonis aestivalis** var. **parviflora** (Fisch. ex DC.) M. Bieb. 【N, W/C】 ●XJ; ★(AS): CN.

叙利亚侧金盏花 **Adonis aleppica** Boiss. 【I, C】 ★(AS): SY.

侧金盏花 **Adonis amurensis** Regel et Radde 【N,

W/C】 ♣HFBG, SCBG; ●GD, HL, JL, LN; ★(AS): CN, JP, KP, KR, MN, RU-AS.

欧侧金盏花 **Adonis annua** L. 【I, C】 ★(AF): DZ, EG, LY, MA, TN; (AS): CY, LB, PS, SY, TR; (EU): AD, AL, AT, BA, BE, BG, BY, CH, CZ, DK, ES, FI, FR, GB, GR, HR, HU, IS, IT, LU, MC, ME, MK, NL, NO, PL, PT, RO, RS, RU, SE, SI, SK, SM, UA, VA.

金黄侧金盏花 **Adonis chrysocyathus** Hook. f. et Thomson 【N, W/C】 ●XJ; ★(AS): CN, PK, RU-AS.

短柱侧金盏花 **Adonis davidii** Franch. 【N, W/C】 ●YN; ★(AS): BT, CN.

春侧金盏花 **Adonis dentata** Delile 【I, C】 ♣CBG; ●SH; ★(AF): DZ, EG, MA; (AS): IL, IR, JO, SY; (EU): PT.

金莲花属 Trollius

金莲花 **Trollius chinensis** Bunge 【N, W/C】 ♣BBG, IBCAS; ●BJ, JL; ★(AS): CN, MN, RU-AS.

欧洲金莲花 **Trollius europaeus** L. 【I, C】 ♣BBG, IBCAS; ●BJ; ★(AS): GE, RU-AS; (EU): AL, AT, BA, BE, CH, CZ, DE, FI, FR, GB, HR, HU, IT, ME, MK, NL, NO, PL, RO, RS, RU, SI.

短瓣金莲花 **Trollius ledebourii** Rchb. 【N, W/C】 ●HL, LN; ★(AS): CN, KR, MN, RU-AS.

长瓣金莲花 **Trollius macropetalus** F. Schmidt 【N, W/C】 ♣HFBG; ●HL; ★(AS): CN, KP, KR, RU-AS.

小金莲花 **Trollius pumilus** D. Don 【N, W/C】 ♣IBCAS; ●BJ; ★(AS): BT, CN, IN, LK, MM, NP.

鞘柄金莲花 **Trollius vaginatus** Hand.-Mazz. 【N, W/C】 ●YN; ★(AS): BT, CN, IN, LK.

云南金莲花 **Trollius yunnanensis** (Franch.) Ulbr. 【N, W/C】 ●YN; ★(AS): CN.

乌头属 Aconitum

细叶黄乌头 **Aconitum barbatum** Patrin ex Pers. 【N, W/C】 ♣HFBG; ●HL; ★(AS): CN, KP, KR, MN, RU-AS.

西伯利亚乌头 **Aconitum barbatum** var. **hispidum** (DC.) Ser. 【N, W/C】 ●BJ; ★(AS): CN.

牛扁 **Aconitum barbatum** var. **puberulum** Ledeb. 【N, W/C】 ♣IBCAS; ●BJ; ★(AS): CN, MN.

短柄乌头 **Aconitum brachypodum** Diels 【N, W/C】 ●YN; ★(AS): CN.

展毛短柄乌头 **Aconitum brachypodum** var. **laxiflorum** H. R. Fletcher et Lauener 【N, W/C】 ●YN; ★(AS): CN.

大麻叶乌头 **Aconitum cannabifolium** Franch. ex Finet et Gagnep. 【N, W/C】 ♣CBG, WBG, ZAFU; ●HB, SH, ZJ; ★(AS): CN.

乌头 **Aconitum carmichaelii** Debeaux 【N, W/C】 ♣BBG, CBG, GA, GBG, GMG, GXIB, HBG, IBCAS, KBG, LBG, NBG, SCBG, WBG, XBG, ZAFU; ●BJ, GD, GX, GZ, HB, JS, JX, SC, SH, SN, TW, YN, ZJ; ★(AS): CN, VN.

黄山乌头 **Aconitum carmichaelii** var. **hwangshanicum** (W. T. Wang et P. K. Hsiao) W. T. Wang et P. K. Hsiao 【N, W/C】 ♣HBG; ●ZJ; ★(AS): CN.

展毛乌头 **Aconitum carmichaelii** var. **truppelianum** (Ulbr.) W. T. Wang et P. K. Hsiao 【N, W/C】 ♣CBG, GXIB, HBG, LBG; ●GX, JX, SH, ZJ; ★(AS): CN.

黄花乌头 **Aconitum coreanum** H. Lév. 【N, W/C】 ♣HFBG; ●HE, HL, JL, LN; ★(AS): CN, KP, KR, MN, RU-AS.

赣皖乌头 **Aconitum finetianum** Hand.-Mazz. 【N, W/C】 ♣HBG, LBG; ●JX, ZJ; ★(AS): CN.

薄叶乌头 **Aconitum fischeri** Rchb. 【N, W/C】 ♣BBG, IBCAS; ●BJ, TW; ★(AS): CN, KP, MN, RU-AS.

弯枝乌头 **Aconitum fischeri** var. **arcuatum** (Maxim.) Regel 【N, W/C】 ♣HFBG; ●HL, TW; ★(AS): CN, KP, KR.

丽江乌头 **Aconitum forrestii** Stapf 【N, W/C】 ♣KBG; ●YN; ★(AS): CN.

瓜叶乌头（长齿乌头）**Aconitum hemsleyanum** E. Pritz. 【N, W/C】 ♣GBG, HBG, KBG, LBG, SCBG, WBG, ZAFU; ●GD, GZ, HB, JX, SC, YN, ZJ; ★(AS): CN, MM.

川鄂乌头（白花松潘乌头）**Aconitum henryi** E. Pritz. ex Diels 【N, W/C】 ♣BBG, WBG, XBG; ●BJ, HB, SN; ★(AS): CN.

巴东乌头 **Aconitum ichangense** (Finet et Gagnep.) Hand.-Mazz. 【N, W/C】 ♣WBG; ●HB; ★(AS): CN.

鸭绿乌头 **Aconitum jaluense** Kom. 【N, W/C】 ♣HFBG; ●HL, LN; ★(AS): CN, KP, KR, RU-AS.

华北乌头 **Aconitum jeholense** var. **angustius** (W. T.

Wang) Y. Z. Zhao【N, W/C】♣ZAFU; ●HE, NM, SX, ZJ; ★(AS): CN.

吉林乌头 **Aconitum kirinense** Nakai 【N, W/C】♣HFBG; ●HL; ★(AS): CN, MN, RU-AS.

北乌头 **Aconitum kusnezoffii** Rchb. 【N, W/C】♣GXIB, HFBG, IBCAS, SCBG; ●BJ, GD, GX, HL, LN; ★(AS): CN, KP, KR, MN, RU-AS.

宽裂北乌头 **Aconitum kusnezoffii** var. **gibbiferum** (Rchb.) Regel 【N, W/C】 ●LN; ★(AS): CN.

欧乌头(萝卜状乌头)**Aconitum napellus** L. 【I, C】★(EU): CH, FR, GB, NL.

德钦乌头 **Aconitum ouvrardianum** Hand.-Mazz. 【N, W/C】 ♣KBG; ●YN; ★(AS): CN.

铁棒锤 **Aconitum pendulum** N. Busch 【N, W/C】●SC, YN; ★(AS): CN.

中甸乌头(多枝乌头)**Aconitum piepunense** Hand.-Mazz. 【N, W/C】 ♣KBG, SCBG; ●GD, YN; ★(AS): CN.

*翅茎乌头 **Aconitum pterocaule** Koidz. 【I, C】♣LBG; ●JX; ★(AS): JP.

岩乌头 **Aconitum racemulosum** Franch.【N, W/C】♣SCBG; ●GD, SC; ★(AS): CN.

大苞乌头 **Aconitum raddeanum** Regel 【N, W/C】♣HFBG; ●HL; ★(AS): CN, MN, RU-AS.

草黄乌头 **Aconitum rockii** var. **fengii** (W. T. Wang) W. T. Wang 【N, W/C】 ♣SCBG; ●GD; ★(AS): CN.

花葶乌头 **Aconitum scaposum** Franch. 【N, W/C】♣CBG, IBCAS, WBG; ●BJ, HB, SC, SH; ★(AS): BT, CN, IN, LK, MM, NP.

高乌头 **Aconitum sinomontanum** Nakai【N, W/C】♣CBG, IBCAS, WBG; ●BJ, HB, SC, SH; ★(AS): CN.

狭盔高乌头 **Aconitum sinomontanum** var. **angustius** W. T. Wang 【N, W/C】 ♣LBG; ●JX; ★(AS): CN.

山西乌头 **Aconitum smithii** Ulbr. ex Hand.-Mazz. 【N, W/C】 ♣IBCAS; ●BJ; ★(AS): CN, MN.

准噶尔乌头 **Aconitum soongaricum** Stapf 【N, W/C】 ●BJ, XJ; ★(AS): CN.

匙苞乌头 **Aconitum spathulatum** W. T. Wang【N, W/C】 ●BJ; ★(AS): CN.

康定乌头 **Aconitum tatsienense** Finet et Gagnep. 【N, W/C】 ♣SCBG; ●GD; ★(AS): CN.

直缘乌头 **Aconitum transsectum** Diels 【N, W/C】♣XBG; ●SN; ★(AS): CN.

草地乌头 **Aconitum umbrosum** Colla 【N, W/C】♣HFBG; ●BJ, HL; ★(AS): CN, KP, KR, MN, RU-AS.

钩柄乌头 **Aconitum uncinatum** L.【I, C】♣HBG; ●ZJ; ★(NA): US.

蟹状乌头 **Aconitum variegatum** L. 【I, C】♣IBCAS; ●BJ, TW; ★(EU): AT, BA, BG, CZ, DE, HR, HU, IT, ME, MK, PL, RO, RS, RU, SI.

黄草乌 **Aconitum vilmorinianum** Kom.【N, W/C】♣KBG, XBG; ●SN, YN; ★(AS): CN.

翠雀花属 Delphinium

飞燕草 **Delphinium ajacis** L. 【I, C】 ♣CDBG, FLBG, GXIB, HBG, HFBG, KBG, NBG, XBG, XMBG, ZAFU; ●BJ, FJ, GD, GX, HL, JS, JX, SC, SN, TW, XJ, YN, ZJ; ★(EU): AD, AL, BA, BG, ES, GR, HR, IT, ME, MK, PT, RO, RS, SI, SM, VA.

还亮草 **Delphinium anthriscifolium** Hance 【N, W/C】 ♣CBG, FBG, GXIB, HBG, LBG, SCBG, ZAFU; ●FJ, GD, GX, JX, SC, SH, ZJ; ★(AS): CN, VN.

宽距翠雀花 **Delphinium beesianum** W. W. Sm. 【N, W/C】 ●YN; ★(AS): CN.

二角翠雀花(二角飞燕草)**Delphinium bicornutum** Hemsl. 【I, C】 ♣NBG; ●JS; ★(NA): MX.

短矩飞燕草 **Delphinium brachycentrum** Ledeb. 【I, C】 ♣NBG; ●JS; ★(NA): CA, US.

囊距翠雀花 **Delphinium brunonianum** Royle 【N, W/C】 ♣NBG; ●JS; ★(AS): AF, CN, NP, PK.

蔚蓝飞燕草 **Delphinium cashmerianum** Royle 【I, C】 ♣NBG; ●JS; ★(AS): AF, BT, IN, MM, NP, PK.

角萼翠雀花 **Delphinium ceratophorum** Franch. 【N, W/C】 ♣SCBG; ●GD; ★(AS): CN.

分叉飞燕草(白皇飞燕草)**Delphinium consolida** L. 【I, C】 ♣NBG; ●JS, TW; ★(AF): MA; (AS): AZ, SA; (EU): BA, BY, DE, FR, GB, HR, IS, LU, RS.

楔尖飞燕草 **Delphinium cuneatum** Steven ex DC. 【I, C】 ♣NBG; ●JS; ★(AS): RU-AS.

须花翠雀花 **Delphinium delavayi** var. **pogonanthum** (Hand.-Mazz.) W. T. Wang 【N, W/C】 ♣SCBG; ●GD; ★(AS): CN.

网果飞燕草 **Delphinium dictyocarpum** DC.【I, C】♣NBG; ●JS; ★(AS): KZ, RU-AS.

高翠雀花 **Delphinium elatum** Franch. 【N, W/C】♣BBG, NBG; ●BJ, JS, TW, XJ, YN; ★(AS): CN,

MM, MN, RU-AS; (EU): AT, BA, CZ, DE, HR, ME, MK, PL, RO, RS, RU, SI.

格拉贝飞燕草 **Delphinium glabellum** Turcz. 【I, C】 ♣NBG; ●JS; ★(AS): RU-AS.

翠雀花 **Delphinium grandiflorum** Forssk. 【N, W/C】 ♣BBG, GXIB, HFBG, NBG, XMBG; ●BJ, FJ, GX, HL, JS, SC, TW, YN; ★(AS): CN, KP, KR, MN, RU-AS.

裂瓣翠雀花 **Delphinium grandiflorum** var. **mosoynense** (Franch.) Huth 【N, W/C】 ●YN; ★(AS): CN.

河南翠雀花 **Delphinium honanense** W. T. Wang 【N, W/C】 ♣WBG; ●HB; ★(AS): CN.

贡嘎翠雀花（稻城翠雀花）**Delphinium hui** F. H. Chen 【N, W/C】 ●TW; ★(AS): CN.

疏花飞燕草 **Delphinium laxiflorum** DC. 【I, C】 ♣NBG; ●JS; ★(AS): RU-AS.

丽江翠雀花 **Delphinium likiangense** Franch. 【N, W/C】 ●YN; ★(AS): CN.

宽苞翠雀花 **Delphinium maackianum** Regel 【N, W/C】 ♣HFBG; ●HL, LN; ★(AS): CN, KP, KR, MN, RU-AS.

金沙翠雀花 **Delphinium majus** (W. T. Wang) W. T. Wang 【N, W/C】 ♣KBG; ●YN; ★(AS): CN.

裸茎翠雀花 **Delphinium nudicaule** Torr. et A. Gray 【I, C】 ★(NA): US.

千鸟草 **Delphinium orientale** J. Gay 【I, C】 ●TW, YN; ★(EU): AL, BA, BG, CZ, DE, ES, FR, GB, GR, HR, HU, IT, LU, ME, MK, RO, RS, RU, SI, TR.

凸脉飞燕草 **Delphinium rugulosum** Boiss. 【N, W/C】 ♣SCBG; ●GD; ★(AS): AF, CN, CY, KG, KH, KZ, TM.

*格鲁吉亚翠雀花 **Delphinium schmalhausenii** Albov 【I, C】 ♣NBG; ●JS, TW; ★(AS): GE.

宝兴翠雀花 **Delphinium smithianum** Hand.-Mazz. 【N, W/C】 ●YN; ★(AS): CN.

大理翠雀花 **Delphinium taliense** Franch. 【N, W/C】 ●YN; ★(AS): CN.

康定翠雀花 **Delphinium tatsienense** Franch. 【N, W/C】 ●SC, YN; ★(AS): CN.

长距翠雀花 **Delphinium tenii** H. Lév. 【N, W/C】 ●YN; ★(AS): CN.

天山翠雀花 **Delphinium tianshanicum** W. T. Wang 【N, W/C】 ♣TDBG; ●XJ; ★(AS): CN.

毛翠雀花 **Delphinium trichophorum** Franch. 【N, W/C】 ♣SCBG; ●GD; ★(AS): CN.

中甸翠雀花 **Delphinium yuanum** F. H. Chen 【N, W/C】 ●YN; ★(AS): CN.

玉龙山翠雀花 **Delphinium yulungshanicum** W. T. Wang 【N, W/C】 ●YN; ★(AS): CN.

扎里耳翠雀花 **Delphinium zalil** Aitch. et Hemsl. 【I, C】 ●TW; ★(AS): IR.

黑种草属 Nigella

毛黑种草 **Nigella ciliaris** DC. 【I, C】 ♣NBG; ●JS; ★(AS): IL.

黑种草 **Nigella damascena** L. 【I, C】 ♣NBG, XMBG; ●FJ, JS, TW, YN; ★(EU): AD, AL, BA, BG, ES, GR, HR, IT, ME, MK, NL, PT, RO, RS, SI, SM, TR, VA.

腺毛黑种草 **Nigella glandulifera** Freyn et Sint. 【I, C】 ♣XTBG; ●YN; ★(AS): KG, KZ, TJ, TM, UZ.

西班牙黑种草 **Nigella hispanica** L. 【I, C】 ★(AF): DZ, TN; (EU): ES, FR, LU.

东方黑种草 **Nigella orientalis** L. 【I, C】 ♣NBG; ●JS; ★(EU): GR, IT, NL, TR.

家黑种草 **Nigella sativa** L. 【I, C】 ♣NBG, XBG; ●JS, SN, TW; ★(AF): ET; (AS): IR, TR; (EU): BA, BG, CZ, ES, GR, HR, HU, IT, ME, MK, PL, RO, RS, RU, SE, SI, TR.

铁筷子属 Helleborus

杂种铁筷子 **Helleborus** × **sternii** Turrill 【I, C】 ♣IBCAS; ●BJ; ★(EU): GB.

圆叶铁筷子 **Helleborus cyclophyllus** Boiss. 【I, C】 ♣IBCAS; ●BJ; ★(EU): AL, BA, BG, GR, HR, ME, MK, RS, SI.

臭铁筷子（臭嚏根草）**Helleborus foetidus** L. 【I, C】 ♣CBG, IBCAS; ●BJ, SH; ★(AF): MA; (AS): GE; (EU): BA, BE, BY, CH, DE, ES, GB, IT, LU, NL.

暗色铁筷子 **Helleborus lividus** Aiton ex Curtis 【I, C】 ♣XMBG; ●FJ; ★(EU): BY, ES, FR.

尖叶铁筷子 **Helleborus lividus** subsp. **corsicus** (Briq.) P. F. Yeo 【I, C】 ♣IBCAS; ●BJ; ★(EU): BY, ES.

暗叶铁筷子（嚏根草）**Helleborus niger** L. 【I, C】 ♣CBG; ●HE, SH, TW; ★(EU): AT, BA, CH, DE, GB, HR, IT, ME, MK, NL, PL, RS, RU, SI.

东方铁筷子 **Helleborus orientalis** Lam. 【I, C】 ♣IBCAS; ●BJ, TW; ★(EU): GR, TR.

紫晕铁筷子（紫花铁筷子）**Helleborus purpurascens**

Waldst. et Kit. 【I, C】 ♣IBCAS; ●BJ; ★(EU): BA, CZ, HR, HU, ME, MK, PL, RO, RS, RU, SI.

铁筷子 **Helleborus thibetanus** Franch. 【N, W/C】 ♣IBCAS, WBG, ZAFU; ●BJ, HB, SC, ZJ; ★(AS): CN.

绿铁筷子 **Helleborus viridis** L.【I, C】★(EU): AT, BE, CH, CZ, DE, FR, GB, HU, LI, LU, MC, NL, PL, SK.

莲花升麻属 Anemonopsis

莲花升麻 **Anemonopsis macrophylla** Siebold et Zucc. 【I, C】 ♣BBG; ●BJ, TW; ★(AS): JP.

铁破锣属 Beesia

铁破锣 **Beesia calthifolia** (Maxim. ex Oliv.) Ulbr. 【N, W/C】 ♣GBG, IBCAS, SCBG, WBG, XBG; ●BJ, GD, GZ, HB, SC, SN, YN; ★(AS): CN, MM.

菟葵属 Eranthis

冬菟葵 **Eranthis hyemalis** (L.) Salisb. 【I, C】 ★(AS): LB, PS, SY, TR; (EU): AL, BA, ES, FR, GR, HR, IT, MC, ME, MK, RS, SI.

类叶升麻属 Actaea

类叶升麻 **Actaea asiatica** H. Hara 【N, W/C】 ♣CBG, HFBG, IBCAS, WBG; ●BJ, HB, HL, SH; ★(AS): CN, JP, KP, KR, MN, RU-AS.

红果类叶升麻 **Actaea erythrocarpa** (Fisch.) Kom. 【N, W/C】 ♣BBG, NBG; ●BJ, JS; ★(AS): CN, JP, KR, MN, RU-AS; (EU): FI, RU.

总序类叶升麻 **Actaea racemosa** Walter ex Steud. 【I, C】 ♣IBCAS; ●BJ; ★(NA): US.

穗花类叶升麻(绿豆升麻) **Actaea spicata** L. 【I, C】 ♣BBG, IBCAS; ●BJ; ★(AS): GE, RU-AS; (EU): AL, AT, BA, BE, BG, CZ, DE, ES, FI, GB, GR, HR, HU, IT, ME, MK, NL, NO, PL, RO, RS, RU, SI.

升麻属 Cimicifuga

短果升麻 **Cimicifuga brachycarpa** P. K. Hsiao 【N, W/C】 ♣KBG; ●YN; ★(AS): CN.

兴安升麻 **Cimicifuga dahurica** (Turcz.) Maxim. 【N, W/C】 ♣HFBG, IBCAS; ●BJ, HL, LN; ★(AS): CN, KP, KR, MM, MN, RU-AS.

升麻 **Cimicifuga foetida** Pursh 【N, W/C】 ♣BBG, GBG, KBG, SCBG, WBG, XBG; ●BJ, GD, GZ, HB, SC, SN, YN; ★(AS): BT, CN, ID, IN, KZ, LK, MM, MN, RU-AS.

毛叶升麻 **Cimicifuga foetida** var. **velutina** Franch. ex Finet et Gagnep. 【N, W/C】 ♣KBG; ●YN; ★(AS): CN.

大三叶升麻 **Cimicifuga heracleifolia** Kom. 【N, W/C】 ♣HFBG; ●HL, LN; ★(AS): CN, KP, KR, MN, RU-AS.

小升麻 **Cimicifuga japonica** (Thunb.) Spreng. 【N, W/C】 ♣BBG, CBG, HBG, LBG, NBG, SCBG, WBG, XBG; ●BJ, GD, HB, JS, JX, SC, SH, SN, ZJ; ★(AS): CN, JP, KP, KR.

南川升麻 **Cimicifuga nanchuanensis** P. K. Hsiao 【N, W/C】 ♣SCBG; ●GD, SC; ★(AS): CN.

单穗升麻 **Cimicifuga simplex** Wormsk. ex DC. 【N, W/C】 ♣BBG, HBG, IBCAS, SCBG; ●BJ, GD, LN, SC, ZJ; ★(AS): CN, JP, KP, KR, MN, RU-AS.

黄三七属 Souliea

黄三七 **Souliea vaginata** (Maxim.) Franch. 【N, W/C】 ♣WBG; ●HB; ★(AS): BT, CN, ID, IN, LK, MM.

驴蹄草属 Caltha

白花驴蹄草 **Caltha natans** Pall. 【N, W/C】 ♣HFBG; ●HL; ★(AS): CN, KR, MN, RU-AS; (NA): CA, US.

驴蹄草 **Caltha palustris** L. 【N, W/C】 ♣CBG, HFBG, SCBG, WBG, XTBG, ZAFU; ●GD, HB, HL, SC, SH, TW, YN, ZJ; ★(AS): BT, CN, IN, JP, KP, KR, LK, MM, MN, NP, RU-AS.

膜叶驴蹄草 **Caltha palustris** var. **membranacea** Turcz. 【N, W/C】 ♣HBG, HFBG; ●HL, LN, ZJ; ★(AS): CN, JP, KP, KR, MN.

三角叶驴蹄草 **Caltha palustris** var. **sibirica** Regel 【N, W/C】 ♣HFBG; ●HL, LN; ★(AS): CN, KP, KR, MN.

花莛驴蹄草 **Caltha scaposa** Hook. f. et Thomson 【N, W/C】 ●YN; ★(AS): BT, CN, ID, IN, LK, NP.

星果草属 Asteropyrum

裂叶星果草 **Asteropyrum cavaleriei** (H. Lév. et Vaniot) J. R. Drumm et Hutch. 【N, W/C】 ♣CBG, GMG, HBG, IBCAS, SCBG, WBG; ●BJ, GD, GX, HB, SC, SH, ZJ; ★(AS): CN.

星果草 **Asteropyrum peltatum** (Franch.) J. R. Drumm et Hutch. 【N, W/C】 ♣WBG; ●HB, SC; ★(AS): BT, CN, IN, LK, MM.

美花草属 Callianthemum

太白美花草 **Callianthemum taipaicum** W. T. Wang 【N, W/C】 ♣IBCAS; ●BJ; ★(AS): CN.

獐耳细辛属 Hepatica

川鄂獐耳细辛 **Hepatica henryi** (Oliv.) Steward【N, W/C】♣CBG, WBG; ●HB, SC, SH; ★(AS): CN.

欧獐耳细辛（日本獐耳细辛）**Hepatica nobilis** Schreb. 【I, C】 ●SC, TW, ZJ; ★(NA): CA, US.

獐耳细辛 **Hepatica nobilis** var. **asiatica** (Nakai) H. Hara 【N, W/C】 ♣HBG, LBG, ZAFU; ●JX, ZJ; ★(AS): CN, KP, KR.

白头翁属 Pulsatilla

蒙古白头翁 **Pulsatilla ambigua** (Turcz. ex Hayek) Juz.【N, W/C】●YN; ★(AS): CN, MN, RU-AS.

朝鲜白头翁 **Pulsatilla cernua** (Thunb.) Bercht. et Presl 【N, W/C】 ●LN; ★(AS): CN, JP, KP, KR, MN, RU-AS.

白头翁 **Pulsatilla chinensis** (Bunge) Regel 【N, W/C】♣BBG, CDBG, HFBG, IBCAS, NBG; ●BJ, HL, JS, LN, SC; ★(AS): CN, KP, KR, MN, RU-AS.

兴安白头翁 **Pulsatilla dahurica** (Fisch. ex DC.) Spreng.【N, W/C】♣HBG; ●ZJ; ★(AS): CN, KR, MN, RU-AS.

细叶白头翁 **Pulsatilla turczaninovii** Krylov et Serg.【N, W/C】 ♣HFBG; ●HL, LN; ★(AS): CN, MN, RU-AS.

银莲花属 Anemone

高山银莲花 **Anemone alpina** L. 【I, C】 ♣BBG; ●BJ; ★(EU): AD, AL, AT, BA, BG, CH, CZ, DE, ES, GR, HR, HU, IT, LI, ME, MK, PL, PT, RO, RS, SI, SK, SM, VA.

阿尔泰银莲花 **Anemone altaica** Fisch. ex C. A. Mey. 【N, W/C】 ♣BBG, CBG, HBG, IBCAS, XBG; ●BJ, SH, SN, ZJ; ★(AS): CN, RU-AS.

卵叶银莲花 **Anemone begoniifolia** H. Lév. et Vaniot 【N, W/C】 ♣KBG; ●YN; ★(AS): CN, MM.

长柄银莲花 **Anemone biflora** var. **petiolulosa** (Juz.) Ziman 【I, C】 ♣NBG; ●JS; ★(AS): AF.

希腊银莲花 **Anemone blanda** Schott et Kotschy 【I, C】 ●TW; ★(EU): AL, BG, GR, HR, TR.

加拿大银莲花 **Anemone canadensis** L. 【I, C】 ♣BBG; ●BJ; ★(NA): CA, US.

银莲花 **Anemone cathayensis** Kitag. 【N, W/C】 ♣NBG; ●BJ, JS, ZJ; ★(AS): CN, KP, KR.

欧洲银莲花 **Anemone coronaria** L. 【I, C】 ♣XMBG; ●BJ, FJ, TW; ★(AF): DZ, EG, LY, MA, TN; (AS): IL, LB, PS, SY, TR; (EU): AL, BA, ES, FR, GR, HR, IT, MC, ME, MK, RS, SI.

柱形银莲花 **Anemone cylindrica** A. Gray 【I, C】 ♣IBCAS; ●BJ; ★(NA): US.

西南银莲花 **Anemone davidii** Franch. 【N, W/C】 ♣WBG; ●HB, SC; ★(AS): CN.

展毛银莲花 **Anemone demissa** Hook. f. et Thomson 【N, W/C】 ♣KBG; ●YN; ★(AS): BT, CN, ID, IN, LK, MM, MN, NP.

密毛银莲花 **Anemone demissa** var. **villosissima** Brühl 【N, W/C】♣KBG; ●YN; ★(AS): BT, CN, IN, NP.

二歧银莲花 **Anemone dichotoma** L. 【N, W/C】 ♣LBG; ●JX; ★(AS): CN, JP, KR, MN, RU-AS.

菟状银莲花 **Anemone eranthoides** Regel 【I, C】 ★(AS): KG, TJ, UZ.

细裂银莲花（细萼银莲花）**Anemone filisecta** C. Y. Wu et W. T. Wang【N, W/C】♣XTBG; ●YN; ★(AS): CN.

鹅掌草 **Anemone flaccida** F. Schmidt 【N, W/C】 ♣GBG, GMG, HBG, NBG; ●GX, GZ, JS, SC, ZJ; ★(AS): CN, JP, RU-AS.

疏齿银莲花 **Anemone geum** subsp. **ovalifolia** (Brühl) Chaudhri 【N, W/C】 ●YN; ★(AS): CN, IN, NP.

*哈雷银莲花 **Anemone halleri** All.【I, C】♣IBCAS, KBG; ●BJ, YN; ★(EU): CH.

孔雀银莲花 **Anemone hortensis** L.【I, C】♣NBG; ●JS; ★(AF): MA; (AS): SA; (EU): AL, BA, BG, DE, GR, HR, IT, ME, MK, RS, SI, TR.

打破碗花花 **Anemone hupehensis** Lem.【N, W/C】♣BBG, GBG, GXIB, IBCAS, LBG, SCBG, WBG, XBG, XMBG; ●BJ, FJ, GD, GX, GZ, HB, JX, SC, SN, TW; ★(AS): CN, JP, KR, MM; (OC): US-HW.

秋牡丹 **Anemone hupehensis** var. **japonica** (Thunb.) Bowles et Stearn【N, W/C】♣GA, HBG,

KBG, LBG, NBG, SCBG, XMBG, ZAFU; ●FJ, GD, JS, JX, YN, ZJ; ★(AS): CN, JP.

墨西哥银莲花 **Anemone mexicana** Kunth 【I, C】 ♣NBG; ●JS; ★(NA): GT, MX.

山银莲花 **Anemone montana** Hopp【I, C】♣NBG; ●JS; ★(AS): AM, AZ, GE, IR, RU-AS, TR; (EU): AL, BA, ES, FR, GR, HR, IT, MC, ME, MK, RS, SI, UA.

水仙银莲花 **Anemone narcissiflora** Hook. et Arn. 【N, W/C】 ♣BBG, HBG, IBCAS, KBG, NBG; ●BJ, JS, YN, ZJ; ★(AS): AF, CN, CY, GE, JP, KP, KR, KZ, MM, MN, PK, TJ; (EU): AL, AT, BA, BG, CZ, DE, ES, HR, IT, ME, MK, PL, RO, RS, RU, SI.

钝裂银莲花 **Anemone obtusiloba** Lindl. 【N, W/C】 ●BJ; ★(AS): AF, BT, CN, ID, IN, LK, MM, MN, NP, PK, RU-AS.

掌叶银莲花 **Anemone palmata** L. 【I, C】 ♣NBG; ●JS; ★(AS): SA; (EU): DE, ES, GR, LU, SI.

反萼银莲花 **Anemone reflexa** Stephan ex Willd. 【N, W/C】 ♣HBG; ●ZJ; ★(AS): CN, KP, KR, MN, RU-AS; (EU): RU.

草玉梅 **Anemone rivularis** Buch.-Ham. ex DC. 【N, W/C】 ♣GBG, HBG, KBG, WBG, XTBG; ●GZ, HB, YN, ZJ; ★(AS): BT, CN, ID, IN, LA, LK, MM, MN, NP.

小花草玉梅 **Anemone rivularis** var. **flore-minore** Maxim. 【N, W/C】 ♣NBG; ●JS; ★(AS): CN.

湿地银莲花 **Anemone rupestris** Jacquem. 【N, W/C】 ●YN; ★(AS): BT, CN, ID, IN, LK, NP.

岩生银莲花 **Anemone rupicola** Cambess. ex Jacquem. 【N, W/C】 ●YN; ★(AS): AF, BT, CN, IN, LK, NP, PK.

大花银莲花 **Anemone sylvestris** Vill. 【N, W/C】 ♣BBG, IBCAS, NBG; ●BJ, JS; ★(AS): CN, GE, MN, RU-AS; (EU): AT, BA, BE, BG, CZ, DE, HR, HU, IT, ME, MK, PL, RO, RS, RU, SI.

复伞银莲花 **Anemone tetrasepala** Royle 【N, W/C】 ♣NBG; ●JS; ★(AS): AF, CN, ID, IN, MM, PK.

大火草 **Anemone tomentosa** (Maxim.) C. Pei 【N, W/C】 ♣BBG, CDBG, HBG, IBCAS, NBG, WBG, XBG; ●BJ, HB, JS, SC, SN, ZJ; ★(AS): CN.

弗吉尼亚银莲花 **Anemone virginiana** L. 【I, C】 ♣BBG, HBG; ●BJ, ZJ; ★(NA): CA, US.

野棉花 **Anemone vitifolia** Buch.-Ham. ex DC. 【N, W/C】 ♣IBCAS, KBG, SCBG, XTBG; ●BJ, GD, YN; ★(AS): BT, CN, ID, IN, LK, MM, MY, NP.

罂粟莲花属 Anemoclema

罂粟莲花 **Anemoclema glaucifolium** (Franch.) W. T. Wang 【N, W/C】 ♣KBG; ●SC, YN; ★(AS): CN.

铁线莲属 Clematis

杰克曼铁线莲 **Clematis × jackmanii** T. Moore 【I, C】 ●FJ, TW, YN; ★(EU): GB.

*锐角铁线莲 **Clematis acutangula** Hook. f. et Thomson 【N, W/C】 ●YN; ★(AS): BT, CN.

芹叶铁线莲 **Clematis aethusifolia** Turcz. 【N, W/C】 ♣IBCAS; ●BJ; ★(AS): CN, MN, RU-AS.

宽芹叶铁线莲 **Clematis aethusifolia** var. **latisecta** Maxim. 【N, W/C】 ●BJ; ★(AS): CN, MN.

甘川铁线莲 **Clematis akebioides** (Maxim.) H. J. Veitch 【N, W/C】 ♣SCBG; ●GD, YN; ★(AS): CN, MN.

阿尔卑斯铁线莲 **Clematis alpina** (L.) Mill. 【I, C】 ♣BBG; ●BJ, TW; ★(EU): AT, BA, BG, CZ, DE, ES, FI, FR, HR, HU, IT, ME, MK, NO, PL, RO, RS, RU, SI.

女萎 **Clematis apiifolia** DC. 【N, W/C】 ♣CBG, GBG, GMG, HBG, NBG, SCBG, WBG, ZAFU; ●GD, GX, GZ, HB, JS, SH, TW, ZJ; ★(AS): CN, JP, KP, KR.

钝齿铁线莲 **Clematis apiifolia** var. **argentilucida** (H. Lév. et Vaniot) W. T. Wang 【N, W/C】 ♣CBG, GMG, HBG, LBG; ●GX, JX, SC, SH, ZJ; ★(AS): CN.

小木通 **Clematis armandii** Franch. 【N, W/C】 ♣CBG, GA, GMG, GXIB, SCBG, WBG, XTBG; ●BJ, GD, GX, HB, JX, SC, SH, TW, YN; ★(AS): CN, MM.

短尾铁线莲 **Clematis brevicaudata** DC. 【N, W/C】 ♣BBG, HBG, IBCAS, WBG; ●BJ, HB, TW, ZJ; ★(AS): CN, KP, KR, MN, RU-AS.

短柄铁线莲(短梗铁线莲)**Clematis brevipes** Rehder 【N, W/C】 ●BJ; ★(AS): CN.

短柱铁线莲 **Clematis cadmia** Buch.-Ham. ex Hook. f. et Thomson 【N, W/C】 ♣FLBG, LBG, WBG; ●GD, HB, JX; ★(AS): BT, CN, ID, IN, LK, MM, VN.

威灵仙 **Clematis chinensis** Retz. 【N, W/C】 ♣CDBG, FBG, FLBG, GA, GBG, GMG, GXIB, HBG, LBG, NBG, SCBG, WBG, XMBG, XTBG; ●FJ, GD, GX, GZ, HB, JS, JX, SC, YN, ZJ; ★(AS): CN, JP, VN.

毛叶威灵仙 **Clematis chinensis** var. **vestita** (Rehder et E. H. Wilson) W. T. Wang 【N, W/C】 ♣WBG; ●HB; ★(AS): CN.

金毛铁线莲 **Clematis chrysocoma** Franch. 【N, W/C】 ●YN; ★(AS): CN, MM.

春铁线莲 **Clematis cirrhosa** L. 【I, C】 ●TW; ★(AF): MA; (AS): SA; (EU): BY, DE, ES, HR, IT, LU, SI.

合柄铁线莲 **Clematis connata** DC. 【N, W/C】 ♣KBG; ●YN; ★(AS): BT, CN, IN, LK, NP, PK.

杯柄铁线莲 **Clematis connata** var. **trullifera** (Franch.) W. T. Wang 【N, W/C】 ♣KBG; ●YN; ★(AS): CN.

大花威灵仙 **Clematis courtoisii** Hand.-Mazz. 【N, W/C】 ♣ZAFU; ●ZJ; ★(AS): CN.

厚叶铁线莲 **Clematis crassifolia** Benth. 【N, W/C】 ♣SCBG; ●GD; ★(AS): CN, JP.

银叶铁线莲 **Clematis delavayi** Franch. 【N, W/C】 ●YN; ★(AS): CN.

山木通 **Clematis finetiana** H. Lév. et Vaniot 【N, W/C】 ♣CBG, FBG, GA, HBG, LBG, NBG, SCBG, WBG, XMBG, ZAFU; ●FJ, GD, HB, JS, JX, SH, ZJ; ★(AS): CN.

火焰铁线莲 **Clematis flammula** L. 【I, C】 ●TW; ★(AF): DZ, MA; (AS): LB; (EU): CH, ES, FR, IT, NL.

铁线莲 **Clematis florida** Thunb. 【N, W/C】 ♣CDBG, FBG, HBG, IBCAS, SCBG; ●BJ, FJ, GD, LN, SC, TW, YN, ZJ; ★(AS): CN.

灌木铁线莲 **Clematis fruticosa** Turcz. 【N, W/C】 ♣MDBG, TDBG; ●GS, NM, XJ; ★(AS): CN, MN, RU-AS.

毛灌木铁线莲 **Clematis fruticosa** var. **canescens** Turcz. 【N, W/C】♣MDBG, TDBG; ●GS, XJ; ★(AS): CN, MN.

滇南铁线莲 **Clematis fulvicoma** Rehder et E. H. Wilson 【N, W/C】 ♣XTBG; ●YN; ★(AS): CN, ID, IN, LA, MM, TH, VN.

粉绿铁线莲 **Clematis glauca** Willd. 【N, W/C】 ♣SCBG, TDBG; ●GD, XJ; ★(AS): CN, CY, KZ, MN, RU-AS.

小蓑衣藤 **Clematis gouriana** Roxb. ex DC. 【N, W/C】 ♣CBG, KBG, XTBG; ●SH, YN; ★(AS): BT, CN, ID, IN, LK, MM, NP, PH; (OC): PAF.

粗齿铁线莲 **Clematis grandidentata** (Rehder et E. H. Wilson) W. T. Wang【N, W/C】♣HBG, KBG, SCBG, WBG, ZAFU; ●GD, HB, SC, YN, ZJ; ★(AS): CN.

毛萼铁线莲 **Clematis hancockiana** Maxim. 【N, W/C】 ♣HBG; ●ZJ; ★(AS): CN.

单叶铁线莲 **Clematis henryi** Oliv. 【N, W/C】 ♣FBG, GA, GBG, GMG, HBG, LBG, SCBG, WBG; ●FJ, GD, GX, GZ, HB, JX, SC, ZJ; ★(AS): CN, MM.

毛单叶铁线莲 **Clematis henryi** var. **mollis** W. T. Wang 【N, W/C】 ♣WBG; ●HB; ★(AS): CN.

大叶铁线莲 **Clematis heracleifolia** DC. 【N, W/C】 ♣BBG, CBG, FBG, HBG, HFBG, IBCAS, NBG, SCBG, WBG, XTBG, ZAFU; ●BJ, FJ, GD, HB, HL, JS, LN, SH, TW, YN, ZJ; ★(AS): CN, KP, KR, MN.

管花铁线莲 **Clematis heracleifolia** var. **tubulosa** (Turcz.) Kuntze 【N, W/C】 ●BJ, TW; ★(AS): CN, KP, KR.

棉团铁线莲 **Clematis hexapetala** L. f. 【N, W/C】 ♣BBG, HFBG, IBCAS; ●BJ, HL; ★(AS): CN, KP, KR, MN, RU-AS.

吴兴铁线莲 **Clematis huchouensis** Tamura 【N, W/C】 ♣HBG, LBG, NBG, WBG; ●HB, JS, JX, ZJ; ★(AS): CN.

*阿穆尔铁线莲 **Clematis ianthina** Koehne 【N, W/C】 ●TW; ★(AS): CN.

全缘铁线莲 **Clematis integrifolia** L. 【N, W/C】 ♣BBG, HBG, IBCAS, NBG; ●BJ, JS, TW, ZJ; ★(AS): CN, CY, KZ, MN, RU-AS; (EU): AT, BA, BG, CZ, HR, HU, IT, ME, MK, RO, RS, RU, SI.

黄花铁线莲 **Clematis intricata** Bunge 【N, W/C】 ♣WBG; ●GS, HB, NM, SN, TW; ★(AS): CN, MN, RU-AS.

贵州铁线莲 **Clematis kweichowensis** C. Pei 【N, W/C】 ♣WBG; ●HB; ★(AS): CN.

*拉达铁线莲 **Clematis ladakhiana** Grey-Wilson 【N, W/C】 ●TW; ★(AS): CN.

毛叶铁线莲 **Clematis lanuginosa** Lindl. 【N, W/C】 ●TW; ★(AS): CN.

毛蕊铁线莲 **Clematis lasiandra** Maxim. 【N, W/C】 ♣CBG, IBCAS, LBG, WBG; ●BJ, HB, JX, SC, SH, TW, YN; ★(AS): CN, JP.

锈毛铁线莲(绣毛铁线莲)**Clematis leschenaultiana** DC. 【N, W/C】 ♣FBG, WBG; ●FJ, HB; ★(AS): CN, ID, IN, JP, LA, PH, VN.

丝铁线莲(菝葜叶铁线莲)**Clematis loureiroana** DC. 【N, W/C】 ♣GXIB, KBG, NBG, SCBG, XMBG, XTBG; ●AH, FJ, GD, GX, JS, YN; ★(AS): CN, VN.

长瓣铁线莲 **Clematis macropetala** Ledeb. 【N, W/C】 ♣BBG; ●BJ, TW; ★(AS): CN, MN, RU-AS.

勐腊铁线莲 **Clematis menglaensis** M. C. Chang 【N, W/C】 ♣XTBG; ●YN; ★(AS): CN, TH.

毛柱铁线莲 **Clematis meyeniana** Walp. 【N, W/C】 ♣GMG, SCBG, XMBG; ●FJ, GD, GX; ★(AS): CN, JP, LA, MM, PH, VN.

绣球藤 **Clematis montana** D. Don 【N, W/C】 ♣BBG, CBG, GA, KBG, LBG, SCBG, WBG, XTBG, ZAFU; ●BJ, GD, HB, JX, SC, SH, TW, YN, ZJ; ★(AS): AF, BT, CN, ID, IN, LK, MM, NP, PK.

大花绣球藤 **Clematis montana** var. **grandiflora** Hook. 【N, W/C】 ♣KBG, WBG; ●HB, TW, YN; ★(AS): BT, CN, IN, NP.

单花绣球藤 **Clematis montana** var. **longipes** W. T. Wang 【N, W/C】 ♣KBG; ●YN; ★(AS): CN, IN.

那坡铁线莲 **Clematis napoensis** W. T. Wang 【N, W/C】 ♣GXIB; ●GX; ★(AS): CN.

秦岭铁线莲 **Clematis obscura** Maxim. 【N, W/C】 ♣CBG; ●SH; ★(AS): CN.

东方铁线莲 **Clematis orientalis** L. 【N, W/C】 ♣SCBG, TDBG, WBG; ●GD, HB, XJ; ★(AS): AF, CN, CY, ID, IN, KG, KZ, MN, PK, RU-AS, TJ, UZ.

西藏铁线莲 **Clematis orientalis** var. **tenuifolia** (Royle) Grey-Wilson 【N, W/C】 ●YN; ★(AS): BT, CN, ID, IN, LK, NP.

裂叶铁线莲 **Clematis parviloba** Gardner et Champ. 【N, W/C】 ♣CBG, HBG, SCBG; ●GD, SH, YN, ZJ; ★(AS): CN.

转子莲 **Clematis patens** C. Morren et Decne. 【N, W/C】 ♣HFBG, IBCAS; ●BJ, HL, LN, TW, YN; ★(AS): CN, JP, KP, KR.

钝萼铁线莲 **Clematis peterae** Hand.-Mazz. 【N, W/C】 ♣LBG, SCBG, WBG, XTBG; ●GD, HB, JX, SC, YN; ★(AS): CN.

美花铁线莲 **Clematis potaninii** Maxim. 【N, W/C】 ●TW; ★(AS): CN.

华中铁线莲 **Clematis pseudootophora** M. Y. Fang 【N, W/C】 ♣WBG; ●HB; ★(AS): CN.

西南铁线莲 **Clematis pseudopogonandra** Finet et Gagnep. 【N, W/C】 ♣KBG; ●YN; ★(AS): CN.

短毛铁线莲 **Clematis puberula** Hook. f. et Thomson 【N, W/C】 ♣SCBG; ●GD; ★(AS): BT, CN, ID, IN, LK, MM, NP.

扬子铁线莲 **Clematis puberula** var. **ganpiniana** (H. Lév. et Vaniot) W. T. Wang 【N, W/C】 ♣LBG; ●JX; ★(AS): CN.

毛茛铁线莲 **Clematis ranunculoides** Franch. 【N, W/C】 ♣GXIB, KBG; ●GX, YN; ★(AS): CN.

欧洲铁线莲(直立铁线莲) **Clematis recta** L. 【I, C】 ♣HBG, TDBG; ●TW, XJ, ZJ; ★(AF): MA; (AS): GE; (EU): AT, BA, BG, CZ, ES, HR, HU, IT, ME, MK, NO, PL, RO, RS, RU, SI.

长花铁线莲 **Clematis rehderiana** Craib 【N, W/C】 ♣NBG; ●JS, TW, YN; ★(AS): CN, NP.

曲柄铁线莲 **Clematis repens** Finet et Gagnep. 【N, W/C】 ♣GBG, SCBG, WBG; ●GD, GZ, HB; ★(AS): CN.

莓叶铁线莲 **Clematis rubifolia** C. H. Wright 【N, W/C】 ♣XTBG; ●YN; ★(AS): CN.

齿叶铁线莲 **Clematis serratifolia** Rehder 【N, W/C】 ♣HFBG; ●HL, LN, TW; ★(AS): CN, JP, KP, KR, MN, RU-AS.

西伯利亚铁线莲 **Clematis sibirica** (L.) Mill. 【N, W/C】 ♣HFBG; ●HL, TW; ★(AS): CN, JP, MN.

盾叶铁线莲 **Clematis smilacifolia** var. **peltata** (W. T. Wang) W. T. Wang 【N, W/C】 ♣WBG; ●HB; ★(AS): CN, VN.

准噶尔铁线莲 **Clematis songorica** Bunge 【N, W/C】 ♣TDBG; ●XJ; ★(AS): AF, CN, CY, KG, KZ, MN, TJ.

日本铁线莲 **Clematis stans** Siebold et Zucc. 【I, C】 ♣HBG; ●TW, ZJ; ★(AS): JP.

细木通 **Clematis subumbellata** Kurz 【N, W/C】 ♣XTBG; ●YN; ★(AS): CN, LA, MM, TH, VN.

甘青铁线莲 **Clematis tangutica** (Maxim.) Korsh. 【N, W/C】 ♣BBG, KBG; ●BJ, SC, TW, YN; ★(AS): CN, CY, KZ, MN.

圆锥铁线莲 **Clematis terniflora** DC. 【N, W/C】 ♣BBG, FLBG, HBG, LBG, WBG; ●BJ, GD, HB, JX, TW, ZJ; ★(AS): CN, JP, KP, KR, MN, RU-AS.

鹅銮鼻铁线莲 **Clematis terniflora** var. **garanbiensis** (Hayata) M. C. Chang 【N, W/C】 ♣HBG, NBG; ●JS, ZJ; ★(AS): CN.

辣蓼铁线莲 **Clematis terniflora** var. **mandshurica** (Rupr.) Ohwi 【N, W/C】 ♣GA, HFBG; ●HL, JX, LN, TW; ★(AS): CN, KP, KR, MN.

红花铁线莲 **Clematis texensis** Buckley 【I, C】 ♣IBCAS; ●BJ, TW; ★(NA): US.

鼎湖铁线莲 **Clematis tinghuensis** C. T. Ting 【N,

W/C】 ♣SCBG; ●GD; ★(AS): CN.

柱果铁线莲 **Clematis uncinata** Champ. ex Benth.【N, W/C】 ♣FBG, HBG, LBG, SCBG, WBG, ZAFU; ●FJ, GD, HB, JX, SC, ZJ; ★(AS): CN, JP, VN.

皱叶铁线莲 **Clematis uncinata** var. **coriacea** Pamp.【N, W/C】 ♣CBG; ●SH; ★(AS): CN.

尾叶铁线莲 **Clematis urophylla** Franch.【N, W/C】 ♣GXIB, SCBG, WBG; ●GD, GX, HB; ★(AS): CN.

丽叶铁线莲 **Clematis venusta** M. C. Chang【N, W/C】 ●YN; ★(AS): CN.

生命铁线莲(葡萄叶铁线莲)**Clematis vitalba** L.【I, C】 ★(AF): MA; (EU): CH, DE, ES, FR, NL, PT, TR.

葡萄叶铁线莲 **Clematis viticella** L.【I, C】 ●TW; ★(EU): AL, AT, BA, BG, CZ, DE, ES, GR, HR, HU, IT, LU, ME, MK, NL, RS, SI, TR.

云南铁线莲 **Clematis yunnanensis** Franch.【N, W/C】 ●YN; ★(AS): CN.

锡兰莲属 Naravelia

锡兰莲 **Naravelia zeylanica** (L.) DC.【N, W/C】 ♣HBG, XTBG; ●YN, ZJ; ★(AS): BT, CN, ID, IN, LA, LK, MM, NP.

鸦跖花属 Oxygraphis

脱萼鸦跖花 **Oxygraphis delavayi** Franch.【N, W/C】 ♣WBG; ●HB; ★(AS): CN.

鸦跖花 **Oxygraphis glacialis** (L.) Dalla Torre【N, W/C】 ♣WBG; ●HB, YN; ★(AS): BT, CN, CY, ID, IN, KZ, MN, NP, RU-AS.

碱毛茛属 Halerpestes

长叶碱毛茛 **Halerpestes ruthenica** (Jacq.) Ovcz.【N, W/C】 ♣WBG; ●HB; ★(AS): CN, CY, KZ, MN, RU-AS.

碱毛茛 **Halerpestes sarmentosa** (Adams) Kom.【N, W/C】 ♣SCBG, WBG; ●GD, HB; ★(AS): CN, IN, KP, KR, KZ, MN, PK, RU-AS.

三裂碱毛茛 **Halerpestes tricuspis** (Maxim.) Hand.-Mazz.【N, W/C】 ♣WBG; ●HB; ★(AS): BT, CN, ID, IN, MN, NP, PK.

毛茛属 Ranunculus

乌头叶毛茛 **Ranunculus aconitifolius** L.【I, C】 ●BJ; ★(EU): AT, BA, BE, CH, CZ, DE, ES, FR, HR, IT, ME, MK, NL, RS, RU, SI.

高毛茛 **Ranunculus acris** L.【I, C】 ●TW; ★(EU): CH, ES, NL, SE.

田野毛茛 **Ranunculus arvensis** L.【I, N】 ♣LBG; ●JS, JX; ★(AS): AM, AZ, BT, GE, IN, IR, PK, TR; (EU): AL, BA, BG, GR, HR, HU, MD, ME, MK, RO, RS, RU, SI, TR, UA.

花毛茛 **Ranunculus asiaticus** L.【I, C】 ♣BBG, CDBG, IBCAS, NBG, XMBG, ZAFU; ●BJ, FJ, JS, SC, SD, TW, YN, ZJ; ★(AF): DZ, EG, LY, MA, TN; (AS): IR, LB, PS, SY, TR; (EU): AL, BA, ES, FR, GR, HR, IT, MC, ME, MK, RS, SI.

禺毛茛 **Ranunculus cantoniensis** DC.【N, W/C】 ♣FBG, GMG, GXIB, HBG, KBG, LBG, NBG, SCBG, WBG, XMBG, XTBG, ZAFU; ●FJ, GD, GX, HB, JS, JX, YN, ZJ; ★(AS): BT, CN, IN, JP, KP, KR, LA, LK, NP.

茴茴蒜 **Ranunculus chinensis** Bunge【N, W/C】 ♣CBG, GA, GBG, HBG, NBG, SCBG, XBG, XMBG, XTBG; ●FJ, GD, GZ, JS, JX, SH, SN, YN, ZJ; ★(AS): BT, CN, CY, ID, IN, JP, KP, KR, KZ, LA, LK, MN, PK, RU-AS, TH.

*合叶毛茛 **Ranunculus concinnatus** Schott【I, C】 ♣NBG; ●JS; ★(EU): HR.

克利毛茛 **Ranunculus creticus** L.【I, C】 ♣NBG; ●JS; ★(AF): MA; (EU): AL, HR.

圆裂毛茛 **Ranunculus dongrergensis** Hand.-Mazz.【N, W/C】 ♣WBG; ●HB; ★(AS): CN.

西南毛茛 **Ranunculus ficariifolius** H. Lév. et Vaniot【N, W/C】 ♣GBG, SCBG, WBG; ●GD, GZ, HB, SC; ★(AS): BT, CN, IN, LK, NP, TH.

Ranunculus glaberrimus Hook.【I, C】 ♣XTBG; ●YN; ★(NA): US.

内蒙古毛茛 **Ranunculus intramongolicus** Y. Z. Zhao【N, W/C】 ●YN; ★(AS): CN, MN.

毛茛 **Ranunculus japonicus** Thunb.【N, W/C】 ♣FBG, FLBG, GA, GBG, GMG, GXIB, HBG, HFBG, IBCAS, LBG, NBG, NSBG, SCBG, WBG, XMBG, XOIG, ZAFU; ●BJ, CQ, FJ, GD, GX, GZ, HB, HL, JS, JX, LN, SC, ZJ; ★(AS): CN, JP, KP, KR, LA, MN, RU-AS.

刺头毛茛 **Ranunculus lappaceus** Sm.【I, C】 ♣KBG; ●YN; ★(OC): AU, NZ.

刺果毛茛 **Ranunculus muricatus** L.【I, C】 ♣ZAFU; ●ZJ; ★(AS): CY; (EU): AD, AL, AT, BA, BE, BG, BY, CH, CZ, DK, ES, FI, FR, GB, GR, HR, HU, IS, IT, LU, MC, ME, MK, NL, NO, PL, PT, RO, RS, RU, SE, SI, SK, SM, UA, VA.

浮毛茛 **Ranunculus natans** Nees ex G. Don【N, W/C】♣WBG; ●HB; ★(AS): CN, CY, KZ, MN, RU-AS.

肉根毛茛（上海毛茛）**Ranunculus polii** Franch. ex Hemsl.【N, W/C】♣HBG, LBG, ZAFU; ●JX, ZJ; ★(AS): CN.

沼地毛茛 **Ranunculus radicans** C. A. Mey.【N, W/C】♣WBG; ●HB; ★(AS): CN, JP, MN, RU-AS.

欧毛茛 **Ranunculus sardous** Crantz【I, N】★(EU): FR, IT.

石龙芮 **Ranunculus sceleratus** L.【N, W/C】♣FBG, GA, GBG, GMG, HBG, LBG, NBG, SCBG, TMNS, WBG, XMBG, ZAFU; ●FJ, GD, GX, GZ, HB, JS, JX, SC, TW, ZJ; ★(AS): AF, BT, CN, CY, ID, IN, JP, KP, KR, KZ, LA, LK, MM, MN, NP, PK, RU-AS, TH; (OC): AU, NZ.

*塞尔维亚毛茛 **Ranunculus serbicus** Vis.【I, C】♣NBG; ●JS; ★(EU): HU, RO, RS.

扬子毛茛 **Ranunculus sieboldii** Miq.【N, W/C】♣GBG, HBG, IBCAS, LBG, TBG, WBG, ZAFU; ●BJ, GZ, HB, JX, SC, TW, ZJ; ★(AS): CN, JP.

猫爪草 **Ranunculus ternatus** Thunb.【N, W/C】♣HBG, LBG, NBG, SCBG, ZAFU; ●GD, GX, JS, JX, ZJ; ★(AS): CN, JP.

疣果毛茛 **Ranunculus trachycarpus** Fisch. et C. A. Mey.【I, N】★(AS): AM, IL, PS, SY; (EU): AD, AL, BA, BG, ES, GR, HR, IT, ME, MK, PT, RO, RS, SI, SM, VA.

水毛茛属 Batrachium

水毛茛 **Batrachium bungei** (Steud.) L. Liou【N, W/C】♣LBG, WBG; ●HB, JX, SC, YN; ★(AS): CN, KP, KR, MN.

小水毛茛 **Batrachium eradicatum** (Laest.) Fr.【N, W/C】♣WBG; ●HB; ★(AS): CN, CY, KZ, MN, RU-AS.

硬叶水毛茛 **Batrachium foeniculaceum** (Gilib.) Krecz.【N, W/C】♣WBG; ●HB; ★(AS): CN, CY, KZ, MN, RU-AS.

毛柄水毛茛 **Batrachium trichophyllum** F. Schultz【N, W/C】♣HBG, WBG; ●HB, HL, ZJ; ★(AS): CN, CY, KZ, MN, PK, RU-AS; (OC): AU.

81. 清风藤科 SABIACEAE

清风藤属 Sabia

钟花清风藤 **Sabia campanulata** Wall.【N, W/C】♣WBG; ●HB; ★(AS): BT, CN, ID, IN, JP, LK, NP.

鄂西清风藤 **Sabia campanulata** subsp. **ritchieae** (Rehder et E. H. Wilson) Y. F. Wu【N, W/C】♣CBG, HBG, LBG, WBG; ●HB, JX, SH, ZJ; ★(AS): CN.

革叶清风藤 **Sabia coriacea** Rehder et E. H. Wilson【N, W/C】♣FBG; ●FJ; ★(AS): CN.

平伐清风藤 **Sabia dielsii** H. Lév.【N, W/C】♣GBG, GXIB; ●GX, GZ; ★(AS): CN.

灰背清风藤 **Sabia discolor** Dunn【N, W/C】♣GMG, SCBG, XMBG; ●FJ, GD, GX; ★(AS): CN.

凹萼清风藤 **Sabia emarginata** Lecomte【N, W/C】♣CBG, WBG; ●HB, SH; ★(AS): CN.

簇花清风藤 **Sabia fasciculata** Lecomte ex L. Chen【N, W/C】♣FLBG, WBG, XTBG; ●GD, HB, JX, YN; ★(AS): CN, MM, VN.

清风藤 **Sabia japonica** Maxim.【N, W/C】♣CBG, FBG, FLBG, GMG, GXIB, HBG, LBG, NBG, WBG, XMBG, XTBG, ZAFU; ●FJ, GD, GX, HB, JS, JX, SH, TW, YN, ZJ; ★(AS): CN, JP.

柠檬清风藤 **Sabia limoniacea** Wall. ex Hook. f. et Thomson【N, W/C】♣GXIB, SCBG, WBG, XTBG; ●GD, GX, HB, YN; ★(AS): BT, CN, ID, IN, LA, LK, MM, MY, TH.

锥序清风藤 **Sabia paniculata** Edgew. ex Hook. f. et Thomson【N, W/C】♣XTBG; ●YN; ★(AS): BT, CN, ID, IN, LK, MM, NP, TH.

小花清风藤 **Sabia parviflora** Wall.【N, W/C】♣XTBG; ●YN; ★(AS): BT, CN, ID, IN, LA, LK, MM, NP, PH, TH, VN.

四川清风藤 **Sabia schumanniana** Diels【N, W/C】♣GBG, HBG, WBG; ●GZ, HB, SC, ZJ; ★(AS): CN.

多花清风藤 **Sabia schumanniana** subsp. **pluriflora** (Rehder et E. H. Wilson) Y. F. Wu【N, W/C】♣CBG, LBG, WBG; ●HB, JX, SH; ★(AS): CN.

尖叶清风藤 **Sabia swinhoei** Hemsl.【N, W/C】♣CBG, FBG, GMG, HBG, LBG, NSBG, SCBG, WBG; ●CQ, FJ, GD, GX, HB, JX, SH, ZJ; ★(AS): CN, VN.

云南清风藤 **Sabia yunnanensis** Franch.【N, W/C】♣KBG; ●YN; ★(AS): BT, CN, MM, NP.

阔叶清风藤 **Sabia yunnanensis** subsp. **latifolia** (Rehder et E. H. Wilson) Y. F. Wu【N, W/C】♣HBG, LBG; ●JX, SC, ZJ; ★(AS): CN.

泡花树属 Meliosma

珂楠树 **Meliosma alba** (Schltdl.) Walp. 【N, W/C】 ♣CBG, FBG, GXIB, WBG; ●FJ, GX, HB, SH; ★(AS): CN, MM.

狭叶泡花树 **Meliosma angustifolia** Merr. 【N, W/C】 ♣SCBG; ●GD; ★(AS): CN, VN.

南亚泡花树 **Meliosma arnottiana** (Wight) Walp. 【N, W/C】 ♣WBG, XTBG; ●HB, YN; ★(AS): CN, ID, IN, JP, KP, KR, LK, MM, MY, NP, PH, TH, VN.

紫珠叶泡花树 **Meliosma callicarpifolia** Hayata 【N, W/C】 ♣GA; ●JX; ★(AS): CN.

泡花树 **Meliosma cuneifolia** Franch. 【N, W/C】 ♣CBG, GA, IBCAS, LBG, NBG, SCBG, WBG, XMBG, XTBG; ●BJ, FJ, GD, HA, HB, JS, JX, SC, SD, SH, SN, SX, YN, ZJ; ★(AS): CN.

光叶泡花树 **Meliosma cuneifolia** var. **glabriuscula** Cufod. 【N, W/C】 ♣WBG; ●HB; ★(AS): CN.

垂枝泡花树 **Meliosma flexuosa** Pamp. 【N, W/C】 ♣FBG, HBG, LBG, NBG, SCBG, WBG; ●FJ, GD, HB, JS, JX, SC, ZJ; ★(AS): CN.

香皮树 **Meliosma fordii** Hemsl. 【N, W/C】 ♣GA, GMG, GXIB, SCBG; ●GD, GX, JX; ★(AS): CN, KH, LA, TH, VN.

腺毛泡花树 **Meliosma glandulosa** Cufod. 【N, W/C】 ♣GXIB; ●GX; ★(AS): CN.

大叶泡花树 **Meliosma macrophylla** Merr. 【I, C】 ♣XTBG; ●YN; ★(AS): PH.

多花泡花树 **Meliosma myriantha** Siebold et Zucc. 【N, W/C】 ♣HBG, LBG; ●JX, ZJ; ★(AS): CN, JP, KP, KR.

异色泡花树 **Meliosma myriantha** var. **discolor** Dunn 【N, W/C】 ♣CBG, HBG, LBG, NBG, ZAFU; ●JS, JX, SH, ZJ; ★(AS): CN.

柔毛泡花树 **Meliosma myriantha** var. **pilosa** (Lecomte) Y. W. Law 【N, W/C】 ♣HBG, LBG, WBG, ZAFU; ●HB, JX, SC, ZJ; ★(AS): CN.

红柴枝 **Meliosma oldhamii** Miq. ex Maxim. 【N, W/C】 ♣CBG, GA, GXIB, HBG, LBG, NBG, SCBG, WBG, ZAFU; ●GD, GX, HB, JS, JX, SH, ZJ; ★(AS): CN, JP, KR.

有腺泡花树 **Meliosma oldhamii** var. **glandulifera** Cufod. 【N, W/C】 ♣CBG, LBG; ●JX, SH; ★(AS): CN.

细花泡花树 **Meliosma parviflora** Lecomte 【N, W/C】 ♣CBG, FBG, HBG, ZAFU; ●FJ, SH, ZJ; ★(AS): CN.

狭序泡花树 **Meliosma paupera** Hand.-Mazz. 【N, W/C】 ♣WBG; ●HB; ★(AS): CN, VN.

漆叶泡花树 **Meliosma rhoifolia** Maxim. 【N, W/C】 ♣TMNS; ●TW; ★(AS): CN, JP, LA.

笔罗子 **Meliosma rigida** Siebold et Zucc. 【N, W/C】 ♣FBG, GA, HBG, SCBG, TBG, TMNS, WBG, XTBG; ●FJ, GD, HB, JX, TW, YN, ZJ; ★(AS): CN, JP, LA, PH, VN.

毡毛泡花树 **Meliosma rigida** var. **pannosa** (Hand.-Mazz.) Y. W. Law 【N, W/C】 ♣LBG; ●JX; ★(AS): CN.

单叶泡花树 **Meliosma simplicifolia** (Roxb.) Walp. 【N, W/C】 ♣XTBG; ●YN; ★(AS): BT, CN, ID, IN, LA, LK, MM, MY, NP, SG, TH.

樟叶泡花树 **Meliosma squamulata** Hance 【N, W/C】 ♣GA, TMNS; ●JX, TW; ★(AS): CN, JP.

山檨叶泡花树 **Meliosma thorelii** Lecomte 【N, W/C】 ♣SCBG, XTBG; ●GD, YN; ★(AS): CN, LA, VN.

暖木 **Meliosma veitchiorum** Hemsl. 【N, W/C】 ♣CBG, FBG, HBG, WBG; ●FJ, HB, SH, SX, ZJ; ★(AS): CN.

毛泡花树 **Meliosma velutina** Rehder et E. H. Wilson 【N, W/C】 ♣WBG, XTBG; ●HB, YN; ★(AS): CN, VN.

云南泡花树 **Meliosma yunnanensis** Franch. 【N, W/C】 ♣KBG; ●YN; ★(AS): BT, CN, ID, IN, LK, MM, NP.

82. 莲科 NELUMBONACEAE

莲属 Nelumbo

黄莲（美国黄莲）**Nelumbo lutea** (Willd.) Pers. 【I, C】 ♣FLBG, IBCAS, SCBG, TMNS, WBG, XMBG; ●BJ, FJ, GD, HB, JS, JX, TW; ★(NA): HN, MX.

莲 **Nelumbo nucifera** Gaertn. 【N, W/C】 ♣BBG, FBG, FLBG, GA, GMG, GXIB, HBG, HFBG, IBCAS, KBG, LBG, NBG, SCBG, TBG, TMNS, WBG, XBG, XLTBG, XMBG, XTBG, ZAFU; ●AH, BJ, CQ, FJ, GD, GX, GZ, HA, HB, HE, HI, HL, HN, JL, JS, JX, LN, SC, SD, SH, SN, SX, TW, YN, ZJ; ★(AS): BT, CN, ID, IN, JP, KP, KR, LA, LK, MM, MY, NP, PH, PK, SG, TH, VN; (OC): AU, PAF.

83. 悬铃木科 PLATANACEAE

悬铃木属 Platanus

二球悬铃木(英国梧桐)**Platanus × acerifolia** (Aiton) Willd. 【I, C】 ♣BBG, CBG, CDBG, FBG, GBG, GXIB, HBG, IBCAS, LBG, NBG, NSBG, XBG, XMBG; ●BJ, CQ, FJ, GX, GZ, JL, JS, JX, LN, SC, SD, SH, SN, TW, XJ, ZJ; ★(EU): GB.

一球悬铃木(美国梧桐)**Platanus occidentalis** L. 【I, C】 ♣BBG, FBG, HBG, IBCAS, LBG, NBG, SCBG, TBG; ●BJ, FJ, GD, JS, JX, LN, TW, ZJ; ★(NA): US.

三球悬铃木(法国梧桐)**Platanus orientalis** L. 【I, C】 ♣BBG, CBG, GMG, IBCAS, KBG, LBG, NBG, NSBG, TBG, TDBG, WBG, XBG, XMBG; ●BJ, CQ, FJ, GX, HB, JS, JX, LN, SH, SN, TW, XJ, YN; ★(AS): AM, AZ, GE, IL, IQ, IR, LB, SA, SY, TR; (EU): AL, BA, BG, GR, HR, MD, ME, MK, RO, RS, SI, TR, UA.

84. 山龙眼科 PROTEACEAE

肋果钗木属 Toronia

肋果钗木 **Toronia toru** (A. Cunn.) L. A. S. Johnson et B. G. Briggs 【I, C】 ●TW; ★(OC): NZ.

金钗木属 Persoonia

越橘状金钗木 **Persoonia myrtilloides** Sieber ex Schult. 【I, C】 ★(OC): AU.

帝王花属 Protea

*白花帝王花 **Protea albida** De Wild. 【I, C】 ♣BBG; ●BJ; ★(AF): ZA.

抱茎帝王花 **Protea amplexicaulis** R. Br. 【I, C】 ●TW; ★(AF): ZA.

帝王花 **Protea cynaroides** (L.) L. 【I, C】 ♣SCBG; ●GD, TW; ★(AF): ZA.

夹竹桃叶帝王花 **Protea neriifolia** R. Br. 【I, C】 ●TW; ★(AF): ZA.

鼓槌木属 Isopogon

*莳萝叶鼓槌木 **Isopogon anethifolius** Knight 【I, C】 ●ZJ; ★(OC): AU.

*美丽鼓槌木 **Isopogon formosus** R. Br. 【I, C】 ★(OC): AU.

木百合属 Leucadendron

木百合(银树)**Leucadendron argenteum** (L.) R. Br. 【I, C】 ●TW; ★(AF): ZA.

娇娘花属 Serruria

娇娘花 **Serruria florida** R. Br. 【I, C】 ●TW; ★(AF): ZA.

针垫花属 Leucospermum

针垫花(银宝树)**Leucospermum cordifolium** Fourc. 【I, C】 ●TW; ★(AF): ZA.

蜜汁树属 Knightia

蜜汁树 **Knightia excelsa** R. Br. 【I, C】 ●TW; ★(OC): NZ.

山龙眼属 Helicia

小果山龙眼 **Helicia cochinchinensis** Lour. 【N, W/C】 ♣CBG, FBG, GA, GMG, GXIB, HBG, NBG, SCBG, TMNS, WBG, XTBG, ZAFU; ●FJ, GD, GX, HB, HI, JS, JX, SC, SH, TW, YN, ZJ; ★(AS): CN, JP, KH, TH, VN.

东兴山龙眼 **Helicia dongxingensis** H. S. Kiu 【N, W/C】 ♣GXIB; ●GX; ★(AS): CN.

山龙眼 **Helicia formosana** Hemsl. 【N, W/C】 ♣GXIB, SCBG, TMNS, XLTBG; ●GD, GX, HI, TW; ★(AS): CN, LA, TH, VN.

大山龙眼 **Helicia grandis** Hemsl. 【N, W/C】 ♣GA; ●JX; ★(AS): CN, VN.

海南山龙眼 **Helicia hainanensis** Hayata 【N, W/C】 ♣FBG, SCBG; ●FJ, GD; ★(AS): CN, LA, TH, VN.

广东山龙眼 **Helicia kwangtungensis** W. T. Wang 【N, W/C】 ♣FBG, FLBG, SCBG, WBG; ●FJ, GD, HB, JX; ★(AS): CN.

深绿山龙眼 **Helicia nilagirica** Bedd. 【N, W/C】 ♣XTBG; ●YN; ★(AS): BT, CN, ID, IN, KH, LA, LK, MM, NP, TH, VN.

焰序山龙眼 **Helicia pyrrhobotrya** Kurz 【N, W/C】 ♣XTBG; ●YN; ★(AS): CN, MM, VN.

网脉山龙眼 **Helicia reticulata** W. T. Wang 【N, W/C】 ♣CBG, FBG, FLBG, GA, GMG, GXIB, HBG, SCBG, WBG; ●FJ, GD, GX, HB, JX, SH, ZJ; ★(AS): CN.

瑞丽山龙眼 **Helicia shweliensis** W. W. Sm. 【N, W/C】 ♣XTBG; ●YN; ★(AS): CN.

林地山龙眼 **Helicia silvicola** W. W. Sm.【N, W/C】 ♣XTBG; ●YN; ★(AS): CN.

潞西山龙眼 **Helicia tsaii** W. T. Wang 【N, W/C】 ♣XTBG; ●YN; ★(AS): CN.

浓毛山龙眼 **Helicia vestita** W. W. Sm. 【N, W/C】 ♣SCBG, XTBG; ●GD, YN; ★(AS): CN, TH.

榄仁栎属 Darlingia

布朗榄仁栎（布朗银桦）**Darlingia darlingiana** (F. Muell.) L. A. S. Johnson 【I, C】 ♣SCBG; ●GD; ★(OC): AU.

*榄仁栎 **Darlingia ferruginea** J. F. Bailey 【I, C】 ●TW; ★(OC): AU.

佛塔树属 Banksia

大花佛塔树 **Banksia grandis** Willd.【I, C】♣KBG; ●TW, YN; ★(OC): AU.

虎克佛塔树 **Banksia hookeriana** Meisn. 【I, C】 ●TW; ★(OC): AU.

*全缘佛塔树(全叶斑克木)**Banksia marginata** Cav.【I, C】 ♣FLBG, SCBG; ●GD, JX, TW; ★(OC): AU.

蓟序木属 Dryandra

蓟序木(美丽丝头花)**Dryandra formosa** R. Br.【I, C】 ♣BBG; ●BJ, TW; ★(OC): AU.

扭瓣花属 Lomatia

芹叶扭瓣花(野芹花)**Lomatia silaifolia** (Sm.) R. Br. 【I, C】 ●TW; ★(OC): AU.

筒瓣花属 Embothrium

筒瓣花 **Embothrium coccineum** J. R. Forst. et G. Forst. 【I, C】 ♣FLBG, IBCAS, SCBG, TBG, XMBG, XTBG; ●BJ, FJ, GD, JX, TW, YN; ★(SA): AR, CL.

朱烟花属 Alloxylon

朱烟花 **Alloxylon flammeum** P. H. Weston et Crisp 【I, C】 ●GD; ★(OC): AU.

蒂罗花属 Telopea

蒂罗花 **Telopea speciosissima** (Sm.) R. Br. 【I, C】 ♣BBG, SCBG, XOIG; ●BJ, FJ, GD, TW; ★(OC): AU.

火轮树属 Stenocarpus

柳叶火轮树 **Stenocarpus salignus** R. Br. 【I, C】 ♣SCBG; ●GD; ★(AS): ID-ML; (OC): AU, NZ, PG.

火轮树 **Stenocarpus sinuatus** (A. Cunn.) Endl. 【I, C】 ♣SCBG, TBG, XTBG; ●GD, TW, YN; ★(OC): AU, PG.

曲牙花属 Buckinghamia

曲牙花 **Buckinghamia celsissima** F. Muell. 【I, C】 ♣SCBG; ●GD; ★(OC): AU.

荣桦属 Hakea

*毛花荣桦（毛花哈克木）**Hakea eriantha** R. Br. 【I, C】 ♣HBG; ●ZJ; ★(OC): AU, NZ.

桂叶荣桦（哈克木、荣桦）**Hakea laurina** R. Br. 【I, C】 ●TW; ★(OC): AU.

*柳叶荣桦（柳叶哈克木）**Hakea salicifolia** (Vent.) B. L. Burtt【I, C】♣SCBG; ●GD, TW; ★(OC): AU.

维多利亚荣桦 **Hakea victoria** J. Drumm. 【I, C】 ●TW; ★(OC): AU.

银桦属 Grevillea

裙叶银桦 **Grevillea argyrophylla** Meisn. 【I, C】 ♣XMBG; ●FJ; ★(OC): AU.

阔叶银桦 **Grevillea baileyana** McGill. 【I, C】 ♣FLBG, SCBG; ●GD, JX, TW; ★(OC): AU.

红花银桦 **Grevillea banksii** R. Br. 【I, C】 ♣CBG, FBG, SCBG, TBG, XMBG, XTBG; ●FJ, GD, SH, TW, YN; ★(OC): AU.

匍枝银桦 **Grevillea baueri** R. Br. 【I, C】 ♣KBG; ●SC, YN; ★(OC): AU.

伞叶银桦 **Grevillea crithmifolia** R. Br. 【I, C】 ♣HBG; ●ZJ; ★(OC): AU.

*希利银桦 **Grevillea hilliana** F. Muell. 【I, C】 ♣HBG; ●ZJ; ★(OC): AU.

桧叶银桦 **Grevillea juniperina** R. Br. 【I, C】 ♣CBG; ●SH, TW; ★(OC): AU.

硫黄桧叶银桦 **Grevillea juniperina** subsp. **sulphurea** (A. Cunn.) Makinson【I, C】●TW; ★(OC): AU.

铺地银桦 **Grevillea lanigera** A. Cunn. ex R. Br.【I,

C】 ♣KBG; ●TW, YN; ★(OC): AU.

银桦 **Grevillea robusta** A. Cunn. ex R. Br. 【I, C】 ♣CDBG, FBG, FLBG, GA, GBG, GMG, GXIB, HBG, IBCAS, KBG, NBG, NSBG, SCBG, TBG, TDBG, TMNS, XMBG, XOIG, XTBG; ●BJ, CQ, FJ, GD, GX, GZ, JS, JX, SC, TW, XJ, YN, ZJ; ★(OC): AU.

澳洲坚果属 Macadamia

澳洲坚果 **Macadamia integrifolia** Maiden et Betche 【I, C】 ♣BBG, FLBG, IBCAS, KBG, SCBG, TBG, TMNS, XLTBG, XMBG, XOIG, XTBG; ●BJ, FJ, GD, HI, JX, SC, TW, YN; ★(OC): AU.

粗壳澳洲坚果 **Macadamia ternifolia** F. Muell. 【I, C】 ♣BBG, FBG, FLBG, GXIB, IBCAS, KBG, NBG, SCBG, TBG, TMNS, XLTBG, XMBG, XTBG; ●BJ, FJ, GD, GX, HI, JS, JX, SC, TW, YN; ★(OC): AU.

四叶澳洲坚果 **Macadamia tetraphylla** L. A. S. Johnson 【I, C】 ♣HBG, XMBG; ●FJ, TW, ZJ; ★(OC): AU.

假山龙眼属 Heliciopsis

假山龙眼 **Heliciopsis henryi** (Diels) W. T. Wang 【N, W/C】 ♣GXIB, XTBG; ●GX, YN; ★(AS): CN.

调羹树 **Heliciopsis lobata** (Merr.) Sleumer 【N, W/C】 ♣GMG, SCBG, XOIG, XTBG; ●FJ, GD, GX, HI, YN; ★(AS): CN.

痄腮树 **Heliciopsis terminalis** (Kurz) Sleumer 【N, W/C】 ♣BBG, GXIB, WBG, XTBG; ●BJ, GX, HB, HI, YN; ★(AS): BT, CN, ID, IN, KH, LA, LK, MM, TH, VN.

智利榛属 Gevuina

智利榛 **Gevuina avellana** Molina 【I, C】 ●TW; ★(SA): AR, CL.

85. 昆栏树科 TROCHODENDRACEAE

水青树属 Tetracentron

水青树 **Tetracentron sinense** Oliv. 【N, W/C】 ♣CBG, FBG, KBG, NBG; ●FJ, JS, SC, SH, YN; ★(AS): BT, CN, ID, IN, LK, MM, NP, VN.

昆栏树属 Trochodendron

昆栏树 **Trochodendron aralioides** Siebold et Zucc. 【N, W/C】 ♣KBG; ●SC, TW, YN; ★(AS): CN, JP, KR.

86. 黄杨科 BUXACEAE

野扇花属 Sarcococca

美丽野扇花 **Sarcococca confusa** Sealy 【N, W/C】 ♣CBG; ●SH; ★(AS): CN.

羽脉野扇花 **Sarcococca hookeriana** Baill. 【N, W/C】 ♣CBG, FBG, GMG, IBCAS, NBG, SCBG, WBG; ●BJ, FJ, GD, GX, HB, JS, SC, SH, TW; ★(AS): AF, BT, CN, ID, IN, LK, MM, NP.

双蕊野扇花 **Sarcococca hookeriana** var. **digyna** Franch. 【N, W/C】 ♣FBG, WBG; ●FJ, HB; ★(AS): CN.

长叶柄野扇花 **Sarcococca longipetiolata** M. Cheng 【N, W/C】 ♣FBG, HBG, LBG, SCBG, WBG; ●FJ, GD, HB, JX, ZJ; ★(AS): CN.

野扇花 **Sarcococca ruscifolia** Stapf 【N, W/C】 ♣CBG, FBG, GA, GBG, GXIB, HBG, KBG, NBG, SCBG, WBG, XMBG, XTBG; ●BJ, FJ, GD, GX, GZ, HB, JS, JX, SC, SH, YN, ZJ; ★(AS): CN.

海南野扇花 **Sarcococca vagans** Stapf 【N, W/C】 ♣SCBG, XTBG; ●GD, YN; ★(AS): CN, MM, VN.

云南野扇花 **Sarcococca wallichii** Stapf 【N, W/C】 ♣KBG, WBG; ●HB, YN; ★(AS): BT, CN, IN, LK, MM, NP.

板凳果属 Pachysandra

板凳果 **Pachysandra axillaris** Franch. 【N, W/C】 ♣CBG, FBG, GBG, GMG, KBG, LBG, NBG, SCBG, WBG, XMBG, XTBG; ●BJ, FJ, GD, GX, GZ, HB, JS, JX, SC, SH, YN; ★(AS): CN.

平铺富贵草 **Pachysandra procumbens** Michx. 【I, C】 ★(NA): US.

顶花板凳果 **Pachysandra terminalis** Siebold et Zucc. 【N, W/C】 ♣BBG, CBG, FBG, HBG, IBCAS, KBG, LBG, NBG, SCBG, WBG, XBG, XMBG, XTBG, ZAFU; ●BJ, FJ, GD, HB, JS, JX, SC, SH, SN, YN, ZJ; ★(AS): CN, JP, KR.

黄杨属 Buxus

滇南黄杨 **Buxus austroyunnanensis** Hatus. 【N, W/C】 ♣XTBG; ●YN; ★(AS): CN.

西班牙黄杨 **Buxus balearica** Lam. 【I, C】 ♣HBG, IBCAS; ●BJ, ZJ; ★(EU): ES.

雀舌黄杨 **Buxus bodinieri** H. Lév. 【N, W/C】 ♣BBG, FBG, GBG, GXIB, HBG, KBG, LBG, NBG, NSBG, SCBG, WBG, XMBG, ZAFU; ●BJ, CQ, FJ, GD, GX, GZ, HB, JS, JX, LN, SC, YN, ZJ; ★(AS): CN.

潮安黄杨 **Buxus chaoanensis** H. G. Ye 【N, W/C】 ♣SCBG; ●GD; ★(AS): CN.

海南黄杨 **Buxus hainanensis** Merr. 【N, W/C】 ♣XTBG; ●YN; ★(AS): CN.

匙叶黄杨 **Buxus harlandii** Hance 【N, W/C】 ♣CDBG, FLBG, GA, GBG, GMG, GXIB, HBG, NBG, SCBG, WBG, XBG, XMBG, XTBG; ●FJ, GD, GX, GZ, HB, JS, JX, SC, SN, YN, ZJ; ★(AS): CN.

大花黄杨 **Buxus henryi** Mayr 【N, W/C】 ♣CBG, GXIB, NBG, WBG, XTBG; ●GX, HB, JS, SH, YN; ★(AS): CN.

宜昌黄杨 **Buxus ichangensis** Hatus. 【N, W/C】 ♣SCBG, WBG; ●GD, HB; ★(AS): CN.

阔柱黄杨 **Buxus latistyla** Gagnep. 【N, W/C】 ♣FBG, XTBG; ●FJ, YN; ★(AS): CN, LA, VN.

大叶黄杨 **Buxus megistophylla** H. Lév. 【N, W/C】 ♣GXIB, NBG, SCBG; ●GD, GX, JS; ★(AS): CN.

日本黄杨（小叶黄杨）**Buxus microphylla** Siebold et Zucc. 【I, C】 ♣BBG, CBG, FLBG, HBG, HFBG, IBCAS, KBG, TMNS; ●BJ, GD, HL, JX, LN, SC, SH, TW, YN, ZJ; ★(AS): JP.

杨梅黄杨 **Buxus myrica** H. Lév. 【N, W/C】 ♣FBG, WBG; ●FJ, HB; ★(AS): CN, VN.

皱叶黄杨 **Buxus rugulosa** Hatus. 【N, W/C】 ♣CBG, FBG, FLBG, GXIB, HBG, LBG, SCBG, WBG, XMBG, XTBG, ZAFU; ●FJ, GD, GX, HB, JX, SH, YN, ZJ; ★(AS): CN.

锦熟黄杨 **Buxus sempervirens** L. 【I, C】 ♣HBG, NBG, XOIG; ●FJ, JS, ZJ; ★(AF): MA; (AS): LB, PS, SY, TR; (EU): AL, ES, FR, GB, GR, IT, MK, NL, PT.

黄杨 **Buxus sinica** (Rehder et E. H. Wilson) M. Cheng 【N, W/C】 ♣BBG, CBG, CDBG, FBG, FLBG, GA, GBG, GMG, GXIB, HBG, IBCAS, KBG, LBG, NBG, NSBG, SCBG, TBG, TMNS, WBG, XBG, XLTBG, XMBG, XTBG, ZAFU; ●AH, BJ, CQ, FJ, GD, GX, GZ, HB, HI, JS, JX, LN, SC, SH, SN, TW, XJ, YN, ZJ; ★(AS): CN.

尖叶黄杨 **Buxus sinica** var. **aemulans** (Rehder et E. H. Wilson) P. Brückn. et T. L. Ming 【N, W/C】 ♣CBG, NBG; ●JS, SH; ★(AS): CN.

海岛黄杨 **Buxus sinica** var. **insularis** (Nakai) M. Cheng 【N, W/C】 ♣GA, HBG; ●JX, ZJ; ★(AS): CN, KR.

朝鲜黄杨 **Buxus sinica** var. **koreana** (Nakai ex Rehder) Q. L. Wang 【N, W/C】 ♣CBG; ●JL, SH; ★(AS): CN, KP.

越橘叶黄杨 **Buxus sinica** var. **vacciniifolia** M. Cheng 【N, W/C】 ♣FBG, LBG; ●FJ, JX; ★(AS): CN.

狭叶黄杨 **Buxus stenophylla** Hance 【N, W/C】 ♣FBG, IBCAS; ●BJ, FJ; ★(AS): CN.

87. 大叶草科 GUNNERACEAE

大叶草属 Gunnera

长萼大叶草 **Gunnera manicata** Linden ex André 【I, C】 ♣GXIB, IBCAS, KBG, SCBG, XMBG; ●BJ, FJ, GD, GX, YN; ★(SA): BR, CO.

88. 五桠果科 DILLENIACEAE

锡叶藤属 Tetracera

光叶锡叶藤 **Tetracera indica** (Christm. et Panz.) Merr. 【I, C】 ♣XTBG; ●YN; ★(AS): LA, MM, MY, SG, TH.

锡叶藤 **Tetracera sarmentosa** (L.) Vahl 【N, W/C】 ♣FLBG, GMG, SCBG, XMBG, XTBG; ●FJ, GD, GX, HI, JX, YN; ★(AS): CN, ID, IN, LA, LK, MY, TH.

勐腊锡叶藤 **Tetracera xui** H. Zhu et H. Wang 【N, W】 ♣XTBG; ●YN; ★(AS): CN.

纽扣花属 Hibbertia

*楔叶纽扣花 **Hibbertia cuneiformis** Gilg 【I, C】 ●TW; ★(OC): AU.

纽扣花（束蕊花）**Hibbertia scandens** (Willd.) Dryand. 【I, C】 ♣XMBG; ●FJ; ★(OC): AU, NZ.

四蕊纽扣花 **Hibbertia tetrandra** Gilg 【I, C】

●TW; ★(OC): AU.

五桠果属 Dillenia

*厚叶五桠果（厚叶黄花树）**Dillenia alata** (R. Br. ex DC.) Banks ex Martelli 【I, C】 ♣XTBG; ●GD, YN; ★(OC): AU, PG.

五桠果 **Dillenia indica** L. 【N, W/C】♣BBG, CBG, FBG, FLBG, GXIB, SCBG, TBG, TMNS, WBG, XLTBG, XMBG, XOIG, XTBG; ●BJ, FJ, GD, GX, HB, HI, JX, SC, SH, TW, YN; ★(AS): BT, CN, ID, IN, LA, LK, MM, MY, NP, PH, SG, TH, VN.

卵叶五桠果 **Dillenia ovata** Wall. ex Hook. f. et Thomson 【I, C】 ♣XTBG; ●YN; ★(AS): LA, MY, SG.

五柱五桠果 **Dillenia parviflora** Griff. 【I, C】 ♣XTBG; ●YN; ★(AS): LA, MM.

小花五桠果 **Dillenia pentagyna** Roxb. 【N, W/C】 ♣GMG, GXIB, SCBG, XMBG, XTBG; ●FJ, GD, GX, HI, YN; ★(AS): BT, CN, ID, IN, LA, LK, MM, MY, NP, TH, VN.

菲岛五桠果 **Dillenia philippinensis** Rolfe 【I, C】 ♣HBG, SCBG, XTBG; ●GD, YN, ZJ; ★(AS): PH.

凹叶五桠果 **Dillenia retusa** Thunb. 【I, C】♣SCBG; ●GD; ★(AS): LK.

灌木五桠果 **Dillenia suffruticosa** (Griff.) Martelli 【I, C】 ♣XMBG, XTBG; ●FJ, TW, YN; ★(AS): ID, MY, SG.

大花五桠果 **Dillenia turbinata** Finet et Gagnep. 【N, W/C】 ♣BBG, FBG, FLBG, GXIB, SCBG, WBG, XLTBG, XMBG, XTBG; ●BJ, FJ, GD, GX, HB, HI, JX, YN; ★(AS): CN, LA, VN.

89. 芍药科 PAEONIACEAE

芍药属 Paeonia

窄叶芍药（新疆芍药）**Paeonia anomala** L. 【N, W/C】 ♣IBCAS; ●BJ, GS, QH, SC, XJ; ★(AS): CN, CY, KZ, MN, RU-AS.

川赤芍 **Paeonia anomala** subsp. **veitchii** (Lynch) D. Y. Hong et K. Y. Pan 【N, W/C】 ♣BBG, GBG, HBG, NBG, WBG, XMBG; ●BJ, FJ, GS, GZ, HB, JS, SC, SN, XZ, ZJ; ★(AS): CN.

块根芍药 **Paeonia anomala** var. **intermedia** (C. A. Mey. ex Ledeb.) O. Fedtsch. et B. Fedtsch. 【N, W/C】 ♣IBCAS; ●BJ; ★(AS): CN, CY, KG, KZ, MN, RU-AS, TJ, UZ.

革叶芍药 **Paeonia coriacea** Boiss. 【I, C】 ♣NBG; ●JS; ★(AS): SA; (EU): ES.

达呼里芍药 **Paeonia daurica** Andrews 【I, C】 ♣NBG; ●JS; ★(AS): RU-AS, TR.

大叶芍药 **Paeonia daurica** subsp. **macrophylla** (Albov) D. Y. Hong 【I, C】 ★(AS): RU-AS.

黄花芍药 **Paeonia daurica** subsp. **mlokosewitschii** (Lomakin) D. Y. Hong 【I, C】 ★(AS): RU-AS.

阿布哈兹芍药（川鄂芍药）**Paeonia daurica** subsp. **wittmanniana** (Hartwiss ex Lindl.) D. Y. Hong 【I, C】 ♣WBG; ●HB; ★(AS): RU-AS.

四川牡丹 **Paeonia decomposita** Hand.-Mazz. 【N, W/C】 ♣GBG; ●GZ; ★(AS): CN.

滇牡丹（紫牡丹）**Paeonia delavayi** Franch. 【N, W/C】 ♣BBG, HBG, IBCAS, KBG, NBG, XTBG; ●BJ, JS, SC, TW, YN, ZJ; ★(AS): CN.

矮牡丹 **Paeonia jishanensis** T. Hong et W. Z. Zhao 【N, W/C】 ♣BBG, NBG; ●BJ, JS; ★(AS): CN.

芍药 **Paeonia lactiflora** Pall. 【N, W/C】 ♣CBG, CDBG, FLBG, GA, GBG, GMG, GXIB, HBG, HFBG, IBCAS, KBG, LBG, MDBG, NBG, SCBG, WBG, XBG, XMBG, ZAFU; ●AH, BJ, FJ, GD, GS, GX, GZ, HB, HL, JL, JS, JX, LN, SC, SD, SH, SN, TW, XJ, YN, ZJ; ★(AS): CN, JP, KP, KR, MN, RU-AS.

大花黄牡丹 **Paeonia ludlowii** (Stern et G. Taylor) D. Y. Hong 【N, W/C】 ●TW, XZ, YN; ★(AS): CN.

美丽芍药 **Paeonia mairei** H. Lév. 【N, W/C】 ♣KBG, SCBG, WBG; ●GD, HB, SC, XJ, YN; ★(AS): CN.

南欧芍药 **Paeonia mascula** (L.) Mill. 【I, C】 ♣NBG; ●JS; ★(AF): MA; (AS): SA, TR; (EU): AL, AT, BA, BG, DE, GB, GR, HR, ME, MK, RO, RS, SI.

羊角芍药 **Paeonia mascula** subsp. **arietina** (G. Anderson) Cullen et Heywood 【I, C】 ♣NBG; ●JS; ★(AS): TR.

马略卡芍药（长式芍药）**Paeonia mascula** subsp. **cambessedesii** (Willk.) O. Bolòs et Vigo 【I, C】 ♣BBG; ●BJ; ★(EU): BY.

草芍药 **Paeonia obovata** Maxim. 【N, W/C】 ♣BBG, CBG, GBG, HBG, HFBG, IBCAS, LBG, WBG, XBG, ZAFU; ●AH, BJ, GZ, HB, HL, JX, LN, SC, SD, SH, SN, ZJ; ★(AS): CN, JP, KP, KR, MN, RU-AS.

毛叶草芍药（拟草芍药）**Paeonia obovata** subsp.

willmottiae (Stapf) D. Y. Hong et K. Y. Pan 【N, W/C】 ♣CBG, WBG; ●HB, SH; ★(AS): CN.

荷兰芍药（药用芍药）**Paeonia officinalis** L. 【I, C】 ♣HBG, NBG, XTBG; ●JS, TW, YN, ZJ; ★(EU): AL, AT, BA, CZ, DE, ES, HR, HU, IT, LU, ME, MK, RO, RS, SI.

矮芍药（长毛芍药）**Paeonia officinalis** subsp. **microcarpa** Nyman 【I, C】 ♣NBG; ●JS; ★(EU): FR.

杨山牡丹（凤丹）**Paeonia ostii** T. Hong et J. X. Zhang 【N, W/C】 ●TW; ★(AS): CN.

欧洲芍药 **Paeonia peregrina** Mill. 【I, C】 ♣BBG, NBG; ●BJ, JS; ★(AS): TR; (EU): AL, BA, BG, GR, HR, IT, ME, MK, RO, RS, SI.

紫斑牡丹 **Paeonia rockii** (S. G. Haw et Lauener) T. Hong et J. J. Li 【N, W/C】 ♣BBG, FBG, HFBG; ●BJ, FJ, HL, TW, YN; ★(AS): CN.

太白山紫斑牡丹 **Paeonia rockii** subsp. **atava** (Brühl) D. Y. Hong et K. Y. Pan 【N, W/C】 ♣GBG; ●GZ, SN, SX; ★(AS): CN.

牡丹 **Paeonia suffruticosa** Andrews 【N, W/C】 ♣BBG, CBG, CDBG, FBG, GBG, GMG, GXIB, HBG, HFBG, IBCAS, KBG, LBG, MDBG, NBG, NSBG, TDBG, WBG, XBG, XMBG, ZAFU; ●AH, BJ, CQ, FJ, GS, GX, GZ, HA, HB, HL, HN, JL, JS, JX, LN, SC, SD, SH, SN, TW, XJ, YN, ZJ; ★(AS): CN.

细叶芍药 **Paeonia tenuifolia** L. 【I, C】 ♣CBG, GBG, IBCAS, NBG; ●BJ, GZ, JS, SH; ★(EU): RO, RS, RU, UA.

90. 蕈树科 ALTINGIACEAE

枫香树属 Liquidambar

缺萼枫香树 **Liquidambar acalycina** H. T. Chang 【N, W/C】 ♣CBG, FLBG, GA, GBG, GXIB, HBG, KBG, LBG, NBG, SCBG; ●GD, GX, GZ, JS, JX, SH, YN, ZJ; ★(AS): CN.

枫香树 **Liquidambar formosana** Hance 【N, W/C】 ♣CBG, CDBG, FBG, FLBG, GA, GBG, GMG, GXIB, HBG, KBG, LBG, NBG, NSBG, SCBG, TBG, TDBG, TMNS, WBG, XBG, XLTBG, XMBG, XTBG, ZAFU; ●AH, CQ, FJ, GD, GS, GX, GZ, HA, HB, HI, HN, JS, JX, SC, SH, SN, TW, XJ, YN, ZJ; ★(AS): CN, JP, KP, LA, VN.

苏合香（合香）**Liquidambar orientalis** Mill. 【I, C】 ♣HBG, NBG, XMBG; ●FJ, JS, ZJ; ★(AS): TR.

北美枫香树 **Liquidambar styraciflua** L. 【I, C】 ♣CBG, HBG, KBG, NBG, SCBG, WBG, XMBG, XTBG, ZAFU; ●BJ, FJ, GD, HB, JS, SH, TW, YN, ZJ; ★(NA): BZ, GT, HN, MX, NI, SV, US.

蕈树属 Altingia

蕈树 **Altingia chinensis** (Champ.) Oliv. ex Hance 【N, W/C】 ♣CBG, CDBG, FBG, FLBG, GA, GXIB, HBG, NBG, SCBG, XLTBG, XTBG; ●FJ, GD, GX, HI, JS, JX, SC, SH, XZ, YN, ZJ; ★(AS): CN, LA, VN.

细青皮 **Altingia excelsa** Noronha 【N, W/C】 ♣KBG, NBG, NSBG, XTBG; ●CQ, JS, YN; ★(AS): BT, CN, ID, IN, LK, MM, MY.

细柄蕈树 **Altingia gracilipes** Hemsl. 【N, W/C】 ♣CBG, FBG, GA, HBG, NBG, ZAFU; ●FJ, JS, JX, SH, ZJ; ★(AS): CN.

海南蕈树 **Altingia obovata** Merr. et Chun 【N, W/C】 ●HI; ★(AS): CN.

镰尖蕈树 **Altingia siamensis** Craib 【N, W/C】 ♣SCBG, WBG, XMBG, XOIG; ●FJ, GD, HB; ★(AS): CN, KH, LA, TH, VN.

云南蕈树 **Altingia yunnanensis** Rehder et E. H. Wilson 【N, W/C】 ♣KBG, SCBG; ●GD, YN; ★(AS): CN.

半枫荷属 Semiliquidambar

半枫荷 **Semiliquidambar cathayensis** Hung T. Chang 【N, W/C】 ♣CBG, CDBG, FBG, FLBG, GA, GMG, GXIB, SCBG; ●FJ, GD, GX, JX, SC, SH; ★(AS): CN.

长尾半枫荷 **Semiliquidambar caudata** Hung T. Chang 【N, W/C】 ♣HBG; ●ZJ; ★(AS): CN.

91. 金缕梅科 HAMAMELIDACEAE

马蹄荷属 Exbucklandia

马蹄荷 **Exbucklandia populnea** (R. Br. ex Griff.) R. W. Br. 【N, W/C】 ♣GBG, GMG, GXIB, KBG, SCBG, WBG, XTBG; ●GD, GX, GZ, HB, YN; ★(AS): BT, CN, ID, IN, LA, MM, MY, NP, TH, VN.

大果马蹄荷 **Exbucklandia tonkinensis** (Lecomte) H. T. Chang 【N, W/C】 ♣CBG, FLBG, GA, HBG,

KBG, NBG, SCBG, WBG, XMBG; ●FJ, GD, HB, JS, JX, SH, YN, ZJ; ★(AS): CN, LA, VN.

红花荷属 Rhodoleia

红花荷 **Rhodoleia championii** Hook. f. 【N, W/C】 ♣CDBG, FBG, FLBG, GA, GMG, GXIB, SCBG, XMBG; ●FJ, GD, GX, JX, SC, YN; ★(AS): CN, ID, IN, LA, MM, MY, VN.

显脉红花荷（小脉红花荷）**Rhodoleia henryi** Tong 【N, W/C】 ♣KBG, SCBG; ●GD, TW, YN; ★(AS): CN.

小花红花荷 **Rhodoleia parvipetala** Tong 【N, W/C】 ♣GXIB, KBG; ●GX, YN; ★(AS): CN, VN.

壳菜果属 Mytilaria

壳菜果 **Mytilaria laosensis** Lecomte 【N, W/C】 ♣CDBG, FBG, FLBG, GA, GMG, GXIB, HBG, KBG, NBG, SCBG, WBG, XLTBG, XMBG, XTBG, ZAFU; ●FJ, GD, GX, HB, HI, JS, JX, SC, YN, ZJ; ★(AS): CN, LA, VN.

山铜材属 Chunia

山铜材 **Chunia bucklandioides** H. T. Chang 【N, W/C】 ♣CBG, XLTBG; ●HI, SH; ★(AS): CN.

双花木属 Disanthus

双花木 **Disanthus cercidifolius** Maxim. 【N, W/C】 ♣SCBG; ●GD, TW; ★(AS): CN, JP.

长柄双花木 **Disanthus cercidifolius** subsp. **longipes** (H. T. Chang) K. Y. Pan 【N, W/C】 ♣CBG, CDBG, FBG, FLBG, GA, GBG, GXIB, HBG, NBG, SCBG, WBG, ZAFU; ●FJ, GD, GX, GZ, HB, JS, JX, SC, SH, ZJ; ★(AS): CN.

蜡瓣花属 Corylopsis

灰岩蜡瓣花 **Corylopsis calcicola** C. Y. Wu 【N, W/C】 ♣KBG; ●YN; ★(AS): CN.

近光滑蜡瓣花 **Corylopsis glabrescens** Franch. et Sav. 【I, C】 ♣IBCAS; ●BJ, TW; ★(AS): JP, KP, KR.

腺蜡瓣花 **Corylopsis glandulifera** Hemsl. 【N, W/C】 ♣CBG, CDBG, HBG, LBG, ZAFU; ●JX, SC, SH, ZJ; ★(AS): CN.

怒江蜡瓣花 **Corylopsis glaucescens** Hand.-Mazz. 【N, W/C】 ♣KBG; ●YN; ★(AS): CN.

鄂西蜡瓣花 **Corylopsis henryi** Hemsl. 【N, W/C】 ♣WBG; ●HB; ★(AS): CN.

大果蜡瓣花(瑞木)**Corylopsis multiflora** Hance【N, W/C】 ♣CBG, CDBG, FBG, GA, GXIB, HBG, KBG, NBG, SCBG, WBG, XTBG; ●FJ, GD, GX, HB, JS, JX, SC, SH, YN, ZJ; ★(AS): CN.

少花蜡瓣花（少花瑞木）**Corylopsis pauciflora** Siebold et Zucc.【N, W/C】♣CBG; ●SH, TW; ★(AS): CN, JP.

阔蜡瓣花 **Corylopsis platypetala** Rehder et E. H. Wilson 【N, W/C】 ♣CBG, HBG; ●SH, ZJ; ★(AS): CN.

蜡瓣花 **Corylopsis sinensis** Hemsl. 【N, W/C】 ♣CBG, CDBG, FBG, GA, HBG, KBG, LBG, NBG, SCBG, WBG; ●FJ, GD, HB, JS, JX, SC, SH, TW, YN, ZJ; ★(AS): CN.

秃蜡瓣花 **Corylopsis sinensis** var. **calvescens** Rehder et E. H. Wilson【N, W/C】♣GXIB, HBG, LBG; ●GX, JX, ZJ; ★(AS): CN.

星毛蜡瓣花 **Corylopsis stelligera** Guillaumin 【N, W/C】 ♣WBG; ●GZ, HB, HN, SC; ★(AS): CN.

俅江蜡瓣花 **Corylopsis trabeculosa** Hu et W. C. Cheng 【N, W/C】 ♣KBG; ●YN; ★(AS): CN.

红药蜡瓣花 **Corylopsis veitchiana** Bean【N, W/C】 ♣IBCAS, NBG, WBG; ●BJ, GZ, HB, JS, SC; ★(AS): CN.

四川蜡瓣花 **Corylopsis willmottiae** Rehder et E. H. Wilson【N, W/C】♣CBG, SCBG; ●GD, SC, SH; ★(AS): CN, JP.

滇蜡瓣花 **Corylopsis yunnanensis** Diels【N, W/C】 ♣SCBG; ●GD, SC, YN; ★(AS): CN.

檵木属 Loropetalum

檵木 **Loropetalum chinense** (R. Br.) Oliv. 【N, W/C】 ♣BBG, CBG, CDBG, FBG, FLBG, GA, GXIB, HBG, KBG, LBG, NBG, NSBG, SCBG, WBG, XMBG, XTBG, ZAFU; ●BJ, CQ, FJ, GD, GX, HB, JS, JX, SC, SH, TW, YN, ZJ; ★(AS): CN, ID, IN, JP, SG.

红花檵木 **Loropetalum chinense** var. **rubrum** Yieh 【N, W/C】 ♣BBG, CDBG, FBG, FLBG, GA, GBG, GXIB, HBG, IBCAS, KBG, NSBG, SCBG, WBG, XLTBG, XMBG, XTBG, ZAFU; ●AH, BJ, CQ, FJ, GD, GX, GZ, HB, HI, HN, JX, SC, YN, ZJ; ★(AS): CN.

四药门花 **Loropetalum subcordatum** (Benth.) Oliv.

【N, W/C】 ♣FLBG, SCBG; ●GD, JX; ★(AS): CN.

毛缕梅属 Trichocladus

毛缕梅 **Trichocladus ellipticus** Eckl. et Zeyh. 【I, C】 ★(AF): CG, KE, TZ, ZA.

秀柱花属 Eustigma

褐毛秀柱花 **Eustigma balansae** Oliv. 【N, W/C】 ♣SCBG; ●GD; ★(AS): CN, LA, VN.

秀柱花 **Eustigma oblongifolium** Gardner et Champ. 【N, W/C】 ♣FLBG, GA, SCBG, TBG, TMNS; ●GD, JX, TW; ★(AS): CN.

牛鼻栓属 Fortunearia

牛鼻栓 **Fortunearia sinensis** Rehder et E. H. Wilson 【N, W/C】 ♣CBG, HBG, LBG, NBG, SCBG, WBG, ZAFU; ●GD, HB, JS, JX, SC, SH, ZJ; ★(AS): CN.

山白树属 Sinowilsonia

山白树 **Sinowilsonia henryi** Hemsl. 【N, W/C】 ♣BBG, FBG, FLBG, IBCAS, NBG, WBG; ●BJ, FJ, GD, GS, HB, JS, JX, SC, SN, SX; ★(AS): CN.

金缕梅属 Hamamelis

间型金缕梅 **Hamamelis × intermedia** Rehder 【I, C】 ♣BBG, CBG, IBCAS; ●BJ, HE, SH, TW; ★(AS): JP.

红花金缕梅 **Hamamelis incarnata** Makino 【I, C】 ★(AS): JP.

日本金缕梅 **Hamamelis japonica** Siebold et Zucc. 【I, C】 ♣HBG, IBCAS, NBG; ●BJ, JS, TW, ZJ; ★(AS): JP, KR.

金缕梅 **Hamamelis mollis** Oliv. ex F. B. Forbes et Hemsl. 【N, W/C】 ♣BBG, CBG, CDBG, FBG, GXIB, HBG, IBCAS, KBG, LBG, NBG, WBG, XMBG; ●AH, BJ, FJ, GX, HB, HN, JS, JX, SC, SH, TW, YN, ZJ; ★(AS): CN.

春金缕梅 **Hamamelis vernalis** Sarg. 【I, C】 ♣IBCAS, LBG; ●BJ, HE, JX, TW; ★(NA): US.

弗吉尼亚金缕梅 **Hamamelis virginiana** L. 【I, C】 ♣BBG, IBCAS, KBG, NBG; ●BJ, HE, JS, SH, TW, YN; ★(NA): US.

银刷树属 Fothergilla

银刷树 **Fothergilla gardenii** L. 【I, C】 ♣IBCAS; ●BJ, HE; ★(NA): US.

大银刷树 **Fothergilla major** Lodd. 【I, C】 ♣CBG; ●HE, SH, TW; ★(NA): US.

白缕梅属 Parrotiopsis

白缕梅 **Parrotiopsis jacquemontiana** (Decne.) Rehder 【I, C】 ♣CBG; ●SH; ★(AS): IN, PK.

波斯铁木属 Parrotia

波斯铁木(波斯银缕梅) **Parrotia persica** C. A. Mey. 【I, C】 ♣BBG, CBG; ●BJ, SH; ★(AS): AZ, IR.

银缕梅 **Parrotia subaequalis** (Hung T. Chang) R. M. Hao et H. T. Wei 【N, W/C】 ♣CBG, NBG, ZAFU; ●JS, SH, ZJ; ★(AS): CN.

水丝梨属 Sycopsis

吕宋水丝梨 **Sycopsis philippinensis** Hemsl. 【I, C】 ★(AS): PH.

水丝梨 **Sycopsis sinensis** Oliv. 【N, W/C】 ♣CBG, CDBG, FBG, GA, GXIB, HBG, NBG, SCBG, WBG, ZAFU; ●FJ, GD, GX, HB, JS, JX, SC, SH, ZJ; ★(AS): CN.

三脉水丝梨 **Sycopsis triplinervia** Hung T. Chang 【N, W/C】 ♣KBG; ●YN; ★(AS): CN.

蚊母树属 Distylium

小叶蚊母树 **Distylium buxifolium** (Hance) Merr. 【N, W/C】 ♣CBG, HBG, NBG, SCBG, WBG, XTBG, ZAFU; ●GD, HB, JS, SH, YN, ZJ; ★(AS): CN.

中华蚊母树 **Distylium chinense** (Franch. ex Hemsl.) Diels 【N, W/C】 ♣FBG, KBG, NSBG, SCBG, WBG, XTBG; ●CQ, FJ, GD, HB, YN; ★(AS): CN.

鳞毛蚊母树 **Distylium elaeagnoides** H. T. Chang 【N, W/C】 ♣CBG, CDBG, SCBG, WBG; ●GD, HB, SC, SH; ★(AS): CN.

台湾蚊母树 **Distylium gracile** Nakai 【N, W/C】 ♣TMNS; ●TW; ★(AS): CN.

大叶蚊母树 **Distylium macrophyllum** H. T. Chang 【N, W/C】 ♣GXIB; ●GX; ★(AS): CN.

杨梅叶蚊母树 **Distylium myricoides** Hemsl. 【N,

W/C】♣CBG, CDBG, FBG, GA, GBG, GXIB, HBG, KBG, LBG, NBG, SCBG, ZAFU; ●AH, BJ, FJ, GD, GX, GZ, JS, JX, SC, SH, YN, ZJ; ★(AS): CN.

屏边蚊母树 **Distylium pingpienense** (Hu) E. Walker【N, W/C】♣KBG, WBG; ●HB, YN; ★(AS): CN.

蚊母树 **Distylium racemosum** Siebold et Zucc.【N, W/C】♣BBG, CDBG, FBG, FLBG, HBG, KBG, NBG, NSBG, SCBG, TBG, TMNS, WBG, XBG, XTBG, ZAFU; ●BJ, CQ, FJ, GD, HB, JS, JX, SC, SN, TW, YN, ZJ; ★(AS): CN, JP, KP, KR, SG.

黔蚊母树 **Distylium tsiangii** Chun ex Walker【N, W/C】♣WBG; ●HB; ★(AS): CN.

假蚊母树属 Distyliopsis

尖叶假蚊母树 **Distyliopsis dunnii** (J. H. Hemsl.) Endréss【N, W/C】♣FBG, SCBG; ●FJ, GD; ★(AS): CN, LA, MY.

钝叶假蚊母树 **Distyliopsis tutcheri** (J. H. Hemsl.) Endréss【N, W/C】♣FBG, SCBG; ●FJ, GD; ★(AS): CN.

滇假蚊母树 **Distyliopsis yunnanensis** (H. T. Chang) C. Y. Wu【N, W/C】♣XTBG; ●YN; ★(AS): CN.

92. 连香树科 CERCIDIPHYLLACEAE

连香树属 Cercidiphyllum

连香树 **Cercidiphyllum japonicum** Siebold et Zucc. ex J. J. Hoffm. et J. H. Schult.bis【N, W/C】♣BBG, CBG, CDBG, FBG, FLBG, GBG, GXIB, HBG, IBCAS, KBG, LBG, NBG, NSBG, SCBG, TBG, WBG, XTBG, ZAFU; ●BJ, CQ, FJ, GD, GX, GZ, HA, HB, HE, HN, JS, JX, LN, SC, SD, SH, TW, YN, ZJ; ★(AS): CN, JP.

大叶连香树 **Cercidiphyllum magnificum** (Nakai) Nakai【I, C】♣CBG, NBG; ●JS, SH; ★(AS): JP.

93. 虎皮楠科 DAPHNIPHYLLACEAE

虎皮楠属 Daphniphyllum

牛耳枫 **Daphniphyllum calycinum** Benth.【N, W/C】♣CBG, FBG, FLBG, GA, GMG, GXIB, NBG, SCBG, WBG, XLTBG, XMBG, XTBG; ●FJ, GD, GX, HB, HI, JS, JX, SC, SH, YN; ★(AS): CN, JP, VN.

纸叶虎皮楠 **Daphniphyllum chartaceum** K. Rosenthal【N, W/C】♣KBG; ●YN; ★(AS): BT, CN, ID, IN, LK, MM, NP, PK, VN.

长序虎皮楠 **Daphniphyllum longeracemosum** K. Rosenthal【N, W/C】♣GA, KBG, SCBG, WBG; ●GD, HB, JX, SC, YN; ★(AS): CN, VN.

交让木 **Daphniphyllum macropodum** Miq.【N, W/C】♣CBG, CDBG, FBG, FLBG, GA, GXIB, HBG, KBG, LBG, NBG, SCBG, WBG, XTBG, ZAFU; ●FJ, GD, GX, HB, JS, JX, SC, SH, TW, YN, ZJ; ★(AS): CN, JP, KP, KR.

大叶虎皮楠 **Daphniphyllum majus** Müll. Arg.【N, W/C】♣KBG, WBG, XTBG; ●HB, YN; ★(AS): CN, IN, LA, MM, TH, VN.

虎皮楠（长柱虎皮楠）**Daphniphyllum oldhamii** (Hemsl.) K. Rosenthal【N, W/C】♣CDBG, FBG, GXIB, HBG, KBG, LBG, NBG, SCBG, TBG, WBG, XTBG; ●FJ, GD, GX, HB, JS, JX, SC, TW, YN, ZJ; ★(AS): CN, JP, KP, KR, VN.

脉叶虎皮楠 **Daphniphyllum paxianum** K. Rosenthal【N, W/C】♣CBG, GA, HBG, KBG, SCBG, XMBG, XTBG, ZAFU; ●FJ, GD, JX, SC, SH, YN, ZJ; ★(AS): CN, LA.

假轮叶虎皮楠 **Daphniphyllum subverticillatum** Merr.【N, W/C】♣SCBG; ●GD; ★(AS): CN.

94. 鼠刺科 ITEACEAE

鼠刺属 Itea

鼠刺 **Itea chinensis** Hook. et Arn.【N, W/C】♣CBG, FLBG, GA, GMG, GXIB, HBG, SCBG; ●GD, GX, JX, SH, ZJ; ★(AS): BT, CN, ID, IN, LA, MM, TH, VN.

厚叶鼠刺 **Itea coriacea** Y. C. Wu【N, W/C】♣FBG, SCBG, WBG; ●FJ, GD, HB; ★(AS): CN.

腺鼠刺 **Itea glutinosa** Hand.-Mazz.【N, W/C】♣WBG; ●HB; ★(AS): CN.

冬青叶鼠刺 **Itea ilicifolia** Oliv.【N, W/C】♣CBG, FBG, HBG, WBG; ●FJ, HB, SH, TW, ZJ; ★(AS): CN.

大叶鼠刺 **Itea macrophylla** Wall.【N, W/C】♣WBG, XTBG; ●HB, YN; ★(AS): BT, CN, ID, IN, LA, LK, MM, PH, TH, VN.

峨眉鼠刺 **Itea omeiensis** C. K. Schneid.【N, W/C】♣CBG, FBG, GA, HBG, LBG, NSBG, SCBG, WBG, ZAFU; ●CQ, FJ, GD, HB, JX, SH, ZJ; ★(AS): CN.

小花鼠刺 **Itea parviflora** Hemsl.【N, W/C】♣TMNS, XTBG; ●TW, YN; ★(AS): CN.

河岸鼠刺 **Itea riparia** Collett et Hemsl.【N, W/C】♣XTBG; ●YN; ★(AS): CN, LA, MM, TH.

北美鼠刺（鞣木）**Itea virginica** L.【I, C】★(NA): US.

阳春鼠刺 **Itea yangchunensis** S. Y. Jin【N, W/C】♣SCBG; ●GD; ★(AS): CN.

滇鼠刺 **Itea yunnanensis** Franch.【N, W/C】♣GA, GBG, KBG, SCBG, XTBG; ●GD, GZ, JX, YN; ★(AS): CN.

95. 茶藨子科 GROSSULARIACEAE

茶藨子属 Ribes

长刺茶藨子 **Ribes alpestre** Wall. ex Decne.【N, W/C】♣CBG, HFBG, IBCAS, NBG, SCBG, WBG; ●BJ, GD, HB, HL, JS, LN, SH, TW, XJ; ★(AS): AF, BT, CN, IN, LK.

大刺茶藨子 **Ribes alpestre** var. **giganteum** Jancz.【N, W/C】♣KBG; ●YN; ★(AS): CN.

高山茶藨子 **Ribes alpinum** L.【I, C】♣IBCAS, NBG; ●BJ, HE, JS; ★(AS): GE; (EU): AT, BA, BG, CZ, DE, ES, FI, GB, HR, HU, IT, ME, MK, NO, PL, RO, RS, RU, SI.

高茶藨子 **Ribes altissimum** Turcz. ex Pojark.【N, W/C】♣HFBG; ●HL, LN; ★(AS): CN, MN, RU-AS.

美洲茶藨子 **Ribes americanum** Mill.【I, C】♣IBCAS, NBG; ●BJ, JS; ★(NA): US.

金茶藨子 **Ribes aureum** Pursh【I, C】♣BBG, HFBG, IBCAS, NBG; ●BJ, HL, JS, LN, TW, XJ, YN; ★(NA): CA, MX, US.

加州茶藨子 **Ribes bracteosum** S. Watson【I, C】♣IBCAS; ●BJ; ★(NA): CA, US.

刺果茶藨子 **Ribes burejense** F. Schmidt【N, W/C】♣BBG, HFBG, IBCAS, WBG; ●BJ, HB, HL, LN, NM; ★(AS): CN, KP, KR, MN.

北美刺茶藨子 **Ribes cynosbati** L.【I, C】♣IBCAS; ●BJ; ★(NA): US.

双刺茶藨子 **Ribes diacanthum** Pall.【N, W/C】♣HFBG, NBG; ●HL, JS, LN, NM, YN; ★(AS): CN, KP, KR, MN, RU-AS.

吉菩萨醋栗 **Ribes dikuscha** Fisch. ex Turcz.【I, C】★(AS): RU-AS.

簇花茶藨子 **Ribes fasciculatum** Siebold et Zucc.【N, W/C】♣HBG, IBCAS, NBG; ●BJ, JS, TW, ZJ; ★(AS): CN, JP, KP, KR.

华蔓茶藨子 **Ribes fasciculatum** var. **chinense** Maxim.【N, W/C】♣CBG, HBG, HFBG, IBCAS, LBG, NBG, WBG; ●BJ, HB, HL, JS, JX, SH, ZJ; ★(AS): CN, JP, KP, KR.

陕西茶藨子 **Ribes giraldii** Jancz.【N, W/C】♣HFBG, NBG; ●HL, JS, LN; ★(AS): CN.

光萼茶藨子 **Ribes glabricalycinum** L. T. Lu【N, W/C】♣SCBG; ●GD; ★(AS): CN.

冰川茶藨子 **Ribes glaciale** Wall.【N, W/C】♣CBG, HBG, WBG; ●HB, SC, SH, ZJ; ★(AS): BT, CN, ID, IN, LK, MM, NP.

臭茶藨子 **Ribes graveolens** Bunge【I, C】★(AS): MN, RU-AS.

糖茶藨子 **Ribes himalense** Royle ex Decne.【N, W/C】●NM; ★(AS): BT, CN, IN, LK, NP.

瘤糖茶藨子 **Ribes himalense** var. **verruculosum** (Rehder) L. T. Lu【N, W/C】●NM; ★(AS): CN.

美洲醋栗 **Ribes hirtellum** Michx.【I, C】★(NA): US.

Ribes janczewskii Pojark.【I, C】♣KBG; ●YN; ★(AS): KG, KZ, TJ, TM, UZ.

长白茶藨子 **Ribes komarovii** Pojark.【N, W/C】♣HFBG, IBCAS, SCBG; ●BJ, GD, HL, LN; ★(AS): CN, KP, KR, MN, RU-AS.

阔叶茶藨子 **Ribes latifolium** Jancz.【N, W/C】♣XTBG; ●YN; ★(AS): CN, JP, KR, MN, RU-AS.

桂叶茶藨子 **Ribes laurifolium** Jancz.【N, W/C】●TW; ★(AS): CN, MM.

疏花茶藨子 **Ribes laxiflorum** Richardson【I, C】♣IBCAS; ●BJ; ★(NA): CA, US.

长序茶藨子 **Ribes longiracemosum** Franch.【N, W/C】♣WBG; ●HB, SC; ★(AS): CN.

东北茶藨子 **Ribes mandshuricum** (Maxim.) Kom.【N, W/C】♣HFBG, IBCAS, WBG; ●BJ, HB, HL, LN, NM; ★(AS): CN, KP, KR, MN, RU-AS.

光叶东北茶藨子 **Ribes mandshuricum** var. **subglabrum** Kom.【N, W/C】♣HFBG, IBCAS; ●BJ, HL; ★(AS): CN, KP, KR.

尖叶茶藨子 **Ribes maximowiczianum** Kom.【N, W/C】♣CBG, HFBG; ●HL, NM, SH; ★(AS):

CN, JP, KP, KR, RU-AS.

华西茶藨子 **Ribes maximowiczii** Batalin 【N, W/C】 ♣IBCAS, WBG; ●BJ, HB, LN; ★(AS): CN.

宝兴茶藨子 **Ribes moupinense** Franch. 【N, W/C】 ♣WBG; ●HB; ★(AS): CN.

多花茶藨子 **Ribes multiflorum** Kit. ex Schult. 【I, C】 ♣IBCAS; ●BJ; ★(AS): SA; (EU): BA, BG, GR, HR, IT, ME, MK, RS, SI.

黑茶藨子 **Ribes nigrum** L. 【I, C】 ♣CBG, HFBG, IBCAS, NBG; ●BJ, HL, JL, JS, LN, NM, SD, SH, TW, XJ, YN; ★(AS): MN, RU-AS, SA; (EU): BA, BG, GR, HR, IT, ME, MK, RS, SI.

香茶藨子 **Ribes odoratum** H. L. Wendl. 【I, C】 ♣BBG, HFBG, IBCAS, NBG; ●BJ, HL, JS, LN, TW, XJ, YN; ★(NA): US.

英吉利茶藨子 **Ribes palczewskii** (Janch.) Pojark. 【N, W/C】 ●NM; ★(AS): CN, MN, RU-AS.

*欧石生茶藨子 **Ribes petraeum** Wulfen 【I, C】 ♣IBCAS; ●BJ; ★(AS): GE; (EU): AT, BA, BG, CZ, DE, ES, HR, HU, IT, ME, MK, PL, RO, RS, RU, SI.

水葡萄茶藨子 **Ribes procumbens** Pall. 【N, W/C】 ●HL, NM; ★(AS): CN, JP, KP, MN, RU-AS.

美丽茶藨子 **Ribes pulchellum** Turcz. 【N, W/C】 ●NM; ★(AS): CN, MN, RU-AS.

欧洲醋栗 **Ribes reclinatum** L. 【I, C】 ♣CBG, IBCAS; ●BJ, HE, HI, HL, JL, SH, TW; ★(AF): DZ, EG, LY, MA, SD, TN; (AS): AM, AZ, GE, IR, RU-AS, TR; (EU): AT, BA, BG, CZ, DE, ES, HR, HU, IT, ME, MK, PL, RO, RS, RU, SI, UA.

红茶藨子 **Ribes rubrum** L. 【I, C】 ♣BBG, CBG, IBCAS, NBG; ●BJ, JS, LN, SH, TW, XJ; ★(AS): GE, RU-AS; (EU): AT, BA, BG, CZ, DE, ES, HR, HU, IT, ME, MK, PL, RO, RS, RU, SI, UA.

绯红茶藨子 **Ribes sanguineum** Pursh 【I, C】 ♣CBG; ●SH, TW; ★(NA): US.

四川茶藨子 **Ribes setchuense** Jancz. 【N, W/C】 ♣SCBG; ●GD; ★(AS): CN.

吊钟茶藨子 **Ribes speciosum** Pursh 【I, C】 ♣IBCAS; ●BJ; ★(NA): MX, US.

渐尖茶藨子 **Ribes takare** D. Don 【N, W/C】 ♣WBG; ●HB; ★(AS): BT, CN, ID, IN, LK, MM, NP.

细枝茶藨子 **Ribes tenue** Jancz. 【N, W/C】 ♣LBG, WBG; ●HB, JX, SC; ★(AS): CN, MY.

乌苏里茶藨子 **Ribes ussuriense** Jancz. 【N, W/C】 ●HL; ★(AS): CN, KR, MN, RU-AS.

鹅莓 **Ribes uva-crispa** L. 【I, C】 ★(AS): CY; (EU): AD, AL, AT, BA, BE, BG, BY, CH, CZ, DE, DK, ES, FI, FR, GB, GR, HR, HU, IS, IT, LU, MC, ME, MK, NL, NO, PL, PT, RO, RS, RU, SE, SI, SK, SM, UA, VA.

绿花茶藨子 **Ribes viridiflorum** (Cheng) L. T. Lu et G. Yao 【N, W/C】 ♣CBG; ●SH; ★(AS): CN.

96. 虎耳草科 SAXIFRAGACEAE

虎耳草属 Saxifraga

丛密虎耳草 **Saxifraga caespitosa** L. 【I, C】 ♣NBG; ●JS; ★(AS): RU-AS; (EU): FI, FR, GB, IS, NO, RS, RU.

西班牙虎耳草 **Saxifraga camposii** Boiss. et Reut. 【I, C】 ♣NBG; ●JS; ★(EU): ES.

灯架虎耳草 **Saxifraga candelabrum** Franch. 【N, W/C】 ●YN; ★(AS): CN.

异叶虎耳草 **Saxifraga diversifolia** Wall. ex Ser. 【N, W/C】 ●YN; ★(AS): BT, CN, IN, LK, MM, NP.

贝叶虎耳草 **Saxifraga emarginata** (Small) Fedde 【I, C】 ♣NBG; ●JS; ★(NA): US.

卵心叶虎耳草 **Saxifraga epiphylla** Gornall et H. Ohba 【N, W/C】 ♣GXIB; ●GX; ★(AS): CN, VN.

多齿虎耳草 **Saxifraga erosa** Pursh 【I, C】 ♣NBG; ●JS; ★(NA): US.

香虎耳草 **Saxifraga exarata** subsp. **moschata** (Wulfen) Cavill. 【I, C】 ♣CBG, NBG; ●JS, SH; ★(EU): CH, FR, GB.

齿瓣虎耳草 **Saxifraga fortunei** Hook. 【N, W/C】 ♣CBG, HBG, SCBG, WBG, XMBG; ●FJ, GD, HB, SC, SH, TW, ZJ; ★(AS): CN, JP, KP, KR, MN, RU-AS.

*冷地虎耳草 **Saxifraga fragilis** Schrank 【I, C】 ♣NBG; ●JS; ★(EU): ES.

圆锥虎耳草 **Saxifraga fragilis** subsp. **paniculata** (Pau) Muñoz Garm. et P. Vargas 【I, C】 ★(EU): ES.

芽虎耳草 **Saxifraga gemmigera** Engl. 【N, W/C】 ♣NBG; ●JS; ★(AS): CN.

粒牙虎耳草 **Saxifraga granulata** L. 【I, C】 ♣NBG; ●JS; ★(AS): SA; (EU): AT, BA, BE, CZ, DE, ES, FI, FR, GB, HR, HU, IT, LU, ME, MK, NL, NO, PL, RS, RU, SI.

齿叶虎耳草 **Saxifraga hispidula** D. Don 【N, W/C】

●YN; ★(AS): CN.

*霍斯虎耳草 **Saxifraga hostii** Tausch【I, C】♣NBG; ●JS; ★(EU): AT, BA, HR, IT, ME, MK, NO, RS, SI.

水液虎耳草 **Saxifraga irrigua** M. Bieb. 【I, C】♣NBG; ●JS; ★(EU): RU.

蒙自虎耳草 **Saxifraga mengtzeana** Engl. et Irmsch.【N, W/C】♣GBG, KBG, WBG; ●GZ, HB, SC, YN; ★(AS): CN.

类毛瓣虎耳草 **Saxifraga montanella** Harry Sm.【N, W/C】●YN; ★(AS): BT, CN, NP.

雪花虎耳草 **Saxifraga nivalis** L. 【I, C】♣NBG; ●JS; ★(EU): BA, CZ, DE, FI, FR, GB, IS, NO, PL, RO, RS, RU; (NA): CA, GL, US.

*长圆叶虎耳草 **Saxifraga oblongifolia** Nakai【I, C】♣NBG; ●JS; ★(AS): KP, KR, RU-AS.

挪威虎耳草 **Saxifraga oppositifolia** L. 【N, W/C】♣NBG; ●JS; ★(AS): CN, GE, MN, RU-AS; (EU): AL, AT, BA, BG, CZ, DE, ES, FI, FR, GB, HR, IS, IT, ME, MK, NO, PL, RO, RS, RU, SI.

巴尔干虎耳草 **Saxifraga paniculata** Mill. 【I, C】♣NBG; ●JS; ★(EU): AL, AT, BA, BG, CH, CZ, DE, ES, FR, GR, HR, HU, IS, IT, ME, MK, NO, PL, RO, RS, RU, SI.

小虎耳草 **Saxifraga parva** Hemsl. 【N, W/C】♣NBG; ●JS; ★(AS): BT, CN, IN, LK, NP.

展叶虎耳草 **Saxifraga patens** A. Körn. 【I, C】♣NBG; ●JS; ★(EU): FR.

鹿角虎耳草 **Saxifraga pedemontana** subsp. **cervicornis** (Viv.) Engl. 【I, C】♣NBG; ●JS; ★(EU): FR.

玫瑰虎耳草 **Saxifraga petraea** L. 【I, C】♣NBG; ●JS; ★(EU): BA, CH, HR, IT, ME, MK, RS, SI.

美丽虎耳草 **Saxifraga pulchra** Engl. et Irmsch.【N, W/C】♣NBG; ●JS; ★(AS): CN.

紫红虎耳草 **Saxifraga rosacea** Moench 【I, C】♣NBG; ●JS; ★(EU): BA, BE, CZ, DE, FR, GB, IS, PL.

圆叶虎耳草 **Saxifraga rotundifolia** L. 【I, C】♣LBG, NBG; ●JS, JX; ★(AS): SA; (EU): AL, AT, BA, BE, BG, CZ, DE, ES, GR, HR, IT, ME, MK, RO, RS, SI.

红毛虎耳草 **Saxifraga rufescens** Balf.f. 【N, W/C】♣KBG, SCBG; ●GD, YN; ★(AS): CN, MM.

扇叶虎耳草 **Saxifraga rufescens** var. **flabellifolia** C. Y. Wu et J. T. Pan【N, W/C】♣CBG, WBG; ●HB, SH; ★(AS): CN.

灰岩虎耳草 **Saxifraga saxatilis** Harry Sm. 【N, W/C】♣WBG; ●HB; ★(AS): CN.

景天虎耳草 **Saxifraga sediformis** Engl. et Irmsch.【N, W/C】♣NBG; ●JS; ★(AS): CN.

宽心虎耳草 **Saxifraga serotina** Sipliv. 【I, C】♣CBG, XMBG; ●FJ, SH; ★(AS): RU-AS.

球茎虎耳草 **Saxifraga sibirica** L. 【N, W/C】♣WBG; ●BJ, HB, SC; ★(AS): CN, ID, IN, MN, NP, RU-AS; (EU): BG, GR, RU.

*星状虎耳草 **Saxifraga stellaris** L. 【I, C】♣NBG; ●JS; ★(EU): AL, AT, BA, BG, CZ, DE, ES, FI, FR, GB, GR, HR, IS, IT, LU, ME, MK, NO, PL, RO, RS, RU, SI.

虎耳草 **Saxifraga stolonifera** Meerb. 【N, W/C】♣BBG, CBG, FBG, FLBG, GA, GBG, GMG, GXIB, HBG, IBCAS, KBG, LBG, NBG, NSBG, SCBG, TBG, TMNS, WBG, XBG, XMBG, ZAFU; ●BJ, CQ, FJ, GD, GX, GZ, HB, JS, JX, SC, SH, SN, TW, YN, ZJ; ★(AS): BT, CN, IN, JP, KP, KR, LK, SG; (OC): AU, NZ.

耐阴虎耳草 **Saxifraga umbrosa** L.【I, C】♣NBG; ●JS; ★(EU): DE, ES, FR, GB, IT.

丽洁虎耳草 **Saxifraga virginiensis** Michx. 【I, C】♣NBG; ●JS; ★(NA): CA, US.

铁虎耳草 **Saxifraga wahlenbergii** Ball 【I, C】♣NBG; ●JS; ★(EU): AT, BA, CZ, HR, ME, MK, PL, RO, RS, SI, SK, UA.

落新妇属 Astilbe

阿兰茨落新妇 **Astilbe × arendsii** 【I, C】♣BBG, CBG, IBCAS, NBG; ●BJ, JS, SH, TW; ★(EU): GB.

落新妇（红升麻）**Astilbe chinensis** (Maxim.) Franch. et Sav.【N, W/C】♣BBG, CBG, GA, GBG, HBG, HFBG, IBCAS, KBG, LBG, WBG, XBG, XMBG, ZAFU; ●AH, BJ, FJ, GS, GZ, HA, HB, HE, HL, JX, LN, SC, SD, SH, SN, SX, YN, ZJ; ★(AS): CN, JP, KP, KR, MN, RU-AS.

大落新妇 **Astilbe grandis** Stapf ex E. H. Wilson 【N, W/C】♣BBG, HBG, HFBG, IBCAS, LBG, SCBG; ●BJ, GD, HL, JX, LN, ZJ; ★(AS): CN, KP, RU-AS.

日本落新妇 **Astilbe japonica** (C. Morren et Decne.) A. Gray 【I, C】♣BBG, CBG; ●BJ, SH, TW; ★(AS): JP, RU-AS.

溪畔落新妇 **Astilbe rivularis** Buch.-Ham. ex D. Don 【N, W/C】♣KBG; ●YN; ★(AS): BT, CN, ID, IN, LA, LK, MM, NP, RU-AS, TH, VN.

多花落新妇 **Astilbe rivularis** var. **myriantha** (Diels) J. T. Pan 【N, W/C】 ♣IBCAS, WBG; ●BJ, HB, SC; ★(AS): CN.

腺萼落新妇 **Astilbe rubra** Hook. f. et Thomson【N, W/C】♣CBG, HBG, WBG; ●HB, SH, ZJ; ★(AS): BT, CN, ID, IN, KP, KR, LK, MM, RU-AS.

单叶落新妇 **Astilbe simplicifolia** Makino 【I, C】 ♣BBG, CBG; ●BJ, SH, TW; ★(AS): JP, KR, RU-AS.

童氏落新妇 **Astilbe thunbergii** (Siebold et Zucc.) Miq. 【I, C】 ♣BBG; ●BJ; ★(AS): JP, RU-AS.

千母草属 Tolmiea

千母草 **Tolmiea menziesii** (Pursh) Torr. et A. Gray 【I, C】 ♣XMBG; ●FJ; ★(NA): US.

矾根属 Heuchera

美洲矾根 **Heuchera americana** Georgi 【I, C】 ♣BBG, CBG, IBCAS; ●BJ, SH; ★(NA): US.

绿花矾根 **Heuchera chlorantha** Piper 【I, C】 ♣NBG; ●JS; ★(NA): US.

塔顶矾根 **Heuchera cylindrica** Douglas 【I, C】 ♣IBCAS, NBG; ●BJ, JS; ★(NA): US.

光滑矾根 **Heuchera glabra** Willd. ex Schult. 【I, C】 ♣IBCAS; ●BJ; ★(NA): US.

聚叶矾根 **Heuchera grossulariifolia** Rydb. 【I, C】 ♣IBCAS; ●BJ; ★(NA): US.

矾根(肾形草)**Heuchera micrantha** Douglas【I, C】 ♣BBG, IBCAS, LBG, ZAFU; ●BJ, JX, TW, ZJ; ★(NA): US.

变叶矾根 **Heuchera micrantha** var. **diversifolia** (Rydb.) Rosend., Butters et Lakela 【I, C】 ♣IBCAS; ●BJ; ★(NA): US.

红花矾根 **Heuchera sanguinea** Engelm. 【I, C】 ♣BBG, IBCAS; ●BJ; ★(NA): US.

长柔毛矾根 **Heuchera villosa** Michx. 【I, C】 ♣CBG, IBCAS; ●BJ, SH; ★(NA): US.

裂矾根属 × Heucherella

白花裂矾根 × **Heucherella alba** (Lemoine) Stearn 【I, C】 ♣BBG; ●BJ; ★(NA): US.

饰缘花属 Tellima

饰缘花 **Tellima grandiflora** (Pursh) Douglas ex Lindl. 【I, C】 ♣IBCAS, NBG; ●BJ, JS; ★(NA): CA, MX, US.

黄水枝属 Tiarella

心叶黄水枝(泡沫花)**Tiarella cordifolia** L. 【I, C】 ♣NBG; ●JS; ★(NA): US.

黄水枝 **Tiarella polyphylla** D. Don 【N, W/C】 ♣CBG, GBG, HBG, KBG, LBG, SCBG, WBG, XTBG; ●GD, GZ, HB, JX, SC, SH, YN, ZJ; ★(AS): BT, CN, ID, IN, JP, KR, LK, MM, NP.

大叶子属 Astilboides

大叶子 **Astilboides tabularis** (Hemsl.) Engl. 【N, W/C】♣CBG, HFBG; ●HL, LN, SH; ★(AS): CN, KP, KR, RU-AS.

鬼灯檠属 Rodgersia

七叶鬼灯檠 **Rodgersia aesculifolia** Batalin 【N, W/C】 ♣BBG, CBG, GBG, IBCAS, LBG, NBG, SCBG, WBG, XBG; ●BJ, GD, GZ, HB, JS, JX, SC, SH, SN; ★(AS): CN, MM.

羽叶鬼灯檠 **Rodgersia pinnata** Franch. 【N, W/C】 ♣BBG, KBG; ●BJ, YN; ★(AS): CN.

鬼灯檠 **Rodgersia podophylla** A. Gray 【N, W/C】 ♣CBG, SCBG, WBG; ●GD, HB, SH; ★(AS): CN, JP, KP, KR.

西南鬼灯檠 **Rodgersia sambucifolia** Hemsl. 【N, W/C】 ♣GBG, KBG; ●GZ, YN; ★(AS): CN.

岩白菜属 Bergenia

厚叶岩白菜 **Bergenia crassifolia** (L.) Fritsch 【N, W/C】 ♣TDBG; ●BJ, TW, XJ; ★(AS): CN, KP, MN, RU-AS; (EU): AT, DE.

岩白菜 **Bergenia purpurascens** (Hook. f. et Thomson) Engl. 【N, W/C】 ♣CBG, KBG, LBG, XBG, XMBG, XTBG; ●FJ, JX, SC, SH, SN, YN; ★(AS): BT, CN, ID, IN, LK, MM, NP.

秦岭岩白菜 **Bergenia scopulosa** T. P. Wang 【N, W/C】 ♣XTBG; ●YN; ★(AS): CN.

短柄岩白菜 **Bergenia stracheyi** (Hook. f. et Thomson) Engl.【N, W/C】♣NBG; ●JS; ★(AS): AF, CN, CY, IN, NP, PK, TJ.

槭叶草属 Mukdenia

岩槭叶草 **Mukdenia acanthifolia** Nakai 【I, C】 ●LN; ★(AS): KR, RU-AS.

槭叶草 **Mukdenia rossii** (Oliv.) Koidz. 【N, W/C】 ♣SCBG; ●GD, LN; ★(AS): CN, KP, RU-AS.

独根草属 Oresitrophe

独根草 **Oresitrophe rupifraga** Bunge 【N, W/C】 ♣XMBG; ●FJ; ★(AS): CN, RU-AS.

金腰属 Chrysosplenium

秦岭金腰 **Chrysosplenium biondianum** Engl. 【N, W/C】 ♣WBG; ●HB; ★(AS): CN.

锈毛金腰 **Chrysosplenium davidianum** Decne. ex Maxim. 【N, W/C】 ♣SCBG; ●GD, SC; ★(AS): CN, MM.

贡山金腰 **Chrysosplenium forrestii** Diels 【N, W/C】 ●YN; ★(AS): BT, CN, ID, IN, LK, MM, NP.

无毛金腰 **Chrysosplenium glaberrimum** W. T. Wang 【N, W/C】 ♣LBG; ●JX; ★(AS): CN.

天胡荽金腰 **Chrysosplenium hydrocotylifolium** H. Lév. et Vaniot 【N, W/C】 ♣CBG, WBG; ●HB, SH; ★(AS): CN.

日本金腰 **Chrysosplenium japonicum** (Maxim.) Makino 【N, W/C】 ♣HBG, LBG; ●JX, ZJ; ★(AS): CN, JP, KP, KR.

绵毛金腰 **Chrysosplenium lanuginosum** Hook. f. et Thomson 【N, W/C】 ♣WBG; ●HB; ★(AS): BT, CN, ID, IN, LK, MM, NP.

大叶金腰 **Chrysosplenium macrophyllum** Oliv. 【N, W/C】 ♣CBG, GBG, HBG, LBG, NBG, SCBG, WBG, XBG; ●GD, GZ, HB, JS, JX, SH, SN, ZJ; ★(AS): CN.

微子金腰 **Chrysosplenium microspermum** Franch. 【N, W/C】 ♣WBG; ●HB; ★(AS): CN.

毛金腰 **Chrysosplenium pilosum** Maxim. 【N, W/C】 ●LN; ★(AS): CN, JP, KP, KR, MN, RU-AS.

柔毛金腰 **Chrysosplenium pilosum** var. **valdepilosum** Ohwi 【N, W/C】 ♣CBG, WBG; ●HB, SH; ★(AS): CN, KP, KR.

五台金腰 **Chrysosplenium serreanum** Hand.-Mazz. 【N, W/C】 ♣IBCAS; ●BJ; ★(AS): CN, JP, KP, MN, RU-AS.

中华金腰 **Chrysosplenium sinicum** Maxim. 【N, W/C】 ♣CBG, LBG, WBG; ●HB, JX, SH; ★(AS): CN, KP, MN, RU-AS.

97. 景天科 CRASSULACEAE

石莲属 Sinocrassula

石莲（绿花石莲）**Sinocrassula indica** (Decne.) A. Berger 【N, W/C】 ♣CBG, GBG, GXIB, SCBG, WBG; ●GD, GX, GZ, HB, SH; ★(AS): BT, CN, IN, LK, NP, PK.

云南石莲 **Sinocrassula yunnanensis** (Franch.) A. Berger 【N, W/C】 ♣HBG, XMBG; ●FJ, ZJ; ★(AS): CN.

鸡爪瓦松属 Meterostachys

鸡爪瓦松 **Meterostachys sikokianus** (Makino) Nakai 【I, C】 ★(AS): JP.

瓦松属 Orostachys

子持瓦松（子持莲华）**Orostachys boehmeri** (Makino) Hara 【I, C】 ★(AS): JP.

瓦松 **Orostachys fimbriata** (Turcz.) A. Berger 【N, W/C】 ♣BBG, FBG, GBG, HBG, LBG, NBG, WBG, XBG; ●BJ, FJ, GZ, HB, JS, JX, SC, SN, ZJ; ★(AS): CN, KP, MN, RU-AS.

白蔓瓦松（白蔓莲、子持年华）**Orostachys furusei** Ohwi 【I, C】 ♣BBG, XMBG; ●BJ, FJ; ★(AS): JP.

玄海岩瓦松（玄海岩莲华）**Orostachys iwarenge** HARA 【I, C】 ♣BBG, FLBG, XMBG; ●BJ, FJ, GD, JX; ★(AS): JP, KR, RU-AS.

晚红瓦松（白肌爪莲华）**Orostachys japonica** A. Berger 【N, W/C】 ♣FLBG, KBG, SCBG, XMBG; ●FJ, GD, JX, TW, YN; ★(AS): CN, JP, KP, KR, RU-AS.

钝叶瓦松（青岩莲华）**Orostachys malacophylla** (Pall.) Fisch. 【N, W/C】 ♣WBG, XMBG; ●FJ, HB; ★(AS): CN, JP, KP, KR, MN, RU-AS.

红昭和瓦松（元禄）**Orostachys polycephala** (Makino) Hara 【I, C】 ♣FLBG, SCBG, XMBG; ●FJ, GD, JX; ★(AS): JP.

黄花瓦松（修女）**Orostachys spinosa** (L.) Sweet 【N, W/C】 ♣CBG, HBG; ●SH, TW, ZJ; ★(AS): CN, KP, MN, RU-AS; (EU): RU.

小苞瓦松 **Orostachys thyrsiflora** Fisch. 【N, W/C】 ♣SCBG; ●GD; ★(AS): CN, CY, KZ, MN, RU-AS; (EU): RU.

八宝属 Hylotelephium

八宝(弁庆草) **Hylotelephium erythrostictum** (Miq.) H. Ohba 【N, W/C】 ♣BBG, CBG, CDBG, GA, GBG, HBG, HFBG, IBCAS, LBG, WBG, XBG, XMBG, ZAFU; ●BJ, FJ, GZ, HB, HL, JX, LN, SC, SH, SN, XJ, ZJ; ★(AS): CN, JP, KP, KR, MN, RU-AS.

圆叶八宝 **Hylotelephium ewersii** (Ledeb.) H. Ohba 【N, W/C】 ●XJ; ★(AS): AF, CN, CY, ID, IN, KG, KZ, MN, PK, RU-AS, TJ.

紫花八宝 **Hylotelephium mingjinianum** (S. H. Fu) H. Ohba 【N, W/C】 ♣HBG, LBG, NBG, ZAFU; ●JS, JX, ZJ; ★(AS): CN.

圆扇八宝(仙人宝) **Hylotelephium sieboldii** (Regel) H. Ohba 【N, W/C】 ●BJ, SH, TW; ★(AS): CN, JP.

长药八宝 **Hylotelephium spectabile** (Boreau) H. Ohba 【N, W/C】 ♣BBG, FBG, FLBG, HBG, HFBG, IBCAS, KBG, NBG, SCBG, XMBG; ●AH, BJ, FJ, GD, HL, JS, JX, LN, SC, TW, YN, ZJ; ★(AS): CN, JP, KP, KR, MN.

华北八宝 **Hylotelephium tatarinowii** (Maxim.) H. Ohba 【N, W/C】 ♣IBCAS; ●BJ; ★(AS): CN, MN.

欧紫八宝(紫弁庆草) **Hylotelephium telephium** (L.) H. Ohba 【I, C】 ★(AS): AM, AZ, BH, CY, GE, IL, IQ, IR, JO, KG, KW, KZ, LB, PS, QA, RU-AS, SA, SY, TJ, TM, TR, UZ, YE; (EU): AD, AL, AT, BA, BE, BG, BY, CH, CZ, DE, DK, ES, FI, FR, GB, GR, HR, HU, IS, IT, LU, MC, ME, MK, NL, NO, PL, PT, RO, RS, RU, SE, SI, SK, SM, UA, VA.

紫八宝 **Hylotelephium triphyllum** (Haw.) Holub 【N, W/C】 ♣BBG, CBG, HBG, HFBG, IBCAS; ●BJ, HL, SH, YN, ZJ; ★(AS): CN, CY, JP, KZ, RU-AS.

轮叶八宝 **Hylotelephium verticillatum** (L.) H. Ohba 【N, W/C】 ♣HBG, IBCAS, LBG, WBG, ZAFU; ●BJ, HB, JX, XJ, ZJ; ★(AS): CN, JP, KP, KR, RU-AS.

脐景天属 Umbilicus

荷叶景天(荷叶弁庆) **Umbilicus horizontalis** (Guss.) DC. 【I, C】 ★(EU): ES.

脐景天(玉盃) **Umbilicus rupestris** (Salisb.) Dandy 【I, C】 ★(EU): ES.

红景天属 Rhodiola

西川红景天 **Rhodiola alsia** (Fröd.) S. H. Fu 【N, W/C】 ♣SCBG; ●GD; ★(AS): CN.

德钦红景天 **Rhodiola atuntsuensis** (Praeger) S. H. Fu 【N, W/C】 ●YN; ★(AS): CN, MM.

大花红景天 **Rhodiola crenulata** (Hook. f. et Thomson) H. Ohba 【N, W/C】 ●YN; ★(AS): BT, CN, IN, LK, NP.

长鞭红景天 **Rhodiola fastigiata** (Hook. f. et Thomson) S. H. Fu 【N, W/C】 ♣SCBG; ●GD, YN; ★(AS): BT, CN, ID, IN, LK, NP.

细叶红景天 **Rhodiola ishidae** Hara 【I, C】 ★(AS): JP.

狭叶红景天 **Rhodiola kirilowii** (Regel) Maxim. 【N, W/C】 ●XJ, YN; ★(AS): CN, KZ, MM.

四轮红景天 **Rhodiola prainii** (Raym.-Hamet) H. Ohba 【N, W/C】 ♣WBG; ●HB; ★(AS): BT, CN, ID, IN, LK, NP.

红景天 **Rhodiola rosea** L. 【N, W/C】 ♣SCBG; ●GD, SC; ★(AS): CN, JP, KR, KZ, MN, RU-AS; (EU): AT, BA, BG, CZ, DE, ES, FI, FR, GB, HR, IS, IT, ME, MK, NO, PL, RO, RS, RU, SI.

库页红景天 **Rhodiola sachalinensis** Boriss. 【N, W/C】 ♣WBG; ●HB, NX; ★(AS): CN, JP, KP, MN, RU-AS.

圣地红景天 **Rhodiola sacra** (Prain ex Raym.-Hamet) S. H. Fu 【N, W/C】 ♣CBG; ●SH; ★(AS): CN, NP.

云南红景天 **Rhodiola yunnanensis** (Franch.) S. H. Fu 【N, W/C】 ♣SCBG; ●GD, SC, YN; ★(AS): CN.

费菜属 Phedimus

费菜 **Phedimus aizoon** (L.) 't Hart 【N, W/C】 ♣BBG, CBG, FBG, GA, GBG, GXIB, HBG, HFBG, IBCAS, KBG, LBG, MDBG, NBG, SCBG, WBG, XBG, XMBG, ZAFU; ●AH, BJ, FJ, GD, GS, GX, GZ, HB, HL, JS, JX, LN, NM, SC, SH, SN, XJ, YN, ZJ; ★(AS): CN, JP, KP, KR, MN, RU-AS.

宽叶费菜 **Phedimus aizoon** var. **latifolius** (Maxim.) H. Ohba, K. T. Fu et B. M. Barthol. 【N, W/C】 ♣IBCAS, WBG; ●BJ, HB; ★(AS): CN, KP, KR.

乳毛费菜 **Phedimus aizoon** var. **scabrus** (Maxim.) H. Ohba, K. T. Fu et B. M. Barthol. 【N, W/C】 ♣IBCAS; ●BJ; ★(AS): CN.

狭叶费菜 **Phedimus aizoon** var. **yamatutae** (Kitag.) H. Ohba, K. T. Fu et B. M. Barthol. 【N, W/C】 ♣IBCAS; ●BJ; ★(AS): CN.

多花费菜 **Phedimus floriferus** (Praeger) 't Hart【N, W/C】 ♣CBG; ●SH; ★(AS): CN, RU-AS.

兴安费菜 **Phedimus hsinganicus** (Y. C. Chu ex S. H. Fu et Y. H. Huang) H. Ohba, K. T. Fu et B. M. Barthol. 【N, W/C】 ♣IBCAS; ●BJ; ★(AS): CN, RU-AS.

杂交费菜 **Phedimus hybridus** (L.) 't Hart 【N, W/C】 ♣CBG, IBCAS; ●BJ, LN, SH, XJ; ★(AS): CN, MN, RU-AS.

堪察加费菜（多花景天、麒麟草）**Phedimus kamtschaticus** (Fisch.) 't Hart【N, W/C】 ♣BBG, GA, HBG, IBCAS, LBG, SCBG, WBG, XMBG; ●BJ, FJ, GD, HB, JX, LN, ZJ; ★(AS): CN, JP, KR, MN, RU-AS.

吉林费菜 **Phedimus middendorffianus** (Maxim.) 't Hart 【N, W/C】 ●LN; ★(AS): CN, JP, KP, RU-AS.

齿叶费菜 **Phedimus odontophyllus** (Fröd.) 't Hart 【N, W/C】 ♣CBG, WBG; ●HB, SH; ★(AS): CN, NP, RU-AS.

灰毛费菜 **Phedimus selskianus** (Regel et Maack) 't Hart 【N, W/C】 ♣HBG, IBCAS; ●BJ, LN, TW, ZJ; ★(AS): CN, KP, RU-AS.

长生草属 Sempervivum

鳞叶长生草（阳春）**Sempervivum × fauconnettii** Reut. 【I, C】 ♣XTBG; ●YN; ★(EU): GB.

卷绢（屋岛）**Sempervivum arachnoideum** L. 【I, C】 ♣CBG, XMBG; ●FJ, SH, TW; ★(EU): AT, BA, CH, DE, ES, FR, IT.

阳春 **Sempervivum barbulatum** Schott 【I, C】 ★(EU): AT, IT.

*斑叶长生草（斑叶莲花掌）**Sempervivum caespitosum** C. Sm. ex Otto 【I, C】 ♣HBG; ●ZJ; ★(EU): ES.

百惠（绫樱）**Sempervivum calcareum** Jord. 【I, C】 ♣XMBG; ●FJ, TW; ★(EU): AD, AL, BA, BG, ES, GR, HR, IT, ME, MK, PT, RO, RS, SI, SM, VA.

芳春（羊绒草莓）**Sempervivum ciliosum** Craib 【I, C】 ★(EU): BA, BG, GR, HR, ME, MK, RS, SI.

明石 **Sempervivum funckii** F. Braun ex W. D. J. Koch 【I, C】 ●TW; ★(EU): AT.

虹绫樱 **Sempervivum globiferum** L. 【I, C】 ★(AS): TR.

大花绫绢（大花长生草）**Sempervivum grandiflorum** Haw. 【I, C】 ★(EU): BA, IT.

圣代 **Sempervivum marmoreum** Griseb. 【I, C】 ★(EU): GR.

酒中花 **Sempervivum mettenianum** Schnittsp. et C. B. Lehm. 【I, C】 ★(EU): AT.

夕山樱 **Sempervivum montanum** L. 【I, C】 ♣IBCAS, XMBG; ●BJ, FJ; ★(AF): MA; (EU): AT, BA, CZ, DE, ES, IT, NO, PL, RO, RU.

松衣（神风）**Sempervivum ruthenicum** Schnittsp. et C. B. Lehm. 【I, C】 ★(EU): IT.

观音莲（长生草、菊花掌、千代重）**Sempervivum tectorum** L. 【I, C】 ♣CBG, HBG, IBCAS, SCBG, XTBG; ●BJ, GD, SH, TW, YN, ZJ; ★(EU): AT, BA, CH, DE, ES, HR, IT, ME, MK, RO, RS, RU, SI.

玉光 **Sempervivum transcaucasicum** Muirhead 【I, C】 ★(AS): AM, AZ, GE, IR, RU-AS, TR; (EU): UA.

云杉草属 Petrosedum

松毛景天 **Petrosedum forsterianum** (Sm.) Grulich 【I, C】 ★(AS): AZ, GE; (EU): BE, DE, ES, GB, LU, NL.

岩景天（逆弁庆草）**Petrosedum rupestre** (L.) P. V. Heath 【I, C】 ♣BBG, FLBG, IBCAS; ●BJ, GD, JX; ★(NA): US.

松塔景天（千佛手）**Petrosedum sediforme** (Jacq.) Grulich【I, C】♣IBCAS, KBG; ●BJ, YN; ★(AF): MA; (AS): SA; (EU): AL, BA, BY, DE, ES, GR, HR, IT, LU, ME, MK, RS, SI, TR.

金阳草属 Aichryson

黄笠姬（爱染锦、日月）**Aichryson × domesticum** Praeger 【I, C】 ♣XMBG; ●FJ; ★(AF): ES-CS.

伯仙爱染草（绒叶景天）**Aichryson bethencourtianum** Bolle 【I, C】 ♣IBCAS; ●BJ; ★(AF): ES-CS.

肉森爱染草（肉森草）**Aichryson bollei** Webb ex Bolle 【I, C】 ★(AF): ES-CS.

松散爱染草 **Aichryson laxum** (Haw.) Bramwell 【I, C】 ★(AF): ES-CS.

龙爪爱染草 **Aichryson tortuosum** (Aiton) Webb et Berthel. 【I, C】 ♣XMBG; ●FJ, SH; ★(AF): ES-CS.

柔毛爱染草（绒叶景天）**Aichryson villosum** (Aiton) Webb et Berthel. 【I, C】 ★(AF): ES-CS.

魔莲花属　Monanthes

柳叶魔南 **Monanthes anagensis** Praeger【I, C】★(AF): ES-CS.

大西洋魔南 **Monanthes atlantica** J. Ball【I, C】★(AF): ES-CS.

勺叶魔南（魔南景天）**Monanthes brachycaulos** (Webb et Bertholt) R. Lowe 【I, C】 ★(AF): ES-CS.

疏花魔南 **Monanthes laxiflora** (DC.) Bolle ex Bornm. 【I, C】 ★(AF): ES-CS.

挪威魔南 **Monanthes lowei** (Paiva) Perez et Acebes 【I, C】 ★(AF): ES-CS.

迷你魔南 **Monanthes minima** (Bolle) Christ【I, C】★(AF): ES-CS.

砂糖魔南（新魔南）**Monanthes muralis** H. Chr. 【I, C】 ♣BBG; ●BJ; ★(AF): ES-CS.

淡色魔南 **Monanthes pallens** (Webb) Christ【I, C】★(AF): ES-CS.

重楼魔南 **Monanthes polyphylla** (Aiton) Haw. 【I, C】 ♣BBG; ●BJ; ★(AF): ES-CS.

瑞典魔南 **Monanthes polyphylla** subsp. **amydros** Nyffeler 【I, C】 ★(AF): ES-CS.

球魔南 **Monanthes subcrassicaulis** (Kuntze) Praeger 【I, C】 ●SH; ★(AF): ES-CS.

莲花掌属　Aeonium

马斯卡莲花掌 **Aeonium × mascaense** Bramwell【I, C】 ♣IBCAS; ●BJ; ★(AF): ES-CS.

绿玉杯（绿玉玫瑰）**Aeonium aizoon** (Bolle) T. H. M. Mes 【I, C】 ★(AF): ES-CS.

莲花掌（大座莲、荷花掌）**Aeonium arboreum** Webb et Berthel.【I, C】♣BBG, CBG, FLBG, GA, HBG, IBCAS, KBG, NBG, SCBG, TMNS, WBG, XMBG; ●BJ, FJ, GD, HB, JS, JX, SC, SH, TW, YN, ZJ; ★(AF): ES-CS.

全花莲花掌 **Aeonium arboreum** var. **holochrysum** H. Y. Liu【I, C】♣IBCAS, XMBG; ●BJ, FJ, SH, TW; ★(AF): ES-CS.

玉姬椿（山地玫瑰）**Aeonium aureum** (C. Sm. ex Hornem.) T. H. M. Mes【I, C】♣IBCAS; ●BJ; ★(AF): ES-CS.

舞龙华 **Aeonium burchardii** (Praeger) Praeger 【I, C】 ★(AF): ES-CS.

香炉盘 **Aeonium canariense** (L.) Webb et Berthel. 【I, C】♣BBG, IBCAS; ●BJ, FJ, SH, TW; ★(AF): ES-CS.

花叶寒月夜 **Aeonium canariense** var. **subplanum** (Praeger) H. Y. Liu【I, C】♣CBG, FLBG, XMBG; ●FJ, GD, JX, SH; ★(AF): ES-CS.

青贝姬（游蝶曲）**Aeonium castello-paivae** Bolle【I, C】 ●TW; ★(AF): ES-CS.

斑叶莲花掌 **Aeonium ciliatum** (Willd.) Webb et Berthel. 【I, C】 ♣HBG; ●TW, ZJ; ★(AF): ES-CS.

熏染香 **Aeonium cuneatum** Webb et Berthel. 【I, C】 ●TW; ★(AF): ES-CS.

寒月夜 **Aeonium davidbramwellii** H. Y. Liu 【I, C】 ★(AF): ES-CS.

清盛（夕映爱、雅宴曲）**Aeonium decorum** Webb ex Bolle 【I, C】 ♣BBG, IBCAS, KBG, WBG, XMBG; ●BJ, FJ, HB, SH, TW, YN; ★(AF): ES-CS.

鸡蛋玫瑰（巨型玫瑰）**Aeonium diplocyclum** (Webb ex Bolle) T. H. M. Mes 【I, C】 ★(AF): ES-CS.

笹露（沙地火玉）**Aeonium dodrantale** (Willd.) T. H. M. Mes 【I, C】 ★(AF): ES-CS.

腺毛树莲花 **Aeonium glandulosum** (Aiton) Webb et Berthel. 【I, C】 ♣IBCAS; ●BJ; ★(AF): ER; (EU): PT-30.

黏毛树莲花 **Aeonium glutinosum** (Aiton) Webb et Berthel. 【I, C】 ♣IBCAS; ●BJ; ★(EU): PT-30.

魔法师 **Aeonium gomerense** (Praeger) Praeger 【I, C】 ●TW; ★(AF): ES-CS.

古巧莲花掌（歌叶、古奇雅）**Aeonium goochiae** Webb et Berthel. 【I, C】 ★(AF): ES-CS.

红缘莲花掌（红姬、绫绢）**Aeonium haworthii** Webb et Berthel. 【I, C】 ♣BBG, CBG, GXIB, IBCAS, NBG, SCBG, XMBG; ●BJ, FJ, GD, GX, JS, SH, TW; ★(AF): ES-CS.

戴冠曲 **Aeonium hierrense** (R. P. Murray) Pit. et Proust 【I, C】 ★(AF): ES-CS.

瑾悬山 **Aeonium korneliuslemsii** H. Y. Liu 【I, C】 ★(AF): MA.

冬炎 **Aeonium leucoblepharum** Webb ex A. Rich. 【I, C】 ★(AF): ER, ET, KE, SO, TZ, UG; (AS): YE.

登天乐 **Aeonium lindleyi** Webb et Berthel. 【I, C】 ♣BBG; ●BJ, TW; ★(AF): ES-CS.

黑法师（荷花掌）**Aeonium manriqueorum** Bolle【I, C】 ★(AF): ES-CS.

镜狮子 **Aeonium nobile** (Praeger) Praeger 【I, C】 ★(AF): ES-CS.

蓬莱阁 **Aeonium percarneum** (R. P. Murray) Pit. et Proust 【I, C】 ●TW; ★(AF): ES-CS.

小人祭 **Aeonium sedifolium** (Webb ex Bolle) Pit. et Proust 【I, C】 ♣CBG, IBCAS; ●BJ, SH; ★(AF): ES-CS.

墨染 **Aeonium simsii** (Sweet) Stearn 【I, C】 ♣BBG, CDBG, FLBG, IBCAS, KBG, LBG, SCBG, XMBG; ●BJ, FJ, GD, JX, SC, SH, TW, YN; ★(AF): ES-CS.

晶钻绒莲 **Aeonium smithii** (Sims) Webb et Berthel. 【I, C】 ♣BBG; ●BJ; ★(AF): ES-CS.

仙童唱（匙叶莲花掌）**Aeonium spathulatum** (Hornem.) Praeger 【I, C】 ♣KBG; ●TW, YN; ★(AF): ES-CS.

平叶莲花掌（八尺镜、明镜）**Aeonium tabuliforme** (Haw.) Webb et Berthel. 【I, C】 ♣BBG, WBG, XMBG; ●BJ, FJ, HB, TW; ★(AF): ES-CS.

高大树莲花（艳日伞、艳姿、诱芳乐）**Aeonium undulatum** Webb et Berthel. 【I, C】 ●TW; ★(AF): ES-CS.

大叶莲花掌（众赞曲）**Aeonium urbicum** (C. Sm. ex Hornem.) Webb et Berthel. 【I, C】 ♣BBG, CBG, IBCAS, XMBG; ●BJ, FJ, SH, TW; ★(AF): ES-CS.

瓦莲属 Rosularia

新世界 **Rosularia sedoides** (Decne.) H. Ohba 【I, C】 ★(AS): IN.

藤娘 **Rosularia sempervivoides** (Fisch. ex M. Bieb.) Boriss. 【I, C】 ★(AS): RU-AS.

仙女杯属 Dudleya

银鹭 **Dudleya abramsii** Rose 【I, C】 ★(NA): MX.

晴月 **Dudleya acuminata** Rose 【I, C】 ★(NA): US.

奇异仙女杯 **Dudleya anomala** (Davidson) Moran 【I, C】 ★(NA): MX.

安东尼仙女杯 **Dudleya anthonyi** Rose 【I, C】 ♣CBG; ●SH, TW; ★(NA): MX.

折鹤 **Dudleya attenuata** (S. Watson) Moran 【I, C】 ♣BBG; ●BJ; ★(NA): US.

仙女杯 **Dudleya brittonii** Johans. 【I, C】 ♣CBG, XMBG; ●FJ, SH; ★(NA): MX.

御剑 **Dudleya caespitosa** (Haw.) Britton et Rose 【I, C】 ★(NA): US.

白雪莲（石灰仙女杯）**Dudleya calcicola** Bartel et Shevock 【I, C】 ♣CBG; ●SH; ★(NA): US.

聚花仙女杯 **Dudleya cymosa** (Lem.) Britton et Rose 【I, C】 ★(NA): US.

银闪光 **Dudleya edulis** (Nutt.) Moran 【I, C】 ♣XMBG; ●FJ; ★(NA): US.

初霜 **Dudleya farinosa** (Lindl.) Britton et Rose 【I, C】 ♣XMBG; ●FJ; ★(NA): US.

格林白菊 **Dudleya greenei** Rose 【I, C】 ●TW; ★(NA): US.

巨大仙女杯 **Dudleya ingens** Rose 【I, C】 ♣CBG; ●SH; ★(NA): MX.

白石莲 **Dudleya nubigena** (Brandegee) Britton et Rose 【I, C】 ♣XMBG; ●FJ, SH, TW; ★(NA): MX.

薄化妆 **Dudleya palmeri** (S. Watson) Britton et Rose 【I, C】 ♣BBG, IBCAS, WBG, XMBG; ●BJ, FJ, HB; ★(NA): MX, US.

雪山仙女杯（大雪山、粉叶草）**Dudleya pulverulenta** (Nutt.) Britton et Rose 【I, C】 ♣CBG; ●SH, TW; ★(NA): US.

石生仙女杯 **Dudleya saxosa** (M. E. Jones) Britton et Rose 【I, C】 ★(NA): US.

*草绿仙女杯 **Dudleya virens** (Rose) Moran 【I, C】 ●TW; ★(NA): US.

景天属 Sedum

苔景天（雀利景天）**Sedum acre** L. 【I, C】 ★(AS): AM, AZ, GE, IR, RU-AS, TR; (EU): BE, RU, UA.

黄丽景天 **Sedum adolphii** Hamet 【I, C】 ♣BBG, CBG, FBG, FLBG, HBG, KBG, NBG, SCBG, TBG, XMBG; ●BJ, FJ, GD, JS, JX, SC, SH, TW, YN, ZJ; ★(NA): MX.

白景天（白弁庆草、玉米石）**Sedum album** L. 【I, C】 ♣BBG, IBCAS, LBG, SCBG; ●BJ, GD, JX, TW; ★(AF): MA; (AS): AZ, GE, IR; (EU): BA, CH, FR, IS, RS, RU.

东南景天 **Sedum alfredii** Hance 【N, W/C】 ♣CBG, FBG, WBG, ZAFU; ●FJ, HB, SH, ZJ; ★(AS): CN, JP, KP.

白厚叶弁庆 **Sedum allantoides** Rose 【I, C】 ♣FLBG, SCBG; ●GD, JX; ★(NA): MX.

姬星美人 **Sedum anglicum** Huds. 【I, C】 ♣BBG, XMBG; ●BJ, FJ; ★(EU): BA, DE, ES, GB, LU, NO.

对叶景天 **Sedum baileyi** Praeger【N, W/C】♣LBG, XMBG, XTBG; ●FJ, JX, TW, YN; ★(AS): CN.

离瓣景天 **Sedum barbeyi** Raym.-Hamet【N, W/C】♣WBG; ●HB, SC; ★(AS): CN.

大唐美 **Sedum boninense** Yamam. ex Tuyama【I, C】★(AS): JP.

子持万年草(短叶景天)**Sedum brevifolium** DC.【I, C】★(AF): MA; (AS): SA; (EU): DE, ES, LU.

珠芽景天 **Sedum bulbiferum** Makino【N, W/C】♣CBG, FBG, GA, GBG, GXIB, HBG, LBG, ZAFU; ●FJ, GX, GZ, JX, SH, ZJ; ★(AS): CN, JP, KR.

新玉缀 **Sedum burrito** Moran【I, C】♣CBG; ●SH, TW; ★(NA): MX.

青花一年草 **Sedum caeruleum** L.【I, C】★(AF): DZ, MA.

轮叶景天 **Sedum chauveaudii** Raym.-Hamet【N, W/C】♣CBG; ●SH; ★(AS): CN, NP.

黄花木立弁庆 **Sedum chloropetalum** R. T. Clausen【I, C】★(NA): MX.

春萌(劳尔)**Sedum clavatum** R. T. Clausen【I, C】♣BBG; ●BJ; ★(NA): MX.

鸡蛋玉莲 **Sedum commixtum** Moran et Hutchison【I, C】♣XMBG; ●FJ; ★(NA): MX.

红化妆 **Sedum compressum** Rose【I, C】★(NA): MX.

合果景天 **Sedum concarpum** Fröd.【N, W/C】♣WBG; ●HB; ★(AS): CN.

姬厚叶弁庆 **Sedum confusum** Hemsl.【I, C】♣BBG; ●BJ; ★(NA): MX.

八千代 **Sedum corynephyllum** Fröd.【I, C】★(NA): MX.

克雷吉 **Sedum craigii** R. T. Clausen【I, C】★(NA): US.

赤厚叶弁庆 **Sedum cremnophila** R. T. Clausen【I, C】♣BBG; ●BJ; ★(NA): MX.

鳞万年草 **Sedum cupressoides** Hemsl.【I, C】★(NA): MX.

大姬星美人(姬星美人)**Sedum dasyphyllum** L.【I, C】♣BBG, CBG, FLBG, GXIB, IBCAS, KBG, SCBG, WBG, XMBG; ●BJ, FJ, GD, GX, HB, JX, SH, YN; ★(AF): MA; (EU): CH, ES, FR, IT.

宝珠 **Sedum dendroideum** Moc. et Sessé ex DC.【I, C】♣XMBG; ●FJ; ★(NA): CR, GT, MX.

大叶火焰草 **Sedum drymarioides** Hance【N, W/C】♣FBG, HBG, LBG; ●FJ, JX, ZJ; ★(AS): CN, JP.

细叶景天 **Sedum elatinoides** Franch.【N, W/C】♣CDBG; ●SC; ★(AS): CN, MM.

凹叶景天 **Sedum emarginatum** Migo【N, W/C】♣CBG, CDBG, GBG, GMG, GXIB, HBG, IBCAS, KBG, LBG, NBG, NSBG, SCBG, WBG, ZAFU; ●BJ, CQ, GD, GX, GZ, HB, JS, JX, SC, SH, YN, ZJ; ★(AS): CN.

小山飘风 **Sedum filipes** Hemsl.【N, W/C】♣WBG; ●HB; ★(AS): BT, CN, IN, LK, MM, NP.

木立弁庆 **Sedum frutescens** Rose【I, C】★(NA): MX.

宽叶景天 **Sedum fui** G. D. Rowley【N, W/C】♣CBG; ●SH; ★(AS): CN.

玉莲(群毛豆)**Sedum furfuraceum** Moran【I, C】♣BBG, XMBG; ●BJ, FJ; ★(NA): MX.

禾叶景天 **Sedum grammophyllum** Fröd.【N, W/C】♣IBCAS; ●BJ; ★(AS): CN.

萌黄气 **Sedum greggii** Hemsl.【I, C】★(NA): MX.

水藻草(灰色木立弁庆)**Sedum griseum** Praeger【I, C】♣XMBG; ●FJ; ★(NA): CR, MX.

绿龟之卵(绿龟卵)**Sedum hernandezii** J. Meyrán【I, C】♣XMBG; ●FJ; ★(NA): MX.

信东尼 **Sedum hintonii** R. T. Clausen【I, C】♣XMBG; ●FJ, TW; ★(NA): MX.

*多毛景天 **Sedum hirsutum** All.【I, C】♣BBG; ●BJ; ★(EU): DE, ES, FR, IT, LU, PT.

矶小松(薄雪万年草)**Sedum hispanicum** L.【I, C】♣CBG; ●SH, TW; ★(AF): ET; (AS): GE, IQ, IR; (EU): AL, AT, BA, BG, ES, GR, HR, HU, IT, ME, MK, RO, RS, RU, SI, TR.

日本景天(女万年草)**Sedum japonicum** Siebold ex Miq.【N, W/C】♣GA, LBG, WBG; ●HB, JX; ★(AS): CN, JP.

江南景天 **Sedum kiangnanense** D. Q. Wang et Z. F. Wu【N, W/C】♣CBG; ●SH; ★(AS): CN.

云仙万年草 **Sedum kiusianum** Nakai【I, C】★(AS): JP.

披针叶景天 **Sedum lanceolatum** Torr.【I, C】♣BBG; ●BJ; ★(NA): US.

薄叶景天 **Sedum leptophyllum** Fröd.【N, W/C】♣CBG, HBG, LBG; ●JX, SH, ZJ; ★(AS): CN.

佛甲草(男万年草)**Sedum lineare** Thunb.【N, W/C】♣CBG, CDBG, FLBG, GA, GBG, GMG, GXIB, HBG, IBCAS, KBG, LBG, NBG, NSBG, SCBG, WBG, XMBG, XOIG, XTBG, ZAFU; ●AH, BJ, CQ, FJ, GD, GX, GZ, HB, JS, JX, SC,

SH, TW, YN, ZJ; ★(AS): CN, JP.

光菩提(松绿)**Sedum lucidum** R. T. Clausen【I, C】♣SCBG, XMBG; ●FJ, GD; ★(NA): MX.

庐山景天 **Sedum lushanense** S. S. Lai 【N, W/C】♣LBG; ●JX; ★(AS): CN.

粉绿古国景天 **Sedum lydium** Boiss.【I, C】♣BBG; ●BJ; ★(AS): TR.

山飘风 **Sedum majus** (Hemsl.) Migo 【N, W/C】♣WBG; ●HB; ★(AS): BT, CN, IN, LK, NP.

玉帘(圆叶景天)**Sedum makinoi** Maxim.【N, W/C】♣CBG, HBG, KBG, XMBG, ZAFU; ●FJ, SH, TW, YN, ZJ; ★(AS): CN, JP.

松叶佛甲草 **Sedum mexicanum** Britton 【I, C】♣FLBG, XTBG; ●GD, JX, YN; ★(NA): CR, GT, MX.

四叶一年草 **Sedum monregalense** Balb.【I, C】★(EU): AD, AL, BA, BG, ES, GR, HR, IT, ME, MK, PT, RO, RS, SI, SM, VA.

松鼠尾 **Sedum moranense** Kunth 【I, C】 ★(NA): MX.

玉珠帘 **Sedum morganianum** E. Walther 【I, C】♣BBG, CBG, CDBG, FBG, FLBG, GXIB, HBG, IBCAS, KBG, LBG, SCBG, WBG, XMBG, XOIG, XTBG, ZAFU; ●BJ, FJ, GD, GX, HB, HL, JX, SC, SH, YN, ZJ; ★(NA): MX.

小松绿 **Sedum multiceps** Coss. et Durieu 【I, C】♣BBG, CBG, WBG, XMBG; ●BJ, FJ, HB, SH; ★(AF): DZ.

铭月(厚叶玉莲)**Sedum nussbaumerianum** Bitter【I, C】♣BBG, FLBG, IBCAS, WBG, XMBG; ●BJ, FJ, GD, HB, JX; ★(NA): MX.

*瓦哈卡景天 **Sedum oaxacanum** Rose 【I, C】♣BBG; ●BJ; ★(NA): MX.

心叶景天(军配木立弁庆)**Sedum obcordatum** R. T. Clausen 【I, C】 ●SH; ★(NA): MX.

*淡赭色景天 **Sedum ochroleucum** Chaix 【I, C】♣BBG; ●BJ; ★(AS): GE, IQ, IR; (EU): AL, BA, BG, DE, ES, FR, GR, HR, IT, ME, MK, RO, RS, SI.

山景天 **Sedum oreades** (Decne.) Raym.-Hamet【N, W/C】 ●YN; ★(AS): BT, CN, ID, IN, LK, MM, PK.

大唐米(姬玉叶)**Sedum oryzifolium** Makino【I, C】♣BBG; ●BJ; ★(AS): JP, KR.

锐瓣立天(薄叶木立弁庆)**Sedum oxypetalum** Kunth 【I, C】 ♣BBG, LBG; ●BJ, JX; ★(NA): MX.

乙女心 **Sedum pachyphyllum** Rose【I, C】♣BBG, CBG, FBG, FLBG, IBCAS, XMBG; ●BJ, FJ, GD, JX, SH, TW; ★(NA): MX.

苍白景天 **Sedum pallidum** M. Bieb. 【I, C】 ★(AS): GE.

秦岭景天 **Sedum pampaninii** Raym.-Hamet 【N, W/C】 ♣WBG; ●HB; ★(AS): CN.

叶花景天 **Sedum phyllanthum** H. Lév. et Vaniot【N, W/C】 ♣HBG; ●ZJ; ★(AS): CN.

平叶景天 **Sedum planifolium** K. T. Fu 【N, W/C】♣WBG; ●HB; ★(AS): CN.

宽萼景天 **Sedum platysepalum** Franch. 【N, W/C】●YN; ★(AS): CN.

藓状景天(云仙万年草)**Sedum polytrichoides** Hemsl. 【N, W/C】 ♣CBG, HBG, LBG, ZAFU; ●JX, SH, ZJ; ★(AS): CN, JP, KP, KR, MN.

宝树(宝寿)**Sedum praealtum** A. DC. 【I, C】♣BBG; ●BJ; ★(NA): GT, MX, SV.

丽景天 **Sedum pulchellum** Michx.【I, C】★(NA): US.

木立弁庆 **Sedum retusum** Hemsl.【I, C】★(NA): MX.

阔叶景天 **Sedum roborowskii** Maxim. 【N, W/C】♣KBG; ●YN; ★(AS): CN, MN, NP.

玫瑰景天(岩弁庆草)**Sedum rosea** (L.) Scop.【I, C】★(EU): FR.

红菩提(虹玉、虹之玉)**Sedum rubrotinctum** R. T. Clausen 【I, C】 ♣BBG, CBG, CDBG, FBG, FLBG, IBCAS, KBG, LBG, SCBG, WBG, XMBG, ZAFU; ●BJ, FJ, GD, HB, JX, SC, SH, TW, YN, ZJ; ★(EU): GB.

立久惠万年草 **Sedum rupifragum** Koidz. 【I, C】★(AS): JP.

垂盆草 **Sedum sarmentosum** Bunge 【N, W/C】♣BBG, CBG, FBG, FLBG, GA, GMG, GXIB, HBG, HFBG, IBCAS, KBG, LBG, NBG, NSBG, SCBG, WBG, XBG, XMBG, ZAFU; ●AH, BJ, CQ, FJ, GD, GX, HB, HL, JS, JX, LN, SC, SH, SN, XJ, YN, ZJ; ★(AS): CN, JP, KP, KR, SG, TH.

六棱景天(六条万年草)**Sedum sexangulare** L.【I, C】 ♣BBG, IBCAS; ●BJ, SH; ★(EU): CH, ES, FR, GR, ME, SE.

姬麒麟草 **Sedum sikokianum** Maxim. 【I, C】 ★(AS): JP.

乳叶弁庆 **Sedum sordidum** Maxim.【I, C】★(AS): JP.

假景天(花毛毡)**Sedum spurium** M. Bieb. 【I, C】♣BBG, IBCAS, WBG, XTBG; ●AH, BJ, HB, TW, YN; ★(AS): AM, AZ, GE, IR, RU-AS, TR; (EU): BE, RU, UA.

珊瑚珠(玉叶) **Sedum stahlii** Solms【I, C】♣BBG, FLBG, HBG, IBCAS, LBG, NBG, XMBG; ●BJ, FJ, GD, JS, JX, ZJ; ★(NA): MX.

繁缕景天(火焰草) **Sedum stellariifolium** Franch.【N, W/C】♣BBG, CBG; ●BJ, SH; ★(AS): CN, MN, RU-AS; (EU): RU.

史梯景天 **Sedum stevenianum** Rouy et E. G. Camus【I, C】★(EU): FR.

木犀景天 **Sedum suaveolens** Kimnach【I, C】♣CBG; ●SH; ★(NA): MX.

细小景天(姬莲华) **Sedum subtile** Miq.【N, W/C】♣HBG, ZAFU; ●ZJ; ★(AS): CN, JP, VN.

竹岛景天 **Sedum takesimense** Nakai【I, C】♣KBG, SCBG; ●GD, YN; ★(AS): JP.

林地景天 **Sedum ternatum** Michx.【I, C】♣BBG; ●BJ; ★(NA): CA, US.

四芒景天(大叶丸叶万年草) **Sedum tetractinum** Fröd.【N, W/C】♣SCBG, ZAFU; ●GD, ZJ; ★(AS): CN.

白丽景天 **Sedum torulosum** R. T. Clausen【I, C】★(NA): MX.

圆叶八千代(尖厚叶弁庆) **Sedum treleasei** Rose【I, C】♣BBG; ●BJ, SH; ★(NA): MX.

三芒景天 **Sedum triactina** A. Berger【N, W/C】♣KBG; ●YN; ★(AS): BT, CN, IN, LK, NP.

高根万年草 **Sedum tricarpum** Makino【I, C】★(AS): JP.

津轻 **Sedum ussuriense** Kom.【I, C】★(AS): RU-AS.

薄毛万年草 **Sedum versadense** C. H. Thompson【I, C】♣IBCAS; ●BJ; ★(NA): MX.

毛一年草 **Sedum villosum** L.【I, C】★(NA): CA, GL.

青弁庆 **Sedum viride** A. Berger【I, C】★(NA): MX.

宣恩景天 **Sedum xuanenensis** Y. M. Wang【N, W/C】♣WBG; ●HB; ★(AS): CN.

对马万年草 **Sedum yabeanum** Makino【I, C】★(AS): JP.

虾夷景天 **Sedum yezoense** Miyabe et Tatew.【I, C】★(AS): JP.

碧珠景天属 Cremnophila

长叶泽米景天(龙田锦) **Cremnophila linguifolia** (Lem.) Moran【I, C】★(AS): JP.

塔莲属 Villadia

白花小松 **Villadia batesii** (Hemsl.) Baehni et Macbride【I, C】★(NA): GT, MX.

雨龙 **Villadia elongata** (Rose) R. T. Clausen【I, C】★(NA): MX.

塔莲 **Villadia imbricata** Rose【I, C】★(NA): MX; (SA): PE.

玻璃景天属 Lenophyllum

深莲 **Lenophyllum acutifolium** Rose【I, C】★(NA): MX.

京鹿之子(斑叶玻璃景天、京鹿子) **Lenophyllum guttatum** (Rose) Rose【I, C】★(NA): MX.

西藏玫瑰 **Lenophyllum pusillum** Rose【I, C】★(NA): MX.

黑妞 **Lenophyllum reflexum** S. S. White【I, C】★(NA): MX.

德州景天 **Lenophyllum texanum** (J. G. Sm.) Rose【I, C】★(NA): MX.

风车莲属 Graptopetalum

醉美人 **Graptopetalum amethystinum** (Rose) E. Walther【I, C】♣CBG, SCBG; ●GD, SH; ★(NA): MX.

秋丽 **Graptopetalum bartramii** Rose【I, C】★(NA): US.

别露珠(美丽莲) **Graptopetalum bellum** (Moran et Meyran) D. R. Hunt【I, C】♣BBG, IBCAS, SCBG, WBG, XMBG; ●BJ, FJ, GD, HB, SH; ★(NA): MX.

菊日和(黑奴、须叶风车莲) **Graptopetalum filiferum** (S. Watson) J. Whitehead【I, C】★(NA): MX.

琉璃风车 **Graptopetalum glassii** Acev.-Rosas et Cházaro【I, C】★(NA): MX.

蔓莲 **Graptopetalum macdougallii** Alexander【I, C】★(NA): MX.

姬秋丽(丸叶姬秋丽) **Graptopetalum mendozae** Glass et Cházaro【I, C】★(NA): MX.

蓝豆 **Graptopetalum pachyphyllum** Rose【I, C】★(NA): MX.

胧月(姬胧月) **Graptopetalum paraguayense** (N. E. Br.) E. Walther【I, C】♣FLBG, GMG, GXIB, HBG, IBCAS, KBG, LBG, SCBG, TBG, TMNS,

XLTBG, XMBG, ZAFU; ●BJ, FJ, GD, GX, HI, JX, TW, YN, ZJ; ★(NA): MX.

华丽风车（五蕊风车草）**Graptopetalum pentandrum** Moran 【I, C】 ★(NA): MX.

银天女 **Graptopetalum rusbyi** (Greene) Rose 【I, C】 ★(NA): MX.

武雄（华丽风车莲、紫心景天）**Graptopetalum superbum** (M. Kimnach) Acev.-Rosas 【I, C】 ★(NA): MX.

风车石莲属 ×Graptoveria

*卡瓦葡萄景天 × **Graptoveria calva** (Gossot) Rowley 【I, C】 ★(NA): MX.

*葡萄景天 × **Graptoveria haworthioides** (Gossot) Rowley 【I, C】 ★(NA): MX.

紫穗莲属 Thompsonella

*小花紫穗莲 **Thompsonella minutiflora** (Rose) Britton et Rose 【I, C】 ★(NA): MX.

*米斯泰克紫穗莲 **Thompsonella mixtecana** J. Reyes et L. G. López 【I, C】 ★(NA): MX.

景石莲属 ×Sedeveria

柳叶莲华（蒂亚、王玉珠帘）× **Sedeveria hummellii** E. Walther 【I, C】 ♣CBG; ●FJ, SH; ★(NA): US.

石莲花属 Echeveria

七福神 **Echeveria × imbricata** Deleuil ex E. Morren 【I, C】 ♣BBG; ●BJ; ★(NA): MX.

御所车 **Echeveria × mutabilis** Deleuil ex E. Morren 【I, C】 ★(NA): MX.

初绿 **Echeveria × pruinosa** E. Morren 【I, C】 ★(NA): MX.

古紫（黑王子）**Echeveria affinis** E. Walther 【I, C】 ♣GA, IBCAS; ●BJ, JX, TW; ★(NA): MX.

东云（冬云）**Echeveria agavoides** Lem. 【I, C】 ♣BBG, CBG, CDBG, IBCAS, KBG, XMBG; ●BJ, FJ, SC, SH, TW, YN; ★(NA): MX.

魅惑之宵 **Echeveria agavoides** var. **corderoyi** (Baker) Poelln. 【I, C】 ★(NA): MX.

相府莲 **Echeveria agavoides** var. **prolifera** E. Walther 【I, C】 ♣TMNS, XMBG; ●FJ, TW; ★(NA): MX.

红翼 **Echeveria alata** Alexander 【I, C】 ★(NA): MX.

乙女 **Echeveria amoena** De Smet ex E. Morren 【I, C】 ★(NA): MX.

旭鹤 **Echeveria atropurpurea** (Baker) E. Morren 【I, C】 ★(NA): MX.

瓮花玉莲 **Echeveria bicolor** (Kunth) E. Walther 【I, C】 ♣SCBG; ●GD; ★(SA): CO, EC, VE.

摩莎 **Echeveria bracteosa** (Link, Klotzsch et Otto) Lindl. et Paxton 【I, C】 ♣FLBG, XMBG; ●FJ, GD, JX; ★(NA): MX.

广寒宫 **Echeveria cante** Glass et Mend. 【I, C】 ★(NA): MX.

银明色 **Echeveria carnicolor** (Baker) E. Morren 【I, C】 ♣CBG; ●SH; ★(NA): MX.

吉娃莲 **Echeveria chihuahuaensis** Poelln. 【I, C】 ♣BBG, CBG, GXIB, WBG, XMBG; ●BJ, FJ, GX, HB, SH; ★(NA): MX.

乙姬花笠 **Echeveria coccinea** (Cav.) DC. 【I, C】 ♣XMBG, XOIG; ●FJ, TW; ★(NA): MX, US.

翼（卡罗拉）**Echeveria colorata** E. Walther 【I, C】 ♣BBG; ●BJ; ★(NA): MX.

紫樱殿（仙女花笠）**Echeveria crenulata** Rose 【I, C】 ★(NA): MX.

尖锐石莲花 **Echeveria cuspidata** Rose 【I, C】 ♣CBG; ●SH, TW; ★(NA): MX.

静夜 **Echeveria derenbergii** J. A. Purpus 【I, C】 ♣BBG, XMBG; ●BJ, FJ; ★(NA): MX.

月影（墨西哥雪球、星影）**Echeveria elegans** Rose 【I, C】 ♣CBG, FBG, LBG, NBG, SCBG, TBG, XMBG; ●FJ, GD, JS, JX, SH, TW; ★(NA): MX.

东锦 **Echeveria fulgens** Lem. 【I, C】 ●TW; ★(NA): MX.

旭鹤（紫云舞）**Echeveria gibbiflora** DC. 【I, C】 ♣BBG, IBCAS, NBG, SCBG; ●BJ, GD, JS; ★(NA): MX.

大瑞蝶（巨大石莲花）**Echeveria gigantea** Rose et Purpus 【I, C】 ★(NA): MX.

玉杯东云（姬胧月）**Echeveria gilva** E. Walther 【I, C】 ●TW; ★(NA): MX.

红豆 **Echeveria globuliflora** E. Walther 【I, C】 ★(NA): MX.

小红衣 **Echeveria globulosa** Moran 【I, C】 ★(NA): MX.

大平 **Echeveria grandifolia** Haw. 【I, C】 ★(NA): MX.

海冰格丽 **Echeveria halbingeri** E. Walther 【I, C】 ★(NA): MX.

桑切斯星影 **Echeveria halbingeri** var. **sanchez-mejoradae** (E. Walther) Kimnach【I, C】★(NA): MX.

花司（赫氏石莲花、锦司）**Echeveria harmsii** J. F. Macbr.【I, C】●TW; ★(NA): MX.

雪莲（渚梦）**Echeveria laui** Moran et J. Meyrán【I, C】♣BBG, CBG, IBCAS, XMBG; ●BJ, FJ, SH; ★(NA): MX.

白兔耳（白毛莲花掌）**Echeveria leucotricha** J. A. Purpus【I, C】♣BBG, XMBG; ●BJ, FJ; ★(NA): MX.

丽娜莲 **Echeveria lilacina** Kimnach et Moran【I, C】★(NA): MX.

赤花莲华 **Echeveria lurida** Haw.【I, C】★(NA): MX.

红稚莲 **Echeveria macdougallii** E. Walther【I, C】★(NA): MX.

迷你莲（姬莲）**Echeveria minima** J. Meyrán【I, C】♣BBG, XMBG; ●BJ, FJ; ★(NA): MX.

摩氏玉莲 **Echeveria moranii** E. Walther【I, C】♣WBG, XMBG; ●FJ, HB; ★(NA): MX.

摩卡石莲花 **Echeveria mucronata** Schltdl.【I, C】★(NA): MX.

多茎莲 **Echeveria multicaulis** Rose【I, C】★(NA): MX.

红司 **Echeveria nodulosa** (Baker) Otto【I, C】♣BBG, XMBG; ●BJ, FJ, SH; ★(NA): MX.

蜡牡丹 **Echeveria nuda** Lindl.【I, C】★(NA): MX.

霜鹤（花鹤）**Echeveria pallida** E. Walther【I, C】♣IBCAS; ●BJ, SH; ★(NA): MX.

碧牡丹 **Echeveria palmeri** Rose【I, C】★(NA): MX.

桃姬 **Echeveria paniculata** A. Gray【I, C】★(NA): MX.

三国 **Echeveria paniculata** var. **maculata** (Rose) Kimnach【I, C】★(NA): MX.

鲜红莲花掌（老乐、皮氏拟石莲花、养老）**Echeveria peacockii** Croucher【I, C】♣BBG, CBG, FBG, FLBG, KBG, XMBG, XOIG, XTBG; ●BJ, FJ, GD, JX, SH, TW, YN; ★(NA): MX.

绒毛掌（红辉寿）**Echeveria pilosa** J. A. Purpus【I, C】♣SCBG, WBG; ●GD, HB, TW; ★(NA): MX.

星影 **Echeveria potosina** E. Walther【I, C】★(NA): MX.

子持白莲（粉蔓、姬石莲）**Echeveria prolifica** Moran et Meyran【I, C】★(NA): MX.

*普朗石莲花 **Echeveria prunina** Kimnach et Moran【I, C】♣BBG; ●BJ; ★(NA): MX.

掌叶绒毛掌 **Echeveria pubescens** Schltdl.【I, C】♣SCBG; ●GD; ★(NA): MX.

立田 **Echeveria puchella** Berger【I, C】★(NA): MX.

花月夜 **Echeveria pulidonis** E. Walther【I, C】♣XMBG; ●FJ; ★(NA): MX.

锦晃星（金晃星）**Echeveria pulvinata** Rose【I, C】♣CBG, FBG, FLBG, HBG, LBG, NBG, WBG, XBG, XMBG; ●BJ, FJ, GD, HB, JS, JX, SC, SH, SN, ZJ; ★(NA): MX.

多头石莲 **Echeveria pumila** Schltdl.【I, C】♣HBG; ●ZJ; ★(NA): MX.

舞鹤（七福神）**Echeveria pumila** var. **glauca** (Baker) E. Walther【I, C】♣GXIB, IBCAS, KBG, LBG, SCBG, XTBG; ●BJ, GD, GX, JX, YN; ★(NA): MX.

大和锦（大和光）**Echeveria purpusorum** (Rose) A. Berger【I, C】♣BBG, CBG, FBG, FLBG, IBCAS, KBG, SCBG, WBG, XMBG; ●BJ, FJ, GD, HB, JX, SH, YN; ★(NA): MX.

紫莲华（玫瑰莲）**Echeveria rosea** Lindl.【I, C】★(NA): MX.

红缘 **Echeveria rubromarginata** Rose【I, C】★(NA): MX.

惊雪（鲁氏石莲花）**Echeveria runyonii** Rose【I, C】♣CBG, FBG, GA, IBCAS, SCBG, XMBG; ●BJ, FJ, GD, JX, SH; ★(NA): MX.

桑彻斯月影 **Echeveria sanchez-mejoradae** E. Walther【I, C】★(NA): MX.

祝松 **Echeveria scaphophylla** A. Berger【I, C】★(NA): MX.

肉森草 **Echeveria schaffneri** (S. Watson) Rose【I, C】★(NA): MX.

*希尔石莲花 **Echeveria scheerii** Lindl.【I, C】★(SA): BO.

八宝掌（七福美尼）**Echeveria secunda** Booth ex Lindl.【I, C】♣BBG, CBG, CDBG, FBG, FLBG, GXIB, HBG, IBCAS, KBG, NBG, SCBG, XBG, XMBG, XTBG, ZAFU; ●BJ, FJ, GD, GX, JS, JX, SC, SH, SN, YN, ZJ; ★(NA): MX.

景天石莲花 **Echeveria sedoides** E. Walther【I, C】♣BBG, CDBG, KBG; ●BJ, SC, YN; ★(NA): MX.

锦司晃（毛叶莲花掌）**Echeveria setosa** Rose et Purpus【I, C】♣BBG, CBG, LBG; ●BJ, FJ, JX, SH; ★(NA): MX.

王妃锦司晃 **Echeveria setosa** var. **ciliata** (Moran) Moran 【I, C】 ●FJ; ★(NA): MX.

姬锦司晃 **Echeveria setosa** var. **deminuta** J. Meyrán 【I, C】 ♣BBG, CBG, XMBG; ●BJ, FJ, SH; ★(NA): MX.

祇园之舞（祇园舞）**Echeveria shaviana** E. Walther 【I, C】 ♣BBG, IBCAS, XMBG; ●BJ, FJ, TW; ★(NA): MX.

久米舞（久美舞）**Echeveria spectabilis** Alexander 【I, C】 ♣XMBG; ●FJ; ★(NA): MX.

剑司 **Echeveria strictiflora** A. Gray 【I, C】 ●TW; ★(NA): MX, US.

浮岳莲 **Echeveria subalpina** Rose et Purpus 【I, C】 ★(NA): MX.

月静 **Echeveria subcorymbosa** Kimnach et Moran 【I, C】 ★(NA): MX.

刚叶莲 **Echeveria subrigida** (B. L. Rob. et Seaton) Rose 【I, C】 ♣BBG; ●BJ; ★(NA): MX.

星月 **Echeveria tolimanensis** Matuda 【I, C】 ★(NA): MX.

东天红 **Echeveria trianthina** Rose 【I, C】 ★(NA): MX.

特姬达玫瑰 **Echeveria turgida** Rose 【I, C】 ♣XMBG; ●FJ; ★(NA): MX.

厚石莲属 × **Pachyveria**

冬美人（东美人）× **Pachyveria pachyphytoides** (De Smet ex E. Morren) E. Walther 【I, C】 ♣BBG; ●BJ; ★(NA): MX.

立田 × **Pachyveria scheideckeri** (De Smet) E. Walther 【I, C】 ●SH; ★(NA): MX.

厚叶莲属 **Pachyphytum**

*有苞星美人 **Pachyphytum bracteosum** Klotzsch 【I, C】 ♣BBG, XMBG; ●BJ, FJ; ★(NA): MX.

千代田之松 **Pachyphytum compactum** Rose 【I, C】 ♣CBG, IBCAS; ●BJ, FJ, SH, TW; ★(NA): MX.

稻田姬 **Pachyphytum glutinicaule** Moran 【I, C】 ♣FLBG; ●GD, JX; ★(NA): MX.

群雀 **Pachyphytum hookeri** (Salm-Dyck) A. Berger 【I, C】 ♣BBG, WBG; ●BJ, HB; ★(NA): MX.

长叶红莲 **Pachyphytum longifolium** Rose 【I, C】 ♣CBG; ●SH; ★(NA): MX.

星美人 **Pachyphytum oviferum** Purpus 【I, C】 ♣BBG, FLBG, IBCAS, LBG, WBG, XMBG; ●BJ, FJ, GD, HB, JX, SH; ★(NA): MX.

蓝月 **Pachyphytum viride** E. Walther 【I, C】 ♣BBG, SCBG; ●BJ, GD; ★(NA): MX.

天锦木属 **Adromischus**

阿氏天章 **Adromischus alstonii** (Schönland et E. G. Baker) C. A. Sm. 【I, C】 ●TW; ★(AF): ZA.

双色天锦章 **Adromischus bicolor** Hutchison 【I, C】 ♣CBG; ●SH; ★(AF): ZA.

锦御所（丁香天锦章、小叶天章）**Adromischus caryophyllaceus** (Burm. f.) Lem. 【I, C】 ♣BBG; ●BJ, SH, TW; ★(AF): ZA.

库珀天锦章 **Adromischus cooperi** Berger 【I, C】 ♣BBG, CBG, FLBG, KBG, SCBG, WBG, XMBG; ●BJ, FJ, GD, HB, JX, SH, TW, YN; ★(AF): NA, ZA.

天章 **Adromischus cristatus** (Haw.) Lem. 【I, C】 ♣BBG, GXIB, XMBG, ZAFU; ●BJ, FJ, GX, SH, TW, ZJ; ★(AF): ZA.

神想曲（鼓槌天章）**Adromischus cristatus** var. **clavifolius** (Haw.) Toelken 【I, C】 ♣IBCAS, NBG, SCBG, WBG, XMBG; ●BJ, FJ, GD, HB, JS, TW; ★(AF): ZA.

姬扇 **Adromischus cristatus** var. **schonlandii** (E. Phillips) Toelken 【I, C】 ★(AF): ZA.

球棒天章 **Adromischus cristatus** var. **schönlandii** (E. Phillips) Toelken 【I, C】 ♣CBG; ●SH; ★(AF): ZA.

凌叶天章 **Adromischus fallax** Toelken 【I, C】 ★(AF): ZA.

长叶天章（赤水玉、福乐天章、丝茎天章）**Adromischus filicaulis** (Eckl. et Zeyh.) C. A. Sm. 【I, C】 ♣BBG; ●BJ; ★(AF): ZA.

长绳串葫芦 **Adromischus filicaulis** subsp. **marlothii** (Schönland) Toelken 【I, C】 ♣BBG; ●BJ; ★(AF): ZA.

松虫 **Adromischus hemisphaericus** (L.) Lem. 【I, C】 ♣CBG, XMBG; ●FJ, SH; ★(AF): ZA.

松鼠天锦章 **Adromischus humilis** (Mart.) Poelln. 【I, C】 ★(AF): ZA.

锦铃殿 **Adromischus inamoenus** Toelken 【I, C】 ★(AF): ZA.

雪御所 **Adromischus leucophyllus** Uitewaal 【I, C】 ♣CBG; ●SH, TW; ★(AF): ZA.

御所锦 **Adromischus maculatus** (Salm-Dyck) Lem.

【I, C】 ♣CBG, NBG, XMBG; ●FJ, JS, SH; ★(AF): ZA.

绿卵 **Adromischus mammillaris** Lem. 【I, C】 ★(AF): ZA.

*水泡天章（玛丽安水泡、银之卵）**Adromischus marianae** (Marloth) A. Berger 【I, C】 ♣CBG, XMBG; ●FJ, SH, TW; ★(AF): ZA.

*紫水泡 **Adromischus marianae** var. **antidorcadum** Pilbeam 【I, C】 ★(AF): ZA.

朱唇石（翠绿石、太平乐）**Adromischus marianae** var. **hallii** (Hutchison) Toelken 【I, C】 ♣XMBG; ●FJ, TW; ★(AF): ZA.

银卵 **Adromischus marianae** var. **immaculatus** Uitewaal 【I, C】 ♣BBG, CBG, XMBG; ●BJ, FJ, SH; ★(AF): ZA.

墨点水泡 **Adromischus marianae** var. **kubusensis** (Uitewaal) Toelken 【I, C】 ♣CBG; ●SH; ★(AF): ZA.

大天章 **Adromischus maximus** Hutchison 【I, C】 ★(AF): ZA.

*蒙蒂翁天章 **Adromischus montium-klinghardtii** (Dinter) A. Berger 【I, C】 ●TW; ★(AF): ZA.

矮天章 **Adromischus nanus** (N. E. Br.) Poelln. 【I, C】 ★(AF): ZA.

菲利普斯天章 **Adromischus phillipsiae** (Marloth) Poelln. 【I, C】 ★(AF): ZA.

金天章 **Adromischus roaneanus** Uitewaal 【I, C】 ★(AF): ZA.

银波天章（草莓蛋糕、修洛天章）**Adromischus schuldtianus** (Poelln.) H. E. Moore 【I, C】 ♣BBG, CBG; ●BJ, SH; ★(AF): ZA.

楔叶天章 **Adromischus sphenophyllus** C. A. Sm. 【I, C】 ★(AF): ZA.

圆叶天章 **Adromischus subdistichus** Makin ex Bruyns 【I, C】 ★(AF): ZA.

三花天章（三花天锦章）**Adromischus triflorus** (L. f.) A. Berger 【I, C】 ★(AF): NA, ZA.

扁叶红天章（三雌天章）**Adromischus trigynus** (Burch.) Poelln. 【I, C】 ♣BBG, CBG, IBCAS; ●BJ, SH, TW; ★(AF): ZA.

杨贵妃扇（岩天章）**Adromischus umbraticola** C. A. Sm. 【I, C】 ♣BBG; ●BJ; ★(AF): ZA.

伽蓝菜属 Kalanchoe

粉叶伽蓝菜 **Kalanchoe aubrevillei** Raym.-Hamet ex Cufod. 【I, C】 ♣IBCAS; ●BJ; ★(AF): TZ.

仙女之舞（仙女舞）**Kalanchoe beharensis** Drake 【I, C】 ♣BBG, CBG, FLBG, IBCAS, SCBG, TBG, TMNS, XMBG; ●BJ, FJ, GD, JX, SH, TW; ★(AF): MG.

红弁庆（博氏长寿花）**Kalanchoe blossfeldiana** Poelln. 【I, C】 ♣FBG, GXIB, HBG, KBG, LBG, NBG, SCBG, XMBG, XOIG, XTBG; ●FJ, GD, GX, JS, JX, YN, ZJ; ★(AF): MG.

披针叶落地生根（银之太古）**Kalanchoe brachyloba** Welw. ex Britten 【I, C】 ♣FLBG; ●GD, JX; ★(AF): ZA.

长寿苞 **Kalanchoe bracteata** Scott-Elliot 【I, C】 ♣CBG; ●SH; ★(AF): MG.

条裂伽蓝菜（桃色弁庆）**Kalanchoe carnea** N. E. Br. 【I, C】 ★(AF): ZA.

伽蓝菜（姬灯笼草）**Kalanchoe ceratophylla** Haw. 【N, W/C】 ♣FLBG, GBG, GMG, GXIB, HBG, IBCAS, KBG, NBG, SCBG, TMNS, WBG, XBG, XMBG, XTBG; ●BJ, FJ, GD, GX, GZ, HB, JS, JX, SN, TW, YN, ZJ; ★(AS): CN, IN, KH, LA, TH, VN.

蝴蝶舞 **Kalanchoe crenata** (Andrews) Haw. 【I, C】 ♣FLBG, XMBG; ●FJ, GD, JX; ★(AF): BI, CD, CM, MG, TZ, ZA.

福兔耳 **Kalanchoe eriophylla** Hils. et Bojer ex Tul. 【I, C】 ♣SCBG, XMBG; ●FJ, GD; ★(AF): MG.

圆贝草 **Kalanchoe farinacea** Balf.f. 【I, C】 ♣CBG, SCBG; ●GD, SH; ★(AS): YE.

媚惑彩虹 **Kalanchoe figuereidoi** Croizat 【I, C】 ♣IBCAS; ●BJ; ★(AF): MZ.

七间莲（红川莲、玉树）**Kalanchoe flammea** Stapf 【I, C】 ♣GXIB, HBG, XMBG; ●FJ, GX, ZJ; ★(AF): SO.

织姬 **Kalanchoe glaucescens** Britten 【I, C】 ★(AF): TZ.

*珠芽长寿花 **Kalanchoe globulifera** H. Perrier 【I, C】 ♣NBG; ●JS; ★(AF): MG.

尼卡伽蓝菜（冬丹枫）**Kalanchoe grandiflora** Wight et Arn. 【I, C】 ♣IBCAS; ●BJ; ★(AF): ET.

白蝶舞（银勺）**Kalanchoe hildebrandtii** Baill. 【I, C】 ♣BBG; ●BJ; ★(AF): MG.

江户柴锦（紫武藏）**Kalanchoe humilis** Britten 【I, C】 ♣WBG; ●FJ, HB; ★(AF): MZ.

匙叶伽蓝菜 **Kalanchoe integra** (Medik.) Kuntze 【N, W/C】 ♣FLBG, GMG, GXIB, LBG, SCBG, XBG, XMBG; ●FJ, GD, GX, JX, SN; ★(AF): BI, TZ; (AS): CN, IN, KH, LA, NP, PH, TH, VN.

条裂伽蓝菜（菊司、冬红叶）**Kalanchoe laciniata** (L.) DC.【I, C】♣CDBG, FBG, FLBG, GXIB, IBCAS, KBG, LBG, NBG, SCBG, XMBG, XTBG; ●BJ, FJ, GD, GX, JS, JX, SC, YN; ★(AF): ZA.

*披针伽蓝菜 **Kalanchoe lanceolata** (Forssk.) Pers.【I, C】♣XMBG; ●FJ; ★(AF): AO, CF, CG, CM, ET, MG, MW, NA, NG, SO, TZ, ZA.

疏花长寿花（蝴蝶舞、卵形落地生根）**Kalanchoe laxiflora** Baker【I, C】♣GXIB, HBG, NBG; ●GX, JS, ZJ; ★(AF): MG.

草薙之剑 **Kalanchoe linearifolia** Drake【I, C】★(AF): MG.

魔海（妙义、瑞蝶）**Kalanchoe longiflora** Schltr.【I, C】♣IBCAS, WBG, XMBG; ●BJ, FJ, HB; ★(AF): ZA.

红莲 **Kalanchoe longiflora** var. **coccinea** Marnier【I, C】♣CBG, IBCAS, WBG, XMBG; ●BJ, FJ, HB, SH; ★(AF): ZA.

江户紫（花鳗鲡、魔海）**Kalanchoe marmorata** Baker【I, C】♣SCBG, WBG, XMBG; ●FJ, GD, HB, SH; ★(AF): ET, GN, GQ, SO, TZ.

白姬舞 **Kalanchoe marnieriana** H. Jacobsen【I, C】★(AF): MG.

千兔耳（千兎儿）**Kalanchoe millotii** Raym.-Hamet et H. Perrier【I, C】♣IBCAS; ●BJ; ★(AF): MG.

君子兰长寿花 **Kalanchoe miniata** Hilsenb. et Bojer ex Tul.【I, C】★(AF): MG.

莫氏伽蓝菜 **Kalanchoe mortagei** Raym.-Hamet et H. Perrier【I, C】♣IBCAS, XTBG; ●BJ, YN; ★(AF): MG.

冬红叶 **Kalanchoe nyikae** Engl.【I, C】★(AF): TZ.

扁柏长寿花 **Kalanchoe obtusa** Engl.【I, C】★(AF): KE, TZ.

仙人之舞（褐色落地生根、仙人舞、掌上珠）**Kalanchoe orgyalis** Baker【I, C】♣BBG, CBG, FLBG, IBCAS, SCBG, XMBG; ●BJ, FJ, GD, JX, SH; ★(AF): MG.

齿叶伽蓝菜 **Kalanchoe peteri** Werderm.【I, C】♣XTBG; ●YN; ★(AF): TZ.

白粉叶伽蓝菜（白银舞）**Kalanchoe pumila** Baker【I, C】♣BBG, CBG, IBCAS, XMBG; ●BJ, FJ, SH; ★(AF): MG.

扇雀 **Kalanchoe rhombopilosa** Mannoni et Boiteau【I, C】♣BBG, CBG, HBG, IBCAS, SCBG, WBG, XMBG; ●BJ, FJ, GD, HB, SH, ZJ; ★(AF): MG.

圆叶伽蓝菜（白天舞）**Kalanchoe rotundifolia** (Haw.) Haw.【I, C】♣IBCAS, NBG; ●BJ, JS; ★(AF): ZA.

花亭落地生根 **Kalanchoe scapigera** Welw. ex Britten【I, C】♣BBG, FLBG, SCBG, XMBG; ●BJ, FJ, GD, JX; ★(AF): AO.

初笑 **Kalanchoe schimperiana** A. Rich.【I, C】★(AF): ET.

日连杯 **Kalanchoe smithii** R. Hamet【I, C】★(AF): MG.

趣蝶莲（鹿角）**Kalanchoe synsepala** Baker【I, C】♣CBG, CDBG, FBG, FLBG, GA, GXIB, IBCAS, NBG, SCBG, TMNS, WBG, XLTBG, XMBG; ●BJ, FJ, GD, GX, HB, HI, JS, JX, SC, SH, TW; ★(AF): MG.

*四叶长寿花 **Kalanchoe tetraphylla** H. Perrier【I, C】♣BBG, CBG, FLBG, IBCAS, KBG, NBG, SCBG, WBG, XMBG; ●BJ, FJ, GD, HB, JS, JX, SH, TW, YN; ★(AF): MG.

唐印（银盘舞）**Kalanchoe thyrsiflora** Harv.【I, C】★(AF): MG, ZA.

月兔耳 **Kalanchoe tomentosa** Baker【I, C】♣BBG, CBG, CDBG, FBG, FLBG, GXIB, HBG, IBCAS, KBG, LBG, NBG, SCBG, TBG, TMNS, WBG, XMBG, XTBG; ●BJ, FJ, GD, GX, HB, JS, JX, SC, SH, TW, YN, ZJ; ★(AF): MG.

锦蝶 **Kalanchoe tubiflora** Raym.-Hamet【I, C】♣FBG; ●FJ; ★(AF): MG.

大王冠（长柄弁庆）**Kalanchoe velutina** Welw. ex Britten【I, C】♣NBG, SCBG; ●GD, JS; ★(AF): AO, BI, CD, CG, MW, TZ.

*津巴布韦长寿花 **Kalanchoe zimbabwensis** Rendle【I, C】♣KBG; ●YN; ★(AF): BW, ZW.

落地生根属 Bryophyllum

黑锦蝶（极乐鸟）**Bryophyllum beauverdii** (Hamet) A. Berger【I, C】♣FLBG, IBCAS, NBG, SCBG, XMBG; ●BJ, FJ, GD, JS, JX, SH; ★(AF): MG.

大叶落地生根（不死鸟、锦蝶）**Bryophyllum daigremontianum** (Raym.-Hamet et Perrier) A. Berger【I, C】♣BBG, FBG, FLBG, HBG, IBCAS, KBG, LBG, NBG, SCBG, TMNS, WBG, XLTBG, XMBG, XTBG, ZAFU; ●BJ, FJ, GD, HB, HI, JS, JX, TW, YN, ZJ; ★(AF): MG, MZ.

棒叶落地生根（吊灯长寿、洋吊钟）**Bryophyllum delagoense** (Eckl. et Zeyh.) Druce【I, C/N】♣FBG, FLBG, GMG, GXIB, HBG, IBCAS, KBG, LBG, NBG, SCBG, TBG, TMNS, XBG, XLTBG, XMBG, XTBG, ZAFU; ●AH, BJ, FJ, GD, GX, HI,

JS, JX, SC, SN, TW, YN, ZJ; ★(AF): ZA.

花叶落地生根（蝴蝶之舞、紫扇贝）**Bryophyllum fedtschenkoi** (Hamet et H. Perrier) Lauz.-March.【I, C】♣BBG, CBG, CDBG, FBG, FLBG, IBCAS, KBG, SCBG, WBG, XMBG, XTBG, ZAFU; ●BJ, FJ, GD, HB, JX, SC, SH, YN, ZJ; ★(AF): MG.

掌上珠（驴耳朵）**Bryophyllum gastonis-bonnieri** (Gamet et Perrier) Lauz.-March.【I, C】♣IBCAS, KBG, TMNS, XMBG, XTBG; ●BJ, FJ, SH, TW, YN; ★(AF): MG.

圆齿落地生根 **Bryophyllum laxiflorum** (Baker) Govaerts 【I, C】 ●BJ; ★(AF): MG.

红提灯（宫灯长寿花、红姬提灯）**Bryophyllum manginii** (Raym.-Hamet et H. Perrier) Nothdurft 【I, C】 ♣XMBG; ●FJ, SH; ★(AF): MG.

白姬之舞 **Bryophyllum marnierianum** (H. Jacobsen) Govaerts 【I, C】 ★(AF): MG.

落地生根（灯笼草）**Bryophyllum pinnatum** (Lam.) Oken 【I, C/N】 ♣BBG, CBG, CDBG, FBG, FLBG, GA, GBG, GMG, GXIB, HBG, KBG, LBG, SCBG, TBG, WBG, XBG, XMBG, XTBG, ZAFU; ●BJ, FJ, GD, GX, GZ, HB, JX, SC, SH, SN, TW, YN, ZJ; ★(AF): MG.

五节舞 **Bryophyllum proliferum** Bowie ex Hook.【I, C】 ♣XMBG; ●FJ, SH; ★(AF): MG.

*玫瑰落地生根 **Bryophyllum rosei** (Raym.-Hamet et Perrier) A. Berger 【I, C】 ♣BBG; ●BJ; ★(AF): MG.

奇峰木属 Tylecodon

白峰锦 **Tylecodon albiflorus** Bruyns 【I, C】 ★(AF): ZA.

暗紫锦 **Tylecodon atropurpureus** Bruyns 【I, C】 ★(AF): ZA.

黄金伯根 **Tylecodon aurusbergensis** G. Will. et van Jaarsv. 【I, C】 ★(AF): NA.

布圣塔 **Tylecodon bodleyae** van Jaarsv. 【I, C】 ♣XMBG; ●FJ, TW; ★(AF): ZA.

佛垢里 **Tylecodon buchholzianus** (Schuldt et P. Stephan) Toelken【I, C】♣BBG, XMBG; ●BJ, FJ, TW; ★(AF): NA, ZA.

钟鬼 **Tylecodon cacaloides** (L. f.) Toelken 【I, C】 ♣CBG, XMBG; ●FJ, SH, TW; ★(AF): ZA.

大花奇峰木（大花锦、砂夜叉姬）**Tylecodon grandiflorus** (Burm. f.) Toelken 【I, C】 ♣BBG; ●BJ, TW; ★(AF): ZA.

绒奇峰锦 **Tylecodon hirtifolius** (W. F. Barker) Tölken 【I, C】 ★(AF): ZA.

乌泉锦 **Tylecodon leucothrix** (C. A. Sm.) Toelken 【I, C】 ♣BBG; ●BJ; ★(AF): ZA.

毛青玉 **Tylecodon longipes** van Jaarsv. et G. Will. 【I, C】 ★(AF): ZA.

锤奇峰锦 **Tylecodon mallei** G. Will. 【I, C】 ★(AF): ZA.

黑秆锦 **Tylecodon nigricaulis** G. Will. et van Jaarsv. 【I, C】 ★(AF): ZA.

厚叶奇峰锦（厚叶锦）**Tylecodon nolteei** Lavranos 【I, C】 ★(AF): ZA.

阿房宫（锥序奇峰木）**Tylecodon paniculatus** (L. f.) Toelken 【I, C】 ♣BBG, CBG, XMBG; ●BJ, FJ, SH, TW; ★(AF): NA, ZA.

白象（怪奇龙、鬼栖都）**Tylecodon pearsonii** (Schönland) Toelken【I, C】♣BBG, XMBG; ●BJ, FJ, TW; ★(AF): NA, ZA.

银沙锦 **Tylecodon pygmaeus** (W. F. Barker) Toelken 【I, C】 ●TW; ★(AF): ZA.

蔓锦 **Tylecodon racemosus** (Harv.) Tölken 【I, C】 ★(AF): ZA.

万物相（万物想）**Tylecodon reticulatus** (L. f.) Toelken【I, C】♣XMBG; ●FJ, SH, TW; ★(AF): ZA.

攀岩锦 **Tylecodon scandens** van Jaarsv.【I, C】★(AF): ZA.

群卵 **Tylecodon schaeferianus** (Dinter) Toelken【I, C】 ●TW; ★(AF): NA.

如锦 **Tylecodon similis** (Tölken) Tölken【I, C】★(AF): ZA.

大叶奇峰锦（大叶峰锦）**Tylecodon singularis** (R. A. Dyer) Toelken 【I, C】 ●TW; ★(AF): ZA.

直秆锦 **Tylecodon stenocaulis** Bruyns 【I, C】 ★(AF): ZA.

沟槽锦（条纹奇峰锦）**Tylecodon striatus** (Hutchison) Toelken 【I, C】 ●TW; ★(AF): ZA.

硫磺峰锦 **Tylecodon sulphureus** (Toelken) Toelken 【I, C】 ●TW; ★(AF): ZA.

薄峰锦 **Tylecodon tenuis** (Tölken) Bruyns 【I, C】 ★(AF): ZA.

剪刀峰锦 **Tylecodon torulosus** Tölken 【I, C】 ★(AF): ZA.

不均峰锦 **Tylecodon tuberosus** Tölken 【I, C】 ★(AF): ZA.

佛肚锦（垂直锦）**Tylecodon ventricosus** (Burm. f.) Toelken 【I, C】 ●TW; ★(AF): ZA.

绿花峰锦 **Tylecodon viridiflorus** (Tölken) Tölken

【I, C】 ★(AF): ZA.

奇峰锦 **Tylecodon wallichii** (Harv.) Toelken 【I, C】 ♣BBG, XMBG; ●BJ, FJ, TW; ★(AF): ZA.

银波木属 Cotyledon

巴比银波锦 **Cotyledon barbeyi** Schweinf. ex Baker 【I, C】 ♣BBG, CBG; ●BJ, SH; ★(AF): TZ, ZA.

银光星 **Cotyledon campanulata** Marloth 【I, C】 ★(AF): ZA.

青莎 **Cotyledon eliseae** van Jaarsv. 【I, C】 ★(AF): ZA.

红覆轮 **Cotyledon macrantha** A. Berger 【I, C】 ♣CBG, XMBG; ●FJ, SH; ★(AF): LS, MW, ZA.

圆叶银波木（白蝶、轮回、圣刀、圣塔、福娘）**Cotyledon orbiculata** L. 【I, C】 ♣BBG, CBG, IBCAS, KBG, NBG, SCBG, WBG, XMBG; ●BJ, FJ, GD, HB, JS, SH, YN; ★(AF): ZA.

银波锦 **Cotyledon orbiculata** var. **oblonga** (Haw.) DC. 【I, C】 ♣BBG, CBG, NBG, SCBG, WBG, XMBG; ●BJ, FJ, GD, HB, JS, SH; ★(AF): LS, MW, ZA.

乳头银波锦 **Cotyledon papillaris** L. f. 【I, C】 ♣KBG; ●YN; ★(AF): ZA.

熊童子 **Cotyledon tomentosa** Harv. 【I, C】 ♣BBG, FLBG, IBCAS, KBG, NBG, SCBG; ●BJ, FJ, GD, JS, JX, TW, YN; ★(AF): ZA.

熊童子锦 **Cotyledon tomentosa** subsp. **ladismithiensis** (Poelln.) Toelken 【I, C】 ♣CBG, FLBG, WBG, XMBG; ●FJ, GD, HB, JX, SC, SH; ★(AF): ZA.

*伍德银波锦 **Cotyledon woodii** Schönland et Baker f. 【I, C】 ●TW; ★(AF): ZA.

青锁龙属 Crassula

苍吹上 **Crassula acinaciformis** Schinz 【I, C】 ★(AF): ZA.

阿尔巴 **Crassula alba** Forssk. 【I, C】 ♣CBG; ●SH; ★(AF): CM, ET, MW, TZ.

托尼 **Crassula alstonii** Marloth 【I, C】 ●TW; ★(AF): ZA.

玉树（蓝鸟）**Crassula arborescens** (Mill.) Willd. 【I, C】 ♣CBG, FBG, FLBG, HBG, IBCAS, KBG, NBG, SCBG, XMBG, XOIG, XTBG, ZAFU; ●BJ, FJ, GD, JS, JX, SH, YN, ZJ; ★(AF): ZA.

醉斜阳 **Crassula atropurpurea** var. **watermeyeri** (Compton) Toelken 【I, C】 ★(AF): ZA.

小伍迪 **Crassula ausensis** Hutchison 【I, C】 ●TW; ★(AF): NA.

火星兔子 **Crassula ausensis** subsp. **titanopsis** Hutchison 【I, C】 ♣BBG, CBG; ●BJ, SH, TW; ★(AF): NA.

月光 **Crassula barbata** Thunb. 【I, C】 ♣BBG, IBCAS, XMBG; ●BJ, FJ, TW; ★(AF): ZA.

玉椿 **Crassula barklyi** N. E. Br. 【I, C】 ♣BBG, CBG, IBCAS, XMBG; ●BJ, FJ, SH, TW; ★(AF): ZA.

半球星乙女（爱星）**Crassula brevifolia** Harv. 【I, C】 ♣CBG, HBG, IBCAS, SCBG; ●BJ, GD, SH, TW, ZJ; ★(AF): ZA.

火祭（高千穗、荐塔）**Crassula capitella** Thunb. 【I, C】 ♣CBG, KBG, WBG, XMBG, ZAFU; ●FJ, HB, SH, YN, ZJ; ★(AF): ZA.

赫丽（茜之塔）**Crassula capitella** subsp. **thyrsiflora** (Thunb.) Toelken 【I, C】 ★(AF): ZA.

克拉夫 **Crassula clavata** N. E. Br. 【I, C】 ♣CBG; ●SH; ★(AF): ZA.

绯红青锁龙（红花青锁龙）**Crassula coccinea** L. 【I, C】 ★(AF): ZA.

丽人 **Crassula columnaris** L. f. 【I, C】 ●TW; ★(AF): ZA.

梦殿 **Crassula congesta** N. E. Br. 【I, C】 ♣BBG; ●BJ; ★(AF): ZA.

白妙 **Crassula corallina** L. f. 【I, C】 ♣CDBG, XMBG; ●FJ, SC; ★(AF): NA, ZA.

心叶青锁龙（天堂心）**Crassula cordata** Thunb. 【I, C】 ♣XMBG; ●FJ; ★(AF): ZA.

*假圆刀 **Crassula cotyledonis** Thunb. 【I, C】 ♣CBG, HBG, IBCAS; ●BJ, SH, ZJ; ★(AF): ZA.

红笹 **Crassula cultrata** L. 【I, C】 ★(AF): ZA.

玉稚儿（稚儿姿）**Crassula deceptor** Schönland et Baker f. 【I, C】 ♣BBG, CBG, FLBG, IBCAS, SCBG, XMBG; ●BJ, FJ, GD, JX, SH, TW; ★(AF): ZA.

白鹭 **Crassula deltoidea** Thunb. 【I, C】 ♣CBG; ●SH; ★(AF): ZA.

圆刀 **Crassula dubia** Thunb. 【I, C】 ★(AF): ZA.

银箭（精灵豆）**Crassula elegans** Schönland et Baker f. 【I, C】 ●FJ, TW; ★(AF): ZA.

方鳞若绿 **Crassula ericoides** Haw. 【I, C】 ♣XMBG; ●FJ; ★(AF): ZA.

花簪 **Crassula exilis** Harv. 【I, C】 ♣XMBG; ●FJ; ★(AF): NA, ZA.

乙姬 **Crassula exilis** subsp. **cooperi** (Regel) Toelken 【I, C】♣XMBG; ●FJ; ★(AF): NA, ZA.

宽叶花簪 **Crassula exilis** subsp. **picturata** (Boom) G. D. Rowley 【I, C】 ★(AF): NA, ZA.

筑羽根 **Crassula exilis** subsp. **schmidtii** (Regel) G. D. Rowley 【I, C】♣SCBG, XMBG; ●FJ, GD; ★(AF): NA, ZA.

*新神刀 **Crassula exilis** subsp. **sedifolia** (N. E. Br.) Toelken 【I, C】 ★(AF): NA, ZA.

赤鬼城 **Crassula fusca** Herre 【I, C】 ★(AF): ZA.

脆枝青锁龙（波尼亚）**Crassula expansa** subsp. **fragilis** (Baker) Toelken 【I, C】 ♣IBCAS; ●BJ; ★(AF): ZA.

纠龙（毛炎）**Crassula globularioides** Britten 【I, C】 ★(AF): MW.

白鸟星 **Crassula grisea** Schönland 【I, C】 ●TW; ★(AF): ZA.

巴 **Crassula hemisphaerica** Thunb. 【I, C】♣BBG, CBG, IBCAS, WBG, XMBG; ●BJ, FJ, HB, SH; ★(AF): ZA.

银杯 **Crassula hirsuta** Schönland et Baker f. 【I, C】 ●TW; ★(AF): ZA.

河豚 **Crassula humbertii** Desc. 【I, C】 ★(AF): MG.

乳白青锁龙（洛东）**Crassula lactea** Aiton 【I, C】 ♣IBCAS, SCBG; ●BJ, GD, SH; ★(AF): ZA.

绒猫耳 **Crassula lanuginosa** Harv. 【I, C】 ★(AF): ZA.

雪绒 **Crassula lanuginosa** var. **pachystemon** (Schönl. et Baker f.) Toelken 【I, C】 ★(AF): ZA.

寿无限 **Crassula marchandii** Friedrich 【I, C】 ●TW; ★(AF): ZA.

都星（绒针、银箭）**Crassula mesembryanthemoides** (Haw.) D. Dietr. 【I, C】 ♣BBG, CBG, XMBG; ●BJ, FJ, SH, TW; ★(AF): ZA.

蒙大拿 **Crassula montana** L. f. 【I, C】 ★(AF): ZA.

达摩绿塔（梦巴、四角蒙大拿）**Crassula montana** subsp. **quadrangularis** (Schönl.) Toelken 【I, C】 ♣BBG; ●BJ; ★(AF): ZA.

鸣户（矶松）**Crassula multicava** Lem. 【I, C】 ♣BBG, CBG, IBCAS, NBG, SCBG, XMBG; ●BJ, FJ, GD, JS, SH; ★(AF): ZA.

白英宫 **Crassula multiflora** Schönland et Baker f. 【I, C】 ★(AF): ZA.

青锁龙 **Crassula muscosa** L. 【I, C】♣BBG, CBG, FBG, FLBG, GXIB, HBG, IBCAS, KBG, NBG, SCBG, WBG, XBG, XMBG; ●BJ, FJ, GD, GX, HB, JS, JX, SH, SN, TW, YN, ZJ; ★(AF): ZA.

*纳马夸青锁龙 **Crassula namaquensis** Schönland et Baker f. 【I, C】 ●TW; ★(AF): ZA.

康兔子 **Crassula namaquensis** subsp. **comptonii** (Hutch. et Pillans) Toelken 【I, C】 ★(AF): ZA.

银富鳞 **Crassula nemorosa** Endl. ex Walp. 【I, C】 ★(AF): ZA.

裸茎青锁龙（天狗）**Crassula nudicaulis** L. 【I, C】 ♣BBG; ●BJ, TW; ★(AF): LS, ZA.

小天狗 **Crassula nudicaulis** var. **herrei** (Friedr.) Toelken 【I, C】 ♣CBG; ●SH; ★(AF): ZA.

宽叶天狗 **Crassula nudicaulis** var. **platyphylla** (Harv.) Toelken 【I, C】 ★(AF): ZA.

乒乓板（艳姿）**Crassula obliqua** Haw. 【I, C】 ★(AF): ZA.

青龙卵 **Crassula obovata** Haw. 【I, C】 ★(AF): ZA.

窄叶青龙卵 **Crassula obovata** var. **dregeana** (Harv.) Toelken 【I, C】 ★(AF): ZA.

蔓茎青锁龙（蔓莲华）**Crassula orbicularis** L. 【I, C】 ●TW; ★(AF): ZA.

燕子掌（北斗七星、黄金花月）**Crassula ovata** (Mill.) Druce 【I, C】 ♣BBG, CBG, FBG, FLBG, GXIB, HBG, IBCAS, KBG, NBG, SCBG, TBG, WBG, XMBG, ZAFU; ●BJ, FJ, GD, GX, HB, JS, JX, SC, SH, TW, YN, ZJ; ★(AF): ZA.

红玉缘景天（心水晶）**Crassula pellucida** L. 【I, C】 ♣IBCAS; ●BJ; ★(AF): MG.

红缘心水晶 **Crassula pellucida** subsp. **marginalis** (Sol. ex Aiton) Toelken 【I, C】♣IBCAS; ●BJ; ★(AF): MG.

穿叶青锁龙（姬神刀、神刀）**Crassula perfoliata** L. 【I, C】 ♣IBCAS, NBG, XMBG, XTBG; ●BJ, FJ, JS, TW, YN; ★(AF): ZA.

神刀 **Crassula perfoliata** var. **falcata** (J. C. Wendl.) Toelken 【I, C】 ♣BBG, FLBG, HBG, IBCAS, KBG, LBG, NBG, SCBG, WBG, XBG, XMBG; ●BJ, FJ, GD, HB, JS, JX, SN, TW, YN, ZJ; ★(AF): ZA.

小神刀 **Crassula perfoliata** var. **miniata** Toelken 【I, C】 ★(AF): ZA.

星乙女 **Crassula perforata** Thunb. 【I, C】♣BBG, CBG, FBG, FLBG, GXIB, HBG, IBCAS, SCBG, WBG, XBG, XMBG; ●BJ, FJ, GD, GX, HB, JX, SH, SN, TW, ZJ; ★(AF): ZA.

白稚儿 **Crassula plegmatoides** Friedrich 【I, C】 ●TW; ★(AF): ZA.

霜叶景天（普诺莎）**Crassula pruinosa** L. 【I, C】 ♣IBCAS; ●BJ; ★(AF): ZA.

假巴 **Crassula pseudhemisphaerica** Friedrich 【I, C】 ●TW; ★(AF): NA.

梦椿 **Crassula pubescens** Thunb. 【I, C】 ♣BBG; ●BJ; ★(AF): ZA.

红稚儿 **Crassula pubescens** subsp. **radicans** (Haw.) Toelken 【I, C】 ♣CBG; ●SH; ★(AF): ZA.

方鳞绿塔（绿塔）**Crassula pyramidalis** Thunb. 【I, C】 ♣XMBG; ●FJ, TW; ★(AF): ZA.

若歌诗（红稚子）**Crassula rogersii** Schönland 【I, C】 ♣CBG, XMBG; ●FJ, SH; ★(AF): ZA.

钱串景天（翠星、夕颜、岩神刀）**Crassula rupestris** L. f. 【I, C】 ♣BBG, IBCAS, XMBG; ●BJ, FJ, TW; ★(AF): ZA.

舞乙女 **Crassula rupestris** subsp. **marnieriana** (Huber et Jacobsen) Toelken 【I, C】 ♣BBG, CBG, IBCAS, XTBG; ●BJ, SH, TW, YN; ★(AF): ZA.

青龙树（龙葵青锁龙）**Crassula sarcocaulis** Eckl. et Zeyh. 【I, C】 ♣IBCAS, SCBG; ●BJ, GD, SH; ★(AF): ZA.

长茎景天（锦乙女）**Crassula sarmentosa** Harv. 【I, C】 ♣CBG, FLBG, WBG; ●GD, HB, JX, SH; ★(AF): ZA.

绣楼 **Crassula sericea** Schönland 【I, C】 ●TW; ★(AF): NA, ZA.

红数珠 **Crassula sericea** var. **hottentotta** (Marloth et Schönl.) Toelken 【I, C】 ●TW; ★(AF): NA, ZA.

梦巴 **Crassula setulosa** Harv. 【I, C】 ●TW; ★(AF): ZA.

雪妖精（茜子塔）**Crassula socialis** Schönland 【I, C】 ♣BBG, CBG, FLBG, XMBG; ●BJ, FJ, GD, JX, SH, TW; ★(AF): ZA.

匙叶青锁龙（绿扇）**Crassula spathulata** Thunb. 【I, C】 ♣XMBG; ●FJ, SH; ★(AF): ZA.

红泊（红背脉纹龙）**Crassula streyi** Toelken 【I, C】 ★(AF): ZA.

爱之祭 **Crassula subacaulis** subsp. **erosula** (N. E. Br.) Toelken 【I, C】 ♣IBCAS; ●BJ; ★(AF): ZA.

星公主 **Crassula subaphylla** (Eckl. et Zeyh.) Harv. 【I, C】 ★(AF): ZA.

风留岛（苏珊乃、漂流岛）**Crassula susannae** Rauh et Friedrich 【I, C】 ♣BBG; ●BJ; ★(AF): ZA.

茜之塔 **Crassula tabularis** Dinter 【I, C】 ♣BBG, CBG, IBCAS, SCBG; ●BJ, GD, SH; ★(AF): ZA.

盖膜青锁龙（丸叶小叶衣、紫云龙）**Crassula tecta** Thunb. 【I, C】 ♣BBG, CBG, XMBG; ●BJ, FJ, SH, TW; ★(AF): ZA.

筒叶菊（桃源乡）**Crassula tetragona** L. 【I, C】 ♣BBG, KBG, XBG, XMBG; ●BJ, FJ, SH, SN, YN; ★(AF): ZA.

尖叶筒叶菊 **Crassula tetragona** subsp. **acutifolia** (Lam.) Toelken 【I, C】 ●TW; ★(AF): ZA.

若绿 **Crassula tillaea** Lest.-Garl. 【I, C】 ♣KBG, NBG, SCBG, WBG, XMBG; ●FJ, GD, HB, JS, YN; ★(NA): US; (SA): CL.

月晕 **Crassula tomentosa** Thunb. 【I, C】 ★(AF): ZA.

毛缘月晕 **Crassula tomentosa** var. **glabrifolia** (Harv.) G. D. Rowley 【I, C】 ★(AF): ZA.

小酒杯 **Crassula umbella** Jacq. 【I, C】 ●TW; ★(AF): ZA.

天狗之舞（天狗舞）**Crassula undulata** Haw. 【I, C】 ♣BBG, CBG; ●BJ, SH; ★(AF): ZA.

雨心（白花景天）**Crassula volkensii** Engl. 【I, C】 ♣BBG, XMBG; ●BJ, FJ; ★(AF): KE, SO, TZ.

98. 扯根菜科　PENTHORACEAE

扯根菜属　Penthorum

扯根菜 **Penthorum chinense** Pursh 【N, W/C】 ♣FBG, GA, GBG, GXIB, HBG, LBG, SCBG, WBG, ZAFU; ●FJ, GD, GX, GZ, HB, JX, ZJ; ★(AS): CN, JP, KP, LA, MN, RU-AS, TH, VN.

99. 小二仙草科　HALORAGACEAE

人鱼藻属　Proserpinaca

人鱼藻（红雨伞）**Proserpinaca palustris** L. 【I, C】 ♣SCBG; ●BJ, GD, SH; ★(NA): BS, CA, CU, GT, MX, SV, US; (SA): BR, CO.

小二仙草属　Gonocarpus

黄花小二仙草 **Gonocarpus chinensis** (Lour.) Orchard 【N, W/C】 ♣FLBG, SCBG, XMBG, XTBG; ●FJ, GD, JX, YN; ★(AS): CN, ID, IN, MY, PH, SG, TH, VN; (OC): AU, PAF.

小二仙草 **Gonocarpus micranthus** Thunb. 【N, W/C】 ♣CBG, FLBG, GA, GBG, GMG, HBG, LBG, SCBG, WBG, XMBG, ZAFU; ●FJ, GD, GX, GZ, HB, JX, SH, ZJ; ★(AS): BT, CN, ID, IN, JP,

KP, KR, MY, PH, SG, TH, VN; (OC): AU.

狐尾藻属 Myriophyllum

粉绿狐尾藻 **Myriophyllum aquaticum** (Vell.) Verdc. 【I, C/N】 ♣BBG, FLBG, KBG, SCBG, TMNS, WBG, XMBG, ZAFU; ●BJ, FJ, GD, HB, JX, TW, YN, ZJ; ★(SA): AR, BO, BR, CL, CO, EC, PE, PY, UY.

异叶狐尾藻（异叶孤尾藻） **Myriophyllum heterophyllum** Michx. 【I, C】 ★(NA): GT, MX, US.

杉叶狐尾藻（绿羽毛草） **Myriophyllum hippuroides** Nutt. 【I, C】 ★(NA): MX, US.

红羽毛草 **Myriophyllum mattogrossensis** Hoehne 【I, C】 ♣WBG; ●HB; ★(SA): BO, BR, EC, PE.

羽叶狐尾藻 **Myriophyllum pinnatum** (Walter) Britton, Sterns et Poggenb. 【I, C】 ★(NA): US.

绿狐尾藻 **Myriophyllum quitense** Kunth 【I, C】 ♣IBCAS, SCBG, WBG; ●BJ, GD, HB; ★(SA): AR, BO, BR, CL, CO, EC, PE, UY, VE.

穗状狐尾藻（穗状孤尾藻） **Myriophyllum spicatum** L. 【N, W/C】 ♣FLBG, GA, GMG, HBG, LBG, SCBG, TMNS, WBG, XMBG, ZAFU; ●FJ, GD, GX, HB, JX, TW, ZJ; ★(AS): AZ, BT, CN, IN, JP, KP, KR, LK, MN, RU-AS; (EU): FR, RS.

乌苏里狐尾藻 **Myriophyllum ussuriense** Maxim. 【N, W/C】 ♣TMNS, WBG; ●HB, TW; ★(AS): CN, JP, KP, KR, MN, RU-AS.

狐尾藻 **Myriophyllum verticillatum** L. 【N, W/C】 ♣GA, HBG, KBG, LBG, NBG, SCBG, WBG, XTBG; ●GD, HB, JS, JX, SC, YN, ZJ; ★(AS): CN, JP, KR, MN, RU-AS; (OC): AU.

100. 锁阳科 CYNOMORIACEAE

锁阳属 Cynomorium

锁阳 **Cynomorium songaricum** Rupr. 【N, W/C】 ●GS, NM, SN, XJ; ★(AS): AF, CN, MN, RU-AS.

101. 葡萄科 VITACEAE

火筒树属 Leea

*具刺火筒树 **Leea aculeata** Blume ex Spreng. 【I, C】 ♣XTBG; ●YN; ★(AS): MY.

圆腺火筒树 **Leea aequata** L. 【N, W/C】 ♣XTBG; ●YN; ★(AS): BT, CN, ID, IN, KH, LK, MM, MY, NP, PH, SG, TH, VN.

单羽火筒树 **Leea asiatica** (L.) Ridsdale 【N, W/C】 ♣SCBG, XTBG; ●GD, YN; ★(AS): BT, CN, ID, IN, KH, LA, LK, NP, TH, VN.

密花火筒树 **Leea compactiflora** Kurz 【N, W/C】 ♣FBG, XTBG; ●FJ, YN; ★(AS): BT, CN, ID, IN, LA, LK, MM, VN.

光叶火筒树 **Leea glabra** C. L. Li 【N, W/C】 ♣FBG; ●FJ; ★(AS): CN.

台湾火筒树（暗红火筒树） **Leea guineensis** G. Don 【N, W/C】 ♣FBG, SCBG, XMBG, XTBG; ●FJ, GD, TW, YN; ★(AS): BT, CN, ID, IN, KH, LA, LK, MM, MY, NP, PH, SG, TH, VN; (OC): PAF.

火筒树 **Leea indica** (Burm. f.) Merr. 【N, W/C】 ♣CBG, GMG, NBG, SCBG, TBG, TMNS, WBG, XMBG, XTBG; ●FJ, GD, GX, HB, JS, SH, TW, YN; ★(AS): BT, CN, ID, IN, KH, LA, LK, MM, MY, NP, PH, TH, VN; (OC): AU, PAF.

大叶火筒树 **Leea macrophylla** Roxb. ex Hornem. 【N, W/C】 ♣XMBG, XTBG; ●FJ, YN; ★(AS): BT, CN, ID, IN, KH, LA, LK, MM, NP, TH.

菲律宾火筒树 **Leea philippinensis** Merr. 【N, W/C】 ♣TMNS, XTBG; ●TW, YN; ★(AS): CN, PH.

菱叶藤属 Rhoicissus

菱叶藤 **Rhoicissus rhomboidea** (E. Mey. ex Harv.) Planch. 【I, C】 ♣TBG; ●TW; ★(AF): ZA, ZW.

蛇葡萄属 Ampelopsis

乌头叶蛇葡萄 **Ampelopsis aconitifolia** Bunge 【N, W/C】 ♣BBG, GMG, HBG, IBCAS, TDBG, WBG; ●BJ, GX, HB, LN, NM, XJ, ZJ; ★(AS): CN, MN.

掌裂草葡萄 **Ampelopsis aconitifolia** var. **palmiloba** (Carrière) Rehder 【N, W/C】 ♣CBG, IBCAS, WBG; ●BJ, HB, SH; ★(AS): CN.

蓝果蛇葡萄 **Ampelopsis bodinieri** (H. Lév. et Vaniot) Rehder 【N, W/C】 ♣HBG, SCBG, WBG, XTBG; ●GD, HB, YN, ZJ; ★(AS): CN.

广东蛇葡萄 **Ampelopsis cantoniensis** (Hook. et Arn.) K. Koch 【N, W/C】 ♣FBG, FLBG, GA, HBG, LBG, SCBG, TBG, WBG, XMBG, XTBG; ●FJ, GD, HB, JX, TW, YN, ZJ; ★(AS): CN, JP, LA, MY, TH, VN.

羽叶蛇葡萄 **Ampelopsis chaffanjonii** (H. Lév.) Rehder 【N, W/C】 ♣CBG, KBG, SCBG, WBG;

●GD, HB, SH, YN; ★(AS): CN.

三裂蛇葡萄 **Ampelopsis delavayana** Planch. 【N, W/C】 ♣CBG, GA, GMG, HBG, LBG, NBG, NSBG, WBG, XMBG, XTBG, ZAFU; ●CQ, FJ, GX, HB, JS, JX, SC, SH, YN, ZJ; ★(AS): CN.

掌裂蛇葡萄 **Ampelopsis delavayana** var. **glabra** (Diels et Gilg) C. L. Li 【N, W/C】 ♣BBG; ●BJ; ★(AS): CN.

毛三裂蛇葡萄 **Ampelopsis delavayana** var. **setulosa** (Diels et Gilg) C. L. Li 【N, W/C】 ♣WBG; ●HB; ★(AS): CN.

蛇葡萄 **Ampelopsis glandulosa** (Wall.) Momiy. 【N, W/C】 ♣FBG, FLBG, GA, HBG, LBG, SCBG, TMNS, WBG, ZAFU; ●FJ, GD, HB, JX, TW, ZJ; ★(AS): CN, ID, IN, JP, MM, NP, PH, VN.

东北蛇葡萄 **Ampelopsis glandulosa** var. **brevipedunculata** (Maxim.) Momiy. 【N, W/C】 ♣BBG, GXIB, HBG, HFBG, IBCAS, NBG, SCBG; ●BJ, GD, GX, HL, JS, LN, TW, ZJ; ★(AS): CN.

光叶蛇葡萄 **Ampelopsis glandulosa** var. **hancei** (Planch.) Momiy. 【N, W/C】 ♣LBG, TBG, TMNS, XMBG; ●FJ, JX, TW; ★(AS): CN, JP, PH.

异叶蛇葡萄 **Ampelopsis glandulosa** var. **heterophylla** (Thunb.) Momiy. 【N, W/C】 ♣CBG, FBG, HBG, LBG, SCBG, WBG, ZAFU; ●FJ, GD, HB, JX, SH, ZJ; ★(AS): CN, JP.

牯岭蛇葡萄 **Ampelopsis glandulosa** var. **kulingensis** (Rehder) Momiy. 【N, W/C】 ♣GXIB, LBG, WBG, ZAFU; ●GX, HB, JX, ZJ; ★(AS): CN.

显齿蛇葡萄 **Ampelopsis grossedentata** (Hand.-Mazz.) W. T. Wang 【N, W/C】 ♣CBG, GA, GMG, HBG, IBCAS, SCBG, WBG, XMBG, XTBG; ●BJ, FJ, GD, GX, HB, JX, SH, YN, ZJ; ★(AS): CN, VN.

葎叶蛇葡萄 **Ampelopsis humulifolia** Bunge 【N, W/C】 ♣FBG, HFBG, IBCAS; ●BJ, FJ, HL, LN, NM; ★(AS): CN, MN.

白蔹 **Ampelopsis japonica** (Thunb.) Makino 【N, W/C】 ♣BBG, CBG, GMG, GXIB, HBG, HFBG, IBCAS, LBG, NBG, SCBG, XMBG, ZAFU; ●BJ, FJ, GD, GX, HL, JS, JX, LN, SH, ZJ; ★(AS): CN, JP, KP, KR, MN, RU-AS.

大叶蛇葡萄 **Ampelopsis megalophylla** Diels et Gilg 【N, W/C】 ♣WBG; ●HB; ★(AS): CN.

俞藤属 Yua

大果俞藤 **Yua austro-orientalis** (F. P. Metcalf) C. L. Li 【N, W/C】 ♣FBG, NBG, SCBG, XTBG; ●FJ, GD, JS, YN; ★(AS): CN.

俞藤 **Yua thomsonii** (M. A. Lawson) C. L. Li 【N, W/C】 ♣CBG, GA, GBG, GXIB, LBG, WBG; ●GX, GZ, HB, JX, SH, TW; ★(AS): CN, IN, NP.

华西俞藤 **Yua thomsonii** var. **glaucescens** (Diels et Gilg) C. L. Li 【N, W/C】 ♣GXIB; ●GX; ★(AS): CN.

地锦属 Parthenocissus

异叶地锦 **Parthenocissus dalzielii** Gagnep. 【N, W/C】 ♣FBG, SCBG, XMBG, ZAFU; ●FJ, GD, ZJ; ★(AS): CN.

长柄地锦 **Parthenocissus feddei** (H. Lév.) C. L. Li 【N, W/C】 ♣WBG; ●HB; ★(AS): CN.

花叶地锦 **Parthenocissus henryana** (Hemsl.) Graebn. ex Diels et Gilg 【N, W/C】 ♣BBG, CBG, FBG, GXIB, IBCAS, SCBG, WBG; ●BJ, FJ, GD, GX, HB, SC, SH, SN, TW; ★(AS): CN.

三叉虎 **Parthenocissus heterophylla** (Blume) Merr. 【N, W/C】 ♣FLBG, GA, GMG, GXIB, HBG, SCBG, XTBG; ●AH, GD, GX, JX, YN, ZJ; ★(AS): CN, JP.

绿叶地锦 **Parthenocissus laetevirens** Rehder 【N, W/C】 ♣CBG, FBG, GA, HBG, IBCAS, LBG, WBG, XTBG, ZAFU; ●BJ, FJ, HB, JX, SH, YN, ZJ; ★(AS): CN.

五叶地锦 **Parthenocissus quinquefolia** (L.) Planch. 【I, C/N】 ♣BBG, CBG, HFBG, IBCAS, MDBG, NBG, XMBG; ●BJ, FJ, GS, HL, JS, LN, SC, SH, TW, XJ; ★(NA): MX, US.

三叶地锦 **Parthenocissus semicordata** (Wall.) Planch. 【N, W/C】 ♣CBG, GBG, KBG, LBG, SCBG, WBG, XMBG; ●FJ, GD, GZ, HB, HL, JX, SC, SH, XJ, YN; ★(AS): BT, CN, ID, IN, KP, KR, LA, LK, MM, MY, NP, TH, VN.

地锦 **Parthenocissus tricuspidata** (Siebold et Zucc.) Planch. 【N, W/C】 ♣BBG, CBG, CDBG, FBG, FLBG, GA, GBG, GMG, GXIB, HBG, HFBG, IBCAS, KBG, LBG, MDBG, NBG, NSBG, SCBG, TBG, TDBG, WBG, XBG, XLTBG, XMBG, XTBG, ZAFU; ●BJ, CQ, FJ, GD, GS, GX, GZ, HB, HE, HI, HL, JS, JX, LN, SC, SD, SH, SN, SX, TW, XJ, YN, ZJ; ★(AS): CN, JP, KR.

酸蔹藤属 Ampelocissus

锡金酸蔹藤 **Ampelocissus sikkimensis** (M. A.

Lawson) Planch. 【N, W/C】 ♣XTBG; ●YN; ★(AS): BT, CN, IN, NP.

葡萄属 Vitis

山平氏葡萄 **Vitis × champinii** Planch.【I, C】●BJ; ★(AS): JP.

夏葡萄 **Vitis aestivalis** Michx. 【I, C】 ♣IBCAS, XOIG; ●BJ, FJ; ★(NA): CU, MX, US.

山葡萄 **Vitis amurensis** Rupr. 【N, W/C】 ♣BBG, FBG, GXIB, HBG, HFBG, IAE, IBCAS, NBG, WBG, XTBG; ●BJ, FJ, GX, HB, HL, JL, JS, LN, NM, SX, XJ, YN, ZJ; ★(AS): CN, JP, KP, KR, MN, RU-AS.

深裂山葡萄 **Vitis amurensis** var. **dissecta** Skvortsov 【N, W/C】 ♣IBCAS; ●BJ; ★(AS): CN.

小果葡萄 **Vitis balansana** Planch.【N, W/C】♣GA, SCBG, XTBG; ●GD, JX, YN; ★(AS): CN, VN.

冬葡萄 **Vitis berlandieri** Planch. 【I, C】 ♣IBCAS; ●BJ; ★(NA): HN, MX, US.

桦叶葡萄 **Vitis betulifolia** Diels et Gilg 【N, W/C】 ♣XTBG; ●YN; ★(AS): CN.

蘡薁 **Vitis bryoniifolia** Bunge 【N, W/C】 ♣FBG, LBG, NBG, SCBG, XMBG; ●FJ, GD, JS, JX, SX; ★(AS): CN.

三出蘡薁 **Vitis bryoniifolia** var. **ternata** (W. T. Wang) C. L. Li【N, W/C】♣ZAFU; ●ZJ; ★(AS): CN.

加州葡萄 **Vitis californica** Benth. 【I, C】 ●BJ; ★(NA): US.

白背叶葡萄 **Vitis candicans** Engelm. ex A. Gray【I, C】 ★(NA): US.

东南葡萄 **Vitis chunganensis** Hu【N, W/C】♣GA, HBG, LBG, SCBG, ZAFU; ●GD, JX, ZJ; ★(AS): CN.

甜冬葡萄 **Vitis cinerea** (Engelm.) Engelm. ex Millardet 【I, C】 ♣IBCAS, XTBG; ●BJ, YN; ★(NA): MX, US.

刺葡萄 **Vitis davidii** (Rom. Caill.) Foëx 【N, W/C】 ♣CBG, GBG, HBG, IBCAS, LBG, NBG, SCBG, WBG, ZAFU; ●BJ, GD, GS, GZ, HB, JS, JX, SH, SN, YN, ZJ; ★(AS): CN.

葛藟葡萄 **Vitis flexuosa** Thunb.【N, W/C】♣FBG, LBG, NBG, SCBG, WBG, XTBG; ●FJ, GD, HB, JS, JX, YN; ★(AS): CN, ID, IN, JP, KP, KR, LA, NP, PH, TH, VN.

山谷葡萄 **Vitis girdiana** Munson 【I, C】 ★(NA): MX, US.

菱叶葡萄 **Vitis hancockii** Hance【N, W/C】♣CBG, HBG, ZAFU; ●SH, ZJ; ★(AS): CN.

毛葡萄 **Vitis heyneana** Roem. et Schult. 【N, W/C】 ♣CBG, GBG, GMG, GXIB, HBG, IBCAS, LBG, SCBG, TMNS, WBG, XMBG, XTBG; ●BJ, FJ, GD, GX, GZ, HB, JX, SC, SH, SX, TW, XJ, YN, ZJ; ★(AS): BT, CN, ID, IN, LK, MM, NP.

桑叶葡萄 **Vitis heyneana** subsp. **ficifolia** (Bunge) C. L. Li【N, W/C】♣BBG, IBCAS, WBG; ●BJ, HB, SX; ★(AS): CN.

庐山葡萄 **Vitis hui** W. C. Cheng【N, W/C】♣LBG, SCBG; ●GD, JX; ★(AS): CN.

美洲葡萄 **Vitis labrusca** L.【I, C】♣HBG, IBCAS, NBG; ●BJ, JS, SX, YN, ZJ; ★(NA): US.

变叶葡萄 **Vitis piasezkii** Maxim. 【N, W/C】 ♣CBG, IBCAS, SCBG, WBG; ●BJ, GD, GS, HA, HB, SC, SH, SN, SX; ★(AS): CN.

华东葡萄 **Vitis pseudoreticulata** W. T. Wang 【N, W/C】♣HBG, IBCAS, LBG; ●BJ, JX, ZJ; ★(AS): CN, KP.

绵毛葡萄 **Vitis retordii** Rom. Caill. ex Planch. 【N, W/C】 ♣WBG, XTBG; ●HB, YN; ★(AS): CN, LA, VN.

河岸葡萄 **Vitis riparia** Michx. 【I, C】 ♣IBCAS; ●BJ; ★(NA): MX, US.

秋葡萄 **Vitis romanetii** Rom. Caill. 【N, W/C】 ●HA, HB, SC, SN; ★(AS): CN, LA.

圆叶葡萄 **Vitis rotundifolia** Michx. 【I, C】 ●BJ; ★(NA): MX, US.

掌叶葡萄 **Vitis rubra** Desf. 【I, C】 ★(NA): US.

丛生葡萄 **Vitis rupestris** Scheele【I, C】♣IBCAS, NBG; ●BJ, JS; ★(NA): US.

小叶葡萄 **Vitis sinocinerea** W. T. Wang【N, W/C】 ♣FBG, HBG, TMNS, WBG, XMBG; ●FJ, HB, TW, ZJ; ★(AS): CN.

葡萄 **Vitis vinifera** L.【I, C】♣BBG, CBG, CDBG, FBG, FLBG, GA, GBG, GMG, GXIB, HBG, IBCAS, LBG, NBG, SCBG, TBG, TDBG, WBG, XBG, XMBG, XOIG, XTBG, ZAFU; ●AH, BJ, FJ, GD, GS, GX, GZ, HA, HB, HE, HI, HL, JL, JS, JX, LN, NM, NX, SC, SD, SH, SN, SX, TW, XJ, YN, ZJ; ★(AF): DZ, EG, LY, MA, TN; (AS): IR, LB, PS, SY, TR; (EU): AL, BA, DE, ES, FR, GR, HR, IT, MC, ME, MK, PT, RS, SI.

霜葡萄 **Vitis vulpina** L. 【I, C】 ♣HBG, IBCAS, NBG; ●BJ, HE, JS, SD, ZJ; ★(NA): US.

网脉葡萄 **Vitis wilsoniae** H. J. Veitch 【N, W/C】

♣CBG, GBG, GMG, GXIB, HBG, IBCAS, LBG, NBG, WBG, XMBG, XTBG; ●BJ, FJ, GD, GX, GZ, HA, HB, HE, JS, JX, SH, SX, YN, ZJ; ★(AS): CN.

白粉藤属 Cissus

贴生白粉藤 **Cissus adnata** Roxb. 【N, W/C】 ♣XTBG; ●YN; ★(AS): CN, IN, KH, LA, MM, MY, NP, TH, VN.

具翼白粉藤（菱叶白粉藤）**Cissus alata** Jacq. 【I, C】 ♣IBCAS, SCBG, XMBG; ●BJ, FJ, GD, TW; ★(NA): GT, MX, NI, PA, TT; (SA): BO, CO, EC, GY, PE, PY, VE.

澳洲白粉藤 **Cissus antarctica** Vent. 【I, C】 ♣XMBG; ●FJ, TW; ★(OC): AU.

苦郎藤 **Cissus assamica** (M. A. Lawson) Craib 【N, W/C】 ♣SCBG, XTBG; ●GD, YN; ★(AS): BT, CN, ID, IN, KH, LK, MM, NP, TH, VN.

翡翠阁（拟翡翠阁）**Cissus cactiformis** Gilg 【I, C】 ♣FLBG, IBCAS, SCBG, XMBG; ●BJ, FJ, GD, JX, SH; ★(AF): TZ, ZA.

*疑惑白粉藤 **Cissus dubia** Steud. 【I, C】 ♣BBG; ●BJ; ★(AF): ER.

五叶白粉藤 **Cissus elongata** Miq. 【N, W/C】 ♣XTBG; ●YN; ★(AS): BT, CN, ID, IN, LK, MM, MY, SG, VN.

垂帘滕 **Cissus gongylodes** (Baker) Burch. ex Baker 【I, C】 ♣KBG, XTBG; ●YN; ★(NA): HN; (SA): BO, BR, PE, PY.

翅茎白粉藤 **Cissus hexangularis** Thorel ex Planch. 【N, W/C】 ♣FLBG, GMG, GXIB, SCBG, WBG, XMBG, XTBG; ●FJ, GD, GX, HB, JX, YN; ★(AS): CN, KH, TH, VN.

青紫葛 **Cissus javana** DC. 【N, W/C】 ♣KBG, SCBG, TMNS, WBG, XMBG, XTBG; ●AH, FJ, GD, HB, TW, YN; ★(AS): BT, CN, ID, IN, LK, MM, MY, NP, TH, VN.

鸡心藤 **Cissus kerrii** Craib 【N, W/C】 ♣XTBG; ●YN; ★(AS): CN, ID, IN, TH, VN; (OC): PAF.

*爪哇白粉藤（粉藤果）**Cissus nodosa** Blume 【I, C】 ♣XTBG; ●YN; ★(AS): BN, ID, IN, MY, SG.

*掌叶白粉藤 **Cissus palmata** Poir. 【I, C】 ♣IBCAS; ●BJ; ★(SA): AR, BO, BR, CO, PE, PY.

翼茎白粉藤 **Cissus pteroclada** Hayata 【N, W/C】 ♣GMG, GXIB, SCBG, XMBG, XTBG; ●FJ, GD, GX, YN; ★(AS): CN, ID, IN, MM, MY, TH, VN.

方茎青紫葛（仙素莲）**Cissus quadrangularis** L. 【I, C】 ♣BBG, CBG, KBG, SCBG, TBG, TMNS, WBG, XMBG; ●BJ, FJ, GD, HB, SH, TW, YN; ★(AF): BI, CG, CI, CM, GN, KE, MG, MW, MZ, NA, NG, SN, TZ, UG, ZA, ZW.

海南大叶白粉藤 **Cissus repanda** var. **subferruginea** (Merr. et Chun) C. L. Li 【N, W/C】 ♣GXIB; ●GX; ★(AS): CN.

白粉藤 **Cissus repens** Thwaites 【N, W/C】 ♣GMG, SCBG, TMNS, XMBG, XTBG; ●FJ, GD, GX, TW, YN; ★(AS): BT, CN, ID, IN, KH, LA, LK, MM, MY, NP, PH, SG, TH, VN; (OC): AU, PAF.

锦屏藤 **Cissus sicyoides** L. 【I, C】 ♣FBG, SCBG, TMNS, WBG, XMBG, XTBG; ●AH, FJ, GD, HB, TW, YN; ★(NA): CR, CU, DO, MX, PA, PR, SV, US; (SA): AR, BO, BR, CO, EC, PE, PY, VE.

条纹白粉藤 **Cissus striata** Ruiz et Pav. 【I, C】 ●TW; ★(SA): AR, BO, BR, CL.

*近无叶白粉藤 **Cissus subaphylla** (Balf.f.) Planch. 【I, C】 ♣BBG; ●BJ; ★(AS): YE.

椴叶青紫葛 **Cissus tiliacea** Kunth 【I, C】 ♣BBG, XMBG; ●BJ, FJ; ★(NA): GT, HN, MX, NI.

三裂白粉藤（掌叶白粉藤）**Cissus triloba** (Lour.) Merr. 【N, W/C】 ♣XTBG; ●YN; ★(AS): CN, VN.

卵叶锦屏藤 **Cissus verticillata** (L.) Nicolson et C. E. Jarvis 【I, C】 ♣CBG, FLBG, GXIB, SCBG, WBG, XMBG; ●FJ, GD, GX, HB, JX, SH; ★(NA): BZ, CR, CU, DO, GT, HN, MX, NI, PA, SV, US, VG; (SA): AR, BO, BR, CO, EC, GF, PE, PY, VE.

葡萄瓮属 Cyphostemma

贝恩斯葡萄瓮 **Cyphostemma bainesii** (Hook. f.) Desc. 【I, C】 ♣XMBG, XTBG; ●FJ, TW, YN; ★(AF): ZA.

*索马里葡萄瓮 **Cyphostemma betiforme** (Chiov.) Vollesen 【I, C】 ●TW; ★(AF): SO.

卷须葡萄瓮 **Cyphostemma cirrhosum** (Thunb.) Desc. ex Wild et R. B. Drumm. 【I, C】 ♣CBG; ●SH, TW; ★(AF): BW, NA, ZA.

*背夜梦葡萄瓮 **Cyphostemma cirrhosum** subsp. **transvaalense** (Szyszył.) Wild et R. B. Drumm. 【I, C】 ♣XMBG; ●FJ; ★(AF): NA, ZA.

柯氏葡萄瓮 **Cyphostemma currorii** (Hook. f.) Desc. 【I, C】 ♣XTBG; ●SH, TW, YN; ★(AF): NA, ZA.

象脚葡萄瓮 **Cyphostemma elephantopus** Desc. 【I, C】 ♣CBG, XMBG; ●FJ, SH, TW; ★(AF): MG.

葡萄瓮 **Cyphostemma juttae** (Dinter et Gilg) Desc. 【I, C】 ♣BBG, CBG, FLBG, IBCAS, NBG, SCBG, XMBG; ●BJ, FJ, GD, JS, JX, SH, TW; ★(AF): ZA.

基布韦济葡萄瓮 **Cyphostemma kibweziense** Verdc. 【I, C】 ♣CBG; ●SH; ★(AF): KE.

垂枝葡萄瓮 **Cyphostemma laza** Desc. 【I, C】 ♣CBG, XMBG; ●FJ, SH, TW; ★(AF): MG.

马普树 **Cyphostemma mappia** (Lam.) Galet 【I, C】 ●TW; ★(AF): MU.

银叶葡萄瓮 **Cyphostemma seitzianum** (Gilg et M. Brandt) Desc. 【I, C】 ●FJ; ★(AF): MG.

乌蔹莓属 Cayratia

白毛乌蔹莓 **Cayratia albifolia** C. L. Li 【N, W/C】 ♣WBG; ●HB, SC; ★(AS): CN.

角花乌蔹莓 **Cayratia corniculata** (Benth.) Gagnep. 【N, W/C】 ♣FBG, FLBG, SCBG, XMBG; ●FJ, GD, JX; ★(AS): CN, JP, MY, PH, VN.

膝曲乌蔹莓 **Cayratia geniculata** (Blume) Gagnep. 【N, W/C】 ♣CBG; ●SH; ★(AS): BT, CN, ID, IN, LA, LK, MY, PH, VN.

乌蔹莓 **Cayratia japonica** (Thunb.) Gagnep. 【N, W/C】 ♣CBG, CDBG, FBG, FLBG, GBG, GMG, GXIB, HBG, IBCAS, LBG, NBG, NSBG, SCBG, WBG, XBG, XMBG, XTBG, ZAFU; ●BJ, CQ, FJ, GD, GX, GZ, HB, JS, JX, SC, SH, SN, YN, ZJ; ★(AS): BT, CN, ID, IN, JP, KR, LA, MM, MY, NP, PH, TH, VN.

毛乌蔹莓 **Cayratia japonica** var. **mollis** (Wall. ex Lawson) Momiy. 【N, W/C】 ♣GMG, XTBG; ●GX, YN; ★(AS): BT, CN, IN, NP.

尖叶乌蔹莓 **Cayratia japonica** var. **pseudotrifolia** (W. T. Wang) C. L. Li 【N, W/C】 ♣WBG; ●HB; ★(AS): CN.

华中乌蔹莓 **Cayratia oligocarpa** (H. Lév. et Vaniot) Gagnep. 【N, W/C】 ♣FBG, GBG, LBG, SCBG, WBG; ●FJ, GD, GZ, HB, JX; ★(AS): CN.

澜沧乌蔹莓 **Cayratia timoriensis** var. **mekongensis** (C. Y. Wu) C. L. Li 【N, W/C】 ♣XTBG; ●YN; ★(AS): CN.

三叶乌蔹莓 **Cayratia trifolia** (L.) Domin 【N, W/C】 ♣NBG, XTBG; ●YN; ★(AS): CN, ID, IN, KH, LA, MM, MY, NP, SG, TH, VN; (OC): AU.

崖爬藤属 Tetrastigma

柬埔寨崖爬藤 **Tetrastigma cambodianum** Pierre ex Gagnep. 【I, C】 ♣XTBG; ●YN; ★(AS): KH.

尾叶崖爬藤 **Tetrastigma caudatum** Merr. et Chun 【N, W/C】 ♣SCBG; ●GD; ★(AS): CN, VN.

茎花崖爬藤 **Tetrastigma cauliflorum** Merr. 【N, W/C】 ♣SCBG, XTBG; ●GD, YN; ★(AS): CN, LA, VN.

十字崖爬藤 **Tetrastigma cruciatum** Craib et Gagnep. 【N, W/C】 ♣XTBG; ●YN; ★(AS): CN, MY, TH, VN.

七小叶崖爬藤 **Tetrastigma delavayi** Gagnep. 【N, W/C】 ♣XTBG; ●YN; ★(AS): CN, MM, VN.

长果三叶崖藤 **Tetrastigma dubium** (Lawson) Planch. 【I, C】 ♣XTBG; ●YN; ★(AS): BT, ID, IN, LK, MM, MY, NP.

红枝崖爬藤 **Tetrastigma erubescens** Planch. 【N, W/C】 ♣SCBG, XTBG; ●GD, YN; ★(AS): CN, KH, LA, VN.

单叶红枝崖爬藤 **Tetrastigma erubescens** var. **monophyllum** Gagnep. 【N, W/C】 ♣XTBG; ●YN; ★(AS): CN, VN.

台湾崖爬藤 **Tetrastigma formosanum** (Hemsl.) Nakai 【N, W/C】 ♣TBG; ●TW; ★(AS): CN, JP.

三叶崖爬藤 **Tetrastigma hemsleyanum** Diels et Gilg 【N, W/C】 ♣CBG, FBG, GA, GMG, GXIB, HBG, KBG, LBG, SCBG, WBG, XMBG, XTBG; ●FJ, GD, GX, HB, JX, SC, SH, YN, ZJ; ★(AS): CN, IN.

蒙自崖爬藤 **Tetrastigma henryi** Gagnep. 【N, W/C】 ♣WBG; ●HB; ★(AS): CN.

叉须崖爬藤 **Tetrastigma hypoglaucum** Planch. ex Franch. 【N, W/C】 ♣KBG; ●YN; ★(AS): CN.

景洪崖爬藤 **Tetrastigma jinghongense** C. L. Li 【N, W/C】 ♣XTBG; ●YN; ★(AS): CN.

广西崖爬藤 **Tetrastigma kwangsiense** C. L. Li 【N, W/C】 ♣GXIB; ●GX; ★(AS): CN.

显孔崖爬藤 **Tetrastigma lenticellatum** C. Y. Wu 【N, W/C】 ♣XTBG; ●YN; ★(AS): CN.

毛枝崖爬藤 **Tetrastigma obovatum** (M. A. Lawson) Gagnep. 【N, W/C】 ♣XTBG; ●YN; ★(AS): CN, ID, IN, LA, MM, TH, VN.

崖爬藤（毛叶崖爬藤）**Tetrastigma obtectum** (Wall. ex M. A. Lawson) Planch. ex Franch. 【N, W/C】 ♣GA, GBG, GMG, GXIB, HBG, KBG, SCBG, WBG; ●GD, GX, GZ, HB, JX, SC, YN, ZJ; ★(AS): BT, CN, IN, LK, NP, VN.

无毛崖爬藤 **Tetrastigma obtectum** var. **glabrum** (H. Lév.) Gagnep. 【N, W/C】 ♣GA, KBG; ●JX,

YN; ★(AS): CN.

厚叶崖爬藤 **Tetrastigma pachyphyllum** (Hemsl.) Chun【N, W/C】♣SCBG, XTBG; ●GD, YN; ★(AS): CN, LA, VN.

扁担藤 **Tetrastigma planicaule** (Hook. f.) Gagnep.【N, W/C】♣CDBG, FBG, GXIB, KBG, NBG, SCBG, WBG, XMBG, XTBG; ●FJ, GD, GX, HB, JS, SC, YN; ★(AS): BT, CN, ID, IN, LA, LK, VN.

毛脉崖爬藤 **Tetrastigma pubinerve** Merr. et Chun【N, W/C】♣GMG, HBG, NBG, XTBG; ●GX, JS, YN, ZJ; ★(AS): CN, KH, VN; (OC): US-HW.

柔毛网脉崖爬藤 **Tetrastigma retinervium** var. **pubescens** C. L. Li【N, W/C】♣GXIB; ●GX; ★(AS): CN.

喜马拉雅崖爬藤 **Tetrastigma rumicispermum** (M. A. Lawson) Planch.【N, W/C】♣CBG; ●SH; ★(AS): BT, CN, ID, IN, LA, LK, MM, NP, TH, VN.

石生崖爬藤 **Tetrastigma rupestre** Planch.【I, C】♣XTBG; ●YN; ★(AS): VN.

狭叶崖爬藤（细齿崖爬藤）**Tetrastigma serrulatum** (Roxb.) Planch.【N, W/C】♣KBG, WBG, XTBG; ●HB, YN; ★(AS): BT, CN, ID, IN, LK, MM, NP, TH.

大果西畴崖爬藤 **Tetrastigma sichouense** var. **megalocarpum** C. L. Li【N, W/C】♣BBG, CBG, GMG, GXIB, KBG, SCBG, WBG, XLTBG, XMBG, XTBG; ●BJ, FJ, GD, GX, HB, HI, SC, SH, YN; ★(AS): CN.

菱叶崖爬藤 **Tetrastigma triphyllum** (Gagnep.) W. T. Wang【N, W/C】♣KBG, XTBG; ●YN; ★(AS): CN.

毛菱叶崖爬藤 **Tetrastigma triphyllum** var. **hirtum** (Gagnep.) W. T. Wang【N, W/C】♣XTBG; ●YN; ★(AS): CN.

毛五叶崖爬藤 **Tetrastigma voinierianum** (Baltet) Gagnep.【I, C】●TW; ★(AS): LA, VN.

西双版纳崖爬藤 **Tetrastigma xishuangbannaense** C. L. Li【N, W/C】♣XTBG; ●YN; ★(AS): CN.

102. 蒺藜科 ZYGOPHYLLACEAE

蒺藜属 Tribulus

大花蒺藜 **Tribulus cistoides** L.【N, W/C】♣XTBG; ●YN; ★(AS): CN, ID, IN, LK; (OC): AU.

蒺藜 **Tribulus terrestris** L.【N, W/C】♣BBG, GMG, KBG, LBG, NBG, TDBG, XBG, XMBG, XTBG; ●BJ, FJ, GX, JS, JX, SN, TW, XJ, YN; ★(AF): MG, NG, ZA; (AS): BT, CN, IN, JP, KP, KR, LK, MM, MN, MY, RU-AS; (OC): AU, NZ.

愈疮木属 Guaiacum

愈疮木 **Guaiacum officinale** L.【I, C】●HI; ★(NA): BM, CU, DO, GT, HN, HT, JM, LW, MX, NI, PR, TC, TT; (SA): BO, CO, EC, PE, VE.

驼蹄瓣属 Zygophyllum

驼蹄瓣（长果霸王）**Zygophyllum fabago** L.【N, W/C】♣TDBG, WBG; ●HB, XJ; ★(AS): AF, CN, KZ, MN, PK, SA, TM; (EU): DE, ES, RO, RU.

大花驼蹄瓣（大花霸王）**Zygophyllum potaninii** Maxim.【N, W/C】♣TDBG; ●XJ; ★(AS): CN, CY, KZ, MN, RU-AS.

翼果驼蹄瓣（翼果霸王）**Zygophyllum pterocarpum** Bunge【N, W/C】♣TDBG; ●NM, XJ; ★(AS): CN, CY, KZ, MN, RU-AS.

石生霸王 **Zygophyllum rosowii** Bunge【N, W/C】♣TDBG; ●XJ; ★(AS): CN, CY, KG, KZ, MN, RU-AS, TJ.

霸王 **Zygophyllum xanthoxylon** (Bunge) Maxim.【N, W/C】♣MDBG, TDBG, WBG; ●GS, HB, NM, NX, QH, XJ; ★(AS): CN, MN, RU-AS.

四合木属 Tetraena

四合木 **Tetraena mongolica** Maxim.【N, W/C】♣MDBG, TDBG; ●GS, NM, NX, XJ; ★(AS): CN, MN, RU-AS.

103. 豆科 FABACEAE

猴花树属 Barnebydendron

猴花树（北方叶形果）**Barnebydendron riedelii** (Tul.) J. H. Kirkbr.【I, C】♣XTBG; ●YN; ★(NA): CR, GT, HN, PA, SV, US.

挂钟豆属 Schotia

短瓣豆 **Schotia brachypetala** Sond.【I, C】♣SCBG, XTBG; ●GD, YN; ★(AF): ZA.

孪叶豆属 Hymenaea

孪叶豆 **Hymenaea courbaril** L.【I, C】♣SCBG, TMNS, XMBG, XTBG; ●FJ, GD, TW, YN; ★(NA): MX; (SA): BR, GF.

疣果孪叶豆 **Hymenaea verrucosa** Gaertn.【I, C】♣XMBG, XTBG; ●FJ, YN; ★(AF): BI, DJ, ER, ET, KE, RW, SC, SD, SO, TZ, UG.

香漆豆属 Copaifera

香漆豆（柯柏胶树）**Copaifera officinalis** L.【I, C】♣SCBG, TBG; ●GD, TW; ★(SA): VE.

油楠属 Sindora

油楠 **Sindora glabra** de Wit【N, W/C】♣FBG, FLBG, HBG, SCBG, XLTBG, XMBG, XOIG, XTBG; ●FJ, GD, HI, JX, TW, YN, ZJ; ★(AS): CN.

海滨油楠 **Sindora siamensis** Miq.【I, C】♣GMG, HBG, SCBG, XTBG; ●GD, GX, YN, ZJ; ★(AS): LA, MM, MY, SG.

东京油楠 **Sindora tonkinensis** A. Chev.【I, C】♣CBG, FLBG, GA, GXIB, SCBG, XLTBG, XMBG, XTBG; ●FJ, GD, GX, HI, JX, SH, YN; ★(AS): KH, VN.

无忧花属 Saraca

四方木 **Saraca asoca** (Roxb.) De Wild.【N, W/C】♣GA, XTBG; ●GX, JX, YN; ★(AS): CN, ID, IN, LK, MM, MY, VN.

无忧花 **Saraca declinata** (Jack) Miq.【I, C】♣SCBG, WBG, XMBG, XTBG; ●FJ, GD, HB, YN; ★(AS): MM, TH.

中国无忧花 **Saraca dives** Pierre【N, W/C】♣CBG, FBG, FLBG, GMG, GXIB, KBG, NBG, SCBG, WBG, XLTBG, XMBG, XTBG; ●FJ, GD, GX, HB, HI, JS, JX, SC, SH, YN, ZJ; ★(AS): CN, LA, VN.

云南无忧花 **Saraca griffithiana** Prain【N, W/C】♣XTBG; ●YN; ★(AS): CN, LA, MM.

印度无忧花 **Saraca indica** L.【I, C】♣BBG, SCBG, TBG, TMNS, XMBG, XTBG; ●BJ, FJ, GD, TW, YN; ★(AS): ID, IN, LA, MM, MY, SG, VN.

仪花属 Lysidice

仪花 **Lysidice rhodostegia** Hance【N, W/C】♣FBG, FLBG, GA, GMG, GXIB, HBG, SCBG, WBG, XLTBG, XMBG, XTBG; ●FJ, GD, GX, HB, HI, JX, YN, ZJ; ★(AS): CN, MM, VN.

喃喃果属 Cynometra

喃喃果（喃喃豆）**Cynometra cauliflora** L.【I, C】♣XMBG, XOIG, XTBG; ●FJ, YN; ★(AS): IN, MY.

茎花喃喃果 **Cynometra ramiflora** L.【I, C】♣XTBG; ●GD, YN; ★(AS): ID, IN, LA, LK, MM, MY, SG, VN.

纶巾豆属 Maniltoa

手巾树 **Maniltoa browneoides** Harms【I, C】●GD; ★(AS): ID.

印茄属 Intsia

单对印茄 **Intsia bijuga** (Colebr.) Kuntze【I, C】♣XTBG; ●YN; ★(AF): MG, TZ; (AS): ID, MM, PH; (OC): AU, WS.

Intsia palembanica Miq.【I, C】♣XMBG, XTBG; ●FJ, YN; ★(AS): ID, MM, MY, SG; (OC): PG.

缅茄属 Afzelia

安哥拉苏木 **Afzelia quanzensis** Welw.【I, C】♣XMBG, XTBG; ●FJ, YN; ★(AF): AO, TZ, ZA, ZM.

缅茄 **Afzelia xylocarpa** (Kurz) Craib【I, C】♣FLBG, GMG, KBG, SCBG, TBG, XMBG, XOIG, XTBG; ●FJ, GD, GX, JX, TW, YN; ★(AS): KH, LA, MM, TH, VN.

酸豆属 Tamarindus

酸豆 **Tamarindus indica** L.【I, C/N】♣BBG, CBG, HBG, IBCAS, KBG, NBG, SCBG, TBG, TMNS, XLTBG, XMBG, XOIG, XTBG; ●BJ, FJ, GD, HI, JS, SC, SH, TW, YN, ZJ; ★(AF): CM, NG, SD, TZ; (AS): OM.

璎珞木属 Amherstia

华贵璎珞木 **Amherstia nobilis** Wall.【I, C】♣XMBG, XTBG; ●FJ, YN; ★(AS): MM.

宝冠木属 Brownea

宝冠木 **Brownea ariza** Benth.【I, C】♣TMNS,

XTBG; ●TW, YN; ★(SA): CO, EC, GY.

Brownea grandiceps Jacq. 【I, C】 ♣XTBG; ●GD, YN; ★(SA): CO, EC, GY, VE.

紫荆属 Cercis

加拿大紫荆 **Cercis canadensis** L. 【I, C】 ♣BBG, CBG, GA, HBG, IBCAS, KBG, NBG, TBG; ●BJ, HB, JL, JS, JX, LN, SD, SH, TW, XJ, YN, ZJ; ★(NA): CA, US.

德州紫荆 **Cercis canadensis** var. **texensis** (S. Watson) M. Hopkins 【I, C】 ♣CBG; ●SH; ★(NA): US.

紫荆 **Cercis chinensis** Bunge 【N, W/C】 ♣BBG, CBG, CDBG, FBG, FLBG, GA, GBG, GXIB, HBG, IBCAS, KBG, LBG, NBG, NSBG, SCBG, TDBG, WBG, XBG, XMBG, XTBG, ZAFU; ●BJ, CQ, FJ, GD, GX, GZ, HB, JS, JX, LN, SC, SH, SN, XJ, YN, ZJ; ★(AS): CN, JP, KR.

黄山紫荆 **Cercis chingii** Chun 【N, W/C】 ♣GXIB, HBG, NBG, SCBG, WBG, XMBG, XTBG, ZAFU; ●AH, FJ, GD, GX, HB, JS, YN, ZJ; ★(AS): CN.

广西紫荆 **Cercis chuniana** F. P. Metcalf 【N, W/C】 ♣CBG, FBG, HBG, SCBG, ZAFU; ●FJ, GD, GX, HN, SH, ZJ; ★(AS): CN.

湖北紫荆 **Cercis glabra** Pamp. 【N, W/C】 ♣BBG, CBG, FBG, GA, HBG, IBCAS, KBG, SCBG, WBG, XBG, XMBG; ●BJ, FJ, GD, GZ, HA, HB, JX, SC, SH, SN, YN, ZJ; ★(AS): CN.

垂丝紫荆 **Cercis racemosa** Oliv. 【N, W/C】 ♣CDBG, GA, GBG, GXIB, HBG, SCBG; ●GD, GX, GZ, HB, JX, SC, YN, ZJ; ★(AS): CN.

南欧紫荆 **Cercis siliquastrum** L. 【I, C】 ♣BBG, CBG, IBCAS, NBG, XMBG; ●BJ, FJ, JS, SH, TW; ★(AS): IQ, IR, TR; (EU): ES, FR, GR, IT, NL, TR.

长管豆属 Gigasiphon

长管豆 **Gigasiphon macrosiphon** (Harms) Brenan 【I, C】 ♣IBCAS; ●BJ; ★(AF): KE.

异柱豆属 Tylosema

*食用异柱豆 **Tylosema esculentum** (Burch.) A. Schreib. 【I, C】 ★(AF): ZA.

首冠藤属 Phanera

火索藤 **Phanera aurea** (H. Lév.) Mackinder et R. Clark 【N, W/C】 ♣GXIB, SCBG, XTBG; ●GD, GX, YN; ★(AS): CN.

黄色素心花 **Phanera bidentata** (Jack) Benth. 【I, C】 ♣XTBG; ●YN; ★(AS): MY.

多花羊蹄甲 **Phanera chalcophylla** (H. Y. Chen) Mackinder et R. Clark 【N, W/C】 ♣KBG, XTBG; ●YN; ★(AS): CN.

绯红羊蹄甲 **Phanera coccinea** Lour. 【N, W】 ♣XTBG; ●YN; ★(AS): CN, LA, VN.

石山羊蹄甲 **Phanera comosa** (Craib) Bandyop. et Ghoshal 【N, W/C】 ♣XTBG; ●YN; ★(AS): CN.

首冠藤 **Phanera corymbosa** (Roxb.) Benth. 【N, W/C】 ♣FLBG, GMG, GXIB, SCBG, XMBG, XTBG; ●FJ, GD, GX, JX, YN; ★(AS): CN, VN.

孪叶羊蹄甲 **Phanera didyma** (L. Chen) Q. W. Lin 【N, W/C】 ♣SCBG; ●GD; ★(AS): CN.

锈荚藤 **Phanera erythropoda** (Hayata) Mackinder et R. Clark 【N, W/C】 ♣SCBG, XTBG; ●GD, YN; ★(AS): CN, PH.

粉叶羊蹄甲 **Phanera glauca** Benth. 【N, W/C】 ♣CBG, FLBG, GA, HBG, SCBG, XMBG, XTBG, ZAFU; ●FJ, GD, JX, SH, YN, ZJ; ★(AS): CN, ID, IN, KH, LA, MM, MY, TH, VN.

密花羊蹄甲 **Phanera glauca** subsp. **caterviflora** (L. Chen) Q. W. Lin 【N, W/C】 ♣XTBG; ●YN; ★(AS): CN.

薄叶羊蹄甲 **Phanera glauca** subsp. **tenuiflora** (Watt ex C. B. Clarke) A. Schmitz 【N, W/C】 ♣GBG, LBG, SCBG, WBG, XTBG; ●GD, GZ, HB, JX, SC, YN; ★(AS): CN, IN, KH, LA, MM, MY, TH, VN.

绸缎藤 **Phanera hypochrysa** (T. C. Chen) Mackinder et R. Clark 【N, W/C】 ♣GXIB; ●GX; ★(AS): CN.

日本羊蹄甲 **Phanera japonica** (Maxim.) H. Ohashi 【N, W/C】 ♣FLBG, XMBG; ●FJ, GD, JX; ★(AS): CN, JP.

牛蹄麻 **Phanera khasiana** (Baker) Thoth. 【N, W/C】 ♣WBG, XTBG; ●HB, YN; ★(AS): CN, ID, IN, LA, TH, VN.

缅甸羊蹄甲（琼岛羊蹄甲）**Phanera ornata** (Kurz) Thoth. 【N, W】 ♣XTBG; ●YN; ★(AS): CN, IN, LA, MM, TH, VN.

褐毛羊蹄甲 **Phanera ornata** var. **kerrii** (Gagnep.) Bandyop. , Ghoshal et M. K. Pathak 【N, W】 ♣XTBG; ●YN; ★(AS): CN, IN, LA, MM, TH, VN.

卵叶羊蹄甲 **Phanera ovatifolia** (T. Chen) Q. W. Lin 【N, W/C】 ♣GXIB, XTBG; ●GX, YN; ★(AS): CN.

红毛羊蹄甲 **Phanera pyrrhoclada** (Drake) de Wit 【N, W/C】 ♣GMG; ●GX; ★(AS): CN, VN.

囊托羊蹄甲 **Phanera touranensis** (Gagnep.) A. Schmitz 【N, W/C】 ♣SCBG, WBG, XMBG, XTBG; ●FJ, GD, HB, YN; ★(AS): CN, LA, MM, VN.

云南羊蹄甲 **Phanera yunnanensis** (Franch.) Wunderlin 【N, W/C】 ♣BBG, KBG, XMBG, XTBG; ●BJ, FJ, SC, YN; ★(AS): CN, ID, MM, TH.

蝶叶豆属 Lysiphyllum

蝶叶豆 **Lysiphyllum hookeri** (F. Muell.) Pedley 【I, C】 ●TW; ★(OC): AU.

龙须藤属 Lasiobema

阔裂叶羊蹄甲 **Lasiobema apertilobata** (Merr. et F. P. Metcalf) Q. W. Lin 【N, W/C】 ♣SCBG, XMBG; ●FJ, GD; ★(AS): CN.

龙须藤 **Lasiobema championii** (Benth.) de Wit 【N, W/C】 ♣CBG, FBG, FLBG, GA, GMG, GXIB, HBG, SCBG, TBG, TMNS, WBG, XMBG, XTBG; ●FJ, GD, GX, HB, JX, SH, TW, YN, ZJ; ★(AS): CN, ID, IN, VN.

元江羊蹄甲 **Lasiobema esquirolii** (Gagnep.) de Wit 【N, W/C】 ♣XTBG; ●YN; ★(AS): CN.

滇南羊蹄甲 **Lasiobema hypoglauca** (T. Chen) Q. W. Lin 【N, W】 ♣XTBG; ●YN; ★(AS): CN.

攀援羊蹄甲 **Lasiobema scandens** (L.) de Wit 【N, W/C】 ♣XTBG; ●TW, YN; ★(AS): BT, CN, ID, IN, KH, LA, LK, MM, MY, NP, TH, VN.

菱果羊蹄甲 **Lasiobema scandens** var. **horsfieldii** (Prain) Q. W. Lin 【N, W】 ♣XTBG; ●YN; ★(AS): CN, IN.

羊蹄甲属 Bauhinia

红花羊蹄甲 **Bauhinia × blakeana** Dunn 【N, C】 ♣FBG, FLBG, GXIB, IBCAS, KBG, SCBG, TBG, WBG, XLTBG, XMBG, XTBG; ●BJ, FJ, GD, GX, HB, HI, JX, SC, TW, YN; ★(AS): CN.

刺羊蹄甲 **Bauhinia aculeata** L. 【I, C】 ♣IBCAS, SCBG; ●BJ, GD; ★(SA): BR, EC, GY, PE.

白花羊蹄甲 **Bauhinia acuminata** Bruce 【N, W/C】 ♣BBG, FBG, FLBG, GMG, GXIB, HBG, KBG, SCBG, TBG, WBG, XMBG, XOIG, XTBG; ●BJ, CQ, FJ, GD, GX, HB, JX, SC, TW, YN, ZJ; ★(AS): CN, ID, IN, JP, KH, LA, LK, MM, MY, PH, SG, TH, VN.

鞍叶羊蹄甲 **Bauhinia brachycarpa** Benth. 【N, W/C】 ♣GMG, GXIB, KBG, SCBG, WBG, XTBG; ●GD, GX, HB, SC, YN; ★(AS): CN, ID, IN, LA, MM, TH.

蟹钳叶羊蹄甲(镰叶羊蹄甲) **Bauhinia carcinophylla** Merr. 【N, W】 ♣XTBG; ●YN; ★(AS): CN, VN.

叉分羊蹄甲 **Bauhinia divaricata** L. 【I, C】 ♣SCBG, XMBG; ●FJ, GD; ★(NA): BZ, CR, DO, GT, HN, HT, JM, MX, US.

Bauhinia ferruginea Roxb. 【I, C】 ♣XTBG; ●YN; ★(AS): MM, MY, VN.

Bauhinia forficata subsp. **pruinosa** (Vogel) Fortunato et Wunderlin 【I, C】 ♣XTBG; ●YN; ★(SA): AR, BR.

嘉氏羊蹄甲 **Bauhinia galpinii** N. E. Br. 【I, C】 ♣CBG, HBG, SCBG, XMBG; ●FJ, GD, SH, TW, ZJ; ★(AF): ZA.

橙羊蹄甲(素心花藤) **Bauhinia kockiana** Korth. 【I, C】 ♣XTBG; ●GD, TW, YN; ★(AS): ID, MY.

单蕊羊蹄甲 **Bauhinia monandra** Kurz 【I, C】 ♣KBG, SCBG, XMBG, XTBG; ●FJ, GD, YN; ★(AF): MG.

棒花羊蹄甲 **Bauhinia nervosa** (Benth.) Baker 【N, W/C】 ♣XTBG; ●YN; ★(AS): CN, ID, IN, MM, TH.

无柄羊蹄甲 **Bauhinia pottsii** G. Don 【I, C】 ♣XTBG; ●YN; ★(AS): LA, MM, MY.

羊蹄甲 **Bauhinia purpurea** DC. ex Walp. 【N, W/C】 ♣BBG, CBG, CDBG, FBG, FLBG, GXIB, HBG, IBCAS, NSBG, SCBG, TBG, WBG, XLTBG, XMBG, XTBG; ●BJ, CQ, FJ, GD, GX, HB, HI, JX, SC, SH, TW, YN, ZJ; ★(AS): BT, CN, ID, IN, KH, LA, LK, MM, MY, NP, PH, SG, TH, VN.

总状花羊蹄甲 **Bauhinia racemosa** Lam. 【N, W/C】 ♣SCBG, XTBG; ●GD, YN; ★(AS): CN, ID, IN, KH, LA, MM, MY, TH, VN.

小叶羊蹄甲 **Bauhinia rufescens** Lam. 【I, C】 ♣SCBG, TBG, XTBG; ●GD, TW, YN; ★(AF): CM, GH, NG.

黄花羊蹄甲 **Bauhinia tomentosa** L. 【I, C】 ♣FBG, IBCAS, SCBG, TBG, XMBG, XTBG; ●BJ, FJ, GD, TW, YN; ★(AS): IN, LK.

洋紫荆 **Bauhinia variegata** L. 【N, W/C】 ♣GMG, HBG, LBG, NBG, SCBG, TBG, WBG, XMBG, XOIG, XTBG; ●FJ, GD, GX, HB, JS, JX, TW, YN, ZJ; ★(AS): CN, KH, LA, MM, TH, VN.

白花洋紫荆 **Bauhinia variegata** var. **candida** Voigt 【N, W/C】 ♣FBG, XOIG, XTBG; ●FJ, YN; ★(AS): CN.

绿花羊蹄甲 **Bauhinia viridescens** Desv. 【N, W/C】 ♣GXIB, SCBG, XTBG; ●GD, GX, YN; ★(AS): CN, ID, IN, KH, LA, MM, MY, TH, VN.

圆叶羊蹄甲 **Bauhinia wallichii** J. F. Macbr. 【N, W】 ♣XTBG; ●YN; ★(AS): BT, CN, ID, IN, LK, MM, TH, VN.

凤眼木属 Koompassia

高耸凤眼木 **Koompassia excelsa** (Becc.) Taub. 【I, C】 ●GD; ★(AS): ID, MY, PH, SG.

任豆属 Zenia

任豆 **Zenia insignis** Chun 【N, W/C】 ♣BBG, CDBG, FBG, FLBG, GA, GBG, GXIB, KBG, SCBG, WBG, XMBG, XTBG; ●BJ, FJ, GD, GX, GZ, HB, JX, SC, YN; ★(AS): CN, TH, VN.

铁苏木属 Apuleia

平滑果铁苏木 **Apuleia leiocarpa** (Vogel) J. F. Macbr. 【I, C】 ♣XTBG; ●YN; ★(SA): AR, BO, BR, CO, EC, GY, PE, PY, VE.

酸榄豆属 Dialium

几内亚酸荚 **Dialium guineense** Willd. 【I, C】 ♣XTBG; ●YN; ★(AF): CD, CF, CM, GA, GH, NG.

酸榄豆 **Dialium indum** L. 【I, C】 ●TW; ★(AS): ID, MY.

棒蕊豆属 Dicorynia

棒蕊豆（双柱苏木）**Dicorynia guianensis** Amshoff 【I, C】 ●TW; ★(SA): GF, GY.

长角豆属 Ceratonia

长角豆 **Ceratonia siliqua** L. 【I, C】 ♣CBG, XMBG, XOIG, XTBG; ●FJ, SH, TW, YN; ★(AF): DZ, EG, LY, MA, TN; (AS): LB, PS, SY, TR; (EU): AL, BA, ES, FR, GR, HR, IT, MC, ME, MK, RS, SI.

顶果木属 Acrocarpus

顶果树 **Acrocarpus fraxinifolius** Arn. 【N, W/C】 ♣FBG, HBG, KBG, SCBG, XMBG, XOIG, XTBG; ●FJ, GD, TW, YN, ZJ; ★(AS): BT, CN, ID, IN, LA, LK, MM, MY, NP, TH.

肥皂荚属 Gymnocladus

肥皂荚 **Gymnocladus chinensis** Baill. 【N, W/C】 ♣CBG, CDBG, GA, GXIB, HBG, IBCAS, LBG, NBG, WBG, ZAFU; ●BJ, GX, HB, JS, JX, SC, SH, ZJ; ★(AS): CN, MM.

北美肥皂荚 **Gymnocladus dioica** (L.) K. Koch 【I, C】 ♣BBG, HBG, IBCAS, NBG, XTBG; ●BJ, HE, JS, YN, ZJ; ★(NA): US.

皂荚属 Gleditsia

Gleditsia amorphoides (Griseb.) Taub. 【I, C】 ♣XTBG; ●YN; ★(SA): AR, BO, BR, PY.

水生皂荚 **Gleditsia aquatica** Marshall 【I, C】 ♣HBG, IBCAS, SCBG; ●BJ, GD, ZJ; ★(NA): US.

小果皂荚 **Gleditsia australis** F. B. Forbes et Hemsl. 【N, W/C】 ♣GMG, GXIB, SCBG; ●GD, GX; ★(AS): CN, VN.

华南皂荚 **Gleditsia fera** (Lour.) Merr. 【N, W/C】 ♣KBG, SCBG, XMBG, XTBG; ●FJ, GD, YN; ★(AS): CN, ID, IN, LA, PH, TH, VN.

山皂荚 **Gleditsia japonica** Miq. 【N, W/C】 ♣CDBG, HBG, HFBG, IBCAS, TDBG, ZAFU; ●BJ, HL, LN, SC, XJ, ZJ; ★(AS): CN, JP, KP, KR.

滇皂荚 **Gleditsia japonica** var. **delavayi** (Franch.) L. Chu Li 【N, W/C】 ♣HBG, KBG, SCBG; ●GD, YN, ZJ; ★(AS): CN.

印度皂荚 **Gleditsia japonica** var. **stenocarpa** Nakai 【I, C】 ♣NBG, SCBG; ●GD, JS, TW; ★(AS): AZ, IN, IR.

绒毛皂荚 **Gleditsia japonica** var. **velutina** L. Chu Li 【N, W/C】 ♣CBG, FLBG, GA, GXIB, IBCAS, KBG, SCBG, WBG; ●BJ, GD, GX, HB, HN, JX, SC, SH, YN; ★(AS): CN.

野皂荚 **Gleditsia microphylla** D. Gordon ex Y. T. Lee 【N, W/C】 ♣CBG, KBG, XTBG; ●SH, YN; ★(AS): CN.

恒春皂荚 **Gleditsia rolfei** S. Vidal 【N, W/C】 ♣TBG; ●TW; ★(AS): CN, ID, IN, LA, PH, TH, VN.

皂荚 **Gleditsia sinensis** Lam. 【N, W/C】 ♣BBG, CBG, FBG, GA, GBG, GXIB, HBG, IBCAS, LBG, NBG, NSBG, SCBG, TBG, WBG, XBG, XMBG, ZAFU; ●BJ, CQ, FJ, GD, GX, GZ, HB, JS, JX, LN, SC, SH, SN, TW, XJ, ZJ; ★(AS): CN, KP, KR, MM.

美国皂荚 **Gleditsia triacanthos** L. 【I, C】 ♣BBG, CBG, GA, HBG, IBCAS, MDBG, NBG, TBG, TDBG, XTBG, ZAFU; ●BJ, GS, HE, JS, JX, LN, SC, SD, SH, TW, XJ, YN, ZJ; ★(NA): US.

腊肠树属 Cassia

绒果决明 **Cassia bakeriana** Craib 【I, C】 ♣FBG, SCBG, XMBG, XTBG; ●FJ, GD, TW, YN; ★(AS): TH.

腊肠树 **Cassia fistula** Schimp. ex Oliv. 【I, C】 ♣BBG, FBG, FLBG, GA, HBG, NBG, SCBG, TBG, TMNS, XLTBG, XMBG, XOIG, XTBG; ●BJ, FJ, GD, HI, JS, JX, TW, YN, ZJ; ★(AS): IN, LK, MM, PK, TH.

大果铁刀木 **Cassia grandis** L. f. 【I, C】 ♣SCBG, TBG, TMNS, XTBG; ●GD, TW, YN; ★(NA): BZ, CR, DO, GT, HN, JM, MX, NI, PA, PR, SV, TT; (SA): BO, BR, CO, EC, GF, GY, PE, PY, VE.

爪哇决明 **Cassia javanica** L. 【N, W/C】 ♣SCBG, TBG, XLTBG, XMBG, XOIG, XTBG; ●FJ, GD, HI, TW, YN; ★(AS): BT, CN, ID, IN, KH, LA, LK, MM, MY, PH, PK, SG, TH, VN; (OC): PAF.

神黄豆 **Cassia javanica** subsp. **agnes** (de Wit) K. Larsen 【N, W/C】 ♣BBG, NBG, SCBG, XMBG, XTBG; ●BJ, FJ, GD, JS, YN; ★(AS): CN, ID, IN, KH, LA, TH, VN.

薄叶腊肠树 **Cassia leptophylla** Vogel 【I, C】 ●TW; ★(SA): BR.

红花腊肠树（红花腊肠）**Cassia roxburghii** DC. 【I, C】 ♣SCBG; ●GD, TW; ★(AS): LK.

决明属 Senna

翅荚决明 **Senna alata** (L.) Roxb. 【I, C】 ♣CBG, FBG, FLBG, SCBG, TMNS, XLTBG, XMBG, XOIG, XTBG; ●BJ, FJ, GD, HI, JX, SH, TW, YN; ★(NA): MX.

番泻叶 **Senna alexandrina** Mill. 【I, C】 ♣NBG, SCBG, XMBG; ●FJ, GD, JS; ★(AF): EG, SD.

耳叶决明 **Senna auriculata** (L.) Roxb. 【I, C】 ★(AS): IN, LK.

白皮决明 **Senna bacillaris** (L. f.) H. S. Irwin et Barneby 【I, C】 ★(NA): CR, GT, HN, NI, PA, PR, SV; (SA): BR, CO, EC, GY, PE, VE.

双荚决明 **Senna bicapsularis** (L.) Roxb. 【I, C/N】 ♣BBG, FBG, FLBG, GXIB, IBCAS, SCBG, TBG, TMNS, XLTBG, XMBG, XTBG; ●BJ, FJ, GD, GX, HI, JX, SC, TW, YN; ★(NA): LW, MX, PA, PR, SV, VG; (SA): AR, BO, BR, CO, EC, PE, PY, VE.

伞房决明 **Senna corymbosa** (Lam.) H. S. Irwin et Barneby 【I, C】 ♣CDBG, NBG, XTBG; ●JS, SC, TW, YN; ★(SA): AR, BR, PY, UY.

长穗决明 **Senna didymobotrya** (Fresen.) H. S. Irwin et Barneby 【I, C/N】 ♣CBG; ●GD, SH, TW; ★(AF): MG, TZ.

多花决明 **Senna × floribunda** (Cav.) H. S. Irwin et Barneby 【I, C】 ★(SA): BR, PY.

大叶决明 **Senna fruticosa** (Mill.) H. S. Irwin et Barneby 【I, C/N】 ♣TMNS; ●TW; ★(NA): BZ, GT, HN, MX, PA, SV.

毛荚决明 **Senna hirsuta** (L.) H. S. Irwin et Barneby 【I, C】 ♣FLBG, XTBG; ●GD, JX, YN; ★(NA): CR, MX, PA, PR, SV; (SA): AR, BO, BR, CO, EC, GY, PE, VE.

Senna leiophylla (Vogel) H. S. Irwin et Barneby 【I, C】 ★(SA): BR, PY.

南方决明 **Senna meridionalis** (R. Vig.) Du Puy 【I, C】 ♣XMBG; ●FJ; ★(AF): MG.

密叶决明 **Senna multijuga** (Rich.) H. S. Irwin et Barneby 【I, C】 ♣TMNS, XMBG; ●FJ, TW; ★(NA): MX, NI, PA, PR, TT; (SA): BO, BR, CO, EC, GF, GY, PE, VE.

豆茶决明 **Senna nomame** (Makino) T. C. Chen 【N, W/C】 ♣BBG, NBG, ZAFU; ●BJ, JS, ZJ; ★(AS): CN, JP, KP, KR.

钝叶决明 **Senna obtusifolia** (L.) H. S. Irwin et Barneby 【I, C】 ♣HBG, IBCAS, WBG, XMBG; ●BJ, FJ, HB, JS, ZJ; ★(NA): CU, PA, PR, US; (SA): BO, PE.

望江南 **Senna occidentalis** (L.) Link 【I, C】 ♣FBG, FLBG, GA, GBG, GMG, GXIB, HBG, IBCAS, LBG, NBG, SCBG, TMNS, WBG, XBG, XMBG, XOIG, XTBG, ZAFU; ●BJ, FJ, GD, GX, GZ, HB, JS, JX, SC, SN, TW, YN, ZJ; ★(NA): BS, BZ, CR, DO, GT, HN, JM, LW, MX, NI, PA, PR, SV, TT, US, VG, WW; (SA): AR, BO, BR, CO, EC, GF, GY, PE, VE.

Senna pendula var. **glabrata** (Vogel) H. S. Irwin et

Barneby 【I, C】 ★(SA): AR, BR, PY.

茳芒决明 **Senna planitiicola** (Domin) Randell 【I, C】 ★(OC): AU.

多叶决明 **Senna polyphylla** (Jacq.) H. S. Irwin et Barneby【I, C】♣SCBG; ●GD, TW; ★(NA): DO, MX, PR, US, VG; (SA): BR, GY.

光叶决明 **Senna septemtrionalis** (Viv.) H. S. Irwin et Barneby【I, C/N】♣CBG, FLBG, GXIB, HBG, KBG, SCBG, TBG, XMBG, XTBG, ZAFU; ●FJ, GD, GX, JX, SC, SH, TW, YN, ZJ; ★(NA): CR, DO, GT, HN, MX, NI, PR; (SA): BR, CO.

铁刀木 **Senna siamea** (Lam.) H. S. Irwin et Barneby【I, C】 ♣FLBG, GA, GMG, NBG, SCBG, TBG, WBG, XBG, XLTBG, XMBG, XOIG, XTBG; ●FJ, GD, GX, HB, HI, JS, JX, SN, TW, YN; ★(AS): IN, KH, LA, MM, MY, TH, VN.

槐叶决明 **Senna sophera** (L.) Roxb. 【I, C/N】 ♣HBG, NBG, SCBG, WBG, XBG, XTBG; ●BJ, GD, HB, JS, SN, TW, YN, ZJ; ★(NA): CU, DO, GT, HN, HT, JM, LW, MX, PR, TT; (SA): CO, VE.

美丽决明 **Senna spectabilis** (DC.) H. S. Irwin et Barneby 【I, C】 ♣FLBG, NBG, SCBG, XMBG, XOIG, XTBG; ●FJ, GD, JS, JX, YN; ★(NA): CR, DO, GT, HN, HT, JM, MX, NI, PR, TT; (SA): AR, BO, BR, CO, EC, PE, PY, VE.

粉叶决明 **Senna sulfurea** (Collad.) H. S. Irwin et Barneby 【I, C】 ♣BBG, FLBG, GMG, GXIB, HBG, IBCAS, KBG, LBG, SCBG, TBG, TMNS, WBG, XLTBG, XMBG, XTBG; ●BJ, FJ, GD, GX, HB, HI, JX, SC, TW, YN, ZJ; ★(AS): IN, LA, LK, MY, TH, VN; (OC): AU, PF.

黄槐决明 **Senna surattensis** (Burm. f.) H. S. Irwin et Barneby 【I, C】 ♣CBG, CDBG, FBG, KBG, NBG, NSBG, SCBG, XMBG, XOIG, XTBG; ●CQ, FJ, GD, JS, SC, SH, YN; ★(AS): IN.

Senna timoriensis (DC.) H. S. Irwin et Barneby 【I, C】 ♣XOIG, XTBG; ●FJ, YN; ★(AS): ID, MM, MY, TH; (OC): AU.

决明 **Senna tora** (L.) Roxb. 【I, C】♣CBG, CDBG, FBG, FLBG, GA, GMG, GXIB, HBG, IBCAS, LBG, NBG, SCBG, XBG, XLTBG, XMBG, XTBG; ●BJ, FJ, GD, GX, HI, JS, JX, SC, SH, SN, TW, YN, ZJ; ★(NA): BZ, CR, GT, HN, MX, US; (SA): BO, CO, EC, PE, PY.

山扁豆属　Chamaecrista

大叶山扁豆（短叶决明） **Chamaecrista leschenaultiana** (DC.) Degener 【N, W/C】 ♣HBG, SCBG, XMBG, XTBG; ●FJ, GD, SC, YN, ZJ; ★(AS): CN, ID, IN, KH, LA, MM, MY, SG, TH, VN.

山扁豆（含羞草决明）**Chamaecrista mimosoides** (L.) Greene 【I, C/N】 ♣CBG, GMG, HBG, KBG, LBG, NBG, SCBG, WBG, XMBG, XTBG; ●FJ, GD, GX, HB, JS, JX, SH, YN, ZJ; ★(AF): CG, GA, GN, KE, MG, MW, TZ, ZA, ZM.

巴库豆茶决明 **Chamaecrista pascuorum** (Benth.) H. S. Irwin et Barneby 【I, C】 ★(SA): BR.

多毛决明 **Chamaecrista pilosa** (L.) Greene 【I, C】 ★(NA): CU, HT, JM, MX, US; (SA): CO, VE.

圆叶决明 **Chamaecrista rotundifolia** (Pers.) Greene 【I, C】 ♣SCBG, XMBG; ●FJ, GD; ★(NA): CR, CU, MX, NI, PA, PR; (SA): AR, BO, BR, CO, PY.

巨蛇决明 **Chamaecrista serpens** (L.) Greene 【I, C】 ★(NA): CU, HN, JM, MX, SV, US; (SA): AR, BO, BR, CO, GY, PY, VE.

鹰叶刺属　Guilandina

刺果苏木 **Guilandina bonduc** L. 【N, W/C】 ♣FLBG, GMG, HBG, SCBG, TMNS, WBG, XMBG, XTBG; ●FJ, GD, GX, HB, JX, TW, YN, ZJ; ★(AF): MG, NG, ZA; (AS): BT, CN, ID, IN, JP, KH, LA, LK, MM, MY, PH, SG, TH, VN; (OC): AU, PAF.

穗花云实属　Moullava

穗花云实 **Moullava spicata** (Dölzell) Nicolson 【I, C】 ♣XTBG; ●YN; ★(AS): IN.

见血飞属　Mezoneuron

见血飞 **Mezoneuron cucullatum** (Roxb.) Wight et Arn.【N, W/C】♣XTBG; ●YN; ★(AS): BT, CN, ID, IN, LA, LK, MM, MY, NP, TH, VN.

九羽见血飞 **Mezoneuron enneaphyllum** (Roxb.) Benth. 【N, W/C】 ♣XTBG; ●YN; ★(AS): CN, ID, IN, LA, LK, MM, MY, PK, TH, VN.

老虎刺属　Pterolobium

大翅老虎刺 **Pterolobium macropterum** Kurz 【N, W/C】 ♣XTBG; ●YN; ★(AS): BT, CN, ID, IN, LA, LK, MM, MY, TH, VN.

老虎刺 **Pterolobium punctatum** Hemsl. 【N, W/C】

♣GA, KBG, SCBG, WBG, XMBG, XTBG; ●FJ, GD, HB, JX, SC, YN; ★(AS): CN, LA.

采木属 Haematoxylum

采木 **Haematoxylum campechianum** L. 【I, C】 ♣SCBG, TBG, TMNS, XTBG; ●GD, TW, YN; ★(NA): BZ, CR, CU, DO, GT, HN, HT, JM, LW, MX, NI, PA, PR, TT, US, VG.

云实属 Caesalpinia

鞣料云实（狄薇豆）**Caesalpinia coriaria** (Jacq.) Willd. 【I, C】 ♣XMBG, XTBG; ●FJ, YN; ★(NA): BS, CR, DO, HN, LW, MX, NI, PA, PR, SV, TT, VG; (SA): AR, BO, CO, VE.

华南云实 **Caesalpinia crista** L.【N, W/C】♣SCBG, XTBG; ●GD, YN; ★(AS): BT, CN, ID, IN, JP, KH, LK, MM, MY, PH, SG, TH, VN.

云实 **Caesalpinia decapetala** (Roth) Alston 【N, W/C】 ♣BBG, CBG, CDBG, FBG, FLBG, GA, GBG, GMG, GXIB, HBG, IBCAS, LBG, NBG, SCBG, TMNS, WBG, XBG, XMBG, XTBG, ZAFU; ●BJ, FJ, GD, GX, GZ, HB, JS, JX, SC, SH, SN, TW, YN, ZJ; ★(AS): BT, CN, ID, IN, JP, KP, KR, LA, LK, MM, MY, NP, PK, TH, VN.

铁云实 **Caesalpinia ferrea** C. Mart. 【I, C】 ♣FBG, FLBG, SCBG, XMBG; ●FJ, GD, JX, ZJ; ★(SA): BR.

红蕊云实 **Caesalpinia gilliesii** (Hook.) D. Dietr. 【I, C】 ♣SCBG; ●GD, TW; ★(NA): US; (SA): AR, BO, CL, PY, UY.

大叶云实 **Caesalpinia magnifoliolata** F. P. Metcalf 【N, W/C】 ♣GMG; ●GX; ★(AS): CN.

Caesalpinia mexicana A. Gray 【I, C】 ●BJ; ★(NA): MX, US.

小叶云实 **Caesalpinia millettii** Hook. et Arn. 【N, W/C】♣NBG, SCBG, XTBG; ●GD, YN; ★(AS): CN.

含羞云实 **Caesalpinia mimosoides** Lam. 【N, W/C】 ♣XTBG; ●YN; ★(AS): CN, ID, IN, LA, MM, TH, VN.

喙荚云实 **Caesalpinia minax** Hance 【N, W/C】 ♣FBG, GMG, SCBG, TBG, TMNS, XMBG, XOIG, XTBG; ●FJ, GD, GX, TW, YN; ★(AS): CN, ID, IN, LA, MM, TH, VN.

洋金凤（金凤花）**Caesalpinia pulcherrima** (L.) Sw. 【I, C】 ♣BBG, CBG, FBG, FLBG, GMG, GXIB, NBG, SCBG, TBG, XLTBG, XMBG, XTBG; ●BJ, FJ, GD, GX, HI, JS, JX, SH, TW, YN; ★(NA): BZ, CR, CU, DO, GT, HN, HT, JM, LW, MX, NI, PA, PR, SV, US, VG, WW; (SA): BO, BR, CO, EC, PE, PY, VE.

苏木 **Caesalpinia sappan** L. 【I, C】 ♣FLBG, GMG, GXIB, HBG, KBG, NBG, SCBG, XLTBG, XMBG, XOIG, XTBG; ●FJ, GD, GX, HI, JS, JX, SC, TW, YN, ZJ; ★(AS): ID, MY.

鸡嘴簕 **Caesalpinia sinensis** (Hemsl.) J. E. Vidal 【N, W/C】 ♣FLBG, SCBG, WBG, XTBG; ●GD, HB, JX, YN; ★(AS): CN, LA, MM, VN.

刺云实 **Caesalpinia spinosa** (Molina) Kuntze 【I, C】 ♣SCBG, TBG, XMBG; ●FJ, GD, TW; ★(SA): BO, CL, CO, EC, PE, VE.

扭果苏木 **Caesalpinia tortuosa** Roxb. 【N, W/C】 ♣XMBG, XOIG; ●FJ; ★(AS): BT, CN, ID, IN, LK, MM, MY, SG.

春云实 **Caesalpinia vernalis** Benth. 【N, W/C】 ♣SCBG; ●GD; ★(AS): CN, ID, IN.

豹云实属 Libidibia

*巴拉圭豹云实 **Libidibia paraguariensis** (D. Parodi) G. P. Lewis 【I, C】 ♣XTBG; ●YN; ★(SA): BO, PY.

格木属 Erythrophleum

非洲格木 **Erythrophleum africanum** (Benth.) Harms 【I, C】 ♣SCBG; ●GD; ★(AF): CF, GH, MZ, NG, TZ, ZA, ZM.

格木 **Erythrophleum fordii** Oliv. 【N, W/C】 ♣BBG, FBG, FLBG, GA, GMG, GXIB, HBG, NBG, SCBG, WBG, XMBG, XOIG, XTBG; ●BJ, FJ, GD, GX, HB, JS, JX, TW, YN, ZJ; ★(AS): CN, LA, VN.

Erythrophleum lasianthum Corbishley 【I, C】 ♣XTBG; ●YN; ★(AF): ZA.

几内亚格木 **Erythrophleum suaveolens** (Guill. et Perr.) Brenan 【I, C】 ♣SCBG, XMBG, XTBG; ●FJ, GD, YN; ★(AF): CD, CF, CM, GA, GH, KE, ML, MW, SN, TG, TZ, UG.

海红豆属 Adenanthera

二色海红豆 **Adenanthera aglaosperma** Alston 【I, C】 ♣SCBG; ●GD; ★(AS): LK.

海红豆 **Adenanthera microsperma** Teijsm. et Binn. 【N, W/C】 ♣CBG, CDBG, FBG, FLBG, GA,

GMG, GXIB, HBG, KBG, NBG, SCBG, TBG, TMNS, XBG, XLTBG, XMBG, XOIG, XTBG; ●FJ, GD, GX, HI, JS, JX, SC, SH, SN, TW, YN, ZJ; ★(AS): CN, ID, IN, KH, LA, MM, MY, TH, VN.

光海红豆 **Adenanthera pavonina** L. 【N, W/C】 ♣XOIG; ●FJ; ★(AS): BT, CN, ID, IN, KH, LA, LK, MM, MY, SG, TH, VN.

木荚豆属 Xylia

木荚豆（缅甸铁木）**Xylia xylocarpa** (Roxb.) Taub. 【I, C】 ♣XTBG; ●YN; ★(AS): ID, IN, LA, MM, TH.

榼藤属 Entada

榼藤 **Entada phaseoloides** (L.) Merr. 【N, W/C】 ♣BBG, CBG, FBG, GMG, GXIB, NBG, SCBG, XLTBG, XMBG, XOIG, XTBG; ●BJ, FJ, GD, GX, HB, HI, JS, SH, TW, YN; ★(AS): CN, ID, IN, JP, MM, MY, PH, VN; (OC): AU, PAF.

眼镜豆（过江龙）**Entada rheedii** Spreng. 【N, W/C】 ♣TMNS, XMBG, XTBG; ●FJ, TW, YN; ★(AF): MG, NG; (AS): BT, CN, ID, IN, LA, LK, MM, NP, PH, SG, TH, VN; (OC): AU, PAF.

象足豆属 Elephantorrhiza

象足豆（块根含羞草、南非漆树豆）**Elephantorrhiza elephantina** (Burch.) Skeels 【I, C】 ♣BBG; ●BJ; ★(AF): ZA.

牧豆树属 Prosopis

Prosopis alba Griseb. 【I, C】 ●SC; ★(SA): AR, BO, CL, PY.

牧豆树 **Prosopis juliflora** (Sw.) DC. 【I, C】 ♣XMBG; ●FJ; ★(NA): CR, DO, GT, HN, HT, JM, MX, PA, PR, SV, US; (SA): BO, CO, EC, PE, VE.

假含羞草属 Neptunia

水含羞草 **Neptunia oleracea** Lour. 【I, C】 ♣IBCAS, XMBG; ●BJ, FJ, TW; ★(NA): CR, HN, MX, NI, PA; (SA): BO, BR, CO, EC, GY, PE, VE.

银合欢属 Leucaena

银合欢 **Leucaena leucocephala** (Lam.) de Wit 【I, C/N】 ♣CBG, CDBG, FBG, FLBG, GA, GBG, GMG, GXIB, HBG, KBG, NBG, SCBG, TBG, WBG, XLTBG, XMBG, XOIG, XTBG; ●FJ, GD, GX, GZ, HB, HI, JS, JX, SC, SH, TW, YN, ZJ; ★(NA): BZ, CR, CU, DO, GT, HN, HT, JM, KY, LW, MX, PA, PR, SV, TT, US, VG, WW; (SA): AR, BO, BR, CO, EC, PE, PY, VE.

大银合欢 **Leucaena pulverulenta** (Schltdl.) Benth. 【I, C】 ♣XMBG; ●FJ; ★(NA): MX, US.

毛状银合欢 **Leucaena trichodes** (Jacq.) Benth. 【I, C】 ♣HBG; ●ZJ; ★(NA): DO; (SA): BR, CO, EC, PE, VE.

合欢草属 Desmanthus

伊州合欢草（伊州含羞草）**Desmanthus illinoensis** (Michx.) MacMill. ex Robinson et Fern. 【I, N】 ●JS; ★(NA): US.

合欢草 **Desmanthus virgatus** (L.) Willd. 【I, C/N】 ★(NA): BS, BZ, CR, DO, GT, HN, HT, JM, LW, MX, NI, PA, PR, TT, US, VG; (SA): AR, BO, BR, CL, CO, EC, PE, PY, UY, VE.

代儿茶属 Dichrostachys

代儿茶 **Dichrostachys cinerea** (L.) Wight et Arn. 【I, C】 ♣HBG, XMBG; ●FJ, ZJ; ★(AF): CF, CM, GN, MG, MW, NA, NG, TZ.

球花豆属 Parkia

Parkia bicolor A. Chev. 【I, C】 ●GD; ★(AF): CD, CM, GA, GH, GN, NG.

爪哇球花豆（爪哇派克豆）**Parkia javanica** (Lam.) Merr. 【I, C】 ♣SCBG, XTBG; ●GD, YN; ★(AS): ID.

大叶球花豆 **Parkia leiophylla** Kurz 【I, C】 ♣XTBG; ●YN; ★(AS): MM, TH.

臭豆 **Parkia speciosa** Hassk. 【I, C】 ♣TMNS, XLTBG, XMBG; ●FJ, HI, TW; ★(AS): MY, PH.

球花豆 **Parkia timoriana** (DC.) Merr. 【I, C】 ♣SCBG, TBG, XTBG; ●GD, TW, YN; ★(AS): ID, IN, MM, MY, TH.

黑金檀属 Anadenanthera

大果柯拉豆（大果红心木）**Anadenanthera colubrina** (Vell.) Brenan 【I, C】 ♣SCBG, XMBG; ●FJ, GD; ★(SA): AR, BO, BR, CL, EC, PE, PY, VE.

萨贝尔树 **Anadenanthera colubrina** var. **cebil** (Griseb.) Altschul【I, C】♣SCBG; ●GD; ★(SA): AR, BO, BR, EC, PE, PY.

酒醉木 **Anadenanthera peregrina** (L.) Speg. 【I, C】 ♣SCBG; ●GD; ★(NA): DO, HT, LW, PR, SV, TT, WW; (SA): BO, BR, CO, GY, PY, VE.

含羞草属 Mimosa

光荚含羞草 **Mimosa bimucronata** (DC.) Kuntze 【I, C/N】 ♣GXIB, XLTBG, XMBG, XTBG; ●FJ, GX, HI, YN; ★(NA): JM; (SA): AR, BR, PY.

美洲含羞草（巴西含羞草）**Mimosa diplotricha** Sauvalle【I, C/N】♣FLBG, XMBG, XTBG; ●FJ, GD, JX, YN; ★(NA): CR, DO, HN, MX, NI, PA, SV; (SA): AR, BO, BR, CO, EC, GY, PE, PY.

无刺含羞草 **Mimosa diplotricha** var. **inermis** (Adelb.) M. K. Alam et M. Yusof 【I, C/N】 ♣SCBG, XLTBG, XOIG, XTBG; ●FJ, GD, HI, YN; ★(SA): BR.

含羞树（大含羞草）**Mimosa pigra** L. 【I, C/N】 ♣FBG, NBG, XMBG, XTBG; ●FJ, JS, YN; ★(NA): BZ, CR, GT, HN, MX, NI, PA, SV; (SA): AR, BO, BR, CO, EC, GF, GY, PE, PY, VE.

含羞草 **Mimosa pudica** L. 【I, C/N】 ♣BBG, CBG, CDBG, FBG, FLBG, GA, GBG, GMG, GXIB, HBG, HFBG, IBCAS, KBG, NBG, SCBG, TBG, TDBG, WBG, XBG, XLTBG, XMBG, XTBG, ZAFU; ●BJ, FJ, GD, GX, GZ, HB, HI, HL, JS, JX, SC, SH, SN, TW, XJ, YN, ZJ; ★(NA): BS, BZ, CR, CU, DO, GT, HN, JM, LW, MX, NI, PA, PR, SV, TT, VG; (SA): BO, BR, CO, EC, GF, GY, PE, PY, VE.

粉花含羞草 **Mimosa strigillosa** Torr. et A. Gray【I, C】 ♣SCBG; ●GD; ★(NA): MX, US; (SA): AR, PY, UY.

落腺檀属 Piptadenia

落腺檀 **Piptadenia gonoacantha** (Mart.) J. F. Macbr. 【I, C】 ★(SA): BO, BR, PE, PY.

香金檀属 Parapiptadenia

美丽红心木 **Parapiptadenia excelsa** (Griseb.) Burkart【I, C】♣SCBG; ●GD; ★(SA): AR, BO, BR, PE, PY.

假落腺豆属 Pseudopiptadenia

巴西红心木 **Pseudopiptadenia contorta** (DC.) G. P. Lewis et M. P. Lima 【I, C】 ♣SCBG; ●GD; ★(SA): BO, BR, PE.

红心木属 Adenopodia

广红心木 **Adenopodia patens** (Hook. et Arn.) Brenan【I, C】♣SCBG; ●GD; ★(NA): CR, HN, MX, NI, SV.

金合欢属 Vachellia

Vachellia caven (Molina) Seigler et Ebinger 【I, C】 ♣TBG; ●TW; ★(SA): AR, BO, CL, PY.

金合欢 **Vachellia farnesiana** (L.) Wight et Arn.【I, C】♣BBG, FBG, FLBG, GA, GMG, GXIB, HBG, IBCAS, NBG, NSBG, SCBG, TBG, XMBG, XOIG, XTBG; ●BJ, CQ, FJ, GD, GX, JS, JX, SC, TW, YN, ZJ; ★(NA): BZ, CR, CU, DO, GT, HN, HT, JM, LW, MX, NI, PA, PR, SV, TT, WW.

Vachellia gerrardii (Benth.) P. J. H. Hurter 【I, C】 ♣TBG; ●TW; ★(AF): TZ, ZM.

Vachellia karroo (Hayne) Banfi et Galasso 【I, C】 ♣XTBG; ●YN; ★(SA): PE.

长刺金合欢（长刺相思）**Vachellia macracantha** (Humb. et Bonpl. ex Willd.) Seigler et Ebinger【I, C】 ♣XMBG; ●FJ; ★(NA): DO, JM, MX, PR; (SA): EC, GY, PE, VE.

阿拉伯金合欢 **Vachellia nilotica** (L.) P. J. H. Hurter et Mabb. 【I, C】 ♣BBG, XMBG, XTBG; ●BJ, FJ, YN; ★(AF): EG, ET, KE, MG, MW, MZ, NG, SN, SO, TZ, ZA; (AS): ID, IN, JO, KW, MM, OM, PK, QA, SA, YE.

塞伊耳金合欢 **Vachellia seyal** (Delile) P. J. H. Hurter【I, C】♣CBG; ●SH; ★(AF): BI, EG, KE, NG, TZ.

蚁荆 **Vachellia sphaerocephala** (Cham. et Schltdl.) Seigler et Ebinger【I, C】♣SCBG; ●GD; ★(NA): MX.

叠伞金合欢 **Vachellia tortilis** (Forssk.) Galasso et Banfi【I, C】♣XMBG, XTBG; ●FJ, YN; ★(AF): ER, ET, KE, MG, MW, MZ, SD, SO, TZ, UG, ZM, ZW.

儿茶属 Senegalia

尖叶儿茶（尖叶金合欢）**Senegalia caesia** (L.) Maslin, Seigler et Ebinger 【N, W/C】 ♣XTBG; ●YN; ★(AS): CN, ID, IN, KH, LA, LK, MM, TH, VN.

儿茶 **Senegalia catechu** (L. f.) P. J. H. Hurter et

Mabb. 【N, W/C】 ♣FBG, GMG, GXIB, HBG, NBG, SCBG, XMBG, XOIG, XTBG; ●FJ, GD, GX, JS, SC, YN, ZJ; ★(AS): BD, BT, CN, ID, IN, JP, LK, MM, NP, PK, TH.

钝叶儿茶（钝叶金合欢）**Senegalia megaladena** (Desv.) Maslin, Seigler et Ebinger 【N, W/C】 ♣XTBG; ●YN; ★(AS): CN, ID, IN, LA, MM, NP, VN.

盘腺儿茶（盘腺金合欢）**Senegalia megaladena** var. **garrettii** (I. C. Nielsen) Maslin, Seigler et Ebinger 【N, W/C】 ♣XTBG; ●YN; ★(AS): CN, TH.

羽叶儿茶（羽叶金合欢）**Senegalia pennata** (L.) Maslin 【N, W/C】 ♣FBG, HBG, SCBG, WBG, XLTBG, XMBG, XTBG; ●FJ, GD, HB, HI, TW, YN, ZJ; ★(AS): BT, CN, ID, IN, KH, LA, LK, MM, MY, NP, TH, VN.

粉被儿茶（粉被金合欢）**Senegalia pruinescens** (Kurz) Maslin, Seigler et Ebinger 【N, W/C】 ♣XTBG; ●YN; ★(AS): CN, LA, MM, MY, VN.

南非儿茶（南非金合欢）**Senegalia schweinfurthii** (Brenan et Exell) Seigler et Ebinger 【I, C】 ♣XTBG; ●YN; ★(AF): SD, TZ, ZW.

阿拉伯胶树 **Senegalia senegal** (L.) Britton 【I, C】 ♣SCBG, XMBG, XOIG, XTBG; ●FJ, GD, YN; ★(AF): CD, KE, MG, NG, SO, TZ.

滇南儿茶（滇南金合欢）**Senegalia tonkinensis** (I. C. Nielsen) Maslin, Seigler et Ebinger 【N, W/C】 ♣XTBG; ●YN; ★(AS): CN, LA, VN.

Mariosousa

Mariosousa dolichostachya (S. F. Blake) Seigler et Ebinger 【I, C】 ★(NA): MX.

Mariosousa willardiana (Rose) Seigler et Ebinger 【I, C】 ★(NA): MX.

灰合欢属 Acaciella

灰合欢 **Acaciella angustissima** (Mill.) Britton et Rose 【I, C】 ★(NA): GT, MX, NI, US; (SA): BO, CO.

苏门答腊灰合欢（灰金合欢）**Acaciella glauca** (L.) L. Rico 【I, C/N】 ♣FBG, XOIG; ●FJ; ★(OC): AU.

刷合欢属 Faidherbia

*刷合欢（白相思）**Faidherbia albida** (Delile) A. Chev. 【I, C】 ♣XMBG; ●FJ; ★(AF): ET, TZ.

羊须合欢属 Zapoteca

*香水羊须合欢（香水合欢）**Zapoteca portoricensis** (Jacq.) H. M. Hern. 【I, C】 ♣XMBG; ●FJ; ★(NA): CR, GT, HN, MX; (SA): BO, BR, CO, EC, PE, PY, VE.

*四角羊须合欢（四角朱樱）**Zapoteca tetragona** (Willd.) H. M. Hern. 【I, C】 ♣SCBG; ●GD; ★(NA): BZ, CR, GT, HN, MX, NI, PA, SV, US; (SA): CO, EC, PE, PY, VE.

大合欢属 Zygia

大合欢 **Zygia turneri** (McVaugh) Barneby et J. W. Grimes 【I, C】 ★(NA): MX.

印加树属 Inga

印加豆 **Inga edulis** Mart. 【I, C】 ♣SCBG, XTBG; ●GD, TW, YN; ★(NA): CR, MX, PA; (SA): AR, BO, BR, CO, EC, GF, GY, PE, VE.

月桂印加豆 **Inga laurina** (Sw.) Willd. 【I, C】 ♣XTBG; ●YN; ★(NA): CR, DO, GT, LW, MX, NI, PA, PR, SV, US, VG, WW; (SA): AR, BO, BR, CO, EC, GF, PE, VE.

Inga oerstediana Benth. 【I, C】 ♣XTBG; ●YN; ★(NA): BZ, CR, GT, HN, MX, NI, PA, SV; (SA): BO, CO, EC, PE, VE.

Inga spectabilis (Vahl) Willd. 【I, C】 ♣SCBG; ●GD; ★(NA): CR, NI, PA; (SA): BR, CO, EC, GF, PE, VE.

鸡髯豆属 Cojoba

鸡髯豆（含羞树、红酸豆）**Cojoba arborea** (L.) Britton et Rose 【I, C】 ♣CBG, SCBG; ●GD, SH; ★(NA): BZ, CR, CU, DO, GT, HN, JM, MX, NI, PA, PR, SV; (SA): BO, CO, EC, PE.

朱缨花属 Calliandra

宝塔朱缨花（丽锥美合欢）**Calliandra calothyrsus** Meisn. 【I, C】 ♣SCBG, TMNS; ●GD, TW; ★(NA): BZ, CR, GT, HN, MX, NI, PA, SV, US; (SA): GY, PE.

绵叶朱缨花 **Calliandra eriophylla** Benth. 【I, C】 ♣FLBG, XMBG; ●FJ, GD, JX, TW; ★(NA): MX, US.

朱缨花 **Calliandra haematocephala** Hassk. 【I, C】 ♣BBG, CBG, FBG, FLBG, IBCAS, NBG, SCBG,

WBG, XLTBG, XMBG, XOIG, XTBG; ●BJ, FJ, GD, HB, HI, JS, JX, SC, SH, TW, YN; ★(NA): CR, GT, HN, JM, LW, MX, NI, PA, PR, US; (SA): BO, BR, CO, EC, PY.

小朱缨花（小朱樱花）**Calliandra riparia** Pittier【I, C】♣BBG, CBG, FLBG, HBG, SCBG, TBG, TMNS, XLTBG, XMBG, XTBG; ●BJ, FJ, GD, HI, JX, SH, TW, YN, ZJ; ★(SA): BR, CO, GY, VE.

*原粉扑花 **Calliandra tergemina** (L.) Standl.【I, C】♣TBG, XMBG, XTBG; ●FJ, TW, YN; ★(NA): BZ, CR, GT, HN, LW, MX, NI, PA, TT, WW; (SA): BR, CO, EC, PY, VE.

红粉扑花 **Calliandra tergemina** var. **emarginata** (Willd.) Barneby【I, C】♣CBG, FLBG, SCBG, XTBG; ●GD, JX, SH, YN; ★(NA): BZ, CR, GT, HN, MX, PA, SV; (SA): CO, VE.

猴耳环属 Archidendron

长叶棋子豆 **Archidendron alternifoliolatum** (T. L. Wu) I. C. Nielsen【N, W/C】♣XTBG; ●YN; ★(AS): CN.

锈毛棋子豆 **Archidendron balansae** (Oliv.) I. C. Nielsen【N, W/C】♣XTBG; ●YN; ★(AS): CN, VN.

亮叶围涎树 **Archidendron bigeminum** (L.) I. C. Nielsen【N, W/C】♣CBG; ●SH; ★(AS): CN, ID, IN, VN.

坛腺棋子豆 **Archidendron chevalieri** (Kosterm.) I. C. Nielsen【N, W/C】♣SCBG, XTBG; ●GD, YN; ★(AS): CN, VN.

猴耳环 **Archidendron clypearia** (Jack) I. C. Nielsen【N, W/C】♣BBG, FBG, FLBG, GA, GMG, GXIB, SCBG, WBG, XTBG; ●BJ, FJ, GD, GX, HB, JX, YN; ★(AS): CN.

显脉棋子豆 **Archidendron dalatense** (Kosterm.) I. C. Nielsen【N, W/C】♣XTBG; ●YN; ★(AS): CN, VN.

大棋子豆 **Archidendron eberhardtii** I. C. Nielsen【N, W/C】♣GXIB, SCBG, XLTBG; ●GD, GX, HI; ★(AS): CN, VN.

椭圆叶猴耳环（滇西围涎树）**Archidendron ellipticum** (Blume) I. C. Nielsen【N, W/C】●TW; ★(AS): CN, ID, IN, MM, MY, TH.

*缅尼猴耳环（胡豆）**Archidendron jiringa** (Jack) I. C. Nielsen【I, C】♣XTBG; ●TW, YN; ★(AS): ID, IN, MM.

碟腺棋子豆 **Archidendron kerrii** (Gagnep.) I. C. Nielsen【N, W/C】♣SCBG, WBG, XTBG; ●GD, HB, YN; ★(AS): CN, LA, VN.

老挝棋子豆 **Archidendron laoticum** (Gagnep.) I. C. Nielsen【N, W/C】♣XTBG; ●YN; ★(AS): CN, LA, TH, VN.

亮叶猴耳环 **Archidendron lucidum** (Benth.) I. C. Nielsen【N, W/C】♣CBG, FBG, FLBG, GA, GXIB, HBG, NBG, NSBG, SCBG, TBG, TMNS, WBG, XLTBG, XMBG, XTBG; ●CQ, FJ, GD, GX, HB, HI, JS, JX, SC, SH, TW, YN, ZJ; ★(AS): CN, ID, IN, JP, KH, LA, TH, VN.

澳洲猴耳环 **Archidendron lucyi** F. Muell.【I, C】♣XTBG; ●YN; ★(OC): AU.

多叶猴耳环 **Archidendron multifoliolatum** (H. Q. Wen) T. L. Wu【N, W/C】♣GXIB; ●GX; ★(AS): CN.

棋子豆 **Archidendron robinsonii** (Gagnep.) I. C. Nielsen【N, W/C】♣SCBG, XTBG; ●GD, YN; ★(AS): CN, VN.

绢毛棋子豆 **Archidendron tonkinense** I. C. Nielsen【N, W/C】♣XTBG; ●YN; ★(AS): CN, VN.

大叶合欢 **Archidendron turgidum** (Merr.) I. C. Nielsen【N, W/C】♣HBG, SCBG, XTBG; ●GD, YN, ZJ; ★(AS): CN, VN.

箭羽楹属 Paraserianthes

卢因角合欢 **Paraserianthes lophantha** (Willd.) I. C. Nielsen【I, C】♣HBG, KBG, NBG; ●JS, YN, ZJ; ★(SA): BO, CO, EC.

南洋楹属 Falcataria

南洋楹 **Falcataria moluccana** (Miq.) Barneby et J. W. Grimes【I, C】♣FBG, FLBG, GA, GMG, SCBG, TBG, WBG, XMBG, XOIG, XTBG; ●FJ, GD, GX, HB, JX, TW, YN; ★(AS): ID-ML; (OC): PG, SB.

南乌木豆属 Ebenopsis

弯茎猴耳环 **Ebenopsis ebano** (Berland.) Barneby et J. W. Grimes【I, C】♣FLBG, XTBG; ●GD, JX, TW, YN; ★(NA): MX, US.

牛蹄豆属 Pithecellobium

牛蹄豆 **Pithecellobium dulce** (Roxb.) Benth.【I, C】

♣CBG, FLBG, SCBG, TBG, XLTBG, XMBG, XOIG, XTBG; ●FJ, GD, HI, JX, SH, TW, YN; ★(NA): BZ, CR, DO, GT, HN, JM, MX, NI, PA, PR, SV; (SA): BO, CO, EC, VE.

合欢属 Albizia

阿古合欢 **Albizia acle** (Blanco) Merr. 【I, C】 ♣SCBG; ●GD; ★(AS): PH.

光腺合欢 **Albizia calcarea** Y. H. Huang 【N, W/C】 ♣GXIB; ●GX; ★(AS): CN.

*光合欢 **Albizia carbonaria** Britton 【I, C】 ♣GA; ●JX; ★(NA): CR, MX, NI, PA, PR, SV; (SA): BO, BR, CO, PE, VE.

楹树 **Albizia chinensis** (Osbeck) Merr. 【N, W/C】 ♣BBG, FBG, FLBG, GMG, GXIB, HBG, SCBG, XLTBG, XMBG, XTBG; ●BJ, FJ, GD, GX, HI, JX, YN, ZJ; ★(AS): BT, CN, IN, LA, MM, MY, SG.

天香藤 **Albizia corniculata** (Lour.) Druce 【N, W/C】 ♣FLBG, NBG, SCBG, XMBG; ●FJ, GD, JS, JX; ★(AS): CN, ID, KH, LA, MY, PH, TH, VN.

白花合欢 **Albizia crassiramea** Lace 【N, W/C】 ♣XOIG, XTBG; ●FJ, YN; ★(AS): CN, LA, MM, TH, VN.

黄毛合欢 **Albizia garrettii** I. C. Nielsen 【N, W/C】 ♣XMBG; ●FJ; ★(AS): CN, ID, IN, MM, TH.

胶合欢 **Albizia gummifera** (J. F. Gmel.) C. A. Sm. 【I, C】 ♣SCBG; ●GD; ★(AF): CM, MG, NG, TZ, UG, ZM.

合欢 **Albizia julibrissin** Durazz. 【I, C】 ♣BBG, CBG, CDBG, FBG, GA, GBG, GXIB, HBG, IBCAS, LBG, NBG, NSBG, SCBG, TDBG, WBG, XBG, XMBG, XTBG, ZAFU; ●BJ, CQ, FJ, GD, GX, GZ, HB, HL, JS, JX, LN, SC, SH, SN, SX, TW, XJ, YN, ZJ; ★(AS): BT, IN, IR, JP, KP, KR, NP, TR.

山槐 **Albizia kalkora** (Roxb.) Prain 【N, W/C】 ♣BBG, CBG, FBG, GA, GBG, HBG, IBCAS, KBG, LBG, NBG, SCBG, WBG, XBG, XOIG, XTBG, ZAFU; ●BJ, FJ, GD, GZ, HB, HL, JS, JX, SC, SH, SN, YN, ZJ; ★(AS): CN, ID, IN, JP, KR, MM, VN.

阔荚合欢 **Albizia lebbeck** (L.) Benth. 【I, C】 ♣BBG, FBG, FLBG, GMG, HBG, SCBG, TBG, XMBG, XOIG, XTBG; ●BJ, FJ, GD, GX, JX, TW, YN, ZJ; ★(AF): AO, BF, BJ, CG, CI, CV, EH, GH, GM, GN, GW, LR, ML, MR, NE, NG, SL, SN, TG, TZ.

光叶合欢 **Albizia lucidior** (Steud.) I. C. Nielsen ex H. Hara 【N, W/C】 ♣SCBG, TBG, XOIG, XTBG; ●FJ, GD, TW, YN; ★(AS): BT, CN, ID, IN, LA, LK, MM, MY, TH, VN.

毛叶合欢 **Albizia mollis** (Wall.) Boivin 【N, W/C】 ♣HBG, KBG, NBG; ●JS, YN, ZJ; ★(AS): CN, ID, IN, MM, MY, NP.

加勒比合欢 **Albizia niopoides** (Benth.) Burkart 【I, C】 ♣XMBG, XOIG, XTBG; ●FJ, YN; ★(NA): CR, GT, HN, MX, NI, SV; (SA): AR, BO, BR, CO, EC, GY, PE, PY, VE.

香合欢 **Albizia odoratissima** (L. f.) Benth. 【N, W/C】 ♣FBG, FLBG, GXIB, SCBG, XLTBG, XMBG, XTBG; ●FJ, GD, GX, HI, JX, YN; ★(AS): BT, CN, ID, IN, LA, LK, MM, MY, NP, PK, TH, VN.

多叶合欢 **Albizia polyphylla** E. Fourn. 【I, C】 ♣SCBG; ●GD; ★(AF): MG.

黄豆树 **Albizia procera** (Roxb.) Benth. 【N, W/C】 ♣BBG, FBG, SCBG, XMBG, XTBG; ●BJ, FJ, GD, YN; ★(AS): BT, CN, ID, IN, LA, LK, MM, MY, PH, TH, VN.

红合欢 **Albizia rufa** Benth. 【I, C】 ♣XOIG; ●FJ; ★(AS): ID.

肥皂合欢 **Albizia saponaria** (Lour.) Blume 【I, C】 ★(OC): PG.

乌拉圭合欢 **Albizia schimperiana** Oliv. 【I, C】 ♣XMBG, XOIG; ●FJ; ★(AF): CG, ET, TZ, UG.

*坦干伊克合欢 **Albizia tanganyicensis** Baker f. 【I, C】 ♣BBG; ●BJ; ★(AF): BI, MW, TZ, ZM.

魏氏合欢 **Albizia welwitschii** Oliv. 【I, C】 ♣XOIG; ●FJ; ★(AF): AO, CG.

雨树属 Samanea

雨树 **Samanea saman** (Jacq.) Merr. 【I, C】 ♣CBG, FLBG, GA, HBG, SCBG, XLTBG, XMBG, XTBG; ●FJ, GD, HI, JX, SH, YN, ZJ; ★(NA): BZ, CR, DO, GT, HN, MX, NI, PA, PR, SV; (SA): BO, BR, CO, EC, GY, PE, PY, VE.

象耳豆属 Enterolobium

青皮象耳豆 **Enterolobium contortisiliquum** (Vell.) Hauman 【I, C】 ♣FBG, FLBG, HBG, SCBG, XMBG, XTBG; ●FJ, GD, JX, YN, ZJ; ★(SA): AR, BO, BR, PY, VE.

象耳豆 **Enterolobium cyclocarpum** (Jacq.) Griseb. 【I, C】 ♣FBG, GXIB, HBG, NBG, SCBG,

XLTBG, XMBG, XTBG; ●FJ, GD, GX, HI, JS, YN, ZJ; ★(NA): CR, GT, HN, MX, NI, PA, SV; (SA): BO, BR, CO, EC, GY, PE, VE.

相思树属 Acacia

*尖叶相思树 **Acacia acuminata** Benth. 【I, C】 ♣XMBG; ●FJ; ★(OC): AU.

钩叶相思树 **Acacia adunca** A. Cunn. et G. Don 【I, C】 ♣XMBG; ●FJ; ★(OC): AU.

无脉相思树 **Acacia aneura** F. Muell. 【I, C】 ♣XMBG; ●FJ; ★(OC): AU.

大叶相思树 **Acacia auriculiformis** Benth. 【I, C】 ♣FBG, FLBG, GA, SCBG, TBG, XMBG, XOIG, XTBG; ●FJ, GD, JX, TW, YN; ★(OC): AU.

贝利相思树（银粉金合欢）**Acacia baileyana** F. Muell. 【I, C】 ♣XMBG; ●FJ, TW, ZJ; ★(OC): AU.

短总状花相思树 **Acacia brachybotrya** Benth. 【I, C】 ♣XMBG; ●FJ; ★(OC): AU.

*黄杨叶相思树 **Acacia buxifolia** A. Cunn. 【I, C】 ♣XMBG; ●FJ; ★(OC): AU.

藤相思（藤金合欢）**Acacia concinna** (Willd.) DC. 【N, W/C】 ♣FBG, FLBG, GA, NBG, XTBG; ●FJ, GD, JS, JX, SC, YN; ★(AS): CN, IN, NP; (OC): AU.

台湾相思树 **Acacia confusa** Merr. 【I, C】 ♣BBG, CBG, CDBG, FBG, FLBG, GA, GMG, GXIB, KBG, NBG, SCBG, TBG, TMNS, WBG, XLTBG, XMBG, XTBG; ●BJ, FJ, GD, GX, HB, HI, JS, JX, SC, SH, TW, YN; ★(AS): PH.

刀叶相思树（三角相思、三角相思树）**Acacia cultriformis** G. Don 【I, C】 ●TW; ★(OC): AU.

*杯花相思树 **Acacia cupularis** Domin 【I, C】 ♣HBG, XMBG; ●FJ, ZJ; ★(OC): AU.

大卫相思树(大卫金合欢)**Acacia davyi** N. E. Br. 【I, C】 ♣CBG; ●SH; ★(AF): ZA.

稀羽相思树 **Acacia deanei** (R. T. Baker) M. B. Welch et al. 【I, C】 ♣HBG; ●ZJ; ★(OC): AU.

线叶相思树（线叶金合欢）**Acacia decurrens** Willd. 【I, C】 ♣BBG, CDBG, HBG, NBG, XMBG, XOIG; ●BJ, FJ, JS, SC, ZJ; ★(OC): AU.

高大相思树 **Acacia elata** Benth. 【I, C】 ♣HBG, XMBG; ●FJ, ZJ; ★(OC): AU.

镰荚相思树 **Acacia falcata** Willd. 【I, C】 ♣HBG; ●ZJ; ★(AS): ID.

多花相思树 **Acacia floribunda** (Vent.) Willd. 【I, C】 ♣XMBG; ●FJ; ★(OC): AU.

*陀果相思树 **Acacia gyrocarpa** Hochst. ex A. Rich. 【I, C】 ♣XTBG; ●YN; ★(AF): ET.

丝毛相思树 **Acacia holosericea** A. Cunn. ex G. Don 【I, C】 ♣SCBG, XMBG, XOIG; ●FJ, GD; ★(OC): AU.

强刺相思树(强刺金合欢)**Acacia horrida** (L.) Willd. 【I, C】 ♣TBG; ●TW; ★(AF): ET, KE, TZ.

*豪伊特相思树 **Acacia howittii** F. Muell. 【I, C】 ♣XMBG; ●FJ; ★(OC): AU.

绿皮相思树 **Acacia irrorata** Spreng. 【I, C】 ●FJ, GD, GX, GZ, SC, YN, ZJ; ★(OC): AU.

鼠刺叶相思树 **Acacia iteaphylla** Benth. 【I, C】 ♣XMBG; ●FJ; ★(OC): AU.

长叶相思树 **Acacia longifolia** (Andrews) Willd. 【I, C】 ♣HBG, XMBG, XOIG; ●FJ, ZJ; ★(OC): AU.

马占相思树 **Acacia mangium** Willd. 【I, C】 ♣FBG, FLBG, SCBG, TBG, TMNS, XLTBG, XMBG; ●FJ, GD, HI, JX, TW; ★(AS): ID-ML; (OC): AU, PAF, PG.

黑木相思树(澳洲黑木)**Acacia melanoxylon** R. Br. 【I, C】 ♣HBG, KBG, SCBG, XMBG; ●FJ, GD, YN, ZJ; ★(OC): AU.

*麦氏相思树 **Acacia merrillii** I. C. Nielsen 【I, C】 ♣TMNS; ●TW; ★(AS): ID, ID-ML, PH.

奇异相思树(袋鼠刺)**Acacia paradoxa** DC. 【I, C】 ♣NBG; ●JS; ★(OC): AU.

*羽脉相思树 **Acacia penninervis** DC. 【I, C】 ♣XMBG; ●FJ; ★(OC): AU.

珍珠相思树(珍珠合欢)**Acacia podalyriifolia** Cunn. ex Loudon 【I, C】 ♣FBG, FLBG, SCBG, XMBG; ●FJ, GD, JX, TW; ★(OC): AU.

*多刺相思树 **Acacia polyacantha** Willd. 【I, C】 ♣XMBG; ●FJ; ★(AF): BI, BJ, BW, CD, CF, CM, ET, GH, GM, KE, MW, MZ, NG, RW, SD, SN, TG, TZ, UG, ZA, ZM, ZW.

*多串相思树 **Acacia polybotrya** Benth. 【I, C】 ♣XMBG; ●FJ; ★(OC): AU.

金雨相思树 **Acacia prominens** A. Cunn. ex G. Don 【I, C】 ♣XMBG; ●FJ; ★(OC): AU.

*柔毛相思树 **Acacia pubescens** (Vent.) R. Br. 【I, C】 ♣XMBG; ●FJ; ★(OC): AU.

密花相思树 **Acacia pycnantha** Benth. 【I, C】 ♣FLBG, SCBG, XMBG; ●FJ, GD, JX; ★(OC): AU.

柳叶相思树（柳叶金合欢）**Acacia saligna** (Labill.)

Wendl. 【I, C】 ♣XMBG; ●FJ; ★(OC): AU.

*格兰德相思树 **Acacia schaffneri** var. **bravoensis** Isely 【I, C】 ♣XTBG; ●YN; ★(NA): MX, US.

槐叶相思树 **Acacia sclerophylla** Lindl. 【I, C】 ♣SCBG; ●GD; ★(OC): AU.

显著相思树 **Acacia spectabilis** Benth. 【I, C】 ♣HBG; ●ZJ; ★(OC): AU.

香味相思树 **Acacia suaveolens** (Sm.) Willd. 【I, C】 ♣XMBG; ●FJ; ★(OC): AU.

星拉相思树 **Acacia sundra** (Roxb.) Bedd. 【I, C】 ♣XOIG; ●FJ; ★(OC): AU.

异色相思树 **Acacia terminalis** (Salisb.) J. F. Macbr. 【I, C】 ♣KBG, XMBG; ●FJ, YN; ★(OC): AU.

*坦桑尼亚相思树 **Acacia zanzibarica** (S. Moore) Taub. 【I, C】 ♣XMBG; ●FJ; ★(AF): TZ.

*弯刺相思树 **Acacia zizyphispina** Chiov. 【I, C】 ♣XTBG; ●YN; ★(AF): SO.

澳相思属 Racosperma

槽纹果相思 **Racosperma aulacocarpum** (A. Cunn. ex Benth.) Pedley 【I, C】 ♣GA, SCBG, XMBG; ●FJ, GD, JX; ★(OC): AU.

卷荚相思 **Racosperma cincinnatum** (F. Muell.) Pedley 【I, C】 ♣XMBG, XOIG; ●FJ; ★(OC): AU.

珂莱相思 **Racosperma collectioides** (A. Cunn. ex Benth.) Pedley 【I, C】 ♣HBG; ●ZJ; ★(OC): AU.

厚荚相思 **Racosperma crassicarpum** (A. Cunn. ex Benth.) Pedley 【I, C】 ♣XMBG; ●FJ; ★(OC): AU.

银荆 **Racosperma dealbatum** (Link) Pedley 【I, C】 ♣CBG, FBG, GA, HBG, KBG, XMBG, XOIG, XTBG, ZAFU; ●BJ, FJ, JX, SC, SH, TW, YN, ZJ; ★(OC): AU.

流苏相思 **Racosperma fimbriatum** (A. Cunn. ex G. Don) Pedley 【I, C】 ♣XMBG; ●FJ; ★(OC): AU.

薄荚相思 **Racosperma leptocarpum** (A. Cunn. ex Benth.) Pedley 【I, C】 ♣SCBG, XMBG; ●FJ, GD; ★(OC): AU.

大腺相思 **Racosperma macradenium** (Benth.) Pedley 【I, C】 ♣KBG; ●TW, YN; ★(OC): AU.

黑荆 **Racosperma mearnsii** (De Wild.) Pedley 【I, C/N】 ♣CDBG, FBG, GA, GMG, HBG, NSBG, XBG, XMBG, XOIG; ●CQ, FJ, GX, JX, SC, SN, ZJ; ★(OC): AU.

Racosperma notablile (F. Muell.) Pedley 【I, C】 ♣XMBG; ●FJ; ★(OC): AU.

垂枝相思（垂叶相思）**Racosperma pendulum** (A. Cunn. ex G. Don) Pedley 【I, C】 ♣XMBG, XOIG; ●FJ; ★(OC): AU.

极弯相思 **Racosperma pravissimum** (F. Muell. ex Benth.) Pedley 【I, C】 ♣HBG, KBG, XMBG; ●FJ, TW, YN, ZJ; ★(OC): AU.

美丽相思（美丽金合欢）**Racosperma pulchellum** (R. Br.) Pedley 【I, C】 ●TW; ★(OC): AU.

树胶相思（树脂金合欢）**Racosperma retinodes** (Schltdl.) Pedley 【I, C】 ♣HBG, XMBG; ●FJ, TW, ZJ; ★(OC): AU.

具乳相思 **Racosperma subporosum** (F. Muell.) Pedley 【I, C】 ♣HBG; ●ZJ; ★(OC): AU.

Racosperma tarculense (J. M. Black) Pedley 【I, C】 ♣XTBG; ●YN; ★(OC): AU.

Racosperma trinervatum (Sieber ex DC.) Pedley 【I, C】 ♣XMBG; ●FJ; ★(OC): AU.

三翼相思 **Racosperma tripterum** (Benth.) Pedley 【I, C】 ♣HBG, XMBG; ●FJ, ZJ; ★(OC): AU.

多脉毛相思 **Racosperma venulosum** (Benth.) Pedley 【I, C】 ♣HBG; ●ZJ; ★(OC): AU.

双生脉相思 **Racosperma vernicifluum** (A. Cunn.) Pedley 【I, C】 ♣XMBG; ●FJ; ★(OC): AU.

被覆相思（被覆金合欢）**Racosperma vestitum** (Ker Gawl.) Pedley 【I, C】 ♣KBG; ●YN; ★(OC): AU.

松塔豆属 Dimorphandra

松塔豆 **Dimorphandra mollis** Benth. 【I, C】 ♣XTBG; ●YN; ★(SA): BO, BR, PY.

盾柱木属 Peltophorum

南非盾柱木 **Peltophorum africanum** Sond. 【I, C】 ♣XTBG; ●YN; ★(AF): BW, ZM.

银珠 **Peltophorum dasyrrhachis** (Miq.) Kurz 【N, W/C】 ♣FLBG, HBG, SCBG, XLTBG, XMBG, XTBG; ●FJ, GD, HI, JX, TW, YN, ZJ; ★(AS): CN, IN, LA, SG, TH, VN.

越南银珠 **Peltophorum dasyrrhachis** var. **tonkinensis** (Pierre) K. Larsen et S. S. Larsen 【N, W/C】 ♣GMG, HBG, SCBG, XMBG, XOIG, XTBG; ●FJ, GD, GX, YN, ZJ; ★(AS): CN, VN.

南美盾柱木 **Peltophorum dubium** (Spreng.) Taub. 【I, C】 ♣SCBG; ●GD; ★(NA): MX, US; (SA): AR, BO, BR, GY, PE, PY, VE.

盾柱木 **Peltophorum pterocarpum** (DC.) Backer ex K. Heyne 【I, C】 ♣FBG, FLBG, SCBG, TBG, XLTBG, XMBG, XOIG, XTBG; ●FJ, GD, HI, JX, TW, YN; ★(AS): ID, IN, LK, MY, VN; (OC): AU, PG.

离荚豆属 Schizolobium

离荚豆（黏叶豆）**Schizolobium parahyba** (Vell.) S. F. Blake 【I, C】 ♣CBG, SCBG, TMNS, XMBG, XOIG, XTBG; ●FJ, GD, SH, TW, YN; ★(NA): BZ, CR, HN, MX, NI, PA, SV; (SA): BO, BR, CO, EC, GY, PE, PY.

扁轴木属 Parkinsonia

扁轴木 **Parkinsonia aculeata** L. 【I, C】 ♣HBG, XMBG, XTBG; ●FJ, YN, ZJ; ★(NA): BZ, CR, GT, HN, JM, LW, MX, NI, PA, PR, SV, US, VG; (SA): AR, BO, BR, CO, EC, PE, PY, UY, VE.

凤凰木属 Delonix

凤凰木 **Delonix regia** (Hook.) Raf. 【I, C】 ♣BBG, CBG, CDBG, FLBG, GA, GMG, HBG, KBG, NBG, SCBG, TBG, TMNS, XLTBG, XMBG, XOIG, XTBG; ●BJ, FJ, GD, GX, HI, JS, JX, SC, SH, TW, YN, ZJ; ★(AF): MG.

垂花楹属 Colvillea

总状垂花楹 **Colvillea racemosa** Bojer 【I, C】 ♣XMBG; ●FJ; ★(AF): MG.

栗豆树属 Castanospermum

栗豆树 **Castanospermum australe** A. Cunn. et C. Fraser 【I, C】 ♣BBG, FBG, IBCAS, KBG, SCBG, TMNS, WBG, XLTBG, XMBG, XTBG, ZAFU; ●BJ, FJ, GD, HB, HI, TW, YN, ZJ; ★(OC): AU.

翼齿豆属 Pterodon

微毛翼豆 **Pterodon emarginatus** Vogel 【I, C】 ♣XTBG; ●YN; ★(SA): BO, BR.

青李豆属 Amburana

巴拉圭豆 **Amburana cearensis** (Allemão) A. C. Sm. 【I, C】 ♣SCBG; ●GD; ★(SA): AR, BO, BR, PE, PY.

香脂豆属 Myroxylon

香脂豆（吐鲁胶豆）**Myroxylon balsamum** (L.) Harms 【I, C/N】 ♣SCBG, TBG, XMBG, XTBG; ●FJ, GD, TW, YN; ★(NA): BZ, CR, GT, MX, NI, PA, SV; (SA): AR, BO, BR, CO, EC, GY, PE, VE.

秘鲁胶树 **Myroxylon balsamum** var. **pereirae** (Royle) Harms 【I, C】 ♣XOIG, XTBG; ●FJ, YN; ★(NA): BZ, GT, MX, SV, US; (SA): PE.

香槐属 Cladrastis

小花香槐 **Cladrastis delavayi** (Franch.) Prain 【N, W/C】 ♣BBG, CDBG; ●BJ, SC; ★(AS): CN.

美国香槐（黄木香槐）**Cladrastis kentukea** (Dum. Cours.) Rudd 【I, C】 ♣BBG, HBG, IBCAS, KBG; ●BJ, SH, YN, ZJ; ★(NA): US.

翅荚香槐 **Cladrastis platycarpa** (Maxim.) Makino 【N, W/C】 ♣FBG, GXIB, HBG, NBG, WBG; ●FJ, GX, HB, JS, ZJ; ★(AS): CN, JP.

香槐 **Cladrastis wilsonii** Takeda 【N, W/C】 ♣CBG, GXIB, HBG, KBG, LBG, NBG, SCBG, XBG; ●GD, GX, HB, JS, JX, SH, SN, YN, ZJ; ★(AS): CN.

槐属 Styphnolobium

槐 **Styphnolobium japonicum** (L.) Schott 【I, C】 ♣BBG, CBG, CDBG, FBG, GA, GBG, GMG, GXIB, HBG, HFBG, IBCAS, KBG, LBG, MDBG, NBG, NSBG, SCBG, TBG, TDBG, WBG, XBG, XMBG, XTBG, ZAFU; ●BJ, CQ, FJ, GD, GS, GX, GZ, HA, HB, HE, HL, JL, JS, JX, LN, NM, SC, SD, SH, SN, SX, TJ, TW, XJ, YN, ZJ; ★(AS): JP, KP, KR.

甘蓝豆属 Andira

白蜡叶甘蓝豆 **Andira fraxinifolia** Benth. 【I, C】 ♣XTBG; ●YN; ★(SA): BR.

*苏里南甘蓝豆 **Andira surinamensis** (Bondt) Pulle 【I, C】 ●GD; ★(SA): BO, BR, CO, GF, GY, PE, SR, VE.

红豆属 Ormosia

Ormosia antioquensis Rudd 【I, C】 ♣XTBG; ●YN; ★(SA): CO.

长脐红豆 **Ormosia balansae** Drake 【N, W/C】 ♣GA, HBG, SCBG, XLTBG, XMBG; ●FJ, GD,

HI, JX, ZJ; ★(AS): CN, VN.

Ormosia cambodiana Gagnep. 【I, C】 ♣XTBG; ●YN; ★(AS): KH, LA, VN.

厚荚红豆 **Ormosia elliptica** Q. W. Yao et R. H. Chang 【N, W/C】 ♣GXIB; ●GX; ★(AS): CN.

凹叶红豆 **Ormosia emarginata** (Hook. et Arn.) Benth. 【N, W/C】 ♣FLBG, SCBG; ●GD, JX; ★(AS): CN, VN.

肥荚红豆 **Ormosia fordiana** Oliv. 【N, W/C】 ♣BBG, FBG, GMG, GXIB, HBG, KBG, SCBG, WBG, XTBG; ●BJ, FJ, GD, GX, HB, YN, ZJ; ★(AS): CN, MM, TH, VN.

台湾红豆 **Ormosia formosana** Kaneh. 【N, W/C】 ♣TBG, XMBG, XTBG; ●FJ, TW, YN; ★(AS): CN.

光叶红豆 **Ormosia glaberrima** Y. C. Wu 【N, W/C】 ♣GA, GXIB, SCBG, WBG; ●GD, GX, HB, JX; ★(AS): CN.

河口红豆 **Ormosia hekouensis** R. H. Chang 【N, W/C】 ♣XTBG; ●YN; ★(AS): CN, VN.

恒春红豆树 **Ormosia hengchuniana** T. C. Huang, S. F. Huang et K. C. Yang 【N, W/C】 ♣XTBG; ●YN; ★(AS): CN.

花榈木 **Ormosia henryi** Hemsl. et E. H. Wilson 【N, W/C】 ♣CBG, CDBG, FBG, GA, GMG, GXIB, HBG, LBG, NBG, SCBG, WBG, XMBG, XTBG, ZAFU; ●FJ, GD, GX, HB, HI, JS, JX, SC, SH, TW, YN, ZJ; ★(AS): CN, TH, VN.

红豆树 **Ormosia hosiei** Hemsl. et E. H. Wilson 【N, W/C】 ♣CBG, CDBG, FBG, FLBG, GA, GBG, GMG, GXIB, HBG, LBG, NBG, NSBG, SCBG, WBG, XMBG, XTBG, ZAFU; ●AH, CQ, FJ, GD, GX, GZ, HB, JS, JX, SC, SH, YN, ZJ; ★(AS): CN.

韧荚红豆 **Ormosia indurata** L. Chen 【N, W/C】 ♣SCBG; ●GD; ★(AS): CN.

大萼红豆 **Ormosia macrocalyx** Ducke 【I, C】 ♣XTBG; ●YN; ★(NA): BZ, CR, GT, MX, NI, PA, SV; (SA): BO, BR, CO, EC, PE, VE.

勐腊红豆 **Ormosia menglaensis** R. H. Chang 【N, W/C】 ♣XTBG; ●YN; ★(AS): CN.

云开红豆 **Ormosia merrilliana** H. Y. Chen 【N, W/C】 ♣SCBG, XTBG; ●GD, YN; ★(AS): CN, ID, IN, VN.

小叶红豆 **Ormosia microphylla** Merr. et L. Chen 【N, W/C】 ♣GXIB, SCBG; ●GD, GX; ★(AS): CN.

大红豆 **Ormosia minor** Vogel 【I, C】 ♣SCBG, XTBG; ●GD, YN; ★(SA): BR.

单子红豆 **Ormosia monosperma** (Sw.) Urb. 【I, C】 ♣XTBG; ●YN; ★(NA): LW, WW; (SA): VE.

秃叶红豆 **Ormosia nuda** (F. C. How) R. H. Chang et Q. W. Yao 【N, W/C】 ♣CBG, FBG, GMG, SCBG, WBG; ●FJ, GD, GX, HB, SH; ★(AS): CN.

榄绿红豆 **Ormosia olivacea** L. Chen 【N, W/C】 ♣BBG, XTBG; ●BJ, YN; ★(AS): CN.

茸荚红豆 **Ormosia pachycarpa** Benth. 【N, W/C】 ♣SCBG; ●GD; ★(AS): CN.

薄毛茸荚红豆 **Ormosia pachycarpa** var. **tenuis** Chun 【N, W/C】 ♣SCBG; ●GD; ★(AS): CN.

海南红豆 **Ormosia pinnata** (Lour.) Merr. 【N, W/C】 ♣FLBG, GA, GXIB, SCBG, WBG, XLTBG, XMBG, XTBG; ●FJ, GD, GX, HB, HI, JX, YN; ★(AS): CN, SG, TH, VN.

软荚红豆 **Ormosia semicastrata** Hance 【N, W/C】 ♣FBG, GA, GMG, GXIB, NBG, SCBG, WBG, XMBG; ●FJ, GD, GX, HB, HI, JS, JX; ★(AS): CN.

亮毛红豆 **Ormosia sericeolucida** L. Chen 【N, W/C】 ♣SCBG; ●GD; ★(AS): CN.

槽纹红豆 **Ormosia striata** Dunn 【N, W/C】 ♣WBG, XTBG; ●HB, YN; ★(AS): CN, LA, MM, TH, VN.

木荚红豆 **Ormosia xylocarpa** Merr. et L. Chen 【N, W/C】 ♣CBG, FBG, GA, SCBG, WBG, XMBG, XTBG; ●FJ, GD, HB, HI, JX, SH, YN; ★(AS): CN, LA.

云南红豆 **Ormosia yunnanensis** Prain 【N, W/C】 ♣SCBG, XMBG, XOIG, XTBG; ●FJ, GD, YN; ★(AS): CN.

彗豆属 Templetonia

彗豆(凹叶珊瑚豆)**Templetonia retusa** (Vent.) R. Br. 【I, C】 ★(OC): AU.

鲍氏豆属 Bolusanthus

美丽鲍氏豆 **Bolusanthus speciosus** (Bolus) Harms 【I, C】 ♣SCBG; ●GD; ★(AF): ZA.

马鞍树属 Maackia

朝鲜槐 **Maackia amurensis** Rupr. 【N, W/C】 ♣HFBG, IBCAS, NBG; ●BJ, HL, JS, LN; ★(AS): CN, JP, KP, KR, MN, RU-AS.

浙江马鞍树 **Maackia chekiangensis** S. S. Chien 【N, W/C】♣LBG, WBG, ZAFU; ●HB, JX, ZJ; ★(AS): CN.

马鞍树 **Maackia hupehensis** Takeda 【N, W/C】♣FBG, GA, HBG, IBCAS, LBG, NBG, WBG; ●BJ, FJ, HB, JS, JX, ZJ; ★(AS): CN.

台湾马鞍树 **Maackia taiwanensis** Hoshi et H. Ohashi 【N, W/C】♣IBCAS; ●BJ; ★(AS): CN.

光叶马鞍树 **Maackia tenuifolia** (Hemsl.) Hand.-Mazz. 【N, W/C】♣CBG, FBG, HBG, NBG; ●FJ, JS, SH, ZJ; ★(AS): CN.

赝靛属 Baptisia

蓝花赝靛(澳洲假槐蓝)**Baptisia australis** (L.) R. Br. 【I, C】♣HBG, NBG, SCBG; ●BJ, GD, JS, TW, ZJ; ★(NA): US.

野决明属 Thermopsis

紫花野决明 **Thermopsis barbata** Benth. 【N, W/C】●YN; ★(AS): BT, CN, IN, LK, NP, PK.

霍州油菜 **Thermopsis chinensis** S. Moore 【N, W/C】♣IBCAS, NBG; ●BJ, JS; ★(AS): CN, JP.

披针叶野决明 **Thermopsis lanceolata** R. Br. 【N, W/C】♣MDBG, TDBG, XTBG; ●GS, XJ, YN; ★(AS): CN, CY, KG, KH, KZ, MN, RU-AS, TJ, TM, UZ; (EU): RU.

蒙古野决明 **Thermopsis lanceolata** var. **mongolica** (Czefr.) Ching J. Wang et X. Y. Zhu 【N, W/C】♣MDBG; ●GS; ★(AS): CN, KZ, MN.

长序野决明(野决明)**Thermopsis lupinoides** (L.) Link 【N, W/C】♣NBG; ●JS; ★(AS): CN, JP, KR, MN, RU-AS.

山地野决明 **Thermopsis rhombifolia** (Pursh) Richardson 【I, C】♣HBG; ●ZJ; ★(NA): US.

矮生野决明 **Thermopsis smithiana** E. Peter 【N, W/C】●YN; ★(AS): CN.

加罗林野决明 **Thermopsis villosa** (Walter) Fernald et B. G. Schub. 【I, C】♣HBG; ●ZJ; ★(NA): US.

黄花木属 Piptanthus

黄花木 **Piptanthus concolor** Harrow ex Craib 【N, W/C】♣BBG, CBG, IBCAS, KBG, WBG; ●BJ, HB, SH, TW, YN; ★(AS): CN.

尼泊尔黄花木 **Piptanthus nepalensis** (Hook.) D. Don 【N, W/C】♣KBG; ●TW, YN; ★(AS): BT, CN, ID, IN, JP, LK, MM, MY, NP, PK.

绒叶黄花木 **Piptanthus tomentosus** Franch. 【N, W/C】♣KBG; ●YN; ★(AS): CN, MM.

沙冬青属 Ammopiptanthus

沙冬青 **Ammopiptanthus mongolicus** (Kom.) S. H. Cheng 【N, W/C】♣BBG, MDBG, TDBG; ●BJ, GS, NM, NX, XJ, YN; ★(AS): CN, KG, KZ, MN, RU-AS.

山豆根属 Euchresta

伏毛山豆根 **Euchresta horsfieldii** (Lesch.) Benn. 【N, W/C】♣XTBG; ●YN; ★(AS): BT, CN, ID, IN, LA, LK, NP, PH, TH, VN.

山豆根(胡豆莲)**Euchresta japonica** Oliv. 【N, W/C】♣CBG, FBG, HBG, SCBG, WBG; ●FJ, GD, HB, SC, SH, ZJ; ★(AS): CN, JP, KR.

管萼山豆根 **Euchresta tubulosa** Dunn 【N, W/C】♣CBG, WBG, XTBG; ●HB, SH, YN; ★(AS): CN.

短萼山豆根 **Euchresta tubulosa** var. **brevituba** C. Chen 【N, W/C】♣XTBG; ●YN; ★(AS): CN.

苦参属 Sophora

白花槐 **Sophora albescens** (Rehder) C. Y. Ma 【N, W/C】♣GMG; ●GX; ★(AS): CN.

苦豆子 **Sophora alopecuroides** L. 【N, W/C】♣IBCAS, MDBG, SCBG, TDBG, WBG; ●BJ, GD, GS, HB, NM, NX, XJ, XZ; ★(AS): AF, CN, IN, MN, PK, RU-AS; (EU): RU.

窄叶槐 **Sophora angustifoliola** Q. Q. Liu et H. Y. Ye 【N, W/C】●SX; ★(AS): CN, JP.

白刺花 **Sophora davidii** (Franch.) Skeels 【N, W/C】♣CBG, GBG, GXIB, HBG, IBCAS, KBG, MDBG, NBG, SCBG, TDBG, WBG, XBG, XTBG; ●BJ, GD, GS, GX, GZ, HB, JS, LN, SH, SN, TW, XJ, YN, ZJ; ★(AS): CN.

苦参 **Sophora flavescens** Aiton 【N, W/C】♣BBG, FLBG, GBG, GMG, GXIB, HBG, HFBG, IBCAS, LBG, NBG, SCBG, TDBG, WBG, XBG, XMBG, XTBG, ZAFU; ●BJ, FJ, GD, GX, GZ, HB, HL, JS, JX, LN, SC, SN, XJ, YN, ZJ; ★(AS): CN, ID, IN, JP, KP, KR, MN, RU-AS.

毛苦参 **Sophora flavescens** var. **kronei** (Hance) C. Y. Ma 【N, W/C】♣SCBG; ●GD; ★(AS): CN.

闽槐 **Sophora franchetiana** Dunn 【N, W/C】

♣FBG; ●FJ; ★(AS): CN, JP.

勐海槐 **Sophora menghaiensis** Tsoong 【N, W/C】 ♣XTBG; ●YN; ★(AS): CN.

细果槐 **Sophora microcarpa** C. Y. Ma 【N, W/C】 ♣XTBG; ●YN; ★(AS): CN.

小叶槐 **Sophora microphylla** Aiton 【I, C】 ♣IBCAS, SCBG, XMBG; ●BJ, FJ, GD, SH, YN, ZJ; ★(SA): CL.

锈毛槐（西南槐、瓦山槐）**Sophora prazeri** Prain 【N, W/C】 ♣XTBG; ●SC, YN; ★(AS): CN, MM.

侧花槐 **Sophora secundiflora** (Ortega) DC. 【I, C】 ♣HBG, TBG, XTBG; ●BJ, TW, YN, ZJ; ★(NA): MX, US.

绒毛槐 **Sophora tomentosa** L. 【N, W/C】 ♣IBCAS, SCBG, TBG, TMNS, XTBG; ●BJ, GD, TW, YN; ★(AF): MG, TZ; (AS): CN, ID, IN, JP, LK, MM, SG; (OC): AU; (NA): BS, BZ, CU, DO, HN, MX, NI, PA, PR, US; (SA): BR, CL, VE.

越南槐 **Sophora tonkinensis** Gagnep. 【N, W/C】 ♣GBG, GMG, SCBG, XMBG, XTBG; ●FJ, GD, GX, GZ, YN; ★(AS): CN, VN.

短绒槐 **Sophora velutina** Lindl. 【N, W/C】 ♣WBG, XTBG; ●HB, YN; ★(AS): BT, CN, ID, IN, LK, MM.

多叶槐 **Sophora velutina** var. **multifoliolata** C. Y. Ma 【N, W/C】 ♣XTBG; ●YN; ★(AS): CN.

黄花槐 **Sophora xanthoantha** C. Y. Ma 【N, W/C】 ♣KBG, SCBG; ●FJ, GD, YN; ★(AS): CN.

银砂槐属 Ammodendron

银砂槐 **Ammodendron bifolium** (Pall.) Yakovlev 【N, W/C】 ♣MDBG, TDBG; ●GS, XJ; ★(AS): CN, RU-AS.

柚木豆属 Pericopsis

*安哥拉柚木豆 **Pericopsis angolensis** (Baker) Meeuwen 【I, C】 ★(AF): AO, CF, MW, TZ, ZM.

尼丁树 **Pericopsis mooniana** Thwaites 【I, C】 ♣XTBG; ●YN; ★(AS): IN, LK, MY, PH, SG; (OC): FM, PG, PW.

金雀槐属 Calpurnia

金雀槐（黄翼荚）**Calpurnia aurea** (Aiton) Benth. 【I, C】 ♣SCBG, TBG, XTBG; ●GD, TW, YN; ★(AF): ZA.

水花槐属 Podalyria

*水花槐 **Podalyria calyptrata** (Retz.) Willd. 【I, C】 ★(AF): ZA.

*越橘叶水花槐 **Podalyria myrtillifolia** Willd. 【I, C】 ★(AF): ZA.

*绢毛水花槐 **Podalyria sericea** R. Br. 【I, C】 ★(AF): ZA.

猪屎豆属 Crotalaria

针状猪屎豆 **Crotalaria acicularis** Benth. 【N, W/C】 ♣XTBG; ●YN; ★(AS): BT, CN, ID, IN, KH, LA, LK, MM, NP, PH, TH, VN; (OC): AU, PAF.

巨花猪屎豆（金丝雀野百合）**Crotalaria agatiflora** Schweinf. ex Engl. 【I, C】 ●TW; ★(AF): KE, TZ, UG.

翅托叶猪屎豆 **Crotalaria alata** D. Don 【N, W/C】 ♣GMG, XMBG, XTBG; ●FJ, GX, YN; ★(AS): BT, CN, ID, IN, KH, LA, LK, MM, MY, NP, SG, TH, VN.

响铃豆 **Crotalaria albida** Roth 【N, W/C】 ♣FBG, FLBG, GA, LBG, SCBG, XMBG, XTBG; ●FJ, GD, JX, YN; ★(AS): BT, CN, ID, IN, KH, LA, LK, MM, MY, NP, PH, PK, TH, VN.

大猪屎豆 **Crotalaria assamica** Benth. 【N, W/C】 ♣GMG, GXIB, HBG, KBG, LBG, SCBG, XBG, XMBG, XTBG; ●FJ, GD, GX, JX, SN, YN, ZJ; ★(AS): CN, IN, LA, MM, PH, TH, VN.

毛果猪屎豆 **Crotalaria bracteata** DC. 【N, W/C】 ♣XTBG; ●YN; ★(AS): BT, CN, ID, IN, KH, LA, LK, MM, MY, PH, TH, VN.

长萼猪屎豆 **Crotalaria calycina** Schrank 【N, W/C】 ♣FBG, SCBG, XMBG, XTBG; ●FJ, GD, SC, YN; ★(AF): BI, CF, GA, NG, TZ, ZM; (AS): BT, CN, ID, IN, KH, LA, LK, MM, MY, NP, PH, PK, TH, VN; (OC): AU, PAF.

Crotalaria caudata Baker 【I, C】 ♣XTBG; ●YN; ★(AF): CF, MW, TZ, ZM.

中国猪屎豆 **Crotalaria chinensis** L. 【N, W/C】 ♣XMBG, XTBG; ●FJ, YN; ★(AS): CN, ID, IN, KH, LA, MM, MY, NP, PH, TH, VN.

思茅猪屎豆（黄雀儿）**Crotalaria cytisoides** DC. 【N, W/C】 ♣XTBG; ●YN; ★(AS): CN, ID, IN, MM, NP.

卵苞猪屎豆 **Crotalaria dubia** Graham 【N, W/C】 ♣XTBG; ●YN; ★(AS): CN, ID, IN, LA, MM, TH.

假地蓝 **Crotalaria ferruginea** Benth. 【N, W/C】 ♣GA, GBG, GMG, LBG, SCBG, WBG, XBG, XTBG; ●GD, GX, GZ, HB, JX, SC, SN, YN; ★(AS): BT, CN, ID, IN, LA, LK, MM, MY, NP, PH, TH, VN.

圆叶猪屎豆 **Crotalaria incana** L. 【I, C】 ♣SCBG, XTBG; ●GD, YN; ★(NA): CR, DO, GT, HN, JM, MX, NI, PA, PR, VG; (SA): AR, BO, BR, CO, EC, PE, PY, VE.

菽麻 **Crotalaria juncea** L. 【I, N】 ♣GMG, SCBG, XBG, XMBG; ●AH, FJ, GD, GX, GZ, SN, TW, XJ; ★(AS): BT, IN, KH, LA, LK, MM, PK, TH, VN.

薄叶猪屎豆（邱北猪屎豆）**Crotalaria kurzii** Kurz 【N, W/C】 ♣XTBG; ●YN; ★(AS): CN, ID, IN, LA, MM, TH, VN.

长果猪屎豆 **Crotalaria lanceolata** E. Mey. 【I, C】 ★(AF): MG, MW, MZ, SZ, TZ, ZA, ZW.

线叶猪屎豆 **Crotalaria linifolia** L. f. 【N, W/C】 ♣SCBG, XMBG, XTBG; ●FJ, GD, YN; ★(AS): BT, CN, IN, JP, KH, LA, LK, MM, MY, PH, TH.

三尖叶猪屎豆 **Crotalaria micans** Link 【I, N】 ♣GXIB, XMBG, XOIG; ●FJ, GX; ★(NA): CR, GT, HN, MX, NI, PA, PR, TT; (SA): AR, BO, BR, CO, EC, PE, PY, UY, VE.

小猪屎豆 **Crotalaria nana** Burm. f. 【N, W/C】 ♣WBG; ●HB; ★(AS): CN, ID, MM, NP.

紫花猪屎豆 **Crotalaria occulta** Benth. 【N, W/C】 ♣XTBG; ●YN; ★(AS): BT, CN, ID, IN, LA, LK, MY.

狭叶猪屎豆 **Crotalaria ochroleuca** G. Don 【I, N】 ★(AF): GA, MG, NG, TZ, UG, ZA, ZM.

猪屎豆 **Crotalaria pallida** Blanco 【N, W/C】 ♣FLBG, GA, GMG, GXIB, NBG, SCBG, WBG, XLTBG, XMBG, XOIG, XTBG; ●FJ, GD, GX, HB, HI, JS, JX, YN; ★(AF): CF, GN, MG; (AS): BT, CN, ID, IN, KH, LA, LK, MM, MY, NP, PH, PK, SG, TH, VN; (OC): AU; (NA): BZ, CR, CU, DO, GT, HN, JM, LW, MX, PR, US; (SA): BO, BR, CO, EC, GY, PE, PY, VE.

假斯帕顿猪屎豆 **Crotalaria pseudospartium** Baker f. 【I, C】 ♣CBG; ●SH; ★(AF): KE, TZ.

吊裙草 **Crotalaria retusa** L. 【N, W/C】 ♣SCBG; ●GD, HN; ★(AF): CF, GA, MG, MU, NG; (AS): BT, CN, ID, IN, KH, LA, LK, MM, MY, NP, PH, PK, SG, TH, VN; (OC): AU, PAF; (NA): BZ, CR, CU, DO, GT, HN, LW, MX, NI, PA, PR, US, VG; (SA): BR, CO, EC, GF, GY, PE, PY, VE.

农吉利 **Crotalaria sessiliflora** L. 【N, W/C】 ♣CBG, GA, GMG, GXIB, HBG, KBG, LBG, NBG, SCBG, WBG, XMBG, XTBG, ZAFU; ●BJ, FJ, GD, GX, HB, HN, JS, JX, SC, SH, TW, YN, ZJ; ★(AS): BT, CN, ID, IN, JP, KH, KP, KR, LA, LK, MM, MY, NP, PH, PK, TH, VN.

大托叶猪屎豆 **Crotalaria spectabilis** Roth 【N, W/C】 ♣GXIB, HBG, XMBG, XTBG, ZAFU; ●FJ, GX, YN, ZJ; ★(AS): BT, CN, IN, LK, MM, MY, NP, PH, TH.

四棱猪屎豆 **Crotalaria tetragona** Andrews 【N, W/C】 ♣SCBG, XTBG; ●GD, YN; ★(AS): BT, CN, IN, LA, MM, NP, PH, TH, VN.

球果猪屎豆 **Crotalaria uncinella** Lam. 【I, N】 ★(AF): MG, RE, TZ.

多疣猪屎豆 **Crotalaria verrucosa** L. 【N, W/C】 ♣XMBG; ●FJ; ★(AS): CN, ID, KH, LA, LK, MM, MY, NP, PH, TH, VN; (OC): AU.

光萼猪屎豆 **Crotalaria zanzibarica** Benth. 【I, C】 ♣FBG, GMG, GXIB, SCBG, WBG, XMBG, XTBG; ●FJ, GD, GX, GZ, HB, YN; ★(AF): MZ, TZ.

罗顿豆属 Lotononis

罗顿豆 **Lotononis bainesii** Baker 【I, C】 ★(AF): ZA.

松雀花属 Aspalathus

*伯氏松雀花 **Aspalathus burchelliana** Benth. 【I, C】 ♣XTBG; ●YN; ★(AF): ZA.

松雀花（路易波士茶）**Aspalathus linearis** (Burm. f.) R. Dahlgren 【I, C】 ●TW; ★(AF): ZA.

羽扇豆属 Lupinus

深蓝羽扇豆 **Lupinus affinis** J. Agardh 【I, C】 ♣NBG; ●JS; ★(NA): US.

大叶羽扇豆 **Lupinus albescens** Hook. et Arn. 【I, C】 ★(SA): AR, BR, UY.

陶格拉羽扇豆 **Lupinus albifrons** var. **douglasii** (J. Agardh) C. P. Sm. 【I, C】 ♣NBG; ●JS; ★(NA): US.

白羽扇豆 **Lupinus albus** L. 【I, C】 ♣NBG; ●BJ, JS; ★(AS): IL, LB, PS, SY, TR; (EU): AL, BA, BG, ES, FR, GR, HR, IT, MC, MD, ME, MK, RO, RS, SI, TR, UA.

克罗香羽扇豆 **Lupinus ananeanus** Ulbr. 【I, C】

♣NBG, XMBG; ●BJ, FJ, JS; ★(SA): PE.

狭叶羽扇豆 **Lupinus angustifolius** L. 【I, C】 ♣IBCAS, NBG; ●BJ, JS, TW; ★(AF): MA; (AS): LB, PS, SY, TR; (EU): ES, FR.

加州羽扇豆 **Lupinus arborescens** Amabekova et Maisuran 【I, C】 ★(SA): CL.

树羽扇豆 **Lupinus arboreus** Sims 【I, C】 ♣BBG; ●BJ, TW; ★(NA): US.

巴戈羽扇豆 **Lupinus barkeri** Lindl. 【I, C】 ♣NBG; ●JS; ★(NA): MX.

埃及羽扇豆 **Lupinus cosentinii** Guss. 【I, C】 ♣NBG; ●JS; ★(AF): MA; (AS): IL, TR.

密花羽扇豆 **Lupinus densiflorus** Benth. 【I, C】 ♣NBG; ●JS, TW; ★(NA): CA, US.

雅丽羽扇豆 **Lupinus elegans** Kunth 【I, C】 ♣NBG; ●JS, TW; ★(NA): GT, HN, MX, SV, US.

种脐羽扇豆 **Lupinus gibertianus** C. P. Sm. 【I, C】 ♣NBG; ●JS; ★(SA): AR, BR, UY.

墨西哥羽扇豆 **Lupinus hartwegii** Lindl. 【I, C】 ●TW; ★(NA): MX.

双色羽扇豆 **Lupinus hispanicus** subsp. **bicolor** (Merino) Gladstones 【I, C】 ★(EU): ES.

宽叶羽扇豆 **Lupinus latifolius** J. Agardh 【I, C】 ★(NA): US.

海羽扇豆 **Lupinus littoralis** Lindl. 【I, C】 ♣NBG; ●JS; ★(NA): US.

黄羽扇豆 **Lupinus luteus** L. 【I, C】 ♣BBG, NBG, XOIG; ●BJ, FJ, JS, TW, XJ; ★(AF): DZ, EG, LY, MA, TN; (EU): AL, AT, BA, ES, FR, GR, HR, IT, MC, ME, MK, RS, SI.

羽扇豆(小花羽扇豆)**Lupinus micranthus** Guss. 【I, C】 ♣HBG, NBG; ●BJ, JS, SC, TW, YN, ZJ; ★(AF): MA; (AS): SA; (EU): AL, BA, BY, DE, ES, GR, HR, IT, LU, ME, MK, RS, SI, TR.

南美羽扇豆 **Lupinus mutabilis** Sweet 【I, C】 ★(SA): PE.

倭羽扇豆 **Lupinus nanus** Benth. 【I, C】 ♣NBG; ●JS, TW; ★(NA): US.

努特卡羽扇豆 **Lupinus nootkatensis** Sims 【I, C】 ♣BBG; ●BJ; ★(NA): CA, US.

宿根羽扇豆 **Lupinus perennis** L. 【I, C】 ♣HBG, LBG; ●BJ, JX, TW, ZJ; ★(NA): CA, US.

柔毛羽扇豆 **Lupinus pilosus** L. 【I, C】 ♣NBG, SCBG; ●GD, JS; ★(AF): MA; (AS): IL, LB, PS, TR; (EU): AD, AL, BA, BG, ES, GR, HR, IT, ME, MK, PT, RO, RS, SI, SM, VA.

多叶羽扇豆 **Lupinus polyphyllus** Lindl. 【I, C】 ♣HFBG, KBG, NBG, WBG, XMBG, ZAFU; ●BJ, FJ, HB, HL, JS, TW, XJ, YN, ZJ; ★(NA): US.

毛羽扇豆 **Lupinus pubescens** Benth. 【I, C】 ♣HBG; ●ZJ; ★(SA): CO, EC.

多浆羽扇豆 **Lupinus subcarnosus** Hook. 【I, C】 ♣NBG; ●JS; ★(NA): US.

德州羽扇豆 **Lupinus texensis** Hook. 【I, C】 ●TW; ★(NA): US.

维拉羽扇豆 **Lupinus villosus** Willd. 【I, C】 ♣NBG; ●JS; ★(NA): US.

细枝豆属 Retama

单子细枝豆 **Retama monosperma** (L.) Boiss. 【I, C】 ★(AF): MA; (EU): ES.

细枝豆 **Retama raetam** (Forssk.) Webb 【I, C】 ●TW; ★(AF): DZ.

毒豆属 Laburnum

沃氏金链花 **Laburnum × watereri** (Wettst.) Dippel 【I, C】 ♣BBG, CBG, IBCAS; ●BJ, SH, TW; ★(EU): FR.

高山金链花 **Laburnum alpinum** (Mill.) Bercht. et J. Presl 【I, C】 ♣BBG, IBCAS, NBG, XMBG; ●BJ, FJ, HB, HE, JS, TW; ★(EU): AL, AT, BA, CH, CZ, DE, HR, IT, ME, MK, RS, SI.

毒豆 **Laburnum anagyroides** Medik. 【I, C】 ♣CBG, IBCAS, NBG, XBG; ●BJ, JS, SH, SN, TW; ★(EU): DE, FR, IT, NL.

金雀毒豆属 +Laburnocytisus

金雀毒豆 + **Laburnocytisus adamii** (Poit.) C. K. Schneid. 【I, C】 ★(EU): FR.

腺果豆属 Adenocarpus

摩洛哥腺果豆(摩洛哥金雀花)**Adenocarpus battandieri** (Maire) Talavera 【I, C】 ●TW; ★(AF): MA.

山雀花属 Chamaecytisus

*白花山雀花 **Chamaecytisus albidus** (DC.) Rothm. 【I, C】 ★(AF): ES-CS, MA.

*山雀花 **Chamaecytisus ruthenicus** (Fisch. ex Woł.) Klásk. 【I, C】 ★(EU): AT.

金雀叶属 Cytisophyllum

无柄金雀花 **Cytisophyllum sessilifolium** (L.) O. Lang【I, C】♣HBG; ●ZJ; ★(EU): CH, FR, NL, SE.

黑金雀属 Lembotropis

黑金雀（变黑金雀儿）**Lembotropis nigricans** (L.) Griseb.【I, C】♣CBG, HBG, NBG; ●JS, SH, TW, ZJ; ★(EU): CH, NL.

金雀儿属 Cytisus

杂种扫帚豆 **Cytisus × praecox** Beauverd【I, C】♣CBG, IBCAS, NBG; ●BJ, JS, SH, TW; ★(EU): BE.

南欧扫帚豆 **Cytisus austriacus** L.【I, C】♣IBCAS, NBG; ●BJ, JS; ★(AS): AM, AZ, GE, IR, RU-AS, TR; (EU): AL, AT, BA, ES, FR, GR, HR, HU, IT, MC, ME, MK, RS, SI, UA.

美丽金雀儿 **Cytisus beanii** Dallim.【I, C】♣CBG; ●SH; ★(EU): GB.

红花扫帚豆 **Cytisus × dallimorei** Rolfe【I, C】♣NBG; ●JS; ★(EU): NL.

匍匐金雀儿 **Cytisus decumbens** (Durande) Spach【I, C】♣CBG; ●HE, SH; ★(EU): AL, BA, DE, FR, HR, IT, ME, MK, RS, SI.

毛金雀儿 **Cytisus hirsutus** L.【I, C】♣NBG, XTBG; ●JS, YN; ★(AS): TR; (EU): IT.

邱园金雀儿 **Cytisus kewensis** Bean【I, C】♣CBG; ●SH; ★(EU): GB.

多花金雀儿 **Cytisus multiflorus** (L'Hér.) Sweet【I, C】♣IBCAS; ●BJ; ★(AF): MG.

树苜蓿 **Cytisus prolifer** L. f.【I, C】●BJ; ★(EU): ES.

紫花金雀儿 **Cytisus purpureus** Scop.【I, C】♣IBCAS; ●BJ; ★(EU): AT.

黑毛扫帚豆 **Cytisus ratisbonensis** Schaeff.【I, C】♣NBG; ●JS; ★(EU): FR, HU.

金雀儿 **Cytisus scoparius** (L.) Link【I, C】♣BBG, CBG, GXIB, HBG, IBCAS, NBG, XMBG; ●BJ, FJ, GX, JS, NX, SH, TW, XJ, YN, ZJ; ★(EU): AT, CH, CZ, DE, ES, FR, GB, GR, HU, IT, LI, LU, MC, NL, PL, PT, SK.

安德烈金雀儿 **Cytisus scoparius** var. **andreanus** (Puiss.) Dippel【I, C】♣CBG; ●SH, TW; ★(EU): FR.

鹰爪豆属 Spartium

鹰爪豆 **Spartium junceum** L.【I, C】♣CBG, HBG, IBCAS, MDBG, NBG; ●BJ, GS, JS, NX, SH, TW, ZJ; ★(AF): DZ, EG, LY, MA, TN; (AS): LB, PS, SY, TR; (EU): AL, BA, ES, FR, GR, HR, IT, MC, ME, MK, RS, SI.

染料木属 Genista

意大利染料木 **Genista aetnensis** (Biv.) DC.【I, C】●TW; ★(AS): SA; (EU): IT, SI.

*灰白染料木 **Genista cinerea** (Vill.) DC.【I, C】●TW; ★(AF): TN; (EU): BY, DE, ES, IT, LU.

德国染料木 **Genista germanica** L.【I, C】♣NBG; ●JS; ★(AF): DZ, MA; (EU): AT, BA, BE, BG, CZ, DE, ES, HR, HU, IT, ME, MK, NL, PL, RO, RS, RU, SI.

西班牙染料木 **Genista hispanica** L.【I, C】●TW; ★(EU): DE, ES, FR, IT, PT.

矮丛染料木 **Genista lydia** Boiss.【I, C】♣CBG, IBCAS; ●BJ, SH; ★(AS): SY, TR; (EU): BA, BG, GR, HR, ME, MK, RS, SI, TR.

柔毛染料木 **Genista pilosa** L.【I, C】♣BBG, CBG; ●BJ, SH; ★(AF): MA; (EU): AL, AT, BA, BE, BG, CH, CZ, DE, ES, GB, HR, HU, IT, ME, MK, NL, PL, RO, RS, RU, SI.

箭形染料木 **Genista sagittalis** L.【I, C】♣NBG; ●JS; ★(AF): MA; (EU): AT, FR, GB, NL.

小金雀花 **Genista spachiana** Webb【I, C】♣BBG, CBG, GA, HBG, IBCAS, NBG, SCBG, ZAFU; ●BJ, GD, JS, JX, SH, TW, ZJ; ★(AF): ES-CS.

染料木 **Genista tinctoria** L.【I, C】★(EU): DE, GB, HU, IT, TR.

棘鹰爪属 Echinospartum

多刺棘鹰爪 **Echinospartum horridum** (M. Vahl) Rothm.【I, C】♣NBG; ●JS; ★(EU): DE, ES, FR.

荆豆属 Ulex

荆豆 **Ulex europaeus** Brot.【I, C/N】♣NBG; ●JS, SC, TW; ★(EU): ES, FR, GB, IT, PL, PT, UA.

紫穗槐属 Amorpha

加州紫穗槐 **Amorpha californica** Nutt.【I, C】♣HBG, IBCAS, NBG; ●BJ, JS, ZJ; ★(NA): US.

灰毛紫穗槐 **Amorpha canescens** Nutt. 【I, C】 ♣BBG, HBG, IBCAS, NBG; ●BJ, JS, LN, ZJ; ★(NA): CA, US.

高枝紫穗槐 **Amorpha elatior** Hort. ex Lavallée【I, C】 ♣IBCAS; ●BJ; ★(NA): US.

紫穗槐 **Amorpha fruticosa** L. 【I, C/N】 ♣BBG, CDBG, FBG, GBG, GMG, GXIB, HBG, HFBG, IBCAS, LBG, MDBG, NBG, SCBG, TDBG, WBG, XBG, XMBG; ●BJ, FJ, GD, GS, GX, GZ, HB, HL, HN, JL, JS, JX, LN, NM, SC, SN, TW, XJ, ZJ; ★(NA): CA, MX, US.

光叶紫穗槐 **Amorpha glabra** Poir. 【I, C】 ♣IBCAS, SCBG; ●BJ, GD; ★(NA): US.

草紫穗槐 **Amorpha herbacea** Walter 【I, C】 ♣CBG; ●SH; ★(NA): US.

矮紫穗槐 **Amorpha nana** C. Fraser 【I, C】 ♣IBCAS; ●BJ; ★(NA): CA, US.

沃希托紫穗槐 **Amorpha ouachitensis** Wilbur 【I, C】 ★(NA): US.

圆锥紫穗槐 **Amorpha paniculata** Torr. et A. Gray 【I, C】 ♣CBG; ●SH; ★(NA): US.

玛丽豆属 Marina

圆齿玛丽豆 **Marina crenulata** (Hook. et Arn.) Barneby 【I, C】 ♣XTBG; ●YN; ★(NA): MX.

瓣蕊豆属 Dalea

紫瓣蕊豆（草原紫苜蓿、松果苜蓿、紫色达利菊）**Dalea purpurea** Vent. 【I, C】 ●TW; ★(NA): CA, US.

丁癸草属 Zornia

丁癸草 **Zornia gibbosa** Span. 【N, W/C】 ♣FBG, FLBG, GMG, SCBG, XMBG, XTBG; ●FJ, GD, GX, JX, YN; ★(AS): CN, ID, IN, JP, LK, MM, MY, NP, SG; (OC): AU.

黄檀属 Dalbergia

秧青（南岭黄檀）**Dalbergia assamica** Benth. 【N, W/C】 ♣CBG, FBG, FLBG, GA, GMG, HBG, KBG, SCBG, XMBG, XTBG, ZAFU; ●FJ, GD, GX, JX, SH, YN, ZJ; ★(AS): BT, CN, IN, LA, LK, MM, MY, TH, VN.

两粤黄檀 **Dalbergia benthamii** Prain 【N, W/C】 ♣SCBG; ●GD; ★(AS): CN, VN.

缅甸黄檀 **Dalbergia burmanica** Prain 【N, W/C】 ♣KBG, XTBG; ●YN; ★(AS): CN, LA, MM.

弯枝黄檀 **Dalbergia candenatensis** (Dennst.) Prain 【N, W/C】♣WBG; ●HB; ★(AS): CN, ID, IN, JP, KH, LK, MY, PH, SG, TH, VN; (OC): AU, PAF.

塞州黄檀 **Dalbergia cearensis** Ducke 【I, C】 ★(SA): BR.

黑黄檀 **Dalbergia cultrata** Benth. 【N, W/C】 ♣HBG, SCBG, XTBG; ●GD, YN, ZJ; ★(AS): CN, MM, VN.

大金刚藤 **Dalbergia dyeriana** Harms 【N, W/C】 ♣CBG, HBG, NSBG, WBG; ●CQ, HB, SH, ZJ; ★(AS): CN, LA.

藤黄檀 **Dalbergia hancei** Benth.【N, W/C】♣CBG, FBG, FLBG, GA, GMG, HBG, LBG, SCBG, WBG, XMBG; ●FJ, GD, GX, HB, JX, SH, ZJ; ★(AS): CN.

蒙自黄檀 **Dalbergia henryana** Prain 【N, W】 ♣XTBG; ●YN; ★(AS): CN, MM.

黄檀 **Dalbergia hupeana** Hance【N, W/C】♣CBG, CDBG, FBG, GA, HBG, LBG, NBG, NSBG, SCBG, WBG, XMBG, XTBG, ZAFU; ●CQ, FJ, GD, HB, JS, JX, SC, SH, YN, ZJ; ★(AS): CN, LA, VN.

广叶黄檀 **Dalbergia latifolia** Roxb. 【I, C】 ♣SCBG, TBG, XTBG; ●GD, TW, YN; ★(AS): IN.

东非黑黄檀（乌木黄檀）**Dalbergia melanoxylon** Guill. et Perr.【I, C】♣SCBG, XTBG; ●GD, YN; ★(AF): ET, MW, TZ, ZA, ZM.

香港黄檀 **Dalbergia millettii** Benth. 【N, W/C】 ♣CBG, FLBG, HBG, SCBG, ZAFU; ●GD, JX, SH, ZJ; ★(AS): CN.

象鼻藤 **Dalbergia mimosoides** Franch. 【N, W/C】 ♣CBG, FBG, LBG, SCBG, WBG, XTBG; ●FJ, GD, HB, JX, SH, YN; ★(AS): BT, CN, ID, IN, LK.

巴西黑黄檀（黑檀）**Dalbergia nigra** (Vell.) Benth. 【I, C】 ♣SCBG; ●GD; ★(SA): BR.

钝叶黄檀 **Dalbergia obtusifolia** (Baker) Prain 【N, W/C】♣GMG, SCBG, XTBG; ●GD, GX, YN; ★(AS): CN, MM.

降香 **Dalbergia odorifera** T. C. Chen 【N, W/C】 ♣BBG, CBG, CDBG, FBG, FLBG, GA, GMG, GXIB, HBG, KBG, SCBG, WBG, XLTBG, XMBG, XOIG, XTBG; ●BJ, FJ, GD, GX, HB, HI, JX, SC, SH, TW, YN, ZJ; ★(AS): CN, SG.

斜叶黄檀 **Dalbergia pinnata** (Lour.) Prain 【N,

W/C】 ♣GMG, KBG, SCBG, XTBG; ●GD, GX, YN; ★(AS): BT, CN, ID, IN, LA, MM, MY, PH, TH, VN.

微凹黄檀 **Dalbergia retusa** Hemsl. 【I, C】 ●TW; ★(NA): CR, PA, SV; (SA): CO.

多裂黄檀 **Dalbergia rimosa** Roxb. 【N, W/C】 ♣GMG, XTBG; ●GX, YN; ★(AS): BT, CN, ID, IN, LA, LK, MM, MY, TH, VN.

锈色黄檀 **Dalbergia rubiginosa** Roxb. 【I, C】 ★(AS): MM.

印度黄檀 **Dalbergia sissoo** DC. 【I, C】 ♣GA, GMG, SCBG, TBG, XMBG; ●FJ, GD, GX, JX, SC, TW; ★(AS): BT, IN, IR.

托叶黄檀 **Dalbergia stipulacea** Roxb. 【N, W/C】 ♣XTBG; ●YN; ★(AS): BT, CN, IN, KH, LA, LK, MM, MY, TH, VN.

越南黄檀 **Dalbergia tonkinensis** Prain 【N, W/C】 ♣SCBG; ●GD; ★(AS): CN, LA, VN.

南亚黄檀 **Dalbergia volubilis** Roxb. 【N, W/C】 ♣XTBG; ●YN; ★(AS): CN, IN, LA, LK, MM.

滇黔黄檀 **Dalbergia yunnanensis** Franch. 【N, W】 ♣XTBG; ●YN; ★(AS): CN, LA, MM.

合萌属 Aeschynomene

美洲合萌 **Aeschynomene americana** L. 【I, C】 ♣SCBG; ●GD, GX, JS; ★(NA): BZ, CR, CU, DO, GT, HN, HT, JM, LW, MX, NI, PA, PR, SV, TT, VG; (SA): AR, BO, BR, CO, EC, GY, PE, PY, VE.

双花合萌 **Aeschynomene brasiliana** (Poir.) DC. 【I, C】 ♣SCBG, XTBG; ●GD, YN; ★(NA): CR, GT, MX, PA, SV; (SA): BO, BR, CO, EC, GY, PY, VE.

浮叶合萌 **Aeschynomene fluitans** Peter 【I, C】 ♣TMNS, WBG; ●HB, TW; ★(AF): TZ, ZA, ZM.

合萌 **Aeschynomene indica** L. 【N, W/C】 ♣FBG, GBG, GMG, HBG, LBG, NBG, SCBG, WBG, XMBG, XTBG, ZAFU; ●FJ, GD, GX, GZ, HB, JS, JX, SC, YN, ZJ; ★(AF): CF, CM, GH, MG, MU, NG, RE, TZ, UG, ZA; (AS): BT, CN, ID, IN, JP, KP, KR, LA, LK, MM, MY, NP, PH, PK, SG, TH, VN; (OC): AU, FJ, PAF, PF; (NA): JM, MX, US; (SA): BR, EC.

链荚木属 Ormocarpum

链荚木 **Ormocarpum cochinchinense** (Lour.) Merr. 【I, C】 ★(AS): IN, JP, LA, LK, MY, PH, TH, VN.

非洲链荚木 **Ormocarpum sennoides** (Willd.) DC. 【I, C】 ★(AF): CF, CM, GH, GN, NG, TZ.

坡油甘属 Smithia

缘毛合叶豆 **Smithia ciliata** Royle 【N, W/C】 ♣XTBG; ●YN; ★(AS): BT, CN, ID, IN, JP, LK, MY, NP, PH, TH, VN.

密节坡油甘 **Smithia conferta** Sm. 【N, W/C】 ♣FLBG; ●GD, JX; ★(AS): CN, ID, IN, LA, LK, MY, NP, VN.

坡油甘 **Smithia sensitiva** Aiton 【N, W/C】 ♣FLBG, SCBG, XMBG, XTBG; ●FJ, GD, JX, YN; ★(AF): MG; (AS): BT, CN, ID, IN, JP, LA, LK, MM, MY, NP, PH, TH, VN; (OC): AU, PAF.

落花生属 Arachis

匍茎花生 **Arachis appressipila** Krapov. et W. C. Greg. 【I, C】 ★(SA): BR.

蔓花生 **Arachis duranensis** Krapov. et W. C. Greg. 【I, C/N】 ♣FBG, GXIB, SCBG, TMNS, XLTBG, XMBG, XTBG; ●FJ, GD, GX, HI, TW, YN; ★(SA): AR, BO, CO, PY.

落花生 **Arachis hypogaea** L. 【I, C】 ♣GA, GMG, HBG, HFBG, LBG, SCBG, TDBG, XMBG, XOIG, ZAFU; ●AH, BJ, FJ, GD, GS, GX, GZ, HA, HB, HE, HI, HL, HN, JL, JS, JX, LN, NM, NX, SC, SD, SN, SX, TJ, TW, XJ, YN, ZJ; ★(SA): AR, BO, BR, CO, EC, PE, PY, UY.

巴拉圭花生 **Arachis paraguariensis** Chodat et Hassl. 【I, C】 ★(SA): BR, PY.

斑纹花生（遍地黄金）**Arachis pintoi** Krapov. et W. C. Greg. 【I, C】 ♣SCBG; ●FJ, GD, TW; ★(NA): CR, NI, SV; (SA): BO, BR, EC, PE, VE.

狭子花生 **Arachis stenosperma** Krapov. et W. C. Greg. 【I, C】 ★(SA): BR.

笔花豆属 Stylosanthes

头状笔花豆（头状柱花草）**Stylosanthes capitata** Vogel 【I, C】 ★(NA): NI; (SA): BO, BR, PY, VE.

*直立笔花豆 **Stylosanthes erecta** P. Beauv. 【I, C】 ★(AF): GA, MG, NG, TZ.

圭亚那笔花豆 **Stylosanthes guianensis** (Aubl.) Sw. 【I, N】 ♣SCBG, XLTBG, XMBG, XOIG, XTBG; ●FJ, GD, GX, HI, TW, YN; ★(NA): BZ, CR, DO, HN, MX, NI, PA, PR, SV; (SA): AR, BO, BR, CO,

EC, PE, PY, VE.

*有钩笔花豆（有钩柱花草）**Stylosanthes hamata** (L.) Taub.【I, C】♣XOIG; ●FJ, GD; ★(NA): BS, CR, DO, JM, LW, MX, NI, PR, US, VG; (SA): CO, VE.

*矮笔花豆（矮柱花草）**Stylosanthes humilis** Kunth【I, C】●GD; ★(NA): BZ, CR, GT, HN, MX, NI, PA; (SA): BO, BR, CO, VE.

*卡西笔花豆（卡西柱花草）**Stylosanthes scabra** Vogel【I, C】♣XOIG; ●FJ, TW; ★(NA): CR; (SA): AR, BO, BR, CO, EC, PE, PY.

紫檀属 Pterocarpus

安哥拉紫檀 **Pterocarpus angolensis** DC.【I, C】♣XTBG; ●YN; ★(AF): CD, MW, TZ, ZA, ZM, ZW.

菲律宾紫檀 **Pterocarpus echinatus** Pers.【I, C】♣SCBG, TBG, XMBG, XTBG; ●FJ, GD, TW, YN; ★(AS): PH.

紫檀 **Pterocarpus indicus** R. Vig.【N, W/C】♣BBG, CBG, GA, GMG, HBG, NBG, SCBG, TBG, TMNS, XLTBG, XMBG, XTBG; ●BJ, FJ, GD, GX, HI, JS, JX, SH, TW, YN, ZJ; ★(AS): CN, ID, IN, JP, LA, MM, MY, PH, SG, TH, VN.

囊状紫檀（马拉巴紫檀）**Pterocarpus marsupium** Roxb.【I, C】♣SCBG, TBG; ●GD, TW; ★(AS): IN, LK, MM, NP.

檀香紫檀 **Pterocarpus santalinus** L. f.【I, C】♣BBG, SCBG, XMBG, XOIG, XTBG; ●BJ, FJ, GD, SC, TW, YN; ★(AS): IN.

刺荚豆属 Centrolobium

刺荚豆 **Centrolobium ochroxylum** Rudd【I, C】♣SCBG, XTBG; ●GD, YN; ★(SA): BO, EC, PE.

金蝶木属 Tipuana

金蝶木（大班木）**Tipuana tipu** (Benth.) Kuntze【I, C】♣SCBG, TBG, XMBG, XTBG; ●FJ, GD, TW, YN; ★(SA): AR, BO, BR, PE, PY, UY.

鸡血檀属 Baphia

鸡血檀（剑木豆）**Baphia nitida** Lodd.【I, C】♣TMNS; ●TW; ★(AF): CM, GA, GH, GN, NG, TZ.

藤槐属 Bowringia

藤槐 **Bowringia callicarpa** Champ. ex Benth.【N, W/C】♣GMG, SCBG, WBG, XMBG, XTBG; ●FJ, GD, GX, HB, YN; ★(AS): CN, LA, VN.

橙花豆属 Chorizema

橙花豆 **Chorizema ilicifolium** Labill.【I, C】●TW; ★(OC): AU.

弹珠豆属 Sphaerolobium

*线叶弹珠豆 **Sphaerolobium linophyllum** (Hügel ex Benth.) Benth.【I, C】★(OC): AU.

木蓝属 Indigofera

多花木蓝 **Indigofera amblyantha** Craib【N, W/C】♣CBG, FBG, HBG, IBCAS, MDBG, WBG, XTBG; ●BJ, FJ, GS, HB, SC, SH, YN, ZJ; ★(AS): CN.

银木蓝 **Indigofera argentea** Burm. f.【I, C】♣IBCAS; ●BJ; ★(AF): EG, SO; (AS): YE.

澳洲木蓝 **Indigofera australis** Willd.【I, C】♣IBCAS; ●BJ; ★(OC): AU.

丽江木蓝 **Indigofera balfouriana** Craib【N, W/C】●SC, TW; ★(AS): CN.

河北木蓝（马棘）**Indigofera bungeana** Walp.【N, W/C】♣CBG, FBG, GA, GBG, GMG, HBG, IBCAS, LBG, NBG, SCBG, WBG, ZAFU; ●BJ, FJ, GD, GX, GZ, HB, HN, JS, JX, SC, SH, TW, ZJ; ★(AS): CN, JP, KP, KR, MN.

苏木蓝 **Indigofera carlesii** Craib【N, W/C】♣CBG, LBG; ●JX, SH; ★(AS): CN.

椭圆叶木蓝 **Indigofera cassoides** DC.【N, W/C】♣CBG, SCBG, XTBG; ●GD, SC, SH, YN; ★(AS): CN, ID, IN, MM, PK, TH, VN.

尾叶木蓝 **Indigofera caudata** Dunn【N, W/C】♣XMBG, XTBG; ●FJ, YN; ★(AS): CN, LA.

庭藤 **Indigofera decora** Lindl.【N, W/C】♣FBG, HBG, SCBG, XMBG, ZAFU; ●FJ, GD, SC, ZJ; ★(AS): CN, JP.

宁波木蓝 **Indigofera decora** var. **cooperi** (Craib) Y. Y. Fang et C. Z. Zheng【N, W/C】♣HBG, ZAFU; ●ZJ; ★(AS): CN.

宜昌木蓝 **Indigofera decora** var. **ichangensis** (Craib) Y. Y. Fang et C. Z. Zheng【N, W/C】♣LBG, WBG; ●HB, JX; ★(AS): CN.

华东木蓝 **Indigofera fortunei** Craib【N, W/C】♣CBG, HBG, LBG, ZAFU; ●GZ, JX, SH, ZJ; ★

(AS): CN.

灰色木蓝 **Indigofera franchetii** X. F. Gao et Schrire 【N, W/C】 ♣XTBG; ●YN; ★(AS): CN.

假大青蓝 **Indigofera galegoides** DC. 【N, W/C】 ♣HBG; ●ZJ; ★(AS): CN, ID, IN, KH, LA, LK, MM, MY, PH, TH, VN.

异花木蓝 **Indigofera heterantha** Brandis 【N, W/C】 ♣CBG, HBG, IBCAS; ●BJ, SH, TW, ZJ; ★(AS): AF, BT, CN, IN, LK, NP, PK.

硬毛木蓝 **Indigofera hirsuta** L. 【N, W/C】 ♣GMG, XMBG; ●FJ, GX; ★(AF): MG, NG; (AS): CN, ID, IN, KH, LA, LK, MM, MY, PH, SG, TH, VN; (OC): AU, PAF.

花木蓝 **Indigofera kirilowii** Palib. 【N, W/C】 ♣BBG, HBG, HFBG, IBCAS, SCBG; ●BJ, GD, HL, LN, XJ, ZJ; ★(AS): CN, JP, KP, KR.

思茅木蓝 **Indigofera lacei** Craib 【N, W/C】 ♣XTBG; ●YN; ★(AS): CN.

黑叶木蓝 **Indigofera nigrescens** King et Prain 【N, W/C】 ♣WBG, XTBG; ●HB, SC, YN; ★(AS): CN, ID, IN, LA, MM, PH, TH, VN.

浙江木蓝 **Indigofera parkesii** Craib 【N, W/C】 ♣HBG; ●ZJ; ★(AS): CN.

垂序木蓝 **Indigofera pendula** Franch. 【N, W/C】 ♣KBG; ●YN; ★(AS): CN.

九叶木蓝 **Indigofera perrottetii** DC. 【N, W/C】 ♣XMBG; ●FJ; ★(AS): CN, ID, IN, LK, MM, NP, PK, TH, VN; (OC): PAF.

白穗木蓝（穗序木蓝）**Indigofera spicata** Forssk. 【N, W/C】♣SCBG, XMBG, XTBG; ●FJ, GD, YN; ★(AF): CF, CM, ET, KE, MG, MW, NG, TZ, UG, ZM, ZW; (AS): CN, ID, IN, JP, LA, MY, PH, SG, TH, VN.

远志木蓝 **Indigofera squalida** Prain 【N, W/C】 ♣XTBG; ●YN; ★(AS): CN, ID, IN, KH, LA, MM, TH, VN.

茸毛木蓝 **Indigofera stachyodes** Lindl. 【N, W/C】 ♣XTBG; ●SC, YN; ★(AS): BT, CN, ID, IN, KH, LA, MM, NP, TH, VN.

野青树 **Indigofera suffruticosa** Mill. 【I, C/N】 ♣CBG, FLBG, GMG, GXIB, SCBG, XLTBG, XMBG, XTBG; ●FJ, GD, GX, HI, JX, SH, YN; ★(NA): BZ, CR, CU, DO, GT, HN, HT, JM, LW, MX, NI, PA, PR, SV, TT, US, VG, WW; (SA): AR, BO, BR, CO, EC, GY, PE, PY, UY, VE.

四川木蓝（甘肃木蓝）**Indigofera szechuensis** Craib 【N, W/C】 ♣BBG; ●BJ; ★(AS): CN.

木蓝 **Indigofera tinctoria** Blanco 【I, N】 ♣GBG, HBG, IBCAS, KBG, SCBG, XMBG; ●BJ, FJ, GD, GZ, SC, YN, ZJ; ★(AF): GH, KM, MG, NG, ZA; (AS): BT, ID, IN, LK, MM, MY.

脉叶木蓝 **Indigofera venulosa** Benth. 【N, W/C】 ♣GMG; ●GX; ★(AS): CN.

尖叶木蓝 **Indigofera zollingeriana** Miq. 【N, W/C】 ♣SCBG, TMNS, XTBG; ●GD, TW, YN; ★(AS): BT, CN, ID, IN, JP, LA, LK, MY, PH, SG, TH, VN.

瓜儿豆属 Cyamopsis

瓜儿豆（瓜胶豆）**Cyamopsis tetragonoloba** (L.) Taub. 【I, C】 ♣HBG, TDBG, XBG, XMBG, XOIG, XTBG; ●FJ, SC, SN, XJ, YN, ZJ; ★(AS): IN.

相思子属 Abrus

地香根 **Abrus fruticulosus** Wight et Arn. 【I, C】 ♣FLBG, GMG, NBG, SCBG, XMBG; ●FJ, GD, GX, JS, JX; ★(AS): IN.

相思子 **Abrus precatorius** L. 【I, C/N】 ♣GMG, HBG, SCBG, TMNS, XLTBG, XMBG, XTBG; ●FJ, GD, GX, HI, TW, YN, ZJ; ★(AS): IN.

美丽相思子 **Abrus pulchellus** Wall. ex Thwaites 【N, W/C】 ♣XTBG; ●YN; ★(AS): BD, BT, CN, ID, IN, KH, LA, LK, MM, MY, NP, PH, TH, VN; (OC): PAF, PG.

广州相思子 **Abrus pulchellus** subsp. **cantoniensis** (Hance) Verdc. 【N, W/C】 ♣SCBG, XOIG; ●FJ, GD; ★(AS): CN, TH, VN.

毛相思子 **Abrus pulchellus** subsp. **mollis** (Hance) Verdc. 【N, W/C】 ♣SCBG; ●GD; ★(AS): CN, IN, KH, LA, MY, TH, VN.

刀豆属 Canavalia

小刀豆 **Canavalia cathartica** Thouars 【N, W/C】 ♣SCBG, XOIG, XTBG; ●FJ, GD, YN; ★(AF): MG, TZ; (AS): CN, ID, IN, JP, KH, LA, MY, SG, VN; (OC): AU, PAF.

直生刀豆 **Canavalia ensiformis** (L.) DC. 【I, C/N】 ♣CBG, GA, GBG, HBG, LBG, NBG, WBG, XMBG, XOIG, XTBG; ●AH, BJ, CQ, FJ, GS, GX, GZ, HB, JS, JX, SC, SH, TW, YN, ZJ; ★(NA): CR, HN, MX, NI, PA, SV, WW; (SA): AR, BO, CO, GY, PE, UY, VE.

刀豆 **Canavalia gladiata** (Jacq.) DC. 【N, W/C】 ♣FBG, LBG, XOIG, XTBG; ●FJ, GD, GX, JX,

YN; ★(AS): BT, CN, ID, IN, LA, LK, MM, TH.

狭刀豆 **Canavalia lineata** (Thunb.) DC. 【N, W/C】 ♣XMBG; ●FJ, TW; ★(AS): CN, ID, IN, JP, KH, KP, KR, LA, PH, VN.

海刀豆 **Canavalia rosea** (Sw.) DC. 【N, W/C】 ♣SCBG, XMBG; ●FJ, GD; ★(AS): CN, ID, JP; (OC): AU.

红玉豆属 Camptosema

红果红藤枝 **Camptosema rubicundum** Hook. et Arn. 【I, C】 ★(SA): AR, BO, UY.

乳豆属 Galactia

乳豆 **Galactia tenuiflora** Eggers 【N, W/C】 ♣SCBG, XTBG; ●GD, YN; ★(AF): KM, MG, NG, TZ, UG; (AS): CN, ID, IN, LK, MY, PH, TH, VN; (OC): AU, PAF.

巴豆藤属 Craspedolobium

巴豆藤（三叶崖豆藤）**Craspedolobium unijugum** (Gagnep.) Z. Wei et Pedley 【N, W/C】 ♣KBG, SCBG, WBG, XTBG; ●GD, HB, YN; ★(AS): CN, LA, MM, TH.

灰毛豆属 Tephrosia

白灰毛豆 **Tephrosia candida** (Roxb.) DC. 【I, C/N】 ♣FLBG, SCBG, XMBG, XTBG; ●FJ, GD, GZ, JX, YN; ★(AS): IN.

细梗灰毛豆 **Tephrosia filipes** Benth. 【I, N】 ★(OC): AU, PAF, PG.

灰叶球花 **Tephrosia glomeruliflora** Meisn. 【I, C】 ♣HBG; ●ZJ; ★(AF): ZA, ZM.

银灰毛豆 **Tephrosia kerrii** J. R. Drumm. et Craib 【N, W/C】 ♣XTBG; ●YN; ★(AS): CN, LA, TH, VN.

长序灰毛豆 **Tephrosia noctiflora** Baker 【I, C】 ★(AF): KM, TZ, ZA.

灰毛豆 **Tephrosia purpurea** (L.) Pers. 【N, W/C】 ♣TMNS, XMBG, XTBG; ●FJ, TW, YN; ★(AS): CN, ID, IN, JP, KH, LA, LK, MM, MY, NP, TH, VN.

西非灰毛豆 **Tephrosia vogelii** Hook. f. 【I, C】 ★(AF): BI, CF, GA, KM, MG, NG, TZ, UG, ZA, ZM.

红皮鱼豆属 Xeroderris

红皮鱼豆 **Xeroderris stuhlmannii** (Taub.) Mendonça et Sousa 【I, C】 ♣XTBG; ●YN; ★(AF): CM, TZ, ZA, ZM.

双束鱼藤属 Aganope

鼎湖鱼藤 **Aganope dinghuensis** (P. Y. Chen) T. C. Chen et Pedley 【N, W/C】 ♣SCBG; ●GD; ★(AS): CN.

七叶鱼藤 **Aganope heptaphylla** (L.) Polhill 【I, C】 ♣XOIG; ●FJ; ★(AS): MM.

密锥花鱼藤 **Aganope thyrsiflora** (Benth.) Polhill 【N, W/C】 ♣IBCAS, SCBG, XTBG; ●BJ, GD, YN; ★(AS): CN, ID, IN, PH, VN.

崖豆藤属 Millettia

镇康岩豆藤 **Millettia brandisiana** Kurz 【I, C】 ♣XMBG; ●FJ; ★(AS): LA, MM, TH.

红河崖豆 **Millettia cubittii** Dunn 【N, W/C】 ♣XTBG; ●YN; ★(AS): CN, MM, VN.

榼藤子崖豆藤 **Millettia entadoides** Z. Wei 【N, W】 ♣XTBG; ●YN; ★(AS): CN.

红萼崖豆 **Millettia erythrocalyx** Gagnep. 【N, W/C】 ♣XTBG; ●YN; ★(AS): CN, KH, LA, MM, TH, VN.

孟连崖豆 **Millettia griffithii** Dunn 【N, W/C】 ♣XTBG; ●YN; ★(AS): CN, LA, MM.

闹鱼崖豆 **Millettia ichthyochtona** Drake 【N, W】 ♣XTBG; ●YN; ★(AS): CN, MM, VN.

粗枝崖豆树 **Millettia kangensis** Craib 【I, C】 ♣XTBG; ●YN; ★(AS): LA.

思茅崖豆 **Millettia leptobotrya** Dunn 【N, W/C】 ♣SCBG, XTBG; ●GD, YN; ★(AS): CN, LA, VN.

大穗崖豆 **Millettia macrostachya** (Hook. f.) Dunn 【N, W】 ♣XTBG; ●YN; ★(AS): CN, MM.

厚果崖豆藤 **Millettia pachycarpa** Benth. 【N, W/C】 ♣FBG, GBG, GXIB, NSBG, SCBG, TMNS, WBG, XBG, XMBG, XTBG; ●CQ, FJ, GD, GX, GZ, HB, SC, SN, TW, YN; ★(AS): BT, CN, ID, IN, LA, LK, MM, NP, TH, VN.

海南崖豆藤 **Millettia pachyloba** Drake 【N, W/C】 ♣GXIB, HBG, SCBG, XTBG; ●GD, GX, YN, ZJ; ★(AS): CN, VN.

薄叶崖豆 **Millettia pubinervis** Kurz 【N, W/C】 ♣XTBG; ●YN; ★(AS): CN, LA, MM, TH, VN.

印度崖豆 **Millettia pulchra** Benth. 【N, W/C】 ♣FLBG, GMG, GXIB, SCBG, XTBG; ●GD, GX, JX, YN; ★(AS): CN, ID, IN, LA, MM, VN.

华南小叶崖豆 **Millettia pulchra** var. **chinensis** Dunn【N, W/C】♣XMBG, XTBG; ●FJ, YN; ★(AS): CN.

疏叶崖豆 **Millettia pulchra** var. **laxior** (Dunn) Z. Wei【N, W/C】♣XMBG; ●FJ; ★(AS): CN, IN.

景东小叶崖豆 **Millettia pulchra** var. **parvifolia** Z. Wei【N, W】♣XTBG; ●YN; ★(AS): CN.

云南崖豆 **Millettia pulchra** var. **yunnanensis** (Pamp.) Dunn【N, W/C】♣XTBG; ●YN; ★(AS): CN, MM.

四翅崖豆 **Millettia tetraptera** Kurz【N, W/C】♣XTBG; ●YN; ★(AS): CN, MM.

绒毛崖豆 **Millettia velutina** Dunn【N, W/C】●YN; ★(AS): CN.

变色鸡血藤 **Millettia versicolor** Baker【I, C】♣XTBG; ●YN; ★(AF): GA.

水黄皮属 Pongamia

水黄皮 **Pongamia pinnata** (L.) Merr.【N, W/C】♣FBG, GA, SCBG, TBG, TMNS, XLTBG, XMBG, XTBG; ●FJ, GD, HI, JX, TW, YN; ★(AF): MG; (AS): CN, ID, IN, JP, LK, MM, MY, PH, SG, TH, VN; (OC): AU, PAF, PG; (NA): GT, PA, PR, US.

干花豆属 Fordia

干花豆 **Fordia cauliflora** Hemsl.【N, W/C】♣GMG, GXIB, HBG, KBG, SCBG, WBG, XTBG; ●GD, GX, HB, YN, ZJ; ★(AS): CN.

小叶干花豆 **Fordia microphylla** Z. Wei【N, W/C】♣WBG, XTBG; ●HB, YN; ★(AS): CN.

鱼藤属 Derris

白花鱼藤 **Derris alborubra** Hemsl.【N, W/C】♣FBG, SCBG; ●FJ, GD; ★(AS): CN, KH, LA, VN.

尾叶鱼藤 **Derris caudatilimba** F. C. How【N, W/C】♣XTBG; ●YN; ★(AS): CN.

毛果鱼藤 **Derris eriocarpa** F. C. How【N, W/C】♣GMG, XTBG; ●GX, YN; ★(AS): CN, LA, TH.

锈毛鱼藤 **Derris ferruginea** (Roxb.) Benth.【N, W/C】♣SCBG, XTBG; ●GD, YN; ★(AS): BT, CN, ID, IN, KH, LA, LK, MM, TH, VN.

中南鱼藤 **Derris fordii** Oliv.【N, W/C】♣CBG, SCBG, XMBG; ●FJ, GD, SH; ★(AS): CN.

疏花鱼藤 **Derris laxiflora** Benth.【N, W/C】♣TMNS; ●TW; ★(AS): CN.

边荚鱼藤 **Derris marginata** (Roxb.) Benth.【N, W/C】♣WBG, XMBG, XTBG; ●FJ, HB, YN; ★(AS): CN, IN, LA, MM, MY, NP, TH, VN.

多花鱼藤 **Derris polyantha** Perkins【I, C】♣XOIG; ●FJ; ★(EU): .

毛边鱼藤 **Derris pubipetala** Miq.【I, C】♣XOIG; ●FJ; ★(EU): .

大鱼藤树 **Derris robusta** (DC.) Benth.【N, W/C】♣XTBG; ●YN; ★(AS): CN, ID, IN, KH, LA, LK, MM, TH, VN.

粗茎鱼藤 **Derris scabricaulis** (Franch.) Gagnep.【N, W/C】♣GMG, WBG, XTBG; ●GX, HB, YN; ★(AS): CN.

鱼藤 **Derris trifoliata** Lour.【N, W/C】♣GA, SCBG, XLTBG, XMBG, XOIG; ●FJ, GD, HI, JX, SC; ★(AF): KM, MG, ZA; (AS): CN, ID, IN, JP, KH, LA, LK, MM, MY, SG, TH, VN; (OC): AU, PAF, PG.

拟鱼藤属 Paraderris

毛鱼藤 **Paraderris elliptica** (Wall.) Adema【I, C/N】♣GMG, HBG, NBG, SCBG, TBG, TMNS, XMBG; ●FJ, GD, GX, JS, TW, ZJ; ★(AS): ID, IN, KH, LA, MM, MY, PH, TH, VN.

粉叶鱼藤 **Paraderris glauca** (Merr. et Chun) T. C. Chen et Pedley【N, W/C】♣XOIG; ●FJ; ★(AS): CN.

粤东鱼藤 **Paraderris hancei** (Hemsl.) T. C. Chen et Pedley【N, W/C】♣SCBG; ●GD; ★(AS): CN.

异翅鱼藤 **Paraderris malaccensis** (Benth.) Adema【I, C】★(AS): ID, IN, KH, LA, MM, MY, TH, VN.

肿荚豆属 Antheroporum

肿荚豆 **Antheroporum harmandii** Gagnep.【N, W】♣XTBG; ●YN; ★(AS): CN, VN.

粉叶肿荚豆 **Antheroporum glaucum** Z. Wei【N, W/C】♣XTBG; ●YN; ★(AS): CN, MY, TH.

距瓣豆属 Centrosema

大果蝴蝶豆 **Centrosema macrocarpum** Benth.【I, C】★(NA): BZ, CR, GT, HN, MX, NI, PA, SV, TT, WW; (SA): BO, BR, CO, EC, GY, PE, VE.

白花山珠豆 **Centrosema plumieri** (Pers.) Benth.【I, C】♣XMBG, XOIG; ●FJ; ★(NA): BZ, CR,

CU, DO, GT, HN, HT, JM, MX, NI, PA, PR, SV; (SA): BO, BR, CO, EC, GY, PE, PY, VE.

距瓣豆 **Centrosema pubescens** Benth. 【I, C/N】 ♣XMBG, XTBG; ●FJ, YN; ★(NA): BZ, CR, CU, DO, GT, HN, HT, JM, LW, MX, NI, PA, PR, SV, TT, WW; (SA): BO, BR, CO, EC, GF, GY, PE, VE.

蝶豆属 Clitoria

巴西木蝶豆 **Clitoria fairchildiana** R. A. Howard 【I, C】 ♣XTBG; ●YN; ★(SA): BR, GF.

镰刀荚蝶豆 **Clitoria falcata** Lam. 【I, C】 ★(NA): BZ, CR, HN, MX, NI, PA, PR, SV; (SA): BO, BR, CO, EC, GF, PE, PY, VE.

棱荚蝶豆 **Clitoria laurifolia** Poir. 【I, C/N】 ★(NA): PR; (SA): BR.

三叶蝶豆 **Clitoria mariana** L. 【N, W/C】 ♣GXIB, SCBG, XTBG; ●GD, GX, YN; ★(AS): BT, CN, ID, IN, LA, LK, MM, TH, VN; (NA): MX, US.

蝶豆 **Clitoria ternatea** L. 【I, C/N】 ♣CBG, FLBG, GMG, IBCAS, KBG, SCBG, TBG, TMNS, WBG, XMBG, XOIG, XTBG; ●BJ, FJ, GD, GX, HB, JX, SH, TW, YN; ★(AS): ID, IN, KH, LA, LK, MM, MY, PH, PK, SG, TH, VN.

土圞儿属 Apios

美国土圞儿 **Apios americana** Medik. 【I, C】 ●JS, SH; ★(NA): CA, US.

肉色土圞儿 **Apios carnea** (Wall.) Benth. ex Baker 【N, W/C】 ♣XTBG; ●YN; ★(AS): BT, CN, ID, IN, JP, LA, LK, MM, NP, TH, VN.

土圞儿 **Apios fortunei** Maxim. 【N, W/C】 ♣LBG, WBG; ●HB, JX; ★(AS): CN, JP, VN.

台湾土圞儿 **Apios taiwaniana** Hosok. 【N, W/C】 ♣GBG, GXIB, HBG, LBG, WBG, ZAFU; ●GX, GZ, HB, JX, SC, ZJ; ★(AS): CN.

宿苞豆属 Shuteria

硬毛宿苞豆 **Shuteria hirsuta** Baker 【N, W/C】 ♣XTBG; ●YN; ★(AS): BT, CN, ID, IN, LA, LK, MM, NP, TH, VN.

宿苞豆 **Shuteria involucrata** (Wall.) Wight et Arn. 【N, W/C】 ♣XTBG; ●YN; ★(AS): BT, CN, ID, IN, KH, LK, MM, MY, NP, PH, TH, VN.

圆叶宿苞豆 **Shuteria suffulta** Benth. 【I, N】 ★(AS): IN, MM, TH.

西南宿苞豆（光宿苞豆）**Shuteria vestita** Wight et Arn. 【N, W/C】 ♣XTBG; ●YN; ★(AS): BT, CN, ID, IN, LK, MM, NP, PH, TH, VN.

藤珊豆属 Kennedia

澳洲珊瑚豆 **Kennedia coccinea** Vent. 【I, C】 ♣CBG; ●SH; ★(OC): AU.

铺地珊瑚豌豆 **Kennedia prostrata** R. Br. 【I, C】 ♣SCBG; ●GD; ★(OC): AU.

珊瑚豌豆 **Kennedia rubicunda** Vent. 【I, C】 ♣XOIG; ●FJ, TW; ★(OC): AU.

一叶豆属 Hardenbergia

一叶豆（哈登柏豆）**Hardenbergia comptoniana** (Andrews) Benth. 【I, C】 ●TW; ★(OC): AU.

紫一叶豆（紫哈登柏豆）**Hardenbergia violacea** (Schneev.) Stearn 【I, C】 ♣XOIG; ●FJ, TW; ★(OC): AU.

油麻藤属 Mucuna

紫花油麻藤 **Mucuna biplicata** Kurz 【I, C】 ♣XTBG; ●YN; ★(AS): MY.

白花油麻藤 **Mucuna birdwoodiana** Tutcher 【N, W/C】 ♣CBG, FLBG, GA, GXIB, HBG, SCBG, XMBG, XTBG; ●FJ, GD, GX, JX, SH, YN, ZJ; ★(AS): CN.

美叶油麻藤 **Mucuna calophylla** W. W. Sm. 【N, W/C】 ♣KBG; ●YN; ★(AS): CN.

海南黧豆 **Mucuna hainanensis** Hayata 【N, W/C】 ♣XTBG; ●YN; ★(AS): CN, MM, VN.

间序油麻藤 **Mucuna interrupta** Gagnep. 【N, W/C】 ♣XTBG; ●YN; ★(AS): CN, KH, LA, MM, MY, TH, VN.

褶皮黧豆 **Mucuna lamellata** Wilmot-Dear 【N, W/C】 ♣HBG, LBG, ZAFU; ●BJ, JX, ZJ; ★(AS): CN.

大球油麻藤 **Mucuna macrobotrys** Hance 【N, W/C】 ♣GXIB, HBG, LBG, XTBG; ●GX, JX, YN, ZJ; ★(AS): CN.

大果油麻藤（波氏黧豆）**Mucuna macrocarpa** Wall. 【N, W/C】 ♣BBG, CDBG, GMG, GXIB, SCBG, TMNS, XTBG; ●BJ, GD, GX, SC, TW, YN; ★(AS): BT, CN, ID, IN, JP, LA, LK, MM, NP, TH, VN.

兰屿血藤 **Mucuna membranacea** Hayata 【N, W/C】 ♣TMNS; ●TW; ★(AS): CN, JP.

刺毛黧豆 **Mucuna pruriens** (L.) DC. 【N, W/C】

♣FLBG, GXIB, HBG, SCBG, XOIG, XTBG; ●FJ, GD, GX, JX, TW, YN, ZJ; ★(AS): BT, CN, LA, MM, MY, VN.

黧豆 **Mucuna pruriens** var. **utilis** (Wall. ex Wight) Baker ex Burck 【N, W/C】 ♣LBG, NBG, SCBG, XMBG; ●FJ, GD, GX, GZ, HB, JS, JX; ★(AS): CN, IN.

常春油麻藤 **Mucuna sempervirens** Hemsl. 【N, W/C】 ♣CDBG, FBG, HBG, KBG, LBG, NBG, SCBG, WBG, XMBG, XTBG, ZAFU; ●FJ, GD, HB, JS, JX, SC, TW, YN, ZJ; ★(AS): BT, CN, IN, JP, LK, MM.

红花油麻藤 **Mucuna warburgii** K. Schum. et Lauterb. 【I, C】 ♣XTBG; ●YN; ★(OC): PG.

旋花豆属 Cochlianthus

细茎旋花豆(短柄花豆)**Cochlianthus gracilis** Benth. 【N, W/C】 ♣XTBG; ●YN; ★(AS): BT, CN, IN, LK, NP.

荒子梢属 Campylotropis

白花荒子梢 **Campylotropis alba** Schindl. ex Iokawa et H. Ohashi 【N, W/C】 ♣SCBG; ●GD; ★(AS): CN.

细花梗荒子梢 **Campylotropis capillipes** (Franch.) Schindl. 【N, W/C】 ●SC, YN; ★(AS): CN, MM, TH.

草山荒子梢 **Campylotropis capillipes** subsp. **prainii** (Collett et Hemsl.) Iokawa et H. Ohashi 【N, W】 ♣XTBG; ●YN; ★(AS): CN, MM, TH.

小花荒子梢 **Campylotropis cytisoides** f. **parviflora** (Kurz) Iokawa et H. Ohashi 【N, W/C】 ♣XTBG; ●YN; ★(AS): CN, IN, MM, TH, VN.

西南荒子梢 **Campylotropis delavayi** (Franch.) Schindl. 【N, W/C】 ♣KBG, SCBG, XTBG; ●GD, YN; ★(AS): CN.

思茅荒子梢 **Campylotropis harmsii** Schindl. 【N, W/C】 ♣XTBG; ●YN; ★(AS): CN, TH.

元江荒子梢 **Campylotropis henryi** (Schindl.) Schindl. 【N, W/C】 ♣XTBG; ●SC, YN; ★(AS): CN, LA, TH.

毛荒子梢 **Campylotropis hirtella** (Franch.) Schindl. 【N, W/C】 ♣KBG; ●YN; ★(AS): CN, ID, IN.

阔叶荒子梢 **Campylotropis latifolia** (Dunn) Schindl. 【N, W/C】 ♣KBG; ●YN; ★(AS): CN.

荒子梢 **Campylotropis macrocarpa** (Bunge) Rehder 【N, W/C】 ♣BBG, CBG, FBG, HBG, IBCAS, LBG, NBG, SCBG, TDBG, WBG, XBG, XTBG, ZAFU; ●BJ, FJ, GD, HB, HE, JS, JX, SC, SH, SN, SX, XJ, YN, ZJ; ★(AS): CN, KP, KR, MN.

太白山荒子梢 **Campylotropis macrocarpa** var. **hupehensis** (Pamp.) Iokawa et H. Ohashi 【N, W/C】 ♣CBG, WBG; ●HA, HB, SH, SN; ★(AS): CN.

缅南荒子梢 **Campylotropis pinetorum** (Kurz) Schindl. 【N, W/C】 ♣XTBG; ●YN; ★(AS): CN, LA, MM, TH, VN.

绒毛叶荒子梢 **Campylotropis pinetorum** subsp. **velutina** (Dunn) H. Ohashi 【N, W/C】 ♣XTBG; ●YN; ★(AS): CN, TH, VN.

小雀花 **Campylotropis polyantha** (Franch.) Schindl. 【N, W/C】 ♣KBG, XMBG, XTBG; ●FJ, SC, YN; ★(AS): CN.

槽茎荒子梢 **Campylotropis sulcata** Schindl. 【N, W/C】 ♣XTBG; ●YN; ★(AS): CN, TH.

三棱枝荒子梢 **Campylotropis trigonoclada** (Franch.) Schindl. 【N, W/C】 ♣GBG, KBG, WBG; ●GZ, HB, YN; ★(AS): CN.

鸡眼草属 Kummerowia

长萼鸡眼草 **Kummerowia stipulacea** (Maxim.) Makino 【N, W/C】 ♣HBG, LBG, TDBG, WBG, XBG, XMBG, ZAFU; ●FJ, HB, JX, SN, XJ, ZJ; ★(AS): CN, JP, KP, KR, MN, RU-AS.

鸡眼草 **Kummerowia striata** (Thunb.) Schindl. 【N, W/C】 ♣BBG, FBG, GBG, GMG, HBG, LBG, NBG, SCBG, WBG, XMBG, XTBG, ZAFU; ●BJ, FJ, GD, GX, GZ, HB, JS, JX, YN, ZJ; ★(AS): CN, IN, JP, KP, KR, MN, RU-AS, VN.

胡枝子属 Lespedeza

胡枝子 **Lespedeza bicolor** Prain 【N, W/C】 ♣BBG, CBG, GA, GXIB, HFBG, IBCAS, LBG, MDBG, NBG, TDBG, WBG, XMBG; ●AH, BJ, FJ, GS, GX, HA, HB, HE, HL, JL, JS, JX, LN, NM, SC, SD, SH, SN, TW, XJ, ZJ; ★(AS): CN, JP, KP, KR, MN, RU-AS, SG.

绿叶胡枝子 **Lespedeza buergeri** Miq. 【N, W/C】 ♣CBG, HBG, LBG, NBG, WBG; ●HB, JS, JX, SC, SH, TW, ZJ; ★(AS): CN, JP, KP.

长叶胡枝子 **Lespedeza caraganae** Bunge 【N, W/C】 ♣BBG; ●BJ, SC; ★(AS): CN, MN.

中华胡枝子 **Lespedeza chinensis** G. Don 【N, W/C】 ♣CBG, GMG, HBG, LBG, NBG, SCBG, XMBG, ZAFU; ●FJ, GD, GX, JS, JX, SH, ZJ; ★(AS): CN.

截叶铁扫帚 **Lespedeza cuneata** (Dum. Cours.) G. Don 【N, W/C】 ♣BBG, CBG, FBG, GBG, GMG, GXIB, HBG, IBCAS, LBG, SCBG, TMNS, WBG, XBG, XMBG, XTBG, ZAFU; ●BJ, FJ, GD, GX, GZ, HB, JX, NM, SC, SH, SN, TW, YN, ZJ; ★(AS): AF, BT, CN, ID, IN, JP, KP, KR, LA, MY, NP, PH, PK, TH, VN.

短梗胡枝子 **Lespedeza cyrtobotrya** Miq. 【N, W/C】♣CBG, HFBG, IBCAS, TBG; ●BJ, HL, LN, SC, SH, TW; ★(AS): CN, JP, KP, KR, MN, RU-AS.

大叶胡枝子 **Lespedeza davidii** Franch. 【N, W/C】 ♣CBG, HBG, LBG, NBG, SCBG, WBG, ZAFU; ●GD, HB, JS, JX, SH, ZJ; ★(AS): CN, JP.

兴安胡枝子 **Lespedeza davurica** (Laxm.) Schindl. 【N, W/C】 ♣BBG, CBG, IBCAS, LBG, TDBG; ●BJ, JX, NM, SC, SH, XJ; ★(AS): CN, JP, KP, KR, MN, RU-AS.

春花胡枝子 **Lespedeza dunnii** Schindl. 【N, W/C】 ♣CBG, FBG; ●FJ, SH; ★(AS): CN.

多花胡枝子 **Lespedeza floribunda** Bunge 【N, W/C】 ♣CBG, FBG, LBG, NBG, XBG, XMBG; ●BJ, FJ, JS, JX, LN, SC, SH, SN; ★(AS): CN, IN, JP, KP, KR, MN, PK.

广东胡枝子 **Lespedeza fordii** Schindl. 【N, W/C】 ♣LBG, WBG; ●HB, JX; ★(AS): CN.

粗硬毛胡枝子 **Lespedeza hispida** (Franch.) T. Nemoto et H. Ohashi 【N, W/C】 ♣NBG; ●JS; ★(AS): CN, IN, NP, PK.

尖叶铁扫帚 **Lespedeza juncea** (L. f.) Pers. 【N, W/C】♣BBG, XTBG; ●BJ, NM, SC, YN; ★(AS): BT, CN, IN, JP, KP, KR, LA, LK, MM, MN, RU-AS.

宽叶胡枝子 **Lespedeza maximowiczii** R. C. Schneid. 【N, W/C】 ♣CBG, LBG, ZAFU; ●JX, SH, ZJ; ★(AS): CN, JP, KP, KR.

铁马鞭 **Lespedeza pilosa** (Thunb.) Siebold et Zucc. 【N, W/C】♣CBG, FBG, HBG, KBG, LBG, WBG, ZAFU; ●FJ, HB, JX, SH, YN, ZJ; ★(AS): CN, JP, KP, KR.

美丽胡枝子 **Lespedeza thunbergii** subsp. **formosa** (Vogel) H. Ohashi 【N, W/C】 ♣BBG, CBG, GA, GBG, GMG, HBG, IBCAS, KBG, LBG, NBG, SCBG, WBG, XBG, XMBG, ZAFU; ●BJ, FJ, GD, GX, GZ, HB, JS, JX, SC, SH, SN, YN, ZJ; ★(AS): CN, ID, IN, JP, KP.

绒毛胡枝子 **Lespedeza tomentosa** (Thunb.) Maxim. 【N, W/C】 ♣CBG, LBG, XMBG; ●FJ, JX, NM, SC, SH; ★(AS): CN, IN, JP, KP, KR, MN, NP, PK, RU-AS.

细梗胡枝子 **Lespedeza virgata** (Murray) DC. 【N, W/C】♣HBG, LBG, WBG; ●HB, JX, ZJ; ★(AS): CN, JP, KP, KR.

阳春胡枝子 **Lespedeza yangchunensis** num.nud. 【N, W/C】 ♣SCBG; ●GD; ★(AS): CN.

山蚂蝗属 Desmodium

美洲山蚂蝗 **Desmodium canadense** (L.) DC. 【I, C】 ♣NBG; ●JS; ★(NA): CA, US.

凹叶山蚂蝗 **Desmodium concinnum** DC. 【N, W/C】 ♣XTBG; ●YN; ★(AS): BT, CN, ID, IN, JP, LA, LK, MM, NP, PK, VN.

二歧山蚂蝗（二歧山蚂蝗）**Desmodium dichotomum** (Willd.) DC. 【N, W/C】 ♣NSBG, XTBG; ●CQ, YN; ★(AS): CN, ID, IN, MM, MY.

大叶山蚂蝗 **Desmodium gangeticum** (L.) DC. 【N, W/C】♣FBG, GMG, SCBG, XTBG; ●FJ, GD, GX, YN; ★(AF): MG, NG, ZA; (AS): BT, CN, ID, IN, JP, KH, LA, LK, MM, MY, NP, TH, VN; (OC): AU, PAF.

黏毛山蚂蝗 **Desmodium glutinosum** (Willd.) Alph. Wood 【I, C】 ♣HBG; ●ZJ; ★(NA): MX, US.

疏果山蚂蝗 **Desmodium griffithianum** Benth. 【N, W/C】 ♣XTBG; ●YN; ★(AS): CN, ID, IN, LA, MM, MY, TH, VN.

假地豆 **Desmodium heterocarpon** (L.) DC. 【N, W/C】 ♣CBG, FBG, FLBG, GA, GMG, HBG, LBG, SCBG, XMBG, XTBG, ZAFU; ●FJ, GD, GX, JX, SH, YN, ZJ; ★(AF): MG, NG, ZA; (AS): BT, CN, ID, IN, JP, KH, KR, LA, LK, MM, MY, NP, PH, SG, TH, VN; (OC): AU, PAF.

糙毛假地豆 **Desmodium heterocarpon** var. **strigosum** Meeuwen 【N, W/C】 ♣XTBG; ●YN; ★(AS): CN, ID, IN, KH, LA, MM, MY, NP, PH, TH, VN.

异叶山蚂蝗 **Desmodium heterophyllum** (Willd.) DC. 【N, W/C】 ♣SCBG, XMBG; ●FJ, GD; ★(AF): MG; (AS): CN, ID, IN, KH, LA, LK, MM, MY, NP, PH, SG, TH, VN; (OC): AU, PAF.

扭曲山蚂蝗（西班牙三叶草）**Desmodium intortum** (Mill.) Urb. 【I, C】 ●TW; ★(NA): BZ, CR, GT, HN, JM, LW, MX, NI, PA, PR, SV, US, VG; (SA): AR, BO, BR, CO, EC, GY, PE, PY, VE.

大叶拿身草 **Desmodium laxiflorum** DC. 【N, W/C】 ♣XMBG, XTBG; ●FJ, YN; ★(AS): BT, CN, ID, IN, JP, LA, LK, MM, MY, NP, PH, TH, VN.

长圆叶山蚂蝗 **Desmodium oblongum** Wall. ex Benth. 【N, W/C】 ♣XTBG; ●YN; ★(AS): BT, CN, ID, IN, KH, LA, LK, MM, TH, VN.

肾叶山蚂蝗 **Desmodium renifolium** (L.) Schindl. 【N, W/C】 ♣XTBG; ●YN; ★(AS): BT, CN, ID, IN, JP, KH, LA, LK, MM, MY, NP, TH, VN; (OC): AU, PAF.

显脉山绿豆 **Desmodium reticulatum** Champ. ex Benth. 【N, W/C】♣SCBG, XTBG; ●GD, YN; ★(AS): CN, MM, TH, VN.

蝎尾山蚂蝗 **Desmodium scorpiurus** (Sw.) Desv. 【I, C】 ★(NA): BZ, CR, CU, DO, GT, HN, HT, JM, LW, MX, NI, PA, PR, SV, TT, US, VG, WW; (SA): BO, CO, EC, PE, VE.

广东金钱草 **Desmodium styracifolium** (Osbeck) Merr. 【N, W/C】 ♣FBG, GMG, GXIB, SCBG, XMBG, XTBG; ●FJ, GD, GX, YN; ★(AS): BT, CN, ID, IN, KH, LA, LK, MM, MY, TH, VN.

南美山蚂蝗 **Desmodium tortuosum** (Sw.) DC. 【I, C/N】★(NA): BS, BZ, CR, CU, DO, GT, HN, HT, JM, KY, LW, MX, NI, PA, PR, SV, TT, US, VG, WW; (SA): AR, BO, BR, CO, EC, GY, PE, PY, VE.

三点金 **Desmodium triflorum** (L.) DC. 【N, W/C】 ♣FBG, FLBG, GMG, TMNS, XMBG, XTBG; ●FJ, GD, GX, JX, TW, YN; ★(AF): MG, NG; (AS): BT, CN, ID, IN, JP, KH, LA, LK, MM, MY, NP, SG, TH, VN; (OC): AU, PAF.

银叶藤 **Desmodium uncinatum** (Jacq.) DC. 【I, C】 ★(NA): CR, MX, NI, PA; (SA): AR, BO, BR, CO, EC, PE, PY, UY, VE.

绒毛山蚂蝗 **Desmodium velutinum** (Willd.) DC. 【N, W/C】♣XTBG; ●YN; ★(AF): NG, ZA; (AS): BT, CN, ID, IN, KH, LA, LK, MM, MY, NP, PH, TH, VN.

单叶拿身草 **Desmodium zonatum** Miq. 【N, W/C】 ♣GMG, XTBG; ●GX, YN; ★(AS): CN, ID, IN, LA, LK, MM, MY, PH, TH, VN.

长柄山蚂蝗属 Hylodesmum

侧序长柄山蚂蝗 **Hylodesmum laterale** (Schindl.) H. Ohashi et R. R. Mill【N, W/C】♣SCBG; ●GD; ★(AS): CN, JP, RU-AS.

疏花长柄山蚂蝗 **Hylodesmum laxum** (DC.) H. Ohashi et R. R. Mill 【N, W/C】 ♣GMG, SCBG, XTBG; ●GD, GX, YN; ★(AS): BT, CN, ID, IN, JP, LA, LK, MY, NP, PH, TH, VN.

细长柄山蚂蝗(细柄山绿豆)**Hylodesmum leptopus** (Benth.) H. Ohashi et R. R. Mill 【N, W/C】 ♣XTBG; ●YN; ★(AS): CN, ID, IN, JP, LA, LK, MY, PH, RU-AS, TH, VN.

勐腊长柄山蚂蝗 **Hylodesmum menglaense** (C. Chen et X. J. Cui) H. Ohashi et R. R. Mill 【N, W/C】 ♣XTBG; ●YN; ★(AS): CN, RU-AS.

羽叶长柄山蚂蝗 **Hylodesmum oldhamii** (Oliv.) H. Ohashi et R. R. Mill 【N, W/C】 ♣CBG, HBG, LBG, WBG; ●HB, JX, SH, ZJ; ★(AS): CN, JP, KP, KR.

长柄山蚂蝗 **Hylodesmum podocarpum** (DC.) H. Ohashi et R. R. Mill 【N, W/C】 ♣FBG, GBG, HBG, SCBG, WBG, XBG; ●BJ, FJ, GD, GZ, HB, SN, ZJ; ★(AS): BT, CN, ID, IN, JP, KP, KR, LA, MM, NP, PH, PK, VN.

宽卵叶长柄山蚂蝗 **Hylodesmum podocarpum** subsp. **fallax** (Schindl.) H. Ohashi et R. R. Mill 【N, W/C】 ♣CBG, GMG, HBG, LBG, NBG, SCBG, WBG, XTBG; ●GD, GX, HB, JS, JX, SC, SH, YN, ZJ; ★(AS): CN, JP, KP, KR.

尖叶长柄山蚂蝗 **Hylodesmum podocarpum** subsp. **oxyphyllum** (DC.) H. Ohashi et R. R. Mill 【N, W/C】 ♣GA, GBG, GMG, HBG, LBG, WBG, XTBG, ZAFU; ●GX, GZ, HB, JX, SC, YN, ZJ; ★(AS): BT, CN, ID, IN, JP, KP, KR, LA, MM, MY, NP, VN.

浅波叶长柄山蚂蝗 **Hylodesmum repandum** (Vahl) H. Ohashi et R. R. Mill 【N, W/C】 ♣CBG; ●SH; ★(AS): BT, CN, ID, IN, LA, LK, MM, MY, PH, TH, VN.

饿蚂蝗属 Ototropis

圆锥山蚂蝗 **Ototropis elegans** (DC.) H. Ohashi et K. Ohashi 【N, W/C】 ♣GXIB, IBCAS, SCBG, XOIG, XTBG; ●BJ, FJ, GD, GX, SC, TW, YN; ★(AS): AF, BT, CN, ID, IN, LK, NP.

盐源山蚂蝗 **Ototropis elegans** var. **handelii** (Schindl.) H. Ohashi et K. Ohashi 【N, W/C】 ♣XTBG; ●YN; ★(AS): CN.

滇南山蚂蝗 **Ototropis megaphylla** (Zoll. et Moritzi) H. Ohashi et K. Ohashi 【N, W/C】♣XTBG; ●YN; ★(AS): CN, ID, IN, LA, MM, MY, TH, VN.

饿蚂蝗 **Ototropis multiflora** (DC.) H. Ohashi et K.

Ohashi【N, W/C】♣CBG, FLBG, GA, GBG, GMG, GXIB, HBG, WBG, XTBG; ●GD, GX, GZ, HB, JX, SH, YN, ZJ; ★(AS): BT, CN, ID, IN, LA, LK, MM, NP, TH, VN.

长波叶山蚂蝗 **Ototropis sequax** (Wall.) H. Ohashi et K. Ohashi【N, W/C】♣FBG, GBG, GMG, HBG, NBG, SCBG, WBG, XTBG; ●FJ, GD, GX, GZ, HB, JS, SC, YN, ZJ; ★(AS): BT, CN, ID, IN, LA, MM, MY, NP, PH, TH, VN.

云南山蚂蝗 **Ototropis yunnanensis** (Franch.) H. Ohashi et K. Ohashi【N, W/C】♣XTBG; ●YN; ★(AS): CN.

排钱树属 Phyllodium

毛排钱树 **Phyllodium elegans** (Lour.) Desv.【N, W/C】♣FBG, FLBG, GMG, GXIB, SCBG, XMBG; ●FJ, GD, GX, JX; ★(AS): CN, ID, IN, KH, LA, TH, VN.

长柱排钱树 **Phyllodium kurzianum** (Kuntze) H. Ohashi【N, W/C】♣XTBG; ●YN; ★(AS): CN, LA, MM, TH, VN.

长叶排钱树 **Phyllodium longipes** (Craib) Schindl.【N, W/C】♣XMBG, XTBG; ●FJ, YN; ★(AS): CN, KH, LA, MM, TH, VN.

排钱树 **Phyllodium pulchellum** (L.) Desv.【N, W/C】♣FBG, FLBG, GBG, GMG, GXIB, SCBG, TMNS, WBG, XMBG, XTBG; ●FJ, GD, GX, GZ, HB, JX, TW, YN; ★(AS): CN, IN, KH, LA, LK, MM, MY, TH, VN.

假木豆属 Dendrolobium

单节假木豆（单节荚小木豆）**Dendrolobium lanceolatum** (Dunn) Schindl.【N, W/C】♣SCBG, XTBG; ●GD, YN; ★(AS): CN, KH, LA, TH, VN.

榄绿假木豆 **Dendrolobium olivaceum** (Prain) Schindl.【I, C】♣XTBG; ●YN; ★(AS): LA, MM.

假木豆 **Dendrolobium triangulare** (Retz.) Schindl.【N, W/C】♣GMG, GXIB, SCBG, WBG, XTBG; ●GD, GX, HB, YN; ★(AS): CN, ID, IN, KH, LA, LK, MM, MY, NP, TH, VN.

伞花假木豆 **Dendrolobium umbellatum** (L.) Benth.【N, W/C】♣TMNS; ●TW; ★(AS): CN, ID, IN, JP, KH, LK, MM, MY, PH, SG, TH, VN.

葫芦茶属 Tadehagi

蔓茎葫芦茶 **Tadehagi pseudotriquetrum** (DC.) H. Ohashi【N, W/C】♣GMG, XTBG; ●GX, YN; ★(AS): BT, CN, ID, IN, MY, NP, PH.

葫芦茶 **Tadehagi triquetrum** (L.) H. Ohashi【N, W/C】♣FBG, FLBG, GMG, GXIB, HBG, SCBG, XMBG, XTBG; ●FJ, GD, GX, JX, YN, ZJ; ★(AS): BT, CN, ID, IN, JP, KH, LA, LK, MM, MY, NP, PH, TH, VN.

链荚豆属 Alysicarpus

柴胡叶链荚豆 **Alysicarpus bupleurifolius** (L.) DC.【N, W/C】♣GMG; ●GX; ★(AF): MG, MU; (AS): BT, CN, ID, IN, LK, MM, MY, PH, PK, TH, VN; (OC): AU, PAF; (SA): BO.

卵叶链荚豆 **Alysicarpus ovalifolius** (Schum.) Leonard【I, C/N】♣XMBG, XOIG; ●FJ, GD; ★(AF): KM, MG, NG, TZ.

皱缩链荚豆 **Alysicarpus rugosus** (Willd.) DC.【N, W/C】♣XTBG; ●YN; ★(AF): BI, CF, CM, DJ, DZ, EG, ER, ET, KE, MG, RW, SC, SD, SO, TN, TZ, UG; (AS): BT, CN, ID, IN, LA, LK, MM, MY, NP, TH, VN; (OC): AU, PAF.

链荚豆 **Alysicarpus vaginalis** (L.) DC.【I, C/N】♣FBG, FLBG, GMG, SCBG, XMBG, XTBG; ●FJ, GD, GX, JX, YN; ★(AF): BI, DJ, DZ, EG, ER, ET, KE, LY, MA, RW, SC, SD, SO, TN, TZ, UG; (AS): ID, IN, KH, LA, MM, MY, PH, SG, TH, VN.

舞草属 Codariocalyx

圆叶舞草 **Codariocalyx gyroides** (Link) Hassk.【N, W/C】♣SCBG, XTBG; ●FJ, GD, HI, TW, YN; ★(AS): CN, ID, IN, KH, LA, LK, MM, MY, NP, TH, VN; (OC): PAF, PG.

小叶三点金 **Codariocalyx microphyllus** H. Ohashi【N, W/C】♣GA, GBG, GMG, HBG, LBG, SCBG, XMBG, XTBG, ZAFU; ●FJ, GD, GX, GZ, JX, YN, ZJ; ★(AS): CN, ID, IN, JP, LK, MM, MY; (OC): PAF.

舞草 **Codariocalyx motorius** (Houtt.) H. Ohashi【N, W/C】♣BBG, FBG, GBG, GMG, GXIB, KBG, SCBG, WBG, XLTBG, XMBG, XTBG; ●BJ, FJ, GD, GX, GZ, HB, HI, SC, TW, YN; ★(AS): BT, CN, ID, IN, LA, LK, MM, MY, NP, TH, VN; (OC): AU, PAF.

狸尾豆属 Uraria

Uraria acaulis Schindl.【I, C】♣XTBG; ●YN; ★

(AS): KH, LA, TH, VN.

猫尾草 **Uraria crinita** (L.) Desv. 【N, W/C】 ♣FLBG, GMG, SCBG, XMBG, XTBG; ●FJ, GD, GX, JX, YN; ★(AS): CN, ID, IN, JP, KH, LA, LK, MM, MY, PH, SG, TH, VN; (OC): AU, PAF.

滇南狸尾豆 **Uraria lacei** Craib 【N, W/C】 ♣XTBG; ●YN; ★(AS): CN, ID, IN, LA, MM, TH, VN.

狸尾豆 **Uraria lagopodioides** (Lodd.) Schott 【N, W/C】 ♣FLBG, GMG, SCBG, XMBG, XTBG; ●FJ, GD, GX, JX, YN; ★(AS): BT, CN, ID, IN, JP, KH, LA, LK, MM, MY, NP, PH, TH, VN; (OC): AU, PAF.

福建狸尾豆(长苞狸尾豆) **Uraria neglecta** Prain 【N, W/C】 ♣CBG; ●SH; ★(AS): BD, CN, IN, NP.

美花狸尾豆 **Uraria picta** (Jacq.) Desv. 【N, W/C】 ♣GMG, XMBG, XTBG; ●FJ, GX, SC, YN; ★(AF): CF, GA, MG, NG; (AS): BT, CN, ID, IN, JP, KH, LK, MM, MY, NP, PH, PK, TH, VN; (OC): AU.

钩柄狸尾豆 **Uraria rufescens** (DC.) Schindl. 【N, W/C】 ♣XTBG; ●YN; ★(AS): BT, CN, ID, IN, KH, LA, LK, MM, MY, TH, VN.

中华狸尾豆(中华兔尾草) **Uraria sinensis** (J. H. Hemsl.) Franch. 【N, W/C】 ♣WBG; ●HB; ★(AS): BT, CN, IN, LK.

算珠豆属 Urariopsis

算珠豆 **Urariopsis cordifolia** (Wall.) Schindl. 【N, W/C】 ♣XTBG; ●YN; ★(AS): CN, ID, IN, KH, LA, MM, TH, VN.

蝙蝠草属 Christia

台湾蝙蝠草 **Christia campanulata** (Wall.) Thoth. 【N, W】 ♣XTBG; ●YN; ★(AS): CN, ID, IN, MM, TH, VN.

铺地蝙蝠草 **Christia obcordata** (Poir.) Bakh. f. ex Meeuwen 【N, W/C】 ♣GMG, SCBG, TMNS, XMBG, XTBG; ●FJ, GD, GX, TW, YN; ★(AS): CN, ID, IN, JP, KH, LA, MM, MY, PH, TH, VN; (OC): AU, PAF.

蝙蝠草 **Christia vespertilionis** (L. f.) Bakh. f. ex Meeuwen 【N, W/C】 ♣CBG, FBG, GMG, GXIB, HBG, KBG, SCBG, XMBG, XTBG; ●FJ, GD, GX, SH, YN, ZJ; ★(AS): BT, CN, IN, LA, LK, MY, SG.

两节豆属 Dicerma

两节豆 **Aphyllodium biarticulatum** (L.) Gagnep. 【N, W/C】 ♣SCBG; ●GD; ★(AS): CN, ID, IN, KH, LA, LK, MM, MY, TH, VN.

长柄荚属 Mecopus

长柄荚 **Mecopus nidulans** Benn. 【N, W/C】 ♣XTBG; ●YN; ★(AS): CN, ID, IN, KH, LA, MM, MY, TH, VN.

小槐花属 Ohwia

小槐花 **Ohwia caudata** (Thunb.) H. Ohashi 【N, W/C】 ♣CBG, FBG, GA, GBG, GMG, HBG, LBG, SCBG, TMNS, WBG, XMBG, XTBG, ZAFU; ●FJ, GD, GX, GZ, HB, JX, SC, SH, TW, YN, ZJ; ★(AS): BT, CN, ID, IN, JP, KP, LA, LK, MM, MY, SG, VN.

密子豆属 Pycnospora

密子豆 **Pycnospora lutescens** (Poir.) Schindl. 【N, W/C】 ♣FBG, FLBG, GMG, SCBG, XMBG, XTBG; ●FJ, GD, GX, JX, YN; ★(AS): CN, ID, IN, JP, KH, LA, MM, PH, TH, VN; (OC): AU, PAF.

紫矿属 Butea

紫矿 **Butea monosperma** (Lam.) Taub. 【N, W/C】 ♣SCBG, TBG, TMNS, XMBG, XTBG; ●FJ, GD, TW, YN; ★(AS): BT, CN, ID, IN, KH, LA, LK, MM, NP, SG, TH, VN.

千斤拔属 Flemingia

墨江千斤拔 **Flemingia chappar** Benth. 【N, W/C】 ♣XTBG; ●YN; ★(AS): CN, IN, KH, LA, MM, NP, TH.

锈毛千斤拔 **Flemingia ferruginea** Wall. ex Benth. 【N, W/C】 ♣XTBG; ●YN; ★(AS): CN, LA.

河边千斤拔 **Flemingia fluminalis** C. B. Clarke ex Prain 【N, W/C】 ♣WBG, XTBG; ●HB, YN; ★(AS): CN, ID, IN, LA, MM, VN.

绒毛千斤拔 **Flemingia grahamiana** Wight et Arn. 【N, W/C】 ♣XTBG; ●YN; ★(AF): ZA; (AS): CN, ID, IN, LA, MM, VN.

总苞千斤拔 **Flemingia involucrata** Benth. 【N, W/C】 ♣XTBG; ●YN; ★(AS): BT, CN, ID, IN, KH, LA, LK, MM, MY, PH, TH, VN; (OC): AU.

宽叶千斤拔 **Flemingia latifolia** Benth. 【N, W/C】

♣XTBG; ●YN; ★(AS): CN, ID, IN, KH, LA, MM, VN.

海南千斤拔 **Flemingia latifolia** var. **hainanensis** Y. T. Wei et S. K. Lee 【N, W】 ♣XTBG; ●YN; ★(AS): CN, IN, MM, VN.

细叶千斤拔 **Flemingia lineata** (L.) Roxb. ex W. T. Aiton【N, W/C】♣XTBG; ●YN; ★(AS): CN, ID, IN, KH, LA, LK, MM, MY, TH, VN.

大叶千斤拔（一条根）**Flemingia macrophylla** (Willd.) Merr. 【N, W/C】 ♣FBG, GA, GMG, KBG, SCBG, XMBG, XTBG; ●FJ, GD, GX, JX, SC, YN; ★(AS): BT, CN, ID, IN, KH, LA, LK, MM, MY, NP, TH, VN.

勐板千斤拔 **Flemingia mengpengensis** Y. T. Wei et S. K. Lee 【N, W/C】 ♣XTBG; ●YN; ★(AS): CN.

锥序千斤拔 **Flemingia paniculata** Benth. 【N, W/C】 ♣XTBG; ●YN; ★(AS): BT, CN, ID, IN, KH, LA, LK, MM, NP, TH, VN.

矮千斤拔 **Flemingia procumbens** Roxb. 【N, W】 ♣XTBG; ●YN; ★(AS): CN, ID, IN, LA, MM, NP, PH, VN.

千斤拔 **Flemingia prostrata** Roxb. 【N, W/C】 ♣GA, GMG, SCBG, XTBG; ●GD, GX, JX, SC, YN; ★(AS): CN, IN, JP, MM, PH.

长叶千斤拔 **Flemingia stricta** Roxb. 【N, W】 ♣XTBG; ●YN; ★(AS): BT, CN, ID, IN, KH, LA, LK, MM, PH, TH, VN.

球穗千斤拔 **Flemingia strobilifera** (L.) R. Br. 【N, W/C】♣GMG, GXIB, XTBG; ●GX, YN; ★(AS): BT, CN, ID, IN, KH, LA, LK, MM, MY, NP, PH, SG, TH, VN; (OC): US-HW.

云南千斤拔 **Flemingia wallichii** Wight et Arn. 【N, W】 ♣XTBG; ●YN; ★(AS): CN, ID, IN, LA, MM, VN.

木豆属 Cajanus

木豆 **Cajanus cajan** (L.) Millsp. 【I, C】 ♣CBG, FLBG, GA, GMG, GXIB, HBG, SCBG, WBG, XLTBG, XMBG, XOIG, XTBG; ●BJ, FJ, GD, GX, GZ, HB, HI, JX, SH, TW, YN, ZJ; ★(AS): IN.

虫豆 **Cajanus crassus** (Prain ex King) Maesen 【N, W/C】 ♣XTBG; ●YN; ★(AS): CN, ID, IN, LA, MM, MY, NP, PH, TH, VN; (OC): PAF.

硬毛虫豆 **Cajanus goensis** Dölzell 【N, W/C】 ♣XTBG; ●YN; ★(AS): CN, ID, IN, LA, MM, MY, TH, VN.

大花虫豆 **Cajanus grandiflorus** (Baker) Maesen 【N, W/C】 ♣XTBG; ●YN; ★(AS): BT, CN, ID, IN, LK, MM.

长叶虫豆 **Cajanus mollis** (Benth.) Maesen 【N, W/C】 ♣WBG, XTBG; ●HB, YN; ★(AS): BT, CN, IN, LK, NP, PK.

白虫豆 **Cajanus niveus** (Benth.) Maesen 【N, W】 ♣XTBG; ●YN; ★(AS): CN, MM.

蔓草虫豆 **Cajanus scarabaeoides** (L.) Thouars ex Graham【N, W/C】♣TMNS, XMBG, XTBG; ●FJ, SC, TW, YN; ★(AS): BT, CN, ID, IN, JP, KH, LA, LK, MM, MY, NP, PK, TH, VN.

鸡头薯属 Eriosema

鸡头薯 **Eriosema chinense** Vogel 【N, W/C】 ♣GBG, GMG, SCBG, XMBG, XTBG; ●FJ, GD, GX, GZ, YN; ★(AS): CN, ID, IN, KH, LA, LK, MM, MY, PH, TH, VN; (OC): AU, PAF.

鹿藿属 Rhynchosia

菱叶鹿藿 **Rhynchosia dielsii** Harms 【N, W/C】 ♣WBG, XTBG, ZAFU; ●HB, YN, ZJ; ★(AS): CN.

小鹿藿 **Rhynchosia minima** (L.) DC. 【I, N】 ★(AF): BI, NG, TZ, ZA, ZM; (AS): AF, BT, ID, IN, JP, LK, MM, MY, NP, PH, PK, TH, VN.

淡红鹿藿 **Rhynchosia rufescens** (Willd.) DC. 【N, W/C】 ♣XTBG; ●YN; ★(AS): CN, ID, IN, KH, LK, MM, MY.

绒叶鹿藿 **Rhynchosia tomentosa** (L.) Hook. et Arn. 【I, N】 ★(NA): US.

鹿藿 **Rhynchosia volubilis** (Michx.) Alph. Wood 【N, W/C】 ♣CBG, CDBG, GBG, GMG, GXIB, HBG, LBG, SCBG, TMNS, WBG, XMBG, XTBG, ZAFU; ●FJ, GD, GX, GZ, HB, JX, SC, SH, TW, YN, ZJ; ★(AS): CN, JP, KP, KR, VN.

野扁豆属 Dunbaria

黄毛野扁豆 **Dunbaria fusca** (Wall.) Kurz 【N, W/C】 ♣XTBG; ●YN; ★(AS): CN, ID, IN, LA, MM, MY, TH, VN.

鸽仔豆（亨氏野扁豆）**Dunbaria truncata** (Miq.) Maesen【N, W/C】♣HBG, LBG, ZAFU; ●JX, ZJ; ★(AS): CN, ID, MM, VN.

长柄野扁豆 **Dunbaria podocarpa** Kurz 【N, W/C】 ♣FLBG; ●GD, JX; ★(AS): CN, ID, IN, KH, LA, MM, MY, TH, VN.

圆叶野扁豆 **Dunbaria rotundifolia** (Lour.) Merr. 【N, W/C】 ♣GMG, SCBG; ●GD, GX; ★(AS): BT, CN, ID, IN, KH, LA, LK, MM, NP, PH, TH, VN; (OC): AU.

野扁豆 **Dunbaria villosa** (Thunb.) Makino 【N, W/C】 ♣LBG; ●JX; ★(AS): CN, ID, IN, JP, KH, KP, KR, LA, PH, TH, VN.

镰瓣豆属 Dysolobium

印度红豆 **Dysolobium dolichoides** (Roxb.) Prain 【I, C】 ♣XMBG; ●FJ; ★(AS): BD, ID, MY.

镰瓣豆 **Dysolobium grande** (Benth.) Prain 【N, W/C】 ♣XTBG; ●YN; ★(AS): BT, CN, ID, IN, LK, MM, NP, TH.

毛镰瓣豆（毛豇豆）**Dysolobium pilosum** (Willd.) Maréchal【N, W/C】♣XTBG; ●YN; ★(AS): BT, CN, ID, IN, KH, LA, MY, PH, TH, VN.

刺桐属 Erythrina

Erythrina × bidwillii Lindl. 【I, C】 ♣TMNS; ●TW; ★(OC): AU.

西克刺桐 **Erythrina × sykesii** Barneby et Krukoff 【I, C】 ♣NBG, XMBG, XTBG; ●FJ, JS, YN; ★(OC): AU, NZ.

东非刺桐（非洲刺桐）**Erythrina abyssinica** Lam. 【I, C】 ♣TBG; ●TW; ★(AF): BI, KE, MZ, TZ, UG, ZA, ZM.

鹦哥花 **Erythrina arborescens** Roxb. 【N, W/C】 ♣CDBG, GBG, HBG, KBG, NSBG, WBG, XTBG; ●CQ, FJ, GZ, HB, SC, YN, ZJ; ★(AS): BT, CN, ID, IN, JP, LK, MM, NP, TH.

南非刺桐 **Erythrina caffra** Thunb. 【I, C】 ♣TBG, XMBG, XOIG; ●FJ, GD, TW, YN; ★(AF): MG, MZ, ZA.

龙牙花 **Erythrina corallodendron** L. 【I, N】 ♣CDBG, FBG, FLBG, GMG, GXIB, HBG, KBG, NSBG, SCBG, TBG, XMBG, XOIG, XTBG; ●BJ, CQ, FJ, GD, GX, JL, JX, SC, TW, YN, ZJ; ★(NA): JM, LW, VG.

厚叶刺桐 **Erythrina crassifolia** (Koord. et Valeton) Koord. et Valeton 【I, C】 ♣XOIG; ●FJ; ★(AS): ID.

鸡冠刺桐 **Erythrina crista-galli** L. 【I, C】 ♣CBG, FBG, FLBG, GA, HBG, NBG, SCBG, TBG, XLTBG, XMBG, XOIG, XTBG, ZAFU; ●FJ, GD, HI, JS, JX, SC, SH, TW, YN, ZJ; ★(NA): BZ, CR, GT, HN, MX, NI, PA, US; (SA): AR, BO, BR, CO, EC, GY, PE, PY, UY.

Erythrina flabelliformis Kearney 【I, C】 ♣BBG; ●BJ, TW; ★(NA): MX, US.

*布卡刺桐 **Erythrina fusca** Lour. 【I, C】 ♣XOIG; ●FJ; ★(NA): BZ, CR, CU, GT, HN, JM, MX, NI, PA, PR, SV, TT, US, WW; (SA): BO, BR, CO, EC, GF, GY, PE, VE.

韩氏刺桐 **Erythrina haerdii** Verdc. 【I, C】 ♣XTBG; ●YN; ★(AF): TZ.

纳塔尔刺桐 **Erythrina humeana** Spreng. 【I, C】 ♣XMBG; ●FJ; ★(AF): ZA, ZM.

Erythrina latissima E. Mey. 【I, C】 ♣SCBG; ●GD, TW; ★(AF): ZA.

岩刺桐 **Erythrina livingstoniana** Baker 【I, C】 ♣SCBG; ●GD; ★(AF): MW, MZ, ZM, ZW.

黑刺桐 **Erythrina lysistemon** Hutch. 【I, C】 ♣TBG; ●TW; ★(AF): TZ.

小果刺桐 **Erythrina microcarpa** Koord. et Valeton 【I, C】 ♣XOIG; ●FJ; ★(AS): ID, MY, PH.

裴利刺桐 **Erythrina perrieri** R. Vig. 【I, C】 ♣XTBG; ●YN; ★(AF): MG.

Erythrina poeppigiana (Walp.) Skeels 【I, C】 ♣XOIG; ●FJ; ★(NA): CR, DO, GT, NI, PA, PR, SV, TT; (SA): BO, CO, EC, PE, VE.

三德威刺桐 **Erythrina sandwicensis** Degener 【I, C】 ♣XTBG; ●YN; ★(NA): US.

塞内加尔刺桐 **Erythrina senegalensis** DC. 【I, C】 ♣XTBG; ●YN; ★(AF): CM, GH, NG, SN.

象牙花 **Erythrina speciosa** Tod. 【I, C】 ★(SA): BR, PY.

劲直刺桐 **Erythrina stricta** Roxb. 【N, W/C】 ♣SCBG, XMBG, XTBG; ●FJ, GD, YN; ★(AS): BT, CN, ID, IN, KH, LA, LK, MM, NP, TH, VN.

翅果刺桐 **Erythrina subumbrans** (Hassk.) Merr. 【N, W/C】 ♣XOIG, XTBG; ●FJ, YN; ★(AF): MU; (AS): CN, ID, IN, LA, MM, PH, VN.

*塔希提刺桐 **Erythrina tahitensis** Nadeaud 【I, C】 ♣XTBG; ●YN; ★(OC): PF.

脱落刺桐 **Erythrina tholloniana** Hua 【I, C】 ♣XTBG; ●YN; ★(AF): GA.

刺桐 **Erythrina variegata** L. 【N, W/C】 ♣BBG, CBG, FBG, FLBG, GMG, GXIB, HBG, IBCAS, NSBG, SCBG, TBG, TMNS, XLTBG, XMBG, XOIG, XTBG; ●BJ, CQ, FJ, GD, GX, HI, JX, SC, SH, TW, YN, ZJ; ★(AS): BT, CN, ID, IN, JP, KH, LA, LK, MM, MY, PH, SG, TH, VN; (OC): AU, PAF.

春刺桐 **Erythrina verna** Vell.【I, C】♣XOIG; ●FJ; ★(SA): BO, BR, EC, PE.

蝙蝠刺桐 **Erythrina vespertilio** Benth.【I, C】♣TBG, XMBG, XOIG; ●FJ, TW; ★(OC): AU.

肉质刺桐 **Erythrina zeyheri** Harv.【I, C】♣BBG, XMBG; ●BJ, FJ; ★(AF): ZA.

四棱豆属 Psophocarpus

四棱豆 **Psophocarpus tetragonolobus** (L.) DC.【I, C】♣IBCAS, SCBG, XLTBG, XMBG, XOIG, XTBG; ●AH, BJ, FJ, GD, GX, HI, SC, TW, YN; ★(AS): ID, IN, LK, MM, MY, PH, TH; (OC): PG.

硬皮豆属 Macrotyloma

阿其尔大结豆 **Macrotyloma axillare** (E. Mey.) Verdc.【I, C】★(AF): MG, TZ, ZA.

硬皮豆 **Macrotyloma uniflorum** (Lam.) Verdc.【I, C/N】●TW; ★(AF): TZ; (AS): BT, ID, IN, LK, MM, NP, PH, PK; (OC): AU.

镰扁豆属 Dolichos

丽江镰扁豆（麻里麻）**Dolichos tenuicaulis** (Baker) Craib【N, W/C】♣GBG; ●GZ; ★(AS): BT, CN, IN, LA, LK, MM, NP, TH.

镰扁豆 **Dolichos trilobus** L.【N, W/C】♣GXIB; ●GX; ★(AS): CN, LA.

扁豆属 Lablab

扁豆 **Lablab purpureus** (L.) Sweet【I, C/N】♣FBG, FLBG, GA, GBG, GMG, GXIB, HBG, IBCAS, LBG, SCBG, WBG, XBG, XMBG, XOIG, XTBG, ZAFU; ●AH, BJ, FJ, GD, GS, GX, GZ, HA, HB, HE, HL, HN, JL, JS, JX, LN, NM, NX, SC, SD, SH, SN, SX, TW, YN, ZJ; ★(AF): KE, MG, TZ, UG, ZA, ZM.

毒扁豆属 Physostigma

毒扁豆 **Physostigma venenosum** Balf.【I, C】★(AF): GH, GN, NG.

豇豆属 Vigna

乌头叶豇豆 **Vigna aconitifolia** (Jacq.) Maréchal【N, W/C】★(AS): CN, ID, IN, LK, MM, PK.

赤豆 **Vigna angularis** (Willd.) Ohwi et Ohashi【N, W/C】♣GBG, GMG, HBG, HFBG, LBG, SCBG, WBG, ZAFU; ●AH, BJ, GD, GS, GX, GZ, HA, HB, HE, HL, HN, JL, JS, JX, LN, NM, NX, SC, SD, SN, SX, TJ, TW, XJ, YN, ZJ; ★(AS): CN, JP, KP, KR.

Vigna caracalla (L.) Verdc.【I, C】●TW; ★(NA): CR, MX, NI, PA, US; (SA): AR, BO, BR, CO, EC, GY, PE, PY, UY, VE.

异叶豇豆 **Vigna heterophylla** A. Rich.【I, C】★(AF): ET.

长叶豇豆 **Vigna luteola** (Jacq.) Benth.【I, C/N】★(NA): BZ, CR, DO, GT, HN, MX, NI, PA, PR, SV, US; (SA): AR, BO, BR, CO, EC, GF, GY, PE, PY, UY, VE.

滨豇豆 **Vigna marina** (Burm.) Merr.【N, W/C】♣TMNS; ●TW; ★(AF): MG, NG, SC, ZA; (AS): CN, ID, IN, JP, LK, MM, MY, SG; (OC): AU, US-HW; (NA): CU, PA, PR, US; (SA): BR.

贼小豆 **Vigna minima** (Roxb.) Ohwi et H. Ohashi【N, W/C】♣ZAFU; ●BJ, HB, ZJ; ★(AS): CN, IN, JP, KR, PH.

黑吉豆 **Vigna mungo** (L.) Hepper【I, C】♣NBG; ●BJ, HE, JS, TW; ★(AS): IN.

绿豆 **Vigna radiata** (L.) R. Wilczek【N, W/C】♣FBG, GA, GBG, GMG, GXIB, HBG, IBCAS, LBG, SCBG, WBG, XMBG, XOIG, XTBG; ●AH, BJ, FJ, GD, GS, GX, GZ, HA, HB, HE, HI, HL, HN, JL, JS, JX, LN, NM, NX, SC, SD, SN, SX, TJ, TW, XJ, YN, ZJ; ★(AS): BT, CN, ID, IN, JP, KH, LA, LK, TH, VN.

赤小豆 **Vigna umbellata** (Thunb.) Ohwi et H. Ohashi【N, W/C】♣HBG, SCBG, WBG, XBG, XTBG, ZAFU; ●AH, BJ, GD, GS, GX, GZ, HA, HB, HE, HI, HL, HN, JL, JS, LN, NM, SC, SD, SN, SX, TW, YN, ZJ; ★(AS): BT, CN, IN, JP, KR, LA, LK, MM, MY, PH.

豇豆 **Vigna unguiculata** (L.) Walp.【I, C】♣FBG, GA, GBG, GMG, HBG, HFBG, LBG, SCBG, TDBG, WBG, XLTBG, XMBG, XOIG, XTBG, ZAFU; ●AH, BJ, CQ, FJ, GD, GS, GX, GZ, HA, HB, HE, HI, HL, HN, JL, JS, JX, LN, NM, NX, SC, SD, SH, SN, SX, TJ, TW, XJ, YN, ZJ; ★(AF): CF, GH, GM, GN, MW, NG, SO, TZ, ZA, ZM.

短豇豆 **Vigna unguiculata** subsp. **cylindrica** (L.) Verdc.【I, C】♣FBG, GA, GBG, HBG, LBG, TDBG, ZAFU; ●BJ, FJ, GZ, JX, TW, XJ, ZJ; ★(AF): BF, BJ, CG, CI, CV, EH, GH, GM, GN, GW, LR, ML, MR, NE, NG, SL, SN, TG.

野豇豆 **Vigna vexillata** (L.) A. Rich.【N, W/C】♣CBG, GMG, HBG, LBG, XBG, XMBG, ZAFU; ●FJ, GX, JX, SH, SN, ZJ; ★(AF): BI, MG, MW,

NG, TZ, UG, ZM; (AS): BT, CN, ID, IN, JP, KP, KR, LA, LK, MM, MY; (OC): AU, PAF.

菜豆属 Phaseolus

蛇菜豆 **Phaseolus anguinus** Bunge【I, C】★(NA): MX.

荷包豆 **Phaseolus coccineus** L. 【I, C/N】♣GXIB, LBG, WBG, XMBG, XTBG; ●BJ, FJ, GS, GX, GZ, HB, HL, HN, JL, JX, NM, SC, SN, SX, TW, XJ, YN; ★(NA): CR, GT, HN, MX, NI, SV; (SA): AR, CO, EC.

棉豆 **Phaseolus lunatus** Billb. ex Beurl. 【I, C】♣BBG, SCBG, XMBG, XOIG; ●BJ, FJ, GD, GX, JS, JX, TW, YN; ★(NA): BZ, CR, GT, HN, MX, NI, PA, PR, SV, US; (SA): AR, BO, BR, CL, CO, EC, GY, PE, VE.

菜豆 **Phaseolus vulgaris** L. 【I, C/N】♣FBG, GA, HBG, LBG, NBG, TDBG, WBG, XLTBG, XMBG, XOIG, XTBG, ZAFU; ●AH, BJ, CQ, FJ, GD, GS, GX, GZ, HA, HB, HE, HI, HL, HN, JL, JS, JX, LN, NM, NX, QH, SC, SD, SH, SN, SX, TJ, TW, XJ, YN, ZJ; ★(NA): CR, CU, GT, HN, MX, NI, PA, PR, SV, US; (SA): AR, BO, CO, EC, GF, GY, PE, VE.

大翼豆属 Macroptilium

紫花大翼豆 **Macroptilium atropurpureum** (DC.) Urb. 【I, C】♣SCBG, XMBG; ●FJ, GD, SC, TW; ★(NA): BS, BZ, CR, DO, GT, HN, MX, NI, PA, SV, US; (SA): AR, BO, BR, CO, EC, GY, PE, VE.

大翼豆 **Macroptilium lathyroides** (L.) Urb. 【I, C】♣FBG, XMBG, XOIG; ●FJ, SC; ★(NA): BS, BZ, CR, CU, DO, GT, HN, HT, JM, KY, LW, MX, NI, PA, PR, SV, TT, US, VG; (SA): AR, BO, BR, CL, CO, EC, GY, PE, PY, UY, VE.

柏油豆属 Bituminaria

臭味补骨脂 **Bituminaria bituminosa** (L.) C. H. Stirt. 【I, C】♣NBG; ●JS; ★(AF): EG, MA, TN; (AS): IL, JO, LB, TR; (EU): ES, FR, GR, NL, PT.

补骨脂属 Cullen

补骨脂 **Cullen corylifolium** (L.) Medik. 【N, W/C】♣GMG, HBG, IBCAS, KBG, LBG, SCBG, XBG, XMBG, XTBG; ●BJ, FJ, GD, GX, JX, SC, SN, YN, ZJ; ★(AS): CN, IN, LA, LK, MM, MY, VN.

翡翠葛属 Strongylodon

翡翠葛（绿玉藤）**Strongylodon macrobotrys** A. Gray【I, C】♣SCBG, XMBG, XOIG, XTBG; ●FJ, GD, TW, YN; ★(AS): PH.

山黑豆属 Dumasia

心叶山黑豆 **Dumasia cordifolia** Baker 【N, W/C】♣KBG; ●YN; ★(AS): CN, ID, IN.

小鸡藤 **Dumasia forrestii** Diels【N, W/C】♣LBG; ●JX; ★(AS): CN.

庐山山黑豆 **Dumasia ovatifolia** S. S. Lai 【N, W/C】♣LBG; ●JX; ★(AS): CN.

密花豆属 Spatholobus

光叶密花豆 **Spatholobus harmandii** Gagnep. 【N, W/C】♣SCBG; ●GD; ★(AS): CN, LA, MY, VN.

美丽密花豆 **Spatholobus pulcher** Dunn【N, W/C】♣XTBG; ●YN; ★(AS): CN.

红血藤 **Spatholobus sinensis** Chun et T. C. Chen 【N, W/C】♣SCBG; ●GD; ★(AS): CN.

密花豆 **Spatholobus suberectus** Dunn 【N, W/C】♣GMG, SCBG, WBG, XMBG, XTBG; ●FJ, GD, GX, HB, YN; ★(AS): CN.

单耳密花豆 **Spatholobus uniauritus** C. F. Wei【N, W/C】♣XTBG; ●YN; ★(AS): CN.

云南密花豆 **Spatholobus varians** Dunn 【N, W/C】♣XTBG; ●YN; ★(AS): CN, MM, TH.

豆薯属 Pachyrhizus

豆薯 **Pachyrhizus erosus** (L.) Urb. 【I, C】♣GA, GBG, GMG, HBG, KBG, LBG, NBG, SCBG, TMNS, WBG, XBG, XMBG, XTBG, ZAFU; ●AH, CQ, FJ, GD, GX, GZ, HB, HN, JS, JX, SC, SN, TW, YN, ZJ; ★(NA): MX.

毛蔓豆属 Calopogonium

兰毛蔓豆 **Calopogonium caeruleum** (Benth.) Britton 【I, C】♣XOIG; ●FJ; ★(NA): BZ, CR, CU, DO, GT, HN, JM, LW, MX, NI, PA, PR, SV, TT, US, VG, WW; (SA): BO, BR, CO, EC, GF, GY, PE, PY, VE.

毛蔓豆 **Calopogonium mucunoides** Desv. 【I, C/N】♣XOIG, XTBG; ●FJ, GD, YN; ★(NA): BZ, CR, CU, DO, GT, HN, JM, LW, MX, NI, PA, PR, SV, TT, US, VG, WW; (SA): BO, BR, CO, EC, GF, GY, PE, PY, VE.

葛扁豆属 Neorautanenia

柔茎豆 **Neorautanenia mitis** (A. Rich.) Verdc. 【I, C】 ♣XMBG; ●FJ, TW; ★(AF): MZ, TZ, ZM.

华扁豆属 Sinodolichos

华扁豆 **Sinodolichos lagopus** (Dunn) Verdc. 【N, W/C】 ♣WBG; ●HB; ★(AS): CN, MY, TH.

爪哇大豆属 Neonotonia

爪哇大豆 **Neonotonia wightii** (Wight et Arn.) J. A. Lackey 【I, C】 ♣XTBG; ●TW, YN; ★(AF): ET, KM, TZ, ZA, ZM.

大豆属 Glycine

大豆 **Glycine max** (L.) Merr. 【N, W/C】 ♣FBG, GA, GBG, HBG, HFBG, LBG, SCBG, WBG, XMBG, XOIG, ZAFU; ●AH, BJ, CQ, FJ, GD, GS, GX, GZ, HA, HB, HE, HI, HL, HN, JL, JS, JX, LN, NM, NX, QH, SC, SD, SH, SN, SX, TJ, TW, XJ, XZ, YN, ZJ; ★(AS): BT, CN, ID, IN, JP, KP, KR, LA, LK, MM, MN.

野大豆 **Glycine soja** Siebold et Zucc. 【N, W/C】 ♣CBG, GA, HBG, IBCAS, LBG, SCBG, WBG, XMBG, XTBG, ZAFU; ●BJ, FJ, GD, HB, JX, SH, TW, YN, ZJ; ★(AS): AF, CN, JP, KP, KR, LA, MN, RU-AS.

澎湖大豆（烟豆）**Glycine tabacina** (Labill.) Benth. 【N, W/C】 ♣GMG, WBG; ●GX, HB; ★(AS): CN, JP; (OC): AU, PAF.

短绒野大豆 **Glycine tomentella** Hayata 【N, W/C】 ♣WBG, XMBG; ●FJ, HB, SC; ★(AS): CN, PH; (OC): AU, PAF.

葛属 Pueraria

密花葛（密花葛藤）**Pueraria alopecuroides** Craib 【N, W/C】 ♣XTBG; ●YN; ★(AS): CN, MM, TH.

食用葛 **Pueraria edulis** Pamp. 【N, W/C】 ♣WBG, XTBG; ●HB, YN; ★(AS): BT, CN, ID, IN.

葛（三野葛）**Pueraria montana** (Lour.) Merr. 【N, W/C】 ♣CBG, FBG, GBG, GMG, GXIB, HBG, NBG, TMNS, XBG, XMBG, XTBG; ●AH, FJ, GD, GX, GZ, JS, SC, SH, SN, TW, YN, ZJ; ★(AS): CN, ID, JP, LA, MM, PH, TH, VN; (OC): PAF.

野葛（葛麻姆）**Pueraria montana** var. **lobata** (Willd.) Sanjappa et Pradeep 【N, W/C】 ♣BBG, FLBG, GA, GBG, GMG, GXIB, IBCAS, KBG, LBG, NSBG, SCBG, WBG, XMBG, ZAFU; ●BJ, CQ, FJ, GD, GX, GZ, HB, HE, JX, LN, SC, TW, YN, ZJ; ★(AS): BT, CN, ID, JP, KP, KR, LA, MM, PH, TH, VN; (OC): AU, NZ, PAF.

粉葛 **Pueraria montana** var. **thomsonii** (Benth.) Wiersema ex D. B. Ward 【N, W/C】 ♣SCBG, XMBG; ●FJ, GD, SC, TW; ★(AS): BT, CN, IN, LA, MM, PH, TH, VN.

苦葛 **Pueraria peduncularis** Graham 【N, W/C】 ♣KBG; ●YN; ★(AS): BT, CN, ID, IN, JP, LK, MM, NP, PK.

三裂叶野葛 **Pueraria phaseoloides** (Roxb.) Benth. 【N, W/C】 ♣FLBG, SCBG, XLTBG, XMBG, XOIG; ●FJ, GD, HI, JX; ★(AS): BT, CN, ID, IN, KH, LA, LK, MM, MY, NP, SG, TH, VN.

小花野葛 **Pueraria stricta** Kurz 【N, W/C】 ♣XTBG; ●YN; ★(AS): CN, LA, MM, TH.

须弥葛（喜马拉雅葛藤）**Pueraria wallichii** DC. 【N, W/C】 ♣XTBG; ●YN; ★(AS): BT, CN, ID, IN, LK, MM, NP, TH.

两型豆属 Amphicarpaea

阴阳豆 **Amphicarpaea bracteata** (L.) Rickett et Stafleu 【I, C】 ★(NA): CA, US.

两型豆（腺毛两型豆）**Amphicarpaea edgeworthii** Benth. 【N, W/C】 ♣HBG, LBG, ZAFU; ●JX, ZJ; ★(AS): CN, IN, JP, KP, KR, NP, VN.

苞护豆属 Phylacium

苞护豆 **Phylacium majus** Collett et Hemsl. 【N, W/C】 ♣XTBG; ●YN; ★(AS): CN, LA, MM, TH.

田菁属 Sesbania

刺田菁 **Sesbania bispinosa** (Jacq.) W. Wight 【N, W/C】 ♣XTBG; ●TW, YN; ★(AF): MG, NG; (AS): CN, ID, IN, KH, LA, LK, MM, MY, PK, TH, VN; (OC): AU, PAF.

田菁 **Sesbania cannabina** (Retz.) Poir. 【I, C/N】 ♣CBG, FBG, FLBG, GA, GMG, GXIB, HBG, IBCAS, MDBG, NBG, SCBG, TDBG, XBG, XMBG, XTBG, ZAFU; ●AH, BJ, FJ, GD, GS, GX, GZ, HB, JS, JX, LN, SD, SH, SN, TJ, TW, XJ, YN, ZJ; ★(OC): AU, PAF.

大花田菁 **Sesbania grandiflora** (L.) Pers. 【I, C】

♣BBG, CBG, FBG, FLBG, NBG, SCBG, XMBG, XOIG, XTBG; ●BJ, FJ, GD, JS, JX, SH, TW, YN; ★(AS): IN, MY.

无毛田菁 **Sesbania herbacea** (Mill.) McVaugh 【I, N】●JS; ★(NA): BS, BZ, CR, CU, GT, HN, MX, NI, PA, PR, SV, US; (SA): AR, BO, BR, CO, EC, GY, PE, PY, VE.

沼生田菁 **Sesbania javanica** Miq.【N, W/C】●TW; ★(AS): CN, ID, IN, KH, LA, MM, MY, TH, VN.

印度田菁 **Sesbania sesban** (L.) Merr. 【I, C/N】♣FLBG, TBG, XMBG; ●FJ, GD, JX, TW; ★(AS): ID, IN, LK, MM.

元江田菁 **Sesbania sesban** var. **bicolor** (Wight et Arn.) F. W. Andrews 【I, N】 ★(AS): IN.

斧荚豆属 Securigera

Securigera cretica (L.) Lassen【I, C】★(EU): GR.

Securigera globosa (Lam.) Lassen 【I, C】 ★(EU): GR.

马蹄豆属 Hippocrepis

多叶马蹄豆 **Hippocrepis comosa** L. 【I, C】 ★(EU): FR.

蝎子旃那 **Hippocrepis emerus** (L.) Lassen 【I, C】★(AF): MA; (AS): GE, LB, TR; (EU): AL, AT, BA, BG, CZ, DE, ES, GR, HR, HU, IT, ME, MK, NO, RO, RS, RU, SI, TR.

马蹄豆 **Hippocrepis unisiliquosa** L.【I, C】★(AS): IR; (EU): FR, IT.

岩豆属 Anthyllis

须芒岩豆 **Anthyllis barba-jovis** L.【I, C】♣CBG; ●SH; ★(EU): GR, NL.

岩豆（绒毛花）**Anthyllis vulneraria** L. 【I, C】♣NBG, XTBG; ●JS, YN; ★(AF): DZ, EG, ET, LY, MA, SD, TN; (AS): CY, IR, LB, PS, RU-AS, SY, TR; (EU): AD, AL, AT, BA, BE, BG, BY, CH, CZ, DE, DK, ES, FI, FR, GB, GR, HR, HU, IS, IT, LU, MC, ME, MK, NL, NO, PL, PT, RO, RS, RU, SE, SI, SK, SM, UA, VA.

绒毛花属 Tripodion

四叶绒毛花 **Tripodion tetraphyllum** (L.) Fourr.【I, C】 ♣HBG; ●ZJ; ★(AF): MA; (AS): IL, JO, SY, TR; (EU): ES, IT, NL.

矛豆属 Dorycnium

灰色金雀花（粗毛矛豆）**Dorycnium hirsutum** (L.) Ser.【I, C】♣BBG, CBG; ●BJ, SH; ★(AF): MA; (AS): LB, SA; (EU): AL, BA, BY, DE, ES, GR, HR, IT, LU, ME, MK, RS, SI, TR.

百脉根属 Lotus

高原百脉根 **Lotus alpinus** (Ser.) Schleich. ex Ramond 【I, C】 ★(EU): AL, AT, BA, BG, CH, DE, ES, GR, HR, IT, ME, MK, RS, SI.

百脉根 **Lotus corniculatus** L. 【N, W/C】 ♣BBG, CDBG, GBG, LBG, NBG, WBG; ●BJ, GZ, HB, JS, JX, LN, SC, YN; ★(AS): AF, BT, CN, IN, JP, KP, KR, KZ, LK, MM, MN, NP, PK, RU-AS, TJ, TM.

光叶百脉根 **Lotus corniculatus** var. **japonicus** Regel【N, W/C】♣MDBG, SCBG; ●GD, GS; ★(AS): CN, JP, KP, KR, NP.

金斑百脉根 **Lotus maculatus** Breitfeld 【I, C】 ●TW; ★(AF): ES-CS.

欧洲百脉根 **Lotus pedunculatus** Cav. 【I, C】 ★(AF): MA; (EU): ES.

翅荚百脉根 **Lotus tetragonolobus** L.【I, C】●TW; ★(AF): MA; (AS): AM, GE, LB, PS, SY, TR; (EU): ES, NL, UA.

鸟爪豆属 Ornithopus

*黄花鸟爪豆（黄花鸡足豆）**Ornithopus compressus** L. 【I, C】 ★(EU): ES, IT, MK, PT.

冠花豆属 Coronilla

*地中海小冠花 **Coronilla valentina** L. 【I, C】♣BBG; ●BJ; ★(AF): DZ, MA; (AS): SA; (EU): AL, BA, BY, DE, ES, GB, GR, HR, IT, LU, ME, MK, NL, RS, SE, SI.

粉绿小冠花 **Coronilla valentina** subsp. **glauca** (L.) Batt. 【I, C】 ●TW; ★(AF): MA.

小冠花（绣球小冠花）**Coronilla varia** L. 【I, C】♣IBCAS, MDBG, NBG, TDBG; ●BJ, GS, JS, LN, SC, SN, SX, XJ; ★(AF): MA; (AS): SA, TR; (EU): AL, AT, BA, BE, BG, CZ, DE, ES, GB, GR, HR, HU, IT, ME, MK, NL, NO, PL, RO, RS, RU, SI, TR.

藩篱豆属 Gliricidia

格力豆 **Gliricidia sepium** (Jacq.) Kunth ex Griseb.

【I, C】 ♣SCBG, XTBG; ●GD, TW, YN; ★(NA): BZ, CR, CU, DO, GT, HN, LW, MX, NI, PA, PR, SV, TT, US, VG, WW; (SA): BO, BR, CO, EC, PE, VE.

刺槐属 Robinia

Robinia × ambigua Poir. 【I, C】 ♣MDBG; ●GS; ★(NA): US.

杂种刺槐 **Robinia × holdtii** Beissn. 【I, C】 ♣HBG; ●ZJ; ★(NA): US.

希勒杂种洋槐 **Robinia × slavinii** Rehder 【I, C】 ♣BBG; ●BJ; ★(NA): US.

毛刺槐（毛洋槐）**Robinia hispida** L. 【I, C】 ♣BBG, CBG, HBG, IBCAS, NBG; ●BJ, JL, JS, LN, SH, TW, YN, ZJ; ★(NA): US.

江南槐 **Robinia hispida** var. **kelseyi** (Hutch.) Isely 【I, C】 ♣IBCAS; ●BJ; ★(NA): US.

繁花刺槐 **Robinia luxurians** (Dieck) Rydb. 【I, C】 ♣IBCAS, NBG; ●BJ, JS; ★(NA): US.

玛格丽特刺槐 **Robinia margaretta** Ashe 【I, C】 ♣BBG, CBG; ●BJ, SH; ★(NA): US.

红花刺槐（红花洋槐）**Robinia neomexicana** A. Gray 【I, C】 ♣WBG; ●HB; ★(NA): US.

刺槐（洋槐）**Robinia pseudoacacia** L. 【I, C/N】 ♣BBG, CBG, CDBG, GBG, GXIB, HBG, HFBG, IBCAS, KBG, LBG, MDBG, NBG, NSBG, TBG, TDBG, WBG, XBG, XTBG, ZAFU; ●BJ, CQ, GS, GX, GZ, HA, HB, HL, JL, JS, JX, LN, NM, NX, SC, SD, SH, SN, SX, TW, XJ, YN, ZJ; ★(NA): US.

黏毛刺槐 **Robinia viscosa** Vent. 【I, C】 ♣NBG; ●JS; ★(NA): US.

铁锋豆属 Olneya

沙漠铁木 **Olneya tesota** A. Gray 【I, C】 ●TW; ★(NA): MX, US.

甘草属 Glycyrrhiza

粗毛甘草 **Glycyrrhiza aspera** Pall. 【N, W/C】 ♣IBCAS, MDBG, TDBG, WBG; ●BJ, GS, HB, XJ; ★(AS): AF, CN, CY, KG, KH, KZ, MN, RU-AS, TJ, TM, UZ; (EU): RU.

刺甘草 **Glycyrrhiza echinata** L. 【I, C】 ♣HBG, NBG; ●JS, ZJ; ★(AS): IR, TR; (EU): BA, BG, GR, HR, HU, IT, ME, MK, RO, RS, RU, SE, SI, TR, UA.

洋甘草 **Glycyrrhiza glabra** L. 【N, W/C】 ♣GBG, MDBG, NBG, TDBG; ●GS, GZ, JS, NM, TW, XJ; ★(AF): MA; (AS): AF, CN, CY, IN, KG, KH, KZ, LA, MM, MN, PK, RU-AS, TJ, TM, TR, UZ; (EU): RU.

胀果甘草 **Glycyrrhiza inflata** Batalin 【N, W/C】 ♣MDBG, TDBG; ●GS, NM, QH, XJ; ★(AS): CN, CY, KG, KH, KZ, MN, RU-AS, TJ, TM, UZ.

刺果甘草 **Glycyrrhiza pallidiflora** Maxim. 【N, W/C】 ♣HBG, HFBG, IBCAS, KBG, MDBG, SCBG, TDBG, XBG; ●BJ, GD, GS, HL, SC, SN, XJ, YN, ZJ; ★(AS): CN, MN, RU-AS.

圆果甘草 **Glycyrrhiza squamulosa** Franch. 【N, W/C】 ♣MDBG; ●GS; ★(AS): CN, MN, RU-AS.

甘草 **Glycyrrhiza uralensis** Fisch. ex DC. 【N, W/C】 ♣HBG, IBCAS, NBG, TDBG, WBG, XBG; ●BJ, GS, HB, JS, NM, SN, TW, XJ, ZJ; ★(AS): AF, CN, JP, KG, KZ, MN, PK, RU-AS, TJ.

鸡血藤属 Callerya

Callerya atropurpurea (Wall.) Schot 【I, C】 ●GD; ★(AS): LA, MM, MY, SG, TH.

绿花鸡血藤（绿花崖豆藤）**Callerya championii** (Benth.) X. Y. Zhu 【N, W/C】 ♣FLBG, SCBG, XMBG, XTBG; ●FJ, GD, JX, YN; ★(AS): CN.

灰毛鸡血藤（滇缅崖豆藤、澜沧崖豆藤）**Callerya cinerea** (Benth.) Schot 【N, W/C】 ♣CDBG, FBG, FLBG, GBG, GXIB, HBG, KBG, LBG, SCBG, WBG, XMBG, XTBG, ZAFU; ●FJ, GD, GX, GZ, HB, JX, SC, YN, ZJ; ★(AS): BT, CN, ID, IN, LA, MM, NP, TH, VN.

香花鸡血藤 **Callerya dielsiana** (Harms) P. K. Lôc ex Z. Wei et Pedley 【N, W/C】 ♣CBG, GMG, HBG, KBG, NSBG, SCBG, XTBG; ●CQ, GD, GX, SH, YN, ZJ; ★(AS): CN.

异果鸡血藤（异果崖豆藤）**Callerya dielsiana** var. **heterocarpa** (Chun ex T. C. Chen) X. Y. Zhu ex Z. Wei et Pedley 【N, W/C】 ♣FBG, GMG, SCBG, WBG; ●FJ, GD, GX, HB; ★(AS): CN.

滇缅鸡血藤 **Callerya dorwardii** (Collett et Hemsl.) Z. Wei et Pedley 【N, W/C】 ♣XTBG; ●YN; ★(AS): CN, MM, TH.

宽序鸡血藤（宽序崖豆藤）**Callerya eurybotrya** (Drake) A. Schott 【N, W/C】 ♣WBG, XTBG; ●HB, YN; ★(AS): CN, LA, TH, VN.

江西鸡血藤 **Callerya kiangsiensis** (Z. Wei) Z. Wei et Pedley 【N, W/C】 ♣CBG; ●SH; ★(AS): CN.

亮叶鸡血藤（亮叶崖豆藤）**Callerya nitida** (Benth.) R. Geesink 【N, W/C】 ♣FBG, GBG, SCBG, TMNS, XMBG, XTBG; ●FJ, GD, GZ, SC, TW, YN; ★(AS): CN.

网络鸡血藤（网脉崖豆藤）**Callerya reticulata** (Benth.) Schot 【N, W/C】 ♣BBG, CBG, FBG, FLBG, GA, GMG, GXIB, HBG, LBG, SCBG, TMNS, WBG, XMBG, XTBG, ZAFU; ●BJ, FJ, GD, GX, HB, JX, SC, SH, TW, YN, ZJ; ★(AS): CN, VN.

锈毛鸡血藤 **Callerya sericosema** (Hance) Z. Wei et Pedley 【N, W/C】 ♣XTBG; ●YN; ★(AS): CN.

美丽鸡血藤（美丽崖豆藤）**Callerya speciosa** (Champ.) Schot【N, W/C】♣FLBG, GMG, SCBG, WBG, XMBG, XTBG; ●FJ, GD, GX, HB, JX, YN; ★(AS): CN, VN.

喙果鸡血藤（喙果崖豆藤）**Callerya tsui** (F. P. Metcalf) Z. Wei et Pedley【N, W/C】♣CBG, GA, GXIB, SCBG, WBG, XTBG; ●GD, GX, HB, JX, SH, YN; ★(AS): CN.

猪腰豆属 Afgekia

猪腰豆 **Afgekia filipes** (Dunn) R. Geesink 【N, W/C】 ♣KBG, SCBG, XMBG, XTBG; ●FJ, GD, YN; ★(AS): CN, LA, MM, TH, VN.

绢丝花（毛叶腰子）**Afgekia sericea** Craib 【I, C】 ♣XTBG; ●YN; ★(AS): LA, TH, VN.

紫藤属 Wisteria

*台湾紫藤 **Wisteria × formosa** Rehder 【N, C】 ●TW; ★(AS): CN.

多花紫藤 **Wisteria floribunda** (Willd.) DC. 【I, C】 ♣BBG, CBG, FLBG, HBG, IBCAS, KBG, LBG, SCBG, XMBG; ●BJ, FJ, GD, JS, JX, SC, SH, TW, YN, ZJ; ★(AS): JP.

矮紫藤 **Wisteria frutescens** (L.) Poir. 【I, C】 ♣CBG, NBG; ●BJ, HE, JS, SH; ★(NA): US.

紫藤 **Wisteria sinensis** (Sims) Sweet 【N, W/C】 ♣BBG, CBG, CDBG, FBG, FLBG, GA, GBG, GXIB, HBG, IBCAS, KBG, LBG, NBG, NSBG, SCBG, TBG, WBG, XBG, XMBG, ZAFU; ●AH, BJ, CQ, FJ, GD, GX, GZ, HA, HB, HE, JS, JX, LN, SC, SH, SN, SX, TW, YN, ZJ; ★(AS): CN.

白花藤萝 **Wisteria venusta** Rehder et E. H. Wilson 【N, W/C】♣BBG, CBG, HBG, NBG; ●BJ, JS, SH, ZJ; ★(AS): CN.

藤萝 **Wisteria villosa** Rehder 【N, W/C】 ♣BBG, GXIB, IBCAS, WBG; ●BJ, GX, HB, TW; ★(AS): CN.

铃铛刺属 Halimodendron

铃铛刺 **Halimodendron halodendron** (Pall.) Druce 【N, W/C】 ♣BBG, IBCAS, MDBG, TDBG; ●BJ, GS, XJ; ★(AS): CN, MN, RU-AS.

锦鸡儿属 Caragana

槐叶锦鸡儿 **Caragana × sophorifolia** Tausch 【N, C】 ♣NBG; ●JS; ★(AS): CN.

刺叶锦鸡儿 **Caragana acanthophylla** Kom. 【N, W/C】 ♣MDBG, TDBG; ●GS, XJ; ★(AS): CN, KG, KZ, TJ, UZ.

树锦鸡儿 **Caragana arborescens** Lam. 【N, W/C】 ♣CBG, HFBG, IBCAS, MDBG, NBG, TDBG; ●BJ, GS, HE, HL, JS, LN, NM, SH, TW, XJ, YN; ★(AS): CN, KZ, MN, RU-AS.

镰叶锦鸡儿 **Caragana aurantiaca** Koehne 【N, W/C】 ♣IBCAS; ●BJ, XJ; ★(AS): AF, CN, KZ, PK, UZ.

二色锦鸡儿 **Caragana bicolor** Kom. 【N, W/C】 ●QH, SC; ★(AS): CN.

扁刺锦鸡儿 **Caragana boisii** C. K. Schneid. 【N, W/C】 ♣IBCAS, NBG; ●BJ, JS, SC; ★(AS): CN.

边塞锦鸡儿 **Caragana bongardiana** (Fisch. et C. A. Mey.) Pojark. 【N, W/C】 ♣MDBG; ●GS; ★(AS): CN.

矮脚锦鸡儿 **Caragana brachypoda** Pojark. 【N, W/C】 ♣MDBG; ●GS, NM; ★(AS): CN, MN, RU-AS.

短叶锦鸡儿 **Caragana brevifolia** Kom. 【N, W/C】 ●GS, SC; ★(AS): CN, IN, PK.

北疆锦鸡儿 **Caragana camillischneideri** Kom. 【N, W/C】 ♣TDBG; ●XJ; ★(AS): CN, RU-AS.

灰毛小叶锦鸡儿 **Caragana cinerea** (Kom.) N. S. Pavlova 【N, W/C】 ♣MDBG, TDBG; ●GS, XJ; ★(AS): CN, MN, RU-AS.

密叶锦鸡儿 **Caragana densa** Kom. 【N, W/C】 ♣BBG; ●BJ; ★(AS): CN.

川西锦鸡儿 **Caragana erinacea** Kom. 【N, W/C】 ♣MDBG; ●GS, QH, SC, YN; ★(AS): CN.

云南锦鸡儿 **Caragana franchetiana** Kom. 【N, W/C】 ●YN; ★(AS): CN.

黄刺条锦鸡儿 **Caragana frutex** (L.) K. Koch 【N, W/C】♣BBG, HFBG, IAE, IBCAS, MDBG, NBG;

●BJ, GS, HL, JS, LN, XJ; ★(AS): CN, KZ, MN, RU-AS; (EU): BG, RO, RU.

极东锦鸡儿 **Caragana fruticosa** (Pall.) Besser【N, W/C】♣HFBG; ●HL; ★(AS): CN, KP, RU-AS.

鬼箭锦鸡儿 **Caragana jubata** (Pall.) Poir.【N, W/C】●YN; ★(AS): BT, CN, IN, LK, MN, RU-AS.

甘肃锦鸡儿 **Caragana kansuensis** Pojark.【N, W/C】●GS, NM, NX, SN; ★(AS): CN.

拧条锦鸡儿（柠条锦鸡儿）**Caragana korshinskii** Kom.【N, W/C】♣GA, IBCAS, MDBG, TDBG; ●BJ, GS, JX, LN, NM, NX, SN, XJ; ★(AS): CN, MN, RU-AS.

沙地锦鸡儿 **Caragana davazamcii** Sanchir【N, W/C】♣TDBG; ●NM, XJ; ★(AS): CN, MN.

白皮锦鸡儿 **Caragana leucophloea** Pojark.【N, W/C】♣MDBG; ●GS, NM, XJ; ★(AS): CN, KZ, MN, RU-AS.

中间锦鸡儿 **Caragana liouana** Zhao Y. Chang et Yakovlev【N, W/C】♣MDBG, TDBG; ●GS, XJ; ★(AS): CN.

小叶锦鸡儿 **Caragana microphylla** Lam.【N, W/C】♣HFBG, IBCAS, MDBG, NBG, TDBG; ●BJ, GS, HL, JS, LN, NM, SC, SX, XJ; ★(AS): CN, KR, MN, RU-AS.

甘蒙锦鸡儿 **Caragana opulens** Kom.【N, W/C】♣MDBG; ●GS, NX, SN; ★(AS): CN, MN.

北京锦鸡儿 **Caragana pekinensis** Kom.【N, W/C】♣IBCAS; ●BJ, LN; ★(AS): CN, JP.

粉刺锦鸡儿 **Caragana pruinosa** Kom.【N, W/C】♣MDBG; ●GS; ★(AS): CN, KG, KZ, MN.

草原锦鸡儿 **Caragana pumila** Pojark.【N, W/C】●XJ; ★(AS): CN, KZ.

秦晋锦鸡儿 **Caragana purdomii** Rehder【N, W/C】♣MDBG; ●GS; ★(AS): CN, MN.

矮锦鸡儿 **Caragana pygmaea** (L.) DC.【N, W/C】♣NBG; ●JS, NM; ★(AS): CN, MN, RU-AS.

荒漠锦鸡儿 **Caragana roborovskyi** Kom.【N, W/C】♣MDBG, TDBG; ●GS, NM, NX, QH, XJ; ★(AS): CN, MN.

红花锦鸡儿 **Caragana rosea** Maxim.【N, W/C】♣BBG, HFBG, IBCAS, MDBG, TDBG; ●BJ, GS, HL, LN, XJ; ★(AS): CN, MN.

锦鸡儿 **Caragana sinica** (Buc'hoz) Rehder【N, W/C】♣BBG, CBG, FBG, GA, GBG, GMG, GXIB, HBG, IBCAS, KBG, LBG, NBG, SCBG, WBG, XBG, XMBG, ZAFU; ●BJ, FJ, GD, GX, GZ, HA, HB, HE, HL, JS, JX, SC, SH, SN, TW, YN, ZJ; ★(AS): CN, JP, KP, KR.

准噶尔锦鸡儿 **Caragana soongorica** Grubov【N, W/C】●NM, XJ; ★(AS): CN.

多刺锦鸡儿 **Caragana spinosa** (L.) Hornem.【N, W/C】♣NBG; ●JS, XJ; ★(AS): CN, KZ, MN, RU-AS.

狭叶锦鸡儿 **Caragana stenophylla** Pojark.【N, W/C】♣MDBG, TDBG; ●GS, NM, NX, SN, SX, XJ; ★(AS): CN, MN, RU-AS.

青甘锦鸡儿 **Caragana tangutica** Maxim.【N, W/C】♣NBG; ●JS; ★(AS): CN.

毛刺锦鸡儿 **Caragana tibetica** Kom.【N, W/C】♣MDBG; ●GS, NM, NX, QH, SC, XZ; ★(AS): CN, MN, RU-AS.

中亚锦鸡儿（绢毛锦鸡儿）**Caragana tragacanthoides** (Pall.) Poir.【N, W/C】♣IBCAS, MDBG, TDBG; ●BJ, GS, XJ; ★(AS): CN, KZ, MN.

乌苏里锦鸡儿 **Caragana ussuriensis** (Regel) Pojark.【N, W/C】♣HFBG; ●HL, LN; ★(AS): CN, JP, MN, RU-AS.

变色锦鸡儿 **Caragana versicolor** Benth.【N, W/C】●QH, SC; ★(AS): AF, CN, IN, NP, PK.

南口锦鸡儿 **Caragana zahlbruckneri** C. K. Schneid.【N, W/C】♣MDBG; ●GS, LN; ★(AS): CN.

骆驼刺属 Alhagi

骆驼刺 **Alhagi sparsifolia** Shap. ex Keller et Shap.【N, W/C】♣MDBG, SCBG, TDBG; ●GD, GS, NM, XJ, YN; ★(AS): CN, KG, KZ, MM, TJ, TM, UZ.

岩黄芪属 Hedysarum

山岩黄芪（山岩黄耆）**Hedysarum alpinum** L.【N, W/C】♣HBG; ●ZJ; ★(AS): CN, IN, KR, MN, PK, RU-AS; (EU): RU.

短翼岩黄芪（短翼岩黄耆）**Hedysarum brachypterum** Bunge【N, W/C】♣MDBG; ●GS; ★(AS): CN, MN.

地中海岩黄芪 **Hedysarum coronarium** L.【I, C】★(AF): DZ, MA, TN; (EU): ES, IT, MT.

华北岩黄芪（华北岩黄耆）**Hedysarum gmelinii** Ledeb.【N, W/C】●NM; ★(AS): CN, KG, KH, KZ, MN, RU-AS, TJ, TM, UZ; (EU): RU.

多序岩黄芪（多序岩黄耆）**Hedysarum polybotrys** Hand.-Mazz. 【N, W/C】 ♣XBG; ●SN; ★(AS): CN, MN.

羊柴属 Corethrodendron

木山竹子（塔落山竹子）**Corethrodendron lignosum** (Trautv.) L. R. Xu et B. H. Choi 【N, W/C】 ♣TDBG; ●XJ; ★(AS): CN.

红花山竹子（红花岩黄芪、红花岩黄耆）**Corethrodendron multijugum** (Maxim.) B. H. Choi et H. Ohashi 【N, W/C】 ♣BBG, MDBG, XBG; ●BJ, GS, NM, QH, SN, XJ; ★(AS): CN, MN.

细枝山竹子（细枝岩黄芪、细枝岩黄耆）**Corethrodendron scoparium** (Fisch. et C. A. Mey.) Fisch. et Basiner【N, W/C】♣MDBG, TDBG; ●GS, NM, NX, XJ; ★(AS): CN, CY, KZ, MN.

驴食豆属 Onobrychis

红豆草 **Onobrychis cyri** Grossh. 【I, C】 ♣MDBG, TDBG; ●GS, NM, SC, SN, XJ; ★(AS): GE, RU-AS.

小花红豆草 **Onobrychis micrantha** Schrenk 【I, C】 ★(AS): AF, CY, IR, KZ, PK, RU-AS, TM.

顿河红豆草 **Onobrychis tanaitica** Spreng. 【N, W/C】 ♣TDBG; ●XJ; ★(AS): CN, KG, KZ, RU-AS, TM, UZ.

高加索红豆草 **Onobrychis transcaucasica** Grossh. 【I, C】 ★(AS): GE, TR.

西伯利亚红豆草 **Onobrychis sibirica** (Sirj.)Turcz. ex Grossh. 【I, C】 ★(AS): MM, RU-AS.

驴食草（红豆草）**Onobrychis viciifolia** Scop. 【I, C】 ♣NBG, TDBG; ●BJ, JL, JS, NM, SC, XJ; ★(EU): AL, AT, BA, BE, CZ, DE, GB, HR, HU, IT, LU, ME, MK, PL, RO, RS, RU, SI.

雀儿豆属 Chesneya

云雾雀儿豆（云南高山豆、云雀豆）**Chesneya nubigena** (D. Don) Ali【N, W/C】●YN; ★(AS): BT, CN, IN, JP, LK, NP, RU-AS.

川滇雀儿豆 **Chesneya polystichoides** (Hand.-Mazz.) Ali 【N, W/C】 ●YN; ★(AS): CN, RU-AS.

米口袋属 Gueldenstaedtia

川鄂米口袋 **Gueldenstaedtia henryi** Ulbr. 【N, W/C】 ♣WBG; ●HB; ★(AS): CN, RU-AS.

少花米口袋 **Gueldenstaedtia verna** (Georgi) Boriss. 【N, W/C】 ♣BBG, HFBG, IBCAS, TDBG, WBG, XBG, XTBG; ●BJ, HB, HL, SN, XJ, YN; ★(AS): CN, IN, KP, KR, LA, MM, MN, PK, RU-AS.

高山豆属 Tibetia

高山豆 **Tibetia himalaica** (Baker) H. B. Cui 【N, W/C】 ♣WBG; ●HB; ★(AS): BT, CN, IN, LK, NP, PK.

黄花高山豆 **Tibetia tongolensis** (Ulbr.) H. B. Cui 【N, W/C】 ●YN; ★(AS): CN.

棘豆属 Oxytropis

猫头刺 **Oxytropis aciphylla** Ledeb. 【N, W/C】 ●GS, HE, NM, NX, SN, XJ; ★(AS): CN, MN, RU-AS.

二色棘豆（地角儿苗）**Oxytropis bicolor** Bunge 【N, W/C】 ♣BBG; ●BJ, HA, HE, NM; ★(AS): CN, MN, RU-AS.

蓝花棘豆 **Oxytropis caerulea** (Pall.) DC. 【N, W/C】♣HBG, IBCAS; ●BJ, SN, ZJ; ★(AS): CN, MN, RU-AS.

四野棘豆 **Oxytropis campestris** (L.) DC. 【I, C】 ♣HBG; ●ZJ; ★(NA): CA, US.

小花棘豆（包头棘豆）**Oxytropis glabra** DC. 【N, W/C】♣MDBG; ●GS; ★(AS): CN, CY, KG, KH, KZ, MN, PK, RU-AS, TJ, TM, UZ.

硬毛棘豆（武都棘豆）**Oxytropis hirta** Bunge 【N, W/C】 ♣BBG, GXIB, IBCAS; ●BJ, GX; ★(AS): CN, MN, RU-AS.

猬刺棘豆 **Oxytropis hystrix** Schrenk 【N, W/C】 ●XJ; ★(AS): CN, CY, KZ.

拉普兰棘豆 **Oxytropis lapponica** (Wahlenb.) Gaudin 【N, W/C】 ♣XTBG; ●YN; ★(AS): BT, CN, CY, IN, KG, KH, KZ, LK, MN, NP, PK, RU-AS, TJ, TM, UZ; (EU): RU.

宽苞棘豆 **Oxytropis latibracteata** Jurtzev 【N, W/C】 ♣NBG; ●JS; ★(AS): CN, MN.

黄芪属 Astragalus

无茎黄芪 **Astragalus acaulis** Baker 【N, W/C】 ●YN; ★(AS): BT, CN, IN.

*艾伯特黄芪 **Astragalus albertoregelia** C. Winkl. et B. Fedtsch. 【I, C】 ♣XTBG; ●YN; ★(AS): TJ, TR.

高山黄芪 **Astragalus alpinus** L. 【N, W/C】 ♣XTBG; ●YN; ★(AS): CN, GE, MN, RU-AS;

(EU): AT, BA, CZ, DE, ES, FI, GB, HR, IT, ME, MK, NO, PL, RO, RS, RU, SI.

木黄芪 **Astragalus arbuscula** Pall. 【N, W/C】 ♣TDBG; ●XJ; ★(AS): CN, CY, KZ, MN, RU-AS.

地八角 **Astragalus bhotanensis** Baker 【N, W/C】 ♣KBG, XBG; ●GZ, SN, YN; ★(AS): BT, CN, IN, KP, KR, LK, MY, NP.

草珠黄芪 **Astragalus capillipes** M. E. Jones 【N, W/C】 ♣BBG; ●BJ; ★(AS): CN, MN, RU-AS.

华黄芪 **Astragalus chinensis** L. f. 【N, W/C】 ♣IBCAS; ●BJ; ★(AS): CN, MN, RU-AS.

鹰嘴紫云英 **Astragalus cicer** L. 【I, C】 ●BJ, GS, HE, NX, SC, SN, SX, YN; ★(EU): BY, EE, LT, LV, MD, RU, UA.

沙丘黄芪 **Astragalus cognatus** Schrenk 【N, W/C】 ♣MDBG, TDBG; ●GS, XJ; ★(AS): CN, CY, KZ, RU-AS.

达乌里黄芪 **Astragalus dahuricus** Koch 【N, W/C】 ♣IBCAS, TDBG; ●BJ, HL, LN, XJ; ★(AS): CN, KP, MN, RU-AS.

梭果黄芪 **Astragalus ernestii** H. F. Comber 【N, W/C】 ♣SCBG; ●GD; ★(AS): CN.

广布黄芪（疯马豆）**Astragalus frigidus** (L.) A. Gray 【N, W/C】 ♣MDBG; ●GS; ★(AS): CN, GE, IN, JP, KG, KZ, MN, PK, RU-AS; (EU): AT, BA, CZ, DE, FR, IT, NO, PL, RO, RU.

甘叶黄芪（甜叶黄芪）**Astragalus glycyphyllos** L. 【I, C】 ♣NBG; ●JS; ★(AS): GE, RU-AS; (EU): AL, AT, BA, BE, BG, CH, CZ, DE, ES, FI, GB, GR, HR, HU, IT, LU, ME, MK, NL, NO, PL, RO, RS, RU, SI, TR.

伊犁黄芪 **Astragalus iliensis** Bunge 【N, W/C】 ●XJ; ★(AS): CN, CY, KZ.

兔尾状黄芪 **Astragalus laguriformis** Freyn 【I, C】 ★(AS): IQ.

斜茎黄芪 **Astragalus laxmannii** Jacq. 【N, W/C】 ♣IBCAS, MDBG, TDBG, XBG, XMBG; ●BJ, FJ, GS, HE, HL, LN, NM, SC, SD, SN, SX, XJ; ★(AS): CN, JP, KP, KR, MN, RU-AS.

茧荚黄芪 **Astragalus lehmannianus** Bunge 【N, W/C】 ♣TDBG; ●XJ; ★(AS): CN, KZ, RU-AS, TM, UZ.

*鱼藤黄芪 **Astragalus lonchocarpus** Torr. 【I, C】 ●BJ; ★(NA): US.

长序黄芪 **Astragalus longiscapus** C. C. Ni et P. C. Li 【N, W/C】 ♣TDBG; ●XJ; ★(AS): CN, NP.

大翼黄芪 **Astragalus macropterus** DC. 【N, W/C】 ♣TDBG; ●XJ; ★(AS): AF, CN, KG, KZ, MN, PK, RU-AS, TJ.

草木犀状黄芪（草木犀状黄芪）**Astragalus melilotoides** Pall. 【N, W/C】 ♣BBG; ●BJ; ★(AS): CN, JP, MN, RU-AS.

垂果黄芪 **Astragalus penduliflorus** Lam. 【N, W/C】 ♣HBG, HFBG, IBCAS, MDBG, TDBG, WBG, XBG; ●BJ, GS, HB, HL, NM, SC, SN, SX, TW, XJ, YN, ZJ; ★(AS): CN, GE, RU-AS; (EU): AT, BA, CZ, DE, ES, HR, IT, ME, MK, PL, RO, RS, SI.

黄芪（黄耆）**Astragalus penduliflorus** var. **dahuricus** (DC.) X. Y. Zhu 【N, W/C】 ♣HBG, HFBG, IBCAS, MDBG, TDBG, WBG, XBG; ●BJ, GS, HB, HL, NM, SC, SN, SX, TW, XJ, YN, ZJ; ★(AS): CN, JP, KR, NM, RU-AS.

民和黄芪 **Astragalus penduliflorus** var. **minhensis** (X. Y. Zhu et C. J. Chen) X. Y. Zhu 【N, W】 ●GS; ★(AS): CN.

蒙古黄芪 **Astragalus penduliflorus** var. **mongholicus** (Bunge) X. Y. Zhu 【N, W/C】 ♣HBG, HFBG, IBCAS, MDBG, TDBG, WBG, XBG; ●BJ, GS, HB, HL, SC, SN, TW, XJ, YN, ZJ; ★(AS): CN, KZ, MN, RU-AS.

糙叶黄芪 **Astragalus scaberrimus** Bunge 【N, W/C】 ♣IBCAS, TDBG; ●BJ, XJ; ★(AS): CN, MN, RU-AS.

紫云英 **Astragalus sinicus** L. 【N, W/C】 ♣FBG, GA, GMG, HBG, LBG, MDBG, SCBG, XMBG, ZAFU; ●AH, FJ, GD, GS, GX, GZ, HA, HB, HN, JS, JX, QH, SC, SH, TW, ZJ; ★(AS): CN, IN, JP, KR.

球脬黄芪 **Astragalus sphaerophysa** Kar. et Kir. 【N, W/C】 ♣MDBG; ●GS, XJ; ★(AS): CN, KZ.

湿地黄芪 **Astragalus uliginosus** L. 【N, W/C】 ♣IBCAS; ●BJ; ★(AS): CN, KP, KR, KZ, MN, RU-AS.

拟狐尾黄芪 **Astragalus vulpinus** Willd. 【N, W/C】 ●XJ; ★(AS): CN, KZ, MN; (EU): RU.

云南黄芪 **Astragalus yunnanensis** Franch. 【N, W/C】 ●YN; ★(AS): CN, NP.

齿荚豆属 Biserrula

齿荚豆 **Biserrula pelecinus** L. 【I, C】 ★(AF): ET.

沙耀花豆属 Swainsona

山羊豆叶苦马豆 **Swainsona galegifolia** R. Br. 【I,

C】★(OC): AU.

可爱豆 **Swainsona greyana** Lindl.【I, C】★(OC): AU.

鹦喙花属　Clianthus

鹦喙花（榴红耀花豆）**Clianthus puniceus** (G. Don) Lindl.【I, C】♣XMBG; ●FJ, TW; ★(OC): NZ.

蔓黄芪属　Phyllolobium

背扁膨果豆（背扁黄芪、蔓黄芪）**Phyllolobium chinense** Fisch.【N, W/C】♣GMG, HFBG, IBCAS, XBG; ●BJ, GX, HL, SN; ★(AS): CN, MN.

鱼鳔槐属　Colutea

杂种鱼鳔槐 **Colutea × media** Willd.【I, C】♣IBCAS, NBG, TDBG; ●BJ, JS, TW, XJ; ★(AS): AM, AZ, BH, GE, IL, IQ, IR, JO, KW, LB, PS, QA, SA, SY, TR, YE.

鱼鳔槐 **Colutea arborescens** L.【I, C】♣BBG, IBCAS, NBG, TDBG, XBG; ●BJ, JS, LN, SN, TW, XJ; ★(AF): MA; (AS): GE, SA, TR; (EU): AL, AT, BA, BE, BG, CZ, DE, ES, FR, GB, GR, HR, HU, IT, ME, MK, RO, RS, SI, TR.

短翅鱼鳔槐 **Colutea arborescens** subsp. **gallica** Browicz【I, C】♣IBCAS; ●BJ; ★(EU): FR.

睫毛鱼鳔槐 **Colutea cilicica** Boiss. et Balansa【I, C】♣IBCAS, NBG; ●BJ, JS; ★(EU): GR, RU, TR.

纤细鱼鳔槐 **Colutea gracilis** Freyn et Sint.【I, C】♣HBG, IBCAS, NBG; ●BJ, JS, ZJ; ★(AS): TM.

东方鱼鳔槐 **Colutea orientalis** Mill.【I, C】♣IBCAS, NBG; ●BJ, JS; ★(EU): BA, FR, GB, HR, ME, MK, RS, RU, SI.

波斯鱼鳔槐 **Colutea persica** Boiss.【I, C】♣IBCAS, NBG; ●BJ, JS; ★(AS): IR.

纸荚豆属　Sutherlandia

纸荚豆 **Sutherlandia frutescens** (L.) R. Br.【I, C】●TW; ★(AF): ZA.

苦马豆属　Sphaerophysa

苦马豆 **Sphaerophysa salsula** (Pall.) DC.【N, W/C】♣MDBG, TDBG, WBG; ●GS, HB, NM, SX, XJ; ★(AS): CN, MN, RU-AS.

无叶豆属　Eremosparton

准噶尔无叶豆 **Eremosparton songoricum** (Litv.) Vassilcz.【N, W/C】♣TDBG; ●XJ; ★(AS): CN, KZ.

山羊豆属　Galega

山羊豆 **Galega officinalis** L.【I, C】♣CBG, IBCAS, NBG; ●BJ, JS, SH; ★(AF): EG; (AS): AE, BH, IL, IQ, IR, JO, KW, LB, OM, PS, QA, SA, SY, YE.

东方山羊豆 **Galega orientalis** Lam.【I, C】●XJ; ★(AS): AZ, GE, RU-AS.

鹰嘴豆属　Cicer

鹰嘴豆 **Cicer arietinum** L.【I, C】●BJ, GS, NM, SC, SD, SX, TW, XJ; ★(AF): EG; (AS): AE, BH, IL, IQ, IR, JO, KW, LB, OM, PS, QA, SA, SY, YE.

芒柄花属　Ononis

伊犁芒柄花 **Ononis antiquorum** L.【I, N】★(AF): MA; (AS): JO; (EU): ES, GB, GR.

红芒柄花 **Ononis campestris** Koch et Ziz【I, C】★(AS): PS.

黄芒柄花 **Ononis natrix** L.【I, C】★(AF): DZ, MA; (AS): IL, PS; (EU): BA, CH, ES, FR, HR, IT, ME, MK, NL, RS, SI.

苜蓿属　Medicago

褐斑苜蓿 **Medicago arabica** (L.) All.【I, C】♣NBG; ●JS; ★(AS): GE; (EU): CH, GR, NL.

木本苜蓿 **Medicago arborea** L.【I, C】★(AS): IL; (EU): FR, GB, GR, NL.

卡斯泰苜蓿 **Medicago carstiensis** Wulfen【I, C】♣NBG; ●JS; ★(EU): AL, AT, BA, BG, HR, IT, ME, MK, RS, SI.

盘状苜蓿 **Medicago disciformis** DC.【I, C】★(AS): TR; (EU): BG, DE, ES, GR, HR, IT.

野苜蓿 **Medicago falcata** L.【N, W/C】♣SCBG; ●GD, NM, SC, XJ, XZ, ZJ; ★(AS): AF, CN, KG, KH, KZ, MN, NP, PK, RU-AS, TJ, TM, TR, UZ.

高加索苜蓿 **Medicago glomerata** Balb.【I, C】★(AS): AM, AZ, GE, IR, RU-AS, TR; (EU): FR, UA.

阿歇逊氏苜蓿 **Medicago laciniata** var. **brachy-**

cantha Boiss. 【I, C】 ●JS; ★(AF): ZA.

滨海苜蓿 **Medicago littoralis** Rhode ex Hornem. 【I, C】 ★(AF): DZ, EG, MA; (AS): IL, LB; (EU): DE, ES, GR, IT.

天蓝苜蓿 **Medicago lupulina** L. 【N, W/C】 ♣FBG, GBG, HBG, LBG, NBG, XBG, XMBG, ZAFU; ●FJ, GS, GZ, JS, JX, SC, SN, XJ, ZJ; ★(AF): ZA; (AS): CN, JP, KR, MN, RU-AS; (OC): AU, NZ.

小苜蓿 **Medicago minima** (L.) Lam. 【I, C/N】 ♣WBG, XBG; ●HB, SN; ★(AF): MA; (AS): GE, SA, TR; (EU): AL, AT, BA, BE, BG, BY, CZ, DE, ES, FR, GB, GR, HR, HU, IT, LU, ME, MK, NL, PL, RO, RS, RU, SI.

短刺小苜蓿 **Medicago minima** var. **brevispina** Benth. 【I, C/N】 ★(EU): AT, PT.

茂累苜蓿 **Medicago murex** Willd. 【I, C】 ♣NBG; ●JS; ★(AF): DZ, MA; (AS): GE, SA, TR; (EU): BA, BY, DE, ES, GR, HR, IT, LU, ME, MK, RS, SI.

圆盘苜蓿 **Medicago orbicularis** (L.) Bartal. 【I, C】 ♣NBG; ●JS; ★(AF): DZ, MA; (AS): IQ, IR, JO, SA, TR; (EU): DE, FR, HR, IT.

多型苜蓿（南苜蓿）**Medicago polymorpha** L. 【I, C/N】 ♣GMG, HBG, IBCAS, LBG, SCBG, ZAFU; ●AH, BJ, GD, GX, GZ, JS, JX, SC, XJ, ZJ; ★(AF): DZ, EG, LY, MA, TN; (AS): JO, LB, PS, SY, TR; (EU): AL, BA, DE, ES, FR, GR, HR, IT, MC, ME, MK, NL, RS, SI.

早花苜蓿 **Medicago praecox** DC. 【I, C】 ★(EU): GR.

美西种苜蓿 **Medicago rugosa** Desr. 【I, C】 ★(AS): JO; (EU): IT.

花苜蓿 **Medicago ruthenica** (L.) Ledeb. 【N, W/C】 ●BJ, NM, NX; ★(AS): CN, MN, RU-AS.

紫苜蓿 **Medicago sativa** L. 【I, C/N】 ♣GBG, HBG, IBCAS, LBG, MDBG, NBG, TDBG, XBG, ZAFU; ●BJ, GD, GS, GZ, HB, HE, HL, JL, JS, JX, LN, NM, NX, QH, SC, SD, SH, SN, SX, TJ, TW, XJ, ZJ; ★(AF): DZ, EG, LY, MA, TN; (AS): LB, PS, SY, TR; (EU): AL, BA, ES, FR, GR, HR, IT, MC, ME, MK, RS, SI.

杂种苜蓿 **Medicago sativa** subsp. **varia** (Martyn) Arcang. 【I, C】 ●BJ, GS, JL, NM, SC, SN, XJ; ★(AF): DZ, EG, LY, MA, TN; (AS): LB, PS, SY, TR; (EU): AL, BA, ES, FR, GR, HR, IT, MC, ME, MK, RS, SI.

扭果苜蓿 **Medicago schischkinii** Sumnev. 【I, C】 ★(AS): MM, RU-AS.

蜗牛苜蓿 **Medicago scutellata** (L.) Mill. 【I, C】 ★(AS): TR; (EU): GR, IT.

托那苜蓿 **Medicago tornata** (L.) Mill. 【I, C】 ★(AS): IL.

大花苜蓿 **Medicago trautvetterii** Sumnev. 【I, C】 ★(AS): KZ.

蒺藜苜蓿 **Medicago truncatula** Gaertn. 【I, C】 ●HL; ★(AF): DZ, LY, MA; (AS): IL; (EU): DE, ES, HR.

小瘤苜蓿 **Medicago tuberculata** (Retz.)Willd. 【I, C】 ★(AS): IL, JO, SY; (EU): DE, FR, GR, IT, TR.

胡卢巴属 Trigonella

蓝胡卢巴（卢豆）**Trigonella caerulea** (L.) Ser. 【I, C】 ♣HBG; ●ZJ; ★(AS): GE, IQ, RU-AS, TR; (EU): NL.

网脉胡卢巴 **Trigonella cancellata** Pers. 【N, W/C】 ●XJ; ★(AS): CN, CY, KG, KH, KZ, MN, RU-AS, TJ, TM, UZ.

胡卢巴 **Trigonella foenum-graecum** L. 【I, C】 ♣HFBG, SCBG, XBG; ●BJ, GD, GS, HB, HI, HL, SC, SN, TW; ★(AF): EG, LY, SD; (AS): AE, AM, AZ, BH, GE, IL, IR, JO, KW, LB, OM, QA, SA, SY, TR, YE.

红花胡卢巴 **Trigonella rhodantha** (Alef.) Vassilcz. 【I, C】 ★(AS): RU-AS.

草木犀属 Melilotus

白花草木犀 **Melilotus albus** Desr. 【N, W/C】 ♣MDBG, NBG, WBG, XMBG, XTBG; ●FJ, GS, HB, JL, JS, NM, SC, XJ, YN, ZJ; ★(AS): AM, AZ, BH, CN, CY, GE, IL, IQ, IR, JO, JP, KG, KR, KW, KZ, LB, MN, PS, QA, RU-AS, SA, SY, TJ, TM, TR, UZ, YE; (EU): AD, AL, AT, BA, BE, BG, BY, CH, CZ, DE, DK, ES, FI, FR, GB, GR, HR, HU, IS, IT, LU, MC, ME, MK, NL, NO, PL, PT, RO, RS, RU, SE, SI, SK, SM, UA, VA.

细齿草木犀 **Melilotus dentatus** (Waldst. et Kit.) Pers. 【N, W/C】 ♣BBG; ●BJ, HE, NM, SN, XJ; ★(AS): CN, CY, KG, KZ, MN, RU-AS, TJ, TM, UZ; (EU): AD, AL, AT, BA, BE, BG, BY, CH, CZ, DE, DK, ES, FI, FR, GB, GR, HR, HU, IS, IT, LU, MC, ME, MK, NL, NO, PL, PT, RO, RS, RU, SE, SI, SK, SM, UA, VA.

印度草木犀 **Melilotus indicus** (L.) All. 【N, W/C】 ♣GXIB, LBG, XMBG, XTBG; ●FJ, GX, JX, YN; ★(AS): CN, IN, PK; (EU): BE, FR, GB, LU, MC, NL.

*意大利草木犀 **Melilotus italicus** (L.) Lam. 【I, C】 ★(EU): SE.

草木犀 **Melilotus officinalis** (L.) Lam. 【N, W/C】 ♣BBG, FBG, GBG, HBG, IBCAS, LBG, MDBG, NBG, TDBG, WBG, XBG, XMBG, ZAFU; ●BJ, FJ, GS, GZ, HA, HB, HE, JL, JS, JX, NM, SC, SN, XJ, ZJ; ★(AS): AM, AZ, BH, CN, CY, GE, IL, IQ, IR, JO, JP, KG, KR, KW, KZ, LB, MN, PS, QA, RU-AS, SA, SY, TJ, TM, TR, UZ, YE; (EU): AD, AL, AT, BA, BE, BG, BY, CH, CZ, DE, DK, ES, FI, FR, GB, GR, HR, HU, IS, IT, LU, MC, ME, MK, NL, NO, PL, PT, RO, RS, RU, SE, SI, SK, SM, UA, VA.

*沃尔基草木犀 **Melilotus wolgicus** Poir. 【I, C】 ●NM; ★(AS): MN, RU-AS.

车轴草属 Trifolium

埃及车轴草 **Trifolium alexandrinum** L. 【I, C】 ♣HBG; ●BJ, TW, ZJ; ★(AF): EG; (AS): AE, IL, IQ, TR.

高加索车轴草 **Trifolium ambiguum** M. Bieb. 【I, C】 ★(AS): AM, GE, RU-AS, TR.

黄车轴草 **Trifolium aureum** Pollich 【I, C】 ♣XTBG; ●YN; ★(AS): AM, AZ, BH, GE, IL, IQ, IR, JO, KW, LB, PS, QA, SA, SY, TR, YE; (EU): AT, CH, CZ, DE, DK, FI, HU, IS, LI, NO, PL, SE, SK.

草原车轴草 **Trifolium campestre** Schreb. 【I, C】 ♣HBG, NBG; ●JS, ZJ; ★(AF): DZ, EG, LY, MA, TN; (AS): LB, PS, SY, TR; (EU): AL, BA, ES, FR, GR, HR, IT, MC, ME, MK, RS, SI.

美国车轴草 **Trifolium carolinianum** Michx. 【I, C】 ♣NBG; ●JS; ★(NA): US.

钝叶车轴草 **Trifolium dubium** Sibth. 【I, C】 ★(AS): LB, PS, SY, TR; (EU): AL, BA, ES, FR, GR, HR, IT, MC, ME, MK, RS, SI.

卡曼车轴草 **Trifolium echinatum** var. **carmeli** (Boiss.) Gibelli et Belli 【I, C】 ♣HBG; ●ZJ; ★(AS): SY.

草莓车轴草 **Trifolium fragiferum** L. 【I, C】 ●BJ, XJ; ★(AF): DZ, EG, LY, MA, TN; (AS): KG, KZ, LB, PS, SY, TJ, TM, TR, UZ; (EU): AL, BA, ES, FR, GR, HR, IT, MC, ME, MK, RS, SI.

腺车轴草 **Trifolium glanduliferum** Boiss. 【I, C】 ★(AS): TR.

成团车轴草 **Trifolium glomeratum** L. 【I, C】 ♣HBG; ●ZJ; ★(EU): ES, NL.

玫瑰车轴草 **Trifolium hirtum** All. 【I, C】 ★(NA): US.

杂种车轴草 **Trifolium hybridum** L. 【I, C】 ♣KBG, MDBG, NBG, ZAFU; ●BJ, GS, JS, TW, YN, ZJ; ★(AS): LB, PS, SY, TR; (EU): AL, BA, ES, FR, GR, HR, IT, MC, ME, MK, RS, SI.

绛车轴草 **Trifolium incarnatum** L. 【I, C/N】 ♣HBG, NBG, TDBG; ●BJ, JS, SC, TW, XJ, ZJ; ★(AF): DZ, EG, LY, MA, TN; (AS): LB, PS, SY, TR; (EU): AL, BA, ES, FR, GR, HR, IT, MC, ME, MK, RS, SI.

芒刺车轴草 **Trifolium lappaceum** L. 【I, C】 ♣HBG; ●ZJ; ★(AS): IL, LB, TR; (EU): BG, FR, GR, IT, SE.

野火球 **Trifolium lupinaster** L. 【N, W/C】 ♣IBCAS; ●BJ, HL, JL, LN; ★(AS): CN, JP, KP, KR, MN, RU-AS; (EU): CZ, PL, RO, RU.

中间车轴草 **Trifolium medium** L. 【I, C】 ★(AS): LB, PS, SY, TR; (EU): AL, BA, ES, FR, GR, HR, IT, MC, ME, MK, RS, SI.

巴兰萨车轴草(巴兰萨三叶) **Trifolium michelianum** Savi 【I, C】 ★(AS): TR; (EU): IT.

球状车轴草 **Trifolium pauciflorum** d'Urv. 【I, C】 ♣HBG; ●ZJ; ★(EU): GR, TR.

Trifolium polymorphum Poir. 【I, C】 ★(SA): AR, BO, BR, CL, PE, PY, UY.

红车轴草 **Trifolium pratense** L. 【I, C/N】 ♣GBG, HBG, IBCAS, KBG, LBG, MDBG, NBG, SCBG, WBG, ZAFU; ●BJ, GD, GS, GZ, HB, HL, JS, JX, LN, SC, TW, XJ, YN, ZJ; ★(AF): DZ, EG, LY, MA, TN; (AS): LB, PS, SY, TR; (EU): AL, BA, ES, FR, GR, HR, IT, MC, ME, MK, RS, SI.

白车轴草 **Trifolium repens** L. 【I, C/N】 ♣BBG, GBG, HBG, IBCAS, KBG, LBG, SCBG, WBG, XMBG, XTBG, ZAFU; ●BJ, FJ, GD, GS, GZ, HB, HL, JS, JX, LN, SC, SD, SH, SX, TW, XJ, YN, ZJ; ★(AF): DZ, EG, LY, MA, TN; (AS): KG, KZ, LB, PS, SY, TJ, TM, TR, UZ; (EU): AL, BA, ES, FR, GR, HR, IT, MC, ME, MK, RS, SI.

大白车轴草 **Trifolium repens** var. **ochranthum** K. Maly 【I, C】 ♣HBG; ●ZJ; ★(AF): DZ, EG, LY, MA, TN; (AS): KG, KZ, LB, PS, SY, TJ, TM, TR, UZ; (EU): AL, BA, ES, FR, GR, HR, IT, MC, ME, MK, RS, SI.

扭花车轴草(波斯三叶草) **Trifolium resupinatum** L. 【I, C】 ●SC, TW; ★(AS): IL, IQ, IR, JO, LB, SY, TR; (EU): AL, BA, ES, FR, GR, HR, IT, MC, ME, MK, RS, SI.

反曲车轴草 **Trifolium resupinatum** var. **majus** Boiss. 【I, C】 ★(AS): IL, IQ, IR, JO, LB, SY, TR.

狐尾车轴草 **Trifolium rubens** L. 【I, C】 ♣HBG; ●ZJ; ★(AS): GE; (EU): AL, AT, BA, CH, CZ, DE, ES, FR, HR, HU, IT, ME, MK, NL, PL, RO, RS, RU, SI.

肯尼亚车轴草 **Trifolium semipilosum** Fresen. 【I, C】 ★(AF): ER, ET, KE, MG, MW, TZ, UG; (AS): YE.

渐光车轴草 **Trifolium semipilosum** var. **glabrescens** J. B. Gillett 【I, C】 ●YN; ★(AF): KE.

尖苞车轴草 **Trifolium squarrosum** L. 【I, C】 ♣NBG; ●JS; ★(AF): MA; (AS): SA, TR; (EU): AL, BA, DE, ES, GB, GR, HR, IT, LU, ME, MK, RS, RU, SE, SI.

地车轴草 **Trifolium subterraneum** L. 【I, C】 ★(AF): MA; (AS): IL, IR, TR; (EU): FR, GB, GR, IT, NL, PT, SE.

毛车轴草 **Trifolium trichocephalum** M. Bieb. 【I, C】 ♣XTBG; ●YN; ★(AS): AM, GE, TR.

箭叶车轴草 **Trifolium vesiculosum** Savi 【I, C】 ★(AF): MA; (EU): AL, BA, BG, DE, GR, HR, HU, IT, ME, MK, RO, RS, RU, SI, TR.

野豌豆属 Vicia

山野豌豆 **Vicia amoena** Fisch. ex Ser. 【N, W/C】 ♣IBCAS; ●BJ, LN, NM; ★(AS): CN, JP, KP, KR, KZ, MN, RU-AS.

深紫色野豌豆 **Vicia benghalensis** L. 【I, C】 ★(AF): DZ, MA; (EU): NL.

大花野豌豆 **Vicia bungei** Ohwi 【N, W/C】 ♣IBCAS; ●BJ; ★(AS): CN, KP, KR, MN.

*南非野豌豆 **Vicia capensis** (Sims) Bergius 【I, C】 ♣NBG; ●JS; ★(AF): ZA.

新疆野豌豆 **Vicia costata** Ledeb. 【N, W/C】 ●NM; ★(AS): CN, KZ, MN, RU-AS.

广布野豌豆 **Vicia cracca** Benth. 【N, W/C】 ♣GMG, IBCAS, LBG, WBG, XMBG, XTBG; ●BJ, FJ, GX, HB, JS, JX, NM, SC, TW, XJ, YN; ★(AS): AM, AZ, BH, CN, GE, IL, IQ, IR, JO, JP, KG, KP, KR, KW, KZ, LB, MN, PS, QA, RU-AS, SA, SY, TR, VN, YE; (EU): AL, AT, BA, BG, CH, CZ, DE, FI, GR, HR, HU, IT, ME, MK, NO, PL, RO, RS, RU, SI, TR.

苦野豌豆 **Vicia ervilia** (L.) Willd. 【I, C】 ★(AS): AF, GE, IL, TR; (EU): AL, AT, BA, BG, CH, CZ, DE, GR, HR, IT, LU, ME, MK, NL, RS, SI, TR.

蚕豆 **Vicia faba** L. 【I, C】 ♣FBG, GA, GBG, HBG, LBG, NBG, WBG, XMBG, XOIG, XTBG, ZAFU; ●AH, BJ, CQ, FJ, GD, GS, GX, GZ, HB, HE, HN, JS, JX, NM, NX, QH, SC, SH, SN, SX, TW, XJ, XZ, YN, ZJ; ★(AF): DZ, EG, LY, MA, TN; (AS): LB, PS, SY, TR; (EU): AL, BA, ES, FR, GR, HR, IT, MC, ME, MK, RS, SI.

大花巢菜 **Vicia grandiflora** Scop. 【I, C】 ♣NBG; ●JS; ★(AS): AM, GE, TR; (EU): AL, AT, BA, BG, CZ, GR, HR, HU, IT, ME, MK, PL, RO, RS, RU, SI, TR.

小巢菜 **Vicia hirsuta** Fisch. ex Ser. 【N, W/C】 ♣FBG, HBG, LBG, WBG, XMBG, ZAFU; ●FJ, HB, JX, ZJ; ★(AF): ZA; (AS): AF, BT, CN, ID, IN, JP, KP, KR, LK, NP, PK, RU-AS, TM; (OC): AU, NZ.

牯岭野豌豆 **Vicia kulingana** L. H. Bailey 【N, W/C】 ♣CBG, HBG, LBG, SCBG, ZAFU; ●GD, JX, SH, ZJ; ★(AS): CN.

四叶野豌豆 **Vicia nipponica** Matsum. 【I, C】 ♣HBG; ●ZJ; ★(AS): JP, KR, RU-AS.

苦豌豆 **Vicia orobus** DC. 【I, C】 ♣BBG; ●BJ; ★(AS): GE; (EU): BA, DE, ES, GB, LU, NO.

褐毛野豌豆 **Vicia pannonica** Crantz 【I, C】 ★(AS): TR; (EU): AL, AT, BA, BG, CZ, DE, ES, GR, HR, HU, IT, ME, MK, NL, RO, RS, RU, SI, TR.

大叶野豌豆 **Vicia pseudorobus** Fisch. et C. A. Mey. 【N, W/C】 ♣IBCAS; ●BJ; ★(AS): CN, JP, KP, MN, RU-AS.

救荒野豌豆 **Vicia sativa** L. 【N, W/C】 ♣FBG, GMG, HBG, LBG, WBG, XTBG, ZAFU; ●BJ, FJ, GS, GX, HB, HE, JL, JS, JX, NM, NX, SC, SD, SN, SX, TW, XJ, YN, ZJ; ★(AF): DZ, EG, LY, MA, TN; (AS): AF, AM, AZ, BH, BT, CN, GE, IL, IN, IQ, IR, JO, JP, KG, KP, KR, KW, KZ, LB, LK, MM, MN, NP, PK, PS, QA, RU-AS, SA, SY, TJ, TM, TR, UZ, YE; (EU): AL, AT, BA, BG, CH, CZ, DE, ES, FR, GB, GR, HR, HU, IT, ME, MK, NL, NO, PL, PT, RO, RS, RU, SI.

*心叶野豌豆 **Vicia sativa** subsp. **cordata** (Wulfen ex Hoppe) Asch. et Graebn. 【I, C/N】 ♣WBG; ●GS, HB, JS, YN; ★(AS): IL, SY.

窄叶野豌豆（大巢豆）**Vicia sativa** subsp. **nigra** (L.) Ehrh. 【I, C/N】 ★(AS): AF, BT, KG, KZ, MN, NP, PK, TJ, TM, UZ.

野豌豆 **Vicia sepium** L. 【N, W/C】 ♣GBG; ●GZ, HB, SC, ZJ; ★(AS): CN, JP, KG, KP, KR, KZ, MN, RU-AS, TJ.

四籽野豌豆 **Vicia tetrasperma** (L.) Moench 【N,

W/C】 ♣GBG, LBG, WBG, ZAFU; ●GZ, HB, JX, SC, ZJ; ★(AS): AF, BT, CN, IN, JP, KG, KR, KZ, LK, PK, TJ, UZ.

歪头菜 **Vicia unijuga** A. Braun【N, W/C】♣GBG, HFBG, IBCAS, WBG; ●BJ, GZ, HB, HL, NM, SC; ★(AS): CN, JP, KP, KR, MN, RU-AS.

长柔毛野豌豆(毛苕子)**Vicia villosa** Brot.【I, C/N】♣WBG; ●BJ, GS, HB, JS, NM, SC, SN, TW, XJ, YN; ★(AF): DZ, EG, ES-CS, LY, MA, TN; (AS): AM, AZ, BH, GE, IL, IQ, IR, JO, KW, LB, PS, QA, SA, SY, TR, YE; (EU): AL, AT, BA, BG, CZ, DE, ES, GR, HR, HU, IT, ME, MK, NL, RO, RS, RU, SI, TR.

欧洲苕子 **Vicia villosa** subsp. **varia** (Host) Corb.【I, C/N】 ●AH, GD, JS, SC, TW; ★(AF): DZ, EG, ES-CS, LY, MA, TN; (AS): AM, AZ, BH, GE, IL, IQ, IR, JO, KW, LB, PS, QA, SA, SY, TR, YE; (EU): AL, AT, BA, BG, CZ, DE, ES, GR, HR, HU, IT, ME, MK, NL, RO, RS, RU, SI, TR.

兵豆属 Lens

兵豆 **Lens culinaris** Medik.【I, C】 ●BJ, GS, HB, NM, NX, QH, SC, SN, SX, TW, XJ, YN; ★(AF): DZ, EG, ET, LY, MA, SD; (AS): AE, AM, AZ, BH, CY, GE, IL, IQ, IR, JO, KW, LB, OM, PK, PS, QA, SA, SY, TR, YE.

山黧豆属 Lathyrus

叶轴香豌豆 **Lathyrus aphaca** L.【I, C】●TW; ★(AF): LY; (AS): IL, IR, TR; (EU): CH, ES, FR, GR, MK, NL.

南欧香豌豆 **Lathyrus cirrhosus** Ser.【I, C】★(EU): DE, ES, FR.

大山黧豆 **Lathyrus davidii** Hance【N, W/C】♣IBCAS, WBG; ●BJ, HB, LN; ★(AS): CN, JP, KP, KR, MN, RU-AS.

大花香豌豆 **Lathyrus grandiflorus** Sibth. et Sm.【I, C】 ●TW; ★(EU): GB, HU.

海滨山黧豆 **Lathyrus japonicus** Willd.【N, W/C】♣HBG; ●ZJ; ★(AS): CN, GE, JP, KR, MN, RU-AS; (EU): BA, DE, ES, FR, GB, IS, NO, PL, RU; (NA): CA, US.

宽叶山黧豆 **Lathyrus latifolius** L.【I, C】♣HBG, NBG; ●BJ, JS, TW, ZJ; ★(AF): MA; (EU): BE, BG, DE, NL, PT.

山地山黧豆(苦山黧豆)**Lathyrus linifolius** (Reichard) Bassler【I, C】 ★(EU): DK, GB.

明脉香豌豆 **Lathyrus nervosus** Lam.【I, C】●TW; ★(SA): AR, BR, CL, CO, EC, UY.

黑山黧豆 **Lathyrus niger** (L.) Bernh.【I, C】★(AF): MA; (EU): AL, AT, BA, BE, BG, CH, CZ, DE, ES, FI, FR, GB, GR, HR, HU, IT, LU, ME, MK, NL, NO, PL, RO, RS, RU, SI, TR.

香豌豆 **Lathyrus odoratus** L.【I, C】♣BBG, HBG, KBG, LBG, NBG, XMBG, XOIG, XTBG; ●BJ, FJ, JS, JX, TW, XJ, YN, ZJ; ★(EU): IT.

欧山黧豆 **Lathyrus palustris** L.【N, W/C】♣HBG, NBG; ●GS, HL, JS, NM, SN, SX, ZJ; ★(AF): MA; (AS): CN, GE, JP, KP, KR, LA, MN, RU-AS; (EU): AL, AT, BA, BE, BG, CZ, DE, ES, FI, FR, GB, GR, HR, HU, IS, IT, LU, ME, MK, NL, NO, PL, RO, RS, RU, SI, TR; (NA): CA, MX, US.

无翅山黧豆 **Lathyrus palustris** var. **exalatus** (H. B. Cui) X. Y. Zhu【N, W/C】 ●BJ; ★(AS): CN.

Lathyrus pusillus Elliott【I, C】 ♣NBG; ●JS; ★(NA): CA, MX, US.

山黧豆 **Lathyrus quinquenervius** (Miq.) Litv.【N, W/C】 ♣IBCAS; ●BJ; ★(AS): CN, JP, KR, MN, RU-AS.

家山黧豆 **Lathyrus sativus** L.【I, C】 ●XJ; ★(AF): ET; (AS): IN, IQ, IR, SY, TR; (EU): CH, ES, IT, NL, SE.

林生山黧豆 **Lathyrus sylvestris** L.【I, C】♣HBG, NBG; ●JS, ZJ; ★(AF): DZ; (EU): BE, BY, FR, GB.

地中海香豌豆 **Lathyrus tingitanus** L.【I, C】●NM, TW; ★(AF): DZ, MA; (EU): ES, FR, GR.

圆叶香豌豆 **Lathyrus undulatus** Boiss.【I, C】★(AS): AZ, TR.

春苦豆 **Lathyrus vernus** (L.) Bernh.【I, C】♣NBG; ●JS; ★(AF): DZ, MA; (AS): ID, RU-AS; (EU): AL, AT, BA, BG, CZ, DE, ES, FR, GR, HR, HU, IT, ME, MK, NL, RO, RS, RU, SI.

豌豆属 Pisum

黄褐豌豆 **Pisum fulvum** Sibth. et Sm.【I, C】★(AS): JO, SY.

豌豆 **Pisum sativum** L.【I, C】♣FBG, GA, HBG, LBG, SCBG, WBG, XLTBG, XMBG, XOIG, XTBG, ZAFU; ●AH, BJ, CQ, FJ, GD, GS, GX, GZ, HA, HB, HE, HI, HL, HN, JL, JS, JX, LN, NM, NX, QH, SC, SH, SN, SX, TJ, TW, XJ, XZ, YN, ZJ; ★(AS): IL, JO, KG, KZ, LB, TJ, TM, TR, UZ.

104. 海人树科 SURIANACEAE

海人树属 Suriana

海人树 **Suriana maritima** L. 【N, W/C】 ♣SCBG; ●GD; ★(AS): CN, ID, IN, PH; (OC): AU, PAF.

105. 远志科 POLYGALACEAE

黄叶树属 Xanthophyllum

泰国黄叶树 **Xanthophyllum flavescens** Roxb. 【N, W/C】 ♣SCBG, XTBG; ●GD, YN; ★(AS): CN, KH, LA, MM, TH.

黄叶树 **Xanthophyllum hainanense** Hu 【N, W/C】 ♣SCBG, XLTBG, XTBG; ●GD, HI, YN; ★(AS): CN, MM, VN.

云南黄叶树 **Xanthophyllum yunnanense** C. Y. Wu 【N, W/C】 ♣XTBG; ●YN; ★(AS): CN.

蝉翼藤属 Securidaca

蝉翼藤 **Securidaca inappendiculata** Hassk. 【N, W/C】 ♣GMG, SCBG, XTBG; ●GD, GX, YN; ★(AS): CN, ID, IN, KH, LA, MM, MY, NP, PH, TH, VN.

非洲蝉翼藤 **Securidaca longipedunculata** Fresen. 【I, C】 ♣IBCAS; ●BJ; ★(AF): KE, TZ.

齿果草属 Salomonia

齿果草 **Salomonia cantoniensis** Lour. 【N, W/C】 ♣FBG, GA, GMG, SCBG, XMBG, XTBG; ●FJ, GD, GX, JX, YN; ★(AS): BT, CN, ID, IN, KH, LA, LK, MM, MY, NP, PH, SG, TH, VN.

椭圆叶齿果草 **Salomonia ciliata** (L.) DC. 【N, W/C】 ♣XTBG; ●YN; ★(AS): BT, CN, ID, IN, JP, KH, KP, LA, LK, MM, MY, NP, PH, TH, VN; (OC): PAF.

异翅果属 Heterosamara

尾叶异翅果（尾叶远志）**Heterosamara caudata** (Rehder et E. H. Wilson) Paiva et P. Silveira 【N, W/C】 ♣FBG, WBG, XTBG; ●FJ, HB, YN; ★(AS): CN.

长毛异翅果（长毛籽远志）**Heterosamara wattersii** (Hance) Paiva et P. Silveira 【N, W/C】 ♣WBG, XTBG; ●HB, SC, YN; ★(AS): CN, VN.

远志属 Polygala

*达尔迈远志 **Polygala × dalmaisiana** Hort. 【I, C】 ●TW; ★(EU): GB.

荷包山桂花 **Polygala arillata** Buch.-Ham. ex D. Don 【N, W/C】 ♣FBG, GA, GBG, HBG, KBG, SCBG, WBG, XTBG; ●FJ, GD, GZ, HB, JX, SC, YN, ZJ; ★(AS): BT, CN, ID, IN, KH, LA, LK, MM, NP, TH, VN.

坝王远志 **Polygala bawanglingensis** F. W. Xing et Z. X. Li 【N, W/C】 ♣SCBG; ●GD; ★(AS): CN.

华南远志 **Polygala chinensis** L. 【N, W/C】 ♣FBG, GA, GMG, NBG, SCBG, XMBG, XTBG; ●FJ, GD, GX, JS, JX, YN; ★(AS): CN, ID, IN, KH, LA, MY, PH, TH, VN; (OC): AU.

黄花倒水莲 **Polygala fallax** Hayek ex Zahlbr. 【N, W/C】 ♣CBG, FBG, GA, GMG, GXIB, SCBG, WBG, XMBG, XTBG; ●FJ, GD, GX, HB, JX, SH, YN; ★(AS): CN.

球冠远志 **Polygala globulifera** Dunn 【N, W/C】 ♣XTBG; ●YN; ★(AS): CN, ID, IN, MM.

香港远志 **Polygala hongkongensis** Hemsl. 【N, W/C】 ♣XMBG, ZAFU; ●FJ, ZJ; ★(AS): CN.

狭叶香港远志 **Polygala hongkongensis** var. **stenophylla** Migo 【N, W/C】 ♣FBG, HBG, LBG; ●FJ, JX, ZJ; ★(AS): CN.

心果小扁豆 **Polygala isocarpa** Chodat 【N, W/C】 ♣XTBG; ●YN; ★(AS): CN, TH.

瓜子金 **Polygala japonica** Houtt. 【N, W/C】 ♣CBG, FBG, GA, GBG, GMG, GXIB, HBG, KBG, LBG, NBG, SCBG, WBG, XMBG, XTBG, ZAFU; ●FJ, GD, GX, GZ, HB, JS, JX, SH, YN, ZJ; ★(AS): CN, ID, IN, JP, KP, KR, LA, LK, MM, MN, MY, PH, RU-AS, VN; (OC): AU, PAF.

密花远志 **Polygala karensium** Kurz 【N, W/C】 ♣SCBG, XTBG; ●GD, YN; ★(AS): BT, CN, IN, LK, MM, TH, VN.

曲江远志 **Polygala koi** Merr. 【N, W/C】 ♣WBG; ●HB; ★(AS): CN.

思茅远志 **Polygala lacei** Craib 【N, W/C】 ♣XTBG; ●YN; ★(AS): CN, MM, TH.

大叶金牛 **Polygala latouchei** Franch. 【N, W/C】 ♣FBG, SCBG; ●FJ, GD; ★(AS): CN.

大远志 **Polygala major** Jacq. 【I, C】 ♣NBG; ●JS; ★(EU): AL, AT, BA, BG, CZ, GR, HR, HU, IT, ME, MK, RO, RS, RU, SI, TR.

单瓣远志 **Polygala monopetala** Cambess. 【N, W/C】 ♣BBG, GBG, LBG, SCBG; ●BJ, GD, GZ, JX; ★(AS): CN.

桃金娘叶远志 **Polygala myrtifolia** L. 【I, C】 ●TW; ★(AF): ZA.

少籽远志 **Polygala oligosperma** C. Y. Wu 【N, W/C】 ♣XTBG; ●YN; ★(AS): CN.

圆锥花远志 **Polygala paniculata** L. 【I, C/N】 ♣SCBG; ●GD, TW; ★(NA): BZ, CR, CU, DO, GT, HN, HT, JM, LW, MX, NI, PA, PR, SV, TT, WW; (SA): BO, BR, CO, EC, PE, VE.

蓼叶远志 **Polygala persicariifolia** DC. 【N, W/C】 ♣XTBG; ●YN; ★(AF): NG; (AS): BT, CN, ID, IN, KH, LK, MM, MY, NP, PH, TH; (OC): AU, PAF.

小花远志 **Polygala polifolia** C. Presl 【N, W/C】 ♣LBG, SCBG, XMBG; ●FJ, GD, JX; ★(AS): CN, ID, IN, KH, LA, LK, MY, PH, PK, TH, VN; (OC): PAF.

西伯利亚远志 **Polygala sibirica** L. 【N, W/C】 ♣SCBG; ●GD; ★(AS): BT, CN, ID, IN, JP, KP, KR, MM, MN, NP, RU-AS; (OC): AU, PAF.

合叶草 **Polygala subopposita** S. K. Chen 【N, W/C】 ♣XTBG; ●YN; ★(AS): CN.

小扁豆 **Polygala tatarinowii** Regel 【N, W/C】 ♣GBG, LBG; ●GZ, JX; ★(AS): BT, CN, ID, IN, JP, KR, LK, MM, MN, MY, PH, RU-AS.

远志 **Polygala tenuifolia** Willd. 【N, W/C】 ♣BBG, IBCAS, NBG, SCBG, XBG; ●BJ, GD, JS, SN; ★(AS): CN, KP, KR, MN, RU-AS.

凹籽远志 **Polygala umbonata** Craib 【N, W/C】 ♣XTBG; ●YN; ★(AS): CN, LA, MM, TH.

鳞叶草属 Epirixanthes

鳞叶草（寄生鳞叶草）**Epirixanthes elongata** Blume 【N, W/C】 ♣XTBG; ●YN; ★(AS): BT, CN, ID, IN, LA, LK, MM, MY, TH, VN.

106. 蔷薇科 ROSACEAE

蚊子草属 Filipendula

槭叶蚊子草 **Filipendula glaberrima** Nakai 【N, W/C】 ♣BBG; ●BJ, LN, TW; ★(AS): CN, JP, KP, KR, MN, RU-AS.

蚊子草 **Filipendula palmata** (Pall.) Maxim. 【N, W/C】 ♣BBG, HBG, HFBG, IBCAS; ●BJ, HL, LN, ZJ; ★(AS): CN, KP, KR, MN, RU-AS.

草仙子 **Filipendula rubra** (Hill) B. L. Rob. 【I, C】 ♣BBG, NBG; ●BJ, JS; ★(NA): CA, US.

旋果蚊子草 **Filipendula ulmaria** (L.) Maxim. 【N, W/C】 ♣BBG, NBG; ●BJ, JS; ★(AF): MA; (AS): AZ, CN, MN, RU-AS, SA; (EU): BY, HR, RS, RU, SI, TR.

长叶蚊子草（合叶子）**Filipendula vulgaris** Moench 【I, C】 ♣NBG; ●BJ, JS; ★(AS): AM, AZ, CY, GE, IR, KG, KZ, RU-AS, TJ, TM, UZ; (EU): AD, AL, AT, BA, BE, BG, BY, CH, CZ, DE, DK, ES, FI, FR, GB, GR, HR, HU, IS, IT, LU, MC, ME, MK, NL, NO, PL, PT, RO, RS, RU, SE, SI, SK, SM, UA, VA.

悬钩子属 Rubus

大瓣黑莓 **Rubus aboriginum** Rydb. 【I, C】 ★(NA): MX, US.

腺毛莓 **Rubus adenophorus** Rolfe 【N, W/C】 ♣CBG, HBG, NBG; ●JS, SH, ZJ; ★(AS): CN.

粗叶悬钩子 **Rubus alceifolius** Poir. 【N, W/C】 ♣FLBG, GA, GBG, GMG, GXIB, SCBG, WBG, XLTBG, XMBG, XTBG; ●FJ, GD, GX, GZ, HB, HI, JX, YN; ★(AS): CN, ID, IN, JP, KH, LA, MM, MY, PH, TH, VN.

刺萼悬钩子 **Rubus alexeterius** Focke 【N, W/C】 ♣NBG; ●JS; ★(AS): BT, CN, IN, LK, NP.

黑莓 **Rubus allegheniensis** Porter 【I, C】 ♣HBG; ●ZJ; ★(NA): CA, MX, US.

秀丽莓 **Rubus amabilis** Focke 【N, W/C】 ♣NBG, WBG; ●HB; ★(AS): CN.

周毛悬钩子 **Rubus amphidasys** Focke 【N, W/C】 ♣HBG, LBG, SCBG, WBG; ●GD, HB, JX, ZJ; ★(AS): CN.

草杨莓子 **Rubus anatolicus** Focke 【I, C】 ♣NBG; ●JS; ★(AS): RU-AS, TM.

北悬钩子 **Rubus arcticus** L. 【N, W/C】 ●NM; ★(AS): CN, JP, KP, KR, MN, RU-AS; (EU): FI, GB, NO, RU.

尖齿黑莓 **Rubus argutus** Link 【I, C】 ★(NA): US.

西南悬钩子 **Rubus assamensis** Focke 【N, W/C】 ♣NSBG, WBG; ●CQ, HB, SC; ★(AS): CN, ID, IN, MM.

竹叶鸡爪茶 **Rubus bambusarum** Focke 【N, W/C】 ♣CBG, FBG, SCBG, WBG; ●FJ, GD, HB, SH; ★(AS): CN.

粉枝莓（粉枝梅）**Rubus biflorus** Buch.-Ham. ex Sm. 【N, W/C】 ♣KBG, NBG, WBG; ●HB, JS, TW,

YN; ★(AS): BT, CN, ID, IN, LK, MM, NP.

寒莓 **Rubus buergeri** Miq.【N, W/C】♣FBG, GA, GBG, GMG, HBG, LBG, NBG, SCBG, WBG, ZAFU; ●FJ, GD, GX, GZ, HB, JS, JX, SC, ZJ; ★(AS): CN, JP, KP, KR.

欧洲木莓 **Rubus caesius** L.【N, W/C】♣NBG; ●JS; ★(AS): AZ, CN, MN, RU-AS, SA; (EU): FR, HR, IS, RS, TR.

甜黑莓 **Rubus canadensis** var. **pergratus** (Blanch.) L. H. Bailey【I, C】★(NA): US.

尾叶悬钩子 **Rubus caudifolius** Wuzhi【N, W/C】♣WBG, XTBG; ●HB, YN; ★(AS): CN.

刺毛莓 **Rubus chaetophorus** Cardot【I, C】♣XTBG; ●YN; ★(AS): VN.

兴安悬钩子 **Rubus chamaemorus** L.【N, W/C】♣BBG; ●BJ, NM; ★(AS): CN, GE, JP, KP, KR, MN, RU-AS; (EU): BA, CZ, DE, FI, GB, NO, PL, RS, RU.

长序莓 **Rubus chiliadenus** Focke【N, W/C】♣NBG; ●JS; ★(AS): CN.

掌叶覆盆子 **Rubus chingii** Hu【N, W/C】♣CBG, GXIB, HBG, NBG, WBG, ZAFU; ●AH, FJ, GD, GX, HB, JS, JX, SH, TW, ZJ; ★(AS): CN, JP.

甜茶 **Rubus chingii** var. **suavissimus** (S. Lee) L. T. Lu【N, W/C】♣GXIB, NSBG, SCBG; ●CQ, GD, GX; ★(AS): CN.

毛萼莓 **Rubus chroosepalus** Focke【N, W/C】♣FBG, GBG, NBG, SCBG, WBG; ●FJ, GD, GZ, HB, JS; ★(AS): CN, VN.

网纹悬钩子 **Rubus cinclidodictyus** Cardot【N, W/C】♣NBG; ●JS; ★(AS): CN.

蛇藨筋（蛇泡筋）**Rubus cochinchinensis** Tratt.【N, W/C】♣CBG, GMG, IBCAS, SCBG, WBG, XTBG; ●AH, BJ, GD, GX, HB, HE, JL, LN, SD, SH, TW, YN; ★(AS): CN, KH, LA, TH, VN.

华中悬钩子 **Rubus cockburnianus** Hemsl.【N, W/C】♣CBG, IBCAS; ●BJ, SH; ★(AS): CN.

小柱悬钩子 **Rubus columellaris** Tutcher【N, W/C】♣SCBG; ●GD; ★(AS): CN, VN.

山莓 **Rubus corchorifolius** L. f.【N, W/C】♣CBG, GA, GXIB, HBG, IBCAS, KBG, LBG, NBG, NSBG, SCBG, WBG, XMBG, ZAFU; ●AH, BJ, CQ, FJ, GD, GX, HB, JS, JX, SC, SH, YN, ZJ; ★(AS): CN, JP, KP, KR, MM, VN.

插田泡 **Rubus coreanus** Miq.【N, W/C】♣CBG, HBG, LBG, NBG, WBG, XBG, ZAFU; ●HA, HB, JS, JX, SC, SH, SN, ZJ; ★(AS): CN, JP, KP, KR.

毛叶插田藨（毛叶插田泡）**Rubus coreanus** var. **tomentosus** Cardot【N, W/C】♣CBG, WBG; ●HB, SH; ★(AS): CN, KP, KR.

牛叠肚 **Rubus crataegifolius** Bunge【N, W/C】♣BBG, HFBG, IAE, IBCAS, NBG; ●BJ, HL, JS, LN, NM, TW; ★(AS): CN, JP, KP, KR, MN, RU-AS.

番红悬钩子（薄瓣悬钩子）**Rubus croceacanthus** H. Lév.【N, W/C】●TW; ★(AS): CN, ID, IN, JP, KH, KR, LA, MM, TH, VN.

沙黑莓 **Rubus cuneifolius** Pursh【I, C】★(NA): US.

椭圆悬钩子 **Rubus ellipticus** Sm.【N, W/C】♣KBG, XTBG; ●YN; ★(AS): BT, CN, ID, IN, LA, LK, MM, NP, PH, PK, TH, VN.

栽秧藨（栽秧泡）**Rubus ellipticus** var. **obcordatus** Focke【N, W/C】♣GBG, KBG, WBG, XTBG; ●GZ, HB, YN; ★(AS): BT, CN, IN, LA, TH, VN.

大红泡 **Rubus eustephanos** Focke【N, W/C】♣CBG, LBG, NBG, WBG, XMBG; ●FJ, HB, JS, JX, SC, SH; ★(AS): CN, MM.

腺毛大红泡 **Rubus eustephanos** var. **glanduliger** T. T. Yu et L. T. Lu【N, W/C】♣WBG; ●HB; ★(AS): CN.

无刺黑莓 **Rubus flagellaris** Willd.【I, C】★(NA): CA, MX, US.

攀枝莓 **Rubus flagelliflorus** Focke【N, W/C】♣FBG, HBG, NBG; ●FJ, JS, ZJ; ★(AS): CN.

多花刺果茶藨 **Rubus floribundus** Kunth【I, C】★(SA): BO, EC, PE, VE.

弓茎悬钩子 **Rubus flosculosus** Focke【N, W/C】♣CBG, IBCAS; ●BJ, SH; ★(AS): CN.

梣叶悬钩子 **Rubus fraxinifoliolus** Hayata【N, W/C】♣NBG; ●JS; ★(AS): CN.

扬基莓 **Rubus frondosus** Bigelow【I, C】★(NA): US.

锈叶悬钩子 **Rubus fuscifolius** T. T. Yu et L. T. Lu【N, W/C】♣NBG; ●JS; ★(AS): CN.

黄毛悬钩子 **Rubus fuscorubens** Focke【N, W/C】♣NBG; ●JS; ★(AS): CN.

光果悬钩子 **Rubus glabricarpus** W. C. Cheng【N, W/C】♣NBG; ●JS; ★(AS): CN.

腺萼悬钩子 **Rubus glandulosocalycinus** Hayata【N, W/C】♣WBG; ●HB; ★(AS): CN.

腺果悬钩子 **Rubus glandulosocarpus** M. X. Nie【N, W/C】♣WBG; ●HB; ★(AS): CN.

大序悬钩子 **Rubus grandipaniculatus** T. T. Yu et L. T. Lu【N, W/C】♣NBG; ●JS; ★(AS): CN.

江西悬钩子 **Rubus gressittii** F. P. Metcalf 【N, W/C】 ♣WBG; ●HB; ★(AS): CN.

柔毛悬钩子 **Rubus gyamdaensis** L. T. Lu et Boufford 【N, W/C】 ♣NBG; ●JS; ★(AS): CN.

鸡爪茶 **Rubus henryi** Hemsl. et Kuntze 【N, W/C】 ♣CBG, KBG, WBG; ●HB, SH, YN; ★(AS): CN.

大叶鸡爪茶 **Rubus henryi** var. **sozostylus** (Focke) T. T. Yu et L. T. Lu 【N, W/C】 ♣FBG, WBG; ●FJ, HB; ★(AS): CN.

六果悬钩子 **Rubus hexagynus** Roxb. 【N, W/C】 ♣XMBG; ●FJ; ★(AS): BD, CN, IN, MM.

蓬蘽 **Rubus hirsutus** Thunb. 【N, W/C】 ♣CBG, HBG, LBG, NBG, ZAFU; ●JS, JX, SH, TW, ZJ; ★(AS): CN, JP, KP, KR.

多刺悬钩子 **Rubus horridulus** P. J. Müll. 【I, C】 ★(EU): AT, CZ, DE, FR, HU.

湖南悬钩子 **Rubus hunanensis** Hand.-Mazz. 【N, W/C】 ♣CBG, SCBG, WBG; ●GD, HB, SH; ★(AS): CN.

滇藏悬钩子 **Rubus hypopitys** Focke 【N, W/C】 ♣KBG; ●YN; ★(AS): CN.

宜昌悬钩子 **Rubus ichangensis** Hemsl. et Kuntze 【N, W/C】 ♣FBG, GBG, WBG; ●FJ, GZ, HB, SC; ★(AS): CN.

拟覆盆子 **Rubus idaeopsis** Focke 【N, W/C】 ♣NBG; ●JS; ★(AS): CN.

覆盆子 **Rubus idaeus** L. 【N, W/C】 ♣CBG, IBCAS, NBG, TDBG; ●BJ, JL, JS, NM, SH, SX, TW, XJ; ★(AS): CN, JP, KP, KR, MN, RU-AS; (EU): BE, BY, EE, FR, GB, LT, LU, LV, MC, MD, NL, RU, UA.

硬毛覆盆子 **Rubus idaeus** subsp. **strigosus** (Michx.) Focke 【N, W/C】 ♣IBCAS; ●BJ; ★(AS): CN.

阴暗莓 **Rubus illecebrosus** Focke 【I, C】 ♣IBCAS; ●BJ; ★(AS): JP.

陷脉悬钩子 **Rubus impressinervus** F. P. Metcalf 【N, W/C】 ♣WBG; ●HB; ★(AS): CN.

白叶莓 **Rubus innominatus** S. Moore 【N, W/C】 ♣CBG, FBG, HBG, LBG, NBG, NSBG, WBG; ●CQ, FJ, HB, JS, JX, SH, ZJ; ★(AS): CN.

无腺白叶莓 **Rubus innominatus** var. **kuntzeanus** (Hemsl.) L. H. Bailey 【N, W/C】 ♣FBG, HBG, LBG; ●FJ, JX, ZJ; ★(AS): CN.

五叶白叶莓 **Rubus innominatus** var. **quinatus** L. H. Bailey 【N, W/C】 ♣LBG; ●JX; ★(AS): CN.

红花悬钩子 **Rubus inopertus** (Focke) Focke 【N, W/C】 ♣CBG, NBG; ●JS, SH; ★(AS): BT, CN, IN, LK, VN.

灰毛藨（灰毛泡）**Rubus irenaeus** Focke 【N, W/C】 ♣CBG, GA, GBG, NBG, SCBG, WBG; ●GD, GZ, HB, JS, JX, SC, SH; ★(AS): CN.

蒲桃叶悬钩子 **Rubus jambosoides** Hance 【N, W/C】 ♣SCBG; ●GD; ★(AS): CN.

常绿悬钩子 **Rubus jianensis** L. T. Lu et Boufford 【N, W/C】 ♣NBG; ●JS; ★(AS): CN.

绿叶悬钩子 **Rubus komarovii** Nakai 【N, W/C】 ♣HFBG; ●HL, LN, NM; ★(AS): CN, KP, MN, RU-AS.

牯岭悬钩子 **Rubus kulinganus** L. H. Bailey 【N, W/C】 ♣CBG, LBG; ●JX, SH; ★(AS): CN.

裂叶黑莓 **Rubus laciniatus** Willd. 【I, C】 ♣IBCAS; ●BJ; ★(EU): DE, FR.

高粱泡 **Rubus lambertianus** Ser. 【N, W/C】 ♣CBG, GA, HBG, IBCAS, LBG, WBG, XMBG, ZAFU; ●BJ, FJ, HB, JX, SH, ZJ; ★(AS): CN, JP, TH.

光滑高粱藨（光滑高粱泡）**Rubus lambertianus** var. **glaber** Hemsl. 【N, W/C】 ♣CBG, FBG, LBG, WBG; ●FJ, HB, JX, SC, SH; ★(AS): CN, JP.

绵果悬钩子 **Rubus lasiostylus** Focke 【N, W/C】 ♣WBG; ●HB; ★(AS): CN.

狭萼多毛悬钩子 **Rubus lasiotrichos** var. **blinii** (H. Lév.) L. T. Lu 【N, W/C】 ♣KBG; ●YN; ★(AS): CN.

耳叶悬钩子 **Rubus latoauriculatus** F. P. Metcalf 【N, W/C】 ♣GXIB; ●GX; ★(AS): CN.

疏松悬钩子 **Rubus laxus** Rydb. 【N, W/C】 ♣XTBG; ●YN; ★(AS): CN, IN.

白花悬钩子 **Rubus leucanthus** Hance 【N, W/C】 ♣SCBG, WBG; ●GD, HB; ★(AS): CN, KH, LA, TH, VN.

绢毛悬钩子 **Rubus lineatus** Reinw. 【N, W/C】 ♣NBG; ●JS; ★(AS): BT, CN, ID, IN, LK, MM, MY, NP, VN.

五裂悬钩子 **Rubus lobatus** T. T. Yu et L. T. Lu 【N, W/C】 ♣SCBG, WBG; ●GD, HB; ★(AS): CN.

光亮悬钩子 **Rubus lucens** Focke 【N, W/C】 ♣XTBG; ●YN; ★(AS): CN, ID, IN, MM, PH.

多苞莓 **Rubus magnibracteatus** Ridl. 【I, C】 ♣XTBG; ●YN; ★(AS): ID.

棠叶悬钩子 **Rubus malifolius** Focke 【N, W/C】 ♣WBG; ●HB; ★(AS): CN.

麻栗坡悬钩子 **Rubus malipoensis** T. T. Yu et L. T. Lu 【N, W/C】 ♣NBG; ●JS; ★(AS): CN.

楸叶悬钩子 **Rubus mallotifolius** C. Y. Wu ex T. T. Yu et L. T. Lu 【N, W/C】 ♣NBG; ●JS; ★(AS): CN.

勐腊悬钩子 **Rubus menglaensis** T. T. Yu et L. T. Lu 【N, W/C】 ♣XTBG; ●YN; ★(AS): CN.

喜阴悬钩子 **Rubus mesogaeus** Focke 【N, W/C】 ♣CBG, XTBG; ●SC, SH, TW, YN; ★(AS): BT, CN, IN, JP, LK, MN, NP, RU-AS.

马六甲悬钩子 **Rubus moluccanus** Aiton【I, C】★(AS): ID.

*梨叶马六甲悬钩子 **Rubus moluccanus** var. **pyrifolius** (Sm.) Kuntze 【I, C】 ♣XTBG; ●YN; ★(AS): ID.

刺毛悬钩子 **Rubus multisetosus** T. T. Yu et L. T. Lu 【N, W/C】 ♣CBG; ●SH; ★(AS): CN.

紫树莓 **Rubus neglectus** Peck 【I, C】 ★(NA): US.

荚蒾叶悬钩子 **Rubus neoviburnifolius** L. T. Lu et Boufford 【N, W/C】 ♣NBG; ●JS; ★(AS): CN.

红藨刺藤（红泡刺藤）**Rubus niveus** Wall. ex G. Don 【N, W/C】 ♣GBG, KBG, NBG; ●GZ, JS, YN; ★(AS): AF, BT, CN, ID, IN, LA, LK, MM, MY, NP, PH, TH, VN.

西方悬钩子 **Rubus occidentalis** L. 【I, C】★(NA): CA, US.

香悬钩子（香覆盆子）**Rubus odoratus** L. 【I, C】 ♣HBG, IBCAS, NBG; ●BJ, JS, ZJ; ★(NA): US.

太平莓 **Rubus pacificus** Hance【N, W/C】♣HBG, LBG, NBG, ZAFU; ●JS, JX, ZJ; ★(AS): CN.

大花覆盆子 **Rubus pallidus** Weihe【I, C】♣NBG; ●JS; ★(EU): AT, BA, BE, CZ, DE, FR, GB, HU, NL, PL.

琴叶悬钩子 **Rubus panduratus** Hand.-Mazz. 【N, W/C】 ♣SCBG; ●GD; ★(AS): CN.

圆锥悬钩子 **Rubus paniculatus** Sm. 【N, W/C】 ♣NBG; ●JS; ★(AS): BT, CN, ID, IN, LK, MM, NP.

乌藨子（乌泡子）**Rubus parkeri** Hance 【N, W/C】 ♣NBG; ●JS, SC; ★(AS): CN.

茅莓 **Rubus parvifolius** L. 【N, W/C】 ♣CBG, FLBG, GA, GBG, GMG, HBG, LBG, NBG, NSBG, SCBG, TMNS, XBG, XMBG, XTBG; ●BJ, CQ, FJ, GD, GX, GZ, HL, JS, JX, LN, SH, SN, TW, YN, ZJ; ★(AS): CN, JP, KP, KR, MN, RU-AS, VN.

腺花茅莓 **Rubus parvifolius** var. **adenochlamys** (Focke) Migo【N, W/C】♣CBG, WBG; ●HB, SH; ★(AS): CN, JP.

少齿悬钩子 **Rubus paucidentatus** T. T. Yu et L. T. Lu 【N, W/C】 ♣WBG; ●HB; ★(AS): CN.

黄藨（黄泡）**Rubus pectinellus** Maxim. 【N, W/C】 ♣CBG, GBG, WBG; ●GZ, HB, SH, TW; ★(AS): CN, JP, PH.

密毛纤细悬钩子 **Rubus pedunculosus** D. Don【N, W/C】♣GBG, XTBG; ●GZ, SC, YN; ★(AS): BT, CN, ID, IN, LK, NP.

盾叶莓 **Rubus peltatus** Maxim.【N, W/C】♣CBG, HBG, LBG, NBG, WBG, ZAFU; ●HB, JS, JX, SC, SH, ZJ; ★(AS): CN, JP.

河口悬钩子 **Rubus penduliflorus** C. Y. Wu ex T. T. Yu et L. T. Lu 【N, W/C】 ♣NBG; ●JS; ★(AS): CN.

掌叶悬钩子 **Rubus pentagonus** Wall. ex Focke【N, W/C】 ♣CBG, NBG, WBG, XTBG; ●HB, JS, SC, SH, YN; ★(AS): CN, MM.

多腺悬钩子 **Rubus phoenicolasius** Maxim. 【N, W/C】 ♣CBG, IBCAS, WBG; ●BJ, HB, SH; ★(AS): CN, JP, KP, KR.

菰帽悬钩子 **Rubus pileatus** Focke 【N, W/C】 ♣WBG; ●HB; ★(AS): CN.

羽萼悬钩子（羽叶悬钩子）**Rubus pinnatisepalus** Hemsl.【N, W/C】♣SCBG, WBG; ●GD, HB; ★(AS): CN.

梨叶悬钩子 **Rubus pirifolius** Sm. 【N, W/C】 ♣GMG, SCBG, XTBG; ●GD, GX, YN; ★(AS): CN, ID, IN, KH, LA, MY, PH, TH, VN.

心状梨叶悬钩子 **Rubus pirifolius** var. **cordatus** T. T. Yu et L. T. Lu 【N, W/C】 ♣GXIB, XTBG; ●GX, YN; ★(AS): CN.

五叶鸡爪茶 **Rubus playfairianus** Hemsl. ex Focke 【N, W/C】 ♣FBG, WBG; ●FJ, HB; ★(AS): CN.

大乌泡 **Rubus pluribracteatus** L. T. Lu et Boufford 【N, W/C】 ♣GBG, NBG, SCBG, WBG, XTBG; ●GD, GZ, HB, JS, YN; ★(AS): CN, KH, LA, TH, VN.

毛叶悬钩子 **Rubus poliophyllus** Focke 【N, W/C】 ♣NBG, XTBG; ●YN; ★(AS): CN, IN, LK.

匍匐黑莓 **Rubus praecox** Bertol. 【I, C】 ★(EU): AT, DE, FR.

早花悬钩子 **Rubus preptanthus** Focke 【N, W/C】 ♣WBG; ●HB; ★(AS): BT, CN, IN, LK, NP.

针刺悬钩子 **Rubus pungens** Cambess. 【N, W/C】 ♣CBG; ●SH, TW, ZJ; ★(AS): BT, CN, ID, IN, JP, KP, LK, MM, NP.

香莓 **Rubus pungens** var. **oldhamii** (Miq.) Maxim. 【N, W/C】♣CBG, HBG, WBG; ●HB, SH, YN, ZJ;

★(AS): CN, JP, KP, KR.

总序悬钩子 **Rubus racemosus** Genev. 【I, C】 ♣WBG; ●HB; ★(AS): IN.

饶平悬钩子 **Rubus raopingensis** T. T. Yu et L. T. Lu 【N, W/C】 ♣SCBG; ●GD; ★(AS): CN.

锈毛莓 **Rubus reflexus** Ker Gawl. 【N, W/C】 ♣CBG, GA, HBG, NBG, SCBG, WBG; ●GD, HB, JS, JX, SH, ZJ; ★(AS): CN.

长叶锈毛莓 **Rubus reflexus** var. **orogenes** Hand.-Mazz. 【N, W/C】 ♣LBG; ●JX; ★(AS): CN.

小粗叶悬钩子（高山悬钩子）**Rubus rolfei** S. Vidal 【N, W/C】 ♣CBG; ●SH; ★(AS): CN, PH.

空心藨(空心泡)**Rubus rosifolius** Sm. ex Baker【N, W/C】 ♣CBG, GA, GMG, HBG, NBG, SCBG, XMBG; ●AH, FJ, GD, GX, GZ, HN, JS, JX, SC, SH, TW, YN, ZJ; ★(AF): MG, NG, ZA; (AS): BT, CN, ID, IN, JP, KH, LA, LK, MM, MY, NP, PH, TH, VN; (OC): AU, NZ, PAF.

重瓣空心泡 **Rubus rosifolius** var. **coronarius** (Sims) Focke 【N, W/C】 ♣SCBG, XMBG; ●FJ, GD; ★(AS): CN, ID, IN, MY, NP.

红刺悬钩子 **Rubus rubrisetulosus** Cardot 【N, W/C】 ♣WBG; ●HB; ★(AS): CN.

棕红悬钩子 **Rubus rufus** Focke【N, W/C】♣BBG, CBG, FBG, WBG, XTBG; ●BJ, FJ, HB, SH, YN; ★(AS): CN, TH, VN.

掌裂棕红悬钩子 **Rubus rufus** var. **palmatifidus** Cardot 【N, W/C】 ♣XTBG; ●YN; ★(AS): CN.

库页悬钩子 **Rubus sachalinensis** H. Lév. 【N, W/C】 ♣HFBG; ●HL, LN, NM; ★(AS): CN, JP, KP, MN, RU-AS.

石生悬钩子 **Rubus saxatilis** L. 【N, W/C】 ♣IBCAS; ●BJ, NM; ★(AS): CN, MN, RU-AS; (EU): AL, AT, BA, BE, BG, CZ, DE, ES, FI, FR, GB, GR, HR, HU, IS, IT, ME, MK, NL, NO, PL, RO, RS, RU, SI.

七裂悬钩子 **Rubus septemlobus** H. L. Li 【N, W/C】 ♣GXIB; ●GX; ★(AS): CN.

川莓 **Rubus setchuenensis** Bureau et Franch. 【N, W/C】♣CBG, GBG, HBG, NBG, WBG; ●GZ, HB, JS, SC, SH, ZJ; ★(AS): CN.

桂滇悬钩子 **Rubus shihae** F. P. Metcalf 【N, W/C】 ♣NBG; ●JS; ★(AS): CN.

单茎悬钩子 **Rubus simplex** Focke 【N, W/C】 ♣CBG, FBG; ●FJ, SH; ★(AS): CN.

刺毛白叶莓 **Rubus spinulosoides** F. P. Metcalf【N, W/C】 ♣NBG; ●JS; ★(AS): CN.

直立悬钩子 **Rubus stans** Focke 【N, W/C】 ●BJ; ★(AS): CN.

华西悬钩子 **Rubus stimulans** Focke 【N, W/C】 ♣CBG; ●SH; ★(AS): CN.

美国红树莓 **Rubus strigosus** Michx. 【I, C】 ★(NA): MX, US.

柱序悬钩子 **Rubus subcoreanus** T. T. Yu et L. T. Lu 【N, W/C】 ♣NBG; ●JS; ★(AS): CN.

红腺悬钩子 **Rubus sumatranus** Miq. 【N, W/C】 ♣CBG, GA, HBG, LBG, NBG, SCBG, WBG, XTBG; ●GD, HB, JS, JX, SC, SH, YN, ZJ; ★(AS): BT, CN, ID, IN, JP, KH, KP, LA, LK, MM, MY, NP, TH, VN.

*斯万悬钩子 **Rubus svanensis** Sanadze 【I, C】 ♣IBCAS; ●BJ, TW; ★(AS): JP.

木莓 **Rubus swinhoei** Dunn et Tutcher 【N, W/C】 ♣CBG, GA, GBG, HBG, NBG, WBG; ●GZ, HB, JS, JX, SH, ZJ; ★(AS): CN, JP.

灰白毛莓 **Rubus tephrodes** Hance 【N, W/C】 ♣HBG, LBG, NBG, WBG, XTBG; ●HB, JS, JX, YN, ZJ; ★(AS): CN.

无腺灰白毛莓 **Rubus tephrodes** var. **ampliflorus** (H. Lév. et Vaniot) Hand.-Mazz. 【N, W/C】 ♣HBG, LBG; ●JX, ZJ; ★(AS): CN.

西藏悬钩子 **Rubus thibetanus** Franch. 【N, W/C】 ♣WBG; ●HB, TW; ★(AS): CN.

三花悬钩子 **Rubus trianthus** Focke 【N, W/C】 ♣CBG, FBG, GBG, HBG, LBG, NBG, WBG, ZAFU; ●FJ, GZ, HB, JS, JX, SC, SH, ZJ; ★(AS): CN, VN.

三色莓 **Rubus tricolor** Focke 【N, W/C】 ♣WBG; ●HB, XJ; ★(AS): CN.

光滑悬钩子 **Rubus tsangii** Merr. 【N, W/C】 ♣SCBG; ●GD; ★(AS): CN.

东南悬钩子 **Rubus tsangiorum** Hand.-Mazz. 【N, W/C】♣FBG, HBG, WBG; ●FJ, HB, ZJ; ★(AS): CN.

榆叶黑莓 **Rubus ulmifolius** Schott 【I, C】 ♣IBCAS; ●BJ; ★(AF): DZ, EG, LY, MA, TN; (EU): AL, BA, ES, FR, GR, HR, IT, MC, ME, MK, RS, SI.

北美黑莓 **Rubus ursinus** Cham. et Schltdl. 【I, C】 ●TW; ★(NA): CA, MX, US.

罗甘莓 **Rubus ursinus** var. **loganobaccus** (L. H. Bailey) L. H. Bailey 【I, C】 ★(NA): US.

葡萄叶莓 **Rubus vitifolius** Cham. et Schltdl. 【I, C】

★(NA): MX, US.

普通悬钩子 **Rubus vulgatus** Arrhen. 【I, C】 ♣HBG; ●ZJ; ★(AS): RU-AS; (EU): BE, FR, RU.

红毛悬钩子 **Rubus wallichianus** Wight et Arn. 【N, W/C】 ♣CBG, GBG, GXIB, HBG, WBG; ●GX, GZ, HB, SC, SH, ZJ; ★(AS): BT, CN, ID, IN, LK, NP, VN.

锯叶悬钩子 **Rubus wuzhianus** L. T. Lu et Boufford 【N, W/C】 ♣WBG; ●HB; ★(AS): CN.

黄果悬钩子 **Rubus xanthocarpus** Bureau et Franch. 【N, W/C】 ♣CBG, NBG, WBG; ●HB, JS, SH; ★(AS): CN.

黄脉莓 **Rubus xanthoneurus** Focke 【N, W/C】 ♣NBG, WBG; ●HB; ★(AS): CN, TH.

云南悬钩子 **Rubus yunnanicus** Kuntze 【N, W/C】 ♣NBG; ●JS; ★(AS): CN.

飞羽木属 Fallugia

飞羽木 **Fallugia paradoxa** (D. Don) Endl. ex Torr. 【I, C】 ●TW; ★(NA): MX, US.

路边青属 Geum

路边青 **Geum aleppicum** Jacq. 【N, W/C】 ♣CBG, CDBG, GBG, HBG, IBCAS, KBG, NBG, SCBG, TDBG, WBG, XBG, XMBG, XTBG; ●BJ, FJ, GD, GZ, HB, JS, SC, SH, SN, XJ, YN, ZJ; ★(AS): BT, CN, IN, JP, KP, KR, LK, MN, RU-AS.

路边青状林石草 **Geum geoides** (Pall.) Smedmark 【I, C】 ●YN; ★(EU): BA, BG, CZ, DE, GB, HR, HU, ME, MK, RO, RS, RU, SI.

日本路边青 **Geum japonicum** Thunb. 【N, W/C】 ♣HBG, LBG; ●JX, SC, ZJ; ★(AS): CN, JP, KP, KR.

柔毛路边青 **Geum japonicum** var. **chinense** F. Bolle 【N, W/C】 ♣CBG, GBG, GMG, GXIB, KBG, LBG, NBG, SCBG, WBG; ●GD, GX, GZ, HB, JS, JX, SC, SH, YN; ★(AS): CN.

红花水杨梅(凯利路边青)**Geum quellyon** Sweet 【I, C】 ♣BBG, CBG, IBCAS; ●BJ, SC, SH, TW; ★(SA): CL.

紫萼路边青 **Geum rivale** L. 【N, W/C】 ♣KBG, XTBG; ●YN; ★(AS): AM, AZ, CN, GE, IR, KG, KZ, MN, RU-AS, TJ, TM, TR, UZ; (EU): AL, AT, BA, BE, BG, CZ, DE, ES, FI, FR, GB, GR, HR, IS, IT, ME, MK, NL, NO, PL, RO, RS, RU, SI; (NA): CA, US.

太行花 **Geum rupestre** (T. T. Yu et C. L. Li) Smedmark 【N, W/C】 ♣IBCAS; ●BJ; ★(AS): CN.

林石草 **Geum ternatum** (Stephan) Smedmark 【N, W/C】 ●TW, YN; ★(AS): CN, JP, KR, MN, RU-AS; (EU): AT, BA, CZ, FI, HR, ME, MK, RO, RS, SI.

三叶路边青 **Geum triflorum** Pursh 【I, C】 ♣CBG; ●SH; ★(NA): CA, US.

马蹄黄属 Spenceria

马蹄黄 **Spenceria ramalana** Trimen 【N, W/C】 ●YN; ★(AS): BT, CN.

龙牙草属 Agrimonia

欧洲龙牙草 **Agrimonia eupatoria** L. 【N, W/C】 ♣HBG; ●ZJ; ★(AS): AM, AZ, BH, CN, CY, GE, IL, IQ, IR, JO, KG, KW, KZ, LB, PS, QA, SA, SY, TJ, TM, TR, UZ, YE; (EU): AD, AL, AT, BA, BE, BG, BY, CH, CZ, DE, DK, ES, FI, FR, GB, GR, HR, HU, IS, IT, LU, MC, ME, MK, NL, NO, PL, PT, RO, RS, RU, SE, SI, SK, SM, UA, VA.

日本龙牙草 **Agrimonia nipponica** Koidz. 【I, C】 ★(AS): JP.

小花龙牙草 **Agrimonia nipponica** var. **occidentalis** Skalický ex J. E. Vidal 【N, W/C】 ♣GA, LBG; ●JX; ★(AS): CN, LA, VN.

龙牙草 **Agrimonia pilosa** Ledeb. 【N, W/C】 ♣BBG, CBG, CDBG, FBG, GBG, GMG, GXIB, HBG, IBCAS, KBG, LBG, NBG, NSBG, SCBG, TBG, WBG, XBG, XLTBG, XMBG, XTBG, ZAFU; ●BJ, CQ, FJ, GD, GX, GZ, HB, HI, JS, JX, LN, SC, SH, SN, TW, YN, ZJ; ★(AS): BT, CN, ID, IN, JP, KP, KR, LA, LK, MM, MN, NP, RU-AS, TH, VN; (EU): CZ, FI, PL, RO, RU.

黄龙尾 **Agrimonia pilosa** var. **nepalensis** (D. Don) Nakai 【N, W/C】 ♣GXIB, LBG, XTBG; ●GX, JX, YN; ★(AS): BT, CN, IN, LA, MM, NP, TH, VN.

香龙牙草 **Agrimonia repens** L. 【I, C】 ♣KBG, NBG; ●JS, YN; ★(AS): IQ.

多蕊地榆属 Poterium

止血草(多蕊地榆)**Poterium sanguisorba** L. 【I, C】 ★(AF): DZ, EG, LY, MA, SD, TN; (AS): AM, AZ, BH, GE, IL, IQ, IR, JO, KW, LB, PS, QA, SA, SY, TR, YE; (EU): AD, AL, AT, BA, BE, BG, CH, CZ, DE, ES, FR, GB, GR, HR, HU, IT, LI, LU, MC, ME, MK, NL, PL, PT, RO, RS, SI, SK, SM, VA.

地榆属 Sanguisorba

高山地榆 **Sanguisorba alpina** Bunge 【N, W/C】 ♣NBG; ●JS; ★(AS): CN, KP, MN, RU-AS.

多蕊地榆 **Sanguisorba minor** Scop.【I, C】♣NBG; ●JS, TW; ★(AF): DZ, EG, LY, MA, TN; (AS): AM, AZ, BH, GE, IL, IQ, IR, JO, KW, LB, PS, QA, SA, SY, TR, YE; (EU): AD, AL, AT, BA, BG, CH, CZ, DE, ES, FR, GR, HR, HU, IT, LI, MC, ME, MK, PL, PT, RO, RS, SI, SK, SM, VA.

圆叶地榆 **Sanguisorba obtusa** Maxim. 【I, C】 ♣BBG, HBG; ●BJ, ZJ; ★(AS): JP, KR.

地榆 **Sanguisorba officinalis** L. 【N, W/C】 ♣CDBG, HBG, KBG, NBG, SCBG, WBG; ●GD, HB, JS, SC, YN, ZJ; ★(AS): AM, AZ, CN, GE, ID, JP, KP, KR, MN, RU-AS; (EU): AL, AT, BA, BE, BG, CZ, DE, ES, FI, FR, GB, GR, HR, HU, IS, IT, ME, MK, NL, NO, PL, RO, RS, RU, SI.

长叶地榆 **Sanguisorba officinalis** var. **longifolia** (Bertol.) T. T. Yu et C. L. Li 【N, W/C】 ♣BBG, FLBG, GBG, GMG, GXIB, HBG, HFBG, IBCAS, KBG, LBG, NBG, SCBG, WBG, XBG, XMBG, XTBG, ZAFU; ●BJ, FJ, GD, GX, GZ, HB, HL, JS, JX, LN, SC, SN, TW, YN, ZJ; ★(AS): CN, IN, KP, KR, MN.

大白花地榆 **Sanguisorba stipulata** Raf. 【N, W/C】 ♣IBCAS; ●BJ; ★(AS): CN, JP, KP, KR, MN, RU-AS.

细叶地榆 **Sanguisorba tenuifolia** Korsh. 【N, W/C】 ♣BBG; ●BJ; ★(AS): CN, JP, KP, KR, MN, RU-AS.

芒刺果属 Acaena

*麦哲伦猬莓 **Acaena magellanica** Vahl 【I, C】 ♣CBG; ●SH; ★(SA): AR, CL.

小叶猬莓 **Acaena microphylla** Hook. f. 【I, C】 ♣CBG; ●SH; ★(OC): NZ.

蔷薇属 Rosa

白蔷薇 **Rosa × alba** L.【I, C】♣IBCAS, NBG; ●BJ, JS; ★(AS): CY; (EU): AD, AL, AT, BA, BE, BG, BY, CH, CZ, DE, DK, ES, FI, FR, GB, GR, HR, HU, IS, IT, LU, MC, ME, MK, NL, NO, PL, PT, RO, RS, RU, SE, SI, SK, SM, UA, VA.

*波本蔷薇 **Rosa × borboniana** Desp. 【I, C】 ●BJ; ★(EU): GB.

百叶蔷薇 **Rosa × centifolia** L. 【I, C】 ♣BBG, IBCAS, NBG, XMBG; ●BJ, FJ, JS; ★(EU): NL.

突厥蔷薇(大马士革蔷薇) **Rosa × damascena** Herrm. 【I, C】 ♣BBG, HBG, HFBG, IBCAS, XBG; ●BJ, HL, LN, SN, TW, XJ, ZJ; ★(AF): EG; (AS): AE, BH, IL, IQ, IR, JO, KW, LB, OM, PS, QA, SA, SY, YE.

光亮蔷薇 **Rosa × nitidula** Besser【I, C】♣IBCAS, NBG; ●BJ, JS; ★(EU): AT, BA, BE, BG, CZ, DE, ES, FR, GB, GR, HR, HU, IT, LU, ME, MK, PL, RO, RS, RU, SI.

*泡蔷薇 **Rosa × paui** Cuatrec. 【I, C】 ♣BBG; ●BJ; ★(EU): ES.

阿布尔蔷薇 **Rosa achburensis** Chrshan. 【I, C】 ♣IBCAS; ●BJ; ★(AS): RU-AS, UZ.

刺蔷薇 **Rosa acicularis** Lindl.【N, W/C】♣HFBG, IBCAS, NBG; ●BJ, HL, JS, LN, NM, XJ, YN; ★(AS): CN, JP, KP, KR, KZ, MN, RU-AS; (EU): AT, FI, RU.

欧洲野蔷薇 **Rosa agrestis** Savi 【I, C】 ♣IBCAS, NBG; ●BJ, JS; ★(AS): AZ; (EU): FI, FR, HR, IE, IS, IT, NO, RS, RU.

腺齿蔷薇 **Rosa albertii** Regel【N, W/C】♣IBCAS; ●BJ, XJ; ★(AS): CN, CY, KZ, MN, RU-AS.

阿根索蔷薇 **Rosa arkansana** S. Watson【I, C】★(NA): CA, US.

*支柱阿根索蔷薇 **Rosa arkansana** var. **suffulta** (Greene) Cockerell 【I, C】 ♣IBCAS, NBG; ●BJ, JS; ★(NA): CA, US.

法国野蔷薇 **Rosa arvensis** Huds. 【I, C】 ♣CBG, IBCAS, NBG; ●BJ, JS, SH; ★(EU): AL, AT, BA, BE, BG, BY, CH, CZ, DE, ES, GB, GR, HR, HU, IT, ME, MK, NL, PL, RO, RS, RU, SI, TR.

木香花 **Rosa banksiae** W. T. Aiton 【N, W/C】 ♣BBG, CBG, CDBG, FBG, HBG, IBCAS, KBG, LBG, NBG, NSBG, WBG, XBG, XMBG, XOIG; ●BJ, CQ, FJ, HB, JS, JX, SC, SH, SN, YN, ZJ; ★(AS): CN.

拟木香 **Rosa banksiopsis** Baker【N, W/C】♣NBG, WBG; ●HB, JS; ★(AS): CN.

弯刺蔷薇 **Rosa beggeriana** Schrenk 【N, W/C】 ♣BBG, HBG, IBCAS, NBG, SCBG; ●BJ, GD, JS, XJ, ZJ; ★(AS): AF, CN, CY, KZ, MN, RU-AS.

美蔷薇 **Rosa bella** Rehder et E. H. Wilson 【N, W/C】 ♣HBG, TDBG; ●LN, XJ, ZJ; ★(AS): CN, MN.

小檗叶蔷薇 **Rosa berberifolia** Pall. 【N, W/C】 ●XJ; ★(AS): CN, KZ.

柏格蔷薇 **Rosa blanda** Jacq. 【I, C】 ♣IBCAS, NBG; ●BJ, JS; ★(NA): CA, US.

硕苞蔷薇 **Rosa bracteata** J. C. Wendl. 【N, W/C】 ♣BBG, CBG, FBG, HBG, IBCAS, LBG, NBG, XMBG, ZAFU; ●BJ, FJ, JS, JX, SH, TW, ZJ; ★(AS): CN, JP, MM.

密刺硕苞蔷薇 **Rosa bracteata** var. **scabriacaulis** Lindl. ex Koidz. 【N, W/C】 ♣XMBG; ●FJ; ★(AS): CN.

复伞房蔷薇 **Rosa brunonii** Lindl. 【N, W/C】 ♣BBG, CBG, IBCAS, WBG; ●BJ, HB, SC, SH; ★(AS): BT, CN, ID, IN, LK, MM, NP, PK.

青灰蔷薇 **Rosa caesia** Sm. 【I, C】 ♣NBG; ●JS; ★(EU): AT, BA, BE, BG, CH, CZ, DE, ES, FI, FR, GB, GR, HR, HU, IT, ME, MK, NL, NO, PL, RO, RS, RU, SI.

加州蔷薇 **Rosa californica** Cham. et Schltdl. 【I, C】 ♣BBG, NBG; ●BJ, JS; ★(NA): MX, US.

狗蔷薇（犬蔷薇）**Rosa canina** L. 【I, C】 ♣CBG, HBG, IBCAS, NBG; ●BJ, HA, JS, LN, SH, ZJ; ★(AF): MA; (AS): AM, AZ, BH, GE, IL, IQ, IR, JO, KW, LB, PS, QA, RU-AS, SA, SY, TR, YE; (EU): AL, AT, BA, BE, BG, BY, CZ, DE, ES, FI, FR, GB, GR, HR, HU, IT, LU, ME, MK, NL, NO, PL, RO, RS, RU, SI, TR.

灌丛狗蔷薇 **Rosa canina** var. **dumetorum** (Thuill.) Poir. 【I, C】 ♣HBG, IBCAS; ●BJ, ZJ; ★(EU): AT, CH, DE, GB, RO, UA.

加罗林蔷薇 **Rosa carolina** L. 【I, C】 ♣BBG, HBG, IBCAS, NBG; ●BJ, JS, ZJ; ★(NA): MX, US.

莸叶蔷薇 **Rosa caryophyllacea** Besser 【I, C】 ♣NBG; ●JS; ★(EU): AT, BA, BG, CZ, GR, HR, HU, IT, ME, MK, PL, RO, RS, RU, SI, UA.

尾萼蔷薇 **Rosa caudata** Baker 【N, W/C】 ♣HBG, LBG; ●JX, ZJ; ★(AS): CN.

月季花 **Rosa chinensis** Jacq. 【N, W/C】 ♣BBG, CBG, CDBG, FBG, FLBG, GA, GBG, GMG, GXIB, HBG, HFBG, IBCAS, KBG, LBG, NBG, NSBG, SCBG, TDBG, WBG, XBG, XMBG, XOIG, XTBG, ZAFU; ●BJ, CQ, FJ, GD, GX, GZ, HB, HL, JS, JX, SC, SH, SN, TW, XJ, YN, ZJ; ★(AS): CN, KR, LA, MN.

紫月季花 **Rosa chinensis** var. **semperflorens** (Curtis) Koehne 【N, W/C】 ♣WBG, XMBG; ●FJ, HB; ★(AS): CN.

伞房蔷薇 **Rosa corymbulosa** Rolfe 【N, W/C】 ♣NBG, WBG; ●HB, JS; ★(AS): CN.

小果蔷薇 **Rosa cymosa** Tratt. 【N, W/C】 ♣CBG, FBG, GA, GBG, GXIB, HBG, LBG, NBG, NSBG, WBG, XMBG, ZAFU; ●CQ, FJ, GX, GZ, HB, JS, JX, SH, TW, ZJ; ★(AS): CN, LA, VN.

西北蔷薇 **Rosa davidii** Crép. 【N, W/C】 ♣NBG; ●JS; ★(AS): CN.

山刺玫 **Rosa davurica** Pall. 【N, W/C】 ♣CBG, HFBG, IBCAS, NBG; ●BJ, HE, HL, JS, LN, NM, SH; ★(AS): CN, JP, KP, KR, MN, RU-AS.

光叶山刺玫 **Rosa davurica** var. **glabra** Liou 【N, W/C】 ♣IBCAS; ●BJ; ★(AS): CN, KP, KR.

杜马蔷薇 **Rosa dumalis** Bechst. 【I, C】 ♣IBCAS; ●BJ; ★(EU): DK, RO.

伊卡蔷薇 **Rosa ecae** Aitch. 【I, C】 ♣IBCAS; ●BJ; ★(AS): AF, PK.

腺果蔷薇 **Rosa fedtschenkoana** Regel 【N, W/C】 ♣BBG, IBCAS, NBG, SCBG; ●BJ, GD, JS, XJ; ★(AS): CN, CY, KZ.

腺梗蔷薇 **Rosa filipes** Rehder et E. H. Wilson 【N, W/C】 ♣IBCAS, NBG; ●BJ, JS; ★(AS): CN.

异味蔷薇 **Rosa foetida** Herrm. 【I, C】 ♣BBG; ●BJ; ★(AS): AM, AZ, GE, IR, RU-AS, TR; (EU): UA.

重瓣异味蔷薇 **Rosa foetida** var. **persiana** (Lem.) Rehder 【I, C】 ★(AS): TR.

*白花草原蔷薇 **Rosa foliolosa** Nutt. 【I, C】 ♣GBG; ●GZ; ★(NA): US.

滇边蔷薇 **Rosa forrestiana** Boulenger 【N, W/C】 ♣BBG; ●BJ, YN; ★(AS): CN.

大花白木香 **Rosa fortuneana** Lindl. 【N, W/C】 ♣HBG; ●ZJ; ★(AS): CN.

法国蔷薇 **Rosa gallica** L. 【I, C】 ♣BBG, CBG, HBG; ●BJ, SH, ZJ; ★(AS): AM, AZ, GE, IR, RU-AS, TR; (EU): AL, AT, BA, BE, BG, CH, CZ, DE, ES, FR, GB, GR, HR, HU, IT, LU, ME, MK, PL, RO, RS, RU, SI, TR, UA.

陕西蔷薇 **Rosa giraldii** Crép. 【N, W/C】 ♣NBG, SCBG; ●GD, JS, LN; ★(AS): CN.

毛叶陕西蔷薇 **Rosa giraldii** var. **venulosa** Rehder et E. H. Wilson 【N, W/C】 ♣WBG; ●HB; ★(AS): CN.

粉叶蔷薇（粉绿叶蔷薇）**Rosa glauca** Pourr. 【I, C】 ♣BBG, CBG, HBG, HFBG, IBCAS, NBG; ●BJ, HL, JS, LN, SH, ZJ; ★(EU): AD, AL, AT, BA, BG, CH, CZ, DE, ES, FI, GR, HR, HU, IT, LI, ME, MK, PL, PT, RO, RS, SI, SK, SM, VA.

绣球蔷薇 **Rosa glomerata** Rehder et E. H. Wilson 【N, W/C】 ♣SCBG; ●GD; ★(AS): CN.

细梗蔷薇 **Rosa graciliflora** Rehder et E. H. Wilson 【N, W/C】 ♣CBG, IBCAS; ●BJ, SH; ★(AS): CN.

卵果蔷薇 **Rosa helenae** Rehder et E. H. Wilson 【N, W/C】 ♣HBG, IBCAS, KBG, NBG, WBG; ●BJ,

HB, JS, SC, YN, ZJ; ★(AS): CN, TH, VN.

软条七蔷薇 **Rosa henryi** Boulenger 【N, W/C】 ♣CBG, CDBG, FBG, GA, GBG, HBG, IBCAS, LBG, SCBG, WBG, XMBG; ●BJ, FJ, GD, GZ, HB, JX, SC, SH, ZJ; ★(AS): CN.

黄蔷薇 **Rosa hugonis** Hemsl. 【N, W/C】 ♣BBG, IBCAS, NBG; ●BJ, GS, JS, LN, SC, SN; ★(AS): CN.

伊比利亚蔷薇 **Rosa iberica** Sennen et Elias 【I, C】 ♣IBCAS; ●BJ; ★(AF): EG; (AS): IR.

淡泊蔷薇 **Rosa inodora** Fr. 【I, C】 ♣NBG; ●JS; ★(EU): SE.

甘肃蔷薇 **Rosa kansuensis** K. S. Hao 【N, W/C】 ♣IBCAS; ●BJ; ★(AS): CN.

长白蔷薇 **Rosa koreana** Kom. 【N, W/C】 ♣HFBG, IBCAS; ●BJ, HL, LN; ★(AS): CN, JP, KP, KR, MN, RU-AS.

广东蔷薇 **Rosa kwangtungensis** T. T. Yu et Tsai 【N, W/C】 ♣SCBG; ●GD; ★(AS): CN.

金樱子 **Rosa laevigata** Michx. 【N, W/C】 ♣BBG, CBG, FBG, FLBG, GA, GBG, GMG, GXIB, HBG, IBCAS, KBG, LBG, NBG, NSBG, SCBG, TMNS, XMBG, XTBG, ZAFU; ●BJ, CQ, FJ, GD, GX, GZ, JS, JX, SC, SH, TW, YN, ZJ; ★(AS): CN, IN, JP, VN.

疏花蔷薇 **Rosa laxa** Retz. 【N, W/C】 ♣BBG, HBG, IBCAS, NBG, SCBG, TDBG, XTBG; ●BJ, GD, JS, XJ, YN, ZJ; ★(AS): CN, MN, RU-AS.

毛叶疏花蔷薇 **Rosa laxa** var. **mollis** T. T. Yu et T. C. Ku 【N, W/C】 ♣SCBG; ●GD; ★(AS): CN.

长尖叶蔷薇 **Rosa longicuspis** Bertol. 【N, W/C】 ♣FBG, KBG, XTBG; ●FJ, YN; ★(AS): CN, ID, IN, MM.

光叶蔷薇 **Rosa lucieae** Franch. et Rochebr. ex Crép. 【N, W/C】 ♣FLBG, HBG, LBG, SCBG, XMBG, ZAFU; ●FJ, GD, JX, ZJ; ★(AS): CN, KP, KR.

大叶蔷薇 **Rosa macrophylla** Lindl. 【N, W/C】 ♣CBG; ●SH, XJ, YN; ★(AS): BT, CN, ID, IN, LK.

肉桂蔷薇 **Rosa majalis** Herrm. 【I, C】 ♣IBCAS, NBG; ●BJ, JS, XJ; ★(AS): GE, RU-AS; (EU): AT, BA, BE, BG, CZ, DE, FI, HR, IT, ME, MK, NL, NO, PL, RS, RU, SI.

边缘蔷薇 **Rosa marginata** Wallr. 【I, C】 ♣HBG, IBCAS; ●BJ, ZJ; ★(EU): DE, FR.

伞花蔷薇 **Rosa maximowicziana** Regel 【N, W/C】 ♣NBG, XTBG; ●JS, LN, YN; ★(AS): CN, JP, KP, KR, MN, RU-AS.

小花蔷薇 **Rosa micrantha** Borrer 【I, C】 ♣IBCAS; ●BJ; ★(NA): CA, US.

柔弱蔷薇 **Rosa mollis** Sm. 【I, C】 ♣IBCAS; ●BJ; ★(EU): AL, BA, BE, DE, ES, FI, FR, GB, GR, HR, LU, ME, MK, NO, PL, RS, RU, SI.

华西蔷薇 **Rosa moyesii** Hemsl. et E. H. Wilson 【N, W/C】 ♣BBG, IBCAS, MDBG, NBG, SCBG; ●BJ, GD, GS, JS, YN; ★(AS): CN.

多苞蔷薇 **Rosa multibracteata** Hemsl. et E. H. Wilson 【N, W/C】 ♣IBCAS, NBG; ●BJ, JS; ★(AS): CN.

野蔷薇 **Rosa multiflora** Thunb. 【N, W/C】 ♣BBG, CBG, CDBG, FBG, GBG, GMG, HBG, HFBG, IBCAS, KBG, NBG, SCBG, WBG, XBG, XMBG, ZAFU; ●BJ, FJ, GD, GX, GZ, HB, HL, JS, LN, SC, SH, SN, TW, YN, ZJ; ★(AS): CN, JP, KR, MM.

白玉堂 **Rosa multiflora** var. **alboplena** T. T. Yu et T. C. Ku 【N, W/C】 ♣LBG; ●JX; ★(AS): CN.

七姊妹（七姐妹）**Rosa multiflora** var. **carnea** Thory 【N, W/C】 ♣HBG, HFBG, IBCAS, KBG, LBG, NBG, NSBG, XBG, XLTBG, XMBG; ●BJ, CQ, FJ, HI, HL, JS, JX, SN, XJ, YN, ZJ; ★(AS): CN.

粉团蔷薇 **Rosa multiflora** var. **cathayensis** Rehder et E. H. Wilson 【N, W/C】 ♣CBG, CDBG, GA, GXIB, HBG, IBCAS, LBG, WBG, XBG, XMBG, ZAFU; ●BJ, FJ, GX, HB, JX, SC, SH, SN, ZJ; ★(AS): CN.

亮叶蔷薇 **Rosa nitida** Willd. 【I, C】 ♣BBG, CBG, IBCAS, NBG; ●BJ, JS, SH; ★(NA): CA, US.

单瓣玫瑰 **Rosa nutkana** C. Presl 【I, C】 ♣IBCAS, XTBG; ●BJ, TW, YN; ★(NA): CA, US.

香水月季 **Rosa odorata** (Andrews) Sweet 【N, W/C】 ♣FLBG, GBG, HBG, IBCAS, SCBG, XBG, XMBG, XTBG; ●BJ, FJ, GD, GZ, JX, SN, TW, YN, ZJ; ★(AS): CN, LA, MM, TH, VN.

大花香水月季 **Rosa odorata** var. **gigantea** (Collett ex Crép.) Rehder et E. H. Wilson 【N, W/C】 ♣KBG; ●YN; ★(AS): CN, MM, TH, VN.

橘黄香水月季 **Rosa odorata** var. **pseudindica** (Lindl.) Rehder 【N, W/C】 ♣KBG; ●YN; ★(AS): CN.

峨眉蔷薇 **Rosa omeiensis** Rolfe 【N, W/C】 ♣CBG, FBG, HBG, IBCAS, KBG, NBG, SCBG; ●BJ, FJ, GD, JS, SC, SH, YN, ZJ; ★(AS): CN.

尖刺蔷薇 **Rosa oxyacantha** M. Bieb. 【N, W/C】 ●XJ; ★(AS): CN, MN, RU-AS.

沼生蔷薇 **Rosa palustris** Marshall 【I, C】 ♣IBCAS;

●BJ; ★(NA): US.

垂枝蔷薇 **Rosa pendulina** L. 【I, C】 ♣BBG, IBCAS, NBG; ●BJ, JS; ★(EU): AL, AT, BA, BE, BG, CH, CZ, DE, ES, FR, GR, HR, HU, IT, ME, MK, PL, RO, RS, RU, SI.

全针蔷薇 **Rosa persetosa** Rolfe 【N, W/C】 ♣IBCAS; ●BJ; ★(AS): CN.

小亚细亚蔷薇 **Rosa phoenicea** Boiss. 【I, C】 ♣NBG; ●JS; ★(AS): TR.

豆果蔷薇 **Rosa pisocarpa** A. Gray 【I, C】 ♣IBCAS; ●BJ; ★(NA): CA, US.

宽刺蔷薇 **Rosa platyacantha** Schrenk 【N, W/C】 ♣BBG, SCBG; ●BJ, GD, XJ; ★(AS): CN, CY, KZ, MN, RU-AS.

十姊妹 **Rosa polyantha** Siebold et Zucc. 【I, C】 ♣XMBG; ●FJ, HL, TW; ★(AS): JP.

樱草蔷薇 **Rosa primula** Boulenger 【N, W/C】 ♣BBG, HBG, IBCAS; ●BJ, ZJ; ★(AS): CN.

粉绿叶蔷薇 **Rosa pulverulenta** M. Bieb. 【I, C】 ♣IBCAS, NBG; ●BJ, JS; ★(AS): RU-AS, TR.

缫丝花 **Rosa roxburghii** Tratt. 【N, W/C】 ♣BBG, CBG, FBG, GA, GBG, GXIB, HBG, IBCAS, KBG, LBG, NBG, WBG, XBG, XTBG; ●AH, BJ, FJ, GD, GX, GZ, HB, HN, JS, JX, SC, SH, SN, TW, YN, ZJ; ★(AS): BT, CN, IN, JP, LK.

香叶蔷薇 **Rosa rubiginosa** L. 【I, C】 ♣BBG, IBCAS, NBG; ●BJ, JS; ★(AS): AM, AZ, BH, CY, GE, IL, IQ, IR, JO, KW, LB, PS, QA, SA, SY, TR, YE; (EU): AD, AL, AT, BA, BE, BG, BY, CH, CZ, DE, DK, ES, FI, FR, GB, GR, HR, HU, IS, IT, LU, MC, ME, MK, NL, NO, PL, PT, RO, RS, RU, SE, SI, SK, SM, UA, VA.

悬钩子蔷薇 **Rosa rubus** H. Lév. et Vaniot 【N, W/C】 ♣KBG, SCBG, WBG; ●GD, GX, GZ, HB, SC, SN, YN; ★(AS): CN.

玫瑰 **Rosa rugosa** Thunb. 【N, W/C】 ♣BBG, CBG, FBG, FLBG, GA, GBG, GMG, GXIB, HBG, HFBG, IBCAS, KBG, LBG, MDBG, NBG, SCBG, TDBG, XBG, XMBG, XOIG, ZAFU; ●BJ, FJ, GD, GS, GX, GZ, HL, JS, JX, LN, SC, SD, SH, SN, TW, XJ, YN, ZJ; ★(AS): CN, JP, KP, KR, RU-AS.

山蔷薇 **Rosa sambucina** Koidz. 【N, W/C】 ♣BBG; ●BJ; ★(AS): CN, JP.

大红蔷薇 **Rosa saturata** Baker 【N, W/C】 ♣HBG, WBG; ●HB, ZJ; ★(AS): CN.

常绿蔷薇 **Rosa sempervirens** L. 【I, C】 ♣IBCAS, NBG; ●BJ, JS; ★(EU): AL, BA, BY, CH, DE, ES, FR, GB, GR, HR, IT, LU, ME, MK, RS, SI, TR.

塞拉菲尼蔷薇 **Rosa serafinii** Viv. 【I, C】 ♣IBCAS; ●BJ; ★(EU): SI.

绢毛蔷薇 **Rosa sericea** Lindl. 【N, W/C】 ♣BBG, CBG, IBCAS, SCBG; ●BJ, GD, SC, SH; ★(AS): BT, CN, ID, IN, LK, MM.

钝叶蔷薇 **Rosa sertata** Rolfe 【N, W/C】 ♣BBG, CBG, HBG, IBCAS, LBG, WBG; ●BJ, HB, JX, SH, ZJ; ★(AS): CN.

草原玫瑰 **Rosa setigera** Michx. 【I, C】 ♣BBG, IBCAS, NBG; ●BJ, JS; ★(NA): US.

刺梗蔷薇 **Rosa setipoda** Hemsl. et E. H. Wilson 【N, W/C】 ♣BBG, IBCAS, WBG; ●BJ, HB; ★(AS): CN.

谢拉德蔷薇 **Rosa sherardii** Davies 【I, C】 ♣IBCAS; ●BJ; ★(EU): BA, BE, BG, CZ, DE, ES, FI, GB, HR, IE, ME, MK, PL, RS, SI.

川西蔷薇 **Rosa sikangensis** T. T. Yu et T. C. Ku 【N, W/C】 ●YN; ★(AS): CN.

伊犁蔷薇 **Rosa silverhjelmii** Schrenk 【N, W/C】 ●XJ; ★(AS): CN.

川滇蔷薇 **Rosa soulieana** Crép. 【N, W/C】 ♣IBCAS, SCBG; ●BJ, GD, SC; ★(AS): CN.

密刺蔷薇 **Rosa spinosissima** L. 【N, W/C】 ♣BBG, CBG, IBCAS, NBG, SCBG; ●BJ, GD, JS, SH, XJ; ★(AS): CN, KR, MN, RU-AS.

大花密刺蔷薇 **Rosa spinosissima** var. **altaica** (Willd.) Rehder 【N, W/C】 ♣BBG, IBCAS; ●BJ; ★(AS): CN.

扁刺蔷薇 **Rosa sweginzowii** Koehne 【N, W/C】 ♣BBG, CBG, IBCAS; ●BJ, SH; ★(AS): CN.

小金樱 **Rosa taiwanensis** Nakai 【N, W/C】 ♣TMNS; ●TW; ★(AS): CN.

毛蔷薇 **Rosa tomentosa** Sm. 【I, C】 ♣HBG, IBCAS; ●BJ, ZJ; ★(EU): AL, AT, BA, BE, BG, CH, CZ, DE, ES, FR, GB, HR, HU, IT, LU, ME, MK, NL, NO, PL, RO, RS, RU, SI.

高山蔷薇 **Rosa transmorrisonensis** Hayata 【N, W/C】 ♣IBCAS, NBG; ●BJ, JS; ★(AS): CN, PH.

秦岭蔷薇 **Rosa tsinglingensis** Pax et K. Hoffm. 【N, W/C】 ♣CBG, IBCAS; ●BJ, SH; ★(AS): CN.

土耳其蔷薇 **Rosa turcica** Rouy 【I, C】 ♣IBCAS; ●BJ; ★(EU): BG, GR, RO, RU, TR.

海棠蔷薇 **Rosa uchiyamana** (Makino) Makino 【I, C】 ♣NBG; ●JS; ★(AS): JP.

苹果蔷薇 **Rosa villosa** L. 【I, C】 ♣IBCAS, NBG; ●BJ, JS; ★(EU): AL, AT, BA, BG, CZ, DE, GR,

HR, HU, IT, ME, MK, NL, NO, PL, RO, RS, RU, SI.

弗吉尼蔷薇 **Rosa virginiana** Herrm.【I, C】♣BBG, HBG, IBCAS; ●BJ, ZJ; ★(NA): CA, US.

藏边蔷薇 **Rosa webbiana** Wall. ex Royle【N, W/C】♣BBG, IBCAS; ●BJ, XJ, YN; ★(AS): AF, CN, ID, IN, MM, MN, NP.

小叶蔷薇 **Rosa willmottiae** Hemsl.【N, W/C】♣IBCAS, WBG; ●BJ, HB; ★(AS): CN.

伍兹氏玫瑰 **Rosa woodsii** Lindl.【I, C】♣IBCAS, NBG; ●BJ, JS; ★(NA): CA, MX, US.

粉花伍兹氏玫瑰 **Rosa woodsii** var. **fendleri** (Crép.) Rydb.【I, C】♣NBG; ●JS; ★(NA): US.

黄刺玫 **Rosa xanthina** Lindl.【N, W/C】♣BBG, CDBG, HBG, HFBG, IBCAS, MDBG, NBG, TDBG, XBG; ●BJ, GS, HL, JL, JS, LN, SC, SN, TW, XJ, YN, ZJ; ★(AS): CN, KR, MN.

蕨麻属 Argentina

蕨麻 **Argentina anserina** (L.) Rydb.【N, W/C】♣IBCAS; ●BJ; ★(AS): CN, GE, KR, MN, RU-AS; (EU): AT, BA, BE, BG, CZ, DE, ES, FI, FR, GB, HR, HU, IS, IT, LU, ME, MK, NL, NO, PL, RO, RS, RU, SI.

朝天委陵菜 **Argentina supina** (L.) Lam.【N, W/C】♣BBG, IBCAS, LBG, SCBG, XTBG; ●BJ, GD, JX, NM, SN, YN; ★(AS): BT, CN, ID, JP, KP, KR, LK, MN, RU-AS.

委陵菜属 Potentilla

皱叶委陵菜 **Potentilla ancistrifolia** Bunge【N, W/C】♣WBG; ●HB; ★(AS): CN, JP, KP, RU-AS.

银光委陵菜 **Potentilla argyrophylla** Wall. ex Lehm.【N, W/C】♣BBG; ●BJ; ★(AS): AF, CN, IN, LK, NP, PK.

暗红委陵菜 **Potentilla argyrophylla** var. **atrosanguinea** (Lodd., G. Lodd. et W. Lodd.) Hook. f.【N, W/C】♣BBG; ●BJ; ★(AS): CN, NP, PK.

关节委陵菜 **Potentilla articulata** Franch.【N, W/C】●YN; ★(AS): CN.

博恩米勒委陵菜 **Potentilla astracanica** Jacq.【I, C】♣IBCAS; ●BJ; ★(EU): BA, BG, GR, HR, ME, MK, RO, RS, RU, SI, UA.

蛇莓委陵菜 **Potentilla centigrana** Maxim.【N, W/C】♣HFBG, WBG; ●HB, HL; ★(AS): CN, JP, KP, KR, MN, RU-AS.

委陵菜 **Potentilla chinensis** Ser.【N, W/C】♣BBG, GBG, HBG, HFBG, IBCAS, NBG, TDBG, WBG, XMBG; ●BJ, FJ, GZ, HB, HL, JS, LN, SC, XJ, ZJ; ★(AS): CN, JP, KP, KR, MN, RU-AS.

黄花委陵菜 **Potentilla chrysantha** Trevir.【N, W/C】♣BBG, NBG; ●BJ, JS; ★(AS): CN, MN, RU-AS; (EU): BA, BG, HR, ME, MK, RO, RS, RU, SI.

陀陵委陵菜 **Potentilla chrysantha** subsp. **thuringiaca** (Bernh. ex Link)【I, C】♣HBG; ●ZJ; ★(EU): BA, CZ, DE, ES, FI, IT, NO, RO, RU.

荽叶委陵菜 **Potentilla coriandrifolia** D. Don【N, W/C】●YN; ★(AS): BT, CN, IN, LK, MM, NP.

翻白草 **Potentilla discolor** Bunge【N, W/C】♣BBG, FBG, GMG, GXIB, HBG, HFBG, IBCAS, LBG, NBG, WBG, XMBG; ●BJ, FJ, GX, HB, HL, JS, JX, LN, ZJ; ★(AS): CN, JP, KP, KR, MN, RU-AS.

毛果委陵菜 **Potentilla eriocarpa** Wall. ex Lehm.【N, W/C】●YN; ★(AS): BT, CN, ID, IN, LK, NP.

匍枝委陵菜（匐枝委陵菜）**Potentilla flagellaris** Willd. ex Schltdl.【N, W/C】♣BBG, IBCAS; ●BJ, HL; ★(AS): CN, KP, MN, RU-AS.

莓叶委陵菜 **Potentilla fragarioides** L.【N, W/C】♣GXIB, HBG, HFBG, IBCAS, NBG, XTBG, ZAFU; ●BJ, GX, HL, JS, LN, YN, ZJ; ★(AS): BT, CN, IN, JP, KP, KR, LK, MM, MN, RU-AS.

三叶委陵菜 **Potentilla freyniana** Bornm.【N, W/C】♣GBG, HBG, IBCAS, LBG, WBG, ZAFU; ●BJ, GZ, HB, JX, SC, ZJ; ★(AS): CN, JP, KP, KR, MN, RU-AS.

中华三叶委陵菜 **Potentilla freyniana** var. **sinica** Migo【N, W/C】♣HBG, LBG, NBG; ●JS, JX, ZJ; ★(AS): CN.

欧大花委陵菜 **Potentilla grandiflora** L.【I, C】♣BBG; ●BJ; ★(EU): AT, BA, CH, DE, ES, IT.

柔毛委陵菜 **Potentilla griffithii** Hook. f.【N, W/C】♣SCBG; ●GD; ★(AS): BT, CN, IN, LK, NP.

*希皮委陵菜 **Potentilla hippiana** Lehm.【I, C】♣NBG; ●JS; ★(NA): CA, MX, US.

串硬毛委陵菜 **Potentilla hirta** L.【I, C】♣HBG; ●ZJ; ★(AF): DZ, MA; (AS): IQ, IR; (EU): AL, DE, ES, FR, GR, IT, SI.

薄毛委陵菜 **Potentilla inclinata** Vill.【N, W/C】♣NBG; ●JS; ★(AS): CN, KG, KZ, TJ, TM, UZ; (EU): AL, AT, BA, BG, CZ, DE, ES, GR, HR, HU,

IT, ME, MK, PL, RO, RS, RU, SI, TR.

蛇含委陵菜 **Potentilla kleiniana** Wight et Arn.【N, W/C】♣CBG, FBG, GBG, GMG, GXIB, HBG, LBG, SCBG, XMBG, XTBG, ZAFU; ●FJ, GD, GX, GZ, JX, SC, SH, YN, ZJ; ★(AS): BT, CN, ID, IN, JP, KP, LA, LK, MM, MN, MY, NP, RU-AS.

银叶委陵菜 **Potentilla leuconota** D. Don【N, W/C】●SC, YN; ★(AS): BT, CN, ID, IN, LK, MM, NP.

下江委陵菜 **Potentilla limprichtii** J. Krause【N, W/C】♣LBG; ●JX; ★(AS): CN, VN.

西南委陵菜 **Potentilla lineata** Trevir.【N, W/C】♣CBG, GBG, KBG, XTBG; ●GZ, SH, YN; ★(AS): BT, CN, ID, IN, LA, LK, MM, NP, VN.

多茎委陵菜 **Potentilla multicaulis** Bunge【N, W/C】♣NBG; ●JS, NM, QH; ★(AS): CN, MN, RU-AS.

尼泊尔委陵菜 **Potentilla nepalensis** Raf.【I, C】★(AS): IN, NP.

春委陵菜 **Potentilla neumanniana** Rchb.【I, C】♣CBG; ●SH; ★(EU): CH, DE, GB.

西班牙委陵菜 **Potentilla nevadensis** Boiss.【I, C】♣BBG, NBG; ●BJ, JS; ★(EU): ES.

雪白委陵菜 **Potentilla nivea** L.【N, W/C】●BJ; ★(AS): CN, JP, KP, KR, MN, RU-AS; (EU): AT, BA, DE, FI, IT, NO, RS, RU.

挪威委陵菜 **Potentilla norvegica** L.【I, C】♣NBG; ●JS; ★(AS): CY, JP, MN, RU-AS; (EU): AD, AL, AT, BA, BE, BG, BY, CH, CZ, DE, DK, ES, FI, FR, GB, GR, HR, HU, IS, IT, LU, MC, ME, MK, NL, NO, PL, PT, RO, RS, RU, SE, SI, SK, SM, UA, VA; (NA): CA, GL, US.

直立委陵菜 **Potentilla recta** L.【N, W/C】♣BBG, HBG, IBCAS; ●BJ, ZJ; ★(AS): CN, JP, MN, RU-AS.

匍匐委陵菜 **Potentilla reptans** L.【N, W/C】♣SCBG; ●BJ, GD; ★(AS): CN, MN, RU-AS.

绢毛匍匐委陵菜 **Potentilla reptans** var. **sericophylla** Franch.【N, W/C】●BJ; ★(AS): CN.

康定委陵菜 **Potentilla stenophylla** var. **emergens** Cardot【N, W/C】♣SCBG; ●GD; ★(AS): CN, IN.

菊叶委陵菜 **Potentilla tanacetifolia** Willd. ex Schltdl.【N, W/C】♣IBCAS; ●BJ, NM, SN; ★(AS): CN, MN, RU-AS.

花红委陵菜 **Potentilla thurberi** A. Gray【I, C】★(NA): MX, US.

*瓦尔委陵菜 **Potentilla valderia** L.【I, C】♣XMBG; ●FJ; ★(EU): DE, ES, FR, IT.

轮叶委陵菜 **Potentilla verticillaris** Stephan ex Willd.【N, W/C】●NM; ★(AS): CN, JP, KP, MN, RU-AS.

蛇莓属 Duchesnea

皱果蛇莓 **Duchesnea chrysantha** (Zoll. et Moritzi) Miq.【N, W/C】♣TBG, XMBG, XTBG, ZAFU; ●FJ, TW, YN, ZJ; ★(AS): CN, ID, IN, JP, KP, KR, MY.

蛇莓 **Duchesnea indica** (Andrews) Focke【N, W/C】♣BBG, FBG, GA, GBG, GMG, GXIB, HBG, HFBG, IBCAS, KBG, LBG, NBG, NSBG, SCBG, TBG, WBG, XMBG, XTBG, ZAFU; ●BJ, CQ, FJ, GD, GX, GZ, HB, HL, JS, JX, LN, SC, TW, YN, ZJ; ★(AS): AF, BT, CN, ID, IN, JP, KP, KR, LA, LK, MY, NP, SG, VN.

草莓属 Fragaria

草莓 **Fragaria × ananassa** (Weston) Duchesne ex Rozier【I, C】♣BBG, CBG, FBG, GBG, HBG, IBCAS, XBG, XMBG, ZAFU; ●AH, BJ, CQ, FJ, GD, GS, GZ, HA, HE, HI, HL, HN, JL, JS, LN, NM, SC, SD, SH, SN, SX, TW, XJ, YN, ZJ; ★(EU): FR.

智利草莓 **Fragaria chiloensis** (L.) Mill.【I, C】●TW; ★(OC): US-HW; (NA): CA, MX, US; (SA): AR, BO, CL, CO, PE.

纤细草莓 **Fragaria gracilis** Losinsk.【N, W/C】♣WBG; ●HB, SC; ★(AS): CN.

饭沼草莓 **Fragaria iinumae** Makino【I, C】★(AS): JP.

吉林草莓 **Fragaria mandshurica** Staudt【N, W/C】●HL, JL, NM; ★(AS): CN.

麝香草莓 **Fragaria moschata** Weston【I, C】★(EU): AL, AT, BA, BE, BG, CZ, DE, ES, FI, GB, HR, HU, IT, ME, MK, NL, NO, PL, RO, RS, RU, SI, TR.

西南草莓 **Fragaria moupinensis** (Franch.) Cardot【N, W/C】●SC, XZ, YN; ★(AS): CN.

黄毛草莓 **Fragaria nilgerrensis** Schltdl. ex J. Gay【N, W/C】♣GMG, KBG, WBG; ●GX, GZ, HB, SC, YN; ★(AS): BT, CN, ID, IN, LK, MM, NP, VN.

东方草莓 **Fragaria orientalis** Losinsk.【N, W/C】

♣KBG, SCBG, WBG; ●GD, HB, HL, JL, LN, NM, SX, YN; ★(AS): CN, JP, KP, MN, RU-AS.

五叶草莓 **Fragaria pentaphylla** Losinsk. 【N, W/C】 ●GS; ★(AS): CN.

野草莓 **Fragaria vesca** L.【N, W/C】●HL, SC, SX, TW, XJ, YN, ZJ; ★(AS): AM, AZ, CN, CY, GE, IR, JP, KG, KZ, MM, MN, RU-AS, TJ, TM, UZ; (EU): AD, AL, AT, BA, BE, BG, BY, CH, CZ, DE, DK, ES, FI, FR, GB, GR, HR, HU, IS, IT, LU, MC, ME, MK, NL, NO, PL, PT, RO, RS, RU, SE, SI, SK, SM, UA, VA; (NA): CA, US.

佛州草莓 **Fragaria virginiana** Duchesne 【I, C】 ●TW; ★(NA): US.

绿草莓(地瓢)**Fragaria viridis** Duch.【I, C】●XJ; ★(AS): AM, AZ, GE, RU-AS, TR; (EU): AL, AT, BA, BE, BG, CZ, DE, ES, FI, GR, HR, HU, IT, ME, MK, NO, PL, RO, RS, RU, SI, UA.

虾夷草莓 **Fragaria yezoensis** H. Hara 【I, C】 ★(AS): JP, RU-AS.

金露梅属 Dasiphora

毛叶银露梅 **Dasiphora davurica** (Nestl.) Kom. et Aliss. 【N, W/C】 ●HL; ★(AS): CN, MN, RU-AS.

金露梅 **Dasiphora fruticosa** (L.) Rydb. 【N, W/C】 ♣SCBG, ZAFU; ●GD, LN, TW, ZJ; ★(AS): BT, CN, JP, KP, KR, MM, MN, NP, RU-AS; (EU): BA, BG, DE, ES, GB, IT, NO, RU.

伏毛金露梅 **Dasiphora fruticosa** var. **arbuscula** (D. Don) Q. W. Lin【N, W/C】♣BBG, CBG, HFBG, IBCAS, MDBG, NBG; ●BJ, GS, HL, JS, LN, NM, NX, QH, SC, SH, TW, YN; ★(AS): BT, CN, IN, NP.

银露梅 **Dasiphora glabra** (G. Lodd.) Soják 【N, W/C】 ♣BBG, IBCAS, MDBG, SCBG; ●BJ, GD, GS, LN, NM, YN; ★(AS): CN, KP, MN, RU-AS.

白毛银露梅 **Dasiphora glabra** var. **mandshurica** (Maxim.) Q. W. Lin 【N, W/C】 ♣CBG; ●GS, NM, NX, QH, SH, TW; ★(AS): CN, KP, KR, MN, RU-AS.

小叶金露梅 **Dasiphora parvifolia** (Fisch. ex Lehm.) Juz.【N, W/C】♣MDBG; ●GS, LN, NM, QH, SN; ★(AS): CN, MN, RU-AS.

绵刺属 Potaninia

绵刺 **Potaninia mongolica** Maxim. 【N, W/C】 ♣MDBG; ●GS, NM; ★(AS): CN, MN, RU-AS.

石陵菜属 Drymocallis

石生委陵菜 **Drymocallis rupestris** (L.) Soják 【N, W/C】 ♣XTBG; ●YN; ★(AF): MA; (AS): CN, GE, MN, SA, TR; (EU): AL, AT, BA, BE, BG, CZ, DE, ES, GB, GR, HR, HU, IT, LU, ME, MK, NO, PL, RO, RS, RU, SI.

山莓草属 Sibbaldia

*小花山莓草 **Sibbaldia parviflora** Willd.【N, W/C】♣XMBG; ●FJ; ★(AS): BT, CN, IN, LK, TR.

毛莓草属 Sibbaldianthe

二裂委陵菜 **Sibbaldianthe bifurca** (L.) Kurtto et T. Erikss. 【N, W/C】 ♣IBCAS; ●BJ; ★(AS): BT, CN, KP, KR, MN, RU-AS; (EU): RO, RU.

臭扁麻属 Farinopsis

西北沼委陵菜 **Farinopsis salesoviana** (Stephan) Chrtek et Soják 【N, W/C】 ●NM, QH, XJ; ★(AS): AF, CN, ID, IN, KG, MN, PK, RU-AS, SY, TJ.

沼委陵菜属 Comarum

沼委陵菜 **Comarum palustre** L.【N, W/C】♣BBG; ●BJ; ★(AS): CN, JP, KP, MN, RU-AS; (EU): AT, BE, CH, CZ, DE, DK, FI, FR, GB, HU, IS, LI, LU, MC, NL, NO, PL, SE, SK; (NA): CA, US.

羽衣草属 Alchemilla

*伊朗羽衣草(斗蓬草)**Alchemilla amardica** Rothm. 【I, C】 ♣NBG; ●JS; ★(AS): IR.

*波罗羽衣草 **Alchemilla baltica** Sam. ex Juz.【I, C】♣XTBG; ●YN; ★(AS): RU-AS; (EU): EE, FI, LT, LV, PL, RU.

红柄羽衣草 **Alchemilla erythropoda** Juz. 【I, C】 ♣CBG; ●SH; ★(AS): AM, AZ, GE, IR, RU-AS, TR; (EU): BA, BG, CZ, HR, ME, MK, RS, RU, SI, UA.

刺茎斗蓬草 **Alchemilla hirsuticaulis** H. Lindb. 【I, C】 ♣NBG; ●JS; ★(AS): RU-AS; (EU): FI, RU.

*北非羽衣草 **Alchemilla lindbergiana** Juz. 【I, C】 ♣NBG; ●JS; ★(AF): MA.

柔毛羽衣草(柔毛斗蓬草)**Alchemilla mollis** (Buser) Rothm.【I, C】♣BBG, CBG, NBG; ●BJ, JS, SH, TW, YN; ★(EU): DE, TR.

欧亚羽衣草（斗蓬草）**Alchemilla vulgaris** L. 【I, C】 ♣NBG; ●JS; ★(EU): DE, FR; (NA): GL.

仙女木属 Dryas

仙女木 **Dryas octopetala** L. 【N, W/C】 ♣IBCAS, NBG; ●BJ, JS, XJ; ★(AS): CN, GE, JP, KR, MN, RU-AS; (EU): AL, AT, BA, BG, CZ, DE, ES, FI, GB, HR, IS, IT, ME, MK, NO, PL, RO, RS, RU, SI; (NA): CA, US.

东亚仙女木 **Dryas octopetala** var. **asiatica** (Nakai) Nakai 【N, W/C】 ♣IBCAS; ●BJ; ★(AS): CN, JP, KP, KR.

山红木属 Cercocarpus

卷叶山红木（山红木）**Cercocarpus ledifolius** Nutt. 【I, C】 ♣IBCAS; ●BJ; ★(NA): US.

羚梅属 Purshia

羚梅 **Purshia tridentata** (Pursh) DC. 【I, C】 ●JL; ★(NA): CA, US.

风箱果属 Physocarpus

风箱果 **Physocarpus amurensis** (Maxim.) Maxim. 【N, W/C】 ♣CDBG, HFBG, LBG, NBG, SCBG, WBG; ●GD, HB, HE, HL, JS, JX, LN, SC, XJ; ★(AS): CN, KP, KR, MN, RU-AS.

具苞风箱果 **Physocarpus bracteatus** (Rydb.) Rehder 【I, C】 ♣IBCAS; ●BJ; ★(NA): US.

头状风箱果 **Physocarpus capitatus** (Pursh) Kuntze 【I, C】 ♣IBCAS, NBG; ●BJ, JS; ★(NA): CA, US.

葵叶风箱果 **Physocarpus malvaceus** (Greene) Kuntze 【I, C】 ♣IBCAS; ●BJ; ★(NA): CA, US.

山风箱果 **Physocarpus monogynus** (Torr.) J. M. Coult. 【I, C】 ♣IBCAS; ●BJ; ★(NA): US.

无毛风箱果 **Physocarpus opulifolius** (L.) Maxim. 【I, C】 ♣BBG, CBG, CDBG, GA, HBG, HFBG, IBCAS, NBG, SCBG, ZAFU; ●BJ, GD, HB, HL, JS, JX, LN, SC, SH, SX, TW, ZJ; ★(NA): CA, MX, US.

中间风箱果（鳔果梅）**Physocarpus opulifolius** var. **intermedius** (Rydb.) B. L. Rob. 【I, C】 ♣HBG, IBCAS, NBG; ●BJ, JS, ZJ; ★(NA): MX, US.

茶藨叶风箱果 **Physocarpus ribesifolius** Kom. 【I, C】 ♣IBCAS; ●BJ; ★(AS): RU-AS.

绣线梅属 Neillia

川康绣线梅 **Neillia affinis** Hemsl. 【N, W/C】 ♣CBG, IBCAS, LBG, WBG, XTBG; ●BJ, HB, JX, SH, YN; ★(AS): CN, MM, RU-AS.

华空木（野珠兰）**Neillia chinensis** (Hance) S. H. Oh 【N, W/C】 ♣CBG, FBG, HBG, HFBG, IBCAS, LBG, NBG, SCBG, WBG, ZAFU; ●BJ, FJ, GD, HB, HL, HN, JS, JX, SC, SH, ZJ; ★(AS): CN.

小米空木（深裂野珠兰）**Neillia incisa** (Thunb.) S. H. Oh 【N, W/C】 ♣CBG, HFBG; ●HL, LN, SH; ★(AS): CN, JP, KP, KR.

中华绣线梅 **Neillia sinensis** Oliv. 【N, W/C】 ♣GBG, IBCAS, SCBG, WBG, XBG; ●BJ, GD, GS, GX, GZ, HA, HB, HN, JX, SC, SN, YN; ★(AS): CN.

尾叶中华绣线梅 **Neillia sinensis** var. **caudata** Rehder 【N, W/C】 ♣KBG; ●YN; ★(AS): CN.

日本小米空木 **Neillia tanakae** Franch. et Sav. 【I, C】 ♣CBG; ●SH, TW; ★(AS): JP.

西康绣线梅 **Neillia thibetica** Bureau et Franch. 【N, W/C】 ●SC, TW; ★(AS): CN.

绣线梅 **Neillia thyrsiflora** D. Don 【N, W/C】 ♣FBG, LBG, WBG; ●FJ, HB, JX; ★(AS): BT, CN, ID, IN, LK, MM, NP, RU-AS, VN.

毛果绣线梅 **Neillia thyrsiflora** var. **tunkinensis** (J. E. Vidal) J. E. Vidal 【N, W/C】 ♣XTBG; ●YN; ★(AS): CN, ID, IN, VN.

东北绣线梅 **Neillia uekii** Nakai 【N, W/C】 ●LN; ★(AS): CN, KP, RU-AS.

李属 Prunus

*卓越李 **Prunus × eminens** Beck 【I, C】 ♣BBG, CBG; ●BJ, SH; ★(EU): AT.

美洲李 **Prunus americana** Marshall 【I, C】 ♣IBCAS, NBG, WBG, XOIG; ●BJ, FJ, HB, HE, HL, HN, JL, JS, LN, SD, XJ; ★(NA): CA, MX, US.

意大利李 **Prunus brigantina** Nyman 【I, C】 ♣IBCAS; ●BJ; ★(EU): FR, IT.

樱桃李 **Prunus cerasifera** Ehrh. 【N, W/C】 ♣BBG, CBG, GA, HBG, IBCAS, KBG, NBG, SCBG, WBG, XMBG, ZAFU; ●AH, BJ, FJ, GD, HA, HB, HE, HN, JS, JX, LN, SC, SD, SH, SN, SX, TW, XJ, YN, ZJ; ★(AS): CN, IR, KG, KH, KZ, TJ, TM, TR, UZ; (EU): AL, BA, BG, GR, HR, MD, ME, MK, RO, RS, SI, TR, UA.

紫叶李（比氏樱桃李）**Prunus cerasifera** var. **pissardii** (Carrière) Koehne 【I, C】 ♣CBG, CDBG, FBG, GXIB, HBG, IBCAS, NBG, NSBG, WBG, XBG, XMBG; ●AH, BJ, CQ, FJ, GX, HB, JS, SC, SH, SN, ZJ; ★(AS): KZ, TM, UZ.

叉枝樱桃李 **Prunus cerasifera** var. **divaricata** (Ledeb.) L. H. Bailey 【I, C】 ♣NBG; ●JS; ★(AS): GE, KZ, TM, UZ.

鄂李 **Prunus consociiflora** C. K. Schneid. 【N, W/C】 ♣HFBG; ●HL; ★(AS): CN.

欧洲李 **Prunus domestica** L. 【I, C】 ★(AS): CY, LB, PS, SY, TR; (EU): AD, AL, AT, BA, BE, BG, BY, CH, CZ, DE, DK, ES, FI, FR, GB, GR, HR, HU, IS, IT, LU, MC, ME, MK, NL, NO, PL, PT, RO, RS, RU, SE, SI, SK, SM, UA, VA.

乌荆子李 **Prunus domestica** var. **insititia** (L.) Fiori et Paol. 【I, C】 ♣NBG; ●JS; ★(AS): CY, LB, PS, SY, TR; (EU): AD, AL, AT, BA, BE, BG, BY, CH, CZ, DE, DK, ES, FI, FR, GB, GR, HR, HU, IS, IT, LU, MC, ME, MK, NL, NO, PL, PT, RO, RS, RU, SE, SI, SK, SM, UA, VA.

灌木李 **Prunus fruticans** Weihe 【I, C】 ♣IBCAS; ●BJ; ★(EU): DE.

兰屿野李(兰屿野樱花) **Prunus grisea** Kalkman 【N, W/C】 ♣SCBG, TMNS, XTBG; ●GD, TW, YN; ★(AS): CN, MY, SG.

海滨李 **Prunus maritima** Marshall 【I, C】 ●HE; ★(NA): CA, US.

李 **Prunus salicina** Lindl. 【N, W/C】 ♣CBG, CDBG, FBG, FLBG, GA, GBG, GMG, GXIB, HBG, HFBG, IBCAS, KBG, LBG, NBG, NSBG, SCBG, TBG, TDBG, WBG, XBG, XMBG, XOIG, XTBG, ZAFU; ●AH, BJ, CQ, FJ, GD, GS, GX, GZ, HA, HB, HE, HL, HN, JL, JS, JX, LN, NM, NX, SC, SD, SH, SN, SX, TW, XJ, YN, ZJ; ★(AS): CN, JP, KP, KR, LA, MM, MN, VN.

奈李 **Prunus salicina** var. **cordata** Y. He et J. Y. Zhang 【N, W/C】 ♣WBG; ●FJ, HB, HN; ★(AS): CN.

毛梗李 **Prunus salicina** var. **pubipes** (Koehne) L. H. Bailey 【N, W/C】 ●GS, YN; ★(AS): CN.

杏李 **Prunus simonii** Carrière 【N, W/C】 ♣WBG, ZAFU; ●BJ, HA, HB, HE, JS, LN, SX, YN, ZJ; ★(AS): CN.

黑刺李 **Prunus spinosa** L. 【I, C】 ♣CBG, IBCAS, NBG; ●BJ, JS, NX, SH, SN, TW; ★(AS): CY, GE, LB, PS, SY, TR; (EU): AD, AL, AT, BA, BE, BG, BY, CH, CZ, DE, DK, ES, FI, FR, GB, GR, HR, HU, IS, IT, LU, MC, ME, MK, NL, NO, PL, PT, RO, RS, RU, SE, SI, SK, SM, UA, VA.

东北李 **Prunus ussuriensis** Kovalev et Kostina 【N, W/C】 ●HL, LN; ★(AS): CN, RU-AS.

臀果木属 Pygeum

云南臀果木 **Pygeum henryi** Dunn 【N, W/C】 ♣XTBG; ●YN; ★(AS): CN.

大果臀果木 **Pygeum macrocarpum** T. T. Yu et L. T. Lu 【N, W/C】 ♣XTBG; ●YN; ★(AS): CN.

臀果木 **Pygeum topengii** Merr. 【N, W/C】 ♣CBG, NBG, SCBG, XTBG; ●GD, JS, SH, YN; ★(AS): CN.

锡兰臀果木 **Pygeum zeylanicum** Gaertn. 【N, W/C】 ♣XTBG; ●YN; ★(AS): CN, ID, LA, MM, TH, VN.

桂樱属 Laurocerasus

美国桂樱 **Laurocerasus caroliniana** (Mill.) M. Roem. 【I, C】 ♣NBG; ●JS; ★(NA): US.

长叶桂樱 **Laurocerasus dolichophylla** T. T. Yu et L. T. Lu 【N, W/C】 ♣SCBG; ●GD; ★(AS): CN.

毛背桂樱 **Laurocerasus hypotricha** (Rehder) T. T. Yu et L. T. Lu 【N, W/C】 ♣FBG, WBG, XTBG; ●FJ, HB, YN; ★(AS): CN.

爪哇桂樱 **Laurocerasus javanica** (Teijsm. et Binn.) C. K. Schneid. 【I, C】 ♣XTBG; ●YN; ★(AS): IN, MM, MY.

坚核桂樱 **Laurocerasus jenkinsii** (Hook. f. et Thomson) T. T. Yu et L. T. Lu 【N, W/C】 ♣XTBG; ●YN; ★(AS): BT, CN, ID, IN, MM.

葡萄牙桂樱 **Laurocerasus lusitanica** (L.) M. Roem. 【I, C】 ♣CBG, GA; ●JX, SH, TW, ZJ; ★(EU): ES, PT.

勐海桂樱 **Laurocerasus menghaiensis** T. T. Yu et L. T. Lu 【N, W/C】 ♣XTBG; ●YN; ★(AS): CN.

桂樱 **Laurocerasus officinalis** M. Roem. 【I, C】 ♣BBG, CBG, IBCAS, LBG, NBG, XTBG; ●BJ, JS, JX, SH, TW, YN, ZJ; ★(AS): AM, AZ, BH, GE, IL, IQ, IR, JO, KW, LB, PS, QA, SY, TR; (EU): AD, AL, BA, BG, ES, GR, HR, IT, ME, MK, PT, RO, RS, SI, SM, VA.

腺叶桂樱 **Laurocerasus phaeosticta** (Hance) C. K. Schneid. 【N, W/C】 ♣CBG, CDBG, FBG, GMG, GXIB, NBG, SCBG, TBG, WBG, XMBG; ●FJ, GD, GX, HB, JS, SC, SH, TW; ★(AS): CN, ID, IN, MM, TH, VN.

刺叶桂樱 **Laurocerasus spinulosa** (Siebold et Zucc.) C. K. Schneid. 【N, W/C】 ♣CBG, FBG, HBG, LBG, NBG, WBG, ZAFU; ●FJ, HB, JS, JX, SH, ZJ; ★(AS): CN, JP.

尖叶桂樱 **Laurocerasus undulata** (Buch.-Ham. ex D. Don) M. Roem. 【N, W/C】 ♣KBG, XTBG; ●YN; ★(AS): BT, CN, ID, IN, LA, LK, MM, NP, TH, VN.

大叶桂樱 **Laurocerasus zippeliana** (Miq.) Browicz 【N, W/C】 ♣CBG, FBG, GMG, GXIB, HBG, NBG, SCBG, TBG, WBG, XMBG, XTBG, ZAFU; ●FJ, GD, GX, HB, JS, SC, SH, TW, YN, ZJ; ★(AS): CN, JP, VN.

稠李属 Padus

稠李 **Padus avium** Mill. 【N, W/C】 ♣BBG, CBG, CDBG, GA, GXIB, HBG, HFBG, IBCAS, NBG, WBG, XTBG; ●BJ, GX, HB, HE, HL, JS, JX, LN, NM, SC, SH, XJ, YN, ZJ; ★(AS): CN, JP, KP, MN, RU-AS.

北亚稠李 **Padus avium** var. **asiatica** (Kom.) T. C. Ku et B. M. Barthol. 【N, W/C】 ♣IBCAS; ●BJ, NM, XJ; ★(AS): CN, MN.

短梗稠李 **Padus brachypoda** (Batalin) C. K. Schneid. 【N, W/C】 ♣CBG, FBG, HBG, WBG; ●FJ, HB, SC, SH, ZJ; ★(AS): CN, MM.

橉木 **Padus buergeriana** (Miq.) T. T. Yu et T. C. Ku 【N, W/C】 ♣CBG, FBG, HBG, LBG, NBG, WBG, ZAFU; ●FJ, HB, JS, JX, SH, ZJ; ★(AS): BT, CN, IN, JP, KP, LK.

灰叶稠李 **Padus grayana** (Maxim.) C. K. Schneid. 【N, W/C】 ♣FBG, GA, GXIB, HBG, LBG, NBG, SCBG; ●FJ, GD, GX, JS, JX, TW, ZJ; ★(AS): CN, JP.

斑叶稠李 **Padus maackii** (Rupr.) Kom. 【N, W/C】 ♣BBG, CBG, HFBG; ●BJ, HE, HL, LN, SH, TW, XJ; ★(AS): CN, KP, MN, RU-AS.

粗梗稠李 **Padus napaulensis** (Ser.) C. K. Schneid. 【N, W/C】 ♣CBG; ●SC, SH; ★(AS): BT, CN, ID, IN, LK, MM, NP.

细齿稠李 **Padus obtusata** (Koehne) T. T. Yu et T. C. Ku 【N, W/C】 ♣CBG, HBG, LBG, NBG, WBG; ●AH, HB, JS, JX, SC, SH, ZJ; ★(AS): CN.

日本稠李（库页稠李）**Padus ssiori** (F. Schmidt) C. K. Schneid. 【I, C】 ★(AS): JP, RU-AS.

星毛稠李 **Padus stellipila** (Koehne) T. T. Yu et T. C. Ku 【N, W/C】 ♣LBG; ●JX; ★(AS): CN.

毡毛稠李 **Padus velutina** (Batalin) C. K. Schneid. 【N, W/C】 ♣CBG; ●SH; ★(AS): CN.

北美稠李（弗吉尼亚稠李）**Padus virginiana** (L.) M. Roem. 【I, C】 ♣BBG, CBG, HFBG, IBCAS; ●BJ, HB, HE, HL, JL, LN, NM, SD, SH; ★(NA): US.

苦味北美稠李 **Padus virginiana** subsp. **demissa** (Nutt. ex Torr. et A. Gray) M. Roem. 【I, C】 ★(NA): US.

绢毛稠李 **Padus wilsonii** C. K. Schneid. 【N, W/C】 ♣CBG, CDBG, GA, GXIB, HBG, KBG, LBG, NBG, SCBG, WBG; ●GD, GX, HB, JS, JX, SC, SH, YN, ZJ; ★(AS): CN.

臭樱属 Maddenia

臭樱 **Maddenia hypoleuca** Koehne 【N, W/C】 ♣HBG, IBCAS, WBG; ●BJ, HB, ZJ; ★(AS): CN.

四川臭樱 **Maddenia hypoxantha** Koehne 【N, W/C】 ♣SCBG; ●GD; ★(AS): CN, MM.

华西臭樱 **Maddenia wilsonii** Koehne 【N, W/C】 ♣IBCAS, WBG; ●BJ, HB, SC; ★(AS): CN.

樱属 Cerasus

紫叶矮樱 **Cerasus** × **cistena** N. E. Hansen ex Koehne 【N, C】 ♣CBG, HFBG, NSBG; ●AH, BJ, CQ, HL, LN, SH, TW, YN; ★(AS): CN.

大寒樱（河津樱）**Cerasus** × **kanzakura** (Makino) H. Ohba 【I, C】 ♣CBG; ●SH, TW; ★(AS): JP.

东京樱花 **Cerasus** × **yedoensis** (Matsum.) A. N. Vassiljeva 【I, C】 ♣CBG, CDBG, GBG, GMG, GXIB, HBG, IBCAS, KBG, LBG, NBG, NSBG, WBG, XBG, XMBG, ZAFU; ●AH, BJ, CQ, FJ, GX, GZ, HB, JL, JS, JX, LN, SC, SD, SH, SN, TW, YN, ZJ; ★(AS): JP.

欧洲甜樱桃 **Cerasus avium** (L.) Moench 【I, C】 ♣BBG, CBG, HBG, IAE, IBCAS, NBG, WBG, XOIG; ●AH, BJ, FJ, HA, HB, HE, HN, JS, LN, NX, SC, SD, SH, SX, TW, XJ, YN, ZJ; ★(AF): DZ, EG, LR, LY, MA, TN; (AS): AM, AZ, BH, GE, IL, IQ, IR, JO, KW, LB, PS, QA, SA, SY, TR, YE; (EU): AL, BA, ES, FR, GB, GR, HR, IT, MC, ME, MK, NO, RS, SI.

钟花樱桃 **Cerasus campanulata** (Maxim.) A. N. Vassiljeva 【N, W/C】 ♣CBG, CDBG, FBG, GXIB, HBG, KBG, NBG, NSBG, SCBG, TBG, TMNS, XMBG, XTBG; ●CQ, FJ, GD, GX, JS, SC, SH, TW, YN, ZJ; ★(AS): CN, JP, VN.

灰毛樱（灰毛叶樱桃）**Cerasus canescens** (Bois) S. Ya. Sokolov 【N, W/C】 ♣WBG; ●HB; ★(AS): CN.

短萼樱 **Cerasus cantabrigiensis** (Stapf) Ohle 【N, W/C】 ♣WBG; ●HB; ★(AS): CN.

高盆樱桃 **Cerasus cerasoides** (Buch.-Ham. ex D. Don) S. Y. Sokolov 【N, W/C】 ♣CDBG, FBG, KBG, NBG, SCBG, WBG, XTBG; ●FJ, GD, HB, JS, SC, TW, YN; ★(AS): BT, CN, ID, IN, LA, LK, MM, NP, TH, VN.

微毛樱桃 **Cerasus clarofolia** (C. K. Schneid.) T. T. Yu et C. L. Li 【N, W/C】 ♣BBG, FBG, WBG; ●BJ, FJ, HB, SC; ★(AS): CN.

锥腺樱桃 **Cerasus conadenia** (Koehne) T. T. Yu et C. L. Li 【N, W/C】 ♣CBG, IBCAS; ●BJ, SH; ★(AS): CN.

华中樱桃 **Cerasus conradinae** (Koehne) T. T. Yu et C. L. Li 【N, W/C】 ♣CBG, FBG, GBG, IBCAS, KBG, SCBG, WBG, ZAFU; ●BJ, FJ, GD, GZ, HB, SH, YN, ZJ; ★(AS): CN.

毛叶欧李 **Cerasus dictyoneura** (Diels) Holub 【N, W/C】 ♣WBG; ●HB, SX; ★(AS): CN.

尾叶樱桃 **Cerasus dielsiana** (C. K. Schneid.) T. T. Yu et C. L. Li 【N, W/C】 ♣CBG, NBG; ●JS, SC, SH; ★(AS): CN.

迎春樱（迎春樱桃）**Cerasus discoidea** T. T. Yu et C. L. Li 【N, W/C】 ♣CBG, WBG, ZAFU; ●HB, SH, ZJ; ★(AS): CN.

草原樱桃 **Cerasus fruticosa** (Pall.) Woronow 【N, W/C】 ♣HFBG, IBCAS; ●BJ, HL, TW, XJ; ★(AS): CN, KZ, MN, RU-AS, SY.

麦李 **Cerasus glandulosa** (Thunb.) Sokoloff 【N, W/C】 ♣BBG, CBG, CDBG, FBG, FLBG, GA, HBG, HFBG, IBCAS, LBG, NBG, XMBG, ZAFU; ●BJ, FJ, GD, HE, HL, JL, JS, JX, LN, SC, SH, TW, ZJ; ★(AS): CN, JP, RU-AS.

欧李 **Cerasus humilis** (Bunge) Sokoloff 【N, W/C】 ♣CDBG, IBCAS, NBG, XBG; ●AH, BJ, HE, JS, LN, NM, SC, SN, SX, TJ, YN; ★(AS): CN.

灰叶樱桃 **Cerasus incana** Spach 【I, C】 ♣CBG; ●SH; ★(AS): GE.

日本山樱（矮樱、光叶野樱）**Cerasus jamasakura** (Siebold ex Koidz.) H. Ohba 【N, W/C】 ♣HBG, LBG, NBG; ●JS, JX, ZJ; ★(AS): CN, JP, KP, KR.

郁李 **Cerasus japonica** (Thunb.) Loisel. 【N, W/C】 ♣BBG, CBG, CDBG, GA, GBG, GXIB, HBG, HFBG, IBCAS, KBG, LBG, NBG, SCBG, TBG, WBG, XMBG; ●BJ, FJ, GD, GX, GZ, HB, HL, JS, JX, LN, SC, SH, SX, TW, YN, ZJ; ★(AS): CN, JP, KP, KR.

长梗郁李 **Cerasus japonica** var. **nakaii** (H. Lév.) T. T. Yu et C. L. Li 【N, W/C】 ♣BBG, HFBG; ●BJ, HL, LN; ★(AS): CN, KP, KR.

寒樱 **Cerasus kanzakura** (Makino) H. Ohba 【I, C】 ♣NBG; ●JS; ★(AS): JP.

千岛樱 **Cerasus kurilensis** (Miyabe) Czerep. 【I, C】 ♣CBG; ●SH; ★(AS): JP.

华东樱（华东山樱）**Cerasus leveilleana** (Koehne) H. Ohba 【N, W/C】 ♣HBG; ●LN, ZJ; ★(AS): CN, JP, KR.

圆叶樱桃 **Cerasus mahaleb** (L.) Mill. 【I, C】 ♣CBG, HBG, IBCAS, NBG; ●BJ, JS, SH, ZJ; ★(AF): MA; (AS): IQ, LB, PS, SY, TR; (EU): AL, AT, BA, CH, DE, ES, FR, GR, HR, IT, MC, ME, MK, RS, SI.

黑樱桃 **Cerasus maximowiczii** (Rupr.) Kom. 【N, W/C】 ♣HFBG; ●HL, LN; ★(AS): CN, JP, KP, MN, RU-AS.

峰樱 **Cerasus nipponica** (Matsum.) H. Ohba 【I, C】 ★(AS): JP.

冬樱 **Cerasus parvifolia** Greene 【I, C】 ♣CBG; ●SH; ★(NA): US.

散毛樱桃 **Cerasus patentipila** (Hand.-Mazz.) T. T. Yu et C. L. Li 【N, W/C】 ●XJ; ★(AS): CN.

美国酸樱桃 **Cerasus pensylvanica** (L. f.) Loisel. 【I, C】 ♣IBCAS; ●BJ; ★(NA): CA, US.

毛柱郁李 **Cerasus pogonostyla** (Maxim.) T. T. Yu et C. L. Li 【N, W/C】 ♣FBG, WBG; ●FJ, HB; ★(AS): CN.

多毛樱桃 **Cerasus polytricha** (Koehne) T. T. Yu et C. L. Li 【N, W/C】 ♣FBG; ●FJ; ★(AS): CN.

樱桃 **Cerasus pseudocerasus** (Lindl.) Loudon 【N, W/C】 ♣CBG, CDBG, GBG, GXIB, HBG, IBCAS, LBG, NBG, NSBG, SCBG, WBG, XMBG, ZAFU; ●AH, BJ, CQ, FJ, GD, GS, GX, GZ, HA, HB, HE, JL, JS, JX, LN, SC, SD, SH, SN, SX, XJ, YN, ZJ; ★(AS): CN.

沙樱桃（砂樱桃）**Cerasus pumila** (L.) Michx. 【I, C】 ♣NBG; ●BJ, HE, JS, NM; ★(NA): CA, US.

铺地樱 **Cerasus pumila** var. **depressa** (Pursh) Ser. 【I, C】 ♣BBG; ●BJ; ★(NA): US.

东北山樱 **Cerasus sachalinensis** (F. Schmidt) Kom. et Aliss. 【I, C】 ♣HBG, NBG, ZAFU; ●JS, LN, TW, ZJ; ★(AS): RU-AS.

大山樱 **Cerasus sargentii** (Rehder) H. Ohba 【I, C】

♣IBCAS, XMBG; ●BJ, FJ; ★(AS): JP, RU-AS.

浙闽樱桃 **Cerasus schneideriana** (Koehne) T. T. Yu et C. L. Li 【N, W/C】 ♣ZAFU; ●ZJ; ★(AS): CN.

细齿樱桃 **Cerasus serrula** (Franch.) T. T. Yu et C. L. Li 【N, W/C】 ♣CBG, GBG, SCBG; ●GD, GZ, JL, SH; ★(AS): CN.

山樱花 **Cerasus serrulata** (Lindl.) Loudon 【N, W/C】 ♣CBG, CDBG, FBG, GA, HBG, IBCAS, LBG, NBG, NSBG, SCBG, WBG, XMBG, ZAFU; ●BJ, CQ, FJ, GD, HB, HE, JS, JX, LN, SC, SD, SH, TW, YN, ZJ; ★(AS): CN, JP, KP.

日本晚樱 **Cerasus serrulata** var. **lannesiana** (Carrière) T. T. Yu et C. L. Li 【I, C】 ♣BBG, CBG, FBG, GA, HBG, IBCAS, KBG, LBG, NBG, NSBG, ZAFU; ●BJ, CQ, FJ, JS, JX, SC, SH, TW, YN, ZJ; ★(AS): JP.

毛叶山樱花 **Cerasus serrulata** var. **pubescens** (Makino) T. T. Yu et C. L. Li 【N, W/C】 ♣CBG, HBG, XTBG; ●BJ, SH, YN, ZJ; ★(AS): CN.

刺毛樱桃 **Cerasus setulosa** (Batalin) T. T. Yu et C. L. Li 【N, W/C】 ♣FBG, WBG; ●FJ, HB; ★(AS): CN.

南殿樱 **Cerasus sieboldii** Carrière 【I, C】 ♣LBG; ●JX; ★(AS): KR.

彼岸樱（垂枝樱、东部樱） **Cerasus spachiana** Lavallée ex Ed. Otto 【I, C】 ♣HBG, IBCAS; ●BJ, TW, ZJ; ★(AS): JP.

托叶樱桃 **Cerasus stipulacea** (Maxim.) T. T. Yu et C. L. Li 【N, W/C】 ♣WBG; ●HB; ★(AS): CN.

大叶早樱 **Cerasus subhirtella** (Miq.) S. Y. Sokolov 【I, C】 ♣BBG, CBG, HBG, XMBG; ●BJ, FJ, HE, LN, SD, SH, TW, ZJ; ★(AS): JP.

垂枝大叶早樱 **Cerasus subhirtella** var. **pendula** (Y. Tanaka) T. T. Yu et C. L. Li 【N, W/C】 ♣NBG, NSBG; ●CQ, JS; ★(AS): CN, JP.

四川樱桃 **Cerasus szechuanica** (Batalin) T. T. Yu et C. L. Li 【N, W/C】 ♣CBG, FBG; ●FJ, SH; ★(AS): CN.

康定樱桃 **Cerasus tatsienensis** (Batalin) T. T. Yu et C. L. Li 【N, W/C】 ♣WBG; ●HB; ★(AS): CN.

天山樱桃 **Cerasus tianshanica** Pojarkov 【N, W/C】 ●XJ; ★(AS): CN.

毛樱桃 **Cerasus tomentosa** (Thunb.) Yas. Endo 【N, W/C】 ♣BBG, CBG, HBG, HFBG, IBCAS, NBG, TDBG, WBG, XBG; ●BJ, HB, HL, JL, JS, LN, SH, SN, SX, TW, XJ, YN, ZJ; ★(AS): CN, KP, KR.

欧洲酸樱桃 **Cerasus vulgaris** Mill. 【I, C】 ♣IBCAS, NBG, WBG, XTBG; ●BJ, HB, HE, JL, JS, LN, SD, TW, XJ, YN; ★(AS): AM, AZ, BH, CY, GE, IL, IQ, IR, JO, KW, LB, PS, QA, SA, SY, TR, YE; (EU): AD, AL, AT, BA, BE, BG, BY, CH, CZ, DE, DK, ES, FI, FR, GB, GR, HR, HU, IS, IT, LU, MC, ME, MK, NL, NO, PL, PT, RO, RS, RU, SE, SI, SK, SM, UA, VA.

云南樱桃 **Cerasus yunnanensis** (Franch.) T. T. Yu et C. L. Li 【N, W/C】 ♣GA, KBG, SCBG, WBG; ●GD, HB, JX, YN; ★(AS): CN.

桃属 Amygdalus

巴旦杏 **Amygdalus communis** L. 【N, W/C】 ♣HBG, IBCAS, TDBG, XBG, XOIG; ●BJ, FJ, GS, SC, SN, XJ, YN, ZJ; ★(AF): EG; (AS): AE, BH, CN, IL, IN, IQ, IR, JO, KW, LB, OM, PK, PS, QA, SA, SY, YE.

山桃 **Amygdalus davidiana** (Carrière) de Vos ex Henry 【N, W/C】 ♣BBG, CBG, FBG, GBG, HFBG, IBCAS, MDBG, NBG, TDBG, WBG, XBG, XMBG; ●BJ, FJ, GS, GZ, HA, HB, HE, HL, JL, JS, LN, NM, SC, SH, SN, SX, TW, XJ, YN; ★(AS): CN.

陕甘山桃 **Amygdalus davidiana** var. **potaninii** (Batalin) T. T. Yu et L. T. Lu 【N, W/C】 ♣IBCAS; ●BJ, GS, SC, SN; ★(AS): CN.

新疆桃 **Amygdalus ferganensis** (Kostina et Rjabov) T. T. Yu et L. T. Lu 【N, W/C】 ♣BBG, WBG; ●BJ, HB, XJ; ★(AS): CN, KG, SY, UZ.

甘肃桃 **Amygdalus kansuensis** (Rehder) Skeels 【N, W/C】 ♣BBG, CBG, IBCAS, WBG; ●BJ, GS, HB, SH, SN, SX; ★(AS): CN.

光核桃 **Amygdalus mira** (Koehne) T. T. Yu et L. T. Lu 【N, W/C】 ♣BBG, IBCAS, KBG, NBG, WBG; ●BJ, HB, JS, SC, XZ, YN; ★(AS): CN, RU-AS.

蒙古扁桃 **Amygdalus mongolica** (Maxim.) Ricker 【N, W/C】 ♣BBG, IBCAS, MDBG, TDBG, WBG, XBG; ●BJ, GS, HB, NM, NX, SN, XJ, YN; ★(AS): CN, MN, RU-AS.

矮扁桃（野扁桃） **Amygdalus nana** L. 【N, W/C】 ♣BBG, MDBG, NBG, TDBG; ●BJ, GS, JS, NM, TW, XJ; ★(AS): CN, MN, RU-AS.

长梗扁桃 **Amygdalus pedunculata** Pall. 【N, W/C】 ♣IBCAS, MDBG, XBG; ●BJ, GS, NM, SN; ★(AS): CN, MN, RU-AS.

桃 **Amygdalus persica** L. 【N, W/C】 ♣BBG, CBG, CDBG, FBG, FLBG, GA, GBG, GMG, GXIB,

HBG, HFBG, IBCAS, KBG, LBG, MDBG, NBG, NSBG, SCBG, TBG, TDBG, WBG, XBG, XLTBG, XMBG, XOIG, XTBG, ZAFU; ●AH, BJ, CQ, FJ, GD, GS, GX, GZ, HA, HB, HE, HI, HL, HN, JL, JS, JX, LN, NM, NX, SC, SD, SH, SN, SX, TJ, TW, XJ, XZ, YN, ZJ; ★(AS): CN, JP, KP, KR.

多刺扁桃 **Amygdalus spinosissima** Bunge 【I, C】 ★(AS): TR.

西康扁桃 **Amygdalus tangutica** (Batalin) Korsh. 【N, W/C】 ♣XBG; ●GS, SC, SN; ★(AS): CN.

榆叶梅 **Amygdalus triloba** (Lindl.) Ricker 【N, W/C】 ♣BBG, CBG, CDBG, GBG, GXIB, HBG, HFBG, IBCAS, KBG, LBG, MDBG, NBG, TDBG, XBG, XMBG; ●BJ, FJ, GS, GX, GZ, HB, HE, HL, JL, JS, JX, LN, SC, SD, SH, SN, SX, TW, XJ, YN, ZJ; ★(AS): CN, KP, RU-AS.

杏属 Armeniaca

美人梅 **Armeniaca × blireana** 【N, C】 ♣CBG, IBCAS; ●BJ, SH; ★(AS): CN.

紫杏 **Armeniaca × dasycarpa** (Ehrh.) Borkh. 【I, C】 ●BJ, HE, HL, JL, LN, XZ; ★(AS): AM, AZ, BH, GE, IL, IQ, IR, JO, KW, LB, PS, QA, SA, SY, TR, YE.

藏杏 **Armeniaca holosericea** (Batalin) Kostina 【N, W/C】 ●QH, SC, SN, XZ; ★(AS): CN.

李梅杏 **Armeniaca limeixing** J. Y. Zhang et Z. M. Wang 【N, W/C】 ●BJ, HA, HE, HL, JL, LN, SD, SN, SX, TJ; ★(AS): CN.

东北杏 **Armeniaca mandshurica** (Maxim.) Skvortsov 【N, W/C】 ♣HFBG, IBCAS, NBG; ●BJ, HE, HL, JL, JS, LN, NM, SX; ★(AS): CN, KP, RU-AS.

梅 **Armeniaca mume** Siebold 【N, W/C】 ♣BBG, CDBG, FBG, FLBG, GA, GBG, GMG, GXIB, HBG, IBCAS, KBG, LBG, NBG, NSBG, SCBG, TBG, TMNS, WBG, XBG, XMBG, XOIG, ZAFU; ●AH, BJ, CQ, FJ, GD, GX, GZ, HB, HN, JS, JX, LN, SC, SD, SH, SN, TW, XJ, XZ, YN, ZJ; ★(AS): CN, JP, KP, LA, VN.

山杏 **Armeniaca sibirica** (L.) Lam. 【N, W/C】 ♣HBG, HFBG, IBCAS, MDBG, TDBG, WBG; ●BJ, GS, HA, HB, HE, HL, JL, LN, NM, NX, SX, XJ, YN, ZJ; ★(AS): CN, KP, KR, MN, RU-AS.

杏 **Armeniaca vulgaris** Lam. 【N, W/C】 ♣GMG, HBG, IBCAS, KBG, LBG, MDBG, NBG, TDBG, WBG, XBG, ZAFU; ●AH, BJ, GS, GX, GZ, HA, HB, HE, HL, HN, JL, JS, JX, LN, NM, NX, QH, SC, SD, SN, SX, TJ, TW, XJ, YN, ZJ; ★(AS): CN, JP, KP, KR.

政和杏 **Armeniaca zhengheensis** J. Y. Zhang et M. N. Lu 【N, W/C】 ●FJ; ★(AS): CN.

白鹃梅属 Exochorda

大花白鹃梅 **Exochorda × macrantha** (Lemoine) C. K. Schneid. 【N, C】 ♣BBG, CBG, IBCAS; ●BJ, SH, TW; ★(AS): CN.

红柄白鹃梅 **Exochorda giraldii** Hesse 【N, W/C】 ♣HBG, IBCAS, XBG; ●BJ, LN, SN, ZJ; ★(AS): CN, JP.

绿柄白鹃梅 **Exochorda giraldii** var. **wilsonii** (Rehder) Rehder 【N, W/C】 ♣CBG, HBG, IBCAS, NBG; ●BJ, JS, SH, ZJ; ★(AS): CN, JP.

白鹃梅 **Exochorda racemosa** (Lindl.) Rehder 【N, W/C】 ♣BBG, CDBG, FBG, GXIB, HBG, IBCAS, KBG, LBG, NBG, WBG, ZAFU; ●BJ, FJ, GX, HB, JS, JX, LN, SC, YN, ZJ; ★(AS): CN.

齿叶白鹃梅 **Exochorda serratifolia** S. Moore 【N, W/C】 ♣HFBG, IBCAS, KBG; ●BJ, HL, LN, YN; ★(AS): CN, KP, KR, MN, RU-AS.

扁核木属 Prinsepia

东北扁核木（东北蕤核）**Prinsepia sinensis** (Oliv.) Oliv. ex Bean 【N, W/C】 ♣CDBG, HBG, HFBG, IBCAS, TDBG; ●BJ, HL, LN, NM, SC, XJ, ZJ; ★(AS): CN, KR, MN, RU-AS.

蕤核 **Prinsepia uniflora** Batalin 【N, W/C】 ♣IBCAS; ●BJ, TW; ★(AS): CN, JP, MN, RU-AS.

扁核木 **Prinsepia utilis** Royle 【N, W/C】 ♣BBG, FLBG, GBG, KBG, NBG, TDBG; ●BJ, GD, GZ, JS, JX, LN, XJ, YN; ★(AS): BT, CN, IN, LK, NP, PK, RU-AS.

鸡麻属 Rhodotypos

鸡麻 **Rhodotypos scandens** (Thunb.) Makino 【N, W/C】 ♣CBG, CDBG, HBG, IBCAS, KBG, NBG, WBG, XMBG; ●BJ, FJ, HB, JS, LN, SC, SH, TW, YN, ZJ; ★(AS): CN, JP, KP, KR.

棣棠花属 Kerria

棣棠花 **Kerria japonica** (L.) DC. 【N, W/C】 ♣BBG, CBG, CDBG, FBG, GBG, GMG, GXIB, HBG, HFBG, IBCAS, KBG, LBG, NBG, SCBG,

WBG, XBG, XMBG, XTBG, ZAFU; ●BJ, FJ, GD, GX, GZ, HB, HE, HL, JS, JX, LN, SC, SD, SH, SN, TJ, TW, XJ, YN, ZJ; ★(AS): CN, JP, KP, KR.

珍珠梅属 Sorbaria

高丛珍珠梅 **Sorbaria arborea** C. K. Schneid. 【N, W/C】 ♣BBG, CBG, FBG, HBG, IBCAS, KBG, LBG, NBG, SCBG, WBG; ●BJ, FJ, GD, HB, JS, JX, LN, SC, SH, YN, ZJ; ★(AS): CN.

光叶高丛珍珠梅 **Sorbaria arborea** var. **glabrata** Rehder 【N, W/C】 ♣HBG, IBCAS, NBG, WBG; ●BJ, HB, JS, ZJ; ★(AS): CN.

华北珍珠梅 **Sorbaria kirilowii** (Regel) Maxim. 【N, W/C】 ♣BBG, CBG, CDBG, HBG, HFBG, IBCAS, LBG, MDBG, NBG, SCBG, WBG; ●BJ, GD, GS, HB, HL, JS, JX, LN, SC, SH, TW, XJ, YN, ZJ; ★(AS): CN, MN.

珍珠梅 **Sorbaria sorbifolia** (L.) A. Braun 【N, W/C】 ♣CDBG, IBCAS; ●BJ, SC; ★(AS): CN, JP, KP, KR, MN, RU-AS.

星毛珍珠梅 **Sorbaria sorbifolia** var. **stellipila** Maxim. 【N, W/C】 ♣IBCAS, NBG; ●BJ, JS, LN; ★(AS): CN, JP, KP, KR.

曲柄珍珠梅 **Sorbaria tomentosa** (Lindl.) Rehder 【I, C】 ♣IBCAS, NBG; ●BJ, JS; ★(AS): AF.

假升麻属 Aruncus

假升麻 **Aruncus sylvester** Kostel. ex Maxim. 【N, W/C】 ♣GBG, HFBG, LBG; ●BJ, GZ, HL, JX, SC; ★(AS): BT, CN, ID, IN, JP, KP, LK, MN, NP, RU-AS.

鸡爪梅属 Luetkea

鸡爪梅（串绒花）**Luetkea pectinata** (Pursh) Kuntze 【I, C】 ♣NBG; ●JS; ★(NA): CA, US.

绣珠梅属 Holodiscus

全盘花（绣珠梅）**Holodiscus discolor** (Pursh) Maxim. 【I, C】 ♣CBG; ●SH, TW; ★(NA): CA, MX, US.

鲜卑花属 Sibiraea

窄叶鲜卑花 **Sibiraea angustata** (Rehder) K. S. Hao 【N, W/C】 ♣BBG, MDBG, SCBG; ●BJ, GD, GS, LN; ★(AS): CN.

绣线菊属 Spiraea

灰白绣线菊 **Spiraea × cinerea** Zabel 【I, C】 ♣BBG, CBG, IBCAS; ●BJ, SH; ★(NA): US.

菱叶绣线菊 **Spiraea × vanhouttei** (Briot) Carrière 【I, C】 ♣BBG, CBG, GA, IBCAS, NBG; ●BJ, GD, GX, JS, JX, LN, SC, SD, SH, TW; ★(NA): CA, US.

白花绣线菊 **Spiraea alba** Du Roi 【I, C】 ♣CBG, IBCAS, NBG; ●BJ, JS, LN, SH; ★(NA): US.

宽叶白花绣线菊 **Spiraea alba** var. **latifolia** (Aiton) B. Boivin 【I, C】 ♣IBCAS; ●BJ; ★(NA): US.

伞房白花绣线菊 **Spiraea albiflora** (Miq.) Zabel 【I, C】 ♣CBG, NBG; ●JS, SH; ★(AS): BD, IN.

高山绣线菊 **Spiraea alpina** Pall. 【N, W/C】 ♣BBG, IBCAS, SCBG; ●BJ, GD, GS, SC, SN; ★(AS): CN, IN, MN, RU-AS.

耧斗菜叶绣线菊 **Spiraea aquilegiifolia** Pall. 【N, W/C】 ♣HFBG; ●GS, HL, NM, SN, SX; ★(AS): CN, MN, RU-AS.

拱枝绣线菊 **Spiraea arcuata** Hook. f. 【N, W/C】 ♣BBG, NBG; ●BJ, JS; ★(AS): BT, CN, ID, IN, LK, MM, NP.

藏南绣线菊 **Spiraea bella** Sims 【N, W/C】 ♣IBCAS; ●BJ; ★(AS): BT, CN, ID, IN, LK, MM, NP.

桦叶绣线菊 **Spiraea betulifolia** Pall. 【I, C】 ♣BBG, CBG, IBCAS; ●BJ, SH; ★(NA): CA, US.

绣球绣线菊 **Spiraea blumei** G. Don 【N, W/C】 ♣BBG, CBG, FBG, GXIB, HBG, HFBG, IBCAS, LBG, NBG, WBG, XBG, XMBG, XTBG, ZAFU; ●BJ, FJ, GD, GX, HA, HB, HE, HL, JS, JX, LN, SC, SD, SH, SN, YN, ZJ; ★(AS): CN, JP, KP, KR, MN.

小叶绣球绣线菊 **Spiraea blumei** var. **microphylla** Rehder 【N, W/C】 ♣WBG; ●HB; ★(AS): CN.

石灰岩绣线菊 **Spiraea calcicola** W. W. Sm. 【N, W/C】 ●YN; ★(AS): CN.

楔叶绣线菊 **Spiraea canescens** D. Don 【N, W/C】 ♣HFBG; ●HL, TW, YN; ★(AS): BT, CN, ID, IN, LK, MM, NP.

麻叶绣线菊 **Spiraea cantoniensis** Lour. 【N, W/C】 ♣CBG, FBG, FLBG, GBG, GMG, GXIB, HBG, KBG, LBG, NBG, NSBG, SCBG, TBG, XBG, XLTBG, XMBG, XTBG; ●CQ, FJ, GD, GX, GZ, HI, JS, JX, SC, SH, SN, TW, YN, ZJ; ★(AS): CN, JP.

千瓣麻叶绣线菊 **Spiraea cantoniensis** var. **lanceata**

Zabel 【N, C】 ♣XMBG; ●FJ; ★(AS): CN.

石蚕叶绣线菊 **Spiraea chamaedryfolia** L. 【N, W/C】 ♣HBG, HFBG, IAE, IBCAS, NBG; ●BJ, HL, JS, LN, ZJ; ★(AS): CN, GE, JP, KP, KR, MN; (EU): AT, BA, BG, CZ, HR, IT, ME, MK, RO, RS, RU, SI.

中华绣线菊 **Spiraea chinensis** Maxim. 【N, W/C】 ♣CBG, FBG, HBG, HFBG, IBCAS, LBG, NBG, SCBG, WBG, ZAFU; ●BJ, FJ, GD, HB, HE, HL, JS, JX, LN, NM, SH, SX, ZJ; ★(AS): CN, KP, KR.

大花中华绣线菊 **Spiraea chinensis** var. **grandiflora** T. T. Yu 【N, W/C】 ♣ZAFU; ●ZJ; ★(AS): CN.

粉叶绣线菊 **Spiraea compsophylla** Hand.-Mazz. 【N, W/C】 ●YN; ★(AS): CN.

圆齿叶绣线菊 **Spiraea crenata** L. 【I, C】 ♣IBCAS; ●BJ; ★(AS): RU-AS; (EU): BA, BE, BG, CZ, ES, GB, GR, HR, HU, ME, MK, RO, RS, RU, SI.

毛花绣线菊 **Spiraea dasyantha** Bunge 【N, W/C】 ♣NBG; ●JS; ★(AS): CN.

密花绣线菊 **Spiraea densiflora** Nutt. ex Torr. et A. Gray 【I, C】 ♣CBG; ●SH; ★(NA): CA, US.

道格拉斯绣线菊 **Spiraea douglasii** Hook. 【I, C】 ♣CBG, IBCAS; ●BJ, SH; ★(NA): CA, US.

孟席斯绣线菊 **Spiraea douglasii** subsp. **menziesii** (Hook.) Calder et Roy L. Taylor 【I, C】 ♣IBCAS; ●BJ; ★(NA): US.

美丽绣线菊 **Spiraea elegans** Pojark. 【N, W/C】 ♣HFBG; ●HL, LN, YN; ★(AS): CN, MN, RU-AS.

曲萼绣线菊 **Spiraea flexuosa** Fisch. ex Cambess. 【N, W/C】 ♣HFBG; ●HL, SN; ★(AS): CN, KP, MN, RU-AS.

华北绣线菊 **Spiraea fritschiana** C. K. Schneid. 【N, W/C】 ♣CBG, HFBG, IBCAS, NBG, WBG; ●BJ, HB, HE, HL, JS, LN, SD, SH, ZJ; ★(AS): CN, JP, KP, KR, MN.

大叶华北绣线菊 **Spiraea fritschiana** var. **angulata** (Fritsch ex C. K. Schneid.) Rehder 【N, W/C】 ♣WBG; ●HB; ★(AS): CN.

小叶华北绣线菊 **Spiraea fritschiana** var. **parvifolia** Liou 【N, W/C】 ♣HFBG, IBCAS; ●BJ, HL, LN; ★(AS): CN.

翠蓝绣线菊 **Spiraea henryi** Hemsl. 【N, W/C】 ♣CBG, NBG, WBG; ●HB, JS, LN, SC, SH, SN, YN; ★(AS): CN.

兴山绣线菊 **Spiraea hingshanensis** T. T. Yu et L. T. Lu 【N, W/C】 ♣CBG, WBG; ●HB, SH; ★(AS): CN.

疏毛绣线菊 **Spiraea hirsuta** (Hemsl.) C. K. Schneid. 【N, W/C】 ♣IBCAS, WBG; ●BJ, HB, JX, SC, SN; ★(AS): CN.

金丝桃叶绣线菊 **Spiraea hypericifolia** L. 【N, W/C】 ♣HFBG, IBCAS, NBG, TDBG; ●BJ, GS, HL, JS, NM, SN, XJ; ★(AS): CN, GE, KG, KZ, MN, RU-AS, TJ, TM, UZ; (EU): BG, DE, ES, HU, IT, LU, RO, RU.

粉花绣线菊 **Spiraea japonica** L. f. 【N, W/C】 ♣BBG, CBG, CDBG, FBG, GA, GXIB, HBG, HFBG, IBCAS, KBG, NBG, SCBG, WBG, ZAFU; ●AH, BJ, FJ, GD, GX, HB, HL, JS, JX, LN, SC, SH, XJ, YN, ZJ; ★(AS): CN, JP, KP, KR, MN.

渐尖粉花绣线菊(渐尖绣线菊)**Spiraea japonica** var. **acuminata** Franch. 【N, W/C】 ♣CBG, HBG, IBCAS, KBG, LBG, WBG, ZAFU; ●BJ, HB, JX, SC, SH, YN, ZJ; ★(AS): CN.

急尖粉花绣线菊(急尖绣线菊)**Spiraea japonica** var. **acuta** T. T. Yu 【N, W/C】 ♣KBG; ●YN; ★(AS): CN.

光叶粉花绣线菊(光叶绣线菊)**Spiraea japonica** var. **fortunei** Koidz. 【N, W/C】 ♣FBG, GMG, GXIB, HBG, IBCAS, KBG, LBG, SCBG, WBG, XBG, XMBG; ●BJ, FJ, GD, GX, HB, JX, SN, YN, ZJ; ★(AS): CN.

无毛粉花绣线菊(无毛绣线菊)**Spiraea japonica** var. **glabra** (Regel) Koidz. 【N, W/C】 ♣CBG, LBG, ZAFU; ●JX, SH, ZJ; ★(AS): CN, JP.

椭圆粉花绣线菊(椭圆绣线菊)**Spiraea japonica** var. **ovalifolia** Franch. 【N, W/C】 ●LN; ★(AS): CN, JP.

广西绣线菊 **Spiraea kwangsiensis** T. T. Yu 【N, W/C】 ♣GXIB; ●GX; ★(AS): CN.

华西绣线菊 **Spiraea laeta** Rehder 【N, W/C】 ♣WBG; ●HB; ★(AS): CN.

长芽绣线菊 **Spiraea longigemmis** Maxim. 【N, W/C】 ●SC, SN, YN; ★(AS): CN.

毛枝绣线菊 **Spiraea martini** H. Lév. 【N, W/C】 ♣FBG, KBG; ●FJ, GX, GZ, SC, YN; ★(AS): CN.

欧亚绣线菊 **Spiraea media** Schmidt 【N, W/C】 ♣HFBG, IBCAS, NBG; ●BJ, HL, JS, NM; ★(AS): CN, JP, KP, KR, MN, RU-AS; (EU): AT, BA, BG, CZ, HR, HU, ME, MK, PL, RO, RS, RU, SI.

长蕊绣线菊 **Spiraea miyabei** Koidz. 【N, W/C】

♣IBCAS; ●BJ; ★(AS): CN, JP, KR.

毛叶绣线菊 **Spiraea mollifolia** Rehder 【N, W/C】 ●GS, SC, YN; ★(AS): CN.

蒙古绣线菊 **Spiraea mongolica** Maxim.【N, W/C】 ♣IBCAS, NBG, WBG; ●BJ, HB, JS, NM, QH, SN, XZ, YN; ★(AS): CN, MN.

细枝绣线菊 **Spiraea myrtilloides** Rehder 【N, W/C】 ♣GBG, MDBG, SCBG; ●GD, GS, GZ; ★(AS): CN.

小花绣线菊 **Spiraea nipponica** Maxim. 【I, C】 ♣BBG, CBG, HBG, IBCAS, NBG; ●BJ, JS, SH, TW, ZJ; ★(AS): JP.

金州绣线菊 **Spiraea nishimurae** Kitag. 【N, W/C】 ♣IAE; ●LN; ★(AS): CN.

广椭绣线菊 **Spiraea ovalis** Rehder 【N, W/C】 ♣CBG, FBG, WBG; ●FJ, HB, SH; ★(AS): CN.

李叶绣线菊 **Spiraea prunifolia** Siebold et Zucc. 【N, W/C】 ♣CBG, FBG, HBG, KBG, LBG, NBG, SCBG, WBG, XMBG; ●BJ, FJ, GD, HB, HE, JS, JX, SD, SH, SN, TW, YN, ZJ; ★(AS): CN, JP, KP, KR.

单瓣李叶绣线菊（单瓣笑靥花）**Spiraea prunifolia** var. **simpliciflora** (Nakai) Nakai 【N, W/C】 ♣CBG, CDBG, HBG, IBCAS, LBG, NBG, ZAFU; ●BJ, JS, JX, SC, SH, ZJ; ★(AS): CN, JP, KP, KR.

土庄绣线菊 **Spiraea pubescens** Turcz. 【N, W/C】 ♣IAE, WBG; ●HB, LN; ★(AS): CN, JP, KP, KR, MN, RU-AS.

南川绣线菊 **Spiraea rosthornii** E. Pritz. 【N, W/C】 ♣CBG, IBCAS, NBG, SCBG; ●BJ, GD, JS, SH; ★(AS): CN.

绣线菊 **Spiraea salicifolia** L. 【N, W/C】 ♣CDBG, HFBG, IAE; ●HL, LN, SC; ★(AS): CN, JP, KP, KR, MN, RU-AS; (EU): DK, FI, IS, NO, SE; (NA): CA, US.

茂汶绣线菊 **Spiraea sargentiana** Rehder 【N, W/C】 ♣NBG; ●JS, SC; ★(AS): CN.

川滇绣线菊 **Spiraea schneideriana** Rehder 【N, W/C】 ♣IBCAS; ●BJ, SC, YN; ★(AS): CN.

无毛川滇绣线菊 **Spiraea schneideriana** var. **amphidoxa** Rehder 【N, W/C】 ♣IBCAS, SCBG; ●BJ, GD; ★(AS): CN.

绢毛绣线菊 **Spiraea sericea** Turcz. 【N, W/C】 ♣HFBG; ●HL, NM; ★(AS): CN, JP, MN, RU-AS.

珍珠绣线菊 **Spiraea thunbergii** Siebold ex Blume 【N, W/C】 ♣CBG, HBG, HFBG, KBG, SCBG; ●GD, HL, LN, SC, SH, TW, XJ, YN, ZJ; ★(AS): CN, JP.

毛果绣线菊 **Spiraea trichocarpa** Nakai 【N, W/C】 ♣BBG, HFBG; ●BJ, HL, LN, XJ; ★(AS): CN, KP, KR, MN.

三裂绣线菊 **Spiraea trilobata** L. 【N, W/C】 ♣IAE, IBCAS; ●BJ, LN; ★(AS): CN, KP, MN, RU-AS.

鄂西绣线菊 **Spiraea veitchii** Hemsl. 【N, W/C】 ♣CBG, HBG, NBG, SCBG, WBG; ●GD, HB, JS, SC, SH, ZJ; ★(AS): CN.

陕西绣线菊 **Spiraea wilsonii** Duthie 【N, W/C】 ♣HBG, IBCAS, NBG, WBG; ●BJ, GS, HB, JS, SN, ZJ; ★(AS): CN.

云南绣线菊 **Spiraea yunnanensis** Franch. 【N, W/C】 ♣SCBG, WBG; ●GD, HB; ★(AS): CN.

唐棣属 Amelanchier

大花唐棣 **Amelanchier × grandiflora** Rehder 【I, C】 ♣CBG; ●SD, SH; ★(AS): GE; (EU): BE, DE, GB, NL.

桤叶唐棣 **Amelanchier alnifolia** (Nutt.) Nutt. ex M. Roem. 【I, C】 ♣CBG, HBG, IBCAS, NBG; ●BJ, HE, JL, JS, LN, SH, ZJ; ★(NA): CA, US.

树唐棣 **Amelanchier arborea** (F. Michx.) Fernald 【I, C】 ★(NA): CA, US.

平滑唐棣 **Amelanchier arborea** subsp. **laevis** (Wiegand) S. M. McKay ex P. Landry 【I, C】 ♣CBG; ●HE, SH, TW, YN; ★(NA): US.

东亚唐棣 **Amelanchier asiatica** (Siebold et Zucc.) Endl. ex Walp. 【N, W/C】 ♣HBG, IBCAS; ●AH, BJ, JX, TW, ZJ; ★(AS): CN, JP, KP, KR.

加拿大唐棣 **Amelanchier canadensis** (L.) Medik. 【I, C】 ♣BBG, CBG, IBCAS; ●BJ, HE, SH; ★(NA): CA, US.

穗序唐棣 **Amelanchier canadensis** subsp. **spicata** (Lam.) Á. Löve et D. Löve 【I, C】 ♣IBCAS; ●BJ; ★(NA): CA.

匐枝唐棣 **Amelanchier canadensis** var. **stolonifera** (Wiegand) P. Landry 【I, C】 ♣IBCAS; ●BJ; ★(NA): US.

拉马克唐棣 **Amelanchier lamarckii** F. G. Schroed. 【I, C】 ♣CBG; ●SH, TW, YN; ★(EU): DE.

圆叶唐棣（圆叶山楂）**Amelanchier ovalis** Medik. 【I, C】 ♣IBCAS, NBG; ●BJ, JS; ★(EU): AL, AT, BA, BE, BG, BY, CZ, DE, ES, FR, GR, HR, HU, IT, LU, ME, MK, PL, RO, RS, RU, SI, TR.

红果唐棣 **Amelanchier sanguinea** (Pursh) DC. 【I, C】 ●XJ; ★(NA): CA, US.

唐棣 **Amelanchier sinica** (C. K. Schneid.) Chun【N, W/C】♣BBG, CBG, GMG, HBG, IBCAS, XBG; ●BJ, GS, GX, HA, HB, SC, SH, SN, SX, ZJ; ★(AS): CN.

欧楂属 Mespilus

欧楂 **Mespilus germanica** L. 【I, C】♣NBG; ●JS; ★(AS): GE, SA; (EU): AT, BA, BE, BG, CZ, DE, ES, GB, GR, HR, IT, ME, MK, NL, RO, RS, RU, SI.

山楂欧海棠属 + Crataegomespilus

山楂欧海棠 + **Crataegomespilus dardarii** Simon-Louis ex Bellair 【I, C】♣SCBG, WBG; ●GD, HB, TW; ★(EU): GB.

山楂属 Crataegus

*拉瓦列山楂 **Crataegus × lavallei** Hérincq ex Lavallée【I, C】♣BBG, CBG; ●BJ, SH; ★(EU): GB.

*摩邓山楂 **Crataegus × mordenensis** Boom 【I, C】♣BBG, CBG; ●BJ, SH; ★(EU): GB.

阿尔泰山楂 **Crataegus altaica** (Loudon) Lange【N, W/C】♣CBG, IBCAS, NBG; ●BJ, JS, SH, XJ; ★(AS): CN, RU-AS.

俄罗斯山楂 **Crataegus ambigua** C. A. Mey. ex A. Beck. 【I, C】♣IBCAS; ●BJ, LN; ★(AS): AZ, GE, IQ, RU-AS, TM; (EU): UA.

阿诺德山楂 **Crataegus arnoldiana** Sarg. 【I, C】♣IBCAS, NBG; ●BJ, JS; ★(NA): US.

橘红山楂 **Crataegus aurantia** Pojark. 【N, W/C】●NM, SX; ★(AS): CN.

黑海山楂 **Crataegus azarolus** L.【I, C】♣IBCAS; ●BJ; ★(AS): CY, IL, IQ, IR, JO, SY, TR; (EU): ES, GR, NL.

绿果山楂 **Crataegus chlorocarpa** Lenné et C. Koch【I, C】♣TDBG; ●XJ; ★(EU): BE, CH, DE, FR, IT, NL.

绿肉山楂 **Crataegus chlorosarca** Maxim. 【N, W/C】♣IBCAS; ●BJ; ★(AS): CN, JP, MN, RU-AS.

金果山楂 **Crataegus chrysocarpa** Ashe 【I, C】♣IBCAS; ●BJ; ★(NA): CA, US.

红果山楂 **Crataegus chrysocarpa** var. **phoenicea** E. J. Palmer 【I, C】♣NBG; ●JS; ★(NA): US.

中甸山楂 **Crataegus chungtienensis** W. W. Sm. 【N, W/C】♣CBG, KBG; ●SH, YN; ★(AS): CN.

红山楂 **Crataegus coccinea** L. 【I, C】♣IBCAS, NBG; ●BJ, JS; ★(EU): DE, NL, SE.

鸡距山楂 **Crataegus crus-galli** L. 【I, C】♣CBG, HBG, NBG; ●BJ, HE, JS, SH, ZJ; ★(NA): CA, US.

野山楂 **Crataegus cuneata** Siebold et Zucc. 【N, W/C】♣BBG, CBG, FBG, GBG, GXIB, HBG, KBG, LBG, NBG, WBG, XMBG, ZAFU; ●BJ, FJ, GX, GZ, HB, JS, JX, SH, TW, YN, ZJ; ★(AS): CN, JP.

小叶野山楂 **Crataegus cuneata** var. **tangchung-changii** (F. P. Metcalf) T. C. Ku et Spongberg【N, W/C】♣FBG; ●FJ; ★(AS): CN.

欧洲山楂 **Crataegus curvisepala** Lindm. 【I, C】♣IBCAS, NBG; ●BJ, JS; ★(EU): AX, NO, RU, TR.

光叶山楂 **Crataegus dahurica** Koehne ex C. K. Schneid.【N, W/C】♣HFBG; ●HL, NM; ★(AS): CN, MN, RU-AS.

红梗山楂 **Crataegus erythropoda** Ashe 【I, C】♣IBCAS; ●BJ; ★(NA): US.

扇叶山楂 **Crataegus flabellata** (Bosc ex Spach) Rydb.【I, C】♣HBG, NBG; ●JS, ZJ; ★(NA): CA, US.

黄果山楂 **Crataegus flava** Aiton 【I, C】♣IBCAS; ●BJ; ★(NA): US.

湖北山楂 **Crataegus hupehensis** Sarg. 【N, W/C】♣CBG, HBG, IBCAS, LBG, NBG, WBG; ●BJ, HB, JS, JX, SH, SN, SX, ZJ; ★(AS): CN.

毛黑山楂 **Crataegus jozana** C. K. Schneid. 【I, C】♣NBG; ●JS; ★(AS): JP.

甘肃山楂 **Crataegus kansuensis** E. H. Wilson 【N, W/C】♣BBG, IBCAS; ●BJ, GS, LN, SX, XJ; ★(AS): CN.

钝裂叶山楂 **Crataegus laevigata** (Poir.) DC. 【I, C】♣BBG, CBG, IBCAS; ●BJ, HE, LN, SD, SH; ★(EU): AT, BA, BE, CZ, DE, DK, ES, GB, HU, IT, NL, NO, PL, RO, RU.

牯岭山楂 **Crataegus macauleyae** Sarg. 【I, C】♣IBCAS, NBG; ●BJ, JS; ★(NA): US.

大子山楂 **Crataegus macrosperma** Ashe 【I, C】♣IBCAS; ●BJ; ★(NA): CA, US.

毛山楂 **Crataegus maximowiczii** C. K. Schneid.【N, W/C】♣BBG, HFBG; ●BJ, HL, LN, NM, SX; ★(AS): CN, JP, KP, KR, MN, RU-AS.

单柱山楂 **Crataegus monogyna** Jacq. 【I, C】♣CBG, IBCAS, NBG; ●BJ, HE, JS, SH; ★(AF): MA; (AS): GE; (EU): AT, BA, BE, DK, FR, GB,

HR, IT, ME, MK, NL, RS, SI.

黑山楂 **Crataegus nigra** Waldst. et Kit. 【I, C】 ♣IBCAS, NBG; ●BJ, JS; ★(EU): AL, BA, CZ, HR, HU, ME, MK, RO, RS, SI.

滇西山楂 **Crataegus oresbia** W. W. Sm. 【N, W/C】 ♣CBG; ●SH; ★(AS): CN.

有梗山楂 **Crataegus pedicellata** Sarg. 【I, C】 ♣IBCAS; ●BJ; ★(NA): US.

*宾州山楂 **Crataegus pennsylvanica** Ashe 【I, C】 ●BJ; ★(NA): US.

五柱山楂 **Crataegus pentagyna** Waldst. et Kit. 【I, C】 ♣IBCAS; ●BJ; ★(AS): GE; (EU): AL, BA, BG, CZ, HR, HU, ME, MK, RO, RS, RU, SI, TR.

梅叶山楂 **Crataegus persimilis** Sarg. 【I, C】 ♣CBG; ●SH; ★(NA): CA, US.

华盛顿山楂 **Crataegus phaenopyrum** (L. f.) Medik. 【I, C】 ♣CBG; ●BJ, GD, SD, SH, TW; ★(NA): CA, US.

山楂 **Crataegus pinnatifida** Bunge 【N, W/C】 ♣BBG, CBG, CDBG, FBG, FLBG, GBG, HBG, HFBG, IBCAS, NBG, WBG, XMBG, XTBG; ●AH, BJ, FJ, GD, GX, GZ, HA, HB, HE, HL, JL, JS, JX, LN, NM, SC, SD, SH, SN, SX, TJ, TW, XJ, YN, ZJ; ★(AS): CN, JP, KP, KR, MN, RU-AS.

山里红 **Crataegus pinnatifida** var. **major** N. E. Br. 【N, W/C】 ♣BBG, HBG, IBCAS, KBG, NBG, XBG; ●BJ, HL, JL, JS, NM, SN, SX, XJ, YN, ZJ; ★(AS): CN.

无毛山楂 **Crataegus pinnatifida** var. **psilosa** C. K. Schneid. 【N, W/C】 ♣HFBG; ●HL, SX; ★(AS): CN, KP, KR.

裂叶山楂 **Crataegus remotilobata** Raikova ex Popov 【N, W/C】 ♣IBCAS; ●BJ; ★(AS): CN.

溪畔山楂 **Crataegus rivularis** Nutt. 【I, C】 ♣IBCAS; ●BJ; ★(NA): US.

辽宁山楂 **Crataegus sanguinea** Pall. 【N, W/C】 ♣HFBG, IBCAS; ●BJ, HL, LN, NM, SX, XJ; ★(AS): CN, MN, RU-AS.

云南山楂 **Crataegus scabrifolia** (Franch.) Rehder 【N, W/C】 ♣HBG, KBG, SCBG, WBG; ●GD, HB, YN, ZJ; ★(AS): CN.

准噶尔山楂 **Crataegus songarica** K. Koch 【N, W/C】 ●XJ; ★(AS): AF, CN, CY, KZ.

近柔毛山楂 **Crataegus submollis** Sarg. 【I, C】 ♣IBCAS; ●BJ; ★(NA): CA, US.

多浆山楂 **Crataegus succulenta** Schrad. ex Link 【I, C】 ♣IBCAS, NBG; ●BJ, JS; ★(NA): CA, US.

拟艾菊叶山楂 **Crataegus tanacetifolia** (Lam.) Pers. 【I, C】 ♣NBG; ●JS; ★(EU): AL.

土耳其山楂 **Crataegus turkestanica** Pojark. 【I, C】 ♣NBG; ●JS; ★(AS): TM, TR.

单花山楂 **Crataegus uniflora** Münchh. 【I, C】 ♣IBCAS; ●BJ; ★(NA): US.

绿山楂 **Crataegus viridis** L. 【I, C】 ♣BBG, CBG, IBCAS; ●BJ, HE, SD, SH; ★(NA): US.

华中山楂（少毛山楂）**Crataegus wilsonii** Sarg. 【N, W/C】 ♣CBG, FBG, IBCAS, SCBG, WBG; ●BJ, FJ, GD, HB, SH, SX; ★(AS): CN.

石楠属 Photinia

*多花石楠 **Photinia × floribunda** (Lindl.) K. R. Robertson et Phipps 【N, C】 ♣BBG; ●BJ; ★(AS): CN.

红叶石楠 **Photinia × fraseri** Dress 【I, C】 ♣CBG, GA, SCBG, XMBG, ZAFU; ●AH, BJ, FJ, GD, JS, JX, LN, SC, SD, SH, TW, ZJ; ★(AS): JP.

贵州石楠 **Photinia bodinieri** H. Lév. 【N, W/C】 ♣CBG, CDBG, FBG, GA, GBG, GMG, HBG, LBG, NBG, WBG, XBG, XTBG, ZAFU; ●FJ, GX, GZ, HB, JS, JX, SC, SH, SN, YN, ZJ; ★(AS): CN, ID, IN, VN.

光叶石楠 **Photinia glabra** (Thunb.) Maxim. 【N, W/C】 ♣CBG, FBG, GA, GXIB, HBG, KBG, LBG, NBG, SCBG, WBG, XBG, XTBG, ZAFU; ●FJ, GD, GX, HB, JS, JX, SD, SH, SN, TW, YN, ZJ; ★(AS): CN, JP, KR, MM, TH.

球花石楠 **Photinia glomerata** Rehder et E. H. Wilson 【N, W/C】 ♣CBG, CDBG, FBG, GA, GXIB, KBG, SCBG, WBG, XTBG; ●FJ, GD, GX, HB, JX, SC, SH, YN; ★(AS): CN.

全缘石楠 **Photinia integrifolia** Lindl. 【N, W/C】 ♣KBG, SCBG; ●GD, YN; ★(AS): BT, CN, ID, IN, LA, LK, MM, MY, NP, TH, VN.

垂丝石楠 **Photinia komarovii** (H. Lév. et Vaniot) L. T. Lu et C. L. Li 【N, W/C】 ♣WBG; ●HB; ★(AS): CN.

绵毛石楠 **Photinia lanuginosa** T. T. Yu 【N, W/C】 ♣GXIB, ZAFU; ●GX, ZJ; ★(AS): CN.

倒卵叶石楠 **Photinia lasiogyna** (Franch.) C. K. Schneid. 【N, W/C】 ♣HBG, KBG, SCBG; ●GD, YN, ZJ; ★(AS): CN.

罗城石楠 **Photinia lochengensis** T. T. Yu 【N, W/C】 ♣GXIB, WBG, XTBG, ZAFU; ●GX, HB, YN, ZJ; ★(AS): CN.

带叶石楠 **Photinia loriformis** W. W. Sm. 【N, W/C】 ♣KBG, WBG; ●HB, YN; ★(AS): CN.

玉兰叶石楠 **Photinia magnoliifolia** Z. H. Cheng 【N, W/C】 ♣ZAFU; ●ZJ; ★(AS): CN.

刺叶石楠 **Photinia prionophylla** (Franch.) C. K. Schneid. 【N, W/C】 ♣KBG, SCBG; ●GD, YN; ★(AS): CN.

桃叶石楠 **Photinia prunifolia** (Hook. et Arn.) Lindl. 【N, W/C】 ♣CBG, FBG, GA, GXIB, HBG, KBG, NBG, SCBG, WBG, XMBG, XTBG; ●FJ, GD, GX, HB, JS, JX, SH, YN, ZJ; ★(AS): CN, ID, IN, JP, MY, VN.

饶平石楠 **Photinia raupingensis** K. C. Kuan 【N, W/C】 ♣FLBG, WBG; ●GD, HB, JX; ★(AS): CN.

石楠 **Photinia serratifolia** (Desf.) Kalkman 【N, W/C】 ♣CBG, CDBG, GA, GBG, GXIB, HBG, IBCAS, KBG, LBG, NBG, NSBG, WBG, XBG, XMBG, XTBG, ZAFU; ●BJ, CQ, FJ, GX, GZ, HB, HI, JS, JX, LN, SC, SH, SN, TW, YN, ZJ; ★(AS): CN, ID, IN, JP, PH.

紫金牛叶石楠 **Photinia serratifolia** var. **ardisiifolia** (Hayata) H. Ohashi 【N, W/C】 ♣XTBG; ●YN; ★(AS): CN.

红果树属 Stranvaesia

毛萼红果树 **Stranvaesia amphidoxa** C. K. Schneid. 【N, W/C】 ♣CBG, FBG, WBG; ●FJ, HB, SH; ★(AS): CN.

无毛毛萼红果树（湖南红果树）**Stranvaesia amphidoxa** var. **amphileia** (Hand.-Mazz.) T. T. Yu 【N, W/C】 ♣SCBG; ●GD; ★(AS): CN.

红果树 **Stranvaesia davidiana** Decne. 【N, W/C】 ♣BBG, CBG, FBG, IBCAS, KBG, LBG, SCBG, WBG; ●BJ, FJ, GD, GS, GX, GZ, HB, JX, SC, SH, SN, TW, YN; ★(AS): CN, MY, VN.

波叶红果树 **Stranvaesia davidiana** var. **undulata** (Decne.) Rehder et E. H. Wilson 【N, W/C】 ♣CBG, FBG, HBG, LBG, SCBG, WBG, ZAFU; ●FJ, GD, HB, JX, SH, ZJ; ★(AS): CN.

滇南红果树 **Stranvaesia oblanceolata** (Rehder et E. H. Wilson) Stapf 【N, W/C】 ♣XTBG; ●YN; ★(AS): CN, LA, MM, TH.

火棘属 Pyracantha

窄叶火棘 **Pyracantha angustifolia** (Franch.) C. K. Schneid. 【N, W/C】 ♣CBG, CDBG, GXIB, HBG, IBCAS, KBG, NBG, SCBG, WBG, ZAFU; ●BJ, GD, GX, HB, JS, SC, SD, SH, TW, YN, ZJ; ★(AS): CN.

全缘火棘 **Pyracantha atalantioides** (Hance) Stapf 【N, W/C】 ♣CBG, GBG, IBCAS, SCBG, WBG; ●BJ, GD, GZ, HB, SH, TW; ★(AS): CN.

欧洲火棘（火刺木）**Pyracantha coccinea** M. Roem. 【I, C】 ♣BBG, CBG, CDBG, HBG, IBCAS, NBG, NSBG, TBG; ●BJ, CQ, JS, SC, SH, TW, ZJ; ★(EU): AL, BA, BG, DE, ES, FR, GB, GR, HR, IT, LU, ME, MK, RS, RU, SI.

细圆齿火棘 **Pyracantha crenulata** (D. Don) M. Roem. 【N, W/C】 ♣CBG, GBG, HBG, IBCAS, NBG, WBG, XMBG; ●BJ, FJ, GZ, HB, JS, SH, ZJ; ★(AS): BT, CN, ID, IN, LK, MM, NP.

细叶细圆齿火棘 **Pyracantha crenulata** var. **kansuensis** Rehder 【N, W/C】 ♣WBG; ●HB; ★(AS): CN.

火棘 **Pyracantha fortuneana** (Maxim.) H. L. Li 【N, W/C】 ♣CBG, CDBG, FBG, GA, GBG, GXIB, HBG, IBCAS, KBG, NBG, NSBG, SCBG, WBG, XBG, XLTBG, XMBG, XTBG, ZAFU; ●BJ, CQ, FJ, GD, GS, GX, GZ, HA, HB, HI, HN, JS, JX, LN, SC, SH, SN, XZ, YN, ZJ; ★(AS): CN.

澜沧火棘 **Pyracantha inermis** J. E. Vidal 【N, W/C】 ♣XTBG; ●YN; ★(AS): CN, LA.

台湾火棘 **Pyracantha koidzumii** (Hayata) Rehder 【N, W/C】 ♣TBG, TMNS, XTBG; ●TW, YN; ★(AS): CN.

薄叶火棘 **Pyracantha rogersiana** (A. B. Jacks.) Bean 【N, W/C】 ♣KBG; ●YN; ★(AS): CN, ID.

小石积属 Osteomeles

小石积 **Osteomeles anthyllidifolia** (Sm.) Lindl. 【N, W/C】 ♣XTBG; ●YN; ★(AS): CN, JP.

华西小石积 **Osteomeles schwerinae** C. K. Schneid. 【N, W/C】 ♣KBG, XTBG; ●TW, YN; ★(AS): CN, MM.

小叶华西小石积 **Osteomeles schwerinae** var. **microphylla** Rehder et E. H. Wilson 【N, W/C】 ♣KBG, WBG; ●HB, YN; ★(AS): CN.

圆叶小石积 **Osteomeles subrotunda** K. Koch 【N, W/C】 ●TW; ★(AS): CN, JP.

牛筋条属 Dichotomanthes

牛筋条 **Dichotomanthes tristaniicarpa** Kurz 【N, W/C】 ♣FBG, HBG, KBG, XTBG; ●FJ, YN, ZJ;

★(AS): CN.

光叶牛筋条 **Dichotomanthes tristaniicarpa** var. **glabrata** Rehder 【N, W/C】 ♣XTBG; ●YN; ★(AS): CN.

木瓜属 Pseudocydonia

木瓜 **Pseudocydonia sinensis** (Thouin) C. K. Schneid. 【N, W/C】 ♣BBG, CBG, FBG, FLBG, GBG, GXIB, HBG, IBCAS, KBG, LBG, NBG, NSBG, SCBG, WBG, XBG, XMBG, ZAFU; ●BJ, CQ, FJ, GD, GX, GZ, HB, JL, JS, JX, LN, SC, SD, SH, SN, TW, YN, ZJ; ★(AS): CN, JP, KP, KR.

榅桲属 Cydonia

榅桲 **Cydonia oblonga** Mill. 【I, C】 ♣BBG, GBG, HBG, IBCAS, KBG, LBG, NBG, WBG, XBG; ●BJ, GZ, HB, JS, JX, LN, SN, SX, TW, XJ, YN, ZJ; ★(AS): AM, AZ, BH, GE, IL, IQ, IR, JO, KG, KW, KZ, LB, PS, QA, SA, SY, TJ, TM, TR, UZ, YE.

落叶石楠属 Pourthiaea

锐齿石楠 **Pourthiaea arguta** (Wall. ex Lindl.) Decne. 【N, W/C】 ♣XTBG; ●YN; ★(AS): BT, CN, ID, IN, LA, LK, MM, TH, VN.

柳叶锐齿石楠 **Pourthiaea arguta** var. **salicifolia** (Decne.) Hook. f. 【N, W/C】 ♣XTBG; ●YN; ★(AS): CN, IN, LA, MM, TH, VN.

中华石楠 **Pourthiaea beauverdiana** (C. K. Schneid.) Migo 【N, W/C】 ♣CBG, FBG, GMG, GXIB, HBG, LBG, NBG, SCBG, WBG, XTBG, ZAFU; ●FJ, GD, GX, HB, JS, JX, SH, YN, ZJ; ★(AS): BT, CN, IN, LK, MM, VN.

短叶中华石楠 **Pourthiaea beauverdiana** var. **brevifolia** (Cardot) Iketani et H. Ohashi 【N, W/C】 ♣LBG, NBG, ZAFU; ●JS, JX, ZJ; ★(AS): CN.

闽粤石楠 **Pourthiaea benthamiana** (Hance) Nakai 【N, W/C】 ♣FBG, FLBG, SCBG, XTBG; ●FJ, GD, HI, JX, YN; ★(AS): CN, LA, MM, TH, VN.

倒卵叶闽粤石楠 **Pourthiaea benthamiana** var. **obovata** (H. L. Li) Iketani et H. Ohashi 【N, W/C】 ♣XLTBG; ●HI; ★(AS): CN.

湖北石楠 **Pourthiaea bergerae** (C. K. Schneid.) Iketani et H. Ohashi 【N, W/C】 ♣WBG; ●HB; ★(AS): CN.

短叶石楠 **Pourthiaea blinii** (H. Lév.) Iketani et H. Ohashi 【N, W/C】 ♣XTBG; ●YN; ★(AS): CN.

厚齿石楠 **Pourthiaea callosa** (Chun ex K. C. Kuan) Iketani et H. Ohashi 【N, W/C】 ♣WBG; ●HB; ★(AS): CN.

福建石楠 **Pourthiaea fokienensis** (Finet et Franch.) Iketani et H. Ohashi 【N, W/C】 ♣CBG; ●SH; ★(AS): CN.

褐毛石楠 **Pourthiaea hirsuta** (Hand.-Mazz.) Iketani et H. Ohashi 【N, W/C】 ♣HBG, SCBG; ●GD, ZJ; ★(AS): CN.

陷脉石楠 **Pourthiaea impressivena** (Hayata) Iketani et H. Ohashi 【N, W/C】 ♣FBG, WBG; ●FJ, HB; ★(AS): CN, VN.

台湾石楠 **Pourthiaea lucida** Decne. 【N, W/C】 ♣TBG, TMNS; ●TW; ★(AS): CN.

小叶石楠 **Pourthiaea parvifolia** E. Pritz. 【N, W/C】 ♣CBG, CDBG, FBG, GA, HBG, LBG, NBG, SCBG, WBG, ZAFU; ●FJ, GD, HB, JS, JX, SC, SH, ZJ; ★(AS): CN.

绒毛石楠 **Pourthiaea schneideriana** (Rehder et E. H. Wilson) Iketani et H. Ohashi 【N, W/C】 ♣FBG, GBG, HBG, LBG, NBG, WBG, ZAFU; ●FJ, GZ, HB, JS, JX, ZJ; ★(AS): CN.

毛叶石楠（光萼石楠）**Pourthiaea villosa** (Thunb.) Decne. 【N, W/C】 ♣CBG, FBG, GMG, HBG, LBG, NBG, WBG; ●FJ, GX, HB, JS, JX, SH, TW, ZJ; ★(AS): CN, JP, KP.

无毛毛叶石楠（庐山石楠）**Pourthiaea villosa** var. **sinica** (Rehder et E. H. Wilson) Migo 【N, W/C】 ♣CBG, HBG, LBG, NBG, WBG; ●HB, JS, JX, SH, ZJ; ★(AS): CN.

涩石楠属 Aronia

红涩楠（红苦味果）**Aronia arbutifolia** (L.) Pers. 【I, C】 ♣BBG, CBG, IBCAS; ●BJ, HE, LN, SD, SH, TW; ★(NA): US.

黑涩楠（黑苦味果）**Aronia melanocarpa** (Michx.) Elliott 【I, C】 ♣BBG, CBG, IBCAS; ●BJ, HE, SH, SN, TW, XJ; ★(NA): CA, US.

水榆属 Micromeles

水榆花楸 **Micromeles alnifolia** (Siebold et Zucc.) Koehne 【N, W/C】 ♣BBG, CBG, CDBG, HBG, HFBG, IAE, IBCAS, LBG, NBG, WBG; ●BJ, HB, HL, JS, JX, LN, SC, SH, ZJ; ★(AS): CN, JP, KP, KR.

裂叶水榆花楸 **Micromeles alnifolia** var. **lobulata** Koidz. 【N, W/C】 ●LN; ★(AS): CN, KP, KR.

棕脉花楸 **Micromeles dunnii** (Rehder) Kovanda et Challice 【N, W/C】 ♣HBG; ●ZJ; ★(AS): CN.

锈色花楸 **Micromeles ferruginea** (Wenz.) Koehne 【N, W/C】 ♣XTBG; ●YN; ★(AS): BT, CN, IN, LK.

石灰花楸 **Micromeles folgneri** C. K. Schneid. 【N, W/C】 ♣CBG, CDBG, FBG, GXIB, HBG, IBCAS, KBG, LBG, NBG, WBG, ZAFU; ●AH, BJ, FJ, GX, HA, HB, JS, JX, SC, SH, SN, TW, YN, ZJ; ★(AS): CN.

圆果花楸 **Micromeles globosa** (T. T. Yu et Tsai) Kovanda et Challice 【N, W/C】 ♣XTBG; ●YN; ★(AS): CN, MM.

江南花楸 **Micromeles hemsleyi** C. K. Schneid. 【N, W/C】 ♣CBG, CDBG, GA, LBG, WBG, ZAFU; ●HB, JX, SC, SH, ZJ; ★(AS): CN.

毛序花楸 **Micromeles keissleri** C. K. Schneid. 【N, W/C】 ♣WBG; ●HB; ★(AS): CN.

褐毛花楸 **Micromeles ochracea** (Hand.-Mazz.) Kovanda et Challice 【N, W/C】 ♣KBG, XTBG; ●YN; ★(AS): CN.

鼠李叶花楸 **Micromeles rhamnoides** Decne. 【N, W/C】♣KBG; ●YN; ★(AS): BT, CN, ID, IN, LK, NP.

滇缅花楸 **Micromeles thomsonii** C. K. Schneid. 【N, W/C】 ♣XTBG; ●YN; ★(AS): BT, CN, ID, IN, LK, MM, NP.

白花楸属 Aria

大果花楸 **Aria megalocarpa** (Rehder) H. Ohashi et Iketani 【N, W/C】 ♣GA, WBG; ●HB, JX; ★(AS): CN.

木瓜海棠属 Chaenomeles

杂交川木瓜（华丽木瓜）**Chaenomeles** × **superba** (Frahm) Rehder 【N, C】 ♣BBG, CBG, IBCAS; ●BJ, SH, TW; ★(AS): CN.

毛叶木瓜 **Chaenomeles cathayensis** (Hemsl.) C. K. Schneid. 【N, W/C】♣CDBG, FBG, GMG, HBG, IBCAS, KBG, NBG, WBG, XBG, ZAFU; ●BJ, FJ, GX, HB, JS, SC, SN, YN, ZJ; ★(AS): CN.

日本木瓜 **Chaenomeles japonica** (Thunb.) Lindl. 【I, C】♣BBG, CBG, CDBG, HBG, IBCAS, KBG, LBG, NBG, SCBG, WBG, XMBG, ZAFU; ●AH, BJ, FJ, GD, HB, JS, JX, LN, SC, SD, SH, TW, YN, ZJ; ★(AS): JP.

皱皮木瓜(贴梗海棠)**Chaenomeles speciosa** (Sweet) Nakai 【N, W/C】 ♣BBG, CBG, CDBG, FBG, FLBG, GA, GBG, GMG, GXIB, HBG, IBCAS, KBG, LBG, NBG, NSBG, SCBG, TBG, WBG, XBG, XMBG, XTBG, ZAFU; ●BJ, CQ, FJ, GD, GX, GZ, HB, JS, JX, LN, SC, SD, SH, SN, TW, XJ, YN, ZJ; ★(AS): CN, JP, KP, KR, MM.

西藏木瓜 **Chaenomeles thibetica** T. T. Yu 【N, W/C】 ♣IBCAS; ●BJ, XZ; ★(AS): CN.

移㭎属 Docynia

云南移㭎 **Docynia delavayi** (Franch.) C. K. Schneid. 【N, W/C】 ♣KBG, NBG, XTBG; ●JS, YN; ★(AS): CN.

移㭎 **Docynia indica** (Wall.) Decne. 【N, W/C】 ♣XTBG; ●SC, YN; ★(AS): BT, CN, ID, IN, LK, MM, NP, PK, TH, VN.

苹果属 Malus

西府海棠 **Malus** × **micromalus** Makino 【N, C】 ♣BBG, CDBG, GBG, HBG, IBCAS, NBG, WBG, XMBG, ZAFU; ●BJ, FJ, GS, GZ, HB, HE, JS, LN, NM, SC, SD, SN, SX, TW, YN, ZJ; ★(AS): CN, KR, MN.

紫海棠 **Malus** × **purpurea** (A. Barbier) Rehder 【N, C】 ♣IBCAS, NBG; ●BJ, HE, JS; ★(AS): CN.

扁棱海棠 **Malus** × **robusta** (Carrière) Rehder 【N, C】 ●BJ, GS, HB, HE, HL, LN, NM, QH, SD, SN, SX, TW, XJ; ★(AS): CN.

夏氏多花海棠 **Malus** × **scheideckeri** Späth ex Zabel 【N, C】 ♣IBCAS, NBG; ●BJ, JS; ★(AS): CN.

大鲜果 **Malus** × **soulardii** (L. H. Bailey) Britton 【I, C】 ♣HBG; ●HE, SD, ZJ; ★(NA): US.

珠美海棠 **Malus** × **zumi** (Matsum.) Rehder 【I, C】 ♣CBG, NBG; ●JS, SH; ★(NA): US.

花红 **Malus asiatica** Nakai 【N, W/C】♣BBG, FBG, GBG, HBG, KBG, NBG, NSBG; ●BJ, CQ, FJ, GS, GX, GZ, HB, HE, HL, JL, JS, LN, NM, NX, QH, SD, SH, SN, SX, XJ, YN, ZJ; ★(AS): CN, KR, MN.

山荆子 **Malus baccata** (L.) Borkh. 【N, W/C】 ♣BBG, CBG, CDBG, HBG, HFBG, IAE, IBCAS, MDBG, NBG, WBG, XBG; ●BJ, GS, HB, HE, HL, JS, LN, NM, SC, SH, SN, SX, TW, XJ, ZJ; ★(AS): BT, CN, IN, JP, KP, KR, MM, MN, NP, RU-AS.

花环海棠 **Malus coronaria** (L.) Rehder 【I, C】 ♣BBG, HBG, NBG; ●BJ, HE, JS, TW, ZJ; ★(NA): US.

草原海棠 **Malus coronaria** subsp. **ioensis** (Alph. Wood) Likhonos 【I, C】 ♣BBG, NBG; ●BJ, HE, JS; ★(NA): US.

窄叶海棠 **Malus coronaria** var. **angustifolia** (Aiton) Ponomar. 【I, C】 ♣BBG; ●BJ; ★(NA): US.

狭叶海棠 **Malus coronaria** var. **lancifolia** (Rehder) C. F. Reed 【I, C】 ♣NBG; ●JS; ★(NA): US.

扁果海棠 **Malus coronaria** var. **platycarpa** (Rehder) Likhonos 【I, C】 ♣BBG, NBG; ●BJ, HE, JS, LN; ★(NA): US.

台湾林檎（台湾海棠）**Malus doumeri** (Bois) A. Chev. 【N, W/C】 ♣CBG, FBG, FLBG, GA, NBG, SCBG, TMNS; ●FJ, GD, GZ, HN, JS, JX, SH, TW, YN, ZJ; ★(AS): CN, LA, VN.

佛罗伦萨海棠 **Malus florentina** (Zuccagni) C. K. Schneid. 【I, C】 ●HE; ★(EU): AL, BA, GR, HR, IT, ME, MK, RS, SI.

褐果海棠 **Malus fusca** (Raf.) C. K. Schneid. 【I, C】 ●HE; ★(NA): US.

垂丝海棠 **Malus halliana** Koehne 【N, W/C】 ♣BBG, CDBG, FBG, GXIB, HBG, IBCAS, KBG, LBG, NBG, NSBG, WBG, XMBG, ZAFU; ●BJ, CQ, FJ, GX, HB, HE, JS, JX, LN, SC, SD, TW, YN, ZJ; ★(AS): CN, JP.

河南海棠 **Malus honanensis** Rehder 【N, W/C】 ♣WBG; ●GS, HA, HB, SC, SN, SX; ★(AS): CN.

湖北海棠 **Malus hupehensis** (Pamp.) Rehder 【N, W/C】 ♣BBG, CBG, CDBG, FBG, GBG, GMG, HBG, KBG, LBG, NBG, NSBG, SCBG, WBG, ZAFU; ●BJ, CQ, FJ, GD, GS, GX, GZ, HA, HB, JS, JX, SC, SD, SH, SN, SX, TW, XJ, YN, ZJ; ★(AS): BT, CN, JP.

陇东海棠 **Malus kansuensis** (Batalin) C. K. Schneid. 【N, W/C】 ♣IBCAS, NBG, SCBG, WBG; ●BJ, GD, GS, HB, HE, JS, LN, SC, SN; ★(AS): CN.

光叶陇东海棠 **Malus kansuensis** var. **calva** (Rehder) T. C. Ku et Spongberg 【N, W/C】 ♣CBG; ●SH; ★(AS): CN.

山楂海棠 **Malus komarovii** (Sarg.) Rehder 【N, W/C】 ●JL; ★(AS): CN, KP.

光萼林檎（光萼海棠）**Malus leiocalyca** S. Z. Huang 【N, W/C】 ♣CBG, FBG, GA, GMG, HBG, LBG, NBG, SCBG; ●AH, FJ, GD, GX, HN, JS, JX, SH, YN, ZJ; ★(AS): CN.

毛山荆子 **Malus mandshurica** (Maxim.) Kom. ex Juz. 【N, W/C】 ♣BBG, CBG, HBG, IBCAS, NBG, WBG; ●BJ, HB, HL, JL, JS, LN, NM, SH, SX, ZJ; ★(AS): CN, RU-AS.

沧江海棠 **Malus ombrophila** Hand.-Mazz. 【N, W/C】 ♣GBG, GXIB; ●GX, GZ, SC, YN; ★(AS): CN.

东方苹果 **Malus orientalis** Uglitzk. 【I, C】 ♣BBG; ●BJ; ★(AS): RU-AS.

西蜀海棠 **Malus prattii** (Hemsl.) C. K. Schneid. 【N, W/C】 ♣BBG, HBG, WBG; ●BJ, HB, HE, SC, YN, ZJ; ★(AS): CN.

楸子 **Malus prunifolia** (Willd.) Borkh. 【N, W/C】 ♣BBG, GXIB, HBG, HFBG, IBCAS, TDBG, XBG; ●BJ, GS, GX, HB, HE, HL, NM, QH, SC, SD, SN, SX, XJ, ZJ; ★(AS): CN, KP, KR, MN.

苹果 **Malus pumila** Mill. 【I, C】 ♣BBG, GBG, HBG, HFBG, IBCAS, KBG, LBG, MDBG, NBG, NSBG, SCBG, TDBG, XBG, XMBG, XOIG; ●AH, BJ, CQ, FJ, GD, GS, GX, GZ, HA, HB, HE, HI, HL, HN, JL, JS, JX, LN, NM, NX, QH, SC, SD, SH, SN, SX, TJ, TW, XJ, XZ, YN, ZJ; ★(AS): KG, KZ, TJ, TM, UZ.

乐园苹果 **Malus pumila** var. **paradisiaca** (L.) Koidz. 【I, C】 ♣HBG; ●SX, ZJ; ★(AS): KG, KZ, TJ, TM, UZ.

丽江山荆子 **Malus rockii** Rehder 【N, W/C】 ♣BBG, CBG, KBG, NBG, WBG; ●BJ, HB, JS, LN, SC, SH, XZ, YN; ★(AS): BT, CN, IN.

萨金海棠 **Malus sargentii** Rehder 【I, C】 ♣BBG, CBG, HBG, IBCAS, NBG; ●BJ, HE, JS, SD, SH, TW, ZJ; ★(AS): JP.

三叶海棠 **Malus sieboldii** (Regel) Rehder 【N, W/C】 ♣CBG, GBG, HBG, IBCAS, LBG, NBG, WBG, XMBG; ●BJ, FJ, GD, GS, GX, GZ, HB, HN, JS, JX, LN, SC, SD, SH, SN, TW, YN, ZJ; ★(AS): CN, JP, KP, KR.

新疆野苹果 **Malus sieversii** (Ledeb.) M. Roem. 【N, W/C】 ♣BBG, IBCAS, MDBG, TDBG; ●BJ, GS, NM, NX, XJ, YN; ★(AS): CN, CY, KZ, RU-AS.

锡金海棠 **Malus sikkimensis** (Wenz.) Koehne 【N, W/C】 ♣BBG, HBG, NBG, WBG; ●BJ, HB, HE, JS, LN, SC, XZ, YN, ZJ; ★(AS): BT, CN, ID, IN, LK, NP.

海棠花 **Malus spectabilis** (Aiton) Borkh. 【N, W/C】 ♣BBG, CBG, FBG, GA, HBG, IBCAS, NBG, SCBG, WBG, XMBG; ●AH, BJ, FJ, GD, HB, HE, JS, JX, SH, SX, YN, ZJ; ★(AS): CN.

欧洲野苹果（森林苹果）**Malus sylvestris** Mill. 【I, C】 ♣BBG, IBCAS, NBG; ●BJ, HE, JS, SX, TW; ★(EU): TR.

台湾海棠 **Malus taiwaniana** Kaw. et Koidz. 【N, W/C】 ♣GMG; ●GX; ★(AS): CN.

变叶海棠 **Malus toringoides** (Rehder) Hughes 【N, W/C】♣BBG, HBG, IBCAS, NBG, SCBG, WBG; ●BJ, GD, GS, HB, JS, QH, SC, SN, TW, ZJ; ★(AS): CN.

花叶海棠 **Malus transitoria** (Batalin) C. K. Schneid. 【N, W/C】 ♣IBCAS, NBG; ●BJ, GS, JS; ★(AS): CN, MN.

野木海棠 **Malus tschonoskii** C. K. Schneid. 【I, C】 ♣BBG, CBG, IBCAS, KBG; ●BJ, HE, SH, YN; ★(AS): JP.

小金海棠 **Malus xiaojinensis** M. H. Cheng et N. G. Jiang 【N, W/C】 ♣BBG; ●BJ; ★(AS): CN.

滇池海棠 **Malus yunnanensis** (Franch.) C. K. Schneid. 【N, W/C】 ♣KBG; ●YN; ★(AS): CN, MM.

川鄂海棠（川鄂滇池海棠）**Malus yunnanensis** var. **veitchii** (Osborn) Rehder 【N, W/C】 ♣BBG, GA, GBG, HBG, NBG, WBG; ●BJ, GZ, HB, HE, JS, JX, SC, YN, ZJ; ★(AS): CN.

枇杷属 Eriobotrya

南亚枇杷 **Eriobotrya bengalensis** (Roxb.) Hook. f. 【N, W/C】 ♣CBG, GA, KBG, XTBG; ●JX, SH, YN; ★(AS): BT, CN, ID, IN, KH, LA, LK, MM, MY, VN.

大花枇杷 **Eriobotrya cavaleriei** (H. Lév.) Rehder 【N, W/C】 ♣CBG, GA, GBG, GXIB, SCBG, WBG; ●GD, GX, GZ, HB, JX, SH; ★(AS): CN, LA, VN.

台湾枇杷 **Eriobotrya deflexa** (Hemsl.) Nakai 【N, W/C】 ♣CBG, GA, NBG, SCBG, TBG, TMNS; ●GD, JS, JX, SH, TW; ★(AS): CN, VN.

香花枇杷 **Eriobotrya fragrans** Champ. ex Benth. 【N, W/C】 ♣FLBG, GXIB, HBG, SCBG, XTBG; ●GD, GX, JX, YN, ZJ; ★(AS): CN, VN.

窄叶枇杷 **Eriobotrya henryi** Nakai 【N, W/C】 ♣WBG, XMBG, XTBG; ●FJ, HB, YN; ★(AS): CN, MM.

枇杷 **Eriobotrya japonica** (Thunb.) Lindl. 【N, W/C】 ♣BBG, CBG, CDBG, FBG, FLBG, GA, GBG, GMG, GXIB, HBG, IBCAS, KBG, LBG, NBG, NSBG, SCBG, TBG, TMNS, WBG, XBG, XLTBG, XMBG, XOIG, XTBG, ZAFU; ●AH, BJ, CQ, FJ, GD, GX, GZ, HB, HI, HN, JS, JX, SC, SH, SN, TW, YN, ZJ; ★(AS): CN.

倒卵叶枇杷 **Eriobotrya obovata** W. W. Sm. 【N, W/C】 ♣KBG, XTBG; ●YN; ★(AS): CN.

栎叶枇杷 **Eriobotrya prinoides** Rehder et E. H. Wilson 【N, W/C】 ♣KBG, XTBG; ●YN; ★(AS): CN, LA.

齿叶枇杷 **Eriobotrya serrata** J. E. Vidal 【N, W/C】 ♣XTBG; ●YN; ★(AS): CN, LA.

石斑木属 Rhaphiolepis

粉花石斑木 **Rhaphiolepis × delacourii** Andr 【I, C】 ♣CBG, SCBG; ●GD, SH; ★(EU): FR.

锈毛石斑木 **Rhaphiolepis ferruginea** F. P. Metcalf 【N, W/C】 ♣FBG, WBG; ●FJ, HB; ★(AS): CN.

陷脉石斑木 **Rhaphiolepis impressivena** Masam. 【N, W/C】 ♣TBG; ●TW; ★(AS): CN.

石斑木 **Rhaphiolepis indica** (L.) Lindl. ex Ker 【N, W/C】 ♣CBG, CDBG, FBG, FLBG, GA, GBG, GMG, GXIB, HBG, NBG, SCBG, TBG, WBG, XMBG, XTBG, ZAFU; ●FJ, GD, GX, GZ, HB, JS, JX, SC, SH, TW, YN, ZJ; ★(AS): CN, ID, JP, KH, KP, KR, LA, TH, VN.

毛序石斑木 **Rhaphiolepis indica** var. **tashiroi** Hayata ex Matsum. et Hayata 【N, W/C】 ♣TBG; ●TW; ★(AS): CN.

全缘石斑木 **Rhaphiolepis integerrima** Hook. et Arn. 【N, W/C】 ♣NSBG, TBG, XMBG; ●CQ, FJ, TW; ★(AS): CN, JP.

细叶石斑木 **Rhaphiolepis lanceolata** Hu 【N, W/C】 ♣GXIB, SCBG, XLTBG, XTBG; ●GD, GX, HI, YN; ★(AS): CN.

大叶石斑木 **Rhaphiolepis major** Cardot 【N, W/C】 ♣HBG, WBG; ●HB, ZJ; ★(AS): CN.

柳叶石斑木 **Rhaphiolepis salicifolia** Lindl. 【N, W/C】 ♣FLBG, SCBG, XMBG; ●FJ, GD, JX; ★(AS): CN, VN.

厚叶石斑木 **Rhaphiolepis umbellata** (Thunb.) Makino 【N, W/C】 ♣CBG, GA, IBCAS, SCBG, TMNS, XMBG, ZAFU; ●BJ, FJ, GD, JX, SH, TW, ZJ; ★(AS): CN, JP.

栒子属 Cotoneaster

瑞典栒子 **Cotoneaster × suecicus** G. Klotz 【I, C】 ♣BBG; ●BJ; ★(EU): SE.

尖叶栒子 **Cotoneaster acuminatus** Lindl. 【N, W/C】♣CBG, KBG, NBG; ●JS, SH, YN; ★(AS): BT, CN, ID, IN, LK, NP.

灰栒子 **Cotoneaster acutifolius** Turcz. 【N, W/C】♣BBG, CBG, FBG, GBG, HFBG, IBCAS, MDBG, NBG, TDBG, XBG; ●BJ, FJ, GS, GZ, HL, JS, NM, SH, SN, XJ; ★(AS): CN, MN, RU-AS.

甘南灰栒子（贝加尔栒子）**Cotoneaster acutifolius** var. **lucidus** (Schltdl.) L. T. Lu【N, W/C】♣HBG, IBCAS, NBG; ●BJ, JS, ZJ; ★(AS): CN, MN, RU-AS.

密毛灰栒子 **Cotoneaster acutifolius** var. **villosulus** Rehder et E. H. Wilson【N, W/C】♣CBG, WBG, XBG; ●HB, SH, SN; ★(AS): CN.

匍匐栒子 **Cotoneaster adpressus** Bois 【N, W/C】♣CBG, GBG, IBCAS, KBG, LBG, SCBG, WBG; ●BJ, GD, GZ, HB, JX, SC, SH, YN; ★(AS): CN, ID, IN, MM, NP.

藏边栒子 **Cotoneaster affinis** Lindl. 【N, W/C】♣KBG, NBG; ●JS, YN; ★(AS): BT, CN, ID, IN, LK, NP.

阿富汗栒子 **Cotoneaster aitchisonii** C. K. Schneid. 【I, C】 ♣IBCAS; ●BJ; ★(AS): AF.

道孚栒子 **Cotoneaster albokermesinus** J. Fryer et B. Hylmö 【N, W/C】 ♣IBCAS; ●BJ; ★(AS): CN.

异花栒子 **Cotoneaster allochrous** Pojark. 【I, C】♣IBCAS, TDBG; ●BJ, XJ; ★(AS): KG, KZ, TJ, TM, UZ.

川康栒子 **Cotoneaster ambiguus** Rehder et E. H. Wilson 【N, W/C】 ♣HBG, WBG; ●HB, SC, ZJ; ★(AS): CN.

细尖栒子 **Cotoneaster apiculatus** Rehder et E. H. Wilson 【N, W/C】 ♣CBG, GA, HBG, IBCAS; ●BJ, JX, SH, ZJ; ★(AS): CN.

斜升栒子 **Cotoneaster ascendens** Flinck et B. Hylmö 【N, W/C】 ♣IBCAS; ●BJ; ★(AS): CN.

繁星栒子 **Cotoneaster astrophoros** J. Fryer et E. C. Nelson 【N, W/C】 ♣KBG; ●YN; ★(AS): CN.

紫枝栒子 **Cotoneaster atropurpureus** Flinck et B. Hylmö 【N, W/C】 ♣CBG, IBCAS; ●BJ, SH; ★(AS): CN.

暗绿栒子 **Cotoneaster atrovirens** J. Fryer et B. Hylmö 【N, W/C】 ♣IBCAS; ●BJ; ★(AS): CN.

杆状栒子 **Cotoneaster bacillaris** Wall. ex Lindl. 【I, C】 ♣IBCAS; ●BJ; ★(AS): BT, IN.

博伊斯栒子 **Cotoneaster boisianus** Klotz 【N, W/C】 ♣IBCAS; ●BJ; ★(AS): CN.

布拉德栒子 **Cotoneaster bradyi** E. C. Nelson et J. Fryer 【N, W/C】 ♣IBCAS, KBG; ●BJ, YN; ★(AS): CN.

泡叶栒子 **Cotoneaster bullatus** Bois 【N, W/C】♣FBG, IBCAS, KBG, LBG, NBG, WBG; ●BJ, FJ, HB, JS, JX, SC, YN; ★(AS): CN.

黄杨叶栒子 **Cotoneaster buxifolius** Wall. ex Lindl. 【N, W/C】 ♣GBG, IBCAS, KBG, NBG; ●BJ, GZ, JS, YN; ★(AS): BT, CN, ID, IN, MM, NP.

多花黄杨叶栒子 **Cotoneaster buxifolius** var. **marginatus** Loudon 【N, W/C】 ♣IBCAS; ●BJ; ★(AS): BT, CN, IN, NP.

灰色栒子 **Cotoneaster cinerascens** Flinck et B. Hylmö 【N, W/C】 ♣IBCAS; ●BJ; ★(AS): CN, TH.

大果栒子 **Cotoneaster conspicuus** (Messel) Messel 【N, W/C】♣CBG, IBCAS; ●BJ, SH; ★(AS): CN.

厚叶栒子 **Cotoneaster coriaceus** Franch. 【N, W/C】 ♣CBG, IBCAS; ●BJ, SH, TW; ★(AS): CN.

矮生栒子 **Cotoneaster dammeri** C. K. Schneid.【N, W/C】 ♣BBG, CBG, FBG, GA, GBG, IBCAS, KBG, WBG; ●BJ, FJ, GZ, HB, JX, SH, YN, ZJ; ★(AS): CN.

长柄矮生栒子 **Cotoneaster dammeri** var. **radicans** (Dammer ex C. K. Schneid.) C. K. Schneid. 【N, W/C】 ♣CBG, KBG; ●SH, YN; ★(AS): CN.

木帚栒子 **Cotoneaster dielsianus** E. Pritz. ex Diels 【N, W/C】 ♣CBG, HBG, IBCAS, KBG, NBG, WBG; ●BJ, HB, JS, SC, SH, YN, ZJ; ★(AS): CN.

小叶木帚栒子 **Cotoneaster dielsianus** var. **elegans** Rehder et E. H. Wilson【N, W/C】♣IBCAS; ●BJ; ★(AS): CN.

散生栒子 **Cotoneaster divaricatus** Rehder et E. H. Wilson【N, W/C】♣CDBG, HBG, IBCAS, LBG, NBG; ●BJ, JS, JX, SC, TW, ZJ; ★(AS): CN.

恩施栒子 **Cotoneaster fangianus** T. T. Yu 【N, W/C】 ♣WBG; ●HB; ★(AS): CN.

麻核栒子 **Cotoneaster foveolatus** Rehder et E. H. Wilson 【N, W/C】 ♣IBCAS, NBG, WBG; ●BJ, HB, JS; ★(AS): CN.

西南栒子 **Cotoneaster franchetii** Bois 【N, W/C】♣BBG, CBG, IBCAS, KBG, NBG; ●BJ, JS, SH, TW, YN; ★(AS): CN, TH.

耐寒栒子 **Cotoneaster frigidus** Wall. ex Lindl.【N,

W/C】♣IBCAS, KBG, NBG, SCBG; ●BJ, GD, JS, TW, YN; ★(AS): BT, CN, ID, IN, LK, NP.

光叶栒子 **Cotoneaster glabratus** Rehder et E. H. Wilson 【N, W/C】 ♣CBG, WBG; ●HB, SH; ★(AS): CN.

粉叶栒子 **Cotoneaster glaucophyllus** Franch. 【N, W/C】♣CDBG, IBCAS, KBG, NBG; ●BJ, JS, SC, YN; ★(AS): CN.

小叶粉叶栒子 **Cotoneaster glaucophyllus** var. **meiophyllus** W. W. Sm.【N, W/C】♣KBG; ●YN; ★(AS): CN.

球花栒子 **Cotoneaster glomerulatus** W. W. Sm. 【N, W/C】 ♣IBCAS; ●BJ; ★(AS): CN.

细弱栒子 **Cotoneaster gracilis** Rehder et E. H. Wilson 【N, W/C】 ♣IBCAS, LBG, WBG; ●BJ, HB, JX; ★(AS): CN.

蒙自栒子 **Cotoneaster harrovianus** E. H. Wilson 【N, W/C】 ♣HBG; ●ZJ; ★(AS): CN.

丹巴栒子 **Cotoneaster harrysmithii** Flinck et B. Hylmö 【N, W/C】 ♣IBCAS; ●BJ; ★(AS): CN.

钝叶栒子 **Cotoneaster hebephyllus** Diels 【N, W/C】 ♣KBG; ●YN; ★(AS): CN.

希萨尔栒子 **Cotoneaster hissaricus** Pojark. 【N, W/C】 ♣IBCAS; ●BJ; ★(AS): CN.

平枝栒子 **Cotoneaster horizontalis** Decne. 【N, W/C】 ♣BBG, CBG, CDBG, FBG, GBG, HBG, IBCAS, KBG, LBG, NBG, SCBG, WBG, XBG, XMBG, ZAFU; ●BJ, FJ, GD, GZ, HB, JS, JX, LN, SC, SH, SN, TW, YN, ZJ; ★(AS): CN, NP.

小叶平枝栒子 **Cotoneaster horizontalis** var. **perpusillus** C. K. Schneid. 【N, W/C】 ♣BBG, IBCAS; ●BJ; ★(AS): CN.

尖枝栒子 **Cotoneaster hypocarpus** J. Fryer et B. Hylmö 【N, W/C】 ♣KBG; ●YN; ★(AS): CN.

显著栒子 **Cotoneaster insignis** Pojark. 【I, C】 ♣IBCAS; ●BJ; ★(AS): TJ.

全缘栒子 **Cotoneaster integerrimus** Medik. 【N, W/C】 ♣IBCAS, KBG, NBG; ●BJ, JS, NM, YN; ★(AS): CN, GE, KP, KR, MN, RU-AS; (EU): AL, AT, BA, BE, BG, CH, CZ, DE, ES, FI, FR, GB, GR, HR, HU, IT, ME, MK, NO, PL, RO, RS, RU, SI.

朱兰栒子 **Cotoneaster juranus** Gand. 【I, C】 ♣IBCAS; ●BJ; ★(EU): BE, CH, DE, FR, IT, NL.

莱斯利栒子 **Cotoneaster lesliei** J. Fryer et B. Hylmö€ 【I, C】 ♣KBG; ●YN; ★(NA): US.

黑果栒子 **Cotoneaster melanocarpus** G. Lodd. 【N, W/C】 ♣IBCAS, NBG; ●BJ, JS, LN, NM, XJ; ★(AS): CN, JP, MN, RU-AS.

小叶栒子 **Cotoneaster microphyllus** Wall. ex Lindl. 【N, W/C】 ♣CBG, GBG, IBCAS, KBG, SCBG, TDBG, WBG; ●BJ, GD, GZ, HB, SH, XJ, YN; ★(AS): BT, CN, ID, IN, LK, MM, NP.

白毛小叶栒子 **Cotoneaster microphyllus** var. **cochleatus** (Franch.) Rehder et E. H. Wilson 【N, W/C】 ♣CBG, NBG; ●JS, SD, SH; ★(AS): BT, CN, NP.

无毛小叶栒子 **Cotoneaster microphyllus** var. **glacialis** Hook. f. 【N, W/C】 ♣CBG; ●SH; ★(AS): BT, CN, IN, MM, NP.

迷你栒子 **Cotoneaster miniatus** (Rehder et E. H. Wilson) Flinck et B. Hylmö€ 【N, W/C】 ♣KBG; ●YN; ★(AS): CN.

蒙古栒子 **Cotoneaster mongolicus** Pojark. 【N, W/C】 ♣IBCAS; ●BJ; ★(AS): CN, MN, RU-AS.

水栒子 **Cotoneaster multiflorus** Bunge 【N, W/C】 ♣BBG, CBG, CDBG, HBG, HFBG, IBCAS, MDBG, NBG, TDBG, WBG, XBG; ●BJ, GS, HB, HL, JS, LN, NM, SC, SH, SN, XJ, YN, ZJ; ★(AS): CN, KP, KR, MN, RU-AS.

紫果水栒子 **Cotoneaster multiflorus** var. **atropurpureus** T. T. Yu 【N, W/C】 ♣IBCAS; ●BJ; ★(AS): CN.

大果水栒子 **Cotoneaster multiflorus** var. **calocarpus** Rehder et E. H. Wilson 【N, W/C】 ♣IBCAS; ●BJ; ★(AS): CN.

内不丁栒子 **Cotoneaster nebrodensis** Koch 【I, C】 ♣IBCAS; ●BJ; ★(EU): AL, AT, BA, BG, CZ, DE, ES, GR, HR, HU, IT, ME, MK, NO, PL, RO, RS, SI.

光泽栒子 **Cotoneaster nitens** Rehder et E. H. Wilson 【N, W/C】 ♣IBCAS; ●BJ; ★(AS): CN.

亮叶栒子 **Cotoneaster nitidifolius** C. Marquand 【N, W/C】 ♣NBG; ●JS; ★(AS): CN.

两列栒子 **Cotoneaster nitidus** Jacq. 【N, W/C】 ♣IBCAS; ●BJ; ★(AS): BT, CN, ID, IN, LK, MM, NP.

暗红栒子 **Cotoneaster obscurus** Rehder et E. H. Wilson【N, W/C】♣HBG, IBCAS, NBG; ●BJ, JS, ZJ; ★(AS): CN.

卵叶栒子 **Cotoneaster ovatus** Pojark. 【I, C】 ♣IBCAS; ●BJ; ★(AS): TM.

毡毛栒子 **Cotoneaster pannosus** Franch. 【N, W/C】 ♣IBCAS, KBG, NBG; ●BJ, JS, YN; ★(AS): CN.

绒毛细叶栒子 **Cotoneaster poluninii** G. Klotz 【I,

C】 ♣KBG; ●YN; ★(AS): NP.

多花栒子 **Cotoneaster polyanthemus** E. Wolf 【I, C】 ♣IBCAS; ●BJ; ★(AS): TR.

隐瓣栒子 **Cotoneaster procumbens** G. Klotz 【I, C】 ♣KBG; ●YN; ★(EU): DE.

总花栒子 **Cotoneaster racemiflorus** (Desf.) K. Koch 【N, W/C】 ♣HBG, IBCAS; ●BJ, ZJ; ★(AS): BT, CN.

麻叶栒子 **Cotoneaster rhytidophyllus** Rehder et E. H. Wilson 【N, W/C】 ♣HBG, IBCAS; ●BJ, ZJ; ★(AS): CN.

茸毛栒子 **Cotoneaster roseus** Edgew. 【I, C】 ♣IBCAS, NBG; ●BJ, JS; ★(AS): IN.

圆叶栒子 **Cotoneaster rotundifolius** Wall. ex Lindl. 【N, W/C】 ♣IBCAS, NBG; ●BJ, JS; ★(AS): BT, CN, ID, IN, LK, NP.

柳叶栒子 **Cotoneaster salicifolius** Franch. 【N, W/C】 ♣CBG, HBG, IBCAS, KBG, NBG, WBG; ●BJ, HB, JS, SH, YN, ZJ; ★(AS): CN.

大叶柳叶栒子 **Cotoneaster salicifolius** var. **henryanus** (C. K. Schneid.) T. T. Yu 【N, W/C】 ♣WBG; ●HB; ★(AS): CN.

皱叶柳叶栒子 **Cotoneaster salicifolius** var. **rugosus** (E. Pritz.) Rehder et E. H. Wilson 【N, W/C】 ♣CBG, WBG; ●HB, SH; ★(AS): CN.

血色栒子 **Cotoneaster sanguineus** T. T. Yu 【N, W/C】 ♣IBCAS; ●BJ; ★(AS): BT, CN, IN, NP.

山东栒子 **Cotoneaster schantungensis** Klotz 【N, W/C】 ♣IBCAS; ●BJ; ★(AS): CN.

舒伯特栒子 **Cotoneaster schubertii** Klotz 【I, C】 ♣IBCAS; ●BJ; ★(AS): IN, PK.

华中栒子 **Cotoneaster silvestrii** Pamp. 【N, W/C】 ♣CBG, HBG, IBCAS, LBG, NBG; ●BJ, JS, JX, SH, ZJ; ★(AS): CN.

西蒙斯栒子 **Cotoneaster simonsii** Hort. ex Baker 【I, C】 ♣IBCAS; ●BJ, TW; ★(AS): BT, GE, IN, MM, PK.

准噶尔栒子 **Cotoneaster soongoricus** (Regel) Popov 【N, W/C】 ♣IBCAS; ●BJ, NM; ★(AS): CN, MN, NP.

尼东栒子 **Cotoneaster staintonii** Klotz 【I, C】 ★(AS): NP.

*泰国栒子 **Cotoneaster sternianus** (Turrill) Boom 【I, C】 ♣BBG; ●BJ, TW; ★(AS): TH.

高山栒子 **Cotoneaster subadpressus** T. T. Yu 【N, W/C】 ♣KBG; ●YN; ★(AS): CN.

毛叶水栒子 **Cotoneaster submultiflorus** Popov 【N, W/C】 ♣BBG, IBCAS; ●BJ, LN, NM; ★(AS): CN, MN.

克里木栒子 **Cotoneaster tauricus** Pojark. 【I, C】 ♣IBCAS; ●BJ; ★(EU): RU, UA.

腾越栒子 **Cotoneaster tengyuehensis** J. Fryer et B. Hylmö€ 【N, W/C】 ♣KBG; ●YN; ★(AS): CN.

细枝栒子 **Cotoneaster tenuipes** Rehder et E. H. Wilson 【N, W/C】 ♣CBG, FBG, HBG, NBG, SCBG; ●FJ, GD, JS, SH, ZJ; ★(AS): CN.

毛叶栒子 **Cotoneaster tomentosus** (Aiton) Lindl. 【I, C】 ♣HBG, IBCAS, NBG; ●BJ, JS, ZJ; ★(EU): GR.

草果栒子 **Cotoneaster tytthocarpus** Pojark. 【I, C】 ♣IBCAS; ●BJ; ★(AS): KG, KZ, TJ, TM, UZ.

单花栒子 **Cotoneaster uniflorus** Bunge 【N, W/C】 ♣HBG; ●ZJ; ★(AS): CN, MN, RU-AS.

白毛栒子 **Cotoneaster wardii** W. W. Sm. 【N, W/C】 ♣IBCAS; ●BJ; ★(AS): CN.

峨眉栒子 **Cotoneaster yinchangensis** J. Fryer et B. Hylmö 【N, W/C】 ♣IBCAS; ●BJ; ★(AS): CN.

西北栒子 **Cotoneaster zabelii** C. K. Schneid. 【N, W/C】 ♣HBG, HFBG, IBCAS, NBG, WBG; ●BJ, HB, HL, JS, NM, ZJ; ★(AS): CN.

中亚栒子 **Cotoneaster zeravschanicus** Pojark. 【I, C】 ♣IBCAS, XTBG; ●BJ, YN; ★(AS): KG, KZ, TJ, TM, UZ.

梨属 Pyrus

杏叶梨 **Pyrus armeniacifolia** T. T. Yu 【N, W/C】 ♣WBG; ●HB, XJ; ★(AS): CN.

杜梨 **Pyrus betulifolia** Bunge 【N, W/C】 ♣BBG, CBG, CDBG, IAE, IBCAS, LBG, NBG, WBG, XBG; ●BJ, HB, HE, JS, JX, LN, NM, SC, SH, SN, SX, TW, XJ, YN; ★(AS): CN, LA.

白梨 **Pyrus bretschneideri** Rehder 【N, W/C】 ♣GBG, GXIB, HBG, HFBG, IBCAS, SCBG, WBG, XBG, XMBG; ●AH, BJ, FJ, GD, GS, GX, GZ, HA, HB, HE, HL, JL, JS, JX, LN, NM, NX, QH, SC, SD, SN, SX, TJ, XJ, YN, ZJ; ★(AS): CN, MN.

豆梨 **Pyrus calleryana** Decne. 【N, W/C】 ♣BBG, CBG, FBG, FLBG, GA, GBG, GXIB, HBG, IBCAS, KBG, LBG, NBG, SCBG, WBG, XMBG, ZAFU; ●AH, BJ, FJ, GD, GX, GZ, HA, HB, HE, HN, JS, JX, LN, SD, SH, SX, TW, XJ, YN, ZJ; ★(AS): CN, JP, KP, KR, VN.

全缘叶豆梨 **Pyrus calleryana** var. **integrifolia** T. T. Yu 【N, W/C】 ●ZJ; ★(AS): CN.

楔叶豆梨 **Pyrus calleryana** var. **koehnei** (C. K. Schneid.) T. T. Yu【N, W/C】♣SCBG; ●GD; ★(AS): CN.

柳叶豆梨 **Pyrus calleryana** var. **lanceata** Rehder【N, W/C】●JX, SD, ZJ; ★(AS): CN.

西洋梨 **Pyrus communis** L.【I, C】♣CBG, HBG, IBCAS, KBG, NBG, WBG, XOIG; ●AH, BJ, FJ, GS, GZ, HA, HB, HE, HL, JL, JS, LN, SD, SH, SN, SX, TW, XJ, YN, ZJ; ★(AS): AM, AZ, BH, GE, IL, IQ, IR, JO, KW, LB, PS, QA, SA, SY, TR, YE; (EU): AT, BY, CH, CZ, DE, EE, HU, LI, LT, LV, MD, PL, RU, SK, UA.

胡颓子叶梨 **Pyrus elaeagnifolia** Pall.【I, C】♣HBG, NBG; ●JS, ZJ; ★(EU): AL, BG, GR, RO, RU, TR, UA.

河北梨 **Pyrus hopeiensis** T. T. Yu【N, W/C】♣IBCAS; ●BJ, HE; ★(AS): CN.

陕西梨 **Pyrus kolupana** C. K. Schneid.【N, W/C】●GS, HA, SN, SX; ★(AS): CN.

岭南梨 **Pyrus lindleyi** Rehder【N, W/C】♣TBG; ●GD, TW; ★(AS): CN.

雪梨 **Pyrus nivalis** Jacq.【I, C】♣IBCAS, NBG; ●BJ, JS; ★(EU): AT, BA, BG, CZ, DE, FR, HR, HU, IT, ME, MK, RO, RS, SI.

川梨 **Pyrus pashia** Buch.-Ham. ex D. Don【N, W/C】♣CBG, KBG, NBG, XTBG; ●GS, GZ, JS, LN, SC, SH, YN; ★(AS): BT, CN, ID, IN, LA, LK, MM, NP, PK, TH, VN.

大花川梨 **Pyrus pashia** var. **grandiflora** Cardot【N, W/C】♣XTBG; ●SC, YN; ★(AS): CN.

褐梨 **Pyrus phaeocarpa** Rehder【N, W/C】♣CBG, HBG, IBCAS, WBG; ●BJ, HB, HE, LN, SD, SH, SN, SX, ZJ; ★(AS): CN.

滇梨 **Pyrus pseudopashia** T. T. Yu【N, W/C】♣KBG, SCBG; ●GD, GZ, SC, SD, YN; ★(AS): CN.

欧洲野梨(法兰西梨)**Pyrus pyraster** (L.) Du Roi【I, C】♣HBG, IBCAS; ●BJ, ZJ; ★(EU): AL, AT, BA, BE, BG, CZ, DE, ES, GB, GR, HR, HU, IT, LU, ME, MK, PL, RO, RS, RU, SI.

沙梨 **Pyrus pyrifolia** (Burm. f.) Nakai【N, W/C】♣CBG, CDBG, FBG, FLBG, GA, GBG, HBG, IBCAS, KBG, LBG, NBG, NSBG, SCBG, WBG, XMBG, XTBG, ZAFU; ●AH, BJ, CQ, FJ, GD, GS, GX, GZ, HA, HB, HE, HN, JL, JS, JX, LN, NM, SC, SD, SH, SN, SX, TW, XJ, YN, ZJ; ★(AS): CN, JP, KP, KR, LA, MN, VN.

柳叶梨 **Pyrus salicifolia** Pall.【I, C】♣BBG, CBG; ●BJ, SH; ★(AF): EG; (AS): AE, BH, IL, IQ, IR, JO, KW, LB, OM, PS, QA, RU-AS, SA, SY, YE.

麻梨 **Pyrus serrulata** Rehder【N, W/C】♣CBG, FBG, LBG, WBG, XMBG; ●FJ, GS, HB, HE, JX, SH, SN, YN; ★(AS): BT, CN.

新疆梨 **Pyrus sinkiangensis** T. T. Yu【N, W/C】♣TDBG; ●GS, GZ, QH, SN, XJ, YN; ★(AS): CN.

楸子梨(秋子梨)**Pyrus ussuriensis** Maxim.【N, W/C】♣BBG, CBG, HBG, HFBG, IAE, IBCAS, MDBG, WBG; ●AH, BJ, GS, GZ, HA, HB, HE, HL, JL, LN, NM, QH, SD, SH, SN, SX, TW, XJ, ZJ; ★(AS): CN, JP, KP, KR, MN, RU-AS.

仙顶梨 **Pyrus ussuriensis** var. **hondoensis** (Nakai et Kikuchi) Rehder【I, C】♣HBG; ●ZJ; ★(AS): JP.

木梨 **Pyrus xerophila** T. T. Yu【N, W/C】♣IBCAS; ●BJ, GS; ★(AS): CN.

花楸属 Sorbus

白毛花楸 **Sorbus albopilosa** T. T. Yu et L. T. Lu【N, W/C】♣BBG, NBG; ●BJ, HE, JS; ★(AS): CN, JP.

西伯利亚花楸 **Sorbus aucuparia** subsp. **sibirica** (Hedl.) Krylov【I, C】●LN; ★(AS): MN, RU-AS.

黄山花楸 **Sorbus amabilis** Cheng ex T. T. Yu et K. C. Kuan【N, W/C】♣CBG, HBG, IBCAS, LBG, NBG, WBG; ●BJ, HB, JS, JX, SH, ZJ; ★(AS): CN.

美洲花楸 **Sorbus americana** Marshall【I, C】♣BBG; ●BJ, JL, XJ; ★(NA): CA, US.

*亚欧花楸(西伯利亚花楸)**Sorbus aucuparia** L.【I, C】♣BBG, CBG, FBG, HFBG; ●BJ, FJ, HE, HL, LN, SD, SH, SN, TW, XJ; ★(AF): MA; (AS): CY, RU-AS; (EU): AD, AL, AT, BA, BE, BG, BY, CH, CZ, DE, DK, ES, FI, FR, GB, GR, HR, HU, IE, IS, IT, LU, MC, ME, MK, NL, NO, PL, PT, RO, RS, RU, SE, SI, SK, SM, UA, VA.

无毛亚欧花楸 **Sorbus aucuparia** subsp. **glabrata** (Wimm. et Grab.) Hayek【I, C】♣BBG; ●BJ; ★(EU): CH, NL.

欧洲小花楸(七灶花楸)**Sorbus commixta** Hedl.【I, C】♣HBG, HFBG, NBG; ●HL, JS, LN, ZJ; ★(AS): JP, KP, KR, RU-AS.

疣果花楸 **Sorbus corymbifera** (Miq.) Khep et Yakovlev【N, W/C】♣XTBG; ●YN; ★(AS): CN, ID, IN, KH, LA, MM, MY, TH, VN.

罗马尼亚花楸 **Sorbus dacica** Borbás【I, C】★(EU): RO.

意大利花楸 **Sorbus danubialis** Kárpáti【I, C】

♣IBCAS; ●BJ; ★(EU): AT, BA, CZ, DE, HR, HU, ME, MK, RO, RS, RU, SI.

*装饰花楸 **Sorbus decora** (Sarg.) C. K. Schneid. 【I, C】 ●SH; ★(NA): CA, DO, US.

北京花楸 **Sorbus discolor** (Maxim.) Maxim. 【N, W/C】 ♣WBG; ●HB, SD; ★(AS): CN.

尼泊尔花楸 **Sorbus foliolosa** (Wall.) Spach 【N, W/C】♣CBG; ●SH; ★(AS): BT, CN, ID, IN, LK, MM, NP.

湖北花楸 **Sorbus hupehensis** C. K. Schneid. 【N, W/C】 ♣IBCAS, SCBG; ●AH, BJ, GD, HB, JX, SC; ★(AS): CN.

陕甘花楸 **Sorbus koehneana** C. K. Schneid. 【N, W/C】 ♣CBG, HFBG, WBG; ●GS, HB, HL, SC, SH, SN, YN; ★(AS): CN.

穆氏花楸 **Sorbus mougeotii** Godr. et Soy.-Will. 【I, C】♣IBCAS; ●BJ; ★(EU): AT, BE, CH, CZ, DE, FR, GB, HU, LI, LU, MC, NL, PL, SK.

少齿花楸 **Sorbus oligodonta** (Cardot) Hand.-Mazz. 【N, W/C】 ●YN; ★(AS): BT, CN, IN, LK, MM.

花楸树 **Sorbus pohuashanensis** (Hance) Hedl. 【N, W/C】 ♣CBG, CDBG, HFBG, IBCAS, NBG, SCBG; ●BJ, GD, HE, HL, JL, JS, LN, NM, SC, SD, SH, SX; ★(AS): CN, MN.

西康花楸 **Sorbus prattii** Koehne 【N, W/C】 ♣WBG; ●HB, SC; ★(AS): BT, CN, IN, LK.

西南花楸 **Sorbus rehderiana** Koehne 【N, W/C】 ♣IBCAS, KBG, NBG; ●BJ, JS, YN; ★(AS): CN, MM.

*日本花楸 **Sorbus rufoferruginea** Koidz. 【I, C】 ♣BBG; ●BJ; ★(AS): JP.

晚绣花楸 **Sorbus sargentiana** Koehne 【N, W/C】 ●YN; ★(AS): CN.

天山花楸 **Sorbus tianschanica** Rupr. 【N, W/C】 ●XJ; ★(AS): AF, CN, PK, RU-AS.

驱疝花楸(驱疝木)**Sorbus torminalis** (L.) Crantz【I, C】 ♣NBG; ●JS; ★(EU): AL, AT, BA, BE, BG, CZ, DE, ES, FR, GB, GR, HR, HU, IT, LU, ME, MK, NL, PL, RO, RS, RU, SI, TR.

秦岭花楸 **Sorbus tsinlingensis** C. L. Tang 【N, W/C】 ♣CBG; ●SH; ★(AS): CN.

茸毛花楸 **Sorbus vestita** (Wall. ex G. Don) S. Schauer【I, C】♣NBG; ●JS; ★(AS): BT, IN, LK, NP.

川滇花楸 **Sorbus vilmorinii** C. K. Schneid. 【N, W/C】 ♣KBG; ●YN; ★(AS): CN.

华西花楸 **Sorbus wilsoniana** C. K. Schneid. 【N, W/C】♣CBG, FBG, NBG, WBG; ●FJ, HB, JS, SC, SH; ★(AS): CN.

107. 胡颓子科 ELAEAGNACEAE

沙棘属 Hippophae

沙棘 **Hippophae rhamnoides** L.【N, W/C】♣BBG, GBG, HFBG, IBCAS, KBG, MDBG, NBG, SCBG, TDBG, WBG, XBG; ●BJ, GD, GS, GZ, HB, HL, JL, JS, LN, NM, SN, TW, XJ, YN; ★(AS): AF, BT, CN, ID, IN, KG, KH, KZ, LK, MN, PK, RU-AS, TJ, TM, UZ.

中国沙棘 **Hippophae rhamnoides** subsp. **sinensis** Rousi【N, W/C】♣CBG; ●NM, SH; ★(AS): CN.

云南沙棘 **Hippophae rhamnoides** subsp. **yunnanensis** Rousi 【N, W/C】 ●YN; ★(AS): CN.

野牛果属 Shepherdia

银色野牛果(银色水牛果)**Shepherdia argentea** Nutt. 【I, C】 ♣BBG; ●BJ, NM; ★(NA): CA, US.

野牛果 **Shepherdia canadensis** Nutt. 【I, C】 ★(NA): US.

圆叶野牛果 **Shepherdia rotundifolia** Parry 【I, C】 ★(NA): US.

胡颓子属 Elaeagnus

埃比胡颓子 **Elaeagnus × submacrophylla** Servett. 【I, C】 ♣BBG, CBG, HBG, XMBG; ●BJ, FJ, NX, SH, TW, ZJ; ★(AS): JP, KR.

窄叶木半夏（狭叶木半夏）**Elaeagnus angustata** (Rehder) C. Y. Chang【N, W/C】♣XTBG; ●YN; ★(AS): CN, JP.

沙枣 **Elaeagnus angustifolia** L.【N, W/C】♣BBG, GA, HBG, IBCAS, MDBG, NBG, TDBG, WBG, XBG; ●BJ, GS, HB, HL, JS, JX, LN, NM, SN, TW, XJ, XZ, YN, ZJ; ★(AS): AF, CN, CY, ID, IN, KH, KZ, MN, PK, RU-AS, TJ, TM, TR, UZ; (EU): AL, AT, BG, CZ, DE, ES, GR, HR, HU, IT, RO, RU.

东方沙枣 **Elaeagnus angustifolia** var. **orientalis** (L.) Kuntze 【N, W/C】 ♣IBCAS; ●BJ; ★(AS): AF, CN, PK, TM.

佘山羊奶子 **Elaeagnus argyi** H. Lév. 【N, W/C】 ♣CBG, HBG, LBG, ZAFU; ●JX, SH, ZJ; ★(AS):

CN.

竹生羊奶子 **Elaeagnus bambusetorum** Hand.-Mazz. 【N, W/C】 ♣KBG; ●YN; ★(AS): CN.

长叶胡颓子 **Elaeagnus bockii** Diels 【N, W/C】 ♣CBG, GMG, GXIB, KBG, NSBG, SCBG, WBG; ●CQ, GD, GX, HB, SH, YN; ★(AS): CN.

密花胡颓子 **Elaeagnus conferta** Roxb. 【N, W/C】 ♣BBG, FBG, FLBG, GA, GXIB, SCBG, WBG, XMBG, XTBG; ●BJ, FJ, GD, GX, HB, JX, SC, YN, ZJ; ★(AS): BT, CN, ID, IN, LA, LK, MM, MY, NP, VN.

勐海胡颓子 **Elaeagnus conferta** var. **menghaiensis** W. K. Hu et H. F. Chow 【N, W/C】 ♣XTBG; ●YN; ★(AS): CN.

毛木半夏 **Elaeagnus courtoisii** Belval 【N, W/C】 ♣WBG; ●HB; ★(AS): CN.

巴东胡颓子 **Elaeagnus difficilis** Servett. 【N, W/C】 ♣FBG, HBG, WBG; ●FJ, HB, ZJ; ★(AS): CN.

台湾胡颓子 **Elaeagnus formosana** Nakai 【N, W/C】 ♣TBG, TMNS; ●TW; ★(AS): CN.

蔓胡颓子 **Elaeagnus glabra** Thunb. 【N, W/C】 ♣CBG, FBG, FLBG, GBG, GMG, HBG, LBG, NBG, SCBG, TBG, TMNS, WBG, XMBG, ZAFU; ●FJ, GD, GX, GZ, HB, JL, JS, JX, SC, SH, TW, YN, ZJ; ★(AS): CN, JP, KP, KR.

角花胡颓子 **Elaeagnus gonyanthes** Benth. 【N, W/C】 ♣GMG, SCBG, XTBG; ●GD, GX, YN; ★(AS): CN, VN.

宜昌胡颓子 **Elaeagnus henryi** Warb. ex Diels 【N, W/C】 ♣CBG, FBG, WBG; ●FJ, HB, SH; ★(AS): CN.

湖南胡颓子 **Elaeagnus hunanensis** C. J. Qi et Q. Z. Lin 【N, W/C】 ♣WBG; ●HB; ★(AS): CN.

披针叶胡颓子（大披针叶胡颓子）**Elaeagnus lanceolata** Warb. 【N, W/C】 ♣FBG, WBG; ●FJ, HB, SC; ★(AS): CN.

柳州胡颓子 **Elaeagnus liuzhouensis** C. Y. Chang 【N, W/C】 ♣GXIB; ●GX; ★(AS): CN.

长梗胡颓子 **Elaeagnus longipedunculata** N. Li et T. M. Wu 【N, W/C】 ♣CBG; ●SH; ★(AS): CN.

鸡柏紫藤 **Elaeagnus loureiroi** Champ. 【N, W/C】 ♣FLBG, GXIB, SCBG, XTBG; ●GD, GX, JX, YN; ★(AS): CN.

潞西胡颓子 **Elaeagnus luxiensis** C. Y. Chang 【N, W/C】 ♣XTBG; ●YN; ★(AS): CN.

大花胡颓子 **Elaeagnus macrantha** Rehder 【N, W/C】 ♣XTBG; ●YN; ★(AS): CN.

大叶胡颓子 **Elaeagnus macrophylla** Thunb. 【N, W/C】 ♣BBG, GXIB, NBG; ●BJ, GX, JS; ★(AS): CN, JP, KP, KR.

银果牛奶子 **Elaeagnus magna** Rehder 【N, W/C】 ♣CBG, GXIB, SCBG, WBG; ●GD, GX, HB, SH; ★(AS): CN, JP.

南川牛奶子 **Elaeagnus magna** var. **nanchuanensis** (C. Y. Chang) M. Sun et Qi Lin 【N, W/C】 ♣WBG; ●HB; ★(AS): CN.

翅果油树 **Elaeagnus mollis** Diels 【N, W/C】 ♣BBG, IBCAS, XBG; ●BJ, SN, SX; ★(AS): CN.

木半夏 **Elaeagnus multiflora** Thunb. 【N, W/C】 ♣BBG, HBG, IBCAS, KBG, LBG, WBG, ZAFU; ●BJ, HB, JX, SC, TW, YN, ZJ; ★(AS): CN, JP, KR.

倒果木半夏 **Elaeagnus multiflora** var. **obovoidea** C. Y. Chang 【N, W/C】 ♣LBG; ●JX; ★(AS): CN.

福建胡颓子 **Elaeagnus oldhamii** Maxim. 【N, W/C】 ♣FBG, SCBG, TMNS, XMBG; ●FJ, GD, TW; ★(AS): CN.

尖果沙枣 **Elaeagnus oxycarpa** Schltdl. 【N, W/C】 ♣MDBG, TDBG; ●GS, NM, XJ; ★(AS): CN, RU-AS.

胡颓子 **Elaeagnus pungens** Thunb. 【N, W/C】 ♣BBG, CBG, CDBG, FBG, FLBG, GA, GXIB, HBG, IBCAS, KBG, LBG, NBG, NSBG, SCBG, TDBG, WBG, XBG, XMBG, XTBG, ZAFU; ●AH, BJ, CQ, FJ, GD, GX, HB, JS, JX, NX, SC, SH, SN, TW, XJ, YN, ZJ; ★(AS): CN, JP.

攀缘胡颓子 **Elaeagnus sarmentosa** Rehder 【N, W/C】 ♣CBG, XTBG; ●SH, YN; ★(AS): CN, VN.

小胡颓子 **Elaeagnus schlechtendalii** Servett. 【N, W/C】 ♣GXIB; ●GX; ★(AS): CN, ID, IN.

星毛羊奶子 **Elaeagnus stellipila** Rehder 【N, W/C】 ♣CBG, WBG; ●HB, SC, SH; ★(AS): CN.

菲律宾胡颓子 **Elaeagnus triflora** Roxb. 【N, W/C】 ♣TMNS; ●TW; ★(AS): CN, ID, IN, MY, PH; (OC): AU, PAF.

香港胡颓子 **Elaeagnus tutcheri** Dunn 【N, W/C】 ♣FLBG, SCBG; ●GD, JX; ★(AS): CN.

牛奶子 **Elaeagnus umbellata** Thunb. 【N, W/C】 ♣BBG, CBG, FBG, GBG, HBG, IBCAS, KBG, LBG, NBG, TDBG, WBG, XBG; ●BJ, FJ, GZ, HB, HE, JS, JX, LN, SC, SH, SN, TW, XJ, YN, ZJ; ★(AS): AF, BT, CN, ID, IN, JP, KP, KR, NP.

绿叶胡颓子（白绿叶）**Elaeagnus viridis** Servett. 【N,

W/C】 ♣KBG, WBG; ●HB, YN; ★(AS): CN.

巫山牛奶子 **Elaeagnus wushanensis** C. Y. Chang 【N, W/C】 ♣WBG; ●HB; ★(AS): CN.

108. 鼠李科 RHAMNACEAE

翼核果属 Ventilago

毛果翼核果 **Ventilago calyculata** Pers. 【N, W/C】 ♣BBG, XTBG; ●BJ, YN; ★(AS): BT, CN, ID, IN, MM, NP, TH, VN.

毛枝翼核果 **Ventilago calyculata** var. **trichoclada** Y. L. Chen et P. K. Chou 【N, W/C】 ♣XTBG; ●YN; ★(AS): CN.

细齿翼核果（密花翼核果）**Ventilago denticulata** Willd. 【I, C】 ♣XTBG; ●YN; ★(AS): IN.

台湾翼核果 **Ventilago elegans** Hemsl. 【N, W/C】 ♣XTBG; ●YN; ★(AS): CN.

海南翼核果 **Ventilago inaequilateralis** Merr. et Chun 【N, W/C】 ♣SCBG, XTBG; ●GD, YN; ★(AS): CN.

翼核果 **Ventilago leiocarpa** Benth. 【N, W/C】 ♣GMG, GXIB, SCBG, XMBG, XTBG; ●FJ, GD, GX, YN; ★(AS): CN, ID, IN, LA, MM, TH, VN.

印度翼核果 **Ventilago maderaspatana** Gaertn. 【N, W/C】 ♣XTBG; ●YN; ★(AS): CN, ID, IN, LK, MM.

矩叶翼核果 **Ventilago oblongifolia** Blume 【N, W/C】 ♣XTBG; ●YN; ★(AS): CN, ID, IN, MY, PH, TH.

雀梅藤属 Sageretia

茶叶雀梅藤 **Sageretia camelliifolia** Y. L. Chen et P. K. Chou 【N, W/C】 ♣GXIB; ●GX; ★(AS): CN.

纤细雀梅藤 **Sageretia gracilis** J. R. Drumm. et Sprague 【N, W/C】 ♣XTBG; ●YN; ★(AS): CN.

钩刺雀梅藤 **Sageretia hamosa** (Wall.) Brongn. 【N, W/C】 ♣CBG, FBG, GA, HBG, SCBG, WBG, XTBG; ●FJ, GD, HB, JX, SH, YN, ZJ; ★(AS): CN, IN, LK, NP, PH, VN.

毛枝雀梅藤 **Sageretia hamosa** var. **trichoclada** C. Y. Wu ex Y. L. Chen et P. K. Chou 【N, W/C】 ♣XTBG; ●YN; ★(AS): CN.

梗花雀梅藤 **Sageretia henryi** J. R. Drumm. et Sprague 【N, W/C】 ♣WBG; ●HB; ★(AS): CN.

亮叶雀梅藤 **Sageretia lucida** Merr. 【N, W/C】 ♣CBG, GBG, HBG, LBG, SCBG, WBG, XTBG; ●GD, GZ, HB, JX, SH, YN, ZJ; ★(AS): CN, ID, IN, LK, NP, VN.

刺藤子 **Sageretia melliana** Hand.-Mazz. 【N, W/C】 ♣CBG, HBG; ●SH, ZJ; ★(AS): CN.

少脉雀梅藤（少脉梅藤）**Sageretia paucicostata** Maxim. 【N, W/C】 ♣CBG, IBCAS, XTBG; ●BJ, SH, YN; ★(AS): CN.

弯花雀梅藤 **Sageretia pauciflora** Tsai 【N, W/C】 ♣XTBG; ●YN; ★(AS): CN.

皱叶雀梅藤 **Sageretia rugosa** Hance 【N, W/C】 ♣CBG, GXIB, HBG, SCBG, WBG; ●GD, GX, HB, SH, ZJ; ★(AS): CN.

尾叶雀梅藤 **Sageretia subcaudata** C. K. Schneid. 【N, W/C】 ♣SCBG, WBG; ●GD, HB; ★(AS): CN.

雀梅藤 **Sageretia thea** (Osbeck) Johnst. 【N, W/C】 ♣CBG, CDBG, FBG, FLBG, GMG, GXIB, HBG, IBCAS, LBG, NBG, SCBG, WBG, XLTBG, XMBG, XTBG, ZAFU; ●BJ, FJ, GD, GX, HB, HI, JS, JX, SC, SH, TW, YN, ZJ; ★(AS): CN, ID, IN, JP, KP, KR, MY, TH, VN.

心叶雀梅藤 **Sageretia thea** var. **cordiformis** Y. L. Chen et P. K. Chou 【N, W/C】 ♣XTBG; ●YN; ★(AS): CN, TH.

毛叶雀梅藤 **Sageretia thea** var. **tomentosa** (C. K. Schneid.) Y. L. Chen et P. K. Chou 【N, W/C】 ♣CBG, WBG; ●HB, SH; ★(AS): CN, KP, KR, TH.

对刺藤属 Scutia

对刺藤 **Scutia myrtina** (Burm. f.) Kurz 【N, W/C】 ♣XTBG; ●YN; ★(AF): MG, ZA; (AS): CN, ID, IN, TH, VN.

裸芽鼠李属 Frangula

欧鼠李 **Frangula alnus** Mill. 【I, C】 ♣BBG, CBG, IBCAS; ●BJ, SH, XJ; ★(AF): DZ, EG, LY, MA, SD, TN; (AS): AM, AZ, GE, IR, KG, RU-AS, TR; (EU): AL, AT, BA, BE, BG, CZ, DE, ES, FI, GB, GR, HR, HU, IT, LU, ME, MK, NL, NO, PL, RO, RS, RU, SI, UA.

长叶冻绿 **Frangula crenata** (Siebold et Zucc.) Miq. 【N, W/C】 ♣CBG, FBG, FLBG, GA, GBG, GMG, GXIB, HBG, IBCAS, LBG, NBG, SCBG, WBG, XMBG, XTBG, ZAFU; ●BJ, FJ, GD, GX, GZ, HB,

JS, JX, SC, SH, YN, ZJ; ★(AS): CN, JP, KH, KP, KR, LA, TH, VN.

毛叶鼠李 **Frangula henryi** (C. K. Schneid.) Grubov 【N, W/C】 ♣XTBG; ●YN; ★(AS): CN.

鼠李属 Rhamnus

意大利鼠李 **Rhamnus alaternus** L. 【I, C】 ♣CBG, IBCAS; ●BJ, SH, TW; ★(AS): SA; (EU): AL, AT, BA, DE, ES, FR, IT.

锐齿鼠李 **Rhamnus arguta** Maxim. 【N, W/C】 ♣BBG; ●BJ; ★(AS): CN, MN.

山绿柴 **Rhamnus brachypoda** C. Y. Wu ex Y. L. Chen et P. K. Chou 【N, W/C】 ♣CBG, HBG; ●SH, ZJ; ★(AS): CN.

卵叶鼠李 **Rhamnus bungeana** J. Vass. 【N, W/C】 ♣NBG; ●JS; ★(AS): CN, KP, KR.

石生鼠李 **Rhamnus calcicolus** Q. H. Chen 【N, W/C】 ♣IBCAS; ●BJ; ★(AS): CN.

药鼠李 **Rhamnus cathartica** L. 【I, C】 ♣IBCAS, NBG, TDBG; ●BJ, JS, XJ; ★(AF): DZ, MA, TN; (AS): AM, AZ, GE, IR, KG, RU-AS, TR; (EU): AL, AT, BA, BE, BG, CZ, DE, ES, FI, GB, GR, HR, HU, IT, LU, ME, MK, NL, NO, PL, RO, RS, RU, SI, UA.

鼠李 **Rhamnus davurica** Pall. 【N, W/C】 ♣CDBG, IBCAS; ●BJ, NM, SC; ★(AS): CN, JP, KR, MN, RU-AS.

金刚鼠李 **Rhamnus diamantiaca** Nakai 【N, W/C】 ♣BBG, CBG, HBG, HFBG, IBCAS, LBG, NBG, WBG, ZAFU; ●BJ, HB, HL, JS, JX, LN, NM, SH, XJ, ZJ; ★(AS): CN, JP, KP, MN, RU-AS.

长叶鼠李 **Rhamnus dolichophylla** Gontsch. 【I, C】 ♣IBCAS, NBG; ●BJ, JS; ★(AS): RU-AS.

刺鼠李 **Rhamnus dumetorum** C. K. Schneid. 【N, W/C】 ♣CBG, IBCAS, WBG; ●BJ, HB, SH; ★(AS): CN.

台湾鼠李 **Rhamnus formosana** Matsum. 【N, W/C】 ♣TBG; ●TW; ★(AS): CN.

伪欧鼠李 **Rhamnus franguloides** Michx. 【I, C】 ♣NBG; ●JS; ★(NA): US.

川滇鼠李 **Rhamnus gilgiana** Heppeler 【N, W/C】 ♣KBG; ●YN; ★(AS): CN.

圆叶鼠李 **Rhamnus globosa** Bunge 【N, W/C】 ♣CDBG, FBG, IBCAS, NBG, WBG; ●BJ, FJ, HB, JS, SC; ★(AS): CN.

亮叶鼠李 **Rhamnus hemsleyana** C. K. Schneid. 【N, W/C】 ♣WBG; ●HB, SC; ★(AS): CN.

异叶鼠李 **Rhamnus heterophylla** Oliv. 【N, W/C】 ♣CBG, GBG, GXIB, WBG; ●GX, GZ, HB, SC, SH; ★(AS): CN.

日本鼠李 **Rhamnus japonica** Maxim. 【I, C】 ♣IBCAS; ●BJ; ★(AS): JP.

钩齿鼠李 **Rhamnus lamprophylla** C. K. Schneid. 【N, W/C】 ♣KBG; ●YN; ★(AS): CN.

薄叶鼠李 **Rhamnus leptophylla** C. K. Schneid. 【N, W/C】 ♣CBG, FBG, GBG, LBG, NBG, SCBG, WBG, XTBG; ●FJ, GD, GZ, HB, JS, JX, SC, SH, YN; ★(AS): CN.

黑桦树 **Rhamnus maximovicziana** J. J. Vassil. 【N, W/C】 ♣BBG, IBCAS; ●BJ; ★(AS): CN, MN, RU-AS.

尼泊尔鼠李 **Rhamnus napalensis** (Wall.) M. A. Lawson 【N, W/C】 ♣CBG, FBG, FLBG, GXIB, HBG, LBG, WBG, XTBG; ●FJ, GD, GX, HB, JX, SH, YN, ZJ; ★(AS): BT, CN, ID, IN, LK, MM, MY, NP, TH.

小叶鼠李 **Rhamnus parvifolia** Bunge 【N, W/C】 ♣CDBG; ●SC; ★(AS): CN, KR, MN, RU-AS.

矮生鼠李 **Rhamnus pumila** Turra 【I, C】 ♣IBCAS; ●BJ; ★(AS): SA; (EU): AL, AT, BA, CH, DE, ES, HR, IT, ME, MK, RS, SI.

小冻绿树 **Rhamnus rosthornii** E. Pritz. 【N, W/C】 ♣CBG, IBCAS, KBG, NBG, WBG; ●BJ, HB, JS, SH, YN; ★(AS): CN.

皱叶鼠李 **Rhamnus rugulosa** Hemsl. 【N, W/C】 ♣IBCAS, LBG, SCBG, WBG; ●BJ, GD, HB, JX; ★(AS): CN.

脱毛皱叶鼠李 **Rhamnus rugulosa** var. **glabrata** Y. L. Chen et P. K. Chou 【N, W/C】 ♣CBG; ●SH; ★(AS): CN.

岩生鼠李 **Rhamnus saxatilis** Jacq. 【I, C】 ♣IBCAS; ●BJ; ★(EU): AL, AT, BA, BG, CZ, DE, ES, FR, GR, HR, HU, IT, ME, MK, RO, RS, SI.

长梗鼠李 **Rhamnus schneideri** H. Lév. et Vaniot 【N, W/C】 ♣HFBG; ●HL, LN; ★(AS): CN, KP.

紫背鼠李 **Rhamnus subapetala** Merr. 【N, W/C】 ♣XTBG; ●YN; ★(AS): CN, VN.

甘青鼠李 **Rhamnus tangutica** J. J. Vassil. 【N, W/C】 ♣IBCAS; ●BJ, SC; ★(AS): CN.

鄂西鼠李 **Rhamnus tzekweiensis** Y. L. Chen et P. K. Chou 【N, W/C】 ♣WBG; ●HB; ★(AS): CN.

乌苏里鼠李 **Rhamnus ussuriensis** J. J. Vassil. 【N, W/C】 ♣CDBG, HFBG, IBCAS; ●BJ, HL, LN,

NM, SC, XJ; ★(AS): CN, JP, KP, KR, MN, RU-AS.

冻绿 **Rhamnus utilis** Decne. 【N, W/C】 ♣BBG, CBG, CDBG, FBG, GA, GBG, HBG, IBCAS, KBG, LBG, NBG, SCBG, TDBG, WBG, XBG, XMBG, XTBG; ●BJ, FJ, GD, GZ, HB, JS, JX, LN, SC, SH, SN, XJ, YN, ZJ; ★(AS): CN, JP, KP.

毛冻绿 **Rhamnus utilis** var. **hypochrysa** (C. K. Schneid.) Rehder 【N, W/C】 ♣IBCAS; ●BJ, SC, ZJ; ★(AS): CN.

糙毛帚枝鼠李 **Rhamnus virgata** var. **hirsuta** (Wight et Arn.) Y. L. Chen et P. K. Chou 【N, W/C】 ♣KBG; ●YN; ★(AS): CN, IN.

山鼠李 **Rhamnus wilsonii** C. K. Schneid. 【N, W/C】 ♣CBG, HBG, LBG, NBG, XTBG; ●JS, JX, SH, YN, ZJ; ★(AS): CN.

毛山鼠李 **Rhamnus wilsonii** var. **pilosa** Rehder 【N, W/C】 ♣CBG, LBG; ●JX, SH; ★(AS): CN.

小勾儿茶属 Berchemiella

小勾儿茶 **Berchemiella wilsonii** (C. K. Schneid.) Nakai 【N, W/C】 ♣WBG; ●HB, SC; ★(AS): CN.

毛柄小勾儿茶 **Berchemiella wilsonii** var. **pubipetiolata** H. Qian 【N, W/C】 ♣WBG, ZAFU; ●HB, ZJ; ★(AS): CN.

勾儿茶属 Berchemia

腋毛勾儿茶 **Berchemia barbigera** C. Y. Wu 【N, W/C】 ♣CBG; ●SH; ★(AS): CN.

腋花勾儿茶 **Berchemia edgeworthii** Lawson 【N, W/C】 ♣GXIB; ●GX; ★(AS): BT, CN, IN, LK, NP.

黄背勾儿茶 **Berchemia flavescens** (Wall.) Wall. ex Brongn. 【N, W/C】 ♣FLBG; ●GD, JX; ★(AS): BT, CN, IN, LK, MM, NP.

多花勾儿茶 **Berchemia floribunda** (Wall.) Brongn. 【N, W/C】 ♣CBG, FBG, FLBG, GA, GBG, GXIB, HBG, KBG, LBG, NBG, SCBG, WBG, XTBG; ●FJ, GD, GX, GZ, HB, JS, JX, SH, YN, ZJ; ★(AS): BT, CN, IN, JP, KR, LA, LK, MM, NP, TH, VN.

大果勾儿茶 **Berchemia hirtella** H. T. Tsai et K. M. Feng 【N, W/C】 ♣XTBG; ●YN; ★(AS): CN.

大老鼠耳 **Berchemia hirtella** var. **glabrescens** C. Y. Wu 【N, W/C】 ♣XTBG; ●YN; ★(AS): CN.

大叶勾儿茶 **Berchemia huana** Rehder 【N, W/C】 ♣CBG, HBG, XTBG, ZAFU; ●SH, YN, ZJ; ★(AS): CN.

牯岭勾儿茶 **Berchemia kulingensis** C. K. Schneid. 【N, W/C】 ♣CBG, FLBG, HBG, LBG, SCBG, WBG, XMBG, ZAFU; ●FJ, GD, HB, JX, SH, ZJ; ★(AS): CN.

铁包金 **Berchemia lineata** (L.) DC. 【N, W/C】 ♣FBG, GMG, GXIB, HBG, SCBG, XLTBG, XMBG, XTBG; ●FJ, GD, GX, HI, YN, ZJ; ★(AS): CN, ID, IN, JP, LK, VN.

多叶勾儿茶 **Berchemia polyphylla** Wall. ex M. A. Lawson 【N, W/C】 ♣CBG, GBG, KBG, WBG; ●GZ, HB, SH, YN; ★(AS): CN, ID, IN, MM, VN.

光枝勾儿茶(光枝钩儿茶)**Berchemia polyphylla** var. **leioclada** (Hand.-Mazz.) Hand.-Mazz. 【N, W/C】 ♣CBG, FBG, GMG, HBG, SCBG, WBG, XMBG; ●FJ, GD, GX, HB, SH, ZJ; ★(AS): CN, VN.

勾儿茶 **Berchemia sinica** C. K. Schneid. 【N, W/C】 ♣BBG, CBG, HBG, IBCAS, KBG, SCBG, WBG, XTBG; ●BJ, GD, HB, SC, SH, YN, ZJ; ★(AS): CN.

云南勾儿茶 **Berchemia yunnanensis** Franch. 【N, W/C】 ♣KBG; ●YN; ★(AS): CN.

猫乳属 Rhamnella

川滇猫乳 **Rhamnella forrestii** W. W. Sm. 【N, W/C】 ♣KBG; ●YN; ★(AS): CN.

猫乳 **Rhamnella franguloides** (Maxim.) Weberb. 【N, W/C】 ♣CBG, CDBG, HBG, LBG, WBG, ZAFU; ●HB, JX, SC, SH, ZJ; ★(AS): CN, JP, KP, KR.

多脉猫乳 **Rhamnella martinii** (H. Lév.) C. K. Schneid. 【N, W/C】 ♣FBG, WBG; ●FJ, HB; ★(AS): CN.

苞叶木 **Rhamnella rubrinervis** (H. Lév.) Rehder 【N, W/C】 ♣XTBG; ●YN; ★(AS): CN, VN.

卵叶猫乳 **Rhamnella wilsonii** C. K. Schneid. 【N, W/C】 ♣XTBG; ●YN; ★(AS): CN.

蔓枣属 Ampelozizyphus

*亚马孙蔓枣 **Ampelozizyphus amazonicus** Ducke 【I, C】 ♣XTBG; ●YN; ★(SA): BR, CO, GY, PE, VE.

*委内瑞拉蔓枣 **Ampelozizyphus guaquirensis** W. Meier et P. E. Berry 【I, C】 ♣XTBG; ●YN; ★(SA): VE.

咀签属 Gouania

毛咀签 **Gouania javanica** Miq.【N, W/C】♣SCBG, XTBG; ●GD, YN; ★(AS): CN, IN, KH, LA, MY, PH, TH, VN.

咀签 **Gouania leptostachya** DC.【N, W/C】♣GBG, XTBG; ●GZ, YN; ★(AS): BT, CN, ID, IN, LA, LK, MM, MY, NP, PH, SG, TH, VN.

大果咀签 **Gouania leptostachya** var. **macrocarpa** Pit.【N, W/C】♣XTBG; ●YN; ★(AS): CN, TH, VN.

越南咀签 **Gouania leptostachya** var. **tonkinensis** Pit.【N, W/C】♣XTBG; ●YN; ★(AS): CN, LA, VN.

枳椇属 Hovenia

枳椇 **Hovenia acerba** Lindl.【N, W/C】♣BBG, CBG, FBG, GXIB, HBG, KBG, NBG, NSBG, SCBG, WBG, XMBG, XTBG, ZAFU; ●AH, BJ, CQ, FJ, GD, GX, HB, JS, LN, SC, SH, YN, ZJ; ★(AS): BT, CN, ID, IN, LK, MM, NP.

独龙江枳椇（俅江枳椇）**Hovenia acerba** var. **kiukiangensis** (Hu et W. C. Cheng) C. Y. Wu ex Y. L. Chen et P. K. Chou【N, W/C】♣KBG, XTBG; ●YN; ★(AS): CN.

北枳椇 **Hovenia dulcis** Thunb.【N, W/C】♣CBG, CDBG, FLBG, GA, GBG, GMG, GXIB, HBG, IBCAS, LBG, NBG, SCBG, TBG, XBG, XMBG, XOIG, XTBG, ZAFU; ●BJ, FJ, GD, GX, GZ, JS, JX, SC, SH, SN, TW, YN, ZJ; ★(AS): CN, JP, KP, KR.

毛果枳椇 **Hovenia trichocarpa** Chun et Tsiang【N, W/C】♣CBG, FBG, HBG, LBG, WBG; ●FJ, HB, JX, SH, ZJ; ★(AS): CN, JP.

光叶毛果枳椇 **Hovenia trichocarpa** var. **robusta** (Nakai et Y. Kimura) Y. L. Chen et P. K. Chou【N, W/C】♣CBG, HBG, LBG, WBG; ●HB, JX, SH, ZJ; ★(AS): CN, JP.

马甲子属 Paliurus

铜钱树 **Paliurus hemsleyanus** Rehder ex Schir. et Olabi【N, W/C】♣CBG, FBG, GA, GXIB, HBG, LBG, NBG, SCBG, WBG, XMBG, XTBG, ZAFU; ●FJ, GD, GX, HB, JS, JX, SH, YN, ZJ; ★(AS): CN.

硬毛马甲子 **Paliurus hirsutus** Hemsl.【N, W/C】♣GXIB, SCBG; ●GD, GX; ★(AS): CN.

马甲子 **Paliurus ramosissimus** (Lour.) Poir.【N, W/C】♣CBG, CDBG, FBG, FLBG, GA, GBG, GMG, GXIB, HBG, IBCAS, KBG, LBG, NBG, SCBG, TBG, XMBG, XTBG, ZAFU; ●BJ, FJ, GD, GX, GZ, JS, JX, SC, SH, TW, YN, ZJ; ★(AS): CN, JP, KP, KR, VN.

滨枣 **Paliurus spina-christi** Mill.【I, C】♣CBG, HBG, NBG; ●JS, LN, SH, TW, ZJ; ★(AF): MA; (AS): GE, IR, LB, PS, SY, TJ, TR; (EU): AL, BA, ES, FR, GR, HR, IT, MC, ME, MK, RS, SI.

枣属 Ziziphus

无瓣枣 **Ziziphus apetala** Hook. f.【I, C】♣XTBG; ●YN; ★(AS): IN.

毛果枣 **Ziziphus attopensis** Pierre【N, W/C】♣XTBG; ●YN; ★(AS): CN, LA, TH.

褐果枣 **Ziziphus fungii** Merr.【N, W/C】♣XTBG; ●YN; ★(AS): CN.

哈穆尔枣 **Ziziphus hamur** Engl.【I, C】♣CBG; ●SH; ★(OC): SB.

印度枣 **Ziziphus incurva** Roxb.【N, W/C】♣KBG, XMBG, XTBG; ●FJ, YN; ★(AS): BT, CN, ID, IN, LA, MM, NP, TH.

枣 **Ziziphus jujuba** Mill.【N, W/C】♣BBG, CDBG, FBG, FLBG, GMG, GXIB, HBG, IBCAS, LBG, MDBG, NBG, WBG, XLTBG, XMBG, ZAFU; ●AH, BJ, FJ, GD, GS, GX, GZ, HA, HB, HE, HI, HN, JL, JS, JX, LN, NM, NX, SC, SD, SH, SN, SX, TJ, TW, XJ, YN, ZJ; ★(AS): CN, ID, JP, KP, KR, LA, MM, RU-AS.

葫芦枣 **Ziziphus jujuba** f. **lageniformis** (Nakai) Kitag.【N, W/C】♣IBCAS; ●BJ; ★(AS): CN.

无刺枣 **Ziziphus jujuba** var. **inermis** (Bunge) Rehder【N, W/C】♣GA, GBG, HBG, TDBG, XOIG; ●FJ, GZ, JX, SC, SX, XJ, ZJ; ★(AS): CN, JP.

酸枣 **Ziziphus jujuba** var. **spinosa** (Bunge) Hu ex H. F. Chow【N, W/C】♣BBG, FBG, IBCAS, MDBG, NBG, WBG, XBG, XTBG; ●AH, BJ, FJ, GS, HA, HB, HE, HN, JS, LN, NM, SD, SN, SX, TJ, TW, YN; ★(AS): CN, KP, KR.

大果枣 **Ziziphus mairei** Dode【N, W/C】♣KBG, SCBG, XTBG; ●GD, YN; ★(AS): CN.

滇刺枣（青枣）**Ziziphus mauritiana** Lam.【N, W/C】♣SCBG, XBG, XLTBG, XMBG, XOIG, XTBG; ●FJ, GD, HI, SN, TW, YN; ★(AF): NG, ZA; (AS): AF, BT, CN, ID, IN, LA, LK, MM, MY, NP, TH, VN; (OC): AU, PAF.

山枣 **Ziziphus montana** W. W. Sm.【N, W/C】

♣KBG; ●YN; ★(AS): CN.

小果枣 **Ziziphus oenopolia** (L.) Mill. 【N, W/C】 ♣XTBG; ●YN; ★(AS): CN, ID, IN, LK, MM, MY, PH, TH; (OC): AU, PAF.

皱枣 **Ziziphus rugosa** Lam. 【N, W/C】 ♣SCBG, XTBG; ●GD, YN; ★(AS): CN, ID, IN, LA, LK, MM, TH, VN.

热带枣 **Ziziphus talanai** Merr. 【I, C】 ♣XMBG; ●FJ; ★(AS): PH.

锚刺棘属 Colletia

硬刺筒萼木 **Colletia hystrix** Clos【I, C】●TW; ★(SA): AR, CL.

石南茶属 Phylica

石南茶 **Phylica ericoides** E. Mey.【I, C】●TW; ★(AF): ZA.

绒头石南茶 **Phylica pubescens** Lam.【I, C】●TW; ★(AF): ZA.

牛筋茶属 Pomaderris

Pomaderris kumeraho A. Cunn. ex Fenzl 【I, C】 ♣XOIG; ●FJ; ★(OC): AU.

麦珠子属 Alphitonia

麦珠子 **Alphitonia incana** (Roxb.) Teijsm. et Binn. ex Kurz 【N, W/C】 ♣BBG, NBG, SCBG; ●BJ, GD, JS; ★(AS): CN, ID, MY, PH.

蛇藤属 Colubrina

绿心兵木（大海蛇藤）**Colubrina arborescens** (Mill.) Sarg.【I, C】♣SCBG, XTBG; ●GD, YN; ★(NA): BS, BZ, CU, DO, GT, HN, HT, JM, KY, LW, MX, NI, PA, PR, SV, VG, WW; (SA): AR, CL, CO, EC.

蛇藤 **Colubrina asiatica** (L.) Brongn. 【N, W/C】 ♣SCBG, TMNS; ●GD, TW; ★(AF): MG; (AS): CN, ID, IN, JP, LK, MM, MY, PH, SG, TH; (OC): AU, PAF.

近微毛蛇藤（毛蛇藤）**Colubrina asiatica** var. **subpubescens** (Pit.) M. C. Johnst. 【N, W/C】 ♣XTBG; ●YN; ★(AS): CN, ID, IN, KH, LA, MM, VN.

美洲茶属 Ceanothus

苍白美洲茶 **Ceanothus × pallidus** Lindl. 【I, C】 ♣CBG, GA; ●JX, SH, TW; ★(NA): US.

美洲茶 **Ceanothus americanus** L. 【I, C】 ♣HBG; ●BJ, SH, ZJ; ★(NA): CA, US.

乔木美洲茶（树状美洲茶）**Ceanothus arboreus** Greene 【I, C】 ♣CBG; ●SH; ★(NA): US.

灰叶美洲茶 **Ceanothus griseus** (Trel. ex B. L. Rob.) McMinn 【I, C】 ♣CBG; ●SH, ZJ; ★(NA): US.

陷脉美洲茶 **Ceanothus impressus** Trel. 【I, C】 ♣CBG; ●SH, TW; ★(NA): US.

白刺美洲茶 **Ceanothus incanus** Torr. et A. Gray【I, C】 ●TW; ★(NA): US.

捷普森美洲茶 **Ceanothus jepsonii** Greene 【I, C】 ♣HBG; ●ZJ; ★(NA): US.

白皮美洲茶 **Ceanothus leucodermis** Greene【I, C】 ♣HBG; ●ZJ; ★(NA): MX, US.

*乳头美洲茶 **Ceanothus papillosus** Torr. et A. Gray 【I, C】 ●SH; ★(NA): US.

红茎美洲茶 **Ceanothus sanguineus** Pursh 【I, C】 ♣IBCAS; ●BJ; ★(NA): CA, US.

聚花美洲茶 **Ceanothus thyrsiflorus** Eschw.【I, C】 ♣CBG; ●JS, SH, TW; ★(NA): MX, US.

虎克美洲茶 **Ceanothus velutinus** subsp. **hookeri** (M. C. Johnst.) C. L. Schmidt【I, C】♣HBG; ●ZJ; ★(NA): US.

109. 榆科 ULMACEAE

全叶榆属 Holoptelea

全叶榆 **Holoptelea integrifolia** Planch. 【I, C】 ♣SCBG, XTBG; ●GD, YN; ★(AS): LA, MM.

刺榆属 Hemiptelea

刺榆 **Hemiptelea davidii** (Hance) Planch. 【N, W/C】 ♣BBG, CBG, GMG, HBG, HFBG, IAE, IBCAS, LBG, NBG, ZAFU; ●BJ, GX, HL, JS, JX, LN, SH, XJ, ZJ; ★(AS): CN, KP, KR, MN.

榆属 Ulmus

*荷兰榆 **Ulmus × hollandica** Mill. 【I, C】 ♣CBG; ●LN, SH; ★(EU): BE.

美国榆 **Ulmus americana** L.【I, C】♣BBG, HBG, IBCAS, NBG, TBG; ●BJ, JS, LN, TW, ZJ; ★(NA): CA, US.

毛枝榆 **Ulmus androssowii** var. **subhirsuta** (C. K.

Schneid.) P. H. Huang 【N, W/C】 ♣WBG; ●HB; ★(AS): CN.

兴山榆 **Ulmus bergmanniana** C. K. Schneid. 【N, W/C】 ♣LBG, WBG; ●HB, JX; ★(AS): CN.

蜀榆 **Ulmus bergmanniana** var. **lasiophylla** C. K. Schneid. 【N, W/C】♣GXIB, KBG; ●GX, YN; ★(AS): CN.

多脉榆 **Ulmus castaneifolia** Hemsl. 【N, W/C】 ♣GXIB, IBCAS, KBG, SCBG, WBG, ZAFU; ●BJ, GD, GX, HB, YN, ZJ; ★(AS): CN.

杭州榆 **Ulmus changii** W. C. Cheng 【N, W/C】 ♣CBG, CDBG, FBG, HBG, WBG, XTBG, ZAFU; ●FJ, HB, SC, SH, YN, ZJ; ★(AS): CN.

昆明榆 **Ulmus changii** var. **kunmingensis** (W. C. Cheng) W. C. Cheng et L. K. Fu 【N, W/C】 ♣XTBG; ●YN; ★(AS): CN.

琅玡榆(琅琊榆)**Ulmus chenmoui** W. C. Cheng 【N, W/C】 ♣GA, GXIB, HBG, NBG, WBG; ●GX, HB, JS, JX, ZJ; ★(AS): CN.

厚叶榆 **Ulmus crassifolia** Nutt. 【I, C】 ♣IBCAS, TBG; ●BJ, JS, TW; ★(NA): US.

黑榆 **Ulmus davidiana** Planch. 【N, W/C】 ♣BBG, GA, HFBG, IBCAS; ●BJ, HL, JX, LN, SX, XJ; ★(AS): CN, JP, KP, KR, MN, RU-AS.

春榆 **Ulmus davidiana** var. **japonica** (Rehder) Nakai 【N, W/C】 ♣HBG, IAE, WBG; ●BJ, HB, LN, NM, XJ, ZJ; ★(AS): CN, JP, KP, KR, MN.

长序榆 **Ulmus elongata** L. K. Fu et C. S. Ding 【N, W/C】 ♣FLBG, HBG, IBCAS, NBG, SCBG, WBG, ZAFU; ●AH, BJ, FJ, GD, HB, JS, JX, ZJ; ★(AS): CN.

醉翁榆 **Ulmus gaussenii** W. C. Cheng 【N, W/C】 ♣NBG, WBG; ●HB, JS; ★(AS): CN.

旱榆 **Ulmus glaucescens** Franch. 【N, W/C】 ♣GXIB; ●GX, NM, SN; ★(AS): CN, MN.

裂叶榆 **Ulmus laciniata** (Trautv.) Mayr 【N, W/C】 ♣HFBG, IBCAS, TDBG; ●BJ, HL, LN, NM, SX, XJ; ★(AS): CN, JP, KP, KR, MN, RU-AS.

欧洲白榆 **Ulmus laevis** Pall. 【I, C】 ♣HBG, HFBG, IBCAS, MDBG, NBG, TDBG; ●BJ, GS, HL, JL, JS, LN, XJ, YN, ZJ; ★(AS): GE; (EU): AL, AT, BA, BE, BG, CZ, DE, FI, GR, HR, HU, IT, ME, MK, PL, RO, RS, RU, SI.

脱皮榆 **Ulmus lamellosa** C. Wang et S. L. Chang 【N, W/C】♣BBG, IBCAS; ●BJ, LN, SX; ★(AS): CN, MN.

常绿榆 **Ulmus lanceifolia** Roxb. 【N, W/C】 ♣SCBG, XTBG; ●GD, YN; ★(AS): BT, CN, ID, IN, LA, LK, MM, TH, VN.

大果榆 **Ulmus macrocarpa** Hance 【N, W/C】 ♣BBG, FBG, HBG, HFBG, IAE, IBCAS, KBG, MDBG, NBG, TDBG, WBG, XBG; ●BJ, FJ, GS, HB, HL, JS, LN, NM, SN, SX, XJ, YN, ZJ; ★(AS): CN, KP, KR, MN, RU-AS.

欧洲野榆(圆冠榆)**Ulmus minor** Mill. 【I, C】 ♣BBG, HBG, HFBG, IBCAS, MDBG, TDBG; ●BJ, GS, HL, LN, XJ, YN, ZJ; ★(AF): MA; (AS): GE; (EU): AL, AT, BA, BE, BG, BY, CZ, DE, ES, GB, GR, HR, HU, IT, LU, ME, MK, NL, PL, RO, RS, RU, SI, TR.

榔榆 **Ulmus parvifolia** Jacq. 【N, W/C】 ♣BBG, CBG, CDBG, FBG, FLBG, GA, GXIB, HBG, HFBG, IBCAS, KBG, LBG, NBG, NSBG, SCBG, TBG, TMNS, WBG, XBG, XMBG, XOIG, XTBG, ZAFU; ●BJ, CQ, FJ, GD, GX, HB, HL, JS, JX, LN, SC, SH, SN, TW, YN, ZJ; ★(AF): ZA; (AS): CN, ID, IN, JP, KP, KR, VN; (OC): AU.

英国榆 **Ulmus procera** Salisb. 【I, C】 ★(EU): BA, BG, DE, ES, GB, HR, HU, ME, MK, RO, RS, SI.

榆树 **Ulmus pumila** Walter 【N, W/C】 ♣BBG, CDBG, FBG, GBG, GXIB, HBG, HFBG, IAE, IBCAS, LBG, MDBG, NBG, SCBG, TDBG, WBG, XBG, XMBG, XTBG, ZAFU; ●AH, BJ, FJ, GD, GS, GX, GZ, HA, HB, HE, HL, JL, JS, JX, LN, NM, SC, SD, SN, SX, TW, XJ, YN, ZJ; ★(AS): CN, JP, KP, KR, MN, RU-AS.

北美红榆(糙枝榆)**Ulmus rubra** Muhl. 【I, C】 ★(NA): CA, US.

红果榆 **Ulmus szechuanica** W. P. Fang 【N, W/C】 ♣CBG, CDBG, HBG, KBG, NBG; ●JS, LN, SC, SH, YN, ZJ; ★(AS): CN.

阿里山榆 **Ulmus uyematsui** Hayata 【N, W/C】 ♣TBG, TMNS; ●TW; ★(AS): CN.

榉属 Zelkova

枥叶榉 **Zelkova carpinifolia** (Pall.) K. Koch 【I, C】 ♣BBG; ●BJ; ★(AS): AM, AZ, GE; (EU): RU.

大叶榉树 **Zelkova schneideriana** Hand.-Mazz. 【N, W/C】 ♣CBG, FBG, GA, GXIB, HBG, IBCAS, KBG, LBG, NBG, SCBG, WBG, XTBG, ZAFU; ●BJ, FJ, GD, GX, HB, JS, JX, SC, SH, TW, YN, ZJ; ★(AS): CN.

榉树 **Zelkova serrata** (Thunb.) Makino 【N, W/C】 ♣BBG, CBG, GXIB, HBG, IBCAS, KBG, LBG, NBG, SCBG, TBG, TMNS; ●BJ, GD, GX, HB, JS, JX, LN, SH, SX, TW, YN, ZJ; ★(AS): CN, JP,

KP, KR, RU-AS.

大果榉 **Zelkova sinica** C. K. Schneid. 【N, W/C】 ♣GMG, GXIB, HBG, WBG; ●GX, HB, SX, TW, ZJ; ★(AS): CN.

110. 大麻科 CANNABACEAE

糙叶树属 Aphananthe

糙叶树 **Aphananthe aspera** (Thunb.) Planch. 【N, W/C】 ♣BBG, CBG, FBG, HBG, KBG, LBG, NBG, SCBG, TBG, WBG, XTBG, ZAFU; ●BJ, FJ, GD, HB, HI, JS, JX, SH, TW, YN, ZJ; ★(AS): CN, JP, KP, KR, VN.

柔毛糙叶树 **Aphananthe aspera** var. **pubescens** C. J. Chen 【N, W/C】 ♣XTBG; ●YN; ★(AS): CN.

滇糙叶树 **Aphananthe cuspidata** (Blume) Planch. 【N, W/C】♣FLBG, SCBG, XTBG; ●GD, JX, YN; ★(AS): BT, CN, ID, IN, LK, MM, MY, PH, TH, VN.

白颜树属 Gironniera

白颜树 **Gironniera subaequalis** Planch. 【N, W/C】 ♣FLBG, SCBG, XTBG; ●GD, JX, YN; ★(AS): CN, KH, LA, MM, MY, SG, TH, VN.

大麻属 Cannabis

大麻 **Cannabis sativa** L. 【I, C/N】 ♣BBG, GBG, GMG, HBG, IBCAS, KBG, LBG, MDBG, NBG, SCBG, TDBG, XBG, XMBG, XOIG; ●AH, BJ, FJ, GD, GS, GX, GZ, HA, HB, HE, HL, JL, JS, JX, LN, NM, NX, QH, SC, SD, SN, SX, TW, XJ, YN, ZJ; ★(AS): AF, IR, KG, KZ, TJ, TM, UZ.

葎草属 Humulus

啤酒花 **Humulus lupulus** L. 【N, W/C】 ♣CBG, HBG, HFBG, IBCAS, MDBG, NBG, TDBG, XMBG, XOIG, XTBG; ●BJ, FJ, GS, HL, JL, JS, SH, SX, TW, XJ, YN, ZJ; ★(AS): CN, JP, MM, MN, RU-AS; (OC): AU, NZ.

华忽布 **Humulus lupulus** var. **cordifolius** (Miq.) Maxim. ex Franch. et Sav. 【N, W/C】 ♣GBG, WBG, XBG; ●GZ, HB, SN; ★(AS): CN, JP.

葎草 **Humulus scandens** (Lour.) Merr. 【N, W/C】 ♣BBG, FBG, FLBG, GA, GBG, GMG, GXIB, HBG, HFBG, IBCAS, LBG, NBG, NSBG, SCBG, WBG, XBG, XMBG, XTBG, ZAFU; ●BJ, CQ, FJ, GD, GX, GZ, HB, HL, JS, JX, SC, SN, XJ, YN, ZJ; ★(AS): CN, JP, KP, MN, RU-AS, VN.

滇葎草 **Humulus yunnanensis** Hu 【N, W/C】 ♣KBG; ●YN; ★(AS): CN.

朴属 Celtis

白朴 **Celtis africana** Burm. f. 【I, C】 ♣XTBG; ●YN; ★(AF): ET, KE, KM, NG, TZ, UG, ZA, ZM.

南欧朴 **Celtis australis** L. 【I, C】 ♣CBG, HBG, IBCAS, NBG; ●BJ, JS, SH, YN, ZJ; ★(EU): AD, AL, BA, BG, ES, GR, HR, IT, ME, MK, MT, PT, RO, RS, SI, SM.

高加索朴 **Celtis australis** subsp. **caucasica** (Willd.) C. C. Towns. 【I, C】 ♣NBG; ●JS; ★(AS): AM, AZ, GE.

紫弹树 **Celtis biondii** Pamp. 【N, W/C】 ♣CBG, CDBG, FBG, GA, GMG, HBG, KBG, LBG, NBG, SCBG, TBG, WBG, XBG, XMBG, XTBG, ZAFU; ●FJ, GD, GX, HB, JS, JX, SC, SH, SN, TW, YN, ZJ; ★(AS): CN, JP, KP, KR.

黑弹树 **Celtis bungeana** Blume 【N, W/C】 ♣BBG, CBG, CDBG, GA, GBG, GXIB, HBG, HFBG, IAE, IBCAS, KBG, LBG, NBG; ●BJ, GX, GZ, HL, JS, JX, LN, SC, SH, YN, ZJ; ★(AS): CN, KP, KR, MN.

天目朴树 **Celtis chekiangensis** C. C. Cheng 【N, W/C】 ♣CBG, HBG, NBG, ZAFU; ●JS, SH, ZJ; ★(AS): CN.

腺朴 **Celtis gemmata** Cheng 【N, W/C】 ♣HBG; ●ZJ; ★(AS): CN.

光朴 **Celtis iguanaea** (Jacq.) Sarg. 【I, C】 ♣HBG, IBCAS, NBG; ●BJ, JS, ZJ; ★(NA): BZ, CR, CU, DO, GT, HN, HT, JM, LW, MX, NI, PA, PR, SV, VG; (SA): AR, BO, BR, CO, EC, GF, GY, PE, PY, UY, VE.

狭叶朴 **Celtis jessoensis** Koidz. 【I, C】 ♣HBG, IBCAS; ●BJ, ZJ; ★(AS): JP, KP, KR.

珊瑚朴 **Celtis julianae** C. K. Schneid. 【N, W/C】 ♣CBG, CDBG, FBG, GA, HBG, IBCAS, KBG, LBG, NBG, WBG, XMBG, XTBG, ZAFU; ●BJ, FJ, HB, JS, JX, SC, SH, YN, ZJ; ★(AS): CN.

大叶朴 **Celtis koraiensis** Nakai 【N, W/C】 ♣BBG, CBG, IAE, IBCAS, KBG, NBG, WBG; ●BJ, HB, JS, LN, SH, YN; ★(AS): CN, KP, KR.

网脉朴 **Celtis laevigata** var. **reticulata** (Torr.) Benson 【I, C】 ♣HBG; ●ZJ; ★(NA): MX, US.

美洲朴 **Celtis occidentalis** L. 【I, C】 ♣CBG, HBG,

HFBG, IBCAS, NBG, SCBG; ●BJ, GD, HL, JL, JS, NM, SH, ZJ; ★(NA): US.

*毛美洲朴 **Celtis occidentalis** var. **pumila** (Muhl.) Pursh【I, C】♣IBCAS, MDBG; ●BJ, GS, JL, XJ; ★(NA): US.

菲律宾朴树 **Celtis philippensis** Blanco【N, W/C】♣GMG, SCBG, TMNS, XTBG; ●GD, GX, TW, YN; ★(AS): CN, ID, IN, LK, MM, MY, PH, TH, VN.

铁灵花 **Celtis philippensis** var. **wightii** (Planch.) Soepadmo【N, W/C】♣SCBG, XTBG; ●GD, YN; ★(AS): CN, ID, IN, MY, TH, VN.

朴树 **Celtis sinensis** Pers.【N, W/C】♣BBG, CBG, CDBG, FBG, FLBG, GA, GBG, GMG, GXIB, HBG, IBCAS, KBG, LBG, NBG, NSBG, SCBG, TBG, TMNS, WBG, XBG, XLTBG, XMBG, XOIG, XTBG, ZAFU; ●BJ, CQ, FJ, GD, GX, GZ, HB, HI, JS, JX, SC, SH, SN, SX, TW, YN, ZJ; ★(AS): CN, JP, KR, LA; (OC): AU, NZ.

四蕊朴 **Celtis tetrandra** Roxb.【N, W/C】♣FBG, HBG, KBG, NBG, SCBG, TBG, TMNS, XTBG; ●FJ, GD, JS, TW, YN, ZJ; ★(AS): BT, CN, ID, IN, LA, LK, MM, NP, TH, VN.

假玉桂 **Celtis timorensis** Span.【N, W/C】♣GXIB, SCBG, XMBG, XTBG; ●FJ, GD, GX, YN; ★(AS): BT, CN, ID, IN, LA, LK, MM, MY, NP, PH, TH, VN.

欧洲朴 **Celtis tournefortii** Lam.【I, C】♣HBG; ●ZJ; ★(AS): GE, IQ; (EU): BA, BG, GR, HR, ME, MK, RS, RU, SI.

西川朴 **Celtis vandervoetiana** C. K. Schneid.【N, W/C】♣GXIB, HBG, KBG, WBG, ZAFU; ●GX, HB, SC, YN, ZJ; ★(AS): CN.

青檀属 Pteroceltis

青檀 **Pteroceltis tatarinowii** Maxim.【N, W/C】♣BBG, CBG, CDBG, FBG, FLBG, GXIB, HBG, IBCAS, KBG, LBG, NBG, NSBG, SCBG, WBG, XMBG, ZAFU; ●AH, BJ, CQ, FJ, GD, GX, HA, HB, HI, JS, JX, LN, SC, SD, SH, SX, YN, ZJ; ★(AS): CN, RU-AS.

山黄麻属 Trema

狭叶山黄麻 **Trema angustifolia** (Planch.) Blume【N, W/C】♣FBG, SCBG, XTBG; ●FJ, GD, YN; ★(AS): CN, ID, IN, LA, MY, SG, TH, VN.

光叶山黄麻 **Trema cannabina** Lour.【N, W/C】♣FBG, FLBG, SCBG, WBG, XMBG, XTBG; ●FJ, GD, HB, JX, YN; ★(AS): CN, ID, IN, JP, KH, MM, MY, NP, PH, SG, TH, VN; (OC): AU, PAF.

山油麻 **Trema cannabina** var. **dielsiana** (Hand.-Mazz.) C. J. Chen【N, W/C】♣CBG, GA, HBG, LBG, NBG, SCBG, WBG, XMBG, ZAFU; ●FJ, GD, HB, JS, JX, SH, TW, ZJ; ★(AS): CN.

银毛叶山黄麻 **Trema nitida** C. J. Chen【N, W/C】♣NSBG, XTBG; ●CQ, YN; ★(AS): CN.

异色山黄麻 **Trema orientalis** (L.) Blume【N, W/C】♣FLBG, GMG, SCBG, TBG, TMNS, XMBG, XTBG; ●FJ, GD, GX, JX, TW, YN; ★(AS): CN, ID, IN, JP, LA, LK, MM, MY, NP, PH, TH, VN; (OC): AU, PAF.

山黄麻 **Trema tomentosa** (Roxb.) H. Hara【N, W/C】♣CBG, FBG, SCBG, WBG, XMBG, XTBG; ●FJ, GD, HB, SC, SH, YN; ★(AS): BT, CN, ID, IN, JP, KH, LA, LK, MM, MY, NP, PK, SG, VN; (OC): AU, PAF.

111. 桑科 MORACEAE

乳桑属 Bagassa

乳桑 **Bagassa guianensis** Aubl.【I, C】●TW; ★(SA): BR, GF, GY.

桑属 Morus

桑 **Morus alba** L.【N, W/C】♣BBG, CBG, CDBG, FBG, FLBG, GA, GBG, GMG, GXIB, HBG, HFBG, IAE, IBCAS, KBG, LBG, MDBG, NBG, NSBG, SCBG, TDBG, WBG, XBG, XLTBG, XMBG, XOIG, XTBG, ZAFU; ●AH, BJ, CQ, FJ, GD, GS, GX, GZ, HA, HB, HE, HI, HL, HN, JL, JS, JX, LN, NM, NX, SC, SD, SH, SN, SX, TJ, TW, XJ, YN, ZJ; ★(AS): CN, JP, KR, LA, MM, MN, SG; (OC): AU.

鲁桑 **Morus alba** var. **multicaulis** (Perr.) Loudon【N, W/C】♣CBG, HBG, NBG; ●AH, HA, HB, HE, HN, JL, JS, JX, LN, SC, SD, SH, SN, SX, YN, ZJ; ★(AS): CN.

鸡桑 **Morus australis** Poir.【N, W/C】♣CBG, FBG, GBG, GMG, GXIB, HBG, KBG, LBG, NBG, SCBG, TBG, TMNS, WBG, XBG, XMBG, XTBG; ●FJ, GD, GX, GZ, HB, HN, JS, JX, LN, SC, SD, SH, SN, TW, YN, ZJ; ★(AS): BT, CN, ID, IN, JP, KP, KR, LA, LK, MM, NP.

华桑 **Morus cathayana** Hemsl.【N, W/C】♣BBG, CBG, HBG, LBG, WBG, ZAFU; ●BJ, HB, HN, JX, SC, SH, ZJ; ★(AS): CN, JP, KR, LA.

*日本桑 **Morus kagayamae** Koidz.【I, C】♣NBG; ●JS; ★(AS): JP.

奶桑 **Morus macroura** Miq.【N, W/C】♣KBG, WBG, XTBG; ●HB, YN; ★(AS): BT, CN, ID, IN, LA, LK, MM, MY, TH, VN.

瑞穗桑 **Morus mizuho** Hotta【N, W/C】●GZ, JS, SC, ZJ; ★(AS): CN.

蒙桑 **Morus mongolica** (Bureau) C. K. Schneid.【N, W/C】♣BBG, CDBG, IAE, IBCAS, KBG, XTBG; ●BJ, HB, HN, LN, NM, SC, SD, YN; ★(AS): CN, JP, KP, KR, MN.

黑桑 **Morus nigra** L.【I, C】♣NBG, TDBG; ●JS, XJ; ★(AS): AF, AZ, BT, GE, KG, KZ, PK, SA.

川桑 **Morus notabilis** C. K. Schneid.【N, W/C】♣HBG, KBG; ●YN, ZJ; ★(AS): CN.

红果桑 **Morus rubra** L.【I, C】♣CBG, HBG, IBCAS; ●BJ, SH, YN, ZJ; ★(NA): US.

金柚木属 Milicia

金柚木 **Milicia excelsa** (Welw.) C. C. Berg【I, C】♣IBCAS; ●BJ; ★(AF): NG.

鹊肾树属 Streblus

鹊肾树 **Streblus asper** Lour.【N, W/C】♣FBG, SCBG, XLTBG, XMBG, XTBG; ●FJ, GD, HI, YN; ★(AS): BT, CN, ID, IN, KH, LA, LK, MM, MY, NP, PH, TH, VN.

刺桑 **Streblus ilicifolius** (Vidal) Corner【N, W/C】♣SCBG, WBG, XTBG; ●GD, HB, YN; ★(AS): CN, ID, IN, LA, MM, MY, PH, SG, TH, VN.

假鹊肾树 **Streblus indicus** (Bureau) Corner【N, W/C】♣SCBG, XLTBG, XMBG, XTBG; ●FJ, GD, HI, YN; ★(AS): CN, ID, IN, LA, TH.

双果桑 **Streblus macrophyllus** Blume【N, W/C】♣XTBG; ●YN; ★(AS): CN, ID, IN, MM, MY, PH, VN.

叶被木 **Streblus taxoides** (Roth) Kurz【N, W/C】♣SCBG; ●GD; ★(AS): CN, ID, IN, LA, LK, MM, MY, PH, TH, VN.

米扬噎 **Streblus tonkinensis** (Dubard et Eberh.) Corner【N, W/C】♣GMG, GXIB, SCBG, XTBG; ●GD, GX, YN; ★(AS): CN, LA, VN.

尾叶刺桑 **Streblus zeylanicus** (Thwaites) Kurz【N, W/C】♣GMG, SCBG, XTBG; ●GD, GX, YN; ★(AS): BT, CN, ID, IN, LK, MM, VN.

波罗蜜属 Artocarpus

面包树 **Artocarpus altilis** (Parkinson) Fosberg【I, C】♣BBG, CBG, FBG, FLBG, SCBG, TBG, TMNS, WBG, XLTBG, XMBG, XTBG; ●BJ, FJ, GD, HB, HI, JX, SH, TW, YN; ★(OC): PAF.

野树波罗 **Artocarpus chama** Buch.-Ham.【N, W/C】♣XTBG; ●YN; ★(AS): BT, CN, ID, IN, LA, LK, MM, MY, TH.

马来波罗蜜 **Artocarpus elasticus** Reinw. ex Blume【I, C】★(AS): IN, MM, MY, PH, TH.

长圆叶波罗蜜 **Artocarpus gomezianus** Wall. ex Trécul【N, W/C】♣XTBG; ●YN; ★(AS): CN, ID, IN, LA, MM, PH, SG, VN.

波罗蜜 **Artocarpus heterophyllus** Lam.【I, C】♣BBG, CBG, FBG, FLBG, GMG, HBG, NBG, SCBG, TBG, TMNS, WBG, XBG, XLTBG, XMBG, XOIG, XTBG; ●BJ, FJ, GD, GX, HB, HI, JS, JX, SC, SH, SN, TW, YN, ZJ; ★(AS): IN.

白桂木 **Artocarpus hypargyreus** Hance ex Benth.【N, W/C】♣CBG, FBG, FLBG, GA, GXIB, SCBG, WBG, XMBG, XTBG; ●FJ, GD, GX, HB, JX, SH, TW, YN; ★(AS): CN.

野波罗蜜 **Artocarpus lakoocha** Roxb.【N, W/C】♣SCBG, XTBG; ●GD, YN; ★(AS): CN, ID, IN, LA, LK, MM, NP, VN.

南川木波罗 **Artocarpus nanchuanensis** S. S. Chang, S. C. Tan et Z. Y. Liu【N, W/C】♣NSBG; ●CQ; ★(AS): CN.

牛李 **Artocarpus nigrifolius** C. Y. Wu【N, W/C】♣XTBG; ●YN; ★(AS): CN.

光叶桂木 **Artocarpus nitidus** Trécul【N, W/C】♣SCBG, XMBG, XTBG; ●FJ, GD, YN; ★(AS): CN, ID, IN, KH, LA, MY, PH, SG, TH, VN.

桂木 **Artocarpus nitidus** subsp. **lingnanensis** (Merr.) F. M. Jarrett【N, W/C】♣FLBG, GA, GXIB, HBG, SCBG, XLTBG, XMBG, XOIG; ●FJ, GD, GX, HI, JX, ZJ; ★(AS): CN, KH, TH, VN.

香波罗 **Artocarpus odoratissimus** Blanco【I, C】●TW; ★(AS): MY, PH, SG.

短绢毛波罗蜜 **Artocarpus petelotii** Gagnep.【N, W/C】♣XTBG; ●YN; ★(AS): CN, VN.

猴子瘿袋果 **Artocarpus pithecogallus** C. Y. Wu【N, W/C】♣XTBG; ●YN; ★(AS): CN.

二色波罗蜜 **Artocarpus styracifolius** Pierre【N, W/C】♣FLBG, SCBG; ●GD, JX; ★(AS): CN, LA, VN.

东京波罗蜜（胭脂）**Artocarpus tonkinensis** A. Chev.

ex Gagnep. 【N, W/C】 ♣FBG, FLBG, GXIB, SCBG, XLTBG, XTBG; ●FJ, GD, GX, HI, JX, YN; ★(AS): CN, KH, LA, VN.

黄果波罗蜜 **Artocarpus xanthocarpus** Merr. 【N, W/C】 ♣TMNS; ●TW; ★(AS): CN, ID, IN, PH.

橙桑属 Maclura

构棘 **Maclura cochinchinensis** (Lour.) Corner 【N, W/C】 ♣CBG, FBG, GMG, GXIB, HBG, LBG, SCBG, TMNS, WBG, XLTBG, XMBG, XTBG, ZAFU; ●FJ, GD, GX, HB, HI, JX, SH, TW, YN, ZJ; ★(AS): BT, CN, ID, IN, JP, LA, LK, MM, MY, NP, PH, TH, VN; (OC): AU, PAF.

柘藤 **Maclura fruticosa** (Roxb.) Corner 【N, W/C】 ♣XTBG; ●YN; ★(AS): CN, ID, IN, MM, TH, VN.

橙桑 **Maclura pomifera** (Raf.) C. K. Schneid. 【I, C】 ♣BBG, CBG, HBG, IBCAS, NBG, XTBG; ●AH, BJ, JS, SH, YN, ZJ; ★(NA): US.

毛柘藤 **Maclura pubescens** (Trécul) Z. K. Zhou et M. G. Gilbert 【N, W/C】 ♣WBG, XMBG, XTBG; ●FJ, HB, YN; ★(AS): CN, ID, IN, MM, MY.

柘 **Maclura tricuspidata** Carrière 【N, W/C】 ♣BBG, CBG, CDBG, FBG, GA, GBG, GMG, GXIB, HBG, IBCAS, KBG, LBG, NBG, SCBG, TDBG, WBG, XMBG, XTBG, ZAFU; ●BJ, FJ, GD, GX, GZ, HB, JS, JX, LN, SC, SH, XJ, YN, ZJ; ★(AS): CN, JP, KP.

水蛇麻属 Fatoua

水蛇麻 **Fatoua villosa** (Thunb.) Nakai 【N, W/C】 ♣FBG, GXIB, HBG, LBG, SCBG, WBG, XMBG; ●FJ, GD, GX, HB, JX, ZJ; ★(AS): CN, ID, IN, JP, KP, KR, MY, PH; (OC): PAF.

构属 Broussonetia

葡蟠 **Broussonetia kaempferi** Siebold 【N, W/C】 ♣CBG, FBG, GXIB, HBG, KBG, LBG, SCBG, WBG, XMBG, XTBG; ●FJ, GD, GX, HB, JX, SC, SH, YN, ZJ; ★(AS): CN, JP.

藤构 **Broussonetia kaempferi** var. **australis** T. Suzuki 【N, W/C】 ♣FBG, KBG, LBG, NBG, NSBG, SCBG, XMBG; ●CQ, FJ, GD, JS, JX, YN; ★(AS): CN.

楮 **Broussonetia kazinoki** Siebold 【N, W/C】 ♣FBG, GA, GBG, GMG, GXIB, HBG, LBG, SCBG, WBG, XMBG, XTBG, ZAFU; ●FJ, GD, GX, GZ, HB, JX, SC, YN, ZJ; ★(AS): CN, JP, KP, KR.

落叶花桑 **Broussonetia kurzii** (Hook. f.) Corner 【N, W/C】 ♣XTBG; ●YN; ★(AS): BT, CN, ID, IN, LA, LK, MM, TH, VN.

构树 **Broussonetia papyrifera** (L.) L'Hér. ex Vent. 【N, W/C】 ♣BBG, CBG, CDBG, FBG, GA, GBG, GMG, GXIB, HBG, IBCAS, KBG, LBG, NBG, NSBG, SCBG, TBG, TDBG, TMNS, WBG, XBG, XMBG, XTBG, ZAFU; ●BJ, CQ, FJ, GD, GX, GZ, HB, JS, JX, LN, SC, SH, SN, TW, XJ, YN, ZJ; ★(AS): BT, CN, ID, IN, JP, KH, KP, KR, LA, LK, MM, MY, TH, VN; (OC): PAF.

牛筋藤属 Malaisia

牛筋藤 **Malaisia scandens** (Lour.) Planch. 【N, W/C】 ♣GMG, SCBG; ●GD, GX; ★(AS): CN, ID, IN, MM, MY, PH, TH, VN; (OC): AU, PAF.

鳞桑属 Trilepisium

*马达加斯加鳞桑 **Trilepisium madagascariense** DC. 【I, C】 ♣XTBG; ●YN; ★(AF): CF, CM, GA, GN, MG, MW, NG, TZ, UG, ZA.

琉桑属 Dorstenia

*巴西琉桑 **Dorstenia bahiensis** Klotzsch ex Fisch. et C. A. Mey. 【I, C】 ♣XTBG; ●YN; ★(SA): BR.

长面琉桑 **Dorstenia barnimiana** Schweinf. 【I, C】 ●TW; ★(AF): BI, ET, KE.

厚叶琉桑(厚叶盘花木)**Dorstenia contrajerva** L. 【I, C】 ♣TMNS; ●TW; ★(NA): BZ, CR, GT, HN, MX, NI, PA, PR, TT, US, WW; (SA): CO, EC, GF, GY, PE, VE.

琉桑(黑魔盘)**Dorstenia elata** Gardner 【I, C】 ♣CBG, FLBG, SCBG, XMBG; ●FJ, GD, JX, SH; ★(SA): BR.

臭琉桑(琉桑)**Dorstenia foetida** Schweinf. 【I, C】 ♣BBG, KBG, SCBG, XMBG; ●BJ, FJ, GD, SH, TW, YN; ★(AF): ET, KE.

巨琉桑 **Dorstenia gigas** Schweinf. ex Balf.f. 【I, C】 ♣SCBG; ●GD, TW; ★(AS): YE.

小爪琉桑 **Dorstenia hildebrandtii** Engl. 【I, C】 ♣XMBG; ●FJ; ★(AF): TZ.

玉琉桑 **Dorstenia hildebrandtii** var. **schlechteri** (Engl.) Hijman 【I, C】 ♣XMBG; ●FJ; ★(AF): BI, CD, CM, KE, MZ, TZ, UG.

蛇桑属 Brosimum

圭亚那蛇桑 **Brosimum guianense** (Aubl.) Huber 【I, C】 ★(SA): EC, GY.

乳蛇桑 **Brosimum utile** (Kunth) Pittier 【I, C】 ★(SA): EC, GY.

见血封喉属 Antiaris

见血封喉 **Antiaris toxicaria** Lesch. 【N, W/C】 ♣BBG, CBG, FLBG, GXIB, HBG, IBCAS, NBG, SCBG, WBG, XLTBG, XMBG, XTBG; ●BJ, FJ, GD, GX, HB, HI, JS, JX, SH, TW, YN, ZJ; ★(AS): CN, ID, IN, LA, LK, MM, MY, SG, TH, VN.

榕属 Ficus

石榕树 **Ficus abelii** Miq. 【N, W/C】 ♣FBG, SCBG, WBG, XTBG; ●FJ, GD, HB, YN; ★(AS): CN, ID, IN, MM, NP, TH, VN.

*苘叶榕 **Ficus abutilifolia** (Miq.) Miq. 【I, C】 ♣BBG; ●BJ, TW; ★(AF): CF, GH, NG, TZ, ZA.

高山榕 **Ficus altissima** Blume 【N, W/C】 ♣BBG, CBG, FBG, FLBG, GMG, GXIB, IBCAS, NBG, SCBG, TMNS, XLTBG, XMBG, XTBG, ZAFU; ●BJ, FJ, GD, GX, HI, JS, JX, SC, SH, TW, YN, ZJ; ★(AS): BT, CN, ID, IN, LA, LK, MM, MY, NP, PH, TH, VN.

大苞榕 **Ficus americana** Aubl. 【I, C】 ♣TBG, XMBG; ●FJ, TW; ★(NA): BZ, CR, CU, DO, GT, HN, JM, LW, MX, NI, PA, PR, SV; (SA): BO, BR, CO, EC, PE, PY, VE.

环纹榕 **Ficus annulata** Blume 【N, W/C】 ♣SCBG, XTBG; ●GD, YN; ★(AS): CN, ID, IN, LA, MM, MY, PH, SG, TH, VN.

大果榕（木瓜榕）**Ficus auriculata** Lour. 【N, W/C】 ♣CBG, FBG, FLBG, GXIB, NBG, SCBG, TBG, TMNS, XLTBG, XMBG, XTBG; ●FJ, GD, GX, HI, JS, JX, SC, SH, TW, YN; ★(AS): BT, CN, ID, IN, LA, LK, MM, NP, PK, SG, TH, VN.

北碚榕（北碚容）**Ficus beipeiensis** S. S. Chang 【N, W/C】 ♣FBG, XTBG; ●FJ, YN; ★(AS): CN.

孟加拉榕 **Ficus benghalensis** L. 【I, C】 ♣TBG, XMBG; ●FJ, TW; ★(AS): BT, ID, IN, LA, LK, MM.

黄果榕 **Ficus benguetensis** Merr. 【N, W/C】 ♣GXIB, XTBG; ●GX, YN; ★(AS): CN, JP, PH.

垂叶榕 **Ficus benjamina** L. 【N, W/C】 ♣BBG, FBG, FLBG, GA, GMG, GXIB, IBCAS, KBG, NBG, SCBG, TMNS, WBG, XLTBG, XMBG, XTBG, ZAFU; ●BJ, FJ, GD, GX, HB, HI, JS, JX, SC, SH, TW, YN, ZJ; ★(AS): BT, CN, ID, IN, KH, LA, LK, MM, MY, NP, PH, SG, TH, VN; (OC): AU, PAF.

丛毛垂叶榕（毛垂叶榕）**Ficus benjamina** var. **nuda** (Miq.) M. F. Barrett 【N, W/C】 ♣TBG, XMBG, XTBG; ●FJ, TW, YN; ★(AS): BT, CN, IN, MM, NP, PH, TH, VN.

柳叶榕 **Ficus binnendijkii** Miq. 【I, C】 ♣CBG, FBG, IBCAS, KBG, SCBG, XLTBG, XMBG, XTBG, ZAFU; ●BJ, FJ, GD, HI, SH, YN, ZJ; ★(AS): ID.

草原榕 **Ficus burtt-davyi** Hutch. 【I, C】 ♣XTBG; ●YN; ★(AF): ZA.

硬皮榕 **Ficus callosa** Willd. 【N, W/C】 ♣XMBG, XTBG; ●FJ, YN; ★(AS): CN, ID, IN, LA, LK, MM, MY, PH, TH, VN.

龙州榕 **Ficus cardiophylla** Merr. 【N, W/C】 ♣XTBG; ●YN; ★(AS): CN, VN.

无花果 **Ficus carica** L. 【I, C】 ♣BBG, CBG, CDBG, FBG, FLBG, GBG, GMG, GXIB, HBG, IBCAS, KBG, LBG, NBG, NSBG, SCBG, TBG, TDBG, WBG, XBG, XMBG, XOIG, XTBG, ZAFU; ●AH, BJ, CQ, FJ, GD, GX, GZ, HB, JS, JX, SC, SD, SH, SN, SX, TW, XJ, YN, ZJ; ★(AS): AF, AM, AZ, GE, IR, RU-AS, TJ, TR; (EU): UA.

大叶赤榕 **Ficus caulocarpa** (Miq.) Miq. 【N, W/C】 ♣TMNS; ●TW; ★(AS): CN, ID, IN, JP, LK, MM, MY, PH, SG, TH; (OC): PAF.

西里伯斯榕 **Ficus celebensis** Corner 【I, C】 ♣SCBG, XTBG; ●GD, YN; ★(AS): ID.

沙坝榕 **Ficus chapaensis** Gagnep. 【N, W/C】 ♣XTBG; ●YN; ★(AS): CN, LA, MM, VN.

纸叶榕 **Ficus chartacea** (Wall. ex Kurz) Wall. ex King 【N, W/C】 ♣NBG, SCBG; ●GD; ★(AS): CN, ID, IN, LA, MM, MY, TH, VN.

雅榕 **Ficus concinna** (Miq.) Miq. 【N, W/C】 ♣BBG, CBG, FBG, GMG, GXIB, HBG, IBCAS, NBG, XMBG, XTBG, ZAFU; ●BJ, FJ, GD, GX, JS, SC, SH, YN, ZJ; ★(AS): BT, CN, ID, IN, LA, LK, MM, MY, PH, TH, VN.

*粗脉榕 **Ficus crassinervia** Desf. ex Willd. 【I, C】 ●GD; ★(NA): BZ, CR, CU, GT, HN, JM, LW, MX, NI, PR, SV, VG; (SA): CO, EC.

糙毛榕 **Ficus cumingii** Miq. 【N, W/C】 ♣TMNS; ●TW; ★(AS): CN, ID, IN, PH; (OC): PAF.

钝叶榕 **Ficus curtipes** Corner 【N, W/C】 ♣BBG, NBG, SCBG, XMBG, XTBG; ●BJ, FJ, GD, JS, YN; ★(AS): BT, CN, ID, IN, LA, LK, MM, MY, NP, TH, VN.

革叶榕 **Ficus cyathistipula** Warb.【I, C】♣SCBG, XMBG, XTBG; ●FJ, GD, YN; ★(AF): CD, GA, GN, TZ, UG, ZM.

歪叶榕 **Ficus cyrtophylla** (Wall. ex Miq.) Miq.【N, W/C】♣XMBG, XTBG; ●FJ, YN; ★(AS): BT, CN, ID, IN, LA, LK, MM, MY, TH, VN.

三角叶榕 **Ficus deltoidea** Jack【I, C】♣BBG, FBG, GXIB, IBCAS, NBG, SCBG, XLTBG, XMBG, XTBG, ZAFU; ●BJ, FJ, GD, GX, HI, JS, TW, YN, ZJ; ★(AS): MY, SG.

枕果榕 **Ficus drupacea** Thunb.【N, W/C】♣SCBG, XLTBG, XTBG; ●GD, HI, YN; ★(AS): BT, CN, ID, IN, LA, LK, MM, MY, NP, PH, TH, VN; (OC): AU, PAF.

毛果枕果榕（毛枕果榕）**Ficus drupacea** var. **pubescens** (Roth) Corner【N, W/C】♣SCBG, TBG, XTBG; ●GD, TW, YN; ★(AS): BT, CN, IN, LA, LK, MM, MY, NP, TH, VN.

印度榕 **Ficus elastica** Roxb.【N, W/C】♣BBG, CDBG, FBG, FLBG, GBG, GMG, GXIB, HBG, IBCAS, KBG, LBG, NBG, NSBG, SCBG, TBG, TMNS, WBG, XBG, XLTBG, XMBG, XOIG, XTBG, ZAFU; ●BJ, CQ, FJ, GD, GX, GZ, HB, HI, JS, JX, SC, SH, SN, TW, YN, ZJ; ★(AS): BT, CN, ID, IN, LA, LK, MM, MY, NP.

天仙果 **Ficus erecta** Thunb.【N, W/C】♣CBG, CDBG, FBG, HBG, IBCAS, NBG, SCBG, TBG, TMNS, XMBG, XTBG, ZAFU; ●BJ, FJ, GD, JS, SC, SH, TW, YN, ZJ; ★(AS): CN, JP, KP, KR, VN.

黄毛榕 **Ficus esquiroliana** H. Lév.【N, W/C】♣FBG, GXIB, SCBG, TBG, WBG, XMBG, XTBG; ●FJ, GD, GX, HB, TW, YN; ★(AS): CN, ID, IN, LA, MM, TH, VN.

水同木 **Ficus fistulosa** Reinw. ex Blume【N, W/C】♣FBG, FLBG, GMG, SCBG, TBG, TMNS, WBG, XMBG, XTBG; ●FJ, GD, GX, HB, JX, TW, YN; ★(AS): BT, CN, ID, IN, LA, LK, MM, MY, PH, SG, TH, VN.

台湾榕 **Ficus formosana** Maxim.【N, W/C】♣FBG, FLBG, GA, GMG, GXIB, HBG, NSBG, SCBG, TBG, TMNS, WBG, XMBG, XTBG; ●CQ, FJ, GD, GX, HB, JX, TW, YN, ZJ; ★(AS): CN, VN.

金毛榕 **Ficus fulva** Elmer【N, W/C】♣CBG, GMG, WBG, XTBG; ●GX, HB, SH, YN; ★(AS): CN, ID, IN, LA, MM, MY, TH, VN.

冠毛榕 **Ficus gasparriniana** Miq.【N, W/C】♣WBG, XTBG; ●HB, SC, YN; ★(AS): BT, CN, ID, IN, LA, LK, MM, TH, VN.

长叶冠毛榕 **Ficus gasparriniana** var. **esquirolii** (H. Lév. et Vaniot) Corner【N, W/C】♣CBG, XTBG; ●SH, YN; ★(AS): CN.

菱叶冠毛榕 **Ficus gasparriniana** var. **laceratifolia** (H. Lév. et Vaniot) Corner【N, W/C】♣NSBG, SCBG, XTBG; ●CQ, GD, SC, YN; ★(AS): BT, CN, MM.

曲枝榕 **Ficus geniculata** Kurz【N, W/C】♣XTBG; ●YN; ★(AS): BT, CN, ID, IN, KH, LA, LK, MM, NP, TH, VN.

大叶水榕 **Ficus glaberrima** Blume【N, W/C】♣GXIB, WBG, XMBG, XTBG; ●FJ, GX, HB, YN; ★(AS): BT, CN, ID, IN, LA, LK, MM, NP, TH, VN.

*颖果榕 **Ficus glumosa** Delile【I, C】♣XTBG; ●TW, YN; ★(AF): BI, CF, ET, GH, GN, MW, NG, SD, TZ, ZA, ZM.

贵州榕 **Ficus guizhouensis** X. S. Zhang【N, W/C】♣SCBG; ●GD; ★(AS): CN.

藤榕 **Ficus hederacea** Roxb.【N, W/C】♣BBG, SCBG, XTBG; ●BJ, GD, YN; ★(AS): BT, CN, ID, IN, LA, LK, MM, NP, TH.

尖叶榕 **Ficus henryi** Warb. ex Diels【N, W/C】♣FBG, SCBG, WBG, XTBG; ●FJ, GD, HB, SC, YN; ★(AS): CN, VN.

异叶榕 **Ficus heteromorpha** Hemsl.【N, W/C】♣CBG, CDBG, FBG, GA, GBG, GMG, GXIB, HBG, IBCAS, KBG, LBG, NSBG, SCBG, WBG, XTBG, ZAFU; ●BJ, CQ, FJ, GD, GX, GZ, HB, JX, SC, SH, YN, ZJ; ★(AS): CN, MM.

山榕 **Ficus heterophylla** Blanco【N, W/C】♣XTBG; ●YN; ★(AS): BT, CN, ID, IN, KH, LA, LK, MM, MY, TH, VN.

尾叶榕 **Ficus heteropleura** Blume【N, W/C】♣SCBG; ●GD; ★(AS): BT, CN, ID, IN, KH, LA, LK, MM, MY, PH, SG, TH, VN.

粗叶榕 **Ficus hirta** Vahl【N, W/C】♣BBG, FBG, FLBG, GA, GMG, GXIB, SCBG, WBG, XMBG, XTBG; ●BJ, FJ, GD, GX, HB, JX, YN; ★(AS): BT, CN, ID, IN, LA, LK, MM, MY, NP, TH, VN.

对叶榕 **Ficus hispida** Blanco【N, W/C】♣BBG, CBG, CDBG, FBG, FLBG, GMG, NBG, SCBG, WBG, XLTBG, XMBG, XTBG; ●BJ, FJ, GD, GX, HB, HI, JS, JX, SC, SH, YN; ★(AS): BT, CN, ID, IN, KH, LA, LK, MM, MY, NP, TH, VN.

大青树 **Ficus hookeriana** Corner【N, W/C】♣KBG, XMBG, XTBG; ●FJ, YN; ★(AS): BT, CN, ID, IN, LK, NP.

糙叶榕 **Ficus irisana** Elmer 【N, W/C】 ♣TBG; ●TW; ★(AS): CN, ID, IN, JP, PH.

壶托榕 **Ficus ischnopoda** Miq.【N, W/C】♣SCBG, XTBG; ●GD, YN; ★(AS): BT, CN, ID, IN, LA, LK, MM, MY, TH, VN.

*越南榕 **Ficus koutumensis** Corner 【N, W/C】 ♣XTBG; ●YN; ★(AS): CN, VN.

滇缅榕（滇顷榕）**Ficus kurzii** King 【N, W/C】 ♣XTBG; ●YN; ★(AS): CN, ID, IN, MM, MY, SG, TH, VN.

光叶榕 **Ficus laevis** Desf. 【N, W/C】 ♣XTBG; ●YN; ★(AS): BT, CN, ID, IN, LA, LK, MM, MY, SG, TH, VN.

青藤公 **Ficus langkokensis** Drake 【N, W/C】 ♣SCBG, XTBG; ●GD, YN; ★(AS): CN, ID, IN, LA, VN.

大琴叶榕 **Ficus lyrata** Warb.【I, C】♣BBG, CBG, FBG, FLBG, GA, GMG, GXIB, HBG, IBCAS, KBG, LBG, SCBG, TBG, TMNS, WBG, XLTBG, XMBG, XTBG, ZAFU; ●BJ, FJ, GD, GX, HB, HI, JX, SC, SH, TW, YN, ZJ; ★(AF): CM, SL, TG.

瘤枝榕 **Ficus maclellandi** King【N, W/C】♣NBG, XTBG; ●YN; ★(AS): BT, CN, ID, IN, LA, LK, MM, MY, TH, VN.

大叶榕（大叶无花果）**Ficus macrophylla** Desf. ex Pers. 【I, C】 ●GD; ★(OC): AU.

榕树 **Ficus microcarpa** Blume 【N, W/C】 ♣BBG, CBG, CDBG, FBG, FLBG, GA, GMG, GXIB, HBG, IBCAS, KBG, LBG, NBG, NSBG, SCBG, TBG, TMNS, WBG, XBG, XLTBG, XMBG, XOIG, XTBG, ZAFU; ●BJ, CQ, FJ, GD, GX, GZ, HB, HI, JS, JX, SC, SH, SN, TW, YN, ZJ; ★(AS): BT, CN, ID, IN, JP, LA, LK, MM, MY, NP, PH, SG, TH, VN; (OC): AU, PAF.

南美榕 **Ficus natalensis** Hochst. 【I, C】 ♣SCBG, XTBG; ●GD, TW, YN; ★(AF): BI, CM, GA, GN, NG, TZ, UG, ZA.

斑叶南美榕 **Ficus natalensis** subsp. **leprieurii** (Miq.) C. C. Berg 【I, C】 ♣FLBG, XLTBG, XMBG; ●FJ, GD, HI, JX; ★(AF): BI, CD, CF, CM, ZM.

森林榕 **Ficus neriifolia** A. Rich. 【N, W/C】 ♣XTBG; ●TW, YN; ★(AS): BT, CN, ID, IN, LK, MM, NP.

九丁榕 **Ficus nervosa** B. Heyne ex Roth【N, W/C】 ♣SCBG, XTBG; ●GD, YN; ★(AS): BT, CN, ID, IN, LA, LK, MM, NP, TH, VN.

苹果榕 **Ficus oligodon** Miq. 【N, W/C】 ♣GXIB, SCBG, WBG, XTBG; ●GD, GX, HB, YN; ★(AS): BT, CN, ID, IN, LK, MM, MY, NP, TH, VN.

直脉榕 **Ficus orthoneura** H. Lév. et Vaniot 【N, W/C】 ♣IBCAS, SCBG, XTBG; ●BJ, GD, YN; ★(AS): CN, MM, TH, VN.

卵叶榕 **Ficus ovatifolia** S. S. Chang 【N, W/C】 ♣SCBG; ●GD; ★(AS): CN.

*掌叶榕 **Ficus palmata** Forssk. 【I, C】 ♣SCBG; ●GD; ★(NA): CR.

琴叶榕 **Ficus pandurata** Sander【N, W/C】♣BBG, CBG, FBG, FLBG, GA, GMG, GXIB, HBG, IBCAS, KBG, LBG, NBG, SCBG, TBG, TMNS, WBG, XLTBG, XMBG, XTBG, ZAFU; ●BJ, FJ, GD, GX, HB, HI, JS, JX, SC, SH, TW, YN, ZJ; ★(AS): CN, TH, VN.

蔓榕 **Ficus pedunculosa** Miq.【N, W/C】♣SCBG, TMNS; ●GD, TW; ★(AS): CN, ID, IN, JP, PH; (OC): PAF.

*孔叶榕 **Ficus pertusa** L. f. 【I, C】 ♣XTBG; ●YN; ★(NA): BZ, CR, CU, DO, GT, HN, LW, MX, NI, PA, PR, SV, TT, US, VG, WW; (SA): BO, BR, CO, EC, GF, GY, PE, PY, VE.

大头榕 **Ficus petiolaris** Kunth【I, C】♣BBG, CBG, NBG, TBG, TMNS, XMBG; ●BJ, FJ, JS, SH, TW; ★(NA): MX.

豆果榕 **Ficus pisocarpa** Blume【N, W/C】♣XTBG; ●YN; ★(AS): CN, ID, IN, LA, MY, SG, TH.

多脉榕 **Ficus polynervis** S. S. Chang 【N, W/C】 ♣XTBG; ●YN; ★(AS): CN.

钩毛榕 **Ficus praetermissa** Corner 【N, W/C】 ♣XTBG; ●YN; ★(AS): CN, ID, IN, LA, MM, TH, VN.

平枝榕 **Ficus prostrata** (Wall. ex Miq.) Buch.-Ham. ex Miq. 【N, W/C】 ♣XTBG; ●YN; ★(AS): BT, CN, ID, IN, LK, VN.

褐叶榕 **Ficus pubigera** (Wall. ex Miq.) Kurz 【N, W/C】 ♣WBG, XTBG; ●HB, YN; ★(AS): BT, CN, ID, IN, LA, LK, MM, MY, NP, TH, VN.

鳞果褐叶榕 **Ficus pubigera** var. **anserina** Corner 【N, W/C】 ♣XTBG; ●YN; ★(AS): CN, LA.

大果褐叶榕 **Ficus pubigera** var. **maliformis** (King) Corner 【N, W/C】 ♣XTBG; ●YN; ★(AS): BT, CN, IN, MM.

网果褐叶榕 **Ficus pubigera** var. **reticulata** S. S. Chang 【N, W/C】 ♣XTBG; ●YN; ★(AS): CN.

薜荔 **Ficus pumila** L. 【N, W/C】 ♣BBG, CBG, FBG, FLBG, GA, GMG, GXIB, HBG, IBCAS, KBG, LBG, NBG, SCBG, TBG, TMNS, WBG,

XMBG, XTBG, ZAFU; ●BJ, FJ, GD, GX, GZ, HB, JS, JX, SC, SH, TW, YN, ZJ; ★(AS): CN, ID, JP, MM, SG, VN.

爱玉子 **Ficus pumila** var. **awkeotsang** (Makino) Corner【N, W/C】♣SCBG, XMBG, XTBG; ●FJ, GD, YN; ★(AS): CN.

舶梨榕(船梨榕)**Ficus pyriformis** Hook. et Arn.【N, W/C】♣FLBG, GXIB, SCBG, WBG, XTBG; ●GD, GX, HB, JX, YN; ★(AS): CN, LA, MM, MY, VN.

聚果榕 **Ficus racemosa** Willd.【N, W/C】♣BBG, CBG, FBG, NBG, TBG, XMBG, XTBG; ●BJ, FJ, JS, SC, SH, TW, YN; ★(AS): BT, CN, ID, IN, LA, LK, MM, MY, NP, PK, SG, TH, VN.

柔毛聚果榕 **Ficus racemosa** var. **miquelli** (King) Corner【N, W/C】♣XTBG; ●YN; ★(AS): CN, IN, MM, VN.

菩提树 **Ficus religiosa** Forssk.【I, C】♣BBG, CBG, FBG, FLBG, GA, HBG, IBCAS, NBG, SCBG, TBG, TMNS, WBG, XLTBG, XMBG, XTBG; ●BJ, FJ, GD, HB, HI, JS, JX, SC, SH, TW, YN, ZJ; ★(AS): IN, NP, PK.

*爬榕 **Ficus repens** Roxb. ex Sm.【I, C】♣XTBG; ●YN; ★(AS): IN, LA.

垂枝榕 **Ficus retusa** L.【I, C】♣GXIB, HBG, IBCAS, SCBG, XTBG; ●BJ, GD, GX, YN, ZJ; ★(AS): MY.

锈叶榕 **Ficus rubiginosa** Desf. ex Vent.【I, C】♣FLBG, SCBG; ●GD, JX, YN; ★(OC): AU.

红茎榕 **Ficus ruficaulis** Merr.【N, W/C】♣TMNS, XTBG; ●TW, YN; ★(AS): CN, ID, IN, MY, PH.

心叶榕 **Ficus rumphii** Blume【N, W/C】♣CBG, SCBG, XMBG, XTBG; ●FJ, GD, SH, YN; ★(AS): BT, CN, ID, IN, LA, LK, MM, MY, NP, TH, VN.

羊乳榕 **Ficus sagittata** Vahl【N, W/C】♣SCBG, XMBG; ●FJ, GD; ★(AS): BT, CN, ID, IN, LA, LK, MM, PH, SG, TH, VN.

匍茎榕(葡茎榕)**Ficus sarmentosa** Buch.-Ham. ex Sm.【N, W/C】♣FBG, TMNS, WBG, XMBG, XTBG, ZAFU; ●FJ, HB, TW, YN, ZJ; ★(AS): BT, CN, ID, IN, JP, KP, KR, LK, MM, NP, PK, VN.

珍珠莲 **Ficus sarmentosa** var. **henryi** (King ex D. Oliv.) Corner【N, W/C】♣FBG, HBG, LBG, WBG, XTBG; ●FJ, HB, JX, SC, YN, ZJ; ★(AS): CN.

爬藤榕 **Ficus sarmentosa** var. **impressa** (Champ. ex Benth.) Corner【N, W/C】♣BBG, GXIB, HBG, LBG, WBG, XTBG; ●BJ, GX, HB, JX, YN, ZJ; ★(AS): CN, IN, MM, VN.

尾尖爬藤榕 **Ficus sarmentosa** var. **lacrymans** (H. Lév.) Corner【N, W/C】♣GXIB, XTBG; ●GX, YN; ★(AS): CN, VN.

长柄爬藤榕 **Ficus sarmentosa** var. **luducca** (Roxb.) Corner【N, W/C】♣SCBG; ●GD, SC; ★(AS): CN, IN, NP, PK, VN.

白背爬藤榕 **Ficus sarmentosa** var. **nipponica** (Franch. et Sav.) Corner【N, W/C】♣CBG, FBG; ●FJ, SH; ★(AS): CN, IN, JP, KP, KR.

*萨克斯榕 **Ficus saxophila** Blume【I, C】♣XTBG; ●YN; ★(AS): IN, LA, VN.

鸡嗉子榕 **Ficus semicordata** Miq.【N, W/C】♣GA, KBG, NBG, SCBG, XTBG; ●GD, JS, JX, YN; ★(AS): BT, CN, ID, IN, LA, LK, MM, MY, NP, TH, VN.

棱果榕 **Ficus septica** Burm. f.【N, W/C】♣TBG, TMNS; ●GD, TW; ★(AS): CN, ID, IN, JP, MY, PH; (OC): AU, PAF.

极简榕 **Ficus simplicissima** Lour.【N, W/C】♣FBG, GXIB, HBG, SCBG, XLTBG; ●FJ, GD, GX, HI, ZJ; ★(AS): CN, KH, VN.

缘毛榕 **Ficus sinociliata** Z. K. Zhou et M. G. Gilbert【N, W/C】♣XTBG; ●YN; ★(AS): CN.

肉托榕 **Ficus squamosa** Roxb.【N, W/C】♣XTBG; ●YN; ★(AS): BT, CN, ID, IN, LK, MM, NP, TH.

竹叶榕 **Ficus stenophylla** Hemsl.【N, W/C】♣CBG, FBG, FLBG, GA, GMG, GXIB, SCBG, WBG, XTBG; ●FJ, GD, GX, HB, JX, SH, YN; ★(AS): CN, LA, TH, VN.

劲直榕 **Ficus stricta** (Miq.) Miq.【N, W/C】♣XTBG; ●YN; ★(AS): CN, ID, IN, MY, PH, SG, VN.

棒果榕 **Ficus subincisa** Buch.-Ham. ex Sm.【N, W/C】♣WBG, XTBG; ●HB, YN; ★(AS): BT, CN, ID, IN, LA, LK, MM, NP, TH, VN.

笔管榕 **Ficus subpisocarpa** Gagnep.【N, W/C】♣BBG, CBG, FBG, FLBG, IBCAS, SCBG, TBG, TMNS, WBG, XMBG, XTBG; ●BJ, FJ, GD, HB, JX, SH, TW, YN; ★(AS): CN, JP, LA, MM, MY, TH, VN.

假斜叶榕 **Ficus subulata** Blume【N, W/C】♣FLBG, SCBG, WBG, XTBG; ●GD, HB, JX, YN; ★(AS): BT, CN, ID, IN, LK, MM, MY, NP, TH, VN; (OC): AU, PAF.

华丽榕 **Ficus superba** Miq.【N, W/C】♣XTBG;

●YN; ★(AS): CN, JP, LA, MM, MY, SG; (OC): AU.

*榕 **Ficus sur** Forssk. 【I, C】 ♣XTBG; ●YN; ★(AF): NG, ZA.

滨榕 **Ficus tannoensis** Hayata【N, W/C】♣XMBG; ●FJ; ★(AS): CN.

地果 **Ficus tikoua** Bureau 【N, W/C】 ♣CBG, CDBG, FBG, FLBG, GA, GBG, GMG, GXIB, HBG, KBG, NSBG, SCBG, WBG, XMBG, XTBG; ●CQ, FJ, GD, GX, GZ, HB, JX, SC, SH, YN, ZJ; ★(AS): CN, ID, IN, LA, VN.

染料榕 **Ficus tinctoria** G. Forst.【N, W/C】♣BBG, CBG, GMG, GXIB, HBG, KBG, NBG, SCBG, TMNS, WBG, XLTBG, XMBG, XTBG; ●BJ, FJ, GD, GX, HB, HI, JS, SH, TW, YN, ZJ; ★(AS): BT, CN, ID, IN, JP, LA, LK, MM, MY, NP, PH, TH, VN; (OC): AU, PAF.

楔叶榕 **Ficus trivia** Corner 【N, W/C】 ♣XTBG; ●YN; ★(AS): CN, VN.

光叶楔叶榕 **Ficus trivia** var. **laevigata** S. S. Chang 【N, W/C】 ♣XTBG; ●YN; ★(AS): CN.

岩木瓜 **Ficus tsiangii** Merr. ex Corner 【N, W/C】 ♣WBG, XTBG; ●HB, YN; ★(AS): CN.

平塘榕 **Ficus tuphapensis** Drake 【N, W/C】 ♣XTBG; ●YN; ★(AS): CN, VN.

越橘叶蔓榕（越橘榕）**Ficus vaccinioides** Hemsl. et King 【N, W/C】 ♣TMNS, XMBG; ●FJ, TW; ★(AS): CN, SG.

杂色榕 **Ficus variegata** Blume 【N, W/C】 ♣FBG, FLBG, GA, SCBG, TMNS, WBG, XTBG; ●FJ, GD, HB, JX, TW, YN; ★(AS): CN, ID, IN, JP, LA, MM, MY, PH, SG, TH, VN; (OC): AU, PAF.

变叶榕 **Ficus variolosa** Lindl. ex Benth. 【N, W/C】 ♣CBG, CDBG, FBG, FLBG, GMG, GXIB, HBG, SCBG, XMBG, XTBG; ●FJ, GD, GX, JX, SC, SH, YN, ZJ; ★(AS): CN, LA, MY, VN.

白肉榕 **Ficus vasculosa** Wall. ex Miq. 【N, W/C】 ♣FLBG, NBG, SCBG, XLTBG, XMBG, XTBG; ●FJ, GD, HI, JS, JX, YN; ★(AS): CN, LA, MM, MY, SG, TH, VN.

绒叶蔓榕 **Ficus villosa** Blume 【I, C】 ♣XTBG; ●YN; ★(AS): LA, MY, SG, VN.

黄葛树 **Ficus virens** Aiton 【N, W/C】 ♣CDBG, FBG, FLBG, GXIB, HBG, NSBG, SCBG, WBG, XLTBG, XMBG, XTBG; ●CQ, FJ, GD, GX, HB, HI, JX, SC, YN, ZJ; ★(AS): BT, CN, ID, IN, JP, KH, LA, LK, MM, MY, PH, SG, TH, VN; (OC): AU, PAF.

岛榕 **Ficus virgata** Roxb. 【N, W/C】 ♣TMNS; ●TW; ★(AS): CN, ID, IN, JP, PH; (OC): AU, PAF.

非洲琴叶榕 **Ficus wildemaniana** Warb. ex De Wild. et T. Durand 【I, C】 ●YN; ★(AF): CF, GA.

112. 荨麻科 URTICACEAE

蝎子草属 Girardinia

大蝎子草 **Girardinia diversifolia** (Link) Friis 【N, W/C】 ♣BBG, CDBG, GBG, HBG, LBG, WBG, XTBG; ●BJ, GZ, HB, JX, SC, TW, YN, ZJ; ★(AS): BT, CN, ID, IN, JP, KP, KR, LK, MY, NP.

火麻树属 Dendrocnide

*印尼火麻树 **Dendrocnide amplissima** (Blume) Chew 【I, C】 ♣XTBG; ●YN; ★(AS): ID.

圆基火麻树 **Dendrocnide basirotunda** (C. Y. Wu) Chew 【N, W/C】 ♣XTBG; ●YN; ★(AS): CN, MM, TH.

咬人狗 **Dendrocnide meyeniana** (Walp.) Chew【N, W/C】 ♣TMNS; ●TW; ★(AS): CN, PH.

全缘火麻树 **Dendrocnide sinuata** (Blume) Chew 【N, W/C】 ♣GMG, GXIB, SCBG, XTBG; ●GD, GX, YN; ★(AS): BT, CN, IN, LK, MM, MY, TH, VN.

火麻树 **Dendrocnide urentissima** (Gagnep.) Chew 【N, W/C】 ♣BBG, GXIB, SCBG, XTBG; ●BJ, GD, GX, TW, YN; ★(AS): CN, VN.

花点草属 Nanocnide

花点草 **Nanocnide japonica** Blume 【N, W/C】 ♣FBG, HBG, LBG, NBG, WBG; ●FJ, HB, JS, JX, TW, ZJ; ★(AS): CN, JP, KP, KR.

毛花点草 **Nanocnide lobata** Wedd. 【N, W/C】 ♣CBG, FBG, GXIB, HBG, IBCAS, LBG, SCBG, WBG, ZAFU; ●BJ, FJ, GD, GX, HB, JX, SC, SH, ZJ; ★(AS): CN, JP, VN.

荨麻属 Urtica

狭叶荨麻 **Urtica angustifolia** Fisch. ex Hornem. 【N, W/C】 ♣HFBG, IBCAS; ●BJ, HL; ★(AS): CN, JP, KP, KR, MN, RU-AS.

小果荨麻 **Urtica atrichocaulis** (Hand.-Mazz.) C. J. Chen 【N, W/C】 ♣XTBG; ●YN; ★(AS): CN.

麻叶荨麻 **Urtica cannabina** L. 【N, W/C】

♣IBCAS, TDBG, WBG; ●BJ, HB, XJ; ★(AS): CN, MN, RU-AS; (EU): RU.

异株荨麻 **Urtica dioica** L.【N, W/C】♣NBG; ●JS, TW; ★(AF): ZA; (AS): AF, BT, CN, ID, IN, LK, MN, RU-AS; (OC): AU, NZ.

荨麻 **Urtica fissa** E. Pritz.【N, W/C】♣GBG, HBG, NBG, SCBG, XTBG; ●GD, GZ, JS, SC, YN, ZJ; ★(AS): CN, VN.

宽叶荨麻 **Urtica laetevirens** Maxim.【N, W/C】♣WBG; ●HB; ★(AS): CN, JP, KP, KR, MN, RU-AS.

滇藏荨麻 **Urtica mairei** H. Lév.【N, W/C】♣GMG, XTBG; ●GX, YN; ★(AS): BT, CN, ID, IN, LK, MM, NP.

咬人荨麻 **Urtica thunbergiana** Siebold et Zucc.【N, W/C】♣LBG; ●JX; ★(AS): CN, JP, KR.

艾麻属 Laportea

火焰桑叶麻 **Laportea aestuans** (L.) Chew【I, C】★(AF): CM, NG, TZ.

珠芽艾麻 **Laportea bulbifera** (Siebold et Zucc.) Wedd.【N, W/C】♣GXIB, HBG, LBG, WBG; ●GX, HB, JX, SC, ZJ; ★(AS): BT, CN, ID, IN, JP, KR, LK, MM, MN, RU-AS, TH, VN.

艾麻 **Laportea cuspidata** (Wedd.) Friis【N, W/C】♣GBG, WBG, XTBG; ●GZ, HB, SC, YN; ★(AS): CN, JP, MM.

葡萄叶艾麻 **Laportea violacea** Gagnep.【N, W/C】♣GMG, GXIB, SCBG; ●GD, GX; ★(AS): CN, TH, VN.

锥头麻属 Poikilospermum

毛叶锥头麻 **Poikilospermum lanceolatum** (Trécul) Merr.【N, W/C】♣XTBG; ●YN; ★(AS): BT, CN, ID, IN, LK, MM.

大序锥头麻 **Poikilospermum naucleiflorum** (Roxb. ex Lindl.) Chew【N, W/C】♣WBG; ●HB; ★(AS): BT, CN, ID, IN, LK, MM, TH.

锥头麻 **Poikilospermum suaveolens** (Blume) Merr.【N, W/C】♣XTBG; ●YN; ★(AS): CN, ID, IN, KH, LA, MM, MY, PH, SG, TH, VN.

藤麻属 Procris

藤麻 **Procris crenata** C. B. Rob.【I, C】♣SCBG, XTBG; ●GD, YN; ★(AF): CD, CM, MG, TZ.

长柄藤麻（平滑楼梯草）**Procris pedunculata** (J. R. Forst. et G. Forst.) Wedd.【I, C】♣GMG; ●GX; ★(AF): MG; (OC): VU.

赤车属 Pellionia

短角赤车 **Pellionia brachyceras** W. T. Wang【N, W/C】♣GXIB; ●GX; ★(AS): CN.

短叶赤车 **Pellionia brevifolia** Benth.【N, W/C】♣HBG, LBG, WBG, ZAFU; ●HB, JX, ZJ; ★(AS): CN, JP.

翅茎赤车 **Pellionia caulialata** S. Y. Liou【N, W/C】♣GXIB; ●GX; ★(AS): CN, VN.

华南赤车 **Pellionia grijsii** Hance【N, W/C】♣SCBG; ●GD; ★(AS): CN.

异被赤车 **Pellionia heteroloba** Wedd.【N, W/C】♣SCBG, WBG, XTBG; ●GD, HB, YN; ★(AS): BT, CN, ID, IN, LA, LK, MM, VN.

全缘赤车 **Pellionia heyneana** Wedd.【N, W/C】♣WBG, XTBG; ●HB, YN; ★(AS): CN, ID, IN, KH, LK, TH.

长柄赤车 **Pellionia latifolia** (Blume) Boerl.【N, W/C】♣GMG, WBG, XTBG; ●GX, HB, YN; ★(AS): CN, ID, IN, KH, LA, MM, MY, TH, VN.

光果赤车 **Pellionia leiocarpa** W. T. Wang【N, W/C】♣GXIB; ●GX; ★(AS): CN.

长梗赤车 **Pellionia longipedunculata** W. T. Wang【N, W/C】♣GXIB; ●GX; ★(AS): CN, VN.

滇南赤车 **Pellionia paucidentata** (H. Schroet.) S. S. Chien【N, W/C】♣BBG, XTBG; ●BJ, YN; ★(AS): CN, VN.

赤车 **Pellionia radicans** (Siebold et Zucc.) Wedd.【N, W/C】♣CBG, FBG, GA, GBG, HBG, KBG, LBG, SCBG, WBG, XMBG, XTBG; ●FJ, GD, GZ, HB, JX, SH, YN, ZJ; ★(AS): CN, JP, KP, VN.

吐烟花 **Pellionia repens** (Lour.) Merr.【N, W/C】♣FLBG, HBG, NBG, SCBG, TBG, TMNS, WBG, XLTBG, XMBG, XTBG; ●FJ, GD, HB, HI, JS, JX, TW, YN, ZJ; ★(AS): BT, CN, ID, IN, KH, LA, MM, MY, PH, TH, VN.

蔓赤车 **Pellionia scabra** Benth.【N, W/C】♣FBG, FLBG, GBG, GMG, HBG, LBG, SCBG, WBG, XTBG; ●FJ, GD, GX, GZ, HB, JX, YN, ZJ; ★(AS): CN, JP, KR, VN.

绿赤车 **Pellionia viridis** C. H. Wright【N, W/C】♣SCBG; ●GD; ★(AS): CN.

楼梯草属 Elatostema

渐尖楼梯草 **Elatostema acuminatum** (Poir.) Brongn. 【N, W/C】 ♣SCBG, XTBG; ●GD, YN; ★(AS): BT, CN, ID, IN, LK, MM, MY, NP, TH, VN.

疏毛楼梯草 **Elatostema albopilosum** W. T. Wang 【N, W/C】 ♣WBG; ●HB; ★(AS): CN, VN.

星序楼梯草 **Elatostema asterocephalum** W. T. Wang 【N, W/C】 ♣GXIB; ●GX; ★(AS): CN.

百色楼梯草 **Elatostema baiseense** W. T. Wang 【N, W/C】 ♣GXIB; ●GX; ★(AS): CN.

华南楼梯草 **Elatostema balansae** Gagnep. 【N, W/C】 ♣SCBG, WBG; ●GD, HB; ★(AS): CN, MY, TH, VN.

对序楼梯草 **Elatostema binatum** W. T. Wang et Y. G. Wei 【N, W/C】 ♣GXIB; ●GX; ★(AS): CN.

革叶楼梯草 **Elatostema coriaceifolium** W. T. Wang 【N, W/C】 ♣GXIB; ●GX; ★(AS): CN.

稀齿楼梯草 **Elatostema cuneatum** Wight 【N, W/C】 ♣XTBG; ●YN; ★(AS): BT, CN, ID, IN, JP, KP, LA, LK, MM.

骤尖楼梯草 **Elatostema cuspidatum** Wight 【N, W/C】 ♣WBG; ●HB; ★(AS): CN, ID, IN, MM, NP.

锐齿楼梯草 **Elatostema cyrtandrifolium** Miq. 【N, W/C】♣LBG; ●JX; ★(AS): BT, CN, ID, IN, MM, MY.

盘托楼梯草 **Elatostema dissectum** Wedd. 【N, W/C】 ♣XTBG; ●YN; ★(AS): BT, CN, ID, IN, LA, LK, TH, VN.

围序楼梯草 **Elatostema gyrocephalum** W. T. Wang et Y. G. Wei 【N, W/C】♣GXIB; ●GX; ★(AS): CN.

全缘楼梯草 **Elatostema integrifolium** (D. Don) Wedd. 【N, W/C】 ♣XTBG; ●YN; ★(AS): BT, CN, ID, IN, LK, MM, MY, NP, TH, VN.

朴叶楼梯草 **Elatostema integrifolium** var. **tomentosum** (Hook. f.) W. T. Wang【N, W/C】♣XTBG; ●YN; ★(AS): CN, IN, MY, TH.

楼梯草 **Elatostema involucratum** Franch. et Sav. 【N, W/C】 ♣BBG, FBG, GXIB, HBG, LBG, SCBG, WBG, XMBG, XTBG; ●BJ, FJ, GD, GX, HB, JX, SC, YN, ZJ; ★(AS): CN, JP, KP.

毛序楼梯草 **Elatostema lasiocephalum** W. T. Wang 【N, W/C】 ♣WBG; ●HB; ★(AS): CN.

狭叶楼梯草 **Elatostema lineolatum** Wight 【N, W/C】 ♣FBG, GXIB, KBG, SCBG, TMNS; ●FJ, GD, GX, TW, YN; ★(AS): BT, CN, ID, IN, LA, LK, MM, MY, NP, TH, VN; (OC): AU.

显脉楼梯草 **Elatostema longistipulum** Hand.-Mazz. 【N, W/C】 ♣WBG; ●HB; ★(AS): CN, VN.

多序楼梯草 **Elatostema macintyrei** Dunn 【N, W/C】 ♣XTBG; ●YN; ★(AS): BT, CN, ID, IN, TH, VN.

马山楼梯草 **Elatostema mashanense** W. T. Wang et Y. G. Wei 【N, W/C】 ♣GXIB; ●GX; ★(AS): CN.

巨序楼梯草 **Elatostema megacephalum** W. T. Wang【N, W/C】♣XTBG; ●YN; ★(AS): CN, ID, MY, TH.

勐仑楼梯草 **Elatostema menglunense** W. T. Wang et G. D. Tao 【N, W/C】 ♣XTBG; ●YN; ★(AS): CN.

小果楼梯草 **Elatostema microcarpum** W. T. Wang et Y. G. Wei 【N, W/C】 ♣GXIB; ●GX; ★(AS): CN.

异叶楼梯草 **Elatostema monandrum** (Buch.-Ham. ex D. Don) H. Hara 【N, W/C】 ♣XTBG; ●YN; ★(AS): BT, CN, ID, IN, LA, LK, MM, NP, TH.

托叶楼梯草 **Elatostema nasutum** Hook. f. 【N, W/C】 ♣WBG; ●HB, SC; ★(AS): BT, CN, ID, IN, LK, MY, NP, TH.

钝齿楼梯草 **Elatostema obtusidentatum** W. T. Wang 【N, W/C】 ♣GXIB; ●GX; ★(AS): CN.

钝叶楼梯草 **Elatostema obtusum** Wedd. 【N, W/C】 ♣WBG; ●HB, SC; ★(AS): BT, CN, IN, LK, NP, PH, TH.

小叶楼梯草 **Elatostema parvum** (Blume) Blume ex Miq. 【N, W/C】 ♣WBG, XTBG; ●HB, YN; ★(AS): BT, CN, ID, IN, LK, MM, NP, PH.

樟叶楼梯草 **Elatostema petelotii** Gagnep. 【N, W/C】 ♣WBG; ●HB; ★(AS): CN, VN.

宽叶楼梯草 **Elatostema platyphyllum** Wedd. 【N, W/C】 ♣SCBG, TMNS; ●GD, TW; ★(AS): BT, CN, ID, IN, JP, LK, MY, NP, PH, VN.

半边刀 **Elatostema punctatum** (Buch.-Ham. ex D. Don) Wedd. 【N, W/C】 ♣GXIB; ●GX; ★(AS): CN.

密齿楼梯草 **Elatostema pycnodontum** W. T. Wang 【N, W/C】 ♣WBG; ●HB; ★(AS): CN.

多枝楼梯草 **Elatostema ramosum** W. T. Wang 【N, W/C】 ♣GXIB; ●GX; ★(AS): CN, VN.

石生楼梯草 **Elatostema rupestre** (Buch.-Ham. ex D. Don) Wedd. 【N, W/C】 ♣GBG, GMG, KBG, WBG, XTBG; ●GX, GZ, HB, SC, YN; ★(AS): BT, CN, ID, IN, LK, NP, VN.

迭叶楼梯草 **Elatostema salvinioides** W. T. Wang【N, W/C】♣XTBG; ●YN; ★(AS): CN, LA, MM, TH.

对叶楼梯草 **Elatostema sinense** H. Schroet. 【N, W/C】 ♣GA; ●JX; ★(AS): CN.

庐山楼梯草 **Elatostema stewardii** Merr.【N, W/C】♣GMG, HBG, LBG, NBG, SCBG, WBG; ●GD, GX, HB, JS, JX, ZJ; ★(AS): CN.

细尾楼梯草 **Elatostema tenuicaudatum** W. T. Wang 【N, W/C】 ♣KBG; ●YN; ★(AS): CN, VN.

薄叶楼梯草 **Elatostema tenuifolium** W. T. Wang【N, W/C】 ♣WBG; ●HB; ★(AS): CN.

天峨楼梯草 **Elatostema tianeense** W. T. Wang et Y. G. Wei 【N, W/C】 ♣GXIB; ●GX; ★(AS): CN.

疣果楼梯草 **Elatostema trichocarpum** Hand.-Mazz.【N, W/C】 ♣CBG, WBG; ●HB, SH; ★(AS): CN.

上天梯 **Elatostema umbellatum** (Siebold et Zucc.) Blume 【I, C】 ♣LBG; ●JX; ★(AS): JP, KR.

瑶山楼梯草 **Elatostema yaoshanense** W. T. Wang【N, W/C】 ♣GXIB; ●GX; ★(AS): CN.

冷水花属 Pilea

圆瓣冷水花 **Pilea angulata** (Blume) Blume 【N, W/C】♣CBG, HBG, SCBG, WBG; ●GD, HB, SH, ZJ; ★(AS): CN, ID, IN, JP, LK, VN.

华中冷水花 **Pilea angulata** subsp. **latiuscula** C. J. Chen 【N, W/C】 ♣CBG, WBG; ●HB, SH; ★(AS): CN.

湿生冷水花 **Pilea aquarum** Dunn 【N, W/C】♣SCBG, WBG, XLTBG; ●GD, HB, HI; ★(AS): CN, JP, VN.

基心叶冷水花 **Pilea basicordata** W. T. Wang 【N, W/C】 ♣GMG, GXIB, SCBG, WBG; ●GD, GX, HB; ★(AS): CN.

多苞冷水花 **Pilea bracteosa** Wedd. 【N, W/C】♣XTBG; ●YN; ★(AS): BT, CN, ID, IN, LK, NP.

花叶冷水花 **Pilea cadierei** Gagnep. et Guillaumin【N, W/C】 ♣BBG, CBG, CDBG, FBG, FLBG, GXIB, HBG, IBCAS, KBG, LBG, NSBG, SCBG, TBG, XMBG, XTBG, ZAFU; ●BJ, CQ, FJ, GD, GX, JX, SC, SH, TW, YN, ZJ; ★(AS): CN, SG, VN.

波缘冷水花（石油菜）**Pilea cavaleriei** H. Lév. 【N, W/C】 ♣GBG, GMG, GXIB, SCBG, WBG; ●GD, GX, GZ, HB; ★(AS): BT, CN, IN, LK.

歪叶冷水花（弯叶冷水花）**Pilea cordifolia** Killip【N, W/C】 ♣XTBG; ●YN; ★(AS): CN, ID, IN, LK, NP; (SA): PE.

心托冷水花 **Pilea cordistipulata** C. J. Chen 【N, W/C】 ♣GXIB; ●GX; ★(AS): CN.

玲珑冷水花 **Pilea depressa** (Sw.) Blume 【I, C】♣BBG, IBCAS, SCBG, XTBG; ●BJ, GD, TW, YN; ★(NA): HN, SV.

点乳冷水花 **Pilea glaberrima** (Blume) Blume 【N, W/C】 ♣WBG; ●HB; ★(AS): BT, CN, ID, IN, LK, MM, NP, VN.

泡子冷水花 **Pilea inaequalis** (Juss. ex Poir.) Wedd.【I, C】 ♣FLBG, LBG; ●GD, JX; ★(NA): JM, LW, PR, TT.

山冷水花 **Pilea japonica** (Maxim.) Hand.-Mazz.【N, W/C】♣GMG, WBG; ●GX, HB; ★(AS): CN, JP, KP, KR, RU-AS, VN.

隆脉冷水花 **Pilea lomatogramma** Hand.-Mazz.【N, W/C】 ♣GA, WBG; ●HB, JX; ★(AS): CN.

长茎冷水花 **Pilea longicaulis** Hand.-Mazz. 【N, W/C】 ♣GXIB, XTBG; ●GX, YN; ★(AS): CN, LA, VN.

啮蚀叶冷水花（啮蚀冷水花）**Pilea longicaulis** var. **erosa** C. J. Chen 【N, W/C】 ♣XTBG; ●YN; ★(AS): CN.

大叶冷水花 **Pilea martinii** (H. Lév.) Hand.-Mazz.【N, W/C】 ♣GBG, KBG, WBG; ●GZ, HB, YN; ★(AS): BT, CN.

长序冷水花 **Pilea melastomoides** (Poir.) Wedd.【N, W/C】♣GXIB, XMBG, XTBG; ●FJ, GX, YN; ★(AS): CN, ID, IN, LK, MM, VN.

勐海冷水花 **Pilea menghaiensis** C. J. Chen 【N, W/C】 ♣XTBG; ●YN; ★(AS): CN.

小叶冷水花 **Pilea microphylla** (L.) Liebm. 【I, N】♣BBG, FBG, FLBG, GMG, GXIB, HBG, IBCAS, KBG, LBG, SCBG, TBG, XMBG, XTBG, ZAFU; ●BJ, FJ, GD, GX, JX, TW, YN, ZJ; ★(SA): AR, BO, BR, CO, EC, PE, VE.

皱皮草 **Pilea mollis** Wedd. 【I, C】 ♣NBG, SCBG, TMNS, ZAFU; ●GD, TW, ZJ; ★(SA): VE.

念珠冷水花 **Pilea monilifera** Hand.-Mazz. 【N, W/C】 ♣XTBG; ●YN; ★(AS): CN.

冷水花 **Pilea notata** C. H. Wright 【N, W/C】♣FBG, GBG, GMG, GXIB, HBG, LBG, NBG, NSBG, SCBG, WBG, XTBG; ●CQ, FJ, GD, GX, GZ, HB, JS, JX, SC, YN, ZJ; ★(AS): CN, JP.

泡叶冷水花 **Pilea nummulariifolia** (Sw.) Wedd.【I, C】 ♣BBG, CBG, IBCAS, SCBG, TMNS, WBG, XLTBG, XMBG, XTBG; ●BJ, FJ, GD, HB, HI,

SC, SH, TW, YN; ★(NA): CR, CU, DO, GT, HN, JM, MX, PA, PR, SV; (SA): EC, PE.

巴拿马冷水花 **Pilea ovalis** Griseb. 【I, C】 ●TW; ★(NA): CR, PA.

盾叶冷水花 **Pilea peltata** Hance 【N, W/C】 ♣GMG, SCBG, XMBG; ●FJ, GD, GX, SC; ★(AS): CN, VN.

钝齿冷水花 **Pilea penninervis** C. J. Chen 【N, W/C】 ♣GXIB; ●GX; ★(AS): CN, VN.

镜面草 **Pilea peperomioides** Diels 【N, W/C】 ♣BBG, CDBG, FLBG, GXIB, IBCAS, KBG, LBG, SCBG, WBG, XMBG, XTBG; ●BJ, FJ, GD, GX, HB, JX, SC, YN; ★(AS): CN.

矮冷水花 **Pilea peploides** (Gaudich.) Hook. et Arn. 【N, W/C】 ♣HBG, LBG, SCBG; ●GD, JX, ZJ; ★(AS): BT, CN, ID, IN, JP, KP, KR, LK, MM, MN, RU-AS, TH, VN.

石筋草 **Pilea plataniflora** C. H. Wright 【N, W/C】 ♣GBG, KBG, SCBG, XTBG; ●GD, GZ, YN; ★(AS): CN, JP, TH, VN.

假冷水花 **Pilea pseudonotata** C. J. Chen 【N, W/C】 ♣XTBG; ●YN; ★(AS): CN, VN.

毛虾蟆草 **Pilea pubescens** Liebm. 【I, C】 ♣TBG; ●TW; ★(NA): BZ, CR, CU, DO, GT, HN, JM, LW, MX, NI, PA, PR, SV, TT, VG, WW; (SA): AR, BO, BR, CO, EC, GY, PE, PY, VE.

透茎冷水花 **Pilea pumila** (L.) A. Gray 【N, W/C】 ♣BBG, GA, GMG, HBG, LBG, WBG; ●BJ, GX, HB, JX, SC, ZJ; ★(AS): CN, JP, KP, KR, MN, RU-AS; (NA): CA, US.

阴地冷水花（荫地冷水花）**Pilea pumila** var. **hamaoi** (Makino) C. J. Chen 【N, W/C】 ♣HBG; ●ZJ; ★(AS): CN, JP, KP, KR.

细齿冷水花 **Pilea scripta** (Buch.-Ham. ex D. Don) Wedd. 【N, W/C】 ♣WBG; ●HB; ★(AS): BT, CN, ID, IN, LK, MM, NP.

镰叶冷水花 **Pilea semisessilis** Hand.-Mazz. 【N, W/C】 ♣GA, WBG; ●HB, JX; ★(AS): CN, TH.

厚叶冷水花 **Pilea sinocrassifolia** C. J. Chen 【N, W/C】 ♣WBG; ●HB; ★(AS): CN.

粗齿冷水花 **Pilea sinofasciata** C. J. Chen 【N, W/C】 ♣SCBG, WBG, XTBG; ●GD, HB, YN; ★(AS): CN, ID, IN, LK, TH.

大银脉虾蟆草 **Pilea spruceana** Wedd. 【I, C】 ♣CBG, SCBG, TMNS, XMBG, XTBG; ●FJ, GD, SH, TW, YN; ★(SA): BO, EC, PE.

翅茎冷水花 **Pilea subcoriacea** (Hand.-Mazz.) C. J. Chen 【N, W/C】 ♣WBG, XTBG; ●HB, YN; ★(AS): CN.

三角形冷水花（玻璃草）**Pilea swinglei** Merr. 【N, W/C】 ♣GA, GMG, HBG, LBG, WBG; ●GX, HB, JX, ZJ; ★(AS): CN, MM.

喙萼冷水花 **Pilea symmeria** Wedd. 【N, W/C】 ♣XTBG; ●YN; ★(AS): BT, CN, ID, IN, LK, MM, NP.

荫生冷水花 **Pilea umbrosa** Blume 【N, W/C】 ♣WBG; ●HB; ★(AS): BT, CN, ID, IN, LK, NP.

疣果冷水花 **Pilea verrucosa** Hand.-Mazz. 【N, W/C】 ♣LBG, WBG, XTBG; ●HB, JX, YN; ★(AS): CN, VN; (SA): PE.

毛茎冷水花 **Pilea villicaulis** Hand.-Mazz. 【N, W/C】 ♣XTBG; ●YN; ★(AS): CN.

生根冷水花 **Pilea wightii** Wedd. 【N, W/C】 ♣SCBG; ●GD; ★(AS): BT, CN, ID, IN, LK, NP.

水丝麻属 Maoutia

水丝麻 **Maoutia puya** (Hook.) Wedd. 【N, W/C】 ♣XTBG; ●YN; ★(AS): BT, CN, ID, IN, LA, LK, MM, NP, VN.

兰屿水丝麻 **Maoutia setosa** Wedd. 【N, W/C】 ♣TMNS; ●TW; ★(AS): CN, JP, PH.

四脉麻属 Leucosyke

四脉麻 **Leucosyke quadrinervia** C. B. Rob. 【N, W/C】 ♣TMNS; ●TW; ★(AS): CN, PH.

号角树属 Cecropia

号角树 **Cecropia pachystachya** Trécul 【I, C】 ♣CBG, FBG, FLBG, GMG, NBG, SCBG, TMNS, XMBG, XOIG; ●FJ, GD, GX, JS, JX, SH, TW; ★(SA): AR, BR, PY.

伞树属 Musanga

伞树 **Musanga cecropioides** R. Br. ex Tedlie 【I, C】 ♣XTBG; ●YN; ★(AF): CD, CF, CG, CM, GA, NG.

紫麻属 Oreocnide

紫麻 **Oreocnide frutescens** (Thunb.) Miq. 【N, W/C】 ♣CBG, FBG, GA, LBG, NSBG, SCBG, WBG, XTBG; ●CQ, FJ, GD, HB, JX, SH, TW, YN; ★(AS): BT, CN, IN, JP, KH, KR, LA, MM, MY, TH, VN.

滇藏紫麻 **Oreocnide frutescens** subsp. **occidentalis** C. J. Chen 【N, W/C】 ♣XTBG; ●YN; ★(AS): BT, CN, IN.

广西紫麻 **Oreocnide kwangsiensis** Hand.-Mazz. 【N, W/C】 ♣GMG, GXIB, SCBG; ●GD, GX; ★(AS): CN, VN.

红紫麻 **Oreocnide rubescens** (Blume) Miq. 【N, W/C】 ♣GXIB, SCBG, XTBG; ●GD, GX, YN; ★(AS): BT, CN, ID, IN, LK, MM, MY, TH, VN.

细齿紫麻 **Oreocnide serrulata** C. J. Chen 【N, W/C】 ♣WBG; ●HB; ★(AS): CN, VN.

宽叶紫麻 **Oreocnide tonkinensis** (Gagnep.) Merr. et Chun 【N, W/C】 ♣SCBG; ●GD; ★(AS): CN, VN.

三脉紫麻 **Oreocnide trinervis** (Wedd.) Miq. 【N, W/C】 ♣TMNS; ●TW; ★(AS): CN, ID, IN, PH.

苎麻属 Boehmeria

白面苎麻 **Boehmeria clidemioides** Miq. 【N, W/C】 ♣XTBG; ●SC, YN; ★(AS): BT, CN, ID, IN, LA, LK, MM, MY, NP, VN.

序叶苎麻 **Boehmeria clidemioides** var. **diffusa** (Wedd.) Hand.-Mazz. 【N, W/C】 ♣FBG, LBG, WBG, XTBG; ●FJ, HB, JX, YN; ★(AS): BT, CN, IN, LA, MM, NP, VN.

密球苎麻 **Boehmeria densiglomerata** W. T. Wang 【N, W/C】 ♣WBG, XTBG; ●HB, YN; ★(AS): CN.

长序苎麻 **Boehmeria dolichostachya** W. T. Wang 【N, W/C】 ♣GXIB; ●GX; ★(AS): CN.

福州苎麻 **Boehmeria formosana** var. **stricta** (C. H. Wright) C. J. Chen 【N, W/C】 ♣FBG, LBG; ●FJ, JX; ★(AS): CN.

腋球苎麻 **Boehmeria glomerulifera** Miq. 【N, W/C】 ♣XTBG; ●TW, YN; ★(AS): BT, CN, ID, IN, LA, LK, MM, MY, TH, VN.

细序苎麻 **Boehmeria hamiltoniana** Wedd. 【N, W/C】 ♣XTBG; ●YN; ★(AS): BT, CN, ID, IN, LK, MM, NP, TH.

野线麻 **Boehmeria japonica** (L. f.) Miq. 【N, W/C】 ♣GA, GBG, GMG, HBG, LBG, SCBG, WBG, XTBG, ZAFU; ●FJ, GD, GX, GZ, HB, HN, JS, JX, SC, SD, TW, YN, ZJ; ★(AS): CN, JP, KP, KR.

水苎麻 **Boehmeria macrophylla** D. Don 【N, W/C】 ♣CDBG, GMG, NSBG, SCBG, WBG, XTBG; ●CQ, GD, GX, GZ, HB, SC, YN; ★(AS): BT, CN, IN, LA, LK, MM, NP, TH, VN; (OC): AU.

灰绿水苎麻 **Boehmeria macrophylla** var. **canescens** (Wedd.) D. G. Long 【N, W/C】 ♣XTBG; ●YN; ★(AS): BT, CN, IN, NP.

糙叶水苎麻(糙叶苎麻) **Boehmeria macrophylla** var. **scabrella** (Roxb.) D. G. Long 【N, W/C】 ♣SCBG, XTBG; ●GD, YN; ★(AS): BT, CN, ID, IN, LA, LK, NP, TH, VN.

苎麻 **Boehmeria nivea** (L.) Hook. f. et Arn. 【N, W/C】 ♣CBG, FBG, FLBG, GA, GBG, GMG, GXIB, HBG, KBG, LBG, NBG, NSBG, SCBG, WBG, XBG, XMBG, XTBG, ZAFU; ●AH, BJ, CQ, FJ, GD, GX, GZ, HA, HB, HI, HN, JS, JX, SC, SH, SN, YN, ZJ; ★(AS): BT, CN, ID, IN, JP, KH, KP, KR, LA, LK, MM, MY, NP, SG, TH, VN; (OC): AU.

青叶苎麻 **Boehmeria nivea** var. **tenacissima** (Gaudich.) Miq. 【N, W/C】 ♣GA, GXIB, HBG; ●GX, HI, JX, YN, ZJ; ★(AS): CN, ID, IN, JP, KP, KR, LA, TH, VN.

疏毛水苎麻(疏毛苎麻) **Boehmeria pilosiuscula** (Blume) Hassk. 【N, W/C】 ♣XTBG; ●YN; ★(AS): CN, ID, IN, TH.

歧序苎麻 **Boehmeria polystachya** Wedd. 【N, W/C】 ♣XTBG; ●YN; ★(AS): BT, CN, ID, IN, LK, MM, NP.

束序苎麻(八棱麻) **Boehmeria siamensis** Craib 【N, W/C】 ♣GMG, SCBG, XTBG; ●GD, GX, YN; ★(AS): CN, IN, LA, MM, TH, VN.

草麻 **Boehmeria sieboldiana** Blume 【N, W/C】 ●ZJ; ★(AS): CN, JP, KR.

赤麻 **Boehmeria silvestrii** (Pamp.) W. T. Wang 【N, W/C】 ●GS, HA, HB, HE, JX, LN, SC, SN; ★(AS): CN, JP, KP.

小赤麻 **Boehmeria spicata** (Gaudich.) Endl. 【N, W/C】 ♣CBG, GA, GBG, HBG, IBCAS, LBG, WBG, ZAFU; ●BJ, FJ, GZ, HB, HE, JS, JX, SC, SD, SH, YN, ZJ; ★(AS): CN, JP, KP, KR.

悬铃叶苎麻(八角麻) **Boehmeria tricuspis** (Hance) Makino 【N, W/C】 ♣GMG, HBG, LBG, NBG, SCBG, WBG, ZAFU; ●AH, FJ, GD, GS, GX, HB, HN, JS, JX, QH, SC, ZJ; ★(AS): CN, JP, KP, KR, MN, RU-AS.

阴地苎麻 **Boehmeria umbrosa** (Hand.-Mazz.) W. T. Wang 【N, W/C】 ●SC, YN; ★(AS): CN.

帚序苎麻 **Boehmeria zollingeriana** Wedd. 【N, W/C】 ♣WBG, XTBG; ●HB, YN; ★(AS): CN, ID, IN, LA, MM, TH, VN.

瘤冠麻属 Cypholophus

瘤冠麻 **Cypholophus moluccanus** (Blume) Miq. 【N, W/C】 ♣FBG; ●FJ, TW; ★(AS): CN, ID, IN, PH; (OC): US-HW.

舌柱麻属 Archiboehmeria

舌柱麻 **Archiboehmeria atrata** (Gagnep.) C. J. Chen 【N, W/C】 ♣GXIB, SCBG; ●GD, GX; ★(AS): CN, VN.

水麻属 Debregeasia

长叶水麻 **Debregeasia longifolia** (Burm. f.) Wedd. 【N, W/C】 ♣CBG, CDBG, GBG, HBG, SCBG, WBG, XTBG; ●GD, GZ, HB, SC, SH, YN, ZJ; ★(AS): BT, CN, ID, IN, KH, LA, LK, MM, MY, NP, PH, TH, VN.

水麻 **Debregeasia orientalis** C. J. Chen 【N, W/C】 ♣CBG, GBG, KBG, SCBG, WBG, XTBG; ●GD, GZ, HB, SC, SH, YN; ★(AS): BT, CN, ID, IN, JP, NP.

柳叶水麻 **Debregeasia saeneb** (Forssk.) Hepper et J. R. I. Wood 【N, W/C】 ♣KBG; ●YN; ★(AS): AF, BT, CN, LA, NP, YE.

鳞片水麻 **Debregeasia squamata** King ex Hook. f. 【N, W/C】 ♣GXIB, SCBG, XTBG; ●GD, GX, YN; ★(AS): CN, ID, IN, LA, MM, MY, TH, VN.

长序水麻 **Debregeasia wallichiana** (Wedd.) Wedd. 【N, W/C】 ●TW; ★(AS): BT, CN, ID, IN, KH, LK, MM, NP, TH.

微柱麻属 Chamabainia

微柱麻 **Chamabainia cuspidata** Wight 【N, W/C】 ♣WBG; ●HB; ★(AS): BT, CN, ID, IN, LK, MM, NP, VN.

糯米团属 Gonostegia

糯米团 **Gonostegia hirta** (Blume ex Hassk.) Miq. 【N, W/C】 ♣FBG, GA, GBG, GMG, GXIB, HBG, KBG, LBG, NSBG, SCBG, WBG, XMBG, XTBG, ZAFU; ●CQ, FJ, GD, GX, GZ, HB, JX, SC, TW, YN, ZJ; ★(AS): CN, JP; (OC): AU, PAF.

雾水葛属 Pouzolzia

雪毡雾水葛 **Pouzolzia niveotomentosa** W. T. Wang 【N, W/C】 ♣WBG; ●HB; ★(AS): CN.

红雾水葛 **Pouzolzia sanguinea** (Blume) Merr. 【N, W/C】 ♣XTBG; ●YN; ★(AS): BT, CN, ID, IN, LA, LK, MM, MY, NP, TH, VN.

雅致雾水葛 **Pouzolzia sanguinea** var. **elegans** (Wedd.) Friis et Wilmot-Dear 【N, W/C】 ♣XTBG; ●SC, YN; ★(AS): CN.

雾水葛 **Pouzolzia zeylanica** (L.) Benn. et R. Br. 【N, W/C】 ♣GMG, GXIB, LBG, NSBG, SCBG, WBG, XMBG, XTBG, ZAFU; ●CQ, FJ, GD, GX, HB, JX, YN, ZJ; ★(AS): BT, CN, ID, IN, JP, LA, LK, MM, MY, NP, PH, PK, SG, TH, VN; (OC): AU, PAF.

多枝雾水葛 **Pouzolzia zeylanica** var. **microphylla** (Wedd.) Masam. 【N, W/C】 ♣XTBG; ●YN; ★(AS): CN.

落尾木属 Pipturus

落尾木 **Pipturus arborescens** (Link) C. B. Rob. 【N, W/C】 ♣TMNS; ●TW; ★(AS): CN, ID, JP, PH.

墙草属 Parietaria

墙草 **Parietaria micrantha** Ledeb. 【N, W/C】 ♣BBG; ●BJ, TW; ★(AS): BT, CN, ID, IN, JP, KP, LK, MN, NP, RU-AS; (OC): PAF.

金钱麻属 Soleirolia

金钱麻 **Soleirolia soleirolii** (Req.) Dandy 【I, C】 ♣IBCAS, SCBG, XMBG; ●BJ, FJ, GD, TW; ★(EU): FR, IT.

113. 南青冈科 NOTHOFAGACEAE

南青冈属 Nothofagus

南青冈 **Nothofagus antarctica** (G. Forst.) Oerst. 【I, C】 ●YN; ★(SA): AR, CL.

*斜叶南青冈 **Nothofagus obliqua** (Mirb.) Oerst. 【I, C】 ♣KBG; ●YN; ★(SA): AR, CL.

114. 壳斗科 FAGACEAE

水青冈属 Fagus

米心水青冈 **Fagus engleriana** Seemen ex Diels 【N,

W/C】 ♣FBG, HBG, SCBG, WBG; ●FJ, GD, HB, SC, ZJ; ★(AS): CN, KR.

北美水青冈 **Fagus grandifolia** Ehrh. 【I, C】 ●JL, TW; ★(NA): CA, US.

台湾水青冈 **Fagus hayatae** Palib. ex Hayata 【N, W/C】 ♣TBG, WBG; ●HB, TW; ★(AS): CN.

水青冈(山毛榉) **Fagus longipetiolata** Seemen 【N, W/C】 ♣CBG, CDBG, FBG, GXIB, HBG, KBG, LBG, NBG, WBG; ●BJ, FJ, GX, HB, JS, JX, SC, SH, YN, ZJ; ★(AS): CN, VN.

光叶水青冈 **Fagus lucida** Rehder et E. H. Wilson 【N, W/C】 ♣CBG, FBG, GXIB, HBG, NBG, WBG; ●FJ, GX, HB, JS, SH, TW, ZJ; ★(AS): CN.

欧洲水青冈 **Fagus sylvatica** L. 【I, C】 ♣CBG, GA, IBCAS; ●BJ, HB, HE, JL, JX, LN, NX, SH, SN, TW, XJ, ZJ; ★(EU): AT, BE, CZ, DE, ES, FR, GB, GR, IT, ME, PL, PT, RO, RS, SE, TR.

紫叶欧洲水青冈(紫叶水青冈) **Fagus sylvatica** var. **atropunicea** Marshall 【I, C】 ♣LBG; ●JX; ★(EU): AT, BE, CZ, DE, ES, FR, GB, GR, IT, ME, PL, PT, RO, RS, SE, TR.

三棱栎属 Formanodendron

三棱栎 **Formanodendron doichangensis** (A. Camus) Nixon et Crepet 【N, W/C】 ♣KBG, XTBG; ●YN; ★(AS): CN, TH.

轮叶三棱栎属 Trigonobalanus

轮叶三棱栎 **Trigonobalanus verticillata** Forman 【N, W/C】 ♣KBG; ●YN; ★(AS): CN, MY.

柯属 Lithocarpus

杏叶柯 **Lithocarpus amygdalifolius** (Skan) Hayata 【N, W/C】 ♣SCBG, TMNS, XLTBG; ●GD, HI, TW; ★(AS): CN, VN.

茸果柯 **Lithocarpus bacgiangensis** (Hickel et A. Camus) A. Camus 【N, W/C】 ♣XTBG; ●YN; ★(AS): CN, VN.

猴面柯 **Lithocarpus balansae** (Drake) A. Camus 【N, W/C】 ♣XTBG; ●YN; ★(AS): CN, LA, VN.

短尾柯(岭南柯) **Lithocarpus brevicaudatus** (Skan) Hayata 【N, W/C】 ♣GXIB, SCBG, TBG, ZAFU; ●GD, GX, TW, ZJ; ★(AS): CN.

美叶柯 **Lithocarpus calophyllus** Chun ex C. C. Huang et Y. T. Chang 【N, W/C】 ♣FBG, GA, GXIB, NBG; ●FJ, GX, JS, JX; ★(AS): CN.

金毛柯 **Lithocarpus chrysocomus** Chun et Tsiang 【N, W/C】 ♣HBG; ●ZJ; ★(AS): CN.

包果柯(包槲柯) **Lithocarpus cleistocarpus** (Seemen) Rehder et E. H. Wilson 【N, W/C】 ♣CBG, FBG, GA, HBG, WBG; ●FJ, HB, JX, SC, SH, YN, ZJ; ★(AS): CN.

窄叶柯 **Lithocarpus confinis** S. H. Huang ex Y. C. Hsu et H. W. Jen 【N, W/C】 ♣WBG; ●HB; ★(AS): CN.

烟斗柯 **Lithocarpus corneus** (Lour.) Rehder 【N, W/C】 ♣FLBG, GXIB, SCBG, XLTBG, XTBG; ●GD, GX, HI, JX, YN; ★(AS): CN, LA, VN.

环鳞烟斗柯 **Lithocarpus corneus** var. **zonatus** C. C. Huang et Y. T. Chang 【N, W/C】 ♣HBG, IBCAS; ●BJ, ZJ; ★(AS): CN, VN.

白穗柯 **Lithocarpus craibianus** Barnett 【N, W/C】 ♣XTBG; ●YN; ★(AS): CN, LA, TH.

鱼蓝柯(鱼篮柯) **Lithocarpus cyrtocarpus** (Drake) A. Camus 【N, W/C】 ♣SCBG; ●GD; ★(AS): CN, VN.

白柯(白皮柯) **Lithocarpus dealbatus** (Hook. f. et Thomson ex Miq.) Rehder 【N, W/C】 ♣CDBG, KBG; ●SC, YN; ★(AS): BT, CN, ID, IN, LA, LK, MM, NP, TH, VN.

*白穗白皮柯 **Lithocarpus dealbatus** subsp. **leucostachyus** (A. Camus) A. Camus 【N, W/C】 ♣XTBG; ●YN; ★(AS): CN.

柳叶柯 **Lithocarpus dodonaeifolius** (Hayata) Hayata 【N, W/C】 ♣TMNS; ●TW; ★(AS): CN.

可食柯 **Lithocarpus edulis** (Makino) Nakai 【I, C】 ●TW; ★(AS): JP.

厚斗柯 **Lithocarpus elizabethae** (Tutcher) Rehder 【N, W/C】 ♣WBG; ●HB; ★(AS): CN.

枇杷叶柯 **Lithocarpus eriobotryoides** C. C. Huang et Y. T. Chang 【N, W/C】 ♣CBG, WBG; ●HB, SH; ★(AS): CN.

易武柯 **Lithocarpus farinulentus** (Hance) A. Camus 【N, W/C】 ♣XTBG; ●YN; ★(AS): CN, KH, TH, VN.

泥柯(泥椎柯) **Lithocarpus fenestratus** (Roxb.) Rehder 【N, W/C】 ♣SCBG, XTBG; ●GD, YN; ★(AS): BT, CN, ID, IN, LA, LK, MM, TH, VN.

红柯 **Lithocarpus fenzelianus** A. Camus 【N, W/C】 ♣WBG, XLTBG; ●HB, HI; ★(AS): CN.

勐海柯 **Lithocarpus fohaiensis** (Hu) A. Camus 【N, W/C】 ♣XTBG; ●YN; ★(AS): CN.

密脉柯 **Lithocarpus fordianus** (Hemsl.) Chun 【N, W/C】 ♣XTBG; ●YN; ★(AS): CN, VN.

柯（石栎）**Lithocarpus glaber** (Thunb.) Nakai 【N, W/C】 ♣CBG, CDBG, FBG, GA, GMG, GXIB, HBG, LBG, NBG, SCBG, TMNS, WBG, XLTBG, XTBG, ZAFU; ●FJ, GD, GX, HB, HI, JS, JX, SC, SH, TW, YN, ZJ; ★(AS): CN, JP.

耳叶柯 **Lithocarpus grandifolius** (D. Don) S. N. Biswas 【N, W/C】 ♣KBG, WBG, XTBG; ●HB, YN; ★(AS): BT, CN, ID, IN, LA, MM, NP, TH.

庵耳柯（耳柯）**Lithocarpus haipinii** Chun 【N, W/C】 ♣GXIB, SCBG; ●GD, GX; ★(AS): CN.

硬壳柯 **Lithocarpus hancei** (Benth.) Rehder 【N, W/C】 ♣CBG, FBG, FLBG, GA, GXIB, HBG, NBG, SCBG, TBG, TMNS, WBG, XMBG; ●FJ, GD, GX, HB, JS, JX, SH, TW, ZJ; ★(AS): CN.

瘤果柯 **Lithocarpus handelianus** A. Camus 【N, W/C】 ♣SCBG; ●GD, HI; ★(AS): CN.

港柯 **Lithocarpus harlandii** (Hance ex Walp.) Rehder 【N, W/C】 ♣CBG, FBG, GA, GXIB, LBG, NBG, SCBG, TMNS, WBG, XMBG; ●FJ, GD, GX, HB, JS, JX, SC, SH, TW; ★(AS): CN.

灰柯（绵柯）**Lithocarpus henryi** (Seemen) Rehder et E. H. Wilson 【N, W/C】 ♣CBG, FBG, GA, HBG, KBG, LBG, NBG, SCBG, WBG, XMBG; ●FJ, GD, HB, JS, JX, SH, YN, ZJ; ★(AS): CN.

灰背叶柯 **Lithocarpus hypoglaucus** (Hu) C. C. Huang ex Y. C. Hsu et H. W. Jen 【N, W/C】 ♣XTBG; ●YN; ★(AS): CN.

鼠刺叶柯 **Lithocarpus iteaphyllus** (Hance) Rehder 【N, W/C】 ♣SCBG; ●GD; ★(AS): CN.

挺叶柯 **Lithocarpus ithyphyllus** Chun ex H. T. Chang 【N, W/C】 ♣FLBG, SCBG; ●GD, JX; ★(AS): CN.

油叶柯 **Lithocarpus konishii** (Hayata) Hayata 【N, W/C】 ♣TBG, TMNS, XTBG; ●TW, YN; ★(AS): CN.

桂叶柯 **Lithocarpus korthalsii** (Endl.) Soepadmo 【I, C】 ♣HBG, IBCAS; ●BJ, ZJ; ★(AS): ID, IN.

鬼石柯 **Lithocarpus lepidocarpus** (Hayata) Hayata 【N, W/C】 ♣IBCAS; ●BJ; ★(AS): CN.

木姜叶柯 **Lithocarpus litseifolius** (Hance) Chun 【N, W/C】 ♣CBG, CDBG, FBG, GA, SCBG, WBG; ●FJ, GD, HB, JX, SC, SH; ★(AS): CN, ID, IN, LA, MM, VN.

龙眼柯 **Lithocarpus longanoides** C. C. Huang et Y. T. Chang 【N, W/C】 ♣SCBG; ●GD; ★(AS): CN.

柄果柯 **Lithocarpus longipedicellatus** (Hickel et A. Camus) A. Camus 【N, W/C】 ♣XLTBG; ●HI; ★(AS): CN, LA, VN.

黑家柯 **Lithocarpus magneinii** (Hickel et A. Camus) A. Camus 【N, W/C】 ♣XTBG; ●YN; ★(AS): CN, LA, VN.

光叶柯 **Lithocarpus mairei** (Schottky) Rehder 【N, W/C】 ♣KBG; ●YN; ★(AS): CN.

澜沧柯 **Lithocarpus mekongensis** (A. Camus) C. C. Huang et Y. T. Zhang 【N, W/C】 ♣XTBG; ●YN; ★(AS): CN, LA, VN.

小果柯 **Lithocarpus microspermus** A. Camus 【N, W/C】 ♣XTBG; ●YN; ★(AS): CN, LA, VN.

水仙柯 **Lithocarpus naiadarum** (Hance) Chun 【N, W/C】 ♣CDBG, HBG, SCBG, XTBG; ●GD, SC, YN, ZJ; ★(AS): CN.

大叶苦柯 **Lithocarpus paihengii** Chun et Tsiang 【N, W/C】 ♣FLBG; ●GD, JX; ★(AS): CN.

圆锥柯 **Lithocarpus paniculatus** Hand.-Mazz. 【N, W/C】 ♣GXIB, SCBG; ●GD, GX; ★(AS): CN.

多穗柯 **Lithocarpus polystachyus** (Wall. ex A. DC.) Rehder 【N, W/C】 ♣CBG, FBG, GA, KBG, SCBG, XTBG; ●FJ, GD, HB, JX, SH, YN; ★(AS): CN, ID, IN, KH, LA, MM, VN.

单果柯 **Lithocarpus pseudoreinwardtii** A. Camus 【N, W/C】 ♣XTBG; ●YN; ★(AS): CN, LA, VN.

毛果柯 **Lithocarpus pseudovestitus** A. Camus 【N, W/C】 ♣XLTBG; ●HI; ★(AS): CN, VN.

南川柯 **Lithocarpus rosthornii** (Schottky) Barnett 【N, W/C】 ♣SCBG; ●GD; ★(AS): CN.

犁耙柯 **Lithocarpus silvicolarum** (Hance) Chun 【N, W/C】 ♣SCBG, WBG; ●GD, HB; ★(AS): CN, ID, IN, LA, VN.

平头柯 **Lithocarpus tabularis** Y. C. Hsu et H. Wei Jen 【N, W/C】 ♣XTBG; ●YN; ★(AS): CN.

菱果柯 **Lithocarpus taitoensis** (Hayata) Hayata 【N, W/C】 ♣SCBG; ●GD; ★(AS): CN.

截果柯 **Lithocarpus truncatus** (King ex Hook. f.) Rehder et E. H. Wilson 【N, W/C】 ♣GA, XTBG; ●JX, YN; ★(AS): CN, ID, IN, LA, MM, TH, VN.

紫玉盘柯 **Lithocarpus uvariifolius** (Hance) Rehder 【N, W/C】 ♣FLBG, SCBG, WBG; ●GD, HB, JX; ★(AS): CN.

麻子壳柯（多变柯）**Lithocarpus variolosus** (Franch.) Chun 【N, W/C】 ♣KBG, XTBG; ●YN; ★(AS): CN, VN.

木果柯 **Lithocarpus xylocarpus** (Kurz) Markgr.

【N, W/C】 ♣WBG; ●HB; ★(AS): CN, ID, IN, LA, MM, VN.

青冈属 Cyclobalanopsis

窄叶青冈 **Cyclobalanopsis augustinii** (Skan) Schottky 【N, W/C】 ♣FBG; ●FJ; ★(AS): CN, VN.

越南青冈 **Cyclobalanopsis austrocochinchinensis** (Hickel et A. Camus) Hjelmq. 【N, W/C】 ♣XTBG; ●YN; ★(AS): CN, TH, VN.

滇南青冈 **Cyclobalanopsis austroglauca** Y. T. Chang 【N, W/C】 ♣FBG, KBG; ●FJ, YN; ★(AS): CN.

槟榔青冈 **Cyclobalanopsis bella** (Chun et Tsiang) Chun ex Y. C. Hsu et H. Wei Jen 【N, W/C】 ♣SCBG; ●GD; ★(AS): CN, VN.

栎子青冈 **Cyclobalanopsis blakei** (Skan) Schottky 【N, W/C】 ♣SCBG; ●GD; ★(AS): CN, LA, VN.

岭南青冈 **Cyclobalanopsis championii** (Benth.) Oerst. 【N, W/C】 ♣FBG, FLBG, SCBG; ●FJ, GD, JX; ★(AS): CN.

扁果青冈 **Cyclobalanopsis chapensis** (Hickel et A. Camus) Y. C. Hsu et H. Wei Jen 【N, W/C】 ♣KBG, XTBG; ●YN; ★(AS): CN, ID, IN, VN.

浙江青刚栎 **Cyclobalanopsis chekiangensis** Cheng et T. Hong 【N, W/C】 ♣HBG; ●ZJ; ★(AS): CN.

毛斗青冈 **Cyclobalanopsis chrysocalyx** (Hickel et A. Camus) Hjelmq. 【N, W/C】 ♣XTBG; ●YN; ★(AS): CN, KH, LA, VN.

福建青冈 **Cyclobalanopsis chungii** (F. P. Metcalf) Y. C. Hsu et H. Wei Jen 【N, W/C】 ♣CBG, FBG; ●FJ, SH; ★(AS): CN.

黄毛青冈 **Cyclobalanopsis delavayi** (Franch.) Schottky 【N, W/C】 ♣IBCAS; ●BJ, HB; ★(AS): CN.

鼎湖青冈 **Cyclobalanopsis dinghuensis** (C. C. Huang) Y. C. Hsu et H. Wei Jen 【N, W/C】 ♣SCBG; ●GD; ★(AS): CN.

碟斗青冈 **Cyclobalanopsis disciformis** (Chun et Tsiang) Y. C. Hsu et H. Wei Jen 【N, W/C】 ♣KBG, SCBG; ●GD, YN; ★(AS): CN.

突脉青冈 **Cyclobalanopsis elevaticostata** Q. F. Zheng 【N, W/C】 ♣CBG; ●SH; ★(AS): CN.

饭甑青冈 **Cyclobalanopsis fleuryi** (Hickel et A. Camus) W. T. Chun 【N, W/C】 ♣FBG, FLBG, GXIB, KBG, SCBG, XTBG; ●FJ, GD, GX, JX, YN; ★(AS): CN, LA, VN.

赤皮青冈 **Cyclobalanopsis gilva** (Blume) Oerst. 【N, W/C】 ♣CBG, FBG, GA, GXIB, HBG, TBG, XTBG, ZAFU; ●FJ, GX, HB, JX, SH, TW, YN, ZJ; ★(AS): CN, JP.

青冈 **Cyclobalanopsis glauca** (Thunb.) Oerst. 【N, W/C】 ♣BBG, CBG, CDBG, FBG, GA, GXIB, HBG, IBCAS, KBG, LBG, NBG, NSBG, SCBG, TBG, TMNS, WBG, XMBG, ZAFU; ●BJ, CQ, FJ, GD, GX, HB, JS, JX, SC, SH, TW, YN, ZJ; ★(AS): AF, BT, CN, ID, IN, JP, KP, LK, NP, VN.

滇青冈 **Cyclobalanopsis glaucoides** Schottky 【N, W/C】 ♣KBG, XTBG; ●YN; ★(AS): CN.

细叶青冈 **Cyclobalanopsis gracilis** (Rehder et E. H. Wilson) W. C. Cheng et T. Hong 【N, W/C】 ♣CBG, FBG, GA, HBG, IBCAS, KBG, LBG, NBG, SCBG, WBG, ZAFU; ●BJ, FJ, GD, HB, JS, JX, SH, YN, ZJ; ★(AS): CN.

毛枝青冈 **Cyclobalanopsis helferiana** (A. DC.) Oerst. 【N, W/C】 ♣CBG, HBG, IBCAS; ●BJ, NX, SH, ZJ; ★(AS): CN, ID, IN, LA, MM, TH, VN.

雷公青冈 **Cyclobalanopsis hui** (Chun) Y. C. Hsu et H. Wei Jen 【N, W/C】 ♣CBG, FLBG, GA, IBCAS, KBG, SCBG; ●BJ, GD, JX, SH, YN; ★(AS): CN.

大叶青冈 **Cyclobalanopsis jenseniana** (Hand.-Mazz.) W. C. Cheng et T. Hong ex Q. F. Zheng 【N, W/C】 ♣CBG, GA, HBG, WBG; ●HB, JX, SH, ZJ; ★(AS): CN.

毛叶青冈 **Cyclobalanopsis kerrii** (Craib) Hu 【N, W/C】 ♣XLTBG, XTBG; ●HI, YN; ★(AS): CN, TH, VN.

独龙江青冈（俅江青冈）**Cyclobalanopsis kiukiangensis** Y. T. Chang 【N, W/C】 ♣KBG; ●YN; ★(AS): CN.

薄片青冈 **Cyclobalanopsis lamellosa** (Sm.) Oerst. 【N, W/C】 ♣KBG; ●YN; ★(AS): BT, CN, ID, IN, MM, NP, TH.

木姜叶青冈 **Cyclobalanopsis litseoides** (Dunn) Schottky 【N, W/C】 ♣FLBG, SCBG; ●GD, JX; ★(AS): CN.

长果青冈 **Cyclobalanopsis longinux** (Hayata) Schottky 【N, W/C】 ♣TMNS; ●TW; ★(AS): CN.

多脉青冈 **Cyclobalanopsis multinervis** W. C. Cheng et T. Hong 【N, W/C】 ♣CBG, FBG, GA, HBG, NBG, SCBG, WBG, XMBG; ●FJ, GD, HB, JS, JX, SH, ZJ; ★(AS): CN.

小叶青冈 **Cyclobalanopsis myrsinifolia** (Blume)

Oerst. 【N, W/C】 ♣CBG, FBG, HBG, IBCAS, LBG, NBG, SCBG, WBG, XLTBG, ZAFU; ●BJ, FJ, GD, HB, HI, JS, JX, SH, TW, ZJ; ★(AS): CN, ID, IN, JP, KP, LA, NP, TH, VN.

竹叶青冈 **Cyclobalanopsis neglecta** Schottky 【N, W/C】 ♣GA, GXIB, IBCAS; ●BJ, GX, JX; ★(AS): CN, VN.

宁冈青冈 **Cyclobalanopsis ningangensis** W. C. Cheng et Y. C. Hsu 【N, W/C】 ♣NBG; ●JS; ★(AS): CN.

曼青冈 **Cyclobalanopsis oxyodon** (Miq.) Oerst. 【N, W/C】 ♣GA, HBG, IBCAS, WBG; ●BJ, HB, JX, ZJ; ★(AS): BT, CN, ID, IN, MM, NP.

毛果青冈 **Cyclobalanopsis pachyloma** (Seemen) Schottky 【N, W/C】♣FBG, SCBG, TBG, XTBG; ●FJ, GD, TW, YN; ★(AS): CN.

托盘青冈 **Cyclobalanopsis patelliformis** (Chun) Y. C. Hsu et H. Wei Jen 【N, W/C】 ♣GA, NBG, SCBG, XLTBG; ●GD, HI, JS, JX; ★(AS): CN.

亮叶青冈 **Cyclobalanopsis phanera** (Chun) Y. C. Hsu et H. Wei Jen 【N, W/C】 ♣KBG; ●YN; ★(AS): CN.

大果青冈 **Cyclobalanopsis rex** (Hemsl.) Schottky 【N, W/C】 ♣XTBG; ●YN; ★(AS): CN, ID, IN, LA, MM, VN.

无齿青冈 **Cyclobalanopsis semiserrata** (Roxb.) Oerst. 【N, W/C】♣KBG, XTBG; ●YN; ★(AS): CN, ID, IN, MM, TH, VN.

云山青冈 **Cyclobalanopsis sessilifolia** (Blume) Schottky 【N, W/C】 ♣CBG, CDBG, GA, HBG, IBCAS, KBG, LBG, NBG, ZAFU; ●BJ, JS, JX, SC, SH, YN, ZJ; ★(AS): CN, JP.

西畴青冈 **Cyclobalanopsis sichourensis** Y. C. Hsu 【N, W/C】 ♣KBG; ●YN; ★(AS): CN.

褐叶青冈 **Cyclobalanopsis stewardiana** (A. Camus) Y. C. Hsu et H. Wei Jen 【N, W/C】♣CBG, FBG, HBG, LBG, NBG, SCBG, ZAFU; ●FJ, GD, HB, JS, JX, SH, ZJ; ★(AS): CN.

薄斗青冈 **Cyclobalanopsis tenuicupula** Y. C. Hsu et H. Wei Jen 【N, W/C】 ♣KBG; ●YN; ★(AS): CN.

厚缘青冈 **Cyclobalanopsis thorelii** (Hickel et A. Camus) Hu 【N, W/C】 ♣XTBG; ●YN; ★(AS): CN, LA, VN.

栎属 Quercus

加州栎 **Quercus × auzandrii** Gren. et Godr. 【I, C】 ●TW; ★(NA): US.

*丽亚娜栎 **Quercus × leana** Nutt. 【I, C】 ♣IBCAS; ●BJ; ★(EU): GB.

*肖赫栎 **Quercus × schochiana** Dieck ex Palmer 【I, C】 ♣IBCAS; ●BJ; ★(NA): US.

岩栎 **Quercus acrodonta** Seemen 【N, W/C】 ♣FBG, NBG, WBG; ●FJ, HB, JS; ★(AS): CN.

麻栎 **Quercus acutissima** Carruth. 【N, W/C】 ♣BBG, CBG, CDBG, GA, GBG, GXIB, HBG, IAE, IBCAS, KBG, LBG, NBG, NSBG, SCBG, TBG, WBG, XMBG, XTBG, ZAFU; ●AH, BJ, CQ, FJ, GD, GX, GZ, HA, HB, HI, HN, JS, JX, LN, SC, SD, SH, SN, SX, TW, YN, ZJ; ★(AS): BT, CN, ID, IN, JP, KH, KP, KR, LA, LK, MM, NP, SG, TH, VN.

美国白栎 **Quercus alba** L. 【I, C】 ♣BBG, IBCAS, SCBG; ●BJ, GD, TW; ★(NA): US.

槲栎 **Quercus aliena** J.-G. Jack 【N, W/C】 ♣BBG, CBG, GA, GBG, HBG, IAE, IBCAS, KBG, LBG, NBG, WBG, XTBG, ZAFU; ●BJ, GZ, HB, JS, JX, LN, SD, SH, YN, ZJ; ★(AS): CN, ID, IN, JP, KP, KR, LA, TH, VN.

锐齿槲栎 **Quercus aliena** var. **acutiserrata** Maxim. 【N, W/C】 ♣CBG, CDBG, FBG, GA, HBG, IBCAS, KBG, LBG, NBG, WBG, XBG, ZAFU; ●BJ, FJ, HB, JS, JX, LN, SC, SH, SN, SX, YN, ZJ; ★(AS): CN, JP, KP, KR.

北京槲栎 **Quercus aliena** var. **pekingensis** Schottky 【N, W/C】 ♣IBCAS; ●BJ; ★(AS): CN.

川滇高山栎 **Quercus aquifolioides** Rehder et E. H. Wilson 【N, W/C】 ♣IBCAS; ●BJ; ★(AS): BT, CN, MM.

橿子栎 **Quercus baronii** Skan 【N, W/C】♣IBCAS, WBG; ●BJ, HB, SX; ★(AS): CN.

双色栎 **Quercus bicolor** Willd. 【I, C】 ♣IBCAS, XTBG; ●BJ, YN; ★(NA): US.

德州栎 **Quercus buckleyi** Nixon et Dorr 【I, C】 ♣IBCAS, NBG, SCBG; ●BJ, GD, JS; ★(NA): US.

黄栎 **Quercus canariensis** Willd. 【I, C】 ★(AF): DZ, ES-CS, MA; (EU): LU.

浙江青冈栎 **Quercus chekiangensis** Cheng et T. Hong 【N, W/C】 ♣HBG; ●ZJ; ★(AS): CN.

小叶栎 **Quercus chenii** Nakai 【N, W/C】 ♣CBG, CDBG, FBG, GA, HBG, IBCAS, KBG, LBG, NBG, WBG, ZAFU; ●BJ, FJ, HB, JS, JX, SC, SH, YN, ZJ; ★(AS): CN.

金杯栎 **Quercus chrysolepis** Liebm. 【I, C】

♣IBCAS; ●BJ; ★(NA): MX, US.

大红栎（胭脂虫栎）**Quercus coccifera** L. 【I, C】♣IBCAS; ●BJ; ★(AF): MA; (AS): SA, TR; (EU): AL, BA, BG, BY, DE, ES, GR, HR, IT, LU, ME, MK, RS, SI.

铁橡栎 **Quercus cocciferoides** Hand.-Mazz. 【N, W/C】♣BBG, XTBG; ●BJ, YN; ★(AS): CN.

*粗梗栎 **Quercus crassipes** Bonpl. 【I, C】♣HBG; ●ZJ; ★(NA): MX.

达利坎普栎 **Quercus dalechampii** Ten. 【I, C】♣IBCAS; ●BJ; ★(AS): TR; (EU): AT, BA, BG, GR, HR, HU, IT, ME, MK, RO, RS, SI.

槲树 **Quercus dentata** Bartram 【N, W/C】♣BBG, CBG, HBG, IAE, IBCAS, SCBG, TBG, WBG, XBG; ●BJ, GD, HB, LN, SH, SN, SX, TW, ZJ; ★(AS): CN, JP, KP, KR, MN, RU-AS.

匙叶栎 **Quercus dolicholepis** A. Camus 【N, W/C】♣FBG, GXIB, IBCAS, WBG; ●BJ, FJ, GX, HB, SX; ★(AS): CN.

甘巴栎 **Quercus douglasii** Hook. et Arn. 【I, C】♣IBCAS; ●BJ; ★(NA): US.

椭圆栎 **Quercus ellipsoidalis** E. J. Hill 【I, C】♣IBCAS; ●BJ; ★(NA): CA, US.

巴东栎 **Quercus engleriana** Seemen 【N, W/C】♣CBG, FBG, HBG, LBG, WBG, XMBG; ●FJ, HB, JX, SH, ZJ; ★(AS): CN, ID, IN, MM.

白栎 **Quercus fabri** Hance 【N, W/C】♣CBG, CDBG, FBG, GBG, GXIB, HBG, IBCAS, KBG, LBG, NBG, NSBG, SCBG, WBG, XMBG, ZAFU; ●BJ, CQ, FJ, GD, GX, GZ, HB, JS, JX, SC, SH, YN, ZJ; ★(AS): CN.

南方红栎 **Quercus falcata** Michx. 【I, C】♣CBG, HBG, IBCAS; ●BJ, CQ, HB, HE, JL, LN, SH, TW, YN, ZJ; ★(NA): US.

匈牙利栎 **Quercus frainetto** Ten. 【I, C】♣CBG, IBCAS; ●BJ, SH; ★(AS): TR; (EU): AL, BA, BG, GR, HR, HU, IT, ME, MK, RO, RS, SI, TR.

锥连栎 **Quercus franchetii** Skan 【N, W/C】♣IBCAS, KBG, XTBG; ●BJ, YN; ★(AS): CN, TH.

俄勒岗白栎 **Quercus garryana** Douglas ex Hook. 【I, C】♣IBCAS; ●BJ; ★(NA): CA, US.

大叶栎 **Quercus griffithii** Hook. f. et Thomson ex Miq. 【N, W/C】♣GA, HBG, IBCAS, XTBG; ●BJ, JX, YN, ZJ; ★(AS): BT, CN, ID, IN, LA, LK, MM, TH, VN.

欧亚栎 **Quercus hartwissiana** Steven 【I, C】♣IBCAS; ●BJ; ★(AS): TR; (EU): BG, TR.

银叶栎 **Quercus hypoleucoides** A. Camus 【I, C】♣WBG; ●HB; ★(NA): MX, US.

单栎 **Quercus imbricaria** Michx. 【I, C】♣IBCAS, NBG; ●BJ, JS; ★(NA): US.

通麦栎 **Quercus lanata** Sm. 【N, W/C】♣IBCAS; ●BJ; ★(AS): BT, CN, ID, IN, LK, MM, NP, TH, VN.

黎巴嫩栎 **Quercus libani** G. Olivier 【I, C】♣IBCAS; ●BJ; ★(AS): AM, AZ, IQ, LB, SY, TR.

江南槲栎 **Quercus liouana** Cheng et T. Hong 【N, W/C】♣HBG; ●ZJ; ★(AS): CN.

琴叶栎（山谷白栎）**Quercus lobata** Née 【I, C】♣HBG, IBCAS, NBG; ●BJ, JS, ZJ; ★(NA): US.

葡萄牙栎 **Quercus lusitanica** Lam. 【I, C】♣HBG; ●ZJ; ★(AF): DZ, MA; (AS): SY, TR; (EU): ES, PT.

阿勒颇栎（没食子树）**Quercus infectoria** G. Olivier 【I, C】♣XTBG; ●YN; ★(AF): MA; (AS): IQ, LB, SY, TR; (EU): GR, TR.

高加索栎 **Quercus macranthera** Fisch. et C. A. Mey. ex Hohen. 【I, C】♣IBCAS; ●BJ; ★(AS): GE, TR.

沙生星毛栎 **Quercus margarettiae** (Ashe) Small 【I, C】♣IBCAS; ●BJ; ★(NA): US.

马里兰得栎 **Quercus marilandica** (L.) Münchh. 【I, C】♣NBG; ●JS; ★(NA): US.

密考克西栎 **Quercus michauxii** Nutt. 【I, C】♣HBG, IBCAS; ●BJ, ZJ; ★(NA): US.

北方大果栎 **Quercus microphylla** Née 【I, C】♣BBG, IBCAS, SCBG; ●BJ, GD, LN, TW; ★(NA): MX.

蒙古栎 **Quercus mongolica** Fisch. ex Ledeb. 【N, W/C】♣BBG, CBG, HBG, HFBG, IAE, IBCAS, SCBG, XBG; ●BJ, GD, HE, HL, LN, NM, SH, SN, SX, TW, YN, ZJ; ★(AS): CN, JP, KP, KR, MN, RU-AS.

矮高山栎 **Quercus monimotricha** (Hand.-Mazz.) Hand.-Mazz. 【N, W/C】♣NBG; ●JS; ★(AS): CN, MM.

黄坚果栎 **Quercus muehlenbergii** Engelm. 【I, C】♣IBCAS; ●BJ; ★(NA): MX, US.

鱼骨栎 **Quercus pagoda** Raf. 【I, C】♣CBG, SCBG; ●GD, SH, TW; ★(NA): US.

沼生栎 **Quercus palustris** Regel ex A. DC. 【I, C】♣CBG, FBG, GA, HBG, IBCAS, NBG, SCBG; ●BJ, FJ, GD, HE, JS, JX, LN, SD, SH, TW, ZJ; ★(NA): CA, US.

无梗花栎 **Quercus petraea** (Matt.) Liebl. 【I, C】 ♣IBCAS, XTBG; ●BJ, NX, TW, YN; ★(AF): MA; (AS): CY, GE, TR; (EU): AL, AT, BA, BE, BG, CZ, DE, ES, FR, GB, HR, HU, IT, MC, ME, MK, NL, NO, PL, RO, RS, RU, SI, TR.

柳叶栎 **Quercus phellos** L. 【I, C】 ♣HBG, IBCAS, SCBG; ●BJ, GD, ZJ; ★(NA): US.

乌冈栎 **Quercus phillyreoides** A. Gray 【N, W/C】 ♣CBG, FBG, GXIB, HBG, IBCAS, NBG, WBG, ZAFU; ●BJ, FJ, GX, HB, JS, SH, TW, ZJ; ★(AS): CN, JP, KP.

柔毛栎 **Quercus pubescens** Willd. 【I, C】 ♣CBG, HBG, IBCAS; ●BJ, NX, SH, YN, ZJ; ★(AF): DZ, MA; (AS): GE, SA, TR; (EU): AL, AT, BA, BE, BG, CH, CZ, DE, ES, FR, GR, HR, HU, IT, ME, MK, PL, RO, RS, RU, SI, TR.

土瑞栎 **Quercus pyrenaica** Willd. 【I, C】 ♣HBG; ●ZJ; ★(AF): MA; (AS): CY, TR; (EU): DE, ES, IT, LU, MC.

夏栎 **Quercus robur** (Ten.) A. DC. 【I, C】 ♣BBG, CBG, HBG, IAE, IBCAS, NBG, SCBG, TDBG; ●BJ, GD, JS, LN, NX, SH, SN, TW, XJ, ZJ; ★(AF): MA; (AS): AM, AZ, CY, GE, IR, RU-AS, TR; (EU): AD, AL, BA, BE, BG, CZ, DE, ES, FR, GB, GR, HR, IT, LU, MC, ME, MK, NL, PL, PT, RO, RS, RU, SI, SM, UA, VA.

红槲栎(北美红栎)**Quercus rubra** L. 【I, C】 ♣BBG, FBG, IBCAS, NBG, SCBG, ZAFU; ●BJ, FJ, GD, JS, SH, TW, ZJ; ★(NA): US.

萨德勒栎 **Quercus sadleriana** R. Br.ter 【I, C】 ♣IBCAS; ●BJ; ★(NA): US.

白背栎 **Quercus salicina** Blume 【N, W/C】 ♣IBCAS, NBG; ●BJ, JS; ★(AS): CN, JP, KR.

灰背栎 **Quercus senescens** Hand.-Mazz. 【N, W/C】 ♣KBG; ●YN; ★(AS): CN, ID, IN.

枹栎 **Quercus serrata** Thunb. 【N, W/C】 ♣CBG, FBG, GA, GXIB, HBG, IBCAS, LBG, NBG, SCBG, TBG, WBG, XBG, ZAFU; ●BJ, FJ, GD, GX, HB, JS, JX, LN, SC, SH, SN, TW, ZJ; ★(AS): CN, ID, IN, JP, KP, KR, LA, MM, NP, VN.

舒马克栎 **Quercus shumardii** Buckley 【I, C】 ♣HBG, IBCAS, WBG; ●BJ, HB, ZJ; ★(NA): US.

刺叶高山栎 **Quercus spinosa** David 【N, W/C】 ♣CBG, FBG, IBCAS, LBG, SCBG, WBG, XBG; ●BJ, FJ, GD, HB, JX, SC, SH, SN; ★(AS): CN, MM.

星毛栎 **Quercus stellata** Wangenh. 【I, C】 ♣HBG, IBCAS, NBG; ●BJ, JS, ZJ; ★(NA): US.

黄山栎 **Quercus stewardii** Rehder 【N, W/C】 ♣HBG, IBCAS, NBG, WBG; ●BJ, HB, JS, ZJ; ★(AS): CN.

西班牙栓皮栎 **Quercus suber** L. 【I, C】 ♣HBG, IBCAS, NBG, TBG; ●BJ, JS, NX, TW, ZJ; ★(AF): DZ, EG, LY, MA; (AS): CY, SA; (EU): AL, BA, DE, ES, GR, HR, IT, LU, MC, ME, MK, MT, PT, RS, SI.

太鲁阁栎 **Quercus tarokoensis** Hayata 【N, W/C】 ♣TBG; ●TW; ★(AS): CN.

炭栎 **Quercus utilis** Hu et W. C. Cheng 【N, W/C】 ♣GA, KBG; ●JX, YN; ★(AS): CN.

栓皮栎 **Quercus variabilis** Blume 【N, W/C】 ♣BBG, CBG, CDBG, FBG, GA, GBG, GXIB, HBG, IBCAS, KBG, LBG, NBG, NSBG, SCBG, TBG, WBG, XBG, XTBG; ●BJ, CQ, FJ, GD, GX, GZ, HB, HI, JS, JX, LN, SC, SH, SN, TW, YN, ZJ; ★(AS): CN, JP, KP, KR, VN.

*美国绒毛栎 **Quercus velutina** Lam. 【I, C】 ♣CBG, HBG, IBCAS, XTBG; ●BJ, GD, HE, SH, YN, ZJ; ★(NA): US.

弗吉尼亚栎 **Quercus virginiana** Mill. 【I, C】 ♣FBG, HBG, IBCAS, NBG, SCBG; ●BJ, FJ, GD, JS, ZJ; ★(NA): US.

易武栎 **Quercus yiwuensis** Y. C. Hsu et H. Wei Jen 【N, W/C】 ♣XTBG; ●YN; ★(AS): CN.

云南波罗栎 **Quercus yunnanensis** Franch. 【N, W/C】 ♣KBG; ●YN; ★(AS): CN.

锥属 Castanopsis

*印尼锥 **Castanopsis argentea** (Blume) A. DC. 【I, C】 ●GD; ★(AS): ID, IN, MM.

银叶锥 **Castanopsis argyrophylla** King ex Hook. f. 【N, W/C】 ♣CDBG, GXIB, XTBG; ●GX, SC, YN; ★(AS): CN, ID, IN, LA, MM, TH, VN.

榄壳锥 **Castanopsis boisii** Hickel et A. Camus 【N, W/C】 ♣XLTBG, XTBG; ●HI, YN; ★(AS): CN, VN.

枹丝锥 **Castanopsis calathiformis** (Skan) Rehder et E. H. Wilson 【N, W/C】 ♣XTBG; ●YN; ★(AS): CN, IN, LA, MM, TH, VN.

米槠 **Castanopsis carlesii** (Hemsl.) Hayata 【N, W/C】 ♣CBG, CDBG, FBG, FLBG, GA, HBG, NBG, SCBG, TMNS, WBG, XTBG, ZAFU; ●FJ, GD, HB, JS, JX, SC, SH, TW, YN, ZJ; ★(AS): CN, VN.

短刺米槠 **Castanopsis carlesii** var. **spinulosa** W. C. Cheng et C. S. Chao 【N, W/C】 ♣NSBG, WBG, XTBG; ●CQ, HB, YN; ★(AS): CN.

瓦山锥 **Castanopsis ceratacantha** Rehder et E. H. Wilson【N, W/C】♣WBG, XTBG; ●HB, YN; ★(AS): CN, LA, TH, VN.

锥 **Castanopsis chinensis** (Spreng.) Hance【N, W/C】♣HBG, SCBG, WBG; ●GD, HB, HI, ZJ; ★(AS): CN, VN.

棱刺锥 **Castanopsis clarkei** King ex Hook. f.【N, W/C】♣XTBG; ●YN; ★(AS): BT, CN, ID, IN, LK, MM, VN.

尖叶栲 **Castanopsis cuspidata** (Thunb.) Schottky【I, C】♣HBG; ●ZJ; ★(AS): JP, KR.

高山锥 **Castanopsis delavayi** Franch.【N, W/C】♣FBG, GXIB, KBG; ●FJ, GX, YN; ★(AS): CN.

短刺锥 **Castanopsis echinocarpa** Miq.【N, W/C】♣XTBG; ●YN; ★(AS): BT, CN, ID, IN, MM, NP, TH, VN.

甜槠 **Castanopsis eyrei** (Champ. ex Benth.) Hutch.【N, W/C】♣CBG, CDBG, FBG, GA, HBG, LBG, NBG, SCBG, WBG, ZAFU; ●FJ, GD, HB, JS, JX, SC, SH, ZJ; ★(AS): CN.

罗浮锥 **Castanopsis fabri** Hance【N, W/C】♣FBG, GA, HBG, SCBG, TMNS, WBG, ZAFU; ●FJ, GD, HB, JX, TW, ZJ; ★(AS): CN, VN.

栲 **Castanopsis fargesii** Franch.【N, W/C】♣CBG, CDBG, FBG, GA, GXIB, HBG, LBG, SCBG, WBG, ZAFU; ●FJ, GD, GX, HB, JX, SC, SH, ZJ; ★(AS): CN.

思茅锥 **Castanopsis ferox** (Roxb.) Spach【N, W/C】♣XTBG; ●YN; ★(AS): CN, ID, IN, LA, MM, TH, VN.

黧蒴锥 **Castanopsis fissa** (Champ. ex Benth.) Rehder et E. H. Wilson【N, W/C】♣CBG, FBG, FLBG, GA, GXIB, KBG, NBG, SCBG, WBG, XTBG; ●FJ, GD, GX, HB, JS, JX, SC, SH, YN; ★(AS): CN, LA, TH, VN.

小果锥 **Castanopsis fleuryi** Hickel et A. Camus【N, W/C】♣SCBG, XTBG; ●GD, YN; ★(AS): CN, LA, VN.

毛锥 **Castanopsis fordii** Hance【N, W/C】♣CBG, FBG, GA, HBG, NBG, SCBG, WBG, ZAFU; ●FJ, GD, HB, JS, JX, SH, ZJ; ★(AS): CN.

海南锥 **Castanopsis hainanensis** Merr.【N, W/C】♣SCBG, XLTBG; ●GD, HI; ★(AS): CN.

湖北锥 **Castanopsis hupehensis** C. S. Chao【N, W/C】♣CBG, WBG; ●HB, SC, SH; ★(AS): CN.

红锥 **Castanopsis hystrix** Hook. f. et Thomson ex A. DC.【N, W/C】♣GXIB, SCBG, TBG, WBG, XTBG; ●GD, GX, HB, HI, TW, YN; ★(AS): BT, CN, ID, IN, KH, LA, LK, MM, NP, VN.

印度锥 **Castanopsis indica** (Roxb. ex Lindl.) A. DC.【N, W/C】♣HBG, TBG, TMNS, WBG, XLTBG, XTBG; ●HB, HI, SC, TW, YN, ZJ; ★(AS): BT, CN, IN, LA, MM, NP, TH, VN.

尖峰岭锥 **Castanopsis jianfenglingensis** Duanmu【N, W/C】♣XLTBG; ●HI; ★(AS): CN.

秀丽锥 **Castanopsis jucunda** Hance【N, W/C】♣GA, HBG, LBG, NBG, SCBG, TBG, TMNS, WBG; ●GD, HB, JS, JX, TW, ZJ; ★(AS): CN, VN.

吊皮锥 **Castanopsis kawakamii** Hayata【N, W/C】♣CBG, FBG, FLBG, GA, GXIB, SCBG; ●FJ, GD, GX, HI, JX, SH; ★(AS): CN, VN.

鹿角锥 **Castanopsis lamontii** Hance【N, W/C】♣FBG, GA, SCBG, XTBG; ●FJ, GD, JX, YN; ★(AS): CN, VN.

湄公锥 **Castanopsis mekongensis** A. Camus【N, W/C】♣XTBG; ●YN; ★(AS): CN, LA, VN.

元江锥 **Castanopsis orthacantha** Franch.【N, W/C】♣HBG, KBG, WBG; ●HB, YN, ZJ; ★(AS): CN.

扁刺锥 **Castanopsis platyacantha** Rehder et E. H. Wilson【N, W/C】♣KBG; ●SC, YN; ★(AS): CN.

棕毛栲 **Castanopsis poilanei** Hickel et A. Camus【I, C】★(AS): VN.

龙陵锥 **Castanopsis rockii** A. Camus【N, W/C】♣XTBG; ●YN; ★(AS): CN, TH, VN.

苦槠 **Castanopsis sclerophylla** (Lindl. et Paxton) Schottky【N, W/C】♣CBG, CDBG, FBG, GA, GXIB, HBG, LBG, NBG, SCBG, WBG, ZAFU; ●AH, FJ, GD, GX, HB, HN, JS, JX, SC, SH, ZJ; ★(AS): CN.

薄叶锥 **Castanopsis tcheponensis** Hickel et A. Camus【N, W/C】♣XTBG; ●YN; ★(AS): CN, LA, MM, VN.

钩锥 **Castanopsis tibetana** Hance【N, W/C】♣CBG, FBG, GA, HBG, LBG, SCBG, WBG, XLTBG, ZAFU; ●FJ, GD, HB, HI, JX, SH, ZJ; ★(AS): CN.

公孙锥 **Castanopsis tonkinensis** Seemen【N, W/C】♣SCBG; ●GD; ★(AS): CN, LA, VN.

黄毛栲 **Castanopsis tranninhensis** Hickel et A. Camus【I, C】♣XTBG; ●YN; ★(AS): LA.

蒺藜锥 **Castanopsis tribuloides** (Sm.) A. DC.【N, W/C】♣NBG, XTBG; ●JS, YN; ★(AS): BT, CN, IN, LA, MM, NP, TH, VN.

淋漓锥 **Castanopsis uraiana** (Hayata) Kaneh. et Hatus. 【N, W/C】 ♣GA, TBG, WBG; ●HB, JX, TW; ★(AS): CN.

变色锥（腾冲栲）**Castanopsis wattii** (King ex Hook. f.) A. Camus【N, W/C】♣KBG, XTBG; ●YN; ★(AS): CN, ID, IN.

栗属 Castanea

日本栗 **Castanea crenata** Siebold et Zucc. 【I, C】♣NBG; ●JL, JS, LN, TJ, TW, YN; ★(AS): JP, KR.

锥栗 **Castanea henryi** (Skan) Rehder et E. H. Wilson 【N, W/C】 ♣CBG, CDBG, FBG, GA, GXIB, HBG, KBG, LBG, NBG, SCBG, WBG, XOIG, ZAFU; ●FJ, GD, GX, HB, JS, JX, SC, SH, YN, ZJ; ★(AS): CN.

栗 **Castanea mollissima** Blume【N, W/C】♣BBG, CBG, CDBG, FBG, FLBG, GA, GBG, GMG, GXIB, HBG, IBCAS, KBG, LBG, NBG, NSBG, SCBG, WBG, XBG, XMBG, XOIG, XTBG, ZAFU; ●AH, BJ, CQ, FJ, GD, GX, GZ, HA, HB, HE, HL, HN, JL, JS, JX, LN, SC, SD, SH, SN, SX, TW, YN, ZJ; ★(AS): CN, ID, IN, JP, KP, KR, LA, MM, VN.

东欧栗（欧洲板栗）**Castanea sativa** Mill. 【I, C】♣BBG, XTBG; ●BJ, NX, TW, XJ, YN; ★(AF): MA; (AS): CY, GE, TR; (EU): FR, MC, NL, PT.

茅栗 **Castanea seguinii** Dode 【N, W/C】 ♣CBG, FBG, GA, GBG, GXIB, HBG, KBG, LBG, NBG, WBG, ZAFU; ●FJ, GX, GZ, HB, JL, JS, JX, SH, YN, ZJ; ★(AS): CN.

115. 杨梅科 MYRICACEAE

香杨梅属 Myrica

香杨梅（甜香杨梅）**Myrica gale** L. 【I, C】♣CBG, XTBG; ●SH, YN; ★(AS): GE; (EU): BA, BE, DE, ES, FI, GB, LU, NL, NO, PL, RU.

杨梅属 Morella

青杨梅 **Morella adenophora** (Hance) J. Herb. 【N, W/C】 ♣GMG, XLTBG, XTBG; ●GX, HI, YN; ★(AS): CN, VN.

腊杨梅 **Morella cerifera** (L.) Small【I, C】♣HBG, NBG, ZAFU; ●BJ, JS, TW, ZJ; ★(NA): BM, BZ, CR, CU, DO, GT, HN, JM, MX, NI, PA, PR, SV.

毛杨梅 **Morella esculenta** (Buch.-Ham. ex D. Don) I. M. Turner【N, W/C】♣CBG, FLBG, GA, GBG, GMG, GXIB, HBG, KBG, LBG, NBG, NSBG, SCBG, TBG, TMNS, WBG, XLTBG, XMBG, XTBG, ZAFU; ●CQ, FJ, GD, GX, GZ, HB, HI, HN, JS, JX, SC, SH, TW, YN, ZJ; ★(AS): BT, CN, ID, IN, LA, LK, MM, MY, TH, VN.

火杨梅（卡内里杨梅）**Morella faya** (Aiton) Wilbur 【I, C】 ♣HBG; ●ZJ; ★(OC): FM.

云南杨梅 **Morella nana** (A. Chev.) J. Herb. 【N, W/C】 ♣GBG, KBG, WBG; ●GZ, HB, YN; ★(AS): CN.

宾州杨梅 **Morella pensylvanica** (Mirb.) Kartesz【I, C】 ♣CBG, HBG; ●BJ, SH, ZJ; ★(NA): US.

杨梅 **Morella rubra** Lour. 【N, W/C】 ♣FBG, FLBG, GA, GXIB, KBG, LBG, NBG, NSBG, SCBG, TBG, WBG, XTBG; ●CQ, FJ, GD, GX, HB, JS, JX, TW, YN; ★(AS): CN, JP, KP, KR, PH.

116. 胡桃科 JUGLANDACEAE

马尾树属 Rhoiptelea

马尾树 **Rhoiptelea chiliantha** Diels et Hand.-Mazz. 【N, W/C】 ♣GXIB, KBG, WBG; ●GX, HB, YN; ★(AS): CN, VN.

烟包树属 Engelhardia

齿叶黄杞 **Engelhardia serrata** var. **cambodica** W. E. Manning 【N, W/C】 ♣XTBG; ●YN; ★(AS): CN, LA, MM, SG.

云南黄杞 **Engelhardia spicata** Lechen ex Blume 【N, W/C】 ♣KBG, SCBG, WBG, XTBG; ●GD, HB, YN; ★(AS): BT, CN, ID, IN, LA, LK, MM, MY, NP, PH, VN.

爪哇黄杞 **Engelhardia spicata** var. **aceriflora** Koord. et Valeton 【N, W/C】 ♣XTBG; ●YN; ★(AS): CN, ID, IN, MM, NP, PH, TH, VN.

毛叶黄杞 **Engelhardia spicata** var. **colebrookeana** Koord. et Valeton 【N, W/C】 ♣XTBG; ●YN; ★(AS): CN, IN, MM, NP, PH, TH, VN.

黄杞属 Alfaropsis

黄杞 **Alfaropsis roxburghiana** (Lindl. ex Wall.) Iljinsk. 【N, W/C】 ♣CBG, FLBG, GA, GBG, GMG, GXIB, HBG, NBG, SCBG, TBG, TMNS,

WBG, XLTBG, XTBG, ZAFU; ●GD, GX, GZ, HB, HI, JS, JX, SC, SH, TW, YN, ZJ; ★(AS): CN, ID, IN, KH, LA, MM, MY, PK, TH, VN.

化香树属 Platycarya

化香树 **Platycarya strobilacea** Siebold et Zucc.【N, W/C】♣BBG, CBG, CDBG, FBG, GA, GBG, GXIB, HBG, IBCAS, KBG, LBG, NBG, SCBG, WBG, XBG, XTBG, ZAFU; ●BJ, FJ, GD, GX, GZ, HB, JS, JX, LN, SC, SH, SN, YN, ZJ; ★(AS): CN, JP, KP, KR, VN.

山核桃属 Carya

水山核桃 **Carya aquatica** (F. Michx.) Nutt. ex Elliott 【I, C】 ♣HBG; ●ZJ; ★(NA): US.

山核桃 **Carya cathayensis** Sarg.【N, W/C】♣CBG, GA, GXIB, HBG, IBCAS, KBG, NBG, ZAFU; ●BJ, GX, JS, JX, SH, YN, ZJ; ★(AS): CN.

苦味山核桃(姬核桃)**Carya cordiformis** (Wangenh.) K. Koch 【I, C】 ♣NBG; ●JS, LN; ★(NA): US.

沼泽山核桃 **Carya glabra** (Mill.) Sweet 【I, C】 ♣HBG; ●ZJ; ★(NA): US.

湖南山核桃 **Carya hunanensis** C. C. Cheng et R. H. Chang 【N, W/C】 ♣CBG, NBG, WBG, ZAFU; ●HB, JS, SH, ZJ; ★(AS): CN.

美国山核桃 **Carya illinoinensis** (Wangenh.) K. Koch 【I, C】 ♣BBG, CBG, CDBG, FBG, GA, HBG, IBCAS, KBG, LBG, NBG, WBG, XBG, XMBG, XOIG, ZAFU; ●BJ, FJ, HB, HE, HN, JS, JX, SC, SH, SN, SX, TW, YN, ZJ; ★(NA): US.

条裂山核桃 **Carya laciniosa** (F. Michx.) G. Don【I, C】 ♣IBCAS; ●BJ; ★(NA): US.

肉豆蔻山核桃 **Carya myristiciformis** (F. Michx.) Nutt. ex Elliott【I, C】♣HBG; ●ZJ; ★(NA): US.

粗皮山核桃 **Carya ovata** (Mill.) K. Koch 【I, C】 ♣NBG; ●BJ, JL, JS, TW; ★(NA): US.

喙核桃 **Carya sinensis** Dode 【N, W/C】 ♣FLBG, GA, GXIB, KBG, WBG, XTBG; ●GD, GX, HB, JX, YN; ★(AS): CN, VN.

青钱柳属 Cyclocarya

青钱柳 **Cyclocarya paliurus** (Batalin) Iljinsk.【N, W/C】 ♣CBG, CDBG, FBG, GA, GXIB, HBG, IBCAS, KBG, LBG, NBG, WBG, ZAFU; ●BJ, FJ, GX, HB, JS, JX, SC, SH, YN, ZJ; ★(AS): CN.

枫杨属 Pterocarya

高加索枫杨(梣叶枫杨)**Pterocarya fraxinifolia** (Poir.) Spach 【I, C】 ♣IBCAS, KBG, NBG; ●BJ, JS, YN; ★(AS): AM, AZ, GE, IR, RU-AS, TR; (EU): UA.

湖北枫杨 **Pterocarya hupehensis** Skan 【N, W/C】 ♣BBG, HBG, NBG, WBG; ●BJ, HB, JS, SC, ZJ; ★(AS): CN.

云南枫杨 **Pterocarya macroptera** var. **delavayi** (Franch.) W. E. Manning 【N, W/C】 ♣IBCAS, SCBG; ●BJ, GD, HB; ★(AS): CN.

华西枫杨 **Pterocarya macroptera** var. **insignis** (Rehder et E. H. Wilson) W. E. Manning 【N, W/C】 ♣BBG, CBG, HBG, WBG, ZAFU; ●BJ, HB, SC, SH, ZJ; ★(AS): CN.

水胡桃 **Pterocarya rhoifolia** Siebold et Zucc. 【N, W/C】 ●TW; ★(AS): CN, JP, KR.

枫杨 **Pterocarya stenoptera** C. DC. 【N, W/C】 ♣BBG, CDBG, FBG, GA, GBG, GMG, GXIB, HBG, HFBG, IAE, IBCAS, KBG, LBG, MDBG, NBG, NSBG, SCBG, TBG, TDBG, WBG, XBG, XMBG, XTBG, ZAFU; ●BJ, CQ, FJ, GD, GS, GX, GZ, HB, HL, JS, JX, LN, SC, SN, SX, TW, XJ, YN, ZJ; ★(AS): CN, JP, KP, KR, LA, MN.

越南枫杨 **Pterocarya tonkinensis** (Franch.) Dode 【N, W/C】 ♣CDBG, HBG, KBG, NBG, XTBG; ●JS, SC, YN, ZJ; ★(AS): CN, LA, VN.

胡桃属 Juglans

日本胡桃 **Juglans ailanthifolia** Carrière 【I, C】 ♣BBG, HBG, IBCAS, LBG, NBG; ●BJ, JS, JX, LN, TW, ZJ; ★(AS): JP, RU-AS.

加州黑核桃 **Juglans californica** S. Watson 【I, C】 ●LN; ★(NA): US.

灰核桃 **Juglans cinerea** L. 【I, C】 ♣HBG, IBCAS, NBG; ●BJ, JS, TW, ZJ; ★(NA): CA, US.

麻核桃 **Juglans hopeiensis** Hu【N, W/C】♣IBCAS, XMBG; ●BJ, FJ, SX; ★(AS): CN.

大胡桃 **Juglans major** (Torr.) A. Heller 【I, C】 ♣HBG, IBCAS; ●BJ, ZJ; ★(NA): MX, US.

胡桃楸 **Juglans mandshurica** Maxim. 【N, W/C】 ♣BBG, CBG, CDBG, FBG, FLBG, GA, HBG, HFBG, IAE, IBCAS, KBG, LBG, NBG, WBG, XBG, XTBG, ZAFU; ●BJ, FJ, GD, HB, HL, JS, JX, LN, NM, SC, SH, SN, SX, TW, XJ, YN, ZJ; ★(AS): CN, KP, KR, MN, RU-AS.

小果核桃 **Juglans microcarpa** Berland. 【I, C】 ♣IBCAS, NBG; ●BJ, JS; ★(NA): US.

黑胡桃（黑核桃）**Juglans nigra** L. 【I, C】 ♣CBG, HBG, IBCAS, NBG; ●BJ, JS, LN, SH, SX, TW, XJ, ZJ; ★(NA): US.

胡桃 **Juglans regia** L. 【N, W/C】 ♣BBG, CBG, CDBG, FLBG, GA, GBG, GMG, HBG, IBCAS, KBG, LBG, MDBG, NBG, NSBG, SCBG, TDBG, WBG, XBG, XMBG, XTBG, ZAFU; ●AH, BJ, CQ, FJ, GD, GS, GX, GZ, HA, HB, HE, HL, HN, JL, JS, JX, LN, NM, NX, QH, SC, SD, SH, SN, SX, TW, XJ, XZ, YN, ZJ; ★(AS): CN, IN, IQ, IR.

泡核桃 **Juglans sigillata** Dode 【N, W/C】 ♣HBG, KBG, XTBG; ●YN, ZJ; ★(AS): BT, CN.

117. 木麻黄科 CASUARINACEAE

方木麻黄属 Gymnostoma

方枝木麻黄 **Gymnostoma nobile** (Whitmore) L. A. S. Johnson 【I, C】 ♣SCBG; ●GD; ★(AS): ID, MY, PH.

木麻黄属 Casuarina

山铁木麻黄 **Casuarina collina** Poiss. ex Pancher et Sebert 【I, C】 ●FJ, GD, GX, ZJ; ★(OC): NC.

鸡冠木麻黄 **Casuarina cristata** Miq. 【I, C】 ♣XMBG; ●FJ; ★(OC): AU.

细枝木麻黄 **Casuarina cunninghamiana** Miq. 【I, C】 ♣CBG, FBG, FLBG, SCBG, TBG, XMBG, XOIG; ●FJ, GD, JX, SH, TW; ★(OC): AU, NZ, PAF.

木麻黄 **Casuarina equisetifolia** J. R. Forst. et G. Forst. 【I, C/N】 ♣CBG, CDBG, FBG, FLBG, GA, GMG, GXIB, HBG, IBCAS, KBG, NSBG, SCBG, TBG, TMNS, XLTBG, XMBG, XOIG, XTBG; ●BJ, CQ, FJ, GD, GX, HI, JX, SC, SH, TW, YN, ZJ; ★(AS): IN; (OC): AU, PAF, PG.

粗枝木麻黄 **Casuarina glauca** Sieber ex Spreng. 【I, C】 ♣TBG, XMBG, XOIG; ●FJ, TW; ★(OC): AU, NZ, PAF.

大木麻黄 **Casuarina grandis** L. A. S. Johnson 【I, C】 ●FJ, GD, GX, HI; ★(OC): PG.

山木麻黄 **Casuarina junghuhniana** Miq. 【I, C】 ★(AS): ID.

肥厚木麻黄 **Casuarina obesa** Miq. 【I, C】 ♣HBG; ●ZJ; ★(OC): AU.

小齿木麻黄 **Casuarina oligodon** L. A. S. Johnson 【I, C】 ●FJ, GD, GX, HI, YN; ★(OC): PG.

波普木麻黄 **Casuarina pauper** F. Muell. ex L. A. S. Johnson 【I, C】 ●FJ, GD, GX, YN; ★(OC): AU.

异木麻黄属 Allocasuarina

田野异木麻黄 **Allocasuarina campestris** (Diels) L. A. S. Johnson 【I, C】 ♣HBG; ●ZJ; ★(OC): AU.

沙生异木麻黄（沙溪异木麻黄）**Allocasuarina decaisneana** (F. Muell.) L. A. S. Johnson 【I, C】 ♣XMBG; ●FJ; ★(OC): AU.

双柱异木麻黄 **Allocasuarina distyla** (Vent.) L. A. S. Johnson 【I, C】 ♣HBG, TBG, XMBG, XOIG; ●FJ, TW, ZJ; ★(OC): AU.

千头异木麻黄 **Allocasuarina fraseriana** (Miq.) L. A. S. Johnson 【I, C】 ♣FBG, TBG, XMBG; ●FJ, TW; ★(OC): AU.

休格尔木麻黄 **Allocasuarina huegeliana** (Miq.) L. A. S. Johnson 【I, C】 ●FJ, GD; ★(OC): AU.

莱曼木麻黄 **Allocasuarina lehmanniana** (Miq.) L. A. S. Johnson 【I, C】 ●FJ, GD, GX, HI; ★(OC): AU.

海滨异木麻黄 **Allocasuarina littoralis** (Salisb.) L. A. S. Johnson 【I, C】 ♣HBG, TBG, XMBG; ●FJ, TW, ZJ; ★(OC): AU, NZ.

Allocasuarina muelleriana (Miq.) L. A. S. Johnson 【I, C】 ♣XOIG; ●FJ; ★(OC): AU.

Allocasuarina nana (Sieber ex Spreng.) L. A. S. Johnson 【I, C】 ♣XOIG; ●FJ; ★(OC): AU.

念珠异木麻黄（澳洲异木麻黄）**Allocasuarina torulosa** (Dryand. ex Aiton) L. A. S. Johnson 【I, C】 ♣HBG, XMBG; ●FJ, ZJ; ★(OC): AU.

118. 桦木科 BETULACEAE

桤木属 Alnus

意大利桤木 **Alnus cordata** (Loisel.) Duby 【I, C】 ♣HBG; ●BJ, NX, SN, TW, ZJ; ★(EU): FR, IT.

桤木 **Alnus cremastogyne** Burkill 【N, W/C】 ♣CDBG, FBG, GA, HBG, KBG, NBG, SCBG, ZAFU; ●BJ, FJ, GD, HB, JS, JX, SC, SH, SN, TW, YN, ZJ; ★(AS): CN.

川滇桤木 **Alnus ferdinandi-coburgii** C. K. Schneid. 【N, W/C】 ♣FBG, KBG; ●FJ, YN; ★(AS): CN.

硬枝桤木 **Alnus firma** Siebold et Zucc. 【I, C】 ♣NBG; ●BJ, JS; ★(AS): JP.

台湾桤木 **Alnus formosana** (Burkill) Makino 【N, W/C】 ♣TBG, XTBG; ●SC, TW, YN; ★(AS): CN.

欧洲桤木 **Alnus glutinosa** (L.) Gaertn. 【I, C】 ♣BBG, HBG, IBCAS, NBG; ●BJ, JS, LN, NX, SN, TW, YN, ZJ; ★(AS): GE, RU-AS, TR; (EU): BY, CH.

辽东桤木 **Alnus hirsuta** Turcz. 【N, W/C】 ♣HFBG; ●HL, JL, LN, SN, TW; ★(AS): CN, JP, KP, KR, MN, RU-AS.

灰桤木 **Alnus incana** (L.) Moench 【I, C】 ♣CBG, HBG, NBG; ●JS, NX, SH, SN, ZJ; ★(AS): GE, RU-AS, TR; (EU): AL, AT, BA, BG, CZ, DE, FI, GB, HR, HU, IT, MC, ME, MK, NO, PL, RO, RS, RU, SI; (NA): CA, MX, US.

光叶桤木 **Alnus incana** subsp. **rugosa** (Du Roi) R. T. Clausen 【I, C】 ♣NBG; ●JS; ★(NA): CA, US.

日本桤木 **Alnus japonica** Siebold et Zucc. 【N, W/C】 ♣HBG, HFBG, IBCAS, NBG, XMBG; ●BJ, FJ, HL, JS, LN, TW, ZJ; ★(AS): CN, JP, KP, KR, MN, RU-AS.

毛桤木 **Alnus lanata** Duthie ex Bean 【N, W/C】 ♣FLBG, NBG; ●GD, JS, JX; ★(AS): CN.

东北桤木（矮桤木）**Alnus mandshurica** (Callier) Hand.-Mazz. 【N, W/C】 ♣HBG, TBG; ●LN, TW, ZJ; ★(AS): CN, KR.

海滨桤木 **Alnus maritima** (Marshall) Muhl. ex Nutt. 【I, C】 ♣HBG; ●ZJ; ★(NA): US.

尼泊尔桤木 **Alnus nepalensis** D. Don 【N, W/C】 ♣CDBG, FBG, GBG, GXIB, HBG, KBG, XTBG; ●FJ, GX, GZ, SC, YN, ZJ; ★(AS): BT, CN, ID, IN, LK, MM, NP, TH, VN; (OC): US-HW.

垂枝桤木 **Alnus pendula** Matsum. 【I, C】 ♣NBG; ●JS, SN; ★(AS): JP, KR.

红桤木 **Alnus rubra** Bong. 【I, C】 ♣NBG; ●JS; ★(NA): CA, US.

*细齿桤木 **Alnus serrulata** (Aiton) Willd. 【I, C】 ♣HBG; ●BJ, SN, ZJ; ★(NA): US.

旅顺桤木 **Alnus sieboldiana** Matsum. 【N, W/C】 ♣HBG; ●SC, SN, ZJ; ★(AS): CN, JP.

江南桤木 **Alnus trabeculosa** Hand.-Mazz. 【N, W/C】 ♣CBG, CDBG, GXIB, HBG, LBG, NBG, WBG, XMBG; ●FJ, GD, GX, HB, JS, JX, SC, SH, ZJ; ★(AS): CN, JP.

绿桤木（绿赤杨）**Alnus viridis** (Chaix) DC. 【I, C】 ★(AS): GE, RU-AS, TR; (EU): AL, AT, BA, BG, CH, CZ, DE, FR, GB, HR, HU, IT, MC, ME, MK, NL, NO, PL, RO, RS, RU, SI; (NA): CA, MX, US.

美洲绿桤木 **Alnus viridis** subsp. **crispa** (Aiton) Turrill 【I, C】 ♣BBG; ●BJ; ★(NA): CA, US.

*波叶绿桤木 **Alnus viridis** subsp. **sinuata** (Regel) Á. Löve et D. Löve 【I, C】 ●BJ, SN; ★(NA): CA, US.

桦木属 Betula

红桦 **Betula albosinensis** Burkill 【N, W/C】 ♣CDBG, FBG, KBG, WBG, XBG; ●FJ, HB, SC, SN, SX, YN; ★(AS): CN, MN, NP.

加拿大黄桦 **Betula alleghaniensis** Britton 【I, C】 ●BJ, JL; ★(NA): CA, US.

西桦 **Betula alnoides** Buch.-Ham. ex D. Don 【N, W/C】 ♣IBCAS, SCBG, XTBG; ●BJ, GD, GX, GZ, YN; ★(AS): BT, CN, ID, IN, LA, LK, MM, NP, TH, VN.

华南桦 **Betula austrosinensis** Chun ex P. C. Li 【N, W/C】 ♣CDBG, GXIB; ●GX, SC; ★(AS): CN.

坚桦 **Betula chinensis** Maxim. 【N, W/C】 ♣CBG; ●LN, SH, SX; ★(AS): CN, JP, KP, KR, MN.

硕桦 **Betula costata** Trautv. 【N, W/C】 ♣HFBG; ●HL, LN; ★(AS): CN, KP, KR, MN, RU-AS.

黑桦 **Betula dahurica** Pall. 【N, W/C】 ♣HFBG, IBCAS; ●BJ, HL, LN, NM, SX; ★(AS): CN, JP, KP, KR, MN, RU-AS.

高山桦 **Betula delavayi** Franch. 【N, W/C】 ♣NBG; ●JS; ★(AS): CN.

岳桦 **Betula ermanii** Cham. 【N, W/C】 ●LN; ★(AS): CN, JP, KR, MN, RU-AS.

狭翅桦 **Betula fargesii** Franch. 【N, W/C】 ♣WBG; ●HB; ★(AS): CN.

柴桦 **Betula fruticosa** Willd. 【N, W/C】 ♣HFBG; ●HL; ★(AS): CN, KP, KR, MN, RU-AS.

凯纳纸皮桦 **Betula kenaica** W. H. Evans 【I, C】 ♣HBG; ●ZJ; ★(NA): CA, US.

亮叶桦 **Betula luminifera** H. J. P. Winkl. 【N, W/C】 ♣CBG, CDBG, FBG, GA, GBG, HBG, KBG, LBG, NSBG, SCBG, WBG, XTBG, ZAFU; ●CQ, FJ, GD, GZ, HB, JX, SC, SH, YN, ZJ; ★(AS): CN.

*日本桦木 **Betula maximowicziana** Regel 【I, C】 ●SC; ★(AS): JP, RU-AS.

小叶桦 **Betula microphylla** Bunge 【N, W/C】 ♣SCBG; ●GD; ★(AS): CN, CY, KZ, MN, RU-AS.

河桦 **Betula nigra** L. 【I, C】 ●BJ, HE, LN, SD; ★

(NA): US.

纸桦 **Betula papyrifera** Marshall 【I, C】 ♣BBG, HBG; ●BJ, HE, NM, TW, ZJ; ★(NA): US.

垂枝桦 **Betula pendula** Roth 【N, W/C】 ♣BBG, HFBG, IBCAS, NBG, TDBG; ●BJ, HL, JS, LN, NM, SH, TW, XJ; ★(AS): CN, CY, KR, KZ, MN, RU-AS, TR; (EU): BE, FR, GB, LU, MC, NL.

白桦 **Betula platyphylla** Sukaczev 【N, W/C】 ♣BBG, CBG, GXIB, HBG, HFBG, IBCAS, KBG, NBG, WBG, XBG, XTBG; ●BJ, GX, HA, HB, HE, HL, JL, JS, LN, NM, NX, SC, SH, SN, SX, TW, XJ, YN, ZJ; ★(AS): CN, JP, KP, MN, RU-AS.

矮桦 **Betula potaninii** Batalin 【N, W/C】 ♣BBG, HBG, IBCAS; ●BJ, ZJ; ★(AS): CN.

毛桦 **Betula pubescens** Ehrh. 【I, C】 ♣HBG, IBCAS, NBG, XTBG; ●BJ, HE, JS, YN, ZJ; ★(AS): GE; (EU): AT, BA, BE, CZ, DE, ES, FI, GB, HR, HU, IS, IT, LU, ME, MK, NO, PL, RO, RS, RU, SI.

赛黑桦 **Betula schmidtii** Regel 【N, W/C】 ♣IBCAS; ●BJ; ★(AS): CN, JP, KP, KR, MN, RU-AS.

天山桦 **Betula tianschanica** Rupr. 【N, W/C】 ♣BBG; ●BJ; ★(AS): CN, CY, KG, TJ.

糙皮桦 **Betula utilis** D. Don 【N, W/C】 ♣HBG, IBCAS, NBG; ●BJ, JS, SC, SX, ZJ; ★(AS): AF, BT, CN, ID, IN, LK, MM, MN, NP, PK.

榛属 Corylus

美洲榛 **Corylus americana** Walter 【I, C】 ♣HBG; ●BJ, TW, ZJ; ★(NA): US.

欧榛 **Corylus avellana** L. 【I, C】 ♣BBG, CBG, HBG, IBCAS, NBG, XBG; ●AH, BJ, JS, LN, SH, SN, TW, YN, ZJ; ★(AS): AZ, GE, RU-AS, TR; (EU): BE, CH, DE, FR, HR, IS, MC, NO.

华榛 **Corylus chinensis** Franch. 【N, W/C】 ♣BBG, CBG, FBG, FLBG, GXIB, HBG, IBCAS, KBG, WBG; ●BJ, FJ, GD, GX, HB, JX, SC, SH, YN, ZJ; ★(AS): CN.

土耳其榛 **Corylus colurna** L. 【I, C】 ♣IBCAS; ●BJ; ★(AS): TR; (EU): AL, BA, BG, GR, HR, ME, MK, NL, RO, RS, SI, TR.

喙状榛 **Corylus cornuta** Marshall 【I, C】 ♣HBG; ●ZJ; ★(NA): CA, US.

刺榛 **Corylus ferox** Wall. 【N, W/C】 ♣CBG, KBG; ●SC, SH, YN; ★(AS): BT, CN, ID, IN, LK, MM, NP.

藏刺榛 **Corylus ferox** var. **thibetica** (Batalin) Franch. 【N, W/C】 ♣IBCAS, WBG; ●BJ, HB, SC; ★(AS): CN.

榛 **Corylus heterophylla** Fisch. ex Trautv. 【N, W/C】 ♣BBG, HBG, HFBG, IBCAS, LBG, NBG, XBG; ●AH, BJ, HB, HL, JL, JS, JX, LN, NM, SC, SN, SX, TW, YN, ZJ; ★(AS): CN, JP, KP, KR, MN, RU-AS.

川榛 **Corylus heterophylla** var. **sutchuenensis** Franch. 【N, W/C】 ♣CBG, FBG, GBG, HBG, LBG, WBG; ●FJ, GZ, HB, JX, SC, SH, ZJ; ★(AS): CN.

毛榛 **Corylus mandshurica** Maxim. 【N, W/C】 ♣BBG, HFBG, XBG; ●BJ, HL, LN, NM, SN, SX; ★(AS): CN, JP, KP, MN, RU-AS.

大果榛 **Corylus maxima** Mill. 【I, C】 ♣BBG, CBG, IBCAS; ●BJ, LN, SH, TW; ★(AS): GE; (EU): AT, BA, CZ, GB, GR, HR, IT, ME, MK, RS, SI, TR.

日本榛 **Corylus sieboldiana** Blume 【I, C】 ♣WBG; ●HB; ★(AS): JP.

滇榛 **Corylus yunnanensis** (Franch.) A. Camus 【N, W/C】 ♣HBG, KBG; ●SC, YN, ZJ; ★(AS): CN.

虎榛子属 Ostryopsis

虎榛子 **Ostryopsis davidiana** Decne. 【N, W/C】 ♣HFBG, IBCAS, XBG; ●BJ, HL, NM, SN, SX; ★(AS): CN, MN, RU-AS.

滇虎榛子 **Ostryopsis nobilis** Balf.f. et W. W. Sm. 【N, W/C】 ♣KBG, WBG; ●HB, YN; ★(AS): CN, RU-AS.

铁木属 Ostrya

欧洲铁木 **Ostrya carpinifolia** Scop. 【I, C】 ♣CBG, IBCAS; ●BJ, SH; ★(AS): RU-AS, SA, TR; (EU): AL, AT, BA, BG, DE, GR, HR, HU, IT, MC, ME, MK, RS, SI, TR.

铁木 **Ostrya japonica** Sarg. 【N, W/C】 ♣CBG, KBG; ●BJ, SH, SX, YN; ★(AS): CN, JP, KP, KR.

天目铁木 **Ostrya rehderiana** Chun 【N, W/C】 ♣BBG, CBG, HBG, KBG, LBG, WBG, ZAFU; ●BJ, HB, JX, SH, YN, ZJ; ★(AS): CN.

毛果铁木 **Ostrya trichocarpa** D. Fang et Y. S. Wang 【N, W/C】 ♣GXIB; ●GX; ★(AS): CN.

美国铁木 **Ostrya virginiana** (Mill.) K. Koch 【I, C】 ♣BBG, CBG, HBG, IBCAS; ●BJ, SH, ZJ; ★(NA): CA, MX, US.

鹅耳枥属 Carpinus

欧洲鹅耳枥 **Carpinus betulus** L. 【I, C】 ♣BBG, CBG, HBG, IBCAS, NBG; ●AH, BJ, HE, JS, SH, SN, TW, ZJ; ★(EU): AL, AT, BA, BE, BG, CZ, DE, FR, GB, GR, HR, HU, IT, ME, MK, NL, PL, RO, RS, RU, SI, TR.

卡罗琳鹅耳枥 **Carpinus caroliniana** Walter【I, C】 ♣IBCAS; ●BJ, HE, TW; ★(NA): CA, MX, US.

千金榆（千斤榆）**Carpinus cordata** Blume 【N, W/C】♣BBG, CBG, HFBG, IBCAS, NBG, XTBG; ●BJ, HL, JS, LN, SH, YN; ★(AS): CN, JP, KP, KR, MN, RU-AS.

华千金榆 **Carpinus cordata** var. **chinensis** Franch. 【N, W/C】 ♣HBG, LBG, WBG; ●HB, JX, SC, ZJ; ★(AS): CN.

毛叶千金榆 **Carpinus cordata** var. **mollis** (Rehder) W. C. Cheng ex C. Chen【N, W/C】♣WBG; ●HB; ★(AS): CN.

川黔千金榆 **Carpinus fangiana** Hu 【N, W/C】 ♣KBG, WBG; ●HB, SC, YN; ★(AS): CN.

川陕鹅耳枥 **Carpinus fargesiana** H. J. P. Winkl. 【N, W/C】 ♣CBG, WBG; ●HB, SH; ★(AS): CN.

密腺鹅耳枥 **Carpinus glanduloso-punctata** (C. J. Qi) C. J. Qi 【N, W/C】 ♣CBG, FBG, NBG; ●FJ, JS, SH; ★(AS): CN.

川鄂鹅耳枥 **Carpinus henryana** (H. J. P. Winkl.) H. J. P. Winkl. 【N, W/C】 ♣WBG; ●HB; ★(AS): CN.

湖北鹅耳枥 **Carpinus hupeana** Hu 【N, W/C】 ♣CBG, HBG, WBG; ●HB, SH, ZJ; ★(AS): CN.

日本鹅耳枥 **Carpinus japonica** Blume 【I, C】 ♣IBCAS; ●BJ, TW; ★(AS): JP.

阿里山鹅耳枥 **Carpinus kawakamii** Hayata 【N, W/C】 ♣TBG, TMNS; ●TW; ★(AS): CN.

贵州鹅耳枥 **Carpinus kweichowensis** Hu 【N, W/C】 ♣XTBG; ●YN; ★(AS): CN.

疏花鹅耳枥 **Carpinus laxiflora** (Siebold et Zucc.) Blume 【I, C】 ★(AS): JP, KR.

短尾鹅耳枥 **Carpinus londoniana** H. J. P. Winkl. 【N, W/C】 ♣CBG, HBG, XTBG; ●SH, YN, ZJ; ★(AS): CN, LA, MM, TH, VN.

海南鹅耳枥 **Carpinus londoniana** var. **lanceolata** (Hand.-Mazz.) P. C. Li 【N, W/C】 ♣KBG; ●YN; ★(AS): CN.

云南鹅耳枥 **Carpinus monbeigiana** Hand.-Mazz. 【N, W/C】 ♣KBG; ●YN; ★(AS): CN.

宝华鹅耳枥 **Carpinus oblongifolia** (Hu) Hu et W. C. Cheng 【N, W/C】 ♣HBG; ●ZJ; ★(AS): CN.

东方鹅耳枥 **Carpinus orientalis** Mill. 【I, C】 ♣IBCAS; ●BJ; ★(AS): GE, TR; (EU): AL, BA, BG, GR, HR, HU, IT, ME, MK, RO, RS, RU, SI, TR.

多脉鹅耳枥 **Carpinus polyneura** Franch. 【N, W/C】 ♣CBG, CDBG, WBG; ●HB, SC, SH; ★(AS): CN, VN.

云贵鹅耳枥 **Carpinus pubescens** Burkill 【N, W/C】 ♣WBG; ●HB; ★(AS): CN, VN.

普陀鹅耳枥 **Carpinus putoensis** W. C. Cheng 【N, W/C】 ♣CBG, GA, HBG, IBCAS, KBG, LBG, NBG, WBG, ZAFU; ●BJ, HB, JS, JX, SH, YN, ZJ; ★(AS): CN.

陕西鹅耳枥 **Carpinus shensiensis** Hu 【N, W/C】 ♣CBG; ●SH; ★(AS): CN.

小叶鹅耳枥 **Carpinus stipulata** H. J. P. Winkl. 【N, W/C】 ♣WBG; ●HB; ★(AS): CN.

天台鹅耳枥 **Carpinus tientaiensis** W. C. Cheng 【N, W/C】 ♣CBG, HBG; ●SH, ZJ; ★(AS): CN.

昌化鹅耳枥 **Carpinus tschonoskii** Maxim. 【N, W/C】 ♣HBG, IBCAS, WBG; ●BJ, HB, TW, ZJ; ★(AS): CN, JP, KP, KR.

鹅耳枥 **Carpinus turczaninowii** Hance 【N, W/C】 ♣BBG, CBG, CDBG, GA, HBG, IBCAS, KBG, NBG, WBG, XBG, XTBG; ●BJ, HB, JS, JX, LN, SC, SH, SN, TW, YN, ZJ; ★(AS): CN, JP, KP, KR.

雷公鹅耳枥 **Carpinus viminea** Wall. ex Lindl. 【N, W/C】 ♣CBG, FBG, GXIB, HBG, LBG, NBG, SCBG, WBG, ZAFU; ●FJ, GD, GX, HB, JS, JX, SH, TW, ZJ; ★(AS): BT, CN, ID, IN, JP, KP, KR, LA, LK, MM, NP, TH, VN.

119. 马桑科 CORIARIACEAE

马桑属 Coriaria

日本马桑 **Coriaria japonica** A. Gray 【I, C】 ♣IBCAS; ●BJ; ★(AS): JP.

马桑 **Coriaria nepalensis** Wall. 【N, W/C】♣CBG, GBG, GXIB, HBG, IBCAS, KBG, NBG, SCBG, WBG, XBG; ●BJ, GD, GX, GZ, HB, JS, SC, SH, SN, YN, ZJ; ★(AS): BT, CN, ID, IN, MM, NP, PK.

草马桑 **Coriaria terminalis** Hemsl. 【N, W/C】 ●TW; ★(AS): BT, CN, ID, IN, LK, NP.

120. 葫芦科 CUCURBITACEAE

锥形果属 Gomphogyne

锥形果 **Gomphogyne cissiformis** Griff. 【N, W/C】 ♣XTBG; ●YN; ★(AS): BT, CN, ID, IN, LK, MY, NP, PH, TH, VN.

毛锥形果 **Gomphogyne cissiformis** var. **villosa** Cogn. 【N, W/C】 ♣XTBG; ●YN; ★(AS): CN, IN, NP.

雪胆属 Hemsleya

曲莲 **Hemsleya amabilis** Diels 【N, W/C】 ♣GBG, KBG; ●GZ, SC, YN; ★(AS): CN.

翼蛇莲 **Hemsleya dipterygia** Kuang et A. M. Lu 【N, W/C】 ♣WBG, XTBG; ●HB, YN; ★(AS): CN, VN.

马铜铃 **Hemsleya graciliflora** (Harms) Cogn. 【N, W/C】 ♣BBG, GBG, HBG, LBG, WBG; ●BJ, GZ, HB, JX, SC, ZJ; ★(AS): CN, ID, IN, VN.

大果雪胆（圆锥果雪胆）**Hemsleya macrocarpa** (Cogn.) C. Y. Wu ex C. Jeffrey 【N, W/C】 ♣XBG; ●SN; ★(AS): CN, IN.

罗锅底 **Hemsleya macrosperma** C. Y. Wu 【N, W/C】 ♣GBG, KBG; ●GZ, YN; ★(AS): CN.

文山雪胆 **Hemsleya sphaerocarpa** subsp. **wenshanensis** (A. M. Lu ex C. Y. Wu et Z. L. Chen) D. Z. Li 【N, W/C】 ♣KBG, XTBG; ●YN; ★(AS): CN.

浙江雪胆 **Hemsleya zhejiangensis** C. Z. Zheng 【N, W/C】 ♣ZAFU; ●ZJ; ★(AS): CN.

绞股蓝属 Gynostemma

缅甸绞股蓝 **Gynostemma burmanicum** King ex Chakrav. 【N, W/C】 ♣XTBG; ●YN; ★(AS): CN, MM, TH.

大果绞股蓝 **Gynostemma burmanicum** var. **molle** C. Y. Wu 【N, W/C】 ♣XMBG, XTBG; ●FJ, YN; ★(AS): CN.

扁果绞股蓝 **Gynostemma compressum** X. X. Chen et D. R. Liang 【N, W/C】 ♣GXIB; ●GX; ★(AS): CN.

光叶绞股蓝 **Gynostemma laxum** (Wall.) Cogn. 【N, W/C】 ♣SCBG, ZAFU; ●GD, ZJ; ★(AS): CN, ID, IN, MM, MY, NP, PH, TH, VN.

小籽绞股蓝 **Gynostemma microspermum** C. Y. Wu et S. K. Chen 【N, W/C】 ♣XTBG; ●YN; ★(AS): CN, TH.

五柱绞股蓝 **Gynostemma pentagynum** Z. P. Wang 【N, W/C】 ♣WBG; ●HB; ★(AS): CN.

绞股蓝 **Gynostemma pentaphyllum** (Thunb.) Makino 【N, W/C】 ♣FBG, FLBG, GA, GBG, GMG, GXIB, HBG, KBG, LBG, NBG, NSBG, SCBG, TMNS, WBG, XLTBG, XMBG, XTBG, ZAFU; ●BJ, CQ, FJ, GD, GX, GZ, HB, HI, JS, JX, SC, TW, YN, ZJ; ★(AS): BT, CN, ID, IN, JP, KP, KR, LA, LK, MM, MN, MY, NP, RU-AS, TH, VN.

毛果绞股蓝 **Gynostemma pentaphyllum** var. **dasycarpum** C. Y. Wu 【N, W/C】 ♣XTBG; ●YN; ★(AS): CN, ID, MM, TH.

单叶绞股蓝 **Gynostemma simplicifolium** Blume 【N, W/C】 ♣XTBG; ●YN; ★(AS): CN, ID, IN, MM, MY, PH.

喙果绞股蓝 **Gynostemma yixingense** (Z. P. Wang et Q. Z. Xie) C. Y. Wu et S. K. Chen 【N, W/C】 ♣ZAFU; ●ZJ; ★(AS): CN.

棒锤瓜属 Neoalsomitra

棒锤瓜（藏棒锤瓜）**Neoalsomitra clavigera** (Wall.) Hutch. 【N, W/C】 ♣XTBG; ●YN; ★(AS): BT, CN, ID, IN, KH, LA, LK, MM, MY, NP, PH, TH, VN.

睡布袋属 Gerrardanthus

浅裂睡布袋（耳裂睡布袋）**Gerrardanthus lobatus** (Cogn.) C. Jeffrey 【I, C】 ♣CBG; ●SH; ★(AF): NG, TZ.

睡布袋 **Gerrardanthus macrorhizus** Harv. ex Benth. et Hook. f. 【I, C】 ♣BBG, CBG, NBG, XMBG; ●BJ, FJ, JS, SH, TW; ★(AF): ZA.

翅子瓜属 Zanonia

翅子瓜 **Zanonia indica** L. 【N, W/C】 ♣XTBG; ●YN; ★(AS): BT, CN, ID, IN, KH, LA, LK, MM, MY, PH, TH, VN.

滇南翅子瓜 **Zanonia indica** var. **pubescens** Cogn. 【N, W/C】 ♣XTBG; ●YN; ★(AS): CN, IN.

碧雷鼓属 Xerosicyos

碧雷鼓 **Xerosicyos danguyi** Humbert 【I, C】 ♣BBG, FLBG, IBCAS, SCBG, TMNS, WBG, XMBG; ●BJ, FJ, GD, HB, JX, SH, TW; ★(AF):

MG.

软毛沙葫芦 **Xerosicyos pubescens** Keraudren 【I, C】 ♣NBG, XMBG; ●FJ, TW; ★(AF): MG.

三裂史葫芦 **Xerosicyos tripartitus** (Humbert) H. Schaef. et S. S. Renner 【I, C】 ♣CBG, NBG; ●JS, SH, TW; ★(AF): MG.

盒子草属 Actinostemma

盒子草 **Actinostemma tenerum** Griff. 【N, W/C】 ♣HBG, LBG, NBG, SCBG, ZAFU; ●BJ, GD, JS, JX, ZJ; ★(AS): CN, ID, IN, JP, KP, LA, MN, RU-AS, TH, VN.

假贝母属 Bolbostemma

刺儿瓜 **Bolbostemma biglandulosum** (Hemsl.) Franquet 【N, W/C】 ♣XTBG; ●YN; ★(AS): CN.

假贝母 **Bolbostemma paniculatum** (Maxim.) Franquet 【N, W/C】 ♣GBG, HBG, WBG, XBG; ●GZ, HB, SN, ZJ; ★(AS): CN, MN.

赤瓟属 Thladiantha

大苞赤瓟 **Thladiantha cordifolia** (Blume) Cogn. 【N, W/C】 ♣BBG, LBG, SCBG, WBG, XTBG; ●BJ, GD, HB, JX, SC, YN; ★(AS): BT, CN, ID, IN, LA, LK, MM, NP, TH, VN.

齿叶赤瓟 **Thladiantha dentata** Cogn. 【N, W/C】 ♣KBG, WBG; ●HB, SC, YN; ★(AS): CN.

赤瓟 **Thladiantha dubia** Bunge 【N, W/C】 ♣BBG, CBG, GBG, GMG, IBCAS, XBG; ●BJ, GX, GZ, SH, SN, TW; ★(AS): CN, JP, KP, MM, MN, RU-AS; (EU): AT, CZ, HU, RO, RU.

异叶赤瓟 **Thladiantha hookeri** C. B. Clarke 【N, W/C】 ♣KBG, XTBG; ●YN; ★(AS): BT, CN, IN, LA, MM, TH, VN.

长萼赤瓟 **Thladiantha longisepala** C. Y. Wu 【N, W/C】 ♣XTBG; ●YN; ★(AS): CN.

南赤瓟 **Thladiantha nudiflora** Hemsl. 【N, W/C】 ♣CBG, FBG, HBG, LBG, WBG, ZAFU; ●FJ, HB, JX, SC, SH, ZJ; ★(AS): CN, PH, VN.

鄂赤瓟 **Thladiantha oliveri** Cogn. ex Mottet 【N, W/C】 ♣WBG; ●HB, SC; ★(AS): CN.

台湾赤瓟 **Thladiantha punctata** Hayata 【N, W/C】 ♣FBG, ZAFU; ●FJ, ZJ; ★(AS): CN.

长毛赤瓟 **Thladiantha villosula** Cogn. 【N, W/C】 ♣XTBG; ●YN; ★(AS): CN.

罗汉果属 Siraitia

罗汉果 **Siraitia grosvenorii** (Swingle) C. Jeffrey ex A. M. Lu et Zhi Y. Zhang 【N, W/C】 ♣BBG, FBG, GA, GMG, GXIB, SCBG, WBG, XMBG, XOIG, XTBG; ●BJ, FJ, GD, GX, HB, JX, TW, YN; ★(AS): CN.

翅子罗汉果 **Siraitia siamensis** (Craib) C. Jeffrey ex S. Q. Zhong et D. Fang 【N, W/C】 ♣XTBG; ●YN; ★(AS): CN, ID, MY, TH, VN.

苦瓜属 Momordica

*倒地铃状苦瓜 **Momordica cardiospermoides** Klotzsch 【I, C】 ♣BBG; ●BJ; ★(AF): ZA, ZM.

苦瓜 **Momordica charantia** L. 【I, C】 ♣FBG, FLBG, GA, GBG, GMG, HBG, IBCAS, LBG, NBG, SCBG, WBG, XLTBG, XMBG, XOIG, XTBG, ZAFU; ●AH, BJ, FJ, GD, GS, GX, GZ, HA, HB, HE, HI, HL, HN, JS, JX, SC, SH, SN, SX, TW, XJ, YN, ZJ; ★(AS): ID, IN.

木鳖子 **Momordica cochinchinensis** Spreng. 【N, W/C】 ♣CBG, FBG, GBG, GMG, GXIB, HBG, KBG, LBG, NBG, SCBG, WBG, XBG, XLTBG, XMBG, XOIG, XTBG; ●FJ, GD, GX, GZ, HB, HI, JS, JX, SH, SN, YN, ZJ; ★(AS): CN, IN, JP, LA, MM, MY, PH; (OC): AU.

条状苦瓜(喙状苦瓜)**Momordica rostrata** A. Zimm. 【I, C】 ♣BBG, CBG, FBG, NBG, SCBG, WBG, XMBG; ●BJ, FJ, GD, HB, JS, SH, TW; ★(AF): KE, TZ, ZA.

凹萼木鳖 **Momordica subangulata** Blume 【N, W/C】 ♣GA, SCBG, XTBG; ●GD, JX, TW, YN; ★(AS): CN, ID, IN, LA, MM, MY, TH, VN.

泻根属 Bryonia

白泻根 **Bryonia alba** L. 【I, C】 ★(EU): DE, NL.

红泻根 **Bryonia dioica** Jacq. 【I, C】 ★(AF): DZ; (AS): IQ, IR; (EU): DE, ES, NL.

喷瓜属 Ecballium

喷瓜 **Ecballium elaterium** (L.) A. Rich. 【I, C】 ♣GMG, HBG, IBCAS; ●BJ, GX, ZJ; ★(AF): DZ, EG, LY, MA, SD, TN; (AS): AM, AZ, BH, CY, GE, IL, IQ, IR, JO, KW, LB, PS, QA, SA, SY, TR, YE; (EU): AD, AL, BA, BE, BG, ES, FR, GB, GR, HR, IT, LU, MC, ME, MK, NL, PT, RO, RS, SI, SM, VA.

波棱瓜属 Herpetospermum

波棱瓜 **Herpetospermum pedunculosum** (Ser.) C. B. Clarke【N, W/C】●YN; ★(AS): BT, CN, ID, IN, LK, NP.

丝瓜属 Luffa

广东丝瓜（棱角丝瓜）**Luffa acutangula** (L.) Roxb.【I, C】♣FBG, FLBG, GA, GMG, LBG, SCBG, XLTBG, XMBG, XOIG, XTBG; ●AH, BJ, FJ, GD, GX, GZ, HB, HE, HI, JS, JX, SC, SD, SH, TW, YN, ZJ; ★(AS): IN, PK.

丝瓜 **Luffa cylindrica** M. Roem.【I, C】♣FBG, FLBG, GA, GBG, GMG, HBG, IBCAS, LBG, NBG, SCBG, TBG, TDBG, WBG, XBG, XLTBG, XMBG, XOIG, XTBG, ZAFU; ●AH, BJ, CQ, FJ, GD, GS, GX, GZ, HA, HB, HE, HI, HL, HN, JS, JX, SC, SD, SH, SN, SX, TW, XJ, YN, ZJ; ★(AS): ID, IN.

栝楼属 Trichosanthes

蛇瓜 **Trichosanthes anguina** L.【I, C】♣FLBG, GA, IBCAS, NBG, SCBG, XLTBG, XMBG, XOIG, XTBG; ●AH, BJ, FJ, GD, HA, HI, JS, JX, SD, SX, TW, YN; ★(AS): BD, ID, IN, LK, MM, MY, NP, PK.

短序栝楼 **Trichosanthes baviensis** Gagnep.【N, W/C】♣CBG, XTBG; ●GD, SH, YN; ★(AS): CN, VN.

瓜叶栝楼 **Trichosanthes cucumerina** L.【N, W/C】♣FBG, XMBG, XOIG, XTBG; ●FJ, YN; ★(AF): NG; (AS): BT, CN, ID, IN, LK, MM, MY, NP, PK; (OC): AU, PAF.

王瓜 **Trichosanthes cucumeroides** (Ser.) Maxim.【N, W/C】♣CBG, FBG, FLBG, GA, GMG, GXIB, HBG, LBG, NBG, SCBG, WBG, ZAFU; ●FJ, GD, GX, HB, JS, JX, SC, SH, ZJ; ★(AS): CN, ID, IN, JP.

糙点栝楼 **Trichosanthes dunniana** H. Lév.【N, W/C】♣SCBG, XMBG, XTBG; ●FJ, GD, YN; ★(AS): CN, LA, MM, TH.

长果栝楼 **Trichosanthes kerrii** Craib【N, W/C】♣XTBG; ●YN; ★(AS): CN, ID, IN, LA, TH, VN.

江西栝楼 **Trichosanthes kiangsiensis** C. Y. Cheng et C. H. Yueh【N, W/C】♣LBG; ●JX; ★(AS): CN.

栝楼 **Trichosanthes kirilowii** Maxim.【N, W/C】♣BBG, CBG, CDBG, FBG, GA, GBG, GMG, GXIB, HBG, IBCAS, KBG, LBG, NBG, SCBG, WBG, XBG, XMBG, XOIG, ZAFU; ●BJ, FJ, GD, GX, GZ, HB, JS, JX, SC, SH, SN, YN, ZJ; ★(AS): CN, JP, KP, KR, LA, MN, VN.

长萼栝楼 **Trichosanthes laceribractea** Hayata【N, W/C】♣GXIB, SCBG; ●GD, GX; ★(AS): CN.

马干铃栝楼 **Trichosanthes lepiniana** (Naudin) Cogn.【N, W/C】♣XTBG; ●YN; ★(AS): BT, CN, ID, IN, LK.

趾叶栝楼 **Trichosanthes pedata** Merr. et Chun【N, W/C】♣FLBG, GA, GXIB, SCBG, XTBG; ●GD, GX, JX, YN; ★(AS): CN, VN.

全缘栝楼 **Trichosanthes pilosa** Lour.【N, W/C】♣SCBG, XTBG; ●GD, YN; ★(AS): BT, CN, ID, IN, JP, LK, MM, MY, NP, TH, VN; (OC): AU.

五角栝楼 **Trichosanthes quinquangulata** A. Gray【N, W/C】♣XTBG; ●YN; ★(AS): CN, ID, LA, MM, MY, PH, TH, VN.

木基栝楼 **Trichosanthes quinquefolia** C. Y. Wu【N, W/C】♣XTBG; ●YN; ★(AS): CN, LA.

两广栝楼 **Trichosanthes reticulinervis** C. Y. Wu ex S. K. Chen【N, W/C】♣SCBG; ●GD; ★(AS): CN.

中华栝楼 **Trichosanthes rosthornii** Harms【N, W/C】♣GA, GXIB, SCBG, WBG; ●GD, GX, HB, JX, SC; ★(AS): CN, JP.

红花栝楼 **Trichosanthes rubriflos** Thorel ex Cayla【N, W/C】♣FBG, XTBG; ●FJ, YN; ★(AS): CN, IN, KH, LA, MM, TH, VN.

菝葜叶栝楼 **Trichosanthes smilacifolia** C. Y. Wu【N, W/C】♣XTBG; ●YN; ★(AS): CN.

截叶栝楼 **Trichosanthes truncata** C. B. Clarke【N, W/C】♣GMG, WBG, XTBG; ●GX, HB, YN; ★(AS): BT, CN, ID, IN, LK, MM, TH, VN.

薄叶栝楼 **Trichosanthes wallichiana** (Ser.) Wight【N, W/C】♣XTBG; ●YN; ★(AS): BT, CN, ID, IN, JP, LK, MM, MY, NP, SG.

金瓜属 Gymnopetalum

金瓜 **Gymnopetalum chinensis** (Lour.) Merr.【N, W/C】♣FLBG, GBG, NBG, SCBG, WBG, XTBG; ●GD, GZ, HB, JS, JX, YN; ★(AS): CN, ID, IN, MY, VN.

风瓜 **Gymnopetalum scabrum** (Lour.) W. J. de Wilde et Duyfjes【N, W/C】♣SCBG, XTBG; ●GD, YN; ★(AS): CN, ID, IN, KH, LA, LK, MM,

MY, PH, TH, VN.

油渣果属 Hodgsonia

油渣果（油瓜）**Hodgsonia macrocarpa** (Blume) Cogn. 【N, W/C】 ♣FBG, GMG, HBG, KBG, SCBG, XBG, XLTBG, XMBG, XOIG, XTBG; ●FJ, GD, GX, HI, SN, YN, ZJ; ★(AS): BT, CN, IN, KH, LA, LK, MM, MY, TH, VN.

腺点油瓜 **Hodgsonia macrocarpa** var. **capniocarpa** (Ridl.) Tsai 【N, W/C】 ♣XTBG; ●YN; ★(AS): CN, MY.

刺囊瓜属 Echinocystis

刺囊瓜 **Echinocystis lobata** (Michx.) Torr. et Gray 【I, C】 ●NM; ★(NA): US.

刺果瓜属 Sicyos

刺果瓜 **Sicyos angulatus** L.【I, C/N】●BJ, LN, SD; ★(NA): US.

佛手瓜属 Sechium

佛手瓜 **Sechium edule** (Jacq.) Sw. 【I, C】 ♣FBG, FLBG, GA, GBG, GMG, GXIB, HBG, KBG, LBG, NBG, SCBG, WBG, XLTBG, XMBG, XOIG, XTBG; ●FJ, GD, GX, GZ, HB, HI, HN, JS, JX, SC, TW, YN, ZJ; ★(NA): BZ, CR, GT, HN, LW, MX, NI, PA, PR, SV, US; (SA): AR, BO, BR, CO, PE, PY, VE.

小雀瓜属 Cyclanthera

爆裂小雀瓜 **Cyclanthera brachystachya** (DC.) Cogn. 【I, C】 ★(NA): CR, GT, MX, SV; (SA): BO, CO, EC, PE, VE.

小雀瓜 **Cyclanthera pedata** (L.) Schrad. 【I, C】 ♣KBG; ●YN; ★(NA): CR, GT, HN, MX, NI, US; (SA): AR, BO, CO, EC, PE.

青龙瓜属 Seyrigia

*纤细葫芦 **Seyrigia gracilis** Keraudren 【I, C】 ♣BBG; ●BJ; ★(AF): MG.

细柱葫芦 **Seyrigia humbertii** Keraudren 【I, C】 ♣BBG, FBG, XMBG; ●BJ, FJ; ★(AF): MG.

树葫芦属 Corallocarpus

*勃姆树葫芦 **Corallocarpus boehmii** (Cogn.) C. Jeffrey 【I, C】 ♣BBG; ●BJ; ★(AF): BI, TZ, ZA.

索马里树葫芦 **Corallocarpus glomeruliflorus** Schweinf. ex Deflers 【I, C】 ●SN, TW; ★(AF): SO.

狒狒瓜属 Kedrostis

非洲奇葫芦 **Kedrostis africana** (L.) Cogn. 【I, C】 ♣CBG; ●SH, TW; ★(AF): ZA.

纹瓜 **Kedrostis hirtella** Cogn. 【I, C】 ♣BBG; ●BJ, SH; ★(AF): TZ, UG, ZA.

笑布袋属 Ibervillea

笑布袋 **Ibervillea sonorae** (S. Watson) Greene 【I, C】 ♣BBG, CBG, NBG, XMBG; ●BJ, FJ, JS, SH, TW; ★(NA): MX.

马㼎儿属 Zehneria

马㼎儿 **Zehneria japonica** (Thunb.) H. Y. Liu 【N, W/C】 ♣CBG, FBG, GA, GBG, GMG, GXIB, HBG, LBG, SCBG, WBG, XMBG, XTBG; ●FJ, GD, GX, GZ, HB, JX, SC, SH, YN, ZJ; ★(AS): BT, CN, ID, IN, JP, KP, KR, LA, LK, MM, MY, NP, PH, VN.

马达加斯加纽子瓜（钮子瓜）**Zehneria maysorensis** (Wight et Arn.) Arn.【N, W/C】 ♣CBG, GA, GBG, KBG, SCBG, XTBG; ●GD, GZ, JX, SH, YN; ★(AS): CN, IN, JP, LA, MM, PH, VN.

*突尖马㼎儿（台湾马㼎儿）**Zehneria mucronata** (Blume) Miq. 【I, C】 ♣XTBG; ●YN; ★(AS): ID.

绿太鼓 **Zehneria pallidinervia** (Harms) C. Jeffrey 【I, C】 ♣BBG; ●BJ; ★(AF): CG, KE, TZ, UG.

*粗糙马㼎儿 **Zehneria scabra** Sond. 【I, C】 ♣CBG; ●SH, TW; ★(AF): BI, ET, KE, MW, RW, TZ, UG, ZM.

锤果马㼎儿 **Zehneria wallichii** (C. B. Clarke) C. Jeffrey 【N, W/C】 ♣XTBG; ●YN; ★(AS): CN, ID, IN, MM, TH.

西瓜属 Citrullus

药西瓜 **Citrullus colocynthis** (L.) Schrad. 【I, C】 ●XJ; ★(AF): EG, MA, MG, SD; (AS): SA, TR; (EU): ES, IT, PT.

缺须西瓜 **Citrullus ecirrhosus** Cogn. 【I, C】 ●XJ; ★(AF): NA, ZA.

西瓜 **Citrullus lanatus** (Thunb.) Matsum. et Nakai 【I, C】 ♣FBG, FLBG, GA, GBG, GMG, GXIB,

HBG, LBG, NBG, SCBG, TDBG, WBG, XMBG, XOIG, XTBG, ZAFU; ●AH, BJ, FJ, GD, GS, GX, GZ, HA, HB, HE, HI, HL, HN, JL, JS, JX, LN, NM, NX, SC, SD, SH, SN, SX, TJ, TW, XJ, YN, ZJ; ★(AF): BF, BJ, CG, CI, CV, EH, GH, GM, GN, GW, LR, ML, MR, NE, NG, SL, SN, TG.

普通西瓜 **Citrullus lanatus** subsp. **vulgaris** (Schrad.) Fursa【I, C】●XJ; ★(AF): BF, BJ, CG, CI, CV, EH, GH, GM, GN, GW, LR, ML, MR, NE, NG, SL, SN, TG.

卡费尔西瓜 **Citrullus lanatus** var. **caffer** (Schrad.) Mansf. ex Fursa【I, C】★(AF): BF, BJ, CG, CI, CV, EH, GH, GM, GN, GW, LR, ML, MR, NE, NG, SL, SN, TG.

饲用西瓜 **Citrullus lanatus** var. **citroides** (L. H. Bailey) Mansf.【I, C】★(AF): BF, BJ, CG, CI, CV, EH, GH, GM, GN, GW, LR, ML, MR, NE, NG, SL, SN, TG.

葫芦属 Lagenaria

葫芦 **Lagenaria siceraria** (Molina) Standl.【I, C】♣FBG, FLBG, GA, HBG, IBCAS, KBG, LBG, NBG, SCBG, WBG, XBG, XLTBG, XMBG, XTBG, ZAFU; ●AH, BJ, CQ, FJ, GD, GS, GX, GZ, HA, HB, HE, HI, HL, HN, JS, JX, LN, NX, QH, SC, SD, SH, SN, SX, TW, XJ, YN, ZJ; ★(AF): MG, NG, ZA, ZW.

拟南瓜属 Peponium

*喀里多尼亚拟南瓜 **Peponium caledonicum** (Sond.) Engl.【I, C】♣BBG; ●BJ; ★(AF): ZA.

刺枝瓜属 Acanthosicyos

刺枝瓜 **Acanthosicyos horridus** Welw. ex Hook. f.【I, C】★(AF): ZA.

罗典西瓜 **Acanthosicyos naudinianus** (Sond.) C. Jeffrey【I, C】●XJ; ★(AF): NA, ZA, ZM.

立布袋属 Cephalopentandra

立布袋（垂头葫芦）**Cephalopentandra ecirrhosa** (Cogn.) C. Jeffrey【I, C】♣BBG, NBG, XMBG; ●BJ, FJ, JS, TW; ★(AF): SO.

茅瓜属 Solena

茅瓜 **Solena amplexicaulis** (Lam.) Gandhi【N, W/C】♣CBG, FBG, GA, GBG, GMG, SCBG, XMBG, XTBG; ●FJ, GD, GX, GZ, JX, SH, TW, YN; ★(AS): BT, CN, ID, IN, LK, MM, MY, NP, VN.

滇藏茅瓜 **Solena heterophylla** Lour.【N, W/C】♣WBG; ●HB; ★(AS): CN.

冬瓜属 Benincasa

空心瓜 **Benincasa fistulosa** (Stocks) H. Schaef. et S. S. Renner【I, C】★(AS): IN.

冬瓜 **Benincasa hispida** (Thunb.) Cogn.【I, C】♣FBG, FLBG, GA, GBG, GMG, HBG, IBCAS, LBG, NBG, SCBG, WBG, XBG, XLTBG, XMBG, XOIG, XTBG, ZAFU; ●AH, BJ, CQ, FJ, GD, GS, GX, GZ, HA, HB, HE, HI, HL, HN, JS, JX, NM, NX, SC, SD, SH, SN, SX, TJ, TW, XJ, XZ, YN, ZJ; ★(AS): IN, KH, LA, MM, TH, VN.

旋葫芦属 Trochomeria

*大果旋葫芦 **Trochomeria macrocarpa** Harv.【I, C】♣BBG; ●BJ; ★(AF): BI, NA, TZ, ZM.

蜂巢旋葫芦 **Trochomeria polymorpha** (Welw.) Cogn.【I, C】★(AF): AO, BI, CG, ZM.

番马㼎属 Melothria

美洲马㼎儿 **Melothria pendula** L.【I, N】★(NA): BZ, CR, DO, GT, HN, MX, NI, PA, PR, SV; (SA): AR, BO, BR, CO, EC, PE, VE.

滇马㼎属 Scopellaria

云南马㼎儿 **Scopellaria marginata** (Blume) W. J. de Wilde et Duyfjes【N, W/C】♣SCBG, XTBG; ●GD, YN; ★(AS): CN, ID, IN, KH, LA, MM, PH, TH, VN.

毒瓜属 Diplocyclos

毒瓜 **Diplocyclos palmatus** (L.) C. Jeffrey【N, W/C】♣GMG, SCBG; ●GD, GX; ★(AF): ZA; (AS): BT, CN, ID, IN, JP, KH, LA, LK, MM, MY, NP, PH, TH, VN; (OC): AU, PAF.

红瓜属 Coccinia

*阿登红瓜 **Coccinia adoensis** (A. Rich.) Cogn.【I, C】♣BBG; ●BJ; ★(AF): GH, MW, TZ, ZA, ZM.

红瓜 **Coccinia grandis** (L.) Voigt【I, N】♣SCBG, XMBG, XTBG; ●FJ, GD, YN; ★(AS): ID, IN,

KH, LA, MM, MY, PH, SG, TH, VN; (OC): AU, PG.

*三裂叶红瓜 **Coccinia trilobata** (Cogn.) C. Jeffrey 【I, C】 ♣XTBG; ●YN; ★(AF): TZ.

黄瓜属 Cucumis

小刺黄瓜（安古里亚甜瓜）**Cucumis anguria** L. 【I, C】 ●TW; ★(AF): MG, NA, TZ, ZA, ZM.

刺猬黄瓜 **Cucumis dipsaceus** Ehrenb. ex Spach 【I, C】 ●TW; ★(AF): TZ.

野黄瓜 **Cucumis hystrix** Chakrav. 【N, W/C】 ♣XTBG; ●YN; ★(AS): CN, ID, IN, LA, MM, TH.

平籽帽儿瓜 **Cucumis leiospermus** (Wight et Arn.) Ghebret. et Thulin 【I, C】 ♣XTBG; ●YN; ★(AS): IN.

甜瓜 **Cucumis melo** L. 【I, C】 ♣FBG, FLBG, GA, GMG, GXIB, HBG, LBG, SCBG, TDBG, WBG, XMBG, XOIG, XTBG; ●AH, BJ, CQ, FJ, GD, GS, GX, HA, HB, HE, HI, HL, HN, JL, JS, JX, LN, NM, NX, SC, SD, SH, SN, SX, TJ, TW, XJ, YN, ZJ; ★(AS): AF, AM, IN, IR, TR.

马泡瓜 **Cucumis melo** subsp. **agrestis** (Naudin) Pangalo 【I, N】 ♣SCBG, XOIG; ●FJ, GD; ★(AS): AF, AM, IN, IR, TR.

刺角瓜（火参果）**Cucumis metuliferus** E. Mey. ex Naudin 【I, C】 ●BJ, FJ, GD, TW; ★(AF): CF, NG, ZA.

醋栗黄瓜（南非吐瓜）**Cucumis myriocarpus** Naudin 【I, C】 ●TW; ★(AF): NA, NG, TZ, ZA, ZM.

黄瓜 **Cucumis sativus** L. 【I, C】 ♣FBG, FLBG, GA, GBG, HBG, LBG, NBG, SCBG, TDBG, XLTBG, XMBG, XOIG, XTBG, ZAFU; ●AH, BJ, CQ, FJ, GD, GS, GX, GZ, HA, HB, HE, HI, HL, HN, JL, JS, JX, LN, NM, NX, QH, SC, SD, SH, SN, SX, TJ, TW, XJ, YN, ZJ; ★(AS): IN.

西南野黄瓜 **Cucumis sativus** var. **hardwickii** (Royle) Gabaev 【N, W/C】 ♣XTBG; ●YN; ★(AS): CN, IN, MM, NP, TH.

帽儿瓜属 Mukia

爪哇帽儿瓜 **Mukia javanica** (Miq.) C. Jeffrey 【N, W/C】 ♣FBG, XTBG; ●FJ, YN; ★(AS): CN, ID, IN, LA, PH, TH, VN.

帽儿瓜 **Mukia maderaspatana** (L.) M. Roem. 【N, W/C】 ♣GMG, XTBG; ●GX, YN; ★(AF): ZA; (AS): BT, CN, ID, IN, JP, LA, LK, MM, PH, VN; (OC): AU, PAF.

南瓜属 Cucurbita

墨西哥南瓜 **Cucurbita argyrosperma** K. Koch 【I, C】 ●TW; ★(NA): MX.

白皮黑子南瓜 **Cucurbita ficifolia** Bouché 【I, C】 ●TW, YN; ★(NA): CR, GT, HN, MX, NI, PA, SV, US; (SA): BO, CO, EC, PE.

臭瓜 **Cucurbita foetidissima** Kunth 【I, C】 ♣MDBG, XBG, XMBG; ●BJ, FJ, GS, SN; ★(NA): MX, US.

笋瓜 **Cucurbita maxima** Duchesne 【I, C】 ♣HBG, KBG, XBG, XOIG, XTBG; ●AH, BJ, CQ, FJ, GS, GZ, HA, HB, HE, HL, JL, JS, LN, NM, NX, QH, SC, SD, SH, SN, SX, TJ, TW, XJ, XZ, YN, ZJ; ★(NA): HN, US; (SA): AR, BO, CL, CO, PE, VE.

南瓜 **Cucurbita moschata** Duchesne 【I, C】 ♣FBG, FLBG, GA, GBG, GMG, GXIB, HBG, IBCAS, KBG, LBG, SCBG, TDBG, XBG, XLTBG, XMBG, XOIG, XTBG, ZAFU; ●AH, BJ, CQ, FJ, GD, GS, GX, GZ, HA, HB, HE, HI, HL, HN, JL, JS, JX, LN, NM, NX, QH, SC, SD, SH, SN, SX, TJ, TW, XJ, XZ, YN, ZJ; ★(NA): BZ, CR, GT, HN, MX, NI, PA, PR, SV, US; (SA): AR, BO, BR, CO, EC, PE.

西葫芦 **Cucurbita pepo** L. 【I, C】 ♣FBG, GA, KBG, TDBG, XBG, XLTBG, XMBG, XOIG, XTBG; ●AH, BJ, CQ, FJ, GD, GS, GZ, HA, HB, HE, HI, HL, HN, JL, JS, JX, LN, NM, NX, QH, SC, SD, SH, SN, SX, TJ, TW, XJ, XZ, YN; ★(NA): CR, GT, MX, US; (SA): BO, CO, EC, PE.

香蕉瓜属 Sicana

香蕉瓜 **Sicana odorifera** (Vell.) Naudin 【I, C】 ♣XTBG; ●YN; ★(NA): CR, GT, MX, NI, PA; (SA): BO, CO, PE.

Cionosicys

Cionosicys excisus (Griseb.) C. Jeffrey 【I, C】 ★(NA): BZ, CU, GT, MX.

Cionosicys macranthus (Pittier) C. Jeffrey 【I, C】 ★(NA): BZ, CR, GT, HN, MX, NI, PA.

Cayaponia

南美泻瓜 **Cayaponia bonariensis** (Mill.) Mart. Crov. 【I, C】 ●TW; ★(SA): AR, BO, BR, PY, UY.

121. 四数木科 TETRAMELACEAE

四数木属 Tetrameles

四数木 **Tetrameles nudiflora** R. Br. 【N, W/C】

♣BBG, CBG, SCBG, XTBG; ●BJ, GD, SH, YN; ★(AS): BT, CN, ID, IN, KH, LA, LK, MM, MY, NP, TH, VN; (OC): AU, PAF.

122. 野麻科　DATISCACEAE

野麻属　Datisca

野麻 **Datisca cannabina** L.【I, C】♣HBG, XTBG; ●YN, ZJ; ★(EU): GR, TR.

123. 秋海棠科　BEGONIACEAE

秋海棠属　Begonia

仲氏秋海棠 **Begonia × chungii** C. I. Peng et S. M. Ku【N, W/C】★(AS): CN.

*迪氏秋海棠 **Begonia × digswelliana** Dombrain【I, C】♣BBG; ●BJ; ★(EU): GB.

红爵士秋海棠 **Begonia × erythrophylla** Hort. ex Hérincq【I, C】♣BBG, TBG; ●BJ, TW; ★(EU): GB.

*费氏秋海棠（圆叶秋海棠）**Begonia × feastii** L. H. Bailey【I, C】♣FLBG, KBG, NBG, XMBG; ●FJ, GD, JS, JX, YN; ★(NA): US.

褐斑秋海棠 **Begonia × fuscomaculata** A. E. Lange【I, C】♣SCBG; ●GD; ★(EU): DK.

皿状秋海棠 **Begonia × heracleicotyle** H. J. Veitch【I, C】♣CBG, KBG; ●SH, YN; ★(EU): GB.

丽格秋海棠 **Begonia × hiemalis** Fotsch【I, C】♣ZAFU; ●SC, TW, ZJ; ★(EU): DE.

撒金秋海棠 **Begonia × margaritae** Fotsch【I, C】♣FLBG, GBG, HBG, KBG, LBG, NBG, XBG; ●GD, GZ, JS, JX, SN, YN, ZJ; ★(EU): GB.

蓖麻叶海棠 **Begonia × ricinifolia** A. Dietr.【I, C】♣FLBG, HBG, NBG; ●GD, JS, JX, YN, ZJ; ★(AF): KE.

斑叶秋海棠 **Begonia × rubellina** L. H. Bailey【I, C】♣CDBG; ●SC; ★(NA): US.

球根秋海棠 **Begonia × tuberhybrida** Voss【I, C】♣CBG, FLBG, KBG, NBG, XMBG; ●BJ, FJ, GD, JS, JX, SC, SH, TW, YN; ★(EU): FR.

枫叶秋海棠 **Begonia acerifolia** Kunth【I, C】●TW; ★(SA): EC, PE.

酸味秋海棠 **Begonia acetosa** Vell.【I, C】♣FLBG, KBG; ●GD, JX, YN; ★(SA): BR.

无翅秋海棠 **Begonia acetosella** Craib【N, W/C】♣CBG, FLBG, KBG, SCBG, TMNS, WBG; ●GD, HB, JX, SH, TW, YN; ★(AS): CN, LA, MM, TH, VN.

粗毛无翅秋海棠 **Begonia acetosella** var. **hirtifolia** Irmsch.【N, W/C】♣KBG; ●YN; ★(AS): CN, MM.

*乌头叶秋海棠 **Begonia aconitifolia** A. DC.【I, C】♣NBG; ●JS; ★(SA): BR.

尖被秋海棠 **Begonia acutitepala** K. Y. Guan et D. K. Tian【N, W/C】♣KBG; ●YN; ★(AS): CN.

银星秋海棠 **Begonia albopicta** W. Bull【I, C】♣CBG, FLBG, GXIB, HBG, IBCAS, NBG, NSBG, SCBG, TBG, XMBG, XTBG; ●BJ, CQ, FJ, GD, GX, JS, JX, SC, SH, TW, YN, ZJ; ★(SA): BR.

美丽秋海棠 **Begonia algaia** L. B. Sm. et Wassh.【N, W/C】♣KBG; ●YN; ★(AS): CN.

点叶秋海棠 **Begonia alveolata** T. T. Yu【N, W/C】♣KBG, TMNS; ●TW, YN; ★(AS): CN, VN.

棱角秋海棠 **Begonia angularis** Raddi【I, C】♣BBG, CBG, KBG; ●BJ, SH, YN; ★(SA): BR.

有角秋海棠 **Begonia angulata** Vell.【I, C】♣KBG; ●YN; ★(SA): BR.

尖叶秋海棠 **Begonia arborescens** var. **oxyphylla** (A. DC.) S. F. Sm.【I, C】♣CBG, FLBG, KBG; ●GD, JX, SH, YN; ★(SA): BR.

银色秋海棠 **Begonia argentea** Linden【I, C】♣BBG; ●BJ, SC; ★(SA): BR.

糙叶秋海棠 **Begonia asperifolia** Irmsch.【N, W/C】♣TMNS; ●TW; ★(AS): CN.

歪叶秋海棠 **Begonia augustinei** Hemsl.【N, W/C】♣CBG, GXIB, KBG, SCBG, TMNS, XTBG; ●GD, GX, SH, TW, YN; ★(AS): CN.

橙花侧膜秋海棠 **Begonia aurantiflora** C. I. Peng, Yan Liu et S. M. Ku【N, W/C】♣GXIB; ●GX; ★(AS): CN.

桂南秋海棠 **Begonia austroguangxiensis** Y. M. Shui et W. H. Chen【N, W/C】♣GXIB; ●GX; ★(AS): CN.

南台湾秋海棠 **Begonia austrotaiwanensis** Y. K. Chen et C. I. Peng【N, W/C】♣TMNS; ●TW; ★(AS): CN.

北越秋海棠 **Begonia balansana** Gagnep.【N, W/C】♣GXIB, TMNS; ●GX, TW; ★(AS): CN.

肾形秋海棠 **Begonia balmisiana** Balmis【I, C】♣KBG; ●YN; ★(NA): MX.

巴马秋海棠 **Begonia bamaensis** Yan Liu et C. I. Peng【N, W/C】♣GXIB; ●GX; ★(AS): CN.

*巴克秋海棠 **Begonia barkleyana** L. B. Sm. 【I, C】 ♣SCBG; ●GD; ★(SA): BR.

金平秋海棠 **Begonia baviensis** Gagnep. 【N, W/C】 ♣CBG, KBG, TMNS; ●SH, TW, YN; ★(AS): CN, VN.

贯茎秋海棠 **Begonia biserrata** Lindl. 【I, C】 ♣KBG; ●YN; ★(NA): GT, HN, MX, SV.

虎斑秋海棠 **Begonia bogneri** Ziesenh. 【I, C】 ♣SCBG; ●GD; ★(AF): MG.

玻利维亚秋海棠 **Begonia boliviensis** A. DC. 【I, C】 ♣LBG; ●JX, YN; ★(SA): AR, BO, PE.

豹耳秋海棠 **Begonia bowerae** Ziesenh. 【I, C】 ♣CBG, FLBG, KBG, LBG, NBG, SCBG, XMBG; ●FJ, GD, JS, JX, SC, SH, TW, YN; ★(NA): MX.

粉花豹耳秋海棠 **Begonia bowerae** var. **roseiflora** Ziesenh. 【I, C】 ♣KBG; ●YN; ★(NA): MX.

布拉德秋海棠 **Begonia bradei** Irmsch. 【I, C】 ♣KBG; ●YN; ★(SA): BR.

短裂秋海棠 **Begonia brevirimosa** Irmsch. 【I, C】 ♣CBG; ●SH; ★(OC): PG.

沧源秋海棠 **Begonia cangyuanensis** S. H. Huang 【N, W/C】 ♣KBG; ●YN; ★(AS): CN.

肉质茎秋海棠 **Begonia caroliniifolia** Regel 【I, C】 ♣KBG; ●YN; ★(NA): MX.

花叶秋海棠 **Begonia cathayana** Hemsl. 【N, W/C】 ♣CBG, FLBG, GMG, GXIB, HBG, KBG, LBG, NBG, SCBG, TMNS, XMBG, XTBG; ●FJ, GD, GX, JS, JX, SH, TW, YN, ZJ; ★(AS): CN, VN.

昌感秋海棠 **Begonia cavaleriei** H. Lév. 【N, W/C】 ♣CBG, GXIB, KBG, SCBG, TMNS, WBG, XMBG, XTBG; ●FJ, GD, GX, HB, SH, TW, YN; ★(AS): CN, VN.

凤山秋海棠 **Begonia chingii** Irmsch. 【N, W】 ♣XTBG; ●YN; ★(AS): CN.

溪头秋海棠 **Begonia chitoensis** Tang S. Liu et M. J. Lai 【N, W/C】 ♣TMNS; ●TW; ★(AS): CN.

绿毛秋海棠 **Begonia chlorosticta** Sands 【I, C】 ♣KBG; ●YN; ★(AS): MY.

周裂秋海棠 **Begonia circumlobata** Hance 【N, W/C】 ♣GMG, GXIB, SCBG, TMNS, WBG, XTBG; ●GD, GX, HB, TW, YN; ★(AS): CN.

卷毛秋海棠 **Begonia cirrosa** L. B. Sm. et Wassh. 【N, W/C】 ♣CBG, GXIB, KBG, XTBG; ●GX, SH, YN; ★(AS): CN.

藤状秋海棠 **Begonia convolvulacea** (Klotzsch) A. DC. 【I, C】 ♣BBG, KBG; ●BJ, YN; ★(NA): PA; (SA): BR.

黄连山秋海棠 **Begonia coptidimontana** C. Y. Wu 【N, W/C】 ♣KBG, TMNS; ●TW, YN; ★(AS): CN.

刺状秋海棠 **Begonia crenatifolia** Hemsl. 【I, C】 ♣KBG; ●YN; ★(SA): BR.

橙花秋海棠 **Begonia crocea** C. I. Peng 【N, W/C】 ♣CBG; ●SH; ★(AS): CN.

水晶秋海棠 **Begonia crystallina** Y. M. Shui et W. H. Chen 【N, W】 ♣XTBG; ●YN; ★(AS): CN.

冬青叶秋海棠 **Begonia cubensis** Hassk. 【I, C】 ♣BBG; ●BJ; ★(NA): CU.

四季秋海棠 **Begonia cucullata** Willd. 【I, C】 ♣FLBG, GA, GBG, GMG, GXIB, HBG, HFBG, IBCAS, KBG, LBG, NBG, SCBG, TBG, WBG, XBG, XLTBG, XMBG, XOIG, XTBG; ●BJ, FJ, GD, GX, GZ, HB, HI, HL, JS, JX, SC, SN, TW, YN, ZJ; ★(NA): HN, NI, PA, PR, US; (SA): AR, BO, BR, CO, EC, GY, PE, PY, UY.

砂生四季秋海棠 **Begonia cucullata** var. **arenosicola** (C. DC.) L. B. Sm. et B. G. Schub. 【I, C】 ♣HBG; ●ZJ; ★(SA): AR, BR, PY.

胡克四季秋海棠 **Begonia cucullata** var. **hookeri** (A. DC.) L. B. Sm. et Schub. 【I, C】 ♣FBG, KBG, SCBG, XMBG, XTBG, ZAFU; ●BJ, FJ, GD, TW, YN, ZJ; ★(NA): US; (SA): EC.

瓜叶秋海棠 **Begonia cucurbitifolia** C. Y. Wu 【N, W/C】 ♣KBG, TMNS; ●TW, YN; ★(AS): CN.

弯果秋海棠 **Begonia curvicarpa** S. M. Ku, C. I. Peng et Yan Liu 【N, W/C】 ♣GXIB; ●GX; ★(AS): CN.

柱果秋海棠 **Begonia cylindrica** D. R. Liang et X. X. Chen 【N, W/C】 ♣KBG, TMNS; ●TW, YN; ★(AS): CN.

大围山秋海棠 **Begonia daweishanensis** S. H. Huang et Y. M. Shui 【N, W/C】 ♣CBG, GXIB, KBG, TMNS; ●GX, SH, TW, YN; ★(AS): CN.

大新秋海棠 **Begonia daxinensis** T. C. Ku 【N, W/C】 ♣GXIB, KBG, TMNS, WBG; ●GX, HB, TW, YN; ★(AS): CN.

美味秋海棠 **Begonia deliciosa** Linden ex Fotsch 【I, C】 ♣CBG, FLBG, KBG; ●GD, JX, SH, YN; ★(AS): MY.

王冠秋海棠 **Begonia diadema** Linden ex Rodigas 【I, C】 ♣KBG; ●YN; ★(AS): MY.

*迪特秋海棠 **Begonia dietrichiana** Irmsch. 【I, C】 ♣BBG, FLBG, KBG, XTBG; ●BJ, GD, JX, TW, YN; ★(SA): BR.

槭叶秋海棠 **Begonia digyna** Irmsch. 【N, W/C】 ♣FBG, GBG, GMG, HBG, KBG, WBG; ●FJ, GX, GZ, HB, YN, ZJ; ★(AS): CN.

二被秋海棠 **Begonia dipetala** Graham 【I, C】 ♣KBG; ●YN; ★(SA): CO.

开普敦秋海棠 **Begonia dregei** Otto et Dietr. 【I, C】 ♣BBG, KBG; ●BJ, TW, YN; ★(AF): ZA.

厚叶秋海棠 **Begonia dryadis** Irmsch. 【N, W/C】 ♣CBG, KBG, LBG, TMNS, XTBG; ●JX, SH, TW, YN; ★(AS): CN.

川边秋海棠 **Begonia duclouxii** Gagnep. 【N, W/C】 ♣KBG; ●YN; ★(AS): CN.

食用秋海棠 **Begonia edulis** H. Lév. 【N, W/C】 ♣CBG, GXIB, KBG, SCBG, TMNS; ●GD, GX, SH, TW, YN; ★(AS): CN, VN.

峨眉秋海棠 **Begonia emeiensis** C. M. Hu 【N, W/C】 ♣NBG, SCBG; ●GD; ★(AS): CN.

海女神秋海棠 **Begonia epipsila** Brade 【I, C】 ♣BBG, KBG, LBG; ●BJ, JX, YN; ★(SA): BR.

方氏秋海棠 **Begonia fangii** Y. M. Shui et C. I. Peng 【N, W/C】 ♣CBG, GXIB, KBG, SCBG, XTBG; ●GD, GX, SH, YN; ★(AS): CN, VN.

兰屿秋海棠 **Begonia fenicis** Merr. 【N, W/C】 ♣KBG, TMNS; ●TW, YN; ★(AS): CN, JP, PH.

丝形秋海棠 **Begonia filiformis** Irmsch. 【N, W/C】 ♣GXIB, KBG, TMNS; ●GX, TW, YN; ★(AS): CN.

紫背天葵 **Begonia fimbristipula** Hance 【N, W/C】 ♣GA, GMG, GXIB, KBG, NBG, SCBG, TMNS, XMBG, XTBG; ●FJ, GD, GX, JS, JX, TW, YN; ★(AS): CN.

大花秋海棠 **Begonia foliosa** Kunth 【I, C】 ♣BBG, KBG, LBG, SCBG, XMBG, XOIG; ●BJ, FJ, GD, JX, YN; ★(SA): CO, EC, PE, VE.

水鸭脚 **Begonia formosana** (Hayata) Masam. 【N, W/C】 ♣CBG, KBG, TMNS; ●SH, TW, YN; ★(AS): CN, JP.

陇川秋海棠 **Begonia forrestii** Irmsch. 【N, W/C】 ♣KBG, TMNS; ●TW, YN; ★(AS): CN.

吊钟秋海棠 **Begonia fuchsioides** Hook. 【I, C】 ♣BBG, KBG, NBG; ●BJ, JS, YN; ★(SA): CO, GY, VE.

伏地秋海棠 **Begonia glabra** Aubl. 【I, C】 ♣BBG, HBG; ●BJ, ZJ; ★(NA): BS, CR, CU, GT, HN, JM, MX, NI, PA, TT; (SA): BO, BR, CO, EC, GY, PE, VE.

*腺毛秋海棠 **Begonia glandulosa** A. DC. ex Hook. 【I, C】 ♣FLBG, KBG; ●GD, JX, YN; ★(NA): MX, TT.

红艳秋海棠（绒背秋海棠）**Begonia gracilis** H. Vilm. 【I, C】 ♣FLBG, TBG; ●GD, JX, TW; ★(NA): MX.

秋海棠 **Begonia grandis** Otto ex A. DC. 【N, W/C】 ♣BBG, CBG, CDBG, FBG, FLBG, GA, GMG, GXIB, HBG, KBG, LBG, NBG, SCBG, TMNS, WBG, XMBG, ZAFU; ●BJ, FJ, GD, GX, HB, JS, JX, SC, SH, TW, YN, ZJ; ★(AS): CN, JP.

中华秋海棠 **Begonia grandis** subsp. **sinensis** (A. DC.) Irmsch. 【N, W/C】 ♣BBG, IBCAS, LBG, NBG, WBG, XTBG, ZAFU; ●BJ, HB, JS, JX, YN, ZJ; ★(AS): CN.

广西秋海棠 **Begonia guangxiensis** C. Y. Wu 【N, W/C】 ♣KBG, TMNS; ●TW, YN; ★(AS): CN.

圭山秋海棠 **Begonia guishanensis** S. H. Huang et Y. M. Shui 【N, W/C】 ♣KBG, SCBG, TMNS; ●GD, TW, YN; ★(AS): CN.

古林箐秋海棠（短茎秋海棠）**Begonia gulinqingensis** S. H. Huang et Y. M. Shui 【N, W/C】 ♣CBG, KBG, TMNS; ●SH, TW, YN; ★(AS): CN.

海南秋海棠 **Begonia hainanensis** Chun et F. Chun 【N, W/C】 ♣SCBG; ●GD; ★(AS): CN.

大香秋海棠 **Begonia handelii** Irmsch. 【N, W/C】 ♣CBG, FLBG, GXIB, KBG, SCBG, TMNS, WBG, XTBG; ●GD, GX, HB, JX, SH, TW, YN; ★(AS): CN, LA, MM, TH, VN.

铺地秋海棠 **Begonia handelii** var. **prostrata** (Irmsch.) Tebbitt 【N, W/C】 ♣FLBG, KBG, LBG, TMNS, XTBG; ●GD, JX, TW, YN; ★(AS): CN, LA, TH, VN.

红毛香花秋海棠 **Begonia handelii** var. **rubropilosa** (S. H. Huang et Y. M. Shui) C. I. Peng 【N, W/C】 ♣KBG; ●YN; ★(AS): CN.

河口秋海棠 **Begonia hekouensis** S. H. Huang 【N, W/C】 ♣TMNS; ●TW; ★(AS): CN.

掌叶秋海棠 **Begonia hemsleyana** Hook. f. 【N, W/C】 ♣CBG, GXIB, KBG, LBG, NBG, SCBG, TMNS, WBG, XMBG, XTBG; ●FJ, GD, GX, HB, JS, JX, SH, TW, YN; ★(AS): CN, VN.

独牛 **Begonia henryi** Hemsl. 【N, W/C】 ♣KBG; ●YN; ★(AS): CN.

白芷叶秋海棠 **Begonia heracleifolia** Cham. et Schltdl. 【I, C】 ♣CBG, FBG, FLBG, HBG, KBG, NBG, SCBG, XMBG; ●FJ, GD, JS, JX, SH, YN, ZJ; ★(NA): BS, GT, HN, MX, PR, SV.

苁叶秋海棠 **Begonia herbacea** Vell. 【I, C】 ♣KBG; ●YN; ★(SA): BR.

肩背秋海棠 **Begonia hispida** Schott ex A. DC. 【I, C】 ♣CBG, KBG; ●SH, YN; ★(SA): BR.

细柔毛秋海棠 **Begonia hispidavillosa** Ziesenh. 【I, C】 ♣KBG; ●YN; ★(NA): MX.

大多叶秋海棠 **Begonia holtonis** A. DC. 【I, C】 ♣LBG; ●JX; ★(SA): CO, EC, VE.

*刚果秋海棠 **Begonia horticola** Irmsch. 【I, C】 ♣BBG; ●BJ; ★(AF): CG.

天胡荽秋海棠 **Begonia hydrocotylifolia** Otto ex Hook. 【I, C】 ♣BBG, KBG; ●BJ, YN; ★(NA): MX.

膜果秋海棠 **Begonia hymenocarpa** C. Y. Wu 【N, W/C】 ♣GXIB, TMNS; ●GX, TW; ★(AS): CN.

地毡秋海棠 **Begonia imperialis** Lem. 【I, C】 ♣FLBG, IBCAS, KBG, NBG, XMBG, XTBG; ●BJ, FJ, GD, JS, JX, YN; ★(NA): GT, MX.

玻璃秋海棠 **Begonia incarnata** Link et Otto 【I, C】 ♣BBG, XMBG; ●BJ, FJ; ★(NA): MX.

深裂秋海棠 **Begonia incisa** A. DC. 【I, C】 ♣CBG; ●SH; ★(AS): PH.

枸骨叶秋海棠 **Begonia jamaicensis** A. DC. 【I, C】 ♣BBG, KBG; ●BJ, YN; ★(NA): JM.

靖西秋海棠 **Begonia jingxiensis** D. Fang et Y. G. Wei 【N, W/C】 ♣GXIB, XTBG; ●GX, YN; ★(AS): CN.

心叶秋海棠 **Begonia labordei** H. Lév. 【N, W/C】 ♣GXIB, KBG, SCBG, TMNS, XTBG; ●GD, GX, TW, YN; ★(AS): CN, MM.

撕裂秋海棠 **Begonia lacerata** Irmsch. 【N, W/C】 ♣KBG, TMNS; ●TW, YN; ★(AS): CN.

圆翅秋海棠 **Begonia laminariae** Irmsch. 【N, W/C】 ♣CBG, KBG, TMNS, WBG; ●HB, SH, TW, YN; ★(AS): CN, VN.

澜沧秋海棠 **Begonia lancangensis** S. H. Huang 【N, W/C】 ♣TMNS; ●TW; ★(AS): CN.

柳叶苞秋海棠 **Begonia lanceolata** Vell. 【I, C】 ♣KBG; ●YN; ★(SA): BR.

灯果秋海棠 **Begonia lanternaria** Irmsch. 【N, W/C】 ♣GXIB, KBG, TMNS; ●GX, TW, YN; ★(AS): CN, VN.

癞叶秋海棠 **Begonia leprosa** Hance 【N, W/C】 ♣GXIB, KBG, SCBG, TMNS; ●GD, GX, TW, YN; ★(AS): CN.

蕺叶秋海棠 **Begonia limprichtii** Irmsch. 【N, W/C】 ♣KBG, SCBG, TMNS, XMBG; ●FJ, GD, SC, TW, YN; ★(AS): CN.

黎平秋海棠 **Begonia lipingensis** Irmsch. 【N, W/C】 ♣CBG, KBG, SCBG; ●GD, SH, YN; ★(AS): CN.

铲叶秋海棠 **Begonia listada** L. B. Sm. et Wassh. 【I, C】 ♣CDBG, KBG; ●SC, YN; ★(SA): BR, PY.

石生秋海棠 **Begonia lithophila** C. Y. Wu 【N, W/C】 ♣KBG; ●YN; ★(AS): CN.

刘演秋海棠 **Begonia liuyanii** C. I. Peng, S. M. Ku et W. C. Leong 【N, W/C】 ♣GXIB; ●GX; ★(AS): CN.

长翅秋海棠 **Begonia longialata** K. Y. Guan et D. K. Tian 【N, W/C】 ♣CBG, KBG, TMNS, WBG; ●HB, SH, TW, YN; ★(AS): CN.

长果秋海棠 **Begonia longicarpa** K. Y. Guan et D. K. Tian 【N, W/C】 ♣KBG, TMNS; ●TW, YN; ★(AS): CN, VN.

粗喙秋海棠 **Begonia longifolia** Blume 【N, W/C】 ♣CBG, FBG, GA, GMG, GXIB, KBG, SCBG, TMNS, WBG, XMBG, XTBG; ●FJ, GD, GX, HB, JX, SH, TW, YN; ★(AS): BT, CN, ID, IN, LA, MM, MY, TH, VN.

粗壮秋海棠 **Begonia lubbersii** E. Morren 【I, C】 ♣KBG; ●YN; ★(NA): HN; (SA): BR.

鹿谷秋海棠 **Begonia lukuana** Y. C. Liu et C. H. Ou 【N, W/C】 ♣TMNS; ●TW; ★(AS): CN.

罗城秋海棠 **Begonia luochengensis** S. M. Ku, C. I. Peng et Yan Liu 【N, W/C】 ♣CBG, GXIB, XTBG; ●GX, SH, YN; ★(AS): CN.

繁茂秋海棠 **Begonia luxurians** Scheidw. 【I, C】 ●YN; ★(SA): BR.

鹿寨秋海棠 **Begonia luzhaiensis** T. C. Ku 【N, W/C】 ♣GXIB, KBG, TMNS; ●GX, TW, YN; ★(AS): CN.

大裂秋海棠 **Begonia macrotoma** Irmsch. 【N, W/C】 ♣KBG, XTBG; ●YN; ★(AS): CN, IN, NP, VN.

竹节秋海棠 **Begonia maculata** Raddi 【N, W/C】 ♣CBG, CDBG, FBG, FLBG, GBG, GMG, GXIB, HBG, IBCAS, KBG, LBG, NBG, SCBG, TBG, XBG, XMBG, XOIG, XTBG; ●BJ, FJ, GD, GX, GZ, JS, JX, SC, SH, SN, TW, YN, ZJ; ★(AS): CN.

麻栗坡秋海棠 **Begonia malipoensis** S. H. Huang et Y. M. Shui 【N, W/C】 ♣KBG, XMBG; ●FJ, YN; ★(AS): CN.

蛮耗秋海棠 **Begonia manhaoensis** S. H. Huang et Y. M. Shui 【N, W/C】 ♣TMNS; ●TW; ★(AS): CN.

马蹄秋海棠(莲叶秋海棠)**Begonia manicata** Brongn. 【I, C】 ♣HBG, KBG, NBG; ●JS, YN, ZJ; ★(NA):

BZ, GT, HN, MX, NI.

铁甲秋海棠 **Begonia masoniana** Irmsch. ex Ziesenh.【N, W/C】♣CDBG, FLBG, GXIB, IBCAS, KBG, LBG, SCBG, TBG, TMNS, WBG, XMBG, XOIG, XTBG; ●BJ, FJ, GD, GX, HB, JX, SC, TW, YN; ★(AS): CN, SG, VN.

大叶秋海棠 **Begonia megalophyllaria** C. Y. Wu【N, W/C】♣KBG, SCBG, TMNS; ●GD, TW, YN; ★(AS): CN.

大翅秋海棠（大叶秋海棠）**Begonia megaptera** A. DC.【I, C】♣XTBG; ●YN; ★(AS): BT, IN, LK, MM.

肾托秋海棠（蒙自秋海棠）**Begonia mengtzeana** Irmsch.【N, W/C】♣KBG; ●YN; ★(AS): CN.

*小种秋海棠 **Begonia microsperma** Warb.【I, C】♣KBG; ●YN; ★(AF): CM.

*微果秋海棠 **Begonia minicarpa** H. Hara【I, C】♣SCBG; ●GD, TW; ★(AS): NP.

亮叶秋海棠 **Begonia minor** Jacq.【I, C】♣NBG; ●JS; ★(NA): JM.

截裂秋海棠 **Begonia miranda** Irmsch.【N, W/C】♣KBG, SCBG, TMNS; ●GD, TW, YN; ★(AS): CN.

云南秋海棠 **Begonia modestiflora** Kurz【N, W/C】♣KBG, LBG, XTBG; ●JX, YN; ★(AS): CN, ID, IN, LA, MM, NP, TH.

*摩勒秋海棠 **Begonia molleri** (C. DC.) Warb.【I, C】♣BBG; ●BJ; ★(NA): VG.

龙州秋海棠 **Begonia morsei** Irmsch.【N, W/C】♣GXIB, KBG, TMNS, WBG, XTBG; ●GX, HB, TW, YN; ★(AS): CN.

密毛龙州秋海棠 **Begonia morsei** var. **myriotricha** Y. M. Shui et W. H. Chen【N, W/C】♣GXIB; ●GX; ★(AS): CN.

木里秋海棠 **Begonia muliensis** T. T. Yu【N, W/C】♣KBG; ●YN; ★(AS): CN.

多脉秋海棠 **Begonia multinervia** Liebm.【I, C】♣KBG; ●TW, YN; ★(NA): CR, NI, PA.

南投秋海棠 **Begonia nantoensis** M. J. Lai et N. J. Chung【N, W/C】♣TMNS; ●TW; ★(AS): CN.

莲叶秋海棠 **Begonia nelumbiifolia** Cham. et Schltdl.【I, C】♣BBG, CDBG, FBG, FLBG, NBG, SCBG; ●BJ, FJ, GD, JS, JX, SC; ★(NA): PR, US.

宁明秋海棠 **Begonia ningmingensis** D. Fang, Y. G. Wei et C. I. Peng【N, W/C】♣GXIB; ●GX; ★(AS): CN.

丽叶秋海棠 **Begonia ningmingensis** var. **bella** D. Fang, Y. G. Wei et C. I. Peng【N, W/C】♣GXIB; ●GX; ★(AS): CN.

斜叶秋海棠 **Begonia obliquifolia** S. H. Huang et Y. M. Shui【N, W/C】♣BBG, KBG; ●BJ, YN; ★(AS): CN.

侧膜秋海棠（矮小秋海棠）**Begonia obsolescens** Irmsch.【N, W/C】♣KBG; ●YN; ★(AS): CN, VN.

山地秋海棠 **Begonia oreodoxa** Chun et F. Chun【N, W/C】♣TMNS; ●TW; ★(AS): CN, VN.

伟娜秋海棠 **Begonia oxyloba** Welw. ex Hook. f.【I, C】♣XTBG; ●YN; ★(AF): CM, GH, GN, MG, NG, TZ.

粗茎秋海棠 **Begonia pachyrhachis** L. B. Sm. et Wassh.【I, C】♣KBG, XTBG; ●YN; ★(AS): ID.

裂叶秋海棠 **Begonia palmata** D. Don【N, W/C】♣CBG, CDBG, FBG, FLBG, GA, GBG, GMG, GXIB, HBG, KBG, LBG, NBG, SCBG, TMNS, WBG, XMBG, XTBG; ●BJ, FJ, GD, GX, GZ, HB, JS, JX, SC, SH, TW, YN, ZJ; ★(AS): BT, CN, ID, IN, LA, LK, MM, NP, TH, VN.

红孩儿 **Begonia palmata** var. **bowringiana** (Champ. ex Benth.) Golding et Kareg.【N, W/C】♣CBG, GXIB, TBG, TMNS; ●GX, SH, TW; ★(AS): CN, VN.

刺毛红孩儿 **Begonia palmata** var. **crassisetulosa** (Irmsch.) Golding et Kareg.【N, W/C】♣KBG; ●YN; ★(AS): CN.

小叶秋海棠 **Begonia parvula** H. Lév. et Vaniot【N, W/C】♣KBG, TMNS; ●TW, YN; ★(AS): CN.

马关秋海棠 **Begonia paucilobata** var. **maguanensis** (S. H. Huang et Y. M. Shui) T. C. Ku【N, W/C】♣KBG; ●YN; ★(AS): CN.

保罗秋海棠 **Begonia paulensis** A. DC.【I, C】♣KBG; ●YN; ★(SA): BR.

皮尔斯秋海棠 **Begonia pearcei** Hook. f.【I, C】♣CBG; ●SH; ★(SA): BO.

掌裂叶秋海棠（掌裂秋海棠）**Begonia pedatifida** H. Lév.【N, W/C】♣CDBG, FLBG, GBG, GMG, KBG, NBG, SCBG, TMNS, WBG, XTBG; ●GD, GX, GZ, HB, JS, JX, SC, TW, YN; ★(AS): CN.

小花秋海棠 **Begonia peii** C. Y. Wu【N, W/C】♣XTBG; ●YN; ★(AS): CN.

盾状秋海棠 **Begonia peltata** Otto et Dietr.【I, C】♣BBG, HBG, NBG, SCBG, XMBG; ●BJ, FJ, GD, JS, ZJ; ★(NA): GT, HN, MX.

盾叶秋海棠 **Begonia peltatifolia** Li 【N, W/C】 ♣IBCAS, SCBG, TMNS, XMBG; ●BJ, FJ, GD, TW; ★(AS): CN.

一口血秋海棠 **Begonia picturata** Yan Liu, S. M. Ku et C. I. Peng【N, W/C】♣GXIB, XTBG; ●GX, YN; ★(AS): CN, VN.

桐叶秋海棠 **Begonia platanifolia** Schott【I, C】★(SA): BO, BR.

多毛秋海棠 **Begonia polytricha** C. Y. Wu 【N, W/C】 ♣CBG, KBG; ●SH, YN; ★(AS): CN.

罗甸秋海棠 **Begonia porteri** H. Lév. et Vaniot【N, W/C】 ♣GXIB, KBG, TMNS; ●GX, TW, YN; ★(AS): CN.

棱果秋海棠 **Begonia prismatocarpa** Hook. 【I, C】 ♣KBG; ●YN; ★(AF): CM.

假大新秋海棠 **Begonia pseudodaxinensis** S. M. Ku, Yan Liu et C. I. Peng 【N, W/C】 ♣GXIB; ●GX; ★(AS): CN.

假厚叶秋海棠 **Begonia pseudodryadis** C. Y. Wu 【N, W/C】 ♣CBG, KBG, TMNS; ●SH, TW, YN; ★(AS): CN.

假癞叶秋海棠 **Begonia pseudoleprosa** C. I. Peng, Yan Liu et S. M. Ku 【N, W/C】 ♣GXIB; ●GX; ★(AS): CN.

光滑秋海棠 **Begonia psilophylla** Irmsch. 【N, W/C】 ♣CBG, KBG, TMNS, WBG; ●HB, SH, TW, YN; ★(AS): CN.

紫叶秋海棠 **Begonia purpureofolia** S. H. Huang et Y. M. Shui 【N, W/C】 ♣KBG, TMNS, XMBG; ●FJ, TW, YN; ★(AS): CN.

泡叶秋海棠 **Begonia pustulata** Liebm. 【I, C】 ♣KBG; ●YN; ★(NA): MX.

四翅秋海棠 **Begonia quadrialata** Warb. 【I, C】 ♣KBG; ●YN; ★(AF): CG, CM, GA, GH, GN, LR, NG.

尼恩巴秋海棠 **Begonia quadrialata** subsp. **nimbaensis** Sosef 【I, C】 ♣KBG; ●YN; ★(AF): CG, GN.

气根秋海棠 **Begonia radicans** Vell.【I, C】♣CBG, KBG, WBG; ●HB, SH, YN; ★(SA): BR.

岩生秋海棠 **Begonia ravenii** C. I. Peng et Y. K. Chen 【N, W/C】 ♣TMNS; ●TW; ★(AS): CN.

匍茎秋海棠 **Begonia repenticaulis** Irmsch. 【N, W/C】 ♣CBG; ●SH; ★(AS): CN.

突脉秋海棠 **Begonia retinervia** D. Fang, D. H. Qin et C. I. Peng 【N, W/C】 ♣GXIB; ●GX; ★(AS): CN.

大王秋海棠（紫叶秋海棠）**Begonia rex** Putz. 【N, W/C】 ♣CBG, CDBG, FBG, FLBG, GBG, GMG, GXIB, HBG, IBCAS, KBG, LBG, NBG, SCBG, TMNS, WBG, XLTBG, XMBG, XOIG; ●BJ, FJ, GD, GX, GZ, HB, HI, JS, JX, SC, SH, TW, YN, ZJ; ★(AS): CN, ID, IN, MM, SG, VN.

滇缅秋海棠 **Begonia rockii** Irmsch. 【N, W/C】 ♣TMNS; ●TW; ★(AS): CN, MM.

圆叶秋海棠 **Begonia rotundilimba** S. H. Huang et Y. M. Shui 【N, W/C】 ♣BBG, KBG; ●BJ, YN; ★(AS): CN.

匍地秋海棠 **Begonia ruboides** C. M. Hu【N, W/C】 ♣KBG, TMNS; ●TW, YN; ★(AS): CN.

红斑秋海棠 **Begonia rubropunctata** S. H. Huang et Y. M. Shui 【N, W/C】 ♣KBG, XTBG; ●YN; ★(AS): CN.

牛耳秋海棠 **Begonia sanguinea** Raddi 【I, C】 ♣CBG, CDBG, FBG, FLBG, KBG, SCBG, XMBG; ●FJ, GD, JX, SC, SH, YN; ★(SA): BR.

毛叶秋海棠 **Begonia scharffii** Hook. f. 【I, C】 ♣FLBG, HBG, KBG, LBG, NBG, SCBG, TBG; ●GD, JS, JX, TW, YN, ZJ; ★(NA): MX; (SA): BR.

齿瓣秋海棠 **Begonia serratipetala** Irmsch. 【I, C】 ♣CBG, KBG; ●SH, YN; ★(OC): PG.

刚毛秋海棠 **Begonia setifolia** Irmsch. 【N, W/C】 ♣KBG, TMNS; ●TW, YN; ★(AS): CN.

厚壁秋海棠 **Begonia silletensis** (A. DC.) C. B. Clarke 【N, W/C】 ♣CBG, FLBG, KBG, SCBG, TMNS, WBG, XTBG; ●GD, HB, JX, SH, TW, YN; ★(AS): CN.

勐养秋海棠 **Begonia silletensis** subsp. **mengyangensis** Tebbitt et K. Y. Guan 【N, W】 ♣XTBG; ●YN; ★(AS): CN.

多花秋海棠 **Begonia sinofloribunda** Dorr 【N, W/C】 ♣GXIB, TMNS; ●GX, TW; ★(AS): CN.

长柄秋海棠 **Begonia smithiana** T. T. Yu ex Irmsch. 【N, W/C】 ♣WBG; ●HB; ★(AS): CN.

阿拉伯秋海棠 **Begonia socotrana** Hook. f. 【I, C】 ★(AS): YE.

桃香秋海棠 **Begonia solananthera** A. DC. 【I, C】 ♣BBG, WBG; ●BJ, HB; ★(SA): BR.

索利秋海棠 **Begonia solimutata** L. B. Sm. et Wassh.【I, C】♣BBG, SCBG; ●BJ, GD; ★(SA): BR.

*亚酸秋海棠 **Begonia subacida** Irmsch. 【I, C】 ♣KBG; ●YN; ★(SA): BR.

粉叶秋海棠 **Begonia subhowii** S. H. Huang 【N, W/C】 ♣KBG; ●YN; ★(AS): CN, VN.

微毛四季秋海棠 **Begonia subvillosa** Klotzsch 【I, C】 ♣CDBG, FLBG, KBG, XMBG, XTBG; ●FJ, GD, JX, SC, TW, YN; ★(SA): AR, BO, BR, PY.

灌木秋海棠（枫叶秋海棠）**Begonia suffruticosa** Meisn. 【I, C】 ♣SCBG; ●GD; ★(AF): ZA.

萨瑟兰秋海棠 **Begonia sutherlandii** Hook. f. 【I, C】 ♣CBG; ●SH; ★(AF): TZ.

台北秋海棠 **Begonia taipeiensis** C. I. Peng 【N, W/C】 ♣TMNS; ●TW; ★(AS): CN.

台湾秋海棠 **Begonia taiwaniana** Hayata 【N, W/C】 ♣TMNS; ●TW; ★(AS): CN.

大理秋海棠 **Begonia taliensis** Gagnep. 【N, W/C】 ♣WBG; ●HB; ★(AS): CN.

田矢部秋海棠 **Begonia tayabensis** Merr. 【I, C】 ♣FLBG, KBG; ●GD, JX, YN; ★(AS): PH.

四裂秋海棠 **Begonia tetralobata** Y. M. Shui 【N, W/C】 ♣CBG; ●SH; ★(AS): CN.

白毛秋海棠 **Begonia tomentosa** Schott 【I, C】 ♣HBG; ●ZJ; ★(SA): BR.

截叶秋海棠 **Begonia truncatiloba** Irmsch. 【N, W/C】 ♣CBG, FLBG, KBG, TMNS; ●GD, JX, SH, TW, YN; ★(AS): CN, VN.

榆叶秋海棠 **Begonia ulmifolia** Willd. 【I, C】 ♣BBG, NBG; ●BJ, JS; ★(SA): GY, VE.

龙虎山秋海棠（伞叶秋海棠）**Begonia umbraculifolia** Y. Wan et B. N. Chang 【N, W/C】 ♣GXIB; ●GX; ★(AS): CN.

瓜子秋海棠 **Begonia undulata** Schott 【I, C】 ♣NBG; ●JS; ★(SA): BR.

尾叶秋海棠 **Begonia urophylla** Hook. 【I, C】 ♣KBG; ●YN; ★(NA): CR, GT, MX, PA; (SA): CO, EC, PE, VE.

*荨麻叶秋海棠 **Begonia urticae** L. f. 【I, C】 ♣FLBG, GBG, HBG, KBG, LBG, NBG, WBG, XMBG, ZAFU; ●FJ, GD, GZ, HB, JS, JX, TW, YN, ZJ; ★(NA): CR, PA; (SA): CO, EC, PE, VE.

彩纹秋海棠 **Begonia variegata** Y. M. Shui et W. H. Chen 【N, W/C】 ♣CBG, CDBG, FBG, KBG; ●FJ, SC, SH, YN; ★(AS): CN, VN.

高山秋海棠 **Begonia veitchii** Hook. f. 【I, C】 ★(SA): BO, PE.

脉纹秋海棠（有脉秋海棠）**Begonia venosa** Skan ex Hook. f. 【I, C】 ♣BBG, KBG, SCBG; ●BJ, GD, YN; ★(SA): BR.

变色秋海棠 **Begonia versicolor** Irmsch. 【N, W/C】 ♣FLBG, KBG, TMNS, XTBG; ●GD, JX, TW, YN; ★(AS): CN.

长毛秋海棠 **Begonia villifolia** Irmsch. 【N, W/C】 ♣CBG, FLBG, KBG, TMNS; ●GD, JX, SH, TW, YN; ★(AS): CN, MM, VN.

少瓣秋海棠 **Begonia wangii** T. T. Yu 【N, W/C】 ♣CBG, GXIB, KBG, SCBG, TMNS; ●GD, GX, SH, TW, YN; ★(AS): CN.

文山秋海棠 **Begonia wenshanensis** C. M. Hu 【N, W/C】 ♣KBG, TMNS; ●TW, YN; ★(AS): CN.

一点血 **Begonia wilsonii** Gagnep. 【N, W/C】 ♣GMG, SCBG, XTBG; ●GD, GX, SC, YN; ★(AS): CN.

*剑叶秋海棠 **Begonia xiphophylla** Irmsch. 【I, C】 ♣BBG; ●BJ; ★(AS): MY.

习水秋海棠 **Begonia xishuiensis** T. C. Ku 【N, W/C】 ♣TMNS; ●TW; ★(AS): CN.

宿苞秋海棠 **Begonia yui** Irmsch. 【N, W】 ♣XTBG; ●YN; ★(AS): CN.

吴氏秋海棠 **Begonia zhengyiana** Y. M. Shui 【N, W/C】 ♣TMNS; ●TW; ★(AS): CN.

124. 卫矛科 CELASTRACEAE

梅花草属 Parnassia

南川梅花草 **Parnassia amoena** Diels 【N, W/C】 ♣WBG; ●HB; ★(AS): CN.

鸡心梅花草 **Parnassia crassifolia** Franch. 【N, W/C】 ♣KBG, SCBG; ●GD, YN; ★(AS): CN.

白耳菜 **Parnassia foliosa** Hook. f. et Thomson 【N, W/C】 ♣HBG, LBG, ZAFU; ●JX, ZJ; ★(AS): CN, ID, IN, JP.

梅花草 **Parnassia palustris** L. 【N, W/C】 ♣XTBG; ●YN; ★(AS): CN, CY, JP, KP, KR, KZ, MN, RU-AS; (EU): AL, AT, BA, BE, BG, CZ, DE, ES, FI, GB, GR, HR, HU, IS, IT, ME, MK, NL, NO, PL, RO, RS, RU, SI.

小花梅花草 **Parnassia palustris** var. **parviflora** (DC.) B. Boivin 【I, C】 ♣XTBG; ●YN; ★(NA): US.

类三脉梅花草 **Parnassia pusilla** Wall. ex Arn. 【N, W/C】 ●YN; ★(AS): BT, CN, ID, IN, LK, NP.

鸡肫梅花草（鸡肫草）**Parnassia wightiana** Wall. ex Wight et Arn. 【N, W/C】 ♣CBG, FLBG, SCBG, WBG; ●GD, HB, JX, SH; ★(AS): BT, CN, ID,

IN, LK, NP, TH.

假卫矛属 Microtropis

双花假卫矛 **Microtropis biflora** Merr. et F. L. Freeman 【N, W/C】 ♣FLBG, SCBG; ●GD, JX; ★(AS): CN.

异色假卫矛 **Microtropis discolor** (Wall.) Arn. 【N, W/C】 ♣XTBG; ●YN; ★(AS): BT, CN, ID, IN, LA, LK, MM, MY, TH, VN.

福建假卫矛 **Microtropis fokienensis** Dunn 【N, W/C】 ♣CBG, FBG, FLBG, HBG, LBG, NBG, SCBG, TMNS; ●FJ, GD, JS, JX, SH, TW, ZJ; ★(AS): CN.

密花假卫矛 **Microtropis gracilipes** Merr. et F. P. Metcalf 【N, W/C】 ♣SCBG; ●GD; ★(AS): CN.

斜脉假卫矛 **Microtropis obliquinervia** Merr. et F. L. Freeman 【N, W/C】 ♣SCBG; ●GD; ★(AS): CN.

方枝假卫矛 **Microtropis tetragona** Merr. et F. L. Freeman 【N, W/C】 ♣XTBG; ●YN; ★(AS): CN.

大序假卫矛 **Microtropis thyrsiflora** C. Y. Cheng et T. C. Kao 【N, W/C】 ♣GXIB; ●GX; ★(AS): CN.

三花假卫矛 **Microtropis triflora** Merr. et F. L. Freeman 【N, W/C】 ♣WBG; ●HB, SC; ★(AS): CN.

永瓣藤属 Monimopetalum

永瓣藤 **Monimopetalum chinense** Rehder 【N, W/C】 ♣CBG, GXIB, WBG; ●GX, HB, SH; ★(AS): CN.

美登木属 Maytenus

滇南美登木 **Maytenus austroyunnanensis** S. J. Pei et Y. H. Li 【N, W/C】 ♣XTBG; ●YN; ★(AS): CN.

密花美登木 **Maytenus confertiflora** J. Y. Luo et X. X. Chen 【N, W/C】 ♣BBG, GA, GXIB, SCBG, XTBG; ●BJ, GD, GX, JX, YN; ★(AS): CN.

广西美登木 **Maytenus guangxiensis** C. Y. Cheng et W. L. Sha 【N, W/C】 ♣GXIB, SCBG, XTBG; ●GD, GX, YN; ★(AS): CN.

美登木 **Maytenus hookeri** Loes. 【N, W/C】 ♣BBG, CBG, GA, GBG, HBG, IBCAS, KBG, SCBG, WBG, XMBG, XOIG, XTBG; ●BJ, FJ, GD, GZ, HB, JX, SH, YN, ZJ; ★(AS): BT, CN, ID, IN, LK, MM.

胀果美登木 **Maytenus inflata** S. J. Pei et Y. H. Li 【N, W/C】 ♣XTBG; ●YN; ★(AS): CN.

刺肿美登木 **Maytenus truncata** Reissek 【I, C】 ♣XTBG; ●YN; ★(SA): BO, BR.

南蛇藤属 Celastrus

苦皮藤 **Celastrus angulatus** Maxim. 【N, W/C】 ♣BBG, CBG, FBG, GBG, GXIB, HBG, IBCAS, KBG, LBG, NBG, SCBG, WBG, XBG, XTBG; ●BJ, FJ, GD, GX, GZ, HB, JS, JX, SC, SH, SN, YN, ZJ; ★(AS): CN.

小南蛇藤 **Celastrus cuneatus** (Rehder et E. H. Wilson) C. Y. Cheng et T. C. Kao 【N, W/C】 ♣FBG, WBG; ●FJ, HB; ★(AS): CN.

刺苞南蛇藤 **Celastrus flagellaris** Rupr. 【N, W/C】 ♣CBG, HFBG, IBCAS, NBG; ●BJ, HL, JS, LN, SH; ★(AS): CN, JP, KP, KR, MN, RU-AS.

大芽南蛇藤 **Celastrus gemmatus** Loes. 【N, W/C】 ♣CBG, FBG, GBG, HBG, IBCAS, LBG, NBG, WBG, ZAFU; ●BJ, FJ, GZ, HB, JS, JX, SH, ZJ; ★(AS): CN.

灰叶南蛇藤 **Celastrus glaucophyllus** Rehder et E. H. Wilson 【N, W/C】 ♣CBG, NBG, WBG; ●HB, JS, SC, SH; ★(AS): CN, NP, VN.

青江藤 **Celastrus hindsii** Benth. 【N, W/C】 ♣FBG, XTBG; ●FJ, YN; ★(AS): CN, IN, MM, MY, VN.

硬毛南蛇藤 **Celastrus hirsutus** H. F. Comber 【N, W/C】 ♣SCBG; ●GD; ★(AS): CN, MM, VN.

滇边南蛇藤 **Celastrus hookeri** Prain 【N, W/C】 ♣FBG; ●FJ; ★(AS): BT, CN, ID, IN, LK, MM, NP, PK.

薄叶南蛇藤 **Celastrus hypoleucoides** P. L. Chiu 【N, W/C】 ♣HBG; ●ZJ; ★(AS): CN.

粉背南蛇藤 **Celastrus hypoleucus** (Oliv.) Warb. ex Loes. 【N, W/C】 ♣CBG, FBG, GXIB, HBG, IBCAS, NBG, SCBG, WBG; ●BJ, FJ, GD, GX, HB, JS, SH, ZJ; ★(AS): CN.

圆叶南蛇藤 **Celastrus kusanoi** Hayata 【N, W/C】 ♣SCBG, XTBG; ●GD, YN; ★(AS): CN, JP.

拟独子藤 **Celastrus monospermoides** Loes. 【N, W】 ♣XTBG; ●YN; ★(AS): CN.

独子藤 **Celastrus monospermus** Roxb. 【N, W/C】 ♣FLBG, NBG, SCBG, WBG, XTBG; ●GD, HB, JS, JX, YN; ★(AS): BT, CN, IN, LA, MM, PK, VN.

窄叶南蛇藤 **Celastrus oblanceifolius** F. T. Wang et P. C. Tsoong 【N, W/C】 ♣CBG, FBG, HBG,

SCBG, XMBG, ZAFU; ●FJ, GD, SH, ZJ; ★(AS): CN.

南蛇藤 **Celastrus orbiculatus** Thunb. 【N, W/C】 ♣BBG, CBG, CDBG, FBG, GA, GXIB, HBG, HFBG, IAE, IBCAS, LBG, NBG, SCBG, WBG, XBG, XMBG, XOIG, XTBG; ●BJ, FJ, GD, GX, HB, HL, JS, JX, LN, SC, SH, SN, TW, XJ, YN, ZJ; ★(AS): CN, JP, KP, KR, MN, RU-AS.

灯油藤 **Celastrus paniculatus** Willd. 【N, W/C】 ♣XTBG; ●HI, TW, YN; ★(AS): BT, CN, ID, IN, KH, LA, LK, MM, MY, NP, PH, TH, VN.

东南南蛇藤 **Celastrus punctatus** Thunb. 【N, W/C】 ♣BBG, IBCAS, TBG, XMBG, XTBG; ●BJ, FJ, HE, TW, YN; ★(AS): CN, JP.

短梗南蛇藤 **Celastrus rosthornianus** Loes. 【N, W/C】 ♣GBG, HBG, IBCAS, LBG, WBG, XTBG; ●BJ, GZ, HB, JX, SC, YN, ZJ; ★(AS): CN.

宽叶短梗南蛇藤 **Celastrus rosthornianus** var. **loeseneri** (Rehder et E. H. Wilson) C. Y. Wu ex Y. C. Ho 【N, W/C】 ♣HBG; ●ZJ; ★(AS): CN, VN.

皱叶南蛇藤 **Celastrus rugosus** Rehder et E. H. Wilson 【N, W/C】 ♣WBG; ●HB; ★(AS): CN.

显柱南蛇藤 **Celastrus stylosus** Wall. 【N, W/C】 ♣CBG, HBG, XTBG; ●SC, SH, YN, ZJ; ★(AS): BT, CN, ID, IN, LK, MM, NP, TH.

毛脉显柱南蛇藤 **Celastrus stylosus** var. **puberulus** (P. S. Hsu) C. Y. Cheng et T. C. Kao 【N, W/C】 ♣HBG; ●ZJ; ★(AS): CN.

皱果南蛇藤 **Celastrus tonkinensis** Pit. 【N, W/C】 ♣CBG, FLBG, SCBG, WBG, XMBG, XTBG; ●FJ, GD, HB, JX, SC, SH, YN; ★(AS): CN, VN.

长序南蛇藤 **Celastrus vaniotii** (H. Lév.) Rehder 【N, W/C】 ♣GBG; ●GZ, HB, SC; ★(AS): CN, MM.

绿独子藤 **Celastrus virens** (F. T. Wang et Tang) C. Y. Cheng et T. C. Kao 【N, W/C】 ♣XTBG; ●YN; ★(AS): CN.

雷公藤属 Tripterygium

雷公藤 **Tripterygium wilfordii** Hook. f. 【N, W/C】 ♣CBG, GXIB, HBG, HFBG, KBG, LBG, NBG, SCBG, TBG, TMNS, WBG, XMBG, XTBG, ZAFU; ●FJ, GD, GX, HB, HL, JS, JX, LN, SC, SH, TW, YN, ZJ; ★(AS): CN, JP, KP, MM, RU-AS.

沟瓣木属 Glyptopetalum

白树沟瓣 **Glyptopetalum geloniifolium** (Chun et F. C. How) C. Y. Cheng 【N, W/C】 ♣GXIB; ●GX; ★(AS): CN.

皱叶沟瓣 **Glyptopetalum rhytidophyllum** (Chun et F. C. How) C. Y. Cheng 【N, W/C】 ♣XTBG; ●YN; ★(AS): CN.

硬果沟瓣 **Glyptopetalum sclerocarpum** M. A. Lawson【N, W/C】♣KBG, XTBG; ●YN; ★(AS): CN, ID, IN, MM.

卫矛属 Euonymus

刺果卫矛 **Euonymus acanthocarpus** Franch. 【N, W/C】 ♣CBG, GBG, HBG, KBG, SCBG, WBG; ●GD, GZ, HB, SH, YN, ZJ; ★(AS): CN, MM.

星刺卫矛 **Euonymus actinocarpus** Loes. 【N, W/C】 ♣CDBG; ●SC; ★(AS): CN.

软刺卫矛 **Euonymus aculeatus** Hemsl. 【N, W/C】 ♣SCBG, WBG, XTBG; ●GD, HB, YN; ★(AS): CN.

卫矛 **Euonymus alatus** (Thunb.) Siebold【N, W/C】 ♣BBG, CBG, FBG, GBG, HBG, HFBG, IBCAS, LBG, NBG, NSBG, WBG, XBG, ZAFU; ●BJ, CQ, FJ, GZ, HB, HE, HL, JS, JX, LN, SC, SD, SH, SN, TW, YN, ZJ; ★(AS): CN, JP, KP, KR, MN, RU-AS.

美洲卫矛 **Euonymus americanus** L.【I, C】♣BBG, CBG, IBCAS; ●BJ, SH; ★(NA): US.

暗紫卫矛 **Euonymus atropurpureus** Jacq. 【I, C】 ●BJ; ★(NA): CA, US.

南川卫矛（六尺卫矛）**Euonymus bockii** Loes. ex Diels 【N, W/C】 ♣WBG, XTBG; ●HB, YN; ★(AS): CN, ID, IN, VN.

肉花卫矛 **Euonymus carnosus** Hemsl. 【N, W/C】 ♣CBG, GA, HBG, IBCAS, KBG, LBG, NBG, WBG, XTBG, ZAFU; ●BJ, HB, JS, JX, SC, SH, YN, ZJ; ★(AS): CN, JP.

百齿卫矛 **Euonymus centidens** H. Lév. 【N, W/C】 ♣CBG, FBG, HBG, LBG, SCBG, WBG; ●FJ, GD, HB, JX, SH, ZJ; ★(AS): CN.

静容卫矛 **Euonymus chengii** J. S. Ma 【N, W/C】 ♣SCBG; ●GD; ★(AS): CN.

陈谋卫矛 **Euonymus chenmoui** W. C. Cheng 【N, W/C】 ♣CBG, HBG, LBG, WBG; ●HB, JX, SH, ZJ; ★(AS): CN.

交趾卫矛 **Euonymus cochinchinensis** Pierre【I, C】 ♣TMNS; ●TW; ★(AS): KH, LA, MM, VN.

角翅卫矛 **Euonymus cornutus** Hemsl. 【N, W/C】 ♣WBG; ●HB, SC; ★(AS): CN, ID, IN, LK, MM.

裂果卫矛(革叶卫矛)**Euonymus dielsianus** Loes. ex Diels 【N, W/C】 ♣CBG, FBG, WBG; ●FJ, HB, SC, SH; ★(AS): CN.

棘刺卫矛 **Euonymus echinatus** Wall. 【N, W/C】 ♣FBG, HBG, SCBG, WBG; ●FJ, GD, HB, ZJ; ★(AS): BT, CN, ID, IN, JP, LK, MM, NP, PK, TH.

欧洲卫矛 **Euonymus europaeus** L. 【I, C】 ♣BBG, CBG, IBCAS, NBG, XTBG; ●BJ, JS, SH, TW, XJ, YN; ★(EU): AL, AT, BA, BG, CZ, GR, HR, HU, IT, ME, MK, PL, RO, RS, RU, SI, TR.

鸦椿卫矛 **Euonymus euscaphis** Hand.-Mazz. 【N, W/C】 ♣CBG, FBG, GMG, HBG, IBCAS, SCBG, WBG; ●BJ, FJ, GD, GX, HB, SH, ZJ; ★(AS): CN.

扶芳藤 **Euonymus fortunei** (Turcz.) Hand.-Mazz. 【N, W/C】 ♣BBG, CBG, FBG, FLBG, GA, GBG, GMG, GXIB, HBG, IBCAS, KBG, LBG, NBG, NSBG, SCBG, WBG, XBG, XMBG, XTBG, ZAFU; ●BJ, CQ, FJ, GD, GX, GZ, HA, HB, JS, JX, LN, NX, SC, SD, SH, SN, TW, YN, ZJ; ★(AS): CN, ID, IN, JP, KR, LA, MM, PH, PK, TH, VN; (OC): NZ.

铺地扶芳藤 **Euonymus fortunei** var. **radicans** (Siebold ex Miq.) Rehder 【I, C】 ♣BBG, GBG, SCBG, XMBG, XTBG, ZAFU; ●BJ, FJ, GD, GZ, LN, YN, ZJ; ★(AS): JP.

冷地卫矛 **Euonymus frigidus** Wall. 【N, W/C】 ♣CBG, KBG, WBG; ●HB, SH, YN; ★(AS): BT, CN, ID, IN, LK, MM, NP.

流苏卫矛 **Euonymus gibber** Hance 【N, W/C】 ♣SCBG; ●GD; ★(AS): CN.

纤齿卫矛 **Euonymus giraldii** Loes. 【N, W/C】 ♣CBG; ●SH; ★(AS): CN.

帽果卫矛(光滑卫矛)**Euonymus glaber** Roxb. 【N, W/C】 ♣XTBG; ●YN; ★(AS): CN, ID, IN, KH, MM, MY, TH, VN.

大花卫矛 **Euonymus grandiflorus** Wall. 【N, W/C】 ♣BBG, FBG, HBG, SCBG; ●BJ, FJ, GD, ZJ; ★(AS): BT, CN, ID, IN, LK, MM, NP, VN.

西南卫矛 **Euonymus hamiltonianus** Wall. 【N, W/C】 ♣CBG, FBG, GXIB, HBG, IBCAS, KBG, LBG, MDBG, NBG, NSBG, WBG, ZAFU; ●BJ, CQ, FJ, GS, GX, HB, JS, JX, LN, SC, SH, TW, YN, ZJ; ★(AS): AF, BT, CN, ID, IN, JP, KP, KR, LK, MM, NP, PK, RU-AS, TH.

常春卫矛(文县卫矛)**Euonymus hederaceus** Champ. ex Benth. 【N, W/C】 ♣FBG; ●FJ, SC; ★(AS): CN.

冬青卫矛 **Euonymus japonicus** Thunb. 【I, C】 ♣BBG, CBG, CDBG, FBG, FLBG, GA, GBG, GMG, GXIB, HBG, IBCAS, KBG, LBG, NBG, NSBG, SCBG, TBG, TMNS, WBG, XBG, XMBG, XOIG, XTBG, ZAFU; ●AH, BJ, CQ, FJ, GD, GX, GZ, HB, JS, JX, LN, SC, SH, SN, TW, YN, ZJ; ★(AS): JP.

疏花卫矛 **Euonymus laxiflorus** Champ. ex Benth. 【N, W/C】 ♣FBG, GXIB, HBG, SCBG, TBG, WBG, XMBG, XTBG; ●FJ, GD, GX, HB, TW, YN, ZJ; ★(AS): CN, ID, IN, KH, MM, VN.

垂序卫矛(光亮卫矛)**Euonymus lucidus** D. Don 【N, W/C】 ♣BBG, GMG, GXIB, HBG, LBG, SCBG; ●BJ, GD, GX, JX, YN, ZJ; ★(AS): BT, CN, ID, IN, LK, MM, NP, PK.

庐山卫矛 **Euonymus lushanensis** F. H. Chen et M. C. Wang 【N, W/C】 ♣CBG, LBG; ●JX, SH; ★(AS): CN.

白杜 **Euonymus maackii** Rupr. 【N, W/C】 ♣BBG, CBG, CDBG, FBG, GA, GBG, GXIB, HBG, HFBG, IBCAS, KBG, LBG, MDBG, NBG, SCBG, TDBG, WBG, XBG, XMBG, XTBG; ●BJ, FJ, GD, GS, GX, GZ, HA, HB, HL, JS, JX, LN, SC, SH, SN, TW, XJ, YN, ZJ; ★(AS): CN, JP, KP, MN, RU-AS.

黄心卫矛 **Euonymus macropterus** Rupr. 【N, W/C】 ♣IAE; ●LN; ★(AS): CN, JP, KP, KR, RU-AS.

小果卫矛 **Euonymus microcarpus** (Oliv. ex Loes.) Sprague 【N, W/C】 ♣CBG, GA, WBG; ●HB, JX, SH; ★(AS): CN.

大果卫矛 **Euonymus myrianthus** Hemsl. 【N, W/C】 ♣CBG, FBG, GXIB, HBG, LBG, NBG, SCBG, WBG, ZAFU; ●FJ, GD, GX, HB, JS, JX, SH, TW, ZJ; ★(AS): CN.

小卫矛 **Euonymus nanoides** Loes. et Rehder 【N, W/C】 ●BJ; ★(AS): CN.

矮卫矛 **Euonymus nanus** M. Bieb. 【N, W/C】 ♣CBG, WBG; ●HB, SH; ★(AS): CN, MN, TR; (EU): RO, RU.

中华卫矛 **Euonymus nitidus** Benth. 【N, W/C】 ♣CBG, FBG, FLBG, GA, HBG, SCBG, WBG, XTBG, ZAFU; ●FJ, GD, HB, JX, SC, SH, YN, ZJ; ★(AS): CN, JP, KH, VN.

垂丝卫矛 **Euonymus oxyphyllus** Miq. 【N, W/C】 ♣CBG, GMG, GXIB, HBG, IBCAS, LBG, NBG; ●BJ, GX, JS, JX, SH, ZJ; ★(AS): CN, JP, KP, KR.

栓翅卫矛 **Euonymus phellomanus** Loes. 【N,

W/C】 ♣BBG, CBG, CDBG, GA, IBCAS, NBG, WBG; ●BJ, HB, JS, JX, SC, SH, YN; ★(AS): CN.

东北卫矛（风城卫矛）**Euonymus sachalinensis** (F. Schmidt) Maxim.【N, W/C】 ♣IBCAS; ●BJ, LN; ★(AS): CN, JP, KP, KR, MN, RU-AS.

柳叶卫矛 **Euonymus salicifolius** Loes. 【N, W/C】 ♣HBG; ●ZJ; ★(AS): CN, VN.

石枣子 **Euonymus sanguineus** Loes. ex Diels 【N, W/C】 ♣CBG, IBCAS, WBG; ●BJ, HB, SH; ★(AS): CN.

陕西卫矛 **Euonymus schensianus** Maxim. 【N, W/C】 ♣BBG, FBG, WBG; ●BJ, FJ, HB, SC, SN; ★(AS): CN.

中亚卫矛（八宝茶）**Euonymus semenovii** Regel et Herder 【N, W/C】 ♣XTBG; ●YN; ★(AS): CN, RU-AS.

疏刺卫矛 **Euonymus spraguei** Hayata 【N, W/C】 ♣WBG; ●HB; ★(AS): CN.

菱叶卫矛 **Euonymus tashiroi** Maxim. 【N, W/C】 ♣TBG; ●TW; ★(AS): CN, JP.

韩氏卫矛（细叶卫矛）**Euonymus ternifolius** Hand.-Mazz. 【N, W/C】 ♣XTBG; ●YN; ★(AS): CN.

茶叶卫矛 **Euonymus theifolius** Wall. ex M. A. Lawson 【N, W/C】 ♣XTBG; ●YN; ★(AS): BT, CN, ID, IN, LK, MM, NP, TH.

染用卫矛 **Euonymus tingens** Wall. 【N, W/C】 ♣GA, KBG, SCBG; ●GD, JX, YN; ★(AS): BT, CN, ID, IN, LK, MM, NP.

狭叶卫矛（长叶卫矛）**Euonymus tsoi** Merr. 【N, W/C】 ♣SCBG; ●GD; ★(AS): CN.

游藤卫矛 **Euonymus vagans** Wall. 【N, W/C】 ♣GBG; ●GZ, SC; ★(AS): BT, CN, ID, IN, LA, LK, MM, NP.

曲脉卫矛 **Euonymus venosus** Hemsl. 【N, W/C】 ♣KBG, WBG; ●HB, YN; ★(AS): CN.

疣点卫矛 **Euonymus verrucosoides** Loes. 【N, W/C】 ♣CBG, FBG, IBCAS, WBG; ●BJ, FJ, HB, SH; ★(AS): CN.

瘤枝卫矛 **Euonymus verrucosus** Scop. 【N, W/C】 ♣HFBG, IBCAS, WBG; ●BJ, HB, HL, LN; ★(AS): CN, JP, KP; (EU): AL, AT, BA, BG, CZ, GR, HR, HU, IT, ME, MK, PL, RO, RS, RU, SI, TR.

荚蒾卫矛 **Euonymus viburnoides** Prain 【N, W/C】 ♣XTBG; ●YN; ★(AS): BT, CN, ID, IN, LK, MM.

长刺卫矛 **Euonymus wilsonii** Sprague 【N, W/C】 ♣FBG, GXIB, WBG; ●FJ, GX, HB; ★(AS): CN.

裸实属 Gymnosporia

小檗裸实（小檗美登木）**Gymnosporia berberoides** W. W. Smith【N, W/C】 ♣XTBG; ●YN; ★(AS): CN, ID.

变叶裸实（变叶美登木）**Gymnosporia diversifolia** Maxim. 【N, W/C】 ♣TMNS, XMBG; ●FJ, TW; ★(AS): CN, JP, MY, PH, TH, VN.

细梗裸实（长序美登木）**Gymnosporia gracili-ramula** (S. J. Pei et Y. H. Li) Q. R. Liu et Funston 【N, W/C】 ♣XTBG; ●YN; ★(AS): CN.

异叶裸实（异叶美登木）**Gymnosporia heterophylla** (Eckl. et Zeyh.) Loes. 【I, C】 ♣BBG, SCBG, XTBG; ●BJ, GD, YN; ★(AF): BI, SO, TZ, UG, ZA.

圆叶裸实（圆叶美登木）**Gymnosporia orbiculata** (C. Y. Wu ex S. J. Pei et Y. H. Li) Q. R. Liu et Funston 【N, W/C】 ♣XTBG; ●YN; ★(AS): CN.

刺茶裸实（树状美登木）**Gymnosporia variabilis** (Hemsl.) Loes. 【N, W/C】 ♣FBG, GXIB; ●FJ, GX; ★(AS): CN.

巧茶属 Catha

巧茶 **Catha edulis** (Vahl) Endl. 【I, C】 ♣GMG, IBCAS, KBG, TBG, XLTBG, XTBG; ●BJ, GX, HI, TW, YN; ★(AF): SO, ZA.

金榄属 Cassine

粉绿福木 **Cassine glauca** (Rottb.) Kuntze 【I, C】 ♣FLBG; ●GD; ★(AS): BT, IN, LA, LK, MM; (OC): AU.

金榄（四棱福木、四棱卫矛）**Cassine quadrangulata** (Reissek) Kuntze【I, C】 ♣XTBG; ●YN; ★(SA): BR, PY.

胡桃桐属 Brexia

胡桃桐（伯力木）**Brexia madagascariensis** (Lam.) Thouars ex Ker Gawl. 【I, C】 ♣SCBG, XMBG, XTBG; ●FJ, GD, YN; ★(AF): KM, MG, TZ.

福榄属 Elaeodendron

福榄 **Elaeodendron australe** Vent.【I, C】♣FLBG; ●GD; ★(OC): AU.

扁蒴藤属 Pristimera

二籽扁蒴藤 **Pristimera arborea** (Roxb.) A. C. Sm. 【N, W/C】 ♣GXIB, XTBG; ●GX, YN; ★(AS): BT, CN, ID, IN, MM.
风车果 **Pristimera cambodiana** (Pierre) A. C. Sm. 【N, W/C】♣XTBG; ●YN; ★(AS): CN, KH, MM, TH, VN.
扁蒴藤 **Pristimera indica** (Willd.) A. C. Sm. 【N, W/C】 ♣GXIB, XTBG; ●GX, YN; ★(AS): CN, ID, IN, LK, MM, MY, PH, TH, VN.
毛扁蒴藤 **Pristimera setulosa** A. C. Sm.【N, W/C】 ♣XTBG; ●YN; ★(AS): CN.

斜翼属 Plagiopteron

斜翼 **Plagiopteron suaveolens** Griff. 【N, W/C】 ♣SCBG; ●GD; ★(AS): CN, MM, TH.

翅子藤属 Loeseneriella

程香仔树 **Loeseneriella concinna** A. C. Sm. 【N, W/C】 ♣SCBG; ●GD; ★(AS): CN.
皮孔翅子藤 **Loeseneriella lenticellata** S. Y. Bao 【N, W/C】 ♣XTBG; ●YN; ★(AS): CN.
翅子藤 **Loeseneriella merrilliana** A. C. Sm. 【N, W/C】♣GXIB, SCBG, XTBG; ●GD, GX, YN; ★(AS): CN.
钝叶翅子藤(希藤)**Loeseneriella obtusifolia** (Roxb.) A. C. Sm. 【I, C】 ♣FLBG; ●GD, JX; ★(AF): KE.
云南翅子藤 **Loeseneriella yunnanensis** (Hu) A. C. Sm. 【N, W/C】 ♣XTBG; ●YN; ★(AS): CN.

五层龙属 Salacia

橙果五层龙 **Salacia aurantiaca** C. Y. Wu 【N, W/C】 ♣XTBG; ●YN; ★(AS): CN.
柳叶五层龙 **Salacia cochinchinensis** Lour. 【N, W/C】 ♣XTBG; ●YN; ★(AS): CN, KH, LA, VN.
海南五层龙 **Salacia hainanensis** Chun et F. C. How 【N, W/C】 ♣SCBG; ●GD; ★(AS): CN.
*凹叶五层龙 **Salacia impressifolia** (Miers) A. C. Sm. 【I, C】 ♣SCBG; ●GD; ★(NA): BZ, CR, HN, MX, NI, PA; (SA): BO, BR, CO, EC, GY, PE, VE.
*密克五层龙(阔叶沙拉木)**Salacia miqueliana** Loes. 【I, C】 ♣SCBG; ●GD; ★(SA): BR, CO, GF, GY.
河口五层龙 **Salacia obovatilimba** S. Y. Bao 【N, W/C】 ♣XTBG; ●YN; ★(AS): CN.
多籽五层龙 **Salacia polysperma** Hu 【N, W/C】 ♣BBG, XTBG; ●BJ, YN; ★(AS): CN.
无柄五层龙 **Salacia sessiliflora** Hand.-Mazz. 【N, W/C】 ♣WBG, XTBG; ●HB, YN; ★(AS): CN.

125. 牛栓藤科 CONNARACEAE

牛栓藤属 Connarus

牛栓藤 **Connarus paniculatus** Roxb. 【N, W/C】 ♣SCBG, XMBG, XTBG; ●FJ, GD, YN; ★(AS): BT, CN, ID, IN, KH, LA, LK, MM, MY, TH, VN.
云南牛栓藤 **Connarus yunnanensis** Schellenb.【N, W/C】 ♣SCBG, XTBG; ●GD, YN; ★(AS): CN, MM.

单叶豆属 Ellipanthus

单叶豆 **Ellipanthus glabrifolius** Merr. 【N, W】 ♣XTBG; ●YN; ★(AS): CN.

螯毛果属 Cnestis

螯毛果 **Cnestis palala** (Lour.) Merr. 【N, W/C】 ♣XTBG; ●YN; ★(AS): CN, ID, IN, LA, MM, MY, SG, TH, VN.

栗豆藤属 Agelaea

婆罗栗豆藤 **Agelaea borneensis** (Hook. f.) Merr. 【I, C】 ♣XTBG; ●YN; ★(AS): MY, PH.

红叶藤属 Rourea

长尾红叶藤 **Rourea caudata** Planch. 【N, W/C】 ♣XTBG; ●YN; ★(AS): CN, ID, IN.
小叶红叶藤 **Rourea microphylla** (Hook. et Arn.) Planch.【N, W/C】♣FLBG, GMG, SCBG, WBG, XMBG; ●FJ, GD, GX, HB, JX; ★(AS): CN, ID, IN, LA, LK, VN.
红叶藤 **Rourea minor** (Gaertn.) Alston 【N, W/C】 ♣SCBG, XTBG; ●GD, YN; ★(AS): CN, ID, IN, KH, LA, LK, SG, TH, VN; (OC): AU, PAF.

朱果藤属 Roureopsis

朱果藤 **Roureopsis emarginata** (Jack) Merr. 【N, W/C】 ♣XTBG; ●YN; ★(AS): CN, ID, IN, LA,

MM, MY, TH.

126. 酢浆草科 OXALIDACEAE

酢浆草属 Oxalis

白花酢浆草 **Oxalis acetosella** L. 【N, W/C】 ♣SCBG, WBG, XBG; ●GD, HB, SN; ★(AS): CN, JP, KP, KR, MM, MN, NP, PK, RU-AS.

阿德诺兹酢浆草 **Oxalis adenodes** Sond. 【I, C】 ♣SCBG; ●GD, TW; ★(AF): ZA.

腺叶酢浆草 **Oxalis adenophylla** Gillies ex Hook. et Arn. 【I, C】 ●TW; ★(SA): AR, CL.

萝卜根酢浆草 **Oxalis albicans** Kunth 【I, C】 ★(NA): GT, MX, PA; (SA): EC.

高山酢浆草 **Oxalis alpina** (Rose) Rose ex R. Knuth 【I, C】 ★(NA): GT, MX.

迷糊酢浆草 **Oxalis ambigua** Jacq. 【I, C】 ●TW; ★(AF): ZA.

安娜酢浆草 **Oxalis annae** F. Bolus 【I, C】 ●TW; ★(AF): ZA.

沙生酢浆草 **Oxalis arenaria** Bertero 【I, C】 ★(SA): BO, CL.

关节酢浆草 **Oxalis articulata** Savigny 【I, N】 ♣HBG, KBG, LBG, NBG, XBG, XMBG; ●FJ, JS, JX, SN, TW, XJ, YN, ZJ; ★(SA): AR, BR, CL, EC, UY.

立性酢浆草 **Oxalis barrelieri** L. 【I, C】 ★(NA): CR, GT, LW, NI, PA, PR; (SA): BO, BR, EC, GY, PE, VE.

分叉酢浆草 **Oxalis bifurca** Lodd. 【I, C】 ●TW; ★(AF): ZA.

大花酢浆草 **Oxalis bowiei** Herb. ex Lindl. 【I, N】 ♣LBG, XBG, XMBG; ●BJ, FJ, HL, JX, SN, TW, XJ; ★(AF): ZA.

巴西酢浆草 **Oxalis brasiliensis** G. Lodd. 【I, C】 ♣NBG, SCBG; ●GD, JS, TW; ★(SA): AR, BR, UY.

栗色球酢浆草 **Oxalis bulbocastanum** Phil. 【I, C】 ★(SA): CL, PE.

天蓝酢浆草 **Oxalis caerulea** (Small) R. Knuth 【I, C】 ★(NA): MX.

小三叶酢浆草 **Oxalis callosa** R. Knuth 【I, C】 ●TW; ★(AF): ZA.

转向酢浆草 **Oxalis commutata** Sond. 【I, C】 ●TW; ★(AF): ZA.

扁平酢浆草 **Oxalis compressa** L. f. 【I, C】 ●TW; ★(AF): ZA.

凸叶酢浆草(凸面酢浆草)**Oxalis convexula** Jacq. 【I, C】 ●TW; ★(AF): ZA.

酢浆草 **Oxalis corniculata** L. 【N, W/C】 ♣CDBG, FBG, FLBG, GA, GBG, GMG, GXIB, HBG, IBCAS, KBG, LBG, NBG, NSBG, SCBG, TBG, WBG, XBG, XLTBG, XMBG, XTBG, ZAFU; ●BJ, CQ, FJ, GD, GX, GZ, HB, HI, JS, JX, SC, SN, TW, XJ, YN, ZJ; ★(AF): MG, NG, ZA; (AS): BT, CN, ID, IN, JP, KP, KR, LA, LK, MM, MN, MY, NP, PK, SG, TH; (OC): AU, NZ.

红花酢浆草 **Oxalis corymbosa** DC. 【I, C】 ♣BBG, CDBG, FBG, FLBG, GA, GBG, GMG, GXIB, HBG, IBCAS, KBG, LBG, NBG, NSBG, SCBG, TBG, TMNS, WBG, XLTBG, XMBG, XTBG, ZAFU; ●AH, BJ, CQ, FJ, GD, GX, GZ, HB, HI, JS, JX, SC, TW, YN, ZJ; ★(NA): DO, GT, NI, PR, SV; (SA): AR, BR, CL, EC, PY, UY.

柔弱酢浆草 **Oxalis debilis** Kunth 【I, C】 ★(NA): CR, GT, HN, PA, PR, SV; (SA): AR, BO, EC, PE, PY.

十叶酢浆草 **Oxalis decaphylla** Kunth 【I, C】 ★(NA): MX.

扁酢浆草 **Oxalis depressa** Eckl. et Zeyh. 【I, C】 ★(AF): LS, ZA.

牡丹叶酢浆草 **Oxalis dichondrifolia** A. Gray 【I, C】 ★(NA): MX, US.

北美瓶草酢浆草 **Oxalis drummondii** A. Gray 【I, C】 ★(NA): MX, US.

恩氏酢浆草 **Oxalis engleriana** Schltr. 【I, C】 ●TW; ★(AF): ZA.

九羽酢浆草 **Oxalis enneaphylla** Cav. 【I, C】 ★(SA): AR, CL.

豆叶酢浆草 **Oxalis fabifolia** Jacq. 【I, C】 ●TW; ★(AF): ZA.

长爪酢浆草 **Oxalis flava** L. 【I, C】 ●TW; ★(AF): ZA.

富尔卡德酢浆草 **Oxalis fourcadei** T. M. Salter 【I, C】 ●TW; ★(AF): ZA.

灌木酢浆草 **Oxalis frutescens** L. 【I, C】 ★(NA): BZ, CR, GT, HN, LW, MX, PA, SV, TT; (SA): AR, BO, BR, EC, GY, PY, VE.

智利灌木酢浆草 **Oxalis gigantea** Barnéoud 【I, C】 ♣XMBG; ●FJ; ★(SA): CL.

光洁酢浆草 **Oxalis glabra** Thunb. 【I, C】 ♣SCBG; ●GD, TW; ★(AF): ZA.

微根酢浆草 **Oxalis goniorhiza** Eckl. et Zeyh. 【I, C】 ●TW; ★(AF): ZA.

大酢浆草 **Oxalis grandis** Small 【I, C】 ★(NA): US.

山酢浆草 **Oxalis griffithii** Edgew. et Hook. f. 【N, W/C】 ♣CBG, GA, GBG, GMG, HBG, KBG, LBG, SCBG; ●GD, GX, GZ, JX, SC, SH, TW, YN, ZJ; ★(AS): BT, CN, ID, IN, JP, KP, KR, LK, MM, NP, PH, VN.

火蕨酢浆草 **Oxalis hedysaroides** Kunth 【I, C】 ★(SA): CO, EC.

长发酢浆草 **Oxalis hirta** L. 【I, C】 ●TW; ★(AF): ZA.

伊利诺伊酢浆草 **Oxalis illinoensis** Schwegman 【I, C】 ★(NA): US.

美花酢浆草 **Oxalis inaequalis** Weintroub 【I, C】 ●TW; ★(AF): ZA.

粉白酢浆草（白粉酢浆草）**Oxalis incarnata** L. 【I, C】 ●TW; ★(AF): ZA.

西印度酢浆草 **Oxalis intermedia** A. Rich. 【I, C】 ★(NA): MX.

花边酢浆草 **Oxalis laciniata** Cav. 【I, C】 ★(SA): AR, CL.

毛蕊酢浆草 **Oxalis lasiandra** Zucc. 【I, C】 ♣NBG; ●JS; ★(NA): MX.

宽叶酢浆草（蛾酢浆草）**Oxalis latifolia** Kunth 【I, C】 ●TW; ★(NA): CR, DO, GT, HN, MX, NI, PA, PR, SV; (SA): AR, BO, BR, EC, PE, VE.

青紫酢浆草 **Oxalis livida** Herb. ex Sond. 【I, C】 ●TW; ★(AF): ZA.

淡黄酢浆草 **Oxalis luteola** Jacq. 【I, C】 ●TW; ★(AF): ZA.

大果酢浆草 **Oxalis macrocarpa** (Small) R. Knuth 【I, C】 ★(NA): MX.

马森酢浆草 **Oxalis massoniana** T. M. Salter 【I, C】 ●TW; ★(AF): ZA.

艳酢浆草 **Oxalis megalorrhiza** Jacq. 【I, C】 ♣CBG; ●SH; ★(SA): CL, EC, PE.

梅斯纳里酢浆草 **Oxalis meisneri** Sond. 【I, C】 ★(AF): ZA.

黑牛皮叶酢浆草 **Oxalis melanosticta** Sond. 【I, C】 ●TW; ★(AF): ZA.

小花酢浆草 **Oxalis micrantha** Bertero ex Savi 【I, C】 ★(SA): AR, CL, EC.

纳马夸纳酢浆草 **Oxalis namaquana** Sond. 【I, C】 ♣SCBG; ●GD, TW; ★(AF): ZA.

尼尔森酢浆草 **Oxalis nelsonii** (Small) R. Knuth 【I, C】 ★(NA): HN, MX.

*巢酢浆草 **Oxalis nidulans** Turcz. 【I, C】 ♣SCBG; ●GD, TW; ★(AF): ZA.

斜花酢浆草 **Oxalis obliquifolia** Steud. ex A. Rich. 【I, C】 ●TW; ★(AF): ZA.

棱茎酢浆草（橘红色酢浆草）**Oxalis obtusa** Jacq. 【I, C】 ●TW; ★(AF): ZA.

俄勒冈酢浆草 **Oxalis oregana** Nutt. 【I, C】 ★(NA): US.

棕榈叶酢浆草 **Oxalis palmifrons** T. M. Salter 【I, C】 ●TW; ★(AF): ZA.

帕达利斯酢浆草 **Oxalis pardalis** Sond. 【I, C】 ●TW; ★(AF): ZA.

摩罗波尔瓦酢浆草 **Oxalis perdicaria** (Molina) Bertero 【I, C】 ♣SCBG; ●GD, TW; ★(SA): AR, BO, BR, CL, UY.

黄花酢浆草 **Oxalis pes-caprae** L. 【I, C】 ♣FBG, GXIB, HBG, SCBG, XMBG; ●BJ, FJ, GD, GX, JS, TW, ZJ; ★(AF): ZA.

椰香酢浆草 **Oxalis pocockiae** L. Bolus 【I, C】 ●TW; ★(AF): ZA.

七叶酢浆草 **Oxalis polyphylla** var. **heptaphylla** T. M. Salter 【I, C】 ●TW; ★(AF): ZA.

钱酢浆草 **Oxalis priceae** Small 【I, C】 ★(NA): US.

柔毛酢浆草 **Oxalis puberula** Nees et Mart. 【I, C】 ★(SA): BR, CL.

芙蓉酢浆草 **Oxalis purpurea** Thunb. 【I, C】 ♣KBG, XTBG; ●TW, YN; ★(AF): ZA.

玫红酢浆草 **Oxalis rosea** Jacq. 【I, C】 ♣XMBG; ●FJ; ★(SA): AR, BO, CL.

拉戈里亚纳酢浆草 **Oxalis rugeliana** Urb. 【I, C】 ★(NA): CU, LW, PR.

一片心酢浆草 **Oxalis simplex** T. M. Salter 【I, C】 ●TW; ★(AF): ZA.

史密斯酢浆草 **Oxalis smithiana** Eckl. et Zeyh. 【I, C】 ●TW; ★(AF): ZA.

螺旋酢浆草 **Oxalis spiralis** Ruiz et Pav. ex G. Don 【I, C】 ★(NA): CR, PA, SV; (SA): AR, BO, CO, EC, PE, VE.

鳞片酢浆草 **Oxalis squamata** Zucc. 【I, C】 ★(SA): AR, CL.

星星酢浆草 **Oxalis stellata** Eckl. et Zeyh. 【I, C】 ●TW; ★(AF): ZA.

高个酢浆草 **Oxalis stenorrhyncha** T. M. Salter 【I, C】 ●TW; ★(AF): ZA.

直酢浆草 **Oxalis stricta** L. 【N, W/C】 ♣LBG; ●JX, SC; ★(AS): CN, GE, JP, KP, KR, SA; (EU): AL, AT, BA, CZ, DE, GB, HR, IT, ME, MK, RS, SI.

棒叶酢浆草 **Oxalis teneriensis** R. Knuth【I, C】★(SA): BO, EC, PE.

细叶酢浆草 **Oxalis tenuifolia** Jacq.【I, C】●TW; ★(AF): ZA.

四叶酢浆草 **Oxalis tetraphylla** Cav.【I, C】●TW, XJ; ★(NA): CR, GT, MX, PA, SV.

绒毛酢浆草 **Oxalis tomentosa** L. f.【I, C】●TW; ★(AF): ZA.

大酸味草 **Oxalis tortuosa** Lindl.【I, C】♣GXIB; ●GX; ★(SA): CL.

三角叶酢浆草 **Oxalis triangularis** A. St.-Hil.【I, C】♣BBG, FBG, FLBG, IBCAS, KBG, LBG, NBG, SCBG, WBG, XMBG, ZAFU; ●BJ, FJ, GD, HB, JS, JX, SC, TW, YN, ZJ; ★(SA): AR, BO, BR, PY.

大叶红花酢浆草 **Oxalis trilliifolia** Hook.【I, C】★(NA): US.

块茎酢浆草(晚香玉酢浆草)**Oxalis tuberosa** Molina【I, C】●TW; ★(SA): AR, BO, CO, EC, PE, VE.

双色酢浆草 **Oxalis versicolor** L.【I, C】●TW; ★(AF): ZA.

堇色酢浆草(紫叶酢浆草)**Oxalis violacea** L.【I, C】♣GXIB, KBG; ●GX, YN; ★(NA): US.

毛叶白花酢浆草 **Oxalis virginea** E. Mey. ex Sond.【I, C】●TW; ★(AF): ZA.

吉氏酢浆草 **Oxalis zeekoevleyensis** R. Knuth【I, C】●TW; ★(AF): ZA.

感应草属 Biophytum

分枝感应草 **Biophytum fruticosum** Blume【N, W/C】♣KBG, XTBG; ●YN; ★(AS): CN, ID, IN, KH, MM, MY, PH, TH, VN; (OC): PAF.

感应草 **Biophytum sensitivum** (L.) DC.【N, W/C】♣BBG, FLBG, GBG, GMG, KBG, SCBG, TBG, XMBG, XTBG; ●BJ, FJ, GD, GX, GZ, JX, TW, YN; ★(AF): MG; (AS): CN, ID, IN, LA, LK, MY, NP, PH, TH, VN; (OC): PAF.

*托雷利感应草 **Biophytum thorelianum** Guillaumin【I, C】♣XTBG; ●YN; ★(AS): TH, VN.

无柄感应草 **Biophytum umbraculum** Welw.【N, W/C】♣GXIB, KBG, XTBG; ●GX, YN; ★(AF): MG; (AS): CN, ID, IN, LA, LK, MM, MY, NP, PH, TH, VN; (OC): PAF, PG.

阳桃属 Averrhoa

三敛 **Averrhoa bilimbi** L.【I, C】♣SCBG, TMNS, XOIG, XTBG; ●FJ, GD, TW, YN; ★(AS): BD, IN, LA, MM, MY, SG.

阳桃 **Averrhoa carambola** L.【I, C】♣BBG, CBG, FBG, FLBG, GMG, GXIB, HBG, NBG, SCBG, TBG, TMNS, WBG, XLTBG, XMBG, XOIG, XTBG; ●BJ, FJ, GD, GX, HB, HI, JS, JX, SC, SH, TW, YN, ZJ; ★(AS): BD, BT, ID, IN, LA, LK, MM, SG.

127. 合椿梅科 CUNONIACEAE

红椿李属 Davidsonia

红椿李(戴维森李子)**Davidsonia pruriens** F. Muell.【I, C】♣SCBG; ●GD; ★(OC): AU.

朱萼梅属 Ceratopetalum

朱萼梅 **Ceratopetalum gummiferum** Sm.【I, C】●TW; ★(OC): AU, NZ.

血汁角瓣木 **Ceratopetalum succirubrum** C. T. White【I, C】♣SCBG; ●GD; ★(OC): AU.

红荆梅属 Geissois

红荆梅(火把树)**Geissois benthamiana** F. Muell.【I, C】♣IBCAS; ●BJ; ★(OC): AU.

蓬荆梅属 Pseudoweinmannia

假万灵木 **Pseudoweinmannia lachnocarpa** (F. Muell.) Engl.【I, C】♣SCBG; ●GD; ★(OC): AU.

银香茶属 Eucryphia

心叶银香茶(尼曼香花木)**Eucryphia cordifolia** Cav.【I, C】●TW; ★(SA): AR, CL.

矮银香茶(米氏香花木)**Eucryphia milliganii** Hook. f.【I, C】●TW; ★(OC): AU.

128. 杜英科 ELAEOCARPACEAE

猴欢喜属 Sloanea

膜叶猴欢喜 **Sloanea dasycarpa** (Benth.) Hemsl.【N, W/C】♣TMNS, XTBG; ●TW, YN; ★(AS): BT, CN, ID, IN, LK, MM, VN.

仿栗 **Sloanea hemsleyana** (Ito) Rehder et E. H. Wilson【N, W/C】♣CBG, CDBG, FBG, HBG,

KBG, NBG, WBG, XTBG; ●FJ, HB, JS, SC, SH, YN, ZJ; ★(AS): CN.

薄果猴欢喜 **Sloanea leptocarpa** Diels 【N, W/C】 ♣CDBG, HBG, SCBG; ●GD, SC, ZJ; ★(AS): CN.

猴欢喜 **Sloanea sinensis** (Hance) Hu 【N, W/C】 ♣CBG, CDBG, FBG, FLBG, GA, GBG, GXIB, HBG, LBG, NBG, SCBG, WBG, XMBG, XTBG, ZAFU; ●FJ, GD, GX, GZ, HB, JS, JX, SC, SH, YN, ZJ; ★(AS): CN, KH, LA, MM, TH, VN.

绒毛猴欢喜 **Sloanea tomentosa** (Benth.) Rehder et E. H. Wilson 【N, W/C】 ♣XTBG; ●YN; ★(AS): BT, CN, ID, IN, LK, MM, NP, TH.

西畴猴欢喜 **Sloanea xichouensis** K. M. Feng 【N, W】 ♣XTBG; ●YN; ★(AS): CN.

酒果属 Aristotelia

酒果 **Aristotelia chilensis** (Molina) Stuntz 【I, C】 ★(SA): AR, CL.

百合木属 Crinodendron

虎克百合木 **Crinodendron hookerianum** Gay 【I, C】 ♣CBG; ●SH, TW; ★(SA): CL.

帕它加百合木 **Crinodendron patagua** Molina 【I, C】 ♣CBG; ●SH; ★(SA): CL.

杜英属 Elaeocarpus

圆果杜英 **Elaeocarpus angustifolius** Wight 【N, W/C】 ♣SCBG, XLTBG; ●GD, HI; ★(AS): CN, ID, IN, KH, MM, MY, NP, SG, TH; (OC): AU, PAF.

腺叶杜英 **Elaeocarpus argenteus** Merr. 【N, W/C】 ♣TMNS; ●TW; ★(AS): CN, PH.

金毛杜英 **Elaeocarpus auricomus** C. Y. Wu ex H. T. Chang 【N, W/C】 ♣XTBG; ●YN; ★(AS): CN, VN.

滇南杜英 **Elaeocarpus austroyunnanensis** Hu 【N, W/C】 ♣BBG, XTBG; ●BJ, YN; ★(AS): CN.

大叶杜英 **Elaeocarpus balansae** DC. 【N, W/C】 ♣CDBG, FBG, GXIB, XLTBG, XMBG, XTBG; ●FJ, GX, HI, SC, YN; ★(AS): CN, ID, IN, KH, MM, MY, VN.

滇藏杜英 **Elaeocarpus braceanus** Watt ex C. B. Clarke 【N, W/C】 ♣XTBG; ●YN; ★(AS): CN, ID, IN, MM, TH.

加罗林杜英 **Elaeocarpus carolinensis** Koidz. 【I, C】 ♣TBG; ●TW; ★(OC): FM.

中华杜英 **Elaeocarpus chinensis** (Gardner et Champ.) Hook. f. ex Benth. 【N, W/C】 ♣CBG, CDBG, FBG, GA, GMG, GXIB, HBG, SCBG, WBG, XMBG, ZAFU; ●FJ, GD, GX, HB, HI, JX, SC, SH, ZJ; ★(AS): CN, VN.

杜英 **Elaeocarpus decipiens** F. B. Forbes et Hemsl. 【N, W/C】 ♣CDBG, FBG, GA, GXIB, HBG, KBG, NBG, NSBG, SCBG, WBG, XTBG; ●CQ, FJ, GD, GX, HB, JS, JX, SC, YN, ZJ; ★(AS): CN, JP, VN.

桃叶杜英 **Elaeocarpus dognyensis** Guillaumin 【I, C】 ♣XTBG; ●YN; ★(OC): NC.

显脉杜英 **Elaeocarpus dubius** DC. 【N, W/C】 ♣FLBG, GA, SCBG, WBG, XLTBG; ●GD, HB, HI, JX; ★(AS): CN, MM, VN.

褐毛杜英 **Elaeocarpus duclouxii** Gagnep. 【N, W/C】 ♣GA, GXIB, HBG, NBG, SCBG, WBG; ●GD, GX, HB, JS, JX, SC, ZJ; ★(AS): CN.

多花杜英 **Elaeocarpus floribundus** Blume 【I, C】 ♣SCBG; ●GD; ★(AS): BT, IN, LA, LK, MM, MY.

秃瓣杜英 **Elaeocarpus glabripetalus** Merr. 【N, W/C】 ♣CBG, CDBG, FBG, GA, GBG, GXIB, KBG, LBG, NBG, SCBG, WBG, XTBG, ZAFU; ●FJ, GD, GX, GZ, HB, JS, JX, SC, SH, YN, ZJ; ★(AS): CN.

棱枝杜英(广西杜英)**Elaeocarpus glabripetalus** var. **alatus** (Knuth) H. T. Chang 【N, W/C】 ♣XTBG; ●YN; ★(AS): CN.

大花杜英 **Elaeocarpus grandiflorus** Sm. 【I, C】 ♣SCBG; ●GD; ★(AS): TH.

水石榕 **Elaeocarpus hainanensis** Oliv. 【N, W/C】 ♣CBG, CDBG, FBG, FLBG, GA, GXIB, HBG, NBG, SCBG, XLTBG, XMBG, XOIG, XTBG; ●FJ, GD, GX, HI, JS, JX, SC, SH, YN, ZJ; ★(AS): CN, LA, MM, SG, TH, VN.

短叶水石榕 **Elaeocarpus hainanensis** var. **brachyphyllus** Merr. 【N, W/C】 ♣XTBG; ●YN; ★(AS): CN.

肿柄杜英 **Elaeocarpus harmandii** Pierre 【N, W/C】 ♣XTBG; ●YN; ★(AS): CN, VN.

锈毛杜英 **Elaeocarpus howii** Merr. et Chun 【N, W/C】 ●YN; ★(AS): CN.

日本杜英 **Elaeocarpus japonicus** Turcz. 【N, W/C】 ♣CBG, CDBG, FBG, FLBG, GA, GBG, GXIB, HBG, KBG, NBG, SCBG, TBG, TMNS, WBG, XTBG, ZAFU; ●FJ, GD, GX, GZ, HB, HI, JS, JX,

SC, SH, TW, YN, ZJ; ★(AS): CN, JP, VN.

澜沧杜英 **Elaeocarpus japonicus** var. **lantsangensis** (Hu) H. T. Chang 【N, W/C】 ♣WBG; ●HB; ★(AS): CN.

多沟杜英 **Elaeocarpus lacunosus** Wall. ex Kurz 【N, W/C】 ♣KBG; ●YN; ★(AS): CN, ID, IN, KH, LA, MM, MY, TH, VN.

披针叶杜英 **Elaeocarpus lanceifolius** Roxb. 【N, W/C】 ♣XTBG; ●YN; ★(AS): BT, CN, IN, KH, LA, MM, MY, NP, TH, VN.

老挝杜英 **Elaeocarpus laoticus** Gagnep.【N, W/C】 ♣WBG, XTBG; ●HB, YN; ★(AS): CN, LA.

*马来杜英 **Elaeocarpus mastersii** King 【I, C】 ●GD; ★(AS): MY, SG.

繁花杜英 **Elaeocarpus multiflorus** (Turcz.) Fern.-Vill.【N, W/C】♣TMNS; ●TW; ★(AS): CN, ID, IN, JP, PH.

*矮杜英 **Elaeocarpus nanus** Corner 【I, C】 ●GD; ★(AS): BN, MY.

绢毛杜英 **Elaeocarpus nitentifolius** Merr. et Chun 【N, W/C】♣FLBG, HBG, SCBG, XMBG, XTBG; ●FJ, GD, GX, HI, JX, SC, YN, ZJ; ★(AS): CN, VN.

长柄杜英 **Elaeocarpus petiolatus** (Jack) Wall. ex Steud.【N, W/C】♣SCBG, XTBG; ●GD, HI, YN; ★(AS): CN, ID, IN, KH, LA, MM, MY, SG, TH, VN.

石楠叶杜英 **Elaeocarpus photiniifolia** Hook. et Arn. 【I, C】 ♣HBG; ●ZJ; ★(AS): JP.

滇越杜英 **Elaeocarpus poilanei** Gagnep.【N, W/C】 ♣XTBG; ●YN; ★(AS): CN, LA, VN.

樱叶杜英(假樱叶杜英) **Elaeocarpus prunifolioides** Hu 【N, W/C】 ♣XTBG; ●YN; ★(AS): CN.

毛果杜英(长芒杜英) **Elaeocarpus rugosus** Roxb. 【N, W/C】 ♣CBG, FLBG, GA, SCBG, XLTBG, XMBG, XTBG; ●FJ, GD, HI, JX, SH, YN; ★(AS): CN, ID, IN, MM, MY, SG, TH.

狭叶杜英 **Elaeocarpus salicifolius** King【I, C】★(AS): MY, SG.

锡兰杜英(锡兰橄榄) **Elaeocarpus serratus** L. 【I, C】♣FBG, FLBG, GA, GMG, HBG, SCBG, TBG, TMNS, XLTBG, XMBG, XTBG; ●FJ, GD, GX, HI, JX, SC, TW, YN, ZJ; ★(AS): ID, IN, LK, MM.

大果杜英 **Elaeocarpus sikkimensis** Mast. 【N, W/C】♣CDBG, WBG, XLTBG, XTBG; ●HB, HI, SC, YN; ★(AS): BT, CN, ID, IN, LK.

阔叶杜英 **Elaeocarpus sphaerocarpus** H. T. Chang 【N, W/C】 ♣XTBG; ●YN; ★(AS): CN.

山杜英 **Elaeocarpus sylvestris** (Lour.) Poir. 【N, W/C】 ♣CBG, CDBG, FBG, FLBG, GA, GBG, GMG, GXIB, HBG, KBG, NBG, NSBG, SCBG, TBG, TMNS, WBG, XBG, XLTBG, XMBG, XTBG, ZAFU; ●CQ, FJ, GD, GX, GZ, HB, HI, JS, JX, SC, SH, SN, TW, YN, ZJ; ★(AS): CN, JP, KP, KR, VN.

粗壮杜英 **Elaeocarpus tectorius** (Lour.) Poir. 【I, C】 ♣XTBG; ●YN; ★(AS): BT, IN, LK, MM.

美脉杜英 **Elaeocarpus varunua** Buch.-Ham. ex Mast. 【N, W/C】 ♣FBG, GMG, GXIB, HBG, SCBG, WBG, XMBG, XTBG; ●FJ, GD, GX, HB, YN, ZJ; ★(AS): BT, CN, ID, IN, LK, MM, MY, NP, VN.

129. 土瓶草科 CEPHALOTACEAE

土瓶草属 Cephalotus

土瓶草 **Cephalotus follicularis** Labill. 【I, C】 ♣BBG, CBG; ●BJ, SH, TW; ★(OC): AU.

130. 小盘木科 PANDACEAE

小盘木属 Microdesmis

小盘木 **Microdesmis caseariifolia** Planch. ex Hook. 【N, W/C】 ♣SCBG, XLTBG; ●GD, HI; ★(AS): CN, ID, IN, KH, LA, MM, MY, PH, SG, TH, VN.

131. 红树科 RHIZOPHORACEAE

竹节树属 Carallia

竹节树 **Carallia brachiata** (Lour.) Merr.【N, W/C】 ♣CBG, FLBG, SCBG, XLTBG, XMBG, XOIG, XTBG; ●FJ, GD, HI, JX, SH, YN; ★(AF): MG; (AS): BT, CN, ID, IN, KH, LA, LK, MM, MY, NP, PH, SG, TH, VN; (OC): AU, PAF.

锯叶竹节树 **Carallia diplopetala** Hand.-Mazz.【N, W/C】 ●YN; ★(AS): CN, VN.

大叶竹节树 **Carallia garciniifolia** F. C. How et F. C. Ho 【N, W】 ♣XTBG; ●YN; ★(AS): CN.

旁杞树(旁杞木) **Carallia pectinifolia** W. C. Ko【N,

W/C】♣BBG, GMG, GXIB, SCBG, WBG, XTBG; ●BJ, GD, GX, HB, YN; ★(AS): CN.

山红树属 Pellacalyx

山红树 **Pellacalyx yunnanensis** Hu 【N, W/C】 ♣BBG, XTBG; ●BJ, YN; ★(AS): CN.

木榄属 Bruguiera

柱果木榄 **Bruguiera cylindrica** (L.) Blume 【N, W/C】 ●TW; ★(AS): CN, ID, IN, LK, MM, MY, PH, SG, TH, VN; (OC): AU, PAF.

木榄 **Bruguiera gymnorhiza** (L.) Lam. 【N, W/C】 ♣FLBG, GMG, SCBG, XLTBG, XMBG, XTBG; ●FJ, GD, GX, HI, JX, TW, YN; ★(AF): ZA; (AS): CN, ID, IN, JP, KH, LK, MM, MY, PH, SG, TH, VN; (OC): AU, PAF.

海莲 **Bruguiera sexangula** (Lour.) Poir. 【N, W/C】 ♣FLBG, GMG, SCBG, XLTBG, XMBG, XTBG; ●FJ, GD, GX, HI, JX, TW, YN; ★(AS): CN, IN, LK, MY, TH, VN.

红树属 Rhizophora

红树 **Rhizophora apiculata** Blume 【N, W/C】 ♣CBG, XLTBG; ●HI, SH; ★(AS): CN, ID, IN, KH, LK, MM, MY, PH, SG, TH, VN; (OC): AU, PAF.

红茄苳 **Rhizophora mucronata** Lam. 【N, W/C】 ♣SCBG, XMBG; ●FJ, GD, TW; ★(AF): MG, ZA; (AS): CN, ID, IN, JP, KH, LK, MM, MY, PH, PK, SG, TH, VN; (OC): AU, PAF.

秋茄树属 Kandelia

秋茄树 **Kandelia obovata** Sheue, H. Y. Liu et J. Yong 【N, W/C】 ♣FLBG, SCBG, TBG, XMBG, ZAFU; ●FJ, GD, JX, TW, ZJ; ★(AS): CN, JP.

角果木属 Ceriops

角果木 **Ceriops tagal** (Perr.) C. B. Rob. 【N, W/C】 ♣XLTBG; ●HI, TW; ★(AF): ZA; (AS): CN, ID, IN, KH, LK, MM, MY, PH, SG, TH, VN; (OC): AU, PAF.

132. 古柯科 ERYTHROXYLACEAE

古柯属 Erythroxylum

药古柯 **Erythroxylum coca** Lam. 【I, C】 ♣GMG, SCBG, XBG, XLTBG, XMBG, XOIG, XTBG; ●FJ, GD, GX, HI, SN, YN; ★(SA): BO, CO, EC, PE.

古柯 **Erythroxylum novogranatense** (D. Morris) Hieron. 【I, C】 ♣SCBG, TBG, XMBG, XTBG; ●FJ, GD, TW, YN; ★(NA): CR, NI, PA, TT; (SA): BR, CO, EC, PE.

东方古柯 **Erythroxylum sinense** Y. C. Wu 【N, W/C】 ♣CBG, FBG, GA, GMG, GXIB, HBG, SCBG, TMNS, WBG, XMBG, XTBG, ZAFU; ●FJ, GD, GX, HB, JX, SH, TW, YN, ZJ; ★(AS): CN, ID, IN, MM, VN.

133. 蚌壳木科 PERACEAE

刺果树属 Chaetocarpus

刺果树 **Chaetocarpus castanocarpus** (Roxb.) Thwaites 【N, W/C】 ♣XTBG; ●YN; ★(AS): CN, ID, IN, KH, LA, LK, MM, MY, TH, VN.

毛刺果树 **Chaetocarpus pubescens** (Thwaites) Hook. f. 【I, C】 ♣XTBG; ●YN; ★(AS): LK.

134. 大花草科 RAFFLESIACEAE

寄生花属 Sapria

寄生花 **Sapria himalayana** Griff. 【N, W/C】 ♣XTBG; ●YN; ★(AS): CN, ID, IN, MM, TH, VN.

135. 大戟科 EUPHORBIACEAE

山麻杆属 Alchornea

山麻杆 **Alchornea davidii** Franch. 【N, W/C】 ♣GA, HBG, LBG, NBG, NSBG, SCBG, WBG, XMBG, XTBG, ZAFU; ●CQ, FJ, GD, HB, JS, JX, SC, TW, YN, ZJ; ★(AS): CN.

湖南山麻杆 **Alchornea hunanensis** H. S. Kiu 【N, W/C】 ♣CBG; ●SH; ★(AS): CN.

羽脉山麻杆 **Alchornea rugosa** (Lour.) Müll. Arg. 【N, W/C】 ♣SCBG; ●GD, HI; ★(AS): CN, ID, IN, LA, MM, MY, PH, SG, TH; (OC): AU, PAF.

椴叶山麻杆 **Alchornea tiliifolia** (Benth.) Müll. Arg. 【N, W/C】 ♣SCBG, WBG, XTBG; ●GD, HB, YN; ★(AS): BT, CN, ID, IN, LK, MM, MY, TH, VN.

红背山麻杆 **Alchornea trewioides** (Benth.) Müll. Arg.【N, W/C】♣FBG, GA, GMG, GXIB, SCBG, WBG, XMBG, XTBG; ●FJ, GD, GX, HB, JX, YN; ★(AS): CN, JP, KH, LA, TH, VN.

丹麻杆 **Alchornea ulmifolia** (Müll. Arg.) Hurus.【N, W/C】♣ZAFU; ●ZJ; ★(AS): CN, JP.

棒柄花属 Cleidion

灰岩棒柄花 **Cleidion bracteosum** Gagnep.【N, W/C】♣XTBG; ●YN; ★(AS): CN, VN.

棒柄花 **Cleidion brevipetiolatum** Pax et K. Hoffm.【N, W/C】♣GXIB, SCBG, XTBG; ●GD, GX, YN; ★(AS): CN, LA, TH, VN.

长棒柄花 **Cleidion javanicum** Blume【N, W/C】♣SCBG, XTBG; ●GD, YN; ★(AS): CN, ID, IN, LA, LK, PH; (OC): AU, PAF.

粗毛野桐属 Hancea

粗毛野桐 **Hancea hookeriana** Seem.【N, W/C】♣SCBG; ●GD; ★(AS): CN, VN.

野桐属 Mallotus

锈毛野桐 **Mallotus anomalus** Merr. et Chun【N, W/C】♣SCBG, XTBG; ●GD, YN; ★(AS): CN.

白背叶（野桐）**Mallotus apelta** (Lour.) Müll. Arg.【N, W/C】♣CBG, CDBG, FBG, FLBG, GA, GMG, GXIB, HBG, KBG, LBG, NBG, SCBG, WBG, XLTBG, XMBG, ZAFU; ●FJ, GD, GX, HB, HI, JS, JX, SC, SH, YN, ZJ; ★(AS): CN, VN.

毛桐 **Mallotus barbatus** Müll. Arg.【N, W/C】♣GMG, GXIB, HBG, NSBG, SCBG, WBG, XTBG; ●CQ, GD, GX, HB, SC, YN, ZJ; ★(AS): CN, ID, IN, LA, MM, MY, TH, VN.

短柄野桐 **Mallotus decipiens** Müll. Arg.【N, W/C】♣XTBG; ●YN; ★(AS): CN, LA, MM, MY, TH.

长叶野桐 **Mallotus esquirolii** H. Lév.【N, W/C】♣SCBG; ●GD; ★(AS): CN, ID, IN, VN.

粉叶野桐 **Mallotus garrettii** Airy Shaw【N, W/C】♣XTBG; ●YN; ★(AS): CN, LA, TH.

Mallotus glabriusculus (Kurz) Pax et K. Hoffm.【I, C】♣XTBG; ●YN; ★(AS): LA, VN.

野梧桐 **Mallotus japonicus** (L. f.) Müll. Arg.【N, W/C】♣CBG, FBG, HBG, KBG, LBG, NBG, TBG, TMNS, ZAFU; ●FJ, JS, JX, SH, TW, YN, ZJ; ★(AS): CN, ID, IN, JP, KP, KR, NP.

海南野桐 **Mallotus lanceolatus** (Gagnep.) Airy Shaw【N, W/C】♣XTBG; ●YN; ★(AS): CN, LA, VN.

东南野桐 **Mallotus lianus** Croizat【N, W/C】♣CBG, FBG, GXIB; ●FJ, GX, SH; ★(AS): CN.

罗定野桐（密序野桐）**Mallotus lotingensis** F. P. Metcalf【N, W/C】♣SCBG; ●GD; ★(AS): CN, ID, IN, VN.

大穗野桐 **Mallotus macrostachyus** (Miq.) Müll. Arg.【I, C】♣XTBG; ●YN; ★(AS): MY.

小果野桐 **Mallotus microcarpus** Pax et K. Hoffm.【N, W/C】♣FBG, WBG; ●FJ, HB; ★(AS): CN, VN.

崖豆藤野桐 **Mallotus millietii** H. Lév.【N, W/C】♣GMG, XTBG; ●GX, YN; ★(AS): CN.

尼泊尔野桐 **Mallotus nepalensis** Müll. Arg.【N, W/C】♣CBG, GA, NSBG, WBG, XTBG, ZAFU; ●CQ, HB, JX, SH, YN, ZJ; ★(AS): BT, CN, ID, IN, JP, LK, MM, NP.

滑桃树 **Mallotus nudiflorus** (L.) Kulju et Welzen【N, W/C】♣FBG, KBG, SCBG, XTBG; ●FJ, GD, YN; ★(AS): BT, CN, ID, IN, KH, LA, LK, MM, MY, NP, PH, TH, VN.

樟叶野桐 **Mallotus pallidus** (Airy Shaw) Airy Shaw【N, W/C】♣XTBG; ●YN; ★(AS): CN, TH.

白楸 **Mallotus paniculatus** (Lam.) Müll. Arg.【N, W/C】♣FBG, FLBG, SCBG, TMNS, WBG, XMBG, XTBG; ●FJ, GD, HB, JX, TW, YN; ★(AS): CN, ID, IN, JP, KH, LA, MM, MY, PH, SG, TH, VN; (OC): AU.

山苦茶 **Mallotus peltatus** (Geiseler) Müll. Arg.【N, W/C】♣SCBG, XTBG; ●GD, YN; ★(AS): CN, ID, IN, LA, MM, MY, PH, TH, VN; (OC): PAF.

粗糠柴 **Mallotus philippensis** (Lam.) Müll. Arg.【N, W/C】♣CBG, CDBG, FBG, GA, GBG, GMG, GXIB, HBG, KBG, LBG, SCBG, TBG, WBG, XLTBG, XTBG; ●FJ, GD, GX, GZ, HB, HI, JX, SC, SH, TW, YN, ZJ; ★(AS): BT, CN, ID, IN, JP, LA, LK, MM, MY, NP, PH, PK, TH, VN; (OC): AU.

石岩枫（大叶石岩槭）**Mallotus repandus** (Willd.) Müll. Arg.【N, W/C】♣CBG, FBG, GBG, GMG, GXIB, HBG, LBG, NBG, SCBG, WBG, XMBG, XTBG, ZAFU; ●FJ, GD, GX, GZ, HB, JS, JX, SH, YN, ZJ; ★(AS): BT, CN, ID, IN, KH, LA, LK, MM, MY, NP, PH, TH, VN; (OC): AU.

圆叶野桐 **Mallotus roxburghianus** Müll. Arg.【N,

W/C】♣XTBG; ●YN; ★(AS): BT, CN, ID, IN, LK, MM, NP.

黄背野桐 **Mallotus subjaponicus** (Croizat) Croizat【N, W/C】♣HBG, LBG, NBG; ●JS, JX, SC, ZJ; ★(AS): CN.

四果野桐 **Mallotus tetracoccus** (Roxb.) Kurz【N, W/C】♣XTBG; ●YN; ★(AS): BT, CN, ID, IN, LK, MM, MY, NP, VN.

云南野桐 **Mallotus yunnanensis** Pax et K. Hoffm.【N, W/C】♣SCBG, XTBG; ●GD, YN; ★(AS): CN, VN.

血桐属 Macaranga

安达曼血桐 **Macaranga andamanica** Kurz【N, W/C】♣SCBG; ●GD; ★(AS): CN, IN, MM, MY, TH, VN.

*心叶血桐 **Macaranga cordifolia** (Roxb.) Müll. Arg.【I, C】♣GXIB; ●GX; ★(AF): MG, YT.

中平树 **Macaranga denticulata** (Blume) Müll. Arg.【N, W/C】♣GMG, NBG, SCBG, XLTBG, XTBG; ●GD, GX, HI, JS, YN; ★(AS): BT, CN, ID, IN, LA, LK, MM, MY, NP, TH, VN.

草鞋木 **Macaranga henryi** (Pax et K. Hoffm.) Rehder【N, W/C】♣GXIB, SCBG, WBG, XTBG; ●GD, GX, HB, YN; ★(AS): CN, VN.

印度血桐(盾叶木) **Macaranga indica** Wight【N, W/C】♣WBG, XTBG; ●HB, YN; ★(AS): BT, CN, ID, IN, LA, LK, MM, MY, NP, TH, VN.

尾叶血桐 **Macaranga kurzii** (Kuntze) Pax et K. Hoffm.【N, W/C】♣XTBG; ●YN; ★(AS): CN, LA, MM, TH, VN.

刺果血桐 **Macaranga lowii** King ex Hook. f.【N, W/C】♣SCBG; ●GD; ★(AS): CN, ID, IN, MY, PH, SG, TH, VN.

泡腺血桐 **Macaranga pustulata** King ex Hook. f.【N, W】♣XTBG; ●YN; ★(AS): BT, CN, ID, IN, LK, MM, NP.

鼎湖血桐 **Macaranga sampsonii** Hance【N, W/C】♣GXIB, SCBG; ●GD, GX, HI; ★(AS): CN, VN.

台湾血桐 **Macaranga sinensis** (Baill.) Müll. Arg.【N, W/C】♣TMNS; ●TW; ★(AS): CN, ID, IN, PH.

光血桐(血桐) **Macaranga tanarius** (L.) Müll. Arg.【N, W/C】♣FLBG, SCBG, TBG, TMNS, WBG, XMBG; ●FJ, GD, HB, JX, TW; ★(AS): CN, ID, JP, MM, PH, SG, VN.

山靛属 Mercurialis

一年生山靛 **Mercurialis annua** L.【I, C】♣XTBG; ●YN; ★(AF): DZ, EG, LY, MA, SD, TN; (AS): AE, BH, IL, IQ, IR, JO, KW, LB, OM, PS, QA, SA, SY, YE; (EU): AD, AL, BA, BE, BG, DE, ES, FR, GB, GR, HR, IT, ME, MK, PT, RO, RS, SI, SM, VA.

山靛 **Mercurialis leiocarpa** Siebold et Zucc.【N, W/C】♣CBG, WBG; ●HB, SH; ★(AS): BT, CN, ID, IN, JP, KP, KR, LK, NP, TH.

地构桐属 Micrococca

地构桐(小果木)**Micrococca mercurialis** (L.) Benth.【I, N】●HA; ★(AF): CM, GA, KE, TZ, UG, ZM.

白桐树属 Claoxylon

白桐树 **Claoxylon indicum** (Reinw. ex Blume) Hassk.【N, W/C】♣FLBG, SCBG, WBG, XMBG, XTBG; ●FJ, GD, HB, HI, JX, YN; ★(AS): CN, ID, IN, LA, MM, MY, PH, SG, TH, VN.

喀西白桐树 **Claoxylon khasianum** Hook. f.【N, W/C】♣XTBG; ●YN; ★(AS): CN, ID, IN, MM, VN.

长叶白桐树 **Claoxylon longifolium** Baill.【N, W/C】♣XTBG; ●YN; ★(AS): CN, ID, IN, KH, LA, LK, MY, PH, SG, TH, VN; (OC): PAF.

短序白桐树 **Claoxylon subsessiliflorum** Croizat【N, W/C】♣XTBG; ●YN; ★(AS): CN, VN.

水柳属 Homonoia

水柳 **Homonoia riparia** Lour.【N, W/C】♣NBG, SCBG, TBG, TMNS, WBG, XTBG; ●GD, HB, HI, JL, JS, TW, YN; ★(AS): BT, CN, ID, IN, KH, LA, LK, MM, MY, PH, TH, VN.

轮叶戟属 Lasiococca

印度轮叶戟 **Lasiococca comberi** Haines【N, W/C】♣SCBG; ●GD; ★(AS): CN, ID, VN.

轮叶戟 **Lasiococca comberi** var. **pseudoverticillata** (Merr.) H. S. Kiu【N, W/C】♣SCBG, XTBG; ●GD, YN; ★(AS): CN, VN.

铁苋菜属 Acalypha

尾叶铁苋菜 **Acalypha acmophylla** Hemsl.【N,

W/C】 ♣WBG, XTBG; ●HB, YN; ★(AS): CN, MM.

兰屿铁苋菜 **Acalypha amentacea** Roxb. 【I, C】 ♣XTBG; ●YN; ★(SA): BR, CO, EC, PE.

铁苋菜 **Acalypha australis** L. 【N, W/C】 ♣BBG, FBG, FLBG, GA, GBG, GMG, GXIB, HBG, IBCAS, LBG, NBG, NSBG, SCBG, TMNS, WBG, XBG, XMBG, XTBG, ZAFU; ●BJ, CQ, FJ, GD, GX, GZ, HB, JS, JX, SC, SN, TW, YN, ZJ; ★(AS): CN, IN, JP, KP, KR, LA, MN, PH, RU-AS, VN.

尖尾铁苋菜 **Acalypha caturus** Blume 【N, W/C】 ♣TMNS; ●TW; ★(AS): CN, ID, IN, MY, PH.

红尾铁苋菜 **Acalypha chamaedrifolia** (Lam.) Müll. Arg. 【I, C】 ♣CBG, FLBG, IBCAS, SCBG, XMBG; ●BJ, FJ, GD, JX, SH; ★(NA): CU, DO, JM.

垂穗铁苋菜 **Acalypha chamaedrifolia** var. **pendula** (C. Wright ex Griseb.) Müll. Arg. 【I, C】 ♣XMBG, XTBG; ●FJ, YN; ★(NA): CU.

Acalypha chuniana H. G. Ye, Y. S. Ye, X. S. Qin et F. W. Xing 【N, W/C】 ♣SCBG; ●GD; ★(AS): CN.

红穗铁苋菜 **Acalypha hispida** Burm. f. 【I, C】 ♣BBG, CBG, FBG, FLBG, GXIB, HBG, IBCAS, SCBG, XLTBG, XMBG, XOIG, XTBG; ●BJ, FJ, GD, GX, HI, JX, SH, YN, ZJ; ★(OC): FJ, PAF, PG.

卵叶铁苋菜(菱叶铁苋菜) **Acalypha siamensis** Oliv. ex Gage 【N, W/C】 ♣XTBG; ●YN; ★(AS): CN, MM, TH, VN.

裂苞铁苋菜 **Acalypha supera** Forssk. 【N, W/C】 ♣BBG, HBG, IBCAS, LBG; ●BJ, JX, ZJ; ★(AF): AO; (AS): BT, CN, ID, IN, JP, LK, MY, NP, VN, YE.

红桑 **Acalypha wilkesiana** Müll. Arg. 【I, C】 ♣BBG, CBG, CDBG, FBG, FLBG, GMG, GXIB, HBG, IBCAS, KBG, NBG, SCBG, TBG, TMNS, XBG, XLTBG, XMBG, XOIG, XTBG; ●BJ, FJ, GD, GX, HI, JS, JX, SC, SH, SN, TW, YN, ZJ; ★(OC): FJ, PAF, VU.

丹麻杆属 Discocleidion

假奓包叶(毛丹麻杆) **Discocleidion rufescens** (Franch.) Pax et K. Hoffm. 【N, W/C】 ♣CBG, FBG, GXIB, NBG, WBG, XBG, XMBG; ●FJ, GX, HB, JS, SC, SH, SN; ★(AS): CN.

蓖麻属 Ricinus

蓖麻 **Ricinus communis** L. 【I, C/N】 ♣BBG, CBG, CDBG, FBG, FLBG, GA, GBG, GMG, GXIB, HBG, HFBG, IBCAS, KBG, LBG, NBG, SCBG, TDBG, WBG, XBG, XMBG, XOIG, XTBG, ZAFU; ●AH, BJ, FJ, GD, GS, GX, GZ, HA, HB, HE, HL, JL, JS, JX, LN, NM, NX, SC, SD, SH, SN, SX, TJ, TW, XJ, YN, ZJ; ★(AF): BI, DJ, DZ, EG, ER, ET, KE, LY, MA, RW, SC, SD, SO, TN, TZ, UG; (AS): IN, LB, PS, SY, TR; (EU): AL, BA, ES, FR, GR, HR, IT, MC, ME, MK, RS, SI.

地构叶属 Speranskia

广东地构叶 **Speranskia cantonensis** (Hance) Pax et K. Hoffm. 【N, W/C】 ♣SCBG, WBG, XTBG; ●GD, HB, YN; ★(AS): CN, RU-AS.

地构叶 **Speranskia tuberculata** (Bunge) Baill. 【N, W/C】 ♣XBG, XTBG; ●SN, YN; ★(AS): CN, KP, KR, MN, RU-AS.

墨鳞属 Melanolepis

墨鳞 **Melanolepis multiglandulosa** (Reinw. ex Blume) Rchb. et Zoll. 【N, W/C】 ♣TMNS; ●TW; ★(AS): CN, ID, IN, JP, PH, TH; (OC): AU, PAF.

缅桐属 Sumbaviopsis

缅桐 **Sumbaviopsis albicans** (Blume) J. J. Sm. 【N, W/C】 ♣XTBG; ●YN; ★(AS): CN, ID, IN, LA, MM, MY, PH, TH, VN.

蝴蝶果属 Cleidiocarpon

蝴蝶果 **Cleidiocarpon cavaleriei** (H. Lév.) Airy Shaw 【N, W/C】 ♣BBG, CBG, FBG, FLBG, GMG, GXIB, HBG, KBG, SCBG, WBG, XMBG, XOIG, XTBG; ●BJ, FJ, GD, GX, GZ, HB, JX, SH, YN, ZJ; ★(AS): CN, VN.

风轮桐属 Symphyllia

风轮桐 **Symphyllia siletiana** Baill. 【N, W/C】 ♣XTBG; ●YN; ★(AS): CN, ID, IN, LA, MM, TH, VN.

白大凤属 Cladogynos

白大凤 **Cladogynos orientalis** Zipp. ex Span. 【N, W/C】 ♣GMG; ●GX; ★(AS): CN, ID, IN, KH, LA, MY, PH, TH, VN.

肥牛树属 Cephalomappa

肥牛树 **Cephalomappa sinensis** (Chun et F. C. How) Kosterm.【N, W/C】♣FLBG, GXIB, HBG, SCBG, WBG, XLTBG, XMBG, XTBG; ●FJ, GD, GX, HB, HI, JX, YN, ZJ; ★(AS): CN, VN.

白茶树属 Koilodepas

白茶树 **Koilodepas hainanense** (Merr.) Croizat【N, W/C】♣SCBG, XLTBG; ●GD, HI; ★(AS): CN, VN.

星油藤属 Plukenetia

星油藤 **Plukenetia volubilis** L.【I, C】♣SCBG, XTBG; ●GD, TW, YN; ★(NA): TT, WW; (SA): BO, BR, CO, EC, GF, GY, PE, VE.

黄蓉花属 Dalechampia

黄蓉花(二齿黄蓉花)**Dalechampia bidentata** Blume【N, W/C】♣XTBG; ●YN; ★(AS): CN, ID, IN, LA, LK, MM, TH.

哥斯达黎加蝶藤 **Dalechampia dioscoreifolia** Poepp.【I, C】★(NA): CR, NI, PA; (SA): CO, EC, GF, GY, PE, VE.

粗毛藤属 Cnesmone

海南粗毛藤 **Cnesmone hainanensis** (Merr. et Chun) Croizat【N, W/C】♣XTBG; ●YN; ★(AS): CN.

灰岩粗毛藤 **Cnesmone tonkinensis** (Gagnep.) Croizat【N, W/C】♣XTBG; ●YN; ★(AS): CN, ID, IN, TH, VN.

大柱藤属 Megistostigma

云南大柱藤 **Megistostigma yunnanense** Croizat【N, W/C】♣XTBG; ●YN; ★(AS): CN.

黄桐属 Endospermum

黄桐 **Endospermum chinense** Benth.【N, W/C】♣GMG, SCBG, XLTBG; ●GD, GX, HI; ★(AS): BT, CN, ID, IN, LK, MM, PH, TH, VN.

脐戟属 Omphalea

脐戟 **Omphalea bracteata** (Blanco) Merr.【I, C】♣XTBG; ●YN; ★(AS): MY, PH.

白树属 Suregada

台湾白树 **Suregada aequorea** (Hance) Seem.【N, W/C】♣TBG, TMNS; ●GD, TW; ★(AS): CN, PH.

白树 **Suregada glomerulata** (Blume) Baill.【N, W/C】♣BBG, SCBG, XLTBG, XTBG; ●BJ, GD, HI, YN; ★(AS): CN, ID, IN, LA, MY, PH, VN; (OC): AU, PAF.

Suregada procera (Prain) Croizat【I, C】●GD; ★(AF): TZ, ZA.

木薯属 Manihot

卡他木薯 **Manihot carthaginensis** (Jacq.) Müll. Arg.【I, C】♣HBG, XTBG; ●YN, ZJ; ★(SA): BR, GY, VE.

木薯 **Manihot esculenta** Crantz【I, C/N】♣BBG, CBG, FBG, FLBG, GA, GMG, GXIB, NBG, SCBG, WBG, XLTBG, XMBG, XOIG, XTBG; ●BJ, FJ, GD, GX, GZ, HB, HI, JS, JX, SC, SH, TW, YN; ★(SA): AR, BO, BR, CO, EC, GF, GY, PE, PY, VE.

橡胶木薯(木薯胶)**Manihot glaziovii** Müll. Arg.【I, C】♣TBG, XTBG; ●TW, YN; ★(SA): BO, BR, PE.

花棘麻属 Cnidoscolus

刺麻叶 **Cnidoscolus angustidens** Torr.【I, C】♣XMBG; ●FJ; ★(NA): MX, US.

刺珊瑚 **Cnidoscolus urens** var. **stimulosus** (Michx.) Govaerts【I, C】♣XMBG; ●FJ; ★(SA): BR, PE.

橡胶树属 Hevea

橡胶树 **Hevea brasiliensis** (Willd. ex A. Juss.) Müll. Arg.【I, C】♣BBG, CBG, GMG, NBG, SCBG, TBG, TMNS, XLTBG, XMBG, XOIG, XTBG; ●BJ, FJ, GD, GX, HI, JS, SH, TW, YN; ★(SA): BO, BR, CO, GF, GY, PE, VE.

圭亚那橡胶树 **Hevea guianensis** Aubl.【I, C】★(SA): BR, CO, EC, GF, GY, PE, VE.

亚马孙橡胶树 **Hevea spruceana** (Benth.) Müll. Arg.【I, C】★(SA): BR, GY.

麻疯树属 Jatropha

锦珊瑚 **Jatropha cathartica** Terán et Berland.【I,

C】♣BBG, SCBG, XMBG; ●BJ, FJ, GD, SH, TW; ★(NA): MX, US.

麻疯树 **Jatropha curcas** L.【I, C/N】♣CBG, FBG, FLBG, GMG, GXIB, HBG, KBG, NBG, SCBG, TBG, TMNS, WBG, XLTBG, XMBG, XTBG, ZAFU; ●FJ, GD, GX, GZ, HB, HI, JS, JX, SC, SH, TW, YN, ZJ; ★(NA): BS, BZ, CR, DO, GT, HN, LW, MX, NI, PA, PR, SV, TT; (SA): AR, BO, BR, CO, EC, GY, PE, PY, VE.

棉叶珊瑚 **Jatropha gossypiifolia** L.【I, C】♣BBG, CBG, FLBG, SCBG, XMBG, XTBG; ●BJ, FJ, GD, JX, SH, YN; ★(NA): CR, CU, DO, GT, HN, JM, LW, MX, NI, PA, PR, SV, TT, US, VG; (SA): AR, BO, BR, CO, EC, GY, PE, PY, VE.

红叶麻疯树 **Jatropha gossypiifolia** var. **elegans** (Pohl) Müll. Arg.【I, C】♣GMG; ●GX; ★(NA): DO, VG.

琴叶珊瑚 **Jatropha integerrima** Jacq.【I, C】♣BBG, CBG, FBG, FLBG, SCBG, TMNS, XMBG, XTBG; ●BJ, FJ, GD, JX, SH, TW, YN; ★(NA): BZ, CR, CU, GT, HN, MX, NI, PA, SV, US; (SA): CO, EC, PY, VE.

红珊瑚 **Jatropha multifida** L.【I, C】♣SCBG, TBG, XMBG, XOIG, XTBG; ●FJ, GD, TW, YN; ★(NA): DO, HN, HT, JM, NI, PA, PR, SV, TT, US, VG; (SA): BO, PY.

*琴叶麻疯树 **Jatropha panduraefolia** Andri【I, C】★(NA): CU.

佛肚树 **Jatropha podagrica** Hook.【I, C】♣BBG, CBG, FBG, FLBG, GMG, GXIB, HBG, IBCAS, KBG, SCBG, TMNS, WBG, XLTBG, XMBG, XTBG; ●BJ, FJ, GD, GX, HB, HI, JX, SH, TW, YN, ZJ; ★(NA): DO, GT, HN, JM, MX, NI, SV; (SA): CO, PE.

鹦鹉桐属 Joannesia

鹦鹉桐（安达树）**Joannesia princeps** Vell.【I, C】♣SCBG, XLTBG; ●GD, HI; ★(SA): BR.

巴豆属 Croton

银叶巴豆 **Croton cascarilloides** Geiseler【N, W/C】♣SCBG, TBG, TMNS, XMBG, XTBG; ●FJ, GD, HI, TW, YN; ★(AS): CN, ID, IN, JP, LA, MM, MY, PH, TH, VN.

卵叶巴豆 **Croton caudatus** Geiseler【N, W/C】♣XTBG; ●YN; ★(AS): BT, CN, ID, IN, KH, LA, LK, MM, MY, NP, PH, PK, SG, TH, VN.

鸡骨香 **Croton crassifolius** Geiseler【N, W/C】♣HBG, SCBG, XMBG, XTBG; ●FJ, GD, YN, ZJ; ★(AS): CN, LA, MM, TH, VN.

大麻叶巴豆 **Croton damayeshu** Y. T. Chang【N, W/C】♣XTBG; ●YN; ★(AS): CN.

曼哥龙巴豆 **Croton delpyi** Gagnep.【N, W】♣XTBG; ●YN; ★(AS): CN, LA, TH, VN.

鼎湖巴豆 **Croton dinghuensis** H. S. Kiu【N, W/C】♣SCBG; ●GD; ★(AS): CN.

石山巴豆 **Croton euryphyllus** W. W. Sm.【N, W/C】♣GXIB, SCBG, XTBG; ●GD, GX, YN; ★(AS): CN, LA.

硬毛巴豆 **Croton hirtus** L'Hér.【I, N】●HI; ★(NA): BZ, CR, GT, HN, JM, LW, MX, NI, PA, SV, TT; (SA): AR, BO, BR, CO, EC, GF, GY, PE, VE.

哈氏巴豆 **Croton hutchinsonianus** Hosseus【I, C】♣XTBG; ●YN; ★(AS): TH.

越南巴豆 **Croton kongensis** Gagnep.【N, W/C】♣XTBG; ●HI, YN; ★(AS): CN, LA, MM, TH, VN.

毛果巴豆 **Croton lachnocarpus** Benth.【N, W/C】♣GA, GMG, GXIB, HBG, SCBG, WBG, XOIG, XTBG; ●FJ, GD, GX, HB, JX, YN, ZJ; ★(AS): CN, LA, MM, TH, VN.

光叶巴豆 **Croton laevigatus** Vahl【N, W/C】♣SCBG, XTBG; ●GD, HI, YN; ★(AS): CN, ID, IN, KH, LA, LK, TH, VN.

海南巴豆 **Croton laui** Merr. et F. P. Metcalf【N, W/C】♣SCBG; ●GD, HI; ★(AS): CN.

大果巴豆 **Croton megalocarpus** Hutch.【I, C】♣CBG; ●SH; ★(AF): TZ.

Croton poilanei Gagnep.【I, C】♣XTBG; ●YN; ★(AS): KH, VN.

矮巴豆 **Croton sublyratus** Kurz【I, C】♣XTBG; ●YN; ★(AS): IN, MM.

巴豆 **Croton tiglium** L.【N, W/C】♣BBG, CBG, CDBG, FBG, GBG, GMG, GXIB, HBG, KBG, NBG, SCBG, TMNS, WBG, XLTBG, XMBG, XOIG, XTBG; ●BJ, FJ, GD, GX, GZ, HB, HI, JS, SC, SH, TW, YN, ZJ; ★(AS): BT, CN, ID, IN, JP, KH, LA, LK, MM, MY, NP, PH, SG, TH, VN.

延辉巴豆 **Croton yanhuii** Y. T. Chang【N, W/C】♣XTBG; ●YN; ★(AS): CN.

云南巴豆 **Croton yunnanensis** W. W. Sm.【N, W/C】♣XTBG; ●YN; ★(AS): CN.

三宝木属 Trigonostemon

勐仑三宝木 **Trigonostemon bonianus** Gagnep.【N,

W/C】 ♣XTBG; ●YN; ★(AS): CN, VN.

三宝木（黄木树）**Trigonostemon chinensis** Merr. 【N, W/C】 ♣SCBG, XTBG; ●GD, YN; ★(AS): CN, VN.

异叶三宝木 **Trigonostemon flavidus** Gagnep. 【N, W/C】♣SCBG; ●GD; ★(AS): CN, LA, MM, TH.

黄花三宝木 **Trigonostemon fragilis** (Gagnep.) Airy Shaw 【N, W/C】 ♣GXIB; ●GX; ★(AS): CN, VN.

长梗三宝木 **Trigonostemon thyrsoideus** Stapf【N, W/C】♣XTBG; ●YN; ★(AS): CN, LA, MM, TH, VN.

剑叶三宝木 **Trigonostemon xyphophylloides** (Croizat) L. K. Dai et T. L. Wu 【N, W/C】 ♣SCBG; ●GD; ★(AS): CN.

叶轮木属 Ostodes

云南叶轮木 **Ostodes katharinae** Pax 【N, W/C】 ♣GA, SCBG, WBG, XTBG; ●GD, HB, JX, YN; ★(AS): CN, ID, IN, TH.

叶轮木 **Ostodes paniculata** Blume 【N, W/C】 ♣SCBG, XTBG; ●GD, YN; ★(AS): BT, CN, ID, IN, KH, LA, LK, MM, MY, NP, TH, VN.

变叶木属 Codiaeum

变叶木 **Codiaeum variegatum** (L.) Rumph. ex A. Juss. 【I, C】 ♣BBG, CBG, CDBG, FBG, FLBG, GA, GMG, GXIB, HBG, IBCAS, KBG, LBG, NSBG, SCBG, TBG, TMNS, WBG, XLTBG, XMBG, XOIG, XTBG, ZAFU; ●BJ, CQ, FJ, GD, GX, HB, HI, JX, SC, SH, TW, YN, ZJ; ★(AS): ID, MY.

留萼木属 Blachia

留萼木 **Blachia pentzii** (Müll. Arg.) Benth. 【N, W/C】 ♣SCBG, XTBG; ●GD, HI, YN; ★(AS): CN, VN.

海南留萼木 **Blachia siamensis** Gagnep. 【N, W/C】 ♣SCBG; ●BJ, GD; ★(AS): CN, LA, TH.

宿萼木属 Strophioblachia

宿萼木 **Strophioblachia fimbricalyx** Boerl. 【N, W/C】♣GXIB, SCBG, XTBG; ●GD, GX, YN; ★(AS): CN, ID, IN, LA, PH, VN.

斑籽木属 Baliospermum

云南斑籽木（小花斑籽木）**Baliospermum calycinum** Müll. Arg.【N, W/C】♣WBG, XTBG; ●HB, YN; ★(AS): BT, CN, ID, IN, MM, NP, TH, VN.

斑籽木 **Baliospermum solanifolium** (Burm.) Suresh 【N, W/C】 ♣XTBG; ●YN; ★(AS): BT, CN, ID, IN, KH, LA, LK, MM, MY, NP, TH, VN.

蓖麻桐属 Ricinodendron

蓖麻桐（拟蓖麻）**Ricinodendron heudelotii** (Baill.) Heckel 【I, C】 ★(AF): CF, CG, CM, GA, GH, GN, GQ, NG, TZ, UG.

石栗属 Aleurites

石栗 **Aleurites moluccanus** (L.) Willd. 【I, C】 ♣FBG, FLBG, GMG, GXIB, HBG, KBG, NBG, SCBG, TBG, XLTBG, XMBG, XOIG, XTBG; ●FJ, GD, GX, HI, JS, JX, SC, TW, YN, ZJ; ★(AS): ID, MY; (OC): US-HW.

油桐属 Vernicia

日本油桐 **Vernicia cordata** (Thunb.) Airy Shaw【I, C】 ♣TBG; ●TW; ★(AS): JP.

油桐 **Vernicia fordii** (Hemsl.) Airy Shaw 【N, W/C】 ♣CBG, CDBG, FBG, FLBG, GA, GBG, GMG, GXIB, HBG, KBG, LBG, NBG, SCBG, WBG, XBG, XMBG, XTBG, ZAFU; ●AH, FJ, GD, GS, GX, GZ, HA, HB, HN, JS, JX, SC, SH, SN, TW, YN, ZJ; ★(AS): CN, KR, LA, VN.

木油桐 **Vernicia montana** Lour.【N, W/C】♣CBG, CDBG, FBG, GA, GMG, GXIB, HBG, KBG, LBG, SCBG, TBG, TMNS, WBG, XMBG, XTBG, ZAFU; ●FJ, GD, GX, HB, HI, JX, SC, SH, TW, YN, ZJ; ★(AS): CN, ID, IN, JP, KR, LA, MM, TH, VN.

三籽桐属 Reutealis

三籽桐 **Reutealis trisperma** (Blanco) Airy Shaw【I, C】 ♣XTBG; ●YN; ★(AS): PH.

构桐属 Garcia

构桐 **Garcia nutans** Vahl ex Rohr【I, C】♣SCBG, XTBG; ●GD, YN; ★(NA): BM, CR, GT, HN, HT, LW, MX, NI, PA, SV; (SA): CO, VE.

东京桐属 Deutzianthus

东京桐 **Deutzianthus tonkinensis** Gagnep. 【N,

W/C】 ♣CDBG, FLBG, GMG, GXIB, SCBG, XMBG, XTBG; ●FJ, GD, GX, HI, JX, SC, YN; ★(AS): CN, VN.

乌桕属 Triadica

山乌桕 **Triadica cochinchinensis** Lour. 【N, W/C】 ♣CBG, FBG, FLBG, GA, GMG, GXIB, HBG, LBG, NBG, SCBG, TBG, TMNS, WBG, XLTBG, XMBG, XTBG; ●FJ, GD, GX, HB, HI, JS, JX, SH, TW, YN, ZJ; ★(AS): CN, ID, IN, JP, KH, LA, MM, MY, NP, PH, TH, VN.

圆叶乌桕 **Triadica rotundifolia** (Hemsl.) Esser 【N, W/C】 ♣GMG, GXIB, KBG, NBG, SCBG, WBG, XTBG; ●GD, GX, HB, JS, SC, YN; ★(AS): CN, VN.

乌桕 **Triadica sebifera** (L.) Small 【N, W/C】 ♣CBG, CDBG, FBG, FLBG, GA, GBG, GMG, GXIB, HBG, KBG, LBG, NBG, NSBG, SCBG, TBG, TMNS, WBG, XBG, XMBG, XOIG, XTBG, ZAFU; ●CQ, FJ, GD, GX, GZ, HB, JS, JX, SC, SH, SN, TW, YN, ZJ; ★(AS): BT, CN, ID, IN, JP, LK, MM, VN; (OC): AU.

裸花树属 Gymnanthes

裸花树 **Gymnanthes remota** (Steenis) Esser 【N, W/C】 ♣XTBG; ●YN; ★(AS): CN, ID, IN.

齿叶乌桕属 Shirakiopsis

齿叶乌桕 **Shirakiopsis indica** (Willd.) Esser 【N, W/C】 ♣SCBG, XTBG; ●GD, YN; ★(AS): BD, CN, ID, IN, LA, LK, MM, MY, SG, TH, VN.

白木乌桕属 Neoshirakia

白木乌桕 **Neoshirakia japonica** (Siebold et Zucc.) Esser 【N, W/C】 ♣CBG, GA, GXIB, HBG, LBG, NBG, SCBG, WBG, XBG; ●GD, GX, HB, JS, JX, SH, SN, ZJ; ★(AS): CN, JP, KP, KR.

澳杨属 Homalanthus

圆叶澳杨（圆叶血桐）**Homalanthus fastuosus** (Linden) Fern.-Vill. 【N, W/C】 ♣TMNS; ●TW; ★(AS): CN, PH.

浆果乌桕属 Balakata

浆果乌桕 **Balakata baccata** (Roxb.) Esser 【N, W/C】 ♣XMBG, XOIG, XTBG; ●FJ, YN; ★(AS): BT, CN, ID, IN, KH, LA, LK, MM, MY, NP, VN.

响盒子属 Hura

响盒子 **Hura crepitans** L. 【I, C】 ♣FBG, HBG, SCBG, XMBG, XTBG; ●FJ, GD, YN, ZJ; ★(NA): BM, BS, BZ, CR, CU, DO, GT, LW, NI, PA, PR, TT, US, VG, WW; (SA): BO, BR, CO, EC, GF, GY, PE, PY, VE.

异序乌桕属 Falconeria

异序乌桕 **Falconeria insignis** Royle 【N, W/C】 ♣SCBG, XTBG; ●GD, YN; ★(AS): BT, CN, ID, IN, KH, LK, MM, MY, NP, VN.

美洲桕属 Sapium

大果美洲桕 **Sapium argutum** (Müll. Arg.) Huber 【I, C】 ♣HBG; ●ZJ; ★(SA): BO, BR, GF, GY.

巴西美洲桕 **Sapium glandulosum** (L.) Morong 【I, C】 ♣SCBG, XTBG; ●GD, YN; ★(NA): BZ, CR, CU, DO, GT, HN, HT, MX, NI, PA, TT, WW; (SA): AR, BO, BR, CO, EC, GF, GY, PE, PY, UY, VE.

海漆属 Excoecaria

云南土沉香 **Excoecaria acerifolia** Didr. 【N, W/C】 ♣GBG, GMG, GXIB, HBG, KBG, WBG, XMBG, XTBG; ●FJ, GX, GZ, HB, SC, YN, ZJ; ★(AS): CN, IN, NP.

狭叶土沉香 **Excoecaria acerifolia** var. **cuspidata** (Müll. Arg.) Müll. Arg. 【N, W/C】 ♣XTBG; ●YN; ★(AS): CN, IN, NP.

海漆 **Excoecaria agallocha** L. 【N, W/C】 ♣TMNS; ●TW; ★(AS): CN, ID, IN, JP, KH, LK, MM, MY, PH, SG, TH, VN; (OC): AU, FJ, PAF.

红背桂 **Excoecaria cochinchinensis** Lour. 【I, C】 ♣BBG, CBG, CDBG, FBG, FLBG, GA, GBG, GMG, GXIB, HBG, KBG, LBG, NBG, SCBG, TBG, WBG, XLTBG, XMBG, XTBG, ZAFU; ●BJ, FJ, GD, GX, GZ, HB, HI, JS, JX, SC, SH, TW, YN, ZJ; ★(AS): LA, MM, TH, VN.

绿背桂花（绿背桂）**Excoecaria cochinchinensis** var. **viridis** (Pax et K. Hoffm.) Merr. 【I, C】 ♣GMG, SCBG, TMNS, WBG, XTBG; ●GD, GX, HB, TW, YN; ★(AS): LA, MM, TH, VN.

兰屿土沉香 **Excoecaria kawakamii** Hayata 【N, W/C】 ♣TMNS; ●TW; ★(AS): CN.

鸡尾木 **Excoecaria venenata** S. K. Lee et F. N. Wei【N, W/C】♣GXIB, SCBG, WBG, XTBG; ●GD, GX, HB, YN; ★(AS): CN.

大戟属 Euphorbia

亚狄麒麟 **Euphorbia abdelkuri** Balf.f. 【I, C】●TW; ★(AS): YE.

峦岳麒麟 **Euphorbia abyssinica** J. F. Gmel. 【I, C】♣BBG, FLBG, XMBG; ●BJ, FJ, GD, JX, SH, TW; ★(AF): ET, KE, TZ.

铜绿麒麟 **Euphorbia aeruginosa** Schweick. 【I, C】♣BBG, GA, IBCAS, KBG, SCBG, WBG, XMBG; ●BJ, FJ, GD, HB, JX, SH, YN; ★(AF): ZA.

红麒麟 **Euphorbia aggregata** A. Berger 【I, C】♣CBG, FLBG, XMBG, XTBG; ●FJ, GD, JX, SH, TW, YN; ★(AF): ZA.

白粉麒麟 **Euphorbia albipollinifera** L. C. Leach 【I, C】 ♣BBG; ●BJ, TW; ★(AF): ZA.

猫尾大戟 **Euphorbia alluaudii** Drake 【I, C】♣BBG; ●BJ; ★(AF): MG.

膨珊瑚 **Euphorbia alluaudii** subsp. **oncoclada** (Drake) F. Friedmann et Cremers 【I, C】 ♣BBG, XMBG; ●BJ, FJ, TW; ★(AF): MG.

安波沃本大戟 **Euphorbia ambovombensis** Rauh et Razaf. 【I, C】 ♣SCBG; ●GD, TW; ★(AF): MG.

亚贝麒麟 **Euphorbia ambroseae** L. C. Leach 【I, C】 ♣BBG; ●BJ, TW; ★(AF): MZ.

大戟阁 **Euphorbia ammak** Schweinf. 【I, C】♣BBG, CBG, SCBG, XMBG; ●BJ, FJ, GD, SH, TW; ★(AS): YE.

扁桃大戟 **Euphorbia amygdaloides** Lam. 【I, C】♣BBG, KBG; ●BJ, YN; ★(EU): AT, BE, CH, DE, FR, IT, ME.

*方麒麟 **Euphorbia angularis** Klotzsch 【I, C】♣SCBG; ●GD; ★(AF): ZA.

*狭花麒麟 **Euphorbia angustiflora** Pax 【I, C】♣BBG; ●BJ, TW; ★(AF): TZ.

安佳麒麟 **Euphorbia ankarensis** Boiteau 【I, C】♣CBG, IBCAS; ●BJ, SH, TW; ★(AF): MG.

*裸麒麟 **Euphorbia anoplia** Stapf 【I, C】 ♣BBG; ●BJ, TW; ★(AF): ZA.

火殃勒 **Euphorbia antiquorum** L. 【I, C/N】♣BBG, CBG, FBG, FLBG, GA, GBG, GMG, GXIB, HBG, IBCAS, KBG, LBG, NBG, SCBG, TBG, TMNS, WBG, XLTBG, XMBG, XTBG, ZAFU; ●AH, BJ, FJ, GD, GX, GZ, HB, HI, JS, JX, SC, SH, TW, YN, ZJ; ★(NA): MX.

蜡大戟 **Euphorbia antisyphilitica** Zucc. 【I, C】♣BBG; ●BJ; ★(NA): MX.

*无叶大戟 **Euphorbia aphylla** Brouss. ex Willd. 【I, C】♣FLBG; ●GD, JX; ★(AS): CY; (EU): ES, MC.

节枝麒麟 **Euphorbia appariciana** Rizzini 【I, C】★(SA): BR.

碧京麒麟 **Euphorbia arceuthobioides** Boiss. 【I, C】 ★(AF): ZA.

瑞达麒麟 **Euphorbia arida** N. E. Br. 【I, C】♣BBG, XMBG; ●BJ, FJ, TW; ★(AF): ZA.

亚史麒麟 **Euphorbia asthenacantha** S. Carter 【I, C】 ♣BBG, XMBG; ●BJ, FJ; ★(AF): TZ.

海滨大戟 **Euphorbia atoto** G. Forst. 【N, W/C】♣SCBG; ●GD; ★(AS): CN, ID, IN, JP, KH, LA, LK, MM, MY, PH, SG, TH, VN; (OC): AU, FJ, PAF.

*绿刺麒麟 **Euphorbia atrispina** N. E. Br. 【I, C】♣BBG; ●BJ; ★(AF): ZA.

*暗花麒麟 **Euphorbia atroflora** S. Carter 【I, C】♣BBG; ●BJ; ★(AF): KE.

球冠大戟 **Euphorbia atropurpurea** Brouss. ex Willd. 【I, C】 ♣SCBG; ●GD; ★(EU): ES.

破魔之弓 **Euphorbia attastoma** Rizzini 【I, C】★(SA): BR.

*黄绿花麒麟 **Euphorbia aureoviridiflora** (Rauh) Rauh 【I, C】 ●TW; ★(AF): MG.

角麒麟 **Euphorbia avasmontana** Dinter 【I, C】♣FLBG, IBCAS; ●BJ, GD, JX; ★(AF): NA, ZA.

密刺麒麟 **Euphorbia baioensis** S. Carter 【I, C】♣BBG, CBG, IBCAS, SCBG, XMBG; ●BJ, FJ, GD, SH; ★(AF): KE.

巴利麒麟 **Euphorbia ballyana** Rauh【I, C】♣BBG; ●BJ; ★(AF): KE.

斑纳麒麟 **Euphorbia barnardii** A. C. White, R. A. Dyer et B. Sloane【I, C】♣SCBG; ●GD; ★(AF): ZA.

拜尼麒麟 **Euphorbia baylissii** L. C. Leach 【I, C】♣BBG; ●BJ; ★(AF): MZ.

*比哈尔麒麟 **Euphorbia beharensis** Leandri 【I, C】♣BBG; ●BJ; ★(AF): MG.

*吉耶麒麟 **Euphorbia beharensis** var. **guillemetii** (Ursch et Leandri) Rauh 【I, C】 ♣BBG; ●BJ; ★(AF): MG.

喷火龙（伪孔雀）**Euphorbia bergeri** N. E. Br. 【I, C】 ★(AF): ZA.

Euphorbia bergii A. C. White, R. A. Dyer et B. Sloane 【I, C】 ♣NBG; ●JS; ★(AF): ZA.

细齿大戟 **Euphorbia bifida** Thwaites 【N, W/C】 ♣KBG, XMBG; ●FJ, YN; ★(AS): CN, ID, IN, JP, LA, LK, MM, MY, PH, TH, VN.

茎足单腺戟 **Euphorbia bisellenbeckii** Bruyns 【I, C】 ♣IBCAS, XMBG; ●BJ, FJ, SH; ★(AF): ET, SO.

Euphorbia biumbellata Poir. 【I, C】 ♣KBG; ●YN; ★(AF): DZ; (EU): FR.

*波哥大戟 **Euphorbia bongolavensis** Rauh 【I, C】 ●TW; ★(AF): MG.

般若大戟 **Euphorbia borenensis** M. G. Gilbert 【I, C】 ★(AF): ET.

波氏麒麟 **Euphorbia bosseri** Leandri 【I, C】 ♣BBG; ●BJ; ★(AF): MG.

*博特大戟 **Euphorbia bothae** Lotsy et Goddijn 【I, C】 ♣BBG; ●BJ; ★(AF): ZA.

*布拉克大戟 **Euphorbia brakdamensis** N. E. Br. 【I, C】 ♣BBG; ●BJ; ★(AF): ZA.

隐刺大戟 **Euphorbia breviarticulata** Pax 【I, C】 ★(AF): KE.

短扭麒麟 **Euphorbia brevitorta** P. R. O. Bally 【I, C】 ♣XMBG; ●FJ; ★(AF): KE.

布里凯大戟 **Euphorbia briquetii** Emb. et Maire 【I, C】 ♣XMBG; ●FJ, TW; ★(AF): DZ, MA; (EU): ES.

布鲁尼大戟 **Euphorbia brunellii** Chiov. 【I, C】 ●TW; ★(AF): ET.

昭和麒麟 **Euphorbia bubalina** Boiss. 【I, C】 ♣BBG, XMBG; ●BJ, FJ; ★(AF): ZA.

铁甲丸（峨眉之峰）**Euphorbia bupleurifolia** Jacq. 【I, C】 ★(AF): ZA.

奇伟麒麟 **Euphorbia bussei** var. **kibwezensis** (N. E. Br.) S. Carter 【I, C】 ♣BBG, XMBG; ●BJ, FJ; ★(AF): KE, TZ.

仙人麒麟 **Euphorbia cactus** Ehrenb. ex Boiss. 【I, C】 ♣BBG; ●BJ; ★(AS): SA, YE.

美纹大戟 **Euphorbia caloderma** S. Carter 【I, C】 ★(AF): TZ.

墨麒麟 **Euphorbia canariensis** L. 【I, C】 ♣CBG, FLBG, IBCAS, WBG, XMBG; ●BJ, FJ, GD, HB, JX, SH, TW; ★(AF): ES-CS.

华烛麒麟（云雾阁）**Euphorbia candelabrum** Tremaut ex Kotschy 【I, C】 ●SH; ★(AF): AO, KE, SD, TZ.

圣皱叶麒麟（开塞恩坦马里大戟）**Euphorbia capsaintemariensis** Rauh 【I, C】 ★(AF): MG.

卡普隆大戟 **Euphorbia capuronii** Ursch et Leandri 【I, C】 ★(AF): MG.

孔雀球 **Euphorbia caput-medusae** L. 【I, C】 ♣FLBG, XMBG; ●FJ, GD, JX, SH, TW; ★(AF): ZA.

大正麒麟 **Euphorbia cereiformis** L. 【I, C】 ♣CBG; ●SH; ★(AF): ZA.

毛果地锦 **Euphorbia chamaeclada** Ule 【I, N】 ★(SA): BR.

地中海大戟（千魂花）**Euphorbia characias** L. 【I, C】 ♣KBG; ●TW, YN; ★(AF): MA; (AS): SA, TR; (EU): AL, BA, BY, DE, ES, GR, HR, IT, LU, ME, MK, RS, SI.

常绿大戟 **Euphorbia characias** subsp. **wulfenii** (Hoppe ex W. D. J. Koch) Radcl.-Sm. 【I, C】 ♣KBG; ●TW, YN; ★(EU): HR.

珊瑚大戟 **Euphorbia charleswilsoniana** (V. Vlk) V. Vlk 【I, C】 ★(NA): BS.

逆鳞龙 **Euphorbia clandestina** Jacq. 【I, C】 ♣KBG, XMBG; ●FJ, SH, TW, YN; ★(AF): ZA.

*克拉森大戟 **Euphorbia classenii** P. R. O. Bally et S. Carter 【I, C】 ♣BBG; ●BJ; ★(AF): KE.

*棒大戟 **Euphorbia clava** Jacq. 【I, C】 ♣CBG; ●SH, TW; ★(AF): ZA.

飞头蕃 **Euphorbia clavarioides** Boiss. 【I, C】 ●FJ; ★(AF): ZA.

恒持麒麟 **Euphorbia clavigera** N. E. Br. 【I, C】 ♣BBG, XMBG; ●BJ, FJ; ★(AF): ZA.

丘栖麒麟 **Euphorbia clivicola** R. A. Dyer 【I, C】 ★(AF): ZA.

大凤阁 **Euphorbia coerulescens** Haw. 【I, C】 ♣BBG; ●BJ, TW; ★(AF): ZA.

羊玉 **Euphorbia colorata** Engelm. 【I, C】 ♣XMBG; ●FJ, TW; ★(NA): MX, US.

哥鲁麒麟 **Euphorbia colubrina** P. R. O. Bally et S. Carter 【I, C】 ♣XMBG; ●FJ; ★(AF): ET, KE.

圆柱麒麟 **Euphorbia columnaris** P. R. O. Bally 【I, C】 ♣XMBG; ●FJ; ★(AF): SO.

*多毛大戟 **Euphorbia comosa** Vell. 【I, C】 ♣BBG; ●BJ; ★(SA): AR, BO, BR, CO, GY, VE.

*复杂大戟 **Euphorbia complexa** R. A. Dyer 【I, C】 ♣BBG; ●BJ; ★(AF): ZA.

*共尾大戟 **Euphorbia confinalis** R. A. Dyer 【I, C】 ♣BBG; ●BJ; ★(AF): MZ, ZA, ZW.

南蛮塔 **Euphorbia conspicua** N. E. Br. 【I, C】 ♣CBG; ●SH; ★(AF): AO.

琉璃塔 **Euphorbia cooperi** N. E. Br. ex A. Berger

【I, C】 ♣CBG, IBCAS, XMBG; ●BJ, FJ, SH; ★(AF): ZM, ZW.

*喜热琉璃塔 **Euphorbia cooperi** var. **calidicola** L. C. Leach 【I, C】 ♣BBG; ●BJ; ★(AF): ZW.

触角大戟 **Euphorbia corniculata** R. A. Dyer 【I, C】 ★(AF): MZ.

紫锦木 **Euphorbia cotinifolia** L. 【I, C】 ♣CBG, FBG, FLBG, GXIB, IBCAS, NBG, SCBG, TBG, XMBG, XTBG; ●BJ, FJ, GD, GX, JS, JX, SC, SH, TW, YN; ★(NA): CR, GT, HN, MX, NI, PA, VG; (SA): BO, BR, CO, EC, PE, VE.

菊梨伽罗玉 **Euphorbia crassipes** Marloth 【I, C】 ★(AF): ZA.

勒崖麒麟 **Euphorbia cremersii** Rauh et Razaf. 【I, C】 ♣BBG; ●BJ, TW; ★(AF): MG.

波涛大戟 **Euphorbia crispa** (Haw.) Sweet 【I, C】 ♣NBG; ●JS, TW; ★(AF): ZA.

牧师大戟 **Euphorbia croizatii** Leandri 【I, C】 ★(AF): MG.

隐刺麒麟 **Euphorbia cryptospinosa** P. R. O. Bally 【I, C】 ♣BBG, XMBG; ●BJ, FJ; ★(AF): KE, SO.

狼牙大戟 **Euphorbia cumulata** R. A. Dyer 【I, C】 ★(AF): ZA.

闪红阁 **Euphorbia cuneata** Vahl 【I, C】 ♣BBG, IBCAS, XMBG; ●BJ, FJ, TW; ★(AF): SO, TZ; (AS): SA.

铜刺大戟 **Euphorbia cuprispina** S. Carter 【I, C】 ★(AF): KE.

苍峦阁 **Euphorbia curvirama** R. A. Dyer 【I, C】 ●SH; ★(AF): ZA.

猩猩草 **Euphorbia cyathophora** Murray 【I, N】 ♣SCBG, TMNS; ●GD, TW; ★(NA): BM, BZ, CR, CU, DO, GT, HN, JM, MX, NI, PA, PR, SV, US, VG; (SA): AR, BO, BR, CO, EC, GY, PE, PY, VE.

棒麒麟 **Euphorbia cylindrica** Marloth ex A. C. White, R. A. Dyer et B. Sloane 【I, C】 ●SH; ★(AF): ZA.

筒叶麒麟 **Euphorbia cylindrifolia** Marn.-Lap. et Rauh 【I, C】 ♣CBG, SCBG, XMBG; ●FJ, GD, SH, TW; ★(AF): MG.

柏大戟 **Euphorbia cyparissias** L. 【I, C】 ♣CBG; ●SH; ★(AS): GE, TR; (EU): AL, AT, BA, BE, BG, BY, CZ, DE, ES, FI, GB, GR, HR, HU, IT, ME, MK, NL, NO, PL, RO, RS, RU, SI, TR.

戴维大戟 **Euphorbia davidii** Subils 【I, N】 ●JS; ★(NA): US.

鳞球 **Euphorbia davyi** N. E. Br. 【I, C】 ♣BBG; ●BJ, SH; ★(AF): ZA.

达威麒麟 **Euphorbia dawei** N. E. Br. 【I, C】 ★(AF): RW, UG.

*弱刺麒麟 **Euphorbia debilispina** L. C. Leach 【I, C】 ♣BBG; ●BJ, TW; ★(AF): ZM, ZW.

皱叶麒麟 **Euphorbia decaryi** Guillaumin 【I, C】 ♣CBG, FBG, FLBG, IBCAS, NBG, SCBG, WBG, XMBG; ●BJ, FJ, GD, HB, JS, JX, SH, TW; ★(AF): MG.

树麒麟 **Euphorbia decaryi** var. **cap-saintemariensis** (Rauh) Cremers 【I, C】 ♣BBG, IBCAS; ●BJ, TW; ★(AF): MG.

旋形皱叶麒麟 **Euphorbia decaryi** var. **spirosticha** Rauh et Buchloh 【I, C】 ♣IBCAS, XMBG; ●BJ, FJ, TW; ★(AF): MG.

蓬莱岛 **Euphorbia decidua** P. R. O. Bally et L. C. Leach 【I, C】 ●TW; ★(AF): MW, ZM, ZW.

*戴顿大戟 **Euphorbia deightonii** Croizat 【I, C】 ♣BBG; ●BJ; ★(AF): NG.

齿裂大戟 **Euphorbia dentata** Michx. 【I, N】 ♣IBCAS; ●BJ; ★(NA): GT, MX, US.

*德斯蒙德大戟 **Euphorbia desmondii** Keay et Milne-Redh. 【I, C】 ♣BBG; ●BJ; ★(AF): CM, NG.

*常山大戟 **Euphorbia dichroa** S. Carter 【I, C】 ♣BBG; ●BJ; ★(AF): UG.

棘刺麒麟 **Euphorbia didiereoides** Denis ex Leandri 【I, C】 ♣BBG; ●BJ, TW; ★(AF): MG.

迪兰大戟 **Euphorbia dissitispina** L. C. Leach 【I, C】 ★(AF): ZM, ZW.

甜味大戟 **Euphorbia dulcis** L. 【I, C】 ♣BBG; ●BJ, TW; ★(AF): MA; (EU): AT, BA, BE, BG, CZ, DE, ES, GB, HR, HU, IT, LU, ME, MK, NL, PL, RO, RS, RU, SI.

杜兰大戟 **Euphorbia duranii** Ursch et Leandri 【I, C】 ♣CBG; ●SH; ★(AF): MG.

鬼笑 **Euphorbia ecklonii** (Klotzsch et Garcke) Baill. 【I, C】 ♣IBCAS; ●BJ, TW; ★(AF): ZA.

海秀大戟 **Euphorbia elegantissima** P. R. O. Bally et S. Carter 【I, C】 ♣BBG; ●BJ; ★(AF): TZ.

山雀麒麟 **Euphorbia ellenbeckii** Pax 【I, C】 ♣BBG; ●BJ; ★(AF): SO.

红彩阁 **Euphorbia enopla** Boiss. 【I, C】 ♣KBG, WBG; ●HB, YN; ★(AF): ZA.

安罗麒麟 **Euphorbia enormis** N. E. Br. 【I, C】 ♣BBG, XMBG; ●BJ, FJ, TW; ★(AF): ZA.

硬叶麒麟 **Euphorbia enterophora** Drake 【I, C】 ♣CBG, NBG, SCBG, XMBG; ●FJ, GD, JS, SH; ★(AF): MG.

方茎麒麟 **Euphorbia ephedromorpha** Bartlettt ex B. L. Rob. et Bartlettt 【I, C】 ★(NA): GT.

多色大戟 **Euphorbia epithymoides** L. 【I, C】 ♣BBG, CBG; ●BJ, SH, TW; ★(AS): GE, TR; (EU): AL, AT, BA, BG, CZ, GR, HR, HU, IT, ME, MK, PL, RO, RS, RU, SI.

阿诗玛 **Euphorbia erigavensis** S. Carter 【I, C】 ★(AF): SO.

阎魔麒麟（肥牛大戟、星虫大戟）**Euphorbia esculenta** Marloth 【I, C】 ♣BBG, IBCAS, XMBG; ●BJ, FJ, TW; ★(AF): ZA.

三角大戟 **Euphorbia estevesii** N. Zimm. et P. J. Braun 【I, C】 ♣SCBG; ●GD; ★(SA): BR.

乳浆大戟 **Euphorbia esula** L. 【N, W/C】 ♣BBG, CBG, GBG, IBCAS, LBG, NBG, SCBG, WBG, XBG; ●BJ, GD, GZ, HB, JS, JX, SH, SN; ★(AF): MA; (AS): AF, CN, GE, JP, KG, KP, KR, KZ, MN, RU-AS, TJ, TM, TR, UZ; (EU): AL, AT, BA, BE, BG, CZ, DE, ES, FI, GB, GR, HR, HU, IT, LU, MC, ME, MK, NL, NO, PL, RO, RS, RU, SI, TR.

乳浆草 **Euphorbia esula** var. **cyparissioides** Boiss. 【N, W/C】 ●TW; ★(AS): CN, RU-AS; (EU): MD.

云霄麒麟 **Euphorbia eustacei** N. E. Br. 【I, C】 ★(AF): ZA.

埃文斯大戟（良穗）**Euphorbia evansii** Pax 【I, C】 ★(AF): ZA.

舵杆大戟 **Euphorbia excelsa** A. C. White, R. A. Dyer et B. Sloane 【I, C】 ♣NBG; ●JS; ★(AF): ZA.

红魔 **Euphorbia eyassiana** P. R. O. Bally et S. Carter 【I, C】 ●TW; ★(AF): TZ.

凡沙伟麒麟 **Euphorbia fanshawei** L. C. Leach 【I, C】 ●TW; ★(AF): ZM.

*簇茎麒麟 **Euphorbia fascicaulis** S. Carter 【I, C】 ♣BBG; ●BJ; ★(AF): SO.

欢喜天 **Euphorbia fasciculata** Thunb. 【I, C】 ★(AF): ZA.

勇猛阁 **Euphorbia ferox** Marloth 【I, C】 ●TW; ★(AF): ZA.

罗刹 **Euphorbia fianarantsoae** Ursch et Leandri 【I, C】 ★(AF): MG.

青珊瑚 **Euphorbia fiherenensis** Poiss. 【I, C】 ♣SCBG; ●GD; ★(AF): MG.

梅沙麒麟 **Euphorbia filiflora** Marloth 【I, C】 ●TW; ★(AF): ZA.

丝瓜掌 **Euphorbia fimbriata** Scop. 【I, C】 ♣BBG, HBG, IBCAS, NBG, SCBG, TMNS, WBG, XBG, XMBG; ●BJ, FJ, GD, HB, JS, SH, SN, TW, ZJ; ★(AF): ZA.

孔雀丸（孔雀之舞）**Euphorbia flanaganii** N. E. Br. 【I, C】 ♣BBG, CBG, GA, IBCAS, TMNS, WBG, XMBG, XTBG; ●BJ, FJ, HB, JX, SH, TW, YN; ★(AF): ZA.

溪流大戟 **Euphorbia fluminis** S. Carter 【I, C】 ♣BBG; ●BJ; ★(AF): KE.

绿蛇丸 **Euphorbia fortuita** A. C. White, R. A. Dyer et B. Sloane 【I, C】 ♣XMBG; ●FJ; ★(AF): ZA.

阿拉伯大戟 **Euphorbia fractiflexa** S. Carter et J. R. I. Wood 【I, C】 ★(AS): YE.

细柱大戟 **Euphorbia fragifera** Jan 【I, C】 ♣CBG, WBG, XMBG; ●FJ, HB, SH, TW; ★(EU): AL, BA, HR, IT, ME, MK, RS, SI.

厚目麒麟 **Euphorbia franckiana** A. Berger 【I, C】 ♣CBG, WBG, XMBG; ●FJ, HB, SH; ★(AF): ZA.

彩叶麒麟（藩郎麒麟）**Euphorbia francoisii** Leandri 【I, C】 ♣BBG, IBCAS, NBG, XMBG; ●BJ, FJ, JS, TW; ★(AF): MG.

*弗氏大戟 **Euphorbia franksiae** N. E. Br. 【I, C】 ♣BBG; ●BJ; ★(AF): ZA.

将军 **Euphorbia friedrichiae** Dinter 【I, C】 ♣SCBG; ●GD, TW; ★(AF): ZA.

红羽大戟 **Euphorbia fulgens** Karw. ex Klotzsch 【I, C】 ♣XTBG; ●TW, YN; ★(NA): MX.

金秀麒麟 **Euphorbia furcata** N. E. Br. 【I, C】 ♣BBG; ●BJ; ★(AF): KE.

蛮龙角 **Euphorbia fusca** Marloth 【I, C】 ★(AF): ZA.

梭形大戟 **Euphorbia fusiformis** Buch.-Ham. ex D. Don 【I, C】 ★(AS): ID.

卡拉大戟 **Euphorbia galgalana** S. Carter 【I, C】 ♣BBG; ●BJ; ★(AF): SO.

干氏大戟 **Euphorbia gamkensis** J. G. Marx 【I, C】 ●TW; ★(AF): ZA.

白纹杜牧 **Euphorbia gemmea** P. R. O. Bally et S. Carter 【I, C】 ★(AF): KE.

阁楼殿 **Euphorbia genoudiana** Ursch et Leandri 【I, C】 ●TW; ★(AF): MG.

格兰缇 **Euphorbia gillettii** P. R. O. Bally et S. Carter 【I, C】 ★(AF): SO.

*纤细格兰缇 **Euphorbia gillettii** subsp. **tenuior** S. Carter 【I, C】 ♣BBG; ●BJ; ★(AF): SO.

松球掌 **Euphorbia globosa** (Haw.) Sims 【I, C】 ♣BBG, IBCAS, WBG, XMBG; ●BJ, FJ, HB, SH, TW; ★(AF): ZA.

球型大戟 **Euphorbia globulicaulis** S. Carter【I, C】 ♣BBG; ●BJ, TW; ★(AF): SO.

哥达纳大戟 **Euphorbia godana** Buddens., Lawant et Lavranos 【I, C】 ★(AF): DJ.

金轮祭 **Euphorbia gorgonis** A. Berger 【I, C】 ♣BBG; ●BJ, TW; ★(AF): ZA.

*棉毛大戟 **Euphorbia gossypina** Pax【I, C】♣BBG; ●BJ; ★(AF): KE, TZ.

蛇叶麒麟 **Euphorbia gottlebei** Rauh【I, C】●TW; ★(AF): MG.

牧神角 **Euphorbia graciliramea** Pax 【I, C】 ★(AF): KE.

垂悬大戟 **Euphorbia gradyi** V. W. Steinm. et Ram.-Roa 【I, C】 ♣BBG, XMBG; ●BJ, FJ; ★(NA): MX.

麒麟冠 **Euphorbia grandicornis** Goebel ex N. E. Br. 【I, C】 ♣BBG, CBG, XMBG; ●BJ, FJ, SH, TW; ★(NA): US.

隅田雪（大齿麒麟、墨田之雪）**Euphorbia grandidens** K. I. Goebel 【I, C】 ★(AF): ZA.

尚皇后 **Euphorbia graniticola** L. C. Leach 【I, C】 ★(AF): MZ.

阔叶大戟 **Euphorbia grantii** Oliv.【I, C】♣XTBG; ●YN; ★(AF): BI, TZ.

绿威麒麟（绿威大戟）**Euphorbia greenwayi** P. R. O. Bally et S. Carter 【I, C】 ♣BBG, CBG, FLBG, IBCAS, KBG, XMBG; ●BJ, FJ, GD, JX, SH, YN; ★(AF): TZ.

短刺绿威麒麟 **Euphorbia greenwayi** subsp. **breviaculeata** S. Carter 【I, C】 ♣BBG; ●BJ; ★(AF): TZ.

圆苞大戟 **Euphorbia griffithii** Hook. f. 【N, W/C】 ●YN; ★(AS): BT, CN, ID, IN, LK, MM, NP.

灰大戟 **Euphorbia griseola** Pax 【I, C】 ★(AF): BW, MZ, ZM, ZW.

白亚城 **Euphorbia griseola** subsp. **zambiensis** L. C. Leach 【I, C】 ●SH; ★(AF): ZM.

旋风麒麟 **Euphorbia groenewaldii** R. A. Dyer 【I, C】 ♣BBG, CBG, NBG, SCBG, WBG, XMBG; ●BJ, FJ, GD, HB, JS, SH, TW; ★(AF): ZA.

轨氏麒麟 **Euphorbia gueinzii** Boiss. 【I, C】 ★(AF): ZA.

紫纹龙 **Euphorbia guentheri** (Pax) Bruyns 【I, C】 ♣BBG; ●BJ; ★(AF): KE, TZ.

金露梅大戟（闪红阁）**Euphorbia guerichiana** Pax ex Engl. 【I, C】 ★(AF): ZA.

*圭恩哥拉大戟 **Euphorbia guiengola** W. R. Buck et Huft 【I, C】 ♣BBG; ●BJ; ★(NA): MX.

鬼凄阁 **Euphorbia guillauminiana** Boiteau 【I, C】 ●TW; ★(AF): MG.

*胶大戟 **Euphorbia gummifera** Boiss. 【I, C】 ♣BBG; ●BJ; ★(AF): ZA.

裸萼大戟 **Euphorbia gymnocalycioides** M. G. Gilbert et S. Carter【I, C】●FJ, TW; ★(AF): ET.

青杉麒麟 **Euphorbia hadramautica** Baker 【I, C】 ●TW; ★(AF): SO.

海南大戟 **Euphorbia hainanensis** Croizat 【N, W/C】 ♣SCBG; ●GD; ★(AS): CN.

鬼栖木 **Euphorbia hamata** (Haw.) Sweet 【I, C】 ♣BBG, XMBG; ●BJ, FJ, TW; ★(AF): ZA.

深渊 **Euphorbia handiensis** Burchard 【I, C】 ★(AF): ES-CS.

柳叶麒麟 **Euphorbia hedyotoides** N. E. Br. 【I, C】 ♣BBG, CBG, NBG, XMBG; ●BJ, FJ, JS, SH, TW; ★(AF): MG.

泽漆 **Euphorbia helioscopia** L. 【I, C/N】 ♣FBG, GBG, HBG, LBG, NBG, WBG, XBG, XTBG, ZAFU; ●FJ, GZ, HB, JS, JX, SC, SH, SN, YN, ZJ; ★(AF): DZ, EG, MA; (AS): AM, AZ, BH, CY, GE, IL, IQ, IR, JO, KW, LB, PS, QA, RU-AS, SA, SY, TR, YE; (EU): AD, AL, AT, BA, BE, BG, BY, CH, CZ, DE, DK, ES, FI, FR, GB, GR, HR, HU, IS, IT, LU, MC, ME, MK, NL, NO, PL, PT, RO, RS, RU, SE, SI, SK, SM, UA, VA.

*七棱大戟（红彩阁）**Euphorbia heptagona** L.【I, C】 ♣IBCAS, KBG, XMBG; ●BJ, FJ, SH, TW, YN; ★(AF): ZA.

不动结 **Euphorbia heterochroma** Pax 【I, C】 ♣FLBG; ●GD, JX; ★(AF): KE, TZ.

白苞猩猩草 **Euphorbia heterophylla** Desf. 【I, N】 ♣FLBG, GMG, GXIB, HBG, LBG, NBG, SCBG, TMNS, XMBG, XTBG; ●BJ, FJ, GD, GX, HI, JS, JX, TW, YN, ZJ; ★(NA): BZ, CR, CU, DO, GT, HN, HT, JM, LW, MX, NI, PA, PR, SV, TT, WW; (SA): AR, BO, BR, CO, EC, GF, PE, PY, VE.

异柄翡翠塔（翡翠塔）**Euphorbia heteropodum** Pax 【I, C】 ♣SCBG, XMBG; ●FJ, GD, TW; ★(AF): TZ.

小叶地锦草 **Euphorbia heyneana** Spreng. 【N, W/C】 ♣SCBG, XMBG; ●FJ, GD; ★(AS): CN, ID, IN, LA, MM, MY, PK, TH, VN.

飞扬草 **Euphorbia hirta** L. 【I, N】 ♣FBG, FLBG,

GA, GMG, GXIB, HBG, KBG, LBG, SCBG, TBG, WBG, XLTBG, XMBG, XTBG, ZAFU; ●FJ, GD, GX, HB, HI, JX, TW, YN, ZJ; ★(NA): BZ, CR, CU, DO, GT, HN, HT, JM, LW, MX, NI, PA, PR, SV, TT, WW; (SA): AR, BO, BR, CO, EC, GF, PE, PY, VE.

魔神辉 **Euphorbia hofstaetteri** Rauh 【I, C】 ★(AF): MG.

黑祭司 **Euphorbia horombensis** Ursch et Leandri 【I, C】 ★(AF): MG.

魁伟玉 **Euphorbia horrida** Boiss. 【I, C】 ♣BBG, CBG, FLBG, IBCAS, NBG, SCBG, WBG, XMBG; ●BJ, FJ, GD, HB, JS, JX, SH, TW; ★(AF): ZA.

恐针麒麟 **Euphorbia horrida** var. **striata** A. C. White, R. A. Dyer et B. Sloane 【I, C】 ★(AF): ZA.

霍伍德大戟 **Euphorbia horwoodii** S. Carter et Lavranos 【I, C】 ●TW; ★(AF): SO.

地锦草 **Euphorbia humifusa** Willd. 【N, W/C】 ♣CDBG, FBG, LBG, NBG, TDBG, WBG, XTBG; ●FJ, HB, JS, JX, SC, XJ, YN; ★(AF): MA; (AS): CN, GE, JP, MN, RU-AS, SA; (EU): AT, BA, CZ, DE, HR, HU, IT, ME, MK, PL, RO, RS, SI.

湖北大戟 **Euphorbia hylonoma** Hand.-Mazz. 【N, W/C】 ♣WBG; ●HB, SC; ★(AS): CN, MN, RU-AS.

通奶草 **Euphorbia hypericifolia** L. 【I, N】♣GMG, NSBG, SCBG, WBG, XMBG, ZAFU; ●CQ, FJ, GD, GX, HB, ZJ; ★(NA): BZ, CR, CU, DO, GT, HN, HT, JM, LW, MX, NI, PA, PR, SV, TT, WW; (SA): AR, BO, BR, CO, EC, GF, PE, PY, VE.

紫斑大戟 **Euphorbia hyssopifolia** L. 【I, N】 ★(NA): BZ, CR, CU, DO, GT, HN, HT, JM, LW, MX, NI, PA, PR, SV, TT, US, WW; (SA): AR, BO, BR, CO, EC, GF, PE, PY, VE.

名都麒麟 **Euphorbia inconstantia** R. A. Dyer 【I, C】 ●TW; ★(AF): ZA.

九头龙 **Euphorbia inermis** Mill. 【I, C】 ♣BBG; ●BJ; ★(AF): ZA.

冲天阁 **Euphorbia ingens** E. Mey. ex Boiss. 【I, C】 ♣CBG, IBCAS, XMBG; ●BJ, FJ, GD, SH, TW; ★(AF): ZA.

橡胶大戟 **Euphorbia intisy** Drake 【I, C】 ★(AF): MG.

*不雅大戟 **Euphorbia invenusta** (N. E. Br.) Bruyns 【I, C】 ♣BBG; ●BJ; ★(AF): KE.

爱翠斯麒麟 **Euphorbia itremensis** Kimnach et Lavranos 【I, C】 ♣IBCAS; ●BJ; ★(AF): MG.

万重山 **Euphorbia jansenvillensis** Nel 【I, C】 ♣BBG, SCBG; ●BJ, GD; ★(AF): ZA.

大狼毒 **Euphorbia jolkinii** Boiss. 【N, W/C】 ♣GMG, GXIB, KBG, TMNS; ●GX, TW, YN; ★(AS): CN, JP, KP, KR.

甘肃大戟 **Euphorbia kansuensis** Prokh. 【N, W/C】 ♣LBG, NBG, WBG; ●HB, JS, JX; ★(AS): CN.

*基思大戟 **Euphorbia keithii** R. A. Dyer 【I, C】 ♣BBG; ●BJ; ★(AF): ZA.

*诺伯尔大戟 **Euphorbia knobelii** Letty 【I, C】 ♣BBG; ●BJ, TW; ★(AF): ZA.

狗奴子 **Euphorbia knuthii** Pax 【I, C】 ♣CBG, IBCAS, NBG, SCBG, WBG, XMBG; ●BJ, FJ, GD, HB, JS, SH, TW; ★(AF): MZ, ZA.

红脉麒麟 **Euphorbia labatii** Rauh et Bard.-Vauc. 【I, C】 ●TW; ★(AF): MG.

斑克麒麟 **Euphorbia lacei** Craib 【I, C】 ♣BBG, SCBG; ●BJ, GD; ★(AS): ID, IN, LA, MM, PH.

春峰 **Euphorbia lactea** Haw. 【I, C】 ♣BBG, CBG, FBG, FLBG, GA, HBG, IBCAS, KBG, LBG, NBG, SCBG, TMNS, WBG, XBG, XMBG, XTBG; ●BJ, FJ, GD, HB, JS, JX, SC, SH, SN, TW, YN, ZJ; ★(NA): BS, PR, US, VG; (SA): CO, EC.

乳胶大戟 **Euphorbia lactiflua** Phil. 【I, C】 ★(SA): CL.

续随子 **Euphorbia lathyris** Georgi 【I, C】 ♣CDBG, FBG, GBG, GMG, HBG, KBG, NBG, SCBG, WBG, XBG, XMBG, XTBG; ●BJ, FJ, GD, GX, GZ, HB, JS, SC, SN, YN, ZJ; ★(EU): AD, AL, BA, BG, ES, FR, GB, GR, HR, IT, ME, MK, PT, RO, RS, SI, SM, VA.

宽叶大戟 **Euphorbia latifolia** Salzm. ex Boiss. 【N, W/C】 ♣IBCAS; ●BJ; ★(AF): MA; (AS): CN, CY, KG, KZ, MN, RU-AS, TJ; (EU): ES.

蕃守塔 **Euphorbia latimammillaris** Croizat 【I, C】 ♣XMBG; ●FJ; ★(AF): ZA.

拉氏麒麟 **Euphorbia lavrani** L. C. Leach 【I, C】 ♣XMBG; ●FJ; ★(AF): ZA.

*莱迪恩大戟 **Euphorbia ledienii** A. Berger 【I, C】 ♣BBG; ●BJ; ★(AF): ZA.

大缠麒麟（大缠）**Euphorbia lemaireana** Boiss. 【I, C】 ★(AF): KE, MZ, TZ.

白雪木 **Euphorbia leucocephala** Lotsy 【I, C】 ♣XMBG, XTBG; ●FJ, YN; ★(NA): BM, GT, HN, MX, NI, PA, PR, SV, US, VG.

白条麒麟 **Euphorbia leuconeura** Boiss. 【I, C】 ♣IBCAS, SCBG, WBG, XMBG; ●BJ, FJ, GD, HB, TW; ★(AF): MG.

流苏大戟 **Euphorbia limpopoana** L. C. Leach ex S. Carter 【I, C】 ★(AF): BW, MW, ZW.

粒藻大戟 **Euphorbia longituberculosa** Hochst. ex Boiss. 【I, C】 ♣BBG; ●BJ, TW; ★(AF): ET.

摩利支天 **Euphorbia lophogona** Lam. 【I, C】 ●TW; ★(AF): MG.

白霜树 **Euphorbia loricata** Lam. 【I, C】 ●TW; ★(AF): ZA.

风吟 **Euphorbia louwii** Leach 【I, C】 ★(AF): ZA.

新红彩阁 **Euphorbia lugardae** (N. E. Br.) Bruyns 【I, C】 ♣BBG, XMBG; ●BJ, FJ; ★(AF): MZ.

斑地锦 **Euphorbia maculata** Lechl. ex Boiss. 【I, N】 ♣HBG, IBCAS, LBG, WBG, ZAFU; ●BJ, HB, JS, JX, SC, ZJ; ★(NA): MX, US.

壮观大戟 **Euphorbia magnifica** (E. A. Bruce) Bruyns 【I, C】 ♣BBG, XMBG; ●BJ, FJ; ★(AF): TZ.

茎足单腺 **Euphorbia major** (Pax) Bruyns 【I, C】 ♣BBG; ●BJ; ★(AF): ET.

美高麒麟 **Euphorbia makallensis** S. Carter 【I, C】 ♣BBG, XMBG; ●BJ, FJ; ★(AF): ET.

群蛇丸(群蛇麒麟) **Euphorbia maleolens** E. Phillips 【I, C】 ★(AF): ZA.

马利麒麟 **Euphorbia malevola** L. C. Leach 【I, C】 ♣BBG; ●BJ; ★(AF): BW, MW, ZW.

玉鳞凤(白桦麒麟、丝瓜掌) **Euphorbia mammillaris** L. 【I, C】 ★(NA): US.

卡氏麒麟 **Euphorbia mandravioky** Leandri 【I, C】 ♣XMBG; ●FJ, TW; ★(AF): MG.

银边翠 **Euphorbia marginata** Kunth 【I, C】 ♣BBG, CDBG, FLBG, GBG, GMG, HBG, HFBG, IBCAS, KBG, LBG, NBG, TDBG, WBG, XBG, XMBG, XTBG; ●BJ, FJ, GD, GX, GZ, HB, HL, JS, JX, SC, SN, TW, XJ, YN, ZJ; ★(NA): MX, US.

玛丽塔大戟 **Euphorbia maritae** Rauh 【I, C】 ●TW; ★(AF): TZ.

马沙麒麟 **Euphorbia marsabitensis** S. Carter 【I, C】 ♣BBG, XMBG; ●BJ, FJ; ★(AF): KE.

四棱大戟 **Euphorbia marschalliana** subsp. **armena** (Prokh.) Oudejans 【I, C】 ♣BBG, XTBG; ●BJ, TW, YN; ★(AS): AM, TR.

苍龙 **Euphorbia mauritanica** L. 【I, C】 ★(AF): ZA.

*玛玉大戟 **Euphorbia mayuranathanii** Croizat 【I, C】 ♣BBG; ●BJ; ★(AS): ID.

梅拉大戟(罗汉头) **Euphorbia melanohydrata** Nel 【I, C】 ★(AF): ZA.

贵青玉 **Euphorbia meloformis** Aiton 【I, C】 ♣IBCAS, NBG, SCBG, WBG, XMBG; ●BJ, FJ, GD, HB, JS, SH, TW; ★(AF): ZA.

八棱铁角木 **Euphorbia meloformis** subsp. **valida** (N. E. Br.) G. D. Rowley 【I, C】 ♣BBG, FLBG, IBCAS, KBG, NBG, XMBG; ●BJ, FJ, GD, JS, JX, TW, YN; ★(AF): ZA.

*木兰大戟 **Euphorbia meridionalis** P. R. O. Bally et S. Carter 【I, C】 ♣BBG; ●BJ; ★(AF): KE, TZ.

怒龙头(小刺大戟) **Euphorbia micracantha** Boiss. 【I, C】 ★(AF): ZA.

*密吉大戟 **Euphorbia migiurtinorum** Chiov. 【I, C】 ♣BBG; ●BJ; ★(AF): SO.

铁海棠(虎刺梅) **Euphorbia milii** Des Moul. 【I, C】 ♣BBG, CBG, CDBG, FBG, FLBG, GA, GBG, GMG, HBG, IBCAS, KBG, LBG, NBG, SCBG, TBG, TMNS, WBG, XBG, XLTBG, XMBG, XOIG, XTBG, ZAFU; ●BJ, FJ, GD, GX, GZ, HB, HI, JS, JX, SC, SH, SN, TW, YN, ZJ; ★(AF): MG.

长叶铁海棠 **Euphorbia milii** var. **longifolia** Rauh 【I, C】 ♣BBG; ●BJ; ★(AF): MG.

美丽铁海棠 **Euphorbia milii** var. **splendens** (Bojer ex Hook.) Ursch et Leandri 【I, C】 ♣GA, IBCAS, KBG, TBG, XMBG; ●BJ, FJ, JX, TW, YN; ★(AF): MG.

黄苞铁海棠 **Euphorbia milii** var. **tananarive** Leandri 【I, C】 ♣XMBG; ●FJ, SH; ★(AF): MG.

细刺铁海棠 **Euphorbia milii** var. **tenuispina** Rauh et Razaf. 【I, C】 ●TW; ★(AF): MG.

美乐麒麟 **Euphorbia millotii** Ursch et Leandri 【I, C】 ♣XMBG; ●FJ, TW; ★(AF): MG.

*僧帽大戟 **Euphorbia mitriformis** P. R. O. Bally et S. Carter 【I, C】 ♣BBG; ●BJ, TW; ★(AF): SO.

*单花大戟 **Euphorbia monacantha** Pax 【I, C】 ♣BBG; ●BJ; ★(AF): SO.

蒙特罗大戟 **Euphorbia monteiroi** Hook. 【I, C】 ●TW; ★(AF): NA, ZA.

莫氏大戟 **Euphorbia moratii** Rauh 【I, C】 ●TW; ★(AF): MG.

马赛克大戟 **Euphorbia mosaica** P. R. O. Bally et S. Carter 【I, C】 ♣CBG; ●SH, TW; ★(AF): SO.

松毛虫大戟 **Euphorbia muirii** N. E. Br. 【I, C】 ★(AF): ZA.

多叶大戟 **Euphorbia multifolia** A. C. White, R. A. Dyer et B. Sloane 【I, C】 ●TW; ★(AF): ZA.

分支大戟 **Euphorbia multiramosa** Nel 【I, C】 ●TW; ★(AF): ZA.

香桃大戟（地衣大戟）**Euphorbia myrsinites** L. 【I, C】 ★(EU): BA, GB, GR, HR, IT, NL, TR, UA.

纳米本氏麒麟 **Euphorbia namibensis** Marloth 【I, C】 ★(AF): ZA.

南玫麒麟 **Euphorbia namuskluftensis** L. C. Leach 【I, C】 ♣BBG; ●BJ; ★(AF): ZA.

*新博氏大戟 **Euphorbia neobosseri** Rauh 【I, C】 ♣BBG; ●BJ, TW; ★(AF): MG.

龙天阁 **Euphorbia neococcinea** Bruyns 【I, C】 ♣BBG; ●BJ, TW; ★(AF): ZA.

*新纤细大戟 **Euphorbia neogracilis** Bruyns 【I, C】 ♣CBG; ●SH; ★(AF): TZ.

喷炎龙 **Euphorbia neohumbertii** Boiteau 【I, C】 ♣BBG, FLBG, NBG, SCBG, WBG, XMBG; ●BJ, FJ, GD, HB, JS, JX, SH, TW; ★(AF): MG.

高山单腺戟 **Euphorbia neomontana** Bruyns 【I, C】 ♣SCBG, XMBG; ●FJ, GD, SH, TW; ★(AF): TZ.

人参大戟 **Euphorbia neorubella** Bruyns 【I, C】 ♣BBG, CBG, FLBG, IBCAS, XMBG; ●BJ, FJ, GD, JX, SH, TW; ★(AF): KE.

*新匐枝大戟 **Euphorbia neostolonifera** Bruyns 【I, C】 ♣BBG; ●BJ; ★(AF): KE.

*新密枝大戟 **Euphorbia neovirgata** Bruyns 【I, C】 ♣BBG; ●BJ; ★(AF): KE.

金刚纂（麒麟掌）**Euphorbia neriifolia** Roxb. 【I, C】 ♣BBG, CBG, FBG, FLBG, GXIB, HBG, IBCAS, KBG, NBG, SCBG, TBG, XBG, XMBG, XTBG, ZAFU; ●BJ, FJ, GD, GX, JS, JX, SC, SH, SN, TW, YN, ZJ; ★(NA): CR, GT, HN, NI.

奴美大戟 **Euphorbia nubica** N. E. Br. 【I, C】 ♣XMBG; ●FJ; ★(AF): ER.

*变红努比大戟 **Euphorbia nubigena** var. **rutilans** L. C. Leach 【I, C】 ♣BBG; ●BJ; ★(AF): AO.

大地锦 **Euphorbia nutans** Lag. 【I, N】 ●JS; ★(AS): AZ; (EU): AT, BA, BG, DE, ES, HR, HU, IT, LU, ME, MK, RO, RS, SI.

水晶阁 **Euphorbia nyikae** Pax ex Engl. 【I, C】 ★(AF): KE, TZ.

大缠 **Euphorbia nyikae** var. **neovolkensii** (Pax) S. Carter 【I, C】 ♣HBG, XMBG; ●FJ, SH, TW, ZJ; ★(AF): KE, TZ.

布纹球 **Euphorbia obesa** Hook. f. 【I, C】 ♣BBG, CBG, FLBG, IBCAS, SCBG, TMNS, XMBG; ●BJ, FJ, GD, JX, SH, TW; ★(AF): ZA.

神玉 **Euphorbia obesa** subsp. **symmetrica** (A. C. White, R. A. Dyer et B. Sloane) G. D. Rowley 【I, C】 ♣CBG, XMBG; ●FJ, SH, TW; ★(AF): ZA.

*齿舌大戟 **Euphorbia odontophora** S. Carter 【I, C】 ♣BBG; ●BJ; ★(AF): KE.

印堂麒麟 **Euphorbia officinarum** L. 【I, C】 ★(AF): MA.

*多刺麒麟 **Euphorbia officinarum** subsp. **echinus** (Hook. f. et Coss.) Vindt 【I, C】 ♣FLBG, IBCAS, LBG, SCBG, XMBG; ●BJ, FJ, GD, JX, SH; ★(AF): MA.

团扇麒麟 **Euphorbia opuntioides** Welw. ex Hiern 【I, C】 ♣BBG; ●BJ; ★(AF): AO.

*奥兰大戟 **Euphorbia oranensis** (Croizat) Subils 【I, C】 ♣BBG; ●BJ; ★(SA): AR, BO, PY.

牧师 **Euphorbia ornithopus** Jacq. 【I, C】 ★(AF): ZA.

铁甲球 **Euphorbia oxystegia** Boiss. 【I, C】 ♣BBG, CBG, XMBG; ●BJ, FJ, SH, TW; ★(AF): ZA.

厚足大戟 **Euphorbia pachypodioides** Boiteau 【I, C】 ♣BBG, CBG, XMBG; ●BJ, FJ, SH, TW; ★(AF): MG.

*少枝大戟 **Euphorbia parciramulosa** Schweinf. 【I, C】 ♣BBG; ●BJ; ★(AS): YE.

小序大戟 **Euphorbia parvicyathophora** Rauh 【I, C】 ●TW; ★(AF): MG.

三叉龙 **Euphorbia patula** Mill. 【I, C】 ★(AF): ZA.

大戟 **Euphorbia pekinensis** Rupr. 【N, W/C】 ♣BBG, FLBG, GXIB, HBG, HFBG, IBCAS, LBG, NBG, SCBG, WBG, XBG, XTBG, ZAFU; ●BJ, GD, GX, HB, HL, JS, JX, SC, SN, TW, YN, ZJ; ★(AS): CN, JP, KR.

*垂枝大戟 **Euphorbia pendula** Boiss. 【I, C】 ♣NBG; ●JS; ★(AF): MG.

金阁 **Euphorbia pentagona** Haw. 【I, C】 ★(AF): ZA.

南欧大戟 **Euphorbia peplus** L. 【I, N】 ♣IBCAS, KBG, NBG, XMBG; ●BJ, FJ, JS, YN; ★(AF): DZ, EG, ET, MA, TN; (AS): AM, AZ, BT, GE, IN, IR, PK, TR; (EU): AL, BA, BG, GR, HR, HU, MD, ME, MK, RO, RS, RU, SI, TR, UA.

碧峦阁 **Euphorbia perangusta** R. A. Dyer 【I, C】 ♣BBG; ●BJ, SH; ★(AF): ZA.

佛面麒麟 **Euphorbia persistentifolia** L. C. Leach 【I, C】 ♣BBG; ●BJ, TW; ★(AF): ZM.

贝利大戟（花梗麒麟）**Euphorbia petiolaris** Sims 【I,

C】 ★(NA): DO, HT, PR, VG.

*石生大戟 **Euphorbia petraea** S. Carter 【I, C】 ♣BBG; ●BJ; ★(AF): UG.

楚灵 **Euphorbia petricola** P. R. O. Bally et S. Carter 【I, C】 ★(AF): KE.

哥列麒麟 **Euphorbia phillipsiae** N. E. Br. 【I, C】 ★(AF): SO.

晨月麒麟 **Euphorbia phillipsioides** S. Carter 【I, C】 ●TW; ★(AF): SO.

夜光麒麟 **Euphorbia phosphorea** Mart. 【I, C】 ♣BBG; ●BJ; ★(SA): BR.

皮氏群星冠 **Euphorbia pillansii** N. E. Br. 【I, C】 ♣BBG, XMBG; ●BJ, FJ, TW; ★(AF): ZA.

鱼鳞大戟 **Euphorbia piscidermis** M. G. Gilbert 【I, C】 ♣BBG, CBG, SCBG, WBG, XMBG; ●BJ, FJ, GD, HB, SH, TW; ★(AF): ET.

Euphorbia pithyusa (Req. ex Gren. et Godr.) Fiori 【I, C】♣CDBG; ●SC; ★(AS): SA; (EU): BY, DE, IT, SI.

扁枝麒麟 **Euphorbia platyclada** Rauh 【I, C】 ♣BBG, XMBG; ●BJ, FJ, SH, TW; ★(AF): MG.

泊松麒麟 **Euphorbia poissonii** Pax 【I, C】 ♣CBG, XMBG; ●FJ, SH, TW; ★(AF): GA, GH.

鲸须麒麟 **Euphorbia polyacantha** Boiss. 【I, C】 ♣BBG; ●BJ; ★(AF): EG, ER, ET, SD.

蜘蛛麒麟（蜘蛛切丸）**Euphorbia polycephala** Marloth 【I, C】 ★(AF): ZA.

白衣魁伟玉 **Euphorbia polygona** Haw. 【I, C】 ♣BBG, IBCAS, XMBG; ●BJ, FJ, TW; ★(AF): ZA.

樱花麒麟 **Euphorbia primulifolia** Baker 【I, C】 ♣IBCAS, XMBG; ●BJ, FJ, TW; ★(AF): MG.

*前巴利麒麟 **Euphorbia proballyana** L. C. Leach 【I, C】 ♣BBG; ●BJ; ★(AF): TZ.

幡龙 **Euphorbia procumbens** Mill. 【I, C】 ♣BBG; ●BJ; ★(AF): ZA.

土瓜狼毒 **Euphorbia prolifera** Ehrenb. ex Boiss. 【N, W/C】 ♣KBG; ●YN; ★(AS): BT, CN, ID, IN, LK, MM, NP, PK, TH.

旋麒麟 **Euphorbia prona** S. Carter 【I, C】 ★(AF): SO.

匍匐大戟 **Euphorbia prostrata** Burch. ex Hemsl. 【I, N】 ♣FBG, FLBG, SCBG, XMBG; ●FJ, GD, JS, JX; ★(NA): CR, MX, NI, US, VG; (SA): AR, BO, BR, EC.

伪头麒麟 **Euphorbia pseudoburuana** P. R. O. Bally et S. Carter 【I, C】 ♣BBG; ●BJ; ★(AF): KE.

春驹 **Euphorbia pseudocactus** A. Berger 【I, C】 ♣BBG, FLBG, HBG, SCBG, WBG, XMBG; ●BJ, FJ, GD, HB, JX, ZJ; ★(AF): ZA.

稚儿麒麟 **Euphorbia pseudoglobosa** Marloth 【I, C】 ●TW; ★(AF): ZA.

*翼茎大戟 **Euphorbia pteroneura** A. Berger 【I, C】 ♣BBG, SCBG, XMBG; ●BJ, FJ, GD; ★(NA): MX.

东台麒麟 **Euphorbia pubiglans** N. E. Br. 【I, C】 ●TW; ★(AF): ZA.

一品红 **Euphorbia pulcherrima** Willd. ex Klotzsch 【I, C/N】 ♣BBG, CBG, CDBG, FBG, FLBG, GA, GBG, GMG, GXIB, HBG, IBCAS, KBG, LBG, NBG, NSBG, SCBG, TBG, TDBG, WBG, XBG, XLTBG, XMBG, XOIG, XTBG, ZAFU; ●BJ, CQ, FJ, GD, GX, GZ, HB, HE, HI, JS, JX, SC, SH, SN, TW, XJ, YN, ZJ; ★(NA): BZ, CR, CU, GT, HN, MX, NI, PA, PR, VG.

笹蟹球 **Euphorbia pulvinata** Marloth 【I, C】 ♣IBCAS, XMBG; ●BJ, FJ, SH, TW; ★(AF): ZA.

翠眉阁 **Euphorbia quadrangularis** Pax 【I, C】 ♣BBG; ●BJ; ★(AF): TZ.

边刺麒麟 **Euphorbia quadrilatera** L. C. Leach 【I, C】 ★(AF): TZ.

潜龙 **Euphorbia quadrispina** S. Carter 【I, C】 ★(AF): KE.

太阳大戟 **Euphorbia radians** Benth. 【I, C】 ★(NA): MX.

鹿角麒麟 **Euphorbia ramipressa** Croizat 【I, C】 ♣XMBG; ●FJ, SH; ★(AF): MG.

毛叶麒麟 **Euphorbia razafindratsirae** Lavranos 【I, C】 ★(AF): MG.

*里朱大戟 **Euphorbia regis-jubae** J. Gay 【I, C】 ♣SCBG, XMBG; ●FJ, GD; ★(AF): ES-CS.

白角麒麟 **Euphorbia resinifera** O. Berg 【I, C】 ♣BBG, CBG, HBG, IBCAS, KBG, SCBG, TBG, XMBG; ●BJ, FJ, GD, SH, TW, YN, ZJ; ★(AF): MA.

海秀麒麟 **Euphorbia restituta** N. E. Br. 【I, C】 ★(AF): ZA.

*局限大戟 **Euphorbia restricta** R. A. Dyer 【I, C】 ♣BBG; ●BJ; ★(AF): ZA.

神木阁 **Euphorbia richardsiae** L. C. Leach 【I, C】 ★(AF): MW, ZM.

将军阁 **Euphorbia ritchiei** (P. R. O. Bally) Bruyns 【I, C】 ♣BBG, IBCAS, WBG, XMBG; ●BJ, FJ,

HB, TW; ★(AF): KE.

带刺将军阁 **Euphorbia ritchiei** subsp. **marsabitensis** (S. Carter) Bruyns 【I, C】 ♣BBG; ●BJ; ★(AF): KE.

里瓦大戟 **Euphorbia rivae** Pax 【I, C】 ●TW; ★(AF): ET.

罗氏麒麟 **Euphorbia rossii** Rauh et Buchloh 【I, C】 ♣BBG, XMBG; ●BJ, FJ, SH, TW; ★(AF): MG.

霸王鞭 **Euphorbia royleana** Boiss. 【N, W/C】 ♣CBG, KBG, WBG, XTBG, ZAFU; ●HB, SH, YN, ZJ; ★(AS): BT, CN, ID, IN, LK, MM, NP, PK.

*红刺大戟 **Euphorbia rubrispinosa** S. Carter 【I, C】 ♣BBG; ●BJ; ★(AF): TZ.

隐藏者 **Euphorbia rubromarginata** L. E. Newton 【I, C】 ♣BBG; ●BJ; ★(AF): ET.

萨卡拉哈麒麟 **Euphorbia sakarahaensis** Rauh 【I, C】 ♣XMBG; ●FJ; ★(AF): MG.

南雅 **Euphorbia samburuensis** P. R. O. Bally et S. Carter 【I, C】 ♣BBG; ●BJ; ★(AF): KE.

*萨克大戟 **Euphorbia saxorum** P. R. O. Bally et S. Carter 【I, C】 ♣BBG; ●BJ; ★(AF): KE.

*申佩尔大戟 **Euphorbia schimperi** C. Presl 【I, C】 ♣BBG; ●BJ; ★(AS): SA, YE.

降魔之杋 **Euphorbia schinzii** Pax 【I, C】 ♣BBG; ●BJ, TW; ★(AF): ZA.

史吉莎 **Euphorbia schizacantha** Pax 【I, C】 ●TW; ★(AF): ET, SO.

斗牛角 **Euphorbia schoenlandii** Pax 【I, C】 ♣BBG, CBG, IBCAS, SCBG, XMBG; ●BJ, FJ, GD, SH, TW; ★(AF): ZA.

苍龙阁 **Euphorbia schubei** Pax 【I, C】 ♣BBG, XMBG; ●BJ, FJ; ★(AF): MZ.

蛇碑 **Euphorbia sebsebei** M. G. Gilbert 【I, C】 ★(AF): ET.

西格尔大戟 **Euphorbia seguieriana** Neck. 【I, C】 ★(AF): MA; (AS): AZ, GE, RU-AS, TM, TR; (EU): CH, DE, ES, FR, GR, IT, MC, UA.

埋生大戟 **Euphorbia sepulta** P. R. O. Bally et S. Carter 【I, C】 ♣IBCAS; ●BJ, TW; ★(AF): SO.

*偶遇大戟 **Euphorbia serendipita** L. E. Newton 【I, C】 ♣BBG; ●BJ; ★(AF): KE.

匍根大戟 **Euphorbia serpens** Kunth 【I, N】 ★(NA): BZ, CR, CU, DO, GT, HN, MX, NI, PA, PR, SV, US; (SA): AR, BO, BR, CO, EC, GF, GY, PE, PY, VE.

*锯齿大戟 **Euphorbia serrata** L. 【I, C】 ♣XMBG; ●FJ; ★(AF): MA; (AS): CY; (EU): BY, DE, ES, IT, LU, MC, SI.

百步回阳 **Euphorbia sessiliflora** Roxb. 【N, W/C】 ♣XTBG; ●TW, YN; ★(AS): CN, ID, LA, MM, NP, VN.

钩腺大戟 **Euphorbia sieboldiana** C. Morren et Decne. 【N, W/C】 ♣GBG, HBG, LBG, NBG, SCBG, ZAFU; ●GD, GZ, JS, JX, TW, ZJ; ★(AS): CN, JP, KP, KR, MN, RU-AS.

黄苞大戟 **Euphorbia sikkimensis** Boiss. 【N, W/C】 ♣WBG; ●HB, YN; ★(AS): BT, CN, IN, LA, MM, NP, VN.

同枝大戟 **Euphorbia similiramea** S. Carter 【I, C】 ♣BBG, IBCAS; ●BJ, TW; ★(AF): TZ.

碧方纹 **Euphorbia sipolisii** N. E. Br. 【I, C】 ♣BBG; ●BJ; ★(SA): BR.

准噶尔大戟 **Euphorbia soongarica** Boiss. 【N, W/C】 ♣TDBG; ●XJ; ★(AS): CN, KG, KP, KR, KZ, MN, RU-AS, TJ, TM, TR, UZ.

魔针殿 **Euphorbia spinea** N. E. Br. 【I, C】 ★(AF): ZA.

奇怪岛 **Euphorbia squarrosa** Haw. 【I, C】 ♣XMBG; ●FJ, TW; ★(AF): ZA.

甘茅麒麟 **Euphorbia stapfii** A. Berger 【I, C】 ★(AF): UG.

飞龙 **Euphorbia stellata** Willd. 【I, C】 ♣BBG, IBCAS, NBG, XMBG; ●BJ, FJ, JS, TW; ★(AF): ZA.

群星冠 **Euphorbia stellispina** Haw. 【I, C】 ♣XMBG; ●FJ, TW; ★(AF): ZA.

银角珊瑚 **Euphorbia stenoclada** Baill. 【I, C】 ♣BBG, CBG, FLBG, IBCAS, SCBG, WBG, XMBG; ●BJ, FJ, GD, HB, JX, SH, TW; ★(AF): MG.

魔龙角 **Euphorbia stolonifera** Marloth ex A. C. White 【I, C】 ★(AF): ZA.

姬麒麟（锦麒麟）**Euphorbia submamillaris** (A. Berger) A. Berger 【I, C】 ♣XMBG; ●FJ, GD, SH, TW; ★(AF): ZA.

翡翠柱 **Euphorbia succulenta** (Schweick.) Bruyns 【I, C】 ♣XMBG; ●FJ, TW; ★(AF): KE.

苏丹麒麟 **Euphorbia sudanica** A. Chev. 【I, C】 ♣BBG, XMBG; ●BJ, FJ, TW; ★(AF): GA.

骑士麒麟 **Euphorbia superans** Nel ex A. G. J. Herre 【I, C】 ★(AF): ZA.

琉璃晃（群铁瘤玉）**Euphorbia susannae** Marloth 【I, C】 ♣BBG, XMBG; ●BJ, FJ, GD, SH, TW; ★

(AF): ZA.

苏珊娜大戟 **Euphorbia suzannae-marnierae** Rauh et Petignat 【I, C】 ♣CBG; ●SH, TW; ★(AF): MG.

塔波拉大戟 **Euphorbia taboraensis** Hassl. 【I, C】 ★(AF): TZ.

*细刺大戟 **Euphorbia tenuispinosa** Gilli 【I, C】 ♣BBG; ●BJ; ★(AF): KE.

*粗刺大戟 Euphorbia tenuispinosa var. robusta P. R. O. Bally et S. Carter 【I, C】 ♣BBG; ●BJ; ★(AF): KE.

*四斑大戟 **Euphorbia tetracanthoides** Pax 【I, C】 ♣BBG; ●BJ; ★(AF): TZ.

千根草 **Euphorbia thymifolia** Forssk. 【N, W/C】 ♣FBG, FLBG, GA, GMG, GXIB, LBG, SCBG, TBG, WBG, XLTBG, XMBG, XTBG; ●FJ, GD, GX, HB, HI, JX, TW, YN; ★(AF): MG, NG, ZA; (AS): BT, CN, ID, IN, JP, LA, LK, MM, MY, NP, PH, VN.

绿玉树 **Euphorbia tirucalli** L. 【I, C/N】 ♣BBG, CBG, FBG, FLBG, GA, GMG, GXIB, HBG, IBCAS, KBG, LBG, NBG, SCBG, TBG, TMNS, WBG, XBG, XLTBG, XMBG, XTBG; ●BJ, FJ, GD, GX, HB, HI, JS, JX, SC, SH, SN, TW, YN, ZJ; ★(AF): AO, BF, BI, BJ, CG, CI, CV, DJ, EH, ER, ET, GH, GM, GN, GW, KE, LR, MG, ML, MR, MZ, NE, NG, RW, SC, SD, SL, SN, SO, TG, TZ, UG, ZA, ZM, ZW.

红雀珊瑚 **Euphorbia tithymaloides** L. 【I, C】 ♣BBG, CBG, CDBG, FBG, FLBG, GMG, GXIB, HBG, IBCAS, KBG, SCBG, TBG, TMNS, WBG, XLTBG, XMBG, XOIG, XTBG; ●BJ, FJ, GD, GX, HB, HI, JX, SC, SH, TW, YN, ZJ; ★(NA): BZ, CR, GT, HN, MX, NI, PA, SV, US.

白雀珊瑚 **Euphorbia tithymaloides** subsp. **smallii** (Millsp.) V. W. Steinm. 【I, C】 ♣IBCAS, SCBG, TMNS, WBG, XMBG; ●BJ, FJ, GD, HB, TW; ★(NA): US.

*扭曲大戟 **Euphorbia tortilis** Rottler ex Ainslie 【I, C】 ♣BBG; ●BJ; ★(AS): ID, LK.

螺旋麒麟 **Euphorbia tortirama** R. A. Dyer 【I, C】 ♣CBG, GXIB, IBCAS, NBG, SCBG, WBG, XMBG; ●BJ, FJ, GD, GX, HB, JS, SH, TW; ★(AF): ZA.

三针麒麟 **Euphorbia triaculeata** Forssk. 【I, C】 ♣XMBG; ●FJ; ★(AF): ET; (AS): YE.

*三棱大戟 **Euphorbia triangularis** Desf. ex A. Berger 【I, C】 ♣BBG, CBG; ●BJ, SH, TW; ★(AF): ZA.

玉龟龙 **Euphorbia trichadenia** Pax 【I, C】 ♣XMBG; ●FJ, TW; ★(AF): ZA.

彩云阁（巴西龙骨、三角大戟）**Euphorbia trigona** Mill. 【I, C】 ♣CDBG, FBG, XMBG; ●FJ, SC; ★(AF): AO, CF.

神蛇丸 **Euphorbia truncata** (Pers.) Loudon 【I, C】 ★(AF): ZA.

结节麒麟 **Euphorbia tuberosa** L. 【I, C】 ★(AF): ZA.

图拉大戟 **Euphorbia tulearensis** (Rauh) Rauh 【I, C】 ★(AF): MG.

圆锥大戟 **Euphorbia turbiniformis** Chiov. 【I, C】 ♣BBG, NBG, WBG, XMBG; ●BJ, FJ, HB, JS, SH; ★(AF): SO.

蜗牛大戟（蜗牛麒麟）**Euphorbia uhligiana** Pax 【I, C】 ♣BBG; ●BJ, TW; ★(AF): TZ.

红叶之秋 **Euphorbia umbellata** (Pax) Bruyns 【I, C】 ♣BBG, CBG, SCBG, XMBG; ●BJ, FJ, GD, SH; ★(AF): TZ.

恩伙麒麟 **Euphorbia umfoloziensis** Peckover 【I, C】 ♣XMBG; ●FJ, TW; ★(AF): ZA.

单刺麒麟 **Euphorbia unispina** N. E. Br. 【I, C】 ♣NBG, XMBG; ●FJ; ★(AF): NG, TG.

*瓦杰大戟 **Euphorbia vajravelui** Binojk. et N. P. Balakr. 【I, C】 ♣BBG; ●BJ; ★(AS): ID.

法利达 **Euphorbia valida** N. E. Br. 【I, C】 ★(AF): MG.

狂赤焰 **Euphorbia vandermerwei** R. A. Dyer 【I, C】 ♣BBG; ●BJ, TW; ★(AF): ZA.

贝信麒麟 **Euphorbia venenifica** Trémaux ex Kotschy 【I, C】 ●TW; ★(AF): CG.

*寡花大戟 **Euphorbia viduiflora** L. C. Leach 【I, C】 ♣BBG; ●BJ; ★(AF): AO.

惑结麒麟（喷火龙）**Euphorbia viguieri** Denis 【I, C】 ♣BBG, CBG, FLBG, IBCAS; ●BJ, GD, JX, SH, TW; ★(AF): MG.

安加惑结麒麟 **Euphorbia viguieri** var. **ankarafantsiensis** Ursch et Leandri 【I, C】 ♣BBG, XMBG; ●BJ, FJ, SH, TW; ★(AF): MG.

*卡普纶大戟 **Euphorbia viguieri** var. **capuroniana** Ursch et Leandri 【I, C】 ♣BBG; ●BJ; ★(AF): MG.

维兰惑结麒麟 **Euphorbia viguieri** var. **vilanandrensis** Ursch et Leandri 【I, C】 ♣BBG; ●BJ; ★(AF): MG.

矢毒麒麟 **Euphorbia virosa** Willd. 【I, C】 ♣CDBG, XMBG; ●FJ, SC, SH, TW; ★(AF): ZA.

蜈蚣麒麟 **Euphorbia vittata** S. Carter 【I, C】 ★

(AF): KE.

*火山大戟 **Euphorbia vulcanorum** S. Carter 【I, C】 ♣BBG; ●BJ, TW; ★(AF): KE.

大果大戟 **Euphorbia wallichii** Hook. f. 【N, W/C】 ●YN; ★(AS): AF, BT, CN, IN, LK, NP, PK.

卷边麒麟 **Euphorbia waringiae** Rauh et Gerold 【I, C】 ♣CBG; ●SH, TW; ★(AF): MG.

*韦伯鲍尔大戟 **Euphorbia weberbaueri** Mansf. 【I, C】 ♣BBG; ●BJ; ★(SA): EC, PE.

网状大戟 **Euphorbia whellanii** L. C. Leach 【I, C】 ★(AF): ZM.

王孔雀球（伍德大戟）**Euphorbia woodii** N. E. Br. 【I, C】 ●TW; ★(AF): ZA.

鳞纹大戟 **Euphorbia xylacantha** Pax 【I, C】 ★(AF): SO.

叶麒麟 **Euphorbia xylophylloides** Brongn. ex Lem. 【I, C】 ♣KBG, NBG; ●JS, SH, YN; ★(AF): MG.

*亚塔那大戟 **Euphorbia yattana** (P. R. O. Bally) Bruyns 【I, C】 ♣BBG; ●BJ; ★(AF): KE.

鬼角麒麟 **Euphorbia zoutpansbergensis** R. A. Dyer【I, C】♣BBG, IBCAS, SCBG, XMBG; ●BJ, FJ, GD, TW; ★(AF): ZA.

136. 安神木科 CENTROPLACACEAE

膝柄木属 Bhesa

膝柄木 **Bhesa robusta** (Roxb.) Ding Hou 【N, W/C】 ♣XTBG; ●GX, YN; ★(AS): BT, CN, ID, IN, KH, LA, LK, MM, MY, NP, SG, TH, VN.

137. 金莲木科 OCHNACEAE

金莲木属 Ochna

金莲木 **Ochna integerrima** (Lour.) Merr. 【N, W/C】 ♣KBG, SCBG, XLTBG, XTBG; ●GD, HI, TW, YN; ★(AS): CN, ID, IN, KH, LA, MM, MY, PK, TH, VN.

鼠眼木 **Ochna serrulata** Walp. 【I, C】 ♣XTBG; ●YN; ★(AF): ZA.

桂叶黄梅（米老鼠树）**Ochna thomasiana** Engl. et Gilg 【I, C】 ♣BBG, SCBG, TMNS, XMBG, XTBG; ●BJ, FJ, GD, TW, YN; ★(AF): KE, TZ.

赛金莲木属 Campylospermum

齿叶赛金莲木 **Campylospermum serratum** (Gaertn.) Bittrich et M. C. E. Amaral 【N, W/C】 ●HI; ★(AS): CN, ID, IN, KH, LA, LK, MM, MY, PH, SG, TH, VN.

138. 苦皮桐科 PICRODENDRACEAE

沟柱桐属 Whyanbeelia

沟柱桐（维安比木）**Whyanbeelia terrae-reginae** Airy Shaw et B. Hyland 【I, C】 ♣SCBG; ●GD; ★(OC): AU.

139. 叶下珠科 PHYLLANTHACEAE

喜光花属 Actephila

毛喜光花 **Actephila excelsa** (Dölzell) Müll. Arg. 【N, W/C】 ♣XTBG; ●YN; ★(AS): CN, ID, IN, MM, MY, PH, SG, TH, VN.

喜光花 **Actephila merrilliana** Chun 【N, W/C】 ♣SCBG, XLTBG, XTBG; ●GD, HI, YN; ★(AS): CN.

短柄喜光花 **Actephila subsessilis** Gagnep. 【N, W/C】 ♣XTBG; ●YN; ★(AS): CN, VN.

雀舌木属 Leptopus

雀儿舌头 **Leptopus chinensis** (Bunge) Pojark. 【N, W/C】♣BBG, HBG, IBCAS, WBG; ●BJ, HB, SC, ZJ; ★(AS): CN, IN, MM, PK.

缘腺雀舌木 **Leptopus clarkei** (Hook. f.) Pojark. 【N, W/C】 ♣XTBG; ●YN; ★(AS): CN, ID, IN, MM, VN.

方鼎木 **Leptopus fangdingianus** (P. T. Li) Voronts. et Petra Hoffm. 【N, W/C】 ♣GXIB; ●GX; ★(AS): CN.

闭花木属 Cleistanthus

垂枝闭花木 **Cleistanthus apodus** Benth. 【I, C】 ♣SCBG; ●GD; ★(OC): AU.

大夜闭花木 **Cleistanthus collinus** (Roxb.) Benth.

ex Hook. f. 【I, C】 ●HI; ★(AS): ID, LK.

东方闭花木 **Cleistanthus concinnus** Croizat 【N, W/C】 ♣SCBG; ●GD; ★(AS): CN, VN.

假肥牛树 **Cleistanthus petelotii** Merr. ex Croizat 【N, W/C】 ♣GXIB; ●GX; ★(AS): CN, VN.

闭花木 **Cleistanthus sumatranus** (Miq.) Müll. Arg. 【N, W/C】♣GMG, GXIB, SCBG, WBG, XLTBG, XTBG; ●GD, GX, HB, HI, YN; ★(AS): CN, ID, IN, KH, LA, MY, PH, SG, TH, VN.

土蜜树属 Bridelia

禾串树 **Bridelia balansae** Tutcher 【N, W/C】 ♣CBG, FBG, GMG, SCBG, TBG, TMNS, WBG, XMBG, XTBG; ●FJ, GD, GX, HB, HI, SH, TW, YN; ★(AS): CN, ID, IN, JP, LA, MY, PH, TH, VN.

膜叶土蜜树 **Bridelia glauca** Blume 【N, W/C】 ♣XTBG; ●YN; ★(AS): CN, ID, IN, LA, MM, MY, PH, TH; (OC): PAF.

大叶土蜜树（钝叶黑面神）**Bridelia retusa** (L.) A. Juss. 【N, W/C】 ♣GMG, GXIB, XTBG; ●GX, YN; ★(AS): BT, CN, ID, IN, KH, LA, LK, MM, MY, NP, TH, VN.

土蜜藤 **Bridelia stipularis** (L.) Blume 【N, W/C】 ♣FLBG, SCBG, XTBG; ●GD, HI, JX, YN; ★(AS): BT, CN, ID, IN, KH, LA, LK, MM, MY, NP, PH, SG, TH, VN.

土蜜树 **Bridelia tomentosa** Blume 【N, W/C】 ♣FLBG, GMG, HBG, SCBG, TBG, TMNS, XMBG, XTBG; ●FJ, GD, GX, HI, JX, TW, YN, ZJ; ★(AS): BT, CN, ID, IN, KH, LA, LK, MM, MY, NP, PH, SG, TH, VN, YE; (OC): AU, PAF.

蓝子木属 Margaritaria

蓝子木 **Margaritaria indica** (Dölzell) Airy Shaw 【N, W/C】♣GXIB; ●GX; ★(AS): CN, ID, IN, JP, LK, MM, MY, PH, TH, VN; (OC): AU, PAF.

龙胆木属 Richeriella

龙胆木 **Richeriella gracilis** (Merr.) Pax et K. Hoffm. 【N, W/C】 ♣XTBG; ●YN; ★(AS): CN, PH, TH.

白饭树属 Flueggea

毛白饭树 **Flueggea acicularis** (Croizat) G. L. Webster【N, W/C】♣XTBG; ●YN; ★(AS): CN.

聚花白饭树 **Flueggea leucopyrus** Willd. 【N, W/C】 ♣WBG; ●HB; ★(AS): CN, ID, IN, LK, MM; (OC): AU.

一叶萩 **Flueggea suffruticosa** (Pall.) Baill. 【N, W/C】 ♣BBG, CBG, CDBG, FBG, GMG, GXIB, HBG, HFBG, IBCAS, LBG, NBG, SCBG, TDBG, WBG, XBG, XMBG, XTBG; ●BJ, FJ, GD, GX, HB, HL, JS, JX, LN, SC, SH, SN, XJ, YN, ZJ; ★(AS): CN, JP, KP, MN, RU-AS.

白饭树 **Flueggea virosa** (Roxb. ex Willd.) Royle【N, W/C】 ♣FBG, GMG, GXIB, SCBG, TMNS, WBG, XLTBG, XMBG, XTBG; ●FJ, GD, GX, HB, HI, TW, YN; ★(AF): AO, EG; (AS): BT, CN, ID, IN, LA, LK, MM, PH, SG, YE; (OC): AU, PAF.

叶下珠属 Phyllanthus

Phyllanthus acutus Wall. ex Müll. Arg. 【I, C】 ♣LBG; ●JX; ★(AS): MY.

苦味叶下珠 **Phyllanthus amarus** Schumach. et Thonn. 【I, N】♣GMG, XMBG, XTBG; ●FJ, GX, YN; ★(NA): BS, BZ, CR, CU, DO, GT, HN, HT, JM, LW, MX, NI, PA, PR, SV, TT, WW; (SA): BR, CO, EC, GF, PE, PY, VE.

Phyllanthus arbuscula (Sw.) J. F. Gmel. 【I, C】 ♣SCBG; ●GD; ★(NA): JM.

浙江叶下珠 **Phyllanthus chekiangensis** Croizat et Metcalf【N, W/C】♣GXIB, HBG, SCBG, WBG, XMBG; ●FJ, GD, GX, HB, ZJ; ★(AS): CN.

滇藏叶下珠 **Phyllanthus clarkei** Hook. f. 【N, W/C】 ♣XTBG; ●YN; ★(AS): BT, CN, ID, IN, LK, MM, PK, TH, VN.

越南叶下珠 **Phyllanthus cochinchinensis** Spreng. 【N, W/C】♣GXIB, SCBG, XMBG; ●FJ, GD, GX; ★(AS): CN, ID, IN, KH, LA, PH, SG, VN.

落萼叶下珠 **Phyllanthus flexuosus** (Siebold et Zucc.) Müll. Arg. 【N, W/C】 ♣CBG, FBG, GA, HBG, XMBG, XTBG; ●FJ, JX, SH, YN, ZJ; ★(AS): CN, JP.

云贵叶下珠（云南叶下珠）**Phyllanthus franchetianus** H. Lév. 【N, W/C】 ♣XTBG; ●YN; ★(AS): CN.

青灰叶下珠 **Phyllanthus glaucus** Wall. ex Müll. Arg. 【N, W/C】 ♣CBG, HBG, LBG, WBG, XMBG, ZAFU; ●FJ, HB, JX, SH, ZJ; ★(AS): BT, CN, ID, IN, LK, NP.

隐脉叶下珠 **Phyllanthus guangdongensis** P. T. Li 【N, W/C】 ♣SCBG; ●GD; ★(AS): CN.

胡桃叶下珠 **Phyllanthus juglandifolius** Willd. 【I,

C】♣HBG; ●ZJ; ★(NA): DO, GT, PR; (SA): BR, EC, GY, PE, VE.

细枝叶下珠 **Phyllanthus leptoclados** Benth. 【N, W/C】 ♣XMBG; ●FJ; ★(AS): CN, JP.

奇异油柑 **Phyllanthus mirabilis** Müll. Arg. 【I, C】 ♣BBG, CBG, XMBG; ●BJ, FJ, SH, TW; ★(AS): LA.

瘤腺叶下珠 **Phyllanthus myrtifolius** (Wight) Müll. Arg. 【I, C】 ♣CBG, SCBG, TBG, XLTBG, XMBG, XTBG; ●FJ, GD, HI, SH, TW, YN; ★(AS): LK.

单花水油甘 **Phyllanthus nanellus** P. T. Li 【N, W/C】 ♣SCBG; ●GD; ★(AS): CN.

珠子草 **Phyllanthus niruri** L. 【I, N】 ●GD, GX, HI, TW, YN; ★(NA): BZ, CR, DO, GT, HN, HT, JM, LW, MX, NI, PA, PR, SV, TT, US, VG, WW; (SA): AR, BO, BR, CO, EC, GF, PE, PY, VE.

*小叶余甘子（水油甘） **Phyllanthus parvifolius** Buch.-Ham. ex D. Don 【N, W/C】 ♣SCBG; ●GD; ★(AS): BT, CN, ID, IN, LA, LK, MM, NP; (SA): AR, BR, VE.

云桂叶下珠 **Phyllanthus pulcher** Wall. ex Müll. Arg. 【N, W/C】 ♣XTBG; ●YN; ★(AS): BT, CN, ID, IN, KH, LA, LK, MM, MY, SG, TH, VN.

小果叶下珠 **Phyllanthus reticulatus** Poir. 【N, W/C】 ♣CBG, FLBG, GMG, GXIB, SCBG, XTBG; ●GD, GX, JX, SH, YN; ★(AF): AO, MG, NG; (AS): BT, CN, ID, IN, JP, KH, LA, LK, MM, MY, NP, PH, TH, VN; (OC): AU, PAF.

云泰叶下珠 **Phyllanthus sootepensis** Craib 【N, W/C】 ♣XTBG; ●YN; ★(AS): CN, TH.

叶下珠 **Phyllanthus urinaria** L. 【N, W/C】 ♣BBG, CDBG, FBG, FLBG, GMG, GXIB, HBG, KBG, LBG, NBG, SCBG, TBG, WBG, XLTBG, XMBG, XTBG, ZAFU; ●BJ, FJ, GD, GX, HB, HI, JS, JX, SC, TW, YN, ZJ; ★(AS): BT, CN, ID, IN, JP, KH, KR, LA, LK, MM, MY, NP, PH, SG, TH, VN.

蜜甘草 **Phyllanthus ussuriensis** Rupr. et Maxim. 【N, W/C】 ♣BBG, FBG, GMG, HBG, LBG, NBG, WBG, XMBG, ZAFU; ●BJ, FJ, GX, HB, JS, JX, ZJ; ★(AS): CN, ID, JP, KP, KR, MN, RU-AS.

黄珠子草 **Phyllanthus virgatus** G. Forst. 【N, W/C】 ♣GMG, IBCAS, SCBG; ●BJ, GD, GX; ★(AS): BT, CN, ID, IN, JP, KH, LA, LK, MY, NP, PH, RU-AS, TH, VN; (OC): AU, FJ, PAF.

番醋栗属 Cicca

西印度醋栗 **Cicca acida** (L.) Merr. 【I, C】 ♣SCBG, TBG, TMNS, XTBG; ●GD, TW, YN; ★(AF): MG.

余甘子属 Emblica

余甘子 **Emblica officinalis** Gaertn. 【N, W/C】 ♣CBG, FBG, FLBG, GMG, GXIB, HBG, KBG, SCBG, XLTBG, XMBG, XTBG; ●FJ, GD, GX, GZ, HI, JX, SC, SH, TW, YN, ZJ; ★(AS): BT, CN, ID, IN, KH, LA, LK, MM, MY, NP, PH, SG, TH, VN.

珠子木属 Phyllanthodendron

珠子木 **Phyllanthodendron anthopotamicum** (Hand.-Mazz.) Croizat 【N, W/C】 ♣SCBG; ●GD; ★(AS): CN, VN.

龙州珠子木 **Phyllanthodendron breynioides** P. T. Li 【N, W/C】 ♣GXIB; ●GX; ★(AS): CN.

枝翅珠子木 **Phyllanthodendron dunnianum** H. Lév. 【N, W/C】 ♣SCBG; ●GD; ★(AS): CN, VN.

圆叶珠子木 **Phyllanthodendron orbicularifolium** P. T. Li 【N, W/C】 ♣GXIB; ●GX; ★(AS): CN.

岩生珠子木 **Phyllanthodendron petraeum** P. T. Li 【N, W/C】 ♣GXIB; ●GX; ★(AS): CN.

玫花珠子木 **Phyllanthodendron roseum** Craib et Hutch. 【N, W/C】 ♣XTBG; ●YN; ★(AS): CN, LA, MY, TH, VN.

云南珠子木 **Phyllanthodendron yunnanense** Croizat 【N, W/C】 ♣XTBG; ●YN; ★(AS): CN.

算盘子属 Glochidion

白毛算盘子 **Glochidion arborescens** Blume 【N, W/C】 ♣XTBG; ●YN; ★(AS): CN, ID, IN, MY, TH.

红算盘子 **Glochidion coccineum** (Buch.-Ham.) Müll. Arg. 【N, W/C】 ♣SCBG, XMBG; ●FJ, GD; ★(AS): CN, ID, IN, KH, LA, MM, TH, VN.

四裂算盘子 **Glochidion ellipticum** Wight 【N, W/C】 ♣XMBG, XTBG; ●FJ, YN; ★(AS): BT, CN, ID, IN, LA, LK, MM, NP, TH, VN.

毛果算盘子 **Glochidion eriocarpum** Champ. ex Benth. 【N, W/C】 ♣FBG, FLBG, GBG, GMG, GXIB, SCBG, WBG, XMBG, XTBG; ●FJ, GD, GX, GZ, HB, JX, YN; ★(AS): CN, ID, IN, LA, PH, TH, VN.

绒毛算盘子 **Glochidion heyneanum** (Wight et Arn.) Wight 【N, W/C】 ♣KBG; ●YN; ★(AS): BT, CN, ID, IN, KH, LA, LK, MM, NP, TH, VN.

厚叶算盘子 **Glochidion hirsutum** (Roxb.) Voigt

【N, W/C】♣FLBG, GMG, SCBG, XMBG, XTBG; ●FJ, GD, GX, JX, YN; ★(AS): BT, CN, ID, IN, LK, MM.

长柱算盘子 **Glochidion khasicum** (Müll. Arg.) Hook. f. 【N, W/C】♣XTBG; ●YN; ★(AS): BT, CN, ID, IN, LK, TH.

艾胶算盘子 **Glochidion lanceolarium** (Roxb.) Voigt 【N, W/C】♣SCBG, XTBG; ●GD, YN; ★(AS): BT, CN, ID, IN, KH, LA, LK, TH, VN.

披针叶算盘子 **Glochidion lanceolatum** Hayata 【N, W/C】♣SCBG, TMNS; ●GD, TW; ★(AS): CN, ID, IN, JP, LK, PH, VN.

宽果算盘子 **Glochidion oblatum** Hook. f. 【N, W/C】♣XTBG; ●YN; ★(AS): BT, CN, ID, IN, LK, MM, TH.

倒卵叶算盘子 **Glochidion obovatum** Siebold et Zucc. 【N, W/C】♣FBG, XMBG; ●FJ; ★(AS): CN, JP.

甜叶算盘子 **Glochidion philippicum** (Cav.) C. B. Rob. 【N, W/C】♣SCBG, TBG, TMNS; ●GD, TW; ★(AS): CN, ID, IN, MY, PH; (OC): AU.

算盘子 **Glochidion puberum** (L.) Hutch. 【N, W/C】♣CBG, CDBG, FBG, FLBG, GA, GMG, GXIB, HBG, KBG, LBG, NBG, NSBG, SCBG, WBG, XBG, XLTBG, XMBG, XTBG, ZAFU; ●CQ, FJ, GD, GX, HB, HI, JS, JX, SC, SH, SN, YN, ZJ; ★(AS): CN, JP.

茎花算盘子 **Glochidion ramiflorum** J. R. Forst. et G. Forst. 【N, W/C】♣SCBG; ●GD; ★(AS): CN.

台闽算盘子 **Glochidion rubrum** Blume 【N, W/C】♣TBG, TMNS, XTBG; ●TW, YN; ★(AS): CN, ID, IN, JP, KH, LA, MM, MY, PH, SG, TH, VN.

圆果算盘子 **Glochidion sphaerogynum** (Müll. Arg.) Kurz 【N, W/C】♣GMG, WBG, XLTBG, XTBG; ●GX, HB, HI, YN; ★(AS): BT, CN, ID, IN, LA, LK, MM, TH, VN.

里白算盘子 **Glochidion triandrum** (Blanco) C. B. Rob. 【N, W/C】♣FBG, SCBG, XTBG; ●FJ, GD, YN; ★(AS): CN, ID, IN, JP, KH, NP, PH, TH.

泰云算盘子 **Glochidion triandrum** var. **siamense** (Airy Shaw) P. T. Li 【N, W/C】♣XTBG; ●YN; ★(AS): CN, TH.

湖北算盘子 **Glochidion wilsonii** Hutch. 【N, W/C】♣CBG, GA, GBG, LBG, NBG, WBG; ●GZ, HB, JS, JX, SH; ★(AS): CN.

白背算盘子 **Glochidion wrightii** Benth. 【N, W/C】♣FLBG, SCBG, WBG, XLTBG, XMBG, XTBG; ●FJ, GD, HB, HI, JX, YN; ★(AS): CN.

香港算盘子 **Glochidion zeylanicum** (Gaertn.) A. Juss. 【N, W/C】♣FBG, FLBG, GMG, GXIB, SCBG, TBG, XMBG, XTBG; ●FJ, GD, GX, HI, JX, TW, YN; ★(AS): CN, ID, IN, JP, LA, LK, MM, MY, PH, SG, TH, VN; (OC): PAF.

黑面神属 Breynia

二列黑面神(白雪木) **Breynia disticha** J. R. Forst. et G. Forst. 【I, C】♣BBG, CBG, FBG, FLBG, IBCAS, NBG, SCBG, TBG, XMBG, XTBG; ●BJ, FJ, GD, JS, JX, SH, TW, YN; ★(OC): FJ, NC, VU.

黑面神 **Breynia fruticosa** (L.) Müll. Arg. 【N, W/C】♣FBG, FLBG, GMG, GXIB, HBG, SCBG, WBG, XLTBG, XMBG, XTBG; ●FJ, GD, GX, HB, HI, JX, YN, ZJ; ★(AS): CN, ID, LA, TH, VN.

喙果黑面神 **Breynia rostrata** Merr. 【N, W/C】♣CBG, FBG, SCBG, WBG, XTBG; ●FJ, GD, HB, SH, YN; ★(AS): CN, VN.

小叶黑面神 **Breynia vitis-idaea** (Burm. f.) C. E. C. Fisch. 【N, W/C】♣CBG, FLBG, SCBG, TMNS, WBG, XMBG, XTBG; ●FJ, GD, HB, JX, SH, TW, YN; ★(AS): CN, ID, IN, JP, KH, LA, LK, MM, MY, NP, PH, PK, SG, TH, VN.

守宫木属 Sauropus

守宫木 **Sauropus androgynus** (L.) Merr. 【N, W/C】♣FBG, SCBG, XMBG, XTBG; ●FJ, GD, YN; ★(AS): BT, CN, ID, IN, KH, LA, LK, MM, MY, PH, TH, VN.

茎花守宫木 **Sauropus bonii** Beille 【N, W/C】♣GXIB, XTBG; ●GX, YN; ★(AS): CN, TH, VN.

苍叶守宫木 **Sauropus garrettii** Craib 【N, W/C】♣SCBG, WBG, XLTBG, XMBG, XTBG; ●FJ, GD, HB, HI, TW, YN; ★(AS): CN, LA, MM, MY, TH.

长梗守宫木 **Sauropus macranthus** Hassk. 【N, W/C】♣BBG, SCBG, XTBG; ●BJ, GD, YN; ★(AS): BT, CN, ID, IN, LA, LK, MM, MY, PH, TH, VN; (OC): AU, PAF.

波萼守宫木 **Sauropus repandus** Müll. Arg. 【N, W/C】♣XTBG; ●YN; ★(AS): BT, CN, IN, LK.

网脉守宫木 **Sauropus reticulatus** X. L. Mo ex P. T. Li 【N, W/C】♣GXIB; ●GX; ★(AS): CN.

Sauropus rhamnoides Blume 【I, C】♣XTBG; ●YN; ★(AS): ID, IN, PH, VN.

龙脷叶 **Sauropus spatulifolius** Beille 【I, C】 ♣FLBG, GMG, GXIB, HBG, SCBG, WBG, XLTBG, XMBG; ●FJ, GD, GX, HB, HI, JX, ZJ; ★(AS): VN.

艾堇属 Synostemon

艾堇 **Synostemon bacciformis** (L.) G. L. Webster 【N, W/C】 ♣XMBG; ●FJ; ★(AS): CN, ID, IN, LK, MY, PH, TH, VN.

秋枫属 Bischofia

秋枫 **Bischofia javanica** Blume 【N, W/C】 ♣BBG, CBG, CDBG, FBG, FLBG, GA, GBG, GMG, GXIB, HBG, KBG, LBG, NBG, NSBG, SCBG, TBG, TMNS, WBG, XLTBG, XMBG, XTBG; ●BJ, CQ, FJ, GD, GX, GZ, HB, HI, JS, JX, SC, SH, TW, YN, ZJ; ★(AS): BT, CN, ID, IN, JP, KH, LA, LK, MM, MY, NP, PH, SG, TH, VN; (OC): AU, FJ, PAF.

重阳木 **Bischofia polycarpa** (H. Lév.) Airy Shaw 【N, W/C】 ♣FBG, GXIB, HBG, NBG, NSBG, SCBG, WBG, XBG, XMBG, XOIG, XTBG, ZAFU; ●CQ, FJ, GD, GX, HB, JS, SC, SN, YN, ZJ; ★(AS): CN.

银柴属 Aporosa

银柴 **Aporosa dioica** (Roxb.) Müll. Arg. 【N, W/C】 ♣FLBG, SCBG, XLTBG, XMBG, XTBG; ●FJ, GD, HI, JX, YN; ★(AS): BT, CN, IN, MM, MY, NP, VN.

毛银柴 **Aporosa villosa** (Lindl.) Baill. 【N, W/C】 ♣XTBG; ●HI, YN; ★(AS): CN, IN, KH, LA, MM, TH, VN.

云南银柴 **Aporosa yunnanensis** (Pax et K. Hoffm.) F. P. Metcalf 【N, W/C】 ♣SCBG, XTBG; ●GD, YN; ★(AS): CN, ID, IN, MM, VN.

木奶果属 Baccaurea

*甜木奶果 **Baccaurea dulcis** (Jack) Müll. Arg. 【I, C】 ♣XTBG; ●TW, YN; ★(AS): ID, IN.

多脉木奶果 **Baccaurea motleyana** (Müll. Arg.) Müll. Arg. 【I, C】 ♣XTBG; ●YN; ★(AS): ID, IN, MY, SG, TH.

木奶果 **Baccaurea ramiflora** Lour. 【N, W/C】 ♣BBG, CBG, GXIB, NBG, SCBG, XLTBG, XMBG, XTBG; ●BJ, FJ, GD, GX, HI, JS, SH, YN; ★(AS): BT, CN, ID, IN, KH, LA, LK, MM, MY, NP, SG, TH, VN.

五月茶属 Antidesma

西南五月茶 **Antidesma acidum** Retz. 【N, W/C】 ♣XTBG; ●YN; ★(AS): BT, CN, ID, IN, KH, LA, LK, MM, NP, TH, VN.

五月茶 **Antidesma bunius** (L.) Spreng. 【N, W/C】 ♣CBG, FBG, FLBG, HBG, SCBG, XMBG, XTBG; ●FJ, GD, HI, JX, SH, YN, ZJ; ★(AS): BT, CN, ID, IN, LA, LK, MM, NP, PH, SG, TH, VN; (OC): AU, PAF.

黄毛五月茶 **Antidesma fordii** Hemsl. 【N, W/C】 ♣FBG, FLBG, SCBG, XLTBG, XMBG, XTBG; ●FJ, GD, HI, JX, YN; ★(AS): CN, ID, LA, VN.

方叶五月茶 **Antidesma ghaesembilla** Gaertn. 【N, W/C】 ♣FLBG, GMG, SCBG, XMBG, XTBG; ●FJ, GD, GX, HI, JX, YN; ★(AS): BT, CN, ID, IN, KH, LA, LK, MM, MY, NP, PH, TH, VN; (OC): AU, PAF.

海南五月茶 **Antidesma hainanense** Merr. 【N, W/C】 ♣XTBG; ●YN; ★(AS): CN, LA, VN.

枯里珍五月茶（酸味子）**Antidesma japonicum** Siebold et Zucc. 【N, W/C】♣CBG, FBG, GA, LBG, SCBG, TBG, TMNS, WBG, XTBG; ●FJ, GD, HB, JX, SH, TW, YN; ★(AS): CN, JP, MY, PH, TH, VN.

多花五月茶 **Antidesma maclurei** Merr. 【N, W/C】 ♣XLTBG; ●HI; ★(AS): CN, LA, VN.

山地五月茶（滇越五月茶）**Antidesma montanum** Blume【N, W/C】♣FBG, FLBG, SCBG, XLTBG, XTBG; ●FJ, GD, HI, JX, YN; ★(AS): BT, CN, ID, IN, JP, KH, LA, LK, MM, MY, PH, TH, VN.

小叶五月茶（柳叶五月茶）**Antidesma montanum** var. **microphyllum** (Hemsl.) Petra Hoffm. 【N, W/C】♣FLBG, KBG, SCBG, XMBG, XTBG; ●FJ, GD, JX, YN; ★(AS): CN, LA, TH, VN.

大果五月茶 **Antidesma nienkui** Merr. et Chun 【N, W/C】 ●HI; ★(AS): CN, TH.

河头山五月茶 **Antidesma pleuricum** Tul. 【N, W/C】 ♣TMNS; ●TW; ★(AS): CN, LK, PH.

泰北五月茶 **Antidesma sootepense** Craib【N, W/C】 ♣XTBG; ●YN; ★(AS): CN, LA, MM, TH.

140. 沟繁缕科 ELATINACEAE

田繁缕属 Bergia

田繁缕 **Bergia ammannioides** Roxb. ex Roth 【N,

W/C】♣FLBG, SCBG, XTBG; ●GD, JX, YN; ★(AF): ZA; (AS): CN, ID, IN, LA, NP, TH, TJ, VN; (OC): AU.

大叶田繁缕 **Bergia capensis** L.【N, W/C】♣FLBG; ●GD, JX; ★(AF): ZA; (AS): CN, ID, IN, LK, MM, MY, RU-AS, TH; (EU): ES.

倍蕊田繁缕 **Bergia serrata** Blanco【N, W/C】♣XMBG, XTBG; ●FJ, YN; ★(AS): CN, PH.

沟繁缕属 Elatine

三蕊沟繁缕 **Elatine triandra** Schkuhr【N, W/C】♣FBG, FLBG, SCBG, WBG, XTBG; ●FJ, GD, HB, JX, YN; ★(AF): ZA; (AS): CN, ID, IN, JP, KR, MN, MY, NP, PH, RU-AS; (OC): AU, NZ, PAF.

141. 金虎尾科 MALPIGHIACEAE

金英属 Galphimia

金英树 **Galphimia glauca** Cav.【I, C】♣XTBG; ●TW, YN; ★(NA): GT, MX; (SA): BO.

金英 **Galphimia gracilis** Bartl.【I, C】♣FBG, FLBG, SCBG, TMNS, XLTBG, XMBG, XTBG; ●FJ, GD, HI, JX, TW, YN; ★(NA): BS, CU, DO, HN, LW, MX, NI, PA, PR, SV, VG, WW; (SA): BR, CO, VE.

金匙木属 Byrsonima

*越橘叶金匙木 **Byrsonima vacciniifolia** A. Juss.【I, C】♣XTBG; ●YN; ★(SA): BR.

三星果属 Tristellateia

三星果 **Tristellateia australasiae** A. Rich.【N, W/C】♣CBG, FLBG, SCBG, TBG, TMNS, XMBG, XTBG; ●FJ, GD, JX, SH, TW, YN; ★(AS): CN, JP, MM, MY, SG, TH, VN; (OC): AU, PAF.

林咖啡属 Bunchosia

杏黄林咖啡 **Bunchosia armeniaca** (Cav.) DC.【I, C】♣XMBG; ●FJ; ★(SA): BO, BR, CO, EC, GY, PE, VE.

异翅藤属 Heteropterys

金叶异翅藤 **Heteropterys chrysophylla** (Lam.) Kunth【I, C】♣SCBG; ●GD; ★(SA): BR.

狭叶异翅藤 **Heteropterys glabra** Hook. et Arn.【I, C】♣SCBG, XMBG; ●FJ, GD; ★(SA): AR, BR, PY, UY.

尖叶异翅藤 **Heteropterys orinocensis** (Kunth) A. Juss.【I, C】♣SCBG; ●GD; ★(SA): BR, CO, GY, PE, VE.

丁香叶异翅藤（肖丁香）**Heteropterys syringifolia** Griseb.【I, C】♣SCBG; ●GD; ★(SA): AR, BO, BR, PY.

风筝果属 Hiptage

风筝果 **Hiptage benghalensis** (L.) Kurz【N, W/C】♣FBG, FLBG, GXIB, HBG, NBG, SCBG, TMNS, XMBG, XTBG; ●FJ, GD, GX, HI, JS, JX, TW, YN, ZJ; ★(AS): BT, CN, ID, IN, JP, KH, LA, LK, MM, MY, NP, PH, SG, TH, VN.

越南风筝果 **Hiptage benghalensis** var. **tonkinensis** (Dop) S. K. Chen【N, W/C】♣XTBG; ●YN; ★(AS): CN, LA, VN.

白花风筝果 **Hiptage candicans** Hook. f.【N, W/C】♣XTBG; ●YN; ★(AS): CN, ID, IN, LA, MM, TH.

越南白花风筝果 **Hiptage candicans** var. **harmandiana** (Pierre) Dop【N, W/C】♣XTBG; ●YN; ★(AS): CN, LA, VN.

小花风筝果 **Hiptage minor** Dunn【N, W/C】♣XTBG; ●YN; ★(AS): CN.

叶柱藤属 Stigmaphyllon

*纤毛叶柱藤 **Stigmaphyllon ciliatum** (Lam.) A. Juss.【I, C】●TW; ★(NA): BZ, HN, NI, TT, US; (SA): BR, CO, UY.

麻柳藤属 Gaudichaudia

麻柳藤（肖白前）**Gaudichaudia cynanchoides** Kunth【I, C】♣SCBG; ●GD; ★(NA): MX.

蝶翅藤属 Mascagnia

蝶翅藤 **Mascagnia macradena** (DC.) Nied.【I, C】★(SA): CO, VE.

大翼蝶翅藤 **Mascagnia macroptera** (Moc. et Sessé ex DC.) Nied.【I, C】★(NA): MX.

金虎尾属 Malpighia

金虎尾 **Malpighia coccigera** L.【I, C】♣HBG,

SCBG, TMNS, XMBG, XTBG; ●FJ, GD, TW, YN, ZJ; ★(NA): DO, PR, TT; (SA): PE.

西印度樱桃 **Malpighia glabra** L. 【I, C】 ♣CBG, FBG, SCBG, TBG, XLTBG, XMBG, XTBG; ●FJ, GD, HI, SH, TW, YN; ★(NA): BZ, CR, CU, GT, HN, JM, MX, NI, PA, SV, TT; (SA): BR, CO, EC, PE, VE.

狭叶金虎尾 **Malpighia linearis** Jacq. 【I, C】 ♣XTBG; ●YN; ★(NA): BS, LW, VG.

盾翅藤属 Aspidopterys

花江盾翅藤 **Aspidopterys esquirolii** H. Lév. 【N, W/C】 ♣XTBG; ●YN; ★(AS): CN.

多花盾翅藤 **Aspidopterys floribunda** Hutch. 【N, W/C】 ♣XTBG; ●YN; ★(AS): CN, MM.

盾翅藤 **Aspidopterys glabriuscula** A. Juss. 【N, W/C】 ♣SCBG, XTBG; ●GD, YN; ★(AS): BT, CN, ID, IN, LK, PH, VN.

蒙自盾翅藤 **Aspidopterys henryi** Hutch. 【N, W/C】 ♣SCBG; ●GD; ★(AS): CN.

倒心盾翅藤 **Aspidopterys obcordata** (Hemsl.) Nied. 【N, W/C】 ♣XMBG, XTBG; ●FJ, YN; ★(AS): CN, MM.

142. 毒鼠子科 DICHAPETALACEAE

毒鼠子属 Dichapetalum

毒鼠子 **Dichapetalum gelonioides** (Roxb.) Engl. 【N, W/C】 ♣SCBG, XTBG; ●GD, YN; ★(AS): CN, ID, IN, LK, MM, MY, PH, TH, VN.

海南毒鼠子 **Dichapetalum longipetalum** (Turcz.) Engl. 【N, W/C】 ♣SCBG; ●GD; ★(AS): CN, KH, LA, MM, MY, TH, VN.

巴布亚毒鼠子 **Dichapetalum papuanum** (Becc.) Boerl. 【I, C】 ♣BBG; ●BJ; ★(OC): AU, PG.

143. 核果木科 PUTRANJIVACEAE

核果木属 Drypetes

拱网核果木 **Drypetes arcuatinervia** Merr. et Chun 【N, W/C】 ♣XTBG; ●YN; ★(AS): CN, VN.

青枣核果木 **Drypetes cumingii** (Baill.) Pax et K. Hoffm. 【N, W/C】 ♣XTBG; ●HI, YN; ★(AS): CN, PH.

海南核果木 **Drypetes hainanensis** Merr. 【N, W/C】 ♣SCBG; ●GD, HI; ★(AS): CN, LA, TH, VN.

勐腊核果木 **Drypetes hoaensis** Gagnep. 【N, W/C】 ♣XTBG; ●YN; ★(AS): CN, TH, VN.

核果木 **Drypetes indica** (Müll. Arg.) Pax et K. Hoffm. 【N, W/C】 ♣SCBG, TMNS, XTBG; ●GD, TW, YN; ★(AS): BT, CN, ID, IN, LK, MM, MY, TH.

滨海核果木 **Drypetes littoralis** (C. B. Rob.) Merr. 【N, W/C】 ♣TBG, TMNS; ●GD, TW; ★(AS): CN, ID, IN, PH.

钝叶核果木 **Drypetes obtusa** Merr. et Chun 【N, W/C】 ♣SCBG; ●GD; ★(AS): CN, VN.

网脉核果木 **Drypetes perreticulata** Gagnep. 【N, W/C】 ♣SCBG, XTBG; ●GD, HI, YN; ★(AS): CN, LA, TH, VN.

柳叶核果木 **Drypetes salicifolia** Gagnep. 【N, W/C】 ♣SCBG, XTBG; ●GD, YN; ★(AS): CN, LA, VN.

144. 西番莲科 PASSIFLORACEAE

时钟花属 Turnera

白时钟花 **Turnera subulata** Sm. 【I, C】 ♣XMBG, XTBG; ●FJ, YN; ★(NA): LW, PA, WW; (SA): AR, BO, BR, CL, CO, EC, VE.

时钟花 **Turnera ulmifolia** L. 【I, C】 ♣CBG, FBG, KBG, SCBG, TMNS, XMBG, XTBG; ●FJ, GD, SH, TW, YN; ★(NA): BS, BZ, CR, CU, DO, GT, HN, JM, KY, MX, NI, PR, VG; (SA): BO, BR, CO, EC, PE, PY, VE.

火蝶花属 Erblichia

火蝶花 **Erblichia antsingyae** (Capuron) Arbo 【I, C】 ♣XTBG; ●YN; ★(AF): MG.

蒴莲属 Adenia

针腺蔓 **Adenia aculeata** (Oliv.) Engl. 【I, C】 ♣XMBG; ●FJ, TW; ★(AF): ET, SO.

刺腺蔓（球腺蔓）**Adenia ballyi** Verdc. 【I, C】 ♣NBG, XMBG; ●FJ, TW; ★(AF): SO.

三开瓢 **Adenia cardiophylla** (Mast.) Engl. 【N, W/C】 ♣KBG; ●YN; ★(AS): BT, CN, ID, IN, KH, LA, LK, MM, MY, TH, VN.

*指叶蒴莲 **Adenia digitata** (Harv.) Engl. 【I, C】 ♣BBG, SCBG; ●BJ, GD, TW; ★(AF): MZ, SZ, TZ, ZM, ZW.

紫红叶蒴莲 **Adenia firingalavensis** (Drake ex Jum.) Harms 【I, C】 ♣FLBG, XMBG; ●FJ, GD, JX, TW; ★(AF): MG.

低木腺蔓 **Adenia fruticosa** Burtt Davy 【I, C】 ♣BBG; ●BJ; ★(AF): ZA.

幻蝶蔓 **Adenia glauca** Schinz 【I, C】 ♣BBG, CBG, NBG, SCBG, XMBG; ●BJ, FJ, GD, JS, SH, TW; ★(AF): ZA.

假球腺蔓 **Adenia globosa** subsp. **pseudoglobosa** (Verdc.) W. J. de Wilde 【I, C】 ♣BBG; ●BJ; ★(AF): KE.

异叶蒴莲（蒴莲）**Adenia heterophylla** Vidal 【N, W/C】 ♣GMG, KBG, SCBG, XMBG, XTBG; ●FJ, GD, GX, TW, YN; ★(AS): CN, ID, IN, KH, LA, MY, PH, TH, VN; (OC): AU, PAF.

卡拿腺蔓 **Adenia keramanthus** Harms 【I, C】 ♣BBG; ●BJ, TW; ★(AF): TZ.

*彩叶蒴莲 **Adenia kirkii** (Mast.) Engl. 【I, C】 ♣BBG; ●BJ, TW; ★(AF): KE, TZ.

贝氏蒴莲 **Adenia pechuelii** (Engl.) Harms 【I, C】 ♣CBG; ●SH, TW; ★(AF): ZA.

滇南蒴莲 **Adenia penangiana** (Wall. ex G. Don) W. J. de Wilde 【N, W/C】 ♣XTBG; ●YN; ★(AS): CN, ID, IN, LA, MM, MY, TH, VN.

瓜叶腺蔓（瓜叶蒴莲）**Adenia racemosa** W. J. de Wilde 【I, C】 ♣CBG, XMBG; ●FJ, SH, TW; ★(AF): TZ.

*毒蒴莲 **Adenia venenata** Forssk. 【I, C】 ♣BBG; ●BJ; ★(AF): NG, TZ.

西番莲属 Passiflora

蓝翅西番莲 **Passiflora** × **alato-caerulea** Lindl. 【I, C】 ★(NA): MX, US.

腺柄西番莲 **Passiflora adenopoda** DC. 【I, C】 ♣SCBG, XTBG; ●GD, YN; ★(NA): BZ, CR, GT, HN, MX, NI, PA, SV; (SA): CO, EC, PE, VE.

翅茎西番莲 **Passiflora alata** Curtis 【I, C】 ♣WBG; ●HB; ★(NA): CR, MX; (SA): AR, BR, EC, GY, PE, PY.

月叶西番莲 **Passiflora altebilobata** Hemsl. 【I, C】 ♣XTBG; ●YN; ★(SA): AR, BO, BR, EC, GY, PE, PY.

紫花西番莲 **Passiflora amethystina** J. C. Mikan 【I, C】 ♣CBG, SCBG, TMNS, XMBG; ●FJ, GD, SH, TW; ★(AS): SG; (SA): BR.

双花西番莲 **Passiflora biflora** Lam. 【I, C】 ♣XTBG; ●YN; ★(NA): BS, BZ, CR, GT, HN, MX, NI, PA; (SA): CO, EC, VE.

无瓣西番莲 **Passiflora bryonioides** Kunth 【I, C】 ♣NBG, XTBG; ●AH, JL, JS, YN; ★(NA): MX, US.

西番莲 **Passiflora caerulea** L. 【I, C】 ♣BBG, CBG, FBG, FLBG, GXIB, HBG, IBCAS, KBG, LBG, NBG, SCBG, WBG, XMBG, XTBG; ●BJ, FJ, GD, GX, HB, HI, JS, JX, SC, SH, TW, YN, ZJ; ★(NA): HN, MX; (SA): AR, BO, BR, CL, EC, GY, PY, UY.

蝙蝠西番莲 **Passiflora capsularis** L. 【I, C】 ♣SCBG, XMBG; ●FJ, GD; ★(NA): CR, CU, DO, GT, HN, HT, JM, MX, NI, PA; (SA): AR, BO, BR, CO, EC, GY, PY, UY, VE.

蝎尾西番莲 **Passiflora cincinnata** Mast. 【I, C】 ♣FLBG; ●GD, JX; ★(SA): AR, BO, BR, CO, PY, VE.

红花西番莲 **Passiflora coccinea** Aubl. 【I, C】 ♣FLBG, GXIB, KBG, SCBG, XLTBG, XMBG, XTBG; ●FJ, GD, GX, HI, JX, TW, YN; ★(SA): BO, BR, CO, EC, GF, GY, PE, PY, UY, VE.

蛇王藤 **Passiflora cochinchinensis** Spreng. 【N, W/C】 ♣FLBG, HBG, SCBG, XLTBG, XMBG; ●FJ, GD, HI, JX, ZJ; ★(AS): CN, LA, MY, VN.

杯叶西番莲 **Passiflora cupiformis** Mast. 【N, W/C】 ♣GMG, KBG, WBG; ●GX, HB, SC, YN; ★(AS): CN, VN.

鸡蛋果 **Passiflora edulis** Sims 【I, C】 ♣CBG, FBG, FLBG, GA, GBG, GMG, GXIB, HBG, KBG, NBG, SCBG, TBG, WBG, XLTBG, XMBG, XOIG, XTBG; ●FJ, GD, GX, GZ, HB, HI, JS, JX, SC, SH, TW, YN, ZJ; ★(NA): BM, CR, CU, DO, JM; (SA): AR, BO, BR, CO, EC, GY, PE, PY, VE.

黄鸡蛋果 **Passiflora edulis** f. **flavicarpa** O. Deg. 【I, C】 ♣SCBG, XMBG, XOIG; ●FJ, GD; ★(NA): BM, CR, CU, DO, JM; (SA): AR, BO, BR, CO, EC, GY, PE, PY, VE.

龙珠果 **Passiflora foetida** Vell. 【I, C/N】 ♣BBG, FLBG, GMG, GXIB, SCBG, XLTBG, XMBG, XOIG, XTBG; ●BJ, FJ, GD, GX, HI, JX, SC, YN; ★(NA): BS, BZ, CR, CU, DO, GT, HN, JM, LW, MX, NI, PA, PR, SV, TT, VG; (SA): AR, BO, BR, CO, EC, GY, PE, PY, VE.

圆叶西番莲 **Passiflora henryi** Hemsl. 【N, W/C】

♣XTBG; ●YN; ★(AS): CN.

广东西番莲 **Passiflora kwangtungensis** Merr. 【N, W/C】 ♣GXIB; ●GX; ★(AS): CN.

樟叶西番莲 **Passiflora laurifolia** L. 【I, C】 ♣XMBG, XOIG; ●FJ; ★(NA): CU, DO, HT, JM, LW, PR, TT, VG, WW; (SA): BR, CO, EC, GF, GY, PE, PY, VE.

Passiflora ligularis Juss. 【I, C】 ♣XOIG; ●FJ; ★(OC): US-HW.

毛鸡蛋果 **Passiflora mollissima** (Kunth) L. H. Bailey【I, C】♣XOIG; ●FJ; ★(NA): CR, MX; (SA): BO, CO, EC, PE, VE.

马来蛇王藤 **Passiflora moluccana** Reinw. ex Blume 【N, W/C】 ♣SCBG; ●GD; ★(AS): CN, LA, MY, VN.

桑叶西番莲 **Passiflora morifolia** Mast. 【I, C】 ♣XMBG; ●FJ; ★(NA): GT, MX; (SA): AR, BO, BR, CO, EC, PE, PY, VE.

蝴蝶藤 **Passiflora papilio** H. L. Li 【N, W/C】 ♣GMG, GXIB, XTBG; ●GX, YN; ★(AS): CN.

大果西番莲 **Passiflora quadrangularis** L. 【I, C】 ♣GMG, LBG, NBG, WBG, XMBG, XOIG, XTBG; ●FJ, GX, HB, JS, JX, TW, YN; ★(NA): BS, CR, CU, DO, GT, HT, JM, LW, MX, NI, PA, PR, VG, WW; (SA): BO, BR, CO, EC, PE, PY, VE.

总序西番莲 **Passiflora racemosa** Brot. 【I, C】 ♣CBG; ●SH; ★(SA): BR.

长叶西番莲 **Passiflora siamica** Craib 【N, W/C】 ♣WBG, XTBG; ●HB, YN; ★(AS): CN, ID, IN, LA, MM, TH, VN.

细柱西番莲 **Passiflora suberosa** L.【I, C/N】♣HBG, SCBG, TBG, XLTBG, XMBG, XTBG; ●FJ, GD, HI, TW, YN, ZJ; ★(NA): BM, BS, CR, CU, DO, GT, HN, HT, JM, LW, MX, NI, PA, PR, TT, VG, WW; (SA): BO, BR, CO, EC, PE, PY, VE.

*细裂西番莲 **Passiflora tenuifila** Killip 【I, C】 ♣XTBG; ●YN; ★(SA): AR, BO, BR, PY.

葡萄叶西番莲（艳红西番莲）**Passiflora vitifolia** Kunth 【I, C】 ♣TMNS; ●TW; ★(NA): CR, NI, PA; (SA): BO, BR, CO, EC, PE, VE.

镰叶西番莲（半边风）**Passiflora wilsonii** Hemsl.【N, W/C】 ♣KBG, WBG, XTBG; ●HB, YN; ★(AS): CN.

145. 杨柳科 SALICACEAE

脚骨脆属 Casearia

球花脚骨脆 **Casearia glomerata** Roxb. 【N, W/C】 ♣CBG, FBG, FLBG, GXIB, HBG, SCBG, XMBG; ●FJ, GD, GX, JX, SH, ZJ; ★(AS): BT, CN, ID, IN, LK, MM, NP, VN.

烈味脚骨脆（香味脚骨脆）**Casearia graveolens** Dölzell 【N, W/C】 ♣XTBG; ●YN; ★(AS): BT, CN, ID, IN, KH, LA, LK, MM, NP, PK, TH, VN.

印度脚骨脆 **Casearia kurzii** C. B. Clarke 【N, W/C】 ♣XTBG; ●YN; ★(AS): BT, CN, ID, IN, LK, MM.

细柄脚骨脆 **Casearia kurzii** var. **gracilis** S. Y. Bao 【N, W/C】 ♣XTBG; ●YN; ★(AS): CN.

膜叶脚骨脆 **Casearia membranacea** Hance 【N, W/C】 ♣GXIB, SCBG, TBG; ●GD, GX, HI, TW; ★(AS): CN, VN.

爪哇脚骨脆（毛叶脚骨脆）**Casearia velutina** Blume 【N, W/C】 ♣GXIB, SCBG, XTBG; ●GD, GX, HI, YN; ★(AS): CN, ID, IN, LA, MY, TH, VN.

天料木属 Homalium

龙胆天料木 **Homalium abdessammadii** Asch. et Schweinf. 【I, C】 ♣XTBG; ●YN; ★(AF): CF, CG, CM, ZA, ZM, ZW.

斯里兰卡天料木（红花天料木）**Homalium ceylanicum** (Gardner) Benth.【N, W/C】♣BBG, FBG, GMG, HBG, SCBG, XLTBG, XMBG, XOIG, XTBG; ●BJ, FJ, GD, GX, HI, YN, ZJ; ★(AS): CN, ID, IN, LA, LK, MM, NP, TH, VN.

天料木 **Homalium cochinchinense** Druce 【N, W/C】 ♣CDBG, FBG, FLBG, GXIB, SCBG, TMNS, XMBG, XTBG; ●FJ, GD, GX, JX, SC, TW, YN; ★(AS): CN, VN.

毛天料木 **Homalium mollissimum** Merr. 【N, W/C】 ●HI; ★(AS): CN, VN.

广南天料木 **Homalium paniculiflorum** F. C. How et W. C. Ko 【N, W/C】 ●HI; ★(AS): CN.

显脉天料木 **Homalium phanerophlebium** F. C. How et W. C. Ko 【N, W/C】 ●HI; ★(AS): CN, VN.

狭叶天料木 **Homalium stenophyllum** Merr. et Chun【N, W/C】♣SCBG; ●GD, HI; ★(AS): CN.

金柞属 Azara

小叶金柞 **Azara microphylla** Hook. f. 【I, C】 ♣CBG; ●SH, TW; ★(SA): AR, BR, CL.

金柞（齿叶金柞）**Azara serrata** Ruiz et Pav. 【I, C】 ♣CBG; ●SH, TW; ★(SA): CL.

箣柊属 Scolopia

黄杨叶箣柊 **Scolopia buxifolia** Gagnep. 【N, W/C】♣SCBG; ●GD; ★(AS): CN, TH, VN.

箣柊 **Scolopia chinensis** (Lour.) Clos 【N, W/C】♣FBG, FLBG, GMG, SCBG, XMBG, XTBG; ●FJ, GD, GX, HI, JX, YN; ★(AS): CN, IN, LA, LK, MY, TH, VN.

台湾箣柊（鲁花树）**Scolopia oldhamii** Hance 【N, W/C】♣TBG, TMNS, XTBG; ●TW, YN; ★(AS): CN, JP.

广东箣柊 **Scolopia saeva** (Hance) Hance【N, W/C】♣FBG, SCBG, XMBG; ●FJ, GD, HI; ★(AS): CN, VN.

柞木属 Xylosma

柞木 **Xylosma congesta** (Lour.) Merr. 【N, W/C】♣FBG, GBG, GXIB, HBG, KBG, LBG, NBG, SCBG, TBG, WBG, XMBG, XTBG, ZAFU; ●FJ, GD, GX, GZ, HB, JS, JX, SC, TW, YN, ZJ; ★(AS): CN, ID, IN, JP, KP.

南岭柞木 **Xylosma controversa** Clos 【N, W/C】♣GMG, GXIB, WBG, XTBG; ●GX, HB, YN; ★(AS): CN, IN, MY, NP, VN.

长叶柞木 **Xylosma longifolia** Clos 【N, W/C】♣FBG, KBG, NBG, SCBG, XMBG, XTBG; ●FJ, GD, JS, YN; ★(AS): CN, IN, LA, NP, TH, VN.

锡兰莓属 Dovyalis

南非锡兰莓 **Dovyalis caffra** (Hook. f. et Harv.) Sim 【I, C】♣SCBG, XTBG; ●GD, YN; ★(AF): ZA.

锡兰莓 **Dovyalis hebecarpa** (Gardner) Warb. 【I, C】♣KBG, TBG, XMBG, XOIG; ●FJ, GD, TW, YN; ★(AS): IN, LK.

刺篱木属 Flacourtia

刺篱木 **Flacourtia indica** (Burm. f.) Merr. 【N, W/C】♣CBG, SCBG, XTBG; ●GD, HI, SH, YN; ★(AF): BI, CM, GA, GH, MG, MW, MZ, SC, TZ, UG, ZM; (AS): CN, ID, IN, LA, MM, TH.

罗比梅 **Flacourtia inermis** Roxb.【I, C】♣TMNS, XMBG, XTBG; ●FJ, GD, TW, YN; ★(AS): PH.

云南刺篱木（罗旦梅）**Flacourtia jangomas** (Lour.) Raeusch.【N, W/C】♣XTBG; ●YN; ★(AS): BT, CN, IN, LA, LK, MY, TH, VN.

毛叶刺篱木 **Flacourtia mollis** Hook. f. et Thomson 【N, W/C】♣KBG, XTBG; ●YN; ★(AS): CN, MM.

大叶刺篱木 **Flacourtia rukam** Zoll. et Moritzi 【N, W/C】♣SCBG, TMNS, XTBG; ●GD, HI, TW, YN; ★(AS): CN, ID, IN, LA, MY, TH, VN.

鼻烟盒树属 Oncoba

鼻烟盒树 **Oncoba spinosa** Forssk. 【I, C】★(AF): BF, BI, ET, GH, KE, MW, NG, TZ, UG, ZM.

山桂花属 Bennettiodendron

山桂花 **Bennettiodendron leprosipes** (Clos) Merr. 【N, W/C】♣SCBG, WBG, XMBG, XTBG; ●FJ, GD, HB, YN; ★(AS): CN, ID, IN, MM, TH.

山桐子属 Idesia

山桐子 **Idesia polycarpa** Maxim. 【N, W/C】♣CBG, CDBG, FBG, GA, GXIB, HBG, IBCAS, KBG, LBG, NBG, SCBG, WBG, XMBG, XTBG, ZAFU; ●BJ, FJ, GD, GX, HB, JS, JX, SC, SH, SX, YN, ZJ; ★(AS): CN, JP, KP, KR.

毛叶山桐子 **Idesia polycarpa** var. **vestita** Diels 【N, W/C】♣BBG, CBG, HBG, IBCAS, KBG, LBG, NBG, XBG; ●BJ, JS, JX, SH, SN, YN, ZJ; ★(AS): CN, JP.

山拐枣属 Poliothyrsis

山拐枣 **Poliothyrsis sinensis** Oliv.【N, W/C】♣GA, GXIB, HBG, KBG, LBG, NBG, WBG; ●GX, HB, JS, JX, SX, YN, ZJ; ★(AS): CN.

山羊角树属 Carrierea

山羊角树 **Carrierea calycina** Franch. 【N, W/C】♣CDBG, FBG, KBG, WBG; ●FJ, HB, SC, YN; ★(AS): CN.

栀子皮属 Itoa

栀子皮 **Itoa orientalis** Hemsl.【N, W/C】♣CDBG, FBG, GMG, GXIB, HBG, KBG, LBG, NBG, SCBG, WBG, XMBG, XTBG; ●FJ, GD, GX, HB, JS, JX, SC, YN, ZJ; ★(AS): CN, VN.

杨属 Populus

北京杨 **Populus × beijingensis** W. Y. Hsu 【N,

W/C】 ♣BBG, IBCAS; ●BJ, JL, SX, XJ; ★(AS): CN.

中东杨 **Populus × berolinensis** Dippel【I, C】●BJ, HL; ★(AF): EG; (AS): AE, BH, IL, IQ, IR, JO, KW, LB, OM, PS, QA, SA, SY, YE.

加杨 **Populus × canadensis** Moench【I, C】♣BBG, FBG, HBG, HFBG, IBCAS, KBG, LBG, NBG, XBG, ZAFU; ●BJ, FJ, HB, HL, JL, JS, JX, LN, NM, SC, SD, SN, XJ, YN, ZJ; ★(NA): CA, US.

银灰杨 **Populus × canescens** (Aiton) Sm. 【I, C】 ●XJ; ★(NA): US.

河北杨 **Populus × hopeiensis** Hu et Chow 【N, C】 ♣BBG, HBG, IBCAS, XBG; ●BJ, SN, SX, ZJ; ★(AS): CN, MN.

额河杨 **Populus × jrtyschensis** C. Y. Yang 【N, C】 ●XJ; ★(AS): CN.

辽河杨 **Populus × liaohenica** Z. Wang et H. D. Cheng 【N, C】 ●LN; ★(AS): CN.

响毛杨 **Populus × pseudotomentosa** C. Wang et S. L. Tung 【N, W/C】 ●HA; ★(AS): CN.

小黑杨 **Populus × xiaohei** T. S. Hwuang et Liang 【N, C】 ♣HFBG; ●HL; ★(AS): CN.

小钻杨 **Populus × xiaozuanica** W. Y. Hsu et Liang 【N, C】 ♣HBG; ●ZJ; ★(AS): CN.

响叶杨 **Populus adenopoda** Maxim. 【N, W/C】 ♣CBG, FBG, GBG, HBG, IBCAS, KBG, LBG, NBG, WBG, ZAFU; ●BJ, FJ, GZ, HB, JS, JX, SH, YN, ZJ; ★(AS): CN, MM.

阿富汗杨 **Populus afghanica** (Aitch. et Hemsl.) C. K. Schneid. 【N, W/C】 ●XJ; ★(AS): AF, CN, CY, KG, KZ, PK, TJ, UZ.

喀什阿富汗杨 **Populus afghanica** var. **tajikistanica** (Kom.) C. Wang et Chang Y. Yang 【I, C】 ★(AS): TJ.

银白杨 **Populus alba** L. 【N, W/C】 ♣BBG, HBG, HFBG, IBCAS, LBG, MDBG, NBG, SCBG, TDBG, XBG, XMBG; ●BJ, FJ, GD, GS, HB, HE, HL, JL, JS, JX, LN, NX, SN, SX, TW, XJ, YN, ZJ; ★(AS): CN, JP, KR, MN, RU-AS.

新疆杨 **Populus alba** var. **pyramidalis** Bunge 【N, W/C】 ♣HBG, HFBG, IBCAS, MDBG, TDBG, XBG; ●BJ, GS, HL, JL, NM, SN, SX, XJ, YN, ZJ; ★(AS): CN.

*香脂杨 **Populus balsamifera** L. 【I, C】 ♣BBG, HBG, IBCAS, XBG; ●BJ, SN, XJ, ZJ; ★(NA): CA, US.

青杨 **Populus cathayana** Rehder【N, W/C】♣BBG, HBG, IBCAS, NBG, XBG; ●BJ, JS, LN, NM, SC, SN, SX, ZJ; ★(AS): CN, MN.

山杨 **Populus davidiana** Dode 【N, W/C】 ♣BBG, HFBG, IBCAS, NBG, WBG, XBG, XTBG; ●BJ, HB, HE, HL, JS, LN, NM, SC, SN, SX, XJ, YN; ★(AS): CN, KP, KR, MN, RU-AS.

东方白杨(美洲黑杨) **Populus deltoides** W. Bartram ex Marshall【I, C】♣GA, IBCAS, XBG; ●AH, BJ, HA, HL, JS, JX, SC, SD, SN, TJ; ★(NA): CA, US.

胡杨 **Populus euphratica** Olivier 【N, W/C】 ♣MDBG, SCBG, TDBG; ●GD, GS, NM, NX, XJ, YN; ★(AS): AF, CN, CY, IN, KH, KZ, MN, PK, RU-AS, TJ, TM, TR, UZ.

伊犁杨 **Populus iliensis** Drobow 【N, W/C】 ●XJ; ★(AS): CN.

香杨 **Populus koreana** Rehder【N, W/C】♣HFBG, IBCAS; ●BJ, HL, LN; ★(AS): CN, KP, KR, MN, RU-AS.

大叶杨 **Populus lasiocarpa** Oliv. 【N, W/C】 ♣CBG, FBG, WBG; ●FJ, HB, SC, SH; ★(AS): CN.

苦杨 **Populus laurifolia** Ledeb.【N, W/C】♣NBG; ●JS, XJ; ★(AS): CN, MN, RU-AS.

辽杨 **Populus maximowiczii** A. Henry 【N, W/C】 ♣HBG, IBCAS, NBG, XBG; ●BJ, JS, LN, SN, ZJ; ★(AS): CN, JP, KP, KR, MN, RU-AS.

黑杨 **Populus nigra** L.【I, C】♣BBG, HFBG, NBG, XBG, XMBG; ●BJ, FJ, HL, JL, JS, LN, NX, SD, SN, TJ, TW, XJ, YN; ★(AF): DZ, EG, LY, MA; (AS): KG, KZ, LB, PS, SY, TJ, TM, TR, UZ; (EU): AL, BA, ES, FR, GR, HR, IT, MC, ME, MK, RS, SI.

钻天杨 **Populus nigra** var. **italica** (Moench) Koehne 【I, C】 ♣HBG, IBCAS, LBG, SCBG, TDBG, XBG; ●BJ, GD, HB, JL, JX, SN, XJ, ZJ; ★(EU): IT.

箭杆杨 **Populus nigra** var. **thevestina** (Dode) Bean 【I, C】 ♣HFBG, NBG, XBG; ●BJ, GS, HL, JS, NM, SN, XJ; ★(AF): DZ, EG, LY, MA; (AS): KG, KZ, LB, PS, SY, TJ, TM, TR, UZ; (EU): AL, BA, ES, FR, GR, HR, IT, MC, ME, MK, RS, SI.

汉白杨 **Populus ningshanica** C. Wang et S. L. Tung 【N, W/C】 ●HB; ★(AS): CN.

灰胡杨 **Populus pruinosa** Schrenk 【N, W/C】 ♣MDBG, TDBG; ●GS, XJ; ★(AS): CN, KH, KZ, TJ, TM.

青甘杨 **Populus przewalskii** Maxim. 【N, W/C】 ●HB; ★(AS): CN.

小青杨 **Populus pseudosimonii** Kitag. 【N, W/C】 ♣HBG, HFBG, IBCAS; ●BJ, HL, LN, NM, SX, ZJ; ★(AS): CN.

冬瓜杨 **Populus purdomii** Rehder 【N, W/C】 ♣HBG, IBCAS, NBG, XBG; ●BJ, JS, SN, SX, ZJ; ★(AS): CN.

滇南山杨 **Populus rotundifolia** var. **bonatii** (H. Lév.) C. Wang et S. L. Tung 【N, W/C】 ♣KBG; ●YN; ★(AS): CN.

青毛杨 **Populus shanxiensis** C. Wang et S. L. Tung 【N, W/C】 ●SX; ★(AS): CN.

小叶杨 **Populus simonii** Carrière【N, W/C】♣BBG, HBG, HFBG, NBG, WBG, XBG; ●BJ, HB, HL, JS, LN, NM, SN, SX, TW, XJ, ZJ; ★(AS): CN, MN.

川杨 **Populus szechuanica** C. K. Schneid. 【N, W/C】 ●SC; ★(AS): CN.

藏川杨 **Populus szechuanica** var. **tibetica** C. K. Schneid. 【N, W/C】♣IBCAS; ●BJ, YN; ★(AS): CN.

密叶杨 **Populus talassica** Kom. 【N, W/C】 ●XJ; ★(AS): AF, CN, CY, KG, KZ, TJ, UZ.

毛白杨 **Populus tomentosa** Carrière 【N, W/C】 ♣BBG, HBG, IBCAS, NBG, XBG; ●AH, BJ, GS, HA, HB, HE, JL, JS, LN, SD, SN, SX, XJ, YN, ZJ; ★(AS): CN.

欧洲山杨 **Populus tremula** L. 【N, W/C】●BJ, HL, LN, XJ; ★(AS): CN, CY, JP, KZ, MN, RU-AS; (EU): BE, CH, DE, ES, FR, GB, IS, IT, PT.

颤杨 **Populus tremuloides** Michx. 【I, C】 ★(NA): CA, MX, US.

毛果杨 **Populus trichocarpa** Torr. et A. Gray 【I, C】 ●TW, XJ; ★(NA): US.

大青杨 **Populus ussuriensis** Kom. 【N, W/C】 ♣HFBG; ●HL, LN; ★(AS): CN, KP, RU-AS.

椅杨 **Populus wilsonii** C. K. Schneid. 【N, W/C】 ♣BBG, FBG, IBCAS; ●BJ, FJ; ★(AS): CN.

滇杨 **Populus yunnanensis** Dode 【N, W/C】 ♣GBG, HBG, KBG, NBG; ●GZ, JS, SC, YN, ZJ; ★(AS): CN.

柳属 Salix

阿根廷柳 **Salix × argentinensis** Ragon. et Alberti 【I, C】 ★(SA): AR.

银芽柳（棉花柳）**Salix × leucopithecia** Kimura 【N, C】♣FBG, HBG, IBCAS, SCBG, XMBG; ●BJ, FJ, GD, LN, XJ, ZJ; ★(AS): CN, JP, KP, KR.

丘柳 **Salix × sepulcralis** Simonk. 【I, C】 ♣BBG, CBG; ●BJ, SH, YN; ★(EU): AT, CH, CZ, DE, HU, LI, PL, SK.

白柳 **Salix alba** L. 【I, C】♣BBG, IBCAS, MDBG, TDBG, WBG, ZAFU; ●BJ, GS, HB, HL, JS, LN, SD, XJ, XZ, ZJ; ★(AS): KG, KZ, LB, PS, SY, TJ, TM, TR, UZ; (EU): AL, BA, BE, CH, DE, ES, FR, GR, HR, IT, MC, ME, MK, RS, SI.

秦岭柳 **Salix alfredii** Goerz ex Rehder et Kobuski 【N, W/C】 ♣WBG; ●HB; ★(AS): CN.

*桃叶柳 **Salix amygdaloides** Andersson【I, C】●JL; ★(NA): CA, US.

小树柳 **Salix arbusculoides** Andersson【I, C】●JL; ★(NA): CA, US.

钻天柳 **Salix arbutifolia** Pall. 【N, W/C】 ♣HBG, HFBG; ●HL, LN, ZJ; ★(AS): CN, JP, KP, MN, RU-AS.

银柳 **Salix argyracea** E. L. Wolf 【N, W/C】 ♣SCBG, WBG; ●GD, HB, JS, SH; ★(AS): CN, CY, KG, KZ.

银光柳 **Salix argyrophegga** C. K. Schneid. 【N, W/C】 ♣WBG; ●HB; ★(AS): CN.

耳柳 **Salix aurita** L. 【N, W/C】 ♣BBG; ●BJ; ★(AF): MA; (AS): CN, GE, MN, RU-AS; (EU): AT, BA, BE, CZ, DE, ES, FI, GB, HR, HU, IT, ME, MK, NL, NO, PL, RO, RS, RU, SI.

柳（垂柳、旱柳）**Salix babylonica** L. 【N, W/C】 ♣BBG, CBG, CDBG, FBG, FLBG, GA, GBG, GMG, GXIB, HBG, HFBG, IBCAS, KBG, LBG, MDBG, NBG, NSBG, SCBG, TBG, TDBG, TMNS, WBG, XBG, XLTBG, XMBG, XTBG, ZAFU; ●AH, BJ, CQ, FJ, GD, GS, GX, GZ, HA, HB, HE, HI, HL, HN, JL, JS, JX, LN, NM, NX, QH, SC, SD, SH, SN, SX, TW, XJ, XZ, YN, ZJ; ★(AS): BT, CN, ID, IN, JP, KP, KR, LK, MN, RU-AS.

桂柳 **Salix boseensis** N. Chao【N, W/C】♣XMBG; ●FJ; ★(AS): CN.

布尔津柳 **Salix burqinensis** Chang Y. Yang 【N, W/C】 ●XJ; ★(AS): CN.

圆头柳 **Salix capitata** Y. L. Chou et Skvortsov 【N, W/C】 ♣HFBG, SCBG; ●GD, HL, LN; ★(AS): CN, MN.

黄花柳 **Salix caprea** L. 【N, W/C】 ♣BBG, CBG, IBCAS; ●BJ, SH, ZJ; ★(AS): CN, JP, KP, KR, MN, RU-AS.

心叶柳 **Salix cardiophylla** Trautv. et Meyer 【I, C】 ★(AS): JP, RU-AS.

中华柳 **Salix cathayana** Diels 【N, W/C】 ♣WBG; ●HB; ★(AS): CN.

云南柳（滇大叶柳）**Salix cavaleriei** H. Lév. 【N, W/C】 ♣KBG; ●YN; ★(AS): CN, VN.

腺柳 **Salix chaenomeloides** Kimura 【N, W/C】 ♣CBG, FBG, GA, HBG, LBG, WBG, XMBG; ●BJ, FJ, HB, JS, JX, LN, SH, XJ, ZJ; ★(AS): CN, JP, KP, KR.

乌柳 **Salix cheilophila** C. K. Schneid. 【N, W/C】 ♣CDBG, HFBG, TDBG, WBG; ●HB, HL, NM, SC, SN, XJ, XZ; ★(AS): CN, MN.

银叶柳 **Salix chienii** W. C. Cheng 【N, W/C】 ♣CBG, FBG, GA, GXIB, HBG, LBG, XMBG, ZAFU; ●FJ, GX, JS, JX, SH, ZJ; ★(AS): CN.

灰柳 **Salix cinerea** L. 【N, W/C】 ♣BBG, CBG; ●BJ, SH, XZ; ★(AS): CN, CY, KZ, MN, RU-AS.

杯腺柳 **Salix cupularis** Rehder 【N, W/C】 ♣WBG; ●HB; ★(AS): CN, MN.

瑞香柳 **Salix daphnoides** Vill. 【I, C】 ●TW; ★(EU): CH, ES, FR.

毛枝柳 **Salix dasyclados** Wimm. 【N, W/C】 ♣IBCAS; ●BJ, HL, JL; ★(AS): CN, GE, JP, MN, RU-AS; (EU): AT, CZ, DE, NL, PL, RU.

猫柳 **Salix discolor** Muhl. 【I, C】 ●JL; ★(NA): CA, US.

叉枝柳 **Salix divaricata** Pall. 【N, W/C】 ●LN; ★(AS): CN, KP, KR, MN, RU-AS.

台湾柳 **Salix doii** Hayata 【N, W/C】 ♣GXIB, HBG, KBG; ●GX, TW, YN, ZJ; ★(AS): CN.

长梗柳 **Salix dunnii** C. K. Schneid. 【N, W/C】 ♣FBG, HBG, SCBG, XMBG; ●FJ, GD, ZJ; ★(AS): CN.

伊朗柳 **Salix elbursensis** Boiss. 【I, C】 ●TW; ★(AS): IR, RU-AS.

*毛头柳 **Salix eriocephala** Michx. 【I, C】 ●JL; ★(NA): US.

川鄂柳 **Salix fargesii** Burkill 【N, W/C】 ♣WBG; ●HB; ★(AS): CN.

崖柳 **Salix floderusii** Nakai 【N, W/C】 ●LN; ★(AS): CN, KP, KR, RU-AS.

爆竹柳 **Salix fragilis** L. 【I, C】 ♣CBG, HFBG, IBCAS; ●BJ, HL, JS, LN, SH, SN; ★(AS): LB, PS, SY, TR; (EU): AL, BA, DE, ES, FR, GR, HR, IT, MC, ME, MK, RS, SI.

东亚柳 **Salix gilgiana** Seemen 【I, C】 ♣IBCAS; ●BJ; ★(AS): JP, KR, RU-AS.

黄柳 **Salix gordejevii** Y. L. Chang et Skvortsov 【N, W/C】 ♣MDBG, TDBG; ●GS, NM, SN, XJ; ★(AS): CN, MN, RU-AS.

细枝柳 **Salix gracilior** (Siuzew) Nakai 【N, W/C】 ●XJ; ★(AS): CN.

细柱柳 **Salix gracilistyla** Miq. 【N, W/C】 ♣BBG, FLBG, IBCAS, NBG, XMBG; ●BJ, FJ, GD, HB, JS, JX, LN, TW, XJ; ★(AS): CN, JP, KP, KR, MN, RU-AS; (OC): NZ.

川红柳 **Salix haoana** W. P. Fang 【N, W/C】 ♣WBG; ●HB; ★(AS): CN.

戟柳 **Salix hastata** L. 【N, W/C】 ♣BBG; ●BJ, TW; ★(AS): CN, CY, GE, KZ, MN, RU-AS; (EU): AL, AT, BA, CZ, DE, ES, FI, HR, IT, ME, MK, NO, PL, RO, RS, RU, SI.

瑞士柳 **Salix helvetica** Vill. 【I, C】 ♣CBG; ●SH; ★(EU): AT, BA, CH, DE, IT.

紫枝柳（柴枝柳）**Salix heterochroma** Seemen 【N, W/C】 ♣WBG; ●HB; ★(AS): CN.

南美黑柳 **Salix humboldtiana** Willd. 【I, C】 ★(NA): CR, GT, HN, JM, MX, NI, PR, SV; (SA): AR, BO, BR, CL, CO, EC, PE, PY, UY, VE.

小叶柳 **Salix hypoleuca** Seemen 【N, W/C】 ♣GBG, HBG, WBG; ●GZ, HB, ZJ; ★(AS): CN.

丑柳 **Salix inamoena** Hand.-Mazz. 【N, W/C】 ●YN; ★(AS): CN.

杞柳 **Salix integra** Thunb. 【N, W/C】 ♣CBG, FBG, GA, IBCAS, NBG, ZAFU; ●AH, BJ, FJ, HL, JS, JX, LN, NX, SC, SH, TW, ZJ; ★(AS): CN, JP, KP, KR, MN, RU-AS.

朝鲜柳 **Salix koreensis** Andersson 【N, W/C】 ♣IBCAS; ●BJ, HL, LN; ★(AS): CN, JP, KP, KR, MN, RU-AS.

尖叶紫柳 **Salix koriyanagi** Kimura ex Goerz 【N, W/C】 ●TW; ★(AS): CN, JP, KP, KR.

水社柳 **Salix kusanoi** (Hayata) C. K. Schneid. 【N, W/C】 ♣TMNS; ●TW; ★(AS): CN.

北密毛柳 **Salix lanata** L. 【I, C】 ♣CBG; ●SH, TW; ★(EU): DK, FI, GB, IS, NO, RU, SE.

青藏垫柳 **Salix lindleyana** Wall. ex Andersson 【N, W/C】 ●YN; ★(AS): BT, CN, IN, LK, NP, PK.

筐柳 **Salix linearistipularis** K. S. Hao 【N, W/C】 ♣HFBG, IBCAS, MDBG; ●BJ, GS, HL, LN, NM; ★(AS): CN, MN.

长蕊柳 **Salix longistamina** C. Wang et P. Y. Fu 【N, W/C】 ●XZ; ★(AS): CN.

丝毛柳 **Salix luctuosa** H. Lév. 【N, W/C】 ♣WBG; ●HB, SC; ★(AS): CN.

大叶柳 **Salix magnifica** Hemsl. 【N, W/C】 ●SC,

YN; ★(AS): CN.

大白柳 **Salix maximowiczii** Kom. 【N, W/C】 ♣IBCAS; ●BJ, LN; ★(AS): CN, KP, KR, RU-AS.

粤柳 **Salix mesnyi** Hance【N, W/C】♣CBG, WBG, ZAFU; ●HB, SH, ZJ; ★(AS): CN.

小穗柳 **Salix microstachya** Turcz. ex Trautv. 【N, W/C】 ●NM; ★(AS): CN, MN, RU-AS.

兴山柳 **Salix mictotricha** C. K. Schneid.【N, W/C】 ♣FBG, WBG; ●FJ, HB; ★(AS): CN.

宝兴柳 **Salix moupinensis** Franch. 【N, W/C】 ♣WBG; ●HB; ★(AS): CN.

坡柳 **Salix myrtillacea** Andersson 【N, W/C】 ♣XTBG; ●YN; ★(AS): BT, CN, ID, IN, LK, MM, NP.

*日本柳 **Salix nakamurana** Koidz. 【I, C】 ♣CBG; ●SH; ★(AS): JP.

南京柳 **Salix nankingensis** C. Wang et S. L. Tung 【N, W/C】 ♣NBG; ●JS; ★(AS): CN.

新紫柳 **Salix neowilsonii** W. P. Fang 【N, W/C】 ●HL, JS, SC; ★(AS): CN.

*北美黑柳 **Salix nigra** Marshall 【I, C】 ●JS; ★(NA): MX, US.

三蕊柳 **Salix nipponica** Franch. et Sav. 【N, W/C】 ♣HBG, ZAFU; ●GS, JS, LN, SN, XJ, ZJ; ★(AS): CN, JP, KP, MN, RU-AS.

卵小叶垫柳 **Salix ovatomicrophylla** K. S. Hao ex C. F. Fang et A. K. Skvortsov 【N, W/C】 ●YN; ★(AS): CN.

康定柳 **Salix paraplesia** C. K. Schneid. 【N, W/C】 ♣WBG; ●HB, XZ; ★(AS): CN.

左旋康定柳（左旋柳）**Salix paraplesia** var. **subintegra** C. Wang et P. Y. Fu【N, W/C】●XZ; ★(AS): CN.

五蕊柳 **Salix pentandra** L. 【N, W/C】 ♣HFBG; ●HL, JL; ★(AS): CN, GE, KZ, MN, RU-AS; (EU): AL, AT, BA, BE, BG, CZ, DE, ES, FI, GB, HR, HU, IT, ME, MK, NL, NO, PL, RO, RS, RU, SI.

东陵山柳 **Salix phylicifolia** L. 【I, C】 ♣HFBG; ●HL; ★(AS): RU-AS; (EU): BA, DE, FI, FR, GB, IS, NO, RU, SE.

白皮柳 **Salix pierotii** Miq. 【N, W/C】 ♣HFBG, IBCAS; ●BJ, HL; ★(AS): CN, JP, MN, RU-AS.

北沙柳 **Salix psammophila** C. Wang et Chang Y. Yang【N, W/C】♣MDBG, TDBG; ●GS, NM, NX, XJ; ★(AS): CN.

朝鲜垂柳 **Salix pseudolasiogyne** H. Lév. 【N, W/C】 ●LN; ★(AS): CN, KR.

裸柱头柳 **Salix psilostigma** Andersson 【N, W/C】 ♣CBG; ●SH; ★(AS): BT, CN, ID, IN, LK, NP.

密穗柳 **Salix pycnostachya** Andersson 【N, W/C】 ●TW; ★(AS): AF, BT, CN, ID, IN, KG, NP, PK, RU-AS, TJ, UZ.

大黄柳 **Salix raddeana** Lacksch. ex Nasarow 【N, W/C】 ♣HFBG; ●HL, LN, NM; ★(AS): CN, KP, MN, RU-AS.

匍匐柳 **Salix repens** L. 【I, C】 ♣CBG; ●SH, TW, YN; ★(EU): AT, BA, BE, CZ, DE, ES, FI, FR, GB, HR, IT, LU, ME, MK, NL, NO, RS, RU, SI.

粉枝柳 **Salix rorida** Lacksch. 【N, W/C】 ♣HFBG; ●HL, LN, NM; ★(AS): CN, JP, KP, KR, MN, RU-AS.

细叶沼柳 **Salix rosmarinifolia** L.【N, W/C】●NM; ★(AS): CN, GE, KG, KP, KZ, MN, RU-AS, TJ; (EU): AT, BA, BE, BG, CZ, DE, HR, HU, IT, ME, MK, PL, RO, RS, RU, SI.

南川柳 **Salix rosthornii** Seemen【N, W/C】♣LBG, ZAFU; ●JX, ZJ; ★(AS): CN.

龙江柳 **Salix sachalinensis** F. Schmidt 【N, W/C】 ♣IBCAS; ●BJ; ★(AS): CN, JP, KP, RU-AS.

灌木柳 **Salix saposhnikovii** A. K. Skvortsov 【N, W/C】 ♣CBG; ●SH; ★(AS): CN, MN, RU-AS.

蒿柳 **Salix schwerinii** E. L. Wolf【N, W/C】♣HBG, HFBG; ●GS, HL, LN, NM, SN, XJ, ZJ; ★(AS): CN, JP, KP, MN, RU-AS.

硬叶柳 **Salix sclerophylla** Andersson 【N, W/C】 ♣SCBG; ●GD; ★(AS): CN, IN, NP, PK.

中国黄花柳 **Salix sinica** (K. S. Hao ex C. F. Fang et A. K. Skvortsov) G. H. Zhu【N, W/C】●BJ, NM; ★(AS): CN, MN.

红皮柳 **Salix sinopurpurea** C. Wang et Chang Y. Yang【N, W/C】♣CBG, HBG, NBG; ●BJ, JL, JS, SH, ZJ; ★(AS): CN.

卷边柳 **Salix siuzevii** Seemen【N, W/C】●HL; ★(AS): CN, KP, KR, MN, RU-AS.

司氏柳 **Salix skvortzovii** Y. L. Chang et Y. L. Chou 【N, W/C】 ♣HFBG; ●HL; ★(AS): CN.

准噶尔柳 **Salix songarica** Andersson 【N, W/C】 ♣IBCAS; ●BJ, XJ; ★(AS): AF, CN, CY, KH, KZ, RU-AS, TM, UZ.

波纹柳 **Salix starkeana** Willd. 【I, C】 ♣HFBG; ●HL; ★(AS): GE; (EU): BA, CH, CZ, FI, NO, PL, RO, RU, SE.

簸箕柳 **Salix suchowensis** Cheng ex G. H. Zhu【N, W/C】♣CBG, HBG; ●JS, SD, SH, ZJ; ★(AS): CN.

松江柳 **Salix sungkianica** Y. L. Chou et Skvortsov【N, W/C】♣WBG; ●HB; ★(AS): CN.

周至柳 **Salix tangii** K. S. Hao ex C. F. Fang et A. K. Skvortsov【N, W/C】●SX; ★(AS): CN.

谷柳 **Salix taraikensis** Kimura【N, W/C】♣HFBG; ●HL, LN, NM; ★(AS): CN, JP, MN, RU-AS.

塔拉克柳 **Salix tarraconensis** Pau【I, C】♣CBG; ●SH; ★(EU): ES.

细穗柳 **Salix tenuijulis** Ledeb.【N, W/C】●SD, XJ; ★(AS): CN, CY, KG, KZ, MN, RU-AS.

四子柳 **Salix tetrasperma** Roxb.【N, W/C】♣XTBG; ●YN; ★(AS): BT, CN, ID, IN, LA, LK, MM, MY, PH, PK, TH, VN.

吐兰柳 **Salix turanica** Nasarow【N, W/C】●XJ; ★(AS): AF, CN, CY, ID, IN, KG, KZ, MN, PK, RU-AS, TJ.

乌登柳 **Salix udensis** Trautv. et C. A. Mey.【I, C】♣BBG; ●BJ; ★(AS): JP, RU-AS.

秋华柳 **Salix variegata** Franch.【N, W/C】♣FBG, SCBG, WBG; ●FJ, GD, HB; ★(AS): CN.

皂柳 **Salix wallichiana** Andersson【N, W/C】♣CBG, FBG, GBG, HBG, WBG; ●FJ, GZ, HB, SH, ZJ; ★(AS): BT, CN, ID, IN, LK, MM, MN, NP, PK.

线叶柳 **Salix wilhelmsiana** M. Bieb.【N, W/C】♣HFBG, MDBG, TDBG; ●GS, HL, XJ; ★(AS): CN, CY, ID, IN, KG, KZ, PK, UZ; (EU): RU.

紫柳 **Salix wilsonii** Seemen【N, W/C】♣CBG, HBG; ●HB, HL, JS, SH, ZJ; ★(AS): CN.

146. 堇菜科 VIOLACEAE

三角车属 Rinorea

三角车 **Rinorea bengalensis** (Wall.) Gagnep.【N, W/C】♣SCBG; ●GD; ★(AS): CN, ID, IN, LA, LK, MM, MY, TH, VN; (OC): AU, PAF.

鳞隔堇 **Rinorea virgata** (Thwaites) Kuntze【N, W/C】♣SCBG; ●GD; ★(AS): CN, LA, LK, MM, MY, TH, VN.

堇菜属 Viola

大花三色堇 **Viola × wittrockiana** Gams.【I, C】♣TBG; ●FJ, TW; ★(EU): AL, BA, GR, HR, ME, MK, RS, SI.

鸡腿堇菜 **Viola acuminata** Ledeb.【N, W/C】♣HBG, HFBG, IBCAS, WBG; ●BJ, HB, HL, LN, ZJ; ★(AS): CN, JP, KP, KR, MN, RU-AS.

*模糊堇菜 **Viola ambigua** Barceló【I, C】♣CBG; ●SH; ★(AS): GE; (EU): AT, BA, BG, CZ, HR, HU, ME, MK, RO, RS, RU, SI.

如意草 **Viola arcuata** Blume【N, W/C】♣CBG, FLBG, GA, GBG, GMG, HBG, LBG, NSBG, SCBG, WBG, ZAFU; ●CQ, GD, GX, GZ, HB, JX, LN, SH, ZJ; ★(AS): BT, CN, ID, IN, JP, KP, MM, MN, MY, NP, RU-AS, TH, VN; (OC): PAF.

野生堇菜 **Viola arvensis** Murray【I, C/N】♣NBG; ●JS; ★(AF): ZA; (AS): GE, RU-AS, TR; (EU): BE, ES, GR, HU, RU.

枪叶堇菜 **Viola belophylla** H. Boissieu【N, W/C】♣WBG; ●HB; ★(AS): CN.

戟叶堇菜 **Viola betonicifolia** Sm.【N, W/C】♣FBG, GA, GBG, GMG, HBG, KBG, LBG, SCBG, WBG, XMBG, ZAFU; ●FJ, GD, GX, GZ, HB, JX, SC, YN, ZJ; ★(AS): AF, BT, CN, ID, IN, JP, LK, MM, MY, NP, PH, TH, VN; (OC): AU, PAF.

南山堇菜 **Viola chaerophylloides** (Regel) W. Becker【N, W/C】♣CBG, HBG, LBG, SCBG, WBG, ZAFU; ●GD, HB, JX, SH, ZJ; ★(AS): CN, JP, KP, KR, MN, RU-AS.

球果堇菜 **Viola collina** Besser【N, W/C】♣GA, GBG, IBCAS, WBG; ●BJ, GZ, HB, JX; ★(AF): MA; (AS): CN, GE, JP, KP, KR, MN, RU-AS, TJ; (EU): AT, BA, BE, CZ, DE, ES, FI, HR, HU, IT, ME, MK, NO, PL, RO, RS, RU, SI.

角堇菜（角堇）**Viola cornuta** L.【I, C】♣IBCAS, NBG; ●BJ, FJ, JS, TW, YN, ZJ; ★(EU): AT, BA, CZ, DE, ES, GB, HR, IT, ME, MK, RO, RS, SI.

兜状堇菜 **Viola cucullata** Aiton【I, C】♣IBCAS; ●BJ; ★(NA): US.

深圆齿堇菜（浅圆齿堇菜）**Viola davidii** Franch.【N, W/C】♣WBG; ●HB, SC; ★(AS): CN.

灰叶堇菜 **Viola delavayi** Franch.【N, W/C】●YN; ★(AS): CN.

七星莲 **Viola diffusa** Ging.【N, W/C】♣FBG, FLBG, GBG, GMG, GXIB, HBG, KBG, LBG, SCBG, TBG, XMBG, XTBG, ZAFU; ●FJ, GD, GX, GZ, JX, SC, TW, YN, ZJ; ★(AS): BT, CN, ID, IN, JP, LK, MM, MY, NP, PH, TH, VN; (OC): PAF.

长蔓堇菜 **Viola disjuncta** W. Becker【I, C】★(AS): RU-AS.

裂叶堇菜 **Viola dissecta** Ledeb.【N, W/C】♣BBG, IBCAS; ●BJ, TW; ★(AS): CN, KP, MN, RU-AS.

柔毛堇菜 **Viola fargesii** H. Boissieu【N, W/C】♣FBG, FLBG, LBG, SCBG, WBG; ●FJ, GD, HB, JX, SC; ★(AS): CN.

长梗紫花堇菜 **Viola faurieana** W. Becker【N, W/C】♣WBG; ●HB; ★(AS): CN, JP.

伏地堇菜 **Viola grayi** Franch. et Sav.【I, C】●SC; ★(AS): JP.

紫花堇菜 **Viola grypoceras** A. Gray【N, W/C】♣FBG, GA, HBG, LBG, NBG, WBG, ZAFU; ●FJ, HB, JS, JX, SC, ZJ; ★(AS): CN, JP, KP, KR, MN, RU-AS.

常春藤叶堇菜 **Viola hederacea** Labill.【I, C】★(OC): AU, NZ, PAF.

紫叶堇菜 **Viola hediniana** W. Becker【N, W/C】♣SCBG; ●GD; ★(AS): CN.

日本球果堇菜 **Viola hondoensis** W. Becker et H. Boissieu【N, W/C】♣ZAFU; ●ZJ; ★(AS): CN, JP, KR, RU-AS.

长萼堇菜 **Viola inconspicua** Blume【N, W/C】♣CBG, FBG, FLBG, GA, GBG, GMG, GXIB, HBG, LBG, SCBG, WBG, XMBG, XTBG, ZAFU; ●FJ, GD, GX, GZ, HB, JX, SH, YN, ZJ; ★(AS): CN, ID, IN, JP, MM, MY, PH, VN; (OC): PAF.

犁头草 **Viola japonica** Langsd. ex DC.【N, W/C】♣BBG, FBG, GA, XMBG; ●BJ, FJ, JX; ★(AS): CN, JP, KP, KR.

福建堇菜 **Viola kosanensis** Hayata【N, W/C】♣GA, SCBG; ●GD, JX; ★(AS): CN.

*高山堇菜(紫叶堇菜)**Viola labradorica** Schrank【I, C】♣KBG, SCBG; ●GD, YN; ★(NA): CA, US.

白花堇菜 **Viola lactiflora** Nakai【N, W/C】♣KBG, LBG, SCBG, XTBG, ZAFU; ●GD, JX, YN, ZJ; ★(AS): CN, JP, KP, KR.

犁头叶堇菜 **Viola magnifica** Ching J. Wang ex X. D. Wang【N, W/C】♣LBG, SCBG, WBG; ●GD, HB, JX; ★(AS): CN.

东北堇菜 **Viola mandshurica** W. Becker【N, W/C】●LN, TW; ★(AS): CN, JP, KP, KR, MN, RU-AS.

奇异堇菜 **Viola mirabilis** L.【N, W/C】♣IBCAS; ●BJ; ★(AS): CN, GE, JP, KP, KR, MN, RU-AS; (EU): AT, BA, BE, BG, CZ, DE, ES, FI, HR, HU, IT, ME, MK, NO, PL, RO, RS, RU, SI.

萱 **Viola moupinensis** Franch.【N, W/C】♣CBG, LBG, WBG, ZAFU; ●HB, JX, SC, SH, ZJ; ★(AS): BT, CN, IN, LK, NP.

香堇菜 **Viola odorata** L.【I, C】♣BBG, HBG, XBG, XMBG; ●BJ, FJ, SN, TW, ZJ; ★(AF): ZA; (AS): GE, RU-AS, TR; (EU): BE, ES, GR, HU, RU.

白花地丁 **Viola patrinii** Ging.【N, W/C】♣LBG, WBG; ●HB, JX; ★(AS): CN, JP, KP, KR, MM, MN, RU-AS.

鸟足叶堇菜 **Viola pedata** L.【I, C】★(NA): CA, US.

北京堇菜 **Viola pekinensis** (Regel) W. Becker【N, W/C】♣BBG; ●BJ; ★(AS): CN, MN.

茜堇菜 **Viola phalacrocarpa** Maxim.【N, W/C】♣SCBG; ●GD; ★(AS): CN, JP, KP, KR, MN, RU-AS.

紫花地丁 **Viola philippica** Cav.【N, W/C】♣BBG, GA, GBG, HBG, HFBG, IBCAS, KBG, LBG, NBG, NSBG, WBG, XBG, XMBG, XTBG, ZAFU; ●BJ, CQ, FJ, GZ, HB, HL, JS, JX, LN, SC, SN, YN, ZJ; ★(AS): CN, ID, IN, JP, KH, KP, LA, MN, PH, VN.

匍匐堇菜 **Viola pilosa** Blume【N, W/C】♣WBG, XTBG; ●HB, YN; ★(AS): AF, BT, CN, ID, IN, LK, MM, MY, NP, TH.

早开堇菜 **Viola prionantha** Bunge【N, W/C】♣BBG, IBCAS, KBG; ●BJ, YN; ★(AS): CN, CY, ID, IN, JP, KP, KZ, MN, NP, RU-AS.

辽宁堇菜 **Viola rossii** Hemsl.【N, W/C】♣HBG, LBG, WBG; ●HB, JX, ZJ; ★(AS): CN, JP, KP, KR.

深山堇菜 **Viola selkirkii** Pursh ex Goldie【N, W/C】♣LBG, WBG; ●HB, JX; ★(AS): CN, JP, KP, KR, MN, RU-AS; (EU): FI, NO, RU.

圆果堇菜 **Viola sphaerocarpa** W. Becker【N, W/C】♣SCBG; ●GD; ★(AS): CN.

庐山堇菜 **Viola stewardiana** W. Becker【N, W/C】♣GA, HBG, LBG, SCBG, WBG; ●GD, HB, JX, ZJ; ★(AS): CN.

史蒂华堇 **Viola stewardii** W. Becker【N, W/C】♣HBG; ●ZJ; ★(AS): CN.

光叶堇菜 **Viola sumatrana** Miq.【N, W/C】♣LBG, XTBG; ●JX, YN; ★(AS): CN, MM, MY, TH, VN.

细距堇菜 **Viola tenuicornis** W. Becker【N, W/C】♣IBCAS; ●BJ; ★(AS): CN, KP, MN, RU-AS.

滇西堇菜 **Viola tienschiensis** W. Becker【N, W/C】♣XTBG; ●YN; ★(AS): CN, IN, NP.

三角叶堇菜 **Viola triangulifolia** W. Becker【N, W/C】♣GBG, HBG, LBG, SCBG; ●GD, GZ, JX,

ZJ; ★(AS): CN.

三色堇 **Viola tricolor** L. 【I, C】 ♣BBG, CDBG, FBG, FLBG, GBG, GXIB, HBG, HFBG, IBCAS, KBG, LBG, MDBG, NBG, SCBG, WBG, XBG, XMBG, XOIG, ZAFU; ●BJ, FJ, GD, GS, GX, GZ, HB, HL, JS, JX, SC, SH, SN, TW, XJ, YN, ZJ; ★(EU): AT, BE, DE, ES, FR, GB, GR, HU, IT, NL, PT, RU.

粗齿堇菜 **Viola urophylla** Franch. 【N, W/C】 ♣CBG; ●SH; ★(AS): CN.

乌泡连 **Viola vaginata** Maxim. 【N, W/C】 ♣HBG, KBG, LBG, SCBG; ●GD, JX, SC, YN, ZJ; ★(AS): CN, JP.

斑叶堇菜 **Viola variegata** Fisch. ex Link 【N, W/C】 ♣BBG, WBG; ●BJ, HB, SC, TW; ★(AS): CN, JP, KP, KR, MN, RU-AS.

紫背堇菜 **Viola violacea** Makino 【N, W/C】 ♣SCBG; ●GD; ★(AS): CN, JP, KR.

阴地堇菜 **Viola yezoensis** Maxim. 【N, W/C】 ♣FBG, IBCAS; ●BJ, FJ; ★(AS): CN, JP.

云南堇菜 **Viola yunnanensis** W. Becker et H. Boissieu 【N, W/C】 ♣XTBG; ●YN; ★(AS): CN, ID, IN, MM, MY, VN.

心叶堇菜 **Viola yunnanfuensis** W. Becker 【N, W/C】 ♣LBG, NBG, SCBG, WBG; ●GD, HB, JS, JX; ★(AS): BT, CN.

147. 青钟麻科 ACHARIACEAE

马蛋果属 Gynocardia

马蛋果 **Gynocardia odorata** R. Br. 【N, W/C】 ♣KBG, SCBG, XTBG; ●GD, YN; ★(AS): BT, CN, ID, IN, LK, MM, NP, VN.

莿桃木属 Kiggelaria

莿桃木（非洲桃）**Kiggelaria africana** L. 【I, C】 ♣XTBG; ●YN; ★(AF): MW, TZ, ZA.

大风子属 Hydnocarpus

大叶龙角 **Hydnocarpus annamensis** (Gagnep.) Lescot et Sleumer 【N, W/C】 ♣GXIB, SCBG, XTBG; ●GD, GX, YN; ★(AS): CN, ID, VN.

泰国大风子 **Hydnocarpus anthelminthicus** Pierre ex Laness. 【N, W/C】 ♣FLBG, GMG, HBG, SCBG, TBG, XMBG, XOIG, XTBG; ●FJ, GD, GX, JX, TW, YN, ZJ; ★(AS): CN, KH, SG, TH, VN.

海南大风子 **Hydnocarpus hainanensis** (Merr.) Sleumer 【N, W/C】 ♣FBG, FLBG, GMG, GXIB, HBG, SCBG, XLTBG, XMBG, XTBG; ●FJ, GD, GX, HI, JX, YN, ZJ; ★(AS): CN, VN.

印度大风子 **Hydnocarpus kurzii** (King) Warb. 【N, W/C】 ♣SCBG, XMBG, XOIG, XTBG; ●FJ, GD, YN; ★(AS): CN, ID, IN, LA, MM, MY, VN.

*五蕊大风子 **Hydnocarpus pentandrus** (Buch.-Ham.) Oken 【I, C】 ♣XTBG; ●YN; ★(AS): IN.

黑羹树属 Pangium

黑羹树 **Pangium edule** Reinw. 【I, C】 ♣XOIG; ●FJ; ★(AS): PH, SG.

148. 假杧果科 IRVINGIACEAE

假杧果属 Irvingia

马来假杧果 **Irvingia malayana** Oliv. ex A. W. Benn. 【I, C】 ★(AS): IN, KH, LA, MY, PH, TH, VN.

假杧果 **Irvingia smithii** Hook. f. 【I, C】 ★(AF): CF, CG, CM.

149. 亚麻科 LINACEAE

石海椒属 Reinwardtia

石海椒 **Reinwardtia indica** Dumort. 【N, W/C】 ♣CBG, FBG, FLBG, GBG, GXIB, HBG, IBCAS, KBG, NSBG, SCBG, WBG, XMBG, XOIG, XTBG; ●BJ, CQ, FJ, GD, GX, GZ, HB, JX, SC, SH, TW, YN, ZJ; ★(AS): BT, CN, ID, IN, LA, LK, MM, NP, PK, SG, TH, VN.

青篱柴属 Tirpitzia

米念芭 **Tirpitzia ovoidea** Chun et F. C. How ex W. L. Sha 【N, W/C】 ♣GXIB; ●GX; ★(AS): CN, VN.

青篱柴 **Tirpitzia sinensis** (Hemsl.) Hallier f. 【N, W/C】 ♣GXIB, XMBG; ●FJ, GX; ★(AS): CN, VN.

亚麻属 Linum

非洲亚麻 **Linum africanum** L.【I, C】♣NBG; ●JS; ★(AF): ZA.

高山亚麻 **Linum alpinum** Jacq. 【I, C】 ★(EU): CH, FR.

阿尔泰亚麻 **Linum altaicum** Ledeb. ex Juz. 【N, W/C】 ♣NBG; ●JS; ★(AS): CN, CY, KG, KZ, MN, RU-AS, TJ.

多叉亚麻 **Linum extraaxillare** Kit.【I, C】♣NBG; ●JS; ★(EU): SK.

黄花亚麻（黄亚麻）**Linum flavum** L. 【I, C】 ♣IBCAS, NBG; ●BJ, JS, TW; ★(OC): AU.

红花亚麻（大花亚麻）**Linum grandiflorum** Desf.【I, C】 ♣BBG, NBG, XMBG; ●BJ, FJ, JS, TW; ★(AF): DZ.

*刘氏亚麻 **Linum lewisii** Pursh 【I, C】 ●BJ, TW; ★(NA): MX, US.

那波奈亚麻 **Linum narbonense** L.【I, C】♣NBG; ●JS; ★(AF): MA; (EU): BA, BY, DE, ES, HR, IT, LU, ME, MK, RS, SI.

垂果亚麻 **Linum nutans** Maxim.【N, W/C】♣NBG; ●JS; ★(AS): BT, CN, IN, LK, MN, RU-AS.

宿根亚麻 **Linum perenne** L. 【N, W/C】 ♣BBG, CBG, HBG, HFBG, IBCAS, NBG, XMBG; ●BJ, FJ, HL, JS, LN, SH, TW, YN, ZJ; ★(AS): CN, GE, MN, RU-AS; (EU): AL, AT, BA, BG, CZ, DE, ES, GB, GR, HR, HU, IT, ME, MK, PL, RO, RS, RU, SI.

野亚麻 **Linum stelleroides** Planch. 【N, W/C】 ♣BBG; ●BJ; ★(AS): CN, JP, KG, KP, KR, MN, RU-AS, TJ, TM, UZ.

斑纹亚麻 **Linum striatum** Walter【I, N】★(NA): US.

亚麻 **Linum usitatissimum** L. 【I, C/N】 ♣GBG, GMG, HBG, HFBG, IBCAS, NBG, XBG, ZAFU; ●BJ, GS, GX, GZ, HE, HL, HN, JL, JS, LN, NM, NX, QH, SN, SX, TW, XJ, XZ, YN, ZJ; ★(AS): GE.

150. 黏木科 IXONANTHACEAE

黏木属 Ixonanthes

黏木（云南黏木）**Ixonanthes reticulata** Jack 【N, W/C】♣FLBG, SCBG, XTBG; ●GD, HI, JX, YN; ★(AS): CN, ID, IN, LA, MM, MY, PH, TH, VN; (OC): PAF.

151. 红厚壳科 CALOPHYLLACEAE

南美杏属 Mammea

马米杏（南美杏）**Mammea americana** L. 【I, C】 ●TW; ★(NA): CU, DO, GT, HN, JM, MX, NI, PR, SV, US; (SA): BO, CO, EC, PE, VE.

胡桐 **Mammea siamensis** T. Anderson 【I, C】 ♣XTBG; ●YN; ★(AS): LA, MY, TH.

格脉树 **Mammea yunnanensis** (H. L. Li) Kosterm.【N, W/C】♣BBG, XTBG; ●BJ, YN; ★(AS): CN.

铁力木属 Mesua

铁力木 **Mesua ferrea** L. 【N, W/C】 ♣BBG, CBG, FBG, FLBG, HBG, SCBG, XLTBG, XMBG, XOIG, XTBG; ●BJ, FJ, GD, HI, JX, SH, TW, YN, ZJ; ★(AS): BT, CN, ID, IN, LA, LK, MM, MY, SG, TH.

红厚壳属 Calophyllum

兰屿红厚壳 **Calophyllum blancoi** Planch. et Triana【N, W/C】 ♣TMNS; ●TW; ★(AS): CN, ID, IN, MY, PH.

Calophyllum brasiliense Cambess.【I, C】♣XTBG; ●YN; ★(SA): BR.

红厚壳 **Calophyllum inophyllum** L. 【N, W/C】 ♣NBG, SCBG, TBG, TMNS, XLTBG, XMBG, XTBG; ●FJ, GD, HI, JS, TW, XJ, YN; ★(AF): MG, NG; (AS): CN, ID, IN, JP, KH, LA, LK, MM, MY, PH, SG, TH, VN; (OC): AU, PAF.

薄叶红厚壳 **Calophyllum membranaceum** Gardner et Champ.【N, W/C】♣FLBG, GMG, SCBG; ●GD, GX, JX; ★(AS): CN, VN.

滇南红厚壳 **Calophyllum polyanthum** Wall. ex Choisy【N, W/C】♣BBG, GXIB, SCBG, XTBG; ●BJ, GD, GX, YN; ★(AS): BT, CN, ID, IN, LA, LK, MM, TH, VN.

中国栽培植物名录

（下册）

林秦文　编著

科学出版社
北　京

内 容 简 介

本书主要收集植物园及农、林等部门引种栽培维管植物共 357 科 4720 属（含 57 杂交属）27 506 种（含 247 杂交种）653 亚种 1465 变种 7 变型，其中 13 941 种为中国本土保育植物，13 635 种为外来引进植物。每一种的内容包括中文名、学名、来源（本土或外来）及生长状态（野生、栽培或归化）、栽培植物园、栽培省份及原产地（自然分布区）等基础信息。

本书可供植物园及农、林等部门的科研与管理人员从事引种驯化、迁地保育或植物检疫等相关工作时参考使用，也可作为中国植物多样性研究的基础资料，还可作为环境保护人士及高等院校师生的参考书。

图书在版编目（CIP）数据

中国栽培植物名录 / 林秦文编著. —北京：科学出版社，2018.6
ISBN 978-7-03-052779-0

Ⅰ. ①中… Ⅱ. ①林… Ⅲ. ①引种栽培–植物志–中国 Ⅳ. ①Q948.52

中国版本图书馆 CIP 数据核字（2017）第 102560 号

责任编辑：马 俊 付 聪 / 责任校对：郑金红
责任印制：张 伟 / 封面设计：刘新新

科学出版社出版
北京东黄城根北街 16 号
邮政编码：100717
http://www.sciencep.com
北京虎彩文化传播有限公司印刷
科学出版社发行 各地新华书店经销
*
2018 年 6 月第 一 版 开本：889 × 1194 1/16
2018 年 6 月第一次印刷 印张：82 1/4
字数：2 902 000

定价：580.00 元(上下册)

（如有印装质量问题，我社负责调换）

Catalogue of Cultivate Plants in China (II)

By

Qinwen Lin

Science Press

Beijing

序

栽培植物是国家宝贵的生物资源，经济价值和生态价值巨大。相对于野生植物，栽培植物与人类生产生活的关系更为密切。栽培植物除了提供人类必需的粮、油、果、蔬等生活资料外，还具有种质资源保护、作物品种改良和新品种开发等功能。我国近年来在这一方面投入巨资开展植物的引种驯化工作，来自世界各地的植物被大量引种驯化，中国外来栽培植物种类急剧增加，但缺乏系统的归纳整理，影响了植物资源的充分利用。

目前，中国栽培植物本底资料不如野生植物完善。由于《中国植物志》和 *Flora of China* 均以记载中国本土的野生植物为主，外来引进栽培植物种类记载很少。因此，有关外来引进栽培植物的资料零散，再加上系统不统一导致的同物异名、异物同名、错误鉴定等，使栽培植物资源的利用率低，潜在价值未被充分发掘。尤其是当需要获取某种实际已有栽培的植物材料时，由于缺乏相关资料和信息，往往浪费大量时间和金钱重复从野外采集或从国外引种。因此，系统地整理中国栽培植物名录是一项具有重要意义的工作。

我主持的国家标本资源共享平台数字化了大量的栽培植物标本，需要一份中国栽培植物名录将这些数字化标本予以系统整理。鉴于林秦文博士分类学基础扎实，又酷爱植物分类学事业，我曾与他谈起过搜集整理中国栽培植物信息、编写中国栽培植物物种名录的想法。记得当时，我不仅说明此项工作的意义，还特别强调了此项工作的难度。他当时就下定决心做成此事。功夫不负有心人，经过七年的艰苦努力，克服重重困难，终于完成了这项重要工作。

林秦文博士通过广泛收集中国栽培植物相关书籍文献 200 多部，并对所有名称反复认真审核，经过与 TPL（植物名录，The Plant List，http://www.theplantlist.org/）、TROPICOS（http://www.tropicos.org）、TNRS（分类名称解析服务，Taxonomic Name Resolution Service，http://tnrs.iplantcollaborative.org/TNRSapp.html）等多个国际权威的植物物种名录数据库的比对校准，再邀请相关的分类学专家审核后定稿。因此，收录的名称是较为准确可靠的。该名录采用基于分子证据的新分类系统，便于交流使用，并与国际接轨。

从该书内容看，收集种类较为齐全，涵盖了农、林等行业的栽培植物种类，每个物种条目还列有中文名、学名、来源状态、生长状态、栽培省份（植物园）及原产地等信息，数据翔实可靠。

目前，与该书相似的著作主要有科学出版社 2014 年出版的《中国迁地栽培植物志名录》（以下简称《迁地名录》），收录了我国植物园迁地栽培的植物 312 科 3181 属 15 812 种及种下分类单元，每个物种条目包括有中文名、学名及栽培植物园信息。而该书收录名称 357 科 4720 属 27 506 种（不含种下等级），不仅物种收录范围大大超过了《迁地名录》，而且提供了所列物种的栽培省份和原产地信息。此外，该书收集的 13 635 种外来引进植物中不少是《中国生物物种名录》所没有的，后者主要收录中国本土植物和归化植物。

综上所述，该书的出版将对中国栽培植物的物种信息记录、交流、研究和利用起到重要促进作用，是国家标本资源共享平台资助的具有标志性的研究成果。借此机会，向林秦文博士表示祝贺，也希望他再接再厉，发挥分类学之长，有更多的成果面世。

马克平

2017 年 4 月 16 日于北京

前　　言

纵观人类历史，人类的生存与发展与栽培植物的利用密不可分。早在原始社会晚期，人们就开始对野生植物进行栽培和驯化，也开启了漫长的农耕历史。据考证，葫芦、亚麻、大麦、小麦、南瓜、棉花和辣椒等是世界上最早的一批栽培植物。

农业方面，中国农作物驯化栽培历史非常悠久。考古证据表明，在距今 7000～5000 年前的新石器时代，中国各地就耕种粮食、栽培果树。公元前 2700 年，中国著名的"五谷"之说就已出现，可见当时中国已开始栽培各种作物。随着农业的不断发展，栽培作物的种类不断增多，栽培面积也不断扩大。据 1935 年瓦维洛夫的《主要栽培植物的世界起源中心》一书记载，中国是世界栽培植物八大起源中心之首，达 136 种（不包括园艺植物）。

园林方面，中国古代很早就开始野生花卉的栽培和利用。并有许多"花谱"专著，如《广群芳谱》等。中国十大名花，即梅、牡丹、菊、兰、月季、杜鹃、山茶、荷花、桂花和水仙，是中国对世界园艺的重要贡献（陈俊愉和程绪珂，1990）。上林苑，中国古代皇家园林，公元前 138 年就已建成，内有扶荔宫，引种栽培了来自南方的奇花异木，如菖蒲、山姜、桂、龙眼、荔枝、槟榔、橄榄、柑橘等。

在驯化本土野生资源植物的同时，中国很早就开始从外面引种植物。汉代张骞出使西域，就带回葡萄、大蒜、苜蓿、黄瓜、蚕豆、胡桃、胡萝卜等多种植物（王宗训，1989）。随着航海的发展和美洲新大陆的发现，明代以后引入中国的外来植物也日渐增加，许多种类（如玉米、西红柿、马铃薯等）逐渐成为重要的粮食和蔬菜作物。

然而古代由于知识不足以及技术落后，事实上栽培植物种类并不多。清代吴其濬的《植物名实图考》（1848 年）是古代已知植物最全面的名录，只不过 1714 种，但也比明代李时珍的《本草纲目》所载植物增加了 500 多种，其中有不少野生种类，栽培植物仅是其中的一部分。

中国栽培植物种类的飞速增长主要是发生在 19 世纪中期之后。其原因众多，但现代植物园及园林园艺的兴起无疑起到至关重要的作用。中国第一个现代植物园当属香港植物园（1871 年），之后台北植物园（1921 年）也属较早的一个植物园。在新中国成立前，中国大陆最早开始建立的植物园为熊岳树木园（1915 年）、南京中山植物园（1929 年）、华南植物园（1929 年）、庐山植物园（1934 年）和昆明植物园（1938 年）。1954 年后，又相继建立了杭州、北京、沈阳等地的各类植物园或树木园十余处。在这些植物园中，收集栽培植物是其最基本的工作。栽培植物收集的历史经历了零星收集阶段、广泛批量引种阶段、专科专属引种阶段再到系统引种阶段。一经开始，植物园收集栽培的植物种类很快便远远超过了农、林、果、蔬、牧等其他部门的栽培植物种类。目前中国有近 200 个各种类型的植物园，迁地保育约 23 000 种高等植物，涵盖了能源、药用、食用、观赏园艺和环境修复等重要类群野生资源植物，是国家战略资源植物的重要组成部分（黄宏文和张征，2012）。

中国虽然已收集、保存了大量的栽培植物，但随着时间的推移，名录档案的管理及更新没有跟上，以至于本底混乱不清。由于缺乏系统全面的栽培植物本底数据名录，不同领域的基础数据难于整合和共享，造成了信息沟通和资源共享的障碍，影响资源动态信息的获得，进而容易导致栽培植物资源的丢失及后续开发利用的不足。各植物园经过一定时间的发展后，会整理编目收集保存的栽培植物，形成栽培植物名录档案，这是有关栽培植物的宝贵资料。此外，农、林等部门出于研究资源植物的需要，也引种收集了一些专类栽培植物。这类资料一般散见于各类志书、图谱等专著中，如农作物方面的品种志、果树方面的《中国果树志》、蔬菜方面的《中国蔬菜品种志》、林木方面的《中国木本植物种子》及园林方面的《园林植物栽培手册》等。但是，不同行业部门及作者对栽培植物概念不同。农、林、果、蔬、牧的栽培植物常仅指经人工培育后，具有一定生产价值或经济性状，遗传性稳定，能适合人类需要的植物。园林植物书籍仅记载园林植物，而不包括植物园栽培保存的原生植物。因此，缺乏广义概念上的栽培植物名录。

还有一点值得注意的是，栽培植物中有大量引种自中国以外地区的外来植物。随着国际交流的频繁，大量非洲、美洲、欧洲及澳大利亚的植物被引种到中国。目前中国已经完成的志书，无论是中文版的《中国植物志》还是英文版的 *Flora of China*，均只记载了少量的外来植物，其他地方志书记载的外来植物种类更是有限。比如仙人掌科，目前中国引种超过 1000 种，但《中国植物志》和 *Flora of China* 均只记载了归化的 7 种。类似的多肉植物集中的科（如番杏科、景天科、大戟科、马齿苋科等）中许多引进物种均没有相关志书记载。再如棕榈科，《中国植物志》记载约 100 种，*Flora of China* 仅记载 77 种，而中国实际引种栽培超过 500 种。类似的例子还有很多。而一些著名或重要的栽培植物在引种后很长一段时间内常无相应名录或志书资料可以参考，如近年引进中国西南而大热的南美植物玛咖（*Lepidium meyenii*），还有块根形似红薯的菊科植物雪莲果（*Smallanthus sonchifolius*），再到植物园引种的东非植物乌干达十数樟（*Warburgia ugandensis*）等。

因此，按照统一的标准，全面整理整合中国栽培植物名录成为一项十分重要而有意义的工作。本书采取广义的栽培植物概念，即凡是在中国记载栽培过的植物均在该名录收录范围内，包括植物园栽培保存的原生植物及园林植物。实际操作中，主要收录中国植物园栽培的原生种和外来引进种植物，以物种等级为主，兼顾少量杂交种、亚种、变种，变型和品种原则上不在本书收录范围之内。此外，考虑到外来归化植物常由于引种而扩散，且数量不多，也酌情加以收录。

在名录编排上，本书采用了新近的分子分类系统进行排列，以便和国际接轨。其中，石松类和蕨类植物按照 PPG Ⅰ（2016）系统进行排列，同时属排列顺序参考了 Christenhusz 等（2011a）系统；裸子植物科属按 Christenhusz 等（2011b）系统排列；被子植物科属按 APGⅢ系统排列（APG，2009；刘冰等，2015）。在科属的界定上基本上采用 APGⅢ和 *Flora of China* 有关类群处理的意见，但一些类群参考了最新的分子系统学研究成果，对一些传统属进行了拆分或合并，因而个别学名为本书首次做出的组合。各属种及种下等级按照学名字母顺序进行排序。

本书编写历时七年。我在全国范围内收集了中国各植物园、公园、苗圃，以及农、林等部门栽培或引种的植物名录（书籍）200 余本，涉及芳香植物、果树、粮食、林木、牧草、蔬菜、药用植物、油料作物、园林植物等类别，全部录入计算机后建立了栽培植物信息记录的完整数据库。再利用计算机网络、数据库条件及大数据分析技术手段，经信息化处理和分类学校正后，结合专家审核把关，并进行分类体系重建，最终确定该书的物种名录。

本书收录了中国引进或保育的栽培植物共 357 科 4720 属（含 57 杂交属）27 506 种（含 247 杂交种）653 亚种 1465 变种 7 变型，其中 13 941 种为中国本土保育植物，13 635 种为外来引进植物。每一种的内容包括中文名、学名、来源（本土或外来）及生长状态（野生、栽培或归化）、栽培植物园、栽培省份及原产地（自然分布区）等基础信息。

通过对本书数据的分析，可以得到一些有意义的结果。①中国本土植物保育比例。按照 APG 系统概念，中国本土植物有 305 科 3097 属 32 784 种（在《中国植物志》、*Flora of China* 记载种类基础上增加了近年发表的一些新种数据），这些本土植物中保育了 288 科 2471 属 13 941 种，科属种保育比例分别为 94.43%、79.79%、42.52%。②全球植物保育情况。石松类与蕨类植物保育 41 科 154 属 1079 种，而世界石松类与蕨类植物有 51 科 340 属约 10 560 种（维基百科），科属种保育比例分别为 80.39%、45.29%、10.22%，相对而言科属保育水平相对较高。裸子植物保育 12 科 67 属 477 种，而世界裸子植物有 12 科 89 属 1000 多种（维基百科），科属种保育比例分别为 100%、75.28%、45%以上，所有科均得到了保育，属的保育水平也相对较高。被子植物保育 304 科 4499 属 25 951 种，而世界被子植物有 436 科约 13 164 属约 295 383 种（维基百科），科属种保育比例分别约为 69.72%、34.18%、8.79%，中国引进了 58 个非国产科，尚有 132 个科中国不产也没有引种，引进 2269 个非国产属，尚有大量的属种中国不产也没有引种。相比之下，欧洲的发达国家，如国土面积不大的英国，则保育有来自世界各地的 4 万多种植物，而拥有辽阔国土的中国却仅保育不到 3 万种植物，可见植物保育水平仍然较低，有待提高。③我国植物园保育情况。已有资料显示，我国保育植物最多的 10 个植物园分别为：XTBG（8016 种）、SCBG（7987 种）、XMBG（5902 种）、WBG（5727 种）、CBG（5220 种）、BBG（4825 种）、NBG（4240 种）、HBG（4159 种）、IBCAS（3949 种）、KBG（3603 种）。④我国各省份植物保育情况。我国保育植物最多的前 10 个省市为云南（10 864 种）、广东（8990 种）、台湾（8511 种）、北京（7870 种）、福建（7364 种）、湖北（5851 种）、江西（5757 种）、上海（5661 种）、浙江（4800 种）、江苏（4397 种）。可见这些省份之所以保育植物众多，与其拥有一个或多个重要植物园是息息相关的。这里有一点值得注意，地处中国北方寒冷地区的北京保育了极多的植物种类，这主要是借助了各种温室设施，才能保育大量本不可能生长的植物种类。⑤我国外来引进植物原产地情况。从世界各大洲分布来看，由多到少的顺序为北美洲（4288 种）、非洲（4097 种）、南美洲（3397 种）、亚洲（2966 种）、欧洲（1602 种）、大洋洲（1277 种）。从国家分布来看，前 10 个国家分别为墨西哥（2171 种）、美国（2022 种）、南非（1948 种）、巴西（1733 种）、秘鲁（1091 种）、玻利维亚（1010 种）、厄瓜多尔（993 种）、澳大利亚（922 种）、委内瑞拉（883 种）、哥伦比亚（882 种）。

目前，与本书相似的著作主要有科学出版社 2014 年出版的《中国迁地栽培植物志名录》（以下简称《迁地名录》），该书收录了我国植物园迁地栽培的植物 312 科 3181 属 15 812 种及种下分类单元。每个物种条目包括中文名、学名及栽培植物园信息。本书收录名称共 29 497 个（包含种下等级），范围涵盖并超过了《迁地名录》。经分析，《迁地名录》收录 4425 种外来引进种，未做区分标记，本书则收录 13 635 种外来引进种，并与本土保育种做明确区分。本书还收录了 599 个外来归化种，其中 293 种为《迁地名录》所未记载。在条目内容上，本书不仅将栽培植物园增加到 30 个，并提供栽培省份信息，而且还提供了所列物种的自然分布区/原产地信息（所属洲＋国家/地区）。作为“中国生物物种名录”系列丛书的补充，本书记载的 13 570 种外来引进植物很多是其他卷册所未记载的，可以作为有益的补充。

本书可供植物园及农、林等部门的科研与管理人员从事引种驯化、迁地保育或植物检疫等相关工作时参考使用，也可作为中国植物多样性研究的基础资料，还可作为环境保护人士及高等院校师生的参考书。

本书是在国家科技基础条件平台“国家标本资源共享平台”的多年资助下完成的。本书在编写过程中，还得到国内一些专家的支持和协助：傅德志（中国科学院植物研究所）提供了世界维管植物名录及分布数据供参考；李振宇（中国科学院植物研究所）对仙人掌科名录进行了详细的审校；刘冰（中国科学院植物研究所）提供了全书属的顺序，并审核了全书的多数引进属；刘夙（上海辰山植物园）提供了本书的部分中文名；汪远（上海辰山植物园）提供了下载的许多网络名录资源；谭运洪（中国科学院西双版纳热带植物园）审核并提供了所在植物园的部分最新种类；刘强（中国科学院西双版纳热带植物园）帮忙审核了兰科种类。还有，分类专家陈文俐、陈又生、金效华、刘全儒、覃海宁、杨永、张志翔、朱相云等均在名录编辑过程中给予过许多建议和帮助。此外，施济普（中国科学院西双版纳热带植物园）、黄俊婷（福州植物园）分别提供了各自所在植物园的宝贵名录资料；孙英宝提供了封面线条图。在这里一并对所有对本书提供支持和帮助的专家和朋友表示衷心的感谢！

本名录类群覆盖非常广，而每个类群的准确名录都需要类群专家多年的深入研究和积累。此外，栽培植物和人类活动息息相关，时有增减变化。再加上本书编研时间较短，以及作者水平所限，纰漏之处在所难免，恳请读者批评指正，并提出宝贵意见。

林秦文

2016年12月于香山

凡　　例

1. **条目格式**

***中文名**（别名）**学名** 命名人【物种状态】 ♣栽培植物园; ●栽培省份; ★原产国家或地区.

由于信息缺失，条目中的中文名、省级分布及栽培植物园等信息可能为空。示例如下：

松叶蕨 **Psilotum nudum** (L.) P. Beauv. 【N, W/C】 ♣FBG, FLBG, GMG, GXIB, HBG, IBCAS, KBG, NBG, SCBG, TBG, TMNS, XMBG, XTBG; ●BJ, FJ, GD, GX, GZ, JS, JX, SC, TW, YN, ZJ; ★(AF): MG, NG, ZA; (AS): CN, ID, JP, KR, MY, SG, VN; (OC): AU.

2. **中文名**

中国原产种中文名一般以《中国植物志》为准，个别采用应用更广泛的名称。外来引进种中文名优先采用中国自然标本馆（CFH）网站上已有的中文名，其次酌情采纳百度、谷歌等搜索得到的网络中文名及各类相关文献中出现的中文名。对于当前还没有任何中文名的物种，尽量按照一定原则进行拟定，但仍有部分名称尚未有合适的中文名，则保存空白。*表示该中文名为新拟。

3. **学名**

中国原产种学名一般以 *Flora of China* 为准，外来引进种一般以 TPL 为准。但本书属概念一般以各个分子系统为准，一些名称据此做了相应的组合处理。“+”表示属间嵌合体，“×”表示杂交种或杂交属。限于篇幅，本书不收录异名。

4. **物种状态**

完整代码为【N/I/E, W/C/N】。其中 N/I/E 为：Native（原产）/Introduced（引进）/Exotic（不产），W/C/N 为：Wild（野生）/Cultivated（栽培）/Naturalized（归化）。纯野生物种和中国不产物种本书一般不收录。本书涉及的物种状态组合主要有以下 5 种状态。

【N, W/C】表示该种为中国原产，既有野生也有栽培。这里的栽培有时可能仅是保育（植物园名录中出现，但不是栽培）。这部分物种反映中国本土植物的保育状况。

【N, C】表示该种为中国原产，仅有栽培。这种状态的物种不多，如菊花、毛白杨等少数物种。

【I, C】表示该种为中国引进种（非原产），并且处于栽培状态。这部分物种反映中国对世界植物的保育状况。

【I, C/N】表示该种为中国引进种（非原产），在中国栽培后归化。

【I, N】表示该种为中国引进种（非原产），在中国仅归化。原则上不算栽培植物，但生境类似，常为杂草，本书酌情加以收录。

5. **栽培植物园**

以“♣”开始。代码见“植物园代码表”。

6. **栽培省级行政区**

以“●”开始。代码见“中国省级行政区简称及代码表”。

7. **原产国家或地区**

以“★”开始。代码见“世界各大洲、国家及地区代码表”。

植物园代码表

代码	中文名称	English Name
BBG	北京植物园	Beijing Botanical Garden
CBG	上海辰山植物园（中国科学院上海辰山植物科学研究中心）	Shanghai Chenshan Botanical Garden (Shanghai Chenshan Plant Science Research Center, Chinese Academy of Sciences)
CDBG	成都市植物园（成都市园林科学研究所）	Chengdu Botanical Garden (Chengdu Institute of Landscape Architecture)
FBG	福州植物园（福州国家森林公园）	Fuzhou Botanical Garden (Fuzhou National Forest Park)
FLBG	深圳市中国科学院仙湖植物园	Fairylake Botanical Garden, Shenzhen & Chinese Academy of Sciences
GA	赣南树木园（江西赣州市崇义县）	Gannan Arboretum (Chongyi County, Ganzhou, Jiangxi, China)
GBG	贵州省植物园	Guizhou Botanical Garden
GMG	广西药用植物园	Guangxi Medicinal Botanical Garden
GXIB	广西壮族自治区、中国科学院广西植物研究所桂林植物园（桂林市南郊雁山区雁山镇）	Guilin Botanical Garden, Guangxi Institute of Botany, Chinese Academy of Sciences (Yanshan Town,Yanshan District in the Southern Suburbs of Guilin, China)
HBG	杭州植物园	Hangzhou Botanical Garden
HFBG	黑龙江省森林植物园	Heilongjiang Forest Botanical Garden
IAE	中国科学院沈阳应用生态研究所沈阳树木园	Shenyang Arboretum, Institute of Applied Ecology, Chinese Academy of Sciences
IBCAS	中国科学院植物研究所北京植物园	Beijing Botanical Garden, Institute of Botany, Chinese Academy of Sciences
KBG	中国科学院昆明植物研究所昆明植物园	Kunming Botanical Garden, Kunming Institute of Botany, Chinese Academy of Sciences
LBG	江西省·中国科学院庐山植物园	Lushan Botanical Garden, Jiangxi Province and Chinese Academy of Sciences
MDBG	甘肃省治沙研究所民勤沙生植物园	Minqin Desert Botanical Garden, Gansu Desert Control Research Institute

代码	中文名称	English Name
NBG	南京中山植物园（江苏省中国科学院植物研究所）	Nanjing Botanical Garden Mem.Sun Yat-sen (Institute of Botany, Jiangsu Province and Chinese Academy of Sciences)
NSBG	重庆市南山植物园	Nanshan Botanical Garden, Chongqing City
SCBG	中国科学院华南植物园	South China Botanical Garden, Chinese Academy of Sciences
TBG	台北植物园	Taipei Botanical Garden
TEBG	中国科学院吐鲁番沙漠植物园	Turpan Desert Botanical Garden, Chinese Academy of Sciences
TMNS	台湾自然科学博物馆植物园	Botanical Garden, Taiwan Museum of Natural Science
WBG	中国科学院武汉植物园	Wuhan Botanical Garden, Chinese Academy of Sciences
WCSBG	中国科学院植物研究所四川都江堰市华西亚高山植物园	West China Subalpine Botanical Garden, Institute of Botany, Chinese Academy of Sciences, Dujiangyan city government, Sichuan
XBG	陕西省西安植物园（陕西省植物研究所）	Xi’an Botanical Garden, Shaanxi Province (Shaanxi Provincial Institute of Botany)
XLTBG	中国热带农业科学院香料饮料研究所兴隆热带植物园	Xinglong Tropical Botanical Garden, Spice and Beverage Research Institute, Chinese Academy of Tropical Agricultural Sciences
XMBG	厦门园林植物园	Xiamen Botanical Garden
XOIG	厦门华侨亚热带植物引种园	Xiamen Overseas Chinese Subtropical Plant Introduction Garden
XTBG	中国科学院西双版纳热带植物园	Xishuangbanna Tropical Botanical Garden, Chinese Academy of Sciences
ZAFU	浙江农林大学植物园	Botanical Garden, Zhejiang A & F University

中国省级行政区简称及代码表

Code	Province/Region	省/区	Code	Province/Region	省/区
AH	Anhui	安徽	JS	Jiangsu	江苏
BJ	Beijing	北京	JX	Jiangxi	江西
CQ	Chongqing	重庆	LN	Liaoning	辽宁
FJ	Fujian	福建	MO	Macao	澳门
GD	Guangdong	广东	NX	Ningxia	宁夏
GS	Gansu	甘肃	QH	Qinghai	青海
GX	Guangxi	广西	SC	Sichuan	四川
GZ	Guizhou	贵州	SD	Shandong	山东
HA	Henan	河南	SH	Shanghai	上海
HB	Hubei	湖北	SN	Shaanxi	陕西
HE	Hebei	河北	SX	Shanxi	山西
HI	Hainan	海南	TJ	Tianjin	天津
HK	Hong Kong	香港	TW	Taiwan	台湾
HL	Heilongjiang	黑龙江	XJ	Xinjiang	新疆
HN	Hunan	湖南	XZ	Xizang (Tibet)	西藏
NM	Inner Mongolia (Nei Mongol)	内蒙古	YN	Yunnan	云南
JL	Jilin	吉林	ZJ	Zhejiang	浙江

该二位字母代码来自信息产业部（2008）发布的《中华人民共和国信息产业部关于中国互联网络域名体系的公告》。其与《中华人民共和国分省地图集》（1988）使用的代码基本吻合，差别在于：后者澳门用 MC，河南用 HEN，河北用 HEB。本书为节省篇幅及前后文保持一致，采纳信息产业部（2008）的代码方案。

世界各大洲、国家及地区代码表

世界各大洲代码表

Code	Continent	洲
(AF)	Africa	非洲
(AN)	Antarctica	南极洲
(AS)	Asia	亚洲
(EU)	Europe	欧洲
(NA)	North America	北美洲
(OC)	Oceania	大洋洲
(SA)	South America	南美洲

国家或地区代码表

Code	Continent	Country/Area	国家或地区
AD	(EU)	Andorra	安道尔
AE	(AS)	United Arab Emirates (the)	阿拉伯联合酋长国
AF	(AS)	Afghanistan	阿富汗
AG	(NA)	Antigua and Barbuda	安提瓜和巴布达
AL	(EU)	Albania	阿尔巴尼亚
AM	(AS)	Armenia	亚美尼亚
AO	(AF)	Angola	安哥拉
AR	(SA)	Argentina	阿根廷
AS	(OC)	American Samoa	美属萨摩亚
AT	(EU)	Austria	奥地利
AU	(OC)	Australia	澳大利亚
AX	(EU)	Åland Islands	阿赫韦南马群岛（奥兰群岛）
AZ	(AS)	Azerbaijan	阿塞拜疆
BA	(EU)	Bosnia and Herzegovina	波斯尼亚和黑塞哥维那

Code	Continent	Country/Area	国家或地区
BD	(AS)	Bangladesh	孟加拉国
BE	(EU)	Belgium	比利时
BF	(AF)	Burkina Faso	布基纳法索
BG	(EU)	Bulgaria	保加利亚
BH	(AS)	Bahrain	巴林
BI	(AF)	Burundi	布隆迪
BJ	(AF)	Benin	贝宁
BL	(NA)	Saint Barthélemy	圣巴泰勒米岛
BM	(NA)	Bermuda	百慕大
BN	(AS)	Brunei Darussalam	文莱
BO	(SA)	Bolivia (Plurinational State of)	玻利维亚
BR	(SA)	Brazil	巴西
BS	(NA)	Bahamas (the)	巴哈马
BT	(AS)	Bhutan	不丹
BW	(AF)	Botswana	博茨瓦纳
BY	(EU)	Belarus	白俄罗斯
BZ	(NA)	Belize	伯利兹
CA	(NA)	Canada	加拿大
CD	(AF)	Congo (the Democratic Republic of the) [Zaire]	刚果民主共和国
CF	(AF)	Central African Republic (the)	中非
CG	(AF)	Congo (the)	刚果
CH	(EU)	Switzerland	瑞士
CI	(AF)	Côte d’Ivoire	科特迪瓦
CK	(OC)	Cook Islands (the)	库克群岛
CL	(SA)	Chile	智利
CM	(AF)	Cameroon	喀麦隆

Code	Continent	Country/Area	国家或地区
CN	(AS)	China	中国
CO	(SA)	Colombia	哥伦比亚
CR	(NA)	Costa Rica	哥斯达黎加
CU	(NA)	Cuba	古巴
CV	(AF)	Cabo Verde	佛得角群岛
CW	(NA)	Curaçao	库拉索
CX	(OC)	Kiritimati (Christmas Island)	圣诞岛
CY	(AS)	Cyprus	塞浦路斯
CZ	(EU)	Czechia	捷克
DE	(EU)	Germany	德国
DJ	(AF)	Djibouti	吉布提
DK	(EU)	Denmark	丹麦
DO	(NA)	Dominican Republic (the)	多米尼加共和国
DZ	(AF)	Algeria	阿尔及利亚
EC	(SA)	Ecuador	厄瓜多尔
EE	(EU)	Estonia	爱沙尼亚
EG	(AF)	Egypt	埃及
EH	(AF)	Western Sahara	西撒哈拉
ER	(AF)	Eritrea	厄立特里亚
ES	(EU)	Spain	西班牙
ES-CS	(AF)	Canary Islands	加那利群岛
ET	(AF)	Ethiopia	埃塞俄比亚
FI	(EU)	Finland	芬兰
FJ	(OC)	Fiji	斐济群岛
FM	(OC)	Micronesia (Federated States of)	密克罗尼西亚
FR	(EU)	France	法国

Code	Continent	Country/Area	国家或地区
GA	(AF)	Gabon	加蓬
GB	(EU)	United Kingdom of Great Britain and Northern Ireland (the)	英国
GE	(AS)	Georgia	格鲁吉亚
GF	(SA)	French Guiana	法属圭亚那
GH	(AF)	Ghana	加纳
GL	(NA)	Greenland	格陵兰
GM	(AF)	Gambia (the)	冈比亚
GN	(AF)	Guinea	几内亚
GQ	(AF)	Equatorial Guinea	赤道几内亚
GR	(EU)	Greece	希腊
GT	(NA)	Guatemala	危地马拉
GU	(OC)	Guam	关岛
GW	(AF)	Guinea-Bissau	几内亚比绍
GY	(SA)	Guyana	圭亚那
HN	(NA)	Honduras	洪都拉斯
HR	(EU)	Croatia	克罗地亚
HT	(NA)	Haiti	海地
HU	(EU)	Hungary	匈牙利
ID	(AS)	Indonesia	印度尼西亚
ID-ML	(AS)	Maluku (Moluccas), Indonesia	马鲁古群岛
IE	(EU)	Ireland	爱尔兰
IL	(AS)	Israel	以色列
IN	(AS)	India	印度
IQ	(AS)	Iraq	伊拉克
IR	(AS)	Iran (Islamic Republic of)	伊朗
IS	(EU)	Iceland	冰岛

Code	Continent	Country/Area	国家或地区
IT	(EU)	Italy	意大利
JM	(NA)	Jamaica	牙买加
JO	(AS)	Jordan	约旦
JP	(AS)	Japan	日本
KE	(AF)	Kenya	肯尼亚
KG	(AS)	Kyrgyzstan	吉尔吉斯斯坦
KH	(AS)	Cambodia	柬埔寨
KI	(OC)	Kiribati	基里巴斯
KM	(AF)	Comoros (the)	科摩罗
KP	(AS)	Korea (the Democratic People's Republic of)	朝鲜
KR	(AS)	Korea (the Republic of)	韩国
KW	(AS)	Kuwait	科威特
KY	(NA)	Cayman Islands (the)	开曼群岛
KZ	(AS)	Kazakhstan	哈萨克斯坦
LA	(AS)	Lao People's Democratic Republic (the)	老挝
LB	(AS)	Lebanon	黎巴嫩
LI	(EU)	Liechtenstein	列支敦士登
LK	(AS)	Sri Lanka	斯里兰卡
LR	(AF)	Liberia	利比里亚
LS	(AF)	Lesotho	莱索托
LT	(EU)	Lithuania	立陶宛
LU	(EU)	Luxembourg	卢森堡
LV	(EU)	Latvia	拉脱维亚
LW	(NA)	Leeward Islands	背风群岛
LY	(AF)	Libya	利比亚

Code	Continent	Country/Area	国家或地区
MA	(AF)	Morocco	摩洛哥
MC	(EU)	Monaco	摩纳哥
MD	(EU)	Moldova (the Republic of)	摩尔多瓦
ME	(EU)	Montenegro	黑山
MG	(AF)	Madagascar	马达加斯加
MK	(EU)	Macedonia (the former Yugoslav Republic of)	马其顿
ML	(AF)	Mali	马里
MM	(AS)	Myanmar	缅甸
MN	(AS)	Mongolia	蒙古
MP	(OC)	Northern Mariana Islands (the)	北马里亚纳群岛
MQ	(NA)	Martinique	马提尼克
MR	(AF)	Mauritania	毛里塔尼亚
MS	(NA)	Montserrat	蒙特塞拉特
MT	(EU)	Malta	马耳他
MU	(AF)	Mauritius	毛里求斯
MV	(AS)	Maldives	马尔代夫
MW	(AF)	Malawi	马拉维
MX	(NA)	Mexico	墨西哥
MY	(AS)	Malaysia	马来西亚
MZ	(AF)	Mozambique	莫桑比克
NA	(AF)	Namibia	纳米比亚
NC	(OC)	New Caledonia	新喀里多尼亚
NE	(AF)	Niger (the)	尼日尔
NF	(OC)	Norfolk Island	诺福克岛
NG	(AF)	Nigeria	尼日利亚
NI	(NA)	Nicaragua	尼加拉瓜

Code	Continent	Country/Area	国家或地区
NL	(EU)	Netherlands (the)	荷兰
NL-AN	(NA)	Netherlands Antilles	荷属安的列斯
NO	(EU)	Norway	挪威
NP	(AS)	Nepal	尼泊尔
NR	(OC)	Nauru	瑙鲁
NZ	(OC)	New Zealand	新西兰
OM	(AS)	Oman	阿曼
PA	(NA)	Panama	巴拿马
PAF	(OC)	Pacific Islands	太平洋岛屿
PE	(SA)	Peru	秘鲁
PF	(OC)	French Polynesia	法属波利尼西亚
PG	(OC)	Papua New Guinea	巴布亚新几内亚
PH	(AS)	Philippines (the)	菲律宾
PK	(AS)	Pakistan	巴基斯坦
PL	(EU)	Poland	波兰
PR	(NA)	Puerto Rico	波多黎各
PS	(AS)	Palestine, State of	巴勒斯坦
PT	(EU)	Portugal	葡萄牙
PT-20	(EU)	Azores	亚速尔群岛
PT-30	(EU)	Madeira	马德拉群岛
PW	(OC)	Palau	帕劳
PY	(SA)	Paraguay	巴拉圭
QA	(AS)	Qatar	卡塔尔
RE	(AF)	Réunion	留尼汪
RO	(EU)	Romania	罗马尼亚
RS	(EU)	Serbia	塞尔维亚

Code	Continent	Country/Area	国家或地区
RU	(EU)	Russian Federation (the)	俄罗斯
RU-AS	(AS)	Russian Federation (the) (Asian part)	俄罗斯（亚洲部分）
RW	(AF)	Rwanda	卢旺达
SA	(AS)	Saudi Arabia	沙特阿拉伯
SB	(OC)	Solomon Islands	所罗门群岛
SC	(AF)	Seychelles	塞舌尔
SD	(AF)	Sudan (the)	苏丹
SE	(EU)	Sweden	瑞典
SG	(AS)	Singapore	新加坡
SH	(AF)	Saint Helena, Ascension and Tristan da Cunha	圣赫勒拿（阿森松和特里斯坦-达库尼亚）
SI	(EU)	Slovenia	斯洛文尼亚
SJ	(EU)	Svalbard and Jan Mayen	斯瓦尔巴群岛和扬马延岛
SK	(EU)	Slovakia	斯洛伐克
SL	(AF)	Sierra Leone	塞拉利昂
SM	(EU)	San Marino	圣马力诺
SN	(AF)	Senegal	塞内加尔
SO	(AF)	Somalia	索马里
SR	(SA)	Suriname	苏里南
SS	(AF)	South Sudan	南苏丹
ST	(AF)	Sao Tome and Principe	圣多美和普林西比
SV	(NA)	El Salvador	萨尔瓦多
SY	(AS)	Syrian Arab Republic	叙利亚
SZ	(AF)	Swaziland	斯威士兰
TC	(NA)	Turks and Caicos Islands (the)	特克斯和凯科斯群岛
TD	(AF)	Chad	乍得

Code	Continent	Country/Area	国家或地区
TG	(AF)	Togo	多哥
TH	(AS)	Thailand	泰国
TJ	(AS)	Tajikistan	塔吉克斯坦
TL	(AS)	Timor-Leste	东帝汶
TM	(AS)	Turkmenistan	土库曼斯坦
TN	(AF)	Tunisia	突尼斯
TO	(OC)	Tonga	汤加
TR	(AS)	Turkey	土耳其
TT	(NA)	Trinidad and Tobago	特立尼达和多巴哥
TZ	(AF)	Tanzania, United Republic of	坦桑尼亚
UA	(EU)	Ukraine	乌克兰
UG	(AF)	Uganda	乌干达
US	(NA)	United States of America (the)	美国
US-HW	(OC)	Hawaii	夏威夷
UY	(SA)	Uruguay	乌拉圭
UZ	(AS)	Uzbekistan	乌兹别克斯坦
VA	(EU)	Holy See (the)	梵蒂冈城国
VE	(SA)	Venezuela (Bolivarian Republic of)	委内瑞拉
VG	(NA)	Virgin Islands (British)	英属维尔京群岛
VI	(NA)	Virgin Islands (U. S.)	美属维尔京群岛
VN	(AS)	Viet Nam	越南
VU	(OC)	Vanuatu	瓦努阿图
WF	(OC)	Wallis and Futuna	瓦利斯和富图纳群岛
WS	(OC)	Samoa	萨摩亚
WW	(NA)	Windward Islands	向风群岛
YE	(AS)	Yemen	也门

Code	Continent	Country/Area	国家或地区
YT	(AF)	Mayotte	马约特岛
ZA	(AF)	South Africa	南非
ZM	(AF)	Zambia	赞比亚
ZW	(AF)	Zimbabwe	津巴布韦

世界各大洲代码来自维基百科(https://en.wikipedia.org/wiki/List_of_sovereign_states_and_ dependent_territories_by_continent_(data_file))；国家及地区外文名称和代码来自国际标准代码 ISO 3166-2:2013 (https://www.iso.org/standard/63546.html)。地名的中文翻译遵从《世界地名翻译大辞典》(周国定，2007)。少数植物分布的区域，如与母国领土差异很大的海外领地或跨洲国家的部分区域，在上述代码表中没有相应代码，这时则在该国家代码后加上该地区代码(参考维基百科)，这样的地区主要有：太平洋上的夏威夷(Hawaii)隶属于美国，采用代码为 US-HW，马鲁古群岛隶属于印度尼西亚，采用代码为 ID-ML；南美洲的加拉帕戈斯群岛(Galápagos Islands)隶属于厄瓜多尔，采用代码为 EC-GP；北美洲的荷属安的列斯(Netherlands Antilles)采用代码为 NL-AN；非洲的加那利群岛(Canary Islands)隶属于西班牙，采用代码为 ES-CS，亚速尔群岛(Azores)及马德拉群岛(Madeira)均隶属于葡萄牙，分布采用代码 PT-20 及 PT-30；此外，俄罗斯联邦的亚洲部分和其欧洲部分在植物地理上差异较大，因此其亚洲部分代码采用 RU-AS；土耳其横跨欧亚大陆，本书物种分布中一般归属亚洲，但主要分布欧洲的物种在土耳其欧洲部分有分布时，则将土耳其列入欧洲。此外，一些植物的分布地区为地理区域概念，不能具体确认为哪些国家，因而自己编了代码，这样的地区代码有以下三个：PAF，泛指太平洋上的各个岛屿；LW 和 WW，分别指北美洲的背风群岛(Leeward Islands)和向风群岛(Windward Islands)。

目　录

序
前言
凡例

上　册

石松类和蕨类植物　LYCOPHYTES AND FERNS

裸子植物　GYMNOSPERMS

被子植物 ANGIOSPERMS

下 册

152. 藤黄科 CLUSIACEAE

书带木属 Clusia

*斑叶书带木 **Clusia hilariana** Schltdl.【I, C】♣XTBG; ●YN; ★(NA): BZ, CR, GT, HN, JM, MX, NI, PA, PR, SV, US; (SA): AR, BO, BR, CO, EC, PE, VE.

书带木 **Clusia major** L. 【I, C】 ♣TMNS, XTBG; ●BJ, TW, YN; ★(NA): LW, TT, WW.

藤黄属 Garcinia

Garcinia bakeriana (Urb.) Borhidi【I, C】♣XTBG; ●YN; ★(NA): CU.

大苞藤黄 **Garcinia bracteata** C. Y. Wu ex Y. H. Li【N, W/C】♣BBG, SCBG, WBG, XTBG; ●BJ, GD, HB, YN; ★(AS): CN.

云树 **Garcinia cowa** Roxb. ex Choisy 【N, W/C】 ♣KBG, SCBG, XTBG; ●GD, YN; ★(AS): BT, CN, ID, IN, KH, LA, LK, MM, MY, SG, VN.

爪哇凤果 **Garcinia dulcis** (Roxb.) Kurz 【I, C】 ♣XTBG; ●YN; ★(AS): ID; (OC): PG.

红萼藤黄 **Garcinia erythrosepala** Y. H. Li 【N, W/C】 ♣WBG, XTBG; ●HB, YN; ★(AS): CN.

山木瓜 **Garcinia esculenta** Y. H. Li 【N, W/C】 ♣XTBG; ●YN; ★(AS): CN.

藤黄 **Garcinia hanburyi** Hook. f. 【I, C】 ♣GMG, XMBG, XOIG, XTBG; ●FJ, GX, YN; ★(AS): LA, VN.

山凤果 **Garcinia hombroniana** Pierre 【I, C】 ♣SCBG; ●GD; ★(AS): MY, SG.

印度藤黄 **Garcinia indica** (Thouars) Choisy 【I, C】 ♣XTBG; ●YN; ★(AS): IN.

广西藤黄 **Garcinia kwangsiensis** Merr. ex F. N. Wei 【N, W/C】 ♣SCBG; ●GD; ★(AS): CN.

长裂藤黄 **Garcinia lancilimba** C. Y. Wu ex Y. H. Li 【N, W/C】 ♣XTBG; ●YN; ★(AS): CN.

兰屿福木 **Garcinia linii** C. E. Chang 【N, W/C】 ♣TMNS; ●TW; ★(AS): CN.

莽吉柿 **Garcinia mangostana** L.【I, C】♣XLTBG, XMBG, XOIG, XTBG; ●FJ, GD, GX, HI, TW, YN; ★(AS): IN.

莫雷拉藤黄 **Garcinia morella** (Gaertn.) Desr. 【I, C】 ★(AS): IN, LK, MY, PH.

木竹子 **Garcinia multiflora** Champ. ex Benth. 【N, W/C】 ♣CBG, CDBG, FBG, FLBG, GA, GMG, GXIB, KBG, SCBG, TBG, WBG, XMBG, XOIG, XTBG; ●FJ, GD, GX, HB, HI, JX, SC, SH, TW, YN; ★(AS): CN, LA, VN.

怒江藤黄 **Garcinia nujiangensis** C. Y. Wu et Y. H. Li【N, W/C】♣KBG, XTBG; ●YN; ★(AS): CN.

岭南山竹子 **Garcinia oblongifolia** Champ. ex Benth.【N, W/C】♣FLBG, GA, GMG, HBG, SCBG, WBG, XLTBG, XMBG, XOIG, XTBG; ●FJ, GD, GX, HB, HI, JX, YN, ZJ; ★(AS): CN.

单花山竹子 **Garcinia oligantha** Merr. 【N, W/C】 ♣GA, WBG; ●HB, JX; ★(AS): CN, VN.

金丝李 **Garcinia paucinervis** Chun et F. C. How 【N, W/C】 ♣FBG, FLBG, GMG, GXIB, HBG, SCBG, XLTBG, XMBG, XTBG; ●FJ, GD, GX, HI, JX, YN, ZJ; ★(AS): CN.

大果藤黄 **Garcinia pedunculata** Roxb. ex Buch.- Ham. 【N, W/C】♣XTBG; ●YN; ★(AS): CN, ID, IN, MM.

越南藤黄 **Garcinia schefferi** Pierre【I, C】♣GMG, GXIB; ●GX; ★(AS): VN.

福木 **Garcinia spicata** Hook. f. 【I, C】 ♣SCBG, XMBG, XTBG; ●FJ, GD, YN; ★(AS): IN, LK.

菲岛福木 **Garcinia subelliptica** Merr. 【N, W/C】 ♣FLBG, SCBG, TBG, TMNS, XLTBG, XMBG, XTBG; ●FJ, GD, HI, JX, TW, YN; ★(AS): CN, ID, IN, JP, LK, PH, SG.

双籽藤黄 **Garcinia tetralata** C. Y. Wu ex Y. H. Li 【N, W/C】 ♣XTBG; ●YN; ★(AS): CN.

油山竹子 **Garcinia tonkinensis** Vesque【I, C】♣SCBG, XMBG, XTBG; ●FJ, GD, HI, YN; ★(AS): VN.

大叶藤黄 **Garcinia xanthochymus** Hook. f. ex T. Anderson 【N, W/C】 ♣BBG, FLBG, GA, KBG, SCBG, XLTBG, XMBG, XOIG, XTBG; ●BJ, FJ, GD, HI, JX, YN; ★(AS): BT, CN, ID, IN, JP, KH, LA, LK, MM, NP, SG, TH, VN.

版纳藤黄 **Garcinia xishuanbannaensis** Y. H. Li 【N, W/C】 ♣XTBG; ●YN; ★(AS): CN.

云南藤黄 **Garcinia yunnanensis** Hu 【N, W/C】 ♣XMBG, XTBG; ●FJ, YN; ★(AS): CN.

猪油果属 Pentadesma

猪油果 **Pentadesma butyracea** Sabine 【I, C】 ♣SCBG, XOIG, XTBG; ●FJ, GD, YN; ★(AF): CM, GA, GH, GN.

153. 川苔草科 PODOSTEMACEAE

川苔草属 Cladopus

川苔草 **Cladopus chinensis** (H. C. Chao) H. C.

Chao 【N, W/C】 ♣XTBG; ●YN; ★(AS): CN.

*日本川苔草 **Cladopus doianus** (Koidz.) Kôriba【N, W/C】 ♣XTBG; ●YN; ★(AS): CN, JP.

飞瀑草 **Cladopus nymanii** Warm. 【N, W/C】 ♣WBG; ●HB; ★(AS): CN, ID, IN, JP, TH.

水石衣属 Hydrobryum

水石衣 **Hydrobryum griffithii** (Wall. ex Griff.) Tul.【N, W/C】 ♣XTBG; ●YN; ★(AS): BT, CN, ID, IN, LA, LK, MM, NP, VN.

154. 金丝桃科 HYPERICACEAE

黄牛木属 Cratoxylum

*马来黄牛木 **Cratoxylum arborescens** (Vahl) Blume 【I, C】 ●GD; ★(AS): IN, MM, MY, SG.

黄牛木 **Cratoxylum cochinchinense** (Lour.) Blume【N, W/C】 ♣FLBG, GA, GMG, GXIB, HBG, SCBG, XLTBG, XMBG, XTBG; ●FJ, GD, GX, HI, JX, TW, YN, ZJ; ★(AS): CN, ID, IN, LA, MM, MY, PH, TH, VN.

越南黄牛木 **Cratoxylum formosum** (Jacq.) Benth. et Hook. f. ex Dyer 【N, W/C】 ♣XTBG; ●TW, YN; ★(AS): CN, ID, IN, KH, LA, MM, MY, PH, TH, VN.

红芽木 **Cratoxylum formosum** subsp. **pruniflorum** (Kurz) Gogelein 【N, W/C】 ♣FLBG, GMG, XTBG; ●GD, GX, JX, YN; ★(AS): CN, KH, MM, TH, VN.

金丝桃属 Hypericum

阿诺德氏金丝桃 **Hypericum × arnoldianum** Rehder 【I, C】 ♣HBG; ●ZJ; ★(NA): US.

红果金丝桃 **Hypericum × inodorum** Mill. 【I, C】 ♣CBG; ●SH, TW; ★(EU): GB.

摩斯金丝桃 **Hypericum × moserianum** Luquet ex André 【I, C】 ♣CBG, XMBG; ●FJ, SH; ★(EU): GB.

尖萼金丝桃 **Hypericum acmosepalum** N. Robson【N, W/C】 ♣WBG; ●HB; ★(AS): CN.

浆果金丝桃 **Hypericum androsaemum** L. 【I, C】 ♣CBG, HBG, KBG, TDBG, XTBG; ●SC, SH, TW, XJ, YN, ZJ; ★(AS): GE; (EU): GB, NL, PT.

黄海棠 **Hypericum ascyron** L. 【N, W/C】 ♣CBG, GMG, HBG, HFBG, IBCAS, LBG, NBG, SCBG, WBG, XBG, ZAFU; ●BJ, GD, GX, HB, HL, JS, JX, LN, SC, SH, SN, ZJ; ★(AS): CN, JP, KP, KR, MN, RU-AS, VN.

短柱黄海棠 **Hypericum ascyron** subsp. **gebleri** (Ledeb.) N. Robson 【N, W/C】 ♣HFBG; ●HL, LN; ★(AS): CN, KP, KR, MN.

细点金丝桃 **Hypericum atomarium** Boiss. 【I, C】 ♣NBG; ●JS; ★(EU): GR.

赶山鞭 **Hypericum attenuatum** Fisch. ex Choisy【N, W/C】 ♣IBCAS, SCBG, WBG; ●BJ, GD, HB; ★(AS): CN, KP, KR, MN, RU-AS.

无柄金丝桃 **Hypericum augustinii** N. Robson 【N, W/C】 ♣XTBG; ●YN; ★(AS): CN.

栽秧花 **Hypericum beanii** N. Robson 【N, W/C】 ♣KBG; ●YN; ★(AS): CN.

美丽金丝桃 **Hypericum bellum** H. L. Li【N, W/C】 ♣BBG, KBG; ●BJ, YN; ★(AS): CN, ID, IN, MM.

冬绿金丝桃 **Hypericum calycinum** L. 【I, C】 ♣CBG; ●SH, TW, XJ; ★(AS): TR; (EU): AL, ES, FR, GR.

加那利金丝桃 **Hypericum canariense** L. 【I, C】 ♣XTBG; ●YN; ★(AF): ES-CS.

连柱金丝桃 **Hypericum cohaerens** N. Robson 【N, W/C】 ♣XTBG; ●YN; ★(AS): CN.

挺茎遍地金 **Hypericum elodeoides** Choisy 【N, W/C】 ♣LBG, XMBG; ●FJ, JX; ★(AS): BT, CN, ID, IN, LK, MM, NP.

小连翘 **Hypericum erectum** Thunb. 【N, W/C】 ♣CBG, GBG, HBG, LBG, ZAFU; ●GZ, JX, SC, SH, ZJ; ★(AS): CN, JP, KP, KR, MN, RU-AS.

扬子小连翘 **Hypericum faberi** R. Keller 【N, W/C】 ♣WBG; ●HB, SC; ★(AS): CN.

台湾金丝桃 **Hypericum formosanum** Maxim. 【N, W/C】 ♣TMNS; ●TW; ★(AS): CN.

山地金丝桃 **Hypericum formosum** Kunth 【I, C】 ♣XTBG; ●YN; ★(NA): MX, US.

川滇金丝桃 **Hypericum forrestii** (Chitt.) N. Robson 【N, W/C】 ♣KBG; ●YN; ★(AS): CN, MM.

*密叶金丝桃 **Hypericum frondosum** Michx. 【I, C】 ●BJ, HE, ZJ; ★(NA): US.

西南金丝梅 **Hypericum henryi** H. Lév. et Vaniot【N, W/C】 ♣KBG, WBG; ●HB, YN; ★(AS): CN, ID, MM, TH, VN; (OC): NZ.

毛金丝桃 **Hypericum hirsutum** L. 【N, W/C】 ♣XTBG; ●YN; ★(AS): CN, CY, GE, KG, KZ, MN, RU-AS; (EU): AL, AT, BA, BE, BG, CZ, DE,

ES, FI, GB, GR, HR, HU, IT, ME, MK, NL, NO, PL, RO, RS, RU, SI.

短柱金丝桃 **Hypericum hookerianum** Wight et Arn. 【N, W/C】 ♣HBG, XTBG; ●YN, ZJ; ★(AS): BT, CN, ID, IN, LK, MM, NP, TH, VN.

*铺地金丝桃 **Hypericum humifusum** L. 【I, C】 ♣XTBG; ●YN; ★(EU): BE, FR, GB, LU, MC, NL.

地耳草 **Hypericum japonicum** Thunb. 【N, W/C】 ♣FBG, FLBG, GA, GBG, GMG, GXIB, HBG, KBG, LBG, NSBG, SCBG, TBG, XLTBG, XMBG, XTBG, ZAFU; ●BJ, CQ, FJ, GD, GX, GZ, HI, JX, SC, TW, YN, ZJ; ★(AS): BT, CN, ID, IN, JP, KH, KP, KR, LA, LK, MM, MY, NP, PH, SG, TH, VN; (OC): AU, PAF.

美洲金丝桃 **Hypericum kalmianum** L. 【I, C】 ♣BBG; ●BJ; ★(NA): CA, US.

贵州金丝桃 **Hypericum kouytchense** H. Lév. 【N, W/C】 ♣GBG; ●BJ, GZ, TW; ★(AS): CN.

波叶金丝桃 **Hypericum maculatum** subsp. **undulatum** (Schousb. ex Willd.) P. Fourn. 【I, C】 ♣NBG; ●JS; ★(AS): AZ; (EU): DE, ES, GB, LU.

金丝桃 **Hypericum monogynum** L. 【N, W/C】 ♣CBG, CDBG, FBG, HBG, KBG, NBG, WBG, XMBG, XTBG, ZAFU; ●BJ, FJ, HB, JS, SC, SH, YN, ZJ; ★(AS): CN, JP, KP, KR, MY; (OC): PAF.

希腊金丝桃（奥林匹斯金丝桃）**Hypericum olympicum** L. 【I, C】 ♣NBG; ●JS; ★(EU): BA, BG, GR, HR, ME, MK, RS, SI, TR.

金丝梅 **Hypericum patulum** Thunb. 【N, W/C】 ♣BBG, CBG, CDBG, FBG, GBG, GXIB, HBG, IBCAS, LBG, NBG, SCBG, WBG, XMBG, ZAFU; ●BJ, FJ, GD, GX, GZ, HB, JS, JX, SC, SH, YN, ZJ; ★(AS): CN, ID, IN, JP, MM; (SA): EC.

贯叶连翘 **Hypericum perforatum** L. 【N, W/C】 ♣CBG, GBG, HBG, IBCAS, NBG, SCBG, WBG, XBG, XMBG, XTBG; ●BJ, FJ, GD, GZ, HB, JS, SC, SH, SN, TW, YN, ZJ; ★(AF): ZA; (AS): CN, ID, IN, KG, KZ, MN, RU-AS; (OC): AU, NZ.

多叶金丝桃 **Hypericum polyphyllum** Boiss. et Balansa 【I, C】 ★(AS): TR.

丰果金丝桃 **Hypericum prolificum** L. 【I, C】 ●TW; ★(NA): US.

密花金丝桃 **Hypericum prolificum** var. **densiflorum** (Pursh) A. Gray 【I, N】 ♣CDBG, FBG, GA, GXIB, HBG, LBG, NBG, SCBG; ●FJ, GD, GX, JS, JX, SC, ZJ; ★(NA): US.

突脉金丝桃 **Hypericum przewalskii** Maxim. 【N, W/C】 ♣HBG, WBG, XBG; ●HB, SC, SN, ZJ; ★(AS): CN.

北栽秧花 **Hypericum pseudohenryi** N. Robson 【N, W/C】 ♣KBG; ●YN; ★(AS): CN.

*壮丽金丝桃 **Hypericum pulchrum** L. 【I, C】 ♣XTBG; ●YN; ★(EU): BA, BG, GB, GR, HR, ME, MK, RS, SI, TR.

斑点金丝桃 **Hypericum punctatum** Lam. 【I, C】 ♣XTBG; ●YN; ★(NA): US.

元宝草 **Hypericum sampsonii** Hance 【N, W/C】 ♣CBG, FBG, GA, GBG, GMG, GXIB, HBG, KBG, LBG, WBG, XMBG, ZAFU; ●BJ, FJ, GX, GZ, HB, JX, SC, SH, YN, ZJ; ★(AS): CN, JP, MM, VN.

密腺小连翘 **Hypericum seniawinii** Maxim. 【N, W/C】 ♣CBG, LBG; ●JX, SH; ★(AS): CN, VN.

近无柄金丝桃 **Hypericum subsessile** N. Robson 【N, W/C】 ♣KBG, XTBG; ●YN; ★(AS): CN.

Hypericum tenuicaule Hook. f. et Thomson ex Dyer 【I, C】 ♣XTBG; ●YN; ★(AS): IN.

四翼金丝桃 **Hypericum tetrapterum** Fr. 【I, C】 ♣XTBG; ●TW, YN; ★(EU): FR, GB, RU.

绒毛金丝桃 **Hypericum tomentosum** L. 【I, C】 ♣HBG; ●ZJ; ★(AF): MA; (AS): SA; (EU): BY, DE, ES, IT, LU.

匙萼金丝桃 **Hypericum uralum** Buch.-Ham. ex D. Don 【N, W/C】 ♣KBG, XTBG; ●YN; ★(AS): BT, CN, ID, IN, LK, MM, NP, PK.

遍地金 **Hypericum wightianum** Wall. ex Wight et Arn. 【N, W/C】 ♣KBG, XTBG; ●YN; ★(AS): BT, CN, ID, IN, LA, LK, MM, TH.

川鄂金丝桃 **Hypericum wilsonii** N. Robson 【N, W/C】 ♣WBG; ●HB; ★(AS): CN.

Hypericum xylosteifolium (Spach) N. Robson 【I, C】 ♣XTBG; ●YN; ★(AS): AM, TR.

三腺金丝桃属 Triadenum

三腺金丝桃 **Triadenum breviflorum** (Wall. ex Dyer) Y. Kimura 【N, W/C】 ♣XTBG, ZAFU; ●YN, ZJ; ★(AS): CN, ID, IN.

155. 牻牛儿苗科 GERANIACEAE

天竺葵属 Pelargonium

天竺葵（洋葵）**Pelargonium × hortorum** L. H. Bailey 【I, C】 ♣BBG, CDBG, FBG, FLBG, GA, GBG, GMG, GXIB, HBG, HFBG, IBCAS, KBG,

LBG, NBG, NSBG, SCBG, WBG, XBG, XMBG, XOIG, ZAFU; ●BJ, CQ, FJ, GD, GX, GZ, HB, HL, JS, JX, SC, SN, TW, YN, ZJ; ★(AF): ZA.

沙漠天竺葵 **Pelargonium alternans** J. C. Wendl. 【I, C】 ●TW; ★(AF): ZA.

*长瓣天竺葵 **Pelargonium appendiculatum** (L. f.) Willd. 【I, C】 ♣BBG, CBG; ●BJ, SH, TW; ★(AF): ZA.

节枝天竺葵 **Pelargonium articulatum** Harv. 【I, C】 ♣XMBG; ●FJ; ★(AF): ZA.

Pelargonium capitatum (L.) L'Hér. 【I, C】 ♣XTBG; ●YN; ★(AF): ZA.

枯野葵(玉人葵)**Pelargonium carnosum** L'Hér. 【I, C】 ♣BBG; ●BJ, FJ, TW; ★(AF): ZA.

心叶天竺葵 **Pelargonium cordifolium** Curtis 【I, C】 ★(AF): ZA.

琉璃草叶天竺葵 **Pelargonium cotyledonis** (L.) L'Hér. 【I, C】 ♣BBG, XMBG; ●BJ, FJ, TW; ★(AF): ZA.

柠檬天竺葵(皱叶天竺葵)**Pelargonium crispum** (L.) L'Hér. 【I, C】 ●TW; ★(AF): ZA.

海茴香天竺葵 **Pelargonium crithmifolium** Sm. 【I, C】 ♣BBG, IBCAS; ●BJ, TW; ★(AF): ZA.

篱天竺葵 **Pelargonium cucullatum** subsp. **tabulare** Volschenk 【I, C】 ★(AF): ZA.

家天竺葵 **Pelargonium domesticum** L. H. Bailey 【I, C】♣BBG, CDBG, FLBG, HBG, IBCAS, LBG, NBG, XMBG; ●BJ, FJ, GD, JS, JX, SC, ZJ; ★(AF): ZA.

大花天竺葵 **Pelargonium grandiflorum** Willd. 【I, C】 ●TW; ★(AF): ZA.

香叶天竺葵 **Pelargonium graveolens** L'Hér. 【I, C】 ♣FBG, FLBG, GBG, GMG, GXIB, HBG, IBCAS, KBG, LBG, NBG, SCBG, WBG, XBG, XLTBG, XMBG, XOIG; ●BJ, FJ, GD, GX, GZ, HB, HI, JS, JX, SN, YN, ZJ; ★(AF): ZA.

毛天竺葵 **Pelargonium hirtum** Willd. 【I, C】 ♣IBCAS; ●BJ; ★(AF): ZA.

块根天竺葵 **Pelargonium incrassatum** Sims 【I, C】 ♣BBG; ●BJ, TW; ★(AF): ZA.

小花天竺葵 **Pelargonium inquinans** (L.) L'Hér. 【I, C】 ♣BBG, TBG; ●BJ, TW; ★(AF): ZA.

奇连克天竺葵 **Pelargonium klinghardtense** R. Knuth 【I, C】 ♣BBG; ●BJ, TW; ★(AF): ZA.

浅裂天竺葵 **Pelargonium lobatum** Hoffmanns. 【I, C】 ●TW; ★(AF): ZA.

香天竺葵(碰碰香、豆蔻入腊红)**Pelargonium odoratissimum** (L.) L'Hér. 【I, C】 ♣LBG, WBG, XMBG; ●FJ, HB, JX, TW; ★(AF): ZA.

*蝶花天竺葵 **Pelargonium papilionaceum** (L.) L'Hér. ex Aiton 【I, C】 ♣CBG; ●SH; ★(AF): ZA.

盾叶天竺葵 **Pelargonium peltatum** (L.) L'Hér. 【I, C】 ♣CBG, GBG, GXIB, HBG, IBCAS, KBG, LBG, NBG, XMBG; ●BJ, FJ, GX, GZ, JS, JX, SH, TW, YN, ZJ; ★(AF): ZA.

*五裂天竺葵 **Pelargonium quinquelobatum** Hochst. ex A. Rich. 【I, C】 ♣BBG; ●BJ; ★(AF): ZA.

紫花天竺葵 **Pelargonium quinquevulnerum** Willd. 【I, C】 ★(AF): ZA.

菊叶天竺葵 **Pelargonium radula** (Cav.) L'Hér. 【I, C】 ♣LBG, XMBG, ZAFU; ●FJ, JX, ZJ; ★(AF): ZA.

*环斑天竺葵 **Pelargonium rapaceum** L'Hér. 【I, C】 ♣CBG; ●SH; ★(AF): ZA.

四角天竺葵 **Pelargonium tetragonum** (L. f.) L'Hér. 【I, C】 ●FJ; ★(AF): ZA.

羽叶天竺葵 **Pelargonium triste** L'Hér. 【I, C】 ●TW; ★(AF): ZA.

马蹄纹天竺葵 **Pelargonium zonale** (L.) L'Hér. 【I, C】 ♣CDBG, FLBG, GBG, HBG, KBG, LBG, NBG, NSBG, XBG, XMBG, ZAFU; ●BJ, CQ, FJ, GD, GZ, JS, JX, SC, SH, SN, TW, YN, ZJ; ★(AF): ZA.

凤嘴葵属 Monsonia

Monsonia crassicaulis (S. E. A. Rehm) F. Albers 【I, C】 ★(OC): AU.

Monsonia speciosa Sweet 【I, C】 ★(AF): ZA.

龙骨葵属 Sarcocaulon

白花龙骨葵(白花鱼)**Sarcocaulon camdeboense** Moffett 【I, C】 ♣BBG; ●BJ; ★(AF): ZA.

*睫毛龙骨葵 **Sarcocaulon ciliatum** Moffett 【I, C】 ♣BBG; ●BJ; ★(AF): ZA.

黄白龙骨葵(白花龙骨葵)**Sarcocaulon crassicaule** Rehm 【I, C】 ♣BBG, CBG; ●BJ, SH, TW; ★(AF): NA, ZA.

黄花龙骨葵 **Sarcocaulon flavescens** Rehm 【I, C】 ♣BBG, CBG; ●BJ, SH; ★(AF): NA, ZA.

刺月界 **Sarcocaulon herrei** L. Bolus 【I, C】 ♣BBG, CBG; ●BJ, SH, TW; ★(AF): ZA.

黑皮月界(黑罗沙)**Sarcocaulon multifidum** E. Mey. ex Knuth 【I, C】 ♣BBG, XMBG; ●BJ, FJ, TW;

★(AF): ZA.

龙骨葵 **Sarcocaulon patersonii** G. Don【I, C】●FJ, TW; ★(AF): ZA.

白皮月界（月界）**Sarcocaulon peniculinum** Moffett【I, C】♣BBG, XMBG; ●BJ, FJ, TW; ★(AF): ZA.

龙骨扇（温达骨城）**Sarcocaulon vanderietiae** L. Bolus【I, C】♣BBG, XMBG; ●BJ, FJ; ★(AF): ZA.

老鹳草属 Geranium

银叶老鹳草 **Geranium argenteum** L.【I, C】●TW; ★(EU): BA, DE, FR, HR, IT, ME, MK, RS, SI.

日影老鹳草 **Geranium asphodeloides** Burm.【I, C】★(AS): AM, LB, SY, TR.

波西米亚老鹳草 **Geranium bohemicum** L.【I, C】★(EU): CH, CZ, DE, GR.

剑桥老鹳草 **Geranium cantabrigiense** P. F. Yeo【N, W/C】♣BBG; ●BJ, TW; ★(AS): CN.

野老鹳草 **Geranium carolinianum** L.【I, N】♣GA, HBG, LBG, WBG, XMBG, ZAFU; ●FJ, HB, JS, JX, ZJ; ★(NA): MX, US.

灰叶老鹳草 **Geranium cinereum** Cav.【I, C】♣BBG; ●BJ, TW; ★(EU): AL, BA, DE, ES, GR, HR, IT, ME, MK, RS, SI.

白喀什老鹳草 **Geranium clarkei** P. F. Yeo【N, W/C】♣BBG; ●BJ, TW; ★(AS): CN.

灰毛老鹳草 **Geranium columbinum** L.【I, C】♣KBG; ●YN; ★(NA): US.

粗根老鹳草 **Geranium dahuricum** DC.【N, W/C】♣IBCAS, TDBG; ●BJ, XJ; ★(AS): CN, KP, KR, MN, RU-AS.

达马提老鹳草 **Geranium dalmaticum** (Beck) Rech.f.【I, C】♣SCBG; ●GD, TW; ★(EU): AL, BA, HR, ME, MK, RS, SI.

深裂老鹳草（多裂老鹳草）**Geranium dissectum** L.【I, C】♣NBG; ●JS; ★(NA): US.

恩氏老鹳草 **Geranium endressii** J. Gay【I, C】♣BBG; ●BJ, TW; ★(EU): FR.

灰岩紫地榆 **Geranium franchetii** R. Knuth【N, W/C】♣SCBG; ●GD; ★(AS): CN.

喜马拉雅老鹳草（大花老鹳草）**Geranium himalayense** Klotzsch【N, W/C】♣BBG; ●BJ, TW; ★(AS): AF, CN, IN, NP, PK.

糙毛老鹳草（刚毛紫地榆）**Geranium hispidissimum** (Franch.) R. Knuth【N, W/C】♣LBG; ●JX; ★(AS): CN.

伊比里亚老鹳草 **Geranium ibericum** Cav.【I, C】●TW; ★(AS): GE, TR.

突节老鹳草 **Geranium krameri** Franch. et Sav.【N, W/C】♣LBG; ●JX; ★(AS): CN, JP, KP, KR, RU-AS.

球根老鹳草 **Geranium linearilobum** DC.【N, W/C】♣TDBG; ●XJ; ★(AS): CN, CY, KG, KH, KZ, TJ, TM, UZ; (EU): RU.

*大根老鹳草 **Geranium macrorrhizum** L.【I, C】♣BBG; ●BJ; ★(EU): AL, AT, BA, BE, BG, DE, GB, GR, HR, IT, ME, MK, RO, RS, RU, SI.

斑点老鹳草 **Geranium maculatum** L.【I, C】♣BBG; ●BJ; ★(NA): CA, US.

马德拉老鹳草 **Geranium maderense** Yeo【I, C】★(EU): PT.

软毛老鹳草 **Geranium molle** L.【I, C】★(EU): CH, DE, ES, FR.

尼泊尔老鹳草 **Geranium nepalense** Sweet【N, W/C】♣GBG, GMG, HBG, KBG, LBG, SCBG, WBG, XTBG; ●GD, GX, GZ, HB, JX, SC, YN, ZJ; ★(AS): AF, BT, CN, ID, IN, JP, KR, LA, LK, MM, MN, NP, PK, TH, VN.

二色老鹳草 **Geranium ocellatum** Jacquem.【N, W/C】♣WBG; ●HB; ★(AS): AF, CN, IN, NP, PK.

牛津老鹳草 **Geranium oxonianum** P. F. Yeo【N, W/C】♣BBG; ●BJ; ★(AS): CN.

掌叶老鹳草 **Geranium palmatum** Cav.【I, C】♣KBG; ●YN; ★(EU): FR.

沼生老鹳草 **Geranium palustre** L.【I, C】♣BBG; ●BJ; ★(AS): GE; (EU): AT, BA, BE, BG, CZ, DE, ES, FI, HR, HU, IT, ME, MK, PL, RO, RS, RU, SI.

暗色老鹳草 **Geranium phaeum** L.【I, C】♣BBG; ●BJ; ★(EU): CH, FR, NL.

毛蕊老鹳草 **Geranium platyanthum** Duthie【N, W/C】♣HFBG; ●HL; ★(AS): CN, JP, KP, MN, RU-AS.

宽瓣老鹳草 **Geranium platypetalum** Fisch. et C. A. Mey.【I, C】★(AS): AZ, GE.

草地老鹳草 **Geranium pratense** L.【N, W/C】♣BBG, NBG, WBG; ●BJ, HB, JS, YN; ★(AS): AF, CN, CY, KG, KH, KZ, MN, NP, PK, RU-AS, TJ, TM, UZ; (OC): NZ.

裸蕊老鹳草（光茎老鹳草）**Geranium psilostemon** Ledeb.【I, C】★(AS): AM.

矮老鹳草 **Geranium pusillum** L.【I, C】♣NBG;

●JS; ★(NA): MX, US.

甘青老鹳草(川西老鹳草)**Geranium pylzowianum** Maxim. 【N, W/C】 ●YN; ★(AS): CN, NP.

比利牛斯老鹳草 **Geranium pyrenaicum** Burm. f. 【I, C】 ★(AF): MA; (EU): BY, ES, FR.

肾叶老鹳草(列那狐老鹳草)**Geranium renardii** Trautv. 【I, C】 ★(AS): GE.

纤细老鹳草 **Geranium robertianum** L. 【N, W/C】 ♣WBG; ●HB; ★(AS): CN, CY, JP, KG, KH, KP, KZ, MN, NP, PK, RU-AS, TJ, TM, UZ; (OC): NZ.

湖北老鹳草 **Geranium rosthornii** R. Knuth 【N, W/C】 ♣HBG, WBG; ●HB, ZJ; ★(AS): CN.

血红老鹳草 **Geranium sanguineum** L. 【I, C】 ♣BBG; ●BJ, TW; ★(AS): AZ, SA; (EU): BY, FR, HR, IS, NL, RS, RU.

鼠掌老鹳草 **Geranium sibiricum** L. 【N, W/C】 ♣BBG, GBG, IBCAS, TDBG; ●BJ, GZ, SC, XJ; ★(AS): AF, CN, CY, GE, JP, KG, KH, KP, KR, KZ, MN, PK, RU-AS, TJ, TM, UZ; (EU): AT, BA, CZ, DE, HU, PL, RO, RU.

中华老鹳草(松林老鹳草)**Geranium sinense** R. Knuth 【N, W/C】 ●TW; ★(AS): CN.

直柄老鹳草(紫地榆)**Geranium strictipes** R. Knuth 【N, W/C】 ♣KBG; ●YN; ★(AS): CN.

林地老鹳草 **Geranium sylvaticum** L. 【I, C】 ♣BBG, CBG; ●BJ, SH; ★(AS): GE, RU-AS; (EU): AL, AT, BA, BE, BG, CZ, DE, ES, FI, FR, GB, GR, HR, HU, IS, IT, ME, MK, NL, NO, PL, RO, RS, RU, SI.

中日老鹳草(童氏老鹳草)**Geranium thunbergii** Siebert ex Lindl. et Paxton 【N, W/C】 ♣WBG, ZAFU; ●HB, ZJ; ★(AS): CN, JP, KP, KR, MN, RU-AS.

块茎老鹳草 **Geranium tuberosum** L. 【I, C】 ★(AS): TR.

伞花老鹳草 **Geranium umbelliforme** Franch. 【N, W/C】 ♣SCBG; ●GD; ★(AS): CN.

变色老鹳草 **Geranium versicolor** L. 【I, C】 ★(EU): IT.

老鹳草 **Geranium wilfordii** Maxim. 【N, W/C】 ♣BBG, FBG, HBG, HFBG, LBG, NBG, SCBG, TMNS, WBG; ●BJ, FJ, GD, HB, HL, JS, JX, SC, TW, ZJ; ★(AS): CN, JP, KP, KR, MN, RU-AS.

云南老鹳草 **Geranium yunnanense** Franch. 【N, W/C】 ●SC, YN; ★(AS): CN, MM.

牻牛儿苗属 Erodium

芹叶牻牛儿苗 **Erodium cicutarium** (L.) Léman ex DC. 【N, W/C】 ♣XMBG; ●FJ; ★(AF): ZA; (AS): AF, CN, CY, ID, IN, KG, KH, KZ, MN, PK, RU-AS, TJ, TM, UZ; (OC): AU, NZ.

尖喙牻牛儿苗 **Erodium oxyrhinchum** M. Bieb. 【N, W/C】 ♣TDBG; ●XJ; ★(AS): AF, CN, KG, KZ, PK, TJ, TM, UZ.

牻牛儿苗 **Erodium stephanianum** Willd. 【N, W/C】 ♣BBG, HFBG, IBCAS, LBG, XBG; ●BJ, HL, JX, SN; ★(AS): AF, CN, CY, JP, KG, KP, KR, KZ, MN, NP, PK, RU-AS.

156. 蜜花科 MELIANTHACEAE

蜜花属 Melianthus

多毛蜜花 **Melianthus comosus** Vahl 【I, C】 ★(AF): ZA.

蜜花 **Melianthus major** L. 【I, C】 ★(AF): ZA.

篦叶蜜花 **Melianthus pectinatus** Harv. 【I, C】 ★(AF): ZA.

柔毛蜜花 **Melianthus villosus** Bolus 【I, C】 ★(AF): ZA.

娑羽树属 Bersama

娑羽树 **Bersama abyssinica** Fresen. 【I, C】 ♣XTBG; ●YN; ★(AF): CM, ET, NG, TZ.

红鹃木属 Greyia

红鹃木(鞘叶树)**Greyia sutherlandii** Hook. et Harv. 【I, C】 ●TW; ★(AF): ZA.

157. 使君子科 COMBRETACEAE

对叶榄李属 Laguncularia

对叶榄李 **Laguncularia racemosa** (L.) C. F. Gaertn. 【I, C/N】 ♣XLTBG, XMBG; ●FJ, HI; ★(NA): BS, BZ, CR, CU, DO, GT, HN, HT, JM, LW, MX, NI, PA, PR, SV, TT, VG, WW; (SA): BO, BR, CO, EC, GF, GY, PE, VE.

榄李属 Lumnitzera

红榄李 **Lumnitzera littorea** (Jack) Voigt 【N, W/C】 ♣XTBG; ●YN; ★(AS): CN, ID, IN, KH, LK, MM, MY, PH, SG, TH, VN; (OC): AU, PAF.

榄李 **Lumnitzera racemosa** Willd. 【N, W/C】

♣XTBG; ●YN; ★(AF): MG; (AS): CN, ID, IN, JP, KH, KR, LK, MM, MY, PH, SG, TH, VN; (OC): AU, PAF.

榄果木属　Conocarpus

榄果木（锥果木）**Conocarpus erectus** L. 【I, C】 ♣SCBG, TMNS, XMBG; ●FJ, GD, TW; ★(NA): BS, BZ, CR, DO, GT, HN, HT, JM, KY, LW, MX, NI, PA, PR, SV, TT, VG, WW; (SA): BR, CO, EC, GF, GY, PE, VE.

榆绿木属　Anogeissus

尖叶榆绿木（榆绿木）**Anogeissus acuminata** (Roxb. ex DC.) Guill. 【N, W/C】 ♣BBG, SCBG, XTBG; ●BJ, GD, TW, YN; ★(AS): BT, CN, ID, IN, KH, LA, LK, MM, TH, VN.

平滑果榆绿木（马拉胶）**Anogeissus leiocarpa** (DC.) Guill. et Perr. 【I, C】 ♣SCBG, XMBG; ●FJ, GD, HI; ★(AF): BI, CF, KE, NG, TZ, UG.

榄檀属　Bucida

榄杯树 **Bucida buceras** L. 【I, C】 ●GD; ★(NA): BS, BZ, CU, DO, GT, HN, JM, MX, NI, PA, PR, SV, US, VG.

*矮榄杯树 **Bucida molinetii** (M. Gómez) Alwan et Stace 【I, C】 ♣XMBG; ●FJ; ★(NA): BS, BZ, CU, MX.

榄仁属　Terminalia

阿江榄仁 **Terminalia arjuna** (Roxb. ex DC.) Wight et Arn. 【I, C】 ♣BBG, FBG, FLBG, SCBG, XMBG, XOIG, XTBG; ●BJ, FJ, GD, HI, JX, YN; ★(AS): ID, IN, MM.

毗黎勒 **Terminalia bellirica** (Gaertn.) Roxb. 【N, W/C】 ♣CBG, FBG, SCBG, XMBG, XOIG, XTBG; ●FJ, GD, HI, SH, YN; ★(AS): BT, CN, ID, IN, KH, LA, LK, MM, MY, NP, TH, VN.

非洲榄仁（细叶榄仁）**Terminalia boivinii** Tul. 【I, C】 ♣XTBG, ZAFU; ●GD, YN, ZJ; ★(AF): KE, KM, MG, TZ.

菲律宾榄仁 **Terminalia calamansanay** Rolfe 【I, C】 ♣FLBG, TBG, TMNS, XLTBG, XMBG; ●FJ, GD, HI, JX, TW; ★(AS): PH.

榄仁树 **Terminalia catappa** L. 【N, W/C】 ♣FBG, FLBG, GMG, GXIB, HBG, NBG, SCBG, TBG, TMNS, XLTBG, XMBG, XOIG, XTBG; ●FJ, GD, GX, HI, JS, JX, TW, YN, ZJ; ★(AF): MG, NG; (AS): BT, CN, ID, IN, JP, KH, LK, MM, MY, PH, SG, TH, VN; (OC): AU, PAF.

诃子 **Terminalia chebula** Retz. 【N, W/C】 ♣GMG, GXIB, HBG, SCBG, TBG, XLTBG, XMBG, XOIG, XTBG; ●FJ, GD, GX, HI, SC, TW, YN, ZJ; ★(AS): BT, CN, ID, IN, KH, LA, LK, MM, MY, NP, TH, VN.

微毛诃子 **Terminalia chebula** var. **tomentella** (Kurz) C. B. Clarke 【N, W/C】 ♣XTBG; ●YN; ★(AS): CN, MM.

环翅榄仁 **Terminalia circumalata** F. Muell. 【I, C】 ♣SCBG, XTBG; ●GD, YN; ★(OC): AU.

毛榄仁 **Terminalia elliptica** Willd. 【I, C】 ♣SCBG, TBG, XLTBG, XOIG, XTBG; ●FJ, GD, HI, TW, YN; ★(AS): BD, IN, KH, LA, MM, NP, TH, VN.

红果榄仁 **Terminalia erythrocarpa** F. Muell. 【I, C】 ♣SCBG; ●GD; ★(OC): AU.

滇榄仁 **Terminalia franchetii** Gagnep. 【N, W/C】 ♣XTBG; ●YN; ★(AS): CN, TH.

象牙海岸榄仁 **Terminalia ivorensis** A. Chev. 【I, C】 ♣XTBG; ●HI, YN; ★(AF): CI, CM, GH, GN, LR, NG, SL.

疏花榄仁 **Terminalia laxiflora** Engl. 【I, C】 ♣SCBG; ●GD; ★(AF): CF, GH, NG, UG.

大翅榄仁 **Terminalia macroptera** Guill. et Perr. 【I, C】 ♣SCBG, XTBG; ●GD, HI, YN; ★(AF): CF, CM, NG.

黑果榄仁 **Terminalia melanocarpa** F. Muell. 【I, C】 ♣SCBG; ●GD; ★(AS): LK.

卵果榄仁 **Terminalia muelleri** Benth. 【I, C】 ♣CBG, FLBG, SCBG, TBG, XMBG, XOIG, XTBG; ●FJ, GD, HI, JX, SH, TW, YN; ★(NA): PA, PR, SV, US.

千果榄仁 **Terminalia myriocarpa** Van Heurck et Müll. Arg. 【N, W/C】 ♣FBG, GXIB, SCBG, WBG, XMBG, XOIG, XTBG; ●FJ, GD, GX, HB, HI, YN; ★(AS): BT, CN, ID, IN, LA, LK, MM, MY, NP, TH, VN; (OC): US-HW.

硬毛千果榄仁 **Terminalia myriocarpa** var. **hirsuta** Craib 【N, W/C】 ♣HBG, XTBG; ●YN, ZJ; ★(AS): CN, TH.

小叶榄仁（非洲榄仁）**Terminalia neotaliala** Capuron 【I, C】 ♣CBG, FBG, FLBG, SCBG, TMNS, XLTBG, XMBG, XTBG; ●FJ, GD, HI, JX, SH, TW, YN; ★(AF): MG.

海南榄仁 **Terminalia nigrovenulosa** Pierre 【N, W/C】 ♣BBG, FBG, GXIB, SCBG, XLTBG,

XMBG, XTBG; ●BJ, FJ, GD, GX, HI, YN; ★(AS): CN, KH, LA, MM, MY, TH, VN.

束叶榄仁 **Terminalia phanerophlebia** Engl. et Diels 【I, C】 ♣XTBG; ●YN; ★(AF): MZ, ZA.

艳榄仁 **Terminalia superba** Engl. et Diels 【I, C】 ♣GA, SCBG, XMBG, XTBG; ●FJ, GD, HI, JX, YN; ★(AF): CF, CM, GA, GH, GN, LR, NG.

萼翅藤属 Getonia

萼翅藤 **Getonia floribunda** Roxb. 【N, W/C】 ♣KBG, XTBG; ●YN; ★(AS): CN, IN, KH, LA, MM, MY, SG, TH, VN.

风车子属 Combretum

风车子 **Combretum alfredii** Hance 【N, W/C】 ♣BBG, CBG, GA, GMG, GXIB, SCBG, WBG, XMBG, XTBG; ●BJ, FJ, GD, GX, HB, JX, SH, YN; ★(AS): CN.

柳叶风车子 **Combretum caffrum** (Eckl. et Zeyh.) Kuntze 【I, C】 ♣HBG; ●ZJ; ★(AF): ZA.

*南非风车子 **Combretum collinum** subsp. **gazense** (Swynn. et Baker f.) Okafa 【I, C】 ♣XTBG; ●YN; ★(AF): ZA.

头花风车子（火焰藤）**Combretum constrictum** (Benth.) M. A. Lawson 【I, C】 ♣SCBG, XMBG; ●FJ, GD; ★(AF): KE, NG, TZ.

红花风车子 **Combretum erythrophyllum** (Burch.) Sond. 【I, C】 ♣XTBG; ●YN; ★(AF): TZ, ZA.

大花风车子（大花藤诃子）**Combretum grandiflorum** G. Don 【I, C】 ♣TBG; ●GD, TW; ★(AF): CG, SL.

西南风车子 **Combretum griffithii** Van Heurck et Müll. Arg. 【N, W/C】 ♣BBG, SCBG, XMBG, XTBG; ●BJ, FJ, GD, YN; ★(AS): BT, CN, ID, IN, LA, LK, MM, MY, TH, VN.

云南风车子 **Combretum griffithii** var. **yunnanense** (Exell) Turland et C. Chen 【N, W/C】 ♣XTBG; ●YN; ★(AS): CN.

阔叶风车子 **Combretum latifolium** G. Don 【N, W/C】 ♣BBG, XMBG, XTBG; ●BJ, FJ, YN; ★(AS): CN, ID, IN, KH, LA, LK, MM, MY, PH, TH, VN; (OC): PAF.

小翅风车子 **Combretum micranthum** G. Don 【I, C】 ♣SCBG; ●GD; ★(AF): BJ, GM, NG, SN.

长毛风车子 **Combretum pilosum** Roxb. 【N, W/C】 ♣XMBG, XTBG; ●FJ, HI, YN; ★(AS): CN, ID, IN, KH, LA, MM, TH, VN.

盾鳞风车子 **Combretum punctatum** Steud. 【N, W/C】 ♣XTBG; ●YN; ★(AS): BT, CN, ID, IN, LA, LK, MM, MY, NP, PH, TH, VN.

水密花 **Combretum punctatum** var. **squamosum** (Roxb. ex G. Don) M. G. Gangop. et Chakrab. 【N, W/C】 ♣SCBG, XTBG; ●GD, YN; ★(AS): BT, CN, ID, IN, MM, MY, NP, PH, TH, VN.

四轮风车子 **Combretum quadrangulare** Kurz 【I, C】 ♣XTBG; ●YN; ★(AS): KH, LA, MM, TH, VN.

榄形风车子 **Combretum sundaicum** Miq. 【N, W/C】 ♣XTBG; ●YN; ★(AS): CN, ID, IN, MY, SG, TH, VN.

石风车子（耳叶风车子）**Combretum wallichii** DC. 【N, W/C】 ♣KBG, XTBG; ●YN; ★(AS): BT, CN, ID, IN, LK, MM, NP, VN.

使君子属 Quisqualis

小花使君子 **Quisqualis conferta** (Jack) Exell 【N, W/C】 ♣XTBG; ●YN; ★(AS): CN, ID, IN, KH, MY, TH, VN.

使君子 **Quisqualis indica** L. 【N, W/C】 ♣BBG, CBG, FBG, FLBG, GBG, GMG, GXIB, HBG, IBCAS, NBG, NSBG, SCBG, TBG, TMNS, WBG, XLTBG, XMBG, XOIG, XTBG; ●BJ, CQ, FJ, GD, GX, GZ, HB, HI, JS, JX, SC, SH, TW, YN, ZJ; ★(AF): NG; (AS): BT, CN, ID, IN, KH, LA, LK, MM, MY, NP, PH, PK, SG, TH, VN; (OC): AU, PAF.

158. 千屈菜科 LYTHRACEAE

黄薇属 Heimia

黄薇 **Heimia myrtifolia** Cham. et Schltdl. 【I, C】 ♣CDBG, FBG, GA, GXIB, HBG, SCBG, TBG, XMBG, XTBG; ●FJ, GD, GX, JX, SC, TW, YN, ZJ; ★(SA): AR, BR, UY.

柳叶黄薇（柳叶霓裳花）**Heimia salicifolia** (Kunth) Link 【I, C】 ♣BBG, TBG; ●BJ, TW; ★(NA): JM, MX; (SA): AR, BO, BR, PY, UY.

节节菜属 Rotala

水杉菜 **Rotala hippuris** Makino 【I, C】 ★(AS): JP.

节节菜 **Rotala indica** (Willd.) Koehne 【N, W/C】

♣BBG, FLBG, GA, LBG, SCBG, TMNS, WBG, XMBG, XTBG, ZAFU; ●BJ, FJ, GD, HB, JX, TW, YN, ZJ; ★(AS): BT, CN, ID, IN, JP, KH, KP, KR, LA, LK, MM, MY, NP, PH, RU-AS, TH, VN.

红叶节节菜（红蝴蝶草）**Rotala macrandra** Koehne 【I, C】 ●BJ; ★(AS): IN.

轮叶节节菜（墨西哥水松叶）**Rotala mexicana** Cham. et Schltdl.【I, N】♣TMNS, WBG; ●HB, TW; ★(NA): CR, CU, GT, MX, NI, PA; (SA): AR, BO, BR, CO.

美洲节节菜 **Rotala ramosior** (L.) Koehne 【I, N】♣TMNS; ●TW; ★(NA): BZ, CR, DO, GT, HN, JM, LW, MX, NI, PA, PR, US; (SA): AR, BO, BR, CO, EC, PE, VE.

圆叶节节菜 **Rotala rotundifolia** (Buch.-Ham. ex Roxb.) Koehne 【N, W/C】 ♣BBG, FBG, FLBG, GA, GBG, GMG, HBG, LBG, SCBG, TMNS, WBG, XMBG, XTBG, ZAFU; ●BJ, FJ, GD, GX, GZ, HB, JX, SC, TW, YN, ZJ; ★(AS): BT, CN, ID, IN, JP, LA, LK, MM, NP, TH, VN; (OC): AU.

翅茎节节菜 **Rotala rubra** (Buch.-Ham. ex D. Don) H. Hara 【I, C】 ♣XTBG; ●YN; ★(AS): JP.

瓦氏节节菜 **Rotala wallichii** (Hook. f.) Koehne【N, W/C】 ♣SCBG, TMNS; ●GD, TW; ★(AS): CN, ID, IN, LA, MM, MY, TH, VN.

水篱草属 Didiplis

水篱草（牛顿草）**Didiplis diandra** (Nutt. ex DC.) Alph. Wood 【I, C】 ♣SCBG, WBG; ●GD, HB; ★(NA): US.

千屈菜属 Lythrum

具翅千屈菜 **Lythrum alatum** Pursh【I, C】♣CBG; ●SH; ★(NA): US.

千屈菜 **Lythrum salicaria** L. 【N, W/C】 ♣BBG, FLBG, GA, GBG, GMG, HBG, HFBG, IBCAS, KBG, MDBG, NBG, SCBG, WBG, XBG, XMBG, ZAFU; ●AH, BJ, FJ, GD, GS, GX, GZ, HB, HL, JS, JX, LN, SC, SN, YN, ZJ; ★(AS): AF, CN, IN, JP, KR, MN, RU-AS.

帚枝千屈菜 **Lythrum virgatum** L. 【N, W/C】 ♣BBG; ●BJ; ★(AS): CN, GE; (EU): AL, AT, BA, BG, CZ, DE, GR, HR, HU, IT, ME, MK, PL, RO, RS, RU, SI.

八宝树属 Duabanga

八宝树 **Duabanga grandiflora** (DC.) Walp. 【N, W/C】 ♣GXIB, HBG, NBG, SCBG, XLTBG, XMBG, XOIG, XTBG; ●FJ, GD, GX, HI, JS, YN, ZJ; ★(AS): BT, CN, ID, IN, KH, LA, LK, MM, MY, SG, TH, VN.

细花八宝树 **Duabanga taylorii** Jayaw.【I, C】●HI; ★(AS): ID, IN.

紫薇属 Lagerstroemia

毛萼紫薇 **Lagerstroemia balansae** Koehne 【N, W/C】 ♣GA, SCBG, XLTBG; ●GD, HI, JX; ★(AS): CN, LA, TH, VN.

*萼花紫薇 **Lagerstroemia calycina** Koehne 【I, C】 ♣XTBG; ●YN; ★(AS): PH.

*杯花紫薇 **Lagerstroemia calyculata** Kurz 【I, C】 ♣XMBG, XTBG; ●FJ, YN; ★(AS): LA, MM, VN.

尾叶紫薇 **Lagerstroemia caudata** Chun et F. C. How ex S. K. Lee et L. F. Lau【N, W/C】♣CBG, GXIB, NBG, WBG, XTBG, ZAFU; ●GX, HB, JS, SH, YN, ZJ; ★(AS): CN.

卵叶紫薇 **Lagerstroemia cochinchinensis** var. **ovalifolia** Furt. et Mont. 【I, C】 ♣XTBG; ●YN; ★(AS): TH.

川黔紫薇 **Lagerstroemia excelsa** (Dode) Chun ex S. Lee et L. F. Lau 【N, W/C】 ♣CBG, FBG, GBG, WBG; ●FJ, GZ, HB, SC, SH; ★(AS): CN.

日本紫薇（福氏紫薇）**Lagerstroemia fauriei** Koehne 【I, C】 ♣GA, NBG; ●JS, JX; ★(AS): JP.

桂林紫薇 **Lagerstroemia guilinensis** S. K. Lee et L. F. Lau 【N, W/C】 ♣GXIB, SCBG, WBG; ●GD, GX, HB; ★(AS): CN.

紫薇 **Lagerstroemia indica** L. 【N, W/C】 ♣BBG, CBG, CDBG, FBG, FLBG, GA, GBG, GMG, GXIB, HBG, IBCAS, KBG, LBG, NBG, NSBG, SCBG, TBG, WBG, XBG, XLTBG, XMBG, XOIG, XTBG, ZAFU; ●AH, BJ, CQ, FJ, GD, GX, GZ, HB, HI, JS, JX, LN, SC, SH, SN, TW, YN, ZJ; ★(AS): BT, CN, ID, IN, JP, KH, KP, KR, LA, LK, MM, MY, NP, PH, PK, SG, TH, VN.

云南紫薇 **Lagerstroemia intermedia** Koehne 【N, W/C】 ♣GXIB, NBG, SCBG, XTBG; ●GD, GX, JS, SC, YN; ★(AS): CN, MM.

福建紫薇（浙江紫薇）**Lagerstroemia limii** Merr.【N, W/C】 ♣BBG, CDBG, FBG, HBG, IBCAS, NBG, WBG, XMBG, XTBG, ZAFU; ●BJ, FJ, HB, JS, SC, YN, ZJ; ★(AS): CN.

劳氏紫薇 **Lagerstroemia loudonii** Teijsm. et Binn. 【I, C】 ♣SCBG, XMBG; ●FJ, GD; ★(AS): TH.

小花紫薇 **Lagerstroemia micrantha** Merr. 【N, W/C】 ♣GXIB; ●GX; ★(AS): CN, VN.

小叶紫薇 **Lagerstroemia parviflora** Roxb. 【I, C】 ♣XTBG; ●YN; ★(AS): BT, IN, LK, MM.

南洋紫薇 **Lagerstroemia siamica** Gagnep. 【I, C】 ♣SCBG, TBG, XTBG; ●GD, TW, YN; ★(AS): MM, MY, TH.

大花紫薇 **Lagerstroemia speciosa** (L.) Pers. 【I, C】 ♣BBG, FBG, FLBG, GA, GMG, HBG, IBCAS, NBG, SCBG, TBG, XLTBG, XMBG, XOIG, XTBG; ●BJ, FJ, GD, GX, HI, JS, JX, TW, YN, ZJ; ★(AS): ID, IN, LA, LK, MM, MY, PH, VN.

南紫薇 **Lagerstroemia subcostata** Koehne 【N, W/C】 ♣CBG, CDBG, FBG, GA, GMG, HBG, IBCAS, LBG, NBG, NSBG, SCBG, TBG, TMNS, WBG, XMBG, XTBG, ZAFU; ●BJ, CQ, FJ, GD, GX, HB, JS, JX, SC, SH, TW, YN, ZJ; ★(AS): CN, ID, JP, PH.

网脉紫薇 **Lagerstroemia suprareticulata** S. K. Lee et L. F. Lau 【N, W/C】 ♣GXIB, IBCAS; ●BJ, GX; ★(AS): CN.

绒毛紫薇 **Lagerstroemia tomentosa** C. Presl 【N, W/C】 ♣IBCAS, KBG, NBG, SCBG, WBG, XMBG, XTBG; ●BJ, FJ, GD, HB, JS, YN; ★(AS): CN, LA, MM, SG, TH, VN.

西双紫薇 **Lagerstroemia venusta** Wall. ex C. B. Clarke 【N, W/C】 ♣BBG, XTBG; ●BJ, YN; ★(AS): CN, KH, LA, MM, TH, VN.

毛紫薇 **Lagerstroemia villosa** Wall. ex Kurz 【N, W/C】 ♣HBG, SCBG, XTBG; ●GD, YN, ZJ; ★(AS): CN, LA, LK, MM, TH.

海桑属 Sonneratia

无瓣海桑 **Sonneratia apetala** Buch.-Ham. 【I, C/N】 ♣SCBG, XLTBG, XMBG; ●FJ, GD, HI; ★(AS): BD, ID, IN, LK, MM.

海桑 **Sonneratia caseolaris** (L.) Engl. 【N, W/C】 ♣SCBG, XLTBG, XMBG; ●FJ, GD, HI; ★(AS): CN, ID, IN, KH, LK, MM, MY, PH, TH, VN; (OC): AU, PAF.

菱属 Trapa

细果野菱 **Trapa incisa** Siebold et Zucc. 【N, W/C】 ♣HBG, HFBG, IBCAS, KBG, LBG, NBG, SCBG, TMNS, WBG, XTBG, ZAFU; ●AH, BJ, GD, HB, HL, JS, JX, TW, YN, ZJ; ★(AS): CN, ID, IN, JP, KP, KR, LA, MN, MY, RU-AS, TH, VN.

欧菱 **Trapa natans** L. 【N, W/C】 ♣BBG, FBG, FLBG, HBG, IBCAS, LBG, TBG, TMNS, WBG, XMBG, XTBG; ●AH, BJ, FJ, GD, HB, HL, HN, JS, JX, SH, TW, YN, ZJ; ★(AF): NG, ZA; (AS): CN, GE, ID, IN, JP, KP, KR, LA, MM, MN, MY, PH, PK, RU-AS, SG, TH, VN; (EU): AL, AT, BA, BG, BY, CZ, DE, ES, GR, HR, HU, IT, ME, MK, PL, RO, RS, RU, SI.

水苋菜属 Ammannia

耳基水苋菜 **Ammannia auriculata** Willd. 【N, W/C】 ♣SCBG, WBG, XMBG, XTBG, ZAFU; ●FJ, GD, HB, YN, ZJ; ★(AF): NG; (AS): CN, JP; (OC): AU.

水苋菜 **Ammannia baccifera** Roth 【N, W/C】 ♣BBG, GA, GMG, IBCAS, LBG, SCBG, XMBG, XTBG; ●BJ, FJ, GD, GX, JX, YN; ★(AF): NG; (AS): AF, BT, CN, IN, KH, LA, MM, MY, NP, PH, SG, TH, VN; (EU): RU.

长叶水苋菜 **Ammannia coccinea** Rottb. 【I, N】 ●BJ; ★(NA): US.

红叶水苋菜(红柳) **Ammannia gracilis** Guill. et Perr. 【I, C】 ♣WBG; ●HB; ★(AF): NG, SN.

多花水苋菜 **Ammannia multiflora** Roxb. 【N, W/C】 ♣GA, LBG, SCBG, WBG, XTBG; ●GD, HB, JX, YN; ★(AF): CM, MG, NG, SN; (AS): CN, JP, KR; (OC): AU, PAF.

散沫花属 Lawsonia

散沫花 **Lawsonia inermis** L. 【I, C】 ♣FBG, FLBG, GA, HBG, SCBG, TMNS, XLTBG, XMBG, XOIG, XTBG; ●FJ, GD, HI, JX, TW, YN, ZJ; ★(AF): EG, MG, NG.

水芫花属 Pemphis

水芫花 **Pemphis acidula** J. R. Forst. 【N, W/C】 ●TW; ★(AS): CN, ID, IN, JP, MM, PH, SG, TH; (OC): AU, PAF.

石榴属 Punica

石榴 **Punica granatum** L. 【I, C】 ♣BBG, CBG, CDBG, FBG, FLBG, GA, GBG, GMG, GXIB, HBG, IBCAS, KBG, LBG, NBG, NSBG, SCBG, TBG, TDBG, TMNS, WBG, XBG, XLTBG, XMBG, XOIG, XTBG, ZAFU; ●AH, BJ, CQ, FJ, GD, GS, GX, GZ, HA, HB, HE, HI, HN, JS, JX, LN, NM, SC, SD, SH, SN, SX, TW, XJ, YN, ZJ;

★(EU): AL, BA, BG, GR, HR, MD, ME, MK, RO, RS, SI, TR, UA.

原石榴（野石榴）**Punica protopunica** Balf.f.【I, C】★(AS): YE; (OC): US-HW.

丽薇属 Lafoensia

丽薇 **Lafoensia vandelliana** Cham. et Schltdl.【I, C】★(SA): BO, BR, GF, PE, PY.

虾子花属 Woodfordia

虾子花 **Woodfordia fruticosa** (L.) Kurz【N, W/C】♣BBG, FBG, FLBG, GXIB, KBG, SCBG, WBG, XMBG, XTBG; ●BJ, FJ, GD, GX, HB, JX, YN; ★(AS): BT, CN, ID, IN, LA, LK, MM, NP, PK, TH.

萼距花属 Cuphea

哥伦比亚萼距花（香膏萼距花）**Cuphea carthagenensis** (Jacq.) J. F. Macbr.【I, C/N】♣FLBG, SCBG, XTBG; ●GD, HA, JX, XZ, YN; ★(NA): BZ, CR, DO, GT, HN, LW, MX, NI, PA, PR, SV, TT; (SA): AR, BR, CO, EC, PE, PY, VE.

深蓝萼距花 **Cuphea cyanea** Moc. et Sessé ex DC.【I, C】●TW; ★(NA): GT, MX; (SA): EC.

萼距花 **Cuphea hookeriana** Walp.【I, C】♣BBG, FLBG, GXIB, KBG, LBG, NBG, SCBG, XMBG; ●BJ, FJ, GD, GX, JS, JX, TW, YN; ★(NA): GT, HN, MX, NI, SV.

细叶萼距花 **Cuphea hyssopifolia** (Koehne) S. A. Graham【I, C】♣CBG, CDBG, FBG, FLBG, IBCAS, LBG, SCBG, TBG, WBG, XLTBG, XMBG, XTBG, ZAFU; ●BJ, FJ, GD, HB, HI, JX, SC, SH, TW, YN, ZJ; ★(NA): BZ, CR, DO, GT, HN, LW, MX, NI, PA, PR, SV, TT; (SA): AR, BR, CO, EC, PE, PY, VE.

披针叶萼距花 **Cuphea lanceolata** W. T. Aiton【I, C】●BJ; ★(NA): MX.

小瓣萼距花（小瓣萼距化）**Cuphea micropetala** Baill.【I, C】♣XTBG; ●YN; ★(NA): MX.

白花雪茄花 **Cuphea parsonsia** var. **grisebachiana** (Koehne) S. A. Graham【I, C】♣CBG, FLBG, IBCAS, SCBG, TBG, WBG, XLTBG, XMBG, XTBG, ZAFU; ●BJ, FJ, GD, HB, HI, JX, SC, SH, TW, YN, ZJ; ★(NA): CU.

火红萼距花（雪茄花）**Cuphea platycentra** Lem.【I, C】♣FBG, FLBG, HBG, KBG, XMBG, XTBG; ●FJ, GD, JX, TW, YN, ZJ; ★(NA): JM, MX.

平卧萼距花 **Cuphea procumbens** Ortega【I, C】♣BBG, SCBG, XTBG; ●BJ, GD, SC, YN; ★(NA): KY, MX; (SA): BO.

黏毛萼距花 **Cuphea viscosissima** Jacq.【I, C】♣BBG; ●BJ; ★(NA): US.

159. 柳叶菜科 ONAGRACEAE

丁香蓼属 Ludwigia

水龙 **Ludwigia adscendens** (L.) H. Hara【N, W/C】♣FBG, FLBG, GA, GMG, LBG, SCBG, TMNS, WBG, XMBG, XTBG; ●FJ, GD, GX, HB, JX, TW, YN; ★(AF): MG; (AS): CN, ID, IN, JP, LA, LK, MM, MY, NP, PH, PK, SG, TH; (OC): AU, PAF.

条叶水龙（小红莓）**Ludwigia arcuata** Walter【I, C】♣WBG; ●HB; ★(NA): US.

翼茎水龙（翼茎水丁香）**Ludwigia decurrens** Walter【I, C】●ZJ; ★(NA): CR, GT, HN, MX, NI, PA, US; (SA): AR, BO, BR, CO, EC, GY, PE, PY, VE.

假柳叶菜 **Ludwigia epilobioides** Maxim.【N, W/C】♣NBG; ●JS; ★(AS): CN, ID, JP, KR, MN, VN.

大红叶水龙（新叶底红）**Ludwigia glandulosa** Pursh【I, C】♣SCBG; ●GD, JS; ★(NA): US.

大花水龙 **Ludwigia grandiflora** (Michx.) Greuter et Burdet【I, C】♣BBG; ●BJ, TW; ★(NA): US; (SA): AR, BO, BR, PE, PY, VE.

草龙 **Ludwigia hyssopifolia** (G. Don) Exell【N, W/C】♣FLBG, GMG, SCBG, XMBG, XTBG; ●FJ, GD, GX, JX, YN; ★(AS): BT, CN, ID, IN, JP, LA, LK, MM, MY, NP, PH, SG, TH, VN; (OC): AU, PAF; (NA): CU, DO, TT, US; (SA): AR, BO, BR, CO, PE, PY, VE.

巴西红水龙（巴西红叶草）**Ludwigia inclinata** (L. f.) M. Gómez【I, C】★(NA): CR, CU, GT, JM, MX, NI, PA, SV; (SA): BO, BR, GY, PE, PY, VE.

毛草龙 **Ludwigia octovalvis** (Jacq.) P. H. Raven【N, W/C】♣FBG, GMG, SCBG, TMNS, WBG, XMBG, XTBG; ●FJ, GD, GX, HB, TW, YN; ★(AS): BT, CN, ID, IN, JP, LA, LK, MM, MY, SG, TH, VN; (OC): AU, PAF; (NA): BZ, CR, CU, GT, HN, HT, JM, MX, NI, PA, SV, TT, VG, WW; (SA): AR, BO, BR, GY, PE, PY, UY, VE.

卵叶丁香蓼 **Ludwigia ovalis** Miq.【N, W/C】♣FBG, GXIB, HBG, LBG, SCBG, TMNS, WBG, XMBG; ●FJ, GD, GX, HB, JX, TW, ZJ; ★(AS): CN, JP, KP, KR.

沼生丁香蓼 **Ludwigia palustris** (L.) Elliott 【I, C】♣IBCAS; ●BJ; ★(AF): MA; (AS): GE, SA; (EU): AL, AT, BA, BE, BG, CZ, DE, ES, GB, GR, HR, HU, IT, LU, ME, MK, NL, PL, RO, RS, RU, SI, TR; (NA): CR, DO, GT, MX, US.

荸艾状水龙 **Ludwigia peploides** (Kunth) P. H. Raven 【I, N】♣SCBG, WBG; ●BJ, GD, HB; ★(NA): BZ, CR, CU, DO, GT, HN, JM, MX, PR, US; (SA): AR, BO, BR, CO, EC, PE, PY, UY, VE.

黄花水龙 **Ludwigia peploides** subsp. **stipulacea** (Ohwi) P. H. Raven 【N, W/C】♣IBCAS, SCBG, TMNS, WBG, ZAFU; ●BJ, GD, HB, TW, ZJ; ★(AS): CN, JP.

细花丁香蓼 **Ludwigia perennis** L. 【N, W/C】♣FBG, FLBG, XMBG, XTBG; ●FJ, GD, JX, YN; ★(AF): KE, MG, NG, ZA; (AS): BT, CN, ID, IN, JP, LA, LK, MM, MY, NP, PH; (OC): AU, PAF.

丁香蓼 **Ludwigia prostrata** Roxb. 【N, W/C】♣FBG, FLBG, GA, HBG, LBG, NBG, SCBG, TBG, WBG, XMBG, XTBG, ZAFU; ●FJ, GD, HB, JS, JX, TW, YN, ZJ; ★(AS): CN, IN, JP, KR, MN, VN.

菱叶水龙 **Ludwigia sedioides** (Humb. et Bonpl.) H. Hara 【I, C】♣IBCAS; ●BJ; ★(SA): BR, VE.

倒挂金钟属 Fuchsia

白萼倒挂金钟 **Fuchsia × albo-coccinea** Hort. 【I, C】●FJ, SC; ★(NA): MX, US.

粗茎倒挂金钟 **Fuchsia arborescens** Sims 【I, C】●TW; ★(NA): CR, GT, HN, MX.

杆状倒挂金钟 **Fuchsia bacillaris** Lindl. 【I, C】●TW; ★(NA): MX.

大红倒挂金钟 **Fuchsia boliviana** Carrière 【I, C】♣IBCAS; ●BJ, TW; ★(SA): AR, BO, CO, EC, PE, VE.

猩红倒挂金钟 **Fuchsia coccinea** Aiton 【I, C】♣FLBG, IBCAS, KBG; ●BJ, GD, JX, YN; ★(SA): BR.

长筒倒挂金钟 **Fuchsia fulgens** Moc. et Sessé ex DC. 【I, C】♣KBG, LBG; ●BJ, JX, TW, YN; ★(NA): MX.

倒挂金钟 **Fuchsia hybrida** Hort. ex Siebert et Voss 【I, C】♣CBG, CDBG, FBG, FLBG, GA, GBG, GXIB, HBG, LBG, XBG, XLTBG, XMBG, XOIG, XTBG, ZAFU; ●BJ, FJ, GD, GX, GZ, HI, JX, SC, SH, SN, TW, YN, ZJ; ★(NA): MX, US.

*枸杞倒挂金钟 **Fuchsia lycioides** Andrews 【I, C】●BJ; ★(SA): BO, CL.

短筒倒挂金钟 **Fuchsia magellanica** Lam. 【I, C】♣CDBG, FLBG, KBG; ●BJ, GD, JX, SC, TW, YN; ★(SA): AR, BO, BR, CL.

匍枝倒挂金钟 **Fuchsia procumbens** R. Cunn. 【I, C】●TW; ★(SA): BR.

三叶倒挂金钟 **Fuchsia triphylla** L. 【I, C】♣NBG; ●JS; ★(NA): DO, HT, JM; (SA): EC, VE.

露珠草属 Circaea

高山露珠草 **Circaea alpina** L. 【N, W/C】♣LBG; ●JX; ★(AF): MA; (AS): AF, BT, CN, CY, GE, ID, IN, JP, KP, KR, KZ, MM, MN, NP, RU-AS, TH, VN; (EU): AL, AT, BA, BE, CZ, DE, ES, FI, GB, HR, IT, ME, MK, NL, NO, PL, RO, RS, RU, SI.

露珠草 **Circaea cordata** Royle 【N, W/C】♣HBG, LBG; ●JX, ZJ; ★(AS): CN, JP, RU-AS.

水珠草 **Circaea canadensis** subsp. **quadrisulcata** (Maxim.) Boufford 【N, W/C】♣LBG; ●JX; ★(AS): CN, JP, KP, KR.

谷蓼 **Circaea erubescens** Franch. et Sav. 【N, W/C】♣GMG, LBG, XTBG; ●GX, JX, YN; ★(AS): CN, JP, KR.

南方露珠草 **Circaea mollis** Siebold et Zucc. 【N, W/C】♣FBG, GA, HBG, LBG, SCBG, WBG; ●FJ, GD, HB, JX, ZJ; ★(AS): CN, ID, IN, JP, KH, KP, KR, LA, MM, MN, RU-AS, VN.

柳兰属 Chamerion

柳兰 **Chamerion angustifolium** (L.) Holub 【N, W/C】♣XTBG; ●HL, SC, YN; ★(AS): CN, KR, MM, MN, RU-AS.

毛脉柳兰 **Chamerion angustifolium** subsp. **circumvagum** (Mosquin) Hoch 【N, W/C】♣HFBG, WBG; ●HB, HL, LN, SC, YN; ★(AS): AF, CN, BT, IN, JP, KP, KR, MM, NP, PK.

宽叶柳兰 **Chamerion latifolium** (L.) Holub 【N, W/C】●YN; ★(AS): AF, BT, CN, CY, ID, IN, JP, MN, NP, PK, RU-AS, TJ.

柳叶菜属 Epilobium

光滑柳叶菜 **Epilobium amurense** subsp. **cephalostigma** (Hausskn.) C. J. Chen, Hoch et P. H. Raven 【N, W/C】♣WBG; ●BJ, HB; ★(AS): CN, JP, KP, KR.

长柱柳叶菜 **Epilobium blinii** H. Lév. 【N, W/C】●YN; ★(AS): CN.

短叶柳叶菜 **Epilobium brevifolium** D. Don 【N, W/C】 ♣XTBG; ●YN; ★(AS): BT, CN, ID, IN, LA, LK, MM, NP, PH, VN.

多枝柳叶菜 **Epilobium fastigiatoramosum** Nakai 【N, W/C】 ♣IBCAS; ●BJ, SC; ★(AS): CN, JP, KP, KR, MN, RU-AS.

柳叶菜 **Epilobium hirsutum** L. 【N, W/C】 ♣BBG, CBG, GA, GBG, IBCAS, KBG, LBG, WBG, ZAFU; ●BJ, GZ, HB, JX, SC, SH, YN, ZJ; ★(AS): AF, AZ, CN, ID, IN, JP, KP, KR, MN, NP, PK, RU-AS; (EU): FI, FR, IS, NO, RS, RU.

沼生柳叶菜 **Epilobium palustre** L. 【N, W/C】 ♣WBG; ●HB; ★(AS): BT, CN, CY, ID, IN, JP, KR, KZ, LK, MN, NP, PK, RU-AS.

硬毛柳叶菜 **Epilobium pannosum** Hausskn. 【N, W/C】 ♣XTBG; ●YN; ★(AS): CN, ID, IN, MM, VN.

小花柳叶菜 **Epilobium parviflorum** Schreb. 【N, W/C】 ♣IBCAS; ●BJ; ★(AS): AF, CN, ID, IN, JP, KP, MM, MN, NP, PK.

阔柱柳叶菜 **Epilobium platystigmatosum** C. B. Rob. 【N, W/C】 ♣CBG, WBG; ●HB, SH; ★(AS): CN, JP, PH.

长籽柳叶菜 **Epilobium pyrricholophum** Franch. et Sav. 【N, W/C】 ♣GA, LBG, WBG, ZAFU; ●HB, JX, ZJ; ★(AS): CN, JP, KR, MN, RU-AS.

仙女扇属 Clarkia

可爱仙女扇（古代稀、送春花）**Clarkia amoena** (Lehm.) A. Nelson et J. F. Macbr. 【I, C/N】 ♣NBG, XMBG, XOIG; ●BJ, FJ, JS, TW, YN; ★(NA): US.

林黎仙女扇 **Clarkia amoena** subsp. **lindleyi** (Douglas) H. F. Lewis et M. R. Lewis 【I, C】 ●TW; ★(NA): US.

惠特尼仙女扇 **Clarkia amoena** subsp. **whitneyi** (A. Gray) H. F. Lewis et M. R. Lewis 【I, C】 ●TW; ★(NA): US.

清丽仙女扇（矮古代稀）**Clarkia concinna** (Fisch. et C. A. Mey.) Greene 【I, C】 ★(NA): US.

优美仙女扇（山字草）**Clarkia elegans** Douglas 【I, C】 ★(NA): US.

仙女扇（克拉花、细叶山字草）**Clarkia pulchella** Pursh 【I, C】 ♣XMBG; ●FJ; ★(NA): US.

壮丽仙女扇 **Clarkia speciosa** H. F. Lewis et M. R. Lewis 【I, C】 ♣XMBG; ●FJ; ★(NA): US.

有爪仙女扇 **Clarkia unguiculata** Lindl. 【I, C/N】 ♣NBG, XMBG, ZAFU; ●FJ, JS, TW, ZJ; ★(NA): US.

月见草属 Oenothera

月见草 **Oenothera biennis** L. 【I, C】 ♣KBG, NBG, WBG, XBG, XMBG; ●FJ, HB, HL, JS, LN, SC, SN, TW, XJ, YN; ★(NA): US.

海边月见草 **Oenothera drummondii** (Spach) Walp. 【I, N】 ♣SCBG, XMBG; ●FJ, GD; ★(NA): CA, US.

灌木月见草 **Oenothera fruticosa** L. 【I, C】 ★(NA): US.

黄花月见草 **Oenothera glazioviana** Micheli 【I, N】 ♣GBG, HBG, KBG, LBG, SCBG, XMBG, XOIG; ●BJ, FJ, GD, GZ, JX, TW, YN, ZJ; ★(NA): DO; (SA): AR, BR, CL, EC, UY.

裂叶月见草 **Oenothera laciniata** Hill 【I, N】 ●JS; ★(NA): CR, GT, MX, PA, US; (SA): AR, EC, PE.

拉马克月见草 **Oenothera lamarkiana** Ser. 【I, C】 ♣NBG; ●JS; ★(NA): US.

大果月见草 **Oenothera macrocarpa** Nutt. 【I, C】 ♣BBG, IBCAS; ●BJ; ★(NA): US.

密苏里月见草 **Oenothera missouriensis** Sims 【I, C】 ♣KBG; ●TW, YN; ★(NA): US.

曲序月见草 **Oenothera oakesiana** (A. Gray) J. W. Robbins ex S. Watson et J. M. Coult. 【I, C】 ★(NA): US.

南美月见草 **Oenothera odorata** Jacq. 【I, N】 ♣GMG, HBG, IBCAS, TDBG, XMBG; ●BJ, FJ, GX, SC, XJ, ZJ; ★(SA): AR, BR, CL.

白花月见草 **Oenothera pallida** var. **trichocalyx** (Nutt.) Dorn 【I, C】 ★(NA): US.

小花月见草 **Oenothera parviflora** L. 【I, C】 ♣SCBG; ●GD; ★(NA): CA, US.

宿根月见草 **Oenothera perennis** L. 【I, C】 ♣NBG; ●JS; ★(NA): CA, US.

粉花月见草 **Oenothera rosea** L'Hér. ex Aiton 【I, N】 ♣KBG, SCBG, XMBG, XTBG; ●FJ, GD, YN; ★(NA): BM, CR, CU, GT, HN, JM, MX, NI, PA, PR, SV, US; (SA): AR, BO, BR, CL, CO, EC, GY, PE, PY, VE.

美丽月见草 **Oenothera speciosa** Nutt. 【I, C】 ♣IBCAS, NBG, SCBG, ZAFU; ●BJ, GD, JS, SC, TW, ZJ; ★(NA): MX, US.

待宵草 **Oenothera stricta** Ledeb. ex Link 【I, C】 ♣KBG, WBG, XMBG; ●FJ, HB, YN; ★(NA): US.

四棱月见草 **Oenothera tetragona** Roth 【I, C】 ♣BBG; ●BJ; ★(NA): US.

四翅月见草 **Oenothera tetraptera** Cav. 【I, C/N】 ♣XMBG; ●FJ; ★(NA): CR, GT, HN, JM, MX, US; (SA): BO, BR, EC, PE, VE.

长毛月见草 **Oenothera villosa** Thunb. 【I, C】 ★(NA): US.

山桃草属 Gaura

阔果山桃草 **Gaura biennis** L. 【I, C】 ★(NA): US.

山桃草 **Gaura lindheimeri** Engelm. et A. Gray 【I, C/N】 ♣BBG, CBG, HBG, IBCAS, KBG, NBG, SCBG, XMBG; ●BJ, FJ, GD, JS, SC, SH, TW, YN, ZJ; ★(NA): US.

小花山桃草 **Gaura parviflora** Lehm. 【I, N】 ♣IBCAS; ●BJ, HA, HE, JS, LN, SD, SX, ZJ; ★(NA): MX, US.

160. 桃金娘科 MYRTACEAE

金缨木属 Xanthostemon

金缨木（金蒲桃）**Xanthostemon chrysanthus** (F. Muell.) Benth. 【I, C】 ♣CBG, FBG, SCBG, TMNS, XMBG, XTBG; ●FJ, GD, SH, TW, YN; ★(OC): AU.

红蕊金缨木（扬格金蒲桃）**Xanthostemon youngii** C. T. White et W. D. Francis 【I, C】 ♣FLBG, SCBG, XMBG, XTBG; ●FJ, GD, JX, YN; ★(OC): AU.

红胶木属 Lophostemon

红胶木 **Lophostemon confertus** (R. Br.) Peter G. Wilson et J. T. Waterh. 【I, C】 ♣GXIB, HBG, SCBG, TBG, XMBG; ●FJ, GD, GX, HI, TW, ZJ; ★(OC): AU.

红千层属 Callistemon

短蕊红千层 **Callistemon brachyandrus** Lindl. 【I, C】 ♣TBG; ●TW; ★(OC): AU.

美花红千层 **Callistemon citrinus** (Curtis) Skeels 【I, C】 ♣BBG, CBG, IBCAS, NBG, SCBG, TBG, XMBG, XOIG, XTBG; ●AH, BJ, FJ, GD, JS, SH, TW, YN; ★(OC): AU.

猩红红千层（红牙刷）**Callistemon coccineus** F. Muell. 【I, C】 ♣SCBG; ●GD; ★(OC): AU.

花园红千层 **Callistemon hortensis** Cheel 【I, C】 ♣TBG; ●TW; ★(OC): AU.

黄金红千层 **Callistemon hybridus** DC. 【I, C】 ♣SCBG, TMNS; ●GD, TW; ★(OC): AU.

披针叶红千层 **Callistemon lanceolatus** (Sm.) Sweet 【I, C】 ♣HBG; ●ZJ; ★(OC): AU.

柳叶红千层 **Callistemon linearis** (Schrad. et J. C. Wendl.) Colv. ex Sweet 【I, C】 ♣TBG; ●TW; ★(OC): AU.

淡白红千层 **Callistemon pallidus** (Bonpl.) DC. 【I, C】 ♣TBG; ●TW; ★(OC): AU.

飞凤红千层 **Callistemon phoeniceus** Lindl. 【I, C】 ♣SCBG; ●GD; ★(OC): AU.

松叶红千层 **Callistemon pinifolius** (J. C. Wendl.) Sweet 【I, C】 ♣TBG; ●TW; ★(OC): AU.

奥基红千层 **Callistemon quercinus** (Craven) Udovicic et R. D. Spencer 【I, C】 ●FJ, GD, GX, YN; ★(OC): AU.

红千层（串钱柳）**Callistemon rigidus** R. Br. 【I, C】 ♣BBG, CBG, CDBG, FBG, FLBG, GA, GXIB, HBG, IBCAS, KBG, NBG, NSBG, SCBG, TBG, TMNS, XLTBG, XMBG, XOIG, XTBG, ZAFU; ●BJ, CQ, FJ, GD, GX, HI, JS, JX, SC, SH, TW, YN, ZJ; ★(OC): AU.

柳叶红千层 **Callistemon salignus** (Sm.) Colv. ex Sweet 【I, C】 ♣BBG, GA, HBG, SCBG; ●BJ, GD, JX, ZJ; ★(OC): AU.

黄千层 **Callistemon sieberi** DC. 【I, C】 ♣HBG, XMBG; ●FJ, ZJ; ★(OC): AU.

美丽红千层 **Callistemon speciosus** (Sims) Sweet 【I, C】 ♣KBG, NBG, SCBG, XOIG, XTBG; ●FJ, GD, JS, YN; ★(OC): AU.

垂枝红千层 **Callistemon viminalis** (Sol. ex Gaertn.) G. Don ex Loudon 【I, C】 ♣CBG, CDBG, FBG, FLBG, KBG, NBG, SCBG, TBG, XMBG, XTBG; ●FJ, GD, JS, JX, SC, SH, TW, YN; ★(OC): AU.

白千层属 Melaleuca

澳洲茶树 **Melaleuca alternifolia** (Maiden et Betche) Cheel 【I, C】 ♣SCBG, TMNS; ●GD, TW; ★(OC): AU.

下垂白千层 **Melaleuca armillaris** (Sol. ex Gaertn.) Sm. 【I, C】 ♣KBG, XMBG, XOIG, XTBG; ●FJ, YN; ★(OC): AU.

溪畔白千层（千层金）**Melaleuca bracteata** F. Muell. 【I, C】 ♣CBG, FLBG, GA, GXIB, KBG, SCBG, XMBG; ●AH, FJ, GD, GX, JX, SC, SH, TW, YN; ★(OC): AU.

*原白千层 **Melaleuca cajuputi** Powell 【I, C】 ♣XMBG, XTBG; ●FJ, YN; ★(OC): AU.

白千层 **Melaleuca cajuputi** subsp. **cumingiana** (Turcz.) Barlow【I, C】♣CBG, FBG, FLBG, GA, GMG, GXIB, HBG, KBG, NBG, SCBG, XMBG, XOIG, XTBG; ●FJ, GD, GX, HI, JS, JX, SC, SH, YN, ZJ; ★(AS): IN, MM, MY, TH, VN.

红花白千层 **Melaleuca elliptica** Labill. 【I, C】 ●TW; ★(OC): AU.

短叶白千层 **Melaleuca hypericifolia** Sm. 【I, C】 ♣TBG; ●TW; ★(OC): AU.

狭叶白千层 **Melaleuca linariifolia** Sm. 【I, C】 ♣SCBG, TBG, XMBG; ●FJ, GD, TW; ★(OC): AU.

小叶白千层 **Melaleuca microphylla** Sm. 【I, C】 ♣XMBG; ●FJ; ★(OC): AU.

海岛白千层(粉红花白千层)**Melaleuca nesophila** F. Muell. 【I, C】 ●TW, ZJ; ★(OC): AU.

细花白千层 **Melaleuca parviflora** Rchb. 【I, C】 ♣FBG, GXIB, HBG, SCBG, XMBG; ●FJ, GD, GX, ZJ; ★(OC): AU.

波氏红千层 **Melaleuca polandii** (F. M. Bailey) Craven 【I, C】 ♣SCBG; ●GD; ★(OC): AU.

五脉白千层 **Melaleuca quinquenervia** (Cav.) S. T. Blake 【I, C/N】 ♣FLBG, GXIB, KBG, SCBG, TBG, XMBG, XTBG; ●FJ, GD, GX, JX, TW, YN; ★(OC): AU.

硬叶白千层 **Melaleuca sclerophylla** Diels 【I, C】 ♣XMBG; ●FJ; ★(OC): AU.

刺叶白千层(尖叶白千层)**Melaleuca styphelioides** Sm. 【I, C】 ♣SCBG, XMBG; ●FJ, GD; ★(OC): AU.

*百里香叶白千层 **Melaleuca thymifolia** Sm. 【I, C】 ♣TBG; ●TW; ★(OC): AU.

有钩白千层 **Melaleuca uncinata** R. Br. 【I, C】 ♣XMBG; ●FJ; ★(OC): AU.

绿花白千层(白树油)**Melaleuca viridiflora** Sol. ex Gaertn. 【I, C】 ♣GMG, SCBG, XOIG; ●FJ, GD, GX; ★(OC): AU.

网刷树属 Calothamnus

平叶网刷树(平叶美冠木)**Calothamnus homalophyllus** F. Muell.【I, C】♣HBG; ●ZJ; ★(OC): AU.

缨刷树属 Beaufortia

异叶肖瓶刷树 **Beaufortia heterophylla** Turcz. 【I, C】 ●TW; ★(OC): AU.

沼泽肖瓶刷树(红刷木)**Beaufortia sparsa** R. Br.【I, C】 ●TW; ★(OC): AU.

紫刷树属 Regelia

紫刷树 **Regelia velutina** (Turcz.) C. A. Gardner 【I, C】 ●TW; ★(OC): AU.

檬香桃属 Backhousia

檬香桃 **Backhousia citriodora** F. Muell. 【I, C】 ♣SCBG; ●GD; ★(OC): AU.

*乌饭檬香桃 **Backhousia myrtifolia** Hook. et Harv. 【I, C】 ♣SCBG; ●GD, TW; ★(OC): AU.

铁心木属 Metrosideros

亮红铁心木 **Metrosideros carminea** W. R. B. Oliv. 【I, C】 ♣CBG; ●SH; ★(OC): NZ.

银叶铁心木 **Metrosideros collina** (J. R. Forst. et G. Forst.) A. Gray 【I, C】 ♣XMBG; ●FJ, GD; ★(OC): FJ, PF, VU.

高大铁心木 **Metrosideros excelsa** Sol. ex Gaertn. 【I, C】 ♣GA, XMBG; ●FJ, JX, YN, ZJ; ★(OC): NZ.

花叶铁心木 **Metrosideros kermadecensis** W. R. B. Oliv. 【I, C】 ★(OC): NZ.

金桃柳属 Tristania

金桃柳 **Tristania neriifolia** (Sieber ex Sims) R. Br. 【I, C】 ★(OC): AU.

蒲桃属 Syzygium

*短缩蒲桃 **Syzygium abbreviatum** Merr. 【I, C】 ♣XTBG; ●YN; ★(AS): PH.

肖蒲桃 **Syzygium acuminatissimum** (Blume) DC. 【N, W/C】 ♣CBG, FBG, FLBG, GA, GXIB, SCBG, TMNS, WBG, XTBG; ●FJ, GD, GX, HB, HI, JX, SH, TW, YN; ★(AS): CN, ID, IN, MM, MY, PH, TH, VN; (OC): PAF.

洋葱蒲桃 **Syzygium alliiligneum** B. Hyland 【I, C】 ♣SCBG; ●GD; ★(OC): AU.

茴香蒲桃(茴香香桃叶)**Syzygium anisatum** (Vickery) Craven et Biffin 【I, C】 ♣SCBG; ●GD; ★(OC): AU.

美味蒲桃 **Syzygium antisepticum** (Blume) Merr. et

L. M. Perry 【I, C】 ♣XTBG; ●YN; ★(AS): IN, MY.

水莲雾 **Syzygium aqueum** (Burm. f.) Alston【I, C】 ♣TMNS, XTBG; ●TW, YN; ★(AS): BD, BT, ID, IN, LA, LK, MM, MY, PH, SG, TH, VN; (OC): PG.

线枝蒲桃 **Syzygium araiocladum** Merr. et L. M. Perry【N, W/C】♣GXIB, SCBG, XLTBG; ●GD, GX, HI; ★(AS): CN, VN.

丁子香 **Syzygium aromaticum** (L.) Merr. et L. M. Perry 【I, C】 ♣GMG, GXIB, XLTBG, XMBG, XOIG, XTBG; ●FJ, GX, HI, TW, YN; ★(AS): ID.

澳洲蒲桃 **Syzygium australe** (J. C. Wendl. ex Link) B. Hyland 【I, C】 ♣CBG, SCBG; ●GD, SH; ★(OC): AU.

华南蒲桃 **Syzygium austrosinense** (Merr. et L. M. Perry) H. T. Chang et R. H. Miao 【N, W/C】 ♣CBG, FBG, HBG, SCBG, WBG; ●FJ, GD, HB, SH, ZJ; ★(AS): CN.

滇南蒲桃 **Syzygium austroyunnanense** H. T. Chang et R. H. Miao 【N, W/C】 ♣XTBG; ●YN; ★(AS): CN.

香胶蒲桃 **Syzygium balsameum** (Wight) Wall. ex Walp. 【N, W/C】 ♣XTBG; ●YN; ★(AS): BT, CN, ID, IN, LK, MM, TH, VN.

短棒蒲桃 **Syzygium baviense** (Gagnep.) Merr. et L. M. Perry【N, W/C】♣XTBG; ●YN; ★(AS): CN, VN.

黑嘴蒲桃 **Syzygium bullockii** (Hance) Merr. et L. M. Perry 【N, W/C】 ♣SCBG, XTBG; ●GD, HI, YN; ★(AS): CN, LA, VN.

假赤楠 **Syzygium buxifolioideum** H. T. Chang et R. H. Miao【N, W/C】♣GXIB; ●GX; ★(AS): CN.

赤楠 **Syzygium buxifolium** Hook. et Arn. 【N, W/C】 ♣CBG, CDBG, FBG, FLBG, GA, GMG, GXIB, HBG, IBCAS, LBG, NSBG, SCBG, TBG, TMNS, WBG, XMBG, XTBG, ZAFU; ●BJ, CQ, FJ, GD, GX, HB, HI, JX, SC, SH, TW, YN, ZJ; ★(AS): CN, JP, VN.

丁香蒲桃 **Syzygium caryophyllatum** (L.) Alston 【I, C】 ●YN; ★(AS): LK.

华夏蒲桃 **Syzygium cathayense** Merr. et L. M. Perry 【N, W/C】 ♣XTBG; ●YN; ★(AS): CN.

子凌蒲桃 **Syzygium championii** (Benth.) Merr. et L. M. Perry【N, W/C】♣GXIB, SCBG, WBG; ●GD, GX, HB, HI; ★(AS): CN, VN.

密脉蒲桃 **Syzygium chunianum** Merr. et L. M. Perry【N, W/C】♣SCBG; ●GD, HI; ★(AS): CN.

棒花蒲桃 **Syzygium claviflorum** (Roxb.) Wall. ex A. M. Cowan et Cowan【N, W/C】♣XTBG; ●YN; ★(AS): BT, CN, ID, IN, LK, MM, MY, PH, SG, TH, VN; (OC): AU, PAF.

团花蒲桃 **Syzygium congestiflorum** H. T. Chang et R. H. Miao 【N, W/C】 ♣XTBG; ●YN; ★(AS): CN.

散点蒲桃 **Syzygium conspersipunctatum** (Merr. et L. M. Perry) Craven et Biffin【N, W/C】●HI; ★(AS): CN.

茎花蒲桃 **Syzygium cormiflorum** (F. Muell.) B. Hyland 【I, C】 ♣SCBG; ●GD; ★(OC): AU.

乌墨 **Syzygium cumini** (L.) Skeels 【N, W/C】 ♣BBG, FBG, FLBG, GMG, GXIB, HBG, IBCAS, SCBG, TBG, TMNS, WBG, XLTBG, XMBG, XOIG, XTBG; ●BJ, FJ, GD, GX, HB, HI, JX, TW, YN, ZJ; ★(AS): BT, CN, ID, IN, LA, LK, MM, MY, NP, PH, SG, TH, VN.

长萼乌墨 **Syzygium cumini** var. **tsoi** (Merr. et Chun) H. T. Chang et R. H. Miao 【N, W/C】 ♣GXIB; ●GX; ★(AS): CN.

密脉赤楠 **Syzygium densinervium** (Merr.) Merr. 【I, C】 ★(AS): PH.

卫矛叶蒲桃 **Syzygium euonymifolium** (F. P. Metcalf) Merr. et L. M. Perry 【N, W/C】 ♣SCBG; ●GD; ★(AS): CN.

细脉蒲桃（细叶蒲桃）**Syzygium euphlebium** (Hayata) Mori 【N, W/C】 ♣XTBG; ●YN; ★(AS): CN.

水竹蒲桃 **Syzygium fluviatile** (Hemsl.) Merr. et L. M. Perry【N, W/C】♣BBG, FLBG, GXIB, SCBG, XTBG; ●BJ, GD, GX, JX, YN; ★(AS): CN, LA.

台湾蒲桃 **Syzygium formosanum** (Hayata) Mori【N, W/C】♣TBG, TMNS, XTBG; ●GD, TW, YN; ★(AS): CN.

*美丽蒲桃 **Syzygium formosum** (Wall.) Masam. 【I, C】♣XTBG; ●YN; ★(AS): BT, ID, IN, LK, MM, MY, NP, TH, VN.

滇边蒲桃 **Syzygium forrestii** Merr. et L. M. Perry【N, W/C】 ♣KBG, XTBG; ●YN; ★(AS): CN.

簇花蒲桃 **Syzygium fruticosum** DC. 【N, W/C】 ♣XTBG; ●YN; ★(AS): CN, ID, IN, KH, LA, MM, TH, VN.

短序蒲桃（短药蒲桃）**Syzygium globiflorum** (Craib) Chantaran. et J. Parn. 【N, W/C】 ♣XTBG; ●HI, YN; ★(AS): CN.

轮叶蒲桃 **Syzygium grijsii** (Hance) Merr. et L. M.

Perry【N, W/C】♣CBG, FBG, GA, HBG, SCBG, WBG, XMBG; ●FJ, GD, HB, JX, SC, SH, ZJ; ★(AS): CN.

海南蒲桃 **Syzygium hainanense** H. T. Chang et R. H. Miao【N, W/C】♣GA, SCBG, XOIG, XTBG; ●FJ, GD, JX, YN; ★(AS): CN.

红鳞蒲桃 **Syzygium hancei** Merr. et L. M. Perry【N, W/C】♣CBG, FBG, FLBG, GA, NBG, SCBG, XMBG, XTBG; ●FJ, GD, JS, JX, SH, YN; ★(AS): CN.

贵州蒲桃 **Syzygium handelii** Merr. et L. M. Perry【N, W/C】♣CBG; ●SH; ★(AS): CN.

蒲桃 **Syzygium jambos** (L.) Alston【N, W/C】♣BBG, CBG, CDBG, FBG, FLBG, GMG, GXIB, HBG, IBCAS, KBG, NBG, NSBG, SCBG, TBG, TMNS, XBG, XLTBG, XMBG, XOIG, XTBG; ●BJ, CQ, FJ, GD, GX, HI, JS, JX, SC, SH, SN, TW, YN, ZJ; ★(AS): CN, IN, JP, KH, LA, LK, MM, MY, NP, PH, SG, VN.

线叶蒲桃 **Syzygium jambos** var. **linearilimbum** H. T. Chang et R. H. Miao【N, W/C】♣XTBG; ●YN; ★(AS): CN.

大花赤楠 **Syzygium jambos** var. **tripinnatum** (Blanco) C. Chen【N, W/C】♣TMNS; ●TW; ★(AS): CN, PH.

恒春蒲桃 **Syzygium kusukusuense** (Hayata) Mori【N, W/C】♣TMNS; ●TW; ★(AS): CN.

广东蒲桃 **Syzygium kwangtungense** (Merr.) Merr.【N, W/C】♣SCBG; ●GD; ★(AS): CN.

老挝蒲桃 **Syzygium laosense** (Gagnep.) Merr. et L. M. Perry【N, W】♣XTBG; ●YN; ★(AS): CN, ID, IN, LK, VN.

少花老挝蒲桃 **Syzygium laosense** var. **quocense** (Gagnep.) H. T. Chang et R. H. Miao【N, W/C】♣SCBG, TBG, XTBG; ●GD, TW, YN; ★(AS): CN, KH, VN.

山蒲桃 **Syzygium levinei** (Merr.) Merr.【N, W/C】♣FLBG, SCBG, XLTBG; ●GD, HI, JX; ★(AS): CN, VN.

长花蒲桃 **Syzygium lineatum** (DC.) Merr. et L. M. Perry【N, W/C】♣XTBG; ●GD, YN; ★(AS): CN, ID, IN, LA, MM, MY, PH, SG, TH, VN.

马六甲蒲桃 **Syzygium malaccense** (L.) Merr. et L. M. Perry【I, C】♣CBG, SCBG, TBG, XTBG; ●GD, HI, SH, TW, YN; ★(AS): BD, ID, IN, MY.

阔叶蒲桃 **Syzygium megacarpum** (Craib) Rathakr. et N. C. Nair【N, W/C】♣SCBG, XTBG; ●GD, YN; ★(AS): CN, ID, IN, MM, TH, VN.

黑长叶蒲桃 **Syzygium melanophyllum** Hung T. Chang et R. H. Miao【N, W/C】♣XTBG; ●YN; ★(AS): CN.

竹叶蒲桃 **Syzygium myrsinifolium** (Hance) Merr. et L. M. Perry【N, W/C】♣SCBG; ●GD; ★(AS): CN.

水翁蒲桃（水翁）**Syzygium nervosum** A. Cunn. ex DC.【N, W/C】♣FBG, FLBG, GMG, HBG, SCBG, XMBG, XTBG; ●FJ, GD, GX, HI, JX, YN, ZJ; ★(AS): CN, ID, IN, LK, MM, MY, NP, PH, SG, TH, VN.

倒披针叶蒲桃 **Syzygium oblancilimbum** H. T. Chang et R. H. Miao【N, W】♣XTBG; ●YN; ★(AS): CN.

高檐蒲桃 **Syzygium oblatum** (Roxb.) Wall. ex A. M. Cowan et Cowan【N, W/C】♣SCBG, XTBG; ●GD, YN; ★(AS): CN, ID, IN, KH, MM, MY, SG, TH, VN.

香蒲桃 **Syzygium odoratum** (Lour.) DC.【N, W/C】♣FLBG, SCBG, XTBG; ●GD, HI, JX, YN; ★(AS): CN, VN.

圆锥蒲桃 **Syzygium paniculatum** Gaertn.【I, C】♣CBG; ●SH; ★(OC): AU.

圆顶蒲桃 **Syzygium paucivenium** (C. B. Rob.) Merr.【N, W/C】♣TMNS; ●TW; ★(AS): CN, PH.

多花蒲桃 **Syzygium polyanthum** (Wight) Walp.【N, W/C】♣SCBG, XTBG; ●GD, YN; ★(AS): CN, ID, IN, LA, LK, MM, MY, PH, SG, VN.

假多瓣蒲桃 **Syzygium polypetaloideum** Merr. et L. M. Perry【N, W/C】♣BBG, XTBG; ●BJ, YN; ★(AS): CN.

红枝蒲桃 **Syzygium rehderianum** Merr. et L. M. Perry【N, W/C】♣FLBG, SCBG, WBG, XTBG, ZAFU; ●GD, HB, JX, YN, ZJ; ★(AS): CN.

滇西蒲桃 **Syzygium rockii** Merr. et L. M. Perry【N, W/C】♣XTBG; ●YN; ★(AS): CN.

皱萼蒲桃 **Syzygium rysopodum** Merr. et L. M. Perry【N, W/C】♣SCBG, XTBG; ●GD, YN; ★(AS): CN.

洋蒲桃 **Syzygium samarangense** (Blume) Merr. et L. M. Perry【I, C】♣BBG, CBG, FBG, FLBG, GMG, HBG, IBCAS, NBG, SCBG, TBG, TMNS, WBG, XLTBG, XMBG, XOIG, XTBG; ●BJ, FJ, GD, GX, HB, HI, JS, JX, SC, SH, TW, YN, ZJ; ★(AS): ID, IN, LK, MM, MY, PH, SG, TH.

四川蒲桃 **Syzygium sichuanense** H. T. Chang et R. H. Miao【N, W/C】♣NSBG; ●CQ; ★(AS): CN.

兰屿赤楠 **Syzygium simile** (Merr.) Merr. 【N, W/C】 ♣TMNS; ●TW; ★(AS): CN, PH.

纤枝蒲桃 **Syzygium stenocladum** Merr. et L. M. Perry 【N, W/C】 ♣SCBG; ●GD; ★(AS): CN.

硬叶蒲桃 **Syzygium sterrophyllum** Merr. et L. M. Perry 【N, W/C】 ♣SCBG, WBG, XTBG; ●GD, HB, YN; ★(AS): CN, VN.

思茅蒲桃 **Syzygium szemaoense** Merr. et L. M. Perry 【N, W/C】 ♣GA, SCBG, WBG, XTBG; ●GD, HB, JX, YN; ★(AS): CN, VN.

台湾棒花蒲桃 **Syzygium taiwanicum** H. T. Chang et R. H. Miao 【N, W/C】 ♣TMNS; ●TW; ★(AS): CN, VN.

方枝蒲桃 **Syzygium tephrodes** (Hance) Merr. et L. M. Perry 【N, W/C】 ♣CBG, SCBG, XTBG; ●GD, SH, YN; ★(AS): CN.

四角蒲桃 **Syzygium tetragonum** (Wight) Wall. ex Walp. 【N, W/C】 ♣GMG, SCBG, XTBG; ●GD, GX, YN; ★(AS): BT, CN, ID, IN, LK, MM, NP, TH.

黑叶蒲桃 **Syzygium thumra** (Roxb.) Merr. et L. M. Perry 【N, W/C】 ♣XTBG; ●YN; ★(AS): CN, LA, MM, MY, TH.

狭叶蒲桃 **Syzygium tsoongii** (Merr.) Merr. et L. M. Perry 【N, W/C】 ♣SCBG, XTBG; ●GD, YN; ★(AS): CN, VN.

云南蒲桃 **Syzygium yunnanense** Merr. et L. M. Perry 【N, W/C】 ♣GA, XTBG; ●JX, YN; ★(AS): CN.

锡兰蒲桃 **Syzygium zeylanicum** (L.) DC. 【N, W/C】 ♣FLBG, SCBG, XMBG; ●FJ, GD, JX; ★(AS): CN, ID, IN, KH, LA, LK, MM, MY, SG, TH, VN.

香桃木属 Myrtus

香桃木 **Myrtus communis** L. 【I, C】 ♣BBG, CBG, FBG, HBG, SCBG, XMBG, ZAFU; ●BJ, FJ, GD, SH, TW, ZJ; ★(EU): AL, BA, ES, FR, GR, HR, IT, MC, ME, MK, RS, SI.

子楝树属 Decaspermum

子楝树 **Decaspermum gracilentum** (Hance) Merr. et L. M. Perry 【N, W/C】 ♣FBG, SCBG, TMNS, WBG, XTBG; ●FJ, GD, HB, TW, YN; ★(AS): CN, VN.

五瓣子楝树 **Decaspermum parviflorum** (Lam.) A. J. Scott 【N, W/C】 ♣GXIB, XTBG; ●GX, YN; ★(AS): CN, ID, IN, KH, LA, MM, MY, PH, TH, VN; (OC): FJ, PAF.

桃金娘属 Rhodomyrtus

桃金娘 **Rhodomyrtus tomentosa** (Aiton) Hassk. 【N, W/C】 ♣BBG, CBG, FBG, FLBG, GA, GMG, GXIB, HBG, SCBG, TMNS, WBG, XLTBG, XMBG, XTBG; ●BJ, FJ, GD, GX, HB, HI, JX, SH, TW, YN, ZJ; ★(AS): CN, ID, IN, JP, KH, LA, LK, MM, MY, PH, SG, TH, VN.

玫瑰木属 Rhodamnia

玫瑰木 **Rhodamnia dumetorum** (DC.) Merr. et L. M. Perry 【N, W/C】 ♣BBG, GA, SCBG, XLTBG; ●BJ, GD, HI, JX; ★(AS): CN, KH, LA, MY, TH, VN.

莓香果属 Ugni

莓香果(小红果) **Ugni molinae** Turcz. 【I, C】 ●TW; ★(SA): AR, CL.

彩桃木属 Lophomyrtus

美冠彩桃木 **Lophomyrtus × ralphii** (Hook. f.) Burret 【I, C】 ♣CBG; ●SH; ★(OC): NZ.

小凤榴属 Amomyrtus

小凤榴 **Amomyrtus luma** (Molina) D. Legrand et Kausel 【I, C】 ●TW; ★(SA): AR, CL.

番石榴属 Psidium

尖果番石榴 **Psidium acutangulum** Mart. ex DC. 【I, C】 ♣XTBG; ●YN; ★(SA): BO, BR, CO, GY, PE, VE.

草莓番石榴 **Psidium cattleianum** Afzel. ex Sabine 【I, C】 ♣HBG, SCBG, TBG, TMNS, WBG, XMBG, XOIG, XTBG; ●FJ, GD, HB, TW, YN, ZJ; ★(SA): BR, UY.

番石榴 **Psidium guajava** L. 【I, C】 ♣BBG, CBG, FBG, FLBG, GA, GMG, GXIB, HBG, IBCAS, KBG, NBG, SCBG, TBG, WBG, XLTBG, XMBG, XOIG, XTBG, ZAFU; ●BJ, FJ, GD, GX, HB, HI, JS, JX, SC, SH, TW, YN, ZJ; ★(NA): BZ, CR, CU, DO, GT, HN, HT, JM, KY, MX, NI, PA, PR, SV, US; (SA): AR, BO, BR, CL, CO, EC, GF, GY, PE, PY, VE.

几内亚番石榴 **Psidium guineense** Sw. 【I, C】 ★(NA): BZ, CR, CU, DO, GT, HN, HT, JM, KY, MX, NI, PA, PR, SV, US, WW; (SA): AR, BO, BR, CL, CO, EC, GF, GY, PE, PY, VE.

矮番石榴 **Psidium humile** Vell. 【I, C】 ♣SCBG; ●GD; ★(SA): BR.

绸丝番石榴 **Psidium salutare** var. **sericeum** (Cambess.) Landrum 【I, C】 ♣XTBG; ●YN; ★(SA): BO, BR, PY.

野凤榴属 Acca

菲油果（南美棯）**Acca sellowiana** (O. Berg) Burret 【I, C】 ♣FBG, FLBG, IBCAS, TMNS, XMBG, XOIG, ZAFU; ●BJ, FJ, GD, JX, TW, ZJ; ★(NA): CR, GT, MX; (SA): AR, BR, CO, UY.

多香果属 Pimenta

多香果（众香树）**Pimenta dioica** (L.) Merr. 【I, C】 ♣XMBG; ●FJ, TW; ★(NA): BZ, CR, CU, DO, GT, HN, HT, JM, KY, MX, NI, PA, PR, SV, US.

大叶多香果 **Pimenta pseudocaryophyllus** (Gomes) Landrum 【I, C】 ★(SA): BO, BR.

总序多香果 **Pimenta racemosa** (Mill.) J. W. Moore 【I, C】 ♣FLBG, IBCAS, SCBG, XMBG, XOIG, XTBG; ●BJ, FJ, GD, JX, TW, YN; ★(NA): CU, DO, LW, PR, US, VG.

番樱桃属 Eugenia

吕宋番樱桃 **Eugenia aherniana** C. B. Rob. 【I, C】 ♣XMBG; ●FJ; ★(AS): PH.

巴西番樱桃（巴西樱桃）**Eugenia brasiliensis** Lam. 【I, C】 ♣TBG; ●TW; ★(SA): BR.

黄杨叶番樱桃(黄杨叶蒲桃)**Eugenia buxifolia** Lam. 【I, C】 ♣TBG; ●TW; ★(NA): CU, PR.

单子番樱桃（单子蒲桃）**Eugenia pitanga** (O. Berg) Nied. 【I, C】♣TBG; ●TW; ★(SA): AR, BR, PY, UY.

*澳洲番樱桃 **Eugenia reinwardtiana** (Blume) A. Cunn. ex DC. 【I, C】 ♣XTBG; ●TW, YN; ★(OC): AU, FJ.

黄果番樱桃 **Eugenia rufofulva** Thwaites 【I, C】 ♣TBG; ●TW; ★(AS): LK.

具柄番樱桃（大果番樱桃）**Eugenia stipitata** McVaugh 【I, C】 ♣XTBG; ●TW, YN; ★(NA): CR; (SA): BO, BR, CO, EC, GY, PE, VE.

红果仔 **Eugenia uniflora** L. 【I, C】 ♣CBG, FBG, FLBG, GXIB, HBG, IBCAS, KBG, NBG, SCBG, WBG, XLTBG, XMBG, XOIG, XTBG; ●BJ, FJ, GD, GX, HB, HI, JS, JX, SH, TW, YN, ZJ; ★(SA): AR, BO, BR, PE, PY, UY.

五萼番樱属 Hexachlamys

*食用五萼樱 **Hexachlamys edulis** (O. Berg) Kausel et D. Legrand【I, C】♣SCBG; ●GD; ★(SA): AR, BO, BR, PY.

忍冬番樱属 Myrcianthes

*香六番樱 **Myrcianthes fragrans** (Sw.) McVaugh 【I, C】♣GMG, XLTBG, XTBG; ●GX, HI, TW, YN; ★(NA): BM, CU, GT, HN, MX, PR, US; (SA): PE.

六番樱 **Myrcianthes pungens** (O. Berg) D. Legrand 【I, C】 ♣SCBG; ●GD; ★(SA): AR, BO, BR, PY, UY.

龙袍木属 Luma

尖叶龙袍木（澳洲龙袍木、澳洲香桃木）**Luma apiculata** (DC.) Burret【I, C】●TW; ★(SA): AR, CL.

团番樱属 Myrciaria

团番樱 **Myrciaria glomerata** O. Berg【I, C】●TW; ★(SA): BR.

树番樱属 Plinia

嘉宝果(树葡萄)**Plinia cauliflora** (Mart.) Kausel【I, C】 ♣CBG, FBG, FLBG, NBG, SCBG, WBG, XMBG, XTBG; ●AH, FJ, GD, HB, JS, JX, SH, TW, YN; ★(SA): AR, BO, BR, PE, PY.

食用嘉宝果 **Plinia edulis** (Vell.) Sobral 【I, C】 ●TW; ★(SA): BR.

四裂假桉属 Stockwellia

四裂假桉（斯脱桃金娘）**Stockwellia quadrifida** D. J. Carr, S. G. M. Carr et B. Hyland 【I, C】 ♣SCBG; ●GD; ★(OC): AU.

杯果木属 Angophora

杯果木 **Angophora costata** (Gaertn.) Hochr. ex Britten 【I, C】 ♣TBG; ●TW; ★(OC): AU.

伞房桉属 Corymbia

光皮红桉 **Corymbia bleeseri** (Blakely) K. D. Hill et L. A. S. Johnson 【I, C】 ♣XMBG; ●FJ; ★(OC): AU.

美叶桉 **Corymbia calophylla** (R. Br. ex Lindl.) K. D. Hill et L. A. S. Johnson【I, C】♣KBG, XMBG; ●FJ, YN; ★(OC): AU.

柠檬桉 **Corymbia citriodora** (Hook.) K. D. Hill et L. A. S. Johnson【I, C】♣FBG, FLBG, GA, GMG, GXIB, HBG, NBG, NSBG, SCBG, TMNS, XLTBG, XMBG, XTBG; ●CQ, FJ, GD, GX, HI, JS, JX, SC, TW, YN, ZJ; ★(OC): AU.

镰刀桉 **Corymbia eximia** (Schauer) K. D. Hill et L. A. S. Johnson 【I, C】 ♣XMBG; ●FJ; ★(OC): AU.

红花伞房桉（红花桉）**Corymbia ficifolia** (F. Muell.) K. D. Hill et L. A. S. Johnson 【I, C】 ♣KBG; ●GD, TW, YN, ZJ; ★(OC): AU.

伞房桉（伞房花桉）**Corymbia gummifera** (Gaertn.) K. D. Hill et L. A. S. Johnson 【I, C】 ♣XMBG; ●FJ; ★(OC): AU.

大叶斑皮桉 **Corymbia henryi** (S. T. Blake) K. D. Hill et L. A. S. Johnson【I, C】●FJ, GD, GX, HI, YN, ZJ; ★(OC): AU.

执红木桉 **Corymbia intermedia** (F. Muell. ex R. T. Baker) K. D. Hill et L. A. S. Johnson 【I, C】 ♣XMBG; ●FJ; ★(OC): AU.

斑皮桉 **Corymbia maculata** (Hook.) K. D. Hill et L. A. S. Johnson 【I, C】 ●FJ, GD, GX, HI, YN, ZJ; ★(OC): AU.

Corymbia nesophila (Blakely) K. D. Hill et L. A. S. Johnson 【I, C】 ♣XMBG; ●FJ; ★(OC): AU.

鬼桉 **Corymbia papuana** (F. Muell.) K. D. Hill et L. A. S. Johnson 【I, C】 ♣XTBG; ●YN; ★(OC): AU.

皱果桉 **Corymbia ptychocarpa** (F. Muell.) K. D. Hill et L. A. S. Johnson 【I, C】 ♣SCBG, XMBG; ●FJ, GD, SC; ★(OC): AU.

Corymbia setosa (Schauer) K. D. Hill et L. A. S. Johnson【I, C】♣HBG, XMBG; ●FJ, ZJ; ★(OC): AU.

方格皮伞房桉（方块皮桉）**Corymbia tessellaris** (F. Muell.) K. D. Hill et L. A. S. Johnson 【I, C】 ♣XMBG; ●FJ; ★(OC): AU.

毛叶桉 **Corymbia torelliana** (F. Muell.) K. D. Hill et L. A. S. Johnson 【I, C】 ♣FBG, GA, KBG, SCBG, XTBG; ●FJ, GD, HI, JX, SC, YN; ★(OC): AU.

瓦生桉 **Corymbia watsoniana** (F. Muell.) K. D. Hill et L. A. S. Johnson 【I, C】 ♣HBG, XMBG; ●FJ, ZJ; ★(OC): AU.

桉属 Eucalyptus

金合欢桉 **Eucalyptus acaciiformis** H. Deane et Maiden 【I, C】 ♣XMBG; ●FJ; ★(OC): AU.

粉皮桉 **Eucalyptus accedens** W. Fitzg. 【I, C】 ♣XMBG; ●FJ; ★(OC): AU.

团花桉 **Eucalyptus agglomerata** Maiden 【I, C】 ♣XMBG; ●FJ; ★(OC): AU.

黑桉 **Eucalyptus aggregata** H. Deane et Maiden【I, C】 ♣KBG, XMBG; ●FJ, YN; ★(OC): AU.

白桉 **Eucalyptus alba** Reinw. ex Blume 【I, C】 ♣XMBG; ●FJ; ★(OC): AU.

白厚皮桉 **Eucalyptus albens** Benth. 【I, C】 ♣XMBG; ●FJ; ★(OC): AU.

*含糊桉 **Eucalyptus ambigua** A. Cunn. ex DC. 【I, C】 ♣XMBG; ●FJ; ★(OC): AU.

广叶桉 **Eucalyptus amplifolia** Naudin 【I, C】 ♣GA, HBG, KBG, SCBG, XMBG; ●FJ, GD, JX, YN, ZJ; ★(OC): AU.

无梗广叶桉 **Eucalyptus amplifolia** subsp. **sessiliflora** (Blakely) L. A. S. Johnson et K. D. Hill 【I, C】 ♣KBG, XMBG; ●FJ, YN; ★(OC): AU.

*桃叶桉（杏仁桉）**Eucalyptus amygdalina** Labill.【I, C】 ♣XMBG; ●FJ; ★(OC): AU.

澳洲辐状桉（辐状桉）**Eucalyptus amygdalina** var. **radiata** (Sieber ex DC.) Benth. 【I, C】 ♣XMBG; ●FJ; ★(OC): AU.

王桉 **Eucalyptus amygdalina** var. **regnans** F. Muell. 【I, C】 ♣KBG, XMBG; ●FJ, YN; ★(OC): AU.

棱枝桉 **Eucalyptus anceps** (Maiden) Blakely 【I, C】 ♣XMBG; ●FJ; ★(OC): AU.

赤枝桉 **Eucalyptus andrewsii** Maiden 【I, C】 ★(OC): AU.

钟形桉 **Eucalyptus andrewsii** subsp. **campanulata** (R. T. Baker et H. G. Sm.) L. A. S. Johnson et Blaxell 【I, C】 ♣XMBG; ●FJ; ★(OC): AU.

*环纹桉 **Eucalyptus annulata** Benth. 【I, C】 ♣XMBG; ●FJ; ★(OC): AU.

*尖头桉 **Eucalyptus apiculata** R. T. Baker et H. G. Sm. 【I, C】 ♣XMBG; ●FJ; ★(OC): AU.

接近桉 **Eucalyptus approximans** Maiden 【I, C】

♣XMBG; ●FJ; ★(OC): AU.

黏土桉 **Eucalyptus argillacea** W. Fitzg. ex Maiden【I, C】♣XMBG; ●FJ; ★(OC): AU.

银皮桉 **Eucalyptus argophloia** Blakely【I, C】●FJ; ★(OC): AU.

*芳香桉 **Eucalyptus aromaphloia** Pryor et J. H. Willis【I, C】♣XMBG; ●FJ; ★(OC): AU.

涩味桉 **Eucalyptus astringens** (Maiden) Maiden【I, C】♣XMBG; ●FJ; ★(OC): AU.

巴吉桉 **Eucalyptus badjensis** Beuzev. et Welch【I, C】●YN; ★(OC): AU.

橙桉 **Eucalyptus bancroftii** (Maiden) Maiden【I, C】♣XMBG; ●FJ; ★(OC): AU.

班克桉 **Eucalyptus banksii** Maiden【I, C】♣KBG; ●YN; ★(OC): AU.

巴士桉 **Eucalyptus baxteri** (Benth.) J. M. Black【I, C】♣XMBG; ●FJ; ★(OC): AU.

边沁桉 **Eucalyptus benthamii** Maiden et Cambage【I, C】●FJ, GX, HN, YN; ★(OC): AU.

类斑叶灰桉 **Eucalyptus biturbinata** L. A. S. Johnson et K. D. Hill【I, C】★(OC): AU.

布氏桉 **Eucalyptus blakelyi** Maiden【I, C】♣KBG, XMBG; ●FJ, YN; ★(OC): AU.

布技斯兰桉 **Eucalyptus blaxlandi** Maiden et Cambage【I, C】♣XMBG; ●FJ; ★(OC): AU.

波丝斯桉 **Eucalyptus bosistoana** F. Muell.【I, C】♣XMBG; ●FJ; ★(OC): AU.

葡萄桉 **Eucalyptus botryoides** Sm.【I, C】♣CDBG, GA, HBG, KBG, XMBG; ●FJ, JX, SC, YN, ZJ; ★(OC): AU.

褐桉 **Eucalyptus brassiana** S. T. Blake【I, C】★(OC): AU.

金钱桉 **Eucalyptus bridgesiana** F. Muell. ex R. T. Baker【I, C】♣SCBG, XMBG; ●FJ, GD, TW; ★(OC): AU.

布罗韦桉 **Eucalyptus brockwayi** C. A. Gardner【I, C】♣XMBG; ●FJ; ★(OC): AU.

伯德桉 **Eucalyptus burdettiana** Blakely et H. Steedman【I, C】♣XMBG; ●FJ; ★(OC): AU.

*伯吉斯桉 **Eucalyptus burgessiana** L. A. S. Johnson et Blaxell【I, C】♣XMBG; ●FJ; ★(OC): AU.

伯拉克平桉 **Eucalyptus burracoppinensis** Maiden et Blakely【I, C】♣XMBG; ●FJ; ★(OC): AU.

兰灰桉 **Eucalyptus caesia** Benth.【I, C】♣HBG, XMBG; ●FJ, ZJ; ★(OC): AU.

卡利桉 **Eucalyptus caleyi** Maiden【I, C】♣XMBG; ●FJ; ★(OC): AU.

暗色桉 **Eucalyptus caliginosa** Blakely et McKie【I, C】♣XMBG; ●FJ; ★(OC): AU.

角萼桉 **Eucalyptus calycogona** Turcz.【I, C】♣XMBG; ●FJ; ★(OC): AU.

赤桉 **Eucalyptus camaldulensis** Dehnh.【I, C】♣CDBG, FLBG, GA, HBG, KBG, NBG, SCBG, XMBG; ●FJ, GD, JS, JX, SC, TW, YN, ZJ; ★(OC): AU.

渐尖赤桉 **Eucalyptus camaldulensis** var. **acuminata** (Hook.) Blakely【I, C】♣CDBG, GA, KBG; ●JX, SC, YN; ★(OC): AU.

短喙赤桉 **Eucalyptus camaldulensis** var. **brevirostris** (F. Muell. ex Miq.) Blakely【I, C】♣CDBG; ●SC; ★(OC): AU.

钝盖赤桉 **Eucalyptus camaldulensis** var. **obtusa** Blakely【I, C】♣CDBG; ●SC; ★(OC): AU.

垂枝赤桉 **Eucalyptus camaldulensis** var. **pendula** Blakely et Jacobs【I, C】●SC; ★(OC): AU.

*坎帕斯桉 **Eucalyptus campaspe** S. Moore【I, C】♣XMBG; ●FJ; ★(OC): AU.

樟叶桉 **Eucalyptus camphora** F. Muell. ex R. T. Baker【I, C】♣GA, HBG, XMBG; ●FJ, JX, ZJ; ★(OC): AU.

纵槽桉 **Eucalyptus canaliculata** Maiden【I, C】♣KBG, XMBG; ●FJ, YN; ★(OC): AU.

头果桉 **Eucalyptus cephalocarpa** Blakely【I, C】♣KBG, XMBG; ●FJ, YN; ★(OC): AU.

银叶桉 **Eucalyptus cinerea** F. Muell. ex Benth.【I, C】♣GA, HBG, KBG, TBG, XMBG; ●FJ, JX, SC, TW, YN, ZJ; ★(OC): AU.

新英格兰桉 **Eucalyptus cinerea** var. **nova-anglica** (H. Deane et Maiden) Maiden【I, C】★(OC): AU.

甜叶桉（棒萼桉）**Eucalyptus cladocalyx** F. Muell.【I, C】♣XMBG; ●FJ; ★(OC): AU.

克莱桉 **Eucalyptus clelandii** (Maiden) Maiden【I, C】♣XMBG; ●FJ; ★(OC): AU.

大花序桉 **Eucalyptus cloeziana** F. Muell.【I, C】♣XMBG; ●BJ, FJ; ★(OC): AU.

荨麻桉 **Eucalyptus cneorifolia** A. Cunn. ex DC.【I, C】♣XMBG; ●FJ; ★(OC): AU.

浆果桉（聚果桉）**Eucalyptus coccifera** Hook. f.【I, C】♣XMBG; ●FJ; ★(OC): AU.

*球形桉 **Eucalyptus conglobata** (Benth.) Maiden【I, C】♣XMBG; ●FJ; ★(OC): AU.

康西登桉 **Eucalyptus consideniana** Maiden【I, C】♣GA, XMBG; ●FJ, JX; ★(OC): AU.

*小药室桉 **Eucalyptus coolabah** Blakely et Jacobs【I, C】♣XMBG; ●FJ; ★(OC): AU.

异心叶桉 **Eucalyptus cordata** Labill.【I, C】♣GA, XMBG; ●FJ, JX; ★(OC): AU.

角蕾桉 **Eucalyptus cornuta** Labill.【I, C】♣XMBG; ●FJ; ★(OC): AU.

*皱叶桉 **Eucalyptus corrugata** Luehm.【I, C】♣XMBG; ●FJ; ★(OC): AU.

丽叶桉 **Eucalyptus cosmophylla** F. Muell.【I, C】♣HBG, KBG, XMBG; ●FJ, YN, ZJ; ★(OC): AU.

薄皮大叶桉 **Eucalyptus crawfordii** Maiden et Blakely【I, C】♣GA; ●JX; ★(OC): AU.

常桉 **Eucalyptus crebra** F. Muell.【I, C】♣GA, NBG; ●JS, JX; ★(OC): AU.

*柯蒂斯桉 **Eucalyptus curtisii** Blakely et C. T. White【I, C】♣XMBG; ●FJ; ★(OC): AU.

*柱果桉 **Eucalyptus cylindrocarpa** Blakely【I, C】♣XMBG; ●FJ; ★(OC): AU.

*香果桉 **Eucalyptus cypellocarpa** L. A. S. Johnson【I, C】♣XMBG; ●FJ; ★(OC): AU.

山桉 **Eucalyptus dalrympleana** Maiden【I, C】♣HBG, KBG, XMBG; ●FJ, YN, ZJ; ★(OC): AU.

白皮桉 **Eucalyptus dealbata** A. Cunn. ex Schauer【I, C】♣HBG, XMBG; ●FJ, ZJ; ★(OC): AU.

迪思桉 **Eucalyptus deanei** Maiden【I, C】♣CDBG, KBG, XMBG; ●FJ, SC, YN; ★(OC): AU.

*脱皮桉 **Eucalyptus decorticans** (F. M. Bailey) Maiden【I, C】♣XMBG; ●FJ, HI; ★(OC): AU.

剥桉 **Eucalyptus deglupta** Blume【I, C】♣KBG, SCBG, TBG, XMBG; ●FJ, GD, TW, YN; ★(AS): ID, PH; (OC): PG.

*塔斯马尼亚桉 **Eucalyptus delegatensis** subsp. **tasmaniensis** Boland【I, C】♣XMBG; ●FJ; ★(OC): AU.

加利桉 **Eucalyptus diversicolor** F. Muell.【I, C】♣HBG, KBG, XMBG; ●FJ, YN, ZJ; ★(OC): AU.

变叶桉(异形桉) **Eucalyptus diversifolia** Bonpl.【I, C】♣XMBG; ●FJ; ★(OC): AU.

丰桉 **Eucalyptus dives** Schauer【I, C】♣GA, KBG, XMBG; ●FJ, JX, YN; ★(OC): AU.

道里格白桉 **Eucalyptus dorrigoensis** (Blakely) L. A. S. Johnson et K. D. Hill【I, C】●FJ, GX, YN; ★(OC): AU.

白麻利桉 **Eucalyptus dumosa** A. Cunn. ex Oxley【I, C】●YN; ★(OC): AU.

邓恩桉 **Eucalyptus dunnii** Maiden【I, C】●BJ, FJ, GD; ★(OC): AU.

高桉 **Eucalyptus elata** Dehnh.【I, C】♣HBG, XMBG; ●FJ, ZJ; ★(OC): AU.

沙漠桉 **Eucalyptus eremophila** (Diels) Maiden【I, C】♣XMBG; ●FJ; ★(OC): AU.

*血皮桉 **Eucalyptus erythrocorys** F. Muell.【I, C】♣XMBG; ●FJ; ★(OC): AU.

红花丝桉 **Eucalyptus erythronema** Turcz.【I, C】♣XMBG; ●FJ; ★(OC): AU.

丁子香桉 **Eucalyptus eugenioides** Sieber ex Spreng.【I, C】♣HBG, XMBG; ●FJ, ZJ; ★(OC): AU.

*尤尔特桉 **Eucalyptus ewartiana** Maiden【I, C】♣XMBG; ●FJ; ★(OC): AU.

窿缘桉 **Eucalyptus exserta** F. Muell.【I, C】♣FBG, FLBG, GA, GMG, HBG, SCBG, TBG, XMBG; ●FJ, GD, GX, HI, JX, SC, TW, ZJ; ★(OC): AU.

镰叶桉 **Eucalyptus falcata** Turcz.【I, C】♣XMBG; ●FJ; ★(OC): AU.

扫枝桉 **Eucalyptus fastigata** H. Deane et Maiden【I, C】♣XMBG; ●FJ; ★(OC): AU.

铁皮桉 **Eucalyptus fibrosa** F. Muell.【I, C】●ZJ; ★(OC): AU.

灰蓝铁皮桉 **Eucalyptus fibrosa** subsp. **nubila** (Maiden et Blakely) L. A. S. Johnson【I, C】♣HBG; ●ZJ; ★(OC): AU.

弗洛顿桉 **Eucalyptus flocktoniae** (Maiden) Maiden【I, C】♣XMBG; ●FJ; ★(OC): AU.

果桉 **Eucalyptus foecunda** Schauer【I, C】♣HBG, XMBG; ●FJ, ZJ; ★(OC): AU.

斜脉桉 **Eucalyptus foecunda** var. **loxophleba** (Benth.) W. Fitzg.【I, C】♣KBG, XMBG; ●FJ, YN; ★(OC): AU.

*福里斯特桉 **Eucalyptus forrestiana** Diels【I, C】♣XMBG; ●FJ; ★(OC): AU.

白脂桉 **Eucalyptus fraxinoides** H. Deane et Maiden【I, C】♣XMBG; ●FJ; ★(OC): AU.

合叶桉 **Eucalyptus gamophylla** F. Muell.【I, C】♣HBG; ●ZJ; ★(OC): AU.

吉尔桉 **Eucalyptus gillii** Maiden【I, C】♣XMBG; ●FJ; ★(OC): AU.

粉绿桉 **Eucalyptus glaucescens** Maiden et Blakely【I, C】♣GA, KBG, XMBG; ●FJ, JX, YN; ★(OC): AU.

海绿细叶桉 **Eucalyptus glaucina** (Blakely) L. A. S.

Johnson 【I, C】 ♣GA; ●JX; ★(OC): AU.

圆果桉 **Eucalyptus globoidea** Blakely【I, C】♣GA; ●JX; ★(OC): AU.

蓝桉 **Eucalyptus globulus** Labill. 【I, C】♣CDBG, GA, GXIB, HBG, KBG, NBG, TBG, XMBG, ZAFU; ●BJ, FJ, GX, JS, JX, NX, SC, TW, YN, ZJ; ★(OC): AU.

双肋桉 **Eucalyptus globulus** subsp. **bicostata** (Maiden, Blakely et Simmonds) J. B. Kirkp. 【I, C】♣CDBG, KBG, XMBG; ●FJ, SC, YN; ★(OC): AU.

直杆蓝桉 **Eucalyptus globulus** subsp. **maidenii** (F. Muell.) J. B. Kirkp.【I, C/N】♣CDBG, GA, KBG, XMBG; ●FJ, JX, SC, YN; ★(OC): AU.

类蓝桉 **Eucalyptus globulus subsp. pseudoglobulus** (Naudin ex Maiden) J. B. Kirkp.【I, C】●FJ, YN; ★(OC): AU.

钉头桉（棒头桉）**Eucalyptus gomphocephala** A. Cunn. ex DC. 【I, C】 ♣XMBG; ●FJ; ★(OC): AU.

*简果桉 **Eucalyptus gongylocarpa** Blakely 【I, C】♣XMBG; ●FJ; ★(OC): AU.

棱萼桉 **Eucalyptus goniocalyx** F. Muell. ex Miq.【I, C】 ♣XMBG; ●FJ; ★(OC): AU.

纤细桉 **Eucalyptus gracilis** F. Muell. 【I, C】♣XMBG; ●FJ; ★(OC): AU.

大桉 **Eucalyptus grandis** W. Mill ex Maiden 【I, C】♣FBG, SCBG, TBG, XMBG; ●BJ, FJ, GD, HI, SC, TW; ★(OC): AU.

*格雷格森桉 **Eucalyptus gregsoniana** L. A. S. Johnson et Blaxell【I, C】♣XMBG; ●FJ; ★(OC): AU.

黄材桉 **Eucalyptus guilfoylei** Maiden 【I, C】♣XMBG; ●FJ; ★(OC): AU.

苹果桉（岗尼桉）**Eucalyptus gunnii** Hook. f. 【I, C】♣KBG, XMBG; ●FJ, TW, YN; ★(OC): AU.

卵叶桉 **Eucalyptus gunnii** var. **ovata** (Labill.) H. Deane et Maiden【I, C】♣GA, KBG, XMBG; ●FJ, JX, YN; ★(OC): AU.

红桉 **Eucalyptus gunnii** var. **rubida** (H. Deane et Maiden) Maiden【I, C】♣GA, KBG, XMBG; ●FJ, JX, YN; ★(OC): AU.

红口桉 **Eucalyptus haemastoma** Sm. 【I, C】♣XMBG; ●FJ; ★(OC): AU.

厚叶桉 **Eucalyptus incrassata** Labill. 【I, C】♣KBG, XMBG; ●FJ, YN; ★(OC): AU.

具棱桉 **Eucalyptus incrassata** subsp. **angulosa** (Schauer) F. C. Johnstone et Hallam 【I, C】♣HBG, XMBG; ●FJ, ZJ; ★(OC): AU.

灌木丛桉 **Eucalyptus incrassata** var. **dumosa** (A. Cunn. ex Oxley) Maiden 【I, C】 ♣GA, KBG, XMBG; ●FJ, JX, YN; ★(OC): AU.

角花桉 **Eucalyptus incrassata** var. **goniantha** (Turcz.) Maiden 【I, C】 ♣XMBG; ●FJ; ★(OC): AU.

*粗齿厚叶桉 **Eucalyptus incrassata** var. **grossa** (F. Muell. ex Benth.) Maiden【I, C】♣HBG; ●ZJ; ★(OC): AU.

曲纹桉 **Eucalyptus intertexta** R. T. Baker 【I, C】♣XMBG; ●FJ; ★(OC): AU.

约翰斯顿桉 **Eucalyptus johnstonii** Maiden 【I, C】♣XMBG; ●FJ; ★(OC): AU.

*金斯米尔桉 **Eucalyptus kingsmillii** (Maiden) Maiden et Blakely【I, C】♣XMBG; ●FJ; ★(OC): AU.

斜脉胶桉 **Eucalyptus kirtoniana** F. Muell. 【I, C】♣GA, XMBG; ●FJ, JX; ★(OC): AU.

科奇桉 **Eucalyptus kochii** Maiden et Blakely 【I, C】 ★(OC): AU.

克鲁斯桉 **Eucalyptus kruseana** F. Muell. 【I, C】♣KBG, XMBG; ●FJ, YN; ★(OC): AU.

*奇宾桉 **Eucalyptus kybeanensis** Maiden et Cambage 【I, C】 ♣XMBG; ●FJ; ★(OC): AU.

中山桉 **Eucalyptus laevopinea** F. Muell. ex R. T. Baker【I, C】♣HBG, KBG, XMBG; ●FJ, YN, ZJ; ★(OC): AU.

深红马里桉 **Eucalyptus lansdowneana** F. Muell. et J. E. Br. 【I, C】 ♣KBG, XMBG; ●FJ, YN; ★(OC): AU.

二色桉 **Eucalyptus largiflorens** F. Muell. 【I, C】♣KBG, XMBG; ●FJ, YN; ★(OC): AU.

莱曼桉 **Eucalyptus lehmannii** (Schauer) Benth. 【I, C】 ♣XMBG; ●FJ; ★(OC): AU.

纤脉桉 **Eucalyptus leptophleba** F. Muell. 【I, C】♣SCBG; ●GD; ★(OC): AU.

*细足桉 **Eucalyptus leptopoda** Benth. 【I, C】♣XMBG; ●FJ; ★(OC): AU.

求索夫桉 **Eucalyptus lesouefii** Maiden 【I, C】♣XMBG; ●FJ; ★(OC): AU.

白木桉 **Eucalyptus leucoxylon** F. Muell. 【I, C】♣KBG, XMBG; ●FJ, YN, ZJ; ★(OC): AU.

大果白木桉 **Eucalyptus leucoxylon** subsp. **megalocarpa** Boland 【I, C】 ♣HBG, XMBG; ●FJ, ZJ; ★(OC): AU.

女贞桉 **Eucalyptus ligustrina** A. Cunn. ex DC. 【I,

C】 ♣KBG, XMBG; ●FJ, YN; ★(OC): AU.

女贞叶桉 **Eucalyptus longicornis** (F. Muell.) Maiden 【I, C】 ♣XMBG; ●FJ; ★(OC): AU.

长叶桉 **Eucalyptus longifolia** Link【I, C】♣HBG, KBG, XMBG; ●FJ, YN, ZJ; ★(OC): AU.

麦氏桉 **Eucalyptus macarthurii** H. Deane et Maiden 【I, C】 ♣KBG, XMBG; ●FJ, YN; ★(OC): AU.

红蕊大果桉 **Eucalyptus macrocarpa** Hook.【I, C】♣XMBG; ●FJ; ★(OC): AU.

大咀桉 **Eucalyptus macrorhyncha** F. Muell. ex Benth.【I, C】♣KBG, XMBG; ●FJ, YN; ★(OC): AU.

吹农桉 **Eucalyptus macrorhyncha** subsp. **cannonii** (R. T. Baker) L. A. S. Johnson et Blaxell 【I, C】 ♣XMBG; ●FJ; ★(OC): AU.

斑皮桉 **Eucalyptus maculata** Hook. 【I, C】 ♣GA, HBG, KBG, XMBG; ●FJ, HI, JX, SC, YN, ZJ; ★(OC): AU.

*曼恩桉 **Eucalyptus mannifera** Mudie 【I, C】 ♣XMBG; ●FJ; ★(OC): AU.

红柳桉(加拉桉)**Eucalyptus marginata** Donn ex Sm. 【I, C】 ♣XMBG; ●FJ; ★(OC): AU.

白蕊大果桉 **Eucalyptus megacarpa** F. Muell. 【I, C】 ♣HBG, XMBG; ●FJ, ZJ; ★(OC): AU.

*大角桉 **Eucalyptus megacornuta** C. A. Gardner【I, C】 ♣TBG, XMBG; ●FJ, TW; ★(OC): AU.

银叶铁皮桉(黑皮桉) **Eucalyptus melanophloia** F. Muell. 【I, C】 ♣XMBG; ●FJ; ★(OC): AU.

蜜味桉 **Eucalyptus melliodora** A. Cunn. ex Schauer【I, C】♣CDBG, KBG, XMBG; ●FJ, SC, YN; ★(OC): AU.

*迈克尔桉 **Eucalyptus michaeliana** Blakely 【I, C】 ♣XMBG; ●FJ; ★(OC): AU.

小果桉 **Eucalyptus microcarpa** (Maiden) Maiden 【I, C】 ♣KBG, XMBG; ●FJ, YN; ★(OC): AU.

小帽桉 **Eucalyptus microcorys** F. Muell. 【I, C】 ♣GA, GXIB, XMBG; ●FJ, GX, JX; ★(OC): AU.

小套桉 **Eucalyptus microtheca** F. Muell. 【I, C】 ♣XMBG; ●FJ; ★(OC): AU.

朱蕊桉 **Eucalyptus miniata** A. Cunn. ex Schauer 【I, C】 ★(OC): AU.

*米切尔桉 **Eucalyptus mitchelliana** Cambage 【I, C】 ♣XMBG; ●FJ; ★(OC): AU.

马六甲桉 **Eucalyptus moluccana** Wall. ex Roxb. 【I, C】 ♣KBG, XMBG; ●FJ, YN; ★(OC): AU.

穆氏桉 **Eucalyptus moorei** Maiden et Cambage【I, C】 ♣XMBG; ●FJ; ★(OC): AU.

摩利桉 **Eucalyptus morrisii** R. T. Baker 【I, C】 ♣NBG, XMBG; ●FJ, JS; ★(OC): AU.

*多茎桉 **Eucalyptus multicaulis** Blakely 【I, C】 ♣XMBG; ●FJ; ★(OC): AU.

奥米圆利桉 **Eucalyptus neglecta** Maiden 【I, C】 ♣KBG, XMBG; ●FJ, YN; ★(OC): AU.

尼科桉 **Eucalyptus nicholii** Maiden et Blakely 【I, C】 ♣KBG; ●TW, YN; ★(OC): AU.

黑皮桉 **Eucalyptus nigra** F. Muell. ex R. T. Baker 【I, C】 ♣KBG, XMBG; ●FJ, YN; ★(OC): AU.

亮果桉 **Eucalyptus nitens** (H. Deane et Maiden) Maiden 【I, C】 ♣KBG, XMBG; ●FJ, YN; ★(OC): AU.

*诺曼顿桉 **Eucalyptus normantonensis** Maiden et Cambage 【I, C】 ♣XMBG; ●FJ; ★(OC): AU.

显桉 **Eucalyptus notabilis** Maiden 【I, C】 ♣KBG, XMBG; ●FJ, YN; ★(OC): AU.

新英格兰桉 **Eucalyptus nova-anglica** H. Deane et Maiden 【I, C】 ●YN; ★(OC): AU.

斜形桉 **Eucalyptus obliqua** L'Hér. 【I, C】 ♣KBG, XMBG; ●FJ, YN; ★(OC): AU.

*长圆叶桉 **Eucalyptus oblonga** A. Cunn. ex DC.【I, C】 ♣XMBG; ●FJ; ★(OC): AU.

*钝花桉 **Eucalyptus obtusiflora** A. Cunn. ex DC.【I, C】 ♣XMBG; ●FJ; ★(OC): AU.

西方桉 **Eucalyptus occidentalis** Endl. 【I, C】 ♣HBG; ●ZJ; ★(OC): AU.

大蕊桉 **Eucalyptus occidentalis** var. **macrantha** (F. Muell. ex Benth.) Maiden 【I, C】 ♣KBG; ●YN; ★(OC): AU.

匙形桉 **Eucalyptus occidentalis** var. **spathulata** (Hook.) Maiden 【I, C】 ♣XMBG; ●FJ, TW; ★(OC): AU.

香味桉 **Eucalyptus odorata** Behr【I, C】♣XMBG; ●FJ; ★(OC): AU.

油味桉 **Eucalyptus oleosa** F. Muell. ex Miq. 【I, C】 ♣HBG, XMBG; ●FJ, ZJ; ★(OC): AU.

*圆叶桉 **Eucalyptus orbifolia** F. Muell. 【I, C】 ♣XMBG; ●FJ, TW; ★(OC): AU.

兰白腊树桉 **Eucalyptus oreades** F. Muell. ex R. T. Baker 【I, C】 ♣XMBG; ●FJ; ★(OC): AU.

卵叶桉 **Eucalyptus ovata** Labill. 【I, C】 ●FJ, YN; ★(OC): AU.

*卵形桉 **Eucalyptus ovularis** Maiden et Blakely 【I,

C】 ♣XMBG; ●FJ; ★(OC): AU.

*尖帽桉 **Eucalyptus oxymitra** Blakely 【I, C】 ♣XMBG; ●FJ; ★(OC): AU.

厚绿桉 **Eucalyptus pachyloma** Benth. 【I, C】 ♣XMBG; ●FJ; ★(OC): AU.

*粗叶桉 **Eucalyptus pachyphylla** F. Muell. 【I, C】 ♣XMBG; ●FJ; ★(OC): AU.

*铲状桉 **Eucalyptus paliformis** L. A. S. Johnson et Blaxell 【I, C】 ♣XMBG; ●FJ; ★(OC): AU.

圆锥花桉 **Eucalyptus paniculata** Sm. 【I, C】 ♣GA, KBG, XMBG; ●FJ, JX, SC, YN; ★(OC): AU.

簇生桉 **Eucalyptus paniculata** var. **fasciculosa** (F. Muell.) Benth. 【I, C】 ♣XMBG; ●FJ; ★(OC): AU.

帕拉马桉 **Eucalyptus parramattensis** C. C. Hall 【I, C】 ♣GA, XMBG; ●FJ, JX; ★(OC): AU.

展桉 **Eucalyptus patens** Benth. 【I, C】 ♣HBG; ●ZJ; ★(OC): AU.

少花桉 **Eucalyptus pauciflora** Sieber ex Spreng. 【I, C】 ♣KBG, XMBG; ●FJ, YN; ★(OC): AU.

大雪桉 **Eucalyptus pauciflora** subsp. **debeuzevillei** (Maiden) L. A. S. Johnson et Blaxell 【I, C】 ♣KBG, XMBG; ●FJ, YN; ★(OC): AU.

雪花桉 **Eucalyptus pauciflora** subsp. **niphophila** (Maiden et Blakely) L. A. S. Johnson et Blaxell 【I, C】 ♣KBG; ●YN; ★(OC): AU.

粗皮桉 **Eucalyptus pellita** F. Muell. 【I, C】 ♣KBG, XMBG; ●FJ, YN; ★(OC): AU.

珀琳桉 **Eucalyptus perriniana** F. Muell. ex Rodway 【I, C】 ♣KBG, XMBG; ●FJ, YN; ★(OC): AU.

茵帽桉 **Eucalyptus pileata** Blakely 【I, C】 ♣XMBG; ●FJ; ★(OC): AU.

弹丸桉 **Eucalyptus pilularis** Sm. 【I, C】 ♣KBG, XMBG; ●FJ, YN; ★(OC): AU.

白桃花心桉 **Eucalyptus pilularis** var. **acmenoides** (Schauer) Benth. 【I, C】 ♣XMBG; ●FJ; ★(OC): AU.

*潘桉 **Eucalyptus pimpiniana** Maiden 【I, C】 ♣XMBG; ●FJ; ★(OC): AU.

胡椒桉 **Eucalyptus piperita** Sm. 【I, C】 ♣XMBG; ●FJ; ★(OC): AU.

*普朗雄桉 **Eucalyptus planchoniana** F. Muell. 【I, C】 ♣XMBG; ●FJ; ★(OC): AU.

阔叶桉 **Eucalyptus platyphylla** F. Muell. 【I, C】 ★(OC): AU.

阔辆桉 **Eucalyptus platypus** Hook. 【I, C】 ♣XMBG; ●FJ; ★(OC): AU.

*垂枝桉 **Eucalyptus platypus** var. **nutans** (F. Muell.) Benth. 【I, C】 ♣XMBG; ●FJ; ★(OC): AU.

多花桉 **Eucalyptus polyanthemos** Schauer 【I, C】 ♣KBG, SCBG, XMBG; ●FJ, GD, TW, YN; ★(OC): AU.

杨叶桉 **Eucalyptus populnea** F. Muell. 【I, C】 ♣XMBG; ●FJ, TW; ★(OC): AU.

矮密桉 **Eucalyptus porosa** Miq. 【I, C】 ♣HBG, XMBG; ●FJ, ZJ; ★(OC): AU.

普氏桉(钟形桉) **Eucalyptus preissiana** Schauer 【I, C】 ♣XMBG; ●FJ; ★(OC): AU.

小果灰桉 **Eucalyptus propinqua** H. Deane et Maiden 【I, C】 ★(OC): AU.

*美丽桉 **Eucalyptus pulchella** Desf. 【I, C】 ♣XMBG; ●FJ; ★(OC): AU.

粉叶桉 **Eucalyptus pulverulenta** Sims 【I, C】 ♣KBG, XMBG; ●FJ, TW, YN; ★(OC): AU.

斑叶桉 **Eucalyptus punctata** A. Cunn. ex DC. 【I, C】 ♣HBG, KBG, XMBG, XTBG; ●FJ, SC, YN, ZJ; ★(OC): AU.

*梨形桉 **Eucalyptus pyriformis** Turcz. 【I, C】 ♣XMBG; ●FJ; ★(OC): AU.

梨果弹丸桉 **Eucalyptus pyrocarpa** L. A. S. Johnson et Blaxell 【I, C】 ♣KBG; ●YN; ★(OC): AU.

方茎桉 **Eucalyptus quadrangulata** H. Deane et Maiden 【I, C】 ●FJ, YN; ★(OC): AU.

小花桉 **Eucalyptus racemosa** Cav. 【I, C】 ♣XMBG; ●FJ; ★(OC): AU.

罗斯桉 **Eucalyptus racemosa** subsp. **rossii** (R. T. Baker et H. G. Sm.) B. E. Pfeil et Henwood 【I, C】 ♣XMBG; ●FJ; ★(OC): AU.

辐射桉 **Eucalyptus radiata** A. Cunn. ex DC. 【I, C】 ●FJ, YN; ★(OC): AU.

钩毛桉 **Eucalyptus redunca** Schauer 【I, C】 ♣XMBG; ●FJ; ★(OC): AU.

王桉 **Eucalyptus regnans** F. Muell. 【I, C】 ●YN; ★(OC): AU.

树胶桉 **Eucalyptus resinifera** Sm. 【I, C】 ♣CDBG, HBG, XMBG; ●FJ, SC, ZJ; ★(OC): AU.

里斯登桉 **Eucalyptus risdonii** Hook. f. 【I, C】 ♣XMBG; ●FJ; ★(OC): AU.

*罗伯逊桉 **Eucalyptus robertsonii** Blakely 【I, C】 ♣XMBG; ●FJ; ★(OC): AU.

桉 **Eucalyptus robusta** Sm. 【I, C】♣CDBG, FBG, FLBG, GA, GMG, GXIB, HBG, NBG, NSBG, SCBG, TBG, TMNS, XBG, XMBG; ●CQ, FJ, GD, GX, HI, JS, JX, SC, SN, TW, ZJ; ★(OC): AU.

蜡烛桉 **Eucalyptus rubida** H. Deane et Maiden 【I, C】 ●FJ, YN; ★(OC): AU.

野桉 **Eucalyptus rudis** Endl. 【I, C】♣FBG, GXIB, HBG, KBG, SCBG, XMBG; ●FJ, GD, GX, YN, ZJ; ★(OC): AU.

*皱桉 **Eucalyptus rugosa** R. Br. ex Blakely 【I, C】 ♣XMBG; ●FJ; ★(OC): AU.

柳叶桉 **Eucalyptus saligna** Sm. 【I, C】♣GA, HBG, KBG, NBG, SCBG, XBG, XMBG; ●FJ, GD, JS, JX, SC, SN, YN, ZJ; ★(OC): AU.

红皮桉 **Eucalyptus salmonophloia** F. Muell. 【I, C】 ★(OC): AU.

弹帽桉 **Eucalyptus seeana** Maiden 【I, C】 ♣GA; ●JX; ★(OC): AU.

*无梗桉 **Eucalyptus sessilis** (Maiden) Blakely 【I, C】 ♣XMBG; ●FJ; ★(OC): AU.

红铁木桉 **Eucalyptus sideroxylon** A. Cunn. ex Woolls 【I, C】♣XMBG; ●FJ, SC, ZJ; ★(OC): AU.

*西伯桉 **Eucalyptus sieberi** L. A. S. Johnson 【I, C】 ♣XMBG; ●FJ; ★(OC): AU.

谷桉 **Eucalyptus smithii** F. Muell. ex R. T. Baker 【I, C】 ♣KBG; ●BJ, GZ, YN; ★(OC): AU.

群居桉 **Eucalyptus socialis** F. Muell. ex Miq. 【I, C】 ♣XMBG; ●FJ; ★(OC): AU.

*斯蒂德曼桉 **Eucalyptus steedmanii** C. A. Gardner 【I, C】 ♣XMBG; ●FJ; ★(OC): AU.

小星芒桉 **Eucalyptus stellulata** Sieber ex DC. 【I, C】 ♣GA, KBG, XMBG; ●FJ, JX, YN; ★(OC): AU.

高山桉 **Eucalyptus stellulata** var. **alpina** (Lindl.) Ewart 【I, C】 ♣HBG, XMBG; ●FJ, ZJ; ★(OC): AU.

*吕曼桉 **Eucalyptus stellulata** var. **luehmanniana** (F. Muell.) F. Muell. 【I, C】 ♣XMBG; ●FJ; ★(OC): AU.

敌萼桉 **Eucalyptus striaticalyx** W. Fitzg. 【I, C】 ♣XMBG; ●FJ; ★(OC): AU.

斯氏桉 **Eucalyptus stricklandii** Maiden 【I, C】 ♣XMBG; ●FJ; ★(OC): AU.

劲直桉 **Eucalyptus stricta** Sieber ex Spreng. 【I, C】 ♣GA, XMBG; ●FJ, JX; ★(OC): AU.

斯塔利桉 **Eucalyptus studleyensis** Maiden 【I, C】 ♣GA; ●JX; ★(OC): AU.

*软木桉 **Eucalyptus suberea** Brooker et Hopper 【I, C】 ♣XTBG; ●YN; ★(OC): AU.

*细柄桉 **Eucalyptus tenuipes** (Maiden et Blakely) Blakely et C. T. White 【I, C】 ♣XMBG, XTBG; ●FJ, YN; ★(OC): AU.

角屿桉 **Eucalyptus tenuiramis** Miq. 【I, C】 ♣XMBG; ●FJ; ★(OC): AU.

细叶桉 **Eucalyptus tereticornis** Sm. 【I, C】 ♣CDBG, FLBG, GA, KBG, NBG, TBG, XMBG, XOIG, XTBG; ●FJ, GD, JS, JX, SC, TW, YN; ★(OC): AU.

*鳞形桉 **Eucalyptus tereticornis** var. **squamosa** (H. Deane et Maiden) Maiden 【I, C】 ♣XMBG; ●FJ; ★(OC): AU.

*四棱桉 **Eucalyptus tetragona** (R. Br.) F. Muell. 【I, C】 ♣XMBG; ●FJ; ★(OC): AU.

*四翼桉 **Eucalyptus tetraptera** Turcz. 【I, C】 ♣KBG, XMBG; ●FJ, YN; ★(OC): AU.

达耳文纤皮桉 **Eucalyptus tetrodonta** F. Muell. 【I, C】 ★(OC): AU.

*亭达利桉 **Eucalyptus tindaliae** Blakely 【I, C】 ♣XMBG; ●FJ; ★(OC): AU.

*托特桉 **Eucalyptus todtiana** F. Muell. 【I, C】 ♣XMBG; ●FJ; ★(OC): AU.

珊瑚桉 **Eucalyptus torquata** Luehm. 【I, C】 ♣XMBG; ●FJ; ★(OC): AU.

*广布桉 **Eucalyptus transcontinentalis** Maiden 【I, C】 ♣XMBG; ●FJ; ★(OC): AU.

三花桉 **Eucalyptus triflora** (Maiden) Blakely 【I, C】 ♣HBG, XMBG; ●FJ, ZJ; ★(OC): AU.

*伞桉 **Eucalyptus umbra** F. Muell. ex R. T. Baker 【I, C】 ♣XMBG; ●FJ; ★(OC): AU.

坛果桉 **Eucalyptus urnigera** Hook. f. 【I, C】 ♣XMBG; ●FJ; ★(OC): AU.

尾叶桉 **Eucalyptus urophylla** S. T. Blake 【I, C】 ♣SCBG; ●GD, HI, SC; ★(AS): ID.

多枝桉 **Eucalyptus viminalis** Labill. 【I, C】 ♣CDBG, GA, HBG, KBG, XMBG; ●FJ, JX, SC, YN, ZJ; ★(OC): AU.

绿桉 **Eucalyptus viridis** F. Muell. ex R. T. Baker 【I, C】 ♣XMBG; ●FJ; ★(OC): AU.

万朵桉 **Eucalyptus wandoo** Blakely 【I, C】♣HBG, XMBG; ●FJ, ZJ; ★(OC): AU.

韦塔桉 **Eucalyptus wetarensis** L. D. Pryor 【I, C】 ★(OC): AU.

*伍德沃桉 **Eucalyptus woodwardii** Maiden 【I, C】

♣XMBG; ●FJ; ★(OC): AU.

*伍尔桉 **Eucalyptus woollsiana** F. Muell. ex R. T. Baker【I, C】♣KBG, XMBG; ●FJ, YN; ★(OC): AU.

尤曼桉 **Eucalyptus youmanii** Blakely et McKie【I, C】 ♣XMBG; ●FJ, SC; ★(OC): AU.

聚果木属 Syncarpia

聚果木 **Syncarpia glomulifera** (Sm.) Nied. 【I, C】 ★(OC): AU.

沙岛聚果木 **Syncarpia hillii** F. M. Bailey 【I, C】 ★(OC): AU.

香柳梅属 Agonis

香柳梅（柳香桃）**Agonis flexuosa** (Muhl. ex Willd.) Sweet 【I, C】 ♣HBG; ●ZJ; ★(OC): AU.

金丝桃叶香柳梅 **Agonis hypericifolia** (Otto et A. Dietr.) Schauer【I, C】♣HBG; ●ZJ; ★(OC): AU.

香松梅属 Taxandria

香松梅 **Taxandria fragrans** (J. R. Wheeler et N. G. Marchant) J. R. Wheeler et N. G. Marchant 【I, C】 ●TW; ★(OC): AU.

雪茶木属 Kunzea

雪茶木 **Kunzea affinis** S. Moore【I, C】●TW; ★(OC): AU.

含糊雪茶木 **Kunzea ambigua** (Sm.) Druce 【I, C】 ♣HBG; ●ZJ; ★(OC): AU.

格兰尼雪茶木（昆士亚石南）**Kunzea graniticola** Byrnes 【I, C】 ♣SCBG; ●GD; ★(OC): AU.

鱼柳梅属 Leptospermum

美丽薄子木 **Leptospermum brachyandrum** (F. Muell.) Druce 【I, C】 ♣SCBG; ●GD; ★(OC): AU.

光叶松红梅 **Leptospermum laevigatum** (Gaertn.) F. Muell. 【I, C】 ●BJ; ★(OC): AU.

大果松红梅（绵毛鱼柳梅）**Leptospermum lanigerum** (Aiton) Sm. 【I, C】 ♣HBG; ●TW, ZJ; ★(OC): AU.

*彼得森松红梅（柠檬澳洲茶）**Leptospermum petersonii** F. M. Bailey 【I, C】 ♣NBG, SCBG; ●GD, JS; ★(OC): AU.

远志叶松红梅（澳洲茶、细子树）**Leptospermum polygalifolium** Salisb. 【I, C】 ♣HBG, KBG; ●TW, YN, ZJ; ★(OC): AU.

小叶松红梅 **Leptospermum polygalifolium** subsp. **cismontanum** Joy Thomps. 【I, C】 ♣HBG; ●ZJ; ★(OC): AU.

大花松红梅 **Leptospermum polygalifolium** var. **grandiflorum** (Lodd.) Domin【I, C】♣HBG; ●ZJ; ★(OC): AU.

圆叶松红梅 **Leptospermum rotundifolium** (Maiden et Betche) F. A. Rodway【I, C】♣TBG; ●TW; ★(OC): AU.

岩生松红梅（岩生鱼柳梅）**Leptospermum rupestre** Hook. f. 【I, C】 ●TW; ★(OC): AU.

松红梅 **Leptospermum scoparium** J. R. Forst. et G. Forst. 【I, C】 ♣HBG, XMBG; ●FJ, TW, ZJ; ★(OC): AU, NZ.

美丽松红梅 **Leptospermum spectabile** Joy Thomps. 【I, C】 ●TW; ★(OC): AU.

岗松属 Baeckea

岗松 **Baeckea frutescens** L. 【N, W/C】 ♣FBG, FLBG, GMG, GXIB, SCBG, XMBG; ●FJ, GD, GX, JX; ★(AS): CN, ID, IN, KH, LA, MM, MY, PH, SG, TH, VN; (OC): AU, PAF.

小蜡花属 Micromyrtus

*大叶小蜡花 **Micromyrtus grandis** J. T. Hunter 【I, C】 ●TW; ★(OC): AU.

黄穗蜡花属 Corynanthera

黄穗蜡花 **Corynanthera flava** J. W. Green 【I, C】 ●TW; ★(OC): AU.

葵蜡花属 Thryptomene

格兰屏葵蜡花 **Thryptomene calycina** (Lindl.) Stapf 【I, C】 ●TW; ★(OC): AU.

葵蜡花 **Thryptomene saxicola** (A. Cunn. ex Hook.) Schauer 【I, C】 ●TW; ★(OC): AU.

束蕊梅属 Astartea

含糊束蕊梅 **Astartea ambigua** F. Muell. 【I, C】 ♣HBG; ●ZJ; ★(OC): AU.

束蕊梅 **Astartea fascicularis** (Labill.) A. Cunn. ex DC. 【I, C】 ★(OC): AU.

风蜡花属　Chamelaucium

风蜡花 **Chamelaucium ciliatum** Desf. 【I, C】 ●TW; ★(OC): AU.

钩状风蜡花（风蜡花、玉梅）**Chamelaucium uncinatum** Schauer 【I, C】 ♣XTBG; ●JS, SH, TW, YN; ★(OC): AU.

缨蜡花属　Homoranthus

缨蜡花 **Homoranthus darwinioides** (Maiden et Betche) Cheel 【I, C】 ●ZJ; ★(OC): AU.

羽蜡花属　Verticordia

*金花澳洲梅 **Verticordia chrysantha** Endl. 【I, C】 ●ZJ; ★(OC): AU.

帚蜡花属　Scholtzia

帚蜡花 **Scholtzia obovata** (DC.) Schauer 【I, C】 ●TW; ★(OC): AU.

扁籽岗松属　Sannantha

扁籽岗松（高岗松）**Sannantha virgata** (J. R. Forst. et G. Forst.) Peter G. Wilson 【I, C】 ♣SCBG; ●GD; ★(OC): NC.

161. 野牡丹科 MELASTOMATACEAE

谷木属　Memecylon

天蓝谷木（蓝果谷木）**Memecylon caeruleum** Jack 【N, W/C】 ♣XTBG; ●YN; ★(AS): CN, ID, KH, MM, MY, SG, VN.

*马达加斯加谷木 **Memecylon dubium** Jacq.-Fél. 【I, C】 ●GD; ★(AF): MG.

海南谷木 **Memecylon hainanense** Merr. et Chun 【N, W/C】 ●HI; ★(AS): CN.

狭叶谷木 **Memecylon lanceolatum** Blanco 【N, W/C】 ♣TMNS; ●TW; ★(AS): CN, ID, PH.

谷木 **Memecylon ligustrifolium** Champ. ex Benth. 【N, W/C】 ♣SCBG, XLTBG, XTBG; ●GD, HI, YN; ★(AS): CN.

黑叶谷木 **Memecylon nigrescens** Hook. et Arn. 【N, W/C】 ♣SCBG; ●GD, HI; ★(AS): CN.

滇谷木 **Memecylon polyanthum** H. L. Li 【N, W/C】 ♣XTBG; ●YN; ★(AS): CN.

细叶谷木 **Memecylon scutellatum** (Lour.) Hook. et Arn. 【N, W/C】 ●HI; ★(AS): CN, KH, LA, MM, MY, TH, VN.

褐鳞木属　Astronia

褐鳞木 **Astronia ferruginea** Elmer 【N, W/C】 ♣CDBG, TMNS; ●SC, TW; ★(AS): CN.

彩号丹属　Graffenrieda

*彩号丹 **Graffenrieda grandifolia** Gleason 【I, C】 ●TW; ★(SA): CO.

锦号丹属　Adelobotrys

*锦号丹 **Adelobotrys panamensis** Almeda 【I, C】 ●TW; ★(NA): PA.

号丹属　Meriania

*号丹 **Meriania versicolor** L. Uribe 【I, C】 ●TW; ★(SA): CO.

斧号丹属　Axinaea

*斧号丹 **Axinaea sessilifolia** Triana 【I, C】 ●TW; ★(NA): CR; (SA): EC.

爪号丹属　Tessmannianthus

*爪号丹 **Tessmannianthus carinatus** Almeda 【I, C】 ●TW; ★(NA): PA.

绢木属　Miconia

大叶绢木（大叶野牡丹）**Miconia impetiolaris** (Sw.) D. Don ex DC. 【I, C】 ♣SCBG; ●GD; ★(NA): BZ, CR, CU, DO, GT, HN, HT, JM, LW, MX, NI, PA, PR, SV, TT, WW; (SA): BO, CO, EC, GF, GY, PE, PY, VE.

*秘鲁绢木 **Miconia media** (D. Don) Naudin 【I, C】 ♣CBG, SCBG; ●GD, SH, TW; ★(SA): EC, PE.

*巴西绢木 **Miconia wagneri** J. F. Macbr. 【I, C】 ●TW; ★(SA): BO, BR.

锥萼绢木属　Acinodendron

*角茎锥萼绢木 **Acinodendron coronatum** (Bonpl.) Kuntze 【I, C】 ♣XTBG; ●YN; ★(SA): CO.

*阔叶锥萼绢木 **Acinodendron latifolium** (D. Don) Kuntze 【I, C】 ♣XTBG; ●YN; ★(SA): BO, BR, CO, EC, PE, VE.

*鸡蛋锥萼绢木 **Acinodendron plumeriferum** (Triana) Kuntze 【I, C】 ♣XTBG; ●YN; ★(SA): BR.

雀舌丹属 Tetrazygia

*角叶雀舌丹 **Tetrazygia cornifolia** (Desr.) Griseb. 【I, C】 ♣XTBG; ●YN; ★(NA): CR, CU, DO, HT, JM, LW, PR, TT, WW.

锚花丹属 Ossaea

Ossaea congestiflora Cogn. 【I, C】 ★(SA): BR.

毛绢木属 Clidemia

毛野牡丹藤 **Clidemia hirta** (L.) D. Don 【I, C/N】 ♣XTBG; ●YN; ★(NA): BZ, CR, CU, DO, HN, HT, JM, LW, MX, NI, PA, PR, SV, TT, WW; (SA): AR, BO, BR, CO, EC, GF, GY, PE, PY, VE.

杯碟花属 Blakea

杯碟花 **Blakea gracilis** Hemsl. 【I, C】 ♣XTBG; ●YN; ★(NA): CR, NI, PA; (SA): BO.

药囊花属 Cyphotheca

药囊花 **Cyphotheca montana** Diels 【N, W/C】 ♣XTBG; ●YN; ★(AS): CN.

酸脚杆属 Medinilla

附生美丁花 **Medinilla arboricola** F. C. How 【N, W/C】 ●BJ; ★(AS): CN.

顶花酸脚杆 **Medinilla assamica** (C. B. Clarke) C. Chen 【N, W】 ♣BBG, XTBG; ●BJ, YN; ★(AS): CN, ID, IN, LA, MM, TH, VN.

*菲律宾酸脚杆 **Medinilla cummingii** Naudin 【I, C】 ♣BBG; ●BJ; ★(AS): PH.

西畴酸脚杆（台湾酸脚杆）**Medinilla fengii** (S. Y. Hu) C. Y. Wu et C. Chen 【N, W/C】 ♣XMBG, XTBG; ●FJ, TW, YN; ★(AS): CN.

糠秕酸脚杆（兰屿野牡丹藤）**Medinilla hayatana** H. Keng 【N, W/C】 ♣TMNS; ●TW; ★(AS): CN.

锥序酸脚杆（绿春酸脚杆）**Medinilla himalayana** Hook. f. ex Triana 【N, W/C】 ♣XTBG; ●YN; ★(AS): BT, CN, ID, IN, LK, VN.

酸脚杆 **Medinilla lanceata** (M. P. Nayar) C. Chen 【N, W/C】 ♣KBG, XTBG; ●BJ, GD, YN; ★(AS): CN.

粉苞酸脚杆（宝莲灯）**Medinilla magnifica** Lindl. 【I, C】 ♣BBG, FBG, FLBG, IBCAS, LBG, SCBG, TMNS, XMBG, XTBG; ●BJ, FJ, GD, HN, JX, TW, YN; ★(AS): PH.

下垂酸脚杆 **Medinilla pendula** Merr. 【I, C】 ●YN; ★(AS): PH.

深红酸脚杆（红花酸脚杆）**Medinilla rubicunda** (Jack) Blume 【N, W/C】 ♣XTBG; ●YN; ★(AS): BT, CN, ID, IN, MM, MY, NP, TH.

*马达加斯加酸脚杆 **Medinilla sedifolia** Jum. et H. Perrier 【I, C】 ♣BBG; ●BJ; ★(AF): MG.

北酸脚杆 **Medinilla septentrionalis** (W. W. Sm.) H. L. Li 【N, W/C】 ♣XTBG; ●YN; ★(AS): CN, MM, TH, VN.

锦香草属 Phyllagathis

锦香草 **Phyllagathis cavaleriei** (H. Lév. et Vaniot) Guillaumin 【N, W/C】 ♣CBG, GA, GXIB, HBG, KBG, SCBG, WBG, XMBG, ZAFU; ●FJ, GD, GX, HB, JX, SH, YN, ZJ; ★(AS): CN.

红敷地发 **Phyllagathis elattandra** Diels 【N, W/C】 ♣GMG, SCBG; ●GD, GX; ★(AS): CN.

丽萼熊巴掌 **Phyllagathis longiradiosa** var. **pulchella** C. Chen 【N, W/C】 ♣GXIB; ●GX; ★(AS): CN.

斑叶锦香草 **Phyllagathis scorpiothyrsoides** C. Chen 【N, W/C】 ♣GXIB; ●GX; ★(AS): CN, VN.

刺蕊锦香草 **Phyllagathis setotheca** H. L. Li 【N, W/C】 ♣GXIB; ●GX; ★(AS): CN, VN.

柏拉木属 Blastus

南亚柏拉木 **Blastus borneensis** Cogn. ex Boerl. 【N, W/C】 ♣GA; ●JX; ★(AS): CN, ID, IN, LA, MY, TH, VN.

柏拉木 **Blastus cochinchinensis** Lour. 【N, W/C】 ♣CBG, FBG, GMG, GXIB, SCBG; ●FJ, GD, GX, SH; ★(AS): CN, ID, IN, JP, KH, LA, MM, VN.

密毛柏拉木 **Blastus mollissimus** H. L. Li 【N, W/C】 ♣GXIB; ●GX; ★(AS): CN.

少花柏拉木 **Blastus pauciflorus** (Benth.) Merr. 【N, W/C】 ♣FBG, GA, SCBG, WBG; ●FJ, GD, HB, JX; ★(AS): CN.

刺毛柏拉木 **Blastus setulosus** Diels 【N, W/C】

♣GXIB; ●GX; ★(AS): CN.

蜂斗草属 Sonerila

蜂斗草 **Sonerila cantonensis** Stapf 【N, W/C】 ♣GMG, SCBG, XTBG; ●GD, GX, YN; ★(AS): CN, VN.

直立蜂斗草 **Sonerila erecta** Jack 【N, W/C】 ♣XTBG; ●YN; ★(AS): CN, ID, IN, LA, MM, MY, PH, TH, VN.

溪边桑勒草 **Sonerila maculata** Roxb. 【N, W/C】 ♣XTBG; ●YN; ★(AS): BT, CN, ID, IN, KH, LA, LK, MM, MY, NP, TH, VN.

海棠叶蜂斗草 **Sonerila plagiocardia** Diels 【N, W/C】 ♣KBG; ●YN; ★(AS): CN, KH, LA, MY, TH, VN.

肥肉草属 Fordiophyton

短茎异药花(短柄异药花) **Fordiophyton brevicaule** C. Chen 【N, W/C】 ♣SCBG; ●GD; ★(AS): CN.

心叶异药花 **Fordiophyton cordifolium** C. Y. Wu ex C. Chen 【N, W/C】 ♣SCBG; ●GD; ★(AS): CN.

异药花 **Fordiophyton faberi** Stapf 【N, W/C】 ♣CBG, GA, HBG, LBG, SCBG, WBG, ZAFU; ●GD, HB, JX, SC, SH, ZJ; ★(AS): CN.

匍匐异药花 **Fordiophyton repens** Y. C. Huang ex C. Chen 【N, W/C】 ♣WBG; ●HB; ★(AS): CN.

肉穗草属 Sarcopyramis

肉穗草 **Sarcopyramis bodinieri** H. Lév. et Vaniot 【N, W/C】 ♣FBG, KBG, LBG, SCBG, WBG, XMBG; ●FJ, GD, HB, JX, YN; ★(AS): CN, PH.

庐山肉穗草 **Sarcopyramis lushanensis** Chen 【N, W/C】 ♣LBG; ●JX; ★(AS): CN.

楮头红 **Sarcopyramis napalensis** Wall. 【N, W/C】 ♣GA, KBG, LBG, SCBG, WBG; ●GD, HB, JX, YN; ★(AS): BT, CN, ID, IN, MM, MY, NP, PH, TH.

虎颜花属 Tigridiopalma

虎颜花 **Tigridiopalma magnifica** C. Chen 【N, W/C】 ♣FLBG, GXIB, SCBG, XMBG, XTBG; ●FJ, GD, GX, JX, YN; ★(AS): CN.

尖子木属 Oxyspora

尖子木 **Oxyspora paniculata** (D. Don) DC. 【N, W/C】 ♣BBG, GBG, KBG, SCBG, WBG, XTBG; ●BJ, GD, GZ, HB, YN; ★(AS): BT, CN, ID, IN, KH, LA, LK, MM, NP, VN.

刚毛尖子木 **Oxyspora vagans** (Roxb.) Wall. 【N, W/C】 ♣XTBG; ●YN; ★(AS): CN, ID, IN, MM, TH.

异形木属 Allomorphia

异形木 **Allomorphia balansae** Cogn. 【N, W/C】 ♣SCBG, WBG; ●GD, HB; ★(AS): CN, TH, VN.

越南异形木 **Allomorphia baviensis** Guillaumin 【N, W/C】 ♣XTBG; ●YN; ★(AS): CN, TH, VN.

刺毛异形木 **Allomorphia setosa** Craib 【N, W/C】 ♣XTBG; ●YN; ★(AS): CN, TH, VN.

尾叶异形木 **Allomorphia urophylla** Diels 【N, W】 ♣XTBG; ●YN; ★(AS): CN.

棱果花属 Barthea

棱果花 **Barthea barthei** (Hance ex Benth.) Krasser 【N, W/C】 ♣FLBG, SCBG, XTBG; ●GD, JX, YN; ★(AS): CN, JP.

野海棠属 Bredia

赤水野海棠 **Bredia esquirolii** (H. Lév.) Lauener 【N, W/C】 ♣WBG; ●HB; ★(AS): CN.

叶底红 **Bredia fordii** (Hance) Diels 【N, W/C】 ♣NSBG, SCBG; ●CQ, GD, SC; ★(AS): CN.

长萼野海棠 **Bredia longiloba** (Hand.-Mazz.) Diels 【N, W/C】 ♣WBG; ●HB; ★(AS): CN.

金石榴(尖瓣野海棠) **Bredia oldhamii** Hook. f. 【N, W/C】 ♣XTBG; ●YN; ★(AS): CN.

过路惊 **Bredia quadrangularis** Cogn. 【N, W/C】 ♣CBG, HBG, WBG, ZAFU; ●HB, SH, ZJ; ★(AS): CN.

短柄野海棠 **Bredia sessilifolia** H. L. Li 【N, W/C】 ♣SCBG; ●GD; ★(AS): CN.

鸭脚茶 **Bredia sinensis** (Diels) H. L. Li 【N, W/C】 ♣CBG, HBG, WBG, XTBG, ZAFU; ●HB, SH, YN, ZJ; ★(AS): CN.

偏瓣花属 Plagiopetalum

偏瓣花 **Plagiopetalum esquirolii** (H. Lév.) Rehder 【N, W/C】 ♣WBG; ●HB; ★(AS): CN, MM, VN.

长穗花属 Styrophyton

长穗花 **Styrophyton caudatum** (Diels) S. Y. Hu

【N, W/C】 ♣XTBG; ●YN; ★(AS): CN.

锦鹿丹属 Arthrostemma

锦鹿丹 **Arthrostemma ciliatum** Ruiz et Pav. 【I, C】 ♣TBG; ●TW; ★(NA): GT; (SA): CO, EC.

非洲棯属 Dissotis

*柔弱非洲棯 **Dissotis debilis** Triana 【I, C】 ●TW; ★(AF): TZ, ZM.

Dissotis princeps (Kunth) Triana 【I, C】 ★(AS): GE, SA; (EU): AL, AT, BA, BE, BG, BY, CZ, DE, ES, GR, HR, IT, LU, ME, MK, RO, RS, RU, SI, TR.

湿地棯属 Heterotis

*蔓性湿地棯（蔓性野牡丹）**Heterotis rotundifolia** (Sm.) Jacq.-Fél. 【I, C】 ♣XMBG; ●FJ; ★(AF): CM, GH, NG, TZ, UG.

野牡丹属 Melastoma

地菍（地棯、地茎）**Melastoma dodecandrum** Lour. 【N, W/C】♣FBG, FLBG, GA, GBG, GMG, GXIB, HBG, KBG, LBG, SCBG, WBG, XMBG, XTBG, ZAFU; ●FJ, GD, GX, GZ, HB, JX, YN, ZJ; ★(AS): CN, VN.

大野牡丹 **Melastoma imbricatum** Wall. ex Triana 【N, W/C】♣KBG, XTBG; ●YN; ★(AS): CN, ID, IN, KH, LA, MM, MY, TH, VN.

细叶野牡丹（耳药花）**Melastoma intermedium** Dunn 【N, W/C】 ♣FBG, GMG, SCBG; ●FJ, GD, GX; ★(AS): CN.

野牡丹 **Melastoma malabathricum** L. 【N, W/C】 ♣BBG, CBG, CDBG, FBG, FLBG, GA, GMG, GXIB, HBG, KBG, NSBG, SCBG, TBG, TMNS, WBG, XLTBG, XMBG, XTBG, ZAFU; ●BJ, CQ, FJ, GD, GX, HB, HI, JX, SC, SH, TW, YN, ZJ; ★(AS): BT, CN, ID, IN, JP, KH, LA, LK, MM, MY, NP, PH, SG, TH, VN; (OC): AU, PAF.

紫毛野牡丹 **Melastoma penicillatum** Naudin 【N, W/C】 ♣SCBG; ●GD, HI; ★(AS): CN, PH.

毛棯（毛棯、毛茎）**Melastoma sanguineum** Sims 【N, W/C】♣CBG, GMG, GXIB, HBG, SCBG, XMBG, XTBG; ●FJ, GD, GX, SH, TW, YN, ZJ; ★(AS): CN, ID, IN, LA, MM, MY; (OC): US-HW.

金锦香属 Osbeckia

金锦香（海南金锦香）**Osbeckia chinensis** L. 【N, W/C】 ♣FBG, SCBG, XTBG; ●FJ, GD, YN; ★(AS): BT, CN, ID, IN, JP, KH, LA, LK, MM, MY, NP, PH, TH, VN; (OC): AU, PAF.

宽叶金锦香 **Osbeckia chinensis** var. **angustifolia** (D. Don) C. Y. Wu et C. Chen 【N, W/C】 ♣XTBG; ●YN; ★(AS): CN, IN, KH, LA, MM, NP, TH, VN.

蚂蚁花 **Osbeckia nepalensis** Hook. f. 【N, W/C】 ♣XTBG; ●YN; ★(AS): BT, CN, IN, LA, LK, MM, MY, NP, TH, VN.

白蚂蚁花 **Osbeckia nepalensis** var. **albiflora** Lindl. 【N, W/C】 ♣XTBG; ●YN; ★(AS): CN, NP.

星毛金锦香（假朝天罐）**Osbeckia stellata** Buch.-Ham. ex Ker Gawl. 【N, W/C】♣BBG, CBG, FBG, FLBG, GA, GBG, GMG, GXIB, HBG, KBG, LBG, SCBG, TBG, WBG, XMBG, XTBG, ZAFU; ●BJ, FJ, GD, GX, GZ, HB, JX, SC, SH, TW, YN, ZJ; ★(AS): BT, CN, ID, IN, KH, LA, LK, MM, NP, TH, VN.

蒂牡花属 Tibouchina

银毛蒂牡花（银毛野牡丹）**Tibouchina aspera** Aubl. 【I, C】 ♣CBG, FBG, FLBG, SCBG, XMBG, ZAFU; ●FJ, GD, JX, SH, ZJ; ★(NA): BZ, HN, NI, PA; (SA): BO, BR, CO, GF, GY, PE, VE.

大叶蒂牡花 **Tibouchina grandifolia** Cogn. 【I, C】 ♣BBG, TMNS; ●BJ, TW; ★(SA): BR.

角茎蒂牡花 **Tibouchina granulosa** (Desr.) Cogn. 【I, C】 ♣BBG, SCBG; ●BJ, GD; ★(SA): AR, BO, BR.

*银绒蒂牡花（银绒野牡丹）**Tibouchina heteromalla** (D. Don) Cogn. 【I, C】 ♣XTBG; ●YN; ★(NA): CR; (SA): BO, BR.

*鳞毛蒂牡花 **Tibouchina lepidota** (Bonpl.) Baill. 【I, C】 ♣BBG; ●BJ; ★(SA): CO, EC, PE, VE.

蒂牡花 **Tibouchina martialis** (Cham.) Cogn. 【I, C】 ♣XTBG; ●YN; ★(SA): BR, CO, VE.

热带蒂牡花（热带红花蕊）**Tibouchina paratropica** (Griseb.) Cogn. 【I, C】 ♣SCBG; ●GD; ★(SA): AR, BO, BR.

巴西蒂牡花（巴西野牡丹）**Tibouchina semidecandra** (Mart. et Schrank ex DC.) Cogn. 【I, C】 ♣CBG, FLBG, GXIB, SCBG, XMBG; ●AH, FJ, GD, GX, JX, SC, SH, TW; ★(NA): CR, PR; (SA): BR.

*曲枝蒂牡花 **Tibouchina tortuosa** (Bonpl.) Almeda 【I, C】 ♣XTBG; ●YN; ★(NA): MX.

艳紫蒂牡花 **Tibouchina urvilleana** (DC.) Cogn. 【I,

C】♣BBG, FLBG, SCBG, TMNS, XMBG, XTBG; ●BJ, FJ, GD, JX, TW, YN; ★(NA): CR, GT, HN, JM, NI, PR, SV; (SA): BR, CO, PE, VE.

四瓣果属 Heterocentron

蔓茎四瓣果 **Heterocentron elegans** (Schltdl.) Kuntze【I, C】♣XMBG, XTBG; ●FJ, YN; ★(NA): GT, HN, MX, PR, SV; (SA): CO.

紫叶裂距花 **Heterocentron subtriplinervium** (Link et Otto) A. Braun et C. D. Bouché【I, C】♣SCBG; ●GD; ★(NA): BZ, CR, GT, HN, MX, NI, SV; (SA): CO.

单缨木属 Monochaetum

火山单缨木 **Monochaetum vulcanicum** Cogn.【I, C】♣BBG; ●BJ; ★(NA): CR, PA.

单线木属 Monolena

报春单线木 **Monolena primuliflora** Hook. f.【I, C】♣BBG; ●BJ; ★(NA): CR, PA; (SA): CO, EC, PE.

奋臂花属 Triolena

刚毛三药花 **Triolena hirsuta** (Benth.) Triana【I, C】♣IBCAS; ●BJ; ★(NA): CR, NI, PA, PR; (SA): CO, EC, PE.

162. 隐翼木科 CRYPTERONIACEAE

隐翼木属 Crypteronia

隐翼木 **Crypteronia paniculata** Blume【N, W/C】♣BBG, KBG, XTBG; ●BJ, YN; ★(AS): CN, ID, IN, KH, LA, MM, MY, PH, TH, VN.

163. 省沽油科 STAPHYLEACEAE

山香圆属 Dalrympelea

硬毛山香圆 **Dalrympelea affinis** (Merr. et L. M. Perry) Q. W. Lin【N, W/C】♣CBG, FBG, KBG, WBG; ●FJ, HB, SH, YN; ★(AS): CN.

锐尖山香圆 **Dalrympelea arguta** (Lindl.) Q. W. Lin【N, W/C】♣CBG, FBG, FLBG, GXIB, HBG, SCBG, TMNS, WBG, XTBG; ●FJ, GD, GX, HB, JX, SH, TW, YN, ZJ; ★(AS): CN.

越南山香圆 **Dalrympelea cochinchinensis** (Lour.) Q. W. Lin【N, W/C】♣FBG, GMG, HBG, WBG, XTBG; ●FJ, GX, HB, YN, ZJ; ★(AS): BT, CN, ID, IN, LA, MM, MY, NP, TH, VN.

大籽山香圆 **Dalrympelea macrosperma** (C. C. Huang) Q. W. Lin【N, W/C】♣KBG; ●YN; ★(AS): CN.

山香圆（光山香圆）**Dalrympelea montana** (Blume) Q. W. Lin【N, W/C】♣FLBG, SCBG, WBG, XTBG; ●GD, HB, JX, YN; ★(AS): CN, ID, IN, MM, MY, TH, VN.

大果山香圆 **Dalrympelea pomifera** Roxb.【N, W/C】♣CDBG, SCBG, XMBG, XTBG; ●FJ, GD, SC, YN; ★(AS): BT, CN, IN, LA, LK, MY, NP, VN.

山麻风树 **Dalrympelea pomifera** var. **minor** (C. C. Huang ex T. Z. Hsu) Q. W. Lin【N, W/C】♣XTBG; ●YN; ★(AS): CN.

粗壮山香圆 **Dalrympelea robusta** (Craib) Q. W. Lin【N, W/C】♣XTBG; ●YN; ★(AS): CN, TH.

亮叶山香圆（长柄亮叶山香圆）**Dalrympelea simplicifolia** (Merr.) Q. W. Lin【N, W/C】♣SCBG; ●GD; ★(AS): CN, ID, IN, MY, PH.

三叶山香圆 **Dalrympelea ternata** (Nakai) Q. W. Lin【N, W/C】♣CBG, GA, SCBG, TBG, TMNS, XMBG, XTBG; ●FJ, GD, JX, SC, SH, TW, YN; ★(AS): CN, JP.

省沽油属 Staphylea

省沽油 **Staphylea bumalda** DC.【N, W/C】♣BBG, CBG, CDBG, FBG, HBG, IBCAS, LBG, NBG, WBG, XTBG; ●BJ, FJ, HA, HB, HE, JS, JX, LN, SC, SH, SX, YN, ZJ; ★(AS): CN, JP, KP, KR.

高加索省沽油（科尔切斯省沽油）**Staphylea colchica** Steven【I, C】♣BBG, CBG, IBCAS, NBG; ●BJ, JS, SH; ★(AS): GE.

益目山省沽油 **Staphylea emodi** Wall.【I, C】★(AS): IN, NP.

嵩明省沽油 **Staphylea forrestii** Balf.f.【N, W/C】♣GA, KBG; ●JX, YN; ★(AS): CN.

膀胱果 **Staphylea holocarpa** Hemsl.【N, W/C】♣BBG, CBG, FBG, GBG, HBG, IBCAS, NBG, SCBG, WBG; ●BJ, FJ, GD, GZ, HB, JS, SC, SH, SN, SX, TW, ZJ; ★(AS): CN.

玫红省沽油 **Staphylea holocarpa** var. **rosea** Rehder et E. H. Wilson【N, W/C】●HB, SC, YN; ★

(AS): CN.

野鸦椿 **Staphylea japonica** (Thunb.) Q. W. Lin【N, W/C】♣BBG, CBG, CDBG, FBG, GA, GBG, GMG, GXIB, HBG, IBCAS, LBG, NBG, NSBG, SCBG, TMNS, WBG, XMBG, XTBG, ZAFU; ●BJ, CQ, FJ, GD, GX, GZ, HB, JS, JX, SC, SH, TW, YN, ZJ; ★(AS): CN, JP, KP, KR, VN.

羽叶省沽油 **Staphylea pinnata** L.【I, C】♣CBG, IBCAS, XTBG; ●BJ, SH, TW, YN; ★(AS): GE; (EU): AT, BA, BG, CZ, DE, GB, HR, HU, IT, ME, MK, PL, RO, RS, RU, SI.

美国省沽油 **Staphylea trifolia** L.【I, C】♣HBG, IBCAS; ●BJ, LN, ZJ; ★(NA): CA, US.

164. 旌节花科 STACHYURACEAE

旌节花属 Stachyurus

中国旌节花 **Stachyurus chinensis** Franch.【N, W/C】♣CBG, CDBG, FBG, FLBG, GA, GBG, HBG, IBCAS, LBG, NBG, SCBG, WBG, XBG, ZAFU; ●BJ, FJ, GD, GZ, HB, JS, JX, SC, SH, SN, TW, ZJ; ★(AS): CN.

西域旌节花（短穗旌节花）**Stachyurus himalaicus** Hook. f. et Thomson【N, W/C】♣CBG, GBG, GMG, GXIB, HBG, KBG, LBG, SCBG, WBG, XTBG; ●GD, GX, GZ, HB, JX, SC, SH, YN, ZJ; ★(AS): BT, CN, IN, MM, NP.

倒卵叶旌节花 **Stachyurus obovatus** (Rehder) Cheng【N, W/C】♣WBG; ●HB, SC; ★(AS): CN.

早春旌节花 **Stachyurus praecox** Siebold et Zucc.【I, C】♣HBG; ●ZJ; ★(AS): JP.

凹叶旌节花 **Stachyurus retusus** Y. C. Yang【N, W/C】♣SCBG, WBG; ●GD, HB, SC; ★(AS): CN.

柳叶旌节花 **Stachyurus salicifolius** Franch.【N, W/C】♣FBG, WBG; ●FJ, HB, SC; ★(AS): CN.

云南旌节花（矩圆叶旌节花）**Stachyurus yunnanensis** Franch.【N, W/C】♣FBG, KBG, WBG; ●FJ, HB, SC, YN; ★(AS): CN, VN.

165. 美洲苦木科 PICRAMNIACEAE

美洲苦木属 Picramnia

美洲苦木 **Picramnia pentandra** Sw.【I, C】♣FBG, XTBG; ●FJ, YN; ★(NA): CU, DO, HT, PR; (SA): VE.

166. 白刺科 NITRARIACEAE

白刺属 Nitraria

大白刺 **Nitraria roborowskii** Kom.【N, W/C】♣MDBG, TDBG; ●GS, NM, NX, QH, XJ; ★(AS): CN, MN, RU-AS.

*欧亚白刺（东广）**Nitraria schoberi** L.【I, C】♣TDBG; ●XJ; ★(AS): TM.

小果白刺 **Nitraria sibirica** Pall.【N, W/C】♣MDBG, SCBG, TDBG; ●GD, GS, NM, XJ; ★(AS): CN, MN, PK, RU-AS.

泡泡刺 **Nitraria sphaerocarpa** Maxim.【N, W/C】♣MDBG, TDBG; ●GS, NM, XJ; ★(AS): CN, CY, KZ, MN, RU-AS.

白刺 **Nitraria tangutorum** Bobrov【N, W/C】♣MDBG, TDBG; ●GS, NM, NX, QH, SN, XJ; ★(AS): CN, MN.

骆驼蓬属 Peganum

骆驼蓬 **Peganum harmala** L.【N, W/C】♣MDBG, TDBG, WBG; ●GS, HB, NM, NX, XJ; ★(AS): AF, CN, CY, ID, KG, KH, KZ, MN, PK, RU-AS, TJ, TM, UZ.

多裂骆驼蓬 **Peganum multisectum** (Maxim.) Bobrov【N, W/C】♣SCBG; ●GD; ★(AS): CN.

骆驼蒿（驼驼蒿）**Peganum nigellastrum** Bunge【N, W/C】♣MDBG; ●GS; ★(AS): CN, MN, RU-AS.

167. 橄榄科 BURSERACEAE

刺茎榄属 Beiselia

刺茎榄 **Beiselia mexicana** Forman【I, C】★(NA): MX.

马蹄果属 Protium

马蹄果 **Protium serratum** (Wall. ex Colebr.) Engl.【N, W/C】♣KBG, WBG, XTBG; ●HB, YN; ★(AS): BT, CN, ID, IN, KH, LA, LK, MM, TH, VN.

滇马蹄果 **Protium yunnanense** (Hu) Kalkman【N, W/C】♣SCBG, XTBG; ●GD, YN; ★(AS): CN.

裂榄属 Bursera

芬芳裂榄（芬芳橄榄）**Bursera fagaroides** (Kunth) Engl.【I, C】♣BBG, SCBG, XMBG; ●BJ, FJ, GD, SH, TW; ★(NA): MX, US.

牵斯裂榄（役之行者）**Bursera hindsiana** Brandegee【I, C】♣BBG, XMBG; ●BJ, FJ, TW; ★(NA): MX.

裂榄 **Bursera simaruba** (L.) Sarg.【I, C】♣XTBG; ●YN; ★(NA): BS, BZ, CR, DO, GT, HN, HT, JM, LW, MX, NI, PA, PR, SV, US; (SA): CO, GY, VE.

法城裂榄 **Bursera tomentosa** (Jacq.) Triana et Planch.【I, C】♣CBG; ●SH; ★(NA): CR, GT, HN, MX, NI, PA; (SA): BR, CO, VE.

没药树属 Commiphora

*非洲没药树 **Commiphora africana** (A. Rich.) Endl.【I, C】♣FLBG; ●GD; ★(AF): AO, BF, BW, CD, ER, ET, KE, ML, MT, MZ, NA, NG, SD, SN, SO, SW, TZ, UG, ZA, ZM, ZW.

没药树（没药）**Commiphora myrrha** (Nees) Engl.【I, C】★(AF): SO.

纳米布没药树 **Commiphora saxicola** Engl.【I, C】●FJ, SH, TW; ★(AF): ZA.

*席氏没药树 **Commiphora schimperi** (O. Bergman) Engl.【I, C】♣BBG; ●BJ; ★(AF): TZ, ZA.

*印度没药树 **Commiphora wightii** (Arn.) Bhandari【I, C】♣BBG; ●BJ; ★(AS): IN.

嘉榄属 Garuga

南洋白头树 **Garuga floribunda** Decne.【N, W/C】♣XTBG; ●YN; ★(AS): BT, CN, ID, IN, LA, LK, MY, PH; (OC): AU, PAF.

多花白头树 **Garuga floribunda** var. **gamblei** (King ex W. W. Sm.) Kalkman【N, W/C】♣BBG, FLBG, KBG, XTBG; ●BJ, GD, JX, YN; ★(AS): BT, CN, IN.

白头树 **Garuga forrestii** W. W. Sm.【N, W/C】♣CBG, WBG, XTBG; ●HB, SH, YN; ★(AS): CN.

光叶白头树 **Garuga pierrei** Guillaumin【N, W/C】♣GXIB, KBG, SCBG, WBG, XMBG, XTBG; ●FJ, GD, GX, HB, YN; ★(AS): CN, KH, TH, VN.

羽叶白头树 **Garuga pinnata** Roxb.【N, W/C】♣KBG, WBG, XTBG; ●HB, YN; ★(AS): BT, CN, ID, IN, KH, LA, LK, MM, SG, TH, VN.

乳香树属 Boswellia

阿拉伯乳香树（阿拉伯乳香）**Boswellia sacra** Flueck.【I, C】★(AF): SO; (AS): YE.

橄榄属 Canarium

*尖叶橄榄 **Canarium acutifolium** (DC.) Merr.【I, C】♣XTBG; ●YN; ★(OC): AU.

橄榄 **Canarium album** (Lour.) DC.【N, W/C】♣CBG, FBG, FLBG, GA, GMG, GXIB, HBG, SCBG, TBG, TMNS, XLTBG, XMBG, XTBG; ●FJ, GD, GX, HI, JX, SH, TW, YN, ZJ; ★(AS): CN, LA, VN.

方榄 **Canarium bengalense** Roxb.【N, W/C】♣GMG, GXIB, SCBG, XMBG, XTBG; ●FJ, GD, GX, YN; ★(AS): CN, ID, IN, LA, MM, TH.

*印尼橄榄 **Canarium decumanum** Gaertn.【I, C】♣XTBG; ●YN; ★(AS): ID.

*硬毛橄榄 **Canarium hirsutum** Willd.【I, C】♣XTBG; ●YN; ★(AS): MY; (OC): PG, SB.

爪哇橄榄 **Canarium indicum** L.【I, C】♣XTBG; ●YN; ★(AS): ID, IN, SG; (OC): PG.

黑榄（克派橄榄）**Canarium kipella** (Blume) Miq.【I, C】♣XTBG; ●YN; ★(AS): ID.

*油橄榄 **Canarium oleosum** (Lam.) Engl.【I, C】♣XTBG; ●YN; ★(OC): PG.

卵果橄榄 **Canarium ovatum** Engl.【I, C】♣XOIG; ●FJ; ★(NA): US.

小叶榄 **Canarium parvum** Leenh.【N, W/C】♣XTBG; ●YN; ★(AS): CN, VN.

毛橄榄 **Canarium pilosum** A. W. Benn.【I, C】♣HBG, XMBG; ●FJ, ZJ; ★(AS): ID, MY, SG.

乌榄 **Canarium pimela** Blanco【N, W/C】♣BBG, FLBG, GA, GMG, GXIB, HBG, KBG, SCBG, XLTBG, XMBG, XOIG, XTBG; ●BJ, FJ, GD, GX, HI, JX, YN, ZJ; ★(AS): CN, KH, LA, VN.

滇榄 **Canarium strictum** Roxb.【N, W/C】♣FLBG, SCBG, XTBG; ●GD, JX, YN; ★(AS): BT, CN, ID, IN, LK, MM.

毛叶榄 **Canarium subulatum** Guillaumin【N, W/C】♣XTBG; ●YN; ★(AS): CN, KH, LA, MM, TH, VN.

*普通橄榄 **Canarium vulgare** Leenh.【I, C】♣XTBG; ●YN; ★(AS): ID.

锡兰橄榄 **Canarium zeylanicum** (Retz.) Blume【I,

C】♣XMBG, XOIG, XTBG; ●FJ, YN; ★(AS): LK.

蜡烛榄属 Dacryodes

梨榄（牛油树）**Dacryodes edulis** (G. Don) H. J. Lam【I, C】 ★(AF): CF, CG, CM, GA, NG, ST.

168. 漆树科 ANACARDIACEAE

岭南酸枣属 Allospondias

岭南酸枣 **Allospondias lakonensis** (Pierre) Stapf【N, W/C】 ♣CBG, FLBG, SCBG, WBG, XMBG, XTBG; ●FJ, GD, HB, JX, SH, YN; ★(AS): CN, LA, TH, VN.

槟榔青属 Spondias

毛叶岭南酸枣 **Allospondias lakonensis** var. **hirsuta** (C. Y. Wu et T. L. Ming) Q. W. Lin 【N, W/C】 ♣SCBG, XTBG; ●GD, YN; ★(AS): CN.

食用槟榔青（南洋橄榄）**Spondias dulcis** Parkinson【I, C】 ♣FBG, SCBG, TMNS, XLTBG, XMBG, XOIG, XTBG; ●FJ, GD, HI, TW, YN; ★(AS): IN, MM, SG, VN; (OC): PF.

黄槟榔青 **Spondias mombin** L. 【I, C】 ♣HBG, SCBG; ●GD, ZJ; ★(NA): BZ, CR, CU, DO, GT, JM, MX, NI, PA, PR, SV, TT, VG; (SA): BO, BR, CO, EC, GF, GY, PE, VE.

槟榔青 **Spondias pinnata** (L. f.) Kurz【I, C】♣BBG, CBG, FBG, GA, NBG, SCBG, XTBG; ●BJ, FJ, GD, JS, JX, SH, TW, YN; ★(AS): ID, PH.

紫槟榔青 **Spondias purpurea** L. 【I, C】 ♣SCBG, XTBG; ●GD, YN; ★(NA): BS, CR, CU, DO, GT, HN, MX, NI, PA, PR, SV, TT, US; (SA): BO, BR, CO, PE.

藤漆属 Pegia

藤漆 **Pegia nitida** Colebr. 【N, W/C】 ♣SCBG, XTBG; ●GD, YN; ★(AS): BT, CN, ID, IN, LK, MM, NP, TH.

利黄藤 **Pegia sarmentosa** (Lecomte) Hand.-Mazz.【N, W/C】♣GMG, SCBG, XTBG; ●GD, GX, YN; ★(AS): CN, ID, IN, KH, LA, MY, TH, VN.

人面子属 Dracontomelon

人面子 **Dracontomelon duperreanum** Pierre 【N, W/C】 ♣CBG, FBG, FLBG, GA, GMG, GXIB, HBG, KBG, NBG, SCBG, XLTBG, XMBG, XTBG; ●FJ, GD, GX, HI, JS, JX, SH, YN, ZJ; ★(AS): CN, MM, SG, VN.

大果人面子 **Dracontomelon macrocarpum** H. L. Li 【N, W/C】 ♣BBG, SCBG, XTBG; ●BJ, GD, YN; ★(AS): CN.

象李属 Sclerocarya

象李（伯尔硬胡桃、马乳拉、马鲁拉树）**Sclerocarya birrea** (A. Rich.) Hochst. 【I, C】 ●TW; ★(AF): AO, BF, CI, CM, ET, MG, ML, MZ, NG, SD, SN, TD, TZ, UG.

厚皮树属 Lannea

厚皮树 **Lannea coromandelica** (Houtt.) Merr. 【N, W/C】 ♣GMG, SCBG, XLTBG, XMBG, XTBG; ●FJ, GD, GX, HI, YN; ★(AS): BT, CN, ID, IN, KH, LA, LK, MM, MY, NP, TH, VN.

盖果漆属 Operculicarya

盖果漆 **Operculicarya decaryi** H. Perrier 【I, C】 ♣BBG, XMBG; ●BJ, FJ, TW; ★(AF): MG.

列加漆 **Operculicarya pachypus** Eggli 【I, C】 ●TW; ★(AF): MG.

南酸枣属 Choerospondias

南酸枣 **Choerospondias axillaris** (Roxb.) B. L. Burtt et A. W. Hill 【N, W/C】 ♣CBG, CDBG, FBG, GA, GMG, GXIB, HBG, KBG, LBG, NBG, NSBG, SCBG, TMNS, WBG, XLTBG, XMBG, XTBG, ZAFU; ●CQ, FJ, GD, GX, HB, HI, JS, JX, SC, SH, TW, YN, ZJ; ★(AS): BT, CN, ID, IN, JP, KH, LA, LK, NP, SG, TH, VN.

毛脉南酸枣 **Choerospondias axillaris** var. **pubinervis** (Rehder et E. H. Wilson) B. L. Burtt et A. W. Hill【N, W/C】♣CBG, XTBG; ●SC, SH, YN; ★(AS): CN.

帝汶李属 Pleiogynium

*帝汶李 **Pleiogynium timoriense** (A. DC.) Leenh. 【I, C】 ♣SCBG; ●GD; ★(OC): AU.

鸽枣属 Tapirira

鸽枣 **Tapirira guianensis** Aubl. 【I, C】 ★(NA):

BZ, CR, HN, NI, PA, TT; (SA): BO, BR, CO, EC, GY, PE, PY, VE.

斜枣属 Cyrtocarpa

*斜枣 **Cyrtocarpa edulis** (Brandegee) Standl. 【I, C】 ★(NA): MX.

九子母属 Dobinea

羊角天麻 **Dobinea delavayi** (Baill.) Baill. 【N, W/C】 ♣KBG; ●YN; ★(AS): CN.

贡山九子母 **Dobinea vulgaris** Buch.-Ham. Ex D. Don 【N, W/C】 ♣KBG; ●YN; ★(AS): BT, CN, ID, IN, LK, MM, NP.

山檨子属 Buchanania

山檨子 **Buchanania arborescens** (Blume) Blume 【N, W/C】 ♣XMBG; ●FJ; ★(AS): CN, ID, IN, KH, LA, MM, MY, PH, SG, TH, VN; (OC): AU.

*网脉山檨子 **Buchanania reticulata** Hance 【I, C】 ♣XTBG; ●YN; ★(AS): LA, TH, VN.

*越南山檨子 **Buchanania siamensis** Miq. 【I, C】 ♣XTBG ; ●YN ; ★(AS) : LA, VN.

云南山檨子 **Buchanania yunnanensis** C. Y. Wu 【N, W/C】 ♣XTBG ; ●YN ; ★(AS) : CN.

肉托果属 Semecarpus

钝叶肉托果 **Semecarpus cuneiformis** Blanco 【N, W/C】 ♣TMNS ; ●TW ; ★(AS) : CN, ID, PH.

大叶肉托果 **Semecarpus longifolius** Blume 【N, W/C】 ♣SCBG, TBG, TMNS, XMBG; ●FJ, GD, TW; ★(AS): CN, PH.

小果肉托果 **Semecarpus microcarpus** Wall. ex Hook. f. 【N, W/C】 ♣XTBG; ●YN; ★(AS): CN, MM.

网脉肉托果 **Semecarpus reticulatus** Lecomte 【N, W/C】 ♣XTBG; ●YN; ★(AS): CN, LA, TH, VN.

腰果属 Anacardium

腰果 **Anacardium occidentale** L. 【I, C】 ♣CBG, FLBG, GMG, HBG, NBG, SCBG, XLTBG, XMBG, XOIG, XTBG; ●FJ, GD, GX, HI, JS, JX, SC, SH, TW, YN, ZJ; ★(SA): BR.

士打树属 Bouea

庚大利 **Bouea macrophylla** Griff. 【I, C】 ●TW; ★(AS): MY, SG.

对叶波漆 **Bouea oppositifolia** (Roxb.) Adelb. 【I, C】 ♣XTBG; ●YN; ★(AS): KH, LA, MY, SG.

杧果属 Mangifera

硕杧果 **Mangifera altissima** Blanco 【I, C】 ★(AS): PH.

美脉杧果 **Mangifera caloneura** Kurz 【I, C】 ★(AS): LA, MM, TH.

越南杧果 **Mangifera cochinchinensis** Engl. 【I, C】 ★(AS): LA, VN.

杜波杧果 **Mangifera duperreana** Pierre 【I, C】 ★(AS): KH, TH.

异味杧果 **Mangifera foetida** Lour. 【I, C】 ★(AS): ID, IN, MM, SG.

杧果 **Mangifera indica** L. 【I, C/N】 ♣BBG, CBG, CDBG, FBG, FLBG, GA, GMG, HBG, IBCAS, NBG, SCBG, TBG, TMNS, WBG, XLTBG, XMBG, XOIG, XTBG, ZAFU; ●BJ, FJ, GD, GX, HB, HI, JS, JX, SC, SH, TW, YN, ZJ; ★(AS): ID, IN, KH, LA, LK, MM, MY, VN.

葫芦杧果 **Mangifera lagenifera** Griff. 【I, C】 ★(AS): MY, SG.

长叶杧果 **Mangifera oblongifolia** Hook. f. 【I, C】 ★(AS): MY, SG.

如香杧果 **Mangifera odorata** Griff. 【I, C】 ★(AS): IN, LA, MY, PH, SG, TH, VN; (OC): GU.

五蕊杧果 **Mangifera pentandra** Hook. f. 【I, C】 ★(AS): MY, SG, TH.

扁桃杧果（扁桃）**Mangifera persiciforma** C. Y. Wu et T. L. Ming 【N, W/C】 ♣FLBG, GA, GXIB, SCBG, WBG, XLTBG, XMBG, XOIG; ●FJ, GD, GX, GZ, HB, HI, JX, SC, YN; ★(AS): CN.

泰国杧果 **Mangifera siamensis** Warb. ex Craib 【N, W/C】 ♣XTBG; ●HI, SC, YN; ★(AS): CN, TH.

小叶杧果 **Mangifera similis** Blume 【I, C】 ★(AS): ID.

林生杧果 **Mangifera sylvatica** Roxb. 【N, W/C】 ♣GMG, HBG, XMBG, XTBG; ●FJ, GX, YN, ZJ; ★(AS): BT, CN, ID, IN, KH, LK, MM, NP, TH.

辛果漆属 Drimycarpus

辛果漆 **Drimycarpus racemosus** (Roxb.) Hook. f. ex Marchand 【N, W/C】 ♣XTBG; ●YN; ★(AS): BT, CN, ID, IN, LK, MM, NP, VN.

白榄漆属 Pachycormus

白榄漆 **Pachycormus discolor** (Benth.) Coville 【I,

C】 •TW; ★(NA): MX, US.

漆树属 Toxicodendron

尖叶漆 **Toxicodendron acuminatum** (DC.) C. Y. Wu et T. L. Ming 【N, W/C】 ♣XTBG; •YN; ★(AS): BT, CN, IN, NP.

石山漆 **Toxicodendron calcicola** C. Y. Wu 【N, W】 ♣XTBG; •YN; ★(AS): CN.

小漆树 **Toxicodendron delavayi** (Franch.) F. A. Barkley 【N, W/C】 ♣CDBG, HBG, KBG; •SC, YN, ZJ; ★(AS): CN.

黄毛漆 **Toxicodendron fulvum** (Craib) C. Y. Wu et T. L. Ming 【N, W/C】 ♣XTBG; •YN; ★(AS): CN, TH.

大西洋毒漆 **Toxicodendron pubescens** Mill. 【I, C】 ♣XTBG; •YN; ★(NA): US.

毒漆藤 **Toxicodendron radicans** (L.) Kuntze 【N, W/C】♣CBG, IBCAS, LBG, XTBG; •BJ, JX, SH, YN; ★(AS): CN.

刺果毒漆藤 **Toxicodendron radicans** subsp. **hispidum** (Engl.) Gillis【N, W/C】♣CBG, HBG; •SH, ZJ; ★(AS): CN.

野漆 **Toxicodendron succedaneum** (L.) Kuntze【N, W/C】 ♣CBG, CDBG, FBG, FLBG, GA, GXIB, HBG, LBG, NBG, SCBG, TBG, TMNS, WBG, XLTBG, XMBG, XTBG, ZAFU; •FJ, GD, GX, HB, HI, JS, JX, SC, SH, TW, YN, ZJ; ★(AS): CN, ID, IN, JP, KH, KP, KR, LA, TH, VN.

木蜡树 **Toxicodendron sylvestre** (Siebold et Zucc.) Kuntze 【N, W/C】 ♣CBG, FBG, GMG, GXIB, HBG, KBG, LBG, NBG, SCBG, XMBG, ZAFU; •FJ, GD, GX, JS, JX, SC, SH, YN, ZJ; ★(AS): CN, JP, KP, KR.

毛漆树 **Toxicodendron trichocarpum** (Miq.) Kuntze 【N, W/C】 ♣HBG, LBG; •JX, ZJ; ★(AS): CN, JP, KP, KR, MN, RU-AS.

漆 **Toxicodendron vernicifluum** (Stokes) F. A. Barkley 【N, W/C】 ♣CBG, FBG, GA, GBG, GXIB, HBG, IBCAS, KBG, LBG, NBG, WBG, XBG, XTBG; •BJ, FJ, GS, GX, GZ, HB, JS, JX, LN, SC, SH, SN, SX, YN, ZJ; ★(AS): CN, ID, IN, JP, KP, KR.

东美毒漆（毒漆）**Toxicodendron vernix** (L.) Kuntze 【I, C】 ♣XTBG; •YN; ★(NA): US.

绒毛漆 **Toxicodendron wallichii** (Hook. f.) Kuntze 【N, W/C】 ♣GXIB, XTBG; •GX, YN; ★(AS): CN, IN, NP.

小果绒毛漆 **Toxicodendron wallichii** var. **microcarpum** C. C. Huang ex T. L. Ming 【N, W/C】 ♣WBG, XTBG; •HB, YN; ★(AS): CN, ID, JP.

黄栌属 Cotinus

黄栌 **Cotinus coggygria** Scop. 【N, W/C】 ♣BBG, CBG, CDBG, GXIB, HBG, HFBG, IBCAS, KBG, NBG, WBG, XTBG, ZAFU; •BJ, GD, GX, HB, HE, HL, JS, LN, SC, SD, SH, TW, XJ, YN, ZJ; ★(AS): CN, GE, IN, NP, PK, SG; (EU): AL, AT, BA, BG, CZ, DE, ES, GR, HR, HU, IT, ME, MK, RO, RS, RU, SI, TR.

红叶 **Cotinus coggygria** var. **cinerea** Engl. 【N, W/C】 ♣KBG, XBG; •BJ, HE, SN, YN; ★(AS): CN.

粉背黄栌 **Cotinus coggygria** var. **glaucophylla** C. Y. Wu 【N, W/C】 ♣GBG, KBG, NBG; •GZ, JS, YN; ★(AS): CN.

毛黄栌 **Cotinus coggygria** var. **pubescens** Engl. 【N, W/C】 ♣CDBG, FBG, IBCAS, NBG, WBG, XBG; •BJ, FJ, HB, JS, SC, SN; ★(AS): CN.

矮黄栌 **Cotinus nana** W. W. Sm. 【N, W/C】 ♣KBG; •YN; ★(AS): CN.

美国黄栌 **Cotinus obovatus** Raf. 【I, C】 ♣BBG, IBCAS, WBG, XTBG; •BJ, HB, TW, YN; ★(NA): US.

四川黄栌 **Cotinus szechuanensis** Pénzes 【N, W/C】♣KBG, WBG; •HB, SC, YN; ★(AS): CN.

黄连木属 Pistacia

黄连木 **Pistacia chinensis** Bunge【N, W/C】♣BBG, CBG, CDBG, FBG, FLBG, GA, GBG, GXIB, HBG, IBCAS, KBG, LBG, NBG, SCBG, TBG, TMNS, WBG, XBG, XMBG, XTBG, ZAFU; •AH, BJ, FJ, GD, GX, GZ, HB, HN, JS, JX, SC, SH, SN, SX, TW, YN, ZJ; ★(AS): CN.

乳香黄连木（乳香）**Pistacia lentiscus** L. 【I, C】 ♣XMBG, XTBG; •FJ, YN; ★(AF): MA; (AS): SA; (EU): AL, BA, BY, DE, ES, GR, HR, IT, LU, ME, MK, RS, SI.

笃耨香 **Pistacia terebinthus** L. 【I, C】 ★(AF): ES-CS, MA; (AS): IQ, LB, SY, TR; (EU): ES, FR, GR, IT, PT.

阿月浑子（开心果）**Pistacia vera** L. 【I, C】♣HBG, MDBG, NBG, TDBG, XBG, XOIG; •BJ, FJ, GS, HE, JS, SC, SN, TW, XJ, ZJ; ★(AS): AF, IR, KG, LB, SY, TJ, TM, TR, UZ; (EU): DE, ES, GR, SI.

清香木 **Pistacia weinmannifolia** J. Poiss. ex Franch. 【N, W/C】 ♣CBG, GA, GMG, KBG, SCBG, WBG, XMBG, XTBG, ZAFU; ●FJ, GD, GX, HB, JX, SC, SH, YN, ZJ; ★(AS): CN, MM, VN.

盐麸木属 Rhus

香漆（香盐肤木）**Rhus aromatica** Aiton 【I, C】 ♣IBCAS, NBG; ●BJ, HE, JS; ★(NA): MX, US.

盐麸木（盐肤木）**Rhus chinensis** Mill. 【N, W/C】 ♣BBG, CBG, CDBG, FBG, FLBG, GA, GBG, GMG, GXIB, HBG, IBCAS, KBG, LBG, NBG, NSBG, SCBG, WBG, XBG, XMBG, XTBG, ZAFU; ●BJ, CQ, FJ, GD, GX, GZ, HB, JS, JX, LN, SC, SH, SN, TW, YN, ZJ; ★(AS): BT, CN, ID, IN, JP, KH, KP, LA, LK, MY, SG, TH, VN.

滨盐麸木（滨盐肤木）**Rhus chinensis** var. **roxburghii** (DC.) Rehder 【N, W/C】 ♣GMG, GXIB, SCBG, XTBG; ●GD, GX, YN; ★(AS): CN.

亮叶漆树 **Rhus copallinum** L. 【I, C】 ♣HBG; ●ZJ; ★(NA): CA, US.

南欧盐麸木（西西里漆树）**Rhus coriaria** L. 【I, C】 ♣XTBG; ●YN; ★(AS): IQ, IR, SY, TR; (EU): ES, FR, NL.

光叶漆 **Rhus glabra** L. 【I, C】 ♣CBG; ●BJ, HE, SH, TW; ★(NA): CA, MX, US.

披针叶漆树 **Rhus lanceolata** (A. Gray) Britton 【I, C】 ♣HBG; ●ZJ; ★(NA): MX, US.

垂枝漆 **Rhus pendulina** Jacq. 【I, C】 ♣IBCAS; ●BJ; ★(NA): US.

青麸杨 **Rhus potaninii** Maxim. 【N, W/C】 ♣BBG, CBG, GA, IBCAS, KBG, WBG, XBG; ●BJ, HB, JX, LN, SH, SN, YN; ★(AS): CN.

软木漆 **Rhus pulvinata** Greene 【I, C】 ♣CBG; ●SH; ★(NA): US.

红麸杨 **Rhus punjabensis** var. **sinica** (Diels) Rehder et E. H. Wilson 【N, W/C】 ♣CBG, CDBG, GBG, IBCAS, WBG, XBG; ●BJ, GZ, HB, SC, SH, SN; ★(AS): CN.

泰山盐麸木 **Rhus taishanensis** S. B. Liang 【N, W/C】 ♣WBG; ●HB; ★(AS): CN.

三裂盐麸木 **Rhus trilobata** Nutt. 【I, C】 ●BJ; ★(NA): CA, MX, US.

火炬树 **Rhus typhina** L. 【I, C】 ♣BBG, CBG, HBG, HFBG, IBCAS, MDBG, NBG, SCBG, TDBG, WBG, XBG, XTBG; ●BJ, GD, GS, HB, HE, HL, JL, JS, LN, SC, SH, SN, TW, XJ, YN, ZJ; ★(NA): US.

川麸杨 **Rhus wilsonii** Hemsl. 【N, W/C】 ♣KBG, SCBG; ●GD, YN; ★(AS): CN.

肖乳香属 Schinus

乳香叶肖乳香 **Schinus lentiscifolius** Marchand 【I, C】 ♣KBG; ●YN; ★(SA): AR, BR, PY.

肖乳香（胡椒树）**Schinus molle** L. 【I, C】 ♣CBG, XMBG, XOIG; ●FJ, SH; ★(NA): DO, GT, HN, MX, SV, US; (SA): AR, BO, BR, CL, CO, EC, PE, PY, UY, VE.

秘鲁肖乳香 **Schinus polygama** (Cav.) Cabrera 【I, C】 ♣HBG; ●ZJ; ★(SA): AR, BO, BR, CL.

巴西肖乳香（巴西青香木）**Schinus terebinthifolius** Raddi 【I, C】 ♣KBG, TBG, XMBG, XOIG; ●FJ, TW, YN; ★(NA): DO, GT, MX, PA, PR, SV, TT, US, VG; (SA): AR, BO, BR, CL, CO, EC, PE, PY, UY, VE.

粉红果肖乳香 **Schinus weinmannifolius** Engl. 【I, C】 ♣HBG; ●ZJ; ★(SA): AR, BR, PY.

月桂漆属 Malosma

月桂漆 **Malosma laurina** (Nutt.) Nutt. ex Abrams 【I, C】 ♣HBG; ●ZJ; ★(NA): MX, US.

白饼漆属 Lithraea

*智利白饼漆 **Lithraea caustica** (Molina) Hook. et Arn. 【I, C】 ♣TBG; ●TW; ★(SA): CL.

斑纹漆属 Astronium

巴朗斑纹漆 **Astronium balansae** Engl. 【I, C】 ♣XTBG; ●YN; ★(SA): AR, BO, BR, PE, PY.

斑纹漆 **Astronium fraxinifolium** Schott 【I, C】 ♣XTBG; ●YN; ★(NA): BZ, GT; (SA): BO, BR, CO, PE, PY, VE.

乌隆斑纹漆 **Astronium urundeuva** Engl. 【I, C】 ♣XTBG; ●YN; ★(SA): AR, BO, BR, PY.

破斧木属 Schinopsis

柳叶破斧木（红破斧木）**Schinopsis balansae** Engl. 【I, C】 ♣CDBG, XTBG; ●SC, YN; ★(SA): AR, PY.

洛伦茨氏破斧木 **Schinopsis lorentzii** (Griseb.) Engl. 【I, C】 ♣XMBG; ●FJ; ★(SA): AR, BO, PY.

钟果漆属 Campnosperma

耳叶钟果漆 **Campnosperma auriculatum** (Blume) Hook. f. 【I, C】 ●GD; ★(AS): ID.

五裂漆属 Pentaspadon

莫特五裂漆 **Pentaspadon motleyi** Hook. f. 【I, C】 ●GD; ★(AS): ID, IN, MY, SG; (OC): PG, SB.

三叶漆属 Terminthia

三叶漆 **Terminthia paniculata** (Wall. ex G. Don) C. Y. Wu et T. L. Ming 【N, W/C】 ♣XTBG; ●YN; ★(AS): BT, CN, ID, IN, MM.

169. 无患子科 SAPINDACEAE

文冠果属 Xanthoceras

文冠果 **Xanthoceras sorbifolium** Bunge【N, W/C】 ♣BBG, CBG, GBG, HBG, HFBG, IBCAS, MDBG, TDBG, WBG, XBG, XMBG; ●BJ, FJ, GS, GZ, HA, HB, HL, JL, LN, NM, SH, SN, SX, TW, XJ, YN, ZJ; ★(AS): CN, KP, MN.

金钱槭属 Dipteronia

云南金钱槭 **Dipteronia dyeriana** A. Henry 【N, W/C】 ♣FLBG, GA, GXIB, KBG, WBG; ●GD, GX, HB, JX, SC, YN; ★(AS): CN.

金钱槭 **Dipteronia sinensis** Oliv. 【N, W/C】 ♣BBG, CBG, IBCAS, KBG, WBG; ●BJ, HB, SC, SH, YN; ★(AS): CN.

槭属 Acer

弗里曼槭 **Acer × freemanii** A. E. Murray 【I, C】 ♣BBG, CBG; ●BJ, LN, SH; ★(NA): US.

锐角槭 **Acer acutum** W. P. Fang【N, W/C】♣HBG, LBG; ●JX, ZJ; ★(AS): CN.

紫白槭 **Acer albopurpurascens** Hayata 【N, W/C】 ♣TBG, TMNS, XMBG; ●FJ, TW; ★(AS): CN.

阔叶槭 **Acer amplum** Rehder 【N, W/C】 ♣CBG, FBG, HBG, LBG, NBG, SCBG, WBG; ●FJ, GD, HB, JS, JX, SH, ZJ; ★(AS): CN, VN.

梓叶槭 **Acer amplum** subsp. **catalpifolium** (Rehder) Y. S. Chen 【N, W/C】 ♣CDBG; ●SC; ★(AS): CN.

天台阔叶槭 **Acer amplum** subsp. **tientaiense** (C. K. Schneid.) Y. S. Chen 【N, W/C】 ♣HBG, LBG, NBG; ●JS, JX, ZJ; ★(AS): CN.

髭脉槭 **Acer barbinerve** Maxim. 【N, W/C】 ♣CDBG, HFBG, IBCAS; ●BJ, HL, LN, SC, TW; ★(AS): CN, KP, KR, MN, RU-AS.

三角槭 **Acer buergerianum** Miq. 【N, W/C】 ♣BBG, CBG, CDBG, FBG, FLBG, GBG, GXIB, HBG, IBCAS, KBG, LBG, NBG, NSBG, SCBG, WBG, XBG, XMBG, ZAFU; ●BJ, CQ, FJ, GD, GX, GZ, HB, JS, JX, SC, SD, SH, SN, TW, YN, ZJ; ★(AS): CN, JP, MM.

台湾三角槭 **Acer buergerianum** var. **formosanum** (Hayata ex Koidz.) Rehder 【N, W/C】 ♣TMNS, XTBG; ●TW, YN; ★(AS): CN.

藏南槭 **Acer campbellii** Hook. f. et Thomson ex Hiern 【N, W/C】 ♣XTBG; ●YN; ★(AS): BT, CN, ID, IN, LA, LK, MM, NP, SG, VN.

中华槭 **Acer campbellii** subsp. **sinense** (Pax) P. C.de Jong【N, W/C】♣CBG, FBG, GMG, GXIB, HBG, LBG, NBG, SCBG, WBG, XTBG; ●FJ, GD, GX, HB, JS, JX, SH, YN, ZJ; ★(AS): CN.

栓皮槭(田野槭)**Acer campestre** L.【I, C】♣BBG, CBG, HBG, IBCAS, KBG, NBG; ●BJ, HE, JS, SD, SH, TW, YN, ZJ; ★(AF): MA; (AS): GE, SA; (EU): AL, AT, BA, BE, BG, CZ, DE, ES, GB, GR, HR, HU, IT, ME, MK, NL, PL, RO, RS, RU, SI, TR.

大果栓皮槭 **Acer campestre** subsp. **leiocarpum** (Opiz) Schwer. 【I, C】 ♣IBCAS; ●BJ; ★(AF): MA; (AS): GE, SA; (EU): AL, AT, BA, BE, BG, CZ, DE, ES, GB, GR, HR, HU, IT, ME, MK, NL, PL, RO, RS, RU, SI, TR.

细柄槭 **Acer capillipes** Maxim. ex Miq. 【I, C】 ♣BBG, CBG, IBCAS; ●BJ, SH; ★(AS): JP.

青皮槭 **Acer cappadocicum** Gled. 【N, W/C】 ♣BBG, CBG, IBCAS, NBG; ●BJ, HB, JS, SH, YN; ★(AS): AZ, BT, CN, IN, LB, NP, PK, PS, SY, TR; (EU): IT.

叉枝槭 **Acer cappadocicum** subsp. **divergens** (Pax) A. E. Murray【I, C】♣IBCAS; ●BJ; ★(AS): GE, TR.

罗伯利槭 **Acer cappadocicum** subsp. **lobelii** (Ten.) A. E. Murray【I, C】♣IBCAS; ●BJ; ★(EU): NL.

小叶青皮槭 **Acer cappadocicum** subsp. **sinicum** (Rehder) Hand.-Mazz. 【N, W/C】 ♣GA, HBG, IBCAS, KBG; ●BJ, JX, YN, ZJ; ★(AS): CN.

鹅耳枥叶槭 **Acer carpinifolium** Siebold et Zucc.【I, C】 ♣IBCAS; ●BJ, TW; ★(AS): JP.

尖尾槭 **Acer caudatifolium** Hayata 【N, W/C】 ♣GA, IBCAS, XTBG; ●BJ, JX, XJ, YN; ★(AS): CN.

长尾槭 **Acer caudatum** Wall. 【N, W/C】 ♣KBG; ●YN; ★(AS): BT, CN, ID, IN, LK, MM, NP, SG.

杈叶槭 **Acer ceriferum** Rehder【N, W/C】♣CBG, HBG, IBCAS, LBG; ●BJ, JX, SH, ZJ; ★(AS): CN.

藤槭 **Acer circinatum** Pursh 【I, C】 ♣CBG; ●BJ, GD, SD, SH; ★(NA): US.

白粉藤叶槭 **Acer cissifolium** (Siebold et Zucc.) K. Koch 【I, C】 ♣HBG, IBCAS, NBG; ●BJ, JS, ZJ; ★(AS): JP.

密叶槭 **Acer confertifolium** Merr. et F. P. Metcalf【N, W/C】 ♣XMBG; ●FJ; ★(AS): CN.

紫果槭 **Acer cordatum** Pax 【N, W/C】 ♣CBG, FBG, GXIB, HBG, NBG, SCBG, WBG, ZAFU; ●FJ, GD, GX, HB, JS, SH, ZJ; ★(AS): CN.

樟叶槭 **Acer coriaceifolium** H. Lév. 【N, W/C】 ♣CBG, CDBG, FBG, GA, GMG, GXIB, HBG, IBCAS, KBG, NBG, SCBG, WBG, XMBG, XOIG, XTBG, ZAFU; ●BJ, FJ, GD, GX, HB, JS, JX, SC, SH, YN, ZJ; ★(AS): CN.

山楂叶槭 **Acer crataegifolium** Siebold et Zucc. 【I, C】 ♣KBG; ●TW, YN; ★(AS): JP.

青榨槭 **Acer davidii** Franch. 【N, W/C】 ♣BBG, CBG, CDBG, FBG, GA, GBG, GXIB, HBG, IBCAS, KBG, LBG, NBG, NSBG, SCBG, TDBG, WBG, XBG, XMBG, ZAFU; ●BJ, CQ, FJ, GD, GX, GZ, HB, JS, JX, LN, SC, SD, SH, SN, TW, XJ, YN, ZJ; ★(AS): CN, MM.

葛罗槭 **Acer davidii** subsp. **grosseri** (Pax) ined. 【N, W/C】 ♣CBG, FBG, GXIB, HBG, IBCAS, NBG, WBG, ZAFU; ●BJ, FJ, GX, HB, JS, SH, TW, ZJ; ★(AS): CN.

重齿槭 **Acer duplicatoserratum** Hayata【N, W/C】 ♣CBG, TBG; ●SH, TW; ★(AS): CN.

中华重齿槭 **Acer duplicatoserratum** var. **chinense** Chin S. Chang 【N, W/C】 ♣HBG, LBG, ZAFU; ●JX, ZJ; ★(AS): CN.

秀丽槭 **Acer elegantulum** W. P. Fang et P. L. Chiu【N, W/C】 ♣CBG, CDBG, FBG, GXIB, HBG, IBCAS, SCBG, ZAFU; ●BJ, FJ, GD, GX, SC, SH, TW, ZJ; ★(AS): CN.

毛花槭 **Acer erianthum** Schwer.【N, W/C】♣FBG; ●FJ; ★(AS): CN.

罗浮槭 **Acer fabri** Hance 【N, W/C】 ♣CBG, CDBG, FBG, GA, GBG, GXIB, IBCAS, NBG, SCBG, WBG, XTBG; ●BJ, FJ, GD, GX, GZ, HB, JS, JX, SC, SH, YN; ★(AS): CN, VN.

河口槭 **Acer fenzelianum** Hand.-Mazz. 【N, W/C】 ♣GA, GXIB, KBG; ●GX, JX, YN; ★(AS): CN, VN.

扇叶槭 **Acer flabellatum** Greene 【N, W/C】 ♣HBG, KBG, SCBG, WBG; ●BJ, GD, HB, SC, SD, TW, YN, ZJ; ★(AS): CN, MM, VN.

丽江槭 **Acer forrestii** Diels 【N, W/C】 ♣IBCAS; ●BJ; ★(AS): CN.

黄毛槭 **Acer fulvescens** Rehder 【N, W/C】 ♣IBCAS; ●BJ, SC; ★(AS): CN.

落基山槭 **Acer glabrum** Torr. 【I, C】 ♣CBG, XTBG; ●BJ, SD, SH, TW, YN; ★(NA): CA, US.

血皮槭 **Acer griseum** (Franch.) Pax 【N, W/C】 ♣BBG, CBG, FBG, IBCAS, NBG, SCBG, WBG, XBG; ●BJ, FJ, GD, HB, JS, SC, SD, SH, SN, SX, TW; ★(AS): CN.

建始槭 **Acer henryi** Pax 【N, W/C】 ♣CBG, FBG, GXIB, HBG, IBCAS, LBG, NBG, SCBG, WBG, ZAFU; ●BJ, FJ, GD, GX, HB, JS, JX, SC, SD, SH, TW, ZJ; ★(AS): CN.

羽扇槭 **Acer japonicum** Thunb. 【I, C】 ♣CBG, HBG, IBCAS, NBG, XTBG; ●BJ, JS, SH, TW, YN, ZJ; ★(AS): JP.

小楷槭 **Acer komarovii** Pojark. 【N, W/C】 ♣HFBG, IBCAS; ●BJ, HL, LN; ★(AS): CN, KP, KR.

桂林槭 **Acer kweilinense** W. P. Fang et M. Y. Fang【N, W/C】 ♣WBG; ●HB; ★(AS): CN.

光叶槭 **Acer laevigatum** Wall. 【N, W/C】 ♣CBG, CDBG, FBG, GXIB, HBG, KBG, NBG, WBG, XTBG; ●FJ, GX, HB, JS, SC, SH, YN, ZJ; ★(AS): BT, CN, ID, IN, LK, MM, NP, SG, VN.

十蕊槭 **Acer laurinum** Hassk. 【N, W/C】 ♣GA, SCBG, XTBG; ●GD, JX, YN; ★(AS): CN, ID, IN, KH, LA, MM, MY, PH, TH, VN.

疏花槭 **Acer laxiflorum** Pax 【N, W/C】 ♣IBCAS, WBG; ●BJ, HB, SC; ★(AS): CN.

雷波槭 **Acer leipoense** W. P. Fang et Soong 【N, W/C】 ♣WBG; ●HB; ★(AS): CN.

临安槭 **Acer linganense** W. P. Fang et P. L. Chiu【N, W/C】 ♣CBG; ●SH; ★(AS): CN.

长柄槭 **Acer longipes** Franch. ex Rehder【N, W/C】 ♣CBG; ●SH; ★(AS): CN.

亮叶槭 **Acer lucidum** Metcalf【N, W/C】♣CDBG,

GXIB, NSBG, WBG; ●CQ, GX, HB, SC; ★(AS): CN.

龙胜槭 **Acer lungshengense** W. P. Fang et L. C. Hu 【N, W/C】 ♣GXIB; ●GX; ★(AS): CN.

东北槭 **Acer mandshuricum** Maxim. 【N, W/C】 ♣HFBG, IBCAS, SCBG; ●BJ, GD, HL, LN, TW; ★(AS): CN, KP, KR, MN, RU-AS.

五尖槭 **Acer maximowiczii** Pax 【N, W/C】 ♣CBG, IBCAS, WBG; ●BJ, HB, SH; ★(AS): CN.

庙台槭 **Acer miaotaiense** P. C. Tsoong 【N, W/C】 ♣CBG, HBG, IBCAS, NBG, WBG, ZAFU; ●BJ, HB, JS, SH, ZJ; ★(AS): CN.

宫布氏槭 **Acer miyabei** Maxim. 【I, C】 ♣HBG, IBCAS; ●BJ, ZJ; ★(AS): JP.

法国槭（三裂枫）**Acer monspessulanum** L. 【I, C】 ♣IBCAS, NBG; ●BJ, JS, SD, TW; ★(AF): MA; (AS): GE, IR, RU-AS, SA; (EU): AL, AT, BA, BG, DE, ES, FR, GR, HR, IT, LU, ME, MK, RO, RS, SI, TR.

梣叶槭 **Acer negundo** L. 【I, C/N】 ♣BBG, CBG, CDBG, FBG, GA, HBG, HFBG, IAE, IBCAS, KBG, MDBG, NBG, SCBG, TBG, TDBG, WBG, XBG, XMBG, XTBG, ZAFU; ●BJ, FJ, GD, GS, HA, HB, HL, JL, JS, JX, LN, SC, SH, SN, TW, XJ, YN, ZJ; ★(NA): CA, MX, US.

加州槭 **Acer negundo** subsp. **californicum** (Torr. et A. Gray) Wesm. 【I, C】 ♣IBCAS; ●BJ; ★(NA): US.

内地梣叶槭 **Acer negundo** subsp. **interius** (Britton) Á. Löve et D. Löve 【I, C】 ♣HBG; ●ZJ; ★(NA): US.

Acer negundo var. **californicum** (Torr. et A. Gray) Sarg. 【I, C】 ♣IBCAS; ●BJ; ★(NA): US.

毛果槭 **Acer nikoense** Maxim. 【N, W/C】 ♣CBG, HBG, LBG, NBG, WBG; ●HB, JS, JX, SH, ZJ; ★(AS): CN, JP.

飞蛾槭 **Acer oblongum** Wall. ex DC. 【N, W/C】 ♣CBG, CDBG, FBG, GA, GBG, GXIB, HBG, KBG, NBG, SCBG, TBG, WBG, XBG; ●BJ, FJ, GD, GX, GZ, HB, JS, JX, SC, SH, SN, TW, YN, ZJ; ★(AS): BT, CN, ID, IN, JP, LA, LK, MM, NP, PK, TH, VN.

五裂槭 **Acer oliverianum** Pax 【N, W/C】 ♣CBG, FBG, GA, GBG, GXIB, HBG, IBCAS, KBG, LBG, NBG, SCBG, WBG, XMBG; ●BJ, FJ, GD, GX, GZ, HB, JS, JX, SC, SH, YN, ZJ; ★(AS): CN.

意大利槭 **Acer opalus** Mill. 【I, C】 ♣HBG, IBCAS, NBG; ●BJ, JS, ZJ; ★(AF): DZ, MA; (AS): GE, IR; (EU): BA, CH, DE, ES, FR, IT.

钝尖意大利槭 **Acer opalus** subsp. **obtusatum** (Waldst. et Kit. ex Willd.) Gams 【I, C】 ♣IBCAS; ●BJ; ★(EU): BA, CH, DE, ES, FR, IT.

鸡爪槭 **Acer palmatum** Thunb. 【I, C】 ♣BBG, CBG, CDBG, FBG, FLBG, GA, GBG, GXIB, HBG, IBCAS, KBG, LBG, NBG, NSBG, SCBG, TBG, WBG, XBG, XMBG, XTBG, ZAFU; ●AH, BJ, CQ, FJ, GD, GX, GZ, HA, HB, JL, JS, JX, LN, SC, SD, SH, SN, TW, YN, ZJ; ★(AS): JP, KR.

稀花槭 **Acer pauciflorum** W. P. Fang 【N, W/C】 ♣CBG, HBG, WBG, ZAFU; ●HB, SH, ZJ; ★(AS): CN.

金沙槭 **Acer paxii** Franch. 【N, W/C】 ♣GA, HBG, KBG, NBG; ●JS, JX, YN, ZJ; ★(AS): CN.

条纹槭 **Acer pensylvanicum** L. 【I, C】 ♣CBG, IBCAS, XTBG; ●BJ, SD, SH, TW, YN; ★(NA): CA, US.

五小叶槭 **Acer pentaphyllum** Diels 【N, W/C】 ♣KBG; ●SC, YN; ★(AS): CN.

色木槭 **Acer pictum** Thunb. 【N, W/C】 ♣BBG, CDBG, FBG, GXIB, HBG, NBG, ZAFU; ●BJ, FJ, GX, JS, LN, SC, SX, ZJ; ★(AS): CN, JP, KP, KR, MN.

大翅色木槭 **Acer pictum** subsp. **macropterum** (W. P. Fang) H. Ohashi 【N, W/C】 ♣KBG; ●YN; ★(AS): CN.

五角槭 **Acer pictum** subsp. **mono** (Maxim.) H. Ohashi 【N, W/C】 ♣CBG, GBG, GXIB, HBG, HFBG, IBCAS, KBG, LBG, MDBG, NBG, NSBG, SCBG, WBG, XBG, XMBG, ZAFU; ●BJ, CQ, FJ, GD, GS, GX, GZ, HB, HL, JS, JX, LN, NM, SC, SD, SH, SN, SX, TW, XJ, YN, ZJ; ★(AS): CN, JP, KP, KR, MN, RU-AS.

江南色木槭 **Acer pictum** subsp. **pubigerum** (W. P. Fang) Y. S. Chen 【N, W/C】 ♣CBG, HBG; ●SH, ZJ; ★(AS): CN.

三尖色木槭 **Acer pictum** subsp. **tricuspis** (Rehder) H. Ohashi 【N, W/C】 ♣NBG; ●JS; ★(AS): CN.

疏毛槭 **Acer pilosum** Maxim. 【N, W/C】 ♣IBCAS; ●BJ; ★(AS): CN.

细裂槭 **Acer pilosum** var. **stenolobum** (Rehder) W. P. Fang 【N, W/C】 ♣BBG, IBCAS; ●BJ, LN, SX; ★(AS): CN.

楠叶槭 **Acer pinnatinervium** Merr. 【N, W/C】 ♣XTBG; ●YN; ★(AS): CN, ID, IN, MM, TH.

挪威槭 **Acer platanoides** L. 【I, C】 ♣BBG, CBG, HBG, IBCAS, NBG, TDBG, XTBG; ●AH, BJ, HE, JS, LN, SD, SH, SN, TJ, TW, XJ, YN, ZJ; ★(AF):

MA; (AS): GE, TR; (EU): AL, AT, BA, BE, BG, CZ, DE, ES, FI, FR, GB, GR, HR, HU, IT, ME, MK, NL, NO, PL, RO, RS, RU, SI, TR.

土耳其挪威槭 **Acer platanoides** subsp. **turkestanicum** (Pax) P. C. DeJong 【I, C】 ♣IBCAS; ●BJ; ★(AS): TR; (EU): TR.

欧亚槭 **Acer pseudoplatanus** L. 【I, C】 ♣BBG, CBG, HBG, NBG, XTBG; ●BJ, JS, JX, LN, NX, SH, TW, YN, ZJ; ★(AS): AM, AZ, BH, CY, GE, IL, IQ, IR, JO, KW, LB, PS, QA, SA, SY, TR, YE; (EU): BE, CH, CZ, DE, ES, FR, HR, HU, NL, PL, RO, UA.

紫花槭 **Acer pseudosieboldianum** (Pax) Kom. 【N, W/C】 ♣BBG, HFBG, IBCAS, SCBG; ●BJ, GD, HL, LN, TW; ★(AS): CN, KP, KR, MN, RU-AS.

毛脉槭 **Acer pubinerve** Rehder 【N, W/C】 ♣CBG, FBG, GA, HBG, LBG, SCBG, ZAFU; ●FJ, GD, JX, SH, ZJ; ★(AS): CN.

灰毛槭 **Acer rubrum** L. 【N, W/C】 ♣BBG, CBG, GXIB, NBG, ZAFU; ●BJ, GD, GX, HE, JL, JS, LN, SC, SD, SH, SN, TJ, TW, ZJ; ★(AS): CN.

红脉槭 **Acer rufinerve** Siebold et Zucc. 【I, C】 ♣CBG, IBCAS, KBG, NBG; ●BJ, JS, SH, TW, YN; ★(AS): JP.

糖槭 **Acer saccharum** Marshall 【I, C】 ♣CBG, CDBG, GBG, HBG, HFBG, IBCAS, NBG, XBG, XMBG, XOIG; ●BJ, FJ, GZ, HE, HL, JL, JS, LN, SC, SD, SH, SN, TW, ZJ; ★(NA): CA, US.

髯毛槭 **Acer saccharum** subsp. **floridanum** (Champ.) Desmarais 【I, C】 ♣HBG; ●ZJ; ★(NA): CA, US.

大齿糖槭 **Acer saccharum** subsp. **grandidentatum** (Torr. et A. Gray) Desmarais 【I, C】 ●SD, TW; ★(NA): CA, US.

白皮槭 **Acer saccharum** subsp. **leucoderme** (Small) Desmarais 【I, C】 ♣HBG, IBCAS; ●BJ, ZJ; ★(NA): CA, US.

黑槭 **Acer saccharum** subsp. **nigrum** (F. Michx.) Desmarais 【I, C】 ♣IBCAS, XTBG; ●BJ, YN; ★(NA): CA, US.

东方槭 **Acer sempervirens** L. 【I, C】 ♣IBCAS; ●BJ; ★(AS): LB, TR; (EU): GR, HR.

台湾五裂槭 **Acer serrulatum** Hayata 【N, W/C】 ♣FBG, TBG, TMNS; ●FJ, GD, SC, TW; ★(AS): CN.

陕甘槭 **Acer shenkanense** W. P. Fang ex C. C. Fu 【N, W/C】 ♣KBG; ●YN; ★(AS): CN.

白泽槭 **Acer shirasawanum** Koidz. 【I, C】 ♣BBG, CBG, HBG, IBCAS; ●BJ, LN, SH, TW, ZJ; ★(AS): JP.

黄花羽扇槭 **Acer sieboldianum** Miq. 【I, C】 ♣IBCAS; ●BJ; ★(AS): JP.

滨海槭 **Acer sino-oblongum** Metcalf 【N, W/C】 ♣FBG, FLBG, XTBG; ●FJ, GD, JX, YN; ★(AS): CN.

天目槭 **Acer sinopurpurascens** W. C. Cheng 【N, W/C】 ♣CBG, HBG, NBG; ●JS, SH, ZJ; ★(AS): CN.

穗果槭 **Acer spicatum** Lam. 【I, C】 ●BJ, GD, TW; ★(NA): CA, US.

毛叶槭 **Acer stachyophyllum** Hiern 【N, W/C】 ♣IBCAS, WBG; ●BJ, HB, SC; ★(AS): BT, CN, ID, IN, LK, MM, NP, SG.

桦叶四蕊槭 **Acer stachyophyllum** subsp. **betulifolium** (Maxim.) P. C. DeJong 【N, W/C】 ♣CBG, IBCAS, WBG; ●BJ, HB, SH; ★(AS): CN, MM.

苹婆槭 **Acer sterculiaceum** Wall. 【N, W/C】 ♣XTBG; ●YN; ★(AS): BT, CN, IN, LK, NP.

房县槭 **Acer sterculiaceum** subsp. **franchetii** (Pax) E. Murray 【N, W/C】 ♣CBG, IBCAS, KBG, NBG, WBG, XTBG; ●BJ, HB, JS, SC, SH, YN; ★(AS): CN.

四川槭 **Acer sutchuenense** Franch. 【N, W/C】 ♣WBG; ●HB; ★(AS): CN.

角叶槭 **Acer sycopseoides** Chun 【N, W/C】 ♣GMG, GXIB; ●GX; ★(AS): CN.

鞑靼槭 **Acer tataricum** L. 【N, W/C】 ♣IBCAS, NBG, XTBG; ●BJ, HE, JS, SD, TW, YN; ★(AS): AF, CN, JP, KP, KR, MN; (EU): AL, AT, BA, BG, CZ, GR, HR, HU, ME, MK, RO, RS, RU, SI.

茶条槭 **Acer tataricum** subsp. **ginnala** (Maxim.) Wesm. 【N, W/C】 ♣BBG, CBG, HBG, HFBG, IBCAS, KBG, NBG, XBG, ZAFU; ●BJ, HE, HL, JS, LN, SD, SH, SN, SX, TW, XJ, YN, ZJ; ★(AS): CN, JP, KP, KR, MN.

天山槭 **Acer tataricum** subsp. **semenovii** (Regel et Herder) A. E. Murray 【N, W/C】 ♣IBCAS, NBG; ●BJ, JS, LN, XJ; ★(AS): AF, CN, RU-AS.

苦条槭 **Acer tataricum** subsp. **theiferum** (W. P. Fang) Y. S. Chen et P. C. DeJong 【N, W/C】 ♣CBG, CDBG, HBG; ●SC, SH, ZJ; ★(AS): CN.

青楷槭 **Acer tegmentosum** Maxim. 【N, W/C】 ♣HFBG; ●HL, LN, TW; ★(AS): CN, KP, KR, MN, RU-AS.

薄叶槭 **Acer tenellum** Pax 【N, W/C】 ♣WBG;

●HB; ★(AS): CN.

巨果槭 **Acer thomsonii** Miq. 【N, W/C】 ♣XTBG; ●YN; ★(AS): BT, CN, IN, MM, NP, TH.

粗柄槭 **Acer tonkinense** Lecomte 【N, W/C】 ♣CBG, GXIB, HBG, WBG; ●GX, HB, SH, ZJ; ★(AS): CN, MM, TH, VN.

三花槭 **Acer triflorum** Kom. 【N, W/C】 ♣BBG, HFBG, IBCAS, SCBG; ●BJ, GD, HB, HL, LN, TW; ★(AS): CN, KP, KR.

元宝槭 **Acer truncatum** Bunge 【N, W/C】 ♣BBG, CBG, CDBG, HBG, IBCAS, SCBG, WBG, XTBG; ●BJ, GD, HB, HL, LN, SC, SD, SH, SX, XJ, YN, ZJ; ★(AS): CN, KP, KR, MN.

秦岭槭 **Acer tsinglingense** W. P. Fang et C. C. Hsieh 【N, W/C】 ♣IBCAS; ●BJ; ★(AS): CN.

土库曼槭 **Acer turcomanicum** Pojark. 【I, C】 ♣NBG; ●JS; ★(AS): RU-AS, TM.

岭南槭 **Acer tutcheri** Duthie 【N, W/C】 ♣GA, NBG, SCBG, WBG; ●GD, HB, JS, JX; ★(AS): CN.

花楷槭 **Acer ukurunduense** Trautv. et C. A. Mey. 【N, W/C】 ♣HFBG, IBCAS; ●BJ, HL, LN, TW; ★(AS): CN, JP, KP, KR, MN, RU-AS.

毡毛槭 **Acer velutinum** Boiss. 【I, C】 ●JX, TW; ★(AS): GE, IR.

天峨槭 **Acer wangchii** W. P. Fang 【N, W/C】 ♣FBG, KBG; ●FJ, YN; ★(AS): CN.

滇藏槭 **Acer wardii** W. W. Sm. 【N, W/C】 ♣WBG; ●HB; ★(AS): CN, ID, IN, MM.

三峡槭 **Acer wilsonii** Rehder 【N, W/C】 ♣CBG, CDBG, FBG, GXIB, NBG, SCBG, WBG, XTBG; ●FJ, GD, GX, HB, JS, SC, SH, YN; ★(AS): CN, MM, TH, VN.

漾濞槭 **Acer yangbiense** Y. S. Chen et Q. E. Yang 【N, W/C】 ♣KBG; ●YN; ★(AS): CN.

川甘槭 **Acer yui** W. P. Fang 【N, W/C】 ♣WBG; ●HB; ★(AS): CN.

平舟木属 Handeliodendron

掌叶木 **Handeliodendron bodinieri** (H. Lév.) Rehder 【N, W/C】 ♣BBG, FBG, GXIB, SCBG, TMNS, WBG, XLTBG, XMBG, XOIG, XTBG; ●BJ, FJ, GD, GX, HB, HI, TW, YN; ★(AS): CN.

七叶树属 Aesculus

红花七叶树 **Aesculus × carnea** Hayne 【I, C】 ♣BBG, CBG, FBG, GA, IBCAS; ●BJ, FJ, JS, JX, SH, ZJ; ★(EU): DE.

矮小七叶树 **Aesculus × neglecta** Lindl. 【I, C】 ♣IBCAS; ●BJ; ★(NA): US.

长柄七叶树 **Aesculus assamica** Griff. 【N, W/C】 ♣GXIB, KBG, XTBG; ●GX, YN; ★(AS): BT, CN, ID, IN, LA, LK, MM, TH, VN.

加州七叶树 **Aesculus californica** (Spach) Nutt. 【I, C】 ♣CBG; ●SH; ★(NA): US.

七叶树 **Aesculus chinensis** Bunge 【N, W/C】 ♣BBG, CBG, GA, GBG, HBG, IBCAS, NBG, NSBG, SCBG, XBG, XMBG, ZAFU; ●BJ, CQ, FJ, GD, GZ, HB, JS, JX, LN, SC, SH, SN, YN, ZJ; ★(AS): CN, LA.

天师栗 **Aesculus chinensis** var. **wilsonii** (Rehder) Turland et N. H. Xia 【N, W/C】 ♣BBG, CBG, CDBG, FBG, GA, GBG, HBG, KBG, SCBG, WBG, XMBG, ZAFU; ●BJ, FJ, GD, GZ, HB, JX, SC, SH, TW, YN, ZJ; ★(AS): CN.

黄花七叶树 **Aesculus flava** Sol. 【I, C】 ♣BBG, IBCAS, XTBG, ZAFU; ●BJ, YN, ZJ; ★(NA): US.

光叶七叶树 **Aesculus glabra** Willd. 【I, C】 ♣BBG, IBCAS; ●BJ; ★(NA): US.

欧洲七叶树 **Aesculus hippocastanum** L. 【I, C】 ♣BBG, CBG, HBG, IBCAS, LBG, ZAFU; ●BJ, HE, JX, LN, SH, TW, ZJ; ★(EU): AL, BA, BG, GR, HR, MD, ME, MK, RO, RS, SI, TR, UA.

印度七叶树 **Aesculus indica** (Wall. ex Cambess.) Hook. 【I, C】 ★(AS): IN.

小花七叶树 **Aesculus parviflora** Walter 【I, C】 ♣BBG, CBG; ●BJ, SH, TW, YN, ZJ; ★(NA): US.

北美红花七叶树 **Aesculus pavia** L. 【I, C】 ♣BBG, IBCAS, NBG, ZAFU; ●BJ, HB, JS, TW, ZJ; ★(NA): US.

林生七叶树 **Aesculus sylvatica** W. Bartram 【I, C】 ●ZJ; ★(NA): US.

日本七叶树 **Aesculus turbinata** Blume 【I, C】 ♣BBG, IBCAS; ●BJ, LN, ZJ; ★(AS): JP.

云南七叶树 **Aesculus wangii** Hu 【N, W/C】 ♣CBG, FBG, FLBG, IBCAS, KBG, SCBG, WBG, XTBG; ●BJ, FJ, GD, HB, JX, SC, SH, YN; ★(AS): CN, VN.

蕨木患属 Filicium

蕨木患 **Filicium decipiens** (Wight et Arn.) Thwaites

【I, C】 ●TW; ★(AF): MG, MW, TZ.

凤目栾属 Majidea

凤目栾(黑珍珠)**Majidea zanguebarica** J. Kirk ex Oliv. 【I, C】 ♣FLBG, XTBG; ●GD, YN; ★(AF): MG.

黄梨木属 Boniodendron

黄梨木 **Boniodendron minus** (Hemsl.) T. C. Chen 【N, W/C】 ♣FBG, GXIB, HBG, NBG, SCBG, WBG; ●FJ, GD, GX, HB, JS, ZJ; ★(AS): CN.

伞花木属 Eurycorymbus

伞花木 **Eurycorymbus cavaleriei** (H. Lév.) Rehder et Hand.-Mazz. 【N, W/C】 ♣BBG, CBG, CDBG, FBG, FLBG, GA, GBG, GXIB, HBG, IBCAS, KBG, NBG, SCBG, WBG, XMBG, XTBG, ZAFU; ●BJ, FJ, GD, GX, GZ, HB, JS, JX, SC, SH, YN, ZJ; ★(AS): CN.

假山罗属 Harpullia

乔木假山罗 **Harpullia arborea** (Blanco) Radlk. 【I, C】 ♣XTBG; ●YN; ★(AS): LK, PH, TH, VN.

假山罗 **Harpullia cupanioides** Roxb. 【N, W/C】 ♣SCBG, XTBG; ●GD, YN; ★(AS): CN, ID, IN, KH, LA, MM, MY, PH, TH, VN; (OC): PAF.

垂枝假山罗 **Harpullia pendula** Planch. ex F. Muell. 【I, C】 ♣SCBG, XTBG; ●GD, YN; ★(OC): AU.

车桑子属 Dodonaea

车桑子 **Dodonaea viscosa** Sm. 【N, W/C】 ♣CBG, FBG, GMG, GXIB, HBG, IBCAS, KBG, SCBG, WBG, XMBG, XTBG; ●BJ, FJ, GD, GX, HB, SH, TW, YN, ZJ; ★(AF): MG, NG; (AS): CN, ID, IN, JP, MM, MY, SG, TH; (OC): AU.

茶条木属 Delavaya

茶条木 **Delavaya toxocarpa** Franch. 【N, W/C】 ♣CDBG, FBG, GBG, GXIB, HBG, KBG, SCBG, WBG, XTBG; ●FJ, GD, GX, GZ, HB, SC, YN, ZJ; ★(AS): CN, VN.

峨山枪杆子 **Delavaya trifoliata** Fr. 【N, W/C】 ♣HBG; ●ZJ; ★(AS): CN.

牛眼树属 Ungnadia

墨西哥牛眼树 **Ungnadia speciosa** Endl. 【I, C】 ♣HBG; ●ZJ; ★(NA): MX, US.

栾属 Koelreuteria

复羽叶栾树 **Koelreuteria bipinnata** Franch. 【N, W/C】 ♣BBG, CBG, CDBG, FBG, FLBG, GA, GBG, GXIB, HBG, IBCAS, KBG, LBG, NBG, NSBG, SCBG, TBG, WBG, XBG, XMBG, XTBG, ZAFU; ●BJ, CQ, FJ, GD, GS, GX, GZ, HB, JS, JX, SC, SH, SN, TW, YN, ZJ; ★(AS): CN, JP.

雅致栾树 **Koelreuteria elegans** (Seem.) A. C. Sm. 【I, C】 ★(OC): FJ.

台湾栾树 **Koelreuteria elegans** subsp. **formosana** (Hayata) F. G. Mey. 【N, W/C】 ♣FBG, IBCAS, NBG, SCBG, TBG, TMNS, WBG, XLTBG, XMBG, XTBG; ●BJ, FJ, GD, HB, HI, JL, JS, TW, YN; ★(AS): CN.

栾树 **Koelreuteria paniculata** Laxm. 【N, W/C】 ♣BBG, CBG, CDBG, FBG, GA, GBG, GXIB, HBG, IBCAS, KBG, LBG, MDBG, NBG, NSBG, TDBG, WBG, XBG, XMBG, XTBG; ●BJ, CQ, FJ, GS, GX, GZ, HA, HB, JS, JX, LN, SC, SH, SN, XJ, YN, ZJ; ★(AS): CN, JP, KP, KR.

假韶子属 Paranephelium

云南假韶子 **Paranephelium hystrix** W. W. Sm. 【N, W/C】 ♣XTBG; ●YN; ★(AS): CN, MM.

檀栗属 Pavieasia

云南檀栗 **Pavieasia yunnanensis** H. S. Lo 【N, W/C】 ♣XTBG; ●YN; ★(AS): CN, VN.

细子龙属 Amesiodendron

细子龙(龙州细子龙)**Amesiodendron chinense** (Merr.) Hu 【N, W/C】 ♣FBG, GXIB, SCBG, XLTBG, XMBG, XOIG, XTBG; ●FJ, GD, GX, HI, YN; ★(AS): CN, ID, LA, MM, MY, SG, TH, VN.

久树属 Schleichera

久树(杦树)**Schleichera trijuga** Willd. 【I, C】 ♣XMBG, XTBG; ●FJ, YN; ★(AS): IN, LA, LK, MM, TH.

无患子属 Sapindus

川滇无患子 **Sapindus delavayi** (Franch.) Radlk.

【N, W/C】 ♣HBG, KBG, NBG, SCBG, WBG, XTBG; ●GD, HB, JS, YN, ZJ; ★(AS): CN.

毛瓣无患子 **Sapindus rarak** DC. 【N, W/C】 ♣KBG, WBG, XTBG; ●HB, YN; ★(AS): BT, CN, ID, IN, KH, LA, LK, MM, MY, TH, VN.

无患子 **Sapindus saponaria** L. 【N, W/C】 ♣CBG, CDBG, FBG, FLBG, GA, GBG, GMG, GXIB, HBG, KBG, LBG, NBG, NSBG, SCBG, TBG, TMNS, WBG, XBG, XLTBG, XMBG, XTBG, ZAFU; ●AH, CQ, FJ, GD, GX, GZ, HB, HI, JS, JX, SC, SH, SN, TW, YN, ZJ; ★(AS): CN, ID, IN, JP, KP, LA, MM, TH, VN; (OC): PAF.

西方无患子（图蒙无患子）**Sapindus saponaria** var. **drummondii** (Hook. et Arn.) L. D. Benson 【I, C】 ♣HBG, IBCAS; ●BJ, ZJ; ★(NA): MX, US.

三叶无患子 **Sapindus trifoliatus** L. 【I, C】 ♣XTBG; ●YN; ★(AS): ID, MM, PK.

鳞花木属 Lepisanthes

马来樱桃 **Lepisanthes alata** (Blume) Leenh. 【I, C】 ♣XTBG; ●YN; ★(AS): ID, MY, SG.

茎花赤才 **Lepisanthes cauliflora** C. F. Liang et S. L. Mo 【N, W】 ♣XTBG; ●YN; ★(AS): CN.

大托叶鳞花木 **Lepisanthes fruticosa** (Roxb.) Leenh. 【I, C】 ♣XTBG; ●YN; ★(AS): IN, LA, MY, VN.

赛木患 **Lepisanthes oligophylla** (Merr. et Chun) N. H. Xia et Gadek 【N, W/C】 ♣SCBG; ●GD; ★(AS): CN.

赤才 **Lepisanthes rubiginosa** (Roxb.) Leenh. 【N, W/C】 ♣HBG, NBG, SCBG, XTBG; ●GD, JS, YN, ZJ; ★(AS): BT, CN, ID, IN, LA, LK, MM, MY, PH; (OC): AU, PAF.

滇赤才 **Lepisanthes senegalensis** (Poir.) Leenh. 【N, W/C】 ♣XTBG; ●YN; ★(AF): NG; (AS): BT, CN, ID, IN, LA, LK, MM, MY, NP, PH; (OC): PAF.

龙眼属 Dimocarpus

龙荔 **Dimocarpus confinis** (F. C. How et C. N. Ho) H. S. Lo 【N, W/C】 ♣FBG, GXIB, SCBG, XTBG; ●FJ, GD, GX, YN; ★(AS): CN, VN.

龙眼 **Dimocarpus longan** Lour. 【N, W/C】 ♣BBG, CBG, FBG, FLBG, GMG, GXIB, HBG, IBCAS, KBG, LBG, NBG, SCBG, TBG, WBG, XLTBG, XMBG, XOIG, XTBG; ●BJ, FJ, GD, GX, GZ, HB, HI, JS, JX, SC, SH, TW, YN, ZJ; ★(AS): CN, ID, IN, KH, LA, LK, MM, MY, PH, SG, TH, VN; (OC): PAF.

滇龙眼 **Dimocarpus yunnanensis** (W. T. Wang) C. Y. Wu et T. L. Ming 【N, W/C】 ♣XTBG; ●YN; ★(AS): CN.

荔枝属 Litchi

荔枝 **Litchi chinensis** Sonn. 【N, W/C】 ♣BBG, CBG, CDBG, FBG, FLBG, GMG, GXIB, HBG, KBG, LBG, NBG, SCBG, TBG, TMNS, WBG, XLTBG, XMBG, XTBG; ●BJ, CQ, FJ, GD, GX, HB, HI, JS, JX, SC, SH, SN, TW, YN, ZJ; ★(AS): BT, CN, ID, IN, LA, LK, MM, MY, PH, SG, TH, VN; (OC): PAF.

干果木属 Xerospermum

干果木 **Xerospermum bonii** (Lecomte) Radlk. 【N, W/C】 ♣GXIB, SCBG, XTBG; ●GD, GX, YN; ★(AS): CN, VN.

韶子属 Nephelium

韶子 **Nephelium chryseum** Blume 【N, W/C】 ♣SCBG, XTBG; ●GD, GX, YN; ★(AS): CN, ID, MY, PH, VN.

红毛丹 **Nephelium lappaceum** L. 【I, C】 ♣BBG, HBG, NBG, SCBG, TMNS, XLTBG, XMBG, XOIG, XTBG; ●BJ, CQ, FJ, GD, HI, JS, TW, YN, ZJ; ★(AS): ID, IN, LA, MM, MY, PH, SG, TH, VN.

山荔枝 **Nephelium mutabile** Blume 【I, C】 ●TW; ★(AS): ID, MY, PH.

海南韶子 **Nephelium topengii** (Merr.) H. S. Lo 【N, W/C】 ♣GMG, HBG, SCBG, XLTBG; ●GD, GX, HI, ZJ; ★(AS): CN.

番龙眼属 Pometia

番龙眼 **Pometia pinnata** J. R. Forst. et G. Forst. 【N, W/C】 ♣BBG, KBG, SCBG, TBG, TMNS, XMBG, XOIG, XTBG; ●BJ, FJ, GD, TW, YN; ★(AS): CN, ID, IN, LA, LK, MM, MY, PH, SG, TH, VN; (OC): PAF.

咸鱼果属 Blighia

阿开木（来吉果、西非荔枝果、咸鱼果）**Blighia sapida** K. D. Koenig 【I, C】 ♣TBG; ●TW; ★(AF): BF, BJ, CI, CM, GA, GH, GN, ML, NG, SL, SN, ST,

TG.

罗望子属 Diploglottis

昆士兰罗望子 **Diploglottis bracteata** Leenh. 【I, C】 ♣SCBG; ●GD; ★(OC): AU.

柄果木属 Mischocarpus

海南柄果木 **Mischocarpus hainanensis** H. S. Lo 【N, W/C】 ♣SCBG; ●GD; ★(AS): CN.

褐叶柄果木 **Mischocarpus pentapetalus** (Roxb.) Radlk. 【N, W/C】 ♣FLBG, GXIB, SCBG, WBG, XMBG, XTBG; ●FJ, GD, GX, HB, JX, YN; ★(AS): CN, LA, MM, SG.

柄果木 **Mischocarpus sundaicus** Blume 【N, W/C】 ♣SCBG, XTBG; ●GD, YN; ★(AS): CN, ID, IN, LA, MM, MY, PH, SG; (OC): AU, PAF.

蕨叶罗望子属 Sarcotoechia

蕨叶罗望子 **Sarcotoechia serrata** S. T. Reynolds 【I, C】 ♣SCBG; ●GD; ★(OC): AU.

滨木患属 Arytera

*密花滨木患 **Arytera densiflora** Radlk. 【I, C】 ♣XTBG; ●YN; ★(OC): PG.

滨木患 **Arytera littoralis** Blume 【N, W/C】 ♣SCBG, XLTBG, XTBG; ●GD, HI, YN; ★(AS): CN, ID, IN, MM, MY, SG; (OC): PAF.

蜜莓属 Melicoccus

蜜莓 **Melicoccus bijugatus** Jacq. 【I, C】 ●TW; ★(NA): BS, CR, CU, DO, HN, JM, LW, MX, NI, PA, PR, TT, US, VG; (SA): CO, PE, VE.

异木患属 Allophylus

波叶异木患 **Allophylus caudatus** Radlk. 【N, W/C】 ♣SCBG, XTBG; ●GD, YN; ★(AS): CN, VN.

广布异木患 **Allophylus cobbe** (L.) Blume 【N, W/C】 ♣XTBG; ●YN; ★(AS): CN, ID, LA, MM, MY, SG; (OC): AU.

滇南异木患 **Allophylus cobbe** var. **velutinus** Corner 【N, W/C】 ♣XTBG; ●YN; ★(AS): CN, IN, MM, MY, TH, VN.

云南异木患 **Allophylus hirsutus** Radlk. 【N, W/C】 ♣XTBG; ●YN; ★(AS): CN, KH, TH.

长柄异木患 **Allophylus longipes** Radlk. 【N, W/C】 ♣XTBG; ●YN; ★(AS): CN, VN.

肖异木患 **Allophylus racemosus** Sw. 【I, C】 ♣GMG, GXIB, SCBG; ●GD, GX; ★(NA): CR, DO, NI, PA, PR, SV, US; (SA): BR, CO, EC, GY, VE.

海滨异木患 **Allophylus timorensis** (DC.) Blume 【N, W/C】 ♣SCBG, TMNS, XTBG; ●GD, TW, YN; ★(AS): CN, JP, MY, PH; (OC): PAF.

毛叶异木患 **Allophylus trichophyllus** Merr. et Chun 【N, W/C】 ♣SCBG, XTBG; ●GD, YN; ★(AS): CN.

异木患 **Allophylus viridis** Radlk. 【N, W/C】 ♣SCBG, XTBG; ●GD, YN; ★(AS): CN, VN.

倒地铃属 Cardiospermum

倒地铃 **Cardiospermum halicacabum** L. 【N, W/C】 ♣FBG, FLBG, GBG, GMG, GXIB, HBG, IBCAS, KBG, LBG, NBG, SCBG, TBG, WBG, XBG, XMBG, XOIG, XTBG; ●BJ, FJ, GD, GX, GZ, HB, JS, JX, LN, SN, TW, YN, ZJ; ★(AF): MG, NG; (AS): BT, CN, ID, JP, KR, LA, MM, PH, SG; (OC): AU.

醒神藤属 Paullinia

醒神藤（瓜拉纳）**Paullinia cupana** Kunth 【I, C】 ♣XTBG; ●TW, YN; ★(SA): BO, BR, CO, EC, GY, PE.

170. 芸香科 RUTACEAE

牛筋果属 Harrisonia

牛筋果 **Harrisonia perforata** (Blanco) Merr. 【N, W/C】 ♣SCBG; ●GD; ★(AS): CN, ID, IN, KH, LA, MM, MY, PH, TH, VN.

芸香属 Ruta

叙利亚芸香 **Ruta chalepensis** L. 【I, C】 ♣NBG; ●JS; ★(AF): DZ, EG, LY, MA, SD, TN; (AS): AM, AZ, GE, IR, RU-AS, SA, SY, TR; (EU): AL, BA, BY, DE, ES, GR, HR, IT, LU, ME, MK, RS, SI, UA.

芸香 **Ruta graveolens** L. 【I, C】 ♣CBG, CDBG, FLBG, GBG, GMG, GXIB, HBG, HFBG, IBCAS, KBG, NBG, SCBG, TMNS, WBG, XBG, XMBG,

ZAFU; ●BJ, FJ, GD, GX, GZ, HB, HL, JS, JX, SC, SH, SN, TW, YN, ZJ; ★(EU): AL, BA, BG, GR, HR, MD, ME, MK, RO, RS, SI, TR, UA.

山地芸香 **Ruta montana** (L.) L. 【I, C】 ♣HBG, NBG; ●JS, ZJ; ★(EU): BY, DE, ES, FR, GR, IT, LU, PT, TR.

裸芸香属 Psilopeganum

裸芸香 **Psilopeganum sinense** Hemsl. 【N, W/C】 ♣FLBG, GXIB, NSBG, WBG, XTBG; ●CQ, GD, GX, HB, JX, SC, YN; ★(AS): CN.

石椒草属 Boenninghausenia

臭节草 **Boenninghausenia albiflora** (Hook.) Rchb. ex Meisn. 【N, W/C】 ♣CBG, GMG, HBG, KBG, LBG, NBG, SCBG, WBG, XTBG, ZAFU; ●GD, GX, HB, JS, JX, SC, SH, YN, ZJ; ★(AS): BT, CN, ID, IN, JP, LA, LK, MM, NP, PH, PK, TH, VN.

拟芸香属 Haplophyllum

假芸香（北芸香）**Haplophyllum dauricum** A. Juss. 【N, W/C】 ♣IBCAS; ●BJ, NM; ★(AS): CN, MN, RU-AS.

黄皮属 Clausena

细叶黄皮 **Clausena anisum-olens** (Blanco) Merr. 【N, W/C】 ♣GMG, GXIB, HBG, SCBG, XTBG; ●GD, GX, YN, ZJ; ★(AS): CN, PH.

大花齿叶黄皮 **Clausena dentata** (Willd.) Roem. 【N, W/C】 ●YN; ★(AS): CN.

齿叶黄皮 **Clausena dunniana** H. Lév. 【N, W/C】 ♣CBG, GMG, GXIB, KBG, SCBG, TBG, TMNS, XLTBG, XTBG; ●GD, GX, HI, SH, TW, YN; ★(AS): CN, LA, VN.

毛齿叶黄皮 **Clausena dunniana** var. **robusta** (Tanaka) C. C. Huang 【N, W/C】 ♣XTBG; ●YN; ★(AS): CN.

小黄皮 **Clausena emarginata** C. C. Huang 【N, W/C】 ♣XLTBG, XTBG; ●HI, YN; ★(AS): CN.

假黄皮 **Clausena excavata** Burm. f. 【N, W/C】 ♣SCBG, XTBG; ●GD, YN; ★(AS): BT, CN, ID, IN, KH, LA, LK, MM, MY, NP, PH, SG, TH, VN.

黄皮 **Clausena lansium** (Lour.) Skeels 【N, W/C】 ♣BBG, CBG, FBG, FLBG, GMG, GXIB, HBG, SCBG, WBG, XLTBG, XMBG, XOIG, XTBG; ●BJ, FJ, GD, GX, HB, HI, JX, SC, SH, YN, ZJ; ★(AS): CN, LA, VN.

光滑黄皮 **Clausena lenis** Drake 【N, W/C】 ♣XTBG; ●YN; ★(AS): CN, LA, TH, VN.

香花黄皮 **Clausena odorata** C. C. Huang 【N, W/C】 ♣XTBG; ●YN; ★(AS): CN.

毛叶黄皮 **Clausena vestita** D. D. Tao 【N, W/C】 ♣KBG; ●YN; ★(AS): CN.

小芸木属 Micromelum

大管 **Micromelum falcatum** (Lour.) Tanaka 【N, W/C】♣GMG, SCBG, WBG, XMBG, XTBG; ●FJ, GD, GX, HB, YN; ★(AS): CN, ID, IN, KH, LA, MM, TH, VN.

粗毛小芸木（月橘）**Micromelum hirsutum** Oliv. 【I, C】 ♣XTBG; ●YN; ★(AS): LA, MM, MY, TH.

小芸木 **Micromelum integerrimum** (Buch.-Ham. ex DC.) Wight et Arn. ex M. Roem. 【N, W/C】 ♣GMG, SCBG, XTBG; ●GD, GX, YN; ★(AS): BT, CN, ID, IN, KH, LA, LK, MM, NP, PH, TH, VN.

毛叶小芸木 **Micromelum integerrimum** var. **mollissimum** Tanaka 【N, W/C】 ♣XTBG; ●YN; ★(AS): CN, KH, LA, PH, VN.

山小橘属 Glycosmis

山橘树 **Glycosmis cochinchinensis** (Lour.) Pierre ex Engl. 【N, W/C】♣NBG, SCBG, XTBG; ●GD, YN; ★(AS): CN, ID, IN, KH, LA, MM, MY, TH, VN.

毛山小橘 **Glycosmis craibii** Tanaka 【N, W/C】 ♣GXIB; ●GX; ★(AS): CN, TH, VN.

光叶山小橘 **Glycosmis craibii** var. **glabra** (Craib) Tanaka 【N, W/C】 ♣GXIB, XTBG; ●GX, YN; ★(AS): CN, TH, VN.

光山小橘 **Glycosmis discolor** Huang 【N, W/C】 ♣SCBG; ●GD; ★(AS): CN.

锈毛山小橘 **Glycosmis esquirolii** (H. Lév.) Tanaka 【N, W/C】♣XTBG; ●YN; ★(AS): CN, MM, TH.

长叶山小橘 **Glycosmis longifolia** (Oliv.) Tanaka 【N, W】♣XTBG; ●YN; ★(AS): CN, ID, IN, LK, MM.

亮叶山小橘 **Glycosmis lucida** Wall. ex C. C. Huang 【N, W/C】 ♣XTBG; ●YN; ★(AS): BT, CN, ID, IN, MM.

海南山小橘 **Glycosmis montana** Pierre 【N, W/C】

♣XTBG; ●YN; ★(AS): CN, VN.

少花山小橘 **Glycosmis oligantha** C. C. Huang 【N, W】 ♣XTBG; ●YN; ★(AS): CN.

小花山小橘 **Glycosmis parviflora** (Sims) Little 【N, W/C】 ♣FBG, FLBG, GMG, GXIB, SCBG, TMNS, WBG, XMBG, XOIG, XTBG; ●FJ, GD, GX, HB, JX, TW, YN; ★(AS): CN, JP, LA, MM, VN.

山小橘 **Glycosmis pentaphylla** (Retz.) DC. 【N, W/C】 ♣CBG, TBG, XTBG; ●SH, TW, YN; ★(AS): BT, CN, ID, IN, KH, LA, LK, MM, MY, NP, PH, PK, TH, VN; (OC): AU.

九里香属 Murraya

翼叶九里香 **Murraya alata** Drake 【N, W/C】 ♣SCBG; ●GD; ★(AS): CN, VN.

豆叶九里香 **Murraya euchrestifolia** Hayata 【N, W/C】 ♣FBG, SCBG, TDBG, WBG, XTBG; ●FJ, GD, HB, XJ, YN; ★(AS): CN.

调料九里香(咖喱树)**Murraya koenigii** (L.) Spreng. 【N, W/C】 ♣SCBG, TMNS, XMBG, XTBG; ●FJ, GD, TW, YN; ★(AS): BT, CN, ID, IN, LA, LK, MM, MY, NP, PK, TH, VN.

广西九里香 **Murraya kwangsiensis** (C. C. Huang) C. C. Huang 【N, W/C】 ♣GMG, GXIB, SCBG; ●GD, GX; ★(AS): CN.

小叶九里香 **Murraya microphylla** (Merr. et Chun) Swingle 【N, W/C】 ♣XLTBG; ●HI; ★(AS): CN.

九里香 **Murraya paniculata** (L.) Jack 【N, W/C】 ♣BBG, CBG, CDBG, FBG, FLBG, GA, GBG, GMG, GXIB, HBG, IBCAS, KBG, LBG, NSBG, SCBG, TBG, TMNS, WBG, XBG, XLTBG, XMBG, XOIG, XTBG; ●BJ, CQ, FJ, GD, GX, GZ, HB, HI, JX, SC, SH, SN, TW, YN, ZJ; ★(AS): BT, CN, ID, IN, JP, KH, LA, LK, MM, MY, NP, PH, PK, SG, TH, VN.

四数九里香 **Murraya tetramera** C. C. Huang 【N, W/C】 ♣GXIB, XTBG; ●GX, YN; ★(AS): CN.

锦橘果属 Triphasia

锦橘果(香吉果)**Triphasia trifolia** (Burm. f.) P. Wilson 【I, C】 ♣TMNS; ●CQ, TW; ★(AS): MM, MY, PH, SG.

单叶藤橘属 Paramignya

单叶藤橘 **Paramignya confertifolia** Swingle 【N, W/C】 ♣SCBG, XTBG; ●GD, YN; ★(AS): CN, VN.

直刺藤橘 **Paramignya rectispinosa** Craib 【N, W/C】 ♣SCBG, XTBG; ●GD, YN; ★(AS): CN, TH.

三叶藤橘属 Luvunga

三叶藤橘 **Luvunga scandens** (Roxb.) Buch.-Ham. ex Wight et Arn. 【N, W/C】 ♣SCBG; ●GD; ★(AS): CN, ID, IN, KH, LA, MM, MY, TH, VN.

木橘属 Aegle

木橘 **Aegle marmelos** (L.) Corrêa 【I, C】 ♣XTBG; ●YN; ★(AS): IN.

柑果子属 Naringi

柑果子 **Naringi crenulata** (Roxb.) Nicolson 【I, C】 ♣XTBG; ●YN; ★(AS): IN, TH.

象橘属 Limonia

象橘(柑果子、面膜树)**Limonia acidissima** L. 【N, W/C】 ♣XTBG; ●CQ, SC, YN; ★(AS): BD, CN, ID, IN, LA, LK, MM, MY, PK, TH, VN.

酒饼簕属 Atalantia

酒饼簕 **Atalantia buxifolia** (Poir.) Oliv. ex Benth. 【N, W/C】 ♣FBG, FLBG, GA, GMG, GXIB, HBG, SCBG, TBG, TMNS, XMBG, XTBG; ●FJ, GD, GX, JX, TW, YN, ZJ; ★(AS): CN, MY, PH, VN.

大果酒饼簕 **Atalantia guillauminii** Swingle 【N, W】 ♣XTBG; ●YN; ★(AS): CN, VN.

薄皮酒饼簕 **Atalantia henryi** (Swingle) C. C. Huang 【N, W/C】 ♣XTBG; ●YN; ★(AS): CN, VN.

广东酒饼簕 **Atalantia kwangtungensis** (Merr.) Swingle 【N, W/C】 ♣SCBG; ●GD; ★(AS): CN, VN.

柑橘属 Citrus

来檬 **Citrus × aurantiifolia** (Christm.) Swingle 【N, C】 ♣FLBG, GA, GBG, HBG, IBCAS, LBG, NBG, SCBG, WBG, XBG, XMBG, XTBG, ZAFU; ●BJ, CQ, FJ, GD, GZ, HA, HB, HN, JS, JX, SC, SN, TW, YN, ZJ; ★(AS): CN, IN, JP, LA, MM, SG.

酸橙 **Citrus × aurantium** L.【N, C】♣FLBG, GA, GBG, HBG, IBCAS, LBG, NBG, SCBG, WBG, XBG, XMBG, XTBG, ZAFU; ●BJ, CQ, FJ, GD, GZ, HA, HB, HN, JS, JX, SC, SN, TW, YN, ZJ; ★(AS): CN, ID, JP, LA, MM, SG.

甜橙 **Citrus × aurantium** (Sweet Orange Group)【N, W/C】♣FBG, FLBG, GA, GBG, GMG, GXIB, HBG, LBG, NBG, SCBG, TBG, WBG, XMBG, XOIG, XTBG; ●AH, BJ, CQ, FJ, GD, GX, GZ, HB, HN, JS, JX, SC, SN, TW, YN, ZJ; ★(AS): BT, CN, JP, LA, MM, SG.

香橙（香橼）**Citrus × junos** Siebold ex Yu. Tanaka【N, W/C】♣CBG, GA, HBG, NBG, XMBG; ●BJ, CQ, FJ, GD, GZ, HB, HN, JS, JX, SC, SH, TW, ZJ; ★(AS): CN.

葡萄柚 **Citrus × paradisi** Macfad.【N, W/C】♣NBG, SCBG, XMBG, XTBG; ●CQ, FJ, GD, HB, JS, SC, TW, YN, ZJ; ★(AS): CN, MM.

富民枳 **Citrus × polytrifolia** Govaerts【N, C】♣KBG; ●YN; ★(AS): CN.

宜昌橙 **Citrus cavaleriei** H. Lév.【N, W/C】♣CBG, NBG, NSBG, WBG, XMBG; ●CQ, FJ, GX, HB, HN, JS, SC, SH, SN, YN; ★(AS): CN.

屈橘（元橘）**Citrus chuana** Hort. ex Tseng【N, W/C】●CQ, FJ, GX, GZ, HB, HN, JX, SC, SN, YN, ZJ; ★(AS): CN.

箭叶橙（大翅橙）**Citrus hystrix** H. Perrier【N, W/C】♣XTBG; ●CQ, TW, YN; ★(AS): CN, ID, LA, MM, MY, PH, TH, VN.

印度盱橘 **Citrus indica** Yu. Tanaka【I, C】●CQ; ★(AS): IN.

*澳洲野橘 **Citrus inodora** F. M. Bailey【I, C】●CQ; ★(OC): AU.

金柑 **Citrus japonica** Thunb.【N, W/C】♣CBG, CDBG, FBG, FLBG, GA, GBG, GMG, GXIB, HBG, IBCAS, LBG, NBG, NSBG, SCBG, TBG, WBG, XBG, XLTBG, XMBG, XOIG, XTBG, ZAFU; ●AH, BJ, CQ, FJ, GD, GX, GZ, HB, HI, HN, JS, JX, SC, SH, SN, TW, YN, ZJ; ★(AS): CN, JP.

柠檬（黎檬）**Citrus limon** (L.) Osbeck【N, W/C】♣BBG, CBG, FBG, FLBG, GMG, GXIB, HBG, IBCAS, NBG, SCBG, TBG, TMNS, WBG, XBG, XLTBG, XMBG, XOIG, XTBG; ●BJ, CQ, FJ, GD, GX, GZ, HB, HI, HN, JS, JX, SC, SH, SN, TW, YN, ZJ; ★(AS): BT, CN, ID, IN, KH, LA, LK, MM, SG, VN.

酸木苹果 **Citrus lucida** (Scheff.) Mabb.【I, C】♣SCBG; ●GD; ★(AS): VN.

柚 **Citrus maxima** (Burm.) Merr.【N, W/C】♣BBG, FBG, FLBG, GA, GMG, GXIB, HBG, IBCAS, LBG, NBG, NSBG, SCBG, TBG, WBG, XBG, XLTBG, XMBG, XOIG, XTBG, ZAFU; ●AH, BJ, CQ, FJ, GD, GX, GZ, HB, HI, HN, JS, JX, SC, SN, TW, YN, ZJ; ★(AS): BT, CN, IN, JP, LA, LK, MM, SG.

香橼 **Citrus medica** L.【N, W/C】♣FBG, FLBG, GBG, GMG, GXIB, IBCAS, KBG, LBG, NBG, SCBG, XLTBG, XMBG, XTBG; ●BJ, CQ, FJ, GD, GX, GZ, HI, JS, JX, SC, TW, YN, ZJ; ★(AS): BT, CN, ID, IN, LA, LK, MM, VN.

佛手 **Citrus medica** var. **sarcodactylis** (Hoola van Nooten) Swingle【N, W/C】♣CDBG, GA, GBG, GMG, HBG, IBCAS, NBG, SCBG, TMNS, WBG, XBG, XLTBG, XMBG, XTBG, ZAFU; ●AH, BJ, FJ, GD, GX, GZ, HB, HI, JS, JX, SC, SN, TW, YN, ZJ; ★(AS): CN.

柑橘 **Citrus reticulata** Blanco【N, W/C】♣FBG, FLBG, GA, GBG, GMG, GXIB, HBG, IBCAS, KBG, LBG, NBG, NSBG, SCBG, WBG, XBG, XMBG, XTBG, ZAFU; ●AH, BJ, CQ, FJ, GD, GS, GX, GZ, HB, HI, HN, JS, JX, SC, SH, SN, TW, XZ, YN, ZJ; ★(AS): BT, CN, IN, JP, LA, LK, MM.

长叶金橘 **Citrus swinglei** Burkill ex Harms【I, C】♣XTBG; ●YN; ★(OC): PG.

枳 **Citrus trifoliata** L.【N, W/C】♣BBG, CBG, CDBG, FBG, FLBG, GA, GBG, GMG, GXIB, HBG, IBCAS, KBG, LBG, NBG, NSBG, SCBG, WBG, XBG, XMBG, XOIG, XTBG, ZAFU; ●BJ, CQ, FJ, GD, GX, GZ, HA, HB, HN, JS, JX, LN, SC, SD, SH, SN, YN, ZJ; ★(AS): CN, JP, KP, KR.

多蕊柑属 Clymenia

*多蕊柑 **Clymenia polyandra** (Ridl.) Swingle【I, C】●CQ; ★(AS): MY.

臭常山属 Orixa

臭常山 **Orixa japonica** Thunb.【N, W/C】♣CBG, FBG, GBG, HBG, KBG, LBG, NBG, SCBG, WBG; ●FJ, GD, GZ, HB, JS, JX, SC, SH, YN, ZJ; ★(AS): CN, JP, KR.

香肉果属 Casimiroa

香肉果 **Casimiroa edulis** La Llave【I, C】♣XTBG; ●TW, YN; ★(NA): CR, DO, GT, HN, MX, SV; (SA): CO, PE, VE.

白鲜属 Dictamnus

白鲜 **Dictamnus dasycarpus** Turcz. 【N, W/C】 ♣BBG, HBG, HFBG, IBCAS, NBG, XBG; ●BJ, HL, JS, LN, SN, ZJ; ★(AS): CN, KP, KR, MN, RU-AS.

茵芋属 Skimmia

乔木茵芋 **Skimmia arborescens** T. Anderson ex Gamble【N, W/C】♣KBG, SCBG, XTBG; ●GD, YN; ★(AS): BT, CN, ID, IN, LA, LK, MM, NP, TH, VN.

日本茵芋 **Skimmia japonica** Thunb.【I, C】♣CBG, FBG, HBG, LBG, NBG, SCBG, WBG, XTBG; ●AH, BJ, FJ, GD, HB, JS, JX, SC, SH, TW, YN, ZJ; ★(AS): JP.

月桂茵芋 **Skimmia laureola** (DC.) Siebold et Zucc. ex Walp.【N, W/C】♣XTBG; ●YN; ★(AS): BT, CN, IN, LK, MM, NP.

黑果茵芋 **Skimmia melanocarpa** Rehder et E. H. Wilson 【N, W/C】 ♣WBG; ●BJ, HB; ★(AS): CN, MM.

茵芋 **Skimmia reevesiana** (Fortune) Fortune 【N, W/C】 ♣FBG, LBG, SCBG, XTBG; ●FJ, GD, JX, SC, YN; ★(AS): CN, MM, PH, VN.

榆橘属 Ptelea

齿叶榆橘 **Ptelea serrata** Small 【I, C】 ♣IBCAS; ●BJ; ★(NA): CA, US.

榆橘 **Ptelea trifoliata** L.【I, C】♣BBG, CBG, HBG, IBCAS, NBG, SCBG, XTBG; ●BJ, GD, JS, LN, SH, TW, YN, ZJ; ★(NA): MX, US.

多脉榆橘 **Ptelea trifoliata** subsp. **polyadenia** (Greene) V. L. Bailey【I, C】♣HBG, IBCAS; ●BJ, ZJ; ★(NA): US.

鲍尔温榆橘 **Ptelea trifoliata** var. **baldwinii** (Torr. et A. Gray) D. B. Ward【I, C】♣IBCAS; ●BJ; ★(NA): US.

黄叶榆橘 **Ptelea trifoliata** var. **lutescens** V. L. Bailey 【I, C】 ♣IBCAS; ●BJ; ★(NA): US.

毛叶榆橘 **Ptelea trifoliata** var. **mollis** Torr. et A. Gray 【I, C】 ♣IBCAS, NBG; ●BJ, JS; ★(NA): US.

丽芸木属 Calodendrum

丽芸木 **Calodendrum capense** (L. f.) Thunb. 【I, C】 ●TW; ★(AF): KE, TZ, ZA.

石南芸木属 Coleonema

石南芸木 **Coleonema pulchrum** Hook. 【I, C】 ★(AF): ZA.

墨西哥橘属 Choisya

墨西哥橘 **Choisya ternata** Kunth 【I, C】 ♣CBG, GA; ●AH, BJ, HE, JX, SH, TW, ZJ; ★(NA): MX.

荆笛香属 Ravenia

荆笛香（古巴拉贝木）**Ravenia spectabilis** (Lindl.) Engl. 【I, C】 ♣TMNS, XTBG; ●TW, YN; ★(NA): CU, TT.

飞龙掌血属 Toddalia

飞龙掌血 **Toddalia asiatica** (L.) Lam. 【N, W/C】 ♣CBG, FBG, GA, GBG, GMG, GXIB, HBG, KBG, SCBG, WBG, XMBG, XTBG; ●FJ, GD, GX, GZ, HB, JX, SH, YN, ZJ; ★(AS): BT, CN, ID, IN, JP, LA, LK, MM, MY, NP, PH, TH, VN.

花椒属 Zanthoxylum

刺花椒 **Zanthoxylum acanthopodium** DC. 【N, W/C】 ♣HBG, KBG, XTBG; ●YN, ZJ; ★(AS): BT, CN, ID, IN, LA, LK, MM, MY, NP, TH, VN.

椿叶花椒 **Zanthoxylum ailanthoides** Siebold et Zucc.【N, W/C】♣CBG, FBG, FLBG, GA, GXIB, HBG, SCBG, TMNS, XMBG, XTBG, ZAFU; ●FJ, GD, GX, JX, SH, TW, YN, ZJ; ★(AS): CN, JP, KR, PH.

美洲花椒 **Zanthoxylum americanum** Mill. 【I, C】 ♣BBG, CBG, IBCAS; ●BJ, SH; ★(NA): US.

竹叶花椒 **Zanthoxylum armatum** DC. 【N, W/C】 ♣BBG, CBG, CDBG, FBG, GA, GBG, GMG, GXIB, HBG, IBCAS, KBG, LBG, NBG, NSBG, SCBG, WBG, XBG, XMBG, XTBG; ●BJ, CQ, FJ, GD, GX, GZ, HB, JS, JX, SC, SH, SN, SX, YN, ZJ; ★(AS): BT, CN, ID, IN, JP, KP, LA, LK, MM, NP, PH, PK, TH, VN.

毛竹叶花椒 **Zanthoxylum armatum** var. **ferrugineum** (Rehder et E. H. Wilson) C. C. Huang【N, W/C】 ♣GBG, GMG, XTBG; ●GX, GZ, YN; ★(AS): CN.

岭南花椒 **Zanthoxylum austrosinense** C. C. Huang

【N, W/C】♣CBG, GXIB; ●GX, SH; ★(AS): CN.

簕欓花椒 **Zanthoxylum avicennae** (Lam.) DC.【N, W/C】♣CBG, FBG, FLBG, GMG, GXIB, HBG, SCBG, XLTBG, XMBG, XTBG; ●FJ, GD, GX, HI, JX, SH, YN, ZJ; ★(AS): CN, ID, IN, LA, MY, PH, TH, VN.

花椒 **Zanthoxylum bungeanum** Maxim.【N, W/C】♣BBG, CBG, FBG, FLBG, GBG, GMG, GXIB, IBCAS, KBG, LBG, NBG, SCBG, TMNS, WBG, XBG, XMBG, XTBG, ZAFU; ●BJ, FJ, GD, GS, GX, GZ, HB, HI, JS, JX, LN, SC, SH, SN, SX, TW, YN, ZJ; ★(AS): BT, CN, IN, LK.

毛叶花椒 **Zanthoxylum bungeanum** var. **pubescens** C. C. Huang【N, W/C】♣XTBG; ●YN; ★(AS): CN.

石山花椒 **Zanthoxylum calcicola** C. C. Huang【N, W/C】♣GXIB, XTBG; ●GX, YN; ★(AS): CN.

蚬壳花椒（砚壳花椒）**Zanthoxylum dissitum** Hemsl.【N, W/C】♣CBG, GMG, GXIB, SCBG, WBG, XTBG; ●GD, GX, HB, SC, SH, YN; ★(AS): CN.

刺壳花椒 **Zanthoxylum echinocarpum** Hemsl.【N, W/C】♣CBG, WBG; ●HB, SH; ★(AS): CN.

贵州花椒 **Zanthoxylum esquirolii** H. Lév.【N, W/C】♣GBG, KBG, WBG; ●GZ, HB, YN; ★(AS): CN.

*非洲花椒 **Zanthoxylum gilletii** (De Wild.) P. G. Waterman【I, C】♣FLBG; ●GD; ★(AF): CD, CF, CM, CO, GA, GN.

兰屿花椒 **Zanthoxylum integrifolium** (Merr.) Merr.【N, W/C】♣TMNS; ●TW; ★(AS): CN, PH.

拟蚬壳花椒（拟砚壳花椒）**Zanthoxylum laetum** Drake【N, W/C】♣XTBG; ●YN; ★(AS): CN, VN.

大花花椒 **Zanthoxylum macranthum** (Hand.-Mazz.) C. C. Huang【N, W/C】♣WBG; ●HB; ★(AS): CN.

小花花椒 **Zanthoxylum micranthum** Hemsl.【N, W/C】♣WBG; ●HB; ★(AS): CN.

朵花椒 **Zanthoxylum molle** Rehder【N, W/C】♣CBG, GA, HBG, WBG; ●HB, JX, SH, ZJ; ★(AS): CN.

大叶臭花椒 **Zanthoxylum myriacanthum** Wall. ex Hook. f.【N, W/C】♣GXIB, SCBG, XTBG; ●GD, GX, YN; ★(AS): BT, CN, ID, IN, LA, LK, MM, MY, PH, VN.

毛大叶臭花椒 **Zanthoxylum myriacanthum** var. **pubescens** (C. C. Huang) C. C. Huang【N, W/C】♣XTBG; ●YN; ★(AS): CN.

两面针 **Zanthoxylum nitidum** (Roxb.) DC.【N, W/C】♣FBG, GXIB, SCBG, XMBG, XTBG; ●FJ, GD, GX, YN; ★(AS): BT, CN, ID, IN, JP, LA, LK, MM, MY, NP, PH, SG, TH, VN; (OC): AU.

异叶花椒 **Zanthoxylum ovalifolium** Tutcher【N, W/C】♣CBG, FBG, GXIB, KBG, WBG, XBG; ●FJ, GX, HB, SH, SN, YN; ★(AS): BT, CN, ID, IN, LK, MM, NP.

刺异叶花椒 **Zanthoxylum ovalifolium** var. **spinifolium** (Rehder et E. H. Wilson) C. C. Huang【N, W/C】♣WBG, XBG; ●HB, SN; ★(AS): CN.

尖叶花椒 **Zanthoxylum oxyphyllum** Edgew.【N, W/C】♣KBG, WBG; ●HB, YN; ★(AS): BT, CN, ID, IN, LK, MM, NP.

川陕花椒 **Zanthoxylum piasezkii** Maxim.【N, W/C】♣SCBG, WBG, XBG; ●GD, HB, SC, SN; ★(AS): CN.

菱叶花椒 **Zanthoxylum rhombifoliolatum** C. C. Huang【N, W/C】♣HBG; ●ZJ; ★(AS): CN.

花椒簕 **Zanthoxylum scandens** Blume【N, W/C】♣CBG, FBG, FLBG, GA, HBG, SCBG, WBG, XTBG; ●FJ, GD, HB, JX, SH, YN, ZJ; ★(AS): CN, ID, IN, JP, MM, MY.

青花椒 **Zanthoxylum schinifolium** Siebold et Zucc.【N, W/C】♣BBG, CBG, FBG, HBG, HFBG, LBG, NBG, XTBG, ZAFU; ●BJ, FJ, HB, HL, JS, JX, LN, SC, SH, YN, ZJ; ★(AS): CN, JP, KP, KR.

野花椒 **Zanthoxylum simulans** Hance【N, W/C】♣CBG, FBG, HBG, IBCAS, LBG, NBG, WBG, XMBG; ●BJ, FJ, HB, JS, JX, SH, TW, ZJ; ★(AS): CN.

狭叶花椒 **Zanthoxylum stenophyllum** Hemsl.【N, W/C】♣CBG, FBG, GA, WBG; ●FJ, HB, JX, SC, SH; ★(AS): CN.

西畴花椒 **Zanthoxylum xichouense** C. C. Huang【N, W/C】♣WBG; ●HB; ★(AS): CN.

黄檗属 Phellodendron

黄檗 **Phellodendron amurense** Rupr.【N, W/C】♣BBG, CBG, CDBG, FBG, FLBG, HBG, HFBG, IAE, IBCAS, NBG, SCBG, TDBG, WBG, ZAFU; ●BJ, CQ, FJ, GD, HB, HL, HN, JS, JX, LN, SC, SH, SX, TW, XJ, YN, ZJ; ★(AS): CN, JP, KP, KR, MN, RU-AS.

川黄檗 **Phellodendron chinense** C. K. Schneid.【N, W/C】♣FLBG, GBG, GMG, GXIB, HBG, KBG, NBG, SCBG, WBG, XBG, XMBG, XTBG, ZAFU; ●BJ, FJ, GD, GX, GZ, HB, JS, JX, SC, SN, YN, ZJ; ★(AS): CN.

吴茱萸属 Tetradium

华南吴萸 **Tetradium austrosinense** (Hand.-Mazz.) T. G. Hartley【N, W/C】♣CBG, FBG, GA, GMG, SCBG, XTBG; ●FJ, GD, GX, JX, SH, YN; ★(AS): CN, VN.

石山吴萸 **Tetradium calcicolum** (Chun ex C. C. Huang) T. G. Hartley【N, W/C】♣GXIB; ●GX; ★(AS): CN.

臭檀吴萸 **Tetradium daniellii** (Benn.) T. G. Hartley【N, W/C】♣BBG, CBG, CDBG, GBG, HBG, IBCAS, KBG, WBG, XBG; ●BJ, GS, GZ, HB, LN, SC, SH, SN, YN, ZJ; ★(AS): CN, JP, KP, MM.

楝叶吴萸 **Tetradium glabrifolium** (Champ. ex Benth.) T. G. Hartley【N, W/C】♣CBG, FBG, FLBG, GA, GBG, GMG, GXIB, HBG, LBG, NBG, SCBG, TMNS, WBG, XLTBG, XMBG, XTBG, ZAFU; ●FJ, GD, GX, GZ, HB, HI, JS, JX, SH, TW, YN, ZJ; ★(AS): BT, CN, ID, IN, JP, LA, LK, MM, MY, PH, TH, VN.

吴茱萸 **Tetradium ruticarpum** (A. Juss.) T. G. Hartley【N, W/C】♣BBG, CBG, CDBG, FBG, GBG, GMG, GXIB, HBG, IBCAS, KBG, LBG, NBG, SCBG, WBG, XBG, XMBG, XTBG, ZAFU; ●BJ, FJ, GD, GX, GZ, HB, JS, JX, SC, SH, SN, YN, ZJ; ★(AS): BT, CN, IN, JP, LK, MM, NP.

牛枓吴萸(蜜楝吴萸)**Tetradium trichotomum** Lour.【N, W/C】♣GXIB, NBG, SCBG, WBG, XTBG; ●GD, GX, HB, JS, YN; ★(AS): CN, LA, TH, VN.

白铁木属 Vepris

白铁木 **Vepris undulata** Verdoorn et C. A. Sm.【I, C】♣XTBG; ●YN; ★(AF): MG, MZ, ZA.

巨盘木属 Flindersia

巨盘木 **Flindersia amboinensis** Poir.【I, C】♣FBG, XMBG; ●FJ; ★(AS): MY; (OC): PG.

南方巨盘木 **Flindersia australis** R. Br.【I, C】♣SCBG, XMBG; ●FJ, GD; ★(OC): AU.

亮材巨盘木(史科巨盘木)**Flindersia brayleyana** F. Muell.【I, C】♣SCBG; ●GD; ★(OC): AU.

史科巨盘木 **Flindersia schottiana** F. Muell.【I, C】♣SCBG; ●GD; ★(OC): AU.

钩瓣常山属 Geijera

小花钩瓣常山 **Geijera parviflora** Lindl.【I, C】●TW; ★(OC): AU.

蜡南香属 Eriostemon

蜡南香 **Eriostemon australasius** Pers.【I, C】●TW; ★(OC): AU.

海茵芋状蜡南香 **Eriostemon myoporoides** DC.【I, C】●TW; ★(OC): AU.

彩南香属 Geleznowia

彩南香 **Geleznowia verrucosa** Turcz.【I, C】●TW; ★(OC): AU.

柳南香属 Crowea

狭叶柳南香 **Crowea angustifolia** Sm.【I, C】●TW; ★(OC): AU.

无翅柳南香 **Crowea exalata** F. Muell.【I, C】●TW; ★(OC): AU.

钟南香属 Correa

*巴氏钟南香 **Correa backhouseana** Hook.【I, C】♣CBG; ●SH; ★(OC): AU.

美丽钟南香 **Correa pulchella** J. Mackay ex Sweet【I, C】●TW; ★(OC): AU.

杜南香属 Phebalium

杜南香 **Phebalium squamulosum** Vent.【I, C】●TW; ★(OC): AU.

石南香属 Boronia

异叶石南香 **Boronia heterophylla** F. Muell.【I, C】●JS, TW; ★(OC): AU.

Boronia pinnata Sm.【I, C】♣XOIG; ●FJ; ★(OC): AU.

洋茱萸属 Euodia

Euodia hortensis J. R. Forst. et G. Forst.【I, C】★(OC): FJ, TO, VU.

蜜茱萸属 Melicope

*印尼蜜茱萸 **Melicope elleryana** (F. Muell.) T. G. Hartley【I, C】●GD; ★(AS): ID, MY.

密果蜜茱萸 **Melicope glomerata** (Craib) T. G. Hartley【N, W/C】♣XTBG; ●YN; ★(AS): CN, LA, MM, TH.

山刈吴萸 **Melicope lunu-ankenda** (Gaertn.) T. G. Hartley【N, W/C】♣TBG; ●TW; ★(AS): BT, CN, ID, IN, KH, LK, MM, MY, NP, PH, SG, TH, VN.

单叶吴萸 **Melicope pahangensis** T. G. Hartley【N, W/C】♣WBG, XTBG; ●HB, YN; ★(AS): CN, KH, LA, MY, TH, VN.

三椏苦 **Melicope pteleifolia** (Champ. ex Benth.) T. G. Hartley【N, W/C】♣CBG, FBG, FLBG, GMG, GXIB, SCBG, WBG, XLTBG, XMBG, XTBG; ●FJ, GD, GX, HB, HI, JX, SH, YN; ★(AS): CN, ID, IN, JP, KH, LA, MM, MY, PH, TH, VN.

小尤第木 **Melicope rubra** (Lauterb. et K. Schum.) T. G. Hartley【I, C】♣SCBG; ●GD; ★(OC): PG.

三叶蜜茱萸 **Melicope triphylla** (Lam.) Merr. 【N, W/C】♣TMNS; ●TW; ★(AS): CN, ID, IN, JP, MM, PH.

山油柑属 Acronychia

山油柑 **Acronychia pedunculata** (L.) Miq. 【N, W/C】♣FLBG, SCBG, TBG, TMNS, WBG, XLTBG, XTBG; ●GD, HB, HI, JX, TW, YN; ★(AS): BT, CN, ID, IN, KH, LA, LK, MM, MY, PH, PK, TH, VN.

贡甲属 Maclurodendron

贡甲 **Maclurodendron oligophlebium** (Merr.) T. G. Hartley【N, W/C】♣SCBG; ●GD; ★(AS): CN, VN.

171. 苦木科 SIMAROUBACEAE

苦木属 Picrasma

中国苦树 **Picrasma chinensis** P. Y. Chen 【N, W/C】♣XTBG; ●YN; ★(AS): CN.

苦树 **Picrasma quassioides** (D. Don) Benn. 【N, W/C】♣BBG, CDBG, FBG, GA, GMG, GXIB, HBG, IBCAS, KBG, LBG, NBG, SCBG, WBG, XBG, XTBG, ZAFU; ●BJ, FJ, GD, GX, HB, JS, JX, SC, SN, YN, ZJ; ★(AS): BT, CN, ID, IN, JP, KP, KR, LK, NP.

臭椿属 Ailanthus

臭椿 **Ailanthus altissima** (Mill.) Swingle 【N, W/C】♣BBG, CBG, CDBG, FBG, GA, GMG, GXIB, HBG, IAE, IBCAS, KBG, LBG, MDBG, NBG, NSBG, SCBG, TBG, TDBG, WBG, XBG, XMBG, XTBG, ZAFU; ●BJ, CQ, FJ, GD, GS, GX, HA, HB, HE, HI, JS, JX, LN, NM, SC, SH, SN, SX, TW, XJ, YN, ZJ; ★(AS): CN, IN, JP, KR, MN.

大果臭椿 **Ailanthus altissima** var. **sutchuenensis** (Dode) Rehder et E. H. Wilson【N, W/C】♣KBG; ●YN; ★(AS): CN.

常绿臭椿 **Ailanthus fordii** Noot.【N, W/C】♣FLBG, SCBG, XTBG; ●GD, JX, YN; ★(AS): CN.

岭南臭椿 **Ailanthus triphysa** (Dennst.) Alston 【N, W/C】♣FLBG, SCBG, XMBG, XTBG; ●FJ, GD, JX, YN; ★(AS): CN, ID, IN, LA, LK, MM, MY, TH, VN.

刺臭椿 **Ailanthus vilmoriniana** Dode 【N, W/C】♣GMG, WBG; ●GX, HB; ★(AS): CN.

鸦胆子属 Brucea

鸦胆子 **Brucea javanica** (L.) Merr. 【N, W/C】♣FBG, FLBG, GBG, GMG, GXIB, HBG, NBG, SCBG, TMNS, XMBG, XTBG; ●FJ, GD, GX, GZ, JS, JX, TW, YN, ZJ; ★(AS): CN, ID, IN, LA, LK, MM, MY, PH, SG, TH; (OC): AU, PAF.

柔毛鸦胆子 **Brucea mollis** Wall. ex Kurz 【N, W/C】♣XTBG; ●YN; ★(AS): BT, CN, ID, IN, KH, LA, LK, MM, MY, NP, PH, TH, VN.

红雀椿属 Quassia

红雀椿 **Quassia amara** L. 【I, C】♣SCBG; ●GD, TW; ★(NA): CR, NI, PA; (SA): AR, BR, CO, GY, PE, VE.

马来参属 Eurycoma

*细尖马来参 **Eurycoma apiculata** A. W. Benn. 【I, C】♣XTBG; ●YN; ★(AS): MY.

马来参（东革阿里）**Eurycoma longifolia** Jack【I, C】♣XTBG; ●YN; ★(AS): IN, LA, MM, MY, SG, VN.

苦香木属 Simaba

苦香木 **Simaba cedron** Planch.【I, C】★(NA): CR, PA; (SA): BO, BR, CO, GF, GY, VE.

172. 楝科 MELIACEAE

苦油楝属 Carapa

苦油楝 **Carapa guianensis** Aubl.【I, C】●TW; ★

(NA): BZ, CR, DO, HN, LW, NI, PA, TT; (SA): BR, CO, EC, GY, PE, VE.

*楂楝 **Carapa procera** DC. 【I, C】 ♣XTBG; ●YN; ★(AF): CD, CF, CG, CM, GA, GH, GN, NG, SN, ST.

非洲楝属 Khaya

大叶非洲楝 **Khaya grandifoliola** C. DC. 【I, C】 ♣SCBG; ●GD; ★(AF): GN, NG, TZ.

科特迪瓦非洲楝 **Khaya ivorensis** A. Chev. 【I, C】 ♣XTBG; ●YN; ★(AF): CM, GA, NG.

喀亚木 **Khaya nyasica** Stapf ex Baker f. 【I, C】 ♣TBG; ●TW; ★(AF): MW.

非洲楝 **Khaya senegalensis** (Desv.) A. Juss. 【I, C】 ♣FLBG, GMG, SCBG, XMBG, XOIG, XTBG; ●FJ, GD, GX, JX, YN; ★(AF): CF, CM, GH, NG.

桃花心木属 Swietenia

墨西哥桃花心木 **Swietenia humilis** Zucc. 【I, C】 ♣XMBG, XTBG; ●FJ, YN; ★(NA): BZ, CR, GT, HN, MX, NI, SV.

大叶桃花心木 **Swietenia macrophylla** King 【I, C】 ♣BBG, FBG, FLBG, GXIB, SCBG, TBG, TMNS, XMBG, XOIG, XTBG; ●BJ, FJ, GD, GX, JX, TW, YN; ★(NA): BZ, CR, DO, GT, HN, MX, NI, PA, PR, SV; (SA): BO, BR, EC, PE, VE.

桃花心木 **Swietenia mahagoni** (L.) Jacq. 【I, C】 ♣FBG, FLBG, GA, GXIB, HBG, SCBG, TBG, TMNS, XLTBG, XMBG, XOIG, XTBG; ●FJ, GD, GX, HI, JX, TW, YN, ZJ; ★(NA): BS, CU, DO, HT, JM, KY, PA, PR, TC, VG, WW; (SA): BO, BR, PE.

麻楝属 Chukrasia

麻楝 **Chukrasia tabularis** A. Juss. 【N, W/C】 ♣CDBG, FBG, FLBG, GA, GMG, GXIB, HBG, SCBG, XLTBG, XMBG, XOIG, XTBG; ●FJ, GD, GX, HI, JX, SC, YN, ZJ; ★(AS): BT, CN, ID, IN, LA, LK, MM, MY, NP, SG, TH, VN.

香椿属 Toona

红椿 **Toona ciliata** M. Roem. 【N, W/C】 ♣CBG, FBG, FLBG, GA, GMG, GXIB, HBG, KBG, NBG, SCBG, WBG, XMBG, XOIG, XTBG, ZAFU; ●AH, FJ, GD, GX, HB, HN, JS, JX, SC, SH, YN, ZJ; ★(AS): BT, CN, ID, IN, KH, LA, LK, MM, MY, NP, PH, PK, TH, VN; (OC): AU, PAF, US-HW.

香椿 **Toona sinensis** (A. Juss.) Roem. 【N, W/C】 ♣BBG, CBG, CDBG, FBG, GA, GBG, GMG, GXIB, HBG, IBCAS, KBG, LBG, NBG, NSBG, SCBG, TBG, WBG, XBG, XLTBG, XMBG, XTBG, ZAFU; ●AH, BJ, CQ, FJ, GD, GS, GX, GZ, HA, HB, HE, HI, HN, JS, JX, LN, SC, SD, SH, SN, SX, TW, YN, ZJ; ★(AS): BT, CN, ID, IN, JP, KP, KR, LA, MM, MY, NP, SG, TH.

紫椿 **Toona sureni** (Blume) Merr. 【N, W/C】 ♣XOIG, XTBG; ●FJ, YN; ★(AS): BT, CN, ID, IN, LA, LK, MM, MY, TH, VN.

洋椿属 Cedrela

管花椿 **Cedrela fissilis** Vell. 【I, C】 ♣SCBG; ●GD; ★(NA): CR, PA; (SA): AR, BO, BR, CO, EC, GY, PE, PY, VE.

洋椿(墨西哥香椿)**Cedrela odorata** L. 【I, C】 ♣GA, SCBG, TBG, XLTBG, XMBG, XOIG, XTBG; ●FJ, GD, HI, JX, TW, YN; ★(NA): MX, PR, US.

印楝属 Azadirachta

高大印楝 **Azadirachta excelsa** (Jack) Jacobs 【I, C】 ●GD; ★(AS): MY, PH, SG.

印楝 **Azadirachta indica** A. Juss. 【I, C】 ♣KBG, XLTBG, XTBG; ●GD, HI, SC, TW, YN; ★(AS): BT, ID, IN, LA, LK, MM, SG, TH.

楝属 Melia

楝 **Melia azedarach** L. 【N, W/C】 ♣BBG, CBG, CDBG, FBG, FLBG, GA, GBG, GMG, GXIB, HBG, IBCAS, KBG, LBG, NBG, NSBG, SCBG, TBG, TMNS, WBG, XBG, XLTBG, XMBG, XOIG, XTBG, ZAFU; ●AH, BJ, CQ, FJ, GD, GX, GZ, HA, HB, HE, HI, JS, JX, LN, SC, SH, SN, SX, TW, YN, ZJ; ★(AF): MG, NG, ZA; (AS): BT, CN, ID, IN, JP, KR, LA, LK, MM, NP, PH, TH, VN; (OC): AU, NZ, PAF.

南岭楝树 **Melia dubia** Cav. 【N, W/C】 ♣GA, NBG, WBG; ●HB, JS, JX; ★(AS): CN, IN, MM.

仙都果属 Sandoricum

山陀儿（山道楝、仙都果）**Sandoricum koetjape** (Burm. f.) Merr. 【I, C】 ♣SCBG, XOIG, XTBG; ●FJ, GD, TW, YN; ★(AS): KH, LA, MM, MY, VN.

割舌树属 Walsura

越南割舌树 **Walsura pinnata** Hassk. 【N, W/C】 ♣SCBG, XTBG; ●GD, YN; ★(AS): CN, ID, IN, KH, LA, MM, MY, PH, TH, VN.

割舌树 **Walsura robusta** Roxb.【N, W/C】♣GXIB, SCBG, WBG, XTBG; ●GD, GX, HB, YN; ★(AS): BT, CN, ID, IN, LA, LK, MM, MY, TH, VN.

鹧鸪花属 Heynea

鹧鸪花 **Heynea trijuga** Roxb. ex Sims 【N, W/C】 ♣CBG, FBG, GA, SCBG, XLTBG, XTBG; ●FJ, GD, HI, JX, SH, YN; ★(AS): BT, CN, ID, IN, LA, LK, MM, NP, PH, TH, VN.

茸果鹧鸪花 **Heynea velutina** F. C. How et T. C. Chen 【N, W/C】 ♣GMG, SCBG; ●GD, GX; ★(AS): CN, VN.

地黄连属 Munronia

羽状地黄连（矮陀陀）**Munronia pinnata** (Wall.) W. Theob. 【N, W/C】 ♣FBG, GBG, KBG, SCBG, XTBG; ●FJ, GD, GZ, YN; ★(AS): BT, CN, ID, IN, LK, MM, MY, NP, TH, VN.

单叶地黄连 **Munronia unifoliolata** Oliv. 【N, W/C】 ♣GBG, WBG; ●GZ, HB; ★(AS): CN, VN.

浆果楝属 Cipadessa

浆果楝 **Cipadessa baccifera** (Roth) Miq. 【N, W/C】 ♣XTBG; ●YN; ★(AS): BT, CN, ID, IN, LA, LK, MM, MY, NP, PH, TH, VN.

灰毛浆果楝 **Cipadessa cinerascens** (Pellegr.) Hand.-Mazz. 【N, W/C】 ♣GMG, GXIB, SCBG, WBG, XMBG, XTBG; ●FJ, GD, GX, HB, YN; ★(AS): CN, VN.

帚木属 Trichilia

帚木（美洲椿）**Trichilia americana** (Sessé et Moc.) T. D. Penn. 【I, C】 ♣XTBG; ●YN; ★(NA): CR, HN, MX, NI, PA, SV.

火球楝属 Pseudobersama

火球楝 **Pseudobersama mossambicensis** (Sim) Verdc. 【I, C】 ♣IBCAS; ●BJ; ★(AF): KE, TZ.

红笼果属 Nymania

红笼果 **Nymania capensis** Lindb.【I, C】●TW; ★(AF): NA, ZA.

杜楝属 Turraea

钝叶杜楝 **Turraea obtusifolia** Hochst. 【I, C】 ●TW; ★(AF): ZA.

杜楝 **Turraea pubescens** Hell.【N, W/C】♣SCBG, XTBG; ●GD, YN; ★(AS): CN, ID, IN, LA, PH, TH, VN; (OC): AU, PAF.

溪桫属 Chisocheton

溪桫 **Chisocheton cumingianus** subsp. **balansae** (C. DC.) Mabb. 【N, W/C】 ♣XTBG; ●YN; ★(AS): BT, CN, IN, LA, MM, TH, VN.

樫木属 Dysoxylum

兰屿樫木 **Dysoxylum arborescens** (Blume) Miq. 【N, W/C】 ♣TMNS; ●TW; ★(AS): CN, ID, IN, MY, PH; (OC): AU, PAF.

肯氏樫木 **Dysoxylum cumingianum** C. DC. 【N, W/C】 ♣TMNS, XMBG, XTBG; ●FJ, TW, YN; ★(AS): CN, ID, IN, MY, PH.

密花樫木 **Dysoxylum densiflorum** (Blume) Miq. 【N, W/C】 ♣XTBG; ●YN; ★(AS): CN, ID, IN, MM, MY, SG, TH.

樫木 **Dysoxylum excelsum** Blume 【N, W/C】 ♣XTBG; ●YN; ★(AS): BT, CN, ID, IN, LA, LK, MM, NP, PH, SG, TH, VN; (OC): PAF.

红果樫木（杯萼樫木）**Dysoxylum gotadhora** (Buch.-Ham.) Mabb. 【N, W/C】 ♣SCBG, XTBG; ●GD, YN; ★(AS): BT, CN, ID, IN, LA, NP, TH, VN.

多脉樫木 **Dysoxylum grande** Hiern 【N, W/C】 ♣XTBG; ●YN; ★(AS): BT, CN, ID, IN, LK, MM, MY, TH, VN.

香港樫木（金平樫木）**Dysoxylum hongkongense** (Tutcher) Merr.【N, W/C】♣SCBG, TBG, XTBG; ●GD, TW, YN; ★(AS): CN.

总序樫木 **Dysoxylum laxiracemosum** C. Y. Wu et H. Li 【N, W/C】 ♣XTBG; ●YN; ★(AS): CN.

皮孔樫木 **Dysoxylum lenticellatum** C. Y. Wu 【N, W/C】 ♣XTBG; ●YN; ★(AS): CN, MM, TH.

海南樫木 **Dysoxylum mollissimum** Blume 【N, W/C】 ♣XTBG; ●YN; ★(AS): BT, CN, ID, IN,

LK, MM, MY, PH; (OC): AU.

少花樫木 **Dysoxylum pallens** Hiern 【N, W/C】 ♣XTBG; ●YN; ★(AS): CN.

大花樫木 **Dysoxylum parasiticum** (Osbeck) Kosterm. 【N, W/C】 ♣TMNS; ●TW; ★(AS): CN, ID, IN, MY, PH; (OC): PAF.

驼峰楝属 Guarea

麝香楝 **Guarea guidonia** (L.) Sleumer 【I, C】 ♣XTBG; ●YN; ★(NA): BZ, CR, CU, DO, GT, HT, MX, NI, PA, PR, SV; (SA): AR, BO, BR, CO, EC, GF, GY, PE, PY, VE.

杯花麝香楝(杯状葱臭木)**Guarea megantha** A. Juss. 【I, C】 ♣XTBG; ●YN; ★(SA): BR.

山楝属 Aphanamixis

山楝 **Aphanamixis polystachya** (Wall.) R. Parker 【N, W/C】 ♣BBG, FBG, FLBG, GMG, SCBG, TBG, XMBG, XOIG, XTBG; ●BJ, FJ, GD, GX, JX, TW, YN; ★(AS): BT, CN, ID, IN, LA, LK, MY, PH, SG, TH, VN.

米仔兰属 Aglaia

兰屿米仔兰 **Aglaia chittagonga** Miq. 【N, W/C】 ♣TMNS; ●TW; ★(AS): CN.

山椤 **Aglaia elaeagnoidea** (A. Juss.) Benth. 【N, W/C】 ♣SCBG, TBG, TMNS, XTBG; ●GD, TW, YN; ★(AS): CN, ID, IN, KH, LA, LK, MY, PH, TH, VN; (OC): AU, PAF.

米仔兰 **Aglaia odorata** Lour. 【N, W/C】 ♣BBG, CBG, FBG, FLBG, GA, GBG, GMG, GXIB, HBG, IBCAS, KBG, LBG, NBG, SCBG, TBG, TMNS, WBG, XBG, XLTBG, XMBG, XOIG, XTBG, ZAFU; ●BJ, FJ, GD, GX, GZ, HB, HI, JS, JX, SC, SH, SN, TW, YN, ZJ; ★(AS): CN, ID, JP, KH, LA, MM, SG, TH, VN.

碧绿米仔兰 **Aglaia perviridis** Hiern 【N, W/C】 ♣XTBG; ●YN; ★(AS): BT, CN, ID, IN, LA, LK, MY, TH.

椭圆叶米仔兰 **Aglaia rimosa** (Blanco) Merr. 【N, W/C】 ♣CBG, TMNS, XTBG; ●SH, TW, YN; ★(AS): CN, ID, IN, MY, PH; (OC): PAF.

崖摩属 Amoora

望谟崖摩(粗枝崖摩)**Amoora lawii** (Wight) Bedd. 【N, W/C】 ♣HBG, SCBG, WBG, XMBG, XTBG; ●FJ, GD, HB, YN, ZJ; ★(AS): BT, CN, ID, IN, LA, LK, MM, MY, PH, TH, VN; (OC): PAF.

曲梗崖摩 **Amoora spectabilis** Miq. 【N, W/C】 ♣XTBG; ●YN; ★(AS): BT, CN, ID, IN, KH, LA, LK, MM, MY, PH, SG, TH, VN; (OC): AU, PAF.

龙宫果属 Lansium

龙宫果(兰撒果)**Lansium parasiticum** (Osbeck) K. C. Sahni et Bennet 【I, C】 ♣XMBG, XTBG; ●FJ, TW, YN; ★(AS): ID, IN, LA, MM, MY, PH, SG.

173. 瘿椒树科 TAPISCIACEAE

瘿椒树属 Tapiscia

瘿椒树 **Tapiscia sinensis** Oliv. 【N, W/C】 ♣CDBG, FBG, KBG, LBG, NBG, SCBG, WBG, XMBG; ●FJ, GD, HB, JS, JX, SC, YN; ★(AS): CN, LA.

云南瘿椒树 **Tapiscia yunnanensis** W. C. Cheng et C. D. Chu 【N, W/C】 ♣CBG, FLBG, GA, GBG, GXIB, HBG, IBCAS, KBG, LBG, NBG, SCBG, WBG, XMBG, XTBG, ZAFU; ●BJ, FJ, GD, GX, GZ, HB, JS, JX, SC, SH, YN, ZJ; ★(AS): CN.

174. 十齿花科 DIPENTODONTACEAE

十齿花属 Dipentodon

十齿花 **Dipentodon sinicus** Dunn 【N, W/C】 ♣KBG, XTBG; ●YN; ★(AS): CN, ID, IN, MM.

核子木属 Perrottetia

核子木 **Perrottetia racemosa** (Oliv.) Loes. 【N, W/C】 ♣WBG; ●HB, SC; ★(AS): CN.

175. 文定果科 MUNTINGIACEAE

文定果属 Muntingia

文定果 **Muntingia calabura** L. 【I, C/N】 ♣FLBG, SCBG, XLTBG, XMBG, XOIG, XTBG; ●FJ, GD, HI, JX, TW, YN; ★(NA): BZ, CR, CU, DO, GT, HT, JM, MX, NI, PA, PR, SV; (SA): AR, BO, BR, CO, EC, PE, VE.

176. 锦葵科 MALVACEAE

瘤果麻属 Guazuma

毛可可（瘤果麻）**Guazuma ulmifolia** Lam. 【I, C】 ♣SCBG, XTBG; ●GD, YN; ★(NA): BZ, CR, CU, DO, GT, HN, HT, JM, KY, LW, MX, NI, PA, PR, SV, TT, US, WW; (SA): AR, BO, BR, CO, EC, GY, PE, PY, UY, VE.

可可属 Theobroma

可可 **Theobroma cacao** L. 【I, C】 ♣BBG, CBG, GMG, HBG, NBG, SCBG, TMNS, XLTBG, XMBG, XTBG; ●BJ, CQ, FJ, GD, GX, HI, JS, SC, SH, TW, YN, ZJ; ★(NA): BZ, CR, DO, GT, HN, JM, LW, MX, NI, PA, PR, SV, TT, VG, WW; (SA): BO, BR, CO, EC, PE, VE.

昂天莲属 Abroma

昂天莲 **Abroma augusta** (L.) L. f. 【N, W/C】 ♣FBG, GMG, GXIB, KBG, SCBG, TBG, XMBG, XTBG; ●FJ, GD, GX, TW, YN; ★(AS): BT, CN, ID, IN, MM, MY, PH, TH, VN.

鹧鸪麻属 Kleinhovia

鹧鸪麻 **Kleinhovia hospita** L. 【N, W/C】 ♣HBG, SCBG, TMNS, XTBG; ●GD, HI, TW, YN, ZJ; ★(AF): MG, NG, ZA; (AS): CN, ID, IN, JP, LK, MM, MY, PH, SG, TH, VN; (OC): AU, PAF, PG.

刺果藤属 Byttneria

刺果藤 **Byttneria grandifolia** A. DC. 【N, W/C】 ♣BBG, FLBG, GMG, GXIB, SCBG, WBG, XMBG, XTBG; ●BJ, FJ, GD, GX, HB, JX, YN; ★(AS): BT, CN, ID, IN, KH, LA, LK, MM, NP, TH, VN.

全缘刺果藤 **Byttneria integrifolia** Lace 【N, W/C】 ♣XTBG; ●YN; ★(AS): CN, MM, TH.

粗毛刺果藤 **Byttneria pilosa** Roxb. 【N, W/C】 ♣XTBG; ●YN; ★(AS): BT, CN, ID, IN, LA, LK, MM, MY, TH, VN.

马松子属 Melochia

马松子 **Melochia corchorifolia** L. 【N, W/C】 ♣GA, LBG, SCBG, XMBG, XTBG, ZAFU; ●FJ, GD, JX, YN, ZJ; ★(AF): BF, BI, BJ, CG, CI, CM, GH, KE, KM, MG, MW, MZ, NG, SN, TD, TZ, UG, ZA, ZM, ZW; (AS): CN, ID, IN, JP, KR, LA, LK, MM, SG; (OC): AU, PG; (NA): MX, PA, US; (SA): BR, EC.

蛇婆子属 Waltheria

蛇婆子 **Waltheria indica** L. 【I, N】 ♣GMG, XMBG, XTBG; ●FJ, GX, YN; ★(NA): BS, BZ, CR, CU, DO, GT, HN, HT, JM, KY, LW, MX, NI, PA, PR, SV, TT, US, VG; (SA): AR, BO, BR, CO, EC, GY, PE, PY, VE.

山麻树属 Commersonia

山麻树 **Commersonia bartramia** (L.) Merr. 【N, W/C】 ♣XTBG; ●YN; ★(AS): CN, ID, IN, LA, MY, PH, SG, VN; (OC): AU, PAF.

浮标麻属 Entelea

浮标麻（浮木）**Entelea arborescens** R. Br. 【I, C】 ♣IBCAS, XMBG; ●BJ, FJ; ★(OC): NZ.

垂蕾树属 Sparrmannia

垂蕾树 **Sparrmannia africana** L. f. 【I, C】 ♣SCBG; ●GD, TW; ★(AF): ZA.

异色垂蕾树 **Sparrmannia discolor** Baker 【I, C】 ★(AF): MG.

蓖麻果垂蕾树 **Sparrmannia ricinocarpa** (Eckl. et Zeyh.) Kuntze 【I, C】 ★(AF): ET, MG, MW, TZ.

黄麻属 Corchorus

甜麻 **Corchorus aestuans** Forssk. 【N, W/C】 ♣CBG, FBG, FLBG, GA, GBG, GMG, GXIB, HBG, KBG, LBG, SCBG, XMBG, XTBG; ●FJ, GD, GX, GZ, HA, JX, SC, SH, YN, ZJ; ★(AS): BT, CN, ID, IN, JP, LA, LK, MM, MY, NP, PH, PK, SG, TH, VN; (OC): AU, PAF.

黄麻 **Corchorus capsularis** L. 【I, C/N】 ♣GA, GMG, GXIB, HBG, KBG, LBG, SCBG, WBG, XMBG, XTBG; ●AH, BJ, CQ, FJ, GD, GX, GZ, HA, HB, HI, HN, JS, JX, LN, SC, TW, YN, ZJ; ★(AS): IN, PK.

长蒴黄麻 **Corchorus olitorius** L. 【I, C/N】 ♣GMG, HBG, KBG, LBG, SCBG, XTBG; ●BJ, CQ, FJ, GD, GX, HB, HN, JX, TW, YN, ZJ; ★(AS): IN, PK.

刺蒴麻属 Triumfetta

单毛刺蒴麻 **Triumfetta annua** L. 【N, W/C】♣CBG, FBG, GA, GBG, XTBG; ●FJ, GZ, JX, SH, YN; ★(AF): CF, MG, TZ, UG, ZA, ZM, ZW; (AS): BT, CN, ID, IN, LK, MM, MY, NP, PK, VN.

长勾刺蒴麻 **Triumfetta bogotensis** DC. 【I, C】♣XTBG; ●YN; ★(NA): BZ, CR, CU, DO, GT, HN, MX, NI, PA, PR, SV, TT, VG, WW; (SA): AR, BO, BR, CO, EC, PE, PY, VE.

毛刺蒴麻 **Triumfetta cana** Blume 【N, W/C】♣FBG, FLBG, GMG, SCBG, XMBG, XTBG; ●FJ, GD, GX, JX, YN; ★(AS): CN, ID, IN, KH, LA, MM, MY, NP, TH, VN.

刺蒴麻 **Triumfetta rhomboidea** Jacq. 【I, N】♣CBG, FLBG, GMG, SCBG, XMBG, XTBG; ●FJ, GD, GX, JX, SH, YN; ★(NA): BZ, LW, NI, PR, WW; (SA): BO, BR, EC, GY, PE, PY, VE.

菲岛刺蒴麻 **Triumfetta semitriloba** Jacq. 【I, N】★(NA): BM, BS, BZ, CR, CU, DO, GT, HN, HT, JM, KY, LW, MX, NI, PA, PR, SV, US, VG; (SA): AR, BO, BR, CO, EC, PE, PY, VE.

刺蓟麻属 Clappertonia

刺蓟麻 **Clappertonia ficifolia** Decne. 【I, C】★(AF): CD, CF, CM, GA, GH, ZM.

*小刺蓟麻 **Clappertonia minor** (Baill.) Bech. 【I, C】★(AF): GH.

*多花刺蓟麻 **Clappertonia polyandra** Bech. 【I, C】★(AF): CM, GA.

马鞭麻属 Luehea

马鞭麻（卢椅木）**Luehea divaricata** Mart. 【I, C】♣SCBG; ●GD; ★(NA): DO, PA; (SA): AR, BR, EC, PY.

破布叶属 Microcos

海南破布叶 **Microcos chungii** (Merr.) Chun 【N, W/C】♣SCBG, XLTBG, XTBG; ●GD, HI, YN; ★(AS): CN, VN.

破布叶 **Microcos paniculata** L. 【N, W/C】♣GXIB, SCBG, WBG, XTBG; ●GD, GX, HB, YN; ★(AS): BT, CN, ID, IN, KH, LA, LK, MM, MY, TH, VN.

毛破布叶 **Microcos stauntoniana** G. Don 【N, W/C】♣CBG, FLBG, GMG, GXIB, HBG, SCBG, XMBG, XTBG; ●FJ, GD, GX, HI, JX, SH, YN, ZJ; ★(AS): CN, ID, IN, KH, LA, MM, MY, TH, VN.

一担柴属 Colona

耳叶一担柴 **Colona auriculata** (Desf.) Craib 【I, C】♣XTBG; ●YN; ★(AS): LA, TH.

一担柴 **Colona floribunda** (Kurz) Craib 【N, W/C】♣KBG, XTBG; ●YN; ★(AS): CN, ID, IN, LA, MM, TH, VN.

狭叶一担柴 **Colona thorelii** (Gagnep.) Burret 【N, W/C】♣XTBG; ●YN; ★(AS): CN, LA, MM, MY, TH.

扁担杆属 Grewia

苘麻叶扁担杆（粗茸扁担杆）**Grewia abutilifolia** Vent. ex Juss. 【N, W/C】♣XTBG; ●YN; ★(AS): CN, ID, IN, KH, LA, MM, MY, TH, VN.

密齿扁担杆 **Grewia acuminata** Juss. 【N, W/C】♣XTBG; ●YN; ★(AS): CN, ID, IN, KH, LA, MM, MY, PH, TH, VN.

扁担杆 **Grewia biloba** G. Don 【N, W/C】♣CBG, CDBG, FBG, GA, HBG, LBG, NBG, SCBG, TDBG, WBG, XMBG, XTBG, ZAFU; ●FJ, GD, HB, HK, JS, JX, SC, SH, TW, XJ, YN, ZJ; ★(AS): CN, IN, KP.

小叶扁担杆 **Grewia biloba** var. **microphylla** (Maxim.) Hand.-Mazz. 【N, W/C】♣XMBG; ●FJ; ★(AS): CN.

小花扁担杆 **Grewia biloba** var. **parviflora** (Bunge) Hand.-Mazz. 【N, W/C】♣BBG, CBG, CDBG, FBG, HBG, IBCAS, LBG, WBG, XBG, XMBG; ●BJ, FJ, HB, HK, JX, LN, SC, SH, SN, TW, ZJ; ★(AS): CN, JP, KP, KR.

同色扁担杆 **Grewia concolor** Merr. 【N, W/C】♣XMBG; ●FJ; ★(AS): CN.

毛果扁担杆 **Grewia eriocarpa** Juss. 【N, W/C】♣SCBG, XTBG; ●GD, HI, YN; ★(AS): BT, CN, ID, IN, KH, LA, LK, MM, MY, NP, PH, TH, VN.

腺毛扁担杆（水莲木）**Grewia glandulosa** Vahl 【I, C】♣XMBG; ●FJ, TW; ★(AF): KE, MG, MU, TZ.

黄麻叶扁担杆 **Grewia henryi** Burret 【N, W/C】♣GMG, WBG, XTBG; ●GX, HB, YN; ★(AS): CN.

广东扁担杆 **Grewia kwangtungensis** H. T. Chang 【N, W/C】♣SCBG; ●GD; ★(AS): CN.

细齿扁担杆 **Grewia lacei** J. R. Drumm. et Craib 【N, W/C】♣XTBG; ●YN; ★(AS): CN, LA, MM, TH.

光叶扁担杆 **Grewia multiflora** Blanco 【N, W/C】♣XTBG; ●YN; ★(AS): CN, ID, IN, MM, MY, NP, PH, PK; (OC): AU, PAF.

紫花扁担杆 **Grewia occidentalis** L. 【I, C】♣FLBG; ●GD; ★(AF): CV, LS, MZ, NA, ZA, ZM, ZW.

寡蕊扁担杆 **Grewia oligandra** Pierre 【N, W/C】♣GMG; ●GX; ★(AS): CN, KH, LA, MM, MY, TH, VN.

大叶扁担杆 **Grewia permagna** C. Y. Wu ex H. T. Chang 【N, W/C】♣XTBG; ●YN; ★(AS): CN.

滇桐属 Craigia

滇桐 **Craigia yunnanensis** W. W. Sm. et W. E. Evans 【N, W/C】♣KBG, SCBG, WBG; ●GD, HB, YN; ★(AS): CN, VN.

椴属 Tilia

美绿椴 **Tilia × euchlora** K. Koch 【I, C】♣BBG, CBG, IBCAS; ●BJ, SH; ★(EU): GB.

欧洲椴 **Tilia × europaea** L. 【I, C】♣CBG; ●BJ, HE, SH; ★(EU): GB.

*黄花椴 **Tilia × flavescens** A. Braun ex Döll 【I, C】♣CBG; ●SH; ★(EU): DE.

*毛奇椴 **Tilia × moltkei** Späth ex C. K. Schneid. 【I, C】♣IBCAS; ●BJ; ★(EU): HU.

美洲椴 **Tilia americana** L. 【I, C】♣BBG, CBG, IBCAS, KBG; ●BJ, HE, SH, XJ, YN; ★(NA): CA, US.

紫椴 **Tilia amurensis** Rupr. 【N, W/C】♣BBG, HBG, HFBG, IAE, IBCAS; ●BJ, HE, HL, LN, SD, SX, ZJ; ★(AS): CN, KP, KR, MN, RU-AS.

小叶紫椴 **Tilia amurensis** var. **taquetii** (C. K. Schneid.) Liou et Li 【N, W/C】♣IBCAS; ●BJ; ★(AS): CN, KP, KR.

华椴 **Tilia chinensis** Maxim. 【N, W/C】♣KBG; ●YN; ★(AS): CN.

短毛椴 **Tilia chingiana** Hu et W. C. Cheng 【N, W/C】♣HBG, LBG, WBG; ●HB, JX, ZJ; ★(AS): CN.

心叶椴 **Tilia cordata** Mill. 【I, C】♣BBG, CBG, HFBG, IBCAS, NBG; ●BJ, HE, HL, JS, LN, SD, SH, TW, XJ; ★(AS): AM, AZ, GE, IR, RU-AS, TR; (EU): AL, AT, BA, BE, BG, CZ, DE, ES, FI, FR, GB, GR, HR, HU, IT, ME, MK, NL, NO, PL, RO, RS, RU, SI, TR.

毛柱椴 **Tilia dasystyla** Steven 【I, C】♣IBCAS; ●BJ; ★(EU): PL, RU, UA.

白毛椴 **Tilia endochrysea** Hand.-Mazz. 【N, W/C】♣GA, HBG, LBG; ●AH, HN, JX, ZJ; ★(AS): CN.

毛糯米椴 **Tilia henryana** Szyszył. 【N, W/C】♣BBG, HBG, NBG; ●BJ, HA, HB, JS, JX, ZJ; ★(AS): CN.

糯米椴 **Tilia henryana** var. **subglabra** V. Engl. 【N, W/C】♣HBG, IBCAS, LBG, NBG; ●BJ, JS, JX, ZJ; ★(AS): CN.

华东椴 **Tilia japonica** (Miq.) Simonk. 【N, W/C】♣HBG, IBCAS, ZAFU; ●AH, BJ, JS, LN, ZJ; ★(AS): CN, JP.

辽椴(糠椴)**Tilia mandshurica** Rupr. et Maxim. 【N, W/C】♣BBG, HFBG, IAE, IBCAS, NBG; ●BJ, HE, HL, JS, JX, LN, SD, SX; ★(AS): CN, JP, KP, KR, MN, RU-AS.

膜叶椴 **Tilia membranacea** Hung T. Chang 【N, W/C】♣LBG; ●JX; ★(AS): CN.

南京椴 **Tilia miqueliana** Maxim. 【N, W/C】♣HBG, IBCAS, LBG, NBG; ●BJ, GD, JS, JX, ZJ; ★(AS): CN, JP, KR.

蒙椴 **Tilia mongolica** Maxim. 【N, W/C】♣BBG, CBG, IBCAS; ●BJ, HA, HE, LN, NM, SH, SX; ★(AS): CN, MN.

大叶椴 **Tilia nobilis** Rehder et E. H. Wilson 【N, W/C】♣BBG, CBG, HBG, IBCAS, WBG; ●BJ, HB, SC, SH, ZJ; ★(AS): CN.

粉椴(鄂椴)**Tilia oliveri** Szyszył. 【N, W/C】♣BBG, WBG; ●BJ, HB, SN, ZJ; ★(AS): CN.

少脉椴 **Tilia paucicostata** Maxim. 【N, W/C】♣HBG, IBCAS, KBG, WBG; ●AH, BJ, HB, SN, SX, YN, ZJ; ★(AS): CN.

红皮椴 **Tilia paucicostata** var. **dictyoneura** (V. Engl. ex C. K. Schneid.) Hung T. Chang et E. W. Miao 【N, W/C】♣WBG; ●HB; ★(AS): CN.

少脉毛椴（毛少脉椴）**Tilia paucicostata** var. **yunnanensis** Diels 【N, W/C】♣KBG; ●YN; ★(AS): CN.

阔叶椴 **Tilia platyphyllos** Scop. 【I, C】♣BBG, CBG, IBCAS, NBG; ●BJ, JS, LN, SH; ★(AF): MA; (EU): AL, AT, BA, BE, BG, CH, CZ, DE, ES, FR, GB, GR, HR, HU, IT, ME, MK, NL, PL, PT, RO, RS, RU, SI, TR.

心叶阔叶椴 **Tilia platyphyllos** subsp. **cordifolia** (Besser) C. K. Schneid. 【I, C】 ♣BBG, HBG, IBCAS, NBG; ●BJ, JS, ZJ; ★(EU): GB.

高加索椴 **Tilia rubra** subsp. **caucasica** (Rupr.) V. Engl. 【I, C】 ♣NBG; ●JS; ★(AS): AM, AZ, GE, IR, RU-AS, TR; (EU): UA.

天台椴 **Tilia tientaiensis** Cheng 【N, W/C】 ♣HBG; ●ZJ; ★(AS): CN.

银叶椴 **Tilia tomentosa** Moench 【I, C】 ♣BBG, CBG, HBG, IBCAS, NBG; ●BJ, JS, LN, SH, TW, ZJ; ★(EU): AL, BA, BG, GR, HR, HU, ME, MK, RO, RS, RU, SI, TR.

椴树 **Tilia tuan** Szyszył. 【N, W/C】 ♣CBG, GA, LBG, WBG; ●AH, HB, JX, SC, SH; ★(AS): CN.

毛芽椴 **Tilia tuan** var. **chinensis** (Szyszył.) Rehder et E. H. Wilson 【N, W/C】 ♣BBG, CBG, HBG, KBG; ●BJ, GS, HB, SC, SH, SX, YN, ZJ; ★(AS): CN.

山芝麻属 Helicteres

山芝麻 **Helicteres angustifolia** L. 【N, W/C】 ♣FBG, FLBG, GA, GMG, GXIB, HBG, SCBG, TMNS, XMBG, XTBG; ●FJ, GD, GX, JX, TW, YN, ZJ; ★(AS): CN, ID, IN, JP, KH, LA, MM, MY, PH, TH, VN; (OC): AU, PAF.

长序山芝麻 **Helicteres elongata** Wall. ex Bojer 【N, W/C】 ♣XTBG; ●YN; ★(AS): BT, CN, ID, IN, LA, LK, MM, TH.

细齿山芝麻 **Helicteres glabriuscula** Wall. ex Mast. 【N, W/C】 ♣XTBG; ●YN; ★(AS): CN, LA, MM.

雁婆麻 **Helicteres hirsuta** Lour. 【N, W/C】 ♣SCBG; ●GD, HI; ★(AS): BT, CN, ID, IN, KH, LA, LK, MM, MY, PH, TH, VN; (OC): AU.

火索麻 **Helicteres isora** L. 【N, W/C】 ♣SCBG, XMBG, XTBG; ●FJ, GD, HI, YN; ★(AS): BT, CN, ID, IN, KH, LA, LK, MM, MY, NP, TH, VN; (OC): AU, PAF.

剑叶山芝麻 **Helicteres lanceolata** A. DC. 【N, W/C】 ♣GMG, SCBG, XMBG, XTBG; ●FJ, GD, GX, YN; ★(AS): CN, ID, IN, KH, LA, MM, TH, VN.

钝叶山芝麻 **Helicteres obtusa** Wall. ex Kurz 【N, W/C】 ♣XTBG; ●YN; ★(AS): CN, ID, IN, MM, TH.

黏毛山芝麻 **Helicteres viscida** Blume 【N, W/C】 ♣XTBG; ●YN; ★(AS): CN, ID, IN, LA, MM, MY, TH, VN.

梭罗树属 Reevesia

台湾梭罗 **Reevesia formosana** Sprague 【N, W/C】 ♣TBG, TMNS, XMBG; ●FJ, TW; ★(AS): CN.

瑶山梭罗 **Reevesia glaucophylla** H. H. Hsue 【N, W/C】 ♣GXIB; ●GX; ★(AS): CN.

剑叶梭罗 **Reevesia lancifolia** H. L. Li 【N, W/C】 ♣SCBG; ●GD; ★(AS): CN.

长柄梭罗 **Reevesia longipetiolata** Merr. et Chun 【N, W/C】 ♣SCBG, XLTBG; ●GD, HI; ★(AS): CN.

圆叶梭罗 **Reevesia orbicularifolia** H. H. Hsue 【N, W/C】 ♣KBG; ●YN; ★(AS): CN.

梭罗树(梭罗)**Reevesia pubescens** Mast. 【N, W/C】 ♣CDBG, FLBG, GA, GMG, HBG, KBG, NBG, SCBG, WBG, XTBG, ZAFU; ●GD, GX, HB, HI, JS, JX, SC, YN, ZJ; ★(AS): BT, CN, ID, IN, LA, LK, MM, TH.

泰梭罗 **Reevesia pubescens** var. **siamensis** (Craib) J. Anthony 【N, W/C】 ♣XTBG; ●YN; ★(AS): CN, MM, TH.

密花梭罗 **Reevesia pycnantha** Ling 【N, W/C】 ♣LBG; ●JX; ★(AS): CN.

粗齿梭罗 **Reevesia rotundifolia** Chun 【N, W/C】 ♣GXIB; ●GX, HI; ★(AS): CN.

红脉梭罗 **Reevesia rubronervia** H. H. Hsue 【N, W/C】 ♣XTBG; ●YN; ★(AS): CN.

上思梭罗 **Reevesia shangszeensis** H. H. Hsue 【N, W/C】 ♣SCBG; ●GD; ★(AS): CN.

两广梭罗 **Reevesia thyrsoidea** Lindl. 【N, W/C】 ♣FBG, FLBG, SCBG, XTBG; ●FJ, GD, JX, YN; ★(AS): CN, KH, SG, VN.

绒果梭罗 **Reevesia tomentosa** H. L. Li 【N, W/C】 ♣FBG, GA, NBG, SCBG, XMBG, XTBG; ●FJ, GD, JS, JX, YN; ★(AS): CN, MM.

榴梿属 Durio

榴梿(榴莲)**Durio zibethinus** Moon 【I, C】 ♣FLBG, SCBG, TMNS, XLTBG, XMBG, XOIG; ●FJ, GD, HI, JX, TW; ★(AS): IN, MY, PH, TH.

六翅木属 Berrya

六翅木 **Berrya cordifolia** (Willd.) Burret 【N, W/C】 ♣SCBG, XTBG; ●GD, YN; ★(AS): CN, ID, IN, KH, LA, LK, MM, MY, PH, TH, VN.

海南椴属 Hainania

海南椴 **Hainania trichosperma** Merr. 【N, W/C】♣CDBG, FLBG, GXIB, KBG, SCBG, WBG, XTBG; ●GD, GX, HB, HI, JX, SC, YN; ★(AS): CN.

酒瓶树属 Brachychiton

槭叶酒瓶树（槭叶火焰木）**Brachychiton acerifolius** (A. Cunn. ex G. Don) F. Muell. 【I, C】♣CBG, FBG, SCBG, TBG, XMBG, XOIG; ●BJ, FJ, GD, SH, TW; ★(OC): AU.

澳洲酒瓶树（澳洲桐）**Brachychiton australis** (Schott et Endl.) A. Terracc. 【I, C】♣IBCAS, SCBG; ●BJ, GD; ★(OC): AU.

异色酒瓶树（异色瓶木）**Brachychiton discolor** F. Muell. 【I, C】♣KBG, TMNS, XMBG; ●FJ, TW, YN; ★(OC): AU.

掌叶酒瓶树（杨叶瓶木）**Brachychiton populneus** (Schott et Endl.) R. Br. 【I, C】♣GXIB, HBG, IBCAS, SCBG, TBG, XMBG; ●BJ, FJ, GD, GX, TW, ZJ; ★(OC): AU.

岩生酒瓶树（瓶干树）**Brachychiton rupestris** (T. Mitch. ex Lindl.) K. Schum. 【I, C】♣BBG, CBG, FBG, SCBG, TMNS, XMBG, XTBG; ●BJ, FJ, GD, SH, TW, YN; ★(OC): AU.

可乐果属 Cola

可乐果（可拉）**Cola acuminata** (P. Beauv.) Schott et Endl. 【I, C】♣SCBG, XLTBG, XMBG, XOIG, XTBG; ●FJ, GD, HI, YN; ★(AF): AO, CD, CF, CG, CM, GA, GH, KM, NG.

异叶可乐果（异叶可拉）**Cola heterophylla** (P. Beauv.) Schott et Endl. 【I, C】♣XMBG; ●FJ; ★(AF): CM, GA, KM, NG.

光亮可乐果（白可拉、白可乐果）**Cola nitida** (Vent.) Schott et Endl. 【I, C】♣NBG, SCBG, XTBG; ●GD, YN; ★(AF): BF, CI, CM, GA, GH, GN, NG.

翅苹婆属 Pterygota

翅苹婆 **Pterygota alata** (Roxb.) R. Br. 【N, W/C】♣FBG, HBG, SCBG, XLTBG, XMBG, XTBG; ●FJ, GD, HI, YN, ZJ; ★(AS): BT, CN, ID, IN, LA, LK, MM, MY, PH, SG, TH, VN.

梧桐属 Firmiana

火桐 **Firmiana colorata** (Roxb.) R. Br. 【N, W/C】♣SCBG, XTBG; ●GD, TW, YN; ★(AS): BT, CN, ID, IN, LA, LK, MM, MY, NP, TH, VN.

丹霞梧桐 **Firmiana danxiaensis** H. H. Hsue et H. S. Kiu 【N, W/C】♣SCBG; ●GD; ★(AS): CN.

海南梧桐 **Firmiana hainanensis** Kosterm. 【N, W/C】♣SCBG, XLTBG; ●GD, HI; ★(AS): CN.

广西火桐 **Firmiana kwangsiensis** H. H. Hsue 【N, W/C】♣GXIB; ●GX; ★(AS): CN.

云南梧桐 **Firmiana major** (W. W. Sm.) Hand.-Mazz. 【N, W/C】♣CDBG, FLBG, HBG, IBCAS, KBG, SCBG, XTBG; ●BJ, GD, JX, SC, YN, ZJ; ★(AS): CN.

美丽火桐 **Firmiana pulcherrima** H. H. Hsue 【N, W/C】♣CBG, SCBG, XTBG; ●GD, SH, TW, YN; ★(AS): CN.

梧桐 **Firmiana simplex** (L.) W. Wight 【N, W/C】♣BBG, CDBG, FBG, FLBG, GA, GBG, GMG, GXIB, HBG, IBCAS, KBG, LBG, NBG, NSBG, SCBG, TBG, TMNS, WBG, XBG, XLTBG, XMBG, XOIG, XTBG, ZAFU; ●BJ, CQ, FJ, GD, GX, GZ, HB, HI, JS, JX, LN, SC, SN, SX, TW, YN, ZJ; ★(AS): CN, JP, KP, KR.

古巴苹婆属 Hildegardia

古巴苹婆 **Hildegardia cubensis** (Urb.) Kosterm. 【I, C】♣SCBG; ●GD, HI; ★(NA): CU.

胖大海属 Scaphium

伪胖大海 **Scaphium affine** (Mast.) Pierre 【I, C】♣XOIG, XTBG; ●FJ, YN; ★(AS): ID, MY, SG.

红胖大海（圆粒胖大海）**Scaphium lychnophorum** (Hance) Pierre 【I, C】♣IBCAS, XMBG, XTBG; ●BJ, FJ, YN; ★(AS): KH, TH.

胖大海 **Scaphium scaphigerum** (Wall. ex G. Don) G. Planch. 【I, C】♣BBG, CBG, GMG, SCBG, XMBG, XOIG, XTBG; ●BJ, FJ, GD, GX, HI, SH, YN; ★(AS): IN, KH, MM, MY, TH, VN.

银叶树属 Heritiera

长柄银叶树 **Heritiera angustata** Pierre 【N, W/C】♣FBG, FLBG, GA, NBG, SCBG, XLTBG, XMBG, XTBG; ●FJ, GD, HI, JS, JX, YN; ★(AS):

CN, KH.

银叶树 **Heritiera littoralis** Aiton【N, W/C】♣FBG, FLBG, SCBG, TBG, TMNS, XLTBG, XTBG; ●FJ, GD, HI, JX, TW, YN; ★(AF): MG; (AS): CN, ID, IN, JP, KH, LK, MM, MY, PH, VN; (OC): AU, PAF.

蝴蝶树 **Heritiera parvifolia** Merr.【N, W/C】♣FBG, FLBG, GA, GXIB, HBG, NBG, SCBG, XLTBG, XMBG, XTBG; ●FJ, GD, GX, HI, JS, JX, YN, ZJ; ★(AS): CN, ID, IN, MM, TH.

苹婆属 Sterculia

*非洲丽苹婆 **Sterculia africana** (Lour.) Fiori【I, C】♣IBCAS; ●BJ; ★(AF): BW, NA, TZ, ZM.

Sterculia apetala (Jacq.) H. Karst.【I, C】♣XTBG; ●YN; ★(NA): CR, DO, GT, HN, MX, NI, PA, PR; (SA): BO, BR, EC, PE, VE.

短柄苹婆 **Sterculia brevissima** H. H. Hsue ex Y. Tang, M. G. Gilbert et Dorr【N, W/C】♣XTBG; ●YN; ★(AS): CN.

台湾苹婆 **Sterculia ceramica** R. Br.【N, W/C】♣SCBG, TMNS; ●GD, TW; ★(AS): CN, MY, PH, SG.

樟叶苹婆 **Sterculia cinnamomifolia** Tsai et Mao【N, W/C】♣XTBG; ●YN; ★(AS): CN.

粉苹婆 **Sterculia euosma** W. W. Sm.【N, W/C】♣GMG, GXIB, XTBG; ●GX, YN; ★(AS): CN.

香苹婆 **Sterculia foetida** L.【I, C】♣FLBG, SCBG, TBG, TMNS, XMBG, XTBG; ●FJ, GD, HI, JX, TW, YN; ★(AS): IN.

海南苹婆 **Sterculia hainanensis** Merr. et Chun【N, W/C】♣BBG, FBG, GMG, SCBG; ●BJ, FJ, GD, GX, HI; ★(AS): CN.

蒙自苹婆 **Sterculia henryi** Hemsl.【N, W/C】♣WBG; ●HB; ★(AS): CN, VN.

大叶苹婆 **Sterculia kingtungensis** H. H. Hsue【N, W/C】♣XOIG, XTBG; ●FJ, YN; ★(AS): CN.

西蜀苹婆 **Sterculia lanceifolia** Roxb.【N, W/C】♣XTBG; ●YN; ★(AS): CN, IN, MM.

假苹婆 **Sterculia lanceolata** Cav.【N, W/C】♣BBG, FBG, FLBG, GMG, GXIB, IBCAS, KBG, SCBG, WBG, XLTBG, XMBG, XTBG; ●BJ, FJ, GD, GX, HB, HI, JX, SC, YN; ★(AS): CN, LA, MM, SG, TH, VN.

苹婆 **Sterculia monosperma** Vent.【N, W/C】♣CBG, FBG, FLBG, GBG, GMG, GXIB, HBG, IBCAS, SCBG, WBG, XMBG, XOIG, XTBG; ●BJ, FJ, GD, GX, GZ, HB, HI, JX, SC, SH, YN, ZJ; ★(AS): CN, ID, IN, LA, MY, SG, TH, VN.

家麻树 **Sterculia pexa** Pierre【I, C】♣SCBG, TBG, TMNS, XMBG, XTBG; ●FJ, GD, HI, TW, YN; ★(AS): LA, TH, VN.

五裂苹婆 **Sterculia quinqueloba** (Garcke) K. Schum.【I, C】♣XMBG; ●FJ; ★(AF): BI, MW, TZ, ZA, ZM.

裂叶苹婆 **Sterculia rhynchocarpa** K. Schum.【I, C】♣SCBG; ●GD; ★(AF): TZ.

河口苹婆 **Sterculia scandens** Hemsl.【N, W/C】♣XTBG; ●YN; ★(AS): CN, VN.

绒毛苹婆 **Sterculia villosa** Roxb.【N, W/C】♣XTBG; ●YN; ★(AS): BT, CN, ID, IN, KH, LA, LK, MM, NP, TH.

柄翅果属 Burretiodendron

柄翅果 **Burretiodendron esquirolii** (H. Lév.) Rehder【N, W/C】♣CDBG, FLBG, GXIB, KBG, SCBG, XTBG; ●GD, GX, JX, SC, YN; ★(AS): CN, MM, TH.

元江柄翅果 **Burretiodendron kydiifolium** Y. C. Hsu et R. Zhuge【N, W/C】♣WBG, XTBG; ●HB, YN; ★(AS): CN.

勐腊柄翅果（勐腊蚬木）**Burretiodendron menglaensis** G. D. Tao【N, W/C】♣XTBG; ●YN; ★(AS): CN.

蚬木属 Excentrodendron

长蒴蚬木 **Excentrodendron obconicum** (Chun et F. C. How) H. T. Chang et R. H. Miao【N, W/C】♣GXIB; ●GX; ★(AS): CN.

节花蚬木（蚬木）**Excentrodendron tonkinense** (A. Chev.) H. T. Chang et R. H. Miao【N, W/C】♣FBG, FLBG, GMG, GXIB, HBG, SCBG, WBG, XLTBG, XMBG, XTBG; ●FJ, GD, GX, HB, HI, JX, YN, ZJ; ★(AS): CN, VN.

翅子树属 Pterospermum

翅子树 **Pterospermum acerifolium** (L.) Willd.【N, W/C】♣KBG, XMBG, XTBG; ●FJ, YN; ★(AS): BT, CN, ID, IN, LA, LK, MM, MY, NP, SG, TH.

翻白叶树 **Pterospermum heterophyllum** Hance【N, W/C】♣CBG, CDBG, FBG, FLBG, GA, GMG, GXIB, HBG, KBG, SCBG, TBG, WBG, XLTBG, XMBG, XTBG; ●FJ, GD, GX, HB, HI,

JX, SC, SH, TW, YN, ZJ; ★(AS): CN.

景东翅子树 **Pterospermum kingtungense** C. Y. Wu ex H. H. Hsue【N, W/C】♣XTBG; ●YN; ★(AS): CN.

窄叶翅子树 **Pterospermum lanceifolium** Roxb.【N, W/C】♣BBG, GA, SCBG, XTBG; ●BJ, GD, GX, HI, JX, YN; ★(AS): CN, IN, MM, MY, VN.

勐仑翅子树 **Pterospermum menglunense** H. H. Hsue【N, W/C】♣BBG, SCBG, XTBG; ●BJ, GD, YN; ★(AS): CN.

台湾翅子树 **Pterospermum niveum** Vidal【N, W/C】♣TMNS, XTBG; ●TW, YN; ★(AS): CN, PH.

变叶翅子树 **Pterospermum proteus** Burkill【N, W/C】♣WBG, XTBG; ●HB, YN; ★(AS): CN.

半箭叶翅子树 **Pterospermum semisagittafolium** Ham.【N, W/C】♣XTBG; ●YN; ★(AS): CN.

截裂翅子树 **Pterospermum truncatolobatum** Gagnep.【N, W/C】♣GXIB, SCBG, WBG, XTBG; ●GD, GX, HB, HI, YN; ★(AS): CN, VN.

云南翅子树 **Pterospermum yunnanense** H. H. Hsue【N, W/C】♣SCBG, XTBG; ●GD, YN; ★(AS): CN.

田麻属 Corchoropsis

田麻 **Corchoropsis crenata** Siebold et Zucc.【N, W/C】♣CBG, FBG, GA, HBG, LBG, XMBG, ZAFU; ●FJ, JX, SH, ZJ; ★(AS): CN, JP, KP, KR, RU-AS.

光果田麻 **Corchoropsis crenata** var. **hupehensis** Pamp.【N, W/C】♣HBG; ●ZJ; ★(AS): CN, KP, KR.

午时花属 Pentapetes

午时花 **Pentapetes phoenicea** L.【I, C】♣FBG, FLBG, GBG, HBG, KBG, NBG, TDBG, XMBG; ●BJ, FJ, GD, GZ, JS, JX, XJ, YN, ZJ; ★(AS): IN, TH.

火绳树属 Eriolaena

南火绳树 **Eriolaena candollei** Wall.【N, W/C】♣XTBG; ●YN; ★(AS): BT, CN, ID, IN, LA, MM, TH, VN.

桂火绳树 **Eriolaena kwangsiensis** Hand.-Mazz.【N, W/C】♣XTBG; ●YN; ★(AS): CN.

五室火绳树 **Eriolaena quinquelocularis** (Wight et Arn.) Wight【N, W/C】♣XTBG; ●YN; ★(AS): CN, ID, IN.

火绳树 **Eriolaena spectabilis** Planch. ex Mast.【N, W/C】♣XTBG; ●YN; ★(AS): BT, CN, ID, IN, LK, MM, NP.

非洲芙蓉属 Dombeya

*卡耶非洲芙蓉 **Dombeya × cayeuxii** André【I, C】♣XMBG; ●FJ; ★(AF): ZA.

美花非洲芙蓉 **Dombeya burgessiae** Gerrard ex Harv. et Sond.【I, C】♣CBG, FLBG, SCBG, XTBG; ●GD, JX, SH, TW, YN; ★(AF): TZ, UG, ZA.

*大叶非洲芙蓉 **Dombeya shupangae** K. Schum.【I, C】♣XTBG; ●YN; ★(AF): CG.

椴叶非洲芙蓉 **Dombeya tiliacea** (Endl.) Planch.【I, C】♣CBG; ●SH; ★(AF): ZA.

非洲芙蓉（吊芙蓉）**Dombeya wallichii** (Lindl.) K. Schum.【I, C】♣GXIB, SCBG, XTBG; ●GD, GX, YN; ★(AF): MG.

轻木属 Ochroma

轻木 **Ochroma pyramidale** (Cav. ex Lam.) Urb.【I, C】♣BBG, CBG, HBG, XLTBG, XMBG, XOIG, XTBG; ●BJ, FJ, HI, SH, YN, ZJ; ★(NA): BZ, CR, CU, DO, GT, HN, JM, LW, MX, NI, PA, PR, SV, TT; (SA): BO, BR, CO, EC, PE, VE.

纺锤树属 Cavanillesia

纺锤树（瓶子树）**Cavanillesia umbellata** Ruiz et Pav.【I, C】●FJ; ★(SA): BO, CO, PE.

猴面包树属 Adansonia

猴面包树 **Adansonia digitata** L.【I, C】♣CBG, NBG, SCBG, TMNS, XLTBG, XMBG, XOIG, XTBG; ●FJ, GD, HI, JS, SH, TW, YN; ★(AF): AO, BF, CF, DZ, ER, GA, MG, ML, MU, NA, NE, NG, SD, SN, TD, TZ, ZA.

大猴面包树 **Adansonia grandidieri** Baill.【I, C】♣XMBG; ●FJ, TW; ★(AF): MG.

澳洲猴面包树 **Adansonia gregorii** F. Muell.【I, C】♣XMBG; ●FJ; ★(OC): AU.

马达加斯加猴面包树 **Adansonia madagascariensis** Baill.【I, C】●TW; ★(AF): MG.

*佩氏猴面包树 **Adansonia perrieri** Capuron【I, C】●TW; ★(AF): MG.

*福尼猴面包树 **Adansonia rubrostipa** Jum. et H. Perrier 【I, C】 ●TW; ★(AF): MG.

*苏亚雷兹猴面包树 **Adansonia suarezensis** H. Perrier 【I, C】 ●TW; ★(AF): MG.

*南非猴面包树 **Adansonia za** Baill. 【I, C】 ●TW; ★(AF): MG.

美人树属 Chorisia

美人树（美丽异木棉）**Chorisia speciosa** A. St.-Hil. 【I, C】 ♣FBG, SCBG, WBG, XLTBG, XMBG, XTBG; ●FJ, GD, HB, HI, YN; ★(NA): HT; (SA): AR, BO, BR, CO, PE, PY.

番木棉属 Pseudobombax

龟纹木棉 **Pseudobombax ellipticum** (Kunth) Dugand 【I, C】 ♣BBG, CBG, NBG, SCBG, TMNS, XMBG, XTBG; ●BJ, FJ, GD, JS, SH, TW, YN; ★(NA): HN, MX, NI, SV, US.

吉贝属 Ceiba

玻利维亚吉贝 **Ceiba boliviana** Britten et Baker f. 【I, C】 ♣CBG, SCBG, WBG, XMBG, XTBG; ●FJ, GD, HB, SH, TW, YN; ★(SA): BO, PE.

白花吉贝（白花异木棉）**Ceiba insignis** (Kunth) P. E. Gibbs et Semir 【I, C】 ♣FLBG; ●GD, JX, SC; ★(SA): AR, BO, BR, EC, PE, PY.

吉贝 **Ceiba pentandra** (L.) Gaertn. 【I, C】 ♣FLBG, GMG, NBG, SCBG, TBG, TMNS, XLTBG, XMBG, XOIG, XTBG; ●FJ, GD, GX, HI, JS, JX, TW, YN; ★(NA): BS, BZ, CR, CU, DO, GT, HN, HT, JM, MX, NI, PA, PR, SV, VG; (SA): BO, BR, CO, EC, GF, PE, VE.

木棉属 Bombax

木棉 **Bombax ceiba** L. 【N, W/C】 ♣BBG, CBG, FBG, FLBG, GA, GMG, GXIB, HBG, IBCAS, KBG, NBG, SCBG, TBG, TMNS, WBG, XLTBG, XMBG, XOIG, XTBG; ●BJ, FJ, GD, GX, HB, HI, JS, JX, SC, SH, TW, YN, ZJ; ★(AS): BT, CN, ID, IN, LA, LK, MM, MY, NP, PH, SG; (OC): AU, PAF, PG.

长果木棉 **Bombax insigne** (Sw.) K. Schum. 【N, W/C】 ♣WBG, XTBG; ●HB, YN; ★(AS): CN, IN, LA, MM, VN.

瓜栗属 Pachira

瓜栗 **Pachira aquatica** Aubl. 【I, C】 ♣BBG, CDBG, FBG, FLBG, GA, HBG, IBCAS, SCBG, TBG, TMNS, WBG, XLTBG, XMBG, XOIG, XTBG, ZAFU; ●BJ, FJ, GD, HB, HI, JS, JX, SC, TW, YN, ZJ; ★(NA): BZ, CR, GT, HN, MX, NI, PA, SV, TT, WW; (SA): AR, BO, BR, CO, EC, GF, GY, PE, PY, VE.

马拉巴栗 **Pachira glabra** Pasq. 【I, C】 ★(NA): CR, MX; (SA): BR.

*五叶瓜栗 **Pachira quinata** (Jacq.) W. S. Alverson 【I, C】 ♣XTBG; ●YN; ★(NA): CR, HN, NI, PA; (SA): CO, GY, VE.

梅蓝属 Melhania

梅蓝 **Melhania hamiltoniana** Wall. 【N, W/C】 ♣XTBG; ●YN; ★(AS): CN, ID, IN, MM.

绵绒树属 Fremontodendron

棉绒树 **Fremontodendron californicum** (Torr.) Coville 【I, C】 ★(NA): US.

墨西哥绵绒树 **Fremontodendron mexicanum** A. Davids. 【I, C】 ★(NA): MX.

蜜源葵属 Lagunaria

蜜源葵（密源葵）**Lagunaria patersonia** (Andrews) G. Don 【I, C】 ♣NBG, XMBG; ●FJ, JS; ★(OC): AU.

海滨锦葵属 Kosteletzkya

海滨锦葵 **Kosteletzkya virginica** (L.) C. Presl ex A. Gray 【I, C】 ♣CBG; ●HE, JS, SD, SH; ★(NA): US.

木槿属 Hibiscus

锦球朱槿 **Hibiscus × hawaiiensis** 【I, C】 ♣XMBG, XTBG; ●FJ, YN; ★(OC): US-HW.

红叶木槿（紫叶槿）**Hibiscus acetosella** Welw. ex Ficalho 【I, C】 ♣BBG, IBCAS, XMBG, XTBG; ●BJ, FJ, TW, YN; ★(AF): AO, CG, ZM, ZW.

旱地木槿 **Hibiscus aridicola** J. Anthony 【N, W/C】 ♣KBG; ●YN; ★(AS): CN.

白花扶桑 **Hibiscus arnottianus** A. Gray 【I, C】 ♣BBG, XTBG; ●BJ, YN; ★(NA): US.

*粗糙木槿 **Hibiscus asper** Hook. f. 【I, C】 ♣SCBG; ●GD; ★(AF): BF, CF, CG, CM, GH, GN, MG, NG, SL, TZ, ZM.

滇南芙蓉 **Hibiscus austroyunnanensis** C. Y. Wu et K. M. Feng 【N, W/C】 ♣XTBG; ●YN; ★(AS): CN.

Hibiscus caesius Garcke 【I, C】 ★(OC): AU.

黄花芙蓉葵 **Hibiscus calyphyllus** Cav. 【I, C】 ♣IBCAS; ●BJ; ★(AF): ET, KE, NA, TZ, UG, ZA, ZM.

大麻槿 **Hibiscus cannabinus** L. 【I, N】 ★(AF): BI, CF, ET, GA, GH, MG, NG, TZ, UG, ZA.

*脉纹木槿 **Hibiscus costatus** A. Rich. 【I, C】 ♣XTBG; ●YN; ★(NA): BZ, CU, GT, HN, MX, NI, PA.

革叶白扶桑 **Hibiscus denisonii** Hort. ex Flor. 【I, C】 ★(OC): FJ.

高红槿 **Hibiscus elatus** Sw. 【I, C】 ♣BBG, CBG, SCBG, XMBG; ●BJ, FJ, GD, SH; ★(NA): CU, JM, PR.

樟叶槿 **Hibiscus grewiifolius** Hassk. 【N, W/C】 ♣SCBG; ●GD, HI; ★(AS): CN, ID, IN, LA, MM, TH, VN.

海滨木槿 **Hibiscus hamabo** Siebold et Zucc. 【N, W/C】 ♣CBG, FBG, FLBG, GA, GXIB, HBG, SCBG, TBG, WBG, ZAFU; ●FJ, GD, GX, HB, JX, SH, TW, ZJ; ★(AS): CN, ID, IN, JP, KP, KR; (OC): PAF.

大花芙蓉葵 **Hibiscus heterophyllus** Vent. 【I, C】 ♣HFBG, MDBG, WBG; ●GS, HB, HL, SC; ★(AS): ID, IN, MM; (OC): AU.

美丽芙蓉 **Hibiscus indicus** (Burm. f.) Hochr. 【N, W/C】 ♣FLBG, TDBG, WBG, XTBG; ●GD, HB, JX, XJ, YN; ★(AS): CN.

岛屿木槿 **Hibiscus insularis** Endl. 【I, C】 ♣CBG; ●SH; ★(OC): NF.

柯克蛾扶桑 **Hibiscus kokia** Hillebr. ex Wawra 【I, C】 ★(NA): US.

加州木槿 **Hibiscus lasiocarpos** Cav. 【I, C】 ♣NBG; ●JS; ★(NA): US.

光籽木槿 **Hibiscus leviseminus** M. G. Gilbert, Y. Tang et Dorr 【N, W/C】 ♣XBG; ●SN; ★(AS): CN.

鲁威槿 **Hibiscus ludwigii** Eckl. et Zeyh. 【I, C】 ♣SCBG; ●GD; ★(AF): GH, TZ, ZA.

白炽锦葵 **Hibiscus macilwraithensis** (Fryxell) Craven et B. E. Pfeil 【I, C】 ♣SCBG; ●GD, GX; ★(OC): AU.

大叶木槿 **Hibiscus macrophyllus** Roxb. ex DC. 【N, W/C】 ♣KBG, XMBG, XTBG; ●FJ, YN; ★(AS): CN, ID, IN, KH, LA, MM, MY, PK, TH, VN; (OC): US-HW.

芙蓉葵 **Hibiscus moscheutos** L. 【I, C】 ♣CBG, HBG, IBCAS, KBG, NBG, TBG, XMBG, XTBG; ●BJ, FJ, JS, LN, SC, SH, TW, XJ, YN, ZJ; ★(NA): CA, US.

木芙蓉 **Hibiscus mutabilis** L. 【N, W/C】 ♣CBG, CDBG, FBG, FLBG, GA, GBG, GMG, GXIB, HBG, IBCAS, KBG, LBG, NBG, NSBG, SCBG, TBG, WBG, XBG, XLTBG, XMBG, XOIG, XTBG, ZAFU; ●BJ, CQ, FJ, GD, GX, GZ, HB, HI, HL, JS, JX, LN, SC, SH, SN, TW, YN, ZJ; ★(AF): MG, NG, ZA; (AS): CN, JP, MM, SG; (OC): AU, NZ.

庐山芙蓉 **Hibiscus paramutabilis** L. H. Bailey 【N, W/C】 ♣CDBG, GA, LBG; ●JX, SC; ★(AS): CN.

*绯红槿 **Hibiscus phoeniceus** Jacq. 【I, C】 ♣SCBG; ●GD; ★(NA): CR, CU, GT, HN, MX, NI, PA, SV, US; (SA): CO, EC, PE, VE.

棉木槿 **Hibiscus platanifolius** (Willd.) Sweet 【I, C】 ♣NBG; ●JS; ★(AS): IN, LK.

黑海木槿 **Hibiscus ponticus** Rupr. 【I, C】 ♣NBG; ●JS; ★(AS): MY.

辐射刺芙蓉 **Hibiscus radiatus** Cav. 【I, C】 ♣FLBG, GBG, GMG, LBG, WBG, XBG, XMBG; ●AH, BJ, FJ, GD, GX, GZ, HB, HN, JX, LN, SC, SD, SN, TW, ZJ; ★(AS): BT, ID, IN, LA, LK, MM.

朱槿 **Hibiscus rosa-sinensis** L. 【N, W/C】 ♣BBG, CBG, CDBG, FBG, FLBG, GA, GBG, GMG, GXIB, HBG, IBCAS, KBG, LBG, NBG, SCBG, TBG, TDBG, TMNS, WBG, XBG, XLTBG, XMBG, XOIG, XTBG, ZAFU; ●AH, BJ, FJ, GD, GX, GZ, HB, HI, JS, JX, SC, SH, SN, TW, XJ, YN, ZJ; ★(AS): BT, CN, ID, IN, LA, LK, MM.

重瓣朱槿 **Hibiscus rosa-sinensis** var. **rubro-plenus** Sweet 【N, W/C】 ♣SCBG; ●BJ, FJ, GD; ★(AS): CN.

玫瑰茄 **Hibiscus sabdariffa** L. 【I, C】 ♣CBG, FBG, GMG, NBG, SCBG, XLTBG, XMBG, XOIG; ●FJ, GD, GX, HI, JS, SC, SH, TW; ★(AF): BF, BJ, CG, CI, CV, EH, GH, GM, GN, GW, LR, MG, ML, MR, NE, NG, SL, SN, TG, ZA.

吊灯扶桑 **Hibiscus schizopetalus** (Dyer) Hook. f. 【I, C】 ♣BBG, CBG, CDBG, FBG, FLBG, GMG, HBG, LBG, SCBG, TBG, WBG, XLTBG, XMBG, XTBG; ●BJ, FJ, GD, GX, HB, HI, JX, SC, SH, TW, YN, ZJ; ★(AF): KE, MZ, TZ.

华木槿 **Hibiscus sinosyriacus** L. H. Bailey 【N,

W/C】 ♣BBG, HBG, LBG, XMBG, XTBG; ●BJ, FJ, JX, TW, YN, ZJ; ★(AS): CN.

白花芙蓉葵 **Hibiscus sororius** L.【I, C】♣IBCAS; ●BJ; ★(NA): BZ, CR, CU, LW, MX, NI, PA, WW; (SA): AR, BO, CO, EC, GF, GY, PE, VE.

刺芙蓉 **Hibiscus surattensis** L.【N, W/C】♣KBG, XTBG; ●YN; ★(AF): MG, NG, ZA; (AS): BT, CN, ID, IN, KH, LA, LK, MM, MY, PH, SG, TH, VN; (OC): PAF.

木槿 **Hibiscus syriacus** L.【N, W/C】♣BBG, CBG, CDBG, FBG, FLBG, GA, GBG, GMG, GXIB, HBG, IBCAS, KBG, LBG, NBG, SCBG, TBG, TMNS, WBG, XBG, XMBG, XTBG, ZAFU; ●AH, BJ, FJ, GD, GX, GZ, HB, HE, HI, HN, JL, JS, JX, LN, SC, SH, SN, TW, YN, ZJ; ★(AS): BT, CN, IN, JP, KP, KR, LK, MM, SG.

台湾芙蓉 **Hibiscus taiwanensis** S. Y. Hu【N, W/C】♣FBG, TBG, TMNS, XTBG; ●FJ, HI, TW, YN; ★(AS): CN.

野西瓜苗 **Hibiscus trionum** L.【I, C/N】♣GBG, IBCAS, KBG, LBG, NBG, TDBG, XBG, XMBG, XTBG; ●BJ, FJ, GZ, JS, JX, SN, TW, XJ, YN; ★(AF): EG; (AS): CY, IL, IQ, JO, LB, PS, SY, TR.

云南芙蓉 **Hibiscus yunnanensis** S. Y. Hu【N, W/C】♣KBG, XTBG; ●YN; ★(AS): CN.

秋葵属 Abelmoschus

长毛黄葵 **Abelmoschus crinitus** Wall.【N, W/C】♣HBG, XTBG; ●YN, ZJ; ★(AS): BT, CN, ID, IN, LA, LK, MM, NP, TH, VN.

咖啡黄葵 **Abelmoschus esculentus** (L.) Moench【I, C】♣CBG, FBG, GMG, GXIB, IBCAS, LBG, NBG, SCBG, TDBG, TMNS, WBG, XBG, XLTBG, XMBG, XOIG, XTBG, ZAFU; ●AH, BJ, FJ, GD, GX, HB, HI, JS, JX, SC, SH, SN, TW, XJ, YN, ZJ; ★(AS): AF, BD, BT, IN, LK, NP, PK.

黄蜀葵 **Abelmoschus manihot** (L.) Medik.【N, W/C】♣BBG, CBG, CDBG, FBG, FLBG, GMG, GXIB, HBG, KBG, LBG, NBG, SCBG, WBG, XMBG, XOIG, XTBG, ZAFU; ●BJ, FJ, GD, GX, HB, JS, JX, SC, SH, TW, YN, ZJ; ★(AS): BT, CN, ID, IN, JP, LA, LK, MM, NP, PH, TH.

刚毛黄蜀葵 **Abelmoschus manihot** var. **pungens** (Roxb.) Hochr.【N, W/C】♣XMBG, XTBG; ●FJ, TW, YN; ★(AS): CN, IN, NP, PH, TH.

黄葵 **Abelmoschus moschatus** Medik.【N, W/C】♣CBG, FLBG, GBG, GMG, GXIB, NBG, SCBG, XMBG, XTBG; ●FJ, GD, GX, GZ, HI, JS, JX, SH, TW, YN; ★(AS): CN, ID, IN, JP, KH, LA, MM, MY, SG, TH, VN.

箭叶秋葵 **Abelmoschus sagittifolius** (Kurz) Merr.【N, W/C】♣XLTBG, XMBG, XTBG, ZAFU; ●FJ, HI, YN, ZJ; ★(AS): CN, ID, IN, KH, LA, MM, MY, TH, VN.

悬铃花属 Malvaviscus

悬铃花 **Malvaviscus arboreus** Cav.【I, C】♣BBG, CBG, CDBG, FLBG, GMG, GXIB, HBG, SCBG, TBG, WBG, XMBG, XOIG, XTBG; ●BJ, FJ, GD, GX, HB, JX, SC, SH, TW, YN, ZJ; ★(NA): BZ, CR, DO, GT, HN, MX, NI, PA, PR, SV, US; (SA): BO, BR, CO, EC, PE.

垂花悬铃花 **Malvaviscus penduliflorus** DC.【I, C】♣CDBG, FBG, FLBG, GXIB, IBCAS, KBG, SCBG, XLTBG, XMBG, XTBG; ●BJ, FJ, GD, GX, HI, JX, SC, YN; ★(NA): BZ, CR, HN, MX, NI, PA, PR, TT, US, VG; (SA): CO, EC, PE.

马葵属 Malachra

马葵（旋葵）**Malachra capitata** (L.) L.【I, N】★(NA): BS, BZ, CR, CU, DO, GT, HT, JM, KY, LW, MX, NI, PA, PR, SV, TT, VG; (SA): CO, GF, PE.

孔雀葵属 Pavonia

*格亚孔雀葵 **Pavonia × gledhillii** Cheek【I, C】♣BBG; ●BJ; ★(NA): US.

*墨西哥孔雀葵 **Pavonia candida** (DC.) Fryxell【I, C】♣SCBG; ●GD; ★(NA): MX.

戟叶孔雀葵（高砂芙蓉）**Pavonia hastata** Cav.【I, C】●JS; ★(NA): MX, US; (SA): AR, BO, BR, PY, UY.

*中间孔雀葵 **Pavonia intermedia** A. St.-Hil.【I, C】♣FLBG, SCBG, XMBG, XTBG; ●FJ, GD, JX, YN; ★(SA): BR.

多花孔雀葵 **Pavonia multiflora** A. St.-Hil.【I, C】★(SA): BR.

*蚀叶孔雀葵（黄粉葵）**Pavonia praemorsa** Cav.【I, C】♣BBG, SCBG; ●BJ, GD; ★(AF): ZA.

孔雀葵 **Pavonia schimperiana** Hochst. ex A. Rich.【I, C】♣HBG; ●ZJ; ★(AF): ET, MG, MW, TZ, UG.

*苏氏孔雀葵 **Pavonia schrankii** Spreng.【I, C】♣SCBG; ●GD; ★(SA): BR.

*黄孔雀葵（黄粉葵、美丽黄粉葵）**Pavonia sepium** A.

St.-Hil. 【I, C】 ♣XMBG; ●FJ; ★(SA): AR, BO, BR, EC, PE, PY, UY.

刺粉葵 **Pavonia spinifex** (L.) Cav. 【I, C】 ♣KBG; ●YN; ★(NA): CU, DO, HT, JM, LW, MX, PR, VG; (SA): PE.

枣叶槿属 Nayariophyton

枣叶槿 **Nayariophyton zizyphifolium** (Griff.) D. G. Long et A. G. Mill. 【N, W/C】 ♣XTBG; ●YN; ★(AS): BT, CN, ID, IN, LK, TH.

翅果麻属 Kydia

翅果麻 **Kydia calycina** Roxb. 【N, W/C】 ♣XTBG; ●YN; ★(AS): BT, CN, ID, IN, LA, LK, MM, NP, PK, TH, VN.

光叶翅果麻 **Kydia glabrescens** Mast. 【N, W/C】 ♣XTBG; ●YN; ★(AS): BT, CN, ID, IN, LK, MM, VN.

毛叶翅果麻 **Kydia glabrescens** var. **intermedia** S. Y. Hu 【N, W/C】 ♣XTBG; ●YN; ★(AS): CN.

梵天花属 Urena

地桃花 **Urena lobata** L. 【N, W/C】 ♣CBG, FLBG, GA, GBG, GMG, GXIB, HBG, KBG, LBG, NBG, SCBG, TMNS, WBG, XBG, XMBG, XTBG; ●FJ, GD, GX, GZ, HB, JS, JX, SC, SH, SN, TW, YN, ZJ; ★(AS): BT, CN, ID, IN, JP, KH, LA, LK, MM, MY, NP, SG, TH, VN.

中华地桃花 **Urena lobata** var. **chinensis** (Osbeck) S. Y. Hu 【N, W/C】 ♣XTBG; ●YN; ★(AS): CN.

粗叶地桃花 **Urena lobata** var. **glauca** (Blume) Borss. Waalk. 【N, W/C】 ♣XTBG; ●YN; ★(AS): CN, ID, IN, MM, MY.

云南地桃花 **Urena lobata** var. **yunnanensis** S. Y. Hu 【N, W/C】 ♣XTBG; ●YN; ★(AS): CN.

梵天花 **Urena procumbens** L. 【N, W/C】 ♣CBG, FBG, FLBG, GA, GMG, GXIB, HBG, NSBG, SCBG, TMNS, XMBG, ZAFU; ●CQ, FJ, GD, GX, HI, JX, SH, TW, ZJ; ★(AS): CN.

波叶梵天花 **Urena repanda** Roxb. ex Sm. 【N, W/C】 ♣XTBG; ●YN; ★(AS): CN, IN, KH, LA, MM, TH, VN.

黄槿属 Talipariti

黄槿 **Talipariti tiliaceum** (L.) Fryxell 【N, W/C】 ♣BBG, CBG, FBG, GA, GMG, GXIB, HBG, SCBG, TBG, TMNS, WBG, XLTBG, XMBG, XTBG; ●BJ, FJ, GD, GX, HB, HI, JX, SH, TW, YN, ZJ; ★(AS): CN, ID, IN, JP, KH, LA, MM, MY, PH, TH, VN.

大萼葵属 Cenocentrum

大萼葵 **Cenocentrum tonkinense** Gagnep. 【N, W/C】 ♣XTBG; ●YN; ★(AS): CN, LA, TH, VN.

紫葵属 Alyogyne

*楔叶紫葵 **Alyogyne cuneiformis** (DC.) Lewton 【I, C】 ♣HBG; ●ZJ; ★(OC): AU.

紫葵 **Alyogyne huegelii** (Endl.) Fryxell 【I, C】 ♣CBG; ●SH, TW; ★(OC): AU.

桐棉属 Thespesia

白脚桐棉 **Thespesia lampas** (Cav.) Dölzell et A. Gibson 【N, W/C】 ♣SCBG, XMBG, XTBG; ●FJ, GD, HI, YN; ★(AS): BT, CN, ID, IN, LA, LK, MM, NP, PH, TH, VN.

桐棉 **Thespesia populnea** (L.) Sol. ex Corrêa 【I, C】 ♣SCBG, TBG, TMNS, XLTBG, XMBG, XTBG; ●FJ, GD, HI, TW, YN; ★(AS): IN, LK, PH, VN.

塞柏氏桐棉 **Thespesia thespesioides** (R. Br. ex Benth.) Fryxell 【I, C】 ●TW; ★(OC): AU.

柯氏棉属 Lebronnecia

柯氏棉 **Lebronnecia kokioides** Fosberg et Sachet 【I, C】 ★(OC): PF.

棉属 Gossypium

树棉 **Gossypium arboreum** L. 【I, C】 ●AH, GD, GS, GX, GZ, HB, HE, HI, HN, JS, LN, SC, SD, SH, TW, YN, ZJ; ★(AS): IN, MM, PK, TH.

钝叶树棉 **Gossypium arboreum** var. **obtusifolium** (Roxb.) Roberty 【I, C】 ★(AS): ID, IN, LK.

澳洲棉 **Gossypium australe** F. Muell. 【I, C】 ★(OC): AU.

海岛棉 **Gossypium barbadense** L. 【I, C】 ♣SCBG, XMBG; ●BJ, FJ, GD, HA, HB, JS, SC, SH, TW, XJ, YN; ★(NA): BS, BZ, CR, CU, DO, GT, HN, JM, LW, MX, NI, PA, PR, TT, VG; (SA): AR, BO, BR, CO, EC, GY, PE, PY, VE.

巴西海岛棉 **Gossypium barbadense** var. **acumi-**

natum (Roxb. ex G. Don) Triana et Planch. 【I, C】 ★(SA): BR.

比克氏棉 **Gossypium bickii** (F. M. Bailey) Prokh. 【I, C】 ●TW; ★(OC): AU.

*达尔文棉 **Gossypium darwinii** G. Watt 【I, C】 ●TW; ★(SA): EC.

草棉 **Gossypium herbaceum** L. 【I, C】 ♣HBG, SCBG; ●BJ, GD, GS, SD, TW, ZJ; ★(AF): BF, BI, BJ, CG, CI, CV, DJ, EH, ER, ET, GH, GM, GN, GW, KE, LR, MG, ML, MR, NE, NG, RW, SC, SD, SL, SN, SO, TG, TZ, UG, ZA; (AS): JO, KW, OM, QA, SA, YE.

陆地棉 **Gossypium hirsutum** L. 【I, C】 ♣GMG, GXIB, HBG, HFBG, LBG, SCBG, TDBG, WBG, XTBG; ●AH, BJ, CQ, FJ, GD, GS, GX, GZ, HA, HB, HE, HL, HN, JS, JX, LN, SC, SD, SH, SN, SX, TJ, TW, XJ, YN, ZJ; ★(NA): BS, BZ, CR, CU, GT, HN, JM, KY, MX, NI, PA, PR, SV, US; (SA): AR, CO, EC, PY, VE.

克劳次基棉 **Gossypium klotzschianum** Andersson 【I, C】 ★(SA): EC.

戴维逊氏棉 **Gossypium klotzschianum** subsp. **davidsonii** (Kellogg) Roberty 【I, C】 ●TW; ★(SA): EC.

黄褐棉 **Gossypium mustelinum** Miers ex G. Watt 【I, C】 ●TW; ★(SA): BR.

美洲棉 **Gossypium raimondii** Ulbr. 【I, C】 ●TW; ★(SA): PE.

索马里棉 **Gossypium somalense** (Gürke) J. B. Hutch., Silow et S. G. Stephens 【I, C】 ★(AF): SO.

阿拉伯棉 **Gossypium stocksii** Mast. 【I, C】 ★(AS): OM, PK.

澳洲野生棉 **Gossypium sturtianum** (R. Br.) J. H. Willis 【I, C】 ★(OC): AU.

三裂棉 **Gossypium trilobum** (Sessé et Moc. ex DC.) Skovst. 【I, C】 ★(NA): MX.

球葵属 Sphaeralcea

*短梗球葵 **Sphaeralcea brevipes** (Phil.) Krapov. 【I, C】 ♣HBG; ●HE, ZJ; ★(SA): AR.

灰毛球葵 **Sphaeralcea incana** Torr. ex A. Gray 【I, N】 ●JS; ★(NA): US.

野蜀葵属 Iliamna

*坎卡基锦葵 **Iliamna remota** Greene 【I, C】 ♣SCBG; ●GD; ★(NA): US.

牧葵属 Malope

牧葵(马洛葵) **Malope trifida** Cav. 【I, C】 ★(AF): DZ, EG, LY, MA, TN; (AS): LB, PS, SY, TR; (EU): AL, BA, ES, FR, GR, HR, IT, MC, ME, MK, RS, SI.

药葵属 Althaea

*亚美尼亚药葵(亚美利蜀葵) **Althaea armeniaca** Ten. 【I, C】 ♣NBG; ●JS; ★(AS): AM.

麻叶药葵 **Althaea cannabina** L. 【I, C】 ♣IBCAS, NBG, XTBG; ●BJ, JS, YN; ★(AS): GE, IR, SA; (EU): AL, BA, BG, CZ, DE, ES, FR, GR, HR, HU, IT, LU, ME, MK, NL, RO, RS, RU, SE, SI, TR.

药葵(药蜀葵) **Althaea officinalis** L. 【I, C/N】 ♣BBG, GBG, IBCAS, NBG, SCBG, TDBG, WBG, XBG, XTBG; ●BJ, GD, GZ, HB, JS, SN, TW, XJ, YN, ZJ; ★(AF): MA; (AS): AF, GE, IR, KG, KH, KZ, PK, RU-AS, SA, TJ, TM, UZ; (EU): AL, AT, BA, BE, BG, CZ, DE, ES, FR, GB, GR, HR, HU, IT, LU, ME, MK, NL, PL, RO, RS, RU, SI, TR.

*奥尔比亚药葵 **Althaea olbia** (L.) Kuntze 【I, C】 ♣CBG; ●SH, TW; ★(EU): FR, IT, NL.

锦葵属 Malva

*刻叶锦葵 **Malva alcea** L. 【I, C】 ♣BBG, CBG, XTBG; ●BJ, SH, YN; ★(AF): MA; (AS): GE, SA; (EU): AT, BA, BE, BG, CZ, DE, ES, FI, FR, HR, HU, IT, ME, MK, NL, NO, PL, RO, RS, RU, SE, SI.

多枝刻叶锦葵 **Malva alcea** var. **fastigiata** (Cav.) K. Koch 【I, C】 ★(AF): MA; (AS): GE, SA; (EU): AT, BA, BE, BG, CZ, DE, ES, FI, FR, HR, HU, IT, ME, MK, NL, NO, PL, RO, RS, RU, SE, SI.

朝天花葵 **Malva assurgentiflora** (Kellogg) M. F. Ray 【I, C】 ●TW; ★(NA): US.

锦葵 **Malva cathayensis** M. G. Gilbert, Y. Tang et Dorr 【I, C】 ♣CBG, FLBG, HBG, KBG, LBG, NBG, SCBG, TDBG, WBG, XBG, XMBG, XTBG; ●BJ, FJ, GD, HB, JS, JX, SH, SN, TW, XJ, YN, ZJ; ★(AS): IN.

麝香锦葵 **Malva moschata** L. 【I, C】 ♣BBG; ●BJ; ★(AS): SA; (EU): CH, DE, ES, FR, GB, IT, PL, RU, SE, TR.

圆叶锦葵 **Malva pusilla** Sm. 【N, W/C】 ♣BBG, XBG, XMBG; ●BJ, FJ, SN; ★(AS): CN, CY, JP, KG, KH, KZ, MN, RU-AS, TM, UZ; (EU): AL, BA, ES, FR, GR, HR, IT, MC, ME, MK, RS, SI.

*图林根锦葵 **Malva thuringiaca** (L.) Vis. 【I, C】 ♣XTBG; ●YN; ★(EU): DE, TR, UA.

野葵 **Malva verticillata** L.【N, W/C】♣FBG, GBG, GXIB, HBG, KBG, LBG, SCBG, TDBG, XBG, XMBG, XTBG; ●CQ, FJ, GD, GX, GZ, HB, HN, JX, SC, SH, SN, XJ, YN, ZJ; ★(AS): BT, CN, ID, IN, JP, KP, LK, MM, MN, PK, RU-AS; (EU): AL, BA, ES, FR, GR, HR, IT, MC, ME, MK, RS, SI.

冬葵 **Malva verticillata** var. **crispa** L. 【N, W/C】 ♣GA, KBG, NBG, TDBG, XMBG; ●BJ, FJ, JS, JX, SC, XJ, YN; ★(AS): CN, IN, PK.

花葵属 Lavatera

*克氏花葵 **Lavatera × clementii** Cheek 【I, C】 ♣CBG; ●SH; ★(EU): GB.

花葵 **Lavatera arborea** L. 【I, C】 ♣BBG, CBG, XTBG; ●BJ, SH, YN; ★(AF): DZ, LY, MA; (AS): AZ, SA; (EU): AL, BA, BY, DE, ES, GB, GR, HR, IT, LU, ME, MK, RS, SI.

新疆花葵 **Lavatera cashemiriana** Cambess. 【N, W/C】 ●XJ; ★(AS): CN, CY, ID, IN, KG, NP, PK, RU-AS, TJ.

*海花葵 **Lavatera maritima** Gouan 【I, C】 ♣CBG; ●SH; ★(AF): MA; (AS): SA; (EU): BY, DE, ES, IT.

三月花葵 **Lavatera trimestris** L. 【I, C】 ♣XTBG; ●BJ, TW, YN; ★(AF): DZ, EG, LY, MA, TN; (AS): IL, LB, PS, SY, TR; (EU): AL, BA, ES, FR, GR, HR, IT, MC, ME, MK, NL, RS, SI.

南非葵属 Anisodontea

南非葵（小木槿）**Anisodontea capensis** (L.) D. M. Bates 【I, C】 ★(AF): ZA.

藤叶葵属 Kitaibela

藤叶葵（葡萄叶葵）**Kitaibela vitifolia** Willd. 【I, C】 ♣NBG, XTBG; ●JS, YN; ★(EU): BA, HR, ME, MK, RS, SI.

蜀葵属 Alcea

裸花蜀葵 **Alcea nudiflora** (Lindl.) Boiss. 【N, W/C】 ♣NBG; ●JS; ★(AS): CN, KG, KZ, TJ, UZ.

苍白蜀葵 **Alcea pallida** (Willd.) Waldst. et Kit. 【I, C】 ♣XTBG; ●YN; ★(EU): AL, AT, BA, BG, CZ, GR, HR, HU, IT, ME, MK, RO, RS, RU, SI, TR.

皱果蜀葵 **Alcea rhyticarpa** (Trautv.) Iljin 【I, C】 ♣HBG, NBG; ●JS, ZJ; ★(AS): IR, TM.

蜀葵 **Alcea rosea** L. 【N, W/C】 ♣BBG, GBG, GMG, GXIB, HBG, HFBG, IBCAS, KBG, LBG, MDBG, NBG, SCBG, TBG, TDBG, WBG, XBG, XMBG, XOIG, XTBG, ZAFU; ●BJ, FJ, GD, GS, GX, GZ, HB, HL, JS, JX, LN, SC, SN, TW, XJ, YN, ZJ; ★(AS): CN.

榕叶蜀葵（比利时蜀葵）**Alcea rosea** subsp. **ficifolia** (L.) Govaerts 【N, C】 ♣NBG, XBG; ●JS, SN; ★(AS): CN.

塔林蜀葵 **Alcea rugosa** Alef. 【I, C】 ♣NBG; ●JS; ★(AS): AZ, GE.

罂粟葵属 Callirhoe

罂粟葵 **Callirhoe involucrata** (Torr. et A. Gray) A. Gray 【I, C】 ♣IBCAS; ●BJ; ★(NA): US.

赛葵属 Malvastrum

穗花赛葵 **Malvastrum americanum** (L.) Torr. 【I, N】 ♣XMBG; ●FJ; ★(NA): CR, CU, DO, GT, HN, HT, JM, LW, MX, NI, PA, PR, SV, TT, VG, WW; (SA): AR, BO, BR, CO, EC, PE, PY, VE.

赛葵 **Malvastrum coromandelianum** (L.) Garcke 【I, N】 ♣CBG, FBG, FLBG, GMG, SCBG, WBG, XMBG, XTBG; ●FJ, GD, GX, HB, JX, SH, YN; ★(NA): BS, BZ, CR, CU, DO, GT, HN, HT, JM, LW, MX, NI, PA, PR, TT, VG, WW; (SA): AR, BO, BR, CO, EC, PE, PY, VE.

砖红赛葵 **Malvastrum lateritium** G. Nicholson 【I, C】 ●FJ, GD, GX, HB, HN; ★(SA): AR.

捻葵属 Sidalcea

西达葵（锦葵状棯葵）**Sidalcea malviflora** (DC.) A. Gray ex Benth. 【I, C】 ★(NA): US.

俄勒冈西达葵 **Sidalcea oregana** (Nutt. ex Torr. et A. Gray) A. Gray 【I, C】 ♣BBG; ●BJ; ★(NA): US.

蛇鞭葵属 Lawrencia

蛇鞭葵 **Lawrencia helmsii** (F. Muell. et Tate) Lander 【I, C】 ●TW; ★(OC): AU.

梅茼麻属 Corynabutilon

葡萄叶梅茼麻 **Corynabutilon vitifolium** (Cav.) Kearney 【I, C】 ♣CBG; ●SH, TW; ★(SA): CL.

黄花棯属 Sida

黄花棯 **Sida acuta** Burm. f. 【N, W/C】 ♣FBG, FLBG, GMG, GXIB, TMNS, WBG, XMBG, XTBG; ●FJ, GD, GX, HB, JS, JX, TW, YN; ★(AS): BT, CN, ID, IN, JP, KH, LA, LK, MM, NP, SG, TH, VN.

桤叶黄花棯 **Sida alnifolia** L. 【N, W/C】 ♣CBG, FLBG, GMG, NBG, XMBG, XTBG; ●FJ, GD, GX, JS, JX, SH, YN; ★(AS): CN, ID, IN, TH, VN.

小叶黄花棯 **Sida alnifolia** var. **microphylla** (Cav.) S. Y. Hu 【N, W/C】 ♣BBG, XMBG, XTBG; ●BJ, FJ, YN; ★(AS): CN, IN.

倒卵叶黄花棯 **Sida alnifolia** var. **obovata** (Wall. ex Mast.) S. Y. Hu 【N, W/C】 ♣XTBG; ●YN; ★(AS): CN, IN.

圆叶黄花棯 **Sida alnifolia** var. **orbiculata** S. Y. Hu 【N, W/C】 ♣SCBG; ●GD; ★(AS): CN.

长梗黄花棯 **Sida cordata** (Burm. f.) Borss. Waalk. 【N, W/C】 ♣FLBG, GMG, SCBG, XMBG; ●FJ, GD, GX, JX; ★(AS): BT, CN, ID, IN, LK, MM, PH, TH.

心叶黄花棯 **Sida cordifolia** L. 【I, N】 ♣FLBG, GMG, SCBG, XMBG, XTBG; ●FJ, GD, GX, JX, YN; ★(AS): IN.

*北美黄花棯 **Sida hermaphrodita** (L.) Rusby 【I, C】 ♣XTBG; ●YN; ★(NA): CA, US.

条叶黄花棯 **Sida linifolia** Juss. ex Cav. 【I, N】 ●JS; ★(NA): BM, BZ, CR, CU, DO, GT, HN, JM, MX, NI, PA, PR, SV, US, VG; (SA): AR, BO, BR, CO, EC, GY, PE, PY, VE;

黏毛黄花棯 **Sida mysorensis** Wight et Arn. 【N, W/C】 ♣XTBG; ●YN; ★(AS): BT, CN, ID, IN, KH, LA, LK, MM, MY, PH, TH, VN.

白背黄花棯 **Sida rhombifolia** L. 【N, W/C】 ♣FBG, FLBG, GA, GBG, GMG, KBG, SCBG, TMNS, WBG, XMBG, XTBG; ●FJ, GD, GX, GZ, HB, JX, SC, TW, YN; ★(AS): BT, CN, ID, IN, JP, KH, LA, LK, MM, MY, NP, PH, SG, TH, VN.

刺黄花棯 **Sida spinosa** L. 【I, N】 ●JS; ★(AF): MG;

棒叶黄花棯 **Sida subcordata** Span. 【N, W/C】 ♣FLBG, SCBG, XMBG, XTBG; ●FJ, GD, JX, YN; ★(AS): CN, ID, IN, LA, MM, TH, VN.

拔毒散 **Sida szechuensis** Matsuda 【N, W/C】 ♣HBG, KBG, NBG, XTBG; ●JS, SC, YN, ZJ; ★(AS): CN.

云南黄花棯 **Sida yunnanensis** S. Y. Hu 【N, W/C】 ♣XTBG; ●YN; ★(AS): CN.

沙棯属 Sidastrum

锥花沙棯 **Sidastrum paniculatum** (L.) Fryxell 【I, N】 ★(NA): CR, CU, GT, HN, JM, MX, PA; (SA): AR, BO, BR, CO, EC, PY.

苘麻属 Abutilon

大风铃花(印度风铃花)**Abutilon × suntense** 【I, C】 ●TW; ★(AS): IN.

滇西苘麻 **Abutilon gebauerianum** Hand.-Mazz. 【N, W/C】 ♣XTBG; ●YN; ★(AS): CN.

恶味苘麻 **Abutilon hirtum** (Lam.) Jacob Cord. 【N, W/C】 ★(AF): NG; (AS): CN, ID, IN, LK, PK, TH, VN; (OC): PAF.

吊钟扶桑 **Abutilon hybridum** Voss 【I, C】 ●TW; ★(AS): CN.

磨盘草 **Abutilon indicum** (L.) DON 【N, W/C】 ♣FBG, GA, GMG, GXIB, KBG, SCBG, TMNS, XLTBG, XMBG, XTBG; ●FJ, GD, GX, HI, JX, TW, YN; ★(AS): BT, CN, ID, IN, JP, KH, LA, LK, MM, MY, NP, PH, SG, TH, VN.

*长裂苘麻 **Abutilon longilobum** F. Muell. 【I, C】 ♣XTBG; ●YN; ★(OC): AU.

红萼苘麻 **Abutilon megapotamicum** (A. Spreng.) A. St.-Hil. et Naudin 【I, C】 ♣BBG; ●BJ, TW; ★(NA): MX, SV; (SA): BR, CO.

*秘鲁苘麻 **Abutilon peruvianum** (Lam.) Kearney 【I, C】 ♣XTBG; ●YN; ★(SA): BO, PE.

金铃花 **Abutilon pictum** (Gillies ex Hook.) Walp. 【I, C】 ♣BBG, CBG, FBG, FLBG, HBG, IBCAS, KBG, LBG, SCBG, XLTBG, XMBG, XTBG; ●BJ, FJ, GD, HI, JX, SC, SH, TW, YN, ZJ; ★(NA): CR, MX, PA; (SA): AR, BO, BR, PY, UY.

华苘麻 **Abutilon sinense** Oliv. 【N, W/C】 ♣XTBG; ●YN; ★(AS): CN, TH.

索诺拉苘麻 **Abutilon sonorae** A. Gray 【I, N】 ●JS; ★(NA): MX, US.

苘麻 **Abutilon theophrasti** Medik. 【I, N】 ♣BBG, FBG, HBG, HFBG, IBCAS, KBG, LBG, NBG, SCBG, TDBG, WBG, XMBG, XTBG, ZAFU; ●AH, BJ, FJ, GD, GS, GZ, HB, HL, JS, JX, NM, SC, SD, XJ, YN, ZJ; ★(AS): IN, KH, PK, TH, VN.

扁果葵属 Anoda

冠萼扁果葵(蔓锦葵)**Anoda cristata** (L.) Schltdl. 【I,

C】 ♣HBG; ●JS, ZJ; ★(NA): BZ, CR, CU, DO, GT, HN, MX, NI, PA, SV, US; (SA): AR, BO, BR, CL, CO, EC, GF, GY, PE, PY, UY, VE.

脬果苘属 Herissantia

脬果苘 **Herissantia crispa** (L.) Brizicky 【I, N】★(NA): BS, BZ, CR, DO, GT, HN, JM, LW, MX, NI, PA, PR, SV; (SA): AR, BO, BR, CO, EC, GY, PE, PY, VE.

177. 瑞香科 THYMELAEACEAE

沉香属 Aquilaria

沉香（马来沉香）**Aquilaria agallocha** Roxb. 【I, C】★(AS): IN, PK.

柬埔寨沉香 **Aquilaria baillonii** Pierre ex Lecomte 【I, C】 ♣XTBG; ●YN; ★(AS): KH, VN.

厚叶沉香（奇楠沉香）**Aquilaria crassna** Pierre ex Lecomte 【I, C】 ●TW; ★(AS): KH, LA, TH, VN.

马来沉香（容水沉香、伽罗）**Aquilaria malaccensis** Lam. 【I, C】♣SCBG, XTBG; ●GD, TW, YN; ★(AS): BT, IN, LK, MY, SG.

土沉香 **Aquilaria sinensis** (Lour.) Spreng. 【N, W/C】 ♣CBG, FLBG, GXIB, SCBG, XMBG, XOIG, XTBG; ●FJ, GD, GX, JX, SH, TW, YN; ★(AS): CN.

老挝沉香 **Aquilaria subintegra** Ding Hou 【I, C】 ♣XTBG; ●YN; ★(AS): TH.

云南沉香 **Aquilaria yunnanensis** S. C. Huang 【N, W/C】 ♣BBG, CBG, FLBG, GBG, GMG, GXIB, HBG, SCBG, XLTBG, XMBG, XTBG; ●BJ, FJ, GD, GX, GZ, HI, JX, SH, YN, ZJ; ★(AS): CN.

结香属 Edgeworthia

结香 **Edgeworthia chrysantha** Lindl. 【N, W/C】 ♣BBG, CDBG, FBG, FLBG, GBG, GMG, GXIB, HBG, IBCAS, KBG, LBG, NBG, NSBG, TBG, WBG, XBG, XMBG, XTBG, ZAFU; ●AH, BJ, CQ, FJ, GD, GX, GZ, HB, JS, JX, SC, SN, TW, YN, ZJ; ★(AS): CN, ID, JP, KR, MM.

荛花属 Wikstroemia

荛花 **Wikstroemia canescens** Wall. ex Meisn. 【N, W/C】♣GA, LBG; ●JX; ★(AS): AF, CN, IN, JP, MM, NP, PK.

头序荛花 **Wikstroemia capitata** Rehder 【N, W/C】 ♣WBG; ●HB; ★(AS): CN.

河朔荛花 **Wikstroemia chamaedaphne** (Bunge) Meisn. 【N, W/C】 ♣BBG; ●BJ; ★(AS): CN, MN.

窄叶荛花 **Wikstroemia chui** Merr. 【N, W/C】 ♣WBG; ●HB; ★(AS): CN.

澜沧荛花 **Wikstroemia delavayi** Lecomte 【N, W/C】 ♣KBG; ●YN; ★(AS): CN.

海南荛花 **Wikstroemia hainanensis** Merr. 【N, W/C】 ♣XTBG; ●YN; ★(AS): CN.

了哥王 **Wikstroemia indica** (L.) C. A. Mey. 【N, W/C】 ♣CBG, FBG, FLBG, GA, GBG, GMG, GXIB, HBG, SCBG, TBG, WBG, XBG, XMBG, XTBG, ZAFU; ●FJ, GD, GX, GZ, HB, JX, SH, SN, TW, YN, ZJ; ★(AS): CN, ID, IN, LK, MM, MY, PH, SG, TH, VN; (OC): AU.

小黄构 **Wikstroemia micrantha** Hemsl. 【N, W/C】 ♣GBG, WBG; ●GZ, HB; ★(AS): CN.

北江荛花 **Wikstroemia monnula** Hance 【N, W/C】 ♣FBG, HBG, SCBG; ●FJ, GD, ZJ; ★(AS): CN.

独鳞荛花 **Wikstroemia mononectaria** Hayata 【N, W/C】 ♣TBG; ●TW; ★(AS): CN.

细轴荛花 **Wikstroemia nutans** Champ. ex Benth. 【N, W/C】♣FLBG, SCBG, XTBG; ●GD, JX, YN; ★(AS): CN, VN.

多毛荛花 **Wikstroemia pilosa** W. C. Cheng 【N, W/C】 ♣HBG, LBG; ●JX, ZJ; ★(AS): CN.

山棉 **Wikstroemia sikokiana** Franch. et Sav. 【I, C】 ★(AS): JP.

轮叶荛花 **Wikstroemia stenophylla** E. Pritz. 【N, W/C】 ♣WBG; ●HB; ★(AS): CN.

白花荛花 **Wikstroemia trichotoma** (Thunb.) Makino 【N, W/C】 ♣FBG, WBG, XMBG; ●FJ, HB; ★(AS): CN, JP, KR.

狼毒属 Stellera

狼毒 **Stellera chamaejasme** L. 【N, W/C】♣HFBG, KBG, MDBG, ZAFU; ●GS, HL, LN, NM, QH, SC, YN, ZJ; ★(AS): CN, JP, KP, KR, MN, RU-AS.

瑞香属 Daphne

伯氏瑞香 **Daphne × burkwoodii** Turrill 【I, C】 ●TW, YN; ★(EU): GB.

尖瓣瑞香 **Daphne acutiloba** Rehder 【N, W/C】 ♣WBG, XTBG; ●HB, SC, YN; ★(AS): CN.

Daphne alpina L. 【I, C】 ♣XTBG; ●YN; ★(EU):

AT, BA, CH, ES, FR, HR, IT, ME, MK, RS, SI.

橙花瑞香 **Daphne aurantiaca** Diels 【N, W/C】 ♣SCBG; ●GD, YN; ★(AS): CN.

藏东瑞香 **Daphne bholua** Buch.-Ham. ex D. Don 【N, W/C】♣BBG; ●BJ, TW; ★(AS): BT, CN, ID, IN, LK, MM, NP.

长柱瑞香 **Daphne championii** Benth. 【N, W/C】 ♣WBG; ●HB; ★(AS): CN.

穗花瑞香 **Daphne esquirolii** H. Lév. 【N, W/C】 ♣WBG; ●HB; ★(AS): CN.

滇瑞香 **Daphne feddei** H. Lév. 【N, W/C】 ♣KBG; ●YN; ★(AS): CN.

芫花 **Daphne genkwa** Siebold et Zucc. 【N, W/C】 ♣FBG, GA, GBG, HBG, LBG, NBG, TBG, WBG, XBG, ZAFU; ●FJ, GZ, HB, JS, JX, LN, SC, SN, TW, ZJ; ★(AS): CN, JP, KR.

黄瑞香 **Daphne giraldii** Nitsche【N, W/C】♣BBG, CBG, HBG, WBG, XBG; ●BJ, HB, SH, SN, ZJ; ★(AS): CN.

倒卵叶瑞香 **Daphne grueningiana** H. J. P. Winkl. 【N, W/C】 ♣ZAFU; ●ZJ; ★(AS): CN.

金寨瑞香 **Daphne jinzhaiensis** D. C. Zhang et J. Z. Shao 【N, W/C】 ♣CBG; ●SH; ★(AS): CN.

日本毛瑞香 **Daphne kiusiana** Miq. 【N, W/C】 ♣HBG; ●ZJ; ★(AS): CN, JP, KR.

毛瑞香 **Daphne kiusiana** var. **atrocaulis** (Rehder) F. Maek. 【N, W/C】 ♣CBG, FBG, GA, HBG, LBG, NSBG, WBG, ZAFU; ●CQ, FJ, HB, JX, SC, SH, ZJ; ★(AS): CN, JP.

月桂瑞香 **Daphne laureola** L. 【I, C】 ♣BBG; ●BJ, TW; ★(AF): MA; (EU): AD, AL, BA, BE, BG, ES, FR, GB, GR, HR, IT, LU, MC, ME, MK, NL, PT, RO, RS, SI, SM, VA.

二月瑞香 **Daphne mezereum** L. 【I, C】 ♣BBG, CBG, XTBG; ●BJ, SH, TW, YN; ★(AS): GE, RU-AS; (EU): AL, AT, BA, BE, BG, CZ, DE, ES, FI, GB, GR, HR, HU, IT, ME, MK, NL, NO, PL, RO, RS, RU, SI.

瑞香 **Daphne odora** D. Don 【N, W/C】 ♣FBG, FLBG, GA, IBCAS, LBG, NBG, SCBG, WBG, XMBG, ZAFU; ●BJ, FJ, GD, HB, JS, JX, SC, TW, YN, ZJ; ★(AS): CN, JP, KR.

厚叶瑞香 **Daphne pachyphylla** D. Fang 【N, W/C】 ♣GXIB; ●GX; ★(AS): CN.

白瑞香 **Daphne papyracea** Wall. ex Steud. 【N, W/C】 ♣CBG, GBG, GMG, WBG; ●GX, GZ, HB, SC, SH; ★(AS): BT, CN, ID, IN, LK, MM, NP.

双花瑞香 **Daphne pontica** L. 【I, C】 ♣IBCAS; ●BJ; ★(AS): GE, TR; (EU): BG.

朝鲜瑞香 **Daphne pseudomezereum** var. **koreana** (Nakai) Hamaya 【N, W/C】 ♣HFBG, SCBG; ●GD, HL, LN; ★(AS): CN, MN, RU-AS.

凹叶瑞香 **Daphne retusa** Hemsl. 【N, W/C】 ♣HBG, WBG; ●HB, TW, ZJ; ★(AS): BT, CN, IN, LK, NP.

木犀状瑞香 **Daphne sophia** Kolenicz. 【I, C】 ♣IBCAS; ●BJ; ★(EU): RU.

唐古特瑞香 **Daphne tangutica** Maxim. 【N, W/C】 ♣CDBG, HBG, IBCAS, MDBG, WBG; ●BJ, GS, HB, SC, TW, YN, ZJ; ★(AS): CN.

野梦花 **Daphne tangutica** var. **wilsonii** (Rehder) H. F. Zhou 【N, W/C】 ♣WBG; ●HB, SC; ★(AS): CN.

毛花瑞香属 Eriosolena

毛管花 **Eriosolena composita** (L. f.) Merr. 【N, W/C】 ♣XTBG; ●YN; ★(AS): CN, ID, IN, KH, MM, MY, TH, VN.

鼠皮树属 Rhamnoneuron

鼠皮树 **Rhamnoneuron balansae** (Drake) Gilg【N, W/C】 ♣XTBG; ●YN; ★(AS): CN, LA, VN.

皇冠果属 Phaleria

皇冠果(揺鼓簕、头花皇冠果)**Phaleria capitata** Jack 【I, C】 ♣SCBG; ●GD; ★(AS): IN, LK, SG.

大皇冠果（皇冠果）**Phaleria macrocarpa** (Scheff.) Boerl. 【I, C】 ♣SCBG; ●GD; ★(OC): PG.

八蕊皇冠果 **Phaleria octandra** (L.) Baill. 【I, C】 ♣SCBG, XTBG; ●GD, YN; ★(AS): ID; (OC): AU.

米瑞香属 Pimelea

银稻花 **Pimelea argentea** R. Br. 【I, C】 ♣HBG; ●ZJ; ★(OC): AU.

米瑞香（稻花）**Pimelea ferruginea** Labill. 【I, C】 ●TW; ★(OC): AU.

米钟花 **Pimelea physodes** Hook. 【I, C】 ●TW; ★(OC): AU.

178. 红木科 BIXACEAE

红木属 Bixa

红木 **Bixa orellana** L. 【I, C/N】 ♣BBG, CBG, FBG,

FLBG, GMG, HBG, NBG, SCBG, TMNS, WBG, XBG, XLTBG, XMBG, XOIG, XTBG; ●BJ, FJ, GD, GX, HB, HI, JS, JX, SC, SH, SN, TW, YN, ZJ; ★(NA): BZ, CR, DO, JM, MX, NI, PA, SV; (SA): AR, BO, BR, CO, EC, PE, PY.

弯子木属 Cochlospermum

重瓣弯子木 **Cochlospermum regium** (Schrank) Pilg. 【I, C】 ♣XTBG; ●TW, YN; ★(SA): BR.

弯子木 **Cochlospermum religiosum** (L.) Alston【I, C】 ♣FLBG, SCBG, TMNS, XLTBG, XMBG, XTBG; ●FJ, GD, HI, JX, TW, YN; ★(AS): ID, IN, LK, MM, SG, TH.

毛茛树 **Cochlospermum vitifolium** (Willd.) Spreng.【I, C】 ♣XMBG, XTBG; ●FJ, GD, TW, YN; ★(NA): BM, CU, MX, PR, US; (SA): BR, CO, EC, PE, VE.

179. 半日花科 CISTACEAE

帚石玫属 Lechea

*三瓣帚蔷薇 **Lechea tripetala** (Moc. et Sessé ex Dunal) Britton【I, C】♣NBG; ●JS; ★(NA): MX, US.

半日花属 Helianthemum

亚平宁半日花 **Helianthemum apenninum** (L.) Mill. 【I, C】 ♣HBG, NBG; ●JS, ZJ; ★(EU): AL, BA, BE, BY, DE, ES, GB, GR, HR, IT, LU.

红花半日花 **Helianthemum apenninum** var. **roseum** Willk. 【I, C】 ♣HBG; ●ZJ; ★(EU): ES.

加拿大半日花 **Helianthemum canadense** (L.) Michx. 【I, C】 ♣NBG; ●JS; ★(NA): CA, US.

橙黄半日花（黄半日花）**Helianthemum croceum** (Desf.) Pers. 【I, C】 ♣NBG; ●JS; ★(AS): SA; (EU): DE, ES, IT, LU, SI.

喇叭茶叶半日花 **Helianthemum ledifolium** (L.) Mill. 【I, C】 ♣NBG; ●JS; ★(AS): TM.

金钱半日花 **Helianthemum nummularium** (Cav.) Losa et Rivas Goday 【I, C】 ♣HBG, NBG; ●JS, TW, ZJ; ★(AS): AZ; (EU): FR, IS, NO, RS, RU.

光叶半日花 **Helianthemum nummularium** subsp. **glabrum** (W. D. J. Koch) Wilczek. 【I, C】 ♣HBG; ●ZJ; ★(EU): FR, IS, NO, RS, RU.

大花半日花 **Helianthemum nummularium** subsp. **grandiflorum** (Scop.) Schinz et Thell. 【I, C】 ♣NBG; ●JS; ★(AS): GE.

高山半日花 **Helianthemum oelandicum** subsp. **alpestris** (Jacq.) Breistr. 【I, C】 ♣NBG; ●JS; ★(EU): AX.

灰毛半日花 **Helianthemum oelandicum** subsp. **incanum** (Willk.) G. López【I, C】♣NBG; ●JS; ★(EU): AX.

卵叶半日花 **Helianthemum ovatum** Dunal 【I, C】 ♣HBG, NBG; ●JS, ZJ; ★(EU): HU.

迷迭香半日花 **Helianthemum rosmarinifolium** Pursh 【I, C】 ♣NBG; ●JS; ★(NA): US.

柳叶半日花 **Helianthemum salicifolium** (L.) Mill. 【I, C】 ♣NBG; ●JS; ★(AS): SA; (EU): AL, BG, BY, DE, ES, GR, HR, IT, LU, MK, RO, RU, SI, TR.

半日花 **Helianthemum songaricum** Schrenk 【N, W/C】 ♣MDBG, TDBG; ●GS, NM, XJ; ★(AS): CN, CY, KZ.

薰衣草叶半日花 **Helianthemum syriacum** (Jacq.) Dum. Cours. 【I, C】 ♣NBG; ●JS; ★(AS): PS.

海蔷薇属 Halimium

美丽海蔷薇 **Halimium lasianthum** (Lam.) Spach 【I, C】 ♣CBG; ●SH, TW; ★(EU): ES, PT.

*罗勒海蔷薇 **Halimium ocymoides** (Lam.) Willk.【I, C】 ●TW; ★(EU): ES.

伞花海蔷薇 **Halimium umbellatum** Spach 【I, C】 ♣CBG; ●SH, TW; ★(EU): DE, ES, GR, LU.

*黏毛伞花海蔷薇 **Halimium umbellatum** subsp. **viscosum** (Willk.) O. Bolòs et Vigo【I, C】♣NBG; ●JS; ★(EU): ES.

× Halimiocistus

小岩蔷薇（半日岩蔷薇）× **Halimiocistus sahucii** Janch. 【I, C】 ●TW; ★(EU): GB.

温顿小岩蔷薇 × **Halimiocistus wintonensis** O. E. Warb. et E. F. Warb. 【I, C】 ♣CBG; ●SH; ★(EU): GB.

岩蔷薇属 Cistus

紫花岩蔷薇 **Cistus** × **purpureus** Lam. 【I, C】 ♣NBG; ●JS; ★(EU): GB.

白毛岩蔷薇 **Cistus albidus** L. 【I, C】 ♣NBG; ●JS; ★(AF): MA; (AS): SA; (EU): BY, DE, ES, IT, LU.

克里特岩蔷薇 **Cistus creticus** L. 【I, C】 ♣NBG; ●JS, SH, TW; ★(EU): GR.

绵头岩蔷薇（灰白岩蔷薇）**Cistus creticus** subsp. **eriocephalus** (Viv.) Greuter et Burdet 【I, C】 ♣HBG, NBG; ●JS, ZJ; ★(EU): GR.

波叶岩蔷薇 **Cistus crispus** L.【I, C】♣NBG; ●JS; ★(AF): MA; (EU): ES.

地中海岩蔷薇 **Cistus cyprius** Lam.【I, C】♣NBG; ●JS; ★(AS): CY.

异叶岩蔷薇 **Cistus heterophyllus** Desf. 【I, C】 ♣NBG; ●JS; ★(EU): ES.

岩蔷薇 **Cistus ladanifer** L.【I, C】♣HBG, XMBG, XTBG; ●FJ, TW, YN, ZJ; ★(EU): ES.

桂叶岩蔷薇 **Cistus laurifolius** L. 【I, C】 ♣NBG, XTBG; ●JS, YN; ★(AF): MA; (AS): AM, SA; (EU): ES, FR, GR, IT, PT.

白岩蔷薇 **Cistus monspeliensis** L. 【I, C】 ●TW; ★(AF): MA; (AS): SA; (EU): AL, BA, BY, DE, ES, GR, HR, IT, LU, ME, MK, RS, SI.

鼠尾草叶岩蔷薇（丹参叶岩蔷薇）**Cistus salviifolius** L. 【I, C】 ♣KBG, NBG; ●JS, TW, YN; ★(EU): ES, FR, GR, PT.

180. 龙脑香科 DIPTEROCARPACEAE

异翅香属 Anisoptera

显脉异翅香 **Anisoptera costata** Korth. 【I, C】 ♣XTBG; ●YN; ★(AS): IN, LA, MM, MY.

异翅香 **Anisoptera laevis** Ridl. 【I, C】 ♣XTBG; ●YN; ★(AS): ID, MY.

青梅属 Vatica

柿果青梅 **Vatica diospyroides** Symington 【I, C】 ♣XTBG; ●YN; ★(AS): MY, TH, VN.

广西青梅 **Vatica guangxiensis** S. L. Mo【N, W/C】 ♣BBG, FLBG, GXIB, SCBG, WBG, XTBG; ●BJ, GD, GX, HB, JX, YN; ★(AS): CN, VN.

青梅 **Vatica mangachapoi** Blanco 【N, W/C】 ♣BBG, FBG, FLBG, HBG, SCBG, WBG, XLTBG, XTBG; ●BJ, FJ, GD, HB, HI, JX, YN, ZJ; ★(AS): CN, ID, IN, MY, PH, TH, VN.

香青梅 **Vatica odorata** (Griff.) Symington 【I, C】 ♣XTBG; ●YN; ★(AS): LA, MM, MY.

小叶青梅 **Vatica parvifolia** P. S. Ashton 【I, C】 ●HI; ★(AS): ID, MY.

拉丝克青梅 **Vatica rassak** Blume【I, C】♣XTBG; ●YN; ★(AS): ID, PH; (OC): PG.

龙脑香属 Dipterocarpus

*博迪龙脑香 **Dipterocarpus baudii** Korth. 【I, C】 ●GD, TW; ★(AS): IN, MM, MY, TH, VN.

纤细龙脑香 **Dipterocarpus gracilis** Blume 【N, W/C】 ♣XTBG; ●YN; ★(AS): CN, IN, LA, MM, MY, TH, VN.

缠结龙脑香 **Dipterocarpus intricatus** Dyer 【I, C】 ♣XTBG; ●GD, YN; ★(AS): LA.

椭圆叶龙脑香 **Dipterocarpus oblongifolius** Blume 【I, C】 ●GD; ★(AS): ID, MY.

蛇螺羯布罗香 **Dipterocarpus obtusifolius** Teijsm. ex Miq.【I, C】♣XTBG; ●GD, YN; ★(AS): LA, MM, MY.

东京龙脑香 **Dipterocarpus retusus** Blume 【N, W/C】 ♣BBG, NBG, SCBG, XTBG; ●BJ, GD, JS, YN; ★(AS): CN, ID, IN, LA, MM, MY, TH, VN.

坚翅龙脑香 **Dipterocarpus rigidus** Ridl. 【I, C】 ♣XTBG; ●YN; ★(AS): MY.

高大龙脑香 **Dipterocarpus scaber** Buch.-Ham.【I, C】 ♣SCBG, XTBG; ●GD, YN; ★(AS): BD.

小瘤龙脑香 **Dipterocarpus tuberculatus** Roxb.【I, C】 ♣XTBG; ●GD, TW, YN; ★(AS): LA, MM.

羯布罗香 **Dipterocarpus turbinatus** C. F. Gaertn.【I, C】♣BBG, SCBG, XMBG, XTBG; ●BJ, FJ, GD, HI, YN; ★(AS): ID, IN, KH, LA, MM, TH, VN.

锡兰龙脑香 **Dipterocarpus zeylanicus** Thwaites【I, C】 ♣SCBG, XTBG; ●GD, YN; ★(AS): LK.

冰片香属 Dryobalanops

冰片香（冰片）**Dryobalanops sumatrensis** (J. F. Gmel.) Kosterm. 【I, C】 ★(AS): ID, MY.

娑罗双属 Shorea

云南娑罗双 **Shorea assamica** Dyer 【N, W/C】 ♣BBG, SCBG, XTBG; ●BJ, GD, YN; ★(AS): CN, ID, IN, MM, MY, PH, TH.

*暗红娑罗双 **Shorea curtisii** Dyer ex King 【I, C】 ●GD; ★(AS): ID, MY, SG, TH.

钝叶娑罗双 **Shorea obtusa** Wall.【I, C】♣SCBG, XTBG; ●GD, YN; ★(AS): LA, MM.

娑罗双 **Shorea robusta** Gaertn.【N, W/C】♣SCBG, XLTBG, XTBG; ●GD, HI, YN; ★(AS): BT, CN, ID, IN, LK, MM, NP.

罗伯氏娑罗双 **Shorea roxburghii** G. Don 【I, C】 ♣XTBG; ●GD, YN; ★(AS): IN, LA, MM, MY, SG.

柳安属 Parashorea

望天树 **Parashorea chinensis** H. Wang 【N, W/C】 ♣BBG, CBG, FBG, FLBG, GXIB, NBG, SCBG, XMBG, XTBG; ●BJ, FJ, GD, GX, HI, JS, JX, SH, YN; ★(AS): CN, LA, VN.

栎果香属 Neobalanocarpus

栎果香 **Neobalanocarpus heimii** (King) P. S. Ashton 【I, C】 ♣XTBG; ●YN; ★(AS): MY, SG.

坡垒属 Hopea

狭叶坡垒 **Hopea chinensis** (Merr.) Hand.-Mazz. 【N, W/C】 ♣BBG, FLBG, GXIB, SCBG, XTBG; ●BJ, GD, GX, HI, JX, YN; ★(AS): CN, LA, VN.

坡垒 **Hopea hainanensis** Merr. et Chun 【N, W/C】 ♣BBG, FBG, FLBG, GXIB, HBG, SCBG, XLTBG, XMBG, XTBG; ●BJ, FJ, GD, GX, HI, JX, YN, ZJ; ★(AS): CN, VN.

香坡垒 **Hopea odorata** Roxb. 【I, C】 ♣SCBG, XTBG; ●GD, YN; ★(AS): IN, LA, MM, SG.

铁凌 **Hopea reticulata** Tardieu 【N, W/C】 ♣SCBG, XLTBG, XTBG; ●GD, HI, YN; ★(AS): CN, VN.

白柳安属 Pentacme

钝叶白柳安(树花) **Pentacme siamensis** (Miq.) Kurz 【I, C】 ♣XTBG; ●YN; ★(AS): KH, TH.

181. 叠珠树科 AKANIACEAE

伯乐树属 Bretschneidera

伯乐树 **Bretschneidera sinensis** Hemsl. 【N, W/C】 ♣CBG, CDBG, FBG, FLBG, GA, GBG, GMG, GXIB, HBG, IBCAS, KBG, LBG, NBG, NSBG, SCBG, WBG, XTBG, ZAFU; ●BJ, CQ, FJ, GD, GX, GZ, HB, JS, JX, SC, SH, YN, ZJ; ★(AS): CN, TH, VN.

182. 旱金莲科 TROPAEOLACEAE

旱金莲属 Tropaeolum

旱金莲 **Tropaeolum majus** L. 【I, C】 ♣BBG, CDBG, FBG, FLBG, GBG, GMG, GXIB, HBG, KBG, LBG, NBG, NSBG, SCBG, TBG, WBG, XBG, XLTBG, XMBG, XOIG, XTBG, ZAFU; ●BJ, CQ, FJ, GD, GX, GZ, HB, HI, HL, JL, JS, JX, LN, SC, SN, TW, XJ, YN, ZJ; ★(NA): DO, GT, HN, MX, NI, US; (SA): AR, BO, BR, CL, EC, PE, VE.

小旱金莲 **Tropaeolum minus** L. 【I, C】 ♣KBG; ●YN; ★(SA): PE.

盾叶旱金莲 **Tropaeolum peltophorum** Benth. 【I, C】 ★(SA): PE.

*广布旱金莲 **Tropaeolum peregrinum** L. 【I, C】 ●TW; ★(SA): BO, EC, PE.

多叶旱金莲 **Tropaeolum polyphyllum** Cav. 【I, C】 ★(SA): CL.

三色旱金莲 **Tropaeolum tricolor** Sweet 【I, C】 ●TW; ★(SA): CL.

块茎旱金莲(球根旱金莲) **Tropaeolum tuberosum** Ruiz et Pav. 【I, C】 ●TW; ★(SA): PE.

183. 辣木科 MORINGACEAE

辣木属 Moringa

象腿树 **Moringa drouhardii** Jum. 【I, C】 ♣BBG, CBG, SCBG, TMNS, WBG, XLTBG, XMBG, XTBG; ●BJ, FJ, GD, HB, HI, SH, TW, YN; ★(AF): MG.

辣木 **Moringa oleifera** Lam. 【I, C/N】 ♣CBG, FBG, FLBG, GXIB, HBG, IBCAS, NBG, SCBG, TMNS, XLTBG, XMBG, XOIG, XTBG; ●BJ, CQ, FJ, GD, GX, HI, JS, JX, SC, SH, TW, YN, ZJ; ★(AF): MG, NG.

*卵叶辣木 **Moringa ovalifolia** Dinter et Berger 【I, C】 ●TW; ★(AS): IN.

非洲辣木 **Moringa stenopetala** (Baker f.) Cufod. 【I, C】 ♣TMNS, XTBG; ●TW, YN; ★(AF): ET, KE.

184. 番木瓜科 CARICACEAE

番木瓜属 Carica

秘鲁番木瓜 **Carica monoica** Desf. 【I, C】 ★(SA): EC, PE.

番木瓜 **Carica papaya** L. 【I, C】 ♣BBG, CBG, FBG, FLBG, GMG, GXIB, HBG, IBCAS, NBG, SCBG, TBG, WBG, XLTBG, XMBG, XOIG,

XTBG, ZAFU; ●AH, BJ, FJ, GD, GX, HB, HI, JS, JX, SC, SD, SH, TW, YN, ZJ; ★(NA): BM, BZ, CR, DO, GT, HN, JM, MX, NI, PA, PR, SV, TT, US; (SA): AR, BO, BR, CO, EC, PE, PY, VE.

异木瓜属 Jacaratia

*科伦巴异木瓜 **Jacaratia corumbensis** Kuntze 【I, C】 ●FJ; ★(SA): AR, BO, BR, PY.

*墨西哥异木瓜 **Jacaratia mexicana** A. DC. 【I, C】 ♣XMBG, XOIG, XTBG; ●FJ, YN; ★(NA): BZ, GT, HN, MX, NI, SV.

185. 沼沫花科 LIMNANTHACEAE

沼堇花属 Floerkea

弗劳尔草 **Floerkea proserpinacoides** Willd. 【I, C】 ★(NA): CA, US.

沼沫花属 Limnanthes

沼沫花 **Limnanthes douglasii** R. Br. 【I, C】 ●TW; ★(NA): US.

186. 刺茉莉科 SALVADORACEAE

刺茉莉属 Azima

四刺刺茉莉(针叶树) **Azima tetracantha** Lam. 【I, C】 ♣XTBG; ●YN; ★(AF): KE, MG, MZ, TZ, ZA.

187. 节蒴木科 BORTHWICKIACEAE

节蒴木属 Borthwickia

节蒴木 **Borthwickia trifoliata** W. W. Sm. 【N, W/C】 ♣XTBG; ●YN; ★(AS): CN, MM.

188. 斑果藤科 STIXACEAE

斑果藤属 Stixis

锥序斑果藤 **Stixis ovata** subsp. **fasciculata** (King) Jacobs 【N, W/C】 ♣XTBG; ●YN; ★(AS): CN, LA, MM, VN.

斑果藤 **Stixis suaveolens** (Roxb.) Pierre 【N, W/C】 ♣SCBG, XTBG; ●GD, YN; ★(AS): BT, CN, IN, KH, LA, MM, NP, TH, VN.

189. 木犀草科 RESEDACEAE

木犀草属 Reseda

白木犀草 **Reseda alba** L. 【I, C】 ♣XTBG; ●TW, YN; ★(EU): ES, FR.

黄木犀草 **Reseda lutea** L. 【I, N】 ♣XTBG; ●YN; ★(AF): DZ, EG, LY, MA, TN; (AS): LB, PS, SY, TR; (EU): AL, ES, FR, GR, IT, MK.

木犀草 **Reseda odorata** L. 【I, C】 ♣XMBG; ●FJ; ★(AF): LY; (EU): GR.

190. 山柑科 CAPPARACEAE

鱼木属 Crateva

台湾鱼木 **Crateva formosensis** (Jacobs) B. S. Sun 【N, W/C】 ♣GXIB, SCBG, TBG, TMNS, XTBG; ●GD, GX, TW, YN; ★(AS): CN, JP.

沙梨木 **Crateva magna** (Lour.) DC. 【N, W/C】 ♣XTBG; ●YN; ★(AS): CN, ID, IN, KH, LA, LK, MM, MY, TH.

鱼木 **Crateva religiosa** G. Forst. 【N, W/C】 ♣FLBG, GMG, GXIB, HBG, SCBG, TBG, XTBG; ●GD, GX, JX, SC, TW, YN, ZJ; ★(AF): NG; (AS): BT, CN, ID, IN, JP, KH, LA, LK, MM, MY, NP, PH, SG, TH, VN.

*美洲鱼木 **Crateva tapia** L. 【I, C】 ♣XTBG; ●YN; ★(NA): BZ, CR, DO, GT, HN, MX, NI, PA, SV; (SA): AR, BO, BR, CO, EC, GF, GY, PE, PY, VE.

钝叶鱼木 **Crateva trifoliata** (Roxb.) B. S. Sun 【N, W/C】 ♣FLBG, GXIB, SCBG; ●GD, GX, HI, JX; ★(AS): CN, ID, IN, KH, LA, MM, TH, VN.

树头菜 **Crateva unilocularis** Buch.-Ham. 【N, W/C】 ♣CBG, CDBG, FBG, FLBG, GXIB, KBG, SCBG, XMBG, XTBG; ●FJ, GD, GX, HI, JX, SC, SH, YN; ★(AS): BT, CN, ID, IN, KH, LA, MM, NP, VN.

山柑属 Capparis

独行千里 **Capparis acutifolia** J. F. Macbr. 【N,

W/C】 ♣FBG, GA, GMG, SCBG, XTBG, ZAFU; ●FJ, GD, GX, JX, YN, ZJ; ★(AS): BT, CN, ID, IN, JP, LA, LK, TH, VN; (SA): PE.

总序山柑 **Capparis assamica** Hook. f. et Thomson 【N, W/C】 ♣XTBG; ●YN; ★(AS): BT, CN, ID, IN, LA, LK, MM, TH.

野香橼花 **Capparis bodinieri** H. Lév. 【N, W/C】 ♣KBG, XTBG; ●YN; ★(AS): BT, CN, ID, IN, MM.

广州山柑 **Capparis cantoniensis** Lour. 【N, W/C】 ♣FBG, GMG, HBG, SCBG, WBG, XTBG; ●FJ, GD, GX, HB, YN, ZJ; ★(AS): BT, CN, ID, IN, LK, MM, PH, TH, VN.

网脉山柑 **Capparis diversifolia** Wight et Arn. 【I, C】 ♣XTBG; ●YN; ★(AS): IN.

勐海山柑 **Capparis fohaiensis** B. S. Sun【N, W/C】 ♣XTBG; ●YN; ★(AS): CN.

海南山柑 **Capparis hainanensis** Oliv. 【N, W/C】 ♣SCBG; ●GD; ★(AS): CN.

长刺山柑 **Capparis henryi** Matsum. 【N, W/C】 ♣TBG, TMNS; ●TW; ★(AS): CN.

红河山柑 **Capparis hongheensis** G. D. Tao 【N, W/C】 ♣XTBG; ●YN; ★(AS): CN.

马槟榔 **Capparis masaikai** H. Lév. 【N, W/C】 ♣GXIB, SCBG, XMBG, XTBG; ●FJ, GD, GX, YN; ★(AS): CN.

雷公橘 **Capparis membranifolia** Kurz 【N, W/C】 ♣SCBG, XTBG; ●GD, YN; ★(AS): BT, CN, ID, IN, KH, LA, MM, TH, VN.

小刺山柑 **Capparis micracantha** DC. 【N, W/C】 ●HI; ★(AS): CN, ID, IN, KH, LA, MM, MY, PH, SG, TH, VN.

毛蕊山柑 **Capparis pubiflora** DC. 【N, W/C】 ♣SCBG; ●GD; ★(AS): CN, ID, IN, MY, PH, TH, VN; (OC): PAF.

黑叶山柑 **Capparis sabiifolia** Hook. f. et Thomson 【N, W/C】 ♣XTBG; ●YN; ★(AS): CN, ID, IN, LA, MM, TH, VN.

青皮刺 **Capparis sepiaria** L. 【N, W/C】 ♣SCBG; ●GD; ★(AF): MG; (AS): CN, ID, IN, KH, LA, LK, MM, MY, NP, PH, TH, VN; (OC): AU, PAF.

锡金山柑 **Capparis sikkimensis** Kurz 【N, W/C】 ♣XTBG; ●YN; ★(AS): BT, CN, ID, IN, JP, LK, MM.

山柑（刺山柑）**Capparis spinosa** L. 【N, W/C】 ♣MDBG, TDBG, WBG; ●GS, HB, XJ; ★(AS): AF, CN, ID, IN, MM, NP, PK; (OC): AU, PAF.

无柄山柑 **Capparis subsessilis** B. S. Sun 【N, W/C】 ♣XTBG; ●YN; ★(AS): CN, VN.

薄叶山柑 **Capparis tenera** Dölzell 【N, W/C】 ♣XTBG; ●YN; ★(AS): CN, ID, IN, LK, MM, TH.

毛果山柑 **Capparis trichocarpa** B. S. Sun 【N, W/C】 ♣XTBG; ●YN; ★(AS): CN.

小绿刺 **Capparis urophylla** F. Chun 【N, W/C】 ♣BBG, GMG, GXIB, WBG, XTBG; ●BJ, GX, HB, YN; ★(AS): CN, LA.

屈头鸡 **Capparis versicolor** Griff. 【N, W/C】 ♣NBG, SCBG; ●GD, JS; ★(AS): CN, ID, IN, MM, MY, TH, VN.

荚蒾叶山柑 **Capparis viburnifolia** Gagnep. 【N, W/C】 ♣XTBG; ●YN; ★(AS): CN, TH, VN.

元江山柑 **Capparis wui** B. S. Sun 【N, W/C】 ♣SCBG, XTBG; ●GD, YN; ★(AS): CN.

苦子马槟榔 **Capparis yunnanensis** Craib et W. W. Sm. 【N, W/C】 ♣KBG, XTBG; ●YN; ★(AS): CN, MM, TH, VN.

牛眼睛 **Capparis zeylanica** Wight et Arn. 【N, W/C】 ●HI; ★(AS): CN, ID, IN, LA, LK, MM, NP, PH, TH, VN.

191. 白花菜科 CLEOMACEAE

鸟足菜属 Cleome

皱子白花菜 **Cleome rutidosperma** DC.【I, N】★(AF): GA.

印度白花菜 **Cleome rutidosperma** var. **burmannii** (Wight et Arn.) Siddiqui et S. N. Dixit 【I, N】 ★(AF): GA.

沾沙草属 Polanisia

三叶醉蝶花 **Polanisia dodecandra** (L.) DC. 【I, C】 ★(OC): AU.

黄花草属 Corynandra

黄花草（臭矢菜、毛龙须）**Corynandra viscosa** (L.) Cochrane et Iltis 【N, W/C】 ♣GBG, GMG, HBG, LBG, SCBG, WBG, XMBG, XTBG, ZAFU; ●FJ, GD, GX, GZ, HB, JX, YN, ZJ; ★(AS): BT, CN, ID, IN, JP, KH, LA, LK, MY, NP, PK, TH, VN.

洋白花菜属 Cleoserrata

西洋白花菜 **Cleoserrata speciosa** (Raf.) Iltis 【I, C/N】 ★(NA): CR, GT, HN, MX, NI, PA, SV.

白花菜属 Gynandropsis

羊角菜(白花菜) **Gynandropsis gynandra** (L.) Briq. 【I, N】 ♣FBG, FLBG, GBG, GMG, GXIB, HBG, HFBG, KBG, LBG, NBG, WBG, XMBG; ●AH, BJ, FJ, GD, GX, GZ, HB, HL, JS, JX, TW, YN, ZJ; ★(AF): BI, CF, CM, GH, NG, SO, TZ.

鼬柑属 Peritoma

黄醉蝶花 **Peritoma lutea** (Hook.) Raf. 【I, C/N】 ♣NBG; ●JS; ★(NA): MX, US.

醉蝶花属 Tarenaya

醉蝶花 **Tarenaya hassleriana** (Chodat) Iltis 【I, C/N】 ♣BBG, CDBG, FLBG, GA, GBG, GMG, HBG, KBG, LBG, NBG, SCBG, WBG, XBG, XLTBG, XMBG, XOIG, XTBG, ZAFU; ●BJ, FJ, GD, GX, GZ, HB, HI, HL, JL, JS, JX, SC, SN, TW, XJ, YN, ZJ; ★(SA): AR, BR, CO, EC, PY, UY.

192. 十字花科 BRASSICACEAE

岩芥菜属 Aethionema

小亚细亚岩芥 **Aethionema arabicum** (L.) Andrz. ex DC. 【I, C】 ♣NBG; ●JS; ★(AS): RU-AS, TR; (EU): BG, TR.

大花岩芥菜 **Aethionema grandiflorum** Boiss. et Hohen. 【I, C】 ♣NBG; ●JS; ★(AS): TR.

岩芥菜 **Aethionema saxatile** (L.) R. Br. 【I, C】 ♣NBG; ●BJ, JS; ★(AS): SA; (EU): AL, BA, BG, CZ, DE, ES, FR, GR, HR, HU, IT, ME, MK, RO, RS, SI.

卵形叶岩芥 **Aethionema saxatile** subsp. **ovalifolium** (DC.) Nyman 【I, C】 ♣NBG; ●JS; ★(EU): GR.

索马岩芥 **Aethionema thomasianum** J. Gay 【I, C】 ♣NBG; ●JS; ★(AF): DZ, SO; (EU): IT.

庭荠属 Alyssum

高山庭荠 **Alyssum alpestre** L. 【I, C】 ♣NBG; ●JS; ★(EU): BA, CH, DE, FR, IT, TR, UA.

欧洲庭荠 **Alyssum alyssoides** (L.) L. 【I, C】 ★(AS): CY, KG, KZ, TJ, TM, UZ; (EU): AL, BA, DE, ES, FR, GR, HR, IT, MC, ME, MK, RS, SI.

银庭荠 **Alyssum argenteum** All. 【I, C】 ♣NBG; ●JS; ★(EU): HR, RO.

多花庭荠 **Alyssum floribundum** Boiss. 【I, C】 ♣NBG; ●JS; ★(AS): TR.

北方庭荠 **Alyssum lenense** Adams 【N, W/C】 ♣NBG; ●JS; ★(AS): CN, CY, KZ, MN, RU-AS; (EU): RU.

黄庭荠 **Alyssum moellendorfianum** Asch. ex Beck 【I, C】 ♣NBG; ●JS; ★(EU): BA, HR, ME, MK, RS, SI.

山庭荠 **Alyssum montanum** L. 【I, C】 ♣BBG, CBG; ●BJ, SH, TW, YN; ★(EU): AL, AT, BA, BG, CH, CZ, DE, ES, FR, GR, HR, HU, IT, ME, MK, PL, RO, RS, RU, SI.

崖庭荠 **Alyssum murale** Waldst. et Kit. 【I, C】 ♣NBG; ●JS; ★(EU): AL, BA, BG, GR, HR, HU, ME, MK, RO, RS, RU, SI.

芳香庭荠 **Alyssum odoratum** Colla 【I, C】 ★(AF): MA; (EU): AT, ES, FR, IT.

西伯利亚庭荠 **Alyssum sibiricum** Willd. 【I, C】 ♣XMBG; ●FJ; ★(EU): AL, BA, BG, GR, HR, ME, MK, RS, RU, SI, TR.

金球庭芥 **Alyssum wulfenianum** Benth. ex Willd. 【I, C】 ♣NBG; ●JS; ★(EU): AT, BA, GR, HR, IT, ME, MK, RS, SI, TR.

金庭荠属 Aurinia

平顶庭荠 **Aurinia corymbosa** Griseb. 【I, C】 ♣NBG; ●JS; ★(AS): TR.

石生庭荠 **Aurinia petraea** (Ard.) Schur 【I, C】 ♣BBG; ●BJ; ★(EU): HR, RO.

岩生庭荠 **Aurinia saxatilis** (L.) Desv. 【I, C】 ♣BBG, CBG, IBCAS; ●BJ, LN, SH; ★(AS): RU-AS, TR; (EU): BE, FR, GB, LU, MC, NL.

博恩芥属 Bornmuellera

博恩芥 **Bornmuellera dieckii** Degen 【I, C】 ♣XTBG; ●YN; ★(EU): BA, HR, ME, MK, RS, SI.

香雪球属 Lobularia

香雪球 **Lobularia maritima** (L.) Desv. 【I, C】 ♣BBG, CBG, HBG, IBCAS, NBG, TBG, XMBG, XOIG; ●BJ, FJ, JS, SH, TW, XJ, YN, ZJ; ★(AF): ES-CS, MA; (AS): AZ, SA; (EU): AT, BA, BE, BY, CZ, DE, ES, FR, GB, GR, HR, HU, IT, LU,

ME, MK, NL, NO, RO, RS, RU, SI.

希腊芥属 Malcolmia

涩荠（涩芥）**Malcolmia africana** (L.) R. Br. 【N, W/C】♣TDBG; ●XJ; ★(AF): MA; (AS): AF, CN, IN, KG, KH, KZ, MN, PK, TJ, TM, UZ; (EU): ES, GR, HR, IT, RO, RU, SI, TR.

*海岸涩荠（马柯草）**Malcolmia maritima** (L.) R. Br. 【I, C】 ♣XOIG; ●BJ, FJ; ★(AF): MA; (EU): AL, BY, DE, ES, GR, IT, SI.

紫罗兰属 Matthiola

紫罗兰 **Matthiola incana** (L.) R. Br.【I, C】♣BBG, FBG, FLBG, HBG, IBCAS, KBG, NBG, SCBG, WBG, XMBG, XOIG, XTBG, ZAFU; ●BJ, CQ, FJ, GD, HB, JS, JX, SH, TW, XJ, YN, ZJ; ★(AF): MA; (AS): AZ, SA; (EU): BA, BY, ES, GB, GR, HR, IT, LU, ME, MK, RS, SI, TR.

小紫罗兰 **Matthiola incana** var. **annua** Voss 【I, C】 ♣NBG; ●JS; ★(AF): MA; (AS): AZ, SA; (EU): BA, BY, ES, GB, GR, HR, IT, LU, ME, MK, RS, SI, TR.

晚香紫罗兰 **Matthiola longipetala** (Vent.) DC. 【I, C】 ♣NBG; ●JS; ★(AF): DZ, EG, LY, MA, TN; (AS): IQ, LB, PS, SY, TR; (EU): AL, BA, ES, FR, GR, HR, IT, MC, ME, MK, RS, SI.

南芥属 Arabis

阿氏南芥 **Arabis × arendsii** H. R. Wehrh. 【I, C】 ♣BBG; ●BJ; ★(EU): GB.

阿利昂芥菜 **Arabis allionii** DC. 【I, C】 ♣NBG; ●JS; ★(EU): AL, AT, BA, BG, CZ, DE, ES, GR, HR, IT, ME, MK, PL, RS, RU, SI.

高山南芥 **Arabis alpina** L.【I, C】♣NBG; ●JS; ★(AF): MA; (AS): GE; (EU): AL, AT, BA, BG, CZ, DE, ES, FI, GB, GR, HR, HU, IS, IT, ME, MK, NO, PL, RO, RS, RU, SI.

毛叶南芥 **Arabis blepharophylla** Hook. et Arn.【I, C】 ♣NBG; ●JS; ★(NA): US.

天蓝南芥 **Arabis caerulea** (All.) Haenke 【I, C】 ♣NBG; ●JS; ★(EU): AT, BA, CH, DE, FR, HR, IT, ME, MK, RS, SI.

高加索南芥 **Arabis caucasica** Willd. 【I, C】 ♣BBG, NBG; ●BJ, JS; ★(AS): GE, TR; (EU): AL, AT, BA, BE, BG, GB, GR, HR, IT, ME, MK, NL, RS, RU, SI.

小丘南芥 **Arabis collina** Ten.【I, C】♣NBG; ●JS; ★(AF): MA; (EU): DE, ES, GR, IT, SI.

欧洲南芥 **Arabis ferdinandi-coburgii** Kellerer et Sünd.【I, C】♣LBG; ●JX; ★(EU): AD, AL, BA, BG, ES, GR, HR, IT, ME, MK, PT, RO, RS, SI, SM, VA.

匍匐南芥 **Arabis flagellosa** Miq.【N, W/C】♣CBG, HBG, LBG, ZAFU; ●JX, SH, ZJ; ★(AS): CN, JP.

硬毛南芥 **Arabis hirsuta** (L.) Scop. 【N, W/C】 ♣HBG, NBG; ●JS, ZJ; ★(AF): MA; (AS): CN, CY, GE, JP, KP, KR, KZ, MN, RU-AS, SA, TH; (EU): AL, AT, BA, BE, BG, BY, CZ, DE, ES, FI, GB, HR, HU, IT, LU, ME, MK, NL, NO, PL, RO, RS, RU, SI, TR.

圆锥南芥 **Arabis paniculata** Franch. 【N, W/C】 ♣GBG; ●GZ; ★(AS): CN, NP.

匍枝南芥 **Arabis procurrens** Waldst. et Kit.【I, C】 ♣NBG; ●JS; ★(EU): BA, BG, CZ, HR, ME, MK, RO, RS, SI.

加克南芥 **Arabis soyeri** subsp. **subcoriacea** (Gren.) Breistr.【I, C】♣NBG; ●JS; ★(EU): AT, CH, IT.

南庭荠属 Aubrieta

匙叶南庭荠（三角齿南庭荠）**Aubrieta deltoidea** Phitos 【I, C】 ♣BBG, CBG, NBG; ●BJ, JS, SH; ★(EU): BA, DE, ES, GB, GR, HR, ME, MK, NL, RS, SI.

细叶紫岩芥 **Aubrieta gracilis** Spruner ex Boiss.【I, C】 ♣NBG; ●JS; ★(EU): AL, BA, BG, GR, HR, ME, MK, RS, SI.

希腊紫岩芥 **Aubrieta olympica** Boiss. 【I, C】 ♣NBG; ●JS; ★(EU): TR.

珂契紫岩芥 **Aubrieta parviflora** Boiss. 【I, C】 ♣NBG; ●JS; ★(EU): TR.

比那紫岩芥 **Aubrieta pinardii** Boiss. 【I, C】 ♣NBG; ●JS; ★(EU): TR.

葶苈属 Draba

总苞葶苈 **Draba involucrata** (W. W. Sm.) W. W. Sm. 【N, W/C】 ●YN; ★(AS): CN.

葶苈 **Draba nemorosa** L. 【N, W/C】 ♣IBCAS, LBG; ●BJ, JX; ★(AS): AF, CN, CY, JP, KG, KH, KP, KR, KZ, MN, RU-AS, TJ, TM, UZ.

伊宁葶苈 **Draba stylaris** J. Gay ex E. A. Thomas 【I, C】 ★(NA): CA, US.

双盾荠属 Biscutella

双盾荠 **Biscutella auriculata** L. 【I, C】 ♣NBG;

●JS; ★(EU): BY, DE, ES, IT, LU, SI.

蝉翼荠属 Anelsonia

蝉翼荠（大地翅膀）**Anelsonia eurycarpa** (A. Gray) J. F. Macbr. et Payson 【I, C】 ★(NA): US.

芸薹属 Brassica

Brassica cretica Lam.【I, C】♣XOIG; ●FJ; ★(EU): GR, HR.

芥菜 **Brassica juncea** (L.) Czern.【N, W/C】♣FBG, FLBG, GA, HBG, LBG, NBG, SCBG, XLTBG, XMBG, XOIG, ZAFU; ●AH, BJ, CQ, FJ, GD, GS, GX, GZ, HA, HB, HE, HI, HK, HN, JL, JS, JX, LN, NM, NX, QH, SC, SD, SH, SN, SX, TJ, TW, XJ, XZ, YN, ZJ; ★(AS): BT, CN, IN, JP, KR, LK, MM, MN, MY, RU-AS.

芥菜疙瘩 **Brassica juncea** subsp. **napiformis** (Pailleux et Bois) Gladis【N, W/C】♣SCBG, XMBG; ●BJ, FJ, GD, GS, GZ, HA, HB, HE, HL, HN, JL, JS, LN, NM, NX, SC, SD, SH, SN, SX, TJ, XJ, YN, ZJ; ★(AS): CN.

榨菜 **Brassica juncea** var. **tumida** M. Tsen et S. H. Lee 【N, W/C】 ♣XMBG; ●BJ, CQ, FJ, GZ, HB, HN, JL, JX, SC, SD, SH, SN, ZJ; ★(AS): CN.

欧洲油菜 **Brassica napus** L.【I, C】♣HBG, SCBG, XMBG; ●AH, FJ, GD, GS, GZ, HA, HB, HN, JS, JX, QH, SC, SH, SN, SX, TW, XJ, XZ, YN, ZJ; ★(AS): KG, KZ, LB, PS, SY, TJ, TM, TR, UZ; (EU): AL, BA, ES, FR, GR, HR, IT, MC, ME, MK, RS, SI.

蔓菁甘蓝 **Brassica napus** subsp. **rapifera** Metzg.【I, C】♣LBG, XMBG; ●AH, FJ, GD, GS, HN, JS, JX, NM, NX, QH, SD, SH, TW, XZ, ZJ; ★(AS): KG, LB, PS, SY, TR; (EU): AL, BA, ES, FR, GR, HR, IT, MC, ME, MK, RS, SI.

黑芥 **Brassica nigra** (L.) K. Koch 【N, W/C】 ★(AF): ZA; (AS): AF, CN, CY, ID, IN, KZ, LK, MM, NP, PK, RU-AS, VN; (OC): AU, NZ.

野甘蓝 **Brassica oleracea** L. 【I, C】 ♣BBG, FBG, FLBG, HBG, SCBG, WBG, XMBG, ZAFU; ●AH, BJ, FJ, GD, GS, GZ, HA, HB, HE, HL, HN, JL, JS, JX, LN, NM, NX, SC, SD, SH, SN, SX, TJ, TW, XJ, YN, ZJ; ★(AS): LB, PS, SY, TR; (EU): AD, AL, BA, BE, BG, ES, FR, GB, GR, HR, IT, LU, MC, ME, MK, NL, PT, RO, RS, SI, SM, VA.

羽衣甘蓝 **Brassica oleracea** var. **acephala** DC. 【I, C】 ♣BBG, FBG, GMG, HBG, KBG, XMBG, XOIG; ●BJ, FJ, GX, SC, TW, YN, ZJ; ★(AS): LB, PS, SY, TR; (EU): AL, BA, ES, FR, GR, HR, IT, MC, ME, MK, RS, SI.

白花甘蓝 **Brassica oleracea** var. **albiflora** Kuntze【N, W/C】 ♣FBG, FLBG, GA, SCBG, XLTBG, XMBG; ●BJ, FJ, GD, GX, HI, HK, JS, JX, SC, SH, SX, TJ, TW, YN, ZJ; ★(AS): CN, LB, PS, SY, TR; (EU): AD, AL, BA, BE, BG, ES, FR, GB, GR, HR, IT, LU, MC, ME, MK, NL, PT, RO, RS, SI, SM, VA.

芥蓝 **Brassica oleracea** var. **alboglabra** (L. H. Bailey) Sun 【I, C】 ●TW; ★(EU): IT.

花椰菜 **Brassica oleracea** var. **botrytis** L. 【I, C】 ♣FBG, GA, HBG, LBG, NBG, SCBG, TDBG, WBG, XMBG, XOIG; ●AH, BJ, CQ, FJ, GD, GS, GX, GZ, HA, HB, HE, HL, HN, JS, JX, NM, NX, QH, SC, SD, SH, SN, SX, TJ, TW, XJ, YN, ZJ; ★(AS): LB, PS, SY, TR; (EU): AL, BA, ES, FR, GR, HR, IT, MC, ME, MK, RS, SI.

甘蓝 **Brassica oleracea** var. **capitata** L. 【I, C】 ♣FBG, GA, GBG, GMG, LBG, NBG, SCBG, TDBG, WBG, XLTBG, XMBG, XOIG; ●AH, BJ, CQ, FJ, GD, GS, GX, GZ, HA, HB, HE, HI, HL, HN, JL, JS, JX, LN, NM, NX, QH, SC, SD, SH, SN, SX, TJ, TW, XJ, XZ, YN, ZJ; ★(AS): LB, PS, SY, TR; (EU): AL, BA, ES, FR, GR, HR, IT, MC, ME, MK, RS, SI.

抱子甘蓝 **Brassica oleracea** var. **gemmifera** (DC.) Zenker【I, C】♣XMBG, XOIG; ●BJ, FJ, SH, TW, YN; ★(AS): LB, PS, SY, TR; (EU): AL, BA, ES, FR, GR, HR, IT, MC, ME, MK, RS, SI.

擘蓝 **Brassica oleracea** var. **gongylodes** L. 【I, C】 ♣FLBG, GA, GBG, LBG, SCBG, XLTBG, XMBG; ●AH, BJ, CQ, FJ, GD, GS, GX, GZ, HA, HE, HI, HN, JL, JS, JX, NM, NX, SC, SD, SH, SN, SX, TJ, TW, XJ; ★(AS): LB, PS, SY, TR; (EU): AL, BA, ES, FR, GR, HR, IT, MC, ME, MK, RS, SI.

绿花菜 **Brassica oleracea** var. **italica** Plenck【I, C】 ♣FBG, XMBG; ●BJ, FJ, TW, YN; ★(AS): LB, PS, SY, TR; (EU): AL, BA, ES, FR, GR, HR, IT, MC, ME, MK, RS, SI.

彩叶甘蓝 **Brassica oleracea** var. **sabellica** L. 【I, C】 ♣TBG; ●TW; ★(AS): LB, PS, SY, TR; (EU): AL, BA, ES, FR, GR, HR, IT, MC, ME, MK, RS, SI.

蔓菁 **Brassica rapa** L. 【I, C】 ♣FBG, FLBG, GA, HBG, LBG, SCBG, XMBG, XOIG, ZAFU; ●AH, BJ, CQ, FJ, GD, GS, GX, GZ, HA, HB, HE, HK, HL, HN, JL, JS, JX, LN, NM, NX, QH, SC, SD, SH, SN, SX, TJ, TW, XJ, XZ, YN, ZJ; ★(AS):

AM, AZ, GE, TR.

青菜 **Brassica rapa** var. **chinensis** (L.) Kitam. 【I, C】♣FBG, FLBG, GA, HBG, IBCAS, LBG, NBG, SCBG, TDBG, WBG, XLTBG, XMBG, XOIG, ZAFU; ●AH, BJ, FJ, GD, GS, HB, HI, HN, JS, JX, NM, SC, SD, SH, SX, TJ, TW, XJ, YN, ZJ; ★(AS): AM, AZ, GE, TR.

白菜 **Brassica rapa** var. **glabra** Regel 【I, C】♣FBG, FLBG, GA, IBCAS, LBG, NBG, SCBG, TDBG, WBG, XLTBG, XMBG, ZAFU; ●AH, BJ, FJ, GD, GS, GZ, HA, HB, HE, HI, HL, HN, JL, JS, JX, LN, NM, NX, QH, SC, SD, SH, SN, SX, TJ, TW, XJ, YN, ZJ; ★(AS): AM, AZ, GE, TR.

芸薹 **Brassica rapa** var. **oleifera** DC. 【I, C】♣GA, GBG, HBG, LBG, NBG, WBG, XBG, XMBG, XOIG, ZAFU; ●AH, BJ, FJ, GD, GS, GX, GZ, HA, HB, HE, HI, HK, HN, JL, JS, JX, NM, NX, QH, SC, SD, SH, SN, SX, TJ, TW, XJ, XZ, YN, ZJ; ★(AS): AM, AZ, GE, TR.

两节荠属 Crambe

西班牙海甘蓝 **Crambe hispanica** L. 【I, C】♣HBG; ●ZJ; ★(AF): MA; (AS): SA; (EU): BA, ES, GR, HR, IT, LU, ME, MK, RS, SI.

两节荠 **Crambe kotschyana** Boiss. 【N, W/C】♣NBG; ●JS; ★(AS): AF, CN, CY, ID, IN, KG, KH, KZ, PK, TJ, TM, UZ.

二行芥属 Diplotaxis

二行芥 **Diplotaxis muralis** (L.) DC. 【I, N】●TW; ★(AF): DZ, EG, LY, MA, TN; (AS): LB, PS, SY, TR; (EU): AL, CH, ES, FR, GR, IT, MK.

芝麻菜属 Eruca

野芝麻菜 **Eruca vesicaria** (L.) Cav. 【I, C】♣TDBG; ●TW, XJ; ★(AF): DZ, MA; (EU): ES, PT.

芝麻菜 **Eruca vesicaria** subsp. **sativa** (Mill.) Thell. 【N, W/C】♣TDBG; ●BJ, TW, XJ; ★(AF): DZ, EG, LY, MA, TN; (AS): AF, AM, AZ, CN, GE, IN, IR, KG, KH, KZ, MN, PK, RU-AS, TJ, TM, TR, UZ; (EU): AD, AL, AT, BC, BE, BG, BL, BX, CH, CZ, DE, DK, ES, FI, FR, GB, GR, HR, HU, IS, IT, LU, MB, MC, MK, NL, NO, PL, PT, RO, RU, SE, SI, SK, SM, UA, VA.

诸葛菜属 Orychophragmus

诸葛菜(二月蓝)**Orychophragmus violaceus** (L.) O. E. Schulz 【N, W/C】♣BBG, CDBG, HBG, IBCAS, LBG, NBG, WBG, XMBG, ZAFU; ●BJ, FJ, HB, JS, JX, SC, TW, ZJ; ★(AS): CN, JP, KP, KR, RU-AS.

萝卜属 Raphanus

野萝卜 **Raphanus raphanistrum** L. 【I, C】●JS; ★(AF): DZ, EG, LY, MA, TN; (AS): LB, PS, SY, TR; (EU): AL, ES, FR, GR, IT, MK.

萝卜 **Raphanus sativus** L. 【N, W/C】♣FBG, GA, GBG, GMG, GXIB, HBG, IBCAS, LBG, NBG, SCBG, TDBG, WBG, XBG, XLTBG, XMBG, XOIG, XTBG, ZAFU; ●AH, BJ, CQ, FJ, GD, GS, GX, GZ, HA, HB, HE, HI, HL, HN, JL, JS, JX, LN, NM, NX, QH, SC, SD, SH, SN, SX, TJ, TW, XJ, XZ, YN, ZJ; ★(AS): CN, IN, JP, KP, KR.

长羽裂萝卜 **Raphanus sativus** var. **longipinnatus** L. H. Bailey【N, W/C】♣FBG; ●FJ; ★(AS): CN, JP.

皱果荠属 Rapistrum

皱果荠 **Rapistrum rugosum** (L.) All. 【I, N】●JS; ★(AF): ZA; (AS): KR; (OC): AU, NZ.

华葱芥属 Sinalliaria

心叶华葱芥(心叶诸葛菜)**Sinalliaria limprichtiana** (Pax) X. F. Jin, Y. Y. Zhou et H. W. Zhang 【N, W/C】♣HBG, ZAFU; ●ZJ; ★(AS): CN, RU-AS.

白芥属 Sinapis

白芥 **Sinapis alba** L. 【I, C/N】♣FLBG, HBG, NBG; ●BJ, GD, JS, JX, TW, ZJ; ★(AF): DZ, EG, LY, MA, TN; (AS): IN, LB, MN, PK, PS, RU-AS, SY, TJ, TM, TR; (EU): AL, BA, ES, FR, GR, HR, IT, MC, ME, MK, RS, SI.

新疆白芥 **Sinapis arvensis** L. 【I, N】★(AF): DZ, EG, LY, MA, TN; (AS): AF, CY, KG, KH, KR, KZ, MN, PK, TJ, TM, UZ; (EU): AL, ES, FR, GR, IT, MK.

匙荠属 Bunias

疣果匙荠 **Bunias orientalis** L. 【N, W/C】♣IBCAS, SCBG; ●BJ, GD; ★(AS): CN, CY, GE, KZ, MN, RU-AS; (EU): AT, BA, BE, BG, CZ, DE, FI, GB, HR, HU, ME, MK, NL, NO, PL, RO, RS, RU, SI.

拟南芥属 Arabidopsis

深山南芥 **Arabidopsis lyrata** (L.) O'Kane et Al-

Shehbaz 【I, C】 ♣NBG; ●JS; ★(NA): US.

岩生南芥 **Arabidopsis lyrata** subsp. **petraea** (L.) O'Kane et Al-Shehbaz 【I, C】 ♣NBG; ●JS; ★(EU): AT.

拟南芥（鼠耳芥）**Arabidopsis thaliana** (L.) Heynh. 【N, W/C】 ♣GBG, IBCAS, LBG, ZAFU; ●BJ, GZ, JX, TW, ZJ; ★(AF): DZ, EG, LY, MA, SD, TN; (AS): CN, CY, ID, IN, JP, KP, KR, KZ, MN, RU-AS, TJ, UZ; (EU): AD, AL, AT, BA, BE, BG, BY, CH, CZ, DK, ES, FI, FR, GB, GR, HR, HU, IS, IT, LU, MC, ME, MK, NL, NO, PL, PT, RO, RS, RU, SE, SI, SK, SM, UA, VA.

亚麻荠属 Camelina

亚麻荠 **Camelina sativa** (L.) Crantz 【N, W/C】 ♣TDBG; ●TW, XJ; ★(AS): CN, CY, ID, IN, KH, KP, KR, KZ, MN, PK, RU-AS, TJ, TM; (OC): AU, NZ.

荠属 Capsella

荠 **Capsella bursa-pastoris** (L.) Medik. 【I, N】 ♣BBG, FBG, GA, GBG, GMG, GXIB, HBG, IBCAS, KBG, LBG, NBG, SCBG, TDBG, WBG, XBG, XMBG, ZAFU; ●AH, BJ, FJ, GD, GX, GZ, HB, HN, JL, JS, JX, SC, SH, SN, TW, XJ, YN, ZJ; ★(AS): AM, AZ, BH, CY, GE, IL, IQ, IR, JO, KW, LB, PS, QA, SA, SY, TR, YE; (EU): AD, AL, AT, BA, BE, BG, BY, CH, CZ, DE, DK, ES, FI, FR, GB, GR, HR, HU, IS, IT, LU, MC, ME, MK, NL, NO, PL, PT, RO, RS, RU, SE, SI, SK, SM, UA, VA.

垂果南芥属 Catolobus

垂果南芥 **Catolobus pendulus** (L.) Al-Shehbaz 【N, W/C】 ♣IBCAS, WBG; ●BJ, HB; ★(AS): CN, CY, JP, KP, KR, KZ, MN, RU-AS; (EU): RU.

辣根属 Armoracia

辣根 **Armoracia rusticana** P. Gaertn., B. Mey. et Scherb. 【I, C】 ♣HBG, IBCAS, KBG, WBG, XMBG; ●BJ, FJ, HB, SH, TW, YN, ZJ; ★(AS): AM, AZ, BH, CY, GE, IL, IQ, IR, JO, KW, LB, PS, QA, SA, SY, TR, YE; (EU): AD, AL, BA, BG, ES, GR, HR, IT, ME, MK, PT, RO, RS, SI, SM, VA.

山芥属 Barbarea

欧洲山芥 **Barbarea vulgaris** R. Br. 【N, W/C】 ♣CBG, NBG, SCBG; ●GD, JS, SH; ★(AS): CN, CY, ID, IN, JP, KP, KR, KZ, LK, MN, PK, RU-AS, TJ; (OC): AU, NZ.

碎米荠属 Cardamine

露珠碎米荠 **Cardamine circaeoides** Hook. f. et Thomson 【N, W/C】 ♣XTBG; ●YN; ★(AS): CN.

光头山碎米荠 **Cardamine engleriana** O. E. Schulz 【N, W/C】 ♣WBG; ●HB; ★(AS): CN.

弯曲碎米荠 **Cardamine flexuosa** With. 【I, N】 ♣FBG, GA, GBG, HBG, IBCAS, LBG, SCBG, TBG, XMBG, XTBG, ZAFU; ●BJ, FJ, GD, GZ, JX, SC, TW, YN, ZJ; ★(EU): AD, AL, BA, BG, ES, GR, HR, IT, MK, PT, RO, SI, SM, VA.

宽翅碎米荠 **Cardamine franchetiana** Diels 【N, W/C】 ●YN; ★(AS): CN.

山芥碎米荠 **Cardamine griffithii** Hook. f. et Thomson 【N, W/C】 ♣WBG; ●HB, SC; ★(AS): BT, CN, ID, IN, LK, NP.

碎米荠 **Cardamine hirsuta** L. 【N, W/C】 ♣FBG, GXIB, NBG, SCBG; ●FJ, GD, GX, JS; ★(AS): BT, CN, ID, IN, JP, KH, KP, KR, LA, LK, MM, MY, PH, PK, TH, TM, VN; (EU): AL, BA, ES, FR, GR, HR, IT, MC, ME, MK, RS, RU, SI.

壶坪碎米荠 **Cardamine hupingshanensis** K. M. Liu, L. B. Chen, H. F. Bai et L. H. Liu 【N, W/C】 ♣CBG, IBCAS; ●BJ, SH; ★(AS): CN.

弹裂碎米荠 **Cardamine impatiens** L. 【N, W/C】 ♣FBG, GBG, HBG, LBG, WBG, XMBG, ZAFU; ●FJ, GZ, HB, JX, SC, ZJ; ★(AF): MA; (AS): AF, BT, CN, CY, GE, ID, IN, JP, KG, KP, KR, KZ, LK, MN, NP, PK, RU-AS, TJ, UZ; (EU): AL, AT, BA, BE, BG, CZ, DE, ES, FI, GB, HR, HU, IT, ME, MK, NL, NO, PL, RO, RS, RU, SI.

白花碎米荠 **Cardamine leucantha** (Tausch) O. E. Schulz 【N, W/C】 ♣HBG, HFBG, IBCAS; ●BJ, HL, LN, ZJ; ★(AS): CN, JP, KP, KR, MN, RU-AS.

水田碎米荠 **Cardamine lyrata** Bunge 【N, W/C】 ♣HBG, LBG, WBG; ●HB, JX, ZJ; ★(AS): CN, JP, KP, KR, MN, RU-AS.

大叶碎米荠 **Cardamine macrophylla** Adams 【N, W/C】 ♣CBG, HBG, LBG, WBG; ●HB, JX, SC, SH, ZJ; ★(AS): BT, CN, CY, ID, IN, JP, KP, KR, KZ, LK, MN, NP, PK, RU-AS; (EU): RU.

小花碎米荠 **Cardamine parviflora** L. 【N, W/C】 ♣NBG, XTBG; ●JS, YN; ★(AS): CN, CY, JP,

KP, KR, KZ, MN, RU-AS.

草甸碎米荠 **Cardamine pratensis** L. 【N, W/C】 ♣BBG; ●BJ; ★(AS): CN, CY, JP, KP, KR, KZ, MN, RU-AS.

伏水碎米荠 **Cardamine prorepens** Fisch. ex DC. 【N, W/C】 ♣FLBG, GA, GBG, IBCAS, LBG, WBG, XMBG, ZAFU; ●BJ, FJ, GD, GZ, HB, JX, ZJ; ★(AS): CN, KP, KR, MN, RU-AS.

圆齿碎米荠 **Cardamine scutata** Thunb. 【N, W/C】 ♣HBG; ●ZJ; ★(AS): CN, JP, KP, KR, RU-AS.

莱文芥属 Leavenworthia

*田纳西莱文芥 **Leavenworthia exigua** Rollins 【I, C】 ♣NBG; ●JS; ★(NA): US.

豆瓣菜属 Nasturtium

豆瓣菜（西洋菜）**Nasturtium officinale** R. Br. 【I, C/N】 ♣BBG, FBG, GBG, IBCAS, KBG, SCBG, TMNS, WBG, XMBG, XOIG, XTBG; ●BJ, FJ, GD, GX, GZ, HB, SC, SH, TW, YN; ★(AS): AM, AZ, BH, CY, GE, IL, IQ, IR, JO, KW, LB, PS, QA, SA, SY, TR, YE; (EU): AL, BA, ES, FR, GR, HR, IT, MC, ME, MK, RS, SI.

蔊菜属 Rorippa

水生蔊菜（齿仔草）**Rorippa aquatica** (Eaton) E. J. Palmer et Steyerm. 【I, C】 ★(NA): US.

广州蔊菜 **Rorippa cantoniensis** (Lour.) Ohwi 【N, W/C】 ♣FBG, GA, KBG, LBG, SCBG, WBG, XMBG, XTBG, ZAFU; ●FJ, GD, HB, JX, YN, ZJ; ★(AS): CN, JP, KP, KR, MN, RU-AS, VN.

无瓣蔊菜 **Rorippa dubia** (Pers.) H. Hara 【N, W/C】 ♣GA, SCBG, WBG, XMBG, XTBG; ●FJ, GD, HB, JX, YN; ★(AS): CN, ID, IN, JP, LA, LK, MM, MY, NP, PH, TH, VN.

风花菜（球果蔊菜）**Rorippa globosa** (Turcz. ex Fisch. et C. A. Mey.) Hayek 【N, W/C】 ♣BBG, FBG, GA, HBG, LBG, SCBG, WBG, XMBG, ZAFU; ●BJ, FJ, GD, HB, JX, ZJ; ★(AS): CN, JP, KP, KR, MN, RU-AS, VN.

蔊菜 **Rorippa indica** (L.) Hiern 【N, W/C】 ♣FBG, FLBG, GA, GBG, GMG, HBG, IBCAS, LBG, NSBG, SCBG, TBG, WBG, XBG, XMBG, ZAFU; ●BJ, CQ, FJ, GD, GX, GZ, HB, JX, SC, SN, TW, ZJ; ★(AS): BT, CN, ID, IN, JP, KP, KR, LA, LK, MM, MY, NP, PH, PK, TH, VN.

西欧蔊菜 **Rorippa islandica** (Oeder) Borbás 【N, W/C】 ♣BBG, IBCAS; ●BJ; ★(AS): CN, JP, KP, KR, MN; (OC): AU.

沼生蔊菜 **Rorippa palustris** (L.) Besser 【N, W/C】 ♣NBG, XBG; ●JS, SN; ★(AS): AF, BT, CN, CY, ID, IN, JP, KH, KP, KR, KZ, LK, MN, NP, PK, RU-AS, TJ, TM, UZ; (OC): AU.

欧亚蔊菜 **Rorippa sylvestris** (L.) Besser 【I, N】 ♣IBCAS; ●BJ; ★(AS): AM, AZ, CY, GE, TJ, UZ; (EU): AL, ES, FR, GR, IT, MK.

钻石花属 Ionopsidium

钻石花 **Ionopsidium acaule** Rchb. 【I, C】 ★(EU): ES, PT, TR.

播娘蒿属 Descurainia

播娘蒿 **Descurainia sophia** (L.) Webb ex Prantl 【N, W/C】 ♣IBCAS, LBG, TDBG, XBG, ZAFU; ●BJ, HB, JX, SC, SN, XJ, ZJ; ★(AF): DZ, EG, LY, MA, SD, TN; (AS): AF, BT, CN, CY, IN, JP, KG, KH, KP, KR, KZ, LK, MN, NP, PK, RU-AS, TJ, TM, UZ; (EU): AD, AL, AT, BA, BE, BG, BY, CH, CZ, DK, ES, FI, FR, GB, GR, HR, HU, IS, IT, LU, MC, ME, MK, NL, NO, PL, PT, RO, RS, RU, SE, SI, SK, SM, UA, VA.

腺毛播娘蒿 **Descurainia sophioides** (Fisch. ex Hook.) O. E. Schulz 【I, N】 ★(NA): CA, US.

花旗杆属 Dontostemon

扭果花旗杆 **Dontostemon elegans** Maxim. 【N, W/C】 ♣TDBG; ●XJ; ★(AS): CN, MN, RU-AS.

糖芥属 Erysimum

七里黄桂竹香 **Erysimum × marshallii** (Stark ex Moore) Bois 【I, C】 ●BJ, TW; ★(EU): AD, AL, BA, BG, ES, GR, HR, IT, ME, MK, PT, RO, RS, SI, SM, VA.

糖芥 **Erysimum amurense** Kitag. 【N, W/C】 ♣GXIB, IBCAS, XMBG; ●BJ, FJ, GX; ★(AS): CN, KP, KR, MN, RU-AS.

小花糖芥 **Erysimum cheiranthoides** L. 【N, W/C】 ♣BBG, GA, IBCAS, LBG, NBG, ZAFU; ●BJ, JS, JX, ZJ; ★(AS): CN, JP, KR, KZ, MN, RU-AS.

桂竹香 **Erysimum cheiri** (L.) Crantz 【I, C】 ♣BBG, CDBG, HBG, IBCAS, NBG, WBG, XMBG, XOIG, ZAFU; ●BJ, FJ, HB, JS, SC, TW, YN, ZJ; ★(EU): AD, AL, BA, BG, ES, GR, HR, IT, ME, MK, PT, RO, RS, SI, SM, VA.

*锈耳糖芥 **Erysimum crepidifolium** Rchb. 【I, C】 ♣CBG; ●SH; ★(EU): DE, GR.

蒙古糖芥 **Erysimum flavum** (Georgi) Bobrov 【N, W/C】 ♣TDBG; ●XJ; ★(AS): CN, CY, KG, KZ, MN, PK, RU-AS, TJ.

匍匐糖芥 **Erysimum forrestii** (W. W. Sm.) Polatschek 【N, W/C】 ●YN; ★(AS): CN.

亚麻叶糖芥 **Erysimum linifolium** (Nutt.) M. E. Jones 【I, C】 ♣CBG; ●SH; ★(EU): ES, LU.

*阿富汗糖芥 **Erysimum perofskianum** Fisch. et C. A. Mey. 【N, W/C】 ♣CBG; ●SH; ★(AS): AF, CN, IN.

短柄棱果芥 **Erysimum quadrangulum** Desf. 【I, C】 ♣TDBG; ●XJ; ★(EU): ES, FR, IT.

丛菔属 Solms-laubachia

线叶丛菔 **Solms-laubachia linearifolia** (W. W. Sm.) O. E. Schulz 【N, W/C】 ●YN; ★(AS): CN.

山萮菜属 Eutrema

块茎山萮菜 **Eutrema japonicum** (Miq.) Koidz. 【I, C】 ●TW; ★(AS): JP, KP, KR.

云南山萮菜 **Eutrema yunnanense** Franch. 【N, W/C】 ♣CBG, WBG; ●HB, SC, SH; ★(AS): CN.

单花荠属 Pegaeophyton

单花荠 **Pegaeophyton scapiflorum** (Hook. f. et Thomson) O. E. Schulz 【N, W/C】 ●YN; ★(AS): BT, CN, ID, IN, LK, MM, NP.

香花芥属 Hesperis

香穗花 **Hesperis dinarica** Beck 【I, C】 ♣NBG; ●JS; ★(EU): AL, BA, BG, GR, HR, ME, MK, RS, SI.

欧亚香花芥 **Hesperis matronalis** L. 【I, C】 ♣ZAFU; ●BJ, TW, ZJ; ★(AS): CY, LB, PS, RU-AS, SY, TR; (EU): AD, AL, AT, BA, BE, BG, BY, CH, CZ, DK, ES, FI, FR, GB, GR, HR, HU, IS, IT, LU, MC, ME, MK, NL, NO, PL, PT, RO, RS, RU, SE, SI, SK, SM, UA, VA.

Neotchihatchewia

Neotchihatchewia isatidea (Boiss.) Rauschert 【I, C】 ★(EU): TR.

屈曲花属 Iberis

屈曲花（蜂室花）**Iberis amara** L. 【I, C】 ♣BBG, IBCAS, NBG, XMBG, ZAFU; ●BJ, FJ, JS, ZJ; ★(EU): ES, FR, GB, PT.

甜心屈曲花 **Iberis aurosica** Chaix 【I, C】 ♣BBG; ●BJ; ★(EU): DE, ES, FR.

莱加屈曲花 **Iberis carnosa** subsp. **lagascana** (DC.) Mateo et Figuerola 【I, C】 ♣NBG; ●JS; ★(EU): DE, ES, FR.

披针叶屈曲花 **Iberis linifolia** L. 【I, C】 ★(EU): BA, BE, DE, ES, FR, HR, IT, ME, MK, RS, SI.

香屈曲花 **Iberis odorata** L. 【I, C】 ♣NBG; ●JS; ★(EU): BE, GR, HR, TR.

篦叶屈曲花 **Iberis pectinata** Boiss. et Reut. 【I, C】 ♣NBG; ●JS; ★(EU): ES.

羽叶屈曲花 **Iberis pinnata** L. 【I, C】 ♣NBG; ●JS; ★(EU): AT, BA, BE, BY, CZ, DE, ES, HR, IT, ME, MK, RO, RS, RU, SI.

石生屈曲花 **Iberis saxatilis** L. 【I, C】 ★(EU): BA, DE, ES, HR, IT, ME, MK, RO, RS, RU, SI.

常绿屈曲花（小叶屈曲花）**Iberis sempervirens** L. 【I, C】 ♣NBG, XMBG; ●FJ, JS, TW; ★(EU): AL, BA, DE, ES, GB, GR, HR, IT, ME, MK, RO, RS, SI.

伞形屈曲花 **Iberis umbellata** L. 【I, C】 ♣NBG, XMBG; ●BJ, FJ, JS, TW, YN; ★(AF): MA; (EU): IT, SE.

菘蓝属 Isatis

三肋菘蓝 **Isatis costata** C. A. Mey. 【N, W/C】 ♣TDBG; ●XJ; ★(AS): CN, CY, KZ, MN, PK, RU-AS, TJ; (EU): RU.

菘蓝 **Isatis tinctoria** L. 【N, W/C】 ♣FBG, GBG, GMG, HBG, HFBG, IBCAS, KBG, LBG, MDBG, NBG, TDBG, WBG, XBG, XMBG; ●BJ, FJ, GS, GX, GZ, HB, HL, JS, JX, SC, SN, XJ, YN, ZJ; ★(AS): AZ, CN, CY, JP, KP, KR, KZ, MN, PK, RU-AS, TJ, UZ; (EU): BA, BY, FR, HR, IS, RS.

独行菜属 Lepidium

独行菜 **Lepidium apetalum** Willd. 【N, W/C】 ♣BBG, FBG, GXIB, IBCAS, MDBG, SCBG, TDBG, ZAFU; ●BJ, FJ, GD, GS, GX, NM, NX, SC, SN, XJ, ZJ; ★(AS): CN, CY, ID, IN, JP, KP, KR, KZ, MN, NP, PK, RU-AS.

毛独行菜 **Lepidium appelianum** Al-Shehbaz 【I, N】 ♣TDBG; ●XJ; ★(NA): CA, US.

田野独行菜（绿独行菜）**Lepidium campestre** (L.) R. Br. 【I, N】 ★(AS): AM, AZ, GE, IR, LB, PS, SY, TR; (EU): AL, ES, FR, GR, IT, MK.

匍伏臭芥 **Lepidium coronopus** (L.) Al-Shehbaz【I, C】♣NBG; ●JS; ★(EU): FR, GR.

密花独行菜 **Lepidium densiflorum** Schrad.【I, N】♣BBG; ●BJ; ★(NA): CA, MX, US.

臭荠 **Lepidium didymum** L.【I, N】♣FBG, HBG, LBG, SCBG, XMBG, ZAFU; ●FJ, GD, JS, JX, ZJ; ★(NA): BM, BS, DO, HN, MX, US; (SA): AR, BO, BR, CL, EC, PE, PY, UY, VE.

群心菜 **Lepidium draba** L.【N, W/C】♣TDBG; ●XJ; ★(AS): AF, CN, CY, KG, KH, KZ, MN, PK, RU-AS, TJ, TM, UZ; (EU): AL, BA, ES, FR, GR, HR, IT, MC, ME, MK, RS, SI.

恩格勒独行菜 **Lepidium englerianum** (Muschl.) Al-Shehbaz【I, N】★(AF): MG.

单叶臭荠 **Lepidium integrifolium** Nutt.【I, N】★(AF): MG, ZA.

宽叶独行菜 **Lepidium latifolium** L.【N, W/C】♣MDBG, TDBG; ●GS, TW, XJ; ★(AS): AF, CN, CY, ID, IN, KG, KH, KZ, MN, PK, RU-AS, TJ, TM, UZ.

玛咖（印加萝卜）**Lepidium meyenii** Walp.【I, C】●TW, YN; ★(SA): AR, BO, CL, PE.

钝叶独行菜 **Lepidium obtusum** Basiner【N, W/C】♣SCBG; ●GD; ★(AS): CN, CY, ID, IN, KZ, MN, RU-AS, TJ, UZ.

抱茎独行菜 **Lepidium perfoliatum** L.【N, W/C】★(AS): AF, CN, CY, ID, IN, JP, KG, KH, KR, KZ, MN, PK, RU-AS, TJ, TM, UZ; (OC): AU.

柱毛独行菜 **Lepidium ruderale** L.【N, W/C】♣TDBG; ●XJ; ★(AS): CN, CY, ID, IN, KG, KH, KR, KZ, MN, RU-AS, TJ, TM, UZ; (OC): AU, NZ.

家独行菜 **Lepidium sativum** L.【I, C/N】●JL, TW; ★(AF): DZ, EG, LY, MA, TN; (AS): AF, CY, KG, KZ, LB, PS, SY, TJ, TM, TR, UZ; (EU): AL, BA, ES, FR, GR, HR, IT, MC, ME, MK, RS, SI.

北美独行菜 **Lepidium virginicum** L.【I, N】♣GA, GXIB, HBG, LBG, WBG, XMBG, ZAFU; ●FJ, GX, HB, JS, JX, ZJ; ★(NA): CA, MX, US.

高河菜属 Megacarpaea

高河菜 **Megacarpaea delavayi** Franch.【N, W/C】♣KBG; ●YN; ★(AS): CN, MM.

沙芥属 Pugionium

沙芥 **Pugionium cornutum** (L.) Gaertn.【N, W/C】♣MDBG; ●GS, NM, NX, SN, SX; ★(AS): CN, MN, RU-AS.

大蒜芥属 Sisymbrium

大蒜芥 **Sisymbrium altissimum** L.【I, N】★(AS): AM, AZ, CY, GE, IR, TJ, TR, UZ; (EU): AL, ES, FR, GR, IT, MK.

新疆大蒜芥 **Sisymbrium loeselii** L.【N, W/C】♣TDBG; ●XJ; ★(AS): AF, CN, CY, GE, ID, IN, KG, KH, KZ, MN, PK, RU-AS, TJ, TM, UZ; (EU): AT, BA, BE, BG, CZ, DE, ES, FI, GB, GR, HR, HU, IT, ME, MK, NL, NO, PL, RO, RS, RU, SI, TR.

钻果大蒜芥 **Sisymbrium officinale** (L.) Scop.【N, W/C】♣NBG; ●JS; ★(AF): MA; (AS): CN, CY, JP, KR, KZ, MN, PK, RU-AS; (EU): AL, BA, ES, FR, GR, HR, IT, MC, ME, MK, RS, SI.

东方大蒜芥 **Sisymbrium orientale** L.【I, N】★(AS): AM, AZ, CY, GE, IR, TJ, TR, UZ; (EU): AL, ES, FR, GR, IT, MK.

葱芥属 Alliaria

葱芥 **Alliaria petiolata** (M. Bieb.) Cavara et Grande【I, N】★(AS): AM, AZ, GE, IR, KG, KZ, TJ, TM, TR, UZ; (EU): AL, ES, FR, GR, IT, MK.

菥蓂属 Thlaspi

菥蓂 **Thlaspi arvense** L.【N, W/C】♣LBG, NBG, TDBG, XMBG; ●FJ, GD, JS, JX, SC, SH, XJ, YN; ★(AS): AF, BT, CN, CY, ID, IN, JP, KG, KH, KP, KR, KZ, LK, MN, NP, PK, RU-AS, TJ, TM, UZ; (EU): BE, FR, GB, LU, MC, NL.

厚隔芥 **Thlaspi macrophyllum** Hoffm.【I, C】♣CBG; ●SH; ★(AS): AM, AZ, GE, IR, RU-AS, TR; (EU): UA.

旗杆芥属 Turritis

旗杆芥 **Turritis glabra** L.【N, W/C】♣TDBG; ●XJ; ★(AS): AF, CN, IN, JP, KG, KH, KP, KR, KZ, MN, NP, PK, RU-AS, TJ, TM, UZ.

阴山荠属 Yinshania

紫堇叶阴山荠 **Yinshania fumarioides** (Dunn) Y. Z. Zhao【N, W/C】♣LBG; ●JX; ★(AS): CN, RU-AS.

柔毛阴山荠 **Yinshania henryi** (Oliv.) Y. H. Zhang【N, W/C】♣WBG; ●HB; ★(AS): CN, RU-AS.

双牌阴山荠 **Yinshania rupicola** subsp. **shuangpaiensis** (Z. Y. Li) Al-Shehbaz, et al.【N, W/C】♣KBG; ●YN; ★(AS): CN.

银扇草属　Lunaria

银扇草 **Lunaria annua** L. 【I, C】 ♣NBG, XOIG; ●FJ, JS, TW; ★(AS): AM, AZ, BH, CY, GE, IL, IQ, IR, JO, KW, LB, PS, QA, SA, SY, TR, YE; (EU): AL, BA, BG, GR, HR, MD, ME, MK, RO, RS, SI, TR, UA.

193. 红珊藤科 BERBERIDOPSIDACEAE

红珊藤属　Berberidopsis

红珊藤（智利藤）**Berberidopsis corallina** Hook. f. 【I, C】 ♣CBG; ●SH, TW; ★(SA): CL.

194. 蛇菰科 BALANOPHORACEAE

蛇菰属　Balanophora

红冬蛇菰 **Balanophora harlandii** Hook. f. 【N, W/C】 ♣FLBG, GA, LBG, SCBG, XTBG; ●GD, JX, YN; ★(AS): CN, ID, IN, LA, TH.

印度蛇菰 **Balanophora indica** (Arn.) Griff. 【N, W/C】 ♣XTBG; ●YN; ★(AS): CN, ID, IN, LA, MM, MY, PH, TH, VN; (OC): PAF.

疏花蛇菰 **Balanophora laxiflora** Hemsl.【N, W/C】 ♣XTBG; ●YN; ★(AS): CN, LA, TH, VN.

195. 赤苍藤科 ERYTHROPALACEAE

赤苍藤属　Erythropalum

赤苍藤 **Erythropalum scandens** Blume 【N, W/C】 ♣GMG, GXIB, SCBG, XTBG; ●GD, GX, YN; ★(AS): BT, CN, ID, IN, KH, LA, LK, MM, MY, PH, TH, VN.

196. 润肺木科 STROMBOSIACEAE

蒜味果属　Scorodocarpus

蒜味果 **Scorodocarpus borneensis** (Baill.) Becc. 【I, C】 ●TW; ★(AS): ID, MY, SG, TH.

197. 海檀木科　XIMENIACEAE

蒜头果属　Malania

蒜头果 **Malania oleifera** Chun et S. K. Lee 【N, W/C】 ♣GA, GXIB, XMBG; ●FJ, GX, JX; ★(AS): CN.

198. 铁青树科　OLACACEAE

铁青树属　Olax

尖叶铁青树 **Olax acuminata** Wall. ex Benth. 【N, W/C】 ♣XTBG; ●YN; ★(AS): BT, CN, ID, IN, LK, MM.

199. 山柚子科　OPILIACEAE

台湾山柚属　Champereia

台湾山柚 **Champereia manillana** (Blume) Merr. 【N, W/C】 ♣TMNS, XLTBG; ●GD, HI, TW; ★(AS): CN, ID, IN, MM, MY, PH, SG, TH, VN; (OC): PAF.

甜菜树属　Yunnanopilia

茎花山柚 **Yunnanopilia longistaminea** (W. Z. Li) C. Y. Wu et D. Z. Li 【N, W/C】 ♣XTBG; ●YN; ★(AS): CN.

山柚子属　Opilia

山柚子 **Opilia amentacea** Roxb. 【N, W/C】 ♣XTBG; ●YN; ★(AF): MG; (AS): CN, ID, MM, PH; (OC): AU, PAF.

鳞尾木属　Lepionurus

鳞尾木 **Lepionurus sylvestris** Blume 【N, W/C】 ♣GXIB, XTBG; ●GX, YN; ★(AS): BT, CN, ID, IN, LA, LK, MM, MY, NP, TH, VN; (OC): PAF.

尾球木属　Urobotrya

尾球木 **Urobotrya latisquama** (Gagnep.) Hiepko 【N, W/C】 ♣SCBG, XTBG; ●GD, YN; ★(AS):

CN, LA, MM, TH, VN.

山柑藤属　Cansjera

山柑藤 **Cansjera rheedei** J. F. Gmel. 【N, W/C】 ♣FLBG, GXIB, SCBG; ●GD, GX, JX; ★(AS): CN, ID, IN, KH, LA, LK, MM, MY, NP, PH, TH, VN.

200. 檀香科　SANTALACEAE

米面蓊属　Buckleya

秦岭米面蓊（秦岭来面蓊）**Buckleya graebneriana** Diels 【N, W/C】 ♣CBG, WBG; ●HB, SH; ★(AS): CN.

日本米面蓊（米面蓊）**Buckleya lanceolata** (Siebold et Zucc.) Miq. 【N, W/C】 ♣CBG, WBG; ●HB, SH; ★(AS): CN, JP.

百蕊草属　Thesium

百蕊草 **Thesium chinense** Turcz. 【N, W/C】 ♣GBG, HBG, LBG, WBG, XMBG; ●FJ, GZ, HB, JX, ZJ; ★(AS): CN, JP, KP, KR, MN, RU-AS.

檀梨属　Pyrularia

檀梨 **Pyrularia edulis** (Wall.) A. DC. 【N, W/C】 ♣CBG, CDBG, GA, KBG, SCBG, XTBG; ●GD, JX, SC, SH, YN; ★(AS): BT, CN, ID, IN, LK, MM, NP.

硬核属　Scleropyrum

硬核 **Scleropyrum wallichianum** Arn. 【N, W/C】 ♣KBG, XTBG; ●YN; ★(AS): CN, ID, IN, KH, LA, LK, MM, MY, TH, VN.

无刺硬核 **Scleropyrum wallichianum** var. **mekongense** (Gagnep.) Lecomte 【N, W/C】 ♣XTBG; ●YN; ★(AS): CN, KH, LA, VN.

檀香属　Santalum

檀香 **Santalum album** L. 【I, C】 ♣BBG, CBG, FBG, FLBG, GMG, GXIB, HBG, SCBG, XLTBG, XMBG, XOIG, XTBG; ●BJ, FJ, GD, GX, HI, JX, SC, SH, TW, YN, ZJ; ★(AS): ID, MM; (OC): AU, PAF.

*夏威夷檀香 **Santalum ellipticum** Zipp. ex Span. 【I, C】 ♣XTBG; ●YN; ★(OC): US-HW.

Santalum freycinetianum F. Phil. 【I, C】 ♣XTBG; ●YN; ★(NA): US.

巴布亚檀香 **Santalum papuanum** Summerh. 【I, C】 ♣SCBG; ●GD; ★(OC): PAF, PG.

澳大利亚檀香 **Santalum spicatum** A. DC. 【I, C】 ♣XTBG; ●TW, YN; ★(OC): AU.

沙针属　Osyris

沙针 **Osyris quadripartita** Salzm. ex Decne. 【N, W/C】 ♣GXIB, HBG, KBG, SCBG, XTBG; ●GD, GX, YN, ZJ; ★(AS): BT, CN, ID, IN, KH, LA, LK, MM, NP, TH, VN; (EU): BY, ES, LU.

重寄生属　Phacellaria

扁序重寄生 **Phacellaria compressa** Benth. 【N, W/C】 ♣XTBG; ●YN; ★(AS): CN, MM, TH, VN.

硬序重寄生 **Phacellaria rigidula** Benth. 【N, W/C】 ♣XTBG; ●YN; ★(AS): CN, MM.

寄生藤属　Dendrotrophe

多脉寄生藤 **Dendrotrophe polyneura** (Hu) D. D. Tao 【N, W/C】 ♣XTBG; ●YN; ★(AS): CN, VN.

寄生藤 **Dendrotrophe varians** (Blume) Miq. 【N, W/C】 ♣FLBG, GMG, SCBG, XMBG, XTBG; ●FJ, GD, GX, JX, YN; ★(AS): CN, ID, IN, LA, MM, MY, PH, SG, TH, VN; (OC): AU.

栗寄生属　Korthalsella

栗寄生 **Korthalsella japonica** (Thunb.) Engl. 【N, W/C】 ♣FLBG, GBG, XTBG; ●GD, GZ, JX, YN; ★(AS): BT, CN, ID, IN, JP, KR, LK, MM, MY, PH, PK, TH, VN; (OC): AU, PAF.

槲寄生属　Viscum

白果槲寄生 **Viscum album** L. 【N, W/C】 ♣GMG; ●GX; ★(AS): BT, CN, ID, IN, JP, KP, KR, LK, MM, VN; (OC): NZ.

扁枝槲寄生 **Viscum articulatum** Burm. f. 【N, W/C】 ♣FBG, FLBG, GBG, HBG, XMBG, XTBG; ●FJ, GD, GZ, JX, YN, ZJ; ★(AS): BT, CN, ID, IN, LA, LK, MM, MY, NP, SG, TH, VN; (OC): AU, PAF.

槲寄生 **Viscum coloratum** (Kom.) Nakai 【N, W/C】 ♣BBG, FBG, GA, HBG, IBCAS, LBG; ●BJ, FJ, JX, ZJ; ★(AS): CN, JP, KP, KR, MN, RU-AS.

东方槲寄生 **Viscum cruciatum** Sieber ex Boiss. 【I, C】 ♣GMG; ●GX; ★(AS): IL, JO, PS.

棱枝槲寄生(柿寄生)**Viscum diospyrosicola** Hayata 【N, W/C】 ♣FBG; ●FJ; ★(AS): CN.

枫香槲寄生 **Viscum liquidambaricola** Hayata 【N, W/C】 ♣SCBG; ●GD, SC; ★(AS): BT, CN, ID, IN, LK, MY, NP, TH, VN.

聚花槲寄生 **Viscum loranthi** Elmer 【N, W/C】 ♣XTBG; ●YN; ★(AS): CN, ID, IN, PH.

五脉槲寄生 **Viscum monoicum** Roxb. ex DC. 【N, W/C】 ♣XTBG; ●YN; ★(AS): BT, CN, ID, IN, LK, MM, TH, VN.

柄果槲寄生 **Viscum multinerve** (Hayata) Hayata 【N, W/C】 ♣FBG, SCBG, XTBG; ●FJ, GD, YN; ★(AS): CN, NP, TH, VN.

瘤果槲寄生 **Viscum ovalifolium** DC. 【N, W/C】 ♣FLBG, SCBG, XTBG; ●GD, JX, YN; ★(AS): BT, CN, ID, IN, KH, LA, LK, MM, MY, PH, SG, TH, VN; (OC): AU.

云南槲寄生 **Viscum yunnanense** H. S. Kiu 【N, W/C】 ♣XTBG; ●YN; ★(AS): CN.

肉穗寄生属 Phoradendron

红叶栗寄生 **Phoradendron rubrum** (L.) Griseb. 【I, C】 ♣FLBG, XMBG; ●FJ, GD, JX; ★(NA): BS, CU, KY; (SA): BR.

201. 桑寄生科 LORANTHACEAE

金焰檀属 Nuytsia

金焰檀(澳洲火树)**Nuytsia floribunda** R. Br. 【I, C】 ●TW; ★(OC): AU.

鞘花属 Macrosolen

双花鞘花 **Macrosolen bibracteolatus** (Hance) Danser 【N, W/C】 ♣XTBG; ●YN; ★(AS): CN, MM, MY, VN.

鞘花 **Macrosolen cochinchinensis** (Lour.) Tiegh. 【N, W/C】 ♣FLBG, SCBG, XTBG; ●GD, JX, YN; ★(AS): BT, CN, ID, IN, KH, LA, LK, MM, MY, NP, TH, VN; (OC): AU, PAF.

勐腊鞘花 **Macrosolen geminatus** (Merr.) Danser 【N, W/C】 ♣XTBG; ●YN; ★(AS): CN, ID, IN, PH; (OC): PAF.

短序鞘花 **Macrosolen robinsonii** (Gamble) Danser 【N, W/C】 ♣XTBG; ●YN; ★(AS): CN, MY, VN.

大苞鞘花属 Elytranthe

大苞鞘花 **Elytranthe albida** (Blume) Blume 【N, W/C】 ♣XTBG; ●YN; ★(AS): CN, ID, IN, LA, MM, MY, SG, TH, VN.

桑寄生属 Loranthus

椆树桑寄生 **Loranthus delavayi** (Tiegh.) Engl. 【N, W/C】 ♣XMBG; ●FJ; ★(AS): CN, MM, VN.

钝果寄生属 Taxillus

广寄生 **Taxillus chinensis** (DC.) Danser 【N, W/C】 ♣FBG, FLBG, SCBG, XLTBG, XMBG; ●FJ, GD, HI, JX; ★(AS): CN, ID, IN, KH, LA, MY, PH, TH, VN.

小叶钝果寄生 **Taxillus kaempferi** (DC.) Danser 【N, W/C】 ♣FBG; ●FJ; ★(AS): BT, CN, IN, JP, LK.

锈毛钝果寄生 **Taxillus levinei** (Merr.) H. S. Kiu 【N, W/C】 ♣FBG; ●FJ; ★(AS): CN.

木兰寄生 **Taxillus limprichtii** (Grüning) H. S. Kiu 【N, W/C】 ♣XTBG; ●YN; ★(AS): CN, TH, VN.

亮叶木兰寄生 **Taxillus limprichtii** var. **longiflorus** (Lecomte) H. S. Kiu 【N, W/C】 ♣XTBG; ●YN; ★(AS): CN, TH, VN.

槭香钝果寄生 **Taxillus liquidambaricola** (Hayata) Hosok. 【N, W/C】 ♣TMNS; ●TW; ★(AS): CN, TH.

桑寄生 **Taxillus sutchuenensis** (Lecomte) Danser 【N, W/C】 ♣GA; ●JX; ★(AS): CN.

灰毛桑寄生 **Taxillus sutchuenensis** var. **duclouxii** (Lecomte) H. S. Kiu 【N, W/C】 ♣LBG; ●JX, SC; ★(AS): CN.

梨果寄生属 Scurrula

梨果寄生 **Scurrula atropurpurea** (Blume) Danser 【N, W/C】 ♣XTBG; ●YN; ★(AS): CN, ID, IN, MY, PH, TH, VN.

卵叶梨果寄生 **Scurrula chingii** (W. C. Cheng) H. S. Kiu 【N, W/C】 ♣XTBG; ●YN; ★(AS): CN, VN.

短柄梨果寄生 **Scurrula chingii** var. **yunnanensis** H. S. Kiu 【N, W/C】 ♣XTBG; ●YN; ★(AS): CN.

锈毛梨果寄生 **Scurrula ferruginea** (Jack) Danser 【N, W/C】 ♣XTBG; ●YN; ★(AS): CN, ID, IN, KH, LA, MM, MY, PH, SG, TH, VN.

红花寄生 **Scurrula parasitica** L.【N, W/C】♣FBG, FLBG, GBG, SCBG, XMBG, XTBG; ●FJ, GD, GZ, JX, YN; ★(AS): BT, CN, ID, IN, LA, MM, MY, NP, PH, SG, TH, VN.

小红花寄生 **Scurrula parasitica** var. **graciliflora** (Roxb. ex Schult.) H. S. Kiu【N, W/C】♣XTBG; ●YN; ★(AS): BT, CN, IN, MM, NP, TH.

白花梨果寄生 **Scurrula pulverulenta** (Wall.) G. Don【N, W/C】♣XTBG; ●YN; ★(AS): BT, CN, ID, IN, LK, MM, NP, PK, TH.

离瓣寄生属　Helixanthera

景洪离瓣寄生 **Helixanthera coccinea** (Jack) Danser【N, W/C】♣XTBG; ●YN; ★(AS): CN, ID, IN, MM, MY, SG.

离瓣寄生 **Helixanthera parasitica** Lour.【N, W/C】♣SCBG; ●GD; ★(AS): BT, CN, ID, IN, KH, LA, LK, MM, MY, NP, PH, SG, TH, VN.

密花离瓣寄生 **Helixanthera pulchra** (DC.) Danser【N, W/C】♣XTBG; ●YN; ★(AS): CN, ID, IN, KH, LA, MY, TH.

油茶离瓣寄生 **Helixanthera sampsonii** (Hance) Danser【N, W/C】♣SCBG, XTBG; ●GD, YN; ★(AS): CN, VN.

五蕊寄生属　Dendrophthoe

五蕊寄生 **Dendrophthoe pentandra** (L.) Miq.【N, W/C】♣SCBG, XTBG; ●GD, YN; ★(AS): CN, ID, IN, KH, LA, MM, MY, PH, TH, VN.

202. 青皮木科　SCHOEPFIACEAE

青皮木属　Schoepfia

华南青皮木 **Schoepfia chinensis** Gardner et Champ.【N, W/C】♣SCBG; ●GD; ★(AS): CN.

香芙木 **Schoepfia fragrans** Wall.【N, W/C】♣XTBG; ●YN; ★(AS): BT, CN, ID, IN, KH, LA, LK, MM, NP, TH, VN.

青皮木 **Schoepfia jasminodora** Siebold et Zucc.【N, W/C】♣CBG, GA, GBG, HBG, SCBG; ●GD, GZ, JX, SC, SH, ZJ; ★(AS): CN, JP, TH, VN.

203. 柽柳科　TAMARICACEAE

琵琶柴属　Reaumuria

红砂（琵琶柴）**Reaumuria soongarica** (Pall.) Maxim.【N, W/C】♣MDBG, TDBG; ●GS, NM, XJ; ★(AS): CN, MN, RU-AS.

黄花红砂（长叶红砂）**Reaumuria trigyna** Maxim.【N, W/C】♣TDBG; ●XJ; ★(AS): CN, MN, RU-AS.

柽柳属　Tamarix

白花柽柳 **Tamarix androssowii** Litv.【N, W/C】♣BBG, MDBG, TDBG; ●BJ, GS, NM, QH, XJ; ★(AS): CN, MN.

无叶柽柳 **Tamarix aphylla** (L.) Lanza【N, W/C】♣TBG; ●TW; ★(AF): ZA; (AS): AF, CN, IN, PK; (OC): AU.

密花柽柳 **Tamarix arceuthoides** Bunge【N, W/C】♣BBG, MDBG, TDBG; ●BJ, GS, XJ; ★(AS): AF, CN, MN, PK, RU-AS.

甘蒙柽柳 **Tamarix austromongolica** Nakai【N, W/C】♣BBG, IBCAS, MDBG, TDBG; ●BJ, GS, NM, NX, SN, XJ; ★(AS): CN.

柽柳 **Tamarix chinensis** Lour.【N, W/C】♣BBG, CBG, CDBG, FBG, GA, GBG, GMG, GXIB, HBG, HFBG, IBCAS, KBG, LBG, MDBG, NBG, NSBG, TBG, TDBG, WBG, XBG, XMBG; ●BJ, CQ, FJ, GS, GX, GZ, HB, HL, JS, JX, LN, NM, SC, SH, SN, TW, XJ, YN, ZJ; ★(AF): ZA; (AS): CN, KR, MN; (OC): NZ.

长穗柽柳 **Tamarix elongata** Ledeb.【N, W/C】♣BBG, MDBG, TDBG; ●BJ, GS, NM, XJ; ★(AS): CN, KZ, MN, RU-AS, TM, UZ.

甘肃柽柳 **Tamarix gansuensis** H. Z. Zhang ex P. Y. Zhang et M. T. Liu【N, W/C】♣BBG, MDBG, TDBG; ●BJ, GS, NM, NX, QH, XJ; ★(AS): CN.

翠枝柽柳 **Tamarix gracilis** Willd.【N, W/C】♣MDBG, TDBG; ●GS, NM, QH, XJ; ★(AS): CN, KZ, MN, RU-AS, TJ, TM; (EU): RU.

刚毛柽柳 **Tamarix hispida** Willd.【N, W/C】♣BBG, MDBG, TDBG; ●BJ, GS, XJ; ★(AS): AF, CN, MN, RU-AS; (EU): RU.

多花柽柳 **Tamarix hohenackeri** Bunge【N, W/C】♣BBG, MDBG, TDBG; ●BJ, GS, NM, QH, XJ; ★(AS): CN, MN, RU-AS.

*印度柽柳 **Tamarix indica** Willd.【I, C】♣WBG; ●HB; ★(AS): IN.

金塔柽柳 **Tamarix jintaensis** P. Y. Zhang et M. T. Liu【N, W/C】♣MDBG; ●GS; ★(AS): CN.

盐地柽柳 **Tamarix karelinii** Bunge【N, W/C】♣TDBG; ●GS, NM, QH, XJ; ★(AS): AF, CN, MN, RU-AS.

短穗柽柳 **Tamarix laxa** Willd.【N, W/C】♣BBG, MDBG, TDBG; ●BJ, GS, NM, NX, QH, XJ; ★(AS): AF, CN, KZ, MN, RU-AS, TM; (EU): RU.

细穗柽柳 **Tamarix leptostachya** Bunge【N, W/C】♣MDBG, TDBG; ●GS, NM, QH, XJ; ★(AS): CN, MN.

小花柽柳 **Tamarix parviflora** DC.【I, C】♣BBG; ●BJ, XJ; ★(EU): ES, FR, GR, IT.

多枝柽柳 **Tamarix ramosissima** Ledeb.【N, W/C】♣BBG, CBG, MDBG, SCBG, TDBG; ●BJ, GD, GS, HE, NM, SH, TW, XJ, YN; ★(AS): AF, CN, MN, RU-AS.

沙生柽柳 **Tamarix taklamakanensis** M. T. Liu【N, W/C】♣MDBG, TDBG; ●GS, XJ; ★(AS): CN.

四蕊柽柳 **Tamarix tetrandra** Pall. ex M. Bieb.【I, C】♣BBG, CBG; ●BJ, HE, SH; ★(EU): BA, BG, GR, HR, ME, MK, RS, RU, SI, TR.

秀柏枝属 Myrtama

秀丽水柏枝 **Myrtama elegans** (Royle) Ovcz. et Kinzik.【N, W/C】♣WBG; ●HB; ★(AS): CN, IN, PK.

泽当水柏枝 **Myrtama elegans** var. **tsetangensis** (P. Y. Zhang et Y. J. Zhang) Q. W. Lin【N, W/C】♣WBG; ●HB; ★(AS): CN.

水柏枝属 Myricaria

宽苞水柏枝 **Myricaria bracteata** Royle【N, W/C】♣TDBG, WBG; ●HB, XJ; ★(AS): AF, CN, ID, IN, MN, PK, RU-AS.

水柏枝 **Myricaria germanica** (L.) Desv.【N, W/C】♣TDBG, WBG; ●HB, XJ; ★(AS): CN.

疏花水柏枝 **Myricaria laxiflora** (Franch.) P. Y. Zhang et Y. J. Zhang【N, W/C】♣CBG, FBG, IBCAS, NSBG, SCBG, WBG; ●BJ, CQ, FJ, GD, HB, SC, SH; ★(AS): CN.

三春水柏枝 **Myricaria paniculata** P. Y. Zhang et Y. J. Zhang【N, W/C】♣TDBG, WBG; ●HB, XJ; ★(AS): CN.

宽叶水柏枝 **Myricaria platyphylla** Maxim.【N, W/C】♣WBG; ●HB, NM; ★(AS): CN, MN.

匍匐水柏枝 **Myricaria prostrata** Hook. f. et Thomson【N, W/C】♣WBG; ●HB; ★(AS): CN, ID, IN, PK.

心叶水柏枝 **Myricaria pulcherrima** Batalin【N, W/C】♣WBG; ●HB; ★(AS): CN.

卧生水柏枝 **Myricaria rosea** W. W. Sm.【N, W/C】♣WBG; ●HB, YN; ★(AS): BT, CN, ID, IN, LK, NP.

具鳞水柏枝 **Myricaria squamosa** Desv.【N, W/C】♣WBG; ●HB, SC; ★(AS): AF, CN, IN, NP, PK.

小花水柏枝 **Myricaria wardii** C. Marquand【N, W/C】♣WBG; ●HB; ★(AS): CN, NP.

204. 白花丹科 PLUMBAGINACEAE

蓝雪花属 Ceratostigma

毛蓝雪花 **Ceratostigma griffithii** C. B. Clarke【N, W/C】♣XTBG; ●YN; ★(AS): BT, CN, IN, LK.

小蓝雪花(架棚)**Ceratostigma minus** Stapf ex Prain【N, W/C】♣WBG; ●HB; ★(AS): CN.

蓝雪花 **Ceratostigma plumbaginoides** Bunge【N, W/C】♣FLBG, XMBG; ●BJ, FJ, GD, JX, SC; ★(AS): CN.

岷江蓝雪花 **Ceratostigma willmottianum** Stapf【N, W/C】♣BBG, KBG, WBG, XMBG; ●BJ, FJ, HB, SC, TW, YN; ★(AS): CN.

白花丹属 Plumbago

蓝花丹 **Plumbago auriculata** Lam.【I, C】♣BBG, FBG, FLBG, HBG, IBCAS, KBG, LBG, NBG, SCBG, XLTBG, XMBG, XTBG; ●BJ, FJ, GD, HI, JS, JX, TW, YN, ZJ; ★(AF): ZA.

紫花丹 **Plumbago indica** L.【N, W/C】♣FLBG, GMG, TMNS, XMBG, XTBG; ●FJ, GD, GX, JX, TW, YN; ★(AS): BT, CN, IN, LA, LK, MM, SG.

白花丹 **Plumbago zeylanica** L.【N, W/C】♣FBG, FLBG, GBG, GMG, GXIB, HBG, SCBG, TBG, TMNS, WBG, XLTBG, XMBG, XTBG; ●FJ, GD, GX, GZ, HB, HI, JX, TW, YN, ZJ; ★(AS): BT, CN, IN, LA, LK, MM, MY, SG.

紫条木属 Aegialitis

圆叶紫条木(圆叶叉枝补血草)**Aegialitis rotundifolia** Roxb.【I, C】♣XMBG; ●FJ; ★(AS): IN, MM.

补血草属 Limonium

黄花补血草 **Limonium aureum** (L.) Hill【N,

W/C】 ♣HFBG, MDBG, TDBG, WBG; ●GS, HB, HL, NM, NX, SN, TW, XJ, YN; ★(AS): CN, MN, RU-AS.

二色补血草 **Limonium bicolor** (Bunge) Kuntze【N, W/C】 ♣TDBG, WBG, XBG; ●HB, SN, TW, XJ, YN; ★(AS): CN, MN, RU-AS.

阿尔及利亚补血草 **Limonium bonducellii** Kuntze【I, C】 ♣XMBG; ●FJ; ★(AF): DZ.

里海补血草 **Limonium caspium** (Willd.) P. Fourn.【I, C】 ●TW; ★(AS): RU-AS.

珊瑚补血草 **Limonium coralloides** (Tausch) Lincz.【N, W/C】 ♣TDBG; ●XJ; ★(AS): CN, CY, KZ, MN, RU-AS.

大叶补血草 **Limonium gmelinii** (Willd.) Kuntze【N, W/C】 ♣MDBG, SCBG, TDBG; ●GD, GS, TW, XJ; ★(AS): CN, CY, KG, KZ, MN, RU-AS; (EU): BA, BG, CZ, GR, HR, HU, ME, MK, RO, RS, RU, SI, TR.

精河补血草 **Limonium leptolobum** (Regel) Kuntze【N, W/C】 ♣TDBG; ●XJ; ★(AS): CN, CY, KZ.

耳叶补血草 **Limonium otolepis** (Schrenk) Kuntze【N, W/C】 ♣TDBG; ●GS, NM, SN, XJ; ★(AS): AF, CN, CY, KG, KH, KZ, TJ, TM, UZ; (OC): AU.

Limonium peregrinum (P. J. Bergius) R. A. Dyer【I, C】 ♣XOIG; ●FJ; ★(AF): ZA.

非洲补血草 **Limonium perezii** (Stapf) F. T. Hubb.【I, C】 ●TW; ★(AF): ES-CS.

阔叶补血草 **Limonium platyphyllum** Lincz.【I, C】 ♣BBG, HFBG, IBCAS; ●BJ, HL, TW; ★(EU): CZ, DE, ES, GR, HU, IT, PL, PT, RU, SK.

补血草 **Limonium sinense** (Girard) Kuntze【N, W/C】 ♣CBG, GMG, XMBG; ●FJ, GX, SH, TW; ★(AS): CN, JP, VN.

星辰花 **Limonium sinuatum** (L.) Mill.【I, C】 ♣BBG, FLBG, KBG, XMBG; ●BJ, FJ, GD, JX, SH, TW, XJ, YN, ZJ; ★(AF): DZ, EG, LY, MA, TN; (AS): LB, PS, SY, TR; (EU): AL, BA, ES, FR, GR, HR, IT, MC, ME, MK, RS, SI.

木本补血草 **Limonium suffruticosum** (L.) Kuntze【N, W/C】 ●TW; ★(AS): AF, CN, CY, KG, KZ, MN, RU-AS, UZ; (EU): RU.

高加索补血草 **Limonium suwarowii** Kuntze【I, C】 ●TW; ★(AS): AM, AZ, GE, IR, RU-AS, TR; (EU): UA.

海芙蓉 **Limonium wrightii** (Hance) Kuntze【N, W/C】 ●TW; ★(AS): CN, JP.

秀穗花属 Psylliostachys

中亚补血草 **Psylliostachys suworowii** Roshkova【I, C】 ★(AS): AF.

海石竹属 Armeria

葱叶海石竹 **Armeria alliacea** (Cav.) Hoffmanns. et Link【I, C】 ♣BBG, XTBG; ●BJ, TW, YN; ★(AF): MA; (EU): ES.

葡萄牙海石竹 **Armeria berlengensis** Daveau【I, C】 ♣NBG; ●JS; ★(EU): LU, PT.

细齿海石竹 **Armeria canescens** (Host) Boiss.【I, C】 ♣NBG; ●JS; ★(EU): AL, BA, GR, HR, IT, ME, MK, RS, SI.

加里亚海石竹（加里亚花丹）**Armeria cariensis** Boiss.【I, C】 ♣NBG; ●JS; ★(AS): TR; (EU): GR.

Armeria juniperifolia (Vahl) Hoffmanns. et Link【I, C】 ♣SCBG; ●GD; ★(EU): ES, FR.

海石竹 **Armeria maritima** (Mill.) Willd.【I, C】 ♣KBG, NBG; ●JS, YN; ★(AF): MA; (EU): FR, GB, LU, TR; (NA): GL.

长叶海石竹 **Armeria maritima** subsp. **elongata** (Hoffm.) Bonnier【I, C】 ★(EU): DE.

西伯利亚海石竹 **Armeria maritima** subsp. **sibirica** (Turcz. ex Boiss.) Nyman【I, C】 ♣NBG, XTBG; ●JS, YN; ★(AS): RU-AS; (NA): GL.

莫氏海石竹 **Armeria morisii** Boiss.【I, C】 ♣XMBG; ●FJ; ★(AS): SA; (EU): IT, SI.

车前海石竹 **Armeria pseudarmeria** (Murray) Mansf.【I, C】 ♣NBG; ●JS, TW; ★(EU): ES, LU.

白萨特海石竹 **Armeria ruscinonensis** Girard【I, C】 ♣BBG, CBG, KBG, NBG, SCBG, XMBG, XTBG; ●BJ, FJ, GD, JS, SH, TW, YN; ★(EU): DE, ES, FR.

威尔维海石竹（威尔维花丹）**Armeria welwitschii** Boiss.【I, C】 ♣NBG, XMBG; ●FJ, JS; ★(EU): LU, PT.

驼舌草属 Goniolimon

驼舌草 **Goniolimon speciosum** (L.) Boiss.【N, W/C】 ♣TDBG; ●XJ; ★(AS): CN, CY, KZ, MN, RU-AS; (EU): RU.

*鞑靼驼舌草（鞑靼补血草）**Goniolimon tataricum** (L.) Boiss.【I, C】 ●TW; ★(EU): BA, BG, GR, HR, HU, ME, MK, RO, RS, RU, SI.

彩花属 Acantholimon

*芒尖彩花 **Acantholimon aristulatum** Bunge 【I, C】 ♣XTBG; ●YN; ★(AS): IR.

*亚美尼亚彩花 **Acantholimon armenum** Boiss. et A. Huet 【I, C】 ●SD; ★(AS): TR.

颖状彩花 **Acantholimon glumaceum** (Jaub. et Spach) Boiss. 【I, C】 ♣XTBG; ●YN; ★(AS): AM, TR.

*疏花彩花 **Acantholimon laxum** Czerniak. 【I, C】 ♣XTBG; ●YN; ★(AS): TR.

205. 蓼科 POLYGONACEAE

珊瑚藤属 Antigonon

珊瑚藤 **Antigonon leptopus** Hook. et Arn. 【I, C/N】 ♣CDBG, FBG, FLBG, GBG, NBG, SCBG, XLTBG, XMBG, XOIG, XTBG; ●FJ, GD, GZ, HI, JS, JX, SC, TW, YN; ★(NA): CR, DO, GT, HN, HT, MX, NI, PA, PR; (SA): AR, BO, EC, PY, VE.

海葡萄属 Coccoloba

海葡萄 **Coccoloba uvifera** (L.) L. 【I, C】 ♣SCBG, TBG, TMNS, XMBG, XTBG; ●FJ, GD, TW, YN; ★(NA): BM, BS, BZ, CR, CU, DO, GT, HN, HT, JM, LW, MX, NI, PA, PR, VG, WW; (SA): CO, EC, VE.

蓼树属 Triplaris

蓼树 **Triplaris americana** L. 【I, C】 ♣SCBG, XTBG; ●GD, YN; ★(SA): BO, BR, CO, EC, PE, VE.

Triplaris cumingiana Fisch. et C. A. Mey. 【I, C】 ♣XTBG; ●YN; ★(NA): PA, PR, TT; (SA): BO, CO, EC, PE, PY, VE.

苞蓼属 Eriogonum

*乔状绒毛蓼 **Eriogonum arborescens** Greene 【I, C】 ●TW; ★(NA): US.

巨苞蓼 **Eriogonum giganteum** S. Watson 【I, C】 ●TW; ★(NA): US.

蓼属 Persicaria

*尖头蓼 **Persicaria acuminata** (Kunth) M. Gómez 【I, C】 ♣XTBG; ●YN; ★(NA): BZ, CR, DO, GT, HN, MX, NI, PA, PR; (SA): AR, BO, BR, CO, EC, GY, PE, PY, UY, VE.

两栖蓼 **Persicaria amphibia** (L.) Gray 【N, W/C】 ♣GBG, IBCAS, WBG; ●BJ, GZ, HB, HL; ★(AS): AZ, BT, CN, CY, ID, IN, JP, KG, KH, KP, KR, KZ, MN, NP, RU-AS, TJ, TM, UZ; (EU): BY, HR, RS.

毛蓼 **Persicaria barbata** (L.) H. Hara 【N, W/C】 ♣CDBG, FBG, FLBG, LBG, SCBG, XMBG, XTBG; ●FJ, GD, JX, SC, YN; ★(AS): BT, CN, ID, IN, JP, LA, LK, MM, MY, NP, PH, TH, VN; (OC): AU, PAF.

柳叶刺蓼 **Persicaria bungeana** (Turcz.) Nakai 【N, W/C】 ★(AS): CN, JP, KP, KR, MN, RU-AS.

头花蓼 **Persicaria capitata** (Buch.-Ham. ex D. Don) H.Gross 【N, W/C】 ♣FBG, GBG, GMG, GXIB, KBG, SCBG, WBG, XLTBG, XMBG, XTBG; ●FJ, GD, GX, GZ, HB, HI, SC, YN; ★(AS): BT, CN, ID, IN, JP, LK, MM, MY, NP, TH, VN; (OC): AU.

火炭母 **Persicaria chinensis** (L.) H. Gross 【N, W/C】 ♣CBG, FBG, FLBG, GA, GBG, GMG, GXIB, HBG, HFBG, KBG, NBG, NSBG, SCBG, TBG, TMNS, WBG, XLTBG, XMBG, XTBG; ●CQ, FJ, GD, GX, GZ, HB, HI, HL, JS, JX, SC, SH, TW, YN, ZJ; ★(AS): BT, CN, ID, IN, JP, LA, LK, MM, MY, NP, PH, TH, VN; (OC): US-HW.

硬毛火炭母 **Persicaria chinensis** (L.) H. Gross 【N, W/C】 ♣GMG, XTBG; ●GX, YN; ★(AS): CN, IN, MM, TH, VN.

宽叶火炭母 **Persicaria chinensis** var. **ovalifolia** (Meisn.) H. Hara 【N, W/C】 ♣GBG, XTBG; ●GZ, YN; ★(AS): CN, IN, JP, MM, MY, NP, TH.

愉悦蓼（窄叶火炭母）**Persicaria chinensis** var. **paradoxa** (H. Lév.) Q. W. Lin 【N, W/C】 ♣GA, GBG, GMG, SCBG, WBG, XMBG, ZAFU; ●FJ, GD, GX, GZ, HB, JX, SC, ZJ; ★(AS): CN.

铺地火炭母 **Persicaria chinensis** var. **procumbens** (Z. E. Zhao et J. R. Zhao) Q. W. Lin 【N, W/C】 ♣WBG; ●HB; ★(AS): CN.

蓼子草 **Persicaria criopolitana** (Hance) Migo 【N, W/C】 ♣GA, HBG, LBG, SCBG, WBG, ZAFU; ●GD, HB, JX, ZJ; ★(AS): CN.

大箭叶蓼 **Persicaria darrisii** (H. Lév.) Q. W. Lin 【N, W/C】 ♣ZAFU; ●ZJ; ★(AS): CN.

二歧蓼 **Persicaria dichotoma** (Blume) Masam. 【N, W/C】 ♣FBG, LBG, SCBG; ●FJ, GD, JX; ★(AS): CN, ID, IN, JP, LA, MY, PH, TH, VN.

稀花蓼 **Persicaria dissitiflora** (Hemsl.) H. Gross ex T. Mori【N, W/C】♣CBG, GA, GMG, HBG, LBG, WBG; ●GX, HB, JX, SH, ZJ; ★(AS): CN, KP, KR, RU-AS.

金线草 **Persicaria filiformis** (Thunb.) Nakai 【N, W/C】 ♣CBG, FBG, FLBG, GA, GBG, GMG, GXIB, HBG, LBG, NBG, SCBG, WBG, XMBG, ZAFU; ●FJ, GD, GX, GZ, HB, JS, JX, SC, SH, ZJ; ★(AS): CN, JP, KP, MM, MN, RU-AS, VN; (OC): NZ.

短毛金线草 **Persicaria filiformis** var. **neofiliformis** (Nakai) Q. W. Lin 【N, W/C】 ♣FBG, GA, HBG, LBG, SCBG, WBG, XBG, ZAFU; ●FJ, GD, HB, JX, SC, SN, ZJ; ★(AS): CN, JP.

光蓼 **Persicaria glabra** (Willd.) M. Gómez 【N, W/C】 ♣FLBG, SCBG, XMBG; ●FJ, GD, JX; ★(AS): BT, CN, ID, IN, JP, LK, MM, PH, TH, VN; (OC): AU, PAF.

长梗拳参（长梗蓼）**Persicaria griffithii** (Hook. f.) Cubey 【N, W/C】 ●YN; ★(AS): BT, CN, MM.

长箭叶蓼 **Persicaria hastatosagittata** (Makino) Nakai ex T. Mori【N, W/C】♣FBG, FLBG, GMG, GXIB, XTBG, ZAFU; ●FJ, GD, GX, JX, YN, ZJ; ★(AS): CN, KR.

水蓼（辣蓼）**Persicaria hydropiper** (L.) Spach 【N, W/C】 ♣CDBG, FBG, FLBG, GA, GBG, GMG, GXIB, HBG, IBCAS, KBG, LBG, NBG, SCBG, TMNS, WBG, XBG, XMBG, XTBG, ZAFU; ●BJ, FJ, GD, GX, GZ, HB, JS, JX, SC, SN, TW, YN, ZJ; ★(AS): BT, CN, ID, IN, JP, KG, KR, KZ, LK, MM, MN, MY, NP, TH, UZ.

蚕茧草 **Persicaria japonica** (Meisn.) H. Gross ex Nakai 【N, W/C】 ♣FBG, HBG, LBG, WBG; ●FJ, HB, JX, ZJ; ★(AS): CN, JP, KP, KR.

柔茎蓼 **Persicaria kawagoeana** (Makino) Nakai 【N, W/C】♣SCBG, WBG; ●GD, HB; ★(AS): BT, CN, ID, IN, JP, LK, MY, NP.

酸模叶蓼（马蓼）**Persicaria lapathifolia** (L.) Gray 【N, W/C】♣BBG, FBG, FLBG, HBG, LBG, SCBG, TDBG, TMNS, WBG, XMBG, XTBG, ZAFU; ●BJ, FJ, GD, HB, JX, SC, TW, XJ, YN, ZJ; ★(AF): MG, ZA; (AS): BT, CN, CY, ID, IN, JP, KG, KH, KP, KR, KZ, MM, MN, MY, NP, PH, PK, RU-AS, TH, TJ, TM, UZ, VN; (OC): AU, PAF.

绵毛酸模叶蓼（密毛马蓼）**Persicaria lapathifolia** var. **lanata** (Roxb.) Hara 【N, W/C】 ♣TMNS; ●TW; ★(AS): BT, CN, ID, IN, MM, MY, NP, PH.

污泥蓼 **Persicaria limicola** (Sam.) Yonekura et H. Ohashi 【N, W/C】 ♣SCBG; ●GD; ★(AS): CN.

长鬃蓼 **Persicaria longiseta** (Bruijn) Kitag. 【N, W/C】♣BBG, FBG, GA, HBG, LBG, SCBG, WBG, ZAFU; ●BJ, FJ, GD, HB, JX, TW, ZJ; ★(AS): BT, CN, ID, IN, JP, KP, KR, MM, MN, MY, NP, PH, TH, VN; (EU): RU.

圆基长鬃蓼 **Persicaria longiseta** var. **rotundata** (A. J. Li) Q. W. Lin 【N, W/C】 ♣GBG, XTBG; ●GZ, YN; ★(AS): CN, MN.

长戟叶蓼 **Persicaria maackiana** (Regel) Nakai ex T. Mori 【N, W/C】 ♣SCBG, WBG; ●GD, HB; ★(AS): CN, JP, KP, KR, MN, RU-AS.

春蓼 **Persicaria maculosa** Gray 【N, W/C】 ♣FBG, HFBG, LBG, WBG, ZAFU; ●FJ, HB, HL, JX, ZJ; ★(AS): AZ, CN, ID, IN, JP, KG, KH, KP, KR, KZ, LA, TJ, TM, UZ; (EU): HR, RS.

小蓼 **Persicaria minor** (Huds.) Opiz 【I, C】 ♣FBG, WBG, XMBG; ●FJ, HB; ★(AF): MG;

小蓼花 **Persicaria muricata** (Meisn.) Nemoto 【N, W/C】 ♣FBG, GA, SCBG, WBG, ZAFU; ●FJ, GD, HB, JX, ZJ; ★(AS): CN, ID, IN, JP, KP, KR, NP, RU-AS, TH.

尼泊尔蓼 **Persicaria nepalensis** (Meisn.) Miyabe 【N, W/C】♣GA, HBG, LBG, SCBG, WBG, ZAFU; ●GD, HB, JX, SC, ZJ; ★(AS): AF, BT, CN, ID, IN, JP, KP, KR, LK, MY, NP, PH, PK, RU-AS, TH; (OC): PAF.

芳香蓼 **Persicaria odorata** (Lour.) Soják【I, C】★(AS): LA.

红蓼 **Persicaria orientalis** (L.) Spach 【N, W/C】 ♣BBG, CDBG, FBG, FLBG, GA, GBG, GMG, HBG, IBCAS, LBG, NBG, SCBG, WBG, XBG, XMBG, XTBG, ZAFU; ●BJ, FJ, GD, GX, GZ, HB, HL, JS, JX, SC, SN, TW, XJ, YN, ZJ; ★(AS): BT, CN, ID, IN, JP, KP, KR, LK, MM, MN, PH, TH, VN; (OC): AU, PAF.

掌叶蓼 **Persicaria palmata** (Dunn) Yonekura et H. Ohashi 【N, W/C】 ♣XTBG; ●YN; ★(AS): CN, ID, IN.

宾洲蓼 **Persicaria pensylvanica** (L.) M. Gómez 【I, N】 ●JS; ★(NA): MX, US.

杠板归 **Persicaria perfoliata** (L.) H.Gross 【N, W/C】 ♣CBG, CDBG, FBG, FLBG, GA, GBG, GMG, GXIB, HBG, KBG, LBG, NBG, NSBG, SCBG, WBG, XMBG, XTBG, ZAFU; ●CQ, FJ, GD, GX, GZ, HB, JS, JX, SC, SH, YN, ZJ; ★(AS): BT, CN, ID, IN, JP, KP, KR, LK, MN, MY, NP, PH, RU-AS, TH, VN; (OC): PAF.

丛枝蓼 **Persicaria posumbu** (Buch.-Ham. ex D. Don) H. Gross【N, W/C】♣BBG, FBG, GA, GBG,

GMG, HBG, LBG, NSBG, WBG, XTBG, ZAFU; ●BJ, CQ, FJ, GX, GZ, HB, JX, YN, ZJ; ★(AS): CN, ID, IN, JP, KR, MM, NP, PH, TH, VN.

疏蓼 **Persicaria praetermissa** (Hook. f.) H. Hara 【N, W/C】 ♣NSBG, WBG, XMBG; ●CQ, FJ, HB; ★(AS): BT, CN, ID, IN, JP, KP, KR, LK, NP, PH; (OC): PAF.

伏毛蓼 **Persicaria pubescens** (Blume) H. Hara 【N, W/C】 ♣GA, GBG, GMG, LBG, SCBG, XMBG, XTBG, ZAFU; ●FJ, GD, GX, GZ, JX, YN, ZJ; ★(AS): BT, CN, ID, IN, JP, KR, LA, TH, VN.

羽叶蓼 **Persicaria runcinata** (Buch.-Ham. ex D. Don) H. Gross 【N, W/C】 ♣GBG, GMG, HBG, LBG, WBG, XMBG; ●FJ, GX, GZ, HB, JX, SC, ZJ; ★(AS): BT, CN, ID, IN, LK, MM, MY, NP, PH, TH.

赤胫散 **Persicaria runcinata** var. **sinensis** (Hemsl.) Q. W. Lin 【N, W/C】 ♣FBG, HBG, IBCAS, SCBG, WBG; ●BJ, FJ, GD, HB, SC, ZJ; ★(AS): CN.

箭头蓼 **Persicaria sagittata** (L.) H.Gross 【N, W/C】 ♣CBG, HBG, LBG, WBG, ZAFU; ●HB, JX, SH, ZJ; ★(AS): CN, ID, IN, JP, KP, KR, MN, RU-AS; (EU): BA.

刺蓼 **Persicaria senticosa** (Meisn.) H. Gross ex Nakai 【N, W/C】 ♣FBG, HBG, LBG, WBG, XMBG; ●FJ, HB, JX, ZJ; ★(AS): CN, JP, KR.

糙毛蓼 **Persicaria strigosa** (R. Br.) Nakai 【N, W/C】 ♣LBG, SCBG; ●GD, JX; ★(AS): BT, CN, ID, IN, LA, LK, MM, MY, NP, TH, VN; (OC): AU, PAF.

细叶蓼 **Persicaria taquetii** (H. Lév.) Koidz. 【N, W/C】 ♣SCBG, WBG; ●GD, HB; ★(AS): CN, JP, KP, KR.

戟叶蓼 **Persicaria thunbergii** (Siebold et Zucc.) H. Gross 【N, W/C】 ♣CBG, GMG, HBG, LBG, SCBG, WBG, XTBG; ●GD, GX, HB, JX, SC, SH, YN, ZJ; ★(AS): CN, JP, KP, KR, MN, RU-AS.

蓼蓝 **Persicaria tinctoria** (Aiton) H. Gross 【N, W/C】 ♣GMG, HBG, KBG, XBG; ●BJ, GD, GX, SN, YN, ZJ; ★(AS): CN, ID, IN, KH, LA, MM, MY, TH, VN.

黏蓼 **Persicaria viscofera** (Makino) H. Gross ex Nakai 【N, W/C】 ♣LBG, XTBG; ●JX, YN; ★(AS): CN, JP, KP, KR, RU-AS.

香蓼 **Persicaria viscosa** (Buch.-Ham. ex D. Don) H. Gross ex Nakai 【N, W/C】 ♣FBG, FLBG, GMG, GXIB, HBG, KBG, SCBG, WBG, XMBG, XTBG, ZAFU; ●FJ, GD, GX, HB, JX, YN, ZJ; ★(AS): CN, ID, IN, JP, KP, KR, NP, RU-AS.

拳参属 Bistorta

密穗蓼 **Bistorta affinis** (D.Don) Greene 【N, W/C】 ♣BBG; ●BJ, YN; ★(AS): CN, IN, LK, NP, PK.

抱茎蓼 **Bistorta amplexicaulis** (D. Don) Greene 【N, W/C】 ♣BBG, WBG; ●BJ, HB, SC; ★(AS): BT, CN, IN, NP, PK; (EU): BA.

中华抱茎蓼 **Bistorta amplexicaulis** subsp. **sinensis** (F. B. Forbes et Hemsl.) Soják 【N, W/C】 ♣XBG; ●SN; ★(AS): BT, CN, IN, NP, PK.

匐枝蓼 **Bistorta emodi** (Meisn.) Petrov 【N, W/C】 ♣XTBG; ●YN; ★(AS): BT, CN, ID, IN, LK, NP.

圆穗蓼 **Bistorta macrophylla** (D. Don) Soják 【N, W/C】 ♣WBG, XTBG; ●HB, YN; ★(AS): BT, CN, ID, IN, LK, NP.

拳参 **Bistorta officinalis** Delarbre 【N, W/C】 ♣BBG, GA, HFBG, IBCAS, LBG, NBG, WBG; ●BJ, HB, HL, JS, JX; ★(AS): CN, GE, JP, KP, KR, KZ, MN; (EU): AL, AT, BA, BE, BG, CZ, DE, ES, FI, GB, HR, HU, IT, LU, ME, MK, NL, NO, PL, RO, RS, RU, SI.

草血竭 **Bistorta paleacea** (Wall. ex Hook. f.) Yonek. et H. Ohashi 【N, W/C】 ♣GBG, KBG, SCBG; ●GD, GZ, YN; ★(AS): CN, ID, IN, LA, TH.

支柱拳参（支柱蓼）**Bistorta suffulta** (Maxim.) H. Gross 【N, W/C】 ♣CBG, HBG, LBG, WBG, XBG; ●HB, JX, SC, SH, SN, ZJ; ★(AS): CN, JP, KP, KR.

珠芽蓼 **Bistorta vivipara** (L.) Delarbre 【N, W/C】 ♣WBG; ●HB, SC; ★(AS): BT, CN, CY, GE, ID, IN, JP, KG, KP, KR, KZ, LK, MM, MN, NP, TH, TJ; (EU): AT, BA, BG, CZ, DE, ES, FI, FR, GB, HR, IS, IT, ME, MK, NO, PL, RO, RS, RU, SI.

多穗蓼属 Rubrivena

松林多穗蓼（松林蓼）**Rubrivena pinetorum** (Hemsl.) Galasso, Labra et F. Grassi 【N, W/C】 ♣WBG; ●HB, SC; ★(AS): CN.

冰岛蓼属 Koenigia

大铜钱叶蓼 **Koenigia forrestii** (Diels) Mesicek et Soják 【N, W/C】 ●YN; ★(AS): BT, CN, IN, LK, MM, NP.

神血宁属 Aconogonon

高山神血宁（高山蓼）**Aconogonon alpinum** (All.)

Schur【N, W/C】♣CBG; ●SH; ★(AF): MA; (AS): AF, CN, CY, KG, KZ, MN; (EU): AL, AT, BA, BG, DE, ES, GR, HR, IT, ME, MK, RO, RS, RU, SI.

叉分神血宁（叉分蓼）**Aconogonon divaricatum** (L.) Nakai ex T. Mori【N, W/C】●HB, NM; ★(AS): CN, KP, MN, RU-AS.

绢毛蓼 **Aconogonon molle** (D. Don) H. Hara【N, W/C】♣WBG; ●HB; ★(AS): BT, CN, ID, IN, LK, MM, NP, TH.

倒毛蓼 **Aconogonon molle** var. **rude** (Meisn.) H. Hara【N, W/C】♣XTBG; ●YN; ★(AS): BT, CN, IN, MM, NP, TH.

荞麦属 Fagopyrum

金荞麦 **Fagopyrum dibotrys** (D. Don) H. Hara【N, W/C】♣CBG, FBG, GA, GBG, GMG, GXIB, HBG, IBCAS, KBG, LBG, NBG, NSBG, SCBG, WBG, XBG, XMBG, XTBG, ZAFU; ●BJ, CQ, FJ, GD, GX, GZ, HB, HN, JS, JX, SC, SH, SN, YN, ZJ; ★(AS): BT, CN, IN, JP, MM, NP, VN.

荞麦 **Fagopyrum esculentum** Moench【N, W/C】♣FBG, GBG, HBG, IBCAS, LBG, SCBG, TDBG, TMNS, WBG, XLTBG, XMBG, XTBG; ●AH, BJ, FJ, GD, GS, GX, GZ, HB, HE, HI, HL, HN, JL, JX, LN, NM, NX, QH, SC, SD, SN, SX, TW, XJ, XZ, YN, ZJ; ★(AF): ZA; (AS): BT, CN, IN, JP, KP, KR, LK, MM, MN, NP, RU-AS; (OC): AU, NZ, PAF.

细柄野荞麦 **Fagopyrum gracilipes** (Hemsl.) Dammer【N, W/C】♣WBG; ●HB; ★(AS): CN.

长柄野荞麦 **Fagopyrum statice** (H. Lév.) Gross【N, W/C】♣KBG; ●YN; ★(AS): CN.

苦荞麦 **Fagopyrum tataricum** (L.) Gaertn.【N, W/C】♣CDBG, GA, SCBG, WBG, XMBG; ●AH, FJ, GD, GS, GZ, HB, JX, LN, NM, NX, QH, SC, SX, TW, XZ, YN; ★(AS): AF, BT, CN, IN, KG, KZ, MM, MN, NP, RU-AS, TJ; (EU): BA, BE, DE, FI, HR, ME, MK, NL, NO, PL, RO, RS, RU, SI.

酸模属 Rumex

酸模 **Rumex acetosa** L.【N, W/C】♣BBG, GA, GBG, GMG, HBG, LBG, NBG, NSBG, SCBG, WBG, XBG, XMBG, ZAFU; ●BJ, CQ, FJ, GD, GX, GZ, HB, JS, JX, SC, SN, TW, ZJ; ★(AS): CN, CY, JP, KG, KP, KR, KZ, MN, RU-AS; (OC): AU, NZ.

小酸模 **Rumex acetosella** L.【N, W/C】♣LBG, WBG, ZAFU; ●HB, JS, JX, ZJ; ★(AS): BT, CN, IN, JP, KP, KR, KZ, MN, RU-AS; (EU): BE, FR, GB, LU, MC, NL.

高酸模（高山酸模）**Rumex altissimus** Alph. Wood【I, C】♣IBCAS; ●BJ; ★(NA): US.

水生酸模 **Rumex aquaticus** L.【N, W/C】♣SCBG, WBG; ●GD, HB; ★(AS): CN, CY, GE, JP, KG, KR, KZ, MN, RU-AS; (EU): AT, BA, BE, CZ, DE, FI, GB, HR, HU, ME, MK, NL, NO, PL, RO, RS, RU, SI.

网果酸模 **Rumex chalepensis** Mill.【N, W/C】♣WBG, ZAFU; ●HB, ZJ; ★(AS): AF, CN, CY, KG, KH, KZ, PK, RU-AS, TM.

皱叶酸模 **Rumex crispus** L.【N, W/C】♣BBG, GBG, HBG, IBCAS, MDBG, NBG, TBG, TDBG, WBG; ●BJ, GS, GZ, HB, JS, SC, TW, XJ, ZJ; ★(AF): MG, ZA; (AS): CN, CY, ID, JP, KG, KP, KR, KZ, MM, MN, MY, RU-AS, TH; (OC): AU, NZ.

土大黄（大黄酸模）**Rumex daiwoo** Makino【I, C】♣CBG, GMG, GXIB, HBG, HFBG, LBG; ●GX, HL, JX, SH, ZJ; ★(AS): JP.

齿果酸模 **Rumex dentatus** L.【N, W/C】♣FBG, HBG, IBCAS, LBG, TDBG, WBG, XBG, XMBG, ZAFU; ●BJ, FJ, HB, JX, SC, SN, XJ, ZJ; ★(AS): AF, BT, CN, CY, ID, IN, KG, KZ, LA, LK, MN, NP; (EU): AL, BA, GR, HR, HU, ME, MK, RO, RS, RU, SI.

戟叶酸模 **Rumex hastatus** D. Don【N, W/C】♣KBG; ●SC, YN; ★(AS): AF, CN, IN, NP, PK.

羊蹄 **Rumex japonicus** Houtt.【N, W/C】♣FBG, GMG, GXIB, HBG, KBG, LBG, NBG, TMNS, WBG, XMBG, ZAFU; ●BJ, FJ, GX, HB, JS, JX, TW, YN, ZJ; ★(AS): CN, JP, KP, KR, MN, RU-AS.

刺酸模 **Rumex maritimus** L.【N, W/C】♣FBG, FLBG, GMG, TDBG, WBG, XMBG; ●FJ, GD, GX, HB, JX, XJ; ★(AS): CN, CY, GE, JP, KR, KZ, MM, MN, RU-AS; (EU): AT, BA, BE, CZ, DE, ES, FI, GB, HR, HU, IT, ME, MK, NL, NO, PL, RO, RS, RU, SI.

尼泊尔酸模 **Rumex nepalensis** Spreng.【N, W/C】♣NSBG, SCBG, WBG; ●CQ, GD, HB, SC; ★(AF): MG; (AS): AF, BT, CN, CY, ID, IN, JP, LK, MM, NP, PK, TJ, VN; (EU): AL, BA, GR, HR, IT, ME, MK, RS, SI.

钝叶酸模 **Rumex obtusifolius** L.【N, W/C】♣HBG, IBCAS, NBG, WBG, ZAFU; ●BJ, HB, JS, ZJ; ★(AS): CN, JP, KR, RU-AS; (OC): AU, NZ.

巴天酸模 **Rumex patientia** L.【N, W/C】♣BBG,

IBCAS, SCBG, TDBG, XBG, XMBG; ●BJ, FJ, GD, HE, SN, XJ; ★(AS): CN, CY, KG, KR, KZ, MN, RU-AS, TJ; (EU): AL, AT, BA, BG, CZ, GR, HR, HU, ME, MK, RO, RS, RU, SI.

红脉酸模 **Rumex sanguineus** L. 【I, C】 ♣XMBG, ZAFU; ●FJ, TW, ZJ; ★(AS): GE, LB, PS, SA, SY, TR; (EU): AL, AT, BA, BE, BG, CZ, DE, ES, GB, GR, HR, HU, IT, LU, ME, MK, NL, PL, RO, RS, RU, SI.

狭叶酸模 **Rumex stenophyllus** Ledeb. 【N, W/C】 ♣WBG; ●HB; ★(AS): CN, KG, KR, KZ, MN, RU-AS.

*非洲酸模 **Rumex steudelii** Hochst. ex A. Rich. 【I, C】 ♣CBG; ●SH; ★(AF): ET, TZ, ZA.

长刺酸模 **Rumex trisetifer** Stokes 【N, W/C】 ♣NBG, XTBG, ZAFU; ●JS, YN, ZJ; ★(AS): BT, CN, ID, IN, LA, LK, MM, TH, VN.

乌克兰酸模 **Rumex ucranicus** Fisch. 【N, W/C】 ●XJ; ★(AS): CN, CY, KZ, MN, RU-AS; (EU): PL, RO, RU.

山蓼属 Oxyria

山蓼 **Oxyria digyna** (L.) Hill 【N, W/C】 ♣SCBG, WBG; ●GD, HB, SC, YN; ★(AS): AF, BT, CN, CY, ID, IN, JP, KG, KP, KR, KZ, LK, MN, NP, PK, RU-AS, TJ, VN; (OC): NZ.

中华山蓼 **Oxyria sinensis** Hemsl. 【N, W/C】 ♣IBCAS, KBG, WBG; ●BJ, HB, SC, YN; ★(AS): CN.

大黄属 Rheum

苞叶大黄（水黄）**Rheum alexandrae** Batalin 【N, W/C】 ♣SCBG; ●GD, YN; ★(AS): CN.

阿尔泰大黄 **Rheum altaicum** Losinsk. 【N, W/C】 ♣NBG; ●JS, TW; ★(AS): CN, CY, KZ, MN, RU-AS.

藏边大黄 **Rheum australe** D. Don 【N, W/C】 ♣NBG; ●JS; ★(AS): BT, CN, ID, IN, LK, MM, NP, PK.

陕西大黄（卡林大黄）**Rheum collinianum** Baill. 【N, W/C】 ♣NBG; ●JS; ★(AS): CN.

密序大黄 **Rheum compactum** L. 【N, W/C】 ♣NBG; ●JS; ★(AS): CN, CY, KZ, MN, RU-AS.

卵果大黄 **Rheum moorcroftianum** Royle 【N, W/C】 ♣NBG; ●JS; ★(AS): AF, CN, CY, IN, NP, PK, TJ.

塔黄 **Rheum nobile** Hook. f. et Thomson 【N, W/C】 ●YN; ★(AS): AF, BT, CN, ID, IN, LK, MM, NP, PK.

药用大黄 **Rheum officinale** Baill. 【N, W/C】 ♣GBG, GXIB, HFBG, IBCAS, KBG, LBG, NBG, WBG, XBG, XMBG; ●BJ, FJ, GS, GX, GZ, HB, HL, JS, JX, NM, NX, SN, TW, YN; ★(AS): CN, LA.

掌叶大黄 **Rheum palmatum** L. 【N, W/C】 ♣CBG, GBG, HBG, KBG, LBG, NBG, SCBG, XBG; ●GD, GZ, JS, JX, SC, SH, SN, YN, ZJ; ★(AS): CN, MN.

波叶大黄 **Rheum rhabarbarum** L. 【N, W/C】 ♣BBG, HBG, KBG, LBG, MDBG, NBG, TDBG, WBG, XBG, XMBG, XTBG; ●BJ, FJ, GS, HB, JS, JX, SC, SN, TW, XJ, YN, ZJ; ★(AS): CN, KR, MN, RU-AS; (OC): NZ.

*醋果大黄 **Rheum ribes** L. 【I, C】 ♣NBG; ●JS; ★(AS): PK.

鸡爪大黄 **Rheum tanguticum** Maxim. ex Balf. 【N, W/C】 ♣XBG; ●SC, SN; ★(AS): CN.

圆叶大黄 **Rheum tataricum** L. f. 【N, W/C】 ♣NBG, XTBG; ●JS, YN; ★(AS): AF, CN, CY, KZ; (EU): RU.

天山大黄 **Rheum wittrockii** C. E. Lundstr. 【N, W/C】 ♣NBG; ●JS; ★(AS): CN, CY, KG, KZ.

沙拐枣属 Calligonum

无叶沙拐枣 **Calligonum aphyllum** (Pall.) Gürke 【N, W/C】 ♣MDBG, TDBG; ●GS, XJ; ★(AS): CN, CY, KH, KZ, TJ, TM, UZ; (EU): RU.

乔木状沙拐枣（乔木沙拐枣）**Calligonum arborescens** Litv. 【N, W/C】 ♣MDBG, SCBG, TDBG; ●GD, GS, XJ; ★(AS): CN, CY, KH, KZ, RU-AS, TM, UZ.

泡果沙拐枣 **Calligonum calliphysa** Bunge 【N, W/C】 ♣MDBG, SCBG, TDBG; ●GD, GS, NM, XJ; ★(AS): CN, CY, KH, KZ, MN, RU-AS, TJ, TM.

网状沙拐枣 **Calligonum cancellatum** Mattei 【I, C】 ♣MDBG, TDBG; ●GS, XJ; ★(AS): MN.

头状沙拐枣 **Calligonum caput-medusae** Schrenk 【N, W/C】 ♣MDBG, TDBG; ●GS, NM, XJ; ★(AS): CN, CY, KH, KZ, RU-AS, TM.

甘肃沙拐枣 **Calligonum chinense** Losinsk. 【N, W/C】 ♣MDBG, TDBG; ●GS, XJ; ★(AS): CN, MN, RU-AS.

心形沙拐枣 **Calligonum cordatum** Korovin ex Pavlov 【N, W/C】 ♣MDBG, TDBG; ●GS, XJ; ★

(AS): CN, CY, KH, RU-AS, TJ, TM.

密刺沙拐枣 **Calligonum densum** I. G. Borshch. 【N, W/C】 ♣MDBG, TDBG; ●GS, XJ; ★(AS): CN, CY, KH, KZ, RU-AS, TM.

艾比湖沙拐枣 **Calligonum ebinuricum** N. A. Ivanova ex Soskov 【N, W/C】 ♣MDBG, TDBG; ●GS, XJ; ★(AS): CN, MN, RU-AS.

戈壁沙拐枣 **Calligonum gobicum** Bunge ex Meisn. 【N, W/C】 ♣MDBG; ●GS, QH; ★(AS): CN, MN, RU-AS.

奇台沙拐枣 **Calligonum klementzii** Losinsk. 【N, W/C】 ♣MDBG, TDBG; ●GS, XJ; ★(AS): CN, RU-AS.

库尔勒沙拐枣 **Calligonum korlaense** Z. M. Mao 【N, W/C】 ♣TDBG; ●XJ; ★(AS): CN, RU-AS.

淡枝沙拐枣 **Calligonum leucocladum** (Schrenk) Bunge 【N, W/C】 ♣MDBG, TDBG; ●GS, XJ; ★(AS): CN, CY, KH, KZ, RU-AS, TJ, TM, UZ.

大果沙拐枣 **Calligonum macrocarpum** Borszcz. 【I, C】 ★(AS): KZ.

沙拐枣 **Calligonum mongolicum** Turcz. 【N, W/C】 ♣BBG, MDBG, TDBG; ●BJ, GS, NM, XJ, YN; ★(AS): CN, MN, RU-AS.

小沙拐枣 **Calligonum pumilum** Losinsk. 【N, W/C】 ♣MDBG, TDBG; ●GS, XJ; ★(AS): CN, MN, RU-AS.

塔里木沙拐枣 **Calligonum roborowskii** Losinsk. 【N, W/C】 ♣MDBG, TDBG; ●GS, XJ; ★(AS): CN, MN, RU-AS.

红果沙拐枣 **Calligonum rubicundum** Bunge 【N, W/C】 ♣MDBG, SCBG, TDBG; ●GD, GS, NM, XJ; ★(AS): CN, CY, KZ, MN, RU-AS.

三列沙拐枣（三裂沙拐枣）**Calligonum trifarium** Z. M. Mao 【N, W/C】 ♣TDBG; ●XJ; ★(AS): CN, RU-AS.

英吉沙沙拐枣 **Calligonum yengisaricum** Z. M. Mao 【N, W/C】 ♣TDBG; ●XJ; ★(AS): CN, RU-AS.

柴达木沙拐枣 **Calligonum zaidamense** Losinsk. 【N, W/C】 ♣TDBG; ●GS, QH, XJ; ★(AS): CN, RU-AS.

西伯利亚蓼属 Knorringia

西伯利亚蓼 **Knorringia sibirica** (Laxm.) Tzvelev 【N, W/C】 ●NM; ★(AS): AF, CN, IN, KG, KZ, MN, NP, PK, TJ.

虎杖属 Reynoutria

虎杖 **Reynoutria japonica** Houtt. 【N, W/C】 ♣CBG, CDBG, FBG, FLBG, GA, GBG, GMG, GXIB, HBG, IBCAS, KBG, LBG, NBG, NSBG, SCBG, TMNS, WBG, XBG, XLTBG, XMBG, XTBG, ZAFU; ●BJ, CQ, FJ, GD, GX, GZ, HB, HI, JS, JX, SC, SH, SN, TW, YN, ZJ; ★(AS): CN, JP, KP; (OC): AU, NZ.

何首乌属 Fallopia

木藤蓼 **Fallopia aubertii** (L. Henry) Holub 【N, W/C】 ♣BBG, IBCAS; ●BJ, GS, HA, LN, NM, NX, QH, SN, SX, XZ, YN; ★(AS): CN.

中亚木藤蓼（红山荞麦）**Fallopia baldschuanica** (Regel) Holub 【I, C】 ●TW; ★(AS): KZ, RU-AS, TM.

牛皮消蓼 **Fallopia cynanchoides** (Hemsl.) Haraldson 【N, W/C】 ♣GBG; ●GZ; ★(AS): CN.

齿叶蓼 **Fallopia denticulata** (C. C. Huang) Holub 【N, W/C】 ♣GBG; ●GZ; ★(AS): CN.

何首乌 **Fallopia multiflora** (Thunb.) Haraldson 【N, W/C】 ♣BBG, CDBG, FBG, FLBG, GA, GBG, GMG, GXIB, HBG, IBCAS, KBG, LBG, NBG, NSBG, SCBG, TMNS, WBG, XBG, XMBG, XTBG, ZAFU; ●AH, BJ, CQ, FJ, GD, GS, GX, GZ, HA, HB, JS, JX, SC, SN, SX, TW, YN, ZJ; ★(AS): CN, JP, KP, KR.

毛脉首乌（毛脉何首乌）**Fallopia multiflora** var. **ciliinervis** (Nakai) Yonek. et H. Ohashi 【N, W/C】 ♣GBG, XBG; ●GZ, SN, YN; ★(AS): CN.

千叶兰属 Muehlenbeckia

腋花千叶兰 **Muehlenbeckia axillaris** Walp. 【I, C】 ●TW; ★(OC): AU, NZ.

千叶兰 **Muehlenbeckia complexa** Meisn. 【I, C】 ♣IBCAS, ZAFU; ●BJ, TW, ZJ; ★(OC): NZ.

竹节蓼 **Muehlenbeckia platyclada** (F. J. Müll.) Meisn. 【I, C】 ♣BBG, CBG, CDBG, FBG, FLBG, GBG, GMG, GXIB, HBG, IBCAS, KBG, LBG, NBG, NSBG, SCBG, TBG, TMNS, WBG, XBG, XLTBG, XMBG, XTBG, ZAFU; ●BJ, CQ, FJ, GD, GX, GZ, HB, HI, JS, JX, SC, SH, SN, TW, YN, ZJ; ★(OC): PG, SB.

木蓼属 Atraphaxis

沙木蓼 **Atraphaxis bracteata** Losinsk. 【N, W/C】

♣IBCAS, MDBG, TDBG; ●BJ, GS, NM, NX, XJ; ★(AS): CN, MN, RU-AS.

拳木蓼 **Atraphaxis compacta** Ledeb. 【N, W/C】 ♣MDBG, TDBG; ●GS, XJ; ★(AS): CN, CY, KG, KZ, MN, RU-AS.

细枝木蓼 **Atraphaxis decipiens** Jaub. et Spach【N, W/C】 ♣MDBG, TDBG; ●GS, XJ; ★(AS): CN, CY, KZ, MN, RU-AS.

木蓼 **Atraphaxis frutescens** (L.) Eversm. 【N, W/C】 ●XJ; ★(AS): CN, CY, KZ, MN, RU-AS; (EU): RU.

额河木蓼 **Atraphaxis irtyschensis** Chang Y. Yang et Y. L. Han 【N, W/C】 ♣MDBG; ●GS, XJ; ★(AS): CN, RU-AS.

绿叶木蓼 **Atraphaxis laetevirens** (Ledeb.) Jaub. et Spach 【N, W/C】 ♣TDBG; ●XJ; ★(AS): CN, CY, KG, KZ, MN, RU-AS.

东北木蓼 **Atraphaxis manshurica** Kitag. 【N, W/C】 ♣MDBG, TDBG; ●GS, HE, LN, NM, XJ; ★(AS): CN, RU-AS.

锐枝木蓼 **Atraphaxis pungens** (M. Bieb.) Jaub. et Spach【N, W/C】♣MDBG, TDBG; ●GS, NM, NX, XJ; ★(AS): CN, CY, ID, IN, KZ, MN, RU-AS.

刺木蓼 **Atraphaxis spinosa** L.【N, W/C】♣MDBG, TDBG; ●GS, XJ; ★(AS): CN, KG, KH, KZ, MN, RU-AS, TJ, TM, UZ; (EU): RU.

帚枝木蓼 **Atraphaxis virgata** (Regel) Krasn. 【N, W/C】 ♣TDBG; ●XJ; ★(AS): CN, CY, KG, KH, KZ, MN, RU-AS, TJ, TM.

萹蓄属 Polygonum

灰绿蓼 **Polygonum acetosum** M. Bieb. 【N, W/C】 ♣FBG; ●FJ; ★(AS): AF, CN, CY, KG, KH, KZ, TJ, TM, UZ; (EU): BG, RU.

萹蓄 **Polygonum aviculare** L. 【N, W/C】 ♣BBG, FBG, GA, GBG, GMG, HBG, IBCAS, LBG, NBG, SCBG, TDBG, WBG, XBG, XMBG, XTBG, ZAFU; ●BJ, FJ, GD, GX, GZ, HB, JS, JX, NM, SC, SN, XJ, YN, ZJ; ★(AF): ZA; (AS): BT, CN, IN, JP, KR, LK, MM, MN, RU-AS; (OC): AU, NZ.

展枝蓼 **Polygonum patulum** M. Bieb. 【N, W/C】 ♣TDBG; ●XJ; ★(AS): AF, CN, CY, KG, KZ, MN, RU-AS, TJ; (OC): AU.

习见蓼 **Polygonum plebeium** R. Br. 【N, W/C】 ♣FBG, FLBG, GA, GBG, GMG, LBG, SCBG, WBG, XMBG, XTBG; ●FJ, GD, GX, GZ, HB, JX, SC, YN; ★(AF): MG, NG, ZA; (AS): BT, CN, CY, ID, IN, JP, KZ, LA, LK, MM, MN, NP, PH, RU-AS, TH; (OC): AU, PAF.

206. 茅膏菜科 DROSERACEAE

茅膏菜属 Drosera

阿帝露茅膏菜（阿迪露毛毡苔）**Drosera adelae** F. Muell.【I, C】♣BBG, CBG, SCBG; ●BJ, GD, SH, TW; ★(OC): AU.

*拟茅膏菜 **Drosera affinis** Welw. ex Oliv. 【I, C】 ♣BBG; ●BJ; ★(AF): AO, MW, TZ, ZM.

爱丽斯毛毡苔 **Drosera aliciae** R. Hamet 【I, C】 ♣BBG; ●BJ, TW; ★(AF): ZA.

英国毛毡苔 **Drosera anglica** Huds. 【I, C】 ●TW; ★(AS): GE; (EU): AT, BA, BE, CZ, DE, ES, FI, GB, GR, HR, HU, IT, ME, MK, NL, NO, PL, RO, RS, RU, SI.

亚瑟山毛毡苔 **Drosera arcturi** Hook. 【I, C】 ★(OC): NZ.

*耳叶茅膏菜 **Drosera auriculata** Backh. ex Planch. 【I, C】 ♣BBG; ●BJ, TW; ★(OC): AU.

胡须毛毡苔 **Drosera barbigera** Planch. 【I, C】 ★(OC): AU.

叉叶茅膏菜（叉叶毛毡苔、长柄茅膏菜）**Drosera binata** Labill.【I, C】♣BBG, CBG; ●BJ, SH, TW; ★(OC): AU.

鳞茎茅膏菜（球状毛毡苔）**Drosera bulbosa** Hook. 【I, C】 ★(OC): AU.

锦地罗 **Drosera burmannii** Vahl 【N, W/C】 ♣BBG, CBG, FLBG, SCBG, XMBG, XTBG; ●BJ, FJ, GD, JX, SC, SH, YN; ★(AS): BT, CN, ID, IN, KH, LA, LK, MM, MY, NP, PH, TH, VN; (OC): PAF.

变叶毛毡苔 **Drosera caduca** Lowrie 【I, C】 ★(OC): AU.

卡洛斯茅膏菜 **Drosera callistos** N. Marchant et Lowrie 【I, C】 ★(OC): AU.

海角茅膏菜（好望角毛毡苔）**Drosera capensis** L.【I, C】 ★(AF): ZA.

绒毛茅膏菜（绒毛毛毡苔）**Drosera capillaris** Poir. 【I, C】 ♣CBG, SCBG; ●GD, SH, TW; ★(NA): BZ, CR, CU, HN, JM, MX, NI, PA, PR, TT, US; (SA): GF, GY, UY, VE.

金壳毛毡苔 **Drosera chrysolepis** Taub. 【I, C】 ●TW; ★(SA): BR, EC, PE.

岩蔷薇茅膏菜（岩蔷薇毛毡苔）**Drosera cistiflora** L.

【I, C】 ●TW; ★(AF): ZA.

北领地珊瑚茅膏菜 **Drosera derbyensis** Lowrie【I, C】 ●TW; ★(OC): AU.

红根毛毡苔 **Drosera erythrorhiza** Lindl. 【I, C】 ●TW; ★(OC): AU.

大肉饼毛毡苔 **Drosera falconeri** Kondô et P. Tsang 【I, C】 ●TW; ★(OC): AU.

线形茅膏菜 **Drosera filiformis** Raf.【I, C】♣BBG; ●BJ, TW; ★(NA): US.

丝叶茅膏菜 **Drosera filiformis** var. **tracyi** (Macfarl.) Diels 【I, C】 ♣CBG; ●SH; ★(NA): US.

巨大毛毡苔 **Drosera gigantea** Lindl.【I, C】●TW; ★(OC): AU.

草叶毛毡苔 **Drosera graminifolia** A. St.-Hil. 【I, C】 ★(SA): BR.

香花毛毡苔 **Drosera graomogolensis** T. R. S. Silva 【I, C】 ●TW; ★(SA): BR.

汉米尔顿毛毡苔 **Drosera hamiltonii** C. R. P. Andrews 【I, C】 ♣CBG; ●SH; ★(OC): AU.

异叶毛毡苔 **Drosera heterophylla** Lindl. 【I, C】 ★(OC): AU.

长叶茅膏菜 **Drosera indica** L. 【N, W/C】♣BBG, TMNS, WBG, XMBG; ●BJ, FJ, HB, TW; ★(AF): AO, MG, NG, ZA; (AS): CN, ID, IN, JP, LA, LK, MM, MY, PH, TH, VN; (OC): AU, PAF.

长柄茅膏菜（长柄毛毡苔）**Drosera intermedia** Hayne 【I, C】 ★(NA): US; (SA): VE.

线叶毛毡苔 **Drosera linearis** Goldie 【I, C】 ★(NA): CA, US.

大花毛毡苔 **Drosera macrantha** Endl. 【I, C】 ★(OC): AU.

大叶毛毡苔 **Drosera macrophylla** Lindl. 【I, C】 ●TW; ★(OC): AU.

马达加斯加茅膏菜 **Drosera madagascariensis** DC. 【I, C】 ♣BBG; ●BJ, TW; ★(AF): AO, BI, CV, GA, GN, LR, MG, NG, TZ, ZA.

曼西茅膏菜（曼西毛毡苔）**Drosera menziesii** R. Br. 【I, C】 ★(OC): AU.

小叶毛毡苔 **Drosera microphylla** Endl.【I, C】★(OC): AU.

山地毛毡苔 **Drosera montana** A. St.-Hil. 【I, C】 ●TW; ★(SA): BO, BR, PE, PY, VE.

纳塔尔毛毡苔 **Drosera natalensis** Diels 【I, C】 ●TW; ★(AF): CV, MG, ZA.

巢型茅膏菜 **Drosera nidiformis** Debbert 【I, C】 ♣BBG, CBG; ●BJ, SH, TW; ★(AF): ZA.

金丝绒茅膏菜 **Drosera nitidula** Planch. 【I, C】 ♣CBG; ●SH, TW; ★(OC): AU.

纤细茅膏菜 **Drosera occidentalis** subsp. **australis** N. Marchant et Lowrie 【I, C】 ♣CBG; ●SH; ★(OC): AU.

宽银茅膏菜 **Drosera ordensis** Lowrie【I, C】●TW; ★(OC): AU.

迷你茅膏菜 **Drosera paleacea** DC. 【I, C】 ●TW; ★(OC): AU.

浅色毛毡苔 **Drosera pallida** Lindl.【I, C】★(OC): AU.

孔雀茅膏菜 **Drosera paradoxa** Lowrie 【I, C】 ♣BBG, CBG; ●BJ, SH, TW; ★(OC): AU.

金碟茅膏菜 **Drosera patens** Lowrie et Conran 【I, C】 ♣CBG; ●SH; ★(OC): AU.

少花毛毡苔 **Drosera pauciflora** Banks ex DC. 【I, C】 ★(AF): ZA.

茅膏菜 **Drosera peltata** Thunb.【N, W/C】♣CBG, FBG, FLBG, GA, GBG, GMG, HBG, KBG, LBG, SCBG, XMBG, ZAFU; ●FJ, GD, GX, GZ, JX, SH, TW, YN, ZJ; ★(AS): BT, CN, ID, IN, JP, KP, KR, LA, LK, MM, NP, PH, TH; (OC): AU, PAF.

宽脚毛毡苔 **Drosera platypoda** Turcz. 【I, C】 ★(OC): AU.

负子茅膏菜（负子毛毡苔）**Drosera prolifera** C. T. White 【I, C】 ●TW; ★(OC): AU.

美丽茅膏菜 **Drosera pulchella** Lehm.【I, C】●TW; ★(OC): AU.

叉枝茅膏菜（短岔毛毡苔）**Drosera ramellosa** Lehm. 【I, C】 ●TW; ★(AF): MG.

王茅膏菜（帝王毛毡苔）**Drosera regia** Stephens 【I, C】 ♣BBG; ●BJ, TW; ★(AF): ZA.

莲座毛毡苔 **Drosera rosulata** Lehm. 【I, C】 ★(OC): AU.

圆叶茅膏菜 **Drosera rotundifolia** L. 【N, W/C】 ♣BBG, XMBG, ZAFU; ●BJ, FJ, ZJ; ★(AS): AZ, CN, JP, KP, KR, MN, RU-AS, SA, TR; (EU): AL, BY, GR, HR, RS, SI, TR.

叉蕊毛毡苔 **Drosera schizandra** Diels 【I, C】 ♣XTBG; ●YN; ★(OC): AU.

蝎子毛毡苔 **Drosera scorpioides** Planch. 【I, C】 ♣BBG; ●BJ; ★(OC): AU.

南美宽叶毛毡苔 **Drosera sessilifolia** A. St.-Hil.【I, C】 ★(SA): BO, BR, GY, VE.

斯氏毛毡苔 **Drosera slackii** Cheek 【I, C】 ●TW; ★(AF): ZA.

匙叶茅膏菜 **Drosera spatulata** Labill. 【N, W/C】

♣CBG, FBG, FLBG, SCBG, WBG, ZAFU; ●FJ, GD, HB, JX, SH, TW, ZJ; ★(AS): CN, JP, PH.

匍茎茅膏菜(匍匐毛毡苔) **Drosera stolonifera** Endl. 【I, C】 ●TW; ★(OC): AU.

硫磺毛毡苔 **Drosera sulphurea** Lehm. 【I, C】 ★(OC): AU.

长毛毛毡苔 **Drosera villosa** A. St.-Hil. 【I, C】 ●TW; ★(SA): BO, BR.

怀特毛毡苔 **Drosera whittakeri** Planch. 【I, C】 ★(OC): AU.

捕蝇草属 Dionaea

捕蝇草 **Dionaea muscipula** J. Ellis 【I, C】 ♣BBG, CBG, NBG, SCBG, XMBG; ●BJ, FJ, GD, HN, JS, SH, TW, YN; ★(NA): US.

貉藻属 Aldrovanda

貉藻 **Aldrovanda vesiculosa** L. 【N, W/C】 ♣WBG; ●HB; ★(AF): MG, ZA; (AS): CN, ID, JP, KP, KR, MN, MY, RU-AS; (OC): AU, PAF.

207. 猪笼草科 NEPENTHACEAE

猪笼草属 Nepenthes

拟翼状猪笼草 **Nepenthes abalata** Jebb et Cheek 【I, C】 ★(AS): PH.

拟小猪笼草 **Nepenthes abgracilis** Jebb et Cheek 【I, C】 ★(AS): PH.

宽叶猪笼草 **Nepenthes adnata** Tamin et M. Hotta ex Schlauer 【I, C】 ●TW; ★(AS): ID.

翼状猪笼草 **Nepenthes alata** Blanco 【I, C】 ♣BBG, CBG; ●BJ, SH, TW; ★(AS): PH.

乳白猪笼草(白猪笼草) **Nepenthes alba** Ridl. 【I, C】 ♣CBG; ●SH, TW; ★(AS): MY, SG.

白环猪笼草 **Nepenthes albomarginata** W. Lobb ex Lindl. 【I, C】 ♣BBG, CBG; ●BJ, SH, TW; ★(AS): MY.

阿札盘山猪笼草 **Nepenthes alzapan** Jebb et Cheek 【I, C】 ★(AS): PH.

苹果猪笼草 **Nepenthes ampullaria** Jack 【I, C】 ♣BBG, CBG; ●BJ, SH, TW; ★(AS): ID, MY, SG.

安达曼猪笼草 **Nepenthes andamana** M. Catal. 【I, C】 ★(AS): TH.

附盖猪笼草 **Nepenthes appendiculata** Chi. C. Lee, Bourke, Rembold, W. Taylor et S. T. Yeo 【I, C】 ★(AS): ID, MY.

阿金特猪笼草 **Nepenthes argentii** Jebb et Cheek 【I, C】 ●TW; ★(AS): PH.

马兜铃猪笼草 **Nepenthes aristolochioides** Jebb et Cheek 【I, C】 ●TW; ★(AS): ID, MY.

捕鼠猪笼草 **Nepenthes attenboroughii** A. S. Rob., S. McPherson et V. B. Heinrich 【I, C】 ★(AS): PH.

贝里猪笼草 **Nepenthes bellii** K. Kondo 【I, C】 ●TW; ★(AS): PH.

二齿猪笼草 **Nepenthes bicalcarata** Hook. f. 【I, C】 ♣BBG, CBG; ●BJ, SH, TW; ★(AS): ID, MY.

邦苏猪笼草 **Nepenthes bongso** Korth. 【I, C】 ♣CBG; ●SH; ★(AS): ID.

博斯基猪笼草 **Nepenthes boschiana** Korth. 【I, C】 ●TW; ★(AS): ID, MY.

斑豹猪笼草 **Nepenthes burbidgeae** Hook. f. ex Burb. 【I, C】 ♣CBG; ●SH, TW; ★(AS): MY.

伯克猪笼草 **Nepenthes burkei** H. J. Veitch 【I, C】 ♣CBG; ●SH, TW; ★(AS): PH.

风铃猪笼草 **Nepenthes campanulata** S. Kurata 【I, C】 ●TW; ★(AS): ID, MY.

陈氏猪笼草 **Nepenthes chaniana** C. Clarke, Chi. C. Lee et S. McPherson 【I, C】 ●TW; ★(AS): MY.

圆盾猪笼草 **Nepenthes clipeata** Danser 【I, C】 ★(AS): ID, MY.

科普兰猪笼草 **Nepenthes copelandii** Merr. ex Macfarl. 【I, C】 ●TW; ★(AS): PH.

丹舍猪笼草 **Nepenthes danseri** Jebb et Cheek 【I, C】 ●TW; ★(AS): ID.

迪恩猪笼草 **Nepenthes deaniana** Macfarl. 【I, C】 ●TW; ★(AS): PH.

密花猪笼草 **Nepenthes densiflora** Danser 【I, C】 ♣BBG; ●BJ, TW; ★(AS): ID.

上位猪笼草 **Nepenthes diatas** Jebb et Cheek 【I, C】 ●TW; ★(AS): ID.

疑惑猪笼草 **Nepenthes dubia** Danser 【I, C】 ●TW; ★(AS): ID.

爱德华猪笼草 **Nepenthes edwardsiana** H. Low ex Hook. f. 【I, C】 ●TW; ★(AS): MY.

鞍状猪笼草 **Nepenthes ephippiata** Danser 【I, C】 ●TW; ★(AS): MY.

真穗猪笼草 **Nepenthes eustachys** Miq. 【I, C】 ♣BBG; ●BJ; ★(AS): ID.

艾玛猪笼草 **Nepenthes eymae** Sh. Kurata 【I, C】 ♣CBG; ●SH, TW; ★(AS): ID.

法萨猪笼草 **Nepenthes faizaliana** J. H. Adam et Wilcock 【I, C】 ●TW; ★(AS): MY.

暗色猪笼草 **Nepenthes fusca** Danser 【I, C】 ♣BBG; ●BJ, TW; ★(AS): MY.

无毛猪笼草 **Nepenthes glabrata** J. R. Turnbull et A. T. Middleton 【I, C】 ★(AS): ID.

有腺猪笼草 **Nepenthes glandulifera** Chi C. Lee【I, C】 ●TW; ★(AS): MY.

小猪笼草 **Nepenthes gracilis** Korth.【I, C】★(AS): ID, MY, SG, TH.

瘦小猪笼草 **Nepenthes gracillima** Ridl. 【I, C】 ●TW; ★(AS): MY.

裸瓶猪笼草 **Nepenthes gymnamphora** Reinw. ex Nees 【I, C】 ★(AS): ID.

钩唇猪笼草 **Nepenthes hamata** J. R. Turnbull et A. T. Middleton 【I, C】 ●TW; ★(AS): ID.

刚毛猪笼草 **Nepenthes hirsuta** Hook. f. 【I, C】 ♣BBG; ●BJ, TW; ★(AS): MY.

胡瑞尔猪笼草 **Nepenthes hurrelliana** Cheek et A. L. Lamb 【I, C】 ●TW; ★(AS): MY.

漏斗猪笼草 **Nepenthes inermis** Danser 【I, C】 ♣CBG; ●SH; ★(AS): ID.

卓越猪笼草 **Nepenthes insignis** Danser 【I, C】 ♣CBG; ●SH, TW; ★(OC): PG.

泉氏猪笼草 **Nepenthes izumiae** T. Davis, C. Clarke et Tamin 【I, C】 ♣CBG; ●SH; ★(AS): ID.

贾桂琳猪笼草 **Nepenthes jacquelineae** C. Clarke, T. Davis et Tamin 【I, C】 ♣CBG; ●SH, TW; ★(AS): ID.

马桶猪笼草 **Nepenthes jamban** Chi. C. Lee, Hernawati et Akhriadi 【I, C】 ♣CBG; ●SH, TW; ★(AS): ID.

克尔猪笼草 **Nepenthes kerrii** M. Catal. et T. Kruetr. 【I, C】 ●TW; ★(AS): TH.

印度猪笼草 **Nepenthes khasiana** Hook. f. 【I, C】 ♣CBG; ●SH, TW; ★(AS): IN.

克罗斯猪笼草 **Nepenthes klossii** Ridl. 【I, C】 ●TW; ★(OC): PG.

蓝姆猪笼草 **Nepenthes lamii** Jebb et Cheek 【I, C】 ●TW; ★(OC): PG.

熔岩猪笼草 **Nepenthes lavicola** Wistuba et Rischer 【I, C】 ●TW; ★(AS): ID.

长叶猪笼草 **Nepenthes longifolia** Nerz et Wistuba 【I, C】 ★(AS): ID.

劳氏猪笼草 **Nepenthes lowii** Hook. f. 【I, C】 ♣BBG, CBG; ●BJ, SH, TW; ★(AS): MY.

麦克法兰猪笼草 **Nepenthes macfarlanei** Hemsl. 【I, C】 ●TW; ★(AS): MY.

大叶猪笼草 **Nepenthes macrophylla** (Marabini) Jebb et Cheek 【I, C】 ●TW; ★(AS): MY.

大型平庸猪笼草 **Nepenthes macrovulgaris** J. R. Turnbull et A. T. Middleton【I, C】●TW; ★(AS): MY.

马达加斯加猪笼草 **Nepenthes madagascariensis** Poir. 【I, C】 ●TW; ★(AF): MG.

曼塔猪笼草 **Nepenthes mantalingajanensis** Nerz et Wistuba 【I, C】 ●TW; ★(AS): PH.

马索亚拉猪笼草 **Nepenthes masoalensis** Schmid-Holl. 【I, C】 ★(AF): MG.

大口猪笼草 **Nepenthes maxima** Reinw. 【I, C】 ♣BBG, CBG; ●BJ, SH, TW; ★(AS): ID, MY; (OC): PG.

美琳猪笼草 **Nepenthes merrilliana** Macfarl. 【I, C】 ♣BBG, CBG; ●BJ, SH, TW; ★(AS): PH.

迈克猪笼草 **Nepenthes mikei** B. R. Salmon et Maulder 【I, C】 ●TW; ★(AS): ID.

惊奇猪笼草 **Nepenthes mira** Jebb et Cheek 【I, C】 ●TW; ★(AS): PH.

猪笼草（奇异猪笼草）**Nepenthes mirabilis** (Lour.) Merr. 【N, W/C】 ♣BBG, CBG, FBG, FLBG, GXIB, HBG, IBCAS, KBG, LBG, NBG, SCBG, WBG, XLTBG, XMBG, ZAFU; ●AH, BJ, FJ, GD, GX, HB, HI, HN, JS, JX, SC, SH, TW, YN, ZJ; ★(AS): CN, ID, KH, LA, MM, MY, TH, VN; (OC): AU, PAF.

姆鲁山猪笼草 **Nepenthes muluensis** M. Hotta 【I, C】 ★(AS): MY.

龙猪笼草 **Nepenthes naga** Akhriadi, Hernawati, Primaldhi et Hambali 【I, C】 ●TW; ★(AS): ID.

新几内亚猪笼草 **Nepenthes neoguineensis** Macfarl. 【I, C】 ●TW; ★(OC): PG.

诺斯猪笼草 **Nepenthes northiana** Hook. f. 【I, C】 ●TW; ★(AS): MY.

卵形猪笼草 **Nepenthes ovata** Nerz et Wistuba 【I, C】 ●TW; ★(AS): ID.

巴拉望岛猪笼草 **Nepenthes palawanensis** S. McPherson, Cervancia, Chi. C. Lee, Jaunzems, Mey et A. S. Rob. 【I, C】 ●TW; ★(AS): PH.

盾叶猪笼草 **Nepenthes peltata** S. Kurata 【I, C】 ●TW; ★(AS): PH.

伯威尔猪笼草 **Nepenthes pervillei** Blume 【I, C】 ●TW; ★(AF): SC.

有柄猪笼草 **Nepenthes petiolata** Danser 【I, C】

●TW; ★(AS): PH.

细毛猪笼草 **Nepenthes pilosa** Danser【I, C】●TW; ★(AS): MY.

圣杯猪笼草 **Nepenthes platychila** Chi. C. Lee 【I, C】 ●TW; ★(AS): MY.

莱佛士猪笼草 **Nepenthes rafflesiana** Jack 【I, C】 ♣BBG, CBG; ●BJ, SH, TW; ★(AS): MY, SG.

马来王猪笼草 **Nepenthes rajah** Hook. f. 【I, C】 ♣CBG; ●SH, TW; ★(AS): MY.

岔刺猪笼草 **Nepenthes ramispina** Ridl. 【I, C】 ●TW; ★(AS): MY.

两眼猪笼草 **Nepenthes reinwardtiana** Miq.【I, C】 ♣CBG; ●SH, TW; ★(AS): MY, SG.

菱茎猪笼草 **Nepenthes rhombicaulis** Sh. Kurata 【I, C】 ●TW; ★(AS): ID.

罗威那猪笼草 **Nepenthes rowaniae** F. M. Bailey 【I, C】 ●TW; ★(OC): AU.

血红猪笼草 **Nepenthes sanguinea** Lindl. 【I, C】 ♣CBG; ●SH, TW; ★(AS): MY, TH.

辛布亚猪笼草 **Nepenthes sibuyanensis** Nerz 【I, C】 ♣CBG; ●SH, TW; ★(AS): PH.

欣佳浪山猪笼草 **Nepenthes singalana** Becc. 【I, C】 ●TW; ★(AS): ID.

史密斯猪笼草 **Nepenthes smilesii** Hemsl. 【I, C】 ●TW; ★(AS): KH, LA, TH, VN.

*匙形猪笼草 **Nepenthes spathulata** Danser 【I, C】 ♣BBG; ●BJ, TW; ★(AS): ID.

显目猪笼草 **Nepenthes spectabilis** Danser 【I, C】 ♣BBG; ●BJ, TW; ★(AS): ID.

窄叶猪笼草 **Nepenthes stenophylla** Mast. 【I, C】 ●TW; ★(AS): MY.

苏门答腊猪笼草 **Nepenthes sumatrana** (Miq.) Beck 【I, C】 ●TW; ★(AS): ID.

塔蓝山猪笼草 **Nepenthes talangensis** Nerz et Wistuba 【I, C】 ●TW; ★(AS): ID.

毛盖猪笼草 **Nepenthes tentaculata** Hook. f.【I, C】 ♣CBG; ●SH, TW; ★(AS): ID, MY.

细猪笼草 **Nepenthes tenuis** Nerz et Wistuba【I, C】 ●TW; ★(AS): ID.

高棉猪笼草 **Nepenthes thorelii** Lecomte 【I, C】 ♣BBG, CBG; ●BJ, SH, TW; ★(AS): ID.

多巴猪笼草 **Nepenthes tobaica** Danser 【I, C】 ●TW; ★(AS): ID.

托莫里猪笼草 **Nepenthes tomoriana** Danser 【I, C】 ●TW; ★(AS): ID.

截叶猪笼草 **Nepenthes truncata** Macfarl. 【I, C】 ♣BBG, CBG; ●BJ, SH, TW; ★(AS): PH.

维奇猪笼草 **Nepenthes veitchii** Hook. f. 【I, C】 ♣BBG, CBG; ●BJ, SH, TW; ★(AS): ID, MY.

葫芦猪笼草 **Nepenthes ventricosa** Blanco 【I, C】 ♣BBG, CBG, SCBG; ●BJ, GD, SH, TW; ★(AS): PH.

维耶亚猪笼草 **Nepenthes vieillardii** Hook. f. 【I, C】 ●TW; ★(OC): NC.

长毛猪笼草 **Nepenthes villosa** Hook.【I, C】●TW; ★(AS): MY.

沃格尔猪笼草（佛氏猪笼草）**Nepenthes vogelii** Schuit. et de Vogel 【I, C】 ●TW; ★(AS): MY.

208. 露松科 DROSOPHYLLACEAE

露松属 Drosophyllum

露松 **Drosophyllum lusitanicum** (L.) Link 【I, C】 ♣CBG; ●SH, TW; ★(AF): MA; (EU): ES, PT.

209. 钩枝藤科 ANCISTROCLADACEAE

钩枝藤属 Ancistrocladus

钩枝藤 **Ancistrocladus tectorius** (Lour.) Merr.【N, W/C】♣SCBG, XMBG, XTBG; ●FJ, GD, HI, YN; ★(AS): CN, ID, IN, KH, LA, MM, MY, SG, TH, VN.

210. 油蜡树科 SIMMONDSIACEAE

油蜡树属 Simmondsia

油蜡树 **Simmondsia chinensis** (Link) C. K. Schneid. 【I, C】 ♣XMBG, XOIG; ●FJ, SC, TW; ★(NA): MX, US.

211. 石竹科 CARYOPHYLLACEAE

八宝韦草属 Telephium

八宝韦草 **Telephium imperati** L. 【I, C】 ★(AF):

MA; (AS): LB, PS, SY, TR; (EU): CH, GR, NL.

治疝草属　Herniaria

*海岸治疝草 **Herniaria maritima** Link 【I, C】 ♣NBG; ●JS; ★(EU): LU.

裸果木属　Gymnocarpos

裸果木 **Gymnocarpos przewalskii** Bunge ex Maxim. 【N, W/C】 ♣MDBG, TDBG; ●GS, NM, QH, XJ; ★(AS): CN, MN, RU-AS.

多荚草属　Polycarpon

多荚草 **Polycarpon prostratum** (Forssk.) Asch. et Schweinf. 【N, W/C】 ♣FLBG, SCBG, XTBG; ●GD, JX, YN; ★(AF): GA, LR, MG, NG; (AS): BT, CN, IN, LA, LK, MM.

白鼓钉属　Polycarpaea

白鼓钉 **Polycarpaea corymbosa** (L.) Lam. 【N, W/C】 ♣FLBG, LBG, XMBG; ●FJ, GD, JX; ★(AF): MG, NG; (AS): CN, IN, LA, MM; (OC): AU.

荷莲豆草属　Drymaria

荷莲豆草 **Drymaria cordata** (L.) Willd. ex Schult. 【I, N】♣FBG, FLBG, GMG, GXIB, HBG, IBCAS, SCBG, TBG, XMBG, XTBG; ●BJ, FJ, GD, GX, JX, TW, YN, ZJ; ★(NA): BM, BZ, CR, CU, DO, GT, HN, JM, MX, NI, PA, PR, SV, US, VG; (SA): AR, BO, BR, CO, EC, GY, PE, PY, VE.

毛荷莲豆草 **Drymaria villosa** Cham. et Schltdl. 【I, N】★(NA): CR, GT, HN, MX, PA, SV; (SA): BO, CO, EC, PE, VE.

大爪草属　Spergula

大爪草 **Spergula arvensis** L. 【N, W/C】 ●SC; ★(AF): DZ, EG, LY, MA, SD, TN; (AS): BT, CN, ID, IN, JP, KR, KZ, LK, PH, RU-AS; (EU): BE, DE, ES, FR, GB, GR, IT, LU, MC, NL, RO, RU; (NA): CA, MX, US.

牛漆姑属　Spergularia

拟漆姑 **Spergularia marina** (L.) Besser 【N, W/C】 ♣XMBG; ●FJ; ★(AS): AF, CN, CY, JP, KP, KR, KZ, MN, PK, RU-AS; (OC): AU, NZ.

刺繁缕属　Drypis

刺叶蝇子草 **Drypis spinosa** L. 【I, C】♣IBCAS; ●BJ; ★(EU): AL, BA, GR, HR, IT, ME, MK, RS, SI.

南漆姑属　Colobanthus

*钻形南漆姑 **Colobanthus subulatus** (d'Urv.) Hook. f. 【I, C】 ♣BBG; ●BJ, TW; ★(SA): AR, CL.

漆姑草属　Sagina

漆姑草 **Sagina japonica** (Sw.) Ohwi 【N, W/C】 ♣FBG, GA, GBG, HBG, IBCAS, LBG, TBG, WBG, XMBG, ZAFU; ●BJ, FJ, GZ, HB, JX, SC, TW, ZJ; ★(AS): BT, CN, ID, IN, JP, KP, KR, LK, MN, NP, RU-AS; (OC): US-HW.

根叶漆姑草 **Sagina maxima** A. Gray 【N, W/C】 ♣TBG; ●SC, TW; ★(AS): CN, JP, KP, KR, MN, RU-AS.

短瓣花属　Brachystemma

短瓣花 **Brachystemma calycinum** D. Don 【N, W/C】♣GMG, GXIB, XTBG; ●GX, YN; ★(AS): BT, CN, ID, IN, KH, LA, LK, MM, NP, TH, VN.

麦仙翁属　Agrostemma

小麦仙翁 **Agrostemma brachyloba** (Fenzl) K. Hammer 【I, N】 ★(NA): US.

麦仙翁 **Agrostemma githago** L. 【I, N】 ♣BBG, KBG, LBG, SCBG, XMBG; ●BJ, FJ, GD, HL, JL, JX, NM, TW, YN; ★(AF): DZ, EG, LY, MA, TN; (AS): LB, PS, SY, TR; (EU): AL, BA, ES, FR, GR, HR, IT, MC, ME, MK, RS, SI.

冠蝇草属　Heliosperma

冠蝇草 **Heliosperma alpestre** (Jacq.) Griseb. 【I, C】 ★(EU): CH.

樱雪轮属　Eudianthe

樱雪轮（狭叶雪轮）**Eudianthe coeli-rosa** (L.) Endl. 【I, C】 ♣NBG; ●JS, TW; ★(EU): IT.

蝇春罗属　Viscaria

高山雪轮（高山剪秋罗）**Viscaria alpina** (L.) G. Don

【I, C】 ♣BBG, LBG, NBG; ●BJ, JS, JX, TW; ★(AS): RU-AS, SA; (EU): FR, GR, HR, IS, IT, SI, TR.

*紫蝇春罗 **Viscaria atropurpurea** Griseb. 【I, C】 ★(EU): AL, CH, FR, GB, NL, RU.

洋剪秋萝(黏蝇子草) **Viscaria viscosa** (Scop.) Asch. 【I, C】 ♣BBG, CBG, LBG; ●BJ, JX, SH; ★(EU): AL, CH, FR, GB, NL, RU.

高雪轮属 Atocion

高雪轮 **Atocion armeria** (L.) Raf. 【I, C】 ♣BBG, GBG, HBG, HFBG, KBG, LBG, NBG, WBG, XMBG, ZAFU; ●BJ, FJ, GZ, HB, HL, JS, JX, TW, YN, ZJ; ★(EU): BA, CH, FR, IT, NL, RO.

Atocion rupestre (L.) Oxelman 【I, C】 ★(AS): GE, SA; (EU): AT, BA, DE, ES, FR, IT, NO, RO, RU.

剪秋罗属 Lychnis

阿克魏剪秋罗 **Lychnis × arkwrightii** Hort. ex Heydt 【I, C】 ♣BBG; ●BJ; ★(EU): DE.

大花剪秋罗 **Lychnis × haageana** Lem. 【I, C】 ♣NBG; ●JS, TW; ★(NA): US.

皱叶剪秋罗(皱叶蝇子草) **Lychnis chalcedonica** L. 【I, C】 ♣BBG, CBG, LBG, NBG; ●BJ, JS, JX, LN, SH; ★(AS): MN, RU-AS; (EU): NL, RU.

浅裂剪秋罗 **Lychnis cognata** Maxim. 【N, W/C】 ♣NBG; ●JS; ★(AS): CN, JP, KP, KR, MN, RU-AS.

毛剪秋罗 **Lychnis coronaria** Desr. 【I, C】 ♣BBG, LBG, NBG; ●BJ, JS, JX, LN, YN; ★(EU): AL, AT, BA, BG, CZ, DE, ES, FR, GR, HR, HU, IT, LU, ME, MK, PL, RO, RS, RU, SI, TR.

剪春罗 **Lychnis coronata** Thunb. 【N, W/C】 ♣CBG, CDBG, GXIB, HBG, IBCAS, KBG, LBG, NBG, WBG, XMBG, ZAFU; ●BJ, FJ, GX, HB, JS, JX, SC, SH, YN, ZJ; ★(AS): CN, JP.

剪秋罗 **Lychnis fulgens** Fisch. 【N, W/C】 ♣BBG, CBG, HFBG, LBG, NBG, WBG, XMBG, XOIG; ●BJ, FJ, HB, HL, JS, JX, LN, SC, SH; ★(AS): CN, JP, KP, KR, MN, RU-AS.

剪红纱花 **Lychnis senno** Siebold et Zucc. 【N, W/C】 ♣GBG, HBG, KBG, LBG, NBG, WBG, XBG, XMBG, ZAFU; ●FJ, GZ, HB, HL, JS, JX, SC, SN, YN, ZJ; ★(AS): CN, JP.

蝇子草属 Silene

格里赛斯雪轮 **Silene × grecescui** Gusul. 【I, C】 ♣NBG; ●JS; ★(EU): RO.

*叉枝金鱼蝇子草 **Silene antirrhina** var. **divaricata** B. L. Rob. 【I, C】 ♣XTBG; ●YN; ★(NA): MX, US.

女娄菜 **Silene aprica** Turcz. 【N, W/C】 ♣FBG, GBG, HBG, LBG, NBG; ●FJ, GZ, JS, JX, YN, ZJ; ★(AS): CN, JP, KP, KR, MN, RU-AS.

掌脉蝇子草 **Silene asclepiadea** Franch. 【N, W/C】 ♣KBG, XTBG; ●YN; ★(AS): CN.

狗筋蔓 **Silene baccifera** (L.) Roth 【N, W/C】 ♣CBG, GBG, KBG, LBG, SCBG, WBG, XTBG, ZAFU; ●GD, GZ, HB, JX, SC, SH, YN, ZJ; ★(AS): BT, CN, CY, IN, JP, KP, KZ, LK, NP, RU-AS.

小瓣雪轮 **Silene behen** L. 【I, C】 ♣NBG; ●JS; ★(AS): RU-AS, SA; (EU): GR, HR, IT, SI, TR.

长花雪轮 **Silene bupleuroides** L. 【I, C】 ♣NBG; ●JS; ★(AS): TM; (EU): AL, AT, BA, BG, CZ, GR, HR, HU, ME, MK, RO, RS, RU, SI.

钟形雪轮 **Silene campanula** Pers. 【I, C】 ♣XMBG; ●FJ; ★(EU): DE, IT.

加索林雪轮 **Silene catholica** (L.) W. T. Aiton 【I, C】 ♣NBG; ●JS; ★(EU): BA, HR, IT, ME, MK, RS, SI.

黏蝇子草 **Silene claviformis** Litv. 【I, C】 ★(AF): EG; (AS): CY, KZ.

密花雪轮 **Silene compacta** Fisch. 【I, C】 ♣LBG, NBG; ●JS, JX; ★(AS): GE, IQ; (EU): BG, GR, RO, RU, TR.

圆锥麦瓶草 **Silene conica** L. 【I, C】 ♣NBG; ●JS; ★(AS): GE, KG; (EU): FR.

麦瓶草 **Silene conoidea** L. 【N, W/C】 ♣GBG, LBG, NBG, XBG; ●GZ, JS, JX, SN; ★(AS): CN, RU-AS; (EU): DE, ES, IT, LU, TR.

西南蝇子草 **Silene delavayi** Franch. 【N, W/C】 ♣KBG; ●YN; ★(AS): CN.

铺地雪轮 **Silene dinarica** Spreng. 【I, C】 ♣NBG; ●JS; ★(EU): RO.

异株蝇子草 **Silene dioica** (L.) Clairv. 【I, C】 ♣CBG, KBG, LBG; ●JX, SH, YN; ★(EU): BE, FR, NL.

坚硬女娄菜 **Silene firma** Siebold et Zucc. 【N, W/C】 ♣GBG, HBG, LBG; ●GZ, JX, ZJ; ★(AS): CN, JP, KP, KR, RU-AS.

矮生剪秋罗 **Silene flos-cuculi** (L.) Greuter et Burdet 【I, C】 ♣BBG, HBG, NBG; ●BJ, JS, TW, ZJ; ★(EU): FR, GR, IT, MK, NL.

Silene flos-jovis (L.) Greuter et Burdet 【I, C】 ♣NBG; ●JS; ★(EU): CH, FR.

鹤草 **Silene fortunei** Vis. 【N, W/C】 ♣GBG, HBG, LBG, NBG, SCBG, WBG, XBG, XMBG; ●FJ, GD, GZ, HB, JS, JX, SC, SN, YN, ZJ; ★(AS): CN.

长蝇子草 **Silene frivaldskyana** Hampe 【I, C】 ♣NBG; ●JS; ★(EU): AL, BA, BG, GR, HR, ME, MK, RS, SI, TR.

西欧蝇子草 **Silene gallica** L. 【I, C】 ♣CBG, FBG, NBG; ●FJ, JS, SH; ★(EU): BE, FR, GB, LU, MC, NL.

禾叶蝇子草 **Silene graminifolia** Otth 【N, W/C】 ♣SCBG; ●GD; ★(AS): CN, CY, KZ, MN, RU-AS; (EU): RU.

意大利雪轮 **Silene italica** (L.) Pers. 【I, C】 ♣NBG; ●JS; ★(AS): GE; (EU): FR, GR.

山蚂蚱草 **Silene jeniseensis** Willd. 【N, W/C】 ●LN; ★(AS): CN, KP, KR, MN, RU-AS.

雪轮石竹 **Silene laciniata** Cav. 【I, C】 ♣XMBG; ●FJ, TW; ★(NA): MX, US.

叉枝蝇子草(白花蝇子草) **Silene latifolia** Poir. 【N, W/C】 ♣KBG, LBG, NBG; ●JS, JX, YN; ★(AS): AM, AZ, BH, CN, GE, IL, IQ, IR, JO, KG, KW, KZ, LB, PS, QA, SA, SY, TJ, TM, TR, UZ, YE; (EU): AD, AL, BA, BG, ES, GR, HR, IT, ME, MK, PT, RO, RS, SI, SM, VA.

林奈蝇子草 **Silene linnaeana** Vorosch. 【N, W/C】 ♣CBG; ●SH; ★(AS): CN, MN, RU-AS.

滨雪轮 **Silene littorea** Brot. 【I, C】 ♣NBG; ●JS; ★(EU): BY, ES, LU.

中型蝇子草 **Silene media** (Litv.) Kleopow 【I, C】 ★(AS): CY, KZ; (EU): RU.

捕蝇雪轮 **Silene muscipula** L. 【I, C】 ♣NBG; ●JS; ★(EU): DE, ES, GR, IT, LU, SI.

欧亚蝇子草 **Silene nutans** L. 【I, C】 ♣NBG; ●JS; ★(AS): RU-AS; (EU): CH, FR, RU, SE.

黄雪轮 **Silene otites** (L.) Wibel 【N, W/C】 ♣NBG; ●JS; ★(AS): AZ, CN, GE; (EU): AL, AT, BA, BE, BG, DE, ES, FI, GB, GR, HR, HU, IT, ME, MK, NL, PL, RO, RS, RU, SI, TR.

奇异雪轮 **Silene paradoxa** L. 【I, C】 ♣NBG; ●JS; ★(AF): MA; (EU): AL, BA, DE, GR, HR, IT, ME, MK, RS, SE, SI.

矮雪轮(大花樱草) **Silene pendula** L. 【I, C】 ♣BBG, HBG, LBG, NBG, WBG, XMBG, XTBG; ●BJ, FJ, HB, JS, JX, TW, YN, ZJ; ★(AF): ZA; (AS): TR; (EU): ES, NL.

波丹雪轮 **Silene portensis** L. 【I, C】 ♣NBG; ●JS; ★(AF): MA; (EU): DE, ES, FR, IT, LU, PT.

小花雪轮 **Silene rubella** Bory ex Rohrb. 【I, C】 ♣NBG; ●JS; ★(AF): MA; (AS): SA; (EU): BA, BY, ES, HR, IT, LU, ME, MK, PT, RS, SI.

针叶雪轮 **Silene saxifraga** L. 【I, C】 ♣NBG; ●JS; ★(AF): MA; (EU): AL, AT, BA, BG, DE, ES, GR, HR, HU, IT, ME, MK, NL, RO, RS, SI.

夏弗塔雪轮 **Silene schafta** J. G. Gmel. ex Hohen. 【I, C】 ♣BBG; ●BJ; ★(AS): AM, AZ, GE, IR, RU-AS, TR; (EU): UA.

刺雪轮 **Silene setacea** Otth 【I, C】 ♣NBG; ●JS; ★(AF): LY, MA; (AS): IR; (EU): GR.

鞑靼雪轮 **Silene tatarica** (L.) Pers. 【I, C】 ♣NBG; ●JS; ★(AS): GE, RU-AS; (EU): FI, IT, NO, PL, RU, UA.

石生蝇子草 **Silene tatarinowii** Regel 【N, W/C】 ♣CBG, LBG, XBG; ●JX, SH, SN; ★(AS): CN, MN.

海滨蝇子草(滨海蝇子草) **Silene uniflora** Roth 【I, C】 ♣LBG, NBG; ●JS, JX; ★(EU): GB.

绿绳蝇子草(火红雪轮) **Silene virginica** L. 【I, C】 ♣SCBG; ●GD; ★(NA): CA, US.

广布蝇子草(白玉草) **Silene vulgaris** (Moench) Garcke 【N, W/C】 ★(AF): DZ, EG, LY, MA, TN; (AS): AM, AZ, CN, GE, ID, IN, IR, KP, KR, MN, NP, TR; (EU): AL, ES, FR, GR, IT, MK.

波尼亚雪轮 **Silene vulgaris** subsp. **commutata** (Guss.) Hayek 【I, C】 ♣NBG; ●JS; ★(EU): FR.

云南蝇子草 **Silene yunnanensis** Franch. 【N, W/C】 ♣KBG; ●YN; ★(AS): CN.

金铁锁属 Psammosilene

金铁锁 **Psammosilene tunicoides** W. C. Wu et C. Y. Wu 【N, W/C】 ♣GBG, KBG, XBG; ●GZ, SN, YN; ★(AS): CN.

肥皂草属 Saponaria

矮丛肥皂草 **Saponaria calabrica** Guss. 【I, C】 ★(EU): GR, IT.

岩生肥皂草 **Saponaria ocymoides** L. 【I, C】 ♣BBG, CBG; ●BJ, SH; ★(AF): MA; (AS): SA; (EU): AT, BA, CH, CZ, DE, ES, GB, HR, IT, ME, MK, RS, SI.

肥皂草 **Saponaria officinalis** L. 【I, C/N】 ♣BBG, CBG, GBG, GMG, HBG, HFBG, IBCAS, KBG, NBG, XBG, XMBG; ●BJ, FJ, GX, GZ, HL, JS,

LN, SH, SN, TW, YN, ZJ; ★(EU): FR, GR, IT, NL, TR.

黏肥皂草 **Saponaria viscosa** C. A. Mey. 【I, C】 ♣XBG; ●SN; ★(AS): IQ, RU-AS.

石头花属 Gypsophila

尖叶石头花（丝石竹）**Gypsophila acutifolia** Steven ex Spreng. 【I, C】 ♣HBG, NBG, XOIG; ●FJ, JS, TW, ZJ; ★(AS): TR; (EU): RO, RU.

高石头花 **Gypsophila altissima** L. 【N, W/C】 ♣NBG; ●JS; ★(AS): CN, CY, KZ, MN, RU-AS; (EU): RU.

二色石头花（二色霞草）**Gypsophila bicolor** (Freyn et Sint.) Grossh. 【I, C】 ♣NBG; ●JS; ★(AS): TM.

卷耳状石头花 **Gypsophila cerastioides** D. Don【N, W/C】♣BBG, SCBG; ●BJ, GD; ★(AS): BT, CN, IN, LK, NP, PK.

缕丝花 **Gypsophila elegans** M. Bieb.【I, C】♣FBG, FLBG, GMG, LBG, NBG, XMBG, ZAFU; ●BJ, FJ, GD, GX, JS, JX, TW, ZJ; ★(AS): GE, TM, TR; (EU): AT, RU.

细小石头花 **Gypsophila muralis** L. 【N, W/C】 ♣BBG; ●BJ, TW, YN; ★(AS): CN, GE, KZ; (EU): AT, BA, BE, BG, CZ, DE, ES, FI, GR, HR, HU, IT, ME, MK, NL, PL, RO, RS, RU, SI, TR.

长蕊石头花 **Gypsophila oldhamiana** Miq. 【N, W/C】 ♣GBG, IBCAS, KBG, XBG; ●BJ, GZ, SN, YN; ★(AS): CN, KP, KR.

大叶石头花 **Gypsophila pacifica** Kom. 【N, W/C】 ♣BBG; ●BJ, TW; ★(AS): CN, KP, KR, MN, RU-AS.

圆锥石头花 **Gypsophila paniculata** L. 【N, W/C】 ♣BBG, FBG, HBG, NBG, TDBG, XMBG; ●BJ, FJ, JS, TW, XJ, YN, ZJ; ★(AS): CN, CY, KZ, MM, MN, RU-AS.

紫萼石头花 **Gypsophila patrinii** Ser. 【N, W/C】 ♣TDBG; ●XJ; ★(AS): CN, KZ, MN, RU-AS; (EU): RU.

钝叶石头花 **Gypsophila perfoliata** Ser. 【N, W/C】 ♣NBG, TDBG; ●JS, XJ; ★(AS): CN, CY, KH, KZ, MN, RU-AS, TM; (EU): BG, RO, RU.

展伸霞草 **Gypsophila pilosa** Huds. 【I, C】 ♣NBG; ●JS; ★(AS): SY; (EU): BY.

匍生石头花 **Gypsophila repens** L. 【I, C】 ♣BBG, NBG; ●BJ, JS; ★(EU): AT, BA, CH, CZ, DE, ES, HR, IT, ME, MK, PL, RS, RU, SI.

鸦葱霞草 **Gypsophila scorzonerifolia** Ser. 【I, C】 ♣NBG; ●JS; ★(EU): RU, UA.

麦蓝菜属 Vaccaria

麦蓝菜（王不留行）**Vaccaria hispanica** (Mill.) Rauschert 【I, N】 ♣GA, GMG, HBG, HFBG, LBG, NBG, TDBG, XBG; ●GX, HL, JS, JX, SN, TW, XJ, ZJ; ★(AS): AM, AZ, BH, GE, IL, IQ, IR, JO, KG, KW, KZ, LB, PS, QA, SA, SY, TJ, TM, TR, UZ, YE; (EU): AD, AL, BA, BG, ES, GR, HR, IT, ME, MK, PT, RO, RS, SI, SM, VA.

膜萼花属 Petrorhagia

多育膜萼花 **Petrorhagia prolifera** (L.) P. W. Ball et Heywood 【I, C】 ♣NBG; ●JS; ★(EU): AT, DE, FR.

膜萼花 **Petrorhagia saxifraga** (L.) Link 【I, C】 ★(AF): MA; (AS): GE, SA; (EU): AL, AT, BA, BG, CZ, DE, ES, GB, GR, HR, HU, IT, LU, ME, MK, NL, PL, RO, RS, RU, SI, TR.

石竹属 Dianthus

奥尔沃德石竹 **Dianthus × allwoodii** hort. 【I, C】 ★(EU): GB.

针叶石竹 **Dianthus acicularis** Fisch. ex Ledeb.【N, W/C】 ♣NBG; ●JS; ★(AS): CN, CY, KZ, MN, RU-AS; (EU): RU.

高山石竹 **Dianthus alpinus** L.【I, C】★(EU): AT, BA, HR, IT, ME, MK, RS, SI.

阿尔瓦石竹 **Dianthus anatolicus** Boiss. 【I, C】 ♣NBG; ●JS; ★(AS): TR.

笔花石竹（矾松石竹）**Dianthus armeria** L. 【I, C】 ♣KBG, NBG, XMBG; ●FJ, JS, TW, YN; ★(EU): BA, CH, FR, HR, IT, ME, MK, RS, SI, UA.

须苞石竹 **Dianthus barbatus** L.【N, W/C】♣BBG, CDBG, FBG, GBG, GXIB, HBG, HFBG, KBG, LBG, NBG, XBG, XMBG, XOIG, ZAFU; ●BJ, FJ, GX, GZ, HL, JS, JX, LN, SC, SN, TW, XJ, YN, ZJ; ★(AS): BT, CN, IN, JP, KP, KR, LK, MM; (OC): AU, NZ.

朱红石竹 **Dianthus biflorus** Sm. 【I, C】 ♣NBG; ●JS; ★(EU): GR.

美环石竹 **Dianthus callizonus** Schott et Kotschy【I, C】 ♣NBG; ●JS; ★(EU): RO.

绒石竹 **Dianthus capitatus** J. St.-Hil. 【I, C】 ♣NBG; ●JS; ★(EU): BA, BG, GR, HR, ME, MK, RO, RS, RU, SI, TR, UA.

丹麦石竹 **Dianthus carthusianorum** L. 【I, C】 ♣BBG, LBG, NBG; ●BJ, JS, JX; ★(EU): AL, AT, BA, BE, CH, CZ, DE, ES, FR, HR, HU, IT, ME, MK, NL, PL, RO, RS, RU, SI, TR.

香石竹 **Dianthus caryophyllus** L. 【I, C】 ♣FBG, FLBG, GBG, GXIB, HBG, LBG, NBG, SCBG, WBG, XMBG, XOIG; ●BJ, FJ, GD, GX, GZ, HB, JS, JX, SC, SD, SH, TW, XJ, YN, ZJ; ★(AS): SA, TR; (EU): ES, GR, IT, SI.

石竹 **Dianthus chinensis** L. 【N, W/C】 ♣BBG, CBG, CDBG, FBG, FLBG, GA, GBG, GMG, GXIB, HBG, HFBG, IBCAS, KBG, LBG, MDBG, NBG, SCBG, TBG, TDBG, WBG, XBG, XLTBG, XMBG, XOIG, XTBG, ZAFU; ●BJ, FJ, GD, GS, GX, GZ, HB, HI, HL, JS, JX, LN, SC, SD, SH, SN, TW, XJ, YN, ZJ; ★(AS): BT, CN, CY, IN, JP, KP, KR, KZ, LK, MM, MN, RU-AS.

*山地石竹 **Dianthus collinus** Waldst. et Kit. 【I, C】 ●SH; ★(AS): RU-AS; (EU): AT, BA, CZ, DE, HR, HU, ME, MK, PL, RO, RS, SI.

长叶石竹 **Dianthus crinitus** Sm. 【I, C】 ♣NBG; ●JS; ★(AF): MA; (AS): GE, IR, NP, TM, TR.

深红石竹 **Dianthus cruentus** Fisch. ex Planch. 【I, C】 ♣LBG, NBG; ●JS, JX; ★(EU): AL, BA, BG, GR, HR, ME, MK, RS, SI, TR.

西洋石竹 **Dianthus deltoides** L. 【I, C】 ♣BBG, HBG, LBG, NBG, TDBG, XMBG; ●BJ, FJ, JS, JX, TW, XJ, ZJ; ★(EU): BE, BY, DE, FR.

分叉石竹 **Dianthus furcatus** Balb. 【I, C】 ♣NBG; ●JS; ★(AF): MA; (EU): DE, ES, IT.

大石竹 **Dianthus giganteiformis** Borbás 【I, C】 ♣NBG; ●JS; ★(EU): RO.

红球石竹 **Dianthus giganteus** d'Urv. 【I, C】 ♣NBG; ●JS; ★(EU): AL, BA, BG, GR, HR, HU, IT, ME, MK, RO, RS, SI, TR.

克罗亚西石竹 **Dianthus giganteus** subsp. **croaticus** (Borbás) Tutin 【I, C】 ♣NBG; ●JS; ★(EU): HR.

凝胶石竹 **Dianthus glutinosus** Boiss. et Heldr. 【I, C】 ♣NBG; ●JS; ★(AS): TR.

花岗石竹 **Dianthus graniticus** Jord. 【I, C】 ♣NBG; ●JS; ★(EU): DE, FR.

蓝灰石竹 **Dianthus gratianopolitanus** Vill. 【I, C】 ♣BBG, LBG, XMBG; ●BJ, FJ, JX, LN, TW; ★(EU): AT, BA, BE, CZ, DE, GB, IT, PL, RU.

神香草叶石竹 **Dianthus hyssopifolius** L. 【I, C】 ♣NBG; ●JS; ★(EU): FR, GB, SE.

全缘石竹 **Dianthus integer** Vis. 【I, C】 ♣NBG; ●JS; ★(EU): HR.

日本石竹 **Dianthus japonicus** Thunb. 【I, C】 ♣GBG, HBG, LBG, SCBG, WBG, XMBG; ●FJ, GD, GZ, HB, JX, TW, ZJ; ★(AS): JP.

克那贝石竹 **Dianthus knappii** (Pant.) Asch. et Kanitz ex Borbás 【I, C】 ♣NBG; ●JS, TW; ★(EU): BA, HR, ME, MK, RS, SI.

细瓣石竹 **Dianthus leptopetalus** Willd. 【I, C】 ♣NBG; ●JS; ★(AS): RU-AS; (EU): BG, GR, RO, RU, UA.

长萼瞿麦 **Dianthus longicalyx** Miq. 【N, W/C】 ♣HBG, KBG, LBG, ZAFU; ●BJ, JX, YN, ZJ; ★(AS): CN, JP, KP, KR, MN.

米息克石竹 **Dianthus moesiacus** Vis. et Pančić 【I, C】 ♣NBG; ●JS; ★(EU): BA, BG, HR, ME, MK, RS, SI.

斯得堡石竹 **Dianthus monspessulanus** L. 【I, C】 ♣NBG; ●JS; ★(EU): AT, ES, FR, IT, LU.

保加利亚石竹 **Dianthus pelviformis** Heuff. 【I, C】 ♣NBG; ●JS; ★(EU): AL, BA, BG, HR, ME, MK, RS, SI.

岩生石竹 **Dianthus petraeus** Waldst. et Kit. 【I, C】 ♣BBG, HBG, LBG, NBG; ●BJ, JS, JX, ZJ; ★(EU): AL, BA, BG, GR, HR, ME, MK, RO, RS, SI.

米阿石竹 **Dianthus petraeus** subsp. **noeanus** (Boiss.) Tutin 【I, C】 ♣NBG; ●JS; ★(EU): AL, BA, BG, GR, HR, ME, MK, RO, RS, SI.

沙蒙石竹 **Dianthus petraeus** subsp. **orbelicus** (Velen.) Greuter et Burdet 【I, C】 ♣NBG; ●JS; ★(EU): AL, BA, BG, GR, HR, ME, MK, RO, RS, SI.

紫石竹 **Dianthus pinifolius** subsp. **lilacinus** (Boiss. et Heldr.) Wettst. 【I, C】 ♣NBG; ●JS; ★(EU): AL, BG, GR, RO.

常夏石竹 **Dianthus plumarius** Gunnerus ex Spreng. 【I, C】 ♣BBG, CBG, GBG, HBG, IBCAS, KBG, LBG, NBG, SCBG; ●BJ, GD, GZ, JS, JX, SH, TW, YN, ZJ; ★(EU): AT, FR, GB, GR.

伦尼次石竹 **Dianthus plumarius** subsp. **lumnitzeri** (Wiesb.) Domin 【I, C】 ♣NBG; ●JS; ★(EU): AT, FR, GB, GR.

早石竹 **Dianthus plumarius** subsp. **praecox** (Willd. ex Spreng.) Domin 【I, C】 ♣NBG; ●JS; ★(EU): AT, FR, GB, GR.

斯加的石竹 **Dianthus scardicus** Wettst. 【I, C】 ♣NBG; ●JS; ★(EU): BA, DK, FI, HR, IS, ME, MK, NO, RS, SE, SI.

西高氏石竹 **Dianthus seguieri** Vill. 【I, C】 ♣NBG;

●JS; ★(AS): GE, TM; (EU): AT, CZ, DE, ES, IT.

塞尔别石竹 **Dianthus serbicus** (Wettst.) Hayek 【I, C】 ♣NBG; ●JS; ★(EU): BG, RO, RS.

毛石竹 **Dianthus squarrosus** M. Bieb. 【I, C】 ♣BBG, LBG, NBG; ●BJ, JS, JX; ★(EU): RU, UA.

棱茎石竹 **Dianthus subacaulis** Vill. 【I, C】 ♣NBG; ●JS; ★(EU): DE, ES, FR, LU.

瞿麦 **Dianthus superbus** L. 【N, W/C】 ♣BBG, FBG, GBG, GMG, HBG, KBG, LBG, NBG, SCBG, TDBG, WBG, XBG, XMBG, ZAFU; ●BJ, FJ, GD, GX, GZ, HB, HL, JS, JX, SC, SN, TW, XJ, YN, ZJ; ★(AS): CN, GE, JP, KP, KR, KZ, MN, RU-AS; (EU): AT, BA, BG, CZ, DE, FI, HR, HU, IT, ME, MK, NL, NO, PL, RO, RS, RU, SI.

高山瞿麦 **Dianthus superbus** subsp. **alpestris** Kablík. ex Celak. 【N, W/C】 ♣NBG; ●JS; ★(AS): CN, GE, JP, KP, KR, KZ, MN, RU-AS; (EU): AT, BA, BG, CZ, DE, FI, HR, HU, IT, ME, MK, NL, NO, PL, RO, RS, RU, SI.

波塞里石竹 **Dianthus sylvestris** subsp. **boissieri** (Willk.) Dobignard 【I, C】 ♣NBG; ●JS; ★(EU): ES, FR, IT.

塔得里石竹 **Dianthus tergestinus** Simonk. 【I, C】 ♣NBG; ●JS; ★(EU): HR.

辛利石竹 **Dianthus virgineus** L. 【I, C】 ♣NBG; ●JS; ★(AF): MA; (EU): AT, CH, ES, FR.

葛利赛石竹 **Dianthus viscidus** Bory et Chaub. 【I, C】 ♣NBG; ●JS; ★(EU): GR.

环带石竹 **Dianthus zonatus** Fenzl 【I, C】 ♣NBG; ●JS; ★(AS): TR.

老牛筋属 Eremogone

点地梅状老牛筋 **Eremogone androsacea** (Grubov) Ikonn. 【N, W/C】 ♣XMBG; ●FJ; ★(AS): CN, MN, RU-AS.

老牛筋 **Eremogone juncea** (M. Bieb.) Fenzl 【N, W/C】 ♣LBG, ZAFU; ●JX, ZJ; ★(AS): CN, KP, KR, MN, RU-AS.

长叶老牛筋（长叶蚤缀）**Eremogone saxatilis** (L.) Ikonn. 【I, C】 ♣NBG; ●JS; ★(EU): CH, FR, GB, IT.

种阜草属 Moehringia

种阜草 **Moehringia lateriflora** (L.) Fenzl 【N, W/C】 ♣LBG; ●JX; ★(AS): CN, CY, JP, KP, KR, KZ, MN, RU-AS; (EU): FI, NO, RU.

三脉种阜草 **Moehringia trinervia** (L.) Clairv. 【N, W/C】 ♣HBG; ●ZJ; ★(AS): CN, CY, JP, KZ, MN, RU-AS; (OC): NZ.

无心菜属 Arenaria

巴利阿里蚤缀 **Arenaria balearica** L. 【I, C】 ★(AF): MA; (AS): SA; (EU): BY, GB, IT.

髯毛无心菜 **Arenaria barbata** Franch. 【N, W/C】 ♣KBG; ●YN; ★(AS): CN.

蒙大拿山蚤缀 **Arenaria macrocalyx** Tausch 【I, C】 ♣BBG; ●BJ; ★(AS): SY.

团状福禄草 **Arenaria polytrichoides** Edgew. 【N, W/C】 ♣SCBG; ●GD, YN; ★(AS): BT, CN, IN, LK.

无心菜 **Arenaria serpyllifolia** Bourg. ex Willk. et Lange 【N, W/C】 ♣FBG, GA, HBG, LBG, WBG, XMBG, ZAFU; ●FJ, HB, JX, ZJ; ★(AS): CN, JP, KP, KR, MN, RU-AS; (OC): AU, NZ, PAF.

孩儿参属 Pseudostellaria

蔓孩儿参 **Pseudostellaria davidii** (Franch.) Pax 【N, W/C】 ♣LBG; ●JX; ★(AS): CN, KP, KR, MN, RU-AS.

孩儿参 **Pseudostellaria heterophylla** (Miq.) Pax 【N, W/C】 ♣CBG, HBG, LBG, NBG, XBG; ●GX, JS, JX, SH, SN, ZJ; ★(AS): CN, JP, KP, KR, MN, RU-AS.

繁缕属 Stellaria

雀舌草 **Stellaria alsine** Hoffm. 【N, W/C】 ♣FBG, GA, GMG, HBG, LBG, SCBG, TBG, WBG, XTBG, ZAFU; ●FJ, GD, GX, HB, JX, TW, YN, ZJ; ★(AS): BT, CN, ID, IN, JP, KP, KR, NP, PK, VN; (OC): NZ.

中国繁缕 **Stellaria chinensis** Regel 【N, W/C】 ♣GBG, HBG, LBG, NBG, SCBG, WBG; ●GD, GZ, HB, JS, JX, SC, ZJ; ★(AS): CN.

银柴胡 **Stellaria dichotoma** var. **lanceolata** Bunge 【N, W/C】 ♣HFBG, TDBG; ●HL, XJ; ★(AS): CN, MN.

翻白繁缕 **Stellaria discolor** Turcz. 【N, W/C】 ●BJ; ★(AS): CN, JP, KP, KR, MN, RU-AS.

繁缕 **Stellaria media** (L.) Vill. 【N, W/C】 ♣FBG, FLBG, GA, GBG, GMG, HBG, IBCAS, LBG, NBG, NSBG, SCBG, WBG, XMBG, XTBG, ZAFU; ●BJ, CQ, FJ, GD, GX, GZ, HB, JS, JX, SC, YN, ZJ; ★(AF): MG, NG, ZA; (AS): AF, BT, CN,

ID, IN, JP, KP, KR, LK, MN, MY, PK, RU-AS, VN; (OC): AU, NZ.

鸡肠繁缕 **Stellaria neglecta** Weihe 【N, W/C】 ♣LBG; ●JX; ★(AS): AF, CN, CY, JP, KZ, MN, NP; (OC): NZ.

无瓣繁缕 **Stellaria pallida** (Dumort.) Crép. 【I, N】 ♣IBCAS; ●BJ; ★(AS): AM, AZ, BH, GE, IL, IQ, IR, JO, KG, KW, KZ, LB, PS, QA, SA, SY, TJ, TM, TR, UZ, YE; (EU): AD, AL, BA, BG, ES, GR, HR, IT, ME, MK, PT, RO, RS, SI, SM, VA.

缝瓣繁缕 **Stellaria radians** L.【N, W/C】●LN; ★(AS): CN, JP, KP, KR, MN, RU-AS.

箐姑草 **Stellaria vestita** Kurz 【N, W/C】 ♣GBG, NBG; ●GZ, JS; ★(AS): BT, CN, ID, IN, LK, MM, NP, PH, VN; (OC): PAF.

鹅肠菜属 Myosoton

鹅肠菜 **Myosoton aquaticum** (L.) Moench 【N, W/C】♣BBG, FBG, FLBG, GA, GBG, GMG, HBG, IBCAS, LBG, NBG, SCBG, TBG, WBG, XMBG, XTBG, ZAFU; ●BJ, FJ, GD, GX, GZ, HB, JS, JX, SC, TW, YN, ZJ; ★(AS): AZ, CN, JP, KP, KR, MN, RU-AS, SA; (EU): BA, BY, FR, IS, RS, TR.

卷耳属 Cerastium

棉毛卷耳 **Cerastium alpinum** subsp. **lanatum** (Lam.) Ces.【I, C】♣NBG; ●JS; ★(EU): DK, FI, IS, NO, RU, SE.

原野卷耳 **Cerastium arvense** Cham. et Schltdl.【N, W/C】 ♣BBG; ●BJ; ★(AS): CN, CY, JP, KZ, MN, RU-AS; (OC): NZ.

塔得里卷耳 **Cerastium arvense** subsp. **glandulosum** (Kit.) Soó【I, C】♣NBG; ●JS; ★(AS): MN.

阔叶卷耳 **Cerastium biebersteinii** DC. 【I, C】 ♣BBG, NBG; ●BJ, JS; ★(EU): RU, UA.

匙叶卷耳 **Cerastium chlorifolium** Fisch. et C. A. Mey. 【I, C】 ♣NBG; ●JS; ★(AS): AM.

二歧卷耳 **Cerastium dichotomum** L. 【I, N】 ★(EU): ES, GR, LU.

喜泉卷耳 **Cerastium fontanum** Baumg.【I, N】★(EU): AD, AL, AT, BC, BE, BG, BL, BX, CH, CZ, DE, DK, ES, FI, FR, GB, GR, HR, HU, IS, IT, LU, MB, MC, MK, NL, NO, PL, PT, RO, RU, SE, SI, SK, SM, UA, VA.

大花泉卷耳 **Cerastium fontanum** subsp. **grandiflorum** (Edgew.) H. Hara 【I, N】 ★(EU): AD, AL, AT, BC, BE, BG, BL, BX, CH, CZ, DE, DK, ES, FI, FR, GB, GR, HR, HU, IS, IT, LU, MB, MC, MK, NL, NO, PL, PT, RO, RU, SE, SI, SK, SM, UA, VA.

簇生泉卷耳 **Cerastium fontanum** subsp. **vulgare** (Hartm.) Greuter et Burdet 【I, N】 ♣FBG, GA, HBG, LBG, NBG, WBG, XMBG; ●FJ, HB, JS, JX, ZJ; ★(EU): AD, AL, AT, BC, BE, BG, BL, BX, CH, CZ, DE, DK, ES, FI, FR, GB, GR, HR, HU, IS, IT, LU, MB, MC, MK, NL, NO, PL, PT, RO, RU, SE, SI, SK, SM, UA, VA.

缘毛卷耳 **Cerastium furcatum** Cham. et Schltdl. 【N, W/C】 ♣NSBG; ●CQ; ★(AS): CN, JP, KP, MN, RU-AS.

球序卷耳 **Cerastium glomeratum** Thuill. 【N, W/C】 ♣GBG, HBG, LBG, WBG, ZAFU; ●GZ, HB, JS, JX, SC, ZJ; ★(AS): CN, JP, KR, MY; (EU): FI, RS, RU.

半十蕊卷耳 **Cerastium semidecandrum** L. 【I, C】 ♣NBG; ●JS; ★(EU): FR, GR.

212. 苋科 AMARANTHACEAE

甜菜属 Beta

白花甜菜 **Beta corolliflora** Zosimovic ex Buttler【I, C】 ★(AS):IR, TR.

花边果甜菜 **Beta lomatogona** Fisch. et C. A. Meyer 【I, C】 ★(AS):IR, TR.

三室甜菜 **Beta trigyna** Waldst. et Kit. 【I, C】 ★(AS): AM, AZ, GE, IR, RU, TR, UA; (EU):AL, BC, BG, GR, HR, MD, MK, RO, SI, TR, UA.

甜菜 **Beta vulgaris** L. 【I, C】 ♣FBG, FLBG, HBG, HFBG, XMBG, XOIG, XTBG; ●BJ, FJ, GD, GS, GX, HE, HL, JL, JS, JX, LN, NM, NX, SC, SH, SN, SX, TJ, TW, XJ, YN, ZJ; ★(AF): DZ, EG, LY, MA, TN; (AS): IN, LB, PS, SY, TR; (EU): AL, BA, ES, FR, GR, HR, IT, MC, ME, MK, RS, SI.

甜萝卜（糖萝卜）**Beta vulgaris** var. **altissima** Döll 【I, C】 ●BJ, XJ; ★(EU): DE.

莙荙菜 **Beta vulgaris** var. **cicla** L.【I, C】♣CDBG, HBG, LBG, SCBG, WBG, XBG, XMBG, XTBG, ZAFU; ●AH, BJ, CQ, FJ, GD, HA, HB, HE, HL, HN, JS, JX, SC, SD, SH, SN, SX, TW, YN, ZJ; ★(EU): AD, AL, BA, BG, ES, GR, HR, IT, ME, MK, PT, RO, RS, SI, SM, VA.

厚皮菜 **Beta vulgaris** var. **crassa** Alef. 【I, C】 ★(EU): DE.

饲用甜菜 **Beta vulgaris** var. **lutea** DC. 【I, C】 ●XJ; ★(EU): DK.

伏石菜属　Patellifolia

伏石菜（膝甜菜）**Patellifolia procumbens** (C. Sm.) A. J. Scott, Ford-Lloyd et J. T. Williams 【I, C】★(AF): ES-CS.

沙蓬属　Agriophyllum

沙蓬 **Agriophyllum squarrosum** (L.) Moq. 【N, W/C】 ♣MDBG, TDBG; ●GS, NM, XJ; ★(AS): CN, CY, KZ, MN, RU-AS; (EU): RU.

虫实属　Corispermum

绳虫实 **Corispermum declinatum** Steph. ex Iljin 【N, W/C】 ♣TDBG; ●XJ; ★(AS): CN, KR, MN, RU-AS; (EU): RU.

长穗虫实 **Corispermum elongatum** Bunge ex Maxim. 【N, W/C】 ♣TDBG; ●XJ; ★(AS): CN, MN, RU-AS.

中亚虫实 **Corispermum heptapotamicum** Iljin 【N, W/C】♣SCBG; ●GD; ★(AS): CN, CY, KZ, MN.

倒披针叶虫实 **Corispermum lehmannianum** Bunge 【N, W/C】 ♣TDBG; ●XJ; ★(AS): AF, CN.

蒙古虫实 **Corispermum mongolicum** Iljin 【N, W/C】♣MDBG; ●GS; ★(AS): CN, MN, RU-AS.

碟果虫实 **Corispermum patelliforme** Iljin 【N, W/C】 ♣MDBG, TDBG; ●GS, NM, NX, QH, XJ; ★(AS): CN, MN, RU-AS.

软毛虫实 **Corispermum puberulum** Iljin 【N, W/C】 ♣WBG; ●HB; ★(AS): CN, MN.

驼绒藜属　Krascheninnikovia

华北驼绒藜 **Krascheninnikovia arborescens** (Losinsk.) Czerep. 【N, W/C】 ♣MDBG; ●GS, HE, LN, NM, SN; ★(AS): CN, RU-AS.

驼绒藜 **Krascheninnikovia ceratoides** (L.) Gueldenst. 【N, W/C】 ♣MDBG, TDBG; ●GS, NM, SN, XJ; ★(AS): CN, MN, RU-AS; (EU): AT, CZ, ES, HU, RO, RU.

心叶驼绒藜 **Krascheninnikovia ewersmanniana** (Stschegl. ex Losinsk.) Grubov 【N, W/C】 ♣MDBG, TDBG; ●GS, HE, SD, SX, XJ; ★(AS): CN, CY, KZ, MN, RU-AS.

绵毛驼绒藜 **Krascheninnikovia lanata** (Pursh) A. Meeuse et A. Smit 【I, C】 ♣MDBG; ●GS; ★(NA): MX, US.

刺藜属　Teloxys

刺藜 **Teloxys aristata** (L.) Moq. 【N, W/C】♣GBG, TDBG; ●GZ, SC, XJ; ★(AS): CN, MN, RU-AS; (EU): AD, AL, BA, BG, ES, GR, HR, IT, ME, MK, PT, RO, RS, SI, SM, VA.

腺毛藜属　Dysphania

土荆芥 **Dysphania ambrosioides** (L.) Mosyakin et Clemants【I, N】♣FBG, FLBG, GA, GBG, GMG, GXIB, HBG, KBG, LBG, NBG, NSBG, SCBG, TBG, WBG, XBG, XMBG, XTBG, ZAFU; ●CQ, FJ, GD, GX, GZ, HB, JS, JX, SC, SN, TW, YN, ZJ; ★(NA): DO, MX, PR, US; (SA): AR, BO, BR, CO, PE.

香藜 **Dysphania botrys** (L.) Mosyakin et Clemants 【N, W/C】 ♣NBG, TDBG; ●JS, XJ; ★(AF): DZ, EG, LY, MA, TN; (AS): CN, KG, KZ, LB, PS, RU-AS, SY, TJ, TM, TR, UZ; (EU): AD, AL, BA, BG, ES, FR, GR, HR, IT, MC, ME, MK, PT, RO, RS, SI, SM, VA.

铺地藜 **Dysphania pumilio** (R. Br.) Mosyakin et Clemants 【I, N】 ★(NA): US.

菊叶香藜 **Dysphania schraderiana** (Schult.) Mosyakin et Clemants 【N, W/C】 ♣TDBG, XTBG; ●XJ, YN; ★(AF): DZ, EG, LY, MA, TN; (AS): CN, IN, LB, PK, PS, RU-AS, SY, TR, UZ; (EU): AD, AL, BA, BG, ES, FR, GR, HR, IT, MC, ME, MK, PT, RO, RS, SI, SM, VA.

菠菜属　Spinacia

菠菜 **Spinacia oleracea** L. 【I, C】 ♣FBG, FLBG, GA, GBG, HBG, LBG, SCBG, TDBG, WBG, XLTBG, XMBG, XOIG, XTBG, ZAFU; ●AH, BJ, FJ, GD, GS, GZ, HA, HB, HE, HI, HL, HN, JL, JS, JX, LN, NM, NX, QH, SC, SD, SH, SN, SX, TW, XJ, YN, ZJ; ★(AS): AM, AZ, BH, CY, GE, IL, IQ, IR, JO, KG, KW, KZ, LB, PS, QA, SA, SY, TJ, TM, TR, UZ, YE.

球花藜属　Blitum

球花藜 **Blitum virgatum** L. 【N, W/C】 ♣BBG; ●BJ; ★(AF): ZA; (AS): CN, MN, RU-AS; (OC): NZ.

多子藜属　Lipandra

多子藜 **Lipandra polysperma** (L.) S. Fuentes, Uotila et Borsch 【I, N】 ★(AS): CY; (EU): AD, AL, AT, BA, BE, BG, BY, CH, CZ, DE, DK, ES, FI, FR, GB, GR, HR, HU, IS, IT, LU, MC, ME, MK, NL, NO, PL, PT, RO, RS, RU, SE, SI, SK, SM, UA, VA.

红叶藜属 Oxybasis

灰绿藜 **Oxybasis glauca** (L.) S. Fuentes, Uotila et Borsch 【I, N】 ♣BBG, IBCAS, LBG; ●BJ, JX, NM; ★(AS): CY; (EU): AD, AL, AT, BA, BE, BG, BY, CH, CZ, DK, ES, FI, FR, GB, GR, HR, HU, IS, IT, LU, MC, ME, MK, NL, NO, PL, PT, RO, RS, RU, SE, SI, SK, SM, UA, VA.

红叶藜 **Oxybasis rubra** (L.) S. Fuentes, Uotila et Borsch 【N, W/C】 ★(AS): CN, MN, RU-AS; (OC): AU.

市藜 **Oxybasis urbica** (L.) S. Fuentes, Uotila et Borsch 【N, W/C】 ●BJ; ★(AS): AZ, CN, MN, RU-AS, SA; (EU): BA, BY, FR, HR, IS, LU, NL, RS, RU.

麻叶藜属 Chenopodiastrum

杂配藜 **Chenopodiastrum hybridum** (L.) S. Fuentes, Uotila et Borsch 【I, N】 ♣BBG, IBCAS, TDBG; ●BJ, XJ; ★(AF): MA; (AS): AM, AZ, BH, CY, GE, IL, IQ, IR, JO, KW, LB, PS, QA, SA, SY, TR, YE; (EU): BA, BY, FR, HR, IS, LU, RS.

滨藜属 Atriplex

野榆钱菠菜 **Atriplex aucheri** Moq. 【N, W/C】 ♣TDBG; ●XJ; ★(AS): AF, CN, CY, KH, KZ, MN, TM; (EU): RU.

四翅滨藜 **Atriplex canescens** (Pursh) Nutt. 【I, C】 ♣MDBG, TDBG; ●BJ, GS, HB, HE, JS, NM, NX, QH, TJ, XJ; ★(NA): CA, MX, US.

中亚滨藜 **Atriplex centralasiatica** Iljin 【N, W/C】 ♣MDBG, TDBG; ●GS, XJ; ★(AS): CN, CY, KZ, MN, RU-AS.

大苞滨藜 **Atriplex centralasiatica** var. **megalotheca** (Popov) G. L. Chu 【N, W/C】 ♣TDBG; ●XJ; ★(AS): CN, KZ.

*团叶滨藜 **Atriplex confertifolia** (Torr. et Frém.) S. Watson 【I, C】 ●BJ; ★(NA): US.

*加德纳滨藜 **Atriplex gardneri** (Moq.) Standl. 【I, C】 ●BJ; ★(NA): CA, US.

北滨藜 **Atriplex gmelinii** C. A. Mey. ex Bong. 【I, C】 ★(NA): US.

榆钱菠菜 **Atriplex hortensis** L. 【I, C】 ♣XMBG; ●FJ, GS, HE, HL, TW; ★(EU): AL, BA, ES, FR, GR, HR, IT, MC, ME, MK, RS, SI.

大滨藜 **Atriplex lentiformis** (Torr.) S. Watson 【I, C】 ●BJ; ★(NA): US.

海滨藜 **Atriplex maximowicziana** Makino 【N, W/C】 ♣CBG, XMBG; ●FJ, SH; ★(AS): CN, JP; (OC): US-HW.

异苞滨藜 **Atriplex micrantha** Kar. et Kir. 【I, C/N】 ★(AS): CY, KZ, RU-AS.

大洋洲滨藜 **Atriplex nummularia** Lindl. 【I, C】 ★(OC): AU.

滨藜 **Atriplex patens** (Litv.) Iljin 【N, W/C】 ●BJ; ★(AS): CN, MN, RU-AS.

草地滨藜 **Atriplex patula** L. 【I, N】 ★(AS): AM, AZ, BH, GE, IL, IQ, IR, JO, KG, KW, KZ, LB, PS, QA, SA, SY, TJ, TM, TR, UZ, YE; (EU): AD, AL, BA, BG, ES, GR, HR, IT, ME, MK, PT, RO, RS, SI, SM, VA.

*多果滨藜 **Atriplex polycarpa** (Torr.) S. Watson 【I, C】 ●BJ; ★(NA): MX, US.

戟叶滨藜 **Atriplex prostrata** Phil. 【N, W/C】 ●HE, JS, XJ; ★(AS): CN, KR, MN, RU-AS; (OC): AU, NZ.

*半浆果滨藜 **Atriplex semibaccata** Moq. 【I, C】 ●BJ; ★(OC): AU.

西伯利亚滨藜 **Atriplex sibirica** L. 【N, W/C】 ♣MDBG, TDBG; ●GS, XJ; ★(AS): CN, KZ, MN, RU-AS.

*多刺滨藜 **Atriplex spinifera** J. F. Macbr. 【I, C】 ●BJ; ★(NA): US.

恩多塔滨藜 **Atriplex suckleyi** (Torr.) Rydb. 【I, C】 ★(NA): CA, US.

鞑靼滨藜 **Atriplex tatarica** L. 【N, W/C】 ♣TDBG; ●XJ; ★(AF): MA; (AS): CN, GE, MN, PK, RU-AS, SA; (EU): AL, AT, BA, BE, BG, CZ, ES, GR, HR, HU, IT, ME, MK, PL, RO, RS, SI, TR.

*三齿滨藜 **Atriplex tridentata** Kuntze 【I, C】 ●BJ; ★(NA): US.

藜属 Chenopodium

尖头叶藜 **Chenopodium acuminatum** Schur 【N, W/C】 ♣IBCAS; ●BJ; ★(AS): CN, JP, KP, KR, MN, RU-AS, VN.

藜 **Chenopodium album** L. 【N, W/C】 ♣BBG, FBG, FLBG, GA, GDG, GMG, GXIB, HBG, IBCAS, KBG, LBG, NBG, NSBG, SCBG, TDBG,

WBG, XBG, XMBG, ZAFU; ●AH, BJ, CQ, FJ, GD, GX, GZ, HB, JS, JX, NM, SC, SN, TW, XJ, YN, ZJ; ★(AF): MG, ZA; (AS): BT, CN, IN, JP, KP, KR, LK, MM, MN, RU-AS; (OC): AU, NZ.

细叶藜 **Chenopodium album** var. **stenophyllum** Makino 【I, C】 ★(AS): JP.

菱叶藜 **Chenopodium bryoniifolium** Bunge 【N, W/C】 ♣XTBG; ●YN; ★(AS): CN, JP, KP, KR, MN, RU-AS.

小藜 **Chenopodium ficifolium** Bunge 【N, W/C】 ♣ZAFU; ●BJ, HE, JS, SD, ZJ; ★(AS): BT, CN, IN, JP, KR, LA, LK; (OC): AU, NZ.

杖藜 **Chenopodium giganteum** D. Don 【I, C/N】 ♣GXIB, KBG, WBG, XMBG; ●BJ, FJ, GX, HB, SC, YN; ★(AS): IN.

细穗藜 **Chenopodium gracilispicum** H. W. Kung 【N, W/C】 ♣LBG; ●JX; ★(AS): CN, JP.

昆诺阿藜（藜麦）**Chenopodium quinoa** Willd. 【I, C】 ●GS, NM, TW, XZ; ★(SA): AR, BO, BR, CL, EC, PE, PY.

圆头藜 **Chenopodium strictum** Roth 【N, W/C】 ♣TDBG; ●XJ; ★(AS): CN, JP, KP, KR, MN, RU-AS.

碱蓬属 Suaeda

刺毛碱蓬 **Suaeda acuminata** (C. A. Mey.) Moq. 【N, W/C】 ♣TDBG; ●XJ; ★(AS): CN, MN, RU-AS.

高碱蓬 **Suaeda altissima** Pall. 【N, W/C】 ♣TDBG; ●XJ; ★(AS): AM, AZ, BH, CN, GE, IL, IQ, IR, JO, KG, KW, KZ, LB, PS, QA, RU-AS, SA, SY, TJ, TM, TR, UZ, YE; (EU): BG, ES, GR, RU.

异子蓬 **Suaeda aralocaspica** (Bunge) Freitag et Schütze 【N, W/C】 ♣TDBG; ●XJ; ★(AS): CN, CY.

南方碱蓬 **Suaeda australis** (R. Br.) Moq. 【N, W/C】 ♣XMBG; ●FJ; ★(AS): CN, JP, KR, VN; (OC): AU, PAF.

碱蓬 **Suaeda glauca** (Bunge) Bunge 【N, W/C】 ♣CBG, MDBG, TDBG, WBG; ●GS, HB, SH, XJ; ★(AS): CN, JP, KP, KR, MN, RU-AS.

肥叶碱蓬 **Suaeda kossinskyi** Iljin 【N, W/C】 ♣TDBG; ●XJ; ★(AS): CN, MN, RU-AS; (EU): RU.

小叶碱蓬 **Suaeda microphylla** Pall. 【N, W/C】 ♣TDBG; ●XJ; ★(AS): CN.

南滨碱蓬 **Suaeda monoica** Forssk. 【I, C】 ★(AF): EG, KE, SO, TZ.

滨碱蓬 **Suaeda nigra** (Raf.) J. F. Macbr. 【I, C】 ♣HBG; ●ZJ; ★(NA): MX, US.

囊果碱蓬 **Suaeda physophora** Pall. 【N, W/C】 ♣TDBG; ●XJ; ★(AS): AM, AZ, CN, GE, IR, KG, KZ, RU-AS, TJ, TM, TR, UZ; (EU): RU, UA.

平卧碱蓬 **Suaeda prostrata** Pall. 【N, W/C】 ♣SCBG; ●GD; ★(AS): CN, MN, RU-AS.

盐地碱蓬 **Suaeda salsa** (L.) Pall. 【N, W/C】 ♣TDBG; ●XJ; ★(AS): CN, KP, MN, RU-AS.

盐爪爪属 Kalidium

里海盐爪爪 **Kalidium caspicum** (L.) Ung.-Sternb. 【N, W/C】 ♣TDBG; ●XJ; ★(AS): CN, MN, RU-AS; (EU): RU.

尖叶盐爪爪 **Kalidium cuspidatum** (Ung.-Sternb.) Grubov 【N, W/C】 ♣TDBG; ●GS, NM, NX, SN, XJ; ★(AS): CN, MN, RU-AS.

盐爪爪 **Kalidium foliatum** (Pall.) Moq. 【N, W/C】 ♣MDBG, TDBG; ●GS, NM, XJ; ★(AS): CN, MN, RU-AS; (EU): ES, RU.

细枝盐爪爪 **Kalidium gracile** Fenzl 【N, W/C】 ●GS, NM, NX, SN; ★(AS): CN, MN, RU-AS.

圆叶盐爪爪 **Kalidium schrenkianum** Bunge ex Ung.-Sternb. 【N, W/C】 ●GS, NM, XJ; ★(AS): CN, CY, KZ, RU-AS.

盐穗木属 Halostachys

盐穗木 **Halostachys caspica** C. A. Mey. 【N, W/C】 ♣MDBG, TDBG; ●GS, XJ; ★(AS): AF, CN, MN, PK, RU-AS.

盐节木属 Halocnemum

盐节木 **Halocnemum strobilaceum** (Pall.) M. Bieb. 【N, W/C】 ♣TDBG; ●GS, XJ; ★(AS): AF, CN, CY, KZ, MN, RU-AS, SA; (EU): AL, ES, GR, RO, RU, SI, TR.

澳海蓬属 Tecticornia

澳海蓬 **Tecticornia bulbosa** (Paul G. Wilson) K. A. Sheph. et Paul G. Wilson 【I, C】 ★(OC): AU.

肉苞海蓬属 Halosarcia

肉苞海蓬（节藜）**Halosarcia indica** (Willd.) Paul G. Wilson 【I, C】 ★(AF): SN, ZA; (AS): IN, LK; (OC): AU.

盐角草属 Salicornia

北美海蓬子 **Salicornia bigelovii** Torr.【I, C】●FJ, GD, HI, JS, TW; ★(NA): BS, BZ, CU, DO, HT, KY, MX, PR, US, VG.

盐角草 **Salicornia europaea** L.【N, W/C】♣IBCAS, TDBG; ●BJ, TJ, XJ; ★(AS): AZ, CN, ID, IN, JP, KP, KR, MN, RU-AS; (EU): AT, BA, FR, IS, RS.

雾冰藜属 Grubovia

雾冰藜 **Grubovia dasyphylla** Freitag et Kadereit【N, W/C】♣MDBG, TDBG; ●GS, XJ; ★(AS): CN, MN, RU-AS.

樟味藜属 Camphorosma

樟味藜 **Camphorosma monspeliaca** L.【N, W/C】♣TDBG; ●XJ; ★(AF): MA; (AS): CN, MN, RU-AS, SA; (EU): AL, BA, BG, DE, ES, GR, HR, IT, ME, MK, RO, RS, RU, SI.

沙冰藜属 Bassia

沙冰藜（钩刺雾冰藜）**Bassia hyssopifolia** (Pall.) Kuntze【N, W/C】♣TDBG; ●XJ; ★(AS): CN, MN, RU-AS; (OC): AU.

尖翅地肤 **Bassia odontoptera** (Schrenk) Q. W. Lin【N, W/C】♣TDBG; ●XJ; ★(AS): CN.

木地肤 **Bassia prostrata** (L.) A. J. Scott【N, W/C】♣MDBG, TDBG; ●GS, NM, XJ; ★(AS): CN, MN, RU-AS; (EU): AL, AT, BA, BG, CZ, DE, ES, HR, HU, IT, ME, MK, RO, RS, RU, SI.

地肤 **Bassia scoparia** (L.) A. J. Scott【N, W/C】♣CDBG, FBG, KBG, LBG, NBG, TDBG, WBG, XOIG; ●FJ, HB, JS, JX, SC, XJ, YN; ★(AS): CN, JP, KP, KR, MM, MN, RU-AS.

扫帚菜 **Bassia scoparia** f. **trichophylla** (Hort.) Q. W. Lin【N, W/C】♣BBG, FLBG, GBG, GMG, HBG, HFBG, IBCAS, KBG, LBG, SCBG, TDBG, WBG, XBG, XLTBG, XMBG, ZAFU; ●BJ, FJ, GD, GX, GZ, HB, HI, HL, JX, NM, SC, SN, SX, TW, XJ, YN, ZJ; ★(AS): CN.

碱地肤 **Bassia scoparia var. sieversiana** (Pall.) Q. W. Lin【N, W/C】●JS; ★(AS): CN, JP, KP, KR, MM, MN, RU-AS.

伊朗地肤 **Bassia stellaris** Bornm.【N, W/C】♣TDBG; ●XJ; ★(AS): AF, CN, MN, PK, RU-AS.

合头草属 Sympegma

合头草 **Sympegma regelii** Bunge【N, W/C】♣TDBG; ●GS, NM, XJ; ★(AS): CN, CY, KZ, MN, RU-AS.

猪毛菜属 Kali

细叶猪毛菜 **Kali australis** (R. Br.) Akhani et E. H. Roalson【N, W/C】♣NBG; ●JS; ★(AF): ZA; (AS): CN, RU-AS; (OC): AU, NZ.

猪毛菜 **Kali collina** Akhani et Roalson【N, W/C】♣BBG, XBG; ●BJ, SN; ★(AS): CN, KP, KR, MN, PK, RU-AS; (EU): RU.

蒙古猪毛菜 **Kali ikonnikovii** (Iljin) Akhani et E. H. Roalson【N, W/C】♣MDBG; ●GS, NM, NX, XJ; ★(AS): CN, MN, RU-AS.

无翅猪毛菜 **Kali komarovii** (Iljin) Akhani et E. H. Roalson【N, W/C】●TW; ★(AS): CN, JP, KP, KR, MN, RU-AS.

刺沙蓬 **Kali tragus** Scop.【N, W/C】♣TDBG; ●XJ; ★(AS): CN, MN, RU-AS; (OC): AU.

柴达木猪毛菜 **Kali zaidamica** (Iljin) Akhani et E. H. Roalson【N, W/C】●GS, NM, XJ, XZ; ★(AS): CN, MN.

木猪毛菜属 Xylosalsola

木本猪毛菜 **Xylosalsola arbuscula** (Pall.) Tzvelev【N, W/C】♣TDBG; ●GS, NM, NX, XJ; ★(AS): AF, CN, MN, PK, RU-AS; (EU): RU.

松叶猪毛菜 **Xylosalsola laricifolia** (Turcz. ex Litv.) Q. W. Lin【N, W/C】●GS, NM, NX, XJ; ★(AS): CN, MN, RU-AS.

碱猪毛菜属 Salsola

薄翅猪毛菜 **Salsola pellucida** Litv.【N, W/C】♣TDBG; ●XJ; ★(AS): CN, MN; (EU): RU.

戈壁藜属 Iljinia

戈壁藜 **Iljinia regelii** (Bunge) Korovin【N, W/C】♣TDBG; ●XJ; ★(AS): CN, CY, KZ, MN, RU-AS.

梭梭属 Haloxylon

梭梭（琐琐）**Haloxylon ammodendron** (C. A. Mey.)

Bunge ex Fenzl 【N, W/C】 ♣MDBG, TDBG; ●GS, NM, XJ, YN; ★(AS): CN, MN, RU-AS.

白梭梭（白琐琐）**Haloxylon persicum** Bunge ex Boiss. et Buhse【N, W/C】♣MDBG, TDBG; ●GS, XJ; ★(AS): AF, CN, RU-AS.

*柳枝梭梭 **Haloxylon salicornicum** (Moq.) Bunge ex Boiss. 【I, C】 ♣XMBG; ●FJ; ★(AS): SA.

单刺蓬属　Cornulaca

阿拉善单刺蓬 **Cornulaca alaschanica** C. P. Tsien et G. L. Chu 【N, W/C】 ●GS, NM; ★(AS): CN, MN, RU-AS.

对节刺属　Horaninovia

弓叶对节刺 **Horaninovia minor** Schrenk 【I, N】 ★(AS): TM.

对节刺 **Horaninovia ulicina** Fisch. et C. A. Mey.【N, W/C】♣TDBG, WBG; ●HB, XJ; ★(AS): AF, CN, CY, KH, KZ, RU-AS, TM.

盐生草属　Halogeton

白茎盐生草 **Halogeton arachnoideus** Moq. 【N, W/C】 ♣TDBG; ●XJ; ★(AS): CN, MN, RU-AS.

盐生草 **Halogeton glomeratus** (M. Bieb.) Ledeb.【N, W/C】 ♣TDBG; ●XJ; ★(AS): CN, MN, RU-AS; (EU): RU.

假木贼属　Anabasis

无叶假木贼 **Anabasis aphylla** L. 【N, W/C】 ●XJ; ★(AS): CN, MN, RU-AS; (EU): RU.

短叶假木贼 **Anabasis brevifolia** C. A. Mey. 【N, W/C】 ●GS, NM, XJ, XZ; ★(AS): CN, CY, KZ, MN, RU-AS.

白垩假木贼 **Anabasis cretacea** C. A. Mey. ex Benge 【N, W/C】 ●XJ; ★(AS): CN, KG, KZ, RU-AS, TJ, TM, UZ; (EU): RU.

高枝假木贼 **Anabasis elatior** (C. A. Mey.) Schischk. 【N, W/C】 ●XJ; ★(AS): CN, KZ, MN, RU-AS.

毛足假木贼 **Anabasis eriopoda** (Schrenk) Benth. ex Volkens 【N, W/C】 ♣TDBG; ●XJ; ★(AS): AF, CN, MN, RU-AS.

盐生假木贼 **Anabasis salsa** (C. A. Mey.) Benth. ex Volkens 【N, W/C】 ●XJ; ★(AS): CN, KZ, MN, RU-AS; (EU): RU.

展枝假木贼 **Anabasis truncata** (Schrenk) Bunge 【N, W/C】 ●XJ; ★(AS): CN, MN, RU-AS.

珍珠柴属　Caroxylon

准噶尔猪毛菜 **Caroxylon dzhungaricum** (Iljin) Akhani et Roalson 【N, W/C】 ●XJ; ★(AS): CN.

小药猪毛菜 **Caroxylon micrantherum** (Botsch.) Sukhor. 【N, W/C】 ♣TDBG; ●XJ; ★(AS): CN.

东方猪毛菜 **Caroxylon orientale** (S. G. Gmel.) Tzvelev 【N, W/C】 ●XJ; ★(AS): CN.

珍珠猪毛菜 **Caroxylon passerinum** (Bunge) Akhani et Roalson 【N, W/C】 ♣TDBG; ●GS, NM, NX, QH, XJ; ★(AS): CN, MN, RU-AS.

小蓬属　Nanophyton

小蓬 **Nanophyton erinaceum** (Pall.) Bunge 【N, W/C】 ●XJ; ★(AS): CN, MN; (EU): RU.

叉毛蓬属　Petrosimonia

平卧叉毛蓬 **Petrosimonia litwinowii** Korsh.【I, C】★(AS): MN, RU-AS; (EU): RU.

梯翅蓬属　Climacoptera

短柱猪毛菜 **Climacoptera lanata** (Pall.) Botsch.【N, W/C】♣TDBG; ●XJ; ★(AS): CN, PK; (EU): RU.

粗枝猪毛菜 **Climacoptera subcrassa** (Popov) Botsch. 【N, W/C】 ●XJ; ★(AS): CN.

浆果苋属　Deeringia

浆果苋 **Deeringia amaranthoides** (Lam.) Merr.【N, W/C】 ♣GMG, GXIB, HBG, XTBG; ●GX, YN, ZJ; ★(AS): BT, CN, ID, IN, LA, MM, MY, NP, TH, VN.

多肋苋属　Pleuropetalum

多肋苋 **Pleuropetalum darwinii** Hook. f. 【I, C】 ♣CBG; ●SH; ★(SA): EC.

青葙属　Celosia

青葙 **Celosia argentea** L. 【I, C】 ♣BBG, CBG, CDBG, FBG, FLBG, GA, GBG, GMG, GXIB, HBG, IBCAS, KBG, LBG, NBG, SCBG, TBG,

TDBG, WBG, XBG, XLTBG, XMBG, XOIG, XTBG, ZAFU; ●BJ, FJ, GD, GX, GZ, HB, HI, JS, JX, SC, SH, SN, TW, XJ, YN, ZJ; ★(AF): MG, NG, TZ, UG, ZA.

鸡冠花 **Celosia cristata** L. 【I, C/N】 ♣BBG, CDBG, FBG, FLBG, GA, GBG, GMG, GXIB, HBG, IBCAS, KBG, LBG, NBG, SCBG, TDBG, WBG, XBG, XLTBG, XMBG, XOIG, XTBG, ZAFU; ●BJ, FJ, GD, GX, GZ, HB, HI, HL, JL, JS, JX, SC, SH, SN, TW, XJ, YN, ZJ; ★(AF): MG, NG, ZA.

凤尾鸡冠花 **Celosia spicata** Spreng. 【I, C】 ♣HFBG; ●BJ, HL; ★(AF): MG.

苋属 Amaranthus

白苋 **Amaranthus albus** Thunb. 【I, N】 ♣TDBG; ●BJ, JS, XJ; ★(NA): US.

北美苋 **Amaranthus blitoides** S. Watson 【I, N】 ●HE, JS, SD; ★(NA): MX, US.

凹头苋 **Amaranthus blitum** Moq. 【I, N】 ♣BBG, FBG, GA, GBG, HBG, IBCAS, LBG, NSBG, WBG, XMBG, XTBG, ZAFU; ●BJ, CQ, FJ, GZ, HB, JS, JX, TW, YN, ZJ; ★(NA): US; (SA): AR, BO, BR, CO, EC, PE, PY, UY.

细芒南非苋 **Amaranthus capensis** subsp. **uncinatus** Brenan 【I, N】 ●JS; ★(AF): ZA.

老枪谷（尾穗苋）**Amaranthus caudatus** Baker et Clarke 【I, C/N】 ♣FBG, FLBG, GA, GBG, HBG, HFBG, IBCAS, LBG, NBG, XBG, XMBG; ●BJ, FJ, GD, GZ, HB, HL, JS, JX, NM, SC, SN, TW, XJ, YN, ZJ; ★(NA): GT, MX, US, VG; (SA): AR, BO, CO, EC, PE.

鸡冠苋 **Amaranthus celosioides** Kunth 【I, C】 ♣XTBG; ●YN; ★(SA): PE.

老鸦谷（繁穗苋）**Amaranthus cruentus** L. 【I, C】 ♣HBG, LBG, TDBG, WBG, XBG, ZAFU; ●BJ, HB, HL, JL, JS, JX, NM, SC, SN, TW, XJ, YN, ZJ; ★(NA): GT, HT, MX, US; (SA): AR, BO, BR, CO, EC.

假刺苋 **Amaranthus dubius** K. Krause 【I, N】 ●AH, FJ, GD, HA, TW, ZJ; ★(NA): BZ, CR, CU, DO, HN, HT, JM, LW, MX, NI, PA, PR, TT, VG, WW; (SA): BO, BR, CO, EC, PE, VE.

绿穗苋 **Amaranthus hybridus** K. Krause 【I, N】 ♣IBCAS, SCBG, WBG, XMBG; ●BJ, FJ, GD, HB, JS, NM, SC; ★(NA): BS, BZ, CR, CU, GT, HN, MX, NI, PA, PR, SV, US, VG; (SA): AR, BO, BR, CO, EC, GY, PE, PY, VE.

千穗谷 **Amaranthus hypochondriacus** L. 【I, C/N】 ♣XMBG; ●BJ, FJ, GS, GX, GZ, JL, JS, JX, NM, SC, SN, SX, TW, XZ; ★(NA): MX, PA, US; (SA): AR, BO.

长芒苋 **Amaranthus palmeri** S. Watson 【I, N】 ●BJ, GD, GX; ★(NA): MX, US.

合被苋 **Amaranthus polygonoides** L. 【I, N】 ★(NA): BS, CU, DO, HN, JM, LW, MX, VG.

鲍氏苋 **Amaranthus powellii** S. Watson 【I, C】 ●HE, JS, NM, SX, TW; ★(NA): MX, US; (SA): AR, BO, CL, EC, PE.

矮苋 **Amaranthus pumilus** Raf. 【I, C】 ★(NA): US.

反枝苋 **Amaranthus retroflexus** L. 【I, N】 ♣BBG, HBG, IBCAS, LBG, TDBG, WBG, XTBG; ●BJ, GZ, HB, JS, JX, SH, XJ, YN, ZJ; ★(NA): MX, US.

短苞反枝苋 **Amaranthus retroflexus** var. **delilei** (Richt. et Loret) Thell. 【I, N】 ★(NA): CA, MX, US.

腋花苋 **Amaranthus roxburghianus** H. W. Kung 【N, W/C】 ♣TDBG; ●XJ; ★(AS): CN, IN, LK.

刺苋 **Amaranthus spinosus** L. 【I, N】 ♣FBG, FLBG, GA, GMG, GXIB, HBG, LBG, SCBG, XLTBG, XMBG, XOIG, XTBG, ZAFU; ●FJ, GD, GX, GZ, HI, JS, JX, SC, YN, ZJ; ★(NA): BS, BZ, CR, CU, GT, HN, MX, NI, PA, PR, SV, US, VG; (SA): AR, BO, BR, CO, EC, GY, PE, PY, VE.

菱叶苋 **Amaranthus standleyanus** Parodi ex Covas 【I, N】 ●BJ; ★(SA): AR, BO, PY.

苋 **Amaranthus tricolor** L. 【I, C/N】 ♣BBG, FBG, FLBG, GA, GBG, GMG, GXIB, HBG, HFBG, IBCAS, KBG, LBG, NBG, SCBG, TBG, WBG, XLTBG, XMBG, XOIG, XTBG, ZAFU; ●AH, BJ, CQ, FJ, GD, GS, GX, GZ, HA, HB, HE, HI, HL, HN, JL, JS, JX, SC, SD, SH, SX, TW, XJ, YN, ZJ; ★(SA): AR, BO, BR, CO, EC, PE, PY, UY, VE.

糙果苋 **Amaranthus tuberculatus** (Moq.) Sauer 【I, N】 ♣BBG; ●BJ, LN; ★(NA): US;

皱果苋 **Amaranthus viridis** All. 【I, N】 ♣FBG, FLBG, GA, GBG, GMG, GXIB, HBG, IBCAS, LBG, SCBG, TBG, WBG, XLTBG, XMBG, XTBG; ●AH, BJ, FJ, GD, GX, GZ, HB, HI, JS, JX, TW, YN, ZJ; ★(NA): BS, CR, CU, DO, GT, HN, HT, JM, KY, LW, MX, NI, PR, SV, US, VG; (SA): AR, BO, BR, CO, EC, PE, PY, UY, VE.

长序苋属 Digera

长序苋 **Digera muricata** (L.) Mart. 【I, N】 ★(AF): SD, KE, TZ, SO; (AS): SA, YE.

白花苋属 Aerva

白花苋 **Aerva sanguinolenta** (L.) Blume【N, W/C】♣GMG, GXIB, SCBG, XTBG; ●GD, GX, YN; ★(AS): BT, CN, ID, IN, KH, LA, LK, MM, MY, NP, PH, TH, VN.

猫尾苋属 Ptilotus

猫尾苋（澳洲狐尾苋）**Ptilotus exaltatus** Nees【I, C】●TW; ★(OC): AU.

杯苋属 Cyathula

川牛膝 **Cyathula officinalis** K. C. Kuan【N, W/C】♣KBG, LBG, WBG; ●BJ, HB, JX, SC, YN; ★(AS): CN, NP.

杯苋 **Cyathula prostrata** (L.) Blume【N, W/C】♣GMG, HBG, SCBG, XMBG, XTBG; ●FJ, GD, GX, YN, ZJ; ★(AF): MG, NG; (AS): BT, CN, ID, IN, KH, LA, LK, MM, MY, NP, PH, SG, TH, VN; (OC): AU, PAF.

绒毛杯苋 **Cyathula tomentosa** (Roth) Moq.【N, W/C】♣GBG; ●BJ, GZ; ★(AS): BT, CN, ID, IN, LK, MM, NP.

牛膝属 Achyranthes

土牛膝 **Achyranthes aspera** L.【N, W/C】♣FBG, FLBG, GBG, GMG, GXIB, HBG, KBG, NBG, SCBG, WBG, XBG, XMBG, XTBG, ZAFU; ●FJ, GD, GX, GZ, HB, JS, JX, SN, YN, ZJ; ★(AF): CG, KE, NG, TZ; (AS): BT, CN, ID, IN, JP, KH, LA, LK, MM, MY, NP, PH, SG, TH, VN; (EU): AD, AL, BA, BG, ES, GR, HR, IT, ME, MK, PT, RO, RS, SI, SM, VA.

银毛土牛膝 **Achyranthes aspera** var. **argentea** C. B. Clarke【N, W/C】★(AS): CN, IN.

钝叶土牛膝 **Achyranthes aspera** var. **indica** Moq.【N, W/C】♣GXIB, KBG, NBG, SCBG, WBG, XTBG; ●GD, GX, HB, JS, YN; ★(AS): CN, IN, LK.

牛膝 **Achyranthes bidentata** Blume【N, W/C】♣BBG, FBG, GA, GBG, GMG, GXIB, HBG, HFBG, IBCAS, KBG, LBG, NBG, NSBG, SCBG, TMNS, WBG, XBG, XMBG, XOIG, XTBG, ZAFU; ●BJ, CQ, FJ, GD, GX, GZ, HB, HL, JS, JX, SC, SN, TW, YN, ZJ; ★(AS): BT, CN, ID, IN, JP, KP, LA, LK, MM, MY, NP, PH, RU-AS, TH, VN.

柳叶牛膝 **Achyranthes longifolia** (Makino) Makino【N, W/C】♣FBG, GA, GMG, GXIB, HBG, LBG, NBG, SCBG, WBG, XMBG, XTBG, ZAFU; ●FJ, GD, GX, HB, JS, JX, SC, YN, ZJ; ★(AS): CN, JP, LA, TH, VN.

钩刺苋属 Pupalia

小花钩牛膝 **Pupalia micrantha** Hauman【I, N】●FJ, TW; ★(AF): MG, TZ.

血苋属 Iresine

血苋 **Iresine herbstii** Hook.【I, C】♣CDBG, FBG, FLBG, GMG, GXIB, HBG, IBCAS, KBG, LBG, SCBG, TBG, TMNS, WBG, XBG, XLTBG, XMBG, XTBG; ●BJ, FJ, GD, GX, HB, HI, JX, SC, SN, TW, YN, ZJ; ★(NA): HN, MX, PA; (SA): BO, BR, CO, EC, PE.

尖叶血苋（尖叶红叶苋）**Iresine lindenii** Van Houtte【I, C】♣XTBG; ●YN; ★(NA): DO; (SA): EC.

莲子草属 Alternanthera

*芒尖莲子草 **Alternanthera aristata** (Danguy et Cherm.) Suess.【I, C】♣XTBG; ●YN; ★(SA): EC.

锦绣苋 **Alternanthera bettzickiana** (Regel) Standl.【I, C】♣BBG, FBG, GMG, HBG, KBG, LBG, SCBG, XLTBG, XMBG, XOIG, XTBG; ●BJ, FJ, GD, GX, HI, JX, YN, ZJ; ★(NA): DO, MX, NI; (SA): BO, CO, EC, PE, VE.

巴西莲子草 **Alternanthera brasiliana** (L.) Kuntze【I, N】♣BBG, CBG, SCBG, XLTBG, XMBG, XTBG; ●BJ, FJ, GD, HI, SC, SH, TW, YN; ★(NA): GT, HN, MX; (SA): BO, BR, CO, EC, PY.

*大叶莲子草 **Alternanthera costaricensis** Kuntze【I, C】♣XTBG; ●YN; ★(NA): CR, PA.

海滨莲子草 **Alternanthera maritima** D. Dietr.【I, C】♣SCBG, WBG, XOIG; ●FJ, GD, HB; ★(NA): DO; (SA): BR.

美洲莲子草（美洲虾钳菜）**Alternanthera paronychioides** A. St.-Hil.【I, C/N】♣FLBG, SCBG, TBG, XMBG, XOIG, XTBG, ZAFU; ●FJ, GD, JX, TW, YN, ZJ; ★(NA): BS, CR, CU, DO, HT, JM, MX, PR, VG; (SA): AR, BO, BR, CO, PE, PY, VE.

空心莲子草（喜旱莲子草）**Alternanthera philoxeroides** (Mart.) Griseb.【I, N】♣FBG, FLBG, GA, GBG, GMG, HBG, IBCAS, LBG, NSBG, SCBG, TBG, WBG, XMBG, XTBG, ZAFU; ●BJ, CQ, FJ, GD, GX, GZ, HB, JS, JX, SC, TW, YN, ZJ; ★

(SA): AR, BO, BR, GF, GY, PE, PY, UY, VE.

刺花莲子草 **Alternanthera pungens** Kunth 【I, N】 ♣SCBG, XMBG, XTBG; ●FJ, GD, JS, YN; ★(NA): DO, HT, JM, PR, US; (SA): AR, BO, BR, GF, GY, PE, PY, UY, VE.

瑞氏莲子草 **Alternanthera reineckii** Briq. 【I, C】 ♣SCBG; ●GD; ★(SA): AR, BO, BR, PY.

莲子草 **Alternanthera sessilis** (L.) R. Br. ex DC.【I, N】♣FBG, FLBG, GA, GMG, GXIB, HBG, LBG, SCBG, TBG, WBG, XLTBG, XMBG, XTBG, ZAFU; ●FJ, GD, GX, HB, HI, JX, TW, YN, ZJ; ★(NA): BZ, CR, CU, DO, GT, HN, HT, JM, LW, MX, NI, PA, PR, SV, TT, US; (SA): BO, BR, CO, EC, GF, PE, PY, VE.

千日红属 Gomphrena

Gomphrena boliviana Moq. 【I, C】 ♣NBG; ●JS; ★(SA): AR, BO, PY.

银花苋 **Gomphrena celosioides** Mart. 【I, N】 ♣NBG, SCBG; ●GD, JS; ★(SA): AR, BO, BR, EC, PY, UY.

千日红 **Gomphrena globosa** L. 【I, C】 ♣BBG, CDBG, FBG, FLBG, GA, GBG, GMG, GXIB, HBG, HFBG, IBCAS, KBG, LBG, NBG, SCBG, TBG, TDBG, WBG, XBG, XLTBG, XMBG, XOIG, ZAFU; ●BJ, CQ, FJ, GD, GX, GZ, HB, HI, HL, JL, JS, JX, SC, SH, SN, TW, XJ, YN, ZJ; ★(NA): BZ, GT, MX, NI, US; (SA): AR, BO, BR, CO, EC, GY, PE, PY.

细叶千日红（哈格千日红）**Gomphrena haageana** Klotzsch 【I, C】 ●BJ, TW; ★(NA): MX.

伏千日红 **Gomphrena serrata** L. 【I, C】♣NBG; ●JS; ★(NA): CR, GT, HN, MX, NI, PA, PR, SV, US; (SA): AR, BO, BR, CO, EC, PY, UY, VE.

213. 番杏科 AIZOACEAE

海马齿属 Sesuvium

海马齿 **Sesuvium portulacastrum** (L.) L. 【N, W/C】 ♣FLBG, IBCAS, SCBG, XMBG, XTBG; ●BJ, FJ, GD, JX, YN; ★(AF): MG, ZA; (AS): CN, IN, JP, LK, MM, MY, PH, SG, TH, VN; (OC): AU, NZ, PAF; (NA): BS, BZ, CR, CU, DO, GT, HN, HT, JM, KY, LW, MX, NI, PA, PR, SV, TT, US, VG, WW; (SA): AR, BO, BR, CL, CO, EC, GY, PE, PY, VE.

假海马齿属 Trianthema

假海马齿 **Trianthema portulacastrum** L. 【N, W/C】 ♣TMNS; ●TW; ★(AF): MG, NG, ZA; (AS): CN, IN, JP, LK, MM, MY, PH, SG, TH, VN; (OC): AU, NZ, PAF; (NA): BS, BZ, CR, CU, DO, GT, HN, HT, JM, KY, LW, MX, NI, PA, PR, SV, TT, US, VG, WW; (SA): AR, BO, BR, CL, CO, EC, GY, PE, PY, VE.

番杏属 Tetragonia

水晶番杏 **Tetragonia crystallina** L'Hér. 【I, C】 ♣NBG; ●JS; ★(SA): PE.

四苞蓝 **Tetragonia glauca** Fenzl ex Sond. 【I, C】 ♣WBG; ●HB; ★(AF): ZA.

番杏 **Tetragonia tetragonoides** (Pall.) Kuntze 【I, C/N】 ♣HBG, KBG, SCBG, WBG, XMBG; ●BJ, FJ, GD, HB, SH, TW, YN, ZJ; ★(OC): AU, NZ; (SA): AR, BO, CL, EC.

日中花属 Mesembryanthemum

心叶日中花（花蔓草、露花）**Mesembryanthemum cordifolium** L. f. 【I, C】 ♣BBG, CBG, FBG, IBCAS, KBG, LBG, NBG, SCBG, XMBG, XTBG, ZAFU; ●BJ, FJ, GD, JS, JX, SH, YN, ZJ; ★(AF): ZA.

冰叶日中花 **Mesembryanthemum crystallinum** L. 【I, C】 ♣NBG; ●BJ, JS, TW; ★(AF): ZA.

指状手指玉 **Mesembryanthemum digitatum** Aiton 【I, C】 ♣CBG; ●SH; ★(AF): ZA.

天赐 **Mesembryanthemum resurgens** Kensit 【I, C】 ★(AF): ZA.

淡青霜 **Mesembryanthemum tenuiflorum** Jacq.【I, C】 ●TW; ★(AF): ZA.

镇心草属 Sceletium

飞天玉 **Sceletium tortuosum** (L.) N. E. Br. 【I, C】 ★(AF): ZA.

石灵玉属 Opophytum

石灵玉（翠皮玉）**Opophytum forsskalii** (Hochst. ex Boiss.) N. E. Br. 【I, C】 ★(AF): ZA.

日唱花属 Carpanthea

波氏宝剑川 **Carpanthea pomeridiana** (L.) N. E. Br.

【I, C】 ★(AF): ZA; (OC): AU.

剑苏花属 Conicosia

匕形锥果玉（匕形锥果花）**Conicosia pugioniformis** (L.) N. E. Br.【I, C】♣XMBG; ●FJ; ★(AF): ZA.

虚唱花属 Saphesia

虚唱花（铁荆棘）**Saphesia flaccida** (Jacq.) N. E. Br.【I, C】 ★(AF): ZA.

风唱花属 Hymenogyne

风唱花（风之玉）**Hymenogyne glabra** (Aiton) Haw.【I, C】 ★(AF): ZA.

霓花属 Cleretum

霓花（鹂鹛玉、鸦嘴玉）**Cleretum papulosum** (L. f.) N. E. Br. 【I, C】 ★(AF): ZA.

琴霓花属 Aethephyllum

羽叶松叶菊 **Aethephyllum pinnatifidum** (L. f.) N. E. Br. 【I, C】 ♣NBG; ●JS; ★(AF): ZA.

彩虹花属 Dorotheanthus

禾叶多萝花 **Dorotheanthus apetalus** (L. f.) N. E. Br. 【I, C】 ♣IBCAS; ●BJ; ★(AF): ZA.

彩虹花（彩虹菊）**Dorotheanthus bellidiformis** (Burm. f.) N. E. Br. 【I, C】 ♣IBCAS; ●BJ, TW; ★(AF): ZA.

怪奇玉属 Diplosoma

怪奇玉 **Diplosoma retroversum** (Kensit) Schwantes 【I, C】 ★(AF): ZA.

妖奇玉属 Maughaniella

妖奇玉 **Maughaniella luckhoffii** (L. Bolus) L. Bolus 【I, C】 ★(AF): ZA.

银杯玉属 Dicrocaulon

银杯玉（枝干番杏）**Dicrocaulon ramulosum** (L. Bolus) Ihlenf. 【I, C】 ★(AF): ZA.

碧光玉属 Monilaria

枝干碧光环 **Monilaria chrysoleuca** (Schltr.) Schwantes 【I, C】 ●TW; ★(AF): ZA.

玉藻之前 **Monilaria globosa** (L. Bolus) L. Bolus【I, C】 ♣XMBG; ●FJ; ★(AF): ZA.

*碧光玉 **Monilaria moniliformis** (Thunb.) Schwantes 【I, C】 ♣XMBG; ●FJ, TW; ★(AF): ZA.

碧光环（小兔子）**Monilaria obconica** Ihlenf. et Joergens. 【I, C】 ♣CBG; ●SH; ★(AF): ZA.

贵光玉 **Monilaria pisiformis** Schwantes 【I, C】 ●TW; ★(AF): ZA.

翠桃玉属 Oophytum

胡桃玉 **Oophytum oviforme** (N. E. Br.) N. E. Br.【I, C】 ●TW; ★(AF): ZA.

舌叶花属 Glottiphyllum

*白花舌叶花 **Glottiphyllum album** L. Bolus 【I, C】 ♣NBG; ●JS; ★(AF): ZA.

*十字舌叶花 **Glottiphyllum cruciatum** (Haw.) N. E. Br. 【I, C】 ♣IBCAS; ●BJ; ★(AF): ZA.

矮宝绿 **Glottiphyllum depressum** (Haw.) N. E. Br.【I, C】 ♣BBG, HBG, IBCAS; ●BJ, ZJ; ★(AF): ZA.

舌叶花（宝绿）**Glottiphyllum linguiforme** (L.) N. E. Br.【I, C】♣CBG, CDBG, FLBG, GXIB, IBCAS, LBG, NBG, NSBG, SCBG, XMBG, ZAFU; ●BJ, CQ, FJ, GD, GX, JS, JX, SC, SH, ZJ; ★(AF): ZA.

长宝绿 **Glottiphyllum longum** (Haw.) N. E. Br.【I, C】♣BBG, IBCAS, SCBG, WBG, XBG; ●BJ, GD, HB, SN; ★(AF): ZA.

早乙女 **Glottiphyllum neilii** N. E. Br. 【I, C】 ♣BBG, XMBG; ●BJ, FJ; ★(AF): ZA.

大叉叶草 **Glottiphyllum regium** N. E. Br. 【I, C】 ♣IBCAS; ●BJ; ★(AF): ZA.

小叶舌叶花 **Glottiphyllum surrectum** (Haw.) L. Bolus 【I, C】 ●SH; ★(AF): ZA.

蔓舌花属 Malephora

*红花蔓舌草 **Malephora crocea** (Jacq.) Schwantes【I, C】 ♣NBG; ●JS; ★(AF): ZA.

姬神刀 **Malephora latipetala** (L. Bolus) H. Jacobsen et Schwantes【I, C】♣TMNS, XMBG; ●FJ, TW; ★(AF): ZA.

*柔弱蔓舌草 **Malephora mollis** (Aiton) N. E. Br.【I, C】 ♣NBG; ●JS; ★(AF): ZA.

藻玲玉属 Gibbaeum

白魔 **Gibbaeum album** N. E. Br. 【I, C】 ♣BBG, CBG; ●BJ, SH, TW; ★(AF): ZA.

棱角驼峰花 **Gibbaeum angulipes** (L. Bolus) N. E. Br. 【I, C】 ♣IBCAS; ●BJ; ★(AF): ZA.

*康氏藻玲玉 **Gibbaeum comptonii** (L. Bolus) L. Bolus 【I, C】 ♣BBG; ●BJ; ★(AF): ZA.

无比玉 **Gibbaeum dispar** N. E. Br. 【I, C】 ♣BBG, CBG, XMBG; ●BJ, FJ, SH; ★(AF): ZA.

哈氏藻玲玉 **Gibbaeum haaglenii** H. E. K. Hartmann 【I, C】 ●SH; ★(AF): ZA.

银光玉 **Gibbaeum heathii** (N. E. Br.) L. Bolus 【I, C】 ♣CBG; ●SH; ★(AF): ZA.

翠滴玉（藻丽玉）**Gibbaeum nuciforme** (Haw.) Glen et H. E. K. Hartmann 【I, C】 ♣XMBG; ●FJ; ★(AF): ZA.

春琴玉 **Gibbaeum petrense** (N. E. Br.) Tischler 【I, C】 ●SH; ★(AF): ZA.

*柔毛藻玲玉（藻玲玉）**Gibbaeum pilosulum** (N. E. Br.) N. E. Br. 【I, C】 ♣XMBG; ●FJ; ★(AF): ZA.

藻玲玉（立鲛）**Gibbaeum pubescens** (Haw.) N. E. Br. 【I, C】 ●SH; ★(AF): ZA.

绒毛藻玲玉（大鲛）**Gibbaeum velutinum** (L. Bolus) Schwantes 【I, C】 ♣IBCAS, NBG; ●BJ, JS, SH, TW; ★(AF): ZA.

露子花属 Delosperma

冰花 **Delosperma bosseranum** Marais 【I, C】 ★(AF): ZA.

丽晃（软叶鳞菊）**Delosperma cooperi** (Hook. f.) L. Bolus 【I, C】 ♣CBG, XMBG, XTBG; ●FJ, SH, YN; ★(AF): ZA.

刺叶露子花（雷童）**Delosperma echinatum** (Lam.) Schwantes 【I, C】 ♣BBG, IBCAS, NBG, SCBG, WBG, XMBG; ●BJ, FJ, GD, HB, JS, SH; ★(AF): ZA.

露子花 **Delosperma herbeum** (N. E. Br.) N. E. Br. 【I, C】 ♣NBG; ●JS; ★(AF): ZA.

立氏松叶菊 **Delosperma lehmannii** Schwantes 【I, C】 ♣HBG, NBG; ●JS, SH, ZJ; ★(AF): ZA.

*马洪露子花 **Delosperma mahonii** (N. E. Br.) N. E. Br. 【I, C】 ♣NBG; ●JS; ★(AF): ZA.

*肾形露子花 **Delosperma napiforme** (N. E. Br.) Schwantes 【I, C】 ♣BBG, IBCAS, XTBG; ●BJ, YN; ★(AF): RE.

莫愁菊 **Delosperma nubigenum** (Schltr.) L. Bolus 【I, C】 ★(AF): ZA.

雷童 **Delosperma pruinosum** (Thunb.) J. W. Ingram 【I, C】 ♣SCBG, XMBG; ●FJ, GD; ★(AF): ZA.

*淡灰露子花 **Delosperma subincanum** (Haw.) Schwantes 【I, C】 ♣NBG; ●JS; ★(AF): ZA.

宝刀 **Delosperma taylorii** (N. E. Br.) Schwantes 【I, C】 ♣HBG; ●ZJ; ★(AF): ZA.

紫露草状露子花 **Delosperma tradescantioides** (P. J. Bergius) L. Bolus 【I, C】 ♣IBCAS, NBG; ●BJ, JS; ★(AF): ZA.

晃玉属 Frithia

菊晃玉 **Frithia humilis** Burgoyne 【I, C】 ♣CBG; ●SH; ★(AF): ZA.

晃玉（光玉）**Frithia pulchra** N. E. Br. 【I, C】 ♣BBG, CBG, XMBG; ●BJ, FJ, SH, TW; ★(AF): ZA.

梅斯木属 Mestoklema

树菊 **Mestoklema arboriforme** (Burch.) N. E. Br. ex Glen 【I, C】 ♣BBG, XMBG; ●BJ, FJ, TW; ★(AF): ZA.

块茎密枝玉 **Mestoklema tuberosum** (L.) N. E. Br. 【I, C】 ♣BBG, IBCAS; ●BJ; ★(AF): ZA.

仙宝木属 Trichodiadema

稀宝 **Trichodiadema barbatum** Schwantes 【I, C】 ♣IBCAS; ●BJ; ★(AF): ZA.

姬红小松 **Trichodiadema bulbosum** Schwantes 【I, C】 ♣BBG, CBG, FBG, IBCAS, WBG, XMBG, ZAFU; ●BJ, FJ, HB, SH, ZJ; ★(AF): ZA.

紫晃星 **Trichodiadema densum** Schwantes 【I, C】 ♣BBG, CBG, IBCAS, XMBG; ●BJ, FJ, SH; ★(AF): ZA.

仙宝 **Trichodiadema littlewoodii** L. Bolus 【I, C】 ♣IBCAS; ●BJ; ★(AF): ZA.

人宝 **Trichodiadema mirabile** Schwantes 【I, C】 ♣BBG, IBCAS; ●BJ; ★(AF): ZA.

刚毛仙宝 **Trichodiadema setuliferum** Schwantes 【I, C】 ♣IBCAS; ●BJ; ★(AF): ZA.

*星状仙宝 **Trichodiadema stellatum** Schwantes 【I, C】 ♣BBG; ●BJ; ★(AF): ZA.

白花稀宝（稀宝）**Trichodiadema stelligerum** Schwantes 【I, C】 ♣WBG, XMBG; ●FJ, HB; ★

(AF): ZA.

丽人玉属 Corpuscularia

白绒玉 **Corpuscularia taylorii** (N. E. Br.) Schwantes 【I, C】 ♣IBCAS; ●BJ; ★(AF): ZA.

奇鸟玉属 Mitrophyllum

幻想鸟 **Mitrophyllum dissitum** Schwantes 【I, C】 ●FJ; ★(AF): ZA.

始祖鸟(不死鸟) **Mitrophyllum grande** N. E. Br. 【I, C】 ●FJ; ★(AF): ZA.

怪奇鸟 **Mitrophyllum mitratum** (Marloth) Schwantes 【I, C】 ●FJ, TW; ★(AF): ZA.

群鸟玉属 Meyerophytum

冰糕(肉森草) **Meyerophytum meyeri** (Schwantes) Schwantes 【I, C】 ★(AF): ZA.

弥生花属 Drosanthemum

泡叶菊(初霜) **Drosanthemum calycinum** (Haw.) Schwantes 【I, C】 ♣XMBG; ●FJ; ★(AF): ZA.

花弥生 **Drosanthemum floribundum** (Haw.) Schwantes 【I, C】 ★(AF): ZA.

花嬉游 **Drosanthemum micans** (L.) Schwantes 【I, C】 ♣IBCAS; ●BJ; ★(AF): ZA.

条纹泡叶菊 **Drosanthemum striatum** (Haw.) Schwantes 【I, C】 ♣IBCAS; ●BJ; ★(AF): ZA.

块茎泡叶菊 **Drosanthemum tuberculiferum** L. Bolus 【I, C】 ♣IBCAS; ●BJ; ★(AF): ZA.

琅华木属 Jensenobotrya

琅华木 **Jensenobotrya lossowiana** A. G. J. Herre 【I, C】 ♣CBG; ●SH; ★(AF): ZA.

镰刀玉属 Ruschianthus

刀叶花 **Ruschianthus falcatus** L. Bolus 【I, C】 ♣CBG; ●SH; ★(AF): NA, ZA.

肉锥花属 Conophytum

*尖叶肉锥花 **Conophytum acutum** L. Bolus 【I, C】 ♣BBG; ●BJ; ★(AF): ZA.

立雏 **Conophytum albescens** N. E. Br. 【I, C】 ★(AF): ZA.

白花肉锥花 **Conophytum albiflorum** (Rawé) S. A. Hammer 【I, C】 ♣CBG; ●SH; ★(AF): ZA.

安格莉卡肉锥花(烧麦) **Conophytum angelicae** (Dinter et Schult.) N. E. Br. 【I, C】 ♣BBG, CBG; ●BJ, SH; ★(AF): ZA.

青露 **Conophytum apiatum** N. E. Br. 【I, C】 ★(AF): ZA.

青蛾 **Conophytum assimile** N. E. Br. 【I, C】 ★(AF): ZA.

肉锥花 **Conophytum auriflorum** Tischer 【I, C】 ♣BBG, CBG, ZAFU; ●BJ, SH, ZJ; ★(AF): ZA.

圆锥肉锥花 **Conophytum auriflorum** subsp. **turbiniforme** (Rawé) S. A. Hammer 【I, C】 ♣BBG, CBG; ●BJ, SH; ★(AF): ZA.

群童 **Conophytum batesii** N. E. Br. 【I, C】 ★(AF): ZA.

*双肋肉锥花 **Conophytum bicarinatum** L. Bolus 【I, C】 ♣BBG; ●BJ; ★(AF): ZA.

少将(春雨、明珍、舞子) **Conophytum bilobum** (Marloth) N. E. Br. 【I, C】 ♣BBG, CBG, FBG, FLBG, IBCAS, KBG, NBG, XMBG; ●BJ, FJ, GD, JS, JX, SH, TW, YN; ★(AF): NA, ZA.

淡春(淡雪) **Conophytum bilobum** subsp. **altum** (L. Bolus) S. A. Hammer 【I, C】 ♣KBG; ●YN; ★(AF): ZA.

*细柱少将 **Conophytum bilobum** subsp. **gracilistylum** (L. Bolus) S. A. Hammer 【I, C】 ♣BBG; ●BJ; ★(AF): ZA.

*平凡肉锥花 **Conophytum blandum** L. Bolus 【I, C】 ♣BBG; ●BJ; ★(AF): ZA.

丸肉锥花 **Conophytum bolusiae** Schwantes 【I, C】 ♣BBG, CBG; ●BJ, SH; ★(AF): ZA.

中宫 **Conophytum breve** N. E. Br. 【I, C】 ♣BBG; ●BJ; ★(AF): ZA.

棕肉锥花 **Conophytum brunneum** S. A. Hammer 【I, C】 ♣CBG; ●SH; ★(AF): ZA.

灯泡 **Conophytum burgeri** L. Bolus 【I, C】 ♣BBG, CBG, IBCAS; ●BJ, SH; ★(AF): NA, ZA.

翡翠玉 **Conophytum calculus** (Berger) N. E. Br. 【I, C】 ♣BBG; ●BJ, TW; ★(AF): ZA.

*范氏翡翠玉 **Conophytum calculus** subsp. **vanzylii** (Lavis) S. A. Hammer 【I, C】 ♣BBG; ●BJ; ★(AF): ZA.

卡碧雅肉锥花 **Conophytum carpianum** L. Bolus 【I, C】 ♣BBG, CBG; ●BJ, SH; ★(AF): ZA.

大典 **Conophytum cauliferum** N. E. Br. 【I, C】 ★(AF): ZA.

云映玉 **Conophytum ceresianum** L. Bolus 【I, C】 ★(AF): ZA.

肖肉锥花 **Conophytum chauviniae** (Schwantes) S. A. Hammer 【I, C】 ♣CBG; ●SH; ★(AF): ZA.

克氏肉锥花 **Conophytum chrisocruxum** S. A. Hammer 【I, C】 ♣CBG; ●SH; ★(AF): ZA.

世尊 **Conophytum compressum** N. E. Br. 【I, C】 ★(AF): ZA.

康普顿肉锥花 **Conophytum comptonii** N. E. Br. 【I, C】 ♣CBG; ●SH; ★(AF): ZA.

*凹叶肉锥花 **Conophytum concavum** L. Bolus 【I, C】 ♣BBG; ●BJ; ★(AF): ZA.

立方肉锥花 **Conophytum cubicum** Pavelka 【I, C】 ♣CBG; ●SH; ★(AF): ZA.

碧天玉 **Conophytum curtum** L. Bolus 【I, C】 ★(AF): ZA.

密斑肉锥花 **Conophytum densipunctum** L. Bolus 【I, C】 ♣CBG; ●SH; ★(AF): NA.

*扁叶肉锥花 **Conophytum depressum** Lavis 【I, C】 ♣BBG; ●BJ; ★(AF): ZA.

大肚佛 **Conophytum devium** G. D. Rowley 【I, C】 ♣BBG; ●BJ; ★(AF): ZA.

玲胧 **Conophytum difforme** L. Bolus 【I, C】 ★(AF): ZA.

妖奇鸟 **Conophytum ecarinatum** L. Bolus 【I, C】 ★(AF): ZA.

天使 **Conophytum ectypum** N. E. Br. 【I, C】 ♣BBG; ●BJ, SH; ★(AF): ZA.

沟痕天使 **Conophytum ectypum** subsp. **sulcatum** (Bolus) S. A. Hammer 【I, C】 ♣BBG, CBG; ●BJ, SH; ★(AF): ZA.

铜壶 **Conophytum ectypum** var. **brownii** (Tischer) Tischer 【I, C】 ♣BBG, CBG; ●BJ, SH; ★(AF): ZA.

清明玉 **Conophytum edithae** N. E. Br. 【I, C】 ★(AF): ZA.

式典 **Conophytum elishae** N. E. Br. 【I, C】 ★(AF): ZA.

玉彦 **Conophytum ellipticum** Tischer 【I, C】 ★(AF): ZA.

恩斯特肉锥花 **Conophytum ernstii** S. A. Hammer 【I, C】 ♣BBG, CBG; ●BJ, SH; ★(AF): ZA.

*腓骨肉锥花 **Conophytum fibuliforme** (Haw.) N. E. Br. 【I, C】 ♣BBG; ●BJ; ★(AF): ZA.

寿绞玉（青春玉、桃源）**Conophytum ficiforme** (Haw.) N. E. Br. 【I, C】 ♣BBG, CBG, XMBG; ●BJ, FJ, SH; ★(AF): ZA.

黄金玉 **Conophytum flavum** N. E. Br. 【I, C】 ♣BBG; ●BJ, SH, TW; ★(AF): ZA.

二乔 **Conophytum fraternum** (N. E. Br.) N. E. Br. 【I, C】 ♣BBG; ●BJ; ★(AF): ZA.

寂光 **Conophytum frutescens** Schwantes 【I, C】 ♣BBG, IBCAS, XMBG; ●BJ, FJ, SH; ★(AF): ZA.

*圆肉锥花 **Conophytum globosum** (N. E. Br.) N. E. Br. 【I, C】 ♣BBG; ●BJ; ★(AF): ZA.

小公女 **Conophytum graessneri** Tischer 【I, C】 ★(AF): ZA.

雨月 **Conophytum gratum** (N. E. Br.) N. E. Br. 【I, C】 ♣BBG, CBG, FLBG, IBCAS, XMBG; ●BJ, FJ, GD, JX, SH, TW; ★(AF): ZA.

*马氏肉锥花（神铃）**Conophytum gratum** subsp. **marlothii** (N. E. Br.) S. A. Hammer 【I, C】 ♣BBG, IBCAS; ●BJ; ★(AF): ZA.

中将姬 **Conophytum halenbergense** (Dinter et Schwantes) N. E. Br. 【I, C】 ♣BBG, CBG; ●BJ, SH; ★(AF): ZA.

哈氏肉锥花 **Conophytum hallii** L. Bolus 【I, C】 ●SH; ★(AF): ZA.

哈纳肉锥花 **Conophytum hanae** Pavelka 【I, C】 ♣CBG; ●SH; ★(AF): ZA.

*赫尔肉锥花 **Conophytum herreanthus** S. A. Hammer 【I, C】 ♣BBG; ●BJ; ★(AF): ZA.

小米雏 **Conophytum hians** N. E. Br. 【I, C】 ♣BBG, CBG; ●BJ, SH; ★(AF): ZA.

小笛 **Conophytum hirtum** Schwantes 【I, C】 ★(AF): ZA.

卡米斯堡肉锥花 **Conophytum khamiesbergense** (L. Bolus) Schwantes 【I, C】 ♣BBG, CBG; ●BJ, SH; ★(AF): ZA.

克林哈特肉锥花 **Conophytum klinghardtense** Rawé 【I, C】 ♣CBG; ●SH; ★(AF): ZA.

*巴拉迪肉锥花 **Conophytum klinghardtense** subsp. **baradii** (Rawé) S. A. Hammer 【I, C】 ♣BBG; ●BJ; ★(AF): ZA.

延历 **Conophytum labyrintheum** N. E. Br. 【I, C】 ★(AF): ZA.

椿姬 **Conophytum leviculum** N. E. Br. 【I, C】 ★(AF): ZA.

*透明肉锥花 **Conophytum limpidum** S. A. Hammer 【I, C】 ♣BBG; ●BJ, TW; ★(AF): ZA.

*石状肉锥花 **Conophytum lithopsoides** L. Bolus 【I,

C】 ♣BBG; ●BJ, TW; ★(AF): ZA.

*考斯肉锥花 **Conophytum lithopsoides** subsp. **koubergense** (L. Bolus) S. A. Hammer 【I, C】 ♣BBG; ●BJ; ★(AF): ZA.

*吕虚氏肉锥花 **Conophytum loeschianum** Tischer 【I, C】 ♣BBG; ●BJ; ★(AF): ZA.

拉克霍夫肉锥花 **Conophytum luckhoffii** Lavis 【I, C】 ♣BBG, CBG; ●BJ, SH; ★(AF): ZA.

珠贝玉 **Conophytum luisae** Schwantes 【I, C】 ★(AF): ZA.

突边肉锥花 **Conophytum marginatum** Lavis 【I, C】 ♣BBG, CBG; ●BJ, SH; ★(AF): ZA.

卡拉突边肉锥花 **Conophytum marginatum** var. **karamoepense** (L. Bolus) Rawé 【I, C】 ♣BBG, CBG; ●BJ, SH; ★(AF): ZA.

*利氏肉锥花 **Conophytum marginatum** var. **littlewoodii** (L. Bolus) Rawé 【I, C】 ♣BBG; ●BJ; ★(AF): ZA.

圆空 **Conophytum marnierianum** Tischer et H. Jacobsen 【I, C】 ♣BBG, CBG, XMBG; ●BJ, FJ, SH; ★(AF): ZA.

神铃 **Conophytum meyeri** N. E. Br. 【I, C】 ♣BBG, CBG, IBCAS, XMBG; ●BJ, FJ, SH, TW; ★(AF): ZA.

白鸠（雏鸠）**Conophytum meyeri** var. **ramosum** Rawé 【I, C】 ★(AF): ZA.

晓山（极小肉锥花）**Conophytum minimum** (Haw.) N. E. Br. 【I, C】 ♣BBG, CBG, IBCAS, XMBG; ●BJ, FJ, SH; ★(AF): ZA.

翠卵 **Conophytum minusculum** (N. E. Br.) N. E. Br. 【I, C】 ★(AF): ZA.

纳言 **Conophytum minusculum** subsp. **leipoldtii** (N. E. Br.) S. A. Hammer 【I, C】 ♣BBG; ●BJ; ★(AF): ZA.

群碧玉（小肉锥花）**Conophytum minutum** (Haw.) N. E. Br. 【I, C】 ♣BBG, CBG; ●BJ, FJ, SH, TW; ★(AF): ZA.

赤映玉 **Conophytum minutum** var. **nudum** (Tischer) Boom 【I, C】 ♣BBG, CBG; ●BJ, SH; ★(AF): ZA.

凤雏玉 **Conophytum minutum** var. **pearsonii** (N. E. Br.) Boom 【I, C】 ★(AF): ZA.

七小町 **Conophytum muirii** N. E. Br. 【I, C】 ★(AF): ZA.

初音 **Conophytum notatum** N. E. Br. 【I, C】 ★(AF): ZA.

安珍（安贞、墨小锥、翠黛、内侍、七星座）**Conophytum obcordellum** (Haw.) N. E. Br. 【I, C】 ♣BBG, CBG, XMBG; ●BJ, FJ, SH, TW; ★(AF): ZA.

罗尔夫安珍 **Conophytum obcordellum** subsp. **rolfii** (de Boer) S. A. Hammer 【I, C】 ♣BBG, CBG; ●BJ, SH; ★(AF): ZA.

*狭花安珍 **Conophytum obcordellum** subsp. **stenandrum** (L. Bolus) S. A. Hammer 【I, C】 ♣BBG; ●BJ; ★(AF): ZA.

锡里斯安珍 **Conophytum obcordellum** var. **ceresianum** (L. Bolus) S. A. Hammer 【I, C】 ♣BBG, CBG; ●BJ, SH; ★(AF): ZA.

滴翠玉（暗淡肉锥花）**Conophytum obscurum** N. E. Br. 【I, C】 ♣CBG, XMBG; ●FJ, SH; ★(AF): ZA.

上腊 **Conophytum ornatum** Lavis 【I, C】 ★(AF): ZA.

倾国 **Conophytum ovigerum** Schwantes 【I, C】 ★(AF): ZA.

麒麟儿 **Conophytum pageae** (N. E. Br.) N. E. Br. 【I, C】 ♣BBG, CBG; ●BJ, SH, TW; ★(AF): ZA.

大纳言（细玉）**Conophytum pauxillum** N. E. Br. 【I, C】 ★(AF): ZA.

勋章玉 **Conophytum pellucidum** Schwantes 【I, C】 ♣BBG, CBG; ●BJ, SH; ★(AF): ZA.

铜绿勋章玉 **Conophytum pellucidum** subsp. **cupreatum** (Tischer) S. A. Hammer 【I, C】 ♣BBG, CBG; ●BJ, SH; ★(AF): ZA.

百合勋章玉 **Conophytum pellucidum** var. **lilianum** (Littlew.) S. A. Hammer 【I, C】 ♣BBG; ●BJ; ★(AF): ZA.

铺地勋章玉 **Conophytum pellucidum** var. **terrestre** (Tischer) S. A. Hammer 【I, C】 ♣CBG; ●SH; ★(AF): ZA.

*腓尼基肉锥花 **Conophytum phoeniceum** S. A. Hammer 【I, C】 ♣BBG; ●BJ; ★(AF): ZA.

中纳言（青光玉）**Conophytum pictum** N. E. Br. 【I, C】 ★(AF): ZA.

翠光玉（不死鸟、静明玉）**Conophytum pillansii** Lavis 【I, C】 ★(AF): ZA.

都鸟 **Conophytum piluliforme** (N. E. Br.) N. E. Br. 【I, C】 ♣BBG; ●BJ; ★(AF): ZA.

浜千鸟 **Conophytum praecox** N. E. Br. 【I, C】 ★(AF): ZA.

多节肉锥花 **Conophytum praesectum** N. E. Br. 【I, C】 ♣BBG, CBG; ●BJ, SH; ★(AF): ZA.

*毛萼肉锥花 **Conophytum pubicalyx** Lavis 【I, C】

♣BBG; ●BJ; ★(AF): ZA.

璎珞 **Conophytum pusillum** N. E. Br. 【I, C】 ★(AF): ZA.

稀奇肉锥花 **Conophytum quaesitum** (N. E. Br.) N. E. Br. 【I, C】 ♣BBG, CBG; ●BJ, SH, TW; ★(AF): ZA.

*喙状肉锥花 **Conophytum quaesitum** var. **rostratum** (Tischer) S. A. Hammer 【I, C】 ♣BBG; ●BJ; ★(AF): ZA.

雷吐姆肉锥花 **Conophytum ratum** S. A. Hammer 【I, C】 ♣BBG, CBG; ●BJ, SH; ★(AF): ZA.

*李氏肉锥花 **Conophytum ricardianum** Losch et Tischler 【I, C】 ♣BBG; ●BJ; ★(AF): ZA.

群鸠 **Conophytum roodiae** subsp. **cylindratum** (Schwantes) Smale 【I, C】 ★(AF): ZA.

伪浜千鸟 **Conophytum saxetanum** (N. E. Br.) N. E. Br. 【I, C】 ♣BBG, CBG; ●BJ, SH; ★(AF): ZA.

清姬 **Conophytum scitulum** N. E. Br. 【I, C】 ★(AF): ZA.

*斯摩仁肉锥花 **Conophytum smorenskaduense** de Boer 【I, C】 ♣BBG; ●BJ; ★(AF): ZA.

*赫尔曼肉锥花 **Conophytum smorenskaduense** subsp. **hermarium** S. A. Hammer 【I, C】 ♣BBG; ●BJ; ★(AF): ZA.

*斯蒂芬肉锥花 **Conophytum stephanii** Schwantes 【I, C】 ♣BBG; ●BJ; ★(AF): ZA.

琼斯肉锥花 **Conophytum stevens-jonesianum** L. Bolus 【I, C】 ♣BBG, CBG; ●BJ, SH; ★(AF): ZA.

小姓 **Conophytum subrisum** N. E. Br. 【I, C】 ★(AF): ZA.

*斯瓦内普尔肉锥花 **Conophytum swanepoelianum** Rawé 【I, C】 ♣BBG; ●BJ; ★(AF): ZA.

粉红小型肉锥花 **Conophytum tantillum** N. E. Br. 【I, C】 ♣BBG, CBG, IBCAS; ●BJ, SH; ★(AF): ZA.

海伦小型肉锥花 **Conophytum tantillum** subsp. **helenae** (Rawé) S. A. Hammer 【I, C】 ♣BBG, CBG; ●BJ, SH; ★(AF): ZA.

林登小型肉锥花 **Conophytum tantillum** subsp. **lindenianum** (Lavis et S. Hammer) S. A. Hammer 【I, C】 ♣BBG, CBG; ●BJ, SH; ★(AF): ZA.

不易玉（泰勒肉锥花）**Conophytum taylorianum** (Dinter et Schwantes) N. E. Br. 【I, C】 ♣BBG, CBG; ●BJ, SH, TW; ★(AF): ZA.

英仁玉 **Conophytum taylorianum** subsp. **ernianum** (Loesch et Tischer) de Boer ex S. A. Hammer 【I, C】 ♣BBG, CBG; ●BJ, SH, TW; ★(AF): ZA.

宝槌 **Conophytum terricolor** Tischer 【I, C】 ★(AF): ZA.

红翠玉（若鲇玉、水晶玉）**Conophytum truncatum** (Thunb.) N. E. Br. 【I, C】 ♣BBG, CBG, IBCAS, XMBG; ●BJ, FJ, SH; ★(AF): ZA.

乙彦（云母绘）**Conophytum truncatum** subsp. **viridicatum** (N. E. Br.) S. A. Hammer 【I, C】 ♣BBG, CBG; ●BJ, SH; ★(AF): ZA.

*韦氏大翠玉 **Conophytum truncatum** var. **wiggettiae** (N. E. Br.) Rawé 【I, C】 ♣CBG, FLBG, XMBG; ●FJ, GD, JX, SH; ★(AF): ZA.

春传玉（绢光玉）**Conophytum turrigerum** (N. E. Br.) N. E. Br. 【I, C】 ♣BBG; ●BJ; ★(AF): ZA.

萤光玉（明镜玉）**Conophytum uviforme** (Haw.) N. E. Br. 【I, C】 ♣BBG, CBG, XMBG; ●BJ, FJ, SH, TW; ★(AF): ZA.

装饰萤光玉 **Conophytum uviforme** subsp. **decoratum** (N. E. Br.) S. A. Hammer 【I, C】 ♣CBG, XMBG; ●FJ, SH; ★(AF): ZA.

劳萤光玉 **Conophytum uviforme** subsp. **rauhii** (Tischer) S. A. Hammer 【I, C】 ♣CBG; ●SH; ★(AF): ZA.

银毛萤光玉 **Conophytum uviforme** subsp. **subincanum** (Tischer) S. A. Hammer 【I, C】 ♣CBG; ●SH; ★(AF): ZA.

王宫殿 **Conophytum uviforme** var. **occultum** (L. Bolus) Rawé 【I, C】 ★(AF): ZA.

雏鸟（天使）**Conophytum velutinum** Schwantes 【I, C】 ♣BBG; ●BJ; ★(AF): ZA.

多花雏鸟 **Conophytum velutinum** subsp. **polyandrum** (Lavis) S. A. Hammer 【I, C】 ♣CBG; ●SH; ★(AF): ZA.

明窗玉 **Conophytum violaciflorum** Schick et Tischer 【I, C】 ♣BBG, FLBG; ●BJ, GD, JX, TW; ★(AF): ZA.

小槌 **Conophytum wettsteinii** (A. Berger) N. E. Br. 【I, C】 ♣BBG, CBG, XMBG; ●BJ, FJ, SH; ★(AF): ZA.

脆小槌 **Conophytum wettsteinii** subsp. **fragile** (Tischer) S. A. Hammer 【I, C】 ♣BBG, CBG; ●BJ, SH; ★(AF): ZA.

*鲁小槌 **Conophytum wettsteinii** subsp. **ruschii** (Schwantes) S. A. Hammer 【I, C】 ♣BBG; ●BJ; ★(AF): ZA.

怪伟玉属 Odontophorus

怪伟玉（齿鹅之翼）**Odontophorus nanus** L. Bolus

【I, C】 ★(AF): ZA.

虾钳花属 Cheiridopsis

渐尖虾钳花 **Cheiridopsis acuminata** L. Bolus 【I, C】 ♣IBCAS; ●BJ; ★(AF): ZA.

*卡罗利虾钳花 **Cheiridopsis caroli-schmidtii** (Dinter et Berger) N. E. Br. 【I, C】 ♣BBG; ●BJ; ★(AF): ZA.

慈晃锦 **Cheiridopsis denticulata** (Haw.) N. E. Br. 【I, C】 ♣BBG, IBCAS, NBG; ●BJ, JS, SH; ★(AF): ZA.

白翔 **Cheiridopsis derenbergiana** Schwantes 【I, C】 ♣BBG, CBG, IBCAS; ●BJ, SH; ★(AF): ZA.

*胀叶虾钳花 **Cheiridopsis dilatata** L. Bolus 【I, C】 ♣BBG; ●BJ; ★(AF): ZA.

双虾钳花 **Cheiridopsis gamoepensis** S. A. Hammer 【I, C】 ♣CBG; ●SH; ★(AF): ZA.

*赫尔虾钳花 **Cheiridopsis herrei** L. Bolus 【I, C】 ♣BBG; ●BJ; ★(AF): ZA.

*迈耶虾钳花 **Cheiridopsis meyeri** N. E. Br. 【I, C】 ♣BBG; ●BJ; ★(AF): ZA.

双剑 **Cheiridopsis namaquensis** (Sond.) H. E. K. Hartmann 【I, C】 ♣CBG, NBG, XMBG; ●FJ, JS, SH; ★(AF): ZA.

翔凤 **Cheiridopsis peculiaris** N. E. Br. 【I, C】 ♣BBG; ●BJ; ★(AF): ZA.

神风玉(皮氏虾钳花) **Cheiridopsis pillansii** L. Bolus 【I, C】 ♣IBCAS; ●BJ, SH; ★(AF): ZA.

紫虾蚶花 **Cheiridopsis purpurea** L. Bolus 【I, C】 ★(AF): ZA.

壮叶虾钳花 **Cheiridopsis robusta** (Haw.) N. E. Br. 【I, C】 ♣CBG; ●SH; ★(AF): ZA.

虾蚶花 **Cheiridopsis rostrata** (L.) N. E. Br. 【I, C】 ★(AF): ZA.

陀螺虾钳花 **Cheiridopsis turbinata** L. Bolus 【I, C】 ♣IBCAS; ●BJ; ★(AF): ZA.

快刀虾钳花 **Cheiridopsis velox** S. A. Hammer 【I, C】 ♣CBG; ●SH; ★(AF): ZA.

瑕刀玉属 Ihlenfeldtia

丽玉(真弓之黑) **Ihlenfeldtia vanzylii** (L. Bolus) H. E. K. Hartmann 【I, C】 ♣BBG; ●BJ; ★(AF): ZA.

白鸽玉属 Jacobsenia

白鸽玉 **Jacobsenia kolbei** (L. Bolus) L. Bolus et Schwantes 【I, C】 ★(AF): ZA.

锦辉玉属 Prepodesma

鳄之唇 **Prepodesma orpenii** (N. E. Br.) N. E. Br. 【I, C】 ★(AF): ZA.

旭波玉属 Rabiea

美人鱼 **Rabiea difformis** (L. Bolus) L. Bolus 【I, C】 ♣BBG; ●BJ; ★(AF): ZA.

对叶花属 Pleiospilos

凤卵 **Pleiospilos bolusii** (Hook. f.) N. E. Br. 【I, C】 ♣BBG, CBG, NBG, XMBG; ●BJ, FJ, JS, SH, TW; ★(AF): ZA.

密凤卵 **Pleiospilos compactus** Schwantes 【I, C】 ♣IBCAS; ●BJ; ★(AF): ZA.

如来 **Pleiospilos compactus** subsp. **canus** H. E. K. Hartmann et Liede 【I, C】 ♣BBG, IBCAS, NBG; ●BJ, JS; ★(AF): ZA.

*小凤卵 **Pleiospilos compactus** subsp. **minor** H. E. K. Hartmann et Liede 【I, C】 ♣CBG; ●SH; ★(AF): ZA.

*姊妹凤卵 **Pleiospilos compactus** subsp. **sororius** H. E. K. Hartmann et Liede 【I, C】 ♣CBG; ●SH; ★(AF): ZA.

雷鸟 **Pleiospilos magnipunctatus** Schwantes 【I, C】 ★(AF): ZA.

帝玉 **Pleiospilos nelii** Schwantes 【I, C】 ♣BBG, CBG, NBG, XMBG; ●BJ, FJ, JS, SH, TW; ★(AF): ZA.

青鸾 **Pleiospilos simulans** N. E. Br. 【I, C】 ♣CBG, IBCAS, XMBG; ●BJ, FJ, SH; ★(AF): ZA.

拈花玉属 Tanquana

明玉 **Tanquana hilmarii** (L. Bolus) H. Hartmann et Liede 【I, C】 ♣BBG; ●BJ; ★(AF): ZA.

角鲨花属 Nananthus

白夜之花 **Nananthus aloides** Schwantes 【I, C】 ★(AF): ZA.

秸之衣 **Nananthus transvaalensis** L. Bolus 【I, C】 ♣BBG, XMBG; ●BJ, FJ; ★(AF): ZA.

*条纹昼花 **Nananthus vittatus** (N. E. Br.) Schwantes 【I, C】 ♣CBG; ●SH; ★(AF): ZA.

鲛花属 Aloinopsis

天女舟 **Aloinopsis acuta** L. Bolus 【I, C】 ★(AF): ZA.

旭波 **Aloinopsis albinota** (Haw.) Schwantes 【I, C】 ♣NBG; ●JS; ★(AF): ZA.

天女绫 **Aloinopsis lodewykii** L. Bolus 【I, C】 ★(AF): ZA.

天女裳 **Aloinopsis luckhoffii** (L. Bolus) L. Bolus 【I, C】 ♣BBG, CBG; ●BJ, SH, TW; ★(AF): ZA.

天女云 **Aloinopsis malherbei** (L. Bolus) L. Bolus 【I, C】 ♣BBG; ●BJ, TW; ★(AF): ZA.

锦辉玉 **Aloinopsis orpenii** (N. E. Br.) L. Bolus 【I, C】 ♣BBG; ●BJ, TW; ★(AF): ZA.

菱鲛 **Aloinopsis rosulata** (Kensit) Schwantes 【I, C】 ♣BBG; ●BJ; ★(AF): ZA.

花锦 **Aloinopsis rubrolineata** (N. E. Br.) Schwantes 【I, C】 ♣BBG, XMBG; ●BJ, FJ, TW; ★(AF): ZA.

唐扇 **Aloinopsis schooneesii** L. Bolus 【I, C】 ♣BBG, CBG, IBCAS, XMBG; ●BJ, FJ, SH, TW; ★(AF): ZA.

天女琴 **Aloinopsis setifera** (L. Bolus) L. Bolus 【I, C】 ♣BBG; ●BJ, TW; ★(AF): ZA.

绯双扇 **Aloinopsis spathulata** (Thunb.) L. Bolus 【I, C】 ★(AF): ZA.

天女舞 **Aloinopsis villetii** (L. Bolus) L. Bolus 【I, C】 ●TW; ★(AF): ZA.

虎鲛花属 Deilanthe

豹鲛 **Deilanthe hilmarii** (L. Bolus) H. E. K. Hartmann 【I, C】 ★(AF): ZA.

虎鲛 **Deilanthe peersii** (L. Bolus) N. E. Br. 【I, C】 ●TW; ★(AF): ZA.

过鲛 **Deilanthe thudichumii** (L. Bolus) S. A. Hammer 【I, C】 ♣BBG; ●BJ; ★(AF): ZA.

灵石花属 Didymaotus

灵石 **Didymaotus lapidiformis** (Marloth) N. E. Br. 【I, C】 ♣CBG; ●SH; ★(AF): ZA.

银丽玉属 Antegibbaeum

银丽晃（碧玉）**Antegibbaeum fissoides** (Haw.) C. Weber 【I, C】 ♣BBG; ●BJ, SH; ★(AF): ZA.

胜矛玉属 Cylindrophyllum

筒叶玉 **Cylindrophyllum tugwelliae** L. Bolus 【I, C】 ♣IBCAS; ●BJ; ★(AF): ZA.

斗鱼花属 Acrodon

斗鱼 **Acrodon bellidiflorus** (L.) N. E. Br. 【I, C】 ★(AF): ZA.

蛇矛玉属 Marlothistella

浅予菊（狭叶番杏）**Marlothistella stenophylla** (L. Bolus) S. A. Hammer 【I, C】 ♣IBCAS; ●BJ, SH; ★(AF): ZA.

翠峰玉属 Brianhuntleya

翠峰玉（角叶草）**Brianhuntleya intrusa** (Kensit) Chess., S. A. Hammer et I. Oliv. 【I, C】 ★(AF): ZA.

金丝玉属 Bijlia

金丝玉（银白碧波）**Bijlia cana** (Haw.) N. E. Br. 【I, C】 ♣BBG, CBG, IBCAS; ●BJ, SH; ★(AF): ZA.

秋矛玉（特格韦尔碧波）**Bijlia tugwelliae** (L. Bolus) S. A. Hammer 【I, C】 ♣CBG; ●SH; ★(AF): ZA.

照波花属 Bergeranthus

黄花照波 **Bergeranthus artus** L. Bolus 【I, C】 ★(AF): ZA.

黄红照波 **Bergeranthus concavus** L. Bolus 【I, C】 ★(AF): ZA.

照波 **Bergeranthus multiceps** (Salm-Dyck) Schwantes 【I, C】 ♣CBG, GXIB, IBCAS, NBG, SCBG, TMNS, XMBG; ●BJ, FJ, GD, GX, JS, SH, TW; ★(AF): ZA.

红瓣照波（翠峰）**Bergeranthus scapiger** (Haw.) Schwantes 【I, C】 ♣NBG; ●JS; ★(AF): ZA.

夜花照波 **Bergeranthus vespertinus** (Berger) Schwantes 【I, C】 ★(AF): ZA.

龙骨角属 Hereroa

真龙骨角 **Hereroa carinans** (Haw.) Dinter et Schwantes ex H. Jacobsen 【I, C】 ♣IBCAS; ●BJ; ★(AF): ZA.

缘毛龙骨角 **Hereroa fimbriata** L. Bolus 【I, C】 ♣CBG; ●SH; ★(AF): ZA.

格伦龙骨角 **Hereroa glenensis** (N. E. Br.) L. Bolus 【I, C】 ♣BBG, IBCAS; ●BJ; ★(AF): ZA.

条叶冰花 **Hereroa gracilis** L. Bolus【I, C】♣HBG; ●ZJ; ★(AF): ZA.

龙骨角 **Hereroa granulata** Dinter et Schwantes 【I, C】 ●FJ, SH; ★(AF): ZA.

*赫尔龙骨角 **Hereroa herrei** Schwantes 【I, C】 ♣NBG; ●JS; ★(AF): ZA.

*橙花龙骨角 **Hereroa hesperantha** Dinter et Schwantes 【I, C】 ♣NBG; ●JS; ★(AF): ZA.

*缪尔龙骨角 **Hereroa muirii** L. Bolus 【I, C】 ♣NBG; ●JS; ★(AF): ZA.

灰白龙骨角 **Hereroa pallens** L. Bolus 【I, C】 ♣CBG; ●FJ, SH; ★(AF): ZA.

放龙 **Hereroa puttkameriana** (Dinter et A. Berger) Dinter et Schwantes 【I, C】 ♣IBCAS; ●BJ; ★(AF): ZA.

菱叶草属 Rhombophyllum

快刀乱麻 **Rhombophyllum nelii** Schwantes 【I, C】 ♣BBG, CBG, GXIB, IBCAS, NBG, SCBG, XMBG; ●BJ, FJ, GD, GX, JS, SH; ★(AF): ZA.

青涯 **Rhombophyllum rhomboideum** (Salm-Dyck) Schwantes 【I, C】 ♣XMBG; ●FJ; ★(AF): ZA.

细鳞玉属 Cerochlamys

厚叶蜡波 **Cerochlamys pachyphylla** (L. Bolus) L. Bolus 【I, C】 ♣CBG; ●SH; ★(AF): ZA.

尖刀玉属 Khadia

*尖刀玉 **Khadia borealis** L. Bolus 【I, C】 ♣CBG; ●SH; ★(AF): ZA.

菊波花属 Carruanthus

朝波 **Carruanthus peersii** L. Bolus【I, C】♣BBG, IBCAS; ●BJ; ★(AF): ZA.

菊波(齿叶番杏)**Carruanthus ringens** (L.) Boom【I, C】 ♣IBCAS, SCBG, XMBG; ●BJ, FJ, GD; ★(AF): ZA.

荼波花属 Machairophyllum

翡翠虎牙 **Machairophyllum acuminatum** L. Bolus 【I, C】 ★(AF): ZA.

虎腭花属 Faucaria

片男波(鲸波)**Faucaria bosscheana** (A. Berger) Schwantes 【I, C】 ♣BBG, CBG, IBCAS, SCBG; ●BJ, GD, SH, TW; ★(AF): ZA.

银海波 **Faucaria felina** (L.) Schwantes 【I, C】 ♣BBG, IBCAS, NBG, SCBG, XMBG; ●BJ, FJ, GD, JS; ★(AF): ZA.

虎波 **Faucaria felina** subsp. **britteniae** (L. Bolus) L. E. Groen 【I, C】 ♣BBG; ●BJ, TW; ★(AF): ZA.

荒波 **Faucaria felina** subsp. **tuberculosa** (Rolfe) L. E. Groen 【I, C】 ♣BBG, CBG, FBG, FLBG, IBCAS, SCBG, XMBG; ●BJ, FJ, GD, JX, SH, TW; ★(AF): ZA.

群波 **Faucaria gratiae** L. Bolus 【I, C】 ♣FBG, GXIB, SCBG, XMBG; ●FJ, GD, GX; ★(AF): ZA.

虎鄂 **Faucaria subintegra** L. Bolus【I, C】♣BBG, HBG, NBG; ●BJ, JS, TW, ZJ; ★(AF): ZA.

四海波 **Faucaria tigrina** (Haw.) Schwantes 【I, C】 ♣BBG, CBG, FBG, FLBG, IBCAS, KBG, LBG, NBG, SCBG, WBG, XMBG; ●BJ, FJ, GD, HB, JS, JX, SC, SH, TW, YN; ★(AF): ZA.

光腭花属 Orthopterum

*齿舌玉 **Orthopterum coeganum** L. Bolus 【I, C】 ★(AF): ZA.

锉叶花属 Rhinephyllum

鼻叶花 **Rhinephyllum frithii** (L. Bolus) L. Bolus 【I, C】 ♣IBCAS; ●BJ; ★(AF): ZA.

禾状鼻叶花 **Rhinephyllum graniforme** (Haw.) L. Bolus 【I, C】 ♣IBCAS; ●BJ; ★(AF): ZA.

金瑕玉属 Neorhine

金瑕玉(云上花)**Neorhine pillansii** (N. E. Br.) Schwantes 【I, C】 ★(AF): ZA.

唐锦玉属 Chasmatophyllum

Chasmatophyllum masculinum (Haw.) Dinter et Schwantes 【I, C】

*开叶玉 **Chasmatophyllum musculinum** (Haw.) Dinter et Schwantes 【I, C】 ★(AF): ZA.

天姬玉属 Neohenricia

姬天女 **Neohenricia sibbettii** (L. Bolus) L. Bolus 【I, C】 ♣IBCAS; ●BJ; ★(AF): ZA.

夜舟玉属 Stomatium

*白玫楠舟 **Stomatium alboroseum** L. Bolus 【I, C】 ♣CBG; ●SH; ★(AF): ZA.

迈尔斯楠舟 **Stomatium meyeri** L. Bolus 【I, C】 ♣CBG; ●SH; ★(AF): ZA.

芳香波 **Stomatium niveum** L. Bolus 【I, C】 ★(AF): ZA.

紫波玉属 Antimima

*红波 **Antimima alborubra** (L. Bolus) Dehn 【I, C】 ♣CBG; ●SH; ★(AF): ZA.

紫波 **Antimima leipoldtii** (L. Bolus) H. E. K. Hartmann 【I, C】 ♣IBCAS; ●BJ; ★(AF): ZA.

白仙木属 Octopoma

祖母宝绿 **Octopoma calycinum** L. Bolus 【I, C】 ★(AF): ZA.

樱龙木属 Smicrostigma

樱龙 **Smicrostigma viride** (Haw.) N. E. Br. 【I, C】 ★(AF): ZA.

红舫花属 Hammeria

红舫花（链球玉）**Hammeria meleagris** (L. Bolus) Klak 【I, C】 ★(AF): ZA.

叠碧玉属 Braunsia

青稚儿 **Braunsia apiculata** (Kensit) L. Bolus 【I, C】 ♣BBG, IBCAS; ●BJ; ★(AF): ZA.

碧玉莲（碧鱼莲）**Braunsia maximiliani** (Schltr. et Berger) Schwantes 【I, C】 ♣XMBG; ●FJ, TW; ★(AF): ZA.

妙玉属 Namibia

妙玉 **Namibia cinerea** (Marloth) Dinter et Schwantes 【I, C】 ★(AF): NA.

*波莫纳妙玉 **Namibia pomonae** Dinter et Schwantes 【I, C】 ★(AF): NA.

龙幻玉属 Dracophilus

短花龙幻 **Dracophilus montis-draconis** (Dinter) Schwantes 【I, C】 ●SH; ★(AF): ZA.

飞凤玉属 Juttadinteria

飞凤玉 **Juttadinteria kovisimontana** (Dinter) Schwantes 【I, C】 ★(AF): ZA.

旭峰花属 Cephalophyllum

旭峰（番龙菊、绘岛）**Cephalophyllum alstonii** Marloth ex L. Bolus 【I, C】 ♣IBCAS, XMBG; ●BJ, FJ, SH, TW; ★(AF): ZA.

银鱼 **Cephalophyllum loreum** (L.) Schwantes 【I, C】 ★(AF): ZA.

*王旭峰 **Cephalophyllum regale** L. Bolus 【I, C】 ♣BBG; ●BJ; ★(AF): ZA.

窗玉属 Fenestraria

群玉（棒叶花、窗玉）**Fenestraria rhopalophylla** (Schltdl. et Diels) N. E. Br. 【I, C】 ♣BBG, CBG, IBCAS, KBG, NBG, SCBG, XMBG; ●BJ, FJ, GD, JS, SH, TW, YN; ★(AF): NA.

紫霄木属 Leipoldtia

紫玲玉 **Leipoldtia pauciflora** L. Bolus 【I, C】 ★(AF): ZA.

石豆玉属 Hallianthus

石豆玉（扁棱玉）**Hallianthus planus** (L. Bolus) H. E. K. Hartmann 【I, C】 ★(AF): ZA.

胧玉属 Vanheerdea

小魔鬼 **Vanheerdea primosii** (L. Bolus) L. Bolus ex H. E. K. Hartmann 【I, C】 ♣CBG; ●SH; ★(AF): ZA.

刺玉树属 Eberlanzia

*刺玉树 **Eberlanzia disarticulata** (L. Bolus) L. Bolus 【I, C】 ★(AF): ZA.

青须玉属 Ebracteola

青晃 **Ebracteola montis-moltkei** (Dinter) Dinter et

Schwantes 【I, C】 ♣IBCAS; ●BJ; ★(AF): ZA.

春桃玉属 Dinteranthus

意外春桃玉 **Dinteranthus inexpectatus** (Dinter) Schwantes 【I, C】 ♣CBG; ●SH; ★(AF): ZA.

小籽春桃玉 **Dinteranthus microspermus** (Dinter et Derenb.) Schwantes 【I, C】 ♣BBG, CBG; ●BJ, SH; ★(AF): NA, ZA.

妖玉 **Dinteranthus microspermus** subsp. **puberulus** (N. E. Br.) N. Sauer 【I, C】 ♣CBG; ●SH, TW; ★(AF): ZA.

南蛮玉 **Dinteranthus pole-evansii** (N. E. Br.) Schwantes 【I, C】 ♣XMBG; ●FJ, TW; ★(AF): ZA.

凌耀玉 **Dinteranthus vanzylii** (L. Bolus) Schwantes 【I, C】 ♣BBG, CBG; ●BJ, FJ, SH, TW; ★(AF): ZA.

幻玉 **Dinteranthus wilmotianus** L. Bolus 【I, C】 ♣CBG; ●SH, TW; ★(AF): ZA.

魔玉属 Lapidaria

魔玉 **Lapidaria margaretae** (Schwantes) Dinter et Schwantes 【I, C】 ♣BBG, CBG, FLBG, XMBG; ●BJ, FJ, GD, JX, SH, TW; ★(AF): ZA.

生石花属 Lithops

日轮玉（太阳玉）**Lithops aucampiae** L. Bolus 【I, C】♣BBG, CBG, FLBG, IBCAS, XMBG; ●BJ, FJ, GD, JX, SH, TW; ★(AF): ZA.

流水日轮玉 **Lithops aucampiae** var. **euniceae** de Boer【I, C】♣BBG, CBG; ●BJ, SH; ★(AF): ZA.

日轮生石花 **Lithops aucampiae** var. **fluminalis** Cole 【I, C】 ♣BBG; ●BJ; ★(AF): ZA.

赤阳玉 **Lithops aucampiae** var. **koelemanii** Cole 【I, C】 ♣IBCAS; ●BJ; ★(AF): ZA.

琥珀玉 **Lithops bella** N. E. Br. 【I, C】 ♣FLBG, XMBG; ●FJ, GD, JX; ★(AF): ZA.

石榴玉 **Lithops bromfieldii** L. Bolus 【I, C】 ♣BBG, CBG, IBCAS; ●BJ, SH, TW; ★(AF): ZA.

柘榴玉 **Lithops bromfieldii** var. **glaudinae** Cole 【I, C】 ♣BBG; ●BJ; ★(AF): ZA.

鸣弦玉（鸣玄玉）**Lithops bromfieldii** var. **insularis** Fearn 【I, C】 ♣BBG, IBCAS, XMBG; ●BJ, FJ, SH, TW; ★(AF): ZA.

雀卵玉 **Lithops bromfieldii** var. **mennellii** Fearn【I, C】 ♣BBG, IBCAS; ●BJ; ★(AF): ZA.

彩妍玉 **Lithops coleorum** S. A. Hammer et Uijs【I, C】 ♣BBG; ●BJ; ★(AF): ZA.

太古玉 **Lithops comptonii** L. Bolus【I, C】♣BBG; ●BJ; ★(AF): ZA.

韦伯太古玉 **Lithops comptonii** var. **weberi** Fearn【I, C】 ♣BBG; ●BJ; ★(AF): ZA.

神笛玉 **Lithops dinteri** Schwantes 【I, C】 ♣BBG, IBCAS; ●BJ; ★(AF): ZA.

惜春玉 **Lithops dinteri** var. **brevis** Fearn 【I, C】 ♣BBG; ●BJ; ★(AF): ZA.

弗雷神笛玉 **Lithops dinteri** var. **frederici** Cole 【I, C】 ♣BBG; ●BJ; ★(AF): ZA.

多斑神笛玉 **Lithops dinteri** var. **multipunctata** de Boer【I, C】♣BBG, CBG; ●BJ, SH; ★(AF): ZA.

宝翠玉 **Lithops divergens** L. Bolus【I, C】♣BBG; ●BJ; ★(AF): ZA.

紫晶宝翠玉 **Lithops divergens** var. **amethystina** de Boer 【I, C】 ♣BBG; ●BJ; ★(AF): ZA.

丽虹玉 **Lithops dorotheae** Nel 【I, C】 ♣BBG, CBG, IBCAS, XMBG; ●BJ, FJ, SH, TW; ★(AF): ZA.

福寿玉 **Lithops eberlanzii** N. E. Br.【I, C】★(AF): ZA.

古典玉 **Lithops francisci** N. E. Br. 【I, C】 ♣BBG; ●BJ; ★(AF): NA.

微纹玉 **Lithops fulviceps** N. E. Br. 【I, C】 ♣BBG, CBG, IBCAS, XMBG; ●BJ, FJ, SH, TW; ★(AF): NA.

乐地玉（天来玉）**Lithops fulviceps** var. **lactinea** N. E. Br. 【I, C】 ♣BBG; ●BJ; ★(AF): NA.

源氏玉 **Lithops gesinae** de Boer 【I, C】 ♣BBG, IBCAS; ●BJ; ★(AF): ZA.

花轮玉 **Lithops gesinae** var. **annae** Cole 【I, C】 ♣BBG; ●BJ; ★(AF): ZA.

双瞳玉 **Lithops geyeri** Nel 【I, C】 ♣BBG, CBG; ●BJ, SH; ★(AF): ZA.

荒玉（舞岚玉）**Lithops gracilidelineata** Dinter 【I, C】 ♣BBG, CBG; ●BJ, SH; ★(AF): ZA.

苇胧玉 **Lithops gracilidelineata** var. **waldronae** de Boer 【I, C】 ♣BBG; ●BJ; ★(AF): ZA.

巴厘玉 **Lithops hallii** de Boer【I, C】♣BBG, CBG, IBCAS; ●BJ, SH, TW; ★(AF): ZA.

鸥翔玉 **Lithops hallii** var. **ochracea** Cole 【I, C】 ♣BBG; ●BJ; ★(AF): ZA.

青瓷玉 **Lithops helmutii** L. Bolus 【I, C】 ♣BBG,

XMBG; ●BJ, FJ; ★(AF): ZA.

何米玉 **Lithops hermetica** D. T. Cole 【I, C】 ★(AF): NA.

澄清玉 **Lithops herrei** L. Bolus 【I, C】 ♣BBG, CBG; ●BJ, SH; ★(AF): ZA.

富贵玉 **Lithops hookeri** Schwantes 【I, C】 ♣BBG, CBG, IBCAS, XMBG; ●BJ, FJ, SH, TW; ★(AF): ZA.

达氏玉 **Lithops hookeri** var. **dabneri** (L. Bolus) D. T. Cole 【I, C】 ♣IBCAS; ●BJ; ★(AF): ZA.

灰象富贵玉 **Lithops hookeri** var. **elephina** (L. Bolus) D. T. Cole 【I, C】 ♣IBCAS; ●BJ; ★(AF): ZA.

珊瑚玉 **Lithops hookeri** var. **susannae** (D. T. Cole) D. T. Cole 【I, C】 ♣IBCAS; ●BJ; ★(AF): ZA.

寿丽玉 **Lithops julii** N. E. Br. 【I, C】 ♣BBG, CBG, IBCAS, KBG; ●BJ, SH, TW, YN; ★(AF): ZA.

福来玉 **Lithops julii** subsp. **fulleri** (N. E. Br.) B. Fearn 【I, C】 ♣KBG, XMBG; ●FJ, TW, YN; ★(AF): ZA.

花纹玉 **Lithops karasmontana** N. E. Br. 【I, C】 ♣BBG, CBG, FLBG, IBCAS, KBG, XMBG; ●BJ, FJ, GD, JX, SH, YN; ★(AF): NA, ZA.

朱弦玉 **Lithops karasmontana** var. **lericheana** (Dint. et Schwantes) D. T. Cole 【I, C】 ♣BBG, IBCAS; ●BJ; ★(AF): ZA.

纹章玉 **Lithops karasmontana** var. **tischeri** N. E. Br. 【I, C】 ♣XMBG; ●FJ; ★(AF): ZA.

紫勋（紫勋生石花）**Lithops lesliei** (N. E. Br.) N. E. Br. 【I, C】 ♣BBG, CBG, FLBG, IBCAS, XMBG; ●BJ, FJ, GD, JX, SH, TW; ★(AF): ZA.

宝留玉 **Lithops lesliei** var. **hornii** de Boer 【I, C】 ♣BBG; ●BJ; ★(AF): ZA.

摩利玉 **Lithops lesliei** var. **mariae** Cole 【I, C】 ♣BBG; ●BJ; ★(AF): ZA.

小型紫勋 **Lithops lesliei** var. **minor** de Boer 【I, C】 ♣BBG; ●BJ; ★(AF): ZA.

绿紫勋 **Lithops lesliei** var. **rubrobrunnea** de Boer 【I, C】 ♣BBG, IBCAS; ●BJ; ★(AF): ZA.

弁天玉 **Lithops lesliei** var. **venteri** de Boer et Boom 【I, C】 ♣BBG, FLBG, IBCAS, XMBG; ●BJ, FJ, GD, JX; ★(AF): ZA.

丸贵玉（丸富贵玉）**Lithops hookeri** var. **marginata** (L. Bolus) D. T. Cole 【I, C】 ♣IBCAS; ●BJ, SH; ★(AF): ZA.

圣典玉 **Lithops marmorata** N. E. Br. 【I, C】 ♣BBG, CBG, IBCAS; ●BJ, SH; ★(AF): ZA.

茧形玉 **Lithops marmorata** var. **elisae** Cole 【I, C】 ♣BBG; ●BJ; ★(AF): ZA.

菊水玉 **Lithops meyeri** L. Bolus 【I, C】 ♣BBG; ●BJ; ★(AF): ZA.

瑙琳玉 **Lithops naureeniae** D. T. Cole 【I, C】 ♣BBG; ●BJ, TW; ★(AF): ZA.

橄榄玉 **Lithops olivacea** L. Bolus 【I, C】 ♣BBG, CBG, IBCAS; ●BJ, SH; ★(AF): ZA.

红大内玉 **Lithops optica** N. E. Br. 【I, C】 ♣BBG, FLBG, XMBG; ●BJ, FJ, GD, JX, TW; ★(AF): NA.

大津绘 **Lithops otzeniana** Nel 【I, C】 ♣BBG, CBG, XMBG; ●BJ, FJ, SH, TW; ★(AF): AO, NA.

丽春玉 **Lithops peersii** L. Bolus 【I, C】 ★(AF): ZA.

曲玉（生石花）**Lithops pseudotruncatella** N. E. Br. 【I, C】 ♣BBG, CBG, GXIB, IBCAS, XMBG; ●BJ, FJ, GX, SH, TW; ★(AF): ZA.

曲玉 **Lithops pseudotruncatella** var. **archerae** Cole 【I, C】 ♣BBG, CBG, IBCAS; ●BJ, SH; ★(AF): ZA.

瑞光玉 **Lithops pseudotruncatella** var. **dendritica** de Boer et Boom 【I, C】 ♣BBG, CBG, IBCAS; ●BJ, SH; ★(AF): ZA.

玛瑙玉 **Lithops pseudotruncatella** var. **elisabethae** de Boer et Boom 【I, C】 ♣BBG, IBCAS; ●BJ; ★(AF): ZA.

沃氏曲玉 **Lithops pseudotruncatella** var. **volkii** de Boer et Boom 【I, C】 ♣BBG, CBG, IBCAS; ●BJ, SH; ★(AF): ZA.

留蝶玉 **Lithops ruschiorum** N. E. Br. 【I, C】 ♣BBG; ●BJ, TW; ★(AF): NA.

线留蝶玉 **Lithops ruschiorum** var. **lineata** Cole 【I, C】 ♣BBG; ●BJ; ★(AF): NA.

李夫人 **Lithops salicola** L. Bolus 【I, C】 ♣BBG, CBG, FLBG, IBCAS, KBG, XMBG; ●BJ, FJ, GD, JX, SH, TW, YN; ★(AF): NA, ZA.

招福玉（黑耀玉）**Lithops schwantesii** Dinter 【I, C】 ♣BBG, CBG, IBCAS; ●BJ, SH; ★(AF): ZA.

*盖氏招福玉 **Lithops schwantesii** var. **gebseri** de Boer 【I, C】 ♣BBG; ●BJ; ★(AF): ZA.

绚烂玉 **Lithops schwantesii** var. **marthae** Cole 【I, C】 ♣BBG, IBCAS; ●BJ; ★(AF): ZA.

黑曜玉 **Lithops schwantesii** var. **rugosa** de Boer et Boom 【I, C】 ♣BBG; ●BJ; ★(AF): ZA.

碧胧玉 **Lithops schwantesii** var. **urikosensis** De Boer et Boom 【I, C】 ♣BBG; ●BJ; ★(AF): ZA.

翠娥 **Lithops steineckeana** Tischer【I, C】♣BBG; ●BJ; ★(AF): ZA.

露花玉(碧琉璃)**Lithops terricolor** N. E. Br.【I, C】♣BBG, CBG, IBCAS; ●BJ, SH, TW; ★(AF): ZA.

大公爵 **Lithops triebneri** L. Bolus【I, C】♣XMBG; ●FJ; ★(AF): ZA.

露美玉 **Lithops turbiniformis** N. E. Br.【I, C】♣FLBG; ●GD, JX, SH; ★(AF): ZA.

黄露美玉 **Lithops turbiniformis** var. **lutea** de Boer【I, C】★(AF): ZA.

圣寿玉 **Lithops umdausensis** L. Bolus【I, C】★(AF): ZA.

碧赐玉（丽玉）**Lithops vallis-mariae** N. E. Br.【I, C】♣BBG; ●BJ; ★(AF): NA.

丽典玉（朝贡玉）**Lithops verruculosa** Nel【I, C】♣BBG, CBG; ●BJ, SH, TW; ★(AF): ZA.

光丽典玉 **Lithops verruculosa** var. **glabra** de Boer【I, C】♣BBG; ●BJ; ★(AF): ZA.

臼典玉 **Lithops villetii** L. Bolus【I, C】♣BBG; ●BJ; ★(AF): ZA.

传法玉（坛法玉）**Lithops villetii** var. **deboeri** Cole【I, C】♣BBG, CBG, KBG; ●BJ, SH, YN; ★(AF): ZA.

肯氏臼典玉 **Lithops villetii** var. **kennedyi** Cole【I, C】♣BBG, CBG; ●BJ, SH; ★(AF): ZA.

美梨玉 **Lithops viridis** H. A. Lückh.【I, C】●FJ; ★(AF): ZA.

雪映玉（云映玉）**Lithops werneri** Schwantes et H. Jacobsen【I, C】♣BBG, CBG, XMBG; ●BJ, FJ, SH, TW; ★(AF): NA.

晚霞玉属 Schwantesia

香玉 **Schwantesia acutipetala** L. Bolus【I, C】●SH; ★(AF): ZA.

凝香玉 **Schwantesia loeschiana** Tischer【I, C】♣CBG, XMBG; ●FJ, SH; ★(AF): NA.

晚霞玉 **Schwantesia ruedebuschii** Dinter【I, C】♣CBG; ●SH; ★(AF): NA, ZA.

漱香玉 **Schwantesia speciosa** L. Bolus【I, C】●SH; ★(AF): ZA.

*特香玉 **Schwantesia triebneri** L. Bolus【I, C】♣CBG; ●SH; ★(AF): ZA.

舟叶花属 Ruschia

讴春玉 **Ruschia perfoliata** Schwantes【I, C】♣IBCAS; ●BJ; ★(AF): ZA.

*垫状舟叶花 **Ruschia pulvinaris** L. Bolus【I, C】♣BBG; ●BJ; ★(AF): ZA.

群蝶花属 Erepsia

花蝴蝶 **Erepsia heteropetala** (Haw.) Schwantes【I, C】★(AF): ZA.

节颈玉 **Erepsia lacera** (Haw.) Liede【I, C】♣NBG; ●JS; ★(AF): ZA.

金绳玉属 Jordaaniella

龙须玉 **Jordaaniella anemoniflora** (L. Bolus) van Jaarsv.【I, C】★(AF): ZA.

梅仙木属 Ottosonderia

紫仙石 **Ottosonderia monticola** (Sond.) L. Bolus【I, C】♣IBCAS; ●BJ; ★(AF): ZA.

银叶花属 Argyroderma

金铃 **Argyroderma delaetii** C. A. Maass【I, C】♣BBG, IBCAS, XMBG; ●BJ, FJ, SH, TW; ★(AF): ZA.

宝槌玉（宝槌石）**Argyroderma fissum** (Haw.) L. Bolus【I, C】♣BBG; ●BJ, TW; ★(AF): ZA.

京雅玉 **Argyroderma framesii** L. Bolus【I, C】♣XMBG; ●FJ; ★(AF): ZA.

银皮玉 **Argyroderma pearsonii** (N. E. Br.) Schwantes【I, C】♣BBG; ●BJ, TW; ★(AF): ZA.

*环银叶花 **Argyroderma ringens** L. Bolus【I, C】♣BBG; ●BJ, TW; ★(AF): ZA.

水滴玉 **Argyroderma subalbum** (N. E. Br.) N. E. Br.【I, C】♣XMBG; ●FJ; ★(AF): ZA.

银铃 **Argyroderma testiculare** (Aiton) N. E. Br.【I, C】♣XMBG; ●FJ, TW; ★(AF): ZA.

松叶菊属 Lampranthus

橙黄辉花 **Lampranthus aurantiacus** (DC.) Schwantes【I, C】★(AF): ZA.

黄辉花 **Lampranthus aureus** N. E. Br.【I, C】♣IBCAS; ●BJ; ★(AF): ZA.

头状辉花 **Lampranthus comptonii** N. E. Br.【I, C】♣IBCAS; ●BJ; ★(AF): ZA.

显花辉花 **Lampranthus conspicuus** N. E. Br.【I,

C】 ♣KBG, NBG; ●JS, YN; ★(AF): ZA.

白凤菊（琴瓜菊）**Lampranthus deltoides** Glen 【I, C】 ♣CBG, IBCAS, NBG, XMBG; ●BJ, FJ, JS, SH; ★(AF): ZA.

辉花 **Lampranthus hoerleinianus** (Dinter) Friedrich 【I, C】 ♣IBCAS; ●BJ; ★(AF): ZA.

红辉花 **Lampranthus multiradiatus** (Jacq.) N. E. Br. 【I, C】 ♣IBCAS; ●BJ; ★(AF): ZA.

美丽辉花 **Lampranthus spectabilis** (Haw.) N. E. Br. 【I, C】 ♣BBG, FBG, IBCAS, KBG, LBG, NBG, XMBG, ZAFU; ●BJ, FJ, JS, JX, TW, XJ, YN, ZJ; ★(AF): ZA.

龙须海棠（松叶菊）**Lampranthus tenuifolius** N. E. Br. 【I, C】 ♣FLBG, HBG, XBG, XMBG; ●FJ, GD, JX, SN, TW, ZJ; ★(AF): ZA.

紫宝 **Lampranthus zeyheri** N. E. Br. 【I, C】 ●FJ; ★(AF): ZA.

天女玉属　Titanopsis

天女玉（天女）**Titanopsis calcarea** (Marloth) Schwantes 【I, C】 ♣BBG, CBG, IBCAS, NBG, SCBG, WBG, XMBG; ●BJ, FJ, GD, HB, JS, SH, TW; ★(AF): ZA.

天女簪 **Titanopsis fulleri** Tischer ex H. Jacobsen 【I, C】 ♣BBG, SCBG, XMBG; ●BJ, FJ, GD; ★(AF): ZA.

天女扇 **Titanopsis hugo-schlechteri** Schwantes 【I, C】 ♣BBG, XMBG; ●BJ, FJ, TW; ★(AF): ZA.

天女盃（钙质天女）**Titanopsis luederitzii** Tischer 【I, C】 ♣BBG, XMBG; ●BJ, FJ; ★(AF): ZA.

天女影 **Titanopsis primosii** L. Bolus 【I, C】 ●FJ; ★(AF): ZA.

天女冠 **Titanopsis schwantesii** Schwantes 【I, C】 ♣BBG, CBG, KBG; ●BJ, FJ, SH, YN; ★(AF): ZA.

光琳菊属　Oscularia

琴爪菊 **Oscularia comptonii** (L. Bolus) H. E. K. Hartmann 【I, C】 ♣IBCAS; ●BJ; ★(AF): ZA.

鹿角海棠属　Astridia

鹿角海棠（熏波菊）**Astridia velutina** (L. Bolus) Dinter【I, C】♣BBG, FLBG, IBCAS, KBG, LBG, SCBG, XMBG; ●BJ, FJ, GD, JX, YN; ★(AF): ZA.

海榕菜属　Carpobrotus

短剑 **Carpobrotus acinaciformis** (L.) L. Bolus 【I, C】 ♣IBCAS; ●BJ, FJ; ★(AF): ZA.

食用昼花（海榕菜、莫邪菊）**Carpobrotus edulis** (L.) N. E. Br. 【I, C】 ♣KBG, NBG, XMBG; ●BJ, FJ, JS, YN; ★(AF): ZA.

澳海榕属　Sarcozona

魔杖 **Sarcozona praecox** (F. Muell.) S. T. Blake et H. Eichler 【I, C】 ★(AF): ZA.

风铃玉属　Ophthalmophyllum

*卡罗利肉锥花 **Ophthalmophyllum caroli** Tischer 【I, C】 ♣BBG; ●BJ; ★(AF): ZA.

风铃玉 **Ophthalmophyllum friedrichiae** (Dinter) Dinter et Schwantes 【I, C】 ♣BBG, IBCAS; ●BJ, SH, TW; ★(AF): NA.

富勒肉锥花 **Ophthalmophyllum fulleri** Lavis 【I, C】 ♣BBG, CBG; ●BJ, SH; ★(AF): ZA.

白拍子 **Ophthalmophyllum longum** Tischer 【I, C】 ♣BBG, IBCAS; ●BJ; ★(AF): ZA.

莉迪亚肉锥花 **Ophthalmophyllum lydiae** H. Jacobsen 【I, C】 ♣BBG, CBG; ●BJ, SH; ★(AF): ZA.

毛汉尼肉锥花 **Ophthalmophyllum maughanii** Schwantes 【I, C】 ♣BBG, CBG; ●BJ, SH; ★(AF): ZA.

阔叶毛汉尼肉锥花 **Ophthalmophyllum maughanii** subsp. **latum** (Tischer) Q. W. Lin 【I, C】 ♣BBG, CBG; ●BJ, SH; ★(AF): ZA.

短毛肉锥花 **Ophthalmophyllum pubescens** Tischer 【I, C】 ♣BBG, CBG; ●BJ, SH, TW; ★(AF): ZA.

*施氏肉锥花 **Ophthalmophyllum schlechteri** Schwantes ex H. Jacobsen 【I, C】 ♣BBG; ●BJ; ★(AF): ZA.

翠星（晶莹肉锥花）**Ophthalmophyllum subfenestratum** Tischer 【I, C】 ♣BBG, CBG; ●BJ, SH, TW; ★(AF): ZA.

*范赫德肉锥花 **Ophthalmophyllum vanheerdei** L. Bolus 【I, C】 ♣BBG; ●BJ; ★(AF): ZA.

疣状肉锥花 **Ophthalmophyllum verrucosum** Lavis 【I, C】 ♣BBG, CBG; ●BJ, SH; ★(AF): ZA.

美翼玉属 Herreanthus

美翼玉 **Herreanthus meyeri** Schwantes 【I, C】 ♣XMBG; ●FJ; ★(AF): ZA.

侠玉树属 Ruschianthemum

僧兵帽 **Ruschianthemum gigas** (Dinter) Friedrich 【I, C】 ★(AF): ZA.

214. 商陆科 PHYTOLACCACEAE

商陆属 Phytolacca

商陆 **Phytolacca acinosa** Roxb.【N, W/C】♣BBG, CDBG, FBG, GA, GBG, GMG, GXIB, HBG, HFBG, KBG, LBG, NBG, SCBG, WBG, XBG, XMBG, XOIG, XTBG; ●BJ, FJ, GD, GX, GZ, HB, HL, JS, JX, LN, SC, SN, XJ, YN, ZJ; ★(AS): BT, CN, ID, IN, JP, KP, KR, LK, MM, SG, VN.

垂序商陆 **Phytolacca americana** L. 【I, C/N】 ♣BBG, CBG, FBG, FLBG, GA, GBG, GMG, GXIB, HBG, KBG, LBG, NBG, NSBG, SCBG, TMNS, WBG, XBG, XMBG, XTBG, ZAFU; ●BJ, CQ, FJ, GD, GX, GZ, HB, JS, JX, SC, SH, SN, TW, YN, ZJ; ★(NA): MX, US.

树商陆 **Phytolacca dioica** L.【I, C】♣SCBG, TBG, XMBG; ●FJ, GD, SH, TW; ★(NA): GT, MX; (SA): AR, BO, BR, CO, EC, PE, PY, UY.

十二蕊商陆 **Phytolacca dodecandra** L'Hér.【I, C】♣IBCAS; ●BJ; ★(AF): BI, CG, CM, ET, GA, KE, MG, MW, TZ, ZA.

异瓣商陆 **Phytolacca heterotepala** H. Walter 【I, C】 ★(NA): MX, US.

八蕊商陆 **Phytolacca octandra** L.【I, C】★(NA): GT, HN, MX, NI, SV; (SA): AR, BO, BR, CO, EC, PE, PY.

多雄蕊商陆 **Phytolacca polyandra** Batalin 【N, W/C】 ♣KBG, XTBG; ●YN; ★(AS): CN.

巴西商陆 **Phytolacca thyrsiflora** Fenzl ex J. A. Schmidt【I, N】●JS; ★(NA): BZ, CR, HN, MX, PA, PR, SV, US; (SA): AR, BR, EC, GY, PE, PY, VE.

215. 蒜香草科 PETIVERIACEAE

蒜香草属 Petiveria

蒜香草 **Petiveria alliacea** L. 【I, C/N】 ♣XTBG; ●YN; ★(NA): BM, BZ, CR, CU, DO, GT, HN, JM, MX, NI, PA, PR, SV, US, VG; (SA): AR, BO, BR, CO, EC, GY, PE, PY, VE.

铁环藤属 Trichostigma

*秘鲁铁环藤 **Trichostigma peruvianum** (Moq.) H. Walter【I, C】♣TBG; ●TW; ★(SA): BR, CO, EC, PE.

数珠珊瑚属 Rivina

数珠珊瑚(蕾芬) **Rivina humilis** L.【I, C/N】♣CBG, FLBG, HBG, KBG, SCBG, TBG, TMNS, XMBG, XTBG; ●FJ, GD, JX, SH, TW, YN, ZJ; ★(NA): BS, BZ, CR, CU, GT, HN, MX, NI, PA, PR, SV, US, VG; (SA): AR, BO, BR, CO, EC, GY, PE, PY, VE.

216. 紫茉莉科 NYCTAGINACEAE

叶子花属 Bougainvillea

*布氏叶子花 **Bougainvillea buttiana** Holttum et Standl.【I, C】♣FBG, FLBG, SCBG, TBG, WBG, XMBG, XOIG, XTBG; ●FJ, GD, HB, JX, TW, YN; ★(NA): BM, BZ, CR, DO, GT, HN, KY, MX, PA, PR, SV, TT, VG; (SA): BO, BR, CO, EC, VE.

光叶子花 **Bougainvillea glabra** Choisy 【I, C】 ♣BBG, CDBG, FBG, FLBG, GA, GBG, GMG, GXIB, HBG, IBCAS, KBG, NSBG, SCBG, TBG, XLTBG, XMBG, XOIG, XTBG; ●BJ, CQ, FJ, GD, GX, GZ, HI, JX, SC, TW, YN, ZJ; ★(NA): CR, CU, DO, GT, HN, MX, NI, PR, SV, VG; (SA): BO, BR, CO, EC, PE, PY, VE.

秘鲁叶子花 **Bougainvillea peruviana** Bonpl. 【I, C】 ♣FBG, XMBG; ●FJ; ★(SA): BO, EC, PE.

叶子花 **Bougainvillea spectabilis** Willd. 【I, C/N】 ♣BBG, CBG, CDBG, FBG, FLBG, GA, GXIB, HBG, IBCAS, KBG, LBG, NBG, NSBG, SCBG, TBG, TMNS, WBG, XBG, XMBG, XOIG, XTBG, ZAFU; ●BJ, CQ, FJ, GD, GX, HB, JS, JX, SC, SH, SN, TW, YN, ZJ; ★(NA): BM, CR, GT, HN, JM, MX, PA, PR, TT; (SA): BO, BR, CL, CO, EC.

避霜花属 Pisonia

腺果藤 **Pisonia aculeata** L. 【N, W/C】 ♣LBG, SCBG, XMBG, XTBG; ●FJ, GD, JX, YN; ★(AF): MG, NG, ZA; (AS): CN, ID, JP, LA, MM, MY; (OC): AU, PAF.

新西兰避霜花(大叶避霜花) **Pisonia brunoniana** A.

Cunn. ex Choisy 【I, C】 ♣SCBG; ●GD; ★(OC): AU, NF, NZ, US-HW.

抗风桐 **Pisonia grandis** R. Br. 【N, W/C】 ♣SCBG, XMBG, XTBG; ●FJ, GD, YN; ★(AS): CN, ID, IN, LK, MY.

胶果木 **Pisonia umbellifera** (J. R. Forst. et G. Forst.) Seem. 【N, W/C】 ♣TMNS, XOIG; ●FJ, GD, HN, TW; ★(AS): CN, ID, IN, JP, MY, PH, TH, VN; (OC): AU, PAF.

紫茉莉属 Mirabilis

紫茉莉 **Mirabilis jalapa** L. 【I, C/N】 ♣BBG, CDBG, FBG, FLBG, GBG, GMG, GXIB, HBG, HFBG, IBCAS, KBG, LBG, NBG, NSBG, SCBG, TBG, TDBG, TMNS, WBG, XBG, XLTBG, XMBG, XTBG, ZAFU; ●BJ, CQ, FJ, GD, GX, GZ, HB, HI, HL, JL, JS, JX, LN, SC, SN, TW, XJ, YN, ZJ; ★(NA): BM, BZ, CR, CU, DO, GT, HN, JM, MX, NI, PA, PR, SV, US, VG; (SA): AR, BO, BR, CO, EC, GY, PE, PY, VE.

长筒紫茉莉 **Mirabilis longiflora** L. 【I, C】 ♣TBG; ●TW; ★(NA): MX, US.

多花紫茉莉 **Mirabilis multiflora** (Torr.) A. Gray 【I, C】 ★(NA): MX, US.

夜香紫茉莉 **Mirabilis nyctaginea** (Michx.) MacMill. 【I, C/N】 ♣IBCAS; ●BJ; ★(NA): MX, US.

*堇花紫茉莉 **Mirabilis violacea** (L.) Heimerl 【I, C】 ♣NBG; ●JS; ★(NA): CR, GT, HN, MX, NI, SV; (SA): BO, CO, EC, PE, VE.

黏腺果属 Commicarpus

中华黏腺果 **Commicarpus chinensis** (L.) Heimerl 【N, W/C】 ♣FLBG; ●GD, HI; ★(AS): CN, ID, IN, MM, MY, PK, TH, VN.

黄细心属 Boerhavia

黄细心 **Boerhavia diffusa** L. 【N, W/C】 ♣WBG, XMBG, XTBG; ●FJ, HB, YN; ★(AF): MG, NG; (AS): CN, ID, IN, JP, KH, LA, MM, MY, NP, PH, SG, TH, VN; (OC): AU, PAF.

217. 粟米草科 MOLLUGINACEAE

粟米草属 Mollugo

无茎粟米草 **Mollugo nudicaulis** Lam. 【I, N】 ●JS; ★(AF): NG, ZA.

粟米草 **Mollugo stricta** L. 【N, W/C】 ♣FBG, FLBG, GA, GMG, GXIB, HBG, LBG, NSBG, SCBG, WBG, XMBG, XTBG, ZAFU; ●CQ, FJ, GD, GX, HB, JX, YN, ZJ; ★(AS): BT, CN, IN, JP, LK, MM; (OC): AU.

种棱粟米草 **Mollugo verticillata** L. 【N, W/C】 ♣XMBG; ●FJ; ★(AS): CN, IN, JP, KR; (OC): AU.

星粟草属 Glinus

治疝星粟草 **Glinus herniarioides** (Gagnep.) Tardieu 【I, C】 ♣XTBG; ●YN; ★(AS): LA, VN.

星粟草 **Glinus lotoides** L. 【N, W/C】 ♣XTBG; ●YN; ★(AF): NG; (AS): BT, CN, ID, IN, LA, LK, MM, MY, PH; (OC): AU, PAF.

长梗星粟草 **Glinus oppositifolius** (L.) Aug. DC. 【N, W/C】 ♣FLBG; ●GD, JX; ★(AF): NG; (AS): CN, LA, MM, MY; (OC): AU, PAF.

漆姑粟草属 Hypertelis

Hypertelis bowkeriana Sond. 【I, C】 ♣XTBG; ●YN; ★(AF): KE.

218. 水卷耳科 MONTIACEAE

玉枸兰属 Phemeranthus

Phemeranthus brevifolius (Torr.) Hershkovitz 【I, C】 ★(NA): US.

Phemeranthus calycinus (Engelm.) Kiger 【I, C】 ★(NA): US.

石薇花属 Cistanthe

大花岩马齿 **Cistanthe grandiflora** (Lindl.) Schltdl. 【I, C】 ♣KBG, NBG; ●JS, YN; ★(SA): CL.

红娘花属 Calandrinia

红女草 **Calandrinia ciliata** (Ruiz et Pav.) DC. 【I, C】 ♣NBG; ●JS; ★(NA): GT, MX, SV, US; (SA): AR, BO, CL, EC, PE, VE.

岩马齿苋 **Calandrinia compressa** Schrad. ex DC. 【I, C】 ♣NBG; ●JS; ★(SA): BO, CL.

露薇花属 Lewisia

露薇花 **Lewisia cotyledon** (S. Watson) B. L. Rob.

【I, C】 ●TW; ★(NA): US.

苦根露薇花(繁瓣花)**Lewisia rediviva** Pursh【I, C】 ★(NA): CA, US.

219. 龙树科 DIDIEREACEAE

蜡苋树属 Ceraria

长寿城(九寿城)**Ceraria fruticulosa** H. Pearson et Stephens 【I, C】 ♣BBG; ●BJ, FJ; ★(AF): NA, ZA.

白鹿 **Ceraria namaquensis** (Sond.) H. Pearson et Stephens 【I, C】 ♣XMBG; ●FJ, TW; ★(AF): ZA.

延寿城 **Ceraria pygmaea** (Pillans) G. D. Rowley 【I, C】 ♣BBG, CBG, XMBG; ●BJ, FJ, SH, TW; ★(AF): ZA.

马齿苋树属 Portulacaria

马齿苋树 **Portulacaria afra** Jacq. 【I, C】 ♣BBG, CBG, CDBG, FLBG, GXIB, HBG, IBCAS, KBG, SCBG, TBG, TMNS, WBG, XMBG, XOIG, ZAFU; ●BJ, FJ, GD, GX, HB, JX, SC, SH, TW, YN, ZJ; ★(AF): ZA.

枝龙木属 Alluaudiopsis

菲赫龙 **Alluaudiopsis fiherenensis** Humbert et Choux 【I, C】 ♣XMBG; ●FJ; ★(AF): MG.

卧野龙 **Alluaudiopsis marnieriana** Rauh 【I, C】 ★(AF): MG.

曲龙木属 Decarya

歪曲龙(曲龙木)**Decarya madagascariensis** Choux 【I, C】 ♣XMBG; ●FJ; ★(AF): MG.

刺戟木属 Didierea

*马龙(刺戟木、马达加斯加龙树)**Didierea madagascariensis** Baill. 【I, C】 ♣BBG, CBG, NBG, XMBG; ●BJ, FJ, JS, SH, TW; ★(AF): MG.

*阿龙(阿修罗城)**Didierea trollii** Capuron et Rauh【I, C】♣CBG, FLBG, NBG, XMBG; ●FJ, GD, JS, JX, SH; ★(AF): MG.

亚龙木属 Alluaudia

*升龙(亚森丹斯树)**Alluaudia ascendens** (Drake) Drake 【I, C】 ♣CBG, FLBG, NBG, SCBG, XMBG; ●FJ, GD, JS, JX, SH, TW; ★(AF): MG.

*毛龙(姬二叶金棒)**Alluaudia comosa** (Drake) Drake 【I, C】 ♣XMBG; ●FJ; ★(AF): MG.

荒野龙 **Alluaudia dumosa** (Drake) Drake 【I, C】 ♣BBG, XMBG; ●BJ, FJ; ★(AF): MG.

*细枝龙(亚蜡木、七贤人)**Alluaudia humbertii** Choux 【I, C】 ♣FLBG, KBG, XMBG; ●FJ, GD, JX, SC, SH, YN; ★(AF): MG.

苍岩龙(魔针地狱)**Alluaudia montagnacii** Rauh【I, C】 ♣CBG, FLBG, NBG, SCBG, XMBG; ●FJ, GD, JS, JX, SH, TW; ★(AF): MG.

大苍岩龙(亚龙木)**Alluaudia procera** (Drake) Drake 【I, C】 ♣BBG, CBG, FLBG, GA, IBCAS, NBG, SCBG, TMNS, XMBG, XTBG; ●BJ, FJ, GD, JS, JX, SH, TW, YN; ★(AF): MG.

220. 落葵科 BASELLACEAE

落葵薯属 Anredera

落葵薯 **Anredera cordifolia** (Ten.) Steenis 【I, C/N】 ♣BBG, GBG, GXIB, HBG, KBG, NSBG, SCBG, WBG, XMBG, XTBG, ZAFU; ●BJ, CQ, FJ, GD, GX, GZ, HB, SC, TW, YN, ZJ; ★(NA): CR, GT, HN, MX, SV, US; (SA): AR, BO, BR, EC, PE, PY, UY, VE.

短序落葵薯 **Anredera vesicaria** (Lam.) C. F. Gaertn. 【I, C】 ♣SCBG, XMBG; ●FJ, GD; ★(NA): DO, GT, HN, MX, PR, US.

落葵属 Basella

落葵 **Basella alba** L.【I, C/N】♣BBG, FBG, FLBG, GA, GBG, GMG, GXIB, HBG, KBG, LBG, NBG, SCBG, TBG, TMNS, WBG, XBG, XLTBG, XMBG, XOIG, XTBG, ZAFU; ●BJ, FJ, GD, GS, GX, GZ, HB, HI, HL, HN, JS, JX, QH, SC, SN, SX, TW, XJ, YN, ZJ; ★(NA): BZ, HN, PA, PR, US; (SA): BR, CO, PE.

221. 土人参科 TALINACEAE

土人参属 Talinum

加花土人参 **Talinum caffrum** (Thunb.) Eckl. et Zeyh. 【I, C】 ♣BBG; ●BJ, FJ, TW; ★(AF): TZ, ZA.

棱轴土人参 **Talinum fruticosum** (L.) Juss. 【I, C】 ♣GXIB, SCBG, TMNS, XTBG; ●GD, GX, TW, YN; ★(NA): HN, MX, PR, US.

芜箐土人参 **Talinum napiforme** DC. 【I, C】 ♣BBG; ●BJ; ★(NA): MX.

土人参 **Talinum paniculatum** Moench 【I, C/N】 ♣FBG, FLBG, GA, GBG, GMG, GXIB, HBG, KBG, LBG, NBG, NSBG, SCBG, TBG, WBG, XBG, XLTBG, XMBG, XTBG, ZAFU; ●BJ, CQ, FJ, GD, GX, GZ, HB, HI, JS, JX, SC, SN, TW, XJ, YN, ZJ; ★(NA): BZ, CR, GT, HN, MX, NI, PA, SV, US; (SA): AR, BO, BR, EC, PE, PY, VE.

222. 马齿苋科 PORTULACACEAE

马齿苋属 Portulaca

大花马齿苋 **Portulaca grandiflora** Hook. 【I, C】 ♣BBG, CDBG, FBG, FLBG, GA, GBG, GMG, GXIB, HBG, HFBG, IBCAS, KBG, LBG, MDBG, SCBG, TBG, TDBG, WBG, XBG, XLTBG, XMBG, XOIG, XTBG, ZAFU; ●BJ, FJ, GD, GS, GX, GZ, HB, HI, HL, JL, JS, JX, SC, SH, SN, TW, XJ, YN, ZJ; ★(SA): AR, BR, UY.

圆贝马齿苋 **Portulaca molokiniensis** Hobdy 【I, C】 ♣SCBG, XMBG; ●FJ, GD; ★(OC): US-HW.

马齿苋 **Portulaca oleracea** L. 【N, W/C】 ♣BBG, CDBG, FBG, FLBG, GA, GBG, GMG, GXIB, HBG, HFBG, IBCAS, LBG, NBG, NSBG, SCBG, TBG, TDBG, WBG, XBG, XLTBG, XMBG, XTBG, ZAFU; ●AH, BJ, CQ, FJ, GD, GX, GZ, HB, HI, HL, JS, JX, SC, SN, TW, XJ, YN, ZJ; ★(AF): NG, ZA; (AS): BT, CN, IN, JP, KR, LA, LK, MM, MN, MY, RU-AS, SG; (OC): AU, NZ.

毛马齿苋 **Portulaca pilosa** L. 【N, W/C】 ♣FBG, FLBG, KBG, SCBG, XMBG, XTBG; ●FJ, GD, HL, JX, YN; ★(AF): ZA; (AS): BT, CN, ID, IN, JP, LA, LK, MM, MY, PH, SG, TH, VN; (OC): AU.

四瓣马齿苋 **Portulaca quadrifida** L. 【I, C】 ♣GMG, KBG, XTBG; ●GX, YN; ★(NA): JM, PR, VG.

环翅马齿苋 **Portulaca umbraticola** Kunth 【I, C】 ♣BBG, FLBG, GA, GBG, GMG, GXIB, HBG, HFBG, IBCAS, KBG, LBG, MDBG, SCBG, TBG, TDBG, WBG, XBG, XLTBG, XMBG, XTBG, ZAFU; ●BJ, FJ, GD, GS, GX, GZ, HB, HI, HL, JL, JS, JX, SC, SH, SN, TW, XJ, YN, ZJ; ★(NA): CR, CU, MX, NI, SV; (SA): AR, BO, BR, CL, EC, PE, PY, VE.

223. 回欢草科 ANACAMPSEROTACEAE

沟栌兰属 Talinopsis

沟栌兰 **Talinopsis frutescens** A. Gray 【I, C】 ★(NA): MX, US.

马齿藤属 Grahamia

*墨西哥马齿藤 **Grahamia coahuilensis** (S. Watson) G. D. Rowley 【I, C】 ♣BBG; ●BJ; ★(NA): MX.

*阿根廷马齿藤 **Grahamia kurtzii** (Bacig.) G. D. Rowley 【I, C】 ♣BBG; ●BJ; ★(SA): AR, BO.

*火山马齿藤 **Grahamia vulcanensis** (Añon) G. D. Rowley 【I, C】 ♣BBG; ●BJ; ★(AF): ZA.

回欢草属 Anacampseros

*白花回欢草 **Anacampseros albidiflora** Poelln. 【I, C】 ♣BBG; ●BJ; ★(AF): ZA.

妖精之舞 **Anacampseros albissima** Marloth 【I, C】 ●TW; ★(AF): ZA.

白花韧锦 **Anacampseros alstonii** Schoenl. 【I, C】 ♣CBG; ●FJ, SH, TW; ★(AF): NA, ZA.

蛛毛回欢草（回欢草） **Anacampseros arachnoides** (Haw.) Sims 【I, C】 ♣BBG, FLBG, IBCAS, NBG, XMBG; ●BJ, FJ, GD, JS, JX; ★(AF): ZA.

长毛回欢草（茶笠）**Anacampseros crinita** Dinter 【I, C】 ★(AF): ZA.

粉雪姬 **Anacampseros filamentosa** (Haw.) Sims 【I, C】 ♣BBG, CBG; ●BJ, SH; ★(AF): ZA.

砂蜘蛛 **Anacampseros herreana** Poelln. 【I, C】 ●TW; ★(AF): ZA.

纳马回欢草（白罗汉） **Anacampseros namaquensis** H. Pearson et Stephens 【I, C】 ♣XTBG; ●YN; ★(AF): ZA.

银蚕 **Anacampseros papyracea** E. Mey. ex Fenzl 【I, C】 ♣BBG; ●BJ, FJ, SH; ★(AF): NA, ZA.

韧锦 **Anacampseros quinaria** E. Mey. ex Sond. 【I, C】 ♣XMBG; ●FJ, TW; ★(AF): NA, ZA.

布德瑞白鳞龙 **Anacampseros recurvata** subsp. **buderiana** (Poelln.) Gerbaulet 【I, C】 ●TW; ★(AF): ZA.

微凹回欢草(青姬)**Anacampseros retusa** Poelln.【I, C】♣BBG, XMBG; ●BJ, FJ; ★(AF): ZA.

勒锦 **Anacampseros rhodesica** N. E. Br.【I, C】♣XMBG; ●FJ; ★(AF): ZA.

淡红回欢草(吹雪之松)**Anacampseros rufescens** (Haw.) Sweet【I, C】♣BBG, FLBG, HBG, KBG, SCBG, TBG, XMBG; ●BJ, FJ, GD, JX, SH, TW, YN, ZJ; ★(AF): ZA.

林伯群蚕 **Anacampseros subnuda** Poelln.【I, C】♣BBG; ●BJ; ★(AF): ZA.

回欢草(菱紫锦)**Anacampseros telephiastrum** DC.【I, C】♣BBG, FLBG, GXIB; ●BJ, GD, GX, JX; ★(AF): ZA.

花吹雪 **Anacampseros tomentosa** A. Berger【I, C】●SH; ★(AF): ZA.

褐蚕 **Anacampseros ustulata** E. Mey. ex Fenzl【I, C】♣BBG; ●BJ; ★(AF): ZA.

*维氏回欢草 **Anacampseros wischkonii** Dinter ex Poelln.【I, C】♣BBG; ●BJ; ★(AF): ZA.

224. 仙人掌科 CACTACEAE

木麒麟属 Pereskia

木麒麟 **Pereskia aculeata** Mill.【I, C/N】♣BBG, CBG, CDBG, FBG, FLBG, HBG, IBCAS, KBG, NBG, SCBG, TMNS, XMBG, XOIG; ●BJ, FJ, GD, JS, JX, SC, SH, TW, YN, ZJ; ★(NA): CU, MX, NI, PA; (SA): AR, BO, BR, EC, PE, PY, VE.

樱麒麟 **Pereskia bleo** (Kunth) DC.【I, C】♣FLBG, SCBG, TMNS, XMBG, XTBG; ●FJ, GD, JX, TW, YN; ★(NA): CR, HN, NI, PA, SV; (SA): CO, GY.

大叶木麒麟(大叶麒麟)**Pereskia grandifolia** Haw.【I, C】♣LBG, TBG, TMNS, XMBG, XTBG; ●FJ, JX, TW, YN; ★(NA): CR, HN, NI, TT; (SA): BR.

月之桂 **Pereskia horrida** DC.【I, C】●FJ; ★(SA): PE.

蔷薇麒麟 **Pereskia sacharosa** Griseb.【I, C】♣FLBG, SCBG, XMBG; ●FJ, GD, JX; ★(SA): AR, BO, PY.

梅麒麟 **Pereskia weberiana** K. Schum.【I, C】★(SA): BO.

圆筒掌属 Austrocylindropuntia

锁链掌(大蛇)**Austrocylindropuntia cylindrica** (Lam.) Backeb.【I, C】♣BBG, FLBG, LBG, NBG, SCBG, XMBG, XTBG; ●BJ, FJ, GD, HB, JS, JX, TJ, TW, YN; ★(SA): EC, PE.

鹰翁 **Austrocylindropuntia floccosa** (Salm-Dyck ex Winterfeld) F. Ritter【I, C】●FJ; ★(SA): BO, PE.

初阵枪 **Austrocylindropuntia shaferi** (Britton et Rose) Backeb.【I, C】♣XMBG; ●FJ, SH; ★(SA): AR, BO.

将军柱(将军)**Austrocylindropuntia subulata** (Muehlenpf.) Backeb.【I, C】♣BBG, CBG, FLBG, GA, HBG, IBCAS, KBG, SCBG, XMBG, XTBG; ●BJ, FJ, GD, JX, SH, TW, YN, ZJ; ★(SA): BO, EC, PE.

登龙 **Austrocylindropuntia verschaffeltii** (Cels ex A. A. Weber) Backeb.【I, C】♣FLBG; ●GD, JX; ★(SA): BO.

大酋长(翁团锦)**Austrocylindropuntia vestita** (Salm-Dyck) Backeb.【I, C】♣FLBG, XMBG; ●FJ, GD, JX, SH, TW; ★(SA): BO.

敦丘掌属 Cumulopuntia

一寸法师 **Cumulopuntia sphaerica** (C. F. Först.) E. F. Anderson【I, C】●TW; ★(SA): CL, PE.

圆柱掌属 Cylindropuntia

灌木团扇 **Cylindropuntia arbuscula** (Engelm.) F. M. Knuth【I, C】★(NA): US.

松岚 **Cylindropuntia bigelovii** (Engelm.) F. M. Knuth【I, C】♣CBG, XMBG; ●FJ, SH; ★(NA): US.

瘤珊瑚 **Cylindropuntia cholla** (F. A. C. Weber) F. M. Knuth【I, C】★(NA): MX; (SA): PE.

鳞团扇 **Cylindropuntia fulgida** (Engelm.) F. M. Knuth【I, C】♣BBG, SCBG, XMBG; ●BJ, FJ, GD; ★(NA): US.

兔子角 **Cylindropuntia imbricata** (Haw.) F. M. Knuth【I, C】♣GXIB, KBG, SCBG, XMBG; ●BJ, FJ, GD, GX, YN; ★(NA): MX, US.

姬珊瑚(一柱香)**Cylindropuntia leptocaulis** (DC.) F. M. Knuth【I, C】♣FLBG, HBG, KBG; ●BJ, GD, JX, SH, YN, ZJ; ★(NA): US.

蓝钻珊瑚 **Cylindropuntia molesta** (Brandegee) F. M. Knuth【I, C】♣IBCAS; ●BJ; ★(NA): MX.

青柳珊瑚 **Cylindropuntia ramosissima** (Engelm.)

F. M. Knuth 【I, C】 ★(NA): MX, US.

*多刺珊瑚 **Cylindropuntia spinosior** (Engelm.) F. M. Knuth 【I, C】 ●TW; ★(NA): MX, US.

着衣团扇 **Cylindropuntia tunicata** (Lehm.) F. M. Knuth 【I, C】 ♣CBG, FLBG; ●GD, JX, SH; ★(NA): US.

杂色圆柱掌 **Cylindropuntia versicolor** (Engelm. ex Toumey) F. M. Knuth 【I, C】 ★(NA): US.

白峰掌属 Grusonia

白峰 **Grusonia bradtiana** Britton et Rose 【I, C】 ★(NA): MX.

豆麒麟 **Grusonia clavata** (Engelm.) H. Rob. 【I, C】 ★(NA): US.

武者团扇（华武考）**Grusonia invicta** (Brandegee) E. F. Anderson 【I, C】 ♣SCBG; ●FJ, GD, SH; ★(NA): MX.

银鳞（莫氏白峰）**Grusonia moelleri** (A. Berger) E. F. Anderson 【I, C】 ●TW; ★(NA): MX.

血枪武者 **Grusonia schottii** (Engelm.) H. Rob. 【I, C】 ★(NA): MX, US.

鬼姬团扇 **Grusonia vilis** (Rose) H. Rob. 【I, C】 ★(NA): MX.

卧云掌属 Maihueniopsis

乌头玉 **Maihueniopsis bolivianum** (Salm-Dyck) R. Kiesling 【I, C】 ♣CBG; ●SH; ★(SA): AR, BO, PE.

雄叫武者 **Maihueniopsis crassispina** F. Ritter 【I, C】 ★(SA): CL.

天鼓 **Maihueniopsis glomerata** (Haw.) R. Kiesling 【I, C】 ♣CBG, SCBG; ●GD, SH; ★(SA): AR, BO, CL.

安乐团扇（鹅鸟和尚）**Maihueniopsis ovata** (Pfeiff.) F. Ritter 【I, C】 ♣CBG; ●SH; ★(SA): CL.

小丽掌属 Micropuntia

小丽掌 **Micropuntia pulchella** (Engelm.) M. P. Griff. 【I, C】 ★(NA): US.

麒麟掌属 Pereskiopsis

瑠璃麒麟（短毛麒麟）**Pereskiopsis diguetii** (F. A. C. Weber) Britton et Rose 【I, C】 ♣BBG, XMBG; ●BJ, FJ; ★(NA): MX.

船夫掌属 Quiabentia

舟乘团扇 **Quiabentia verticillata** (Vaupel) Borg 【I, C】 ★(SA): AR, BO, PY.

武士掌属 Tephrocactus

蛮将殿 **Tephrocactus alexanderi** Backeb. 【I, C】 ♣CBG; ●SH, TW; ★(SA): AR, CL.

枪武者 **Tephrocactus aoracanthus** Lem. 【I, C】 ★(SA): AR.

道镜 **Tephrocactus molinensis** (Speg.) Backeb. 【I, C】 ●TW; ★(SA): CO, VE.

戒尺掌属 Brasiliopuntia

叶团扇 **Brasiliopuntia brasiliensis** (Willd.) A. Berger 【I, C】 ♣CBG, FLBG, HBG, KBG, TMNS, XMBG, XTBG; ●FJ, GD, JX, SH, TW, YN, ZJ; ★(SA): BO, BR, PE.

烈刺掌属 Miqueliopuntia

烈刺掌 **Miqueliopuntia miquelii** (Monv.) F. Ritter 【I, C】 ★(SA): CL.

仙人掌属 Opuntia

长刺武藏野 **Opuntia articulata** (Pfeiff.) D. R. Hunt 【I, C】 ♣BBG, HBG, IBCAS, SCBG, WBG, XMBG; ●BJ, FJ, GD, HB, SH, TW, ZJ; ★(SA): AR.

黑刺团扇 **Opuntia atrispina** Griffiths 【I, C】 ★(NA): US.

棍棒团扇（王冠团扇）**Opuntia auberi** Pfeiff. 【I, C】 ♣KBG; ●YN; ★(NA): MX.

鹤进帐 **Opuntia aurantiaca** Lindl. 【I, C】 ♣CBG, XMBG; ●FJ, SH; ★(NA): CU, JM, MX, US; (SA): UY.

海狸尾仙人掌 **Opuntia aurea** E. M. Baxter 【I, C】 ●SD; ★(NA): US.

褐毛掌 **Opuntia basilaris** Engelm. et J. M. Bigelow 【I, C】 ♣SCBG, XMBG; ●BJ, FJ, GD; ★(NA): US.

燕团扇 **Opuntia bella** Britton et Rose 【I, C】 ★(SA): CO.

银河水（天河）**Opuntia bravoana** Baxter 【I, C】 ★(NA): MX.

圆刺仙人掌 **Opuntia camanchica** Engelm. et J. M. Bigelow 【I, C】 ♣IBCAS; ●BJ; ★(NA): US.

淡绿团扇 **Opuntia chlorotica** Engelm. et J. M. Bigelow 【I, C】 ●TW; ★(NA): US.

胭脂掌 **Opuntia coccinellifera** Steud. 【I, C】 ♣CBG, FLBG, IBCAS, KBG, SCBG; ●BJ, GD, JX, SH, YN; ★(NA): MX.

明暗城 **Opuntia corotilla** K. Schum. ex Vaupel 【I, C】 ●TW; ★(SA): PE.

伊吕波团扇 **Opuntia deamii** Rose 【I, C】 ★(NA): GT, MX.

Opuntia decumbens Salm-Dyck 【I, C】 ♣XOIG; ●FJ; ★(NA): CR, GT, HN, MX, NI, SV.

降魔剑 **Opuntia dejecta** Salm-Dyck 【I, C】 ♣IBCAS; ●BJ; ★(NA): GT, HN, MX, PA, SV; (SA): AR.

光团扇 **Opuntia delaetiana** (F. A. C. Weber) Vaupel 【I, C】 ★(SA): AR, PY.

松山镜 **Opuntia durangensis** Britton et Rose 【I, C】 ★(NA): MX.

高团扇 **Opuntia elata** Link et Otto ex Salm-Dyck 【I, C】 ♣SCBG, XTBG; ●GD, YN; ★(SA): BR.

砂尘团扇 **Opuntia elatior** Mill. 【I, C】 ♣WBG, XMBG; ●FJ, HB, SH; ★(NA): CR, PA; (SA): CO, VE.

天人团扇（牛舌掌）**Opuntia engelmannii** Salm-Dyck 【I, C】 ♣NBG; ●JS, SH, TW; ★(NA): US.

银毛扇 **Opuntia erinacea** Engelm. et J. M. Bigelow 【I, C】 ♣FLBG, SCBG, XMBG; ●BJ, FJ, GD, JX; ★(NA): MX, US.

梨果仙人掌（龙华宝剑）**Opuntia ficus-indica** (L.) Mill. 【I, C/N】 ♣BBG, CBG, FLBG, HBG, IBCAS, KBG, NBG, SCBG, TBG, TDBG, TMNS, XBG, XMBG, XTBG; ●BJ, FJ, GD, JS, JX, SC, SH, SN, TW, XJ, YN, ZJ; ★(NA): CR, CU, GT, HN, MX, NI, PR, SV, US; (SA): BO, CO, EC, PE.

匐地仙人掌 **Opuntia humifusa** (Raf.) Raf. 【I, C】 ♣HBG, NBG; ●BJ, JS, ZJ; ★(NA): US.

曲刺团扇 **Opuntia hyptiacantha** F. A. C. Weber 【I, C】 ★(NA): MX.

大粒团扇 **Opuntia inaequilaterlis** A. Berger 【I, C】 ★(SA): PE.

牙买加仙人掌 **Opuntia jamaicensis** Britton et Harris 【I, C】 ♣GA; ●JX; ★(NA): JM.

大叶姬珊瑚 **Opuntia kleiniae** DC. 【I, C】 ★(NA): US.

大极殿 **Opuntia lagunae** Baxter ex Bravo 【I, C】 ★(NA): MX.

宝剑（木耳掌、仙人镜）**Opuntia lanceolata** Haw. 【I, C】 ♣BBG, FLBG, GA, HBG, TBG, WBG, XMBG; ●BJ, FJ, GD, HB, JX, SH, TW, ZJ; ★(NA): US.

槭岛 **Opuntia lasiacantha** Pfeiff. 【I, C】 ★(NA): MX.

白毛掌（银世界）**Opuntia leucotricha** DC. 【I, C】 ♣BBG, CBG, CDBG, FLBG, HBG, KBG, NBG, SCBG, TBG, XBG, XMBG, XOIG; ●BJ, FJ, GD, JS, JX, SC, SH, SN, TW, YN, ZJ; ★(NA): MX, US.

火焰团扇 **Opuntia linguiformis** Griffiths 【I, C】 ♣CBG, FLBG; ●GD, JX, SH; ★(NA): US.

黄刺掌（海岸团扇）**Opuntia littoralis** (Engelm.) Cockerell 【I, C】 ♣SCBG; ●GD; ★(NA): US.

小摇 **Opuntia longispina** Haw. 【I, C】 ♣XMBG; ●FJ; ★(SA): BR.

猿猴团扇（天鼓）**Opuntia macrocentra** Engelm. 【I, C】 ★(NA): MX, US.

大根团扇 **Opuntia macrorhiza** Engelm. 【I, C】 ♣CBG; ●SH; ★(NA): MX, US.

黄毛掌 **Opuntia microdasys** (Lehm.) Pfeiff. 【I, C】 ♣BBG, CBG, CDBG, FBG, FLBG, GBG, GXIB, HBG, IBCAS, KBG, LBG, NBG, SCBG, TBG, TMNS, WBG, XBG, XMBG, XOIG, ZAFU; ●BJ, FJ, GD, GX, GZ, HB, JS, JX, SC, SH, SN, TW, YN, ZJ; ★(NA): MX.

*米斯提团扇 **Opuntia mistiensis** (Backeb.) G. D. Rowley 【I, C】 ♣CBG; ●SH; ★(SA): PE.

单刺仙人掌 **Opuntia monacantha** Haw. 【I, C/N】 ♣CBG, FBG, FLBG, GBG, HBG, KBG, XMBG, ZAFU; ●FJ, GD, GZ, JX, SC, SH, TW, YN, ZJ; ★(SA): AR, BR, PY, UY.

绵毛掌 **Opuntia orbiculata** Salm-Dyck ex Pfeiff. 【I, C】 ♣FLBG, HBG, SCBG, XMBG; ●BJ, FJ, GD, JX, ZJ; ★(NA): MX.

*沙巴拉团扇 **Opuntia oricola** Philbrick 【I, C】 ●TW; ★(NA): MX, US.

*帕兰团扇 **Opuntia pailana** Weing. 【I, C】 ●TW; ★(NA): MX.

仙人镜（土人团扇）**Opuntia phaeacantha** Engelm. 【I, C】 ♣FLBG, IBCAS, SCBG, XBG; ●BJ, GD, JX, SN, TW; ★(NA): US.

交野 **Opuntia pilifera** F. A. C. Weber 【I, C】 ♣IBCAS, XMBG; ●BJ, FJ; ★(NA): MX.

猬团扇(多刺仙人掌)**Opuntia polyacantha** Haw.【I, C】★(NA): US.

白狐团扇 **Opuntia polyacantha** var. **hystericina** (Engelm. et J. M. Bigelow) B. D. Parfitt 【I, C】♣IBCAS; ●BJ; ★(NA): US.

野狐 **Opuntia pycnantha** Engelm.【I, C】★(NA): MX.

长枪团扇 **Opuntia quimilo** K. Schum. 【I, C】♣SCBG; ●GD; ★(SA): AR, PY.

白枪团扇 **Opuntia rastrera** F. A. C. Weber 【I, C】★(NA): MX.

云烟城 **Opuntia ritteri** A. Berger 【I, C】★(NA): MX.

强性团扇(大盆丸、仙人扇)**Opuntia robusta** J. C. Wendl. 【I, C】♣BBG, LBG; ●BJ, JX, TW; ★(NA): MX, US.

墨乌帽子 **Opuntia rubescens** Salm-Dyck ex DC.【I, C】♣FLBG, XMBG; ●FJ, GD, JX; ★(NA): PR, US; (SA): BR.

赤乌帽子 **Opuntia rufida** Engelm. 【I, C】♣BBG, CDBG, FBG, FLBG, HBG, KBG, SCBG, XMBG; ●BJ, FJ, GD, JX, SC, TW, YN, ZJ; ★(NA): MX, US.

珊瑚掌(珊瑚树、圆筒仙人掌)**Opuntia salmiana** Parm. ex Pfeiff. 【I, C】♣HBG, KBG, SCBG, XMBG; ●BJ, FJ, GD, JS, LN, TJ, YN, ZJ; ★(SA): BO.

*猩红团扇 **Opuntia sanguinocula** Griffiths 【I, C】♣IBCAS; ●BJ; ★(NA): US.

金毛团扇 **Opuntia scheeri** F. A. C. Weber 【I, C】★(NA): MX.

天岭团扇 **Opuntia schickendantzii** F. A. C. Weber【I, C】★(SA): BO.

多刺团扇 **Opuntia spinosissima** Mill. 【I, C】★(NA): JM.

大绢肌团扇 **Opuntia spinulifera** Salm-Dyck 【I, C】★(NA): MX; (SA): PY.

扭刺仙人掌 **Opuntia streptacantha** Lem. 【I, C】♣CBG; ●SH; ★(NA): MX, US.

缩刺仙人掌(无刺团扇)**Opuntia stricta** (Haw.) Haw.【I, C】♣FBG, FLBG, XMBG; ●FJ, GD, JX, SC; ★(NA): MX, US.

仙人掌 **Opuntia stricta** var. **dillenii** (Ker Gawl.) L. D. Benson【I, C/N】♣CDBG, GA, GMG, GXIB, IBCAS, LBG, SCBG, TDBG, WBG, XLTBG, XMBG, ZAFU; ●BJ, FJ, GD, GX, HB, HI, JX, SC, TW, XJ, YN, ZJ; ★(NA): CU, MX, PR, US; (SA): EC, GF, VE.

绒毛团扇 **Opuntia tomentosa** Salm-Dyck 【I, C】★(NA): GT, MX.

金武扇(黄花仙人掌)**Opuntia tuna** (L.) Mill.【I, C】♣FLBG, SCBG, XMBG, XTBG; ●FJ, GD, JX, TW, YN; ★(SA): VE.

绢肌团扇 **Opuntia velutina** F. A. C. Weber 【I, C】★(NA): MX.

狼烟掌属 Tacinga

*布氏长蕊掌 **Tacinga braunii** Esteves【I, C】●TW; ★(SA): BR.

智利长蕊掌 **Tacinga inamoena** (K. Schum.) N. P. Taylor et Stuppy 【I, C】★(SA): CL.

丽刺掌属 Tunilla

*智利团扇 **Tunilla chilensis** (F. Ritter) D. R. Hunt et Iliff 【I, C】♣XMBG; ●FJ; ★(SA): CL.

玉团扇 **Tunilla corrugata** (Salm-Dyck) D. R. Hunt et Iliff 【I, C】★(SA): AR.

细圆团扇 **Tunilla erectoclada** (Backeb.) D. R. Hunt et Iliff 【I, C】★(SA): AR.

翅子掌属 Pterocactus

地龙 **Pterocactus tuberosus** (Pfeiff.) Britton et Rose 【I, C】♣TBG, XMBG; ●FJ, TW; ★(SA): AR.

铺云掌属 Puna

茸团扇 **Puna clavarioides** (Pfeiff.) R. Kiesling 【I, C】●BJ, TW; ★(SA): AR.

山小芥子 **Puna subterranea** (R. E. Fr.) R. Kiesling【I, C】★(SA): BO.

卧麒麟属 Maihuenia

奋迅枪 **Maihuenia patagonica** (Phil.) Britton et Rose 【I, C】★(SA): AR.

笛吹 **Maihuenia poeppigii** (Otto ex Pfeiff.) F. A. C. Weber 【I, C】★(SA): CL.

松露玉属 Blossfeldia

松露玉 **Blossfeldia liliputana** Werderm. 【I, C】♣BBG, CBG, SCBG, WBG, XMBG; ●BJ, FJ, GD,

HB, JS, SH, TW; ★(SA): BO.

金杯球属 Acharagma

金杯球（白刺球）**Acharagma roseanum** (Boed.) E. F. Anderson 【I, C】 ★(NA): MX.

岩牡丹属 Ariocarpus

龙舌牡丹 **Ariocarpus agavoides** (Castañeda) E. F. Anderson【I, C】♣GA, IBCAS, XMBG; ●BJ, FJ, JX, SH, TW; ★(NA): MX.

布拉奥牡丹 **Ariocarpus bravoanus** H. M. Hern. et E. F. Anderson 【I, C】 ●TW; ★(NA): MX.

欣顿牡丹 **Ariocarpus bravoanus** subsp. **hintonii** (Stuppy et N. P. Taylor) E. F. Anderson et W. A. Fitz Maur. 【I, C】 ♣CBG; ●SH; ★(NA): MX.

龟甲岩牡丹（龟甲牡丹）**Ariocarpus fissuratus** (Engelm.) K. Schum. 【I, C】 ♣BBG, IBCAS, WBG, XMBG; ●BJ, FJ, HB, SH, TW; ★(NA): MX.

连山 **Ariocarpus fissuratus** subsp. **lloydii** (Rose) U. Guzmán 【I, C】 ♣SCBG, XMBG; ●FJ, GD, TW; ★(NA): MX.

黑牡丹 **Ariocarpus kotschoubeyanus** (Lem.) K. Schum. 【I, C】 ♣BBG, CBG, GA, HBG, IBCAS, SCBG, XMBG; ●BJ, FJ, GD, JX, SH, TW, ZJ; ★(NA): MX.

岩牡丹 **Ariocarpus retusus** Scheidw. 【I, C】 ♣BBG, CBG, FLBG, HBG, IBCAS, KBG, SCBG, TMNS, WBG, XMBG; ●AH, BJ, FJ, GD, HB, JS, JX, SH, TW, YN, ZJ; ★(NA): MX.

三角牡丹 **Ariocarpus retusus** subsp. **trigonus** (F. A. C. Weber) E. F. Anderson et W. A. Fitz Maur. 【I, C】 ♣BBG, CBG, FLBG, IBCAS, SCBG, WBG, XMBG; ●BJ, FJ, GD, HB, JX, SH, TW; ★(NA): MX.

龙角牡丹 **Ariocarpus scaphirostris** Boed. 【I, C】 ♣HBG, IBCAS, XMBG; ●BJ, FJ, SH, TW, ZJ; ★(NA): MX.

星球属 Astrophytum

星冠（星球、有星）**Astrophytum asterias** (Zucc.) Lem. 【I, C】 ♣BBG, CBG, FBG, FLBG, HBG, IBCAS, KBG, SCBG, TMNS, WBG, XMBG; ●BJ, FJ, GD, HB, JX, SC, SH, TW, YN, ZJ; ★(NA): MX.

瑞凤玉（群凤玉）**Astrophytum capricorne** (A. Dietr.) Britton et Rose 【I, C】 ♣BBG, CBG, FBG, FLBG, HBG, IBCAS, NBG, SCBG, WBG, XMBG; ●BJ, FJ, GD, HB, JS, JX, SH, TW, ZJ; ★(NA): MX.

鸾凤玉 **Astrophytum myriostigma** Lem. 【I, C】 ♣BBG, CBG, CDBG, FLBG, GA, HBG, IBCAS, KBG, LBG, NBG, SCBG, WBG, XMBG, ZAFU; ●BJ, FJ, GD, HB, JS, JX, SC, SH, TW, YN, ZJ; ★(NA): MX.

般若 **Astrophytum ornatum** (DC.) Britton et Rose 【I, C】 ♣BBG, CBG, CDBG, FLBG, GA, GXIB, HBG, IBCAS, KBG, LBG, SCBG, TBG, TMNS, WBG, XMBG, ZAFU; ●BJ, FJ, GD, GX, HB, JX, SC, SH, TW, YN, ZJ; ★(NA): MX.

皱棱球属 Aztekium

白花笼（欣顿花笼）**Aztekium hintonii** Glass et W. A. Fitz Maur.【I, C】♣FLBG, SCBG, WBG, XMBG; ●BJ, FJ, GD, HB, JX, SH, TW; ★(NA): MX.

花笼 **Aztekium ritteri** (Boed.) Boed.【I, C】♣BBG, CBG, FLBG, SCBG, WBG, XMBG; ●BJ, FJ, GD, HB, JS, JX, SH, TW; ★(NA): MX.

凤梨球属 Coryphantha

南山丸（针刺球、针刺丸）**Coryphantha clavata** Backeb. 【I, C】 ♣TBG; ●TW; ★(NA): MX.

高丽丸 **Coryphantha compacta** (Engelm.) Britton et Rose 【I, C】 ★(NA): MX.

尖粒丸 **Coryphantha conimamma** (Linke) A. Berger 【I, C】 ★(NA): MX.

狮子奋迅 **Coryphantha cornifera** (DC.) Lem. 【I, C】♣BBG, CBG, FLBG, SCBG, XMBG; ●BJ, FJ, GD, JX, SH, TW; ★(NA): MX.

黑云丸 **Coryphantha delaetiana** (Quehl) A. Berger 【I, C】 ★(NA): MX.

银童 **Coryphantha durangensis** (Runge ex K. Schum.) Britton et Rose 【I, C】 ♣NBG; ●JS; ★(NA): MX.

针鼠丸 **Coryphantha echinoidea** (Quehl) Britton et Rose 【I, C】 ♣BBG, XMBG; ●BJ, FJ; ★(NA): MX.

烈刺丸 **Coryphantha echinus** (Engelm.) Britton et Rose 【I, C】 ●FJ, TW; ★(NA): US.

象牙丸 **Coryphantha elephantidens** (Lem.) Lem. 【I, C】 ♣BBG, CBG, CDBG, FLBG, IBCAS, NBG, SCBG, WBG, XMBG; ●BJ, FJ, GD, HB, JS, JX, SC, SH, TW; ★(NA): MX.

天司丸 **Coryphantha elephantidens** subsp. **bumamma** (Ehrenb.) Dicht et A. Lüthy【I, C】♣WBG, XMBG; ●FJ, HB, TW; ★(NA): MX.

格氏象牙丸 **Coryphantha elephantidens** subsp. **greenwoodii** (Bravo) Dicht et A. Lüthy【I, C】♣CBG; ●SH, TW; ★(NA): MX.

杨贵妃 **Coryphantha erecta** (Lem. ex Pfeiff.) Lem.【I, C】♣CDBG, FBG, NBG, TBG, XMBG; ●FJ, JS, SC, TW; ★(NA): MX.

美空丸 **Coryphantha georgii** Boed.【I, C】★(NA): MX.

佛光丸 **Coryphantha glanduligera** (Otto et A. Dietr.) Lem.【I, C】●TW; ★(NA): MX.

白豹 **Coryphantha gracilis** L. Bremer et A. B. Lau【I, C】★(NA): MX.

枪骑士 **Coryphantha longicornis** Boed.【I, C】★(NA): MX.

蓬莱山（大分丸）**Coryphantha macromeris** (Engelm.) Lem.【I, C】♣NBG; ●JS, TW; ★(NA): US.

勇天丸 **Coryphantha macromeris** subsp. **runyonii** (Britton et Rose) N. P. Taylor【I, C】♣XMBG; ●FJ; ★(NA): MX.

黑象丸 **Coryphantha maiz-tablasensis** Schwartz ex Backeb.【I, C】♣BBG, IBCAS, WBG, XMBG; ●BJ, FJ, HB, SH, TW; ★(NA): MX.

大粒丸（侠勇丸）**Coryphantha octacantha** (DC.) Britton et Rose【I, C】♣CBG, XMBG; ●FJ, SH; ★(NA): MX.

薰大将 **Coryphantha odorata** Boed.【I, C】♣CBG; ●SH, TW; ★(NA): MX.

舞狮子 **Coryphantha ottonis** (Pfeiff.) Lem.【I, C】★(NA): MX.

金环蚀 **Coryphantha pallida** Britton et Rose【I, C】♣CBG, FLBG, XMBG; ●FJ, GD, JX, SH, TW; ★(NA): MX.

古镜丸 **Coryphantha pallida** subsp. **calipensis** (Bravo ex Arias, U. Guzmán et S. Gama) R. F. Dicht et A. D. Lüthy【I, C】♣CBG; ●SH, TW; ★(NA): MX.

大祥冠 **Coryphantha poselgeriana** (D. Dietr.) Britton et Rose【I, C】●TW; ★(NA): MX.

热砂丸（濡衣）**Coryphantha pseudoechinus** Boed.【I, C】●TW; ★(NA): MX.

谱恋丸 **Coryphantha pulleineana** (Backeb.) Glass【I, C】★(NA): MX.

神乐狮子（菠萝拳）**Coryphantha pycnacantha** (Mart.) Lem.【I, C】♣CBG, HBG, SCBG, WBG, XMBG; ●FJ, GD, HB, SH, ZJ; ★(NA): MX.

丽阳丸 **Coryphantha recurvata** (Engelm.) Britton et Rose【I, C】★(NA): US.

凤华丸 **Coryphantha retusa** (Pfeiff.) Britton et Rose【I, C】♣XMBG; ●FJ, TW; ★(NA): MX.

白光城 **Coryphantha robustispina** (Schott ex Engelm.) Britton et Rose【I, C】★(NA): US.

丰华玉 **Coryphantha robustispina** subsp. **scheeri** (Lem.) N. P. Taylor【I, C】●TW; ★(NA): US.

银天祥 **Coryphantha salinensis** (Poselg.) A. Zimm. ex Dichf et A. Luethy【I, C】●TW; ★(NA): MX.

钢钉 **Coryphantha tripugionacantha** A. B. Lau【I, C】●TW; ★(NA): MX.

黑蛇 **Coryphantha vaupeliana** Boed.【I, C】★(NA): MX.

精美丸 **Coryphantha werdermannii** Boed.【I, C】♣CBG; ●SH; ★(NA): MX.

魔头玉属 Digitostigma

魔头玉（美杜莎）**Digitostigma caput-medusae** Velazco et Nevárez【I, C】♣XMBG; ●FJ, TW; ★(NA): MX.

金琥属 Echinocactus

金琥 **Echinocactus grusonii** Hildm.【I, C】♣BBG, CBG, CDBG, FBG, FLBG, GA, GXIB, HBG, IBCAS, KBG, LBG, NBG, SCBG, TMNS, WBG, XLTBG, XMBG, XOIG, ZAFU; ●AH, BJ, FJ, GD, GX, HB, HI, JS, JX, SC, SH, TW, YN, ZJ; ★(NA): MX.

太平丸（花王丸）**Echinocactus horizonthalonius** Lem.【I, C】♣SCBG, WBG, XMBG; ●FJ, GD, HB, SH, TW; ★(NA): US.

小平 **Echinocactus horizonthalonius** subsp. **nicholii** (L. D. Benson) U. Guzmán【I, C】♣BBG; ●BJ; ★(NA): US.

神龙玉 **Echinocactus parryi** Engelm.【I, C】●SH, TW; ★(NA): US.

弁庆（广刺球、鬼头丸）**Echinocactus platyacanthus** Link et Otto【I, C】♣CBG, IBCAS, NBG, SCBG, WBG, XMBG; ●BJ, FJ, GD, HB, JS, SH, TW; ★(NA): MX.

大龙冠 **Echinocactus polycephalus** Engelm. et J. M. Bigelow【I, C】♣CDBG, NBG, XMBG; ●FJ, JS,

SC, SH, TW; ★(NA): US.

龙女冠 **Echinocactus polycephalus** subsp. **xeranthemoides** (J. M. Coult.) N. P. Taylor 【I, C】 ♣HBG, XMBG; ●FJ, ZJ; ★(NA): US.

凌波 **Echinocactus texensis** Hopffer【I, C】♣BBG, CBG, HBG, NBG, WBG, XMBG; ●BJ, FJ, HB, JS, SC, SH, TW, ZJ; ★(NA): US.

初阵玉 **Echinocactus wippermannii** Muehlenpf.【I, C】 ★(NA): MX.

鱼钩球属 Echinomastus

白琅玉(红帘玉)**Echinomastus erectocentrus** (J. M. Coult.) Britton et Rose 【I, C】 ♣CBG, HBG, XMBG; ●FJ, SH, ZJ; ★(NA): US.

樱丸(棱玉) **Echinomastus intertextus** (Engelm.) Britton et Rose【I, C】♣HBG; ●ZJ; ★(NA): US.

英冠 **Echinomastus johnsonii** (Parry ex Engelm.) E. M. Baxter 【I, C】 ★(NA): US.

藤荣丸 **Echinomastus mariposensis** Hester 【I, C】 ●SH; ★(NA): US.

紫宝玉 **Echinomastus unguispinus** (Engelm.) Britton et Rose 【I, C】 ●TW; ★(NA): MX.

高特球 **Echinomastus warnockii** (Benson) Glass et R. A. Foster 【I, C】 ♣FLBG; ●GD, JX; ★(NA): US.

清影球属 Epithelantha

月世界 **Epithelantha micromeris** (Engelm.) F. A. C. Weber ex Britton et Rose【I, C】♣BBG, CBG, IBCAS, LBG, NBG, SCBG, WBG, XMBG; ●BJ, FJ, GD, HB, JS, JX, SH, TW; ★(NA): US.

小人帽子(月世界)**Epithelantha micromeris** subsp. **bokei** (L. D. Benson) U. Guzmán 【I, C】 ♣BBG, CBG, IBCAS, SCBG, XMBG; ●BJ, FJ, GD, SH, TW; ★(NA): US.

天世界 **Epithelantha micromeris** subsp. **greggii** (Engelm.) N. P. Taylor【I, C】♣CBG, NBG; ●JS, SH, TW; ★(NA): US.

魔法之卵 **Epithelantha micromeris** subsp. **pachyrhiza** (W. T. Marshall) N. P. Taylor 【I, C】 ●FJ; ★(NA): US.

鹤之卵 **Epithelantha micromeris** subsp. **polycephala** (Backeb.) Glass 【I, C】 ★(NA): US.

乐屋姬 **Epithelantha micromeris** subsp. **unguispina** (Boed.) N. P. Taylor【I, C】♣CBG, XMBG; ●FJ, SH; ★(NA): US.

松笠球属 Escobaria

*阿松笠 **Escobaria aguirreana** (Glass et R. A. Foster) N. P. Taylor 【I, C】 ●TW; ★(NA): MX.

淡雪丸 **Escobaria dasyacantha** (Engelm.) Britton et Rose 【I, C】 ♣CBG; ●SH, TW; ★(NA): US.

砂漠丸 **Escobaria deserti** (Engelm.) Buxb. 【I, C】 ★(NA): US.

流浪丸 **Escobaria emskoetteriana** (Quehl) Borg【I, C】 ★(NA): MX, US.

曙光 **Escobaria hesteri** (Y. Wright) Buxb. 【I, C】 ♣BBG; ●BJ; ★(NA): US.

鹿鸣 **Escobaria lloydii** Britton et Rose 【I, C】 ♣CBG; ●SH; ★(NA): MX.

紫王子 **Escobaria minima** (Baird) D. R. Hunt 【I, C】 ♣BBG, CBG; ●BJ, SH; ★(NA): US.

给分丸 **Escobaria missouriensis** (Sweet) D. R. Hunt【I, C】♣CBG, HBG, XMBG; ●FJ, SH, ZJ; ★(NA): CA, US.

金盃(星光玉)**Escobaria roseana** (Boed.) Buxb.【I, C】 ●TW; ★(NA): MX.

须弥山(紫王子) **Escobaria sneedii** Britton et Rose【I, C】 ♣BBG; ●BJ; ★(NA): US.

松球丸 **Escobaria tuberculosa** (Engelm.) Britton et Rose 【I, C】 ♣CBG; ●SH, TW; ★(NA): US.

北极丸 **Escobaria vivipara** (Nutt.) Buxb. 【I, C】 ♣CBG; ●SH; ★(NA): US.

强刺球属 Ferocactus

荒鹫 **Ferocactus alamosanus** (Britton et Rose) Britton et Rose 【I, C】 ♣BBG, FLBG, HBG, IBCAS, XMBG; ●BJ, FJ, GD, JX, SC, TW, ZJ; ★(NA): MX.

雷氏球 **Ferocactus alamosanus** subsp. **reppenhagenii** (G. Unger) N. P. Taylor 【I, C】 ♣BBG; ●BJ, SH, TW; ★(NA): MX.

金冠龙 **Ferocactus chrysacanthus** (Orcutt) Britton et Rose【I, C】♣BBG, CBG, IBCAS, NBG, WBG, XMBG; ●BJ, FJ, HB, JS, SH, TW; ★(NA): MX.

白鸟丸 **Ferocactus cylindraceus** (Engelm.) Orcutt【I, C】 ♣BBG, CBG, CDBG, FLBG, HBG, LBG, NBG, SCBG, XMBG; ●BJ, FJ, GD, JS, JX, SC, SH, TW, ZJ; ★(NA): MX, US.

紫禁城 **Ferocactus diguetii** (A. A. Weber) Britton et Rose 【I, C】 ♣IBCAS; ●BJ, FJ, TW; ★(NA): MX.

龙虎 **Ferocactus echidne** (DC.) Britton et Rose 【I, C】 ♣FLBG, SCBG, XMBG; ●FJ, GD, JX, TW; ★(NA): MX.

江守玉 **Ferocactus emoryi** (Engelm.) Orcutt 【I, C】 ♣BBG, CBG, FLBG, HBG, NBG, SCBG, WBG, XMBG; ●BJ, FJ, GD, HB, JS, JX, SH, TW, ZJ; ★(NA): MX, US.

烈刺玉 **Ferocactus emoryi** subsp. **rectispinus** (Engelm.) N. P. Taylor 【I, C】 ♣BBG, CBG, XMBG; ●BJ, FJ, SH, TW; ★(NA): MX, US.

新绿玉 **Ferocactus flavovirens** (Scheidw.) Britton et Rose 【I, C】 ♣FLBG, HBG, XMBG; ●FJ, GD, JX, ZJ; ★(NA): MX.

红洋丸 **Ferocactus fordii** (Orcutt) Britton et Rose 【I, C】 ♣FLBG, NBG, SCBG, XMBG; ●FJ, GD, JS, JX, TW; ★(NA): MX.

王冠龙 **Ferocactus glaucescens** (DC.) Britton et Rose 【I, C】 ♣CBG, CDBG, FLBG, GA, IBCAS, KBG, NBG, SCBG, WBG, XMBG; ●BJ, FJ, GD, HB, JS, JX, SC, SH, TW, YN; ★(NA): MX.

刈穗玉(神仙玉) **Ferocactus gracilis** H. E. Gates 【I, C】 ♣BBG, CBG, FLBG, HBG, SCBG, XMBG; ●BJ, FJ, GD, JX, SH, TW, ZJ; ★(NA): US.

神仙玉 **Ferocactus gracilis** subsp. **coloratus** (H. E. Gates) N. P. Taylor 【I, C】 ♣FLBG, SCBG; ●GD, JX, TW; ★(NA): US.

龙鹏玉 **Ferocactus gracilis** subsp. **gatesii** (G. E. Linds.) N. P. Taylor 【I, C】 ♣XMBG; ●FJ, TW; ★(NA): US.

大虹 **Ferocactus hamatacanthus** (Muehlenpf.) Britton et Rose 【I, C】 ♣BBG, CDBG, HBG, LBG, NBG, SCBG, WBG, XMBG; ●BJ, FJ, GD, HB, JS, JX, SC, SH, TW, ZJ; ★(NA): MX, US.

夕虹 **Ferocactus hamatacanthus** subsp. **sinuatus** (A. Dietr.) N. P. Taylor 【I, C】 ♣FLBG; ●BJ, GD, JX, SH, TW; ★(NA): MX, US.

春楼(伟刺仙人球) **Ferocactus herrerae** J. G. Ortega 【I, C】 ♣CBG, CDBG, FLBG, TMNS, XMBG; ●BJ, FJ, GD, JX, SC, SH, TW; ★(NA): MX.

文鸟丸 **Ferocactus histrix** A. K. Linds. 【I, C】 ♣CBG, FLBG, IBCAS, NBG, SCBG, XMBG; ●BJ, FJ, GD, JS, JX, SH, TW; ★(NA): MX.

赤城 **Ferocactus macrodiscus** (Mart.) Britton et Rose 【I, C】 ♣BBG, CBG, CDBG, FLBG, IBCAS, SCBG, WBG, XMBG; ●BJ, FJ, GD, HB, JX, SC, SH, TW; ★(NA): MX.

半岛玉(巨鹫玉) **Ferocactus peninsulae** (A. A. Weber) Britton et Rose 【I, C】 ♣BBG, CBG, CDBG, FLBG, GA, IBCAS, KBG, NBG, SCBG, WBG, XMBG; ●BJ, FJ, GD, HB, JS, JX, SC, SH, TW, YN; ★(NA): US.

夜叉头 **Ferocactus peninsulae** var. **santa-maria** (Britton et Rose) N. P. Taylor 【I, C】 ●TW; ★(NA): US.

红珠丸 **Ferocactus peninsulae** var. **townsendianus** (Britton et Rose) N. P. Taylor 【I, C】 ♣HBG, WBG, XMBG; ●FJ, HB, TW, ZJ; ★(NA): US.

有毛玉(赤凤) **Ferocactus pilosus** (Galeotti ex Salm-Dyck) Werderm. 【I, C】 ♣BBG, CBG, FBG, FLBG, GXIB, HBG, IBCAS, LBG, NBG, SCBG, WBG, XMBG; ●BJ, FJ, GD, GX, HB, JS, JX, SC, SH, TW, ZJ; ★(NA): MX.

红鹰(多色玉) **Ferocactus pottsii** (Salm-Dyck) Backeb. 【I, C】 ●TW; ★(NA): MX.

真珠 **Ferocactus recurvus** (Mill.) Borg 【I, C】 ♣BBG, CBG, FLBG, SCBG, WBG, XMBG; ●BJ, FJ, GD, HB, JX, SC, SH, TW; ★(NA): MX.

勇壮丸 **Ferocactus robustus** (Karw. ex Pfeiff.) Britton et Rose 【I, C】 ♣BBG, FLBG, XMBG; ●BJ, FJ, GD, JX, TW; ★(NA): MX.

黄彩玉 **Ferocactus schwarzii** G. E. Linds. 【I, C】 ♣BBG, CBG, FBG, FLBG, IBCAS, SCBG, XMBG; ●BJ, FJ, GD, JX, SH, TW; ★(NA): MX.

旋风玉 **Ferocactus tortulispinus** H. E. Gates 【I, C】 ★(NA): MX.

淡绿玉(巨鹫玉、龙眼) **Ferocactus viridescens** (Nutt. ex Torr. et A. Gray) Britton et Rose 【I, C】 ♣CDBG, FBG, FLBG, NBG, SCBG, XMBG; ●CQ, FJ, GD, JS, JX, SC, TW; ★(NA): US.

金赤龙 **Ferocactus wislizeni** (Engelm.) Britton et Rose 【I, C】 ♣BBG, CBG, FLBG, NBG, SCBG, XMBG; ●BJ, FJ, GD, JS, JX, SH, TW; ★(NA): US.

庆福球属 Geohintonia

金仙球 **Geohintonia mexicana** Glass et W. A. Fitz Maur. 【I, C】 ♣CBG; ●SH, TW; ★(NA): MX.

光山玉属 Leuchtenbergia

光山玉(光山) **Leuchtenbergia principis** Hook. 【I, C】 ♣BBG, CBG, FLBG, HBG, IBCAS, SCBG, WBG, XMBG; ●BJ, FJ, GD, HB, JX, SH, TW, ZJ; ★(NA): MX.

乌羽玉属 Lophophora

翠冠玉 **Lophophora diffusa** (Croizat) Bravo【I, C】♣BBG, FLBG, IBCAS, NBG, WBG, XMBG; ●BJ, FJ, GD, HB, JS, JX, TW; ★(NA): MX.

乌羽玉 **Lophophora williamsii** (Lem. ex Salm-Dyck) J. M. Coult.【I, C】♣BBG, CBG, FLBG, IBCAS, SCBG, TMNS, WBG, XMBG; ●BJ, FJ, GD, HB, JX, SH, TW; ★(NA): US.

乳突球属 Mammillaria

白天丸 **Mammillaria albicans** (Britton et Rose) A. Berger【I, C】★(NA): MX.

风莲丸（秀明殿）**Mammillaria albicans** subsp. **fraileana** (Britton et Rose) D. R. Hunt【I, C】●SH, TW; ★(NA): MX.

白羊丸 **Mammillaria albicoma** Boed.【I, C】♣BBG, SCBG; ●BJ, GD, TW; ★(NA): MX.

白鹭丸 **Mammillaria albiflora** Backeb.【I, C】♣CBG, SCBG, XMBG; ●FJ, GD, SH, TW; ★(NA): MX.

希望丸 **Mammillaria albilanata** Backeb.【I, C】♣CBG, CDBG, FLBG, NBG, XMBG; ●FJ, GD, JS, JX, SC, SH, TW; ★(NA): MX.

*阿玛丸 **Mammillaria amajacensis** Brachet et M. Lacoste【I, C】●TW; ★(NA): MX.

*安妮丸 **Mammillaria anniana** Glass et R. C. Foster【I, C】●TW; ★(NA): MX.

峻钩（若紫）**Mammillaria armillata** K. Brandegee【I, C】♣CBG; ●SH; ★(NA): MX.

姬衣 **Mammillaria aureilanata** Backeb.【I, C】●TW; ★(NA): MX.

巴克丸 **Mammillaria backebergiana** F. G. Buchenau【I, C】●TW; ★(NA): MX.

*恩氏丸 **Mammillaria backebergiana** subsp. **ernestii** (Fittkau) D. R. Hunt【I, C】●TW; ★(NA): MX.

香花丸 **Mammillaria baumii** Boed.【I, C】♣BBG, CBG, CDBG, FLBG, SCBG, XMBG; ●BJ, FJ, GD, JX, SC, SH, TW; ★(NA): MX.

铃丸（琴座）**Mammillaria beneckei** Ehrenb.【I, C】●TW; ★(NA): MX.

*拜尔基丸 **Mammillaria berkiana** A. B. Lau【I, C】♣BBG; ●BJ, TW; ★(NA): MX.

绫衣 **Mammillaria blossfeldiana** Boed.【I, C】●SH; ★(NA): MX.

高砂球（高砂）**Mammillaria bocasana** Poselger【I, C】♣BBG, CBG, CDBG, GA, HBG, KBG, NBG, SCBG, WBG, XMBG; ●BJ, FJ, GD, HB, JS, JX, SC, SH, TW, YN, ZJ; ★(NA): MX.

雪衣（优冠丸）**Mammillaria bocasana** subsp. **eschauzieri** (J. M. Coult.) Fitz Maurice et B. Fitz Maurice【I, C】♣XMBG; ●FJ; ★(NA): MX.

新妇人 **Mammillaria bocensis** Craig【I, C】●TW; ★(NA): MX.

波哥大丸 **Mammillaria bogotensis** Werderm.【I, C】●TW; ★(SA): CO.

丰明丸 **Mammillaria bombycina** Quehl【I, C】♣BBG, CBG, CDBG, HBG, LBG, SCBG, XMBG; ●BJ, FJ, GD, JX, SC, SH, TW, ZJ; ★(NA): MX.

似丰明丸 **Mammillaria bombycina** subsp. **perez-delarosae** (Bravo et Scheinvar) D. R. Hunt【I, C】♣BBG; ●BJ, TW; ★(NA): MX.

富士 **Mammillaria boolii** G. E. Linds.【I, C】♣BBG; ●BJ, SH, TW; ★(NA): MX.

春花丸 **Mammillaria brownii** Toumey【I, C】♣FLBG; ●GD, JX; ★(NA): US.

姬球 **Mammillaria carmenae** Castañeda et Munez【I, C】♣IBCAS; ●BJ, SH, TW; ★(NA): MX.

火焰丸 **Mammillaria carnea** Zucc. ex Pfeiff.【I, C】♣HBG, WBG, XMBG; ●FJ, HB, ZJ; ★(NA): MX.

银星 **Mammillaria carretii** Rebut ex K. Schum.【I, C】★(NA): MX.

黄神丸 **Mammillaria celsiana** Lem.【I, C】♣CBG, CDBG, HBG, XMBG; ●FJ, SC, SH, TW, ZJ; ★(NA): MX.

关白 **Mammillaria coahuilensis** (Boed.) Moran【I, C】★(NA): MX.

*白刺丸 **Mammillaria coahuilensis** subsp. **albiarmata** (Boed.) D. R. Hunt【I, C】●TW; ★(NA): MX.

昆仑丸 **Mammillaria columbiana** Salm-Dyck【I, C】♣HBG, XMBG; ●FJ, TW, ZJ; ★(SA): CO.

雅光丸 **Mammillaria columbiana** subsp. **yucatanensis** (Britton et Rose) D. R. Hunt【I, C】♣CBG; ●SH, TW; ★(SA): CO.

白龙丸 **Mammillaria compressa** DC.【I, C】♣CBG, CDBG, FLBG, HBG, IBCAS, KBG, NBG, WBG, XMBG, XTBG; ●BJ, FJ, GD, HB, JS, JX, SC, SH, TW, YN, ZJ; ★(NA): MX.

彩莲 **Mammillaria crinita** DC.【I, C】●TW; ★(NA): MX.

仙丽丸 **Mammillaria crinita** subsp. **leucantha**

(Boed.) D. R. Hunt 【I, C】 ♣CBG, HBG, XMBG; ●FJ, SH, ZJ; ★(NA): MX.

七七子 **Mammillaria crinita** subsp. **wildii** (A. Dietr.) D. R. Hunt 【I, C】 ♣BBG, FLBG, HBG, WBG, XMBG; ●BJ, FJ, GD, HB, JX, TW, ZJ; ★(NA): MX.

白云丸 **Mammillaria crucigera** Mart. 【I, C】 ♣BBG, CBG, FBG, XMBG; ●BJ, FJ, SH, TW; ★(NA): MX.

*塔落丸 **Mammillaria crucigera** subsp. **tlalocii** (Repp.) D. R. Hunt 【I, C】 ●TW; ★(NA): MX.

三保之松 **Mammillaria decipiens** Scheidw. 【I, C】 ♣NBG, SCBG, XMBG; ●FJ, GD, TW; ★(NA): MX.

唐琴丸（白鸟座）**Mammillaria decipiens** subsp. **albescens** (Teiegel) Hunt 【I, C】 ♣FLBG; ●GD, JX; ★(NA): MX.

琴丝丸 **Mammillaria decipiens** subsp. **camptotricha** (Dams) D. R. Hunt 【I, C】 ♣FLBG, HBG, KBG, SCBG, XMBG; ●FJ, GD, JX, TW, YN, ZJ; ★(NA): MX.

优婉丸 **Mammillaria deherdtiana** Farwig 【I, C】 ♣CBG; ●SH; ★(NA): MX.

*多德森丸 **Mammillaria deherdtiana** subsp. **dodsonii** (Bravo) D. R. Hunt 【I, C】 ●TW; ★(NA): MX.

圣母丸 **Mammillaria densispina** (J. M. Coult.) Orcutt 【I, C】 ●TW; ★(NA): MX.

单独丸（单独球）**Mammillaria dioica** K. Brandegee 【I, C】 ♣XMBG; ●BJ, FJ; ★(NA): US.

异色丸 **Mammillaria discolor** Haw. 【I, C】 ♣CBG; ●SH; ★(NA): MX.

梦黄金 **Mammillaria dixanthocentron** Backeb. 【I, C】 ♣BBG; ●BJ, TW; ★(NA): MX.

冥王星 **Mammillaria duoformis** R. T. Craig et E. Y. Dawson 【I, C】 ♣CBG; ●SH, TW; ★(NA): MX.

杜威丸（都威球）**Mammillaria duwei** Rogoz. et Appenz. 【I, C】 ●SH, TW; ★(NA): MX.

金手指 **Mammillaria elongata** DC. 【I, C】 ♣FBG, KBG; ●FJ, YN; ★(NA): GT, MX.

黄金丸 **Mammillaria elongata** subsp. **echinaria** (DC.) D. R. Hunt 【I, C】 ♣XOIG; ●FJ, TW; ★(NA): GT, MX.

惠比寿丸 **Mammillaria erythrosperma** Boed. 【I, C】 ●TW; ★(NA): MX.

美形丸 **Mammillaria formosa** Galeotti ex Scheidw. 【I, C】 ♣SCBG; ●GD, TW; ★(NA): MX.

雪头丸 **Mammillaria formosa** subsp. **chionocephala** (J. A. Purpus) D. R. Hunt 【I, C】 ♣BBG, CBG, FBG, HBG, XMBG; ●BJ, FJ, SH, TW, ZJ; ★(NA): MX.

雪绢 **Mammillaria formosa** subsp. **microthele** (Muehlenpf.) D. R. Hunt 【I, C】 ♣CBG, NBG; ●JS, SH, TW; ★(NA): MX.

白玉兔 **Mammillaria geminispina** Haw. 【I, C】 ♣BBG, CBG, CDBG, FBG, FLBG, HBG, IBCAS, NBG, SCBG, WBG, XMBG; ●BJ, FJ, GD, HB, JS, JX, SC, SH, TW, ZJ; ★(NA): MX.

永春丸 **Mammillaria gigantea** Hildm. ex K. Schum. 【I, C】 ♣XMBG; ●FJ, TW; ★(NA): MX.

嘉氏丸 **Mammillaria glassii** R. A. Foster 【I, C】 ♣CBG, XMBG; ●FJ, SH, TW; ★(NA): MX.

钩刺丸 **Mammillaria glochidiata** Mart. 【I, C】 ♣HBG, XMBG; ●FJ, ZJ; ★(NA): MX.

*紫金丸（紫金龙）**Mammillaria grahamii** Engelm. 【I, C】 ●TW; ★(NA): US.

丽光殿 **Mammillaria guelzowiana** Werderm. 【I, C】 ♣CBG, SCBG, XMBG; ●FJ, GD, SH, TW; ★(NA): MX.

日月丸 **Mammillaria haageana** Pfeiff. 【I, C】 ♣CBG, FLBG, HBG, NBG, XMBG; ●FJ, GD, JS, JX, SH, TW, ZJ; ★(NA): MX.

雪月花 **Mammillaria haageana** subsp. **elegans** D. R. Hunt 【I, C】 ♣KBG, XMBG; ●BJ, FJ, TW, YN; ★(NA): MX.

月蚀丸 **Mammillaria haageana** subsp. **vaupelii** (Tiegel) U. Guzmán 【I, C】 ♣XMBG; ●FJ; ★(NA): MX.

玉翁 **Mammillaria hahniana** Werderm. 【I, C】 ♣BBG, CBG, CDBG, FLBG, GA, HBG, IBCAS, LBG, NBG, SCBG, TMNS, WBG, XLTBG, XMBG; ●AH, BJ, FJ, GD, HB, HI, JS, JX, SC, SH, TW, ZJ; ★(NA): MX.

映雪 **Mammillaria hahniana** subsp. **bravoae** (R. T. Craig) D. R. Hunt 【I, C】 ♣CBG, HBG; ●SH, ZJ; ★(NA): MX.

鹤裳丸 **Mammillaria hahniana** subsp. **mendeliana** (Bravo) Hunt 【I, C】 ♣FLBG, XMBG; ●FJ, GD, JX; ★(NA): MX.

雾栖丸 **Mammillaria hahniana** subsp. **woodsii** (R. T. Craig) D. R. Hunt 【I, C】 ●TW; ★(NA): MX.

早春丸 **Mammillaria heeseana** McDowell 【I, C】 ♣XMBG; ●FJ; ★(NA): MX.

菊花丸 **Mammillaria hernandezii** Glass et R. C.

Foster 【I, C】 ♣CBG, XMBG; ●FJ, SH, TW; ★(NA): MX.

白鸟 **Mammillaria herrerae** Werderm. 【I, C】 ♣CBG, NBG, XMBG; ●FJ, JS, SH, TW; ★(NA): MX.

御晃丸 **Mammillaria hertrichiana** R. T. Craig 【I, C】 ♣CBG; ●SH; ★(NA): MX.

御幸丸 **Mammillaria heyderi** Muehlenpf. 【I, C】 ♣HBG, XMBG; ●FJ, TW, ZJ; ★(NA): MX, US.

白雪丸 **Mammillaria heyderi** subsp. **hemisphaerica** D. R. Hunt 【I, C】 ♣NBG; ●JS; ★(NA): MX, US.

帝龙 **Mammillaria heyderi** subsp. **macdougalii** (Rose) D. R. Hunt 【I, C】 ●SH; ★(NA): MX, US.

*维齐丸 **Mammillaria huitzilopochtli** D. R. Hunt 【I, C】 ●TW; ★(NA): MX.

姬春星 **Mammillaria humboldtii** Ehrenb. 【I, C】 ♣CBG, SCBG, XMBG; ●FJ, GD, SH, TW; ★(NA): MX.

夜栗鼠丸 **Mammillaria jaliscana** (Britton et Rose) Boed. 【I, C】 ♣CBG; ●SH; ★(NA): MX.

雷鸟丸 **Mammillaria johnstonii** (Britton et Rose) Orcutt 【I, C】 ♣CBG, XMBG; ●FJ, SH; ★(NA): MX.

荒凉丸 **Mammillaria karwinskiana** Mart. 【I, C】 ♣FLBG, NBG, XMBG; ●FJ, GD, JS, JX; ★(NA): MX.

白蛇丸 **Mammillaria karwinskiana** subsp. **nejapensis** (R. T. Craig et E. Y. Dawson) D. R. Hunt 【I, C】 ♣CBG, XMBG; ●FJ, SH, TW; ★(NA): MX.

翁玉 **Mammillaria klissingiana** Boed. 【I, C】 ♣CDBG, FLBG, XMBG; ●FJ, GD, JX, SC, TW; ★(NA): MX.

姬玉(曙)**Mammillaria lasiacantha** Engelm. 【I, C】 ♣CBG; ●SH, TW; ★(NA): US.

梦殿丸 **Mammillaria lasiacantha** subsp. **egregia** (Backeb. ex Rogoz. et Appenz.) D. R. Hunt 【I, C】 ●SH, TW; ★(NA): US.

魔美丸 **Mammillaria lasiacantha** subsp. **magallanii** (Schmoll ex R. T. Craig) D. R. Hunt 【I, C】 ♣XMBG; ●FJ, TW; ★(NA): US.

雷云丸(拉乌球)**Mammillaria laui** D. R. Hunt 【I, C】 ♣CBG, XMBG; ●FJ, SH, TW; ★(NA): MX.

*中刺雷云丸 **Mammillaria laui** subsp. **subducta** (D. R. Hunt) D. R. Hunt 【I, C】 ♣BBG; ●BJ, TW; ★(NA): MX.

白娟丸 **Mammillaria lenta** K. Brandegee 【I, C】 ♣BBG, CBG; ●BJ, SH, TW; ★(NA): MX.

深绿丸(星恋)**Mammillaria lloydii** (Britton et Rose) Orcutt 【I, C】 ♣CBG; ●SH; ★(NA): MX.

云峰 **Mammillaria longiflora** (Britton et Rose) A. Berger 【I, C】 ♣CBG, XMBG; ●FJ, SH; ★(NA): MX.

金星丸(金星)**Mammillaria longimamma** DC. 【I, C】 ♣BBG, CBG, CDBG, FLBG, HBG, IBCAS, NBG, SCBG, TBG, WBG, XMBG; ●BJ, FJ, GD, HB, JS, JX, SC, SH, TW, ZJ; ★(NA): MX, US.

松针牡丹 **Mammillaria luethyi** G. S. Hinton 【I, C】 ●TW; ★(NA): MX.

京舞 **Mammillaria magnifica** F. G. Buchenau 【I, C】 ♣BBG, XMBG; ●BJ, FJ, TW; ★(NA): MX.

梦幻城 **Mammillaria magnimamma** Haw. 【I, C】 ♣BBG, CBG, FLBG, HBG, IBCAS, NBG, SCBG, XMBG, XTBG; ●BJ, FJ, GD, JS, JX, SH, TW, YN, ZJ; ★(NA): MX.

单衣丸 **Mammillaria mammillaris** (L.) H. Karst. 【I, C】 ♣NBG, SCBG; ●GD, JS, TW; ★(SA): VE.

*马科丸 **Mammillaria marcosii** Fitz Maurice, B. Fitz Maurice et Glass 【I, C】 ●TW; ★(NA): MX.

金洋丸 **Mammillaria marksiana** Krainz 【I, C】 ♣BBG, CDBG, FLBG, XMBG; ●BJ, FJ, GD, JX, SC, TW; ★(NA): MX.

*玛蒂丸 **Mammillaria mathildae** Kraehenb. et Krainz 【I, C】 ●TW; ★(NA): MX.

赤刺丸 **Mammillaria matudae** Bravo 【I, C】 ♣BBG, CBG; ●BJ, SH, TW; ★(NA): MX.

红多刺柱(绯绒)**Mammillaria mazatlanensis** K. Schum. 【I, C】 ♣HBG, XMBG; ●FJ, ZJ; ★(NA): MX.

*白千丸 **Mammillaria melaleuca** Karw. ex Salm-Dyck 【I, C】 ●TW; ★(NA): MX.

优雅丸 **Mammillaria melanocentra** Poselger 【I, C】 ♣BBG, CBG, XMBG; ●BJ, FJ, SH, TW; ★(NA): MX.

朝雾 **Mammillaria microhelia** Werderm. 【I, C】 ♣SCBG, TBG, XMBG; ●FJ, GD, TW; ★(NA): MX.

夕云雀 **Mammillaria mieheana** Tiegel 【I, C】 ●TW; ★(NA): MX.

菊慈童 **Mammillaria moelleriana** Boed. 【I, C】 ♣BBG, CBG, HBG; ●BJ, SH, TW, ZJ; ★(NA): MX.

黄绫丸（明耀丸）**Mammillaria muehlenpfordtii** Foerster 【I, C】 ♣CBG, FLBG, HBG, XMBG; ●FJ, GD, JX, SH, TW, ZJ; ★(NA): MX.

玉簪球 **Mammillaria multidigitata** W. T. Marshall ex Linds. 【I, C】 ♣CBG; ●SH; ★(NA): MX.

贵宝丸（多子乳球）**Mammillaria mystax** Mart. 【I, C】 ♣HBG, SCBG; ●GD, TW, ZJ; ★(NA): MX.

蝶蝶丸 **Mammillaria nana** Backeb. 【I, C】 ♣CBG; ●SH, TW; ★(NA): MX.

金银司 **Mammillaria nivosa** Link ex Pfeiff. 【I, C】 ♣BBG, CBG; ●BJ, SH, TW; ★(NA): US.

龙女丸 **Mammillaria nunezii** (Britton et Rose) Orcutt 【I, C】 ♣CBG, XMBG; ●FJ, SH; ★(NA): MX.

红星丸（美丽丸）**Mammillaria nunezii** subsp. **bella** (Backeb.) D. R. Hunt 【I, C】 ♣CBG; ●SH; ★(NA): MX.

白玉丸（白玉球）**Mammillaria parkinsonii** Ehrenb. 【I, C】 ♣XMBG; ●BJ, FJ, TW; ★(NA): MX.

白斜子 **Mammillaria pectinifera** F. A. C. Weber 【I, C】 ♣SCBG, XMBG; ●FJ, GD, SH, TW; ★(NA): MX.

阳炎 **Mammillaria pennispinosa** Krainz 【I, C】 ♣CBG, FLBG, XMBG; ●FJ, GD, JX, SH, TW; ★(NA): MX.

大福丸 **Mammillaria perbella** Hildm. ex K. Schum. 【I, C】 ♣CBG, CDBG, FLBG, HBG, KBG, NBG, XMBG; ●FJ, GD, JS, JX, SC, SH, TW, YN, ZJ; ★(NA): MX.

女神丸（美帝丸）**Mammillaria petterssonii** Hildm. 【I, C】 ♣BBG, CBG; ●BJ, SH, TW; ★(NA): MX.

鸩巢丸 **Mammillaria picta** Meinsh. 【I, C】 ●TW; ★(NA): MX.

白星 **Mammillaria plumosa** F. A. C. Weber 【I, C】 ♣BBG, CBG, CDBG, FLBG, HBG, IBCAS, NBG, SCBG, WBG, XMBG; ●BJ, FJ, GD, HB, JS, JX, SC, SH, TW, ZJ; ★(NA): MX.

秀眉丸 **Mammillaria polyedra** Mart. 【I, C】 ♣CBG; ●SH; ★(NA): MX.

云峰乳球 **Mammillaria polygona** Salm-Dyck 【I, C】 ♣SCBG; ●GD; ★(NA): MX.

胡砂丸 **Mammillaria polythele** Mart. 【I, C】 ♣HBG, NBG, XMBG; ●FJ, JS, TW, ZJ; ★(NA): MX.

摘星楼 **Mammillaria polythele** subsp. **durispina** (Boed.) D. R. Hunt 【I, C】 ♣XMBG; ●FJ; ★(NA): MX.

长者丸 **Mammillaria polythele** subsp. **obconella** (Scheidw.) D. R. Hunt 【I, C】 ●TW; ★(NA): MX.

海彦 **Mammillaria pondii** subsp. **maritima** (G. E. Linds.) D. R. Hunt 【I, C】 ♣BBG; ●BJ; ★(NA): MX.

罗刹丸（龙珠）**Mammillaria pondii** subsp. **setispina** (J. M. Coult.) D. R. Hunt 【I, C】 ♣CBG; ●SH; ★(NA): MX.

幡紫龙 **Mammillaria poselgeri** Hildm. 【I, C】 ♣BBG; ●BJ; ★(NA): MX.

松霞（多子球）**Mammillaria prolifera** (Mill.) Haw. 【I, C】 ♣FLBG, HBG, KBG, LBG, NBG, SCBG, TBG, XMBG; ●FJ, GD, JS, JX, SC, TW, YN, ZJ; ★(NA): MX, US.

金松玉 **Mammillaria prolifera** subsp. **haitiensis** (K. Schum.) D. R. Hunt 【I, C】 ♣HBG, SCBG; ●GD, ZJ; ★(NA): MX, US.

春霞 **Mammillaria prolifera** subsp. **multiceps** (Salm-Dyck) U. Guzmán 【I, C】 ♣HBG, SCBG; ●GD, ZJ; ★(NA): MX, US.

海泉 **Mammillaria rekoi** Vaupel 【I, C】 ●TW; ★(NA): MX.

黄仙 **Mammillaria rekoi** subsp. **aureispina** (A. B. Lau) D. R. Hunt 【I, C】 ●TW; ★(NA): MX.

*细茜丸 **Mammillaria rekoi** subsp. **leptacantha** (A. B. Lau) D. R. Hunt 【I, C】 ●TW; ★(NA): MX.

积雪丸 **Mammillaria rettigiana** Boed. 【I, C】 ♣HBG, XMBG; ●FJ, TW, ZJ; ★(NA): MX.

朝日丸 **Mammillaria rhodantha** Link et Otto 【I, C】 ♣BBG, CDBG, FLBG, GMG, HBG, NBG, SCBG, WBG, XMBG; ●BJ, FJ, GD, GX, HB, JS, JX, SC, TW, ZJ; ★(NA): MX.

舞星 **Mammillaria rhodantha** subsp. **aureiceps** (Lem.) D. R. Hunt 【I, C】 ♣CBG; ●SH; ★(NA): MX.

照光丸 **Mammillaria rhodantha** subsp. **pringlei** (J. M. Coult.) D. R. Hunt 【I, C】 ♣CBG, HBG; ●SH, TW, ZJ; ★(NA): MX.

光虹丸 **Mammillaria roseoalba** Boed. 【I, C】 ●TW; ★(NA): MX.

沙堡球 **Mammillaria saboae** Glass 【I, C】 ♣CBG; ●FJ, SH, TW; ★(NA): MX.

古氏沙堡球 **Mammillaria saboae** subsp. **goldii** (Glass et R. A. Foster) D. R. Hunt 【I, C】 ●TW; ★(NA): MX.

豪氏沙堡球 **Mammillaria saboae** subsp. **haudeana**

(A. B. Lau et K. Wagner) D. R. Hunt【I, C】●SH; ★(NA): MX.

日莲丸 **Mammillaria saetigera** Boed. et Tiegel【I, C】♣FLBG, XMBG; ●FJ, GD, JX; ★(NA): MX.

羽毛丸 **Mammillaria sanchez-mejoradae** Rodr. González【I, C】●TW; ★(NA): MX.

明星 **Mammillaria schiedeana** Ehrenb. ex Schltdl.【I, C】♣BBG, CBG, IBCAS, XMBG; ●BJ, FJ, SH, TW; ★(NA): MX.

*吉明星 **Mammillaria schiedeana** subsp. **giselae** Lüthy【I, C】●TW; ★(NA): MX.

蓬莱宫 **Mammillaria schumannii** Hildm.【I, C】♣BBG; ●BJ, SH, TW; ★(NA): MX.

白月丸 **Mammillaria schwarzii** Shurly【I, C】●TW; ★(NA): MX.

夏月丸 **Mammillaria scrippsiana** (Britton et Rose) Orcutt【I, C】♣BBG, CBG; ●BJ, SH; ★(NA): MX.

大正丸 **Mammillaria seideliana** Quehl【I, C】♣HBG, NBG, XBG; ●JS, SN, ZJ; ★(NA): MX.

怪神丸 **Mammillaria sempervivi** DC.【I, C】♣CBG, FLBG, XMBG; ●FJ, GD, JX, SH; ★(NA): MX.

月宫殿 **Mammillaria senilis** Lodd. ex Salm-Dyck【I, C】♣CBG, CDBG, FLBG, NBG, XMBG; ●FJ, GD, JS, JX, SC, SH, TW; ★(NA): MX.

寿乐丸（荒目丸）**Mammillaria sheldonii** (Britton et Rose) Boed.【I, C】♣XMBG; ●FJ, TW; ★(NA): MX.

绿星 **Mammillaria sinistrohamata** Boed.【I, C】♣HBG; ●ZJ; ★(NA): MX.

*银天丸 **Mammillaria slevinii** (Britton et Rose) Boed.【I, C】♣BBG; ●BJ; ★(NA): MX.

白小法师 **Mammillaria solisioides** Backeb.【I, C】●SH; ★(NA): MX.

白星山 **Mammillaria sphacelata** Mart.【I, C】♣XMBG; ●FJ; ★(NA): MX.

*都鸟白星山 **Mammillaria sphacelata** subsp. **viperina** (J. A. Purpus) D. R. Hunt【I, C】♣FLBG; ●GD, JX; ★(NA): MX.

羽衣（八卦掌、球形丸）**Mammillaria sphaerica** A. Dietr. ex Engelm.【I, C】♣BBG, FLBG, TBG, XMBG; ●BJ, FJ, GD, JX, SC, TW; ★(NA): US.

猩猩丸（多刺丸）**Mammillaria spinosissima** Lem.【I, C】♣BBG, CBG, FLBG, HBG, IBCAS, KBG, SCBG, TBG, WBG, XMBG; ●BJ, FJ, GD, HB, JX, SC, SH, TW, YN, ZJ; ★(NA): MX.

芳泉 **Mammillaria spinosissima** subsp. **pilcayensis** (Bravo) D. R. Hunt【I, C】♣CBG; ●SH; ★(NA): MX.

唐金丸 **Mammillaria standleyi** (Britton et Rose) Orcutt【I, C】♣BBG, XMBG; ●BJ, FJ, SH, TW; ★(NA): MX.

雪笛丸（白绢丸）**Mammillaria supertexta** Mart. ex Pfeiff.【I, C】♣BBG, CBG, FBG, NBG; ●BJ, FJ, JS, SH, TW; ★(NA): MX.

银琥（银鯱）**Mammillaria surculosa** Boed.【I, C】♣BBG, FLBG, SCBG, XMBG; ●BJ, FJ, GD, JX; ★(NA): MX.

流星 **Mammillaria tepexicensis** J. Meyrán【I, C】●TW; ★(NA): MX.

黛丝疣 **Mammillaria theresae** Cutak【I, C】♣XMBG; ●FJ, SH, TW; ★(NA): MX.

峨眉山 **Mammillaria thornberi** Orcutt【I, C】♣XMBG; ●FJ; ★(NA): US.

玉天龙 **Mammillaria trichacantha** K. Schum.【I, C】♣HBG, XMBG; ●FJ, ZJ; ★(NA): MX.

金波 **Mammillaria umbrina** Ehrenb.【I, C】♣HBG; ●ZJ; ★(NA): MX.

金钢石（金钢球、锚丸）**Mammillaria uncinata** Zucc. ex Pfeiff.【I, C】♣HBG, TBG, XMBG; ●BJ, FJ, TW, ZJ; ★(NA): MX.

银手指 **Mammillaria vetula** Mart.【I, C】★(NA): MX.

银毛丸（银手球）**Mammillaria vetula** subsp. **gracilis** (Pfeiff.) D. R. Hunt【I, C】♣FLBG, GXIB, HBG, IBCAS, KBG, SCBG, XBG, XMBG; ●BJ, FJ, GD, GX, JX, SN, TW, YN, ZJ; ★(NA): MX.

紫丸 **Mammillaria voburnensis** Scheer【I, C】♣FLBG, HBG, XMBG; ●FJ, GD, JX, ZJ; ★(NA): MX.

雷电丸 **Mammillaria voburnensis** subsp. **collinsii** (Britton et Rose) U. Guzmán【I, C】♣CDBG, SCBG, XMBG; ●FJ, GD, SC; ★(NA): MX.

高崎丸 **Mammillaria voburnensis** subsp. **eichlamii** (Quehl) D. R. Hunt【I, C】♣FBG, HBG, SCBG; ●FJ, GD, TW, ZJ; ★(NA): MX.

霏丸 **Mammillaria wiesingeri** Boed.【I, C】♣SCBG; ●GD, TW; ★(NA): MX.

口丸 **Mammillaria wiesingeri** subsp. **apozolensis** (Repp.) Hunt【I, C】●TW; ★(NA): MX.

七子丸 **Mammillaria wildii** A. Dietr.【I, C】♣SCBG; ●BJ, FJ, GD, ZJ; ★(NA): MX.

舞衣 **Mammillaria wrightii** Engelm.【I, C】★

(NA): MX, US.

黑舞衣 **Mammillaria wrightii** subsp. **wilcoxii** (Toumey ex K. Schum.) D. R. Hunt 【I, C】 ♣SCBG; ●GD; ★(NA): MX, US.

月影丸 **Mammillaria zeilmanniana** Boed. 【I, C】 ♣BBG, HBG, NBG, XMBG; ●BJ, FJ, JS, TW, ZJ; ★(NA): MX.

千秋丸 **Mammillaria zephyranthoides** Scheidw. 【I, C】 ♣FLBG; ●BJ, GD, JX; ★(NA): MX.

雪白球属 Mammilloydia

雪白球（雪白丸）**Mammilloydia candida** (Scheidw.) Buxb. 【I, C】 ♣CBG, CDBG, FLBG, TMNS, XMBG; ●BJ, FJ, GD, JX, SC, SH, TW; ★(NA): MX.

圆锥玉属 Neolloydia

圆锥丸 **Neolloydia conoidea** (DC.) Britton et Rose 【I, C】 ♣CBG, XMBG; ●FJ, SH; ★(NA): MX, US.

魔笛 **Neolloydia matehualensis** Backeb. 【I, C】 ♣CBG; ●SH; ★(NA): MX.

帝冠球属 Obregonia

帝冠 **Obregonia denegrii** Frič 【I, C】 ♣BBG, CBG, CDBG, FLBG, HBG, IBCAS, NBG, WBG, XMBG; ●BJ, FJ, GD, HB, JS, JX, SC, SH, TW, ZJ; ★(NA): MX.

帝龙球属 Ortegocactus

帝王丸 **Ortegocactus macdougallii** Alexander 【I, C】 ♣BBG, CBG, XMBG; ●BJ, FJ, SH, TW; ★(NA): MX.

月华玉属 Pediocactus

月华玉 **Pediocactus bradyi** L. D. Benson 【I, C】 ●TW; ★(NA): US.

银河玉 **Pediocactus knowltonii** L. D. Benson 【I, C】 ●TW; ★(NA): US.

雏鹭丸 **Pediocactus paradinei** B. W. Benson 【I, C】 ★(NA): US.

斑鸠（飞鸟）**Pediocactus peeblesianus** (Croizat) L. Benson 【I, C】 ♣HBG, WBG, XMBG; ●BJ, FJ, HB, SH, TW, ZJ; ★(NA): US.

天狼 **Pediocactus sileri** (Engelm. ex J. M. Coult.) L. D. Benson 【I, C】 ★(NA): US.

乍光玉 **Pediocactus simpsonii** (Engelm.) Britton et Rose 【I, C】 ♣HBG; ●ZJ; ★(NA): US.

*温氏月华玉 **Pediocactus winkleri** K. D. Heil 【I, C】 ♣CBG; ●SH; ★(NA): US.

斧突球属 Pelecyphora

精巧丸 **Pelecyphora aselliformis** Ehrenb. 【I, C】 ♣CBG, FLBG, NBG, SCBG, WBG, XMBG; ●FJ, GD, HB, JS, JX, SH, TW; ★(NA): MX.

银牡丹（松球玉）**Pelecyphora strobiliformis** Frič et Schelle 【I, C】 ♣BBG, CBG, NBG, WBG, XMBG; ●BJ, FJ, HB, JS, SH, TW; ★(NA): MX.

虹山玉属 Sclerocactus

玄武玉 **Sclerocactus brevihamatus** (Engelm.) D. R. Hunt 【I, C】 ★(NA): US.

苍白玉 **Sclerocactus glaucus** (K. Schum.) L. D. Benson 【I, C】 ●TW; ★(NA): US.

月想曲 **Sclerocactus mesae-verdae** (Boissev. et C. Davidson) L. D. Benson 【I, C】 ★(NA): US.

月之童子 **Sclerocactus papyracanthus** (Engelm.) N. P. Taylor 【I, C】 ♣XMBG; ●FJ, TW; ★(NA): US.

彩虹山 **Sclerocactus parviflorus** Clover et Jotter 【I, C】 ●TW; ★(NA): US.

白虹山 **Sclerocactus polyancistrus** (Engelm. et J. M. Bigelow) Britton et Rose 【I, C】 ♣XMBG; ●FJ, TW; ★(NA): US.

毛刺 **Sclerocactus pubispinus** (Engelm.) L. D. Benson 【I, C】 ●TW; ★(NA): US.

黑罗纱 **Sclerocactus scheeri** (Salm-Dyck) N. P. Taylor 【I, C】 ♣CBG; ●SH, TW; ★(NA): US.

黑虹山 **Sclerocactus spinosior** (Engelm.) D. Woodruff et L. D. Benson 【I, C】 ★(NA): US.

罗纱锦 **Sclerocactus uncinatus** (Galeotti ex Pfeiff.) N. P. Taylor 【I, C】 ♣CBG, FLBG, XMBG; ●FJ, GD, JX, SH, TW; ★(NA): US.

庆松玉 **Sclerocactus uncinatus** subsp. **crassihamatus** (F. A. C. Weber) Doweld 【I, C】 ●FJ, TW; ★(NA): US.

怀氏虹山 **Sclerocactus wrightiae** L. D. Benson 【I, C】 ★(NA): US.

薄棱玉属 Stenocactus

龙剑丸 **Stenocactus coptonogonus** (Lem.) A. Berger ex A. W. Hill 【I, C】 ♣BBG, HBG, WBG, XMBG; ●BJ, FJ, HB, TW, ZJ; ★(NA): MX.

龙玉（剑恋、立刺玉、龙火玉、杀阵玉）**Stenocactus crispatus** (DC.) A. Berger ex A. W. Hill 【I, C】 ♣BBG, FLBG, HBG, TBG, XMBG; ●BJ, FJ, GD, JX, SH, TW, YN, ZJ; ★(NA): MX.

潮纹玉 **Stenocactus dichroacanthus** (Mart.) A. Berger ex Backeb. et F. M. Knuth【I, C】★(NA): MX.

瑞晃龙 **Stenocactus dichroacanthus** subsp. **violaciflorus** (Quehl) U. Guzmán et Vazq.-Ben. 【I, C】 ●TW; ★(NA): MX.

枪穗玉 **Stenocactus hastatus** (Hopffer) A. Berger ex A. W. Hill 【I, C】 ♣FLBG, HBG, SCBG, XMBG; ●FJ, GD, JX, SH, TW, ZJ; ★(NA): MX.

多棱玉（振武玉、多棱球）**Stenocactus multicostatus** (Hildm.) A. Berger ex A. W. Hill 【I, C】 ♣BBG, CBG, HBG, TMNS, WBG, XMBG; ●BJ, FJ, HB, SC, SH, TW, ZJ; ★(NA): MX.

缩玉 **Stenocactus multicostatus** subsp. **zacatecasensis** (Britton et Rose) U. Guzmán et Vazq.-Ben. 【I, C】 ♣BBG, CBG, FLBG, HBG, NBG, WBG, XMBG; ●BJ, FJ, GD, HB, JS, JX, SC, SH, TW, ZJ; ★(NA): MX.

有栅玉 **Stenocactus obvallatus** (DC.) A. Berger ex A. W. Hill 【I, C】 ♣BBG, WBG; ●BJ, HB, TW; ★(NA): MX.

御楯丸 **Stenocactus ochoterenanus** (P. V. Heath) Bravo 【I, C】 ♣BBG; ●BJ, TW; ★(NA): MX.

五刺玉 **Stenocactus pentacanthus** (Lem.) A. Berger ex A. W. Hill 【I, C】 ♣FLBG, WBG, XMBG; ●FJ, GD, HB, JX, TW; ★(NA): MX.

太刀岚（鹤凤龙）**Stenocactus phyllacanthus** (Mart.) A. Berger ex A. W. Hill 【I, C】 ♣CBG, CDBG, FLBG, HBG, LBG, NBG, SCBG, WBG, XMBG; ●FJ, GD, HB, JS, JX, SC, SH, TW, ZJ; ★(NA): MX.

秋阵营（雪溪丸）**Stenocactus vaupelianus** (Werderm.) F. M. Knuth 【I, C】 ♣BBG, CBG, CDBG, FLBG, HBG, LBG, SCBG, WBG, XMBG; ●BJ, FJ, GD, HB, JX, SC, SH, TW, ZJ; ★(NA): MX.

独乐玉属 Strombocactus

菊水 **Strombocactus disciformis** (DC.) Britton et Rose【I, C】♣BBG, CBG, FLBG, IBCAS, SCBG, WBG, XMBG; ●BJ, FJ, GD, HB, JX, SH, TW; ★(NA): MX.

赤花菊水 **Strombocactus disciformis** subsp. **esperanzae** Glass et S. Arias 【I, C】 ●TW; ★(NA): MX.

天晃玉属 Thelocactus

大统领 **Thelocactus bicolor** (Galeotti) Britton et Rose 【I, C】 ♣BBG, CBG, CDBG, FLBG, HBG, IBCAS, LBG, NBG, SCBG, WBG, XMBG; ●BJ, FJ, GD, HB, JS, JX, SC, SH, TW, ZJ; ★(NA): MX.

白刺大统领 **Thelocactus bicolor** subsp. **bolaensis** (Runge) Doweld 【I, C】 ♣HBG, LBG, SCBG, XMBG; ●FJ, GD, JX, ZJ; ★(NA): MX.

春雨玉 **Thelocactus bicolor** subsp. **schwarzii** (Backeb.) N. P. Taylor 【I, C】 ●TW; ★(NA): MX.

天照丸 **Thelocactus conothelos** (Regel et Klein) F. M. Knuth 【I, C】♣BBG; ●BJ, SH, TW; ★(NA): MX.

赤岭丸 **Thelocactus hastifer** (Werderm. et Boed.) F. M. Knuth 【I, C】 ★(NA): MX.

多色玉 **Thelocactus heterochromus** (F. A. C. Weber) Oosten【I, C】♣BBG, XMBG; ●BJ, FJ, TW; ★(NA): MX.

天晃 **Thelocactus hexaedrophorus** (Lem.) Britton et Rose 【I, C】 ♣CBG, FLBG, SCBG, TBG, WBG, XMBG; ●FJ, GD, HB, JX, SH, TW; ★(NA): MX.

武者影 **Thelocactus hexaedrophorus** subsp. **lloydii** (Britton et Rose) Kladiwa et Fittkau 【I, C】 ♣SCBG; ●GD, TW; ★(NA): MX.

*劳氏瘤玉 **Thelocactus lausseri** Říha et Busek 【I, C】 ●TW; ★(NA): MX.

明山玉 **Thelocactus leucacanthus** (Zucc. ex Pfeiff.) Britton et Rose 【I, C】 ♣CDBG; ●SC; ★(NA): MX.

大白丸 **Thelocactus macdowellii** (Rebut ex Quehl) W. T. Marshall 【I, C】 ♣CBG, FLBG, SCBG; ●GD, JX, SH, TW; ★(NA): MX.

鹤巢丸（眠狮子）**Thelocactus rinconensis** (Poselger) Britton et Rose 【I, C】 ♣CBG, FLBG, HBG, SCBG, XMBG; ●FJ, GD, JX, SH, TW, ZJ; ★(NA): MX.

龙王丸（龙王球）**Thelocactus setispinus** (Engelm.) E. F. Anderson 【I, C】 ♣BBG, CBG, CDBG, FLBG, LBG, NBG, SCBG, XMBG; ●BJ, FJ, GD, JS, JX, SC, SH, TW; ★(NA): MX, US.

长久丸 **Thelocactus tulensis** (Poselger) Britton et

Rose 【I, C】 ♣BBG, CBG, FLBG, SCBG; ●BJ, GD, JX, SH; ★(NA): MX.

武久丸 **Thelocactus tulensis** subsp. **buekii** (Klein) N. P. Taylor 【I, C】 ♣BBG, FLBG; ●BJ, GD, JX; ★(NA): MX.

升龙球属 Turbinicarpus

红花帝冠 **Turbinicarpus alonsoi** Glass et S. Arias 【I, C】 ♣SCBG; ●FJ, GD, TW; ★(NA): MX.

白狼玉 **Turbinicarpus beguinii** (N. P. Taylor) Mosco et Zanov. 【I, C】 ♣NBG; ●JS; ★(NA): MX.

黑枪丸 **Turbinicarpus gielsdorfianus** (Werderm.) John et Říha 【I, C】 ♣BBG, CBG, XMBG; ●BJ, FJ, SH; ★(NA): MX.

和氏玉 **Turbinicarpus hoferi** Lüthy et A. B. Lau 【I, C】 ●TW; ★(NA): MX.

白虩（红梅殿）**Turbinicarpus horripilus** (Lem.) V. John et Říha 【I, C】 ♣BBG, CBG, SCBG; ●BJ, GD, SH, TW; ★(NA): MX.

拉氏玉 **Turbinicarpus laui** Glass et R. A. Foster 【I, C】 ♣CBG; ●SH, TW; ★(NA): MX.

姣丽玉 **Turbinicarpus lophophoroides** (Werderm.) Buxb. et Backeb. 【I, C】 ♣BBG, XMBG; ●BJ, FJ, TW; ★(NA): MX.

美针玉 **Turbinicarpus mandragora** (Frič ex A. Berger) Zimmerman 【I, C】 ♣HBG; ●ZJ; ★(NA): MX.

长城丸 **Turbinicarpus pseudomacrochele** (Backeb.) Buxb. et Backeb. 【I, C】 ♣BBG, CBG, FLBG, XMBG; ●BJ, FJ, GD, JX, SH; ★(NA): MX.

芜城丸 **Turbinicarpus pseudomacrochele** subsp. **krainzianus** (G. Frank) Glass 【I, C】 ♣XMBG; ●FJ, TW; ★(NA): MX.

精巧殿 **Turbinicarpus pseudopectinatus** (Backeb.) Glass et R. A. Foster 【I, C】 ♣CBG, HBG, XMBG; ●FJ, SH, TW, ZJ; ★(NA): MX.

杂种娇丽玉 **Turbinicarpus roseiflorus** Backeb. 【I, C】 ●TW; ★(NA): MX.

升龙丸（弈龙丸）**Turbinicarpus schmiedickeanus** (Boed.) Buxb. et Backeb. 【I, C】 ♣CBG, FLBG, XMBG; ●FJ, GD, JX, SH, TW; ★(NA): MX.

安氏升龙丸 **Turbinicarpus schmiedickeanus** subsp. **andersonii** Mosco 【I, C】 ●TW; ★(NA): MX.

本氏升龙丸 **Turbinicarpus schmiedickeanus** subsp. **bonatzii** (G. Frank) Panar. 【I, C】 ●TW; ★(NA): MX.

狄氏升龙丸 **Turbinicarpus schmiedickeanus** subsp. **dickisoniae** (Glass et R. A. Foster) N. P. Taylor 【I, C】 ●TW; ★(NA): MX.

黄龙丸 **Turbinicarpus schmiedickeanus** subsp. **flaviflorus** (G. Frank et A. B. Lau) Glass et R. A. Foster 【I, C】 ♣CBG; ●SH; ★(NA): MX.

细升龙丸 **Turbinicarpus schmiedickeanus** subsp. **gracilis** (Glass et R. A. Foster) Glass 【I, C】 ●TW; ★(NA): MX.

升云龙 **Turbinicarpus schmiedickeanus** subsp. **klinkerianus** (Backeb. et W. Jacobsen) Glass et R. A. Foster 【I, C】 ♣CBG, XMBG; ●FJ, SH; ★(NA): MX.

牙城丸 **Turbinicarpus schmiedickeanus** subsp. **macrochele** (Werderm.) N. P. Taylor 【I, C】 ♣HBG, XMBG; ●FJ, ZJ; ★(NA): MX.

离城丸 **Turbinicarpus schmiedickeanus** subsp. **rioverdensis** (G. Frank) Lüthy 【I, C】 ●TW; ★(NA): MX.

乌城丸 **Turbinicarpus schmiedickeanus** subsp. **schwarzii** (Shurly) N. P. Taylor 【I, C】 ♣XMBG; ●FJ, TW; ★(NA): MX.

武辉丸 **Turbinicarpus subterraneus** (Backeb.) A. D. Zimmerman 【I, C】 ●TW; ★(NA): MX.

姬斜子（蔷薇丸）**Turbinicarpus valdezianus** (Møller) Glass et R. A. Foster 【I, C】 ♣CBG, XMBG; ●FJ, SH, TW; ★(NA): MX.

海虹 **Turbinicarpus viereckii** (Werderm.) John et Říha 【I, C】 ●TW; ★(NA): MX.

Turbinicarpus ysabelae (K. Schlange) V. John et Říha 【I, C】 ♣BBG; ●BJ, TW; ★(NA): MX.

刺萼柱属 Acanthocereus

*古巴刺仙柱 **Acanthocereus baxaniensis** (Karw. ex Pfeiff.) Borg 【I, C】 ●TW; ★(NA): CU.

*墨西哥刺仙柱 **Acanthocereus chiapensis** Bravo 【I, C】 ●TW; ★(NA): MX.

强刺仙柱（般若柱）**Acanthocereus horridus** Britton et Rose 【I, C】 ●TW; ★(NA): GT, MX, SV.

西刺仙柱 **Acanthocereus occidentalis** Britton et Rose 【I, C】 ●TW; ★(NA): MX.

稍刺仙柱 **Acanthocereus subinermis** Britton et Rose 【I, C】 ●TW; ★(NA): MX.

月映柱(连城角、五棱阁)**Acanthocereus tetragonus** (L.) Hummelinck 【I, C】 ♣BBG, CBG, GXIB, HBG, IBCAS, LBG, NBG, SCBG, WBG, XBG, XLTBG, XMBG; ●BJ, FJ, GD, GX, HB, HI, JS, JX, SH, SN, TW, ZJ; ★(NA): MX, US.

花铠柱属　Armatocereus

铁杆 **Armatocereus cartwrightianus** (Britton et Rose) Backeb. ex A. W. Hill 【I, C】 ★(SA): EC, PE.

古氏柱 **Armatocereus godingianus** (Britton et Rose) Backeb. ex E. Salisb. 【I, C】 ●TW; ★(SA): EC, PE.

花铠柱 **Armatocereus laetus** (Kunth) Backeb. ex A. W. Hill 【I, C】 ●TW; ★(SA): PE.

摩天楼 **Armatocereus matucanensis** Backeb. 【I, C】 ★(SA): EC, PE.

狼爪玉属　Austrocactus

狼爪玉 **Austrocactus bertinii** (Cels) Britton et Rose 【I, C】 ♣HBG, XMBG; ●FJ, ZJ; ★(SA): AR.

虎爪玉 **Austrocactus coxii** (K. Schum.) Backeb. 【I, C】 ★(SA): AR, CL.

熊爪玉 **Austrocactus patagonicus** (F. A. C. Weber ex Speg.) Hosseus 【I, C】 ●BJ, JS; ★(SA): AR.

豹爪玉 **Austrocactus philippii** (Regel et Schmidt) Buxb. 【I, C】 ★(SA): CL.

紫潜龙 **Austrocactus spiniflorus** (Phil.) F. Ritter 【I, C】 ★(SA): CL.

飞龙柱属　Brachycereus

飞龙柱 **Brachycereus nesioticus** (K. Schum. ex B. L. Rob.) Backeb. 【I, C】 ★(SA): EC.

翁龙柱属　Castellanosia

玻利维亚群蛇柱 **Castellanosia caineana** Cárdenas 【I, C】 ★(SA): BO.

恐龙柱属　Corryocactus

深蛇 **Corryocactus erectus** (Backeb.) F. Ritter 【I, C】 ★(SA): PE.

树木柱属　Dendrocereus

树木柱 **Dendrocereus nudiflorus** (Engelm. ex Sauvalle) Britton et Rose 【I, C】 ●TW; ★(NA): CU.

壶花柱属　Eulychnia

短花柱 **Eulychnia breviflora** Phil. 【I, C】 ♣SCBG; ●GD, SH; ★(SA): CL.

恐怖阁（壶花柱）**Eulychnia castanea** Phil. 【I, C】 ●TW; ★(SA): CL.

白银城 **Eulychnia iquiquensis** (K. Schum.) Britton et Rose 【I, C】 ♣NBG; ●JS; ★(SA): CL.

麝香柱属　Jasminocereus

麝香柱 **Jasminocereus thouarsii** (F. A. C. Weber) Backeb. 【I, C】 ★(SA): AR, EC.

细角柱属　Leptocereus

*细角柱 **Leptocereus assurgens** (C. Wright ex Griseb.) Britton et Rose 【I, C】 ★(NA): CU.

大冠柱属　Neoraimondia

土星冠（大织冠）**Neoraimondia arequipensis** Backeb. 【I, C】 ●TW; ★(SA): PE.

飞鸟阁 **Neoraimondia herzogiana** (Backeb.) Buxb. 【I, C】 ♣BBG; ●BJ, TW; ★(SA): BO.

棱玉蔓属　Pfeiffera

棱玉蔓 **Pfeiffera asuntapatensis** (M. Kessler, Ibisch et Barthlott) Ralf Bauer 【I, C】 ★(SA): BO.

角纽 **Pfeiffera ianthothele** (Monv.) F. A. C. Weber 【I, C】 ♣CBG, FLBG; ●GD, JX, SH, TW; ★(SA): BO.

*宫川苇 **Pfeiffera miyagawae** Barthlott et Rauh 【I, C】 ●TW; ★(SA): BO.

玉蔓属　Acanthorhipsalis

花柳 **Acanthorhipsalis houlletiana** (Lem.) Volgin 【I, C】 ♣IBCAS, SCBG, XMBG; ●BJ, FJ, GD, TW; ★(NA): GT; (SA): BR.

丽人柳 **Acanthorhipsalis houlletiana** f. **regnellii** (Lindb.) Volgin 【I, C】 ♣NBG; ●JS; ★(NA): GT; (SA): BR.

白茨苇（黄丝苇）**Acanthorhipsalis monacantha** (Griseb.) Britton et Rose 【I, C】 ●TW; ★(SA): BO.

玉兔 **Acanthorhipsalis paranganiensis** (Cárdenas) Kimnach 【I, C】 ●TW; ★(SA): BO.

露舞蔓属 Lymanbensonia

短刺苇 **Lymanbensonia brevispina** (Barthlott) Barthlott et N. Korotkova 【I, C】 ●TW; ★(SA): EC, PE.

*雨林苇 **Lymanbensonia incachacana** (Cárdenas) Barthlott et N. Korotkova 【I, C】 ●TW; ★(SA): BO.

小花苇 **Lymanbensonia micrantha** (Vaupel) Kimnach 【I, C】 ●TW; ★(SA): PE.

红尾令箭属 Disocactus

令箭荷花（赤花孔雀）**Disocactus ackermannii** (Haw.) Ralf Bauer 【I, C】 ♣BBG, CBG, CDBG, FLBG, GBG, GXIB, HBG, IBCAS, KBG, LBG, NBG, SCBG, TBG, WBG, XBG, XMBG, XTBG, ZAFU; ●AH, BJ, FJ, GD, GX, GZ, HB, JS, JX, SC, SH, SN, TW, YN, ZJ; ★(NA): GT, MX.

姬孔雀 **Disocactus amazonicus** (K. Schum.) D. R. Hunt 【I, C】 ♣IBCAS; ●BJ, TW; ★(NA): CR, MX, NI, PA; (SA): CO, EC, PE, VE.

黄孔雀 **Disocactus aurantiacus** (Kimnach) Barthlott 【I, C】 ♣SCBG; ●GD, TW; ★(NA): MX.

*二型孔雀 **Disocactus biformis** (Lindl.) Lindl. 【I, C】 ●TW; ★(NA): NI.

*朱红孔雀 **Disocactus cinnabarinus** (Eichlam ex Weing.) Barthlott 【I, C】 ●TW; ★(NA): MX.

*危地马拉孔雀 **Disocactus eichlamii** (Weing.) Britton et Rose 【I, C】 ●TW; ★(NA): GT.

鼠尾掌（金纽）**Disocactus flagelliformis** (L.) Barthlott 【I, C】 ♣BBG, CDBG, FLBG, GBG, GMG, GXIB, HBG, IBCAS, KBG, LBG, NBG, SCBG, XBG, XLTBG, XMBG, ZAFU; ●BJ, FJ, GD, GX, GZ, HI, JL, JS, JX, SC, SH, SN, TW, YN, ZJ; ★(NA): CR.

*哥斯达黎加孔雀 **Disocactus kimnachii** G. D. Rowley 【I, C】 ●TW; ★(NA): CR.

小花孔雀 **Disocactus macdougallii** (Alexander) Barthlott 【I, C】 ●TW; ★(NA): MX.

鹿子殿 **Disocactus martianus** (Zucc. ex Pfeiff.) Barthlott 【I, C】 ♣GXIB, SCBG; ●GD, GX, TW; ★(NA): MX.

百合孔雀 **Disocactus nelsonii** (Britton et Rose) Linding. 【I, C】 ♣IBCAS; ●BJ, TW; ★(NA): GT, MX.

小令箭荷花 **Disocactus phyllanthoides** (DC.) Barthlott 【I, C】 ♣BBG, HBG, IBCAS, XMBG; ●BJ, FJ, TW, ZJ; ★(NA): GT, MX.

*墨西哥孔雀 **Disocactus quezaltecus** (Standl. et Steyerm.) Kimnach 【I, C】 ●TW; ★(NA): GT, MX.

牡丹柱 **Disocactus schrankii** (Zucc. ex Seitz) Barthlott 【I, C】 ●TW; ★(NA): HN, MX.

花大名（红盃）**Disocactus speciosus** (Cav.) Barthlott 【I, C】 ♣NBG, WBG; ●HB, TW; ★(NA): GT, MX.

昙花属 Epiphyllum

锯齿昙花（有角孔雀）**Epiphyllum anguliger** (Lem.) G. Don 【I, C】 ♣IBCAS, SCBG; ●BJ, GD, SH, TW; ★(NA): MX.

*卡塔赫纳昙花 **Epiphyllum cartagense** (F. A. C. Weber) Britton et Rose 【I, C】 ●TW; ★(NA): CR.

*长尾昙花 **Epiphyllum caudatum** Britton et Rose 【I, C】 ●TW; ★(NA): MX.

*圆齿昙花 **Epiphyllum crenatum** (Lindl.) G. Don 【I, C】 ●TW; ★(NA): BZ, CR, GT, HN, MX, PA.

*多花昙花 **Epiphyllum floribundum** Kimnach 【I, C】 ●TW; ★(SA): PE.

*大裂昙花 **Epiphyllum grandilobum** (F. A. C. Weber) Britton et Rose 【I, C】 ●TW; ★(NA): CR, NI, PA.

长带昙花（待宵孔雀）**Epiphyllum hookeri** Haw. 【I, C】 ♣CBG, HBG; ●SH, TW, ZJ; ★(NA): PR, US.

*哥伦比亚昙花 **Epiphyllum hookeri** subsp. **columbiense** (F. A. C. Weber) Ralf Bauer 【I, C】 ●TW; ★(NA): PR, US.

*危地马拉昙花 **Epiphyllum hookeri** subsp. **guatemalense** (Britton et Rose) Ralf Bauer 【I, C】 ♣SCBG; ●GD, TW; ★(NA): PR, US.

*皮氏昙花 **Epiphyllum hookeri** subsp. **pittieri** (F. A. C. Weber) Ralf Bauer 【I, C】 ♣FLBG, SCBG; ●GD, JX, TW; ★(NA): PR, US.

*墨西哥昙花 **Epiphyllum laui** Kimnach 【I, C】 ●TW; ★(NA): MX.

*鳞果昙花 **Epiphyllum lepidocarpum** (F. A. C. Weber) Britton et Rose 【I, C】 ●TW; ★(NA): CR, PA.

昙花 **Epiphyllum oxypetalum** (DC.) Haw. 【I, C/N】 ♣BBG, CBG, CDBG, FBG, FLBG, GBG, GMG, GXIB, HBG, KBG, LBG, NBG, SCBG, TBG, TMNG, WBG, XBG, XMBG, XOIG, XTBG,

ZAFU; ●BJ, FJ, GD, GX, GZ, HB, JS, JX, SC, SH, SN, TW, YN, ZJ; ★(NA): BZ, CR, GT, HN, MX, SV.

*叶下珠昙花 **Epiphyllum phyllanthus** (L.) Haw.【I, C】 ●TW; ★(NA): CR, GT, MX, NI, PA; (SA): AR, BO, BR, CO, EC, GY, PE, VE.

*红冠昙花 **Epiphyllum phyllanthus** subsp. **rubrocoronatum** (Kimnach) Ralf Bauer 【I, C】 ●TW; ★(NA): PA; (SA): CO, EC.

小昙花(姬月下美人)**Epiphyllum pumilum** (Vaupel) Britton et Rose 【I, C】 ●TW; ★(NA): GT, MX.

*托马斯昙花 **Epiphyllum thomasianum** (K. Schum.) Britton et Rose 【I, C】 ●TW; ★(NA): CR, GT, MX, PA; (SA): EC.

*哥斯达黎加昙花 **Epiphyllum thomasianum** subsp. **costaricense** (F. A. C. Weber) Ralf Bauer 【I, C】 ●TW; ★(NA): CR, MX.

量天尺属 Hylocereus

*距花量天尺 **Hylocereus calcaratus** (F. A. C. Weber) Britton et Rose 【I, C】 ●TW; ★(NA): CR.

*哥斯达黎加量天尺 **Hylocereus costaricensis** (F. A. C. Weber) Britton et Rose 【I, C】 ●TW; ★(NA): CR, NI.

*危地马拉量天尺 **Hylocereus escuintlensis** Kimnach 【I, C】 ●TW; ★(NA): GT.

*勒氏量天尺 **Hylocereus lemairei** (Hook.) Britton et Rose 【I, C】 ●TW; ★(SA): BR, VE.

金龙果 **Hylocereus megalanthus** (K. Schum. ex Vaupel) Ralf Bauer 【I, C】 ●TW; ★(SA): BO, EC, PE.

*小枝量天尺 **Hylocereus microcladus** Backeb. 【I, C】 ●TW; ★(SA): PE.

姬花蔓柱 **Hylocereus minutiflorus** Britton et Rose 【I, C】 ●TW; ★(NA): GT.

单刺量天尺 **Hylocereus monacanthus** (Lem.) Britton et Rose 【I, C】 ●TW; ★(NA): CR, PA.

翼弁柱 **Hylocereus ocamponis** (Salm-Dyck) Britton et Rose 【I, C】 ●TW; ★(NA): GT.

秘鲁量天尺 **Hylocereus peruvianus** Backeb. 【I, C】 ●TW; ★(SA): PE.

普氏量天尺 **Hylocereus purpusii** (Weing.) Britton et Rose 【I, C】 ●TW; ★(NA): MX.

*狭翅量天尺 **Hylocereus stenopterus** (F. A. C. Weber) Britton et Rose 【I, C】 ●TW; ★(NA): CR, PA.

三棱箭(三角柱)**Hylocereus trigonus** (Haw.) Saff. 【I, C】 ♣FLBG, HBG, SCBG; ●GD, JX, TW, ZJ; ★(NA): JM, MX, PR, US; (SA): CO, GY.

量天尺(火龙果)**Hylocereus undatus** (Haw.) Britton et Rose 【I, C/N】 ♣BBG, CBG, CDBG, FBG, FLBG, GA, GMG, GXIB, HBG, IBCAS, KBG, NBG, SCBG, TBG, XBG, XLTBG, XMBG, XOIG, XTBG, ZAFU; ●AH, BJ, FJ, GD, GX, HI, JS, JX, SC, SH, SN, TW, YN, ZJ; ★(NA): CR, CU, GT, HN, MX, NI, PR, SV, US; (SA): PE.

梅枝令箭属 Pseudorhipsalis

*渐尖假丝苇 **Pseudorhipsalis acuminata** Cufod. 【I, C】 ●TW; ★(NA): CR, PA.

*翼茎假丝苇 **Pseudorhipsalis alata** (Sw.) Britton et Rose 【I, C】 ●TW; ★(NA): JM.

*索节假丝苇 **Pseudorhipsalis himantoclada** (Rol.-Goss.) Britton et Rose 【I, C】 ●TW; ★(NA): CR, MX, PA.

*兰氏假丝苇 **Pseudorhipsalis lankesteri** (Kimnach) Barthlott 【I, C】 ●TW; ★(NA): CR.

扁枝假丝苇 **Pseudorhipsalis ramulosa** (Salm-Dyck) Barthlott 【I, C】 ♣SCBG; ●GD, TW; ★(NA): BZ, CR, GT, HN, JM, MX, NI; (SA): BO, CO, EC, PE, VE.

星月令箭属 Disisorhipsalis

大花孔雀 **Disisorhipsalis macrantha** Doweld 【I, C】 ●TW; ★(NA): MX.

蛇鞭柱属 Selenicereus

角叶孔雀 **Selenicereus anthonyanus** (Alexander) D. R. Hunt 【I, C】 ♣BBG, FLBG, IBCAS, XMBG; ●BJ, FJ, GD, JX, TW; ★(NA): HN, MX.

昆布孔雀 **Selenicereus chrysocardium** (Alexander) Kimnach 【I, C】 ♣IBCAS; ●BJ, TW; ★(NA): MX.

锥花孔雀 **Selenicereus coniflorus** (Weing.) Britton et Rose 【I, C】 ●TW; ★(NA): US.

大轮柱(大花蛇鞭柱)**Selenicereus grandiflorus** (L.) Britton et Rose 【I, C】 ♣CBG, FBG, FLBG, IBCAS, NBG, SCBG, XBG, XMBG; ●BJ, FJ, GD, JS, JX, SH, SN, TW; ★(NA): CU, HN, JM, MX, NI.

键柱 **Selenicereus hamatus** (Scheidw.) Britton et Rose 【I, C】 ♣XMBG; ●FJ, TW; ★(NA): MX.

新月柱 **Selenicereus hondurensis** (K. Schum.) Britton et Rose 【I, C】 ●TW; ★(NA): HN.

无刺柱 **Selenicereus inermis** Britton et Rose【I, C】●TW; ★(NA): CR; (SA): VE.

夜之女王 **Selenicereus macdonaldiae** (Hook.) Britton et Rose【I, C】●TW; ★(NA): BZ, HN.

黄龙 **Selenicereus megalanthus** (K. Schum. ex Vaupel) Moran【I, C】●TW; ★(SA): GY.

*穆氏蛇鞭柱 **Selenicereus murrillii** Britton et Rose【I, C】●TW; ★(NA): MX.

*尼氏蛇鞭柱 **Selenicereus nelsonii** (Weing.) Britton et Rose【I, C】●TW; ★(NA): MX.

翼花蛇鞭柱 **Selenicereus pteranthus** (Link ex A. Dietr.) Britton et Rose【I, C】★(NA): MX, PA, US.

硬刺柱 **Selenicereus setaceus** (Salm-Dyck ex DC.) A. Berger ex Werderm.【I, C】♣FLBG, SCBG, XMBG; ●FJ, GD, JX, TW; ★(SA): BO, PY, VE.

*小棘蛇鞭柱 **Selenicereus spinulosus** (DC.) Britton et Rose【I, C】●TW; ★(NA): MX.

*乌尔巴蛇鞭柱 **Selenicereus urbanianus** (Gürke et Weing.) Britton et Rose【I, C】●TW; ★(NA): CU.

*粗壮蛇鞭柱 **Selenicereus validus** S. Arias et U. Guzmán【I, C】♣CBG; ●SH; ★(NA): MX.

*韦氏蛇鞭柱 **Selenicereus wercklei** (F. A. C. Weber) Britton et Rose【I, C】●TW; ★(NA): CR.

月林令箭属 Weberocereus

美王恋 **Weberocereus biolleyi** (F. A. C. Weber) Britton et Rose【I, C】●TW; ★(NA): CR, NI, PA.

短花孔雀 **Weberocereus bradei** (Britton et Rose) D. R. Hunt【I, C】●TW; ★(NA): CR.

*无毛瘤果鞭 **Weberocereus glaber** (Eichlam) G. D. Rowley【I, C】●TW; ★(NA): GT, MX, SV.

短轮孔雀 **Weberocereus imitans** (Kimnach et Hutchison) Buxb.【I, C】●TW; ★(NA): CR.

*粉花瘤果鞭 **Weberocereus rosei** (Kimnach) Buxbaum【I, C】●TW; ★(SA): EC.

三棱柱 **Weberocereus tonduzii** (F. A. C. Weber) G. D. Rowley【I, C】♣XMBG; ●FJ, TW; ★(NA): CR.

*具毛瘤果鞭 **Weberocereus trichophorus** H. Johnson et Kimnach【I, C】●TW; ★(NA): CR.

碧彩柱属 Bergerocactus

碧彩柱 **Bergerocactus emoryi** (Engelm.) Britton et Rose【I, C】★(NA): US.

巨人柱属 Carnegiea

巨人柱(弁庆)**Carnegiea gigantea** (Engelm.) Britton et Rose【I, C】♣BBG, CBG, FLBG, IBCAS, NBG, SCBG, TMNS, XMBG; ●BJ, FJ, GD, JS, JX, SH, TW; ★(NA): US.

翁柱属 Cephalocereus

尖头翁柱 **Cephalocereus apicicephalium** E. Y. Dawson【I, C】★(NA): MX.

翁丸(翁柱)**Cephalocereus senilis** (Haw.) Pfeiff.【I, C】♣BBG, CBG, CDBG, FBG, HBG, IBCAS, KBG, LBG, NBG, SCBG, XLTBG, XMBG; ●BJ, FJ, GD, HI, JS, JX, SC, SH, TJ, TW, YN, ZJ; ★(NA): MX.

鹿角柱属 Echinocereus

紫红玉 **Echinocereus adustus** Engelm.【I, C】♣CBG; ●SH; ★(NA): MX.

*舒氏紫红玉 **Echinocereus adustus** subsp. **schwarzii** (A. B. Lau) N. P. Taylor【I, C】♣BBG; ●BJ; ★(NA): MX.

金龙 **Echinocereus berlandieri** (Engelm.) J. N. Haage【I, C】♣FLBG, HBG, XMBG; ●FJ, GD, JX, SH, TW, ZJ; ★(NA): US.

飞鯱虾 **Echinocereus brandegeei** (J. M. Coult.) Schelle【I, C】★(NA): MX.

皇女虾 **Echinocereus bristolii** W. T. Marshall【I, C】★(NA): MX.

灰色虾 **Echinocereus cinerascens** (DC.) Rümpler【I, C】♣XMBG; ●FJ; ★(NA): MX.

赤花虾 **Echinocereus coccineus** Engelm.【I, C】♣BBG, CBG, NBG, XMBG; ●BJ, FJ, JS, SH, TW; ★(NA): US.

御旗 **Echinocereus dasyacanthus** Engelm.【I, C】♣NBG, XMBG; ●FJ; ★(NA): US.

司虾 **Echinocereus engelmannii** (Parry ex Engelm.) Lem.【I, C】♣NBG; ●JS; ★(NA): US.

龙妃(九刺虾)**Echinocereus enneacanthus** Engelm.【I, C】♣CBG, NBG; ●JS, SH; ★(NA): US.

玄武(鹿角掌)**Echinocereus enneacanthus** subsp. **brevispinus** (W. O. Moore) N. P. Taylor【I, C】♣HBG, SCBG; ●GD, ZJ; ★(NA): MX.

青绯虾 **Echinocereus fasciculatus** (Engelm. ex B.

D. Jacks.) L. D. Benson【I, C】♣CBG; ●SH; ★(NA): US.

博汤青绯虾 **Echinocereus fasciculatus** subsp. **boyce-thompsonii** (Orcutt) N. P. Taylor【I, C】♣CBG; ●SH; ★(NA): US.

卫美玉 **Echinocereus fendleri** (Engelm.) Rümpler【I, C】●TW; ★(NA): US.

亨氏鹿角柱 **Echinocereus fendleri** subsp. **hempelii** (Fobe) W. Blum【I, C】♣BBG; ●BJ, SH, TW; ★(NA): US.

幻虾 **Echinocereus ferreirianus** H. E. Gates【I, C】●SH; ★(NA): MX.

弁庆虾 **Echinocereus grandis** Britton et Rose【I, C】★(NA): MX.

宇宙殿 **Echinocereus knippelianus** Liebner【I, C】♣BBG, CBG, FLBG, HBG, NBG, XMBG; ●BJ, FJ, GD, JS, JX, SH, TW, ZJ; ★(NA): MX.

紫苑 **Echinocereus ledingii** Peebles【I, C】♣NBG; ●JS; ★(NA): US.

王将虾 **Echinocereus longisetus** (Engelm.) Lem.【I, C】♣BBG, CBG; ●BJ, SH, TW; ★(NA): MX.

翁锦 **Echinocereus longisetus** subsp. **delaetii** (Gürke) N. P. Taylor【I, C】♣LBG, NBG, XMBG; ●BJ, FJ, JS, JX, SH; ★(NA): MX.

黄刺虾 **Echinocereus nicholii** (L. D. Benson) B. D. Parfitt【I, C】♣CBG; ●SH; ★(NA): US.

白元 **Echinocereus nivosus** Glass et R. A. Foster【I, C】♣XMBG; ●FJ; ★(NA): MX.

春高楼 **Echinocereus palmeri** Britton et Rose【I, C】★(NA): MX.

三光丸（篦刺鹿角柱）**Echinocereus pectinatus** (Scheidw.) Engelm.【I, C】♣BBG, CBG, CDBG, FLBG, HBG, NBG, WBG, XMBG; ●BJ, FJ, GD, HB, JS, JX, SC, SH, TW, ZJ; ★(NA): MX, US.

美花鹿角(鹿角柱) **Echinocereus pentalophus** (DC.) Lem.【I, C】♣FLBG, HBG, KBG, SCBG, TBG, XBG, XMBG; ●BJ, FJ, GD, JX, SH, SN, TW, YN, ZJ; ★(NA): US.

大鹿角 **Echinocereus pentalophus** subsp. **leonensis** (Mathsson) Taylor【I, C】♣SCBG; ●GD; ★(NA): US.

鹿角（鹿角柱）**Echinocereus pentalophus** subsp. **procumbens** (Engelm.) Blum et Lange【I, C】♣FLBG, HBG, KBG, LBG, SCBG, TBG, XBG, XMBG; ●BJ, FJ, GD, JX, SH, SN, TW, YN, ZJ; ★(NA): US.

多刺虾 **Echinocereus polyacanthus** Engelm.【I, C】♣CBG, XMBG; ●FJ, SH; ★(NA): US.

针虾 **Echinocereus polyacanthus** subsp. **acifer** (Otto ex Salm-Dyck) N. P. Taylor【I, C】★(NA): US.

大洋虾 **Echinocereus polyacanthus** subsp. **pacificus** (Engelm.) Breckw.【I, C】♣BBG, CBG; ●BJ, SH; ★(NA): US.

蛾灯 **Echinocereus primolanatus** Fritz Schwarz ex N. P. Taylor【I, C】★(NA): MX.

顶花虾(明石丸) **Echinocereus pulchellus** (Mart.) K. Schum.【I, C】♣XMBG; ●FJ, SH, TW; ★(NA): MX.

沙氏虾 **Echinocereus pulchellus** subsp. **sharpii** (N. P. Taylor) N. P. Taylor【I, C】♣CBG; ●SH; ★(NA): MX.

明石丸（韦氏虾）**Echinocereus pulchellus** subsp. **weinbergii** (Weing.) N. P. Taylor【I, C】♣BBG; ●BJ, TW; ★(NA): MX.

丽光丸 **Echinocereus reichenbachii** (Terscheck) J. N. Haage【I, C】♣BBG, CBG, FLBG, NBG, XMBG; ●BJ, FJ, GD, JS, JX, SH, TW; ★(NA): US.

樱虾 **Echinocereus reichenbachii** subsp. **armatus** (Poselg.) N. P. Taylor【I, C】♣CBG; ●SH; ★(NA): US.

花盃 **Echinocereus reichenbachii** subsp. **baileyi** (Rose) N. P. Taylor【I, C】♣CBG, FLBG, XMBG; ●FJ, GD, JX, SH; ★(NA): US.

锦照虾 **Echinocereus reichenbachii** subsp. **fitchii** (Britton et Rose) N. P. Taylor【I, C】♣CBG, FLBG, HBG, NBG, XMBG; ●FJ, GD, JS, JX, SH, TW, ZJ; ★(NA): US.

幸福虾 **Echinocereus reichenbachii** subsp. **perbellus** (Britton et Rose) N. P. Taylor【I, C】♣CBG; ●SH; ★(NA): US.

紫太阳(太阳) **Echinocereus rigidissimus** (Engelm.) F. Haage【I, C】♣CBG, CDBG, SCBG, WBG, XMBG; ●FJ, GD, HB, SC, SH, TW; ★(NA): US.

红太阳 **Echinocereus rigidissimus** subsp. **rubispinus** (G. Frank et A. B. Lau) N. P. Taylor【I, C】♣CBG, IBCAS, XMBG; ●BJ, FJ, SH, TW; ★(NA): US.

草木角 **Echinocereus scheeri** (Salm-Dyck) Rümpler【I, C】♣CBG, XMBG; ●FJ, SH; ★(NA): MX.

银盃 **Echinocereus sciurus** (K. Brandegee) Britton et Rose【I, C】♣BBG; ●BJ; ★(NA): MX.

鲜红虾 **Echinocereus sciurus** subsp. **floresii** (Backeb.) N. P. Taylor 【I, C】 ★(NA): MX.

月光虾 **Echinocereus stoloniferus** subsp. **tayopensis** (W. T. Marshall) N. P. Taylor【I, C】♣BBG; ●BJ; ★(NA): MX.

荒武者（褐刺柱）**Echinocereus stramineus** (Engelm.) F. Seitz【I, C】♣FLBG; ●GD, JX; ★(NA): MX, US.

大佺殿 **Echinocereus subinermis** Salm-Dyck ex Scheer【I, C】♣BBG, CBG, SCBG; ●BJ, FJ, GD, SH, TW; ★(NA): MX.

月影虾（三钩鹿角柱）**Echinocereus triglochidiatus** Engelm. 【I, C】 ♣BBG, CBG, FLBG, XMBG; ●BJ, FJ, GD, JX, SH, TW; ★(NA): US.

*维乔虾 **Echinocereus triglochidiatus** subsp. **huitcholensis** (F. A. C. Weber) U. Guzmán 【I, C】 ♣CBG; ●SH; ★(NA): US.

*大洋月影虾 **Echinocereus triglochidiatus** subsp. **pacificus** (Engelm. ex Orcutt) U. Guzmán 【I, C】 ♣BBG; ●BJ; ★(NA): US.

紫翠虾 **Echinocereus viereckii** subsp. **morricalii** (Říha) N. P. Taylor【I, C】♣BBG; ●BJ; ★(NA): MX.

青花虾 **Echinocereus viridiflorus** Engelm. 【I, C】 ♣CBG, FLBG, NBG, SCBG, XMBG; ●FJ, GD, JS, JX, SH, TW; ★(NA): US.

白红司 **Echinocereus viridiflorus** subsp. **chloranthus** (Engelm.) N. P. Taylor【I, C】♣BBG; ●BJ, TW; ★(NA): US.

*迪氏虾 **Echinocereus viridiflorus** subsp. **davisii** (Houghton) N. P. Taylor【I, C】●TW; ★(NA): US.

*韦氏虾 **Echinocereus websterianus** G. E. Linds. 【I, C】 ♣XMBG; ●FJ; ★(NA): MX.

悬蛇柱属 Morangaya

金字塔 **Morangaya pensilis** (K. Brandegee) G. D. Rowley 【I, C】 ★(NA): MX.

银绳柱属 Wilcoxia

白花银纽 **Wilcoxia albiflora** Backeb. 【I, C】 ♣CBG; ●SH; ★(NA): MX.

银钮 **Wilcoxia poselgeri** (Lem.) Britton et Rose 【I, C】 ♣XMBG; ●FJ, TW; ★(NA): US.

珠毛柱 **Wilcoxia schmollii** (Weing.) F. M. Knuth 【I, C】 ♣TBG; ●TW; ★(NA): MX.

白焰柱属 Escontria

白焰柱 **Escontria chiotilla** (A. A. Weber ex K. Schum.) Rose【I, C】♣TMNS, XMBG; ●FJ, TW; ★(NA): MX.

碧塔柱属 Isolatocereus

碧塔（武临柱）**Isolatocereus dumortieri** (Scheidw.) Backeb. 【I, C】 ♣CBG, FLBG, SCBG, XMBG; ●FJ, GD, JX, SH, TW; ★(NA): MX.

龙神柱属 Myrtillocactus

乌沙树 **Myrtillocactus cochal** (Orcutt) Britton et Rose 【I, C】 ♣CBG; ●SH; ★(NA): MX.

龙神木（龙神柱）**Myrtillocactus geometrizans** (Mart. ex Pfeiff.) Console 【I, C】 ♣BBG, CBG, CDBG, FLBG, GXIB, HBG, IBCAS, KBG, LBG, NBG, SCBG, TMNS, WBG, XMBG, ZAFU; ●BJ, FJ, GD, GX, HB, JS, JX, SC, SH, TW, YN, ZJ; ★(NA): MX.

仙人阁 **Myrtillocactus schenckii** (J. A. Purpus) Britton et Rose 【I, C】 ●TW; ★(NA): GT, MX.

龟甲柱属 Neobuxbaumia

勇凤 **Neobuxbaumia euphorbioides** Buxb. 【I, C】 ♣CBG, IBCAS, XMBG; ●BJ, FJ, SH; ★(NA): MX.

大凤龙 **Neobuxbaumia polylopha** (DC.) Backeb. 【I, C】 ♣CBG, FLBG, IBCAS, SCBG, TBG, WBG, XMBG; ●BJ, FJ, GD, HB, JX, SC, SH, TW; ★(NA): MX.

舞翁 **Neobuxbaumia scoparia** (Poselg.) Backeb.【I, C】 ★(NA): MX.

龟甲柱 **Neobuxbaumia tetetzo** (F. A. C. Weber ex K. Schum.) Backeb. 【I, C】 ●TW; ★(NA): MX.

摩天柱属 Pachycereus

加氏柱 **Pachycereus gatesii** (M. E. Jones) D. R. Hunt 【I, C】 ♣IBCAS; ●BJ; ★(NA): MX.

袖浦柱 **Pachycereus gaumeri** Britton et Rose 【I, C】 ♣IBCAS; ●BJ; ★(NA): MX.

丹羽太郎 **Pachycereus grandis** Rose 【I, C】 ★(NA): MX.

紫云龙（刺龙柱）**Pachycereus hollianus** (F. A. C. Weber) Britton et Rose 【I, C】 ♣TBG; ●TW; ★

(NA): MX.

白云阁 **Pachycereus marginatus** (DC.) Britton et Rose 【I, C】 ♣FLBG, IBCAS, KBG, SCBG, XMBG; ●BJ, FJ, GD, JX, SH, TW, YN; ★(NA): MX.

华桩翁 **Pachycereus militaris** (Audot) D. R. Hunt 【I, C】 ★(NA): MX.

土人栉柱 **Pachycereus pecten-aboriginum** (Engelm. ex S. Watson) Britton et Rose 【I, C】 ♣BBG, CBG, FLBG, SCBG, TMNS, XMBG; ●BJ, FJ, GD, JX, SH, TW; ★(NA): MX.

武伦柱 **Pachycereus pringlei** (S. Watson) Britton et Rose 【I, C】 ♣BBG, CBG, FLBG, IBCAS, NBG, SCBG, TBG, WBG, XMBG; ●BJ, FJ, GD, HB, JS, JX, SC, SH, TW; ★(NA): MX.

上帝阁 **Pachycereus schottii** (Engelm.) D. R. Hunt 【I, C】 ♣BBG, CBG, IBCAS, SCBG, TMNS, WBG, XMBG; ●BJ, FJ, GD, HB, SH, TW; ★(NA): MX.

福禄寿(王帝阁) **Pachycereus schottii** f. **monstrosus** (H. E. Gates) P. V. Heath 【I, C】 ♣FLBG, IBCAS; ●BJ, GD, JX; ★(NA): MX.

武卫柱 **Pachycereus weberi** (J. M. Coult.) Backeb. 【I, C】 ●FJ; ★(NA): MX.

块根柱属 Peniocereus

白眉塔 **Peniocereus castellae** Sánchez-Mej. 【I, C】 ●TW; ★(NA): MX.

*海岸块根柱 **Peniocereus cuixmalensis** Sánchez-Mej. 【I, C】 ●TW; ★(NA): MX.

*福斯特块根柱 **Peniocereus fosterianus** Cutak 【I, C】 ●TW; ★(NA): MX.

大和魂 **Peniocereus greggii** (Engelm.) Britton et Rose 【I, C】 ♣BBG, XMBG; ●BJ, FJ, TW; ★(NA): US.

巴文字 **Peniocereus hirschtianus** (K. Schum.) D. R. Hunt 【I, C】 ●TW; ★(NA): CR, GT, NI, SV, US.

Peniocereus johnstonii Britton et Rose 【I, C】 ●TW; ★(NA): MX.

*拉卡块根柱 **Peniocereus lazaro-cardenasii** (Contreras et al.) D. R. Hunt 【I, C】 ●TW; ★(NA): MX.

*麦克块根柱 **Peniocereus macdougallii** Cutak 【I, C】 ●TW; ★(NA): MX.

块根柱 **Peniocereus maculatus** (Weing.) Cutak 【I, C】 ♣XMBG; ●FJ, TW; ★(NA): MX.

*玛丽安块根柱 **Peniocereus marianus** (Gentry) Sánchez-Mej. 【I, C】 ●TW; ★(NA): MX.

白纹玉 **Peniocereus oaxacensis** (Britton et Rose) D. R. Hunt 【I, C】 ●TW; ★(NA): MX.

*罗塞块根柱(望江南) **Peniocereus rosei** J. G. Ortega 【I, C】 ●TW; ★(NA): MX.

大文字(鼠尾掌) **Peniocereus serpentinus** (Lag. et Rodr.) N. P. Taylor 【I, C】 ●TW; ★(NA): MX, US.

*灰纹块根柱 **Peniocereus striatus** (Brandegee) Buxb. 【I, C】 ●TW; ★(NA): US.

*特帕尔块根柱 **Peniocereus tepalcatepecanus** Sánchez-Mej. 【I, C】 ●TW; ★(NA): MX.

毒蛇(白眉塔) **Peniocereus viperinus** (F. A. C. Weber) Buxb. 【I, C】 ●TW; ★(NA): MX.

*兀鹫 **Peniocereus zopilotensis** (Meyran) Buxb. 【I, C】 ●TW; ★(NA): MX.

雷神柱属 Polaskia

夜雾阁 **Polaskia chende** Gibson et Horák 【I, C】 ♣IBCAS, XMBG; ●BJ, FJ, TW; ★(NA): MX.

雷神柱 **Polaskia chichipe** (Gosselin) Backeb. 【I, C】 ♣CBG, TBG, XMBG; ●FJ, SH, TW; ★(NA): MX.

南宵柱属 Pseudoacanthocereus

*巴西南宵柱 **Pseudoacanthocereus brasiliensis** (Britton et Rose) F. Ritter 【I, C】 ●TW; ★(SA): BR.

*委内瑞拉南宵柱 **Pseudoacanthocereus sicariguensis** (Croizat et Tamayo) N. P. Taylor 【I, C】 ●TW; ★(SA): VE.

新绿柱属 Stenocereus

薮蛇丸(赤焰柱) **Stenocereus alamosensis** (J. M. Coult.) A. C. Gibson et K. E. Horák 【I, C】 ♣XMBG; ●FJ, TW; ★(NA): MX.

雷斧阁 **Stenocereus beneckei** (Ehrenb.) A. Berger et Buxb. 【I, C】 ♣XMBG; ●FJ; ★(NA): MX.

入鹿 **Stenocereus eruca** (Brandegee) A. C. Gibson et K. E. Horák 【I, C】 ♣BBG; ●BJ, FJ; ★(NA): MX.

*流苏新绿柱(翡翠阁) **Stenocereus fimbriatus** (Lam.) Lourteig 【I, C】 ♣IBCAS; ●BJ, TW; ★(NA): DO.

群戟柱 **Stenocereus griseus** (Haw.) Buxb. 【I, C】 ●TW; ★(NA): GT, MX; (SA): CO, VE.

当麻阁 **Stenocereus gummosus** (Engelm.) A. Gibson et K. E. Horák 【I, C】 ●TW; ★(NA): MX, US.

朝雾阁 **Stenocereus pruinosus** (Otto ex Pfeiff.) Buxb.【I, C】♣CBG, FLBG, GXIB, IBCAS, TBG, WBG, XMBG; ●BJ, FJ, GD, GX, HB, JX, SH, TW; ★(NA): GT, MX.

太郎阁 **Stenocereus queretaroensis** (F. A. C. Weber ex Mathes.) Buxb.【I, C】♣TMNS; ●TW; ★(NA): MX.

新绿柱 **Stenocereus stellatus** (Pfeiff.) Riccob. 【I, C】♣FLBG, NBG, TBG, XMBG; ●FJ, GD, JS, JX, TW; ★(NA): MX.

大王阁 **Stenocereus thurberi** (Engelm.) Buxb. 【I, C】♣BBG, CBG, FLBG, IBCAS, SCBG, XMBG; ●BJ, FJ, GD, JX, SH, TW, YN; ★(NA): US.

百足柱属 Strophocactus

*白花孔雀 **Strophocactus chontalensis** (Alexander) Ralf Bauer 【I, C】 ●TW; ★(NA): GT, MX.

羽棱柱 **Strophocactus testudo** (Karw. ex Zucc.) Ralf Bauer 【I, C】 ●TW; ★(NA): BZ, CR, HN, MX, NI, SV.

百足柱 **Strophocactus wittii** (K. Schum.) Britton et Rose 【I, C】 ★(SA): BR, CO, PE, VE.

猿恋苇属 Hatiora

鬼铁蟹叶 **Hatiora epiphylloides** (Porto et Werderm.) P. V. Heath 【I, C】 ●TW; ★(SA): BR.

假昙花 **Hatiora gaertneri** (Regel) Barthlott 【I, C】♣IBCAS, KBG, XMBG, XOIG, ZAFU; ●BJ, FJ, TW, YN, ZJ; ★(NA): GT; (SA): BR.

圆筒枝假昙花 **Hatiora herminiae** (Porto et A. Cast.) Backeb. ex Barthlott 【I, C】 ●TW; ★(SA): BR.

落花之舞 **Hatiora rosea** (Lagerh.) Barthlott 【I, C】♣SCBG, XMBG; ●BJ, FJ, GD, SH, TW; ★(SA): BR.

猿恋苇（坛苇、白绦泷）**Hatiora salicornioides** Britton et Rose 【I, C】 ♣BBG, CBG, FLBG, GXIB, HBG, IBCAS, NBG, SCBG, TMNS, XMBG; ●BJ, FJ, GD, GX, JS, JX, SH, TW, ZJ; ★(NA): GT; (SA): BR.

鳞苇属 Lepismium

*安珍鳞苇（安珍）**Lepismium anceps** (F. A. C. Weber) Borg 【I, C】 ●TW; ★(SA): AR.

梦之浮桥 **Lepismium bolivianum** (Britton) Barthlott 【I, C】 ●TW; ★(SA): BO.

三棱苇（夜之篝）**Lepismium cruciforme** (Vell.) Miq. 【I, C】 ♣IBCAS, NBG; ●BJ, JS, TW; ★(SA): AR.

孔雀苇 **Lepismium lorentzianum** (Griseb.) Barthlott 【I, C】 ●TW; ★(SA): BO.

蚯蚓苇 **Lepismium lumbricoides** (Lem.) Barthlott 【I, C】 ●TW; ★(SA): BO, BR.

风月 **Lepismium warmingianum** (K. Schum.) Barthlott 【I, C】♣IBCAS, XMBG; ●BJ, FJ, TW; ★(SA): BR.

丝苇属 Rhipsalis

*尖丝苇（青苇）**Rhipsalis aculeata** F. A. C. Weber【I, C】 ●TW; ★(SA): AR.

丝苇 **Rhipsalis baccifera** (J. S. Muell.) Stearn 【I, C】 ♣BBG, FLBG, GXIB, HBG, IBCAS, NBG, SCBG, XMBG, XTBG; ●BJ, FJ, GD, GX, JS, JX, TW, YN, ZJ; ★(AF): GA, MG, TZ; (AS): LK, MM; (NA): BZ, CR, CU, DO, GT, HN, JM, MX, NI, PA, PR, TT; (SA): AR, BO, BR, CO, EC, GF, GY, PE, PY, VE.

多刺丝苇 **Rhipsalis baccifera** subsp. **horrida** (Baker) Barthlott 【I, C】 ♣IBCAS; ●BJ, FJ; ★(AF): MG.

浪波苇 **Rhipsalis burchellii** Britton et Rose 【I, C】 ♣TBG; ●TW; ★(SA): BR.

具棱丝苇 **Rhipsalis cereoides** (Backeb. et Voll) Backeb.【I, C】♣IBCAS; ●BJ, TW; ★(NA): GT; (SA): BR.

青柳（青龙）**Rhipsalis cereuscula** Haw. 【I, C】 ♣GXIB, IBCAS, KBG, SCBG, XBG, XMBG; ●BJ, FJ, GD, GX, SN, YN; ★(SA): BR.

鞍马苇 **Rhipsalis clavata** F. A. C. Weber 【I, C】 ♣IBCAS, XTBG; ●BJ, TW, YN; ★(SA): BR.

窗之梅 **Rhipsalis crispata** (Haw.) Pfeiff. 【I, C】 ♣IBCAS, XMBG; ●BJ, FJ, SH, TW; ★(SA): BR.

鬼柳 **Rhipsalis dissimilis** (G. Lindb.) K. Schum. 【I, C】 ♣IBCAS; ●BJ, TW; ★(SA): BR.

绿羽苇 **Rhipsalis elliptica** G. Lindb. ex K. Schum. 【I, C】 ♣NBG, XMBG; ●FJ, JS, TW; ★(SA): BR.

*埃丝苇 **Rhipsalis ewaldiana** Barthlott et N. P. Taylor 【I, C】 ●TW; ★(SA): BR.

绵苇 **Rhipsalis floccosa** Salm-Dyck ex Pfeiff. 【I, C】 ●TW; ★(SA): AR, BO, BR, GY, PY, VE.

*皮苇 **Rhipsalis floccosa** subsp. **pittieri** (Britton et Rose) Barthlott et N. P. Taylor 【I, C】 ●TW; ★(SA): VE.

*枕苇 **Rhipsalis floccosa** subsp. **pulvinigera** (G. Lindb.) Barthlott et N. P. Taylor 【I, C】 ●TW; ★(SA): BR.

园之蝶 **Rhipsalis goebeliana** Backeb. 【I, C】 ♣IBCAS; ●BJ, TW; ★(SA): BO.

青苇 **Rhipsalis grandiflora** Haw. 【I, C】 ♣FLBG, HBG, IBCAS, XMBG; ●BJ, FJ, GD, JX, TW, ZJ; ★(SA): BR.

女仙苇（千代之松）**Rhipsalis mesembryanthoides** Haw. 【I, C】 ♣BBG, IBCAS, NBG, XMBG; ●BJ, FJ, JS, TW; ★(SA): BR.

春柳（露之舞）**Rhipsalis micrantha** (Kunth) DC. 【I, C】 ♣IBCAS; ●BJ, TW; ★(NA): CR, PA; (SA): EC, PE.

大苇（若紫）**Rhipsalis neves-armondii** K. Schum. 【I, C】 ♣FLBG, IBCAS, XMBG; ●BJ, FJ, GD, JX, TW; ★(SA): BR.

桐壶（羽扇丝苇）**Rhipsalis oblonga** Loefgr. 【I, C】 ★(SA): BR, GY.

*帕苇 **Rhipsalis pacheco-leonis** Loefgr. 【I, C】 ●TW; ★(SA): BR.

星座之光（春雨）**Rhipsalis pachyptera** Pfeiff. 【I, C】 ♣IBCAS, XMBG; ●BJ, FJ, SH, TW; ★(SA): BR, GY.

玉柳（三棱苇枝）**Rhipsalis paradoxa** (Salm-Dyck ex Pfeiff.) Salm-Dyck 【I, C】 ♣NBG, SCBG, XMBG; ●FJ, GD, SH, TW; ★(SA): BR.

方柳（手纲绞、手纲须）**Rhipsalis pentaptera** Pfeiff. ex A. Dietr. 【I, C】 ♣CBG, NBG, XMBG; ●FJ, JS, SH, TW; ★(SA): AR, BR.

朝之霜（赤苇、髯赤苇）**Rhipsalis pilocarpa** Loefgr. 【I, C】 ♣IBCAS, KBG; ●BJ, YN; ★(SA): BR.

扁果苇 **Rhipsalis platycarpa** (Zucc.) Pfeiff. 【I, C】 ●TW; ★(SA): BR.

五月雨 **Rhipsalis puniceodiscus** G. Lindb. 【I, C】 ♣FLBG, IBCAS, XMBG; ●BJ, FJ, GD, JX, TW; ★(SA): BR.

叶柳（黄梅）**Rhipsalis rhombea** (Salm-Dyck) Pfeiff. 【I, C】 ♣IBCAS, XMBG; ●BJ, FJ, TW; ★(SA): BR.

红珍珠 **Rhipsalis russellii** Britton et Rose 【I, C】 ♣SCBG; ●GD, TW; ★(SA): BR.

筒枝丝苇（初绿、松风）**Rhipsalis teres** (Vell.) Steud. 【I, C】 ♣CBG, IBCAS, NBG, XMBG; ●BJ, FJ, JS, SH, TW; ★(SA): BR.

天之河 **Rhipsalis trigona** Pfeiff. 【I, C】 ●TW; ★(SA): BR.

仙人指属 Schlumbergera

圆齿蟹爪 **Schlumbergera × buckleyi** (T. Moore) Tjaden 【I, C】 ★(SA): BR.

*考氏蟹爪 **Schlumbergera kautskyi** (Horobin et McMillan) N. P. Taylor 【I, C】 ●TW; ★(SA): BR.

钝棱蟹爪（关节柱）**Schlumbergera microsphaerica** (Britton et Rose) Hoevel 【I, C】 ●TW; ★(SA): BR.

长圆蟹爪 **Schlumbergera opuntioides** (Loefgr. et Dusén) D. R. Hunt 【I, C】 ●TW; ★(SA): BR.

钝齿蟹爪 **Schlumbergera russelianum** (Hook.) Britton et Rose 【I, C】 ♣BBG, FBG, FLBG, GA, HBG, KBG, LBG, SCBG, TBG, XLTBG, XMBG, XOIG; ●BJ, FJ, GD, HI, JX, SC, TW, YN, ZJ; ★(SA): BR.

蟹爪兰 **Schlumbergera truncata** (Haw.) Moran 【I, C】 ♣BBG, CDBG, FBG, FLBG, GA, GBG, GMG, GXIB, HBG, IBCAS, KBG, LBG, NBG, SCBG, TBG, WBG, XBG, XLTBG, XMBG, XOIG, ZAFU; ●BJ, FJ, GD, GX, GZ, HB, HI, JS, JX, SC, SH, SN, TW, YN, ZJ; ★(SA): BR.

红花蟹爪 **Schlumbergera truncata** var. **altensteinii** (Haw.) R. Moran 【I, C】 ♣GA; ●JX, TW; ★(SA): BR.

白花蟹爪 **Schlumbergera truncata** var. **delicata** (N. E. Br.) Moran 【I, C】 ●FJ, TW; ★(SA): BR.

极光球属 Eriosyce

极光丸（五百津玉）**Eriosyce aurata** (Pfeiff.) Backeb. 【I, C】 ♣BBG, CBG, HBG, SCBG, WBG, XMBG; ●BJ, FJ, GD, HB, SH, TW, ZJ; ★(SA): CL.

逆豹球（英花姬）**Eriosyce bulbocalyx** (Werderm.) Katt. 【I, C】 ●SH, TW; ★(SA): CL.

苍龙玉 **Eriosyce chilensis** (Hildm. ex K. Schum.) Katt. 【I, C】 ♣HBG; ●ZJ; ★(SA): CL.

*白花苍龙玉 **Eriosyce chilensis** var. **albidiflora** (Hildm. ex K. Schum.) Katt. 【I, C】 ♣CBG; ●SH; ★(SA): CL.

*极光球 **Eriosyce confinis** (F. Ritter) Katt. 【I, C】 ●TW; ★(SA): CL.

*皱玉 **Eriosyce crispa** (F. Ritter) Katt. 【I, C】 ●TW; ★(SA): CL.

*瓦斯卡拉球 **Eriosyce crispa** var. **huascensis** (F. Ritter) Katt. 【I, C】 ●TW; ★(SA): CL.

登阳丸（群虎玉）**Eriosyce curvispina** (Bertero ex Colla) Katt. 【I, C】 ♣BBG; ●BJ, FJ, SH, TW; ★(SA): CL.

黑罗汉 **Eriosyce esmeraldana** (F. Ritter) Katt. 【I, C】 ♣BBG; ●BJ, TW; ★(SA): CL.

桃燻玉（斗豹丸）**Eriosyce heinrichiana** (Backeb.) Katt. 【I, C】 ♣BBG, HBG; ●BJ, FJ, TW, ZJ; ★(SA): CL.

燻光玉（砂玉女、伊须罗玉）**Eriosyce islayensis** (C. F. Först.) Katt. 【I, C】 ♣CBG; ●SH, TW; ★(SA): CL.

刺鯱玉（白翁玉、桃彩丸）**Eriosyce kunzei** (C. F. Först.) Katt. 【I, C】 ♣BBG, CBG, FLBG, HBG, SCBG, XMBG; ●BJ, FJ, GD, JX, SH, TW, ZJ; ★(SA): CL.

豹头 **Eriosyce napina** (Phil.) Katt. 【I, C】 ♣BBG, CBG, CDBG, HBG, IBCAS, LBG, TBG, XMBG; ●BJ, FJ, JX, SC, SH, TW, ZJ; ★(SA): CL.

白翁玉 **Eriosyce nidus** (C. F. Först.) Katt. 【I, C】 ♣BBG; ●BJ; ★(SA): CL.

雷头玉 **Eriosyce occulta** Katt. 【I, C】 ●TW; ★(SA): CL.

玉姬 **Eriosyce odieri** (Lem. ex Salm-Dyck) Katt. 【I, C】 ♣HBG, NBG, XMBG; ●FJ, JS, TW, ZJ; ★(SA): CL.

锤豹头 **Eriosyce odieri** subsp. **krausii** (F. Ritter) Ferryman 【I, C】 ♣XMBG; ●FJ, SH, TW; ★(SA): CL.

彗星殿 **Eriosyce rodentiophila** F. Ritter 【I, C】 ●TW; ★(SA): CL.

吼熊丸（铁心丸）**Eriosyce strausiana** (K. Schum.) Katt. 【I, C】 ♣FLBG; ●GD, JX; ★(SA): CL.

逆龙玉 **Eriosyce subgibbosa** (Haw.) Katt. 【I, C】 ♣CBG, IBCAS, XMBG; ●BJ, FJ, SH; ★(SA): CL.

暗黑玉 **Eriosyce subgibbosa** subsp. **clavata** (Haw.) Katt. 【I, C】 ♣BBG, XMBG; ●BJ, FJ, TW; ★(SA): CL.

庆鹊玉（逆龙玉）**Eriosyce subgibbosa** var. **castanea** (Haw.) Katt. 【I, C】 ●SH; ★(SA): CL.

国光殿（太留田丸）**Eriosyce taltalensis** (Hutchison) Katt. 【I, C】 ♣BBG, CBG; ●BJ, SH, TW; ★(SA): CL.

黑佛头 **Eriosyce taltalensis subsp. echinus** (F. Ritter) Katt. 【I, C】 ●TW; ★(SA): CL.

北斗玉（翠烟玉、黑冠丸）**Eriosyce taltalensis** subsp. **paucicostata** (F. Ritter) Katt. 【I, C】 ♣CBG, HBG, IBCAS, XMBG; ●BJ, FJ, SH, TW, ZJ; ★(SA): CL.

阴影 **Eriosyce tenebrica** (F. Ritter) Katt. 【I, C】 ★(SA): CL.

寒鬼玉 **Eriosyce umadeave** (Werderm.) Katt. 【I, C】 ★(SA): CL.

秋仙玉 **Eriosyce villicumensis** (Rausch) Katt. 【I, C】 ★(SA): CL.

黄龙玉（弥勒玉）**Eriosyce villosa** (Monv.) Katt. 【I, C】 ♣XMBG; ●FJ; ★(SA): CL.

群岭玉属 Neowerdermannia

阳岭（群岭、夕岭、绯冠龙）**Neowerdermannia chilensis** Backeb. 【I, C】 ♣CBG; ●SH; ★(SA): CL.

锦绣玉属 Parodia

*变构丸 **Parodia allosiphon** (Marchesi) N. P. Taylor 【I, C】 ♣TMNS; ●TW; ★(SA): BR.

逆钵丸 **Parodia aureicentra** Backeb. 【I, C】 ♣BBG, CBG, NBG; ●BJ, JS, SH; ★(SA): AR.

奥拨锦绣玉 **Parodia ayopayana** Cárdenas 【I, C】 ♣HBG; ●TW, ZJ; ★(SA): BO.

白雪狮子 **Parodia buiningii** (Buxb.) N. P. Taylor 【I, C】 ♣BBG, WBG; ●BJ, HB, SH, TW; ★(SA): BR.

*巴西玉 **Parodia carambeiensis** (Buining et Brederoo) Hofacker 【I, C】 ♣BBG; ●BJ; ★(SA): BR.

锦翁玉 **Parodia chrysacanthion** (K. Schum.) Backeb. 【I, C】 ♣BBG, XMBG; ●BJ, FJ; ★(SA): AR.

康马锦锈玉 **Parodia comarapana** Cárdenas 【I, C】 ♣BBG, HBG; ●BJ, SH, TW, ZJ; ★(SA): BO.

河内丸（美装玉）**Parodia concinna** (Monv.) N. P. Taylor 【I, C】 ♣BBG, CBG, FLBG, HBG, IBCAS, NBG, SCBG, XMBG; ●BJ, FJ, GD, JS, JX, SH, TW, ZJ; ★(SA): BR.

*布洛乌玉 **Parodia concinna** subsp. **blaauwiana** (Vliet) Hofacker 【I, C】 ♣CBG; ●SH; ★(SA): BR.

*厚瘤玉 **Parodia crassigibba** (F. Ritter) N. P. Taylor 【I, C】 ♣BBG, WBG; ●BJ, HB, TW; ★(SA): BR.

地久丸 **Parodia erinacea** (Haw.) N. P. Taylor 【I, C】 ♣CBG, XMBG; ●FJ, SH, TW; ★(SA): AR.

*红玉 **Parodia erubescens** (Osten) D. R. Hunt 【I,

C】 ♣BBG, XMBG; ●BJ, FJ, SH, TW; ★(SA): UY.

*褐玉 **Parodia fusca** (F. Ritter) Hofacker et P. J. Braun 【I, C】 ♣BBG; ●BJ, TW; ★(SA): BR.

雪晃 **Parodia haselbergii** (F. Haage) F. H. Brandt 【I, C】 ♣BBG, CBG, CDBG, FLBG, HBG, IBCAS, LBG, SCBG, XMBG; ●BJ, FJ, GD, JX, SC, SH, TW, YN, ZJ; ★(SA): BR.

黄雪晃（黄花雪晃）**Parodia haselbergii** subsp. **graessneri** (Rümpler) F. H. Brandt 【I, C】 ♣BBG, CBG, CDBG, FLBG, IBCAS, LBG, NBG, SCBG, WBG, XMBG; ●BJ, FJ, GD, HB, JS, JX, SC, SH, TW; ★(SA): BR.

红彩玉 **Parodia herteri** (Werderm.) N. P. Taylor 【I, C】 ♣BBG, IBCAS, XMBG; ●BJ, FJ, TW; ★(SA): BR, UY.

*霍氏玉 **Parodia horstii** (F. Ritter) N. P. Taylor 【I, C】 ●TW; ★(SA): BR.

金晃 **Parodia leninghausii** (Haage) F. H. Brandt 【I, C】 ♣BBG, CBG, CDBG, FBG, FLBG, GA, HBG, IBCAS, KBG, SCBG, TBG, TMNS, WBG, XMBG; ●BJ, FJ, GD, HB, JX, SC, SH, TW, YN, ZJ; ★(SA): BR.

*林氏玉 **Parodia linkii** (Lehm.) R. Kiesling 【I, C】 ●TW; ★(SA): AR, BR, PY, UY.

魔神丸（魔神球）**Parodia maasii** (Heese) A. Berger 【I, C】 ♣BBG, FLBG, IBCAS, LBG, NBG, WBG, XMBG; ●BJ, FJ, GD, HB, JS, JX, TW; ★(SA): AR, BO, BR, CO, PY, UY.

莺冠玉（英冠玉）**Parodia magnifica** (F. Ritter) F. H. Brandt 【I, C】 ♣BBG, CBG, FLBG, GA, IBCAS, SCBG, XMBG; ●BJ, FJ, GD, JX, SH, TW, YN; ★(SA): BR.

鬼云丸（狮子王丸）**Parodia mammulosa** (Lem.) N. P. Taylor 【I, C】 ♣CBG, FLBG, XMBG; ●FJ, GD, JX, SH, TW; ★(SA): AR, UY.

梦绣玉 **Parodia mammulosa** subsp. **brasiliensis** (Havlicek) Hofacker 【I, C】 ♣IBCAS; ●BJ; ★(SA): AR, UY.

*红花狮子王丸（眩美玉）**Parodia mammulosa** subsp. **erythracantha** (H. Schloss. et Brederoo) Hofacker 【I, C】 ♣CBG, WBG; ●HB, SH, TW; ★(SA): AR, UY.

细粒丸（金绣玉）**Parodia mammulosa** subsp. **submammulosus** (Lem.) Hofacker 【I, C】 ♣BBG, CBG, CDBG, HBG, IBCAS, LBG, XMBG; ●BJ, FJ, JX, SC, SH, TW, ZJ; ★(SA): AR, UY.

宝玉（暗刺玉、芍药丸）**Parodia microsperma** (F. A. C. Weber) Speg. 【I, C】 ♣BBG, XMBG; ●BJ, FJ, SH, TW; ★(SA): AR, BO.

锦绣玉 **Parodia microsperma** subsp. **aureispina** (Backeb.) Brickwood 【I, C】 ♣BBG, CBG, FLBG, HBG, XMBG; ●BJ, FJ, GD, JX, SH, TW, ZJ; ★(SA): AR, BO.

罗绣玉 **Parodia microsperma** subsp. **catamarcensis** (Backeb.) Brickwood 【I, C】 ♣FLBG, XMBG; ●FJ, GD, JX; ★(SA): AR, BO.

彩绣玉 **Parodia microsperma** var. **erythrantha** (Speg.) Weskamp 【I, C】 ★(SA): AR, BO.

绯绣玉 **Parodia microsperma** subsp. **sanguiniflora** (F. A. C. Weber) Speg. 【I, C】 ♣BBG, XMBG; ●BJ, FJ, TW; ★(SA): AR, BO.

*赫氏玉 **Parodia microsperma** var. **herzogii** (F. A. C. Weber) Speg. 【I, C】 ♣BBG, CBG; ●BJ, SH, TW; ★(SA): AR, BO.

丽绣玉 **Parodia microsperma** var. **mutabilis** (Backeb.) Brickwood 【I, C】 ★(SA): AR, BO.

华桩玉 **Parodia microsperma** var. **rubriflora** (Backeb.) Weskamp 【I, C】 ●SH; ★(SA): AR, BO.

珊瑚城 **Parodia mueller-melchersii** (Frič ex Backeb.) N. P. Taylor 【I, C】 ♣CDBG; ●SC, TW; ★(SA): BR.

紫螺玉 **Parodia muricata** (Otto ex Pfeiff.) Hofacker 【I, C】 ♣HBG; ●FJ, ZJ; ★(SA): BR.

鹰绣玉 **Parodia neohorstii** N. P. Taylor 【I, C】 ♣CBG; ●SH; ★(SA): BR.

银妆玉 **Parodia nivosa** Backeb. 【I, C】 ♣BBG, XMBG; ●BJ, FJ, TW; ★(SA): AR.

*仙幻玉 **Parodia nothorauschii** D. R. Hunt 【I, C】 ●TW; ★(SA): BR.

*奥坎波玉 **Parodia ocampoi** Cárdenas 【I, C】 ♣HBG; ●ZJ; ★(SA): BO.

青王丸 **Parodia ottonis** (Lehm.) N. P. Taylor 【I, C】 ♣BBG, CBG, FLBG, HBG, NBG, SCBG, TBG, XMBG; ●BJ, FJ, GD, JS, JX, SH, TW, ZJ; ★(SA): AR, PY, UY.

银装玉 **Parodia penicillata** Fechser et Steeg 【I, C】 ♣BBG; ●BJ, TW; ★(SA): AR.

刺黄妆（高锦绣玉）**Parodia procera** F. Ritter 【I, C】 ♣BBG, HBG; ●BJ, SH, ZJ; ★(SA): BO.

*鲁氏玉 **Parodia rudibuenekeri** (W. R. Abraham) Hofacker et P. J. Braun 【I, C】 ♣BBG; ●BJ, TW; ★(SA): BR.

桃鬼丸（红冠丸）**Parodia rutilans** (Däniker et Krainz) N. P. Taylor 【I, C】 ♣BBG; ●BJ, SH; ★(SA): BR.

金冠 **Parodia schumanniana** (Nicolai) F. H. Brandt 【I, C】♣BBG, CBG, CDBG, FBG, FLBG, SCBG, WBG, XMBG; ●AH, BJ, FJ, GD, HB, JX, SC, SH, TW, YN; ★(SA): BR.

棒金冠 **Parodia schumanniana** subsp. **claviceps** (F. Ritter) Doweld 【I, C】 ●TW; ★(SA): BR.

小町 **Parodia scopa** (Spreng.) N. P. Taylor 【I, C】 ♣BBG, CBG, CDBG, FBG, FLBG, HBG, IBCAS, KBG, SCBG, WBG, XMBG; ●BJ, FJ, GD, HB, JX, SC, SH, TW, YN, ZJ; ★(SA): BR.

奇特丸 **Parodia scopa** subsp. **neobuenekeri** (F. Ritter) Hofacker et P. J. Braun 【I, C】♣BBG; ●BJ; ★(SA): BR.

白闪小町 **Parodia scopa** subsp. **succinea** (F. Ritter) Hofacker et P. J. Braun 【I, C】♣XMBG; ●FJ, TW; ★(SA): BR.

正美丸（世吕玉）**Parodia sellowii** (Link et Otto) D. R. Hunt 【I, C】 ♣CBG; ●SH, TW; ★(SA): BR.

*福氏玉 **Parodia sellowii** var. **vorwerkiana** (Link et Otto) D. R. Hunt 【I, C】 ●TW; ★(SA): BR.

橙绣玉 **Parodia stuemeri** (Werderm.) Backeb. 【I, C】 ♣XMBG; ●FJ; ★(SA): AR.

黑云龙 **Parodia subterranea** F. Ritter 【I, C】 ♣BBG, XMBG; ●BJ, FJ, SH, TW; ★(SA): BO.

近似南国玉 **Parodia subtilihamata** F. Ritter【I, C】♣BBG; ●BJ, TW; ★(SA): BO.

神球 **Parodia taratensis** Cárdenas【I, C】●SH; ★(SA): BO.

红绣玉 **Parodia tilcarensis** (Werderm. et Backeb.) Backeb. 【I, C】 ♣NBG; ●FJ, JS; ★(SA): AR.

图城狮子王 **Parodia turecekiana** R. Kiesling 【I, C】 ♣BBG, XMBG; ●BJ, FJ, SH, TW; ★(SA): AR.

金晃殿（金冠）**Parodia warasii** (F. Ritter) F. H. Brandt 【I, C】 ♣BBG; ●BJ, TW; ★(SA): BR, PY.

彩美丸 **Parodia werdermanniana** (Herter) N. P. Taylor 【I, C】 ♣BBG; ●BJ, TW; ★(SA): UY.

黄花眩美玉 **Parodia werneri** Hofacker 【I, C】 ♣BBG, IBCAS; ●BJ; ★(SA): BR, UY.

眩美玉 **Parodia werneri** subsp. **pleiocephala** (N. Gerloff et Königs) Hofacker【I, C】♣CBG; ●SH, TW; ★(SA): BR.

天心球属 Rimacactus

天心球 **Rimacactus laui** (Lüthy) Mottram 【I, C】 ●TW; ★(SA): CL.

慈母球属 Yavia

慈母球（隐遁丸）**Yavia cryptocarpa** R. Kiesling et Piltz 【I, C】 ●ZJ; ★(SA): AR, BO.

群蛇柱属 Browningia

群蛇柱 **Browningia altissima** (F. Ritter) Buxb. 【I, C】 ♣IBCAS; ●BJ; ★(SA): PE.

丽云 **Browningia amstutziae** (Rauh et Backeb.) Hutchison ex Krainz 【I, C】 ★(SA): PE.

青铜龙 **Browningia candelaris** (Meyen) Britton et Rose 【I, C】 ●SH; ★(SA): PE.

伊卡青铜龙 **Browningia candelaris** subsp. **icaensis** (F. Ritter) D. R. Hunt 【I, C】 ★(SA): PE.

绿果群蛇柱 **Browningia chlorocarpa** (Kunth) W. T. Marshall 【I, C】 ★(SA): PE.

圆蛇柱 **Browningia columnaris** F. Ritter【I, C】★(SA): PE.

佛塔柱 **Browningia hertlingiana** (Backeb.) Buxb. 【I, C】 ♣XMBG; ●FJ; ★(SA): PE.

美翠柱 **Browningia microsperma** (Werderm. et Backeb.) W. T. Marshall 【I, C】 ●YN; ★(SA): PE.

冠蛇柱 **Browningia pilleifera** (F. Ritter) Hutchison 【I, C】 ★(SA): PE.

绿蛇柱 **Browningia viridis** (Rauh et Backeb.) Buxb. 【I, C】 ★(SA): PE.

裸萼球属 Gymnocalycium

黄蛇丸 **Gymnocalycium andreae** (Boed.) Backeb. et F. M. Knuth 【I, C】 ●TW; ★(SA): AR.

翠晃冠（翠峰球）**Gymnocalycium anisitsii** (K. Schum.) Britton et Rose 【I, C】 ♣BBG, CDBG, FLBG, NBG, SCBG, TBG, XMBG; ●BJ, FJ, GD, JS, JX, SC, SH, TW, YN; ★(SA): PY.

丽蛇丸（翠牡丹玉）**Gymnocalycium anisitsii** subsp. **damsii** (K. Schum.) G. J. Charles 【I, C】 ♣CBG, XMBG; ●FJ, SH, TW; ★(SA): PY.

绯花玉 **Gymnocalycium baldianum** (Speg.) Speg. 【I, C】 ♣BBG, CBG, HBG, IBCAS, NBG, SCBG, XMBG; ●BJ, FJ, GD, JS, SH, TW, ZJ; ★(SA): AR.

快天丸 **Gymnocalycium bayrianum** Till ex H. Till 【I, C】 ♣CBG; ●SH, TW; ★(SA): AR.

怪龙丸（黑蝶玉）**Gymnocalycium bodenbenderianum** (Hosseus ex A. Berger) A. Berger 【I, C】♣CBG, CDBG, FLBG, IBCAS, WBG, XMBG; ●BJ, FJ, GD, HB, JX, SC, SH, TW; ★(SA): AR.

蛇龙 **Gymnocalycium bodenbenderianum** subsp. **intertextum** (Backeb. ex H. Till) H. Till 【I, C】♣BBG; ●BJ, TW; ★(SA): AR.

罗星丸（罗星）**Gymnocalycium bruchii** (Speg.) Hosseus 【I, C】 ♣CBG, FLBG, HBG, NBG, SCBG, XMBG; ●FJ, GD, JS, JX, SH, TW, YN, ZJ; ★(SA): AR.

火星丸 **Gymnocalycium calochlorum** (Boed.) Y. Itô【I, C】♣CBG, FLBG, HBG, XMBG; ●FJ, GD, JX, SH, ZJ; ★(SA): AR.

剑魔玉 **Gymnocalycium castellanosii** Backeb. 【I, C】 ♣BBG, CBG, FLBG, XMBG; ●BJ, FJ, GD, JX, SH, TW; ★(SA): AR.

良宽 **Gymnocalycium chiquitanum** Cárdenas 【I, C】♣CBG, IBCAS, XMBG; ●BJ, FJ, SH, TW; ★(SA): BO.

蛇龙丸 **Gymnocalycium denudatum** (Link et Otto) Pfeiff. ex Mittler 【I, C】 ♣BBG, CBG, CDBG, FBG, FLBG, HBG, IBCAS, NBG, SCBG, WBG, XMBG; ●BJ, FJ, GD, HB, JS, JX, SC, SH, TW, ZJ; ★(SA): AR.

蛇眉寺 **Gymnocalycium erinaceum** J. G. Lamb. 【I, C】 ●TW; ★(SA): AR.

勇将丸 **Gymnocalycium eurypleurum** F. Ritter 【I, C】 ♣BBG, WBG, XMBG; ●BJ, FJ, HB, SH, TW; ★(SA): PY.

荣次丸 **Gymnocalycium eytianum** Cárdenas 【I, C】 ★(SA): BO.

九纹龙 **Gymnocalycium gibbosum** (Haw.) Pfeiff. ex Mittler 【I, C】 ♣CBG, FLBG, NBG, XMBG; ●FJ, GD, JS, JX, SH, TW; ★(SA): AR.

海王锦 **Gymnocalycium horstii** Buining 【I, C】 ♣IBCAS, WBG, XMBG; ●BJ, FJ, HB, TW; ★(SA): BR.

圣王丸 **Gymnocalycium horstii** subsp. **buenekeri** (Swales) P. J. Braun et Hofacker 【I, C】 ♣SCBG; ●FJ, GD, SH, TW; ★(SA): BR.

五大洲 **Gymnocalycium hossei** (F. Haage) A. Berger 【I, C】 ♣CBG, NBG; ●JS, SH, TW; ★(SA): AR.

碧岩玉 **Gymnocalycium hybopleurum** (K. Schum.) Backeb. 【I, C】 ♣CBG; ●SH, TW; ★(SA): AR.

龙冠 **Gymnocalycium hyptiacanthum** (Lem.) Britton et Rose 【I, C】 ★(SA): AR, UY.

稚龙玉 **Gymnocalycium hyptiacanthum** subsp. **netrelianum** (Monv. ex Labour.) Mereg. 【I, C】 ♣FLBG; ●GD, JX; ★(SA): AR.

圣姿玉 **Gymnocalycium hyptiacanthum** subsp. **uruguayense** (Arechav.) Mereg. 【I, C】 ♣BBG, HBG; ●BJ, TW, ZJ; ★(SA): UY.

丽富玉 **Gymnocalycium leptanthum** (Speg.) Speg. 【I, C】 ♣CBG, NBG; ●JS, SH; ★(SA): AR.

魔云龙 **Gymnocalycium marsoneri** Frič ex Y. Itô 【I, C】 ●TW; ★(SA): AR.

翠盘玉 **Gymnocalycium marsoneri** subsp. **matoense** (Buining et Brederoo) P. J. Braun et Esteves 【I, C】 ♣BBG; ●BJ; ★(SA): AR.

魔天龙 **Gymnocalycium mazanense** (Backeb.) Backeb. 【I, C】♣CBG, SCBG, XMBG; ●FJ, GD, SH, TW; ★(SA): AR.

瑞云丸(瑞云裸萼球)**Gymnocalycium mihanovichii** (Frič ex Gürke) Britton et Rose 【I, C】 ♣BBG, CBG, CDBG, FBG, FLBG, GXIB, HBG, IBCAS, KBG, LBG, NBG, SCBG, TBG, TMNS, WBG, XMBG, XOIG, ZAFU; ●AH, BJ, FJ, GD, GX, HB, JS, JX, SC, SH, TW, YN, ZJ; ★(SA): PY.

云龙 **Gymnocalycium monvillei** (Lem.) Pfeiff. ex Britton et Rose 【I, C】 ♣BBG, CBG, FLBG, GXIB, WBG, XMBG; ●BJ, FJ, GD, GX, HB, JX, SH, TW; ★(SA): PY.

*圣路易斯云龙 **Gymnocalycium monvillei** subsp. **achirasense** (H. Till) H. Till 【I, C】 ♣CBG; ●SH; ★(SA): PY.

恐龙丸 **Gymnocalycium monvillei** subsp. **horridispinum** (G. Frank ex H. Till) H. Till 【I, C】 ♣BBG; ●BJ, SH, TW; ★(SA): PY.

红蛇丸 **Gymnocalycium mostii** (Gürke) Britton et Rose 【I, C】 ♣CBG, FLBG, NBG, SCBG, XMBG; ●FJ, GD, JS, JX, SH, TW; ★(SA): AR.

神武 **Gymnocalycium mostii** subsp. **valnicekianum** (Jajó) Mereg. et G. J. Charles 【I, C】 ●SH, TW; ★(SA): AR.

若武者 **Gymnocalycium mucidum** Oehme 【I, C】 ●TW; ★(SA): AR.

瑞氏玉 **Gymnocalycium neuhuberi** H. Till et W. Till 【I, C】 ♣CBG; ●SH; ★(SA): AR.

春秋之壶 **Gymnocalycium ochoterenae** Backeb. 【I, C】 ♣CBG, IBCAS, WBG, XMBG; ●BJ, FJ, HB, SH, TW; ★(SA): AR.

纯绯玉 **Gymnocalycium oenanthemum** Backeb.

【I, C】 ♣CBG, HBG; ●SH, TW, ZJ; ★(SA): AR.

*强刺玉 **Gymnocalycium paediophilum** F. Ritter ex Schuetz 【I, C】 ●SH, TW; ★(SA): PY.

*帕氏玉 **Gymnocalycium papschii** H. Till 【I, C】 ♣CBG; ●SH; ★(SA): AR.

海王丸 **Gymnocalycium paraguayense** (K. Schum.) Hosseus 【I, C】 ♣CDBG, XMBG; ●FJ, SC, TW; ★(SA): PY.

天赐玉（天紫丸）**Gymnocalycium pflanzii** (Vaupel) Werderm. 【I, C】 ♣BBG, CBG, SCBG, WBG, XMBG; ●BJ, FJ, GD, HB, SC, SH, TW; ★(SA): AR.

凤龙玉 **Gymnocalycium pflanzii** subsp. **zegarrae** (Cárdenas) G. J. Charles 【I, C】 ●TW; ★(SA): AR.

光龙丸 **Gymnocalycium platense** (Speg.) Britton et Rose 【I, C】 ♣IBCAS, XMBG; ●BJ, FJ, TW; ★(SA): AR.

阵太刀 **Gymnocalycium pugionacanthum** Backeb. ex H. Till 【I, C】 ♣BBG, CBG; ●BJ, SH, TW; ★(SA): AR.

龙头 **Gymnocalycium quehlianum** (F. Haage ex Quehl) Vaupel ex Hosseus 【I, C】 ♣FLBG, HBG, NBG, SCBG, WBG, XMBG; ●FJ, GD, HB, JS, JX, SH, TW, ZJ; ★(SA): AR.

拉根 **Gymnocalycium ragonesei** A. Cast. 【I, C】 ●TW; ★(SA): AR.

新天地 **Gymnocalycium saglionis** (Cels) Britton et Rose 【I, C】 ♣BBG, CBG, CDBG, FLBG, HBG, IBCAS, NBG, SCBG, WBG, XMBG; ●BJ, FJ, GD, HB, JS, JX, SC, SH, TW, ZJ; ★(SA): BO.

*蒂尔卡拉新天地 **Gymnocalycium saglionis** subsp. **tilcarense** (Backeb.) H. Till et W. Till 【I, C】 ♣FLBG; ●GD, JX, YN; ★(SA): BO.

波光龙 **Gymnocalycium schickendantzii** (F. A. C. Weber) Britton et Rose 【I, C】 ♣BBG, CBG, XMBG; ●BJ, FJ, SH, TW; ★(SA): AR.

雪冠玉 **Gymnocalycium schroederianum** Osten 【I, C】 ●TW; ★(SA): AR.

桃冠玉（征冠玉）**Gymnocalycium sigelianum** (Schick) Hosseus 【I, C】 ♣NBG; ●JS; ★(SA): AR.

天平丸 **Gymnocalycium spegazzinii** Britton et Rose 【I, C】 ♣BBG, CBG, FLBG, NBG, WBG, XMBG; ●BJ, FJ, GD, HB, JS, JX, SH, TW; ★(SA): AR.

光淋玉 **Gymnocalycium spegazzinii** subsp. **cardenasianum** (F. Ritter) R. Kiesling et Metzing 【I, C】 ♣BBG, CBG, FBG, FLBG, WBG, XMBG; ●BJ, FJ, GD, HB, JX, SH, TW; ★(SA): AR.

守殿玉（凤头）**Gymnocalycium stellatum** (Speg.) Britton et Rose 【I, C】 ♣BBG; ●BJ; ★(SA): AR.

*粉玉 **Gymnocalycium striglianum** Jeggle ex H. Till 【I, C】 ●TW; ★(SA): AR.

万珠玉（天主丸）**Gymnocalycium stuckertii** (Speg.) Britton et Rose 【I, C】 ♣BBG; ●BJ; ★(SA): AR.

光芒柱属 Lasiocereus

黄锥柱 **Lasiocereus fulvus** F. Ritter 【I, C】 ●BJ; ★(SA): PE.

羚羊柱 **Lasiocereus rupicola** F. Ritter 【I, C】 ●BJ; ★(SA): PE.

子孙球属 Rebutia

银蝶丸 **Rebutia albiflora** F. Ritter et Buining 【I, C】 ♣FLBG; ●GD, JX; ★(SA): BO.

绯菊宝山 **Rebutia albopectinata** Rausch 【I, C】 ●TW; ★(SA): BO.

黄环丸（冠宝玉）**Rebutia arenacea** Cárdenas 【I, C】 ♣BBG, CBG, FLBG, IBCAS, XMBG; ●BJ, FJ, GD, JX, SH, TW; ★(SA): BO.

黑丽丸（砂地丸）**Rebutia canigueralii** Cárdenas 【I, C】 ♣BBG, XMBG; ●BJ, FJ; ★(SA): BO.

*弗氏黑丽丸 **Rebutia canigueralii** var. **frankiana** Cárdenas 【I, C】 ♣BBG; ●BJ, TW; ★(SA): BO.

*沟宝山 **Rebutia canigueralii** var. **tarabucoensis** Cárdenas 【I, C】 ♣BBG, CBG, FLBG, IBCAS, WBG, XMBG; ●BJ, FJ, GD, HB, JX, SH, TW; ★(SA): BO.

丽盛丸 **Rebutia deminuta** (F. A. C. Weber) Britton et Rose 【I, C】 ♣BBG, CBG, XMBG; ●BJ, FJ, SH, TW; ★(SA): AR.

华宝丸 **Rebutia einsteinii** Frio 【I, C】 ●TW; ★(SA): BO.

新玉 **Rebutia fiebrigii** (Gürke) Britton et Rose 【I, C】 ♣BBG, CBG, XMBG; ●BJ, FJ, SH, TW, YN; ★(SA): BO.

*黄柱丸 **Rebutia flavistyla** F. Ritter 【I, C】 ♣BBG; ●BJ; ★(SA): BO.

绯之蝶 **Rebutia fulviseta** Rausch 【I, C】 ♣BBG; ●BJ; ★(SA): BO.

*簇毛丸 **Rebutia glomeriseta** Cárdenas 【I, C】 ♣BBG, IBCAS; ●BJ, TW; ★(SA): BO.

刺美宝球 **Rebutia heliosa** Rausch 【I, C】 ♣BBG, CBG, SCBG, XMBG; ●BJ, FJ, GD, SH, TW; ★(SA): BO.

优宝丸 **Rebutia kupperiana** Boed. 【I, C】 ♣XMBG; ●FJ; ★(SA): BO.

绯宝丸（金簪丸）**Rebutia marsoneri** Werderm. 【I, C】 ♣BBG, FLBG, HBG, KBG, WBG, XMBG; ●BJ, FJ, GD, HB, JX, TW, YN, ZJ; ★(SA): AR.

梦托纱 **Rebutia mentosa** (F. Ritter) Donald 【I, C】 ♣BBG, XMBG; ●BJ, FJ, SH, TW; ★(SA): BO.

宝山（子孙球）**Rebutia minuscula** K. Schum. 【I, C】 ♣BBG, CDBG, FLBG, HBG, IBCAS, LBG, SCBG, XMBG; ●BJ, FJ, GD, JX, SC, SH, TW, ZJ; ★(SA): AR.

黑阳丸 **Rebutia nigricans** (Wessner) D. R. Hunt 【I, C】 ●TW; ★(SA): BO.

*帕卡丸 **Rebutia padcayensis** Rausch 【I, C】 ♣BBG; ●BJ; ★(SA): AR, BO.

美穗宝山 **Rebutia pulvinosa** F. Ritter et Buining 【I, C】 ★(SA): BO.

白宫丸 **Rebutia pygmaea** (R. E. Fr.) Britton et Rose 【I, C】 ♣CBG, FLBG, IBCAS, XMBG; ●BJ, FJ, GD, JX, SH, TW; ★(SA): BO.

朱唇丸（辉凤玉）**Rebutia ritteri** (Wessner) Buining et Donald 【I, C】 ♣FLBG, HBG, XMBG; ●FJ, GD, JX, ZJ; ★(SA): BO.

壮丽丸 **Rebutia spegazziniana** Backeb. 【I, C】 ♣CBG; ●SH; ★(SA): BO.

红照丸 **Rebutia spinosissima** Backeb. 【I, C】 ♣BBG; ●BJ; ★(SA): BO.

宝珠丸 **Rebutia steinbachii** Werderm. 【I, C】 ♣BBG, CBG, XMBG; ●BJ, FJ, SH, TW; ★(SA): BO.

周天丸 **Rebutia steinmannii** (Solms) Britton et Rose 【I, C】 ♣CBG, IBCAS; ●BJ, SH; ★(SA): BO.

白象丸（银宝丸）**Rebutia wessneriana** Bewer. 【I, C】 ★(SA): AR.

近卫柱属 Stetsonia

近卫柱 **Stetsonia coryne** (Salm-Dyck) Britton et Rose 【I, C】 ♣BBG, CBG, FLBG, IBCAS, NBG, SCBG, WBG, XMBG; ●BJ, FJ, GD, HB, JS, JX, SC, SH, TW; ★(SA): AR, BO, BR, PY.

乳胶球属 Uebelmannia

贝极丸 **Uebelmannia buiningii** Donald 【I, C】 ♣XMBG; ●FJ, TW; ★(SA): BR.

尤伯球 **Uebelmannia gummifera** (Backeb. et Voll) Buining 【I, C】 ●FJ, TW; ★(SA): BR.

*梅宁尤伯球 **Uebelmannia gummifera** subsp. **meninensis** (Backeb. et Voll) Buining 【I, C】 ●TW; ★(SA): BR.

栉刺尤伯球 **Uebelmannia pectinifera** Buining 【I, C】 ♣BBG, CBG, FLBG, SCBG, TMNS, WBG, XMBG; ●BJ, FJ, GD, HB, JX, SH, TW; ★(SA): BR.

金刺尤伯球 **Uebelmannia pectinifera** subsp. **flavispina** (Buining et Brederoo) P. J. Braun et Esteves 【I, C】 ♣WBG; ●HB; ★(SA): BR.

长刺尤伯球 **Uebelmannia pectinifera** subsp. **horrida** (P. J. Braun) P. J. Braun et Esteves 【I, C】 ♣XMBG; ●FJ; ★(SA): BR.

花饰球属 Weingartia

*轮冠 **Weingartia fidaiana** (Backeb.) Werderm. 【I, C】 ♣BBG; ●BJ, TW; ★(SA): BO.

*钦蒂轮冠 **Weingartia fidaiana** subsp. **cintiensis** (Cárdenas) Donald 【I, C】 ♣BBG; ●BJ, TW; ★(SA): BO.

花笠丸 **Weingartia neocumingii** Backeb. 【I, C】 ♣CBG, HBG, XMBG; ●FJ, SH, TW, ZJ; ★(SA): BO.

*格兰德花笠丸 **Weingartia neocumingii** subsp. **riograndensis** Lodé 【I, C】 ●SH; ★(SA): BO.

花钿玉 **Weingartia neumanniana** (Backeb.) Werderm. 【I, C】 ♣BBG; ●BJ; ★(SA): AR, BO.

猩冠柱属 Arrojadoa

猩猩冠柱 **Arrojadoa dinae** Buining et Brederoo 【I, C】 ●TW; ★(SA): BR.

*毛茎猩猩冠柱 **Arrojadoa dinae** subsp. **eriocaulis** (Buining et Brederoo) N. P. Taylor et Zappi 【I, C】 ●TW; ★(SA): BR.

由贵柱 **Arrojadoa rhodantha** (Gürke) Britton et Rose 【I, C】 ★(SA): PE.

巴西柱属 Brasilicereus

巴西柱 **Brasilicereus markgrafii** Backeb. et Voll 【I, C】 ★(SA): BR.

褐刺巴西柱 **Brasilicereus phaeacanthus** (Gürke) Backeb. 【I, C】 ★(SA): BR.

仙人柱属 Cereus

绀色柱 **Cereus aethiops** Haw. 【I, C】 ●TW; ★

(SA): AR.

*白茎仙人柱 **Cereus albicaulis** (Britton et Rose) Luetzelb. 【I, C】 ●TW; ★(SA): BR.

天轮柱（连城角）**Cereus fernambucensis** Lem. 【I, C】 ♣FLBG, HBG, IBCAS, KBG, SCBG, TMNS, XMBG; ●BJ, FJ, GD, JX, TW, YN, ZJ; ★(SA): BR.

银饰龙 **Cereus fricii** Backeb. 【I, C】 ●TW; ★(SA): VE.

六角天轮柱（鳞片柱）**Cereus hexagonus** (L.) Mill. 【I, C】 ♣CBG, FLBG, LBG, SCBG; ●GD, JX, SH, TW; ★(SA): BR, EC, VE.

翡翼柱（鬼面阁）**Cereus hildmannianus** K. Schum. 【I, C】 ♣CBG, IBCAS, XMBG; ●BJ, FJ, SH, TW; ★(SA): BO, BR.

鬼面角 **Cereus hildmannianus** subsp. **uruguayanus** (R. Kiesling) N. P. Taylor 【I, C】 ♣CBG, IBCAS, SCBG; ●BJ, CQ, FJ, GD, GX, HB, SC, SH, TJ, TW, YN, ZJ; ★(SA): BR.

恐愕柱 **Cereus horrispinus** Backeb. 【I, C】 ★(SA): VE.

罗锐柱（牙买加仙人柱）**Cereus jamacaru** DC. 【I, C】 ♣CBG, IBCAS, KBG, NBG, SCBG, WBG, XMBG; ●BJ, FJ, GD, HB, JS, SH, TW, YN; ★(SA): BR.

*厚皮柱 **Cereus pachyrhizus** K. Schum. 【I, C】 ●TW; ★(SA): BR.

残雪柱（残雪）**Cereus phatnospermus** K. Schum. 【I, C】 ♣CBG, FBG, FLBG, NBG, SCBG, WBG, XMBG, XOIG; ●FJ, GD, HB, JS, JX, SH, TW; ★(SA): PY.

六角柱 **Cereus repandus** Haw. 【I, C】 ♣FBG; ●BJ, FJ; ★(SA): BO, CO, VE.

墨残雪 **Cereus spegazzinii** F. A. C. Weber 【I, C】 ♣BBG, CBG, FLBG, SCBG, WBG; ●BJ, GD, HB, JS, JX, SH, TW; ★(SA): BO, PY.

细棱柱 **Cereus stenogonus** K. Schum. 【I, C】 ●BJ; ★(SA): AR, BO, PY.

蓝壶柱属 Cipocereus

蓝壶柱 **Cipocereus minensis** (Werderm.) F. Ritter 【I, C】 ★(AS): JP, KR.

银龙柱属 Coleocephalocereus

*黄鞘头柱 **Coleocephalocereus aureus** F. Ritter 【I, C】 ♣BBG; ●BJ, TW; ★(SA): BR.

浩白柱 **Coleocephalocereus goebelianus** (Vaupel) Buining 【I, C】 ♣FLBG, SCBG; ●GD, JX, TW; ★(SA): BR.

*紫鞘头柱 **Coleocephalocereus purpureus** (Buining et Brederoo) F. Ritter 【I, C】 ♣BBG; ●BJ, TW; ★(SA): BR.

圆盘玉属 Discocactus

巴伊亚圆盘玉 **Discocactus bahiensis** Britton et Rose 【I, C】 ♣XMBG; ●FJ, SH; ★(SA): BR.

*锈刺圆盘玉 **Discocactus ferricola** Buining et Brederoo 【I, C】 ●TW; ★(SA): BO, BR.

天涯玉（丙丁玉）**Discocactus heptacanthus** (Barb. Rodr.) Britton et Rose 【I, C】 ♣XMBG; ●FJ, SH, TW; ★(SA): BO, BR.

圆盘玉 **Discocactus heptacanthus** subsp. **magnimammus** (Buining et Brederoo) N. P. Taylor et Zappi 【I, C】 ●FJ, TW; ★(SA): BO, BR.

红刺圆盘玉 **Discocactus horstii** Buining et Brederoo 【I, C】 ♣BBG, SCBG, WBG, XMBG; ●BJ, FJ, GD, HB, SH, TW; ★(SA): BR.

黑刺圆盘玉 **Discocactus placentiformis** (Lehm.) K. Schum. 【I, C】 ●FJ, TW; ★(SA): BR.

月华之宴 **Discocactus zehntneri** Britton et Rose 【I, C】 ♣IBCAS, WBG; ●BJ, HB, SH, TW; ★(SA): BR.

蜘蛛丸 **Discocactus zehntneri** subsp. **boomianus** (Buining et Brederoo) N. P. Taylor et Zappi 【I, C】 ♣BBG, XMBG; ●BJ, FJ, TW; ★(SA): BR.

红翁柱属 Facheiroa

晓潜龙 **Facheiroa squamosa** (Gürke) P. J. Braun et Esteves 【I, C】 ●TW; ★(SA): BR.

刺蔓柱属 Leocereus

刺蔓柱 **Leocereus bahiensis** Britton et Rose 【I, C】 ★(SA): BR.

花座球属 Melocactus

蓝云 **Melocactus azureus** Buining et Brederoo 【I, C】 ♣BBG, CBG, FLBG, GXIB, IBCAS, KBG, SCBG, WBG, XMBG, XTBG; ●BJ, FJ, GD, GX, HB, JX, SC, SH, TW, YN; ★(SA): BR.

辉云 **Melocactus bahiensis** (Britton et Rose) Luetzelb. 【I, C】 ♣NBG, SCBG, WBG, XMBG;

●FJ, GD, HB, TW; ★(SA): BR.

月光云 **Melocactus bahiensis** subsp. **amethystinus** (Buining et Brederoo) N. P. Taylor 【I, C】 ★(SA): BR.

黄金云 **Melocactus broadwayi** (Britton et Rose) A. Berger 【I, C】 ♣IBCAS, WBG, XMBG; ●BJ, FJ, HB, TW; ★(NA): TT.

海云 **Melocactus concinnus** Buining et Brederoo 【I, C】 ●SH; ★(SA): BR.

帝云 **Melocactus conoideus** Buining et Brederoo 【I, C】 ★(SA): BR.

飞云 **Melocactus curvispinus** Pfeiff. 【I, C】 ♣BBG, CBG, FLBG, XMBG; ●BJ, FJ, GD, JX, SH, TW; ★(NA): CR, CU, GT, HN, MX, NI; (SA): CO, VE.

断云 **Melocactus curvispinus** subsp. **caesius** (H. L. Wendl.) N. P. Taylor 【I, C】 ♣BBG, IBCAS, XMBG; ●BJ, FJ; ★(SA): CO, VE.

岩云 **Melocactus deinacanthus** Buining et Brederoo 【I, C】 ♣BBG; ●BJ; ★(SA): BR.

茜云(桃云) **Melocactus ernestii** Vaupel 【I, C】 ♣IBCAS, XMBG; ●BJ, FJ, SH; ★(SA): BR.

长果云(天翔云) **Melocactus ernestii** subsp. **longicarpus** (Buining et Brederoo) N. P. Taylor 【I, C】 ♣BBG, CBG; ●BJ, SH; ★(SA): BR.

*锈云 **Melocactus ferreophilus** Buining et Brederoo 【I, C】 ♣BBG; ●BJ; ★(SA): BR.

彩云 **Melocactus intortus** (Mill.) Urb. 【I, C】 ♣BBG, CDBG, FBG, FLBG, NBG, WBG, XMBG; ●BJ, FJ, GD, HB, JS, JX, SC, SH, TW, YN; ★(NA): HT, PR, US.

*浮云 **Melocactus levitestatus** Buining et Brederoo 【I, C】 ♣BBG, CBG; ●BJ, SH, TW; ★(SA): BR.

郝云(赫云) **Melocactus macracanthos** (Salm-Dyck) Link et Otto 【I, C】 ♣IBCAS, KBG, WBG, XMBG; ●BJ, FJ, HB, SC, SH, YN; ★(NA): NL-AN.

魔云(朱云) **Melocactus matanzanus** León 【I, C】 ♣BBG, CBG, FBG, FLBG, IBCAS, SCBG, WBG, XMBG; ●BJ, FJ, GD, HB, JX, SH, TW; ★(NA): CU; (SA): VE.

卷云 **Melocactus neryi** K. Schum. 【I, C】 ♣FLBG, SCBG, WBG, XMBG; ●FJ, GD, HB, JX; ★(SA): BR, GY.

妖云 **Melocactus oreas** Miq. 【I, C】 ●TW; ★(SA): BR.

青岚云 **Melocactus pachyacanthus** Buining et Brederoo 【I, C】 ★(SA): BR.

少刺云 **Melocactus paucispinus** Heimen et R. J. Paul 【I, C】 ★(SA): BR.

华云 **Melocactus peruvianus** Vaupel 【I, C】 ♣BBG, CBG, FLBG, IBCAS, WBG, XMBG; ●BJ, FJ, GD, HB, JX, SH; ★(SA): PE.

碧云 **Melocactus salvadorensis** Werderm. 【I, C】 ♣IBCAS, WBG; ●BJ, HB; ★(SA): BR.

白云 **Melocactus schatzlii** H. Till et R. Gruber 【I, C】 ♣BBG, XMBG; ●BJ, FJ; ★(SA): CO, VE.

裳云 **Melocactus violaceus** Pfeiff. 【I, C】 ♣BBG, FBG, FLBG, IBCAS, WBG, XMBG; ●BJ, FJ, GD, HB, JX, SC, TW; ★(SA): BR.

恒星云 **Melocactus zehntneri** (Britton et Rose) Luetzelb. 【I, C】 ♣CBG; ●SH, YN; ★(SA): BR.

小花柱属 Micranthocereus

细花柱 **Micranthocereus albicephalus** (Buining et Brederoo) F. Ritter 【I, C】 ●TW; ★(SA): BR.

*长子柱 **Micranthocereus dolichospermaticus** (Buining et Brederoo) F. Ritter 【I, C】 ●TW; ★(SA): BR.

爱氏丽翁 **Micranthocereus estevesii** (Buining et Brederoo) F. Ritter 【I, C】 ♣BBG, XMBG; ●BJ, FJ, SH, TW; ★(SA): BR.

端丽翁 **Micranthocereus purpureus** (Gürke) F. Ritter 【I, C】 ●TW; ★(SA): BR.

笔筒柱属 Pierrebraunia

*笔筒柱(红花猩猩冠柱) **Pierrebraunia bahiensis** (U. Braun et Esteves) Esteves 【I, C】 ★(SA): BR.

毛刺柱属 Pilosocereus

*黄刺柱 **Pilosocereus aurisetus** (Werderm.) Byles et G. D. Rowley 【I, C】 ●TW; ★(SA): BR.

金风龙 **Pilosocereus chrysacanthus** (F. A. C. Weber ex Schum.) Byles et G. D. Rowley 【I, C】 ●FJ, TW; ★(NA): MX.

黄金龙 **Pilosocereus chrysostele** (Vaupel) Byles et G. D. Rowley 【I, C】 ●TW; ★(SA): BR.

*黄垫柱 **Pilosocereus flavipulvinatus** (Buining et Brederoo) F. Ritter 【I, C】 ♣CBG; ●SH; ★(SA): BR.

空昇龙 **Pilosocereus glaucochrous** (Werderm.) Byles et G. D. Rowley 【I, C】 ♣TMNS; ●TW; ★

(SA): BR.

豪壮龙 **Pilosocereus gounellei** (F. A. C. Weber ex K. Schum.) Byles et G. D. Rowley 【I, C】 ●TW; ★(SA): BR.

白毛龙（真皇）**Pilosocereus lanuginosus** (L.) Byles et G. D. Rowley 【I, C】 ♣BBG, XMBG; ●BJ, FJ; ★(SA): BR.

翁狮子（春衣）**Pilosocereus leucocephalus** (Poselger) Byles et G. D. Rowley 【I, C】 ♣BBG, FLBG, IBCAS, KBG, LBG, NBG, SCBG, XMBG, XTBG; ●BJ, FJ, GD, JS, JX, TW, YN; ★(SA): BR.

蓝衣柱 **Pilosocereus magnificus** (Buining et Brederoo) F. Ritter 【I, C】 ♣XMBG; ●FJ, TW; ★(SA): BR.

金青阁（蓝柱）**Pilosocereus pachycladus** F. Ritter【I, C】 ♣CBG, FLBG, IBCAS, SCBG, XMBG; ●BJ, FJ, GD, JX, SH, TW; ★(SA): BR.

*大蓝柱 **Pilosocereus pentaedrophorus** (Labour.) Byles et G. D. Rowley【I, C】●TW; ★(SA): BR.

光蓝阁 **Pilosocereus piauhyensis** (Gürke) Byles et G. D. Rowley 【I, C】 ●TW; ★(SA): BR.

红笔（茶刺柱）**Pilosocereus royenii** (L.) Byles et G. D. Rowley【I, C】♣BBG, FLBG, IBCAS, XMBG; ●BJ, FJ, GD, JX; ★(NA): PR.

翠龙柱属 Praecereus

翠龙柱 **Praecereus smithianus** (Britton et Rose) Buxb. 【I, C】 ★(SA): CO, VE.

毛环柱属 Stephanocereus

毛环翁 **Stephanocereus leucostele** A. Berger 【I, C】 ●TW; ★(SA): BR.

花冠球属 Acanthocalycium

凤冠丸 **Acanthocalycium klimpelianum** (Weidlich et Werderm.) Backeb. 【I, C】 ♣KBG; ●YN; ★(SA): AR.

花冠丸（紫盛丸）**Acanthocalycium spiniflorum** (K. Schum.) Backeb. 【I, C】 ♣XMBG; ●FJ; ★(SA): AR.

关节柱属 Arthrocereus

雷剑柱 **Arthrocereus glaziovii** (K. Schum.) N. P. Taylor et Zappi 【I, C】 ★(SA): BR.

关节柱 **Arthrocereus melanurus** (K. Schum.) Diers, P. Br. et Esteves 【I, C】 ★(SA): BR.

荷花柱 **Arthrocereus rondonianus** Backeb. et Voll 【I, C】 ★(SA): BR.

小蛇柱 **Arthrocereus spinosissimus** (Buining et Brederoo) F. Ritter 【I, C】 ★(SA): BR.

花冠柱属 Borzicactus

管花仙人柱（黄金纽、黄金柱）**Borzicactus aureispinus** (F. Ritter) G. D. Rowley 【I, C】 ♣BBG, FBG, FLBG, KBG, SCBG, TMNS, XMBG; ●BJ, FJ, GD, JX, SH, TW, YN; ★(SA): BO.

狮子锦 **Borzicactus celsianus** (Lem. ex Salm-Dyck) Kimnach 【I, C】 ♣FLBG, IBCAS; ●BJ, GD, JX; ★(SA): BO, PE.

猛鹫柱 **Borzicactus icosagonus** (Kunth) Britton et Rose 【I, C】 ♣FBG, XMBG; ●FJ; ★(SA): EC.

彩舞柱 **Borzicactus samaipatanus** (Cárdenas) Kimnach 【I, C】 ♣CBG, SCBG; ●GD, SH, TW; ★(SA): AR, BO.

伟冠柱 **Borzicactus sepium** (Kunth) Britton et Rose 【I, C】 ●SH; ★(SA): EC.

吹雪柱 **Borzicactus straussii** (Heese) A. Berger【I, C】 ♣BBG, CBG, FLBG, IBCAS, KBG, NBG, XMBG, XOIG; ●BJ, FJ, GD, JS, JX, SC, SH, TW, YN; ★(SA): BO.

座雪柱属 Cephalocleistocactus

*座雪柱 **Cephalocleistocactus chrysocephalus** F. Ritter 【I, C】 ★(SA): BO.

*毛绒柱 **Cephalocleistocactus ritteri** (Backeb.) Backeb. 【I, C】 ★(SA): BO.

管花柱属 Cleistocactus

凌云阁（真星）**Cleistocactus baumannii** (Lem.) Lem. 【I, C】 ♣CBG, XMBG; ●FJ, SH, TW; ★(SA): AR, BO, PY.

蛇行柱 **Cleistocactus baumannii** subsp. **santacruzensis** (Backeb.) Mottram 【I, C】 ♣FLBG, XMBG; ●FJ, GD, JX, SH; ★(SA): BO.

白闪 **Cleistocactus brookeae** Cárdenas 【I, C】 ★(SA): BO.

山吹雪 **Cleistocactus buchtienii** Backeb. ex Backeb. et F. M. Knuth 【I, C】 ★(SA): BO.

猩猩吹雪（老翁、银毛柱）**Cleistocactus candelilla** Cárdenas 【I, C】 ♣CDBG, KBG; ●SC, YN; ★

(SA): BO.

银岭柱 **Cleistocactus hyalacanthus** (K. Schum.) Rol.-Goss. 【I, C】 ♣BBG, CBG, CDBG, NBG, XMBG, XTBG; ●BJ, FJ, JS, SC, SH, YN; ★(SA): BO.

白闪柱（闪光柱）**Cleistocactus hyalacanthus** subsp. **tarijensis** (Cárdenas) Mottram 【I, C】 ★(SA): BO.

刺山 **Cleistocactus morawetzianus** Backeb. 【I, C】 ♣SCBG, XMBG; ●FJ, GD, SH; ★(SA): PE.

美眺柱 **Cleistocactus parapetiensis** Cárdenas 【I, C】 ★(SA): BO.

霞关（网地柱）**Cleistocactus parviflorus** (K. Schum.) Rol.-Goss. 【I, C】 ★(SA): BO.

*吉祥管花柱（吉祥天）**Cleistocactus rojoi** Cárdenas 【I, C】 ★(SA): AR, BO.

锦照柱 **Cleistocactus roseiflorus** (Buining) G. D. Rowley 【I, C】 ●TW; ★(SA): PE.

绿花柱 **Cleistocactus smaragdiflorus** (F. A. C. Weber) Britton et Rose 【I, C】 ♣CBG, KBG, NBG, SCBG; ●GD, JS, SH, YN; ★(SA): BO.

栖凤球属 Denmoza

茜丸（火焰龙、绯筒球）**Denmoza rhodacantha** (Salm-Dyck) Britton et Rose 【I, C】 ♣CBG, FLBG, HBG, LBG, XMBG; ●FJ, GD, JX, SH, TW, ZJ; ★(SA): AR.

仙人球属 Echinopsis

波城丸 **Echinopsis ancistrophora** subsp. **pojoensis** (Rausch) Rausch 【I, C】 ♣BBG; ●BJ, SH, TW; ★(SA): AR, BO.

香丽丸 **Echinopsis arachnacantha** (Buining et Ritter) Friedrich 【I, C】 ♣BBG, CBG, CDBG, HBG, SCBG, XMBG; ●BJ, FJ, GD, SC, SH, TW, ZJ; ★(SA): BO.

伟凤龙 **Echinopsis atacamensis** (Phil.) Friedrich et G. D. Rowley 【I, C】 ♣WBG; ●HB, TW; ★(SA): AR, BO.

黄鹰 **Echinopsis atacamensis** subsp. **pasacana** (F. A. C. Weber) G. Navarro 【I, C】 ♣CBG; ●SH; ★(SA): AR, BO.

黄裳丸 **Echinopsis aurea** Britton et Rose 【I, C】 ♣BBG, HBG, LBG, SCBG, XMBG; ●BJ, FJ, GD, JX, TW, ZJ; ★(SA): AR.

牡丹丸 **Echinopsis backebergii** Werderm. 【I, C】 ♣BBG, CBG; ●BJ, SH, TW; ★(SA): BO.

天守阁 **Echinopsis bridgesii** Salm-Dyck 【I, C】 ●TW; ★(SA): BO.

湘阳丸（湘阳龙）**Echinopsis bruchii** (Britton et Rose) A. Cast. et Lelong 【I, C】 ♣CBG, FLBG, XMBG; ●FJ, GD, JX, SH, TW; ★(SA): AR.

梦春丸 **Echinopsis caineana** (Cárdenas) D. R. Hunt 【I, C】 ★(SA): BO.

*丽花丸 **Echinopsis callichroma** Cárdenas 【I, C】 ♣IBCAS; ●BJ; ★(SA): BO.

金盛丸 **Echinopsis calochlora** K. Schum. 【I, C】 ♣BBG, CBG, FLBG, HBG, IBCAS, KBG, LBG, NBG, SCBG, TBG, TMNS, XMBG; ●BJ, FJ, GD, JS, JX, SH, TW, YN, ZJ; ★(SA): BO, BR.

金光龙 **Echinopsis camarguensis** (Cárdenas) Friedrich et G. D. Rowley 【I, C】 ★(SA): BO.

光绿柱 **Echinopsis candicans** (Gillies ex Salm-Dyck) D. R. Hunt 【I, C】 ♣FLBG, SCBG, XMBG; ●FJ, GD, JX, SH, TW; ★(SA): AR.

毛冠柱（魔凤龙）**Echinopsis cephalomacrostibas** (Werderm. et Backeb.) Friedrich et G. D. Rowley 【I, C】 ★(SA): PE.

锦鸡龙 **Echinopsis chiloensis** (Colla) Friedrich et G. D. Rowley 【I, C】 ♣FLBG, SCBG, XMBG; ●FJ, GD, JX, TW; ★(SA): CL.

利升龙 **Echinopsis chiloensis** subsp. **litoralis** (Johow) M. Lowry 【I, C】 ★(SA): CL.

妖丽丸（橙盛丸）**Echinopsis chrysantha** Werderm. 【I, C】 ♣WBG, XMBG; ●FJ, HB; ★(SA): AR.

橙月丸 **Echinopsis chrysochete** Werderm. 【I, C】 ♣WBG; ●HB; ★(SA): AR.

龟甲丸 **Echinopsis cinnabarina** (Hook.) Labour. 【I, C】 ♣BBG; ●BJ, SH, TW; ★(SA): AR, BO.

紫海胆 **Echinopsis cochabambensis** Backeb. 【I, C】 ★(SA): BO.

香兰丸 **Echinopsis comarapana** Cárdenas 【I, C】 ★(SA): BO.

黑凤丸 **Echinopsis coquimbana** (Molina) H. Friedrich et G. D. Rowley 【I, C】 ★(SA): CL.

剑冠玉 **Echinopsis coronata** Cárdenas 【I, C】 ♣CBG; ●SH; ★(SA): BO.

红莲玉 **Echinopsis crassicaulis** (R. Kiesling) H. Friedrich et Glaetzle 【I, C】 ★(SA): AR.

粗毛花柱 **Echinopsis cuzcoensis** (Britton et Rose) Friedrich et G. D. Rowley 【I, C】 ●YN; ★(SA): PE.

白丽丸 **Echinopsis densispina** Werderm. 【I, C】 ♣CBG, CDBG; ●SC, SH; ★(SA): BO.

莲台丸 **Echinopsis derenbergii** Frič【I, C】★(SA): BO.

魔刺 **Echinopsis deserticola** (Werderm.) Friedrich et G. D. Rowley 【I, C】 ★(SA): CL.

短毛丸 **Echinopsis eyriesii** (Turpin) Zucc. 【I, C】 ♣BBG, CBG, CDBG, FLBG, HBG, IBCAS, KBG, NBG, SCBG, WBG, XMBG; ●BJ, FJ, GD, HB, JS, JX, SC, SH, TW, YN, ZJ; ★(SA): BR.

阳盛丸 **Echinopsis famatimensis** (Speg.) Werderm. 【I, C】♣CBG, FLBG, HBG, NBG, SCBG, XMBG; ●FJ, GD, JS, JX, SH, TW, ZJ; ★(SA): AR.

狂风丸 **Echinopsis ferox** (Britton et Rose) Backeb. 【I, C】 ♣BBG; ●BJ, TW; ★(SA): BO.

黄雅丸 **Echinopsis ferox** subsp. **potosina** (Werderm.) M. Lowry 【I, C】 ♣CBG; ●SH; ★(SA): BO.

丽刺玉(丽刺丸)**Echinopsis formosa** (Pfeiff.) Jacobi ex Salm-Dyck 【I, C】 ♣CBG, XMBG; ●FJ, SH, TW; ★(SA): AR, CL.

凄美丸 **Echinopsis glauca** (F. Ritter) Friedrich et G. D. Rowley 【I, C】 ★(SA): BO, PE.

赤盛丸 **Echinopsis haematantha** (Speg.) D. R. Hunt 【I, C】 ♣CBG, XMBG; ●FJ, SH, TW; ★(SA): BO.

蛮凤丸 **Echinopsis hammerschmidii** Cárdenas 【I, C】 ★(SA): BO.

绯盛丸 **Echinopsis hertrichiana** (Backeb.) D. R. Hunt 【I, C】 ♣CBG, FLBG, HBG, TBG, XMBG; ●FJ, GD, JX, SH, TW, YN, ZJ; ★(SA): BO, PE.

巨丽丸（湘南丸）**Echinopsis huascha** (Web.) Friedrich et G. D. Rowley 【I, C】 ♣CBG, FLBG; ●GD, JX, SH, TW; ★(SA): AR.

春凤丸 **Echinopsis huotii** (Cels) Labour. 【I, C】★(SA): BO.

花粹丸 **Echinopsis ibicuatensis** Cárdenas 【I, C】 ★(SA): BO.

狂魔玉 **Echinopsis korethroides** Werderm. 【I, C】 ♣FLBG; ●GD, JX; ★(SA): AR.

花月宴 **Echinopsis lageniformis** (C. F. Först.) Friedrich et G. D. Rowley 【I, C】 ★(SA): BO.

秀丽丸 **Echinopsis lateritia** Gürke【I, C】★(SA): BO.

豪剑丸（魔剑丸）**Echinopsis leucantha** (Gillies ex Salm-Dyck) Walp. 【I, C】 ♣CBG, FLBG, NBG, SCBG; ●GD, JS, JX, SH, TW; ★(SA): AR.

大棱柱 **Echinopsis macrogona** (Salm-Dyck) Friedrich et G. D. Rowley 【I, C】 ♣HBG; ●SH, TW, ZJ; ★(SA): BO.

鲜凤丸 **Echinopsis mamillosa** Gürke 【I, C】 ♣CBG, HBG; ●FJ, SH, TW, ZJ; ★(SA): BO.

红笠丸 **Echinopsis marsoneri** Werderm. 【I, C】 ♣KBG, XMBG; ●FJ, TW, YN; ★(SA): AR.

洋丽丸(大和霞)**Echinopsis maximiliana** Heyder ex A. Dietr.【I, C】♣BBG, CBG, CDBG, FLBG, GA, HBG, IBCAS, SCBG, WBG, XMBG; ●BJ, FJ, GD, HB, JX, SC, SH, ZJ; ★(SA): BO, PE.

奇想丸 **Echinopsis mirabilis** Speg. 【I, C】 ♣CBG; ●SH; ★(SA): AR.

剑芒丸 **Echinopsis obrepanda** (Salm-Dyck) K. Schum. 【I, C】 ♣CBG, FLBG, SCBG; ●GD, JX, SH, TW; ★(SA): BO.

*红花剑芒丸 **Echinopsis obrepanda** subsp. **calorubra** (Cárdenas) G. Navarro 【I, C】 ♣BBG; ●BJ; ★(SA): BO.

*白花剑芒丸 **Echinopsis obrepanda** subsp. **tapecuana** (F. Ritter) G. Navarro【I, C】♣BBG, CBG; ●BJ, SH; ★(SA): BO.

旺盛丸(锐棱海胆)**Echinopsis oxygona** (Link) Zucc. ex Pfeiff. et Otto 【I, C】 ♣FLBG, GMG, HBG, IBCAS, KBG, LBG, NBG, SCBG, TBG, TMNS, WBG, XBG, XMBG; ●BJ, FJ, GD, GX, HB, JS, JX, SC, SH, SN, TW, YN, ZJ; ★(SA): BR.

毛花柱 **Echinopsis pachanoi** (Britton et Rose) Friedrich et G. D. Rowley 【I, C】 ♣CBG, FLBG, IBCAS, SCBG, WBG, XMBG; ●BJ, FJ, GD, HB, JX, SH, TW; ★(SA): EC.

赤辉丸 **Echinopsis pampana** (Britton et Rose) D. R. Hunt【I, C】♣BBG, CBG; ●BJ, SH; ★(SA): PE.

青玉 **Echinopsis pentlandii** (Hook.) Salm-Dyck ex A. Dietr. 【I, C】 ♣BBG, FLBG, HBG, SCBG; ●BJ, GD, JX, SH, ZJ; ★(SA): BO, PE.

美容丸 **Echinopsis pugionacantha** Rose et Boed. 【I, C】 ♣WBG; ●HB, TW; ★(SA): BO.

仁王丸 **Echinopsis rhodotricha** K. Schum. 【I, C】 ♣BBG, CBG, CDBG, FLBG, KBG, NBG, SCBG, WBG, XMBG; ●BJ, FJ, GD, HB, JS, JX, SC, SH, TW, YN; ★(SA): BR.

豪刺丸 **Echinopsis rhodotricha** subsp. **chacoana** (Schütz) P. J. Braun et Esteves 【I, C】 ♣CBG; ●SH; ★(SA): BR.

凄厉丸 **Echinopsis saltensis** Speg. 【I, C】 ♣BBG; ●BJ, SH, TW; ★(SA): AR.

赤丽丸 **Echinopsis sanguiniflora** (Backeb.) D. R. Hunt 【I, C】 ♣CBG; ●SH; ★(SA): AR.

针刺柱 **Echinopsis santaensis** (Rauh et Backeb.) Friedrich et G. D. Rowley 【I, C】 ★(SA): PE.

金棱 **Echinopsis schickendantzii** F. A. C. Weber 【I, C】 ♣FLBG, XMBG; ●FJ, GD, JX; ★(SA): AR.

美艳丸 **Echinopsis schieliana** (Backeb.) D. R. Hunt 【I, C】 ★(SA): BO.

*帚晶柱 **Echinopsis scopulicola** (F. Ritter) Mottram 【I, C】 ●TW; ★(SA): BO.

银丽丸（白檀）**Echinopsis silvestrii** Speg. 【I, C】 ♣BBG, CDBG, FBG, FLBG, GA, HBG, IBCAS, KBG, SCBG, XMBG; ●BJ, FJ, GD, JX, SC, SH, TW, YN, ZJ; ★(SA): AR.

黄大文字 **Echinopsis spachiana** (Lem.) Friedrich et G. D. Rowley 【I, C】 ♣CBG, CDBG, FLBG, NBG, SCBG, XMBG; ●FJ, GD, JS, JX, SC, SH, TW; ★(SA): BO.

硬毛柱 **Echinopsis strigosa** (Salm-Dyck) Friedrich et G. D. Rowley 【I, C】 ★(SA): AR.

大豪丸 **Echinopsis subdenudata** Cárdenas 【I, C】 ♣BBG; ●BJ, TW; ★(SA): BO.

鹰翔阁 **Echinopsis tacaquirensis** (Vaupel) Friedrich et G. D. Rowley 【I, C】 ★(SA): BO.

辉蝶丸（金闪）**Echinopsis tarijensis** (Vaupel) Friedrich et G. D. Rowley 【I, C】 ♣BBG; ●BJ, TW; ★(SA): BO.

橙饰丸 **Echinopsis tegeleriana** (Backeb.) D. R. Hunt 【I, C】 ♣CBG; ●SH; ★(SA): PE.

北斗阁 **Echinopsis terscheckii** (Parm.) Friedrich et G. D. Rowley 【I, C】 ♣BBG, CBG, XMBG; ●BJ, FJ, SH, TW; ★(SA): BO.

黑凤 **Echinopsis thelegona** (Web.) Friedrich et G. D. Rowley 【I, C】 ♣XMBG; ●FJ; ★(SA): AR.

黄冠丸 **Echinopsis thionantha** (Speg.) D. R. Hunt 【I, C】 ●SH, TW; ★(SA): AR.

阿寒玉 **Echinopsis thionantha** subsp. **glauca** (F. Ritter) M. Lowry 【I, C】 ●TW; ★(SA): AR.

脂粉丸 **Echinopsis tiegeliana** (Wessner) D. R. Hunt 【I, C】♣BBG, FBG, SCBG, XMBG; ●BJ, FJ, GD, SH; ★(SA): BO.

花盛丸 **Echinopsis tubiflora** (Pfeiff.) Zucc. ex A. Dietr. 【I, C】 ♣FLBG, IBCAS, NBG, XLTBG, XMBG; ●BJ, FJ, GD, HI, JS, JX, SC; ★(SA): AR.

勇烈龙 **Echinopsis werdermanniana** (Backeb.) Friedrich et G. D. Rowley 【I, C】 ●TW; ★(SA): BO.

老乐柱属 Espostoa

银衣柱 **Espostoa blossfeldiorum** (Werderm.) Buxb. 【I, C】 ●TW; ★(SA): PE.

老乐柱（老乐）**Espostoa lanata** (Kunth) Britton et Rose 【I, C】 ♣BBG, CBG, CDBG, FLBG, GA, HBG, IBCAS, KBG, LBG, NBG, SCBG, TBG, WBG, XMBG, XTBG; ●BJ, FJ, GD, HB, JS, JX, SC, SH, TW, YN, ZJ; ★(SA): EC, PE.

银贺乐 **Espostoa lanata** subsp. **huanucoensis** (F. Ritter) G. J. Charles 【I, C】 ★(SA): EC, PE.

红毛柱 **Espostoa lanata** subsp. **lanianuligera** (F. Ritter) G. J. Charles 【I, C】 ★(SA): EC, PE.

仰云阁 **Espostoa lanata** subsp. **ruficeps** (F. Ritter) G. J. Charles 【I, C】 ★(SA): EC, PE.

幻乐柱（白寿乐）**Espostoa melanostele** (Vaupel) Borg 【I, C】♣BBG, CBG, FLBG, IBCAS, TMNS, XMBG; ●BJ, FJ, GD, JX, SH, TW; ★(SA): PE.

越天乐 **Espostoa mirabilis** F. Ritter 【I, C】♣CBG, IBCAS, NBG, SCBG, WBG, XMBG; ●BJ, FJ, GD, HB, JS, SH, TW; ★(SA): PE.

稚老乐（白宫殿）**Espostoa nana** F. Ritter 【I, C】 ♣IBCAS; ●BJ, FJ, SH, TW; ★(SA): PE.

白乐翁 **Espostoa ritteri** Buining 【I, C】 ♣XMBG; ●FJ; ★(SA): PE.

清凉殿 **Espostoa senilis** (F. Ritter) N. P. Taylor 【I, C】 ♣FLBG, SCBG, XMBG; ●FJ, GD, JX, SH, TW; ★(SA): PE.

丽翁柱属 Espostoopsis

白丽翁 **Espostoopsis dybowskii** (Rol.-Goss.) Buxb. 【I, C】 ♣FLBG; ●GD, JX, SH, TW; ★(SA): BR.

金煌柱属 Haageocereus

金煌柱 **Haageocereus acranthus** (Vaupel) Backeb. 【I, C】 ♣XMBG; ●FJ; ★(SA): PE.

七巧柱 **Haageocereus bieblii** (Diers) Lodé 【I, C】 ★(SA): PE.

纤巧柱(白稚儿)**Haageocereus bylesianus** (Andreae et Backeb.) Lodé 【I, C】 ★(SA): PE.

精巧柱 **Haageocereus familiaris** (F. Ritter) Lodé 【I, C】 ♣CBG; ●SH; ★(SA): PE.

金凤阁(海猫柱)**Haageocereus fascicularis** (Meyen)

F. Ritter 【I, C】 ♣CBG; ●SH; ★(SA): PE.

*多边金煌柱 **Haageocereus icosagonoides** Rauh et Backeb. 【I, C】 ♣KBG; ●YN; ★(SA): PE.

银煌柱 **Haageocereus lanugispinus** F. Ritter 【I, C】 ★(SA): PE.

茶柱（金焰柱）**Haageocereus multangularis** (Haw.) F. Ritter 【I, C】 ♣LBG; ●JX; ★(SA): PE.

月光殿（金耀柱）**Haageocereus pacalaensis** Backeb. 【I, C】 ★(SA): PE.

金芒柱（东海柱）**Haageocereus pseudomelanostele** (Werderm. et Backeb.) Backeb. 【I, C】 ♣WBG, XMBG; ●FJ, HB, SH, TW; ★(SA): PE.

*刺头柱 **Haageocereus seticeps** Rauh et Backeb. 【I, C】 ♣CBG; ●SH; ★(SA): PE.

彩华阁 **Haageocereus versicolor** (Werderm. et Backeb.) Backeb. 【I, C】 ♣CBG; ●SH, TW; ★(SA): PE.

苹果柱属 Harrisia

黄苹果 **Harrisia aboriginum** Small ex Britton et Rose 【I, C】 ●TW; ★(NA): US.

*升卧龙 **Harrisia adscendens** (Gürke) Britton et Rose 【I, C】 ●TW; ★(SA): BR.

*布氏柱 **Harrisia brookii** Britton 【I, C】 ●TW; ★(NA): US.

防风柱 **Harrisia divaricata** (Lam.) Lourteig 【I, C】 ●TW; ★(NA): US.

*厄尔柱 **Harrisia earlei** Britton et Rose 【I, C】 ●TW; ★(NA): US.

光柱（瓔珞柱）**Harrisia eriophora** (Hort. ex Pfeiff.) Britton 【I, C】 ●TW; ★(NA): US.

祥龙柱 **Harrisia fernowii** Britton 【I, C】 ●TW; ★(NA): US.

香茅柱 **Harrisia fragrans** Small ex Britton et Rose 【I, C】 ●TW; ★(NA): US.

美形柱 **Harrisia gracilis** (Mill.) Britton 【I, C】 ●TW; ★(NA): US.

*哈恩柱 **Harrisia hahniana** (Backeb.) Kimnach et Hutchison ex Kimnach 【I, C】 ●TW; ★(NA): US.

*赫氏柱 **Harrisia hurstii** W. T. Marshall 【I, C】 ●TW; ★(NA): US.

袖浦 **Harrisia jusbertii** (Rebut ex K. Schum.) Borg 【I, C】 ♣FLBG, XMBG; ●FJ, GD, JX, TW; ★(NA): US.

新桥 **Harrisia martinii** (Labour.) Britton 【I, C】 ♣BBG, CBG, CDBG, FLBG, NBG, SCBG, WBG, XMBG, XTBG; ●BJ, FJ, GD, HB, JS, JX, SC, SH, TW, YN; ★(SA): AR, PY.

平棱柱 **Harrisia platygona** (Otto) Britton et Rose 【I, C】 ●TW; ★(SA): AR.

卧龙 **Harrisia pomanensis** (F. A. C. Weber ex K. Schum.) Britton et Rose 【I, C】 ♣CBG, FLBG, KBG, SCBG, XMBG; ●FJ, GD, JX, SH, TW, YN; ★(SA): BO.

*瑞氏卧龙 **Harrisia pomanensis** subsp. **regelii** (Weing.) R. Kiesling 【I, C】 ♣CBG; ●SH, TW; ★(SA): BO.

*辛氏柱 **Harrisia simpsonii** Small ex Britton et Rose 【I, C】 ●TW; ★(NA): US.

*吉吉拉 **Harrisia taetra** Areces 【I, C】 ●TW; ★(NA): CU.

*四花苹果柱（天龙）**Harrisia tetracantha** (Labour.) D. R. Hunt 【I, C】 ●TW; ★(SA): BO.

金时 **Harrisia tortuosa** (J. Forbes ex Otto et A. Dietr.) Britton et Rose 【I, C】 ♣FLBG; ●GD, JX, TW; ★(SA): BO.

白仙玉属 Matucana

黄仙玉 **Matucana aurantiaca** (Vaupel) Buxb. 【I, C】 ♣BBG, SCBG, XMBG; ●BJ, FJ, GD; ★(SA): PE.

贵宝青 **Matucana aureiflora** F. Ritter 【I, C】 ♣BBG, WBG; ●BJ, HB, TW; ★(SA): PE.

青岚玉 **Matucana formosa** F. Ritter 【I, C】 ★(SA): PE.

白仙玉 **Matucana haynei** (Otto ex Salm-Dyck) Britton et Rose 【I, C】 ♣CBG, FBG, SCBG, XMBG; ●FJ, GD, SH; ★(SA): PE.

悠仙玉 **Matucana intertexta** F. Ritter 【I, C】 ★(SA): PE.

华仙玉 **Matucana krahnii** (Donald) Bregmann 【I, C】 ★(SA): PE.

奇仙玉 **Matucana madisoniorum** (Hutchison) G. D. Rowley 【I, C】 ♣BBG, FLBG, NBG, WBG, XMBG; ●BJ, FJ, GD, HB, JS, JX, SH, TW; ★(SA): PE.

奥仙玉 **Matucana oreodoxa** (F. Ritter) Slaba 【I, C】 ★(SA): PE.

妖仙玉（华仙玉）**Matucana paucicostata** F. Ritter 【I, C】 ♣CBG, XMBG; ●FJ, SH, TW; ★(SA): PE.

文鼎玉 **Matucana ritteri** Buining 【I, C】 ♣FLBG; ●GD, JX; ★(SA): PE.

小槌球属 Mila

小槌球 **Mila caespitosa** Britton et Rose 【I, C】 ★(SA): PE.

山翁柱属 Oreocereus

武烈丸（红映柱）**Oreocereus celsianus** (Lem. ex Salm-Dyck) Riccob.【I, C】♣BBG, CBG, FLBG, IBCAS, SCBG, XMBG; ●BJ, FJ, GD, JX, SH, TW; ★(SA): BO.

黄恐龙（白恐龙）**Oreocereus fossulatus** (Labour.) Backeb. 【I, C】 ♣WBG; ●HB; ★(SA): BO.

圣云锦 **Oreocereus hempelianus** (Gürke) D. R. Hunt 【I, C】 ★(SA): CL, PE.

圣云龙（醉翁玉）**Oreocereus leucotrichus** (Phil.) Wagenkn. 【I, C】 ♣FLBG, IBCAS, NBG; ●BJ, GD, JS, JX; ★(SA): PE.

白恐龙 **Oreocereus pseudofossulatus** D. R. Hunt 【I, C】 ♣WBG, XMBG; ●FJ, HB; ★(SA): BO.

白云龙（白貂丸）**Oreocereus ritteri** Cullman【I, C】♣HBG, XMBG; ●FJ, ZJ; ★(SA): PE.

白云锦 **Oreocereus trollii** Kupper 【I, C】 ♣BBG, KBG, LBG, NBG, SCBG, XMBG; ●BJ, FJ, GD, JS, JX, TW, YN; ★(SA): BO.

彩翁锦 **Oreocereus varicolor** Backeb. 【I, C】 ★(SA): CL, PE.

彩髯玉属 Oroya

暮云阁 **Oroya borchersii** (Boed.) Backeb. 【I, C】 ★(SA): PE.

极美丸 **Oroya peruviana** (K. Schum.) Britton et Rose【I, C】♣BBG, IBCAS, WBG, XMBG; ●BJ, FJ, HB, TW; ★(SA): PE.

刺蛇柱属 Rauhocereus

亚马孙群蛇柱 **Rauhocereus riosaniensis** Backeb. 【I, C】 ★(SA): PE.

善美柱属 Samaipaticereus

善美柱 **Samaipaticereus corroanus** Cárdenas 【I, C】 ★(SA): BO, PE.

金装龙属 Vatricania

金装龙 **Vatricania guentheri** (Kupper) Backeb. 【I, C】 ●TW; ★(SA): BO.

金髯柱属 Weberbauerocereus

金焰阁（约翰逊金髯柱）**Weberbauerocereus johnsonii** F. Ritter 【I, C】 ●TW; ★(SA): PE.

金彩阁 **Weberbauerocereus winterianus** F. Ritter 【I, C】 ●TW; ★(SA): PE.

优雅柱属 Yungasocereus

优雅柱 **Yungasocereus inquisivensis** (Cárdenas) F. Ritter ex Eggli 【I, C】 ★(SA): BO.

万唤柱属 Calymmanthium

多果灌木柱 **Calymmanthium fertile** F. Ritter 【I, C】 ★(SA): PE.

灌木柱 **Calymmanthium substerile** F. Ritter 【I, C】 ★(SA): PE.

龙爪球属 Copiapoa

帝龙冠 **Copiapoa calderana** F. Ritter 【I, C】 ♣BBG; ●BJ, TW; ★(SA): CL.

龙牙玉 **Copiapoa cinerascens** (Salm-Dyck) Britton et Rose 【I, C】 ●TW; ★(SA): CL.

黑王丸 **Copiapoa cinerea** (Phil.) Britton et Rose【I, C】 ♣BBG, CBG, XMBG; ●BJ, FJ, SH, TW; ★(SA): CL.

雷血丸 **Copiapoa cinerea** subsp. **krainziana** (F. Ritter) Slaba 【I, C】 ♣CBG; ●SH; ★(SA): CL.

逆鳞丸 **Copiapoa cinerea** var. **haseltoniana** (Backeb.) N. P. Taylor【I, C】♣XMBG; ●FJ, SH, TW; ★(SA): CL.

龙爪玉 **Copiapoa coquimbana** (Karw. ex Rümpler) Britton et Rose 【I, C】 ♣CBG, HBG; ●FJ, SH, TW, ZJ; ★(SA): CL.

妖鬼丸 **Copiapoa echinoides** (Lem. ex Salm-Dyck) Britton et Rose【I, C】♣CDBG, XMBG; ●FJ, SC, TW; ★(SA): CL.

铠袖玉 **Copiapoa fiedleriana** (K. Schum.) Backeb. 【I, C】 ●TW; ★(SA): CL.

公子丸 **Copiapoa humilis** (Phil.) Hutchison 【I, C】 ●FJ, TW; ★(SA): CL.

鱼鳞丸 **Copiapoa humilis** subsp. **tenuissima** (F. Ritter ex D. R. Hunt) D. R. Hunt 【I, C】 ♣BBG, HBG, WBG, XMBG; ●BJ, FJ, HB, TW, ZJ; ★

(SA): CL.

紫鳞龙 **Copiapoa hypogaea** F. Ritter 【I, C】 ♣BBG, CBG; ●BJ, SH, TW; ★(SA): CL.

劳氏玉 **Copiapoa hypogaea** subsp. **laui** (Diers) G. J. Charles 【I, C】 ●TW; ★(SA): CL.

鬼神龙 **Copiapoa longistaminea** F. Ritter 【I, C】 ●TW; ★(SA): CL.

黑士冠 **Copiapoa malletiana** (Lem. ex Salm-Dyck) Backeb. 【I, C】 ♣HBG, WBG, XMBG; ●FJ, HB, TW, YN, ZJ; ★(SA): CL.

龙鳞玉 **Copiapoa marginata** (Salm-Dyck) Britton et Rose 【I, C】 ●FJ, TW; ★(SA): CL.

虎髯丸 **Copiapoa megarhiza** Britton et Rose 【I, C】 ●TW; ★(SA): CL.

松风玉 **Copiapoa montana** F. Ritter【I, C】♣CBG, XMBG; ●FJ, SH, TW; ★(SA): CL.

秋霜玉 **Copiapoa montana** subsp. **grandiflora** (F. Ritter) N. P. Taylor 【I, C】 ●TW; ★(SA): CL.

赤鬼玉 **Copiapoa rupestris** F. Ritter 【I, C】 ★(SA): CL.

*沙漠玉 **Copiapoa rupestris** subsp. **desertorum** (F. Ritter) D. R. Hunt 【I, C】 ●TW; ★(SA): CL.

蛇球 **Copiapoa serpentisulcata** F. Ritter 【I, C】 ●TW; ★(SA): CL.

猛龙玉 **Copiapoa solaris** (F. Ritter) F. Ritter【I, C】 ●TW; ★(SA): CL.

虎黑玉 **Copiapoa tocopillana** (F. Ritter) G. J. Charles 【I, C】 ●TW; ★(SA): CL.

天惠球属 Frailea

士童 **Frailea castanea** Backeb. 【I, C】 ♣BBG, CBG, KBG, XMBG; ●BJ, FJ, SH, TW, YN; ★(SA): BR.

天惠丸 **Frailea cataphracta** (Dams) Britton et Rose 【I, C】 ♣CBG, XMBG; ●BJ, FJ, SH, TW; ★(SA): BR.

杜尺天惠丸 **Frailea cataphracta** subsp. **duchii** (G. Moser) P. J. Braun et Esteves 【I, C】 ♣CBG; ●FJ, SH; ★(SA): BR.

罗汉之子 **Frailea chiquitana** Cárdenas 【I, C】 ♣XMBG; ●FJ; ★(SA): BR.

紫云殿 **Frailea gracillima** (Lem.) Britton et Rose 【I, C】 ♣XMBG; ●FJ; ★(SA): BR.

紫云丸 **Frailea grahliana** (K. Schum.) Britton et Rose 【I, C】 ♣XMBG; ●FJ; ★(SA): BR.

狐之子 **Frailea mammifera** Buining et Brederoo 【I, C】 ●TW; ★(SA): BR.

貂之子 **Frailea phaeodisca** (Speg.) Backeb. et F. M. Knuth 【I, C】 ●FJ; ★(SA): BR.

狸之子 **Frailea pseudopulcherrima** Y. Itô 【I, C】 ♣CBG, XMBG; ●FJ, SH; ★(NA): MX; (SA): BR.

虎之子 **Frailea pumila** (Lem.) Britton et Rose 【I, C】 ♣XMBG; ●FJ; ★(SA): BR.

豹之子 **Frailea pygmaea** (Speg.) Britton et Rose 【I, C】 ♣CBG, WBG, XMBG; ●FJ, HB, SH; ★(SA): BR.

小狮子丸 **Frailea schilinzkyana** (F. Haage) Britton et Rose 【I, C】 ♣CBG; ●SH, TW; ★(SA): BR.

鼠尾昙花属 × Aporophyllum

鼠尾昙花 × **Aporophyllum** 【I, C】 ●TW; ★(NA): .

红月令箭属 × Disberocereus

红月令箭 × **Disberocereus** 【I, C】 ★(NA): .

昙花令箭属 × Disophyllum

昙花令箭 × **Disophyllum** 【I, C】 ★(NA): .

龙彩柱属 × Myrtgerocactus

龙彩柱 × **Myrtgerocactus lindsayi** Moran 【I, C】 ★(NA): MX.

摩彩柱属 × Pacherocactus

摩彩柱 × **Pacherocactus orcuttii** (K. Brandegee) G. D. Rowley 【I, C】 ★(NA): MX.

225. 山茱萸科 CORNACEAE

八角枫属 Alangium

高山八角枫 **Alangium alpinum** (C. B. Clarke) W. W. Sm. et Cave【N, W/C】♣KBG; ●YN; ★(AS): BT, CN, ID, IN, LK, MM, NP.

髯毛八角枫 **Alangium barbatum** (R. Br.) Baill. 【N, W/C】 ♣XTBG; ●YN; ★(AS): CN, ID, IN, LA, MM, TH, VN.

八角枫 **Alangium chinense** (Lour.) Harms 【N, W/C】 ♣BBG, CBG, CDBG, FBG, FLBG, GA,

GBG, GMG, GXIB, HBG, IBCAS, KBG, LBG, NBG, SCBG, WBG, XBG, XMBG, XTBG, ZAFU; ●BJ, FJ, GD, GX, GZ, HB, JS, JX, LN, SC, SH, SN, YN, ZJ; ★(AS): BT, CN, ID, IN, JP, LA, LK, MM, NP, PH, VN.

稀花八角枫 **Alangium chinense** subsp. **pauciflorum** W. P. Fang 【N, W/C】 ♣IBCAS; ●BJ; ★(AS): CN.

伏毛八角枫 **Alangium chinense** subsp. **strigosum** W. P. Fang 【N, W/C】 ♣WBG; ●HB; ★(AS): CN.

深裂八角枫 **Alangium chinense** subsp. **triangulare** (Wangerin) W. P. Fang 【N, W/C】 ♣CBG; ●SH; ★(AS): CN.

小花八角枫 **Alangium faberi** Oliv. 【N, W/C】 ♣CBG, FBG, GBG, GMG, GXIB, HBG, SCBG, WBG, XTBG; ●FJ, GD, GX, GZ, HB, SH, YN, ZJ; ★(AS): CN.

阔叶八角枫 **Alangium faberi** var. **platyphyllum** Chun et F. C. How 【N, W/C】 ♣GMG; ●GX; ★(AS): CN.

毛八角枫 **Alangium kurzii** Craib 【N, W/C】 ♣CBG, FLBG, GA, HBG, LBG, SCBG, XTBG, ZAFU; ●GD, JX, SH, YN, ZJ; ★(AS): CN, ID, IN, JP, KP, KR, LA, MM, MY, PH, TH, VN.

云山八角枫 **Alangium kurzii** var. **handelii** (Schnarf) W. P. Fang 【N, W/C】 ♣HBG, KBG, LBG, SCBG, XMBG, XTBG, ZAFU; ●FJ, GD, JX, YN, ZJ; ★(AS): CN, JP, KP, KR.

广西八角枫 **Alangium kwangsiense** Melch. 【N, W/C】 ♣SCBG; ●GD; ★(AS): CN, ID, IN, VN.

瓜木 **Alangium platanifolium** (Siebold et Zucc.) Harms 【N, W/C】 ♣BBG, CBG, FBG, GA, GBG, GMG, HBG, IBCAS, NBG, SCBG, TBG, WBG; ●BJ, FJ, GD, GX, GZ, HB, JS, JX, LN, SH, TW, ZJ; ★(AS): CN, ID, IN, JP, KP, KR, PH, RU-AS, VN.

土坛树 **Alangium salviifolium** (L. f.) Wangerin 【N, W/C】 ♣GMG, SCBG, XLTBG, XTBG; ●GD, GX, HI, YN; ★(AS): CN, ID, IN, KH, LA, LK, MM, MY, NP, PH, SG, TH, VN.

云南八角枫 **Alangium yunnanense** C. Y. Wu ex W. P. Fang 【N, W/C】 ♣WBG; ●HB; ★(AS): CN.

山茱萸属 Cornus

红瑞木 **Cornus alba** L. 【N, W/C】 ♣BBG, CBG, CDBG, HBG, HFBG, IBCAS, KBG, MDBG, NBG, NSBG, TDBG, WBG; ●AH, BJ, CQ, GS, HB, HE, HL, JS, LN, SC, SH, TW, XJ, YN, ZJ; ★(AS): CN, KP, KR, MN; (EU): GB, NO, RU.

互叶梾木 **Cornus alternifolia** L. f. 【I, C】 ♣BBG, CBG, HBG, IBCAS; ●BJ, SD, SH, TW, ZJ; ★(NA): US.

熊果梾木 **Cornus amomum** Mill. 【I, C】 ♣HBG, IBCAS, KBG; ●BJ, JL, TW, YN, ZJ; ★(NA): US.

偏斜梾木 **Cornus amomum** subsp. **obliqua** (Raf.) J. S. Wilson 【I, C】 ♣HBG, IBCAS; ●BJ, ZJ; ★(NA): US.

糙叶梾木 **Cornus asperifolia** Michx. 【I, C】 ♣IBCAS; ●BJ; ★(NA): US.

沙梾 **Cornus bretschneideri** L. Henry 【N, W/C】 ♣IBCAS; ●BJ; ★(AS): CN.

草茱萸 **Cornus canadensis** L. 【N, W/C】 ♣BBG, XTBG; ●BJ, LN, YN; ★(AS): CN, JP, KR, MM, RU-AS.

头状四照花 **Cornus capitata** Wall. 【N, W/C】 ♣CBG, FBG, GA, GBG, HBG, KBG, LBG, NBG, SCBG, WBG, XTBG; ●FJ, GD, GZ, HB, JS, JX, SC, SH, TW, YN, ZJ; ★(AS): BT, CN, IN, LA, MM, NP, VN.

川鄂山茱萸 **Cornus chinensis** Wangerin 【N, W/C】 ♣CDBG; ●SC; ★(AS): CN, MM.

灯台树 **Cornus controversa** Hemsl. 【N, W/C】 ♣BBG, CBG, CDBG, FBG, GA, GBG, GMG, GXIB, HBG, HFBG, IBCAS, KBG, LBG, NBG, WBG, XBG, XTBG, ZAFU; ●BJ, FJ, GX, GZ, HB, HE, HL, JS, JX, LN, SC, SD, SH, SN, TW, YN, ZJ; ★(AS): BT, CN, IN, JP, KP, KR, MM, NP, VN.

朝鲜梾木 **Cornus coreana** Wangerin 【N, W/C】 ♣BBG, HBG, HFBG, IAE, IBCAS; ●BJ, HL, LN, ZJ; ★(AS): CN, KP, KR.

粗叶梾木 **Cornus drummondii** C. A. Mey. 【I, C】 ♣IBCAS; ●BJ; ★(NA): CA, US.

尖叶四照花 **Cornus elliptica** (Pojark.) Q. Y. Xiang et Boufford 【N, W/C】 ♣CBG, CDBG, FBG, GA, GXIB, HBG, IBCAS, LBG, NBG, SCBG, WBG, ZAFU; ●BJ, FJ, GD, GX, HB, JS, JX, SC, SH, YN, ZJ; ★(AS): CN.

狗木(大花四照花)**Cornus florida** L. 【I, C】 ♣BBG, CBG, HBG, IBCAS, KBG, NBG; ●BJ, JS, LN, SH, TW, YN, ZJ; ★(NA): MX, US.

硬梾木 **Cornus foemina** Mill. 【I, C】 ♣IBCAS; ●BJ; ★(NA): US.

无毛山茱萸 **Cornus glabrata** Benth. 【I, C】 ♣HBG, IBCAS; ●BJ, ZJ; ★(NA): US.

红棕子 **Cornus hemsleyi** C. K. Schneid. et Wangerin 【N, W/C】 ♣CBG, FBG, WBG; ●FJ, HB, LN, SH; ★(AS): CN.

香港四照花 **Cornus hongkongensis** Hemsl. 【N, W/C】 ♣BBG, CDBG, FBG, FLBG, GA, GXIB, HBG, SCBG, WBG, XMBG, XOIG, XTBG; ●BJ, FJ, GD, GX, HB, JX, SC, YN, ZJ; ★(AS): CN, LA, VN.

秀丽四照花 **Cornus hongkongensis** subsp. **elegans** (W. P. Fang et Y. T. Hsieh) Q. Y. Xiang 【N, W/C】 ♣FBG; ●FJ; ★(AS): CN.

黑毛四照花 **Cornus hongkongensis** subsp. **melanotricha** (Pojark.) Q. Y. Xiang 【N, W/C】 ♣CBG, CDBG, GA; ●JX, SC, SH; ★(AS): CN.

东京四照花 **Cornus hongkongensis** subsp. **tonkinensis** (W. P. Fang) Q. Y. Xiang 【N, W/C】 ♣WBG; ●HB; ★(AS): CN, VN.

日本四照花 **Cornus kousa** F. Buerger ex Miq. 【N, W/C】 ♣BBG, CBG, IBCAS, LBG, NBG, WBG; ●BJ, GD, HB, HE, JS, JX, SD, SH, TW, YN, ZJ; ★(AS): CN, JP, KP, KR.

四照花 **Cornus kousa** subsp. **chinensis** (Osborn) Q. Y. Xiang 【N, W/C】 ♣CBG, CDBG, FBG, GA, GXIB, HBG, IBCAS, LBG, NBG, WBG, ZAFU; ●BJ, FJ, GX, HB, JS, JX, LN, SC, SH, SX, YN, ZJ; ★(AS): CN.

梾木 **Cornus macrophylla** Wall. 【N, W/C】 ♣CBG, FBG, GA, GXIB, HBG, IBCAS, KBG, SCBG, WBG; ●BJ, FJ, GD, GX, HB, JX, SC, SH, TW, YN, ZJ; ★(AS): AF, BT, CN, ID, IN, JP, KP, KR, LK, MM, NP, PK, RU-AS.

欧洲山茱萸 **Cornus mas** L. 【I, C】 ♣BBG, CBG, CDBG, HBG, IBCAS, NBG, XTBG; ●BJ, HE, JS, SC, SD, SH, TW, YN, ZJ; ★(AS): GE, TR; (EU): AL, AT, BA, BE, BG, CZ, DE, GB, GR, HR, HU, IT, ME, MK, RO, RS, RU, SI, TR.

多脉四照花 **Cornus multinervosa** (Pojark.) Q. Y. Xiang 【N, W/C】 ♣NBG, WBG; ●HB, SC; ★(AS): CN.

太平洋狗木（太平洋四照花）**Cornus nuttallii** Audubon ex Torr. et A. Gray 【I, C】 ♣CBG; ●LN, SH, TW; ★(NA): CA, US.

长圆叶梾木 **Cornus oblonga** Wall. 【N, W/C】 ♣KBG, WBG, XTBG; ●HB, SC, YN; ★(AS): BT, CN, ID, IN, LK, MM, NP, PK, TH, VN.

山茱萸 **Cornus officinalis** Siebold et Zucc. 【N, W/C】 ♣BBG, CBG, CDBG, FBG, FLBG, GBG, HBG, IBCAS, KBG, LBG, NBG, WBG, XBG, XMBG, ZAFU; ●BJ, FJ, GD, GZ, HB, JS, JX, LN, SC, SD, SH, SN, SX, TW, YN, ZJ; ★(AS): CN, JP, KR.

小花梾木 **Cornus parviflora** S. S. Chien 【N, W/C】 ♣XTBG; ●YN; ★(AS): CN.

小梾木 **Cornus quinquenervis** Franch. 【N, W/C】 ♣CBG, CDBG, FBG, SCBG, WBG, XTBG; ●FJ, GD, HB, SC, SH, YN; ★(AS): CN.

灰枝梾木 **Cornus racemosa** Lam. 【I, C】 ♣BBG, HBG, IBCAS, NBG; ●BJ, HE, JS, TW, ZJ; ★(NA): CA, US.

圆叶梾木 **Cornus rugosa** Lam. 【I, C】 ♣HBG, IBCAS; ●BJ, ZJ; ★(NA): CA, US.

欧洲红瑞木 **Cornus sanguinea** L. 【I, C】 ♣XTBG; ●YN; ★(AS): AZ, TR; (EU): BY, FI, FR, HR, IS, RS, RU.

南欧红瑞木 **Cornus sanguinea** subsp. **australis** (C. A. Mey.) Jáv. 【I, C】 ♣IBCAS; ●BJ, LN; ★(AS): TR.

康定梾木 **Cornus schindleri** Wangerin 【N, W/C】 ♣WBG; ●HB; ★(AS): CN.

灰叶梾木 **Cornus schindleri** subsp. **poliophylla** (C. K. Schneid. et Wangerin) Q. Y. Xiang 【N, W/C】 ♣IBCAS; ●BJ, SC; ★(AS): CN.

柔枝红瑞木 **Cornus sericea** L. 【I, C】 ♣BBG, CBG, HBG, HFBG, IBCAS, NBG, SCBG; ●BJ, GD, HE, HL, JS, LN, SD, SH, TW, ZJ; ★(NA): MX, US.

西方柔枝红瑞木 **Cornus sericea** subsp. **occidentalis** (Torr. et A. Gray) Fosberg 【I, C】 ♣IBCAS; ●BJ; ★(NA): US.

毛梾 **Cornus walteri** Wangerin 【N, W/C】 ♣BBG, CBG, CDBG, FBG, HBG, IBCAS, WBG, XBG, ZAFU; ●BJ, FJ, HB, LN, SC, SH, SN, XJ, ZJ; ★(AS): CN, IN, JP, KP, KR.

光皮梾木（光皮树）**Cornus wilsoniana** Wangerin 【N, W/C】 ♣CBG, CDBG, FBG, GA, GXIB, HBG, WBG, XTBG, ZAFU; ●FJ, GX, HB, HN, JX, SC, SH, YN, ZJ; ★(AS): CN.

马蹄参属 Diplopanax

马蹄参 **Diplopanax stachyanthus** Hand.-Mazz. 【N, W/C】 ♣FLBG, GXIB, KBG, SCBG; ●GD, GX, JX, YN; ★(AS): CN, VN.

单室茱萸属 Mastixia

长尾单室茱萸 **Mastixia caudatilimba** C. Y. Wu ex

Soong 【N, W/C】 ♣XTBG; ●YN; ★(AS): CN.

卫矛叶单室茱萸 **Mastixia euonymoides** Prain 【N, W/C】 ♣XTBG; ●YN; ★(AS): CN, ID, IN, MM, TH.

五蕊单室茱萸 **Mastixia pentandra** Blume 【N, W/C】 ♣XTBG; ●YN; ★(AS): BT, CN, ID, IN, KH, LA, LK, MM, MY, PH, SG, TH, VN.

云南单室茱萸 **Mastixia pentandra** subsp. **chinensis** (Merr.) K. M. Matthew 【N, W/C】 ♣XTBG; ●YN; ★(AS): CN, IN, MM, MY, TH, VN.

毛叶单室茱萸 **Mastixia trichophylla** W. P. Fang ex Soong 【N, W/C】 ♣XTBG; ●YN; ★(AS): CN.

珙桐属 Davidia

珙桐 **Davidia involucrata** Baill.【N, W/C】♣BBG, CBG, CDBG, FBG, FLBG, GA, GBG, GXIB, HBG, IBCAS, KBG, LBG, NBG, NSBG, SCBG, WBG, XMBG, XOIG; ●BJ, CQ, FJ, GD, GX, GZ, HB, JS, JX, SC, SH, TW, YN, ZJ; ★(AS): CN.

光叶珙桐 **Davidia involucrata** var. **vilmoriniana** (Dode) Wangerin 【N, W/C】 ♣FBG, FLBG, IBCAS, KBG, NBG, NSBG, WBG; ●BJ, CQ, FJ, GD, HB, JS, JX, SC, YN; ★(AS): CN.

喜树属 Camptotheca

喜树 **Camptotheca acuminata** Decne. 【N, W/C】 ♣CBG, CDBG, FBG, FLBG, GA, GBG, GMG, GXIB, HBG, IBCAS, KBG, LBG, NBG, NSBG, SCBG, TBG, TMNS, WBG, XBG, XLTBG, XMBG, XOIG, XTBG, ZAFU; ●BJ, CQ, FJ, GD, GX, GZ, HB, HI, JS, JX, SC, SH, SN, TW, YN, ZJ; ★(AS): CN.

蓝果树属 Nyssa

沼生蓝果树（水蓝果树）**Nyssa aquatica** L. 【I, C】 ♣HBG; ●BJ, ZJ; ★(NA): US.

华南蓝果树 **Nyssa javanica** (Blume) Wangerin【N, W/C】 ♣WBG, XTBG; ●HB, YN; ★(AS): BT, CN, ID, IN, LA, MM, MY, VN.

高山紫树 **Nyssa ogeche** Bartram ex Marshall 【I, C】 ♣FBG, SCBG; ●FJ, GD; ★(NA): US.

瑞丽蓝果树 **Nyssa shweliensis** (W. W. Sm.) Airy Shaw 【N, W/C】 ♣KBG, XTBG; ●YN; ★(AS): CN, VN.

蓝果树 **Nyssa sinensis** Oliv. 【N, W/C】 ♣CBG, CDBG, FBG, GA, GBG, GXIB, HBG, KBG, LBG, NBG, NSBG, SCBG, WBG, XTBG, ZAFU; ●CQ, FJ, GD, GX, GZ, HB, JS, JX, SC, SH, YN, ZJ; ★(AS): CN, MM, VN.

多花蓝果树 **Nyssa sylvatica** Marshall 【I, C】 ♣CBG, ZAFU; ●BJ, JL, SH, TW, ZJ; ★(NA): MX, US.

文山蓝果树（长梗蓝果树）**Nyssa wenshanensis** W. P. Fang et Soong 【N, W/C】 ♣XTBG; ●YN; ★(AS): CN, ID, IN.

云南蓝果树 **Nyssa yunnanensis** W. Q. Yin ex H. N. Qin et Phengklai 【N, W/C】 ♣KBG, SCBG, XTBG; ●GD, YN; ★(AS): CN, ID, IN.

226. 绣球科 HYDRANGEACEAE

岩绣梅属 Jamesia

单型绣球 **Jamesia americana** Torr. et A. Gray 【I, C】 ♣XTBG; ●YN; ★(NA): MX, US.

溲疏属 Deutzia

壮丽溲疏 **Deutzia × magnifica** (Lemoine) Rehder 【I, C】 ●BJ, TW; ★(AS): JP.

钩齿溲疏 **Deutzia baroniana** Diels 【N, W/C】 ●LN; ★(AS): CN.

大萼溲疏 **Deutzia calycosa** Rehder 【N, W/C】 ♣KBG; ●YN; ★(AS): CN.

齿叶溲疏 **Deutzia crenata** Siebold et Zucc. 【N, W/C】 ♣NBG, SCBG, WBG; ●GD, HB; ★(AS): CN, JP, KP, KR.

异色溲疏 **Deutzia discolor** Hemsl. 【N, W/C】 ♣CDBG, IBCAS, KBG, WBG; ●BJ, HB, SC, YN; ★(AS): CN, MM.

狭叶溲疏 **Deutzia esquirolii** (H. Lév.) Rehder 【N, W/C】 ♣GBG; ●GZ; ★(AS): CN.

浙江溲疏 **Deutzia faberi** Rehder【N, W/C】♣CBG; ●SH; ★(AS): CN.

圆齿溲疏 **Deutzia floribunda** Nakai 【I, C】 ♣XTBG; ●YN; ★(AS): JP.

光萼溲疏 **Deutzia glabrata** Kom. 【N, W/C】 ♣HFBG; ●HL, LN; ★(AS): CN, KP, KR, MN, RU-AS.

黄山溲疏 **Deutzia glauca** W. C. Cheng 【N, W/C】 ♣HBG, LBG, WBG, ZAFU; ●HB, JX, ZJ; ★(AS): CN.

球花溲疏 **Deutzia glomeruliflora** Franch. 【N, W/C】 ♣IBCAS, SCBG; ●BJ, GD; ★(AS): CN,

MM.

细梗溲疏 **Deutzia gracilis** Siebold et Zucc. 【I, C】 ♣CBG, HBG, IBCAS, XMBG; ●BJ, FJ, SH, TW, ZJ; ★(AS): JP.

大花溲疏 **Deutzia grandiflora** Bunge 【N, W/C】 ♣BBG, CDBG, HFBG, IBCAS, WBG; ●BJ, HB, HL, LN, SC; ★(AS): CN, KP, KR, MN.

粉被溲疏 **Deutzia hypoglauca** Rehder 【N, W/C】 ♣NBG, WBG; ●HB, JS; ★(AS): CN.

长叶溲疏 **Deutzia longifolia** Franch. 【N, W/C】 ♣KBG; ●TW, YN; ★(AS): CN.

维西溲疏 **Deutzia monbeigii** W. W. Sm. 【N, W/C】 ●TW; ★(AS): CN.

宁波溲疏 **Deutzia ningpoensis** Rehder 【N, W/C】 ♣CBG, CDBG, HBG, IBCAS, LBG, NBG, WBG, ZAFU; ●BJ, HB, JS, JX, SC, SH, ZJ; ★(AS): CN.

小花溲疏 **Deutzia parviflora** Bunge 【N, W/C】 ♣BBG, CBG, IBCAS, WBG; ●BJ, HB, LN, SH; ★(AS): CN, KP, KR, MN, RU-AS.

东北溲疏 **Deutzia parviflora** var. **amurensis** Regel 【N, W/C】 ♣HFBG; ●HL, LN; ★(AS): CN, KP, KR.

美丽溲疏 **Deutzia pulchra** S. Vidal 【N, W/C】 ♣IBCAS, TMNS; ●BJ, TW; ★(AS): CN, PH.

紫花溲疏 **Deutzia purpurascens** (Franch. ex L. Henry) Rehder 【N, W/C】 ♣CBG, IBCAS, KBG, NBG; ●BJ, JS, SH, YN; ★(AS): CN, ID, IN, MM.

粉红溲疏 **Deutzia rubens** Rehder 【N, W/C】 ♣CBG, SCBG; ●GD, SH; ★(AS): CN.

溲疏 **Deutzia scabra** Thunb. 【I, C】 ♣CBG, CDBG, FBG, GA, GXIB, HBG, IBCAS, LBG, NBG, SCBG, WBG, XBG, XMBG; ●BJ, FJ, GD, GX, HB, JS, JX, LN, SC, SH, SN, TW, ZJ; ★(AS): JP.

长江溲疏 **Deutzia schneideriana** Rehder 【N, W/C】 ♣CBG, IBCAS, LBG, WBG; ●BJ, HB, JX, SH; ★(AS): CN.

四川溲疏 **Deutzia setchuenensis** Franch. 【N, W/C】 ♣CBG, GXIB, HBG, SCBG, WBG; ●GD, GX, HB, SH, ZJ; ★(AS): CN.

*日本溲疏 **Deutzia sieboldiana** Maxim. 【I, C】 ●TW; ★(AS): JP.

台湾溲疏 **Deutzia taiwanensis** (Maxim.) C. K. Schneid. 【N, W/C】 ♣CBG; ●SH; ★(AS): CN.

黄山梅属 Kirengeshoma

黄山梅 **Kirengeshoma palmata** Yatabe 【N, W/C】 ♣HBG, ZAFU; ●ZJ; ★(AS): CN, JP.

山梅花属 Philadelphus

法氏山梅花 **Philadelphus** × **falconeri** G. Nicholson 【I, C】 ♣IBCAS, NBG; ●BJ, JS; ★(NA): US.

香雪山梅花 **Philadelphus** × **lemoinei** Hort. 【I, C】 ♣CBG, IBCAS, NBG; ●BJ, JS, SH, TW; ★(EU): FR.

雪白山梅花 **Philadelphus** × **virginalis** Rehder 【I, C】 ♣CBG, IBCAS, NBG; ●BJ, JS, SH; ★(NA): US.

短序山梅花 **Philadelphus brachybotrys** (Koehne) Koehne 【N, W/C】 ♣CBG, HBG, NBG; ●JS, SH, ZJ; ★(AS): CN.

丽江山梅花 **Philadelphus calvescens** (Rehder) S. M. Hwang 【N, W/C】 ♣IBCAS; ●BJ; ★(AS): CN.

欧洲山梅花 **Philadelphus coronarius** L. 【I, C】 ♣BBG, CBG, HBG, IBCAS, NBG, ZAFU; ●BJ, HE, JS, LN, SH, TW, ZJ; ★(EU): AT, CZ, DE, ES, FR, IT, RO, RU.

云南山梅花 **Philadelphus delavayi** L. Henry 【N, W/C】 ♣IBCAS, KBG, NBG; ●BJ, JS, TW, YN; ★(AS): CN, MM.

黑萼山梅花 **Philadelphus delavayi** var. **melanocalyx** Lemoine ex L. Henry 【N, W/C】 ●TW; ★(AS): CN.

美国山梅花 **Philadelphus floridus** Beadle 【I, C】 ♣HBG, IBCAS, NBG; ●BJ, JS, ZJ; ★(NA): US.

滇南山梅花 **Philadelphus henryi** Koehne 【N, W/C】 ♣IBCAS, KBG; ●BJ, YN; ★(AS): CN.

山梅花 **Philadelphus incanus** Koehne 【N, W/C】 ♣BBG, CBG, CDBG, FBG, GXIB, HBG, IBCAS, NBG, WBG, XBG, XMBG; ●BJ, FJ, GS, GX, HA, HB, JS, LN, SC, SH, SN, ZJ; ★(AS): CN.

无味山梅花 **Philadelphus inodorus** L. 【I, C】 ♣IBCAS; ●BJ; ★(NA): US.

大花无味山梅花 **Philadelphus inodorus** var. **grandiflorus** (Willd.) A. Gray 【I, C】 ♣IBCAS, NBG; ●BJ, JS; ★(SA): BO, BR.

疏花无味山梅花 **Philadelphus inodorus** var. **laxus** (Schrad. ex DC.) S. Y. Hu 【I, C】 ♣IBCAS; ●BJ; ★(NA): US.

疏花山梅花 **Philadelphus laxiflorus** Rehder 【N, W/C】 ♣CBG; ●SH; ★(AS): CN.

路易斯山梅花 **Philadelphus lewisii** Pursh 【I, C】 ♣BBG, CBG, NBG; ●BJ, JS, SH; ★(NA): CA,

US.

太平花 **Philadelphus pekinensis** Rupr. 【N, W/C】 ♣BBG, CBG, HBG, HFBG, IBCAS, NBG, WBG; ●BJ, HB, HL, JS, LN, SH, XJ, YN, ZJ; ★(AS): CN, KP, KR.

毛山梅花 **Philadelphus pubescens** Loisel. 【I, C】 ♣BBG, CBG, NBG; ●BJ, JS, SH; ★(NA): US.

紫萼山梅花 **Philadelphus purpurascens** (Koehne) Rehder 【N, W/C】 ♣IBCAS, NBG; ●BJ, JS; ★(AS): CN.

东北山梅花 **Philadelphus schrenkii** Rupr. 【N, W/C】 ♣HFBG, IBCAS, NBG; ●BJ, HL, JS, LN; ★(AS): CN, KP, KR, MN, RU-AS.

毛盘山梅花 **Philadelphus schrenkii** var. **mandshuricus** (Maxim.) Kitag. 【N, W/C】 ♣IBCAS; ●BJ; ★(AS): CN, KP, KR.

绢毛山梅花 **Philadelphus sericanthus** Koehne 【N, W/C】 ♣CBG, GA, GXIB, HBG, LBG, NBG, WBG; ●GX, HB, JS, JX, LN, SH, ZJ; ★(AS): CN.

牯岭山梅花 **Philadelphus sericanthus** var. **kulingensis** (Koehne) Hand.-Mazz. 【N, W/C】 ♣CBG, LBG, NBG; ●JS, JX, SH; ★(AS): CN.

毛柱山梅花 **Philadelphus subcanus** Koehne 【N, W/C】 ♣HBG, IBCAS, NBG; ●BJ, JS, SC, ZJ; ★(AS): CN.

城口山梅花 **Philadelphus subcanus** var. **magdalenae** (Koehne) S. Y. Hu 【N, W/C】 ♣NBG; ●JS; ★(AS): CN.

薄叶山梅花 **Philadelphus tenuifolius** Rupr. 【N, W/C】 ♣IBCAS, NBG; ●BJ, JS, LN; ★(AS): CN, KP, KR, MN, RU-AS.

绒毛山梅花 **Philadelphus tomentosus** Wall. ex G. Don 【N, W/C】 ♣NBG; ●JS; ★(AS): BT, CN, ID, IN, LK, NP.

千山山梅花 **Philadelphus tsianschanensis** Wang et Li 【N, W/C】 ●LN; ★(AS): CN.

浙江山梅花 **Philadelphus zhejiangensis** S. M. Hwang 【N, W/C】 ♣CBG, HBG, ZAFU; ●SH, ZJ; ★(AS): CN.

木银莲属 Carpenteria

茶花常山(木银莲)**Carpenteria californica** Torr. 【I, C】 ●TW; ★(NA): US.

叉叶蓝属 Deinanthe

叉叶蓝 **Deinanthe caerulea** Stapf 【N, W/C】 ♣WBG; ●HB; ★(AS): CN.

草绣球属 Cardiandra

草绣球 **Cardiandra moellendorffii** (Hance) H. L. Li 【N, W/C】 ♣CBG, FBG, HBG, LBG, WBG; ●FJ, HB, JX, SH, ZJ; ★(AS): CN, JP.

绣球属 Hydrangea

冠盖绣球 **Hydrangea anomala** D. Don 【N, W/C】 ♣CBG, HBG, WBG; ●HB, SC, SH, TW, ZJ; ★(AS): BT, CN, ID, IN, JP, LK, MM, NP.

树状绣球 **Hydrangea arborescens** L. 【I, C】 ♣BBG, CBG, HFBG, IBCAS; ●BJ, HL, SH, TW; ★(NA): CA, US.

辐花绣球 **Hydrangea arborescens** subsp. **radiata** (Walter) E. M. McClint. 【I, C】 ♣IBCAS; ●BJ; ★(NA): CA, US.

马桑绣球 **Hydrangea aspera** D. Don 【N, W/C】 ♣BBG, CBG, FBG, WBG; ●BJ, FJ, HB, SC, SH, TW; ★(AS): BT, CN, ID, IN, LK, MM, NP, VN.

东陵绣球 **Hydrangea bretschneideri** Dippel 【N, W/C】 ♣BBG, CDBG, HFBG, IBCAS; ●BJ, HL, LN, SC; ★(AS): CN, MN.

中国绣球 **Hydrangea chinensis** Maxim. 【N, W/C】 ♣CBG, GA, HBG, LBG, SCBG, TBG, TMNS, WBG, XMBG, ZAFU; ●FJ, GD, HB, JX, SH, TW, ZJ; ★(AS): CN, JP.

西南绣球 **Hydrangea davidii** Franch. 【N, W/C】 ♣GBG, HBG, SCBG; ●GD, GZ, SC, ZJ; ★(AS): CN.

银针绣球 **Hydrangea dumicola** W. W. Sm. 【N, W/C】 ♣SCBG; ●GD, YN; ★(AS): CN.

微绒绣球 **Hydrangea heteromalla** D. Don 【N, W/C】 ♣BBG, IBCAS; ●BJ, TW, YN; ★(AS): BT, CN, ID, IN, LK, NP.

粤西绣球 **Hydrangea kwangsiensis** Hu 【N, W/C】 ♣SCBG, WBG; ●GD, HB; ★(AS): CN.

广东绣球 **Hydrangea kwangtungensis** Merr. 【N, W/C】 ♣GA; ●JX; ★(AS): CN.

狭叶绣球 **Hydrangea lingii** C. Ho 【N, W/C】 ♣WBG; ●HB; ★(AS): CN.

长叶绣球 **Hydrangea longifolia** Hayata 【N, W/C】 ♣CBG; ●SH, TW, YN; ★(AS): CN.

莼兰绣球 **Hydrangea longipes** Franch. 【N, W/C】 ♣CBG, WBG; ●HB, SC, SH; ★(AS): CN.

锈毛绣球 **Hydrangea longipes** var. **fulvescens**

(Rehder) W. T. Wang ex C. F. Wei 【N, W/C】 ♣WBG; ●HB; ★(AS): CN.

绣球(八仙花)**Hydrangea macrophylla** (Thunb.) Ser. 【N, W/C】 ♣BBG, CBG, FBG, FLBG, GA, GBG, GMG, GXIB, HBG, IBCAS, KBG, LBG, NBG, NSBG, SCBG, WBG, XBG, XLTBG, XMBG, XOIG, XTBG, ZAFU; ●AH, BJ, CQ, FJ, GD, GX, GZ, HB, HE, HI, JS, JX, SC, SH, SN, TW, YN, ZJ; ★(AS): BT, CN, IN, JP, KP, KR, LK, MM, SG.

泽八仙花 **Hydrangea macrophylla** subsp. **serrata** (Thunb.) Makino 【I, C】 ♣BBG, CBG, HBG, SCBG; ●BJ, GD, SH, TW, YN, ZJ; ★(AS): JP.

山绣球 **Hydrangea macrophylla** var. **normalis** E. H. Wilson 【N, W/C】 ♣XMBG; ●FJ; ★(AS): CN.

圆锥绣球 **Hydrangea paniculata** Siebold 【N, W/C】 ♣BBG, CBG, CDBG, FBG, GA, GXIB, HBG, IBCAS, LBG, NBG, SCBG, WBG, ZAFU; ●BJ, FJ, GD, GX, HB, HE, JS, JX, LN, SC, SD, SH, TW, ZJ; ★(AS): CN, JP, KR, MN, RU-AS.

大花水亚木 **Hydrangea paniculata** var. **grandiflora** Seibert 【N, W/C】 ♣HFBG; ●HL; ★(AS): CN, JP, KR.

秘鲁绣球 **Hydrangea peruviana** Moric. ex Ser. 【I, C】 ♣CBG; ●SH; ★(NA): CR, PA; (SA): BO, BR, CO, EC, PE, VE.

藤绣球 **Hydrangea petiolaris** Siebold et Zucc. 【N, W/C】 ♣CBG, XTBG; ●SH, TW, YN; ★(AS): CN, JP, KR, MN, RU-AS.

栎叶绣球 **Hydrangea quercifolia** W. Bartram 【I, C】 ♣BBG, CBG, NBG; ●BJ, HE, JS, SH, TW; ★(NA): US.

粗枝绣球 **Hydrangea robusta** Hook. f. et Thomson 【N, W/C】 ♣SCBG, WBG, ZAFU; ●GD, HB, ZJ; ★(AS): BT, CN, ID, IN, LK, MM.

紫彩绣球 **Hydrangea sargentiana** Rehder 【N, W/C】 ♣BBG, CBG; ●BJ, SH; ★(AS): CN.

柳叶绣球 **Hydrangea stenophylla** Merr. et Chun 【N, W/C】 ♣CBG, GA, WBG; ●HB, JX, SH; ★(AS): CN.

蜡莲绣球 **Hydrangea strigosa** Rehder 【N, W/C】 ♣CBG, GBG, HBG, LBG, SCBG, WBG; ●GD, GZ, HB, JX, SC, SH, ZJ; ★(AS): CN.

挂苦绣球 **Hydrangea xanthoneura** Diels 【N, W/C】 ♣CBG, GBG, IBCAS; ●BJ, GZ, SC, SH; ★(AS): CN.

常山属 Dichroa

常山 **Dichroa febrifuga** Lour. 【N, W/C】 ♣CBG, FBG, FLBG, GA, GMG, GXIB, HBG, KBG, LBG, NBG, SCBG, WBG, XLTBG, XMBG, XTBG; ●FJ, GD, GX, HB, HI, JS, JX, SC, SH, YN, ZJ; ★(AS): BT, CN, ID, IN, KH, LA, LK, MM, NP, TH, VN.

罗蒙常山 **Dichroa yaoshanensis** Y. C. Wu 【N, W/C】 ♣GMG, GXIB, SCBG, WBG; ●GD, GX, HB; ★(AS): CN.

钻地风属 Schizophragma

绣球钻地风 **Schizophragma hydrangeoides** Siebold et Zucc. 【I, C】 ♣CBG, LBG; ●JX, SH; ★(AS): JP, KR, RU-AS.

白背钻地风 **Schizophragma hypoglaucum** Rehder 【N, W/C】 ♣HBG; ●ZJ; ★(AS): CN, JP.

钻地风 **Schizophragma integrifolium** Oliv. 【N, W/C】 ♣CBG, GXIB, HBG, KBG, LBG, SCBG, WBG; ●AH, GD, GX, HB, HN, JX, SC, SH, TW, YN, ZJ; ★(AS): CN.

冠盖藤属 Pileostegia

星毛冠盖藤 **Pileostegia tomentella** Hand.-Mazz. 【N, W/C】 ♣FBG, GA, SCBG, WBG, XMBG; ●FJ, GD, HB, JX; ★(AS): CN.

冠盖藤 **Pileostegia viburnoides** Hook. f. et Thomson 【N, W/C】 ♣CBG, FBG, GA, HBG, LBG, SCBG, WBG, XMBG, ZAFU; ●FJ, GD, HB, JX, SC, SH, TW, ZJ; ★(AS): CN, JP.

蛛网萼属 Platycrater

蛛网萼 **Platycrater arguta** Siebold et Zucc. 【N, W/C】 ♣HBG, IBCAS, LBG, ZAFU; ●BJ, JX, ZJ; ★(AS): CN, JP.

227. 刺莲花科 LOASACEAE

耀星花属 Mentzelia

耀星花 **Mentzelia lindleyi** Torr. et A. Gray 【I, C】 ●TW; ★(NA): US.

黄杯药花属 Scyphanthus

黄杯药花 **Scyphanthus elegans** Sweet 【I, C】 ★

(SA): CL.

228. 凤仙花科 BALSAMINACEAE

凤仙花属 Impatiens

大叶凤仙花 **Impatiens apalophylla** Hook. f. 【N, W/C】♣GMG, GXIB, SCBG, WBG, XTBG; ●GD, GX, HB, YN; ★(AS): CN, VN.

水凤仙花 **Impatiens aquatilis** Hook. f. 【N, W/C】♣XTBG; ●YN; ★(AS): CN.

金冠凤仙花 **Impatiens auricoma** Poiss. 【I, C】●TW; ★(AF): KM, MG.

*西南凤仙花 **Impatiens austroyunnanensis** S. H. Huang 【N, W/C】 ♣XTBG; ●YN; ★(AS): CN.

大苞凤仙花 **Impatiens balansae** Hook. f. 【N, W/C】 ♣XTBG; ●YN; ★(AS): CN, VN.

克什米尔凤仙花 **Impatiens balfourii** Hook. f. 【I, C】 ★(AS): IN, PK.

凤仙花 **Impatiens balsamina** L. 【I, C/N】 ♣BBG, CDBG, FBG, FLBG, GA, GBG, GMG, GXIB, HBG, IBCAS, KBG, LBG, NBG, SCBG, TBG, TDBG, WBG, XBG, XLTBG, XMBG, XOIG, XTBG, ZAFU; ●BJ, FJ, GD, GX, GZ, HB, HI, JL, JS, JX, SC, SN, TW, XJ, YN, ZJ; ★(AS): IN, MM.

睫毛萼凤仙花（建始凤仙花）**Impatiens blepharosepala** E. Pritz. 【N, W/C】 ♣WBG; ●HB; ★(AS): CN.

越南凤仙 **Impatiens chapaensis** Tardieu 【I, C】♣KBG; ●YN; ★(AS): VN.

浙江凤仙花 **Impatiens chekiangensis** Y. L. Chen 【N, W/C】 ♣CBG, ZAFU; ●SH, ZJ; ★(AS): CN.

华凤仙 **Impatiens chinensis** L. 【N, W/C】♣FLBG, GA, GMG, GXIB, KBG, LBG, SCBG, WBG, XMBG, XTBG; ●FJ, GD, GX, HB, JX, YN; ★(AS): CN, ID, IN, LA, MM, MY, TH, VN.

绿萼凤仙花 **Impatiens chlorosepala** Hand.-Mazz. 【N, W/C】 ♣SCBG; ●GD; ★(AS): CN.

刚果凤仙花 **Impatiens clavicalcar** Eb. Fisch. 【I, C】 ★(AF): CG.

棒凤仙花 **Impatiens clavigera** Hook. f. 【N, W/C】♣GXIB, SCBG; ●GD, GX; ★(AS): CN, VN.

鸭跖草状凤仙花 **Impatiens commelinoides** Hand.-Mazz. 【N, W/C】♣GA, GMG, WBG; ●GX, HB, JX; ★(AS): CN.

黄麻叶凤仙花 **Impatiens corchorifolia** Franch. 【N, W/C】 ♣WBG; ●HB; ★(AS): CN.

金凤花 **Impatiens cyathiflora** Hook. f. 【N, W/C】♣XOIG; ●FJ; ★(AS): CN.

牯岭凤仙花 **Impatiens davidii** Franch. 【N, W/C】♣CBG, HBG, LBG, WBG; ●HB, JX, SH, ZJ; ★(AS): CN.

耳叶凤仙花 **Impatiens delavayi** Franch. 【N, W/C】●YN; ★(AS): CN.

齿萼凤仙花 **Impatiens dicentra** Franch. ex Hook. f. 【N, W/C】 ♣WBG; ●HB; ★(AS): CN.

喜马拉雅凤仙花 **Impatiens glandulifera** Arn. 【I, C】♣GXIB, NBG; ●GX, JS; ★(AS): AF, BT, IN, MM, NP, PK.

新几内亚凤仙花 **Impatiens hawkeri** W. Bull 【I, C】 ♣FBG, IBCAS, LBG, SCBG, XLTBG, XMBG, ZAFU; ●BJ, FJ, GD, HE, HI, JX, TW, YN, ZJ; ★(OC): PG.

香港凤仙花 **Impatiens hongkongensis** Grey-Wilson 【N, W/C】 ♣SCBG; ●GD; ★(AS): CN.

湖南凤仙花 **Impatiens hunanensis** Y. L. Chen 【N, W/C】 ♣GXIB, WBG; ●GX, HB; ★(AS): CN.

滇西北凤仙花 **Impatiens lecomtei** Hook. f. 【N, W/C】 ●YN; ★(AS): CN.

线叶凤仙花 **Impatiens linearifolia** Warb. 【I, C】♣WBG; ●HB; ★(OC): PG.

大旗瓣凤仙花 **Impatiens macrovexilla** Y. L. Chen 【N, W/C】 ♣GXIB, SCBG; ●GD, GX; ★(AS): CN.

瑶山凤仙花 **Impatiens macrovexilla** var. **yaoshanensis** S. X. Yu, Y. L. Chen et H. N. Qin 【N, W/C】 ♣GXIB; ●GX; ★(AS): CN.

蒙自凤仙花 **Impatiens mengtszeana** Hook. f. 【N, W/C】 ♣KBG, XTBG; ●YN; ★(AS): CN.

山地凤仙花 **Impatiens monticola** Hook. f. 【N, W/C】 ♣WBG; ●HB; ★(AS): CN.

红肋凤仙花 **Impatiens mooreana** Schltr. 【I, C】♣TMNS; ●TW; ★(OC): PG.

龙州凤仙花 **Impatiens morsei** Hook. f. 【N, W/C】♣GXIB; ●GX; ★(AS): CN.

那坡凤仙花 **Impatiens napoensis** Y. L. Chen 【N, W/C】 ♣GXIB; ●GX; ★(AS): CN.

水金凤 **Impatiens noli-tangere** L. 【N, W/C】♣LBG, WBG; ●HB, JX, SC; ★(AS): CN, JP, KP, KR, MN, RU-AS; (EU): DK, GB.

丰满凤仙花（丰满华凤仙）**Impatiens obesa** Hook. f. 【N, W/C】 ♣SCBG, WBG; ●GD, HB; ★(AS): CN.

凭祥凤仙花 **Impatiens pingxiangensis** H. Y. Bi et S. X. Yu 【N, W/C】 ♣GXIB; ●GX; ★(AS): CN.

多脉凤仙花 **Impatiens polyneura** K. M. Liu 【N, W/C】 ♣GXIB; ●GX; ★(AS): CN.

湖北凤仙花 **Impatiens pritzelii** Hook. f. 【N, W/C】 ♣WBG; ●HB; ★(AS): CN.

翼萼凤仙花 **Impatiens pterosepala** Hook. f. 【N, W/C】 ♣WBG; ●HB; ★(AS): CN.

柔毛凤仙花 **Impatiens puberula** DC. 【N, W/C】 ♣KBG; ●YN; ★(AS): BT, CN, IN, LK, NP.

紫花凤仙花 **Impatiens purpurea** Hand.-Mazz. 【N, W/C】 ♣GXIB; ●GX; ★(AS): CN.

弯距凤仙花 **Impatiens recurvicornis** Maxim. 【N, W/C】 ♣WBG; ●HB; ★(AS): CN.

蔓性凤仙花 **Impatiens repens** Moon ex Wight 【I, C】 ♣SCBG, TMNS; ●GD, TW; ★(AS): LK, SG.

菱叶凤仙花 **Impatiens rhombifolia** Y. Q. Lu et Y. L. Chen 【N, W/C】 ♣SCBG; ●GD, SC; ★(AS): CN.

红纹凤仙花 **Impatiens rubrostriata** Hook. f. 【N, W/C】 ♣WBG; ●HB; ★(AS): CN.

席氏凤仙 **Impatiens schlechteri** Warb. 【I, C】 ★(OC): PG.

黄金凤 **Impatiens siculifera** Hook. f. 【N, W/C】 ♣GA, GBG, GMG, LBG, SCBG, WBG, XTBG; ●GD, GX, GZ, HB, JX, YN; ★(AS): CN, VN.

四川凤仙花 **Impatiens sutchuenensis** Franch. ex Hook. f. 【N, W/C】 ♣WBG; ●HB; ★(AS): CN.

关雾凤仙花 **Impatiens tayemonii** Hayata 【N, W/C】 ♣GXIB; ●GX; ★(AS): CN.

藏西凤仙花 **Impatiens thomsonii** Oliv. 【N, W/C】 ♣CBG; ●SH; ★(AS): CN, IN.

天目山凤仙花 **Impatiens tienmushanica** Y. L. Chen 【N, W/C】 ♣CBG; ●SH; ★(AS): CN.

扭萼凤仙花 **Impatiens tortisepala** Hook. f. 【N, W/C】 ♣WBG; ●HB; ★(AS): CN.

管茎凤仙花 **Impatiens tubulosa** Hemsl. 【N, W/C】 ♣WBG; ●HB; ★(AS): CN.

滇水金凤 **Impatiens uliginosa** Franch. 【N, W/C】 ♣KBG; ●YN; ★(AS): CN.

波缘凤仙花 **Impatiens undulata** Y. L. Chen et Y. Q. Lu 【N, W/C】 ♣WBG; ●HB, SC; ★(AS): CN.

赞比亚凤仙花 **Impatiens usambarensis** Grey- Wilson 【I, C】 ★(AF): TZ, ZM.

苏丹凤仙花 **Impatiens walleriana** Hook. f. 【I, C/N】 ♣BBG, FBG, FLBG, HFBG, IBCAS, KBG, SCBG, TBG, TMNS, WBG, XLTBG, XMBG, XTBG, ZAFU; ●BJ, FJ, GD, HB, HI, HL, JS, JX, SC, TW, YN, ZJ; ★(AF): BI, DJ, ER, ET, KE, RW, SC, SD, SO, TZ, UG.

白花凤仙花 **Impatiens wilsonii** Hook. f. 【N, W/C】 ♣WBG; ●HB; ★(AS): CN.

婺源凤仙花 **Impatiens wuyuanensis** Y. L. Chen 【N, W/C】 ♣WBG; ●HB; ★(AS): CN.

229. 蜜囊花科 MARCGRAVIACEAE

蜜瓶花属 Norantea

圭亚那囊苞木（蜜瓶花）**Norantea guianensis** Aubl. 【I, C】 ♣SCBG, XTBG; ●GD, YN; ★(SA): GY.

230. 福桂树科 FOUQUIERIACEAE

福桂树属 Fouquieria

柱状福桂树（观峰玉）**Fouquieria columnaris** (C. Kellogg) Kellogg ex Curran 【I, C】 ♣BBG, CBG, XMBG; ●BJ, FJ, SH, TW; ★(NA): MX.

亚当福桂树（蜡烛木）**Fouquieria diguetii** (Tiegh.) I. M. Johnst. 【I, C】 ●TW; ★(NA): MX.

簇生福桂树（簇生福桂花）**Fouquieria fasciculata** (Willd. ex Roem. et Schult.) Nash 【I, C】 ♣BBG, XMBG; ●BJ, FJ, TW; ★(NA): MX.

墨西哥福桂树 **Fouquieria macdougalii** Nash 【I, C】 ●TW; ★(NA): MX.

白花福桂树（紫福桂花）**Fouquieria purpusii** Brandegee 【I, C】 ♣CBG; ●SH, TW; ★(NA): MX.

福桂树（尾红龙）**Fouquieria splendens** Engelm. 【I, C】 ♣BBG, CBG, XMBG; ●BJ, FJ, SH, TW; ★(NA): MX, US.

231. 花荵科 POLEMONIACEAE

魔力花属 Cantua

魔力花 **Cantua buxifolia** Juss. ex Lam. 【I, C】 ●TW; ★(SA): BO, PE.

电灯花属 Cobaea

电灯花 **Cobaea scandens** Cav. 【I, C】 ♣XMBG;

●FJ, TW; ★(NA): CR, GT, HN, MX, PA, SV; (SA): BO, BR, CO, EC, PE, VE.

花荵属 Polemonium

花荵 **Polemonium caeruleum** L.【N, W/C】♣CBG, IBCAS, NBG; ●BJ, JS, SH; ★(AS): CN, ID, IN, JP, KP, KR, MN, NP, PK, RU-AS.

鹅黄花荵 **Polemonium carneum** A. Gray 【I, C】♣NBG; ●JS; ★(NA): US.

中华花荵 **Polemonium chinense** (Brand) Brand【N, W/C】 ●LN; ★(AS): CN, KP, MN, RU-AS.

矮花荵 **Polemonium hultenii** Hara【I, C】♣NBG; ●JS; ★(AS): JP.

白花荵 **Polemonium occidentale** Greene 【I, C】♣NBG; ●JS; ★(NA): CA, US.

少花花荵 **Polemonium pauciflorum** S. Watson【I, C】 ♣CBG; ●SH; ★(NA): MX.

匍匐花荵 **Polemonium reptans** L.【I, C】♣CBG; ●SH; ★(NA): CA, US.

*日本花荵 **Polemonium yezoense** (Miyabe et Kudô) Kitam. 【I, C】 ♣CBG; ●SH; ★(AS): JP.

车叶麻属 Linanthus

点地梅状车叶麻（琳那花）**Linanthus androsaceus** (Benth.) Greene 【I, C】 ●TW; ★(NA): US.

黄花琳那花 **Linanthus androsaceus** subsp. **luteus** (Benth.) H. Mason 【I, C】 ★(NA): US.

大花琳那花 **Linanthus grandiflorus** (Benth.) Greene【I, C】 ●TW; ★(NA): US.

福禄考属 Phlox

直立天蓝绣球 **Phlox adsurgens** Torr. ex A. Gray【I, C】 ★(NA): US.

可爱天蓝绣球 **Phlox amoena** Sims【I, C】★(NA): US.

厚叶天蓝绣球 **Phlox carolina** Sweet 【I, C】♣IBCAS; ●BJ; ★(NA): US.

林地天蓝绣球 **Phlox divaricata** L.【I, C】★(NA): CA, US.

道氏天蓝绣球 **Phlox douglasii** Hook. 【I, C】 ★(NA): CA.

小天蓝绣球 **Phlox drummondii** Hook. 【I, C】♣BBG, CDBG, FLBG, HBG, HFBG, KBG, LBG, NBG, SCBG, TBG, WBG, XMBG, XOIG; ●BJ, FJ, GD, HB, HL, JL, JS, JX, SC, TW, XJ, YN, ZJ; ★(NA): US.

光滑天蓝绣球 **Phlox glaberrima** L. 【I, C】 ★(NA): US.

*斑叶天蓝绣球 **Phlox maculata** L. 【I, C】 ♣BBG; ●BJ; ★(NA): CA, US.

蔓生天蓝绣球 **Phlox nivalis** Lodd.【I, C】♣FLBG; ●GD, JX; ★(NA): US.

天蓝绣球（福禄考）**Phlox paniculata** L. 【I, C】♣BBG, GXIB, HBG, HFBG, IBCAS, LBG, XMBG; ●BJ, FJ, GX, HL, JX, LN, TW, XJ, YN, ZJ; ★(NA): US.

匍地天蓝绣球 **Phlox stolonifera** Sims 【I, C】♣FLBG; ●GD, JX; ★(NA): CA, US.

针叶天蓝绣球 **Phlox subulata** L. 【I, C】♣FLBG, HBG, HFBG, IBCAS, KBG, NBG, XMBG; ●BJ, FJ, GD, HL, JS, JX, LN, SC, SD, YN, ZJ; ★(NA): US.

二裂天蓝绣球 **Phlox subulata** var. **setacea** (L.) Brand 【I, C】 ★(NA): US.

吉莉草属 Gilia

蓍叶吉莉草（吉莉花）**Gilia achilleifolia** Benth. 【I, C】 ★(NA): US.

多茎吉莉花 **Gilia achilleifolia** subsp. **multicaulis** (Benth.) V. E. Grant et A. D. Grant【I, C】♣NBG; ●JS; ★(NA): US.

球吉莉 **Gilia capitata** Sims 【I, C】 ♣NBG; ●JS, TW; ★(NA): US.

红花吉莉 **Gilia rubra** (L.) A. Heller【I, C】 ●TW; ★(NA): US.

三色吉莉 **Gilia tricolor** Benth. 【I, C】 ●TW; ★(NA): US.

山号草属 Collomia

山号草 **Collomia biflora** (Ruiz et Pav.) Brand 【I, C】 ♣NBG; ●JS; ★(SA): AR, CL.

针插草属 Navarretia

针插草 **Navarretia brandegeei** (A. Gray) Kuntze【I, C】 ♣CBG; ●SH; ★(NA): US.

红杉花属 Ipomopsis

聚伞红杉花（聚花红莉花）**Ipomopsis aggregata** (Pursh) V. E. Grant【I, C】♣ZAFU; ●ZJ; ★(NA): CA, US.

红莉花 **Ipomopsis elegans** Lindl. 【I, C】 ★(NA): US.

232. 玉蕊科 LECYTHIDACEAE

玉蕊属 Barringtonia

红花玉蕊 **Barringtonia acutangula** (L.) Gaertn.【I, C】 ♣XTBG; ●YN; ★(AS): AF, ID, IN, KH, LA, LK, MM, MY, PH, SG, TH, VN; (OC): AU.

滨玉蕊 **Barringtonia asiatica** (L.) Kurz 【N, W/C】 ♣SCBG, TBG, TMNS, XMBG, XTBG; ●BJ, FJ, GD, TW, YN; ★(AS): CN, ID, IN, JP, MM, MY, PH, SG, VN; (OC): AU, CK, FJ, NC, PAF, PF, SB, WF.

梭果玉蕊 **Barringtonia fusicarpa** Hu 【N, W/C】 ♣BBG, SCBG; ●BJ, GD; ★(AS): CN.

大果玉蕊 **Barringtonia macrocarpa** Hassk.【I, C】 ♣SCBG; ●GD; ★(AS): TH.

大穗玉蕊 **Barringtonia macrostachya** (Jack) Kurz 【N, W/C】 ♣SCBG, XLTBG, XTBG; ●GD, HI, YN; ★(AS): CN, LA, MM, SG.

云南玉蕊 **Barringtonia pendula** (Griff.) Kurz 【N, W/C】♣NBG, SCBG, XTBG; ●GD, YN; ★(AS): CN, IN, KH, LA, MM, MY, TH, VN.

玉蕊 **Barringtonia racemosa** (L.) Spreng. 【N, W/C】 ♣FLBG, SCBG, TBG, TMNS, XLTBG, XMBG, XTBG; ●FJ, GD, HI, JX, TW, YN; ★(AF): MG; (AS): CN, ID, IN, JP, LA, LK, MM, MY, PH, SG, TH, VN; (OC): AU, PAF.

锐棱玉蕊 **Barringtonia reticulata** (Blume) Miq.【I, C】 ♣SCBG; ●GD, TW; ★(AS): BN, IN, MM, MY, SG.

榴玉蕊属 Careya

榴玉蕊（古斯玉蕊）**Careya arborea** Roxb. 【I, C】 ♣XTBG; ●YN; ★(AS): BT, ID, IN, KH, LA, LK, MM, MY, TH, VN.

莲玉蕊属 Gustavia

*狭叶莲玉蕊 **Gustavia angustifolia** Benth. 【I, C】 ♣XTBG; ●YN; ★(SA): CO, EC.

*狭叶玉蕊 **Gustavia augusta** L. 【I, C】 ●GD; ★(NA): PA; (SA): BO, BR, GY, PE, VE.

Gustavia dubia (Kunth) O. Berg 【I, C】 ♣XTBG; ●YN; ★(NA): PA; (SA): CO, EC.

纤细莲玉蕊 **Gustavia gracillima** Miers 【I, C】 ♣XTBG; ●YN; ★(SA): CO.

莲玉蕊 **Gustavia superba** (Kunth) O. Berg 【I, C】 ●TW; ★(NA): PA; (SA): CO, EC.

炮弹树属 Couroupita

炮弹树 **Couroupita guianensis** Aubl. 【I, C】 ♣CBG, SCBG, TMNS, XMBG, XTBG; ●FJ, GD, SH, TW, YN; ★(NA): CR, DO, HN, PA, PR, US; (SA): BO, BR, CO, EC, GY, PE, VE.

巴西栗属 Bertholletia

巴西栗（鲍鱼果）**Bertholletia excelsa** Bonpl.【I, C】 ●TW; ★(SA): BO, BR, GY, PE, VE.

猴钵树属 Lecythis

小猴胡桃 **Lecythis minor** Jacq. 【I, C】 ★(NA): PA; (SA): CO, VE.

猴钵树 **Lecythis pisonis** Cambess.【I, C】♣XTBG; ●YN; ★(SA): BR, PE.

大猴胡桃 **Lecythis zabucajo** Aubl. 【I, C】 ●TW; ★(NA): PR; (SA): BO, BR, EC, GY, PE, VE.

233. 肋果茶科 SLADENIACEAE

肋果茶属 Sladenia

毒药树（肋果茶）**Sladenia celastrifolia** Kurz 【N, W/C】♣FBG, KBG, SCBG, XTBG; ●FJ, GD, YN; ★(AS): CN, MM, TH, VN.

234. 五列木科 PENTAPHYLACACEAE

五列木属 Pentaphylax

五列木 **Pentaphylax euryoides** Gardner et Champ. 【N, W/C】 ♣CBG, FBG, FLBG, GA, GXIB, SCBG, WBG, XLTBG; ●FJ, GD, GX, HB, HI, JX, SH; ★(AS): CN, ID, IN, MY, VN.

茶梨属 Anneslea

茶梨 **Anneslea fragrans** Wall.【N, W/C】♣CDBG, FBG, GA, GBG, GXIB, KBG, SCBG, XTBG; ●FJ,

GD, GX, GZ, JX, SC, YN; ★(AS): CN, KH, LA, MM, MY, NP, TH, VN.

厚皮香属 Ternstroemia

厚皮香 **Ternstroemia gymnanthera** (Wight et Arn.) Bedd.【N, W/C】♣CBG, CDBG, FBG, GA, GBG, GXIB, HBG, KBG, LBG, NBG, NSBG, SCBG, TBG, TMNS, WBG, XLTBG, XMBG, XTBG, ZAFU; ●CQ, FJ, GD, GX, GZ, HB, HI, JS, JX, SC, SH, TW, YN, ZJ; ★(AS): BT, CN, ID, IN, JP, KH, KR, LA, LK, MM, NP, VN.

阔叶厚皮香 **Ternstroemia gymnanthera** var. **wightii** (Choisy) Hand.-Mazz.【N, W/C】♣FBG, WBG, XTBG; ●FJ, HB, YN; ★(AS): CN, IN.

海南厚皮香 **Ternstroemia hainanensis** Hung T. Chang【N, W/C】♣CBG; ●SH; ★(AS): CN.

大果厚皮香 **Ternstroemia insignis** Y. C. Wu【N, W/C】♣GXIB; ●GX; ★(AS): CN.

日本厚皮香 **Ternstroemia japonica** Thunb.【N, W/C】♣FBG, GA, HBG, SCBG, TBG, TMNS, ZAFU; ●FJ, GD, JX, TW, ZJ; ★(AS): CN, JP, MM.

厚叶厚皮香 **Ternstroemia kwangtungensis** Merr.【N, W/C】♣CDBG, FBG, GA, SCBG; ●FJ, GD, JX, SC; ★(AS): CN, VN.

尖萼厚皮香 **Ternstroemia luteoflora** L. K. Ling【N, W/C】♣GXIB, WBG; ●GX, HB; ★(AS): CN.

小叶厚皮香 **Ternstroemia microphylla** Merr.【N, W/C】♣SCBG, WBG, XMBG; ●FJ, GD, HB; ★(AS): CN.

亮叶厚皮香 **Ternstroemia nitida** Merr.【N, W/C】♣CBG, CDBG, GA, HBG, SCBG; ●GD, JX, SC, SH, ZJ; ★(AS): CN.

四川厚皮香 **Ternstroemia sichuanensis** L. K. Ling【N, W/C】♣WBG; ●HB; ★(AS): CN.

红淡比属 Cleyera

红淡比 **Cleyera japonica** Thunb.【N, W/C】♣CBG, GA, GXIB, HBG, IBCAS, LBG, NBG, SCBG, WBG, XTBG, ZAFU; ●BJ, GD, GX, HB, JS, JX, SC, SH, TW, YN, ZJ; ★(AS): CN, ID, IN, JP, KR, MM, NP.

大花红淡比 **Cleyera japonica** var. **wallichiana** (DC.) Sealy【N, W/C】♣KBG; ●YN; ★(AS): CN, IN, MM, NP.

齿叶红淡比 **Cleyera lipingensis** (Hand.-Mazz.) T. L. Ming【N, W/C】♣CBG, WBG; ●HB, SH; ★(AS): CN.

隐脉红淡比 **Cleyera obscurinervia** (Merr. et Chun) H. T. Chang【N, W/C】♣FBG; ●FJ; ★(AS): CN.

厚叶红淡比 **Cleyera pachyphylla** Chun ex H. T. Chang【N, W/C】♣CBG, FBG, GA, GXIB, KBG, SCBG, XTBG; ●FJ, GD, GX, JX, SH, YN; ★(AS): CN, LA.

杨桐属 Adinandra

*渐尖杨桐 **Adinandra acuminata** Korth.【I, C】♣XTBG; ●YN; ★(AS): ID, MY, SG.

川杨桐 **Adinandra bockiana** E. Pritz.【N, W/C】♣WBG; ●HB; ★(AS): CN.

尖叶川杨桐 **Adinandra bockiana** var. **acutifolia** (Hand.-Mazz.) Kobuski【N, W/C】♣GXIB; ●GX; ★(AS): CN.

长梗杨桐 **Adinandra elegans** F. C. How et W. C. Ko ex H. T. Chang【N, W/C】♣SCBG, XTBG; ●GD, YN; ★(AS): CN.

台湾杨桐 **Adinandra formosana** Hayata【N, W/C】♣TBG, TMNS; ●TW; ★(AS): CN.

两广杨桐 **Adinandra glischroloma** Hand.-Mazz.【N, W/C】♣GXIB, HBG, SCBG, WBG; ●GD, GX, HB, ZJ; ★(AS): CN.

长毛杨桐 **Adinandra glischroloma** var. **jubata** (H. L. Li) Kobuski【N, W/C】♣SCBG; ●GD; ★(AS): CN.

大萼杨桐 **Adinandra glischroloma** var. **macrosepala** (F. P. Metcalf) Kobuski【N, W/C】♣CBG, HBG, WBG, ZAFU; ●HB, SH, ZJ; ★(AS): CN.

海南杨桐 **Adinandra hainanensis** Hayata【N, W/C】♣SCBG; ●GD, HI; ★(AS): CN, VN.

粗毛杨桐 **Adinandra hirta** Gagnep.【N, W/C】♣KBG, WBG; ●HB, YN; ★(AS): CN, VN.

阔叶杨桐 **Adinandra latifolia** L. K. Ling【N, W/C】♣KBG; ●YN; ★(AS): CN.

大叶杨桐 **Adinandra megaphylla** Hu【N, W/C】♣GBG, GXIB, KBG, WBG, XTBG; ●GX, GZ, HB, YN; ★(AS): CN, VN.

杨桐 **Adinandra millettii** (Hook. et Arn.) Benth. et Hook. f. ex Hance【N, W/C】♣CBG, CDBG, FBG, FLBG, GA, HBG, LBG, NBG, SCBG, WBG, XMBG, ZAFU; ●FJ, GD, HB, JS, JX, SC, SH, ZJ; ★(AS): CN, VN.

亮叶杨桐 **Adinandra nitida** Merr. ex H. L. Li【N,

W/C】 ♣SCBG; ●GD; ★(AS): CN.

滇南杨桐 **Adinandra wangii** Hu【N, W/C】♣XTBG; ●YN; ★(AS): CN.

猪血木属 Euryodendron

猪血木 **Euryodendron excelsum** H. T. Chang 【N, W/C】 ♣FLBG, SCBG; ●GD, JX; ★(AS): CN.

柃属 Eurya

尖叶毛柃 **Eurya acuminatissima** Merr. et Chun 【N, W/C】 ♣SCBG, WBG; ●GD, HB; ★(AS): CN.

尖萼毛柃 **Eurya acutisepala** P. T. Li 【N, W/C】 ♣CBG, FLBG, WBG, XTBG; ●GD, HB, JX, SH, YN; ★(AS): CN.

翅柃 **Eurya alata** Kobuski【N, W/C】♣CBG, FBG, GA, HBG, WBG; ●FJ, HB, JX, SH, ZJ; ★(AS): CN.

穿心柃 **Eurya amplexifolia** Dunn【N, W/C】♣SCBG; ●GD; ★(AS): CN.

耳叶柃 **Eurya auriformis** H. T. Chang 【N, W/C】 ♣SCBG; ●GD; ★(AS): CN.

短柱柃 **Eurya brevistyla** Kobuski 【N, W/C】 ♣CBG, FBG, GA, WBG; ●FJ, HB, JX, SC, SH; ★(AS): CN.

米碎花 **Eurya chinensis** R. Br. 【N, W/C】 ♣FBG, FLBG, GMG, GXIB, SCBG, WBG, XMBG; ●FJ, GD, GX, HB, JX; ★(AS): CN, MM.

华南毛柃 **Eurya ciliata** Merr. 【N, W/C】 ♣SCBG; ●GD; ★(AS): CN, VN.

钝齿柃 **Eurya crenatifolia** (Yamam.) Kobuski 【N, W/C】 ♣WBG; ●HB; ★(AS): CN.

秃小耳柃 **Eurya disticha** Chun【N, W/C】♣SCBG; ●GD; ★(AS): CN.

二列叶柃 **Eurya distichophylla** F. B. Forbes et Hemsl.【N, W/C】♣GA, SCBG, WBG; ●GD, HB, JX; ★(AS): CN, VN.

滨柃 **Eurya emarginata** (Thunb.) Makino 【N, W/C】♣CBG, FBG, GA, XMBG, ZAFU; ●FJ, GD, JX, SH, TW, ZJ; ★(AS): CN, JP, KP, KR.

川柃 **Eurya fangii** Rehder【N, W/C】♣WBG; ●HB; ★(AS): CN.

岗柃 **Eurya groffii** Merr.【N, W/C】♣CBG, GMG, NSBG, SCBG, WBG, XTBG; ●CQ, GD, GX, HB, SH, YN; ★(AS): CN, MM, VN.

丽江柃 **Eurya handel-mazzettii** H. T. Chang 【N, W/C】 ♣KBG; ●YN; ★(AS): CN, ID, IN.

微毛柃 **Eurya hebeclados** Ling【N, W/C】♣CBG, FBG, GA, GXIB, HBG, LBG, NBG, SCBG, WBG, ZAFU; ●FJ, GD, GX, HB, JS, JX, SH, ZJ; ★(AS): CN.

鄂柃 **Eurya hupehensis** P. S. Hsu 【N, W/C】 ♣WBG; ●HB; ★(AS): CN.

凹脉柃 **Eurya impressinervis** Kobuski 【N, W/C】 ♣WBG; ●HB; ★(AS): CN.

柃木 **Eurya japonica** Thunb. 【N, W/C】 ♣CBG, CDBG, FBG, GA, GXIB, NBG, TBG, WBG, ZAFU; ●FJ, GX, HB, JS, JX, SC, SH, TW, ZJ; ★(AS): CN, JP, KR, MM.

贵州毛柃 **Eurya kueichowensis** Hu et L. K. Ling 【N, W/C】 ♣CBG, FBG, SCBG, WBG; ●FJ, GD, HB, SH; ★(AS): CN.

披针叶柃 **Eurya lanciformis** Kobuski 【N, W/C】 ♣WBG; ●HB; ★(AS): CN.

细枝柃 **Eurya loquaiana** Dunn【N, W/C】♣CBG, FBG, GBG, HBG, KBG, SCBG, WBG, XMBG; ●FJ, GD, GZ, HB, SC, SH, YN, ZJ; ★(AS): CN.

金叶细枝柃 **Eurya loquaiana** var. **aureopunctata** Hung T. Chang 【N, W/C】 ♣SCBG; ●GD; ★(AS): CN.

黑柃 **Eurya macartneyi** Champ. 【N, W/C】 ♣FLBG, GA, NBG, SCBG; ●GD, JS, JX; ★(AS): CN.

从化柃 **Eurya metcalfiana** Kobuski 【N, W/C】 ♣CBG; ●SH; ★(AS): CN.

格药柃 **Eurya muricata** Dunn 【N, W/C】 ♣CBG, FBG, HBG, LBG, NBG, XMBG, XTBG, ZAFU; ●FJ, JS, JX, SH, YN, ZJ; ★(AS): CN.

毛枝格药柃 **Eurya muricata** var. **huiana** (Kobuski) L. K. Ling 【N, W/C】 ♣FBG, XTBG; ●FJ, YN; ★(AS): CN.

细齿叶柃 **Eurya nitida** Korth. 【N, W/C】 ♣CBG, FBG, GA, GBG, HBG, NBG, SCBG, TMNS, WBG; ●FJ, GD, GZ, HB, HI, JS, JX, SC, SH, TW, ZJ; ★(AS): CN, ID, IN, KH, LA, LK, MM, MY, PH, TH, VN.

矩圆叶柃 **Eurya oblonga** Y. C. Yang 【N, W/C】 ♣WBG; ●HB, SC, YN; ★(AS): CN.

钝叶柃 **Eurya obtusifolia** H. T. Chang 【N, W/C】 ♣FBG, NSBG, WBG; ●CQ, FJ, HB; ★(AS): CN.

金叶柃 **Eurya obtusifolia** var. **aurea** (H. Lév.) T. L. Ming 【N, W/C】 ●YN; ★(AS): CN.

长毛柃 **Eurya patentipila** Chun 【N, W/C】

♣XTBG; ●YN; ★(AS): CN.

尖齿叶柃 **Eurya perserrata** Kobuski 【N, W/C】 ♣WBG; ●HB; ★(AS): CN.

海桐叶柃 **Eurya pittosporifolia** Hu 【N, W/C】 ♣XTBG; ●YN; ★(AS): CN.

拟樱叶柃（肖樱叶柃）**Eurya pseudocerasifera** Kobuski【N, W/C】♣XTBG; ●YN; ★(AS): CN, MM.

红褐柃（红杨柃）**Eurya rubiginosa** H. T. Chang【N, W/C】 ●ZJ; ★(AS): CN.

窄基红褐柃 **Eurya rubiginosa** var. **attenuata** H. T. Chang 【N, W/C】 ♣FBG, HBG, SCBG, WBG, ZAFU; ●FJ, GD, HB, ZJ; ★(AS): CN.

岩柃 **Eurya saxicola** H. T. Chang 【N, W/C】 ♣CBG, HBG; ●SH, ZJ; ★(AS): CN.

半齿柃 **Eurya semiserrulata** H. T. Chang 【N, W/C】 ♣WBG; ●HB; ★(AS): CN.

窄叶柃 **Eurya stenophylla** Merr. 【N, W/C】 ♣SCBG, WBG; ●GD, HB; ★(AS): CN, MM, VN.

台湾毛柃 **Eurya strigillosa** Hayata 【N, W/C】 ♣XTBG; ●YN; ★(AS): CN, JP.

假杨桐 **Eurya subintegra** Kobuski 【N, W/C】 ♣SCBG; ●GD; ★(AS): CN, VN.

四角柃 **Eurya tetragonoclada** Merr. et Chun 【N, W/C】 ♣WBG; ●HB; ★(AS): CN.

毛果柃 **Eurya trichocarpa** Korth. 【N, W/C】 ♣SCBG, XTBG; ●GD, YN; ★(AS): BT, CN, ID, IN, LA, MM, MY, NP, PH, TH, VN.

单耳柃 **Eurya weissiae** Chun 【N, W/C】 ♣CBG, GA, WBG; ●HB, JX, SH; ★(AS): CN.

云南柃 **Eurya yunnanensis** P. S. Hsu 【N, W/C】 ♣KBG; ●YN; ★(AS): CN.

235. 山榄科 SAPOTACEAE

肉实树属 Sarcosperma

大肉实树 **Sarcosperma arboreum** Buch.-Ham. ex C. B. Clarke 【N, W/C】 ♣WBG, XTBG; ●HB, YN; ★(AS): BT, CN, ID, IN, LK, MM, TH.

小叶肉实树 **Sarcosperma griffithii** Hook. f. ex C. B. Clarke【N, W/C】♣XTBG; ●YN; ★(AS): CN, ID, IN.

绒毛肉实树 **Sarcosperma kachinense** (King et Pantl.) Exell【N, W/C】♣BBG, XTBG; ●BJ, YN; ★(AS): CN, ID, IN, MM, VN.

光序肉实树 **Sarcosperma kachinense** var. **simondii** (Gagnep.) H. J. Lam et P. Royen 【N, W/C】 ♣XTBG; ●YN; ★(AS): CN, VN.

肉实树 **Sarcosperma laurinum** (Benth.) Hook. f. 【N, W/C】 ♣FBG, GA, SCBG, XLTBG, XTBG; ●FJ, GD, HI, JX, YN; ★(AS): CN, VN.

华南肉实树（毛叶铁榄、铁榄）**Sarcosperma pedunculatum** Hemsl.【N, W/C】♣GXIB, SCBG, WBG, XMBG, XTBG; ●FJ, GD, GX, HB, YN; ★(AS): CN, VN.

梭子果属 Eberhardtia

锈毛梭子果 **Eberhardtia aurata** (Pierre ex Dubard) Lecomte 【N, W/C】 ♣BBG, CDBG, GA, GMG, GXIB, KBG, SCBG, XMBG, XTBG; ●BJ, FJ, GD, GX, JX, SC, YN; ★(AS): CN, VN.

梭子果 **Eberhardtia tonkinensis** Lecomte 【N, W/C】 ♣XTBG; ●YN; ★(AS): CN, LA, VN.

久榄属 Sideroxylon

灰叶铁榄 **Sideroxylon cinereum** Lam. 【I, C】 ★(AF): MU.

久榄（海岸乳树）**Sideroxylon inerme** L. 【I, C】 ♣XTBG; ●YN; ★(AF): TZ, ZA.

革叶铁榄（鸠槁木）**Sideroxylon wightianum** Hook. et Arn. 【N, W/C】 ♣FLBG, GXIB, SCBG; ●GD, GX, JX; ★(AS): CN, VN.

胶木属 Palaquium

台湾胶木 **Palaquium formosanum** Hayata 【N, W/C】 ♣TBG, TMNS; ●GD, TW; ★(AS): CN, PH.

古塔胶木 **Palaquium gutta** (Hook.) Burck 【I, C】 ●GD; ★(AS): IN, MY, SG.

大洋榄属 Burckella

大洋榄（市克树）**Burckella macropoda** (K. Krause) H. J. Lam 【I, C】 ♣XTBG; ●YN; ★(OC): FJ.

紫荆木属 Madhuca

海南紫荆木 **Madhuca hainanensis** Chun et F. C. How【N, W/C】♣HBG, SCBG, XLTBG, XMBG; ●FJ, GD, HI, ZJ; ★(AS): CN.

长叶紫荆木（长叶马府油）**Madhuca longifolia** (J. Koenig ex L.) J. F. Macbr. 【I, C】 ♣SCBG, XLTBG, XMBG, XTBG; ●FJ, GD, HI, YN; ★(AS): ID, LK, MM, SG.

马府油树 **Madhuca longifolia** var. **latifolia** (Roxb.) A. Chev. 【I, C】 ♣XMBG, XOIG; ●FJ; ★(AS): IN.

紫荆木 **Madhuca pasquieri** (Dubard) H. J. Lam 【N, W/C】 ♣FLBG, GXIB, HBG, SCBG, XTBG; ●GD, GX, JX, YN, ZJ; ★(AS): CN, VN.

牛油果属 Vitellaria

牛油果 **Vitellaria paradoxa** C. F. Gaertn. 【I, C】 ♣XOIG; ●FJ; ★(AF): BF, BJ, CF, CG, CI, CM, ET, GH, GN, ML, NE, NG, SD, SL, SN, SS, TD, TG, UG.

香榄属 Mimusops

牛奶果 **Mimusops caffra** E. Mey. ex A. DC. 【I, C】 ♣TBG; ●TW; ★(AF): CV, MZ, ZA.

香榄 **Mimusops elengi** L. 【I, C】 ♣FBG, GA, GXIB, HBG, SCBG, TBG, TMNS, XLTBG, XMBG, XOIG, XTBG; ●FJ, GD, GX, HI, JX, TW, YN, ZJ; ★(AS): BT, ID, IN, LA, LK, MM, PH, SG, TH, VN; (OC): AU.

*南非香榄 **Mimusops zeyheri** Sond. 【I, C】 ♣XTBG; ●TW, YN; ★(AF): AO, ZA.

铁线子属 Manilkara

铁线子 **Manilkara hexandra** (Roxb.) Dubard 【N, W/C】 ★(AS): CN, ID, IN, KH, LK, MM, TH, VN.

凹叶人心果 **Manilkara kauki** (L.) Dubard 【I, C】 ♣TBG; ●TW; ★(AS): ID, IN, LK, MM, MY, SG, VN.

Manilkara valenzuelana (A. Rich.) T. D. Penn. 【I, C】 ♣XTBG; ●YN; ★(NA): DO, HT; (SA): CO.

人心果 **Manilkara zapota** (L.) P. Royen 【I, C】 ♣BBG, CBG, FBG, FLBG, GA, GMG, GXIB, HBG, IBCAS, NBG, SCBG, TBG, XBG, XLTBG, XMBG, XOIG, XTBG; ●BJ, FJ, GD, GX, HI, JS, JX, SC, SH, SN, TW, YN, ZJ; ★(NA): BS, BZ, CR, DO, GT, HN, JM, LW, MX, NI, PA, PR, SV, TT, VG; (SA): BR, CO, EC, PE, VE.

刺榄属 Xantolis

越南刺榄 **Xantolis boniana** (Dubard) P. Royen 【N, W/C】 ♣XTBG; ●YN; ★(AS): CN, LA, VN.

喙果刺榄 **Xantolis boniana** var. **rostrata** (Merr.) P. Royen 【N, W/C】 ♣XTBG; ●YN; ★(AS): CN.

滇刺榄 **Xantolis stenosepala** (Hu) P. Royen 【N, W/C】 ♣SCBG, XTBG; ●GD, YN; ★(AS): CN.

短柱滇刺榄 **Xantolis stenosepala** var. **brevistylis** C. Y. Wu 【N, W/C】 ♣XTBG; ●YN; ★(AS): CN.

绒毛刺榄 **Xantolis tomentosa** (Roxb.) Raf. 【I, C】 ★(AS): ID, LK, TH.

神秘果属 Synsepalum

神秘果 **Synsepalum dulcificum** (Schumach. et Thonn.) Daniell 【I, C】 ♣BBG, CBG, FBG, FLBG, GMG, GXIB, HBG, KBG, NBG, SCBG, TMNS, WBG, XLTBG, XMBG, XOIG, XTBG; ●AH, BJ, FJ, GD, GX, HB, HI, JS, JX, SH, TW, YN, ZJ; ★(AF): BF, BJ, CG, CI, CV, EH, GH, GM, GN, GW, LR, ML, MR, NE, NG, SL, SN, TG.

金叶树属 Chrysophyllum

星苹果（金星果）**Chrysophyllum cainito** L. 【I, C】 ♣NBG, SCBG, TBG, XLTBG, XMBG, XOIG, XTBG; ●FJ, GD, HI, TW, YN; ★(NA): BZ, CR, CU, DO, JM, KY, MX, NI, PA, PR, SV, TT; (SA): BR, CO, EC, GF, GY, PE, VE.

多花金叶树 **Chrysophyllum lanceolatum** (Blume) A. DC. 【I, C】 ♣XTBG; ●YN; ★(AS): IN.

金叶树 **Chrysophyllum lanceolatum** var. **stellatocarpon** P. Royen 【N, W/C】 ♣SCBG, XTBG; ●GD, YN; ★(AS): CN, IN, LA, LK, MM, MY, PH, SG, VN.

榄果金叶树 **Chrysophyllum oliviforme** L. 【I, C】 ♣SCBG, XTBG; ●GD, YN; ★(NA): BS, BZ, CU, DO, HT, JM, MX, PR, SV, TC, US; (SA): PE.

桃榄属 Pouteria

桃榄 **Pouteria annamensis** (Pierre ex Dubard) Baehni 【N, W/C】 ♣GXIB, SCBG; ●GD, GX; ★(AS): CN, VN.

*大花桃榄 **Pouteria grandiflora** (A. DC.) Baehni 【I, C】 ♣XTBG; ●YN; ★(SA): BR.

龙果 **Pouteria grandifolia** (Wall.) Baehni 【N, W/C】 ♣BBG, SCBG, WBG, XTBG; ●BJ, GD, HB, YN; ★(AS): CN, ID, IN, MM, TH.

美桃榄（马米果）**Pouteria sapota** (Jacq.) H. E.

Moore et Stearn 【I, C】 ♣SCBG; ●GD, TW; ★(NA): BZ, CR, CU, GT, HN, MX, NI, PA, PR, SV, US; (SA): CO, EC.

蛋黄果属 Lucuma

加蜜蛋黄果 **Lucuma caimito** (Ruiz et Pav.) Roem. et Schult. 【I, C】 ●GD, TW; ★(NA): CR, NI, PA, TT; (SA): BO, BR, CO, EC, GY, PE, VE.

蛋黄果 **Lucuma campechiana** Kunth 【I, C】 ♣BBG, CBG, FBG, FLBG, GA, GMG, HBG, KBG, NBG, SCBG, TBG, WBG, XLTBG, XMBG, XOIG, XTBG; ●BJ, CQ, FJ, GD, GX, HB, HI, JS, JX, SC, SH, TW, YN, ZJ; ★(NA): BZ, CR, CU, GT, HN, MX, NI, PA, PR, SV, US; (SA): EC.

山榄属 Planchonella

兰屿山榄 **Planchonella duclitan** (Blanco) Bakh. f. 【N, W/C】 ♣TMNS; ●TW; ★(AS): CN, ID, PH.

山榄 **Planchonella obovata** (R. Br.) Pierre 【N, W/C】 ♣SCBG, TBG, TMNS; ●GD, TW; ★(AS): CN, ID, IN, JP, KH, PH, PK, VN.

*总序山榄 **Planchonella thyrsoidea** C. T. White 【I, C】 ●GD; ★(OC): PG.

棠柿属 Lissocarpa

棠柿 **Lissocarpa benthamii** Gürke 【I, C】 ★(SA): BR, CO, GY, VE.

圭亚那棠柿 **Lissocarpa guianensis** Gleason 【I, C】 ★(SA): GY, VE.

236. 柿科 EBENACEAE

海柿属 Euclea

*南非海柿 **Euclea natalensis** A. DC. 【I, C】 ♣XTBG; ●YN; ★(AF): TZ, ZA.

水条柿属 Royena

水条柿 **Royena lucida** L. 【I, C】 ★(AF): MW, ZA, ZW.

柿属 Diospyros

生油柿 **Diospyros argentea** Griff. 【I, C】 ♣SCBG, XLTBG, XMBG, XTBG; ●FJ, GD, HI, YN; ★(AS): MY, SG.

瓶兰花 **Diospyros armata** Hemsl. 【N, W/C】 ♣CBG, CDBG, FLBG, HBG, WBG, XMBG; ●FJ, GD, HB, JX, SC, SH, ZJ; ★(AS): CN.

伯约柿 **Diospyros bejaudii** Lecomte 【I, C】 ♣SCBG; ●GD; ★(AS): KH.

莱阳河柿 **Diospyros caiyangheensis** G. D. Tao 【N, W/C】 ♣XTBG; ●YN; ★(AS): CN.

乌柿 **Diospyros cathayensis** Steward 【N, W/C】 ♣BBG, CDBG, FBG, GA, GBG, GXIB, HBG, IBCAS, NBG, NSBG, SCBG, XMBG; ●BJ, CQ, FJ, GD, GX, GZ, JS, JX, SC, YN, ZJ; ★(AS): CN.

崖柿 **Diospyros chunii** Metcalf et L. Chen 【N, W/C】 ♣SCBG; ●GD; ★(AS): CN.

光叶柿 **Diospyros diversilimba** Merr. et Chun 【N, W/C】 ♣SCBG; ●GD; ★(AS): CN.

岩柿 **Diospyros dumetorum** W. W. Sm. 【N, W/C】 ♣GMG, HBG, XMBG, XTBG; ●FJ, GX, YN, ZJ; ★(AS): CN, TH.

乌木 **Diospyros ebenum** Koenig ex Retz. 【I, C】 ♣SCBG, XTBG; ●GD, YN; ★(AS): ID, IN, LK.

乌材 **Diospyros eriantha** Champ. ex Benth. 【N, W/C】 ♣FLBG, GMG, GXIB, SCBG, TMNS, XTBG; ●FJ, GD, GX, JX, TW, YN; ★(AS): CN, ID, IN, JP, LA, MY, VN.

象牙树 **Diospyros ferrea** Bakhuizen 【N, W/C】 ♣SCBG, TBG, TMNS, XLTBG, XMBG, XTBG; ●FJ, GD, HI, TW, YN; ★(AS): CN, ID, IN, JP, KH, LA, MM, MY, SG, TH; (OC): AU, PAF.

海南柿 **Diospyros hainanensis** Merr. 【N, W/C】 ♣SCBG; ●GD; ★(AS): CN.

黑毛柿 **Diospyros hasseltii** Zoll. 【N, W/C】 ♣SCBG, XTBG; ●GD, YN; ★(AS): CN, ID, IN, KH, LA, MM, MY, TH, VN.

琼南柿 **Diospyros howii** Merr. et Chun 【N, W/C】 ♣SCBG; ●GD; ★(AS): CN.

山柿 **Diospyros japonica** Siebold et Zucc. 【N, W/C】 ♣BBG, CBG, CDBG, FBG, GA, GXIB, HBG, IBCAS, LBG, NBG, SCBG, TBG, XMBG, ZAFU; ●BJ, FJ, GD, GX, HN, JS, JX, SC, SH, TW, ZJ; ★(AS): CN, JP.

柿 **Diospyros kaki** Thunb. 【N, W/C】 ♣BBG, CBG, FBG, FLBG, GA, GBG, GMG, GXIB, HBG, IBCAS, KBG, LBG, NBG, NSBG, SCBG, TBG, WBG, XBG, XLTBG, XMBG, XTBG, ZAFU; ●AH, BJ, CQ, FJ, GD, GS, GX, GZ, HA, HB, HE, HI, HN, JS, JX, LN, SC, SD, SH, SN, SX, TW,

YN, ZJ; ★(AS): CN.

野柿 **Diospyros kaki** var. **silvestris** Makino 【N, W/C】 ♣CBG, LBG, NBG, WBG, XTBG; ●HB, JS, JX, SH, YN; ★(AS): CN.

傣柿 **Diospyros kerrii** Craib 【N, W/C】 ♣CBG, XTBG; ●SH, YN; ★(AS): CN, TH.

景东君迁子 **Diospyros kintungensis** C. Y. Wu 【N, W/C】 ♣KBG; ●YN; ★(AS): CN.

兰屿柿 **Diospyros kotoensis** T. Yamaz. 【N, W/C】 ♣SCBG, TMNS; ●GD, TW; ★(AS): CN.

披针叶柿 **Diospyros lanceifolia** Roxb. 【I, C】 ♣XTBG; ●YN; ★(AS): BT, IN, LA, LK, MY.

君迁子 **Diospyros lotus** L. 【N, W/C】 ♣BBG, CBG, CDBG, FBG, GA, GBG, GMG, GXIB, IBCAS, KBG, LBG, NBG, NSBG, SCBG, TDBG, WBG, XBG, XMBG, ZAFU; ●BJ, CQ, FJ, GD, GX, GZ, HB, HE, JS, JX, LN, SC, SD, SH, SN, SX, TW, XJ, YN, ZJ; ★(AS): BT, CN, IN, JP, KR, LA, LK, MM; (OC): NZ.

多毛君迁子 **Diospyros lotus** var. **mollissima** C. Y. Wu 【N, W/C】 ●YN; ★(AS): CN.

法国柿 **Diospyros malabarica** (Desr.) Kostel. 【I, C】 ♣SCBG, XMBG, XOIG; ●FJ, GD; ★(AS): BT, IN, LA, LK, MM, MY, SG.

海边柿 **Diospyros maritima** Blume 【N, W/C】 ♣TMNS, XTBG; ●TW, YN; ★(AS): CN, ID, IN, JP, KH, LA, PH, VN; (OC): AU, PAF.

小叶柿 **Diospyros martabanica** C. B. Clarke 【I, C】 ♣XTBG; ●YN; ★(AS): MM.

苗山柿 **Diospyros miaoshanica** S. K. Lee 【N, W/C】 ♣CBG, WBG; ●HB, SH; ★(AS): CN.

罗浮柿 **Diospyros morrisiana** Hance 【N, W/C】 ♣CBG, CDBG, FBG, FLBG, GA, GMG, GXIB, HBG, KBG, SCBG, TBG, TMNS, WBG, XTBG, ZAFU; ●FJ, GD, GX, HB, JX, SC, SH, TW, YN, ZJ; ★(AS): CN, JP, VN.

文柿 **Diospyros mun** A. Chev. ex Lecomte 【I, C】 ♣SCBG; ●GD; ★(AS): VN.

黑皮柿 **Diospyros nigrocortex** C. Y. Wu 【N, W/C】 ♣SCBG, XTBG; ●GD, YN; ★(AS): CN.

黑柿 **Diospyros nitida** Merr. 【N, W/C】 ♣GXIB, SCBG, WBG, XTBG; ●GD, GX, HB, YN; ★(AS): CN, PH, VN.

红柿 **Diospyros oldhamii** Maxim. 【N, W/C】 ♣NBG; ●JS; ★(AS): CN, JP.

油柿 **Diospyros oleifera** W. C. Cheng 【N, W/C】 ♣CBG, CDBG, FBG, GA, GXIB, HBG, NBG, WBG, XOIG, ZAFU; ●FJ, GX, HB, JS, JX, SC, SH, ZJ; ★(AS): CN.

异色柿 **Diospyros philippensis** (Desr.) Gürke 【N, W/C】 ♣HBG, IBCAS, SCBG, TBG, TMNS, XMBG, XOIG, XTBG; ●BJ, FJ, GD, HI, TW, YN, ZJ; ★(AS): CN, ID, IN, PH.

普洱柿子 **Diospyros puerensis** G. D. Tao 【N, W/C】 ♣XTBG; ●YN; ★(AS): CN.

点叶柿 **Diospyros punctilimba** C. Y. Wu 【N, W/C】 ♣XTBG; ●YN; ★(AS): CN.

苏门答腊柿 **Diospyros racemosa** Roxb. 【I, C】 ♣SCBG, XMBG; ●FJ, GD; ★(AS): ID, MY.

老鸦柿 **Diospyros rhombifolia** Hemsl. 【N, W/C】 ♣BBG, CBG, CDBG, FBG, GA, GXIB, HBG, LBG, NBG, SCBG, WBG, XBG, ZAFU; ●BJ, FJ, GD, GX, HB, JS, JX, SC, SH, SN, TW, ZJ; ★(AS): CN.

青茶柿 **Diospyros rubra** Lecomte 【N, W/C】 ♣XTBG; ●YN; ★(AS): CN, KH, LA, TH, VN.

石山柿 **Diospyros saxatilis** S. K. Lee 【N, W/C】 ♣GXIB; ●GX; ★(AS): CN, VN.

山榄叶柿 **Diospyros siderophylla** H. L. Li 【N, W/C】 ♣GXIB, XTBG; ●GX, YN; ★(AS): CN.

毛柿 **Diospyros strigosa** Hemsl. 【N, W/C】 ♣HBG, SCBG, WBG, XLTBG, XOIG, XTBG; ●FJ, GD, HB, HI, YN, ZJ; ★(AS): CN.

信宜柿 **Diospyros sunyiensis** Chun et L. Chen 【N, W/C】 ♣SCBG, XTBG; ●GD, YN; ★(AS): CN.

德州柿 **Diospyros texana** Scheele 【I, C】 ♣CBG, HBG; ●SH, ZJ; ★(NA): MX, US.

延平柿 **Diospyros tsangii** Merr. 【N, W/C】 ♣FBG, GXIB, HBG, SCBG, XLTBG; ●FJ, GD, GX, HI, ZJ; ★(AS): CN.

岭南柿 **Diospyros tutcheri** Dunn 【N, W/C】 ♣GXIB, SCBG, WBG; ●GD, GX, HB; ★(AS): CN.

小果柿 **Diospyros vaccinioides** Lindl. 【N, W/C】 ♣FLBG, GA, SCBG, TBG, TMNS, XLTBG, XMBG; ●FJ, GD, HI, JX, TW; ★(AS): CN.

北美柿 **Diospyros virginiana** L. 【I, C】 ♣BBG, IBCAS, NBG, WBG; ●BJ, HB, JS, TW; ★(NA): US.

湘桂柿 **Diospyros xiangguiensis** S. K. Lee 【N, W/C】 ♣GA, GXIB; ●GX, JX; ★(AS): CN.

版纳柿 **Diospyros xishuangbannaensis** C. Y. Wu et H. Chu 【N, W/C】 ♣XTBG; ●YN; ★(AS): CN.

云南柿 **Diospyros yunnanensis** Rehder et E. H. Wilson 【N, W/C】 ♣XTBG; ●YN; ★(AS): CN.

237. 报春花科 PRIMULACEAE

杜茎山属 Maesa

米珍果 **Maesa acuminatissima** Merr. 【N, W/C】 ♣SCBG, WBG; ●GD, HB; ★(AS): CN, VN.

顶花杜茎山 **Maesa balansae** Mez 【N, W/C】 ♣GMG, SCBG, WBG, XTBG; ●GD, GX, HB, YN; ★(AS): CN, LA.

短序杜茎山 **Maesa brevipaniculata** (C. Y. Wu et C. Chen) Pipoly et C. Chen 【N, W/C】 ♣WBG; ●HB; ★(AS): CN.

密腺杜茎山 **Maesa chisia** Buch.-Ham. ex D. Don 【N, W/C】 ♣WBG; ●HB; ★(AS): BT, CN, ID, IN, JP, LK, MM, NP.

湖北杜茎山 **Maesa hupehensis** Rehder 【N, W/C】 ♣CBG, WBG; ●HB, SC, SH; ★(AS): CN.

包疮叶 **Maesa indica** Hook. f. 【N, W/C】 ♣KBG, SCBG, XTBG; ●GD, YN; ★(AS): BT, CN, IN, LA, MM, MY, VN.

毛穗杜茎山 **Maesa insignis** Chun 【N, W/C】 ♣FBG, WBG, XTBG; ●FJ, HB, YN; ★(AS): CN.

杜茎山 **Maesa japonica** (Thunb.) Zipp. ex Scheff. 【N, W/C】 ♣CBG, CDBG, FBG, FLBG, GA, GBG, GMG, GXIB, HBG, LBG, NBG, NSBG, SCBG, WBG, XMBG, XTBG; ●CQ, FJ, GD, GX, GZ, HB, JS, JX, SC, SH, YN, ZJ; ★(AS): CN, JP, VN.

疏花杜茎山 **Maesa laxiflora** Pit. 【N, W/C】 ♣SCBG; ●GD; ★(AS): CN, LA.

薄叶杜茎山 **Maesa macilentoides** C. Chen 【N, W/C】 ♣XTBG; ●YN; ★(AS): CN.

腺叶杜茎山 **Maesa membranacea** A. DC. 【N, W/C】 ♣SCBG, WBG, XTBG; ●GD, HB, YN; ★(AS): CN, KH, VN.

金珠柳 **Maesa montana** A. DC. 【N, W/C】 ♣CBG, FBG, SCBG, TMNS, WBG, XTBG; ●FJ, GD, HB, SC, SH, TW, YN; ★(AS): BT, CN, ID, IN, JP, LA, LK, MM, TH, VN.

冷饭果(鲫鱼胆) **Maesa perlaria** (Lour.) Merr. 【N, W/C】 ♣CBG, CDBG, FBG, FLBG, GMG, GXIB, SCBG, XMBG, XTBG; ●FJ, GD, GX, JX, SC, SH, YN; ★(AS): CN.

毛杜茎山 **Maesa permollis** Kurz 【N, W/C】 ♣SCBG, XTBG; ●GD, YN; ★(AS): CN, LA, MM, TH.

秤杆树 **Maesa ramentacea** (Roxb.) A. DC. 【N, W/C】 ♣CBG, XTBG; ●SH, YN; ★(AS): BT, CN, ID, IN, KH, LA, MM, MY, PH, SG, TH, VN.

网脉杜茎山 **Maesa reticulata** C. Y. Wu 【N, W/C】 ♣KBG; ●YN; ★(AS): CN, VN.

柳叶杜茎山 **Maesa salicifolia** E. Walker 【N, W/C】 ♣SCBG; ●GD; ★(AS): CN.

软弱杜茎山 **Maesa tenera** Mez 【N, W/C】 ♣CBG, FBG, FLBG, GXIB, LBG, SCBG, TBG, WBG, XMBG, XTBG; ●FJ, GD, GX, HB, JX, SH, TW, YN; ★(AS): CN, JP.

绿萝桐属 Deherainia

绿萝桐 **Deherainia smaragdina** (Planch. ex Linden) Decne. 【I, C】 ★(NA): BZ, GT, HN, MX.

点地梅属 Androsace

*亚美尼亚点地梅 **Androsace armeniaca** Duby 【I, C】 ♣NBG; ●JS; ★(AS): AM, TR.

腋花点地梅 **Androsace axillaris** (Franch.) Franch. 【N, W/C】 ♣KBG; ●YN; ★(AS): CN, TH.

景天点地梅 **Androsace bulleyana** Forrest 【N, W/C】 ♣KBG; ●YN; ★(AS): CN.

滇西北点地梅 **Androsace delavayi** Franch. 【N, W/C】 ●YN; ★(AS): BT, CN, ID, IN, LK, MM, NP.

莲叶点地梅 **Androsace henryi** Oliv. 【N, W/C】 ♣WBG; ●HB, SC; ★(AS): BT, CN, IN, LK, MM, NP.

贵州点地梅 **Androsace kouytchensis** Bonati 【N, W/C】 ♣WBG; ●HB; ★(AS): CN.

乳白点地梅 **Androsace lactiflora** Pall. 【N, W/C】 ♣NBG; ●JS; ★(AS): CN, RU-AS.

康定点地梅 **Androsace limprichtii** Pax et K. Hoffm. 【N, W/C】 ♣SCBG; ●GD; ★(AS): CN.

绿棱点地梅 **Androsace mairei** H. Lév. 【N, W/C】 ●YN; ★(AS): CN.

峨眉点地梅 **Androsace paxiana** R. Knuth 【N, W/C】 ♣SCBG; ●GD; ★(AS): CN.

硬枝点地梅 **Androsace rigida** Hand.-Mazz. 【N, W/C】 ♣KBG; ●YN; ★(AS): CN.

刺叶点地梅 **Androsace spinulifera** (Franch.) R. Knuth 【N, W/C】 ●YN; ★(AS): CN.

狭叶点地梅 **Androsace stenophylla** (Petitm.) Hand.-Mazz. 【N, W/C】 ●YN; ★(AS): CN.

点地梅 **Androsace umbellata** (Lour.) Merr. 【N,

W/C】 ♣BBG, GBG, HBG, IBCAS, LBG, NBG, WBG, XMBG, ZAFU; ●BJ, FJ, GZ, HB, JS, JX, ZJ; ★(AS): BT, CN, ID, IN, JP, KP, KR, LK, MM, MN, PH, PK, RU-AS, VN; (OC): PAF.

长毛点地梅（长柔毛点地梅）**Androsace villosa** L. 【I, C】 ♣BBG; ●BJ; ★(AS): IN.

流星报春属 Dodecatheon

亨德森流星报春 **Dodecatheon hendersonii** Gray 【I, C】 ★(NA): US.

*齿叶流星报春 **Dodecatheon jeffreyi** Van Houtte【I, C】 ♣BBG; ●BJ; ★(NA): CA, US.

流星报春 **Dodecatheon meadia** L. 【I, C】 ★(NA): US.

*红翼流星报春 **Dodecatheon pulchellum** (Raf.) Merr. 【I, C】 ♣BBG; ●BJ; ★(NA): CA, US.

报春花属 Primula

多花报春 **Primula × polyantha** Mill. 【I, C】 ♣NBG, ZAFU; ●JS, TW, ZJ; ★(EU): BE, FR, GB, LU, MC, NL.

西洋报春 **Primula acaulis** Hill 【I, C】 ♣KBG, WBG; ●HB, TW, YN; ★(EU): BE, FR, GB, LU, MC, NL.

紫晶报春 **Primula amethystina** Franch. 【N, W/C】 ●YN; ★(AS): CN.

橙红灯台报春 **Primula aurantiaca** W. W. Sm. et Forrest 【N, W/C】 ♣KBG; ●YN; ★(AS): CN.

耳叶报春 **Primula auricula** Vill. 【I, C】 ★(AS): GE; (EU): AT, BA, CZ, DE, HR, HU, IT, ME, MK, PL, RO, RS, SI.

霞红灯台报春 **Primula beesiana** Forrest【N, W/C】 ♣KBG; ●YN; ★(AS): CN, MM.

山丽报春 **Primula bella** Franch. 【N, W/C】 ●YN; ★(AS): CN, MM.

皱叶报春 **Primula bullata** Franch.【N, W/C】●BJ; ★(AS): CN.

橘红灯台报春 **Primula bulleyana** Forrest 【N, W/C】 ♣KBG; ●YN; ★(AS): CN.

美花报春 **Primula calliantha** Franch. 【N, W/C】 ●YN; ★(AS): CN, ID, IN, MM.

垂花穗状报春 **Primula cernua** Franch. 【N, W/C】 ♣GBG; ●GZ; ★(AS): CN.

马关报春 **Primula chapaensis** Gagnep. 【N, W/C】 ♣WBG; ●HB; ★(AS): CN, VN.

紫花雪山报春 **Primula chionantha** Balf.f. et Forrest 【N, W/C】 ♣KBG; ●YN; ★(AS): CN.

腾冲灯台报春 **Primula chrysochlora** Balf.f. et Kingdon-Ward 【N, W/C】 ♣SCBG; ●GD; ★(AS): CN.

中甸灯台报春 **Primula chungensis** Balf.f. et Kingdon-Ward 【N, W/C】 ♣LBG, NBG; ●JS, JX; ★(AS): CN.

毛茛叶报春 **Primula cicutariifolia** Pax 【N, W/C】 ♣HBG, LBG, ZAFU; ●JX, ZJ; ★(AS): CN.

穗花报春 **Primula deflexa** Duthie 【N, W/C】 ♣SCBG; ●GD; ★(AS): CN.

球花报春 **Primula denticulata** Sm. 【N, W/C】 ♣NBG; ●JS; ★(AS): AF, BT, CN, ID, IN, LK, MM, NP, PK.

滇北球花报春 **Primula denticulata** subsp. **sinodenticulata** (Balf.f. et Forrest) W. W. Sm. 【N, W/C】 ♣KBG, SCBG; ●GD, YN; ★(AS): CN, MM.

叉梗报春 **Primula divaricata** F. H. Chen et C. M. Hu 【N, W/C】 ♣KBG; ●YN; ★(AS): CN.

石岩报春 **Primula dryadifolia** Franch. 【N, W/C】 ♣KBG; ●YN; ★(AS): BT, CN, IN, LK, MM.

牛唇报春 **Primula elatior** Hill【I, C】♣NBG; ●BJ, JS, TW; ★(AS): GE; (EU): AL, AT, BA, BE, BG, CZ, DE, ES, FI, GB, HR, HU, IT, ME, MK, NL, NO, PL, RO, RS, RU, SI.

峨眉报春 **Primula faberi** Oliv. 【N, W/C】 ♣LBG; ●JX; ★(AS): CN.

粉报春 **Primula farinosa** L. 【N, W/C】 ♣IBCAS, NBG; ●BJ, JS; ★(AS): CN, CY, GE, KZ, MN, RU-AS; (EU): AT, BA, BG, CZ, DE, ES, FI, GB, HR, HU, IT, ME, MK, PL, RO, RS, RU, SI.

箭报春 **Primula fistulosa** Turkev. 【N, W/C】 ♣HFBG; ●HL; ★(AS): CN, MN, RU-AS.

多花樱草 **Primula floribunda** Wall. 【I, C】 ♣NBG; ●JS; ★(AS): IN.

小报春 **Primula forbesii** Franch. 【N, W/C】 ♣KBG, LBG; ●JX, YN; ★(AS): CN, MM.

灰岩皱叶报春 **Primula forrestii** Balf.f. 【N, W/C】 ♣KBG; ●YN; ★(AS): CN.

厚叶苞芽报春 **Primula gemmifera** var. **amoena** F. H. Chen 【N, W/C】 ●YN; ★(AS): CN.

滇南报春 **Primula henryi** (Hemsl.) Pax 【N, W/C】 ♣GBG; ●GZ; ★(AS): CN, VN.

宝兴掌叶报春 **Primula heucherifolia** Franch. 【N, W/C】 ♣SCBG; ●GD; ★(AS): CN.

亮叶报春 **Primula hylobia** W. W. Sm. 【N, W/C】

♣KBG; ●YN; ★(AS): CN.

景东报春 **Primula interjacens** F. H. Chen 【N, W/C】 ♣KBG; ●YN; ★(AS): CN.

邱园报春 **Primula kewensis** W. Watson 【I, C】 ♣NBG; ●JS; ★(AF): MG.

条裂叶报春 **Primula laciniata** Pax et K. Hoffm. 【N, W/C】 ♣SCBG; ●GD; ★(AS): CN.

报春花 **Primula malacoides** Franch. 【N, W/C】 ♣CBG, HBG, IBCAS, KBG, LBG, NBG, SCBG, XBG, XMBG; ●BJ, FJ, GD, GZ, JS, JX, SC, SH, SN, TW, YN, ZJ; ★(AS): CN, IN; (OC): NZ.

川东灯台报春 **Primula mallophylla** Balf.f. 【N, W/C】 ♣KBG; ●SC, YN; ★(AS): CN.

葵叶报春 **Primula malvacea** Franch. 【N, W/C】 ♣KBG; ●YN; ★(AS): CN.

胭脂花 **Primula maximowiczii** Regel 【N, W/C】 ♣GXIB, IBCAS, LBG; ●BJ, GX, JL, JX; ★(AS): CN, MN, RU-AS.

雪山小报春 **Primula minor** Balf.f. et Kingdon-Ward 【N, W/C】 ♣SCBG; ●GD, YN; ★(AS): CN.

中甸海水仙 **Primula monticola** (Hand.-Mazz.) F. H. Chen et C. M. Hu 【N, W/C】 ♣KBG; ●SC, YN; ★(AS): CN.

宝兴报春 **Primula moupinensis** Franch. 【N, W/C】 ♣WBG; ●HB, SC; ★(AS): CN.

麝草报春 **Primula muscarioides** Hemsl. 【N, W/C】 ●YN; ★(AS): CN, MM.

鄂报春 **Primula obconica** Hance 【N, W/C】 ♣GBG, HBG, KBG, NBG, SCBG, WBG, XBG, XMBG, XOIG; ●BJ, FJ, GD, GZ, HB, HN, JS, JX, SC, SH, SN, TW, XZ, YN, ZJ; ★(AS): CN.

齿萼报春 **Primula odontocalyx** (Franch.) Pax 【N, W/C】 ♣CBG, WBG; ●HB, SH; ★(AS): CN.

黄花九轮樱 **Primula officinalis** (L.) Hill 【I, C】 ♣NBG; ●JS; ★(AS): GE, IR, KZ, RU-AS; (EU): DE, FR, HU, NL.

迎阳报春 **Primula oreodoxa** Franch. 【N, W/C】 ♣GMG, SCBG; ●GD, GX, SC; ★(AS): CN.

卵叶报春 **Primula ovalifolia** Franch. 【N, W/C】 ♣CBG, SCBG, WBG; ●GD, HB, SC, SH; ★(AS): CN.

海仙报春 **Primula poissonii** Franch. 【N, W/C】 ♣CBG, KBG, SCBG; ●GD, SH, YN; ★(AS): CN.

多脉报春 **Primula polyneura** Franch. 【N, W/C】 ♣KBG; ●YN; ★(AS): CN.

早花脆蒴报春 **Primula praeflorens** F. H. Chen et C. M. Hu 【N, W/C】 ♣KBG; ●YN; ★(AS): CN.

球毛小报春 **Primula primulina** (Spreng.) H. Hara 【N, W/C】 ●TW; ★(AS): BT, CN, ID, IN, LK, NP.

滇海水仙花 **Primula pseudodenticulata** Pax 【N, W/C】 ♣GBG, KBG; ●GZ, YN; ★(AS): CN.

丽花报春 **Primula pulchella** Franch. 【N, W/C】 ♣KBG; ●YN; ★(AS): CN.

粉被灯台报春 **Primula pulverulenta** Duthie 【N, W/C】 ♣CBG; ●SC, SH; ★(AS): CN.

*粉花报春 **Primula rosea** Pax 【I, C】 ♣NBG; ●JS, TW; ★(AS): IN, PK.

莓叶报春 **Primula rubifolia** C. M. Hu 【N, W/C】 ♣KBG; ●YN; ★(AS): CN.

倒卵叶报春 **Primula rugosa** N. P. Balakr. 【N, W/C】 ♣SCBG; ●GD; ★(AS): CN.

岩生报春 **Primula saxatilis** Kom. 【N, W/C】 ♣HFBG, NBG, SCBG; ●BJ, GD, HL, JS, LN; ★(AS): CN, KR, MN, RU-AS.

偏花报春 **Primula secundiflora** Franch. 【N, W/C】 ♣KBG; ●YN; ★(AS): CN.

齿叶灯台报春 **Primula serratifolia** Franch. 【N, W/C】 ♣KBG; ●YN; ★(AS): CN, MM.

樱草 **Primula sieboldii** E. Morren 【N, W/C】 ♣CDBG, HBG, HFBG, NBG, XMBG; ●FJ, HL, JS, LN, SC, ZJ; ★(AS): CN, JP, KR, MN, RU-AS.

钟花报春 **Primula sikkimensis** Hook. 【N, W/C】 ♣KBG, LBG, SCBG; ●GD, JX, SC, YN; ★(AS): BT, CN, ID, IN, LK, MM, NP.

藏报春 **Primula sinensis** Sabine ex Lindl. 【N, W/C】 ♣CDBG, HBG, IBCAS, LBG, SCBG, WBG; ●BJ, GD, HB, JX, SC, SN, YN, ZJ; ★(AS): CN.

无莛脆蒴报春 **Primula sinoexscapa** C. M. Hu 【N, W/C】 ♣KBG; ●YN; ★(AS): CN.

铁梗报春 **Primula sinolisteri** Balf.f. 【N, W/C】 ♣KBG; ●YN; ★(AS): CN.

长萼铁梗报春 **Primula sinolisteri** var. **longicalyx** D. W. Xue et C. Q. Zhang 【N, W/C】 ♣KBG; ●YN; ★(AS): CN.

华柔毛报春 **Primula sinomollis** Balf.f. et Forrest 【N, W/C】 ♣SCBG; ●GD; ★(AS): CN.

波缘报春 **Primula sinuata** Franch. 【N, W/C】 ♣KBG; ●YN; ★(AS): CN.

苣叶报春 **Primula sonchifolia** Franch. 【N, W/C】 ♣KBG; ●SC, YN; ★(AS): CN, MM.

晚花卵叶报春(晚花报春)**Primula tardiflora** (C. M. Hu) C. M. Hu【N, W/C】♣SCBG; ●GD; ★(AS): CN.

黄花九轮草 **Primula veris** L. 【I, C】 ♣IBCAS, LBG; ●BJ, JX, TW; ★(AS): AM, AZ, CY, GE, IR, TR; (EU): AL, AT, BA, BE, BG, CZ, DE, ES, FI, GB, GR, HR, HU, IT, LU, ME, MK, NL, NO, PL, RO, RS, RU, SI.

高穗花报春(高穗报春) **Primula vialii** Delavay ex Franch. 【N, W/C】 ●BJ, SC, TW; ★(AS): CN.

欧洲报春 **Primula vulgaris** Huds.【I, C】♣IBCAS, LBG, NBG, XMBG; ●BJ, FJ, JS, JX, SC, TW, YN; ★(EU): FR.

广南报春 **Primula wangii** F. H. Chen et C. M. Hu 【N, W/C】 ♣SCBG; ●GD; ★(AS): CN.

香海仙报春(香海仙花)**Primula wilsonii** Dunn【N, W/C】 ♣KBG, SCBG; ●GD, YN; ★(AS): CN.

云南报春 **Primula yunnanensis** Franch. 【N, W/C】 ●YN; ★(AS): CN.

水堇属 Hottonia

雪花草 **Hottonia inflata** Elliott 【I, C】 ★(NA): US.

水堇 **Hottonia palustris** L. 【I, C】 ●BJ, GD, SH; ★(AS): GE; (EU): AT, BA, BE, BG, CZ, DE, GB, HR, HU, IT, ME, MK, NL, PL, RO, RS, RU, SI.

独花报春属 Omphalogramma

丽花独花报春(丽花独报春) **Omphalogramma elegans** Forrest【N, W/C】♣KBG; ●YN; ★(AS): CN, MM.

中甸独花报春 **Omphalogramma forrestii** Balf.f. 【N, W/C】 ●YN; ★(AS): CN.

小独花报春 **Omphalogramma minus** Hand.-Mazz. 【N, W/C】 ♣KBG; ●YN; ★(AS): CN.

长柱独花报春 **Omphalogramma souliei** Franch. 【N, W/C】 ♣KBG; ●YN; ★(AS): CN.

独花报春 **Omphalogramma vinciflorum** (Franch.) Franch. 【N, W/C】 ●SC, YN; ★(AS): CN.

假婆婆纳属 Stimpsonia

假婆婆纳 **Stimpsonia chamaedryoides** C. Wright ex A. Gray【N, W/C】♣CBG, GA, LBG, ZAFU; ●JX, SH, ZJ; ★(AS): CN, JP.

仙客来属 Cyclamen

小花仙客来(健生仙客来)**Cyclamen coum** Mill.【I, C】 ♣FBG, XMBG; ●FJ; ★(EU): BG, RU, TR.

常春藤叶仙客来(常春叶仙客来) **Cyclamen hederifolium** Aiton 【I, C】 ●TW; ★(AF): MA; (AS): SA; (EU): AL, BA, BG, DE, GB, GR, HR, IT, ME, MK, RS, SI, TR.

仙客来 **Cyclamen persicum** Mill. 【I, C】 ♣FBG, FLBG, GBG, HBG, IBCAS, LBG, NBG, TBG, WBG, XBG, XMBG, ZAFU; ●BJ, FJ, GD, GZ, HB, JS, JX, SC, SH, SN, TW, ZJ; ★(AF): TN; (AS): LB, PS, SY, TR; (EU): AD, AL, BA, BG, ES, GR, HR, IT, ME, MK, PT, RO, RS, SI, SM, VA.

欧洲仙客来 **Cyclamen purpurascens** Mill. 【I, C】 ♣XBG; ●SN; ★(AS): GE; (EU): AT, BA, CZ, DE, HR, HU, IT, ME, MK, NL, PL, RO, RS, RU, SI.

地中海仙客来 **Cyclamen repandum** Sm. 【I, C】 ★(AF): MA; (AS): SA; (EU): BA, DE, FR, GR, HR, IT, ME, MK, RS, SI.

琉璃繁缕属 Anagallis

琉璃繁缕 **Anagallis arvensis** L. 【I, N】 ♣CBG, FBG, XMBG, ZAFU; ●FJ, SH, TW, ZJ; ★(AF): DZ, EG, LY, MA, TN; (AS): AM, AZ, GE, IR, LB, PS, SY, TR; (EU): AL, ES, FR, GR, IT, MK.

扁叶琉璃繁缕 **Anagallis monelli** L. 【I, C】 ♣XTBG; ●YN; ★(AS): SA; (EU): ES, LU, SI.

珍珠菜属 Lysimachia

广西过路黄(文本过路黄) **Lysimachia alfredii** Hance 【N, W/C】 ♣FBG, GA, GXIB, SCBG, XMBG; ●FJ, GD, GX, JX; ★(AS): CN.

假排草 **Lysimachia ardisioides** Masam. 【N, W/C】 ♣TMNS, XTBG; ●TW, YN; ★(AS): CN, JP, PH.

耳叶珍珠菜 **Lysimachia auriculata** Hemsl. 【N, W/C】 ♣WBG; ●HB; ★(AS): CN.

狼尾花(虎尾花) **Lysimachia barystachys** Bunge 【N, W/C】 ♣HFBG, IBCAS, LBG, WBG, XBG, ZAFU; ●BJ, HB, HL, JX, SN, ZJ; ★(AS): CN, JP, KP, KR, MN, RU-AS.

泽珍珠菜(泽星宿菜) **Lysimachia candida** Lindl. 【N, W/C】 ♣HBG, LBG, SCBG, WBG, ZAFU; ●GD, HB, JX, ZJ; ★(AS): CN, JP, MM, VN.

细梗香草 **Lysimachia capillipes** Hemsl. 【N, W/C】

♣FBG, HBG, SCBG, WBG; ●FJ, GD, HB, ZJ; ★(AS): CN, PH.

过路黄 **Lysimachia christiniae** Hance 【N, W/C】 ♣CBG, FBG, FLBG, GBG, GMG, GXIB, HBG, KBG, LBG, NBG, NSBG, SCBG, WBG, XBG, XLTBG, XMBG, XTBG, ZAFU; ●BJ, CQ, FJ, GD, GX, GZ, HB, HI, JS, JX, SC, SH, SN, YN, ZJ; ★(AS): CN.

缘毛过路黄 **Lysimachia ciliata** L. 【I, C】 ♣BBG, IBCAS; ●BJ; ★(NA): US.

露珠珍珠菜 **Lysimachia circaeoides** Hemsl. 【N, W/C】 ♣CBG, KBG, WBG; ●HB, SH, YN; ★(AS): CN.

矮桃 **Lysimachia clethroides** Duby 【N, W/C】 ♣CBG, FBG, GA, GBG, GMG, HBG, IBCAS, KBG, LBG, SCBG, WBG, ZAFU; ●BJ, FJ, GD, GX, GZ, HB, JX, SH, TW, YN, ZJ; ★(AS): CN, JP, KP, KR, LA, MN, RU-AS; (EU): NL.

临时救 **Lysimachia congestiflora** Hemsl. 【N, W/C】 ♣CBG, GMG, GXIB, HBG, LBG, SCBG, WBG, XTBG, ZAFU; ●GD, GX, HB, JX, SC, SH, YN, ZJ; ★(AS): BT, CN, ID, IN, LK, MM, NP, TH, VN.

黄连花 **Lysimachia davurica** Ledeb. 【N, W/C】 ♣HFBG, IBCAS; ●BJ, HL, LN; ★(AS): CN, JP, KP, KR, MN, RU-AS.

延叶珍珠菜 **Lysimachia decurrens** G. Forst. 【N, W/C】♣GMG, GXIB, SCBG, WBG, XTBG; ●GD, GX, HB, YN; ★(AS): BT, CN, ID, IN, JP, LA, LK, PH, TH, VN; (OC): PAF.

思茅香草 **Lysimachia engleri** R. Knuth 【N, W/C】 ♣XTBG; ●YN; ★(AS): CN.

银叶珍珠菜 **Lysimachia ephemerum** L. 【I, C】 ♣BBG; ●BJ; ★(EU): DE, ES, LU, NL.

纤柄香草 **Lysimachia filipes** C. Z. Gao et D. Fang 【N, W/C】 ♣GXIB; ●GX; ★(AS): CN.

管茎过路黄 **Lysimachia fistulosa** Hand.-Mazz. 【N, W/C】 ♣CBG, SCBG, WBG; ●GD, HB, SH; ★(AS): CN.

灵香草 **Lysimachia foenum-graecum** Hance 【N, W/C】 ♣FBG, GMG, GXIB, WBG, XTBG; ●FJ, GX, HB, YN; ★(AS): CN.

富宁香草 **Lysimachia fooningensis** C. Y. Wu 【N, W/C】 ♣WBG; ●HB; ★(AS): CN, LA, VN.

大叶过路黄 **Lysimachia fordiana** Oliv. 【N, W/C】 ♣GMG, GXIB, SCBG, WBG; ●GD, GX, HB; ★(AS): CN.

星宿菜 **Lysimachia fortunei** Maxim. 【N, W/C】 ♣FBG, GA, GMG, GXIB, HBG, LBG, NBG, SCBG, WBG, XMBG, XTBG, ZAFU; ●FJ, GD, GX, HB, JS, JX, YN, ZJ; ★(AS): CN, JP, KP, KR, LA, VN.

福建过路黄 **Lysimachia fukienensis** Hand.-Mazz. 【N, W/C】 ♣CBG; ●SH; ★(AS): CN.

南排草 **Lysimachia garrettii** H. R. Fletcher 【I, C】 ♣XTBG; ●YN; ★(AS): TH.

缝瓣珍珠菜 **Lysimachia glanduliflora** Hanelt 【N, W/C】 ♣WBG; ●HB; ★(AS): CN.

金爪儿 **Lysimachia grammica** Hance 【N, W/C】 ♣LBG, NBG, SCBG, WBG, ZAFU; ●GD, HB, JS, JX, ZJ; ★(AS): CN.

点腺过路黄 **Lysimachia hemsleyana** Maxim. ex Oliv. 【N, W/C】♣CBG, GBG, GMG, HBG, LBG, SCBG, WBG, ZAFU; ●GD, GX, GZ, HB, JX, SC, SH, ZJ; ★(AS): CN.

黑腺珍珠菜 **Lysimachia heterogenea** Klatt 【N, W/C】 ♣GA, HBG, LBG, ZAFU; ●JX, ZJ; ★(AS): CN.

巴山过路黄 **Lysimachia hypericoides** Hemsl. 【N, W/C】 ♣WBG; ●HB; ★(AS): CN.

三叶香草 **Lysimachia insignis** Hemsl. 【N, W/C】 ♣GMG, SCBG; ●GD, GX; ★(AS): CN, VN.

小茄 **Lysimachia japonica** Thunb. 【N, W/C】 ♣CBG, ZAFU; ●SH, ZJ; ★(AS): BT, CN, ID, IN, JP, KP, KR, LK, MM; (OC): AU.

长叶香草 **Lysimachia lancifolia** Craib 【N, W/C】 ♣XTBG; ●YN; ★(AS): CN, TH.

多枝香草 **Lysimachia laxa** Baudo 【N, W】 ♣XTBG; ●YN; ★(AS): BT, CN, ID, IN, LK, MM, NP, TH, VN.

长蕊珍珠菜 **Lysimachia lobelioides** Wall. 【N, W/C】 ♣GBG, XTBG; ●GZ, YN; ★(AS): BT, CN, ID, IN, LA, LK, MM, NP, TH.

长梗过路黄 **Lysimachia longipes** Hemsl. 【N, W/C】 ♣FBG, HBG, LBG, ZAFU; ●FJ, JX, ZJ; ★(AS): CN.

滨海珍珠菜 **Lysimachia mauritiana** Lam. 【N, W/C】♣CBG, HBG, IBCAS, XMBG; ●BJ, FJ, SH, ZJ; ★(AS): CN, IN, JP, KP, KR, PH; (OC): PAF.

山罗过路黄 **Lysimachia melampyroides** R. Knuth 【N, W/C】 ♣SCBG, WBG; ●GD, HB; ★(AS): CN.

圆叶过路黄 **Lysimachia nummularia** L. 【I, C】 ♣BBG, IBCAS, WBG, ZAFU; ●BJ, HB, SC, YN, ZJ; ★(NA): US.

倒卵叶星宿菜 **Lysimachia obovata** Buch.-Ham. ex

Wall. 【I, C】 ♣XTBG; ●YN; ★(AS): IN, MM.

峨眉过路黄 **Lysimachia omeiensis** Hemsl. 【N, W/C】 ♣SCBG; ●GD, SC; ★(AS): CN.

耳柄过路黄 **Lysimachia otophora** C. Y. Wu 【N, W/C】 ♣XTBG; ●YN; ★(AS): CN, VN.

落地梅 **Lysimachia paridiformis** Franch. 【N, W/C】♣GBG, GMG, SCBG, WBG, XTBG; ●GD, GX, GZ, HB, SC, YN; ★(AS): CN.

狭叶落地梅 **Lysimachia paridiformis** var. **stenophylla** Franch. 【N, W/C】 ♣CBG, GBG, KBG, SCBG, WBG; ●GD, GZ, HB, SC, SH, YN; ★(AS): CN.

小叶珍珠菜 **Lysimachia parvifolia** Franch. 【N, W/C】♣HBG, LBG, WBG; ●HB, JX, ZJ; ★(AS): CN.

巴东过路黄 **Lysimachia patungensis** Hand.-Mazz. 【N, W/C】 ♣CBG, HBG, LBG, SCBG, WBG, ZAFU; ●GD, HB, JX, SH, ZJ; ★(AS): CN.

狭叶珍珠菜 **Lysimachia pentapetala** Bunge 【N, W/C】 ♣BBG; ●BJ; ★(AS): CN, KR.

阔叶假排草 **Lysimachia petelotii** Merr. 【N, W】 ♣XTBG; ●YN; ★(AS): CN, VN.

叶头过路黄 **Lysimachia phyllocephala** Hand.-Mazz. 【N, W/C】♣HBG, KBG, WBG; ●HB, YN, ZJ; ★(AS): CN.

海桐状香草 **Lysimachia pittosporoides** C. Y. Wu 【N, W/C】 ♣WBG; ●HB; ★(AS): CN.

疏头过路黄 **Lysimachia pseudohenryi** Pamp. 【N, W/C】 ♣WBG; ●HB; ★(AS): CN.

鄂西香草 **Lysimachia pseudotrichopoda** Hand.-Mazz. 【N, W/C】 ♣WBG; ●HB; ★(AS): CN.

斑点过路黄 **Lysimachia punctata** L. 【I, C】 ♣BBG, IBCAS; ●BJ; ★(EU): AT, BE, ES, FR, GR, HU.

疏节过路黄 **Lysimachia remota** Petitm. 【N, W/C】 ♣CBG, FBG, ZAFU; ●FJ, SH, ZJ; ★(AS): CN.

黄金钱草 **Lysimachia remyi** subsp. **kipahuluensis** (H. St. John) Marr 【I, C】 ★(NA): US.

显苞过路黄 **Lysimachia rubiginosa** Hemsl. 【N, W/C】 ♣WBG; ●HB, SC; ★(AS): CN.

紫脉过路黄 **Lysimachia rubinervis** F. H. Chen et C. M. Hu 【N, W/C】 ♣LBG; ●JX; ★(AS): CN.

红毛过路黄 **Lysimachia rufopilosa** Y. Y. Fang et C. Z. Zheng 【N, W/C】 ♣HBG, ZAFU; ●ZJ; ★(AS): CN.

岩居香草 **Lysimachia saxicola** Chun et F. H. Chun 【N, W/C】 ♣GXIB; ●GX; ★(AS): CN.

北延叶珍珠菜 **Lysimachia silvestrii** (Pamp.) Hand.-Mazz. 【N, W/C】 ♣WBG; ●HB; ★(AS): CN.

腺药珍珠菜 **Lysimachia stenosepala** Hemsl. 【N, W/C】 ♣HBG, SCBG, WBG; ●GD, HB, ZJ; ★(AS): CN.

腾冲过路黄 **Lysimachia tengyuehensis** Hand.-Mazz. 【N, W/C】 ♣WBG, XTBG; ●HB, YN; ★(AS): CN.

球尾花 **Lysimachia thyrsiflora** L. 【N, W/C】 ♣HFBG, IBCAS; ●BJ, HL; ★(AS): CN, GE, JP, KR, MN; (EU): AT, BA, BE, BG, CZ, DE, FI, GB, HR, HU, ME, MK, NL, NO, PL, RO, RS, RU, SI.

条叶香草 **Lysimachia vittiformis** F. H. Chen et C. M. Hu 【N, W/C】 ♣GXIB; ●GX; ★(AS): CN.

毛黄连花 **Lysimachia vulgaris** L. 【N, W/C】 ♣XTBG; ●YN; ★(AS): CN, CY, JP, KZ, MN, PK, RU-AS; (OC): AU, NZ.

酸藤子属 Embelia

多花酸藤子 **Embelia floribunda** Wall. 【N, W/C】 ♣KBG, WBG; ●HB, YN; ★(AS): BT, CN, ID, IN, LK, MM, NP.

酸藤子 **Embelia laeta** (L.) Mez 【N, W/C】 ♣FBG, FLBG, GA, GMG, SCBG, WBG, XMBG, XTBG; ●FJ, GD, GX, HB, JX, YN; ★(AS): CN, JP, KH, LA, TH, VN.

大果酸果藤 **Embelia macrocarpa** King et Gamble 【I, C】 ♣XTBG; ●YN; ★(AS): MY.

当归藤 **Embelia parviflora** Wall. ex A. DC. 【N, W/C】 ♣CBG, GBG, GMG, GXIB, SCBG, WBG, XMBG, XTBG; ●FJ, GD, GX, GZ, HB, SH, YN; ★(AS): CN, ID, IN, MM, MY, TH, VN.

疏花酸藤子 **Embelia pauciflora** Diels 【N, W/C】 ♣GMG, WBG; ●GX, HB; ★(AS): CN.

龙骨酸藤子 **Embelia polypodioides** Mez 【N, W/C】 ♣WBG; ●HB; ★(AS): CN, VN.

白花酸藤子 **Embelia ribes** Burm. f. 【N, W/C】 ♣CBG, GMG, KBG, SCBG, WBG, XTBG; ●GD, GX, HB, SH, YN; ★(AS): BT, CN, ID, IN, KH, LA, LK, MM, MY, PH, SG, TH, VN; (OC): PAF.

瘤皮孔酸藤子 **Embelia scandens** (Lour.) Mez 【N, W/C】♣GMG, GXIB, XTBG; ●GX, YN; ★(AS): CN, KH, LA, TH, VN.

短梗酸藤子 **Embelia sessiliflora** Kurz 【N, W/C】 ♣WBG, XTBG; ●HB, YN; ★(AS): CN, ID, IN, LA, MM, TH, VN.

平叶酸藤子 **Embelia undulata** (A. DC.) Mez 【N, W/C】 ♣CBG, FBG, NBG, WBG, XTBG; ●FJ, HB, JS, SH, YN; ★(AS): CN, ID, IN, KH, LA, MM, NP, TH, VN.

密齿酸藤子 **Embelia vestita** Roxb. 【N, W/C】 ♣CBG, FBG, GMG, GXIB, SCBG, WBG, XTBG; ●FJ, GD, GX, HB, SH, YN; ★(AS): BT, CN, ID, IN, LK, MM, NP, VN.

铁仔属 Myrsine

铁仔 **Myrsine africana** L. 【N, W/C】 ♣CBG, CDBG, FBG, GBG, KBG, NBG, NSBG, WBG, XBG, XTBG; ●CQ, FJ, GZ, HB, JS, SC, SH, SN, YN; ★(AF): ZA; (AS): AZ, CN, IN, NP.

多痕密花树 **Myrsine cicatricosa** (C. Y. Wu et C. Chen) Pipoly et C. Chen 【N, W/C】 ♣WBG; ●HB; ★(AS): CN, VN.

平叶密花树 **Myrsine faberi** (Mez) Pipoly et C. Chen 【N, W/C】 ♣SCBG; ●GD; ★(AS): CN.

广西密花树 **Myrsine kwangsiensis** (E. Walker) Pipoly et C. Chen 【N, W/C】 ♣GMG, GXIB, SCBG, WBG, XTBG; ●GD, GX, HB, YN; ★(AS): CN.

打铁树 **Myrsine linearis** (Lour.) Poir. 【N, W/C】 ♣GXIB, SCBG; ●GD, GX; ★(AS): CN, VN.

密花树 **Myrsine seguinii** H. Lév. 【N, W/C】 ♣CBG, CDBG, FBG, GA, GMG, GXIB, HBG, KBG, SCBG, TMNS, WBG, XLTBG, XMBG, XTBG; ●FJ, GD, GX, HB, HI, JX, SC, SH, TW, YN, ZJ; ★(AS): CN, JP, MM, VN.

针齿铁仔 **Myrsine semiserrata** Wall. 【N, W/C】 ♣FBG, KBG, WBG, XTBG; ●FJ, HB, YN; ★(AS): BT, CN, ID, IN, LA, LK, MM, NP.

光叶铁仔 **Myrsine stolonifera** (Koidz.) E. Walker 【N, W/C】 ♣CBG, HBG, SCBG, WBG, XTBG, ZAFU; ●GD, HB, SH, YN, ZJ; ★(AS): CN, JP.

蜡烛果属 Aegiceras

蜡烛果 **Aegiceras corniculatum** (L.) Blanco 【N, W/C】 ♣FLBG, GMG, SCBG, TBG, TMNS, XMBG, XOIG, XTBG; ●FJ, GD, GX, JX, TW, YN; ★(AS): CN, ID, IN, LK, MM, MY, PH, SG, VN; (OC): AU.

紫金牛属 Ardisia

少年红 **Ardisia alyxiifolia** Tsiang ex C. Chen 【N, W/C】 ♣GXIB, SCBG; ●GD, GX; ★(AS): CN.

束花紫金牛 **Ardisia balansana** Y. P. Yang 【N, W/C】 ♣WBG, XTBG; ●HB, YN; ★(AS): CN, VN.

保亭紫金牛 **Ardisia baotingensis** C. M. Hu 【N, W/C】 ♣SCBG; ●GD; ★(AS): CN.

九管血 **Ardisia brevicaulis** Diels 【N, W/C】 ♣FBG, GMG, GXIB, HBG, LBG, SCBG, WBG; ●FJ, GD, GX, HB, JX, SC, ZJ; ★(AS): CN.

凹脉紫金牛 **Ardisia brunnescens** E. Walker 【N, W/C】 ♣GXIB, SCBG, XTBG; ●GD, GX, YN; ★(AS): CN, VN.

尾叶紫金牛 **Ardisia caudata** Hemsl. 【N, W/C】 ♣SCBG; ●GD, SC; ★(AS): CN.

小紫金牛 **Ardisia chinensis** Benth. 【N, W/C】 ♣GMG, GXIB, HBG, SCBG, WBG, XTBG; ●GD, GX, HB, YN, ZJ; ★(AS): CN, JP, MY, VN.

散花紫金牛 **Ardisia conspersa** E. Walker 【N, W/C】 ♣GXIB, KBG, XTBG; ●GX, YN; ★(AS): CN, VN.

腺齿紫金牛 **Ardisia cornudentata** Mez 【N, W/C】 ♣TMNS; ●TW; ★(AS): CN.

伞形紫金牛 **Ardisia corymbifera** Mez 【N, W/C】 ♣GXIB, HBG, WBG, XTBG; ●GX, HB, YN, ZJ; ★(AS): CN, LA, TH, VN.

粗脉紫金牛 **Ardisia crassinervosa** E. Walker 【N, W/C】 ♣SCBG; ●GD; ★(AS): CN, KH, LA, VN.

朱砂根 **Ardisia crenata** Sims 【N, W/C】 ♣BBG, CBG, CDBG, FBG, FLBG, GA, GBG, GMG, GXIB, HBG, IBCAS, KBG, LBG, NBG, SCBG, TMNS, WBG, XLTBG, XMBG, XTBG, ZAFU; ●BJ, FJ, GD, GX, GZ, HB, HI, JS, JX, SC, SH, TW, YN, ZJ; ★(AS): CN, ID, IN, JP, KR, LA, MM, MY, PH, SG, TH, VN.

百两金 **Ardisia crispa** (Thunb.) A. DC. 【N, W/C】 ♣CBG, CDBG, FBG, GBG, GMG, GXIB, HBG, LBG, NBG, SCBG, WBG, XLTBG, XMBG, XTBG; ●FJ, GD, GX, GZ, HB, HI, JS, JX, SC, SH, TW, YN, ZJ; ★(AS): BT, CN, ID, IN, JP, KP, LA, LK, MM, VN.

折梗紫金牛 **Ardisia curvula** C. Y. Wu et C. Chen 【N, W/C】 ♣XTBG; ●YN; ★(AS): CN, LA, TH.

粗茎紫金牛 **Ardisia dasyrhizomatica** C. Y. Wu et C. Chen 【N, W/C】 ♣XTBG; ●YN; ★(AS): CN.

密鳞紫金牛 **Ardisia densilepidotula** Merr. 【N, W/C】 ♣SCBG, XLTBG; ●GD, HI; ★(AS): CN.

东方紫金牛 **Ardisia elliptica** Thunb. 【N, W/C】 ♣CBG, SCBG, TBG, TMNS, XMBG, XTBG; ●FJ,

GD, SH, TW, YN; ★(AS): CN, ID, IN, JP, LA, LK, MY, PH, SG, TH, VN; (OC): US-HW.

剑叶紫金牛 **Ardisia ensifolia** E. Walker【N, W/C】♣CBG, GXIB, SCBG, WBG; ●GD, GX, HB, SH; ★(AS): CN.

月月红 **Ardisia faberi** Hemsl. 【N, W/C】 ♣CBG, FBG, GBG, GXIB, SCBG, WBG; ●FJ, GD, GX, GZ, HB, SC, SH; ★(AS): CN.

狭叶紫金牛 **Ardisia filiformis** E. Walker 【N, W/C】 ♣GXIB, SCBG; ●GD, GX; ★(AS): CN.

灰色紫金牛 **Ardisia fordii** Hemsl. 【N, W/C】 ♣GMG, GXIB, SCBG, XTBG; ●GD, GX, YN; ★(AS): CN, TH.

小乔木紫金牛 **Ardisia garrettii** H. R. Fletcher【N, W/C】 ♣SCBG, XTBG; ●GD, YN; ★(AS): CN, MM, TH, VN.

走马胎 **Ardisia gigantifolia** Stapf 【N, W/C】 ♣GMG, GXIB, KBG, SCBG, WBG, XLTBG, XTBG; ●GD, GX, HB, HI, YN; ★(AS): CN, ID, LA, MY, TH, VN.

大罗伞树（郎伞树）**Ardisia hanceana** Mez 【N, W/C】 ♣FBG, FLBG, GXIB, HBG, SCBG, WBG; ●FJ, GD, GX, HB, JX, ZJ; ★(AS): CN, LA, VN.

粗梗紫金牛 **Ardisia hokouensis** Y. P. Yang 【N, W/C】 ♣WBG; ●HB; ★(AS): CN.

矮紫金牛 **Ardisia humilis** Blume 【N, W/C】 ♣CBG, FLBG, GXIB, SCBG, TBG, XTBG; ●GD, GX, JX, SH, TW, YN; ★(AS): CN, ID, MM, PH, SG, VN.

柳叶紫金牛 **Ardisia hypargyrea** C. Y. Wu et C. Chen【N, W/C】 ♣FBG, GXIB, WBG; ●FJ, GX, HB; ★(AS): CN, VN.

紫金牛 **Ardisia japonica** (Thunb.) Blume 【N, W/C】 ♣BBG, CBG, FBG, FLBG, GA, GBG, GMG, GXIB, HBG, KBG, LBG, NBG, SCBG, WBG, XLTBG, XMBG, XTBG, ZAFU; ●BJ, FJ, GD, GX, GZ, HB, HI, JS, JX, SC, SH, TW, YN, ZJ; ★(AS): CN, ID, JP, KP, KR.

椭圆叶紫金牛 **Ardisia liebmannii** Oerst. 【I, C】 ♣SCBG; ●GD; ★(NA): MX.

山血丹 **Ardisia lindleyana** D. Dietr. 【N, W/C】 ♣CBG, FBG, FLBG, GA, GMG, GXIB, HBG, SCBG, WBG, XTBG; ●FJ, GD, GX, HB, JX, SH, YN, ZJ; ★(AS): CN, VN.

心叶紫金牛 **Ardisia maclurei** Merr. 【N, W/C】 ♣SCBG; ●GD; ★(AS): CN, VN.

珍珠伞 **Ardisia maculosa** Mez【N, W/C】♣WBG, XTBG; ●HB, YN; ★(AS): CN, LA, VN.

虎舌红 **Ardisia mamillata** Hance 【N, W/C】 ♣CBG, FBG, FLBG, GA, GMG, GXIB, HBG, IBCAS, KBG, NBG, SCBG, WBG, XMBG, XTBG, ZAFU; ●BJ, FJ, GD, GX, HB, JS, JX, SC, SH, YN, ZJ; ★(AS): CN, ID, LA, VN.

白花紫金牛 **Ardisia merrillii** E. Walker 【N, W】 ♣XTBG; ●YN; ★(AS): CN, LA, VN.

铜盆花 **Ardisia obtusa** Mez 【N, W/C】 ♣SCBG, XLTBG; ●GD, HI; ★(AS): CN, LA, VN.

轮叶紫金牛 **Ardisia ordinata** E. Walker【N, W/C】 ♣SCBG; ●GD; ★(AS): CN.

尖叶紫金牛 **Ardisia oxyphylla** Wall. ex A. DC. 【I, C】 ★(AS): MM, MY, TH.

金字塔形紫金牛 **Ardisia paniculata** (Nutt.) Sarg. 【I, C】 ●YN; ★(AS): IN, MM.

矮短紫金牛 **Ardisia pedalis** E. Walker 【N, W/C】 ♣SCBG; ●GD; ★(AS): CN, VN.

纽子果 **Ardisia polysticta** Miq.【N, W/C】♣SCBG, WBG, XLTBG, XTBG; ●GD, HB, HI, YN; ★(AS): CN, ID, IN, LA, MM, TH, VN.

莲座紫金牛 **Ardisia primulifolia** Gardner et Champ. 【N, W/C】 ♣CBG, FBG, FLBG, GMG, GXIB, HBG, LBG, SCBG, WBG, XMBG, XTBG; ●FJ, GD, GX, HB, JX, SH, YN, ZJ; ★(AS): CN, VN.

块根紫金牛 **Ardisia pseudocrispa** Pit. 【N, W/C】 ♣GXIB, XTBG; ●GX, YN; ★(AS): CN, VN.

Ardisia pubicalyx var. **collinsiae** (H. R. Fletcher) C. M. Hu 【N, W/C】 ♣SCBG; ●GD; ★(AS): CN.

紫脉紫金牛 **Ardisia purpureovillosa** C. Y. Wu et C. Chen ex C. M. Hu 【N, W/C】 ♣GXIB, WBG; ●GX, HB; ★(AS): CN.

九节龙 **Ardisia pusilla** A. DC. 【N, W/C】 ♣BBG, CBG, FBG, GXIB, HBG, SCBG, WBG, XMBG, XTBG, ZAFU; ●BJ, FJ, GD, GX, HB, SC, SH, YN, ZJ; ★(AS): CN, JP, KP, KR, MY, PH.

罗伞树 **Ardisia quinquegona** Blume 【N, W/C】 ♣CBG, FBG, FLBG, GMG, GXIB, HBG, SCBG, TBG, TMNS, WBG, XMBG, XTBG, ZAFU; ●FJ, GD, GX, HB, JX, SH, TW, YN, ZJ; ★(AS): CN.

短柄紫金牛 **Ardisia ramondiiformis** Pit. 【N, W/C】 ♣SCBG; ●GD; ★(AS): CN, VN.

卷边紫金牛 **Ardisia replicata** E. Walker【N, W/C】 ♣WBG; ●HB; ★(AS): CN, VN.

梯脉紫金牛 **Ardisia scalarinervis** E. Walker 【N, W/C】 ♣XTBG; ●YN; ★(AS): CN.

瑞丽紫金牛 **Ardisia shweliensis** W. W. Sm. 【N, W/C】 ♣WBG; ●HB; ★(AS): CN, IN.

多枝紫金牛 **Ardisia sieboldii** Miq. 【N, W/C】

♣CBG, FBG, HBG, SCBG, TBG, TMNS, XTBG; ●FJ, GD, SH, TW, YN, ZJ; ★(AS): CN, JP.

细罗伞 **Ardisia sinoaustralis** C. Chen 【N, W】 ♣XTBG; ●YN; ★(AS): CN.

酸薹菜 **Ardisia solanacea** (Poir.) Roxb. 【N, W/C】 ♣FBG, FLBG, SCBG, XTBG; ●FJ, GD, JX, YN; ★(AS): BT, CN, ID, IN, JP, LK, MM, MY, NP, SG.

黄叶紫金牛（黄叶珍珠伞）**Ardisia symplocifolia** (C. Chen) K. Larsen et C. M. Hu 【I, C】 ♣XTBG; ●YN; ★(AS): TH.

南方紫金牛 **Ardisia thyrsiflora** D. Don 【N, W/C】 ♣GXIB, KBG, SCBG, WBG, XTBG; ●GD, GX, HB, YN; ★(AS): BT, CN, ID, IN, LK, MM, NP, VN.

雪下红 **Ardisia villosa** (Thunb.) Mez 【N, W/C】 ♣GXIB, NBG, SCBG, XTBG; ●GD, GX, JS, YN; ★(AS): CN, LA, MY, SG.

锦花紫金牛（锦花九管血）**Ardisia violacea** (Suzuki) W. Z. Fang et K. Yao 【N, W/C】 ♣ZAFU; ●ZJ; ★(AS): CN.

越南紫金牛 **Ardisia waitakii** C. M. Hu 【N, W/C】 ♣SCBG; ●GD; ★(AS): CN, VN.

管药金牛属 Hymenandra

管药金牛 **Hymenandra wallichii** A. DC. 【I, C】 ♣XTBG; ●YN.

管金牛属 Sadiria

狗骨头 **Sadiria aberrans** (E. Walker) C. M. Hu et Y. F. Deng 【N, W/C】 ♣XTBG; ●YN; ★(AS): CN.

238. 山茶科 THEACEAE

紫茎属 Stewartia

云南折柄茶（云南紫茎）**Stewartia calcicola** T. L. Ming et J. Li 【N, W/C】 ♣GXIB, KBG; ●GX, YN; ★(AS): CN.

心叶紫茎 **Stewartia cordifolia** (H. L. Li) J. Li et T. L. Ming 【N, W/C】 ♣WBG; ●HB; ★(AS): CN.

厚叶紫茎 **Stewartia crassifolia** (S. Z. Yan) J. Li et T. L. Ming 【N, W/C】 ♣WBG; ●HB; ★(AS): CN.

小紫茎（日本紫茎）**Stewartia monadelpha** Siebold et Zucc. 【I, C】 ♣KBG; ●TW, YN; ★(AS): JP.

娑罗紫茎（红山紫茎）**Stewartia pseudocamellia** Maxim. 【I, C】 ♣CBG, IBCAS, KBG; ●BJ, SH, TW, YN; ★(AS): JP.

朝鲜紫茎 **Stewartia pseudocamellia** var. **koreana** (Nakai ex Rehder) Sealy 【I, C】 ★(AS): KR.

翅柄紫茎 **Stewartia pteropetiolata** W. C. Cheng 【N, W/C】 ♣GA, GXIB, KBG, SCBG, WBG, XTBG; ●BJ, GD, GX, HB, JX, YN; ★(AS): CN.

红皮紫茎 **Stewartia rubiginosa** Hung T. Chang 【N, W/C】 ♣GBG, GXIB; ●GX, GZ; ★(AS): CN.

紫茎 **Stewartia sinensis** Rehder et E. H. Wilson 【N, W/C】 ♣CBG, FBG, FLBG, HBG, IBCAS, LBG, NBG, WBG; ●BJ, FJ, GD, HB, JS, JX, SC, SH, ZJ; ★(AS): CN, JP.

黄毛紫茎 **Stewartia sinii** (Y. C. Wu) Sealy 【N, W/C】 ♣GXIB; ●GX; ★(AS): CN.

柔毛紫茎 **Stewartia villosa** Merr. 【N, W/C】 ♣SCBG, XTBG; ●GD, YN; ★(AS): CN.

广东柔毛紫茎 **Stewartia villosa** var. **kwangtungensis** (Chun) J. Li et T. L. Ming 【N, W/C】 ♣SCBG; ●GD; ★(AS): CN.

洋木荷属 Franklinia

洋木荷（洋大头茶）**Franklinia alatamaha** Marshall 【I, C】 ★(NA): US.

木荷属 Schima

银木荷 **Schima argentea** E. Pritz. ex Diels 【N, W/C】 ♣CBG, CDBG, GA, GBG, GXIB, HBG, KBG, LBG, NSBG, SCBG, WBG, XTBG; ●CQ, GD, GX, GZ, HB, JX, SC, SH, YN, ZJ; ★(AS): CN, MM, VN.

短梗木荷 **Schima brevipedicellata** Hung T. Chang 【N, W/C】 ♣LBG; ●JX; ★(AS): CN, VN.

钝齿木荷 **Schima crenata** Korth. 【N, W/C】 ♣GXIB, NBG, SCBG; ●GD, GX, HB, JS; ★(AS): CN, ID, IN, KH, LA, MY, TH, VN.

尖齿木荷（印度木荷）**Schima khasiana** Dyer 【N, W/C】 ♣KBG, XTBG; ●YN; ★(AS): BT, CN, ID, IN, LK, MM, VN.

南洋木荷 **Schima noronhae** Reinw. 【N, W/C】 ♣SCBG; ●GD; ★(AS): CN, ID, IN, LA, MM, MY, TH, VN.

小花木荷 **Schima parviflora** W. C. Cheng et Hung T. Chang 【N, W/C】 ♣CBG, FBG, WBG; ●FJ,

HB, SH; ★(AS): CN.

疏齿木荷 **Schima remotiserrata** Hung T. Chang 【N, W/C】 ♣FBG, GA, SCBG, WBG; ●FJ, GD, HB, JX; ★(AS): CN.

贡山木荷 **Schima sericans** (Hand.-Mazz.) T. L. Ming 【N, W/C】 ♣KBG; ●YN; ★(AS): CN.

中华木荷（华木荷）**Schima sinensis** (Hemsl. et E. H. Wilson) Airy Shaw 【N, W/C】 ♣WBG; ●HB; ★(AS): CN.

木荷 **Schima superba** Gardner et Champ. 【N, W/C】 ♣CBG, CDBG, FBG, FLBG, GA, GBG, GXIB, HBG, LBG, NBG, NSBG, SCBG, TBG, WBG, XLTBG, XMBG, ZAFU; ●CQ, FJ, GD, GX, GZ, HB, HI, HN, JS, JX, SC, SH, TW, ZJ; ★(AS): CN, JP.

西南木荷（红木荷）**Schima wallichii** Choisy 【N, W/C】 ♣FBG, GA, GMG, GXIB, KBG, SCBG, XTBG; ●FJ, GD, GX, HI, JX, SC, YN; ★(AS): BT, CN, ID, IN, LA, LK, MM, NP, TH, VN.

圆籽荷属 Apterosperma

圆籽荷 **Apterosperma oblata** H. T. Chang 【N, W/C】 ♣FLBG; ●GD, JX; ★(AS): CN.

大头茶属 Polyspora

大头茶 **Polyspora axillaris** (Roxb. ex Ker Gawl.) Sweet ex G. Don 【N, W/C】 ♣CDBG, FLBG, GA, GXIB, HBG, KBG, SCBG, TBG, TMNS, WBG, XLTBG, XMBG, XTBG; ●FJ, GD, GX, HB, HI, JX, SC, TW, YN, ZJ; ★(AS): CN, VN.

黄药大头茶 **Polyspora chrysandra** (Cowan) Hu ex B. M. Barthol. et T. L. Ming 【N, W/C】 ♣KBG, XTBG; ●YN; ★(AS): CN, MM.

海南大头茶 **Polyspora hainanensis** (Hung T. Chang) C. X. Ye ex B. M. Barthol. et T. L. Ming 【N, W/C】 ♣CBG, GXIB, SCBG; ●GD, GX, HI, SH; ★(AS): CN.

长果大头茶 **Polyspora longicarpa** (Hung T. Chang) C. X. Ye ex B. M. Barthol. et T. L. Ming 【N, W/C】 ♣GA, KBG, SCBG, WBG, XTBG; ●GD, HB, JX, YN; ★(AS): CN, MM, TH, VN.

四川大头茶（广西大头茶）**Polyspora speciosa** (Kochs) B. M. Barthol. et T. L. Ming 【N, W/C】 ♣CBG, FBG, GXIB, NSBG, SCBG, WBG; ●CQ, FJ, GD, GX, HB, SC, SH; ★(AS): CN, LK, VN.

核果茶属 Pyrenaria

叶萼核果茶（长喙紫茎）**Pyrenaria diospyricarpa** Kurz 【N, W/C】 ♣CBG, HBG, LBG, WBG, XTBG; ●HB, JX, SH, YN, ZJ; ★(AS): CN, LA, MM, TH, VN.

粗毛核果茶 **Pyrenaria hirta** (Hand.-Mazz.) H. Keng 【N, W/C】 ♣CBG, CDBG, FBG, GA, SCBG, WBG, XMBG, XTBG, ZAFU; ●FJ, GD, HB, JX, SC, SH, YN, ZJ; ★(AS): CN, VN.

多萼核果茶 **Pyrenaria jonquieriana** subsp. **multisepala** (Merr. et Chun) S. X. Yang 【N, W/C】 ♣SCBG, XLTBG; ●GD, HI; ★(AS): CN.

勐腊核果茶 **Pyrenaria menglaensis** G. D. Tao 【N, W/C】 ♣XTBG; ●YN; ★(AS): CN.

小果核果茶 **Pyrenaria microcarpa** (Dunn) H. Keng 【N, W/C】 ♣CBG, CDBG, FBG, GA, GXIB, HBG, SCBG, XTBG, ZAFU; ●FJ, GD, GX, HI, JX, SC, SH, YN, ZJ; ★(AS): CN, JP, VN.

卵叶核果茶 **Pyrenaria microcarpa** var. **ovalifolia** (H. L. Li) T. L. Ming et S. X. Yang 【N, W/C】 ♣TMNS; ●TW; ★(AS): CN.

长核果茶 **Pyrenaria oblongicarpa** Hung T. Chang 【N, W/C】 ♣KBG, XTBG; ●YN; ★(AS): CN.

屏边核果茶 **Pyrenaria pingpienensis** (Hung T. Chang) S. X. Yang et T. L. Ming 【N, W/C】 ♣KBG, WBG; ●HB, YN; ★(AS): CN.

云南核果茶（大花核果茶）**Pyrenaria sophiae** (Hu) S. X. Yang et T. L. Ming 【N, W/C】 ♣KBG; ●YN; ★(AS): CN.

大果核果茶 **Pyrenaria spectabilis** (Champ. ex Benth.) C. Y. Wu et S. X. Yang 【N, W/C】 ♣BBG, CBG, CDBG, FBG, FLBG, GA, GBG, GMG, KBG, NBG, SCBG, WBG, XMBG, XOIG, XTBG, ZAFU; ●BJ, FJ, GD, GX, GZ, HB, HI, JS, JX, SC, SH, YN, ZJ; ★(AS): CN, VN.

长柱核果茶（薄瓣核果茶）**Pyrenaria spectabilis** var. **greeniae** (Chun) S. X. Yang 【N, W/C】 ♣HBG, KBG, SCBG; ●GD, YN, ZJ; ★(AS): CN.

山茶属 Camellia

越南抱茎茶 **Camellia amplexicaulis** (Pit.) Cohen-Stuart 【I, C】 ♣CBG, KBG, SCBG, XMBG, XTBG; ●FJ, GD, SH, YN; ★(AS): VN.

抱茎短蕊茶 **Camellia amplexifolia** Merr. et Chun 【N, W/C】 ♣SCBG; ●GD; ★(AS): CN.

安龙瘤果茶 **Camellia anlungensis** H. T. Chang 【N,

W/C】 ♣CDBG, SCBG; ●GD, SC; ★(AS): CN.

杜鹃叶山茶 **Camellia azalea** C. F. Wei 【N, W/C】 ♣FLBG, GXIB, KBG, SCBG, XMBG; ●FJ, GD, GX, JX, YN; ★(AS): CN.

短柱茶（短柱油茶）**Camellia brevistyla** (Hayata) Cohen-Stuart 【N, W/C】 ♣CBG, CDBG, FLBG, GA, HBG, LBG, SCBG, WBG, ZAFU; ●GD, HB, JX, SC, SH, ZJ; ★(AS): CN, JP.

细叶短柱油茶 **Camellia brevistyla** var. **microphylla** (Merr.) T. L. Ming 【N, W/C】 ♣WBG; ●HB; ★(AS): CN.

长尾毛蕊茶（香港毛蕊茶）**Camellia caudata** Wall. 【N, W/C】 ♣GA, GBG, GXIB, SCBG, WBG; ●GD, GX, GZ, HB, JX; ★(AS): BT, CN, IN, LA, MM, NP, VN.

浙江红山茶（浙江山茶）**Camellia chekiangoleosa** Hu 【N, W/C】 ♣CBG, CDBG, FBG, FLBG, GA, GXIB, HBG, KBG, LBG, NBG, SCBG, WBG, ZAFU; ●FJ, GD, GX, HB, HN, JS, JX, SC, SH, YN, ZJ; ★(AS): CN.

薄叶金花茶 **Camellia chrysanthoides** H. T. Chang 【N, W/C】 ♣BBG, KBG, SCBG, XTBG; ●BJ, GD, TW, YN; ★(AS): CN.

小果短柱茶 **Camellia confusa** Craib 【N, W/C】 ♣XTBG; ●YN; ★(AS): CN.

心叶毛蕊茶 **Camellia cordifolia** (Metcalf) Nakai 【N, W/C】 ♣FLBG, GA, LBG, SCBG; ●GD, JX; ★(AS): CN.

突肋茶（广东秃茶）**Camellia costata** S. Y. Hu et S. Y. Liang 【N, W/C】 ♣WBG; ●HB; ★(AS): CN.

贵州连蕊茶 **Camellia costei** H. Lév. 【N, W/C】 ♣CBG, KBG, NBG, WBG; ●HB, JS, SH, YN; ★(AS): CN, MM.

红皮糙果茶 **Camellia crapnelliana** Tutcher 【N, W/C】 ♣BBG, CBG, CDBG, FBG, GA, GBG, GXIB, HBG, KBG, SCBG, WBG, XMBG, XTBG, ZAFU; ●BJ, FJ, GD, GX, GZ, HB, JX, SC, SH, YN, ZJ; ★(AS): CN.

厚轴茶 **Camellia crassicolumna** H. T. Chang 【N, W/C】 ♣KBG, WBG; ●HB, YN; ★(AS): CN.

光萼厚轴茶 **Camellia crassicolumna** var. **multiplex** (H. T. Chang, Y. J. Tan et P. S. Wang) T. L. Ming 【N, W/C】 ♣KBG; ●YN; ★(AS): CN.

尖连蕊茶（连蕊茶）**Camellia cuspidata** (Kochs) H. J. Veitch 【N, W/C】 ♣CBG, FBG, GXIB, HBG, KBG, LBG, NBG, WBG, ZAFU; ●FJ, GX, HB, JS, JX, SC, SH, YN, ZJ; ★(AS): CN.

越南油茶（高州油茶）**Camellia drupifera** Lour. 【N, W/C】 ♣FBG, GA, GXIB, HBG, SCBG, WBG, XMBG, XTBG, ZAFU; ●FJ, GD, GX, HB, JX, SC, YN, ZJ; ★(AS): CN, LA, MM, VN.

尖萼红山茶（东南山茶）**Camellia edithae** Hance 【N, W/C】 ♣CBG, FBG, KBG, XMBG, ZAFU; ●FJ, GD, JX, SH, YN, ZJ; ★(AS): CN.

显脉金花茶 **Camellia euphlebia** Merr. ex Sealy 【N, W/C】 ♣BBG, FBG, FLBG, GXIB, KBG, SCBG, WBG, XMBG, XTBG; ●BJ, FJ, GD, GX, HB, JX, SC, YN; ★(AS): CN, VN.

柃叶连蕊茶（红叶连蕊茶）**Camellia euryoides** Lindl. 【N, W/C】 ♣BBG, CDBG, FBG, LBG, SCBG, WBG; ●BJ, FJ, GD, HB, JX, SC; ★(AS): CN.

毛蕊柃叶连蕊茶 **Camellia euryoides** var. **nokoensis** (Hayata) T. L. Ming 【N, W/C】 ♣TBG; ●TW; ★(AS): CN.

防城茶 **Camellia fangchengensis** S. Ye Liang et Y. C. Zhong 【N, W/C】 ♣SCBG; ●GD; ★(AS): CN.

簇蕊金花茶（云南金花茶）**Camellia fascicularis** H. T. Chang 【N, W/C】 ♣KBG, XTBG; ●YN; ★(AS): CN.

淡黄金花茶 **Camellia flavida** H. T. Chang 【N, W/C】 ♣BBG, GXIB, KBG, SCBG, XMBG, XTBG; ●BJ, FJ, GD, GX, YN; ★(AS): CN.

多变淡黄金花茶 **Camellia flavida** var. **patens** (S. L. Mo et Y. C. Zhong) T. L. Ming 【N, W/C】 ♣BBG, GXIB, SCBG, XMBG; ●BJ, FJ, GD, GX; ★(AS): CN.

窄叶短柱茶（窄叶油茶）**Camellia fluviatilis** Hand.-Mazz. 【N, W/C】 ♣GA, SCBG; ●GD, JX; ★(AS): CN, ID, IN, MM.

蒙自连蕊茶（云南连蕊茶）**Camellia forrestii** (Diels) Cohen-Stuart 【N, W/C】 ♣KBG; ●YN; ★(AS): CN, VN.

毛柄连蕊茶（毛花连蕊茶）**Camellia fraterna** Hance 【N, W/C】 ♣CBG, CDBG, FBG, GXIB, HBG, KBG, LBG, NBG, WBG, ZAFU; ●FJ, GX, HB, JS, JX, SC, SH, YN, ZJ; ★(AS): CN.

糙果茶 **Camellia furfuracea** (Merr.) Cohen-Stuart 【N, W/C】 ♣GXIB, SCBG, TBG; ●GD, GX, JX, TW; ★(AS): CN, LA, VN.

硬叶糙果茶 **Camellia gaudichaudii** (Gagnep.) Sealy 【N, W/C】 ●TW; ★(AS): CN, VN.

大苞山茶（大苞白山茶）**Camellia granthamiana** Sealy 【N, W/C】 ♣FLBG, SCBG; ●GD, JX; ★(AS): CN.

长瓣短柱茶 **Camellia grijsii** Hance 【N, W/C】 ♣CBG, CDBG, FBG, FLBG, GA, GBG, GXIB, HBG, IBCAS, KBG, LBG, NBG, NSBG, SCBG, WBG, ZAFU; ●BJ, CQ, FJ, GD, GX, GZ, HB, HN, JS, JX, SC, SH, YN, ZJ; ★(AS): CN.

秃房茶 **Camellia gymnogyna** H. T. Chang 【N, W/C】 ♣KBG; ●YN; ★(AS): CN.

冬红短柱茶（冬红山茶）**Camellia hiemalis** Nakai 【I, C】 ♣HBG, ZAFU; ●ZJ; ★(AS): JP.

香港红山茶 **Camellia hongkongensis** Seem. 【N, W/C】 ♣HBG, SCBG; ●GD, ZJ; ★(AS): CN.

冬青叶山茶（冬青叶瘤果茶）**Camellia ilicifolia** Y. K. Li 【N, W/C】 ♣WBG; ●HB; ★(AS): CN.

狭叶瘤果茶 **Camellia ilicifolia** var. **neriifolia** (Hung T. Chang) T. L. Ming 【N, W/C】 ♣KBG; ●YN; ★(AS): CN.

凹脉金花茶 **Camellia impressinervis** H. T. Chang et S. Y. Liang 【N, W/C】 ♣BBG, FLBG, GA, GXIB, KBG, SCBG, WBG, XMBG, XTBG; ●BJ, FJ, GD, GX, HB, JX, YN; ★(AS): CN.

中越山茶（柠檬金花茶）**Camellia indochinensis** Merr. 【N, W/C】 ♣BBG, FLBG, GXIB, SCBG, XMBG, XTBG; ●BJ, FJ, GD, GX, JX, YN; ★(AS): CN, VN.

东兴金花茶 **Camellia indochinensis** var. **tunghinensis** (H. T. Chang) T. L. Ming et W. J. Zhang 【N, W/C】 ♣BBG, FLBG, GXIB, KBG, SCBG, WBG, XMBG; ●BJ, FJ, GD, GX, HB, JX, YN; ★(AS): CN.

山茶花 **Camellia japonica** L. 【N, W/C】 ♣BBG, CBG, CDBG, FBG, FLBG, GA, GMG, GXIB, HBG, IBCAS, KBG, LBG, NBG, NSBG, SCBG, TBG, WBG, XBG, XMBG, XOIG, XTBG, ZAFU; ●AH, BJ, CQ, FJ, GD, GX, GZ, HA, HB, HE, HI, HL, HN, JS, JX, LN, SC, SD, SH, SN, TW, YN, ZJ; ★(AS): CN, JP, KP, KR.

短柄山茶 **Camellia japonica** var. **rusticana** (Honda) Ming 【N, W/C】 ♣KBG; ●YN; ★(AS): CN, JP.

落瓣油茶 **Camellia kissi** Wall. 【N, W/C】 ♣FLBG, WBG, XTBG; ●GD, HB, JX, YN; ★(AS): BT, CN, ID, IN, KH, LA, MM, NP, TH, VN.

长叶越南油茶 **Camellia krempfii** (Gagnep.) Sealy 【I, C】 ♣SCBG; ●GD; ★(AS): VN.

长柄山茶 **Camellia longipetiolata** (Hu) H. T. Chang et W. P. Fang 【N, W/C】 ♣GXIB; ●GX; ★(AS): CN.

超长柄茶（超长梗茶）**Camellia longissima** H. T. Chang et S. Y. Liang 【N, W/C】 ♣GXIB; ●GX; ★(AS): CN.

小黄花茶 **Camellia luteoflora** Y. K. Li ex H. T. Chang et F. A. Zeng 【N, W/C】 ♣GBG; ●GZ; ★(AS): CN.

毛蕊红山茶（毛蕊山茶）**Camellia mairei** (H. Lév.) Melch. 【N, W/C】 ♣GXIB, SCBG; ●GD, GX, SC; ★(AS): CN.

石果毛蕊山茶 **Camellia mairei** var. **lapidea** (Y. C. Wu) Sealy 【N, W/C】 ●GX; ★(AS): CN.

小花金花茶 **Camellia micrantha** S. Yun Liang et Y. C. Zhong 【N, W/C】 ♣FLBG, GXIB, KBG, SCBG, XTBG; ●GD, GX, JX, YN; ★(AS): CN.

油茶 **Camellia oleifera** Abel 【N, W/C】 ♣BBG, CBG, CDBG, FBG, FLBG, GA, GBG, GMG, GXIB, HBG, IBCAS, KBG, LBG, NBG, NSBG, SCBG, TBG, WBG, XBG, XLTBG, XMBG, ZAFU; ●AH, BJ, CQ, FJ, GD, GX, GZ, HB, HI, HN, JS, JX, SC, SH, SN, TW, YN, ZJ; ★(AS): CN, LA, MM, VN.

小瘤果茶 **Camellia parvimuricata** H. T. Chang 【N, W/C】 ♣CBG, FBG, GXIB, SCBG, WBG; ●FJ, GD, GX, HB, SH; ★(AS): CN.

大萼小瘤果茶 **Camellia parvimuricata** var. **hupehensis** (Hung T. Chang) T. L. Ming 【N, W/C】 ♣WBG; ●HB; ★(AS): CN.

腺叶离蕊茶 **Camellia paucipunctata** (Merr. et Chun) Chun 【N, W/C】 ●HI; ★(AS): CN.

金花茶 **Camellia petelotii** (Merr.) Sealy 【N, W/C】 ♣BBG, CBG, CDBG, FBG, FLBG, GA, GMG, GXIB, HBG, IBCAS, KBG, NSBG, SCBG, WBG, XMBG, XOIG, XTBG; ●BJ, CQ, FJ, GD, GX, HB, JX, SC, SH, TW, YN, ZJ; ★(AS): CN, VN.

小果金花茶 **Camellia petelotii** var. **microcarpa** T. L. Ming et W. J. Zhang 【N, W/C】 ♣GXIB, LBG, XTBG; ●GX, JX, YN; ★(AS): CN.

毛籽离蕊茶（毛籽短蕊茶）**Camellia pilosperma** S. Yun Liang 【N, W/C】 ♣GXIB; ●GX; ★(AS): CN.

平果金花茶 **Camellia pingguoensis** D. Fang 【N, W/C】 ♣BBG, FLBG, GXIB, KBG, SCBG, XMBG, XTBG; ●BJ, FJ, GD, GX, JX, YN; ★(AS): CN.

顶生金花茶 **Camellia pingguoensis** var. **terminalis** (J. Y. Liang et Z. M. Su) T. L. Ming et W. J. Zhang 【N, W/C】 ♣BBG, GXIB, SCBG, XMBG; ●BJ, FJ, GD, GX; ★(AS): CN.

西南红山茶（西南山茶）**Camellia pitardii** Cohen-Stuart 【N, W/C】 ♣CBG, CDBG, GXIB, KBG,

SCBG, WBG; ●GD, GX, HB, SC, SH, YN; ★(AS): CN.

多变西南山茶 **Camellia pitardii** var. **compressa** (Hung T. Chang et X. K. Wen) T. L. Ming 【N, W/C】 ♣WBG; ●HB; ★(AS): CN.

隐脉西南山茶 **Camellia pitardii** var. **cryptoneura** (Hung T. Chang) T. L. Ming 【N, W/C】 ●GX; ★(AS): CN.

多齿红山茶（多齿山茶）**Camellia polyodonta** F. C. How ex Hu 【N, W/C】 ♣CBG, CDBG, FBG, GA, GBG, GXIB, HBG, SCBG, WBG, XMBG; ●FJ, GD, GX, GZ, HB, JX, SC, SH, ZJ; ★(AS): CN.

长尾多齿山茶 **Camellia polyodonta** var. **longicaudata** (H. T. Chang et S. Y. Liang) Ming 【N, W/C】 ♣GXIB, SCBG; ●GD, GX; ★(AS): CN.

毛叶茶 **Camellia ptilophylla** H. T. Chang 【N, W/C】 ♣SCBG; ●GD; ★(AS): CN.

毛瓣金花茶 **Camellia pubipetala** Y. Wan et S. Z. Huang 【N, W/C】 ♣BBG, FBG, FLBG, GXIB, KBG, SCBG, XTBG; ●BJ, FJ, GD, GX, JX, YN; ★(AS): CN.

红花三江瘤果茶 **Camellia pyxidiacea** var. **rubituberculata** (Hung T. Chang ex M. J. Lin et Q. M. Lu) T. L. Ming 【N, W/C】 ♣KBG; ●YN; ★(AS): CN.

滇山茶 **Camellia reticulata** Lindl. 【N, W/C】 ♣BBG, CDBG, FBG, GA, HBG, KBG, NBG, NSBG, SCBG, WBG, XBG, XMBG; ●BJ, CQ, FJ, GD, HB, JS, JX, SC, SN, TW, YN, ZJ; ★(AS): CN.

皱果茶 **Camellia rhytidocarpa** H. T. Chang et S. Y. Liang 【N, W/C】 ♣CDBG, FLBG, XTBG; ●GD, JX, SC, YN; ★(AS): CN.

川鄂连蕊茶 **Camellia rosthorniana** Hand.-Mazz. 【N, W/C】 ♣WBG; ●HB, SC; ★(AS): CN.

柳叶毛蕊茶 **Camellia salicifolia** Champ. ex Benth. 【N, W/C】 ♣FLBG, GA, SCBG; ●GD, JX; ★(AS): CN.

怒江红山茶（怒江山茶）**Camellia saluenensis** Stapf ex Bean 【N, W/C】 ♣KBG, WBG; ●HB, TW, YN; ★(AS): CN.

茶梅 **Camellia sasanqua** Thunb. 【N, W/C】 ♣BBG, FBG, FLBG, GBG, GXIB, HBG, KBG, LBG, NBG, NSBG, SCBG, TBG, WBG, XMBG, ZAFU; ●AH, BJ, CQ, FJ, GD, GX, GZ, HB, JS, JX, SC, TW, YN, ZJ; ★(AS): CN, JP, LA.

南山茶 **Camellia semiserrata** C. W. Chi 【N, W/C】 ♣CDBG, FBG, FLBG, GXIB, HBG, SCBG, WBG, XTBG; ●AH, FJ, GD, GX, HB, JX, SC, YN, ZJ; ★(AS): CN.

大果南山茶 **Camellia semiserrata** var. **magnocarpa** S. Y. Hu et T. C. Huang 【N, W/C】 ♣GA; ●JX; ★(AS): CN.

茶 **Camellia sinensis** (L.) Kuntze 【N, W/C】 ♣CBG, FBG, FLBG, GA, GBG, GMG, GXIB, HBG, IBCAS, KBG, LBG, NBG, NSBG, SCBG, WBG, XBG, XLTBG, XMBG, XTBG, ZAFU; ●AH, BJ, CQ, FJ, GD, GS, GX, GZ, HA, HB, HI, HN, JS, JX, NX, SC, SH, SN, TW, YN, ZJ; ★(AS): BT, CN, ID, IN, JP, KP, KR, LA, LK, MM, RU-AS, TH, VN.

普洱茶 **Camellia sinensis** var. **assamica** (J. W. Mast.) Kitam. 【N, W/C】 ♣BBG, CBG, HBG, KBG, SCBG, WBG, XTBG; ●BJ, GD, HB, HI, SH, YN, ZJ; ★(AS): CN, JP, LA, MM, TH, VN.

德宏茶 **Camellia sinensis** var. **dehungensis** (H. T. Chang et B. H. Chen) T. L. Ming 【N, W/C】 ●YN; ★(AS): CN.

白毛茶 **Camellia sinensis** var. **pubilimba** Hung T. Chang 【N, W/C】 ♣GXIB; ●GX, YN; ★(AS): CN.

川滇连蕊茶 **Camellia synaptica** Sealy 【N, W/C】 ♣KBG; ●SC, YN; ★(AS): CN.

半宿萼茶（四川离蕊茶）**Camellia szechuanensis** C. W. Chi 【N, W/C】 ♣GXIB; ●GX, SC; ★(AS): CN.

思茅短蕊茶（斑叶离蕊茶）**Camellia szemaoensis** H. T. Chang 【N, W/C】 ♣XTBG; ●YN; ★(AS): CN.

大理茶 **Camellia taliensis** (W. W. Sm.) Melch. 【N, W/C】 ♣GA, XMBG, XTBG; ●FJ, JX, YN; ★(AS): CN, MM, TH.

细叶山茶 **Camellia tenuifolia** (Hayata) Coh-Stuart 【N, W/C】 ♣TBG; ●TW; ★(AS): CN.

阿里山连蕊茶（毛萼连蕊茶）**Camellia transarisanensis** (Hayata) Cohen-Stuart 【N, W/C】 ♣CBG, FBG, GA, GXIB, NBG, SCBG, WBG; ●FJ, GD, GX, HB, JS, JX, SH; ★(AS): CN.

毛枝连蕊茶 **Camellia trichoclada** (Rehder) S. S. Chien 【N, W/C】 ♣HBG; ●ZJ; ★(AS): CN.

云南连蕊茶 **Camellia tsaii** Hu 【N, W/C】 ●TW; ★(AS): CN, MM, VN.

单体红山茶 **Camellia uraku** Kitam. 【I, C】 ♣HBG, WBG, ZAFU; ●HB, ZJ; ★(AS): JP.

毛滇缅离蕊茶 **Camellia wardii** var. **muricatula** (Hung T. Chang) T. L. Ming 【N, W/C】 ●YN; ★

(AS): CN, MM.

五柱滇山茶（猴子木）**Camellia yunnanensis** (Pit. ex Diels) Cohen-Stuart 【N, W/C】 ♣GA, KBG, XTBG; ●GZ, JX, SC, YN; ★(AS): CN.

毛果猴子木 **Camellia yunnanensis** var. **camellioides** (Hu) T. L. Ming 【N, W/C】 ♣KBG, XTBG; ●YN; ★(AS): CN.

239. 山矾科 SYMPLOCACEAE

革瓣山矾属 Cordyloblaste

南岭山矾 **Cordyloblaste pendula** var. **hirtistylis** (C. B. Clarke) Alston 【N, W/C】 ♣FBG, FLBG, SCBG; ●FJ, GD, JX; ★(AS): CN, ID, IN, JP, MM, MY, VN.

山矾属 Symplocos

腺叶山矾 **Symplocos adenophylla** Wall. ex G. Don 【N, W/C】 ♣XMBG, XTBG; ●FJ, YN; ★(AS): CN, ID, IN, LA, MY, PH, SG, TH, VN.

腺柄山矾 **Symplocos adenopus** Hance 【N, W/C】 ♣FBG, SCBG, WBG, XTBG; ●FJ, GD, HB, YN; ★(AS): CN, LA.

薄叶山矾 **Symplocos anomala** Brand 【N, W/C】 ♣CBG, FBG, GA, GBG, HBG, LBG, NBG, SCBG, WBG, XTBG; ●FJ, GD, GZ, HB, JS, JX, SH, YN, ZJ; ★(AS): CN, ID, IN, JP, LA, MM, MY, TH, VN.

南国山矾 **Symplocos austrosinensis** Hand.-Mazz. 【N, W/C】 ♣SCBG, WBG; ●GD, HB; ★(AS): CN.

越南山矾 **Symplocos cochinchinensis** (Lour.) S. Moore 【N, W/C】 ♣FLBG, SCBG, WBG, XLTBG, XMBG, XTBG; ●FJ, GD, HB, HI, JX, YN; ★(AS): BT, CN, ID, IN, JP, KH, LA, LK, MM, MY, PH, SG, TH, VN; (OC): AU, PAF.

黄牛奶树 **Symplocos cochinchinensis** subsp. **laurina** (Retz.) Noot. 【N, W/C】 ♣CBG, CDBG, FBG, FLBG, GA, HBG, SCBG, TBG, WBG, XLTBG, XTBG, ZAFU; ●FJ, GD, HB, HI, JX, SC, SH, TW, YN, ZJ; ★(AS): CN, IN, JP, KH, LA, LK, MM, MY, TH, VN.

狭叶山砚 **Symplocos cochinchinensis** var. **angusti folia** (Guill.) Noot. 【N, W/C】 ♣WBG; ●HB; ★(AS): CN, VN.

密花山矾 **Symplocos congesta** Benth. 【N, W/C】 ♣CBG, FBG, GA, SCBG, WBG, XMBG; ●FJ, GD, HB, JX, SH; ★(AS): CN, LA.

厚叶山矾 **Symplocos crassilimba** Merr. 【N, W/C】 ♣CBG, HBG, WBG; ●HB, SH, ZJ; ★(AS): CN.

长毛山矾 **Symplocos dolichotricha** Merr. 【N, W/C】 ♣FLBG, SCBG; ●GD, JX; ★(AS): CN, VN.

坚木山矾 **Symplocos dryophila** C. B. Clarke 【N, W/C】 ♣XTBG; ●YN; ★(AS): BT, CN, ID, IN, LA, LK, MM, NP, TH, VN.

三裂山矾 **Symplocos fordii** Hance 【N, W/C】 ♣FLBG; ●GD, JX; ★(AS): CN.

腺缘山矾 **Symplocos glandulifera** Brand 【N, W/C】 ♣CBG; ●SH; ★(AS): CN.

羊舌树 **Symplocos glauca** (Thunb.) Koidz. 【N, W/C】 ♣CBG, FBG, FLBG, NBG, TBG, WBG, XMBG; ●FJ, GD, HB, JS, JX, SH, TW; ★(AS): CN, ID, IN, JP, MM, TH, VN.

毛山矾 **Symplocos groffii** Merr. 【N, W/C】 ♣GA, WBG; ●HB, JX; ★(AS): CN, VN.

海桐山矾 **Symplocos heishanensis** Hayata 【N, W/C】 ♣KBG, WBG; ●HB, YN; ★(AS): CN, JP.

光叶山矾 **Symplocos lancifolia** Siebold et Zucc. 【N, W/C】 ♣CBG, FBG, FLBG, GA, GBG, LBG, SCBG, XMBG, XTBG; ●FJ, GD, GZ, JX, SC, SH, YN; ★(AS): CN, ID, IN, JP, PH, VN.

光亮山矾 **Symplocos lucida** (Thunb.) Siebold et Zucc. 【N, W/C】 ♣CBG, CDBG, FBG, FLBG, GA, GXIB, HBG, LBG, NBG, SCBG, TBG, WBG, XTBG, ZAFU; ●FJ, GD, GX, HB, JS, JX, SC, SH, TW, YN, ZJ; ★(AS): BT, CN, ID, IN, JP, KH, LA, LK, MM, MY, SG, TH, VN.

白檀 **Symplocos paniculata** Miq. 【N, W/C】 ♣BBG, CBG, FBG, FLBG, GA, GMG, GXIB, HBG, IBCAS, KBG, LBG, NBG, NSBG, SCBG, WBG, XMBG, XTBG, ZAFU; ●BJ, CQ, FJ, GD, GX, HB, JS, JX, LN, SC, SH, TW, YN, ZJ; ★(AS): BT, CN, ID, IN, JP, KP, KR, LA, LK, MM, VN.

柔毛山矾 **Symplocos pilosa** Rehder 【N, W/C】 ♣KBG; ●YN; ★(AS): CN.

丛花山矾 **Symplocos poilanei** Guill. 【N, W/C】 ♣HBG, LBG, SCBG; ●GD, JX, ZJ; ★(AS): CN, VN.

铁山矾 **Symplocos pseudobarberina** Gontsch. 【N, W/C】 ♣CBG, FBG; ●FJ, SH; ★(AS): CN, KH, VN.

珠仔树 **Symplocos racemosa** Roxb. 【N, W/C】 ♣FLBG, XTBG; ●GD, JX, YN; ★(AS): BT, CN,

ID, IN, LA, LK, MM, TH, VN.

多花山矾 **Symplocos ramosissima** Wall. ex G. Don 【N, W/C】 ♣GBG, GXIB, WBG; ●GX, GZ, HB; ★(AS): BT, CN, ID, IN, LK, MM, NP, VN.

老鼠矢 **Symplocos stellaris** Brand 【N, W/C】 ♣CBG, CDBG, FBG, GA, GBG, HBG, LBG, NBG, SCBG, WBG, XTBG, ZAFU; ●FJ, GD, GZ, HB, JS, JX, SC, SH, YN, ZJ; ★(AS): CN, JP.

沟槽山矾 **Symplocos sulcata** Kurz 【N, W/C】 ♣XTBG; ●YN; ★(AS): CN, MM.

山矾 **Symplocos sumuntia** Buch.-Ham. ex D. Don 【N, W/C】 ♣BBG, CBG, CDBG, FBG, FLBG, GA, GBG, HBG, LBG, NBG, SCBG, WBG, XLTBG, XMBG, XTBG, ZAFU; ●BJ, FJ, GD, GZ, HB, HI, JS, JX, SC, SH, YN, ZJ; ★(AS): BT, CN, ID, IN, JP, KP, LA, LK, MM, MY, NP, TH, VN.

卷毛山矾 **Symplocos ulotricha** Ling 【N, W/C】 ♣WBG; ●HB; ★(AS): CN.

乌饭树叶山矾 **Symplocos vacciniifolia** H. S. Chen et H. G. Ye 【N, W/C】 ♣SCBG; ●GD; ★(AS): CN.

绿枝山矾 **Symplocos viridissima** Brand 【N, W/C】 ♣CBG; ●SH; ★(AS): CN, ID, IN, MM, VN.

微毛山矾 **Symplocos wikstroemiifolia** Hayata 【N, W/C】 ♣SCBG; ●GD; ★(AS): CN, MY, VN.

木核山矾 **Symplocos xylopyrena** C. Y. Wu et Y. F. Wu 【N, W】 ♣XTBG; ●YN; ★(AS): CN.

240. 岩梅科 DIAPENSIACEAE

岩穗属 Galax

岩穗 **Galax urceolata** (Poir.) Brummitt 【I, C】 ●TW; ★(NA): US.

岩匙属 Berneuxia

岩匙 **Berneuxia thibetica** Decne. 【N, W/C】 ♣KBG; ●SC, YN; ★(AS): CN, MM.

岩梅属 Diapensia

喜马拉雅岩梅 **Diapensia himalaica** Hook. f. et Thomson 【N, W/C】 ●YN; ★(AS): BT, CN, ID, IN, LK, MM.

红花岩梅 **Diapensia purpurea** Diels 【N, W/C】 ♣SCBG; ●GD, YN; ★(AS): CN, MM.

岩扇属 Shortia

岩镜 **Shortia soldanelloides** Makino 【I, C】 ★(AS): JP.

241. 安息香科 STYRACACEAE

山茉莉属 Huodendron

双齿山茉莉 **Huodendron biaristatum** (W. W. Sm.) Rehder 【N, W/C】 ♣CBG, WBG, XTBG; ●HB, SH, YN; ★(AS): CN, MM, TH, VN.

岭南山茉莉 **Huodendron biaristatum** var. **parviflorum** (Merr.) Rehder 【N, W/C】 ♣WBG; ●HB; ★(AS): CN.

西藏山茉莉 **Huodendron tibeticum** (J. Anthony) Rehder 【N, W/C】 ♣CBG, GA, GBG, GXIB, SCBG, ZAFU; ●GD, GX, GZ, JX, SH, ZJ; ★(AS): CN, VN.

安息香属 Styrax

喙果安息香 **Styrax agrestis** (Lour.) G. Don 【N, W/C】 ♣SCBG, XLTBG, XTBG; ●GD, HI, YN; ★(AS): CN, ID, IN, LA, MY, VN; (OC): PAF.

美洲安息香 **Styrax americanus** Lam. 【I, C】 ♣CBG; ●SH; ★(NA): US.

银叶安息香 **Styrax argentifolius** H. L. Li 【N, W/C】 ♣KBG; ●YN; ★(AS): CN, VN.

印度安息香 **Styrax benzoin** Dryand. 【I, C】 ♣HBG, XMBG, XOIG; ●FJ, SC, ZJ; ★(AS): ID, IN, LA, MM, MY, SG, TH.

灰叶安息香 **Styrax calvescens** Perkins 【N, W/C】 ♣CBG, HBG, LBG, NBG, WBG; ●HB, JS, JX, SH, ZJ; ★(AS): CN.

嘉赐叶野茉莉 **Styrax casearifolius** Craib 【N, W/C】 ♣XTBG; ●YN; ★(AS): CN, TH.

中华安息香 **Styrax chinensis** Hu et S. Ye Liang 【N, W/C】 ♣BBG, CBG, FLBG, GA, GBG, GXIB, HBG, SCBG, XTBG; ●BJ, GD, GX, GZ, JX, SH, YN, ZJ; ★(AS): CN, LA.

黄果安息香 **Styrax chrysocarpus** H. L. Li 【N, W/C】 ♣XTBG; ●YN; ★(AS): CN.

赛山梅 **Styrax confusus** Hemsl. 【N, W/C】 ♣CBG, FBG, GXIB, HBG, LBG, ZAFU; ●FJ, GX, JX, SH, ZJ; ★(AS): CN.

垂珠花 **Styrax dasyanthus** Perkins 【N, W/C】

♣CBG, CDBG, GA, HBG, LBG, NBG, XMBG, ZAFU; ●FJ, JS, JX, SC, SH, ZJ; ★(AS): CN.

白花龙 **Styrax faberi** Perkins 【N, W/C】 ♣CBG, FBG, GA, GXIB, LBG, SCBG, XTBG, ZAFU; ●FJ, GD, GX, JX, SH, YN, ZJ; ★(AS): CN.

*南美安息香 **Styrax ferrugineus** Nees et Mart. 【I, C】 ♣XTBG; ●YN; ★(SA): BO, BR, PY.

台湾安息香 **Styrax formosanus** Matsum. 【N, W/C】 ♣XTBG; ●YN; ★(AS): CN.

大花野茉莉 **Styrax grandiflorus** Griff. 【N, W/C】 ♣FLBG, KBG; ●GD, JX, YN; ★(AS): BT, CN, ID, IN, JP, LK, MM, NP.

厚叶安息香 **Styrax hainanensis** F. C. How 【N, W/C】 ♣GA; ●JX; ★(AS): CN.

老鸹铃 **Styrax hemsleyanus** Diels 【N, W/C】 ♣GA, HBG, WBG; ●HB, JX, SX, ZJ; ★(AS): CN.

野茉莉 **Styrax japonicus** Siebold et Zucc. 【N, W/C】 ♣BBG, CBG, CDBG, FBG, GA, GBG, HBG, IBCAS, KBG, LBG, NBG, SCBG, WBG, XTBG; ●BJ, FJ, GD, GZ, HB, JS, JX, SC, SH, SX, TW, YN, ZJ; ★(AS): CN, JP, KP, KR, LA.

*墨西哥安息香 **Styrax lanceolatus** P. W. Fritsch 【I, C】 ♣XTBG; ●YN; ★(NA): MX.

绿春安息香（禄春安息香）**Styrax macranthus** Perkins 【N, W/C】 ♣SCBG; ●GD; ★(AS): CN.

大果安息香 **Styrax macrocarpus** Cheng 【N, W/C】 ♣BBG, CBG, CDBG, FBG, FLBG, GA, GXIB, HBG, SCBG, XMBG; ●BJ, FJ, GD, GX, JX, SC, SH, ZJ; ★(AS): CN.

玉铃花 **Styrax obassis** Siebold et Zucc. 【N, W/C】 ♣BBG, CBG, GA, HBG, IBCAS, KBG, LBG, WBG; ●BJ, HB, JX, LN, SH, TW, YN, ZJ; ★(AS): CN, JP, KP.

芬芳安息香 **Styrax odoratissimus** Champ. ex Benth. 【N, W/C】 ♣CBG, CDBG, FBG, GA, GBG, GXIB, HBG, LBG, NBG, SCBG, WBG, ZAFU; ●FJ, GD, GX, GZ, HB, JS, JX, SC, SH, SX, ZJ; ★(AS): CN.

南欧安息香（安息香）**Styrax officinalis** L. 【I, C】 ♣IBCAS; ●BJ, TW; ★(EU): AL, BA, DE, GR, HR, IT, ME, MK, RS, SI, TR; (NA): US.

瓦山安息香 **Styrax perkinsiae** Rehder 【N, W/C】 ♣KBG; ●YN; ★(AS): CN, MM.

粉花安息香 **Styrax roseus** Dunn 【N, W/C】 ♣KBG; ●YN; ★(AS): CN.

皱叶安息香 **Styrax rugosus** Kurz 【N, W/C】 ♣XTBG; ●YN; ★(AS): CN, ID, IN, MM.

齿叶安息香 **Styrax serrulatus** Roxb. 【N, W/C】 ♣FLBG; ●GD, JX; ★(AS): BT, CN, ID, IN, LA, LK, MM, MY, NP, TH, VN.

栓叶安息香 **Styrax suberifolius** Hook. et Arn. 【N, W/C】 ♣CBG, CDBG, FBG, FLBG, GA, GMG, GXIB, HBG, NBG, SCBG, TBG, WBG, XMBG, XOIG, XTBG, ZAFU; ●FJ, GD, GX, HB, JS, JX, SC, SH, TW, YN, ZJ; ★(AS): CN, MM, VN.

越南安息香 **Styrax tonkinensis** (Pierre) Craib ex Hartwich 【N, W/C】 ♣BBG, FBG, FLBG, GA, GMG, GXIB, NBG, SCBG, XLTBG, XMBG, XTBG; ●BJ, FJ, GD, GX, HI, JS, JX, YN; ★(AS): CN, KH, LA, TH, VN.

小叶安息香 **Styrax wilsonii** Rehder 【N, W/C】 ●TW; ★(AS): CN.

赤杨叶属 Alniphyllum

滇赤杨叶 **Alniphyllum eberhardtii** Guillaumin 【N, W/C】 ♣KBG, WBG; ●HB, YN; ★(AS): CN, VN.

赤杨叶 **Alniphyllum fortunei** (Hemsl.) Makino 【N, W/C】 ♣CBG, CDBG, FBG, GA, GBG, GXIB, HBG, KBG, LBG, NBG, SCBG, WBG, XTBG; ●FJ, GD, GX, GZ, HB, JS, JX, SC, SH, YN, ZJ; ★(AS): CN, ID, IN, LA, MM, VN.

台湾赤杨叶 **Alniphyllum pterospermum** Matsum. 【N, W/C】 ♣NBG; ●JS; ★(AS): CN.

秤锤树属 Sinojackia

黄梅秤锤树 **Sinojackia huangmeiensis** J. W. Ge et X. H. Yao 【N, W/C】 ♣WBG; ●HB; ★(AS): CN.

细果秤锤树（小果秤锤树）**Sinojackia microcarpa** C. T. Chen et G. Y. Li 【N, W/C】 ♣WBG, ZAFU; ●HB, ZJ; ★(AS): CN.

矩圆秤锤树 **Sinojackia oblongicarpa** C. T. Chen et T. R. Cao 【N, W/C】 ♣WBG; ●HB; ★(AS): CN.

狭果秤锤树 **Sinojackia rehderiana** Hu 【N, W/C】 ♣HBG, KBG, NBG, WBG; ●HB, JS, YN, ZJ; ★(AS): CN.

肉果秤锤树 **Sinojackia sarcocarpa** L. Q. Luo 【N, W/C】 ♣SCBG, WBG; ●GD, HB; ★(AS): CN.

秤锤树 **Sinojackia xylocarpa** Hu 【N, W/C】 ♣BBG, CBG, CDBG, FBG, FLBG, GA, GXIB, HBG, IBCAS, KBG, LBG, NBG, SCBG, WBG, XMBG, ZAFU; ●BJ, FJ, GD, GX, HB, JS, JX, SC,

SH, TW, YN, ZJ; ★(AS): CN.

长果安息香属 Changiostyrax

长果安息香（长果秤锤树）**Changiostyrax dolichocarpus** (C. J. Qi) C. T. Chen 【N, W/C】 ♣CBG, FLBG, LBG, WBG; ●GD, HB, JX, SC, SH; ★(AS): CN.

陀螺果属 Melliodendron

陀螺果 **Melliodendron xylocarpum** Hand.-Mazz. 【N, W/C】 ♣CBG, CDBG, FBG, GA, GBG, GXIB, IBCAS, LBG, NBG, SCBG, ZAFU; ●BJ, FJ, GD, GX, GZ, JS, JX, SC, SH, ZJ; ★(AS): CN.

白辛树属 Pterostyrax

小叶白辛树 **Pterostyrax corymbosus** Siebold et Zucc. 【N, W/C】 ♣BBG, CBG, CDBG, FBG, GA, GBG, GXIB, HBG, KBG, LBG, NBG, SCBG, WBG, XTBG; ●BJ, FJ, GD, GX, GZ, HB, JS, JX, SC, SH, YN, ZJ; ★(AS): CN, JP.

白辛树 **Pterostyrax psilophyllus** Diels ex Perkins 【N, W/C】 ♣BBG, CBG, CDBG, FBG, FLBG, GXIB, HBG, IBCAS, KBG, NBG, NSBG, SCBG, WBG, XTBG; ●BJ, CQ, FJ, GD, GX, HB, JS, JX, SC, SH, YN, ZJ; ★(AS): CN.

银钟花属 Halesia

北美银钟花 **Halesia carolina** L. 【I, C】 ♣BBG, CBG, IBCAS, XTBG; ●BJ, SH, YN; ★(NA): US.

二翅银钟花 **Halesia diptera** L. 【I, C】 ★(NA): US.

银钟花 **Halesia macgregorii** Chun 【N, W/C】 ♣CBG, FBG, GA, GXIB, HBG, IBCAS, LBG, SCBG, XTBG; ●BJ, FJ, GD, GX, JX, SC, SH, YN, ZJ; ★(AS): CN.

小银钟花 **Halesia parviflora** Michx. 【I, C】 ♣CBG; ●SH; ★(NA): US.

四翅银钟花 **Halesia tetraptera** L. 【I, C】 ♣XTBG; ●YN; ★(NA): US.

山地银钟花（山银钟花）**Halesia tetraptera** var. **monticola** (Rehder) Reveal et Seldin 【I, C】 ♣BBG, CBG, HBG; ●BJ, SH, ZJ; ★(NA): US.

木瓜红属 Rehderodendron

贵州木瓜红 **Rehderodendron kweichowense** Hu 【N, W/C】 ♣CDBG, KBG; ●SC, YN; ★(AS): CN, VN.

木瓜红 **Rehderodendron macrocarpum** Hu 【N, W/C】 ♣CBG, CDBG, FBG, FLBG, GBG, KBG, LBG, WBG; ●FJ, GD, GZ, HB, JX, SC, SH, YN; ★(AS): CN, VN.

242. 瓶子草科 SARRACENIACEAE

卷瓶子草属 Heliamphora

沙地太阳瓶子草 **Heliamphora arenicola** Wistuba, A. Fleischm., Nerz et S. McPherson 【I, C】 ★(SA): VE.

驰曼塔太阳瓶子草 **Heliamphora chimantensis** Wistuba, Carow et Harbarth 【I, C】 ●TW; ★(SA): VE.

山地太阳瓶子草 **Heliamphora collina** Wistuba, Nerz, S. McPherson et A. Fleischm. 【I, C】 ★(SA): VE.

瘦长卷瓶子草（瘦长太阳瓶子草）**Heliamphora elongata** Nerz 【I, C】 ●TW; ★(SA): VE.

无附太阳瓶子草 **Heliamphora exappendiculata** (Maguire et Steyermark) Nerz et Wistuba 【I, C】 ★(SA): VE.

小囊太阳瓶子草 **Heliamphora folliculata** Wistuba, Harbarth et Carow 【I, C】 ●TW; ★(SA): VE.

无毛太阳瓶子草 **Heliamphora glabra** (Maguire) Nerz, Wistuba et Hoogenstr. 【I, C】 ★(SA): BR, GY, VE.

另解太阳瓶子草 **Heliamphora heterodoxa** Steyerm. 【I, C】 ●TW; ★(SA): VE.

刚毛太阳瓶子草 **Heliamphora hispida** Wistuba et Nerz 【I, C】 ♣BBG; ●BJ, TW; ★(SA): BR, VE.

艾氏太阳瓶子草 **Heliamphora ionasi** Maguire 【I, C】 ●TW; ★(SA): VE.

麦氏太阳瓶子草 **Heliamphora macdonaldae** Gleason 【I, C】 ★(SA): VE.

小卷瓶子草（小太阳瓶子草）**Heliamphora minor** Gleason 【I, C】 ●TW; ★(SA): VE.

卷瓶子草（垂花太阳瓶子草）**Heliamphora nutans** Benth. 【I, C】 ♣BBG; ●BJ, TW; ★(SA): BR, GY, VE.

美丽太阳瓶子草 **Heliamphora pulchella** Wistuba, Carow, Harbarth et Nerz 【I, C】 ★(SA): VE.

紫太阳瓶子草 **Heliamphora purpurascens** Wistuba, A. Fleischm., Nerz et S. McPherson 【I, C】 ★(SA): VE.

萨拉兹太阳瓶子草 **Heliamphora sarracenioides** Carow, Wistuba et Harbarth 【I, C】 ★(SA): VE.

泰特卷瓶子草(塔特太阳瓶子草) **Heliamphora tatei** Gleason 【I, C】 ●TW; ★(SA): VE.

内布利纳瓶子草 **Heliamphora tatei** var. **neblinae** (Maguire) Steyerm. 【I, C】 ●TW; ★(SA): VE.

钩状太阳瓶子草 **Heliamphora uncinata** Nerz, Wistuba et A. Fleischm. 【I, C】 ★(SA): VE.

眼镜蛇草属 Darlingtonia

眼镜蛇草 **Darlingtonia californica** Torr. 【I, C】 ♣BBG; ●BJ, TW; ★(NA): US.

瓶子草属 Sarracenia

*阿拉巴马州瓶子草 **Sarracenia alabamensis** Case et R. B. Case 【I, C】 ♣BBG; ●BJ, TW; ★(NA): US.

划艇红瓶子草 **Sarracenia alabamensis** subsp. **wherryi** (D. E. Schnell) Case et R. B. Case 【I, C】 ●TW; ★(NA): US.

翅状瓶子草 **Sarracenia alata** (Alph. Wood) Alph. Wood 【I, C】 ●TW; ★(NA): US.

黄瓶子草 **Sarracenia flava** L. 【I, C】 ♣BBG; ●BJ, TW; ★(NA): US.

深红色黄瓶子草 **Sarracenia flava** var. **atropurpurea** (W. Bull ex Mast.) W. Bull ex W. Robinson 【I, C】 ★(NA): US.

铜帽黄瓶子草 **Sarracenia flava** var. **cuprea** D. E. Schnell 【I, C】 ★(NA): US.

超大黄瓶子草 **Sarracenia flava** var. **maxima** W. Bull ex Mast. 【I, C】 ★(NA): US.

华丽黄瓶子草 **Sarracenia flava** var. **ornata** W. Bull ex W. Robinson 【I, C】 ★(NA): US.

红管黄瓶子草 **Sarracenia flava** var. **rubricorpora** D. E. Schnell 【I, C】 ★(NA): US.

帝王黄瓶子草 **Sarracenia flava** var. **rugelii** Shuttlew. ex A. DC.) Mast. 【I, C】 ★(NA): US.

白网纹瓶子草(长叶瓶子草) **Sarracenia leucophylla** Raf. 【I, C】 ♣BBG, NBG, SCBG, WBG, XMBG, XOIG; ●BJ, FJ, GD, HB, JS, TW; ★(NA): US.

小瓶子草 **Sarracenia minor** Sweet 【I, C】 ♣BBG; ●BJ, TW; ★(NA): US.

山育瓶子草(绿瓶子草) **Sarracenia oreophila** Wherry 【I, C】 ♣BBG; ●BJ, TW; ★(NA): US.

鹦鹉瓶子草 **Sarracenia psittacina** Michx. 【I, C】 ♣BBG; ●BJ, TW; ★(NA): US.

紫瓶子草 **Sarracenia purpurea** L. 【I, C】 ♣BBG, NBG, XMBG; ●BJ, FJ, JS, TW; ★(NA): CA, US.

异叶紫瓶子草 **Sarracenia purpurea** f. **heterophylla** (Eaton) Fern. 【I, C】 ★(NA): US.

球形紫瓶子草 **Sarracenia purpurea** subsp. **gibbosa** 【I, C】 ★(NA): US.

红螺紫瓶子草 **Sarracenia purpurea** subsp. **venosa** (Raf.) Wherry 【I, C】 ♣BBG; ●BJ, TW; ★(NA): US.

伯基紫瓶子草 **Sarracenia purpurea** var. **burkii** D. E. Schnell 【I, C】 ★(NA): US.

山地紫瓶子草 **Sarracenia purpurea** var. **montana** D. E. Schnell et R. O. Determann 【I, C】 ★(NA): US.

红瓶子草(红花瓶子草) **Sarracenia rubra** Walter 【I, C】 ★(NA): US.

海湾瓶子草 **Sarracenia rubra** subsp. **gulfensis** D. E. Schnell 【I, C】 ●TW; ★(NA): US.

琼斯瓶子草 **Sarracenia rubra** subsp. **jonesii** (Wherry) Wherry 【I, C】 ●TW; ★(NA): US.

243. 捕虫木科 RORIDULACEAE

捕虫木属 Roridula

捕虫木（锯齿捕蝇幌）**Roridula dentata** L. 【I, C】 ★(AF): ZA.

美杜莎捕虫木(捕虫木) **Roridula gorgonias** Planch. 【I, C】 ●TW; ★(AF): ZA.

244. 猕猴桃科 ACTINIDIACEAE

水东哥属 Saurauia

蜡质水东哥 **Saurauia cerea** Griff. ex Dyer 【N, W/C】 ♣XTBG; ●YN; ★(AS): CN, IN, MM.

长毛水东哥 **Saurauia macrotricha** Kurz ex Dyer 【N, W/C】 ♣XTBG; ●YN; ★(AS): CN, ID, IN, MM.

尼泊尔水东哥 **Saurauia napaulensis** DC. 【N, W/C】♣KBG, XTBG; ●SC, YN; ★(AS): BT, CN, IN, LA, MM, MY, NP, TH, VN.

*菲律宾水东哥 **Saurauia panduriformis** Elmer 【I,

C】 ♣XTBG; ●YN; ★(AS): PH.

多脉水东哥 **Saurauia polyneura** C. F. Liang et Y. S. Wang【N, W/C】♣XTBG; ●YN; ★(AS): CN.

大花水东哥 **Saurauia punduana** Wall. 【N, W/C】♣XTBG; ●YN; ★(AS): BT, CN, ID, IN, LK, MM.

聚锥水东哥 **Saurauia thyrsiflora** C. F. Liang et Y. S. Wang 【N, W/C】♣WBG; ●HB; ★(AS): CN.

水东哥 **Saurauia tristyla** DC. 【N, W/C】 ♣CBG, FBG, FLBG, GMG, GXIB, SCBG, TMNS, WBG, XMBG, XTBG; ●FJ, GD, GX, HB, JL, JX, SH, TW, YN; ★(AS): CN, IN, MY, NP, TH, VN.

云南水东哥 **Saurauia yunnanensis** C. F. Liang et Y. S. Wang【N, W/C】♣KBG, XTBG; ●YN; ★(AS): CN.

藤山柳属 Clematoclethra

刚毛藤山柳（藤山柳）**Clematoclethra scandens** (Franch.) Maxim. 【N, W/C】♣SCBG; ●GD, SC; ★(AS): CN.

猕猴桃藤山柳 **Clematoclethra scandens** subsp. **actinidioides** (Maxim.) Y. C. Tang et Q. Y. Xiang 【N, W/C】 ♣CBG, WBG; ●HB, SC, SH; ★(AS): CN.

繁花藤山柳 **Clematoclethra scandens** subsp. **hemsleyi** (Baill.) Y. C. Tang et Q. Y. Xiang 【N, W/C】♣CBG; ●SH; ★(AS): CN.

猕猴桃属 Actinidia

软枣猕猴桃 **Actinidia arguta** (Siebold et Zucc.) Planch. ex Miq. 【N, W/C】 ♣BBG, CBG, FBG, GXIB, HFBG, IBCAS, LBG, NBG, SCBG, WBG, XTBG; ●BJ, FJ, GD, GX, HB, HL, JL, JS, JX, LN, SC, SH, SX, TW, YN; ★(AS): CN, JP, KP, KR, MN, RU-AS.

陕西猕猴桃 **Actinidia arguta** var. **giraldii** (Diels) Vorosch. 【N, W/C】 ♣WBG; ●HB; ★(AS): CN, JP.

白背叶猕猴桃 **Actinidia arguta** var. **hypoleuca** (Nakai) Kitam.【I, C】♣WBG; ●HB; ★(AS): JP.

硬齿猕猴桃 **Actinidia callosa** Lindl. 【N, W/C】♣GA, GXIB, HBG, KBG, SCBG, XMBG; ●FJ, GD, GX, JX, SC, SX, YN, ZJ; ★(AS): BT, CN, ID, IN, LK, MM, MY, NP.

尖叶猕猴桃 **Actinidia callosa** var. **acuminata** C. F. Liang 【N, W/C】 ♣WBG; ●HB; ★(AS): CN.

异色猕猴桃 **Actinidia callosa** var. **discolor** C. F. Liang 【N, W/C】 ♣CBG, FBG, GXIB, LBG, WBG; ●FJ, GX, HB, JX, SH; ★(AS): CN.

京梨猕猴桃 **Actinidia callosa** var. **henryi** Maxim. 【N, W/C】 ♣CBG, FBG, GXIB, SCBG, WBG; ●FJ, GD, GX, HB, SC, SH; ★(AS): CN.

毛叶硬齿猕猴桃 **Actinidia callosa** var. **strigillosa** C. F. Liang 【N, W/C】 ♣WBG; ●HB; ★(AS): CN.

中华猕猴桃 **Actinidia chinensis** Planch. 【N, W/C】 ♣BBG, CBG, CDBG, FBG, GA, GBG, GXIB, HBG, IBCAS, KBG, LBG, NBG, SCBG, WBG, XBG, XMBG, ZAFU; ●AH, BJ, FJ, GD, GS, GX, GZ, HA, HB, HN, JL, JS, JX, LN, SC, SH, SN, SX, TW, YN, ZJ; ★(AS): CN.

美味猕猴桃 **Actinidia chinensis** var. **deliciosa** (A. Chev.) A. Chev. 【N, W/C】♣CBG, FBG, FLBG, GXIB, SCBG, WBG, XMBG, XOIG, ZAFU; ●FJ, GD, GX, HB, JX, SC, SH, TW, YN, ZJ; ★(AS): CN.

刺毛猕猴桃 **Actinidia chinensis** var. **setosa** H. L. Li 【N, W/C】 ♣WBG; ●HB, TW; ★(AS): CN.

金花猕猴桃 **Actinidia chrysantha** C. F. Liang 【N, W/C】 ♣GXIB, WBG; ●GD, GX, HB, HN; ★(AS): CN.

柱果猕猴桃 **Actinidia cylindrica** C. F. Liang 【N, W/C】 ♣GXIB, WBG; ●GX, HB; ★(AS): CN.

网脉猕猴桃 **Actinidia cylindrica** var. **reticulata** C. F. Liang 【N, W/C】 ♣GXIB, WBG; ●GX, HB; ★(AS): CN.

毛花猕猴桃 **Actinidia eriantha** Benth. 【N, W/C】 ♣CBG, FBG, GA, GBG, GXIB, HBG, LBG, NBG, SCBG, WBG, XMBG; ●FJ, GD, GX, GZ, HB, JS, JX, SC, SH, ZJ; ★(AS): CN.

粉毛猕猴桃 **Actinidia farinosa** C. F. Liang 【N, W/C】 ♣GXIB, WBG; ●GX, HB; ★(AS): CN.

条叶猕猴桃 **Actinidia fortunatii** Finet et Gagnep. 【N, W/C】 ♣GMG, GXIB, SCBG, WBG; ●GD, GX, HB, SC; ★(AS): CN, VN.

黄毛猕猴桃 **Actinidia fulvicoma** Hance 【N, W/C】 ♣CBG, GA, GXIB, KBG, SCBG, WBG; ●GD, GX, HB, JX, SH, YN; ★(AS): CN, VN.

糙毛猕猴桃 **Actinidia fulvicoma** var. **hirsuta** Finet et Gagnep. 【N, W/C】 ♣SCBG; ●GD; ★(AS): CN.

大花猕猴桃 **Actinidia grandiflora** C. F. Liang 【N, W/C】 ♣GXIB, WBG; ●GX, HB; ★(AS): CN.

长叶猕猴桃 **Actinidia hemsleyana** Dunn 【N, W/C】♣CBG, FBG, GXIB, HBG, WBG; ●FJ, GX,

HB, SH, ZJ; ★(AS): CN.

蒙自猕猴桃 **Actinidia henryi** Dunn 【N, W/C】 ♣WBG; ●HB; ★(AS): CN.

全毛猕猴桃 **Actinidia holotricha** Finet et Gagnep. 【N, W/C】 ♣WBG; ●HB; ★(AS): CN.

湖北猕猴桃 **Actinidia hubeiensis** H. M. Sun et R. H. Huang【N, W/C】♣WBG; ●HB; ★(AS): CN.

中越猕猴桃 **Actinidia indochinensis** Merr. 【N, W/C】 ♣GXIB, NBG, WBG; ●GX, HB, JS; ★(AS): CN, VN.

江西猕猴桃 **Actinidia jiangxiensis** C. F. Liang et Li 【N, W/C】 ♣WBG; ●HB; ★(AS): CN.

狗枣猕猴桃 **Actinidia kolomikta** (Rupr. et Maxim.) Maxim. 【N, W/C】 ♣BBG, CBG, GXIB, HFBG, LBG, NBG, WBG, XTBG; ●BJ, GX, HA, HB, HL, JS, JX, LN, NM, SC, SH, SX, TW, YN, ZJ; ★(AS): CN, JP, KP, KR, MN, RU-AS.

小叶猕猴桃 **Actinidia lanceolata** Dunn 【N, W/C】 ♣CBG, HBG, LBG, NBG, WBG, XMBG; ●FJ, HB, JS, JX, SH, ZJ; ★(AS): CN.

阔叶猕猴桃 **Actinidia latifolia** (Gardner et Champ.) Merr. 【N, W/C】 ♣CBG, CDBG, FBG, FLBG, GA, GMG, GXIB, SCBG, WBG; ●FJ, GD, GX, HB, JX, SC, SH; ★(AS): CN, KH, LA, MY, TH, VN.

长绒猕猴桃 **Actinidia latifolia** var. **mollis** (Dunn) Hand.-Mazz. 【N, W/C】 ♣WBG; ●HB; ★(AS): CN.

两广猕猴桃 **Actinidia liangguangensis** C. F. Liang 【N, W/C】 ♣GXIB, WBG; ●GX, HB; ★(AS): CN.

漓江猕猴桃 **Actinidia lijiangensis** C. F. Liang et Y. X. Lu 【N, W/C】 ♣GXIB, WBG; ●GX, HB; ★(AS): CN.

临桂猕猴桃 **Actinidia linguiensis** R. G. Li et X. G. Wang 【N, W/C】 ♣GXIB; ●GX; ★(AS): CN.

长果猕猴桃 **Actinidia longicarpa** R. G. Li et M. Y. Liang 【N, W/C】 ♣CBG, GXIB; ●GX, SH; ★(AS): CN.

大籽猕猴桃 **Actinidia macrosperma** C. F. Liang 【N, W/C】 ♣GXIB, HBG, NBG, WBG, ZAFU; ●GX, HB, JS, ZJ; ★(AS): CN.

梅叶猕猴桃 **Actinidia macrosperma** var. **mumoides** C. F. Liang 【N, W/C】 ♣WBG; ●HB; ★(AS): CN.

黑蕊猕猴桃 **Actinidia melanandra** Franch. 【N, W/C】 ♣CBG, HBG, LBG, NBG, SCBG, WBG; ●GD, GS, HB, JS, JX, SC, SD, SH, SN, ZJ; ★(AS): CN.

美丽猕猴桃 **Actinidia melliana** Hand.-Mazz. 【N, W/C】 ♣GMG, GXIB, SCBG, WBG; ●GD, GX, HB; ★(AS): CN.

桃花猕猴桃 **Actinidia persicina** R. G. Li et L. Mo 【N, W/C】 ♣GXIB, WBG; ●GX, HB; ★(AS): CN.

贡山猕猴桃 **Actinidia pilosula** (Finet et Gagnep.) Stapf ex Hand.-Mazz. 【N, W/C】 ♣GXIB, KBG, WBG; ●GX, HB, YN; ★(AS): CN.

葛枣猕猴桃 **Actinidia polygama** (Siebold et Zucc.) Maxim. 【N, W/C】 ♣BBG, FBG, GXIB, HBG, HFBG, IBCAS, NBG, WBG; ●BJ, FJ, GX, HB, HL, JS, LN, SC, SD, ZJ; ★(AS): CN, JP, KP, KR, MN, RU-AS.

融水猕猴桃 **Actinidia rongshuiensis** R. G. Li et X. G. Wang【N, W/C】♣GXIB; ●GX; ★(AS): CN.

红茎猕猴桃 **Actinidia rubricaulis** Dunn【N, W/C】 ♣FBG, WBG; ●FJ, HB, SC; ★(AS): CN, TH, VN.

革叶猕猴桃 **Actinidia rubricaulis** var. **coriacea** (Finet et Gagnep.) C. F. Liang【N, W/C】♣CBG, FBG, GXIB, KBG, SCBG, WBG; ●FJ, GD, GX, HB, SC, SH, YN; ★(AS): CN.

昭通猕猴桃 **Actinidia rubus** H. Lév. 【N, W/C】 ♣WBG; ●HB; ★(AS): CN.

山梨猕猴桃 **Actinidia rufa** (Siebold et Zucc.) Planch. ex Miq. 【N, W/C】♣GXIB, WBG; ●GX, HB; ★(AS): CN, JP, KP, KR.

红毛猕猴桃 **Actinidia rufotricha** C. Y. Wu 【N, W/C】 ♣WBG; ●HB; ★(AS): CN.

密花猕猴桃 **Actinidia rufotricha** var. **glomerata** C. F. Liang 【N, W/C】 ♣GXIB, WBG; ●GX, HB; ★(AS): CN.

清风藤猕猴桃 **Actinidia sabiifolia** Dunn 【N, W/C】 ♣GXIB, WBG; ●GX, HB; ★(AS): CN.

花楸猕猴桃 **Actinidia sorbifolia** C. F. Liang 【N, W/C】 ♣WBG; ●HB; ★(AS): CN.

安息香猕猴桃 **Actinidia styracifolia** C. F. Liang 【N, W/C】 ♣CBG, FBG, GXIB, WBG; ●FJ, GX, HB, SH; ★(AS): CN.

四萼猕猴桃 **Actinidia tetramera** Maxim. 【N, W/C】 ♣BBG, GXIB, WBG; ●BJ, GX, HB, SC; ★(AS): CN.

榆叶猕猴桃 **Actinidia ulmifolia** C. F. Liang 【N, W/C】 ♣XTBG; ●YN; ★(AS): CN.

伞花猕猴桃 **Actinidia umbelloides** C. F. Liang【N,

W/C】 ♣XTBG; ●YN; ★(AS): CN.

扇叶猕猴桃 **Actinidia umbelloides** var. **flabellifolia** C. F. Liang 【N, W/C】 ♣XTBG; ●YN; ★(AS): CN.

对萼猕猴桃 **Actinidia valvata** Dunn 【N, W/C】 ♣CBG, GA, GXIB, HBG, LBG, NBG, WBG, XMBG, ZAFU; ●FJ, GX, HB, JS, JX, SH, ZJ; ★(AS): CN.

显脉猕猴桃 **Actinidia venosa** Rehder 【N, W/C】 ♣GXIB; ●GX, SC; ★(AS): CN.

葡萄叶猕猴桃 **Actinidia vitifolia** C. Y. Wu 【N, W/C】 ♣WBG; ●HB; ★(AS): CN.

浙江猕猴桃 **Actinidia zhejiangensis** C. F. Liang 【N, W/C】 ♣GXIB, WBG; ●GX, HB; ★(AS): CN.

245. 桤叶树科 CLETHRACEAE

桤叶树属 Clethra

桤叶山柳（甜胡椒）**Clethra alnifolia** L. 【I, C】 ♣CBG, IBCAS; ●BJ, SH; ★(NA): US.

大山柳（马德拉桤叶树）**Clethra arborea** Aiton 【I, C】 ●TW; ★(AS): CY; (EU): MC, PT-30.

髭脉桤叶树 **Clethra barbinervis** Siebold et Zucc. 【N, W/C】 ♣CBG, FBG, HBG, IBCAS, LBG, WBG, XTBG; ●BJ, FJ, HB, JX, SH, TW, YN, ZJ; ★(AS): CN, JP, KP, KR.

单毛桤叶树 **Clethra bodinieri** H. Lév. 【N, W/C】 ♣SCBG, WBG; ●GD, HB; ★(AS): CN.

云南桤叶树 **Clethra delavayi** Franch. 【N, W/C】 ♣CBG, FBG, GA, GXIB, HBG, KBG, LBG, SCBG; ●FJ, GD, GX, JX, SH, TW, YN, ZJ; ★(AS): BT, CN, ID, IN, LK, MM, VN.

华南桤叶树 **Clethra fabri** Hance 【N, W/C】 ♣SCBG, WBG; ●BJ, GD, HB; ★(AS): CN, LA, VN.

城口桤叶树 **Clethra fargesii** Franch. 【N, W/C】 ♣FBG, HBG, LBG, WBG; ●FJ, HB, JX, ZJ; ★(AS): CN.

246. 鞣木科 CYRILLACEAE

鞣木属 Cyrilla

鞣木（翅萼木）**Cyrilla racemiflora** L. 【I, C】 ♣BBG, CBG; ●AH, BJ, HE, SH; ★(NA): BZ, HN, NI, PR, US; (SA): BR, CO, GF.

247. 杜鹃花科 ERICACEAE

吊钟花属 Enkianthus

布纹吊钟花（黄吊钟花）**Enkianthus campanulatus** (Miq.) G. Nicholson 【I, C】 ♣CBG, IBCAS; ●BJ, SH, TW; ★(AS): JP.

日本吊钟花 **Enkianthus cernuus** (Siebold et Zucc.) Benth. et Hook. f. ex Makino 【I, C】 ●TW; ★(AS): JP.

灯笼树（灯笼吊钟花）**Enkianthus chinensis** Franch. 【N, W/C】 ♣CBG, FBG, GBG, HBG, KBG, LBG, SCBG, WBG; ●FJ, GD, GZ, HB, JX, SC, SH, YN, ZJ; ★(AS): CN, MM.

毛叶吊钟花 **Enkianthus deflexus** (Griff.) C. K. Schneid. 【N, W/C】 ♣KBG, SCBG; ●GD, SC, YN; ★(AS): BT, CN, ID, IN, JP, LK, MM, NP.

台湾吊钟花 **Enkianthus perulatus** (Miq.) C. K. Schneid. 【N, W/C】 ♣HBG; ●TW, ZJ; ★(AS): CN, JP, MM.

吊钟花 **Enkianthus quinqueflorus** Lour. 【N, W/C】 ♣CBG, FLBG, GA, GBG, GXIB, NBG, SCBG, WBG; ●BJ, GD, GX, GZ, HB, JS, JX, SH; ★(AS): CN, LA, VN.

晚花吊钟花 **Enkianthus serotinus** Chun et W. P. Fang 【N, W/C】 ♣GXIB; ●GX; ★(AS): CN.

齿缘吊钟花 **Enkianthus serrulatus** (E. H. Wilson) C. K. Schneid. 【N, W/C】 ♣CBG, FBG, FLBG, LBG, SCBG, WBG; ●FJ, GD, HB, JX, SH; ★(AS): CN.

鹿蹄草属 Pyrola

鹿蹄草 **Pyrola calliantha** Andres 【N, W/C】 ♣CBG, HBG, LBG, SCBG, WBG; ●GD, HB, JX, SC, SH, YN, ZJ; ★(AS): CN.

普通鹿蹄草 **Pyrola decorata** Andres 【N, W/C】 ♣CBG, HBG, LBG; ●JX, SC, SH, ZJ; ★(AS): BT, CN.

椭圆鹿蹄草 **Pyrola elliptica** Nutt. 【I, C】 ★(NA): CA, US.

日本鹿蹄草 **Pyrola japonica** Siebold ex Miq. 【N, W/C】 ●ZJ; ★(AS): CN, JP, KP, KR, MN, RU-AS.

台湾鹿蹄草 **Pyrola morrisonensis** (Hayata) Hayata 【N, W/C】 ♣TMNS; ●TW; ★(AS): CN.

圆叶鹿蹄草 **Pyrola rotundifolia** L. 【N, W/C】 ♣LBG; ●JX; ★(AS): CN, GE, JP, MM, MN, RU-AS; (EU): AT, BA, BE, BG, CZ, DE, ES, FI, GB, HR, HU, IT, ME, MK, NL, NO, PL, RO, RS, RU, SI.

喜冬草属 Chimaphila

喜冬草 **Chimaphila japonica** Miq. 【N, W/C】 ♣WBG; ●HB; ★(AS): BT, CN, IN, JP, KP, KR, LK, MN, RU-AS.

斑点喜冬草（斑点梅笠草）**Chimaphila maculata** (L.) Pursh 【I, C】 ★(NA): CR, GT, HN, MX, NI, PA, SV, US.

草莓树属 Arbutus

草莓树 **Arbutus unedo** L. 【I, C】 ♣BBG, CBG; ●BJ, SH, TW; ★(EU): AL, BA, BE, ES, FR, GB, GR, HR, IT, LU, MC, ME, MK, NL, RS, SI.

熊果属 Arctostaphylos

展枝熊果 **Arctostaphylos patula** Greene 【I, C】 ●TW; ★(NA): MX, US.

熊果 **Arctostaphylos uva-ursi** (L.) Spreng. 【I, C】 ●BJ, TW; ★(AS): AM, AZ, GE, IR, RU-AS, TR; (EU): AL, AT, BA, BG, CZ, DE, ES, FI, GB, GR, HR, IS, IT, ME, MK, NL, NO, PL, RO, RS, RU, SI, UA; (NA): CA, GL, US.

水晶兰属 Monotropa

水晶兰 **Monotropa uniflora** L. 【N, W/C】 ♣GBG, LBG, WBG; ●GZ, HB, JX; ★(AS): BT, CN, ID, IN, JP, KP, KR, LK, MM, MN, NP, RU-AS; (NA): CA, CR, GT, HN, MX, NI, PA, US.

岩须属 Cassiope

篦叶岩须 **Cassiope pectinata** Stapf 【N, W/C】 ●YN; ★(AS): CN, MM.

岩须 **Cassiope selaginoides** Hook. f. et Thomson 【N, W/C】 ♣SCBG; ●GD, SC, YN; ★(AS): BT, CN, IN, MM, NP, RU-AS.

山月桂属 Kalmia

狭叶山月桂 **Kalmia angustifolia** L. 【I, C】 ♣BBG, CBG; ●BJ, SH, TW; ★(NA): US.

山月桂（宽叶山月桂）**Kalmia latifolia** (L.) Kuntze 【I, C】 ♣BBG, CBG; ●BJ, SH, TW; ★(NA): US.

松毛翠属 Phyllodoce

松毛翠 **Phyllodoce caerulea** (L.) Bab. 【N, W/C】 ♣BBG; ●BJ, LN; ★(AS): CN, JP, KP, KR, MN, PH, RU-AS; (EU): DE, FI, GB, IS, NO, RU.

桃花翠属 ×Phylliopsis

桃花翠（红泡花）× **Phylliopsis hillieri** Cullen et R. Lancaster 【I, C】 ★(EU): GB.

松叶钟属 ×Phyllothamnus

松叶钟 × **Phyllothamnus erectus** C. K. Schneid. 【I, C】 ★(EU): GB.

大宝石南属 Daboecia

大宝石南 **Daboecia cantabrica** (Huds.) K. Koch 【I, C】 ●TW; ★(OC): AU, NZ.

帚石南属 Calluna

帚石南 **Calluna vulgaris** (L.) Hull 【I, C】 ♣CBG; ●BJ, NX, SH, TW; ★(EU): AT, BE, BY, DK, FI, FR, GB, IS, LU, MC, NL, NO, SE.

欧石南属 Erica

白欧石南 **Erica arborea** L. 【I, C】 ♣NBG; ●BJ, JS, TW; ★(AF): CM, ET, LY, MA, TN, TZ, UG; (OC): AU; (EU): AL, BA, ES, FR, GR, HR, IT, MC, ME, MK, PT, RS, SI.

澳石南 **Erica australis** L. 【I, C】 ♣NBG; ●JS; ★(EU): ES, LU, PT.

紫花欧石南 **Erica cinerea** L. 【I, C】 ●TW; ★(EU): AT, BE, CH, CZ, DE, FR, GB, HU, LI, LU, MC, NL, PL.

伞花石南 **Erica deliciosa** H. L. Wendl. ex Benth. 【I, C】 ♣NBG; ●JS; ★(AF): ZA.

爱尔兰欧石南 **Erica erigena** R. Ross 【I, C】 ●AH, TW; ★(EU): IE.

*鼠麹石南 **Erica gnaphaloides** L. 【I, C】 ●TW; ★(AF): ZA.

草枝欧石南 **Erica herbacea** L. 【I, C】 ♣GA; ●JX, TW; ★(EU): AL, AT, BA, CZ, DE, ES, HR, IT, ME, MK, RO, RS, SI.

*多花欧石南 **Erica multiflora** L. 【I, C】 ●TW; ★

(AF): MA; (AS): SA; (EU): AL, BA, BY, DE, ES, HR, IT, ME, MK, RS, SI.

四齿欧石南 **Erica tetralix** L. 【I, C】 ●TW; ★(EU): BA, BE, CZ, DE, ES, FI, GB, LU, NL, NO, PL, RU.

岩高兰属 Empetrum

岩高兰 **Empetrum nigrum** L. 【N, W/C】 ●NM; ★(AS): CN, GE, JP, KP, KR, MM, MN, RU-AS; (EU): AL, AT, BA, BE, BG, CZ, DE, ES, FI, FR, GB, HR, IS, IT, ME, MK, NL, NO, PL, RO, RS, RU, SI.

东北岩高兰 **Empetrum nigrum** subsp. **asiaticum** (Nakai ex H. Ito) Kuvaev 【N, W/C】 ♣HFBG; ●HL; ★(AS): CN, JP, KP, KR, MN.

杜鹃花属 Rhododendron

落毛杜鹃 **Rhododendron** × **detonsum** Balf.f. et Forrest 【N, C】 ♣WCSBG; ●SC; ★(AS): CN.

粉红爆杖花(密通花)**Rhododendron** × **duclouxii** H. Lév. 【N, C】 ♣KBG; ●YN; ★(AS): CN.

显萼杜鹃 **Rhododendron** × **erythrocalyx** Balf.f. et Forrest 【N, C】 ♣WCSBG; ●SC; ★(AS): CN.

锦绣杜鹃 **Rhododendron** × **pulchrum** Sweet 【N, C】 ♣FLBG, GBG, GXIB, HBG, KBG, LBG, NBG, SCBG, WBG, XMBG, XTBG; ●AH, FJ, GD, GX, GZ, HB, JS, JX, SC, YN, ZJ; ★(AS): CN, IN, JP.

碟花杜鹃 **Rhododendron aberconwayi** Cowan 【N, W/C】 ♣KBG; ●JX, SC, YN; ★(AS): CN.

腺房杜鹃 **Rhododendron adenogynum** Diels 【N, W/C】 ♣GBG, WCSBG; ●GZ, JX, SC; ★(AS): CN.

弯尖杜鹃 **Rhododendron adenopodum** Franch. 【N, W/C】 ♣WBG, WCSBG; ●HB, SC; ★(AS): CN.

雪山杜鹃 **Rhododendron aganniphum** Balf.f. et Kingdon-Ward 【N, W/C】 ♣WCSBG; ●SC, YN; ★(AS): CN.

黄毛雪山杜鹃 **Rhododendron aganniphum** var. **flavorufum** (Balf.f. et Forrest) D. F. Chamb. 【N, W/C】 ♣WCSBG; ●SC; ★(AS): CN.

迷人杜鹃 **Rhododendron agastum** Balf.f. et W. W. Sm. 【N, W/C】 ♣GBG, KBG, WCSBG; ●GZ, SC, YN; ★(AS): CN, MM.

光柱迷人杜鹃 **Rhododendron agastum** var. **pennivenium** (Balf.f. et Forrest) T. L. Ming 【N, W/C】 ♣WCSBG; ●SC; ★(AS): CN, MM.

棕背杜鹃 **Rhododendron alutaceum** Balf.f. et W. W. Sm. 【N, W/C】 ♣WCSBG; ●SC; ★(AS): CN.

问客杜鹃 **Rhododendron ambiguum** Hemsl. 【N, W/C】 ♣GBG, WCSBG; ●GZ, SC; ★(AS): CN.

紫花杜鹃 **Rhododendron amesiae** Rehder et E. H. Wilson 【N, W/C】 ♣WCSBG; ●SC; ★(AS): CN.

暗叶杜鹃 **Rhododendron amundsenianum** Hand.-Mazz. 【N, W/C】 ♣WCSBG; ●SC; ★(AS): CN.

桃叶杜鹃 **Rhododendron annae** Franch. 【N, W/C】 ♣GBG, KBG, LBG, WCSBG; ●GZ, JX, SC, YN; ★(AS): CN, MM.

滇西桃叶杜鹃 **Rhododendron annae** subsp. **laxiflorum** (Balf.f. et Forrest) T. L. Ming 【N, W/C】 ♣KBG, WCSBG; ●SC, YN; ★(AS): CN.

越南杜鹃 **Rhododendron annamense** Rehder 【I, C】 ♣LBG; ●JX; ★(AS): VN.

烈香杜鹃 **Rhododendron anthopogonoides** Maxim. 【N, W/C】 ♣WCSBG; ●SC; ★(AS): CN.

团花杜鹃 **Rhododendron anthosphaerum** Diels 【N, W/C】 ♣KBG, SCBG, WCSBG, XMBG; ●FJ, GD, SC, YN; ★(AS): CN, MM.

宿鳞杜鹃 **Rhododendron aperantum** Balf.f. et Kingdon-Ward 【N, W/C】 ♣WCSBG; ●SC; ★(AS): CN, MM.

茶绒杜鹃 **Rhododendron apricum** P. C. Tam 【N, W/C】 ♣WCSBG, XMBG; ●FJ, SC; ★(AS): CN.

窄叶杜鹃 **Rhododendron araiophyllum** Balf.f. et W. W. Sm. 【N, W/C】 ♣KBG, WCSBG; ●SC, YN; ★(AS): CN, MM.

树形杜鹃 **Rhododendron arboreum** Sm. 【N, W/C】 ♣WCSBG; ●SC, TW; ★(AS): BT, CN, ID, IN, LK, MM, NP, TH, VN.

粉红树形杜鹃 **Rhododendron arboreum** var. **roseum** Lindl. 【N, W/C】 ♣WCSBG; ●SC; ★(AS): BT, CN, IN, NP.

毛枝杜鹃 **Rhododendron argipeplum** Balf.f. et R. E. Cooper 【N, W/C】 ♣WCSBG; ●SC; ★(AS): BT, CN, ID, IN, LK.

银叶杜鹃 **Rhododendron argyrophyllum** Franch. 【N, W/C】 ♣CBG, GBG, HBG, KBG, LBG, WCSBG; ●GZ, JX, SC, SH, TW, YN, ZJ; ★(AS): CN.

峨眉银叶杜鹃 **Rhododendron argyrophyllum** subsp. **omeiense** (Rehder et E. H. Wilson) D. F. Chamb. 【N, W/C】 ♣WBG, WCSBG; ●HB, SC; ★(AS): CN.

夺目杜鹃 **Rhododendron arizelum** Balf.f. et Forrest【N, W/C】♣WCSBG; ●SC; ★(AS): CN, MM.

汶川星毛杜鹃 **Rhododendron asterochnoum** Diels【N, W/C】♣WCSBG; ●SC; ★(AS): CN.

暗紫杜鹃 **Rhododendron atropunicum** H. P. Yang【N, W/C】♣WCSBG; ●SC; ★(AS): CN.

大关杜鹃 **Rhododendron atrovirens** Franch.【N, W/C】♣GBG; ●GZ; ★(AS): CN.

毛肋杜鹃 **Rhododendron augustinii** Hemsl.【N, W/C】♣CBG, KBG, WBG, WCSBG; ●HB, JX, SC, SH, TW, YN; ★(AS): CN.

张口杜鹃 **Rhododendron augustinii** subsp. **chasmanthum** (Diels) Cullen【N, W/C】♣WCSBG; ●SC; ★(AS): CN.

牛皮杜鹃 **Rhododendron aureum** Franch.【N, W/C】♣BBG, HFBG; ●BJ, HL, LN; ★(AS): CN, JP, KP, KR, MN, RU-AS.

耳叶杜鹃 **Rhododendron auriculatum** Hemsl.【N, W/C】♣CBG, GBG, GXIB, LBG, WBG, WCSBG; ●GX, GZ, HB, JX, SC, SH, TW; ★(AS): CN.

腺萼马银花 **Rhododendron bachii** H. Lév.【N, W/C】♣FBG, GXIB, LBG, SCBG, WBG; ●FJ, GD, GX, HB, JX, SC; ★(AS): CN.

辐花杜鹃 **Rhododendron baileyi** Balf.f.【N, W/C】♣CBG; ●SH; ★(AS): BT, CN, IN, LK.

毛萼杜鹃 **Rhododendron bainbridgeanum** Tagg et Forrest【N, W/C】♣WCSBG; ●SC; ★(AS): CN, MM.

巴郎杜鹃（巴朗杜鹃）**Rhododendron balangense** W. P. Fang【N, W/C】♣CBG, WCSBG; ●SC, SH; ★(AS): CN.

粉钟杜鹃 **Rhododendron balfourianum** Diels【N, W/C】●SC, YN; ★(AS): CN.

斑玛杜鹃 **Rhododendron bamaense** Z. J. Zhao【N, W/C】♣WCSBG; ●SC; ★(AS): CN.

粗枝杜鹃 **Rhododendron basilicum** Balf.f. et W. W. Sm.【N, W/C】♣WCSBG; ●SC; ★(AS): CN, MM.

多叶杜鹃 **Rhododendron bathyphyllum** Balf.f. et Forrest【N, W/C】♣GBG, WCSBG; ●GZ, SC; ★(AS): CN.

宽钟杜鹃 **Rhododendron beesianum** Diels【N, W/C】♣WCSBG, XMBG; ●FJ, SC, YN; ★(AS): CN, MM.

苞叶杜鹃 **Rhododendron bracteatum** Rehder et E. H. Wilson【N, W/C】♣BBG, WCSBG; ●BJ, SC; ★(AS): CN.

短脉杜鹃 **Rhododendron brevinerve** Chun et W. P. Fang【N, W/C】♣GBG, GXIB, LBG, WBG; ●GX, GZ, HB, JX; ★(AS): CN.

蜿蜒杜鹃 **Rhododendron bulu** Hutch.【N, W/C】♣WCSBG; ●SC, YN; ★(AS): CN.

锈红杜鹃 **Rhododendron bureavii** Franch.【N, W/C】♣WCSBG; ●JX, SC; ★(AS): CN.

卵叶杜鹃 **Rhododendron callimorphum** Balf.f. et W. W. Sm.【N, W/C】♣WCSBG; ●SC; ★(AS): CN, MM.

美容杜鹃 **Rhododendron calophytum** Franch.【N, W/C】♣CBG, GBG, KBG, WCSBG; ●GZ, SC, SH, TW, YN; ★(AS): CN.

尖叶美容杜鹃 **Rhododendron calophytum** var. **openshawianum** (Rehder et E. H. Wilson) D. F. Chamb.【N, W/C】♣WCSBG; ●SC; ★(AS): CN.

美被杜鹃 **Rhododendron calostrotum** Balf.f. et Kingdon-Ward【N, W/C】♣GBG, GXIB, SCBG, WCSBG; ●GD, GX, GZ, SC, TW; ★(AS): CN, ID, IN, MM.

变光杜鹃 **Rhododendron calvescens** Balf.f. et Forrest【N, W/C】♣WCSBG; ●SC; ★(AS): CN.

长梗变光杜鹃 **Rhododendron calvescens** var. **duseimatum** (Balf.f. et Forrest) D. F. Chamb.【N, W/C】♣WCSBG; ●SC; ★(AS): CN.

钟花杜鹃 **Rhododendron campanulatum** D. Don【N, W/C】♣WCSBG; ●SC; ★(AS): BT, CN, ID, IN, LK, MM, NP.

弯果杜鹃 **Rhododendron campylocarpum** Hook. f.【N, W/C】♣WCSBG; ●SC; ★(AS): BT, CN, ID, IN, LK, MM, NP.

美丽弯果杜鹃 **Rhododendron campylocarpum** subsp. **caloxanthum** (Balf.f. et Farrer) D. F. Chamb.【N, W/C】♣WCSBG; ●SC; ★(AS): CN, MM.

弯柱杜鹃 **Rhododendron campylogynum** Franch.【N, W/C】♣WCSBG; ●SC; ★(AS): CN, ID, IN, MM.

加拿大杜鹃 **Rhododendron canadense** (L.) Britton, Sterns et Poggenb.【I, C】♣LBG; ●JX; ★(NA): CA, US.

瓣萼杜鹃 **Rhododendron catacosmum** Balf.f. ex Tagg【N, W/C】♣WCSBG; ●SC; ★(AS): CN.

椭圆叶杜鹃（卡托巴杜鹃）**Rhododendron catawbiense** Michx.【I, C】♣HBG; ●BJ, SH, YN, ZJ; ★(NA): US.

多花杜鹃 **Rhododendron cavaleriei** H. Lév. 【N, W/C】 ♣GXIB, LBG, SCBG; ●GD, GX, JX; ★(AS): CN.

樱花杜鹃 **Rhododendron cerasinum** Tagg 【N, W/C】 ♣WCSBG; ●SC; ★(AS): CN, MM.

云雾杜鹃 **Rhododendron chamaethomsonii** (Tagg) Cowan et Davidian 【N, W/C】 ♣WCSBG; ●SC; ★(AS): CN.

短萼云雾杜鹃 **Rhododendron chamaethomsonii** var. **chamaethauma** (Tagg) Cowan et Davidian 【N, W/C】 ♣WCSBG; ●SC; ★(AS): CN.

刺毛杜鹃 **Rhododendron championiae** Hook. 【N, W/C】 ♣FBG, GA, GXIB, HBG, LBG, SCBG, WBG, ZAFU; ●FJ, GD, GX, HB, JX, ZJ; ★(AS): CN.

藏布雅容杜鹃 **Rhododendron charitopes** subsp. **tsangpoense** (Kingdon-Ward) Cullen 【N, W/C】 ♣WCSBG; ●SC; ★(AS): CN.

红滩杜鹃 **Rhododendron chihsinianum** Chun et W. P. Fang 【N, W/C】 ♣GBG, GXIB, LBG; ●GX, GZ, JX; ★(AS): CN.

金萼杜鹃 **Rhododendron chrysocalyx** H. Lév. et Vaniot 【N, W/C】 ♣FBG, WBG; ●FJ, HB; ★(AS): CN.

椿年杜鹃 **Rhododendron chunienii** Chun et W. P. Fang 【N, W/C】 ♣GXIB, LBG, WCSBG; ●GX, JX, SC; ★(AS): CN.

龙山杜鹃 **Rhododendron chunii** W. P. Fang 【N, W/C】 ♣LBG; ●JX; ★(AS): CN.

睫毛杜鹃 **Rhododendron ciliatum** Hook. f. 【N, W/C】 ♣KBG; ●YN; ★(AS): BT, CN, IN, LK, NP.

睫毛萼杜鹃 **Rhododendron ciliicalyx** Franch. 【N, W/C】 ♣FBG, KBG; ●FJ, YN; ★(AS): CN, ID, IN, JP, LA, MM, TH, VN.

香花白杜鹃 **Rhododendron ciliipes** Hutch. 【N, W/C】 ♣WCSBG, XMBG; ●FJ, SC; ★(AS): CN, MM.

朱砂杜鹃 **Rhododendron cinnabarinum** Hook. f. 【N, W/C】 ♣WCSBG; ●SC, TW; ★(AS): BT, CN, ID, IN, LK, MM, NP.

麻点杜鹃 **Rhododendron clementinae** Forrest 【N, W/C】 ♣WCSBG; ●SC; ★(AS): CN.

粗脉杜鹃 **Rhododendron coeloneurum** Diels 【N, W/C】 ♣WCSBG; ●SC; ★(AS): CN.

环绕杜鹃 **Rhododendron complexum** Balf.f. et W. W. Sm. 【N, W/C】 ♣SCBG, XMBG; ●FJ, GD, SC; ★(AS): CN.

秀雅杜鹃 **Rhododendron concinnum** Hemsl. 【N, W/C】 ♣BBG, WBG, WCSBG, XBG; ●BJ, HB, SC, SN; ★(AS): CN.

革叶杜鹃 **Rhododendron coriaceum** Franch. 【N, W/C】 ♣WCSBG; ●SC; ★(AS): CN.

光蕊杜鹃 **Rhododendron coryanum** Tagg et Forrest 【N, W/C】 ♣WCSBG; ●SC; ★(AS): CN.

楔叶杜鹃 **Rhododendron cuneatum** W. W. Sm. 【N, W/C】 ♣KBG, WCSBG; ●SC, YN; ★(AS): CN.

蓝果杜鹃 **Rhododendron cyanocarpum** (Franch.) Franch. ex W. W. Sm. 【N, W/C】 ♣GBG, KBG, WCSBG; ●GZ, SC, YN; ★(AS): CN.

漏斗杜鹃 **Rhododendron dasycladoides** Hand.-Mazz. 【N, W/C】 ♣WCSBG; ●SC; ★(AS): CN.

兴安杜鹃 **Rhododendron dauricum** L. 【N, W/C】 ♣HFBG, IAE; ●HL, LN, NM; ★(AS): CN, JP, KP, KR, MN, RU-AS.

腺果杜鹃 **Rhododendron davidii** Franch. 【N, W/C】 ♣KBG, WBG, WCSBG; ●HB, SC, YN; ★(AS): CN.

凹叶杜鹃 **Rhododendron davidsonianum** Rehder et E. H. Wilson 【N, W/C】 ♣WBG, WCSBG; ●HB, SC, TW; ★(AS): CN.

陡生杜鹃 **Rhododendron declivatum** Ching et H. P. Yang 【N, W/C】 ♣WCSBG; ●SC; ★(AS): CN.

大白杜鹃 **Rhododendron decorum** Franch. 【N, W/C】 ♣FBG, GBG, KBG, LBG, SCBG, WBG, WCSBG; ●FJ, GD, GZ, HB, JX, SC, YN; ★(AS): CN, LA, MM.

高尚大白杜鹃 **Rhododendron decorum** subsp. **diaprepes** (Balf.f. et W. W. Sm.) T. L. Ming 【N, W/C】 ♣KBG, WCSBG; ●SC, YN; ★(AS): CN, MM.

马缨杜鹃 **Rhododendron delavayi** Franch. 【N, W/C】 ♣GBG, HBG, KBG, LBG, NSBG, SCBG, WBG, WCSBG, XMBG; ●CQ, FJ, GD, GX, GZ, HB, JX, SC, YN, ZJ; ★(AS): BT, CN, ID, IN, MM, TH, VN.

狭叶马缨杜鹃 **Rhododendron delavayi** var. **peramoenum** (Balf.f. et Forrest) T. L. Ming 【N, W/C】 ♣KBG, LBG, SCBG, WCSBG; ●GD, JX, SC, YN; ★(AS): CN, IN, MM.

树生杜鹃 **Rhododendron dendrocharis** Franch. 【N, W/C】 ♣WCSBG; ●SC; ★(AS): CN.

皱叶杜鹃 **Rhododendron denudatum** H. Lév.【N, W/C】♣KBG, LBG, WCSBG; ●JX, SC, YN; ★(AS): CN.

两色杜鹃 **Rhododendron dichroanthum** Diels【N, W/C】♣XMBG; ●FJ, SC; ★(AS): CN, MM.

疏毛杜鹃 **Rhododendron dignabile** Cowan【N, W/C】♣WCSBG; ●SC; ★(AS): CN.

喇叭杜鹃 **Rhododendron discolor** Franch.【N, W/C】♣GXIB, LBG, WBG, WCSBG; ●GX, HB, JX, SC; ★(AS): CN.

密通花(昆明杜鹃) **Rhododendron duclouxii** H. Lév.【N, C】♣KBG; ●YN; ★(AS): CN.

灌丛杜鹃 **Rhododendron dumicola** Tagg et Forrest【N, W/C】♣WCSBG; ●SC; ★(AS): CN.

泡泡叶杜鹃 **Rhododendron edgeworthii** Hook. f.【N, W/C】♣GBG, KBG, LBG, WCSBG; ●GZ, JX, SC, YN; ★(AS): BT, CN, ID, IN, LK, MM.

金江杜鹃 **Rhododendron elegantulum** Tagg et Forrest【N, W/C】♣WCSBG; ●SC; ★(AS): CN.

啮蚀杜鹃 **Rhododendron erosum** Cowan【N, W/C】♣WCSBG; ●SC; ★(AS): CN.

粗糙叶杜鹃 **Rhododendron exasperatum** Tagg【N, W/C】♣WCSBG; ●SC; ★(AS): CN, ID, IN, MM.

大喇叭杜鹃 **Rhododendron excellens** Hemsl. et E. H. Wilson【N, W/C】♣GBG, KBG, LBG; ●GZ, JX, YN; ★(AS): CN, VN.

金顶杜鹃 **Rhododendron faberi** Hemsl.【N, W/C】♣WCSBG; ●SC; ★(AS): CN.

大叶金顶杜鹃 **Rhododendron faberi** subsp. **prattii** (Franch.) D. F. Chamb.【N, W/C】♣WCSBG; ●SC; ★(AS): CN.

绵毛房杜鹃 **Rhododendron facetum** Balf.f. et Kingdon-Ward【N, W/C】♣GBG, KBG, WCSBG; ●GZ, SC, YN; ★(AS): CN, MM, VN.

大云锦杜鹃 **Rhododendron faithiae** Chun【N, W/C】♣GXIB; ●GX, SC; ★(AS): CN.

丁香杜鹃 **Rhododendron farrerae** Sweet【N, W/C】♣FBG, FLBG, GXIB, LBG, SCBG, WCSBG; ●FJ, GD, GX, JX, SC; ★(AS): CN.

密枝杜鹃 **Rhododendron fastigiatum** Franch.【N, W/C】♣BBG, KBG, WCSBG; ●BJ, SC, YN; ★(AS): CN.

猴斑杜鹃 **Rhododendron faucium** D. F. Chamb.【N, W/C】♣WCSBG; ●SC; ★(AS): CN, IN, NP.

短果杜鹃 **Rhododendron fauriei** Franch.【I, C】●LN; ★(AS): JP, RU-AS.

锈色杜鹃 **Rhododendron ferrugineum** L.【I, C】●JX; ★(EU): AT, BA, CH, DE, ES, FR, HR, IT, ME, MK, RS, SI.

黄药杜鹃 **Rhododendron flavantherum** Hutch. et Kingdon-Ward【N, W/C】♣WCSBG; ●SC; ★(AS): CN.

绵毛杜鹃 **Rhododendron floccigerum** Franch.【N, W/C】♣WCSBG; ●SC, YN; ★(AS): CN.

繁花杜鹃 **Rhododendron floribundum** Franch.【N, W/C】♣WCSBG; ●SC; ★(AS): CN.

紫背杜鹃 **Rhododendron forrestii** Balf.f. ex Diels【N, W/C】♣WCSBG; ●SC; ★(AS): CN, MM.

云锦杜鹃 **Rhododendron fortunei** Lindl.【N, W/C】♣CBG, FBG, GA, GBG, GXIB, HBG, KBG, LBG, NBG, SCBG, WBG, WCSBG, XMBG, ZAFU; ●AH, FJ, GD, GX, GZ, HB, HN, JS, JX, SC, SH, YN, ZJ; ★(AS): CN, MM.

香杜鹃 **Rhododendron fragrans** Franch.【N, W/C】●YN; ★(AS): CN.

镰果杜鹃 **Rhododendron fulvum** Balf.f. et W. W. Sm.【N, W/C】♣GBG, WCSBG; ●GZ, SC, TW; ★(AS): CN, MM.

棕毛杜鹃 **Rhododendron fuscipilum** M. Y. He【N, W/C】♣WBG; ●HB; ★(AS): CN.

富源杜鹃 **Rhododendron fuyuanense** Z. H. Yang【N, W/C】♣KBG; ●YN; ★(AS): CN.

乳黄叶杜鹃 **Rhododendron galactinum** Balf.f. ex Tagg【N, W/C】♣WCSBG; ●SC; ★(AS): CN.

灰白杜鹃 **Rhododendron genestierianum** Forrest【N, W/C】♣WCSBG; ●SC; ★(AS): CN, MM.

黏毛杜鹃 **Rhododendron glischrum** Balf.f. et W. W. Sm.【N, W/C】♣KBG, WCSBG; ●SC, YN; ★(AS): CN, ID, IN, MM, NP.

红黏毛杜鹃 **Rhododendron glischrum** subsp. **rude** (Tagg et Forrest) D. F. Chamb.【N, W/C】♣WCSBG; ●SC; ★(AS): CN, IN, NP.

巨魁杜鹃(大叶杜鹃) **Rhododendron grande** Wight【N, W/C】♣WCSBG; ●SC; ★(AS): BT, CN, ID, IN, LK, NP.

朱红大杜鹃 **Rhododendron griersonianum** Balf.f. et Forrest【N, W/C】♣WBG; ●HB; ★(AS): CN, MM.

桂海杜鹃 **Rhododendron guihainianum** G. Z. Li【N, W/C】♣GXIB; ●GX; ★(AS): CN.

贵州杜鹃 **Rhododendron guizhouense** M. Y. Fang【N, W/C】♣WBG, WCSBG; ●HB, SC; ★(AS):

CN.

粗毛杜鹃 **Rhododendron habrotrichum** Balf.f. et W. W. Sm.【N, W/C】♣WCSBG; ●SC; ★(AS): CN, MM.

似血杜鹃 **Rhododendron haematodes** Franch.【N, W/C】♣GBG; ●GZ, SC, YN; ★(AS): CN, MM, NP.

海南杜鹃 **Rhododendron hainanense** Merr.【N, W/C】♣GXIB, SCBG; ●GD, GX; ★(AS): CN.

疏叶杜鹃 **Rhododendron hanceanum** Hemsl.【N, W/C】♣WCSBG; ●SC; ★(AS): CN.

滇南杜鹃 **Rhododendron hancockii** Hemsl.【N, W/C】♣GA, KBG; ●JX, YN; ★(AS): CN.

光枝杜鹃 **Rhododendron haofui** Chun et W. P. Fang【N, W/C】♣GXIB, LBG; ●GX, JX; ★(AS): CN.

亮鳞杜鹃 **Rhododendron heliolepis** Franch.【N, W/C】♣WCSBG, XMBG; ●FJ, SC, YN; ★(AS): CN, MM.

粉背碎米花 **Rhododendron hemitrichotum** Balf.f. et Forrest【N, W/C】♣WCSBG; ●SC; ★(AS): CN.

波叶杜鹃 **Rhododendron hemsleyanum** E. H. Wilson【N, W/C】♣WCSBG; ●SC; ★(AS): CN.

弯蒴杜鹃 **Rhododendron henryi** Hance【N, W/C】♣CBG, FBG, GA, SCBG; ●FJ, GD, JX, SH; ★(AS): CN.

秃房杜鹃（秃房弯蒴杜鹃）**Rhododendron henryi** var. **dunnii** (E. H. Wilson) M. Y. He【N, W/C】♣LBG; ●JX; ★(AS): CN.

灰背杜鹃 **Rhododendron hippophaeoides** Balf.f. et W. W. Sm.【N, W/C】♣CBG, KBG, WCSBG, XMBG; ●FJ, SC, SH, TW, YN; ★(AS): CN.

凸脉杜鹃 **Rhododendron hirsutipetiolatum** A. L. Chang et R. C. Fang【N, W/C】♣WCSBG; ●SC; ★(AS): CN.

*奥地利杜鹃 **Rhododendron hirsutum** L.【I, C】●JX; ★(EU): AT, BA, DE, HR, IT, ME, MK, RS, SI.

硬毛杜鹃 **Rhododendron hirtipes** Tagg【N, W/C】♣WCSBG; ●SC; ★(AS): CN.

多裂杜鹃 **Rhododendron hodgsonii** Hook. f.【N, W/C】♣WCSBG; ●SC; ★(AS): BT, CN, ID, IN, LK, MM, NP.

串珠杜鹃 **Rhododendron hookeri** Nutt.【N, W/C】♣WCSBG; ●SC; ★(AS): CN, ID, IN.

凉山杜鹃 **Rhododendron huanum** W. P. Fang【N, W/C】♣LBG, WBG; ●HB, JX; ★(AS): CN.

湖南杜鹃 **Rhododendron hunanense** Chun ex P. C. Tam【N, W/C】♣FBG; ●FJ; ★(AS): CN.

岷江杜鹃 **Rhododendron hunnewellianum** Rehder et E. H. Wilson【N, W/C】♣CBG, WBG, WCSBG; ●HB, SC, SH; ★(AS): CN.

西洋杜鹃 **Rhododendron hybridum** Ker Gawl.【I, C】♣GA, GBG, HBG, IBCAS, NSBG, WBG, XLTBG, XOIG, ZAFU; ●BJ, CQ, FJ, GD, GZ, HB, HI, HL, JX, ZJ; ★(EU): BE, GB, NL.

粉果杜鹃 **Rhododendron hylaeum** Balf.f. et Farrer【N, W/C】♣WCSBG; ●SC; ★(AS): CN, MM.

微笑杜鹃 **Rhododendron hyperythrum** Hayata【N, W/C】♣XTBG; ●YN; ★(AS): CN.

背绒杜鹃 **Rhododendron hypoblematosum** P. C. Tam【N, W/C】♣LBG; ●JX; ★(AS): CN.

粉白杜鹃 **Rhododendron hypoglaucum** Hemsl.【N, W/C】♣FBG, SCBG, WBG, WCSBG; ●FJ, GD, HB, SC; ★(AS): CN.

肉红杜鹃 **Rhododendron igneum** Cowan【N, W/C】♣WCSBG; ●SC; ★(AS): CN.

粉紫杜鹃 **Rhododendron impeditum** Balf.f. et W. W. Sm.【N, W/C】♣WCSBG; ●SC; ★(AS): CN.

皋月杜鹃 **Rhododendron indicum** (L.) Sweet【N, W/C】♣FBG, FLBG, HBG, KBG, TBG, XMBG, XTBG, ZAFU; ●AH, BJ, FJ, GD, JX, TW, YN, ZJ; ★(AS): CN, IN, JP, MM, SG.

隐蕊杜鹃 **Rhododendron intricatum** Franch.【N, W/C】♣WCSBG; ●SC; ★(AS): CN.

露珠杜鹃 **Rhododendron irroratum** Franch.【N, W/C】♣CBG, GBG, KBG, SCBG, WCSBG; ●GD, GZ, SC, SH, YN; ★(AS): CN, MM, VN.

红花露珠杜鹃 **Rhododendron irroratum** subsp. **pogonostylum** (Balf.f. et W. W. Sm.) D. F. Chamb.【N, W/C】♣KBG; ●YN; ★(AS): CN, VN.

日本杜鹃 **Rhododendron japonicum** C. K. Schneid.【I, C】♣HBG, LBG, ZAFU; ●GD, JX, TW, ZJ; ★(AS): JP.

*爪哇杜鹃 **Rhododendron javanicum** Benn.【I, C】●GD; ★(AS): ID, MY.

火炬杜鹃 **Rhododendron kaempferi** Planch.【I, C】●TW; ★(AS): JP.

台北杜鹃 **Rhododendron kanehirae** E. H. Wilson【N, W/C】♣TBG; ●TW; ★(AS): CN.

独龙杜鹃 **Rhododendron keleticum** Balf.f. et Forrest【N, W/C】♣WCSBG; ●SC; ★(AS): CN,

MM.

多斑杜鹃 **Rhododendron kendrickii** Nutt. 【N, W/C】 ♣WCSBG; ●SC; ★(AS): BT, CN, ID, IN, LK.

管花杜鹃 **Rhododendron keysii** Nutt. 【N, W/C】 ♣WCSBG; ●SC; ★(AS): BT, CN, ID, IN, LK.

江西杜鹃 **Rhododendron kiangsiense** W. P. Fang 【N, W/C】 ♣LBG; ●JX; ★(AS): CN.

九州杜鹃 **Rhododendron kiusianum** Makino 【I, C】 ●YN; ★(AS): JP.

*阿席达卡杜鹃 **Rhododendron komiyamae** Makino 【I, C】 ●LN; ★(AS): JP.

工布杜鹃 **Rhododendron kongboense** Hutch. 【N, W/C】 ♣WCSBG; ●SC; ★(AS): BT, CN.

广西杜鹃 **Rhododendron kwangsiense** Hu ex P. C. Tam 【N, W/C】 ♣FBG, LBG, SCBG; ●FJ, GD, JX; ★(AS): CN.

广东杜鹃 **Rhododendron kwangtungense** Merr. et Chun 【N, W/C】 ♣FBG, SCBG; ●FJ, GD; ★(AS): CN.

星毛杜鹃 **Rhododendron kyawii** Lace et W. W. Sm. 【N, W/C】 ♣WCSBG; ●SC; ★(AS): CN, MM.

乳黄杜鹃 **Rhododendron lacteum** Franch. 【N, W/C】 ♣GA, WCSBG; ●JX, SC; ★(AS): CN.

黄钟杜鹃 **Rhododendron lanatum** Hook. f. 【N, W/C】 ♣WCSBG; ●SC; ★(AS): BT, CN, IN, LK.

高山杜鹃 **Rhododendron lapponicum** (L.) Wahlenb. 【N, W/C】 ♣HFBG, NSBG; ●BJ, CQ, HL, LN; ★(AS): CN, JP, KP, KR, MN, RU-AS; (EU): FI, NO.

鹿角杜鹃（西施花）**Rhododendron latoucheae** Franch. 【N, W/C】 ♣CBG, FBG, GA, GBG, GXIB, HBG, KBG, LBG, NBG, SCBG, TBG, WBG, WCSBG; ●FJ, GD, GX, GZ, HB, JS, JX, SC, SH, TW, YN, ZJ; ★(AS): CN, JP.

毛冠杜鹃 **Rhododendron laudandum** Cowan 【N, W/C】 ♣WCSBG; ●SC; ★(AS): BT, CN.

鳞腺杜鹃 **Rhododendron lepidotum** Wall. ex G. Don 【N, W/C】 ♣WCSBG; ●SC; ★(AS): BT, CN, ID, IN, LK, MM, NP.

异鳞杜鹃 **Rhododendron leptocarpum** Nutt. 【N, W/C】 ♣WCSBG; ●SC; ★(AS): BT, CN, ID, IN, LK, MM.

腺绒杜鹃 **Rhododendron leptopeplum** Balf.f. et Forrest 【N, W/C】 ♣WCSBG; ●SC; ★(AS): CN.

薄叶马银花 **Rhododendron leptothrium** Balf.f. et Forrest 【N, W/C】 ♣GBG, KBG, WCSBG; ●GZ, SC, YN; ★(AS): CN, MM.

南岭杜鹃 **Rhododendron levinei** Merr. 【N, W/C】 ♣FBG, GBG, GXIB, LBG, SCBG; ●FJ, GD, GX, GZ, JX; ★(AS): CN.

百合花杜鹃 **Rhododendron liliiflorum** H. Lév. 【N, W/C】 ♣GBG, GXIB, KBG, LBG, SCBG, WCSBG; ●GD, GX, GZ, JX, SC, YN; ★(AS): CN.

线萼杜鹃 **Rhododendron linearilobum** R. C. Fang et A. L. Chang 【N, W/C】 ♣KBG; ●YN; ★(AS): CN.

长鳞杜鹃 **Rhododendron longesquamatum** C. K. Schneid. 【N, W/C】 ♣WCSBG; ●SC; ★(AS): CN.

金山杜鹃 **Rhododendron longipes** var. **chienianum** (W. P. Fang) D. F. Chamb. 【N, W/C】 ♣WCSBG; ●SC; ★(AS): CN.

长柱杜鹃 **Rhododendron longistylum** Rehder et A. Wilson 【N, W/C】 ♣WCSBG; ●SC; ★(AS): CN.

蜡叶杜鹃 **Rhododendron lukiangense** Franch. 【N, W/C】 ♣KBG, WCSBG; ●SC, YN; ★(AS): CN.

鲁浪杜鹃 **Rhododendron lulangense** L. C. Hu et Tateishi 【N, W/C】 ♣WCSBG; ●SC; ★(AS): CN.

黄花杜鹃 **Rhododendron lutescens** Franch. 【N, W/C】 ♣GXIB, HBG, KBG, SCBG, WBG, WCSBG; ●GD, GX, HB, SC, TW, YN, ZJ; ★(AS): CN.

深黄杜鹃（黄香杜鹃）**Rhododendron luteum** Sweet 【I, C】 ♣KBG; ●TW, YN; ★(AS): GE, TR; (EU): AT, BA, GB, HR, ME, MK, PL, RS, RU, SI.

麦卡杜鹃 **Rhododendron macabeanum** Watt ex Balf.f. 【I, C】 ●TW; ★(AS): IN.

麻花杜鹃 **Rhododendron maculiferum** Franch. 【N, W/C】 ♣WCSBG; ●SC; ★(AS): CN.

黄山杜鹃 **Rhododendron maculiferum** subsp. **anhweiense** (E. H. Wilson) D. F. Chamb. 【N, W/C】 ♣CBG, GA, HBG, LBG, WBG, ZAFU; ●HB, JX, SH, ZJ; ★(AS): CN.

隐脉杜鹃 **Rhododendron maddenii** Hook. f. 【N, W/C】 ♣KBG, WCSBG, XMBG; ●FJ, SC, YN; ★(AS): BT, CN, IN, LA, MM, TH, VN.

米林杜鹃 **Rhododendron mainlingense** S. H. Huang et R. C. Fang 【N, W/C】 ♣WCSBG; ●SC; ★(AS): CN.

猫儿山杜鹃 **Rhododendron maoerense** W. P. Fang et G. Z. Li 【N, W/C】 ♣LBG, WCSBG; ●JX, SC;

★(AS): CN.

岭南杜鹃 **Rhododendron mariae** Hance【N, W/C】♣CBG, FBG, GA, GXIB, HBG, LBG, SCBG, WCSBG; ●FJ, GD, GX, JX, SC, SH, ZJ; ★(AS): CN.

满山红 **Rhododendron mariesii** Hemsl. et E. H. Wilson【N, W/C】♣CBG, FBG, GA, GBG, HBG, LBG, NBG, SCBG, WBG, WCSBG, XMBG, ZAFU; ●FJ, GD, GZ, HB, JS, JX, SC, SH, YN, ZJ; ★(AS): CN.

极大杜鹃 **Rhododendron maximum** L.【I, C】♣LBG; ●JX, SC; ★(NA): US.

马雄杜鹃 **Rhododendron maxiongense** C. Q. Zhang et D. Paterson【N, W/C】♣KBG; ●YN; ★(AS): CN.

墨脱马银花 **Rhododendron medoense** W. P. Fang et M. Y. He【N, W/C】♣WCSBG; ●SC; ★(AS): CN, MM.

大萼杜鹃 **Rhododendron megacalyx** Balf.f. et Kingdon-Ward【N, W/C】♣WCSBG; ●SC; ★(AS): CN, IN, MM.

大花杜鹃(西藏杜鹃)**Rhododendron megalanthum** M. Y. Fang【N, W/C】♣WCSBG; ●SC; ★(AS): CN.

招展杜鹃 **Rhododendron megeratum** Balf.f. et Forrest【N, W/C】♣WCSBG; ●SC; ★(AS): CN, ID, IN, MM.

弯月杜鹃 **Rhododendron mekongense** Franch.【N, W/C】♣WCSBG; ●SC; ★(AS): CN, ID, IN, MM, NP.

蜜花弯月杜鹃（密花弯月杜鹃）**Rhododendron mekongense** var. **melinanthum** (Balf.f. et Kingdon-Ward) Cullen【N, W/C】♣WCSBG; ●SC; ★(AS): CN, MM.

红线弯月杜鹃 **Rhododendron mekongense** var. **rubrolineatum** (Balf.f. et Forrest) Cullen【N, W/C】♣GBG; ●GZ; ★(AS): CN, IN.

蒙自杜鹃 **Rhododendron mengtszense** Balf.f. et W. W. Sm.【N, W/C】♣KBG; ●YN; ★(AS): CN.

本州杜鹃 **Rhododendron metternichii** Siebold et Zucc.【I, C】♣HBG; ●TW, ZJ; ★(AS): JP.

照山白 **Rhododendron micranthum** Turcz.【N, W/C】♣BBG, CBG, HFBG, IAE, IBCAS, KBG, WBG, WCSBG, XBG; ●BJ, HB, HL, LN, NM, SC, SH, SN, YN; ★(AS): CN, KP, KR.

亮毛杜鹃 **Rhododendron microphyton** Franch.【N, W/C】♣GA, GBG, KBG, WCSBG, XTBG; ●GZ, JX, SC, YN; ★(AS): CN, MM.

小花杜鹃 **Rhododendron minutiflorum** Hu【N, W/C】♣GXIB; ●GX; ★(AS): CN.

黄褐杜鹃 **Rhododendron minyaense** Philipson et M. N. Philipson【N, W/C】♣WCSBG; ●SC; ★(AS): CN.

头巾马银花 **Rhododendron mitriforme** P. C. Tam【N, W/C】♣GXIB, SCBG, WCSBG; ●GD, GX, SC; ★(AS): CN.

羊踯躅 **Rhododendron molle** (Blume) G. Don【N, W/C】♣CBG, FBG, GA, GBG, GMG, GXIB, HBG, KBG, LBG, NBG, NSBG, SCBG, WBG, XMBG, ZAFU; ●CQ, FJ, GD, GX, GZ, HB, JS, JX, SC, SH, YN, ZJ; ★(AS): CN.

一朵花杜鹃 **Rhododendron monanthum** Balf.f. et W. W. Sm.【N, W/C】♣WCSBG; ●SC; ★(AS): CN, MM.

毛棉杜鹃 **Rhododendron moulmainense** Hook.【N, W/C】♣FBG, GXIB, KBG, LBG, SCBG, WBG, WCSBG, XTBG; ●FJ, GD, GX, HB, JX, SC, YN; ★(AS): CN, ID, IN, KH, LA, MM, MY, TH, VN.

宝兴杜鹃 **Rhododendron moupinense** Franch.【N, W/C】♣FBG, WCSBG; ●FJ, SC; ★(AS): CN.

白花杜鹃 **Rhododendron mucronatum** (Blume) G. Don【N, W/C】♣FBG, FLBG, GBG, GXIB, HBG, KBG, LBG, NBG, NSBG, SCBG, TBG, WCSBG, XMBG, XTBG, ZAFU; ●CQ, FJ, GD, GX, GZ, JS, JX, SC, TW, YN, ZJ; ★(AS): CN, ID, IN, JP, VN.

迎红杜鹃 **Rhododendron mucronulatum** Turcz.【N, W/C】♣BBG, HFBG, IBCAS; ●BJ, HL, LN, NM, SX; ★(AS): CN, JP, KP, KR, MN, RU-AS.

毛萼仿杜鹃 **Rhododendron multiflorum** (Maxim.) Craven【I, C】●TW; ★(AS): JP.

紫红仿杜鹃 **Rhododendron multiflorum** var. **purpureum** (Makino) Craven【I, C】●TW; ★(AS): JP.

紫薇春 **Rhododendron naamkwanense** var. **crypto nerve** P. C. Tam【N, W/C】♣LBG; ●JX; ★(AS): CN.

德钦杜鹃 **Rhododendron nakotiltum** Balf.f. et Forrest【N, W/C】♣WCSBG; ●SC; ★(AS): CN.

火红杜鹃 **Rhododendron neriiflorum** Franch.【N, W/C】♣FLBG, WCSBG; ●GD, JX, SC; ★(AS): BT, CN, ID, IN, LK, MM.

光亮杜鹃 **Rhododendron nitidulum** Rehder et E. H. Wilson【N, W/C】♣WCSBG; ●SC; ★(AS): CN.

峨眉光亮杜鹃 **Rhododendron nitidulum** var. **omeiense** Philipson et M. N. Philipson 【N, W/C】♣WCSBG; ●SC; ★(AS): CN.

雪层杜鹃 **Rhododendron nivale** Hook. f. 【N, W/C】♣SCBG, WCSBG; ●GD, SC; ★(AS): BT, CN, ID, IN, LK, NP.

南方雪层杜鹃 **Rhododendron nivale** subsp. **australe** Philipson et M. N. Philipson 【N, W/C】♣WCSBG; ●SC; ★(AS): CN.

北方雪层杜鹃 **Rhododendron nivale** subsp. **boreale** Philipson et M. N. Philipson 【N, W/C】♣WCSBG; ●SC, YN; ★(AS): CN.

林芝杜鹃 **Rhododendron nyingchiense** R. C. Fang et S. H. Huang 【N, W/C】♣WCSBG; ●SC; ★(AS): CN.

睡莲叶杜鹃 **Rhododendron nymphaeoides** W. K. Hu 【N, W/C】♣WCSBG; ●SC; ★(AS): CN.

钝叶杜鹃 **Rhododendron obtusum** (Lindl.) Planch. 【N, W/C】♣BBG, CBG, GBG, HBG, LBG, NSBG, SCBG, TBG; ●BJ, CQ, GD, GZ, JX, SC, SH, TW, YN, ZJ; ★(AS): CN, JP, MM.

西方杜鹃 **Rhododendron occidentale** (Torr. et A. Gray) A. Gray 【I, C】●TW; ★(NA): US.

峨马杜鹃 **Rhododendron ochraceum** Rehder et E. H. Wilson 【N, W/C】♣WCSBG; ●SC; ★(AS): CN.

短果峨马杜鹃 **Rhododendron ochraceum** var. **brevicarpum** W. K. Hu 【N, W/C】♣WCSBG; ●SC; ★(AS): CN.

砖红杜鹃 **Rhododendron oldhamii** Maxim. 【N, W/C】♣LBG, SCBG, TBG, TMNS, XMBG, XTBG; ●FJ, GD, JX, TW, YN; ★(AS): CN.

稀果杜鹃 **Rhododendron oligocarpum** W. P. Fang 【N, W/C】♣WCSBG; ●SC; ★(AS): CN.

团叶杜鹃 **Rhododendron orbiculare** Decne. 【N, W/C】♣WCSBG; ●SC, TW; ★(AS): CN.

长圆团叶杜鹃 **Rhododendron orbiculare** subsp. **oblongum** W. K. Hu 【N, W/C】♣WCSBG; ●SC; ★(AS): CN.

山光杜鹃 **Rhododendron oreodoxa** Franch. 【N, W/C】♣SCBG, WBG, WCSBG; ●GD, HB, SC; ★(AS): CN.

陕西山光杜鹃 **Rhododendron oreodoxa** var. **shensiense** D. F. Chamb. 【N, W/C】♣WCSBG; ●SC; ★(AS): CN.

山育杜鹃 **Rhododendron oreotrephes** W. W. Sm. 【N, W/C】♣HBG, KBG, WCSBG, XMBG; ●FJ, SC, TW, YN, ZJ; ★(AS): CN, MM.

直枝杜鹃 **Rhododendron orthocladum** Balf.f. et Forrest【N, W/C】♣WCSBG; ●SC; ★(AS): CN.

长柱直枝杜鹃 **Rhododendron orthocladum** var. **longistylum** Philipson et M. N. Philipson 【N, W/C】♣WCSBG; ●SC; ★(AS): CN.

马银花 **Rhododendron ovatum** (Lindl.) Planch. ex Maxim. 【N, W/C】♣CBG, FBG, GA, GBG, GXIB, HBG, LBG, NBG, WCSBG, ZAFU; ●AH, FJ, GD, GX, GZ, HB, HN, JS, JX, SC, SH, ZJ; ★(AS): CN.

厚叶杜鹃 **Rhododendron pachyphyllum** W. P. Fang 【N, W/C】♣WCSBG; ●SC; ★(AS): CN.

云上杜鹃 **Rhododendron pachypodum** Balf.f. et W. W. Sm. 【N, W/C】♣KBG, LBG, WCSBG; ●JX, SC, YN; ★(AS): CN, MM.

绒毛杜鹃 **Rhododendron pachytrichum** Franch. 【N, W/C】♣WCSBG; ●SC; ★(AS): CN.

杜香 **Rhododendron palustre** (L.) Kron et Judd【N, W/C】●LN; ★(AS): CN, GE, JP, KP, KR, MN, RU-AS; (EU): AT, CZ, FI, GB, NO, PL, RO, RU.

格陵兰杜香 **Rhododendron palustre** subsp. **groenlandicum** (Oeder) Kron et Judd 【I, C】●TW; ★(NA): CA, GL, US.

小叶杜香 **Rhododendron palustre** var. **decumbens** (Aiton) Kron et Judd 【N, W/C】♣HFBG; ●HL; ★(AS): CN, JP, MN.

宽叶杜香 **Rhododendron palustre** var. **dilatatum** (Wahlenb.) Kron et Judd 【N, W/C】♣HFBG; ●HL; ★(AS): CN, JP, KP, KR.

假单花杜鹃 **Rhododendron pemakoense** Kingdon-Ward 【N, W/C】♣WCSBG; ●SC; ★(AS): CN, ID, IN.

凸叶杜鹃 **Rhododendron pendulum** Hook. f. 【N, W/C】♣WCSBG; ●SC; ★(AS): BT, CN, ID, IN, LK, NP.

栎叶杜鹃 **Rhododendron phaeochrysum** Balf.f. et W. W. Sm. 【N, W/C】♣SCBG, WCSBG, XMBG; ●FJ, GD, SC, YN; ★(AS): CN.

凝毛杜鹃 **Rhododendron phaeochrysum** var. **agglutinatum** (Balf.f. et Forrest) D. F. Chamb. 【N, W/C】♣WCSBG; ●SC; ★(AS): CN.

毡毛栎叶杜鹃 **Rhododendron phaeochrysum** var. **levistratum** (Balf.f. et Forrest) D. F. Chamb. 【N, W/C】♣WCSBG; ●SC; ★(AS): CN.

海绵杜鹃 **Rhododendron pingianum** W. P. Fang 【N, W/C】♣WCSBG; ●SC; ★(AS): CN.

毛果缺顶杜鹃 **Rhododendron poilanei** Dop 【N, W/C】 ♣GBG; ●GZ; ★(AS): CN, LA, VN.

多枝杜鹃 **Rhododendron polycladum** Franch. 【N, W/C】 ♣WCSBG; ●SC; ★(AS): CN.

多鳞杜鹃 **Rhododendron polylepis** Franch. 【N, W/C】 ♣WBG, WCSBG; ●HB, SC; ★(AS): CN.

千针叶杜鹃 **Rhododendron polyraphidoideum** P. C. Tam 【N, W/C】 ♣FBG, LBG; ●FJ, JX; ★(AS): CN.

黑海杜鹃（秋花杜鹃）**Rhododendron ponticum** L. 【I, C】 ●SC, TW; ★(AS): GE, LB, TR; (EU): ES.

优秀杜鹃 **Rhododendron praestans** Balf.f. et W. W. Sm. 【N, W/C】 ♣WCSBG; ●SC; ★(AS): CN, MM.

早春杜鹃 **Rhododendron praevernum** Hutch. 【N, W/C】 ♣WBG, WCSBG; ●HB, SC; ★(AS): CN.

樱草杜鹃 **Rhododendron primuliflorum** Bureau et Franch. 【N, W/C】 ♣GBG, KBG, WCSBG; ●GZ, SC, YN; ★(AS): CN.

藏南杜鹃 **Rhododendron principis** Bureau et Franch. 【N, W/C】 ♣WCSBG; ●SC; ★(AS): CN.

平卧杜鹃 **Rhododendron pronum** Tagg et Forrest 【N, W/C】 ♣GBG, XMBG; ●FJ, GZ; ★(AS): CN.

矮生杜鹃 **Rhododendron proteoides** Balf.f. et W. W. Sm. 【N, W/C】 ●YN; ★(AS): CN.

大树杜鹃 **Rhododendron protistum** var. **giganteum** (Forrest ex Tagg) D. F. Chamb. 【N, W/C】 ♣KBG, WCSBG; ●SC, YN; ★(AS): CN, MM.

桃花杜鹃 **Rhododendron pruniflorum** Hutch. et Kingdon-Ward 【N, W/C】 ♣WCSBG; ●SC; ★(AS): CN, ID, IN, MM.

陇蜀杜鹃 **Rhododendron przewalskii** Maxim. 【N, W/C】 ♣WCSBG; ●SC; ★(AS): CN.

金背陇蜀杜鹃 **Rhododendron przewalskii** subsp. **chrysophyllum** W. P. Fang et S. X. Wang 【N, W/C】 ♣WCSBG; ●SC; ★(AS): CN.

柔毛杜鹃 **Rhododendron pubescens** Balf.f. et Forrest 【N, W/C】 ♣LBG, WCSBG; ●JX, SC; ★(AS): CN.

毛脉杜鹃 **Rhododendron pubicostatum** T. L. Ming 【N, W/C】 ♣WCSBG; ●SC; ★(AS): CN.

羞怯杜鹃 **Rhododendron pudorosum** Cowan 【N, W/C】 ♣WCSBG; ●SC; ★(AS): CN.

美艳杜鹃 **Rhododendron pulchroides** Chun et W. P. Fang 【N, W/C】 ♣GXIB, LBG; ●GX, JX; ★(AS): CN.

斑叶杜鹃 **Rhododendron punctifolium** L. C. Hu 【N, W/C】 ♣WCSBG; ●SC; ★(AS): CN.

陕西杜鹃 **Rhododendron purdomii** Rehder et E. H. Wilson 【N, W/C】 ♣BBG, CBG, WCSBG; ●BJ, SC, SH; ★(AS): CN.

腋花杜鹃 **Rhododendron racemosum** Franch. 【N, W/C】 ♣GBG, KBG, LBG, SCBG, WCSBG; ●GD, GZ, JX, SC, TW, YN; ★(AS): CN.

毛叶杜鹃 **Rhododendron radendum** W. P. Fang 【N, W/C】 ♣WCSBG; ●SC; ★(AS): CN.

线裂杜鹃 **Rhododendron ramipilosum** T. L. Ming 【N, W/C】 ♣WCSBG; ●SC; ★(AS): CN.

大王杜鹃 **Rhododendron rex** H. Lév. 【N, W/C】 ♣WCSBG; ●SC, TW, YN; ★(AS): CN, MM.

假乳黄杜鹃 **Rhododendron rex** subsp. **fictolacteum** (Balf.f.) D. F. Chamb. 【N, W/C】 ♣GBG, WCSBG, XMBG; ●FJ, GZ, SC, TW, YN; ★(AS): CN, MM.

淡红杜鹃 **Rhododendron rhodanthum** M. Y. He 【N, W/C】 ♣WCSBG; ●SC; ★(AS): CN.

菱形叶杜鹃 **Rhododendron rhombifolium** R. C. Fang 【N, W/C】 ♣KBG, WBG; ●HB, YN; ★(AS): CN.

乳源杜鹃 **Rhododendron rhuyuenense** Chun ex P. C. Tam 【N, W/C】 ♣FBG; ●FJ; ★(AS): CN.

基毛杜鹃 **Rhododendron rigidum** Franch. 【N, W/C】 ♣KBG, WCSBG; ●SC, YN; ★(AS): CN.

大钟杜鹃 **Rhododendron ririei** Hemsl. et E. H. Wilson 【N, W/C】 ♣WCSBG; ●SC; ★(AS): CN.

溪畔杜鹃 **Rhododendron rivulare** Hand.-Mazz. 【N, W/C】 ♣FBG; ●FJ; ★(AS): CN.

红晕杜鹃 **Rhododendron roseatum** Hutch. 【N, W/C】 ♣KBG, WCSBG; ●SC, YN; ★(AS): CN, MM.

卷叶杜鹃 **Rhododendron roxieanum** Forrest 【N, W/C】 ♣KBG, WCSBG, XMBG; ●FJ, SC, YN; ★(AS): CN.

线形卷叶杜鹃 **Rhododendron roxieanum** var. **oreonastes** (Balf.f. et Forrest) T. L. Ming 【N, W/C】 ♣KBG; ●YN; ★(AS): CN.

巫山杜鹃 **Rhododendron roxieoides** D. F. Chamb. 【N, W/C】 ♣WCSBG; ●SC; ★(AS): CN.

红棕杜鹃 **Rhododendron rubiginosum** Franch. 【N, W/C】 ♣FBG, KBG, WBG, WCSBG; ●FJ, HB, SC, YN; ★(AS): CN, MM.

滇红毛杜鹃 **Rhododendron rufohirtum** Hand.-

Mazz. 【N, W/C】 ♣WBG; ●HB; ★(AS): CN.

黄毛杜鹃 **Rhododendron rufum** Batalin 【N, W/C】 ♣WCSBG; ●SC; ★(AS): CN.

多色杜鹃 **Rhododendron rupicola** W. W. Sm. 【N, W/C】 ♣WCSBG; ●SC, YN; ★(AS): CN, MM.

木里多色杜鹃 **Rhododendron rupicola** var. **muliense** (Balf.f. et Forrest) Philipson et M. N. Philipson 【N, W/C】 ♣WCSBG; ●SC; ★(AS): CN.

岩谷杜鹃 **Rhododendron rupivalleculatum** P. C. Tam 【N, W/C】 ♣SCBG; ●GD; ★(AS): CN.

怒江杜鹃 **Rhododendron saluenense** Franch. 【N, W/C】 ♣WCSBG; ●SC; ★(AS): CN, MM.

血红杜鹃 **Rhododendron sanguineum** Franch. 【N, W/C】♣GBG, WCSBG, XMBG; ●FJ, GZ, SC; ★(AS): CN, MM, NP.

水仙杜鹃 **Rhododendron sargentianum** Rehder et E. H. Wilson【N, W/C】♣WCSBG; ●SC; ★(AS): CN.

糙叶杜鹃 **Rhododendron scabrifolium** Franch.【N, W/C】 ♣KBG, WCSBG; ●SC, YN; ★(AS): CN.

大字杜鹃 **Rhododendron schlippenbachii** Maxim. 【N, W/C】 ♣BBG, HFBG, KBG, LBG; ●BJ, HL, JX, LN, SD, TW, YN; ★(AS): CN, JP, KP, KR, MN, RU-AS.

石峰杜鹃 **Rhododendron scopulorum** Hutch. 【N, W/C】 ♣WCSBG; ●SC; ★(AS): CN.

绿点杜鹃 **Rhododendron searsiae** Rehder et E. H. Wilson【N, W/C】♣WCSBG; ●SC; ★(AS): CN.

多变杜鹃 **Rhododendron selense** Franch. 【N, W/C】 ♣WCSBG; ●SC; ★(AS): CN, MM.

毛枝多变杜鹃 **Rhododendron selense** subsp. **dasycladum** (Balf.f. et W. W. Sm.) D. F. Chamb. 【N, W/C】 ♣WCSBG; ●SC; ★(AS): BT, CN.

圆头杜鹃 **Rhododendron semnoides** Tagg et Forrest【N, W/C】♣WCSBG; ●SC; ★(AS): CN.

毛果杜鹃 **Rhododendron seniavinii** Maxim. 【N, W/C】 ♣FBG, GXIB, WCSBG; ●FJ, GX, SC; ★(AS): CN.

刚刺杜鹃 **Rhododendron setiferum** Balf.f. et Forrest【N, W/C】♣WCSBG; ●SC; ★(AS): CN.

刚毛杜鹃 **Rhododendron setosum** D. Don 【N, W/C】 ♣WCSBG; ●SC; ★(AS): BT, CN, ID, IN, LK, NP.

红钟杜鹃 **Rhododendron sherriffii** Cowan 【N, W/C】 ♣WCSBG; ●SC; ★(AS): CN.

瑞丽杜鹃 **Rhododendron shweliense** Balf.f. et Forrest【N, W/C】♣WCSBG; ●SC; ★(AS): CN.

银灰杜鹃 **Rhododendron sidereum** Balf.f. 【N, W/C】 ♣KBG, WCSBG; ●SC, YN; ★(AS): CN, MM.

锈叶杜鹃 **Rhododendron siderophyllum** Franch. 【N, W/C】♣GBG, KBG, WCSBG; ●GZ, SC, YN; ★(AS): CN.

川西杜鹃 **Rhododendron sikangense** W. P. Fang 【N, W/C】♣KBG, WBG, WCSBG; ●HB, SC, YN; ★(AS): CN.

猴头杜鹃 **Rhododendron simiarum** Hance 【N, W/C】 ♣CBG, CDBG, FBG, GA, GBG, GXIB, HBG, LBG, SCBG, WCSBG; ●FJ, GD, GX, GZ, JX, SC, SH, ZJ; ★(AS): CN.

变色杜鹃 **Rhododendron simiarum** var. **versicolor** (Chun et W. P. Fang) M. Y. Fang 【N, W/C】 ♣GXIB, LBG, WCSBG; ●GX, JX, SC; ★(AS): CN.

杜鹃 **Rhododendron simsii** Planch. 【N, W/C】 ♣BBG, CBG, CDBG, FBG, FLBG, GA, GBG, GMG, GXIB, HBG, KBG, LBG, NBG, NSBG, SCBG, TBG, TMNS, WBG, WCSBG, XLTBG, XMBG, XTBG, ZAFU; ●AH, BJ, CQ, FJ, GD, GX, GZ, HB, HI, JS, JX, SC, SD, SH, SX, TW, YN, ZJ; ★(AS): CN, JP, LA, MM, TH.

凸尖杜鹃 **Rhododendron sinogrande** Balf.f. et W. W. Sm.【N, W/C】♣GBG, KBG, LBG, WCSBG; ●GZ, JX, SC, YN; ★(AS): CN, MM.

白碗杜鹃 **Rhododendron souliei** Franch. 【N, W/C】 ♣WCSBG; ●SC, TW; ★(AS): CN.

宽叶杜鹃 **Rhododendron sphaeroblastum** Balf.f. et Forrest 【N, W/C】 ♣WCSBG; ●SC; ★(AS): CN.

碎米花 **Rhododendron spiciferum** Franch. 【N, W/C】 ♣GBG, GXIB, KBG, WBG, WCSBG; ●GX, GZ, HB, SC, YN; ★(AS): CN.

爆杖杜鹃（爆杖花）**Rhododendron spinuliferum** Franch. 【N, W/C】 ♣KBG, WCSBG; ●SC, YN; ★(AS): CN.

长蕊杜鹃 **Rhododendron stamineum** Franch. 【N, W/C】 ♣CBG, FBG, GA, KBG, LBG, SCBG, WBG, WCSBG; ●FJ, GD, HB, JX, SC, SH, YN; ★(AS): CN, MM.

多趣杜鹃 **Rhododendron stewartianum** Diels 【N, W/C】 ♣WCSBG; ●SC; ★(AS): CN, MM.

芒刺杜鹃 **Rhododendron strigillosum** Franch. 【N, W/C】♣KBG, WBG, WCSBG; ●HB, SC, YN; ★(AS): CN.

紫斑杜鹃 **Rhododendron strigillosum** var. **monosematum** (Hutch.) T. L. Ming 【N, W/C】 ♣WCSBG; ●SC; ★(AS): CN.

蜡黄杜鹃 **Rhododendron subcerinum** P. C. Tam 【N, W/C】 ♣SCBG; ●GD; ★(AS): CN.

涧上杜鹃 **Rhododendron subflumineum** P. C. Tam 【N, W/C】 ♣FBG; ●FJ; ★(AS): CN.

硫磺杜鹃 **Rhododendron sulfureum** Franch. 【N, W/C】 ♣WCSBG; ●SC; ★(AS): CN, MM.

四川杜鹃 **Rhododendron sutchuenense** Franch. 【N, W/C】 ♣CBG, FBG, WBG, WCSBG, XBG; ●FJ, HB, SC, SH, SN, TW; ★(AS): CN.

白喇叭杜鹃 **Rhododendron taggianum** Hutch. 【N, W/C】 ♣WCSBG; ●SC; ★(AS): CN, IN, MM.

太白杜鹃 **Rhododendron taibaiense** Ching et H. P. Yang 【N, W/C】 ♣NSBG, WCSBG; ●CQ, SC; ★(AS): CN.

泰顺杜鹃 **Rhododendron taishunense** B. Y. Ding et Y. Y. Fang 【N, W/C】 ♣ZAFU; ●ZJ; ★(AS): CN.

大理杜鹃 **Rhododendron taliense** Franch. 【N, W/C】 ♣WCSBG; ●SC; ★(AS): CN.

光柱杜鹃 **Rhododendron tanastylum** Balf.f. et Kingdon-Ward 【N, W/C】 ♣WCSBG; ●SC; ★(AS): CN, ID, IN, MM.

薄皮杜鹃 **Rhododendron taronense** Hutch. 【N, W/C】 ♣KBG; ●YN; ★(AS): CN, MM.

硬叶杜鹃 **Rhododendron tatsienense** Franch. 【N, W/C】 ♣WCSBG; ●SC; ★(AS): CN.

丽江硬叶杜鹃 **Rhododendron tatsienense** var. **nudatum** R. C. Fang 【N, W/C】 ♣WCSBG; ●SC; ★(AS): CN.

草原杜鹃 **Rhododendron telmateium** Balf.f. et W. W. Sm. 【N, W/C】 ♣KBG, SCBG, WCSBG; ●GD, SC, YN; ★(AS): CN.

灰被杜鹃 **Rhododendron tephropeplum** Balf.f. et Forrest 【N, W/C】 ♣WCSBG; ●SC; ★(AS): CN, ID, IN, MM.

半圆叶杜鹃 **Rhododendron thomsonii** Hook. f. 【N, W/C】 ♣WCSBG; ●SC, TW; ★(AS): BT, CN, ID, IN, LK, MM, NP.

小半圆叶杜鹃 **Rhododendron thomsonii** subsp. **lopsangianum** (Cowan) D. F. Chamb. 【N, W/C】 ♣WCSBG; ●SC; ★(AS): CN.

千里香杜鹃 **Rhododendron thymifolium** Maxim. 【N, W/C】 ♣WCSBG; ●SC; ★(AS): CN.

田林马银花 **Rhododendron tianlinense** P. C. Tam 【N, W/C】 ♣GXIB; ●GX; ★(AS): CN.

天门山杜鹃 **Rhododendron tianmenshanense** C. L. Peng et L. H. Yan 【N, W/C】 ♣FBG; ●FJ; ★(AS): CN.

鼎湖杜鹃 **Rhododendron tingwuense** P. C. Tam 【N, W/C】 ♣SCBG; ●GD; ★(AS): CN.

川滇杜鹃 **Rhododendron traillianum** Forrest et W. W. Sm. 【N, W/C】 ♣GBG, WCSBG; ●GZ, SC; ★(AS): CN.

棕背川滇杜鹃 **Rhododendron traillianum** var. **dictyotum** (Balf.f. ex Tagg) D. F. Chamb. 【N, W/C】 ♣WCSBG; ●SC; ★(AS): CN.

长毛杜鹃 **Rhododendron trichanthum** Rehder 【N, W/C】 ♣WCSBG; ●SC; ★(AS): CN.

糙毛杜鹃 **Rhododendron trichocladum** Franch. 【N, W/C】 ♣GBG, WCSBG; ●GZ, SC; ★(AS): CN, MM.

毛嘴杜鹃 **Rhododendron trichostomum** Franch. 【N, W/C】 ♣WCSBG; ●SC; ★(AS): CN.

三花杜鹃 **Rhododendron triflorum** Hook. f. 【N, W/C】 ♣WCSBG; ●SC, YN; ★(AS): BT, CN, ID, IN, LK, MM, NP.

云南三花杜鹃 **Rhododendron triflorum** subsp. **multiflorum** R. C. Fang 【N, W/C】 ♣WCSBG; ●SC; ★(AS): CN.

白钟杜鹃 **Rhododendron tsariense** Cowan 【N, W/C】 ♣WCSBG; ●SC; ★(AS): BT, CN, ID, IN, LK.

两广杜鹃 **Rhododendron tsoi** Merr. 【N, W/C】 ♣SCBG; ●GD; ★(AS): CN.

单花杜鹃 **Rhododendron uniflorum** Hutch. et Kingdon-Ward 【N, W/C】 ♣WCSBG; ●SC; ★(AS): CN, MM.

紫玉盘杜鹃 **Rhododendron uvariifolium** Diels 【N, W/C】 ♣GBG, WCSBG; ●GZ, SC; ★(AS): CN.

毛柄杜鹃 **Rhododendron valentinianum** Forrest ex Hutch. 【N, W/C】 ♣GBG; ●GZ, SC; ★(AS): CN, MM, VN.

白毛杜鹃 **Rhododendron vellereum** Hutch. ex Tagg 【N, W/C】 ♣WCSBG, XTBG; ●SC, YN; ★(AS): CN.

亮叶杜鹃 **Rhododendron vernicosum** Franch. 【N, W/C】 ♣GBG, WCSBG, XMBG; ●FJ, GZ, SC, YN; ★(AS): CN.

红马银花 **Rhododendron vialii** Delavay et Franch. 【N, W/C】 ♣KBG, XTBG; ●YN; ★(AS): CN, LA, VN.

柳条杜鹃 **Rhododendron virgatum** Hook. f. 【N, W/C】 ♣GBG, KBG, WCSBG; ●GZ, SC, YN; ★(AS): BT, CN, IN, LK.

显绿杜鹃 **Rhododendron viridescens** Hutch. 【N, W/C】 ♣WCSBG; ●SC; ★(AS): CN.

铜色杜鹃 **Rhododendron viscidifolium** Davidian 【N, W/C】 ♣WCSBG; ●SC; ★(AS): CN.

簇毛杜鹃 **Rhododendron wallichii** Hook. f. 【N, W/C】 ♣WCSBG; ●SC; ★(AS): BT, CN, ID, IN, LK, NP.

黄杯杜鹃 **Rhododendron wardii** W. W. Sm. 【N, W/C】 ♣GBG, WCSBG, XMBG; ●FJ, GZ, SC, TW, YN; ★(AS): CN.

汶川褐毛杜鹃 **Rhododendron wasonii** var. **wenchuanense** L. C. Hu 【N, W/C】 ♣WCSBG; ●SC; ★(AS): CN.

无柄杜鹃（褐毛杜鹃）**Rhododendron watsonii** Hemsl. et E. H. Wilson 【N, W/C】 ♣WCSBG; ●SC; ★(AS): CN.

凯里杜鹃 **Rhododendron westlandii** Hemsl. 【N, W/C】 ♣FLBG, GA, GXIB, SCBG; ●GD, GX, JX; ★(AS): CN, JP, VN.

圆叶杜鹃 **Rhododendron williamsianum** Rehder et E. H. Wilson 【N, W/C】 ♣GBG, KBG, WCSBG; ●GZ, SC, TW, YN; ★(AS): CN.

皱皮杜鹃 **Rhododendron wiltonii** Hemsl. et E. H. Wilson 【N, W/C】 ♣GBG, WCSBG; ●GZ, SC; ★(AS): CN.

武鸣杜鹃 **Rhododendron wumingense** W. P. Fang 【N, W/C】 ♣GXIB; ●GX; ★(AS): CN.

黄铃杜鹃 **Rhododendron xanthocodon** Hutch. 【N, W/C】 ♣WCSBG; ●SC, TW; ★(AS): BT, CN, ID, IN.

鲜黄杜鹃 **Rhododendron xanthostephanum** Merr. 【N, W/C】 ♣KBG, WCSBG; ●SC, YN; ★(AS): BT, CN, ID, IN, MM.

雅库杜鹃 **Rhododendron yakushimanum** Nakai 【I, C】 ●SH, TW; ★(AS): JP.

阳明山杜鹃 **Rhododendron yangmingshanense** P. C. Tam 【N, W/C】 ♣FBG; ●FJ; ★(AS): CN.

*江户杜鹃 **Rhododendron yedoense** Maxim. ex Regel 【I, C】 ●LN; ★(AS): JP, KP, KR.

永宁杜鹃 **Rhododendron yungningense** Balf.f. ex Hutch. 【N, W/C】 ♣WCSBG; ●SC; ★(AS): CN.

云南杜鹃 **Rhododendron yunnanense** Franch. 【N, W/C】 ♣GBG, KBG, LBG, WCSBG, XTBG; ●GZ, JX, SC, TW, YN; ★(AS): CN, MM.

白面杜鹃 **Rhododendron zaleucum** Balf.f. et W. W. Sm. 【N, W/C】 ♣WCSBG; ●SC; ★(AS): BT, CN, MM.

鹧鸪杜鹃 **Rhododendron zheguense** Ching et H. P. Yang 【N, W/C】 ♣WCSBG; ●SC; ★(AS): CN.

中甸杜鹃 **Rhododendron zhongdianense** L. C. Hu 【N, W/C】 ♣WCSBG; ●SC; ★(AS): CN.

澳石南属 Epacris

普石南 **Epacris impressa** Labill. 【I, C】 ●TW; ★(OC): AU.

酸木属 Oxydendrum

酸木 **Oxydendrum arboreum** (L.) DC. 【I, C】 ●BJ, HB, SD, TW; ★(NA): US.

金叶子属 Craibiodendron

柳叶金叶子 **Craibiodendron henryi** W. W. Sm. 【N, W/C】 ♣XTBG; ●YN; ★(AS): CN, ID, IN, MM, TH.

广东金叶子 **Craibiodendron scleranthum** var. **kwangtungense** (S. Y. Hu) Judd 【N, W/C】 ♣SCBG; ●GD; ★(AS): CN.

金叶子（假木荷）**Craibiodendron stellatum** (Pierre) W. W. Sm. 【N, W/C】 ♣WBG, XTBG; ●HB, YN; ★(AS): CN, KH, LA, MM, TH, VN.

云南金叶子 **Craibiodendron yunnanense** W. W. Sm. 【N, W/C】 ♣KBG; ●YN; ★(AS): CN, MM.

珍珠花属 Lyonia

女贞叶珍珠花 **Lyonia ligustrina** (L.) DC. 【I, C】 ♣BBG; ●BJ; ★(NA): US.

东麓珍珠花（女神珍珠花）**Lyonia mariana** (L.) D. Don 【I, C】 ♣BBG; ●BJ; ★(NA): US.

珍珠花 **Lyonia ovalifolia** (Wall.) Drude 【N, W/C】 ♣CBG, GA, GBG, NBG, SCBG, WBG, XTBG; ●GD, GZ, HB, JS, JX, SH, YN; ★(AS): BT, CN, IN, JP, KH, LA, MM, MY, NP, PK, TH, VN.

小果珍珠花 **Lyonia ovalifolia** var. **elliptica** (Siebold et Zucc.) Hand.-Mazz. 【N, W/C】 ♣CBG, FBG, GBG, GXIB, HBG, LBG, WBG; ●FJ, GX, GZ, HB, JX, SH, ZJ; ★(AS): CN, JP.

毛果珍珠花 **Lyonia ovalifolia** var. **hebecarpa** (Franch. ex F. B. Forbes et Hemsl.) Chun 【N, W/C】 ♣CBG, HBG, WBG, ZAFU; ●HB, SH, ZJ; ★

(AS): CN.

狭叶珍珠花 **Lyonia ovalifolia** var. **lanceolata** (Wall.) Hand.-Mazz. 【N, W/C】 ♣SCBG; ●GD; ★(AS): CN, IN, MM.

毛叶珍珠花 **Lyonia villosa** (Wall. ex C. B. Clarke) Hand.-Mazz. 【N, W/C】 ♣KBG, SCBG; ●GD, SC, YN; ★(AS): BT, CN, ID, IN, JP, LK, MM, NP.

马醉木属 Pieris

*多花马醉木 **Pieris floribunda** (Pursh) Benth. et Hook. f. 【I, C】 ●TW; ★(NA): US.

美丽马醉木 **Pieris formosa** (Wall.) D. Don 【N, W/C】 ♣CBG, FBG, HBG, KBG, LBG, NBG, SCBG, WBG, XTBG; ●FJ, GD, HB, JS, JX, SC, SH, TW, YN, ZJ; ★(AS): BT, CN, ID, IN, LK, MM, NP, VN.

马醉木 **Pieris japonica** (Thunb.) D. Don ex G. Don 【N, W/C】 ♣CBG, HBG, LBG, NBG, TMNS, WBG, XTBG, ZAFU; ●BJ, HB, JS, JX, SC, SH, TW, YN, ZJ; ★(AS): CN, JP, MM.

长萼马醉木 **Pieris swinhoei** Hemsl. 【N, W/C】 ♣SCBG; ●GD; ★(AS): CN.

青姬木属 Andromeda

青姬木（仙女越橘）**Andromeda polifolia** L. 【N, W/C】 ●AH; ★(AS): CN, GE, JP, KR, MN, RU-AS; (EU): AT, BA, BE, CZ, DE, FI, GB, HR, IT, ME, MK, NL, NO, PL, RO, RS, RU, SI.

粉姬木属 Zenobia

粉姬木（白铃木）**Zenobia pulverulenta** (W. Bartram ex Willd.) Pollard 【I, C】 ●TW; ★(NA): US.

木藜芦属 Leucothoe

木藜芦 **Leucothoe axillaris** (Lam.) D. Don 【I, C】 ♣CBG; ●SH; ★(NA): US.

长叶木藜芦 **Leucothoe fontanesiana** (Steud.) Sleumer 【I, C】 ♣CBG; ●SH, TW, ZJ; ★(NA): US.

启介木藜芦 **Leucothoe keiskei** Miq. 【I, C】 ♣CBG; ●SH; ★(AS): JP.

白珠属 Gaultheria

芳香白珠 **Gaultheria fragrantissima** Wall. 【N, W/C】 ●TW, YN; ★(AS): BT, CN, ID, IN, JP, LK, MM, MY, NP, VN.

红粉白珠 **Gaultheria hookeri** C. B. Clarke 【N, W/C】 ♣WBG; ●HB, SC; ★(AS): BT, CN, IN, MM.

毛滇白珠 **Gaultheria leucocarpa** var. **crenulata** (Kurz) T. Z. Hsu 【N, W/C】 ♣CBG, GMG, GXIB, WBG, XTBG; ●GX, HB, SC, SH, YN; ★(AS): CN.

白珠树 **Gaultheria leucocarpa** var. **cumingiana** (S. Vidal) T. Z. Hsu 【N, W/C】 ♣BBG, TMNS; ●BJ, TW; ★(AS): CN, MY, PH.

滇白珠 **Gaultheria leucocarpa** var. **yunnanensis** (Franch.) T. Z. Hsu et R. C. Fang 【N, W/C】 ♣GA, GBG, GMG, GXIB, KBG; ●GX, GZ, JX, SC, YN; ★(AS): CN, KH, LA, TH, VN.

尖叶白珠（微凸白珠）**Gaultheria mucronata** (L. f.) Hook. et Arn. 【I, C】 ●TW; ★(SA): AR, BO, CL.

小尖叶白珠 **Gaultheria mucronata** var. **microphylla** Hombr. et Jacq. 【I, C】 ●TW; ★(SA): CL.

铜钱叶白珠 **Gaultheria nummularioides** D. Don 【N, W/C】 ♣WBG; ●HB; ★(AS): BT, CN, ID, IN, LK, MM, NP.

匍枝白珠 **Gaultheria procumbens** L. 【I, C】 ♣BBG, NBG; ●BJ, JS, SH, TW; ★(NA): CA, US.

平卧白珠 **Gaultheria prostrata** W. W. Sm. 【N, W/C】 ●YN; ★(AS): CN.

鹿蹄草叶白珠 **Gaultheria pyrolifolia** Hook. f. ex C. B. Clarke 【N, W/C】 ♣BBG; ●BJ; ★(AS): BT, CN, ID, IN, LK, MM, NP.

柠檬叶白珠（沙龙白珠）**Gaultheria shallon** Pursh 【I, C】 ♣NBG; ●JS, TW; ★(NA): CA, US.

四裂白珠 **Gaultheria tetramera** W. W. Sm. 【N, W/C】 ♣WBG; ●HB; ★(AS): CN.

帽珠树属 ×Gaulnettya

帽珠树 ×**Gaulnettya wisleyensis** Marchant 【I, C】 ★(EU): GB.

越橘属 Vaccinium

狭叶越橘（矮丛蓝莓、矮丛越橘）**Vaccinium angustifolium** Ait. 【I, C】 ●JL, TW; ★(NA): CA, US.

绒叶越橘 **Vaccinium angustifolium** var. **myrtill**

oides (Michx.) House 【I, C】 ●TW; ★(NA): US.

臼莓 **Vaccinium arboreum** Marshall 【I, C】 ♣NBG; ●JS; ★(NA): US.

紫梗越橘 **Vaccinium ardisioides** Hook. f. ex C. B. Clarke 【N, W/C】 ♣XTBG; ●YN; ★(AS): CN, MM.

南烛（乌饭树）**Vaccinium bracteatum** Thunb. 【N, W/C】 ♣CBG, FBG, GA, GXIB, HBG, LBG, NBG, SCBG, WBG, XMBG, ZAFU; ●FJ, GD, GX, HB, JS, JX, SC, SH, ZJ; ★(AS): CN, ID, IN, JP, KH, KP, KR, LA, MM, MY, SG, TH, VN.

泡泡叶越橘 **Vaccinium bullatum** (Dop) Sleumer 【N, W/C】 ♣XTBG; ●YN; ★(AS): CN, VN.

新泽西越橘（新泽西蓝莓）**Vaccinium caesariense** Mack. 【I, C】 ●TW; ★(NA): US.

丛枝越橘 **Vaccinium caespitosum** Michx. 【I, C】 ★(NA): US.

短尾越橘 **Vaccinium carlesii** Dunn 【N, W/C】 ♣FBG, HBG; ●FJ, ZJ; ★(AS): CN.

缘毛越橘 **Vaccinium ciliatum** Thunb. 【I, C】 ★(AS): JP.

小穗越橘（蓝莓）**Vaccinium constablaei** A. Gray 【I, C】 ♣NBG; ●JS; ★(NA): US.

高大越橘（北方高丛蓝莓）**Vaccinium corymbosum** L. 【I, C】 ♣CBG, NBG, WBG; ●AH, BJ, CQ, HB, JL, JS, SH, TJ, TW; ★(NA): DO, US.

亚速尔越橘 **Vaccinium cylindraceum** Sm. 【I, C】 ★(EU): PT.

*达罗越橘 **Vaccinium darrowii** Camp 【I, C】 ♣NBG; ●JS, TW; ★(NA): US.

苍山越橘 **Vaccinium delavayi** Franch. 【N, W/C】 ♣KBG; ●YN; ★(AS): CN, MM.

甜越橘 **Vaccinium deliciosum** Piper 【I, C】 ★(NA): US.

云南越橘 **Vaccinium duclouxii** (H. Lév.) Hand.-Mazz. 【N, W/C】 ♣HBG, KBG, LBG, WBG; ●HB, JX, YN, ZJ; ★(AS): CN, MM.

樟叶越橘 **Vaccinium dunalianum** Wight 【N, W/C】 ♣GBG, KBG, XTBG; ●GZ, YN; ★(AS): BT, CN, ID, IN, LK, MM, NP, VN.

大樟叶越橘 **Vaccinium dunalianum** var. **megaphyllum** Sleumer 【N, W/C】 ♣XTBG; ●YN; ★(AS): CN.

尾叶越橘 **Vaccinium dunalianum** var. **urophyllum** Rehder et E. H. Wilson 【N, W/C】 ♣HBG; ●ZJ; ★(AS): CN, MM, VN.

南方蔓越橘（美国扁枝越橘）**Vaccinium erythrocarpum** Michx. 【I, C】 ★(NA): US.

隐距越橘 **Vaccinium exaristatum** Kurz 【N, W/C】 ♣XTBG; ●YN; ★(AS): CN, LA, MM, TH, VN.

*美丽越橘 **Vaccinium formosum** Andrews 【N, W/C】 ●TW; ★(AS): CN.

乌鸦果 **Vaccinium fragile** Franch. 【N, W/C】 ♣GBG, KBG, WBG; ●GZ, HB, YN; ★(AS): CN.

黑果木 **Vaccinium fuscatum** Aiton 【I, C】 ●TW; ★(NA): US.

粉白越橘 **Vaccinium glaucoalbum** Hook. f. ex C. B. Clarke 【N, W/C】 ●TW; ★(AS): BT, CN, ID, IN, LK, MM, NP.

长冠越橘 **Vaccinium harmandianum** Dop 【N, W/C】 ♣XTBG; ●YN; ★(AS): CN, KH, LA.

无梗越橘 **Vaccinium henryi** Hemsl. 【N, W/C】 ♣HBG, WBG; ●HB, ZJ; ★(AS): CN.

毛果越橘（毛果蓝莓）**Vaccinium hirsutum** Buckley 【I, C】 ●TW; ★(NA): US.

黄背越橘 **Vaccinium iteophyllum** Hance 【N, W/C】 ♣FBG, LBG, SCBG, WBG; ●FJ, GD, HB, JX; ★(AS): CN.

日本扁枝越橘 **Vaccinium japonicum** Miq. 【N, W/C】 ♣NBG; ●JS; ★(AS): CN, JP, KR.

扁枝越橘 **Vaccinium japonicum** var. **sinicum** (Nakai) Rehder 【N, W/C】 ♣CBG, FBG, HBG, WBG; ●FJ, HB, SH, ZJ; ★(AS): CN.

红果越橘（朝鲜越橘）**Vaccinium koreanum** Nakai 【N, W/C】 ♣HFBG; ●HL, LN, TW; ★(AS): CN, JP, KP, KR.

长尾乌饭 **Vaccinium longicaudatum** Chun ex W. P. Fang et Z. H. Pan 【N, W/C】 ♣WBG; ●HB; ★(AS): CN.

大果越橘（蔓越橘）**Vaccinium macrocarpon** Aiton 【I, C】 ●TW; ★(NA): CA, US.

江南越橘 **Vaccinium mandarinorum** Diels 【N, W/C】 ♣CBG, GA, NSBG, SCBG, XMBG, ZAFU; ●CQ, FJ, GD, JX, SH, ZJ; ★(AS): CN.

膜质越橘 **Vaccinium membranaceum** Douglas ex Hook. et Torr. 【I, C】 ★(NA): US.

小果红莓苔子 **Vaccinium microcarpum** Ostenf. 【N, W/C】 ●NM; ★(AS): CN, JP, KP, KR, MN, RU-AS.

铁仔越橘（长青蓝莓）**Vaccinium myrsinites** Lam. 【I, C】 ♣NBG; ●JS, TW; ★(NA): US.

拟桃金娘越橘（加拿大蓝莓）**Vaccinium myrtilloides** Michx. 【I, C】 ★(NA): US.

黑果越橘（欧洲越橘）**Vaccinium myrtillus** L. 【N,

W/C】 ●TW, XJ; ★(AS): AZ, CN, JP, MN, RU-AS, SA, TR; (EU): BY, GR, HR, RS, RU, SI.

抱石越橘 **Vaccinium nummularia** Hook. f. et Thomson ex C. B. Clarke 【N, W/C】 ♣SCBG; ●GD; ★(AS): BT, CN, IN, MM, NP.

腺齿越橘 **Vaccinium oldhamii** Miq. 【N, W/C】 ●TW, YN; ★(AS): CN, JP, KP, KR.

阿拉斯加蓝莓 **Vaccinium ovalifolium** Sm. 【I, C】 ★(NA): US.

卵叶越橘(加州越橘) **Vaccinium ovatum** Pursh 【I, C】 ●TW; ★(NA): CA, US.

红莓苔子 **Vaccinium oxycoccos** L. 【N, W/C】 ●HB, HL, TW; ★(AS): CN, GE, JP; (EU): AT, BA, BE, CZ, DE, FI, GB, HR, HU, IT, ME, MK, NL, NO, PL, RO, RS, RU, SI.

银蓝越橘(旱地蓝莓) **Vaccinium pallidum** Aiton 【I, C】 ●TW; ★(NA): US.

小叶越橘 **Vaccinium parvifolium** Sm. 【I, C】 ●TW; ★(NA): CA, US.

樱桃越橘 **Vaccinium praestans** Lamb. 【I, C】 ★(AS): RU-AS.

拟泡叶乌饭 **Vaccinium pseudobullatum** W. P. Fang et Z. H. Pan 【N, W/C】 ♣WBG; ●HB; ★(AS): CN.

毛萼越橘 **Vaccinium pubicalyx** Franch. 【N, W/C】 ♣WBG; ●HB; ★(AS): CN, MM.

峦大越橘 **Vaccinium randaiense** Hayata 【N, W/C】 ♣SCBG; ●GD; ★(AS): CN, JP.

红梗越橘 **Vaccinium rubescens** R. C. Fang 【N, W】 ♣XTBG; ●YN; ★(AS): CN.

石生越橘(石生乌饭树) **Vaccinium saxicola** Chun ex Sleumer 【N, W】 ♣XTBG; ●YN; ★(AS): CN.

拟态越橘 **Vaccinium simulatum** Small 【I, C】 ●TW; ★(NA): US.

广西越橘 **Vaccinium sinicum** Sleumer 【N, W/C】 ♣GXIB; ●GX; ★(AS): CN.

镰叶越橘 **Vaccinium subfalcatum** Merr. ex Sleumer 【N, W/C】 ♣SCBG; ●GD; ★(AS): CN, VN.

南方越橘(南方蓝莓) **Vaccinium tenellum** Aiton 【I, C】 ♣NBG; ●JS, TW; ★(NA): US.

刺毛越橘 **Vaccinium trichocladum** Merr. et F. P. Metcalf 【N, W/C】 ♣CBG, SCBG, ZAFU; ●GD, SH, ZJ; ★(AS): CN.

笃斯越橘 **Vaccinium uliginosum** L. 【N, W/C】 ♣IBCAS; ●BJ, LN, NM; ★(AS): CN, GE, JP, KP, KR, MN, RU-AS; (EU): AL, AT, BA, BE, BG, CZ, DE, ES, FI, FR, GB, HR, IS, IT, ME, MK, NL, NO, PL, RO, RS, RU, SI.

高山笃斯越橘 **Vaccinium uliginosum** subsp. **alpinum** (Bigelow) Hultén 【I, C】 ♣IBCAS; ●BJ; ★(NA): US.

兔眼越橘(兔眼蓝莓) **Vaccinium virgatum** Aiton 【I, C】 ♣NBG; ●AH, JS, TW; ★(NA): US.

越橘 **Vaccinium vitis-idaea** L. 【N, W/C】 ♣BBG, HBG, IBCAS; ●BJ, HL, LN, NM, XJ, ZJ; ★(AS): CN, GE, JP, KP, KR, MN, RU-AS; (EU): AL, AT, BA, BE, BG, CZ, DE, FI, FR, GB, HR, HU, IS, IT, ME, MK, NL, NO, PL, RO, RS, RU, SI.

佳露果属 Gaylussacia

佳露果 **Gaylussacia baccata** (Wangenh.) K. Koch 【I, C】 ●TW; ★(NA): CA, US.

树萝卜属 Agapetes

环萼树萝卜 **Agapetes brandisiana** W. E. Evans 【N, W/C】 ♣SCBG; ●GD; ★(AS): CN, MM.

缅甸树萝卜 **Agapetes burmanica** W. E. Evans 【N, W/C】♣BBG, KBG, SCBG, XTBG; ●BJ, GD, YN; ★(AS): CN, MM.

茶叶树萝卜 **Agapetes camelliifolia** S. H. Huang 【N, W/C】 ♣SCBG; ●GD; ★(AS): CN.

红花树萝卜 **Agapetes hosseana** Diels 【I, C】 ♣KBG; ●JL, YN; ★(AS): TH.

沧源树萝卜 **Agapetes inopinata** Airy Shaw 【N, W】 ♣XTBG; ●YN; ★(AS): CN, MM.

中型树萝卜 **Agapetes interdicta** (Hand.-Mazz.) Sleumer 【N, W】 ♣XTBG; ●YN; ★(AS): CN, MM.

灯笼花 **Agapetes lacei** Craib 【N, W/C】 ♣CBG, KBG, SCBG, XTBG; ●GD, SH, YN; ★(AS): BT, CN, MM.

深裂树萝卜 **Agapetes lobbii** C. B. Clarke 【N, W/C】 ♣BBG, XTBG; ●BJ, YN; ★(AS): CN, ID, IN, MM, TH.

红纹树萝卜(大花树萝卜) **Agapetes macrantha** (Hook.) Benth. et Hook. f. 【I, C】 ●TW; ★(AS): MM.

白花树萝卜 **Agapetes mannii** Hemsl. 【N, W/C】 ♣KBG, SCBG, WBG, XTBG; ●GD, HB, YN; ★(AS): CN, ID, IN, MM, TH.

树萝卜 **Agapetes moorei** Hemsl. 【I, C】 ★(AS): MM.

齿角树萝卜 **Agapetes odontocera** (Wight) Benth. et Hook. f. 【I, C】 ★(AS): IN, MM.

毛花树萝卜 **Agapetes pubiflora** Airy Shaw 【N, W/C】 ♣SCBG; ●GD; ★(AS): CN, MM.

红苞树萝卜 **Agapetes rubrobracteata** R. C. Fang et S. H. Huang 【N, W/C】 ♣KBG, WBG; ●HB, YN; ★(AS): CN, VN.

五翅莓 **Agapetes serpens** (Wight) Sleumer 【N, W/C】 ●TW; ★(AS): BT, CN, ID, IN, LK, NP.

蜂鸟花属 Macleania

蜂鸟花(蜂鸟杜鹃)**Macleania insignis** M. Martens et Galeotti 【I, C】 ●TW; ★(NA): BZ, CR, GT, HN, MX, NI.

248. 茶茱萸科 ICACINACEAE

柴龙树属 Apodytes

柴龙树 **Apodytes dimidiata** E. Mey. ex Arn. 【N, W/C】 ♣GXIB, SCBG, XTBG; ●GD, GX, YN; ★(AF): MG, NG; (AS): CN, ID, IN, LA, LK, MM, MY, PH, TH.

假海桐属 Pittosporopsis

假海桐 **Pittosporopsis kerrii** Craib 【N, W/C】 ♣KBG, SCBG, XTBG; ●GD, YN; ★(AS): CN, LA, MM, TH, VN.

无须藤属 Hosiea

无须藤 **Hosiea sinensis** (Oliv.) Hemsl. et E. H. Wilson 【N, W/C】 ♣WBG; ●HB; ★(AS): CN.

肖榄属 Platea

阔叶肖榄 **Platea latifolia** Blume 【N, W/C】 ♣XTBG; ●YN; ★(AS): BT, CN, ID, IN, LA, LK, MY, PH, SG, TH, VN.

东方肖榄 **Platea parvifolia** Merr. et Chun 【N, W/C】 ♣XLTBG; ●HI; ★(AS): CN.

假柴龙树属 Nothapodytes

厚叶假柴龙树 **Nothapodytes collina** C. Y. Wu 【N, W/C】 ♣XTBG; ●YN; ★(AS): CN.

臭味假柴龙树 **Nothapodytes nimmoniana** (J. Graham) Mabb. 【N, W/C】 ♣TMNS, XMBG, XTBG, ZAFU; ●FJ, TW, YN, ZJ; ★(AS): CN, ID, IN, JP, KH, LK, MM, PH, TH.

薄叶假柴龙树 **Nothapodytes obscura** C. Y. Wu 【N, W/C】 ♣XTBG; ●YN; ★(AS): CN.

假柴龙树 **Nothapodytes obtusifolia** (Merr.) R. A. Howard 【N, W/C】 ♣SCBG, XTBG; ●GD, YN; ★(AS): CN.

马比木 **Nothapodytes pittosporoides** (Oliv.) Sleumer 【N, W/C】 ♣CBG, CDBG, FBG, WBG, XTBG; ●FJ, HB, SC, SH, YN; ★(AS): CN.

毛假柴龙树 **Nothapodytes tomentosa** C. Y. Wu 【N, W/C】 ♣XTBG; ●YN; ★(AS): CN.

微花藤属 Iodes

微花藤 **Iodes cirrhosa** Turcz. 【N, W/C】 ♣XTBG; ●YN; ★(AS): CN, ID, IN, LA, MM, MY, PH, SG, TH, VN.

瘤枝微花藤 **Iodes seguinii** (H. Lév.) Rehder 【N, W】 ♣XTBG; ●YN; ★(AS): CN.

小果微花藤 **Iodes vitiginea** (Hance) Hemsl. 【N, W/C】 ♣GMG, GXIB, SCBG, XTBG; ●GD, GX, YN; ★(AS): CN, LA, TH, VN.

定心藤属 Mappianthus

定心藤 **Mappianthus iodoides** Hand.-Mazz. 【N, W/C】 ♣CBG, FBG, FLBG, GMG, GXIB, SCBG, WBG, XMBG, XTBG; ●FJ, GD, GX, HB, JX, SH, YN; ★(AS): CN, VN.

麻核藤属 Natsiatopsis

麻核藤 **Natsiatopsis thunbergiifolia** Kurz 【N, W/C】 ♣XTBG; ●YN; ★(AS): CN, MM.

刺核藤属 Pyrenacantha

锦葵叶刺核藤(锦叶番红)**Pyrenacantha malvifolia** Engl. 【I, C】 ♣BBG, XMBG; ●BJ, FJ, TW; ★(AF): ET, KE, SO, TZ.

249. 杜仲科 EUCOMMIACEAE

杜仲属 Eucommia

杜仲 **Eucommia ulmoides** Oliv. 【N, W/C】 ♣BBG,

CBG, CDBG, FBG, FLBG, GA, GBG, GMG, GXIB, HBG, IBCAS, KBG, LBG, NBG, NSBG, SCBG, TBG, WBG, XBG, XMBG, XTBG, ZAFU; ●AH, BJ, CQ, FJ, GD, GX, GZ, HA, HB, HN, JL, JS, JX, LN, SC, SH, SN, SX, TW, YN, ZJ; ★(AS): CN.

250. 丝缨花科 GARRYACEAE

丝缨花属 Garrya

丝缨花 **Garrya elliptica** Douglas ex Lindl. 【I, C】 ●TW; ★(NA): US.

桃叶珊瑚属 Aucuba

斑叶珊瑚 **Aucuba albopunctifolia** F. T. Wang 【N, W/C】 ♣FBG; ●FJ; ★(AS): CN.

窄斑叶珊瑚 **Aucuba albopunctifolia** var. **angustula** W. P. Fang et Z. P. Soong 【N, W/C】 ♣NBG, WBG; ●HB; ★(AS): CN.

桃叶珊瑚 **Aucuba chinensis** Benth. 【N, W/C】 ♣CBG, CDBG, FBG, FLBG, GA, GBG, GMG, HBG, KBG, NBG, SCBG, TBG, TMNS, WBG, XBG, XMBG; ●FJ, GD, GX, GZ, HB, JS, JX, SC, SH, SN, TW, YN, ZJ; ★(AS): CN, MM, VN.

细齿桃叶珊瑚 **Aucuba chlorascens** F. T. Wang 【N, W/C】 ♣GBG, KBG; ●GZ, YN; ★(AS): CN.

枇杷叶珊瑚 **Aucuba eriobotryifolia** F. T. Wang 【N, W/C】 ♣GXIB, KBG; ●GX, YN; ★(AS): CN.

喜马拉雅珊瑚 **Aucuba himalaica** Hook. f. et Thomson 【N, W/C】 ♣GBG, LBG, WBG; ●GZ, HB, JX, SC; ★(AS): BT, CN, ID, IN, LK, MM.

密毛桃叶珊瑚 **Aucuba himalaica** var. **pilosissima** W. P. Fang et Z. P. Soong 【N, W/C】 ♣WBG; ●HB; ★(AS): CN.

青木 **Aucuba japonica** Thunb. 【N, W/C】 ♣BBG, CBG, HBG, IBCAS, KBG, LBG, NBG, NSBG, SCBG, WBG, XMBG, XOIG, XTBG, ZAFU; ●BJ, CQ, FJ, GD, HB, JS, JX, SC, SH, TW, YN, ZJ; ★(AS): CN, JP, KP, KR.

姬青木 **Aucuba japonica** var. **borealis** Miyabe et Kudô 【I, C】 ★(AS): JP.

花叶青木 **Aucuba japonica** var. **variegata** Dombrain 【N, W/C】 ♣FBG, GA, GXIB, HBG, LBG, NBG, SCBG; ●AH, BJ, FJ, GD, GX, JS, JX, SC, ZJ; ★(AS): CN, JP, KP, KR.

倒心叶珊瑚 **Aucuba obcordata** (Rehder) K. T. Fu ex W. K. Hu et Soong 【N, W/C】 ♣FBG, SCBG, WBG; ●FJ, GD, HB, SC; ★(AS): CN.

251. 茜草科 RUBIACEAE

滇丁香属 Luculia

滇丁香 **Luculia pinceana** Hook. 【N, W/C】 ♣GA, KBG, XTBG; ●GX, JX, SC, YN; ★(AS): CN, ID, IN, MM, NP, VN.

鸡冠滇丁香 **Luculia yunnanensis** S. Y. Hu 【N, W/C】 ♣GA, KBG; ●JX, YN; ★(AS): CN.

流苏子属 Coptosapelta

流苏子 **Coptosapelta diffusa** (Champ.) Steenis 【N, W/C】 ♣CBG, FBG, GA, HBG, LBG, SCBG, WBG, XMBG; ●FJ, GD, HB, JX, SH, ZJ; ★(AS): CN, JP.

蛇根草属 Ophiorrhiza

有翅蛇根草 **Ophiorrhiza alata** Craib 【N, W/C】 ♣XTBG; ●YN; ★(AS): CN, TH.

金黄蛇根草 **Ophiorrhiza aureolina** H. S. Lo 【N, W/C】 ♣XTBG; ●YN; ★(AS): CN.

滇南蛇根草 **Ophiorrhiza austroyunnanensis** H. S. Lo 【N, W/C】 ♣XTBG; ●YN; ★(AS): CN.

广州蛇根草 **Ophiorrhiza cantoniensis** Hance 【N, W/C】 ♣SCBG, WBG; ●GD, HB, SC; ★(AS): CN, VN.

中华蛇根草 **Ophiorrhiza chinensis** H. S. Lo 【N, W/C】 ♣FBG, SCBG, WBG; ●FJ, GD, HB; ★(AS): CN.

心叶蛇根草 **Ophiorrhiza cordata** W. L. Sha 【N, W/C】 ♣GXIB, WBG; ●GX, HB; ★(AS): CN.

方鼎蛇根草 **Ophiorrhiza fangdingii** H. S. Lo 【N, W/C】 ♣GXIB; ●GX; ★(AS): CN.

大苞蛇根草 **Ophiorrhiza grandibracteolata** F. C. How ex H. S. Lo 【N, W/C】 ♣WBG; ●HB; ★(AS): CN.

版纳蛇根草 **Ophiorrhiza hispidula** Wall. ex G. Don 【N, W/C】 ♣XTBG; ●YN; ★(AS): CN, ID, IN, LA, MY, TH, VN.

环江蛇根草 **Ophiorrhiza huanjiangensis** D. Fang et Z. M. Xie 【N, W/C】 ♣GXIB; ●GX; ★(AS): CN.

日本蛇根草 **Ophiorrhiza japonica** Blume 【N, W/C】 ♣CBG, FBG, FLBG, GMG, GXIB, HBG, LBG, SCBG, WBG, XMBG, ZAFU; ●FJ, GD, GX, HB, JX, SH, ZJ; ★(AS): CN, JP, MM, VN.

老山蛇根草 **Ophiorrhiza laoshanica** H. S. Lo 【N, W/C】 ♣GXIB; ●GX; ★(AS): CN.

木茎蛇根草 **Ophiorrhiza lignosa** Merr. 【N, W/C】 ♣WBG; ●HB; ★(AS): CN, MM.

大齿蛇根草 **Ophiorrhiza macrodonta** H. S. Lo 【N, W/C】 ♣WBG; ●HB; ★(AS): CN.

东南蛇根草（玉兰草）**Ophiorrhiza michelloides** (Masam.) H. S. Lo 【N, W/C】 ♣WBG; ●BJ, HB; ★(AS): CN.

蛇根草 **Ophiorrhiza mungos** L. 【N, W/C】 ♣BBG, WBG; ●BJ, HB; ★(AS): CN, ID, IN, LK, MM, MY, PH, TH, VN.

那坡蛇根草 **Ophiorrhiza napoensis** H. S. Lo 【N, W/C】 ♣WBG; ●HB; ★(AS): CN.

垂花蛇根草 **Ophiorrhiza nutans** Ridl. 【N, W/C】 ♣XTBG; ●YN; ★(AS): BT, CN, ID, IN, LK, MM, NP.

黄花蛇根草 **Ophiorrhiza ochroleuca** Hook. f. 【N, W/C】 ♣XTBG; ●YN; ★(AS): BT, CN, ID, IN, LK, MM, VN.

对生蛇根草 **Ophiorrhiza oppositiflora** Hook. f. 【N, W/C】 ♣XTBG; ●YN; ★(AS): CN, ID, IN, MM.

少花蛇根草 **Ophiorrhiza pauciflora** Hook. f. 【N, W/C】 ♣XTBG; ●YN; ★(AS): CN, ID, IN.

短小蛇根草 **Ophiorrhiza pumila** Champ. ex Benth. 【N, W/C】 ♣FBG, FLBG, SCBG, WBG; ●FJ, GD, HB, JX; ★(AS): CN, JP, VN.

大叶蛇根草 **Ophiorrhiza repandicalyx** H. S. Lo 【N, W/C】 ♣XTBG; ●YN; ★(AS): CN.

变红蛇根草 **Ophiorrhiza subrubescens** Drake 【N, W/C】 ♣XTBG; ●YN; ★(AS): CN, VN.

大果蛇根草 **Ophiorrhiza wallichii** Hook. f. 【N, W/C】 ♣XTBG; ●YN; ★(AS): CN, ID, IN, MM.

螺序草属 Spiradiclis

螺序草 **Spiradiclis caespitosa** Blume 【N, W/C】 ♣SCBG, XTBG; ●GD, YN; ★(AS): CN, ID, IN, LA, MM, VN.

尖叶螺序草 **Spiradiclis cylindrica** Wall. ex Hook. f. 【N, W/C】 ♣XTBG; ●YN; ★(AS): CN, IN.

峨眉螺序草 **Spiradiclis emeiensis** H. S. Lo 【N, W/C】 ♣SCBG; ●GD; ★(AS): CN.

广东螺序草 **Spiradiclis guangdongensis** H. S. Lo 【N, W/C】 ♣SCBG; ●GD; ★(AS): CN.

献瑞螺序草（罗氏螺序草）**Spiradiclis loana** R. J. Wang 【N, W/C】 ♣GXIB; ●GX; ★(AS): CN.

长苞螺序草 **Spiradiclis longibracteata** C. Y. Liu et S. J. Wei 【N, W/C】 ♣GXIB; ●GX; ★(AS): CN.

长梗螺序草 **Spiradiclis longipedunculata** W. L. Sha et X. X. Chen 【N, W/C】 ♣GXIB; ●GX; ★(AS): CN.

龙州螺序草 **Spiradiclis longzhouensis** H. S. Lo 【N, W/C】 ♣GXIB; ●GX; ★(AS): CN.

桂北螺序草 **Spiradiclis luochengensis** H. S. Lo et W. L. Sha 【N, W/C】 ♣GXIB; ●GX; ★(AS): CN.

黏毛螺序草 **Spiradiclis tomentosa** D. Fang et D. H. Qin 【N, W/C】 ♣GXIB; ●GX; ★(AS): CN.

毛螺序草 **Spiradiclis villosa** X. X. Chen et W. L. Sha 【N, W/C】 ♣GXIB; ●GX; ★(AS): CN.

岩上珠属 Clarkella

岩上珠 **Clarkella nana** (Edgew.) Hook. f. 【N, W/C】 ♣GBG; ●GZ; ★(AS): CN, IN, MM, TH.

尖叶木属 Urophyllum

尖叶木 **Urophyllum chinense** Merr. et Chun 【N, W/C】 ♣XTBG; ●YN; ★(AS): CN, VN.

撒丁茜属 Saldinia

多泡撒丁茜 **Saldinia bullata** Bremek. 【I, C】 ♣FLBG, SCBG; ●GD, JX; ★(AF): MG.

粗叶木属 Lasianthus

斜基粗叶木 **Lasianthus attenuatus** Jack 【N, W/C】 ♣WBG, XTBG; ●HB, YN; ★(AS): BT, CN, ID, IN, JP, KH, LA, MM, MY, NP, PH, SG, TH, VN; (OC): PAF.

石核木 **Lasianthus biflorus** (Blume) M. G. Gangop. et Chakrab. 【N, W/C】 ♣XTBG; ●YN; ★(AS): CN, ID, IN, MY, PH, TH, VN.

粗叶木 **Lasianthus chinensis** (Champ.) Benth. 【N, W/C】 ♣CBG, GA, SCBG, WBG, XTBG; ●GD, HB, JX, SH, YN; ★(AS): CN, KH, LA, MY, PH, TH, VN.

库兹粗叶木 **Lasianthus chrysoneurus** (Korth.)

Miq. 【N, W/C】 ♣SCBG, XTBG; ●GD, YN; ★(AS): CN, ID, IN, KH, LA, MM, TH, VN; (OC): PAF.

焕镛粗叶木 **Lasianthus chunii** H. S. Lo 【N, W/C】 ♣WBG; ●HB; ★(AS): CN.

广东粗叶木 **Lasianthus curtisii** King et Gamble 【N, W/C】 ♣SCBG; ●GD; ★(AS): CN, ID, IN, JP, MY, TH, VN.

长梗粗叶木 **Lasianthus filipes** Chun ex H. S. Lo 【N, W/C】 ♣SCBG; ●GD; ★(AS): CN, VN.

罗浮粗叶木 **Lasianthus fordii** Hance 【N, W/C】 ♣HBG, SCBG, WBG, XTBG; ●GD, HB, YN, ZJ; ★(AS): CN, ID, IN, JP, KH, PH, TH, VN; (OC): PAF.

台湾粗叶木 **Lasianthus formosensis** Matsum. 【N, W/C】 ♣SCBG, XTBG; ●GD, YN; ★(AS): CN, ID, IN, JP, TH, VN.

西南粗叶木 **Lasianthus henryi** Hutch. 【N, W/C】 ♣FLBG, GA, GXIB, SCBG, WBG, XTBG; ●GD, GX, HB, JX, YN; ★(AS): CN.

虎克粗叶木 **Lasianthus hookeri** C. B. Clarke ex Hook. f. 【N, W/C】 ♣XTBG; ●YN; ★(AS): CN, ID, IN, LA, MM, TH, VN.

睫毛粗叶木 **Lasianthus hookeri** var. **dunniana** (Lév.) H. Zhu 【N, W/C】 ♣XTBG; ●YN; ★(AS): CN, MM.

革叶粗叶木 **Lasianthus inodorus** Blume 【N, W/C】 ♣XTBG; ●YN; ★(AS): CN, ID, IN, KH, TH, VN.

日本粗叶木 **Lasianthus japonicus** Miq. 【N, W/C】 ♣CBG, FBG, GA, HBG, LBG, SCBG, WBG; ●FJ, GD, HB, JX, SC, SH, ZJ; ★(AS): CN, ID, IN, JP, KR, LA, VN.

云广粗叶木 **Lasianthus japonicus** subsp. **longicaudus** (Hook. f.) C. Y. Wu et H. Zhu 【N, W/C】 ♣GA, SCBG; ●GD, JX; ★(AS): CN, IN, LA, VN.

无苞粗叶木 **Lasianthus lucidus** Zoll. ex Miq. 【N, W/C】 ♣XTBG; ●YN; ★(AS): CN, ID, IN, MM, PH, TH, VN.

小花粗叶木 **Lasianthus micranthus** Hook. f. 【N, W/C】 ♣SCBG, WBG, XTBG; ●GD, HB, YN; ★(AS): CN, ID, IN, TH, VN.

林生粗叶木 **Lasianthus obscurus** (DC.) Blume ex Miq. 【N, W/C】 ♣XTBG; ●YN; ★(AS): CN, ID, IN, MM, TH, VN.

大叶粗叶木 **Lasianthus rigidus** Miq. 【N, W/C】 ♣XTBG; ●YN; ★(AS): CN, ID, IN, PH.

锡金粗叶木 **Lasianthus sikkimensis** Hook. f. 【N, W/C】 ♣GXIB, XTBG; ●GX, YN; ★(AS): BT, CN, ID, IN, LA, LK, PH, TH, VN.

钟萼粗叶木 **Lasianthus trichophlebus** Hemsl. ex F. B. Forbes et Hemsl. 【N, W/C】 ♣SCBG; ●GD; ★(AS): CN, ID, IN, MY, PH, SG, TH, VN.

栖兰钟萼粗叶木 **Lasianthus trichophlebus** var. **latifolius** (Miq.) H. Zhu 【N, W/C】 ♣SCBG; ●GD; ★(AS): CN, ID, IN, MY, PH, SG, TH, VN.

斜脉粗叶木 **Lasianthus verticillatus** (Lour.) Merr. 【N, W/C】 ♣TBG, XTBG; ●TW, YN; ★(AS): CN, ID, IN, JP, KH, LA, MM, MY, PH, TH, VN.

小仙丹属 Faramea

小仙丹花 **Faramea occidentalis** (L.) A. Rich. 【I, C】 ♣XTBG; ●YN; ★(NA): BZ, CR, CU, DO, GT, HN, HT, JM, LW, MX, NI, PA, PR, SV, TT, VG, WW; (SA): BO, BR, CO, EC, GF, GY, PE, VE.

虎刺属 Damnacanthus

台湾虎刺 **Damnacanthus angustifolius** Hayata 【N, W/C】 ♣WBG; ●HB; ★(AS): CN.

短刺虎刺 **Damnacanthus giganteus** (Makino) Nakai 【N, W/C】 ♣CBG, FBG, GA, HBG, LBG, WBG; ●FJ, HB, JX, SC, SH, ZJ; ★(AS): CN, JP.

虎刺 **Damnacanthus indicus** C. F. Gaertn. 【N, W/C】 ♣CBG, FBG, GA, GBG, GMG, GXIB, HBG, IBCAS, LBG, SCBG, WBG, XLTBG, XMBG, ZAFU; ●BJ, FJ, GD, GX, GZ, HB, HI, JX, SC, SH, ZJ; ★(AS): CN, ID, IN, JP, KR, MM.

柳叶虎刺 **Damnacanthus labordei** (H. Lév.) H. S. Lo 【N, W/C】 ♣WBG; ●HB; ★(AS): CN, VN.

浙皖虎刺 **Damnacanthus macrophyllus** Siebold ex Miq. 【N, W/C】 ♣HBG; ●ZJ; ★(AS): CN, JP.

大卵叶虎刺 **Damnacanthus major** Siebold et Zucc. 【N, W/C】 ♣HBG; ●ZJ; ★(AS): CN, ID, IN, JP, KR.

四川虎刺 **Damnacanthus officinarum** C. C. Huang 【N, W/C】 ♣CBG, WBG; ●HB, SC, SH; ★(AS): CN.

巴戟天属 Morinda

黄木巴戟 **Morinda angustifolia** Roth 【N, W/C】 ♣BBG, SCBG, XTBG; ●BJ, GD, TW, YN; ★(AS): BT, CN, ID, IN, LA, LK, MM, NP, PH, TH; (OC): FJ.

短柄鸡眼藤 **Morinda brevipes** S. Y. Hu【N, W/C】♣SCBG; ●GD; ★(AS): CN.

海滨木巴戟 **Morinda citrifolia** L. 【N, W/C】♣SCBG, TBG, TMNS, XLTBG, XMBG, XTBG; ●FJ, GD, HI, TW, YN; ★(AS): CN, ID, IN, JP, KH, LA, LK, MM, MY, PH, SG, TH, VN; (OC): AU, FJ, PAF.

大果巴戟 **Morinda cochinchinensis** DC. 【N, W/C】♣SCBG, WBG, XTBG; ●GD, HB, YN; ★(AS): CN, VN.

糠藤 **Morinda howiana** S. Y. Hu 【N, W/C】♣FLBG, HBG, LBG, NBG, SCBG, WBG, XMBG, XTBG; ●FJ, GD, HB, JS, JX, YN, ZJ; ★(AS): CN.

湖北巴戟 **Morinda hupehensis** S. Y. Hu【N, W/C】♣WBG; ●HB; ★(AS): CN.

顶花木巴戟 **Morinda leiantha** Kurz 【N, W/C】♣XTBG; ●YN; ★(AS): CN, MM.

黄茎巴戟 **Morinda lucida** A. Gray【I, C】♣XTBG; ●YN; ★(AF): AO, CD, CF, CG, CM, GA, GH, GN, NG, UG, ZM.

巴戟天 **Morinda officinalis** F. C. How 【N, W/C】♣BBG, CBG, CDBG, GMG, GXIB, HBG, SCBG, XLTBG, XMBG, XTBG; ●BJ, FJ, GD, GX, HI, SC, SH, YN, ZJ; ★(AS): CN, ID, IN.

鸡眼藤 **Morinda parvifolia** Bartl. ex DC. 【N, W/C】♣CBG, FBG, FLBG, GMG, HBG, SCBG, XMBG, XTBG; ●FJ, GD, GX, JX, SH, YN, ZJ; ★(AS): CN, PH, VN.

印度羊角藤 **Morinda umbellata** L. 【N, W/C】♣SCBG, XTBG; ●GD, YN; ★(AS): CN, ID, IN, JP, LA, LK, MM, MY, PH, SG, TH, VN.

羊角藤 **Morinda umbellata** subsp. **obovata** Y. Z. Ruan【N, W/C】♣CBG, FBG; ●FJ, SH; ★(AS): CN.

吐根属 Carapichea

吐根 **Carapichea ipecacuanha** (Brot.) L. Andersson【I, C】★(NA): CR, NI, PA; (SA): BR, CO.

弯管花属 Chassalia

弯管花 **Chassalia curviflora** (Wall.) Thwaites 【N, W/C】♣SCBG, XTBG; ●GD, YN; ★(AS): BT, CN, ID, IN, KH, LK, MY, PH, SG, TH, VN.

长叶弯管花 **Chassalia curviflora** var. **longifolia** Hook. f.【N, W/C】♣SCBG; ●GD; ★(AS): BT, CN, ID, IN, KH, LK, MY, PH, SG, TH, VN.

爱地草属 Geophila

爱地草 **Geophila repens** (L.) I. M. Johnst. 【N, W/C】♣GMG, SCBG, XTBG; ●GD, GX, YN; ★(AF): GN, MG, TZ; (AS): CN, ID, KH, LK, PH, VN; (NA): BZ, CR, DO, GT, HN, MX, NI, PA, PR, SV, US, VG; (SA): AR, BO, BR, CO, EC, GF, GY, PE, PY, VE.

九节属 Psychotria

九节 **Psychotria asiatica** L. 【N, W/C】♣CBG, FBG, FLBG, GMG, GXIB, HBG, SCBG, TBG, TMNS, XLTBG, XMBG, XTBG; ●FJ, GD, GX, HI, JX, SC, SH, TW, YN, ZJ; ★(AS): CN, ID, IN, JP, KH, LA, MY, VN.

美果九节 **Psychotria calocarpa** Kurz 【N, W/C】♣SCBG, XMBG, XTBG; ●FJ, GD, YN; ★(AS): BT, CN, ID, IN, LK, MM, MY, NP, TH, VN.

兰屿九节木 **Psychotria cephalophora** Merr. 【N, W/C】♣TMNS; ●TW; ★(AS): CN, PH, VN.

西藏九节 **Psychotria erratica** Hook. f. 【N, W/C】♣SCBG, XTBG; ●GD, YN; ★(AS): BT, CN, ID, IN, LK, MM, NP.

溪边九节 **Psychotria fluviatilis** Chun ex W. C. Chen 【N, W/C】♣SCBG, WBG, XTBG; ●GD, HB, YN; ★(AS): CN.

海南九节 **Psychotria hainanensis** H. L. Li 【N, W/C】♣BBG, XTBG; ●BJ, YN; ★(AS): CN.

*柯克九节 **Psychotria kirkii** Hiern【I, C】♣XTBG; ●YN; ★(AF): CF, KE, MW, TZ, ZM.

头九节 **Psychotria laui** Merr. et F. P. Metcalf 【N, W/C】♣SCBG; ●GD; ★(AS): CN, VN.

聚果九节 **Psychotria morindoides** (A. Rich. ex DC.) Lemée 【N, W/C】♣XTBG; ●YN; ★(AS): CN, LA, TH, VN; (SA): BR, GY, PE, VE.

毛九节 **Psychotria pilifera** Hutch. et Dölziel 【N, W/C】♣XTBG; ●YN; ★(AS): CN.

驳骨九节 **Psychotria prainii** H. Lév. 【N, W/C】♣GMG, WBG, XTBG; ●GX, HB, YN; ★(AS): CN, LA, TH, VN.

蔓九节 **Psychotria serpens** L. 【N, W/C】♣FBG, FLBG, GMG, HBG, SCBG, TBG, XMBG, XTBG, ZAFU; ●FJ, GD, GX, JX, TW, YN, ZJ; ★(AS): CN, JP, KH, KP, KR, LA, TH, VN.

黄脉九节 **Psychotria straminea** Hutch. 【N, W/C】♣SCBG, WBG, XTBG; ●GD, HB, YN; ★(AS): CN, VN.

山矾叶九节 **Psychotria symplocifolia** Kurz 【N, W/C】 ♣XTBG; ●YN; ★(AS): BT, CN, ID, IN, LK, MM, TH.

假九节 **Psychotria tutcheri** Dunn 【N, W/C】 ♣SCBG; ●GD; ★(AS): CN, VN.

云南九节 **Psychotria yunnanensis** Hutch. 【N, W/C】 ♣SCBG, XTBG; ●GD, YN; ★(AS): CN.

蚁茜属 Hydnophytum

*安德曼蚁茜 **Hydnophytum andamanense** Becc. 【I, C】 ♣SCBG; ●GD, TW; ★(AS): IN.

锈色蚁茜 **Hydnophytum ferrugineum** P. I. Forst. 【I, C】 ●FJ; ★(OC): AU.

莫氏蚁茜 **Hydnophytum moseleyanum** Becc. 【I, C】 ●FJ; ★(OC): PG.

刺蚁茜属 Myrmecodia

毕氏刺蚁茜（毕氏蚁巢木）**Myrmecodia beccarii** Hook. f. 【I, C】 ♣CBG; ●FJ, SH, TW; ★(AS): PH; (OC): AU.

蚁巢木 **Myrmecodia platytyrea** subsp. **antoinii** (Becc.) Huxley et Jebb 【I, C】 ●FJ; ★(OC): PG.

块茎蚁巢木 **Myrmecodia tuberosa** Jack 【I, C】 ♣SCBG; ●FJ, GD, TW; ★(AS): ID, IN, MY, PH, SG, VN; (OC): AU.

南山花属 Prismatomeris

南山花（四蕊三角瓣花）**Prismatomeris tetrandra** (Roxb.) K. Schum. 【N, W/C】 ♣GMG, SCBG, XTBG; ●GD, GX, YN; ★(AS): BT, CN, IN, KH, LA, LK, MY, PH, SG, TH, VN.

繁星花属 Carphalea

繁星花（流星火焰花）**Carphalea kirondron** Baill. 【I, C】 ●TW; ★(AF): MG.

红芽大戟属 Knoxia

红大戟 **Knoxia roxburghii** (Spreng.) M. A. Rau 【N, W/C】 ♣GMG, SCBG; ●GD, GX; ★(AS): CN, ID, IN, KH, LA, VN.

红芽大戟 **Knoxia sumatrensis** (Retz.) DC. 【N, W/C】 ♣XMBG, XTBG; ●FJ, YN; ★(AS): CN, ID, IN, JP, LA, LK, MM, MY, PH, VN; (OC): AU, PAF.

五星花属 Pentas

五星花 **Pentas lanceolata** (Forssk.) Deflers 【I, C】 ♣BBG, FBG, FLBG, IBCAS, SCBG, TBG, XLTBG, XMBG, XTBG; ●BJ, FJ, GD, HI, JS, JX, SC, TW, YN; ★(AF): BF, BI, BJ, CG, CI, CV, DJ, EH, ER, ET, GH, GM, GN, GW, KE, LR, ML, MR, NE, NG, RW, SC, SD, SL, SN, SO, TG, TZ, UG, ZA; (AS): YE.

耳草属 Hedyotis

金草 **Hedyotis acutangula** Champ. ex Benth. 【N, W/C】 ♣GMG; ●GX; ★(AS): CN, LA, TH, VN.

耳草 **Hedyotis auricularia** Walter 【N, W/C】 ♣FLBG, GA, GMG, SCBG, XMBG, XTBG; ●FJ, GD, GX, JX, YN; ★(AS): BT, CN, ID, IN, JP, LA, LK, MM, MY, NP, PH, SG, TH, VN; (OC): AU, FJ, PAF.

细叶亚婆潮 **Hedyotis auricularia** var. **mina** W. C. Ko 【N, W/C】 ♣XTBG; ●YN; ★(AS): CN.

双花耳草 **Hedyotis biflora** (L.) Lam. 【N, W/C】 ♣FLBG, SCBG, XMBG; ●FJ, GD, JX; ★(AF): AO, EG, MA; (AS): CN, ID, IN, KP, KR, LK, MM, MY, NP, PH, VN; (OC): AU, FJ; (EU): MC.

伞形花耳草 **Hedyotis brevicalyx** Sivar., Biju et P. Mathew 【N, W/C】 ★(AS): CN, ID, IN, LK, MM, PK, VN.

头状花耳草 **Hedyotis capitellata** Wall. ex G. Don 【N, W/C】 ♣XTBG; ●YN; ★(AS): CN, ID, IN, LA, MM, MY, PH, SG, TH, VN.

剑叶耳草 **Hedyotis caudatifolia** Merr. et F. P. Metcalf 【N, W/C】 ♣FLBG, XTBG; ●GD, JX, YN; ★(AS): CN.

金毛耳草 **Hedyotis chrysotricha** (Palib.) Merr. 【N, W/C】 ♣CBG, GMG, HBG, LBG, SCBG, XMBG, ZAFU; ●FJ, GD, GX, JX, SH, ZJ; ★(AS): CN, JP, PH.

拟金草 **Hedyotis consanguinea** Hance 【N, W/C】 ♣GMG, GXIB, SCBG, XTBG; ●GD, GX, YN; ★(AS): CN.

鼎湖耳草 **Hedyotis effusa** Hance 【N, W/C】 ♣SCBG; ●GD; ★(AS): CN, VN.

牛白藤 **Hedyotis hedyotidea** (DC.) Merr. 【N, W/C】 ♣FLBG, GMG, SCBG, XMBG, XTBG; ●FJ, GD, GX, JX, YN; ★(AS): CN, KH, TH, VN.

丹草 **Hedyotis herbacea** L. 【N, W/C】 ♣SCBG; ●GD; ★(AF): AO, CV; (AS): CN, ID, IN, LK, MY, VN; (EU): MC.

疏花耳草 **Hedyotis matthewii** Dunn 【N, W/C】 ♣SCBG; ●GD; ★(AS): CN.

粗毛耳草 **Hedyotis mellii** Tutcher 【N, W/C】 ♣FBG, GA, GMG, SCBG; ●FJ, GD, GX, JX; ★(AS): CN.

合叶耳草 **Hedyotis merguensis** Benth. et Hook. f. 【N, W/C】 ♣XTBG; ●YN; ★(AS): CN, ID, IN, LA, MM, MY, PH, TH, VN.

矮小耳草 **Hedyotis ovatifolia** Cav. 【N, W/C】 ♣XTBG; ●YN; ★(AS): BT, CN, ID, IN, LA, LK, MM, MY, NP, PH, PK, TH, VN.

松叶耳草 **Hedyotis pinifolia** Wall. ex G. Don 【N, W/C】 ♣XMBG, XTBG; ●FJ, YN; ★(AS): BT, CN, ID, IN, LA, MM, MY, NP, SG, TH, VN.

攀茎耳草 **Hedyotis scandens** Roxb. 【N, W/C】 ♣XTBG; ●YN; ★(AS): BT, CN, ID, IN, LK, MM, VN.

肉叶耳草 **Hedyotis strigulosa** (Bartl. ex DC.) Fosberg【N, W/C】♣CBG, TMNS; ●SH, TW; ★(AS): CN, ID, JP, KP, PH.

方茎耳草 **Hedyotis tetrangularis** (Korth.) Walp. 【N, W/C】 ♣FLBG; ●GD, JX; ★(AS): CN, ID, IN, KH, LA, MY, TH, VN.

长节耳草 **Hedyotis uncinella** Hook. et Arn. 【N, W/C】 ♣FBG, FLBG, GBG, GXIB, SCBG, XMBG, XTBG; ●FJ, GD, GX, GZ, JX, YN; ★(AS): CN, ID, IN, LA, MM, VN.

香港耳草 **Hedyotis vachellii** Hook. et Arn. 【N, W/C】 ♣FLBG; ●GD, JX; ★(AS): CN.

粗叶耳草 **Hedyotis verticillata** (L.) Lam. 【N, W/C】 ♣FLBG, GMG, SCBG, XTBG; ●GD, GX, JX, YN; ★(AS): BT, CN, ID, IN, JP, MM, MY, NP, PH, SG, TH, VN.

脉耳草 **Hedyotis vestita** R. Br. ex G. Don 【N, W/C】 ♣XTBG; ●YN; ★(AS): CN, ID, IN, MY, PH, VN.

小牙草属 Dentella

小牙草 **Dentella repens** (L.) J. R. Forst. et G. Forst. 【N, W/C】 ♣XTBG; ●YN; ★(AS): BT, CN, ID, IN, LA, LK, MM, MY, NP, PH, SG, TH, VN.

新耳草属 Neanotis

卷毛新耳草 **Neanotis boerhaavioides** (Hance) W. H. Lewis【N, W/C】♣SCBG; ●GD; ★(AS): CN.

紫花新耳草 **Neanotis calycina** (Wall. ex Hook. f.) W. H. Lewis【N, W/C】♣XTBG; ●YN; ★(AS): BT, CN, ID, IN, LK, NP.

细假耳草 **Neanotis gracilis** (Hook. f.) W. H. Lewis 【I, C】 ♣XTBG; ●YN; ★(AS): BT, ID, IN, LK, NP.

薄叶新耳草 **Neanotis hirsuta** (L. f.) W. H. Lewis 【N, W/C】 ♣GA, LBG, SCBG, WBG, XTBG, ZAFU; ●GD, HB, JX, YN, ZJ; ★(AS): BT, CN, ID, IN, JP, KH, KP, KR, LA, MM, NP, PK, TH, VN.

臭味新耳草 **Neanotis ingrata** (Wall. ex Hook. f.) W. H. Lewis 【N, W/C】 ♣WBG, XTBG; ●HB, YN; ★(AS): BT, CN, ID, IN, LK, NP, VN.

广东新耳草 **Neanotis kwangtungensis** (Merr. et F. P. Metcalf) W. H. Lewis 【N, W/C】 ♣SCBG; ●GD; ★(AS): CN, JP, TH.

新耳草 **Neanotis thwaitesiana** (Hance) W. H. Lewis 【N, W/C】 ♣SCBG; ●GD; ★(AS): CN.

微耳草属 Oldenlandiopsis

匍匐微耳草 **Oldenlandiopsis callitrichoides** (Griseb.) Terrell et W. H. Lewis【I, N】●TW; ★(NA): BS, CU, KY, MX, NI, PA, PR, TT, US.

蛇舌草属 Oldenlandia

伞房蛇舌草（伞房花耳草）**Oldenlandia corymbosa** Wight et Arn. 【N, W/C】 ♣FLBG, GMG, GXIB, HBG, LBG, SCBG, TMNS, XMBG, XTBG; ●FJ, GD, GX, JX, TW, YN, ZJ; ★(AF): AO, EG, MA; (AS): CN, ID, IN, LA, LK, MM, PH, VN; (OC): AU; (EU): MC.

白花蛇舌草 **Oldenlandia diffusa** (Willd.) Roxb. 【N, W/C】♣FBG, FLBG, GA, GMG, HBG, LBG, SCBG, TMNS, XLTBG, XMBG, XTBG, ZAFU; ●FJ, GD, GX, HI, JX, TW, YN, ZJ; ★(AS): BT, CN, ID, IN, JP, KR, LA, LK, MM, MY, NP, PH, TH, VN.

纤花蛇舌草（纤花耳草）**Oldenlandia tenelliflora** (Blume) Kuntze 【N, W/C】 ♣CBG, GA, GMG, HBG, LBG, SCBG, XMBG, XTBG; ●FJ, GD, GX, JX, SC, SH, YN, ZJ; ★(AS): CN, ID, IN, MY, PH, VN.

蔓炎花属 Manettia

*黄红蔓炎花 **Manettia luteorubra** (Vell.) Benth. 【I, C】 ●TW; ★(SA): AR, BO, BR, PY.

巴西蔓炎花 **Manettia paraguariensis** Chodat 【I, C】 ★(SA): AR, BR, PY.

寒丁子属 Bouvardia

*火焰寒丁子 **Bouvardia ternifolia** (Cav.) Schltdl. 【I, C】 ●TW; ★(NA): HN, MX, US.

双角草属 Diodia

山东丰花草 **Diodia teres** Walter 【I, N】 ★(NA): BS, BZ, CR, CU, GT, HN, MX, NI, PA, PR, SV, US, VG; (SA): AR, BO, BR, CO, EC, GY, PE, PY, VE.

双角草 **Diodia virginiana** L. 【I, N】 ●JS; ★(NA): US.

墨苜蓿属 Richardia

巴西墨苜蓿 **Richardia brasiliensis** Gomes 【I, N】 ●HI; ★(SA): AR, BO, BR, EC, PE, PY.

墨苜蓿 **Richardia scabra** L. 【I, N】 ●FJ, GD, GX, GZ, HI, JS, JX, SC, YN, ZJ; ★(NA): BZ, CR, CU, GT, HN, JM, MX, NI, PA, PR, SV, US, VG; (SA): AR, BO, BR, CO, EC, GY, PE, PY, VE.

纽扣草属 Spermacoce

阔叶丰花草 **Spermacoce alata** Aubl. 【I, N】 ♣SCBG, XMBG, XTBG; ●FJ, GD, YN; ★(NA): BZ, CR, GT, HN, MX, NI; (SA): BR, CO, EC, GF, PE, VE.

长管糙叶丰花草 **Spermacoce articularis** L. f. 【I, N】 ♣SCBG, XMBG; ●FJ, GD; ★(AF): TZ.

苞叶丰花草 **Spermacoce eryngioides** (Cham. et Schltdl.) Kuntze 【I, N】 ●JS; ★(SA): BR, PY.

二萼丰花草 **Spermacoce exilis** (L. O. Williams) C. D. Adams 【I, N】 ★(NA): BZ, CR, HN, MX, NI, PA, SV; (SA): BO, BR, CO, EC, GF, GY, PE, VE.

匍匐丰花草 **Spermacoce prostrata** Aubl. 【I, N】 ★(NA): CR, LW, NI, PA, PR, US; (SA): BR.

丰花草 **Spermacoce pusilla** Wall. 【I, N】 ♣FLBG, GXIB, SCBG, XMBG, XTBG; ●FJ, GD, GX, JX, YN; ★(SA): AR, BR, PE, VE.

光叶丰花草 **Spermacoce remota** Lam. 【I, N】 ♣SCBG; ●GD; ★(NA): BS, CR, DO, GT, HN, MX, NI, PA, PR, SV; (SA): BO, CO, EC, PE, VE.

轮叶丰花草 **Spermacoce verticillata** L. 【I, N】 ★(NA): BS, BZ, CR, CU, DO, GT, HN, MX, NI, PA, PR, SV, US, VG; (SA): AR, BO, BR, GF, GY, PY, UY, VE.

盖裂果属 Mitracarpus

盖裂果 **Mitracarpus hirtus** (L.) DC. 【I, N】 ★(NA): BM, BZ, CR, DO, HN, JM, LW, MX, NI, PA, PR, SV, VG; (SA): AR, BO, BR, CO, EC, GY, PE, PY, VE.

薄柱草属 Nertera

黑果薄柱草 **Nertera nigricarpa** Hayata 【N, W/C】 ♣TMNS, XTBG; ●TW, YN; ★(AS): CN, ID, PH, VN.

薄柱草 **Nertera sinensis** Hemsl. ex F. B. Forbes et Hemsl. 【N, W/C】 ♣BBG, WBG; ●BJ, HB; ★(AS): CN, MM, VN.

臭叶木属 Coprosma

*柯克臭味木 **Coprosma × kirkii** Cheeseman 【I, C】 ●TW, ZJ; ★(OC): NZ.

*针叶臭味木 **Coprosma acerosa** A. Cunn. 【I, C】 ●YN; ★(OC): NZ.

报春茜属 Leptomischus

报春茜 **Leptomischus primuloides** Drake 【N, W/C】 ♣WBG; ●HB; ★(AS): CN, MM, VN.

牡丽草属 Mouretia

广东牡丽草 **Mouretia inaequalis** (H. S. Lo) Tange 【N, W/C】 ♣SCBG; ●GD; ★(AS): CN, VN.

腺萼木属 Mycetia

长苞腺萼木 **Mycetia bracteata** Hutch. 【N, W/C】 ♣XTBG; ●YN; ★(AS): CN.

短萼腺萼木 **Mycetia brevisepala** H. S. Lo 【N, W/C】 ♣XTBG; ●YN; ★(AS): CN, VN.

团花腺萼木 **Mycetia congestiflora** How 【N, W/C】 ♣XTBG; ●YN; ★(AS): CN.

革叶腺萼木 **Mycetia coriacea** (Dunn) Merr. 【N, W/C】 ♣WBG; ●HB; ★(AS): CN.

腺萼木 **Mycetia glandulosa** Craib 【N, W/C】 ♣XTBG; ●YN; ★(AS): CN, LA, TH.

纤梗腺萼木 **Mycetia gracilis** Craib 【N, W/C】 ♣SCBG, XTBG; ●GD, YN; ★(AS): CN, LA, MM, TH, VN.

毛腺萼木 **Mycetia hirta** Hutch.【N, W/C】♣XTBG; ●YN; ★(AS): CN.

长花腺萼木 **Mycetia longiflora** F. C. How ex H. S. Lo【N, W/C】♣XTBG; ●YN; ★(AS): CN.

大果腺萼木 **Mycetia macrocarpa** F. C. How ex H. S. Lo【N, W/C】♣XTBG; ●YN; ★(AS): CN.

华腺萼木 **Mycetia sinensis** (Hemsl.) Craib【N, W/C】♣SCBG, WBG, XTBG; ●GD, HB, YN; ★(AS): CN.

密脉木属 Myrioneuron

密脉木 **Myrioneuron faberi** Hemsl. ex F. B. Forbes et Hemsl.【N, W/C】♣FBG, KBG, XTBG; ●FJ, YN; ★(AS): CN, VN.

垂花密脉木 **Myrioneuron nutans** Wall. ex Kurz【N, W/C】♣XTBG; ●YN; ★(AS): BT, CN, ID, IN, LK, VN.

越南密脉木 **Myrioneuron tonkinense** Pit.【N, W/C】♣WBG, XTBG; ●HB, YN; ★(AS): CN, VN.

石丁香属 Neohymenopogon

石丁香 **Neohymenopogon parasiticus** (Wall.) Bennet【N, W/C】♣GA, KBG, WBG, XTBG; ●HB, JX, YN; ★(AS): BT, CN, ID, IN, LK, MM, NP, TH, VN.

雪花属 Argostemma

水冠草 **Argostemma solaniflorum** Elmer【N, W/C】♣TMNS; ●TW; ★(AS): CN, JP, PH.

绣球茜属 Dunnia

绣球茜草 **Dunnia sinensis** Tutcher【N, W/C】♣FLBG, SCBG; ●GD, JX; ★(AS): CN.

染木树属 Saprosma

海南染木树 **Saprosma hainanensis** Merr.【N, W/C】♣SCBG; ●GD; ★(AS): CN.

琼岛染木树 **Saprosma merrillii** H. S. Lo【N, W/C】♣SCBG; ●GD; ★(AS): CN.

染木树 **Saprosma ternatum** (Wall.) Hook. f.【N, W/C】♣XTBG; ●YN; ★(AS): BT, CN, ID, IN, LA, LK, MM, MY, PH, VN.

鸡屎藤属 Paederia

耳叶鸡屎藤 **Paederia cavaleriei** H. Lév.【N, W/C】♣CBG, GXIB, SCBG, WBG, XTBG; ●GD, GX, HB, SH, YN; ★(AS): CN, LA.

鸡屎藤 **Paederia foetida** L.【N, W/C】♣CDBG, FBG, FLBG, GA, GBG, GMG, GXIB, HBG, IBCAS, KBG, LBG, NBG, NSBG, SCBG, TBG, WBG, XBG, XLTBG, XMBG, XTBG, ZAFU; ●BJ, CQ, FJ, GD, GX, GZ, HB, HI, JS, JX, SC, SN, TW, YN, ZJ; ★(AS): BT, CN, ID, IN, JP, KH, KP, KR, LA, LK, MM, MY, NP, PH, SG, TH, VN.

白毛鸡屎藤 **Paederia pertomentosa** Merr. ex H. L. Li【N, W/C】♣SCBG; ●GD; ★(AS): CN.

狭序鸡屎藤 **Paederia stenobotrya** Merr.【N, W/C】♣SCBG; ●GD; ★(AS): CN.

云南鸡屎藤 **Paederia yunnanensis** (H. Lév.) Rehder【N, W/C】♣GBG, GMG, XTBG; ●GX, GZ, YN; ★(AS): CN, VN.

香花木属 Spermadictyon

香花木（香叶木）**Spermadictyon suaveolens** Roxb.【I, C/N】★(AS): BT, IN, NP, PK.

野丁香属 Leptodermis

薄皮木 **Leptodermis oblonga** Bunge【N, W/C】♣CBG, FBG, IBCAS, NBG, WBG, XTBG; ●BJ, FJ, HB, JS, LN, SH, YN; ★(AS): CN, MN, RU-AS, VN.

内蒙野丁香 **Leptodermis ordosica** H. C. Fu et E. W. Ma【N, W/C】●YN; ★(AS): CN, MN, RU-AS.

野丁香 **Leptodermis potanini** Batalin【N, W/C】♣GA, KBG, XTBG; ●JX, YN; ★(AS): CN, RU-AS.

绒毛野丁香 **Leptodermis potaninii** var. **tomentosa** H. J. P. Winkl.【N, W/C】♣GA; ●JX; ★(AS): CN.

甘肃野丁香 **Leptodermis purdomii** Hutch.【N, W/C】♣BBG; ●BJ; ★(AS): CN, RU-AS.

纤枝野丁香 **Leptodermis schneideri** H. J. P. Winkl.【N, W/C】♣WBG; ●HB; ★(AS): CN, RU-AS.

蒙自野丁香 **Leptodermis tomentella** H. J. P. Winkl.【N, W/C】♣GA, KBG; ●JX, YN; ★(AS): CN, RU-AS.

广东野丁香 **Leptodermis vestita** Hemsl. 【N, W/C】 ♣GBG, SCBG, XTBG; ●GD, GZ, YN; ★(AS): CN, RU-AS.

帚状野丁香 **Leptodermis virgata** Edgew. ex Hook. f. 【I, C】 ★(AS): ID.

白马骨属 Serissa

六月雪 **Serissa japonica** (Thunb.) Thunb. 【N, W/C】 ♣CBG, CDBG, FBG, FLBG, GA, GXIB, HBG, IBCAS, KBG, LBG, NBG, NSBG, SCBG, TBG, WBG, XMBG, XOIG, XTBG, ZAFU; ●BJ, CQ, FJ, GD, GS, GX, HB, JS, JX, NM, NX, QH, SC, SH, SN, TW, XJ, YN, ZJ; ★(AS): CN.

白马骨 **Serissa serissoides** (DC.) Druce 【N, W/C】 ♣CBG, FBG, GA, GBG, GMG, HBG, LBG, NBG, NSBG, SCBG, WBG, XLTBG, XMBG, ZAFU; ●CQ, FJ, GD, GX, GZ, HB, HI, JS, JX, SC, SH, YN, ZJ; ★(AS): CN, ID, IN, JP, LK, VN.

假繁缕属 Theligonum

*欧洲假繁缕 **Theligonum cynocrambe** L. 【I, C】 ♣XTBG; ●YN; ★(AF): EG, MA; (AS): CY, SA, TR; (EU): AL, BA, BG, BY, ES, GR, HR, IT, LU, MC, ME, MK, RS, RU, SI, TR.

日本假繁缕 **Theligonum japonicum** Ôkubo et Makino 【N, W/C】 ♣HBG; ●ZJ; ★(AS): CN, JP.

假繁缕 **Theligonum macranthum** Franch. 【N, W/C】 ♣WBG; ●HB; ★(AS): CN.

钩毛果属 Kelloggia

云南钩毛果（云南钩毛草）**Kelloggia chinensis** Franch. 【N, W/C】 ♣GMG; ●GX; ★(AS): BT, CN.

茜草属 Rubia

金剑草 **Rubia alata** Wall. 【N, W/C】 ♣FBG, SCBG, WBG; ●FJ, GD, HB, SC; ★(AS): CN, IN, LK, NP, PH, VN.

东南茜草 **Rubia argyi** (H. Lév. et Vaniot) Hara ex Lauener 【N, W/C】 ♣FBG, XMBG, XTBG, ZAFU; ●FJ, YN, ZJ; ★(AS): CN, JP, KP.

中国茜草 **Rubia chinensis** Regel et Maack 【N, W/C】 ♣HBG; ●ZJ; ★(AS): CN, ID, IN, JP, KP, KR, LK, MN, PH, RU-AS, VN; (EU): RU.

茜草 **Rubia cordifolia** L. 【N, W/C】 ♣BBG, CBG, FBG, GA, GBG, GMG, GXIB, HBG, IBCAS, KBG, LBG, NBG, NSBG, SCBG, WBG, XBG, XMBG, XTBG; ●BJ, CQ, FJ, GD, GX, GZ, HB, JS, JX, SC, SH, SN, YN, ZJ; ★(AF): AO, BI, CV, ET, TZ, UG, ZA; (AS): AF, BT, CN, ID, IN, JP, KP, KR, LK, MM, MN, NP, PH, RU-AS, VN.

钩毛茜草 **Rubia oncotricha** Hand.-Mazz. 【N, W/C】 ♣GBG; ●GZ; ★(AS): CN.

卵叶茜草 **Rubia ovatifolia** Z. Ying Zhang ex Q. Lin 【N, W/C】 ♣WBG; ●HB; ★(AS): CN.

大叶茜草 **Rubia schumanniana** E. Pritz. 【N, W/C】 ♣CBG, GBG, KBG, WBG; ●GZ, HB, SC, SH, YN; ★(AS): CN.

染色茜草 **Rubia tinctorum** L. 【N, W/C】 ★(AF): MA; (AS): AF, CN, GE, ID, IN, KZ, PK, RU-AS, SA, TM, TR; (EU): AL, AT, BA, BG, BY, CZ, DE, ES, GR, HR, HU, IT, LU, ME, MK, NL, RS, SI, TR.

紫参 **Rubia yunnanensis** Diels 【N, W/C】 ♣KBG, XTBG; ●YN; ★(AS): CN.

拉拉藤属 Galium

小叶猪殃殃 **Galium antarcticum** Hook. f. 【N, W/C】 ♣FBG, GBG, LBG, WBG; ●FJ, GZ, HB, JX; ★(AS): CN, ID, IN, JP, KP, KR, MN, PH, RU-AS, TR.

原拉拉藤 **Galium aparine** L. 【N, W/C】 ♣GMG, TDBG, WBG; ●GX, HB, XJ, ZJ; ★(AF): CV, EG, MA; (AS): BT, CN, CY, ID, JP, MN, NP, RU-AS, TR, VN, YE; (EU): AT, MC.

楔叶葎 **Galium asperifolium** Wall. 【N, W/C】 ♣XTBG; ●YN; ★(AS): AF, BT, CN, ID, IN, LK, MM, NP, PK, TH.

小叶葎 **Galium asperifolium** var. **sikkimense** (Gand.) Cufod. 【N, W/C】 ♣GBG, WBG; ●GZ, HB; ★(AS): BT, CN, IN, JP, LK, MM, NP, PK.

滇小叶葎 **Galium asperifolium** var. **verrucif ructum** Cufod. 【N, W/C】 ♣XTBG; ●YN; ★(AS): CN.

茜砧草 **Galium boreale** var. **rubioides** (L.) Celak. 【N, W/C】 ♣LBG; ●JX; ★(AS): CN.

四叶葎 **Galium bungei** Steud. 【N, W/C】 ♣BBG, FBG, GBG, HBG, LBG, SCBG, WBG, XMBG, ZAFU; ●BJ, FJ, GD, GZ, HB, JX, ZJ; ★(AS): CN, JP, KP, MN.

阔叶四叶葎 **Galium bungei** var. **trachyspermum** (A. Gray) Cufod. 【N, W/C】 ♣XMBG; ●FJ; ★(AS): CN, JP, KP, KR.

小红参 **Galium elegans** Blocki 【N, W/C】 ♣CDBG,

GBG; ●GZ, SC; ★(AS): BT, CN, ID, IN, JP, KP, LK, MM, NP, PH, PK, RU-AS, TH.

六叶葎 **Galium hoffmeisteri** (Klotzsch) Ehrend. et Schönb.-Tem. ex R. R. Mill 【N, W/C】 ♣GBG, LBG, WBG; ●GZ, HB, JX; ★(AS): BT, CN, IN, JP, KP, KR, MM, NP, PK.

小猪殃殃 **Galium innocuum** Miq. 【N, W/C】 ♣LBG; ●JX; ★(AS): CN, IN.

香猪殃殃(车轴草)**Galium odoratum** (L.) Scop. 【N, W/C】 ♣NBG; ●JS, TW; ★(AS): AZ, CN, JP, KP, MN, RU-AS, SA, TR; (EU): BY, FR, HR, IS, LU, RS.

猪殃殃(拉拉藤)**Galium spurium** L. 【N, W/C】 ♣FBG, GA, GBG, HBG, IBCAS, LBG, WBG, XMBG, ZAFU; ●BJ, FJ, GZ, HB, JX, SC, ZJ; ★(AF): DZ, EG, LY, MA, TN; (AS): CN, CY, ID, IN, JP, KP, KR, MN, NP, PK, RU-AS, TR, VN, YE; (EU): AL, BA, ES, FR, GR, HR, IT, MC, ME, MK, RS, SI.

三花拉拉藤 **Galium triflorum** Michx. 【N, W/C】 ♣NBG; ●JS; ★(AS): CN, ID, JP, KP, KR, MN, RU-AS; (EU): BA, FI, NO, RU.

沼猪殃殃 **Galium uliginosum** Pall. ex M. Bieb. 【N, W/C】 ♣TDBG; ●XJ; ★(AF): MA; (AS): CN, ID, MN, RU-AS, TR; (EU): AT.

蓬子菜 **Galium verum** L. 【N, W/C】 ♣IBCAS, TDBG; ●BJ, XJ; ★(AF): MA; (AS): CN, ID, IN, JP, KP, KR, MN, PK, RU-AS, TR; (OC): NZ.

田茜属 Sherardia

田茜(野茜)**Sherardia arvensis** L. 【I, N】 ★(AF): MA; (AS): TR; (EU): AT.

车叶草属 Asperula

*白垩车叶草 **Asperula cretacea** Willd. ex Roem. et Schult. 【I, C】 ♣NBG, XMBG; ●FJ, JS; ★(EU): RU.

蓝花车叶草 **Asperula orientalis** Boiss. et Hohen. 【I, N】 ♣NBG; ●JS; ★(AS): AM, AZ, GE, IQ, IR, SY, TR.

牛车叶 **Asperula taurina** L. 【I, C】 ♣NBG; ●JS; ★(AS): GE, TR; (EU): AL, AT, BA, BG, CH, DE, ES, GB, GR, HR, HU, IT, ME, MK, NL, RO, RS, RU, SI.

*染色车叶草 **Asperula tinctoria** L. 【I, C】 ♣NBG; ●JS; ★(EU): AT, BA, BG, CH, CZ, DE, FI, HR, HU, IT, ME, MK, NO, PL, RO, RS, RU, SE, SI.

长柱草属 Phuopsis

长柱花(长柱草)**Phuopsis stylosa** (Trin.) Hook. f. ex B. D. Jacks. 【I, C】 ★(AS): AZ, IR.

金鸡纳属 Cinchona

黄金鸡纳(金鸡纳树)**Cinchona calisaya** Wedd. 【I, C】 ♣IBCAS, XTBG; ●BJ, YN; ★(SA): BO, PE.

正鸡纳树 **Cinchona officinalis** L. 【I, C】 ♣XTBG; ●YN; ★(SA): BO, CO, EC, PE.

鸡纳树 **Cinchona succirubra** Pav. ex Klotzsch 【I, C】 ♣BBG, GMG, TBG, XTBG; ●BJ, GX, TW, YN; ★(SA): BO, EC, PE.

土连翘属 Hymenodictyon

土连翘 **Hymenodictyon flaccidum** Wall. 【N, W/C】♣GXIB, SCBG, XTBG; ●GD, GX, YN; ★(AS): BT, CN, ID, IN, LK, MM, NP, VN.

多花土连翘 **Hymenodictyon floribundum** (Hochst. et Steud.) B. L. Rob. 【I, C】 ♣CBG; ●SH; ★(AF): AO, BI, CG, CM, GN, MW, NG, RW, TZ, UG, ZM.

毛土连翘 **Hymenodictyon orixense** (Roxb.) Mabb. 【N, W/C】 ♣XTBG; ●YN; ★(AS): BT, CN, ID, IN, KH, LA, LK, MM, MY, NP, PH, TH, VN.

风箱树属 Cephalanthus

风箱树 **Cephalanthus tetrandrus** (Roxb.) Ridsdale et Bakh. f. 【N, W/C】 ♣BBG, CBG, FBG, GA, HBG, IBCAS, LBG, NBG, SCBG, TMNS, WBG, XMBG, XTBG; ●BJ, CQ, FJ, GD, HB, JS, JX, SH, TW, YN, ZJ; ★(AS): CN, ID, IN, LA, LK, MM, TH, VN.

帽蕊木属 Mitragyna

异叶帽蕊木 **Mitragyna diversifolia** (Wall. ex G. Don) Havil. 【N, W/C】 ♣XTBG; ●YN; ★(AS): CN, ID, IN, KH, LA, MM, MY, PH, TH, VN.

帽蕊木 **Mitragyna rotundifolia** (Roxb.) Kuntze 【N, W/C】 ♣SCBG, XTBG; ●GD, YN; ★(AS): BT, CN, ID, IN, LA, LK, MM, TH, VN.

鸡仔木属 Sinoadina

鸡仔木 **Sinoadina racemosa** (Siebold et Zucc.) Ridsdale 【N, W/C】 ♣CBG, GXIB, HBG, LBG, NBG, SCBG, XTBG, ZAFU; ●GD, GX, HB, JS,

JX, SH, YN, ZJ; ★(AS): CN, JP, MM, TH.

心叶木属 Haldina

心叶木 **Haldina cordifolia** (Roxb.) Ridsdale 【N, W/C】 ♣XTBG; ●YN; ★(AS): BT, CN, ID, IN, KH, LA, LK, MY, NP, TH, VN.

水团花属 Adina

水团花 **Adina pilulifera** (Lam.) Franch. ex Drake 【N, W/C】 ♣BBG, CBG, FBG, FLBG, GA, GMG, GXIB, HBG, LBG, NBG, SCBG, WBG, XMBG, XTBG; ●BJ, FJ, GD, GX, HB, JS, JX, SH, TW, YN, ZJ; ★(AS): CN, JP, VN.

细叶水团花 **Adina rubella** Hance 【N, W/C】 ♣CBG, CDBG, FBG, GA, GMG, GXIB, HBG, KBG, LBG, NBG, SCBG, WBG, XMBG, ZAFU; ●FJ, GD, GX, HB, JS, JX, SC, SH, YN, ZJ; ★(AS): CN, KP, KR.

槽裂木属 Pertusadina

海南槽裂木 **Pertusadina metcalfii** (Merr. ex H. L. Li) Y. F. Deng et C. M. Hu 【N, W/C】 ♣WBG; ●HB; ★(AS): CN.

黄棉木属 Metadina

黄棉木 **Metadina trichotoma** (Zoll. et Moritzi) Bakh. f. 【N, W/C】 ♣FBG, GXIB, WBG, XTBG; ●FJ, GX, HB, YN; ★(AS): CN, ID, IN, KH, LA, MM, MY, PH, TH, VN.

新乌檀属 Neonauclea

新乌檀 **Neonauclea griffithii** (Hook. f.) Merr. 【N, W/C】 ♣XTBG; ●YN; ★(AS): BT, CN, ID, IN, LK, MM.

*紫色新乌檀 **Neonauclea purpurea** (Roxb.) Merr. 【I, C】 ♣XOIG, XTBG; ●FJ, YN; ★(AS): ID, LA, SG, VN.

无柄新乌檀 **Neonauclea sessilifolia** (Roxb.) Merr. 【N, W/C】 ♣XTBG; ●YN; ★(AS): CN, ID, IN, KH, LA, MM, TH, VN.

台湾新乌檀 **Neonauclea truncata** (Hayata) Yamam. 【N, W/C】 ♣TMNS; ●TW; ★(AS): CN, PH.

滇南新乌檀 **Neonauclea tsaiana** S. Q. Zou 【N, W/C】 ♣SCBG, XTBG; ●GD, YN; ★(AS): CN.

帽团花属 Breonia

东方乌檀 **Breonia chinensis** (Lam.) Capuron 【I, C】 ♣SCBG, XTBG; ●GD, YN; ★(AF): MG.

钩藤属 Uncaria

毛钩藤 **Uncaria hirsuta** Havil. 【N, W/C】 ♣FBG, SCBG, TBG, XTBG; ●FJ, GD, TW, YN; ★(AS): CN.

北越钩藤 **Uncaria homomalla** Miq. 【N, W/C】 ♣XTBG; ●YN; ★(AS): CN, ID, IN, KH, LA, MM, MY, TH, VN.

平滑钩藤 **Uncaria laevigata** Wall. ex G. Don 【N, W/C】 ♣XTBG; ●YN; ★(AS): CN, ID, IN, LA, MM, TH, VN.

倒挂金钩 **Uncaria lancifolia** Hutch. 【N, W/C】 ♣XTBG; ●YN; ★(AS): CN, VN.

大叶钩藤 **Uncaria macrophylla** Wall. 【N, W/C】 ♣GMG, SCBG, XTBG; ●GD, GX, YN; ★(AS): BT, CN, ID, IN, LA, LK, MM, TH, VN.

钩藤 **Uncaria rhynchophylla** (Miq.) Miq. ex Havil. 【N, W/C】 ♣CBG, CDBG, FBG, GA, GMG, GXIB, HBG, LBG, SCBG, WBG, XMBG; ●FJ, GD, GX, HB, JX, SC, SH, ZJ; ★(AS): CN, JP, VN.

攀茎钩藤 **Uncaria scandens** (Sm.) Hutch. 【N, W/C】 ♣SCBG, XTBG; ●GD, YN; ★(AS): BT, CN, ID, IN, LA, LK, VN.

白钩藤 **Uncaria sessilifructus** Roxb. 【N, W/C】 ♣SCBG, XTBG; ●GD, YN; ★(AS): BT, CN, ID, IN, LA, LK, MM, NP, VN.

华钩藤 **Uncaria sinensis** (Oliv.) Havil. 【N, W/C】 ♣GXIB, SCBG, WBG; ●GD, GX, HB, SC; ★(AS): CN, SG, VN.

云南钩藤 **Uncaria yunnanensis** K. C. Hsia 【N, W/C】 ♣XTBG; ●YN; ★(AS): CN.

团花属 Neolamarckia

团花 **Neolamarckia cadamba** (Roxb.) Bosser 【N, W/C】 ♣BBG, FBG, FLBG, GA, GMG, GXIB, HBG, NBG, SCBG, TBG, XLTBG, XMBG, XTBG; ●BJ, FJ, GD, GX, HI, JS, JX, TW, YN, ZJ; ★(AS): BT, CN, ID, IN, LA, LK, MM, MY, SG, TH, VN.

乌檀属 Nauclea

乌檀 **Nauclea officinalis** (Pierre ex Pit.) N. N. Tran

【N, W/C】♣NBG, SCBG, XLTBG; ●GD, HI, JS; ★(AS): CN, ID, IN, KH, LA, MY, PH, SG, TH, VN.

郎德木属 Rondeletia

郎德木 **Rondeletia odorata** Jacq.【I, C】♣FLBG, GXIB, SCBG, XMBG; ●FJ, GD, GX, JX; ★(NA): CU, PA, PR; (SA): BR.

绒香玫属 Arachnothryx

白背绒香玫（白背郎德木、巴拿马玫瑰）**Arachnothryx leucophylla** (Kunth) Planch.【I, C】♣XTBG; ●YN; ★(NA): MX, SV.

*舌状绒香玫 **Arachnothryx linguiformis** (Hemsl.) Borhidi【I, C】♣XTBG; ●YN; ★(NA): GT, MX.

毛茶属 Antirhea

毛茶 **Antirhea chinensis** (Champ. ex Benth.) Benth. et Hook. f. ex F. B. Forbes et Hemsl.【N, W/C】♣FLBG; ●GD, JX; ★(AS): CN, MY.

海茜树属 Timonius

海茜树 **Timonius arboreus** Elmer【N, W/C】♣TMNS; ●TW; ★(AS): CN, PH.

海岸桐属 Guettarda

海岸桐 **Guettarda speciosa** L.【N, W/C】♣GXIB, TMNS; ●GX, TW; ★(AF): MG, ZA; (AS): CN, ID, IN, JP, LK, MM, MY, PH, SG, TH, VN; (OC): AU, FJ.

美丽茜属 Osa

美丽茜 **Osa pulchra** (D. R. Simpson) Aiello【I, C】♣XTBG; ●YN; ★(NA): CR, PA.

长隔木属 Hamelia

长隔木 **Hamelia patens** Jacq.【I, C】♣BBG, CBG, FBG, FLBG, IBCAS, NBG, SCBG, TBG, TMNS, XLTBG, XMBG, XTBG; ●BJ, FJ, GD, HI, JS, JX, SH, TW, YN; ★(NA): BZ, CR, CU, DO, GT, HN, HT, JM, MX, NI, PA, PR, TT, US; (SA): AR, BO, BR, CO, EC, PE, PY, VE.

星罗木属 Hoffmannia

锦袍木 **Hoffmannia discolor** (Lem.) Hemsl.【I, C】★(NA): BZ, CR, GT, HN, MX, NI, PA.

香果树属 Emmenopterys

香果树 **Emmenopterys henryi** Oliv.【N, W/C】♣CBG, CDBG, FBG, FLBG, GBG, GXIB, HBG, KBG, LBG, NBG, WBG, XTBG, ZAFU; ●FJ, GD, GX, GZ, HB, HN, JS, JX, SC, SH, YN, ZJ; ★(AS): CN, VN.

假玉叶金花属 Pseudomussaenda

*黄花假玉叶金花 **Pseudomussaenda flava** Verdc.【I, C】♣SCBG, XTBG; ●GD, YN; ★(AF): CD, CG, ET.

玉叶金花属 Mussaenda

*巴布玉叶金花 **Mussaenda brachygyna** Merr. et L. M. Perry【I, C】♣XTBG; ●YN; ★(OC): PG.

短裂玉叶金花 **Mussaenda breviloba** S. Moore【N, W/C】♣XTBG; ●YN; ★(AS): CN, MM, TH.

展枝玉叶金花 **Mussaenda divaricata** Hutch.【N, W/C】♣SCBG; ●GD; ★(AS): CN, MM, VN.

楠藤 **Mussaenda erosa** Champ. ex Benth.【N, W/C】♣GMG, SCBG, WBG; ●GD, GX, HB; ★(AS): CN, JP, LA, MM, VN.

红纸扇 **Mussaenda erythrophylla** Schumach. et Thonn.【I, C】♣BBG, CBG, FBG, FLBG, SCBG, TMNS, XLTBG, XMBG, XTBG; ●BJ, FJ, GD, HI, JX, SH, TW, YN; ★(AF): AO, CD, CF, CG, CM, GA, GH, GN, NG, TZ.

洋玉叶金花 **Mussaenda frondosa** L.【I, C】♣SCBG, XMBG; ●FJ, GD; ★(AS): ID, IN, KH, LK, MM, MY, NP, SG, VN.

海南玉叶金花 **Mussaenda hainanensis** Merr.【N, W/C】♣SCBG, XTBG; ●GD, YN; ★(AS): CN.

粗毛玉叶金花 **Mussaenda hirsutula** Miq.【N, W/C】♣WBG, XMBG; ●FJ, HB; ★(AS): CN.

红毛玉叶金花 **Mussaenda hossei** Craib ex Hosseus【N, W/C】♣SCBG, XTBG; ●GD, YN; ★(AS): CN, LA, MM, TH, VN.

粉萼花 **Mussaenda hybrida**【I, C】♣CBG, FLBG, SCBG, XLTBG, XMBG, XTBG; ●FJ, GD, HI, JX, SH, YN; ★(AF): CF, CG.

广西玉叶金花 **Mussaenda kwangsiensis** H. L. Li【N, W/C】♣SCBG; ●GD; ★(AS): CN.

广东玉叶金花 **Mussaenda kwangtungensis** H. L. Li【N, W/C】♣FLBG, SCBG; ●GD, JX; ★(AS):

CN.

长萼玉叶金花 **Mussaenda longisepala** Geddes 【I, C】 ♣SCBG; ●GD; ★(AS): TH.

非洲玉叶金花 **Mussaenda luteola** Delile 【I, C】 ♣SCBG; ●GD; ★(NA): PA, SV.

大叶玉叶金花 **Mussaenda macrophylla** Schumach. et Vahl【N, W/C】♣SCBG, TMNS, XTBG; ●GD, TW, YN; ★(AS): BT, CN, ID, IN, LK, MM, MY, NP, PH.

多毛玉叶金花 **Mussaenda mollissima** C. Y. Wu ex H. H. Hsue et H. Wu 【N, W/C】 ♣XTBG; ●YN; ★(AS): CN.

多脉玉叶金花 **Mussaenda multinervis** C. Y. Wu ex H. H. Hsue et H. Wu【N, W/C】♣XTBG; ●YN; ★(AS): CN.

拟玉叶金花 **Mussaenda mussaendae** (DC.) Q. W. Lin 【I, C】 ♣XTBG; ●YN; ★(AS): NP.

小玉叶金花 **Mussaenda parviflora** Miq. 【N, W/C】 ♣TBG, TMNS; ●GD, TW; ★(AS): CN, JP.

白纸扇 **Mussaenda philippica** A. Rich. 【I, C】 ♣BBG, FLBG, XMBG, XTBG; ●BJ, FJ, GD, JX, YN; ★(AS): PH.

玉叶金花 **Mussaenda pubescens** Kunth 【N, W/C】 ♣BBG, CBG, FBG, FLBG, GA, GBG, GMG, GXIB, HBG, LBG, NBG, SCBG, TMNS, WBG, XLTBG, XMBG, XTBG; ●BJ, FJ, GD, GX, GZ, HB, HI, JS, JX, SC, SH, TW, YN, ZJ; ★(AS): CN, VN.

无柄玉叶金花 **Mussaenda sessilifolia** Hutch. 【N, W/C】 ♣XTBG; ●YN; ★(AS): CN.

大叶白纸扇 **Mussaenda shikokiana** Makino 【N, W/C】 ♣CBG, FBG, GA, GXIB, HBG, LBG, SCBG, WBG; ●FJ, GD, GX, HB, JX, SH, ZJ; ★(AS): CN, JP.

裂果金花属 Schizomussaenda

裂果金花（长玉叶金花）**Schizomussaenda henryi** (Hutch.) X. F. Deng et D. X. Zhang 【N, W/C】 ♣BBG, XTBG; ●BJ, YN; ★(AS): CN, KH, LA, MM, TH, VN.

龙船花属 Ixora

矮仙丹 **Ixora × westii** Huds. 【I, C】 ♣FLBG, XTBG; ●GD, JX, YN; ★(AS): ID, MY.

洋红龙船花（大王龙船花）**Ixora casei** Hance【I, C】 ♣FBG, KBG, SCBG, XLTBG, XMBG, XTBG; ●FJ, GD, HI, YN; ★(OC): FM.

团花龙船花 **Ixora cephalophora** Merr. 【N, W/C】 ♣SCBG, XTBG; ●GD, YN; ★(AS): CN, ID, IN, LA, PH, VN.

龙船花 **Ixora chinensis** Lam. 【N, W/C】 ♣BBG, CBG, FBG, FLBG, GMG, GXIB, HBG, IBCAS, NBG, SCBG, TBG, WBG, XBG, XLTBG, XMBG, XOIG, XTBG, ZAFU; ●BJ, FJ, GD, GX, HB, HI, JS, JX, SC, SH, SN, TW, YN, ZJ; ★(AS): CN, ID, IN, JP, LA, MM, MY, PH, SG, VN.

橙江龙船花 **Ixora coccinea** L. 【I, C】 ♣FBG, FLBG, GMG, HBG, IBCAS, SCBG, TBG, XLTBG, XMBG, XTBG; ●BJ, FJ, GD, GX, HI, JX, TW, YN, ZJ; ★(AS): ID, LK.

*多格龙船花 **Ixora dorgelonis** Bremek. 【I, C】 ♣XTBG; ●YN; ★(AS): ID, IN.

散花龙船花 **Ixora effusa** Chun et F. C. How 【N, W/C】 ♣SCBG; ●GD; ★(AS): CN, VN.

薄叶龙船花 **Ixora finlaysoniana** Wall. ex G. Don 【N, W/C】 ♣XTBG; ●YN; ★(AS): CN, ID, IN, LA, MM, PH, SG, TH, VN; (SA): EC.

海南龙船花 **Ixora hainanensis** Merr. 【N, W/C】 ♣SCBG; ●GD; ★(AS): CN, VN.

白花龙船花 **Ixora henryi** H. Lév. 【N, W/C】 ♣FLBG, GA, SCBG, TBG, WBG, XMBG, XTBG; ●FJ, GD, HB, JX, TW, YN; ★(AS): CN, LA, TH, VN.

爪哇龙船花 **Ixora javanica** (Blume) DC. 【I, C】 ●GD; ★(AS): BT, ID, IN, LA, MM, MY, SG, VN.

长叶龙船花 **Ixora lanceolata** Lam.【I, C】♣XTBG; ●YN; ★(AS): MY.

龙山龙船花（抱茎龙船花）**Ixora longshanensis** Tao Chen【N, W/C】♣BBG, SCBG, XTBG; ●BJ, GD, YN; ★(AS): CN.

泡叶龙船花 **Ixora nienkui** Merr. et Chun 【N, W/C】 ♣SCBG, XTBG; ●GD, YN; ★(AS): CN, VN.

小仙龙船花 **Ixora philippinensis** Merr. 【N, W/C】 ♣TBG, XMBG, XOIG; ●FJ, TW; ★(AS): CN, PH.

上思龙船花 **Ixora tsangii** Merr. ex H. L. Li 【N, W/C】 ♣GXIB; ●GX; ★(AS): CN.

云南龙船花 **Ixora yunnanensis** Hutch. 【N, W/C】 ♣XTBG; ●YN; ★(AS): CN.

鱼骨木属 Psydrax

假鱼骨木 **Psydrax dicocca** Gaertn. 【N, W/C】

♣GXIB, SCBG, WBG, XTBG; ●GD, GX, HB, YN; ★(AS): CN, ID, IN, LA, LK, MM, MY, PH, TH, VN; (OC): PAF.

香假鱼骨木（香龙船花）**Psydrax odorata** (G. Forst.) A. C. Sm. et S. P. Darwin 【I, C】 ♣XTBG; ●YN; ★(OC): FJ, NC.

猪肚木属 Canthium

猪肚木 **Canthium horridum** Baill. 【N, W/C】 ♣GXIB, SCBG, XLTBG, XTBG; ●GD, GX, HI, YN; ★(AS): CN, ID, IN, LA, MM, MY, PH, SG, TH, VN.

大叶鱼骨木 **Canthium simile** Merr. et Chun 【N, W/C】 ♣XTBG; ●YN; ★(AS): CN, VN.

蔓琼梅属 Rytigynia

Rytigynia umbellulata (Hiern) Robyns 【I, C】 ★(AF): CD, CF, CM, GA, GH, GN, TZ, UG, ZM.

圆滑果属 Vangueria

圆滑果 **Vangueria madagascariensis** J. F. Gmel. 【I, C】 ♣SCBG; ●GD, TW; ★(AF): CD, KE, MG, MW, TZ, ZA.

水锦树属 Wendlandia

思茅水锦树 **Wendlandia augustinii** Cowan 【N, W/C】 ♣XTBG; ●YN; ★(AS): CN.

薄叶水锦树 **Wendlandia bouvardioides** Hutch. 【N, W/C】 ♣XTBG; ●YN; ★(AS): CN.

短筒水锦树 **Wendlandia brevituba** Chun et F. C. How ex W. C. Chen 【N, W/C】 ♣SCBG; ●GD; ★(AS): CN.

水金京 **Wendlandia formosana** Cowan 【N, W/C】 ♣TBG, TMNS; ●TW; ★(AS): CN, JP, VN.

西藏水锦树 **Wendlandia grandis** (Hook. f.) Cowan 【N, W/C】 ♣XTBG; ●YN; ★(AS): BT, CN, ID, IN, LK, MM, NP.

广东水锦树 **Wendlandia guangdongensis** W. C. Chen 【N, W/C】 ♣SCBG; ●GD; ★(AS): CN.

小叶水锦树 **Wendlandia ligustrina** Wall. ex G. Don 【N, W/C】 ●GD, YN; ★(AS): CN, MM.

吕宋水锦树 **Wendlandia luzoniensis** DC. 【N, W/C】 ♣TMNS; ●TW; ★(AS): CN, ID, IN, PH, VN.

圆锥水锦树 **Wendlandia paniculata** (Roxb.) DC. 【I, C】 ★(AS): ID, IN, LA, MM, VN; (OC): PG.

小花水锦树 **Wendlandia parviflora** W. C. Chen 【N, W/C】 ♣XTBG; ●YN; ★(AS): CN.

垂枝水锦树 **Wendlandia pendula** (Wall.) DC. 【N, W/C】 ♣XTBG; ●YN; ★(AS): BT, CN, ID, IN, LK, MM, NP.

柳叶水锦树 **Wendlandia salicifolia** Franch. 【N, W/C】 ♣XTBG; ●YN; ★(AS): CN, LA, VN.

粗叶水锦树 **Wendlandia scabra** Kurz 【N, W/C】 ♣WBG, XTBG; ●HB, YN; ★(AS): CN, ID, IN, LA, MM, NP, TH, VN.

染色水锦树 **Wendlandia tinctoria** (Roxb.) DC. 【N, W/C】 ♣XTBG; ●YN; ★(AS): BT, CN, ID, IN, LA, LK, MM, NP, TH, VN.

毛冠水锦树 **Wendlandia tinctoria** subsp. **affinis** K. C. How 【N, W/C】 ♣XTBG; ●YN; ★(AS): CN.

厚毛水锦树 **Wendlandia tinctoria** subsp. **callitricha** (Cowan) W. C. Chen 【N, W/C】 ♣XTBG; ●YN; ★(AS): CN, MM.

多花水锦树 **Wendlandia tinctoria** subsp. **floribunda** (Craib) Cowan 【N, W/C】 ♣XTBG; ●YN; ★(AS): CN, MM, TH.

红皮水锦树 **Wendlandia tinctoria** subsp. **intermedia** (F. C. How) W. C. Chen 【N, W/C】 ♣XTBG; ●YN; ★(AS): CN.

东方水锦树 **Wendlandia tinctoria** subsp. **orientalis** Cowan 【N, W/C】 ♣WBG; ●HB; ★(AS): CN, IN, MM, TH.

水锦树 **Wendlandia uvariifolia** Hance 【N, W/C】 ♣GMG, SCBG, XLTBG, XMBG, XTBG; ●FJ, GD, GX, HI, YN; ★(AS): CN, LA, VN.

疏毛水锦树 **Wendlandia uvariifolia** subsp. **pilosa** W. C. Chen 【N, W/C】 ♣XTBG; ●YN; ★(AS): CN.

光叶水锦树 **Wendlandia wallichii** Wight et Arn. 【I, C】 ♣XTBG; ●YN; ★(AS): BD, BT, ID, IN, LK, MM.

桂海木属 Guihaiothamnus

桂海木 **Guihaiothamnus acaulis** H. S. Lo 【N, W/C】 ♣GXIB, SCBG; ●GD, GX; ★(AS): CN.

咖啡属 Coffea

小粒咖啡 **Coffea arabica** L. 【I, C】 ♣BBG, CBG, CDBG, FBG, FLBG, GMG, HBG, IBCAS, NBG, SCBG, TBG, XLTBG, XMBG, XOIG, XTBG;

●BJ, FJ, GD, GX, HI, JS, JX, SC, SH, TW, YN, ZJ; ★(AF): AO, ET, KE, SD, SO; (AS): YE.

米什米咖啡 **Coffea benghalensis** B. Heyne ex Schult. 【I, C】 ★(AS): BD, IN.

中粒咖啡 **Coffea canephora** Pierre ex A. Froehner 【I, C】 ♣GMG, HBG, SCBG, XLTBG, XMBG, XTBG; ●FJ, GD, GX, HI, YN, ZJ; ★(AF): AO, BF, BI, BJ, CD, CF, CG, CI, CM, CV, EH, ET, GH, GM, GN, GW, LR, ML, MR, NE, NG, SL, SN, TG, TZ, UG.

刚果咖啡 **Coffea congensis** A. Froehner 【I, C】 ★(AF): CD, CF, CG, CI, CM.

大粒咖啡 **Coffea liberica** Hiern 【I, C】 ♣BBG, FLBG, SCBG, TMNS, XLTBG, XMBG, XOIG, XTBG; ●BJ, FJ, GD, HI, JX, TW, YN; ★(AF): AO, CD, CF, CI, CM, GA, GH, GN, LR, NG, SL, TZ.

埃塞尔萨咖啡 **Coffea liberica** var. **dewevrei** (De Wild. et T. Durand) Lebrun 【I, C】 ♣SCBG, XLTBG; ●GD, HI; ★(AF): CF, MG, TD.

*毛里求斯咖啡 **Coffea mauritiana** Lam. 【I, C】 ♣XTBG; ●YN; ★(AF): MG, MU.

狭叶咖啡 **Coffea stenophylla** G. Don 【I, C】 ★(AF): CI, NG, SL.

狗骨柴属 Diplospora

狗骨柴 **Diplospora dubia** (Lindl.) Masam. 【N, W/C】 ♣CBG, FBG, FLBG, GA, HBG, LBG, SCBG, TBG, WBG, XMBG, XTBG; ●FJ, GD, HB, JX, SH, TW, YN, ZJ; ★(AS): CN, JP, VN.

毛狗骨柴 **Diplospora fruticosa** Hemsl. 【N, W/C】 ♣WBG, XTBG; ●HB, YN; ★(AS): CN, VN.

云南狗骨柴 **Diplospora mollissima** Hutch. 【N, W/C】 ♣XTBG; ●YN; ★(AS): CN.

垂枝茜属 Pouchetia

大苞垂枝茜 **Pouchetia baumanniana** Büttner 【I, C】 ♣XTBG; ●YN; ★(AF): CF, GA.

蓝茜属 Hypobathrum

总序蓝茜 **Hypobathrum racemosum** (Roxb.) Kurz 【I, C】 ★(AS): ID, IN, MM, MY, PH, VN.

藏药木属 Hyptianthera

藏药木 **Hyptianthera stricta** (Roxb. ex Schult.) Wight et Arn. 【N, W/C】 ♣XTBG; ●YN; ★(AS): BT, CN, ID, IN, LA, MM, NP, TH, VN.

大沙叶属 Pavetta

大沙叶 **Pavetta arenosa** Lour. 【N, W/C】 ♣SCBG, XLTBG, XTBG; ●GD, HI, YN; ★(AS): CN, VN.

香港大沙叶 **Pavetta hongkongensis** Bremek. 【N, W/C】 ♣BBG, FLBG, SCBG, XTBG; ●BJ, GD, JX, SC, TJ, TW, YN; ★(AS): CN, VN.

茜木 **Pavetta indica** L. 【I, C】 ♣XTBG; ●YN; ★(AS): ID, IN, LA, LK, MM, PH, VN.

多花大沙叶 **Pavetta polyantha** (Hook. f.) Wall. ex Bremek. 【N, W/C】 ♣XTBG; ●YN; ★(AS): BT, CN, ID, IN, LK, MM, PH.

糙叶大沙叶 **Pavetta scabrifolia** Bremek. 【N, W/C】 ♣XTBG; ●YN; ★(AS): CN.

乌口树属 Tarenna

尖萼乌口树 **Tarenna acutisepala** W. C. Chen 【N, W/C】 ♣FBG, WBG; ●FJ, HB; ★(AS): CN.

假桂乌口树 **Tarenna attenuata** (Voigt) Hutch. 【N, W/C】 ♣GMG, SCBG, WBG, XTBG; ●GD, GX, HB, YN; ★(AS): CN, ID, IN, KH, LA, TH, VN.

白皮乌口树 **Tarenna depauperata** Hutch. 【N, W/C】 ♣SCBG, XTBG; ●GD, YN; ★(AS): CN, VN.

纤花乌口树（纤花龙船花）**Tarenna grevei** (Drake) Homolle 【I, C】 ★(AF): MG.

广西乌口树 **Tarenna lanceolata** Chun et F. C. How ex W. C. Chen 【N, W/C】 ♣WBG; ●HB; ★(AS): CN.

崖州乌口树 **Tarenna laui** Merr. 【N, W/C】 ♣SCBG; ●GD; ★(AS): CN.

*条叶乌口树 **Tarenna longifolia** (Miq.) Ridl. 【I, C】 ♣XTBG; ●YN; ★(AS): MY.

白花苦灯笼 **Tarenna mollissima** (Hook. et Arn.) Merr. 【N, W/C】 ♣CBG, FBG, FLBG, GA, HBG, SCBG; ●FJ, GD, JX, SH, ZJ; ★(AS): CN, VN.

*印尼乌口树 **Tarenna sylvicola** (Ridl.) Merr. 【I, C】 ♣XTBG; ●YN; ★(AS): ID.

长叶乌口树 **Tarenna wangii** Chun et F. C. How ex W. C. Chen 【N, W/C】 ♣XTBG; ●YN; ★(AS): CN.

锡兰玉心花 **Tarenna zeylanica** Gaertn. 【N, W/C】 ♣TMNS, XTBG; ●TW, YN; ★(AS): CN, ID, JP, LK, VN.

阳春栀属 Borojoa

阳春栀 **Borojoa patinoi** Cuatrec.【I, C】●TW; ★(NA): BM, CR, PA; (SA): CO, EC.

靛榄属 Genipa

靛榄(大果茜)**Genipa americana** L.【I, C】♣SCBG, XTBG; ●GD, YN; ★(NA): BM, BZ, CR, CU, GT, HN, MX, NI, PA, PR, SV, US; (SA): AR, BO, CO, EC, GF, GY, PE, VE.

栀子属 Gardenia

角状栀子 **Gardenia cornuta** Hemsl.【I, C】♣SCBG; ●GD; ★(AF): ZA.

*冠状栀子 **Gardenia coronaria** Buch.-Ham.【I, C】♣SCBG; ●GD; ★(AS): ID, MM, MY, TH.

长花黄栀子 **Gardenia gjellerupii** Valeton【I, C】♣TMNS, XTBG; ●TW, YN; ★(OC): PG.

海南栀子 **Gardenia hainanensis** Merr.【N, W/C】♣BBG, XTBG; ●BJ, YN; ★(AS): CN, VN.

栀子 **Gardenia jasminoides** J. Ellis【N, W/C】♣BBG, CBG, CDBG, FBG, FLBG, GA, GBG, GMG, GXIB, HBG, IBCAS, KBG, LBG, NBG, NSBG, SCBG, TBG, TMNS, WBG, XBG, XLTBG, XMBG, XOIG, XTBG, ZAFU; ●AH, BJ, CQ, FJ, GD, GX, GZ, HB, HI, JS, JX, SC, SH, SN, TW, YN, ZJ; ★(AS): BT, CN, ID, IN, JP, KH, KP, KR, LA, MM, NP, PK, SG, TH, VN; (OC): PAF.

白蟾 **Gardenia jasminoides** var. **fortuniana** (Lindl.) H. Hara【N, W/C】♣FBG, GMG, GXIB, LBG, SCBG, WBG, XTBG, ZAFU; ●FJ, GD, GX, HB, JX, YN, ZJ; ★(AS): CN, JP.

粗栀子 **Gardenia scabrella** Puttock【I, C】♣SCBG; ●GD; ★(OC): AU.

大黄栀子 **Gardenia sootepensis** Hutch.【N, W/C】♣BBG, CBG, FBG, SCBG, XMBG, XTBG; ●BJ, FJ, GD, SH, YN; ★(AS): CN, LA, MM, TH, VN.

狭叶栀子 **Gardenia stenophylla** Merr.【N, W/C】♣FBG, GA, GMG, NBG, SCBG, XMBG; ●FJ, GD, GX, JS, JX, SC; ★(AS): CN, VN.

*朱维栀子 **Gardenia ternifolia** subsp. **jovis-tonantis** (Welw.) Verdc.【I, C】♣BBG; ●BJ; ★(AF): CF, KE, TZ, ZM.

*倭氏栀子 **Gardenia volkensii** K. Schum.【I, C】♣XTBG; ●YN; ★(AF): AO, KE, TZ.

石榴茜属 Rothmannia

好望角石榴茜（非洲栀）**Rothmannia capensis** Thunb.【I, C】●TW; ★(AF): ZA.

*黄果石榴茜 **Rothmannia manganjae** (Hiern) Keay【I, C】♣TBG; ●TW; ★(AF): CM, MW, TZ.

茜树属 Aidia

香膏菜 **Aidia auriculata** (Wall.) Ridsdale【I, C】♣XMBG; ●FJ; ★(AS): ID, IN, MY, PH, SG.

香楠 **Aidia canthioides** (Champ. ex Benth.) Masam.【N, W/C】♣CBG, FBG, FLBG, GA, GXIB, SCBG, WBG; ●FJ, GD, GX, HB, JX, SH; ★(AS): CN, JP, VN.

茜树 **Aidia cochinchinensis** Lour.【N, W/C】♣CBG, FBG, GA, HBG, LBG, NSBG, SCBG, TBG, TMNS, WBG, XTBG; ●CQ, FJ, GD, HB, JX, SH, TW, YN, ZJ; ★(AS): CN, JP, LA, MM, SG, VN.

亨氏香楠 **Aidia henryi** (E. Pritz.) T. Yamaz.【N, W/C】♣WBG, XTBG; ●HB, YN; ★(AS): CN, JP, TH, VN.

多毛茜草树 **Aidia pycnantha** (Drake) Tirveng.【N, W/C】♣SCBG, WBG, XTBG; ●GD, HB, YN; ★(AS): CN, VN.

滇茜树 **Aidia yunnanensis** (Hutch.) T. Yamaz.【N, W/C】♣XTBG; ●YN; ★(AS): CN, LA, TH.

鸡爪簕属 Benkara

无脉簕茜（无脉鸡爪簕）**Benkara evenosa** (Hutch.) Ridsdale【N, W/C】♣XTBG; ●YN; ★(AS): CN.

琼滇簕茜(琼滇鸡爪簕)**Benkara griffithii** (Hook. f.) Ridsdale【N, W/C】♣SCBG, XTBG; ●GD, YN; ★(AS): CN, ID, IN.

簕茜(鸡爪簕)**Benkara sinensis** (Lour.) Ridsdale【N, W/C】♣SCBG, XMBG, XTBG; ●FJ, GD, YN; ★(AS): CN, JP, VN.

钩簕茜属 Oxyceros

木长春 **Oxyceros horridus** Lour.【I, C】♣XTBG; ●YN; ★(AS): ID, IN, LA, TH, VN.

香楠属 Rosenbergiodendron

美香楠 **Rosenbergiodendron formosum** (Jacq.) Fagerl.【I, C】★(NA): PA; (SA): CO, EC, GF,

GY, PE, VE.

蓝茜树属 Randia

刺蓝茜树（刺茜树）**Randia aculeata** L. 【I, C】★(NA): BS, BZ, CR, CU, DO, GT, HN, HT, JM, LW, MX, NI, PA, PR, SV, TT, VG; (SA): CO.

短萼齿木属 Brachytome

海南短萼齿木 **Brachytome hainanensis** C. Y. Wu ex W. C. Chen 【N, W/C】 ♣XTBG; ●YN; ★(AS): CN, VN.

滇短萼齿木 **Brachytome hirtellata** Hu 【N, W/C】 ♣XTBG; ●YN; ★(AS): CN, VN.

疏毛短萼齿木 **Brachytome hirtellata** var. **glabrescens** W. C. Chen 【N, W/C】 ♣XTBG; ●YN; ★(AS): CN, VN.

红皮栀子属 Dioecrescis

红皮栀子 **Dioecrescis erythroclada** (Kurz) Tirveng. 【I, C】 ♣XTBG; ●YN; ★(AS): ID, LA, VN.

长柱山丹属 Duperrea

长柱山丹 **Duperrea pavettifolia** (Kurz) Pit. 【N, W/C】♣GXIB, SCBG, XTBG; ●GD, GX, YN; ★(AS): CN, KH, LA, MM, TH, VN.

岭罗麦属 Tarennoidea

岭罗麦 **Tarennoidea wallichii** (Hook. f.) Tirveng. et Sastre 【N, W/C】 ♣SCBG, XTBG; ●GD, YN; ★(AS): BT, CN, ID, IN, KH, LA, MM, MY, NP, PH, TH, VN.

山石榴属 Catunaregam

山石榴 **Catunaregam spinosa** (Thunb.) Tirveng. 【N, W/C】 ♣FLBG, GXIB, NBG, SCBG, TMNS, XMBG, XTBG; ●FJ, GD, GX, JS, JX, TW, YN; ★(AS): CN, ID, IN, KH, LA, LK, MM, MY, NP, PK, TH, VN.

大果茜属 Fosbergia

瑞丽茜树 **Fosbergia shweliensis** (J. Anthony) Tirveng. et Sastre 【N, W/C】 ♣KBG; ●YN; ★(AS): CN.

白香楠属 Alleizettella

白果香楠 **Alleizettella leucocarpa** (Champ. ex Benth.) Tirveng. 【N, W/C】 ♣SCBG; ●GD; ★(AS): CN, VN.

252. 龙胆科 GENTIANACEAE

藻百年属 Exacum

紫芳草 **Exacum affine** Balf.f. ex Regel 【I, C】 ♣TBG, XMBG; ●BJ, FJ, TW, YN; ★(AS): YE.

藻百年 **Exacum tetragonum** Roxb. 【N, W/C】 ♣XTBG; ●YN; ★(AS): CN, ID, IN, KH, LA, LK, MM, MY, NP, PH, VN; (OC): AU, PAF.

绮龙花属 Chironia

*浆果绮龙花 **Chironia baccifera** L. 【I, C】 ♣NBG; ●JS; ★(AF): ZA.

洋桔梗属 Eustoma

洋桔梗（草原龙胆）**Eustoma grandiflorum** (Raf.) Shinners 【I, C】 ♣BBG, HFBG, XLTBG, XMBG, XOIG; ●BJ, FJ, HI, HL, SH, TW, YN; ★(NA): CA, US.

穿心草属 Canscora

罗星草 **Canscora andrographioides** Griff. ex C. B. Clarke 【N, W/C】 ♣SCBG, XTBG; ●GD, YN; ★(AS): CN, ID, IN, KH, LA, MM, MY, TH, VN.

穿心草 **Canscora lucidissima** (H. Lév. et Vaniot) Hand.-Mazz. 【N, W/C】 ♣FLBG; ●GD, JX; ★(AS): CN.

星花莉属 Anthocleista

星花莉（肖灰莉）**Anthocleista vogelii** Planch. 【I, C】 ♣SCBG; ●GD; ★(AF): BJ, CG, CM, GA, NG, TZ.

香灰莉属 Cyrtophyllum

香灰莉木 **Cyrtophyllum fragrans** (Roxb.) DC. 【I, C】 ♣XMBG, XTBG; ●FJ, GD, YN; ★(AS): IN, LA, MM, VN.

灰莉属 Fagraea

灰莉 **Fagraea ceilanica** Thunb.【N, W/C】♣CBG, FBG, FLBG, GXIB, IBCAS, KBG, SCBG, TMNS, WBG, XLTBG, XMBG, XTBG, ZAFU; ●BJ, FJ, GD, GX, HB, HI, JX, SC, SH, TW, YN, ZJ; ★(AS): CN, ID, IN, KH, LA, LK, MM, MY, PH, SG, TH, VN.

刺灰莉木 **Fagraea crenulata** Maingay ex C. B. Clarke【I, C】●GD; ★(AS): MY, SG.

龟药草属 Chelonanthus

龟药草 **Chelonanthus alatus** (Aubl.) Pulle【I, C】●YN; ★(NA): BZ, CR, GT, HN, MX, PA, PR, SV, US; (SA): BO, BR, CO, EC, GY, PE, VE.

龙胆属 Gentiana

无茎龙胆 **Gentiana acaulis** L.【I, C】●TW; ★(EU): AT, BA, BG, CH, CZ, DE, ES, HR, IT, ME, MK, RO, RS, RU, SI.

高山龙胆 **Gentiana algida** Steven【N, W/C】●TW; ★(AS): BT, CN, IN, JP, KG, KP, KR, KZ, LK, MN, RU-AS; (NA): US.

七叶龙胆 **Gentiana arethusae** var. **delicatula** C. Marquand【N, W/C】●YN; ★(AS): CN.

阿里山龙胆 **Gentiana arisanensis** Hayata【N, W/C】♣TMNS; ●TW; ★(AS): CN.

阿墩子龙胆 **Gentiana atuntsiensis** W. W. Sm.【N, W/C】♣KBG, SCBG; ●GD, YN; ★(AS): CN.

狭叶龙胆 **Gentiana autumnalis** L.【I, C】★(NA): US.

天蓝龙胆 **Gentiana caelestis** (C. Marquand) Harry Sm.【N, W/C】●YN; ★(AS): CN, MM.

粗茎秦艽 **Gentiana crassicaulis** Gilg【N, W/C】♣KBG; ●YN; ★(AS): CN.

达乌里秦艽 **Gentiana dahurica** Fisch.【N, W/C】♣BBG, GBG, NBG, XBG; ●BJ, GZ, JS, SN; ★(AS): CN, MN, RU-AS.

五岭龙胆 **Gentiana davidii** Franch.【N, W/C】♣CBG, FBG, GA, HBG, LBG, WBG, XMBG, ZAFU; ●FJ, HB, JX, SH, ZJ; ★(AS): CN.

台湾五岭龙胆 **Gentiana davidii** var. **formosana** (Hayata) T. N. Ho【N, W/C】♣TMNS; ●TW; ★(AS): CN.

川西秦艽 **Gentiana dendrologi** C. Marquand【N, W/C】♣SCBG; ●GD; ★(AS): CN.

弱小龙胆 **Gentiana exigua** Harry Sm.【N, W/C】♣TMNS; ●TW; ★(AS): CN.

黄花龙胆 **Gentiana flavomaculata** Hayata【N, W/C】♣TMNS; ●TW; ★(AS): CN.

喜湿龙胆 **Gentiana helophila** Balf.f. et Forrest【N, W/C】♣KBG; ●YN; ★(AS): CN.

华南龙胆 **Gentiana loureiroi** (G. Don) Griseb.【N, W/C】♣FLBG, GA, GMG, GXIB, SCBG, ZAFU; ●GD, GX, JX, ZJ; ★(AS): BT, CN, IN, LA, MM, TH, VN.

秦艽 **Gentiana macrophylla** Bertol.【N, W/C】♣SCBG; ●GD; ★(AS): CN, KZ, MN, RU-AS.

大花秦艽 **Gentiana macrophylla** var. **fetissowii** (Regel et Winkl.) Ma et K. C. Hsia【N, W/C】●TW; ★(AS): CN, KZ.

条叶龙胆 **Gentiana manshurica** Kitag.【N, W/C】♣GA, LBG; ●JX; ★(AS): CN, KP, MN.

钟花龙胆 **Gentiana nanobella** C. Marquand【N, W/C】●YN; ★(AS): CN.

菔根龙胆 **Gentiana napulifera** Franch.【N, W/C】♣KBG; ●YN; ★(AS): CN, MM.

品蓝龙胆 **Gentiana nipponica** Maxim.【I, C】♣BBG; ●BJ, TW; ★(AS): JP, RU-AS.

Gentiana nivalis L.【I, C】♣XTBG; ●YN; ★(EU): AT, CH, FR.

黄管秦艽 **Gentiana officinalis** Harry Sm.【N, W/C】♣CBG, XBG; ●SC, SH, SN, TW, YN; ★(AS): CN.

华丽龙胆 **Gentiana ornata** (D. Don) Wall. ex Griseb.【N, W/C】●YN; ★(AS): BT, CN, IN, LK, NP.

流苏龙胆 **Gentiana panthaica** Prain et Burkill【N, W/C】♣SCBG; ●GD; ★(AS): CN.

小龙胆 **Gentiana parvula** Harry Sm.【N, W/C】♣CBG; ●SH; ★(AS): CN.

陕南龙胆 **Gentiana piasezkii** Maxim.【N, W/C】♣WBG; ●HB; ★(AS): CN.

匍地龙胆 **Gentiana prostrata** Haenke【N, W/C】♣NBG; ●JS; ★(AS): CN, KG, KZ, MN, NP, RU-AS, TJ; (EU): AT, BA, IT; (NA): US; (SA): AR, BO, PE.

垂花龙胆 **Gentiana prostrata** subsp. **nutans** (Bunge) Halda【I, C】★(NA): US.

滇龙胆草 **Gentiana rigescens** Franch. ex Hemsl.【N, W/C】♣KBG; ●YN; ★(AS): CN, MM.

深红龙胆 **Gentiana rubicunda** Franch.【N, W/C】♣SCBG, WBG; ●GD, HB, SC; ★(AS): CN.

龙胆 **Gentiana scabra** Bunge 【N, W/C】 ♣GBG, GXIB, HBG, HFBG, NBG; ●AH, GX, GZ, HL, JS, SC, TW, YN, ZJ; ★(AS): CN, JP, KP, KR, MN, RU-AS.

*日本龙胆 **Gentiana scabra** var. **buergeri** (Miq.) Maxim. ex Franch. et Sav. 【N, W/C】 ●TW; ★(AS): CN, JP, KP, KR.

玉山龙胆 **Gentiana scabrida** Hayata 【N, W/C】 ♣TMNS; ●TW; ★(AS): CN.

西亚龙胆 **Gentiana septemfida** Pall. 【N, W/C】 ♣XTBG; ●TW, YN; ★(AS): AM, AZ, BH, CN, CY, GE, IL, IQ, IR, JO, KW, LB, PS, QA, SA, SY, TR, YE; (EU): AL, BA, ES, FR, GR, HR, IT, MC, ME, MK, RS, SI.

鳞叶龙胆 **Gentiana squarrosa** Ledeb. 【N, W/C】 ♣HBG, LBG; ●JX, ZJ; ★(AS): CN, IN, JP, KG, KP, KR, KZ, MN, NP, PK, RU-AS.

大花龙胆 **Gentiana szechenyii** Kanitz 【N, W/C】 ♣WBG; ●HB, YN; ★(AS): CN.

三歧龙胆 **Gentiana trichotoma** Kusn. 【N, W/C】 ♣SCBG; ●GD; ★(AS): CN.

三花龙胆 **Gentiana triflora** Pall. 【N, W/C】 ●TW; ★(AS): CN, JP, KP, KR, MN, RU-AS.

朝鲜龙胆 **Gentiana uchiyamae** Nakai 【N, W/C】 ●LN; ★(AS): CN, KP.

蓝玉簪龙胆 **Gentiana veitchiorum** Hemsl. 【N, W/C】 ♣KBG; ●TW, YN; ★(AS): BT, CN, IN, LK, MM.

露萼龙胆 **Gentiana wardii** var. **emergens** (C. Marquand) T. N. Ho 【N, W/C】 ●YN; ★(AS): CN.

灰绿龙胆 **Gentiana yokusai** Burkill 【N, W/C】 ♣LBG, TMNS; ●JX, TW; ★(AS): CN, JP, KP.

云南龙胆 **Gentiana yunnanensis** Franch. 【N, W/C】 ♣KBG; ●YN; ★(AS): CN.

狭蕊龙胆属 Metagentiana

红花龙胆 **Metagentiana rhodantha** (Franch.) T. N. Ho et S. W. Liu 【N, W/C】 ♣GBG, KBG, WBG; ●GZ, HB, YN; ★(AS): CN.

蔓龙胆属 Crawfurdia

云南蔓龙胆 **Crawfurdia campanulacea** Wall. et Griff. ex C. B. Clarke 【N, W/C】 ♣SCBG; ●GD, YN; ★(AS): BT, CN, ID, IN, LK, MM.

福建蔓龙胆 **Crawfurdia pricei** (Marquand) H. Sm. 【N, W/C】 ♣SCBG, WBG; ●GD, HB; ★(AS): CN.

双蝴蝶属 Tripterospermum

伪双蝴蝶 **Tripterospermum affine** (Wall. ex C. B. Clarke) Harry Sm. 【N, W/C】 ♣GA, GBG, HBG, LBG; ●GZ, JX, ZJ; ★(AS): BD, CN, IN.

双蝴蝶 **Tripterospermum chinense** (Migo) Harry Sm. 【N, W/C】 ♣CBG, GA, HBG, LBG, SCBG, WBG, XMBG, ZAFU; ●FJ, GD, HB, JX, SC, SH, ZJ; ★(AS): CN.

峨眉双蝴蝶 **Tripterospermum cordatum** (C. Marquand) Harry Sm. 【N, W/C】 ♣WBG; ●HB, SC; ★(AS): CN.

湖北双蝴蝶 **Tripterospermum discoideum** (C. Marquand) Harry Sm. 【N, W/C】 ♣WBG; ●HB; ★(AS): CN, JP.

簇花双蝴蝶 **Tripterospermum fasciculatum** (Wall.) Chater 【N, W/C】 ♣XTBG; ●YN; ★(AS): CN, IN, MM.

细茎双蝴蝶 **Tripterospermum filicaule** (Hemsl.) Harry Sm. 【N, W/C】 ♣CBG, LBG, ZAFU; ●JX, SH, ZJ; ★(AS): CN.

日本双蝴蝶 **Tripterospermum japonicum** Maxim. 【N, W/C】 ♣GMG, XMBG; ●FJ, GX; ★(AS): CN, JP, KR, MN, RU-AS.

香港双蝴蝶 **Tripterospermum nienkui** (C. Marquand) C. J. Wu 【N, W/C】 ♣SCBG, WBG; ●GD, HB; ★(AS): CN, VN.

尼泊尔双蝴蝶 **Tripterospermum volubile** (D. Don) H. Hara 【N, W/C】 ♣WBG; ●HB; ★(AS): BT, CN, ID, IN, LK, MM, NP.

大钟花属 Megacodon

大钟花 **Megacodon stylophorus** (C. B. Clarke) Harry Sm. 【N, W/C】 ●YN; ★(AS): BT, CN, ID, IN, LK, NP.

獐牙菜属 Swertia

狭叶獐牙菜 **Swertia angustifolia** Buch.-Ham. ex D. Don 【N, W/C】 ♣LBG; ●JX; ★(AS): BT, CN, ID, IN, LA, LK, MM, NP, VN.

美丽獐牙菜 **Swertia angustifolia** var. **pulchella** (D. Don) Burkill 【N, W/C】 ♣GA; ●JX; ★(AS): BT, CN, IN, NP.

獐牙菜 **Swertia bimaculata** (Siebold et Zucc.)

Hook. f. et Thomson ex C. B. Clarke 【N, W/C】 ♣CBG, GBG, KBG, SCBG, WBG; ●GD, GZ, HB, SC, SH, YN; ★(AS): BT, CN, ID, IN, JP, LK, MM, MN, MY, NP, VN.

奇拉塔獐牙菜 **Swertia chirata** Buch.-Ham. ex Wall. 【I, C】 ★(AS): IN, MM, NP.

西南獐牙菜 **Swertia cincta** Burkill 【N, W/C】 ♣WBG; ●HB; ★(AS): CN.

歧伞獐牙菜 **Swertia dichotoma** L. 【N, W/C】 ♣WBG; ●HB; ★(AS): CN, CY, JP, KZ, MN, RU-AS.

北方獐牙菜 **Swertia diluta** (Turcz.) Benth. et Hook. f.【N, W/C】♣BBG, HBG, LBG, WBG; ●BJ, HB, JX, ZJ; ★(AS): CN, JP, KP, KR, MN, RU-AS.

日本獐牙菜 **Swertia diluta** var. **tosaensis** (Makino) H. Hara 【N, W/C】 ●YN; ★(AS): CN, JP, KP, KR.

高獐牙菜 **Swertia elata** Harry Sm. 【N, W/C】 ♣SCBG; ●GD; ★(AS): CN.

紫萼獐牙菜 **Swertia forrestii** Harry Sm.【N, W/C】 ●YN; ★(AS): CN.

浙江獐牙菜 **Swertia hickinii** Burkill 【N, W/C】 ♣HBG, LBG; ●JX, ZJ; ★(AS): CN.

大籽獐牙菜 **Swertia macrosperma** (C. B. Clarke) C. B. Clarke【N, W/C】 ♣XTBG; ●YN; ★(AS): BT, CN, ID, IN, LK, MM, NP.

瘤毛獐牙菜 **Swertia pseudochinensis** H. Hara 【N, W/C】 ●BJ; ★(AS): CN, JP, KP, KR, MN.

云南獐牙菜 **Swertia yunnanensis** Burkill 【N, W/C】 ♣XTBG; ●YN; ★(AS): CN.

扁蕾属 Gentianopsis

扁蕾 **Gentianopsis barbata** (Froel.) Ma 【N, W/C】 ♣KBG; ●YN; ★(AS): CN, CY, JP, KG, KP, KR, KZ, MN, RU-AS.

回旋扁蕾 **Gentianopsis contorta** (Royle) Ma 【N, W/C】 ♣SCBG; ●GD; ★(AS): CN, JP, NP.

湿生扁蕾 **Gentianopsis paludosa** (Munro ex Hook. f.) Ma 【N, W/C】 ♣SCBG; ●GD; ★(AS): BT, CN, ID, IN, LK, NP.

藏南扁蕾 **Gentianopsis stricta** (Klotzsch) Ikonn. 【I, C】 ★(AS): IN.

肋柱花属 Lomatogonium

肋柱花 **Lomatogonium carinthiacum** (Wulfen) Rchb.【N, W/C】●BJ; ★(AS): AF, BT, CN, GE, ID, IN, JP, KG, MN, NP, PK, RU-AS, TJ; (EU): AT, BA, IT, RO.

云南肋柱花 **Lomatogonium forrestii** (Balf.f.) Fernald 【N, W/C】 ●YN; ★(AS): CN, RU-AS.

喉毛花属 Comastoma

蓝钟喉毛花 **Comastoma cyananthiflorum** (Franch.) Holub 【N, W/C】 ●YN; ★(AS): CN.

镰萼喉毛花 **Comastoma falcatum** (Turcz.) Toyok. 【N, W/C】 ●BJ; ★(AS): CN, CY, ID, IN, KG, MN, NP, RU-AS, TJ.

高杯喉毛花 **Comastoma traillianum** (Forrest) Holub 【N, W/C】 ●YN; ★(AS): CN.

假龙胆属 Gentianella

秋花假龙胆（红假龙胆）**Gentianella amarella** (L.) Harry Sm.【I, C】★(AS): GE, MN, RU-AS; (EU): AT, BA, BE, CZ, DE, FI, GB, HU, IS, IT, NO, PL, RO, RU.

花锚属 Halenia

花锚 **Halenia corniculata** (L.) Druce 【N, W/C】 ●BJ; ★(AS): CN, JP, KP, KR, MN, RU-AS; (EU): RU.

卵萼花锚（椭圆叶花锚）**Halenia elliptica** D. Don【N, W/C】 ♣GBG, SCBG, WBG; ●GD, GZ, HB, SC; ★(AS): BT, CN, CY, ID, IN, JP, KG, LK, MM, MN, NP.

253. 马钱科 LOGANIACEAE

蓬莱葛属 Gardneria

狭叶蓬莱葛 **Gardneria angustifolia** Wall. 【N, W/C】♣KBG; ●YN; ★(AS): BT, CN, ID, IN, JP, LK, NP.

柳叶蓬莱葛 **Gardneria lanceolata** Rehder et E. H. Wilson 【N, W/C】 ♣LBG, WBG; ●HB, JX; ★(AS): CN.

蓬莱葛 **Gardneria multiflora** Makino 【N, W/C】 ♣CBG, FBG, GA, GXIB, HBG, LBG, WBG, XTBG, ZAFU; ●FJ, GX, HB, JX, SH, YN, ZJ; ★(AS): CN, JP.

卵叶蓬莱葛 **Gardneria ovata** Wall. 【N, W/C】 ♣XTBG; ●YN; ★(AS): CN, ID, IN, LK, MM,

MY, TH.

马钱属　Strychnos

牛眼马钱 **Strychnos angustiflora** Benth. 【N, W/C】♣SCBG, XMBG, XTBG; ●FJ, GD, YN; ★(AS): CN, PH, TH, VN.

腋花马钱 **Strychnos axillaris** Colebr. 【N, W/C】♣XTBG; ●YN; ★(AS): CN, ID, IN, KH, LA, MM, MY, SG, TH, VN; (OC): AU.

华马钱 **Strychnos cathayensis** Merr. 【N, W/C】♣GMG, GXIB, SCBG, XTBG; ●GD, GX, YN; ★(AS): CN, VN.

吕宋果 **Strychnos ignatii** P. J. Bergius 【N, W/C】♣GXIB; ●GX; ★(AS): CN, ID, IN, LA, MY, PH, SG, TH, VN.

腺叶马钱（亮叶马钱）**Strychnos lucida** R. Br. 【I, C】 ★(AS): IN, TH; (OC): AU, PAF.

毛柱马钱 **Strychnos nitida** G. Don 【N, W/C】♣XTBG; ●YN; ★(AS): CN, ID, IN, LA, MM, TH, VN.

山马钱 **Strychnos nux-blanda** A. W. Hill 【I, C】★(AS): ID, IN, KH, LA, MM, TH, VN.

马钱子 **Strychnos nux-vomica** L. 【I, C】♣GMG, HBG, SCBG, XLTBG, XMBG, XOIG, XTBG; ●FJ, GD, GX, HI, YN, ZJ; ★(AS): IN.

伞花马钱 **Strychnos umbellata** (Lour.) Merr. 【N, W/C】 ♣XMBG; ●FJ; ★(AS): CN, VN.

长籽马钱 **Strychnos wallichiana** Steud. ex A. DC. 【N, W/C】 ♣XTBG; ●YN; ★(AS): CN, ID, IN, LK, MM, VN.

度量草属　Mitreola

大叶度量草 **Mitreola pedicellata** Benth. 【N, W】♣XTBG; ●YN; ★(AS): BT, CN, ID, IN, LK.

度量草 **Mitreola petiolata** (J. F. Gmel.) Torr. et A. Gray【N, W/C】♣XTBG; ●YN; ★(AS): CN, ID, IN, KH, LA, MM, MY, PH, TH, VN; (OC): AU, PAF.

凤山度量草 **Mitreola pingtaoi** D. Fang et D. H. Qin 【N, W/C】 ♣GXIB; ●GX; ★(AS): CN.

匙叶度量草 **Mitreola spathulifolia** D. Fang et L. S. Zhou 【N, W/C】 ♣GXIB; ●GX; ★(AS): CN.

阳春度量草 **Mitreola yangchunensis** Q. X. Ma, H. G. Ye et F. W. Xing 【N, W/C】 ♣SCBG; ●GD; ★(AS): CN.

尖帽草属　Mitrasacme

尖帽草 **Mitrasacme indica** Wight 【N, W/C】♣XMBG; ●FJ; ★(AS): CN, ID, IN, JP, KP, LK, MM, MY, PH, TH, VN; (OC): AU, PAF.

多型姬苗 **Mitrasacme polymorpha** R. Br. 【N, W/C】 ♣LBG; ●JX; ★(AS): CN, MM; (OC): AU.

水田白 **Mitrasacme pygmaea** R. Br. 【N, W/C】♣FLBG, LBG, SCBG, XMBG; ●FJ, GD, JX; ★(AS): CN, ID, IN, JP, KH, KP, KR, MM, MY, NP, PH, TH, VN; (OC): AU, PAF.

254. 钩吻科　GELSEMIACEAE

钩吻属　Gelsemium

钩吻 **Gelsemium elegans** (Gardner et Chapm.) Benth. 【N, W/C】 ♣CBG, FBG, FLBG, GA, GMG, GXIB, HBG, KBG, NBG, SCBG, WBG, XMBG, XTBG; ●FJ, GD, GX, HB, JS, JX, SH, YN, ZJ; ★(AS): CN, ID, IN, LA, MM, MY, TH, VN.

金钩吻（北美钩吻）**Gelsemium sempervirens** (L.) J. St.-Hil. 【I, C】 ♣SCBG, XMBG; ●AH, BJ, FJ, GD; ★(NA): BZ, GT, HN, MX, US.

255. 夹竹桃科　APOCYNACEAE

白坚木属　Aspidosperma

白坚木 **Aspidosperma album** (Vahl) Benoist ex Pichon 【I, C】 ★(SA): BR, CO, GY, PE, VE.

南方白坚木 **Aspidosperma australe** Müll. Arg. 【I, C】 ♣HBG; ●ZJ; ★(SA): AR, BO, BR, PY.

鸡骨常山属　Alstonia

大叶糖胶树 **Alstonia macrophylla** Wall. ex G. Don 【N, W/C】♣FLBG, XMBG, XTBG; ●FJ, GD, JX, YN; ★(AS): CN, ID, IN, LK, MY, PH, SG, TH, VN; (OC): PG.

竹叶羊角棉 **Alstonia neriifolia** D. Don 【N, W/C】♣GXIB; ●GX; ★(AS): BT, CN, ID, IN, LK, MY, NP.

盆架树 **Alstonia rostrata** C. E. C. Fisch. 【N, W/C】♣BBG, FBG, HBG, XLTBG, XTBG; ●BJ, FJ, GD, HI, YN, ZJ; ★(AS): CN, ID, IN, LA, MM, MY, TH.

糖胶树 **Alstonia scholaris** (L.) R. Br. 【N, W/C】 ♣BBG, FBG, FLBG, GA, GMG, IBCAS, KBG, NBG, SCBG, TBG, TMNS, WBG, XLTBG, XMBG, XTBG, ZAFU; ●BJ, FJ, GD, GX, HB, HI, JS, JX, TW, YN, ZJ; ★(AS): BT, CN, ID, IN, KH, LA, LK, MM, MY, NP, PH, SG, TH, VN; (OC): AU, PG.

鸡骨常山 **Alstonia yunnanensis** Diels 【N, W/C】 ♣GA, GXIB, HBG, KBG, NBG, WBG, XTBG; ●GX, HB, JS, JX, YN, ZJ; ★(AS): CN.

蕊木属 Kopsia

蕊木（云南蕊木）**Kopsia arborea** Blume 【N, W/C】 ♣BBG, CBG, FBG, FLBG, IBCAS, KBG, SCBG, WBG, XLTBG, XMBG, XTBG; ●BJ, FJ, GD, HB, HI, JX, SC, SH, YN; ★(AS): CN, ID, IN, LA, MY, PH, SG, TH, VN.

红花蕊木 **Kopsia fruticosa** (Roxb.) A. DC. 【I, C】 ♣GXIB, SCBG, XMBG, XTBG; ●FJ, GD, GX, YN; ★(AS): ID, IN, MM, MY, PH, TH.

海南蕊木 **Kopsia hainanensis** Tsiang 【N, W/C】 ♣XMBG; ●FJ; ★(AS): CN.

蔓长春花属 Vinca

蔓长春花 **Vinca major** L. 【I, C】 ♣BBG, CBG, GA, GXIB, HBG, IBCAS, KBG, LBG, NBG, NSBG, SCBG, WBG, XMBG, XTBG, ZAFU; ●BJ, CQ, FJ, GD, GX, HB, JS, JX, SC, SH, TW, YN, ZJ; ★(AS): AM, AZ, GE, IR, RU-AS, SY, TR; (EU): AD, AL, BA, BG, ES, GR, HR, IT, ME, MK, PT, RO, RS, SI, SM, UA, VA.

小蔓长春花 **Vinca minor** L. 【I, C】 ♣BBG, CBG, SCBG, XTBG; ●BJ, GD, SC, SH, TW, YN; ★(AS): AM, AZ, GE, IR, RU-AS, SY; (EU): AT, BA, BE, BG, CZ, DE, ES, GR, HR, HU, IT, LU, ME, MK, NL, NO, PL, RO, RS, RU, SI, TR, UA.

玫瑰树属 Ochrosia

玫瑰树 **Ochrosia borbonica** J. F. Gmel. 【I, C】 ♣WBG; ●HB; ★(AF): MU, RE.

光萼玫瑰树 **Ochrosia coccinea** (Teijsm. et Binn.) Miq. 【I, C】 ♣SCBG, WBG, XTBG; ●GD, HB, YN; ★(AS): ID, ID-ML; (OC): PAF, PG, SB.

古城玫瑰树 **Ochrosia elliptica** Labill. 【I, C】 ♣SCBG, XMBG, XTBG; ●FJ, GD, YN; ★(OC): AU, NC, NR, VU.

萝芙木属 Rauvolfia

古巴萝芙木 **Rauvolfia cubana** A. DC. 【I, C】 ♣XTBG; ●YN; ★(NA): CU.

大果狗牙花 **Tabernaemontana macrocarpa** Jack 【N, W】 ♣XTBG; ●YN; ★(AS): CN, ID, IN, PH, SG.

蛇根木 **Rauvolfia serpentina** (L.) Benth. ex Kurz 【N, W/C】 ♣GMG, HBG, XBG, XMBG, XOIG, XTBG; ●FJ, GX, SN, YN, ZJ; ★(AS): BT, CN, ID, IN, LA, LK, MM, MY, NP, TH, VN.

苏门答腊萝芙木 **Rauvolfia sumatrana** Jack 【I, C】 ♣XTBG; ●YN; ★(AS): ID, IN, MM, MY, PH, TH.

四叶萝芙木 **Rauvolfia tetraphylla** L. 【I, C】 ♣FLBG, GMG, HBG, NBG, SCBG, TBG, XBG, XMBG, XTBG; ●FJ, GD, GX, JS, JX, SN, TW, YN, ZJ; ★(NA): BZ, CR, CU, DO, GT, HN, HT, JM, MX, NI, PA, PR, SV, TT, US, VG; (SA): BO, CO, EC, PE, VE.

萝芙木 **Rauvolfia verticillata** (Lour.) Baill. 【N, W/C】 ♣BBG, CBG, CDBG, FBG, FLBG, GBG, GMG, GXIB, HBG, KBG, NBG, SCBG, WBG, XBG, XMBG, XOIG, XTBG; ●BJ, FJ, GD, GX, GZ, HB, JS, JX, SC, SH, SN, YN, ZJ; ★(AS): BT, CN, ID, IN, KH, LA, LK, MM, MY, PH, TH, VN.

催吐萝芙木 **Rauvolfia vomitoria** Afzel. 【I, C】 ♣BBG, CBG, FBG, GMG, HBG, SCBG, XBG, XLTBG, XMBG, XOIG, XTBG; ●BJ, FJ, GD, GX, HI, SH, SN, YN, ZJ; ★(AF): AO, BF, BI, BJ, CF, CG, CM, GA, GM, GN, GQ, GW, KE, LR, ML, NG, RW, SD, SL, SN, SS, TG, TZ, UG.

长春花属 Catharanthus

长春花 **Catharanthus roseus** (L.) G. Don 【I, C/N】 ♣BBG, CBG, CDBG, FBG, FLBG, GA, GBG, GMG, GXIB, HBG, KBG, LBG, NBG, SCBG, WBG, XBG, XLTBG, XMBG, XOIG, XTBG, ZAFU; ●BJ, FJ, GD, GX, GZ, HB, HI, JS, JX, LN, SC, SH, SN, TW, YN, ZJ; ★(AF): MG.

奶子藤属 Bousigonia

闷奶果 **Bousigonia angustifolia** Pierre ex Spire 【N, W/C】 ♣WBG, XTBG; ●HB, YN; ★(AS): CN, LA, MM, TH, VN.

奶子藤 **Bousigonia mekongensis** Pierre 【N, W/C】 ♣XTBG; ●YN; ★(AS): CN, LA, VN.

卷枝藤属 Landolphia

Landolphia kirkii Dyer 【I, C】 ♣IBCAS; ●BJ; ★(AF): KE.

橙香藤属 Saba

橙香藤 **Saba comorensis** (Bojer ex A. DC.) Pichon 【I, C】 ♣SCBG, XTBG; ●GD, YN; ★(AF): AO, BI, CF, CM, ET, GH, KM, MG, MW, TZ.

假金橘属 Rejoua

假金橘 **Rejoua dichotoma** (Roxb.) Gamble 【N, W/C】 ♣XTBG; ●YN; ★(AS): CN, IN, LK.

夜灵木属 Tabernanthe

夜灵木（伊波卡）**Tabernanthe iboga** Baill. 【I, C】 ♣XTBG; ●YN; ★(AF): AO, CD, CF, CG, CM, GA.

马铃果属 Voacanga

非洲马铃果 **Voacanga africana** Stapf ex Scott-Elliot【I, C】♣SCBG, XLTBG, XTBG; ●GD, HI, YN; ★(AF): AO, BI, CD, CF, CG, CM, GA, GH, GN, NG, TZ.

马铃果 **Voacanga chalotiana** Pierre ex Stapf【I, C】★(AF): AO.

山辣椒属 Tabernaemontana

药用狗牙花 **Tabernaemontana bovina** Lour. 【N, W/C】♣XTBG; ●YN; ★(AS): CN, LA, MM, TH, VN.

尖蕾狗牙花 **Tabernaemontana bufalina** Lour.【N, W/C】 ♣SCBG, XTBG; ●GD, YN; ★(AS): CN, KH, LA, MM, TH, VN.

伞房狗牙花 **Tabernaemontana corymbosa** Roxb. ex Wall. 【N, W/C】 ♣BBG, GXIB, KBG, WBG, XTBG; ●BJ, GX, HB, YN; ★(AS): CN, ID, IN, LA, MM, MY, SG, TH, VN.

狗牙花 **Tabernaemontana divaricata** (L.) R. Br. ex Roem. et Schult.【N, W/C】♣BBG, CBG, CDBG, FBG, FLBG, GMG, GXIB, HBG, SCBG, TBG, TMNS, XLTBG, XMBG, XOIG, XTBG; ●BJ, FJ, GD, GX, HI, JX, SC, SH, TW, YN, ZJ; ★(AS): BT, CN, ID, IN, LA, LK, MM, MY, NP, SG, TH.

平脉狗牙花 **Tabernaemontana pandacaqui** Lam. 【N, W/C】 ♣BBG, TMNS, XTBG; ●BJ, TW, YN; ★(AS): CN, ID, IN, MY, PH, TH; (OC): AU, FJ, PAF.

山橙属 Melodinus

台湾山橙 **Melodinus angustifolius** Hayata 【N, W/C】 ♣XMBG; ●FJ; ★(AS): CN, VN.

思茅山橙 **Melodinus cochinchinensis** (Lour.) Merr. 【N, W/C】 ♣XTBG; ●YN; ★(AS): CN, ID, IN, LA, MM, TH, VN.

尖山橙 **Melodinus fusiformis** Champ. ex Benth. 【N, W/C】 ♣FLBG, HBG, NBG, SCBG, XMBG, XTBG; ●FJ, GD, JS, JX, YN, ZJ; ★(AS): CN, LA, PH, VN.

山橙 **Melodinus suaveolens** (Hance) Champ. ex Benth. 【N, W/C】 ♣FLBG, GMG, HBG, SCBG, XMBG; ●FJ, GD, GX, JX, ZJ; ★(AS): CN, ID, IN, VN.

薄叶山橙 **Melodinus tenuicaudatus** Tsiang et P. T. Li 【N, W/C】 ♣FBG, SCBG, WBG, XTBG; ●FJ, GD, HB, YN; ★(AS): CN, PH.

雷打果 **Melodinus yunnanensis** Tsiang et P. T. Li 【N, W】 ♣XTBG; ●YN; ★(AS): CN, PH.

仔榄树属 Hunteria

仔榄树 **Hunteria zeylanica** (Retz.) Gardner ex Thwaites 【N, W/C】♣SCBG, XTBG; ●GD, YN; ★(AS): CN, ID, IN, LA, LK, MM, MY, TH, VN.

水甘草属 Amsonia

水甘草 **Amsonia elliptica** (Thunb.) Roem. et Schult. 【N, W/C】 ♣BBG; ●BJ; ★(AS): CN, JP, KR.

胡氏水甘草 **Amsonia hubrichtii** Woodson 【I, C】 ♣CBG; ●SH, TW; ★(NA): US.

光亮水甘草 **Amsonia illustris** Woodson 【I, C】 ♣CBG; ●SH; ★(NA): US.

柳叶水甘草 **Amsonia tabernaemontana** Walter【I, C】 ♣CBG, HBG, IBCAS, NBG, XTBG; ●BJ, JS, SH, YN, ZJ; ★(NA): US.

链珠藤属 Alyxia

陷边链珠藤 **Alyxia marginata** Pit. 【N, W/C】 ♣XTBG; ●YN; ★(AS): CN, KH, LA, VN.

勐龙链珠藤 **Alyxia menglungensis** Tsiang et P. T.

Li 【N, W/C】 ♣SCBG, XTBG; ●GD, YN; ★(AS): CN.

兰屿链珠藤 **Alyxia monticola** C. B. Rob. 【N, W/C】 ♣XTBG; ●YN; ★(AS): CN, PH.

长花链珠藤 **Alyxia reinwardtii** Blume 【N, W/C】 ♣SCBG, WBG; ●GD, HB; ★(AS): CN, ID, IN, LA, MM, MY, PH, SG, TH, VN.

狭叶链珠藤 **Alyxia schlechteri** H. Lév. 【N, W/C】 ♣XTBG; ●YN; ★(AS): CN, MY, TH.

长序链珠藤 **Alyxia siamensis** Craib 【N, W/C】 ♣XTBG; ●YN; ★(AS): CN, LA, TH, VN.

链珠藤 **Alyxia sinensis** Champ. ex Benth. 【N, W/C】 ♣CBG, FBG, FLBG, HBG, SCBG, WBG, XMBG, XTBG, ZAFU; ●FJ, GD, HB, JX, SH, YN, ZJ; ★(AS): CN.

黄蝉属 Allamanda

*狭叶黄蝉 **Allamanda angustifolia** Pohl 【I, C】 ♣XTBG; ●YN; ★(SA): BR.

紫蝉花 **Allamanda blanchetii** A. DC. 【I, C】 ♣CBG, FBG, KBG, SCBG, TMNS, WBG, XMBG, XTBG; ●FJ, GD, HB, SH, TW, YN; ★(NA): SV; (SA): BR, VE.

软枝黄蝉 **Allamanda cathartica** L. 【I, C】 ♣BBG, CBG, FBG, FLBG, GBG, GMG, GXIB, HBG, IBCAS, NBG, SCBG, TBG, XLTBG, XMBG, XOIG, XTBG; ●BJ, FJ, GD, GX, GZ, HB, HI, JS, JX, SH, TW, YN, ZJ; ★(NA): BZ, CR, DO, GT, HN, JM, KY, LW, MX, NI, NL-AN, PA, PR, SV, TT, US, WW; (SA): AR, BO, BR, CO, EC, GF, GY, PE, PY, VE.

小花黄蝉（月叶黄蝉）**Allamanda oenotherifolia** Pohl 【I, C】 ♣XMBG; ●FJ; ★(SA): BR, VE.

*多花黄蝉 **Allamanda polyantha** Müll. Arg. 【I, C】 ♣XTBG; ●YN; ★(SA): BR.

黄蝉 **Allamanda schottii** Pohl 【I, C】 ♣BBG, CDBG, FBG, FLBG, GA, GMG, GXIB, HBG, IBCAS, KBG, SCBG, TBG, TMNS, XBG, XLTBG, XMBG, XTBG, ZAFU; ●BJ, FJ, GD, GX, HB, HI, JX, SC, SN, TW, YN, ZJ; ★(NA): CR, GT, HN, MX, PA, US; (SA): AR, BR, GF.

鸡蛋花属 Plumeria

白鸡蛋花 **Plumeria alba** L. 【I, C】 ♣BBG, IBCAS, XTBG; ●BJ, YN; ★(NA): NL-AN, PR.

*书带木状鸡蛋花 **Plumeria clusioides** Griseb. 【I, C】 ♣XTBG; ●YN; ★(NA): CU.

*无味鸡蛋花 **Plumeria inodora** Jacq. 【I, C】 ♣XTBG; ●YN; ★(SA): CO, GY, VE.

钝叶鸡蛋花 **Plumeria obtusa** L. 【I, C】 ♣CBG, FBG, SCBG, TBG, TMNS, XMBG, XTBG; ●FJ, GD, SH, TW, YN; ★(NA): BS, BZ, CU, DO, GT, HN, HT, JM, MX, PR, US.

缅雪花 **Plumeria pudica** Jacq. 【I, C】 ♣SCBG, XTBG; ●GD, YN; ★(NA): PA; (SA): CO, VE.

红鸡蛋花（鸡蛋花）**Plumeria rubra** L. 【I, C】 ♣BBG, CBG, CDBG, FBG, FLBG, GA, GMG, GXIB, HBG, IBCAS, NBG, NSBG, SCBG, TBG, TMNS, WBG, XLTBG, XMBG, XOIG, XTBG; ●BJ, CQ, FJ, GD, GX, HB, HI, JS, JX, SC, SH, TW, YN, ZJ; ★(NA): BM, BZ, CR, DO, GT, HN, HT, LW, MX, NI, PA, PR, SV, US, WW; (SA): BR, CO, EC, GF, GY, PE, PY, VE.

鸭蛋花属 Cameraria

鸭蛋花 **Cameraria latifolia** L. 【I, C/N】 ★(NA): BZ, CU, DO, GT, HT, JM, MX.

海杧果属 Cerbera

*多花海杧果 **Cerbera floribunda** K. Schum. 【I, C】 ♣XTBG; ●YN; ★(OC): AU, PG.

海杧果 **Cerbera manghas** L. 【N, W/C】 ♣FBG, GMG, GXIB, HBG, IBCAS, LBG, NBG, SCBG, TBG, TMNS, XLTBG, XMBG, XOIG, XTBG; ●BJ, FJ, GD, GX, HI, JS, JX, TW, YN, ZJ; ★(AF): KM, MG, MU, SN, TZ; (AS): CN, ID, IN, JP, KH, LA, LK, MM, MY, PH, SG, TH, VN; (OC): AU, PAF.

阔叶夹竹桃属 Thevetia

阔叶夹竹桃 **Thevetia ahouai** (L.) A. DC. 【I, C】 ♣SCBG; ●GD; ★(NA): BM, BZ, CR, CU, GT, HN, MX, NI, PA, SV; (SA): CO, VE.

黄花夹竹桃属 Cascabela

卵形黄花夹竹桃 **Cascabela ovata** (Cav.) Lippold 【I, C】 ♣SCBG; ●GD; ★(NA): BZ, CR, GT, HN, MX, NI, SV.

黄花夹竹桃 **Cascabela thevetia** (L.) Lippold 【I, C/N】 ♣BBG, CBG, CDBG, FBG, FLBG, GA, GMG, GXIB, HBG, IBCAS, KBG, NBG, SCBG, TBG, WBG, XBG, XLTBG, XMBG, XOIG, XTBG; ●BJ, FJ, GD, GX, HB, HI, JS, JX, SC, SH, SN, TW, YN, ZJ; ★(NA): BZ, CR, GT, HN, MX,

NI, PA; (SA): AR, BO, BR, CO, EC, PE, PY, VE.

橙色黄花夹竹桃 **Cascabela thevetioides** (Kunth) Lippold【I, C】♣TBG, XMBG, XTBG; ●FJ, TW, YN; ★(NA): MX.

长药花属 Acokanthera

长圆叶尖药木 **Acokanthera oblongifolia** (Hochst.) Benth. et Hook. f. ex B. D. Jacks. 【I, C】 ●TW; ★(AF): MZ, ZA.

长药花 **Acokanthera oppositifolia** (Lam.) Codd【I, C】♣XTBG; ●YN; ★(AF): CD, LS, MZ, TZ, ZA, ZW.

假虎刺属 Carissa

双刺假虎刺（刺李）**Carissa bispinosa** (L.) Desf. ex Brenan 【I, C】 ★(AF): BW, KE, MZ, TZ, ZA, ZW.

刺黄果 **Carissa carandas** L. 【I, C】 ♣FLBG, IBCAS, SCBG, XMBG, XOIG, XTBG; ●BJ, FJ, GD, JX, YN; ★(AS): BD, ID, IN, LK, MM.

甜假虎刺 **Carissa edulis** (Forssk.) Vahl 【I, C】 ★(AF): CF, ET, GH, KE, MG, MW, NG, RW, TG, TZ, UG, ZM, ZW; (AS): SA, YE.

大花假虎刺 **Carissa macrocarpa** (Eckl.) A. DC.【I, C】 ♣FLBG, HBG, SCBG, TBG, XMBG, XTBG; ●FJ, GD, JX, TW, YN, ZJ; ★(AF): AO, BW, CD, KE, MZ, NA, TZ, ZA, ZM, ZW.

假虎刺 **Carissa spinarum** L. 【N, W/C】 ♣KBG, SCBG, TMNS, XMBG, XTBG; ●FJ, GD, TW, YN; ★(AF): AO, EG, ET, KE, MG, SD, SO, SS, ZM; (AS): BT, CN, ID, IN, LK, MM, NP, SA, TH, VN, YE; (OC): AU, NC, PG.

倒吊笔属 Wrightia

锡兰水梅 **Wrightia antidysenterica** (L.) R. Br. 【I, C】 ♣XTBG; ●YN; ★(AS): LK.

胭木 **Wrightia arborea** (Dennst.) Mabb.【N, W/C】♣BBG, XTBG; ●BJ, YN; ★(AS): BT, CN, ID, IN, LA, LK, MM, MY, NP, TH, VN.

云南倒吊笔 **Wrightia coccinea** (Roxb. ex Hornem.) Sims【N, W/C】♣XTBG; ●YN; ★(AS): BT, CN, ID, IN, LK, MM, PK, TH, VN.

红花倒吊笔 **Wrightia dubia** (Sims) Spreng. 【I, C】 ♣XTBG; ●YN; ★(AS): LA, MM, MY, SG, VN.

蓝树 **Wrightia laevis** Hook. f.【N, W/C】♣GXIB, SCBG, XTBG; ●GD, GX, YN; ★(AS): CN, ID, IN, LA, MM, MY, PH, SG, TH, VN; (OC): AU, PAF, PG.

倒吊笔 **Wrightia pubescens** R. Br. 【N, W/C】 ♣FBG, GMG, HBG, NBG, SCBG, TBG, XLTBG, XMBG, XOIG, XTBG; ●FJ, GD, GX, HI, JS, TW, YN, ZJ; ★(AS): CN, ID, IN, KH, LA, LK, MY, PH, TH, VN; (OC): AU, PAF, PG.

无冠倒吊笔 **Wrightia religiosa** (Teijsm. et Binn.) Benth.【I, C】♣SCBG, XMBG, XTBG; ●FJ, GD, YN; ★(AS): KH, LA, MY, TH, VN.

两广倒吊笔（个溥）**Wrightia sikkimensis** Gamble【N, W/C】 ♣XTBG; ●YN; ★(AS): BT, CN, ID, IN, LK, VN.

天宝花属 Adenium

*勃姆天宝花 **Adenium boehmianum** Schinz 【I, C】 ♣BBG; ●BJ; ★(AF): AO, NA, ZA.

多花天宝花 **Adenium multiflorum** Klotzsch【I, C】 ♣BBG, FLBG, XMBG; ●BJ, FJ, GD, JX, TW; ★(AF): BW, LS, MZ, NA, ZA, ZM, ZW.

天宝花（沙漠玫瑰）**Adenium obesum** (Forssk.) Roem. et Schult. 【I, C】 ♣BBG, CBG, FBG, FLBG, GA, IBCAS, KBG, NBG, SCBG, TBG, WBG, XLTBG, XMBG, XOIG, XTBG, ZAFU; ●BJ, FJ, GD, HB, HI, JS, JX, SC, SH, TW, YN, ZJ; ★(AF): BF, BJ, CF, CI, CM, DJ, ER, ET, GH, GM, GN, GW, LR, NG, SD, SL, SN, SO, SS, TD, TG; (AS): OM, SA, YE.

*油叶天宝花 **Adenium oleifolium** Stapf 【I, C】 ♣BBG; ●BJ; ★(AF): BW, NA, ZA.

*斯威士天宝花 **Adenium swazicum** Stapf 【I, C】 ♣BBG; ●BJ; ★(AF): SZ, ZA.

夹竹桃属 Nerium

夹竹桃 **Nerium oleander** L. 【I, C/N】 ♣BBG, CDBG, FBG, FLBG, GA, GBG, GMG, GXIB, HBG, IBCAS, KBG, LBG, NBG, NSBG, SCBG, TBG, TDBG, WBG, XBG, XLTBG, XMBG, XOIG, XTBG, ZAFU; ●AH, BJ, CQ, FJ, GD, GX, GZ, HB, HI, JS, JX, SC, SD, SN, TW, XJ, YN, ZJ; ★(AF): DZ, EG, LY, MA, ML, MR, NG, SD, TD, TN, ZA; (AS): LB, PS, SA, SY, TR, YE; (EU): AL, BA, ES, FR, GR, HR, IT, MC, ME, MK, PT, RS, SI.

羊角拗属 Strophanthus

羊角拗 **Strophanthus divaricatus** (Lour.) Hook. et

Arn.【N, W/C】♣FBG, FLBG, GA, GMG, GXIB, HBG, KBG, NBG, SCBG, WBG, XMBG, XOIG, XTBG; ●FJ, GD, GX, HB, JS, JX, SC, YN, ZJ; ★(AS): CN, LA, MM, VN.

旋花羊角拗 **Strophanthus gratus** (Wall. et Hook.) Baill.【I, C】♣XMBG, XTBG; ●FJ, YN; ★(AF): BF, CI, CM, GA, GH, GQ, LR, NG.

箭毒羊角拗 **Strophanthus hispidus** DC.【I, C】♣SCBG, XTBG; ●GD, YN; ★(AF): AO, BF, BJ, CF, CG, CI, CM, GA, GH, GW, LR, NG, TG.

垂丝羊角拗（蛛丝羊角拗）**Strophanthus preussii** Engl. et Pax【I, C】♣XMBG, XTBG; ●FJ, YN; ★(AF): AO, CD, CM, GA, GH, GN, NG, TZ.

西非羊角拗 **Strophanthus sarmentosus** DC.【I, C】♣XTBG; ●YN; ★(AF): AO, CF, CM, GA, GH, GN, NG.

*美丽羊角拗 **Strophanthus speciosus** (Ward et Harv.) Reber【I, C】♣XTBG; ●YN; ★(AF): ZA.

云南羊角拗 **Strophanthus wallichii** A. DC.【N, W/C】♣XTBG; ●YN; ★(AS): BT, CN, ID, IN, LA, LK, MM, MY, TH, VN.

棒锤树属 Pachypodium

*豪华棒锤树 **Pachypodium baronii** Costantin et Bois【I, C】♣BBG; ●BJ, TW; ★(AF): MG.

双刺棒锤树（双刺瓶干树）**Pachypodium bispinosum** (L. f.) A. DC.【I, C】♣BBG, NBG, XMBG; ●BJ, FJ, JS, TW; ★(AF): ZA.

短茎棒锤树（惠比须笑）**Pachypodium brevicaule** Baker【I, C】♣BBG, CBG, NBG, SCBG, XMBG; ●BJ, FJ, GD, JS, SC, SH, TW; ★(AF): MG.

密花棒锤树（巴西女王之玉栉）**Pachypodium densiflorum** Baker【I, C】♣BBG, IBCAS, WBG, XMBG; ●BJ, FJ, HB, TW; ★(AF): MG.

狼牙棒（亚阿相界）**Pachypodium geayi** Costantin et Bois【I, C】♣CBG, FLBG, IBCAS, NBG, WBG, XMBG; ●BJ, FJ, GD, HB, JS, JX, SC, SH, TW; ★(AF): MG.

筒碟青（筒蝶春）**Pachypodium horombense** Poiss.【I, C】♣SCBG, XMBG; ●FJ, GD, TW; ★(AF): MG.

非洲霸王树 **Pachypodium lamerei** Drake【I, C】♣BBG, CBG, FBG, FLBG, GA, IBCAS, NBG, SCBG, WBG, XLTBG, XMBG, XOIG, ZAFU; ●BJ, FJ, GD, HB, HI, JS, JX, SC, SH, TW, ZJ; ★(AF): MG.

白瓶树 **Pachypodium lealii** Welw.【I, C】♣TMNS; ●TW; ★(AF): ZA.

光堂 **Pachypodium namaquanum** (Wyley ex Harv.) Welw.【I, C】♣BBG, CBG, FLBG, NBG, SCBG, XMBG; ●BJ, FJ, GD, JS, JX, SH, TW; ★(AF): NA, ZA.

象牙宫 **Pachypodium rosulatum** Baker【I, C】●TW; ★(AF): MG.

纤细象牙宫 **Pachypodium rosulatum** subsp. **gracilius** (H. Perrier) Lüthy【I, C】●TW; ★(AF): MG.

鬼金棒 **Pachypodium rutenbergianum** Vatke【I, C】●TW; ★(AF): MG.

白马城 **Pachypodium saundersii** N. E. Br.【I, C】♣BBG, CBG, IBCAS, SCBG, WBG, XMBG; ●BJ, FJ, GD, HB, SH, TW; ★(AF): ZA.

天马空（棒锤树）**Pachypodium succulentum** (L. f.) Sweet【I, C】♣BBG, XMBG; ●BJ, FJ, SH, TW; ★(AF): ZA.

*红花棒锤树 **Pachypodium windsorii** Poiss.【I, C】♣XMBG; ●FJ, TW; ★(AF): MG.

止泻木属 Holarrhena

*石榴叶止泻木 **Holarrhena curtisii** King et Gamble【I, C】♣XTBG; ●YN; ★(AS): LA, MY, VN.

止泻木 **Holarrhena pubescens** Wall. ex G. Don【N, W/C】♣GMG, XMBG, XOIG, XTBG; ●FJ, GX, YN; ★(AF): ZA; (AS): BT, CN, ID, IN, KH, LA, LK, MM, NP, TH, VN.

倒缨木属 Kibatalia

倒缨木 **Kibatalia macrophylla** (Pierre ex Hua) Woodson【N, W/C】♣XTBG; ●YN; ★(AS): CN, KH, LA, MM, MY, TH, VN.

丝胶树属 Funtumia

丝胶树 **Funtumia elastica** (Preuss) Stapf【I, C】♣TBG; ●TW; ★(AF): CD, CF, CM, EG, GA, GH, NG, SD, SN, SS, TZ, UG.

鳝藤属 Anodendron

鳝藤 **Anodendron affine** (Hook. et Arn.) Druce【N, W/C】♣FLBG, HBG, LBG, SCBG, TBG, XTBG; ●GD, JX, TW, YN, ZJ; ★(AS): CN, ID, IN, JP, LA, PH, VN.

平脉藤 **Anodendron formicinum** (Tsiang et P. T.

Li) D. J. Middleton【N, W/C】♣XTBG; ●YN; ★(AS): CN, ID, IN.

毛药藤属 Sindechites

毛药藤 **Sindechites henryi** Oliv.【N, W/C】♣LBG, XTBG, ZAFU; ●JX, YN, ZJ; ★(AS): CN.

富宁藤属 Parepigynum

富宁藤 **Parepigynum funingense** Tsiang et P. T. Li【N, W/C】♣KBG; ●YN; ★(AS): CN.

清明花属 Beaumontia

清明花 **Beaumontia grandiflora** Wall.【N, W/C】♣BBG, CBG, GXIB, NBG, SCBG, XMBG, XTBG; ●BJ, FJ, GD, GX, JS, SH, TW, YN; ★(AS): BT, CN, ID, IN, LA, LK, MM, NP, SG, TH, VN.

云南清明花 **Beaumontia khasiana** Hook. f.【N, W/C】♣NBG, XTBG; ●YN; ★(AS): CN, ID, IN, MM.

纽子花属 Vallaris

大纽子花 **Vallaris indecora** (Baill.) Tsiang et P. T. Li【N, W/C】♣CBG, KBG, XTBG; ●SH, YN; ★(AS): CN.

金平藤属 Cleghornia

金平藤 **Cleghornia malaccensis** (Hook. f.) King et Gamble【N, W/C】♣XTBG; ●YN; ★(AS): CN, LA, MY, TH, VN.

罗布麻属 Apocynum

披散罗布麻 **Apocynum androsaemifolium** L.【I, C】♣XTBG; ●YN; ★(NA): CA, MX, US.

*北美罗布麻（大麻叶罗布麻）**Apocynum cannabinum** L.【I, C】♣XTBG; ●YN; ★(NA): CA, US.

白麻 **Apocynum pictum** Schrenk【N, W/C】♣MDBG, TDBG; ●GS, NM, NX, QH, XJ; ★(AS): CN, KZ, MN, RU-AS.

罗布麻 **Apocynum venetum** L.【N, W/C】♣HBG, HFBG, IBCAS, MDBG, NBG, TDBG, WBG, XBG, XMBG; ●AH, BJ, FJ, GS, HB, HL, JS, LN, SN, XJ, ZJ; ★(AS): CN, IN, JP, MN, PK, TR.

长节珠属 Parameria

长节珠 **Parameria laevigata** (Juss.) Moldenke【N, W/C】♣TMNS, WBG, XTBG; ●HB, TW, YN; ★(AS): CN, ID, IN, KH, LA, MM, MY, PH, SG, TH, VN.

酸汤藤属 Aganonerion

酸汤藤 **Aganonerion polymorphum** Spire【I, C】♣XTBG; ●YN; ★(AS): KH, LA, TH, VN.

水壶藤属 Urceola

毛杜仲藤 **Urceola huaitingii** (Chun et Tsiang) Mabb.【N, W/C】♣GMG, GXIB, XTBG; ★(AS): CN.

线果水壶藤（牛角藤）**Urceola linearicarpa** H. Li【N, W/C】♣XTBG; ●YN; ★(AS): CN, ID, IN, LA, VN.

麻栗坡小花藤 **Micrechites malipoensis** Tsiang et P. T. Li【N, W】♣XTBG; ●YN; ★(AS): CN.

杜仲藤 **Urceola micrantha** (Wall. ex G. Don) Mabb.【N, W/C】♣GXIB, SCBG, XTBG; ●GD, GX, YN; ★(AS): CN, ID, IN, JP, LA, MM, MY, NP, TH, VN.

华南杜仲藤 **Urceola quintaretii** (Pierre) Mabb.【N, W/C】♣SCBG; ●GD; ★(AS): CN, LA, VN.

酸叶胶藤 **Urceola rosea** (Hook. et Arn.) Mabb.【N, W/C】♣CBG, FBG, FLBG, SCBG, TMNS, XTBG; ●FJ, GD, JX, SH, TW, YN; ★(AS): CN, ID, IN, LA, MY, TH, VN.

云南水壶藤 **Urceola tournieri** (Pierre) Mabb.【N, W/C】♣XTBG; ●YN; ★(AS): BT, CN, IN, LA, LK, MM, NP, VN.

鹿角藤属 Chonemorpha

鹿角藤 **Chonemorpha eriostylis** Pit.【N, W/C】♣FBG, FLBG, IBCAS, SCBG, XMBG, XTBG; ●BJ, FJ, GD, JX, YN; ★(AS): CN, VN.

大叶鹿角藤 **Chonemorpha fragrans** (Moon) Alston【N, W/C】♣SCBG, XMBG, XTBG; ●FJ, GD, YN; ★(AS): BT, CN, ID, IN, LA, LK, MM, MY, NP, PH, SG, TH, VN.

漾濞鹿角藤 **Chonemorpha griffithii** Hook. f.【N, W/C】♣SCBG, WBG, XMBG, XTBG; ●FJ, GD, HB, YN; ★(AS): BT, CN, ID, IN, LA, LK, MM, NP, PH, TH, VN.

长萼鹿角藤 **Chonemorpha megacalyx** Pierre ex Spire【N, W/C】♣SCBG, XTBG; ●GD, YN; ★(AS): CN, LA, TH.

海南鹿角藤 **Chonemorpha splendens** Chun et Tsiang【N, W/C】♣SCBG, XMBG, XTBG; ●FJ, GD, YN; ★(AS): CN.

尖子藤 **Chonemorpha verrucosa** (Blume) Mabb.【N, W/C】♣XTBG; ●YN; ★(AS): BT, CN, ID, IN, LA, LK, MM, MY, TH, VN.

络石属 Trachelospermum

亚洲络石 **Trachelospermum asiaticum** (Siebold et Zucc.) Nakai【N, W/C】♣CBG, TMNS; ●SH, TW, ZJ; ★(AS): CN, ID, IN, JP, KP, KR, LA, MM, SG, TH.

紫花络石 **Trachelospermum axillare** Hook. f.【N, W/C】♣CBG, LBG, SCBG, WBG, XTBG; ●GD, HB, JX, SH, YN; ★(AS): BT, CN, IN, LK, MM, NP, VN.

贵州络石 **Trachelospermum bodinieri** (H. Lév.) Woodson【N, W/C】♣KBG, LBG, XTBG; ●JX, SC, YN; ★(AS): CN.

心叶络石 **Trachelospermum cordatum** Y. H. Li et P. T. Li【N, W/C】♣XTBG; ●YN; ★(AS): CN.

锈毛络石 **Trachelospermum dunnii** (H. Lév.) H. Lév.【N, W/C】♣SCBG, WBG, XTBG; ●GD, HB, YN; ★(AS): CN, VN.

*膨胀络石 **Trachelospermum inflatum** (Blume) Pierre ex Pichon【I, C】♣XTBG; ●YN; ★(AS): IN, NP.

络石 **Trachelospermum jasminoides** (Lindl.) Lem.【N, W/C】♣BBG, CBG, CDBG, FBG, GA, GMG, GXIB, HBG, IBCAS, KBG, LBG, NBG, SCBG, WBG, XBG, XMBG, XTBG, ZAFU; ●AH, BJ, FJ, GD, GX, HB, JS, JX, SC, SH, SN, SX, TW, YN, ZJ; ★(AS): CN, ID, IN, JP, KP, KR, LA, MM, VN.

小花藤属 Micrechites

小花藤 **Micrechites polyanthus** (Blume) Miq.【N, W/C】♣SCBG, XTBG; ●GD, YN; ★(AS): BT, CN, ID, IN, LA, LK, MM, MY, NP, TH, VN.

毛车藤属 Amalocalyx

毛车藤 **Amalocalyx microlobus** Pierre ex Spire【N, W/C】♣NBG, SCBG, XTBG; ●GD, YN; ★(AS): CN, LA, MM, TH, VN.

帘子藤属 Pottsia

帘子藤 **Pottsia laxiflora** (Blume) Kuntze【N, W/C】♣CBG, SCBG, XTBG; ●GD, SH, YN; ★(AS): CN, ID, IN, KH, LA, MM, MY, TH, VN.

香花藤属 Aganosma

云南香花藤 **Aganosma cymosa** (Roxb.) G. Don【N, W/C】♣BBG, WBG, XTBG; ●BJ, HB, YN; ★(AS): CN, ID, IN, KH, LA, LK, MM, TH, VN.

香花藤 **Aganosma marginata** (Roxb.) G. Don【N, W/C】♣XTBG; ●YN; ★(AS): BT, CN, ID, IN, KH, LA, LK, MM, MY, NP, PH, TH, VN.

海南香花藤 **Aganosma schlechteriana** H. Lév.【N, W/C】♣XTBG; ●YN; ★(AS): CN, ID, IN, MM, TH, VN.

广西香花藤 **Aganosma siamensis** Craib【N, W/C】♣BBG, SCBG, XTBG; ●BJ, GD, YN; ★(AS): CN, TH, VN.

思茅藤属 Epigynum

思茅藤 **Epigynum auritum** (C. K. Schneid.) Tsiang et P. T. Li【N, W/C】♣XTBG; ●YN; ★(AS): CN, ID, IN, LA, MY, TH.

腰骨藤属 Ichnocarpus

腰骨藤 **Ichnocarpus frutescens** (L.) W. T. Aiton【N, W/C】♣XTBG; ●YN; ★(AS): BT, CN, ID, IN, KH, LA, LK, MM, MY, NP, PH, PK, TH, VN.

少花腰骨藤 **Ichnocarpus jacquetii** (Pierre ex Spire) D. J. Middleton【N, W/C】♣SCBG; ●GD; ★(AS): CN, LA, VN.

金香藤属 Pentalinon

金香藤 **Pentalinon luteum** (L.) B. F. Hansen et Wunderlin【I, C】♣IBCAS, SCBG, TMNS, XMBG, XTBG; ●BJ, FJ, GD, TW, YN; ★(NA): BS, CU, DO, HT, JM, KY, NL-AN, PR, US.

碧鱼连属 Temnadenia

碧鱼连 **Temnadenia violacea** (Vell.) Miers【I, C】●FJ, TW; ★(SA): BR.

胶藤属 Echites

花叶藤 **Echites rubrovenosus** Linden 【I, C】 ♣SCBG; ●GD; ★(SA): BR.

同心结属 Parsonsia

海南同心结 **Parsonsia alboflavescens** (Dennst.) Mabb. 【N, W/C】 ♣TMNS, XMBG, XTBG; ●FJ, TW, YN; ★(AS): CN, ID, IN, JP, KH, LA, LK, MM, MY, PH, SG, TH, VN.

广西同心结 **Parsonsia goniostemon** Hand.-Mazz. 【N, W】 ♣XTBG; ●YN; ★(AS): CN.

飘香藤属 Mandevilla

愉悦飘香藤（红皱藤）**Mandevilla × amabilis** (Backh.) Dress 【I, C】 ♣CBG, SCBG, XMBG, XTBG; ●FJ, GD, SH, YN; ★(SA): BR.

鸡蛋花藤 **Mandevilla boliviensis** (Hook. f.) Woodson 【I, C】 ♣BBG, CBG, XMBG, XOIG, XTBG; ●BJ, FJ, SH, YN; ★(NA): CR, SV; (SA): BO, CO, EC, PE.

飘香藤（文藤）**Mandevilla laxa** (Ruiz et Pav.) Woodson 【I, C】 ♣BBG, CBG, XMBG, XOIG; ●BJ, FJ, SH; ★(SA): AR, BO, EC, PE.

红蝉花 **Mandevilla sanderi** (Hemsl.) Woodson 【I, C】 ♣BBG, CBG, SCBG, XMBG, XTBG; ●BJ, FJ, GD, SH, YN; ★(SA): BR.

艳花飘香藤 **Mandevilla splendens** (Hook. f.) Woodson 【I, C】 ♣IBCAS; ●BJ, TW; ★(SA): BR.

球杠柳属 Petopentia

紫背球杠柳（紫背萝藦）**Petopentia natalensis** (Schltr.) Bullock 【I, C】 ●TW; ★(AF): ZA.

杠柳属 Periploca

青蛇藤 **Periploca calophylla** (Wight) Falc. 【N, W/C】 ♣CBG, GBG, HBG; ●GZ, SC, SH, ZJ; ★(AS): BT, CN, ID, IN, LK, MM, NP, VN.

多花青蛇藤 **Periploca floribunda** Tsiang 【N, W】 ♣XTBG; ●YN; ★(AS): CN, VN.

黑龙骨 **Periploca forrestii** Schltr. 【N, W/C】 ♣GBG, GMG, KBG, WBG; ●GX, GZ, HB, SC, YN; ★(AS): CN, ID, IN, MM, NP.

欧杠柳（丝藤）**Periploca graeca** L. 【I, C】 ♣NBG, XBG; ●JS, SN; ★(AS): GE, IQ, TM; (EU): AL, BA, BG, DE, ES, GR, HR, IT, ME, MK, RO, RS, SI, TR.

杠柳 **Periploca sepium** Bunge 【N, W/C】 ♣BBG, CBG, HBG, HFBG, IAE, IBCAS, MDBG, NBG, TDBG, XBG, ZAFU; ●BJ, GS, HL, JS, LN, NM, SC, SH, SN, XJ, ZJ; ★(AS): CN, MN, RU-AS.

桉叶藤属 Cryptostegia

桉叶藤 **Cryptostegia grandiflora** Roxb. ex R. Br. 【I, C/N】 ♣XMBG, XTBG; ●FJ, YN; ★(AF): MG.

马达加斯加桉叶藤 **Cryptostegia madagascariensis** Bojer ex Decne. 【I, C】 ♣XMBG; ●FJ; ★(AF): MG.

白叶藤属 Cryptolepis

古钩藤 **Cryptolepis buchananii** Roem. et Schult. 【N, W/C】 ♣GMG, SCBG, WBG, XTBG; ●GD, GX, HB, YN; ★(AS): BT, CN, ID, IN, LA, LK, MM, NP, PK, TH, VN.

白叶藤 **Cryptolepis sinensis** (Lour.) Merr. 【N, W/C】 ♣SCBG, XMBG, XTBG; ●FJ, GD, YN; ★(AS): BT, CN, ID, IN, KH, LA, LK, MY, VN.

马莲鞍属 Streptocaulon

暗消藤（马莲鞍）**Streptocaulon juventas** (Lour.) Merr. 【N, W/C】 ♣GMG, GXIB, XTBG; ●GX, YN; ★(AS): CN, ID, IN, KH, LA, MM, MY, TH, VN.

孔冠藤属 Stomatostemma

孔冠藤 **Stomatostemma monteiroae** N. E. Br. 【I, C】 ♣BBG; ●BJ; ★(AF): ZA, ZW.

翅果藤属 Myriopteron

尖翅果藤 **Myriopteron chinensis** Y. H. Li et P. T. Li 【N, W/C】 ♣XTBG; ●YN; ★(AS): CN.

翅果藤 **Myriopteron extensum** (Wight et Arn.) K. Schum. 【N, W/C】 ♣XTBG; ●YN; ★(AS): CN, ID, IN, LA, MM, TH, VN.

须药藤属 Stelmocrypton

须药藤 **Stelmacrypton khasianum** (Kurz) Baill. 【N, W/C】 ♣XTBG; ●YN; ★(AS): CN, ID, IN, MM.

薯萝藦属 Raphionacme

白皮薯萝藦（白皮萝藦）**Raphionacme burkei** N. E. Br. 【I, C】 ●BJ, SC, TW; ★(AF): ZA.

孔雀薯萝藦（孔雀萝藦）**Raphionacme flanaganii** Schltr. 【I, C】 ★(AF): ZA.

薯萝藦（块茎萝摩）**Raphionacme globosa** K. Schum. 【I, C】 ●TW; ★(AF): ZA.

大花薯萝藦 **Raphionacme grandiflora** N. E. Br. 【I, C】 ●TW; ★(AF): MW, TZ, ZM.

*刚毛薯萝藦 **Raphionacme hirsuta** (E. Mey.) R. A. Dyer 【I, C】 ♣BBG; ●BJ, TW; ★(AF): ZA.

白皮薯萝藦 **Raphionacme longituba** E. A. Bruce 【I, C】 ♣CBG; ●SH, TW; ★(AF): TZ, ZM.

*曼迪薯萝藦 **Raphionacme madiensis** S. Moore 【I, C】 ♣NBG; ●JS, TW; ★(AF): TZ, ZM.

卧地薯萝藦（白皮萝藦）**Raphionacme procumbens** Schltr. 【I, C】 ●TW; ★(AF): MW, ZA, ZM.

Raphionacme zeyheri Harv. 【I, C】 ★(AF): ZA.

弓果藤属 Toxocarpus

锈毛弓果藤 **Toxocarpus fuscus** Tsiang 【N, W】 ♣XTBG; ●YN; ★(AS): CN.

西藏弓果藤 **Toxocarpus himalensis** Falc. ex Hook. f. 【N, W/C】 ♣XTBG; ●YN; ★(AS): BT, CN, ID, IN, LK, MM.

毛弓果藤 **Toxocarpus villosus** (Blume) Decne. 【N, W/C】 ♣WBG; ●HB; ★(AS): CN, ID, IN, KH, LA, MM, VN.

澜沧弓果藤 **Toxocarpus wangianus** Tsiang 【N, W/C】 ♣XTBG; ●YN; ★(AS): CN.

弓果藤 **Toxocarpus wightianus** Hook. et Arn. 【N, W/C】 ♣SCBG, XTBG; ●GD, YN; ★(AS): CN, ID, IN, VN.

鲫鱼藤属 Secamone

鲫鱼藤 **Secamone elliptica** R. Br. 【N, W】 ♣XTBG; ●YN; ★(AS): CN, ID, IN, KH, MY, SG, VN.

吊山桃 **Secamone sinica** Hand.-Mazz. 【N, W】 ♣XTBG; ●YN; ★(AS): CN.

须花藤属 Genianthus

红叶须花藤（云南弓果藤）**Genianthus aurantiacus** (C. Y. Wu ex Tsiang et P. T. Li) Klack. 【N, W/C】 ♣XTBG; ●YN; ★(AS): BT, CN, TH.

须花藤 **Genianthus bicoronatus** Klack. 【N, W/C】 ♣XTBG; ●YN; ★(AS): CN, MM, TH.

勐腊藤属 Goniostemma

勐腊藤 **Goniostemma punctatum** Tsiang et P. T. Li 【N, W/C】 ♣XTBG; ●YN; ★(AS): CN.

火星人属 Cibirhiza

*东非火星人 **Cibirhiza albersiana** Kunz, Meve et Liede 【I, C】 ●TW; ★(AF): TZ, ZM.

*阿曼火星人 **Cibirhiza dhofarensis** P. Bruyns 【I, C】 ★(AS): OM.

水根藤属 Fockea

红叶火星人 **Fockea angustifolia** K. Schum. 【I, C】 ♣XMBG; ●FJ; ★(AF): ZA.

京舞枝 **Fockea capensis** Endl. 【I, C】 ♣BBG; ●BJ, FJ; ★(AF): ZA.

火星人 **Fockea edulis** (Thunb.) K. Schum. 【I, C】 ♣BBG, CBG, IBCAS, NBG, WBG, XMBG; ●BJ, FJ, HB, JS, SH, TW; ★(AF): ZA.

尖槐藤属 Oxystelma

尖槐藤 **Oxystelma esculentum** (L. f.) R. Br. ex Schult. 【N, W/C】 ♣SCBG, XTBG; ●GD, YN; ★(AS): CN, ID, IN, KH, LA, LK, MM, MY, NP, PK, TH, VN.

牛角瓜属 Calotropis

牛角瓜 **Calotropis gigantea** (L.) Dryand. 【N, W/C】 ♣GMG, SCBG, TMNS, XLTBG, XMBG, XOIG, XTBG; ●FJ, GD, GX, HI, TW, YN; ★(AS): BT, CN, ID, IN, LA, LK, MM, MY, NP, PK, SG, TH, VN.

白花牛角瓜（金玉桃）**Calotropis procera** (Aiton) Dryand. 【I, C】 ♣KBG, SCBG, XTBG; ●GD, YN; ★(AF): BF, BI, BJ, CG, CI, CV, DJ, EH, ER, ET, GH, GM, GN, GW, KE, LR, MG, ML, MR, NE, NG, RW, SC, SD, SL, SN, SO, TG, TZ, UG, ZA; (AS): AF, AM, AZ, BH, BT, GE, ID, IL, IN, IQ, IR, JO, KW, LB, LK, MM, NP, PK, PS, QA, SA, SY, TH, TR, VN, YE.

马利筋属 Asclepias

线叶马利筋 **Asclepias angustifolia** Elliott 【I, C】

♣KBG; ●YN; ★(NA): MX, US.

马利筋 **Asclepias curassavica** L.【I, C/N】♣BBG, CBG, FBG, FLBG, GBG, GMG, GXIB, HBG, KBG, LBG, NBG, SCBG, TBG, TMNS, WBG, XBG, XMBG, XTBG; ●BJ, FJ, GD, GX, GZ, HB, HL, JS, JX, SC, SH, SN, TW, YN, ZJ; ★(NA): BS, BZ, CR, CU, GT, HN, HT, JM, KY, MX, NI, PA, SV; (SA): AR, BO, BR, CO, EC, PE, PY, VE.

粉花马利筋（冰舞马利筋）**Asclepias incarnata** L.【I, C】♣BBG, HBG, HFBG, XTBG; ●BJ, HL, TW, YN, ZJ; ★(NA): CA, US.

狭叶马利筋 **Asclepias linearis** Scheele【I, C】♣KBG; ●YN; ★(NA): US.

西亚马利筋 **Asclepias syriaca** L.【I, C】♣XTBG; ●BJ, YN; ★(NA): CA, US.

柳叶马利筋（蝴蝶花马利筋）**Asclepias tuberosa** L.【I, C】♣BBG; ●BJ, TW; ★(NA): CA, US.

舌杯花属 Pachycarpus

舌杯花 **Pachycarpus bisacculatus** (Oliv.) Goyder【I, C】♣IBCAS; ●BJ; ★(AF): KE.

块筋藤属 Stathmostelma

穹窿块筋藤 **Stathmostelma fornicatum** (N. E. Br.) Bullock【I, C】●TW; ★(AF): MW.

巨花块筋藤 **Stathmostelma gigantiflorum** K. Schum.【I, C】★(AF): TZ.

少花块筋藤 **Stathmostelma pauciflorum** K. Schum.【I, C】★(AF): MZ.

超前块筋藤 **Stathmostelma praetermissum** Bullock【I, C】●TW; ★(AF): KE.

钉头果属 Gomphocarpus

钉头果 **Gomphocarpus fruticosus** (L.) W. T. Aiton【I, C】♣CBG, FBG, FLBG, IBCAS, SCBG, TBG, XMBG, XTBG, ZAFU; ●BJ, FJ, GD, JX, SH, TW, YN, ZJ; ★(AF): ZA.

大花钉头果（大花马利筋）**Gomphocarpus grandiflorus** (L. f.) K. Schum.【I, C】★(AF): ZA.

钝钉头果 **Gomphocarpus physocarpus** E. Mey.【I, C】♣BBG, GXIB, KBG, SCBG, XTBG; ●BJ, GD, GX, TW, YN; ★(AF): ZA.

鹅绒藤属 Cynanchum

戟叶鹅绒藤 **Cynanchum acutum** subsp. **sibiricum** (Willd.) Rech.f.【N, W/C】♣MDBG, TDBG; ●GS, NM, XJ; ★(AS): AF, CN, KH, KZ, MN, PK, TM.

翅果杯冠藤 **Cynanchum alatum** Wight et Arn.【N, W/C】♣XTBG; ●YN; ★(AS): CN.

美翼杯冠藤 **Cynanchum callialatum** Buch.-Ham. ex Wight【N, W/C】♣XTBG; ●YN; ★(AS): CN, ID, IN, MM, PK.

鹅绒藤 **Cynanchum chinense** R. Br.【N, W/C】♣IBCAS; ●BJ; ★(AS): CN, KP, MN, RU-AS.

刺瓜 **Cynanchum corymbosum** Wight【N, W/C】♣CBG, SCBG, XTBG; ●GD, SH, YN; ★(AS): BT, CN, ID, IN, KH, LA, LK, MM, MY, VN.

*格氏鹅绒藤 **Cynanchum grandidieri** Liede et Meve【I, C】♣BBG; ●BJ; ★(AF): MG.

阿克苏牛皮消 **Cynanchum kaschgaricum** Y. X. Liou【N, W/C】♣TDBG; ●XJ; ★(AS): CN.

烛台白前 **Cynanchum marnierianum** Rauh【I, C】♣SCBG; ●GD, TW; ★(AF): MG.

青羊参 **Cynanchum otophyllum** C. K. Schneid.【N, W/C】♣KBG; ●YN; ★(AS): CN.

隔山消 **Cynanchum wilfordii** (Maxim.) Hemsl.【N, W/C】♣WBG; ●HB, SC; ★(AS): CN, JP, KP, KR, RU-AS.

肉珊瑚属 Sarcostemma

*索科特拉肉珊瑚 **Sarcostemma socotranum** Lavranos【I, C】♣BBG; ●BJ; ★(AS): YE.

长茎肉珊瑚 **Sarcostemma viminale** (L.) R. Br.【I, C】♣BBG, HBG; ●BJ, FJ, SH, ZJ; ★(AF): BI, CM, ET, GH, MG, ML, MU, MW, NG, SN, TZ, YT, ZA.

地梢瓜属 Rhodostegiella

地梢瓜 **Rhodostegiella sibirica** (L.) C. Y. Wu et D. Z. Li【N, W/C】♣BBG, IBCAS, TDBG, XBG; ●BJ, SN, XJ; ★(AS): CN, CY, KP, KZ, MN, RU-AS.

萝藦属 Metaplexis

华萝藦 **Metaplexis hemsleyana** Oliv.【N, W/C】♣GBG, LBG, WBG, XTBG; ●GZ, HB, JX, YN; ★(AS): CN.

萝藦 **Metaplexis japonica** (Thunb.) Makino【N, W/C】♣BBG, HBG, HFBG, IBCAS, LBG, NBG, WBG, XBG, ZAFU; ●BJ, HB, HL, JS, JX, SN, ZJ;

★(AS): CN, JP, KP, KR, MN, NP, RU-AS.

牛皮消属　Endotropis

牛皮消 **Endotropis auriculata** (Royle ex Wight) Decne.【N, W/C】♣FBG, GA, GBG, GMG, HBG, LBG, NBG, WBG, XTBG; ●BJ, FJ, GX, GZ, HB, JS, JX, SC, YN, ZJ; ★(AS): BT, CN, ID, IN, JP, LK, NP, PK.

白首乌 **Endotropis bungei** (Decne.) Q. W. Lin【N, W/C】♣IBCAS; ●BJ; ★(AS): CN, KP, MN.

天星藤属　Graphistemma

天星藤 **Graphistemma pictum** (Champ. ex Benth.) Benth. ex Maxim.【N, W/C】♣FLBG, SCBG; ●GD, JX; ★(AS): CN, VN.

大花藤属　Raphistemma

大花藤 **Raphistemma pulchellum** (Roxb.) Wall.【N, W/C】♣XTBG; ●YN; ★(AS): BT, CN, ID, IN, LA, LK, MM, MY, NP, TH.

乳突果属　Adelostemma

乳突果 **Adelostemma gracillimum** (Wall. ex Wight) Hook. f.【N, W/C】♣XTBG; ●YN; ★(AS): CN, MM.

白前属　Vincetoxicum

合掌消 **Vincetoxicum amplexicaule** Siebold et Zucc.【N, W/C】♣HFBG, LBG; ●HL, JX; ★(AS): CN, JP, KP, KR, MN.

白薇 **Vincetoxicum atratum** (Bunge) C. Morren et Decne. ex Decne.【N, W/C】♣FBG, GBG, GMG, GXIB, HFBG, IBCAS, NBG, SCBG, WBG; ●BJ, FJ, GD, GX, GZ, HB, HL, JS, SC, TW, YN; ★(AS): CN, JP, KR.

粉绿白前 **Vincetoxicum canescens** (Willd.) Decne.【I, C】★(EU): HR.

蔓剪草 **Vincetoxicum chekiangense** (M. Cheng) C. Y. Wu et D. Z. Li【N, W/C】♣CBG, HBG, LBG, WBG; ●HB, JX, SH, ZJ; ★(AS): CN.

山白前 **Vincetoxicum fordii** (Hemsl.) Kuntze【N, W/C】♣GA; ●JX; ★(AS): CN.

大理白前 **Vincetoxicum forrestii** (Schltr.) C. Y. Wu et D. Z. Li【N, W/C】●YN; ★(AS): CN.

白前 **Vincetoxicum glaucescens** (Decne.) C. Y. Wu et D. Z. Li【N, W/C】♣FBG, LBG, WBG, XTBG; ●FJ, HB, JX, YN; ★(AS): CN.

蔓白薇 **Vincetoxicum grandifolium** (Hemsl.) P. T. Li【I, C】♣HBG; ●ZJ; ★(AS): JP.

竹灵消 **Vincetoxicum inamoenum** Maxim.【N, W/C】♣CBG, FBG, GBG, HBG, LBG, WBG; ●FJ, GZ, HB, JX, SC, SH, ZJ; ★(AS): CN, JP, KP, KR, RU-AS.

华北白前 **Vincetoxicum mongolicum** Maxim.【N, W/C】♣IBCAS, MDBG, TDBG, WBG, ZAFU; ●BJ, GS, HB, NM, NX, SN, SX, XJ, ZJ; ★(AS): CN.

毛白前 **Vincetoxicum mooreanum** (Hemsl.) Q. W. Lin【N, W/C】♣HBG; ●ZJ; ★(AS): CN.

柳叶娃儿藤 **Vincetoxicum nigrum** (L.) Moench【I, C】♣XTBG; ●YN; ★(NA): CA, US.

徐长卿（长卿草）**Vincetoxicum paniculatum** (R. Br.) Kuntze【N, W/C】♣GA, GBG, GMG, HBG, HFBG, LBG, NBG, XMBG; ●BJ, FJ, GX, GZ, HL, JS, JX, TW, ZJ; ★(AS): CN, JP, KR, MN.

*俄罗斯白前 **Vincetoxicum rossicum** (Kleopow) Barbar.【I, C】♣XTBG; ●YN; ★(EU): RU, UA.

柳叶白前 **Vincetoxicum stauntonii** (Decne.) C. Y. Wu et D. Z. Li【N, W/C】♣CBG, FBG, GBG, HBG, LBG, NBG, SCBG, WBG, XLTBG, XTBG; ●FJ, GD, GZ, HB, HI, JS, JX, SC, SH, YN, ZJ; ★(AS): CN.

狭叶白前 **Vincetoxicum stenophyllum** (Hemsl.) Kuntze【N, W/C】♣WBG; ●HB; ★(AS): CN.

催吐白前 **Vincetoxicum vincetoxicum** (L.) H. Karst.【I, C】♣XTBG; ●SC, YN; ★(EU): BE, CZ, DE, DK, EE, FI, LT, LV, NL, NO, PL, RU, SE, SK, UA.

蔓白前 **Vincetoxicum volubile** Maxim.【N, W/C】♣HBG; ●ZJ; ★(AS): CN, KP, KR, RU-AS.

秦岭藤属　Biondia

秦岭藤 **Biondia chinensis** Schltr.【N, W/C】♣WBG; ●HB; ★(AS): CN.

青龙藤 **Biondia henryi** (Warb.) Tsiang et P. T. Li【N, W/C】♣HBG; ●ZJ; ★(AS): CN.

短叶秦岭藤 **Biondia yunnanensis** (H. Lév.) Tsiang【N, W/C】♣XTBG; ●YN; ★(AS): CN.

娃儿藤属　Tylophora

阔叶娃儿藤 **Tylophora astephanoides** Tsiang et P.

T. Li 【N, W/C】 ♣XTBG; ●YN; ★(AS): CN.

多花娃儿藤（七层楼）**Tylophora floribunda** Miq. 【N, W/C】 ♣FBG, GA, HBG, LBG, SCBG, XMBG, ZAFU; ●FJ, GD, JX, ZJ; ★(AS): CN, JP, KP, KR.

人参娃儿藤 **Tylophora kerrii** Craib 【N, W/C】 ♣SCBG, XTBG; ●GD, YN; ★(AS): CN, KH, LA, TH, VN.

通天连 **Tylophora koi** Merr. 【N, W/C】 ♣SCBG; ●GD; ★(AS): CN, TH, VN.

滑藤 **Tylophora oligophylla** (Tsiang) M. G. Gilbert, W. D. Stevens et P. T. Li 【N, W/C】 ♣XTBG; ●YN; ★(AS): CN.

娃儿藤 **Tylophora ovata** (Lindl.) Hook. ex Steud. 【N, W/C】 ♣GMG, GXIB, LBG, SCBG, TMNS, XTBG; ●GD, GX, JX, TW, YN; ★(AS): CN, ID, IN, MM, NP, PK, VN.

圆叶娃儿藤 **Tylophora rotundifolia** Buch. -Ham. ex Wight 【N, W】 ♣XTBG; ●YN; ★(AS): BT, CN, ID, IN, LK, NP.

贵州娃儿藤 **Tylophora silvestris** Tsiang 【N, W/C】 ♣LBG; ●JX; ★(AS): CN.

云南娃儿藤 **Tylophora yunnanensis** Schltr. 【N, W/C】 ♣XTBG; ●YN; ★(AS): CN.

驼峰藤属 Merrillanthus

驼峰藤 **Merrillanthus hainanensis** Chun et Tsiang 【N, W/C】 ♣SCBG; ●GD; ★(AS): CN, KH.

箭药藤属 Belostemma

心叶箭药藤 **Belostemma cordifolium** (Link, Klotzsch et Otto) P. T. Li 【N, W】 ♣XTBG; ●YN; ★(AS): CN.

箭药藤 **Belostemma hirsutum** Wall. ex Wight 【N, W】 ♣XTBG; ●YN; ★(AS): CN, IN, NP.

角荚藤属 Gonolobus

*黄色有角荚 **Gonolobus luteus** (Masson) Druce 【I, C】 ♣CBG; ●SH, TW; ★(NA): MX.

番萝藦属 Matelea

龟甲萝摩 **Matelea cyclophylla** (Standl.) Woodson 【I, C】 ♣BBG, XMBG; ●BJ, FJ, TW; ★(NA): MX.

尖瓣藤属 Oxypetalum

Oxypetalum solanoides Hook. et Arn. 【I, C】

琉瓣藤属 Tweedia

琉瓣藤（天蓝尖瓣藤、彩冠花）**Tweedia coerulea** D. Don ex Sweet 【I, C】 ●TW; ★(SA): AR, BR, UY.

白蛾藤属 Araujia

白蛾藤 **Araujia sericifera** Brot. 【I, C】 ●TW; ★(SA): AR, BR, PY, UY.

纤冠藤属 Gongronema

纤冠藤 **Gongronema nepalense** (Wall.) Decne. 【N, W/C】 ♣SCBG, XTBG; ●GD, YN; ★(AS): BT, CN, IN, LK, MM.

眼树莲属 Dischidia

贝壳叶眼树莲 **Dischidia albiflora** Griff. 【I, C】 ♣SCBG; ●GD; ★(AS): MY.

尖叶眼树莲 **Dischidia australis** Tsiang et P. T. Li 【N, W/C】 ♣SCBG; ●GD; ★(AS): CN.

孟加拉眼树莲（翠玉藤）**Dischidia bengalensis** Colebr. 【I, C】 ♣CBG, XTBG; ●SH, YN; ★(AS): BD, IN, MM, VN.

眼树莲 **Dischidia chinensis** Champ. ex Benth. 【N, W/C】 ♣GMG, GXIB, SCBG, XMBG, XTBG; ●FJ, GD, GX, YN; ★(AS): CN, VN.

黑氏眼树莲（艾斯球兰）**Dischidia hellwigii** Warb. 【I, C】 ♣CBG; ●SH; ★(OC): AU, PAF.

毛叶眼树莲 **Dischidia hirsuta** (Blume) Decne. 【I, C】 ♣SCBG; ●GD; ★(AS): ID, PH, VN; (OC): PAF, PG.

大王眼树莲（拉氏玉荷包）**Dischidia major** (Vahl) Merr. 【I, C】 ♣SCBG, XMBG, XTBG; ●FJ, GD, SH, YN; ★(AS): IN, KH, MM, MY, PH, TH, VN.

圆叶眼树莲（串钱藤）**Dischidia nummularia** R. Br. 【N, W/C】 ♣TMNS, XMBG, XTBG; ●FJ, TW, YN; ★(AS): CN, ID, IN, LA, LK, MM, MY, SG, TH, VN; (OC): AU, PAF.

百万心 **Dischidia ruscifolia** Decne. ex Becc. 【I, C】 ♣SCBG, XMBG, XTBG; ●FJ, GD, TW, YN; ★(AS): PH.

河内眼树莲（滴锡眼树莲）**Dischidia tonkinensis** Costantin 【N, W/C】 ♣WBG, XTBG; ●HB, YN; ★(AS): CN, LA, VN.

青蛙藤（玉荷包）**Dischidia vidalii** Becc. 【I, C】 ♣FLBG, SCBG, XMBG, XTBG; ●FJ, GD, JX, YN; ★(AS): MY, PH.

球兰属 Hoya

刺球兰 **Hoya acicularis** T. Green et Kloppenb. 【I, C】 ♣CBG; ●SH; ★(AS): MY.

尖叶球兰 **Hoya acuta** Haw. 【I, C】 ♣CBG; ●SH; ★(AS): MY.

相近球兰 **Hoya affinis** Hemsl. 【I, C】 ♣CBG; ●SH; ★(OC): SB.

环冠球兰 **Hoya anulata** Schltr. 【I, C】 ♣CBG; ●SH; ★(OC): PG.

大花球兰 **Hoya archboldiana** C. Norman 【I, C】 ♣CBG, SCBG; ●GD, SH; ★(OC): PG.

爱雷尔球兰 **Hoya ariadna** Decne. 【I, C】 ♣SCBG; ●GD, TW; ★(AS): ID-ML.

澳洲鲁比球兰 **Hoya australis** R. Br. ex Traill 【I, C】 ♣SCBG; ●GD, TW; ★(OC): AU.

本格尔顿球兰 **Hoya benguetensis** Schltr. 【I, C】 ♣SCBG; ●GD; ★(AS): PH.

布拉轩球兰 **Hoya blashernaezii** Kloppenb. 【I, C】 ♣CBG; ●SH; ★(AS): PH.

缅甸球兰 **Hoya burmanica** Rolfe 【I, C】 ♣CBG, SCBG, XTBG; ●GD, SH, YN; ★(AS): MM.

卡加延球兰（卡噶焰球兰）**Hoya cagayanensis** Schltr. ex Elmer 【I, C】 ♣CBG; ●SH; ★(AS): PH.

淡味球兰 **Hoya callistophylla** T. Green 【I, C】 ♣CBG; ●SH; ★(AS): MY.

大萼球兰 **Hoya calycina** Schltr. 【I, C】 ♣CBG; ●SH; ★(OC): PG.

钟状球兰 **Hoya campanulata** Blume 【I, C】 ♣CBG, SCBG; ●GD, SH; ★(AS): MY, SG.

樟叶球兰（伪樟叶球兰）**Hoya camphorifolia** Warb. 【I, C】 ♣CBG, SCBG; ●GD, SH; ★(AS): PH.

心形球兰 **Hoya cardiophylla** Merr. 【I, C】 ♣CBG; ●SH; ★(AS): PH.

球兰 **Hoya carnosa** (L. f.) R. Br. 【N, W/C】 ♣BBG, CBG, FBG, FLBG, GMG, GXIB, HBG, IBCAS, KBG, NBG, SCBG, TBG, TMNS, WBG, XLTBG, XMBG, XOIG, XTBG, ZAFU; ●BJ, FJ, GD, GX, HB, HI, JS, JX, SH, TW, YN, ZJ; ★(AS): BT, CN, ID, IN, LK, MM, MY, VN.

花叶球兰 **Hoya carnosa** var. **marmorata** Hort. 【N, W/C】 ♣FBG; ●FJ; ★(AS): CN.

尾状球兰 **Hoya caudata** Hook. f. 【I, C】 ♣SCBG; ●GD; ★(AS): MY.

景洪球兰 **Hoya chinghungensis** (Tsiang et P. T. Li) M. G. Gilbert, P. T. Li et W. D. Stevens 【N, W/C】 ♣CBG, XTBG; ●SH, YN; ★(AS): CN, MM.

绿花球兰 **Hoya chlorantha** Rech. 【I, C】 ♣SCBG; ●GD; ★(OC): VU.

椰味球兰 **Hoya chunii** P. T. Li 【N, W/C】 ♣CBG, SCBG; ●GD, SH; ★(AS): CN.

纤毛球兰 **Hoya ciliata** Elmer ex C. M. Burton 【I, C】 ♣CBG, SCBG; ●GD, SH; ★(AS): PH.

玉桂球兰（樟叶球兰）**Hoya cinnamomifolia** Hook. 【I, C】 ♣KBG, SCBG; ●GD, YN; ★(AS): ID.

反瓣球兰 **Hoya clemensiorum** T. Green 【I, C】 ♣CBG; ●SH; ★(AS): MY.

小丘球兰 **Hoya collina** Schltr. 【I, C】 ♣CBG, SCBG; ●GD, SH; ★(OC): PG.

康明斯球兰 **Hoya cominsii** Hemsl. 【I, C】 ♣CBG; ●SH; ★(OC): SB.

卷叶球兰 **Hoya compacta** C. M. Burton 【I, C】 ♣CBG; ●SH; ★(AS): BT, ID, IN, LK, MM, MY, VN.

心叶球兰 **Hoya cordata** P. T. Li et S. Z. Huang 【N, W/C】 ♣GXIB, SCBG, XTBG, ZAFU; ●GD, GX, YN, ZJ; ★(AS): CN.

革叶球兰 **Hoya coriacea** Blume 【I, C】 ♣SCBG; ●GD; ★(AS): ID, MY.

冠球兰 **Hoya coronaria** Blume 【I, C】 ♣CBG, SCBG; ●GD, SH, TW; ★(AS): MY.

葵玫球兰（孜然球兰）**Hoya cumingiana** Decne. 【I, C】 ♣CBG, SCBG; ●GD, SH; ★(AS): PH.

银斑球兰 **Hoya curtisii** King et Gamble 【I, C】 ♣CBG, SCBG; ●GD, SH; ★(AS): MY.

大勐龙球兰 **Hoya daimenglongensis** Shao Y. He et P. T. Li 【N, W】 ♣XTBG; ●YN; ★(AS): CN.

蚁球球兰 **Hoya darwinii** Loher 【I, C】 ♣CBG, SCBG; ●GD, SH; ★(AS): PH.

厚花球兰 **Hoya dasyantha** Tsiang 【N, W/C】 ♣CBG; ●SH; ★(AS): CN.

大卫球兰（戴维德球兰）**Hoya davidcummingii** Kloppenb. 【I, C】 ♣SCBG; ●GD; ★(AS): PH.

丹尼斯球兰 **Hoya dennisii** P. I. Forst. et Liddle 【I, C】 ♣CBG; ●SH; ★(OC): SB.

电视球兰 **Hoya densifolia** Turcz. 【I, C】 ♣CBG,

SCBG; ●GD, SH; ★(AS): ID.

小贝拉球兰 **Hoya dickasoniana** P. T. Li 【I, C】 ♣SCBG; ●GD; ★(AS): MM.

二翼球兰 **Hoya diptera** Seem.【I, C】♣CBG; ●SH; ★(OC): FJ.

多利球兰 **Hoya dolichosparte** Schltr. 【I, C】 ♣SCBG; ●GD; ★(AS): ID.

椭圆球兰 **Hoya elliptica** Hook. f. 【I, C】 ♣SCBG, XOIG; ●FJ, GD; ★(AS): MY.

安达球兰 **Hoya endauensis** Kiew 【I, C】 ♣SCBG; ●GD; ★(AS): MY.

珊瑚红球兰 **Hoya erythrina** Rintz 【I, C】 ♣CBG; ●SH; ★(AS): MY.

红副球兰 **Hoya erythrostemma** Kerr 【I, C】 ♣CBG, SCBG; ●GD, SH; ★(AS): MM, MY, TH.

凹副球兰 **Hoya excavata** Teijsm. et Binn. 【I, C】 ♣SCBG; ●GD; ★(AS): IN.

斐赖迅球兰 **Hoya finlaysonii** Wight【I, C】♣CBG, SCBG; ●GD, SH; ★(AS): MY.

费氏球兰 **Hoya fitchii** Kloppenb. 【I, C】 ♣CBG; ●SH; ★(AS): PH.

鞭状球兰 **Hoya flagellata** Kerr 【I, C】 ♣CBG; ●SH; ★(AS): TH.

淡黄球兰 **Hoya flavida** P. I. Forst. et Liddle 【I, C】 ♣SCBG; ●GD; ★(OC): SB.

香水球兰 **Hoya fraterna** Blume 【I, C】 ♣CBG; ●SH; ★(AS): ID.

护耳草 **Hoya fungii** Merr. 【N, W/C】 ♣CBG, SCBG, XTBG; ●GD, SH, TW, YN; ★(AS): CN.

黄花球兰 **Hoya fusca** Wall. 【N, W/C】 ♣SCBG, XTBG; ●GD, YN; ★(AS): BT, CN, ID, IN, KH, LA, LK, MM, NP, TH, VN.

巨坦球兰 **Hoya gigantanganensis** Kloppenb. 【I, C】 ♣CBG; ●SH; ★(AS): PH.

光叶球兰 **Hoya glabra** Schltr.【I, C】♣CBG; ●SH; ★(AS): MY.

球花球兰 **Hoya globiflora** Ridl. 【I, C】 ♣SCBG; ●GD; ★(AS): MY.

球芯球兰 **Hoya globulifera** Blume 【I, C】 ♣CBG, SCBG; ●GD, SH; ★(OC): PG.

小球球兰 **Hoya globulosa** Hook. f. 【I, C】 ♣CBG, SCBG; ●GD, SH; ★(AS): BT, IN, LK, MM.

格兰可球兰 **Hoya golamcoana** Kloppenb. 【I, C】 ♣CBG, SCBG; ●GD, SH; ★(AS): TH.

烈味球兰 **Hoya graveolens** Kerr 【I, C】 ♣CBG, SCBG; ●GD, SH; ★(AS): TH.

格林球兰 **Hoya greenii** Kloppenb. 【I, C】 ♣CBG, SCBG; ●GD, SH; ★(AS): PH.

荷秋藤 **Hoya griffithii** Hook. f.【N, W/C】♣SCBG, XMBG, XTBG; ●FJ, GD, YN; ★(AS): CN, ID, IN.

*古比球兰 **Hoya guppyi** Oliv. 【I, C】 ♣XTBG; ●YN; ★(OC): SB.

休斯科尔球兰 **Hoya heuschkeliana** Kloppenb. 【I, C】 ♣CBG; ●SH; ★(AS): PH.

毛叶球兰 **Hoya hypolasia** Schltr. 【I, C】 ♣SCBG; ●GD; ★(OC): PG.

玳瑁球兰 **Hoya imbricata** Decne. 【I, C】 ♣CBG, SCBG; ●GD, SH; ★(AS): PH.

丽球兰 **Hoya imperialis** Lindl.【I, C】♣CBG; ●SH, TW; ★(AS): MY.

隐脉球兰 **Hoya inconspicua** Hemsl.【I, C】♣CBG, SCBG; ●GD, SH; ★(OC): SB.

厚冠球兰 **Hoya incrassata** Warb. 【I, C】 ♣CBG, SCBG; ●GD, SH; ★(AS): PH.

肯尼球兰 **Hoya kenejiana** Schltr. 【I, C】 ♣CBG, SCBG; ●GD, SH; ★(OC): PG.

冰糖球兰 **Hoya kentiana** C. M. Burton 【I, C】 ♣CBG; ●SH; ★(AS): PH.

凹叶球兰（心叶球兰）**Hoya kerrii** Craib 【N, W/C】 ♣CBG, IBCAS, SCBG, TMNS, WBG, XMBG, XTBG; ●BJ, FJ, GD, HB, SH, TW, YN; ★(AS): CN, LA, MY, TH, VN.

裂瓣球兰 **Hoya lacunosa** Blume【N, W/C】♣CBG, SCBG; ●GD, SH, TW; ★(AS): CN, ID, IN, MY, TH.

兰氏球兰 **Hoya lambii** T. Green 【I, C】 ♣CBG; ●SH; ★(AS): MY.

披针叶球兰 **Hoya lanceolata** Lindl.【I, C】♣CBG, XTBG; ●SH, TW, YN; ★(AS): BT, IN, LK, MM, NP.

贝拉球兰（贝拉柳叶球兰）**Hoya lanceolata** subsp. **bella** (Hook.) D. H. Kent 【I, C】 ♣CBG, SCBG; ●GD, SH, TW; ★(AS): TH.

棉叶球兰（毛花球兰）**Hoya lasiantha** Korth. ex Blume【I, C】♣CBG, SCBG; ●GD, SH; ★(AS): MY.

橙花球兰 **Hoya lasiogynostegia** P. T. Li 【N, W/C】 ♣SCBG; ●GD; ★(AS): CN.

宽叶球兰 **Hoya latifolia** G. Don 【I, C】 ♣SCBG; ●GD; ★(AS): MY.

劳氏球兰 **Hoya lauterbachii** K. Schum. 【I, C】 ♣CBG; ●SH; ★(OC): PG.

白玫瑰红球兰 **Hoya leucorhoda** Schltr. 【I, C】 ♣CBG; ●SH; ★(OC): PG.

崖县球兰 **Hoya liangii** Tsiang 【N, W/C】 ♣SCBG, XTBG; ●GD, YN; ★(AS): CN.

贡山球兰 **Hoya lii** C. M. Burton 【N, W/C】 ♣XTBG; ●YN; ★(AS): CN.

黎檬球兰 **Hoya limoniaca** S. Moore 【I, C】 ♣CBG; ●SH; ★(OC): NC.

线叶球兰 **Hoya linearis** Wall. ex D. Don 【N, W/C】 ♣XTBG; ●YN; ★(AS): BT, CN, ID, IN, LK, MM, NP; (OC): AU.

罗比球兰 **Hoya lobbii** Hook. f. 【I, C】 ♣SCBG; ●GD; ★(AS): IN.

洛黑球兰 **Hoya loheri** Kloppenb. 【I, C】 ♣CBG, SCBG; ●GD, SH; ★(AS): PH.

长叶球兰 **Hoya longifolia** Wall. ex Wight 【N, W/C】 ♣CBG, TMNS, XTBG; ●SH, TW, YN; ★(AS): BT, CN, ID, IN, LK, MM, NP, PK, TH.

卢卡球兰 **Hoya loyceandrewsiana** T. Green 【I, C】 ♣CBG; ●SH; ★(OC): US-HW.

香花球兰 **Hoya lyi** H. Lév. 【N, W/C】 ♣CBG, SCBG, WBG, XTBG; ●GD, HB, SC, SH, YN; ★(AS): CN.

麦季理斐球兰 **Hoya macgillivrayi** F. M. Bailey 【I, C】 ♣CBG; ●SH; ★(OC): AU.

巨叶球兰（大叶球兰）**Hoya macrophylla** Wight 【I, C】 ♣CBG, SCBG; ●GD, SH; ★(AS): LA, VN.

红花球兰 **Hoya megalaster** Warb. 【I, C】 ♣CBG, SCBG; ●GD, SH, TW; ★(OC): PG.

美丽球兰 **Hoya meliflua** Merr. 【I, C】 ♣SCBG; ●GD; ★(NA): US.

薄叶球兰 **Hoya mengtzeensis** Tsiang et P. T. Li 【N, W/C】 ♣WBG, XTBG; ●HB, YN; ★(AS): CN.

小花球兰 **Hoya micrantha** Hook. f. 【I, C】 ♣SCBG; ●GD; ★(AS): MM.

棉德岛球兰（民都洛球兰）**Hoya mindorensis** Schltr. 【I, C】 ♣CBG, SCBG; ●GD, SH, TW; ★(AS): PH.

僧帽球兰 **Hoya mitrata** Kerr 【I, C】 ♣CBG; ●SH; ★(AS): MY, TH.

莫勒特氏球兰 **Hoya monetteae** T. Green 【I, C】 ♣CBG; ●SH; ★(AS): MY.

蜂出巢 **Hoya multiflora** Blume 【N, W/C】 ♣CBG, FLBG, SCBG, XTBG; ●GD, JX, SH, TW, YN; ★(AS): CN, ID, IN, LA, MM, MY, PH, SG, TH, VN.

瑙珉球兰 **Hoya naumannii** Schltr. 【I, C】 ♣CBG; ●SH; ★(OC): SB.

新波迪卡球兰 **Hoya neoebudica** Guillaumin 【I, C】 ♣CBG; ●SH; ★(OC): VU.

凸脉球兰 **Hoya nervosa** Tsiang et P. T. Li 【N, W/C】 ♣XTBG; ●YN; ★(AS): CN.

秋水仙球兰 **Hoya nicholsoniae** F. Muell. 【I, C】 ♣CBG; ●SH; ★(OC): AU.

尼科巴球兰 **Hoya nicobarica** R. Br. ex Traill 【I, C】 ★(AS): ID, IN.

白背球兰 **Hoya nummularioides** Costantin 【I, C】 ♣XTBG; ●YN; ★(AS): KH, LA.

扇叶藤 **Hoya obcordata** Hook. f. 【N, W/C】 ♣CBG, XTBG; ●SH, YN; ★(AS): CN, ID, IN, MM, TH.

*倒披针球兰 **Hoya oblanceolata** Hook. f. 【I, C】 ♣XTBG; ●YN; ★(AS): IN.

尖椭圆叶球兰 **Hoya oblongacutifolia** Costantin 【I, C】 ♣CBG; ●SH; ★(AS): KH, LA, MM, VN.

甜香球兰 **Hoya odorata** Schltr. 【I, C】 ♣CBG; ●SH; ★(AS): PH.

爪瓣球兰 **Hoya onychoides** P. I. Forst., Liddle et I. M. Liddle 【I, C】 ♣CBG; ●SH; ★(OC): PG.

粗蔓球兰 **Hoya pachyclada** Kerr 【I, C】 ●TW; ★(AS): TH.

巴东球兰 **Hoya padangensis** Schltr. 【I, C】 ♣CBG; ●SH; ★(AS): ID.

豆瓣球兰 **Hoya pallilimba** Kleijn et Donkelaar 【I, C】 ♣CBG; ●SH; ★(AS): ID.

琴叶球兰 **Hoya pandurata** Tsiang 【N, W/C】 ♣CBG, XTBG; ●SH, YN; ★(AS): CN.

寄生球兰 **Hoya parasitica** (Roxb.) Wall. ex Wight 【I, C】 ♣CBG, XTBG; ★(AS): BT, ID, IN, KH, LA, LK, MY.

小叶球兰 **Hoya parvifolia** Schltr. 【I, C】 ♣CBG; ●SH; ★(AS): ID.

碗花球兰 **Hoya patella** Schltr. 【I, C】 ♣CBG; ●SH; ★(OC): PG.

少花球兰 **Hoya pauciflora** Wight 【I, C】 ♣CBG; ●SH; ★(AS): IN.

多脉球兰 **Hoya polyneura** Hook. f. 【N, W/C】 ♣CBG, SCBG, XTBG; ●GD, SH, YN; ★(AS): BT, CN, ID, IN, LK, MM.

铁草鞋（三脉球兰）**Hoya pottsii** Traill 【N, W/C】 ♣KBG, SCBG, XMBG, XTBG; ●FJ, GD, YN; ★(AS): CN.

猴王球兰 **Hoya praetorii** Miq. 【I, C】 ♣CBG; ●SH;

★(AS): ID.

未滨海球兰 **Hoya pseudolittoralis** C. Norman 【I, C】 ♣CBG; ●SH; ★(OC): PG.

浦北球兰 **Hoya pubera** Blume【I, C】♣CBG; ●SH; ★(AS): ID.

舌苔球兰（毛萼球兰）**Hoya pubicalyx** Merr. 【I, C】 ♣CBG; ●SH, TW; ★(AS): PH.

紫花球兰 **Hoya purpureofusca** Hook. 【I, C】 ♣CBG; ●SH, TW; ★(AS): JP.

五脉球兰 **Hoya quinquenervia** Warb. 【I, C】 ♣CBG; ●SH; ★(AS): PH.

匙叶球兰 **Hoya radicalis** Tsiang et P. T. Li 【N, W/C】 ♣SCBG, XTBG; ●GD, YN; ★(AS): CN.

卷边球兰 **Hoya revolubilis** Tsiang et P. T. Li 【N, W】 ♣XTBG; ●YN; ★(AS): CN.

硬叶球兰 **Hoya rigida** Kerr 【I, C】 ♣CBG; ●SH; ★(AS): TH.

怒江球兰 **Hoya salweenica** Tsiang et P. T. Li 【N, W/C】 ♣XTBG; ●YN; ★(AS): CN.

苏格球兰 **Hoya scortechinii** King et Gamble【I, C】 ♣CBG; ●SH; ★(AS): MY.

西阿里球兰 **Hoya siariae** Kloppenb.【I, C】♣CBG; ●SH; ★(AS): PH.

斑印球兰 **Hoya sigillatis** T. Green 【I, C】 ♣CBG; ●SH; ★(AS): MY.

山球兰 **Hoya silvatica** Tsiang et P. T. Li 【N, W/C】 ♣SCBG, XTBG; ●GD, YN; ★(AS): CN.

泰国球兰 **Hoya thailandica** Thaithong 【I, C】 ♣CBG, XTBG; ●SH, YN; ★(AS): TH.

西藏球兰 **Hoya thomsonii** Hook. f. 【N, W/C】 ♣CBG, XTBG; ●SH, YN; ★(AS): CN, IN.

托马球兰 **Hoya tomataensis** T. Green et Kloppenb. 【I, C】 ♣CBG; ●SH; ★(AS): ID.

钩状球兰 **Hoya uncinata** Teijsm. et Binn. 【I, C】 ♣CBG; ●SH; ★(AS): MY.

毛球兰 **Hoya villosa** Costantin【N, W/C】♣GXIB, SCBG, WBG, XTBG; ●GD, GX, HB, YN; ★(AS): CN, VN.

蛋黄球兰 **Hoya vitellina** Blume 【I, C】 ♣CBG; ●SH; ★(AS): ID.

黄结球兰 **Hoya vitellinoides** Bakh. f. 【I, C】 ♣CBG; ●SH; ★(AS): ID.

夜来香属 Telosma

夜来香 **Telosma cordata** (Burm. f.) Merr.【N, W/C】 ♣CBG, CDBG, FBG, FLBG, GA, GMG, GXIB, HBG, NBG, NSBG, SCBG, TMNS, XLTBG, XMBG, XTBG; ●CQ, FJ, GD, GX, HI, HL, JS, JX, SC, SH, TW, YN, ZJ; ★(AS): CN, IN, MM, PK, VN.

卧茎夜来香 **Telosma procumbens** (Blanco) Merr. 【N, W/C】 ♣WBG; ●HB; ★(AS): CN, PH, VN.

耳药藤属 Stephanotis

多花耳药藤（耳药藤、非洲茉莉）**Stephanotis floribunda** Brongn. 【I, C】 ●BJ, GD; ★(AF): MG.

南山藤属 Dregea

*多花南山藤 **Dregea floribunda** E. Mey. 【I, C】 ♣XTBG; ●YN; ★(AF): MG, ZA.

苦绳 **Dregea sinensis** Hemsl. 【N, W/C】 ♣WBG, XMBG, XTBG; ●FJ, HB, TW, YN; ★(AS): CN.

贯筋藤 **Dregea sinensis** var. **corrugata** (C. K. Schneid.) Tsiang et P. T. Li 【N, W/C】 ♣WBG; ●HB; ★(AS): CN.

南山藤 **Dregea volubilis** (L. f.) Benth. ex Hook. f. 【N, W/C】 ♣SCBG, XTBG; ●GD, YN; ★(AS): CN, ID, IN, KH, LA, LK, MM, MY, NP, PH, TH, VN.

牛奶菜属 Marsdenia

多花牛奶菜 **Marsdenia floribunda** (Brongn.) Schltr. 【I, C】 ♣HBG; ●BJ, GD, TW, ZJ; ★(AF): MG.

白药牛奶菜（大白药）**Marsdenia griffithii** Hook. f. 【N, W/C】 ♣XTBG; ●YN; ★(AS): CN, ID, IN.

裂冠牛奶菜（裂冠藤）**Marsdenia incisa** P. T. Li et Y. H. Li 【N, W/C】 ♣XTBG; ●YN; ★(AS): CN.

大叶牛奶菜 **Marsdenia koi** Tsiang 【N, W】 ♣XTBG; ●YN; ★(AS): CN, MM, VN.

百灵草 **Marsdenia longipes** W. T. Wang 【N, W/C】 ♣XTBG; ●YN; ★(AS): CN.

喙柱牛奶菜 **Marsdenia oreophila** W. W. Sm. 【N, W/C】 ♣XTBG; ●YN; ★(AS): CN.

假蓝叶藤 **Marsdenia pseudotinctoria** Tsiang 【N, W/C】 ♣XTBG; ●YN; ★(AS): CN.

四川牛奶菜 **Marsdenia schneideri** Tsiang 【N, W/C】 ♣XTBG; ●YN; ★(AS): CN, LA, VN.

牛奶菜 **Marsdenia sinensis** Hemsl. 【N, W/C】 ♣FBG, HBG, LBG, WBG, XTBG; ●FJ, HB, JX, YN, ZJ; ★(AS): CN, MN.

通光藤（通光散）**Marsdenia tenacissima** (Roxb.) Wight et Arn. 【N, W/C】 ♣SCBG, XTBG; ●GD, YN; ★(AS): BT, CN, ID, IN, KH, LA, LK, MM, NP, TH, VN.

蓝叶藤 **Marsdenia tinctoria** R. Br. 【N, W/C】 ♣SCBG, XTBG; ●GD, YN; ★(AS): BT, CN, ID, IN, JP, LA, LK, MM, MY, NP, PH, TH, VN.

临沧牛奶菜 **Marsdenia yuei** M. G. Gilbert et P. T. Li 【N, W】 ♣XTBG; ●YN; ★(AS): CN.

云南牛奶菜 **Marsdenia yunnanensis** (H. Lév.) Woodson 【N, W/C】 ♣WBG, XTBG; ●HB, YN; ★(AS): CN.

马兰藤属 Dischidanthus

马兰藤 **Dischidanthus urceolatus** (Decne.) Tsiang 【N, W】 ♣XTBG; ●YN; ★(AS): CN, VN.

荟蔓藤属 Cosmostigma

心叶荟蔓藤 **Cosmostigma cordatum** (Poir.) M. R. Almeida 【I, C】 ♣XTBG; ●YN; ★(AS): ID.

匙羹藤属 Gymnema

广东匙羹藤 **Gymnema inodorum** (Lour.) Decne. 【N, W/C】 ♣SCBG, XTBG; ●GD, YN; ★(AS): CN, IN, LK, NP, PH, TH, VN.

宽叶匙羹藤 **Gymnema latifolium** Wall. ex Wight 【N, W/C】 ♣XTBG; ●YN; ★(AS): CN, ID, IN, MM, TH, VN.

匙羹藤 **Gymnema sylvestre** (Retz.) Schult. 【N, W/C】 ♣FBG, FLBG, GMG, GXIB, SCBG, XMBG, XTBG, ZAFU; ●FJ, GD, GX, JX, YN, ZJ; ★(AS): CN, ID, IN, JP, LA, LK, MY, VN.

云南匙羹藤 **Gymnema yunnanense** Tsiang 【N, W】 ♣XTBG; ●YN; ★(AS): CN.

黑鳗藤属 Jasminanthes

假木通（假木藤）**Jasminanthes chunii** (Tsiang) W. D. Stevens et P. T. Li 【N, W/C】 ♣GA, GMG, SCBG; ●GD, GX, JX; ★(AS): CN.

黑鳗藤 **Jasminanthes mucronata** (Blanco) W. D. Stevens et P. T. Li 【N, W/C】 ♣HBG; ●ZJ; ★(AS): CN.

云南黑鳗藤 **Jasminanthes saxatilis** (Tsiang et P. T. Li) W. D. Stevens et P. T. Li 【N, W】 ♣XTBG; ●YN; ★(AS): CN.

醉魂藤属 Heterostemma

醉魂藤 **Heterostemma alatum** Wight et Arn. 【N, W/C】 ♣XTBG; ●YN; ★(AS): BT, CN, IN, LK.

大花醉魂藤 **Heterostemma grandiflorum** Costantin 【N, W】 ♣XTBG; ●YN; ★(AS): CN, LA, VN.

裂冠醉魂藤 **Heterostemma lobulatum** Y. H. Li et Konta 【N, W/C】 ♣XTBG; ●YN; ★(AS): CN.

勐海醉魂藤 **Heterostemma menghaiense** (H. Zhu et H. Wang) M. G. Gilbert et P. T. Li 【N, W/C】 ♣XTBG; ●YN; ★(AS): CN.

催乳藤 **Heterostemma oblongifolium** Costantin 【N, W/C】 ♣XTBG; ●YN; ★(AS): CN, LA, VN.

心叶醉魂藤 **Heterostemma siamicum** Craib 【N, W/C】 ♣XTBG; ●YN; ★(AS): CN, TH, VN.

长毛醉魂藤 **Heterostemma villosum** Costantin 【N, W/C】 ♣XTBG; ●YN; ★(AS): CN, VN.

云南醉魂藤 **Heterostemma wallichii** Wight et Arn. 【N, W/C】 ♣XTBG; ●YN; ★(AS): CN, IN, NP.

石萝藦属 Pentasachme

石萝藦 **Pentasachme caudatum** Wall. ex Wight 【N, W/C】♣FLBG, SCBG, XTBG; ●GD, JX, YN; ★(AS): BT, CN, ID, IN, MM, MY, NP, SG, TH, VN.

吊灯花属 Ceropegia

罗氏吊金钱 **Ceropegia albisepta** var. **robynsiana** (Werderm.) H. Huber 【I, C】 ♣NBG; ●JS; ★(AF): MG.

*壮丽吊灯花 **Ceropegia arabica** var. **superba** (Field et Collen.) Bruyns 【I, C】 ♣BBG; ●BJ; ★(AS): SA, YE.

武腊泉花 **Ceropegia armandii** Rauh 【I, C】 ♣XMBG; ●FJ; ★(AF): MG.

球茎吊灯花(八云)**Ceropegia bulbosa** Roxb. 【I, C】 ♣IBCAS; ●BJ; ★(AS): IN.

辛美丝蜡泉花 **Ceropegia cimiciodora** Oberm. 【I, C】 ♣XMBG; ●FJ; ★(AF): ZA.

双叉吊金钱 **Ceropegia dichotoma** Haw. 【I, C】 ♣IBCAS; ●BJ; ★(AS): IN.

魔杖吊灯花 **Ceropegia fusca** Bolle 【I, C】 ●FJ, TW; ★(AF): ES-CS.

*印度吊灯花 **Ceropegia juncea** Roxb. 【I, C】 ♣BBG; ●BJ; ★(AS): IN.

一寸心 **Ceropegia linearis** E. Mey.【I, C】♣BBG; ●BJ; ★(AF): ZA.

细叶吊金钱 **Ceropegia linearis** subsp. **debilis** (N. E. Br.) H. Huber【I, C】♣IBCAS, NBG; ●BJ, JS; ★(AF): ZA.

*卢格德吊灯花 **Ceropegia lugardae** N. E. Br.【I, C】♣BBG; ●BJ; ★(AF): BW, NA, ZA.

金雀马尾参 **Ceropegia mairei** (H. Lév.) H. Huber【N, W/C】♣KBG; ●YN; ★(AS): CN.

*多花吊灯花 **Ceropegia multiflora** Baker【I, C】♣BBG; ●BJ; ★(AF): ZW.

西藏吊灯花 **Ceropegia pubescens** Wall.【N, W/C】♣XTBG; ●YN; ★(AS): BT, CN, ID, IN, LK, MM, NP.

魔钳吊灯花（气根吊灯花）**Ceropegia radicans** Schltr.【I, C】♣BBG, XMBG; ●BJ, FJ, SH, TW; ★(AF): ZA.

柳叶吊灯花 **Ceropegia salicifolia** H. Huber【N, W/C】♣XTBG; ●YN; ★(AS): CN.

犀角状吊灯花（薄云）**Ceropegia stapeliiformis** Haw.【I, C】♣BBG, XMBG; ●BJ, FJ; ★(AF): ZA.

吊灯花 **Ceropegia trichantha** Hemsl.【N, W/C】♣CBG, SCBG, WBG, XOIG; ●FJ, GD, HB, SH; ★(AS): CN, MM, TH.

*阴生吊灯花 **Ceropegia umbraticola** K. Schum.【I, C】♣NBG; ●JS; ★(AF): AO, ZM.

爱之蔓 **Ceropegia woodii** Schltr.【I, C】♣BBG, FBG, FLBG, GA, HBG, IBCAS, NBG, SCBG, WBG, XMBG, XOIG, XTBG, ZAFU; ●BJ, FJ, GD, HB, JS, JX, YN, ZJ; ★(AF): ZA.

润肺草属 Brachystelma

龙卵窟 **Brachystelma barberiae** Harv. ex Hook. f.【I, C】♣XMBG; ●FJ, TW; ★(AF): ZA.

布坎南润肺草 **Brachystelma buchananii** N. E. Br.【I, C】♣CBG; ●SH, TW; ★(AF): MW.

润肺草 **Brachystelma edule** Collett et Hemsl.【N, W/C】♣XTBG; ●YN; ★(AS): CN, MM.

臭润肺草 **Brachystelma foetidum** Schltr.【I, C】♣CBG; ●SH; ★(AF): ZA.

绒叶润肺草 **Brachystelma meyerianum** Schltr.【I, C】♣BBG; ●BJ, FJ, TW; ★(AF): ZA.

伏牛角属 Boucerosia

白珊瑚 **Boucerosia socotrana** Balf.f.【I, C】♣BBG, XMBG; ●BJ, FJ; ★(AF): SO.

水牛角属 Caralluma

方龙角（龙角）**Caralluma burchardii** N. E. Br.【I, C】♣CDBG, SCBG, XMBG; ●FJ, GD, SC, SH, TW; ★(AF): DZ, MA; (EU): ES.

尾花角 **Caralluma caudata** N. E. Br.【I, C】♣XMBG; ●FJ; ★(AF): MW, ZW.

赤缟水牛角 **Caralluma europaea** (Guss.) N. E. Br.【I, C】♣SCBG, XMBG; ●FJ, GD; ★(AF): MA; (EU): ES, SI.

*黑花水牛角 **Caralluma melanantha** (Schltdl.) N. E. Br.【I, C】●TW; ★(AF): ZA.

水牛角 **Caralluma nebrownii** A. Berger【I, C】♣CDBG, FBG, FLBG, XMBG; ●FJ, GD, JX, SC; ★(AF): ZA.

皱龙角属 Rhytidocaulon

*芙莱皱龙角 **Rhytidocaulon fulleri** Lavranos et Mortimer【I, C】●TW; ★(AS): OM.

*大裂皱龙角 **Rhytidocaulon macrolobum** Lavranos【I, C】●TW; ★(AS): SA.

青龙角属 Echidnopsis

青龙角 **Echidnopsis cereiformis** Hook. f.【I, C】♣BBG, CBG, IBCAS, SCBG, XMBG; ●BJ, FJ, GD, SH; ★(AF): ZA.

银背角 **Echidnopsis scutellata** (Deflers) A. Berger【I, C】♣SCBG; ●GD; ★(AF): KE; (AS): SA, YE.

巨龙角属 Edithcolea

巨龙角 **Edithcolea grandis** N. E. Br.【I, C】♣BBG; ●BJ; ★(AF): ET, KE, SO, TZ, UG, ZA; (AS): YE.

凝蹄玉属 Pseudolithos

方型凝蹄（立体凝蹄玉）**Pseudolithos cubiformis** (P. R. O. Bally) P. R. O. Bally【I, C】♣CBG, XMBG; ●FJ, SH, TW; ★(AF): SO.

凝蹄阁 **Pseudolithos dodsonianus** (Lavranos) Bruyns et Meve【I, C】♣BBG; ●BJ, TW; ★(AF): SO; (AS): OM.

凝蹄玉 **Pseudolithos migiurtinus** (Chiov.) P. R. O.

Bally 【I, C】 ♣BBG, CBG, NBG; ●BJ, JS, SH, TW; ★(AF): SO.

球形凝蹄 **Pseudolithos sphaericus** (P. R. O. Bally) P. R. O. Bally 【I, C】 ●TW; ★(AF): SO.

球花角属 Desmidorchis

臭水牛角 **Desmidorchis foetida** (E. A. Bruce) Plowes 【I, C】 ♣BBG, CBG, IBCAS; ●BJ, SH; ★(AF): UG.

唐人棒 **Desmidorchis speciosa** (N. E. Br.) Plowes 【I, C】 ♣BBG, WBG, XMBG; ●BJ, FJ, HB; ★(AF): ET, KE, SO, TZ.

沙龙玉属 White-sloanea

沙龙玉 **White-sloanea crassa** (N. E. Br.) Chiov. 【I, C】 ●TW; ★(AF): SO.

钝牛角属 Duvaliandra

钝牛角 **Duvaliandra dioscoridis** (Lavranos) M. G. Gilbert 【I, C】 ★(AS): OM.

六棱角属 Pectinaria

六棱角 **Pectinaria arcuata** N. E. Br. 【I, C】 ★(AF): ZA.

长柄六棱角 **Pectinaria longipes** (N. E. Br.) Bruyns 【I, C】 ●TW; ★(AF): ZA.

Pectinaria maughanii (R. A. Dyer) Bruyns 【I, C】 ★(AF): ZA.

壶花角属 Stapeliopsis

*暴虐壶花角 **Stapeliopsis neronis** Pillans 【I, C】 ★(AF): NA, ZA.

*石生壶花角 **Stapeliopsis saxatilis** (N. E. Br.) P. V. Bruyns 【I, C】 ●TW; ★(AF): ZA.

*斯泰纳壶花角 **Stapeliopsis stayneri** (M. B. Bayer) Bruyns 【I, C】 ●TW; ★(AF): ZA.

伏龙角属 Ophionella

伏龙角 **Ophionella arcuata** (N. E. Br.) Bruyns 【I, C】 ♣CBG; ●SH, TW; ★(AF): ZA.

南蛮角属 Quaqua

*人形南蛮角 **Quaqua incarnata** (L. f.) Bruyns 【I, C】 ●TW; ★(AF): ZA.

*倒生南蛮角 **Quaqua inversa** (N. E. Br.) Bruyns 【I, C】 ●TW; ★(AF): ZA.

*乳头南蛮角 **Quaqua mammillaris** (L.) Bruyns 【I, C】 ●TW; ★(AF): NA, ZA.

*马氏南蛮角 **Quaqua marlothii** (N. E. Br.) Bruyns 【I, C】 ●TW; ★(AF): ZA.

*皮氏南蛮角 **Quaqua pillansii** (N. E. Br.) Bruyns 【I, C】 ●TW; ★(AF): ZA.

海葵角属 Stapelianthus

海葵角（毛绒角、毛茸角）**Stapelianthus pilosus** Lavranos et D. S. Hardy 【I, C】 ♣FLBG, IBCAS, XMBG; ●BJ, FJ, GD, JX; ★(AF): MG.

姬龙角属 Notechidnopsis

姬龙角（南青龙角）**Notechidnopsis tessellata** (Pillans) Lavranos et Bleck 【I, C】 ●TW; ★(AF): ZA.

佛指玉属 Lavrania

*哈格佛指玉 **Lavrania haagnerae** Plowes 【I, C】 ★(AF): ZA.

*鸡冠佛指玉 **Lavrania picta** (N. E. Br.) Bruyns 【I, C】 ●TW; ★(AF): ZA.

丽杯角属 Hoodia

丽杯角 **Hoodia gordonii** (Masson) Sweet ex Decne. 【I, C】♣BBG, CBG, IBCAS, LBG, NBG, XMBG; ●BJ, FJ, JS, JX, SH, TW; ★(AF): NA.

*呼撒丽杯角 **Hoodia husabensis** Nel 【I, C】♣BBG; ●BJ; ★(AF): NA.

*毛花丽杯角（摩耶夫人）**Hoodia pilifera** (L. f.) Plowes 【I, C】 ♣XMBG; ●FJ, TW; ★(AF): ZA.

*鲁施丽杯角 **Hoodia ruschii** Dinter 【I, C】 ♣BBG; ●BJ; ★(AF): NA.

佛头玉属 Larryleachia

佛头玉 **Larryleachia cactiformis** (Hook.) Plowes 【I, C】 ♣CBG, XMBG; ●FJ, SH, TW; ★(AF): ZA.

宽杯角属 Orbeanthus

*关节宽杯角 **Orbeanthus conjunctus** (White et

Sloane) L. C. Leach 【I, C】 ★(AF): ZA.

*宽杯角 **Orbeanthus hardyi** (R. A. Dyer) L. C. Leach 【I, C】 ●TW; ★(AF): ZA.

丽钟角属 Tavaresia

丽钟角 **Tavaresia barklyi** (Dyer) N. E. Br. 【I, C】 ♣SCBG, TMNS, XMBG; ●FJ, GD, TW; ★(AF): ZA.

大花丽钟角 **Tavaresia grandiflora** Berger 【I, C】 ♣FLBG, NBG, SCBG; ●GD, JS, JX, SH; ★(AF): ZA.

豹皮花属 Orbea

*巴氏牛角 **Orbea baldratii** (A. C. White et B. Sloane) Bruyns 【I, C】 ♣CBG; ●SH; ★(AF): SO.

小斑厚杯花 **Orbea carnosa** (Stent) L. C. Leach 【I, C】 ♣CBG; ●SH, TW; ★(AF): ZA.

*库氏牛角 **Orbea cooperi** (N. E. Br.) L. C. Leach 【I, C】 ♣CBG; ●SH; ★(AF): ZA.

紫龙角 **Orbea decaisneana** (Lem.) Bruyns 【I, C】 ♣CBG, IBCAS, KBG; ●BJ, SH, YN; ★(AF): MA, SN.

*水龙角 **Orbea deflersiana** (Lavranos) Bruyns 【I, C】 ♣SCBG; ●GD; ★(AS): SA.

*达默牛角 **Orbea dummeri** (N. E. Br.) Bruyns 【I, C】 ♣CBG, FLBG, SCBG; ●GD, JX, SH; ★(AF): ET, KE, UG.

明洁犀角 **Orbea lepida** (Jacq.) Haw. 【I, C】 ♣HBG, IBCAS; ●BJ, ZJ; ★(AF): ZA.

魔星花 **Orbea prognatha** (P. R. O. Bally) L. C. Leach 【I, C】 ♣XTBG; ●TW, YN; ★(AF): SO.

豹皮花 **Orbea pulchella** (Masson) L. C. Leach 【I, C】 ♣CBG, FBG, LBG, XMBG; ●BJ, FJ, JX, SH, TW; ★(AF): ZA.

*施魏牛角 **Orbea schweinfurthii** (A. Berger) Bruyns 【I, C】 ♣CBG; ●SH; ★(AF): ZM.

*隔离牛角 **Orbea semota** (N. E. Br.) L. C. Leach 【I, C】 ♣CBG; ●SH, TW; ★(AF): TZ.

*美丽牛角 **Orbea speciosa** L. C. Leach 【I, C】 ♣CBG; ●SH; ★(AF): ZA.

*泰蒂卡牛角 **Orbea taitica** Bruyns 【I, C】 ♣CBG; ●SH; ★(AF): KE.

牛角(杂色豹皮花) **Orbea variegata** (L.) Haw. 【I, C】 ♣CBG, FLBG, GXIB, HBG, IBCAS, KBG, NBG, SCBG, XMBG; ●BJ, FJ, GD, GX, JS, JX, SH, YN, ZJ; ★(AF): ET, ZA.

姬犀角 **Orbea verrucosa** (Masson) L. C. Leach 【I, C】 ♣FLBG; ●GD, JX; ★(AF): ZA.

*维斯曼牛角 **Orbea wissmannii** (O. Schwartz) Bruyns 【I, C】 ♣CBG; ●SH, TW; ★(AS): SA, YE.

*伍迪牛角 **Orbea woodii** (N. E. Br.) L. C. Leach 【I, C】 ♣CBG; ●SH; ★(AF): ZA.

姬笋角属 Piaranthus

*深红姬笋角 **Piaranthus atrosanguineus** (N. E. Br.) Bruyns 【I, C】 ♣CBG; ●SH; ★(AF): BW, ZA.

*巴利姬笋角 **Piaranthus barrydalensis** Meve 【I, C】 ♣CBG; ●SH, TW; ★(AF): ZA.

*康普姬笋角 **Piaranthus comptus** N. E. Br. 【I, C】 ♣CBG; ●SH, TW; ★(AF): ZA.

*隐蔽姬笋角 **Piaranthus decipiens** (N. E. Br.) Bruyns 【I, C】 ♣CBG; ●SH, TW; ★(AF): ZA.

*姬笋角 **Piaranthus decorus** subsp. **cornutus** (N. E. Br.) Meve 【I, C】 ♣CBG; ●SH; ★(AF): ZA.

胖龙角 **Piaranthus geminatus** (Masson) N. E. Br. 【I, C】 ♣CBG; ●SH; ★(AF): ZA.

臭肉角 **Piaranthus geminatus** var. **foetidus** (N. E. Br.) Meve 【I, C】 ♣CBG; ●SH; ★(AF): ZA.

*皮氏姬笋角 **Piaranthus pillansii** N. E. Br. 【I, C】 ♣CBG; ●SH; ★(AF): ZA.

玉牛角属 Duvalia

司牛角 **Duvalia angustiloba** N. E. Br. 【I, C】 ♣NBG, SCBG, XMBG; ●FJ, GD; ★(AF): ZA.

丛生犀角 **Duvalia caespitosa** Haw. 【I, C】 ♣CBG, SCBG; ●GD, SH; ★(AF): ZA.

科氏小花犀角 **Duvalia corderoyi** (Hook. f.) N. E. Br. 【I, C】 ♣CBG; ●SH; ★(AF): ZA.

光滑小花犀角 **Duvalia polita** N. E. Br. 【I, C】 ♣CBG, HBG; ●SH, ZJ; ★(AF): ZA.

被毛小花犀角 **Duvalia vestita** Meve 【I, C】 ♣CBG; ●SH; ★(AF): ZA.

剑龙角属 Huernia

安德烈剑龙角 **Huernia andreaeana** (Rauh) Leach 【I, C】 ♣CBG; ●SH, TW; ★(AF): KE.

粗糙剑龙角 **Huernia aspera** N. E. Br. 【I, C】 ♣CBG, SCBG; ●GD, SH; ★(AF): MZ.

倒刺剑龙角 **Huernia barbata** (Masson) Haw. 【I,

C】 ♣CBG; ●SH; ★(AF): ZA.

布莱德河剑龙角 **Huernia blyderiverensis** (L. C. Leach) Bruyns【I, C】♣CBG; ●SH; ★(AF): ZA.

短喙剑龙角 **Huernia brevirostris** N. E. Br. 【I, C】 ♣CBG, XMBG; ●FJ, SH; ★(AF): ZA.

多刺剑龙角 **Huernia erinacea** P. R. O. Bally 【I, C】 ♣IBCAS; ●BJ; ★(AF): KE.

希斯洛普剑龙角 **Huernia hislopii** Turrill 【I, C】 ♣CBG; ●SH; ★(AF): ZW.

琉雅玉 **Huernia hystrix** N. E. Br. 【I, C】 ♣CBG; ●SH; ★(AF): ZA.

极小琉雅玉 **Huernia hystrix** var. **parvula** L. C. Leach 【I, C】 ♣CBG; ●SH; ★(AF): ZA.

肯尼亚剑龙角 **Huernia keniensis** R. E. Fr. 【I, C】 ♣CBG; ●SH; ★(AF): KE.

泥龙 **Huernia longii** Pillans 【I, C】 ♣NBG; ●JS; ★(AF): ZA.

棘剑龙角(龙角)**Huernia macrocarpa** N. E. Br.【I, C】 ♣WBG, XMBG; ●FJ, HB; ★(AF): ER.

刺冠龙角(刺冠魔星花)**Huernia macrocarpa** var. **penzigii** (N. E. Br.) A. C. White et B. Sloane 【I, C】 ♣IBCAS; ●BJ; ★(AF): ER.

扁刺剑龙角(剑龙角)**Huernia oculata** Hook. f. 【I, C】 ♣FLBG, XMBG; ●FJ, GD, JX, SH, TW; ★(AF): ZA.

悬垂龙角 **Huernia pendula** E. A. Bruce 【I, C】 ♣CBG, IBCAS; ●BJ, SH, TW; ★(AF): ZA.

皮尔斯剑龙角 **Huernia piersii** N. E. Br. 【I, C】 ♣CBG; ●SH, TW; ★(AF): ZA.

小剑龙角(阿修罗、小五星花)**Huernia pillansii** N. E. Br. 【I, C】 ♣BBG, HBG, IBCAS, SCBG, XMBG; ●BJ, FJ, GD, TW, ZJ; ★(AF): ZA.

报春剑龙角(五星冠)**Huernia primulina** N. E. Br. 【I, C】 ♣SCBG; ●GD; ★(AF): ZA.

隐蔽剑龙角 **Huernia recondita** M. G. Gilbert 【I, C】 ♣CBG; ●SH; ★(AF): ET.

玫瑰剑龙角 **Huernia rosea** L. E. Newton et Lavranos 【I, C】 ♣CBG; ●SH; ★(AS): YE.

龙角(青鬼角)**Huernia schneideriana** Schltr. 【I, C】 ♣CBG; ●SH; ★(AF): TZ.

类豹皮剑龙角 **Huernia stapelioides** Schltr. 【I, C】 ♣CBG; ●SH; ★(AF): ZA.

图迪休姆剑龙角 **Huernia thudichumii** L. C. Leach 【I, C】 ♣CBG; ●SH; ★(AF): ZA.

蒂雷剑龙角 **Huernia thuretii** Cels ex Hérincq 【I, C】 ♣CBG; ●SH; ★(AF): ZA.

福尔卡特剑龙角 **Huernia volkartii** Werderm. et Peitsch. 【I, C】 ♣CBG; ●SH; ★(AF): AO.

缟马剑龙角 **Huernia zebrina** N. E. Br. 【I, C】 ♣CBG, IBCAS, SCBG, TMNS, XMBG; ●BJ, FJ, GD, SH, TW; ★(AF): ZA.

盘龙角属 Tromotriche

*贝利斯盘龙角 **Tromotriche baylissii** (L. C. Leach) Bruyns 【I, C】 ♣CBG; ●SH; ★(AF): ZA.

*恩格勒盘龙角 **Tromotriche engleriana** (Schltr.) Leach 【I, C】 ●TW; ★(AF): ZA.

*反卷盘龙角 **Tromotriche revoluta** (L.) Haw. 【I, C】 ♣CBG, HBG, ZAFU; ●SH, TW, ZJ; ★(AF): ZA.

三齿角属 Tridentea

*宝花三齿角 **Tridentea gemmiflora** (Masson) Haw. 【I, C】 ●TW; ★(AF): ZA.

*小斑三齿角 **Tridentea parvipuncta** (N. E. Br.) Leach 【I, C】 ●TW; ★(AF): ZA.

犀角属 Stapelia

星状犀角 **Stapelia asterias** Masson【I, C】♣CBG; ●SH; ★(AF): ZA.

*装饰犀角 **Stapelia decora** Masson 【I, C】 ♣CBG; ●SH; ★(AF): ZA.

*二叉犀角 **Stapelia divaricata** Masson 【I, C】 ♣CBG; ●SH, TW; ★(AF): ZA.

黄花犀角(黄豹皮花)**Stapelia divergens** N. E. Br. 【I, C】 ♣SCBG; ●GD; ★(AF): ZA.

雅致犀角(雅致水牛角)**Stapelia elegans** Masson【I, C】 ♣CBG, NBG; ●JS, SH; ★(AF): ZA.

佳丽犀角 **Stapelia gariepensis** Pillans 【I, C】 ♣XMBG; ●FJ; ★(AF): ZA.

紫纹犀角 **Stapelia gettleffii** R. Pott【I, C】♣FLBG; ●GD, JX; ★(AF): ZA.

巨花犀角(大豹皮花)**Stapelia gigantea** N. E. Br.【I, C】 ♣FLBG, HBG, SCBG, XMBG; ●FJ, GD, JX, SH, ZJ; ★(AF): ZA.

大花犀角 **Stapelia grandiflora** Masson 【I, C】 ♣BBG, CBG, CDBG, FBG, FLBG, GXIB, HBG, IBCAS, LBG, NBG, SCBG, TMNS, WBG, XMBG, XTBG, ZAFU; ●BJ, FJ, GD, GX, HB, JS, JX, SC, SH, TW, YN, ZJ; ★(AF): ZA.

长毛犀角 **Stapelia hirsuta** L. 【I, C】♣CBG, FLBG,

XMBG; ●FJ, GD, JX, SH; ★(AF): ZA.

楼阁犀角 **Stapelia leendertziae** N. E. Br. 【I, C】 ♣IBCAS, XMBG; ●BJ, FJ, SH; ★(AF): ZA.

*圆锥犀角 **Stapelia paniculata** Willd. 【I, C】 ♣CBG; ●SH; ★(AF): ZA.

非洲犀角（非洲豹皮花）**Stapelia pillansii** N. E. Br. 【I, C】 ♣SCBG; ●GD; ★(AF): ZA.

桦花犀角（桦花牛角）**Stapelia reclinata** Masson 【I, C】 ●SH; ★(AF): ZA.

*欣兹犀角 **Stapelia schinzii** Berger et Schltr. 【I, C】 ♣CBG; ●SH; ★(AF): NA.

*单角犀角 **Stapelia unicornis** C. A. Lückh. 【I, C】 ♣CBG; ●SH; ★(AF): SZ.

*维莱犀角 **Stapelia villetiae** C. A. Lückh. 【I, C】 ♣CBG; ●SH; ★(AF): ZA.

256. 紫草科 BORAGINACEAE

肺草属 Pulmonaria

肺草 **Pulmonaria angustifolia** Besser 【I, C】 ♣BBG; ●BJ; ★(AS): GE; (EU): AT, BA, BG, CH, CZ, DE, HR, HU, IT, ME, MK, PL, RS, RU, SI.

长叶肺草 **Pulmonaria longifolia** Bastard ex Boreau 【I, C】 ♣BBG; ●BJ; ★(EU): DE, ES, GB, LU.

Pulmonaria mollis Wulfen ex Hornem. 【I, C】 ♣XTBG; ●YN; ★(EU): DE.

药用肺草 **Pulmonaria officinalis** L. 【I, C】 ♣BBG; ●BJ; ★(EU): AL, AT, BA, BE, BG, CZ, DE, GB, HR, HU, IT, ME, MK, NL, PL, RO, RS, RU, SI.

红花肺草 **Pulmonaria rubra** Schott 【I, C】 ♣BBG; ●BJ; ★(EU): AL, BA, BG, HR, ME, MK, RO, RS, RU, SI.

甜肺草 **Pulmonaria saccharata** Mill. 【I, C】 ♣BBG, IBCAS; ●BJ; ★(EU): BE, DE, IT.

假狼紫草属 Nonea

假狼紫草 **Nonea caspica** (Willd.) G. Don 【N, W/C】 ♣TDBG; ●XJ; ★(AS): AF, CN, CY, KG, KH, KZ, MN, PK, RU-AS, TJ, TM, UZ; (EU): RU.

蓝珠草属 Brunnera

大叶蓝珠草 **Brunnera macrophylla** (Adans.) I. M. Johnst. 【I, C】 ♣BBG; ●BJ; ★(AS): AM, AZ, GE, IR, RU-AS, TR; (EU): UA.

玻璃苣属 Borago

玻璃苣（琉璃苣）**Borago officinalis** L. 【I, C/N】 ♣HFBG, LBG, NBG, SCBG; ●GD, HL, JS, JX, TW; ★(AF): DZ, EG, LY, MA, TN; (AS): LB, PS, SY, TR; (EU): AL, BA, ES, FR, GR, HR, IT, MC, ME, MK, RS, SI.

聚合草属 Symphytum

山地聚合草 **Symphytum × uplandicum** Nyman (pro sp.) 【I, C】 ●BJ; ★(EU): GB.

糙叶聚合草 **Symphytum asperum** Lepech. 【I, C】 ♣GXIB; ●GX; ★(AS): GE.

聚合草 **Symphytum officinale** L. 【I, C/N】 ♣CBG, HBG, LBG, NBG, SCBG, XMBG; ●BJ, FJ, GD, JS, JX, SC, SH, ZJ; ★(EU): AD, AL, BA, BE, BG, ES, FR, GB, GR, HR, IT, LU, MC, ME, MK, NL, PT, RO, RS, SI, SM, VA.

山地聚合草 **Symphytum peregrinum** Ledeb. 【I, C】 ♣TBG; ●LN, TW; ★(EU): BE.

牛舌草属 Anchusa

好望角牛舌草 **Anchusa capensis** Thunb. 【I, C】 ♣XMBG; ●FJ, YN; ★(AF): ZA.

牛舌草 **Anchusa italica** Retz. 【I, C】 ♣LBG, NBG; ●BJ, JS, JX; ★(AS): AF, CY, KZ, PK, RU-AS, TM.

药用牛舌草 **Anchusa officinalis** L. 【I, C】 ♣IBCAS, NBG; ●BJ, JS; ★(AF): DZ; (EU): BG, DE, DK, NL.

狼紫草 **Anchusa ovata** Lehm. 【N, W/C】 ♣TDBG; ●XJ; ★(AS): AF, CN, CY, ID, IN, KG, KH, KZ, MN, NP, PK, RU-AS, TJ, TM, UZ.

蜜蜡花属 Cerinthe

蜜蜡花 **Cerinthe major** L. 【I, C】 ●TW; ★(AF): MA.

小花蜜蜡花（小琉璃苣）**Cerinthe minor** L. 【I, C】 ♣IBCAS; ●BJ, TW; ★(AF): MA; (AS): GE, RU-AS; (EU): AL, AT, BA, BG, BY, CZ, DE, GR, HR, HU, IT, ME, MK, PL, RO, RS, RU, SI, TR.

弯果紫草属 Moltkia

魔奇花 **Moltkia doerfleri** Wettst. 【I, C】 ♣XMBG;

•FJ; ★(EU): AL.

蓝蓟属 Echium

普通蓝蓟 **Echium creticum** L.【I, C】★(EU): ES.

车前叶蓝蓟 **Echium plantagineum** L.【I, C】★(EU): AD, AL, BA, BE, BG, ES, FR, GB, GR, HR, IT, LU, MC, ME, MK, NL, PT, RO, RS, SI, SM, VA.

蓝蓟 **Echium vulgare** L.【I, C】♣IBCAS, TDBG; •BJ, XJ; ★(AS): CY, KG, KZ, RU-AS, TJ, TM, UZ; (EU): AD, AL, BA, BE, BG, CH, DE, DK, ES, FR, GB, GR, HR, HU, IT, LU, MC, ME, MK, NL, PL, PT, RO, RS, RU, SI, SM, VA.

滇紫草属 Onosma

昭通滇紫草 **Onosma cingulatum** W. W. Sm. et Jeffrey【N, W/C】♣GBG, WBG; •GZ, HB; ★(AS): CN.

黄花滇紫草 **Onosma gmelinii** Ledeb.【N, W/C】♣TDBG; •XJ; ★(AS): CN, CY, KG, KH, KZ, MN, RU-AS, TJ, TM, UZ.

滇紫草 **Onosma paniculatum** Bureau et Franch.【N, W/C】♣KBG; •YN; ★(AS): BT, CN, ID, IN.

小叶滇紫草 **Onosma sinicum** Diels【N, W/C】♣WBG; •HB; ★(AS): CN.

田紫草属 Buglossoides

田紫草 **Buglossoides arvensis** (L.) I. M. Johnst.【N, W/C】♣HBG, XBG, ZAFU; •SN, ZJ; ★(AS): AF, CN, ID, JP, KG, KH, KR, KZ, PK, RU-AS, TJ, TM, UZ.

木紫草属 Glandora

疏花木紫草 **Glandora diffusa** (Lag.) D. C. Thomas【I, C】♣CBG; •SH; ★(AF): MA.

紫草属 Lithospermum

紫草 **Lithospermum erythrorhizon** Siebold et Zucc.【N, W/C】♣GBG, HFBG, NBG, WBG, XTBG; •GZ, HB, HL, JS, YN; ★(AS): CN, JP, KP, KR, MN, RU-AS.

梓木草 **Lithospermum zollingeri** A. DC.【N, W/C】♣BBG, CBG, HBG, LBG, NBG, ZAFU; •BJ, JS, JX, SH, ZJ; ★(AS): CN, JP, KP, KR.

紫筒草属 Stenosolenium

紫筒草 **Stenosolenium saxatile** (Pall.) Turcz.【N, W/C】♣IBCAS; •BJ; ★(AS): CN, CY, KZ, MN, RU-AS.

毛束草属 Trichodesma

毛束草 **Trichodesma calycosum** Collett et Hemsl.【N, W/C】♣XTBG; •YN; ★(AS): BT, CN, ID, IN, LA, LK, MM, TH.

垫紫草属 Chionocharis

垫紫草 **Chionocharis hookeri** (C. B. Clarke) I. M. Johnst.【N, W/C】•YN; ★(AS): BT, CN, ID, IN, LK, NP.

糙草属 Asperugo

糙草 **Asperugo procumbens** L.【N, W/C】★(AS): CN, CY, GE, ID, IN, KG, KH, KZ, MN, NP, RU-AS, SA, TJ, TM, UZ; (EU): AL, AT, BA, BG, CZ, DE, ES, FI, GR, HR, HU, IT, ME, MK, NL, NO, PL, RO, RS, RU, SI, TR.

滨紫草属 Mertensia

海滨紫草 **Mertensia maritima** (L.) Gray【I, C】•TW; ★(AS): JP, RU-AS; (EU): BA, DE, FR, GB, IS, NO, RS, RU, SJ; (NA): CA, GL, US.

脐果草属 Omphalodes

楔叶脐果草 **Omphalodes linifolia** (L.) Moench【I, C】♣NBG; •JS; ★(AF): DZ; (EU): DE, ES, LU, RO, RU.

假鹤虱属 Hackelia

丘假鹤虱（反折假鹤虱）**Hackelia deflexa** Opiz【I, N】★(NA): CA, US.

鹤虱属 Lappula

鹤虱 **Lappula myosotis** Moench【N, W/C】★(AS): AF, CN, CY, KG, KH, KZ, MN, PK, RU-AS, TJ, TM, UZ.

卵果鹤虱 **Lappula patula** (Lehm.) Asch. ex Gürke【N, W/C】♣TDBG; •XJ; ★(AS): AF, CN, CY, ID, IN, KG, KH, KZ, MN, PK, RU-AS, TJ, TM,

UZ.

齿缘草属　Eritrichium

远东齿缘草 **Eritrichium sichotense** Popov 【I, C】★(AS): KR.

附地菜属　Trigonotis

鸡肠草 **Trigonotis brevipes** Maxim.【I, C】♣HBG; ●ZJ; ★(AS): JP.

西南附地菜 **Trigonotis cavaleriei** (H. Lév.) Hand.-Mazz. 【N, W/C】 ♣SCBG, WBG; ●GD, HB; ★(AS): CN, RU-AS.

窄叶西南附地菜 **Trigonotis cavaleriei** var. **angustifolia** Ching J. Wang 【N, W/C】 ♣WBG; ●HB; ★(AS): CN.

富宁附地菜 **Trigonotis funingensis** H. Chuang【N, W/C】 ♣WBG; ●HB; ★(AS): CN, RU-AS.

瘤果附地菜（瘤果大叶附地菜）**Trigonotis macrophylla** var. **verrucosa** I. M. Johnst. 【N, W/C】 ♣GMG; ●GX; ★(AS): CN.

南丹附地菜 **Trigonotis nandanensis** Ching J. Wang 【N, W/C】 ♣GXIB; ●GX; ★(AS): CN, RU-AS.

附地菜 **Trigonotis peduncularis** (Trevis.) Benth. ex Baker et S. Moore 【N, W/C】 ♣BBG, FBG, GA, GBG, HBG, IBCAS, LBG, WBG, XBG, XMBG, XTBG, ZAFU; ●BJ, FJ, GZ, HB, JX, SC, SN, YN, ZJ; ★(AS): BT, CN, IN, JP, KP, KR, LK, MN, RU-AS; (EU): RU.

勿忘草属　Myosotis

勿忘草 **Myosotis alpestris** F. W. Schmidt 【N, W/C】 ♣CDBG, XOIG; ●FJ, SC, TW; ★(AS): AF, BT, CN, CY, GE, ID, IN, KG, KH, KZ, PK, TJ, TM, UZ; (EU): AT, BA, BG, CZ, DE, ES, GB, HR, IT, ME, MK, PL, RO, RS, RU, SI.

湿地勿忘草 **Myosotis laxa** subsp. **caespitosa** (Schultz) Hyl. ex Nordh.【N, W/C】♣LBG; ●JX; ★(AS): CN, MN, RU-AS; (OC): AU.

沼泽勿忘草 **Myosotis scorpioides** L. 【N, W/C】 ♣XMBG; ●FJ, TW, YN; ★(AS): CN, JP, MN, RU-AS; (EU): AD, AL, BA, BE, BG, ES, FR, GB, GR, HR, IT, LU, MC, ME, MK, NL, PT, RO, RS, SI, SM, VA.

森林勿忘草（林生勿忘草）**Myosotis sylvatica** Ehrh. ex Hoffm. 【N, W/C】 ♣BBG, NBG, XMBG, ZAFU; ●BJ, FJ, JS, SC, TW, XJ, YN, ZJ; ★(AF): ZA; (AS): CN, JP, KR, MN; (OC): AU, NZ.

车前紫草属　Sinojohnstonia

浙赣车前紫草 **Sinojohnstonia chekiangensis** (Migo) W. T. Wang 【N, W/C】 ♣CBG, HBG, LBG, WBG; ●HB, JX, SH, ZJ; ★(AS): CN.

短蕊车前紫草 **Sinojohnstonia moupinensis** (Franch.) W. T. Wang 【N, W/C】 ♣WBG; ●HB; ★(AS): CN.

车前紫草 **Sinojohnstonia plantaginea** Hu 【N, W/C】 ♣CBG; ●SC, SH; ★(AS): CN.

山茄子属　Brachybotrys

山茄子 **Brachybotrys paridiformis** Maxim. ex Oliv. 【N, W/C】 ♣HFBG; ●HL; ★(AS): CN, KP, KR, MN, RU-AS.

皿果草属　Omphalotrigonotis

皿果草 **Omphalotrigonotis cupulifera** (I. M. Johnst.) W. T. Wang【N, W/C】♣WBG, ZAFU; ●HB, ZJ; ★(AS): CN.

斑种草属　Bothriospermum

斑种草 **Bothriospermum chinense** Bunge 【N, W/C】 ♣BBG, IBCAS, XBG; ●BJ, SN; ★(AS): CN.

多苞斑种草 **Bothriospermum secundum** Maxim. 【N, W/C】 ♣BBG; ●BJ; ★(AS): CN, KP, KR.

柔弱斑种草 **Bothriospermum zeylanicum** (J. Jacq.) Druce【N, W/C】♣BBG, FLBG, GA, GBG, HBG, LBG, SCBG, XMBG, XTBG, ZAFU; ●BJ, FJ, GD, GZ, JX, YN, ZJ; ★(AS): AF, CN, CY, ID, IN, JP, KG, KH, KP, KZ, PK, RU-AS, TJ, TM, UZ, VN.

长柱琉璃草属　Lindelofia

长柱琉璃草 **Lindelofia stylosa** (Kar. et Kir.) Brand 【N, W/C】 ♣TDBG; ●XJ; ★(AS): AF, CN, CY, ID, IN, KG, KH, KZ, MN, PK, RU-AS, TJ, TM, UZ.

琉璃草属　Cynoglossum

美丽琉璃草（倒提壶）**Cynoglossum amabile** Stapf et J. R. Drumm. 【N, W/C】 ♣CBG, CDBG, GBG,

KBG, SCBG, XOIG, XTBG; ●BJ, FJ, GD, GZ, SC, SH, YN; ★(AF): ZA; (AS): BT, CN, IN, LK, MM; (OC): NZ.

克汀琉璃草 **Cynoglossum creticum** Mill. 【I, C】 ♣NBG; ●JS; ★(AF): MA; (AS): AZ, SA; (EU): AL, BA, BG, BY, DE, ES, GR, HR, IT, LU, ME, MK, RO, RS, RU, SI, TR.

大果琉璃草 **Cynoglossum divaricatum** Steph. ex Lehm. 【N, W/C】 ♣TDBG; ●XJ; ★(AS): CN, CY, KZ, MN, RU-AS.

琉璃草 **Cynoglossum furcatum** Wall. ex Roxb. 【N, W/C】 ♣BBG, GA, GBG, GMG, GXIB, SCBG, WBG, XMBG; ●BJ, FJ, GD, GX, GZ, HB, JX, SC; ★(AS): AF, BT, CN, ID, IN, JP, LK, MM, MY, PH, PK, TH, VN.

小花琉璃草 **Cynoglossum lanceolatum** Hochst. ex A. DC. 【N, W/C】 ♣FBG, GBG, GMG, KBG, NBG, XTBG, ZAFU; ●FJ, GX, GZ, JS, SC, YN, ZJ; ★(AF): MG, NG, ZA; (AS): BT, CN, ID, IN, KH, LA, LK, MM, MY, NP, PH, PK, TH.

红花琉璃草 **Cynoglossum officinale** L. 【N, W/C】 ♣IBCAS; ●BJ; ★(AF): MA; (AS): CN, GE, MN, RU-AS, SA; (EU): AL, AT, BA, BE, BG, CZ, DE, ES, FI, GB, GR, HR, HU, IT, ME, MK, NL, NO, PL, RO, RS, RU, SI.

心叶琉璃草 **Cynoglossum triste** Diels 【N, W/C】 ♣HBG; ●ZJ; ★(AS): CN.

盘果草属 Mattiastrum

汤氏盘果草 **Mattiastrum thomsonii** (C. B. Clarke) Kazmi 【I, C】 ★(AS): PK.

盾果草属 Thyrocarpus

弯齿盾果草 **Thyrocarpus glochidiatus** Maxim. 【N, W/C】 ♣BBG, IBCAS; ●BJ; ★(AS): CN.

盾果草 **Thyrocarpus sampsonii** Hance 【N, W/C】 ♣CBG, HBG, LBG, SCBG, WBG, XMBG, XTBG, ZAFU; ●FJ, GD, HB, JX, SH, YN, ZJ; ★(AS): CN, VN.

微孔草属 Microula

微孔草 **Microula sikkimensis** (C. B. Clarke) Hemsl. 【N, W/C】 ●QH; ★(AS): BT, CN, ID, IN, LK, NP.

隐花紫草属 Cryptantha

小隐花紫草 **Cryptantha abata** (Jones) I. M. Johnst. 【I, C】 ♣XTBG; ●YN; ★(NA): US.

257. 水叶草科 HYDROPHYLLACEAE

沙铃花属 Phacelia

钟状沙铃花（蓝穗钟花、蓝钟穗花）**Phacelia campanularia** A. Gray 【I, C】 ●TW; ★(NA): US.

菊蒿叶沙铃花（蓝翅草）**Phacelia tanacetifolia** Benth. 【I, C】 ●TW; ★(NA): US.

粉蝶花属 Nemophila

*紫点粉蝶花 **Nemophila maculata** Benth. ex Lindl. 【I, C】 ●TW; ★(NA): US.

粉蝶花 **Nemophila menziesii** Hook. et Arn. 【I, C】 ♣KBG; ●TW, YN; ★(NA): MX, US.

*大粉蝶花 **Nemophila menziesii** subsp. **insignis** (Benth.) Brand 【I, C】 ●TW; ★(NA): MX, US.

258. 天芥菜科 HELIOTROPIACEAE

天芥菜属 Heliotropium

尖花天芥菜 **Heliotropium acutiflorum** Kar. et Kir. 【N, W/C】 ♣TDBG; ●XJ; ★(AS): CN, CY, KG, KH, KZ, RU-AS, TJ, TM, UZ.

南美天芥菜 **Heliotropium arborescens** L. 【I, C】 ♣HBG, IBCAS, WBG, XBG, XMBG; ●BJ, FJ, HB, SN, TW, YN, ZJ; ★(NA): MX; (SA): BO, BR, CO, EC, PE.

银毛紫丹（银毛树）**Heliotropium argenteum** Lehm. 【N, W/C】 ♣TBG, TMNS; ●TW; ★(AF): MG; (AS): CN, ID, IN, JP, LK, PH, VN; (OC): AU, PAF.

天芥菜 **Heliotropium europaeum** L. 【I, C/N】 ★(EU): ES, FR, GR, IT, PT.

大尾摇（狗尾天芥菜）**Heliotropium indicum** L. 【N, W/C】 ♣FBG, GMG, SCBG, XMBG, XTBG; ●FJ, GD, GX, YN; ★(AF): MG, NG, ZA; (AS): BT, CN, ID, IN, JP, KH, LA, LK, MM, MY, SG, TH, VN; (OC): AU, PAF.

紫丹 **Heliotropium montanum** (Lour.) Q. W. Lin

【N, W/C】 ♣GMG, SCBG, XTBG; ●GD, GX, YN; ★(AS): BT, CN, IN, LA, LK, VN.

椭圆叶天芥菜 **Heliotropium procumbens** Mill. 【I, N】 ♣TDBG; ●XJ; ★(NA): BZ, CR, CU, DO, GT, HN, JM, MX, NI, PA, PR, SV, TT, WW; (SA): AR, BO, BR, CO, EC, PE, PY, VE.

拟大尾摇 **Heliotropium pseudoindicum** H. Chuang 【N, W/C】 ♣XTBG; ●YN; ★(AS): CN.

台湾紫丹 **Heliotropium sarmentosum** (Lam.) Craven 【N, W/C】 ♣XTBG; ●YN; ★(AS): CN, ID, IN, LA, MY, PH; (OC): AU, PAF.

细叶天芥菜 **Heliotropium strigosum** Willd. 【I, C】 ♣XTBG; ●YN; ★(AF): GH, NG, TZ, ZA.

259. 破布木科 CORDIACEAE

破布木属 Cordia

算叶破布木 **Cordia alliodora** (Ruiz et Pav.) Cham. 【I, C】 ♣SCBG, XLTBG, XMBG, XTBG; ●FJ, GD, HI, YN; ★(NA): BS, BZ, CR, CU, DO, GT, HN, HT, MX, NI, PA, PR, SV; (SA): AR, BO, BR, CO, EC, PE, PY, VE.

*北美破布木 **Cordia boissieri** A. DC. 【I, C】 ●BJ; ★(NA): MX, SV, US.

破布木（二歧破布木）**Cordia dichotoma** (Ruiz et Pav.) Gürke 【N, W/C】 ♣FBG, SCBG, TBG, TMNS, XLTBG, XMBG, XTBG; ●FJ, GD, HI, TW, YN; ★(AS): CN, ID, IN, JP, KH, LA, MM, MY, PH, PK, SG, TH, VN; (OC): AU, PAF.

二叉破布木（短梗破布木）**Cordia furcans** I. M. Johnst. 【N, W/C】 ♣XTBG; ●YN; ★(AS): CN, ID, IN, MM, TH, VN.

黄花破布木 **Cordia lutea** Lam. 【I, C】 ●TW; ★(SA): AR, CO, EC, PE.

毛叶破布木 **Cordia myxa** L. 【N, W/C】 ♣IBCAS, SCBG, TMNS, XTBG; ●BJ, GD, TW, YN; ★(AF): MG; (AS): CN, ID, IN, LA, MM; (OC): AU.

锯叶破布木 **Cordia octandra** A. DC. 【I, C】 ♣SCBG; ●GD; ★(AF): MG.

橙花破布木 **Cordia subcordata** Lam. 【N, W/C】 ♣XMBG, XTBG; ●FJ, YN; ★(AF): MG; (AS): CN, ID, IN, MM, MY, SG, TH, VN; (OC): AU, PAF.

大叶破布木 **Cordia superba** Cham. 【I, C】 ♣XTBG; ●YN; ★(SA): BR.

260. 厚壳树科 EHRETIACEAE

基及树属 Carmona

基及树（福建茶）**Carmona microphylla** (Lam.) G. Don 【N, W/C】 ♣BBG, FBG, FLBG, GMG, GXIB, HBG, KBG, SCBG, TBG, TMNS, XLTBG, XMBG, XOIG, XTBG, ZAFU; ●BJ, FJ, GD, GX, HB, HI, JX, SC, TW, YN, ZJ; ★(AS): CN, ID, IN, JP, LA; (OC): AU, PAF.

厚壳树属 Ehretia

厚壳树 **Ehretia acuminata** R. Br. 【N, W/C】 ♣CBG, FBG, GA, GMG, GXIB, HBG, KBG, LBG, NBG, SCBG, TBG, TMNS, WBG, XMBG, XTBG, ZAFU; ●FJ, GD, GX, HB, JS, JX, SH, TW, YN, ZJ; ★(AS): BT, CN, ID, IN, JP, KP, KR, LA, MM, VN; (OC): AU, PAF.

宿苞厚壳树 **Ehretia asperula** Zoll. et Moritzi 【N, W/C】 ♣SCBG; ●GD; ★(AS): CN, ID, IN, MY, VN.

云南粗糠树（云南厚壳树）**Ehretia confinis** I. M. Johnst. 【N, W/C】 ♣HBG; ●ZJ; ★(AS): CN, MM.

西南粗糠树（西南厚壳树）**Ehretia corylifolia** C. H. Wright 【N, W/C】 ♣HBG, KBG, XTBG; ●YN, ZJ; ★(AS): CN.

密花厚壳树 **Ehretia densiflora** F. N. Wei et H. Q. Wen 【N, W/C】 ♣GXIB; ●GX; ★(AS): CN.

糙毛厚壳树 **Ehretia dicksonii** Hance 【N, W/C】 ♣CDBG, GMG, GXIB, HBG, KBG, LBG, NBG, TBG, WBG, XTBG; ●GX, HB, JS, JX, SC, TW, YN, ZJ; ★(AS): BT, CN, JP, NP, VN.

毛萼厚壳树 **Ehretia laevis** Sieber ex A. DC. 【N, W/C】 ♣SCBG; ●GD; ★(AS): BT, CN, ID, IN, LA, LK, MM, MY, PK, VN; (OC): AU, PAF.

长花厚壳树 **Ehretia longiflora** Champ. ex Benth. 【N, W/C】 ♣FBG, FLBG, SCBG, XTBG; ●FJ, GD, JX, YN; ★(AS): CN, VN.

粗糠树 **Ehretia macrophylla** Wall. 【N, W/C】 ♣CBG, XTBG; ●LN, SC, SH, YN; ★(AS): BT, CN, IN, LK, MM.

屏边厚壳树 **Ehretia pingbianensis** Y. L. Liu 【N, W/C】 ♣XTBG; ●YN; ★(AS): CN.

台湾厚壳树（多脂厚壳树）**Ehretia resinosa** Hance 【N, W/C】 ♣TBG, TMNS, XTBG; ●TW, YN; ★(AS): CN, ID, PH.

上思厚壳树 **Ehretia tsangii** I. M. Johnst. 【N, W/C】 ♣XTBG; ●YN; ★(AS): CN.

261. 旋花科 CONVOLVULACEAE

飞蛾藤属 Dinetus

三列飞蛾藤 **Dinetus duclouxii** (Gagnep. et Courchet) Staples 【N, W/C】 ♣WBG; ●HB; ★(AS): CN.

飞蛾藤 **Dinetus racemosus** (Roxb.) Buch.-Ham. ex Sweet 【N, W/C】 ♣FBG, GA, LBG, XTBG; ●FJ, JX, SC, YN; ★(AS): BT, CN, ID, IN, LA, MM, NP, PH, PK, TH, VN.

三翅藤属 Tridynamia

大花三翅藤 **Tridynamia megalantha** (Merr.) Staples 【N, W/C】 ♣SCBG, XTBG; ●GD, YN; ★(AS): CN, ID, IN, LA, MM, MY, TH, VN.

大果三翅藤 **Tridynamia sinensis** (Hemsl.) Staples 【N, W/C】 ♣WBG, XTBG; ●HB, YN; ★(AS): CN, VN.

近无毛三翅藤 **Tridynamia sinensis** var. **delavayi** (Gagnep. et Courchet) Staples 【N, W/C】 ♣XTBG; ●YN; ★(AS): CN.

白花叶属 Poranopsis

搭棚藤 **Poranopsis discifera** (C. K. Schneid.) Staples 【N, W/C】 ♣XTBG; ●YN; ★(AS): CN, ID, IN, LA, MM, TH, VN.

圆锥白花叶 **Poranopsis paniculata** (Roxb.) Roberty 【N, W/C】 ♣XTBG; ●YN; ★(AS): BT, CN, IN, MM, NP, PK.

白花叶 **Poranopsis sinensis** (Hand.-Mazz.) Staples 【N, W】 ♣XTBG; ●YN; ★(AS): CN.

心萼藤属 Cordisepalum

*泰国心萼藤 **Cordisepalum phalanthopetalum** Staples 【I, C】 ♣XTBG; ●YN; ★(AS): TH.

丁公藤属 Erycibe

厚叶丁公藤 **Erycibe crassiuscula** Gagnep. 【I, C】 ♣GXIB; ●GX; ★(AS): VN.

九来龙 **Erycibe elliptilimba** Merr. et Chun 【N, W/C】 ♣SCBG; ●GD; ★(AS): CN, KH, LA, TH, VN.

毛叶丁公藤 **Erycibe hainanensis** Merr. 【N, W/C】 ♣SCBG; ●GD; ★(AS): CN, VN.

多花丁公藤 **Erycibe myriantha** Merr. 【N, W】 ♣XTBG; ●YN; ★(AS): CN.

丁公藤 **Erycibe obtusifolia** Benth. 【N, W/C】 ♣SCBG, XTBG; ●GD, YN; ★(AS): CN, VN.

光叶丁公藤 **Erycibe schmidtii** Craib 【N, W/C】 ♣GMG, SCBG, XTBG; ●GD, GX, YN; ★(AS): CN, ID, IN, TH, VN.

锥序丁公藤 **Erycibe subspicata** Wall. ex G. Don 【N, W/C】 ♣XTBG; ●YN; ★(AS): CN, IN, KH, LA, MM, TH, VN.

盾苞藤属 Neuropeltis

盾苞藤 **Neuropeltis racemosa** Wall. 【N, W/C】 ♣XTBG; ●YN; ★(AS): CN, ID, IN, LA, MM, MY, SG, TH.

小牵牛属 Jacquemontia

小牵牛 **Jacquemontia paniculata** (Burm. f.) Hallier f. 【N, W/C】 ♣XTBG; ●SD, YN; ★(AF): CM, MG, TZ; (AS): CN, ID, IN, KH, LA, LK, MM, MY, PH, TH, VN; (OC): AU, PAF.

头花小牵牛（长梗毛娥房藤） **Jacquemontia tamnifolia** (L.) Griseb. 【I, N】 ●GD, JS; ★(NA): BZ, CR, CU, DO, GT, HN, LW, MX, NI, PA, PR, SV, US; (SA): AR, BO, BR, CO, EC, GF, GY, PE, PY, VE.

马蹄金属 Dichondra

银瀑马蹄金 **Dichondra argentea** Humb. et Bonpl. ex Willd. 【I, C】 ♣BBG, IBCAS; ●BJ, TW; ★(NA): MX; (SA): AR, BO.

马蹄金 **Dichondra micrantha** Urb. 【N, W/C】 ♣BBG, FBG, GBG, GMG, GXIB, HBG, LBG, NBG, NSBG, SCBG, TBG, WBG, XMBG, XTBG, ZAFU; ●BJ, CQ, FJ, GD, GX, GZ, HB, JS, JX, SC, SD, TW, YN, ZJ; ★(AF): ZA; (AS): CN, JP, KP, KR, TH; (OC): NZ, PAF.

土丁桂属 Evolvulus

土丁桂 **Evolvulus alsinoides** (L.) L. 【N, W/C】 ♣FBG, GMG, HBG, LBG, XMBG, XTBG; ●FJ,

GX, JX, YN, ZJ; ★(AF): MG, NG, ZA; (AS): BT, CN, ID, IN, JP, KH, LA, LK, MM, MY, NP, PH, PK, SG, TH, VN; (OC): AU, PAF.

银丝草 **Evolvulus alsinoides** var. **decumbens** (R. Br.) Ooststr. 【N, W/C】 ♣XMBG; ●FJ; ★(AS): CN, ID, IN, MY, TH, VN.

短梗土丁桂 **Evolvulus nummularius** (L.) L. 【I, N】 ♣XTBG; ●YN; ★(NA): BZ, CR, CU, DO, GT, HN, HT, JM, LW, MX, NI, PA, PR, SV, TT, WW; (SA): AR, BO, BR, CO, EC, PE, PY, VE.

蓝星花 **Evolvulus nuttallianus** Roem. et Schult. 【I, C】♣XMBG, XTBG; ●FJ, YN; ★(NA): MX, US.

菟丝子属 Cuscuta

南方菟丝子 **Cuscuta australis** R. Br. 【N, W/C】 ♣FBG, IBCAS, LBG, SCBG, TMNS, WBG; ●BJ, FJ, GD, HB, JX, TW; ★(AF): MG, NG, ZA; (AS): CN, JP, KR, MN, MY, RU-AS, SG; (OC): AU, PAF.

原野菟丝子 **Cuscuta campestris** Yunck. 【N, W/C】 ♣TDBG; ●XJ; ★(AF): MG, ZA; (AS): BT, CN, IN, LK; (OC): AU, NZ, PAF.

菟丝子 **Cuscuta chinensis** Lam. 【N, W/C】♣BBG, FBG, FLBG, GA, GBG, GMG, GXIB, LBG, SCBG, XBG, XMBG, XTBG; ●BJ, FJ, GD, GX, GZ, JX, SN, YN; ★(AS): AF, CN, CY, ID, IN, JP, KP, KR, KZ, LA, LK, MM, MN, RU-AS; (OC): AU, PAF.

亚麻菟丝子 **Cuscuta epilinum** Weihe 【I, C】●HL, XJ; ★(NA): CA, US.

恩氏菟丝子 **Cuscuta gigantea** var. **engelmanni** (Korsh.) Yunck. 【I, C】★(AS): AF, CN, CY, TJ.

印度菟丝子 **Cuscuta indica** (Engelm.) Petrov ex Butkov 【I, C】 ★(AS): ID.

金灯藤 **Cuscuta japonica** Choisy 【N, W/C】 ♣FBG, GA, HBG, LBG, SCBG, XBG, XTBG; ●FJ, GD, JX, SN, YN, ZJ; ★(AS): CN, JP, KP, KR, MN, RU-AS, VN.

大花菟丝子 **Cuscuta reflexa** Roxb. 【N, W/C】 ♣XTBG; ●YN; ★(AS): AF, BT, CN, ID, IN, LA, LK, MM, MY, NP, PK, TH.

旋花属 Convolvulus

田旋花 **Convolvulus arvensis** L. 【N, W/C】♣BBG, CDBG, IBCAS, TDBG; ●BJ, JS, SC, XJ; ★(AS): AF, BT, CN, JP, MM, MN, RU-AS; (EU): FR, IS, RS.

银旋花 **Convolvulus cneorum** L. 【I, C】 ♣CBG; ●SH, TW; ★(AF): EG; (EU): ES, FR, IT, NL.

鹰爪柴 **Convolvulus gortschakovii** Schrenk 【N, W/C】 ●NM; ★(AS): CN, CY, KG, KZ, MN, RU-AS, TJ, UZ.

打碗花 **Convolvulus hederaceus** L. 【N, W/C】 ♣BBG, CDBG, GBG, GXIB, HBG, IBCAS, KBG, LBG, SCBG, WBG, ZAFU; ●BJ, GD, GX, GZ, HB, JX, SC, YN, ZJ; ★(AS): AF, BT, CN, CY, ID, IN, JP, KP, KR, LK, MM, MN, MY, NP, PK, RU-AS, TJ.

藤长苗 **Convolvulus pellitus** Ledeb. 【N, W/C】 ♣LBG; ●JX; ★(AS): CN, KP, KR, MN, RU-AS.

柔毛打碗花 **Convolvulus pubescens** (Lam.) Willd. 【N, W/C】 ♣IBCAS; ●BJ; ★(AS): CN, JP, KP.

旋花 **Convolvulus sepium** L. 【N, W/C】 ♣NSBG, XTBG; ●CQ, YN; ★(AF): ZA; (AS): CN, JP, KP, KR, MN, RU-AS; (OC): AU, NZ, PAF.

欧旋花 **Convolvulus sepium** subsp. **spectabilis** (Brummitt) Q. W. Lin 【N, W/C】♣IBCAS, WBG; ●BJ, HB; ★(AS): CN, JP, KP, KR.

天剑草 **Convolvulus silvatica** Kit. 【I, C】 ★(EU): AD, AL, BA, BG, ES, GR, HR, IT, ME, MK, PT, RO, RS, SI, SM, VA.

鼓子花 **Convolvulus silvatica** subsp. **orientalis** (Brummitt) Q. W. Lin 【N, W/C】 ♣CBG, GBG, GXIB, HBG, LBG, WBG, ZAFU; ●GX, GZ, HB, JX, SC, SH, ZJ; ★(AS): CN.

肾叶打碗花 **Convolvulus soldanella** L. 【N, W/C】 ♣CBG, HBG, XMBG; ●FJ, SH, ZJ; ★(AF): ZA; (AS): CN, JP, KP, KR, MN, RU-AS; (OC): AU, PAF.

刺旋花 **Convolvulus tragacanthoides** Turcz. 【N, W/C】 ♣MDBG, TDBG; ●GS, NM, NX, XJ; ★(AS): CN, CY, KG, KH, KZ, MN, RU-AS, TJ, TM, UZ.

三色旋花 **Convolvulus tricolor** L. 【I, C】 ♣NBG, XMBG; ●FJ, JS, TW; ★(AF): MA; (AS): AZ; (EU): BA, BY, DE, ES, GR, HR, IT, LU, ME, MK, RS, SI.

鱼黄草属 Merremia

金钟藤 **Merremia boisiana** (Gagnep.) Ooststr. 【N, W】 ♣XTBG; ●YN; ★(AS): CN, ID, IN, LA, VN.

多裂鱼黄草 **Merremia dissecta** (Jacq.) Hallier f. 【I, C】 ♣TBG; ●TW; ★(NA): BS, BZ, CR, CU, DO, GT, HN, HT, JM, LW, MX, NI, PA, PR, SV, TT, US, VG, WW; (SA): AR, BO, BR, CO, EC, GF,

GY, PY, VE.

篱栏网 **Merremia hederacea** (Burm. f.) Hallier f. 【N, W/C】 ♣FBG, FLBG, GMG, SCBG, XMBG, XTBG; ●FJ, GD, GX, JX, YN; ★(AF): MG, NG; (AS): BT, CN, ID, IN, JP, KH, LA, LK, MM, MY, NP, PH, PK, SG, TH, VN; (OC): AU, PAF.

毛山猪菜 **Merremia hirta** (L.) Merr. 【N, W/C】 ♣XTBG; ●YN; ★(AS): BT, CN, ID, IN, LA, LK, MM, MY, PH, SG, TH, VN; (OC): AU, PAF.

山土瓜 **Merremia hungaiensis** (Lingelsh. et Borza) R. C. Fang 【N, W/C】 ♣KBG, SCBG; ●GD, YN; ★(AS): CN.

长梗山土瓜 **Merremia poranoides** (C. B. Clarke) Hallier f. 【N, W/C】 ♣XTBG; ●YN; ★(AS): BT, CN, ID, IN, LK, VN.

木玫瑰 **Merremia tuberosa** (L.) Rendle 【I, C/N】 ♣TMNS, XMBG; ●FJ, TW; ★(NA): BZ, CR, CU, DO, GT, HN, HT, MX, NI, PA, PR, SV, US; (SA): BO, BR, CO, EC, GF, GY, PY, VE.

伞花茉栾藤 **Merremia umbellata** (L.) Hallier f. 【I, N】 ♣FLBG, SCBG, XTBG; ●GD, JX, YN; ★(NA): BZ, CR, CU, DO, GT, HN, MX, NI, PA, PR, SV, US; (SA): AR, BO, BR, CO, EC, GF, GY, PE, PY, VE.

山猪菜 **Merremia umbellata** subsp. **orientalis** (Hallier f.) Ooststr. 【N, W/C】 ♣XTBG; ●YN; ★(AS): CN, ID, IN, KH, LA, LK, MM, MY, NP, PH, TH, VN.

掌叶鱼黄草 **Merremia vitifolia** (Burm. f.) Hallier f. 【N, W/C】 ♣XTBG; ●YN; ★(AS): BT, CN, ID, IN, LA, LK, MM, MY, NP, TH, VN.

盒果藤属 Operculina

盒果藤 **Operculina turpethum** (L.) Silva Manso 【N, W/C】 ♣FLBG, GMG, SCBG, XTBG; ●GD, GX, JX, YN; ★(AS): BT, CN, ID, IN, JP, KH, LA, LK, MM, MY, NP, PH, PK, TH, VN.

地旋花属 Xenostegia

地旋花 **Xenostegia tridentata** (L.) D. F. Austin et Staples 【N, W/C】 ♣XTBG; ●YN; ★(AF): NG; (AS): CN, ID, IN, KH, LA, LK, MM, MY, PH, SG, TH, VN.

猪菜藤属 Hewittia

猪菜藤 **Hewittia malabarica** (L.) Suresh 【N, W/C】 ♣XTBG; ●YN; ★(AF): ZA; (AS): CN, ID, IN, KH, LA, LK, MM, MY, PH, TH, VN; (OC): PAF.

鳞蕊藤属 Lepistemon

裂叶鳞蕊藤 **Lepistemon lobatum** Pilg. 【N, W/C】 ♣SCBG; ●GD; ★(AS): CN.

虎掌藤属 Ipomoea

蕹菜 **Ipomoea aquatica** Forssk. 【N, W/C】 ♣FBG, FLBG, GA, GMG, GXIB, HBG, HFBG, LBG, NBG, SCBG, WBG, XLTBG, XMBG, XOIG, XTBG, ZAFU; ●AH, BJ, CQ, FJ, GD, GX, HB, HE, HI, HL, HN, JS, JX, QH, SC, SH, TJ, TW, YN, ZJ; ★(AF): MG, NG, TZ, ZA; (AS): CN, ID, IN, KH, LA, LK, MM, MY, NP, PH, PK, SG, TH, VN; (OC): AU, PAF.

毛牵牛（心萼薯）**Ipomoea biflora** (L.) Pers. 【N, W/C】 ♣FBG, FLBG, GMG, GXIB, SCBG, XMBG, XTBG; ●FJ, GD, GX, JX, YN; ★(AS): CN, ID, IN, JP, LA, MM, VN; (OC): AU, PAF.

布鲁牵牛 **Ipomoea bolusiana** Schinz 【I, C】 ●TW; ★(AF): MG, NA, ZA.

五爪金龙 **Ipomoea cairica** (L.) Sweet 【I, N】 ♣FBG, FLBG, GMG, SCBG, TBG, XLTBG, XMBG, XTBG; ●FJ, GD, GX, HI, JS, JX, TW, YN; ★(AF): BI, CM, CV, GA, KE, MA, MG, MW, TZ, UG, ZM; (AS): YE.

印度旋花 **Ipomoea carnea** Jacq. 【N, W/C】 ♣XMBG; ●FJ; ★(AS): BT, CN, ID, IN, JP, LA, LK, MM, NP, SG; (OC): PAF.

树牵牛 **Ipomoea carnea** subsp. **fistulosa** (Mart. ex Choisy) D. F. Austin 【N, W/C】 ♣CBG, SCBG, TBG, XLTBG, XMBG, XTBG; ●FJ, GD, HI, SH, TW, YN; ★(AS): CN, ID, IN, JP, KH, LK, MM, NP, PK, TH.

*手叶番薯 **Ipomoea cheirophylla** O'Donell 【I, N】 ♣SCBG, XTBG; ●GD, YN; ★(SA): AR, BO, PY.

何鲁牵牛 **Ipomoea holubii** Baker 【I, C】 ♣BBG, NBG; ●BJ, FJ, JS, TW; ★(AF): BW, MW, MZ, NA, ZA, ZM, ZW.

王妃藤 **Ipomoea horsfalliae** Hook. 【I, C】 ♣CBG, TMNS, WBG, XMBG, XTBG; ●FJ, HB, SH, TW, YN; ★(NA): JM.

假厚藤 **Ipomoea imperati** (Vahl) Griseb. 【N, W/C】 ♣XMBG, XTBG; ●FJ, YN; ★(AS): CN, ID, IN, JP, LK, MY, PH, TH, VN; (OC): PAF.

瘤梗番薯（瘤梗甘薯）**Ipomoea lacunosa** L. 【I, N】 ♣ZAFU; ●JS, ZJ; ★(NA): MX, US.

七爪龙 **Ipomoea mauritiana** Jacq.【I, N】♣FLBG, GMG, NBG, SCBG, XTBG; ●GD, GX, JS, JX, TW, YN; ★(AF): BJ, CM, GA, GM, GN, MG, TZ.

厚藤 **Ipomoea pes-caprae** (L.) Sweet 【N, W/C】♣CBG, FBG, FLBG, GMG, SCBG, TMNS, XMBG, XTBG, ZAFU; ●FJ, GD, GX, JX, SH, TW, YN, ZJ; ★(AF): MG, NG; (AS): CN, ID, IN, JP, KH, LK, MM, MY, PH, PK, TH, VN; (OC): AU, PAF.

帽苞薯藤 **Ipomoea pileata** Roxb. 【N, W/C】♣XTBG; ●YN; ★(AF): MG, ZA; (AS): CN, ID, IN, KH, LA, LK, MM, MY, PH, TH, VN.

块根牵牛（旋转牵牛）**Ipomoea platensis** Ker Gawl.【I, C】 ♣BBG; ●BJ; ★(SA): AR, PY.

羽叶薯 **Ipomoea polymorpha** Roem. et Schult.【N, W/C】 ●TW; ★(AS): CN, ID, IN, JP, KH, LA, MY, PH, VN; (OC): AU, PAF.

海南薯 **Ipomoea sumatrana** (Miq.) Ooststr. 【N, W/C】 ♣XTBG; ●YN; ★(AS): CN, ID, IN, LA, MM, MY, TH.

大星牵牛 **Ipomoea trifida** (Kunth) G. Don 【I, C】★(NA): BZ, CR, CU, GT, HN, MX, NI, PA, PR, SV, US; (SA): BR, CO, EC, GY, PE, PY, VE.

管花薯 **Ipomoea violacea** L. 【I, C】♣TBG; ●TW; ★(NA): BS, BZ, CR, CU, DO, LW, MX, PA, PR, SV, US, VG, WW; (SA): CO, EC, VE.

大萼山土瓜 **Ipomoea wangii** C. Y. Wu 【N, W/C】♣XTBG; ●YN; ★(AS): CN.

扁平牵牛 **Ipomoea welwitschii** Vatke ex Hallier f.【I, C】 ●TW; ★(AF): BI, TZ, ZA, ZM.

银背藤属 Argyreia

白鹤藤 **Argyreia acuta** Lour. 【N, W/C】 ♣FLBG, GMG, GXIB, SCBG, WBG, XLTBG, XMBG, XTBG; ●FJ, GD, GX, HB, HI, JX, YN; ★(AS): CN, LA, VN.

头花银背藤 **Argyreia capitiformis** (Poir.) Ooststr.【N, W/C】♣FLBG, SCBG, XTBG; ●GD, JX, YN; ★(AS): BT, CN, ID, IN, KH, LA, MM, MY, TH, VN.

车里银背藤 **Argyreia cheliensis** C. Y. Wu 【N, W/C】 ♣XTBG; ●YN; ★(AS): CN.

台湾银背藤 **Argyreia formosana** Ishigami ex T. Yamaz.【N, W/C】♣FLBG, SCBG; ●GD, JX; ★(AS): CN.

黄伞白鹤藤 **Argyreia fulvocymosa** C. Y. Wu 【N, W/C】 ♣NBG, XTBG; ●YN; ★(AS): CN.

少花黄伞白鹤藤 **Argyreia fulvocymosa** var. **pauciflora** C. Y. Wu 【N, W/C】 ♣XTBG; ●YN; ★(AS): CN.

长叶银背藤 **Argyreia henryi** (Craib) Craib 【N, W/C】 ♣XTBG; ●YN; ★(AS): CN, TH.

金背长叶藤 **Argyreia henryi** var. **hypochrysa** C. Y. Wu 【N, W/C】 ♣XTBG; ●YN; ★(AS): CN.

叶苞银背藤 **Argyreia mastersii** (Prain) Raizada【N, W/C】 ♣XTBG; ●YN; ★(AS): CN, ID, IN, MM, TH.

勐腊银背藤 **Argyreia monglaensis** C. Y. Wu et S. H. Huang 【N, W/C】 ♣XTBG; ●YN; ★(AS): CN.

单籽银背藤 **Argyreia monosperma** C. Y. Wu 【N, W/C】 ♣XTBG; ●YN; ★(AS): CN.

美丽银背藤 **Argyreia nervosa** (Burm. f.) Bojer【N, W/C】 ♣FLBG, SCBG, TMNS, XMBG, XTBG; ●FJ, GD, JX, TW, YN; ★(AS): CN, IN, MM, MY, SG.

聚花白鹤藤 **Argyreia osyrensis** (Roth) Choisy 【N, W/C】 ♣XTBG; ●YN; ★(AS): CN, ID, IN, KH, LA, LK, MM, MY, TH, VN.

灰毛白鹤藤 **Argyreia osyrensis** var. **cinerea** Hand.-Mazz.【N, W/C】♣XTBG; ●YN; ★(AS): CN, MM, TH.

东京银背藤 **Argyreia pierreana** Bois 【N, W/C】♣GMG; ●GX; ★(AS): CN, LA, VN.

细苞银背藤 **Argyreia roxburghii** (Wall.) Arn. ex Choisy 【I, C】 ♣XTBG; ●YN; ★(AS): BT, IN, LK, MM, TH.

黄毛银背藤 **Argyreia velutina** C. Y. Wu 【N, W/C】 ♣XTBG; ●YN; ★(AS): CN.

大叶银背藤 **Argyreia wallichii** Choisy 【N, W/C】♣XTBG; ●YN; ★(AS): BT, CN, ID, IN, LK, MM, TH.

星毛薯属 Astripomoea

*圆叶星番薯 **Astripomoea rotundata** A. Meeuse【I, C】 ♣XTBG; ●YN; ★(AF): ZA.

月光花属 Calonyction

月光花（夜花薯藤）**Calonyction album** (L.) House【I, C/N】 ♣GMG, HBG, SCBG, XMBG, XTBG; ●BJ, FJ, GD, GX, TW, YN, ZJ; ★(NA): BM, BZ, CR, CU, DO, GT, HN, HT, JM, MX, NI, PA, PR, SV, US, VG; (SA): AR, BO, BR, CO, EC, GY, PE, PY, VE.

丁香茄 **Calonyction muricatum** (L.) G. Don 【I, C/N】 ★(NA): MX, US; (SA): AR, EC.

刺毛月光花 **Calonyction setosum** (Ker Gawl.) Hallier f. 【I, C】 ★(NA): BZ, CR, GT, HN, MX, NI, PA; (SA): AR, BO, BR, EC, PE, VE.

茑萝属 Quamoclit

槭叶茑萝(葵叶茑萝) **Quamoclit × sloteri** House 【I, C】 ♣BBG, GBG, HBG, KBG, TDBG, XMBG; ●BJ, FJ, GZ, XJ, YN, ZJ; ★(NA): US.

橙红茑萝 **Quamoclit cholulensis** (Kunth) G. Don 【I, C】 ♣GBG, HBG, NBG, XBG, XMBG; ●BJ, FJ, GZ, JS, SN, ZJ; ★(NA): CR, GT, HN, MX, NI, SV; (SA): CO, EC, PE, VE.

圆叶茑萝 **Quamoclit coccinea** (L.) Moench 【I, C】 ●JS; ★(SA): AR, BO.

心叶茑萝 **Quamoclit coccinea** var. **hederifolia** (L.) House 【I, C】 ♣XMBG, XTBG; ●FJ, YN; ★(NA): BM, BZ, CR, DO, GT, HN, HT, JM, LW, MX, NI, PA, PR, SV, VG; (SA): BO, BR, CO, EC, GY, PE, PY, VE.

裂叶茑萝 **Quamoclit gracilis** Hallier f. 【I, C】 ★(NA): MX, US.

茑萝(羽叶茑萝) **Quamoclit pennata** (Desr.) Bojer 【I, C/N】 ♣CDBG, FBG, FLBG, GA, GBG, GMG, GXIB, HBG, HFBG, IBCAS, LBG, NBG, SCBG, TDBG, WBG, XBG, XLTBG, XMBG, XOIG, XTBG, ZAFU; ●BJ, FJ, GD, GX, GZ, HB, HI, HL, JS, JX, SC, SN, TW, XJ, YN, ZJ; ★(NA): BZ, CR, CU, DO, GT, HN, HT, JM, MX, NI, PA, PR, SV, TT, US, VG, WW; (SA): AR, BO, BR, CL, CO, EC, GY, PE, PY, VE.

牵牛属 Pharbitis

裂叶牵牛 **Pharbitis hederacea** (L.) Choisy 【I, C/N】 ♣BBG, FLBG, GA, GBG, GMG, GXIB, HBG, IBCAS, KBG, LBG, NBG, SCBG, TBG, WBG, XBG, XMBG, XOIG, XTBG, ZAFU; ●BJ, FJ, GD, GX, GZ, HB, JS, JX, SC, SN, TW, XJ, YN, ZJ; ★(NA): BZ, CR, CU, DO, GT, HN, HT, JM, MX, NI, PA, PR, SV, US, VG; (SA): AR, BO, BR, CO, EC, GY, PE, PY, VE.

变色牵牛 **Pharbitis indica** (Burm.) R. C. Fang 【N, W/C】 ♣SCBG, XMBG; ●FJ, GD; ★(AS): CN, IN, LA, LK, MM, MY, PH, PK.

牵牛 **Pharbitis nil** (L.) Choisy 【I, C/N】 ♣BBG, FBG, FLBG, GA, GBG, GMG, GXIB, HBG, IBCAS, KBG, LBG, NBG, SCBG, TBG, WBG, XBG, XMBG, XOIG, XTBG, ZAFU; ●BJ, FJ, GD, GX, GZ, HB, JS, JX, SC, SN, TW, XJ, YN, ZJ; ★(NA): BZ, CR, CU, DO, GT, HN, HT, JM, MX, NI, PA, PR, SV, US, VG; (SA): AR, BO, BR, CO, EC, GY, PE, PY, VE.

圆叶牵牛 **Pharbitis purpurea** (L.) Voigt 【I, N】 ♣BBG, CDBG, FLBG, GA, GBG, GXIB, HBG, IBCAS, KBG, LBG, TDBG, WBG, XBG, XLTBG, XMBG, XTBG, ZAFU; ●BJ, FJ, GD, GX, GZ, HB, HI, HL, JS, JX, SC, SN, TW, XJ, YN, ZJ; ★(NA): CA, US.

三色牵牛 **Pharbitis tricolor** Chitt. 【I, C】 ●TW; ★(NA): CR, MX, NI, US; (SA): AR, BO, CO, EC, VE.

金鱼花属 Mina

金鱼花 **Mina lobata** Cerv. 【I, C】 ♣XMBG; ●FJ, TW; ★(NA): GT, HN, MX; (SA): AR, BO, VE.

番薯属 Batatas

番薯 **Batatas edulis** (Thunb.) Choisy 【I, C/N】 ♣FBG, FLBG, GA, GBG, GMG, GXIB, HBG, HFBG, KBG, LBG, NBG, SCBG, TBG, WBG, XBG, XLTBG, XMBG, XOIG, XTBG, ZAFU; ●AH, BJ, CQ, FJ, GD, GX, GZ, HA, HB, HE, HI, HL, HN, JL, JS, JX, LN, SC, SD, SH, SN, SX, TW, YN, ZJ; ★(NA): BM, BZ, CR, DO, GT, HN, HT, JM, MX, NI, PA, PR, SV, TT, VG, WW; (SA): AR, BO, BR, CO, EC, GY, PE, PY, VE.

三裂叶薯 **Batatas triloba** (L.) Choisy 【I, N】 ♣FLBG, GXIB, SCBG, XMBG, ZAFU; ●FJ, GD, GX, JS, JX, ZJ; ★(NA): BS, BZ, CR, CU, DO, GT, HN, HT, JM, KY, LW, MX, PA, PR, SV, US, VG; (SA): BO, CO, EC, GY, PE, PY, VE.

262. 茄科 SOLANACEAE

蛾蝶花属 Schizanthus

杂种蛾蝶花 **Schizanthus × wisetonensis** Hort. 【I, C】 ●TW, YN; ★(SA): CL.

格氏蛾蝶花 **Schizanthus grahamii** Gillet ex Hook. 【I, C】 ★(SA): AR, CL.

蛾蝶花 **Schizanthus pinnatus** Ruiz et Pav. 【I, C】 ♣NBG; ●BJ, JS, TW, YN; ★(SA): BO, CL, EC.

美人襟属 Salpiglossis

美人襟 **Salpiglossis sinuata** Ruiz et Pav. 【I, C】

♣SCBG; ●GD, TW; ★(SA): CL.

蓝英花属　Browallia

美洲蓝英花(美洲布落华丽)**Browallia americana** L.【I, C】●TW; ★(NA): BZ, CR, GT, HN, JM, MX, NI, PA, PR, SV, TT; (SA): BO, BR, CO, EC, PE, VE.

蓝英花(布落华丽)**Browallia speciosa** Hook.【I, C】♣BBG, TMNS; ●BJ, TW, YN; ★(NA): CR, PA; (SA): CO, EC, PE.

扭管花属　Streptosolen

扭管花 **Streptosolen jamesonii** (Benth.) Miers【I, C】●TW; ★(NA): CR, PA, SV; (SA): BO, CO, EC, PE, VE.

南枸杞属　Vestia

垂管花(南枸杞)**Vestia foetida** Hoffmanns.【I, C】♣CBG; ●SH; ★(SA): CL.

夜香树属　Cestrum

黄花夜香树 **Cestrum aurantiacum** C. A. Mey. ex Steud.【I, C】♣FLBG, GXIB, HBG, SCBG, TMNS, XMBG, XTBG; ●FJ, GD, GX, JX, TW, YN, ZJ; ★(NA): CR, GT, HN, MX, NI, SV.

白花夜香树(白夜丁香)**Cestrum diurnum** L.【I, C】♣TMNS, XTBG; ●TW, YN; ★(NA): CR, CU, DO, MX, PR, TT, US, VG, WW.

毛茎夜香树 **Cestrum elegans** (Brongn. ex Neumann) Schltdl.【I, C】♣BBG, FBG, FLBG, GXIB, HBG, KBG, SCBG, XBG, XMBG, XTBG; ●BJ, FJ, GD, GX, JX, SN, TW, YN, ZJ; ★(NA): MX.

簇花夜香树(瓶子花)**Cestrum fasciculatum** (Schltdl.) Miers【I, C】♣HBG, NBG, XMBG; ●BJ, FJ, JS, YN, ZJ; ★(NA): MX.

夜香树 **Cestrum nocturnum** L.【I, C/N】♣BBG, FBG, FLBG, GA, GBG, GMG, GXIB, HBG, IBCAS, KBG, LBG, SCBG, TBG, TMNS, WBG, XBG, XLTBG, XMBG, XOIG, XTBG; ●BJ, FJ, GD, GX, GZ, HB, HI, JX, SC, SN, TW, XJ, YN, ZJ; ★(NA): BZ, CR, GT, HN, HT, JM, MX, NI, PA, PR, SV, US; (SA): BR, CO, EC, PE, VE.

大夜香树(大夜丁香)**Cestrum parqui** Benth.【I, C】♣BBG, SCBG, TMNS, XTBG; ●BJ, GD, TW, YN; ★(SA): AR, BO, BR, CL, PE, PY, UY.

柏枝花属　Fabiana

覆瓦柏枝花 **Fabiana imbricata** Ruiz et Pav.【I, C】●TW; ★(SA): AR, CL, PE.

舞春花属　Calibrachoa

舞春花 **Calibrachoa elegans** (Miers) Stehmann et Semir【I, C】★(SA): BR.

矮牵牛属　Petunia

碧冬茄(矮牵牛)**Petunia × atkinsiana** D. Don ex Loudon【I, C】♣BBG, FLBG, GA, GMG, HBG, HFBG, IBCAS, KBG, LBG, NBG, WBG, XLTBG, XMBG, ZAFU; ●BJ, FJ, GD, GX, HB, HI, HL, JL, JS, JX, LN, SC, TW, XJ, YN, ZJ; ★(NA): US.

腋生矮牵牛 **Petunia axillaris** (Lam.) Britton, Stern et Poggenb.【I, C】♣NBG; ●BJ, JS; ★(NA): MX, US; (SA): AR, BO, BR, PY, UY.

矮牵牛 **Petunia hybrida** Hort. ex Vilm.【I, C】♣CDBG, FBG, XOIG; ●FJ, SC; ★(AS): BT, IN, KR, LK, MM.

撞羽朝颜 **Petunia integrifolia** (Hook.) Schinz et Thell.【I, C】♣XMBG; ●FJ; ★(NA): US; (SA): AR, BO, BR, PY.

鸳鸯茉莉属　Brunfelsia

美洲鸳鸯茉莉(夜香花)**Brunfelsia americana** L.【I, C】♣HBG, NBG, SCBG, TBG, WBG, XMBG, XTBG; ●FJ, GD, HB, JS, TW, YN, ZJ; ★(NA): DO, LW, PR, TT, US, VG, WW; (SA): EC.

*南美鸳鸯茉莉 **Brunfelsia australis** Benth.【I, C】♣XTBG; ●YN; ★(NA): CR, US; (SA): AR, BR, CO, EC, PY.

鸳鸯茉莉 **Brunfelsia brasiliensis** (Spreng.) L. B. Sm. et Downs【I, C】♣CBG, CDBG, FBG, FLBG, GA, GBG, GMG, GXIB, HBG, LBG, SCBG, XBG, XLTBG, XMBG, XOIG, XTBG, ZAFU; ●FJ, GD, GX, GZ, HI, JX, SC, SH, SN, YN, ZJ; ★(SA): BR.

密叶鸳鸯茉莉 **Brunfelsia densifolia** Krug et Urb.【I, C】♣SCBG, XMBG; ●FJ, GD; ★(NA): PR.

*牙买加鸳鸯茉莉 **Brunfelsia jamaicensis** (Benth.) Griseb.【I, C】♣BBG; ●BJ; ★(NA): JM.

长叶鸳鸯茉莉 **Brunfelsia latifolia** (Pohl) Benth.【I, C】♣IBCAS, KBG, SCBG, WBG; ●BJ, GD, HB, YN; ★(SA): BO, BR.

大花鸳鸯茉莉 **Brunfelsia pauciflora** (Cham. et Schltdl.) Benth.【I, C】♣BBG, CBG, FBG, HBG, SCBG, WBG, XMBG, XTBG; ●BJ, FJ, GD, HB, SH, TW, YN, ZJ; ★(NA): CR, US; (SA): BR, VE.

*波多黎各鸳鸯茉莉 **Brunfelsia portoricensis** Krug et Urb. 【I, C】 ♣BBG; ●BJ; ★(NA): PR.

*单花鸳鸯茉莉 **Brunfelsia uniflora** (Pohl) D. Don【I, C】♣KBG, TBG, XTBG; ●TW, YN; ★(NA): TT; (SA): AR, BO, BR, GY, PY, VE.

赛亚麻属 Nierembergia

紫花赛亚麻 **Nierembergia caerulea** Gillies ex Miers 【I, C】 ★(NA): US.

地毯赛亚麻 **Nierembergia repens** Ruiz et Pav. 【I, C】 ♣CBG; ●SH; ★(SA): AR, CL, CO, EC, UY.

赛亚麻 **Nierembergia scoparia** Sendtn. 【I, C】 ●BJ, TW, YN; ★(SA): AR, BR, UY.

烟草属 Nicotiana

红花烟草 **Nicotiana × sanderae** W. Watson 【I, C】 ♣FLBG, HBG, NBG, XLTBG, XMBG; ●FJ, GD, HI, JS, JX, SC, TW, ZJ; ★(NA): US.

尖叶烟草 **Nicotiana acuminata** (Graham) Hook.【I, C】 ●YN; ★(NA): US; (SA): AR, CL, EC.

花烟草 **Nicotiana alata** Link et Otto【I, C】♣BBG, LBG, NBG, WBG, XMBG; ●BJ, FJ, HB, JS, JX, TW, YN; ★(NA): HN, MX; (SA): AR, BO, BR, EC.

*四裂烟草 **Nicotiana bigelovii** var. **quadrivalvis** (Pursh) East 【I, C】 ♣NBG; ●JS; ★(NA): US; (SA): BR, UY.

底比拟烟草 **Nicotiana debneyi** Domin 【I, C】 ●YN; ★(OC): AU.

福氏烟草 **Nicotiana forgetiana** Hort. ex Hemsl.【I, C】 ★(SA): BR.

光烟草 **Nicotiana glauca** Graham 【I, C】 ♣NBG; ●JS, YN; ★(NA): GT, HN, MX, US; (SA): AR, BO, BR, CL, CO, EC, PE, PY, VE.

黏毛烟草 **Nicotiana glutinosa** L. 【I, C】 ♣NBG; ●JS, YN; ★(SA): BO, EC, PE.

*戈斯烟草 **Nicotiana gossei** Domin 【I, C】 ●YN; ★(OC): AU.

长花烟草 **Nicotiana longiflora** Cav.【I, C】♣NBG; ●JS, YN; ★(SA): AR, BO, BR, CL, PY, UY.

夜花烟草 **Nicotiana noctiflora** Hook. 【I, C】 ♣NBG; ●JS; ★(SA): AR, CL.

裸茎烟草 **Nicotiana nudicaulis** S. Watson 【I, C】 ●YN; ★(NA): MX.

*锥序烟草 **Nicotiana paniculata** L. 【I, C】 ●YN; ★(SA): PE.

皱叶烟草 **Nicotiana plumbaginifolia** Viv. 【I, C】 ●YN; ★(NA): CU, GT, HN, MX; (SA): AR, BO, BR, EC, PE, PY.

白花烟草 **Nicotiana repanda** Lehm. 【I, C】 ●YN; ★(NA): MX, US.

黄花烟草 **Nicotiana rustica** L.【I, C】♣NBG; ●BJ, GD, GS, GZ, HA, HL, JL, JS, LN, SC, SX, XJ, YN; ★(SA): BO, CL, EC, PE.

林烟草 **Nicotiana sylvestris** Speg. et S. Comes 【I, C】 ●TW; ★(SA): AR, BO.

烟草 **Nicotiana tabacum** L. 【I, C】 ♣BBG, CBG, FBG, FLBG, GA, GBG, GMG, HBG, KBG, LBG, NBG, SCBG, WBG, XBG, XMBG, XTBG, ZAFU; ●AH, BJ, FJ, GD, GS, GX, GZ, HA, HB, HE, HI, HL, HN, JL, JS, JX, LN, NM, SC, SD, SH, SN, SX, TW, XJ, XZ, YN, ZJ; ★(NA): BZ, CR, CU, DO, GT, HN, JM, LW, MX, NI, PR, US, VG; (SA): AR, BO, BR, CL, CO, EC, PE, PY, VE.

*三角叶烟草 **Nicotiana trigonophylla** Dunal 【I, C】 ♣NBG; ●JS; ★(NA): MX, US.

波缘烟草 **Nicotiana undulata** Ruiz et Pav. 【I, C】 ★(SA): AR, BO, CL, PE.

软木茄属 Duboisia

雷氏澳茄 **Duboisia leichhardtii** (F. Muell.) F. Muell. 【I, C】 ♣XMBG; ●FJ; ★(OC): AU.

假茄属 Nolana

平卧假茄（蓝铃花）**Nolana humifusa** (Gouan) I. M. Johnst. 【I, C】 ♣NBG; ●JS; ★(SA): PE.

奇异假茄（小钟花）**Nolana paradoxa** Lindl. 【I, C】 ♣NBG; ●JS, TW; ★(SA): CL, PE.

枸杞属 Lycium

宁夏枸杞 **Lycium barbarum** L.【N, W/C】♣BBG, HBG, IBCAS, MDBG, NBG, TDBG, WBG, XBG; ●BJ, GS, HB, JS, LN, NM, NX, SN, XJ, YN, ZJ; ★(AS): CN.

*南美枸杞 **Lycium cestroides** Schltdl. 【I, C】 ♣NBG; ●JS; ★(SA): AR, BO, BR, UY.

枸杞 **Lycium chinense** Mill. 【N, W/C】 ♣BBG,

CBG, FBG, FLBG, GA, GBG, GMG, GXIB, HBG, HFBG, IBCAS, KBG, LBG, MDBG, NBG, NSBG, SCBG, TBG, TMNS, WBG, XBG, XLTBG, XMBG, XOIG, XTBG, ZAFU; ●AH, BJ, CQ, FJ, GD, GS, GX, GZ, HB, HE, HI, HL, JL, JS, JX, LN, NM, NX, QH, SC, SH, SN, TW, XJ, YN, ZJ; ★(AS): CN, JP, KP, KR, LA, MN, NP, PK, TH.

北方枸杞 **Lycium chinense** var. **potaninii** (Pojark.) A. M. Lu【N, W/C】●YN; ★(AS): CN, JP, MN, TH.

菱叶枸杞 **Lycium chinense** var. **rhombifolium** (Dippel) S. Z. Liu【N, W/C】●LN; ★(AS): CN, JP, KP, KR.

柱筒枸杞 **Lycium cylindricum** Kuang et A. M. Lu【N, W/C】♣TDBG; ●XJ; ★(AS): CN.

土库曼枸杞 **Lycium depressum** Stocks【I, C】♣NBG; ●JS; ★(AS): TM.

柔茎枸杞 **Lycium flexicaule** Pojark.【I, C】★(AS): KG.

黑果枸杞 **Lycium ruthenicum** Murray【N, W/C】♣IBCAS, MDBG, SCBG, TDBG; ●BJ, GD, GS, HE, NM, SN, XJ; ★(AS): AF, CN, CY, KG, KH, KZ, MN, PK, RU-AS, TJ, TM, UZ; (EU): AL, BA, ES, FR, GR, HR, IT, MC, ME, MK, RS, RU, SI.

云南枸杞 **Lycium yunnanense** Kuang et A. M. Lu【N, W/C】♣FBG, KBG; ●FJ, YN; ★(AS): CN.

颠茄属 Atropa

颠茄 **Atropa belladonna** L.【I, C】♣CBG, FBG, FLBG, GXIB, HBG, KBG, NBG, SCBG, WBG, XBG, XMBG, XTBG; ●BJ, FJ, GD, GX, HB, JS, JX, SH, SN, YN, ZJ; ★(AF): DZ, EG, LY, MA, TN; (AS): LB, PS, SY, TR; (EU): AL, BA, ES, FR, GR, HR, IT, MC, ME, MK, RS, SI.

山莨菪属 Anisodus

三分三 **Anisodus acutangulus** C. Y. Wu et C. Chen【N, W/C】♣KBG, XBG; ●SN, YN; ★(AS): CN.

赛莨菪 **Anisodus carniolicoides** (C. Y. Wu et C. Chen) D'Arcy et Zhi Y. Zhang【N, W/C】●YN; ★(AS): CN.

山莨菪 **Anisodus tanguticus** (Maxim.) Pascher【N, W/C】♣XBG; ●SN; ★(AS): CN, NP.

天仙子属 Hyoscyamus

*白花天仙子（白花莨菪）**Hyoscyamus albus** L.【I, C】♣NBG; ●JS; ★(AF): MA; (EU): ES.

天仙子 **Hyoscyamus niger** L.【N, W/C】♣GMG, HBG, IBCAS, KBG, NBG, SCBG, TDBG, XBG, XMBG, XTBG; ●BJ, FJ, GD, GX, JS, SC, SN, XJ, YN, ZJ; ★(AF): DZ, EG, LY, MA, TN; (AS): AF, BT, CN, IN, JP, KG, KP, KR, KZ, LK, MM, MN, NP, PK, RU-AS, TJ, TM, UZ; (EU): AL, BA, ES, FR, GR, HR, IT, MC, ME, MK, RS, SI.

中亚天仙子 **Hyoscyamus pusillus** L.【N, W/C】♣TDBG; ●XJ; ★(AS): AF, CN, CY, ID, IN, KG, KH, KZ, MN, PK, RU-AS, TJ, TM, UZ; (EU): RU.

欧莨菪属 Scopolia

东莨菪 **Scopolia japonica** Maxim.【I, C】★(AS): JP.

脬囊草属 Physochlaina

漏斗脬囊草（漏斗泡囊草）**Physochlaina infundibularis** Kuang【N, W/C】♣XBG; ●SN; ★(AS): CN, RU-AS.

金盏藤属 Solandra

大花金杯藤 **Solandra grandiflora** Salisb.【I, C】♣BBG, SCBG, XMBG; ●BJ, FJ, GD; ★(NA): CR, GT, HN, MX, PA, SV; (SA): EC, VE.

*斑点金杯藤 **Solandra guttata** D. Don【I, C】♣SCBG, XLTBG; ●GD, HI; ★(NA): MX, US.

长花金杯藤 **Solandra longiflora** Tussac【I, C】♣XMBG; ●FJ; ★(NA): CU, DO, JM, PA; (SA): BR, EC, GY, PE, VE.

金杯藤 **Solandra maxima** (Sessé et Moc.) P. S. Green【I, C】♣BBG, FBG, TBG, XTBG; ●BJ, FJ, GD, TW, YN; ★(NA): BZ, CR, GT, HN, MX, NI, PA, SV, US; (SA): EC.

棱瓶花属 Juanulloa

棱瓶花 **Juanulloa mexicana** (Schltdl.) Miers【I, C】♣SCBG, XTBG; ●GD, TW, YN; ★(NA): CR, GT, HN, MX; (SA): BO, CO, EC, PE.

茄参属 Mandragora

茄参 **Mandragora caulescens** C. B. Clarke【N, W/C】●YN; ★(AS): BT, CN, ID, IN, LK, MM, NP.

*土库曼茄参 **Mandragora turcomanica** Mizgir.【I, C】♣NBG; ●JS; ★(AS): TM.

假酸浆属 Nicandra

假酸浆 **Nicandra physalodes** (L.) Gaertn. 【I, N】 ♣BBG, GMG, GXIB, HBG, KBG, LBG, NBG, SCBG, WBG, XBG, XMBG, XTBG, ZAFU; ●BJ, FJ, GD, GX, HB, JS, JX, SC, SN, YN, ZJ; ★(SA): AR, BO, BR, EC, PE, VE.

木曼陀罗属 Brugmansia

杂种木曼陀罗 **Brugmansia × candida** Pers. 【I, C】 ♣BBG, IBCAS, XMBG, XTBG; ●BJ, FJ, TW, YN; ★(NA): CR, MX, PR; (SA): BO, CO, EC, PE, VE.

*粉花木曼陀罗 **Brugmansia × insignis** (Barb. Rodr.) Lockwood ex R. E. Schult. 【I, C】 ♣BBG; ●BJ; ★(SA): CO, EC, PE.

木曼陀罗（木本曼陀罗）**Brugmansia arborea** (L.) Steud. 【I, C/N】 ♣CDBG, KBG, NBG, XTBG; ●JS, SC, YN; ★(SA): BO, EC, PE.

Brugmansia candida Pers. 【I, C】 ♣FBG; ●FJ; ★(AS): ID; (SA): EC.

黄花木曼陀罗 **Brugmansia pittieri** (Saff.) Moldenke 【I, C】 ♣XMBG, XTBG; ●FJ, YN; ★(SA): BO, CO, EC.

红花木曼陀罗 **Brugmansia sanguinea** (Ruiz et Pav.) D. Don 【I, C】 ♣BBG, FBG, GA, HBG, KBG, TBG, TMNS, WBG, XTBG; ●BJ, FJ, HB, JX, TW, YN, ZJ; ★(NA): CR; (SA): BO, EC, PE.

火山木曼陀罗 **Brugmansia sanguinea** subsp. **vulcanicola** (A. S. Barclay) Govaerts 【I, C】 ♣BBG; ●BJ; ★(SA): CO, EC.

大花木曼陀罗 **Brugmansia suaveolens** (Humb. et Bonpl. ex Willd.) Bercht. et J. Presl 【I, C】 ♣BBG, FBG, FLBG, HBG, NBG, SCBG, TMNS, XMBG, XTBG, ZAFU; ●BJ, FJ, GD, JS, JX, SC, TW, YN, ZJ; ★(NA): MX; (SA): EC.

橙花曼陀罗 **Brugmansia versicolor** Lagerh. 【I, C】 ♣SCBG, TMNS; ●GD, TW; ★(SA): EC, PE.

曼陀罗属 Datura

棱茎曼陀罗 **Datura ceratocaula** Ortega 【I, C】 ♣NBG; ●JS; ★(NA): MX.

多刺曼陀罗 **Datura ferox** L. 【I, C】 ♣HBG, NBG; ●JS, ZJ; ★(SA): AR, BO, EC, PE, PY.

大曼陀罗 **Datura gigantea** Huber 【I, C】 ♣HBG; ●ZJ; ★(NA): MX.

毛曼陀罗 **Datura innoxia** Mill. 【I, C/N】 ♣GBG, GMG, HBG, IBCAS, LBG, NBG, WBG, XMBG, XOIG; ●BJ, FJ, GX, GZ, HB, JS, JX, XJ, ZJ; ★(SA): AR, PE.

洋金花 **Datura metel** L. 【I, C/N】 ♣FBG, FLBG, GA, GBG, GMG, GXIB, HBG, IBCAS, KBG, LBG, NBG, SCBG, WBG, XBG, XLTBG, XMBG, XTBG; ●BJ, FJ, GD, GX, GZ, HB, HI, JS, JX, SC, SN, TW, YN, ZJ; ★(NA): DO, HN, MX, NI, PR, US; (SA): BO, BR, CO, PE, PY, VE.

曼陀罗 **Datura stramonium** L. 【I, N】 ♣BBG, CBG, FBG, GBG, GMG, GXIB, HBG, HFBG, IBCAS, LBG, MDBG, NBG, SCBG, TDBG, WBG, XBG, XLTBG, XMBG, XTBG, ZAFU; ●BJ, FJ, GD, GS, GX, GZ, HB, HI, HL, JS, JX, SC, SH, SN, XJ, YN, ZJ; ★(NA): MX.

圣曼陀罗 **Datura wrightii** Regel 【I, C】 ●TW; ★(NA): MX, US.

茄属 Solanum

喀西茄 **Solanum aculeatissimum** Jacq. 【I, N】 ♣GXIB, KBG, NSBG, WBG, XMBG, XTBG; ●CQ, FJ, GX, HB, YN; ★(AF): BI, GN, TZ, UG, ZA; (SA): BR, PY.

红茄 **Solanum aethiopicum** L. 【I, C】 ♣GA, IBCAS, KBG, NBG, SCBG, XMBG; ●BJ, FJ, GD, JS, JX, TW, YN; ★(AF): CM, EG, ET, KM, MG, NG, TZ.

少花龙葵 **Solanum americanum** Mill. 【I, N】 ♣FBG, GXIB, KBG, LBG, NBG, SCBG, TDBG, WBG, XLTBG, XMBG, XTBG; ●FJ, GD, GX, HB, HI, JS, JX, TW, XJ, YN; ★(NA): BS, BZ, CR, DO, GT, HN, JM, LW, MX, NI, PA, PR, SV, TT, US, VG, WW; (SA): AR, BO, BR, CO, EC, GF, GY, PE, VE.

狭叶茄 **Solanum angustifolium** Mill. 【I, N】 ★(NA): HN, MX.

刺苞茄 **Solanum barbisetum** Nees 【N, W/C】 ♣XTBG; ●YN; ★(AS): BT, CN, ID, IN, LA, LK, MM, TH.

树番茄 **Solanum betaceum** Cav. 【I, C】 ♣GXIB, HBG, KBG, LBG, NBG, SCBG, WBG, XLTBG, XMBG, XOIG, XTBG; ●FJ, GD, GX, HB, HI, JS, JX, TW, YN, ZJ; ★(NA): CR, HN, JM, MX, SV, US; (SA): AR, BO, CL, CO, EC, PE.

牛茄子 **Solanum capsicoides** All. 【I, N】 ♣LBG, SCBG, XMBG, XTBG, ZAFU; ●FJ, GD, JX, YN, ZJ; ★(SA): BR.

北美刺龙葵 **Solanum carolinense** L. 【I, N】 ★(AS): JP, KR; (OC): AU, NZ.

多裂水茄 **Solanum chrysotrichum** Schltdl. 【I, C】

★(NA): CR, GT, HN, MX, NI, PA, SV; (SA): CO, PE.

*皱果茄 **Solanum crispum** Ruiz et Pav. 【I, C】 ●TW; ★(SA): AR, CL, PE.

*毛叶茄 **Solanum dasyphyllum** Schumach. et Thonn. 【I, C】 ♣XOIG; ●FJ; ★(AF): BI, CF, GA, NG, TZ.

苦刺 **Solanum deflexicarpum** C. Y. Wu et S. C. Huang 【N, W/C】 ♣KBG; ●YN; ★(AS): CN.

黄果龙葵 **Solanum diphyllum** L. 【I, C】 ★(NA): BS, BZ, GT, HN, MX, NI, SV, US.

茄树 **Solanum donianum** Walp. 【I, C】 ♣XTBG; ●YN; ★(NA): BZ, GT, MX.

欧白英 **Solanum dulcamara** L. 【N, W/C】 ♣CBG, GMG, GXIB, IBCAS, NBG; ●BJ, GX, JS, SC, SH; ★(AS): AM, AZ, BD, BH, BT, CN, CY, GE, IL, IN, IQ, IR, JO, KW, LB, LK, MM, PS, QA, RU-AS, SA, SY, TR, YE; (EU): AD, AL, AT, BA, BE, BG, BY, CH, CZ, DK, ES, FI, FR, GB, GR, HR, HU, IS, IT, LU, MC, ME, MK, NL, NO, PL, PT, RO, RS, RU, SE, SI, SK, SM, UA, VA.

银叶茄(银毛龙葵)**Solanum elaeagnifolium** Cav. 【I, N】 ●SD; ★(AF): ZA; (OC): AU.

假烟叶树 **Solanum erianthum** D. Don 【I, N】 ♣BBG, GMG, GXIB, KBG, NBG, WBG, XMBG, XTBG; ●BJ, FJ, GX, HB, JS, YN; ★(NA): BS, BZ, CR, CU, DO, GT, HN, HT, JM, MX, NI, PA, PR, SV, US, VG; (SA): AR, BO, BR, CO, EC, GY, PE, PY, VE.

*粉叶茄 **Solanum glaucophyllum** Desf. 【I, C】 ♣NBG; ●JS; ★(SA): AR, BO, BR, PY.

膜萼茄 **Solanum griffithii** (Prain) C. Y. Wu et S. C. Huang 【N, W/C】 ♣XTBG; ●YN; ★(AS): BT, CN, ID, IN, LA, LK, MM.

丁茄 **Solanum incanum** L. 【I, C】 ♣CBG; ●SH; ★(AF): BI, CF, EG, ET, MG, NG, TZ, UG.

野海茄 **Solanum japonense** Nakai 【N, W/C】 ♣BBG, CBG, CDBG; ●BJ, SC, SH; ★(AS): CN, JP, KP, KR.

素馨叶白英 **Solanum jasminoides** Paxton 【I, C】 ♣CBG; ●SH, TW; ★(NA): MX; (SA): BO, EC, VE.

光白英 **Solanum kitagawae** Schönb.-Tem. 【N, W/C】 ★(AS): AF, AM, AZ, CN, GE, IR, JP, MN, RU-AS, TR.

澳洲茄 **Solanum laciniatum** Aiton 【I, C】 ♣GMG, SCBG, XMBG; ●BJ, FJ, GD, GX; ★(OC): AU, PAF.

毛茄 **Solanum lasiocarpum** Dunal 【N, W/C】 ♣GMG, XTBG; ●GX, YN; ★(AS): CN, ID, IN, KH, LA, LK, MY, PH, SG, TH, VN.

番茄 **Solanum lycopersicum** Lam. 【I, C/N】 ♣FBG, FLBG, GA, GBG, GMG, HBG, IBCAS, LBG, SCBG, TBG, TDBG, WBG, XBG, XLTBG, XMBG, XTBG, ZAFU; ●AH, BJ, CQ, FJ, GD, GS, GX, GZ, HA, HB, HE, HI, HL, HN, JL, JS, JX, LN, NM, NX, QH, SC, SD, SH, SN, SX, TJ, TW, XJ, YN, ZJ; ★(NA): CR, MX, PA, US; (SA): AR, BO, CO, EC, PE, VE.

白英 **Solanum lyratum** Thunb. 【N, W/C】 ♣BBG, CBG, FBG, GA, GBG, GXIB, HBG, KBG, LBG, NBG, NSBG, SCBG, WBG, XBG, XMBG, XTBG, ZAFU; ●BJ, CQ, FJ, GD, GX, GZ, HB, JS, JX, SC, SH, SN, YN, ZJ; ★(AS): CN, JP, KH, KP, KR, LA, MM, TH, VN.

大果茄 **Solanum macrocarpon** L. 【I, C】 ♣SCBG, XLTBG; ●GD, HI, TW; ★(AF): CD, MG, NG, TZ, ZA.

乳茄 **Solanum mammosum** L. 【I, C】 ♣FBG, FLBG, GA, GMG, GXIB, KBG, SCBG, XMBG, XOIG, XTBG; ●FJ, GD, GX, JX, SC, TW, YN; ★(NA): BZ, CR, CU, DO, GT, HN, MX, NI, PA, PR, SV, WW; (SA): BO, CO, EC, PE, VE.

茄 **Solanum melongena** L. 【N, W/C】 ♣FBG, FLBG, GA, GBG, GMG, HBG, IBCAS, LBG, SCBG, TDBG, WBG, XBG, XLTBG, XMBG, XOIG, XTBG, ZAFU; ●AH, BJ, CQ, FJ, GD, GS, GX, GZ, HA, HB, HE, HI, HL, HN, JL, JS, JX, LN, NM, NX, QH, SC, SD, SH, SN, SX, TJ, TW, XJ, YN, ZJ; ★(AS): CN, IN, KR, LA, MM, SG.

光枝木龙葵 **Solanum merrillianum** Liou 【N, W/C】 ♣FLBG, XMBG, XTBG; ●FJ, GD, JX, YN; ★(AS): CN.

香瓜茄(人参果)**Solanum muricatum** Aiton 【I, C】 ♣BBG, FLBG, GXIB, WBG, XMBG, XOIG, ZAFU; ●BJ, CQ, FJ, GD, GX, HB, JX, YN, ZJ; ★(SA): BO, CO, EC, PE.

疏刺茄 **Solanum nienkui** Merr. et Chun 【N, W/C】 ♣SCBG; ●GD; ★(AS): CN.

龙葵 **Solanum nigrum** L. 【N, W/C】 ♣BBG, FBG, FLBG, GA, GBG, GMG, GXIB, HBG, IBCAS, KBG, LBG, NBG, NSBG, TBG, TDBG, WBG, XBG, XMBG, XTBG, ZAFU; ●BJ, CQ, FJ, GD, GX, GZ, HB, JS, JX, SC, SN, TW, XJ, YN, ZJ; ★(AS): CN, CY, ID, IN, JP, KR, LA, MM, MN, RU-AS; (EU): AD, AL, AT, BA, BE, BG, BY, CH, CZ, DK, ES, FI, FR, GB, GR, HR, HU, IS, IT, LU, MC, ME, MK, NL, NO, PL, PT, RO, RS, RU, SE, SI, SK, SM, UA, VA.

海桐叶白英 **Solanum pittosporifolium** Hemsl. 【N, W/C】 ♣CBG, LBG, WBG, XTBG; ●HB, JX, SC, SH, YN; ★(AS): BT, CN, ID, IN, JP, KR, MN, VN.

海南茄 **Solanum procumbens** Lour. 【N, W/C】 ♣GMG, SCBG, XTBG; ●GD, GX, YN; ★(AS): CN, LA, VN.

珊瑚樱 **Solanum pseudocapsicum** L. 【I, C/N】 ♣FBG, FLBG, GBG, GMG, GXIB, HBG, IBCAS, KBG, LBG, NBG, NSBG, SCBG, TBG, WBG, XBG, XLTBG, XMBG, XOIG, XTBG, ZAFU; ●BJ, CQ, FJ, GD, GX, GZ, HB, HI, JS, JX, SC, SN, TW, YN, ZJ; ★(NA): HN, MX, SV; (SA): AR, BO, BR, CL, CO, EC, PE, PY, UY, VE.

珊瑚豆 **Solanum pseudocapsicum** var. **diflorum** (Vell.) Bitter 【I, C/N】 ♣CBG, FLBG, HBG, KBG, LBG, TBG, XMBG, XOIG, XTBG; ●BJ, FJ, GD, JX, SH, TW, YN, ZJ; ★(NA): HN, MX, SV; (SA): AR, BO, BR, CL, CO, EC, PE, PY, UY, VE.

刺茄 **Solanum quitoense** Lam. 【I, C】 ♣CBG, NBG; ●JS, SH, TW; ★(NA): CR, NI, PA; (SA): BO, CO, EC, PE, VE.

黄花刺茄（刺萼龙葵、壶萼刺茄）**Solanum rostratum** Dunal 【I, N】 ♣IBCAS; ●BJ; ★(NA): MX, US.

腺龙葵 **Solanum sarachoides** Sendtn. 【I, N】 ★(SA): BR, PE, PY.

木龙葵 **Solanum scabrum** Mill. 【I, C】 ●TW; ★(AF): CM, KM, MG, TZ, ZM.

南青杞 **Solanum seaforthianum** Andrews 【I, C】 ♣FBG, HBG, SCBG, TBG, WBG, XMBG, XTBG; ●FJ, GD, HB, TW, YN, ZJ; ★(NA): CR, CU, DO, HN, JM, LW, MX, NI, PA, PR, SV, US; (SA): BR, CO, EC, PY, VE.

青杞 **Solanum septemlobum** Bunge 【N, W/C】 ♣HFBG, XBG; ●BJ, HL, SN; ★(AS): CN, MN, RU-AS.

蒜芥茄 **Solanum sisymbriifolium** Lam. 【I, C】 ●JS; ★(NA): MX, US; (SA): AR, BO, BR, CO, EC, PE, PY, UY, VE.

旋花茄 **Solanum spirale** Roxb. 【N, W/C】 ♣NBG, SCBG, XMBG, XTBG; ●FJ, GD, YN; ★(AS): BT, CN, ID, IN, LA, LK, MM, TH, VN; (OC): PAF.

黄水茄 **Solanum stipulatum** Vell. 【I, C】 ★(SA): BR.

匍枝茄 **Solanum stoloniferum** Schltdl. 【I, C】 ♣HBG; ●ZJ; ★(NA): MX, US.

金银茄（玩茄）**Solanum texanum** Ten. 【I, C】 ♣WBG; ●HB; ★(NA): US.

水茄 **Solanum torvum** Sw. 【I, N】 ♣CBG, FBG, FLBG, GMG, GXIB, HBG, SCBG, WBG, XLTBG, XMBG, XTBG; ●FJ, GD, GX, HB, HI, JX, SH, YN, ZJ; ★(NA): BS, BZ, CR, CU, DO, GT, HN, HT, JM, MX, NI, PA, PR, SV, US, VG; (SA): AR, BO, BR, CO, EC, GY, PE, PY, VE.

*三裂叶茄 **Solanum trilobatum** L. 【I, C】 ♣XTBG; ●YN; ★(AS): IN, LA, MM, MY.

马铃薯（土豆、阳芋）**Solanum tuberosum** L. 【I, C】 ♣FBG, GA, GBG, GMG, HBG, HFBG, KBG, LBG, NBG, SCBG, WBG, XMBG, XOIG, ZAFU; ●AH, BJ, CQ, FJ, GD, GS, GX, GZ, HA, HB, HE, HL, HN, JL, JS, JX, LN, NM, NX, QH, SC, SD, SH, SN, SX, TJ, TW, XJ, XZ, YN, ZJ; ★(NA): CR, GT, MX, NI, PA, PR, SV, US; (SA): BO, CO, EC, PE, VE.

野茄 **Solanum undatum** Lam. 【N, W/C】 ♣FBG, GMG, GXIB, IBCAS, NBG, NSBG, SCBG, XBG, XMBG, XTBG; ●BJ, CQ, FJ, GD, GX, JS, SN, YN; ★(AS): AF, CN, ID, IN, MY, PK, TH, VN.

毛果茄 **Solanum viarum** Dunal 【I, C】 ●XZ, YN; ★(SA): AR, BR, PE, PY, UY.

红果龙葵 **Solanum villosum** Mill. 【N, W/C】 ♣XTBG; ●BJ, YN; ★(AS): AF, BT, CN, IN, NP.

刺天茄 **Solanum violaceum** Ortega 【N, W/C】 ♣CDBG, GA, GBG, GMG, GXIB, KBG, SCBG, XMBG, XTBG; ●FJ, GD, GX, GZ, JX, SC, TW, YN; ★(AS): CN, LA.

黄果茄 **Solanum virginianum** L. 【N, W/C】 ♣CBG, CDBG, FLBG, GA, GMG, GXIB, HBG, LBG, WBG, XBG, XMBG, XTBG; ●BJ, FJ, GD, GX, HB, JX, SC, SH, SN, YN, ZJ; ★(AS): AF, BT, CN, ID, IN, JP, LK, MM, MY, NP, TH, VN; (OC): PAF.

天堂花 **Solanum wendlandii** Hook. f. 【I, C】 ●TW; ★(NA): CR, DO, GT, HN, MX, NI, PA, PR, SV; (SA): CO, EC, PE, PY.

大花茄 **Solanum wrightii** Benth. 【I, C/N】 ♣SCBG, XMBG, XTBG; ●FJ, GD, YN; ★(NA): CR, GT, HN, MX, NI, PR, SV; (SA): BO, BR, CO, EC, PE, VE.

红丝线属 Lycianthes

红丝线 **Lycianthes biflora** (Lour.) Bitter 【N, W/C】 ♣FBG, FLBG, GA, GMG, GXIB, SCBG, WBG, XMBG, XTBG, ZAFU; ●FJ, GD, GX, HB, JX, YN, ZJ; ★(AS): CN, ID, IN, JP, LA, MM, MY, PH, TH; (OC): PAF.

密毛红丝线 **Lycianthes biflora** var. **subtusoch-**

racea Bitter【N, W/C】♣XTBG; ●YN; ★(AS): CN, TH.

鄂红丝线 **Lycianthes hupehensis** (Bitter) C. Y. Wu et S. C. Huang【N, W/C】♣WBG; ●HB; ★(AS): CN.

单花红丝线 **Lycianthes lysimachioides** (Wall.) Bitter【N, W/C】♣LBG, WBG, XTBG; ●HB, JX, SC, YN; ★(AS): BT, CN, ID, IN, LK, NP.

中华红丝线 **Lycianthes lysimachioides** var. **sinensis** Bitter【N, W/C】♣WBG; ●HB; ★(AS): CN.

大齿红丝线 **Lycianthes macrodon** (Wall. ex Nees) Bitter【N, W/C】♣XTBG; ●YN; ★(AS): BT, CN, ID, IN, LK, NP, TH.

软刚毛红丝线 **Lycianthes macrodon** var. **mollitersetosa** Bitter【N, W/C】♣XTBG; ●YN; ★(AS): CN.

截萼红丝线（截齿红丝线）**Lycianthes neesiana** (Wall. ex Nees) D'Arcy et Zhi Y. Zhang【N, W/C】♣XTBG; ●YN; ★(AS): CN, ID, IN, TH.

蓝花红丝线（蓝花茄）**Lycianthes rantonnetii** Bitter【I, C】♣BBG; ●BJ; ★(NA): GT, SV; (SA): AR, BO, BR, EC, PY.

辣椒属 Capsicum

辣椒 **Capsicum annuum** L.【I, C/N】♣BBG, CBG, CDBG, FBG, FLBG, GA, GBG, GMG, GXIB, HBG, HFBG, IBCAS, KBG, LBG, NBG, SCBG, TBG, TDBG, WBG, XBG, XLTBG, XMBG, XOIG, XTBG, ZAFU; ●AH, BJ, CQ, FJ, GD, GS, GX, GZ, HA, HB, HE, HI, HL, HN, JL, JS, JX, LN, NM, NX, QH, SC, SD, SH, SN, SX, TJ, TW, XJ, YN, ZJ; ★(NA): BZ, CR, CU, DO, GT, HN, MX, NI, PA, PR, SV, US; (SA): BO, BR, CO, EC, GY, PE, PY, VE.

风铃辣椒 **Capsicum baccatum** L.【I, C】♣FBG, GMG, GXIB, SCBG, XMBG, XTBG; ●FJ, GD, GX, TW, YN; ★(NA): CR, SV, US; (SA): AR, BO, BR, EC, GY, PE, PY.

垂枝风铃辣椒 **Capsicum baccatum** var. **pendulum** (Willd.) Eshbaugh【I, C】●TW; ★(SA): BO, PE, PY.

中华辣椒 **Capsicum chinense** Jacq.【I, C】●TW; ★(NA): CR, LW, MX, NI, PA, US; (SA): BO, BR, EC, PE.

地海椒属 Archiphysalis

地海椒 **Archiphysalis sinensis** (Hemsl.) Kuang【N, W/C】♣IBCAS; ●BJ; ★(AS): CN.

龙珠属 Tubocapsicum

龙珠 **Tubocapsicum anomalum** (Franch. et Sav.) Makino【N, W/C】♣CBG, FBG, GA, IBCAS, LBG, WBG, XMBG, XTBG; ●BJ, FJ, HB, JX, SH, YN; ★(AS): CN, ID, IN, JP, KP, KR, PH, TH.

睡茄属 Withania

睡茄 **Withania somnifera** (L.) Dunal【N, W/C】♣CBG; ●SH; ★(AS): AF, CN, ID, IN, MM, PK; (EU): AD, AL, BA, BG, ES, GR, HR, IT, ME, MK, PT, RO, RS, SI, SM, VA.

箱茄属 Larnax

小花箱茄 **Larnax parviflora** N. W. Sawyer et S. Leiva【I, C】♣NBG; ●JS; ★(SA): EC, PE.

紫铃花属 Iochroma

*南美悬铃果（蓝色曼陀罗）**Iochroma australe** Griseb.【I, C】♣CBG; ●SH; ★(SA): AR, BO.

*长筒悬铃果（长筒蓝曼陀罗）**Iochroma cyaneum** (Lindl.) G. H. M. Lawr. et J. M. Tucker【I, C】♣BBG; ●BJ, TW; ★(SA): EC, PE.

*金钟悬铃果 **Iochroma fuchsioides** (Bonpl.) Miers【I, C】♣BBG; ●BJ; ★(SA): AR, CO, EC.

*大花悬铃果 **Iochroma grandiflorum** Benth.【I, C】♣BBG; ●BJ; ★(SA): EC, PE.

散血丹属 Physaliastrum

江南散血丹 **Physaliastrum heterophyllum** (Hemsl.) Migo【N, W/C】♣HBG, LBG; ●JX, ZJ; ★(AS): CN.

酸浆属 Physalis

酸浆 **Physalis alkekengi** L.【N, W/C】♣HFBG, LBG, NBG, SCBG, WBG, XMBG, XTBG; ●FJ, GD, HB, HL, JS, JX, SC, TW, XJ, YN; ★(AS): BD, BT, CN, IN, JP, KR, LK, MN, MV, NP, PK; (EU): AD, AL, BA, BG, ES, GR, HR, IT, ME, MK, PT, RO, RS, SI, SM, VA.

挂金灯（红姑娘）**Physalis alkekengi** var. **franchetii** (Mast.) Makino【N, W/C】♣CBG, CDBG, GBG,

HBG, IBCAS, KBG, WBG, XBG, XMBG; ●BJ, FJ, GZ, HB, SC, SH, SN, TW, YN, ZJ; ★(AS): CN, JP, KP, KR.

苦蘵 **Physalis angulata** L. 【I, N】 ♣FBG, FLBG, HBG, LBG, XMBG, XTBG, ZAFU; ●FJ, GD, JX, TW, YN, ZJ; ★(NA): BS, BZ, CR, CU, DO, GT, HN, HT, JM, MX, NI, PA, PR, SV, US, VG; (SA): AR, BO, BR, CO, EC, GY, PE, PY, VE.

棱萼酸浆 **Physalis cordata** Mill. 【I, N】 ★(NA): BS, CR, DO, GT, HN, HT, LW, MX, NI, PA, PR, SV, TT, US, VG; (SA): BR, CO, EC, PE, VE.

Physalis coztomatl Dunal 【I, C/N】 ★(NA): MX.

披针叶酸浆 **Physalis lanceolata** Michx. 【I, N】 ●JS; ★(NA): MX, US.

小酸浆 **Physalis minima** L. 【N, W/C】 ♣GMG, GXIB, SCBG, XLTBG, XMBG, XTBG; ●FJ, GD, GX, HI, TW, YN; ★(AF): MG, ZA, ZM; (AS): CN, MM, SG; (OC): AU.

灯笼果 **Physalis peruviana** L. 【I, C/N】 ♣SCBG; ●AH, GD, JS, TW; ★(NA): CR, DO, HT, JM, MX, NI, PR, SV; (SA): AR, BO, BR, CL, CO, EC, PE, VE.

毛酸浆 **Physalis philadelphica** Lam. 【I, C/N】 ♣GBG, HBG, IBCAS, TMNS, WBG, XTBG; ●BJ, GZ, HB, JS, TW, YN, ZJ; ★(NA): BZ, GT, HN, MX, NI, US; (SA): EC.

短毛酸浆 **Physalis pubescens** L. 【I, C/N】 ●JS, LN; ★(NA): BZ, GT, HN, MX, NI, US; (SA): AR, BO, BR, CO, EC, GY, PE, PY, VE.

全叶短毛酸浆 **Physalis pubescens** var. **integrifolia** (Dunal) Waterf. 【I, N】 ●JS; ★(NA): BZ, GT, HN, MX, NI, US; (SA): AR, BO, BR, CO, EC, GY, PE, PY, VE.

*矮酸浆 **Physalis pumila** Nutt. 【I, N】 ★(NA): US.

海滨酸浆 **Physalis viscosa** subsp. **maritima** (M. A. Curtis) Waterf. 【I, N】 ●JS; ★(NA): US.

263. 楔瓣花科 SPHENOCLEACEAE

楔瓣花属 Sphenoclea

尖瓣花 **Sphenoclea zeylanica** Gaertn. 【N, W/C】 ♣SCBG, XTBG; ●GD, TW, YN; ★(AF): MG, NG, ZA; (AS): CN, ID, IN, LA, LK, MM, MY, NP, PH, PK, TH, VN; (OC): AU.

264. 田基麻科 HYDROLEACEAE

田基麻属 Hydrolea

田基麻 **Hydrolea zeylanica** (L.) Vahl 【N, W/C】 ♣FLBG, SCBG, XMBG, XTBG; ●FJ, GD, JX, YN; ★(AS): CN, ID, IN, LA, LK, MM, MY, NP, PH, SG; (OC): AU, PAF.

265. 香茜科 CARLEMANNIACEAE

香茜属 Carlemannia

香茜 **Carlemannia tetragona** Hook. f. 【N, W/C】 ♣SCBG, XTBG; ●GD, YN; ★(AS): CN, ID, IN, MM, TH.

蜘蛛花属 Silvianthus

蜘蛛花 **Silvianthus bracteatus** Hook. f. 【N, W】 ♣XTBG; ●YN; ★(AS): CN, ID, IN, MM.

线萼蜘蛛花 **Silvianthus tonkinensis** (Gagnep.) Ridsdale 【N, W/C】 ♣SCBG, XTBG; ●GD, YN; ★(AS): CN, LA, TH, VN.

266. 木犀科 OLEACEAE

胶核木属 Myxopyrum

胶核藤（海南胶核木）**Myxopyrum pierrei** Gagnep. 【N, W/C】 ♣SCBG; ●GD; ★(AS): CN, LA, TH, VN.

夜花属 Nyctanthes

夜花 **Nyctanthes arbor-tristis** L. 【I, C】 ♣HBG, NBG, XTBG; ●JS, TW, YN, ZJ; ★(AS): BT, IN, LA, LK, MM, MY, SG.

雪柳属 Fontanesia

欧女贞雪柳 **Fontanesia phillyreoides** Labill. 【I, C】 ♣CBG, NBG, SCBG, XMBG; ●FJ, GD, JS, SH; ★(AS): LB, SY, TR; (EU): AL, BA, ES, FR, GR, HR, IT, MC, ME, MK, NL, RS, SI.

雪柳 **Fontanesia phillyreoides** subsp. **fortunei**

(Carrière) Yalt. 【N, W/C】 ♣BBG, CBG, CDBG, GA, GBG, GXIB, HBG, HFBG, IAE, IBCAS, KBG, LBG, NBG, SCBG, TDBG, WBG, XBG, XMBG, ZAFU; ●AH, BJ, FJ, GD, GX, GZ, HB, HL, JL, JS, JX, LN, SC, SH, SN, TW, XJ, YN, ZJ; ★(AS): CN.

翅果连翘属 Abeliophyllum

翅果连翘 **Abeliophyllum distichum** Nakai 【I, C】 ♣BBG, CBG, IBCAS; ●BJ, SH; ★(AS): KP, KR.

连翘属 Forsythia

美国金钟连翘 **Forsythia × intermedia** Zabel 【I, C】 ♣BBG, CBG, IBCAS, SCBG; ●BJ, GD, SH, TW; ★(EU): DE; (NA): US.

欧洲连翘 **Forsythia europaea** Degen et Bald. 【I, C】 ♣BBG, GXIB, IBCAS; ●BJ, GX, TW; ★(EU): AL, BA, HR, ME, MK, RS, SI.

秦连翘 **Forsythia giraldiana** Lingelsh. 【N, W/C】 ♣IBCAS; ●BJ, LN; ★(AS): CN.

日本连翘 **Forsythia japonica** Makino 【I, C】 ♣IBCAS; ●BJ; ★(AS): JP, KR.

朝鲜连翘 **Forsythia koreana** (Rehder) Nakai 【I, C】 ♣BBG, CBG, FBG, HBG, HFBG; ●BJ, FJ, HL, LN, SH, ZJ; ★(AS): JP, KR.

东北连翘 **Forsythia mandschurica** Uyeki 【N, W/C】 ♣BBG, HFBG, IBCAS; ●BJ, HL, LN, XJ; ★(AS): CN.

卵叶连翘 **Forsythia ovata** Nakai 【N, W/C】 ♣BBG, CDBG, IBCAS; ●BJ, LN, SC, XJ; ★(AS): CN, KR.

连翘 **Forsythia suspensa** (Thunb.) Vahl 【N, W/C】 ♣BBG, CBG, CDBG, FBG, GA, GBG, GMG, GXIB, HBG, HFBG, IBCAS, KBG, LBG, MDBG, NBG, NSBG, TDBG, WBG, XBG, XMBG; ●BJ, CQ, FJ, GS, GX, GZ, HB, HL, JL, JS, JX, LN, SC, SH, SN, TW, XJ, YN, ZJ; ★(AS): CN, JP, KR, MN.

金钟花 **Forsythia viridissima** Lindl. 【N, W/C】 ♣CBG, CDBG, GA, GBG, GXIB, HBG, IBCAS, KBG, LBG, NBG, NSBG, SCBG, WBG, XBG, XMBG, ZAFU; ●BJ, CQ, FJ, GD, GX, GZ, HB, JS, JX, LN, SC, SH, SN, XJ, YN, ZJ; ★(AS): CN, JP, KR.

素馨属 Jasminum

大叶素馨 **Jasminum attenuatum** Roxb. ex DC. 【N, W/C】 ♣XTBG; ●YN; ★(AS): CN, ID, IN, MM, TH.

亚速尔茉莉 **Jasminum azoricum** L. 【I, C】 ♣CBG; ●GD, SH; ★(EU): PT-20.

红素馨 **Jasminum beesianum** Forrest et Diels 【N, W/C】 ♣CBG, GBG, IBCAS, ZAFU; ●BJ, GZ, SH, ZJ; ★(AS): CN.

樟叶素馨 **Jasminum cinnamomifolium** Kobuski 【N, W/C】 ♣SCBG, WBG, XLTBG, XTBG; ●GD, HB, HI, YN; ★(AS): CN.

咖啡素馨 **Jasminum coffeinum** Hand.-Mazz. 【N, W/C】 ♣XTBG; ●YN; ★(AS): CN, VN.

双子素馨 **Jasminum dispermum** Wall. 【N, W/C】 ♣HBG, XTBG; ●YN, ZJ; ★(AS): BT, CN, ID, IN, LK, MM, NP.

丛林素馨 **Jasminum duclouxii** (H. Lév.) Rehder 【N, W/C】 ♣WBG, XTBG; ●HB, YN; ★(AS): CN, MM.

扭肚藤 **Jasminum elongatum** (P. J. Bergius) Willd. 【N, W/C】 ♣CBG, FBG, GMG, GXIB, HBG, SCBG, WBG, XMBG, XTBG; ●FJ, GD, GX, HB, SH, YN, ZJ; ★(AS): BT, CN, ID, IN, LA, LK, MM, MY, VN.

盈江素馨 **Jasminum flexile** Vahl 【N, W/C】 ♣XTBG; ●YN; ★(AS): CN, ID, IN, LK, MM.

探春花 **Jasminum floridum** Bunge 【N, W/C】 ♣BBG, CBG, FBG, GBG, HBG, IBCAS, LBG, NBG, WBG, XBG, XMBG; ●BJ, FJ, GZ, HB, JS, JX, SC, SH, SN, ZJ; ★(AS): CN.

灌木素馨 **Jasminum fruticans** L. 【I, C】 ♣HBG, NBG; ●JS, ZJ; ★(AF): MA; (AS): IL, SY, TR; (EU): ES, FR, NL.

素馨花 **Jasminum grandiflorum** L. 【N, W/C】 ♣HBG, IBCAS, KBG, SCBG, XBG, XLTBG, XMBG, XTBG; ●BJ, FJ, GD, HI, SN, YN, ZJ; ★(AS): BT, CN, IN, LK, MM, SG.

矮探春 **Jasminum humile** L. 【N, W/C】 ♣GXIB, KBG; ●GX, TW, YN; ★(AS): AF, BT, CN, CY, ID, IN, JP, LK, MM, NP, SG, TJ.

小叶矮探春（狭叶矮探春）**Jasminum humile** var. **microphyllum** (L. C. Chia) P. S. Green 【N, W/C】 ♣XTBG; ●YN; ★(AS): CN.

清香藤 **Jasminum lanceolarium** Roxb. 【N, W/C】 ♣CBG, FBG, FLBG, GXIB, HBG, SCBG, WBG, XMBG, XTBG; ●FJ, GD, GX, HB, JX, SC, SH, YN, ZJ; ★(AS): BT, CN, ID, IN, LK, MM, TH, VN.

桂叶素馨 **Jasminum laurifolium** var. **brachylobum** Kurz 【N, W/C】 ♣WBG, XTBG; ●HB, YN; ★(AS):

BT, CN, ID, IN, LK, MM, SG.

长管素馨 **Jasminum longitubum** L. C. Chia ex B. M. Miao【N, W/C】♣GXIB; ●GX; ★(AS): CN.

野迎春 **Jasminum mesnyi** Hance【N, W/C】♣CDBG, FLBG, GA, GMG, GXIB, HBG, IBCAS, KBG, NBG, NSBG, SCBG, TBG, WBG, XMBG, ZAFU; ●BJ, CQ, FJ, GD, GX, HB, JS, JX, SC, TW, YN, ZJ; ★(AS): CN, MM, SG; (OC): NZ.

小萼素馨 **Jasminum microcalyx** Hance【N, W/C】♣XTBG; ●YN; ★(AS): CN, VN.

毛茉莉 **Jasminum multiflorum** (Burm. f.) Andrews【I, C】♣FLBG, SCBG, TBG, XMBG, XTBG; ●FJ, GD, JX, TW, YN; ★(AS): BT, ID, IN, LA, LK, MM, NP, PK, TH, VN.

青藤仔 **Jasminum nervosum** Lour.【N, W/C】♣GMG, HBG, SCBG, TBG, TMNS, WBG, XMBG, XTBG; ●FJ, GD, GX, HB, TW, YN, ZJ; ★(AS): BT, CN, ID, IN, KH, LA, LK, MM, NP, VN.

迎春花 **Jasminum nudiflorum** Lindl.【N, W/C】♣BBG, CBG, CDBG, FBG, GA, GBG, HBG, IBCAS, LBG, MDBG, NBG, NSBG, SCBG, TDBG, WBG, XBG, XLTBG, XMBG, XOIG, XTBG, ZAFU; ●BJ, CQ, FJ, GD, GS, GZ, HB, HI, JS, JX, LN, SC, SH, SN, TW, XJ, YN, ZJ; ★(AS): CN, KR.

浓香茉莉 **Jasminum odoratissimum** L.【I, C】♣NBG, SCBG; ●GD; ★(EU): ES, FR, GB, NL.

素方花 **Jasminum officinale** L.【N, W/C】♣CBG, FLBG, XMBG, XTBG; ●FJ, GD, JX, SH, TW, YN; ★(AS): BT, CN, CY, IN, NP, TJ.

厚叶素馨 **Jasminum pentaneurum** Hand.-Mazz.【N, W/C】♣GXIB, SCBG, XTBG; ●GD, GX, YN; ★(AS): CN, VN.

多花素馨 **Jasminum polyanthum** Franch.【N, W/C】♣KBG, SCBG, XMBG, XTBG; ●FJ, GD, TW, YN; ★(AS): CN.

浅波叶素馨 **Jasminum repandum** S. Y. Bao et P. Y. Bai【N, W/C】♣XTBG; ●YN; ★(AS): CN.

云南素馨 **Jasminum rufohirtum** Gagnep.【N, W/C】♣SCBG; ●GD; ★(AS): CN, LA, VN.

茉莉花 **Jasminum sambac** (L.) Sol.【I, C】♣CDBG, FBG, FLBG, GA, GBG, GMG, GXIB, HBG, IBCAS, KBG, LBG, NBG, NSBG, SCBG, TBG, WBG, XBG, XLTBG, XMBG, XOIG, XTBG, ZAFU; ●AH, BJ, CQ, FJ, GD, GX, GZ, HB, HI, JS, JX, SC, SN, TW, YN, ZJ; ★(AS): BT, IN.

亮叶素馨 **Jasminum seguinii** H. Lév.【N, W/C】♣GXIB, XTBG; ●GX, YN; ★(AS): CN, TH.

华素馨 **Jasminum sinense** Hemsl.【N, W/C】♣CBG, GMG, LBG, SCBG, XMBG; ●FJ, GD, GX, JX, SH; ★(AS): CN, JP.

腺叶素馨 **Jasminum subglandulosum** Kurz【N, W/C】♣GXIB, XTBG; ●GX, YN; ★(AS): CN, ID, IN, MM, TH.

滇素馨 **Jasminum subhumile** W. W. Sm.【N, W/C】♣GXIB, KBG, XTBG; ●GX, YN; ★(AS): BT, CN, ID, IN, LK, MM, NP.

密花素馨 **Jasminum tonkinense** Gagnep.【N, W/C】♣KBG, XTBG; ●YN; ★(AS): CN, LA, VN.

*曲枝素馨 **Jasminum tortuosum** Willd.【I, C】♣XTBG; ●YN; ★(AF): ZA.

川素馨 **Jasminum urophyllum** Hemsl.【N, W/C】♣CBG, FBG, SCBG, WBG; ●FJ, GD, HB, SH; ★(AS): CN.

异叶素馨 **Jasminum wengeri** C. E. C. Fisch.【N, W/C】♣XTBG; ●YN; ★(AS): CN, MM.

丁香属 Syringa

什锦丁香 **Syringa × chinensis** Willd.【N, C】♣BBG, HFBG, IBCAS, NBG; ●BJ, HL, JS, LN; ★(AS): CN.

亨利丁香 **Syringa × henryi** C. K. Schneid.【N, C】♣BBG, IBCAS, NBG; ●BJ, JS; ★(AS): CN.

布什丁香 **Syringa × hyacinthiflora** Rehder【I, C】♣BBG, IBCAS; ●BJ, LN, TW; ★(EU): FR.

波斯丁香 **Syringa × persica** L.【I, C】♣BBG, IBCAS, TDBG, WBG, XBG; ●BJ, HB, LN, SN, TW, XJ, YN; ★(AS): IR.

阿富汗丁香 **Syringa afghanica** C. K. Schneid.【I, C】★(AS): AF, PK.

喜马拉雅丁香 **Syringa emodi** Wall. ex Royle【I, C】♣HFBG, IBCAS, NBG; ●BJ, HL, JS, LN; ★(AS): NP.

匈牙利丁香 **Syringa josikaea** J. Jacq. ex Rchb. f.【I, C】♣HBG, IBCAS, NBG; ●BJ, HE, JS, LN, ZJ; ★(EU): HU, RO, UA.

西蜀丁香 **Syringa komarowii** C. K. Schneid.【N, W/C】♣IBCAS; ●BJ, LN; ★(AS): CN.

垂丝丁香 **Syringa komarowii** subsp. **reflexa** (C. K. Schneid.) P. S. Green et M. C. Chang【N, W/C】♣HBG, IBCAS, NBG; ●BJ, JS, LN, ZJ; ★(AS): CN.

蓝丁香 **Syringa meyeri** C. K. Schneid.【N, W/C】

♣CBG, HFBG, IBCAS, XBG; ●BJ, HL, JL, LN, SH, SN, TW; ★(AS): CN.

紫丁香 **Syringa oblata** Lindl. 【N, W/C】 ♣CBG, CDBG, GA, GBG, HBG, HFBG, IAE, IBCAS, LBG, MDBG, NBG, TDBG, WBG, XBG, XMBG; ●BJ, FJ, GS, GZ, HB, HL, JL, JS, JX, LN, SC, SH, SN, TW, XJ, YN, ZJ; ★(AS): CN, KP, KR, MN.

朝阳丁香 **Syringa oblata** subsp. **dilatata** (Nakai) P. S. Green et M. C. Chang 【N, W/C】 ♣HFBG, IBCAS; ●BJ, HL, LN; ★(AS): CN, KP, KR.

羽叶丁香 **Syringa pinnatifolia** Hemsl. 【N, W/C】 ♣CDBG, HBG, IBCAS, MDBG, TDBG; ●BJ, GS, LN, SC, XJ, YN, ZJ; ★(AS): CN, MN.

华丁香 **Syringa protolaciniata** P. S. Green et M. C. Chang 【N, W/C】 ●GS; ★(AS): CN.

巧玲花（毛丁香）**Syringa pubescens** Turcz. 【N, W/C】 ♣HFBG, IBCAS, TDBG, XBG; ●BJ, HL, LN, SN, XJ; ★(AS): CN, KP.

光萼巧玲花 **Syringa pubescens** subsp. **julianae** (C. K. Schneid.) M. C. Chang et X. L. Chen 【N, W/C】 ♣IBCAS; ●BJ, YN; ★(AS): CN.

小叶巧玲花 **Syringa pubescens** subsp. **microphylla** (Diels) M. C. Chang et X. L. Chen 【N, W/C】 ♣CBG, GXIB, HBG, HFBG, IBCAS, LBG, XBG; ●BJ, GX, HL, JL, JX, SH, SN, TW, YN, ZJ; ★(AS): CN.

关东巧玲花 **Syringa pubescens** subsp. **patula** (Palib.) M. C. Chang et X. L. Chen 【N, W/C】 ♣CBG, CDBG, HFBG, IBCAS; ●BJ, GS, HL, LN, SC, SH, TW; ★(AS): CN, KP, KR.

日本丁香 **Syringa reticulata** (Blume) H. Hara 【N, W/C】 ♣IBCAS, KBG, MDBG, NBG; ●BJ, GS, HB, JS, LN, YN; ★(AS): CN, JP, KP, KR, MN, RU-AS.

暴马丁香 **Syringa reticulata** subsp. **amurensis** (Rupr.) P. S. Green et M. C. Chang 【N, W/C】 ♣CBG, CDBG, HBG, HFBG, IBCAS, LBG, NBG, TDBG, WBG, XBG; ●BJ, HB, HL, JS, JX, LN, SC, SH, SN, SX, TW, XJ, YN, ZJ; ★(AS): CN, KP, KR.

北京丁香 **Syringa reticulata** subsp. **pekinensis** (Rupr.) P. S. Green et M. C. Chang 【N, W/C】 ♣CDBG, HFBG, IBCAS, LBG, MDBG, XBG; ●BJ, GS, HL, JX, LN, SC, SN, XJ; ★(AS): CN, MN.

藏南丁香 **Syringa tibetica** P. Y. Pai 【N, W/C】 ♣KBG; ●YN; ★(AS): CN.

毛丁香 **Syringa tomentella** Bureau et Franch. 【N, W/C】 ♣IBCAS, NBG; ●BJ, JS; ★(AS): CN.

四川丁香 **Syringa tomentella** subsp. **sweginzowii** (Koehne et Lingelsh.) Jin Y. Chen et D. Y. Hong 【N, W/C】 ♣IBCAS, MDBG, NBG; ●BJ, GS, JS, LN; ★(AS): CN.

云南丁香 **Syringa tomentella** subsp. **yunnanensis** (Franch.) J-yong Chen et D. Y. Hong 【N, W/C】 ♣CBG, IBCAS, KBG, NBG; ●BJ, JS, SH, TW, YN; ★(AS): CN.

红丁香 **Syringa villosa** Vahl 【N, W/C】 ♣CDBG, HFBG, IBCAS, NBG, TDBG; ●BJ, HE, HL, JS, LN, SC, XJ; ★(AS): CN, JP, MN.

欧丁香 **Syringa vulgaris** L. 【I, C】 ♣BBG, CDBG, HFBG, IBCAS, NBG, TDBG, WBG, XBG; ●BJ, HB, HE, HL, JL, JS, LN, SC, SN, TW, XJ; ★(EU): AL, BA, BG, GR, HR, MD, ME, MK, RO, RS, SI, TR, UA.

辽东丁香 **Syringa wolfii** C. K. Schneid. 【N, W/C】 ♣BBG, CDBG, HBG, HFBG, IBCAS, NBG; ●BJ, HL, JS, LN, SC, ZJ; ★(AS): CN, KP, KR, MN, RU-AS.

女贞属 Ligustrum

金叶女贞 **Ligustrum** × **vicaryi** Rehder 【I, C】 ♣FLBG, GA, IBCAS, SCBG, WBG, ZAFU; ●BJ, GD, HB, JX, LN, SC, YN, ZJ; ★(NA): US.

长叶女贞 **Ligustrum compactum** (Wall. ex G. Don) Hook. f. et Thomson ex Decne. 【N, W/C】 ♣FBG, GBG, HBG, WBG; ●FJ, GZ, HB, YN, ZJ; ★(AS): BT, CN, ID, IN, LK, NP.

散生女贞 **Ligustrum confusum** Decne. 【N, W/C】 ♣IBCAS, KBG, XTBG; ●BJ, YN; ★(AS): BT, CN, ID, IN, LA, LK, MM, MY, NP, TH, VN.

紫药女贞 **Ligustrum delavayanum** Har. 【N, W/C】 ♣KBG, WBG; ●HB, YN; ★(AS): CN, MM.

扩展女贞 **Ligustrum expansum** Rehder 【N, W/C】 ♣WBG; ●HB; ★(AS): CN.

丽叶女贞 **Ligustrum henryi** Hemsl. 【N, W/C】 ♣CBG, FBG, WBG; ●FJ, HB, SH; ★(AS): CN.

大叶东亚女贞 **Ligustrum ibota** Siebold 【I, C】 ♣HBG, IBCAS, NBG; ●BJ, JS, ZJ; ★(AS): JP, KR.

日本女贞 **Ligustrum japonicum** Thunb. 【I, C】 ♣CBG, FBG, FLBG, GA, GBG, HBG, IBCAS, KBG, NBG, SCBG, TBG, WBG, XMBG, XOIG, ZAFU; ●BJ, FJ, GD, GZ, HB, JS, JX, SC, SH, TW, YN, ZJ; ★(AS): JP, KP, KR.

蜡子树 **Ligustrum leucanthum** (S. Moore) P. S.

Green 【N, W/C】 ♣CBG, FBG, HBG, IBCAS, LBG, NBG, WBG, ZAFU; ●BJ, FJ, HB, JS, JX, SH, ZJ; ★(AS): CN.

台湾女贞 **Ligustrum liukiuense** Koidz. 【N, W/C】 ♣HBG, SCBG, TMNS, XTBG; ●GD, TW, YN, ZJ; ★(AS): CN, JP.

女贞 **Ligustrum lucidum** W. T. Aiton 【N, W/C】 ♣BBG, CBG, CDBG, FBG, FLBG, GA, GBG, GMG, GXIB, HBG, IBCAS, KBG, LBG, NBG, NSBG, SCBG, TDBG, WBG, XBG, XLTBG, XMBG, XTBG, ZAFU; ●AH, BJ, CQ, FJ, GD, GX, GZ, HB, HI, JS, JX, SC, SH, SN, TW, XJ, YN, ZJ; ★(AS): CN, JP, KR.

水蜡树 **Ligustrum obtusifolium** Siebold et Zucc. 【N, W/C】 ♣CBG, CDBG, HBG, HFBG, IAE, IBCAS, LBG, SCBG, TBG; ●BJ, GD, HL, JL, JX, LN, SC, SH, TW, XJ, ZJ; ★(AS): CN, JP, KP, KR.

东亚女贞 **Ligustrum obtusifolium** subsp. **microphyllum** (Nakai) P. S. Green 【N, W/C】 ♣LBG; ●JX; ★(AS): CN, JP, KP, KR.

辽东水蜡树 **Ligustrum obtusifolium** subsp. **suave** (Kitag.) Kitag. 【N, W/C】 ♣HBG, IBCAS; ●BJ, ZJ; ★(AS): CN.

卵叶女贞 **Ligustrum ovalifolium** Hassk. 【I, C】 ♣CBG, HBG, IBCAS, KBG, WBG, XLTBG, XMBG, ZAFU; ●BJ, FJ, HB, HI, SC, SH, TW, YN, ZJ; ★(AS): JP.

总梗女贞（阿里山女贞）**Ligustrum pricei** Hayata 【N, W/C】 ♣WBG; ●HB, SC; ★(AS): CN.

斑叶女贞 **Ligustrum punctifolium** M. C. Chang 【N, W/C】 ♣FLBG, SCBG; ●GD, JX; ★(AS): CN, VN.

小叶女贞 **Ligustrum quihoui** Carrière 【N, W/C】 ♣CBG, CDBG, FBG, FLBG, GA, GBG, GXIB, HBG, IBCAS, KBG, LBG, NBG, NSBG, SCBG, WBG, XBG, XMBG, XTBG, ZAFU; ●BJ, CQ, FJ, GD, GX, GZ, HB, JS, JX, SC, SH, SN, XJ, YN, ZJ; ★(AS): CN, KP, KR, MN.

凹叶女贞 **Ligustrum retusum** Merr. 【N, W/C】 ♣SCBG; ●GD; ★(AS): CN, VN.

粗壮女贞 **Ligustrum robustum** (Roxb.) Blume 【N, W/C】 ♣XTBG; ●YN; ★(AS): CN, ID, IN, KH, LA, LK, MM, TH, VN.

沃克粗壮女贞 **Ligustrum robustum** subsp. **walkeri** (Decne.) P. S. Green 【I, C】 ♣IBCAS, TBG; ●BJ, TW; ★(AS): IN, LK.

裂果女贞 **Ligustrum sempervirens** (Franch.) Lingelsh. 【N, W/C】 ♣HBG; ●ZJ; ★(AS): CN.

小蜡 **Ligustrum sinense** Lour. 【N, W/C】 ♣CBG, CDBG, FBG, FLBG, GA, GMG, GXIB, HBG, IBCAS, KBG, LBG, NSBG, SCBG, TBG, WBG, XLTBG, XMBG, XTBG, ZAFU; ●BJ, CQ, FJ, GD, GX, HB, HI, JX, SC, SH, TW, YN, ZJ; ★(AS): CN, LA, SG, VN.

光萼小蜡 **Ligustrum sinense** var. **myrianthum** (Diels) Hoefker 【N, W/C】 ♣KBG, WBG; ●HB, YN; ★(AS): CN.

皱叶小蜡 **Ligustrum sinense** var. **rugosulum** (W. W. Sm.) M. C. Chang 【N, W/C】 ♣KBG, XTBG; ●YN; ★(AS): CN, VN.

宜昌女贞 **Ligustrum strongylophyllum** Hemsl. 【N, W/C】 ♣WBG; ●HB; ★(AS): CN.

邱氏女贞 **Ligustrum tschonoskii** Decne. 【I, C】 ♣HBG; ●ZJ; ★(AS): JP.

欧洲女贞 **Ligustrum vulgare** L. 【I, C】 ♣CBG, HBG, IBCAS, NBG, TBG; ●BJ, JS, SH, TW, YN, ZJ; ★(AF): DZ, EG, LY, MA, TN; (AS): IR, LB, PS, SY, TR; (EU): AL, BA, CZ, ES, FR, GB, GR, HR, IT, MC, ME, MK, PL, RS, SE, SI.

梣属 Fraxinus

美国白梣 **Fraxinus americana** L. 【I, C】 ♣BBG, CBG, GA, GXIB, HBG, IBCAS, KBG, MDBG, NBG, SCBG, XBG, XTBG; ●BJ, GD, GS, GX, HE, JL, JS, JX, LN, SD, SH, SN, XJ, YN, ZJ; ★(NA): US.

窄叶梣 **Fraxinus angustifolia** Vahl 【I, C】 ♣BBG, CBG, IBCAS; ●BJ, SH; ★(AF): DZ, EG, LY, MA, TN; (AS): LB, PS, SA, SY, TR; (EU): AL, AT, BA, BG, BY, CZ, DE, ES, FR, GR, HR, HU, IT, LU, MC, ME, MK, RO, RS, RU, SI, TR.

尖果梣 **Fraxinus angustifolia** subsp. **oxycarpa** (Willd.) Franco et Rocha Afonso 【I, C】 ♣IBCAS, NBG; ●BJ, JS, LN; ★(AS): AM, AZ, GE, IR, RU-AS, TR; (EU): BY, CZ, EE, LT, LV, MD, UA.

叙利亚梣 **Fraxinus angustifolia** subsp. **syriaca** (Boiss.) Yalt. 【I, C】 ♣NBG; ●JS; ★(AS): AM, AZ, BH, CY, GE, IL, IQ, IR, JO, KW, LB, PS, QA, SA, SY, TR, YE.

狭叶梣 **Fraxinus baroniana** Diels 【N, W/C】 ♣CBG, IBCAS; ●BJ, SH; ★(AS): CN.

小叶梣 **Fraxinus bungeana** A. DC. 【N, W/C】 ♣GA, GXIB, HBG, IBCAS, MDBG, NBG, XTBG; ●BJ, GS, GX, JS, JX, LN, SD, YN, ZJ; ★(AS): CN.

白蜡树 **Fraxinus chinensis** Roxb. 【N, W/C】 ♣CBG, CDBG, FBG, FLBG, GMG, GXIB, HBG,

HFBG, IBCAS, LBG, NBG, NSBG, SCBG, TDBG, WBG, XBG, XMBG, XTBG, ZAFU; ●BJ, CQ, FJ, GD, GX, HB, HL, JS, JX, LN, SC, SH, SN, XJ, YN, ZJ; ★(AS): CN, JP, KP, MN, RU-AS, VN.

花曲柳 **Fraxinus chinensis** subsp. **rhynchophylla** (Hance) A. E. Murray 【N, W/C】 ♣BBG, GA, HBG, HFBG, IAE, IBCAS, LBG, MDBG, NBG, WBG, XBG; ●BJ, GS, HB, HL, JS, JX, LN, SN, XJ, YN, ZJ; ★(AS): CN, JP, KP, KR.

欧梣 **Fraxinus excelsior** L. 【I, C】 ♣BBG, CBG, HBG, IBCAS, NBG, TBG, XTBG; ●BJ, JS, NX, SH, TW, YN, ZJ; ★(AS): CY, LB, PS, SY, TR; (EU): AD, AL, AT, BA, BE, BG, BY, CH, CZ, ES, FI, FR, GB, GR, HR, HU, IS, IT, LU, MC, ME, MK, NL, PL, PT, RO, RS, RU, SI, SK, SM, UA, VA.

锈毛梣 **Fraxinus ferruginea** Lingelsh. 【N, W】 ♣XTBG; ●YN; ★(AS): CN, MM.

多花梣 **Fraxinus floribunda** Wall. 【N, W/C】 ♣GXIB, WBG, XTBG; ●GX, HB, YN; ★(AS): AF, BT, CN, ID, IN, JP, LA, LK, MM, NP, TH, VN; (EU): ES.

光蜡树 **Fraxinus griffithii** C. B. Clarke 【N, W/C】 ♣CBG, FBG, GXIB, HBG, NSBG, TBG, WBG, XTBG, ZAFU; ●CQ, FJ, GX, HB, SH, TW, YN, ZJ; ★(AS): CN, ID, IN, JP, MM, PH, VN.

湖北梣 **Fraxinus hupehensis** S. Z. Qu, C. B. Shang et P. L. Su 【N, W/C】 ♣BBG, FBG, FLBG, GXIB, IBCAS, NBG, SCBG, WBG, XMBG; ●BJ, FJ, GD, GX, HB, JS, JX, LN, SC, YN; ★(AS): CN.

苦枥木 **Fraxinus insularis** Hemsl. 【N, W/C】 ♣CBG, FBG, HBG, LBG, NBG, TMNS, WBG, XTBG, ZAFU; ●FJ, HB, JS, JX, SC, SH, TW, YN, ZJ; ★(AS): CN, JP.

阔叶梣 **Fraxinus latifolia** Benth. 【I, C】 ♣IBCAS, NBG; ●BJ, JS; ★(NA): US.

*长尾梣 **Fraxinus longicuspis** Siebold et Zucc. 【I, C】 ♣IBCAS, NBG; ●BJ, JS; ★(AS): JP.

白枪杆 **Fraxinus malacophylla** Hemsl. 【N, W/C】 ♣CDBG, GA, KBG, XTBG; ●JX, SC, YN; ★(AS): CN, TH.

水曲柳 **Fraxinus mandshurica** Rupr. 【N, W/C】 ♣BBG, CBG, CDBG, HBG, HFBG, IAE, IBCAS, KBG, NBG, TDBG, WBG; ●BJ, HB, HL, JS, LN, SC, SH, SX, XJ, YN, ZJ; ★(AS): CN, JP, KP, KR, MN, RU-AS.

黑梣 **Fraxinus nigra** Marshall 【I, C】 ♣BBG, CBG; ●BJ, SH; ★(NA): CA, US.

尖萼梣 **Fraxinus odontocalyx** Hand.-Mazz. ex E. Peter 【N, W/C】 ♣CBG; ●SH; ★(AS): CN.

花梣 **Fraxinus ornus** L. 【I, C】 ♣BBG, CBG, HBG, IBCAS, NBG; ●BJ, JS, NX, SH, TW, ZJ; ★(AS): AM, AZ, BH, CY, GE, IL, IQ, IR, JO, KW, LB, PS, QA, SA, SY, TR, YE; (EU): AD, AL, BA, BG, CZ, ES, GR, HR, IT, ME, MK, PL, PT, RO, RS, SI, SM, VA.

秦岭梣 **Fraxinus paxiana** Lingelsh. 【N, W/C】 ♣KBG, WBG, XBG; ●HB, SN, YN; ★(AS): BT, CN, ID, IN, LK.

美国红梣 **Fraxinus pennsylvanica** Marshall 【I, C】 ♣BBG, CBG, HBG, HFBG, IBCAS, NBG, TBG, TDBG; ●BJ, HL, JL, JS, LN, NM, SD, SH, SN, TW, XJ, ZJ; ★(NA): US.

象蜡树 **Fraxinus platypoda** Oliv. 【N, W/C】 ♣XTBG; ●YN; ★(AS): CN, JP.

*南瓜梣 **Fraxinus profunda** (Bush) Bush 【I, C】 ♣IBCAS; ●BJ, YN; ★(NA): US.

四棱梣 **Fraxinus quadrangulata** Michx. 【I, C】 ♣HBG; ●ZJ; ★(NA): CA, US.

*塔吉梣 **Fraxinus raibocarpa** Regel 【I, C】 ♣NBG; ●JS; ★(AS): RU-AS, TJ.

庐山梣 **Fraxinus sieboldiana** Blume 【N, W/C】 ♣CBG, HBG, IBCAS, LBG, NBG; ●BJ, JS, JX, SH, ZJ; ★(AS): CN, JP, KR.

天山梣 **Fraxinus sogdiana** Bunge 【N, W/C】 ♣IBCAS, TDBG, XTBG; ●BJ, XJ, YN; ★(AS): CN, CY, KG, KZ, TJ, UZ.

宿柱梣 **Fraxinus stylosa** Lingelsh. 【N, W/C】 ♣WBG; ●HB; ★(AS): CN.

山梣 **Fraxinus texensis** (A. Gray) Sarg. 【I, C】 ♣IBCAS; ●BJ; ★(NA): MX, US.

墨西哥梣 **Fraxinus uhdei** (Wenz.) Lingelsh. 【I, C】 ♣TBG; ●TW; ★(NA): CR, GT, HN, MX, PR, US.

绒毛梣 **Fraxinus velutina** Torr. 【I, C】 ●TJ; ★(NA): MX, US.

木犀榄属 Olea

滨木犀榄 **Olea brachiata** (Lour.) Merr. 【N, W/C】 ♣SCBG; ●GD; ★(AS): CN, LA, MY, SG, VN.

非洲木犀榄 **Olea capensis** L. 【I, C】 ★(AF): KM, MW, ZM.

大果非洲木犀榄 **Olea capensis** subsp. **macrocarpa** (C. H. Wright) I. Verd. 【I, C】 ♣HBG; ●ZJ; ★(AF): MG, MW, TZ.

尾叶木犀榄 **Olea caudatilimba** L. C. Chia 【N, W/C】 ♣XTBG; ●YN; ★(AS): CN.

异株木犀榄 **Olea dioica** Roxb. 【N, W/C】 ♣GA, SCBG, XTBG; ●GD, JX, YN; ★(AS): CN, LA, MM, MY, SG.

木犀榄 **Olea europaea** L. 【I, C】 ♣CBG, CDBG, GMG, HBG, IBCAS, KBG, LBG, NBG, TBG, WBG, XBG, XMBG, XOIG, XTBG; ●BJ, FJ, GX, HB, JS, JX, SC, SD, SH, SN, TW, YN, ZJ; ★(AF): DZ, EG, LY, MA, TN; (AS): LB, PS, SY, TR; (EU): AL, BA, ES, FR, GR, HR, IT, MC, ME, MK, RS, SI.

锈鳞木犀榄 **Olea europaea** subsp. **cuspidata** (Wall. et G. Don) Cif. 【I, C】 ♣BBG, CBG, FBG, FLBG, GA, GXIB, HBG, KBG, LBG, SCBG, WBG, XBG, XLTBG, XMBG, XTBG; ●BJ, FJ, GD, GX, HB, HI, JX, SC, SH, SN, YN, ZJ; ★(AF): TZ.

海南木犀榄 **Olea hainanensis** H. L. Li 【N, W/C】 ♣GXIB, SCBG; ●GD, GX; ★(AS): CN, LA.

狭叶木犀榄 **Olea neriifolia** H. L. Li 【N, W/C】 ♣XLTBG, XMBG; ●FJ, HI; ★(AS): CN.

腺叶木犀榄 **Olea paniculata** R. Br. 【N, W/C】 ♣XTBG; ●YN; ★(AS): CN, ID, IN, LK, MY, NP, PK; (OC): AU, PAF.

红花木犀榄 **Olea rosea** Craib 【N, W/C】 ♣WBG, XTBG; ●HB, YN; ★(AS): CN, KH, LA, TH, VN.

方枝木犀榄 **Olea tetragonoclada** L. C. Chia 【N, W/C】 ♣SCBG; ●GD; ★(AS): CN.

云南木犀榄 **Olea tsoongii** (Merr.) P. S. Green 【N, W/C】 ♣KBG, SCBG; ●GD, YN; ★(AS): CN.

流苏树属 Chionanthus

流苏树 **Chionanthus retusus** Lindl. et Paxton 【N, W/C】 ♣BBG, CBG, FBG, GA, HBG, IBCAS, KBG, LBG, NBG, SCBG, TBG, TMNS, WBG, XBG, XMBG; ●BJ, FJ, GD, HB, JS, JX, LN, SD, SH, SN, SX, TW, YN, ZJ; ★(AS): CN, JP, KP, KR.

美国流苏树 **Chionanthus virginicus** L. 【I, C】 ♣BBG, CBG, HBG, IBCAS; ●BJ, CQ, SH, TW, ZJ; ★(NA): US.

李榄属 Linociera

李榄 **Linociera insignis** (Miq.) C. B. Clarke 【N, W/C】 ♣WBG, XTBG; ●HB, YN; ★(AS): CN, MM.

枝花李榄(枝花流苏树)**Linociera ramiflora** (Roxb.) Wall. 【N, W/C】 ♣KBG, SCBG, TMNS, XTBG; ●GD, TW, YN; ★(AS): CN, ID, IN, LA, NP, PH, SG, VN; (OC): PAF.

木犀属 Osmanthus

布克木犀(欧洲木犀)**Osmanthus × burkwoodii** P. S. Green 【I, C】 ♣CBG; ●SH, TW; ★(EU): GB.

齿叶木犀(刺叶儿、刺叶木犀)**Osmanthus × fortunei** Carrière 【I, C】 ♣SCBG; ●GD, TW; ★(AS): JP.

红柄木犀 **Osmanthus armatus** Diels 【N, W/C】 ♣CBG, FBG, NBG, SCBG, WBG; ●FJ, GD, HB, JS, SH; ★(AS): CN.

狭叶木犀 **Osmanthus attenuatus** P. S. Green 【N, W/C】 ♣WBG; ●HB; ★(AS): CN.

宁波木犀 **Osmanthus cooperi** Hemsl. 【N, W/C】 ♣CBG, FBG, HBG, NBG, WBG, ZAFU; ●FJ, HB, JS, SH, ZJ; ★(AS): CN.

华丽木犀 **Osmanthus decorus** (Boiss. et Balansa) Kasapligil 【I, C】 ♣CBG; ●SH; ★(AS): TR.

管花木犀(山桂花)**Osmanthus delavayi** Franch. 【N, W/C】 ♣CBG, GBG, HBG, KBG, SCBG, XTBG; ●GD, GZ, SH, TW, YN, ZJ; ★(AS): CN.

双瓣木犀 **Osmanthus didymopetalus** P. S. Green 【N, W/C】 ♣SCBG; ●GD; ★(AS): CN.

石山桂花 **Osmanthus fordii** Hemsl. 【N, W/C】 ♣GXIB, XTBG; ●GX, YN; ★(AS): CN.

木犀(木樨、桂花)**Osmanthus fragrans** Lour. 【N, W/C】 ♣BBG, CBG, CDBG, FBG, FLBG, GA, GBG, GMG, GXIB, HBG, IBCAS, KBG, LBG, NBG, NSBG, SCBG, TBG, TMNS, WBG, XBG, XLTBG, XMBG, XOIG, XTBG, ZAFU; ●AH, BJ, CQ, FJ, GD, GX, GZ, HB, HI, HN, JS, JX, SC, SH, SN, TW, YN, ZJ; ★(AS): BT, CN, IN, JP, KP, KR, LK, MM.

蒙自桂花 **Osmanthus henryi** P. S. Green 【N, W/C】 ♣GA, GXIB, KBG, WBG, XTBG; ●GX, HB, JX, YN; ★(AS): CN.

柊树 **Osmanthus heterophyllus** (G. Don) P. S. Green 【N, W/C】 ♣CBG, HBG, IBCAS, NBG, SCBG, TBG, XMBG, XTBG; ●AH, BJ, FJ, GD, JS, NX, SH, TW, YN, ZJ; ★(AS): CN, JP, KR.

海岛桂 **Osmanthus insularis** Koidz. 【I, C】 ★(AS): JP, KR.

厚边木犀 **Osmanthus marginatus** (Champ. ex Benth.) Hemsl. 【N, W/C】 ♣CDBG, FLBG, GA, GXIB, HBG, SCBG, WBG, XTBG; ●GD, GX, HB, JX, SC, YN, ZJ; ★(AS): CN, JP, VN.

长叶木犀 **Osmanthus marginatus** var. **longissimus** (H. T. Chang) R. L. Lu 【N, W/C】 ♣HBG, LBG; ●JX, ZJ; ★(AS): CN.

牛屎果(牛矢果)**Osmanthus matsumuranus** Hayata 【N, W/C】 ♣CBG, FBG, GA, GXIB, HBG, KBG, NBG, SCBG, TMNS, WBG, XTBG, ZAFU; ●FJ, GD, GX, HB, JS, JX, SH, TW, YN, ZJ; ★(AS): CN, ID, IN, KH, LA, VN.

勐腊桂花 **Osmanthus menglaensis** C. F. Ji【N, W】 ♣XTBG; ●YN; ★(AS): CN.

小叶月桂 **Osmanthus minor** P. S. Green 【N, W/C】 ♣SCBG; ●GD; ★(AS): CN.

昌化木犀 **Osmanthus oblanceolata** Cheng 【N, W/C】 ♣HBG; ●ZJ; ★(AS): CN.

毛柄木犀 **Osmanthus pubipedicellatus** L. C. Chia ex H. T. Chang【N, W/C】♣WBG; ●HB, SC; ★(AS): CN.

网脉木犀 **Osmanthus reticulatus** P. S. Green 【N, W/C】 ♣GA, SCBG; ●GD, JX; ★(AS): CN.

短丝木犀 **Osmanthus serrulatus** Rehder 【N, W/C】 ♣FBG, WBG; ●FJ, HB; ★(AS): CN.

坛花木犀 **Osmanthus urceolatus** P. S. Green 【N, W/C】 ♣CBG, WBG; ●HB, SH; ★(AS): CN.

毛木犀 **Osmanthus venosus** Pamp. 【N, W/C】 ♣WBG; ●HB, SC; ★(AS): CN, MN.

野桂花 **Osmanthus yunnanensis** (Franch.) P. S. Green【N, W/C】♣GA, GBG, KBG, SCBG, WBG, XTBG; ●GD, GZ, HB, JX, YN; ★(AS): CN.

总序桂属 Phillyrea

狭叶总序桂(狭叶欧女贞) **Phillyrea angustifolia** L. 【I, C】♣CBG, NBG; ●JS, SH; ★(AF): MA; (AS): SA; (EU): AL, BA, BY, DE, ES, FR, HR, IT, LU, ME, MK, RS, RU, SI.

267. 荷包花科 CALCEOLARIACEAE

茶杯花属 Jovellana

淡紫茶杯花(二唇花) **Jovellana violacea** (Cav.) G. Don 【I, C】 ★(SA): CL.

荷包花属 Calceolaria

荷包花(蒲包花) **Calceolaria crenatiflora** Cav. 【I, C】 ♣HBG, IBCAS, XBG, ZAFU; ●BJ, JL, SC, SN, YN, ZJ; ★(SA): CL.

灌木荷包花 **Calceolaria dichotoma** Lam. 【I, C】 ♣XTBG; ●TW, YN; ★(SA): EC.

杂种荷包花 **Calceolaria herbeohybrida** Voss 【I, C】 ♣BBG, CDBG, FBG, FLBG, KBG, NBG, WBG, XMBG; ●BJ, FJ, GD, HB, JS, JX, SC, TW, YN; ★(SA): CL.

全缘叶荷包花 **Calceolaria integrifolia** L. 【I, C】 ♣NBG; ●JS, TW; ★(SA): CL.

墨西哥荷包花 **Calceolaria mexicana** Benth.【I, C】 ★(NA): CR, CU, GT, MX, PA, SV; (SA): BO, CO, EC, PE, VE.

多根茎荷包花 **Calceolaria polyrrhiza** Cav. 【I, C】 ♣IBCAS; ●BJ; ★(SA): AR.

绒毛荷包花 **Calceolaria tomentosa** Ruiz et Pav. 【I, C】 ●YN; ★(SA): PE.

单花荷包花(布袋花)**Calceolaria uniflora** Lam.【I, C】 ★(SA): CL, PE.

268. 苦苣苔科 GESNERIACEAE

台闽苣苔属 Titanotrichum

台闽苣苔 **Titanotrichum oldhamii** (Hemsl.) Soler. 【N, W/C】 ♣TMNS, XMBG; ●FJ, TW; ★(AS): CN, JP.

盔瓣岩桐属 Asteranthera

盔瓣岩桐 **Asteranthera ovata** (Cav.) Hanst. 【I, C】 ●TW; ★(SA): AR, CL.

蔓岩桐属 Mitraria

蔓岩桐(红钟苣苔) **Mitraria coccinea** Cav. 【I, C】 ♣CBG; ●SH, TW; ★(SA): AR, CL.

长蕊岩桐属 Sarmienta

吊钟岩桐(吊钟苣苔)**Sarmienta repens** Ruiz et Pav. 【I, C】 ★(SA): CL.

长蕊岩桐 **Sarmienta scandens** (J. D. Brandis ex Molina) Pers. 【I, C】 ★(SA): CL.

岛岩桐属 Gesneria

楔叶岛岩桐(岛岩桐、小苣苔) **Gesneria cuneifolia**

(DC.) Fritsch 【I, C】 ★(NA): MX, PR, US.

长筒花属 Achimenes

直立长筒花（长筒花）**Achimenes erecta** (Lam.) H. P. Fuchs 【I, C】 ♣XMBG; ●FJ; ★(NA): BZ, GT, HN, JM, MX, NI, PA, SV; (SA): CO.

长筒花（戏法草）**Achimenes grandiflora** (Schiede) DC. 【I, C】 ★(NA): CR, GT, HN, MX, NI, SV.

长花长筒花（长花猴蝶花）**Achimenes longiflora** DC. 【I, C】 ★(NA): CR, GT, HN, MX, NI, PA, SV; (SA): CO.

*墨西哥长筒花 **Achimenes mexicana** (Seem.) Benth. et Hook. f. ex Fritsch 【I, C】 ♣XMBG; ●FJ; ★(NA): MX.

斯氏长筒花（斯氏猴蝶花）**Achimenes skinneri** Lindl. 【I, C】 ★(NA): GT, HN, MX, SV.

绵毛岩桐属 Eucodonia

红毛怪 **Eucodonia andrieuxii** (DC.) Wiehler 【I, C】 ★(NA): MX.

绵毛岩桐 **Eucodonia verticillata** (M. Martens et Galeotti) Wiehler 【I, C】 ♣XMBG; ●FJ; ★(NA): MX.

绒桐草属 Smithiantha

杂种绒桐草（杂种庙岭苣苔）**Smithiantha × hybrida** Voss 【I, C】 ★(NA): MX.

红花绒桐草（红庙岭苣苔）**Smithiantha cinnibarina** (Linden) Kuntze 【I, C】 ★(NA): MX.

条斑绒桐草（条斑庙岭苣苔）**Smithiantha zebrina** (Regel) Kuntze 【I, C】 ★(NA): MX.

苦乐花属 Gloxinia

苦乐花 **Gloxinia perennis** (L.) Druce 【I, C】 ★(NA): CR, PA, PR, SV, TT, US; (SA): BO, BR, CO, EC, PE, VE.

小岩桐属 Seemannia

小岩桐 **Seemannia sylvatica** (Kunth) Hanst. 【I, C】 ♣FLBG, SCBG, XMBG, XTBG; ●FJ, GD, JX, YN; ★(NA): GT; (SA): BO, EC, PE.

艳斑岩桐属 Kohleria

美丽艳斑岩桐（美丽树苣苔）**Kohleria amabilis** (Planch. et Linden) Fritsch 【I, C】 ♣XTBG; ●YN; ★(NA): CR; (SA): CO.

波哥大艳斑岩桐（波哥大树苣苔）**Kohleria amabilis** var. **bogotensis** (G. Nicholson) L. P. Kvist et L. E. Skog 【I, C】 ♣FLBG; ●GD, JX; ★(SA): CO.

钟花艳斑岩桐（钟花树苣苔）**Kohleria digitaliflora** (Linden et André) Fritsch 【I, C】 ★(SA): CO.

绵毛艳斑岩桐（绵毛树苣苔）**Kohleria hirsuta** (Kunth) Regel 【I, C】 ★(SA): CO, EC, GY, PE, VE.

红雾艳斑岩桐（红雾花）**Kohleria hondensis** (Kunth) Hanst. 【I, C】 ●TW; ★(SA): CO.

金红岩桐属 Chrysothemis

法氏金红岩桐（法氏金红花）**Chrysothemis friedrichsthaliana** (Hanst.) H. E. Moore 【I, C】 ♣SCBG; ●GD; ★(NA): CR, HN, NI, PA; (SA): CO, EC.

金红岩桐（金红花）**Chrysothemis pulchella** (Donn ex Sims) Decne. 【I, C】 ♣SCBG, XMBG, XOIG, XTBG; ●FJ, GD, YN; ★(NA): CR, GT, NI, PA, PR, SV, TT, US; (SA): BR, CO, EC, PE, VE.

紫凤草属 Nautilocalyx

紫凤草 **Nautilocalyx lynchii** (Hook. f.) Sprague 【I, C】 ♣XTBG; ●YN; ★(SA): BR.

蚁巢岩桐属 Codonanthe

蚁巢岩桐（玉唇花）**Codonanthe crassifolia** (H. Focke) C. V. Morton 【I, C】 ♣IBCAS, TMNS; ●BJ, TW; ★(NA): BZ, CR, GT, HN, MX, NI, PA, SV; (SA): BO, CO, EC, PE, VE.

袋鼠花属 Nematanthus

袋鼠花 **Nematanthus gregarius** D. L. Denham 【I, C】 ♣CBG, XLTBG, XMBG, XTBG, ZAFU; ●FJ, HI, SH, TW, YN, ZJ; ★(SA): BR.

*长梗袋鼠花 **Nematanthus longipes** DC. 【I, C】 ♣SCBG; ●GD; ★(SA): BR.

*大花袋鼠花 **Nematanthus perianthomegus** (Vell.) H. E. Moore 【I, C】 ♣SCBG; ●GD; ★(SA): BR.

*匐性袋鼠花 **Nematanthus radicans** (Klotzsch et Hanst.) H. E. Moore 【I, C】 ●TW; ★(SA): BR.

*粗毛袋鼠花 **Nematanthus strigillosus** (Mart.) H. E. Moore 【I, C】 ●TW; ★(SA): BR.

喜荫花属 Episcia

喜荫花 **Episcia cupreata** (Hook.) Hanst. 【I, C】 ♣SCBG, XLTBG, XOIG, XTBG; ●FJ, GD, HI, TW, YN; ★(NA): DO, NI, PA, SV, US; (SA): BR, CO, EC, VE.

绿荫花 **Episcia cupreata** var. **viridifolia** (Hook.) G. Nicholson 【I, C】 ★(NA): DO, NI, PA, SV, US; (SA): BR, CO, EC, VE.

*堇花喜荫花 **Episcia lilacina** Hanst. 【I, C】 ♣XTBG; ●YN; ★(NA): CR, Mx, NI, PA; (SA): CO.

*紫斑喜荫花 **Episcia punctata** (Lindl.) Hanst. 【I, C】 ♣XTBG; ●YN; ★(NA): BZ, HN, MX.

齿瓣岩桐属 Alsobia

齿瓣岩桐（流苏岩桐、绒花喜荫花）**Alsobia dianthiflora** (H. E. Moore et R. G. Wilson) Wiehler 【I, C】 ★(NA): CR, GT, MX.

亮果岩桐属 Corytoplectus

暗紫金红花 **Corytoplectus schlimii** (Planch. et Linden) Wiehler 【I, C】 ♣TBG; ●TW; ★(SA): CO.

锦翠口红花 **Corytoplectus speciosus** (Poepp.) Wiehler 【I, C】 ♣XTBG; ●YN; ★(SA): BO, EC, PE.

鲸鱼花属 Columnea

*班克斯鲸鱼花 **Columnea × banksii** Lynch 【I, C】 ♣IBCAS; ●BJ; ★(EU): GB.

厚叶鲸鱼花（长叶鲸鱼花）**Columnea crassifolia** Hook. 【I, C】 ♣XMBG; ●FJ; ★(NA): HN, MX.

短裂鲸鱼花 **Columnea magnifica** Klotzsch ex Oerst. 【I, C】 ♣FLBG, XLTBG, XMBG, XTBG; ●FJ, GD, HI, JX, YN; ★(NA): CR, PA.

鲸鱼花 **Columnea microcalyx** Hanst. 【I, C】 ♣FLBG, KBG, XMBG, XTBG; ●FJ, GD, JX, YN; ★(NA): CR, PA; (SA): CO.

小叶鲸鱼花 **Columnea microphylla** Klotzsch et Hanst. ex Oerst. 【I, C】 ♣FLBG, LBG, SCBG, XLTBG, XMBG, XTBG; ●FJ, GD, HI, YN, JX; ★(NA): CR.

紫鲸鱼花（毛苦苣苔）**Columnea purpurata** Hanst. 【I, C】 ♣TMNS; ●TW; ★(NA): BZ, CR, HN, MX, NI, PA; (SA): BR, CO.

金鱼藤 **Columnea sanguinea** (Pers.) Hanst. 【I, C】 ♣NBG, XMBG; ●FJ, JS; ★(NA): CR, CU, DO, HT, TT; (SA): BO, CO, EC, VE.

兜瓣岩桐属 Alloplectus

兜瓣岩桐 **Alloplectus hispidus** (Kunth) Mart. 【I, C】 ★(SA): CO, EC.

大岩桐属 Sinningia

杂种大岩桐 **Sinningia × hybrida** Voss 【I, C】 ♣FLBG, NBG, SCBG, WBG, XLTBG, XMBG; ●FJ, GD, HB, HI, JS, JX; ★(SA): BR.

喉毛大岩桐 **Sinningia barbata** (Nees et Mart.) G. Nicholson 【I, C】 ★(SA): BR.

艳桐草 **Sinningia cardinalis** (Lehm.) H. E. Moore 【I, C】 ●TW; ★(SA): BR.

美花大岩桐 **Sinningia eumorpha** H. E. Moore 【I, C】 ●TW; ★(SA): BR.

艾拉大岩桐 **Sinningia iarae** Chautems 【I, C】 ●TW; ★(SA): BR.

月岩桐（断崖女王、月宴）**Sinningia leucotricha** (Hoehne) H. E. Moore 【I, C】 ♣BBG, CBG, IBCAS, SCBG, WBG, XMBG; ●BJ, FJ, GD, HB, SH, TW; ★(SA): BR.

细小大岩桐 **Sinningia pusilla** (Mart.) Baill. 【I, C】 ♣XTBG; ●YN; ★(SA): BR.

女王大岩桐 **Sinningia regina** Sprague 【I, C】 ♣BBG; ●BJ; ★(SA): BR.

铃铛岩桐 **Sinningia sellovii** (Mart.) Wiehler 【I, C】 ●TW; ★(SA): AR, BO, BR, PY, UY.

大岩桐 **Sinningia speciosa** Hiern 【I, C】 ♣BBG, CDBG, FLBG, HBG, IBCAS, KBG, LBG, SCBG, TBG, WBG, XBG, XMBG, XOIG, XTBG; ●BJ, FJ, GD, HB, JS, JX, SC, SN, TW, YN, ZJ; ★(SA): BR.

白花香岩桐 **Sinningia tubiflora** (Hook.) Fritsch 【I, C】 ●TW; ★(SA): AR, PY.

尖舌苣苔属 Rhynchoglossum

尖舌苣苔 **Rhynchoglossum obliquum** (Wall.) A. DC. 【N, W/C】 ♣KBG, XTBG; ●YN; ★(AS): BT, CN, ID, IN, KH, LA, LK, MM, MY, NP, PH, TH, VN.

异叶苣苔属 Whytockia

紫红异叶苣苔 **Whytockia purpurascens** Y. Z. Wang 【N, W/C】 ♣KBG; ●YN; ★(AS): CN.

白花异叶苣苔 **Whytockia tsiangiana** (Hand.-Mazz.) A. Weber【N, W/C】♣GXIB; ●GX; ★(AS): CN.

十字苣苔属 Stauranthera

大花十字苣苔 **Stauranthera grandifolia** Benth.【N, W/C】♣SCBG; ●GD; ★(AS): CN, MM, MY.

十字苣苔 **Stauranthera umbrosa** (Griff.) C. B. Clarke【N, W】♣XTBG; ●YN; ★(AS): CN, ID, IN, MM, MY, VN.

盾座苣苔属 Epithema

盾座苣苔 **Epithema carnosum** Benth.【N, W/C】♣KBG, XTBG; ●YN; ★(AS): BT, CN, ID, IN, LA, LK, MM, NP, TH.

珊瑚苣苔属 Corallodiscus

卷丝苣苔 **Corallodiscus kingianus** (Craib) B. L. Burtt【N, W/C】♣XTBG; ●YN; ★(AS): BT, CN, IN, LK.

西藏珊瑚苣苔（珊瑚苣苔）**Corallodiscus lanuginosus** (Wall. ex R. Br.) B. L. Burtt【N, W/C】♣FBG, KBG, WBG, XTBG; ●FJ, HB, YN; ★(AS): BT, CN, ID, IN, LK, MM, NP, TH.

短筒苣苔属 Boeica

多脉短筒苣苔 **Boeica multinervia** K. Y. Pan【N, W/C】♣KBG; ●YN; ★(AS): CN.

孔药短筒苣苔 **Boeica porosa** C. B. Clarke【N, W/C】♣KBG; ●YN; ★(AS): CN, MM, VN.

翼柱短筒苣苔 **Boeica yunnanensis** (H. W. Li) K. Y. Pan【N, W/C】♣KBG; ●YN; ★(AS): CN.

细蒴苣苔属 Leptoboea

细蒴苣苔 **Leptoboea multiflora** (C. B. Clarke) C. B. Clarke【N, W/C】♣XTBG; ●YN; ★(AS): BT, CN, ID, IN, LK, MM.

线柱苣苔属 Rhynchotechum

短梗线柱苣苔 **Rhynchotechum brevipedunculatum** J. C. Wang【N, W/C】♣TMNS; ●TW; ★(AS): CN.

异色线柱苣苔 **Rhynchotechum discolor** (Maxim.) B. L. Burtt【N, W/C】♣XMBG; ●FJ; ★(AS): CN, JP, PH.

椭圆线柱苣苔（线柱苣苔）**Rhynchotechum ellipticum** (Wall. ex D. Dietr.) A. DC.【N, W/C】♣BBG, KBG, SCBG, WBG, XMBG, XTBG; ●BJ, FJ, GD, HB, YN; ★(AS): BT, CN, ID, IN, KH, LA, LK, MM, MY, NP, TH, VN.

冠萼线柱苣苔 **Rhynchotechum formosanum** Hatus.【N, W/C】♣SCBG, XTBG; ●GD, YN; ★(AS): CN, TH.

毛线柱苣苔 **Rhynchotechum vestitum** Wall. ex C. B. Clarke【N, W/C】♣XTBG; ●YN; ★(AS): BT, CN, ID, IN, LK, MM.

横蒴苣苔属 Beccarinda

红毛横蒴苣苔 **Beccarinda erythrotricha** W. T. Wang【N, W/C】♣KBG; ●YN; ★(AS): CN.

横蒴苣苔 **Beccarinda tonkinensis** (Pellegr.) B. L. Burtt【N, W/C】♣GXIB; ●GX; ★(AS): CN, LA, VN.

欧洲苣苔属 Ramonda

高山欧洲苣苔 **Ramonda myconi** (L.) Rchb.【I, C】★(EU): DE, ES.

海角苣苔属 Streptocarpus

大海角苣苔（大旋果花）**Streptocarpus × hybridus** Hort. ex Kaven【I, C】♣XMBG; ●FJ; ★(EU): GB.

邱园海角苣苔（邱园捩荚草）**Streptocarpus × kewensis** Hort.【I, C】♣NBG; ●JS; ★(EU): GB.

有茎海角苣苔 **Streptocarpus caulescens** Vatke【I, C】●TW; ★(AF): KE, TZ.

邓氏海角苣苔（邓氏苣苔）**Streptocarpus dunnii** Hook. f.【I, C】★(AF): ZA.

好望角苣苔 **Streptocarpus kentaniensis** L. L. Britten et Story【I, C】★(AF): ZA.

木立海角苣苔（木立旋果苣）**Streptocarpus kirkii** Hook. f.【I, C】♣NBG; ●JS; ★(AF): KE, TZ.

*华贵海角苣苔 **Streptocarpus nobilis** C. B. Clarke【I, C】♣NBG; ●JS; ★(AF): CM, GH, GN, NG.

多花海角苣苔（多花旋果苣）**Streptocarpus polyanthus** Hook.【I, C】♣NBG; ●JS; ★(AF): ZA.

海角苣苔（扭果花）**Streptocarpus rexii** (Bowie ex Hook.) Lindl.【I, C】♣NBG, XMBG; ●FJ, JS, TW; ★(AF): ZA.

海豚海角苣苔（海豚花）**Streptocarpus saxorum** Engl. 【I, C】 ♣CBG, SCBG; ●GD, SH, TW; ★(AF): KE, TZ, ZA.

大叶海角苣苔（大叶旋果苣）**Streptocarpus wendlandii** Dammann 【I, C】 ♣NBG; ●JS; ★(AF): ZA.

非洲堇属　Saintpaulia

安曼非洲堇 **Saintpaulia amaniensis** F. M. Roberts 【I, C】 ★(AF): TZ.

非洲堇（非洲紫罗兰）**Saintpaulia ionantha** H. Wendl. 【I, C】 ♣FBG, FLBG, IBCAS, SCBG, TBG, XMBG, XOIG; ●BJ, FJ, GD, JX, TW; ★(AF): TZ.

大花非洲堇 **Saintpaulia ionantha** subsp. **grandifolia** (B. L. Burtt) I. Darbysh. 【I, C】 ★(AF): TZ.

光叶非洲堇 **Saintpaulia ionantha** subsp. **nitida** (B. L. Burtt) I. Darbysh. 【I, C】 ★(AF): TZ.

舒曼非洲堇 **Saintpaulia shumensis** B. L. Burtt 【I, C】 ★(AF): TZ.

旋蒴苣苔属　Boea

大花旋蒴苣苔 **Boea clarkeana** Hemsl. 【N, W/C】 ♣CBG, HBG, KBG, NBG, WBG; ●HB, JS, SH, YN, ZJ; ★(AS): CN.

旋蒴苣苔 **Boea hygrometrica** (Bunge) R. Br. 【N, W/C】 ♣BBG, CBG, HBG, IBCAS, KBG, LBG, SCBG, WBG, ZAFU; ●BJ, GD, HB, JX, SH, YN, ZJ; ★(AS): CN.

蛛毛苣苔属　Paraboea

唇萼苣苔 **Paraboea birmanica** (Craib) C. Puglisi 【N, W/C】 ♣FBG, GXIB, XTBG; ●FJ, GX, YN; ★(AS): CN, MM, TH.

昌江蛛毛苣苔 **Paraboea changjiangensis** F. W. Xing et Z. X. Li 【N, W/C】 ♣SCBG; ●GD; ★(AS): CN.

棒萼蛛毛苣苔 **Paraboea clavisepala** D. Fang et D. H. Qin 【N, W/C】 ♣GXIB; ●GX; ★(AS): CN.

网脉蛛毛苣苔 **Paraboea dictyoneura** (Hance) B. L. Burtt 【N, W/C】 ♣GXIB, SCBG; ●GD, GX; ★(AS): CN, TH, VN.

桂林蛛毛苣苔 **Paraboea guilinensis** L. Xu et Y. G. Wei 【N, W/C】 ♣GXIB, SCBG; ●GD, GX; ★(AS): CN.

髯丝蛛毛苣苔（白花蛛毛苣苔）**Paraboea martinii** (H. Lév. et Vaniot) B. L. Burtt 【N, W/C】 ♣FBG, KBG, WBG; ●FJ, HB, YN; ★(AS): CN, MM.

云南蛛毛苣苔 **Paraboea neurophylla** (Collett et Hemsl.) B. L. Burtt 【N, W/C】 ♣GXIB, KBG; ●GX, YN; ★(AS): CN, MM.

垂花蛛毛苣苔 **Paraboea nutans** D. Fang et D. H. Qin 【N, W/C】 ♣GXIB; ●GX; ★(AS): CN.

盾叶蛛毛苣苔 **Paraboea peltifolia** D. Fang et L. Zeng 【N, W/C】 ♣GXIB; ●GX; ★(AS): CN.

锈色蛛毛苣苔 **Paraboea rufescens** (Franch.) B. L. Burtt 【N, W/C】 ♣FBG, FLBG, GMG, GXIB, IBCAS, KBG, WBG, XTBG; ●BJ, FJ, GD, GX, HB, JX, YN; ★(AS): CN, TH, VN.

蛛毛苣苔 **Paraboea sinensis** (Oliv.) B. L. Burtt 【N, W/C】 ♣GMG, WBG; ●GX, HB; ★(AS): CN, MM, TH, VN.

小花蛛毛苣苔 **Paraboea thirionii** (H. Lév.) B. L. Burtt 【N, W/C】 ♣KBG; ●YN; ★(AS): CN.

三萼蛛毛苣苔 **Paraboea trisepala** W. H. Chen et Y. M. Shui 【N, W/C】 ♣GXIB; ●GX; ★(AS): CN.

喜鹊苣苔属　Ornithoboea

蛛毛喜鹊苣苔 **Ornithoboea arachnoidea** (Diels) Craib 【N, W/C】 ♣XTBG; ●YN; ★(AS): CN, TH.

灰岩喜鹊苣苔 **Ornithoboea calcicola** C. Y. Wu ex H. W. Li 【N, W/C】 ♣XTBG; ●YN; ★(AS): CN.

喜鹊苣苔 **Ornithoboea henryi** Craib 【N, W/C】 ♣XTBG; ●YN; ★(AS): CN.

滇桂喜鹊苣苔 **Ornithoboea wildeana** Craib 【N, W/C】 ♣GXIB, KBG; ●GX, YN; ★(AS): CN, TH.

长冠苣苔属　Rhabdothamnopsis

长冠苣苔 **Rhabdothamnopsis chinensis** (Franch.) Hand.-Mazz. 【N, W/C】 ♣KBG; ●YN; ★(AS): CN.

钩序苣苔属　Microchirita

钩序唇柱苣苔 **Microchirita hamosa** (R. Br.) Yin Z. Wang 【N, W/C】 ♣XTBG; ●YN; ★(AS): CN, ID, IN, LA, MM, MY, TH, VN.

Microchirita lavandulacea (Stapf) Yin Z. Wang 【I, C】 ♣NBG; ●JS; ★(AS): ID, MY.

南洋苣苔属 Henckelia

光萼唇柱苣苔 **Henckelia anachoreta** (Hance) D. J. Middleton et Mich. Möller 【N, W/C】 ♣XTBG; ●YN; ★(AS): CN, IN, LA, MM, TH, VN.

角萼唇柱苣苔 **Henckelia ceratoscyphus** (B. L. Burtt) D. J. Middleton et Mich. Möller 【N, W/C】 ♣GXIB; ●GX; ★(AS): CN, VN.

圆叶唇柱苣苔 **Henckelia dielsii** (Borza) D. J. Middleton et Mich. Möller 【N, W/C】 ♣KBG; ●YN; ★(AS): CN.

簇花唇柱苣苔 **Henckelia fasciculiflora** (W. T. Wang) D. J. Middleton et Mich. Möller 【N, W/C】 ♣XTBG; ●YN; ★(AS): CN.

滇川唇柱苣苔 **Henckelia forrestii** (J. Anthony) D. J. Middleton et Mich. Möller 【N, W/C】 ♣WBG; ●HB; ★(AS): CN.

大叶唇柱苣苔 **Henckelia grandifolia** A. Dietr. 【N, W/C】 ♣KBG; ●YN; ★(AS): BT, CN, ID, IN, LK, MM, NP, TH.

密序苣苔 **Henckelia longisepala** (H. W. Li) D. J. Middleton et Mich. Möller 【N, W/C】 ♣KBG; ●YN; ★(AS): CN, LA.

斑叶唇柱苣苔 **Henckelia pumila** (D. Don) A. Dietr. 【N, W/C】 ♣KBG, XTBG; ●YN; ★(AS): BT, CN, ID, IN, LK, MM, NP, TH, VN.

美丽唇柱苣苔 **Henckelia speciosa** (Kurz) D. J. Middleton et Mich. Möller 【N, W/C】 ♣FLBG, KBG; ●GD, JX, YN; ★(AS): CN, ID, IN, MM, TH, VN.

麻叶唇柱苣苔 **Henckelia urticifolia** (Buch.-Ham. ex D. Don) A. Dietr 【N, W/C】 ♣KBG; ●YN; ★(AS): BT, CN, ID, IN, LK, MM, NP.

芒毛苣苔属 Aeschynanthus

长尖芒毛苣苔 **Aeschynanthus acuminatissimus** W. T. Wang 【N, W/C】 ♣KBG, WBG; ●HB, YN; ★(AS): CN.

芒毛苣苔 **Aeschynanthus acuminatus** Wall. ex A. DC. 【N, W/C】 ♣FLBG, GMG, SCBG, XMBG, XTBG; ●FJ, GD, GX, JX, YN; ★(AS): BT, CN, IN, LA, MM, MY, NP, TH, VN.

狭矩芒毛苣苔 **Aeschynanthus angustioblongus** W. T. Wang 【N, W/C】 ♣XTBG; ●YN; ★(AS): CN.

滇南芒毛苣苔 **Aeschynanthus austroyunnanensis** W. T. Wang 【N, W/C】 ♣BBG, XTBG; ●BJ, YN; ★(AS): CN.

广西芒毛苣苔 **Aeschynanthus austroyunnanensis** var. **guangxiensis** (Chun ex W. T. Wang et K. Y. Pan) W. T. Wang 【N, W/C】 ♣GXIB; ●GX; ★(AS): CN.

显苞芒毛苣苔 **Aeschynanthus bracteatus** Wall. ex A. DC. 【N, W/C】 ♣KBG, WBG, XTBG; ●HB, YN; ★(AS): BT, CN, IN, MM, VN.

黄杨叶芒毛苣苔 **Aeschynanthus buxifolius** Hemsl. 【N, W/C】 ♣GXIB, KBG, SCBG; ●GD, GX, YN; ★(AS): CN, VN.

*小花芒毛苣苔 **Aeschynanthus dischidioides** (Ridl.) D. J. Middleton 【I, C】 ♣XTBG; ●YN; ★(AS): MY.

细芒毛苣苔 **Aeschynanthus gracilis** Parish ex C. B. Clarke 【N, W/C】 ♣XTBG; ●TW, YN; ★(AS): BT, CN, ID, IN, LK, MM, TH, VN.

束花芒毛苣苔 **Aeschynanthus hookeri** C. B. Clarke 【N, W/C】 ♣XTBG; ●YN; ★(AS): BT, CN, ID, IN, MM, NP.

矮芒毛苣苔 **Aeschynanthus humilis** Hemsl. 【N, W/C】 ♣SCBG, XTBG; ●GD, YN; ★(AS): CN, LA.

线条芒毛苣苔 **Aeschynanthus lineatus** Craib 【N, W/C】 ♣KBG; ●YN; ★(AS): CN, TH.

长茎芒毛苣苔 **Aeschynanthus longicaulis** Wall. ex R. Br. 【N, W/C】 ♣BBG, FLBG, SCBG, XMBG, XTBG; ●BJ, FJ, GD, JX, YN; ★(AS): CN, MM, MY, TH, VN.

伞花芒毛苣苔 **Aeschynanthus macranthus** (Merr.) Pellegr. 【N, W/C】 ♣XOIG, XTBG; ●FJ, YN; ★(AS): CN, LA, TH, VN.

具斑芒毛苣苔 **Aeschynanthus maculatus** Lindl. 【N, W/C】 ♣XOIG; ●FJ; ★(AS): BT, CN, MM, NP.

勐醒芒毛苣苔 **Aeschynanthus mengxingensis** W. T. Wang 【N, W/C】 ♣XTBG; ●YN; ★(AS): CN.

大花芒毛苣苔 **Aeschynanthus mimetes** B. L. Burtt 【N, W/C】 ♣BBG, FLBG, KBG, WBG, XTBG; ●BJ, GD, HB, JX, YN; ★(AS): CN, ID, IN, MM.

红花芒毛苣苔 **Aeschynanthus moningeriae** (Merr.) Chun 【N, W/C】 ♣FLBG, SCBG; ●GD, JX; ★(AS): CN.

粗毛芒毛苣苔 **Aeschynanthus pachytrichus** W. T. Wang 【N, W/C】 ♣KBG; ●YN; ★(AS): CN.

扁柄芒毛苣苔 **Aeschynanthus planipetiolatus** H. W. Li 【N, W/C】 ♣XTBG; ●YN; ★(AS): CN.

口红花 **Aeschynanthus pulcher** (Blume) G. Don 【I,

C】 ♣BBG, CBG, CDBG, FLBG, IBCAS, SCBG, XLTBG, XMBG, XOIG, XTBG; ●BJ, FJ, GD, HI, JX, SC, SH, YN; ★(AS): ID.

毛萼口红花 **Aeschynanthus radicans** Jack 【I, C】 ♣FLBG, KBG, XTBG; ●GD, JX, TW, YN; ★(AS): ID, MY, SG.

长萼芒毛苣苔 **Aeschynanthus sinolongicalyx** W. T. Wang 【N, W/C】 ♣WBG; ●HB; ★(AS): CN.

美丽口红花 **Aeschynanthus speciosus** Hook. 【I, C】 ♣XMBG; ●FJ; ★(AS): ID.

华丽芒毛苣苔 **Aeschynanthus superbus** C. B. Clarke【N, W/C】♣BBG, KBG, XTBG; ●BJ, YN; ★(AS): BT, CN, ID, IN, MM.

腾冲芒毛苣苔 **Aeschynanthus tengchungensis** W. T. Wang 【N, W/C】 ♣FLBG; ●GD, JX; ★(AS): CN.

马铃苣苔属 Oreocharis

紫花马铃苣苔 **Oreocharis argyreia** Chun ex K. Y. Pan【N, W/C】♣FLBG, GXIB, IBCAS; ●BJ, GD, GX, JX; ★(AS): CN.

窄叶马铃苣苔 **Oreocharis argyreia** var. **angustifolia** K. Y. Pan 【N, W/C】 ♣GXIB; ●GX; ★(AS): CN.

橙黄马铃苣苔（橙黄短檐苣苔）**Oreocharis aurantiaca** Franch. 【N, W/C】 ●YN; ★(AS): CN.

黄马铃苣苔(凹瓣苣苔)**Oreocharis aurea** Dunn【N, W/C】 ♣KBG, XTBG; ●YN; ★(AS): CN, VN.

长瓣马铃苣苔 **Oreocharis auricula** (S. Moore) C. B. Clarke 【N, W/C】 ♣CBG, FBG, GXIB, HBG, LBG, WBG; ●FJ, GX, HB, JX, SH, ZJ; ★(AS): CN.

景东短檐苣苔 **Oreocharis begoniifolia** (H. W. Li) M. Möller et A. Weber 【N, W/C】 ♣KBG; ●YN; ★(AS): CN.

大叶石上莲 **Oreocharis benthamii** C. B. Clarke 【N, W/C】 ♣SCBG; ●GD; ★(AS): CN.

石上莲 **Oreocharis benthamii** var. **reticulata** Dunn 【N, W/C】 ♣GXIB, SCBG; ●GD, GX; ★(AS): CN.

肉色马铃苣苔 **Oreocharis cinnamomea** J. Anthony 【N, W/C】 ●YN; ★(AS): CN.

瑶山苣苔 **Oreocharis cotinifolia** (W. T. Wang) Mich. Möller et A. Weber 【N, W/C】 ♣SCBG; ●GD; ★(AS): CN.

鼎湖后蕊苣苔 **Oreocharis dinghushanensis** (W. T. Wang) Mich. Möller et A. Weber 【N, W/C】 ♣SCBG; ●GD; ★(AS): CN.

辐花苣苔 **Oreocharis esquirolii** H. Lév. 【N, W/C】 ♣IBCAS; ●BJ; ★(AS): CN.

皱叶后蕊苣苔（城口金盏苣苔）**Oreocharis fargesii** (Franch.) M. Möller et A. Weber 【N, W/C】 ♣WBG; ●HB; ★(AS): CN.

河口直瓣苣苔 **Oreocharis hekouensis** (Y. M. Shui et W. H. Chen) Mich. Möller et A. Weber 【N, W/C】 ♣KBG; ●YN; ★(AS): CN.

川滇马铃苣苔 **Oreocharis henryana** Oliv. 【N, W/C】 ♣KBG; ●SC, YN; ★(AS): CN.

长叶粗筒苣苔 **Oreocharis longifolia** (Craib) Mich. Möller et A. Weber 【N, W/C】 ♣KBG, WBG; ●HB, YN; ★(AS): CN, MM.

龙胜金盏苣苔 **Oreocharis lungshengensis** (W. T. Wang) Mich. Möller et A. Weber 【N, W/C】 ♣GXIB; ●GX; ★(AS): CN.

大花石上莲 **Oreocharis maximowiczii** C. B. Clarke 【N, W/C】 ♣FBG, SCBG; ●FJ, GD; ★(AS): CN.

弥勒苣苔 **Oreocharis mileensis** (W. T. Wang) Mich. Möller et A. Weber【N, W/C】 ♣KBG; ●YN; ★(AS): CN.

南川金盏苣苔 **Oreocharis nanchuanica** (K. Y. Pan et Z. Y. Liu) Mich. Möller et A. Weber【N, W/C】 ♣GXIB; ●GX; ★(AS): CN.

绵毛马铃苣苔 **Oreocharis nemoralis** var. **lanata** Y. L. Zheng et N. H. Xia 【N, W/C】 ♣SCBG; ●GD; ★(AS): CN.

贵州直瓣苣苔 **Oreocharis notochlaena** (H. Lév. et Vaniot) H. Lév. 【N, W/C】 ♣GXIB; ●GX; ★(AS): CN.

川鄂粗筒苣苔 **Oreocharis rosthornii** (Diels) Mich. Möller et A. Weber【N, W/C】♣WBG; ●HB; ★(AS): CN.

管花马铃苣苔 **Oreocharis tubicella** Franch. 【N, W/C】 ♣KBG; ●YN; ★(AS): CN.

湘桂马铃苣苔 **Oreocharis xiangguiensis** W. T. Wang et K. Y. Pan 【N, W/C】 ♣GXIB, SCBG; ●GD, GX; ★(AS): CN.

苦苣苔属 Conandron

苦苣苔 **Conandron ramondioides** Siebold et Zucc. 【N, W/C】♣HBG, LBG, ZAFU; ●JX, ZJ; ★(AS):

CN, JP.

双片苣苔属 Didymostigma

双片苣苔 **Didymostigma obtusum** (C. B. Clarke) W. T. Wang 【N, W/C】 ♣GXIB, SCBG; ●GD, GX; ★(AS): CN.

心皮草属 Liebigia

蓝雪心皮草 **Liebigia speciosa** (Blume) A. DC. 【I, C】 ♣TBG; ●TW; ★(AS): ID.

长蒴苣苔属 Didymocarpus

温州长蒴苣苔 **Didymocarpus cortusifolius** (Hance) H. Lév. 【N, W/C】 ♣CBG, HBG; ●SH, ZJ; ★(AS): CN.

腺毛长蒴苣苔 **Didymocarpus glandulosus** (W. W. Sm.) W. T. Wang 【N, W/C】 ♣SCBG; ●GD; ★(AS): CN.

大齿长蒴苣苔 **Didymocarpus grandidentatus** (W. T. Wang) W. T. Wang 【N, W/C】 ♣XTBG; ●YN; ★(AS): CN.

闽赣长蒴苣苔 **Didymocarpus heucherifolius** Hand.-Mazz. 【N, W/C】 ♣CBG, ZAFU; ●SH, ZJ; ★(AS): CN.

蒙自长蒴苣苔 **Didymocarpus mengtze** W. W. Sm. 【N, W/C】 ♣KBG; ●YN; ★(AS): CN.

紫苞长蒴苣苔 **Didymocarpus purpureobracteatus** W. W. Sm. 【N, W/C】 ♣KBG; ●YN; ★(AS): CN, MM, VN.

狭冠长蒴苣苔 **Didymocarpus stenanthos** C. B. Clarke 【N, W/C】 ♣FLBG, GXIB; ●GD, GX, JX; ★(AS): CN.

云南长蒴苣苔 **Didymocarpus yunnanensis** (Franch.) W. W. Sm. 【N, W/C】 ♣WBG; ●HB; ★(AS): CN, ID, IN.

圆唇苣苔属 Gyrocheilos

圆唇苣苔 **Gyrocheilos chorisepalus** W. T. Wang 【N, W/C】 ♣GXIB, SCBG; ●GD, GX; ★(AS): CN.

微毛圆唇苣苔 **Gyrocheilos microtrichus** W. T. Wang 【N, W/C】 ♣SCBG; ●GD; ★(AS): CN.

异唇苣苔属 Allocheilos

广西异唇苣苔 **Allocheilos guangxiensis** H. Q. Wen, Y. G. Wei et S. H. Zhong 【N, W/C】 ♣GXIB; ●GX; ★(AS): CN.

石山苣苔属 Petrocodon

朱红苣苔 **Petrocodon coccineus** (C. Y. Wu ex H. W. Li) Yin Z. Wang 【N, W/C】 ♣GXIB, KBG; ●GX, YN; ★(AS): CN, VN.

革叶细筒苣苔 **Petrocodon coriaceifolius** (Y. G. Wei) Y. G. Wei et Mich. Möller 【N, W/C】 ♣GXIB; ●GX; ★(AS): CN.

石山苣苔 **Petrocodon dealbatus** Hance 【N, W/C】 ♣GXIB, SCBG; ●GD, GX; ★(AS): CN.

锈色石山苣苔 **Petrocodon ferrugineus** Y. G. Wei 【N, W/C】 ♣GXIB; ●GX; ★(AS): CN.

东南长蒴苣苔 **Petrocodon hancei** (Hemsl.) A. Weber et Mich. Möller 【N, W/C】 ♣GXIB; ●GX; ★(AS): CN.

河池细筒苣苔 **Petrocodon hechiensis** (Y. G. Wei, Yan Liu et F. Wen) Y. G. Wei et Mich. Möller 【N, W/C】 ♣GXIB; ●GX; ★(AS): CN.

全缘叶细筒苣苔 **Petrocodon integrifolius** (D. Fang et L. Zeng) A. Weber et Mich. Möller 【N, W/C】 ♣GXIB; ●GX; ★(AS): CN.

长檐苣苔 **Petrocodon jasminiflorus** (D. Fang et W. T. Wang) A. Weber et Mich. Möller 【N, W/C】 ♣GXIB; ●GX; ★(AS): CN.

靖西细筒苣苔 **Petrocodon jingxiensis** (Yan Liu, H. S. Gao et W. B. Xu) A. Weber et Mich. Möller 【N, W/C】 ♣GXIB; ●GX; ★(AS): CN.

世纬苣苔 **Petrocodon scopulorum** (Chun) Yin Z. Wang 【N, W/C】 ♣WBG; ●HB; ★(AS): CN.

报春苣苔属 Primulina

百寿唇柱苣苔 **Primulina baishouensis** (Y. G. Wei, H. Q. Wen et S. H. Zhong) Yin Z. Wang 【N, W/C】 ♣GXIB; ●GX; ★(AS): CN.

羽裂小花苣苔 **Primulina bipinnatifida** (W. T. Wang) Yin Z. Wang et J. M. Li 【N, W/C】 ♣GXIB; ●GX; ★(AS): CN.

短头唇柱苣苔 **Primulina brachystigma** (W. T. Wang) Mich. Möller et A. Weber 【N, W/C】 ♣GXIB; ●GX; ★(AS): CN.

短毛唇柱苣苔 **Primulina brachytricha** (W. T. Wang et D. Y. Chen) R. B. Mao et Yin Z. Wang 【N, W/C】 ♣FLBG, GXIB; ●GD, GX, JX; ★(AS):

CN.

芥状唇柱苣苔 **Primulina brassicoides** (W. T. Wang) Mich. Möller et A. Weber 【N, W/C】 ♣GXIB; ●GX, TW; ★(AS): CN.

肉叶唇柱苣苔 **Primulina carnosifolia** (C. Y. Wu ex H. W. Li) Yin Z. Wang 【N, W/C】 ♣KBG; ●YN; ★(AS): CN.

心叶唇柱苣苔 **Primulina cordata** Mich. Möller et A. Weber 【N, W/C】 ♣GXIB; ●GX; ★(AS): CN.

心叶小花苣苔 **Primulina cordifolia** (D. Fang et W. T. Wang) Yin Z. Wang 【N, W/C】 ♣CBG, GXIB, IBCAS; ●BJ, GX, SH; ★(AS): CN.

弯果唇柱苣苔 **Primulina cyrtocarpa** (D. Fang et L. Zeng) Mich. Möller et A. Weber 【N, W/C】 ♣GXIB; ●GX; ★(AS): CN.

牛耳朵 **Primulina eburnea** (Hance) Yin Z. Wang 【N, W/C】 ♣FLBG, GBG, GMG, GXIB, HBG, IBCAS, KBG, SCBG, WBG; ●BJ, GD, GX, GZ, HB, JX, YN, ZJ; ★(AS): CN.

蚂蝗七（蚂蟥七）**Primulina fimbrisepala** (Hand.-Mazz.) Yin Z. Wang 【N, W/C】 ♣CBG, FBG, FLBG, GA, GMG, GXIB, LBG, SCBG, WBG, XMBG, XTBG; ●FJ, GD, GX, HB, JX, SH, YN; ★(AS): CN.

密毛蚂蝗七 **Primulina fimbrisepala** var. **mollis** (W. T. Wang) Mich. Möller et A. Weber 【N, W/C】 ♣GXIB; ●GX; ★(AS): CN.

黄斑唇柱苣苔 **Primulina flavimaculata** (W. T. Wang) Mich. Möller et A. Weber 【N, W/C】 ♣GXIB; ●GX; ★(AS): CN.

桂粤唇柱苣苔 **Primulina fordii** (Hemsl.) Yin Z. Wang 【N, W/C】 ♣GXIB; ●GX; ★(AS): CN.

紫腺小花苣苔 **Primulina glandulosa** (D. Fang, L. Zeng et D. H. Qin) Yin Z. Wang 【N, W/C】 ♣GXIB, IBCAS; ●BJ, GX; ★(AS): CN.

阳朔小花苣苔 **Primulina glandulosa** var. **yangshuoensis** (F. Wen, Yue Wang et Q. X. Zhang) Mich. Möller et A. Weber 【N, W/C】 ♣GXIB; ●GX; ★(AS): CN.

桂林唇柱苣苔 **Primulina gueilinensis** (W. T. Wang) Yin Z. Wang et Yan Liu 【N, W/C】 ♣CBG, GXIB, SCBG; ●GD, GX, SH; ★(AS): CN.

桂海唇柱苣苔 **Primulina guihaiensis** (Y. G. Wei, B. Pan et W. X. Tang) Mich. Möller et A. Weber 【N, W/C】 ♣GXIB; ●GX; ★(AS): CN.

肥牛草 **Primulina hedyotidea** (Chun) Yin Z. Wang 【N, W/C】 ♣GMG, GXIB, SCBG, XMBG; ●FJ, GD, GX; ★(AS): CN.

烟叶唇柱苣苔 **Primulina heterotricha** (Merr.) Y. Dong et Yin Z. Wang 【N, W/C】 ♣IBCAS, SCBG; ●BJ, GD; ★(AS): CN.

河池唇柱苣苔 **Primulina hochiensis** (C. C. Huang et X. X. Chen) Mich. Möller et A. Weber 【N, W/C】 ♣CBG, GXIB; ●GX, SH; ★(AS): CN.

疏花唇柱苣苔 **Primulina laxiflora** (W. T. Wang) Yin Z. Wang 【N, W/C】 ♣GXIB, IBCAS; ●BJ, GX; ★(AS): CN.

荔波唇柱苣苔 **Primulina liboensis** (W. T. Wang et D. Y. Chen) Mich. Möller et A. Weber 【N, W/C】 ♣GXIB; ●GX; ★(AS): CN.

舌柱唇柱苣苔 **Primulina liguliformis** (W. T. Wang) Mich. Möller et A. Weber 【N, W/C】 ♣GXIB; ●GX; ★(AS): CN.

线叶唇柱苣苔 **Primulina linearifolia** (W. T. Wang) Yin Z. Wang 【N, W/C】 ♣CBG, GXIB, IBCAS, XTBG; ●BJ, GX, SH, YN; ★(AS): CN.

灵川小花苣苔 **Primulina lingchuanensis** (Yan Liu et Y. G. Wei) Mich. Möller et A. Weber 【N, W/C】 ♣GXIB; ●GX; ★(AS): CN.

柳江唇柱苣苔 **Primulina liujiangensis** (D. Fang et D. H. Qin) Yan Liu 【N, W/C】 ♣GXIB; ●GX; ★(AS): CN.

浅裂小花苣苔 **Primulina lobulata** (W. T. Wang) Mich. Möller et A. Weber 【N, W/C】 ♣GXIB; ●GX; ★(AS): CN.

弄岗唇柱苣苔（红药唇柱苣苔）**Primulina longgangensis** (W. T. Wang) Yan Liu et Yin Z. Wang 【N, W/C】 ♣GXIB, IBCAS, SCBG; ●BJ, GD, GX; ★(AS): CN.

长萼唇柱苣苔 **Primulina longicalyx** (J. M. Li et Yin Z. Wang) Mich. Möller et A. Weber 【N, W/C】 ♣GXIB; ●GX; ★(AS): CN.

龙氏唇柱苣苔 **Primulina longii** (Z. Yu Li) Z. Yu Li 【N, W/C】 ♣GXIB; ●GX; ★(AS): CN.

隆林唇柱苣苔 **Primulina lunglinensis** (W. T. Wang) Mich. Möller et A. Weber 【N, W/C】 ♣GXIB, SCBG, WBG; ●GD, GX, HB; ★(AS): CN.

钝萼唇柱苣苔 **Primulina lunglinensis** var. **amblyosepala** (W. T. Wang) Mich. Möller et A. Weber 【N, W/C】 ♣GXIB; ●GX; ★(AS): CN.

龙州唇柱苣苔 **Primulina lungzhouensis** (W. T. Wang) Mich. Möller et A. Weber 【N, W/C】 ♣GXIB, KBG; ●GX, YN; ★(AS): CN.

黄花牛耳朵 **Primulina lutea** (Yan Liu et Y. G. Wei) Mich. Möller et A. Weber 【N, W/C】 ♣GXIB; ●GX; ★(AS): CN.

粗齿唇柱苣苔 **Primulina macrodonta** (D. Fang et D. H. Qin) Mich. Möller et A. Weber 【N, W/C】 ♣GXIB; ●GX; ★(AS): CN.

大根唇柱苣苔 **Primulina macrorhiza** (D. Fang et D. H. Qin) Mich. Möller et A. Weber 【N, W/C】 ♣GXIB; ●GX; ★(AS): CN.

药用唇柱苣苔 **Primulina medica** (D. Fang) Yin Z. Wang 【N, W/C】 ♣CBG, GXIB; ●GX, SH; ★(AS): CN.

多痕唇柱苣苔 **Primulina minutihamata** (D. Wood) Mich. Möller et A. Weber 【N, W/C】 ♣GXIB; ●GX; ★(AS): CN, VN.

微斑唇柱苣苔 **Primulina minutimaculata** (D. Fang et W. T. Wang) Yin Z. Wang 【N, W/C】 ♣GXIB; ●GX; ★(AS): CN.

软叶唇柱苣苔（密毛小花苣苔）**Primulina mollifolia** (D. Fang et W. T. Wang) J. M. Li et Yin Z. Wang 【N, W/C】 ♣GXIB; ●GX; ★(AS): CN.

南丹报春苣苔（南丹唇柱苣苔）**Primulina nandanensis** (S. X. Huang, Y. G. Wei et W. H. Luo) Mich. Möller et A. Weber 【N, W/C】 ♣GXIB; ●GX; ★(AS): CN.

那坡唇柱苣苔 **Primulina napoensis** (Z. Yu Li) Mich. Möller et A. Weber 【N, W/C】 ♣GXIB; ●GX; ★(AS): CN.

宁明唇柱苣苔 **Primulina ningmingensis** (Yan Liu et W. H. Wu) W. B. Xu et K. F. Chung 【N, W/C】 ♣GXIB; ●GX; ★(AS): CN.

条叶唇柱苣苔 **Primulina ophiopogoides** (D. Fang et W. T. Wang) Yin Z. Wang 【N, W/C】 ♣GXIB, XMBG; ●FJ, GX; ★(AS): CN.

羽裂苣苔（羽裂唇柱苣苔）**Primulina pinnatifida** (Hand.-Mazz.) Yin Z. Wang 【N, W/C】 ♣CBG, HBG, KBG; ●SH, YN, ZJ; ★(AS): CN.

多莛唇柱苣苔 **Primulina polycephala** (Chun) Mich. Möller et A. Weber 【N, W/C】 ♣GXIB; ●GX; ★(AS): CN.

紫纹唇柱苣苔 **Primulina pseudoeburnea** (D. Fang et W. T. Wang) Mich. Möller et A. Weber 【N, W/C】 ♣GMG, GXIB; ●GX; ★(AS): CN.

罗城文采苣苔 **Primulina pseudolinearifolia** W. B. Xu et K. F. Chung 【N, W/C】 ♣GXIB; ●GX; ★(AS): CN.

翅柄唇柱苣苔 **Primulina pteropoda** (W. T. Wang) Yan Liu 【N, W/C】 ♣GXIB; ●GX; ★(AS): CN.

尖萼唇柱苣苔 **Primulina pungentisepala** (W. T. Wang) Mich. Möller et A. Weber 【N, W/C】 ♣GXIB, IBCAS; ●BJ, GX; ★(AS): CN.

文采苣苔 **Primulina renifolia** (D. Fang et D. H. Qin) J. M. Li et Yin Z. Wang 【N, W/C】 ♣GXIB; ●GX; ★(AS): CN.

小花苣苔 **Primulina repanda** (W. T. Wang) Yin Z. Wang 【N, W/C】 ♣GXIB; ●GX; ★(AS): CN.

桂林小花苣苔 **Primulina repanda** var. **guilinensis** (W. T. Wang) Mich. Möller et A. Weber 【N, W/C】 ♣GXIB, IBCAS; ●BJ, GX; ★(AS): CN.

融安唇柱苣苔 **Primulina ronganensis** (D. Fang et Y. G. Wei) Mich. Möller et A. Weber 【N, W/C】 ♣GXIB, IBCAS; ●BJ, GX; ★(AS): CN.

融水唇柱苣苔 **Primulina rongshuiensis** (Yan Liu et Y. S. Huang) W. B. Xu et K. F. Chung 【N, W/C】 ♣GXIB; ●GX; ★(AS): CN.

硬叶唇柱苣苔 **Primulina sclerophylla** (W. T. Wang) Yan Liu 【N, W/C】 ♣GXIB; ●GX; ★(AS): CN.

寿城唇柱苣苔 **Primulina shouchengensis** (Z. Yu Li) Z. Yu Li 【N, W/C】 ♣CBG, GXIB, IBCAS; ●BJ, GX, SH; ★(AS): CN.

唇柱苣苔 **Primulina sinensis** (Lindl.) Yin Z. Wang 【N, W/C】 ♣FLBG, HBG, SCBG, XTBG; ●GD, JX, YN, ZJ; ★(AS): CN.

焰苞唇柱苣苔 **Primulina spadiciformis** (W. T. Wang) Mich. Möller et A. Weber 【N, W/C】 ●TW; ★(AS): CN.

刺齿唇柱苣苔 **Primulina spinulosa** (D. Fang et W. T. Wang) Yin Z. Wang 【N, W/C】 ♣GXIB; ●GX; ★(AS): CN.

菱叶唇柱苣苔 **Primulina subrhomboidea** (W. T. Wang) Yin Z. Wang 【N, W/C】 ♣CBG, GXIB, KBG; ●GX, SH, YN; ★(AS): CN.

阳春小花苣苔 **Primulina subulata** var. **yangchunensis** (W. T. Wang) Mich. Möller et A. Weber 【N, W/C】 ♣GXIB; ●GX; ★(AS): CN.

钟冠唇柱苣苔 **Primulina swinglei** (Merr.) Mich. Möller et A. Weber 【N, W/C】 ♣GXIB; ●GX; ★(AS): CN, VN.

报春苣苔 **Primulina tabacum** Hance 【N, W/C】 ♣GXIB, SCBG; ●GD, GX; ★(AS): CN.

薄叶唇柱苣苔 **Primulina tenuifolia** (W. T. Wang) Yin Z. Wang 【N, W/C】 ♣GXIB; ●GX; ★(AS): CN.

神农架苣苔(神农架唇柱苣苔)**Primulina tenuituba** (W. T. Wang) Yin Z. Wang 【N, W/C】 ♣GXIB; ●GX; ★(AS): CN.

天等唇柱苣苔 **Primulina tiandengensis** (F. Wen et H. Tang) F. Wen et K. F. Chung 【N, W/C】 ♣GXIB; ●GX; ★(AS): CN.

三苞唇柱苣苔 **Primulina tribracteata** (W. T. Wang) Mich. Möller et A. Weber 【N, W/C】 ♣GXIB, KBG; ●GX, YN; ★(AS): CN.

变色唇柱苣苔 **Primulina varicolor** (D. Fang et D. H. Qin) Yin Z. Wang 【N, W/C】 ♣GXIB; ●GX; ★(AS): CN.

齿萼唇柱苣苔 **Primulina verecunda** (Chun) Mich. Möller et A. Weber 【N, W/C】 ♣GXIB; ●GX; ★(AS): CN.

长毛唇柱苣苔 **Primulina villosissima** (W. T. Wang) Mich. Möller et A. Weber 【N, W/C】 ♣GXIB; ●GX; ★(AS): CN.

文采唇柱苣苔 **Primulina wentsaii** (D. Fang et L. Zeng) Yin Z. Wang 【N, W/C】 ♣GXIB; ●GX; ★(AS): CN.

永福唇柱苣苔 **Primulina yungfuensis** (W. T. Wang) Mich. Möller et A. Weber 【N, W/C】 ♣CBG, GXIB; ●GX, SH; ★(AS): CN.

漏斗苣苔属 Raphiocarpus

大苞漏斗苣苔 **Raphiocarpus begoniifolius** (H. Lév.) B. L. Burtt 【N, W/C】 ♣KBG, XTBG; ●YN; ★(AS): CN.

长筒漏斗苣苔 **Raphiocarpus macrosiphon** (Hance) B. L. Burtt 【N, W/C】 ♣GMG, IBCAS, SCBG; ●BJ, GD, GX; ★(AS): CN.

大叶锣 **Raphiocarpus sesquifolius** (C. B. Clarke) B. L. Burtt 【N, W/C】 ♣SCBG; ●GD, SC; ★(AS): CN.

无毛漏斗苣苔 **Raphiocarpus sinicus** Chun 【N, W/C】 ♣GXIB; ●GX; ★(AS): CN.

筒花苣苔属 Briggsiopsis

筒花苣苔 **Briggsiopsis delavayi** (Franch.) K. Y. Pan 【N, W/C】 ♣GXIB; ●GX; ★(AS): CN.

光叶苣苔属 Glabrella

盾叶粗筒苣苔 **Glabrella longipes** (Hemsl.) Mich. Möller et W. H. Chen 【N, W/C】 ♣GXIB, IBCAS, KBG, WBG; ●BJ, GX, HB, YN; ★(AS): CN.

革叶粗筒苣苔 **Glabrella mihieri** (Franch.) Mich. Möller et W. H. Chen 【N, W/C】 ♣FBG, GXIB, IBCAS, KBG, WBG; ●BJ, FJ, GX, HB, YN; ★(AS): CN.

粗筒苣苔属 Briggsia

浙皖粗筒苣苔 **Briggsia chienii** Chun 【N, W/C】 ♣CBG, HBG; ●SH, ZJ; ★(AS): CN.

藓丛粗筒苣苔 **Briggsia muscicola** (Diels) Craib 【N, W/C】 ♣KBG; ●YN; ★(AS): BT, CN, ID, IN, LK, MM.

鄂西粗筒苣苔 **Briggsia speciosa** (Hemsl.) Craib 【N, W/C】 ♣FBG, WBG; ●FJ, HB; ★(AS): CN.

广西粗筒苣苔 **Briggsia stewardii** Chun 【N, W/C】 ♣GXIB; ●GX; ★(AS): CN.

半蒴苣苔属 Hemiboea

贵州半蒴苣苔 **Hemiboea cavaleriei** H. Lév. 【N, W/C】 ♣GXIB, KBG, SCBG, WBG; ●GD, GX, HB, YN; ★(AS): CN, VN.

疏脉半蒴苣苔 **Hemiboea cavaleriei** var. **paucinervis** W. T. Wang et Z. Y. Li 【N, W/C】 ♣CBG, GXIB; ●GX, SH; ★(AS): CN, VN.

齿叶半蒴苣苔 **Hemiboea fangii** Chun ex Z. Y. Li 【N, W/C】 ♣XTBG; ●YN; ★(AS): CN.

毛果半蒴苣苔 **Hemiboea flaccida** Chun 【N, W/C】 ♣GXIB, WBG; ●GX, HB; ★(AS): CN.

华南半蒴苣苔 **Hemiboea follicularis** C. B. Clarke 【N, W/C】 ♣FBG, GXIB, SCBG; ●FJ, GD, GX; ★(AS): CN.

纤细半蒴苣苔 **Hemiboea gracilis** Franch. 【N, W/C】 ♣FBG, GXIB, IBCAS, WBG; ●BJ, FJ, GX, HB, SC; ★(AS): CN.

毛苞半蒴苣苔 **Hemiboea gracilis** var. **pilobracteata** Z. Y. Li 【N, W/C】 ♣FBG, WBG; ●FJ, HB; ★(AS): CN.

弄岗半蒴苣苔 **Hemiboea longgangensis** Z. Y. Li 【N, W/C】 ♣GXIB, XTBG; ●GX, YN; ★(AS): CN.

龙州半蒴苣苔 **Hemiboea longzhouensis** W. T. Wang 【N, W/C】 ♣GXIB, WBG, XTBG; ●GX, HB, YN; ★(AS): CN.

大苞半蒴苣苔 **Hemiboea magnibracteata** Y. G. Wei et H. Q. Wen 【N, W/C】 ♣GXIB; ●GX; ★(AS): CN.

柔毛半蒴苣苔 **Hemiboea mollifolia** W. T. Wang【N, W/C】 ♣WBG; ●HB; ★(AS): CN.

单座苣苔 **Hemiboea ovalifolia** (W. T. Wang) A. Weber et Mich. Möller【N, W/C】♣GXIB; ●GX; ★(AS): CN.

小花半蒴苣苔 **Hemiboea parviflora** Z. Y. Li【N, W/C】 ♣GXIB, WBG; ●GX, HB; ★(AS): CN.

紫叶单座苣苔 **Hemiboea purpureotincta** (W. T. Wang) A. Weber et Mich. Möller【N, W/C】♣GXIB; ●GX; ★(AS): CN.

红苞半蒴苣苔 **Hemiboea rubribracteata** Z. Y. Li et Y. Liu【N, W/C】♣GXIB; ●GX; ★(AS): CN.

腺毛半蒴苣苔 **Hemiboea strigosa** Chun ex W. T. Wang【N, W/C】♣GXIB, SCBG; ●GD, GX; ★(AS): CN.

短茎半蒴苣苔 **Hemiboea subacaulis** Hand.-Mazz.【N, W/C】 ♣GXIB, WBG; ●GX, HB; ★(AS): CN.

半蒴苣苔 **Hemiboea subcapitata** C. B. Clarke【N, W/C】 ♣CBG, FBG, FLBG, GXIB, HBG, KBG, LBG, NBG, SCBG, WBG, ZAFU; ●FJ, GD, GX, HB, JS, JX, SC, SH, YN, ZJ; ★(AS): CN, VN.

翅茎半蒴苣苔 **Hemiboea subcapitata** var. **pterocaulis** Z. Yu Li【N, W/C】♣GXIB; ●GX; ★(AS): CN.

王氏半蒴苣苔 **Hemiboea wangiana** Z. Y. Li【N, W/C】 ♣GXIB; ●GX; ★(AS): CN.

大苞苣苔属 Anna

软叶大苞苣苔 **Anna mollifolia** (W. T. Wang) W. T. Wang et K. Y. Pan【N, W/C】 ♣KBG; ●YN; ★(AS): CN.

白花大苞苣苔 **Anna ophiorrhizoides** (Hemsl.) B. L. Burtt et R. A. Davidson【N, W/C】 ♣GXIB, SCBG; ●GD, GX, SC; ★(AS): CN.

大苞苣苔 **Anna submontana** Pellegr.【N, W/C】 ♣KBG; ●YN; ★(AS): CN, VN.

吊石苣苔属 Lysionotus

桂黔吊石苣苔 **Lysionotus aeschynanthoides** W. T. Wang【N, W/C】 ♣GXIB; ●GX; ★(AS): CN.

凤山吊石苣苔 **Lysionotus fengshanensis** Yan Liu et D. X. Nong【N, W/C】♣GXIB; ●GX; ★(AS): CN.

滇西吊石苣苔 **Lysionotus forrestii** W. W. Sm.【N, W/C】 ●YN; ★(AS): CN.

纤细吊石苣苔 **Lysionotus gracilis** W. W. Sm.【N, W/C】 ●YN; ★(AS): CN, MM.

广西吊石苣苔 **Lysionotus kwangsiensis** W. T. Wang【N, W/C】 ♣GXIB; ●GX; ★(AS): CN.

长梗吊石苣苔 **Lysionotus longipedunculatus** (W. T. Wang) W. T. Wang【N, W/C】♣GXIB; ●GX; ★(AS): CN.

长圆吊石苣苔 **Lysionotus oblongifolius** W. T. Wang【N, W/C】♣FLBG, GXIB; ●GD, GX, JX; ★(AS): CN.

吊石苣苔 **Lysionotus pauciflorus** Maxim.【N, W/C】 ♣CBG, FBG, GA, GBG, GMG, GXIB, HBG, IBCAS, KBG, LBG, NBG, SCBG, TBG, WBG, XTBG; ●BJ, FJ, GD, GX, GZ, HB, JS, JX, SC, SH, TW, YN, ZJ; ★(AS): CN, JP, VN.

兰屿吊石苣苔 **Lysionotus pauciflorus** var. **ikedae** (Hatus.) W. T. Wang【N, W/C】 ♣TMNS; ●TW; ★(AS): CN.

细萼吊石苣苔 **Lysionotus petelotii** Pellegr.【N, W/C】 ♣KBG; ●YN; ★(AS): CN, VN.

毛枝吊石苣苔 **Lysionotus pubescens** C. B. Clarke【N, W/C】 ♣WBG; ●HB; ★(AS): BT, CN, ID, IN, LK, MM.

桑植吊石苣苔 **Lysionotus sangzhiensis** W. T. Wang【N, W/C】 ♣FBG; ●FJ; ★(AS): CN.

齿叶吊石苣苔 **Lysionotus serratus** D. Don【N, W/C】 ♣FLBG, GXIB, KBG, WBG; ●GD, GX, HB, JX, YN; ★(AS): BT, CN, IN, MM, NP, TH, VN.

短柄吊石苣苔 **Lysionotus sessilifolius** Hand.-Mazz.【N, W/C】 ♣KBG; ●YN; ★(AS): CN.

川西吊石苣苔 **Lysionotus wilsonii** Rehder【N, W/C】 ♣GXIB, SCBG; ●GD, GX; ★(AS): CN.

紫花苣苔属 Loxostigma

光叶紫花苣苔 **Loxostigma glabrifolium** D. Fang et K. Y. Pan【N, W/C】♣GXIB; ●GX; ★(AS): CN.

紫花苣苔 **Loxostigma griffithii** (Wight) C. B. Clarke【N, W/C】 ♣GXIB, KBG, XTBG; ●GX, YN; ★(AS): BT, CN, ID, IN, LK, MM, NP, VN.

异裂苣苔属 Pseudochirita

异裂苣苔 **Pseudochirita guangxiensis** (S. Z. Huang) W. T. Wang【N, W/C】♣FBG, GXIB; ●FJ, GX; ★(AS): CN, VN.

粉绿异裂苣苔 **Pseudochirita guangxiensis** var.

glauca Y. G. Wei et Yan Liu【N, W/C】♣GXIB; ●GX; ★(AS): CN.

异片苣苔属 Allostigma

异片苣苔 **Allostigma guangxiense** W. T. Wang【N, W/C】♣GXIB; ●GX; ★(AS): CN.

石蝴蝶属 Petrocosmea

髯毛石蝴蝶 **Petrocosmea barbata** Craib【N, W/C】♣KBG; ●TW, YN; ★(AS): CN.

蓝石蝴蝶 **Petrocosmea coerulea** C. Y. Wu ex W. T. Wang【N, W/C】♣KBG; ●YN; ★(AS): CN.

石蝴蝶 **Petrocosmea duclouxii** Craib【N, W/C】♣KBG; ●YN; ★(AS): CN.

萎软石蝴蝶 **Petrocosmea flaccida** Craib【N, W/C】●TW; ★(AS): CN.

大理石蝴蝶 **Petrocosmea forrestii** Craib【N, W/C】♣IBCAS; ●BJ; ★(AS): CN.

蒙自石蝴蝶 **Petrocosmea iodioides** Hemsl.【N, W/C】♣KBG; ●YN; ★(AS): CN.

滇泰石蝴蝶 **Petrocosmea kerrii** Craib【N, W/C】♣KBG, XTBG; ●YN; ★(AS): CN, MM, TH.

东川石蝴蝶 **Petrocosmea mairei** H. Lév.【N, W/C】♣KBG; ●YN; ★(AS): CN.

滇黔石蝴蝶 **Petrocosmea martinii** (H. Lév.) H. Lév.【N, W/C】♣KBG; ●YN; ★(AS): CN.

小石蝴蝶 **Petrocosmea minor** Hemsl.【N, W/C】♣KBG; ●YN; ★(AS): CN.

莲座石蝴蝶 **Petrocosmea rosettifolia** C. Y. Wu ex H. W. Li【N, W/C】♣KBG; ●YN; ★(AS): CN.

丝毛石蝴蝶 **Petrocosmea sericea** C. Y. Wu ex H. W. Li【N, W/C】♣IBCAS, KBG, SCBG; ●BJ, GD, YN; ★(AS): CN.

中华石蝴蝶 **Petrocosmea sinensis** Oliv.【N, W/C】♣KBG; ●YN; ★(AS): CN.

269. 车前科 PLANTAGINACEAE

香彩雀属 Angelonia

香彩雀 **Angelonia angustifolia** Benth.【I, C】♣FLBG, WBG; ●BJ, GD, HB, JX, TW; ★(NA): CR, DO, LW, MX, NI, PA, SV, TT, US; (SA): CO, EC.

正香彩雀（玉蓉花、玉天使）**Angelonia gardneri** Hook.【I, C】♣SCBG, XMBG, XTBG; ●FJ, GD, YN; ★(SA): AR, BO, BR, PY.

柳叶香彩雀 **Angelonia salicariifolia** Bonpl.【I, C】♣GXIB, SCBG, WBG, XMBG, XTBG; ●FJ, GD, GX, HB, TW, YN; ★(NA): PR; (SA): AR, BR, CO, GY, PY, VE.

伏胁花属 Mecardonia

伏胁花 **Mecardonia procumbens** (P. Mill.) Small【I, N】●FJ, GD; ★(NA): BZ, CR, CU, DO, GT, HN, JM, MX, NI, PA, PR, SV; (SA): AR, BO, BR, CO, EC, PE, PY, UY, VE.

假马齿苋属 Bacopa

巴戈草 **Bacopa caroliniana** (Walter) B. L. Rob.【I, C】♣FLBG, TMNS, WBG, XMBG; ●FJ, GD, HB, JX, TW; ★(NA): US.

麦花草 **Bacopa floribunda** (R. Br.) Wettst.【N, W/C】♣SCBG, WBG; ●GD, HB; ★(AS): CN, ID, IN, LA, LK, MY, PH, TH, VN; (OC): AU.

黄巴戈草 **Bacopa lanigera** (Cham. et Schltdl.) Wettst.【I, C】★(SA): BO.

假马齿苋 **Bacopa monnieri** (L.) Wettst.【N, W/C】♣FLBG, SCBG, TMNS, WBG, XMBG, XTBG; ●FJ, GD, HB, JX, TW, YN; ★(AF): MG, ZA; (AS): BT, CN, IN, LA, LK, MM, MY, PH, SG; (OC): AU; (EU): AD, AL, BA, BG, ES, GR, HR, IT, MK, PT, RO, SI, SM, VA; (NA): BS, BZ, CR, CU, DO, GT, HN, HT, JM, MX, NI, PA, PR, SV, US, VG; (SA): AR, BO, BR, CO, EC, GY, PE, PY, VE.

匍匐假马齿苋（田玄参）**Bacopa repens** (Sw.) Wettst.【I, N】★(NA): BZ, CR, CU, GT, HN, MX, NI, PA, PR, SV, US; (SA): BR, CO, EC, PE, PY, VE.

圆叶假马齿苋 **Bacopa rotundifolia** (Michx.) Wettst.【I, C】★(NA): MX, US; (SA): AR, BO, PY, VE.

野甘草属 Scoparia

野甘草 **Scoparia dulcis** L.【I, N】♣FBG, FLBG, GMG, SCBG, TMNS, XLTBG, XMBG, XTBG; ●FJ, GD, GX, HI, JS, JX, TW, YN; ★(NA): BZ, CR, CU, DO, GT, HN, HT, JM, LW, MX, NI, PA, PR, TT, US, VG, WW; (SA): AR, BO, BR, CO, EC, PE, PY, VE.

离药草属 Stemodia

离药草（轮叶孪生花）**Stemodia verticillata** Minod【I, N】♣SCBG; ●GD; ★(NA): BZ, CR, GT, HN,

MX, NI, PA, PR, SV, TT, US; (SA): AR, BO, BR, CO, EC, PE, PY, UY, VE.

白籽草属 Leucospora

白籽草 **Leucospora multifida** (Michx.) Nutt. 【I, N】 ●GD; ★(NA): CA, US.

蓝金花属 Otacanthus

蓝金花 **Otacanthus azureus** (Linden) Ronse【I, C】 ♣TMNS, XMBG; ●FJ, TW; ★(SA): BR.

水八角属 Gratiola

白花水八角（水八角）**Gratiola japonica** Miq. 【N, W/C】 ♣LBG, SCBG, WBG; ●GD, HB, JX; ★(AS): CN, JP, KP, KR, MN, RU-AS.

毛麝香属 Adenosma

勐腊毛麝香 **Adenosma buchneroides** Bonati 【I, C】 ♣XTBG; ●YN; ★(AS): VN.

毛麝香 **Adenosma glutinosum** (L.) Druce 【N, W/C】 ♣FBG, FLBG, GMG, GXIB, LBG, SCBG, XMBG, XTBG; ●FJ, GD, GX, JX, YN; ★(AS): CN, ID, IN, KH, LA, MY, TH, VN; (OC): PAF.

球花毛麝香 **Adenosma indianum** (Lour.) Merr. 【N, W/C】♣GMG, SCBG, XTBG; ●GD, GX, YN; ★(AS): BT, CN, ID, IN, KH, LA, LK, MM, MY, PH, TH, VN.

小头毛麝香 **Adenosma microcephalum** Hook. f. 【I, C】 ★(AS): LA, MM, VN.

凹裂毛麝香 **Adenosma retusilobum** P. C. Tsoong et T. L. Chin【N, W/C】♣XTBG; ●YN; ★(AS): CN.

茶菱属 Trapella

茶菱 **Trapella sinensis** Oliv. 【N, W/C】 ♣BBG, HBG, LBG, SCBG, WBG; ●BJ, GD, HB, JX, ZJ; ★(AS): CN, JP, KP, KR, MN, RU-AS.

石龙尾属 Limnophila

大石龙尾 **Limnophila aquatica** (Willd.) Santapau 【I, C】 ★(AS): IN.

紫苏草 **Limnophila aromatica** (Lam.) Merr. 【N, W/C】 ♣SCBG, TMNS, XTBG; ●GD, TW, YN; ★(AS): BT, CN, ID, IN, JP, KP, KR, LA, LK, PH, TH, VN; (OC): AU, PAF.

中华石龙尾 **Limnophila chinensis** (Osbeck) Merr. 【N, W/C】 ♣GMG, SCBG, WBG, XTBG; ●GD, GX, HB, YN; ★(AS): BT, CN, ID, IN, JP, KH, LA, LK, MM, MY, SG, TH, VN; (OC): AU, PAF.

抱茎石龙尾 **Limnophila connata** (Buch.-Ham. ex D. Don) Pennell 【N, W/C】 ♣SCBG; ●GD; ★(AS): CN, ID, IN, LA, MM, NP, TH, VN.

直立石龙尾 **Limnophila erecta** Benth. 【N, W/C】 ♣SCBG, XTBG; ●GD, YN; ★(AS): CN, ID, IN, LA, MM, MY, TH, VN.

异叶石龙尾 **Limnophila heterophylla** (Roxb.) Benth.【N, W/C】♣SCBG, WBG; ●GD, HB; ★(AS): CN, ID, IN, KH, LK, MM, MY, NP, TH, VN.

有梗石龙尾 **Limnophila indica** (L.) Druce 【N, W/C】♣WBG; ●HB; ★(AS): BT, CN, ID, IN, JP, KH, KR, LA, LK, MM, MY, NP, PH, PK, TH, VN.

大叶石龙尾 **Limnophila rugosa** (Roth) Merr. 【N, W/C】♣FBG, GMG, GXIB, SCBG, TMNS, WBG, XTBG; ●FJ, GD, GX, HB, TW, YN; ★(AS): BT, CN, ID, IN, JP, LA, LK, MM, MY, NP, PH, TH, VN; (OC): PAF.

石龙尾 **Limnophila sessiliflora** (Vahl) Blume 【N, W/C】 ♣GA, GXIB, LBG, SCBG, TMNS, WBG, XTBG; ●GD, GX, HB, JX, TW, YN; ★(AS): BT, CN, ID, IN, JP, KR, LK, MM, MY, NP, SG, TH, VN.

虻眼属 Dopatrium

虻眼 **Dopatrium junceum** (Roxb.) Buch.-Ham. ex Benth.【N, W/C】♣FLBG, SCBG, TMNS, XTBG; ●GD, JX, TW, YN; ★(AF): NG, ZA; (AS): BT, CN, ID, IN, JP, KR, LK, MM, MY, PH, TH, VN; (OC): AU, PAF.

假黑藻属 Hydrotriche

马达加斯加水杉 **Hydrotriche hottoniiflora** Zucc. 【I, C】 ♣SCBG; ●GD; ★(AF): MG.

泽番椒属 Deinostema

泽番椒 **Deinostema violacea** (Maxim.) T. Yamaz. 【N, W/C】 ♣WBG; ●HB; ★(AS): CN, JP, KP, MN, RU-AS.

爆仗竹属 Russelia

爆仗竹 **Russelia equisetiformis** Schltdl. et Cham.

【I, C】 ♣FBG, FLBG, GBG, GMG, GXIB, HBG, KBG, LBG, NBG, SCBG, TBG, TMNS, WBG, XLTBG, XMBG, XOIG, XTBG; ●BJ, FJ, GD, GX, GZ, HB, HI, JS, JX, TW, YN, ZJ; ★(NA): BM, CR, CU, DO, GT, HN, JM, KY, MX, NI, PA, PR, VG; (SA): BO, BR, CO, PY, VE.

毛爆仗竹 **Russelia sarmentosa** Jacq. 【I, C】 ★(NA): BZ, CR, CU, GT, HN, MX, NI, PA, SV, US; (SA): CO, GY.

四蕊花属 Tetranema

四蕊花 **Tetranema roseum** (M. Martens et Galeotti) Standl. et Steyerm. 【I, C】 ●TW; ★(NA): BZ, GT, HN, MX.

锦龙花属 Collinsia

小叶锦龙花 **Collinsia parviflora** Douglas ex Lindl. 【I, C】 ★(NA): CA, US.

大花锦龙花（大锦龙花）**Collinsia parviflora** var. **grandiflora** (Douglas ex Lindl.) Ganders et G. R. Krause 【I, C】 ★(NA): CA, US.

锦龙花 **Collinsia verna** Nutt. 【I, C】 ★(NA): CA, US.

钓钟柳属 Penstemon

*酒神菊叶钓钟柳 **Penstemon baccharifolius** Hook. 【I, C】 ●BJ; ★(NA): MX, US.

红花钓钟柳（五蕊花）**Penstemon barbatus** (Cav.) Roth 【I, C】 ♣BBG, HFBG, IBCAS, KBG, NBG, SCBG; ●BJ, GD, HL, JS, LN, TW, YN; ★(NA): MX, US.

钓钟柳 **Penstemon campanulatus** (Cav.) Willd. 【I, C】 ♣BBG, IBCAS, KBG, NBG, XMBG; ●BJ, FJ, JS, TW, YN; ★(NA): MX.

败酱叶钓钟柳 **Penstemon centranthifolius** (Benth.) Benth. 【I, C】 ★(NA): MX, US.

*奇尼钓钟柳 **Penstemon cinicola** D. D. Keck 【I, C】 ♣XTBG; ●YN; ★(NA): US.

电灯花钓钟柳 **Penstemon cobaea** Nutt. 【I, C】 ★(NA): US.

蓝花钓钟柳 **Penstemon cyananthus** Hook. 【I, C】 ♣NBG; ●JS; ★(NA): US.

无毛钓钟柳 **Penstemon glaber** Pursh 【I, C】 ♣NBG; ●BJ, JS; ★(NA): US.

细钓钟柳 **Penstemon gracilis** Nutt. 【I, C】 ♣NBG; ●JS; ★(NA): US.

大花钓钟柳 **Penstemon grandiflorus** Nutt. 【I, C】 ★(NA): US.

异叶钓钟柳 **Penstemon heterophyllus** Lindl. 【I, C】 ♣BBG, NBG; ●BJ, JS, TW; ★(NA): US.

比美钓钟柳 **Penstemon hirsutus** (L.) Willd. 【I, C】 ♣BBG, IBCAS, NBG; ●BJ, JS, TW; ★(NA): CA, US.

同叶钓钟柳 **Penstemon isophyllus** B. L. Rob. 【I, C】 ●TW; ★(NA): MX.

大萼钓钟柳 **Penstemon laevigatus** subsp. **calycosus** (Small) R. W. Benn. 【I, C】 ♣NBG; ●JS; ★(NA): MX.

毛地黄钓钟柳 **Penstemon laevigatus** subsp. **digitalis** (Nutt. ex Sims) R. W. Benn. 【I, C】 ♣BBG, CBG, NBG, ZAFU; ●BJ, JS, SC, SH, TW, ZJ; ★(NA): MX.

卵叶钓钟柳 **Penstemon ovatus** Douglas 【I, C】 ★(NA): US.

高秆钓钟柳 **Penstemon procerus** Douglas ex Graham 【I, C】 ♣CBG; ●SH; ★(NA): CA, US.

矮钓钟柳 **Penstemon pubescens** Aiton 【I, C】 ♣NBG; ●JS; ★(NA): CA, US.

侧花钓钟柳 **Penstemon secundiflorus** Benth. 【I, C】 ★(NA): US.

斯马利钓钟柳 **Penstemon smallii** A. Heller 【I, C】 ♣NBG, XTBG; ●JS, TW, YN; ★(NA): US.

狭萼钓钟柳 **Penstemon stenosepalus** (A. Gray) Howell 【I, C】 ♣NBG; ●JS; ★(NA): US.

*犹他钓钟柳 **Penstemon utahensis** (S. Watson) A. Nelson 【I, C】 ♣NBG; ●JS; ★(NA): US.

美钓钟柳 **Penstemon venustus** Douglas 【I, C】 ♣NBG; ●JS; ★(NA): US.

蓝星钓钟柳 **Penstemon virgatus** A. Gray 【I, C】 ♣BBG; ●BJ; ★(NA): US.

瓦特斯钓钟柳 **Penstemon watsonii** A. Gray 【I, C】 ♣IBCAS, NBG; ●BJ, JS; ★(NA): US.

鳌头花属 Chelone

白龟头花 **Chelone glabra** L. 【I, C】 ♣BBG; ●BJ; ★(NA): CA, US.

里昂龟头花 **Chelone lyonii** Pursh 【I, C】 ♣BBG; ●BJ; ★(NA): US.

龟头花 **Chelone obliqua** L. 【I, C】 ♣BBG; ●BJ; ★(NA): US.

蔓金鱼草属 Asarina

蔓金鱼草（匐生金鱼草）**Asarina procumbens** Mill.

【I, C】★(EU): DE, ES, NL.

蔓柳穿鱼属 Cymbalaria

蔓柳穿鱼 **Cymbalaria muralis** P. Gaertn., B. Mey. et Scherb.【I, C/N】♣LBG; ●BJ, HA, JX, YN; ★(EU): BA, BE, CH, FR, HR, IT, ME, MK, RS, SI.

缠柄花属 Rhodochiton

*深红缠柄花 **Rhodochiton atrosanguineus** (Zucc.) Rothm.【I, C】●TW; ★(NA): MX.

*缠柄花 **Rhodochiton volubilis** Zucc.【I, C】●TW; ★(NA): MX.

蔓桐花属 Maurandya

蔓桐花 **Maurandya scandens** (Cav.) Pers.【I, C】★(NA): GT, HN, MX, SV, US; (SA): EC, PE.

冠子藤属 Lophospermum

紫钟藤（血红玫瑰袍）**Lophospermum atrosanguineum** Zucc.【I, C】●TW; ★(NA): MX.

冠子藤 **Lophospermum erubescens** D. Don【I, C】♣NBG, SCBG; ●GD, JS, TW; ★(NA): CR, GT, MX, PA, SV; (SA): BR, CO, VE.

柳穿鱼属 Linaria

高山柳穿鱼 **Linaria alpina** Mill.【I, C】♣BBG; ●BJ; ★(EU): CH, FR.

小龙口花 **Linaria bipartita** (Vent.) Willd.【I, C】♣HBG, LBG, XMBG; ●FJ, JX, ZJ; ★(AF): MA.

紫花柳穿鱼 **Linaria bungei** Kuprian.【N, W/C】♣SCBG; ●GD; ★(AS): CN, CY, KG, KZ, RU-AS.

丹麦柳穿鱼 **Linaria genistifolia** subsp. **dalmatica** (L.) Maire et Petitm.【I, C】♣NBG; ●JS; ★(EU): DK.

摩洛哥柳穿鱼 **Linaria maroccana** Hook. f.【I, C】♣IBCAS, NBG, ZAFU; ●BJ, JS, TW, YN, ZJ; ★(AF): MA.

不列颠柳穿鱼 **Linaria purpurea** (L.) Mill.【I, C】♣CBG; ●SH; ★(AF): TN; (EU): BA, CZ, GB, IT, SI.

小柳穿鱼 **Linaria supina** (L.) Chaz.【I, C】♣BBG; ●BJ; ★(EU): DE, ES, GB, IT, LU.

三叶柳穿鱼 **Linaria triphylla** Mill.【I, C】♣NBG; ●JS; ★(AF): MA; (AS): SA; (EU): BA, BY, DE, ES, GR, HR, IT, ME, MK, NL, RS, SI.

欧洲柳穿鱼 **Linaria vulgaris** Mill.【N, W/C】♣KBG, LBG, NBG, XMBG, XTBG; ●FJ, JS, JX, YN; ★(AS): CN, CY, JP, KP, KR, MN, RU-AS; (EU): AD, AL, AT, BA, BE, BG, CH, CZ, DE, DK, ES, FI, FR, GB, GR, HR, HU, IS, IT, LU, MC, MK, NL, NO, PL, PT, RO, RU, SE, SI, SK, SM, UA, VA.

柳穿鱼 **Linaria vulgaris** subsp. **chinensis** (Debeaux) D. Y. Hong【N, W/C】♣BBG, HBG, KBG, LBG, NBG, XBG, XMBG; ●BJ, FJ, JS, JX, SN, YN, ZJ; ★(AS): CN, JP, KP, KR, MN, RU-AS.

细柳穿鱼属 Nuttallanthus

加拿大柳穿鱼 **Nuttallanthus canadensis** (L.) D. A. Sutton【I, C/N】♣XMBG; ●FJ; ★(NA): CA, US.

金鱼草属 Antirrhinum

金鱼草 **Antirrhinum majus** L.【I, C】♣BBG, CDBG, FBG, FLBG, GMG, GXIB, HBG, IBCAS, KBG, LBG, NBG, SCBG, TBG, WBG, XBG, XLTBG, XMBG, XOIG, ZAFU; ●BJ, FJ, GD, GX, HB, HI, HL, JS, JX, SC, SH, SN, TW, XJ, YN, ZJ; ★(AF): DZ, EG, LY, MA, TN; (AS): LB, PS, SY, TR; (EU): AL, BA, ES, FR, GR, HR, IT, MC, ME, MK, PT, RS, SI.

*曲枝金鱼草 **Antirrhinum majus** subsp. **tortuosum** (Bosc ex Vent.) Rouy【I, C】♣NBG; ●JS; ★(AF): MA; (EU): IT.

毛彩雀属 Chaenorhinum

牛至叶毛彩雀（天使花）**Chaenorhinum origanifolium** (L.) Kostel.【I, C】●TW; ★(AF): DZ, MA; (EU): BY, DE, ES, FR, IT, LU.

小金鱼草属 Misopates

*大萼金鱼草 **Misopates calycinum** (Lange) Rothm.【I, C】♣NBG; ●JS; ★(AF): MA.

小花金鱼草 **Misopates orontium** (L.) Raf.【I, C】♣NBG; ●JS; ★(AF): DZ, ET, MA, TN; (AS): IL, SA; (EU): CH, DE, ES, FR, GB, NL, PT, SE.

幌菊属 Ellisiophyllum

幌菊 **Ellisiophyllum pinnatum** (Wall. ex Benth.)

Makino 【N, W/C】 ★(AS): BT, CN, ID, IN, JP, LK, PH; (OC): PAF.

杉叶藻属 Hippuris

杉叶藻 **Hippuris vulgaris** L. 【N, W/C】 ♣BBG, FLBG, HFBG, IBCAS, WBG, XMBG; ●BJ, FJ, GD, HB, HL, JX, YN; ★(AF): MA; (AS): AZ, BT, CN, IN, JP, LK, MM, MN, RU-AS, SA, TH; (EU): BY, GR, SI, TR.

水马齿属 Callitriche

日本水马齿 **Callitriche japonica** Engelm. ex Hegelm. 【N, W/C】 ♣HBG; ●ZJ; ★(AS): CN, ID, IN, JP, KR, TH.

水马齿 **Callitriche palustris** L. 【N, W/C】 ♣FLBG, GA, HBG, LBG, SCBG, TMNS, WBG, XMBG, ZAFU; ●FJ, GD, HB, JX, TW, ZJ; ★(AS): BT, CN, ID, IN, JP, KP, KR, LK, MN, NP, RU-AS, TR; (OC): AU.

广东水马齿 **Callitriche palustris** var. **oryzetorum** (Petrov) Lansdown 【N, W/C】 ♣SCBG, XMBG; ●FJ, GD; ★(AS): CN, JP.

台湾水马齿 **Callitriche peploides** Nutt. 【I, C】 ★(NA): US.

地团花属 Globularia

灌木地团花 **Globularia alypum** L. 【I, C】 ●TW; ★(AF): MA; (AS): SA; (EU): AL, BA, BY, DE, ES, GR, HR, IT, LU, ME, MK, RS, SI, TR.

*斑点地团花 **Globularia punctata** Lapeyr. 【I, C】 ♣NBG; ●JS; ★(AF): MA; (AS): GE; (EU): AT, BA, BE, BG, CZ, ES, GR, HR, HU, IT, ME, MK, RO, RS, RU, SI, TR.

鞭打绣球属 Hemiphragma

鞭打绣球 **Hemiphragma heterophyllum** Wall. 【N, W/C】 ♣GBG, KBG, SCBG, WBG; ●GD, GZ, HB, SC, YN; ★(AS): BT, CN, ID, IN, LK, MM, NP, PH.

齿状鞭打绣球 **Hemiphragma heterophyllum** var. **dentatum** (Elmer) T. Yamaz. 【N, W/C】 ♣XMBG, XTBG; ●FJ, GD, TW, YN; ★(AS): CN, PH.

毛地黄属 Digitalis

草莓毛地黄（默顿毛地黄）**Digitalis × mertonensis** Buxton et J. Darl. 【I, C】 ★(EU): GB.

西伯利亚毛地黄 **Digitalis × sibirica** (Lindl.) Werner 【I, C】 ♣NBG; ●JS; ★(AS): RU-AS.

拟黄花毛地黄 **Digitalis ambigua** Willd. ex Ledeb. 【I, C】 ♣NBG; ●JS; ★(EU): CH, DE, IT.

等裂毛地黄 **Digitalis canariensis** L. 【I, C】 ♣NBG; ●JS, TW; ★(AF): ES-CS.

锈点毛地黄 **Digitalis ferruginea** L. 【I, C】 ♣NBG; ●JS; ★(EU): AL, BA, BG, GR, HR, HU, IT, ME, MK, RO, RS, SI, TR.

大花毛地黄 **Digitalis grandiflora** Mill. 【I, C】 ♣CBG, IBCAS, KBG, NBG; ●BJ, JS, SH, YN; ★(AS): GE; (EU): AL, AT, BA, BE, BG, BY, CZ, DE, FR, GR, HR, HU, IT, ME, MK, PL, RO, RS, RU, SI, TR.

棕斑毛地黄 **Digitalis laevigata** Waldst. et Kit. 【I, C】 ♣NBG; ●JS; ★(EU): AL, BA, BG, GR, HR, ME, MK, RS, SI.

狭叶毛地黄 **Digitalis lanata** Ehrh. 【I, C】 ♣GMG, HBG, IBCAS, NBG; ●BJ, GX, JS, ZJ; ★(EU): AL, AT, BA, BG, GR, HR, HU, ME, MK, RO, RS, SI, TR.

黄花毛地黄 **Digitalis lutea** L. 【I, C】 ♣IBCAS, LBG, NBG; ●BJ, JS, JX; ★(AF): MA; (AS): GE; (EU): AT, BA, BE, CZ, DE, ES, IT, MK, NL, PL.

黑伍德毛地黄 **Digitalis mariana** subsp. **heywoodii** (P. Silva et M. Silva) Hinz 【I, C】 ♣BBG; ●BJ; ★(EU): PT.

*小毛地黄 **Digitalis minor** L. 【I, C】 ♣XMBG; ●FJ; ★(EU): ES, SE.

毛地黄 **Digitalis purpurea** L. 【I, C】 ♣BBG, CBG, CDBG, FBG, GBG, HBG, HFBG, KBG, LBG, NBG, SCBG, WBG, XMBG, XTBG; ●BJ, FJ, GD, GZ, HB, HL, JS, JX, LN, SC, SH, TW, YN, ZJ; ★(AF): MA; (AS): CY; (EU): AD, AL, AT, BA, BE, BG, BY, CH, CZ, DE, DK, ES, FI, FR, GB, GR, HR, HU, IS, IT, LU, MC, ME, MK, NL, NO, PL, PT, RO, RS, RU, SE, SI, SK, SM, UA, VA.

*阿曼迪毛地黄 **Digitalis purpurea** subsp. **amandiana** (Samp.) Hinz 【I, C】 ♣NBG; ●JS; ★(EU): ES, PT.

毛蕊毛地黄 **Digitalis thapsi** L. 【I, C】 ♣NBG; ●JS; ★(EU): ES, GB, LU.

草灵仙属 Veronicastrum

爬岩红 **Veronicastrum axillare** (Siebold et Zucc.) T. Yamaz. 【N, W/C】 ♣CBG, HBG, LBG, SCBG,

WBG, ZAFU; ●GD, HB, JX, SC, SH, ZJ; ★(AS): CN, JP.

新竹腹水草 **Veronicastrum axillare** var. **simadi** M. Y. Liu 【N, W/C】 ♣TMNS; ●TW; ★(AS): CN.

美穗草 **Veronicastrum brunonianum** (Benth.) D. Y. Hong 【N, W/C】 ♣CBG; ●SC, SH; ★(AS): BT, CN, IN, LK, NP.

四方麻 **Veronicastrum caulopterum** (Hance) T. Yamaz. 【N, W/C】 ♣GXIB, HBG, NBG, WBG; ●GX, HB, JS, ZJ; ★(AS): CN.

台湾腹水草 **Veronicastrum formosanum** (Masam.) T. Yamaz. 【N, W/C】 ♣TMNS; ●TW; ★(AS): CN.

宽叶腹水草 **Veronicastrum latifolium** (Hemsl.) T. Yamaz. 【N, W/C】 ♣WBG; ●HB, SC; ★(AS): CN.

大叶腹水草 **Veronicastrum robustum** subsp. **grandifolium** Chin et Hong 【N, W/C】 ♣GXIB; ●GX; ★(AS): CN.

草本威灵仙 **Veronicastrum sibiricum** (L.) Pennell 【N, W/C】 ♣HFBG, IBCAS, NBG; ●BJ, HL, JS, LN; ★(AS): CN, JP, KP, KR, MN, RU-AS.

细穗腹水草 **Veronicastrum stenostachyum** (Hemsl.) T. Yamaz. 【N, W/C】 ♣GBG, GXIB, NBG, SCBG, WBG; ●GD, GX, GZ, HB, JS, SC; ★(AS): CN.

腹水草 **Veronicastrum stenostachyum** subsp. **plukenetii** (T. Yamaz.) D. Y. Hong 【N, W/C】 ♣BBG, GXIB, NSBG, SCBG, WBG; ●BJ, CQ, GD, GX, HB; ★(AS): CN.

毛叶腹水草 **Veronicastrum villosulum** (Miq.) T. Yamaz. 【N, W/C】 ♣HBG, LBG, NBG, WBG; ●HB, JS, JX, ZJ; ★(AS): CN, JP.

铁钓竿 **Veronicastrum villosulum** var. **glabrum** T. L. Chin et D. Y. Hong 【N, W/C】 ●ZJ; ★(AS): CN.

弗吉尼亚腹水草 **Veronicastrum virginicum** (L.) Farw. 【I, C】 ♣BBG; ●BJ; ★(NA): CA, US.

胡黄连属 Neopicrorhiza

胡黄连 **Neopicrorhiza scrophulariiflora** (Pennell) D. Y. Hong 【N, W/C】 ♣SCBG; ●GD, YN; ★(AS): BT, CN, IN, LK, NP.

婆婆纳属 Veronica

北水苦荬 **Veronica anagallis-aquatica** L. 【N, W/C】 ♣GBG, HBG, NBG, WBG; ●GZ, HB, JS, ZJ; ★(AS): BT, CN, CY, IN, KG, KH, KP, KR, KZ, LK, MM, MN, NP, PK, RU-AS, TJ, TM, UZ; (EU): AD, AL, AT, BA, BE, BG, BY, CH, CZ, DE, DK, ES, FI, FR, GB, GR, HR, HU, IS, IT, LU, MC, ME, MK, NL, NO, PL, PT, RO, RS, RU, SE, SI, SK, SM, UA, VA.

毛叶婆婆纳 **Veronica aphylla** L. 【I, C】 ♣NBG; ●JS; ★(EU): AL, AT, BA, CZ, DE, ES, GR, HR, IT, ME, MK, PL, RO, RS, RU, SI.

直立婆婆纳 **Veronica arvensis** L. 【I, N】 ♣HBG, LBG, NBG, WBG, ZAFU; ●BJ, HB, JS, JX, ZJ; ★(AS): AM, AZ, GE, IL, IQ, IR, JO, LB, PS, QA, SA, SY, TR; (EU): AD, AL, BA, BG, ES, GR, HR, IT, ME, MK, PT, RO, RS, SI, SM, VA.

奥地利婆婆纳 **Veronica austriaca** L. 【I, C】 ♣BBG; ●BJ; ★(AF): MA; (EU): AL, AT, BA, BE, BG, CZ, DE, ES, GR, HR, HU, IT, ME, MK, NL, PL, RO, RS, RU, SI, TR.

有柄水苦荬 **Veronica beccabunga** L. 【N, W/C】 ♣NBG, WBG; ●HB, JS; ★(AS): AZ, CN, CY, MN, NP, RU-AS; (EU): BY, HR, IS, RS.

欧洲蚊母草 **Veronica dillenii** Crantz 【I, N】 ★(AS): GE; (EU): AT, BA, CZ, DE, ES, GR, HR, HU, IT, ME, MK, PL, RO, RS, RU, SI.

龙胆婆婆纳 **Veronica gentianoides** Vahl 【I, C】 ♣BBG, CBG, NBG; ●BJ, JS, SH; ★(AS): AZ, GE; (EU): RU.

常春藤婆婆纳 **Veronica hederifolia** L. 【I, N】 ★(AF): ZA; (AS): BT, IN, LK; (OC): AU, NZ.

华中婆婆纳 **Veronica henryi** T. Yamaz. 【N, W/C】 ♣WBG; ●HB, SC; ★(AS): CN.

多齿水苦荬 **Veronica incisa** Opiz 【I, C】 ♣NBG; ●JS; ★(EU): GB, RU.

*印度婆婆纳 **Veronica indica** Roxb. ex A. Dietr. 【I, C】 ♣NBG; ●JS; ★(AS): IN.

多枝婆婆纳 **Veronica javanica** Blume 【N, W/C】 ♣SCBG; ●GD; ★(AS): BT, CN, ID, IN, JP, LA, MM, PH, VN.

疏花婆婆纳 **Veronica laxa** Benth. 【N, W/C】 ♣GBG; ●GZ; ★(AS): CN, ID, IN, JP, PK.

药用水苦荬 **Veronica officinalis** L. 【I, C】 ♣LBG, NBG; ●JS, JX; ★(AS): LB, PS, SY, TR; (EU): AL, AT, BA, BE, CH, DE, ES, FR, GR, HR, IT, MC, ME, MK, NL, RS, SI.

似兰水苦荬 **Veronica orchidea** Crantz 【I, C】 ♣NBG; ●JS; ★(EU): AT, RO.

蚊母草 **Veronica peregrina** L. 【I, N】 ♣GBG, HBG, LBG, WBG, XMBG, ZAFU; ●FJ, GZ, HB,

JX, ZJ; ★(NA): CA, US.

阿拉伯婆婆纳 **Veronica persica** Poir. 【I, N】 ♣FBG, GBG, HBG, NBG, WBG, XMBG, XTBG, ZAFU; ●FJ, GZ, HB, JS, YN, ZJ; ★(AS): AM, AZ, GE, IR, JO, LB, PS, SY, TR.

婆婆纳 **Veronica polita** Fr. 【I, N】 ♣BBG, GA, GBG, HBG, IBCAS, LBG, NBG, WBG, XMBG, XTBG, ZAFU; ●BJ, FJ, GZ, HB, JS, JX, SC, YN, ZJ; ★(AS): AM, AZ, GE, IR, JO, LB, PS, SY, TR.

坡尼水苦荬 **Veronica ponae** Gouan 【I, C】 ♣NBG; ●JS; ★(EU): DE, ES, FR.

平卧婆婆纳 **Veronica prostrata** L. 【I, C】 ♣BBG, IBCAS; ●BJ, YN; ★(AS): GE, RU-AS; (EU): AL, AT, BA, BE, BG, CZ, ES, GR, HR, HU, IT, ME, MK, NL, PL, RO, RS, RU, SI, TR.

小婆婆纳 **Veronica serpyllifolia** L. 【N, W/C】 ♣LBG, SCBG, WBG; ●GD, HB, JX; ★(AS): BT, CN, KP, KR, RU-AS.

卷毛婆婆纳 **Veronica teucrium** subsp. **altaica** Watzl 【N, W/C】 ♣BBG, CBG, NBG; ●BJ, JS, SH; ★(AS): CN, KZ, MN, RU-AS.

*特里尔婆婆纳 **Veronica turrilliana** Stoj. et Stef. 【I, C】 ♣XMBG; ●FJ; ★(EU): BG, TR.

水苦荬 **Veronica undulata** Wall. 【N, W/C】 ♣HBG, LBG, SCBG, WBG, XMBG, XTBG, ZAFU; ●FJ, GD, HB, JX, YN, ZJ; ★(AS): AF, CN, ID, IN, JP, KP, KR, LA, MN, NP, PK, TH, VN.

兔尾苗属 Pseudolysimachion

白兔儿尾苗 **Pseudolysimachion incanum** T. Yamaz. 【N, W/C】 ♣IBCAS, NBG; ●BJ, JS; ★(AS): CN, CY, JP, KP, KZ, MN, RU-AS.

细叶穗花 **Pseudolysimachion linariifolium** (Pall. ex Link) T. Yamaz. 【N, W/C】 ♣BBG; ●BJ; ★(AS): CN, JP, KP, KR, MN.

水蔓菁 **Pseudolysimachion linariifolium** subsp. **dilatatum** (Nakai et Kitag.) D. Y. Hong 【N, W/C】 ♣LBG; ●JX; ★(AS): CN, JP, KP, KR, MN.

兔儿尾苗 **Pseudolysimachion longifolium** (L.) Opiz 【N, W/C】 ♣BBG, IBCAS, LBG, NBG; ●BJ, JS, JX, LN, TW; ★(AS): CN, CY, KP, KR, KZ, MN, RU-AS.

朝鲜穗花 **Pseudolysimachion rotundum** subsp. **coreanum** (Nakai) D. Y. Hong 【N, W/C】 ♣HBG, ZAFU; ●ZJ; ★(AS): CN, KP, KR.

东北穗花 **Pseudolysimachion rotundum** subsp. **subintegrum** (Nakai) D. Y. Hong 【N, W/C】 ♣HBG; ●BJ, LN, ZJ; ★(AS): CN, JP, KP, KR.

穗花 **Pseudolysimachion spicatum** (L.) Opiz 【N, W/C】 ♣BBG, IBCAS, NBG; ●BJ, JS, SC, TW, ZJ; ★(AS): CN, CY, KG, KZ, MN, RU-AS.

轮叶穗花 **Pseudolysimachion spurium** (L.) Rauschert 【N, W/C】 ♣IBCAS; ●BJ; ★(AS): CN, CY, KG, KZ, MN, RU-AS.

长阶花属 Hebe

白长阶花 **Hebe albicans** Cockayne 【I, C】 ●TW; ★(OC): NZ.

短管长阶花 **Hebe brachysiphon** Summerh. 【I, C】 ●TW; ★(OC): NZ.

柏叶长阶花 **Hebe cupressoides** Andersen 【I, C】 ●TW; ★(OC): NZ.

*逸香木叶长阶花 **Hebe diosmifolia** Andersen 【I, C】 ●YN; ★(OC): NZ.

太阳长阶花 **Hebe hulkeana** Andersen 【I, C】 ●TW; ★(OC): NZ.

*钝叶长阶花 **Hebe obtusata** Cockayne et Allan 【I, C】 ●YN; ★(OC): NZ.

赭黄长阶花(黄婆婆纳) **Hebe ochracea** Ashwin 【I, C】 ●YN; ★(OC): NZ.

长阶花 **Hebe pimeleoides** Cockayne et Allan 【I, C】 ♣IBCAS; ●BJ; ★(OC): NZ.

卷叶长阶花 **Hebe recurva** G. Simpson et J. S. Thomson 【I, C】 ●TW; ★(OC): NZ.

柳叶长阶花 **Hebe salicifolia** (G. Forst.) Pennell 【I, C】 ★(OC): NZ; (SA): BO, CL.

美丽长阶花 **Hebe speciosa** (R. Cunn. ex A. Cunn.) Andersen 【I, C】 ●NM; ★(OC): NZ.

车前属 Plantago

对叶车前 **Plantago arenaria** Waldst. et Kit. 【I, C】 ♣IBCAS, NBG, WBG, XBG, XMBG; ●BJ, FJ, HB, JS, SN; ★(AF): DZ, EG, LY, MA, SD, TN; (AS): AM, AZ, GE, IR, KZ, RU-AS, TJ, TR; (EU): AL, BA, BE, DE, ES, FR, GB, GR, HR, HU, IT, MC, ME, MK, RS, RU, SI, UA.

芒苞车前 **Plantago aristata** Michx. 【I, N】 ★(NA): US.

车前 **Plantago asiatica** Turcz. 【N, W/C】 ♣CDBG, FBG, FLBG, GA, GBG, HBG, IBCAS, KBG,

LBG, MDBG, NBG, NSBG, SCBG, TBG, TDBG, TMNS, WBG, XMBG, XOIG, ZAFU; ●BJ, CQ, FJ, GD, GS, GZ, HB, JS, JX, SC, TW, XJ, YN, ZJ; ★(AS): BT, CN, ID, IN, JP, KP, KR, LK, MN, MY, NP, RU-AS.

疏花车前 **Plantago asiatica** subsp. **erosa** (Wall.) Z. Yu Li【N, W/C】♣FBG, IBCAS, XTBG; ●BJ, FJ, YN; ★(AS): BT, CN, IN, LK, NP.

毛车前 **Plantago australis** Lam. 【I, C】 ♣HBG; ●ZJ; ★(NA): CR, GT, HN, MX, PA, SV; (SA): AR, BO, BR, CL, CO, EC, PE, PY, UY, VE.

平车前 **Plantago depressa** Willd. 【N, W/C】 ♣BBG, FBG, GBG, HFBG, IBCAS, KBG, LBG, SCBG, TDBG, WBG; ●BJ, FJ, GD, GZ, HB, HL, JX, SC, XJ, YN; ★(AS): AF, BT, CN, CY, ID, IN, JP, KG, KP, KR, KZ, LK, MN, PK, RU-AS.

丰都车前 **Plantago fengdouensis** (Z. E. Zhao et Y. Wang) Y. Wang et Z. Y. Li 【N, W/C】 ♣WBG; ●HB; ★(AS): CN.

长叶车前 **Plantago lanceolata** L.【N, W/C】♣FBG, GA, GBG, GMG, HBG, IBCAS, KBG, LBG, NBG, SCBG, XBG, XMBG, XTBG; ●BJ, FJ, GD, GX, GZ, JS, JX, SC, SN, YN, ZJ; ★(AS): AF, BT, CN, IN, JP, KG, KP, KR, KZ, LK, MN, NP, PK, RU-AS, TJ, TM, UZ; (EU): AD, AL, BA, BG, ES, GR, HR, IT, ME, MK, PT, RO, RS, SI, SM, VA.

大车前 **Plantago major** L.【N, W/C】♣CDBG, FBG, FLBG, GA, GBG, GMG, GXIB, IBCAS, KBG, LBG, SCBG, TDBG, TMNS, WBG, XBG, XLTBG, XMBG, XTBG; ●BJ, FJ, GD, GX, GZ, HB, HI, JS, JX, SC, SN, TW, XJ, YN; ★(AF): MG, ZA; (AS): CN, ID, IN, JP, KP, KR, LA, MM, MN, NP, PK, RU-AS, SG; (OC): AU, NZ.

沿海车前 **Plantago maritima** L. 【N, W/C】 ♣SCBG; ●GD; ★(AS): AZ, CN, CY, MN, RU-AS; (EU): BG, BY, GR, HR, RS, TR.

北车前 **Plantago media** L.【N, W/C】♣NBG; ●JS; ★(AS): CN, GE, KG, KZ, MN, RU-AS; (EU): AL, AT, BA, BE, BG, CZ, DE, ES, FI, GB, GR, HR, HU, IT, ME, MK, NL, NO, PL, RO, RS, RU, SI, TR.

小车前 **Plantago minuta** Pall.【N, W/C】♣TDBG, XTBG; ●XJ, YN; ★(AS): CN, CY, KZ, MN, RU-AS; (EU): RU.

圆苞车前 **Plantago ovata** Phil. 【I, C】 ♣XOIG; ●FJ; ★(AF): EG, ES-CS, SO; (AS): IR, SA; (EU): ES.

北美车前 **Plantago virginica** L. 【I, N】 ♣HBG, NBG, SCBG, WBG, ZAFU; ●GD, HB, JS, ZJ; ★(NA): MX, US.

270. 玄参科 SCROPHULARIACEAE

双距花属 Diascia

双距花 **Diascia barberae** Hook. f.【I, C】●BJ, JS, TW; ★(AF): LS, ZA.

佛特坎双距花 **Diascia fetcaniensis** Hilliard et B. L. Burtt 【I, C】 ♣CBG; ●SH; ★(AF): ZA.

龙面花属 Nemesia

多花龙面花 **Nemesia floribunda** Lehm. 【I, C】 ♣NBG, XMBG; ●FJ, JS; ★(AF): ZA.

灌木龙面花 **Nemesia fruticans** Benth. 【I, C】 ●TW; ★(AF): ZA.

大花龙面花 **Nemesia grandiflora** Diels【I, C】★(AF): ZA.

龙面花 **Nemesia strumosa** Benth. 【I, C】 ♣NBG, XMBG, XOIG; ●BJ, FJ, JS, TW, YN; ★(AF): ZA.

彩色龙面花 **Nemesia versicolor** E. Mey. ex Benth. 【I, C】 ★(AF): ZA.

假面花属 Alonsoa

心叶假面花 **Alonsoa meridionalis** (L. f.) Kuntze【I, C】 ●TW; ★(NA): CR, GT, MX, PA; (SA): BO, CL, CO, EC, PE, VE.

玉芙蓉属 Leucophyllum

红花玉芙蓉 **Leucophyllum frutescens** (Berland.) I. M. Johnst.【I, C】♣CBG, SCBG, XMBG, XTBG; ●FJ, GD, SH, YN; ★(NA): MX, US.

喜沙木属 Eremophila

鸸鹋喜沙木 **Eremophila bignoniflora** (Benth.) F. Muell. 【I, C】 ●SC; ★(OC): AU.

金钟喜沙木(光秃爱沙木) **Eremophila glabra** (R. Br.) Ostenf. 【I, C】 ♣NBG; ●JS, SC; ★(OC): AU.

麦克唐奈喜沙木 **Eremophila macdonnellii** F. Muell. 【I, C】 ●SC; ★(OC): AU.

斑点喜沙木(斑点爱沙木) **Eremophila maculata** P. J. Müll. 【I, C】 ●SC; ★(OC): AU.

*紫檀喜沙木 **Eremophila santalina** (F. Muell.) F. Muell. 【I, C】 ♣NBG; ●JS; ★(OC): AU.

假瑞香属 Bontia

假瑞香 **Bontia daphnoides** L. 【I, C】 ♣HBG, XMBG, XOIG; ●FJ, ZJ; ★(NA): BS, CU, DO, HN, HT, JM, KY, LW, PR, TT, US, VG, WW.

海茵芋属 Myoporum

尖叶苦槛蓝 **Myoporum acuminatum** R. Br. 【I, C】 ★(OC): AU.

海南苦槛蓝 **Myoporum insulare** R. Br. 【I, C】 ★(OC): AU.

海茵芋 **Myoporum laetum** G. Forst. 【I, C】 ★(OC): NZ.

Myoporum parvifolium R. Br. 【I, C】 ♣SCBG; ●GD; ★(OC): AU.

柄叶海茵芋 **Myoporum petiolatum** Chinnock 【I, C】 ★(OC): AU.

苦槛蓝属 Pentacoelium

苦槛蓝 **Pentacoelium bontioides** Siebold et Zucc. 【N, W/C】 ♣TMNS, XMBG; ●FJ, TW; ★(AS): CN, JP, VN.

毛蕊花属 Verbascum

疏毛毛蕊花 **Verbascum chaixii** Vill. 【I, C】 ♣IBCAS, KBG; ●BJ, TW, YN; ★(AS): KG, KZ.

毒鱼草 **Verbascum densiflorum** Bertol. 【I, C】 ♣HBG, NBG, XMBG; ●FJ, JS, ZJ; ★(AS): GE; (EU): AL, AT, BA, BE, BG, CZ, DE, ES, GR, HR, HU, IT, ME, MK, NL, PL, RO, RS, RU, SI, TR.

大花黄毛蕊花 **Verbascum longifolium** Ten. 【I, C】 ♣NBG; ●JS; ★(EU): AL, BA, BG, GR, HR, IT, ME, MK, RS, SI.

黑毛蕊花 **Verbascum nigrum** Pall. ex M. Bieb. 【I, C】 ♣NBG; ●JS; ★(AS): GE, RU-AS; (EU): AL, AT, BA, BE, BG, BY, CZ, DE, ES, FI, GB, GR, HR, HU, IT, ME, MK, NL, NO, PL, RO, RS, RU, SI.

紫毛蕊花 **Verbascum phoeniceum** L. 【N, W/C】 ♣BBG, CBG, IBCAS, XMBG; ●BJ, FJ, SH, TW; ★(AS): CN, GE, MN, RU-AS; (EU): AL, AT, BA, BG, CZ, GR, HR, HU, IT, ME, MK, NL, PL, RO, RS, RU, SI, TR.

准噶尔毛蕊花 **Verbascum songaricum** Schrenk ex Fisch. et C. A. Mey. 【N, W/C】 ♣TDBG; ●XJ; ★(AS): CN, CY, KH, KZ, RU-AS, TJ, TM, UZ.

毛蕊花 **Verbascum thapsus** L. 【N, W/C】 ♣BBG, CBG, GBG, GXIB, HBG, HFBG, IBCAS, KBG, LBG, NBG, SCBG, TDBG, WBG, XBG; ●BJ, GD, GX, GZ, HB, HL, JS, JX, SC, SH, SN, XJ, YN, ZJ; ★(AS): BT, CN, IN, JP, LK, MN, NP, RU-AS.

玄参属 Scrophularia

北玄参 **Scrophularia buergeriana** Miq. 【N, W/C】 ♣HFBG, NBG, XBG, XMBG; ●FJ, HL, JS, SN; ★(AS): CN, JP, KP, KR, MN, RU-AS.

鄂西玄参 **Scrophularia henryi** Hemsl. 【N, W/C】 ♣WBG; ●HB; ★(AS): CN.

砾玄参 **Scrophularia incisa** Weinm. 【N, W/C】 ♣TDBG; ●XJ; ★(AS): CN, CY, KG, KZ, MN, RU-AS, TJ, UZ.

丹东玄参 **Scrophularia kakudensis** Franch. 【N, W/C】 ♣HBG, LBG; ●JX, SC, ZJ; ★(AS): CN, JP, KP, KR.

玄参 **Scrophularia ningpoensis** Hemsl. 【N, W/C】 ♣CBG, GBG, GMG, GXIB, HBG, KBG, LBG, NBG, SCBG, TDBG, WBG, XBG, XMBG, XTBG, ZAFU; ●FJ, GD, GX, GZ, HB, JS, JX, SC, SH, SN, XJ, YN, ZJ; ★(AS): CN, MN.

具节玄参 **Scrophularia nodosa** L. 【I, C】 ♣NBG; ●JS; ★(AS): JP, RU-AS; (EU): AD, AL, BA, BE, BG, ES, FR, GR, HR, IT, LU, MC, ME, MK, NL, PT, RO, RS, SI, SM, VA.

翅茎玄参 **Scrophularia umbrosa** Dumort. 【N, W/C】 ♣NBG; ●JS; ★(AF): MA; (AS): CN, GE, MN, RU-AS, SA; (EU): AL, AT, BA, BE, BG, CZ, DE, GB, GR, HR, HU, IT, ME, MK, NL, PL, RO, RS, RU, SI, TR.

水茫草属 Limosella

水茫草 **Limosella aquatica** L. 【N, W/C】 ♣LBG,

WBG; ●HB, JX; ★(AS): CN, JP, KR, MN, RU-AS.

雪朵花属 Sutera

雪朵花（百可花）**Sutera cordata** Kuntze 【I, C】 ♣SCBG; ●GD, TW; ★(AF): ZA.

紫裂口花 **Sutera grandiflora** Hiern【I, C】★(AF): ZA.

醉鱼草属 Buddleja

巴东醉鱼草 **Buddleja albiflora** Hemsl. 【N, W/C】 ♣CBG, IBCAS, SCBG, WBG, XBG; ●BJ, GD, HB, SH, SN; ★(AS): CN.

互叶醉鱼草 **Buddleja alternifolia** Maxim. 【N, W/C】♣BBG, CBG, IBCAS, KBG, MDBG, NBG, TDBG, XBG; ●BJ, GS, JS, LN, NM, NX, SH, SN, SX, TW, XJ, YN; ★(AS): CN, MN.

白背枫 **Buddleja asiatica** Lour.【N, W/C】♣CBG, FBG, FLBG, GA, GMG, HBG, KBG, SCBG, TBG, TMNS, WBG, XMBG, XTBG; ●FJ, GD, GX, HB, JX, SH, TW, YN, ZJ; ★(AS): BT, CN, ID, IN, KH, LA, LK, MM, MY, NP, PH, PK, SG, TH, VN; (OC): PAF.

蜜香醉鱼草 **Buddleja candida** Dunn 【N, W/C】 ♣XTBG; ●YN; ★(AS): CN, ID, IN, MM.

大花醉鱼草 **Buddleja colvilei** Hook. f. 【N, W/C】 ♣KBG, ZAFU; ●TW, YN, ZJ; ★(AS): BT, CN, ID, IN, LK, NP.

皱叶醉鱼草 **Buddleja crispa** Benth. 【N, W/C】 ♣CBG, GXIB, KBG, WBG; ●GX, HB, SH, TW, YN; ★(AS): AF, BT, CN, IN, LK, NP, PK.

台湾醉鱼草 **Buddleja curviflora** Hook. et Arn.【N, W/C】 ♣KBG, TBG; ●TW, YN; ★(AS): CN, JP.

大叶醉鱼草 **Buddleja davidii** Franch. 【N, W/C】 ♣BBG, CBG, GBG, HBG, IBCAS, KBG, LBG, NBG, WBG, XMBG, XTBG; ●BJ, FJ, GZ, HB, JS, JX, LN, SC, SH, TW, YN, ZJ; ★(AS): BT, CN, IN, JP, LK, MY, SG.

紫花醉鱼草 **Buddleja fallowiana** Balf.f. et W. W. Sm. 【N, W/C】 ♣KBG; ●YN; ★(AS): CN.

滇川醉鱼草 **Buddleja forrestii** Diels 【N, W/C】 ♣KBG; ●YN; ★(AS): BT, CN, ID, IN, LK, MM.

球花醉鱼草 **Buddleja globosa** Hope【I, C】♣CBG, GA, KBG; ●JX, SH, TW, YN; ★(SA): AR, BR, CL.

不丹醉鱼草 **Buddleja griffithii** (C. B. Clarke) C. Marquand 【I, C】 ★(AS): BT.

日本醉鱼草 **Buddleja japonica** Hemsl. 【I, C】 ♣IBCAS, KBG; ●BJ, YN; ★(AS): JP.

醉鱼草 **Buddleja lindleyana** Fortune 【N, W/C】 ♣BBG, CBG, FBG, GA, GMG, GXIB, HBG, KBG, LBG, NBG, NSBG, SCBG, WBG, XBG, XMBG, XTBG, ZAFU; ●BJ, CQ, FJ, GD, GX, HB, JS, JX, SC, SH, SN, YN, ZJ; ★(AS): CN, ID, JP; (OC): AU.

厚叶醉鱼草 **Buddleja loricata** Leeuwenb. 【I, C】 ♣KBG; ●YN; ★(AF): LS, ZA.

大序醉鱼草 **Buddleja macrostachya** Benth. 【N, W/C】 ♣KBG, WBG, XTBG; ●HB, YN; ★(AS): BT, CN, ID, IN, LK, MM, TH, VN.

酒药花醉鱼草 **Buddleja myriantha** Kraenzl. 【N, W/C】 ♣KBG, WBG, XTBG; ●HB, YN; ★(AS): CN, MM.

金沙江醉鱼草 **Buddleja nivea** Duthie 【N, W/C】 ♣IBCAS, WBG; ●BJ, HB; ★(AS): CN.

密蒙花 **Buddleja officinalis** Maxim. 【N, W/C】 ♣FBG, GBG, GMG, GXIB, HBG, KBG, SCBG, WBG, XMBG, XOIG, XTBG; ●BJ, FJ, GD, GX, GZ, HB, SC, YN, ZJ; ★(AS): CN, MM, VN.

喉药醉鱼草 **Buddleja paniculata** Wall. 【N, W/C】♣KBG, NBG, WBG, XMBG, XTBG; ●FJ, HB, JS, YN; ★(AS): BT, CN, ID, IN, LK, MM, NP, VN.

互对醉鱼草 **Buddleja wardii** C. Marquand 【N, W/C】 ♣KBG; ●YN; ★(AS): CN.

云南醉鱼草 **Buddleja yunnanensis** L. F. Gagnep. 【N, W/C】 ♣KBG, XTBG; ●YN; ★(AS): CN.

浆果醉鱼草属 Nicodemia

浆果醉鱼草 **Nicodemia madagascariensis** (Lam.) R. Parker 【I, C】 ♣GMG, GXIB, XMBG; ●FJ, GX; ★(AF): MG.

避日花属 Phygelius

黄避日花（黄喇叭吊金钟）**Phygelius aequalis** Harv. ex Hiern 【I, C】 ●TW; ★(AF): ZA.

南非避日花（避日花、南非吊金钟）**Phygelius capensis** E. Mey. ex Benth. 【I, C】 ★(AF): ZA.

骑师木属 Dermatobotrys

骑师木 **Dermatobotrys saundersii** Bolus 【I, C】 ♣XTBG; ●YN; ★(AF): ZA.

271. 母草科 LINDERNIACEAE

小泥花属 Micranthemum

迷你矮珍珠 **Micranthemum callitrichoides** C. Wright 【I, C】 ●BJ, SH; ★(NA): CU.

*海牛婴泪草 **Micranthemum glomeratum** (Chapm.) Shinners 【I, C】 ●BJ, SH; ★(NA): US.

*小花珍珠草 **Micranthemum micrantha** Alph. Wood 【I, C】 ●BJ, SH; ★(NA): JM.

小泥花（珍珠草、日本珍珠草）**Micranthemum micranthemoides** (Nutt.) Wettst. ex Wettst. 【I, C】 ♣WBG; ●HB; ★(NA): US.

矮小泥花（矮婴泪草）**Micranthemum umbrosum** (J. F. Gmel.) S. F. Blake 【I, C】 ♣FLBG; ●GD, JX; ★(NA): CR, GT, HN, MX, NI, PA, PR, US; (SA): AR, BO, BR, EC, PE, PY, VE.

陌上菜属 Lindernia

*厚叶母草 **Lindernia crassifolia** (Engl.) Eb. Fisch. 【I, C】 ♣XTBG; ●YN; ★(AF): AO.

北美母草 **Lindernia dubia** (L.) Pennell 【I, N】 ★(NA): CA, US.

荨麻母草（荨麻田草）**Lindernia elata** (Benth.) Wettst. 【N, W/C】 ♣SCBG; ●GD; ★(AS): CN, ID, IN, KH, MM, MY, SG, TH, VN.

尖果母草 **Lindernia hyssopoides** (L.) Haines 【N, W/C】 ♣SCBG; ●GD; ★(AS): CN, ID, IN, LK, MM, VN.

红骨母草 **Lindernia mollis** (Benth.) Wettst. 【N, W/C】 ♣GA, SCBG, XTBG; ●GD, JX, YN; ★(AS): BT, CN, ID, IN, KH, LA, LK, MM, MY, PK, VN.

陌上菜 **Lindernia procumbens** (Krock.) Borbás 【N, W/C】 ♣FLBG, GA, HBG, IBCAS, LBG, SCBG, WBG, XMBG, XTBG, ZAFU; ●BJ, FJ, GD, HB, JX, YN, ZJ; ★(AS): AF, BT, CN, CY, GE, ID, IN, JP, KR, KZ, LA, LK, MM, MN, MY, NP, PK, RU-AS, TH, TJ, VN; (EU): AT, BA, BG, CZ, DE, ES, HR, HU, IT, LU, ME, MK, PL, RO, RS, RU, SI.

圆叶母草（迷你虎耳草）**Lindernia rotundifolia** (L.) Alston 【I, C】 ★(AF): GA, KM, MG.

刺毛母草 **Lindernia setulosa** (Maxim.) Tuyama ex H. Hara 【N, W/C】 ♣GA, SCBG; ●GD, JX; ★(AS): CN, JP.

黏毛母草 **Lindernia viscosa** (Hornem.) Merr. 【N, W/C】 ♣XTBG; ●YN; ★(AS): BT, CN, ID, IN, JP, KH, LA, LK, MM, MY, PH, SG, TH, VN; (OC): PAF.

苦玄参属 Picria

苦玄参 **Picria felterrae** Lour. 【N, W/C】 ♣GMG, GXIB, SCBG, XMBG, XTBG; ●FJ, GD, GX, YN; ★(AS): CN, ID, IN, LA, MM, MY, PH, TH, VN.

蝴蝶草属 Torenia

长叶蝴蝶草（光叶蝴蝶草）**Torenia asiatica** L. 【N, W/C】 ♣FLBG, GA, GBG, GMG, LBG, NSBG, SCBG, XTBG; ●CQ, GD, GX, GZ, JX, YN, ZJ; ★(AS): CN, JP, MM, VN.

黄筒夏堇（蔓性夏堇）**Torenia baillonii** Godefroy ex André 【I, C】 ●TW; ★(AS): KH, LA, MM, MY, SG, VN.

毛叶蝴蝶草 **Torenia benthamiana** Hance 【N, W/C】 ♣SCBG, XMBG; ●FJ, GD; ★(AS): CN, LA.

二花蝴蝶草 **Torenia biniflora** T. L. Chin et D. Y. Hong 【N, W/C】 ♣SCBG; ●GD; ★(AS): CN.

单色蝴蝶草 **Torenia concolor** Lindl. 【N, W/C】 ♣FBG, GMG, SCBG, TBG, TMNS; ●FJ, GD, GX, TW; ★(AS): CN, JP, LA, VN.

母草 **Torenia crustacea** (L.) Cham. et Schltdl. 【N, W/C】 ♣FBG, FLBG, GA, GBG, GMG, HBG, LBG, SCBG, XLTBG, XMBG, XTBG, ZAFU; ●FJ, GD, GX, GZ, HI, JX, YN, ZJ; ★(AF): MG, NG; (AS): BT, CN, ID, JP, LA, LK, MM, MY, SG; (OC): AU.

网萼母草 **Torenia dictyophora** (P. C. Tsoong) Eb. Fisch., Schäferh. et Kai Müll. 【N, W/C】 ♣XTBG; ●YN; ★(AS): CN, TH.

黄花蝴蝶草 **Torenia flava** Buch.-Ham. ex Benth. 【N, W/C】 ♣FLBG, KBG, SCBG, XTBG; ●GD, JX, TW, YN; ★(AS): CN, ID, IN, KH, LA, MM, MY, TH, VN.

紫斑蝴蝶草 **Torenia fordii** Hook. f. 【N, W/C】 ♣SCBG; ●GD; ★(AS): CN.

蓝猪耳 **Torenia fournieri** Linden ex E. Fourn. 【N, W/C】 ♣BBG, FBG, FLBG, GXIB, HBG, IBCAS, KBG, SCBG, XLTBG, XMBG, ZAFU; ●BJ, FJ, GD, GX, HI, JS, JX, SC, SH, TW, YN, ZJ; ★(AS): CN, KH, LA, MM, SG, TH, VN.

棱萼母草 **Torenia oblonga** (Benth.) Steud. 【N, W/C】 ♣SCBG; ●GD; ★(AS): CN, KH, LA, VN.

紫萼蝴蝶草 **Torenia violacea** (Azaola ex Blanco) Pennell 【N, W/C】 ♣CBG, GA, HBG, KBG, LBG, WBG, XTBG, ZAFU; ●HB, JX, SH, YN, ZJ; ★(AS): BT, CN, ID, IN, KH, LA, LK, MY, PH, TH, VN.

泥花草属 Bonnaya

泥花草（泥花母草）**Bonnaya antipoda** (L.) Druce

【N, W/C】 ♣GA, GMG, HBG, LBG, XMBG, XTBG; ●FJ, GX, JX, YN, ZJ; ★(AF): MG; (AS): BT, CN, ID, IN, JP, KH, LA, LK, MM, MY, NP, PH, SG, TH, VN; (OC): AU, PAF.

刺齿泥花草 **Bonnaya ciliata** (Colsm.) Spreng. 【N, W/C】 ♣GXIB, SCBG, XTBG; ●GD, GX, YN; ★(AS): BT, CN, ID, IN, JP, KH, LA, LK, MM, MY, PH, SG, TH, VN; (OC): AU, PAF.

旱田草 **Bonnaya ruellioides** (Colsm.) Spreng. 【N, W/C】 ♣GA, NSBG, SCBG, XMBG, XTBG; ●CQ, FJ, GD, JX, YN; ★(AS): BT, CN, ID, IN, JP, KH, LA, LK, MM, MY, PH, SG, TH, VN; (OC): PAF.

细叶泥花草（细叶母草）**Bonnaya tenuifolia** (Colsm) Spreng. 【N, W/C】 ♣XTBG; ●YN; ★(AS): CN, ID, IN, JP, KH, LA, MM, MY, PH, VN; (OC): AU, PAF.

长蒴母草属 Vandellia

长蒴母草 **Vandellia anagallis** (Burm. f.) T. Yamaz. 【N, W/C】 ♣FBG, GA, GBG, GMG, LBG, XMBG, XTBG; ●FJ, GX, GZ, JX, YN; ★(AF): MG; (AS): BT, CN, ID, IN, JP, KH, LA, LK, MM, MY, PH, SG, TH, VN; (OC): PAF.

狭叶母草 **Vandellia micrantha** (D. Don) Eb. Fisch., Schäferh. et Kai Müll. 【N, W/C】 ♣GA, LBG, XMBG, XTBG, ZAFU; ●FJ, JX, YN, ZJ; ★(AS): CN, ID, IN, JP, KH, KP, LA, LK, MM, NP, TH, VN.

头花苦玄参属 Pierranthus

*头花苦玄参 **Pierranthus capitatus** (Bonati) Bonati 【I, C】 ♣CBG; ●SH; ★(AS): VN.

细母草属 Linderniella

细茎母草 **Linderniella pusilla** Eb. Fisch., Schäferh. et Kai Müll. 【N, W/C】 ♣SCBG, XMBG; ●FJ, GD; ★(AS): CN, ID, IN, KH, LA, LK, MM, MY, NP, PH, TH, VN; (OC): PAF.

碗柱草属 Craterostigma

宽叶碗柱草（宽叶母草）**Craterostigma nummulariifolium** (D. Don) Eb. Fisch., Schäferh. et Kai Müll. 【N, W/C】 ♣WBG, XTBG; ●HB, SC, YN; ★(AF): MG, NG; (AS): CN, IN, LK, MM, MY, NP, SG, TH, VN.

272. 芝麻科 PEDALIACEAE

钩刺麻属 Uncarina

黄花钩刺麻 **Uncarina grandidieri** (Baill.) Stapf 【I, C】 ♣XMBG; ●FJ; ★(AF): MG.

肉茎钩刺麻（肉茎胡麻）**Uncarina roeoesliana** Rauh 【I, C】 ♣BBG, NBG, XMBG; ●BJ, FJ, JS; ★(AF): MG.

爪钩草属 Harpagophytum

爪钩草 **Harpagophytum procumbens** (Burch.) DC. ex Meisn. 【I, C】 ★(AF): BW, NA, ZA.

佛肚麻属 Pterodiscus

*橙黄佛肚麻（橙花古城）**Pterodiscus aurantiacus** Welw. 【I, C】 ♣BBG; ●BJ, TW; ★(AF): ZA.

佛肚麻（古城）**Pterodiscus luridus** Hook. f. 【I, C】 ●TW; ★(AF): ZA.

*可疑佛肚麻 **Pterodiscus ngamicus** N. E. Br. ex Stapf 【I, C】 ♣BBG; ●BJ, TW; ★(AF): ZA.

*美丽佛肚麻 **Pterodiscus speciosus** Hook. 【I, C】 ♣BBG, XMBG; ●BJ, FJ, TW; ★(AF): ZA.

刺麻木属 Sesamothamnus

*古里奇刺麻木 **Sesamothamnus guerichii** E. A. Bruce 【I, C】 ★(AF): ZA.

*露滴草（刺麻木）**Sesamothamnus lugardii** N. E. Br. ex Stapf 【I, C】 ★(AF): ZA.

芝麻属 Sesamum

芝麻 **Sesamum indicum** L. 【I, C】 ♣FLBG, GA, GBG, GMG, HBG, LBG, NBG, SCBG, WBG, XBG, XMBG, XTBG, ZAFU; ●AH, BJ, FJ, GD, GS, GX, GZ, HA, HB, HE, HI, HL, HN, JL, JS, JX, LN, NM, NX, SC, SD, SH, SN, SX, TJ, TW, XJ, XZ, YN, ZJ; ★(AS): IN.

273. 唇形科 LAMIACEAE

紫珠属 Callicarpa

细花紫珠 **Callicarpa acuminata** Kunth 【I, C】 ♣IBCAS; ●BJ; ★(NA): BZ, CR, CU, GT, HN,

MX, NI, PA; (SA): BO, BR, CO, EC, PE.

美国紫珠 **Callicarpa americana** L.【I, C】♣HBG, IBCAS, XTBG; ●BJ, YN, ZJ; ★(NA): CU, US.

木紫珠 **Callicarpa arborea** Miq. ex C. B. Clarke【N, W/C】♣IBCAS, KBG, XTBG; ●BJ, YN; ★(AS): BT, CN, ID, IN, KH, LA, LK, MM, MY, NP, PH, TH, VN.

紫珠 **Callicarpa bodinieri** H. Lév.【N, W/C】♣BBG, CBG, FBG, GA, GBG, GMG, HBG, IBCAS, LBG, NBG, NSBG, SCBG, WBG, XMBG, XTBG, ZAFU; ●BJ, CQ, FJ, GD, GX, GZ, HB, JS, JX, SC, SH, YN, ZJ; ★(AS): CN, VN.

柳叶紫珠 **Callicarpa bodinieri** var. **iteophylla** C. Y. Wu【N, W/C】♣XTBG; ●YN; ★(AS): CN.

短柄紫珠 **Callicarpa brevipes** (Benth.) Hance【N, W/C】♣GXIB, SCBG; ●GD, GX; ★(AS): CN, VN.

白毛紫珠 **Callicarpa candicans** (Burm. f.) Hochr.【N, W/C】♣CBG, SCBG, XTBG; ●GD, SH, YN; ★(AS): CN, ID, IN, KH, LA, MM, MY, PH, TH, VN; (OC): AU, PAF.

华紫珠 **Callicarpa cathayana** C. H. Chang【N, W/C】♣CBG, CDBG, FLBG, GA, HBG, IBCAS, LBG, NBG, SCBG, WBG, XTBG, ZAFU; ●BJ, GD, HB, JS, JX, SC, SH, SX, YN, ZJ; ★(AS): CN.

丘陵紫珠 **Callicarpa collina** Diels【N, W/C】♣SCBG; ●GD; ★(AS): CN.

白棠子树 **Callicarpa dichotoma** (Lour.) Raeusch.【N, W/C】♣BBG, CBG, FBG, GMG, HBG, IBCAS, LBG, NBG, SCBG, WBG, XMBG, XTBG, ZAFU; ●BJ, FJ, GD, GX, HB, JS, JX, SH, TW, YN, ZJ; ★(AS): CN, JP, KP, KR, VN.

杜虹花 **Callicarpa formosana** Rolfe【N, W/C】♣CBG, FBG, HBG, SCBG, TBG, TMNS, WBG, XMBG, XTBG, ZAFU; ●FJ, GD, HB, SH, TW, YN, ZJ; ★(AS): CN, JP, PH.

老鸦糊 **Callicarpa giraldii** Hesse ex Rehder【N, W/C】♣CBG, FBG, HBG, KBG, LBG, NBG, WBG, XBG, XTBG, ZAFU; ●FJ, HB, JS, JX, SH, SN, TW, YN, ZJ; ★(AS): CN.

毛叶老鸦糊 **Callicarpa giraldii** var. **subcanescens** Rehder【N, W/C】♣NBG; ●JS; ★(AS): CN.

湖北紫珠 **Callicarpa gracilipes** Rehder【N, W/C】♣WBG; ●HB; ★(AS): CN.

全缘叶紫珠 **Callicarpa integerrima** Champ. ex Benth.【N, W/C】♣CBG, HBG, SCBG; ●GD, SH, ZJ; ★(AS): CN, PH.

藤紫珠 **Callicarpa integerrima** var. **chinensis** (C. Pei) S. L. Chen【N, W/C】♣SCBG; ●GD; ★(AS): CN.

日本紫珠 **Callicarpa japonica** Thunb.【N, W/C】♣BBG, CBG, HBG, IBCAS, KBG, LBG, NBG, WBG, XTBG; ●BJ, HB, JS, JX, LN, SH, TW, YN, ZJ; ★(AS): CN, ID, IN, JP, KP, KR, VN.

朝鲜紫珠 **Callicarpa japonica** var. **luxurians** Rehder【N, W/C】♣IBCAS, TMNS; ●BJ, TW; ★(AS): CN, JP, KP, KR.

枇杷叶紫珠 **Callicarpa kochiana** Makino【N, W/C】♣CBG, FBG, HBG, LBG, SCBG, TBG, WBG, XMBG; ●FJ, GD, HB, JX, SH, TW, ZJ; ★(AS): CN, JP, VN.

广东紫珠 **Callicarpa kwangtungensis** Chun【N, W/C】♣CBG, FBG, GA, GMG, LBG, SCBG; ●FJ, GD, GX, JX, SH; ★(AS): CN.

光叶紫珠 **Callicarpa lingii** Merr.【N, W/C】♣CBG, HBG, WBG; ●HB, SH, ZJ; ★(AS): CN.

尖萼紫珠 **Callicarpa loboapiculata** Metcalf【N, W/C】♣SCBG, WBG; ●GD, HB; ★(AS): CN.

长叶紫珠 **Callicarpa longifolia** Lam.【N, W/C】♣KBG, SCBG, XTBG; ●GD, YN; ★(AS): BT, CN, ID, IN, LA, LK, MM, MY, PH, SG, TH, VN.

披针叶紫珠 **Callicarpa longifolia** var. **lanceolaria** (Roxb. ex Hornem.) C. B. Clarke【N, W/C】♣XTBG; ●YN; ★(AS): CN, IN, MY, VN.

长柄紫珠 **Callicarpa longipes** Dunn【N, W/C】♣GXIB; ●GX; ★(AS): CN.

尖尾枫 **Callicarpa longissima** (Hemsl.) Merr.【N, W/C】♣FBG, GMG, GXIB, HBG, SCBG, WBG; ●FJ, GD, GX, HB, ZJ; ★(AS): CN, JP, VN.

黄腺紫珠 **Callicarpa luteopunctata** C. H. Chang【N, W/C】♣WBG, XTBG; ●HB, YN; ★(AS): CN.

大叶紫珠 **Callicarpa macrophylla** Vahl【N, W/C】♣FBG, FLBG, GBG, GMG, GXIB, HBG, KBG, SCBG, WBG, XMBG, XTBG; ●FJ, GD, GX, GZ, HB, JX, YN, ZJ; ★(AS): BT, CN, ID, IN, LK, MM, NP, PH, PK, TH, VN.

窄叶紫珠 **Callicarpa membranacea** C. H. Chang【N, W/C】♣HBG, IBCAS, LBG, NBG, WBG; ●BJ, HB, JS, JX, SX, ZJ; ★(AS): CN.

裸花紫珠 **Callicarpa nudiflora** Hook. et Arn.【N, W/C】♣FBG, GMG, GXIB, HBG, SCBG, XTBG; ●FJ, GD, GX, YN, ZJ; ★(AS): CN, ID, IN, LK, MM, MY, SG, VN.

杜虹紫珠 **Callicarpa pedunculata** R. Br.【I, C】

♣GA, GMG, HBG, TDBG, XMBG; ●FJ, GX, JX, TW, XJ, ZJ; ★(OC): AU.

钩毛紫珠 **Callicarpa peichieniana** Chun et S. L. Chen 【N, W/C】 ♣SCBG; ●GD; ★(AS): CN.

疏齿紫珠 **Callicarpa remotiserrulata** Hayata 【N, W/C】 ♣TMNS; ●TW; ★(AS): CN.

红紫珠 **Callicarpa rubella** Lindl. 【N, W/C】 ♣CBG, FBG, FLBG, GMG, HBG, IBCAS, KBG, LBG, SCBG, WBG, XTBG; ●BJ, FJ, GD, GX, HB, JX, SC, SH, YN, ZJ; ★(AS): BT, CN, ID, IN, LA, LK, MM, MY, PH, TH, VN.

上狮紫珠 **Callicarpa siongsaiensis** Metcalf 【N, W/C】 ♣ZAFU; ●ZJ; ★(AS): CN.

鼎湖紫珠 **Callicarpa tingwuensis** C. H. Chang 【N, W/C】 ♣SCBG; ●GD; ★(AS): CN.

云南紫珠 **Callicarpa yunnanensis** W. Z. Fang 【N, W/C】 ♣XTBG; ●YN; ★(AS): CN, VN.

木薄荷属 Prostanthera

矮生木薄荷 **Prostanthera ovalifolia** R. Br. 【I, C】 ●TW; ★(OC): AU.

圆叶木薄荷 **Prostanthera rotundifolia** R. Br. 【I, C】 ♣CBG; ●SH, TW; ★(OC): AU.

迷南苏属 Westringia

灌木迷南香（澳迷迭香）**Westringia fruticosa** (Willd.) Druce 【I, C】 ●TW; ★(OC): AU.

绒苞藤属 Congea

华绒苞藤 **Congea chinensis** Moldenke 【N, W/C】 ♣XTBG; ●YN; ★(AS): CN, LA, MM.

绒苞藤 **Congea tomentosa** Roxb. 【N, W/C】 ♣BBG, XMBG, XTBG; ●BJ, FJ, YN; ★(AS): CN, ID, IN, LA, LK, MM, SG, TH, VN.

楔翅藤属 Sphenodesme

毛楔翅藤 **Sphenodesme mollis** Craib 【N, W/C】 ♣XTBG; ●YN; ★(AS): CN, MM, TH, VN.

楔翅藤 **Sphenodesme pentandra** (Roxb.) Wall. 【I, C】 ♣SCBG, XMBG; ●FJ, GD; ★(AS): ID, IN, LA, LK, MM, MY, SG, VN.

六苞藤属 Symphorema

六苞藤 **Symphorema involucratum** Roxb. 【N, W/C】 ♣XTBG; ●YN; ★(AS): CN, ID, IN, LK, MM, TH.

牡荆属 Vitex

穗花牡荆 **Vitex agnus-castus** L. 【I, C】 ♣CBG, IBCAS, SCBG, TBG; ●BJ, GD, SH, TW; ★(AF): DZ, EG, LY, MA, TN; (AS): LB, PS, SY, TM, TR; (EU): AL, BA, ES, FR, GR, HR, IT, MC, ME, MK, RS, SI.

长叶荆 **Vitex burmensis** Moldenke 【N, W/C】 ♣KBG, XTBG; ●YN; ★(AS): BT, CN, IN, LK, MM.

灰毛牡荆 **Vitex canescens** Kurz 【N, W/C】 ♣SCBG; ●GD; ★(AS): CN, ID, IN, KH, LA, MM, MY, TH, VN.

光叶牡荆 **Vitex glabrata** R. Br. 【I, C】 ♣XTBG; ●YN; ★(AS): BT, ID, IN, LA, LK, MM, MY, PH, VN; (OC): AU.

广西牡荆 **Vitex kwangsiensis** C. Pei 【N, W/C】 ♣FBG; ●FJ; ★(AS): CN.

黄荆 **Vitex negundo** L. 【N, W/C】 ♣CBG, CDBG, FBG, FLBG, GA, GBG, GMG, GXIB, HBG, IBCAS, KBG, LBG, MDBG, NBG, NSBG, SCBG, TBG, TMNS, WBG, XBG, XMBG, XTBG; ●BJ, CQ, FJ, GD, GS, GX, GZ, HB, JS, JX, LN, SC, SH, SN, TW, YN, ZJ; ★(AS): BT, CN, ID, IN, JP, KR, LK, MM, MY, NP, PH, SG, VN.

牡荆 **Vitex negundo** var. **cannabifolia** (Siebold et Zucc.) Hand.-Mazz. 【N, W/C】 ♣CBG, FBG, GA, GBG, HBG, IBCAS, KBG, LBG, NBG, SCBG, WBG, XBG, XMBG, ZAFU; ●BJ, FJ, GD, GZ, HB, JS, JX, SH, SN, YN, ZJ; ★(AS): CN, IN, NP.

荆条 **Vitex negundo** var. **heterophylla** (Franch.) Rehder 【N, W/C】 ♣GXIB, HFBG, IBCAS, MDBG, NBG, TDBG, WBG, XBG; ●BJ, GS, GX, HB, HL, JS, SN, XJ; ★(AS): CN, IN.

长序荆 **Vitex peduncularis** Wall. ex Schauer 【N, W/C】 ♣WBG, XTBG; ●HB, YN; ★(AS): BT, CN, ID, IN, KH, LA, LK, MM, NP, TH, VN.

莺哥木 **Vitex pierreana** Dop 【N, W/C】 ♣SCBG; ●GD; ★(AS): CN, LA, VN.

山牡荆 **Vitex quinata** (Lour.) F. N. Williams 【N, W/C】 ♣CBG, FBG, FLBG, GA, GMG, GXIB, HBG, KBG, SCBG, TBG, XMBG, XTBG; ●FJ, GD, GX, JX, SH, TW, YN, ZJ; ★(AS): BT, CN, ID, IN, JP, LA, LK, MM, MY, PH, TH, VN.

微毛山牡荆 **Vitex quinata** var. **puberula** (H. J.

Lam) Moldenke 【N, W/C】 ♣XTBG; ●YN; ★(AS): CN, PH, TH.

单叶蔓荆 **Vitex rotundifolia** L. f. 【N, W/C】 ♣CBG, HBG, LBG, SCBG, TBG, TMNS, XBG, XMBG, XTBG, ZAFU; ●FJ, GD, JX, SH, SN, TW, YN, ZJ; ★(AS): CN, ID, IN, JP, KR, LK, MM, MY, PH, TH, VN; (OC): AU, FJ, PAF.

广东牡荆 **Vitex sampsonii** Hance 【N, W/C】 ♣SCBG, ZAFU; ●GD, ZJ; ★(AS): CN.

蔓荆 **Vitex trifolia** L. 【N, W/C】 ♣CDBG, GMG, GXIB, SCBG, TMNS, XLTBG, XMBG, XTBG; ●FJ, GD, GX, HI, SC, TW, YN; ★(AS): CN, ID, IN, PH, VN; (OC): AU, PAF.

异叶蔓荆 **Vitex trifolia** var. **subtrisecta** (Kuntze) Moldenke 【N, W/C】 ♣XTBG; ●YN; ★(AS): CN, IN, JP, MM, PH, TH.

越南牡荆 **Vitex tripinnata** (Lour.) Merr. 【N, W/C】 ♣SCBG, XLTBG; ●GD, HI; ★(AS): CN, KH, LA, VN.

黄毛牡荆 **Vitex vestita** Wall. ex Schauer 【N, W/C】 ♣XTBG; ●YN; ★(AS): CN, ID, IN, LA, MM, SG, VN.

假紫珠属 Tsoongia

假紫珠 **Tsoongia axillariflora** Merr. 【N, W/C】 ♣HBG; ●ZJ; ★(AS): CN, MM, VN.

柚木属 Tectona

柚木 **Tectona grandis** L. f. 【I, C】 ♣BBG, CBG, FBG, FLBG, GA, GMG, GXIB, HBG, NBG, SCBG, TBG, TMNS, WBG, XLTBG, XMBG, XOIG, XTBG; ●BJ, FJ, GD, GX, HB, HI, JS, JX, SC, SH, TW, YN, ZJ; ★(AS): ID, IN, LA, MM, TH.

石梓属 Gmelina

云南石梓 **Gmelina arborea** Roxb. ex Sm. 【N, W/C】 ♣BBG, FBG, FLBG, GA, SCBG, XLTBG, XMBG, XOIG, XTBG; ●BJ, FJ, GD, HI, JX, YN; ★(AS): BT, CN, ID, IN, LA, LK, MM, MY, NP, PH, SG, TH, VN.

亚洲石梓 **Gmelina asiatica** L. 【N, W/C】 ♣GMG; ●GX; ★(AS): CN, ID, IN, KH, LA, LK, MM, MY, PH, SG, TH, VN; (OC): US-HW.

石梓 **Gmelina chinensis** Benth. 【N, W/C】 ♣FBG, XLTBG, XMBG, XOIG; ●FJ, HI; ★(AS): CN.

马来石梓 **Gmelina elliptica** Sm. 【I, C】 ♣SCBG, XTBG; ●GD, YN; ★(AS): IN, MY.

苦梓 **Gmelina hainanensis** Oliv. 【N, W/C】 ♣FBG, FLBG, GA, GXIB, HBG, KBG, SCBG, XMBG, XTBG; ●FJ, GD, GX, HI, JX, YN, ZJ; ★(AS): CN, VN.

菲律宾石梓 **Gmelina philippensis** Cham. 【I, C】 ♣SCBG, TBG, TMNS, XMBG, XTBG; ●FJ, GD, TW, YN; ★(AS): ID, PH, SG, VN.

豆腐柴属 Premna

尖齿豆腐柴 **Premna acutata** W. W. Sm. 【N, W/C】 ♣WBG; ●HB; ★(AS): CN.

尖叶豆腐柴 **Premna chevalieri** Dop 【N, W/C】 ♣XTBG; ●YN; ★(AS): CN, LA, VN.

石山豆腐柴 **Premna crassa** Hand.-Mazz. 【N, W/C】 ♣GXIB; ●GX; ★(AS): CN, VN.

淡黄豆腐柴 **Premna flavescens** Juss. 【N, W/C】 ♣XTBG; ●YN; ★(AS): CN, ID, IN, LA, LK, MM, MY, PH, VN.

勐海豆腐柴 **Premna fohaiensis** C. Pei et S. L. Chen ex C. Y. Wu 【N, W/C】 ♣XTBG; ●YN; ★(AS): CN.

长序臭黄荆 **Premna fordii** Dunn 【N, W/C】 ♣SCBG; ●GD; ★(AS): CN.

黄毛豆腐柴 **Premna fulva** Craib 【N, W/C】 ♣GXIB, SCBG, XTBG; ●GD, GX, YN; ★(AS): CN, LA, TH, VN.

海南臭黄荆 **Premna hainanensis** Chun et F. C. How 【N, W/C】 ♣SCBG; ●GD; ★(AS): CN.

千解草 **Premna herbacea** Roxb. 【N, W/C】 ♣GMG; ●GX; ★(AS): BT, CN, ID, IN, KH, LA, LK, MM, NP, PH, TH, VN.

平滑豆腐柴 **Premna laevigata** Miq. 【N, W/C】 ♣XTBG; ●YN; ★(AS): CN, ID, IN, LK, PH, VN.

大叶豆腐柴 **Premna latifolia** Thwaites 【N, W/C】 ♣XTBG; ●YN; ★(AS): CN, ID, IN, KH, LA, LK, MM, NP, PH, VN.

楔叶豆腐柴 **Premna latifolia** var. **cuneata** C. B. Clarke 【N, W/C】 ♣XTBG; ●YN; ★(AS): CN, ID, IN, KH, MM, PH, VN.

臭黄荆 **Premna ligustroides** Hemsl. 【N, W/C】 ♣NBG, SCBG; ●GD, JS, SC; ★(AS): CN.

弯毛臭黄荆 **Premna maclurei** Merr. 【N, W/C】 ♣SCBG; ●GD; ★(AS): CN, VN.

豆腐柴 **Premna microphylla** Turcz. 【N, W/C】

♣FBG, GA, GMG, GXIB, HBG, LBG, SCBG, TBG, WBG, ZAFU; ●FJ, GD, GX, HB, JX, SC, TW, ZJ; ★(AS): CN, JP.

八脉臭黄荆 **Premna octonervia** Merr. et F. P. Metcalf 【N, W/C】 ♣SCBG; ●GD; ★(AS): CN.

狐臭柴 **Premna puberula** Pamp. 【N, W/C】 ♣CBG; ●SC, SH; ★(AS): CN.

藤豆腐柴 **Premna scandens** Wall. 【N, W/C】 ♣XTBG; ●YN; ★(AS): BT, CN, ID, IN, MM, NP, VN.

伞序臭黄荆 **Premna serratifolia** L. 【N, W/C】 ♣TBG, TMNS, XMBG; ●FJ, GD, TW; ★(AS): CN, ID, IN, LK, MY, PH, SG, VN; (OC): AU, FJ, PAF.

近头状豆腐柴 **Premna subcapitata** Rehder 【N, W/C】 ♣WBG; ●HB; ★(AS): CN.

思茅豆腐柴 **Premna szemaoensis** C. Pei 【N, W/C】 ♣XTBG; ●YN; ★(AS): CN.

黄绒豆腐柴 **Premna velutina** C. Y. Wu 【N, W/C】 ♣XTBG; ●YN; ★(AS): CN.

东芭藤属 Petraeovitex

东芭藤 **Petraeovitex bambusetorum** King et Gamble 【I, C】 ●TW; ★(AS): MY.

沃尔夫藤 **Petraeovitex wolfei** J. Sinclair 【I, C】 ♣XTBG; ●YN; ★(AS): MY.

三对节属 Rotheca

长管茉莉（音符花）**Rotheca incisa** (Klotzsch) Steane et Mabb. 【I, C】 ♣XTBG; ●YN; ★(AF): KE, MZ, NG, TZ.

蓝蝴蝶 **Rotheca myricoides** (Hochst.) Steane et Mabb. 【I, C】 ♣BBG, FBG, FLBG, SCBG, TMNS, XMBG, XTBG; ●BJ, FJ, GD, JX, TW, YN; ★(AF): TZ.

香科科属 Teucrium

粉红动蕊花 **Teucrium alborubrum** Hemsl. 【N, W/C】 ♣WBG; ●HB; ★(AS): CN.

加拿大石蚕 **Teucrium canadense** L. 【I, C】 ♣WBG; ●HB; ★(NA): CA, CU, HN, MX, US.

欧香科科（粉花香科科）**Teucrium chamaedrys** L. 【I, C】 ♣IBCAS, ZAFU; ●BJ, ZJ; ★(AF): MA; (AS): GE, SA, TR; (EU): AL, AT, BA, BE, BG, BY, CZ, DE, ES, GB, GR, HR, HU, IT, LU, ME, MK, NL, PL, RO, RS, RU, SI, TR.

银香科科（银石蚕）**Teucrium fruticans** L. 【I, C】 ♣BBG, CBG, GA, SCBG, ZAFU; ●BJ, GD, JX, SH, ZJ; ★(AF): MA; (AS): SA; (EU): AL, BA, DE, ES, HR, IT, LU, ME, MK, NL, RS, SI.

西尔加香科科 **Teucrium hircanicum** L. 【I, C】 ♣CBG; ●BJ, SH; ★(AS): AM, AZ, GE, IR, RU-AS, TR; (EU): UA.

穗花香科科 **Teucrium japonicum** Houtt. 【N, W/C】 ♣GBG, HBG, LBG, SCBG; ●GD, GZ, JX, ZJ; ★(AS): CN, JP, KP, KR.

动蕊花 **Teucrium ornatum** Hemsl. 【N, W/C】 ♣CBG, SCBG, WBG; ●GD, HB, SH; ★(AS): CN, VN.

庐山香科科 **Teucrium pernyi** Franch. 【N, W/C】 ♣HBG, LBG; ●JX, ZJ; ★(AS): CN.

铁轴草 **Teucrium quadrifarium** Buch.-Ham. 【N, W/C】 ♣GA, GBG, GMG, SCBG, XTBG; ●GD, GX, GZ, JX, YN; ★(AS): BT, CN, ID, IN, LK, MM, NP, VN.

香科科 **Teucrium simplex** Vaniot 【N, W/C】 ♣FBG; ●FJ; ★(AS): CN.

黑龙江香科科 **Teucrium ussuriense** Kom. 【N, W/C】 ♣IBCAS; ●BJ; ★(AS): CN, MN, RU-AS.

血见愁 **Teucrium viscidum** Blume 【N, W/C】 ♣FBG, FLBG, GA, GMG, GXIB, HBG, IBCAS, LBG, SCBG, WBG, XLTBG, XMBG, XTBG, ZAFU; ●BJ, FJ, GD, GX, HB, HI, JX, SC, YN, ZJ; ★(AS): BT, CN, ID, IN, JP, KP, KR, LA, LK, MM, MY, NP, PH, VN.

光萼血见愁 **Teucrium viscidum** var. **leiocalyx** C. Y. Wu et S. Chow 【N, W/C】 ♣WBG; ●HB; ★(AS): CN.

山藿香 **Teucrium viscidum** var. **miquelianum** (Maxim.) H. Hara 【I, C】 ●ZJ; ★(AS): JP.

四棱草属 Schnabelia

四棱草 **Schnabelia oligophylla** Hand.-Mazz. 【N, W/C】 ♣CBG, GMG, GXIB, KBG, LBG, WBG; ●GX, HB, JX, SC, SH, YN; ★(AS): CN.

四齿四棱草 **Schnabelia tetrodonta** (Y. Z. Sun) C. Y. Wu et C. Chen 【N, W/C】 ♣CBG, SCBG, XTBG; ●GD, SC, SH, YN; ★(AS): CN.

掌叶石蚕属 Rubiteucris

掌叶石蚕 **Rubiteucris palmata** (Benth. ex Hook. f.) Kudô 【N, W/C】 ♣WBG; ●HB; ★(AS): BT, CN, ID, IN, LK, NP.

筋骨草属 Ajuga

九味一枝蒿 **Ajuga bracteosa** Wall. ex Benth. 【N, W/C】 ♣TMNS; ●TW; ★(AS): AF, BT, CN, ID, IN, JP, LK, MM, NP, PH.

筋骨草 **Ajuga ciliata** Bunge 【N, W/C】 ♣WBG, XTBG; ●HB, YN; ★(AS): CN, JP.

微毛筋骨草 **Ajuga ciliata** var. **glabrescens** Hemsl. 【N, W/C】 ♣WBG; ●HB; ★(AS): CN.

金疮小草 **Ajuga decumbens** Ten. 【N, W/C】 ♣FBG, FLBG, GA, GBG, GMG, GXIB, HBG, LBG, NBG, SCBG, XMBG, ZAFU; ●FJ, GD, GX, GZ, JS, JX, SC, ZJ; ★(AS): CN, ID, IN, JP, KP, KR.

痢止蒿 **Ajuga forrestii** Diels 【N, W/C】 ♣KBG, SCBG; ●GD, YN; ★(AS): CN, NP.

日内瓦筋骨草 **Ajuga genevensis** L. 【I, C】 ♣BBG, CBG, NBG; ●BJ, JS, SH; ★(AS): GE, TR; (EU): AL, AT, BA, BE, BG, CZ, DE, FI, GR, HR, HU, IT, ME, MK, NL, PL, RO, RS, RU, SI, TR.

大籽筋骨草 **Ajuga macrosperma** Wall. ex Benth. 【N, W/C】 ♣WBG, XTBG; ●HB, YN; ★(AS): BT, CN, ID, IN, LA, LK, MM, NP, TH, VN.

多花筋骨草 **Ajuga multiflora** Bunge 【N, W/C】 ♣WBG; ●HB, LN; ★(AS): CN, KP, KR, MN, RU-AS.

紫背金盘 **Ajuga nipponensis** Makino 【N, W/C】 ♣GA, GBG, HBG, LBG, SCBG, WBG, XMBG, ZAFU; ●FJ, GD, GZ, HB, JX, ZJ; ★(AS): CN, JP, KP, RU-AS, VN.

台湾筋骨草 **Ajuga pygmaea** A. Gray 【N, W/C】 ♣NBG, TMNS, XMBG, XTBG; ●FJ, JS, TW, YN; ★(AS): CN, JP.

匍匐筋骨草 **Ajuga reptans** L. 【I, C】 ♣BBG, IBCAS, SCBG; ●BJ, GD, YN, ZJ; ★(AF): MA; (EU): AL, BA, BE, DE, ES, FR, GB, GR, HR, IT, MC, ME, MK, RS, SI.

锥花莸属 Pseudocaryopteris

锥花莸 **Pseudocaryopteris paniculata** (C. B. Clarke) P. D. Cantino 【N, W/C】 ♣KBG, XTBG; ●YN; ★(AS): BT, CN, ID, IN, LK, MM, NP, RU-AS, TH.

叉枝莸属 Tripora

叉枝莸（莸）**Tripora divaricata** (Maxim.) P. D. Cantino 【N, W/C】 ♣CBG, IBCAS, SCBG, WBG, XTBG; ●BJ, GD, HB, SH, YN; ★(AS): CN, JP, KP, KR, RU-AS.

莸属 Caryopteris

蓝花莸（克兰多莸）**Caryopteris × clandonensis** Hort. ex Rehder 【I, C】 ♣BBG, CBG, IBCAS, ZAFU; ●BJ, LN, SC, SH, TW, YN, ZJ; ★(EU): GB.

金腺莸 **Caryopteris aureoglandulosa** (Vaniot) C. Y. Wu 【N, W/C】 ♣WBG; ●HB; ★(AS): CN, RU-AS.

灰毛莸 **Caryopteris forrestii** Diels 【N, W/C】 ♣KBG; ●YN; ★(AS): CN, RU-AS.

兰香草 **Caryopteris incana** (Thunb. ex Houtt.) Miq. 【N, W/C】 ♣CBG, GMG, HBG, IBCAS, KBG, LBG, SCBG, WBG, XBG, XMBG, ZAFU; ●BJ, FJ, GD, GX, HB, JX, SH, SN, TW, YN, ZJ; ★(AS): CN, JP, KP, KR, RU-AS.

狭叶兰香草 **Caryopteris incana** var. **angustifolia** S. L. Chen et R. L. Guo 【N, W/C】 ♣CBG; ●SH; ★(AS): CN.

蒙古莸 **Caryopteris mongholica** Bunge 【N, W/C】 ♣MDBG, TDBG, ZAFU; ●GS, LN, NM, SN, SX, XJ, YN, ZJ; ★(AS): CN, JP, MN, RU-AS.

单花莸 **Caryopteris nepetifolia** (Benth.) Maxim. 【N, W/C】 ♣CBG, HBG, NBG, ZAFU; ●JS, SH, ZJ; ★(AS): CN.

光果莸 **Caryopteris tangutica** Maxim. 【N, W/C】 ♣CBG, IBCAS, WBG; ●BJ, HB, SH; ★(AS): CN, RU-AS.

三花莸 **Caryopteris terniflora** Maxim. 【N, W/C】 ♣CBG, WBG, XBG; ●HB, SC, SH, SN; ★(AS): CN, RU-AS.

毛球莸 **Caryopteris trichosphaera** W. W. Sm. 【N, W/C】 ♣IBCAS; ●BJ; ★(AS): CN, RU-AS.

大青属 Clerodendrum

红萼龙吐珠 **Clerodendrum × speciosum** Dombrain 【I, C】 ♣FLBG, SCBG, TBG, XMBG; ●FJ, GD, JX, TW; ★(AF): CF, CM, GA, GN, LR, NG.

*棘状大青 **Clerodendrum aculeatum** (L.) Schltdl. 【I, C】 ♣BBG; ●BJ; ★(NA): CU, HN, JM, MX, US; (SA): BR, CO, EC, GF, GY, VE.

大叶臭牡丹 **Clerodendrum brachyanthum** Schauer 【I, C】 ♣TBG; ●TW; ★(AS): PH.

短蕊大青 **Clerodendrum brachystemon** C. Y. Wu et R. C. Fang 【N, W/C】 ♣XTBG; ●YN; ★(AS):

CN.

臭牡丹 **Clerodendrum bungei** Steud. 【N, W/C】 ♣CBG, CDBG, FBG, FLBG, GA, GBG, GMG, GXIB, HBG, IBCAS, KBG, LBG, NBG, NSBG, WBG, XMBG, XTBG; ●BJ, CQ, FJ, GD, GX, GZ, HB, JS, JX, SC, SH, TW, YN, ZJ; ★(AS): CN, SG, VN.

大萼臭牡丹 **Clerodendrum bungei** var. **megacalyx** C. Y. Wu ex S. L. Chen【N, W/C】♣XTBG; ●YN; ★(AS): CN.

白蝶大青 **Clerodendrum calamitosum** L. 【I, C】 ♣TBG, TMNS; ●TW; ★(AS): ID, IN, MM, PH, SG, TH.

灰毛大青 **Clerodendrum canescens** Wall. ex Walp. 【N, W/C】 ♣CBG, GA, GXIB, SCBG; ●GD, GX, JX, SH; ★(AS): CN, IN, NP, VN.

重瓣臭茉莉 **Clerodendrum chinense** (Osbeck) Mabb. 【N, W/C】 ♣BBG, FBG, FLBG, GMG, GXIB, HBG, SCBG, WBG, XMBG, XTBG; ●BJ, FJ, GD, GX, HB, JX, SC, YN, ZJ; ★(AS): BT, CN, ID, IN, KH, LA, LK, NP, PH, SG, TH.

臭茉莉 **Clerodendrum chinense** var. **simplex** (Moldenke) S. L. Chen【N, W/C】♣SCBG, WBG, XTBG; ●GD, HB, YN; ★(AS): CN.

腺茉莉 **Clerodendrum colebrookianum** Walp. 【N, W/C】♣BBG, FLBG, KBG, XLTBG, XTBG; ●BJ, GD, HI, JX, YN; ★(AS): BT, CN, ID, IN, LA, MM, MY, NP, TH, VN.

大青 **Clerodendrum cyrtophyllum** Turcz. 【N, W/C】♣CBG, CDBG, FBG, FLBG, GMG, GXIB, HBG, LBG, NBG, SCBG, TBG, WBG, XLTBG, XMBG, XTBG, ZAFU; ●FJ, GD, GX, HB, HI, JS, JX, SC, SH, TW, YN, ZJ; ★(AS): CN, KP, LA, MY, VN.

白花灯笼 **Clerodendrum fortunatum** Sessé et Moc. 【N, W/C】♣FLBG, GMG, GXIB, SCBG, XMBG, XTBG; ●FJ, GD, GX, JX, YN; ★(AS): CN, ID, IN, PH, VN.

泰国垂茉莉 **Clerodendrum garrettianum** Craib 【N, W/C】 ♣XTBG; ●YN; ★(AS): CN, LA, TH.

西垂茉莉 **Clerodendrum griffithianum** C. B. Clarke【N, W/C】♣WBG, XTBG; ●HB, YN; ★(AS): CN, ID, IN, MM.

海南赪桐 **Clerodendrum hainanense** Hand.-Mazz. 【N, W/C】 ♣SCBG, XTBG; ●GD, YN; ★(AS): CN.

南垂茉莉 **Clerodendrum henryi** C. Pei 【N, W/C】 ♣XTBG; ●YN; ★(AS): CN.

长管大青 **Clerodendrum indicum** (L.) Kuntze 【N, W/C】 ♣XTBG; ●YN; ★(AS): BT, CN, ID, IN, KH, LA, LK, MM, MY, NP, SG, TH, VN.

欠愉大青(人瘦木)**Clerodendrum infortunatum** L. 【I, C】 ♣GXIB; ●GX; ★(AS): ID, IN, LA, LK, NP, PH, VN.

赪桐(大将军、红花臭牡丹、华东臭茉莉、状元红) **Clerodendrum japonicum** (Thunb.) Sweet 【N, W/C】 ♣BBG, FBG, FLBG, GA, GMG, GXIB, HBG, KBG, NBG, SCBG, WBG, XLTBG, XMBG, XTBG; ●BJ, FJ, GD, GX, HB, HI, JS, JX, SC, YN, ZJ; ★(AS): BD, BT, CN, ID, IN, JP, LA, LK, MM, MY, NP, PH, VN; (OC): US-HW.

浙江大青 **Clerodendrum kaichianum** P. S. Hsu 【N, W/C】 ♣CBG, GXIB, HBG, LBG, ZAFU; ●GX, JX, SH, ZJ; ★(AS): CN.

江西大青 **Clerodendrum kiangsiense** Merr. ex H. L. Li 【N, W/C】 ♣XTBG; ●YN; ★(AS): CN.

广东大青 **Clerodendrum kwangtungense** Hand.-Mazz. 【N, W/C】 ♣GXIB, SCBG, XTBG; ●GD, GX, YN; ★(AS): CN.

尖齿臭茉莉 **Clerodendrum lindleyi** Decne. ex Planch. 【N, W/C】 ♣HBG, SCBG; ●GD, ZJ; ★(AS): CN, VN.

长叶大青 **Clerodendrum longilimbum** C. Pei 【N, W/C】 ♣XTBG; ●YN; ★(AS): CN, VN.

黄腺大青 **Clerodendrum luteopunctatum** C. Pei et S. L. Chen 【N, W/C】 ♣WBG; ●HB; ★(AS): CN.

海通 **Clerodendrum mandarinorum** Diels 【N, W/C】 ♣FBG, GA, GBG, GXIB, HBG, LBG, XTBG; ●FJ, GX, GZ, JX, YN, ZJ; ★(AS): CN, VN.

圆锥大青 **Clerodendrum paniculatum** L. 【N, W/C】 ♣TMNS, XTBG; ●GD, TW, YN; ★(AS): CN, ID, IN, KH, LA, LK, MM, MY, PH, SG, TH, VN.

九连灯 **Clerodendrum petasites** (Lour.) S. Moore 【I, C】 ♣HBG; ●ZJ; ★(AS): VN.

菲律宾桢桐 **Clerodendrum philippinense** Elmer 【I, C】 ♣LBG; ●JX; ★(AS): PH.

*博格桢桐 **Clerodendrum poggei** Gürke 【I, C】 ♣FBG, XMBG; ●FJ; ★(AF): CF, GA, TZ.

烟火树 **Clerodendrum quadriloculare** (Blanco) Merr.【I, C】♣BBG, CBG, FBG, TMNS, XMBG, XTBG; ●AH, BJ, FJ, GD, TW, YN; ★(AS): PH; (OC): PG.

三对节 **Clerodendrum serratum** (L.) Moon 【N,

W/C】♣GMG, GXIB, KBG, XTBG; ●GX, YN; ★(AS): BT, CN, ID, IN, LA, LK, MM, MY, NP, VN.

三台花 **Clerodendrum serratum** var. **amplexifolium** Moldenke 【N, W/C】♣BBG, KBG, XTBG; ●BJ, YN; ★(AS): CN.

草本三对节 **Clerodendrum serratum** var. **herbaceum** (Roxb. ex Schauer) C. Y. Wu 【N, W/C】♣XTBG; ●YN; ★(AS): CN.

美丽赪桐（爪哇桢桐）**Clerodendrum speciosissimum** Van Geert【I, C】♣FLBG, GXIB, XTBG; ●GD, GX, JX, YN; ★(AS): IN; (OC): PG.

红龙吐珠 **Clerodendrum splendens** G. Don【I, C】♣FBG, SCBG, WBG, XMBG, XTBG; ●FJ, GD, HB, YN; ★(AF): CF, CM, GA, GN, LR, NG.

抽莛大青 **Clerodendrum subscaposum** Hemsl.【N, W/C】♣WBG; ●HB; ★(AS): CN, ID, IN, VN.

龙吐珠 **Clerodendrum thomsoniae** Balf.f. 【I, C】♣BBG, CBG, CDBG, FBG, FLBG, GA, GMG, HBG, IBCAS, KBG, NBG, SCBG, TBG, WBG, XBG, XLTBG, XMBG, XTBG; ●BJ, FJ, GD, GX, HB, HI, JS, JX, SC, SH, SN, TW, YN, ZJ; ★(AF): CM, SN.

海州常山 **Clerodendrum trichotomum** Thunb.【N, W/C】♣BBG, CBG, CDBG, FBG, GBG, GXIB, HBG, IBCAS, KBG, LBG, NBG, SCBG, TDBG, TMNS, WBG, XBG, XMBG, ZAFU; ●BJ, FJ, GD, GX, GZ, HB, JS, JX, LN, SC, SH, SN, TW, XJ, YN, ZJ; ★(AS): CN, ID, IN, JP, KP, KR, PH.

绢毛大青 **Clerodendrum villosum** Blume 【N, W/C】♣XTBG; ●YN; ★(AS): CN, ID, IN, LA, MM, MY, PH, SG, TH, VN.

垂茉莉 **Clerodendrum wallichii** Merr. 【N, W/C】♣BBG, FBG, FLBG, GXIB, HBG, SCBG, XMBG, XTBG; ●BJ, FJ, GD, GX, JX, YN, ZJ; ★(AS): BT, CN, ID, IN, LK, MM, NP, SG, VN.

滇常山 **Clerodendrum yunnanense** Hu 【N, W/C】♣KBG, WBG; ●HB, YN; ★(AS): CN.

苦郎树属 Volkameria

苦郎树 **Volkameria inermis** L.【N, W/C】♣BBG, NBG, SCBG, TBG, TMNS, XMBG; ●BJ, FJ, GD, JS, TW; ★(AS): CN, ID, IN, JP, LK, MM, MY, PH, SG, VN; (OC): AU, FJ, PAF.

蜜蜂花属 Melissa

蜜蜂花 **Melissa axillaris** (Benth.) Bakh. f. 【N, W/C】♣GBG, WBG; ●GZ, HB, SC; ★(AS): BT, CN, ID, IN, KH, LA, LK, MM, MY, NP, TH, VN.

香蜂花 **Melissa officinalis** L.【I, C】♣CBG, HBG, IBCAS, NBG, WBG, XBG, XOIG; ●BJ, FJ, HB, JS, SH, SN, TW, ZJ; ★(AF): MA; (AS): CY, KG, RU-AS, TJ, TM, TR; (EU): AD, AL, AT, BA, BE, BG, BY, CH, CZ, DE, DK, ES, FI, FR, GB, GR, HR, HU, IS, IT, LU, MC, ME, MK, NL, NO, PL, PT, RO, RS, RU, SE, SI, SK, SM, UA, VA.

鼠尾草属 Salvia

超级鼠尾草 **Salvia × superba** Stapf【I, C】♣BBG, CBG, IBCAS; ●BJ, SH, TW; ★(EU): GB.

埃塞俄比亚鼠尾草 **Salvia aethiopis** L. 【I, C】♣CBG; ●SH; ★(AF): ET; (AS): TM, TR.

白鼠尾草 **Salvia apiana** Jeps.【I, C】♣CBG; ●SH; ★(NA): MX, US.

南丹参 **Salvia bowleyana** Dunn【N, W/C】♣CBG, FBG, GBG, HBG, LBG, SCBG, WBG, ZAFU; ●FJ, GD, GZ, HB, JX, SH, ZJ; ★(AS): CN.

*短柄鼠尾草 **Salvia brevipes** Benth.【I, C】♣CBG; ●SH; ★(SA): AR, BR.

长毛鼠尾草 **Salvia broussonetii** Benth. 【I, C】♣CBG; ●SH; ★(AS): CY; (EU): MC.

加那利鼠尾草 **Salvia canariensis** L.【I, C】♣CBG; ●SH; ★(AF): ES-CS.

银灰鼠尾草 **Salvia candidissima** Vahl 【I, C】♣CBG; ●BJ, SH; ★(AS): IQ, TR; (EU): AL, GR.

刺苞鼠尾草 **Salvia carduacea** Benth. 【I, C】♣CBG; ●SH; ★(NA): US.

粉红鼠尾草 **Salvia carnea** Kunth 【I, C】♣CBG; ●SH; ★(NA): BM, CR, GT, MX, PA; (SA): CO, EC.

贵州鼠尾草 **Salvia cavaleriei** H. Lév. 【N, W/C】♣CBG, GBG, GXIB, SCBG, WBG; ●GD, GX, GZ, HB, SC, SH; ★(AS): CN.

血盆草 **Salvia cavaleriei** var. **simplicifolia** E. Peter【N, W/C】♣CBG, GMG, WBG; ●GX, HB, SC, SH; ★(AS): CN.

华鼠尾草 **Salvia chinensis** Benth. 【N, W/C】♣FLBG, GA, GXIB, HBG, LBG, NBG, SCBG, WBG, ZAFU; ●GD, GX, HB, JS, JX, SC, YN, ZJ; ★(AS): CN.

*环状鼠尾草 **Salvia circinnata** Cav. 【I, C】 ●YN; ★(NA): MX.

朱唇 **Salvia coccinea** Juss. ex Murray 【I, C】♣CBG, FLBG, GMG, HBG, KBG, SCBG, TBG,

WBG, XMBG; ●BJ, FJ, GD, GX, HB, JX, SH, TW, YN, ZJ; ★(NA): BZ, DO, GT, HN, MX, NI, SV, US; (SA): AR, BO, BR, CO, EC, PY, VE.

深蓝鼠尾草 **Salvia coerulea** Benth.【I, C】♣FBG, XMBG; ●FJ, SC; ★(SA): AR, BR.

刺头鼠尾草 **Salvia columbariae** Benth.【I, C】♣CBG; ●SH, TW; ★(NA): MX, US.

紫花圆苞鼠尾草 **Salvia cyclostegia** var. **purpurascens** C. Y. Wu【N, W/C】♣KBG, SCBG; ●GD, YN; ★(AS): CN.

显唇鼠尾草 **Salvia darcyi** J. Compton【I, C】♣CBG; ●SH; ★(NA): MX.

新疆鼠尾草 **Salvia deserta** Schangin【N, W/C】♣SCBG, TDBG, XMBG; ●FJ, GD, XJ; ★(AS): CN, CY, KG, KZ, MN, RU-AS.

波叶鼠尾草 **Salvia desoleana** Atzei et V. Picci【I, C】♣CBG; ●SH; ★(EU): IT.

毛地黄鼠尾草 **Salvia digitaloides** Diels【N, W/C】♣SCBG; ●GD, YN; ★(AS): CN.

一支箭 **Salvia discolor** Sennen【I, C】★(SA): PE.

长花鼠尾草 **Salvia dolichantha** (Cory) Whitehouse【N, W/C】♣CBG; ●SH; ★(AS): CN.

小红花 **Salvia dugesii** Fernald【I, C】★(NA): MX.

斯太坡丹参 **Salvia dumetorum** Andrz. ex Besser【I, C】♣NBG; ●JS; ★(EU): PL, RO, RU.

雪山鼠尾草 **Salvia evansiana** Hand.-Mazz.【N, W/C】●YN; ★(AS): CN.

长柱鼠尾草 **Salvia exserta** Griseb.【I, C】♣CBG; ●SH; ★(SA): AR, BO.

蓝花鼠尾草（一串蓝）**Salvia farinacea** Benth.【I, C】♣BBG, CBG, FBG, HFBG, IBCAS, KBG, LBG, NBG, SCBG, WBG, XMBG; ●BJ, FJ, GD, HB, HL, JS, JX, LN, SH, TW, XJ, YN; ★(NA): GT, MX, SV, US.

蕨叶鼠尾草 **Salvia filicifolia** Merr.【N, W/C】♣SCBG; ●GD; ★(AS): CN.

斑花鼠尾草 **Salvia forskohlei** L.【I, C】♣CBG; ●SH; ★(AS): TR.

草莓状鼠尾草 **Salvia fragarioides** C. Y. Wu【N, W/C】♣XTBG; ●YN; ★(AS): CN.

墨西哥红花鼠尾草 **Salvia fulgens** Cav.【I, C】●TW; ★(NA): GT, MX.

胶质鼠尾草（黏毛鼠尾草）**Salvia glutinosa** L.【N, W/C】♣CBG, IBCAS; ●BJ, SH; ★(AS): AF, AM, AZ, BH, BT, CN, GE, IL, IN, IQ, IR, JO, KW, LB, LK, NP, PK, PS, QA, SA, SY, TR, YE; (EU): AD, AL, BA, BG, ES, GR, HR, IT, ME, MK, PT, RO, RS, SI, SM, VA.

大唇鼠尾草 **Salvia hians** Royle ex Benth.【I, C】♣CBG; ●SH; ★(SA): PE.

鼠尾草 **Salvia japonica** Thunb.【N, W/C】♣CBG, FBG, GA, GMG, HBG, LBG, WBG, ZAFU; ●FJ, GX, HB, JX, SH, ZJ; ★(AS): CN, JP, KR.

马其顿鼠尾草 **Salvia jurisicii** Košanin【I, C】♣CBG; ●SH; ★(EU): BA, HR, ME, MK, RS, SI.

关公须 **Salvia kiangsiensis** C. Y. Wu【N, W/C】♣GMG, SCBG; ●GD, GX; ★(AS): CN.

绵毛鼠尾草 **Salvia lanigera** Poir.【I, C】♣CBG; ●SH; ★(AF): DZ, EG, LY, MA; (AS): IR, SA, TR.

墨西哥鼠尾草 **Salvia leucantha** Cav.【I, C】♣XMBG; ●FJ; ★(NA): MX.

舌瓣鼠尾草 **Salvia liguliloba** Y. Z. Sun【N, W/C】♣CBG, HBG, ZAFU; ●SH, ZJ; ★(AS): CN.

琴叶鼠尾草 **Salvia lyrata** L.【I, C】♣BBG, CBG; ●BJ, SH, TW; ★(NA): US.

蜜腺鼠尾草 **Salvia mellifera** Greene【I, C】♣CBG; ●SH; ★(NA): MX, US.

凹脉鼠尾草 **Salvia microphylla** Kunth【I, C】★(NA): MX.

红花小叶鼠尾草 **Salvia microphylla** var. **neurepia** (Fernald) Epling【I, C】●TW; ★(NA): MX.

丹参 **Salvia miltiorrhiza** Bunge【N, W/C】♣BBG, CBG, FBG, FLBG, GA, GBG, GMG, GXIB, HBG, HFBG, IBCAS, LBG, NBG, SCBG, WBG, XBG, XMBG, ZAFU; ●BJ, FJ, GD, GX, GZ, HB, HL, JS, JX, SC, SH, SN, TW, ZJ; ★(AS): CN, JP.

疏花鼠尾草 **Salvia namaensis** Schinz【I, C】♣CBG; ●SH; ★(AF): ZA.

林地鼠尾草 **Salvia nemorosa** L.【I, C】♣BBG, CBG, IBCAS; ●BJ, SH, TW, YN; ★(AS): AM, AZ, BH, GE, IL, IQ, IR, JO, KW, LB, PS, QA, SA, SY, TR, YE; (EU): AT, CH, CZ, DE, HU, LI, PL, SK.

尼罗河鼠尾草 **Salvia nilotica** Murray【I, C】♣CBG; ●SH; ★(AF): BI, ET, MW, TZ, UG.

云生丹参 **Salvia nubicola** Wall. ex Sweet【N, W/C】♣IBCAS; ●BJ; ★(AS): AF, BT, CN, IN, NP, PK.

药鼠尾草 **Salvia officinalis** L.【I, C】♣CBG, HBG, IBCAS, LBG, NBG, SCBG, WBG, XMBG, ZAFU; ●BJ, FJ, GD, HB, JS, JX, SC, SH, TW, ZJ; ★(AF): DZ, EG, LY, MA, TN; (AS): LB, PS, SY, TR; (EU): AL, BA, ES, FR, GR, HR, IT, MC, ME,

MK, RS, SI.

西班牙鼠尾草 **Salvia officinalis** subsp. **lavandulifolia** (Vahl) Gams 【I, C】 ♣CBG; ●SH; ★(EU): ES.

龙胆鼠尾草 **Salvia patens** Cav. 【I, C】 ♣CBG; ●SH, TW; ★(NA): GT, MX.

荔枝草 **Salvia plebeia** R. Br. 【N, W/C】 ♣BBG, FBG, GMG, HBG, IBCAS, LBG, NBG, SCBG, XMBG, XTBG, ZAFU; ●BJ, FJ, GD, GX, JS, JX, SC, YN, ZJ; ★(AS): AF, BT, CN, ID, IN, JP, KP, KR, LA, LK, MM, MY, NP, PH, RU-AS, TH, VN; (OC): AU, PAF.

长冠鼠尾草 **Salvia plectranthoides** Griff. 【N, W/C】 ♣WBG; ●HB; ★(AS): BT, CN, ID, IN, LK.

草地鼠尾草 **Salvia pratensis** L. 【I, C】 ♣CBG, IBCAS; ●BJ, SH; ★(AF): DZ, EG, LY, MA, TN; (AS): AM, AZ, BH, GE, IL, IQ, IR, JO, KW, LB, PS, QA, SA, SY, TR, YE; (EU): AL, BA, ES, FR, GR, HR, IT, MC, ME, MK, RS, SI.

甘西鼠尾草 **Salvia przewalskii** Maxim. 【N, W/C】 ♣IBCAS, KBG, SCBG; ●BJ, GD, SC, YN; ★(AS): CN.

卵叶鼠尾草 **Salvia raymondii** J. R. I. Wood 【I, C】 ★(SA): BO.

*梅伦茨鼠尾草 **Salvia raymondii** subsp. **mairanae** J. R. I. Wood 【I, C】 ♣CBG; ●SH; ★(SA): BO.

长筒鼠尾草 **Salvia regla** Cav. 【I, C】 ♣CBG; ●SH; ★(NA): MX, US.

匐茎鼠尾草 **Salvia repens** Burch. ex Benth. 【I, C】 ♣CBG; ●SH; ★(AF): ZA.

猩红鼠尾草（雪松鼠尾草） **Salvia roemeriana** Scheele 【I, C】 ♣CBG; ●SH, TW; ★(NA): MX, US.

糙叶鼠尾草 **Salvia scabra** Thunb. 【I, C】 ♣CBG; ●SH; ★(AF): ZA.

地埂鼠尾草 **Salvia scapiformis** Hance 【N, W/C】 ♣SCBG; ●GD; ★(AS): CN, PH, VN.

南欧丹参 **Salvia sclarea** L. 【I, C】 ♣CBG, GXIB, HBG, IBCAS, NBG, XBG, XMBG; ●BJ, FJ, GX, JS, SH, SN, TW, ZJ; ★(AF): MA; (AS): KG, KZ, SA, TJ, TM, TR, UZ; (EU): AL, AT, BA, BG, BY, CZ, DE, ES, GR, HR, IT, LU, ME, MK, RO, RS, RU, SI, TR.

浙皖丹参 **Salvia sinica** Migo 【N, W/C】 ♣HBG; ●ZJ; ★(AS): CN.

大苞鼠尾草 **Salvia spathacea** Greene 【I, C】 ♣CBG; ●SH; ★(NA): US.

一串红 **Salvia splendens** Sellow ex Wied-Neuw. 【I, C】 ♣BBG, CBG, CDBG, FBG, FLBG, GA, GBG, GMG, GXIB, HBG, HFBG, IBCAS, KBG, LBG, NBG, NSBG, SCBG, TBG, TDBG, WBG, XBG, XLTBG, XMBG, XOIG, ZAFU; ●BJ, CQ, FJ, GD, GX, GZ, HB, HI, HL, JL, JS, JX, SC, SH, SN, TW, XJ, YN, ZJ; ★(SA): BR.

狭叶鼠尾草 **Salvia stenophylla** Burch. ex Benth. 【I, C】 ♣CBG; ●SH; ★(AF): ZA.

*秘鲁鼠尾草 **Salvia styphelos** Epling 【I, C】 ♣CBG; ●SH; ★(SA): PE.

圆叶鼠尾草 **Salvia subrotunda** A. St.-Hil. ex Benth. 【I, C】 ♣CBG; ●SH; ★(SA): AR, BR.

佛光草 **Salvia substolonifera** E. Peter 【N, W/C】 ♣HBG, WBG; ●HB, SC, ZJ; ★(AS): CN.

蒲公英鼠尾草 **Salvia taraxacifolia** Coss. et Balansa 【I, C】 ♣CBG; ●SH; ★(AF): MA.

椴叶鼠尾草 **Salvia tiliifolia** Vahl 【I, N】 ●YN; ★(NA): CR, GT, HN, MX, NI, SV; (SA): BO, CO, EC, PE, VE.

摩洛哥鼠尾草 **Salvia tingitana** Etl. 【I, C】 ♣CBG; ●SH; ★(AF): MA; (EU): ES, GB.

天蓝鼠尾草 **Salvia uliginosa** Benth. 【I, C】 ♣CBG, SCBG, ZAFU; ●GD, SC, SH, ZJ; ★(SA): AR, BR, UY.

冬鼠尾草 **Salvia verbenaca** L. 【I, C】 ♣CBG, IBCAS; ●BJ, SH; ★(AF): EG, MA; (AS): AM, AZ, CY, GE, IR, RU-AS, TR; (EU): AD, AL, BA, BG, ES, FR, GB, GR, HR, IT, MC, ME, MK, PT, RO, RS, SI, SM, UA, VA.

轮叶鼠尾草（轮生鼠尾草）**Salvia verticillata** L. 【I, C】 ♣BBG, IBCAS; ●BJ; ★(AS): AM, AZ, BH, GE, IL, IQ, IR, JO, KW, LB, PS, QA, RU-AS, SA, SY, TR, YE; (EU): AT, BE, CH, CZ, DE, FR, GB, HU, LI, LU, MC, NL, PL, SK.

彩苞鼠尾草 **Salvia viridis** L. 【I, C】 ♣CBG, IBCAS; ●BJ, SH, TW; ★(AF): MA; (AS): AZ, TR; (EU): AL, AT, BA, BG, ES, GR, HR, IT, LU, ME, MK, RS, RU, SI, TR.

云南鼠尾草 **Salvia yunnanensis** C. H. Wright 【N, W/C】 ♣GBG, GMG, KBG; ●GX, GZ, YN; ★(AS): CN.

迷迭香属 Rosmarinus

迷迭香 **Rosmarinus officinalis** L. 【I, C】 ♣BBG, CBG, FBG, IBCAS, KBG, NBG, SCBG, WBG, XMBG, XTBG, ZAFU; ●BJ, FJ, GD, HB, JS, SC, SH, TW, YN, ZJ; ★(AF): DZ, EG, LY, MA, TN; (AS): AM, AZ, BH, CY, GE, IL, IQ, IR, JO, KW,

LB, PS, QA, SA, SY, TR, YE; (EU): AL, BA, ES, FR, GR, HR, IT, MC, ME, MK, RS, SI.

分药花属 Perovskia

分药花 **Perovskia abrotanoides** Kar. 【N, W/C】 ●BJ; ★(AS): AF, CN, CY, KH, MN, PK, TJ, TM.

滨藜叶分药花 **Perovskia atriplicifolia** Benth. 【N, W/C】 ♣BBG, IBCAS; ●BJ, SH, TW; ★(AS): CN.

夏枯草属 Prunella

山菠菜 **Prunella asiatica** Nakai【N, W/C】♣CBG, LBG, NBG; ●JS, JX, SH; ★(AS): CN, JP, KP, KR, MN, RU-AS.

大花夏枯草 **Prunella grandiflora** (L.) Jacq. 【I, C】 ♣CBG, HBG, IBCAS, NBG; ●BJ, JS, SH, TW, ZJ; ★(EU): AL, AT, BA, BE, BG, CZ, DE, ES, GR, HR, HU, IT, LU, ME, MK, PL, RO, RS, RU, SI, TR.

硬毛夏枯草 **Prunella hispida** Benth. 【N, W/C】 ♣GA, NBG; ●JS, JX; ★(AS): CN, ID, IN.

夏枯草 **Prunella vulgaris** L. 【N, W/C】 ♣CBG, FBG, GA, GBG, GMG, GXIB, HBG, IBCAS, KBG, LBG, NBG, SCBG, TMNS, WBG, XBG, XMBG, XTBG, ZAFU; ●BJ, FJ, GD, GX, GZ, HB, JS, JX, SC, SH, SN, TW, YN, ZJ; ★(AF): DZ, EG, LY, MA, TN; (AS): BT, CN, CY, ID, IN, JP, KG, KH, KR, KZ, MM, MN, NP, PK, RU-AS, TJ, TM, TR, UZ, VN; (EU): AD, AL, AT, BA, BE, BG, BY, CH, CZ, DE, DK, ES, FI, FR, GB, GR, HR, HU, IS, IT, LU, MC, ME, MK, NL, NO, PL, PT, RO, RS, RU, SE, SI, SK, SM, UA, VA.

地笋属 Lycopus

小叶地笋 **Lycopus cavaleriei** H. Lév. 【N, W/C】 ♣ZAFU; ●ZJ; ★(AS): CN, JP, KP, RU-AS.

欧地笋 **Lycopus europaeus** L. 【N, W/C】 ♣CBG; ●SH; ★(AF): MA; (AS): CN, CY, JP, KG, KH, KZ, MN, RU-AS, TJ, TM, TR, UZ; (EU): AD, AL, AT, BA, BE, BG, BY, CH, CZ, DE, DK, ES, FI, FR, GB, GR, HR, HU, IS, IT, LU, MC, ME, MK, NL, NO, PL, PT, RO, RS, RU, SE, SI, SK, SM, UA, VA.

地笋 **Lycopus lucidus** Turcz. ex Benth. 【N, W/C】 ♣GBG, HFBG, KBG, LBG, NBG, SCBG, TMNS, WBG, XMBG; ●FJ, GD, GZ, HB, HL, JS, JX, SC, TW, YN, ZJ; ★(AS): CN, JP, KR, MN, RU-AS.

硬毛地笋 **Lycopus lucidus** var. **hirtus** Regel 【N, W/C】 ♣GMG, GXIB, HBG, IBCAS, LBG, XBG, XMBG, ZAFU; ●BJ, FJ, GX, JX, SN, ZJ; ★(AS): CN, JP.

荆芥属 Nepeta

法氏荆芥 **Nepeta × faassenii** Bergmans ex Stearn 【I, C】 ♣BBG, IBCAS; ●BJ, YN; ★(EU): GB.

荆芥 **Nepeta cataria** L.【N, W/C】♣IBCAS, KBG, LBG, NBG, XBG; ●BJ, JS, JX, SN, TW, YN; ★(AF): MA; (AS): AF, CN, GE, JP, KR, MN, NP, RU-AS, TR; (EU): AL, AT, BA, BE, BG, BY, CZ, DE, ES, FI, GB, GR, HR, HU, IT, LU, ME, MK, NL, NO, PL, RO, RS, RU, SI.

藏荆芥 **Nepeta hemsleyana** Oliv. ex Prain 【N, W/C】 ♣BBG, IBCAS, NBG; ●BJ, JS, TW; ★(AS): CN.

穗花荆芥 **Nepeta laevigata** (D. Don) Hand.-Mazz. 【N, W/C】 ♣SCBG; ●GD; ★(AS): AF, CN, IN, NP.

直齿荆芥 **Nepeta nuda** L. 【N, W/C】 ♣NBG; ●JS; ★(AS): CN, CY, GE, KG, KZ, MN, RU-AS, TJ, TR; (EU): AL, AT, BA, BG, CZ, ES, GR, HR, HU, IT, ME, MK, PL, RO, RS, RU, SI.

总花猫薄荷 **Nepeta racemosa** Lam. 【I, C】 ♣BBG, CBG, HBG; ●BJ, SH, YN, ZJ; ★(AS): AZ, TR.

无柄荆芥 **Nepeta sessilis** C. Y. Wu et S. J. Hsuan 【N, W/C】 ●BJ; ★(AS): CN.

柠檬荆芥 **Nepeta supina** subsp. **buschii** (Sosn. et Manden.) Menitsky 【I, C】 ♣IBCAS; ●BJ; ★(AS): AM.

球茎假荆芥 **Nepeta tuberosa** L. 【I, C】 ♣NBG; ●JS; ★(AF): MA; (EU): ES, LU, NL, SE, SI.

裂叶荆芥属 Schizonepeta

小裂叶荆芥 **Schizonepeta annua** (Pall.) Schischk. 【N, W/C】 ♣TDBG; ●XJ; ★(AS): CN, MN.

多裂叶荆芥 **Schizonepeta multifida** Briq. 【N, W/C】 ♣IBCAS; ●BJ, GS; ★(AS): CN, MN, RU-AS.

裂叶荆芥 **Schizonepeta tenuifolia** Briq. 【N, W/C】 ♣BBG, FBG, FLBG, GMG, GXIB, HBG, IBCAS, LBG, WBG, XBG, XMBG; ●BJ, FJ, GD, GS, GX, HB, JX, SN, ZJ; ★(AS): CN, KP, KR.

青兰属 Dracocephalum

大花毛建草 **Dracocephalum grandiflorum** L. 【N,

W/C】 ♣BBG; ●BJ; ★(AS): CN, KG, KZ, MN, RU-AS, TJ.

白花枝子花 **Dracocephalum heterophyllum** Benth. 【N, W/C】 ♣XBG; ●SN; ★(AS): BT, CN, IN, LK, MN, NP, RU-AS.

香青兰 **Dracocephalum moldavica** L. 【N, W/C】 ♣HBG, IBCAS, XBG, ZAFU; ●BJ, SN, ZJ; ★(AS): CN, CY, ID, IN, KH, MN, RU-AS, TJ, TM; (EU): PL, RO, RU.

毛建草 **Dracocephalum rupestre** Hance 【N, W/C】 ♣IBCAS; ●BJ, LN; ★(AS): CN, KR, MN.

神香草属 Hyssopus

硬尖神香草 **Hyssopus cuspidatus** Boriss. 【N, W/C】 ♣HFBG; ●HL; ★(AS): CN, CY, KZ, MN, RU-AS.

神香草 **Hyssopus officinalis** L. 【I, C】 ♣BBG, CBG, HBG, IBCAS, NBG; ●BJ, JS, SH, TW, YN, ZJ; ★(EU): AL, AT, BA, BE, BG, CZ, DE, ES, HR, HU, IT, ME, MK, NL, PL, RS, RU, SI.

硬尖海索草 **Hyssopus seravschanicus** (Dubj.) Pazij 【I, C】 ♣IBCAS; ●BJ; ★(AS): AF, KZ, PK, TJ.

藿香属 Agastache

橙黄藿香 **Agastache aurantiaca** (A. Gray) Lint et Epling 【I, C】 ♣CBG; ●SH, TW; ★(NA): MX.

茴藿香 **Agastache foeniculum** (Pursh) Kuntze 【I, C】 ♣CBG, IBCAS, WBG; ●BJ, HB, SH, TW; ★(NA): CA, US.

墨西哥藿香 **Agastache mexicana** Linton et Epling 【I, C】 ♣CBG, IBCAS; ●BJ, SH; ★(NA): MX.

荆芥状藿香 **Agastache nepetoides** (L.) Kuntze 【I, C】 ♣CBG; ●SH; ★(NA): CA, US.

*苍白藿香 **Agastache pallida** (Lindl.) Cory 【I, C】 ●BJ; ★(NA): MX, US.

藿香 **Agastache rugosa** (Fisch. et C. A. Mey.) Kuntze 【N, W/C】 ♣BBG, CBG, CDBG, FBG, GA, GBG, GMG, GXIB, HBG, HFBG, IBCAS, KBG, LBG, NBG, SCBG, WBG, XBG, XMBG, XTBG; ●BJ, FJ, GD, GX, GZ, HB, HL, JS, JX, SC, SH, SN, TW, YN, ZJ; ★(AS): CN, JP, KP, KR, LA, MN, RU-AS, VN.

岩生藿香 **Agastache rupestris** (Greene) Standl. 【I, C】 ♣BBG, CBG; ●BJ, SH; ★(NA): US.

龙头草属 Meehania

华西龙头草 **Meehania fargesii** (H. Lév.) C. Y. Wu 【N, W/C】 ♣LBG, WBG; ●HB, JX; ★(AS): CN, RU-AS.

梗花华西龙头草 **Meehania fargesii** var. **pedunculata** (Hemsl.) C. Y. Wu 【N, W/C】 ♣WBG; ●HB; ★(AS): CN.

走茎华西龙头草 **Meehania fargesii** var. **radicans** (Vaniot) C. Y. Wu 【N, W/C】 ♣HBG, LBG, WBG; ●HB, JX, ZJ; ★(AS): CN.

荨麻叶龙头草 **Meehania urticifolia** (Miq.) Makino 【N, W/C】 ♣NBG, WBG, XMBG; ●FJ, HB, JS, TW, ZJ; ★(AS): CN, JP, KP, KR, MN, RU-AS.

活血丹属 Glechoma

狭萼白透骨消 **Glechoma biondiana** var. **angustituba** C. Y. Wu et C. Chen 【N, W/C】 ♣WBG; ●HB; ★(AS): CN.

日本活血丹 **Glechoma grandis** (A. Gray) Kuprian. 【I, N】 ★(AS): JP.

欧活血丹 **Glechoma hederacea** L. 【I, C】 ♣XMBG, ZAFU; ●BJ, FJ, SC, ZJ; ★(AS): CY; (EU): AD, AL, AT, BA, BE, BG, BY, CH, CZ, DE, DK, ES, FI, FR, GB, GR, HR, HU, IS, IT, LU, MC, ME, MK, NL, NO, PL, PT, RO, RS, RU, SE, SI, SK, SM, UA, VA.

活血丹 **Glechoma longituba** (Nakai) Kuprian. 【N, W/C】 ♣CBG, FBG, GA, GBG, GMG, GXIB, HBG, HFBG, KBG, LBG, NBG, SCBG, WBG, XBG, XLTBG, XMBG, XTBG, ZAFU; ●BJ, FJ, GD, GX, GZ, HB, HI, HL, JS, JX, LN, SC, SH, SN, YN, ZJ; ★(AS): CN, KP, MN, RU-AS, VN.

姜味草属 Micromeria

姜味草 **Micromeria biflora** (Buch.-Ham. ex D. Don) Benth. 【N, W/C】 ♣WBG; ●HB; ★(AS): AF, BT, CN, ID, IN, LK, NP, YE.

欧风轮属 Satureja

园圃塔花 **Satureja hortensis** L. 【I, C】 ♣FBG, SCBG, XMBG; ●FJ, GD, TW; ★(AS): GE, RU-AS, TR; (EU): AL, BA, BG, DE, ES, FR, GR, HR, HU, IT, ME, MK, PL, RO, RS, SI.

冬塔花（欧香料）**Satureja montana** L. 【I, C】 ♣IBCAS; ●BJ, TW, YN; ★(EU): AL, BA, BG, DE, ES, GR, HR, IT, ME, MK, RO, RS, RU, SI, TR.

头花百里香属 Thymbra

头花百里香 **Thymbra capitata** (L.) Cav. 【I, C】 ♣IBCAS; ●BJ; ★(AF): DZ, EG, MA; (AS): TR; (EU): ES, IT.

牛至属 Origanum

红花牛至 **Origanum laevigatum** Boiss. 【I, C】 ♣BBG; ●BJ; ★(AS): TR.

甘牛至 **Origanum majorana** L. 【I, C】 ♣BBG, HBG, IBCAS, NBG, WBG; ●BJ, HB, JS, TW, ZJ; ★(AF): EG, MA; (EU): BA, ES, HR, IT, ME, MK, NL, RS, SI.

牛至 **Origanum vulgare** L. 【N, W/C】 ♣BBG, FBG, GBG, HBG, IBCAS, LBG, NBG, TDBG, WBG, XBG, XTBG; ●BJ, FJ, GZ, HB, JS, JX, SN, TW, XJ, YN, ZJ; ★(AF): MA; (AS): BT, CN, CY, GE, IN, KG, KZ, LK, MM, MN, NP, RU-AS, TR; (EU): AL, BA, BE, BY, ES, FR, GR, HR, IT, MC, ME, MK, RS, SI.

百里香属 Thymus

冠毛百里香 **Thymus comosus** Heuff. ex Griseb. et Schenk 【I, C】 ♣NBG; ●JS; ★(EU): RO.

兴安百里香 **Thymus dahuricus** Serg. 【N, W/C】 ♣HFBG; ●HL; ★(AS): CN, MN, RU-AS.

柯氏百里香（兴安百里香）**Thymus komarovii** Serg. 【I, C】 ★(AS): MN, RU-AS.

线叶百里香 **Thymus linearis** Benth. 【I, C】 ★(AS): IN, NP, PK.

白花线叶百里香 **Thymus linearis** var. **album** (B. Ghosh et U. C. Bhattach.) H. B. Naithani 【I, C】 ●YN; ★(AS): IN, NP, PK.

长叶百里香 **Thymus longicaulis** C. Presl 【I, C】 ♣IBCAS; ●BJ; ★(AS): GE, NP, TR; (EU): AL, AT, BA, BG, DE, GR, HR, HU, IT, ME, MK, RO, RS, SI, TR.

短节百里香 **Thymus mandschuricus** Ronning 【N, W/C】 ♣HFBG; ●HL; ★(AS): CN.

异株百里香 **Thymus marschallianus** Willd. 【N, W/C】 ♣IBCAS; ●BJ; ★(AS): CN, CY, KG, KZ, MN, RU-AS; (EU): FR, IT.

乳香色百里香 **Thymus mastichina** (L.) L. 【I, C】 ♣BBG, IBCAS; ●BJ; ★(EU): AT, ES, GB, LU, NL.

百里香 **Thymus mongolicus** Klokov 【N, W/C】 ♣BBG, FBG, HBG, IBCAS, NBG, WBG, XBG; ●BJ, FJ, HB, JS, LN, SN, TW, ZJ; ★(AS): CN, MN, RU-AS.

显脉百里香 **Thymus nervulosus** Klokov 【N, W/C】 ♣HFBG; ●HL; ★(AS): CN, MN, RU-AS.

无毛百里香 **Thymus odoratissimus** Mill. 【I, C】 ♣IBCAS; ●BJ; ★(EU): FR.

早花百里香 **Thymus praecox** Opiz 【I, C】 ★(EU): FR.

假绵毛百里香 **Thymus praecox** subsp. **ligusticus** (Briq.) Paiva et Salgueiro 【I, C】 ●YN; ★(EU): FR.

宽叶百里香 **Thymus pulegioides** L. 【I, C】 ♣IBCAS; ●BJ, TW; ★(EU): DE, FR.

地椒 **Thymus quinquecostatus** Celak. 【N, W/C】 ♣SCBG; ●GD; ★(AS): CN, JP, KP, KR, MN, RU-AS.

展毛地椒 **Thymus quinquecostatus** var. **przewalskii** (Kom.) Ronniger 【N, W/C】 ♣HFBG; ●HL; ★(AS): CN, KP, KR.

亚洲百里香 **Thymus serpyllum** L. 【I, C】 ♣BBG, CBG, NBG, ZAFU; ●BJ, JS, SH, TW, YN, ZJ; ★(AF): MA; (AS): GE, MN, TR; (EU): AT, BE, CZ, DE, FI, GB, HU, IS, NL, NO, PL, RO, RU.

普通百里香 **Thymus vulgaris** L. 【I, C】 ♣CBG, IBCAS, XMBG; ●BJ, FJ, SH, TW; ★(AF): MA; (EU): AD, AL, BA, BG, ES, FR, GR, HR, IT, ME, MK, PT, RO, RS, SI, SM, VA.

薄荷属 Mentha

甜薄荷 **Mentha × maximilianea** F. W. Schultz 【I, C】 ♣NBG; ●JS; ★(EU): FR.

辣薄荷（柠檬留兰香）**Mentha × piperita** L. 【I, C】 ♣BBG, FBG, HBG, IBCAS, NBG, XBG, XMBG, XTBG, ZAFU; ●BJ, FJ, GD, JS, SN, TW, YN, ZJ; ★(AF): EG; (AS): AM, AZ, BH, CY, GE, IL, IQ, IR, JO, KG, KW, LB, PS, QA, SA, SY, TM, TR, YE; (EU): AD, AL, AT, BA, BE, BG, BY, CH, CZ, DE, DK, ES, FI, FR, GB, GR, HR, HU, IS, IT, LU, MC, ME, MK, NL, NO, PL, PT, RO, RS, RU, SE, SI, SK, SM, UA, VA.

圆叶薄荷 **Mentha × rotundifolia** (L.) Huds. 【I, C】 ★(EU): AL, AT, CH, ES, FR, GB.

水薄荷 **Mentha aquatica** L. 【I, C】 ♣IBCAS; ●BJ, JS; ★(AF): EG, MA; (AS): AM, AZ, BH, CY, GE, IL, IQ, IR, JO, KW, LB, PS, QA, RU-AS, SA, SY, TR, YE; (EU): AD, AL, AT, BA, BE, BG, BY, CH, CZ, DE, DK, ES, FI, FR, GB, GR, HR, HU, IS, IT, LU, MC, ME, MK, NL, NO, PL, PT, RO,

RS, RU, SE, SI, SK, SM, UA, VA.

田野薄荷 **Mentha arvensis** L. 【I, C】 ♣GMG, GXIB, IBCAS, LBG, SCBG, XLTBG; ●BJ, GD, GX, HI, JS, JX; ★(AF): AO, CV, MA; (AS): CY, ID, KG, KZ, LA, MM, NP, RU-AS, TJ, TM, TR, UZ, VN; (EU): AT, BE, BY, CH, CZ, DE, DK, ES, FI, FR, GB, HR, HU, IS, IT, LU, MC, NL, NO, PL, PT, RU, SE, SK, UA; (NA): CA, US.

假薄荷 **Mentha asiatica** Boriss.【N, W/C】♣NBG, TDBG; ●XJ; ★(AS): CN, CY, KG, KH, KZ, RU-AS, TJ, TM, UZ.

薄荷 **Mentha canadensis** L. 【N, W/C】 ♣BBG, CBG, FBG, FLBG, GA, GBG, GMG, GXIB, HBG, IBCAS, KBG, LBG, NBG, SCBG, TDBG, TMNS, WBG, XBG, XMBG, XOIG, XTBG, ZAFU; ●BJ, FJ, GD, GX, GZ, HB, JS, JX, SC, SH, SN, TW, XJ, YN, ZJ; ★(AS): CN, JP, KH, KP, LA, MM, MN, MY, RU-AS, TH, VN; (NA): CA, MX, US.

*北美留兰香 **Mentha cardiaca** J. Gerard ex Baker 【I, C】 ♣IBCAS; ●BJ; ★(NA): CA, US.

皱叶留兰香 **Mentha crispata** Schrad. ex Willd. 【I, C】 ♣KBG, LBG, NBG, ZAFU; ●BJ, JS, JX, YN, ZJ; ★(AS): CY; (EU): AD, AL, AT, BA, BE, BG, BY, CH, CZ, DE, DK, ES, FI, FR, GB, GR, HR, HU, IS, IT, LU, MC, ME, MK, NL, NO, PL, PT, RO, RS, RU, SE, SI, SK, SM, UA, VA.

香薄荷 **Mentha gentilis** L.【I, C】♣NBG; ●JS; ★(EU): AT, BA, BE, CZ, DE, ES, FI, GB, HR, HU, IT, LU, MC, ME, MK, NL, NO, PL, RO, RS, RU, SI.

日本薄荷 **Mentha japonica** (Miq.) Makino 【I, C】 ★(AS): JP.

欧薄荷 **Mentha longifolia** (L.) L. 【N, W/C】 ♣BBG, CBG, LBG, NBG; ●BJ, JS, JX, SH; ★(AF): CV, EG, MA; (AS): BT, CN, CY, GE, IN, KG, KZ, LK, MM, MN, NP, RU-AS, TJ, TM, TR, UZ; (EU): AL, AT, BA, BE, BG, CZ, ES, GR, HR, HU, IT, LU, MC, ME, MK, PL, RO, RS, RU, SI, TR.

唇萼薄荷 **Mentha pulegium** L.【I, C】♣NBG; ●BJ, JS, TW; ★(AF): DZ, EG, LY, MA, TN; (AS): AM, AZ, BH, CY, GE, IL, IQ, IR, JO, KW, LB, PS, QA, SA, SY, TJ, TM, TR, YE; (EU): DE, FI, FR, IS, NO, RS, RU.

东北薄荷 **Mentha sachalinensis** (Briq.) Kudô 【N, W/C】 ♣HBG, NBG, XBG, XTBG; ●JS, SN, TW, YN, ZJ; ★(AS): CN, JP, RU-AS, VN.

留兰香 **Mentha spicata** L. 【I, C】 ♣BBG, FBG, GBG, GMG, HBG, IBCAS, LBG, NBG, WBG, XBG, XLTBG, XMBG, XOIG; ●BJ, FJ, GD, GX, GZ, HB, HI, JS, JX, SN, TW, ZJ; ★(AF): EG, MA; (AS): AM, AZ, BH, BT, CY, GE, IL, IN, IQ, IR, JO, KH, KW, LA, LB, LK, MM, NP, PS, QA, SA, SY, TM, TR, YE; (EU): AD, AL, AT, BA, BE, BG, BY, CH, CZ, DE, DK, ES, FI, FR, GB, GR, HR, HU, IS, IT, LU, MC, ME, MK, NL, NO, PL, PT, RO, RS, RU, SE, SI, SK, SM, UA, VA.

波叶薄荷 **Mentha spicata** var. **undulata** (Willd.) Lebeau 【I, C】 ♣NBG; ●JS; ★(AF): MA; (EU): FR, GB, HU, NO.

苹果薄荷(圆叶薄荷) **Mentha suaveolens** Ehrh. 【I, C】 ♣BBG, CBG, IBCAS, NBG, WBG, ZAFU; ●BJ, HB, JS, SH, ZJ; ★(AF): DZ, EG, LY, MA, TN; (AS): LB, PS, SY, TR; (EU): AD, AL, BA, BE, BG, ES, FR, GB, GR, HR, IT, LU, MC, ME, MK, NL, PT, RO, RS, SI, SM, VA.

灰薄荷 **Mentha vagans** Boriss. 【N, W/C】 ♣NBG; ●JS; ★(AS): CN, TJ, TM.

风轮菜属 Clinopodium

风轮菜 **Clinopodium chinense** (Benth.) Kuntze 【N, W/C】 ♣BBG, FBG, GA, GBG, GMG, GXIB, HBG, LBG, NBG, NSBG, SCBG, XMBG, ZAFU; ●BJ, CQ, FJ, GD, GX, GZ, JS, JX, ZJ; ★(AS): CN, JP, KR, MN, RU-AS, VN.

邻近风轮菜 **Clinopodium confine** (Hance) Kuntze 【N, W/C】 ♣HBG, ZAFU; ●ZJ; ★(AS): CN, ID, IN, JP, VN.

细风轮菜 **Clinopodium gracile** (Benth.) Kuntze 【N, W/C】 ♣FBG, GA, GBG, GMG, HBG, LBG, SCBG, TBG, XMBG, XTBG, ZAFU; ●FJ, GD, GX, GZ, JX, SC, TW, YN, ZJ; ★(AS): CN, ID, IN, JP, KR, LA, MM, MY, RU-AS, TH, VN.

大花新风轮菜 **Clinopodium grandiflorum** (L.) Kuntze 【I, C】 ♣BBG; ●BJ; ★(AF): MA; (AS): TR; (EU): ES, FR, GB, IT.

林生新风轮菜 **Clinopodium menthifolium** (Host) Stace 【I, C】 ♣BBG; ●BJ; ★(AF): MA; (AS): CY, TR; (EU): ES, FR, GB, IT, MC.

新风轮菜 **Clinopodium nepeta** (L.) Kuntze 【I, C】 ♣BBG, CBG, NBG; ●BJ, JS, SH; ★(AS): TR; (EU): MT.

灯笼草 **Clinopodium polycephalum** (Vaniot) C. Y. Wu et S. J. Hsuan 【N, W/C】♣HBG; ●FJ, ZJ; ★(AS): CN.

多头风轮菜 **Clinopodium umbrosum** (M. Bieb.) Kuntze【N, W/C】♣TBG; ●SC, TW; ★(AS): AF, BT, CN, GE, IN, MM, NP, PK, TR.

欧洲风轮菜 **Clinopodium vulgare** L. 【I, N】 ●JS; ★(AF): MA; (AS): RU-AS, TR; (OC): AU, NZ; (EU): MC.

新塔花属 Ziziphora

芳香新塔花（小叶薄荷）**Ziziphora clinopodioides** Lam. 【I, C】 ★(AS): AM, IR, RU-AS, TM, TR.

美国薄荷属 Monarda

橘香美国薄荷（橘香薄荷）**Monarda citriodora** Cerv. ex Lag. 【I, C】 ♣IBCAS, NBG; ●BJ, JS, TW; ★(NA): MX, US.

柔叶美国薄荷（柔叶薄荷）**Monarda clinopodia** L. 【I, C】 ♣IBCAS, NBG; ●BJ, JS; ★(NA): US.

美国薄荷 **Monarda didyma** L. 【I, C】 ♣BBG, CBG, HFBG, IBCAS, LBG, NBG, SCBG, WBG; ●BJ, GD, HB, HL, JS, JX, LN, SC, SH, TW; ★(NA): CA, US.

拟美国薄荷 **Monarda fistulosa** L. 【I, C】 ♣CBG, IBCAS, LBG, NBG, WBG; ●BJ, HB, JS, JX, SH, TW; ★(NA): CA, US.

*中间美国薄荷 **Monarda media** Willd. 【I, C】 ♣NBG; ●JS; ★(NA): CA, US.

斑点美国薄荷 **Monarda punctata** L. 【I, C】 ♣CBG, IBCAS, NBG; ●BJ, JS, SH, TW; ★(NA): CA, MX, US.

马香草属 Collinsonia

日本马香草（日本香简草）**Collinsonia japonica** (Miq.) Harley 【I, C】 ♣IBCAS; ●BJ; ★(AS): JP.

香简草属 Keiskea

香薷状香简草 **Keiskea elsholtzioides** Merr. 【N, W/C】 ♣GA, HBG, LBG, WBG; ●HB, JX, SC, ZJ; ★(AS): CN.

香薷属 Elsholtzia

紫花香薷 **Elsholtzia argyi** H. Lév. 【N, W/C】 ♣FLBG, GA, HBG, LBG, WBG, ZAFU; ●GD, HB, JX, ZJ; ★(AS): CN, JP, VN.

四方蒿 **Elsholtzia blanda** (Benth.) Benth. 【N, W/C】 ♣GXIB, KBG, XTBG; ●GX, YN; ★(AS): BT, CN, ID, IN, LA, LK, MM, NP, TH, VN.

东紫苏 **Elsholtzia bodinieri** Vaniot 【N, W/C】 ♣KBG; ●YN; ★(AS): CN.

香薷 **Elsholtzia ciliata** (Thunb.) Hyl. 【N, W/C】 ♣BBG, FLBG, GA, GBG, HBG, LBG, NBG, WBG, XBG, XMBG, XTBG; ●BJ, FJ, GD, GZ, HB, JS, JX, SC, SN, YN, ZJ; ★(AS): BT, CN, GE, ID, IN, JP, KH, KR, LA, LK, MM, MN, MY, NP, RU-AS, TH, VN; (EU): BA, CZ, DE, HR, ME, MK, PL, RO, RS, RU, SI, TR.

吉龙草 **Elsholtzia communis** (Collett et Hemsl.) Diels 【I, C】 ♣XTBG; ●YN; ★(AS): MM, TH.

野草香 **Elsholtzia cyprianii** (Pavol.) C. Y. Wu et S. Chow 【N, W/C】 ♣LBG, WBG, XTBG; ●HB, JX, SC, YN; ★(AS): CN, CY, IN, NP, RU-AS, VN; (EU): AD, AL, AT, BA, BE, BG, BY, CH, CZ, DE, DK, ES, FI, FR, GB, GR, HR, HU, IS, IT, LU, MC, ME, MK, NL, NO, PL, PT, RO, RS, RU, SE, SI, SK, SM, UA, VA.

密花香薷 **Elsholtzia densa** Benth. 【N, W/C】 ♣TDBG, WBG; ●HB, XJ; ★(AS): AF, BT, CN, CY, ID, IN, LK, MN, NP, PK, RU-AS, TJ.

黄花香薷 **Elsholtzia flava** (Benth.) Benth. 【N, W/C】 ♣HBG, KBG, WBG, XTBG; ●HB, YN, ZJ; ★(AS): BT, CN, ID, IN, LK, NP.

鸡骨柴 **Elsholtzia fruticosa** (D. Don) Rehder 【N, W/C】 ♣IBCAS, KBG, SCBG, WBG, XTBG; ●BJ, GD, HB, YN; ★(AS): BT, CN, ID, IN, LK, MM, NP.

异叶香薷 **Elsholtzia heterophylla** Diels 【N, W/C】 ♣XTBG; ●YN; ★(AS): CN, MM.

水香薷 **Elsholtzia kachinensis** Prain 【N, W/C】 ♣XTBG; ●YN; ★(AS): CN, MM.

紫香薷 **Elsholtzia longidentata** Sunined. 【N, W/C】 ♣HBG; ●ZJ; ★(AS): CN.

大黄药 **Elsholtzia penduliflora** W. W. Sm. 【N, W/C】 ♣XTBG; ●YN; ★(AS): CN, VN.

野拔子 **Elsholtzia rugulosa** Hemsl. 【N, W/C】 ♣XTBG; ●YN; ★(AS): CN, MM, VN.

海州香薷 **Elsholtzia splendens** Nakai ex F. Maek. 【N, W/C】 ♣GA, LBG, NBG, SCBG; ●GD, JS, JX; ★(AS): CN, KP, KR, MN.

穗状香薷 **Elsholtzia stachyodes** (Link) C. Y. Wu 【N, W/C】 ♣XTBG; ●YN; ★(AS): BT, CN, ID, IN, LK, MM, NP.

木香薷 **Elsholtzia stauntonii** Benth. 【N, W/C】 ♣BBG, CBG, IBCAS, TDBG; ●BJ, SH, TW, XJ; ★(AS): CN.

白香薷 **Elsholtzia winitiana** Craib 【N, W/C】 ♣XTBG; ●YN; ★(AS): CN, TH, VN.

紫苏属 Perilla

紫苏 **Perilla frutescens** (L.) Britton 【N, W/C】 ♣BBG, CDBG, FBG, GBG, GMG, GXIB, HBG, HFBG, IBCAS, KBG, LBG, NBG, NSBG, SCBG, WBG, XBG, XLTBG, XMBG, XTBG, ZAFU; ●AH, BJ, CQ, FJ, GD, GS, GX, GZ, HB, HE, HI, HL, HN, JL, JS, JX, LN, NM, NX, QH, SC, SH, SN, TW, YN, ZJ; ★(AS): BT, CN, ID, IN, JP, KH, KR, LA, MM, NP, SG, VN.

回回苏 **Perilla frutescens** var. **crispa** (Thunb.) Hand.-Mazz. 【N, W/C】 ♣GA, GMG, GXIB, HBG, IBCAS, LBG, SCBG, WBG, XBG, XMBG, ZAFU; ●BJ, FJ, GD, GX, GZ, HB, JX, SC, SN, TW, ZJ; ★(AS): CN, JP.

野生紫苏 **Perilla frutescens** var. **purpurascens** (Hayata) H. W. Li 【N, W/C】 ♣GA, GBG, GMG, HBG, LBG, TBG, WBG, ZAFU; ●GX, GZ, HB, JX, SC, TW, ZJ; ★(AS): CN, JP.

石荠苎属 Mosla

小花荠苎 **Mosla cavaleriei** H. Lév. 【N, W/C】 ♣LBG, SCBG, XTBG; ●GD, JX, YN; ★(AS): CN, VN.

石香薷 **Mosla chinensis** Maxim. 【N, W/C】 ♣CBG, FBG, GA, GMG, HBG, LBG, NBG, SCBG, XMBG, ZAFU; ●FJ, GD, GX, JS, JX, SH, ZJ; ★(AS): CN, JP, KR, VN.

小鱼仙草 **Mosla dianthera** (Buch.-Ham. ex Roxb.) Maxim. 【N, W/C】 ♣GA, GBG, HBG, LBG, SCBG, XMBG, ZAFU; ●FJ, GD, GZ, JX, ZJ; ★(AS): BT, CN, ID, IN, JP, KR, LK, MM, MN, MY, NP, PH, PK, RU-AS, VN.

杭州石荠苎 **Mosla hangchouensis** Matsuda 【N, W/C】 ♣HBG, IBCAS; ●BJ, ZJ; ★(AS): CN.

长苞荠苎 **Mosla longibracteata** (C. Y. Wu et S. J. Hsuan) C. Y. Wu et H. W. Li 【N, W/C】 ♣LBG; ●JX; ★(AS): CN.

少花荠苎 **Mosla pauciflora** (C. Y. Wu) C. Y. Wu et H. W. Li 【N, W/C】 ♣IBCAS; ●BJ; ★(AS): CN.

石荠苎 **Mosla scabra** (Thunb.) C. Y. Wu et H. W. Li 【N, W/C】 ♣CBG, FBG, GA, GMG, HBG, LBG, SCBG, TMNS, WBG, XMBG, ZAFU; ●FJ, GD, GX, HB, JX, SH, TW, ZJ; ★(AS): CN, JP, VN.

苏州荠苎 **Mosla soochouensis** Matsuda 【N, W/C】 ♣HBG, IBCAS, ZAFU; ●BJ, ZJ; ★(AS): CN.

筒冠花属 Siphocranion

光柄筒冠花 **Siphocranion nudipes** (Hemsl.) Kudô 【N, W/C】 ♣SCBG, WBG; ●GD, HB, SC; ★(AS): CN.

薰衣草属 Lavandula

中间薰衣草 **Lavandula × intermedia** Emeric ex Loisel. 【I, C】 ♣CBG; ●SH, TW; ★(AF): MA.

薰衣草 **Lavandula angustifolia** Mill. 【I, C】 ♣BBG, CBG, FBG, GBG, HBG, HFBG, IBCAS, KBG, LBG, NBG, SCBG, TDBG, WBG, XBG, XLTBG, XMBG, XOIG, ZAFU; ●BJ, FJ, GD, GZ, HB, HI, HL, JS, JX, SH, SN, TW, XJ, YN, ZJ; ★(AF): MA; (EU): AL, BA, ES, FR, GR, HR, IT, MC, ME, MK, RS, SI.

裂叶薰衣草 **Lavandula bipinnata** (Roth) Kuntze 【I, C】 ♣IBCAS; ●BJ; ★(AS): ID, YE.

齿叶薰衣草 **Lavandula dentata** L. 【I, C】 ♣KBG, SCBG; ●GD, YN; ★(AF): MA; (EU): AL, ES.

宽叶薰衣草 **Lavandula latifolia** Medik. 【I, C】 ●TW; ★(EU): ES, FR, IT.

多裂薰衣草 **Lavandula multifida** L. 【I, C】 ♣NBG, XMBG; ●FJ, JS, TW; ★(AF): EG, LY, MA, TN; (AS): CY; (EU): AL, ES, IT, LU, MC, SI.

狭叶薰衣草（蝴蝶薰衣草）**Lavandula pedunculata** (Mill.) Cav. 【I, C】 ♣GXIB, HFBG, SCBG; ●GD, GX, HL, TW; ★(AF): MA; (AS): CY; (EU): ES, MC, PT, TR.

卢西塔尼亚薰衣草 **Lavandula pedunculata** subsp. **lusitanica** (Chaytor) Franco 【I, C】 ♣IBCAS; ●BJ; ★(EU): ES, PT.

羽叶薰衣草 **Lavandula pinnata** Lundmark 【I, C】 ♣FBG, SCBG, ZAFU; ●FJ, GD, SC, ZJ; ★(AF): ES-CS, MA.

法国薰衣草 **Lavandula stoechas** L. 【I, C】 ♣CBG, ZAFU; ●SH, TW, ZJ; ★(AF): MA; (AS): CY, TR; (EU): ES, FR, GR, IT, MC, PT.

卢氏薰衣草 **Lavandula stoechas** subsp. **luisieri** (Rozeira) Rozeira 【I, C】 ♣IBCAS; ●BJ; ★(EU): ES, PT.

山香属 Mesosphaerum

山香 **Mesosphaerum suaveolens** (L.) Kuntze 【I, N】 ♣GMG, SCBG, TMNS, XMBG; ●FJ, GD, GX, JS, TW; ★(AS): VN.

吊球草属 Hyptis

短柄吊球草 **Hyptis brevipes** Poit. 【I, N】 ★(NA): BM, BZ, CR, CU, GT, HN, MX, NI, PA, SV; (SA): AR, BO, BR, CO, EC, GY, PE, PY, UY, VE.

栉穗香苦草 **Hyptis pectinata** (L.) Poit. 【I, C】 ●TW; ★(NA): BS, BZ, CR, CU, DO, GT, HN, JM, LW, MX, NI, PA, PR, TT, US, VG; (SA): AR, BO, BR, CO, EC, GY, PE, PY, VE.

吊球草 **Hyptis rhomboidea** M. Martens et Galeotti 【I, N】 ♣GMG, SCBG, TMNS; ●GD, GX, TW; ★(NA): MX; (SA): AR, EC.

穗序山香 **Hyptis spicigera** Lam. 【I, C】 ★(NA): CR, CU, DO, GT, MX, NI, PA; (SA): BO, BR, CO, EC, PE, VE.

香茶菜属 Isodon

腺花香茶菜 **Isodon adenanthus** (Diels) Kudô 【N, W/C】 ♣GXIB, XTBG; ●GX, YN; ★(AS): CN.

香茶菜 **Isodon amethystoides** (Benth.) H. Hara 【N, W/C】 ♣CBG, FLBG, GA, GMG, GXIB, HBG, LBG, NBG, SCBG, WBG, XMBG, XTBG; ●FJ, GD, GX, HB, JS, JX, SH, YN, ZJ; ★(AS): CN.

细锥香茶菜 **Isodon coetsa** (Buch.-Ham. ex D. Don) Kudô 【N, W/C】 ♣GBG, WBG, XTBG; ●GZ, HB, YN; ★(AS): BT, CN, ID, IN, LA, LK, MM, NP, PH, TH, VN.

毛萼香茶菜 **Isodon eriocalyx** (Dunn) Kudô 【N, W/C】 ♣XTBG; ●YN; ★(AS): CN.

拟缺香茶菜 **Isodon excisoides** (Y. Z. Sun ex C. H. Hu) H. Hara 【N, W/C】 ♣WBG; ●HB; ★(AS): CN.

尾叶香茶菜 **Isodon excisus** (Maxim.) Kudô 【N, W/C】 ♣HFBG; ●HL, LN; ★(AS): CN, JP, KP, KR, RU-AS.

粗齿香茶菜 **Isodon grosseserratus** (Dunn) Kudô 【N, W/C】 ♣GBG; ●GZ; ★(AS): CN.

鄂西香茶菜 **Isodon henryi** (Hemsl.) Kudô 【N, W/C】 ♣WBG; ●HB; ★(AS): CN.

内折香茶菜 **Isodon inflexus** (Thunb.) Kudô 【N, W/C】 ♣FBG, GA, LBG; ●FJ, JX; ★(AS): CN, JP, KP, KR.

毛叶香茶菜 **Isodon japonicus** (Burm. f.) H. Hara 【N, W/C】 ♣CBG, WBG; ●HB, SH; ★(AS): CN, JP, KR.

蓝萼毛叶香茶菜 **Isodon japonicus** var. **glaucocalyx** (Maxim.) H. W. Li 【N, W/C】 ♣BBG, HFBG, IBCAS, XBG; ●BJ, HL, SN; ★(AS): CN, JP, KP, KR.

长管香茶菜 **Isodon longitubus** (Miq.) Kudô 【N, W/C】 ♣HBG; ●ZJ; ★(AS): CN, JP.

线纹香茶菜 **Isodon lophanthoides** (Buch.-Ham. ex D. Don) H. Hara 【N, W/C】 ♣GA, GBG, GMG, GXIB, HBG, SCBG, XLTBG, XTBG; ●GD, GX, GZ, HI, JX, SC, YN, ZJ; ★(AS): BT, CN, ID, IN, LA, LK, MM, NP, TH, VN.

狭基线纹香茶菜 **Isodon lophanthoides** var. **gerardianus** (Benth.) H. Hara 【N, W/C】 ♣XLTBG; ●HI; ★(AS): CN, IN, LA, MM, NP, TH, VN.

大萼香茶菜 **Isodon macrocalyx** (Dunn) Kudô 【N, W/C】 ♣HBG, LBG, SCBG, ZAFU; ●GD, JX, ZJ; ★(AS): CN.

显脉香茶菜 **Isodon nervosus** (Hemsl.) Kudô 【N, W/C】 ♣CBG, GA, GMG, GXIB, HBG, LBG, NBG, SCBG, WBG; ●BJ, GD, GX, HB, JS, JX, SH, ZJ; ★(AS): CN.

小叶香茶菜 **Isodon parvifolius** (Batalin) H. Hara 【N, W/C】 ♣WBG; ●HB; ★(AS): CN.

碎米桠 **Isodon rubescens** (Hemsl.) H. Hara 【N, W/C】 ♣CBG, IBCAS, WBG, ZAFU; ●BJ, HB, SC, SH, ZJ; ★(AS): CN.

溪黄草 **Isodon serra** (Maxim.) Kudô 【N, W/C】 ♣GBG, HBG, LBG, SCBG, TMNS, XLTBG, XMBG; ●FJ, GD, GZ, HI, JX, TW, ZJ; ★(AS): CN, KR.

牛尾草 **Isodon ternifolius** (D. Don) Kudô 【N, W/C】♣GBG, GMG, GXIB, SCBG, XTBG; ●GD, GX, GZ, YN; ★(AS): BT, CN, ID, IN, LA, LK, MM, NP, VN.

长叶香茶菜 **Isodon walkeri** (Arn.) H. Hara 【N, W/C】 ♣SCBG, XTBG; ●GD, YN; ★(AS): CN, ID, IN, LA, LK, MM, VN.

逐风草属 Platostoma

角花 **Platostoma calcaratum** (Hemsl.) A. J. Paton 【N, W/C】 ♣XTBG; ●YN; ★(AS): CN, MM, VN.

龙船草 **Platostoma cochinchinense** (Lour.) A. J. Paton 【N, W/C】 ♣GMG; ●GX; ★(AS): CN, ID, IN, TH, VN.

网萼木 **Platostoma coloratum** (D. Don) A. J. Paton 【N, W/C】 ♣XTBG; ●YN; ★(AS): BT, CN, ID, IN, LA, LK, MM, NP.

尖头花 **Platostoma hispidum** (L.) A. J. Paton 【N,

W/C】 ♣XTBG; ●YN; ★(AS): CN, ID, IN, LA, MM, MY, PH, TH, VN.

凉粉草 **Platostoma palustre** (Blume) A. J. Paton 【N, W/C】 ♣FLBG, GA, GMG, SCBG, XLTBG, XMBG, XTBG; ●FJ, GD, GX, HI, JX, YN; ★(AS): CN, ID, IN, PH, VN.

小冠薰 **Platostoma polystachyon** (L.) Q. W. Lin 【N, W/C】 ♣IBCAS; ●BJ, TW; ★(AF): MG, TZ, ZM; (AS): CN, IN, KH, LA, LK, MM, MY, PH, SA, TH; (OC): AU, PAF, PG.

鸡脚参属 Orthosiphon

肾茶 **Orthosiphon spicatus** (Thunb.) Backer, Bakh. f. et Steenis 【N, W/C】 ♣CBG, FBG, FLBG, GMG, HBG, KBG, SCBG, TBG, TMNS, WBG, XLTBG, XMBG, XOIG, XTBG; ●FJ, GD, GX, HB, HI, JX, SH, TW, YN, ZJ; ★(AS): CN, ID, IN, LK, MM, MY, PH, VN; (OC): FJ, PAF.

鸡脚参 **Orthosiphon wulfenioides** (Diels) Hand.-Mazz. 【N, W/C】 ♣HBG; ●ZJ; ★(AS): CN.

罗勒属 Ocimum

灰罗勒 **Ocimum americanum** L. 【I, C】 ♣CBG, NBG; ●JS, SH, TW; ★(AF): CM, MG, TZ.

罗勒 **Ocimum basilicum** L. 【I, C/N】 ♣CBG, FBG, FLBG, GMG, GXIB, IBCAS, LBG, NBG, SCBG, TBG, TDBG, WBG, XBG, XMBG, XOIG, XTBG; ●BJ, FJ, GD, GX, HB, JS, JX, SH, SN, TW, XJ, YN, ZJ; ★(AS): IN.

疏柔毛罗勒 **Ocimum basilicum** var. **pilosum** (Willd.) Benth. 【I, C】 ♣HBG, IBCAS, LBG, SCBG, XMBG, XTBG; ●AH, BJ, FJ, GD, HA, JX, YN, ZJ; ★(AF): CM, MG.

丁香罗勒 **Ocimum gratissimum** Forssk. 【I, C】 ♣BBG, CBG, FLBG, HBG, NBG, SCBG, TMNS, XMBG, XTBG; ●BJ, FJ, GD, JS, JX, SH, TW, YN, ZJ; ★(AF): CF, GA, KE, MG, NG, RW, TZ.

毛叶丁香罗勒 **Ocimum gratissimum** var. **suave** (Willd.) Hook. f. 【I, C】 ♣GMG, HBG, XBG, XLTBG, XMBG, XTBG; ●FJ, GX, HI, SN, YN, ZJ; ★(AF): CF, GA, KE, MG, NG, RW, TZ.

乞力马扎罗罗勒 **Ocimum kilimandscharicum** Gürke 【I, C】 ♣CBG; ●SH; ★(AF): ET, KE, SD, TZ, UG.

圣罗勒 **Ocimum tenuiflorum** L. 【I, C】 ♣CBG, NBG; ●JS, SH, TW; ★(AS): ID, IN, KH, LA, LK, MM, MY, PH, TH, VN.

马刺花属 Plectranthus

到手香（碰碰香）**Plectranthus amboinicus** (Lour.) Spreng. 【I, C】 ♣ZAFU; ●FJ, TW, ZJ; ★(AF): AO, KE, KM, MZ, SZ, TZ, ZA.

*灰叶延命草 **Plectranthus caninus** Roth 【I, C】 ♣XMBG; ●FJ; ★(AF): TZ, ZA.

流苏延命草 **Plectranthus ciliatus** E. Mey. ex Benth. 【I, C】 ♣CBG; ●SH; ★(AF): ZA.

艾克伦延命草 **Plectranthus ecklonii** Benth. 【I, C】 ♣XMBG; ●FJ; ★(AF): ZA.

爱氏延命草 **Plectranthus ernstii** Codd 【I, C】 ♣XMBG; ●FJ; ★(AF): ZA.

*福斯特延命草 **Plectranthus forsteri** Benth. 【I, C】 ♣BBG; ●BJ; ★(OC): FJ.

香妃草 **Plectranthus glabratus** (Benth.) Alston 【I, C】 ♣IBCAS; ●BJ; ★(AF): AO, KE, TZ, ZA.

马达加斯加延命草 **Plectranthus madagascariensis** (Lam.) Benth. 【I, C】 ♣BBG; ●BJ; ★(AF): ZA.

龙虾花 **Plectranthus neochilus** Schltr. 【I, C】 ♣BBG; ●BJ; ★(AF): MG, ZA, ZM.

垂枝香茶菜 **Plectranthus oertendahlii** T. C. E. Fr. 【I, C】 ●TW; ★(AF): ZA.

小花延命草 **Plectranthus parviflorus** Willd. 【I, C】 ♣FLBG; ●GD, JX; ★(AF): ZA.

卧地延命草 **Plectranthus prostratus** Gürke 【I, C】 ♣BBG, SCBG, WBG, XMBG, XTBG; ●BJ, FJ, GD, HB, YN; ★(AF): KE, MZ, UG, ZA.

麝香木（臭白花）**Plectranthus riparius** Hochst. 【I, C】 ★(AF): ZA.

彩叶草（五彩苏）**Plectranthus scutellarioides** (L.) R. Br. 【I, C】 ♣BBG, CDBG, FBG, FLBG, GMG, GXIB, HBG, HFBG, IBCAS, KBG, LBG, NSBG, SCBG, TBG, TMNS, WBG, XBG, XLTBG, XMBG, XOIG, XTBG; ●BJ, CQ, FJ, GD, GX, HB, HI, HL, JS, JX, LN, SC, SN, TW, YN, ZJ; ★(AS): ID, MY, PH.

圆锥延命草 **Plectranthus thyrsoideus** (Baker) B. Mathew 【I, C】 ★(AF): MZ, ZA.

如意蔓 **Plectranthus verticillatus** (L. f.) Druce 【I, C】 ♣TBG; ●TW; ★(AF): ZA.

鞘蕊花属 Coleus

肉叶鞘蕊花 **Coleus carnosifolius** (Hemsl.) Dunn

【N, W/C】♣CBG, GMG; ●GX, SH; ★(AS): CN.

排草香 **Coleus carnosus** A. Chev. 【I, C】♣GMG, SCBG, WBG, XLTBG, XMBG; ●FJ, GD, GX, HB, HI; ★(AS): IN, LK, MM.

毛喉鞘蕊花 **Coleus forskohlii** (Willd.) Briq. 【N, W/C】♣BBG, IBCAS, KBG; ●BJ, YN; ★(AS): BT, CN, ID, IN, LK, NP.

异唇花 **Coleus pallidus** (Wall.) Q. W. Lin 【N, W/C】♣XTBG; ●YN; ★(AS): BT, CN, ID, IN, LA, LK, MM, NP, VN.

黄鞘蕊花 **Coleus xanthanthus** C. Y. Wu et Y. C. Huang 【N, W/C】♣XTBG; ●YN; ★(AS): CN.

辣莸属 Garrettia

辣莸 **Garrettia siamensis** H. R. Fletcher【N, W/C】♣XTBG; ●YN; ★(AS): CN, ID, IN, TH.

冬红属 Holmskioldia

冬红 **Holmskioldia sanguinea** Retz. 【I, C】♣BBG, FBG, FLBG, GXIB, HBG, SCBG, TMNS, XMBG, XTBG; ●BJ, FJ, GD, GX, JX, TW, YN, ZJ; ★(AS): BD, BT, IN, MM, NP, PK.

火梓属 Tinnea

*埃塞火梓 **Tinnea aethiopica** Kotschy ex Hook. f. 【I, C】♣IBCAS; ●BJ; ★(AF): KE, TZ, ZA, ZW.

火梓 **Tinnea rhodesiana** S. Moore【I, C】♣FLBG; ●GD; ★(AF): KE, TZ, ZA, ZW.

黄芩属 Scutellaria

中亚黄芩 **Scutellaria alpina** L. 【I, C】♣CBG, NBG; ●JS, SH; ★(AS): AM, AZ, GE, IR, RU-AS, TR; (EU): AL, BA, BG, DE, ES, GR, HR, IT, ME, MK, RO, RS, RU, SI, UA.

高黄芩 **Scutellaria altissima** L. 【I, C】♣HBG, NBG; ●JS, ZJ; ★(AS): GE, TR; (EU): AL, AT, BA, BE, BG, CZ, DE, GB, GR, HR, HU, IT, ME, MK, RO, RS, RU, SI.

滇黄芩 **Scutellaria amoena** C. H. Wright 【N, W/C】♣KBG, WBG; ●HB, YN; ★(AS): CN.

安徽黄芩 **Scutellaria anhweiensis** C. Y. Wu 【N, W/C】♣CBG, HBG, ZAFU; ●SH, ZJ; ★(AS): CN.

黄芩 **Scutellaria baicalensis** Georgi 【N, W/C】♣BBG, GMG, HBG, HFBG, IBCAS, KBG, LBG, MDBG, NBG, SCBG, WBG, XBG, XMBG; ●BJ, FJ, GD, GS, GX, HB, HL, JS, JX, SN, TW, YN, ZJ; ★(AS): CN, JP, KP, KR, MN, RU-AS, VN.

半枝莲 **Scutellaria barbata** D. Don 【N, W/C】♣CDBG, FBG, FLBG, GA, GMG, GXIB, HBG, IBCAS, KBG, LBG, NBG, SCBG, TBG, WBG, XBG, XMBG, XTBG, ZAFU; ●BJ, FJ, GD, GX, HB, JS, JX, SC, SN, TW, YN, ZJ; ★(AS): CN, ID, IN, JP, KP, LA, MM, NP, TH, VN.

浙江黄芩 **Scutellaria chekiangensis** C. Y. Wu 【N, W/C】♣ZAFU; ●ZJ; ★(AS): CN.

美花芩 **Scutellaria costaricana** H. Wendl. 【I, C】♣TMNS; ●TW; ★(NA): CR.

方枝黄芩 **Scutellaria delavayi** H. Lév. 【N, W/C】♣WBG; ●HB; ★(AS): CN, VN.

异色黄芩 **Scutellaria discolor** Wall. ex Benth. 【N, W/C】♣GBG, XMBG; ●FJ, GZ; ★(AS): BT, CN, ID, IN, KH, LA, LK, MM, MY, NP, TH, VN.

岩藿香 **Scutellaria franchetiana** H. Lév. 【N, W/C】♣CBG, GBG, WBG; ●GZ, HB, SH; ★(AS): CN.

盔状黄芩 **Scutellaria galericulata** L. 【N, W/C】♣TDBG; ●XJ; ★(AS): AZ, CN, CY, JP, KG, KH, KZ, MN, RU-AS, TJ, TM, TR, UZ; (EU): BY, FR, HR, IS, RS, RU, SI.

河南黄芩 **Scutellaria honanensis** C. Y. Wu et H. W. Li 【N, W/C】♣WBG; ●HB; ★(AS): CN.

裂叶黄芩 **Scutellaria incisa** Y. Z. Sun ex C. H. Hu 【N, W/C】♣LBG; ●JX; ★(AS): CN.

韩信草 **Scutellaria indica** Roxb.【N, W/C】♣CBG, FBG, GA, GBG, GMG, GXIB, HBG, LBG, NBG, SCBG, XMBG, ZAFU; ●FJ, GD, GX, GZ, JS, JX, SH, ZJ; ★(AS): CN, ID, IN, JP, KH, KR, LA, LK, MM, MY, NP, PH, TH, VN.

缩茎韩信草 **Scutellaria indica** var. **subacaulis** (Y. Z. Sun) C. Y. Wu et C. Chen 【N, W/C】♣LBG, XMBG; ●FJ, JX; ★(AS): CN, JP.

爪哇黄芩 **Scutellaria javanica** Jungh. 【N, W/C】●TW; ★(AS): CN, ID, IN, PH, VN.

光紫黄芩 **Scutellaria laeteviolacea** Koidz. 【N, W/C】♣HBG; ●ZJ; ★(AS): CN, JP.

*北美黄芩 **Scutellaria lateriflora** L.【I, C】♣CBG; ●SH, TW; ★(NA): CA, US.

大齿黄芩 **Scutellaria macrodonta** Nevski ex Juz. 【N, W/C】♣IBCAS; ●BJ; ★(AS): CN.

高山黄芩 **Scutellaria mociniana** Benth.【I, C】★(NA): GT, MX.

少脉黄芩 **Scutellaria oligophlebia** Merr. et Chun ex C. Y. Wu et S. Chow 【N, W/C】♣SCBG; ●GD; ★(AS): CN.

京黄芩 **Scutellaria pekinensis** Maxim. 【N, W/C】 ♣IBCAS, WBG; ●BJ, HB; ★(AS): CN, JP, KP, KR, MN, RU-AS.

紫茎京黄芩 **Scutellaria pekinensis** var. **purpureicaulis** (Migo) C. Y. Wu et H. W. Li 【N, W/C】 ♣LBG; ●JX; ★(AS): CN.

狭叶黄芩 **Scutellaria regeliana** Nakai 【N, W/C】 ♣IBCAS; ●BJ; ★(AS): CN, KP, KR, MN, RU-AS.

甘肃黄芩 **Scutellaria rehderiana** Diels 【N, W/C】 ♣KBG, WBG; ●HB, YN; ★(AS): CN.

显脉黄芩 **Scutellaria reticulata** C. Y. Wu et W. T. Wang 【N, W/C】 ♣GXIB; ●GX; ★(AS): CN.

并头黄芩 **Scutellaria scordifolia** Fisch. ex Schrank 【N, W/C】 ♣IBCAS; ●BJ, LN, NM; ★(AS): CN, JP, KH, MN, RU-AS, TJ, TM, UZ.

瑞丽黄芩 **Scutellaria shweliensis** W. W. Sm. 【N, W/C】 ♣XTBG; ●YN; ★(AS): CN.

*土耳其黄芩 **Scutellaria tournefortii** Benth. 【I, C】 ♣NBG; ●JS; ★(AS): TR.

假活血草 **Scutellaria tuberifera** C. Y. Wu et C. Chen 【N, W/C】 ♣HBG; ●ZJ; ★(AS): CN.

球茎黄芩 **Scutellaria tuberosa** Vaniot 【I, C】 ♣NBG; ●JS; ★(NA): MX, US.

英德黄芩 **Scutellaria yingtakensis** Y. Z. Sun 【N, W/C】 ♣LBG; ●JX; ★(AS): CN.

红茎黄芩 **Scutellaria yunnanensis** H. Lév. 【N, W/C】 ♣SCBG; ●GD, SC; ★(AS): CN, VN.

全唇花属 Holocheila

全唇花 **Holocheila longipedunculata** S. Chow 【N, W/C】 ♣KBG; ●YN; ★(AS): CN.

羽萼木属 Colebrookea

羽萼木 **Colebrookea oppositifolia** Lodd. 【N, W/C】 ♣XTBG; ●YN; ★(AS): BT, CN, ID, IN, LK, MM, NP, TH, VN.

簇序草属 Craniotome

簇序草 **Craniotome furcata** (Link) Kuntze 【N, W/C】 ♣XTBG; ●YN; ★(AS): BT, CN, ID, IN, LA, LK, MM, NP, VN.

冠唇花属 Microtoena

云南冠唇花 **Microtoena delavayi** Prain 【N, W/C】 ♣XTBG; ●YN; ★(AS): CN.

冠唇花 **Microtoena insuavis** (Hance) Prain ex Briq. 【N, W/C】 ♣SCBG, XTBG; ●GD, YN; ★(AS): CN, ID, IN, MM, NP, VN.

宝兴冠唇花 **Microtoena moupinensis** (Franch.) Prain 【N, W/C】 ♣WBG; ●HB; ★(AS): CN.

滇南冠唇花 **Microtoena patchoulii** (C. B. Clarke ex Hook. f.) C. Y. Wu et S. J. Hsuan 【N, W/C】 ♣XTBG; ●YN; ★(AS): CN, ID, IN, MM, NP, VN.

南川冠唇花 **Microtoena praineana** Diels 【N, W/C】 ♣GBG; ●GZ, SC; ★(AS): CN.

近穗状冠唇花 **Microtoena subspicata** C. Y. Wu 【N, W/C】 ♣GXIB; ●GX; ★(AS): CN.

广防风属 Anisomeles

广防风 **Anisomeles indica** (L.) Kuntze 【N, W/C】 ♣FLBG, GA, GBG, GMG, GXIB, SCBG, TMNS, XMBG, XOIG, XTBG; ●FJ, GD, GX, GZ, JX, TW, YN; ★(AS): BT, CN, ID, IN, JP, KH, LA, LK, MM, MY, NP, PH, SG, TH, VN.

刺蕊草属 Pogostemon

水珍珠菜 **Pogostemon auricularius** (L.) Hassk. 【N, W/C】 ♣FLBG, GMG, SCBG, XTBG; ●GD, GX, JX, YN; ★(AS): BT, CN, ID, IN, KH, LA, LK, MM, MY, NP, PH, SG, TH, VN.

广藿香 **Pogostemon cablin** (Blanco) Benth. 【N, W/C】 ♣FLBG, GA, GMG, SCBG, TBG, WBG, XLTBG, XMBG, XOIG; ●FJ, GD, GX, HB, HI, JX, SC, TW; ★(AS): CN, ID, IN, LK, MY, PH, VN.

长苞刺蕊草 **Pogostemon chinensis** C. Y. Wu et Y. C. Huang 【N, W/C】 ♣WBG; ●HB; ★(AS): CN.

膜叶刺蕊草 **Pogostemon esquirolii** (H. Lév.) C. Y. Wu et Y. C. Huang 【N, W/C】 ♣XTBG; ●YN; ★(AS): CN.

镰叶水珍珠菜 **Pogostemon falcatus** (C. Y. Wu) C. Y. Wu et H. W. Li 【N, W/C】 ♣XTBG; ●YN; ★(AS): CN.

刺蕊草 **Pogostemon glaber** Benth. 【N, W/C】 ♣XTBG; ●YN; ★(AS): BT, CN, ID, IN, KH, LA, LK, MM, NP, TH, VN.

小刺蕊草 **Pogostemon menthoides** Blume 【N, W/C】 ♣XTBG; ●YN; ★(AS): CN, ID, IN, MM, PH, TH, VN.

黑刺蕊草 **Pogostemon nigrescens** Dunn 【N, W/C】 ♣XTBG; ●YN; ★(AS): CN.

五棱水蜡烛 **Pogostemon pentagonus** (C. B. Clarke ex Hook. f.) Kuntze 【N, W/C】 ♣XTBG; ●YN; ★(AS): CN, ID, LA, VN.

齿叶水蜡烛 **Pogostemon sampsonii** (Hance) Press 【N, W/C】♣SCBG, WBG; ●GD, HB; ★(AS): CN.

水虎尾 **Pogostemon stellatus** (Lour.) Kuntze 【N, W/C】 ♣GA, SCBG, TMNS, WBG, XMBG; ●FJ, GD, HB, JX, TW; ★(AS): BT, CN, ID, IN, JP, KH, KR, LA, LK, MY, NP, TH, VN; (OC): AU, PAF.

苍耳叶刺蕊草 **Pogostemon xanthiifolius** C. Y. Wu et Y. C. Huang 【N, W/C】 ♣XTBG; ●YN; ★(AS): CN.

水蜡烛 **Pogostemon yatabeanus** (Makino) Press 【N, W/C】♣SCBG, WBG, XTBG; ●GD, HB, YN; ★(AS): CN, JP, KR.

宽管花属 Eurysolen

宽管花 **Eurysolen gracilis** Prain【N, W/C】♣WBG, XTBG; ●HB, YN; ★(AS): CN, ID, IN, MM, MY.

米团花属 Leucosceptrum

米团花 **Leucosceptrum canum** Sm. 【N, W/C】 ♣KBG, WBG, XTBG; ●HB, YN; ★(AS): BT, CN, ID, IN, LA, LK, MM, NP, VN.

钩子木属 Rostrinucula

钩子木 **Rostrinucula dependens** (Rehder) Kudô 【N, W/C】 ♣WBG; ●HB; ★(AS): CN.

长叶钩子木 **Rostrinucula sinensis** (Hemsl.) C. Y. Wu 【N, W/C】 ♣CBG, FBG, SCBG, WBG; ●FJ, GD, HB, SH; ★(AS): CN.

绵穗苏属 Comanthosphace

日本绵穗苏（天人草）**Comanthosphace japonica** (Miq.) S. Moore 【N, W/C】 ♣HBG, LBG; ●JX, ZJ; ★(AS): CN, JP.

绵穗苏 **Comanthosphace ningpoensis** (Hemsl.) Hand.-Mazz. 【N, W/C】 ♣HBG, LBG, WBG; ●HB, JX, ZJ; ★(AS): CN.

锥花属 Gomphostemma

木锥花 **Gomphostemma arbusculum** C. Y. Wu 【N, W/C】 ♣SCBG, XTBG; ●GD, YN; ★(AS): CN.

中华锥花 **Gomphostemma chinense** Oliv. 【N, W/C】 ♣GA, SCBG, WBG, XTBG; ●GD, HB, JX, YN; ★(AS): CN, VN.

长毛锥花 **Gomphostemma crinitum** Wall. ex Benth. 【N, W/C】 ♣NBG, XTBG; ●YN; ★(AS): CN, ID, IN, MM, MY, VN.

三角齿锥花 **Gomphostemma deltodon** C. Y. Wu 【N, W/C】 ♣XTBG; ●YN; ★(AS): CN.

宽叶锥花 **Gomphostemma latifolium** C. Y. Wu 【N, W/C】 ♣GMG, SCBG, XTBG; ●GD, GX, YN; ★(AS): CN.

光泽锥花 **Gomphostemma lucidum** Wall. ex Benth. 【N, W/C】 ♣SCBG, WBG, XTBG; ●GD, HB, YN; ★(AS): CN, ID, IN, LA, MM, TH, VN.

小齿锥花 **Gomphostemma microdon** Dunn 【N, W/C】 ♣SCBG, XTBG; ●GD, YN; ★(AS): CN, LA, VN.

小花锥花 **Gomphostemma parviflorum** Wall. ex Benth. 【N, W/C】 ♣XTBG; ●YN; ★(AS): BT, CN, ID, IN, LK, MM, MY, NP, TH, VN.

被粉小花锥花 **Gomphostemma parviflorum** var. **farinosum** Prain 【N, W/C】 ♣XTBG; ●YN; ★(AS): CN, IN, MM, TH.

抽莛锥花 **Gomphostemma pedunculatum** Benth. ex Hook. f. 【N, W/C】 ♣WBG, XTBG; ●HB, YN; ★(AS): CN, ID, IN, VN.

硬毛锥花 **Gomphostemma stellatohirsutum** C. Y. Wu 【N, W/C】 ♣XTBG; ●YN; ★(AS): CN.

铃子香属 Chelonopsis

浙江铃子香 **Chelonopsis chekiangensis** C. Y. Wu 【N, W/C】 ♣HBG, LBG; ●JX, ZJ; ★(AS): CN.

*日本铃子香 **Chelonopsis yagiharana** Hisauti et Matsuno 【I, C】 ♣BBG; ●BJ; ★(AS): JP.

火把花属 Colquhounia

深红火把花 **Colquhounia coccinea** Wall. 【N, W/C】 ●TW; ★(AS): BT, CN, ID, IN, LK, MM, NP, TH.

火把花 **Colquhounia coccinea** var. **mollis** (Schltdl.) Prain 【N, W/C】 ♣WBG, XTBG; ●HB, YN; ★(AS): BT, CN, IN, MM, NP, TH.

秀丽火把花 **Colquhounia elegans** Wall. 【N, W/C】 ♣KBG, XTBG; ●YN; ★(AS): CN, KH, LA, MM, TH, VN.

细花秀丽火把花 **Colquhounia elegans** var. **tenuiflora** (Hook. f.) Prain 【N, W/C】 ♣XTBG; ●YN; ★(AS): CN, KH, LA, MM, TH, VN.

藤状火把花 **Colquhounia seguinii** Vaniot 【N, W/C】 ♣XTBG; ●YN; ★(AS): CN, MM.

假龙头花属 Physostegia

假龙头花（随意草）**Physostegia virginiana** (L.) Benth. 【I, C】♣BBG, CBG, IBCAS, KBG, SCBG, XBG, XMBG; ●BJ, FJ, GD, HL, LN, SC, SH, SN, TW, XJ, YN; ★(NA): CA, MX, US.

药水苏属 Betonica

药水苏 **Betonica officinalis** L. 【I, C】♣BBG, CBG, KBG, LBG, NBG; ●BJ, JS, JX, SH, YN; ★(AF): MA; (AS): AM, AZ, BH, CY, GE, IL, IQ, IR, JO, KW, LB, PS, QA, RU-AS, SA, SY, TR, YE; (EU): AD, AL, AT, BA, BE, BG, BY, CH, CZ, DE, DK, ES, FI, FR, GB, GR, HR, HU, IS, IT, LU, MC, ME, MK, NL, NO, PL, PT, RO, RS, RU, SE, SI, SK, SM, UA, VA.

鼬瓣花属 Galeopsis

鼬瓣花 **Galeopsis bifida** Boenn. 【N, W/C】♣KBG, WBG; ●HB, YN; ★(AS): BT, CN, CY, GE, IN, JP, KG, KP, KR, LK, MN, NP, RU-AS, TR; (EU): AT, BA, BE, BG, CZ, DE, FI, GB, HR, HU, IT, ME, MK, NL, NO, PL, RO, RS, RU, SI.

水苏属 Stachys

蜗儿菜 **Stachys arrecta** L. H. Bailey 【N, W/C】 ♣CBG, ZAFU; ●SH, ZJ; ★(AS): CN.

田野水苏 **Stachys arvensis** (L.) L. 【I, N】♣XMBG; ●FJ; ★(AF): DZ, EG, LY, MA, SD, TN; (AS): AZ, SA, TR; (EU): AL, AT, BA, BE, BY, DE, ES, GB, GR, HR, IT, LU, ME, MK, NL, PL, RS, SI.

毛水苏 **Stachys baicalensis** Fisch. ex Benth. 【N, W/C】 ♣WBG; ●HB; ★(AS): CN, JP, KP, RU-AS.

绵毛水苏 **Stachys byzantina** K. Koch 【I, C】 ♣HBG, IBCAS, KBG, ZAFU; ●BJ, TW, YN, ZJ; ★(AS): AM, IR, TR.

华水苏 **Stachys chinensis** Bunge ex Benth. 【N, W/C】 ♣BBG; ●BJ; ★(AS): CN, RU-AS.

两色水苏 **Stachys discolor** Benth. 【I, C】 ♣CBG; ●SH; ★(EU): DE, GB, GR.

银苗 **Stachys floridana** Shuttlew. ex Benth. 【I, C】 ●BJ; ★(NA): US.

地蚕 **Stachys geobombycis** C. Y. Wu 【N, W/C】 ♣GXIB, LBG, SCBG; ●GD, GX, JX, SC; ★(AS): CN.

水苏 **Stachys japonica** Miq. 【N, W/C】 ♣CBG, FBG, GA, HBG, IBCAS, LBG, NBG, WBG, XMBG, ZAFU; ●BJ, FJ, HB, JS, JX, SH, ZJ; ★(AS): CN, JP, KR, RU-AS.

西南水苏 **Stachys kouyangensis** (Vaniot) Dunn 【N, W/C】 ♣GBG; ●GZ; ★(AS): CN, VN.

大花水苏 **Stachys menthifolia** Vis. 【I, C】 ♣IBCAS; ●BJ; ★(EU): AL, BA, GR, HR, ME, MK, RS, SI.

针筒菜 **Stachys oblongifolia** Wall. ex Benth. 【N, W/C】 ♣GBG, HBG, LBG, SCBG; ●GD, GZ, JX, ZJ; ★(AS): CN, ID, IN, KR, NP, VN.

沼生水苏 **Stachys palustris** L. 【N, W/C】 ♣HBG, IBCAS; ●BJ, ZJ; ★(AS): AM, AZ, BH, CN, CY, GE, ID, IL, IN, IQ, IR, JO, KG, KW, KZ, LB, MN, PS, QA, RU-AS, SA, SY, TJ, TR, YE; (EU): AD, AL, AT, BA, BE, BG, BY, CH, CZ, DE, DK, ES, FI, FR, GB, GR, HR, HU, IS, IT, LU, MC, ME, MK, NL, NO, PL, PT, RO, RS, RU, SE, SI, SK, SM, UA, VA.

狭齿水苏 **Stachys pseudophlomis** C. Y. Wu 【N, W/C】 ♣WBG; ●HB; ★(AS): CN.

甘露子 **Stachys sieboldii** Miq. 【N, W/C】 ♣GA, GMG, HBG, IBCAS, LBG, NBG, SCBG, WBG; ●BJ, FJ, GD, GS, GX, HA, HB, HE, JS, JX, SC, SD, SX, ZJ; ★(AS): CN, JP, VN.

林地水苏 **Stachys sylvatica** L. 【N, W/C】 ♣NBG, XBG; ●JS, SN; ★(AS): CN, CY, GE, KG, KZ, MN, RU-AS, TR; (EU): AD, AL, AT, BA, BE, BG, BY, CH, CZ, DE, DK, ES, FI, FR, GB, GR, HR, HU, IS, IT, LU, MC, ME, MK, NL, NO, PL, PT, RO, RS, RU, SE, SI, SK, SM, UA, VA.

假糙苏属 Paraphlomis

白花假糙苏 **Paraphlomis albiflora** (Hemsl.) Hand.-Mazz. 【N, W/C】 ♣WBG; ●HB; ★(AS): CN, VN.

假糙苏 **Paraphlomis javanica** (Blume) Prain 【N, W/C】 ♣GXIB, KBG, SCBG, XTBG; ●GD, GX, YN; ★(AS): BT, CN, ID, IN, LA, LK, MM, MY, PH, PK, TH, VN.

小叶假糙苏 **Paraphlomis javanica** var. **coronata** (Vaniot) C. Y. Wu et H. W. Li 【N, W/C】 ♣CBG,

GMG, SCBG, WBG; ●GD, GX, HB, SH; ★(AS): CN.

刺萼假糙苏 **Paraphlomis seticalyx** C. Y. Wu 【N, W/C】 ♣GXIB; ●GX; ★(AS): CN.

橙花糙苏属 Phlomis

浅黄糙苏 **Phlomis bourgaei** Boiss. 【I, C】 ♣CBG; ●SH; ★(AS): TR.

橙花糙苏 **Phlomis fruticosa** L. 【I, C】 ♣CBG; ●SH, TW; ★(AF): MA; (AS): CY, TR; (EU): AL, BA, GR, HR, IT, MC, ME, MK, RS, SI, TR.

风之草糙苏 **Phlomis herba-venti** L. 【I, C】 ♣CBG; ●SH; ★(AF): MA; (AS): TR; (EU): BA, BG, DE, ES, GR, HR, IT, LU, ME, MK, RO, RS, RU, SI.

意大利糙苏 **Phlomis italica** L. 【I, C】 ●TW; ★(EU): BY, ES, IT, SE.

俄罗斯糙苏 **Phlomis russeliana** (Sims) Lag. ex Benth. 【I, C】 ♣CBG; ●SH, TW; ★(AS): TR.

黏糙苏 **Phlomis samia** L. 【I, C】 ●TW; ★(AS): TR; (EU): BA, GB, GR, HR, ME, MK, NL, RS, SI.

独一味属 Lamiophlomis

独一味 **Lamiophlomis rotata** (Benth. ex Hook. f.) Kudô 【N, W/C】 ●YN; ★(AS): BT, CN, IN, NP.

糙苏属 Phlomoides

耕地糙苏 **Phlomoides agraria** (Bunge) Adylov, Kamelin et Makhm. 【N, W/C】 ♣SCBG; ●GD; ★(AS): CN, CY, KZ, MN, RU-AS.

深紫糙苏 **Phlomoides atropurpurea** (Dunn) Kamelin et Makhm. 【N, W/C】 ♣KBG; ●YN; ★(AS): CN.

青河糙苏（清河糙苏）**Phlomoides chinghoensis** (C. Y. Wu) Kamelin et Makhm. 【N, W/C】 ♣TDBG; ●XJ; ★(AS): CN.

甘肃糙苏 **Phlomoides kansuensis** (C. Y. Wu) Kamelin et Makhm. 【N, W/C】 ♣WBG; ●HB; ★(AS): CN.

大花糙苏 **Phlomoides megalantha** (Diels) Kamelin et Makhm. 【N, W/C】 ♣WBG, XBG; ●HB, SN; ★(AS): CN.

串铃草 **Phlomoides mongolica** (Turcz.) Kamelin et A. L. Budantsev 【N, W/C】 ♣IBCAS; ●BJ; ★(AS): CN.

块根糙苏 **Phlomoides tuberosa** (L.) Moench 【N, W/C】 ♣BBG, HFBG, IBCAS, NBG; ●BJ, HL, JS, LN; ★(AS): CN, GE, KG, KZ, MN, RU-AS, TR; (EU): AT, BA, BG, CZ, GR, HR, HU, ME, MK, RO, RS, RU, SI.

糙苏 **Phlomoides umbrosa** (Turcz.) Kamelin et Makhm. 【N, W/C】 ♣BBG, CBG, HFBG, IBCAS, NBG, WBG, XBG; ●BJ, HB, HL, JS, SC, SH, SN; ★(AS): CN, JP, KP, KR.

南方糙苏 **Phlomoides umbrosa** var. **australis** (Hemsl.) Kamelin et Makhm. 【N, W/C】 ♣HBG; ●SC, ZJ; ★(AS): CN.

美丽沙穗 **Phlomoides speciosa** (Rupr.) Adylov, Kamelin et Makhm. 【I, C】 ★(AS): IL, SY, TR.

钩萼草属 Notochaete

钩萼草 **Notochaete hamosa** Benth. 【N, W/C】 ♣WBG; ●HB; ★(AS): BT, CN, ID, IN, LK, MM, NP.

兔唇花属 Lagochilus

二刺叶兔唇花 **Lagochilus diacanthophyllus** (Pall.) Benth. 【N, W/C】 ♣TDBG; ●XJ; ★(AS): CN, KG, KZ, MN, RU-AS.

斜萼草属 Loxocalyx

斜萼草 **Loxocalyx urticifolius** Hemsl. 【N, W/C】 ♣WBG; ●HB; ★(AS): CN.

益母草属 Leonurus

欧益母草 **Leonurus cardiaca** L. 【I, C】 ♣CBG, NBG; ●JS, SH; ★(AS): GE, KG, KZ, TJ, TM, TR, UZ; (EU): AD, AL, BA, BG, DE, ES, FR, GR, HR, IT, ME, MK, PT, RO, RS, SI, SM, VA.

益母草 **Leonurus japonicus** Houtt. 【N, W/C】 ♣BBG, FBG, FLBG, GA, GBG, GMG, GXIB, HBG, IBCAS, KBG, LBG, NBG, SCBG, TDBG, TMNS, WBG, XBG, XLTBG, XMBG, XTBG, ZAFU; ●BJ, FJ, GD, GX, GZ, HB, HI, JS, JX, SC, SN, TW, XJ, YN, ZJ; ★(AS): CN, ID, IN, JP, KP, KR, MM, MN, MY, NP, PH, RU-AS, TR, VN.

大花益母草 **Leonurus macranthus** Maxim. 【N, W/C】 ●HL; ★(AS): CN, JP, KP, KR, MN, RU-AS.

錾菜 **Leonurus pseudomacranthus** Kitag. 【N, W/C】 ♣LBG; ●JX; ★(AS): CN, RU-AS.

突厥益母草 **Leonurus turkestanicus** V. I. Krecz. et

Kuprian.【N, W/C】♣TDBG; ●XJ; ★(AS): CN, CY, KG, KH, KZ, RU-AS, TJ, TM.

夏至草属 Lagopsis

夏至草 **Lagopsis supina** (Steph. ex Willd.) Ikonn.-Gal.【N, W/C】♣BBG, IBCAS, KBG, XBG; ●BJ, SN, YN; ★(AS): CN, JP, KR, MN, RU-AS.

贝壳花属 Moluccella

贝壳花 **Moluccella laevis** L.【I, C】♣KBG, NBG; ●BJ, JS, TW, YN; ★(AS): AM, AZ, GE, IR, RU-AS, SY, TR; (EU): UA.

宽萼苏属 Ballota

*关节宽萼苏 **Ballota acetabulosa** (L.) Benth.【I, C】●TW; ★(AS): TR; (EU): GR, HR, TR.

*白鲜状宽萼苏 **Ballota pseudodictamnus** (L.) Benth.【I, C】♣CBG; ●SH; ★(AS): TR; (EU): GR, HR, IT, SI.

欧夏至草属 Marrubium

欧夏至草 **Marrubium vulgare** L.【N, W/C】♣NBG, SCBG; ●GD, JS, TW; ★(AF): MA; (AS): AF, CN, CY, ID, IN, KG, KH, KZ, NP, PK, TJ, TM, TR, UZ; (EU): AD, AL, AT, BA, BE, BG, BY, CH, CZ, DE, DK, ES, FI, FR, GB, GR, HR, HU, IS, IT, LU, MC, ME, MK, NL, NO, PL, PT, RO, RS, RU, SE, SI, SK, SM, UA, VA.

野芝麻属 Lamium

短柄野芝麻 **Lamium album** L.【N, W/C】♣HBG; ●ZJ; ★(AF): MA; (AS): CN, CY, ID, IN, JP, KG, KH, KP, KR, KZ, MN, NP, RU-AS, TJ, TM, TR, UZ; (EU): AL, BA, ES, FR, GR, HR, IT, MC, ME, MK, RS, SI.

宝盖草 **Lamium amplexicaule** L.【N, W/C】♣FBG, GBG, HBG, LBG, NBG, SCBG, XMBG, ZAFU; ●FJ, GD, GZ, JS, JX, ZJ; ★(AS): BT, CN, JP, KG, KH, KR, KZ, MN, NP, RU-AS, TJ, TM, TR, UZ; (EU): FR, IS, RS.

野芝麻 **Lamium barbatum** Siebold et Zucc.【N, W/C】♣CBG, FBG, HBG, LBG, NBG, SCBG, ZAFU; ●FJ, GD, JS, JX, SH, ZJ; ★(AS): CN, JP, KP, MN, RU-AS.

黄花野芝麻(花叶野芝麻) **Lamium galeobdolon** (L.) Crantz【I, C】♣BBG, ZAFU; ●BJ, ZJ; ★(AS): TR; (EU): DE, ES, FR, IT.

紫花野芝麻 **Lamium maculatum** (L.) L.【N, W/C】♣KBG, SCBG; ●GD, YN; ★(AS): AM, AZ, BH, CN, CY, GE, IL, IQ, IR, JO, KW, LB, PS, QA, RU-AS, SA, SY, TR, YE; (EU): BE, DE, ES, FR, IT.

*东方野芝麻 **Lamium orientale** (Fisch. et C. A. Mey.) E. H. L. Krause【I, C】●BJ, FJ, SD, SH, TW, YN; ★(AS): TR.

大苞野芝麻 **Lamium purpureum** L.【I, C】♣BBG; ●BJ; ★(AF): MA; (AS): CY; (EU): BE, CH, FR, GB, IT, MC, NL, TR.

黄野芝麻属 Galeobdolon

小野芝麻 **Matsumurella chinensis** (Benth.) Bendiksby【N, W/C】♣FBG, GA, HBG, LBG, ZAFU; ●FJ, JX, ZJ; ★(AS): CN.

绵参属 Eriophyton

绵参 **Eriophyton wallichianum** Hook. f.【N, W/C】●YN; ★(AS): CN, IN, NP.

绣球防风属 Leucas

滨海白绒草 **Leucas chinensis** (Retz.) R. Br. ex Sm.【N, W/C】♣TMNS; ●TW; ★(AS): CN, ID, IN, JP, LK, PH, VN.

绣球防风 **Leucas ciliata** Benth.【N, W/C】♣GMG, WBG, XTBG; ●GX, HB, YN; ★(AS): BT, CN, ID, IN, LA, LK, MM, NP, VN.

线叶白绒草 **Leucas lavandulifolia** Sm.【N, W/C】♣WBG; ●HB; ★(AS): CN, ID, IN, LK, MY, NP, PH, SG, TH.

白绒草 **Leucas mollissima** Wall. ex Benth.【N, W/C】♣CDBG, GMG, SCBG, XMBG, XTBG; ●FJ, GD, GX, SC, YN; ★(AS): BT, CN, ID, IN, JP, LK, MM, MY, NP, PH, TH, VN.

疏毛白绒草 **Leucas mollissima** var. **chinensis** Benth.【N, W/C】♣XMBG; ●FJ; ★(AS): CN, JP.

糙叶白绒草 **Leucas mollissima** var. **scaberula** Hook. f.【N, W/C】♣XTBG; ●YN; ★(AS): CN, IN, MM, NP, TH.

绉面草 **Leucas zeylanica** (L.) W. T. Aiton【N, W/C】♣GMG, SCBG; ●GD, GX; ★(AS): CN, ID, IN, LK, MM, MY, PH, SG, VN.

狮耳花属 Leonotis

狮耳花 **Leonotis leonurus** (L.) R. Br. 【I, C】 ♣HBG; ●TW, ZJ; ★(AF): AO, BI, CV, MW, ZA.

荆芥叶狮耳花（荆芥叶狮尾草）**Leonotis nepetifolia** (L.) R. Br. 【I, N】 ●JS; ★(AF): AO, MG, NG, ZA; (AS): ID, IN, LK, MY, NP, VN; (OC): AU, NZ.

罗勒叶狮耳花 **Leonotis ocymifolia** (Burm. f.) Iwarsson 【I, C】 ●TW; ★(AF): AO, CV, TZ, ZA.

274. 通泉草科 MAZACEAE

野胡麻属 Dodartia

野胡麻 **Dodartia orientalis** L.【N, W/C】♣TDBG; ●XJ; ★(AS): CN, KG, KZ, MN, RU-AS, TJ, TM, UZ.

通泉草属 Mazus

早落通泉草 **Mazus caducifer** Hance 【N, W/C】 ♣CBG, HBG, LBG, ZAFU; ●JX, SH, ZJ; ★(AS): CN.

纤细通泉草 **Mazus gracilis** Hemsl. 【N, W/C】 ♣FBG, LBG; ●FJ, JX; ★(AS): CN.

匍茎通泉草 **Mazus miquelii** Makino 【N, W/C】 ♣FBG, HBG, LBG, SCBG, TBG, WBG, ZAFU; ●FJ, GD, HB, JX, TW, ZJ; ★(AS): CN, JP, KR.

岩白翠 **Mazus omeiensis** H. L. Li 【N, W/C】 ♣GBG, SCBG; ●GD, GZ, SC; ★(AS): CN.

美丽通泉草 **Mazus pulchellus** Hemsl. 【N, W/C】 ♣WBG; ●HB; ★(AS): CN.

通泉草 **Mazus pumilus** (Burm. f.) Steenis 【N, W/C】 ♣FBG, FLBG, GA, GBG, GMG, HBG, IBCAS, LBG, NBG, SCBG, TBG, WBG, XMBG, XTBG, ZAFU; ●BJ, FJ, GD, GX, GZ, HB, JS, JX, SC, TW, YN, ZJ; ★(AS): BT, CN, IN, JP, KR, PH, RU-AS, TH, VN; (OC): PG.

林地通泉草 **Mazus saltuarius** Hand.-Mazz. 【N, W/C】 ♣LBG; ●JX; ★(AS): CN.

毛果通泉草 **Mazus spicatus** Vaniot 【N, W/C】 ♣GBG, WBG; ●GZ, HB; ★(AS): CN.

弹刀子菜 **Mazus stachydifolius** (Turcz.) Maxim. 【N, W/C】 ♣HBG, LBG; ●JX, LN, ZJ; ★(AS): CN, KP, KR, MN, RU-AS.

275. 透骨草科 PHRYMACEAE

狗面花属 Mimulus

灌木狗面花（灌木猴面花）**Mimulus aurantiacus** Curtis 【I, C】 ●TW; ★(NA): US.

小果草属 Microcarpaea

小果草 **Microcarpaea minima** (K. D. Koenig ex Retz.) Merr.【N, W/C】♣SCBG, TMNS, XMBG, XTBG; ●FJ, GD, TW, YN; ★(AS): BT, CN, ID, IN, JP, KP, KR, LK, MM, MY, SG, TH, VN; (OC): AU, PAF.

舌柱草属 Glossostigma

沟繁缕状舌柱草（矮珍珠）**Glossostigma elatinoides** (Benth.) Hook. f. 【I, C】 ♣WBG; ●HB, TW; ★(OC): AU.

虾子草属 Mimulicalyx

虾子草 **Mimulicalyx rosulatus** Tsoong 【N, W/C】 ♣FLBG, IBCAS, WBG; ●BJ, GD, HB, JX; ★(AS): CN.

透骨草属 Phryma

透骨草 **Phryma leptostachya** subsp. **asiatica** (H. Hara) Kitam. 【N, W/C】 ♣HBG, LBG, WBG; ●HB, JX, SC, ZJ; ★(AS): BT, CN, IN, JP, KP, KR, NP, PK, VN.

石猴花属 Diplacus

石猴花 **Diplacus glutinosus** (J. C. Wendl.) Nutt.【I, C】 ●TW; ★(NA): US.

沟酸浆属 Erythranthe

猴面花 **Erythranthe × hybrida** (Wettst.) Q. W. Lin 【I, C】 ♣IBCAS, XMBG; ●BJ, FJ, JS, TW; ★(NA): US.

匍生沟酸浆 **Erythranthe bodinieri** (Vaniot) G. L. Nesom 【N, W/C】 ♣WBG; ●HB; ★(AS): CN.

红花猴面花 **Erythranthe cardinalis** Spach 【I, C】 ♣IBCAS; ●BJ; ★(NA): MX, US.

铜黄猴面花 **Erythranthe cuprea** (Dombrain) G. L. Nesom 【I, C】 ★(SA): AR, CL.

斑点狗面花（多斑猴面花）**Erythranthe guttata** (Fisch. ex DC.) G. L. Nesom 【I, C】 ♣NBG, XTBG; ●JS, YN; ★(NA): CA, MX, US.

奇特猴面花 **Erythranthe guttata** var. **moschatus** (Douglas ex Lindl.) G. L. Nesom 【I, C】 ♣NBG; ●JS; ★(NA): US.

*锦花猴面花（锦花沟酸浆）**Erythranthe lutea** (L.) G. L. Nesom 【I, C】 ♣BBG, IBCAS, NBG, XMBG; ●BJ, FJ, JS, SC, TW; ★(SA): AR, CL.

四川沟酸浆 **Erythranthe szechuanensis** (Y. Y. Pai) G. L. Nesom 【N, W/C】 ♣SCBG; ●GD, SC; ★(AS): CN.

沟酸浆 **Erythranthe tenella** (Bunge) G. L. Nesom 【N, W/C】 ♣BBG, SCBG; ●BJ, GD, SC; ★(AS): CN, ID, IN, JP, KP, KR, LK, MN, NP, RU-AS, VN.

276. 泡桐科 PAULOWNIACEAE

美丽桐属 Wightia

美丽桐 **Wightia speciosissima** (D. Don) Merr. 【N, W/C】 ♣XTBG; ●YN; ★(AS): BT, CN, ID, IN, LK, MM, NP, TH, VN.

泡桐属 Paulownia

楸叶泡桐 **Paulownia catalpifolia** T. Gong ex D. Y. Hong 【N, W/C】 ♣CDBG, HBG; ●BJ, LN, SC, SD, ZJ; ★(AS): CN.

兰考泡桐 **Paulownia elongata** S. Y. Hu 【N, W/C】 ♣BBG, CDBG, GBG, GXIB, HBG, WBG; ●BJ, GX, GZ, HA, HB, SC, ZJ; ★(AS): CN.

川泡桐 **Paulownia fargesii** Franch. 【N, W/C】 ♣CDBG, GBG, HBG; ●GZ, SC, YN, ZJ; ★(AS): CN, VN.

白花泡桐 **Paulownia fortunei** (Seem.) Hemsl. 【N, W/C】 ♣BBG, CBG, FBG, GA, GBG, GMG, GXIB, HBG, IBCAS, KBG, LBG, NBG, NSBG, SCBG, WBG, XBG, XMBG, ZAFU; ●BJ, CQ, FJ, GD, GX, GZ, HA, HB, HI, JS, JX, LN, SC, SH, SN, SX, TW, YN, ZJ; ★(AS): CN, LA, MM, VN.

台湾泡桐 **Paulownia kawakamii** T. Itô 【N, W/C】 ♣FBG, GA, GXIB, HBG, LBG; ●FJ, GX, JX, ZJ; ★(AS): CN.

南方泡桐 **Paulownia taiwaniana** T. W. Hu et H. J. Chang 【N, W/C】 ♣CBG, HBG, TBG; ●SH, TW, ZJ; ★(AS): CN.

毛泡桐 **Paulownia tomentosa** (Thunb.) Steud. 【N, W/C】 ♣BBG, CBG, GMG, HBG, IBCAS, KBG, LBG, NBG, SCBG, WBG, XBG, XMBG, ZAFU; ●BJ, FJ, GD, GX, HB, JS, JX, LN, SH, SN, SX, TW, YN, ZJ; ★(AS): CN, JP, KP, KR.

光泡桐 **Paulownia tomentosa** var. **tsinlingensis** (Y. Y. Pai) T. Gong 【N, W/C】 ♣HBG; ●BJ, ZJ; ★(AS): CN.

277. 列当科 OROBANCHACEAE

地黄属 Rehmannia

天目地黄 **Rehmannia chingii** H. L. Li 【N, W/C】 ♣CBG, HBG, IBCAS, SCBG, WBG, ZAFU; ●BJ, GD, HB, SH, ZJ; ★(AS): CN.

高地黄 **Rehmannia elata** N. E. Br. ex Prain 【N, W/C】 ♣WBG; ●HB; ★(AS): CN, RU-AS.

地黄 **Rehmannia glutinosa** (Gaertn.) DC. 【N, W/C】 ♣BBG, GBG, GMG, GXIB, HBG, IBCAS, LBG, NBG, SCBG, WBG, XBG, XMBG, ZAFU; ●BJ, FJ, GD, GS, GX, GZ, HB, JS, JX, LN, SN, ZJ; ★(AS): CN, KR, MN, RU-AS.

湖北地黄 **Rehmannia henryi** N. E. Br. 【N, W/C】 ♣WBG; ●HB; ★(AS): CN, RU-AS.

裂叶地黄 **Rehmannia piasezkii** Maxim. 【N, W/C】 ♣IBCAS, SCBG, WBG; ●BJ, GD, HB; ★(AS): CN, RU-AS.

茄叶地黄 **Rehmannia solanifolia** Tsoong et T. L. Chin 【N, W/C】 ♣WBG; ●HB; ★(AS): CN, RU-AS.

钟萼草属 Lindenbergia

*印度钟萼草 **Lindenbergia indica** Kuntze 【I, C】 ♣XTBG; ●YN; ★(AF): DJ, EG, ER, ET, SD, SO; (AS): BD, IL, IN, IR, JO, OM, PK, SA, YE.

野地钟萼草 **Lindenbergia muraria** (Roxb. ex D. Don) Brühl 【N, W/C】 ♣XTBG; ●YN; ★(AS): AF, BT, CN, IN, LA, LK, MM, PK, TH, VN.

钟萼草 **Lindenbergia philippensis** (Cham. et Schltdl.) Benth. 【N, W/C】 ♣SCBG, XTBG; ●GD, YN; ★(AS): CN, ID, IN, KH, LA, MM, PH, TH, VN.

阴行草属 Siphonostegia

阴行草 **Siphonostegia chinensis** Benth. 【N, W/C】 ♣FBG, GA, GBG, GMG, GXIB, HBG, LBG, NBG, SCBG; ●FJ, GD, GX, GZ, JS, JX, ZJ; ★

(AS): CN, JP, KP, KR, MN, RU-AS.

腺毛阴行草 **Siphonostegia laeta** S. Moore 【N, W/C】♣CBG, FBG, GA, HBG, LBG; ●FJ, JX, SH, ZJ; ★(AS): CN, JP, RU-AS.

鹿茸草属 Monochasma

白毛鹿茸草 **Monochasma savatieri** Franch. ex Maxim. 【N, W/C】♣CBG, HBG, LBG, ZAFU; ●JX, SH, ZJ; ★(AS): CN, JP.

鹿茸草 **Monochasma sheareri** (S. Moore) Maxim. ex Franch. et Sav. 【N, W/C】♣HBG, LBG; ●JX, ZJ; ★(AS): CN, JP.

草苁蓉属 Boschniakia

丁座草 **Xylanche himalaica** (Hook. f. et Thomson) Beck【N, W/C】♣SCBG; ●GD; ★(AS): BT, CN, ID, IN, LK, NP.

肉苁蓉属 Cistanche

肉苁蓉 **Cistanche deserticola** Y. C. Ma 【N, W/C】●GS, NM, QH, YN; ★(AS): CN, MN, RU-AS.

管花肉苁蓉 **Cistanche tubulosa** (Schenk) Hook. f. 【N, W/C】♣TDBG; ●XJ; ★(AS): CN, ID, IN, PK, RU-AS.

列当属 Orobanche

光药列当 **Orobanche brassicae** (Novopokr.) Novopokr. 【N, W/C】♣XMBG; ●FJ; ★(AS): CN, ID, IN, RU-AS.

弯管列当 **Orobanche cernua** Loefl. 【N, W/C】♣TDBG; ●XJ; ★(AS): AF, CN, CY, KG, KZ, MN, NP, PK, TJ, TM, UZ; (OC): AU.

欧亚列当 **Orobanche cernua** var. **cumana** (Wallr.) Beck【N, W/C】♣TDBG; ●XJ; ★(AS): AF, CN, KG, KH, KZ, MN, NP, PK, TJ, TM, UZ.

列当 **Orobanche coerulescens** Stephan ex Willd. 【N, W/C】♣BBG; ●BJ, NM; ★(AS): CN, CY, GE, JP, KG, KH, KP, KR, KZ, MN, NP, RU-AS, TM; (EU): AT, BG, CZ, HU, IT, PL, RO, RU.

黄花列当 **Orobanche pycnostachya** Hance 【N, W/C】♣BBG; ●BJ; ★(AS): CN, KP, KR, MN, RU-AS.

来江藤属 Brandisia

异色来江藤 **Brandisia discolor** Hook. f. et Thomson【N, W/C】♣XTBG; ●YN; ★(AS): CN, ID, IN, LA, MM, TH, VN.

来江藤 **Brandisia hancei** Hook. f. 【N, W/C】♣CBG, FBG, GBG, SCBG, WBG, XTBG; ●FJ, GD, GZ, HB, SC, SH, YN; ★(AS): CN.

岭南来江藤 **Brandisia swinglei** Merr. 【N, W/C】♣SCBG; ●GD; ★(AS): CN.

山罗花属 Melampyrum

山罗花 **Melampyrum roseum** Maxim. 【N, W/C】♣LBG; ●JX; ★(AS): CN, JP, KP, KR, MN, RU-AS.

鼻花属 Rhinanthus

冰川鼻花 **Rhinanthus glacialis** Personnat 【I, C】★(EU): CH, IT, SI.

小米草属 Euphrasia

丛林小米草 **Euphrasia nemorosa** Wettst. 【I, C】●TW; ★(EU): DE, ES, PL, SE, SI.

小米草 **Euphrasia pectinata** Ten. 【N, W/C】♣TDBG; ●BJ, XJ; ★(AF): MA; (AS): CN, JP, KP, KR, MN, RU-AS; (EU): AL, AT, BA, BG, CZ, DE, ES, GR, HR, HU, IT, LU, ME, MK, RO, RS, RU, SI.

疗齿草属 Odontites

疗齿草 **Odontites vulgaris** Moench 【N, W/C】♣SCBG; ●GD; ★(AS): CN, KG, KZ, MN, RU-AS, TJ, UZ; (EU): DK, FI, IS, NO, RU, SE.

胡麻草属 Centranthera

胡麻草 **Centranthera cochinchinensis** (Lour.) Merr. 【N, W/C】♣LBG, XTBG; ●JX, YN; ★(AS): CN, ID, IN, JP, KH, KR, LA, LK, MM, MY, NP, PH, TH, VN.

大花胡麻草 **Centranthera grandiflora** Benth. 【N, W/C】♣XTBG; ●YN; ★(AS): BT, CN, ID, IN, LK, MM, NP, VN.

矮胡麻草 **Centranthera tranquebarica** (Spreng.) Merr. 【N, W/C】♣SCBG, XMBG; ●FJ, GD; ★(AS): CN, ID, IN, KH, LA, LK, MY, SG, TH, VN.

黑蒴属 Alectra

黑蒴 **Alectra arvensis** (Benth.) Merr. 【N, W/C】

♣XTBG; ●YN; ★(AS): BT, CN, ID, IN, LA, LK, MM, PH.

野菰属　Aeginetia

野菰 **Aeginetia indica** L.【N, W/C】♣FBG, FLBG, HBG, LBG, SCBG, XMBG, XTBG; ●FJ, GD, JX, YN, ZJ; ★(AS): BT, CN, ID, IN, JP, KH, KR, LA, LK, MM, MY, NP, PH, TH, VN.

中国野菰 **Aeginetia sinensis** Beck【N, W/C】♣GA, LBG; ●JX; ★(AS): CN, JP.

独脚金属　Striga

独脚金 **Striga asiatica** (L.) Kuntze【N, W/C】♣FLBG, GMG, SCBG, XMBG; ●FJ, GD, GX, JX; ★(AF): BI, CG, CM, ET, GA, KE, KM, MG, NG, TG, UG, ZA, ZM; (AS): BT, CN, ID, IN, JP, KH, LK, MY, NP, PH, SG, TH, VN; (NA): US.

大独脚金 **Striga masuria** (Buch.-Ham. ex Benth.) Benth.【N, W/C】♣FLBG; ●GD, JX; ★(AS): CN, ID, IN, KH, LA, MM, NP, PH, TH, VN.

黑草属　Buchnera

黑草 **Buchnera cruciata** Buch.-Ham. ex D. Don【N, W/C】♣SCBG; ●GD; ★(AS): CN, ID, IN, KH, LA, MM, MY, NP, TH, VN.

*薰衣草状黑草 **Buchnera lavandulacea** Cham. et Schltdl.【I, C】♣XTBG; ●YN; ★(SA): BO, BR, PY.

马先蒿属　Pedicularis

短茎马先蒿 **Pedicularis artselaeri** Maxim.【N, W/C】♣WBG; ●HB; ★(AS): CN, MN.

二歧马先蒿 **Pedicularis dichotoma** Bonati【N, W/C】●YN; ★(AS): CN.

囊盔马先蒿 **Pedicularis elwesii** Hook. f.【N, W/C】●YN; ★(AS): BT, CN, IN, LK, MM, NP.

华中马先蒿 **Pedicularis fargesii** Franch.【N, W/C】♣WBG; ●HB; ★(AS): CN.

江南马先蒿 **Pedicularis henryi** Maxim.【N, W/C】♣GBG, LBG, SCBG; ●GD, GZ, JX; ★(AS): CN, LA, VN.

西南马先蒿 **Pedicularis labordei** Vaniot ex Bonati【N, W/C】♣GBG; ●GZ; ★(AS): CN.

绒舌马先蒿 **Pedicularis lachnoglossa** Hook. f.【N, W/C】♣SCBG; ●GD; ★(AS): BT, CN, IN, LK, NP.

返顾马先蒿 **Pedicularis resupinata** L.【N, W/C】♣WBG; ●HB, SC; ★(AS): CN, CY, JP, KP, KR, KZ, MN, RU-AS; (EU): RU.

管花马先蒿 **Pedicularis siphonantha** D. Don【N, W/C】♣SCBG; ●GD, YN; ★(AS): BT, CN, ID, IN, LK, NP.

红纹马先蒿 **Pedicularis striata** Pall.【N, W/C】♣BBG; ●BJ; ★(AS): CN, MN, RU-AS.

东俄洛马先蒿 **Pedicularis tongolensis** Franch.【N, W/C】♣SCBG; ●GD; ★(AS): CN.

三色马先蒿 **Pedicularis tricolor** Hand.-Mazz.【N, W/C】♣KBG; ●YN; ★(AS): CN.

松蒿属　Phtheirospermum

松 蒿 **Phtheirospermum japonicum** (Thunb.) Kanitz【N, W/C】♣GA, LBG, WBG; ●HB, JX; ★(AS): CN, JP, KP, KR, MN, RU-AS.

葫芦叶属　Cordylanthus

葫芦叶 **Cordylanthus capitatus** Nutt. ex Benth.【I, C】♣GXIB; ●GX; ★(NA): US.

278. 狸藻科 LENTIBULARIACEAE

捕虫堇属　Pinguicula

尖叶捕虫堇 **Pinguicula acuminata** Benth.【I, C】★(NA): MX.

纯真捕虫堇 **Pinguicula agnata** Casper【I, C】★(NA): MX.

高山捕虫堇 **Pinguicula alpina** G. H. Weber【N, W/C】●SC, TW; ★(AS): BT, CN, ID, IN, LK, MM, MN, NP, RU-AS; (EU): AT, BA, CZ, DE, ES, FI, GB, HR, HU, IT, ME, MK, NO, PL, RO, RS, RU, SI.

南极洲捕虫堇 **Pinguicula antarctica** Vahl【I, C】★(SA): PE.

高冠捕虫堇 **Pinguicula calyptrata** Kunth【I, C】★(SA): BO, CO, EC.

可里马捕虫堇 **Pinguicula colimensis** McVaugh et Mickel【I, C】●TW; ★(NA): MX.

圆切捕虫堇 **Pinguicula cyclosecta** Casper【I, C】♣BBG; ●BJ, TW; ★(NA): MX.

爱兰捕虫堇 **Pinguicula ehlersiae** Speta et F. Fuchs 【I, C】 ♣CBG; ●SH; ★(NA): MX.

伊丽莎白捕虫堇 **Pinguicula elizabethiae** Zamudio 【I, C】 ★(NA): MX.

凹瓣捕虫堇 **Pinguicula emarginata** Zamudio et Rzed. 【I, C】 ●TW; ★(NA): MX.

爱瑟氏捕虫堇 **Pinguicula esseriana** B. Kirchn. 【I, C】 ♣BBG; ●BJ; ★(NA): MX.

巨大捕虫堇 **Pinguicula gigantea** Luhrs 【I, C】 ♣CBG; ●SH; ★(NA): MX.

纤细捕虫堇 **Pinguicula gracilis** Zamudio 【I, C】 ★(NA): MX.

大花捕虫堇 **Pinguicula grandiflora** W. D. J. Koch 【I, C】 ●TW; ★(EU): BA, DE, ES, GB.

格林伍德捕虫堇 **Pinguicula greenwoodii** Cheek 【I, C】 ★(NA): MX.

石灰岩捕虫堇 **Pinguicula gypsicola** Brandegee 【I, C】 ●TW; ★(NA): MX.

*黑尔捕虫堇 **Pinguicula hellwegeri** Murr 【I, C】 ♣BBG; ●BJ; ★(EU): AT.

半着生捕虫堇 **Pinguicula hemiepiphytica** Zamudio et Rzed. 【I, C】 ★(NA): MX.

异叶捕虫堇 **Pinguicula heterophylla** Benth. 【I, C】 ★(NA): MX.

伊巴拉捕虫堇 **Pinguicula ibarrae** Zamudio 【I, C】 ★(NA): MX.

无斑捕虫堇 **Pinguicula immaculata** Zamudio et Lux 【I, C】 ●TW; ★(NA): MX.

内卷捕虫堇 **Pinguicula involuta** Ruiz et Pav. 【I, C】 ★(SA): BO, PE.

紫罗兰捕虫堇 **Pinguicula ionantha** R. K. Godfrey 【I, C】 ★(NA): US.

丘基萨卡捕虫堇 **Pinguicula jarmilae** Halda et Malina 【I, C】 ★(SA): BO.

豪玛维捕虫堇 **Pinguicula jaumavensis** Debbert 【I, C】 ●TW; ★(NA): MX.

近藤捕虫堇 **Pinguicula kondoi** Casper 【I, C】 ●TW; ★(NA): MX.

劳氏捕虫堇 **Pinguicula laueana** Speta et F. Fuchs 【I, C】 ●TW; ★(NA): MX.

疏叶捕虫堇 **Pinguicula laxifolia** Luhrs 【I, C】 ★(NA): MX.

紫丁香捕虫堇 **Pinguicula lilacina** Schltdl. et Cham. 【I, C】 ★(NA): MX.

葡萄牙捕虫堇 **Pinguicula lusitanica** L. 【I, C】 ●TW; ★(EU): BA, DE, ES, GB, LU.

黄花捕虫堇 **Pinguicula lutea** Walter 【I, C】 ●TW; ★(NA): US.

大角捕虫堇 **Pinguicula macroceras** Pall. ex Link 【I, C】 ★(NA): US.

大叶捕虫堇 **Pinguicula macrophylla** Kunth 【I, C】 ★(NA): MX.

马丁尼兹捕虫堇 **Pinguicula martinezii** Zamudio 【I, C】 ★(NA): MX.

中生捕虫堇 **Pinguicula mesophytica** Zamudio 【I, C】 ●TW; ★(NA): GT, HN, SV.

米兰达捕虫堇 **Pinguicula mirandae** Zamudio et A. Salinas 【I, C】 ★(NA): MX.

墨克提马捕虫堇 **Pinguicula moctezumae** Zamudio et R. Z. Ortega 【I, C】 ●TW; ★(NA): MX.

墨兰捕虫堇 **Pinguicula moranensis** Kunth 【I, C】 ♣BBG; ●BJ, TW; ★(NA): GT, HN, MX.

椭瓣捕虫堇 **Pinguicula oblongiloba** A. DC. 【I, C】 ★(NA): MX.

兰花捕虫堇 **Pinguicula orchidioides** DC. 【I, C】 ★(NA): MX.

小叶捕虫堇 **Pinguicula parvifolia** B. L. Rob. 【I, C】 ★(NA): MX.

毛捕虫堇 **Pinguicula pilosa** Luhrs, Studnič□ka et Gluch 【I, C】 ★(NA): MX.

扁叶捕虫堇（宽叶捕虫堇）**Pinguicula planifolia** Chapm. 【I, C】 ★(NA): US.

报春花状捕虫堇（樱叶捕虫堇）**Pinguicula primuliflora** C. E. Wood et R. K. Godfrey 【I, C】 ♣CBG, SCBG; ●GD, SH; ★(NA): US.

迷你捕虫堇 **Pinguicula pumila** Michx. 【I, C】 ★(NA): BS, US.

圆花捕虫堇 **Pinguicula rotundiflora** Studnič□ka 【I, C】 ★(NA): MX.

沙氏捕虫堇 **Pinguicula sharpii** Casper et K. Kondo 【I, C】 ★(NA): MX.

高木氏捕虫堇 **Pinguicula takakii** Zamudio et Rzed. 【I, C】 ★(NA): MX.

狸藻捕虫堇 **Pinguicula utricularioides** Zamudio et Rzed. 【I, C】 ★(NA): MX.

野捕虫堇 **Pinguicula vulgaris** L. 【I, C】 ★(AS): CY, RU-AS; (EU): AD, AL, AT, BA, BE, BG, BY, CH, CZ, DE, DK, ES, FI, FR, GB, GR, HR, HU, IS, IT, LU, MC, ME, MK, NL, NO, PL, PT, RO, RS, RU, SE, SI, SK, SM, UA, VA; (NA): CA, US.

撒迦捕虫堇 **Pinguicula zecheri** Speta et F. Fuchs 【I, C】 ★(NA): MX.

旋刺草属 Genlisea

非洲旋刺草(非洲螺旋狸藻)**Genlisea africana** Oliv.【I, C】★(AF): GA, GN, TZ.

矮旋刺草(矮螺旋狸藻)**Genlisea pygmaea** A. St.-Hil.【I, C】★(SA): BR, VE.

狸藻属 Utricularia

高山狸藻(高山挖耳草)**Utricularia alpina** Jacq.【I, C】♣BBG; ●BJ, TW; ★(SA): GY.

黄花狸藻 **Utricularia aurea** Lour.【N, W/C】♣CBG, FLBG, HBG, LBG, SCBG, TMNS, WBG, XMBG, XTBG; ●FJ, GD, HB, JX, SH, TW, YN, ZJ; ★(AS): BT, CN, ID, IN, JP, KH, KP, LA, LK, MM, MY, NP, PH, PK, SG, TH, VN; (OC): AU, PAF.

南方狸藻 **Utricularia australis** R. Br.【N, W/C】♣TMNS, WBG, XMBG, XTBG; ●FJ, HB, TW, YN; ★(AF): ZA; (AS): AF, BT, CN, ID, IN, JP, KP, LK, MM, MN, MY, NP, PH, PK, RU-AS; (OC): AU, PAF.

挖耳草 **Utricularia bifida** L.【N, W/C】♣SCBG, XTBG; ●GD, YN; ★(AS): BT, CN, ID, IN, JP, KH, KP, KR, LA, LK, MM, MY, NP, PH, SG, TH, VN; (OC): AU, PAF.

双瓣狸藻 **Utricularia biloba** R. Br.【I, C】★(OC): AU.

*双鳞狸藻(双鳞挖耳草)**Utricularia bisquamata** Schrank【I, C】♣BBG; ●BJ, TW; ★(AF): MG, ZA.

矮梗狸藻 **Utricularia breviscapa** Wright ex Griseb.【I, C】★(NA): CU; (SA): AR, BO, CO, EC, GY, VE.

短梗挖耳草 **Utricularia caerulea** L.【N, W/C】♣LBG; ●JX; ★(AF): MG; (AS): CN, ID, IN, JP, KH, KP, KR, LA, LK, MM, MY, NP, PH, SG, TH, VN; (OC): AU, PAF.

双裂苞狸藻 **Utricularia calycifida** Benj.【I, C】★(SA): BR, GY, VE.

角状狸藻(角状挖耳草)**Utricularia cornuta** Michx.【I, C】★(NA): BS, CA, US; (SA): BO.

*二叉狸藻 **Utricularia dichotoma** Labill.【I, C】●TW; ★(OC): AU.

*坚硬狸藻 **Utricularia firmula** Welw. ex Oliv.【I, C】●TW; ★(AF): MG, NG, ZA.

海南挖耳草 **Utricularia foveolata** Edgew.【N, W/C】♣XTBG; ●YN; ★(AS): CN, ID, IN, MY, PH, TH; (OC): AU.

少花狸藻(环翅狸藻)**Utricularia gibba** L.【N, W/C】♣CBG, LBG, SCBG, TMNS, WBG, XMBG, XTBG; ●FJ, GD, HB, JX, SH, TW, YN; ★(AF): NG, ZA; (AS): CN, ID, IN, JP, LK, MM, MY, NP, PH, SG, TH, VN; (OC): AU, NZ, PAF.

禾叶挖耳草 **Utricularia graminifolia** Vahl【N, W/C】♣CBG, FLBG, SCBG, XMBG; ●FJ, GD, JX, SH, TW; ★(AS): CN, ID, IN, LK, MM, TH; (OC): AU.

*异瓣狸藻 **Utricularia heterosepala** Benj.【I, C】●TW; ★(AS): PH.

毛挖耳草 **Utricularia hirta** Klein ex Link【N, W/C】★(AS): CN, IN, KH, LA, LK, MY, TH, VN.

逊氏狸藻 **Utricularia humboldtii** R. H. Schomb.【I, C】★(SA): BR, GY, VE.

剑形狸藻 **Utricularia juncea** Vahl【I, C】★(NA): BZ, CU, HN, MX, NI, PR, US; (SA): GY, VE.

晚花狸藻 **Utricularia lateriflora** R. Br.【I, C】★(OC): AU.

*青紫狸藻 **Utricularia livida** E. Mey.【I, C】♣BBG; ●BJ, TW; ★(AF): MG, ZA; (OC): NZ.

长叶狸藻 **Utricularia longifolia** Gardner【I, C】♣BBG, CBG; ●BJ, SH; ★(SA): BR.

曼西狸藻 **Utricularia menziesii** R. Br.【I, C】★(OC): AU.

*小萼狸藻 **Utricularia microcalyx** (P. Taylor) P. Taylor【I, C】●TW; ★(AF): TZ.

*单头狸藻 **Utricularia monanthos** Hook. f.【I, C】●TW; ★(OC): AU.

*多裂狸藻 **Utricularia multifida** R. Br.【I, C】●TW; ★(OC): AU.

*荷叶狸藻 **Utricularia nelumbifolia** Gardner【I, C】●TW; ★(SA): BR.

*肾叶狸藻(肾叶挖耳草)**Utricularia nephrophylla** Benj.【I, C】●TW; ★(SA): BR.

Utricularia novae-zelandiae Hook. f.【I, C】★(EU): BG, RO.

赭白狸藻 **Utricularia ochroleuca** R. W. Hartm.【I, C】★(EU): BE, DE, DK, FI, FR, GB, NO, SE.

*单管狸藻 **Utricularia parthenopipes** P. Taylor【I, C】●TW; ★(SA): BR.

Utricularia paulineae Lowrie【I, C】★(OC): AU.

*前伸狸藻 **Utricularia praelonga** A. St.-Hil. et Girard【I, C】●TW; ★(SA): GY.

*普雷狸藻 **Utricularia prehensilis** E. Mey.【I, C】●TW; ★(AF): MG, ZA.

*柔毛狸藻 **Utricularia pubescens** Sm.【I, C】●TW; ★(AF): AO, CD, CF, CM, ET, GN, LR, MW, NG, SL, SN, TZ, UG, ZM; (NA): PA; (SA): GY, VE.

紫花狸藻（淡紫狸藻）**Utricularia purpurea** Walter【I, C】★(NA): BZ, CU, JM, MX, NI, TT, US.

*奎尔奇狸藻 **Utricularia quelchii** N. E. Br.【I, C】●TW; ★(SA): GY.

*肾形狸藻 **Utricularia reniformis** A. St.-Hil.【I, C】●TW; ★(SA): BR.

网纹狸藻 **Utricularia reticulata** Sm.【I, C】★(AS): LK.

小白兔狸藻 **Utricularia sandersonii** Oliv.【I, C】♣BBG, CBG, SCBG; ●BJ, GD, SH, TW; ★(AF): ZA.

缠绕挖耳草 **Utricularia scandens** Benj.【N, W/C】♣FLBG, GA, HBG, LBG, XMBG, XTBG; ●FJ, GD, JX, YN, ZJ; ★(AF): MG, NG, ZA; (AS): BT, CN, ID, IN, LA, LK, MM, MY, NP, TH, VN; (OC): AU, PAF.

单纯狸藻 **Utricularia simplex** R. Br.【I, C】★(OC): AU.

圆叶挖耳草 **Utricularia striatula** Sm.【N, W/C】♣SCBG, XTBG; ●GD, YN; ★(AS): BT, CN, ID, IN, LK, MM, MY, NP, PH, TH, VN.

*钻形狸藻 **Utricularia subulata** L.【I, C】●TW; ★(AF): GA, GN, MG, NG; (NA): BZ, CU, HN, MX, NI, PA, SV, TT, US; (SA): AR, BO, BR, CO, EC, GF, GY, PE, VE.

*三叶狸藻 **Utricularia trichophylla** Spruce ex Oliv.【I, C】★(NA): CR, NI; (SA): BR, PE, PY, VE.

*三色狸藻 **Utricularia tricolor** A. St.-Hil.【I, C】●TW; ★(SA): GY.

*三齿狸藻 **Utricularia tridentata** Sylvén【I, C】●TW; ★(SA): BR.

*单花狸藻 **Utricularia uniflora** R. Br.【I, C】●TW; ★(OC): AU.

狸藻 **Utricularia vulgaris** L.【N, W/C】♣HBG, WBG; ●HB, ZJ; ★(AS): AF, CN, GE, KZ, MN, PK, RU-AS, UZ; (EU): AL, AT, BA, BE, BG, CZ, DE, ES, FI, FR, GB, GR, HR, HU, IT, ME, MK, NL, NO, PL, RO, RS, RU, SI.

弯距狸藻 **Utricularia vulgaris** subsp. **macrorhiza** (J. Le Conte) R. T. Clausen【N, W/C】★(AS): CN, MN.

钩突挖耳草 **Utricularia warburgii** Goebel【N, W/C】●TW; ★(AS): CN.

威尔维茨狸藻 **Utricularia welwitschii** Oliv.【I, C】★(AF): MG, TZ, ZM.

279. 爵床科 ACANTHACEAE

瘤子草属 Nelsonia

瘤子草 **Nelsonia canescens** (Lam.) Spreng.【N, W/C】♣XTBG; ●YN; ★(AF): MG, NG, ZA; (AS): BT, CN, ID, IN, KH, LA, LK, MM, MY, NP, PH, TH, VN; (OC): AU.

墨西哥爵床属 Elytraria

墨西哥爵床 **Elytraria mexicana** Fryxell et S. D. Koch【I, C】★(NA): MX.

叉柱花属 Staurogyne

短穗叉柱花 **Staurogyne brachystachya** Benoist【N, W/C】♣XTBG; ●YN; ★(AS): CN, VN.

弯花叉柱花 **Staurogyne chapaensis** Benoist【N, W/C】♣SCBG; ●GD; ★(AS): CN, VN.

叉柱花 **Staurogyne concinnula** Matsum.【N, W/C】♣SCBG; ●GD; ★(AS): CN, JP.

蛇根叶 **Staurogyne macrobotrya** (Kurz) T. F. Daniel et McDade【N, W/C】♣KBG, XTBG; ●YN; ★(AS): CN, LA, MM, TH, VN.

大花叉柱花 **Staurogyne sesamoides** (Hand.-Mazz.) Burtt【N, W/C】♣SCBG; ●GD; ★(AS): CN, LA, VN.

海榄雌属 Avicennia

黑海榄雌（萌芽海榄雌）**Avicennia germinans** (L.) L.【I, N】★(NA): BM, BS, BZ, CR, CU, DO, GT, HN, HT, JM, KY, LW, MX, NI, PA, PR, SV, TT, US, VG; (SA): AR, BR, CO, EC, PE, VE.

海榄雌 **Avicennia marina** (Forssk.) Vierh.【N, W/C】♣SCBG, XLTBG, XMBG; ●FJ, GD, HI; ★(AF): MG, ZA; (AS): CN, ID, IN, JP, MY, PH, SG, VN; (OC): AU, PAF.

山牵牛属 Thunbergia

灌状山牵牛 **Thunbergia affinis** S. Moore【I, C】♣TBG, XTBG; ●TW, YN; ★(AF): AO, KE, TZ, UG.

翼叶山牵牛 **Thunbergia alata** Bojer ex Sims【I, C/N】♣BBG, CBG, FLBG, GMG, KBG, SCBG, TBG, XLTBG, XMBG, XTBG; ●BJ, FJ, GD, GX, HI, JX, SH, TW, YN; ★(AF): CF, ET, KE, MG, NG, TZ, ZA.

红花山牵牛 **Thunbergia coccinea** Wall.【N, W/C】♣XTBG; ●YN; ★(AS): BT, CN, ID, IN, LA, LK, MM, TH.

碗花草（海南山牵牛）**Thunbergia fragrans** Roxb.【N, W/C】♣FLBG, SCBG, XTBG; ●GD, JX, YN; ★(AS): BT, CN, ID, IN, KH, LA, LK, MM, NP, PH, SG, TH, VN; (OC): AU.

山牵牛 **Thunbergia grandiflora** Roxb.【N, W/C】♣BBG, FLBG, GMG, GXIB, KBG, LBG, NBG, SCBG, TBG, TMNS, XMBG, XTBG; ●BJ, FJ, GD, GX, JS, JX, TW, YN; ★(AS): BT, CN, ID, IN, LA, LK, MM, MY, SG, TH, VN.

非洲老鸦嘴(白眼花)**Thunbergia gregorii** S. Moore【I, C】♣XMBG; ●FJ, TW; ★(AF): BI, TZ.

桂叶山牵牛(桂叶牵牛)**Thunbergia laurifolia** Lindl.【I, C】♣FBG, SCBG, XMBG, XTBG; ●FJ, GD, YN; ★(AS): ID, IN, MM, MY, SG, TH.

羽脉山牵牛 **Thunbergia lutea** T. Anderson【N, W/C】♣XTBG; ●YN; ★(AS): BT, CN, ID, IN, LK, MM.

黄花老鸦嘴 **Thunbergia mysorensis** (Wight) T. Anderson【I, C】♣SCBG, TMNS; ●GD, TW; ★(AS): IN.

小灌状山牵牛 **Thunbergia natalensis** Hook.【I, C】♣XTBG; ●YN; ★(AF): BI, MW, TZ, ZA.

直立山牵牛属 Meyenia

直立山牵牛 **Meyenia erecta** Benth.【I, C】♣BBG, FLBG, LBG, SCBG, TBG, XLTBG, XMBG, XTBG; ●BJ, FJ, GD, HI, JX, TW, YN; ★(AF): CF, CG, GH, GN, NG, SN, TG, TZ.

单药花属 Aphelandra

红单药花 **Aphelandra aurantiaca** (Scheidw.) Lindl.【I, C】♣TMNS; ●TW; ★(NA): BZ, CR, GT, HN, MX, NI, PA; (SA): BO, BR, CO, EC, GY, PE.

单药花 **Aphelandra schiedeana** Cham. et Schltdl.【I, C】♣BBG; ●BJ; ★(NA): GT, HN, MX, SV.

珊瑚塔 **Aphelandra sinclairiana** Nees ex Benth.【I, C】♣TMNS; ●TW; ★(NA): CR.

单药爵床(金脉单药花)**Aphelandra squarrosa** Nees【I, C】♣FLBG, LBG, SCBG, XLTBG, XMBG, XOIG; ●FJ, GD, HI, JX; ★(NA): PA; (SA): BR.

十字爵床属 Crossandra

十字爵床（橙色鸟尾花）**Crossandra infundibuliformis** (L.) Nees【I, C】♣FLBG, IBCAS, KBG, SCBG, XLTBG, XMBG, XOIG, XTBG; ●BJ, FJ, GD, HI, JX, TW, YN; ★(AF): AO, BI, CG, ET, SO.

黄鸟尾花 **Crossandra nilotica** Oliv.【I, C】♣NBG, SCBG, XMBG, XTBG; ●FJ, GD, JS, TW, YN; ★(AF): ET, TZ.

银脉爆竹花（银脉鸟尾花）**Crossandra pungens** Lindau【I, C】♣SCBG; ●GD; ★(AF): KE, TZ.

老鼠簕属 Acanthus

小花老鼠簕 **Acanthus ebracteatus** Vahl【N, W/C】♣CBG; ●SH; ★(AS): CN, ID, IN, KH, MM, SG, TH, VN; (OC): AU.

深紫老鼠簕 **Acanthus eminens** C. B. Clarke【I, C】♣CBG; ●SH; ★(AF): ET, TZ.

匈牙利老鼠簕 **Acanthus hungaricus** (Borbás) Baen.【I, C】♣BBG; ●BJ; ★(EU): AL, BA, BG, GR, HR, HU, MD, ME, MK, RO, RS, SI, TR, UA.

老鼠簕 **Acanthus ilicifolius** Lour.【N, W/C】♣FLBG, GMG, LBG, SCBG, WBG, XMBG, XTBG; ●FJ, GD, GX, HB, JX, YN; ★(AS): CN, ID, IN, KH, LA, LK, MM, MY, PH, SG, TH, VN; (OC): AU, PAF.

刺苞老鼠簕 **Acanthus leucostachyus** Wall. ex Nees【N, W/C】♣SCBG, XTBG; ●GD, SC, YN; ★(AS): CN, ID, IN, KH, LA, MM, TH, VN.

蛤蟆花(虾蟆花)**Acanthus mollis** L.【I, C】♣CBG, GXIB, KBG, WBG, XMBG, XTBG; ●BJ, FJ, GX, HB, SH, YN; ★(AF): DZ, EG, LY, MA, TN; (AS): LB, PS, SY, TR; (EU): AL, BA, ES, FR, GR, HR, IT, MC, ME, MK, RS, SI.

八角筋 **Acanthus montanus** (Nees) T. Anderson【I, C】♣XMBG; ●FJ; ★(AF): BI, CF, CM, GA, NG, UG.

刺老鼠簕 **Acanthus spinosus** L.【I, C】♣XMBG; ●FJ; ★(EU): AL, BA, BG, GR, HR, IT, ME, MK, RS, SI, TR.

白烛属 Whitfieldia

长叶白烛 **Whitfieldia elongata** (P. Beauv.) De Wild. et T. Durand【I, C】♣BBG; ●BJ; ★(AF): CF, CG, CM, GA, NG, TZ, UG.

鳔冠花属 Cystacanthus

金塔鳔冠花(金塔火焰花)**Cystacanthus pyramidalis** Benoist【N, W/C】♣GXIB, SCBG; ●GD, GX; ★

(AS): CN, IN, VN.

火焰花属 Phlogacanthus

火焰花 **Phlogacanthus curviflorus** Nees【N, W/C】♣GXIB, NBG, SCBG, XTBG; ●GD, GX, JS, TW, YN; ★(AS): BT, CN, ID, IN, LA, MM, TH, VN.

毛脉火焰花 **Phlogacanthus pubinervius** T. Anderson【N, W/C】♣XTBG; ●YN; ★(AS): BT, CN, ID, IN, LK, MM.

裸柱草属 Gymnostachyum

矮裸柱草 **Gymnostachyum subrosulatum** H. S. Lo【N, W/C】♣BBG, GXIB, SCBG, WBG; ●BJ, GD, GX, HB; ★(AS): CN.

穿心莲属 Andrographis

疏花穿心莲 **Andrographis laxiflora** (Blume) Lindau【N, W/C】♣XTBG; ●YN; ★(AS): BT, CN, ID, IN, KH, LA, MM, MY, NP, TH, VN.

穿心莲 **Andrographis paniculata** (Burm. f.) Nees【I, C】♣GMG, HBG, KBG, SCBG, TMNS, WBG, XBG, XMBG, XOIG, XTBG; ●BJ, FJ, GD, GX, HB, SC, SN, TW, YN, ZJ; ★(AS): IN, LK.

色萼花属 Chroesthes

色萼花 **Chroesthes lanceolata** (T. Anderson) B. Hansen【N, W/C】♣SCBG, XTBG; ●GD, YN; ★(AS): CN, LA, MM, TH, VN.

鳞花草属 Lepidagathis

鳞花草 **Lepidagathis incurva** Buch.-Ham. ex D. Don【N, W/C】♣FLBG, GMG, SCBG, WBG, XTBG; ●GD, GX, HB, JX, YN; ★(AS): BT, CN, ID, IN, LA, LK, MM, MY, TH, VN.

假杜鹃属 Barleria

*南非假杜鹃 **Barleria albostellata** C. B. Clarke【I, C】♣XTBG; ●YN; ★(AF): ZA.

假杜鹃 **Barleria cristata** L.【N, W/C】♣BBG, FLBG, GXIB, HBG, KBG, SCBG, WBG, XMBG, XTBG; ●BJ, FJ, GD, GX, HB, JX, YN, ZJ; ★(AS): BT, CN, ID, IN, LK, MM, NP, PK, SG, VN.

花叶假杜鹃 **Barleria lupulina** Lindl.【N, W/C】♣GMG, XTBG; ●GX, YN; ★(AS): CN, ID, SG.

*夜花假杜鹃 **Barleria noctiflora** L. f.【I, C】♣SCBG; ●GD; ★(AS): LK.

黄花假杜鹃 **Barleria prionitis** L.【N, W/C】♣XTBG; ●YN; ★(AS): CN, ID, IN, LA, LK, MM, MY, TH, VN.

莽银花属 Crabbea

莽银花 **Crabbea velutina** S. Moore【I, C】♣XTBG; ●YN; ★(AF): ZA.

喜花草属 Eranthemum

华南可爱花 **Eranthemum austrosinensis** H. S. Lo【N, W/C】♣SCBG; ●GD; ★(AS): CN.

喜花草 **Eranthemum pulchellum** Andrews【I, C】♣BBG, FBG, FLBG, GMG, GXIB, NBG, SCBG, XBG, XMBG, XTBG; ●BJ, FJ, GD, GX, JS, JX, SN, YN; ★(AS): IN.

云南可爱花 **Eranthemum tetragonum** Wall. ex Nees【N, W/C】♣XTBG; ●YN; ★(AS): CN, KH, LA, MM, TH, VN.

可爱花（喜花草）**Eranthemum wattii** (Bedd.) Stapf【N, W/C】♣BBG; ●BJ; ★(AS): CN, MM, SG.

地皮消属 Pararuellia

节翅地皮消 **Pararuellia alata** H. B. Cui【N, W/C】♣WBG, XTBG; ●HB, YN; ★(AS): CN.

地皮消 **Pararuellia delavayana** (Baill.) E. Hossain【N, W/C】♣FBG, GMG; ●FJ, GX; ★(AS): CN, VN.

云南地皮消 **Pararuellia glomerata** Y. M. Shui et W. H. Chen【N, W/C】♣KBG; ●YN; ★(AS): CN.

芦莉草属 Ruellia

赛山蓝 **Ruellia blechum** L.【I, N】★(NA): BZ, CR, DO, GT, HN, JM, MX, NI, PA, PR, SV, TT, VG; (SA): BO, CO, EC, PE, VE.

短叶芦莉（美丽芦莉草）**Ruellia brevifolia** (Pohl) C. Ezcurra【I, C】♣SCBG; ●GD; ★(SA): AR, BO, BR, EC, PE, PY.

火焰芦莉（双色芦莉草）**Ruellia chartacea** (T. Anderson) Wassh.【I, C】♣BBG, XTBG; ●BJ, YN; ★(SA): CO, EC, PE.

紫叶芦利（礼布芦莉草）**Ruellia devosiana** E. Morren【I, C】♣BBG, SCBG; ●BJ, GD; ★(SA): BR.

艳芦莉（艳芦莉草）**Ruellia elegans** Poir. 【I, C】 ♣BBG, FBG, FLBG, GXIB, SCBG, XMBG, XTBG; ●BJ, FJ, GD, GX, JX, YN; ★(NA): JM; (SA): BR.

大花芦莉草 **Ruellia macrantha** Mart. ex Nees 【I, C】 ♣BBG, SCBG, XMBG; ●BJ, FJ, GD; ★(SA): BR.

马可芦莉（马可芦莉草）**Ruellia makoyana** Closon 【I, C】 ♣BBG, IBCAS, SCBG, TMNS, WBG; ●BJ, GD, HB, TW; ★(NA): SV.

楠草 **Ruellia repens** L. 【N, W/C】 ♣SCBG, WBG; ●GD, HB; ★(AS): CN, ID, IN, MY, PH.

玫瑰芦莉（红花芦莉草）**Ruellia rosea** (Nees) Hemsl. 【I, C】 ♣SCBG, XTBG; ●GD, YN; ★(NA): MX.

蓝花草 **Ruellia simplex** C. Wright 【I, C】 ♣FBG, GXIB, SCBG, XLTBG, XMBG, XTBG; ●FJ, GD, GX, HI, TW, YN; ★(NA): MX, NI; (SA): AR, PY.

糙叶芦利草（朱莉草）**Ruellia squarrosa** (Fenzl) Cufod. 【I, C】 ♣XTBG; ●YN; ★(SA): BR.

块根芦莉（块根芦莉草、芦莉草）**Ruellia tuberosa** L. 【I, C】 ♣FLBG, XTBG; ●GD, JX, YN; ★(NA): BS, CU, DO, GT, JM, KY, LW, MX, PA, PR, TT, VG; (SA): BO, CO, PE, VE.

飞来蓝（拟地皮消）**Ruellia venusta** Hance 【N, W/C】 ♣FLBG, SCBG; ●GD, JX; ★(AS): CN.

马蓝属 Strobilanthes

肖笼鸡（贵州肖笼鸡）**Strobilanthes affinis** Y. C. Tang 【N, W/C】 ♣CBG, GBG, WBG, XTBG; ●GZ, HB, SH, YN; ★(AS): CN, ID, IN, MM, VN.

假紫苏（灰姑娘）**Strobilanthes alternata** (Burm. f.) Moylan ex J. R. I. Wood 【I, C】 ♣SCBG, TMNS, XMBG, XTBG; ●FJ, GD, TW, YN; ★(AS): ID, IN, MM, MY, SG.

海南马蓝（汗斑草、海南黄）**Strobilanthes anamitica** Kuntze 【I, C】 ♣GXIB, HBG, WBG; ●GX, HB, ZJ; ★(AS): CN, VN.

同形马蓝 **Strobilanthes anisophylla** (G. Lodd.) T. Anderson 【I, C】 ♣XMBG; ●FJ; ★(AS): BD, IN.

山一笼鸡 **Strobilanthes aprica** T. Anderson ex Benth. 【N, W/C】 ♣FBG, IBCAS, SCBG, WBG, XTBG; ●BJ, FJ, GD, HB, YN; ★(AS): CN, KH, LA, MM, TH, VN.

翅柄马蓝 **Strobilanthes atropurpurea** Nees 【N, W/C】 ♣XTBG; ●YN; ★(AS): BT, CN, IN, MM, NP, PK, VN.

红背耳叶马蓝 **Strobilanthes auriculata** var. **dyeriana** J. R. I. Wood 【I, C】 ♣FLBG, GMG, GXIB, NBG, SCBG, TMNS, XMBG, XTBG; ●FJ, GD, GX, JS, JX, TW, YN; ★(AS): MM.

华南马蓝（南岭马蓝）**Strobilanthes austrosinensis** Y. F. Deng et J. R. I. Wood 【N, W/C】 ♣GXIB; ●GX; ★(AS): CN.

黄球花 **Strobilanthes chinensis** Nees 【N, W/C】 ♣GMG; ●AH, GX; ★(AS): CN, KH, LA, TH, VN.

奇瓣马蓝 **Strobilanthes cognata** Benoist 【N, W/C】 ♣CBG, SCBG, WBG; ●GD, HB, SH; ★(AS): CN.

密苞马蓝（密苞紫云菜）**Strobilanthes compacta** D. Fang et H. S. Lo 【N, W/C】 ♣GXIB; ●GX; ★(AS): CN.

板蓝 **Strobilanthes cusia** Kuntze 【N, W/C】 ♣BBG, CDBG, FBG, FLBG, GA, GBG, GMG, GXIB, HBG, KBG, SCBG, WBG, XLTBG, XMBG, XTBG; ●BJ, FJ, GD, GX, GZ, HB, HI, JX, SC, YN, ZJ; ★(AS): BT, CN, IN, JP, KH, LA, MM, NP, SG, TH, VN.

串花马蓝 **Strobilanthes cystolithigera** Lindau 【N, W/C】 ♣WBG; ●HB; ★(AS): CN.

曲枝马蓝（曲枝假蓝）**Strobilanthes dalzielii** (W. W. Sm.) Benoist 【N, W/C】 ♣SCBG; ●GD; ★(AS): CN, KP, KR, LA, MM, TH, VN.

球花马蓝 **Strobilanthes dimorphotricha** Hance 【N, W/C】 ♣CBG, GMG, GXIB, HBG, WBG, XTBG; ●GX, HB, SC, SH, YN, ZJ; ★(AS): CN, ID, IN, LA, MM, TH, VN.

疏花叉花草 **Strobilanthes divaricatus** T. Anderson 【N, W/C】 ♣GA, GMG; ●GX, JX; ★(AS): BT, CN, IN, NP.

溪畔黄球花 **Strobilanthes fluviatilis** (C. B. Clarke ex W. W. Sm.) Moylan et Y. F. Deng 【N, W/C】 ♣XTBG; ●YN; ★(AS): CN, MM, TH.

腺毛马蓝 **Strobilanthes forrestii** Diels 【N, W/C】 ♣WBG; ●HB; ★(AS): CN.

球序马蓝（聚花金足草）**Strobilanthes glomerata** T. Anderson 【N, W/C】 ♣XTBG; ●YN; ★(AS): CN, ID, IN, KH, LA, MM, MY, TH, VN.

叉花草 **Strobilanthes hamiltoniana** (Steud.) Bosser et Heine 【N, W/C】 ♣XTBG; ●YN; ★(AS): BT, CN, ID, IN, MM, NP.

铜毛马蓝 **Strobilanthes inflata** var. **aenobarba** (W. W. Sm.) J. R. I. Wood et Y. F. Deng 【N, W/C】

♣XTBG; ●YN; ★(AS): CN, ID, IN, MM.

日本马蓝 **Strobilanthes japonica** Miq. 【N, W/C】 ♣IBCAS, SCBG; ●BJ, GD, SC; ★(AS): CN, JP.

长穗马蓝 **Strobilanthes longespicata** Hayata 【N, W/C】 ♣SCBG, TMNS; ●GD, TW; ★(AS): CN.

龙州马蓝 **Strobilanthes longzhouensis** H. S. Lo et D. Fang 【N, W/C】 ♣GXIB; ●GX; ★(AS): CN, VN.

少花马蓝 **Strobilanthes oliganthus** Miq. 【N, W/C】 ♣FBG, GA, HBG, LBG, WBG; ●FJ, HB, JX, ZJ; ★(AS): CN, JP, KR.

山马蓝（闭花紫云菜、山紫云菜）**Strobilanthes oresbia** W. W. Sm. 【N, W/C】 ♣WBG; ●HB; ★(AS): CN.

圆苞马蓝 **Strobilanthes penstemonoides** (Nees) T. Anderson 【N, W/C】 ♣WBG; ●HB; ★(AS): BT, CN, IN, NP.

阳朔马蓝 **Strobilanthes pseudocollina** K. J. He et D. H. Qin 【N, W/C】 ♣GXIB; ●GX; ★(AS): CN.

紫蕨草（齿叶半柱花）**Strobilanthes repanda** (Blume) J. R. Benn. 【I, C】 ♣SCBG; ●GD; ★(AS): MY, SG.

菜头肾 **Strobilanthes sarcorrhiza** (C. Ling) C. Z. Zheng ex Y. F. Deng et N. H. Xia 【N, W/C】 ♣HBG, NBG; ●JS, ZJ; ★(AS): CN.

四子马蓝 **Strobilanthes tetrasperma** (Champ. ex Benth.) Druce 【N, W/C】 ♣FLBG, SCBG, WBG; ●GD, HB, JX, SC; ★(AS): CN, VN.

尖蕊花（尖药花）**Strobilanthes tomentosa** (Nees) J. R. I. Wood 【N, W/C】 ♣WBG; ●HB; ★(AS): BT, CN, ID, IN, LA, LK, MM, MY, NP, PK.

糯米香 **Strobilanthes tonkinensis** Lindau 【N, W/C】 ♣GXIB, XLTBG, XTBG; ●GX, HI, YN; ★(AS): CN, LA, TH, VN.

三花马兰 **Strobilanthes triflorus** Y. C. Tang 【N, W/C】 ♣WBG; ●HB; ★(AS): CN.

黄脉爵床属 Sanchezia

长叶黄脉爵床（金脉爵床）**Sanchezia oblonga** Ruiz et Pav. 【I, C】 ♣BBG, CBG, CDBG, FBG, FLBG, GXIB, IBCAS, KBG, SCBG, WBG, XMBG, XTBG; ●BJ, FJ, GD, GX, HB, JX, SC, SH, TW, YN; ★(NA): PR, US; (SA): BO, EC, PE, VE.

小苞黄脉爵床 **Sanchezia parvibracteata** Sprague et Hutch. 【I, C】 ★(NA): CR, GT, HN, MX, NI, PR, SV; (SA): BO, EC, PY.

黄脉爵床（金叶木）**Sanchezia speciosa** Leonard 【I, C】 ♣LBG, SCBG, TBG, TMNS, XTBG; ●GD, JX, TW, YN; ★(NA): CU, PA, PR; (SA): BR, CO, EC, PE.

水蓑衣属 Hygrophila

水罗兰（青丝青叶）**Hygrophila balsamica** (L. f.) E. Hossain 【I, C】 ♣SCBG, WBG; ●GD, HB; ★(AS): IN, LK.

伞花水蓑衣 **Hygrophila corymbosa** Lindau 【I, C】 ♣SCBG; ●GD; ★(NA): US.

显脉水蓑衣（盖亚纳柳叶）**Hygrophila costata** Nees 【I, C】 ♣SCBG; ●GD; ★(NA): BZ, CR, DO, GT, HN, JM, MX, NI, PA, PR; (SA): AR, BO, BR, CO, EC, PE, PY, VE.

小叶水蓑衣 **Hygrophila erecta** (Burm. f.) Hochr. 【N, W/C】 ♣XTBG; ●YN; ★(AS): CN, ID, IN, LA, MM, TH, VN; (SA): GY.

大安水蓑衣 **Hygrophila pogonocalyx** Hayata 【N, W/C】 ♣TMNS; ●TW; ★(AS): CN.

小狮子草 **Hygrophila polysperma** (Roxb.) T. Anderson 【N, W/C】 ♣SCBG, TMNS; ●GD, TW; ★(AS): BT, CN, ID, IN, LK, MM, MY, VN.

水蓑衣（沼泽水蓑衣、小柳）**Hygrophila ringens** (L.) R. Br. ex Spreng. 【N, W/C】 ♣FBG, FLBG, GA, GMG, GXIB, HBG, LBG, SCBG, TMNS, WBG, XBG, XLTBG, XMBG, XTBG, ZAFU; ●FJ, GD, GX, HB, HI, JX, SC, SN, TW, YN, ZJ; ★(AS): BT, CN, ID, IN, JP, KH, KR, LA, LK, MM, MY, NP, PH, PK, SG, TH, VN.

岩水蓑衣（南天仙子）**Hygrophila saxatilis** Ridl. 【I, C】 ♣GMG, SCBG; ●GD, GX; ★(AS): ID, MY.

刻脉水蓑衣 **Hygrophila stricta** Hassk. 【I, C】 ★(AS): ID, IN, MM, MY, PH.

异叶水蓑衣（水罗兰）**Hygrophila triflora** (Roxb.) Fosberg et Sachet 【I, C】 ♣SCBG, TMNS, WBG; ●BJ, GD, HB, TW; ★(AS): IN, MM.

逐马蓝属 Brillantaisia

逐马蓝 **Brillantaisia owariensis** P. Beauv. 【I, C】 ♣BBG; ●BJ; ★(AF): CG, CM, GA, GH, GN, NG, TZ, UG.

肾苞草属 Phaulopsis

肾苞草 **Phaulopsis dorsiflora** (Retz.) Santapau 【N, W/C】 ♣XTBG; ●YN; ★(AS): BT, CN, ID, IN, KH, LA, MM, TH, VN.

恋岩花属 Echinacanthus

黄花岩恋花 **Echinacanthus lofuensis** (H. Lév.) J. R. I. Wood 【N, W/C】 ♣GMG; ●GX; ★(AS): CN.

长柄恋岩花 **Echinacanthus longipes** H. S. Lo et D. Fang【N, W/C】♣GXIB; ●GX; ★(AS): CN, VN.

十万错属 Asystasia

*非洲十万错 **Asystasia africana** (S. Moore) C. B. Clarke【I, C】♣XTBG; ●YN; ★(AF): CM, GA.

宽叶十万错 **Asystasia gangetica** (L.) T. Anderson【N, W/C】♣FLBG, GMG, SCBG, WBG, XMBG, XTBG; ●FJ, GD, GX, HB, JX, YN; ★(AS): CN, ID, IN, MM, MY, SG, TH.

小花十万错 **Asystasia gangetica** subsp. **micrantha** (Nees) Ensermu【I, N】♣TMNS; ●TW; ★(AF): MG, NG.

白接骨 **Asystasia neesiana** (Wall.) Nees【N, W/C】♣CBG, GA, HBG, LBG, NBG, SCBG, WBG, XTBG; ●GD, HB, JS, JX, SC, SH, YN, ZJ; ★(AS): CN, ID, IN, MM, VN.

十万错 **Asystasia nemorum** Nees【N, W/C】♣GXIB, SCBG, XTBG; ●GD, GX, YN; ★(AS): CN, ID, IN, MM, MY, SG, TH, VN.

囊管花 **Asystasia salicifolia** Craib【N, W/C】♣XTBG; ●YN; ★(AS): CN, IN, LA, MM, TH.

号角花属 Mackaya

号角花 **Mackaya bella** Harv.【I, C】♣BBG; ●BJ; ★(AF): ZA.

红楼花属 Odontonema

*鸡冠爵床 **Odontonema callistachyum** (Cham. et Schltdl.) Kuntze【I, C】♣BBG, XTBG; ●BJ, YN; ★(NA): BZ, CR, GT, HN, MX, NI, PA, SV.

红苞花 **Odontonema tubaeforme** (Bertol.) Kuntze【I, C】♣BBG, FBG, FLBG, GXIB, SCBG, TBG, TMNS, WBG, XMBG, XTBG; ●BJ, FJ, GD, GX, HB, JX, TW, YN; ★(NA): BZ, CR, GT, HN, MX, NI, PA, SV; (SA): CO.

山壳骨属 Pseuderanthemum

紫美花 **Pseuderanthemum acuminatissimum** (Miq.) Radlk.【I, C】♣TMNS; ●TW; ★(AS): ID, IN, LA.

拟美花 **Pseuderanthemum carruthersii** (Seem.) Guillaumin【I, C】♣CBG, SCBG, TMNS, XMBG, XTBG; ●FJ, GD, SH, TW, YN; ★(OC): AU, NC.

狭叶钩粉草 **Pseuderanthemum coudercii** Benoist【N, W/C】♣SCBG; ●GD; ★(AS): CN, KH.

云南山壳骨 **Pseuderanthemum crenulatum** (Wall. ex Lindl.) Radlk.【N, W/C】♣BBG, GXIB, SCBG, XTBG; ●BJ, GD, GX, YN; ★(AS): CN, ID, IN, MY, SG.

黑叶拟美花 **Pseuderanthemum kewense** L. H. Bailey【I, C】♣SCBG; ●GD; ★(AF): AO.

疏花山壳骨 **Pseuderanthemum laxiflorum** (A. Gray) F. T. Hubb. ex L. H. Bailey【I, C】♣FBG, XMBG, XTBG; ●FJ, YN; ★(OC): FJ.

亮泽拟美花 **Pseuderanthemum metallicum** Hallier【I, C】♣SCBG, XMBG, XTBG; ●FJ, GD, YN; ★(AS): ID.

多花山壳骨 **Pseuderanthemum polyanthum** (C. B. Clarke) Merr.【N, W/C】♣BBG, SCBG, XTBG; ●BJ, GD, YN; ★(AS): CN, ID, IN, MM, MY, TH, VN.

南山壳骨属 Ruspolia

南山壳骨（钩子花）**Ruspolia hypocrateriformis** (Vahl) Milne-Redh.【I, C】♣SCBG; ●GD; ★(AF): GH, NG, ZW.

蜂鸟爵床属 Ruttya

蜂鸟爵床（蜂鸟花）**Ruttya fruticosa** Lindau【I, C】♣BBG, CBG, SCBG; ●BJ, GD, SH; ★(AF): KE, TZ.

彩叶木属 Graptophyllum

彩叶木 **Graptophyllum pictum** (L.) Griff.【I, C】♣CBG, SCBG, XMBG, XTBG; ●FJ, GD, SH, TW, YN; ★(OC): PG.

兔耳山壳骨属 × Ruttyruspolia

兔耳山壳骨 × **Ruttyruspolia** Meeuse et Wet【I, C】♣BBG; ●BJ; ★(AF): ZA.

Ptyssiglottis

Ptyssiglottis kunthiana (Wall. ex Nees) B. Hansen【I, C】★(AS): VN.

Ptyssiglottis nigrescens (Merr.) B. Hansen【I, C】

★(AS): MY.

叉序草属 Isoglossa

叉序草 **Isoglossa collina** (T. Anderson) B. Hansen 【N, W/C】 ♣FBG, GA, WBG, XMBG, XTBG; ●FJ, HB, JX, YN; ★(AS): BT, CN, ID, IN, LK, MM, TH.

光叉序草 **Isoglossa glabra** (Hand.-Mazz.) B. Hansen 【N, W/C】 ♣GXIB; ●GX; ★(AS): CN.

鳄嘴花属 Clinacanthus

鳄嘴花 **Clinacanthus nutans** (Burm. f.) Lindau 【N, W/C】 ♣FLBG, GMG, HBG, SCBG, XLTBG, XMBG, XOIG, XTBG; ●FJ, GD, GX, HI, JX, SC, TW, YN, ZJ; ★(AS): CN, ID, IN, LA, MY, TH, VN.

网纹草属 Fittonia

网纹草 **Fittonia albivenis** (Lindl. ex Veitch) Brummitt 【I, C】 ♣BBG, FBG, FLBG, IBCAS, SCBG, TBG, WBG, XMBG, XOIG, XTBG, ZAFU; ●BJ, FJ, GD, HB, JX, SC, TW, YN, ZJ; ★(SA): BO, BR, CO, EC, PE.

大网纹草（大费通花）**Fittonia gigantea** Linden 【I, C】 ★(SA): EC, PE.

火唇花属 Anisacanthus

火唇花 **Anisacanthus quadrifidus** (Vahl) Standl. 【I, C】 ★(NA): MX; (SA): AR.

金羽花属 Schaueria

白金羽花 **Schaueria flavicoma** N. E. Br. 【I, C】 ♣SCBG, XTBG; ●GD, YN; ★(OC): AU.

金苞花属 Pachystachys

绯红珊瑚花（红花厚穗爵床、红金苞花）**Pachystachys coccinea** (Aubl.) Nees 【I, C】 ♣SCBG, XTBG; ●GD, TW, YN; ★(NA): CU, JM, LW, TT, US, WW; (SA): GY, PE.

金苞花 **Pachystachys lutea** Nees 【I, C】 ♣BBG, CDBG, FBG, FLBG, GXIB, IBCAS, KBG, LBG, NBG, SCBG, TMNS, WBG, XLTBG, XMBG, XOIG, XTBG; ●BJ, FJ, GD, GX, HB, HI, JS, JX, SC, TW, YN; ★(NA): CR, HN, NI, PA, SV; (SA): BO, BR, CO, EC, PE, PY, VE.

黄鸭嘴花属 Tetramerium

黄花鸭嘴花 **Tetramerium glandulosum** Oerst. 【I, C】 ♣BBG; ●BJ; ★(NA): MX.

孩儿草属 Rungia

中华孩儿草 **Rungia chinensis** Benth. 【N, W/C】 ♣SCBG; ●GD; ★(AS): CN, VN.

密花孩儿草 **Rungia densiflora** H. S. Lo 【N, W/C】 ♣ZAFU; ●ZJ; ★(AS): CN.

孩儿草 **Rungia pectinata** (L.) Nees 【N, W/C】 ♣FLBG, GMG, SCBG, XTBG; ●GD, GX, JX, YN; ★(AS): BT, CN, ID, IN, LA, LK, MM, MY, NP, TH, VN.

粗壮孩儿草 **Rungia robusta** C. B. Clarke ex C. Y. Wu 【N, W/C】 ♣XTBG; ●YN; ★(AS): CN.

爵床属 Justicia

棱茎爵床 **Justicia acutangula** H. S. Lo et D. Fang 【N, W/C】 ♣GXIB; ●GX; ★(AS): CN.

鸭嘴花 **Justicia adhatoda** L. 【I, C/N】 ♣BBG, CBG, CDBG, FBG, GMG, GXIB, HBG, IBCAS, KBG, LBG, NBG, SCBG, TBG, WBG, XBG, XMBG, XTBG; ●BJ, FJ, GD, GX, HB, JS, JX, SC, SH, SN, TW, YN, ZJ; ★(AS): ID, IN, LK, MY, NP, PK.

串心花 **Justicia aequilabris** (Nees) Lindau 【I, C】 ♣TBG, XMBG, XTBG; ●FJ, TW, YN; ★(SA): BO, PY.

华南爵床 **Justicia austrosinensis** H. S. Lo et D. Fang 【N, W/C】 ♣GXIB; ●GX; ★(AS): CN.

白苞爵床 **Justicia betonica** L. 【I, C】 ♣BBG, FLBG, SCBG, XMBG; ●BJ, FJ, GD, JX; ★(AF): KE, TZ, UG, ZA, ZM.

虾衣花 **Justicia brandegeeana** Wassh. et L. B. Sm. 【I, C】 ♣BBG, FBG, FLBG, GBG, GMG, GXIB, HBG, IBCAS, KBG, LBG, NBG, SCBG, TBG, WBG, XBG, XMBG, XOIG, XTBG; ●BJ, FJ, GD, GX, GZ, HB, JS, JX, SC, SN, TW, YN, ZJ; ★(NA): GT, HN, MX, NI, SV, US; (SA): BO, CO, EC, VE.

红唇花（巴西爵床）**Justicia brasiliana** Roth 【I, C】 ♣BBG, TMNS, XTBG; ●BJ, TW, YN; ★(SA): AR, BR, PY.

心叶爵床 **Justicia cardiophylla** D. Fang et H. S. Lo

【N, W/C】 ♣GXIB; ●GX; ★(AS): CN, VN.

珊瑚花 **Justicia carnea** Lindl.【I, C】♣BBG, FBG, FLBG, GBG, GXIB, HBG, IBCAS, KBG, LBG, NBG, SCBG, WBG, XLTBG, XMBG, ZAFU; ●BJ, FJ, GD, GX, GZ, HB, HI, JS, JX, SC, TW, YN, ZJ; ★(SA): BR.

圆苞杜根藤 **Justicia championii** T. Anderson 【N, W/C】 ♣FLBG, GA, HBG, LBG, SCBG, XTBG, ZAFU; ●GD, JX, YN, ZJ; ★(AS): CN.

大明爵床(大明野靛棵)**Justicia damingensis** (H. S. Lo) H. S. Lo 【N, W/C】 ♣GXIB; ●GX; ★(AS): CN.

小叶散爵床 **Justicia diffusa** Willd. 【N, W/C】 ♣XTBG; ●YN; ★(AS): BT, CN, IN, LK, MM, NP, TH, VN.

疏花珊瑚花 **Justicia floribunda** (C. Koch) Wassh. 【I, C】 ♣BBG; ●BJ; ★(SA): AR, BO, BR.

小驳骨 **Justicia gendarussa** Burm. f. 【I, C】 ♣BBG, FBG, FLBG, GBG, GMG, GXIB, HBG, SCBG, TMNS, WBG, XLTBG, XMBG, XTBG; ●BJ, FJ, GD, GX, GZ, HB, HI, JX, SC, TW, YN, ZJ; ★(AS): IN.

粉绿萼小驳骨 **Justicia glauca** B. Heyne ex Wall. 【I, C】 ♣SCBG; ●GD; ★(AS): IN.

火唇花 **Justicia gonzalezii** (Greenm.) Henrickson et Hiriart 【I, C】 ♣TMNS; ●TW; ★(NA): MX.

广西爵床(广西赛爵床)**Justicia kwangsiensis** (H. S. Lo) H. S. Lo 【N, W/C】 ♣GXIB; ●GX; ★(AS): CN.

南岭爵床(南岭野靛棵)**Justicia leptostachya** Hemsl. 【N, W/C】 ♣XTBG; ●YN; ★(AS): CN.

喀西爵床 **Justicia mollissima** (Nees) Y. F. Deng et T. F. Daniel 【N, W/C】 ♣GXIB, KBG, LBG, NBG, WBG, XTBG; ●GX, HB, JS, JX, YN; ★(AS): CN, IN, LK.

琴叶爵床 **Justicia panduriformis** Benoist 【N, W/C】 ♣GXIB; ●GX; ★(AS): CN, VN.

野靛棵 **Justicia patentiflora** Hemsl. 【N, W/C】 ♣SCBG, WBG, XTBG; ●GD, HB, YN; ★(AS): CN, MM, VN.

巴西烟火花 **Justicia pohliana** Profice【I, C】●TW; ★(SA): BR.

爵床 **Justicia procumbens** L. 【N, W/C】 ♣BBG, FBG, FLBG, GA, GBG, GMG, GXIB, HBG, IBCAS, KBG, LBG, NBG, NSBG, SCBG, TBG, WBG, XMBG, XTBG, ZAFU; ●BJ, CQ, FJ, GD, GX, GZ, HB, JS, JX, SC, TW, YN, ZJ; ★(AS): BT, CN, ID, IN, JP, KH, KR, LA, LK, MM, MY, NP, PH, TH, VN; (OC): AU.

黄花爵床(黄花野靛棵)**Justicia pseudospicata** H. S. Lo et D. Fang 【N, W/C】 ♣GXIB; ●GX; ★(AS): CN.

杜根藤 **Justicia quadrifaria** Wall. 【N, W/C】 ♣LBG, WBG, XTBG; ●HB, JX, YN; ★(AS): CN, ID, IN, LA, MM, MY, SG, TH, VN.

穗花爵床 **Justicia spicigera** Schltdl. 【I, C】 ●TW; ★(NA): BZ, CR, GT, MX, NI, PA, SV; (SA): CO.

针子草 **Justicia vagabunda** Benoist 【N, W/C】 ♣XTBG; ●YN; ★(AS): CN, KH, VN.

黑叶小驳骨 **Justicia ventricosa** Wall. 【N, W/C】 ♣FLBG, GBG, GMG, GXIB, HBG, IBCAS, SCBG, XLTBG, XMBG, XTBG; ●BJ, FJ, GD, GX, GZ, HI, JX, YN, ZJ; ★(AS): CN, KH, LA, MM, TH, VN.

赤苞花属 Megaskepasma

赤苞花 **Megaskepasma erythrochlamys** Lindau 【I, C】♣BBG, CBG, TMNS, XMBG, XTBG; ●BJ, FJ, SH, TW, YN; ★(NA): CR, NI, PA, SV, US; (SA): CO, GY, VE.

灵枝草属 Rhinacanthus

灵枝草 **Rhinacanthus nasutus** (L.) Kurz【N, W/C】 ♣FLBG, GMG, HBG, SCBG, XLTBG, XTBG; ●GD, GX, HI, JX, YN, ZJ; ★(AF): MG; (AS): CN, ID, IN, KH, LA, LK, MM, MY, PH, TH, VN.

狗肝菜属 Dicliptera

狗肝菜 **Dicliptera chinensis** (L.) Juss. 【N, W/C】 ♣BBG, FBG, GMG, GXIB, SCBG, WBG, XMBG, XTBG; ●BJ, FJ, GD, GX, HB, YN; ★(AS): CN, ID, IN, JP, VN; (OC): US-HW.

河畔狗肝菜 **Dicliptera riparia** Nees 【N, W/C】 ♣XTBG; ●YN; ★(AS): CN, MM.

观音草属 Peristrophe

观音草 **Peristrophe bivalvis** Merr. 【N, W/C】 ♣GMG, GXIB, HBG, SCBG, TMNS, XMBG, XOIG; ●FJ, GD, GX, TW, ZJ; ★(AS): CN, ID, IN, KH, LA, LK, MY, TH, VN; (OC): PAF.

野山蓝(大叶观音草)**Peristrophe fera** C. B. Clarke 【N, W/C】 ♣XTBG; ●YN; ★(AS): BT, CN, ID, IN, LK, MM.

九头狮子草 **Peristrophe japonica** (Thunb.) Bremek.

【N, W/C】 ♣CBG, FBG, GA, GBG, GMG, GXIB, HBG, LBG, NBG, WBG, XMBG, XTBG, ZAFU; ●FJ, GX, GZ, HB, JS, JX, SC, SH, YN, ZJ; ★(AS): CN, JP, KR.

美丽爵床 **Peristrophe speciosa** Nees 【I, C】 ♣SCBG; ●GD; ★(AS): IN.

枪刀药属 Hypoestes

*毛枝枪刀药 **Hypoestes lasioclada** Nees 【I, C】 ★(AF): MG.

红点草 **Hypoestes phyllostachya** Baker 【I, C】 ♣BBG, FLBG, IBCAS, LBG, SCBG, TMNS, WBG, XLTBG, XMBG, XTBG; ●BJ, FJ, GD, HB, HI, JX, SC, TW, YN; ★(AF): MG.

枪刀药 **Hypoestes purpurea** R. Br. 【N, W/C】 ♣GMG, GXIB, HBG, SCBG; ●GD, GX, ZJ; ★(AS): CN, LA, PH, VN.

嫣红蔓 **Hypoestes sanguinolenta** (Van Houtte) Hook. f. 【I, C】 ♣FLBG, KBG; ●GD, JX, TW, YN; ★(NA): CR, HN, MX; (SA): CO.

三花枪刀药（滇中狗肝菜）**Hypoestes triflora** (Forssk.) Roem. et Schult. 【N, W/C】 ♣BBG, XTBG; ●BJ, YN; ★(AS): BT, CN, IN, LK, MM, NP.

银脉爵床属 Kudoacanthus

银脉爵床 **Kudoacanthus albonervosa** Hosok. 【N, W/C】 ♣CDBG, NBG; ●JS, SC; ★(AS): CN.

钟花草属 Codonacanthus

钟花草 **Codonacanthus pauciflorus** (Nees) Nees 【N, W/C】 ♣SCBG, XTBG; ●GD, YN; ★(AS): BT, CN, ID, IN, JP, KH, LK, MM, TH, VN.

280. 紫葳科 BIGNONIACEAE

蓝花楹属 Jacaranda

尖叶蓝花楹 **Jacaranda acutifolia** Bonpl. 【I, C】 ♣FLBG, GA, HBG, KBG, SCBG, TBG, TMNS, XMBG; ●FJ, GD, JX, TW, YN, ZJ; ★(NA): GT; (SA): BO, PE.

尾叶蓝花楹 **Jacaranda cuspidifolia** Mart. 【I, C】 ♣XMBG; ●FJ; ★(SA): BO, BR, PY.

蓝花楹 **Jacaranda mimosifolia** D. Don 【I, C】 ♣CBG, FBG, GXIB, IBCAS, NBG, SCBG, WBG, XLTBG, XMBG, XTBG, ZAFU; ●BJ, FJ, GD, GX, HB, HI, JS, SC, SH, TW, YN, ZJ; ★(NA): CR, DO, GT, HN, MX, NI, PA, SV; (SA): AR, BO, BR, EC, PE, PY, VE.

半齿蓝花楹 **Jacaranda puberula** Cham. 【I, C】 ♣SCBG; ●GD; ★(SA): AR, BR, PY.

悬果藤属 Eccremocarpus

智利悬果藤（智利垂果藤）**Eccremocarpus scaber** Ruiz et Pav. 【I, C】 ♣XTBG; ●GD, TW, YN; ★(SA): AR, CL.

凌霄属 Campsis

杂种凌霄 **Campsis × tagliabuana** Rehder 【I, C】 ♣BBG, CBG; ●BJ, SH, TW; ★(NA): US.

凌霄 **Campsis grandiflora** (Thunb.) K. Schum. 【N, W/C】 ♣BBG, CDBG, FBG, FLBG, GA, GBG, GXIB, HBG, KBG, LBG, NBG, SCBG, TBG, TMNS, WBG, XBG, XMBG, XTBG, ZAFU; ●AH, BJ, FJ, GD, GX, GZ, HB, JS, JX, LN, SC, SN, TW, XJ, YN, ZJ; ★(AS): CN, ID, IN, JP, KR, LA, MM, PK, VN.

厚萼凌霄 **Campsis radicans** (L.) Seem. 【I, C】 ♣BBG, CBG, CDBG, FBG, GMG, GXIB, HBG, IBCAS, KBG, LBG, NBG, SCBG, WBG, XBG, XMBG; ●BJ, FJ, GD, GX, HB, JS, JX, LN, SC, SH, SN, XJ, YN, ZJ; ★(NA): US.

黄钟花属 Tecoma

黄钟花 **Tecoma stans** Griseb. 【N, W/C】 ♣BBG, FBG, FLBG, SCBG, TMNS, XLTBG, XMBG, XTBG; ●BJ, FJ, GD, HI, JX, TW, YN; ★(AS): CN.

角蒿属 Incarvillea

两头毛 **Incarvillea arguta** Royle 【N, W/C】 ♣KBG, WBG, XTBG; ●HB, SC, YN; ★(AS): BT, CN, IN, NP, RU-AS.

密生波罗花 **Incarvillea compacta** Maxim. 【N, W/C】 ♣KBG, XTBG; ●YN; ★(AS): CN, RU-AS.

红波罗花 **Incarvillea delavayi** Bureau et Franch. 【N, W/C】 ♣BBG, KBG, NBG, XTBG; ●BJ, JS, YN; ★(AS): CN, RU-AS.

单叶波罗花 **Incarvillea forrestii** Fletcher 【N, W/C】 ♣KBG, XTBG; ●YN; ★(AS): CN, RU-AS.

黄波罗花 **Incarvillea lutea** Bureau et Franch. 【N, W/C】 ♣KBG; ●YN; ★(AS): CN, RU-AS.

鸡肉参 **Incarvillea mairei** (H. Lév.) Grierson 【N, W/C】 ♣BBG, GBG, KBG, XTBG; ●BJ, GZ, YN; ★(AS): BT, CN, NP, RU-AS.

大花鸡肉参 **Incarvillea mairei** var. **grandiflora** (Wernham) Grierson 【N, W/C】 ♣KBG, NBG; ●JS, SC, YN; ★(AS): BT, CN, NP.

多小叶鸡肉参 **Incarvillea mairei** var. **multifoliolata** (C. Y. Wu et W. C. Yin) C. Y. Wu et W. C. Yin 【N, W/C】 ●YN; ★(AS): BT, CN, NP.

洋角蒿 **Incarvillea olgae** Regel 【I, C】 ♣XTBG; ●YN; ★(AS): AF, RU-AS, TJ.

角蒿 **Incarvillea sinensis** Lam. 【N, W/C】 ♣IBCAS, KBG, TDBG; ●BJ, XJ, YN; ★(AS): CN, MN, RU-AS.

中甸角蒿 **Incarvillea zhongdianensis** Grey-Wilson 【N, W/C】 ♣KBG, SCBG, XTBG; ●GD, YN; ★(AS): CN.

非洲凌霄属 Podranea

紫芸藤（非洲凌霄）**Podranea ricasoliana** (Tanfani) Sprague 【I, C】 ♣TMNS, XMBG, XTBG; ●AH, FJ, TW, YN; ★(NA): BZ, GT, HN, MX, NI, PA, SV, VG; (SA): BR, CO, EC, PY, VE.

硬骨凌霄属 Tecomaria

硬骨凌霄 **Tecomaria capensis** (Thunb.) Fenzl 【I, C】 ♣BBG, CBG, FBG, FLBG, GMG, GXIB, HBG, IBCAS, KBG, NBG, SCBG, TBG, TMNS, WBG, XLTBG, XMBG, XOIG, XTBG; ●BJ, FJ, GD, GX, HB, HI, JS, JX, SH, TW, YN, ZJ; ★(AF): MW, ZA, ZM.

秘鲁硬骨凌霄 **Tecomaria fulva** (Cav.) Seem. 【I, C】 ★(SA): AR, BO, CL, PE.

*马鞭硬骨凌霄 **Tecomaria fulva** subsp. **garrocha** (Hieron.) Q. W. Lin 【I, C】 ♣TBG; ●TW; ★(SA): AR, BO, CL, PE.

条纹硬骨凌霄 **Tecomaria shirensis** (Baker) K. Schum. 【I, C】 ★(AF): TZ, ZM.

金盖树属 Deplanchea

金盖树（金焰紫葳）**Deplanchea speciosa** Vieill. 【I, C】 ★(OC): NC.

束花金盖树（束花金焰紫葳）**Deplanchea tetraphylla** (R. Br.) F. Muell. ex Steenis 【I, C】 ★(OC): AU, PG.

粉花凌霄属 Pandorea

粉花凌霄 **Pandorea jasminoides** (Lindl.) K. Schum. 【I, C】 ♣CBG, FLBG, HBG, KBG, NBG, SCBG, TMNS, XMBG, XTBG; ●FJ, GD, JS, JX, SH, TW, YN, ZJ; ★(OC): AU, NZ.

翅叶木属 Pauldopia

翅叶木 **Pauldopia ghorta** (Buch.-Ham. ex G. Don) Steenis 【N, W/C】 ♣SCBG, XTBG; ●GD, YN; ★(AS): CN, ID, IN, LA, LK, MM, NP, TH, VN.

披风木属 Delostoma

全缘叶披风木 **Delostoma integrifolium** D. Don 【I, C】 ♣BBG; ●BJ; ★(SA): CO, EC, PE, VE.

胡姬藤属 Adenocalymma

Adenocalymma comosum (Cham.) DC. 【I, C】 ★(SA): CL.

猫爪藤属 Macfadyena

猫爪藤 **Macfadyena unguis-cati** (L.) A. H. Gentry 【I, N】 ♣FBG, GXIB, HBG, LBG, SCBG, TBG, TMNS, WBG, XMBG, XOIG, XTBG; ●FJ, GD, GX, HB, JX, SC, TW, YN, ZJ; ★(NA): BS, BZ, CR, CU, DO, GT, HN, HT, JM, MX, NI, PA, PR, SV, US, VG; (SA): AR, BO, BR, CO, EC, GY, PE, PY, VE.

红钟藤属 Distictis

红钟藤（墨西哥血液喇叭）**Distictis buccinatoria** (DC.) A. H. Gentry 【I, C】 ●TW; ★(NA): MX, US.

猴梳藤属 Pithecoctenium

*阿根廷猴梳藤 **Pithecoctenium cynanchoides** DC. 【I, C】 ♣XTBG; ●YN; ★(SA): AR, PY.

领杯藤属 Amphilophium

*十字领杯藤 **Amphilophium crucigerum** (L.) L. G. Lohmann 【I, C】 ★(NA): BZ, CR, GT, HN, MX, NI,

PA, SV; (SA): AR, BO, BR, EC, GF, PE, PY, VE.

*锥花领杯藤 **Amphilophium paniculatum** (L.) Kunth【I, C】★(NA): BZ, CR, GT, HN, MX, NI, PA, SV; (SA): AR, BO, BR, EC, GF.

蒜香藤属 Mansoa

蒜香藤 **Mansoa alliacea** (Lam.) A. H. Gentry【I, C】♣CBG, FBG, NBG, SCBG, TMNS, WBG, XLTBG, XMBG, XTBG; ●FJ, GD, HB, HI, JS, SH, TW, YN; ★(NA): CR, LW, PA, TT, WW; (SA): BO, BR, EC, GF, GY, PE.

炮仗藤属 Pyrostegia

炮仗花 **Pyrostegia venusta** (Ker Gawl.) Miers【I, C/N】♣BBG, FBG, FLBG, GMG, GXIB, KBG, NBG, SCBG, TBG, TMNS, WBG, XLTBG, XMBG, XOIG, XTBG; ●AH, BJ, FJ, GD, GX, HB, HI, JS, JX, SC, TW, YN; ★(NA): BM, CR, GT, HN, JM, MX, PR, SV, VG, WW; (SA): AR, BO, BR, CO, EC, PE, PY, VE.

黄葳属 Anemopaegma

黄葳 **Anemopaegma chamberlaynii** (Sims) Bureau et K. Schum.【I, C】♣TBG, TMNS; ●TW; ★(SA): BO, BR, PY.

号角藤属 Bignonia

吊钟藤 **Bignonia capreolata** L.【I, C】●TW; ★(NA): US.

紫铃藤属 Saritaea

紫铃藤（美丽二叶藤）**Saritaea magnifica** (W. Bull) Dugand【I, C】♣FLBG, GXIB, LBG, XMBG, XTBG; ●FJ, GD, GX, JX, TW, YN; ★(NA): DO, JM, PA, SV; (SA): BR, CO, EC, VE.

连理藤属 Clytostoma

连理藤 **Clytostoma callistegioides** (Cham.) Bur. et Schum.【I, C】♣FBG, SCBG, TBG, TMNS, XMBG; ●FJ, GD, TW; ★(SA): AR, BO, BR, PE, PY, UY.

彩虹藤属 Cuspidaria

*彩虹藤 **Cuspidaria convoluta** (Vell.) A. H. Gentry【I, C】★(AF): ZA.

*多花彩虹藤 **Cuspidaria floribunda** (DC.) A. H. Gentry【I, C】★(SA): EC.

弗氏葳属 Fridericia

契卡 **Fridericia chica** (Bonpl.) L. G. Lohmann【I, C】★(NA): BZ, CR, DO, GT, HN, MX, NI, PA, PR, SV, WW; (SA): AR, BO, BR, CO, EC, GF, PE, PY, VE.

叉枝弗氏葳 **Fridericia dichotoma** (Jacq.) L. G. Lohmann【I, C】♣XTBG; ●YN; ★(NA): CR; (SA): AR, BO, PY.

二叶藤 **Fridericia rego** (Vell.) L. G. Lohmann【I, C】★(SA): BR.

老鸦烟筒花属 Millingtonia

老鸦烟筒花 **Millingtonia hortensis** L. f.【N, W/C】♣XTBG; ●GD, YN; ★(AS): CN, ID, IN, KH, LA, MM, MY, SG, TH, VN.

照夜白属 Nyctocalos

照夜白 **Nyctocalos brunfelsiiflorum** Teijsm. et Binn.【N, W/C】♣XTBG; ●YN; ★(AS): CN, ID, IN, MM, MY, TH.

木蝴蝶属 Oroxylum

木蝴蝶 **Oroxylum indicum** (L.) Kurz【N, W/C】♣BBG, FBG, FLBG, GMG, GXIB, HBG, NBG, SCBG, TBG, XMBG, XTBG; ●BJ, FJ, GD, GX, JS, JX, TW, YN, ZJ; ★(AS): BT, CN, ID, IN, KH, LA, LK, MM, MY, NP, PH, SG, TH, VN.

沙楸属 Chilopsis

沙楸（沙漠葳）**Chilopsis linearis** (Cav.) Sweet【I, C】♣MDBG; ●GS; ★(NA): MX, US.

梓属 Catalpa

*变红梓 **Catalpa × erubescens** Carrière【I, C】♣IBCAS; ●BJ; ★(NA): MX, US.

杂种梓 **Catalpa hybrida** L. Späth【I, C】♣HBG, IBCAS, NBG; ●BJ, JS, ZJ; ★(NA): US.

美国梓（南黄金树）**Catalpa bignonioides** Walter【I, C】♣BBG, CBG, HBG, IBCAS, NBG, XTBG; ●BJ, HE, JS, LN, SH, TW, YN, ZJ; ★(NA): MX, US.

楸 **Catalpa bungei** Dippel【N, W/C】♣BBG,

CDBG, HBG, IBCAS, LBG, NBG, SCBG, XBG; ●BJ, CQ, GD, HA, HB, HN, JS, JX, LN, SC, SN, SX, ZJ; ★(AS): CN.

灰楸 **Catalpa fargesii** E. H. Wilson 【N, W/C】 ♣GBG, HBG, IBCAS, KBG, NBG, NSBG, SCBG, WBG, XBG; ●BJ, CQ, GD, GZ, HB, JS, SC, SN, YN, ZJ; ★(AS): CN, MN.

梓 **Catalpa ovata** G. Don【N, W/C】♣BBG, CBG, FBG, GA, GBG, GXIB, HBG, HFBG, IBCAS, KBG, LBG, MDBG, NBG, NSBG, TDBG, WBG, XBG, XMBG, XOIG, XTBG, ZAFU; ●BJ, CQ, FJ, GS, GX, GZ, HB, HL, JL, JS, JX, LN, SC, SH, SN, SX, XJ, YN, ZJ; ★(AS): CN.

黄金树 **Catalpa speciosa** (Warder ex Barney) Warder ex Engelm. 【I, C】 ♣BBG, CDBG, FBG, GA, HBG, HFBG, IBCAS, KBG, NBG, SCBG, TBG, TDBG, XMBG; ●BJ, FJ, GD, HL, JS, JX, LN, SC, TW, XJ, YN, ZJ; ★(NA): US.

梓柳属 ×Chitalpa

塔什干梓柳 ×**Chitalpa tashkentensis** T. S. Elias et Wisura 【I, C】 ♣CBG; ●SH; ★(AS): UZ.

粉铃木属 Tabebuia

银鳞粉铃木（银鳞风铃木）**Tabebuia aurea** (Silva Manso) Benth. et Hook. f. ex S. Moore 【I, C】 ♣SCBG, XMBG, XTBG; ●FJ, GD, TW, YN; ★(SA): AR, BO, BR, PE, PY, VE.

异叶粉铃木（异叶风铃木）**Tabebuia heterophylla** (DC.) Britton 【I, C】 ♣SCBG, TMNS, XLTBG, XTBG; ●FJ, GD, HI, TW, YN; ★(NA): BS, CU, DO, HN, HT, JM, KY, LW, PR, TT, US, VG, WW.

紫花粉铃木（紫花风铃木）**Tabebuia impetiginosa** (Mart. ex DC.) Standl. 【I, C】 ♣SCBG, TBG, TMNS, XTBG; ●GD, TW, YN; ★(NA): CR, GT, HN, MX, NI, PA, SV; (SA): AR, BO, BR, CO, GF, PE, PY, VE.

毛粉铃木（毛风铃木）**Tabebuia obtusifolia** (Cham.) Bureau 【I, C】 ♣TBG, TMNS; ●TW; ★(SA): BR.

粉铃木（粉花风铃木）**Tabebuia roseoalba** (Ridl.) Sandwith 【I, C】 ♣SCBG, TMNS, XTBG; ●FJ, GD, TW, YN; ★(SA): BO, BR, CO, PE, PY.

艳阳花属 Cybistax

艳阳花 **Cybistax antisyphilitica** (Mart.) Mart. 【I, C】 ★(SA): AR, BO, BR, PE, PY.

风铃木属 Handroanthus

风铃木（黄花风铃木、黄钟木）**Handroanthus chrysanthus** (Jacq.) S. O. Grose 【I, C】 ♣CBG, FLBG, SCBG, TMNS, XMBG, XTBG, ZAFU; ●FJ, GD, JX, SH, TW, YN, ZJ; ★(NA): BZ, CR, CU, DO, GT, HN, JM, LW, MX, NI, PA, PR, SV, TT, VG; (SA): BO, BR, CO, EC, PE, VE.

黄花风铃木（黄花黄钟木）**Handroanthus chrysotrichus** (Mart. ex DC.) Mattos 【I, C】 ♣FBG, FLBG, SCBG, WBG, XMBG; ●FJ, GD, HB, JX, TW; ★(SA): AR, BO, BR, PY.

蜡烛树属 Parmentiera

食用蜡烛树（食用蜡烛木）**Parmentiera aculeata** (Kunth) Seem. 【I, C】 ♣SCBG, TBG, TMNS; ●GD, TW; ★(NA): BS, GT, MX, NI, SV, US; (SA): VE.

葫芦树属 Crescentia

叉叶木（十字架树）**Crescentia alata** Kunth 【I, C】 ♣FBG, SCBG, TMNS, XMBG, XTBG; ●FJ, GD, TW, YN; ★(NA): CR, GT, HN, MX, NI, SV; (SA): BR.

葫芦树（铁西瓜）**Crescentia cujete** L.【I, C】♣CBG, HBG, SCBG, TMNS, XLTBG, XMBG, XTBG; ●FJ, GD, HI, SH, TW, YN, ZJ; ★(NA): BS, BZ, CR, CU, DO, GT, HN, JM, MX, NI, PA, PR, SV, VG, WW; (SA): BO, BR, CO, EC, PE, PY, VE.

火烧花属 Mayodendron

火烧花 **Mayodendron igneum** (Kurz) Kurz 【N, W/C】 ♣BBG, CBG, FBG, FLBG, GA, GMG, NBG, SCBG, WBG, XLTBG, XMBG, XOIG, XTBG; ●BJ, FJ, GD, GX, HB, HI, JS, JX, SH, YN; ★(AS): CN, LA, MM, TH, VN.

菜豆树属 Radermachera

美叶菜豆树 **Radermachera frondosa** Chun et F. C. How 【N, W/C】 ♣SCBG; ●GD; ★(AS): CN.

Radermachera gigantea (Blume) Miq. 【I, C】 ♣SCBG; ●GD; ★(AS): PH.

海南菜豆树 **Radermachera hainanensis** Merr.【N, W/C】 ♣FBG, FLBG, GXIB, HBG, IBCAS,

SCBG, WBG, XLTBG, XMBG, XOIG; ●BJ, FJ, GD, GX, HB, HI, JX, ZJ; ★(AS): CN, KH, LA, TH.

小萼菜豆树 **Radermachera microcalyx** C. Y. Wu【N, W/C】 ♣SCBG, XTBG; ●GD, YN; ★(AS): CN.

豇豆树 **Radermachera pentandra** Hemsl. 【N, W/C】 ♣KBG; ●YN; ★(AS): CN.

菜豆树 **Radermachera sinica** (Hance) Hemsl. 【N, W/C】 ♣CDBG, FBG, GA, GMG, GXIB, HBG, IBCAS, SCBG, TBG, TMNS, WBG, XMBG, XOIG, XTBG, ZAFU; ●BJ, FJ, GD, GX, HB, JX, SC, TW, YN, ZJ; ★(AS): BT, CN, ID, IN, LK, MM, VN.

滇菜豆树 **Radermachera yunnanensis** C. Y. Wu【N, W/C】 ♣KBG; ●YN; ★(AS): CN.

刺钟木属 Rhigozum

刺钟木（金筒木）**Rhigozum obovatum** Burch. 【I, C】 ♣TBG; ●TW; ★(AF): ZA, ZW.

火焰树属 Spathodea

火焰树 **Spathodea campanulata** P. Beauv. 【I, C】 ♣BBG, CBG, FBG, FLBG, NBG, SCBG, TBG, TMNS, XLTBG, XMBG, XOIG, XTBG; ●BJ, FJ, GD, HI, JS, JX, SH, TW, YN; ★(AF): CD, CF, CI, CM, GA, GH, GN, KE, LR, MG, MW, NG, SL, SN, ZA.

吊灯树属 Kigelia

吊瓜树（吊灯树）**Kigelia africana** (Lam.) Benth.【I, C】 ♣BBG, CBG, FBG, FLBG, SCBG, TBG, TMNS, XLTBG, XMBG, XOIG, XTBG; ●BJ, FJ, GD, HI, JX, SH, TW, YN; ★(AF): AO, BW, CD, CM, ET, GA, GH, KE, MW, MZ, NG, RW, SN, TZ, ZA, ZW.

羽叶楸属 Stereospermum

咸沙木 **Stereospermum chelonoides** (L. f.) DC.【I, C】 ♣SCBG; ●GD; ★(AS): BT, ID, IN, LA, LK.

羽叶楸 **Stereospermum colais** (Buch.-Ham. ex Dillwyn) Mabb.【N, W/C】♣SCBG, XTBG; ●GD, YN; ★(AS): BT, CN, ID, IN, KH, LA, LK, MM, MY, NP, SG, TH, VN.

流苏羽叶楸 **Stereospermum fimbriatum** (Wall. ex G. Don) DC.【I, C】♣XTBG; ●YN; ★(AS): LA, MM, SG, TH, VN.

毛叶羽叶楸 **Stereospermum neuranthum** Kurz【N, W/C】 ♣XTBG; ●YN; ★(AS): CN, ID, IN, KH, LA, MM, TH, VN.

厚膜树属 Fernandoa

广西厚膜树 **Fernandoa guangxiensis** D. D. Tao【N, W/C】 ♣XTBG; ●YN; ★(AS): CN.

牡丽花 **Fernandoa magnifica** Seem. 【I, C】 ♣SCBG; ●GD; ★(AF): KE, MW, TZ.

异膜楸属 Heterophragma

*异膜楸 **Heterophragma adenophyllum** (Roxb.) K. Schum. 【I, C】 ★(AS): TH.

*四室异膜楸 **Heterophragma quadriloculare** (Wall. ex G. Don) Seem. ex Benth. et Hook. f.【I, C】★(AS): IN.

银角树属 Dolichandrone

光果银角树（光果猫尾木）**Dolichandrone serrulata** (Wall. ex DC.) Seem. 【I, C】 ♣SCBG; ●GD; ★(AS): IN.

海滨银角树（海滨猫尾木）**Dolichandrone spathacea** (L. f.) Seem. 【I, C】 ♣XTBG; ●YN; ★(AS): ID, IN, LK, MM, MY, PH.

猫尾木属 Markhamia

猫尾木 **Markhamia obtusifolia** (Baker) Sprague【I, C】♣XTBG; ●YN; ★(AF): AO, BI, CD, CF, KE, MW, MZ, TZ, ZA, ZM, ZW.

西南猫尾木 **Markhamia stipulata** (Wall.) Seem. ex K. Schum. 【N, W/C】 ♣CBG, FBG, GXIB, XMBG, XTBG; ●FJ, GX, SH, YN; ★(AS): CN, KH, LA, MM, TH, VN.

毛叶猫尾木 **Markhamia stipulata** var. **kerrii** Sprague 【N, W/C】 ♣BBG, FLBG, GA, GXIB, HBG, NBG, SCBG, XLTBG, XMBG, XTBG; ●BJ, FJ, GD, GX, HI, JS, JX, YN, ZJ; ★(AS): CN, LA, MM, TH, VN.

扎伊尔猫尾木 **Markhamia tomentosa** (Benth.) K. Schum. ex Engl.【I, C】♣XTBG; ●YN; ★(AF): BF, CD, CF, CG, CI, CM, GA, GH, GN, NG, SL, SN.

尖叶猫尾木 **Markhamia zanzibarica** (Bojer ex DC.) K. Schum. 【I, C】 ♣SCBG; ●GD; ★(AF): KE, MZ, TZ, ZA.

非洲葳属 Colea

*矮非洲葳 **Colea nana** H. Perrier 【I, C】 ●TW; ★(AF): MG.

281. 马鞭草科 VERBENACEAE

蓝花藤属 Petrea

蓝花藤 **Petrea volubilis** L. 【I, C】 ♣FLBG, HBG, IBCAS, NBG, SCBG, TMNS, XMBG, XTBG; ●BJ, FJ, GD, JS, JX, TW, YN, ZJ; ★(NA): BS, BZ, CR, CU, GT, HN, HT, JM, LW, MX, NI, PA, PR, SV, TT, US, VG, WW; (SA): AR, BO, BR, CO, EC, GY, PE, PY, VE.

假连翘属 Duranta

假连翘 **Duranta erecta** L. 【I, C/N】 ♣BBG, CBG, FBG, FLBG, GA, GXIB, HBG, IBCAS, KBG, NBG, NSBG, SCBG, TBG, TMNS, WBG, XLTBG, XMBG, XOIG, XTBG; ●BJ, CQ, FJ, GD, GX, HB, HI, JS, JX, SC, SH, TW, YN, ZJ; ★(NA): BS, BZ, CR, CU, DO, GT, HN, HT, JM, KY, MX, NI, PA, PR, SV, TT, VG; (SA): AR, BO, BR, CO, EC, GY, PE, PY, VE.

假马鞭属 Stachytarpheta

南假马鞭(蓝蝶猿尾木)**Stachytarpheta cayennensis** (Rich.) Vahl 【I, N】 ●TW; ★(AF): NG; (AS): ID, IN, MY, SG.

假马鞭 **Stachytarpheta jamaicensis** (L.) Vahl 【I, N】 ♣GMG, NBG, SCBG, XMBG, XTBG; ●FJ, GD, GX, JS, YN; ★(NA): BS, BZ, CR, CU, DO, GT, HN, HT, JM, LW, MX, NI, PA, PR, SV, TT, US, VG, WW; (SA): AR, BO, BR, CO, EC, GY, PE, PY, VE.

Chascanum

Chascanum cuneifolium (L. f.) E. Mey. 【I, C】 ★(AF): ZA.

Chascanum latifolium (Harv.) Moldenke 【I, C】 ★(AF): ZA.

琴木属 Citharexylum

垂花琴木 **Citharexylum flexuosum** (Ruiz et Pav.) D. Don 【I, C】 ♣XTBG; ●YN; ★(SA): PE.

琴木 **Citharexylum laetum** Hiern 【I, C】 ♣SCBG; ●GD; ★(SA): BR.

美女樱属 Glandularia

加拿大美女樱 **Glandularia canadensis** (L.) Small 【I, C】 ●TW; ★(NA): US.

美女樱 **Glandularia hybrida** (Groenl. et Rümpler) G. L. Nesom et Pruski 【I, C】 ♣BBG, FBG, FLBG, GXIB, HFBG, IBCAS, WBG, XMBG, ZAFU; ●BJ, FJ, GD, GX, HB, HL, JS, JX, SC, XJ, ZJ; ★(NA): US.

小花美女樱 **Glandularia peruviana** (L.) Small 【I, C】 ♣XMBG; ●FJ; ★(SA): AR, BO, BR, PY, UY.

*猩红美女樱 **Glandularia phlogiflora** (Cham.) Schnack et Covas 【I, C】 ♣HBG; ●BJ, ZJ; ★(SA): AR, BR, PY.

细裂美女樱 **Glandularia pulchella** (Sweet) Tronc. 【I, C】 ●BJ, TW; ★(NA): US; (SA): AR, PY.

细叶美女樱 **Glandularia tenera** (Spreng.) Cabrera 【I, C】 ♣FBG, FLBG, IBCAS, NBG, SCBG, TBG, XMBG, ZAFU; ●BJ, FJ, GD, HL, JS, JX, TW, ZJ; ★(SA): AR, BO, CL, PY, UY.

马鞭草属 Verbena

柳叶马鞭草 **Verbena bonariensis** Rendle 【I, C/N】 ♣CBG, FBG, KBG; ●FJ, SC, SH, YN; ★(SA): AR, CL, PE.

长苞马鞭草 **Verbena bracteata** Cav. ex Lag. et Rodr. 【I, N】 ●LN; ★(NA): MX, US.

多穗马鞭草(戟形马鞭草)**Verbena hastata** L. 【I, C】 ♣BBG, CBG; ●BJ, SH; ★(NA): US.

萝马鞭草(萝美人樱)**Verbena montevidensis** Spreng. 【I, C】 ♣XMBG; ●FJ; ★(SA): AR, BO, BR, PE, PY, UY.

马鞭草 **Verbena officinalis** L. 【N, W/C】 ♣BBG, FBG, FLBG, GA, GBG, GMG, GXIB, HBG, IBCAS, KBG, LBG, NBG, SCBG, WBG, XBG, XMBG, XTBG, ZAFU; ●BJ, FJ, GD, GX, GZ, HB, JS, JX, SC, SN, YN, ZJ; ★(AF): EG, MA, ZA; (AS): BT, CN, CY, ID, IN, JP, KR, LA, LK, MM, PH, VN; (OC): AU, NZ; (NA): CU, DO, GT, MX, US; (SA): BO, CO, PE, VE.

刚硬马鞭草(刚硬美女樱)**Verbena rigida** Spreng. 【I, C】 ♣BBG; ●BJ, TW; ★(NA): BM, CU, DO, GT, HT, JM, MX, SV, US; (SA): AR, BO, BR, CL, PY.

白毛马鞭草 **Verbena stricta** Vent. 【I, C】 ●TW; ★(NA): CA, US.

橙香木属 Aloysia

石蚕叶橙香木 **Aloysia chamaedryfolia** Cham. 【I, C】 ♣CBG; ●SH; ★(SA): AR, BR.

柠檬橙香木（柠檬马鞭草）**Aloysia citriodora** Palau 【I, C】 ♣HBG, XBG; ●SN, TW, ZJ; ★(SA): AR, BO, CL, CO, EC, PE, PY, UY.

过江藤属 Phyla

姬岩垂草 **Phyla canescens** (Kunth) Greene 【I, C】 ♣KBG; ●LN, YN; ★(SA): AR, BO, CL, PE, PY.

过江藤 **Phyla nodiflora** (L.) Greene 【I, N】 ♣FBG, GMG, KBG, SCBG, XMBG, XTBG; ●FJ, GD, GX, TW, YN; ★(NA): BS, BZ, CR, DO, HN, MX, SV, US; (SA): AR, BO, CL, EC, PY.

马缨丹属 Lantana

马缨丹 **Lantana camara** L. 【I, C/N】 ♣BBG, CBG, CDBG, FBG, FLBG, GBG, GMG, GXIB, HBG, IBCAS, KBG, LBG, NBG, SCBG, TBG, TMNS, WBG, XBG, XLTBG, XMBG, XOIG, XTBG; ●BJ, CQ, FJ, GD, GX, GZ, HB, HI, JS, JX, SC, SH, SN, TW, YN, ZJ; ★(NA): BZ, CR, CU, DO, GT, HN, HT, JM, MX, NI, PA, PR, SV, US; (SA): AR, BO, BR, CO, EC, GF, PE, PY, VE.

粉花马缨丹 **Lantana fucata** Lindl. 【I, C】 ♣SCBG; ●GD; ★(NA): JM, MX; (SA): AR, BO, BR, CO, EC, PE, PY, UY, VE.

蔓马缨丹 **Lantana montevidensis** (Spreng.) Briq. 【I, C/N】 ♣FBG, FLBG, HBG, NBG, SCBG, TBG, XLTBG, XMBG, XTBG; ●FJ, GD, HI, JS, JX, TW, YN, ZJ; ★(SA): AR, BO, BR, UY.

*三叶马缨丹（三叶臭金凤）**Lantana trifolia** L. 【I, C】 ♣XTBG; ●YN; ★(NA): BZ, CR, CU, DO, GT, HN, HT, JM, MX, NI, PA, SV; (SA): AR, BO, BR, CO, EC, GY, PE, PY, VE.

282. 腺毛草科 BYBLIDACEAE

腺毛草属 Byblis

腺毛草 **Byblis liniflora** Salisb. 【I, C】 ●BJ, TW; ★(OC): AU.

283. 角胡麻科 MARTYNIACEAE

羊角麻属 Ibicella

羊角麻（黄花单角胡麻）**Ibicella lutea** (Lindl.) Van Eselt. 【I, C】 ●BJ, GX, HE, TW; ★(SA): AR, BR, PY, UY.

帕氏羊角麻（恶魔之爪）**Ibicella parodii** Abbiatti 【I, C】 ★(SA): AR, BO, BR.

角胡麻属 Martynia

角胡麻 **Martynia annua** L. 【I, C/N】 ♣NBG, XOIG; ●FJ, JS; ★(NA): CR, GT, HN, MX.

长角胡麻属 Proboscidea

长角胡麻 **Proboscidea louisiana** (Mill.) Thell. 【I, C】 ●BJ; ★(NA): MX, US.

284. 粗丝木科 STEMONURACEAE

粗丝木属 Gomphandra

吕宋毛蕊木 **Gomphandra luzoniensis** (Merr.) Merr. 【N, W/C】 ♣TMNS; ●TW; ★(AS): CN, PH.

毛粗丝木 **Gomphandra mollis** Merr. 【N, W/C】 ♣KBG; ●YN; ★(AS): CN, VN.

粗丝木 **Gomphandra tetrandra** (Wall.) Sleumer 【N, W/C】 ♣GXIB, SCBG, XTBG; ●GD, GX, YN; ★(AS): CN, ID, IN, KH, LA, LK, MM, TH, VN.

285. 心翼果科 CARDIOPTERIDACEAE

琼榄属 Gonocaryum

台湾琼榄 **Gonocaryum calleryanum** (Baill.) Becc. 【N, W/C】 ♣TBG, TMNS, XTBG; ●TW, YN; ★(AS): CN, ID, IN, PH.

琼榄 **Gonocaryum lobbianum** (Miers) Kurz 【N, W/C】 ♣FLBG, SCBG, XLTBG, XTBG; ●GD, HI, JX, YN; ★(AS): CN, ID, IN, KH, LA, MM, MY, TH, VN.

广西琼榄 **Gonocaryum marginatus** (Champ. ex Benth.) Hemsl. 【N, W/C】 ♣SCBG; ●GD; ★(AS): CN.

心翼果属 Cardiopteris

心翼果（大心翼果）**Cardiopteris quinqueloba** (Hassk.) Hassk. 【N, W/C】 ♣GMG, XTBG; ●GX, YN; ★(AS): BT, CN, ID, IN, LA, MM, MY, TH, VN.

286. 青荚叶科 HELWINGIACEAE

青荚叶属 Helwingia

中华青荚叶 **Helwingia chinensis** Batalin 【N, W/C】 ♣CBG, FBG, GBG, IBCAS, KBG, SCBG, WBG; ●BJ, FJ, GD, GZ, HB, SC, SH, YN; ★(AS): CN, ID, IN, MM, TH.

钝齿青荚叶 **Helwingia chinensis** var. **crenata** (Lingelsh. ex Limpr.) W. P. Fang 【N, W/C】 ♣WBG; ●HB; ★(AS): CN.

西域青荚叶 **Helwingia himalaica** Hook. f. et Thomson ex C. B. Clarke 【N, W/C】 ♣CBG, FBG, GMG, KBG, NBG, SCBG, WBG, XTBG; ●FJ, GD, GX, HB, JS, SC, SH, YN; ★(AS): BT, CN, ID, IN, LK, MM, NP, VN.

青荚叶 **Helwingia japonica** (Thunb.) F. Dietr. 【N, W/C】 ♣CBG, CDBG, FBG, FLBG, GBG, GMG, HBG, IBCAS, KBG, LBG, NBG, SCBG, TBG, WBG, ZAFU; ●BJ, FJ, GD, GX, GZ, HB, JS, JX, SC, SH, TW, YN, ZJ; ★(AS): BT, CN, ID, IN, JP, KP, MM, NP, VN.

峨眉青荚叶 **Helwingia omeiensis** (W. P. Fang) H. Hara et S. Kuros. 【N, W/C】 ♣CBG, FBG, FLBG, SCBG, WBG; ●FJ, GD, HB, JX, SH; ★(AS): CN, IN, NP, VN.

287. 冬青科 AQUIFOLIACEAE

冬青属 Ilex

比利时捷卡冬青 **Ilex × altaclerensis** 【I, C】 ♣BBG, CBG, GA; ●BJ, JX, SH; ★(EU): BE.

阿奎冬青 **Ilex × aquipernyi** Gable ex Whittem. 【I, C】 ♣IBCAS; ●BJ, TW; ★(EU): GB.

多刺冬青 **Ilex × koehneana** 【I, C】 ♣CBG; ●SH, TW; ★(EU): GB.

蓝冬青 **Ilex × meserveae** S. Y. Hu 【I, C】 ♣BBG, CBG, IBCAS; ●BJ, SH, TW; ★(EU): GB.

满树星 **Ilex aculeolata** Nakai 【N, W/C】 ♣CBG, GMG, GXIB, HBG, LBG, NBG, SCBG, XTBG; ●GD, GX, JS, JX, SH, YN, ZJ; ★(AS): CN.

棱枝冬青 **Ilex angulata** Merr. et Chun 【N, W/C】 ♣SCBG; ●GD; ★(AS): CN.

枸骨叶冬青 **Ilex aquifolium** L. 【I, C】 ♣BBG, CBG, GA, HBG, IBCAS, KBG, XMBG, XTBG, ZAFU; ●AH, BJ, FJ, GD, JS, JX, NX, SH, TW, YN, ZJ; ★(AF): DZ, MA, TN; (AS): AM, AZ, BH, CY, GE, IL, IQ, IR, JO, KW, LB, PS, QA, SA, SY, TR, YE; (EU): AD, AL, BA, BE, BG, ES, FR, GB, GR, HR, IT, LU, MC, ME, MK, NL, PT, RO, RS, SI, SM, VA.

秤星树 **Ilex asprella** (Hook. et Arn.) Champ. ex Benth. 【N, W/C】 ♣FBG, FLBG, GA, GMG, GXIB, HBG, LBG, SCBG, TBG, TMNS, WBG, XMBG, XTBG, ZAFU; ●FJ, GD, GX, HB, JX, TW, YN, ZJ; ★(AS): CN, PH, VN.

刺叶冬青 **Ilex bioritsensis** Hayata 【N, W/C】 ♣FBG, KBG, NBG, WBG; ●FJ, HB, JS, SC, YN; ★(AS): CN.

短梗冬青 **Ilex buergeri** Miq. 【N, W/C】 ♣HBG, LBG, WBG, ZAFU; ●HB, JX, ZJ; ★(AS): CN, JP.

黄杨冬青 **Ilex buxoides** S. Y. Hu 【N, W/C】 ♣CBG, SCBG; ●GD, SH; ★(AS): CN.

茎花冬青 **Ilex cauliflora** H. W. Li 【N, W/C】 ♣XTBG; ●YN; ★(AS): CN.

华中枸骨 **Ilex centrochinensis** S. Y. Hu 【N, W/C】 ♣KBG, NBG, WBG; ●HB, JS, YN; ★(AS): CN.

凹叶冬青 **Ilex championii** Loes. 【N, W/C】 ♣CBG, SCBG, WBG; ●GD, HB, SH; ★(AS): CN.

沙坝冬青 **Ilex chapaensis** Merr. 【N, W/C】 ♣SCBG; ●GD; ★(AS): CN, VN.

纸叶冬青 **Ilex chartaceifolia** C. Y. Wu 【N, W/C】 ♣KBG; ●YN; ★(AS): CN.

冬青 **Ilex chinensis** Sims 【N, W/C】 ♣CBG, CDBG, FBG, GA, GXIB, HBG, KBG, LBG, MDBG, NBG, NSBG, WBG, XLTBG, XMBG, ZAFU; ●BJ, CQ, FJ, GS, GX, HB, HI, JS, JX, SC, SH, TW, YN, ZJ; ★(AS): CN, JP.

纤齿构骨 **Ilex ciliospinosa** Loes. 【N, W/C】 ♣XTBG; ●TW, YN; ★(AS): CN.

越南冬青 **Ilex cochinchinensis** (Lour.) Loes. 【N, W/C】 ♣NBG, SCBG; ●GD, JS; ★(AS): CN, KH, VN.

黑海冬青 **Ilex colchica** Pojark. 【I, C】 ♣SCBG; ●GD; ★(AS): GE.

密花冬青 **Ilex confertiflora** Merr. 【N, W/C】 ♣LBG, SCBG; ●GD, JX; ★(AS): CN.

珊瑚冬青 **Ilex corallina** Franch. 【N, W/C】 ♣CBG, FBG, KBG, WBG; ●FJ, HB, SC, SH, YN; ★(AS): CN, MM.

刺叶珊瑚冬青 **Ilex corallina** var. **loeseneri** H. Lév. ex Rehder 【N, W/C】 ♣WBG; ●HB; ★(AS): CN.

枸骨 **Ilex cornuta** Lindl. et Paxton 【N, W/C】 ♣BBG, CBG, CDBG, FBG, GA, GBG, GMG, GXIB, HBG, IBCAS, KBG, LBG, NBG, NSBG, SCBG, WBG, XBG, XMBG, XTBG, ZAFU; ●AH, BJ, CQ, FJ, GD, GX, GZ, HB, JS, JX, LN, SC, SH, SN, TW, YN, ZJ; ★(AS): CN, KP, KR.

齿叶冬青 **Ilex crenata** Thunb. 【N, W/C】 ♣BBG, CBG, FBG, GA, HBG, IBCAS, LBG, NBG, SCBG, TBG, WBG, XMBG, ZAFU; ●BJ, FJ, GD, HB, JS, JX, SH, TW, YN, ZJ; ★(AS): BT, CN, IN, JP, KP, KR, LK, MM, MN, RU-AS.

龟甲冬青 **Ilex crenata** f. **convexa** (Makino) Rehder 【I, C】 ♣GA, HBG; ●JX, ZJ; ★(AS): JP.

沼生冬青 **Ilex crenata** var. **paludosa** (Nakai) H. Hara 【I, C】 ●TW; ★(AS): JP.

大别山冬青 **Ilex dabieshanensis** K. Yao et M. B. Deng 【N, W/C】 ♣CBG, NBG; ●JS, SH; ★(AS): CN.

黄毛冬青 **Ilex dasyphylla** Merr. 【N, W/C】 ♣FBG, GA, SCBG; ●FJ, GD, JX; ★(AS): CN.

落叶冬青 **Ilex decidua** Walter 【I, C】 ♣HBG, NBG, SCBG; ●GD, JS, ZJ; ★(NA): MX, US.

细齿冬青 **Ilex denticulata** Wall. ex Wight 【N, W/C】 ♣XTBG; ●YN; ★(AS): CN, ID, IN.

双核枸骨 **Ilex dipyrena** Wall. 【N, W/C】 ♣NBG; ●JS; ★(AS): BT, CN, ID, IN, LK, MM, NP.

分叉冬青 **Ilex divaricata** Mart. ex Reissek 【I, C】 ★(SA): BR, CO, VE.

龙里冬青 **Ilex dunniana** H. Lév. 【N, W/C】 ♣WBG; ●HB; ★(AS): CN.

显脉冬青 **Ilex editicostata** Hu et T. Tang 【N, W/C】 ♣CBG, FBG, GA, HBG, SCBG, WBG; ●FJ, GD, HB, JX, SH, ZJ; ★(AS): CN.

厚叶冬青 **Ilex elmerrilliana** S. Y. Hu 【N, W/C】 ♣FBG, HBG, WBG; ●FJ, HB, ZJ; ★(AS): CN.

柃叶冬青 **Ilex euryoides** C. J. Tseng 【N, W/C】 ♣WBG; ●HB; ★(AS): CN.

高冬青 **Ilex excelsa** (Wall.) Voigt 【N, W/C】 ♣XTBG; ●YN; ★(AS): BT, CN, ID, IN, LK, NP.

毛背高冬青 **Ilex excelsa** var. **hypotricha** (Loes.) S. Y. Hu 【N, W/C】 ♣XTBG; ●YN; ★(AS): BT, CN, IN, NP.

狭叶冬青 **Ilex fargesii** Franch. 【N, W/C】 ♣FBG, WBG, XBG; ●FJ, HB, SC, SN; ★(AS): CN.

短狭叶冬青 **Ilex fargesii** var. **brevifolia** S. Andrews 【N, W/C】 ●TW; ★(AS): CN.

硬叶冬青 **Ilex ficifolia** C. J. Tseng 【N, W/C】 ♣CBG; ●SH, YN; ★(AS): CN.

榕叶冬青 **Ilex ficoidea** Hemsl. 【N, W/C】 ♣CBG, FBG, GA, GXIB, HBG, SCBG, WBG, ZAFU; ●FJ, GD, GX, HB, JX, SH, ZJ; ★(AS): CN, JP.

台湾冬青 **Ilex formosana** Maxim. 【N, W/C】 ♣FBG, GA, SCBG, WBG; ●FJ, GD, HB, JX; ★(AS): CN, PH.

薄叶冬青 **Ilex fragilis** Hook. f. 【N, W/C】 ♣XTBG; ●SC, YN; ★(AS): BT, CN, ID, IN, LK, MM, NP.

康定冬青 **Ilex franchetiana** Loes. 【N, W/C】 ♣CDBG, FBG, KBG, WBG; ●FJ, HB, SC, YN; ★(AS): CN, MM.

长叶枸骨 **Ilex georgei** Comber 【N, W/C】 ●YN; ★(AS): CN, ID, IN, MM.

光滑冬青 **Ilex glabra** (L.) A. Gray 【I, C】 ♣XTBG; ●YN; ★(NA): US.

伞花冬青 **Ilex godajam** Colebr. ex Hook. f. 【N, W/C】 ♣XTBG; ●YN; ★(AS): BT, CN, ID, IN, LA, LK, MM, NP, VN.

海岛冬青 **Ilex goshiensis** Hayata 【N, W/C】 ♣TBG; ●TW; ★(AS): CN, JP.

纤花冬青 **Ilex graciliflora** Champ. ex Benth. 【N, W/C】 ♣SCBG; ●GD; ★(AS): CN.

海南冬青 **Ilex hainanensis** Merr. 【N, W/C】 ♣SCBG; ●GD; ★(AS): CN.

青茶香 **Ilex hanceana** Maxim. 【N, W/C】 ♣CBG, NBG, SCBG; ●GD, JS, SH; ★(AS): CN.

硬毛冬青 **Ilex hirsuta** C. J. Tseng ex S. K. Chen et Y. X. Feng 【N, W/C】 ♣WBG; ●HB; ★(AS): CN.

细刺枸骨 **Ilex hylonoma** Hu et T. Tang 【N, W/C】 ♣GXIB, HBG, NBG, XTBG; ●GX, JS, YN, ZJ; ★(AS): CN.

光叶细刺枸骨 **Ilex hylonoma** var. **glabra** S. Y. Hu 【N, W/C】 ♣GMG, GXIB; ●GX; ★(AS): CN.

全缘冬青 **Ilex integra** Thunb. 【N, W/C】 ♣CBG, FBG, KBG, NBG, SCBG, WBG, ZAFU; ●FJ, GD, HB, JS, SH, TW, YN, ZJ; ★(AS): CN, JP, KP,

KR.

中型冬青 **Ilex intermedia** Loes.【N, W/C】♣NBG; ●JS; ★(AS): CN.

扣树 **Ilex kaushue** S. Y. Hu 【N, W/C】 ♣CBG, FBG, SCBG; ●AH, FJ, GD, SH; ★(AS): CN, VN.

皱柄冬青 **Ilex kengii** S. Y. Hu 【N, W/C】 ♣CBG; ●SH; ★(AS): CN.

凸脉冬青 **Ilex kobuskiana** S. Y. Hu 【N, W/C】 ♣SCBG; ●GD; ★(AS): CN, VN.

兰屿冬青 **Ilex kusanoi** Hayata【N, W/C】♣TMNS; ●TW; ★(AS): CN, JP.

广东冬青 **Ilex kwangtungensis** Merr. 【N, W/C】 ♣CBG, CDBG, FBG, GA, HBG, SCBG, ZAFU; ●FJ, GD, JX, SC, SH, ZJ; ★(AS): CN.

剑叶冬青 **Ilex lancilimba** Merr. 【N, W/C】 ♣SCBG; ●GD; ★(AS): CN.

大叶冬青 **Ilex latifolia** Thunb. 【N, W/C】 ♣BBG, CBG, CDBG, FBG, FLBG, GA, GXIB, HBG, KBG, NBG, SCBG, WBG, XLTBG, XMBG, XTBG, ZAFU; ●BJ, FJ, GD, GX, HB, HI, JS, JX, SC, SH, TW, YN, ZJ; ★(AS): CN, JP, SG.

木姜冬青 **Ilex litseifolia** Hu et T. Tang 【N, W/C】 ♣CBG, HBG; ●SH, ZJ; ★(AS): CN.

矮冬青 **Ilex lohfauensis** Merr. 【N, W/C】 ♣GA, HBG, SCBG; ●GD, JX, ZJ; ★(AS): CN.

龙州冬青 **Ilex longzhouensis** C. J. Tseng 【N, W/C】 ♣XTBG; ●YN; ★(AS): CN.

忍冬叶冬青 **Ilex lonicerifolia** Hayata 【N, W/C】 ♣TBG; ●TW; ★(AS): CN.

大果冬青 **Ilex macrocarpa** Oliv.【N, W/C】♣CBG, CDBG, FBG, HBG, LBG, NBG, SCBG, WBG, ZAFU; ●FJ, GD, HB, JS, JX, SC, SH, ZJ; ★(AS): CN, JP.

长梗冬青 **Ilex macrocarpa** var. **longipedunculata** S. Y. Hu 【N, W/C】 ♣CBG, HBG; ●SH, ZJ; ★(AS): CN.

大柄冬青 **Ilex macropoda** Miq.【N, W/C】♣CBG, HBG, LBG; ●JX, SH, ZJ; ★(AS): CN, JP, KP, KR.

红河冬青 **Ilex manneiensis** S. Y. Hu 【N, W/C】 ♣GA; ●JX; ★(AS): CN.

倒卵叶冬青 **Ilex maximowicziana** Loes.【N, W/C】 ♣XTBG; ●YN; ★(AS): CN, JP.

黑叶冬青 **Ilex melanophylla** H. T. Chang 【N, W/C】 ♣GXIB, SCBG; ●GD, GX; ★(AS): CN.

谷木叶冬青 **Ilex memecylifolia** Champ. ex Benth. 【N, W/C】 ♣SCBG, WBG; ●GD, HB; ★(AS): CN, VN.

河滩冬青 **Ilex metabaptista** Loes. ex Diels 【N, W/C】♣CBG, FBG, WBG; ●FJ, HB, SH; ★(AS): CN.

小果冬青 **Ilex micrococca** Maxim. 【N, W/C】 ♣CBG, FBG, HBG, LBG, NBG, SCBG, WBG, XTBG; ●FJ, GD, HB, JS, JX, SH, YN, ZJ; ★(AS): CN, JP, MM, MY, VN.

龟背冬青 **Ilex montana** Torr. et A. Gray 【I, C】 ♣HBG, SCBG; ●GD, ZJ; ★(NA): CU, LW, MX, US.

亮叶冬青 **Ilex nitidissima** C. J. Tseng 【N, W/C】 ♣CBG; ●SH; ★(AS): CN.

云中冬青 **Ilex nubicola** C. Y. Wu【N, W/C】♣GA; ●JX; ★(AS): CN.

长圆果冬青 **Ilex oblonga** C. J. Tseng 【N, W/C】 ♣GXIB; ●GX; ★(AS): CN.

北美齿叶冬青 **Ilex opaca** Aiton 【I, C】 ♣CBG, NBG, XTBG; ●BJ, JS, SH, TW, YN; ★(NA): US.

巴拉圭冬青（巴拉圭茶）**Ilex paraguariensis** A. St.-Hil. 【I, C】 ♣XMBG, XOIG; ●FJ; ★(SA): AR, BR, GY, PY, UY.

具柄冬青 **Ilex pedunculosa** Miq. 【N, W/C】 ♣CBG, FBG, HBG, LBG, WBG, ZAFU; ●FJ, HB, JX, SC, SH, TW, ZJ; ★(AS): CN, JP.

五棱苦丁茶 **Ilex pentagona** S. K. Chen, Y. X. Feng et C. F. Liang【N, W/C】♣GXIB; ●GX; ★(AS): CN.

阔叶亚速尔冬青 **Ilex perado** subsp. **platyphylla** (Webb et Berthel.) Tutin 【I, C】 ♣NBG; ●JS; ★(EU): ES.

猫儿刺 **Ilex pernyi** Franch. 【N, W/C】 ♣CBG, FBG, GBG, LBG, NBG, WBG, XTBG; ●FJ, GZ, HB, JS, JX, SC, SH, TW, YN; ★(AS): CN.

平南冬青 **Ilex pingnanensis** S. Y. Hu 【N, W/C】 ♣SCBG; ●GD; ★(AS): CN.

多脉冬青 **Ilex polyneura** (Hand.-Mazz.) S. Y. Hu 【N, W/C】 ♣XTBG; ●YN; ★(AS): CN, MY.

毛冬青 **Ilex pubescens** Hook. et Arn. 【N, W/C】 ♣CBG, FBG, FLBG, GA, GMG, GXIB, HBG, SCBG, WBG, XMBG, XTBG; ●FJ, GD, GX, HB, JX, SH, YN, ZJ; ★(AS): CN.

广西毛冬青 **Ilex pubescens** var. **kwangsiensis** Hand.-Mazz. 【N, W/C】 ♣WBG; ●HB; ★(AS): CN.

黔灵山冬青 **Ilex qianlingshanensis** C. J. Tseng【N, W/C】 ♣GBG; ●GZ; ★(AS): CN.

庆元冬青 **Ilex qingyuanensis** C. Z. Zheng 【N, W/C】 ♣CBG, FBG; ●FJ, SH; ★(AS): CN.

网脉冬青 **Ilex reticulata** C. J. Tseng 【N, W/C】 ●TW; ★(AS): CN.

微凹冬青 **Ilex retusifolia** S. Y. Hu 【N, W/C】 ♣GXIB; ●GX; ★(AS): CN.

粗脉冬青 **Ilex robustinervosa** C. J. Tseng ex S. K. Chen et Y. X. Feng【N, W/C】♣SCBG; ●GD; ★(AS): CN.

铁冬青 **Ilex rotunda** Thunb. 【N, W/C】 ♣CBG, FBG, FLBG, GA, GMG, GXIB, HBG, KBG, LBG, NBG, SCBG, TBG, TMNS, WBG, XLTBG, XMBG, XOIG, XTBG, ZAFU; ●FJ, GD, GX, HB, HI, JS, JX, SH, TW, YN, ZJ; ★(AS): CN, JP, KP, KR, LA, VN.

红果冬青 **Ilex rubra** S. Watson 【I, C】 ♣KBG; ●YN; ★(NA): MX.

石生冬青 **Ilex saxicola** C. J. Tseng et H. H. Liu【N, W/C】 ♣XTBG; ●YN; ★(AS): CN.

落霜红 **Ilex serrata** Royle【N, W/C】♣CBG, LBG, NBG, SCBG, XTBG; ●GD, JS, JX, SD, SH, TW, YN; ★(AS): CN, JP.

神农架冬青 **Ilex shennongjiaensis** T. R. Dudley et S. C. Sun 【N, W/C】 ♣FBG; ●FJ; ★(AS): CN.

锡金冬青 **Ilex sikkimensis** Kurz【N, W/C】♣KBG; ●YN; ★(AS): BT, CN, ID, IN, LK, MM, NP.

中华冬青 **Ilex sinica** (Loes.) S. Y. Hu 【N, W/C】 ♣WBG, XTBG; ●HB, YN; ★(AS): CN.

华南冬青 **Ilex sterrophylla** Merr. et Chun 【N, W/C】 ♣WBG; ●HB; ★(AS): CN, VN.

黔桂冬青 **Ilex stewardii** S. Y. Hu 【N, W/C】 ♣XTBG; ●YN; ★(AS): CN, VN.

香冬青 **Ilex suaveolens** (H. Lév.) Loes. 【N, W/C】 ♣CBG, FBG, GA, HBG, LBG, WBG; ●FJ, HB, JX, SH, ZJ; ★(AS): CN.

拟榕叶冬青 **Ilex subficoidea** S. Y. Hu 【N, W/C】 ♣FBG; ●FJ; ★(AS): CN, VN.

太平山冬青 **Ilex sugerokii** Maxim. 【N, W/C】 ♣XTBG; ●YN; ★(AS): CN, JP, MN, RU-AS.

四川冬青 **Ilex szechwanensis** Loes. 【N, W/C】 ♣CBG, FBG, GA, NBG, WBG, XTBG; ●FJ, HB, JS, JX, SC, SH, YN; ★(AS): CN.

灰叶冬青 **Ilex tetramera** (Rehder) C. J. Tseng 【N, W/C】♣SCBG, WBG, XTBG; ●GD, HB, YN; ★(AS): CN.

无毛灰叶冬青 **Ilex tetramera** var. **glabra** (C. Y. Wu) T. R. Dudley 【N, W/C】 ♣XTBG; ●YN; ★(AS): CN.

三花冬青 **Ilex triflora** Blume 【N, W/C】 ♣CBG, FBG, GA, HBG, KBG, LBG, NBG, SCBG, WBG, XTBG; ●FJ, GD, HB, JS, JX, SC, SH, TW, YN, ZJ; ★(AS): CN, ID, IN, MM, MY, TH, VN.

钝头冬青 **Ilex triflora** var. **kanehirai** (Yamam.) S. Y. Hu 【N, W/C】 ♣HBG, ZAFU; ●ZJ; ★(AS): CN.

紫果冬青 **Ilex tsoi** Merr. et Chun 【N, W/C】 ♣CDBG, WBG; ●HB, SC; ★(AS): CN.

广西紫果冬青 **Ilex tsoi** var. **guangxiensis** T. R. Dudley 【N, W/C】 ♣WBG; ●HB; ★(AS): CN.

罗浮冬青 **Ilex tutcheri** Merr. 【N, W/C】 ♣SCBG; ●GD; ★(AS): CN.

伞序冬青 **Ilex umbellulata** (Wall.) Loes. 【N, W/C】 ♣XTBG; ●YN; ★(AS): CN, ID, IN, LA, MM, TH, VN.

乌来冬青 **Ilex uraiensis** Mori et Yamam. 【N, W/C】 ♣TMNS; ●TW; ★(AS): CN, JP.

轮生冬青 **Ilex verticillata** (L.) A. Gray 【I, C】 ♣BBG, CBG, NBG, XTBG; ●AH, BJ, HE, JS, SH, TW, YN; ★(NA): CA, US.

绿冬青 **Ilex viridis** Champ. ex Benth. 【N, W/C】 ♣FBG, FLBG, GA, HBG, NBG; ●FJ, GD, JS, JX, ZJ; ★(AS): CN.

催吐冬青（代茶冬青）**Ilex vomitoria** Aiton 【I, C】 ♣NBG, SCBG; ●GD; ★(NA): MX, US.

温州冬青 **Ilex wenchowensis** S. Y. Hu 【N, W/C】 ♣HBG, LBG; ●JX, ZJ; ★(AS): CN.

尾叶冬青 **Ilex wilsonii** Loes. 【N, W/C】 ♣CBG, FBG, HBG, LBG, NBG, SCBG, WBG, ZAFU; ●FJ, GD, HB, JS, JX, SC, SH, ZJ; ★(AS): CN.

云南冬青 **Ilex yunnanensis** Franch. 【N, W/C】 ♣GA, WBG; ●HB, JX, SC; ★(AS): CN, MM.

浙江冬青 **Ilex zhejiangensis** C. J. Tseng 【N, W/C】 ♣CBG, HBG, NBG; ●JS, SH, ZJ; ★(AS): CN.

288. 桔梗科 CAMPANULACEAE

桔梗属 Platycodon

桔梗 **Platycodon grandiflorus** (Jacq.) A. DC. 【N, W/C】 ♣BBG, CDBG, GA, GMG, GXIB, HBG, HFBG, IBCAS, KBG, LBG, NBG, SCBG, TBG, TDBG, WBG, XBG, XMBG; ●BJ, FJ, GD, GX, HB, HL, JS, JX, LN, SC, SH, SN, TW, XJ, YN, ZJ; ★(AS): AF, CN, JP, KP, KR, MN, RU-AS.

轮钟草属 Cyclocodon

小叶轮钟草 **Cyclocodon celebicus** (Blume) D. Y. Hong【N, W/C】♣XTBG; ●YN; ★(AS): CN, ID, IN, LA, MM, MY, NP, PH, TH, VN; (OC): PAF.

轮钟花(长叶轮钟草)**Cyclocodon lancifolius** (Roxb.) Kurz【N, W/C】♣BBG, CBG, FBG, GA, GBG, GMG, WBG, XTBG; ●BJ, FJ, GX, GZ, HB, JX, SC, SH, YN; ★(AS): CN, ID, IN, JP, KH, LA, MM, PH, TH, VN.

小花轮钟草 **Cyclocodon parviflorus** (Wall. ex A. DC.) Hook. f. et Thomson【N, W/C】♣XTBG; ●YN; ★(AS): BT, CN, ID, IN, LA, MM.

莺风铃属 Canarina

莺风铃(加那利吊钟花)**Canarina canariensis** (L.) Vatke【I, C】●TW; ★(AF): ES-CS.

蓝钟花属 Cyananthus

蓝钟花 **Cyananthus hookeri** C. B. Clarke【N, W/C】♣KBG; ●YN; ★(AS): BT, CN, ID, IN, LK, NP.

党参属 Codonopsis

大萼党参 **Codonopsis benthamii** Hook. f. et Thomson【N, W/C】♣KBG; ●YN; ★(AS): BT, CN, ID, IN, LK, MM, NP, RU-AS.

新疆党参 **Codonopsis clematidea** (Schrenk) C. B. Clarke【N, W/C】♣BBG, NBG; ●BJ, JS; ★(AS): AF, CN, CY, ID, IN, JP, KG, KZ, PK, RU-AS, TJ.

鸡蛋参 **Codonopsis convolvulacea** Kurz【N, W/C】♣KBG, XTBG; ●TW, YN; ★(AS): BT, CN, MM, NP, RU-AS.

金钱豹 **Codonopsis javanica** (Blume) Hook. f. et Thomson【N, W/C】♣CBG, FBG, FLBG, GA, GBG, GMG, GXIB, LBG, SCBG, WBG, XMBG, XTBG; ●FJ, GD, GX, GZ, HB, JX, SC, SH, YN; ★(AS): BT, CN, ID, IN, JP, LA, MM, NP, TH, VN.

羊乳 **Codonopsis lanceolata** (Siebold et Zucc.) Benth. et Hook. f. ex Trautv.【N, W/C】♣CBG, FBG, FLBG, GA, GBG, HBG, LBG, NBG, SCBG, WBG, XMBG, ZAFU; ●FJ, GD, GZ, HB, JS, JX, SH, ZJ; ★(AS): CN, JP, KP, KR, MN, RU-AS.

党参 **Codonopsis pilosula** (Franch.) Nannf.【N, W/C】♣GBG, GMG, GXIB, HBG, HFBG, KBG, LBG, NBG, XBG, XMBG; ●BJ, FJ, GS, GX, GZ, HL, JS, JX, SN, TW, YN, ZJ; ★(AS): CN, KP, KR, MN, RU-AS.

川党参 **Codonopsis pilosula** subsp. **tangshen** (Oliv.) D. Y. Hong【N, W/C】♣CBG, GMG, LBG, WBG; ●GX, HB, JX, SH; ★(AS): CN, RU-AS.

管花党参 **Codonopsis tubulosa** Kom.【N, W/C】♣GBG, KBG; ●GZ, YN; ★(AS): CN, MM, RU-AS.

须弥参属 Himalacodon

须弥参(珠峰党参)**Himalacodon dicentrifolius** (C. B. Clarke) D. Y. Hong et Q. Wang【N, W/C】♣FLBG, NBG, SCBG, WBG, XTBG; ●GD, HB, JS, JX, YN; ★(AS): BT, CN, ID, IN, LK, NP, RU-AS.

蓝花参属 Wahlenbergia

蓝花参 **Wahlenbergia marginata** (Thunb.) A. DC.【N, W/C】♣FBG, GA, GBG, HBG, KBG, LBG, SCBG, XMBG, XTBG, ZAFU; ●FJ, GD, GZ, JX, SC, YN, ZJ; ★(AS): BT, CN, ID, IN, JP, KR, LA, LK, MM, MY, NP, PH, VN.

直立蓝花参 **Wahlenbergia stricta** Sweet【I, C】★(OC): AU, NZ.

伤愈草属 Jasione

菊头桔梗(伤愈草)**Jasione montana** L.【I, C】♣NBG; ●JS; ★(AS): AM, AZ, BH, CY, GE, IL, IQ, IR, JO, KW, LB, PS, QA, SA, SY, TR, YE; (EU): AL, AT, BA, BE, BG, CZ, DE, ES, GB, GR, HR, HU, IT, LU, ME, MK, NL, PL, RO, RS, RU, SI, TR.

疗喉草属 Trachelium

疗喉草(夕雾)**Trachelium caeruleum** L.【I, C】●BJ, TW; ★(AF): DZ, MA; (EU): ES, IT, NL, PT.

风铃草属 Campanula

阿拉斯加钟花 **Campanula alaskana** (A. Gray) W. Wight ex J. P. Anderson【I, C】♣NBG; ●JS; ★(NA): US.

报春花叶风铃草 **Campanula alata** Desf.【I, C】★(AF): DZ.

新疆风铃草 **Campanula albertii** Trautv. 【N, W/C】 ♣NBG; ●JS; ★(AS): CN, CY, KZ.

美洲风铃草 **Campanula americana** L. 【I, C】 ♣CBG; ●SH; ★(NA): CA, US.

车叶草喉管花 **Campanula asperuloides** (Boiss. et Orph.) Harms 【I, C】 ★(EU): GR.

灰毛风铃草 **Campanula cana** Simonk. 【N, W/C】 ♣NBG; ●JS; ★(AS): BT, CN, ID, IN, LK, MM, NP, PK.

东欧风铃草 **Campanula carpatica** Jacq. 【I, C】 ♣BBG, CBG, NBG; ●BJ, JS, SH, TW, YN; ★(EU): CZ, HU, PL, RO, RU.

匙叶风铃草 **Campanula cochlearifolia** Lam. 【I, C】 ♣NBG; ●JS; ★(EU): AL, AT, BA, BG, CH, CZ, DE, ES, GR, HR, IT, ME, MK, PL, RO, RS, SI.

复冠吊钟花 **Campanula dasyantha** M. Bieb. 【I, C】 ♣NBG; ●JS; ★(AS): RU-AS.

一年生风铃草 **Campanula dimorphantha** Schweinf. 【N, W/C】 ♣SCBG; ●GD; ★(AS): AF, CN, ID, IN, LA, LK, MM, NP, PK, VN.

欧林钟花 **Campanula erinus** L. 【I, C】 ♣NBG; ●JS; ★(AF): MA; (AS): AZ, SA; (EU): AL, BA, BY, DE, ES, FR, GR, HR, IT, LU, ME, MK, PT, RS, RU, SI, TR.

巴伐利亚蓝风铃草 **Campanula fragilis** Cyrill. 【I, C】 ♣BBG; ●BJ; ★(EU): DE, IT.

垂枝钟花 **Campanula garganica** Ten. 【I, C】 ♣HBG, IBCAS, NBG; ●BJ, JS, ZJ; ★(EU): AL, GR, HR, IT.

北疆风铃草 **Campanula glomerata** L. 【N, W/C】 ♣HFBG, IBCAS; ●BJ, HL, LN, TW; ★(AS): CN, GE, JP, KP, KR, KZ, MN, RU-AS; (EU): AL, AT, BA, BE, BG, CZ, DE, ES, FI, GB, GR, HR, HU, IT, ME, MK, NL, NO, PL, RO, RS, RU, SI.

大花风铃草 **Campanula grossekii** Heuff. 【I, C】 ♣NBG; ●JS; ★(EU): BA, BG, HR, ME, MK, RO, RS, SI.

环铃花 **Campanula hofmannii** (Pantan.) Greuter et Burdet 【I, C】 ★(EU): AL, BA, BG, GR, HR, MD, ME, MK, RO, RS, SI, TR, UA.

弯蕊风铃草（留特文钟花） **Campanula incurva** Aucher ex A. DC. 【I, C】 ♣NBG; ●JS; ★(EU): GR.

意大利风铃草 **Campanula isophylla** Moretti 【I, C】 ●TW; ★(EU): IT.

*白芍花风铃草 **Campanula lactiflora** M. Bieb. 【I, C】 ♣BBG; ●BJ; ★(AS): GE, RU-AS.

阔叶风铃草（阔叶钟花）**Campanula latifolia** L. 【I, C】 ♣IBCAS, NBG; ●BJ, JS, YN; ★(AS): GE, RU-AS; (EU): AT, BA, BE, BG, CZ, DE, ES, FI, GB, HR, HU, IT, ME, MK, NL, NO, PL, RO, RS, RU, SI.

长花柱钟花 **Campanula longistyla** Fomin 【I, C】 ♣NBG; ●JS, TW; ★(AS): RU-AS.

琴状钟花 **Campanula lyrata** Lam. 【I, C】 ♣NBG; ●JS; ★(EU): GR, TR.

马开赛钟花 **Campanula marchesettii** Witasek 【I, C】 ♣NBG; ●JS; ★(EU): BA, HR, IT, ME, MK, RS, SI.

中间风铃草（风铃草）**Campanula medium** L. 【I, C】 ♣BBG, HBG, HFBG, NBG, XMBG, XOIG; ●BJ, FJ, HL, JS, LN, TW, YN, ZJ; ★(EU): AD, AL, BA, BG, ES, GR, HR, IT, ME, MK, PT, RO, RS, SI, SM, VA.

大冠钟花 **Campanula mirabilis** Albov 【I, C】 ♣NBG; ●JS; ★(AS): GE.

喇叭钟花 **Campanula patula** L. 【I, C】 ♣NBG; ●JS; ★(AS): GE, RU-AS, SA; (EU): AL, AT, BA, BE, BG, CZ, DE, ES, FI, FR, GB, GR, HR, HU, IT, ME, MK, NL, NO, PL, RO, RS, RU, SI.

食用风铃草 **Campanula patula** var. **rapunculus** (L.) Kuntze 【I, C】 ♣NBG; ●JS, TW; ★(EU): AL, AT, BA, BE, BG, CZ, DE, ES, GB, GR, HR, HU, IT, LU, ME, MK, NL, PL, RO, RS, RU, SI, TR.

桃叶风铃草 **Campanula persicifolia** L. 【I, C】 ♣BBG, CBG, IBCAS, NBG; ●BJ, JS, SH; ★(AS): SA; (EU): AL, AT, BA, BE, BG, CZ, DE, ES, FI, GB, GR, HR, HU, IT, ME, MK, NL, NO, PL, RO, RS, RU, SI, TR.

美风铃草 **Campanula phyctidocalyx** Boiss. et Noë 【I, C】 ♣NBG; ●JS; ★(AS): TR.

波旦风铃草（波旦吊钟花）**Campanula portenschlagiana** Schult. 【I, C】 ♣NBG; ●JS; ★(EU): FR, HR.

巴夏风铃草（巴夏吊钟花） **Campanula poscharskyana** Degen 【I, C】 ♣BBG, NBG, XMBG; ●BJ, FJ, JS; ★(EU): HR.

报春叶风铃草（樱草叶钟花）**Campanula primulifolia** Brot. 【I, C】 ♣NBG; ●JS; ★(EU): ES.

紫斑风铃草 **Campanula punctata** Lam. 【N, W/C】 ♣CBG, HFBG, IBCAS, NBG; ●BJ, HL, JS, LN, SH; ★(AS): CN, JP, KP, KR, MN, RU-AS.

*塔花风铃草 **Campanula pyramidalis** L. 【I, C】 ♣IBCAS; ●BJ, TW; ★(EU): AL, BA, HR, IT,

ME, MK, RS, SE, SI.

牧根风铃草（裂檐花状风铃草）**Campanula rapunculoides** L.【I, C】♣IBCAS, NBG, XTBG; ●BJ, JS, YN; ★(AS): GE, RU-AS; (EU): CH, FR, GR, IT.

兴安风铃草 **Campanula rotundifolia** L.【N, W/C】♣KBG, NBG; ●JS, TW, YN; ★(AS): CN, MN, RU-AS.

草叶风铃草 **Campanula sarmatica** Ker Gawl.【I, C】♣NBG; ●JS; ★(AS): GE.

刺毛风铃草 **Campanula sibirica** L.【N, W/C】♣NBG; ●JS; ★(AS): CN, CY, GE, KZ, MN, RU-AS; (EU): AL, AT, BA, BG, CZ, HR, HU, IT, ME, MK, PL, RO, RS, RU, SI.

加波里钟花 **Campanula sylvatica** Wall.【I, C】♣NBG; ●JS; ★(AS): BT, IN, NP.

黄花风铃草 **Campanula thyrsoides** subsp. **carniolica** (Sünd.) Podlech【I, C】♣NBG; ●JS; ★(EU): AT, CH, DE, FR, IT, LI, SI.

托马辛钟花 **Campanula tommasiniana** K. Koch【I, C】♣NBG; ●JS; ★(EU): AL, BA, HR, IT, ME, MK, RS, SI.

疗喉风铃草（喉管草）**Campanula trachelium** L.【I, C】♣NBG; ●JS, LN; ★(AS): GE, RU-AS; (EU): AL, AT, BA, BE, BG, CH, CZ, DE, ES, FI, FR, GB, GR, HR, HU, IT, ME, MK, NL, NO, PL, RO, RS, RU, SI, TR.

木风铃（风铃木）**Campanula vidalii** H. C. Watson【I, C】●TW; ★(AS): AZ; (EU): PT.

袋果草属 Peracarpa

袋果草 **Peracarpa carnosa** Hook. f. et Thomson【N, W/C】♣HBG; ●ZJ; ★(AS): BT, CN, ID, IN, JP, KR, LK, MM, NP, PH, RU-AS, TH.

沙参属 Adenophora

丝裂沙参 **Adenophora capillaris** Hemsl.【N, W/C】♣FBG, GBG, HBG, LBG, WBG; ●FJ, GZ, HB, JX, ZJ; ★(AS): CN, MM, RU-AS.

细叶沙参 **Adenophora capillaris** subsp. **paniculata** (Nannf.)【N, W/C】♣IBCAS, XMBG; ●BJ, FJ; ★(AS): CN.

展枝沙参 **Adenophora divaricata** Franch. et Sav.【N, W/C】♣XMBG; ●FJ; ★(AS): CN, JP, KP, KR, MN, RU-AS.

狭叶沙参（北方沙参）**Adenophora gmelinii** (Biehler) Fisch.【N, W/C】♣GBG; ●GZ, LN; ★(AS): CN, KP, KR, MN, RU-AS.

甘孜沙参 **Adenophora jasionifolia** Franch.【N, W/C】♣HBG; ●ZJ; ★(AS): CN, RU-AS.

云南沙参 **Adenophora khasiana** (Hook. f. et Thomson) Feer【N, W/C】♣CBG, SCBG; ●GD, SH; ★(AS): BT, CN, ID, IN, LK, MM, RU-AS.

新疆沙参 **Adenophora liliifolia** (L.) Besser【N, W/C】♣CBG; ●SH; ★(AS): CN, KR, KZ, RU-AS; (EU): RU.

川藏沙参 **Adenophora liliifolioides** Pax et K. Hoffm.【N, W/C】♣SCBG; ●GD; ★(AS): CN, RU-AS.

桔梗草 **Adenophora nikoensis** Franch. et Sav.【I, C】★(AS): JP.

长白沙参 **Adenophora pereskiifolia** (Fisch. ex Schult.) G. Don【N, W/C】★(AS): CN, JP, KP, MN, RU-AS.

秦岭沙参 **Adenophora petiolata** Pax et K. Hoffm.【N, W/C】♣WBG; ●HB; ★(AS): CN, RU-AS.

华东杏叶沙参 **Adenophora petiolata** subsp. **huadungensis** (D. Y. Hong) D. Y. Hong et S. Ge【N, W/C】♣ZAFU; ●ZJ; ★(AS): CN.

杏叶沙参 **Adenophora petiolata** subsp. **hunanensis** (Nannf.) D. Y. Hong et S. Ge【N, W/C】♣GBG, LBG; ●GZ, JX; ★(AS): CN.

石沙参 **Adenophora polyantha** Nakai【N, W/C】♣GBG, XBG; ●GZ, SC, SN; ★(AS): CN, JP, KP, KR, MN, RU-AS.

泡沙参 **Adenophora potaninii** Korsh.【N, W/C】♣IBCAS; ●BJ; ★(AS): CN, RU-AS.

多歧沙参 **Adenophora potaninii** subsp. **wawreana** (Zahlbr.) S. Ge et D. Y. Hong【N, W/C】♣BBG, XBG; ●BJ, SN; ★(AS): CN, RU-AS.

薄叶荠苨 **Adenophora remotiflora** (Siebold et Zucc.) Miq.【N, W/C】♣HBG, XBG; ●SN, ZJ; ★(AS): CN, JP, KP, KR, MN, RU-AS.

中华沙参 **Adenophora sinensis** A. DC.【N, W/C】♣GBG; ●GZ; ★(AS): CN, RU-AS.

长柱沙参 **Adenophora stenanthina** (Ledeb.) Kitag.【N, W/C】♣SCBG; ●GD; ★(AS): CN, MN, RU-AS.

沙参 **Adenophora stricta** Miq.【N, W/C】♣BBG, CBG, GBG, GMG, HBG, IBCAS, KBG, LBG, NBG, WBG, ZAFU; ●BJ, GX, GZ, HB, JS, JX, SC, SH, YN, ZJ; ★(AS): CN, JP, KP, KR, RU-AS.

昆明沙参 **Adenophora stricta** subsp. **confusa** (Nannf.) D. Y. Hong【N, W/C】♣CBG; ●SH; ★(AS): CN.

无柄沙参 **Adenophora stricta** subsp. **sessilifolia** D. Y. Hong【N, W/C】♣WBG; ●HB, SC; ★(AS): CN.

轮叶沙参 **Adenophora tetraphylla** (Thunb.) Fisch.【N, W/C】♣CBG, FBG, GBG, GMG, HBG, HFBG, LBG, NBG, XTBG, ZAFU; ●FJ, GX, GZ, HL, JS, JX, LN, SH, YN, ZJ; ★(AS): CN, JP, KP, KR, LA, MN, RU-AS, VN.

荠苨 **Adenophora trachelioides** Maxim.【N, W/C】♣BBG, HFBG, IBCAS, LBG, ZAFU; ●BJ, HL, JX, ZJ; ★(AS): CN, MN, RU-AS.

牧根草属 Asyneuma

球果牧根草 **Asyneuma chinense** D. Y. Hong【N, W/C】♣XTBG; ●YN; ★(AS): CN, RU-AS.

牧根草 **Asyneuma japonicum** (Miq.) Briq.【N, W/C】♣BBG; ●BJ; ★(AS): CN, JP, KP, KR, MN, RU-AS.

喙檐花属 Physoplexis

喙檐花 **Physoplexis comosa** (L.) Schur【I, C】★(EU): AT, BA, HR, IT, ME, MK, RS, SI.

裂檐花属 Phyteuma

圆头裂檐花（球花牧根草）**Phyteuma orbiculare** L.【I, C】★(EU): AL, AT, BA, BE, CH, CZ, DE, ES, GB, GR, HR, HU, IT, ME, MK, PL, RO, RS, RU, SI.

球序裂檐花（球序牧根草）**Phyteuma scheuchzeri** All.【I, C】♣XTBG; ●YN; ★(EU): BA, CH, DE, HR, IT, ME, MK, RS, SI.

异檐花属 Triodanis

穿叶异檐花 **Triodanis perfoliata** (L.) Nieuwl.【I, N】♣HBG; ●ZJ; ★(NA): CA, CR, DO, JM, MX, US; (SA): AR, BO, BR, CO, EC, PY, VE.

异檐花 **Triodanis perfoliata** subsp. **biflora** (Ruiz et Pav.) Lammers【I, N】♣ZAFU; ●ZJ; ★(NA): US.

木油菜属 Brighamia

木油菜 **Brighamia insignis** A. Gray【I, C】●TW; ★(OC): US-HW.

半边莲属 Lobelia

宿根六倍利 **Lobelia × speciosa** Sweet【I, C】♣BBG; ●BJ, TW; ★(NA): US.

短柄半边莲 **Lobelia alsinoides** Lam.【N, W/C】♣FLBG, SCBG, XTBG; ●GD, JX, YN; ★(AS): BT, CN, ID, IN, JP, LA, LK, MM, MY, NP, PH, TH, VN; (OC): PAF.

铜锤玉带草 **Lobelia angulata** G. Forst.【N, W/C】♣CBG, FBG, GA, GBG, GMG, GXIB, HBG, KBG, SCBG, WBG, XMBG, XTBG, ZAFU; ●FJ, GD, GX, GZ, HB, JX, SC, SH, YN, ZJ; ★(AS): CN, IN, NP.

红花山梗菜 **Lobelia cardinalis** L.【I, C】♣BBG, CBG, HFBG, XMBG; ●BJ, FJ, HL, SH; ★(NA): BZ, CA, CR, GT, HN, MX, SV, US; (SA): CO.

半边莲 **Lobelia chinensis** Lour.【N, W/C】♣BBG, FBG, FLBG, GA, GBG, GMG, GXIB, HBG, KBG, LBG, NBG, SCBG, TMNS, WBG, XMBG, ZAFU; ●BJ, FJ, GD, GX, GZ, HB, JS, JX, SC, TW, YN, ZJ; ★(AS): CN, ID, IN, JP, KH, KR, LA, LK, MY, NP, SG, TH, VN.

密毛山梗菜 **Lobelia clavata** E. Wimm.【N, W/C】♣XTBG; ●YN; ★(AS): CN, IN, LA, MM, TH, VN.

狭叶山梗菜 **Lobelia colorata** Sweet【N, W/C】♣XTBG; ●YN; ★(AS): CN, ID, IN, TH.

江南山梗菜 **Lobelia davidii** Franch.【N, W/C】♣GBG, LBG, WBG; ●GZ, HB, JX, SC; ★(AS): BT, CN, ID, IN, MM, NP.

微齿山梗菜 **Lobelia doniana** Skottsb.【N, W/C】♣XTBG; ●YN; ★(AS): BT, CN, ID, IN, LK, MM, NP.

水生半边莲 **Lobelia dortmanna** L.【I, C】★(EU): BA, BE, DE, FI, FR, GB, NL, NO, PL, RU; (NA): US.

南非山梗菜（六倍利）**Lobelia erinus** L.【I, C】♣BBG, FLBG, GA, GBG, GMG, GXIB, HBG, KBG, LBG, NBG, SCBG, TMNS, WBG, XMBG, ZAFU; ●BJ, FJ, GD, GX, GZ, HB, JS, JX, SC, TW, YN, ZJ; ★(AF): ZA.

北美山梗菜 **Lobelia inflata** L.【I, C】♣NBG, XMBG, XOIG; ●FJ, JS; ★(NA): CA, US.

线萼山梗菜 **Lobelia melliana** E. Wimm.【N, W/C】♣CBG, FBG, GA, HBG, SCBG; ●FJ, GD, JX, SH, ZJ; ★(AS): CN.

山紫锤草 **Lobelia montana** Reinw. ex Blume【N, W/C】♣GXIB; ●GX; ★(AS): BT, CN, ID, IN, KH, MM, MY, NP, TH, VN.

塔花山梗菜 **Lobelia pyramidalis** Wall.【N, W/C】

♣XTBG; ●YN; ★(AS): BT, CN, ID, IN, KH, LA, LK, MM, NP, TH, VN.

西南山梗菜 **Lobelia seguinii** H. Lév. et Vaniot【N, W/C】 ♣GBG, GMG, KBG, WBG, XTBG; ●GX, GZ, HB, YN; ★(AS): BT, CN, IN, LK, TH, VN.

山梗菜 **Lobelia sessilifolia** Lamb.【N, W/C】♣GA, HBG, KBG, NBG, ZAFU; ●JS, JX, TW, YN, ZJ; ★(AS): CN, JP, KP, KR, MN, RU-AS.

大叶紫花半边莲 **Lobelia siphilitica** L. 【I, C】 ♣LBG, NBG; ●JS, JX, YN; ★(NA): US.

大理山梗菜 **Lobelia taliensis** Diels 【N, W/C】 ♣XTBG; ●TW, YN; ★(AS): CN.

细半边莲 **Lobelia tenuior** R. Br. 【I, C】 ♣NBG; ●JS; ★(OC): AU.

顶花半边莲 **Lobelia terminalis** C. B. Clarke 【N, W/C】 ♣XTBG; ●YN; ★(AS): BT, CN, ID, IN, LA, LK, TH, VN.

尤瑞半边莲 **Lobelia urens** L. 【I, C】 ♣NBG; ●JS; ★(EU): BE, DE, ES, FR, GB, LU.

卵叶半边莲 **Lobelia zeylanica** L. 【N, W/C】 ♣FLBG, SCBG, XTBG; ●GD, JX, YN; ★(AS): BT, CN, ID, IN, LA, LK, MM, MY, NP, PH, TH, VN; (OC): PAF.

马醉草属 Hippobroma

马醉草 **Hippobroma longiflora** (L.) G. Don 【I, N】 ♣HBG, SCBG, TMNS; ●GD, TW, ZJ; ★(NA): JM.

长星花属 Isotoma

长星花(腋花同瓣草)**Isotoma axillaris** Lindl.【I, C】 ●BJ, GD, TW, YN; ★(OC): AU.

蝰齿花属 Siphocampylus

蝰齿花 **Siphocampylus affinis** (Mirb.) McVaugh 【I, C】 ●TW; ★(SA): EC.

289. 五膜草科 PENTAPHRAGMATACEAE

五膜草属 Pentaphragma

五膜草 **Pentaphragma sinense** Hemsl. et E. H. Wilson【N, W/C】♣SCBG, WBG, XTBG; ●GD, HB, YN; ★(AS): CN, VN.

直序五膜草 **Pentaphragma spicatum** Merr. 【N, W/C】 ♣GXIB; ●GX; ★(AS): CN.

290. 花柱草科 STYLIDIACEAE

花柱草属 Stylidium

狭叶花柱草 **Stylidium tenellum** Sw. 【N, W/C】 ♣XTBG; ●YN; ★(AS): CN, ID, IN, KH, LA, MM, MY, TH, VN; (OC): AU.

花柱草 **Stylidium uliginosum** Sw. 【N, W/C】 ♣FLBG, SCBG; ●GD, JX; ★(AS): CN, KH, LA, LK, TH, VN; (OC): AU, PAF.

291. 雪叶木科 ARGOPHYLLACEAE

雪叶木属 Argophyllum

勒尤丹鼠刺 **Argophyllum lejourdanii** F. Muell.【I, C】 ♣SCBG; ●GD; ★(OC): AU.

秋叶果属 Corokia

*多枝秋叶果 **Corokia × virgata** Turrill 【I, C】 ♣CBG; ●SH; ★(OC): NZ.

榅桲叶秋叶果 **Corokia cotoneaster** Raoul 【I, C】 ●TW; ★(OC): NZ.

292. 睡菜科 MENYANTHACEAE

睡菜属 Menyanthes

睡菜 **Menyanthes trifoliata** L.【N, W/C】♣BBG, HBG, HFBG, IBCAS, SCBG, WBG, XTBG, ZAFU; ●BJ, GD, HB, HL, YN, ZJ; ★(AF): DZ, EG, LY, MA, SD, TN; (AS): AM, AZ, BH, CN, CY, GE, IL, IQ, IR, JO, JP, KG, KP, KR, KW, KZ, LB, MN, NP, PS, QA, RU-AS, SA, SY, TJ, TM, TR, UZ, YE; (EU): AD, AL, AT, BA, BE, BG, BY, CH, CZ, DE, DK, ES, FI, FR, GB, GR, HR, HU, IS, IT, LU, MC, ME, MK, NL, NO, PL, PT, RO, RS, RU, SE, SI, SK, SM, UA, VA; (NA): CA, US.

荇菜属 Nymphoides

香蕉草 **Nymphoides aquatica** (J. F. Gmel.) Kuntze 【I, C】 ★(NA): US.

小荇菜 **Nymphoides coreana** (H. Lév.) H. Hara【N,

W/C】 ♣TMNS, WBG; ●HB, LN, TW; ★(AS): CN, JP, KP, KR, MN, RU-AS.

水皮莲 **Nymphoides cristata** (Roxb.) Kuntze 【N, W/C】 ♣SCBG, TMNS, WBG, XMBG, XTBG; ●FJ, GD, HB, TW, YN; ★(AS): CN, IN.

刺种荇菜 **Nymphoides hydrophylla** (Lour.) Kuntze 【N, W/C】 ♣WBG; ●HB; ★(AS): CN, ID, IN, LA, TH, VN.

金银莲花 **Nymphoides indica** (L.) Kuntze 【N, W/C】 ♣FLBG, IBCAS, SCBG, TMNS, WBG, XMBG, XTBG; ●BJ, FJ, GD, HB, JX, SC, TW, YN; ★(AF): NG; (AS): CN, ID, IN, JP, KH, KR, LA, LK, MM, MY, NP, SG, VN.

荇菜（莕菜）**Nymphoides peltata** (S. G. Gmel.) Britten et Rendle【N, W/C】♣BBG, FBG, FLBG, HBG, HFBG, IBCAS, KBG, LBG, NBG, SCBG, TBG, TMNS, WBG, XMBG, XTBG; ●BJ, FJ, GD, HB, HL, JS, JX, LN, SC, TW, YN, ZJ; ★(AS): CN, JP, KP, MN, RU-AS, VN.

293. 草海桐科 GOODENIACEAE

草海桐属 Scaevola

紫扇花（蓝扇花）**Scaevola aemula** R. Br. 【I, C】 ♣SCBG, XMBG; ●BJ, CQ, FJ, GD, TW; ★(OC): AU.

小草海桐 **Scaevola hainanensis** Hance 【N, W/C】 ♣FLBG, TMNS; ●GD, JX, TW; ★(AS): CN, JP, VN.

草海桐 **Scaevola taccada** (Gaertn.) Roxb. 【N, W/C】♣BBG, CBG, SCBG, TBG, TMNS, XMBG, XTBG; ●BJ, FJ, GD, SH, TW, YN; ★(AF): MG, ZA; (AS): CN, ID, IN, JP, LK, MM, MY, PH, PK, TH, VN; (OC): AU, PAF.

金鸾花属 Goodenia

矮金鸾花 **Goodenia concinna** Benth. 【I, C】 ★(OC): AU.

离根香 **Goodenia pilosa** (R. Br.) Carolin【N, W/C】 ♣XMBG; ●FJ; ★(AS): CN, ID, IN, PH, VN.

美丽金鸾花 **Goodenia pulchella** Benth. 【I, C】 ★(OC): AU.

294. 菊科 ASTERACEAE

和尚菜属 Adenocaulon

和尚菜 **Adenocaulon himalaicum** Edgew. 【N, W/C】 ♣GBG, GXIB, LBG, WBG; ●GX, GZ, HB, JX; ★(AS): BT, CN, IN, JP, KP, KR, LK, MN, NP, RU-AS.

须菊木属 Mutisia

蔓性卷须菊（蔓性帚菊木）**Mutisia decurrens** Cav. 【I, C】 ●TW; ★(SA): AR, CL.

美洲卷须菊（美洲帚菊木）**Mutisia speciosa** Aiton ex Hook. 【I, C】 ♣NBG; ●JS; ★(SA): AR, BR, CL, PY.

大丁草属 Leibnitzia

大丁草 **Leibnitzia anandria** (L.) Turcz. 【N, W/C】 ♣BBG, GBG, HBG, LBG, SCBG, WBG, XBG, XMBG; ●BJ, FJ, GD, GZ, HB, JX, LN, SN, YN, ZJ; ★(AS): CN, JP, KP, KR, RU-AS.

火石花属 Gerbera

橙黄非洲菊 **Gerbera aurantiaca** Sch. Bip. 【I, C】 ★(AF): ZA.

火轮菊 **Gerbera hybrida** Hort. 【I, C】 ♣TBG; ●TW; ★(AF): ZA.

非洲菊 **Gerbera jamesonii** Bolus ex Hook. f. 【I, C】 ♣BBG, FLBG, GXIB, HBG, KBG, LBG, SCBG, WBG, XMBG, XOIG, XTBG, ZAFU; ●BJ, FJ, GD, GX, HB, JS, JX, SC, SH, TW, XJ, YN, ZJ; ★(AF): ZA.

毛大丁草（兔耳一枝箭）**Gerbera piloselloides** (L.) Cass. 【N, W/C】 ♣CBG, FBG, GBG, GMG, GXIB, HBG, SCBG, XMBG, XTBG; ●FJ, GD, GX, GZ, SC, SH, YN, ZJ; ★(AF): BI, CM, ET, KE, MG, MW, RW, TZ, UG, ZA, ZM; (AS): BT, CN, IN, JP, LA, LK, MM, NP, TH, VN; (OC): PAF.

绿叶非洲菊 **Gerbera viridifolia** (DC.) Sch. Bip. 【I, C】 ★(AF): MW, TZ, UG.

栌菊木属 Nouelia

栌菊木 **Nouelia insignis** Franch. 【N, W/C】 ♣FLBG, KBG, SCBG, XTBG; ●GD, JX, SC, YN; ★(AS): CN.

白菊木属 Leucomeris

白菊木 **Leucomeris decora** Kurz 【N, W/C】 ♣XTBG; ●YN; ★(AS): CN, MM, TH, VN.

蓝刺头属 Echinops

欧亚蓝刺头（小蓝刺头）**Echinops bannaticus** Rochel ex Schrad.【I, C】●YN; ★(EU): AL, BA, BG, GR, HR, IT, ME, MK, RO, RS, RU, SI.

砂蓝刺头 **Echinops gmelinii** Turcz.【N, W/C】♣TDBG; ●XJ; ★(AS): CN, MN, RU-AS.

华东蓝刺头 **Echinops grijsii** Hance【N, W/C】♣HBG, NBG; ●JS, ZJ; ★(AS): CN.

驴欺口 **Echinops latifolius** Tausch【N, W/C】♣BBG, IBCAS, MDBG, TDBG; ●BJ, GS, NM, XJ; ★(AS): CN, KR, MN, RU-AS.

粉蓝刺头 **Echinops pungens** Trautv.【I, C】♣IBCAS; ●BJ, TW; ★(AS): IL, TR.

硬叶蓝刺头 **Echinops ritro** Gueldenst. ex Ledeb.【N, W/C】♣KBG; ●YN; ★(AS): CN, KZ, TM, TR; (EU): BY, ES, RU, UA.

鲁塞尼亚蓝刺头 **Echinops ritro** subsp. **ruthenicus** (M. Bieb.) Nyman【I, C】♣CBG; ●SH; ★(EU): BY, ES, RU, UA.

蓝刺头 **Echinops sphaerocephalus** Sibth. et Sm.【N, W/C】♣BBG, CBG, NBG, TDBG; ●BJ, JS, SH, TW, XJ; ★(AS): CN, KZ, MN, RU-AS.

天山蓝刺头 **Echinops tjanschanicus** Bobrov【N, W/C】♣BBG; ●BJ, TW, YN; ★(AS): CN, KZ.

苍术属 Atractylodes

朝鲜苍术 **Atractylodes koreana** (Nakai) Kitam.【N, W/C】♣NBG; ●JS; ★(AS): CN, KR, RU-AS.

苍术（关苍术）**Atractylodes lancea** (Thunb.) DC.【N, W/C】♣GXIB, HBG, HFBG, IBCAS, LBG, NBG, WBG, XBG, XMBG; ●BJ, FJ, GX, HB, HL, JL, JS, JX, LN, SN, TW, YN, ZJ; ★(AS): CN, JP, KP, KR, MN, RU-AS.

白术 **Atractylodes macrocephala** Koidz.【N, W/C】♣GMG, GXIB, HBG, LBG, NBG, WBG, XBG, XMBG, ZAFU; ●BJ, FJ, GX, HB, JS, JX, SC, SN, TW, YN, ZJ; ★(AS): CN, JP, RU-AS.

干花菊属 Xeranthemum

干花菊 **Xeranthemum annuum** Asso【I, C】●TW; ★(EU): AL, AT, BA, BG, CH, CZ, DE, ES, GR, HR, HU, IT, ME, MK, NL, RO, RS, RU, SI, TR.

灰毛干花菊（灰毛菊）**Xeranthemum cylindraceum** Sm.【I, C】♣NBG; ●JS; ★(AS): GE, IQ, TR; (EU): AL, BA, BG, CZ, DE, ES, GB, GR, HR, HU, IT, LU, ME, MK, RO, RS, RU, SI, TR.

大翅蓟属 Onopordum

大翅蓟 **Onopordum acanthium** L.【N, W/C】♣IBCAS, TDBG, XBG; ●BJ, SN, XJ; ★(AS): AF, CN, KG, KZ, MN, PK, RU-AS, TJ, TM, UZ.

山牛蒡属 Synurus

山牛蒡 **Synurus deltoides** (Aiton) Nakai【N, W/C】♣HBG, LBG, WBG; ●HB, JX, ZJ; ★(AS): CN, JP, KP, KR, MN, RU-AS.

黄缨菊属 Xanthopappus

黄缨菊 **Xanthopappus subacaulis** C. Winkl.【N, W/C】♣KBG; ●YN; ★(AS): CN, MN.

泥胡菜属 Hemisteptia

泥胡菜 **Hemisteptia lyrata** (Bunge) Fisch. et C. A. Mey.【N, W/C】♣FBG, GBG, GMG, HBG, IBCAS, LBG, NBG, SCBG, WBG, XBG, XTBG, ZAFU; ●BJ, FJ, GD, GX, GZ, HB, JS, JX, SN, YN, ZJ; ★(AS): BT, CN, IN, JP, KP, LA, LK, MM, NP, RU-AS, TH, VN; (OC): AU, PAF.

风毛菊属 Saussurea

翼茎风毛菊 **Saussurea alata** DC.【N, W/C】♣SCBG; ●GD; ★(AS): CN, MN, RU-AS.

草地风毛菊 **Saussurea amara** Less.【N, W/C】♣HFBG, SCBG; ●GD, HL, LN; ★(AS): CN, KG, KZ, MN, RU-AS, TJ, UZ.

卢山风毛菊 **Saussurea bullockii** Dunn【N, W/C】♣LBG, WBG; ●HB, JX; ★(AS): CN.

假蓬风毛菊 **Saussurea conyzoides** Hemsl.【N, W/C】♣WBG; ●HB; ★(AS): CN.

心叶风毛菊 **Saussurea cordifolia** Hemsl.【N, W/C】♣WBG; ●HB; ★(AS): CN, RU-AS.

荒漠风毛菊 **Saussurea deserticola** H. C. Fu【N, W/C】●NM; ★(AS): CN, MN.

狭头风毛菊 **Saussurea dielsiana** Koidz.【N, W/C】●BJ; ★(AS): CN, MN.

长梗风毛菊 **Saussurea dolichopoda** Diels【N, W/C】♣CBG; ●SH; ★(AS): CN.

城口风毛菊 **Saussurea flexuosa** Franch.【N, W/C】

♣WBG; ●HB; ★(AS): CN.

球花雪莲 **Saussurea globosa** F. H. Chen【N, W/C】♣SCBG; ●GD; ★(AS): CN.

禾叶风毛菊 **Saussurea graminea** Dunn 【N, W/C】♣KBG, SCBG; ●GD, YN; ★(AS): CN, MN.

长毛风毛菊 **Saussurea hieracioides** Hook. f. 【N, W/C】 ♣SCBG; ●GD; ★(AS): BT, CN, IN, LK, NP.

黄山风毛菊 **Saussurea hwangshanensis** Ling 【N, W/C】 ♣CBG, LBG; ●JX, SH; ★(AS): CN.

雪莲花 **Saussurea involucrata** Kar. et Kir. 【N, W/C】♣SCBG; ●GD; ★(AS): CN, KG, KZ, MN, RU-AS.

紫苞雪莲（紫苞风毛菊）**Saussurea iodostegia** Hance【N, W/C】 ♣IBCAS; ●BJ; ★(AS): CN, MN.

裂叶风毛菊 **Saussurea laciniata** Ledeb.【N, W/C】●GS, NM; ★(AS): CN, KZ, MN, RU-AS.

狮牙草状风毛菊 **Saussurea leontodontoides** (DC.) Sch. Bip.【N, W/C】♣SCBG; ●GD; ★(AS): BT, CN, IN, LK, NP.

羽裂雪兔子 **Saussurea leucoma** Diels 【N, W/C】♣SCBG; ●GD; ★(AS): CN.

秦岭风毛菊 **Saussurea megaphylla** (X. Y. Wu) Y. S. Chen 【N, W/C】 ♣WBG; ●HB; ★(AS): CN.

蒙古风毛菊 **Saussurea mongolica** (Franch.) Franch.【N, W/C】 ♣IBCAS; ●BJ; ★(AS): CN, KR, MN, RU-AS.

银背风毛菊 **Saussurea nivea** Kom. et Schischk.【N, W/C】 ♣IBCAS; ●BJ; ★(AS): CN, KP, KR.

少花风毛菊 **Saussurea oligantha** Franch. 【N, W/C】 ♣CBG; ●SH; ★(AS): CN.

膜片风毛菊 **Saussurea paleata** Maxim. 【N, W/C】●BJ; ★(AS): CN.

篦苞风毛菊 **Saussurea pectinata** Bunge ex DC.【N, W/C】 ♣BBG; ●BJ; ★(AS): CN, KP, KR, MN.

西北风毛菊 **Saussurea petrovii** Lipsch. 【N, W/C】●NM, SN, SX; ★(AS): CN, MN.

杨叶风毛菊 **Saussurea populifolia** Hemsl. 【N, W/C】 ♣WBG; ●HB; ★(AS): CN.

弯齿风毛菊 **Saussurea przewalskii** Maxim. 【N, W/C】 ♣SCBG; ●GD; ★(AS): BT, CN.

美花风毛菊 **Saussurea pulchella** (Fisch.) Fisch.【N, W/C】 ♣BBG, GA, HBG, LBG, XMBG, ZAFU; ●BJ, FJ, JX, LN, NM, SN, ZJ; ★(AS): CN, JP, KP, KR, MN, RU-AS.

盐地风毛菊 **Saussurea salsa** (Pall.) Spreng. 【N, W/C】 ♣TDBG; ●XJ; ★(AS): AF, CN, KG, KZ, MN, RU-AS, TJ, UZ.

半琴叶风毛菊 **Saussurea semilyrata** Bureau et Franch. 【N, W/C】 ♣SCBG; ●GD; ★(AS): CN.

星状雪兔子 **Saussurea stella** Maxim. 【N, W/C】♣SCBG; ●GD; ★(AS): BT, CN, IN, LK.

打箭风毛菊 **Saussurea tatsienensis** Bureau et Franch. 【N, W/C】 ♣SCBG; ●GD; ★(AS): CN.

须弥菊属 Himalaiella

三角叶须弥菊（三角叶风毛菊）**Himalaiella deltoidea** (DC.) Raab-Straube【N, W/C】♣CBG, FBG, LBG, WBG; ●FJ, HB, JX, SH; ★(AS): BT, CN, IN, LA, MM, NP, PK, TH, VN.

苓菊属 Jurinea

多花苓菊 **Jurinea multiflora** (L.) B. Fedtsch. 【N, W/C】 ♣TDBG; ●XJ; ★(AS): CN, KZ, MN, RU-AS.

云木香属 Aucklandia

云木香 **Aucklandia costus** Falc. 【I, C】 ♣GBG, GMG, KBG, XBG, XMBG; ●FJ, GX, GZ, SC, SN, YN; ★(AS): IN, PK.

刺头菊属 Cousinia

刺头菊 **Cousinia affinis** Schrenk【N, W/C】♣GBG, TDBG; ●GS, GZ, NM, XJ; ★(AS): CN, KZ, MN, RU-AS.

牛蒡属 Arctium

牛蒡 **Arctium lappa** L. 【N, W/C】 ♣BBG, FLBG, GA, GBG, GMG, HBG, HFBG, IBCAS, KBG, LBG, NBG, SCBG, TDBG, WBG, XBG, XMBG, XTBG; ●BJ, FJ, GD, GS, GX, GZ, HB, HL, JS, JX, LN, NM, NX, QH, SC, SD, SH, SN, TJ, TW, XJ, YN, ZJ; ★(AS): AF, AM, AZ, BH, BT, CN, GE, IL, IN, IQ, IR, JO, JP, KP, KR, KW, LB, LK, MN, NP, PK, PS, QA, RU-AS, SA, SY, TR, YE; (EU): BA, BY, DE, ES, FR, GR, HR, IT, LU, ME, MK, RS, SI.

毛头牛蒡 **Arctium tomentosum** Mill. 【N, W/C】♣TDBG; ●XJ; ★(AF): MA; (AS): CN, GE, KG, KZ, MN, RU-AS, TJ, UZ; (EU): AT, BA, BE, BG, BY, CZ, DE, ES, FI, GB, GR, HR, HU, IT, ME, MK, NL, NO, PL, RO, RS, RU, SI.

菜蓟属 Cynara

刺苞菜蓟 **Cynara cardunculus** L. 【I, C】 ♣CBG, IBCAS, XBG; ●BJ, SH, SN, TW; ★(AF): ES-CS, LY, MA; (AS): CY, TR; (EU): ES, FR, GR, HR, IT, PT.

菜蓟 **Cynara scolymus** L. 【I, C】 ♣BBG, HBG, NBG, WBG, XBG, XOIG; ●BJ, FJ, HB, JS, SH, SN, TW, YN, ZJ; ★(AF): DZ, EG, LY, MA, TN; (AS): CY, TR; (EU): ES, FR, GR, HR, IT, PT.

银脉蓟属 Notobasis

银脉蓟 **Notobasis syriaca** (L.) Cass. 【I, C】 ★(AF): MA; (AS): SA, TR; (EU): AL, BA, BY, ES, GR, HR, IT, LU, ME, MK, NL, RS, SI.

水飞蓟属 Silybum

象牙蓟 **Silybum eburneum** Coss. et Durieu 【I, C】 ♣KBG; ●YN; ★(AF): DZ, ET; (EU): ES.

水飞蓟 **Silybum marianum** (L.) Gaertn. 【I, C/N】 ♣BBG, CDBG, FLBG, GMG, GXIB, HBG, HFBG, IBCAS, KBG, MDBG, NBG, SCBG, TDBG, WBG, XBG, XMBG, XOIG; ●BJ, FJ, GD, GS, GX, HB, HL, JS, JX, SC, SN, XJ, YN, ZJ; ★(EU): GB.

蓟属 Cirsium

丝路蓟(阿尔泰蓟) **Cirsium arvense** (L.) Scop. 【N, W/C】 ♣SCBG, TDBG; ●GD, XJ; ★(AS): AF, AM, AZ, BH, BT, CN, GE, IL, IN, IQ, IR, JO, JP, KP, KR, KW, KZ, LB, LK, MN, NP, PS, QA, RU-AS, SA, SY, TR, YE; (EU): AL, AT, BA, BE, CZ, DE, ES, FR, GB, GR, HR, HU, IT, ME, MK, NL, PL, RO, RS, SI.

刺儿菜 **Cirsium arvense** var. **integrifolium** Wimm. et Grab. 【N, W/C】 ♣BBG, CBG, GA, GBG, GMG, HBG, IBCAS, LBG, NBG, SCBG, TDBG, WBG, XBG, XMBG, ZAFU; ●BJ, FJ, GD, GX, GZ, HB, JS, JX, SC, SH, SN, XJ, YN, ZJ; ★(AS): CN, JP, KP, KR, MN.

灰蓟 **Cirsium botryodes** Petr. 【N, W/C】 ♣WBG; ●HB; ★(AS): CN.

绿蓟 **Cirsium chinense** Gardner et Champ. 【N, W/C】 ♣FBG, FLBG, GMG, XMBG; ●FJ, GD, GX, JX; ★(AS): CN, MM, MN.

蓟 **Cirsium japonicum** (Thunb.) Fisch. ex DC. 【N, W/C】 ♣BBG, FBG, GA, GBG, GMG, HBG, KBG, LBG, NBG, SCBG, TMNS, WBG, XMBG, XTBG, ZAFU; ●BJ, FJ, GD, GX, GZ, HB, JS, JX, SC, TW, YN, ZJ; ★(AS): CN, JP, KP, KR, MN, VN.

线叶蓟 **Cirsium lineare** (Thunb.) Sch. Bip. 【N, W/C】 ♣GXIB, HBG, LBG, SCBG, XTBG; ●GD, GX, JX, YN, ZJ; ★(AS): CN, JP, KR, LA, MM, TH, VN.

河岸蓟 **Cirsium rivulare** Link 【I, C】 ●TW; ★(EU): AL, AT, BA, CH, CZ, DE, ES, FR, GB, HR, HU, IT, ME, MK, PL, RO, RS, RU, SI.

大刺儿菜 **Cirsium setosum** (Willd.) Besser ex M. Bieb. 【N, W/C】 ♣BBG, CBG, FBG, GA, GBG, GMG, HBG, IBCAS, LBG, NBG, SCBG, TDBG, WBG, XBG, XMBG, ZAFU; ●BJ, FJ, GD, GX, GZ, HB, JS, JX, SC, SH, SN, XJ, YN, ZJ; ★(AS): CN.

牛口刺 **Cirsium shansiense** Petr. 【N, W/C】 ♣XTBG; ●YN; ★(AS): BT, CN, IN, JP, LK, MM, MN, VN.

高莛蓟属 Tyrimnus

高莛蓟 **Tyrimnus leucographus** (L.) Cass. 【I, C】 ♣NBG; ●JS; ★(AF): MA; (AS): SA; (EU): AL, BA, BG, BY, DE, ES, GR, HR, IT, ME, MK, RS, SI, TR.

飞廉属 Carduus

节毛飞廉 **Carduus acanthoides** L. 【N, W/C】 ♣NBG; ●JS; ★(AS): AM, AZ, BH, CN, GE, IL, IQ, IR, JO, KW, LB, PS, QA, RU-AS, SA, SY, TR, YE; (EU): BA, CH, DE, ES, FR, IT, SE.

丝毛飞廉 **Carduus crispus** L. 【N, W/C】 ♣GBG, HBG, IBCAS, LBG, NBG, TDBG, XBG; ●BJ, GZ, JS, JX, LN, SN, XJ, ZJ; ★(AS): AM, AZ, BH, CN, GE, IL, IQ, IR, JO, JP, KP, KR, KW, KZ, LB, MN, PS, QA, RU-AS, SA, SY, TR, YE; (EU): BA, CH, DE, ES, FR, IT, SE.

飞廉 **Carduus nutans** L. 【N, W/C】 ♣TDBG; ●XJ; ★(AF): DZ, MA, TN; (AS): AM, AZ, BH, CN, GE, IL, IQ, IR, JO, KW, KZ, LB, MN, PS, QA, RU-AS, SA, SY, TR, YE; (EU): BA, CH, DE, ES, FR, IT, SE.

密头飞廉 **Carduus pycnocephalus** L. 【I, C】 ♣NBG; ●JS; ★(AF): DZ, MA, TN; (AS): IQ, IR, TR; (EU): ES, GR, IT, SE.

伪泥胡菜属 Serratula

伪泥胡菜 **Serratula coronata** L. 【N, W/C】 ♣LBG,

XBG; ●JX, SN; ★(AS): CN, JP, KG, KR, KZ, MN, RU-AS.

染色伪泥胡菜（染色麻花头）**Serratula tinctoria** L. 【I, C】 ♣HBG; ●ZJ; ★(EU): AL, AT, BA, BE, BG, CZ, DE, ES, GB, GR, HR, HU, IT, LU, ME, MK, NL, NO, PL, RO, RS, RU, SI.

黄矢车菊属 Rhaponticoides

欧亚矢车菊 **Rhaponticoides ruthenica** (Lam.) M. V. Agab. et Greuter【N, W/C】♣TDBG; ●XJ; ★(AS): CN, MN, RU-AS; (EU): RO, RU.

矢车菊属 Cyanus

刺苞矢车菊 **Cyanus triumfettii** (All.) Dostál ex Á. Löve et D. Löve 【I, C】 ♣XMBG; ●FJ; ★(AS): GE, IQ, TR; (EU): AL, AT, BA, BG, CZ, DE, ES, FR, GR, HR, HU, IT, LU, ME, MK, PL, RO, RS, RU, SI.

疆矢车菊属 Centaurea

大矢车菊 **Centaurea americana** Nutt.【I, C】●BJ; ★(NA): MX, US.

藏掖花 **Centaurea benedicta** (L.) L. 【I, C】 ●BJ; ★(AS): IL, IR, LB, SA, SY, TR; (EU): ES, FR, GR.

巴纳特矢车菊 **Centaurea borysthenica** Gruner 【I, C】 ♣XMBG; ●FJ; ★(EU): RO.

红矢车菊 **Centaurea crocodylium** L. 【I, C】 ♣NBG; ●JS; ★(AS): IL.

蓝花矢车菊（矢车菊）**Centaurea cyanus** L. 【I, C/N】 ♣BBG, CDBG, FLBG, GBG, GXIB, HBG, HFBG, LBG, NBG, WBG, XMBG, XOIG; ●BJ, FJ, GD, GX, GZ, HB, HL, JL, JS, JX, SC, SD, SH, TW, XJ, YN, ZJ; ★(AF): MA; (AS): BT, GE, KR, RU-AS, SA, TR; (EU): AL, AT, BA, BE, BG, CZ, DE, ES, FI, GB, GR, HR, HU, IT, LU, ME, MK, NL, NO, PL, RO, RS, RU, SI.

白粉矢车菊 **Centaurea dealbata** Willd. 【I, C】 ♣BBG; ●BJ, TW, YN; ★(AS): GE, IR; (EU): CZ.

铺散矢车菊 **Centaurea diffusa** Lam. 【I, C】 ★(AS): GE, IR, TR; (EU): AT, BA, BG, CZ, DE, FR, GR, HR, HU, IT, ME, MK, PL, RO, RS, RU, SI.

棉毛矢车菊 **Centaurea eriophora** Forssk. 【I, C】 ♣NBG; ●JS; ★(EU): NL.

针刺矢车菊 **Centaurea iberica** Sennen et Elias【N, W/C】 ♣NBG, TDBG, XMBG; ●FJ, JS, XJ; ★(AS): AF, AM, AZ, BH, CN, GE, IL, IQ, IR, JO, KG, KW, KZ, LB, PK, PS, QA, SA, SY, TJ, TM, TR, UZ, YE; (EU): BA, BG, GR, HR, ME, MK, RO, RS, RU, SI.

宿苞矢车菊 **Centaurea involucrata** Desf. 【I, C】 ♣XMBG; ●FJ; ★(AF): MA.

棕色矢车菊（棕矢车菊）**Centaurea jacea** L. 【I, C】 ♣NBG, XMBG; ●FJ, JS; ★(EU): CH, FR.

大头矢车菊（大花矢车菊）**Centaurea macrocephala** Puschk. ex Willd.【I, C】●TW; ★(AS): AZ, GE.

马耳他岛矢车菊 **Centaurea melitensis** L. 【I, C】 ♣NBG; ●JS; ★(EU): MT, SE.

山矢车菊 **Centaurea montana** Costa 【I, C】 ♣BBG, XMBG; ●BJ, FJ; ★(EU): CH, FR, GB, NL, TR.

黑矢车菊 **Centaurea nigra** L. 【I, C】 ♣CBG, IBCAS; ●BJ, SH; ★(AS): GE, TR; (EU): CH, FR, GB, SE.

缕裂矢车菊 **Centaurea nigrescens** Willd. 【I, C】 ★(EU): BE, ES, PT.

东方矢车菊 **Centaurea orientalis** Baumg. ex Schur 【I, C】 ♣NBG; ●JS; ★(EU): BA, BG, HR, ME, MK, RO, RS, RU, SI.

硬矢车菊 **Centaurea phrygia** subsp. **indurata** (Janka) Stoj. et Acht.【I, C】♣NBG; ●JS; ★(AS): GE, RU-AS; (EU): AL, AT, BA, BG, CZ, DE, FI, HR, HU, IT, ME, MK, NO, PL, RO, RS, RU, SI.

黑篮假发车菊 **Centaurea phrygia** subsp. **melanocalathia** (Borbás) Dostál【I, C】♣CBG; ●SH; ★(AS): GE, RU-AS; (EU): AL, AT, BA, BG, CZ, DE, FI, HR, HU, IT, ME, MK, NO, PL, RO, RS, RU, SI.

岩石矢车菊 **Centaurea rupestris** Kit. ex Steud. 【I, C】 ♣NBG, XMBG; ●FJ, JS; ★(EU): BA, BG, GR, HR, IT, ME, MK, RS, SE, SI.

山萝卜菊 **Centaurea scabiosa** Sadler【I, C】♣NBG; ●JS; ★(AS): RU-AS; (EU): CH, FR, GB, IT.

长刺矢车菊 **Centaurea solstitialis** Asso 【I, C】 ♣XMBG; ●FJ; ★(AS): AZ, GE, IQ, TR; (EU): FR, SE.

斑点矢车菊 **Centaurea stoebe** L. 【I, C】 ♣NBG; ●JS; ★(EU): BG, FR, HU, RS.

小花矢车菊 **Centaurea virgata** subsp. **squarrosa** (Boiss.) Gugler 【N, W/C】 ♣TDBG; ●NM, XJ; ★(AS): CN, KG, KZ, RU-AS, TJ, TM, UZ.

红花属 Carthamus

毛红花 **Carthamus lanatus** L.【I, C】♣NBG; ●JS; ★(AF): EG, ET, MA; (AS): TR; (EU): CH, FR,

GR.

白茎红花 **Carthamus leucocaulos** Sm. 【I, C】 ♣NBG; ●JS; ★(EU): GR, HR, TR.

红花 **Carthamus tinctorius** L. 【I, C/N】 ♣GBG, GMG, GXIB, HBG, HFBG, IBCAS, NBG, SCBG, TDBG, WBG, XBG, XMBG, XOIG, XTBG; ●AH, BJ, FJ, GD, GS, GX, GZ, HA, HB, HE, HL, JS, NM, NX, SC, SD, SN, TW, XJ, YN, ZJ; ★(AF): EG.

琉苞菊属 Hyalea

琉苞菊 **Hyalea pulchella** (Ledeb.) K. Koch 【N, W/C】 ♣NBG, TDBG; ●JS, XJ; ★(AS): CN, MN, RU-AS.

旋瓣菊属 Volutaria

立必矢车菊 **Volutaria lippii** (L.) Cass. ex Maire 【I, C】 ♣NBG; ●JS; ★(AF): DJ, DZ, ET, KE, LY, MA, TZ; (EU): ES, SI.

毛果矢车菊 **Volutaria muricata** (L.) Maire 【I, C】 ♣NBG; ●JS, TW; ★(AF): DZ, KE, MA; (EU): ES.

针苞菊属 Tricholepis

缅甸针苞菊（克伦针苞菊、云南针苞菊）**Tricholepis karensium** Kurs 【N, W/C】 ♣XTBG; ●YN; ★(AS): CN, IN, MM, TH.

珀菊属 Amberboa

芳香矢车菊 **Amberboa amberboi** (L.) Tzvelev 【I, C】 ●YN; ★(AS): TM.

白花珀菊 **Amberboa glauca** (Puschk. ex Willd.) Muss. Puschk. ex Grossh. 【I, C】 ★(AS): RU-AS.

珀菊 **Amberboa moschata** (L.) DC. 【I, C】 ♣LBG, NBG, XMBG; ●BJ, FJ, JS, JX, TW, XJ; ★(AS): AZ, IR, TM, TR.

麻花头属 Klasea

缢苞麻花头 **Klasea centauroides** subsp. **strangulata** (Iljin) L. Martins 【N, W/C】 ♣WBG; ●HB; ★(AS): CN.

漏芦属 Rhaponticum

华漏芦（华麻花头）**Rhaponticum chinense** (S. Moore) L. Martins et Hidalgo 【N, W/C】 ♣LBG; ●JX; ★(AS): CN.

大黄矢车菊 **Rhaponticum exaltatum** (Willk.) Greuter 【I, C】 ♣NBG; ●JS; ★(EU): ES.

顶羽菊 **Rhaponticum repens** (L.) Hidalgo 【N, W/C】 ♣TDBG; ●XJ; ★(AS): AF, CN, IN, KG, KZ, MN, PK, RU-AS, TJ, TM, UZ.

漏芦 **Rhaponticum uniflorum** (L.) DC. 【N, W/C】 ♣BBG, IBCAS, NBG, XBG; ●BJ, JS, LN, SN; ★(AS): CN, JP, KP, KR, MN, RU-AS.

兔儿风属 Ainsliaea

细辛叶兔儿风（细辛状兔儿风）**Ainsliaea asaroides** Y. S. Ye, J. Wang et H. G. Ye 【N, W/C】 ♣SCBG; ●GD; ★(AS): CN.

心叶兔儿风 **Ainsliaea bonatii** Beauverd 【N, W/C】 ♣WBG; ●HB; ★(AS): CN.

杏香兔儿风 **Ainsliaea fragrans** Champ. ex Benth. 【N, W/C】 ♣CBG, FBG, GA, GMG, GXIB, HBG, LBG, SCBG, WBG, XMBG, ZAFU; ●FJ, GD, GX, HB, JX, SC, SH, ZJ; ★(AS): CN, JP, RU-AS.

光叶兔儿风 **Ainsliaea glabra** Hemsl. 【N, W/C】 ♣WBG; ●HB, SC, YN; ★(AS): CN, RU-AS.

纤枝兔儿风 **Ainsliaea gracilis** Franch. 【N, W/C】 ♣SCBG; ●GD; ★(AS): CN, RU-AS.

粗齿兔儿风 **Ainsliaea grossedentata** Franch. 【N, W/C】 ♣WBG; ●HB, SC; ★(AS): CN, RU-AS.

长穗兔儿风 **Ainsliaea henryi** Diels 【N, W/C】 ♣CBG, GBG, WBG; ●GZ, HB, SH; ★(AS): CN.

宽叶兔儿风 **Ainsliaea latifolia** (D. Don) Sch. Bip. 【N, W/C】 ♣CBG, GBG, WBG, XTBG; ●GZ, HB, SH, YN; ★(AS): BT, CN, ID, IN, LA, LK, MM, MY, NP, RU-AS, TH, VN.

阿里山兔儿风（灯台兔儿风）**Ainsliaea macroclinidioides** Hayata 【N, W/C】 ♣CBG, FLBG, GA, HBG, LBG, SCBG, WBG; ●GD, HB, JX, SH, ZJ; ★(AS): CN, JP, RU-AS.

莲沱兔儿风 **Ainsliaea ramosa** Hemsl. 【N, W/C】 ♣WBG; ●HB; ★(AS): CN, RU-AS.

华南兔儿风 **Ainsliaea walkeri** Hook. f. 【N, W/C】 ♣GXIB, SCBG; ●GD, GX; ★(AS): CN, RU-AS.

云南兔儿风 **Ainsliaea yunnanensis** Franch. 【N, W/C】 ♣WBG, XTBG; ●HB, YN; ★(AS): CN, RU-AS.

帚菊属 Pertya

蚂蚱腿子 **Pertya dioica** (Bunge) S. E. Freire 【N,

W/C】 ♣BBG, IBCAS; ●BJ, LN; ★(AS): CN, MN, RU-AS.

瓜叶帚菊 **Pertya henanensis** Y. Q. Tseng 【N, W/C】 ♣HBG; ●ZJ; ★(AS): CN.

针叶帚菊 **Pertya phylicoides** Jeffrey 【N, W/C】 ♣KBG; ●YN; ★(AS): CN.

疏毛参属 Geropogon

疏毛参 **Geropogon hybridus** (L.) Sch. Bip. 【I, C】 ♣NBG; ●JS; ★(AS): IR.

鸦葱属 Scorzonera

华北鸦葱 **Scorzonera albicaulis** Bunge 【N, W/C】 ♣XBG; ●SN; ★(AS): CN, KR, MN, RU-AS.

鸦葱 **Scorzonera austriaca** Balb. 【N, W/C】 ♣BBG, NBG; ●BJ, JS; ★(AS): CN, CY, GE, KP, KR, KZ, MN, RU-AS; (EU): AL, AT, BA, BG, CZ, DE, HR, HU, IT, ME, MK, RO, RS, RU, SI.

Scorzonera hispanica L. 【I, C】 ●TW; ★(AS): GE; (EU): AL, AT, BA, BG, BY, CZ, DE, ES, FR, GR, HR, HU, LU, ME, MK, NL, PL, RO, RS, RU, SI.

蒙古鸦葱 **Scorzonera mongolica** Maxim. 【N, W/C】 ●NM; ★(AS): CN, KZ, MN, RU-AS.

帚状鸦葱 **Scorzonera pseudodivaricata** Lipsch. 【N, W/C】 ♣TDBG; ●XJ; ★(AS): CN, MN, RU-AS.

细叶鸦葱 **Scorzonera pusilla** Pall. 【N, W/C】 ●GS, NM, XJ; ★(AS): AF, CN, CY, KG, KZ, MN, PK, RU-AS, TJ, TM, UZ; (EU): RU.

桃叶鸦葱 **Scorzonera sinensis** Lipsch. et Krasch. 【N, W/C】 ♣IBCAS; ●BJ; ★(AS): CN, MN.

婆罗门参属 Tragopogon

长喙婆罗门参 **Tragopogon dubius** Scop. 【N, W/N】 ●BJ, LN; ★(AS): BT, CN, IN, KZ, LK, MN, RU-AS; (EU): BA, BG, DE, ES, GR, HR, IT, LU, ME, MK, RS, SI.

蒜叶婆罗门参 **Tragopogon porrifolius** Pall. ex M. Bieb. 【I, C】 ♣GBG, TDBG; ●BJ, GZ, TW, XJ; ★(EU): AL, BA, ES, FR, GR, HR, IT, MC, ME, MK, RS, SI.

红花婆罗门参 **Tragopogon ruber** Eichw. 【N, W/C】 ♣IBCAS, TDBG; ●BJ, XJ; ★(AS): CN, CY, KZ, MN, RU-AS; (EU): RU.

蓝苣属 Catananche

蓝苣 **Catananche caerulea** Georgi 【I, C】 ♣CBG, NBG; ●BJ, JS, SH, TW; ★(AF): DZ, MA; (EU): BY, DE, ES, FR, IT, SE.

黄苣（黄玻璃菊）**Catananche lutea** L. 【I, C】 ♣NBG; ●JS; ★(AF): DZ; (AS): IL; (EU): ES, GR, HR, IT, NL, SI, TR.

毛托山柳菊属 Andryala

Andryala crithmifolia Aiton【I, C】♣XTBG; ●YN; ★(AF): ES-CS.

恩得拉菊 **Andryala integrifolia** L. 【I, C】 ♣NBG; ●JS; ★(AF): MA; (AS): AZ, SA; (EU): DE, ES, GR, IT, LU, SI.

山柳菊属 Hieracium

橙花山柳菊（橙黄山柳菊）**Hieracium aurantiacum** L.【I, C】♣CBG, IBCAS; ●BJ, SH; ★(EU): AT, CH, CZ, DE, IT, NO, RO, RU.

斑叶山柳菊 **Hieracium maculatum** Teesd. ex Turner【I, C】♣IBCAS; ●BJ; ★(AF): MA; (EU): AT, BA, BE, BG, CZ, DE, ES, FR, GB, GR, HR, HU, IT, ME, MK, NL, PL, RO, RS, SI.

簇生山柳菊 **Hieracium paniculatum** Gilib. 【I, C】 ♣LBG; ●JX; ★(NA): CA, US.

毛叶山柳菊 **Hieracium pilosella** L.【I, C】★(AS): RU-AS; (EU): AL, BA, BE, DK, ES, FI, FR, GB, GR, HR, IS, IT, MC, ME, MK, NO, RS, SE, SI.

山柳菊 **Hieracium umbellatum** (üksip) Tzvelev 【N, W/C】 ♣IBCAS, LBG, XTBG; ●BJ, HL, JX, YN; ★(AS): BT, CN, CY, IN, JP, KP, KR, KZ, LK, MN, PK, RU-AS, UZ; (EU): AT, BA, BE, BG, CZ, DE, ES, FI, FR, GB, GR, HR, HU, IT, LU, ME, MK, NL, NO, PL, RO, RS, RU, SI, TR.

菊苣属 Cichorium

栽培菊苣 **Cichorium endivia** L. 【I, C】 ♣NBG; ●HN, JS, TW, YN; ★(AF): MA; (AS): IQ, IR, SY, TR; (EU): AL, BA, BG, DE, ES, FR, GR, HR, IT, LU, ME, MK, RS, SI, TR.

腺毛菊苣 **Cichorium glandulosum** Boiss. et A. Huet 【N, W/C】 ♣XBG; ●SN; ★(AS): CN, TR.

菊苣 **Cichorium intybus** L.【I, C】♣CBG, IBCAS, NBG, TDBG, XBG, XOIG; ●BJ, FJ, GD, JS, SC, SH, SN, SX, TW, XJ; ★(AS): IR, TR; (EU): AL, ES, GR, IT, NL.

Cichorium pumilum Jacq. 【I, C】 ★(AS): IQ, TR; (EU): AT.

高莛苣属 Agoseris

智利菊 **Agoseris pterocarpa** (Fisch. et C. A. Mey.) Macloskie 【I, C】 ♣NBG; ●JS; ★(SA): CL.

花佩菊属 Faberia

花佩菊 **Faberia sinensis** Hemsl. 【N, W/C】 ♣SCBG; ●GD, SC; ★(AS): CN.

岩参属 Cicerbita

岩参 **Cicerbita azurea** (Ledeb.) Beauverd 【N, W/C】♣XTBG; ●YN; ★(AS): CN, KG, KZ, MN, RU-AS.

莴苣属 Lactuca

台湾翅果菊 **Lactuca formosana** Maxim. 【N, W/C】 ♣HBG, LBG, TDBG, XTBG, ZAFU; ●JX, SC, XJ, YN, ZJ; ★(AS): CN.

翅果菊（多裂翅果菊）**Lactuca indica** L. 【N, W/C】 ♣FLBG, GA, GBG, HBG, LBG, NBG, TDBG, WBG, XMBG, XTBG, ZAFU; ●BJ, FJ, GD, GZ, HB, HL, JL, JS, JX, NM, SC, SN, SX, XJ, YN, ZJ; ★(AS): BT, CN, IN, JP, KP, KR, MN, PH, RU-AS, VN.

福王菊苣 **Lactuca marschallii** Stebbins 【I, C】 ♣NBG; ●JS; ★(AS): RU-AS.

毛脉翅果菊 **Lactuca raddeana** Maxim. 【N, W/C】 ♣GXIB, HBG, LBG, SCBG, TDBG, WBG, ZAFU; ●BJ, GD, GX, HB, JX, XJ, ZJ; ★(AS): CN, JP, KP, KR, MN, RU-AS, VN.

莴苣 **Lactuca sativa** L. 【I, C】 ♣FBG, FLBG, GA, GBG, IBCAS, LBG, SCBG, TDBG, WBG, XLTBG, XMBG, ZAFU; ●AH, BJ, CQ, FJ, GD, GS, GX, GZ, HA, HB, HE, HI, HL, HN, JL, JS, JX, LN, NM, NX, QH, SC, SD, SH, SN, SX, TJ, TW, XJ, YN, ZJ; ★(AF): DZ, EG, LY, MA, TN; (AS): AM, AZ, BH, GE, IL, IQ, IR, JO, KW, LB, PS, QA, SA, SY, TR, YE; (EU): AL, BA, ES, FR, GR, HR, IT, MC, ME, MK, RS, SI.

莴笋 **Lactuca sativa** var. **angustana** Irish 【I, C】 ♣HBG, LBG; ●BJ, GS, JX, ZJ; ★(EU): IT.

嫩茎莴苣 **Lactuca sativa** var. **asparagina** Bailey 【I, C】 ♣FLBG, HBG; ●GD, JX, ZJ; ★(AF): EG.

卷心莴苣 **Lactuca sativa** var. **capitata** DC. 【I, C】 ♣FLBG, SCBG, XOIG; ●AH, BJ, FJ, GD, JX, TW; ★(AF): EG.

玻璃生菜 **Lactuca sativa** var. **crispa** L. 【I, C】 ♣FLBG, LBG; ●BJ, GD, JX, TW; ★(AF): EG.

长叶生菜 **Lactuca sativa** var. **longifolia** Lam. 【I, C】 ♣FLBG, TDBG; ●GD, JX, TW, XJ; ★(AF): EG.

生菜 **Lactuca sativa** var. **ramosa** Hort. 【I, C】 ★(AF): EG.

野莴苣 **Lactuca serriola** L. 【N, W/C】 ♣LBG, TDBG, ZAFU; ●JX, XJ, ZJ; ★(AF): MA; (AS): AF, AM, AZ, BH, CN, GE, IL, IN, IQ, IR, JO, KG, KW, KZ, LB, MN, PS, QA, RU-AS, SA, SY, TJ, TR, YE; (EU): AL, BA, ES, FR, GR, HR, IT, MC, ME, MK, RS, SI.

山莴苣 **Lactuca sibirica** (L.) Benth. ex Maxim. 【N, W/C】 ●BJ; ★(AS): CN, JP, MN, RU-AS.

乳苣 **Lactuca tatarica** (L.) C. A. Mey. 【N, W/C】 ♣LBG, TDBG; ●BJ, JX, NM, XJ; ★(AS): AF, CN, IN, KZ, MN, RU-AS, UZ.

翼柄翅果菊 **Lactuca triangulata** Maxim. 【N, W/C】 ●BJ; ★(AS): CN, JP, MN, RU-AS.

飘带果 **Lactuca undulata** Ledeb. 【N, W/C】 ♣TDBG; ●XJ; ★(AS): AF, CN, KG, KZ, MN, PK, RU-AS, TJ, TM, UZ.

刺毛莴苣 **Lactuca virosa** Thunb. 【I, C】 ★(EU): CH, FR, GB, IT, NL, SE.

毛鳞菊属 Melanoseris

普洱毛鳞菊 **Melanoseris henryi** (Dunn) N. Kilian 【N, W/C】 ♣XTBG; ●YN; ★(AS): CN.

紫菊属 Notoseris

光苞紫菊（小垂序苣、紫菊）**Notoseris macilenta** (Vaniot et H. Lév.) N. Kilian 【N, W/C】 ♣WBG; ●HB; ★(AS): CN.

黑花紫菊（菱叶紫菊、细梗紫菊）**Notoseris melanantha** (Franch.) C. Shih 【N, W/C】 ♣WBG; ●HB; ★(AS): CN.

假福王草属 Paraprenanthes

林生假福王草（长柄假福王草）**Paraprenanthes diversifolia** (Vaniot) N. Kilian 【N, W/C】 ♣GA, HBG, LBG, WBG; ●HB, JX, ZJ; ★(AS): CN.

密毛假福王草 **Paraprenanthes glandulosissima** (C. C. Chang) C. Shih 【N, W/C】 ♣WBG; ●HB; ★

(AS): CN.

假福王草（绿春假福王草、三角叶假福王草） **Paraprenanthes sororia** (Miq.) C. Shih 【N, W/C】 ♣LBG, WBG, ZAFU; ●HB, JX, SC, ZJ; ★(AS): CN, JP, KP, VN.

直梗栓果菊属 Reichardia

直梗栓果菊（苦菜）**Reichardia picroides** (L.) Roth 【I, C】 ●SD; ★(AF): DZ, MA; (AS): SA, TR; (EU): AL, BA, BG, BY, DE, ES, FR, GR, HR, IT, LU, ME, MK, RS, SI.

栓果菊属 Launaea

光茎栓果菊 **Launaea acaulis** (Roxb.) Kerr 【N, W/C】 ♣GMG; ●GX; ★(AS): AF, BT, CN, IN, LA, LK, MM, NP, PK, TH, VN.

河西菊 **Launaea polydichotoma** (Ostenf.) Amin ex N. Kilian【N, W/C】♣TDBG; ●XJ; ★(AS): CN.

匐枝栓果菊 **Launaea sarmentosa** (Willd.) Merr. 【N, W/C】 ♣XMBG; ●FJ; ★(AF): EG, KE, MG, MU, MZ, RE, SC, TZ, ZA; (AS): CN, IN, LK, MM, TH, VN; (OC): AU.

苦苣菜属 Sonchus

欧洲苣荬菜 **Sonchus arvensis** L. 【I, C】 ★(EU): CH, DE, DK, ES, FR, GB, GR, HR, IT, LU, NL, PT, SI.

短裂苦苣菜 **Sonchus arvensis** subsp. **uliginosus** (M. Bieb.) Nyman【I, C】♣XBG; ●SN; ★(NA): CA, US.

花叶滇苦菜 **Sonchus asper** Wulfen ex DC. 【I, N】 ♣FLBG, GBG, LBG, ZAFU; ●GD, GZ, JS, JX, ZJ; ★(AF): DZ, EG, LY, MA, TN; (AS): LB, PS, SY, TR; (EU): AL, AT, BA, BE, ES, FR, GR, HR, IT, MC, ME, MK, RS, SI.

长裂苦苣菜 **Sonchus brachyotus** DC. 【N, W/C】 ♣FBG; ●FJ; ★(AS): CN, JP, KG, KR, KZ, MN, RU-AS, TH, VN.

苦苣菜 **Sonchus oleraceus** (L.) L. 【I, N】♣FLBG, GMG, HBG, LBG, SCBG, TDBG, WBG, XBG, XMBG, ZAFU; ●AH, FJ, GD, GS, GX, HB, JS, JX, SH, SN, TW, XJ, ZJ; ★(AF): DZ, EG, LY, MA, MR, TN; (AS): IQ, LB, PS, SY, TR; (EU): AL, BA, ES, FR, GR, HR, IT, MC, ME, MK, NL, RS, SI.

阔叶苦苣 **Sonchus perfoliatus** (Gueldenst.) Gueldenst. ex Ledeb. 【I, C】 ♣TDBG; ●XJ; ★(EU): RU.

柔叶苦苣 **Sonchus tenerrimus** L. 【I, C】 ♣NBG; ●JS; ★(EU): ES, PT.

苣荬菜 **Sonchus wightianus** DC. 【N, W/C】 ♣GMG, GXIB, LBG, NSBG, SCBG, WBG, XMBG, XTBG, ZAFU; ●CQ, FJ, GD, GS, GX, HB, JX, SC, YN, ZJ; ★(AS): AF, BT, CN, ID, IN, LA, LK, MM, MY, NP, PH, PK, TH, VN.

尾喙苣属 Urospermum

毛莲尾种草 **Urospermum picroides** (L.) Scop. ex F. W. Schmidt【I, C】♣NBG; ●JS; ★(AF): ES-CS, MA; (AS): IL, IR, LB, SA, SY, TR; (EU): ES, FR, GR, IT, PT.

猫耳菊属 Hypochaeris

智利猫耳菊 **Hypochaeris chillensis** (Kunth) Hieron. 【I, C】 ★(SA): AR, BO, BR, CL, EC, PE, PY, UY.

光猫耳菊 **Hypochaeris glabra** E. Mey. ex DC. 【I, C】 ★(AF): ES-CS, MA; (AS): IL, IR, LB, SA, SY, TR; (EU): DE, ES, FR, GR, IT, PT.

*山地猫耳菊 **Hypochaeris montana** (Phil.) Reiche 【I, C】 ♣XTBG; ●YN; ★(SA): AR.

假蒲公英猫耳菊 **Hypochaeris radicata** L. 【I, C】 ♣ZAFU; ●ZJ; ★(EU): BE, ES, FR, IT.

黄金菊 **Hypochaeris uniflora** Vill. 【I, C】★(EU): AT, BA, CH, CZ, DE, FR, GR, HR, IT, ME, MK, PL, RO, RS, RU, SI.

甜苣属 Hedypnois

Hedypnois cretica (L.) Willd. 【I, C】 ♣NBG; ●JS; ★(AS): IQ; (EU): FR, GR, IT.

毛连菜属 Picris

滇苦菜 **Picris divaricata** Vaniot 【N, W/C】 ♣XTBG; ●YN; ★(AS): CN.

毛连菜 **Picris hieracioides** L. 【N, W/C】 ●LN; ★(AS): AM, AZ, BH, BT, CN, GE, IL, IN, IQ, IR, JO, KP, KR, KW, KZ, LB, LK, MM, MN, PS, QA, RU-AS, SA, SY, TR, VN, YE; (EU): AL, BA, ES, FR, GR, HR, IT, MC, ME, MK, RS, SI.

日本毛连菜 **Picris japonica** Thunb. 【N, W/C】 ♣GBG, HBG, LBG, WBG; ●GZ, HB, JX, ZJ; ★(AS): CN, JP, KP, KR, KZ, MN, RU-AS.

粉苞菊属 Chondrilla

粉苞苣 **Chondrilla juncea** L. 【I, C】 ★(AF): EG; (AS): IQ, IR, SY, TM, TR; (EU): CH, DE, ES, FR, GR, NL.

粉苞菊 **Chondrilla piptocoma** Fisch. et C. A. Mey. 【N, W/C】 ♣TDBG; ●XJ; ★(AS): CN, KZ, MN, RU-AS.

耳菊属 Nabalus

盘果菊（福王草）**Nabalus tatarinowii** (Maxim.) Nakai 【N, W/C】 ♣LBG, NBG, WBG; ●HB, JS, JX; ★(AS): CN, KP, KR, MN, RU-AS.

多裂盘果菊（多裂福王草）**Nabalus tatarinowii** subsp. **macrantha** (Stebbins) N. Kilian 【N, W/C】 ♣WBG; ●HB; ★(AS): CN, MN.

蒲公英属 Taraxacum

白花蒲公英 **Taraxacum albiflos** Kirschner et Štěpánek 【N, W/C】 ♣GBG; ●GZ; ★(AS): CN.

朝鲜蒲公英 **Taraxacum coreanum** Nakai 【N, W/C】 ●LN; ★(AS): CN, KP, KR, MN, RU-AS.

印度蒲公英 **Taraxacum indicum** H. Lindb. 【N, W/C】 ♣SCBG; ●GD; ★(AS): CN, IN, VN.

橡胶草 **Taraxacum kok-saghyz** L. E. Rodin 【N, W/C】 ★(AS): CN, KZ.

戟叶蒲公英（白花蒲公英）**Taraxacum leucanthum** (Ledeb.) Ledeb. 【N, W/C】 ♣GBG; ●GZ; ★(AS): CN.

川甘蒲公英 **Taraxacum lugubre** Dahlst. 【N, W/C】 ♣WBG; ●HB; ★(AS): CN.

蒲公英 **Taraxacum mongolicum** Hand.-Mazz. 【N, W/C】 ♣BBG, CDBG, FBG, GA, GBG, GMG, GXIB, HBG, IBCAS, KBG, LBG, NBG, SCBG, WBG, XBG, XMBG, XTBG, ZAFU; ●BJ, FJ, GD, GX, GZ, HB, JS, JX, SC, SN, YN, ZJ; ★(AS): CN, KP, KR, MN, RU-AS.

荒漠蒲公英 **Taraxacum monochlamydeum** Hand.-Mazz. 【N, W/C】 ♣TDBG; ●XJ; ★(AS): AF, CN, IN, KZ, MN, PK, RU-AS.

椭圆蒲公英 **Taraxacum oblongatum** Dahlst. 【I, N】 ★(EU): FI, GB, NL.

药用蒲公英 **Taraxacum officinale** Webb 【I, C】 ♣IBCAS, NBG, TMNS; ●BJ, JS, TW; ★(EU): AD, AL, AT, BA, BE, BG, BY, CH, CZ, DE, DK, ES, FI, FR, GB, GR, HR, HU, IS, IT, LU, MC, ME, MK, NL, NO, PL, PT, RO, RS, RU, SE, SI, SK, SM, UA, VA.

东北蒲公英 **Taraxacum ohwianum** Kitam. 【N, W/C】 ●LN; ★(AS): CN, KP, KR, MN, RU-AS.

亚洲蒲公英 **Taraxacum scariosum** (Tausch) Kirschner et Štěpánek 【N, W/C】 ♣IBCAS, WBG; ●BJ, HB; ★(AS): CN, KZ, MN, RU-AS.

华蒲公英 **Taraxacum sinicum** Kitag. 【N, W/C】 ●BJ; ★(AS): CN, MN, RU-AS.

苦荬菜属 Ixeris

中华苦荬菜（中华小苦荬）**Ixeris chinensis** (Thunb.) Kitag. 【N, W/C】 ♣FBG, IBCAS, TDBG, XBG, XMBG, ZAFU; ●BJ, FJ, SN, XJ, ZJ; ★(AS): CN, JP, KH, KP, KR, LA, MN, RU-AS, TH, VN.

多色苦荬菜 **Ixeris chinensis** subsp. **versicolor** (Fisch. ex Link) Kitam. 【N, W/C】 ♣BBG, GA, HBG, LBG, XMBG, XTBG; ●BJ, FJ, JX, NM, YN, ZJ; ★(AS): CN, KP, KR, MN, RU-AS.

剪刀股 **Ixeris japonica** (Burm. f.) Nakai 【N, W/C】 ♣FBG, GA, GMG, GXIB, HBG, TMNS, XMBG, XTBG, ZAFU; ●AH, FJ, GX, JX, TW, YN, ZJ; ★(AS): CN, JP, KP, RU-AS.

苦荬菜 **Ixeris polycephala** Cass. ex DC. 【N, W/C】 ♣FBG, GA, HBG, LBG, XMBG, ZAFU; ●AH, FJ, GD, GZ, HA, HI, JX, NM, SC, SD, SX, ZJ; ★(AS): AF, BT, CN, IN, JP, KH, KP, KR, LA, LK, MM, NP, RU-AS, VN.

沙苦荬菜 **Ixeris repens** (L.) A. Gray 【N, W/C】 ♣CBG, LBG, SCBG, XMBG; ●FJ, GD, JX, SH; ★(AS): CN, JP, KP, KR, MN, RU-AS, VN.

小苦荬属 Ixeridium

小苦荬 **Ixeridium dentatum** (Thunb. ex Thunb.) Tzvelev 【N, W/C】 ♣GA, GBG, HBG, LBG, SCBG, XMBG, XTBG, ZAFU; ●FJ, GD, GZ, JX, YN, ZJ; ★(AS): CN, JP, KP, KR, MN, RU-AS.

细叶小苦荬 **Ixeridium gracile** (DC.) C. Shih 【N, W/C】 ♣LBG, SCBG, WBG, XMBG, XTBG; ●FJ, GD, HB, JX, YN; ★(AS): BT, CN, IN, LK, MM, NP, RU-AS.

假还阳参属 Crepidiastrum

黄瓜假还阳参（黄瓜菜）**Crepidiastrum denticulatum** (Houtt.) Pak et Kawano 【N, W/C】 ♣GXIB, LBG, SCBG, XMBG, ZAFU; ●FJ, GD, GX, JX,

ZJ; ★(AS): CN, JP, KP, KR, MN, RU-AS.

假还阳参 **Crepidiastrum lanceolatum** (Houtt.) Nakai 【N, W/C】 ♣CBG; ●SH; ★(AS): CN, JP, KR.

尖裂假还阳参（抱茎小苦荬）**Crepidiastrum sonchifolium** (Maxim.) Pak et Kawano【N, W/C】 ♣BBG, FBG, GA, GBG, HBG, IBCAS, LBG, WBG, XMBG, ZAFU; ●BJ, FJ, GZ, HB, JX, SC, YN, ZJ; ★(AS): CN, JP, KP, MN, RU-AS.

稻槎菜属 Lapsanastrum

稻槎菜 **Lapsanastrum apogonoides** (Maxim.) Pak et K. Bremer【N, W/C】 ♣FBG, GA, GBG, LBG, SCBG, WBG, ZAFU; ●FJ, GD, GZ, HB, JX, ZJ; ★(AS): CN, JP, KP, KR.

黄鹌菜属 Youngia

鼠冠黄鹌菜 **Youngia cineripappa** Babc. et Stebbins【N, W/C】♣XTBG; ●YN; ★(AS): CN, IN, MM, VN.

红果黄鹌菜 **Youngia erythrocarpa** (Vaniot) Babc. et Stebbins 【N, W/C】 ♣GBG; ●GZ; ★(AS): CN.

异叶黄鹌菜 **Youngia heterophylla** (Hemsl.) Babc. et Stebbins【N, W/C】♣CBG, LBG; ●JX, SH; ★(AS): CN.

黄鹌菜 **Youngia japonica** (L.) DC. 【N, W/C】 ♣FBG, FLBG, GA, GBG, GMG, GXIB, HBG, LBG, NSBG, SCBG, WBG, XMBG, XTBG, ZAFU; ●CQ, FJ, GD, GX, GZ, HB, JX, YN, ZJ; ★(AS): BT, CN, IN, JP, KP, KR, LK, MM, MY, PH, SG, VN.

还阳参属 Crepis

绿茎还阳参 **Crepis lignea** (Vaniot) Babc. 【N, W/C】 ♣SCBG, XTBG; ●GD, YN; ★(AS): CN, LA, TH, VN.

矮还阳参 **Crepis pygmaea** Simmons 【I, C】 ♣BBG; ●BJ; ★(EU): BA, CH, DE, ES, IT, NL.

桃色还阳参 **Crepis rubra** L. 【I, C】 ★(EU): AL, BA, DE, GR, HR, IT, ME, MK, RS, SI.

兔苣 **Crepis sancta** (L.) Babc. 【I, C】 ★(AS): AF, AZ, IL, IN, IR, JO, RU-AS, SY, TM, TR; (EU): FR, GR.

多肋稻槎菜属 Lapsana

多肋稻槎菜 **Lapsana communis** L.【I, C】★(AS): AM, AZ, BH, CY, GE, IL, IQ, IR, JO, KW, LB, PS, QA, SA, SY, TR, YE; (EU): AD, AL, AT, BA, BE, BG, BY, CH, CZ, DE, DK, ES, FI, FR, GB, GR, HR, HU, IS, IT, LU, MC, ME, MK, NL, NO, PL, PT, RO, RS, RU, SE, SI, SK, SM, UA, VA.

双苞苣属 Rhagadiolus

Rhagadiolus stellatus DC. 【I, C】 ♣NBG; ●JS; ★(AF): MA; (AS): IL, IR, SA; (EU): AL, BA, BG, BY, DE, ES, GR, HR, IT, LU, ME, MK, RS, RU, SI, TR, UA.

单托菊属 Haplocarpha

卢氏单托菊 **Haplocarpha rueppelii** (Sch. Bip.) Beauverd 【I, C】 ♣CBG; ●SH; ★(AF): ET.

赛金盏属 Arctotheca

赛金盏 **Arctotheca calendula** (L.) Levyns 【I, C】 ♣NBG; ●JS, TW; ★(AF): LS, ZA.

熊耳菊属 Arctotis

拟金盏菊 **Arctotis arctotoides** (L. f.) O. Hoffm. 【I, C】 ★(AF): ZA.

凉菊 **Arctotis fastuosa** Jacq.【I, C】●TW; ★(AF): ZA.

硬毛黑目菊 **Arctotis hirsuta** K. Lewin 【I, C】 ★(AF): ZA.

薰衣草叶熊耳菊（非洲雏菊）**Arctotis stoechadifolia** P. J. Bergius 【I, C】 ♣NBG; ●JS, TW; ★(AF): ZA.

勋章菊属 Gazania

赤褐勋章菊 **Gazania krebsiana** Less. 【I, C】 ♣IBCAS; ●BJ; ★(AF): ZA, ZW.

线叶勋章菊 **Gazania linearis** (Thunb.) Druce 【I, C】 ♣HFBG; ●HL; ★(AF): ZA.

羽叶勋章菊 **Gazania pinnata** DC.【I, C】 ★(AF): ZA.

勋章菊 **Gazania rigens** (L.) Gaertn.【I, C】♣BBG, XMBG; ●BJ, FJ, SC, TW, YN, ZJ; ★(AF): ZA, ZW.

凋缨菊属 Camchaya

凋缨菊 **Camchaya loloana** (Gagnep.) Dunn ex Kerr 【N, W/C】 ♣XTBG; ●YN; ★(AS): CN, TH, VN.

斑鸠菊属 Gymnanthemum

树鸡菊花（树斑鸠菊）**Gymnanthemum arboreum** (Buch.-Ham.) H. Rob. 【N, W/C】♣XTBG; ●YN; ★(AS): CN, ID, IN, LA, LK, MY, NP, SG, TH, VN.

喜鸡菊花（喜斑鸠菊）**Gymnanthemum blandum** Steetz 【N, W/C】♣GMG, GXIB, XTBG; ●GX, YN; ★(AS): CN, ID, IN, LA, MM, MY, TH, VN.

南川鸡菊花（南川斑鸠菊）**Gymnanthemum bockianum** (Diels) H. Rob. 【N, W/C】♣FBG, GBG, WBG, XTBG; ●FJ, GZ, HB, SC, YN; ★(AS): CN.

毒根鸡菊花（毒根斑鸠菊）**Gymnanthemum cumingianum** (Benth.) H. Rob. 【N, W/C】♣FBG, SCBG, XTBG; ●FJ, GD, YN; ★(AS): CN, KH, LA, TH, VN.

叉枝鸡菊花（叉枝斑鸠菊）**Gymnanthemum divergens** (DC.) Sch. Bip. 【N, W/C】♣XTBG; ●YN; ★(AS): CN, IN, LA, MM, TH, VN.

展枝鸡菊花（展枝斑鸠菊）**Gymnanthemum extensum** Steetz 【N, W/C】♣XTBG; ●YN; ★(AS): BT, CN, IN, LK, MM, NP.

茄叶鸡菊花（茄叶斑鸠菊）**Gymnanthemum solanifolium** (Benth.) H. Rob. 【N, W/C】♣CBG, FBG, GBG, SCBG, WBG, XTBG; ●FJ, GD, GZ, HB, SH, YN; ★(AS): CN, IN, KH, LA, MM, TH, VN.

大叶鸡菊花（大叶斑鸠菊）**Gymnanthemum volkameriifolium** (DC.) H. Rob. 【N, W/C】♣GBG, GXIB, KBG, SCBG, WBG, XMBG, XTBG; ●FJ, GD, GX, GZ, HB, YN; ★(AS): BT, CN, IN, LA, LK, MM, NP, TH, VN.

都丽菊属 Ethulia

都丽菊 **Ethulia conyzoides** L. f. 【N, W/C】♣XTBG; ●YN; ★(AF): BI, CF, CM, EG, GA, GH, MG, NG, TZ, UG; (AS): CN, IN, KH, LA, TH, VN.

驱虫菊属 Baccharoides

驱虫菊（驱虫斑鸠菊）**Baccharoides anthelmintica** (L.) Moench 【N, W/C】♣XBG; ●SN; ★(AF): TZ, ZA, ZM; (AS): AF, CN, IN, LA, LK, MM, MY, NP, PK, VN.

夜香牛属 Cyanthillium

夜香牛 **Cyanthillium cinereum** (L.) H. Rob. 【N, W/C】♣BBG, FBG, FLBG, GA, GMG, LBG, SCBG, TMNS, XLTBG, XMBG, XTBG; ●BJ, FJ, GD, GX, HI, JX, TW, YN; ★(AF): MG, NG; (AS): CN, IN, JP, LA, MY, SG, TH, VN; (OC): AU, NZ, PAF.

咸虾花 **Cyanthillium patulum** (Aiton) H. Rob. 【N, W/C】♣GBG, GMG, SCBG, WBG, XMBG, XTBG; ●FJ, GD, GX, GZ, HB, YN; ★(AS): CN, ID, IN, LA, MY, PH, SG, TH, VN.

尖鸠菊属 Acilepis

糙叶尖鸠菊（糙叶斑鸠菊）**Acilepis aspera** (Buch.-Ham.) H. Rob. 【N, W/C】♣FBG, GBG, SCBG; ●FJ, GD, GZ; ★(AS): CN, IN, LA, MM, NP, TH, VN.

岗尖鸠菊（岗斑鸠菊）**Acilepis clivorum** (Hance) H. Rob. 【N, W/C】♣GMG, XTBG; ●GX, YN; ★(AS): CN, MM.

柳叶尖鸠菊（柳叶斑鸠菊）**Acilepis saligna** (DC.) H. Rob. 【N, W/C】♣SCBG, XTBG; ●GD, YN; ★(AS): CN, IN, MM, NP, TH, VN.

折苞尖鸠菊（折苞斑鸠菊）**Acilepis spirei** (Gand.) H. Rob. 【N, W/C】♣XTBG; ●YN; ★(AS): CN, LA.

光耀藤属 Tarlmounia

光耀藤 **Tarlmounia elliptica** (DC.) H. Rob. , S. C. Keeley, Skvarla et R. Chan 【I, C/N】♣SCBG, TBG, XMBG, XTBG; ●FJ, GD, TW, YN; ★(AS): IN, MM, TH.

琉璃菊属 Stokesia

琉璃菊 **Stokesia laevis** (Hill) Greene【I, C】♣BBG, XMBG; ●BJ, FJ; ★(NA): MX, US.

地胆草属 Elephantopus

地胆草 **Elephantopus scaber** L.【N, W/C】♣CBG, FBG, FLBG, GA, GBG, GMG, GXIB, HBG, SCBG, XLTBG, XMBG, XTBG; ●FJ, GD, GX, GZ, HI, JX, SH, YN, ZJ; ★(AF): AO, BI, CD, KE, KM, MG, MW, MZ, RW, TZ, UG, ZM, ZW; (AS): BT, CN, IN, JP, LA, LK, MM, SG, TH; (NA): CR, DO, HN, MX; (SA): BO, BR, PY.

白花地胆草 **Elephantopus tomentosus** L. 【N, W/C】♣FBG, FLBG, GA, GMG, HBG, SCBG, TMNS, XMBG; ●FJ, GD, GX, JX, TW, ZJ; ★

(AS): CN, MY, PH; (NA): GT, MX, US; (SA): BO, BR.

假地胆草属 Pseudelephantopus

假地胆草 **Pseudelephantopus spicatus** (Juss.) R. Br. 【I, N】 ★(NA): BZ, CR, CU, DO, GT, HN, JM, LW, MX, NI, PA, PR, SV, TT, US; (SA): CL, CO, EC, GF, GY, PE, VE.

蓝冠菊属 Centratherum

蓝冠菊 **Centratherum punctatum** Cass. 【I, C】 ♣TMNS; ●TW; ★(NA): CR, DO, HN, LW, NI, PA, PR, SV, TT; (SA): AR, BO, BR, CO, EC, GY, PE, PY, VE.

菲律宾钮扣花 **Centratherum punctatum** subsp. **fruticosum** K. Kirkman 【I, C】 ★(NA): BZ, CR, CU, DO, GT, HN, LW, MX, NI, PA, PR, SV, TT; (SA): AR, BO, BR, CO, EC, GY, PE, PY, VE.

铁鸠菊属 Vernonia

紫花斑鸠菊 **Vernonia arkansana** DC. 【I, C】 ♣BBG; ●BJ; ★(NA): US.

狭长斑鸠菊 **Vernonia attenuata** (Wall.) DC. 【N, W/C】 ♣XTBG; ●YN; ★(AS): BT, CN, ID, IN, LK, MM, MY.

Vernonia capensis (Houtt.) Druce 【I, C】 ●YN; ★(AF): ZA.

广西斑鸠菊 **Vernonia chingiana** Hand.-Mazz. 【N, W/C】 ♣GMG, GXIB; ●GX; ★(AS): CN.

石山斑鸠菊 **Vernonia curtisii** Craib et Hutch. 【I, C】 ♣XTBG; ●YN; ★(AS): MY, TH.

台湾斑鸠菊 **Vernonia gratiosa** Hance 【N, W/C】 ♣GBG, GMG, SCBG, XMBG; ●FJ, GD, GX, GZ; ★(AS): CN.

滇缅斑鸠菊 **Vernonia parishii** Hook. f. 【N, W/C】 ♣WBG, XTBG; ●HB, YN; ★(AS): CN, LA, MM, TH.

Vernonia rhodopappa Baker 【I, C】 ♣XMBG; ●FJ; ★(AF): MG.

常春菊属 Brachyglottis

寇氏常春菊 **Brachyglottis kirkii** (Kirk) C. J. Webb 【I, C】 ★(OC): NZ.

门罗短喉菊 **Brachyglottis monroi** (Hook. f.) B. Nord. 【I, C】 ♣CBG; ●SH, TW; ★(OC): NZ.

波叶短喉菊 **Brachyglottis repanda** J. R. Forst. et G. Forst. 【I, C】 ●TW; ★(OC): NZ.

蜂斗菜属 Petasites

蜂斗菜 **Petasites japonicus** (Siebold et Zucc.) Maxim. 【N, W/C】 ♣CBG, FBG, GBG, HBG, LBG, NBG, SCBG, WBG, XBG, ZAFU; ●FJ, GD, GZ, HB, JS, JX, SC, SH, SN, TW, ZJ; ★(AS): CN, JP, KR, RU-AS.

掌叶蜂斗菜 **Petasites tatewakianus** Kitam. 【N, W/C】 ♣HFBG; ●HL; ★(AS): CN, MN, RU-AS.

毛裂蜂斗菜 **Petasites tricholobus** Franch. 【N, W/C】 ♣IBCAS, KBG, WBG; ●BJ, HB, YN; ★(AS): BT, CN, IN, LK, NP, VN.

盐源蜂斗菜 **Petasites versipilus** Hand.-Mazz. 【N, W/C】 ♣IBCAS; ●BJ; ★(AS): CN.

款冬属 Tussilago

款冬 **Tussilago farfara** L. 【N, W/C】 ♣CBG, FBG, FLBG, GBG, HBG, IBCAS, LBG, NBG, TDBG, WBG, XBG; ●BJ, FJ, GD, GZ, HB, JS, JX, SC, SH, SN, XJ, ZJ; ★(AS): BT, CN, GE, IN, LK, MN, NP, PK, RU-AS, TM; (EU): BE, DE, FR, GB.

大吴风草属 Farfugium

大吴风草 **Farfugium japonicum** (L.) Kitam. 【N, W/C】 ♣FBG, HBG, IBCAS, KBG, LBG, NBG, SCBG, TBG, WBG, XMBG, XTBG, ZAFU; ●BJ, FJ, GD, HB, JS, JX, TW, YN, ZJ; ★(AS): CN, JP, KR.

垂头菊属 Cremanthodium

垂头菊 **Cremanthodium reniforme** (DC.) Benth. 【N, W/C】 ♣SCBG; ●GD; ★(AS): BT, CN, IN, LK, NP.

华蟹甲属 Sinacalia

双花华蟹甲 **Sinacalia davidii** (Franch.) H. Koyama 【N, W/C】 ♣NBG, WBG; ●HB, SC; ★(AS): CN.

华蟹甲 **Sinacalia tangutica** (Maxim.) B. Nord. 【N, W/C】 ♣WBG, XBG; ●HB, SC, SN; ★(AS): CN.

蟹甲草属 Parasenecio

兔儿风蟹甲草 **Parasenecio ainsliiflorus** (Franch.)

Y. L. Chen【N, W/C】♣CBG; •SH; ★(AS): CN, RU-AS.

两似蟹甲草 **Parasenecio ambiguus** (Ling) Y. L. Chen【N, W/C】♣WBG; •HB; ★(AS): CN, RU-AS.

珠芽蟹甲草 **Parasenecio bulbiferoides** (Hand.-Mazz.) Y. L. Chen【N, W/C】♣CBG; •SH; ★(AS): CN, RU-AS.

山尖子 **Parasenecio hastatus** (L.) H. Koyama【N, W/C】♣HBG, HFBG; •HL, ZJ; ★(AS): CN, JP, KP, KR, MN, RU-AS.

天目山蟹甲草 **Parasenecio matsudai** (Kitam.) Y. L. Chen【N, W/C】♣ZAFU; •ZJ; ★(AS): CN, RU-AS.

掌裂蟹甲草 **Parasenecio palmatisectus** (Jeffrey) Y. L. Chen【N, W/C】♣SCBG; •GD; ★(AS): BT, CN, IN, LK, RU-AS.

太白山蟹甲草 **Parasenecio pilgerianus** (Diels) Y. L. Chen【N, W/C】♣WBG; •HB; ★(AS): CN, RU-AS.

深山蟹甲草 **Parasenecio profundorum** (Dunn) Y. L. Chen【N, W/C】♣WBG; •HB; ★(AS): CN, RU-AS.

蛛毛蟹甲草 **Parasenecio roborowskii** (Maxim.) Y. L. Chen【N, W/C】♣SCBG, WBG; •GD, HB; ★(AS): CN.

矢镞叶蟹甲草 **Parasenecio rubescens** (S. Moore) Y. L. Chen【N, W/C】♣BBG, HBG, LBG; •BJ, JX, ZJ; ★(AS): CN, RU-AS.

兔儿伞属 Syneilesis

兔儿伞 **Syneilesis aconitifolia** (Bunge) Maxim.【N, W/C】♣CBG, GBG, HBG, HFBG, IBCAS, LBG, NBG, WBG; •BJ, GZ, HB, HL, JS, JX, LN, SC, SH, ZJ; ★(AS): CN, JP, KP, KR, MN, RU-AS.

南方兔儿伞 **Syneilesis australis** Ling【N, W/C】♣WBG, ZAFU; •HB, ZJ; ★(AS): CN.

橐吾属 Ligularia

Ligularia × hessei【N, C】♣BBG, IBCAS; •BJ; ★(AS): CN.

Ligularia × yoshizoeana【I, C】♣BBG; •BJ; ★(AS): JP.

长毛橐吾 **Ligularia changiana** S. W. Liu ex Y. L. Chen et Z. Yu Li【N, W/C】♣SCBG; •GD; ★(AS): CN.

浙江橐吾 **Ligularia chekiangensis** Kitam.【N, W/C】♣ZAFU; •ZJ; ★(AS): CN.

垂头橐吾 **Ligularia cremanthodioides** Hand.-Mazz.【N, W/C】♣GMG; •GX; ★(AS): CN, NP.

齿叶橐吾 **Ligularia dentata** (A. Gray) Hara【N, W/C】♣BBG, GBG, HBG, IBCAS, WBG; •BJ, GZ, HB, ZJ; ★(AS): CN, JP, MM, VN.

网脉橐吾 **Ligularia dictyoneura** (Franch.) Hand.-Mazz.【N, W/C】♣CBG; •SH; ★(AS): CN.

大黄橐吾 **Ligularia duciformis** (C. Winkl.) Hand.-Mazz.【N, W/C】♣WBG; •HB; ★(AS): CN.

矢叶橐吾 **Ligularia fargesii** (Franch.) Diels【N, W/C】♣WBG; •HB; ★(AS): CN.

蹄叶橐吾 **Ligularia fischeri** (Ledeb.) Turcz.【N, W/C】♣LBG, NBG, WBG; •HB, JS, JX; ★(AS): BT, CN, IN, JP, KR, LK, MM, MN, NP, RU-AS.

鹿蹄橐吾 **Ligularia hodgsonii** Hook.【N, W/C】♣GBG, GMG, GXIB, IBCAS, KBG, LBG, SCBG, WBG; •BJ, GD, GX, GZ, HB, JX, YN; ★(AS): CN, JP, MN, RU-AS, VN.

细茎橐吾 **Ligularia hookeri** (C. B. Clarke) Hand.-Mazz.【N, W/C】♣SCBG; •GD; ★(AS): BT, CN, IN, LK, MM, NP.

狭苞橐吾 **Ligularia intermedia** Nakai【N, W/C】♣IBCAS, WBG; •BJ, HB, SC; ★(AS): CN, JP, KP, KR, MN.

长白山橐吾 **Ligularia jamesii** (Hemsl.) Kom.【N, W/C】♣GBG; •GZ; ★(AS): CN, KP, KR, MN.

大头橐吾 **Ligularia japonica** (Thunb.) Less.【N, W/C】♣CBG, FLBG, HBG, IBCAS, LBG, NBG, SCBG, WBG, ZAFU; •BJ, GD, HB, JS, JX, SH, ZJ; ★(AS): CN, IN, JP, KP, KR.

糙叶大头橐吾 **Ligularia japonica** var. **scaberrima** (Hayata) Hayata【N, W/C】♣SCBG; •GD; ★(AS): CN, JP.

干崖子橐吾 **Ligularia kanaitzensis** (Franch.) Hand.-Mazz.【N, W/C】♣SCBG; •GD; ★(AS): CN.

宽戟橐吾 **Ligularia latihastata** (W. W. Sm.) Hand.-Mazz.【N, W/C】♣WBG; •HB; ★(AS): CN.

大叶橐吾 **Ligularia macrophylla** (Ledeb.) DC.【N, W/C】♣SCBG; •GD; ★(AS): CN, KG, KZ, PK, RU-AS, TJ.

全缘橐吾 **Ligularia mongolica** (Turcz.) DC.【N, W/C】♣IBCAS; •BJ; ★(AS): CN, KP, MN, RU-AS.

莲叶橐吾 **Ligularia nelumbifolia** (Bureau et Franch.) Hand.-Mazz.【N, W/C】♣CBG, SCBG; ●GD, SH; ★(AS): CN.

侧茎橐吾 **Ligularia pleurocaulis** (Franch.) Hand.-Mazz.【N, W/C】♣SCBG; ●GD; ★(AS): CN.

掌叶橐吾 **Ligularia przewalskii** (Maxim.) Diels【N, W/C】♣BBG, IBCAS, WBG; ●BJ, HB; ★(AS): CN, MN.

黑龙江橐吾 **Ligularia sachalinensis** Nakai【N, W/C】♣HBG, IBCAS, WBG, XBG, ZAFU; ●BJ, HB, LN, SC, SN, ZJ; ★(AS): CN, MN, RU-AS.

橐吾 **Ligularia sibirica** (L.) Cass.【N, W/C】♣NBG, WBG; ●HB; ★(AS): CN, JP, KP, KR, MN, RU-AS; (EU): AT, BG, CZ, DE, HU, PL, RO, RU.

毛苞橐吾 **Ligularia sibirica** var. **araneosa** DC.【N, W/C】♣IBCAS; ●BJ; ★(AS): CN.

准噶尔橐吾 **Ligularia songarica** (Fisch.) Ling【N, W/C】♣SCBG; ●GD; ★(AS): CN, KG, KZ, MN, RU-AS.

窄头橐吾 **Ligularia stenocephala** (Maxim.) Chen【N, W/C】♣BBG, HBG, IBCAS, WBG; ●BJ, HB, TW, ZJ; ★(AS): CN, JP, KR, RU-AS.

穗序橐吾 **Ligularia subspicata** (Bureau et Franch.) Hand.-Mazz.【N, W/C】♣SCBG; ●GD; ★(AS): CN.

塔序橐吾 **Ligularia thyrsoidea** (Ledeb.) DC.【N, W/C】♣CBG, IBCAS, WBG; ●BJ, HB, SC, SH; ★(AS): CN, KG, KZ, MN, RU-AS.

离舌橐吾 **Ligularia veitchiana** (Hemsl.) Greenm.【N, W/C】♣IBCAS, LBG; ●BJ, JX, SC; ★(AS): CN.

黄帚橐吾 **Ligularia virgaurea** (Maxim.) Mattf. ex Rehder et Kobuski【N, W/C】♣SCBG; ●GD; ★(AS): BT, CN, IN, LK, NP.

蒲儿根属 Sinosenecio

滇黔蒲儿根 **Sinosenecio bodinieri** (Vaniot) B. Nord.【N, W/C】♣IBCAS; ●BJ; ★(AS): CN.

莲座狗舌草 **Sinosenecio changii** (B. Nord.) B. Nord.【N, W/C】♣IBCAS; ●BJ; ★(AS): CN.

仙客来蒲儿根 **Sinosenecio cyclaminifolius** (Franch.) B. Nord.【N, W/C】♣IBCAS; ●BJ; ★(AS): CN.

毛柄蒲儿根 **Sinosenecio eriopodus** (Cumm.) C. Jeffrey et Y. L. Chen【N, W/C】♣WBG; ●HB; ★(AS): CN.

耳柄蒲儿根 **Sinosenecio euosmus** (Hand.-Mazz.) B. Nord.【N, W/C】♣CBG, WBG; ●HB, SH; ★(AS): CN, MM.

梵净蒲儿根 **Sinosenecio fanjingshanicus** C. Jeffrey et Y. L. Chen【N, W/C】♣IBCAS; ●BJ; ★(AS): CN.

匍枝蒲儿根 **Sinosenecio globiger** (C. C. Chang) B. Nord.【N, W/C】♣IBCAS, WBG; ●BJ, HB; ★(AS): CN.

广西蒲儿根 **Sinosenecio guangxiensis** C. Jeffrey et Y. L. Chen【N, W/C】♣GXIB; ●GX; ★(AS): CN.

白背蒲儿根 **Sinosenecio latouchei** (Jeffrey) B. Nord.【N, W/C】♣LBG; ●JX; ★(AS): CN.

蒲儿根 **Sinosenecio oldhamianus** (Maxim.) B. Nord.【N, W/C】♣CBG, HBG, LBG, NBG, WBG, ZAFU; ●HB, JS, JX, SC, SH, ZJ; ★(AS): CN, MM, TH, VN.

鄂西蒲儿根 **Sinosenecio palmatisectus** C. Jeffrey et Y. L. Chen【N, W/C】♣CBG; ●SH; ★(AS): CN.

岩生蒲儿根 **Sinosenecio saxatilis** Y. L. Chen【N, W/C】♣IBCAS; ●BJ; ★(AS): CN.

七裂蒲儿根 **Sinosenecio septilobus** (C. C. Chang) B. Nord.【N, W/C】♣IBCAS; ●BJ; ★(AS): CN.

狗舌草属 Tephroseris

红轮狗舌草 **Tephroseris flammea** (Turcz. ex DC.) Holub【N, W/C】●BJ; ★(AS): CN, JP, KP, KR, MN, RU-AS.

Tephroseris integrifolia (L.) Holub【I, C】●LN; ★(AS): RU-AS, TR; (EU): DE, DK, GB, GR.

狗舌草 **Tephroseris kirilowii** (Turcz. ex DC.) Holub【N, W/C】♣FBG, HBG, IBCAS, LBG, NBG, XMBG; ●BJ, FJ, JS, JX, ZJ; ★(AS): CN, JP, KP, KR, MN, RU-AS.

黄蓉菊属 Euryops

梳黄菊 **Euryops pectinatus** (L.) Cass.【I, C】♣IBCAS, SCBG, XMBG; ●BJ, FJ, GD, TW; ★(AF): ZA.

厚敦菊属 Othonna

黄花新月 **Othonna capensis** L. H. Bailey【I, C】♣SCBG; ●GD; ★(AF): ZA.

棒叶厚敦菊 **Othonna clavifolia** Marloth【I, C】♣BBG, XMBG; ●BJ, FJ, TW; ★(AF): ZA.

黑染 **Othonna euphorbioides** Hutch. 【I, C】 ♣BBG, XMBG; ●BJ, FJ, TW; ★(AF): ZA.

鬼蛮塔 **Othonna herrei** Pillans 【I, C】 ♣XMBG; ●FJ, TW; ★(AF): ZA.

Othonna retrofracta Less. 【I, C】 ♣BBG; ●BJ, TW; ★(AF): ZA.

*反折厚敦菊 **Othonna retrorsa** DC. 【I, C】 ♣CBG, XMBG; ●FJ, SH, TW; ★(AF): ZA.

Othonna triplinervia DC. 【I, C】 ♣CBG; ●SH; ★(AF): ZA.

藤菊属 Cissampelopsis

藤菊 **Cissampelopsis volubilis** (Blume) Miq. 【N, W/C】 ♣GMG; ●GX; ★(AS): CN, ID, IN, MM, MY, TH, VN.

合耳菊属 Synotis

翅柄合耳菊 **Synotis alata** (Wall. ex Wall.) C. Jeffrey et Y. L. Chen 【N, W/C】 ♣GMG; ●GX; ★(AS): BT, CN, IN, LK, MM, NP.

密花合耳菊 **Synotis cappa** (Buch.-Ham. ex D. Don) C. Jeffrey et Y. L. Chen 【N, W/C】 ♣SCBG, XTBG; ●GD, YN; ★(AS): BT, CN, IN, LK, MM, NP, TH.

昆明合耳菊 **Synotis cavaleriei** (H. Lév.) C. Jeffrey et Y. L. Chen 【N, W/C】 ●YN; ★(AS): CN.

肇骞合耳菊（肇骞尾药菊）**Synotis changiana** Y. L. Chen 【N, W/C】 ♣GXIB; ●GX; ★(AS): CN.

褐柄合耳菊 **Synotis fulvipes** (Ling) C. Jeffrey et Y. L. Chen 【N, W/C】 ♣WBG; ●HB; ★(AS): CN.

丽江合耳菊 **Synotis lucorum** (Franch.) C. Jeffrey et Y. L. Chen 【N, W/C】 ♣SCBG; ●GD; ★(AS): CN.

锯叶合耳菊 **Synotis nagensium** (C. B. Clarke) C. Jeffrey et Y. L. Chen 【N, W/C】 ♣GMG; ●GX; ★(AS): CN, IN, MM, TH.

华合耳菊 **Synotis sinica** (Diels) C. Jeffrey et Y. L. Chen 【N, W/C】 ♣SCBG; ●GD; ★(AS): CN.

千里光属 Senecio

琥珀千里光 **Senecio ambraceus** Turcz. ex DC. 【N, W/C】 ♣BBG, WBG; ●BJ, HB, LN; ★(AS): CN, KP, MN, RU-AS.

菊状千里光 **Senecio analogus** DC. 【N, W/C】 ♣GBG; ●GZ, SC; ★(AS): BT, CN, IN, LK, NP, PK.

水生千里光 **Senecio aquaticus** Hill 【I, C】 ♣KBG; ●YN; ★(EU): CH, ES, FR, GB, IT, TR.

密齿千里光 **Senecio densiserratus** C. C. Chang 【N, W/C】 ♣WBG; ●HB; ★(AS): CN.

绮丽千里光 **Senecio elegans** L. 【I, C】 ♣NBG; ●JS; ★(AF): ZA.

毛梗蓥 **Senecio glabrescens** (DC.) Sch. Bip. 【I, C】 ♣XMBG; ●FJ; ★(OC): AU, NZ.

纤花千里光 **Senecio graciliflorus** (Wall.) DC. 【N, W/C】 ♣SCBG; ●GD; ★(AS): BT, CN, ID, IN, LK, MY.

箭叶菊 **Senecio kleiniiformis** Suess. 【I, C】 ♣BBG, XMBG; ●BJ, FJ, SH; ★(AF): ZA.

丽江千里光 **Senecio lijiangensis** C. Jeffrey et Y. L. Chen 【N, W/C】 ♣SCBG; ●GD; ★(AS): CN.

绿玉菊（斑叶金玉菊）**Senecio macroglossus** DC. 【I, C】 ♣IBCAS, SCBG, XMBG; ●BJ, FJ, GD, SH, TW; ★(AF): ZA.

林荫千里光 **Senecio nemorensis** Lorey et Duret 【N, W/C】 ♣WBG, ZAFU; ●HB, ZJ; ★(AF): MA; (AS): CN, GE, JP, KG, KP, KR, KZ, MN, RU-AS, TR; (EU): AL, AT, BA, BE, BG, CZ, DE, ES, FR, GR, HR, HU, IT, LU, ME, MK, NL, PL, RO, RS, RU, SI.

千里光 **Senecio scandens** Buch.-Ham. ex D. Don 【N, W/C】 ♣FBG, FLBG, GA, GBG, GMG, GXIB, HBG, KBG, LBG, NBG, SCBG, WBG, XBG, XMBG, XTBG, ZAFU; ●FJ, GD, GX, GZ, HB, JS, JX, SC, SN, YN, ZJ; ★(AS): BT, CN, IN, JP, KH, LA, LK, MM, NP, PH, TH, VN.

闽粤千里光 **Senecio stauntonii** DC. 【N, W/C】 ♣SCBG; ●GD; ★(AS): CN.

欧洲千里光 **Senecio vulgaris** L. 【I, N】 ♣GBG; ●GZ; ★(AF): DZ, EG, LY, MA, TN; (AS): LB, PS, RU-AS, SY, TR; (EU): AL, AT, BA, BE, BG, BY, CH, CZ, DE, ES, FI, FR, GB, GR, HR, HU, IT, ME, MK, NL, NO, PL, RO, RS, RU, SI.

岩生千里光 **Senecio wightii** (DC. ex Wight) Benth. ex C. B. Clarke 【N, W/C】 ♣GBG; ●GZ; ★(AS): BT, CN, IN, MM, TH.

菊芹属 Erechtites

梁子菜 **Erechtites hieraciifolius** (L.) Raf. ex DC. 【I, N】 ♣FLBG, GA, LBG, NBG, TBG; ●GD, JS, JX, TW; ★(NA): BS, BZ, CR, DO, GT, HN, JM, LW, MX, NI, PA, PR, SV, US; (SA): AR, BO, BR, CO, EC, GF, GY, PE, PY, VE.

败酱叶菊芹 **Erechtites valerianifolius** (Link ex Spreng.) DC. 【I, N】 ♣SCBG, TBG; ●GD, TW; ★(NA): BS, BZ, CR, DO, GT, HN, LW, MX, NI, PA, PR, SV, US; (SA): AR, BO, BR, CO, EC, GF, GY, PE, PY, VE.

野茼蒿属 Crassocephalum

野茼蒿 **Crassocephalum crepidioides** (Benth.) S. Moore 【I, N】 ♣FBG, GA, GBG, GMG, GXIB, HBG, LBG, SCBG, WBG, XLTBG, XMBG, XTBG, ZAFU; ●FJ, GD, GX, GZ, HB, HI, JX, SC, YN, ZJ; ★(AF): AO, BI, CD, CI, CM, ET, GA, GH, KE, MG, MW, MZ, NG, SN, TZ, UG, ZA, ZM, ZW.

蓝花野茼蒿 **Crassocephalum rubens** (B. Juss. ex Jacq.) S. Moore 【I, N】 ★(AF): AO, BI, CD, CF, CM, ET, GH, GN, KE, KM, MG, MU, MW, MZ, NG, RE, SD, TG, TZ, UG, ZA, ZM, ZW.

菊三七属 Gynura

橙花菊三七 **Gynura aurantiaca** (Blume) Sch. Bip. ex DC. 【I, C】 ♣CBG, CDBG, HBG, IBCAS, KBG, NBG, SCBG, TBG, WBG, XMBG; ●BJ, FJ, GD, HB, JS, SC, SH, TW, YN, ZJ; ★(AS): ID, MY.

红凤菜 **Gynura bicolor** (Roxb. ex Willd.) DC. 【N, W/C】 ♣FBG, GMG, GXIB, HBG, LBG, NBG, NSBG, SCBG, TBG, WBG, XBG, XMBG; ●AH, BJ, CQ, FJ, GD, GX, HB, JS, JX, SC, SN, TW, ZJ; ★(AS): BT, CN, IN, JP, LK, MM, NP.

木耳菜 **Gynura cusimbua** (D. Don) S. Moore 【N, W/C】 ♣XTBG; ●YN; ★(AS): BT, CN, IN, MM, NP, TH, VN.

白子菜 **Gynura divaricata** (L.) DC. 【N, W/C】 ♣FBG, FLBG, GMG, GXIB, HBG, NBG, SCBG, WBG, XBG, XMBG; ●FJ, GD, GX, HB, JS, JX, SN, ZJ; ★(AS): CN, VN.

白凤菜 **Gynura formosana** Kitam. 【N, W/C】 ♣NBG; ●JS; ★(AS): CN.

菊三七 **Gynura japonica** (Thunb.) Juel 【N, W/C】 ♣GBG, GMG, GXIB, HBG, IBCAS, KBG, LBG, NBG, SCBG, WBG, XBG, XMBG, XTBG, ZAFU; ●BJ, FJ, GD, GX, GZ, HB, HL, JS, JX, SC, SN, YN, ZJ; ★(AS): CN, JP, NP, TH.

尼泊尔菊三七 **Gynura nepalensis** DC. 【N, W/C】 ♣GXIB; ●GX; ★(AS): BT, CN, IN, LK, MM, NP, TH.

平卧菊三七 **Gynura procumbens** (Lour.) Merr. 【N, W/C】 ♣CDBG, FBG, FLBG, GMG, GXIB, SCBG, XMBG, XOIG, XTBG; ●FJ, GD, GX, JX, SC, YN; ★(AS): CN, ID, IN, MY, SG, TH, VN.

狗三七（狗头七）**Gynura pseudochina** (L.) DC. 【N, W/C】 ♣FBG, XTBG; ●FJ, YN; ★(AF): AO, BI, CD, CF, CM, ET, GA, GH, KE, MW, RW, SL, SO, TZ, ZM; (AS): BT, CN, ID, IN, LK, MM, SG, TH.

仙人笔属 Kleinia

Kleinia abyssinica (A. Rich.) A. Berger 【I, C】 ♣BBG; ●BJ; ★(AF): BI, CF, ET, KE, ML, NG, TZ, ZM.

青光木 **Kleinia amaniensis** (Engl.) A. Berger 【I, C】 ●SH; ★(AF): TZ.

*胀花绯冠菊（红鹰）**Kleinia ampliflora** (Rowley) Q. W. Lin 【I, C】 ♣SCBG; ●GD; ★(AS): IN.

蓝月亮 **Kleinia antandroi** (Scott-Elliot) Q. W. Lin 【I, C】 ♣IBCAS, XMBG; ●BJ, FJ; ★(AF): MG.

卵叶七宝树 **Kleinia anteuphorbium** (L.) Haw. 【I, C】 ♣XMBG; ●FJ; ★(AF): ZA.

七宝树 **Kleinia articulata** (L. f.) Haw. 【I, C】 ♣BBG, FLBG, GXIB, HBG, IBCAS, KBG, LBG, NBG, SCBG, WBG, XMBG, ZAFU; ●BJ, FJ, GD, GX, HB, JS, JX, YN, ZJ; ★(AF): ZA.

Kleinia canaliculata (DC.) Q. W. Lin 【I, C】 ♣TMNS; ●TW; ★(AF): MG.

白寿乐 **Kleinia citriformis** (G. D. Rowley) Q. W. Lin 【I, C】 ♣HBG, IBCAS, XMBG; ●BJ, FJ, ZJ; ★(AF): ZA.

紫蛮刀 **Kleinia crassissima** (Humbert) Q. W. Lin 【I, C】 ♣BBG, CBG, FLBG, IBCAS, SCBG, TMNS, WBG, XMBG; ●BJ, FJ, GD, HB, JX, SH, TW; ★(AF): MG.

下弯菊 **Kleinia deflersii** (O. Schwartz) P. Halliday 【I, C】 ♣IBCAS; ●BJ; ★(AS): SA.

猩红肉叶菊（白银杯）**Kleinia fulgens** Hook. f. 【I, C】 ♣LBG, XMBG; ●FJ, JX; ★(AF): AO, ZA.

榕状仙人笔（清凉刀）**Kleinia ficoides** (L.) Haw. 【I, C】 ♣CBG, FLBG, IBCAS; ●BJ, GD, JX, SH; ★(AF): ZA.

橙花肉叶菊 **Kleinia galpinii** Hook. f. 【I, C】★(AF): ZA.

绯冠菊 **Kleinia grantii** (Oliv. et Hiern) Hook. f. 【I, C】 ♣BBG, CBG, FLBG, IBCAS, SCBG, XMBG; ●BJ, FJ, GD, JX, SH; ★(AF): CD, ET, GN, KE, ML, SO, TZ.

银月 **Kleinia haworthii** (Sweet) DC. 【I, C】

♣FLBG, XMBG; ●FJ, GD, JX, TW; ★(AF): ZA.

Kleinia hebdingii (Rauh et Buchloh) Q. W. Lin 【I, C】 ♣BBG; ●BJ; ★(AF): MG.

大弦月 **Kleinia herreiana** (Dinter) 【I, C】 ♣GXIB, HBG, IBCAS, SCBG, TMNS, XMBG, ZAFU; ●BJ, FJ, GD, GX, TW, ZJ; ★(AF): NA, ZA.

铅笔掌 **Kleinia longiflora** DC. 【I, C】 ♣HBG; ●ZJ; ★(AF): AO, BW, MG, MW, NA, ZA, ZM, ZW; (AS): YE.

马岛长花菊 **Kleinia madagascariensis** (Humbert) P. Halliday 【I, C】 ♣BBG, IBCAS; ●BJ; ★(AF): MG.

绿眸 **Kleinia mandraliscae** Tineo 【I, C】 ★(EU): IT.

普西莉菊 **Kleinia mweroensis** (Baker) C. Jeffrey 【I, C】 ★(AF): TZ, ZM.

美空金牟 **Kleinia neohumbertii** (Rowley) Q. W. Lin 【I, C】 ♣BBG, XMBG; ●BJ, FJ; ★(AF): ZA.

夹竹桃叶仙人笔 **Kleinia neriifolia** Haw. 【I, C】 ♣IBCAS, XMBG; ●BJ, FJ, TW; ★(EU): ES.

黄瓜掌 **Kleinia obesa** (Deflers) P. Halliday 【I, C】 ♣BBG, IBCAS, XMBG; ●BJ, FJ; ★(AS): SA, YE.

圆叶菊 **Kleinia oxyriifolia** (DC.) Q. W. Lin 【I, C】 ♣IBCAS, NBG; ●BJ, JS; ★(AF): AO, MW, MZ, TZ, ZA, ZM, ZW.

泥鳅掌 **Kleinia pendula** (Forssk.) DC. 【I, C】 ♣CBG, FLBG, GXIB, HBG, IBCAS, KBG, NBG, SCBG, WBG, XMBG; ●BJ, FJ, GD, GX, HB, JS, JX, SH, YN, ZJ; ★(AF): ET, KE, SO, TZ; (AS): SA, YE.

岩生仙人笔（石生千里光）**Kleinia petraea** (R. E. Fr.) C. Jeffrey 【I, C】 ♣CBG, IBCAS, SCBG, XMBG; ●BJ, FJ, GD, SH; ★(AF): KE, TZ.

天龙 **Kleinia picticaulis** (P. R. O. Bally) C. Jeffrey 【I, C】 ♣BBG; ●BJ; ★(AF): KE, TZ.

弦月 **Kleinia radicans** (L. f.) Haw. 【I, C】 ♣FLBG, GBG, HBG, IBCAS, KBG, NBG, SCBG, XLTBG, XMBG, ZAFU; ●BJ, FJ, GD, GZ, HI, JS, JX, TW, YN, ZJ; ★(AF): ZA.

上弦月 **Kleinia repens** L. 【I, C】 ♣FBG, IBCAS, KBG, SCBG, TMNS, XMBG; ●BJ, FJ, GD, SH, TW, YN; ★(AF): ZA.

翡翠珠 **Kleinia rowleyana** (Jacobsen) G. Kunkel 【I, C】 ♣BBG, FLBG, GA, IBCAS, KBG, LBG, NBG, SCBG, TMNS, WBG, XMBG, XOIG; ●BJ, FJ, GD, HB, JS, JX, TW, YN; ★(AF): NA, ZA.

*萨吉仙人笔（普西莉菊）**Kleinia saginata** P. Halliday 【I, C】 ♣CBG, IBCAS, WBG, XMBG; ●BJ, FJ, HB, SH; ★(AS): OM.

Kleinia sarcoides (C. Jeffrey) Q. W. Lin 【I, C】 ♣BBG; ●BJ; ★(AF): ZA.

新月 **Kleinia scaposa** (DC.) Q. W. Lin 【I, C】 ♣FLBG, HBG, IBCAS, LBG, TBG, XMBG; ●BJ, FJ, GD, JX, SH, TW, ZJ; ★(AF): ZA.

纹叶绯之冠（巴利菊）**Kleinia schweinfurthii** (Oliv. et Hiern) A. Berger 【I, C】 ♣BBG, IBCAS, SCBG, XMBG; ●BJ, FJ, GD; ★(AF): KE, MW, SD, TZ.

Kleinia semperviva (Sch.Bip.) Q. W. Lin 【I, C】 ♣BBG; ●BJ; ★(AS): YE.

铁锡杖（星状肉菊）**Kleinia stapeliiformis** (E. Phillips) Stapf 【I, C】 ♣FBG, HBG, IBCAS, LBG, SCBG, XMBG; ●BJ, FJ, GD, JX, ZJ; ★(AF): ZA.

柱叶美丽千里光 **Kleinia talinoides** DC. 【I, C】 ♣IBCAS; ●BJ; ★(AF): ZA.

瓜叶菊属 Pericallis

野瓜叶菊 **Pericallis cruenta** (L'Hér.) Bolle 【I, C】 ♣XOIG; ●FJ, TW; ★(AF): ES-CS.

瓜叶菊 **Pericallis hybrida** (Regel) B. Nord. 【I, C】 ♣CDBG, FBG, FLBG, GBG, GMG, GXIB, HBG, KBG, LBG, NBG, TBG, WBG, XBG, XMBG, XOIG, ZAFU; ●BJ, FJ, GD, GX, GZ, HB, JS, JX, SC, SH, SN, TW, XJ, YN, ZJ; ★(AF): ES-CS; (EU): PT-30.

一点红属 Emilia

绒缨菊 **Emilia coccinea** Sweet 【I, C】 ♣LBG; ●BJ, JX, XJ; ★(AF): AO, BI, CD, CG, CM, GA, GN, MG, MZ, NG, RW, SD, SL, TG, TZ, UG, ZM, ZW.

缨荣花 **Emilia fosbergii** Nicolson 【I, N】 ★(NA): BS, BZ, CR, CU, DO, GT, HN, JM, LW, MX, NI, PA, PR, SV, TT, US; (SA): AR, BO, BR, CO, EC, GF, GY, PE, VE.

黄花紫背草 **Emilia praetermissa** Milne-Redh. 【I, N】 ★(AF): GA, LR, NG, SL.

小一点红 **Emilia prenanthoidea** DC. 【N, W/C】 ♣FBG, GMG, SCBG, XMBG, XTBG; ●FJ, GD, GX, YN; ★(AS): CN, ID, IN, MY, PH, TH, VN.

一点红 **Emilia sonchifolia** Benth. 【N, W/C】 ♣FBG, FLBG, GA, GMG, GXIB, HBG, IBCAS, LBG, NBG, SCBG, TDBG, XLTBG, XMBG, XTBG, ZAFU; ●BJ, FJ, GD, GX, HI, JS, JX, XJ,

YN, ZJ; ★(AF): MG, NG; (AS): BT, CN, ID, IN, JP, LK, MM, SG; (OC): AU, NC; (NA): BS, BZ, CR, CU, DO, GT, HN, JM, LW, MX, NI, PA, PR, SV, TT, US, VG, WW; (SA): BR, CO, EC, GF, GY, PE, VE.

疆千里光属 Jacobaea

松叶千里光 **Jacobaea adonidifolia** (Loisel.) Pelser et Veldkamp 【I, C】 ♣NBG; ●JS; ★(EU): FR.

银叶菊（洋艾）**Jacobaea maritima** (L.) Pelser et Meijden 【I, C】 ♣BBG, HFBG, KBG, SCBG, XLTBG, XMBG, XOIG; ●BJ, FJ, GD, HI, HL, SC, TW, YN; ★(AF): DZ, MA, TN; (AS): TR; (EU): AL, ES, FR, GR, IT, MC, ME, MT, RS, SI.

雪叶菊 **Jacobaea maritima** subsp. **bicolor** (Willd.) B. Nord. et Greuter【I, C】♣GXIB, SCBG; ●GD, GX; ★(AF): MA; (AS): SA; (EU): BA, BY, DE, ES, GB, GR, HR, IT, LU, ME, MK, RS, RU, SI.

Jacobaea subalpina (W. D. J. Koch) Pelser et Veldkamp【I, C】♣XMBG; ●FJ; ★(EU): AL, AT, CZ, DE, ES, FR, GR, PL, RO, RU.

蔓黄金菊属 Pseudogynoxys

蔓黄金菊 **Pseudogynoxys chenopodioides** (Kunth) Cabrera【I, C】♣XMBG; ●FJ, TW; ★(NA): BZ, CR, GT, HN, LW, MX, NI, PR, SV, US.

异果菊属 Dimorphotheca

异果菊 **Dimorphotheca pluvialis** (L.) Moench 【I, C】 ♣NBG; ●JS; ★(AF): ET, ZA.

齿状异果菊（齿状二形菊）**Dimorphotheca sinuata** DC. 【I, C】 ♣BBG, NBG, XMBG; ●BJ, FJ, JS, TW; ★(AF): ZA.

金盏花属 Calendula

欧洲金盏菊（欧洲金盏花）**Calendula arvensis** (Vaill.) L.【I, C】♣BBG, GXIB, NBG, XBG; ●BJ, GX, JS, SN, TW, XJ, YN; ★(AF): DZ, MA; (AS): BH, IL, IQ, IR, OM, SA, SY, TR, YE; (EU): CH, ES, FR, GB, GR.

Calendula incana Willd. 【I, C】 ♣NBG; ●JS; ★(EU): IT, PT.

金盏菊（金盏花）**Calendula officinalis** Hohen. 【I, C】 ♣BBG, CDBG, FBG, FLBG, GBG, HBG, HFBG, IBCAS, KBG, LBG, NBG, TBG, TDBG, WBG, XBG, XLTBG, XMBG, XOIG, ZAFU; ●BJ, FJ, GD, GZ, HB, HE, HI, HL, JS, JX, SC, SH, SN, TW, XJ, YN, ZJ; ★(EU): ES, IT, NL.

亚灌金盏花 **Calendula suffruticosa** Vahl 【I, C】 ♣NBG; ●JS; ★(EU): ES, GR, IT, LU, SI, TR.

骨子菊属 Osteospermum

蓝目菊 **Osteospermum ecklonis** (DC.) Norl.【I, C】 ♣BBG; ●BJ, JS, TW; ★(AF): ZA.

杂种蓝目菊（南非金盏菊）**Osteospermum hybrida** Hort. 【I, C】 ♣XMBG; ●FJ; ★(AF): ZA.

小金盏属 Oligocarpus

小花金盏菊 **Oligocarpus calendulaceus** (L. f.) Less. 【I, C】 ♣NBG; ●JS; ★(AF): ZA.

紫花帚鼠麴属 Phaenocoma

紫花帚鼠麴 **Phaenocoma prolifera** (L.) D. Don【I, C】 ●TW; ★(AF): ZA.

密头火绒草属 Plecostachys

小叶蜡菊 **Plecostachys serpyllifolia** (P. J. Bergius) Hilliard et B. L. Burtt 【I, C】 ★(AF): ZA.

火绒草属 Leontopodium

松毛火绒草 **Leontopodium andersonii** C. B. Clarke 【N, W/C】 ♣GBG, KBG; ●GZ, YN; ★(AS): CN, LA, MM.

艾叶火绒草 **Leontopodium artemisiifolium** (H. Lév.) Beauverd【N, W/C】♣NBG; ●JS; ★(AS): CN.

短星火绒草 **Leontopodium brachyactis** Gand.【N, W/C】 ♣SCBG; ●GD; ★(AS): AF, CN, IN, NP, PK.

美头火绒草 **Leontopodium calocephalum** (Franch.) Beauverd 【N, W/C】 ♣SCBG; ●GD; ★(AS): CN.

山野火绒草 **Leontopodium campestre** (Ledeb.) Hand.-Mazz. 【N, W/C】 ♣NBG; ●JS; ★(AS): CN, KZ, MN, RU-AS.

戟叶火绒草 **Leontopodium dedekensii** (Bureau et Franch.) Beauverd 【N, W/C】 ♣GBG; ●GZ; ★(AS): CN, MM.

早池峰火绒草 **Leontopodium hayachinense** (Takeda) Hara et Kitam.【I, C】♣SCBG; ●GD; ★(AS): JP.

薄雪火绒草 **Leontopodium japonicum** (Thunb.) 【N, W/C】 ♣WBG; ●HB; ★(AS): CN, JP, KR.

长叶火绒草 **Leontopodium junpeianum** Kitam. 【N, W/C】 ♣SCBG; ●GD; ★(AS): CN , IN, MN.

火绒草 **Leontopodium leontopodioides** (Willd.) Beauverd 【N, W/C】 ♣BBG; ●BJ; ★(AS): CN, JP, KP, KR, MN, RU-AS.

华火绒草 **Leontopodium sinense** Hemsl. ex Hemsl. 【N, W/C】 ♣GBG; ●GZ, SC; ★(AS): CN.

蝶须属 Antennaria

高山蝶须 **Antennaria alpina** (L.) Gaertn. 【I, C】 ♣IBCAS; ●BJ; ★(EU): FI, IS, NO, RU.

蝶须 **Antennaria dioica** (L.) Gaertn. 【N, W/C】 ♣BBG; ●BJ; ★(AS): CN, JP, KR, KZ, MN, RU-AS; (EU): AL, AT, BA, BE, BG, CH, CZ, DE, ES, FI, FR, GB, GR, HR, HU, IT, ME, MK, NL, NO, PL, RO, RS, RU, SI.

鼠麹草属 Pseudognaphalium

宽叶拟鼠麹草 **Pseudognaphalium adnatum** (DC.) Y. S. Chen 【N, W/C】 ♣FBG, GA, GBG, GMG, HBG, LBG, SCBG; ●FJ, GD, GX, GZ, JX, ZJ; ★(AS): BT, CN, IN, KH, LA, LK, MM, NP, PH, TH, VN.

鼠麹草（拟鼠麹草）**Pseudognaphalium affine** (D. Don) Anderb. 【N, W/C】 ♣FBG, GA, GBG, GMG, GXIB, HBG, LBG, NBG, SCBG, TBG, XBG, XMBG, XTBG, ZAFU; ●FJ, GD, GX, GZ, JS, JX, SN, TW, YN, ZJ; ★(AS): AF, BT, CN, ID, IN, JP, KP, KR, LK, MM, MY, NP, PH, PK, VN.

加州鼠麹草 **Pseudognaphalium californicum** (DC.) Anderb. 【I, C】 ★(NA): US.

秋拟鼠麹草 **Pseudognaphalium hypoleucum** (DC.) Hilliard et B. L. Burtt 【N, W/C】 ♣FBG, GA, GBG, HBG, LBG, XMBG; ●FJ, GZ, JX, ZJ; ★(AS): CN, IN, JP, KH, KP, KR, LA, MM, PH, TH, VN.

丝绵草 **Pseudognaphalium luteoalbum** (L.) Hilliard et B. L. Burtt 【N, W/C】 ♣NBG; ●JS; ★(AF): KE, MA, MG, TZ, UG; (AS): AF, AZ, CN, GE, IN, IR, LA, MM, PK, SA, TH, VN; (OC): AU; (EU): AT, BA, BE, BG, BY, CZ, DE, ES, GB, GR, HR, HU, IT, LU, ME, MK, NL, PL, RO, RS, RU, SI, TR; (NA): CA, US; (SA): AR, CL.

香青属 Anaphalis

黄腺香青 **Anaphalis aureopunctata** Lingelsh. et Borza 【N, W/C】 ♣SCBG, WBG; ●GD, HB; ★(AS): CN.

黏毛香青 **Anaphalis bulleyana** (Jeffrey) C. C. Chang 【N, W/C】 ♣WBG; ●HB; ★(AS): CN.

蛛毛香青 **Anaphalis busua** (Buch.-Ham.) DC. 【N, W/C】 ♣WBG; ●HB; ★(AS): BT, CN, IN, LK, MM, NP.

宽翅香青 **Anaphalis latialata** Y. L. Chen et Y. Ling 【N, W/C】 ♣SCBG; ●GD; ★(AS): CN.

珠光香青 **Anaphalis margaritacea** (L.) A. Gray 【N, W/C】 ♣BBG, XBG; ●BJ, SC, SN, TW; ★(AS): BT, CN, IN, JP, KP, KR, LK, MM, MN, NP, RU-AS, TH, VN; (EU): AT, CZ, DE, FR, GB, GR, NL, NO, PL, RO.

玉山香青 **Anaphalis morrisonicola** Hayata 【N, W/C】 ♣GBG; ●GZ; ★(AS): CN, PH.

尼泊尔香青 **Anaphalis nepalensis** (Spreng.) Hand.-Mazz. 【N, W/C】 ♣GBG; ●GZ; ★(AS): BT, CN, IN, MM, NP.

伞房尼泊尔香青 **Anaphalis nepalensis** var. **corymbosa** (Bureau et Franch.) Hand.-Mazz. 【N, W/C】 ♣WBG; ●HB; ★(AS): CN.

香青 **Anaphalis sinica** Hance 【N, W/C】 ♣HBG, LBG, WBG; ●HB, JX, ZJ; ★(AS): CN, JP, KP, KR, MN, NP, RU-AS.

蜡菊属 Helichrysum

沙生蜡菊 **Helichrysum arenarium** (L.) Moench 【N, W/C】 ●TW; ★(AS): CN, GE, MN, RU-AS; (EU): AT, BA, BE, BG, CH, CZ, DE, ES, FR, GR, HR, HU, ME, MK, NL, PL, RO, RS, RU, SI.

Helichrysum forskahlii (J. F. Gmel.) Hilliard et B. L. Burtt 【I, C】 ★(AF): CM, TZ.

意大利蜡菊 **Helichrysum italicum** (Roth) G. Don 【I, C】 ♣BBG, CBG; ●BJ, SH; ★(AF): MA; (AS): SA; (EU): BA, BY, DE, ES, GR, HR, IT, LU, ME, MK, RS, SI.

秋花意大利蜡菊 **Helichrysum italicum** subsp. **serotinum** (Boiss.) P. Fourn. 【I, C】 ★(EU): IT.

伞花蜡菊 **Helichrysum parvifolium** Yeo 【I, C】 ♣XMBG; ●FJ, TW; ★(OC): NZ.

具柄蜡菊 **Helichrysum petiolare** Hilliard et B. L. Burtt 【I, C】 ●BJ, TW; ★(AF): ZA.

伞花蜡菊 **Helichrysum petiolatum** D. Don 【I, C】 ★(AF): ZA.

Helichrysum plicatum DC. 【I, C】 ♣BBG, CDBG; ●BJ, SC; ★(AS): AZ, IR, RU-AS, TR; (EU): AL,

BA, GR, HR, ME, MK, RS, SI.

天山蜡菊 **Helichrysum thianschanicum** Regel 【N, W/C】 ♣BBG; ●BJ; ★(AS): CN, KZ, RU-AS.

银盖鼠麹属 Argyrotegium

银盖鼠麹 **Argyrotegium mackayi** (Buchanan) J. M. Ward et Breitw. 【I, C】 ★(OC): AU, NZ.

类香青属 Anaphalioides

雏菊类香青（毛叶蜡菊）**Anaphalioides bellidioides** (G. Forst.) Glenny 【I, C】 ●BJ; ★(OC): NZ.

滨篱菊属 Cassinia

Cassinia aculeata (Labill.) A. Cunn. ex R. Br. 【I, C】 ★(OC): AU, NZ.

Cassinia leptocephala F. Muell. 【I, C】 ●TW; ★(OC): AU.

Cassinia longifolia R. Br. 【I, C】 ★(OC): AU.

Cassinia uncata A. Cunn. 【I, C】 ●TW; ★(OC): AU.

小麦秆菊属 Syncarpha

Syncarpha argyropsis (DC.) B. Nord. 【I, C】 ★(AF): ZA.

Syncarpha canescens (L.) B. Nord. 【I, C】 ★(AF): ZA.

Syncarpha chlorochrysum (DC.) B. Nord. 【I, C】 ★(AF): ZA.

Syncarpha vestita (L.) B. Nord. 【I, C】 ★(AF): ZA.

湿鼠麹草属 Gnaphalium

贝加尔鼠麹草 **Gnaphalium baicalensis** Kirp. 【I, C】 ★(AS): CN, MN, RU-AS.

细叶鼠麴草 **Gnaphalium japonicum** Thunb. 【N, W/C】 ♣CBG, FBG, GA, GBG, GMG, HBG, LBG, ZAFU; ●FJ, GX, GZ, JX, SC, SH, ZJ; ★(AS): CN, JP, KP; (OC): AU, NZ, PAF.

多茎鼠麴草 **Gnaphalium polycaulon** Pers. 【N, W/C】 ♣FBG, GA, HBG, LBG, SCBG, XMBG, XTBG, ZAFU; ●FJ, GD, JX, YN, ZJ; ★(AF): MG, ZA; (AS): BT, CN, IN, JP, LA, LK, PK, TH; (OC): AU, PAF; (NA): CR, CU, GT, HN, MX, NI, PA, PR, SV; (SA): AR, BO, BR, CO, EC, GY, PE, PY, VE.

合冠鼠麹属 Gamochaeta

直茎合冠鼠麹草 **Gamochaeta calviceps** (Fernald) Cabrera 【I, N】 ★(SA): AR, BO, BR, PY.

里白合冠鼠麹草 **Gamochaeta coarctata** (Willd.) Kerguélen 【I, N】 ★(NA): JM, PA, PR, SV, US; (SA): AR, BO, BR, CL, CO, EC, PE, PY, UY, VE.

匙叶合冠鼠曲草 **Gamochaeta pensylvanica** (Willd.) Cabrera 【I, N】 ♣FBG, LBG, SCBG, TBG, XTBG, ZAFU; ●FJ, GD, JX, TW, YN, ZJ; ★(SA): AR, BO, BR, EC, PE, PY, UY, VE.

合冠鼠麹草（合冠鼠麴草）**Gamochaeta purpurea** (L.) Cabrera 【I, N】 ★(NA): MX, US; (SA): AR, BO, BR, CL, CO, EC, PE, PY, VE.

银苞菊属 Ammobium

银苞菊 **Ammobium alatum** R. Br. 【I, C】 ♣IBCAS, NBG, XMBG; ●BJ, FJ, JS; ★(OC): AU.

米花菊属 Ozothamnus

澳洲米花 **Ozothamnus diosmifolius** (Vent.) DC. 【I, C】 ●TW; ★(OC): AU.

煤油草 **Ozothamnus ledifolius** (DC.) Hook. f. 【I, C】 ●TW; ★(OC): AU.

迷迭香煤油草 **Ozothamnus rosmarinifolius** (Labill.) Sweet 【I, C】 ●TW; ★(OC): AU.

金槌花属 Craspedia

Craspedia alba J. Everett et Joy Thomps. 【I, C】 ●TW; ★(OC): AU.

白毛金槌花（白毛金杖球）**Craspedia incana** Allan 【I, C】 ★(OC): NZ.

单头金槌花 **Craspedia uniflora** G. Forst. 【I, C】 ●TW; ★(OC): AU.

纸苞金绒草属 Podolepis

灰白菊 **Podolepis canescens** A. Cunn. ex DC. 【I, C】 ♣NBG; ●JS; ★(OC): AU.

麦秆菊属 Xerochrysum

麦秆菊（蜡菊）**Xerochrysum bracteatum** (Vent.) Tzvelev 【I, C】 ♣BBG, FBG, FLBG, GXIB, HBG, HFBG, IBCAS, LBG, NBG, SCBG, TBG, XBG,

XMBG, XOIG; ●BJ, FJ, GD, GX, HL, JL, JS, JX, SC, SN, TW, XJ, YN, ZJ; ★(OC): AU.

舌苞菊属 Schoenia

舌苞菊 **Schoenia cassiniana** (Gaudich.) Steetz 【I, C】 ●TW; ★(OC): AU.

密头彩鼠麹属 Pycnosorus

澳洲鼓槌菊 **Pycnosorus globosus** F. L. Bauer ex Benth. 【I, C】 ♣WBG; ●HB, TW, YN; ★(OC): AU.

鳞叶菊属 Leucophyta

鳞叶菊 **Leucophyta brownii** Cass. 【I, C】 ♣SCBG; ●GD, TW; ★(OC): AU.

鳞托菊属 Rhodanthe

永生菊 **Rhodanthe chlorocephala** (Turcz.) Paul G. Wilson 【I, C】 ★(OC): AU.

花簪鳞托菊（玫红永生菊）**Rhodanthe chlorocephala** subsp. **rosea** (Hook.) Paul G. Wilson 【I, C】 ●BJ, TW, XJ; ★(OC): AU.

臭花羿 **Rhodanthe humboldtiana** (Gaudich.) Paul G. Wilson 【I, C】 ♣NBG; ●JS, TW; ★(OC): AU.

鳞托菊（永生菊）**Rhodanthe manglesii** Lindl. 【I, C】 ♣NBG; ●JS, TW, YN; ★(OC): AU.

榄叶菊属 Olearia

哈氏榄叶菊（哈氏雏菊木）**Olearia haastii** Hook. f. 【I, C】 ♣CBG; ●SH, TW; ★(OC): NZ.

硬叶榄叶菊（硬叶雏菊木）**Olearia nummulariifolia** (Hook. f.) Hook. f. 【I, C】 ●TW; ★(OC): NZ.

圆锥榄叶菊 **Olearia paniculata** Druce 【I, C】 ●YN, ZJ; ★(OC): AU.

微曲灰叶榄叶菊（微曲灰叶雏菊木）**Olearia phlogopappa** var. **subrepanda** (DC.) J. H. Willis 【I, C】 ●TW; ★(OC): AU.

多枝榄叶菊（多枝雏菊木）**Olearia virgata** (Hook. f.) Hook. f. 【I, C】 ●TW; ★(OC): NZ.

蓝菊属 Felicia

蓝菊 **Felicia amelloides** O. Hoffm. ex Zahlbr. 【I, C】 ●JL, TW; ★(AF): ZA.

翠鸟雏菊 **Felicia bergeriana** (Spreng.) O. Hoffm. 【I, C】 ★(AF): ZA.

费利菊 **Felicia dubia** Cass. 【I, C】 ★(AF): ZA.

蓝雏菊（佳丽菊）**Felicia heterophylla** (Cass.) Grau 【I, C】 ♣NBG, XMBG; ●FJ, JS, TW, YN; ★(AF): ZA.

Felicia hirsuta DC. 【I, C】 ★(AF): ZA.

柔菲利菊 **Felicia tenella** (L.) Nees 【I, C】 ♣NBG; ●JS; ★(AF): ZA.

歧伞菊属 Thespis

歧伞菊 **Thespis divaricata** DC. 【N, W/C】 ♣XTBG; ●YN; ★(AS): BT, CN, IN, KH, LA, LK, MM, NP, TH, VN.

小舌菊属 Microglossa

小舌菊 **Microglossa pyrifolia** (Lam.) Kuntze 【N, W/C】 ♣FLBG, SCBG, XTBG; ●GD, JX, YN; ★(AF): BI, CF, CM, GH, GN, MG, NG, TZ, UG; (AS): BT, CN, ID, IN, KH, LA, LK, MM, MY, PH, TH, VN.

白酒草属 Eschenbachia

埃及白酒草 **Eschenbachia aegyptiaca** (L.) Brouillet 【N, W/C】 ♣XMBG; ●FJ; ★(AF): EG, MG, NG, ZA; (AS): AF, CN, ID, IN, IR, JP, MM, MY; (OC): AU, PAF.

白酒草 **Eschenbachia japonica** (Thunb.) J. Kost. 【N, W/C】 ♣FBG, GA, HBG, SCBG, XMBG, ZAFU; ●FJ, GD, JX, ZJ; ★(AS): AF, BT, CN, IN, JP, MM, MY, TH, VN.

宿根白酒草 **Eschenbachia perennis** (Hand.-Mazz.) Brouillet 【N, W/C】 ♣XTBG; ●YN; ★(AS): CN.

田基黄属 Grangea

田基黄 **Grangea maderaspatana** (L.) Poir. 【N, W/C】 ♣BBG, GA, SCBG, XMBG, XTBG; ●BJ, FJ, GD, JX, YN; ★(AF): GA, MG, NG, TZ, ZA; (AS): BT, CN, ID, IN, JP, LA, LK, MM, MY, NP, TH, VN.

鱼眼草属 Dichrocephala

小鱼眼草 **Dichrocephala benthamii** C. B. Clarke 【N, W/C】 ♣GBG, XTBG; ●GZ, SC, YN; ★(AS): BT, CN, IN, KH, LA, LK, NP, VN.

菊叶鱼眼草 **Dichrocephala chrysanthemifolia** (Blume) DC. 【N, W/C】 ♣XTBG; ●SC, YN; ★(AS): BT, CN, ID, IN, JP, LK, MM, NP, PH.

鱼眼草 **Dichrocephala integrifolia** (L. f.) Kuntze 【N, W/C】 ♣FBG, GA, GMG, NSBG, SCBG, TBG, XMBG, XTBG; ●CQ, FJ, GD, GX, JX, SC, TW, YN; ★(AF): BI, CM, MW, NG, TZ, UG; (AS): BT, CN, ID, IN, KH, LA, LK, MM, MY, NP, PH, TH, VN.

碱菀属　Tripolium

碱菀 **Tripolium pannonicum** (Jacq.) Dobrocz. 【N, W/C】 ♣CBG, TDBG; ●SH, XJ; ★(AF): DZ, EG, LY, MA, TN; (AS): AM, AZ, BH, CN, GE, IL, IQ, IR, JO, JP, KG, KP, KR, KW, KZ, LB, MN, PS, QA, RU-AS, SA, SY, TJ, TM, TR, UZ, YE; (EU): AL, BA, ES, FR, GR, HR, IT, MC, ME, MK, RS, RU, SI.

乳菀属　Galatella

Galatella aragonensis (Asso) Nees 【I, C】 ♣XTBG; ●YN; ★(EU): ES.

兴安乳菀 **Galatella dahurica** DC. 【N, W/C】 ●LN; ★(AS): CN, MN, RU-AS.

乳菀 **Galatella punctata** (Waldst. et Kit.) Nees 【N, W/C】 ♣NBG; ●JS; ★(AS): CN, MN, RU-AS.

丽菊属　Bellium

假雏菊 **Bellium bellidioides** L. 【I, C】 ♣NBG; ●JS; ★(EU): BY, ES, FR, IT, SE.

小雏菊 **Bellium minutum** (L.) L. 【I, C】 ♣NBG; ●JS; ★(AS): CY; (EU): GR, HR, IT, MT, SI, TR.

雏菊属　Bellis

一年生雏菊 **Bellis annua** L. 【I, C】 ♣NBG; ●JS; ★(AF): MA; (AS): IL, SA, TR; (EU): AL, BA, BG, BY, DE, ES, FR, GR, HR, IT, LU, ME, MK, RS, SI.

雏菊 **Bellis perennis** L. 【I, C】 ♣BBG, CDBG, FBG, FLBG, GA, GMG, HBG, HFBG, IBCAS, KBG, LBG, NBG, TBG, WBG, XBG, XMBG, XOIG, XTBG, ZAFU; ●BJ, FJ, GD, GX, HB, HL, JS, JX, LN, SC, SH, SN, TW, YN, ZJ; ★(AF): MA; (AS): IQ, IR, LB, TR; (EU): BE, DE, ES, FR, GB, GR, IT, NL, PT.

野雏菊 **Bellis sylvestris** Cirillo 【I, C】 ♣NBG; ●JS; ★(AF): MA; (AS): IL, LB, SA, TR; (EU): AL, BA, BG, BY, DE, ES, FR, GR, HR, IT, LU, MC, ME, MK, RS, SI.

翠菊属　Callistephus

翠菊 **Callistephus chinensis** (L.) Benth. 【N, W/C】 ♣BBG, CDBG, GXIB, HBG, HFBG, IBCAS, LBG, NBG, TBG, XBG, XMBG, XOIG, ZAFU; ●BJ, FJ, GX, HA, HL, JL, JS, JX, SC, SH, SN, TW, XJ, YN, ZJ; ★(AS): BT, CN, JP, KP, KR, LA, MM.

瓶头草属　Lagenophora

瓶头草 **Lagenophora stipitata** (Labill.) Druce 【N, W/C】 ♣XMBG; ●FJ; ★(AS): CN, ID, IN, LA, TH, VN; (OC): AU.

紫菀属　Aster

福氏紫菀 **Aster × frikartii** Silva Tar. et C. K. Schneid. 【I, C】 ♣IBCAS; ●BJ; ★(EU): GB.

三脉紫菀 **Aster ageratoides** Turcz. 【N, W/C】 ♣BBG, FBG, FLBG, GA, GBG, HBG, LBG, NBG, SCBG, WBG; ●BJ, FJ, GD, GZ, HB, JS, JX, SC, ZJ; ★(AS): BT, CN, IN, JP, KP, KR, LA, LK, MM, MN, NP, RU-AS, TH, VN.

异叶三脉紫菀 **Aster ageratoides** var. **heterophyllus** Maxim. 【N, W/C】 ♣WBG; ●HB; ★(AS): CN.

毛枝三脉紫菀 **Aster ageratoides** var. **lasiocladus** (Hayata) Hand.-Mazz. 【N, W/C】 ♣LBG; ●JX; ★(AS): CN.

宽伞三脉紫菀 **Aster ageratoides** var. **laticorymbus** (Vaniot) Hand.-Mazz. 【N, W/C】 ♣LBG, WBG; ●HB, JX; ★(AS): CN.

卵叶三脉紫菀 **Aster ageratoides** var. **oophyllus** Y. Ling 【N, W/C】 ♣GMG, HBG; ●GX, ZJ; ★(AS): CN.

微糙三脉紫菀 **Aster ageratoides** var. **scaberulus** (Miq.) Ling 【N, W/C】 ♣FBG, GA, HBG, LBG, WBG, XMBG, ZAFU; ●FJ, HB, JX, ZJ; ★(AS): CN, VN.

小舌紫菀 **Aster albescens** (DC.) Wall. ex Hand.-Mazz. 【N, W/C】 ♣KBG; ●YN; ★(AS): BT, CN, IN, LK, MM, NP.

白背小舌紫菀 **Aster albescens** var. **discolor** Y. Ling 【N, W/C】 ♣CBG, KBG, WBG; ●HB, SC, SH, YN; ★(AS): CN.

高山紫菀 **Aster alpinus** L. 【N, W/C】 ♣BBG,

IBCAS, NBG, XTBG; ●BJ, JS, TW, YN; ★(AS): CN, GE, MN, RU-AS, TJ; (EU): AL, AT, BA, BG, CZ, DE, ES, FR, GR, HR, IT, ME, MK, PL, RO, RS, RU, SI.

阿尔泰狗娃花 **Aster altaicus** Willd. 【N, W/C】 ♣BBG, NBG, TDBG, XBG; ●BJ, JS, LN, SN, XJ; ★(AS): AF, CN, IN, KP, MN, NP, PK, RU-AS.

紫菀木 **Aster alyssoides** Turcz. 【N, W/C】 ♣MDBG; ●GS, NM, XJ; ★(AS): CN, MN, RU-AS.

普陀狗娃花 **Aster arenarius** (Kitam.) Nemoto 【N, W/C】 ♣ZAFU; ●ZJ; ★(AS): CN, JP, RU-AS.

华南狗娃花 **Aster asa-grayi** Makino 【N, W/C】 ♣XMBG; ●FJ; ★(AS): CN, JP, RU-AS.

白舌紫菀 **Aster baccharoides** (Benth.) Steetz 【N, W/C】 ♣FBG, WBG; ●FJ, HB; ★(AS): CN.

巴塘紫菀 **Aster batangensis** Bureau et Franch. 【N, W/C】 ♣KBG; ●YN; ★(AS): CN.

高加索紫菀 **Aster caucasicus** Willd. 【I, C】 ♣NBG; ●JS; ★(AS): GE, RU-AS, TR.

镰叶紫菀 **Aster falcifolius** Hand.-Mazz. 【N, W/C】 ♣CBG, WBG; ●HB, SH; ★(AS): CN.

狭苞紫菀 **Aster farreri** W. W. Sm. et Jeffrey 【N, W/C】 ♣NBG; ●JS; ★(AS): CN.

台岩紫菀 **Aster formosanus** Hayata 【N, W/C】 ♣GMG, HBG; ●GX, ZJ; ★(AS): CN.

灌木紫菀木 **Aster fruticosus** (C. Winkl.) Q. W. Lin 【N, W/C】 ♣TDBG; ●XJ; ★(AS): CN, RU-AS.

须弥紫菀（复芒菊、线舌紫菀）**Aster himalaicus** C. B. Clarke 【N, W/C】 ♣NBG; ●JS; ★(AS): BT, CN, IN, LK, MM, NP.

狗娃花 **Aster hispidus** Thunb. 【N, W/C】 ♣BBG, HBG, LBG, XMBG, ZAFU; ●BJ, FJ, JX, LN, ZJ; ★(AS): CN, JP, KP, KR, MN, RU-AS.

羽裂鸡儿肠 **Aster iinumae** Kitam. ex Hara 【I, C】 ♣HBG; ●BJ, SH, ZJ; ★(AS): JP.

柳州异裂菊 **Aster incanus** (Lindl.) A. Gray 【N, W/C】 ♣GXIB; ●GX; ★(AS): CN.

裂叶马兰 **Aster incisus** Fisch. 【N, W/C】 ♣NBG; ●JS; ★(AS): CN, JP, KP, MN, RU-AS.

叶苞紫菀 **Aster indamellus** Grierson 【N, W/C】 ♣CBG, NBG; ●JS, SH, YN; ★(AS): CN, IN, NP.

马兰 **Aster indicus** L. 【N, W/C】 ♣CBG, CDBG, FBG, GA, GBG, GMG, GXIB, HBG, LBG, NSBG, SCBG, TMNS, WBG, XMBG, ZAFU; ●AH, CQ, FJ, GD, GX, GZ, HB, JS, JX, SC, SH, TW, ZJ; ★(AS): CN, IN, JP, KP, KR, LA, MM, TH, VN.

狭苞马兰 **Aster indicus** var. **stenolepis** (Hand.-Mazz.) Soejima et Igari 【N, W/C】 ♣XBG; ●SN; ★(AS): CN.

日本紫菀 **Aster japonicus** Less. ex Nees 【I, C】 ♣NBG; ●JS; ★(AS): JP.

河原野菊 **Aster kantoensis** Kitam. 【I, C】 ●YN; ★(AS): JP.

山马兰 **Aster lautureanus** (Debeaux) Franch. 【N, W/C】 ♣GBG, NBG; ●GZ, JS; ★(AS): CN, MN, RU-AS.

丽江紫菀 **Aster likiangensis** Franch. 【N, W/C】 ♣KBG, NBG; ●JS, YN; ★(AS): BT, CN.

圆苞紫菀 **Aster maackii** Regel 【N, W/C】 ♣NBG; ●JS, LN; ★(AS): CN, JP, KP, KR, MN, RU-AS.

短冠东风菜 **Aster marchandii** H. Lév. 【N, W/C】 ♣CBG, SCBG, WBG; ●GD, HB, SC, SH; ★(AS): CN.

大花紫菀 **Aster megalanthus** Y. Ling 【N, W/C】 ♣NBG; ●JS; ★(AS): CN.

小花异裂菊 **Aster microcephalus** (Miq.) Franch. et Sav. 【N, W/C】 ♣GXIB, KBG, SCBG, WBG; ●GD, GX, HB, YN; ★(AS): CN.

蒙古马兰 **Aster mongolicus** Franch. 【N, W/C】 ♣NBG; ●JS; ★(AS): CN, JP, KP, KR, MN, RU-AS.

虾须草 **Aster nanus** (Nutt.) Kuntze 【N, W/C】 ♣LBG, SCBG; ●GD, JX; ★(AS): CN.

卵叶紫菀 **Aster ovalifolius** Kitam. 【N, W/C】 ♣FLBG, WBG, XMBG; ●FJ, GD, HB, JX; ★(AS): CN.

琴叶紫菀 **Aster panduratus** Nees ex Walp. 【N, W/C】 ♣FBG, HBG, LBG, XMBG, ZAFU; ●FJ, JX, ZJ; ★(AS): CN.

多花紫菀 **Aster paniculatus** Muhl. 【I, C】 ♣LBG, NBG; ●JS, JX; ★(NA): CA.

全叶马兰 **Aster pekinensis** (Hance) F. H. Chen 【N, W/C】 ♣GMG, LBG, SCBG, WBG; ●GD, GX, HB, JX; ★(AS): CN, JP, KP, MN, RU-AS.

灰毛紫菀 **Aster polius** C. K. Schneid. 【N, W/C】 ♣SCBG; ●GD; ★(AS): CN.

忘都草 **Aster savatieri** Makino 【I, C】 ●TW; ★(AS): JP.

东风菜 **Aster scaber** Thunb. 【N, W/C】 ♣FBG, GA, HBG, IBCAS, NBG, SCBG, XMBG, ZAFU; ●BJ, FJ, GD, JS, JX, LN, ZJ; ★(AS): CN, JP, KP, KR, MN, RU-AS.

景天叶紫菀 **Aster sedifolius** L. 【I, C】 ♣NBG; ●JS;

★(EU): AL, AT, BA, BG, CZ, DE, ES, HR, HU, IT, LU, ME, MK, RO, RS, RU, SI.

狗舌紫菀 **Aster senecioides** Franch. 【N, W/C】 ♣XTBG; ●YN; ★(AS): CN.

绢叶异裂菊 **Aster sericophyllus** (J. Y. Liang) Q. W. Lin 【N, W/C】 ♣GXIB; ●GX; ★(AS): CN.

毡毛马兰 **Aster shimadae** (Kitam.) Nemoto 【N, W/C】 ♣LBG; ●JX; ★(AS): CN, RU-AS.

缘毛紫菀 **Aster souliei** Franch. 【N, W/C】 ♣GBG, NBG; ●GZ, JS; ★(AS): BT, CN, IN, LK, MM.

紫菀 **Aster tataricus** L. f. 【N, W/C】 ♣BBG, GBG, GMG, GXIB, HBG, IBCAS, LBG, NBG, SCBG, XBG, XMBG, XOIG; ●BJ, FJ, GD, GX, GZ, JS, JX, LN, SC, SN, TW, ZJ; ★(AS): CN, JP, KP, KR, MN, RU-AS.

东俄洛紫菀 **Aster tongolensis** Franch. 【N, W/C】 ♣NBG; ●JS; ★(AS): CN.

三基脉紫菀 **Aster trinervius** Roxb. ex D. Don 【N, W/C】 ♣GMG, SCBG; ●GD, GX, ZJ; ★(AS): BT, CN, IN, JP, KP, KR, LA, MM, NP, VN.

察瓦龙紫菀 **Aster tsarungensis** (Grierson) Y. Ling 【N, W/C】 ♣NBG, XTBG; ●JS, YN; ★(AS): CN.

陀螺紫菀 **Aster turbinatus** S. Moore 【N, W/C】 ♣FBG, GA, HBG; ●FJ, JX, ZJ; ★(AS): CN.

仙白草 **Aster turbinatus** var. **chekiangensis** C. Ling ex Y. Ling 【N, W/C】 ♣HBG; ●ZJ; ★(AS): CN.

伞形花紫菀 **Aster umbellatus** Mill. 【I, C】 ♣NBG; ●JS; ★(NA): CA, US.

异裂菊 **Aster vernonioides** (C. C. Chang) Q. W. Lin 【N, W/C】 ♣GXIB; ●GX; ★(AS): CN.

秋分草 **Aster verticillatus** (Reinw.) Brouillet, Semple et Y. L. Chen 【N, W/C】 ♣GA, NSBG, SCBG; ●CQ, GD, JX, SC; ★(AS): BT, CN, ID, IN, JP, MM, MY, VN.

云南紫菀 **Aster yunnanensis** Franch. 【N, W/C】 ♣NBG; ●JS; ★(AS): CN.

黏冠草属 Myriactis

圆舌黏冠草 **Myriactis nepalensis** Less. 【N, W/C】 ♣LBG, SCBG; ●GD, JX; ★(AS): BT, CN, IN, LK, MM, NP, VN.

黏冠草 **Myriactis wightii** DC. 【N, W/C】 ♣XTBG; ●YN; ★(AS): CN, ID, IN, LK, NP, VN.

鹅河菊属 Brachyscome

细叶鹅河菊（细裂短毛菊）**Brachyscome angustifolia** A. Cunn. ex DC. 【I, C】 ♣NBG; ●JS, TW; ★(OC): AU.

鹅河菊 **Brachyscome iberidifolia** Benth. 【I, C】 ●TW, YN; ★(OC): AU.

花茎短毛菊 **Brachyscome scapigera** (Sieber ex Spreng.) DC. 【I, C】 ♣NBG; ●JS; ★(OC): AU.

酒神菊属 Baccharis

酒神菊（香根菊）**Baccharis halimifolia** Moench 【I, C】 ♣CBG; ●SH; ★(NA): CA, MX, US.

金顶菊属 Euthamia

狭叶一枝黄花 **Euthamia graminifolia** (L.) Nutt. 【I, C】 ♣LBG; ●JX; ★(NA): CA, US.

美洲一枝黄花 **Euthamia occidentalis** Nutt. 【I, C】 ♣HBG, NBG; ●JS, ZJ; ★(NA): CA, US.

假金菀属 Heterotheca

矮金菊 **Heterotheca villosa** (Pursh) Shinners 【I, C】 ♣BBG, NBG; ●BJ, JS; ★(NA): CA, MX, US.

飞蓬属 Erigeron

飞蓬 **Erigeron acris** L. 【N, W/C】 ♣HFBG; ●HL; ★(AS): AM, AZ, BH, BT, CN, CY, GE, IL, IQ, IR, JO, JP, KG, KR, KW, KZ, LB, MN, PS, QA, RU-AS, SA, SY, TJ, TM, TR, UZ, YE; (EU): AD, AL, AT, BA, BE, BG, BY, CH, CZ, DE, DK, ES, FI, FR, GB, GR, HR, HU, IS, IT, LU, MC, ME, MK, NL, NO, PL, PT, RO, RS, RU, SE, SI, SK, SM, UA, VA; (NA): CA, US.

一年蓬 **Erigeron annuus** (L.) Desf. 【I, N】 ♣FBG, GA, GBG, GXIB, HBG, IBCAS, LBG, NBG, WBG, XTBG, ZAFU; ●BJ, FJ, GX, GZ, HB, JS, JX, SC, YN, ZJ; ★(NA): CA, CR, MX, NI, PA, US.

香丝草 **Erigeron bonariensis** L. 【I, N】 ♣FBG, HBG, IBCAS, LBG, NSBG, SCBG, TBG, XMBG, XTBG, ZAFU; ●BJ, CQ, FJ, GD, JS, JX, TW, YN, ZJ; ★(NA): PA, PR, US; (SA): BO, CL, EC, PE, PY.

短莛飞蓬 **Erigeron breviscapus** (Vaniot) Hand.-Mazz. 【N, W/C】 ♣GXIB, KBG, XTBG; ●GX, YN; ★(AS): AF, CN, IN, NP.

小蓬草 **Erigeron canadensis** L. 【I, N】 ♣BBG, FBG, FLBG, GA, GBG, GMG, GXIB, HBG, IBCAS, LBG, NSBG, SCBG, TBG, WBG, XBG,

XMBG, XTBG, ZAFU; ●BJ, CQ, FJ, GD, GX, GZ, HB, JS, JX, SN, TW, YN, ZJ; ★(NA): CA, MX, US.

红花飞蓬 **Erigeron glaucus** Ker Gawl. 【I, C】 ♣BBG; ●BJ; ★(NA): US.

大花飞蓬 **Erigeron grandiflorus** Sessé et Moc. 【I, C】 ♣IBCAS; ●BJ; ★(NA): CA, MX, US.

加勒比飞蓬 **Erigeron karvinskianus** DC. 【I, N】 ●TW; ★(NA): CR, GT, HN, JM, MX, SV, US; (SA): CO, EC, VE.

洋紫菀 **Erigeron peregrinus** (Banks ex Pursh) Greene 【I, C】 ♣NBG; ●JS; ★(NA): CA, US.

春飞蓬 **Erigeron philadelphicus** Willd. 【I, N】 ♣ZAFU; ●JS, ZJ; ★(NA): US.

美丽飞蓬 **Erigeron speciosus** (Lindl.) DC. 【I, N】 ●ZJ; ★(NA): MX, US.

糙伏毛飞蓬 **Erigeron strigosus** Muhl. ex Willd. 【I, N】 ★(NA): US.

苏门白酒草 **Erigeron sumatrensis** Retz. 【I, N】 ♣XMBG, XTBG, ZAFU; ●FJ, JS, YN, ZJ; ★(SA): PE.

劲直白酒草 **Erigeron trilobus** (Decne.) Boiss. 【I, N】 ★(AF): EG; (AS): JO, OM, SA, YE.

白顶菊属 Sericocarpus

野圹蒿 **Sericocarpus linifolius** (L.) Britton, Sterns et Poggenb. 【I, C】 ♣LBG; ●JX; ★(NA): US.

一枝黄花属 Solidago

高大一枝黄花 **Solidago altissima** Ait. 【I, C】 ♣LBG; ●JX, YN; ★(NA): CA, MX, US.

加拿大一枝黄花 **Solidago canadensis** L. 【I, C/N】 ♣GMG, GXIB, HBG, IBCAS, LBG, NBG, WBG, XMBG, ZAFU; ●BJ, FJ, GX, HB, JS, JX, LN, ZJ; ★(NA): CA, US.

一枝黄花 **Solidago decurrens** Lour. 【N, W/C】 ♣FBG; ●FJ; ★(AS): CN, IN, JP, KP, KR, LA, NP, PH, VN.

弯茎花叶一枝黄花 **Solidago flexicaulis** L. 【I, C】 ♣BBG; ●BJ; ★(NA): CA, US.

狭叶一枝黄花 **Solidago graminifolia** (L.) Elliott 【I, C/N】 ♣LBG; ●JX; ★(NA): CA, US.

杂种一枝黄花 **Solidago hybrida** Hort. 【I, C】 ♣FLBG, GA, GBG, GXIB, HBG, LBG, NBG, SCBG, WBG, XMBG, ZAFU; ●FJ, GD, GX, GZ, HB, JS, JX, SC, XJ, ZJ; ★(NA): US.

丛生一枝黄花 **Solidago leiocarpa** DC. 【I, C】 ★(NA): US.

Solidago nemoralis Aiton 【I, C】 ●BJ; ★(NA): CA, US.

芳香一枝黄花 **Solidago odora** Hook. et Arn. 【I, C】 ♣LBG; ●JX; ★(NA): US.

白孔雀 **Solidago ptarmicoides** (Torr. et A. Gray) B. Boivin 【I, C】 ♣FLBG, NBG, XLTBG, XMBG; ●FJ, GD, HI, JS, JX; ★(NA): CA, US.

坚硬一枝黄花 **Solidago rigida** L. 【I, C】 ♣BBG; ●BJ; ★(NA): CA, US.

皱叶一枝黄花(多皱一枝黄花)**Solidago rugosa** Mill. 【I, C】 ●BJ; ★(NA): CA, US.

光叶一枝黄花 **Solidago simplex** var. **randii** (Porter) Kartesz et Gandhi 【I, C】 ♣LBG; ●JX; ★(NA): US.

金毛一枝黄花 **Solidago sphacelata** Raf. 【I, C】 ♣BBG; ●BJ; ★(NA): US.

毛果一枝黄花(一朵云)**Solidago virgaurea** L. 【N, W/C】 ♣GMG, GXIB, HBG, IBCAS, LBG; ●BJ, GX, JX, ZJ; ★(AS): CN, MN, RU-AS.

偶雏菊属 Boltonia

竹叶菊 **Boltonia asteroides** (L.) L'Hér. 【I, C】 ♣CBG, HBG; ●SH, ZJ; ★(NA): CA, US.

大波菊 **Boltonia asteroides** var. **latisquama** (A. Gray) Cronquist 【I, C】 ♣NBG; ●JS; ★(NA): CA, US.

联毛紫菀属 Symphyotrichum

心叶紫菀 **Symphyotrichum cordifolium** (L.) G. L. Nesom 【I, C】 ♣LBG; ●JX; ★(NA): CA, US.

灌丛紫菀 **Symphyotrichum dumosum** (L.) G. L. Nesom 【I, C】 ♣BBG, HFBG, IBCAS, NBG; ●BJ, HL, JS, YN; ★(NA): DO, US.

白花紫菀 **Symphyotrichum ericoides** (L.) G. L. Nesom 【I, C】 ♣NBG, XTBG; ●BJ, JS, YN; ★(NA): MX, US.

平光紫菀(平光卷舌菊)**Symphyotrichum laeve** (L.) Á. Löve et D. Löve 【I, C】 ♣NBG; ●BJ, JS; ★(NA): CR, GT, HN, SV, US.

美国紫菀 **Symphyotrichum novae-angliae** (L.) G. L. Nesom 【I, C】 ♣BBG, CBG, HBG, IBCAS, LBG, NBG; ●BJ, JS, JX, SH, TW, ZJ; ★(NA): CA, US.

荷兰菊 **Symphyotrichum novi-belgii** (L.) G. L.

Nesom 【I, C】 ♣BBG, CBG, HBG, HFBG, IBCAS, NBG, SCBG, XMBG; ●BJ, FJ, GD, HL, JS, SH, XJ, ZJ; ★(NA): CA, US.

尖苞紫菀 **Symphyotrichum pilosum** (Willd.) G. L. Nesom 【I, N】 ●JS, TW; ★(NA): US.

倒折联毛紫菀 **Symphyotrichum retroflexum** (Lindl. ex DC.) G. L. Nesom 【I, N】 ★(NA): US.

钻叶紫菀 **Symphyotrichum subulatum** (Michx.) G. L. Nesom 【I, N】 ♣HBG, IBCAS, LBG, NSBG, WBG, XMBG, ZAFU; ●BJ, CQ, FJ, HB, JX, SC, ZJ; ★(NA): BS, BZ, CR, CU, GT, HN, JM, MX, NI, PA, PR, SV, US, VG; (SA): AR, BO, BR, CL, CO, EC, GF, GY, PE, UY, VE.

古巴紫菀 **Symphyotrichum subulatum** var. **parviflorum** (Nees) S. D. Sundb. 【I, N】 ●FJ, GD; ★(NA): CU.

Symphyotrichum tradescantii (L.) G. L. Nesom 【I, C】 ♣NBG; ●JS; ★(NA): US.

北美紫菀属 Eurybia

紫脉紫菀 **Eurybia × herveyi** (A. Gray) G. L. Nesom 【I, C】 ♣NBG; ●JS; ★(NA): US.

伞花紫菀 **Eurybia divaricata** (L.) G. L. Nesom 【I, C】 ♣NBG; ●JS; ★(NA): US.

大叶紫菀 **Eurybia macrophylla** (L.) Cass. 【I, C】 ♣NBG; ●JS; ★(NA): CA, US.

西伯利亚紫菀 **Eurybia sibirica** (L.) G. L. Nesom 【N, W/C】 ♣NBG; ●JS; ★(AS): CN, JP, MN, RU-AS; (EU): DK, NO, RU, SE; (NA): CA, US.

蒿菀属 Machaeranthera

艾菊紫菀 **Machaeranthera tanacetifolia** (Kunth) Nees 【I, C】 ♣NBG; ●JS; ★(NA): CA, US.

灰菀属 Dieteria

宽叶灰菀（巴脱松紫菀）**Dieteria bigelovii** (A. Gray) D. R. Morgan et R. L. Hartm. 【I, C】 ♣NBG; ●JS; ★(NA): US.

灰菀 **Dieteria canescens** (Pursh) Nutt. 【I, C】 ★(NA): US.

胶菀属 Grindelia

智岛胶菀（智岛格林菊）**Grindelia chiloensis** (Cornel.) Cabrera 【I, C】 ●TW; ★(SA): AR, CL.

胶菀 **Grindelia squarrosa** (Pursh) Dunal 【I, N】 ★(NA): CA, US.

裸柱菊属 Soliva

裸柱菊 **Soliva anthemifolia** (Juss.) R. Br. 【I, N】 ♣FBG, GMG, HBG, LBG, SCBG, TBG, XMBG, ZAFU; ●FJ, GD, GX, JX, TW, ZJ; ★(SA): AR, BR, EC, PY, UY.

翼子裸柱菊（翅果裸柱菊）**Soliva sessilis** Ruiz et Pav. 【I, N】 ★(SA): AR, BO, BR, CL, PY, UY.

山芫荽属 Cotula

芫荽菊 **Cotula anthemoides** L. 【N, W/C】 ♣SCBG, XTBG; ●GD, YN; ★(AF): TZ, ZA; (AS): BT, CN, IN, KH, LA, LK, MM, NP, PK, TH, VN.

臭荠山芫荽 **Cotula coronopifolia** L. 【I, C】 ♣BBG, NBG; ●BJ, JS; ★(SA): AR, BO, CL, CO, EC, PE, UY.

陀螺山芫荽 **Cotula turbinata** L. 【I, C】 ♣NBG; ●JS; ★(AF): ZA.

异柱菊属 Leptinella

Leptinella dioica Hook. f. 【I, C】 ●TW; ★(OC): NZ.

Leptinella squalida Hook. f. 【I, C】 ★(OC): NZ.

熊菊属 Ursinia

乌寝花 **Ursinia anethoides** (DC.) N. E. Br. 【I, C】 ★(AF): ZA.

春黄熊菊 **Ursinia anthemoides** (L.) Poir. 【I, C】 ♣NBG; ●JS; ★(AF): NA, ZA.

小甘菊属 Cancrinia

小甘菊 **Cancrinia discoidea** (Ledeb.) Poljakov ex Tzvelev 【N, W/C】 ♣NBG; ●JS; ★(AS): CN, KZ, MN, RU-AS.

灌木小甘菊 **Cancrinia maximowiczii** C. Winkl. 【N, W/C】 ♣BBG; ●BJ; ★(AS): CN, MN.

球黄菊属 Oncosiphon

非洲野菊 **Oncosiphon africanum** Källersjö 【I, C】 ♣NBG; ●JS; ★(AF): ZA.

球黄菊（白球菊）**Oncosiphon piluliferum** (L. f.) Källersjö 【I, C】 ♣NBG; ●JS; ★(AF): ZA.

短舌菊属 Brachanthemum

戈壁短舌菊 **Brachanthemum gobicum** Krasch. 【N, W/C】 ●NM; ★(AS): CN, MN, RU-AS.

喀什菊属 Kaschgaria

密枝喀什菊 **Kaschgaria brachanthemoides** (C. Winkl.) Poljakov 【N, W/C】 ♣IBCAS; ●BJ; ★(AS): CN, KZ.

栎叶亚菊属 Phaeostigma

异叶亚菊 **Phaeostigma variifolium** (C. C. Chang) Muldashev 【N, W/C】 ♣WBG; ●HB; ★(AS): CN, KP, RU-AS.

亚菊属 Ajania

金球菊 **Ajania pacifica** (Nakai) K. Bremer et Humphries 【I, C】 ♣SCBG, WBG, XMBG, ZAFU; ●FJ, GD, HB, ZJ; ★(AS): JP.

亚菊 **Ajania pallasiana** (Fisch. ex Besser) Poljakov 【N, W/C】 ♣NBG, SCBG, WBG; ●BJ, GD, HB; ★(AS): CN, KP, KR, MN, RU-AS.

菊属 Chrysanthemum

小红菊 **Chrysanthemum chanetii** H. Lév. 【N, W/C】 ●BJ; ★(AS): CN, KP, MN, RU-AS.

野菊 **Chrysanthemum indicum** Thunb. 【N, W/C】 ♣CDBG, FBG, FLBG, GA, GBG, GMG, HBG, IBCAS, KBG, LBG, NBG, SCBG, WBG, XBG, XMBG, XTBG, ZAFU; ●AH, BJ, FJ, GD, GX, GZ, HA, HB, JS, JX, LN, SC, SH, SN, TW, YN, ZJ; ★(AS): BT, CN, IN, JP, KP, LA, NP, RU-AS, UZ, VN.

日本野菊 **Chrysanthemum japonense** Nakai 【I, C】 ★(AS): JP.

甘菊 **Chrysanthemum lavandulifolium** (Fisch. ex Trautv.) Makino 【N, W/C】 ♣IBCAS, WBG, ZAFU; ●BJ, HB, LN, ZJ; ★(AS): CN, IN, JP, KP, KR, MN.

细叶菊 **Chrysanthemum maximowiczii** Kom. 【N, W/C】 ●HL; ★(AS): CN, KP, RU-AS.

蒙菊 **Chrysanthemum mongolicum** Ling 【N, W/C】 ♣IBCAS; ●BJ, SC; ★(AS): CN, MN.

菊花 **Chrysanthemum morifolium** Ramat. 【N, C】 ♣CDBG, FBG, FLBG, GA, GBG, GMG, HBG, IBCAS, KBG, LBG, NBG, SCBG, TBG, WBG, XBG, XLTBG, XMBG, XOIG, XTBG, ZAFU; ●AH, BJ, FJ, GD, GX, GZ, HA, HB, HE, HI, HL, HN, JL, JS, JX, LN, SC, SD, SH, SN, TJ, TW, XJ, YN, ZJ; ★(AS): CN, JP, KP, KR, MN.

小山菊 **Chrysanthemum oreastrum** Hance 【N, W/C】 ●BJ; ★(AS): CN, KP, KR.

毛华菊 **Chrysanthemum vestitum** (Hemsl.) Kitam. 【N, W/C】 ♣CBG, WBG; ●AH, HA, HB, SH; ★(AS): CN.

紫花野菊 **Chrysanthemum zawadskii** Herbich 【N, W/C】 ♣HBG, SCBG; ●AH, GD, HA, HB, ZJ; ★(AS): CN, JP, KP, KR, MN.

栉叶蒿属 Neopallasia

栉叶蒿 **Neopallasia pectinata** (Pall.) Poljakov 【N, W/C】 ♣TDBG; ●XJ; ★(AS): CN, KZ, MN, RU-AS.

芙蓉菊属 Crossostephium

芙蓉菊 **Crossostephium chinense** (A. Gray ex L.) Makino 【N, W/C】 ♣CDBG, FBG, FLBG, GMG, HBG, SCBG, TBG, TMNS, XLTBG, XMBG, XTBG, ZAFU; ●FJ, GD, GX, HI, JX, SC, TW, YN, ZJ; ★(AS): CN, JP.

蒿属 Artemisia

中亚苦蒿 **Artemisia absinthium** L. 【N, W/C】 ♣NBG, XBG, XMBG; ●FJ, JS, SN, TW, YN; ★(AS): AF, CN, IN, JP, KG, KZ, MN, PK, RU-AS, VN.

黄花蒿 **Artemisia annua** L. 【N, W/C】 ♣BBG, CBG, FBG, GA, GBG, GMG, GXIB, HBG, IBCAS, NBG, XBG, XMBG, XTBG, ZAFU; ●BJ, FJ, GX, GZ, JS, JX, SC, SH, SN, YN, ZJ; ★(AS): AF, CN, JP, KR, LA, MM, MN, RU-AS.

奇蒿 **Artemisia anomala** S. Moore 【N, W/C】 ♣CBG, FBG, GA, GBG, HBG, LBG, SCBG, XMBG, XTBG, ZAFU; ●FJ, GD, GZ, JX, SH, YN, ZJ; ★(AS): CN, VN.

密毛奇蒿 **Artemisia anomala** var. **tomentella** Hand.-Mazz. 【N, W/C】 ♣HBG; ●ZJ; ★(AS): CN.

小木艾 **Artemisia arborescens** (Vaill.) L. 【I, C】 ●TW; ★(AS): IL, TR; (EU): ES, FR, GR, IT.

艾 **Artemisia argyi** H. Lév. et Vaniot 【N, W/C】 ♣BBG, FBG, FLBG, GA, GBG, GXIB, HBG,

HFBG, IBCAS, KBG, LBG, NBG, SCBG, WBG, XMBG, XTBG, ZAFU; ●BJ, FJ, GD, GX, GZ, HB, HL, JS, JX, SC, YN, ZJ; ★(AS): CN, JP, KP, KR, MN, RU-AS.

无齿艾蒿 **Artemisia argyi** var. **eximia** (Pamp.) Kitag.【N, W/C】♣GA, LBG; ●JX; ★(AS): CN.

银叶蒿 **Artemisia argyrophylla** Ledeb. 【N, W/C】♣BBG; ●BJ; ★(AS): CN, MN, RU-AS.

银蒿 **Artemisia austriaca** Jacq.【N, W/C】♣HBG; ●ZJ; ★(AS): CN, IR, KG, KZ, MN, RU-AS, TJ; (EU): AT, BE, BY, CH, CZ, DE, EE, FR, GB, HU, LI, LT, LU, LV, MC, MD, NL, PL, RU, SK, UA.

滇南艾 **Artemisia austroyunnanensis** Y. Ling et Y.-R. Ling 【N, W/C】 ♣XTBG; ●YN; ★(AS): BT, CN, IN, MM, TH, VN.

白莎蒿（白沙蒿）**Artemisia blepharolepis** Bunge 【N, W/C】 ●SN; ★(AS): CN, MN, RU-AS.

茵陈蒿 **Artemisia capillaris** Thunb. 【N, W/C】♣FBG, GXIB, KBG, LBG, NBG; ●FJ, GX, JS, JX, YN; ★(AS): CN, IN, JP, KH, KP, KR, MN, MY, NP, PH, RU-AS, VN.

青蒿 **Artemisia carvifolia** Buch.-Ham. ex Roxb. 【N, W/C】 ♣FBG, GA, HBG, KBG, LBG, SCBG, WBG, XMBG, XTBG; ●FJ, GD, HB, JX, SC, TW, YN, ZJ; ★(AS): CN, IN, JP, KP, MM, NP, VN.

大头青蒿 **Artemisia carvifolia** var. **schochii** (Mattf.) Pamp. 【N, W/C】 ♣LBG; ●JX; ★(AS): CN.

蛔蒿 **Artemisia cina** Berg ex Poljakov 【N, W/C】♣GMG, XBG; ●GX, SN; ★(AS): CN, KZ.

侧蒿 **Artemisia deversa** Diels 【N, W/C】 ♣WBG; ●HB; ★(AS): CN.

龙蒿 **Artemisia dracunculus** Hook. f. 【N, W/C】♣CBG, SCBG, TDBG; ●GD, SH, XJ; ★(AS): AF, CN, IN, KZ, LK, MN, PK, RU-AS, TJ.

牛尾蒿 **Artemisia dubia** Wall. ex Besser【N, W/C】♣GBG, HBG; ●GZ, SC, ZJ; ★(AS): BT, CN, IN, JP, KP, KR, LK, MN, NP, TH.

无毛牛尾蒿 **Artemisia dubia** var. **subdigitata** (Mattf.) Y. R. Ling【N, W/C】♣WBG; ●HB, SC; ★(AS): BT, CN, IN, NP.

南牡蒿 **Artemisia eriopoda** Bunge 【N, W/C】♣BBG, ZAFU; ●BJ, ZJ; ★(AS): CN, JP, KP, MN.

山龙蒿（格尼帕蒿）**Artemisia genipi** Weber ex Stechm. 【I, C】 ★(EU): AT, BA, CH, DE, IT.

华北米蒿 **Artemisia giraldii** Pamp. 【N, W/C】♣IBCAS; ●BJ; ★(AS): CN, MN, RU-AS.

细裂叶莲蒿（白莲蒿）**Artemisia gmelinii** Weber ex Stechm.【N, W/C】♣BBG, FBG, IBCAS, ZAFU; ●BJ, FJ, ZJ; ★(AS): AF, CN, IN, JP, KG, KP, MN, NP, PK, RU-AS, TJ.

盐蒿 **Artemisia halodendron** Turcz. 【N, W/C】♣MDBG, TDBG; ●GS, NM, NX, XJ; ★(AS): CN, MN, RU-AS.

歧茎蒿 **Artemisia igniaria** Maxim. 【N, W/C】♣BBG, WBG; ●BJ, HB, SC, ZJ; ★(AS): CN, MN.

五月艾 **Artemisia indica** Willd.【N, W/C】♣FBG, GA, GBG, GMG, GXIB, TBG, TMNS, XMBG, ZAFU; ●FJ, GX, GZ, JX, TW, ZJ; ★(AS): BT, CN, IN, JP, LA, LK, MM, MN.

柳叶蒿 **Artemisia integrifolia** L. 【N, W/C】♣SCBG; ●GD; ★(AS): CN, KP, KR, MN, RU-AS.

牡蒿 **Artemisia japonica** Thunb.【N, W/C】♣BBG, CBG, FBG, GA, GBG, GMG, HBG, LBG, SCBG, WBG, XMBG, ZAFU; ●BJ, FJ, GD, GX, GZ, HB, JX, SC, SH, TW, ZJ; ★(AS): AF, BT, CN, IN, JP, KP, KR, LA, LK, MM, MN, NP, PH, PK, RU-AS, TH, VN.

三裂叶绢蒿 **Artemisia juncea** Kar. et Kir. 【N, W/C】 ♣TDBG; ●XJ; ★(AS): CN, KZ.

新疆绢蒿 **Artemisia kaschgarica** Krasch. 【N, W/C】 ♣TDBG; ●XJ; ★(AS): CN, KZ.

白苞蒿 **Artemisia lactiflora** Wall. ex DC. 【N, W/C】 ♣FBG, GA, GBG, GMG, HBG, IBCAS, LBG, NBG, SCBG, WBG, XMBG, XTBG, ZAFU; ●BJ, FJ, GD, GX, GZ, HB, JS, JX, SC, TW, YN, ZJ; ★(AS): CN, IN, KH, LA, MN, SG, TH.

矮蒿 **Artemisia lancea** Vaniot 【N, W/C】 ♣BBG, FBG, HBG, IBCAS, LBG, WBG, XMBG, ZAFU; ●BJ, FJ, HB, JX, ZJ; ★(AS): CN, IN, JP, KP, MN, RU-AS.

野艾蒿 **Artemisia lavandulifolia** DC. 【N, W/C】♣SCBG; ●GD; ★(AS): CN, IN, JP, KP, MN, RU-AS.

银叶艾 **Artemisia ludoviciana** Nutt.【I, C】♣BBG, SCBG; ●BJ, GD; ★(NA): CA, MX, US.

多花蒿 **Artemisia myriantha** Y. R. Ling【N, W/C】♣XTBG; ●YN; ★(AS): BT, CN, IN, LK, MM, NP, TH.

白毛多花蒿 **Artemisia myriantha** var. **pleiocephala** (Pamp.) Y. R. Ling 【N, W/C】 ♣XTBG; ●YN; ★(AS): BT, CN, IN, NP.

黑沙蒿 **Artemisia ordosica** Krasch. 【N, W/C】

♣MDBG, TDBG; ●GS, NM, NX, SN, XJ; ★(AS): CN, MN, RU-AS.

光沙蒿 **Artemisia oxycephala** Kitag. 【N, W/C】 ●GS, NM, QH, XJ; ★(AS): CN, MN, RU-AS.

纤梗蒿 **Artemisia pewzowii** C. Winkl. 【N, W/C】 ♣SCBG; ●GD; ★(AS): CN.

魁蒿 **Artemisia princeps** Pamp. 【N, W/C】 ♣FBG, XMBG; ●FJ; ★(AS): CN, JP, KP, KR, MN.

沙漠绢蒿 **Artemisia santolina** Schrenk 【N, W/C】 ♣TDBG; ●XJ; ★(AS): AF, AM, AZ, CN, GE, IR, KZ, TR.

朝雾草 **Artemisia schmidtiana** Maxim. 【I, C】 ★(AS): JP.

猪毛蒿 **Artemisia scoparia** Waldst. et Kitam. 【N, W/C】 ♣BBG, FBG, GA, GBG, GMG, HBG, IBCAS, KBG, LBG, NBG, SCBG, WBG, XBG, XMBG, ZAFU; ●BJ, FJ, GD, GX, GZ, HB, JS, JX, SC, SN, YN, ZJ; ★(AS): AF, CN, IN, JP, KP, KR, MM, MN, PK, RU-AS, SG, TH, TR.

蒌蒿 **Artemisia selengensis** Turcz. ex Besser 【N, W/C】 ♣IBCAS, NBG, SCBG, XMBG; ●BJ, FJ, GD, JS, SC, YN; ★(AS): CN, KP, KR, MN, RU-AS.

神农架蒿 **Artemisia shennongjiaensis** Ling et Y. R. Ling 【N, W/C】 ♣WBG; ●HB; ★(AS): CN.

大籽蒿 **Artemisia sieversiana** Ehrh. 【N, W/C】 ♣GBG, LBG, TDBG; ●GZ, JX, SC, XJ; ★(AS): AF, CN, IN, JP, KG, KH, KR, KZ, MN, NP, PK, RU-AS, TJ, TM, UZ.

大白蒿 **Artemisia siversiana** Ehrh. ex Willd. 【I, C】 ★(EU): RU.

圆头蒿 **Artemisia sphaerocephala** Krasch. 【N, W/C】 ♣MDBG, TDBG; ●GS, NM, NX, QH, XJ; ★(AS): CN, MN, RU-AS.

阴地蒿 **Artemisia sylvatica** Maxim. 【N, W/C】 ♣LBG, WBG; ●HB, JX; ★(AS): CN, KP, KR, MN, RU-AS.

甘青蒿 **Artemisia tangutica** Pamp. 【N, W/C】 ♣WBG; ●HB, SC; ★(AS): CN.

伊犁绢蒿 **Artemisia transiliensis** Poljakov 【N, W/C】 ●XJ; ★(AS): CN, KZ.

三齿蒿 **Artemisia tridentata** Nutt. 【I, C】 ★(NA): CA, MX, US.

南艾蒿 **Artemisia verlotorum** Lamotte 【N, W/C】 ♣BBG, FBG, LBG; ●BJ, FJ, JX; ★(AF): DZ, MA; (AS): AM, BT, CN, ID, IN, IR, JP, KH, KP, KR, LA, LK, MM, MY, NP, TR; (EU): AD, AL, AT, BA, BE, BG, BY, CH, CZ, DE, EE, ES, FR, GB, GR, HR, HU, IT, LI, LT, LU, LV, MC, MD, ME, MK, NL, PL, PT, RO, RS, RU, SI, SK, SM, UA, VA.

毛莲蒿 **Artemisia vestita** Kitag. 【N, W/C】 ♣SCBG; ●GD; ★(AS): CN, IN, NP, PK.

林艾蒿 **Artemisia viridissima** (Kom.) Pamp. 【N, W/C】 ♣SCBG; ●GD; ★(AS): CN, KP, KR.

北艾 **Artemisia vulgaris** L. 【N, W/C】 ♣GMG, GXIB, HBG, LBG, SCBG, XLTBG, XMBG, XTBG, ZAFU; ●BJ, FJ, GD, GX, HI, JX, TW, YN, ZJ; ★(AF): DZ, MA; (AS): AF, CN, IR, JP, LA, MM, MN, PK, RU-AS, TH; (EU): AT, BA, CH, DE, ES, FR, GB, GR, IT, PT; (NA): CA, US.

母菊属 Matricaria

Matricaria breviradiata (Ledeb.) Rauschert 【I, C】 ●LN; ★(AS): AM, IR, SY, TR.

母菊 **Matricaria chamomilla** L. 【N, W/C】 ♣IBCAS, NBG; ●BJ, JS; ★(AS): CN, GE, IL, IQ, IR, KZ, MN, RU-AS, SY, TR, UZ; (EU): DE, ES, FR, GR, IT, NL.

同花母菊 **Matricaria matricarioides** (Less.) Porter 【N, W/C】 ♣NBG; ●JS; ★(AS): BT, CN, JP, KP, KR, KZ, MN, RU-AS.

西方小白菊 **Matricaria occidentalis** Pomel ex O. Hoffm. 【I, C】 ♣NBG; ●JS; ★(NA): US.

亚洲小白菊 **Matricaria tchihatchewii** (Boiss.) Hand.-Mazz. 【I, C】 ♣NBG; ●JS; ★(AS): AZ, SY, TR.

蓍属 Achillea

银毛蓍草 **Achillea ageratifolia** (Sibth. et Sm.) Benth. et Hook. f. 【I, C】 ●TW; ★(EU): AL, BA, BG, GR, HR, ME, MK, NL, RS, SI.

黄金蓍（常春蓍草）**Achillea ageratum** L. 【I, C】 ♣IBCAS; ●BJ; ★(AF): MA; (AS): SA; (EU): BA, BY, DE, ES, FR, GR, HR, IT, LU, ME, MK, NL, RO, RS, SI.

高山蓍 **Achillea alpina** L. 【N, W/C】 ♣CBG, FBG, HBG, IBCAS, KBG, LBG, NBG, XMBG; ●BJ, FJ, JS, JX, LN, SH, YN, ZJ; ★(AS): CN, JP, KP, KR, MN, NP, RU-AS.

密花蓍 **Achillea coarctata** Poir. 【I, C】 ♣IBCAS; ●BJ; ★(EU): AL, BA, BG, GR, HR, ME, MK, RO, RS, RU, SI, TR.

三叶蓍 **Achillea crithmifolia** Waldst. et Kit. 【I, C】 ♣NBG; ●JS; ★(EU): AL, BA, BG, CZ, DE, GR, HR, HU, ME, MK, RO, RS, SI, TR.

变色蓍 **Achillea decolorans** Schrad.【I, C】♣NBG; ●JS; ★(EU): GB.

离蓍 **Achillea distans** Waldst. et Kit. ex Willd.【I, C】♣NBG; ●JS; ★(EU): IT.

单叶蓍 **Achillea erba-rotta** All.【I, C】♣IBCAS; ●BJ; ★(EU): IT.

凤尾蓍 **Achillea filipendulina** Lam.【I, C】♣BBG, IBCAS, NBG, XMBG; ●BJ, FJ, JS, LN, TW, YN; ★(AS): AF, AM, GE, IQ, IR, KZ, PK, TR.

日本蓍 **Achillea japonica** Sch. Bip.【I, C】★(AS): JP.

利古里亚蓍草 **Achillea ligustica** All.【I, C】♣CBG; ●SH; ★(AF): MA; (AS): SA; (EU): BA, DE, ES, FR, GR, HR, IT, ME, MK, PT, RS, SI.

小花蓍 **Achillea micrantha** Willd.【I, C】♣NBG; ●JS; ★(AS): GE, IL, IQ, IR, JO, RU-AS, SY, TR; (EU): RU, UA.

蓍 **Achillea millefolium** L.【I, C】♣BBG, CBG, FBG, HBG, HFBG, IBCAS, KBG, LBG, MDBG, NBG, SCBG, WBG, XBG, XMBG, XTBG, ZAFU; ●BJ, FJ, GD, GS, HB, HL, JS, JX, LN, SC, SD, SH, SN, TW, YN, ZJ; ★(AS): AZ, BT, MN, RU-AS; (EU): BY, CH, DE, DK, ES, FR, GB, GR, HR, IS, NL, PT, RS, SE, SI, TR; (NA): CA, US.

苏台德蓍草 **Achillea millefolium** subsp. **sudetica** (Opiz) Oborny【I, C】♣IBCAS; ●BJ; ★(EU): CZ.

多裂蓍 **Achillea multifida** (DC.) Boiss.【I, C】♣NBG; ●JS; ★(AS): TR.

壮观蓍 **Achillea nobilis** Roch. ex Nyman【N, W/C】♣IBCAS, NBG; ●BJ, JS; ★(AS): AM, AZ, CN, GE, IR, KZ, MN, RU-AS, TM, TR; (EU): AD, AL, AT, BA, BG, CH, CZ, DE, ES, GR, HR, HU, IT, LI, ME, MK, PL, PT, RO, RS, RU, SI, SK, SM, UA, VA.

淡黄花蓍草 **Achillea nobilis** subsp. **neilreichii** (A. Körn.) Velen.【I, C】♣NBG; ●JS; ★(AS): IR, TR.

香蓍 **Achillea odorata** L.【I, C】♣IBCAS, NBG; ●BJ, JS; ★(EU): AT, CH, DE, ES, FR, GR, IT, SE, TR.

珠蓍 **Achillea ptarmica** Richardson【I, C】♣BBG, IBCAS, KBG, NBG, XTBG; ●BJ, JS, YN; ★(EU): BA, BY, CH, DE, ES, FR, GB, GR, HR, IT, LU, ME, MK, NL, RO, RS, SI.

大花蓍草 **Achillea ptarmicifolia** (Willd.) Rupr. ex Heimerl【I, C】♣IBCAS; ●BJ; ★(AS): AZ, GE, RU-AS.

短瓣蓍 **Achillea ptarmicoides** Maxim.【N, W/C】♣BBG; ●BJ; ★(AS): CN, JP, KP, KR, MN, RU-AS.

丝叶蓍 **Achillea setacea** Sultwein.【N, W/C】♣NBG; ●JS; ★(AS): CN, GE, IR, KZ, MN, PK, RU-AS, TR; (EU): AT, BA, BG, CZ, DE, ES, FR, GR, HR, HU, IT, ME, MK, PL, RO, RS, RU, SI.

绒叶蓍（金黄绒毛蓍草）**Achillea tomentosa** Fraas ex Nyman【I, C】♣BBG, LBG; ●BJ, JX, TW; ★(EU): CH, FR, GR, IT, NL.

云南蓍 **Achillea wilsoniana** (Heimerl) Hand.-Mazz.【N, W/C】♣CDBG, GBG, GMG, GXIB, HBG, IBCAS, KBG, SCBG, WBG, XMBG, XTBG; ●BJ, FJ, GD, GX, GZ, HB, SC, YN, ZJ; ★(AS): CN.

菊蒿属 Tanacetum

流香艾菊 **Tanacetum balsamita** L.【I, C】♣NBG; ●JS; ★(AS): AM, IR, TR; (EU): NL, SE.

二羽菊 **Tanacetum bipinnatum** (L.) Sch. Bip.【I, C】♣NBG; ●JS; ★(AS): RU-AS; (EU): NL, RU; (NA): CA, US.

除虫菊 **Tanacetum cinerariifolium** (Trevir.) Sch. Bip.【I, C】♣GBG, HBG, KBG, NBG, WBG, XMBG; ●BJ, FJ, GZ, HB, JS, TW, YN, ZJ; ★(EU): AD, AL, BA, BG, ES, FR, GR, HR, IT, ME, MK, PT, RO, RS, SI, SM, VA.

红花除虫菊 **Tanacetum coccineum** (Willd.) Grierson【I, C】♣BBG, CBG, NBG, XMBG; ●BJ, FJ, JS, LN, SH, TW; ★(AS): AM, AZ, GE, IR, RU-AS, TR; (EU): UA.

高加索菊 **Tanacetum corymbosum** (L.) Sch. Bip.【I, C】♣IBCAS, NBG; ●BJ, JS; ★(AF): MA; (AS): GE, SA, TR; (EU): AL, AT, BA, BG, CH, CZ, DE, ES, FR, GR, HR, HU, IT, LU, ME, MK, PL, RO, RS, RU, SI.

密花菊蒿 **Tanacetum densum** (Labill.) Sch. Bip.【I, C】●YN; ★(AS): SY, TR.

三裂菊蒿 **Tanacetum karelinii** Tzvelev【I, N】★(AS): IR, KG, TR.

伞房匹菊 **Tanacetum parthenifolium** (Willd.) Sch. Bip.【I, C/N】★(AS): GE, RU-AS, TM.

短舌匹菊 **Tanacetum parthenium** (L.) Sch. Bip.【I, C】♣BBG, NBG, SCBG, XMBG; ●BJ, FJ, GD, JS, TW; ★(AS): AM, AZ, GE, IR, RU-AS, TR; (EU): AL, BA, BE, BG, ES, FR, GR, HR, MD, ME, MK, RO, RS, SI, TR, UA.

准噶尔匹菊 **Tanacetum songaricum** (Tzvelev) Q. W. Lin【I, C】★(AS): KG, KZ, TJ, TM, UZ.

菊蒿 **Tanacetum vulgare** L. 【N, W/C】 ♣BBG, CBG, IBCAS, NSBG, XBG; ●BJ, CQ, SH, SN, TW; ★(AS): AZ, CN, JP, KR, KZ, MN, RU-AS, TM; (EU): BA, BY, HR, RS; (NA): CA, US.

全黄菊属 Cota

美伦菊 **Cota melanoloma** (Trautv.) Holub 【I, C】 ♣NBG; ●JS; ★(AS): AZ, TR.

春黄菊 **Cota tinctoria** (L.) J. Gay ex Guss. 【I, N】 ♣BBG, HFBG, NBG, XMBG; ●BJ, FJ, HL, JS; ★(AF): DZ, EG, LY, MA, TN; (AS): GE, LB, PS, RU-AS, SY, TR; (EU): AL, BA, CH, DE, DK, ES, FR, GR, HR, IT, MC, ME, MK, NL, NO, RS, RU, SE, SI, UA.

春黄菊属 Anthemis

高春黄菊 **Anthemis altissima** L. 【I, C】 ♣NBG; ●JS; ★(AF): MA; (AS): GE, IQ, IR, RU-AS, TM; (EU): AL, BA, BG, DE, ES, FR, GR, HR, IT, ME, MK, RS, RU, SI, TR.

田春黄菊 **Anthemis arvensis** L. 【I, N】 ♣NBG, XMBG; ●BJ, FJ, JS; ★(AF): EG, MA; (AS): IQ, TR; (EU): CH, DE, ES, FR, GB, GR, IT, MC, UA.

澳洲春黄菊 **Anthemis austriaca** Jacq. 【I, C】 ♣NBG; ●JS; ★(AS): AZ, GE, IR, TR; (EU): AL, AT, BA, BG, CH, CZ, GR, HR, HU, IT, ME, MK, RO, RS, RU, SI, TR.

臭春黄菊 **Anthemis cotula** L. 【I, C】 ♣NBG, XMBG; ●BJ, FJ, JS; ★(AS): IL, TR; (EU): CH, ES, GR, IT, TR, UA.

堪帕春黄菊 **Anthemis cretica** subsp. **carpatica** (Willd.) Grierson 【I, C】 ♣BBG; ●BJ; ★(AS): TR.

高加索春黄菊 **Anthemis marschalliana** Willd. 【I, C】 ★(AS): AZ, GE, RU-AS, TR.

白花春黄菊 **Anthemis montana** Koch 【I, C】 ★(AF): DZ, MA; (AS): LB, SY, TR; (EU): FR, GR, IT, UA.

俄罗斯菊 **Anthemis ruthenica** M. Bieb. 【I, C】 ♣NBG; ●JS; ★(AS): GE; (EU): AT, BA, BG, CZ, ES, FR, GR, HR, HU, ME, MK, PL, RO, RS, RU, SI, TR, UA.

三肋果属 Tripleurospermum

三肋果 **Tripleurospermum limosum** (Maxim.) Pobed. 【N, W/C】 ♣BBG, HBG, NBG, XBG, XMBG; ●BJ, FJ, JS, SC, SN, TW, ZJ; ★(AS): CN, JP, KP, KR, KZ, MN, RU-AS, UZ.

白滨菊 **Tripleurospermum maritimum** (L.) W. D. J. Koch 【I, C】 ♣HBG, NBG; ●JS, ZJ; ★(AS): RU-AS; (EU): BA, BE, DE, DK, ES, FI, FR, GB, GR, IS, LU, NO, PL, RS, RU; (NA): CA, US.

鞘冠菊属 Coleostephus

黄晶菊 **Coleostephus multicaulis** (Desf.) Durieu 【I, C】 ♣XMBG; ●BJ, FJ, TW; ★(AF): DZ.

鞘冠菊 **Coleostephus myconis** (L.) Rchb. f. 【I, C】 ♣NBG; ●BJ, JS; ★(AF): DZ, MA; (AS): AZ, IL, SA, TR; (EU): BA, DE, ES, FR, GR, HR, IT, LU, ME, MK, PT, RS, SI.

白晶菊属 Mauranthemum

白晶菊 **Mauranthemum paludosum** (Poir.) Vogt et Oberpr. 【I, C】 ♣BBG, IBCAS, XMBG; ●BJ, FJ, TW; ★(AF): DZ.

滨菊属 Leucanthemum

阿拉斯加滨菊（阳光滨菊） **Leucanthemum × superbum** (Bergmans ex J. W. Ingram) Bergmans ex Kent. 【I, C】 ♣BBG; ●BJ, TW; ★(NA): US.

墨菊 **Leucanthemum atratum** (Jacq.) DC. 【I, C】 ♣NBG; ●JS; ★(EU): CH, FR, SI.

大滨菊 **Leucanthemum maximum** (Ramond) DC. 【I, C】 ♣IBCAS, KBG, NBG, XMBG, XOIG, ZAFU; ●BJ, FJ, JS, LN, TW, YN, ZJ; ★(EU): DE, FR, IT.

单穗菊 **Leucanthemum monspeliense** (L.) H. J. Coste 【I, C】 ♣NBG; ●JS; ★(EU): FR.

滨菊 **Leucanthemum vulgare** (Vaill.) Lam. 【I, C/N】 ♣CDBG, HBG, LBG, NBG, TBG, XMBG; ●BJ, FJ, JS, JX, SC, TW, XJ, ZJ; ★(EU): BE, BY, FR, GB.

果香菊属 Chamaemelum

褐菊 **Chamaemelum fuscatum** (Brot.) Vasc. 【I, C】 ♣NBG; ●JS; ★(AF): MA; (AS): SA; (EU): DE, ES, IT, LU, PT, SI.

果香菊 **Chamaemelum nobile** (L.) All. 【I, C】 ♣BBG, NBG, XMBG; ●BJ, FJ, JS, TW, YN; ★(AF): DZ, MA; (EU): DE, ES, GB, IT, LU, NL, PT, SE, SI.

金凤菊属 Cladanthus

金凤菊 **Cladanthus arabicus** (L.) Cass. 【I, C】 ★

(AF): DZ, LY; (EU): ES.

亚美利菊 **Cladanthus mixtus** (L.) Chevall. 【I, C】 ♣NBG; ●JS; ★(AF): MA; (AS): IL, TR.

银香菊属 Santolina

银香菊 **Santolina chamaecyparissus** L. 【I, C】 ♣ZAFU; ●YN, ZJ; ★(EU): ES, FR, IE, TR.

羽叶银香菊 **Santolina pinnata** Viv. 【I, C】 ●TW; ★(EU): IT.

黄藿香属 Lonas

黄藿香 **Lonas annua** (L.) Vines et Druce 【I, C】 ★(EU): DE, IT, SI.

十肋菊属 Nivellea

十肋菊 **Nivellea nivellei** (Braun-Blanq. et Maire) B. H. Wilcox, K. Bremer et Humphries 【I, C】 ♣NBG; ●JS; ★(AF): MA.

黏黄菊属 Heteranthemis

黏黄菊 **Heteranthemis viscidehirta** Schott 【I, C】 ♣NBG; ●JS; ★(AS): IL; (EU): ES, LU.

木茼蒿属 Argyranthemum

木茼蒿 **Argyranthemum frutescens** (L.) Sch. Bip. 【I, C】 ♣FLBG, GBG, GXIB, HBG, IBCAS, NBG, XMBG, XOIG; ●BJ, FJ, GD, GX, GZ, JS, JX, TW, YN, ZJ; ★(AF): ES-CS.

粉花蓬蒿菊 **Argyranthemum gracile** Webb ex Sch. Bip. 【I, C】 ★(AF): ES-CS.

茼蒿属 Glebionis

茼蒿 **Glebionis coronaria** (L.) Cass. ex Spach 【I, C/N】 ♣FBG, FLBG, HBG, IBCAS, LBG, NBG, SCBG, WBG, XMBG, XOIG; ●AH, BJ, FJ, GD, GS, GX, HB, HE, HN, JS, JX, SC, SD, SH, SX, TW, XJ, ZJ; ★(AF): DZ, EG, LY, MA, TN; (AS): IL, LB, PS, SY, TR, YE; (EU): AL, BA, ES, FR, GR, HR, IT, MC, ME, MK, NL, RS, SI.

南茼蒿 **Glebionis segetum** (L.) Fourr. 【I, C】 ♣GA, GBG, HBG, LBG, NBG, XLTBG, XMBG, ZAFU; ●AH, BJ, FJ, GZ, HI, JS, JX, TW, ZJ; ★(AF): MA; (AS): IL, LB, PS, TR; (EU): BE, ES, FR, GB, GR, IT, NL, PT.

日环菊属 Ismelia

蒿子秆（日环菊）**Ismelia carinata** (Schousb.) Sch. Bip. 【I, C】 ♣FLBG, IBCAS, NBG, XMBG; ●BJ, FJ, GD, JS, JX, SD, TW, YN; ★(AF): MA.

羊耳菊属 Duhaldea

羊耳菊 **Duhaldea cappa** (Buch.-Ham. ex D. Don) Pruski et Anderb. 【N, W/C】 ♣CBG, FBG, FLBG, GA, GBG, GMG, GXIB, HBG, TDBG, WBG, XMBG, XTBG; ●FJ, GD, GX, GZ, HB, JX, SC, SH, XJ, YN, ZJ; ★(AS): BT, CN, ID, IN, LA, LK, MM, MY, NP, PK, TH, VN.

显脉旋覆花 **Duhaldea nervosa** (Wall. ex DC.) Anderb. 【N, W/C】 ♣GMG, XTBG; ●GX, YN; ★(AS): BT, CN, IN, LA, LK, MM, NP, TH, VN.

翼茎羊耳菊 **Duhaldea pterocaula** (Franch.) Anderb. 【N, W/C】 ♣KBG; ●YN; ★(AS): CN.

杯菊属 Cyathocline

杯菊 **Cyathocline purpurea** (Buch.-Ham. ex D. Don) Kuntze 【N, W/C】 ♣SCBG, XTBG; ●GD, YN; ★(AS): BT, CN, IN, KH, LA, LK, MM, NP, TH, VN.

艾纳香属 Blumea

具腺艾纳香 **Blumea adenophora** Franch. 【N, W/C】 ♣XTBG; ●YN; ★(AS): CN, VN.

Blumea angustifolia Thwaites 【I, C】 ♣XTBG; ●YN; ★(AS): LK.

馥芳艾纳香 **Blumea aromatica** DC. 【N, W/C】 ♣FBG, GMG, NSBG; ●CQ, FJ, GX; ★(AS): BT, CN, IN, LK, MM, NP, TH, VN.

柔毛艾纳香 **Blumea axillaris** (Lam.) DC. 【N, W/C】 ♣GBG, GMG, SCBG, XMBG; ●FJ, GD, GX, GZ; ★(AF): BI, MG, NG, TZ; (AS): AF, BT, CN, IN, LA, LK, MM, NP, PH, PK, VN; (OC): AU, NC, PAF.

艾纳香 **Blumea balsamifera** (L.) DC. 【N, W/C】 ♣FBG, GBG, GMG, GXIB, HBG, SCBG, XMBG, XTBG; ●FJ, GD, GX, GZ, YN, ZJ; ★(AS): BT, CN, ID, IN, KH, LA, LK, MM, MY, NP, PH, PK, SG, TH, VN.

七里明 **Blumea clarkei** Hook. f. 【N, W/C】 ♣FLBG, GA, GMG, HBG, SCBG; ●GD, GX, JX, ZJ; ★(AS): BT, CN, ID, IN, LK, MM, MY, PH,

TH, VN.

密花艾纳香 **Blumea densiflora** DC. 【N, W/C】 ♣XTBG; ●YN; ★(AS): CN, ID, IN, KH, LA, LK, MM, MY, PK, TH, VN.

节节红 **Blumea fistulosa** (Roxb.) Kurz 【N, W/C】 ♣FBG, FLBG, GBG, WBG; ●FJ, GD, GZ, HB, JX; ★(AS): BT, CN, IN, LK, MM, NP, TH, VN.

拟艾纳香 **Blumea flava** DC. 【N, W/C】 ♣WBG, XTBG; ●HB, YN; ★(AS): BT, CN, IN, LK.

台北艾纳香 **Blumea formosana** Kitam. 【N, W/C】 ♣GA, LBG; ●JX; ★(AS): CN.

毛毡草 **Blumea hieracifolia** (Spreng.) DC. 【N, W/C】 ♣FBG, GMG, SCBG; ●FJ, GD, GX; ★(AS): BT, CN, IN, JP, LK, MM, PH, PK; (OC): AU, PAF.

见霜黄 **Blumea lacera** (Burm. f.) DC. 【N, W/C】 ♣HBG, SCBG; ●GD, ZJ; ★(AS): BT, CN, ID, IN, JP, LA, LK, MM, MY, NP, PK, SG, TH, VN; (OC): AU, PAF.

千头艾纳香 **Blumea lanceolaria** (Roxb.) Druce 【N, W/C】 ♣GMG, GXIB, SCBG, WBG, XTBG; ●GD, GX, HB, YN; ★(AS): BT, CN, IN, JP, LK, MM, PH, PK, TH, VN.

条叶艾纳香（狭叶艾纳香）**Blumea linearis** C. I. Peng et W. P. Leu 【N, W/C】 ♣XTBG; ●YN; ★(AS): CN.

裂苞艾纳香 **Blumea martiniana** Vaniot 【N, W/C】 ♣GBG, XTBG; ●GZ, YN; ★(AS): CN, VN.

东风草 **Blumea megacephala** (Randeria) C. T. Chang et C. H. Yu ex Y. Ling 【N, W/C】 ♣FBG, FLBG, GA, GXIB, NSBG, SCBG, XTBG; ●CQ, FJ, GD, GX, JX, YN; ★(AS): CN, JP, TH, VN.

长圆叶艾纳香 **Blumea oblongifolia** Kitam. 【N, W/C】 ♣GA, HBG; ●JX, ZJ; ★(AS): CN, IN, JP, MM, VN.

假东风草 **Blumea riparia** (Blume) DC. 【N, W/C】 ♣GMG, XTBG; ●GX, YN; ★(AS): BT, CN, ID, IN, LK, MM, MY, NP, PH, SG, TH, VN; (OC): PAF, SB.

拟毛毡草 **Blumea sericans** (Kurz) Hook. f. 【N, W/C】 ♣XTBG; ●YN; ★(AS): CN, IN, MM, PH, TH, VN.

无梗艾纳香 **Blumea sessiliflora** Decne. 【N, W/C】 ♣FLBG; ●GD, JX; ★(AS): CN, IN, MM, TH, VN; (OC): US-HW.

六耳铃 **Blumea sinuata** (Lour.) Merr. 【N, W/C】 ♣GBG, GMG, SCBG, XTBG; ●GD, GX, GZ, YN; ★(AS): BT, CN, ID, IN, LK, MM, MY, PH, PK; (OC): PAF, SB.

牛眼菊属 Buphthalmum

牛眼菊 **Buphthalmum salicifolium** L. 【I, C】 ♣NBG, XMBG; ●FJ, JS; ★(EU): AT, BA, CH, CZ, DE, FR, GR, HR, HU, IT, ME, MK, RS, SI.

旋覆花属 Inula

糙毛旋覆花 **Inula aspera** Poir.【N, W/C】♣TDBG, WBG; ●HB, XJ; ★(AS): CN.

欧亚旋覆花 **Inula britannica** L. 【N, W/C】 ♣SCBG, WBG, XTBG; ●GD, HB, YN; ★(AS): CN, GE, JP, KP, KR, MN, RU-AS, TJ, TM, UZ; (EU): AL, AT, BA, BE, BG, CH, CZ, DE, ES, FI, FR, GB, GR, HR, HU, IT, ME, MK, NL, NO, PL, RO, RS, RU, SI, TR.

剑叶旋覆花 **Inula ensifolia** L. 【I, C】 ★(EU): AL, AT, BA, BG, CZ, GR, HR, HU, IT, ME, MK, PL, RO, RS, RU, SI, TR.

大叶土木香 **Inula grandis** Schrenk 【N, W/C】 ♣IBCAS, NBG, TDBG, WBG; ●BJ, HB, JS, XJ; ★(AS): AF, CN.

土木香 **Inula helenium** Hook. f. et Thomson 【N, W/C】 ♣GBG, GMG, HBG, IBCAS, KBG, NBG, WBG, XBG; ●BJ, GX, GZ, HB, JS, SN, YN, ZJ; ★(AS): CN, KP, KR, MN, RU-AS, TJ, UZ.

水朝阳旋覆花 **Inula helianthus-aquatilis** C. Y. Wu 【N, W/C】 ♣NBG; ●JS; ★(AS): CN.

旋覆花 **Inula japonica** Thunb. 【N, W/C】 ♣BBG, HBG, IBCAS, KBG, LBG, NBG, SCBG, TDBG, WBG, XBG, XMBG, ZAFU; ●BJ, FJ, GD, HB, JS, JX, LN, SN, XJ, YN, ZJ; ★(AS): CN, JP, KP, MN, RU-AS.

线叶旋覆花 **Inula lineariifolia** Turcz. 【N, W/C】 ♣BBG, HBG, LBG, ZAFU; ●BJ, JX, ZJ; ★(AS): CN, JP, KP, MN, RU-AS.

总状土木香 **Inula racemosa** Hook. f. 【N, W/C】 ♣KBG, SCBG; ●BJ, GD, YN; ★(AS): AF, CN, NP, PK.

蓼子朴 **Inula salsoloides** (Turcz.) Ostenf. 【N, W/C】♣MDBG; ●GS, NM; ★(AS): AF, CN, MN, RU-AS.

天名精属 Carpesium

天名精 **Carpesium abrotanoides** L. 【N, W/C】 ♣FBG, GA, GBG, GMG, GXIB, HBG, LBG, NBG, NSBG, SCBG, WBG, XBG, XMBG, ZAFU;

●CQ, FJ, GD, GX, GZ, HB, JS, JX, SC, SN, ZJ; ★(AS): AF, AM, AZ, BT, CN, GE, IN, IR, JP, KP, KR, LA, LK, MM, NP, RU-AS, TR, VN; (EU): BA, HR, HU, IT, ME, MK, RS, RU, SI, UA.

烟管头草 **Carpesium cernuum** L. 【N, W/C】 ♣CBG, FBG, GBG, GMG, HBG, KBG, LBG, WBG, ZAFU; ●FJ, GX, GZ, HB, JX, SC, SH, YN, ZJ; ★(AS): AF, CN, IN, JP, KR, MM, MN, PH, PK, RU-AS, VN.

金挖耳 **Carpesium divaricatum** Siebold et Zucc. 【N, W/C】 ♣FBG, GA, GBG, HBG, LBG; ●FJ, GZ, JX, ZJ; ★(AS): CN, JP, KP, KR.

长叶天名精 **Carpesium longifolium** F. H. Chen et C. M. Hu 【N, W/C】 ♣WBG; ●HB; ★(AS): CN.

大花金挖耳 **Carpesium macrocephalum** Franch. et Sav. 【N, W/C】 ♣WBG; ●HB; ★(AS): CN, JP, KP, KR, MN, RU-AS.

小花金挖耳 **Carpesium minus** Hemsl. 【N, W/C】 ♣XTBG; ●YN; ★(AS): CN.

莛茎天名精 **Carpesium scapiforme** F. H. Chen et C. M. Hu 【N, W/C】 ♣SCBG; ●GD; ★(AS): BT, CN, IN, LK, NP.

暗花金挖耳 **Carpesium triste** Maxim. 【N, W/C】 ♣WBG; ●HB, SC; ★(AS): CN, JP, KP, KR, MN, RU-AS.

苇谷草属 Pentanema

苇谷草 **Pentanema indicum** (L.) Ling 【N, W/C】 ♣XTBG; ●YN; ★(AS): CN, IN, LK, MM, NP, PK, TH, VN.

白背苇谷草 **Pentanema indicum** var. **hypoleucum** (Hand.-Mazz.) Ling 【N, W/C】 ♣XTBG; ●YN; ★(AS): CN, IN, LK, MM, VN.

蚤草属 Pulicaria

止痢蚤草 **Pulicaria dysenterica** (L.) Bernh. 【I, C】 ★(AS): IL, IQ, IR, TR; (EU): BE, BG, CH, DE, ES, FR, GB, GR, IS.

蚤草（湿生蚤草）**Pulicaria vulgaris** Gaertn. 【N, W/C】♣TDBG; ●XJ; ★(AF): DZ, MA; (AS): CN, GE, IQ, IR, KZ, MN, PK, RU-AS, SA, TM, TR, UZ; (EU): AL, AT, BA, BE, BG, CZ, DE, DK, ES, FR, GB, GR, HR, HU, IT, LU, ME, MK, NL, PL, RO, RS, RU, SI.

六棱菊属 Laggera

六棱菊 **Laggera alata** (D. Don) Sch. Bip. ex Oliv. 【N, W/C】 ♣FBG, GA, GBG, GMG, GXIB, LBG, NBG, SCBG, XMBG, XTBG; ●FJ, GD, GX, GZ, JS, JX, YN; ★(AF): MG, NG, TZ, UG; (AS): BT, CN, IN, LA, LK, MM, NP, PH, PK, TH, VN.

翼齿六棱菊 **Laggera crispata** (Vahl) Hepper et J. R. I. Wood 【N, W/C】 ♣KBG, XTBG; ●YN; ★(AF): MG, NG, TZ; (AS): CN, IN, KH, LA, MM.

翼茎草属 Pterocaulon

翼茎草 **Pterocaulon redolens** Boerl. 【N, W/C】 ♣XMBG; ●FJ; ★(AS): CN, IN, LA, MM, PH, TH, VN; (OC): AU.

球菊属 Epaltes

鹅不食草（球菊）**Epaltes australis** DC. 【N, W/C】 ♣FBG, FLBG, GBG, GMG, GXIB, SCBG, XMBG, XTBG; ●FJ, GD, GX, GZ, JX, YN; ★(AS): CN, IN, KH, LA, MY, TH, VN.

花花柴属 Karelinia

花花柴 **Karelinia caspia** (Pall.) Less. 【N, W/C】 ♣MDBG, TDBG; ●GS, NM, XJ; ★(AS): CN, KZ, MN, RU-AS, TM, TR.

阔苞菊属 Pluchea

美洲阔苞菊 **Pluchea carolinensis** (Jacq.) G. Don 【I, N】 ★(NA): BM, BS, BZ, CR, CU, DO, GT, HN, JM, LW, MX, NI, PA, PR, SV, TT, US, VG; (SA): EC, VE.

长叶阔苞菊 **Pluchea eupatorioides** Kurz 【N, W/C】 ♣XTBG; ●YN; ★(AS): CN, IN, KH, LA, MM, TH, VN.

阔苞菊 **Pluchea indica** (L.) Less. 【N, W/C】 ♣HBG, SCBG, TMNS, XMBG; ●FJ, GD, TW, ZJ; ★(AS): CN, ID, IN, JP, KH, LA, MM, MY, PH, SG, TH, VN.

光梗阔苞菊 **Pluchea pteropoda** Hemsl. ex Hemsl. 【N, W/C】 ♣XMBG; ●FJ; ★(AS): CN, IN, VN.

翼茎阔苞菊 **Pluchea sagittalis** (Lam.) Cabrera 【I, N】 ♣SCBG, TMNS; ●GD, TW; ★(SA): AR, BO, BR, CO, EC, PY, VE.

戴星草属 Sphaeranthus

戴星草 **Sphaeranthus africanus** Wall. 【N, W/C】

♣XTBG; ●YN; ★(AF): MG; (AS): CN, KH, MM, MY, SG, TH, VN; (OC): AU, PAF.

绒毛戴星草 **Sphaeranthus indicus** Gaertn. 【N, W/C】 ♣XTBG; ●YN; ★(AS): BT, CN, IN, KH, LA, LK, MM, MY, NP, TH, VN; (OC): AU, PAF.

非洲戴星草 **Sphaeranthus senegalensis** DC. 【N, W/C】 ♣XTBG; ●YN; ★(AF): NG; (AS): CN, LA, MM.

石胡荽属 Centipeda

石胡荽 **Centipeda minima** (L.) A. Br. et Asch. 【N, W/C】 ♣FBG, FLBG, GA, GMG, HBG, IBCAS, LBG, SCBG, TBG, XLTBG, XMBG, XTBG, ZAFU; ●BJ, FJ, GD, GX, HI, JX, SC, TW, YN, ZJ; ★(AS): BT, CN, ID, IN, JP, KP, KR, LA, MM, MN, MY, PH, RU-AS, SG, TH; (OC): AU, FJ, NZ, PAF, PG, WS.

山黄菊属 Anisopappus

山黄菊 **Anisopappus chinensis** A. Chev. 【N, W/C】 ♣FLBG, GXIB, SCBG; ●GD, GX, JX; ★(AS): BT, CN, IN, LA, MM, TH.

堆心菊属 Helenium

苦味堆心菊 **Helenium amarum** (Raf.) H. Rock 【I, C】 ●BJ, TW; ★(NA): CU, DO, US.

芳香堆心菊 **Helenium aromaticum** (Hook.) L. H. Bailey 【I, C】 ♣NBG, XMBG; ●FJ, JS, TW; ★(SA): CL, PE.

堆心菊 **Helenium autumnale** L. 【I, C】 ♣BBG, CBG, GXIB, IBCAS, LBG, NBG, WBG; ●BJ, GX, HB, JS, JX, SH, TW; ★(NA): CA, US.

比奇洛堆心菊 **Helenium bigelovii** A. Gray 【I, C】 ♣BBG; ●BJ, SC; ★(NA): US.

紫心菊 **Helenium flexuosum** Raf. 【I, C】 ♣LBG; ●JX; ★(NA): CA, US.

天人菊属 Gaillardia

大花天人菊 **Gaillardia × grandiflora** Hort. ex Van Houtte 【I, C】 ♣CBG; ●SH; ★(NA): US.

细叶天人菊 **Gaillardia aestivalis** (Walter) H. Rock 【I, C】 ♣IBCAS; ●BJ, TW; ★(NA): US.

红天人菊 **Gaillardia amblyodon** J. Gay 【I, C】 ●BJ; ★(NA): US.

宿根天人菊 **Gaillardia aristata** Pursh 【I, C】 ♣BBG, CBG, HFBG, IBCAS, KBG, XMBG, ZAFU; ●BJ, FJ, HL, SD, SH, TW, XJ, YN, ZJ; ★(NA): CA, US.

天人菊 **Gaillardia pulchella** Foug. 【I, C/N】 ♣HBG, IBCAS, NBG, SCBG, TBG, WBG, XMBG, XOIG; ●BJ, FJ, GD, HB, HL, JS, SC, SD, TW, YN, ZJ; ★(NA): CA, MX, US.

大丽花属 Dahlia

红大丽花 **Dahlia coccinea** Cav. 【I, C】 ♣FLBG, NBG, XMBG; ●FJ, GD, JS, JX; ★(NA): MX.

大丽花树 **Dahlia imperialis** Roezl ex Ortgies 【I, C】 ●TW; ★(NA): MX.

光滑大丽花 **Dahlia merckii** Lehm. 【I, C】 ♣FLBG; ●GD, JX; ★(NA): MX.

大丽花 **Dahlia pinnata** Cav. 【I, C】 ♣BBG, CDBG, FBG, FLBG, GA, GMG, GXIB, HBG, HFBG, IBCAS, KBG, LBG, NBG, SCBG, TBG, TDBG, WBG, XBG, XLTBG, XMBG, XOIG, ZAFU; ●AH, BJ, FJ, GD, GX, HB, HI, HL, JL, JS, JX, LN, SC, SH, SN, TW, XJ, YN, ZJ; ★(NA): MX.

有柄大丽花 **Dahlia scapigera** (A. Dietr.) Knowles et Westc. 【I, C】 ♣NBG; ●JS; ★(NA): MX.

鹿角草属 Glossocardia

鹿角草 **Glossocardia bidens** (Retz.) Veldkamp 【N, W/C】 ♣XMBG; ●FJ; ★(AS): BD, CN, ID, IN, MY, PH, TH, VN; (OC): AU, NC, PAF, PG.

金鸡菊属 Coreopsis

金鸡菊 **Coreopsis basalis** (A. Dietr.) S. F. Blake 【I, C】 ♣CBG, GA, HBG, IBCAS, LBG, NBG, NSBG, SCBG, WBG, XMBG, XOIG; ●BJ, CQ, FJ, GD, HB, JS, JX, SC, SH, ZJ; ★(NA): US.

大花金鸡菊 **Coreopsis grandiflora** Nutt. ex Chapm. 【I, C/N】 ♣BBG, CBG, HBG, IBCAS, LBG, NBG, XMBG, ZAFU; ●BJ, FJ, JS, JX, SC, SH, TW, YN, ZJ; ★(NA): CA, US.

剑叶金鸡菊 **Coreopsis lanceolata** L. 【I, C】 ♣BBG, FLBG, GMG, HBG, HFBG, LBG, NBG, SCBG, XBG, XMBG, XTBG; ●BJ, FJ, GD, GX, HL, JS, JX, SN, TW, XJ, YN, ZJ; ★(NA): MX, US.

大叶金鸡菊 **Coreopsis major** Walter 【I, C/N】 ♣LBG; ●BJ, JX; ★(NA): US.

玫红金鸡菊 **Coreopsis rosea** Nutt. 【I, C】 ♣BBG, CBG; ●BJ, SH; ★(NA): CA, US.

金丛史氏金鸡菊 **Coreopsis stillmanii** (A. Gray) S. F. Blake 【I, C】 ★(NA): US.

两色金鸡菊 **Coreopsis tinctoria** Nutt. 【I, C/N】 ♣CBG, CDBG, FLBG, GMG, GXIB, HBG, LBG, NBG, SCBG, TBG, WBG, XBG, XMBG, XTBG, ZAFU; ●BJ, FJ, GD, GX, HB, JS, JX, SC, SH, SN, TW, XJ, YN, ZJ; ★(NA): MX, US.

三叶金鸡菊 **Coreopsis tripteris** L. 【I, C/N】 ♣CBG, LBG, NBG; ●BJ, JS, JX, SH; ★(NA): CA, US.

轮叶金鸡菊 **Coreopsis verticillata** Lam. 【I, C/N】 ♣BBG, CBG, IBCAS, LBG; ●BJ, JX, SH; ★(NA): US.

秋英属 Cosmos

秋英 **Cosmos bipinnatus** Cav. 【I, C/N】 ♣BBG, CDBG, FBG, FLBG, HBG, IBCAS, KBG, LBG, NBG, SCBG, TBG, TDBG, XBG, XLTBG, XMBG, XOIG; ●BJ, FJ, GD, HI, HL, JL, JS, JX, SC, SH, SN, TW, XJ, YN, ZJ; ★(NA): MX.

尾秋英 **Cosmos caudatus** Kunth 【I, C】 ♣NBG; ●JS; ★(NA): BZ, CR, GT, HN, MX, NI, PA, PR, SV; (SA): BO, BR, CO, EC, PE, VE.

异叶秋英 **Cosmos diversifolius** Otto ex Knowles et Westc. 【I, C】 ♣NBG; ●BJ, JS, XJ; ★(NA): GT, MX.

黄秋英（硫黄菊）**Cosmos sulphureus** Cav. 【I, C/N】 ♣FBG, FLBG, GMG, GXIB, HBG, HFBG, IBCAS, NBG, TBG, XLTBG, XMBG, XOIG, ZAFU; ●BJ, FJ, GD, GX, HI, HL, JS, JX, SC, TW, XJ, YN, ZJ; ★(NA): BZ, CR, GT, HN, MX, NI, PA; (SA): CO, EC, PE, VE.

鬼针草属 Bidens

白花鬼针草 **Bidens alba** (L.) DC. 【I, N】 ♣FLBG; ●GD, JX; ★(NA): BM, BZ, CR, CU, DO, GT, HN, JM, MX, PA, PR, SV, TT, US, VG; (SA): AR, BO, BR, CO, EC, GF, GY, PE, VE.

婆婆针 **Bidens bipinnata** L. 【N, W/C】 ♣BBG, CDBG, FBG, FLBG, GA, GBG, GMG, GXIB, HBG, IBCAS, KBG, LBG, NBG, SCBG, TBG, WBG, XLTBG, XMBG, XTBG; ●BJ, FJ, GD, GX, GZ, HB, HI, JS, JX, SC, TW, YN, ZJ; ★(AS): BT, CN, IN, JP, KH, KP, KR, LA, LK, MN, NP, TH, VN; (NA): US.

金盏银盘 **Bidens biternata** (Lour.) Merr. et Sherff 【N, W/C】 ♣FLBG, GBG, SCBG, XMBG, XTBG, ZAFU; ●FJ, GD, GZ, JX, YN, ZJ; ★(AF): ET, MG, MW, NA, NG, SD, TZ, ZA; (AS): BT, CN, ID, IN, JP, KP, KR, LK, MM, MY, PH, TH, VN; (OC): AU.

柳叶鬼针草 **Bidens cernua** L. 【N, W/C】 ♣WBG; ●HB; ★(AS): CN, KR, MN, RU-AS; (NA): CA, US.

大狼把草 **Bidens frondosa** L. 【I, N】 ♣HBG, IBCAS, LBG, ZAFU; ●BJ, FJ, GD, GX, GZ, HB, HE, HI, JS, JX, LN, SC, SD, SN, YN, ZJ; ★(NA): CA, US.

羽叶鬼针草 **Bidens maximowicziana** Oett. 【N, W/C】 ♣SCBG; ●GD; ★(AS): CN, JP, KP, KR, MN, RU-AS.

鬼针草 **Bidens pilosa** L. 【I, N】 ♣FBG, FLBG, GA, GBG, GMG, GXIB, HBG, IBCAS, LBG, NBG, NSBG, SCBG, WBG, XMBG, XTBG, ZAFU; ●BJ, CQ, FJ, GD, GX, GZ, HB, JS, JX, YN, ZJ; ★(NA): BS, BZ, CR, CU, DO, GT, HN, JM, KY, LW, MX, NI, PA, PR, SV, TT, US, VG, WW; (SA): AR, BO, BR, CL, CO, EC, GF, GY, PE, PY, UY, VE.

南美鬼针草 **Bidens subalternans** DC. 【I, N】 ●JS; ★(SA): AR, BO, BR, CO, PY.

狼把草（狼杷草）**Bidens tripartita** L. 【N, W/C】 ♣FBG, GA, GBG, HBG, LBG, NBG, WBG, XBG, XMBG, ZAFU; ●FJ, GZ, HB, JS, JX, SN, ZJ; ★(AF): DZ, EG, LY, MA, TN; (AS): BT, CN, ID, IN, JP, KP, KR, LK, MN, MY, NP, PH, RU-AS, TM; (EU): AL, BA, BE, ES, FR, GR, HR, IT, MC, ME, MK, RS, SI; (NA): CA, US.

沼菊属 Enydra

沼菊 **Enydra fluctuans** Lour. 【N, W/C】 ♣NBG, WBG, XTBG; ●HB, JS, YN; ★(AS): BT, CN, ID, IN, LK, MM, MY, SG, TH, VN; (OC): AU, PAF.

黄顶菊属 Flaveria

黄顶菊 **Flaveria bidentis** (L.) Kuntze 【I, N】 ★(NA): DO, MX, PR, US; (SA): AR, BO, CL, EC, PE, PY.

三脉黄顶菊 **Flaveria trinervia** (Spreng.) C. Mohr 【I, C】 ♣NBG; ●JS; ★(NA): BS, BZ, CU, DO, HT, JM, MX, PR, US; (SA): AR, BO, CL, EC, PE, PY, VE.

点叶菊属 Porophyllum

Porophyllum coloratum (Kunth) DC. 【I, C】 ★(NA): MX.

点叶菊（香蝶菊）**Porophyllum ruderale** M. Gómez 【I, C】 ★(NA): BS, CR, CU, DO, HN, HT, JM, LW, MX, PA, PR, TT, US; (SA): AR, BO, BR, CL, CO, EC, GF, PE, PY, VE.

香檬菊属　Pectis

伏生香檬菊 **Pectis prostrata** Cav.【I, N】★(NA): BS, BZ, CR, CU, DO, GT, HN, MX, NI, PA, PR, SV, US; (SA): EC.

万寿菊属　Tagetes

万寿菊（孔雀草、细叶万寿菊）**Tagetes erecta** L.【I, C/N】 ♣BBG, CDBG, FBG, FLBG, GA, GBG, GMG, GXIB, HBG, HFBG, IBCAS, KBG, LBG, NBG, SCBG, TBG, TDBG, WBG, XBG, XLTBG, XMBG, XOIG, XTBG, ZAFU; ●BJ, CQ, FJ, GD, GX, GZ, HA, HB, HI, HL, JL, JS, JX, LN, QH, SC, SH, SN, TW, XJ, YN, ZJ; ★(NA): BZ, CR, GT, HN, MX, NI, PA, PR, SV, TT, US; (SA): AR, BO, CO, EC.

香万寿菊 **Tagetes lucida** Cav. 【I, C】 ●BJ, TW; ★(NA): CR, GT, HN, MX, NI, SV.

矮万寿菊 **Tagetes lunulata** Ortega 【I, C】 ♣NBG; ●JS; ★(NA): MX.

小万寿菊 **Tagetes micrantha** Cav. 【I, C】 ●XJ, YN; ★(NA): MX, US; (SA): BO, PY.

印加孔雀草（小花万寿菊）**Tagetes minuta** L.【I, N】 ●BJ, JS; ★(SA): AR, BO, BR, CL, EC, PE, PY, UY.

金毛菊属　Dyssodia

异味菊（金毛菊）**Dyssodia pinnata** (Cav.) B. L. Rob. 【I, C】 ♣NBG; ●JS; ★(NA): MX.

丝叶菊属　Thymophylla

金毛菊 **Thymophylla tenuiloba** (DC.) Small【I, C】 ●TW, YN; ★(NA): US.

马鞭菊属　Verbesina

互叶奇瓣葵 **Verbesina alternifolia** (L.) Britton ex Kearney 【I, C】 ★(NA): CA, MX, US.

互叶畸瓣葵 **Verbesina robinsonii** (Klatt) Fernald ex B. L. Rob. et Greenm. 【I, C】 ★(NA): MX.

异果奇瓣菊 **Verbesina tetraptera** (Ortega) A. Gray 【I, C】 ★(NA): MX.

香脂根属　Balsamorhiza

箭叶香脂根 **Balsamorhiza sagittata** (Pursh) Nutt. 【I, C】 ★(NA): CA, US.

锐齿香脂根 **Balsamorhiza serrata** A. Nelson et J. F. Macbr. 【I, C】 ★(NA): US.

星菊属　Lindheimera

星菊 **Lindheimera texana** A. Gray et Engelm. 【I, C】 ♣NBG; ●JS; ★(NA): US.

松香草属　Silphium

Silphium integrifolium Michx. 【I, C】 ♣XMBG; ●FJ; ★(NA): US.

串叶松香草 **Silphium perfoliatum** L. 【I, C/N】 ♣IBCAS, MDBG, NBG, SCBG, TDBG, WBG, ZAFU; ●BJ, GD, GS, HB, JS, LN, SC, XJ, ZJ; ★(NA): US.

豚草属　Ambrosia

豚草 **Ambrosia artemisiifolia** L. 【I, N】 ♣HBG, LBG, WBG, XMBG, ZAFU; ●FJ, HB, JX, ZJ; ★(NA): MX, US.

裸穗豚草 **Ambrosia psilostachya** DC. 【I, N】 ★(NA): CA, MX, US.

三裂叶豚草 **Ambrosia trifida** L. 【I, N】 ●BJ; ★(NA): CA, US.

假苍耳属　Cyclachaena

假苍耳 **Cyclachaena xanthiifolia** (Nutt.) Fresen.【I, N】 ●HL, JL, LN, SD; ★(NA): CA, US.

银胶菊属　Parthenium

灰白银胶菊 **Parthenium argentatum** A. Gray 【I, C】 ♣XMBG; ●BJ, FJ, SC; ★(NA): MX, US.

银胶菊 **Parthenium hysterophorus** Adans. 【I, N】 ♣BBG, SCBG, XMBG; ●BJ, FJ, GD, JS; ★(NA): BS, BZ, CR, CU, DO, GT, HN, HT, JM, LW, MX, NI, PA, PR, SV, TT, US, VG, WW; (SA): AR, BO, BR, CL, CO, EC, GF, GY, PE, PY, UY, VE.

苍耳属　Xanthium

刺苍耳 **Xanthium spinosum** L. 【I, N】 ♣TDBG, XTBG; ●XJ, YN; ★(SA): AR, BO, CL.

苍耳 **Xanthium strumarium** L. 【I, C】 ♣BBG, CDBG, FBG, FLBG, GA, GBG, GMG, GXIB, HBG, IBCAS, KBG, LBG, NBG, NSBG, SCBG, TDBG, WBG, XBG, XMBG, XTBG, ZAFU; ●BJ, CQ, FJ, GD, GX, GZ, HB, JS, JX, SC, SN, TW, XJ, YN, ZJ; ★(NA): CA, US.

小向日葵属 Helianthella

五脉菊 **Helianthella quinquenervis** (Hook.) A. Gray 【I, C】 ♣NBG; ●JS; ★(NA): US.

金纽扣属 Acmella

短舌花金纽扣 **Acmella brachyglossa** Cass. 【I, N】 ★(NA): CR, GT, HN, MX, NI, PA; (SA): BO, BR, CO, EC, GF, GY, PE, PY, VE.

美形金纽扣 **Acmella calva** (DC.) R. K. Jansen 【N, W/C】 ♣XTBG; ●YN; ★(AS): CN, ID, IN, LK, MM, NP, PH, TH.

天文草 **Acmella ciliata** (Kunth) Cass. 【I, N】 ★(NA): PA; (SA): BO, BR, CO, EC, PE, VE.

桂圆花 **Acmella grandiflora** var. **brachyglossa** (Benth.) R. K. Jansen 【I, C】 ♣GMG; ●GX; ★(OC): AU, PG.

桂圆菊 **Acmella oleracea** (L.) R. K. Jansen 【I, C/N】 ♣HFBG, NBG; ●BJ, HL, JS, SC, TW; ★(SA): BO, BR, EC, PE.

金纽扣 **Acmella paniculata** (Wall. ex DC.) R. K. Jansen 【N, W/C】 ♣FBG, FLBG, GMG, GXIB, SCBG, XMBG, XTBG; ●BJ, FJ, GD, GX, JX, YN; ★(AS): BT, CN, IN, LA, LK, MM, MY, NP, PH, TH, VN.

沼生金纽扣 **Acmella uliginosa** (Sw.) Cass. 【I, N】 ★(NA): HN, JM, LW, MX, PA, TT, WW; (SA): BO, BR, CO, VE.

硬果菊属 Sclerocarpus

硬果菊 **Sclerocarpus africanus** Jacq. ex Murray 【I, C/N】 ★(AF): ET, GH, NG, SD, SN, TG, ZA; (AS): OM.

肿柄菊属 Tithonia

肿柄菊 **Tithonia diversifolia** (Hemsl.) A. Gray 【I, N】 ♣GMG, GXIB, KBG, SCBG, TBG, XMBG, XTBG; ●FJ, GD, GX, TW, XJ, YN; ★(NA): CR, CU, DO, GT, HN, JM, LW, MX, NI, PA, PR, SV, WW.

圆叶肿柄菊 **Tithonia rotundifolia** (Mill.) S. F. Blake 【I, C】 ♣LBG, NBG, TBG; ●BJ, JS, JX, TW; ★(NA): CU, GT, HN, MX, NI, PA, PR, SV, TT.

向日葵属 Helianthus

狭叶向日葵 **Helianthus angustifolius** L. 【I, C】 ♣BBG, LBG, NBG; ●BJ, JS, JX; ★(NA): US.

向日葵 **Helianthus annuus** L. 【I, C】 ♣BBG, FBG, FLBG, GA, GBG, GMG, HBG, HFBG, IBCAS, KBG, LBG, SCBG, TBG, TDBG, WBG, XBG, XLTBG, XMBG, XOIG, XTBG, ZAFU; ●BJ, FJ, GD, GS, GX, GZ, HB, HE, HI, HL, JL, JS, JX, LN, NM, NX, QH, SC, SD, SH, SN, SX, TJ, TW, XJ, XZ, YN, ZJ; ★(NA): CA, US.

绢毛葵 **Helianthus argophyllus** (D. C. Eaton) A. Gray. 【I, C】 ♣XMBG; ●BJ, FJ, TW; ★(NA): US.

黑紫向日葵 **Helianthus atrorubens** Lam. 【I, C】 ★(NA): US.

小向日葵 **Helianthus debilis** Nutt. 【I, C】 ●BJ, TW; ★(NA): US.

瓜叶葵 **Helianthus debilis** subsp. **cucumerifolius** (Torr. et A. Gray) Heiser 【I, C】 ♣NBG, TBG, XMBG; ●FJ, JS, TW, XJ; ★(NA): US.

千瓣葵 **Helianthus decapetalus** L. 【I, C】 ♣GA, IBCAS, LBG, XMBG; ●BJ, FJ, JX; ★(NA): CA, US.

大向日葵 **Helianthus giganteus** Cav. 【I, C】 ♣XMBG; ●FJ; ★(NA): CA, US.

*硬毛向日葵 **Helianthus hirsutus** Raf. 【I, C】 ♣LBG; ●JX; ★(NA): CA, US.

美丽向日葵 **Helianthus laetiflorus** Pers. 【I, C/N】 ♣BBG, IBCAS; ●BJ; ★(NA): CA, US.

心叶毛叶向日葵 **Helianthus laevigatus** Torr. et A. Gray 【I, C】 ♣LBG; ●JX; ★(NA): US.

糙叶向日葵 **Helianthus maximiliani** Schrad. 【I, C】 ♣LBG, ZAFU; ●BJ, JX, ZJ; ★(NA): CA, US.

毛叶向日葵 **Helianthus mollis** Willd. 【I, C】 ●BJ; ★(NA): CA, US.

亮叶向日葵 **Helianthus nitidus** Lunell 【I, C】 ♣NBG; ●JS; ★(NA): US.

坚硬向日葵 **Helianthus pauciflorus** Nutt. 【I, C】 ★(NA): CA, US.

柳叶向日葵 **Helianthus salicifolius** A. Dietr. 【I, C】 ●BJ; ★(NA): US.

菊芋 **Helianthus tuberosus** L.【I, C】♣CDBG, FBG, GA, GBG, GXIB, HBG, IBCAS, LBG, NSBG, TDBG, WBG, XBG, XMBG, ZAFU; ●AH, BJ, CQ, FJ, GS, GX, GZ, HA, HB, HE, HL, JL, JX, LN, QH, SC, SH, SN, SX, TW, XJ, ZJ; ★(NA): CA, US.

绸叶菊属 Lagascea

绸叶菊（单花葵）**Lagascea mollis** Sch. Bip.【I, C】★(NA): CR, CU, DO, GT, HN, MX, NI, PA, PR, US.

草光菊属 Ratibida

柱托草光菊（草光菊、草原松果菊）**Ratibida columnifera** (Nutt.) Wooton et Standl.【I, C】♣XOIG, ZAFU; ●FJ, TW, ZJ; ★(NA): CA, MX, US.

羽叶草光菊（羽叶松果菊）**Ratibida pinnata** (Vent.) Barnhart【I, C】♣CBG, IBCAS, ZAFU; ●BJ, SH, ZJ; ★(NA): US.

金光菊属 Rudbeckia

抱茎金光菊 **Rudbeckia amplexicaulis** Vahl【I, C】♣NBG; ●BJ, JS, TW; ★(NA): US.

狭叶金光菊 **Rudbeckia angustifolia** (L.) L.【I, C】♣NBG; ●JS; ★(NA): US.

全缘金光菊 **Rudbeckia fulgida** Meehan【I, C】♣BBG, CBG, IBCAS; ●BJ, SH, TW; ★(NA): CA, US.

迪姆全缘金光菊 **Rudbeckia fulgida** var. **deamii** (S. F. Blake) Perdue【I, C】♣CBG; ●SH; ★(NA): US.

齿叶金光菊 **Rudbeckia fulgida** var. **speciosa** (Wender.) Perdue【I, C】♣IBCAS; ●BJ; ★(NA): CA, US.

黑心金光菊 **Rudbeckia hirta** L.【I, C】♣BBG, CBG, CDBG, GXIB, HBG, HFBG, IBCAS, LBG, NBG, SCBG, TBG, TDBG, WBG, XLTBG, XMBG, XTBG, ZAFU; ●BJ, FJ, GD, GX, HB, HI, HL, JS, JX, SC, SH, TW, XJ, YN, ZJ; ★(NA): CA, US.

二色金光菊 **Rudbeckia hirta** var. **pulcherrima** Farw.【I, C】♣CBG, ZAFU; ●BJ, SH, ZJ; ★(NA): CA, US.

杂交金光菊 **Rudbeckia hybrida** Hort.【I, C】♣BBG, CBG, XMBG; ●BJ, FJ, JL, SH, XJ; ★(NA): CA, US.

金光菊 **Rudbeckia laciniata** L.【I, C】♣BBG, FBG, GXIB, HBG, IBCAS, NBG, SCBG, WBG, XLTBG, XMBG, ZAFU; ●BJ, FJ, GD, GX, HB, HI, JS, LN, SC, TW, XJ, ZJ; ★(NA): CA, US.

重瓣金光菊 **Rudbeckia laciniata** var. **hortensia** L. H. Bailey【I, C】♣LBG, TDBG; ●BJ, JX, XJ; ★(NA): US.

大金光菊（大头金光菊）**Rudbeckia maxima** Nutt.【I, C】●BJ; ★(NA): US.

亮叶金光菊 **Rudbeckia nitida** Nutt.【I, C】♣BBG, CBG; ●BJ, SH, TW; ★(NA): US.

西方金光菊 **Rudbeckia occidentalis** Nutt.【I, C】♣CBG; ●BJ, SH, TW; ★(NA): US.

香金光菊 **Rudbeckia subtomentosa** Pursh【I, C】♣CBG; ●SH; ★(NA): US.

三裂叶金光菊 **Rudbeckia triloba** L.【I, C】●BJ; ★(NA): US.

蛇目菊属 Sanvitalia

蛇目菊 **Sanvitalia procumbens** Lam.【I, C/N】♣LBG, TDBG, XMBG, XOIG; ●BJ, FJ, HL, JX, SC, XJ; ★(NA): CR, CU, DO, GT, HN, MX, NI, PA, PR, US.

赛菊芋属 Heliopsis

赛菊芋 **Heliopsis helianthoides** Britton, Sterns et Poggenb.【I, C】♣CBG, IBCAS, NBG, XBG, ZAFU; ●BJ, JS, LN, SH, SN, XJ, ZJ; ★(NA): CA, US.

矮赛菊芋 **Heliopsis helianthoides** var. **scabra** (Dunal) Fernald【I, C】♣BBG; ●BJ, TW; ★(NA): CA, US.

松果菊属 Echinacea

淡紫松果菊 **Echinacea pallida** Britton【I, C】♣IBCAS; ●BJ; ★(NA): CA, US.

黄色松果菊 **Echinacea paradoxa** (Norton) Britton【I, C】♣BBG; ●BJ; ★(NA): US.

松果菊 **Echinacea purpurea** (L.) Moench【I, C】♣BBG, CBG, HFBG, IBCAS, KBG, LBG, MDBG, NBG, SCBG, XMBG, ZAFU; ●BJ, FJ, GD, GS, HL, JS, JX, LN, SC, SH, TW, YN, ZJ; ★(NA): CA, US.

百日菊属 Zinnia

小百日菊（狭叶百日菊）**Zinnia angustifolia** Kunth【I, C】♣BBG, WBG, XLTBG, XMBG; ●BJ, FJ,

HB, HI, SC, TW, XJ, YN; ★(NA): MX.

百日菊 **Zinnia elegans** Sessé et Moc. 【I, C】 ♣BBG, CDBG, FBG, FLBG, GA, GMG, GXIB, HBG, HFBG, IBCAS, LBG, NBG, SCBG, TBG, TDBG, WBG, XBG, XLTBG, XMBG, XOIG, ZAFU; ●BJ, FJ, GD, GX, HB, HI, HL, JL, JS, JX, SC, SD, SH, SN, TW, XJ, YN, ZJ; ★(NA): BZ, DO, GT, HN, MX, NI, PA, SV, US; (SA): AR, BO, BR, CO, EC, GF, GY, PE, PY, VE.

加拿大百日草（大花百日菊）**Zinnia grandiflora** Nutt. 【I, C】 ♣NBG; ●JS; ★(NA): MX, US.

细叶百日菊（小百日菊）**Zinnia haageana** Regel【I, C】 ♣XMBG; ●FJ, TW; ★(NA): MX.

多花百日菊（疏花百日菊）**Zinnia peruviana** (L.) L. 【I, C/N】♣FBG, LBG, NBG, XMBG; ●BJ, FJ, JS, JX, TW, XJ; ★(NA): BZ, DO, GT, HN, HT, LW, MX, NI, SV, TT, US; (SA): AR, BO, CO, EC, PE, PY, VE.

百能葳属 Blainvillea

百能葳 **Blainvillea acmella** (L.) Philipson 【I, C】 ♣GXIB, SCBG, XMBG, XTBG; ●FJ, GD, GX, YN; ★(SA): BR.

伏金腰箭属 Calyptocarpus

伏金腰箭（金腰箭舅）**Calyptocarpus vialis** Less.【I, C】 ★(NA): BS, BZ, CU, DO, GT, HN, MX, NI, SV, US; (SA): VE.

金腰箭属 Synedrella

金腰箭 **Synedrella nodiflora** (L.) Gaertn. 【I, N】 ♣FLBG, GMG, SCBG, TMNS, XMBG, XTBG; ●FJ, GD, GX, JX, TW, YN; ★(NA): BZ, CU, DO, GT, HN, HT, JM, LW, MX, NI, PA, PR, SV, TT, US, VG, WW; (SA): BO, BR, CO, EC, GF, GY, PE, PY, VE.

离药菊属 Eleutheranthera

离药菊（离药金腰箭）**Eleutheranthera ruderalis** (Sw.) Sch. Bip.【I, N】★(NA): BZ, CR, DO, GT, HN, JM, NI, PA, PR; (SA): BO, BR, CO, EC, PE, VE.

鳢肠属 Eclipta

Eclipta angustata Umemoto et H. Koyama 【I, N】 ★(AS): IN, NP.

鳢肠 **Eclipta prostrata** (L.) L. 【N, W/C】 ♣CBG, FBG, FLBG, GA, GBG, GMG, GXIB, HBG, LBG, NSBG, SCBG, TBG, WBG, XBG, XLTBG, XMBG, XTBG, ZAFU; ●BJ, CQ, FJ, GD, GX, GZ, HB, HI, JX, SC, SH, SN, TW, YN, ZJ; ★(AS): BT, CN, ID, IN, JP, KR, LA, LK, MY, SG; (OC): AU; (NA): BZ, CR, CU, DO, GT, HN, HT, JM, LW, MX, NI, PA, PR, SV, TT, US, VG, WW; (SA): AR, BO, BR, CO, EC, GF, GY, PE, PY, VE.

蟛蜞菊属 Sphagneticola

蟛蜞菊 **Sphagneticola calendulacea** (L.) Pruski【N, W/C】 ♣CBG, FBG, FLBG, GMG, GXIB, HBG, NBG, SCBG, TMNS, XMBG; ●FJ, GD, GX, JS, JX, SH, TW, ZJ; ★(AS): CN, ID, IN, JP, LK, MM, MY, PH, TH, VN.

南美蟛蜞菊 **Sphagneticola trilobata** (L.) Pruski【I, N】 ♣FLBG, SCBG, WBG, XLTBG, XMBG, XTBG; ●FJ, GD, HB, HI, JX, YN; ★(SA): AR, BO, BR, GF, GY, PE, VE.

白头菊属 Clibadium

苏利南野菊 **Clibadium surinamense** L.【I, C】★(NA): CR, HN, NI, PA, TT; (SA): BO, BR, CO, EC, GF, GY, PE, VE.

孪花菊属 Wollastonia

孪花菊（孪花蟛蜞菊）**Wollastonia biflora** (L.) DC. 【N, W/C】 ♣GXIB, XTBG; ●GX, YN; ★(AS): CN, IN, JP, MM, MY, PH, SG, VN; (OC): AU, PAF.

山蟛蜞菊 **Wollastonia montana** (Blume) DC. 【N, W/C】♣GA, GMG, GXIB, XTBG; ●GX, JX, YN; ★(AS): BT, CN, IN, LK, MM, NP, TH.

卤地菊属 Melanthera

卤地菊 **Melanthera prostrata** (Hemsl.) W. L. Wagner et H. Rob. 【N, W/C】 ♣HBG, SCBG, XMBG; ●FJ, GD, ZJ; ★(AS): CN, IN, JP, KP, KR, PH, TH, VN.

羽芒菊属 Tridax

羽芒菊 **Tridax procumbens** (L.) L.【I, N】♣NBG, SCBG, XMBG, XTBG; ●FJ, GD, JS, YN; ★(NA): MX.

牛膝菊属 Galinsoga

牛膝菊 **Galinsoga parviflora** Cav. 【I, N】 ♣BBG, FBG, GA, GBG, GXIB, KBG, NSBG, XMBG, XTBG; ●BJ, CQ, FJ, GX, GZ, JS, JX, SC, YN; ★(NA): CU, DO, GT, HN, HT, JM, MX, SV, US; (SA): AR, BO, BR, CL, CO, EC, PE, PY, UY, VE.

粗毛牛膝菊 **Galinsoga quadriradiata** Ruiz et Pav. 【I, N】 ♣HBG, IBCAS, LBG, XMBG, ZAFU; ●BJ, FJ, JX, ZJ; ★(NA): CR, GT, HN, MX, NI, PA, SV, US; (SA): AR, BO, CO, EC, PE, VE.

包果菊属 Smallanthus

雪莲果（菊薯）**Smallanthus sonchifolius** (Poepp.) H. Rob. 【I, C】 ♣KBG, SCBG, XMBG; ●AH, FJ, GD, HI, SC, YN; ★(SA): BO, CO, EC, PE.

包果菊 **Smallanthus uvedalia** (L.) Mack. ex Small 【I, N】 ★(NA): US.

豨莶属 Sigesbeckia

毛梗豨莶 **Sigesbeckia glabrescens** (Makino) Makino 【N, W/C】 ♣FBG, HBG, LBG, SCBG, WBG, XTBG; ●FJ, GD, HB, JX, YN, ZJ; ★(AS): CN, JP, KP, KR, VN.

豨莶 **Sigesbeckia orientalis** L. 【N, W/C】 ♣CDBG, FBG, GA, GMG, GXIB, KBG, LBG, SCBG, WBG, XMBG, XTBG, ZAFU; ●FJ, GD, GX, HB, JX, SC, YN, ZJ; ★(AF): MG, NG, TZ, ZA; (AS): BT, CN, IN, JP, KP, KR, LA, LK, MM, MN, MY, NP, RU-AS, SG, VN; (OC): AU; (EU): IT, RO, UA; (NA): MX, US; (SA): BO, CO, EC, PE, VE.

腺梗豨莶 **Sigesbeckia pubescens** (Makino) Makino 【N, W/C】 ♣GBG, HBG, LBG, WBG, XBG, XMBG, XTBG, ZAFU; ●FJ, GZ, HB, JX, SN, YN, ZJ; ★(AS): CN, IN, JP, KP, KR.

小葵子属 Guizotia

小葵子 **Guizotia abyssinica** (L. f.) Cass. 【I, C】 ♣LBG, NBG, XBG, XMBG, XOIG; ●BJ, FJ, JS, JX, SC, SN, TW; ★(AF): ET.

黑足菊属 Melampodium

银毛星花 **Melampodium cinereum** DC. 【I, C】 ★(NA): MX, US.

黄帝菊 **Melampodium divaricatum** (Rich.) DC. 【I, C】 ♣FBG, IBCAS, WBG, XLTBG, XMBG; ●BJ, FJ, HB, HI, JS, SH, TW, YN, ZJ; ★(NA): BZ, CR, CU, DO, GT, HN, MX, NI, PR, TT, US, WW; (SA): BO, BR, CO, VE.

紫脉星花 **Melampodium leucanthum** Torr. et A. Gray 【I, C】 ★(NA): MX, US.

刺苞果属 Acanthospermum

刺苞果 **Acanthospermum hispidum** DC. 【I, N】 ♣XTBG; ●YN; ★(SA): AR, BO, BR, CO, EC, GY, PE, PY, UY, VE.

羊菊属 Arnica

多叶黄菊 **Arnica chamissonis** Less. 【I, C】 ♣NBG; ●JS; ★(NA): CA, US.

Arnica cordifolia Hook. 【I, C】 ♣NBG; ●JS; ★(NA): CA, US.

库页黄菊 **Arnica sachalinensis** (Regel) A. Gray 【I, C】 ♣NBG; ●JS; ★(AS): JP, RU-AS.

雪顶菊属 Layia

宽舌菊（莱雅菜）**Layia chrysanthemoides** A. Gray 【I, C】 ●BJ; ★(NA): US.

齐顶菊 **Layia platyglossa** (Fisch. et C. A. Mey.) A. Gray 【I, C】 ●TW; ★(NA): US.

甜叶菊属 Stevia

甜叶菊 **Stevia rebaudiana** (Bertoni) Hemsl. 【I, C】 ♣FBG, HBG, NBG, SCBG, WBG, XMBG, XOIG, XTBG; ●BJ, FJ, GD, HB, HE, JS, SC, TW, YN, ZJ; ★(SA): BR, PY.

溪泽兰属 Shinnersia

墨西哥河菊（溪泽兰、菊叶草、芭蕾草）**Shinnersia rivularis** (A. Gray) R. M. King et H. Rob. 【I, C】 ★(NA): MX, US.

紫茎泽兰属 Ageratina

紫茎泽兰 **Ageratina adenophora** (Spreng.) R. M. King et H. Rob. 【I, N】 ♣BBG, KBG, XTBG; ●BJ, YN; ★(NA): MX.

蛇根泽兰（假白花草）**Ageratina altissima** (L.) R. M. King et H. Rob. 【I, C】 ♣BBG, GMG; ●BJ, GX; ★(NA): MX, US.

香泽兰 **Ageratina aromatica** (L.) Spach 【I, C】 ★

(NA): US.

假泽兰属 Mikania

假泽兰 **Mikania cordata** (Burm. f.) B. L. Rob. 【I, N】♣FLBG; ●GD, JX; ★(AF): BI, CM, GQ, MG, MW, NG, TZ, UG, ZM, ZW; (AS): ID, IN, KH, LA, PH, SG, TH, VN.

微甘菊 **Mikania micrantha** Kunth【I, N】♣FLBG; ●GD, JX; ★(NA): BZ, CR, CU, DO, GT, HN, HT, JM, LW, MX, NI, PA, PR, SV, TT, US, VG, WW; (SA): AR, BO, BR, CO, EC, GF, GY, PE, PY, UY, VE.

Mikania parviflora (Aubl.) H. Karst. 【I, C】♣XTBG; ●YN; ★(NA): PA; (SA): BO, BR, CO, EC, GF, GY, PE, VE.

蔓泽兰 **Mikania scandens** (L.) Willd. 【I, N】♣FLBG; ●GD, JX; ★(NA): BS, HN, MX, PA, PR, US; (SA): PY, UY.

三裂假泽兰 **Mikania ternata** (Vell.) B. L. Rob. 【I, C】★(SA): BO, BR, PE, PY.

肋泽兰属 Brickellia

肋泽兰（假蒿）**Brickellia rosmarinifolia** (Vent.) W. A. Weber 【I, C】♣SCBG; ●GD; ★(NA): MX, US.

裸冠菊属 Gymnocoronis

裸冠菊 **Gymnocoronis spilanthoides** (D. Don ex Hook. et Arn.) DC. 【I, N】♣TMNS; ●TW; ★(SA): AR, BO, BR, PE, PY, UY.

下田菊属 Adenostemma

下田菊 **Adenostemma lavenia** (L.) Kuntze 【N, W/C】♣FBG, FLBG, GA, GBG, GMG, HBG, LBG, SCBG, XMBG, XTBG; ●FJ, GD, GX, GZ, JX, SC, YN, ZJ; ★(AS): BT, CN, IN, JP, KP, KR, LA, LK, MM, NP, PH, TH, VN; (OC): AU, PAF.

宽叶下田菊 **Adenostemma lavenia** var. **latifolium** Panigrahi【N, W/C】♣XMBG, XTBG; ●FJ, YN; ★(AS): CN, IN, JP, KP, KR, LA, TH, VN.

锥托泽兰属 Conoclinium

破坏草 **Conoclinium coelestinum** (L.) DC. 【I, N】♣BBG, KBG, NSBG, XTBG; ●BJ, CQ, YN; ★(NA): CA, US.

藿香蓟属 Ageratum

藿香蓟（胜红蓟）**Ageratum conyzoides** (L.) L. 【I, N】♣BBG, FBG, FLBG, GA, GBG, GMG, GXIB, HBG, HFBG, LBG, NBG, SCBG, TBG, WBG, XMBG, XOIG, XTBG, ZAFU; ●BJ, FJ, GD, GX, GZ, HB, HL, JS, JX, SC, TW, XJ, YN, ZJ; ★(NA): BS, BZ, CR, DO, GT, HN, JM, LW, MX, NI, PA, PR, SV, TT, US, VG, WW; (SA): AR, BO, BR, CO, EC, GF, GY, PE, PY, UY, VE.

熊耳草 **Ageratum houstonianum** Mill. 【I, N】♣CDBG, HBG, LBG, NBG, SCBG, XMBG, XOIG, XTBG; ●BJ, FJ, GD, HA, JS, JX, SC, SH, TW, YN, ZJ; ★(NA): BZ, CR, GT, HN, JM, MX, NI, PA, SV, US; (SA): CO, EC, GF, GY, PY, VE.

喇叭泽兰属 Eutrochium

斑茎泽兰（斑点泽兰）**Eutrochium maculatum** (L.) E. E. Lamont 【I, C】♣BBG, LBG; ●BJ, JX; ★(NA): CA, US.

紫红花泽兰 **Eutrochium purpureum** (L.) E. E. Lamont 【I, C】♣BBG; ●BJ; ★(NA): CA, US.

蛇鞭菊属 Liatris

细叶蛇鞭菊 **Liatris pilosa** (Aiton) Willd.【I, C】★(NA): US.

网脉蛇鞭菊 **Liatris reticulata** E. Pay. 【I, C】♣NBG; ●JS; ★(NA): US.

白花蛇鞭菊 **Liatris scariosa** (L.) Willd.【I, C】★(NA): US.

蛇鞭菊 **Liatris spicata** (L.) Willd. 【I, C】♣BBG, CBG, HBG, HFBG, IBCAS, LBG, NBG, XMBG; ●BJ, FJ, HL, JS, JX, LN, SC, SH, TW, YN, ZJ; ★(NA): CA, US.

飞机草属 Chromolaena

飞机草 **Chromolaena odorata** (L.) R. M. King et H. Rob. 【I, N】♣FLBG, GMG, SCBG, WBG, XLTBG, XMBG, XTBG; ●FJ, GD, GX, HB, HI, JX, YN; ★(NA): MX, US.

Chromolaena sinuata (Lam.) R. M. King et H. Rob. 【I, N】★(NA): AG, CU, DO, HT, LW, MQ, MS, PR.

假臭草属 Praxelis

假臭草 **Praxelis clematidea** R. M. King et H. Rob.

【I, N】 ♣FLBG, XMBG; ●FJ, GD, JX; ★(SA): BO, BR, PE, PY.

南泽兰属 **Austroeupatorium**

南泽兰 **Austroeupatorium inulifolium** (Kunth) R. M. King et H. Rob.【I, N】★(NA): PA, TT; (SA): BR, CO, EC, GY, PE, UY, VE.

泽兰属 **Eupatorium**

大麻叶泽兰 **Eupatorium cannabinum** L. 【I, N】★(AS): CY; (EU): AD, AL, AT, BA, BE, BG, BY, CH, CZ, DE, DK, ES, FI, FR, GB, GR, HR, HU, IS, IT, LU, MC, ME, MK, NL, NO, PL, PT, RO, RS, RU, SE, SI, SK, SM, UA, VA.

多须公 **Eupatorium chinense** L.【N, W/C】♣FBG, FLBG, GA, GXIB, HBG, LBG, SCBG, WBG; ●FJ, GD, GX, HB, JX, ZJ; ★(AS): CN, IN, JP, KP, KR, NP.

恩施泽兰 **Eupatorium enshiensis** Z. E. Zhao 【N, W/C】 ♣WBG; ●HB; ★(AS): CN.

佩兰 **Eupatorium fortunei** Turcz. 【N, W/C】♣GBG, GMG, GXIB, HBG, IBCAS, KBG, NBG, SCBG, WBG, XBG, XLTBG, XMBG, XTBG; ●BJ, FJ, GD, GX, GZ, HB, HI, JS, SC, SN, YN, ZJ; ★(AS): CN, JP, KP, TH, VN.

异叶泽兰 **Eupatorium heterophyllum** DC. 【N, W/C】 ♣GBG, SCBG, WBG, XTBG; ●GD, GZ, HB, SC, YN; ★(AS): CN, NP.

白头婆 **Eupatorium japonicum** Thunb. ex Murray 【N, W/C】 ♣CBG, FBG, FLBG, GA, GBG, GMG, GXIB, HBG, LBG, NBG, SCBG, WBG, XBG, XMBG, ZAFU; ●BJ, FJ, GD, GX, GZ, HB, JS, JX, LN, SC, SH, SN, ZJ; ★(AS): CN, JP, KP, KR.

林泽兰 **Eupatorium lindleyanum** DC. 【N, W/C】 ♣BBG, CBG, FBG, GA, GBG, GMG, HBG, LBG, SCBG, WBG, XBG, XMBG, XTBG; ●BJ, FJ, GD, GX, GZ, HB, JX, SC, SH, SN, YN, ZJ; ★(AS): CN, JP, KP, KR, MM, MN, PH, RU-AS.

小檐泽兰 **Eupatorium parvilimbum** C. Y. Wu【N, W/C】 ♣XTBG; ●YN; ★(AS): CN.

贯叶泽兰（穿叶泽兰）**Eupatorium perfoliatum** L. 【I, C】 ♣BBG; ●BJ; ★(NA): CA, US.

马鞭草泽兰 **Eupatorium rotundifolium** L. 【I, C】 ♣LBG; ●JX; ★(NA): US.

295. 南鼠刺科 ESCALLONIACEAE

多香木属 **Polyosma**

多香木 **Polyosma cambodiana** Gagnep. 【N, W/C】 ♣SCBG, XLTBG, XTBG; ●GD, HI, YN; ★(AS): CN, KH, TH, VN.

桂鼠刺属 **Anopterus**

桂鼠刺 **Anopterus glandulosus** Labill. 【I, C】 ●TW; ★(OC): AU.

南鼠刺属 **Escallonia**

白花南鼠刺 **Escallonia leucantha** Remy 【I, C】 ●TW; ★(SA): CL.

多花南鼠刺 **Escallonia paniculata** (Ruiz et Pav.) Roem. et Schult. 【I, C】 ♣NBG; ●JS; ★(NA): CR; (SA): BO, CO, EC, PE, VE.

粉红南鼠刺 **Escallonia rubra** (Ruiz et Pav.) Pers. 【I, C】 ♣CBG; ●SH, TW; ★(SA): AR, CL.

大花南鼠刺 **Escallonia rubra** var. **macrantha** (Hook. et Arn.) Reiche 【I, C】 ♣CBG; ●SH; ★(SA): AR, CL.

多枝南鼠刺 **Escallonia virgata** (Ruiz et Pav.) Pers. 【I, C】 ●TW; ★(SA): AR, CL.

296. 弯药树科 COLUMELLIACEAE

枸骨黄属 **Desfontainia**

枸骨黄（枸骨叶）**Desfontainia spinosa** Ruiz et Pav. 【I, C】 ●TW; ★(SA): CL, EC, PE.

297. 绒球花科 BRUNIACEAE

绒盏花属 **Staavia**

绒盏花 **Staavia glutinosa** Dahl 【I, C】 ★(AF): ZA.

*辐状绒盏花 **Staavia radiata** (L.) Dahl【I, C】●TW; ★(AF): ZA.

饰球花属　Berzelia

橙黄饰球花 **Berzelia galpinii** Pillans 【I, C】 ●TW; ★(AF): ZA.

绒毛饰球花 **Berzelia lanuginosa** (L.) Brongn. 【I, C】 ●TW; ★(AF): ZA.

绒球花属　Brunia

白球花 **Brunia albiflora** E. Phillips 【I, C】 ●TW; ★(AF): ZA.

298. 五福花科　ADOXACEAE

荚蒾属　Viburnum

枫叶荚蒾 **Viburnum acerifolium** Bong. 【I, C】 ♣BBG, CBG, IBCAS; ●BJ, LN, SH, TW; ★(NA): CA, US.

蓝黑果荚蒾 **Viburnum atrocyaneum** C. B. Clarke 【N, W/C】 ♣CBG, WBG; ●HB, SC, SH; ★(AS): BT, CN, ID, IN, MM, TH.

桦叶荚蒾（湖北荚蒾）**Viburnum betulifolium** Batalin 【N, W/C】 ♣BBG, CBG, CDBG, FBG, GA, HBG, IBCAS, KBG, LBG, SCBG, WBG, XBG, XTBG; ●BJ, FJ, GD, HB, JX, SC, SH, SN, TW, YN, ZJ; ★(AS): CN.

短序荚蒾 **Viburnum brachybotryum** Hemsl. 【N, W/C】 ♣CBG, FBG, NBG, WBG, XTBG; ●FJ, HB, JS, SC, SH, YN; ★(AS): CN.

大苞荚迷 **Viburnum bracteatum** Rehder 【I, C】 ♣IBCAS; ●BJ; ★(NA): US.

短筒荚蒾 **Viburnum brevitubum** (P. S. Hsu) P. S. Hsu 【N, W/C】 ♣WBG; ●HB; ★(AS): CN.

修枝荚蒾 **Viburnum burejaeticum** Regel et Herder 【N, W/C】 ♣CDBG, HBG, HFBG, IAE, IBCAS, NBG, SCBG; ●BJ, GD, HL, JS, LN, SC, XJ, ZJ; ★(AS): CN, KP, KR, MN, RU-AS.

红蕾荚蒾 **Viburnum carlesii** Hemsl. 【N, W/C】 ♣BBG, CBG, GA, IBCAS; ●BJ, JX, SH, TW; ★(AS): CN, JP, KP, KR.

漾濞荚蒾 **Viburnum chingii** P. S. Hsu 【N, W/C】 ♣KBG, WBG; ●HB, YN; ★(AS): CN, MM.

金佛山荚蒾 **Viburnum chinshanense** Graebn. 【N, W/C】 ♣FBG; ●FJ, SC; ★(AS): CN.

金腺荚蒾 **Viburnum chunii** P. S. Hsu 【N, W/C】 ♣HBG, SCBG; ●GD, SC, ZJ; ★(AS): CN.

密花荚蒾 **Viburnum congestum** Rehder 【N, W/C】 ♣KBG, NBG; ●JS, SC, YN; ★(AS): CN.

榛叶荚蒾 **Viburnum corylifolium** Hook. f. et Thomson 【N, W/C】 ♣LBG; ●JX; ★(AS): CN, IN.

伞房荚蒾 **Viburnum corymbiflorum** P. S. Hsu et S. C. Hsu 【N, W/C】 ♣WBG; ●HB, SC; ★(AS): CN.

水红木 **Viburnum cylindricum** Buch.-Ham. ex D. Don 【N, W/C】 ♣CBG, FBG, GA, GBG, HBG, IBCAS, KBG, SCBG, WBG, XTBG; ●BJ, FJ, GD, GZ, HB, JX, SC, SH, YN, ZJ; ★(AS): BT, CN, ID, IN, LK, MM, NP, PK, TH, VN.

粤赣荚蒾 **Viburnum dalzielii** W. W. Sm. 【N, W/C】 ♣SCBG; ●GD; ★(AS): CN.

川西荚蒾 **Viburnum davidii** Franch. 【N, W/C】 ♣CBG, WBG; ●HB, SH, TW; ★(AS): CN.

齿叶荚蒾 **Viburnum dentatum** Thunb. 【I, C】 ♣CBG, HBG, IBCAS; ●BJ, SH, ZJ; ★(NA): CA, US.

荚蒾 **Viburnum dilatatum** Thunb. 【N, W/C】 ♣CBG, CDBG, FBG, GA, HBG, IBCAS, KBG, LBG, NBG, NSBG, WBG, XMBG, ZAFU; ●BJ, CQ, FJ, HB, HE, JS, JX, SC, SH, TW, YN, ZJ; ★(AS): CN, JP, KP, KR.

宜昌荚蒾 **Viburnum erosum** Thunb. 【N, W/C】 ♣CBG, FBG, GBG, HBG, IBCAS, LBG, NBG, WBG, ZAFU; ●BJ, FJ, GZ, HB, JS, JX, SC, SH, ZJ; ★(AS): CN, JP, KP, KR.

红荚蒾 **Viburnum erubescens** Wall. 【N, W/C】 ♣CBG, KBG, WBG, XTBG; ●HB, SH, YN; ★(AS): BT, CN, ID, IN, JP, LK, MM, NP.

香荚蒾 **Viburnum farreri** Stearn 【N, W/C】 ♣BBG, CBG, IBCAS, WBG; ●BJ, HB, LN, SH, TW, XJ, YN; ★(AS): CN.

臭荚蒾 **Viburnum foetidum** Wall. 【N, W/C】 ♣CBG, GBG, SCBG, XTBG; ●GD, GZ, SC, SH, YN; ★(AS): BT, CN, ID, IN, LA, LK, MM, NP, TH.

珍珠荚蒾 **Viburnum foetidum** var. **ceanothoides** (C. H. Wright) Hand.-Mazz. 【N, W/C】 ♣FBG, KBG, WBG, XTBG; ●FJ, HB, SC, YN; ★(AS): CN.

直角荚蒾 **Viburnum foetidum** var. **rectangulatum** Rehder 【N, W/C】 ♣CBG, CDBG, FBG, GBG, HBG, WBG; ●FJ, GZ, HB, SC, SH, ZJ; ★(AS): CN.

南方荚蒾 **Viburnum fordiae** Hance 【N, W/C】

♣CBG, CDBG, FBG, GA, GMG, GXIB, SCBG, WBG, XMBG; ●FJ, GD, GX, HB, JX, SC, SH; ★(AS): CN.

聚花荚蒾 **Viburnum glomeratum** Maxim. 【N, W/C】 ♣BBG, CBG, CDBG, HBG, IBCAS, LBG, NBG, WBG, ZAFU; ●BJ, HB, JS, JX, LN, SC, SH, YN, ZJ; ★(AS): CN, MM.

大花荚蒾 **Viburnum grandiflorum** Wall. ex DC. 【N, W/C】 ♣CBG; ●SH, TW; ★(AS): BT, CN, IN, LK, NP, PK.

海南荚蒾 **Viburnum hainanense** Merr. et Chun 【N, W/C】 ♣GXIB, HBG, SCBG; ●GD, GX, ZJ; ★(AS): CN, VN.

蝶花荚蒾 **Viburnum hanceanum** Maxim. 【N, W/C】 ♣FBG, SCBG; ●FJ, GD; ★(AS): CN, JP.

衡山荚蒾 **Viburnum hengshanicum** Tsiang 【N, W/C】 ♣CBG, HBG, LBG; ●JX, SH, ZJ; ★(AS): CN.

巴东荚蒾 **Viburnum henryi** Hemsl. 【N, W/C】 ♣CBG, FBG, HBG, SCBG, WBG; ●FJ, GD, HB, SC, SH, ZJ; ★(AS): CN.

厚绒荚蒾 **Viburnum inopinatum** Craib 【N, W/C】 ♣XTBG; ●YN; ★(AS): CN, LA, MM, TH, VN.

甘肃荚蒾 **Viburnum kansuense** Batalin 【N, W/C】 ♣IBCAS; ●BJ; ★(AS): CN.

朝鲜荚蒾 **Viburnum koreanum** Nakai 【N, W/C】 ●LN; ★(AS): CN, JP, KP, KR.

披针叶荚蒾 **Viburnum lancifolium** P. S. Hsu 【N, W/C】 ♣GA, HBG; ●JX, ZJ; ★(AS): CN.

绵毛荚蒾 **Viburnum lantana** Wall. ex D. Don 【I, C】 ♣CBG, HBG, IBCAS, NBG, XTBG; ●BJ, HE, JS, LN, SH, YN, ZJ; ★(AS): GE; (EU): AL, AT, BA, BE, BG, CZ, DE, ES, GB, GR, HR, HU, IT, ME, MK, NO, RO, RS, RU, SI.

斑点光果荚蒾 **Viburnum leiocarpum** var. **punctatum** P. S. Hsu 【N, W/C】 ♣KBG; ●YN; ★(AS): CN.

梨叶荚蒾 **Viburnum lentago** Du Roi 【I, C】 ♣IBCAS, NBG; ●BJ, HE, JS; ★(NA): CA, US.

淡黄荚蒾 **Viburnum lutescens** Blume 【N, W/C】 ♣NBG, WBG, XTBG; ●HB, YN; ★(AS): CN, ID, IN, MM, MY, VN.

吕宋荚蒾 **Viburnum luzonicum** Rolfe 【N, W/C】 ♣CBG, CDBG, FBG, HBG, LBG, NBG, TBG, TMNS, WBG, XTBG, ZAFU; ●FJ, HB, JS, JX, SC, SH, TW, YN, ZJ; ★(AS): CN, ID, MY, PH.

绣球荚蒾 **Viburnum macrocephalum** Fortune 【N, W/C】 ♣CBG, CDBG, GXIB, HBG, IBCAS, LBG, NBG, WBG, XBG, XTBG, ZAFU; ●BJ, GX, HB, JS, JX, SC, SH, SN, TW, YN, ZJ; ★(AS): CN.

琼花 **Viburnum macrocephalum** f. **keteleeri** (Carrière) Rehder 【N, W/C】 ♣CBG, FBG, GXIB, HBG, IBCAS, LBG, NBG, WBG, XBG, XTBG, ZAFU; ●BJ, FJ, GX, HB, JS, JX, SC, SH, SN, TW, YN, ZJ; ★(AS): CN.

黑果荚蒾 **Viburnum melanocarpum** Hsu 【N, W/C】 ♣CBG, CDBG, HBG, LBG, WBG, ZAFU; ●HB, JX, SC, SH, ZJ; ★(AS): CN.

蒙古荚蒾 **Viburnum mongolicum** (Pall.) Rehder 【N, W/C】 ♣HFBG, IBCAS; ●BJ, HL, LN; ★(AS): CN, MN, RU-AS.

少毛西域荚蒾 **Viburnum mullaha** var. **glabrescens** (C. B. Clarke) Kitam. 【N, W/C】 ♣IBCAS; ●BJ; ★(AS): BT, CN, IN, NP.

显脉荚蒾 **Viburnum nervosum** Hook. et Arn. 【N, W/C】 ♣CBG, HBG, IBCAS, LBG, NBG, WBG, ZAFU; ●BJ, HB, JS, JX, SC, SH, ZJ; ★(AS): BT, CN, ID, IN, LK, MM, NP, VN.

美国红荚蒾 **Viburnum nudum** L. 【I, C】 ♣CBG; ●HE, SH; ★(NA): CA, US.

山扁豆荚蒾 **Viburnum nudum** var. **cassinoides** (L.) Torr. et A. Gray 【I, C】 ♣BBG, HBG, IBCAS; ●BJ, ZJ; ★(NA): CA, US.

倒卵叶荚蒾 **Viburnum obovatum** Walter 【I, C】 ♣FLBG, KBG, SCBG, WBG, XTBG; ●GD, HB, JX, YN; ★(NA): US.

珊瑚树 **Viburnum odoratissimum** Ker Gawl. 【N, W/C】 ♣CBG, FBG, FLBG, GA, GXIB, HBG, KBG, NBG, SCBG, TBG, TMNS, WBG, XBG, XMBG, XOIG, XTBG, ZAFU; ●BJ, FJ, GD, GX, HB, JS, JX, SC, SH, SN, TW, YN, ZJ; ★(AS): CN, ID, IN, JP, KP, KR, LA, MM, PH, TH, VN.

日本珊瑚树 **Viburnum odoratissimum** var. **awabuki** (K. Koch) Zabel ex Rümpler 【N, W/C】 ♣CDBG, FBG, GXIB, NBG, WBG; ●FJ, GX, HB, JS, SC; ★(AS): CN, JP, KP, KR, PH.

少花荚蒾 **Viburnum oliganthum** Batalin 【N, W/C】 ♣CBG, FBG, SCBG, WBG; ●FJ, GD, HB, SC, SH; ★(AS): CN.

欧洲荚蒾 **Viburnum opulus** L. 【I, C】 ♣BBG, CBG, FBG, GA, IBCAS, NBG, SCBG; ●BJ, FJ, GD, HE, JS, JX, LN, SC, SH, TW, XJ; ★(AS): GE; (EU): AL, AT, BA, BE, BG, CZ, DE, ES, GB, GR, HR, HU, IT, ME, MK, NO, RO, RS, RU, SI.

鸡树条荚蒾 **Viburnum opulus** subsp. **calvescens** (Rehder) Sugim. 【N, W/C】 ♣BBG, CBG, CDBG,

FBG, HBG, HFBG, IBCAS, LBG, NBG, WBG, ZAFU; ●BJ, FJ, HB, HE, HL, JS, JX, LN, SC, SH, XJ, YN, ZJ; ★(AS): CN, JP, KP, KR, MN, RU-AS.

毛脉荚蒾 **Viburnum phlebotrichum** Siebold et Zucc. 【I, C】 ♣HBG; ●ZJ; ★(AS): JP.

粉团 **Viburnum plicatum** Thunb. 【N, W/C】 ♣BBG, CBG, HBG, LBG, NBG, SCBG, ZAFU; ●BJ, GD, HE, JS, JX, SC, SH, TW, ZJ; ★(AS): CN, JP.

蝴蝶戏珠花 **Viburnum plicatum** var. **tomentosum** Miq. 【N, W/C】 ♣BBG, CBG, FBG, GA, HBG, KBG, LBG, NBG, SCBG, WBG, XBG, ZAFU; ●BJ, FJ, GD, HB, JS, JX, SC, SH, SN, YN, ZJ; ★(AS): CN, JP.

球核荚蒾 **Viburnum propinquum** Hemsl. 【N, W/C】 ♣CBG, CDBG, FBG, GXIB, HBG, WBG, ZAFU; ●FJ, GX, HB, SC, SH, ZJ; ★(AS): CN.

狭叶球核荚蒾 **Viburnum propinquum** var. **mairei** W. W. Sm. 【N, W/C】 ♣SCBG, WBG; ●GD, HB; ★(AS): CN.

李叶荚蒾 **Viburnum prunifolium** L. 【I, C】 ♣HBG, IBCAS, NBG; ●BJ, JS, ZJ; ★(NA): US.

鳞斑荚蒾 **Viburnum punctatum** Buch.-Ham. ex D. Don 【N, W/C】 ♣GMG, KBG, SCBG, XTBG; ●GD, GX, SC, YN; ★(AS): BT, CN, ID, IN, KH, LA, MM, NP, TH, VN.

锥序荚蒾 **Viburnum pyramidatum** Rehder 【N, W/C】 ♣KBG; ●YN; ★(AS): CN, VN.

灰棕枝荚迷 **Viburnum rafinesquianum** Schult. 【I, C】 ●HE; ★(NA): US.

平滑荚迷 **Viburnum recognitum** Fernald 【I, C】 ♣IBCAS; ●BJ; ★(NA): US.

皱叶荚蒾 **Viburnum rhytidophyllum** Hemsl. 【N, W/C】 ♣BBG, CBG, FBG, GA, HBG, IBCAS, KBG, LBG, NBG, SCBG, WBG; ●BJ, FJ, GD, HB, JS, JX, LN, SC, SH, TW, YN, ZJ; ★(AS): CN.

绣荚蒾 **Viburnum rufidulum** Raf. 【I, C】 ★(NA): US.

*接骨木荚蒾 **Viburnum sambucinum** Reinw. ex Blume 【I, C】 ♣XTBG; ●YN; ★(AS): ID, IN, MY, PH, SG.

陕西荚蒾 **Viburnum schensianum** Maxim. 【N, W/C】 ♣CBG, FBG, HBG, IBCAS, WBG; ●BJ, FJ, HB, SH, ZJ; ★(AS): CN.

常绿荚蒾 **Viburnum sempervirens** K. Koch 【N, W/C】 ♣CBG, FLBG, GA, GXIB, HBG, LBG, SCBG, WBG, XLTBG, XTBG; ●GD, GX, HB, HI, JX, SH, YN, ZJ; ★(AS): CN.

具毛常绿荚蒾 **Viburnum sempervirens** var. **trichophorum** Hand.-Mazz. 【N, W/C】 ♣CBG, FBG, HBG, LBG, NBG, ZAFU; ●FJ, JS, JX, SH, ZJ; ★(AS): CN.

茶荚蒾 **Viburnum setigerum** Hance 【N, W/C】 ♣CBG, FBG, GBG, HBG, IBCAS, LBG, NBG, NSBG, WBG, ZAFU; ●BJ, CQ, FJ, GZ, HB, JS, JX, SC, SH, ZJ; ★(AS): CN.

合轴荚蒾 **Viburnum sympodiale** Graebn. 【N, W/C】 ♣LBG, WBG; ●HB, JX; ★(AS): CN.

台东荚蒾 **Viburnum taitoense** Hayata 【N, W/C】 ♣GXIB; ●GX; ★(AS): CN.

腾越荚蒾 **Viburnum tengyuehense** (W. W. Sm.) P. S. Hsu 【N, W/C】 ♣KBG; ●YN; ★(AS): CN, MM.

三叶荚蒾 **Viburnum ternatum** Rehder 【N, W/C】 ♣CBG, FBG, WBG; ●FJ, HB, SC, SH; ★(AS): CN.

地中海荚蒾 **Viburnum tinus** L. 【I, C】 ♣BBG, CBG, FBG, GA, KBG, NBG, SCBG, ZAFU; ●AH, BJ, FJ, GD, JS, JX, SC, SH, TW, YN, ZJ; ★(EU): AL, BA, ES, FR, GR, HR, IT, MC, ME, MK, RS, SI.

三脉叶荚蒾 **Viburnum triplinerve** Hand.-Mazz. 【N, W/C】 ♣GXIB; ●GX; ★(AS): CN.

壶花荚蒾 **Viburnum urceolatum** Siebold et Zucc. 【N, W/C】 ♣HBG, WBG; ●HB, ZJ; ★(AS): CN, JP.

烟管荚蒾 **Viburnum utile** Hemsl. 【N, W/C】 ♣CBG, CDBG, FBG, GBG, HBG, IBCAS, KBG, NBG, WBG; ●BJ, FJ, GZ, HB, JS, SC, SH, YN, ZJ; ★(AS): CN.

浙皖荚蒾 **Viburnum wrightii** Miq. 【N, W/C】 ♣IBCAS; ●BJ; ★(AS): CN, JP, KP, KR, MN, RU-AS.

接骨木属 Sambucus

血满草 **Sambucus adnata** Wall. ex DC. 【N, W/C】 ♣FBG, IBCAS, WBG; ●BJ, FJ, HB, SC; ★(AS): BT, CN, IN.

澳洲接骨木 **Sambucus australasica** (Lindl.) Fritsch 【I, C】 ♣IBCAS, XTBG; ●BJ, YN; ★(OC): AU, PG.

南美接骨木 **Sambucus australis** Cham. et Schltdl. 【I, C】 ★(SA): BO, BR, CO, GY, PY, VE.

加拿大接骨木（美洲接骨木）**Sambucus canadensis** L. 【I, C】 ♣BBG, CBG, IBCAS, NBG, XBG, XTBG; ●BJ, HE, JS, LN, SC, SH, SN, TW, YN;

★(NA): CA, US.

矮接骨木 **Sambucus ebulus** L. 【I, C】 ♣IBCAS, NBG, XTBG; ●BJ, JS, YN; ★(AF): DZ, EG, LY, MA, SD, TN; (AS): AM, AZ, BH, CY, GE, IL, IQ, IR, JO, KW, LB, PS, QA, SA, SY, TR, YE; (EU): AL, AT, BA, BE, BG, BY, CZ, DE, ES, GB, GR, HR, HU, IT, LU, ME, MK, NL, PL, RO, RS, RU, SI, TR.

白果接骨木 **Sambucus gaudichaudiana** DC. 【I, C】 ★(OC): AU.

接骨草 **Sambucus javanica** Blume 【N, W/C】 ♣BBG, CBG, FBG, GA, GBG, GMG, GXIB, HBG, IBCAS, KBG, LBG, NBG, NSBG, SCBG, TBG, TMNS, WBG, XBG, XMBG, XTBG, ZAFU; ●BJ, CQ, FJ, GD, GX, GZ, HB, JS, JX, SC, SH, SN, TW, YN, ZJ; ★(AS): BT, CN, ID, IN, JP, LA, LK, MM, MY, PH, TH, VN.

西洋接骨木 **Sambucus nigra** L. 【I, C】 ♣CBG, FBG, HBG, IBCAS, LBG, NBG, SCBG, XMBG; ●BJ, FJ, GD, HE, JS, JX, SD, SH, TW, ZJ; ★(AF): MA; (AS): GE, SA; (EU): AL, AT, BA, BE, BG, BY, CZ, DE, ES, GB, GR, HR, HU, IT, LU, ME, MK, NL, PL, RO, RS, RU, SI, TR.

加那利接骨木 **Sambucus palmensis** Link 【I, C】 ★(AF): ES-CS.

秘鲁黑接骨木 **Sambucus peruviana** Kunth 【I, C】 ★(SA): PE.

短毛接骨木 **Sambucus pubens** Michx. 【I, C】 ♣HBG, IBCAS, NBG; ●BJ, HE, JS, ZJ; ★(NA): US.

总序接骨木 **Sambucus racemosa** L. 【I, C】 ♣FBG, IBCAS; ●BJ, FJ; ★(AS): GE, MN, RU-AS, SA; (EU): AL, AT, BA, BE, BG, BY, CZ, DE, ES, GB, GR, HR, HU, IT, LU, ME, MK, NL, PL, RO, RS, RU, SI, TR; (NA): CA, US.

西伯利亚接骨木 **Sambucus sibirica** Nakai 【N, W/C】 ♣IBCAS; ●BJ, XJ; ★(AS): CN, MN, RU-AS; (EU): RU.

无梗接骨木 **Sambucus sieboldiana** (Miq.) Blume ex Graebn. 【I, C】 ♣HBG, IBCAS, NBG, XMBG; ●BJ, FJ, JS, ZJ; ★(AS): JP, KR.

高加索接骨木 **Sambucus tigranii** Troitsky 【I, C】 ♣CBG, IBCAS; ●BJ, SH; ★(AS): AM, AZ, GE, IR, RU-AS, TR; (EU): UA.

绒毛接骨木 **Sambucus velutina** Durand et Hilg. 【I, C】 ★(NA): US.

接骨木 **Sambucus williamsii** Hance 【N, W/C】 ♣BBG, CBG, CDBG, FBG, GA, GBG, GMG, GXIB, HBG, HFBG, IBCAS, LBG, NBG, SCBG, TDBG, WBG, XMBG; ●BJ, FJ, GD, GX, GZ, HB, HL, JS, JX, LN, SC, SH, TW, XJ, YN, ZJ; ★(AS): CN, MN, VN.

299. 忍冬科 CAPRIFOLIACEAE

黄锦带属 Diervilla

亮黄锦带 **Diervilla × splendens** Carrière 【I, C】 ♣CBG, IBCAS; ●BJ, SH; ★(NA): US.

黄锦带（加拿大黄锦带）**Diervilla lonicera** Mill. 【I, C】 ♣HBG, IBCAS, NBG; ●BJ, HE, JS, LN, ZJ; ★(NA): CA, US.

河岸黄锦带（山地黄锦带）**Diervilla rivularis** Gatt. 【I, C】 ♣IBCAS, NBG; ●BJ, JS; ★(NA): US.

无柄黄锦带 **Diervilla sessilifolia** Buckley 【I, C】 ♣CBG, IBCAS; ●BJ, HE, SH; ★(NA): US.

锦带花属 Weigela

海仙花 **Weigela coraeensis** Thunb. 【I, C】 ♣BBG, CBG, CDBG, HBG, IBCAS, KBG, LBG, NBG, NSBG, WBG, ZAFU; ●BJ, CQ, HB, JS, JX, LN, SC, SH, XJ, YN, ZJ; ★(AS): JP, KR.

美丽锦带花 **Weigela decora** (Nakai) Nakai 【I, C】 ♣CBG; ●LN, SH; ★(AS): JP.

路边花（白马桑）**Weigela floribunda** C. A. Mey. 【I, C】 ♣IBCAS, ZAFU; ●BJ, ZJ; ★(AS): JP.

锦带花 **Weigela florida** (Bunge) A. DC. 【N, W/C】 ♣BBG, CBG, CDBG, FBG, GA, GXIB, HBG, HFBG, IBCAS, KBG, NBG, SCBG, XBG, XMBG; ●AH, BJ, FJ, GD, GX, HL, JL, JS, JX, LN, NX, SC, SH, SN, SX, TW, XJ, YN, ZJ; ★(AS): CN, JP, KP, KR, MN; (OC): NZ.

*栽培锦带花 **Weigela hortensis** C. A. Mey. 【I, C】 ♣IBCAS, XTBG; ●BJ, TW, YN; ★(AS): JP.

日本锦带花 **Weigela japonica** Thunb. 【N, W/C】 ♣CBG, IBCAS; ●BJ, LN, SH, ZJ; ★(AS): CN, JP, KP, KR.

半边月（水马桑）**Weigela japonica** var. **sinica** (Rehder) L. H. Bailey 【N, W/C】 ♣CBG, FBG, GBG, HBG, LBG, NBG, SCBG, WBG, ZAFU; ●FJ, GD, GZ, HB, JS, JX, SC, SH, ZJ; ★(AS): CN, JP.

远东锦带花 **Weigela middendorffiana** C. Koch 【I, C】 ♣BBG, CBG; ●BJ, SH, TW; ★(AS): JP, RU-AS.

早锦带花 **Weigela praecox** (Lemoine) Bailey 【I,

C】 ♣HFBG, IBCAS; ●BJ, HL, LN; ★(AS): JP, KR, RU-AS.

短梗锦带花 **Weigela subsessilis** (Nakai) L. H. Bailey 【I, C】 ♣IBCAS; ●BJ, HE; ★(AS): KR.

七子花属 Heptacodium

七子花 **Heptacodium miconioides** Rehder 【N, W/C】 ♣CBG, GA, HBG, IBCAS, KBG, LBG, NBG, WBG, ZAFU; ●BJ, HB, JS, JX, SH, TW, YN, ZJ; ★(AS): CN.

莛子藨属 Triosteum

穿心莛子藨 **Triosteum himalayanum** Wall. 【N, W/C】 ♣KBG; ●SC, YN; ★(AS): BT, CN, IN, LK, NP.

莛子藨 **Triosteum pinnatifidum** Maxim. 【N, W/C】 ♣WBG, XBG, XTBG; ●HB, SN, YN; ★(AS): CN, JP.

腋花莛子藨 **Triosteum sinuatum** Maxim. 【N, W/C】 ♣IBCAS; ●BJ; ★(AS): CN, JP, KR, MN, RU-AS.

忍冬属 Lonicera

美丽忍冬 **Lonicera × bella** Zabel 【I, C】 ♣HBG, IBCAS, NBG; ●BJ, JS, LN, ZJ; ★(NA): US.

布朗忍冬 **Lonicera × brownii** (Regel) Carrière 【I, C】 ♣BBG, CBG, IBCAS; ●BJ, SH, TW; ★(NA): US.

京红久忍冬 **Lonicera × heckrottii** Rehder 【I, C】 ♣BBG, CBG, IBCAS, NBG, XMBG, ZAFU; ●BJ, FJ, JS, LN, SH, TW, ZJ; ★(NA): US.

台尔曼忍冬 **Lonicera × tellmanniana** Magyar ex H. L. Späth 【I, C】 ♣CBG, HFBG, IBCAS; ●BJ, HL, LN, SH, TW; ★(NA): US.

淡红忍冬 **Lonicera acuminata** Wall. 【N, W/C】 ♣BBG, CBG, GBG, HBG, IBCAS, KBG, LBG, NBG, SCBG, WBG; ●BJ, GD, GZ, HB, JS, JX, SC, SH, YN, ZJ; ★(AS): BT, CN, ID, IN, JP, LK, MM, NP, PH.

西南忍冬 **Lonicera bournei** Hemsl. 【N, W/C】 ♣XTBG; ●YN; ★(AS): CN, MM.

蓝果忍冬(蓝靛果)**Lonicera caerulea** L. 【N, W/C】 ♣BBG, FBG, HFBG, IBCAS; ●BJ, CQ, FJ, HL, LN, NM, TW, XJ, YN; ★(AS): CN, GE, JP, KP, KR, MN, RU-AS; (EU): AL, AT, BA, BG, CZ, DE, ES, FI, HR, IT, ME, MK, NO, RO, RS, RU, SI.

加拿大忍冬 **Lonicera canadensis** W. Bartram ex Marshall 【I, C】 ♣IBCAS, NBG; ●BJ, JS; ★(NA): CA, US.

羊叶忍冬(蔓生盘叶忍冬)**Lonicera caprifolia** L. 【I, C】 ♣CBG; ●SH; ★(EU): CH, GB, IT, NL.

金花忍冬 **Lonicera chrysantha** Turcz. ex Ledeb. 【N, W/C】 ♣CBG, HFBG, IBCAS, NBG, SCBG, TDBG, WBG; ●BJ, GD, HB, HL, JS, LN, SH, XJ, YN; ★(AS): CN, JP, KP, KR, MN, RU-AS.

须蕊忍冬 **Lonicera chrysantha** var. **koehneana** (Rehder) Q. E. Yang, Landrein, Borosova et J. Osborne 【N, W/C】 ♣KBG, SCBG; ●GD, YN; ★(AS): CN.

北美橙色忍冬 **Lonicera ciliosa** Hook. et Arn. 【I, C】 ♣IBCAS; ●BJ; ★(NA): CA, US.

华南忍冬 **Lonicera confusa** (Sweet) DC. 【N, W/C】 ♣FLBG, GMG, IBCAS, SCBG, XMBG; ●BJ, FJ, GD, GX, JX, SC; ★(AS): CN, IN, NP, VN.

匍匐忍冬 **Lonicera crassifolia** Batalin 【N, W/C】 ♣WBG; ●HB; ★(AS): CN.

弱枝忍冬 **Lonicera demissa** Rehder 【I, C】 ♣IBCAS; ●BJ; ★(AS): JP.

亮绿忍冬 **Lonicera dioica** var. **glaucescens** (Rydb.) Butters 【I, C】 ♣SCBG; ●GD; ★(NA): US.

东方忍冬 **Lonicera dioica** var. **orientalis** Gleason 【I, C】 ♣BBG, HBG, IBCAS, NBG; ●BJ, JS, ZJ; ★(NA): US.

北京忍冬 **Lonicera elisae** Franch. 【N, W/C】 ♣CBG, IBCAS, WBG; ●BJ, HB, SH; ★(AS): CN.

意大利忍冬 **Lonicera etrusca** Santi 【I, C】 ♣HBG, IBCAS; ●BJ, ZJ; ★(AF): MA; (AS): SA; (EU): AL, BA, BG, DE, ES, GR, HR, IT, LU, ME, MK, RS, RU, SI, TR.

葱皮忍冬 **Lonicera ferdinandi** Franch. 【N, W/C】 ♣BBG, CBG, HFBG, IAE, IBCAS, TDBG, WBG, XBG, XTBG; ●BJ, HB, HL, LN, SH, SN, XJ, YN; ★(AS): CN, KP, KR, MN.

锈毛忍冬 **Lonicera ferruginea** Rehder 【N, W/C】 ♣FBG, SCBG, XTBG; ●FJ, GD, YN; ★(AS): CN, IN, MM, TH.

橙黄忍冬 **Lonicera flava** Sims 【I, C】 ♣NBG; ●JS; ★(NA): US.

多花忍冬 **Lonicera floribunda** Boiss. et Buhse 【I, C】 ♣IBCAS; ●BJ; ★(AS): TM.

郁香忍冬(樱桃忍冬)**Lonicera fragrantissima** Lindl.

et Paxton【N, W/C】♣BBG, CBG, HBG, IBCAS, LBG, NBG, SCBG, WBG; ●BJ, GD, HB, HE, JS, JX, LN, SH, TW, YN, ZJ; ★(AS): CN.

苦糖果 **Lonicera fragrantissima** var. **lancifolia** (Rehder) Q. E. Yang【N, W/C】♣CBG, HBG, WBG, ZAFU; ●HB, SH, ZJ; ★(AS): CN.

蕊被忍冬 **Lonicera gynochlamydea** Hemsl.【N, W/C】♣BBG, IBCAS, NBG, WBG; ●BJ, HB, JS; ★(AS): CN.

大果忍冬 **Lonicera hildebrandiana** Collett et Hemsl.【N, W/C】♣CBG, XTBG; ●SH, YN; ★(AS): CN, MM, TH.

刚毛忍冬 **Lonicera hispida** Pall. ex Roem. et Schult.【N, W/C】♣CBG, IBCAS; ●BJ, SH, XJ; ★(AS): BT, CN, ID, IN, LK, MM, MN, RU-AS.

矮小忍冬 **Lonicera humilis** Kar. et Kir.【N, W/C】♣IBCAS; ●BJ, XJ; ★(AS): AF, CN, CY, KG, KZ, TJ.

菰腺忍冬 **Lonicera hypoglauca** Miq.【N, W/C】♣CBG, FBG, GBG, GMG, LBG, SCBG, XTBG; ●FJ, GD, GX, GZ, JX, SH, YN; ★(AS): CN, JP, NP.

波斯忍冬 **Lonicera iberica** M. Bieb.【I, C】♣NBG; ●JS; ★(AS): GE.

内皱忍冬 **Lonicera implexa** Aiton【I, C】♣IBCAS; ●BJ; ★(AF): MA; (AS): SA; (EU): AL, BA, BY, DE, ES, FR, GR, HR, IT, LU, ME, MK, RS, SI.

总苞忍冬 **Lonicera involucrata** (Richardson) Banks ex Spreng.【I, C】♣BBG, HBG, IBCAS; ●BJ, ZJ; ★(NA): CA, MX, US.

勒德布尔总苞忍冬 **Lonicera involucrata** var. **ledebourii** (Eschsch.) Jeps.【I, C】●TW; ★(NA): US.

忍冬 **Lonicera japonica** Thunb.【N, W/C】♣BBG, CBG, CDBG, FBG, FLBG, GA, GBG, GXIB, HBG, HFBG, IBCAS, KBG, LBG, MDBG, NBG, SCBG, TBG, TDBG, TMNS, WBG, XBG, XLTBG, XMBG, XTBG, ZAFU; ●AH, BJ, FJ, GD, GS, GX, GZ, HB, HI, HL, JS, JX, LN, SC, SD, SH, SN, TW, XJ, YN, ZJ; ★(AS): CN, ID, JP, KP, KR, MM, SG; (OC): AU, NZ.

红白忍冬 **Lonicera japonica** var. **chinensis** (P. Watson) Baker【N, W/C】♣BBG, GXIB, IAE, IBCAS, LBG, NBG, XMBG; ●BJ, FJ, GX, JS, JX, LN; ★(AS): CN.

蓝叶忍冬 **Lonicera korolkowii** Stapf【I, C】♣HFBG, IBCAS, NBG; ●BJ, HL, JS, LN, SC; ★(AS): TR.

扎贝尔蓝叶忍冬 **Lonicera korolkowii** var. **zabelii** (Rehder) Rehder【I, C】♣CBG, IBCAS; ●BJ, SH; ★(AS): TR.

女贞叶忍冬 **Lonicera ligustrina** Wall.【N, W/C】♣CBG, FBG, SCBG, TDBG, WBG; ●FJ, GD, HB, SH, XJ; ★(AS): BT, CN, ID, IN, JP, LK, NP.

蕊帽忍冬 **Lonicera ligustrina** var. **pileata** (Oliv.) Franch.【N, W/C】♣BBG, CBG, FBG, IBCAS, NBG, WBG, XTBG; ●BJ, FJ, HB, JS, NX, SC, SH, TW, YN; ★(AS): CN.

亮叶忍冬 **Lonicera ligustrina** var. **yunnanensis** Franch.【N, W/C】♣BBG, CBG, GA, NBG, ZAFU; ●AH, BJ, HE, JS, JX, SH, TW, YN, ZJ; ★(AS): CN.

金银忍冬 **Lonicera maackii** (Rupr.) Maxim.【N, W/C】♣BBG, CBG, GA, HBG, HFBG, IBCAS, KBG, MDBG, NBG, TDBG, WBG, XBG, XMBG, XTBG; ●BJ, FJ, GS, HB, HL, JS, JX, LN, SC, SH, SN, TW, XJ, YN, ZJ; ★(AS): CN, JP, KP, KR, MN, RU-AS.

大花忍冬 **Lonicera macrantha** (D. Don) Spreng.【N, W/C】♣CBG, GMG, IAE, KBG, NBG, SCBG, TDBG, WBG, XMBG, XTBG; ●FJ, GD, GX, HB, JS, LN, SC, SH, XJ, YN; ★(AS): BT, CN, IN, LK, MM, NP.

紫花忍冬 **Lonicera maximowiczii** (Rupr.) Regel【N, W/C】♣BBG, HFBG, IBCAS, NBG; ●BJ, HL, JS, LN; ★(AS): CN, JP, KP, KR, MN, RU-AS.

小叶忍冬 **Lonicera microphylla** Willd. ex Schult.【N, W/C】♣HFBG, IBCAS; ●BJ, HL, LN, XJ; ★(AS): AF, CN, ID, IN, KG, KZ, MN, PK, RU-AS.

下江忍冬（短梗忍冬、庐山忍冬）**Lonicera modesta** Rehder【N, W/C】♣CBG, GA, HBG, LBG, NBG, SCBG, TDBG, WBG, ZAFU; ●GD, HB, JS, JX, SH, XJ, ZJ; ★(AS): CN.

短尖忍冬 **Lonicera mucronata** Rehder【N, W/C】♣FBG; ●FJ; ★(AS): CN.

黑果忍冬 **Lonicera nigra** L.【N, W/C】♣CBG, IBCAS; ●BJ, SH; ★(AS): BT, CN, GE, IN, KP, KR, NP; (EU): AT, BA, BG, CZ, DE, ES, GR, HR, HU, IT, ME, MK, PL, RO, RS, RU, SI.

铜钱叶忍冬 **Lonicera nummulariifolia** Jaub. et Spach【I, C】♣IBCAS; ●BJ; ★(AS): IQ, IR, RU-AS, TR; (EU): GR, HR.

奥尔忍冬 **Lonicera olgae** Regel et Schmalh.【N, W/C】♣IBCAS; ●BJ; ★(AS): CN, RU-AS, TR.

香忍冬 **Lonicera periclymenum** L.【I, C】♣BBG, CBG, GA, HBG, IBCAS, LBG; ●BJ, JX, SH, TW,

ZJ; ★(AS): CY; (EU): AD, AL, AT, BA, BE, BG, BY, CH, CZ, DK, ES, FI, FR, GB, GR, HR, HU, IS, IT, LU, MC, ME, MK, NL, NO, PL, PT, RO, RS, RU, SE, SI, SK, SM, UA, VA.

早花忍冬 **Lonicera praeflorens** Batalin 【N, W/C】 ♣HFBG, IBCAS, SCBG; ●BJ, GD, HL, LN; ★(AS): CN, JP, KP, KR, MN, RU-AS.

葡萄牙忍冬 **Lonicera pyrenaica** L. 【I, C】 ♣IBCAS; ●BJ; ★(EU): ES, FR, GR, PT.

多枝忍冬 **Lonicera ramosissima** Franch. et Sav. ex Maxim. 【I, C】 ♣HBG, IBCAS, NBG; ●BJ, JS, ZJ; ★(AS): JP.

*网脉忍冬（皱叶忍冬）**Lonicera reticulata** Champ. 【N, W/C】 ♣FBG, IBCAS, SCBG, WBG, XMBG; ●BJ, FJ, GD, HB; ★(AS): CN.

红花岩生忍冬 **Lonicera rupicola** var. **syringantha** (Maxim.) Zabel 【N, W/C】 ♣CDBG, MDBG; ●GS, SC; ★(AS): CN, IN.

长白忍冬 **Lonicera ruprechtiana** Regel 【N, W/C】 ♣HBG, HFBG, IBCAS, NBG, TDBG, XTBG; ●BJ, HL, JS, LN, XJ, YN, ZJ; ★(AS): CN, KP, KR, MN, RU-AS.

贯月忍冬 **Lonicera sempervirens** L. 【I, C】 ♣IAE, IBCAS, KBG, SCBG, XMBG; ●BJ, FJ, GD, HE, LN, TW, XJ, YN; ★(NA): US.

细毡毛忍冬 **Lonicera similis** Hemsl. 【N, W/C】 ♣CBG, GBG, GXIB, IBCAS, SCBG, TDBG, WBG; ●BJ, GD, GX, GZ, HB, SC, SH, XJ; ★(AS): CN, MM.

冠果忍冬 **Lonicera stephanocarpa** Franch. 【N, W/C】 ♣IBCAS, KBG, NBG, WBG; ●BJ, HB, JS, YN; ★(AS): CN, JP.

单花忍冬 **Lonicera subhispida** Nakai 【N, W/C】 ●LN; ★(AS): CN, KP, KR, RU-AS.

唐古特忍冬 **Lonicera tangutica** Maxim. 【N, W/C】 ♣CBG, IBCAS, KBG, WBG; ●BJ, HB, SH, YN; ★(AS): CN.

新疆忍冬 **Lonicera tatarica** L. 【N, W/C】 ♣BBG, CBG, HFBG, IBCAS, NBG, WBG; ●BJ, HB, HE, HL, JS, LN, SH, SN, TW, XJ; ★(AS): CN, GE, JP, KG, KP, KR, MN, RU-AS; (EU): AT, CZ, DE, ES, HU, NL, RO, RU.

淡黄新疆忍冬 **Lonicera tatarica** var. **morrowii** (A. Gray) Q. E. Yang, Landrein, Borosova et J. Osborne 【N, W/C】 ♣HBG, IBCAS, NBG, SCBG; ●BJ, GD, JS, ZJ; ★(AS): CN, JP, KP, KR.

华北忍冬 **Lonicera tatarinowii** Maxim. 【N, W/C】 ♣HFBG; ●HL, LN; ★(AS): CN, JP, MN.

盘叶忍冬 **Lonicera tragophylla** Hemsl. 【N, W/C】 ♣BBG, CBG, HBG, IBCAS, KBG, WBG, XBG; ●BJ, HB, LN, SC, SH, SN, YN, ZJ; ★(AS): CN.

毛花忍冬 **Lonicera trichosantha** Bureau et Franch. 【N, W/C】 ♣HFBG, IBCAS, NBG; ●BJ, HL, JS; ★(AS): CN, MM.

长叶毛花忍冬 **Lonicera trichosantha** var. **deflexicalyx** (Batalin) P. S. Hsu et H. J. Wang 【N, W/C】 ♣IBCAS, WBG; ●BJ, HB; ★(AS): CN.

华西忍冬 **Lonicera webbiana** Wall. ex DC. 【N, W/C】 ♣CBG, HBG, IBCAS, LBG, NBG; ●BJ, JS, JX, SH, ZJ; ★(AS): AF, BT, CN, GE, IN, LK, RU-AS; (EU): AL, AT, BA, CZ, DE, ES, GR, HR, IT, ME, MK, RO, RS, SI.

硬骨忍冬 **Lonicera xylosteum** L. 【I, C】 ♣CBG, HBG, IBCAS; ●BJ, SH, TW, ZJ; ★(AS): GE, RU-AS; (EU): AL, AT, BA, BE, BG, CH, CZ, DE, ES, FI, FR, GB, GR, HR, HU, IT, ME, MK, NL, NO, PL, RO, RS, RU, SI.

鬼吹箫属 Leycesteria

鬼吹箫 **Leycesteria formosa** Wall. 【N, W/C】 ♣BBG, CBG, GBG, IBCAS, KBG, NBG, SCBG, XTBG; ●BJ, GD, GZ, JS, SC, SH, TW, YN; ★(AS): BT, CN, ID, IN, LK, MM, NP.

毛核木属 Symphoricarpos

匍枝毛核木 **Symphoricarpos × chenaultii** Rehder 【I, C】 ♣BBG, CBG, IBCAS; ●BJ, SH; ★(NA): US.

杜勒布毛核木 **Symphoricarpos × doorenbosii** 【I, C】 ♣BBG, CBG; ●BJ, SH, TW; ★(NA): US.

白毛核木（白雪果）**Symphoricarpos albus** (L.) S. F. Blake 【I, C】 ♣NBG; ●HE, JS, LN, TW; ★(NA): CA, US.

光滑白雪果 **Symphoricarpos albus** subsp. **laevigatus** (Fernald) Hultén 【I, C】 ♣CBG; ●SH; ★(NA): US.

匍地雪果 **Symphoricarpos mollis** subsp. **hesperius** (G. N. Jones) Abrams ex R. S. Ferris 【I, C】 ♣NBG; ●JS; ★(NA): US.

西方毛核木（狼莓）**Symphoricarpos occidentalis** Hook. 【I, C】 ♣IBCAS, NBG; ●BJ, JS, TW; ★(NA): CA, US.

圆果毛核木（红雪果）**Symphoricarpos orbiculatus** Moench 【I, C】 ♣BBG, CBG, HBG, IBCAS, NBG; ●BJ, JS, LN, SH, TW, ZJ; ★(NA): US.

山地雪果 **Symphoricarpos rotundifolius** var. **oreophilus** (A. Gray) M. E. Jones 【I, C】 ♣IBCAS, NBG; ●BJ, JS; ★(NA): US.

毛核木 **Symphoricarpos sinensis** Rehder 【N, W/C】 ♣KBG; ●YN; ★(AS): CN.

糯米条属 Abelia

大花糯米条（大花六道木）**Abelia × grandiflora** (Rovelli ex André) Rehder 【I, C】 ♣BBG, CBG, FBG, GA, HBG, XMBG, ZAFU; ●AH, BJ, FJ, JX, SC, SH, ZJ; ★(EU): FR.

糯米条 **Abelia chinensis** R. Br. 【N, W/C】 ♣BBG, CBG, CDBG, GA, GXIB, HBG, IBCAS, KBG, LBG, NBG, WBG, XMBG, XTBG; ●BJ, FJ, GX, HB, JS, JX, LN, SC, SH, YN, ZJ; ★(AS): CN, JP.

多花糯米条（大花六道木）**Abelia floribunda** (M. Martens et Galeotti) Decne. 【I, C】 ♣BBG; ●BJ; ★(NA): MX.

二翅糯米条 **Abelia macrotera** (Graebn. et Bruchw.) Rehder 【N, W/C】 ♣FBG; ●FJ; ★(AS): CN.

香糯米条（大花六道木）**Abelia mosanensis** I. C. Chung ex Nakai 【I, C】 ♣CBG, IBCAS; ●BJ, SH; ★(AS): KR.

蓪梗花 **Abelia uniflora** R. Br. 【N, W/C】 ♣CBG, FBG, GA, GBG, HBG, KBG, WBG, XTBG; ●FJ, GZ, HB, JX, SC, SH, TW, YN, ZJ; ★(AS): CN.

猬实属 Kolkwitzia

猬实（蝟实）**Kolkwitzia amabilis** Graebn. 【N, W/C】 ♣BBG, CBG, CDBG, FBG, FLBG, HBG, HFBG, IBCAS, KBG, NBG, WBG; ●BJ, FJ, GD, HA, HB, HL, JS, JX, LN, SC, SH, TW, XJ, YN, ZJ; ★(AS): CN.

双盾木属 Dipelta

双盾木 **Dipelta floribunda** Maxim. 【N, W/C】 ♣IBCAS, WBG; ●BJ, HB, TW; ★(AS): CN.

云南双盾木 **Dipelta yunnanensis** Franch. 【N, W/C】 ♣KBG; ●SC, TW, YN; ★(AS): CN.

六道木属 Zabelia

六道木 **Zabelia biflora** (Turcz.) Makino 【N, W/C】 ♣BBG, HFBG, IBCAS, NBG, NSBG, WBG; ●BJ, CQ, HB, HL, JS, LN, SC, TW, YN; ★(AS): CN, KR.

南方六道木 **Zabelia dielsii** (Graebn.) Makino 【N, W/C】 ♣CBG, FBG, HBG, IBCAS, LBG, NBG, WBG, ZAFU; ●BJ, FJ, HB, JS, JX, SH, ZJ; ★(AS): CN, KP, KR.

三花六道木 **Zabelia triflora** (R. Br.) Makino 【N, W/C】 ♣IBCAS; ●BJ, TW; ★(AS): CN.

刺续断属 Acanthocalyx

刺续断（刺参）**Acanthocalyx nepalensis** (D. Don) M. J. Cannon 【N, W/C】 ●YN; ★(AS): CN, IN, MM, NP.

大花刺续断（大花刺参）**Acanthocalyx nepalensis** subsp. **delavayi** (Franch.) D. Y. Hong 【N, W/C】 ●YN; ★(AS): CN.

刺参属 Morina

长叶刺参 **Morina longifolia** Wall. 【N, W/C】 ♣KBG, XTBG; ●YN; ★(AS): BT, CN, IN, LK, NP, PK, RU-AS.

败酱属 Patrinia

异叶败酱（墓头回）**Patrinia heterophylla** Bunge 【N, W/C】 ♣BBG, GA, GMG, HBG, LBG, WBG, XBG; ●BJ, GX, HB, JX, SN, ZJ; ★(AS): CN, MN, RU-AS.

少蕊败酱 **Patrinia monandra** C. B. Clarke 【N, W/C】 ♣HBG, LBG, WBG, ZAFU; ●HB, JX, ZJ; ★(AS): BT, CN, IN, JP, LK, NP, RU-AS.

岩败酱 **Patrinia rupestris** (Pall.) Dufr. 【N, W/C】 ♣LBG; ●HL, JX; ★(AS): CN, JP, KR, MN, RU-AS.

败酱 **Patrinia scabiosifolia** Fisch. ex Trevir. 【N, W/C】 ♣CBG, FBG, GA, GBG, GMG, GXIB, HBG, KBG, LBG, NBG, SCBG, WBG, XMBG, XTBG, ZAFU; ●BJ, FJ, GD, GX, GZ, HB, JS, JX, LN, SC, SH, TW, YN, ZJ; ★(AS): CN, JP, KR, MN, RU-AS.

糙叶败酱 **Patrinia scabra** Bunge 【N, W/C】 ♣BBG; ●BJ; ★(AS): CN, RU-AS.

秀苞败酱 **Patrinia speciosa** Hand.-Mazz. 【N, W/C】 ♣WBG; ●HB; ★(AS): CN, RU-AS.

白花败酱 **Patrinia villosa** (Thunb.) Juss. 【N, W/C】 ♣CBG, FBG, GA, GMG, HBG, KBG, LBG, NSBG, SCBG, WBG, XMBG, ZAFU; ●CQ, FJ, GD, GX, HB, JX, LN, SC, SH, YN, ZJ; ★(AS): CN, JP, KP, KR, RU-AS.

甘松属 Nardostachys

甘松 **Nardostachys jatamansi** (D. Don) DC. 【N, W/C】♣KBG; ●YN; ★(AS): BT, CN, ID, IN, LK, MM, NP.

歧缬草属 Valerianella

歧缬草(野苣菜、莴苣歧缬草、莴苣缬草)**Valerianella locusta** (L.) Betcke 【I, C】 ●SH, TW, YN; ★(AF): DZ, EG, LY, MA, TN; (AS): LB, PS, SY, TR; (EU): AL, BA, ES, FR, GR, HR, IT, MC, ME, MK, RS, SI.

距缬草属 Centranthus

距药草（距缬草）**Centranthus ruber** (L.) DC. 【I, C】 ♣NBG, SCBG, XTBG; ●BJ, GD, JS, YN; ★(AF): DZ, EG, LY, MA, TN; (AS): LB, PS, SY, TR; (EU): AL, BA, ES, FR, GR, HR, IT, MC, ME, MK, RS, SI.

缬草属 Valeriana

柔垂缬草 **Valeriana flaccidissima** Maxim. 【N, W/C】 ♣HBG; ●SC, ZJ; ★(AS): CN, JP.

长序缬草 **Valeriana hardwickii** Wall. 【N, W/C】 ♣WBG; ●HB, SC; ★(AS): BT, CN, ID, IN, LA, LK, MM, NP, PK, TH, VN.

蜘蛛香 **Valeriana jatamansi** Jones 【N, W/C】♣CBG, GBG, GMG, HBG, IBCAS, KBG, SCBG, WBG, XBG, XTBG; ●BJ, GD, GX, GZ, HB, SC, SH, SN, YN, ZJ; ★(AS): BT, CN, ID, IN, LK, NP, TH, VN.

山地缬草 **Valeriana montana** M. Bieb. 【I, C】 ★(AF): MA; (AS): GE, SA; (EU): AL, AT, BA, BG, CH, CZ, DE, ES, HR, IT, LU, ME, MK, RO, RS, SI.

缬草 **Valeriana officinalis** L. 【N, W/C】 ♣CBG, GBG, HBG, IBCAS, KBG, LBG, NBG, NSBG, WBG, XBG, XTBG, ZAFU; ●BJ, CQ, GZ, HB, JS, JX, LN, SC, SH, SN, YN, ZJ; ★(AF): MA; (AS): AZ, CN, JP, KP, KR, MN, RU-AS; (EU): BY, FR, GR, HR, RS, SI.

香缬草 **Valeriana saliunca** All. 【I, C】★(EU): AT, BA, DE, IT.

*伏尔加缬草 **Valeriana wolgensis** Kazak. 【I, C】 ♣NBG; ●JS; ★(AS): RU-AS.

双参属 Triplostegia

双参 **Triplostegia glandulifera** Wall. ex DC. 【N, W/C】 ♣KBG, XTBG; ●YN; ★(AS): BT, CN, ID, IN, LK, MM, MY, NP.

翼首花属 Bassecoia

裂叶翼首花 **Bassecoia bretschneideri** B. L. Burtt 【N, W/C】 ♣KBG; ●YN; ★(AS): CN.

匙叶翼首花 **Bassecoia hookeri** (C. B. Clarke) V. Mayer et Ehrend. 【N, W/C】 ●YN; ★(AS): BT, CN, ID, IN, LK, NP.

魔噬花属 Succisa

魔噬花（山萝卜）**Succisa pratensis** Moench 【I, C】 ♣IBCAS; ●BJ, TW; ★(AF): MA; (AS): AZ, RU-AS, SA; (EU): BY, HR, RS, RU, SI, TR.

刺头草属 Cephalaria

刺头草 **Cephalaria flava** (Sm.) Szabó 【I, C】 ♣IBCAS; ●BJ; ★(EU): BA, BG, GR, HR, ME, MK, RS, SI.

大刺头草（大花山萝卜）**Cephalaria gigantea** (Ledeb.) Bobrov 【I, C】 ♣XBG; ●SN; ★(AS): AM, AZ, GE, IR, RU-AS, TR; (EU): UA.

小刺头草（小球花）**Cephalaria joppensis** (Rchb.) Coult. ex DC. 【I, C】 ♣NBG; ●JS; ★(AS): IL.

川续断属 Dipsacus

川续断 **Dipsacus asper** Wall. ex DC. 【N, W/C】 ♣CBG, GBG, GMG, HBG, KBG, LBG, NBG, SCBG, WBG, XBG, XMBG, XTBG, ZAFU; ●BJ, FJ, GD, GX, GZ, HB, JS, JX, SC, SH, SN, YN, ZJ; ★(AS): BT, CN, ID, IN, LA, MM, NP.

起绒草 **Dipsacus fullonum** Huds. 【I, C/N】♣BBG, CBG, HBG, KBG; ●BJ, SH, TW, YN, ZJ; ★(AF): DZ, EG, LY, MA, TN; (AS): LB, PS, SY, TR; (EU): AL, BA, ES, FR, GR, HR, IT, MC, ME, MK, RS, SI.

劲直续断 **Dipsacus inermis** Wall. 【N, W/C】 ♣SCBG, WBG, XTBG; ●GD, HB, YN; ★(AS): AF, BT, CN, IN, LK, MM, NP, PK.

日本续断 **Dipsacus japonicus** Miq. 【N, W/C】 ♣CBG, GBG, GXIB, HBG, IBCAS, LBG, NBG, XBG, ZAFU; ●BJ, GX, GZ, JS, JX, SH, SN, ZJ; ★(AS): CN, JP, KP, KR, MN.

纵裂川续断 **Dipsacus laciniatus** L. 【I, C】♣NBG, XTBG; ●JS, YN; ★(AS): GE, TR; (EU): AL, AT, BA, BG, CZ, DE, ES, GR, HR, HU, IT, ME, MK,

PL, RO, RS, RU, SI, TR.

毛川续断 **Dipsacus pilosus** L.【I, C】♣NBG; ●JS; ★(AS): GE, TR; (EU): AT, BA, BE, BG, CZ, DE, ES, GB, HR, HU, IT, ME, MK, NL, PL, RO, RS, RU, SI.

拉毛果 **Dipsacus sativus** (L.) Garsault【I, C】★(EU): AL, BA, ES, FR, GR, HR, IT, MC, ME, MK, RS, SI.

孀草属 Knautia

*马其顿孀草 **Knautia macedonica** Griseb.【I, C】♣CBG; ●BJ, SH; ★(EU): AL, BA, BG, GR, HR, ME, MK, RO, RS, SI.

蓬首花属 Pterocephalus

Pterocephalus dumetorum Coult.【I, C】♣XTBG; ●YN; ★(EU): ES.

间型蓬首花（头翼草）**Pterocephalus intermedius** (Lag.) Cout.【I, C】♣NBG; ●JS; ★(EU): ES, LU.

蓝盆花属 Scabiosa

Scabiosa africana L.【I, C】♣XOIG; ●FJ; ★(AF): ZA.

紫盆花（轮锋菊）**Scabiosa atropurpurea** L.【I, C】♣BBG, NBG, XMBG; ●BJ, FJ, JS, TW, XJ, YN; ★(EU): AD, AL, BA, BG, ES, GR, HR, IT, ME, MK, PT, RO, RS, SI, SM, VA.

高加索蓝盆花（银叶松虫草）**Scabiosa caucasica** M. Bieb.【I, C】♣NBG; ●BJ, JS, TW; ★(AS): AM, AZ, GE, IR, RU-AS, TR; (EU): RU, UA.

密球蓝盆花 **Scabiosa columbaria** L.【I, C】♣NBG; ●BJ, JS, TW; ★(AF): ET, LS, MA, TZ, ZA; (AS): GE; (EU): AL, AT, BA, BE, BG, CZ, DE, ES, FR, GB, HR, HU, IT, LU, ME, MK, NL, PL, RO, RS, RU, SI.

蓝盆花（松虫草）**Scabiosa comosa** Fisch. ex Roem. et Schult.【N, W/C】♣BBG, XMBG; ●BJ, FJ, LN, TW; ★(AS): CN, JP, KP, MN, RU-AS.

禾叶蓝盆花 **Scabiosa graminifolia** L.【I, C】♣NBG; ●JS; ★(EU): AL, BA, DE, ES, GR, HR, IT, ME, MK, RS, SI.

多毛蓝盆花 **Scabiosa holosericea** Pančić ex Nyman【I, C】♣NBG; ●JS; ★(AS): SA; (EU): IT.

日本蓝盆花 **Scabiosa japonica** Miq.【N, W/C】♣XTBG; ●TW, YN; ★(AS): CN, JP.

亮叶蓝盆花 **Scabiosa lucida** Vill.【I, C】♣NBG; ●JS; ★(AS): GE; (EU): AL, AT, BA, BG, CZ, DE, HR, HU, IT, ME, MK, PL, RO, RS, RU, SI.

黄盆花 **Scabiosa ochroleuca** L.【N, W/C】♣NBG; ●JS; ★(AS): CN, GE, KZ, MN, RU-AS; (EU): AL, AT, BA, BG, CZ, DE, HR, HU, IT, ME, MK, PL, RO, RS, RU, SI, TR.

小花蓝盆花 **Scabiosa olivieri** Coult.【N, W/C】♣NBG; ●JS; ★(AS): AF, CN, ID, IN, PK, RU-AS.

多育蓝盆花（百子松虫草）**Scabiosa prolifera** Mazziari【I, C】♣NBG; ●JS; ★(AF): EG; (AS): IL; (EU): ES, NL, SE.

小刺蓝盆花 **Scabiosa setulosa** Fisch. et C. A. Mey.【I, C】♣NBG; ●JS; ★(AS): TR.

星芒蓝盆花 **Scabiosa stellata** L.【I, C】♣NBG; ●JS, TW; ★(AF): MA; (AS): SA; (EU): BY, DE, ES, IT, LU, NL, PT.

300. 鞘柄木科 TORRICELLIACEAE

鞘柄木属 Torricellia

角叶鞘柄木 **Torricellia angulata** Oliv.【N, W/C】♣CBG, FBG, GXIB, HBG, SCBG, WBG, XTBG; ●FJ, GD, GX, HB, SC, SH, YN, ZJ; ★(AS): CN.

有齿鞘柄木 **Torricellia angulata** var. **intermedia** (Harms) Hu【N, W/C】♣GBG, GMG, HBG, KBG, XTBG; ●GX, GZ, YN, ZJ; ★(AS): CN, VN.

鞘柄木 **Torricellia tiliifolia** DC.【N, W/C】♣XTBG; ●YN; ★(AS): BT, CN, IN, NP.

301. 南茱萸科 GRISELINIACEAE

南茱萸属 Griselinia

海滨南茱萸（海滨覆瓣梾木）**Griselinia littoralis** (Raoul) Raoul【I, C】♣CBG; ●SH, TW; ★(OC): NZ.

302. 海桐科 PITTOSPORACEAE

海桐属 Pittosporum

聚花海桐 **Pittosporum balansae** Aug. DC.【N,

W/C】♣SCBG, XTBG; ●GD, HI, YN; ★(AS): CN, MM, VN.

窄叶聚花海桐 **Pittosporum balansae** var. **angustifolium** Gagnep.【N, W/C】♣GMG, GXIB; ●GX; ★(AS): CN, VN.

二色海桐 **Pittosporum bicolor** Hook.【I, C】♣IBCAS; ●BJ; ★(OC): AU, NZ.

短萼海桐 **Pittosporum brevicalyx** (Oliv.) Gagnep.【N, W/C】♣KBG, SCBG, WBG, XTBG; ●GD, HB, YN; ★(AS): CN.

厚叶海桐 **Pittosporum crassifolium** Banks et Sol. ex A. Cunn.【I, C】♣HBG; ●ZJ; ★(OC): AU, NZ.

皱叶海桐 **Pittosporum crispulum** Gagnep.【N, W/C】♣KBG; ●YN; ★(AS): CN.

牛耳枫叶海桐 **Pittosporum daphniphylloides** Hayata【N, W/C】♣KBG, SCBG; ●GD, YN; ★(AS): CN.

大叶海桐 **Pittosporum daphniphylloides** var. **adaphniphylloides** (Hu et F. T. Wang) W. T. Wang【N, W/C】♣GA, KBG; ●JX, SC, YN; ★(AS): CN.

橙香海桐（丁香海桐）**Pittosporum eugenioides** A. Cunn.【I, C】♣CBG, XMBG; ●FJ, SH; ★(OC): NZ.

光叶海桐 **Pittosporum glabratum** Lindl.【N, W/C】♣FBG, FLBG, GBG, GMG, GXIB, HBG, NBG, SCBG, XMBG, XOIG; ●FJ, GD, GX, GZ, JS, JX, ZJ; ★(AS): CN, MM, VN.

狭叶海桐 **Pittosporum glabratum** var. **neriifolium** Rehder et E. H. Wilson【N, W/C】♣CBG, FBG, NBG, SCBG, WBG, XMBG; ●FJ, GD, HB, JS, SH; ★(AS): CN.

异叶海桐 **Pittosporum heterophyllum** Franch.【N, W/C】♣CBG, GBG, HBG, KBG; ●GZ, SH, YN, ZJ; ★(AS): CN.

海金子 **Pittosporum illicioides** Makino【N, W/C】♣CBG, CDBG, FBG, GA, GBG, GMG, HBG, LBG, NBG, SCBG, WBG, XBG, ZAFU; ●FJ, GD, GX, GZ, HB, JS, JX, SC, SH, SN, ZJ; ★(AS): CN, JP.

羊脆木 **Pittosporum kerrii** Craib【N, W/C】♣KBG, XTBG; ●YN; ★(AS): CN, LA, MM, TH.

昆明海桐 **Pittosporum kunmingense** Hung T. Chang et S. Z. Yan【N, W/C】●YN; ★(AS): CN.

广西海桐 **Pittosporum kwangsiense** Hung T. Chang et S. Z. Yan【N, W/C】♣GXIB; ●GX; ★(AS): CN.

薄萼海桐 **Pittosporum leptosepalum** Gowda【N, W/C】♣GXIB; ●GX; ★(AS): CN.

兰屿海桐 **Pittosporum moluccanum** Miq.【N, W/C】♣GA, HBG, SCBG, TMNS; ●GD, JX, TW, ZJ; ★(AS): CN, ID; (OC): AU.

滇藏海桐 **Pittosporum napaulense** (DC.) Rehder et E. H. Wilson【N, W/C】♣XTBG; ●YN; ★(AS): BT, CN, ID, IN, LK, MM, NP, PK.

峨眉海桐 **Pittosporum omeiense** H. T. Chang et S. Z. Yan【N, W/C】♣WBG; ●HB; ★(AS): CN.

圆锥海桐 **Pittosporum paniculiferum** Hung T. Chang et S. Z. Yan【N, W/C】♣KBG, XTBG; ●YN; ★(AS): CN.

小叶海桐 **Pittosporum parvilimbum** Hung T. Chang et S. Z. Yan【N, W/C】♣GXIB, XTBG; ●GX, YN; ★(AS): CN.

少花海桐 **Pittosporum pauciflorum** Hook. et Arn.【N, W/C】♣HBG, WBG; ●HB, ZJ; ★(AS): CN, VN.

五蕊海桐 **Pittosporum pentandrum** (Blanco) Merr.【N, W/C】♣SCBG, TBG, TMNS, XTBG; ●GD, TW, YN; ★(AS): CN, SG, VN; (OC): US-HW.

台湾海桐 **Pittosporum pentandrum** var. **formosanum** (Hayata) Zhi Y. Zhang et Turland【N, W/C】♣BBG, GA, SCBG, XTBG; ●BJ, GD, JX, YN; ★(AS): CN, VN.

缝线海桐 **Pittosporum perryanum** Gowda【N, W/C】♣WBG; ●HB; ★(AS): CN.

柄果海桐 **Pittosporum podocarpum** Gagnep.【N, W/C】♣CBG, KBG, XTBG; ●SC, SH, YN; ★(AS): BT, CN, ID, IN, LK, MM, VN.

线叶柄果海桐 **Pittosporum podocarpum** var. **angustatum** Gowda【N, W/C】♣CBG, GA, XTBG; ●JX, SH, YN; ★(AS): CN, IN, MM.

秀丽海桐 **Pittosporum pulchrum** Gagnep.【N, W/C】♣GXIB; ●GX; ★(AS): CN, VN.

秦岭海桐 **Pittosporum qinlingense** Y. Ren et X. Liu【N, W/C】♣CBG; ●SH; ★(AS): CN.

厚圆果海桐 **Pittosporum rehderianum** Gowda【N, W/C】♣FBG, WBG; ●FJ, HB; ★(AS): CN.

薄叶海桐 **Pittosporum tenuifolium** Gaertn.【I, C】♣CBG; ●SH, TW, YN; ★(OC): NZ.

海桐 **Pittosporum tobira** (Thunb.) W. T. Aiton【I, C/N】♣CBG, CDBG, FBG, FLBG, GA, GBG, GMG, GXIB, HBG, IBCAS, KBG, LBG, NBG, NSBG, SCBG, TBG, WBG, XBG, XMBG, XTBG,

ZAFU; ●BJ, CQ, FJ, GD, GX, GZ, HB, JS, JX, SC, SH, SN, TW, XJ, YN, ZJ; ★(AS): JP, KR.

秃序海桐 **Pittosporum tobira** var. **calvescens** Ohwi 【N, W/C】 ♣XMBG; ●FJ; ★(AS): CN, JP.

棱果海桐 **Pittosporum trigonocarpum** H. Lév. 【N, W/C】 ♣GA, WBG; ●HB, JX, SC; ★(AS): CN.

崖花子 **Pittosporum truncatum** E. Pritz. 【N, W/C】 ♣CBG, WBG; ●HB, SH; ★(AS): CN.

管花海桐 **Pittosporum tubiflorum** Hung T. Chang et S. Z. Yan 【N, W/C】 ♣WBG; ●HB; ★(AS): CN.

岛海桐 **Pittosporum undulatum** Vent. 【I, C】 ♣HBG; ●ZJ; ★(OC): AU, NZ.

木果海桐 **Pittosporum xylocarpum** Hu et F. T. Wang 【N, W/C】 ♣FBG, WBG; ●FJ, HB, SC; ★(AS): CN.

金海桐属 Auranticarpa

金海桐 **Auranticarpa rhombifolia** (A. Cunn. ex Hook.) L. W. Cayzer, Crisp et I. Telford 【I, C】 ♣HBG; ●ZJ; ★(OC): AU.

香荫树属 Hymenosporum

香荫树（黄花香荫树）**Hymenosporum flavum** F. Muell. 【I, C】 ♣HBG, SCBG, XMBG; ●FJ, GD, TW, ZJ; ★(OC): AU.

蓝藤莓属 Sollya

蓝钟藤（异叶藤海桐）**Sollya heterophylla** Lindl. 【I, C】 ♣CBG; ●SH, TW; ★(OC): AU.

吊藤莓属 Billardiera

长花吊藤莓（长花藤海桐）**Billardiera longiflora** Labill. 【I, C】 ●TW; ★(OC): AU.

303. 五加科 ARALIACEAE

翠珠花属 Trachymene

蓝饰带花（翠珠花）**Trachymene coerulea** Graham 【I, C】 ♣XOIG; ●FJ, TW; ★(OC): AU.

天胡荽属 Hydrocotyle

吕宋天胡荽 **Hydrocotyle benguetensis** Elmer 【N, W/C】 ♣TBG; ●TW; ★(AS): CN, JP, KP, PH.

石山天胡荽 **Hydrocotyle calcicola** Y. H. Li 【N, W/C】 ♣XTBG; ●YN; ★(AS): CN.

喜马拉雅天胡荽 **Hydrocotyle himalaica** P. K. Mukh. 【N, W/C】 ♣WBG, XTBG; ●HB, YN; ★(AS): BT, CN, ID, IN, LK, MM, NP.

中华天胡荽 **Hydrocotyle hookeri** subsp. **chinensis** (Dunn ex R. H. Shan et S. L. Liou) M. F. Watson et M. L. Sheh 【N, W/C】 ♣WBG, XTBG; ●HB, SC, YN; ★(AS): CN, VN.

白头天胡荽（香香草）**Hydrocotyle leucocephala** Cham. et Schltdl. 【I, C】 ♣TMNS, WBG; ●HB, TW; ★(NA): CR, GT, HN, MX, SV, TT; (SA): AR, BO, BR, CO, EC, GF, GY, PE, PY, UY, VE.

红马蹄草 **Hydrocotyle nepalensis** Hook. 【N, W/C】 ♣CBG, FBG, GA, GBG, GMG, GXIB, HBG, KBG, LBG, NSBG, SCBG, TBG, WBG, XMBG, XTBG; ●CQ, FJ, GD, GX, GZ, HB, JX, SC, SH, TW, YN, ZJ; ★(AS): BT, CN, ID, IN, JP, KR, LK, MM, NP, VN; (OC): AU.

密伞天胡荽 **Hydrocotyle pseudoconferta** Masam. 【N, W/C】 ♣XTBG; ●YN; ★(AS): CN, MM.

长梗天胡荽 **Hydrocotyle ramiflora** Maxim. 【N, W】 ♣XTBG; ●YN; ★(AS): CN, ID, IN, JP, KR, MN, RU-AS, TR.

天胡荽 **Hydrocotyle sibthorpioides** Lam. 【N, W/C】 ♣FBG, FLBG, GA, GBG, GMG, GXIB, HBG, LBG, NBG, NSBG, SCBG, TBG, WBG, XMBG, XTBG, ZAFU; ●CQ, FJ, GD, GX, GZ, HB, JS, JX, SC, TW, YN, ZJ; ★(AF): MG, ZA; (AS): BT, CN, ID, IN, JP, KP, KR, LA, LK, NP, PH, SG, TH, VN; (OC): AU.

南美天胡荽（轮生香菇草）**Hydrocotyle verticillata** Thunb. 【I, C】 ♣FLBG, IBCAS, WBG; ●BJ, GD, HB, JX; ★(NA): BS, BZ, CR, CU, DO, GT, HT, JM, LW, MX, NI, PR, US; (SA): AR, BO, BR, PE, PY, VE.

少脉香菇草（香菇草）**Hydrocotyle vulgaris** L. 【I, C】 ♣IBCAS, SCBG, XMBG, XTBG, ZAFU; ●BJ, FJ, GD, YN, ZJ; ★(AF): DZ, EG, LY, MA, SD, TN; (EU): BE, FR, GB, LU, MC, NL.

肾叶天胡荽 **Hydrocotyle wilfordii** Maxim. 【N, W/C】 ♣FBG, FLBG, GA, WBG, XTBG; ●FJ, GD, HB, JX, SC, YN; ★(AS): CN, JP, KP, VN.

南鹅掌柴属 Schefflera

掌叶鹅掌柴 **Schefflera digitata** J. R. Forst. et G. Forst. 【I, C】 ♣XMBG; ●FJ; ★(OC): NZ.

巴布亚鹅掌柴（昆士兰伞木）**Schefflera macrostachya** (Benth.) Harms 【I, C】 ♣SCBG; ●GD, SC; ★(OC): PG.

兰屿加属 Osmoxylon

兰屿加 **Osmoxylon pectinatum** (Merr.) Philipson 【N, W/C】 ♣SCBG, TMNS, XTBG; ●GD, TW, YN; ★(AS): CN, PH, SG.

人参属 Panax

人参 **Panax ginseng** C. A. Mey.【N, W/C】♣HBG, KBG, LBG, NBG; ●JL, JS, JX, TW, YN, ZJ; ★(AS): CN, KP, KR, MM, MN, RU-AS.

竹节参（大叶三七）**Panax japonicus** (T. Nees) C. A. Mey.【N, W/C】♣GBG, HBG, KBG, LBG, NBG, WBG, XTBG; ●GZ, HB, JS, JX, SC, TW, YN, ZJ; ★(AS): BT, CN, ID, IN, JP, KP, NP, VN.

疙瘩七 **Panax japonicus** var. **bipinnatifidus** (Seem.) C. Y. Wu et K. M. Feng【N, W/C】♣GBG, WBG; ●GZ, HB, SC; ★(AS): BT, CN, IN, MM, NP.

三七 **Panax notoginseng** (Burkill) F. H. Chen 【N, W/C】 ♣FBG, GBG, GMG, HBG, KBG, LBG, NBG, WBG; ●FJ, GX, GZ, HB, JS, JX, SC, YN, ZJ; ★(AS): CN, VN.

假人参 **Panax pseudoginseng** Wall. 【N, W/C】 ♣NBG; ●JS; ★(AS): BT, CN, IN, NP.

西洋参 **Panax quinquefolius** L. 【I, C】 ♣GBG, LBG, NBG, XOIG; ●BJ, FJ, GD, GZ, JL, JS, JX, TW; ★(NA): CA, US.

屏边三七 **Panax stipuleanatus** H. T. Tsai et K. M. Feng【N, W/C】♣KBG; ●YN; ★(AS): CN, VN.

姜状三七 **Panax zingiberensis** C. Y. Wu et Feng 【N, W/C】 ♣XTBG; ●YN; ★(AS): CN, VN.

楤木属 Aralia

野楤头 **Aralia armata** (Wall. ex G. Don) Seem.【N, W/C】 ♣SCBG, XTBG; ●GD, YN; ★(AS): BT, CN, ID, IN, LA, LK, MM, MY, TH, VN.

台湾楤木 **Aralia bipinnata** Blanco 【N, W/C】 ♣XTBG; ●YN; ★(AS): CN, ID, IN, JP, PH; (OC): PAF.

*加州楤木 **Aralia californica** S. Watson 【I, C】 ♣XTBG; ●YN; ★(NA): US.

楤木 **Aralia chinensis** L.【N, W/C】♣CDBG, FBG, KBG, LBG, NSBG, SCBG, WBG; ●CQ, FJ, GD, HB, JX, SC, YN; ★(AS): CN, ID, IN, KP, KR, LA, RU-AS.

东北土当归 **Aralia continentalis** Kitag. 【N, W/C】 ♣HFBG, IBCAS, WBG; ●BJ, HB, HL, LN; ★(AS): CN, KP, MN, RU-AS.

食用土当归 **Aralia cordata** Thunb. 【N, W/C】 ♣CBG, GXIB, HBG, IBCAS, LBG, NBG, WBG; ●BJ, GX, HB, JS, JX, SH, TW, ZJ; ★(AS): CN, JP, KP, KR, MN, RU-AS.

头序楤木（毛叶楤木）**Aralia dasyphylla** Miq. 【N, W/C】 ♣CBG, GA, GBG, GXIB, HBG, IBCAS, KBG, LBG, NBG, SCBG, WBG, XBG, XMBG, XTBG, ZAFU; ●BJ, FJ, GD, GX, GZ, HB, JS, JX, SC, SH, SN, YN, ZJ; ★(AS): CN, ID, IN, MY, VN.

秀丽楤木 **Aralia debilis** J. Wen【N, W/C】♣SCBG; ●GD; ★(AS): CN.

黄毛楤木（台湾毛楤木）**Aralia decaisneana** Hance 【N, W/C】♣CBG, FBG, FLBG, GA, GMG, GXIB, IBCAS, SCBG, WBG, XLTBG, XMBG, XTBG; ●BJ, FJ, GD, GX, HB, HI, JX, SH, YN; ★(AS): CN, VN.

棘茎楤木 **Aralia echinocaulis** Hand.-Mazz. 【N, W/C】 ♣CBG, HBG, LBG, WBG, ZAFU; ●HB, JX, SC, SH, ZJ; ★(AS): CN.

辽东楤木 **Aralia elata** (Miq.) Seem. 【N, W/C】 ♣BBG, CBG, HBG, HFBG, IBCAS, LBG, SCBG, WBG; ●BJ, GD, HB, HL, JL, JX, LN, SC, SH, TW, XJ, ZJ; ★(AS): CN, JP, KP, KR, MN, RU-AS, SG.

无毛辽东楤木（龙芽楤木）**Aralia elata** var. **glabrescens** (Franch. et Sav.) Pojark. 【N, W/C】 ♣HBG; ●ZJ; ★(AS): CN, JP, KP, KR.

龙眼独活 **Aralia fargesii** Franch. 【N, W/C】 ♣KBG, WBG; ●HB, SC, YN; ★(AS): CN.

虎刺楤木 **Aralia finlaysoniana** (Wall. ex G. Don) Seem. 【N, W/C】 ♣FLBG, GBG, GMG, XTBG; ●GD, GX, GZ, JX, YN; ★(AS): CN, TH, VN.

柔毛龙眼独活 **Aralia henryi** Harms 【N, W/C】 ♣WBG, ZAFU; ●HB, ZJ; ★(AS): CN.

总序土当归 **Aralia racemosa** L. 【I, C】 ♣IBCAS, KBG; ●BJ, YN; ★(NA): CA, US.

粗毛楤木 **Aralia searelliana** Dunn 【N, W/C】 ♣CBG; ●SH; ★(AS): CN, MM, VN.

长刺楤木 **Aralia spinifolia** Merr.【N, W/C】♣FBG, GXIB, SCBG; ●FJ, GD, GX; ★(AS): CN.

云南楤木 **Aralia thomsonii** Seem. ex C. B. Clarke 【N, W/C】 ♣XTBG; ●YN; ★(AS): CN, ID, IN, LA, MM, MY, TH, VN.

云南龙眼独活 **Aralia yunnanensis** Franch. 【N, W/C】 ♣KBG; ●YN; ★(AS): CN.

羽叶参属 Pentapanax

马肠子树 **Pentapanax tomentellus** (Franch.) C. B. Shang 【N, W/C】 ♣HBG; ●ZJ; ★(AS): CN.

荚叶五加属 Gamblea

吴茱萸五加 **Gamblea ciliata** var. **evodiifolia** (Franch.) C. B. Shang, Lowry et Frodin 【N, W/C】 ♣CBG, CDBG, GBG, HBG, LBG, ZAFU; ●GZ, JX, SC, SH, ZJ; ★(AS): CN, VN.

常春木属 Merrilliopanax

常春木 **Merrilliopanax listeri** (King) H. L. Li 【N, W/C】 ♣KBG; ●YN; ★(AS): CN, ID, IN, MM, NP.

树参属 Dendropanax

双室树参 **Dendropanax bilocularis** C. N. Ho 【N, W/C】 ♣XTBG; ●YN; ★(AS): CN.

缅甸树参 **Dendropanax burmanicus** Merr. 【N, W/C】 ♣GMG, GXIB, HBG; ●GX, ZJ; ★(AS): CN, MM, VN.

树参 **Dendropanax dentiger** (Harms) Merr. 【N, W/C】 ♣CBG, FBG, GA, GXIB, HBG, LBG, WBG, ZAFU; ●FJ, GX, HB, JX, SC, SH, ZJ; ★(AS): CN, KH, LA, MM, TH, VN.

海南树参 **Dendropanax hainanensis** (Merr. et Chun) Chun 【N, W/C】 ♣GXIB, SCBG, WBG; ●GD, GX, HB; ★(AS): CN, VN.

广西树参 **Dendropanax kwangsiensis** H. L. Li 【N, W/C】 ♣GXIB; ●GX; ★(AS): CN, VN.

变叶树参 **Dendropanax proteus** (Champ. ex Benth.) Benth. 【N, W/C】 ♣CBG, FBG, FLBG, GXIB, SCBG, WBG; ●FJ, GD, GX, HB, JX, SH; ★(AS): CN.

三裂树参 **Dendropanax trifidus** (Thunb.) Makino ex H. Hara 【N, W/C】 ●ZJ; ★(AS): CN, ID, IN, JP, KR.

八角金盘属 Fatsia

八角金盘 **Fatsia japonica** (Thunb.) Decne. et Planch. 【I, C】 ♣BBG, FBG, FLBG, GA, GBG, GXIB, HBG, IBCAS, KBG, LBG, NBG, NSBG, SCBG, WBG, XBG, XMBG, XOIG, XTBG, ZAFU; ●BJ, CQ, FJ, GD, GX, GZ, HB, JS, JX, SC, SN, TW, YN, ZJ; ★(AS): JP.

多室八角金盘 **Fatsia polycarpa** Hayata 【N, W/C】 ♣KBG, XMBG; ●FJ, YN; ★(AS): CN.

熊掌木属 ×Fatshedera

熊掌木 × **Fatshedera lizei** (Hort. ex Cochet) Guillaumin 【I, C】 ♣CBG, CDBG, FBG, GA, IBCAS, KBG, SCBG, XMBG, XOIG, XTBG, ZAFU; ●BJ, FJ, GD, JX, SC, SH, TW, YN, ZJ; ★(EU): FR.

刺人参属 Oplopanax

东北刺人参(刺参) **Oplopanax elatus** (Nakai) Nakai 【N, W/C】 ♣HFBG; ●HL, LN; ★(AS): CN, KP, KR, MN, RU-AS.

Oplopanax horridus (Sm.) Miq. 【I, C】 ♣XTBG; ●YN; ★(NA): CA, US.

多蕊木属 Tupidanthus

多蕊木 **Tupidanthus pueckleri** K. Koch 【N, W/C】 ♣BBG, XTBG; ●BJ, YN; ★(AS): CN, ID, IN, KH, LA, MM, TH, VN.

大参属 Macropanax

显脉大参 **Macropanax chienii** G. Hoo 【N, W/C】 ♣XTBG; ●YN; ★(AS): CN.

十蕊大参 **Macropanax decandrus** G. Hoo 【N, W/C】 ♣BBG, FLBG, WBG, XTBG; ●BJ, GD, HB, JX, YN; ★(AS): CN.

大参 **Macropanax dispermus** (Blume) Kuntze 【N, W/C】 ♣SCBG, XTBG; ●GD, YN; ★(AS): BT, CN, ID, IN, LA, MM, MY, NP, TH, VN.

短梗大参 **Macropanax rosthornii** (Harms) C. Y. Wu ex G. Hoo 【N, W/C】 ♣CBG, FBG, GXIB, LBG, NBG, SCBG, WBG; ●FJ, GD, GX, HB, JS, JX, SC, SH; ★(AS): CN.

波缘大参 **Macropanax undulatus** (Wall. ex G. Don) Seem. 【N, W/C】 ♣XTBG; ●YN; ★(AS): BT, CN, ID, IN, LK, MM, NP, TH, VN.

梁王茶属 Metapanax

异叶梁王茶 **Metapanax davidii** (Franch.) J. Wen et Frodin 【N, W/C】 ♣FBG, GBG, KBG, SCBG,

WBG; ●FJ, GD, GZ, HB, SC, YN; ★(AS): CN, VN.

梁王茶 **Metapanax delavayi** (Franch.) J. Wen et Frodin 【N, W/C】 ♣CBG, KBG, SCBG, WBG, XTBG; ●GD, HB, SH, YN; ★(AS): CN, VN.

刺楸属 Kalopanax

刺楸 **Kalopanax septemlobus** (Thunb.) Koidz. 【N, W/C】 ♣CBG, CDBG, FBG, GA, GBG, GMG, GXIB, HBG, IAE, IBCAS, LBG, NBG, SCBG, WBG, XBG, XMBG; ●BJ, FJ, GD, GX, GZ, HB, JS, JX, LN, SC, SH, SN, ZJ; ★(AS): CN, JP, KP, KR, MN, RU-AS.

五加属 Eleutherococcus

短柄五加（倒卵叶五加）**Eleutherococcus brachypus** (Harms) Nakai 【N, W/C】 ♣CDBG; ●SC; ★(AS): CN, RU-AS.

红毛五加 **Eleutherococcus giraldii** (Harms) Nakai 【N, W/C】 ♣HBG, IBCAS, KBG, WBG; ●BJ, HB, SC, YN, ZJ; ★(AS): CN, RU-AS.

糙叶五加 **Eleutherococcus henryi** Oliv. 【N, W/C】 ♣CBG, CDBG, HBG, XTBG, ZAFU; ●SC, SH, YN, ZJ; ★(AS): CN.

毛梗糙叶五加（两歧五加）**Eleutherococcus henryi** var. **faberi** (Harms) S. Y. Hu 【N, W/C】 ♣WBG, XTBG; ●HB, YN; ★(AS): CN.

康定五加 **Eleutherococcus lasiogyne** (Harms) S. Y. Hu 【N, W/C】 ♣KBG; ●YN; ★(AS): CN, RU-AS.

藤五加 **Eleutherococcus leucorrhizus** Oliv. 【N, W/C】 ♣BBG, CBG, FBG, GXIB, IBCAS, KBG, LBG, WBG, XBG, XTBG; ●BJ, FJ, GX, HB, JX, SC, SH, SN, YN; ★(AS): BT, CN, IN, LK, RU-AS.

糙叶藤五加 **Eleutherococcus leucorrhizus** var. **fulvescens** (Harms et Rehder) Nakai 【N, W/C】 ♣HBG, WBG; ●HB, ZJ; ★(AS): CN.

狭叶藤五加 **Eleutherococcus leucorrhizus** var. **scaberulus** (Harms et Rehder) Nakai 【N, W/C】 ♣FBG, LBG, XTBG; ●FJ, JX, SC, YN; ★(AS): CN.

蜀五加 **Eleutherococcus leucorrhizus** var. **setchuenensis** (Harms) C. B. Shang et J. Y. Huang 【N, W/C】 ♣CBG, FBG, IBCAS, WBG; ●BJ, FJ, HB, SC, SH; ★(AS): CN.

细柱五加 **Eleutherococcus nodiflorus** (Dunn) S. Y. Hu 【N, W/C】 ♣BBG, CBG, FBG, FLBG, GA, GBG, GMG, HBG, IBCAS, LBG, NBG, SCBG, WBG, XBG, XMBG, XTBG, ZAFU; ●BJ, FJ, GD, GX, GZ, HB, JS, JX, SC, SH, SN, TW, YN, ZJ; ★(AS): CN, RU-AS, SG.

匙叶五加 **Eleutherococcus rehderianus** (Harms) Nakai 【N, W/C】 ♣WBG; ●HB; ★(AS): CN, RU-AS.

匍匐五加 **Eleutherococcus scandens** (G. Hoo) H. Ohashi 【N, W/C】 ♣LBG; ●JX; ★(AS): CN, RU-AS.

刺五加 **Eleutherococcus senticosus** (Rupr. et Maxim.) Maxim. 【N, W/C】 ♣CBG, GXIB, HFBG, IAE, IBCAS, WBG, XTBG; ●BJ, GX, HB, HL, LN, SH, TW, YN; ★(AS): CN, JP, KP, KR, MN, RU-AS.

无梗五加 **Eleutherococcus sessiliflorus** (Rupr. et Maxim.) S. Y. Hu 【N, W/C】 ♣BBG, HFBG, IBCAS; ●BJ, HL, LN; ★(AS): CN, KP, KR, MN, RU-AS.

异株五加 **Eleutherococcus sieboldianus** (Makino) Koidz. 【N, W/C】 ♣CBG, HBG, HFBG, IBCAS; ●BJ, HL, LN, SD, SH, TW, ZJ; ★(AS): CN, JP.

白簕 **Eleutherococcus trifoliatus** (L.) S. Y. Hu 【N, W/C】 ♣CBG, FBG, FLBG, GBG, GMG, GXIB, HBG, IBCAS, KBG, LBG, NBG, SCBG, TMNS, WBG, XMBG, XTBG, ZAFU; ●BJ, FJ, GD, GX, GZ, HB, JS, JX, SC, SH, TW, YN, ZJ; ★(AS): CN, ID, IN, JP, MM, NP, PH, RU-AS, TH, VN.

刚毛白簕 **Eleutherococcus trifoliatus** var. **setosus** (H. L. Li) H. Ohashi 【N, W/C】 ♣TMNS; ●TW; ★(AS): CN.

狭叶五加 **Eleutherococcus wilsonii** (Harms) Nakai 【N, W/C】 ♣CBG, WBG; ●HB, SH; ★(AS): CN.

番鹅掌柴属 Sciodaphyllum

番鹅掌柴 **Sciodaphyllum abyssinicum** (Hochst. ex A. Rich.) Miq. 【I, C】 ★(AF): ET.

通脱木属 Tetrapanax

通脱木 **Tetrapanax papyrifer** (Hook.) K. Koch 【N, W/C】 ♣CBG, CDBG, FBG, FLBG, GBG, GMG, GXIB, HBG, IBCAS, KBG, LBG, NBG, SCBG, TMNS, WBG, XBG, XMBG, ZAFU; ●BJ, FJ, GD, GX, GZ, HB, JS, JX, SC, SH, SN, TW, YN, ZJ; ★(AS): CN, KR.

幌伞枫属 Heteropanax

短梗幌伞枫 **Heteropanax brevipedicellatus** H. L. Li 【N, W/C】 ♣FBG, XMBG, XTBG; ●FJ, YN; ★(AS): CN, VN.

华幌伞枫 **Heteropanax chinensis** (Dunn) H. L. Li 【N, W/C】 ♣CBG, GA, GXIB, XTBG; ●GX, JX, SH, YN; ★(AS): CN, VN.

幌伞枫 **Heteropanax fragrans** (Roxb.) Seem. 【N, W/C】 ♣BBG, CBG, FBG, FLBG, GA, GMG, GXIB, IBCAS, NBG, SCBG, XLTBG, XMBG, XOIG, XTBG, ZAFU; ●BJ, FJ, GD, GX, HI, JS, JX, SC, SH, YN, ZJ; ★(AS): BT, CN, ID, IN, LA, MM, NP, TH, VN.

云南幌伞枫 **Heteropanax yunnanensis** G. Hoo【N, W】 ♣XTBG; ●YN; ★(AS): CN.

鹅掌柴属 Heptapleurum

辐叶鹅掌柴 **Heptapleurum actinophyllum** (Endl.) Q. W. Lin 【N, W/C】 ♣BBG, FBG, FLBG, IBCAS, KBG, SCBG, XMBG, XOIG, XTBG, ZAFU; ●BJ, FJ, GD, JX, TW, YN, ZJ; ★(AS): CN, LA, MY, SG.

鹅掌藤 **Heptapleurum arboricola** Hayata 【N, W/C】 ♣BBG, CBG, FBG, FLBG, GMG, GXIB, HBG, IBCAS, KBG, NBG, SCBG, TBG, WBG, XLTBG, XMBG, XOIG, XTBG, ZAFU; ●BJ, FJ, GD, GX, HB, HI, JS, JX, SC, SH, TW, YN, ZJ; ★(AS): CN.

短序鹅掌柴 **Heptapleurum bodinieri** H. Lév. 【N, W/C】 ♣CBG, FBG, NBG, WBG, XTBG; ●FJ, GD, HB, HI, JS, SC, SH, YN; ★(AS): CN, VN.

多核鹅掌柴 **Heptapleurum brevipedicellatum** (Harms) Q. W. Lin【N, W/C】♣XTBG; ●YN; ★(AS): CN, VN.

中华鹅掌柴(五柱鹅掌柴) **Heptapleurum chinensis** (Dunn) Q. W. Lin 【N, W/C】 ♣NBG, XTBG; ●YN; ★(AS): CN.

穗序鹅掌柴 **Heptapleurum delavayi** Franch. 【N, W/C】 ♣CBG, CDBG, FBG, GA, GMG, GXIB, HBG, LBG, SCBG, WBG, XTBG; ●FJ, GD, GX, HB, JX, SC, SH, YN, ZJ; ★(AS): CN, VN.

密脉鹅掌柴(福建鹅掌柴) **Heptapleurum ellipticum** (Blume) Seem. 【N, W/C】 ♣KBG, SCBG, TBG, TMNS, WBG, XTBG; ●GD, HB, SC, TW, YN; ★(AS): CN, ID, IN, LA, PH, SG, TH, VN.

文山鹅掌柴 **Heptapleurum fengii** (C. J. Tseng et G. Hoo) Q. W. Lin 【N, W/C】 ♣WBG; ●HB; ★(AS): CN.

海南鹅掌柴 **Heptapleurum hainanensis** (Merr. et Chun) Q. W. Lin 【N, W/C】 ♣XMBG; ●FJ; ★(AS): CN, VN.

鹅掌柴 **Heptapleurum heptaphyllum** (L.) Q. W. Lin【N, W/C】♣BBG, CBG, CDBG, FBG, FLBG, GA, GMG, GXIB, HBG, KBG, NBG, NSBG, SCBG, TBG, TMNS, WBG, XBG, XLTBG, XMBG, XTBG, ZAFU; ●BJ, CQ, FJ, GD, GX, HB, HI, JS, JX, SC, SH, SN, TW, YN, ZJ; ★(AS): CN, ID, IN, JP, LA, MM, PH, TH, VN.

红河鹅掌柴 **Heptapleurum hoi** Dunn 【N, W/C】 ♣XTBG; ●YN; ★(AS): CN, VN.

绿背叶鹅掌柴 **Heptapleurum hypochlorum** (Dunn ex K. M. Feng) Q. W. Lin 【N, W/C】 ♣XTBG; ●YN; ★(AS): CN.

白背鹅掌柴 **Heptapleurum hypoleucum** Kurz【N, W/C】 ♣HBG, WBG, XTBG; ●HB, YN, ZJ; ★(AS): CN, ID, IN, MM, VN.

白花鹅掌柴 **Heptapleurum leucanthum** (R. Vig.) Q. W. Lin 【N, W/C】 ♣FBG, GXIB, SCBG, WBG, XMBG, XTBG; ●FJ, GD, GX, HB, YN; ★(AS): CN, TH, VN.

谅山鹅掌柴 **Heptapleurum lociana** (Grushv. et Skvortsova) Q. W. Lin【N, W/C】♣GXIB; ●GX; ★(AS): CN, VN.

吕宋鹅掌柴 **Heptapleurum microphyllum** (Merr.) Q. W. Lin 【I, C】 ♣XMBG; ●FJ; ★(AS): PH.

狭叶鹅掌柴(星毛鸭脚木) **Heptapleurum minutistellatum** (Merr. ex H. L. Li) Q. W. Lin【N, W/C】 ♣FBG, SCBG, WBG; ●FJ, GD, HB; ★(AS): BT, CN, MM, VN.

小叶鹅掌柴 **Heptapleurum parvifoliolata** (C. J. Tseng et G. Hoo) Q. W. Lin 【N, W/C】 ♣KBG, XTBG; ●YN; ★(AS): CN.

球序鹅掌柴 **Heptapleurum pauciflorum** (R. Vig.) Q. W. Lin【N, W/C】♣FBG, GXIB, KBG, WBG, XTBG; ●FJ, GX, HB, YN; ★(AS): CN, ID, IN, LA, VN.

瑞丽鹅掌柴 **Heptapleurum shweliensis** (W. W. Sm.) Q. W. Lin【N, W/C】♣WBG, XTBG; ●HB, YN; ★(AS): CN, ID, IN.

常春藤属 Hedera

阿尔及利亚常春藤 **Hedera algeriensis** Hibberd【I, C】 ♣BBG, CBG; ●BJ, SH, TW; ★(EU): GB.

科西加常春藤 **Hedera colchica** (K. Koch) K. Koch 【I, C】 ♣CBG; ●SH, TW; ★(AF): EG; (AS): AE, BH, IL, IQ, IR, JO, KW, LB, OM, PS, QA, SA, SY, YE; (EU): FR.

洋常春藤 **Hedera helix** L. 【I, C】 ♣CDBG, FBG, HBG, IBCAS, KBG, LBG, NBG, NSBG, SCBG, WBG, XOIG, XTBG; ●BJ, CQ, FJ, GD, HB, JS, JX, SC, YN, ZJ; ★(AF): EG, MA; (AS): AE, BH, IL, IQ, IR, JO, KW, LB, OM, PS, QA, SA, SY, TR, YE; (EU): AD, AL, BA, BG, ES, GR, HR, IT, MC, ME, MK, PT, RO, RS, SI, SM, VA.

加那利常春藤 **Hedera helix** var. **canariensis** (Willd.) DC. 【I, C】 ♣BBG, GA, IBCAS, SCBG, XMBG; ●BJ, FJ, GD, JX, TW, YN; ★(AF): ES-CS.

爱尔兰常春藤（大西洋常春藤）**Hedera hibernica** (G. Kirchn.) Carrière 【I, C】 ♣CBG; ●SH, TW; ★(EU): ES, FR, GB, IT, NO.

尼泊尔常春藤 **Hedera nepalensis** K. Koch 【N, W/C】 ♣KBG; ●BJ, GD, SC, YN; ★(AS): BT, CN, IN, MM, NP, VN.

常春藤 **Hedera nepalensis** var. **sinensis** (Tobler) Rehder 【N, W/C】 ♣CBG, CDBG, FBG, FLBG, GA, GBG, GMG, GXIB, HBG, LBG, NSBG, SCBG, WBG, XBG, XMBG, XTBG, ZAFU; ●CQ, FJ, GD, GX, GZ, HB, JX, SC, SH, SN, YN, ZJ; ★(AS): CN, LA, NP, VN.

菱叶常春藤 **Hedera rhombea** (Miq.) Bean 【N, W/C】 ●TW, YN; ★(AS): CN, JP, KP, KR.

台湾菱叶常春藤 **Hedera rhombea** var. **formosana** (Nakai) H. L. Li 【N, W/C】 ♣BBG, CBG, FLBG, HBG, IBCAS, KBG, NBG, SCBG, WBG, XLTBG, XMBG, XTBG, ZAFU; ●AH, BJ, FJ, GD, HB, HE, HI, JS, JX, SC, SD, SH, TW, YN, ZJ; ★(AS): CN, JP.

刺通草属 Trevesia

刺通草 **Trevesia palmata** (Roxb. ex Lindl.) Vis. 【N, W/C】 ♣BBG, CBG, FLBG, GMG, GXIB, HBG, KBG, NBG, SCBG, WBG, XMBG, XTBG; ●BJ, FJ, GD, GX, HB, JS, JX, SH, YN, ZJ; ★(AS): CN, IN, KH, LA, MM, NP, TH, VN.

罗伞属 Brassaiopsis

镇康罗伞 **Brassaiopsis chengkangensis** Hu 【N, W/C】 ♣XTBG; ●YN; ★(AS): CN.

纤齿罗伞（假通草）**Brassaiopsis ciliata** Dunn 【N, W/C】 ♣GBG, HBG, WBG, XTBG; ●GZ, HB, SC, YN, ZJ; ★(AS): CN, MM, VN.

盘叶罗伞（假柄掌叶树）**Brassaiopsis fatsioides** Harms 【N, W/C】 ♣KBG, WBG, XTBG; ●HB, YN; ★(AS): CN.

锈毛罗伞 **Brassaiopsis ferruginea** (H. L. Li) G. Hoo 【N, W/C】 ♣GBG, SCBG, WBG; ●GD, GZ, HB; ★(AS): CN.

榕叶罗伞（榕叶掌叶树）**Brassaiopsis ficifolia** Dunn 【N, W/C】 ♣BBG, GMG, WBG, XTBG; ●BJ, GX, HB, YN; ★(AS): CN, MM, TH, VN.

罗伞（长梗罗伞）**Brassaiopsis glomerulata** (Blume) Regel 【N, W/C】 ♣CBG, FBG, GMG, GXIB, KBG, WBG, XTBG; ●FJ, GX, HB, SC, SH, YN; ★(AS): BT, CN, ID, IN, KH, LA, LK, MM, MY, NP, TH, VN.

细梗罗伞 **Brassaiopsis gracilis** Hand.-Mazz. 【N, W/C】 ♣WBG; ●HB; ★(AS): CN, VN.

浅裂罗伞 **Brassaiopsis hainla** (Buch.-Ham.) Seem. 【N, W/C】 ♣KBG, XTBG; ●YN; ★(AS): BT, CN, ID, IN, MM, NP, TH.

镰状罗伞（镰状柏那参）**Brassaiopsis nhatrangensis** (Bui) J. Wen et Lowry 【I, C】 ♣XTBG; ●YN; ★(AS): VN.

尖苞罗伞 **Brassaiopsis producta** (Dunn) C. B. Shang 【N, W/C】 ♣GXIB, WBG; ●GX, HB; ★(AS): CN, VN.

栎叶罗伞 **Brassaiopsis quercifolia** G. Hoo 【N, W/C】 ♣XTBG; ●YN; ★(AS): CN.

星毛罗伞 **Brassaiopsis stellata** K. M. Feng 【N, W/C】 ♣WBG, XTBG; ●HB, YN; ★(AS): CN, VN.

三叶罗伞 **Brassaiopsis tripteris** (H. Lév.) Rehder 【N, W/C】 ♣SCBG, WBG; ●GD, HB; ★(AS): CN.

人参木属 Chengiopanax

人参木 **Chengiopanax fargesii** (Franch.) C. B. Shang et J. Y. Huang 【N, W/C】 ♣GXIB, HBG; ●GX, ZJ; ★(AS): CN.

矛木属 Pseudopanax

矛木（勒松假人参、新树参）**Pseudopanax lessonii** (DC.) K. Koch 【I, C】 ★(OC): NZ.

洋常春木属 Meryta

澳洲常春木 **Meryta sinclairii** (Hook. f.) Seem. 【I, C】 ●TW; ★(OC): NZ.

洋鹅掌柴属　Plerandra

孔雀木 **Plerandra elegantissima** (Veitch ex Mast.) Lowry, G. M. Plunkett et Frodin 【I, C】 ♣CBG, CDBG, FBG, FLBG, IBCAS, KBG, LBG, SCBG, TMNS, WBG, XLTBG, XMBG, XTBG, ZAFU; ●BJ, FJ, GD, HB, HI, JX, SC, SH, TW, YN, ZJ; ★(OC): NC.

手树 **Plerandra veitchii** (Hort. ex Carrière) Lowry, G. M. Plunkett et Frodin 【I, C】 ★(OC): NC.

南洋参属　Polyscias

蕨叶南洋森(线叶南洋参) **Polyscias cumingiana** (C. Presl) Fern.-Vill. 【I, C】 ♣BBG, FLBG, IBCAS, TBG, XLTBG, XMBG, XTBG; ●BJ, FJ, GD, HI, JX, TW, YN; ★(AF): SC; (OC): NC.

羽叶南洋参(南洋参) **Polyscias fruticosa** (L.) Harms 【I, C】 ♣BBG, CBG, FBG, FLBG, GMG, IBCAS, KBG, NBG, SCBG, TBG, XLTBG, XMBG, XOIG, XTBG; ●BJ, FJ, GD, GX, HI, JS, JX, SH, TW, YN; ★(OC): PAF, PF.

南洋参(银边南洋参) **Polyscias guilfoylei** (W. Bull) L. H. Bailey 【I, C】 ♣FLBG, HBG, IBCAS, SCBG, TBG, XLTBG, XMBG, XOIG, XTBG, ZAFU; ●BJ, FJ, GD, HI, JX, TW, YN, ZJ; ★(OC): PAF, PF.

结节南洋参 **Polyscias nodosa** (Blume) Seem. 【I, C】 ●FJ, GD; ★(AS): IN, MY; (OC): SB.

复叶南洋森 **Polyscias paniculata** (DC.) Baker 【I, C】 ♣SCBG, XMBG; ●FJ, GD; ★(AF): MU.

圆叶南洋参 **Polyscias scutellaria** (Burm. f.) Fosberg 【I, C】 ♣BBG, CBG, FLBG, IBCAS, SCBG, TBG, XLTBG, XMBG, XOIG, XTBG; ●BJ, FJ, GD, HI, JX, SH, TW, YN; ★(OC): NC, PAF, VU.

304. 伞形科　APIACEAE

绒苞芹属　Actinotus

*粉星绒花 **Actinotus forsythii** Maiden et Betche 【I, C】 ★(OC): AU.

*星绒花 **Actinotus helianthi** Labill. 【I, C】 ●TW; ★(OC): AU.

蓝伞木属　Mackinlaya

蓝伞木(大参棕) **Mackinlaya macrosciadea** (F. Muell.) F. Muell. 【I, C】 ♣TBG; ●TW; ★(OC): AU.

积雪草属　Centella

积雪草 **Centella asiatica** (L.) Urb. 【N, W/C】 ♣FBG, FLBG, GA, GBG, GMG, GXIB, HBG, KBG, LBG, NBG, SCBG, TBG, TMNS, WBG, XLTBG, XMBG, XTBG, ZAFU; ●FJ, GD, GX, GZ, HB, HI, JS, JX, SC, TW, YN, ZJ; ★(AF): MG, NG, ZA; (AS): BT, CN, ID, IN, JP, KP, KR, LA, LK, MM, MY, NP, PK, SG, TH, VN; (OC): AU.

马蹄芹属　Dickinsia

马蹄芹 **Dickinsia hydrocotyloides** Franch. 【N, W/C】 ♣WBG; ●HB, SC; ★(AS): CN.

星芹属　Astrantia

*巴伐利亚星芹 **Astrantia bavarica** Schult. 【I, C】 ♣CBG; ●SH, TW; ★(EU): AT, BA, DE, HR, IT, ME, MK, RS, SI.

星芹(大星芹) **Astrantia major** L. 【I, C】 ♣BBG, CBG; ●BJ, SH, TW; ★(EU): AL, AT, BA, BG, CH, CZ, DE, ES, FI, FR, GB, HR, HU, IT, ME, MK, PL, RO, RS, RU, SI.

粉星芹 **Astrantia maxima** Pall. 【I, C】 ♣CBG; ●SH; ★(AS): GE, RU-AS; (EU): ES, GB, GR.

迷你星芹 **Astrantia minor** L. 【I, C】 ♣CBG; ●SH; ★(EU): BA, CH, DE, ES, FR, IT.

刺芹属　Eryngium

超棒刺芹 **Eryngium bourgatii** Gouan 【I, C】 ♣BBG; ●BJ, TW; ★(EU): DE, ES, FR.

田野刺芹 **Eryngium campestre** L. 【I, C】 ♣BBG; ●BJ, TW; ★(AS): IR; (EU): ES, FR.

地中海刺芹 **Eryngium dilatatum** Lam. 【I, C】 ♣BBG; ●BJ, TW; ★(EU): ES, FR, LU.

刺芹 **Eryngium foetidum** Walter 【I, N】 ♣BBG, GMG, GXIB, HBG, KBG, SCBG, XLTBG, XMBG, XTBG; ●BJ, FJ, GD, GX, HI, TW, YN, ZJ; ★(NA): BZ, CR, DO, GT, HN, HT, JM, LW, MX, NI, PA, PR, SV, TT, WW; (SA): AR, BO, BR, CO, EC, PE, VE.

巨刺芹 **Eryngium giganteum** M. Bieb. 【I, C】 ♣BBG; ●BJ, TW; ★(AS): GE.

滨海刺芹 **Eryngium maritimum** L. 【I, C】 ♣BBG;

●BJ; ★(AS): GE; (EU): FR, GR, MK.

扁叶刺芹 **Eryngium planum** L.【N, W/C】♣BBG, CBG, HBG; ●BJ, SH, TW, ZJ; ★(AS): CN, GE, MN, RU-AS; (EU): AT, BA, CZ, DE, HR, HU, ME, MK, PL, RO, RS, RU, SI, TR.

摩洛哥刺芹 **Eryngium variifolium** Coss.【I, C】♣BBG; ●BJ; ★(AF): MA.

丝兰叶刺芹 **Eryngium yuccifolium** Michx.【I, C】♣BBG; ●BJ, TW; ★(NA): US.

变豆菜属 Sanicula

变豆菜 **Sanicula chinensis** Bunge【N, W/C】♣CBG, GBG, HBG, LBG, NBG, SCBG, WBG; ●GD, GZ, HB, JS, JX, SH, ZJ; ★(AS): CN, JP, KP, KR, MN, RU-AS.

长序变豆菜 **Sanicula elongata** K. T. Fu【N, W/C】♣WBG; ●HB; ★(AS): CN.

首阳变豆菜 **Sanicula giraldii** H. Wolff【N, W/C】♣NBG; ●JS; ★(AS): CN, MN, RU-AS.

南山变豆菜 **Sanicula javanica** Blume【I, C】♣XTBG; ●YN; ★(AS): ID.

薄片变豆菜 **Sanicula lamelligera** Hance【N, W/C】♣GXIB, HBG, LBG, SCBG; ●GD, GX, JX, SC, ZJ; ★(AS): CN, JP.

直刺变豆菜（野鹅脚板）**Sanicula orthacantha** S. Moore【N, W/C】♣CBG, FBG, GA, GMG, GXIB, HBG, LBG, NBG, SCBG, WBG, XMBG; ●FJ, GD, GX, HB, JS, JX, SC, SH, ZJ; ★(AS): CN, ID, IN, KH, LA, VN.

天目变豆菜 **Sanicula tienmuensis** Shan et Constance【N, W/C】♣CBG; ●SH; ★(AS): CN.

柴胡属 Bupleurum

线叶柴胡 **Bupleurum angustissimum** (Franch.) Kitag.【N, W/C】♣NBG; ●JS; ★(AS): CN, MN.

*深紫柴胡 **Bupleurum atroviolaceum** (O. E. Schulz) Nasir【I, C】♣XTBG; ●YN; ★(AS): IN.

紫花阔叶柴胡 **Bupleurum boissieuanum** H. Wolff【N, W/C】♣WBG; ●HB; ★(AS): CN.

北柴胡 **Bupleurum chinense** Franch.【N, W/C】♣BBG, CBG, FBG, GBG, GXIB, HBG, IBCAS, NBG, WBG, XBG, XMBG, XTBG; ●BJ, FJ, GX, GZ, HB, JS, SC, SH, SN, TW, YN, ZJ; ★(AS): CN, JP, MN.

紫花鸭跖柴胡 **Bupleurum commelynoideum** H. Boissieu【N, W/C】♣SCBG; ●GD; ★(AS): CN.

太白柴胡 **Bupleurum dielsianum** H. Wolff【N, W/C】♣WBG; ●HB; ★(AS): CN.

大苞柴胡 **Bupleurum euphorbioides** Nakai【N, W/C】♣TDBG; ●XJ; ★(AS): CN, KP, KR, MN, RU-AS.

新疆柴胡 **Bupleurum exaltatum** Schur【N, W/C】♣TDBG; ●XJ; ★(AS): CN, CY, KG, KH, KZ, RU-AS, TJ, TM.

灌木柴胡 **Bupleurum fruticosum** L.【I, C】♣HBG; ●TW, ZJ; ★(AF): MA; (AS): SA; (EU): DE, ES, GB, GR, IT, LU, RU, SI.

纤细柴胡 **Bupleurum gracillimum** Klotzsch【N, W/C】●YN; ★(AS): BT, CN, MM, NP, PK.

小柴胡 **Bupleurum hamiltonii** N. P. Balakr.【N, W/C】♣GBG; ●GZ; ★(AS): BT, CN, ID, IN, LK, MM, MY, NP, PK, TH, VN.

台湾柴胡 **Bupleurum kaoi** Liu, C. Y. Chao et Chuang【N, W/C】●TW; ★(AS): CN.

阿尔泰柴胡 **Bupleurum krylovianum** Schischk.【N, W/C】♣GXIB, NBG; ●GX, JS; ★(AS): CN, CY, KG, KZ, MN, RU-AS.

长茎柴胡 **Bupleurum longicaule** Wall. ex DC.【N, W/C】♣WBG; ●HB; ★(AS): CN, IN, NP, PK.

抱茎柴胡 **Bupleurum longicaule** var. **amplexicaule** C. Y. Wu ex R. H. Shan et Yin Li【N, W/C】♣KBG; ●YN; ★(AS): CN.

大叶柴胡 **Bupleurum longiradiatum** Turcz.【N, W/C】♣CBG, HBG, HFBG, LBG, SCBG, ZAFU; ●GD, HL, JX, SH, ZJ; ★(AS): CN, JP, KP, MN, RU-AS.

竹叶柴胡 **Bupleurum marginatum** Wall. ex DC.【N, W/C】♣GBG, GMG, KBG, LBG, NBG, SCBG, WBG; ●GD, GX, GZ, HB, JS, JX, YN; ★(AS): BT, CN, ID, IN, LK, MM, NP, PK.

圆叶柴胡 **Bupleurum rotundifolium** L.【I, C】●TW; ★(AS): GE, IR, TM, TR; (EU): AL, BA, DE, ES, FR, GR, HR, IT, MC, ME, MK, RS, SI.

红柴胡 **Bupleurum scorzonerifolium** Willd.【N, W/C】♣HFBG, NBG, XMBG; ●FJ, HL, JS, TW; ★(AS): CN, JP, KP, MN, RU-AS.

雾灵柴胡 **Bupleurum sibiricum** var. **jeholense** (Nakai) Y. C. Chu ex R. H. Shan et Yin Li【N, W/C】♣NBG; ●JS; ★(AS): CN.

近圆叶柴胡 **Bupleurum subovatum** Link ex Spreng.【I, C】●TW; ★(AF): EG, LY; (AS): IL, IR, TR; (EU): PT.

银州柴胡 **Bupleurum yinchowense** R. H. Shan et Y.

Li 【N, W/C】 ♣NBG; ●JS; ★(AS): CN, MN.

矮泽芹属 Chamaesium

矮泽芹 **Chamaesium paradoxum** H. Wolff 【N, W/C】 ♣NBG; ●JS; ★(AS): CN.

棱子芹属 Pleurospermum

美丽棱子芹 **Pleurospermum amabile** Craib et W. W. Sm. 【N, W/C】 ●YN; ★(AS): BT, CN, IN, LK, RU-AS.

雅江棱子芹 **Pleurospermum astrantioideum** (H. Boissieu) K. T. Fu et Y. C. Ho 【N, W/C】 ♣NBG; ●JS; ★(AS): CN, RU-AS.

尖头棱子芹 **Pleurospermum stellatum** (D. Don) Benth. ex C. B. Clarke 【N, W/C】 ●YN; ★(AS): CN, IN, NP, PK, RU-AS.

粗茎棱子芹 **Pleurospermum wilsonii** H. Boissieu 【N, W/C】 ♣SCBG; ●GD; ★(AS): CN, NP.

明党参属 Changium

明党参 **Changium smyrnioides** H. Wolff 【N, W/C】 ♣HBG, IBCAS, NBG, ZAFU; ●BJ, JS, ZJ; ★(AS): CN.

川明参属 Chuanminshen

川明参 **Chuanminshen violaceum** M. L. Sheh et R. H. Shan 【N, W/C】 ♣CBG, NBG, WBG; ●HB, JS, SH; ★(AS): CN.

羌活属 Notopterygium

宽叶羌活 **Notopterygium franchetii** H. Boissieu 【N, W/C】 ♣CBG, NBG, WBG; ●HB, JS, SC, SH; ★(AS): CN, RU-AS.

舟瓣芹属 Sinolimprichtia

舟瓣芹 **Sinolimprichtia alpina** H. Wolff 【N, W/C】 ●YN; ★(AS): CN.

东俄芹属 Tongoloa

城口东俄芹 **Tongoloa silaifolia** (H. Boissieu) H. Wolff 【N, W/C】 ♣WBG; ●HB; ★(AS): CN.

牯岭东俄芹 **Tongoloa stewardii** H. Wolff 【N, W/C】 ♣LBG, SCBG; ●GD, JX; ★(AS): CN.

细叶东俄芹 **Tongoloa tenuifolia** H. Wolff 【N, W/C】 ♣WBG; ●HB; ★(AS): CN.

天山泽芹属 Berula

天山泽芹 **Berula erecta** (Huds.) Coville 【N, W/C】 ♣IBCAS; ●BJ; ★(AS): AF, CN, CY, ID, IN, KG, KH, KZ, NP, PK, TJ, TM, UZ; (OC): PAF.

毒芹属 Cicuta

毒芹 **Cicuta virosa** L. 【N, W/C】 ♣IBCAS, TDBG; ●BJ, XJ; ★(AS): CN, JP, KP, KR, MN, RU-AS; (OC): AU.

鸭儿芹属 Cryptotaenia

鸭儿芹 **Cryptotaenia japonica** Hassk. 【N, W/C】 ♣CBG, FBG, GA, GBG, GMG, GXIB, HBG, LBG, NBG, SCBG, WBG, XMBG, XOIG, ZAFU; ●FJ, GD, GX, GZ, HB, JS, JX, SC, SH, TW, ZJ; ★(AS): CN, JP, KP, KR, MN, RU-AS.

水毯草属 Lilaeopsis

水毯草 **Lilaeopsis brasiliensis** (Glaz.) Affolter 【I, C】 ♣XMBG; ●FJ; ★(SA): AR, BR, PY, UY.

*小剑 **Lilaeopsis novae-zelandiae** A. W. Hill 【I, C】 ★(OC): NZ.

水芹属 Oenanthe

短辐水芹 **Oenanthe benghalensis** (Roxb.) Kurz 【N, W/C】 ♣FBG, GMG, SCBG, XMBG, XTBG; ●FJ, GD, GX, YN; ★(AS): CN, ID, IN.

高山水芹 **Oenanthe hookeri** C. B. Clarke 【N, W/C】 ♣WBG; ●HB; ★(AS): BT, CN, ID, IN, LK, NP.

水芹 **Oenanthe javanica** (Blume) DC. 【N, W/C】 ♣BBG, FBG, GA, GBG, GMG, HBG, HFBG, IBCAS, LBG, SCBG, TBG, TMNS, WBG, XLTBG, XMBG, XTBG, ZAFU; ●AH, BJ, FJ, GD, GX, GZ, HA, HB, HI, HL, HN, JS, JX, SC, SD, SH, TW, YN, ZJ; ★(AS): BT, CN, ID, IN, JP, KP, KR, LA, LK, MM, MN, MY, NP, PH, PK, RU-AS, TH, VN; (OC): AU, PAF.

卵叶水芹 **Oenanthe javanica** subsp. **rosthornii** (Diels) F. T. Pu 【N, W/C】 ♣TMNS, WBG; ●HB, TW; ★(AS): CN, TH.

线叶水芹 **Oenanthe linearis** Wall. ex DC. 【N, W/C】 ♣BBG, GBG, IBCAS, LBG, SCBG, WBG,

XTBG, ZAFU; ●BJ, GD, GZ, HB, JX, YN, ZJ; ★(AS): CN, ID, IN, LA, MM, NP, VN.

窄叶水芹 **Oenanthe thomsonii** subsp. **stenophylla** (H. Boissieu) F. T. Pu 【N, W/C】 ♣WBG; ●HB; ★(AS): CN, VN.

丝裂芹属 Ptilimnium

丝裂芹 **Ptilimnium costatum** Raf. 【I, N】 ●JS; ★(NA): US.

泽芹属 Sium

中亚泽芹 **Sium medium** Fisch. et C. A. Mey. 【N, W/C】 ♣WBG; ●HB; ★(AS): CN, CY, KG, KZ, TJ, UZ.

泽芹 **Sium suave** Walter 【N, W/C】 ♣HFBG, IBCAS, LBG, TMNS, WBG; ●BJ, HB, HL, JX, SC, TW; ★(AS): CN, JP, KR, MN, RU-AS.

石防风属 Kitagawia

兴安前胡 **Kitagawia baicalensis** (Redowsky ex Willd.) Pimenov 【N, W/C】 ♣NBG; ●JS; ★(AS): CN, MN, RU-AS.

石防风 **Kitagawia terebinthacea** (Fisch. ex Trevir.) Pimenov 【N, W/C】 ♣GMG; ●GX; ★(AS): CN, JP, KP, KR, MN, RU-AS.

藁本属 Ligusticum

短片藁本 **Ligusticum brachylobum** Franch. 【N, W/C】 ♣GBG, WBG; ●GZ, HB; ★(AS): CN.

细苞藁本 **Ligusticum capillaceum** H. Wolff 【N, W/C】 ♣NBG; ●JS; ★(AS): CN.

羽苞藁本 **Ligusticum daucoides** (Franch.) Franch. 【N, W/C】 ♣WBG; ●HB; ★(AS): CN.

吉隆藁本 **Ligusticum gyirongense** Shan et H. T. Chang 【N, W/C】 ♣NBG; ●JS; ★(AS): CN.

毛藁本 **Ligusticum hispidum** (Franch.) H. Wolff ex Hand.-Mazz. 【N, W/C】 ♣NBG; ●JS; ★(AS): CN.

膜苞藁本 **Ligusticum oliverianum** (H. Boissieu) R. H. Shan 【N, W/C】 ♣SCBG; ●GD; ★(AS): CN.

匍匐藁本 **Ligusticum reptans** (Diels) H. Wolff 【N, W/C】 ♣GBG; ●GZ; ★(AS): CN.

川滇藁本 **Ligusticum sikiangense** M. Hiroe 【N, W/C】 ♣NBG; ●JS; ★(AS): CN.

藁本（川芎）**Ligusticum sinense** Oliv. 【N, W/C】 ♣HBG, KBG, LBG, NBG, WBG, XBG, XMBG; ●FJ, GS, GX, HB, JS, JX, SC, SN, YN, ZJ; ★(AS): CN.

条纹藁本 **Ligusticum striatum** DC. 【N, W/C】 ♣CBG, GBG, GMG, GXIB, HBG, KBG, LBG, WBG, XBG, XTBG; ●GX, GZ, HB, JX, SC, SH, SN, YN, ZJ; ★(AS): CN, IN, NP.

细叶藁本 **Ligusticum tenuissimum** (Nakai) Kitag. 【N, W/C】 ♣LBG; ●JX; ★(AS): CN, KP.

囊瓣芹属 Pternopetalum

裸茎囊瓣芹 **Pternopetalum nudicaule** (H. Boissieu) Hand.-Mazz. 【N, W/C】 ♣WBG; ●HB; ★(AS): CN, ID, IN, VN.

膜蕨囊瓣芹 **Pternopetalum trichomanifolium** (Franch.) Hand.-Mazz. 【N, W/C】 ♣LBG, SCBG; ●GD, JX, SC; ★(AS): CN.

五匹青 **Pternopetalum vulgare** (Dunn) Hand.-Mazz. 【N, W/C】 ♣WBG; ●HB, SC; ★(AS): CN, ID, IN, MM, NP.

翅棱芹属 Pterygopleurum

脉叶翅棱芹 **Pterygopleurum neurophyllum** (Maxim.) Kitag. 【N, W/C】 ♣HBG; ●ZJ; ★(AS): CN, JP, KP, KR.

岩茴香属 Rupiphila

岩茴香 **Rupiphila tachiroei** (Franch. et Sav.) Pimenov et Lavrova 【N, W/C】 ♣HBG, NBG; ●JS, ZJ; ★(AS): CN, JP, KP, KR, MN.

大叶芹属 Spuriopimpinella

辽冀茴芹 **Spuriopimpinella komarovii** Kitag. 【N, W/C】 ♣NBG; ●JS; ★(AS): CN, KP, KR.

黑水芹属 Tilingia

辽藁本 **Tilingia jeholensis** (Nakai et Kitag.) Leute 【N, W/C】 ♣GMG, HFBG, IBCAS, NBG, XBG, XTBG; ●BJ, GX, HL, JS, SN, YN; ★(AS): CN, MN.

孜然芹属 Cuminum

孜然芹 **Cuminum cyminum** L. 【I, C】 ♣TDBG; ●TW, XJ; ★(AS): AF, BT, CY, IN, KZ, LB, PK,

PS, SY, TR; (EU): AL, BA, ES, FR, GR, HR, IT, MC, ME, MK, RS, SI.

胡萝卜属 Daucus

野胡萝卜 **Daucus carota** L.【I, N】♣FBG, FLBG, GA, GBG, HBG, LBG, NBG, SCBG, TDBG, WBG, XBG, XMBG, ZAFU; ●FJ, GD, GZ, HB, JS, JX, SC, SN, TW, XJ, YN, ZJ; ★(AS): AM, AZ, GE, IL, IQ, IR, JO, LB, PS, QA, SA, SY, TR; (EU): AD, AL, BA, BG, ES, GR, HR, IT, ME, MK, PT, RO, RS, SI, SM, VA.

胡萝卜 **Daucus carota** subsp. **sativus** (Hoffm.) Arcang.【I, C】♣GA, GMG, GXIB, HBG, HFBG, LBG, NBG, TDBG, WBG, XBG, XMBG, XOIG, XTBG, ZAFU; ●AH, BJ, FJ, GD, GS, GX, GZ, HA, HB, HE, HL, HN, JL, JS, JX, LN, NM, NX, QH, SC, SD, SH, SN, SX, TJ, TW, XJ, YN, ZJ; ★(EU): AD, AL, BA, BE, BG, ES, FR, GB, GR, HR, IT, LU, MC, ME, MK, NL, PT, RO, RS, SI, SM, VA.

苍耳芹属 Orlaya

苍耳芹 **Orlaya grandiflora** Hoffm.【I, C】★(AS): GE; (EU): AL, AT, BA, BE, BG, CZ, DE, ES, GR, HR, HU, IT, ME, MK, RO, RS, RU, SI, TR.

毒萝卜属 Thapsia

Thapsia asclepium L. 【I, C】 ★(EU): NL.

Thapsia edulis G. Nicholson 【I, C】 ★(EU): PT.

Thapsia foetida L. 【I, C】 ★(EU): ES, NL.

Thapsia garganica L. 【I, C】 ★(AS): SA; (EU): BY, ES, GR, HR, IT, LU, SI.

Thapsia villosa L. 【I, C】 ★(EU): DE, ES, LU.

阿魏属 Ferula

阿魏 **Ferula assa-foetida** L.【I, C】♣XMBG; ●FJ; ★(AS): AF, IR.

沙生阿魏 **Ferula dubjanskyi** Korovin ex Pavlov【N, W/C】 ♣TDBG; ●XJ; ★(AS): CN, CY, KG, KZ, MN, RU-AS, UZ.

Ferula galbanifera Mill. 【I, C】 ♣NBG; ●JS; ★(EU): IT, NL.

绿黄汁阿魏 **Ferula gummosa** Boiss. 【I, C】 ♣NBG; ●JS; ★(AS): IR.

铜山阿魏 **Ferula licentiana** var. **tunshanica** (S. W. Su) R. H. Shan et Q. X. Liu【N, W/C】 ♣CBG, NBG; ●JS, SH; ★(AS): CN.

Ferula penninervis Regel et Schmalh. 【I, C】 ♣NBG; ●JS; ★(AS): KZ.

新疆阿魏 **Ferula sinkiangensis** K. M. Shen【N, W/C】 ♣NBG; ●JS; ★(AS): CN.

峨参属 Anthriscus

蜡叶峨参（雪维菜）**Anthriscus cerefolium** (L.) Hoffm.【I, C】♣XMBG; ●FJ, TW; ★(AS): AM, AZ, GE, IR, RU-AS, TR; (EU): AL, AT, BA, BE, BG, CZ, DE, ES, GB, GR, HR, HU, IT, ME, MK, NL, PL, RO, RS, RU, SI, UA.

峨参 **Anthriscus sylvestris** (L.) Hoffm. 【N, W/C】 ♣HBG, LBG, NBG, WBG; ●HB, JS, JX, SC, TW, ZJ; ★(AS): CN, GE, ID, IN, JP, KP, KR, MN, NP, PK, RU-AS; (EU): AL, AT, BA, BE, BG, CZ, DE, ES, FI, GB, GR, HR, HU, IT, LU, ME, MK, NL, NO, PL, RO, RS, RU, SI.

刺果峨参 **Anthriscus sylvestris** subsp. **nemorosa** (M. Bieb.) Koso-Pol.【N, W/C】♣HBG; ●ZJ; ★(AS): CN, IN, JP, NP, PK, RU-AS.

香根芹属 Osmorhiza

香根芹 **Osmorhiza aristata** (Thunb.) Rydb. 【N, W/C】♣HBG, LBG, WBG; ●HB, JX, ZJ; ★(AS): BT, CN, ID, IN, JP, KP, KR, LK, MN, NP, PK, RU-AS.

窃衣属 Torilis

小窃衣 **Torilis japonica** (Houtt.) DC. 【N, W/C】 ♣FBG, GBG, GMG, HBG, KBG, LBG, XBG, XMBG, ZAFU; ●FJ, GX, GZ, JX, SC, SN, YN, ZJ; ★(AS): BT, CN, IN, JP, KP, KR, LK, MN, RU-AS; (OC): NZ.

窃衣 **Torilis scabra** (Thunb.) DC. 【N, W/C】 ♣CBG, GA, GBG, LBG, NBG, WBG, ZAFU; ●GZ, HB, JS, JX, SC, SH, ZJ; ★(AS): CN, JP, KP, KR.

刺果芹属 Turgenia

刺果芹 **Turgenia latifolia** (L.) Hoffm. 【N, W/C】 ♣WBG; ●HB; ★(AS): AF, CN, CY, GE, KZ, PK; (EU): AL, AT, BA, BE, BG, CZ, DE, ES, GB, GR, HR, HU, IT, LU, ME, MK, RO, RS, RU, SI, TR.

阿米芹属 Ammi

大阿米芹 **Ammi majus** Walter【I, N】♣NBG; ●JS;

★(AF): DZ, EG, LY, MA, TN; (AS): LB, PS, SY, TR; (EU): AL, BA, ES, FR, GR, HR, IT, MC, ME, MK, RS, SI.

阿米芹 **Ammi visnaga** (L.) Lam. 【I, C】 ●TW; ★(AF): DZ, EG, LY, MA, TN; (AS): LB, PS, SY, TR; (EU): AL, BA, ES, FR, GR, HR, IT, MC, ME, MK, RS, SI.

莳萝属 Anethum

莳萝 **Anethum graveolens** Ucria 【I, C】 ♣BBG, GMG, LBG, NBG, XBG, XMBG; ●BJ, FJ, GX, JS, JX, SH, SN, TW, XJ; ★(AS): AM, AZ, BH, CY, GE, IL, IQ, IR, JO, KW, LB, PS, QA, SA, SY, TR, YE; (EU): AT, BA, BE, BG, BY, CZ, DE, ES, GR, HR, HU, IT, LU, ME, MK, NL, RO, RS, RU, SI.

芹属 Apium

旱芹（芹菜）**Apium graveolens** L. 【I, C】 ♣FBG, FLBG, GA, HBG, LBG, TDBG, WBG, XBG, XLTBG, XMBG, XOIG, XTBG, ZAFU; ●AH, BJ, FJ, GD, GS, GX, GZ, HA, HB, HE, HI, HL, HN, JL, JS, JX, LN, NM, NX, QH, SC, SD, SH, SN, SX, TJ, TW, XJ, YN, ZJ; ★(AF): DZ, EG, LY, MA, TN; (AS): LB, PS, SY, TR; (EU): AL, AT, BA, BE, BG, CZ, DE, ES, FR, GB, GR, HR, HU, IT, MC, ME, MK, NL, PL, RO, RS, RU, SI.

根芹 **Apium graveolens** var. **rapaceum** DC. 【I, C】 ♣WBG; ●BJ, HB, TW; ★(AF): DZ, EG, LY, MA, TN; (AS): LB, PS, SY, TR; (EU): AL, AT, BA, BE, BG, CZ, DE, ES, FR, GB, GR, HR, HU, IT, MC, ME, MK, NL, PL, RO, RS, RU, SI.

茴香属 Foeniculum

茴香 **Foeniculum vulgare** Mill. 【I, C/N】 ♣FBG, FLBG, GBG, GMG, HBG, IBCAS, KBG, LBG, NBG, WBG, XBG, XMBG, XTBG; ●AH, BJ, FJ, GD, GS, GX, GZ, HB, HE, HL, JS, JX, NM, NX, SC, SD, SN, SX, TW, XJ, YN, ZJ; ★(AF): DZ, EG, LY, MA, TN; (AS): LB, PS, SY, TR; (EU): AL, BA, ES, FR, GR, HR, IT, MC, ME, MK, RS, SI.

欧芹属 Petroselinum

欧芹 **Petroselinum crispum** (Mill.) Fuss 【I, C/N】 ♣CBG, IBCAS, NBG, XMBG, XOIG; ●BJ, FJ, JS, SH, TW; ★(AF): DZ, TN; (EU): IT.

Aegokeras

Aegokeras caespitosa Raf. 【I, C】 ★(AS): TR.

羊角芹属 Aegopodium

巴东羊角芹 **Aegopodium henryi** Diels 【N, W/C】 ♣WBG; ●HB; ★(AS): CN, MM.

羊角芹 **Aegopodium podagraria** L. 【I, C】 ♣IBCAS; ●BJ; ★(EU): BG, DE, ES, FR, GB, IT, PT.

葛缕子属 Carum

田葛缕子 **Carum buriaticum** Turcz. 【N, W/C】 ♣NBG; ●BJ, JS; ★(AS): CN, MN, RU-AS.

葛缕子 **Carum carvi** L. 【N, W/C】 ♣GA, KBG, NBG, XBG, XMBG; ●FJ, JS, JX, SN, TW, YN; ★(AS): BT, CN, IN, LK, MM, MN, RU-AS; (OC): NZ.

毒参属 Conium

毒参 **Conium maculatum** L. 【I, C】♣NBG, TDBG; ●JS, XJ; ★(AF): DZ, EG, LY, MA, TN; (AS): LB, PS, SY, TR; (EU): AD, AL, BA, BG, ES, FR, GR, HR, IT, MC, ME, MK, PT, RO, RS, SI, SM, VA.

芫荽属 Coriandrum

芫荽 **Coriandrum sativum** L. 【I, C/N】 ♣BBG, FBG, FLBG, GA, GBG, GMG, HBG, LBG, NBG, TDBG, WBG, XBG, XLTBG, XMBG, XOIG, XTBG, ZAFU; ●AH, BJ, FJ, GD, GS, GX, GZ, HB, HE, HI, JL, JS, JX, NM, NX, SC, SD, SH, SN, SX, TJ, TW, XJ, YN, ZJ; ★(AF): DZ, EG, LY, MA, SD, TN; (AS): AM, AZ, BH, CY, GE, IL, IQ, IR, JO, KW, LB, PS, QA, SA, SY, TR; (EU): AD, AL, BA, BG, ES, GR, HR, IT, ME, MK, PT, RO, RS, SI, SM, VA.

白苞芹属 Nothosmyrnium

白苞芹 **Nothosmyrnium japonicum** Miq. 【N, W/C】♣CBG, GA, HBG, LBG, NBG, WBG; ●HB, JS, JX, SH, ZJ; ★(AS): CN, JP.

川白苞芹 **Nothosmyrnium japonicum** var. **sutchuensis** H. Boissieu 【N, W/C】 ♣NBG, WBG; ●HB, SC; ★(AS): CN.

茴芹属 Pimpinella

茴芹 **Pimpinella anisum** L. 【I, C】 ●TW; ★(AS): AM, AZ, BH, CY, GE, IL, IQ, IR, JO, KW, LB, PS, QA, SA, SY, TR; (EU): AL, BA, ES, FR, GR,

HR, IT, MC, ME, MK, RS, SI.

杏叶茴芹 **Pimpinella candolleana** Wight et Arn. 【N, W/C】 ♣GBG, XTBG; ●GZ, YN; ★(AS): CN, ID, IN.

蛇床茴芹 **Pimpinella cnidioides** H. Pearson ex H. Wolff 【N, W/C】 ●BJ; ★(AS): CN.

异叶茴芹 **Pimpinella diversifolia** DC. 【N, W/C】 ♣CBG, FBG, GA, GBG, GMG, GXIB, HBG, LBG, NBG, WBG, XTBG; ●FJ, GX, GZ, HB, JS, JX, SC, SH, YN, ZJ; ★(AS): AF, BT, CN, ID, IN, JP, KH, LK, MM, NP, PK, VN.

菱叶茴芹 **Pimpinella rhomboidea** Diels 【N, W/C】 ♣WBG; ●HB; ★(AS): CN.

丽江茴芹 **Pimpinella rockii** H. Wolff 【N, W/C】 ♣XTBG; ●YN; ★(AS): CN.

*虎耳茴芹 **Pimpinella saxifraga** L. 【I, C】 ♣NBG; ●JS; ★(AS): AM, AZ, BH, CY, GE, IL, IQ, IR, JO, KW, LB, PS, QA, SA, SY, TR, YE; (EU): AL, AT, BA, BE, BG, CZ, DE, ES, FR, GB, GR, HR, HU, IT, ME, MK, NL, NO, PL, RO, RS, RU, SI.

直立茴芹 **Pimpinella smithii** H. Wolff 【N, W/C】 ♣NBG; ●JS; ★(AS): CN.

羊红膻 **Pimpinella thellungiana** H. Wolff 【N, W/C】 ♣XBG; ●SN; ★(AS): CN, MN, RU-AS.

云南茴芹 **Pimpinella yunnanensis** (Franch.) H. Wolff 【N, W/C】 ♣XTBG; ●YN; ★(AS): CN.

糙果芹属 Trachyspermum

细叶糙果芹 **Trachyspermum ammi** (L.) Sprague 【N, W/C】 ●TW; ★(AS): BT, CN, ID, IN, LK, MM.

滇南糙果芹 **Trachyspermum roxburghianum** (DC.) H. Wolff 【N, W/C】 ♣XTBG; ●YN; ★(AS): CN, ID, IN, LA, MM.

细叶旱芹属 Cyclospermum

细叶旱芹 **Cyclospermum leptophyllum** (Pers.) Sprague 【I, N】 ♣GA, XMBG, ZAFU; ●FJ, JX, ZJ; ★(SA): AR, CL, EC, PE, PY.

欧白芷属 Archangelica

下延叶古当归 **Archangelica decurrens** Ledeb. 【N, W/C】 ♣TDBG; ●XJ; ★(AS): CN, KG, KZ, MN.

当归属 Angelica

东当归 **Angelica acutiloba** (Siebold et Zucc.) Kitag. 【I, C】 ★(AS): JP.

狭叶当归 **Angelica anomala** Avé-Lall. 【N, W/C】 ♣GBG, HBG, XMBG; ●FJ, GZ, ZJ; ★(AS): CN, JP, KP, KR, MN, RU-AS.

阿坝当归 **Angelica apaensis** R. H. Shan et C. C. Yuan 【N, W/C】 ♣SCBG; ●GD; ★(AS): CN.

欧白芷(挪威当归) **Angelica archangelica** L. 【I, C】 ♣GXIB, KBG, XBG; ●GX, SN, TW, YN; ★(EU): AT, BA, BE, BG, CZ, DE, DK, FI, FR, GB, HR, HU, IS, IT, ME, MK, NL, NO, RO, RS, RU, SE, SI.

重齿当归 **Angelica biserrata** (R. H. Shan et C. Q. Yuan) C. Q. Yuan et R. H. Shan 【N, W/C】 ♣CBG, NBG, WBG; ●HB, JS, SH; ★(AS): CN.

长鞘当归 **Angelica cartilaginomarginata** (Makino) Nakai 【N, W/C】 ♣NBG; ●JS; ★(AS): CN, JP, KR.

骨缘当归 **Angelica cartilaginomarginata** var. **foliosa** C. Q. Yuan et R. H. Shan 【N, W/C】 ♣NBG; ●JS; ★(AS): CN.

隔山香 **Angelica citriodora** Hance 【N, W/C】 ♣FBG, GA, GMG, GXIB, HBG, LBG, SCBG, XMBG; ●FJ, GD, GX, JX, ZJ; ★(AS): CN, RU-AS.

白芷 **Angelica dahurica** (Hoffm.) Benth. et Hook. f. ex Franch. et Sav. 【N, W/C】 ♣FLBG, GMG, GXIB, HFBG, IBCAS, KBG, LBG, NBG, SCBG, WBG, XBG, XTBG, ZAFU; ●BJ, GD, GX, HB, HL, JS, JX, SC, SN, TW, YN, ZJ; ★(AS): CN, JP, KR, MN, RU-AS.

台湾当归(台湾独活) **Angelica dahurica** var. **formosana** (Boissieu) Yen C. Yang 【N, W/C】 ♣HBG, KBG, LBG; ●JX, YN, ZJ; ★(AS): CN.

紫花前胡(柴花前胡) **Angelica decursiva** (Miq.) Franch. et Sav. 【N, W/C】 ♣CBG, FLBG, GA, GBG, GMG, GXIB, HBG, KBG, LBG, NBG, SCBG, WBG, XBG, ZAFU; ●GD, GX, GZ, HB, JS, JX, SC, SH, SN, YN, ZJ; ★(AS): CN, JP, KP, KR, MN, RU-AS, VN.

大齿山芹 **Angelica grosseserrata** Maxim. 【N, W/C】 ♣CBG, FLBG, GA, HBG, LBG, NBG, SCBG, WBG; ●GD, HB, JS, JX, SH, ZJ; ★(AS): CN, KP, KR, MN, RU-AS.

明日叶 **Angelica keiskei** (Miq.) Koidz. 【I, C】 ●TW; ★(AS): JP.

疏叶当归 **Angelica laxifoliata** Diels 【N, W/C】 ♣CBG, SCBG, WBG, XBG; ●GD, HB, SC, SH, SN; ★(AS): CN.

茂汶当归 **Angelica maowenensis** C. Q. Yuan et R. H. Shan 【N, W/C】 ♣NBG; ●JS, SC; ★(AS): CN.

福参 **Angelica morii** Hayata 【N, W/C】 ♣CBG, LBG; ●JX, SH; ★(AS): CN.

拐芹 **Angelica polymorpha** Maxim. 【N, W/C】 ♣CBG, LBG, WBG; ●HB, JX, SH; ★(AS): CN, JP, KP, KR.

管鞘当归 **Angelica pseudoselinum** H. Boissieu 【N, W/C】 ♣SCBG; ●GD; ★(AS): CN.

家独活 **Angelica pubescens** Maxim. 【I, C】 ♣HBG, LBG; ●JX, TW, ZJ; ★(AS): JP.

山芹 **Angelica sieboldii** Miq. 【N, W/C】 ♣HBG; ●ZJ; ★(AS): CN, JP, KP, KR, MN, RU-AS.

当归 **Angelica sinensis** (Oliv.) Diels 【N, W/C】 ♣GBG, GMG, HBG, KBG, LBG, NBG; ●BJ, GS, GX, GZ, JS, JX, TW, YN, ZJ; ★(AS): CN, MN.

台湾白芷 **Angelica taiwaniana** S. S. Ying 【N, W/C】 ●ZJ; ★(AS): CN.

天目当归（天目山当归）**Angelica tianmuensis** Z. H. Pan et T. D. Zhuang 【N, W/C】 ♣NBG; ●JS; ★(AS): CN.

绿花山芹 **Angelica viridiflora** (Turcz.) Benth. ex Maxim. 【N, W/C】 ♣NBG; ●JS; ★(AS): CN, MN, RU-AS.

蛇床属 Cnidium

滨蛇床 **Cnidium japonicum** Miq. 【N, W/C】 ♣XBG; ●SN; ★(AS): CN, JP, KP, KR.

蛇床 **Cnidium monnieri** (L.) Cusson 【N, W/C】 ♣GBG, GMG, LBG, XBG, ZAFU; ●GX, GZ, JX, SN, ZJ; ★(AS): CN, ID, IN, KP, KR, LA, MN, RU-AS, VN; (EU): RU.

珊瑚菜属 Glehnia

珊瑚菜 **Glehnia littoralis** F. Schmidt ex Miq. 【N, W/C】 ♣HBG, IBCAS, NBG, SCBG, XBG, XMBG, XTBG; ●BJ, FJ, GD, JL, JS, SN, TW, YN, ZJ; ★(AS): CN, JP, KP, KR, MN, RU-AS.

岩风属 Libanotis

岩风 **Libanotis buchtormensis** (Fisch.) DC. 【N, W/C】 ♣IBCAS, WBG; ●BJ, HB; ★(AS): AF, CN, CY, KG, KZ, MN, PK, RU-AS.

伊犁岩风 **Libanotis iliensis** (Lipsky) Korovin 【N, W/C】 ♣TDBG; ●XJ; ★(AS): CN, CY, KZ, MN, RU-AS.

前胡属 Peucedanum

倾卧前胡 **Peucedanum decumbens** Maxim. 【N, W/C】 ♣KBG, WBG; ●HB, YN; ★(AS): CN.

竹节前胡 **Peucedanum dielsianum** Fedde ex H. Wolff 【N, W/C】 ♣NBG; ●JS; ★(AS): CN.

华北前胡 **Peucedanum harry-smithii** Fedde ex H. Wolff 【N, W/C】 ●BJ; ★(AS): CN.

鄂西前胡 **Peucedanum henryi** H. Wolff 【N, W/C】 ♣WBG; ●HB; ★(AS): CN.

滨海前胡 **Peucedanum japonicum** Thunb. 【N, W/C】 ♣CBG, HBG, NBG, XMBG, XTBG, ZAFU; ●FJ, JS, SH, YN, ZJ; ★(AS): CN, JP, KP, KR, PH.

马山前胡 **Peucedanum mashanense** R. H. Shan et M. L. Sheh 【N, W/C】 ♣GXIB; ●GX; ★(AS): CN.

华中前胡 **Peucedanum medicum** Dunn 【N, W/C】 ♣CBG, WBG; ●HB, SH; ★(AS): CN.

欧前胡（紫前胡）**Peucedanum ostruthium** (L.) W. Koch 【I, C】 ♣BBG; ●BJ; ★(EU): AT, BA, BE, CH, CZ, DE, ES, GB, HR, IT, ME, MK, NL, NO, PL, RO, RS, RU, SI.

前胡 **Peucedanum praeruptorum** Dunn 【N, W/C】 ♣CBG, FBG, GA, HBG, KBG, LBG, NBG, SCBG, WBG, XBG, ZAFU; ●FJ, GD, HB, JS, JX, SC, SH, SN, YN, ZJ; ★(AS): CN, MN.

长前胡 **Peucedanum turgeniifolium** H. Wolff 【N, W/C】 ♣NBG; ●JS; ★(AS): CN.

泰山前胡 **Peucedanum wawrae** (H. Wolff) H. J. Su ex M. L. Sheh 【N, W/C】 ♣NBG; ●JS; ★(AS): CN.

防风属 Saposhnikovia

防风 **Saposhnikovia divaricata** (Turcz.) Schischk. 【N, W/C】 ♣BBG, GMG, GXIB, HBG, HFBG, IBCAS, KBG, LBG, NBG, SCBG, WBG, XBG, XTBG; ●BJ, GD, GX, HB, HL, JS, JX, SC, SN, YN, ZJ; ★(AS): CN, KP, MN, RU-AS.

西风芹属 Seseli

多毛西风芹 **Seseli delavayi** Franch. 【N, W/C】 ♣GBG; ●GZ; ★(AS): CN.

南鹤虱 **Seseli libanotis** (L.) W. D. J. Koch 【N, W/C】 ♣XBG; ●SN; ★(AS): CN, CY, KZ,

RU-AS.

磨石芹属 Trinia

磨石芹 **Trinia glauca** Dumort. 【I, C】 ♣XTBG; ●YN; ★(AS): AM, AZ, BH, CY, GE, IL, IQ, IR, JO, KW, LB, PS, QA, SA, SY, TR, YE; (EU): AL, AT, BA, BG, CZ, DE, ES, FR, GB, GR, HR, HU, IT, ME, MK, RO, RS, RU, SI, TR.

芹薯属 Arracacia

芹薯（秘鲁胡萝卜）**Arracacia xanthorrhiza** Bancr. 【I, C】 ●FJ; ★(NA): CR, GT, HN, PR, SV; (SA): BO, BR, CO, EC, PE.

山芎属 Conioselinum

山芎 **Conioselinum chinense** (L.) Britton, Sterns et Poggenb. 【N, W/C】 ♣NBG; ●JS; ★(AS): CN, JP, MN, RU-AS; (NA): CA, US.

欧当归属 Levisticum

欧当归 **Levisticum officinale** W. D. J. Koch 【I, C】 ♣HFBG, IBCAS, XBG, XTBG; ●BJ, HL, SN, TW, YN; ★(AS): AF, IR, LB, PS, SY, TR; (EU): AL, BA, ES, FR, GR, HR, IT, MC, ME, MK, RS, SI.

滇羌活属 Pterocyclus

心叶棱子芹 **Pterocyclus rivulorum** (Diels) H. Wolff 【N, W/C】 ♣KBG; ●YN; ★(AS): CN, RU-AS.

亮叶芹属 Silaum

亮叶芹 **Silaum silaus** (L.) Schinz et Thell. 【I, N】 ●JS; ★(EU): AL, AT, BA, BE, CZ, DE, ES, GB, HR, HU, IT, ME, MK, NL, PL, RO, RS, RU, SI.

独活属 Heracleum

二管独活 **Heracleum bivittatum** H. Boissieu 【N, W/C】 ♣XTBG; ●YN; ★(AS): CN, LA, VN.

尖叶独活 **Heracleum franchetii** M. Hiroe 【N, W/C】 ♣NBG; ●JS; ★(AS): CN.

独活 **Heracleum hemsleyanum** Diels 【N, W/C】 ♣GXIB, LBG, WBG; ●GX, HB, HL, JX, SC; ★(AS): CN.

川白芷 **Heracleum lanatum** Michx. 【N, W/C】 ♣KBG, NBG; ●JS, YN; ★(AS): CN, JP, MN, RU-AS; (NA): CA, US.

裂叶独活 **Heracleum millefolium** Diels 【N, W/C】 ♣NBG; ●JS; ★(AS): BT, CN.

短毛独活 **Heracleum moellendorffii** Hance 【N, W/C】 ♣CBG, GA, HFBG, IBCAS, LBG, SCBG; ●BJ, GD, HL, JX, SH, ZJ; ★(AS): CN, JP, KP, KR.

山地独活 **Heracleum oreocharis** H. Wolff 【N, W/C】 ♣NBG; ●JS; ★(AS): CN.

鹤庆独活 **Heracleum rapula** Franch. 【N, W/C】 ♣KBG; ●YN; ★(AS): CN.

糙独活 **Heracleum scabridum** Franch. 【N, W/C】 ♣HBG; ●ZJ; ★(AS): CN.

康定独活 **Heracleum souliei** H. Boissieu 【N, W/C】 ♣NBG; ●JS; ★(AS): CN.

椴叶独活 **Heracleum tiliifolium** H. Wolff 【N, W/C】 ♣LBG; ●JX; ★(AS): CN.

欧防风属 Pastinaca

欧防风 **Pastinaca sativa** L. 【I, C】 ♣IBCAS; ●BJ, GD, SH, TW; ★(AS): AM, AZ, BH, CY, GE, IL, IQ, IR, JO, KW, LB, PS, QA, SA, SY, TR, YE; (EU): AD, AL, BA, BE, BG, ES, FR, GB, GR, HR, IT, LU, MC, ME, MK, NL, PT, RO, RS, SI, SM, VA.

四带芹属 Tetrataenium

白亮独活 **Tetrataenium candicans** (Wall. ex DC.) Manden. 【N, W/C】 ♣NBG; ●JS, YN; ★(AS): BT, CN, ID, IN, LK, MM, NP, PK.

参 考 文 献

陈俊愉, 程绪珂. 1990. 中国花经. 上海: 上海文化出版社: 1-724.

陈心启, 吉占和. 1998. 中国兰花全书（第二版）. 北京: 中国林业出版社: 1-282.

褚孟嫄. 1999. 中国果树志·梅卷. 北京: 中国林业出版社: 1- 206.

邓明琴, 雷家军. 2005. 中国果树志·草莓卷. 北京: 中国林业出版社: 1-200.

广西医药研究所药用植物园. 1974. 广西医药研究所药用植物园药用植物名录. 南宁: 广西医药研究所药用植物园: 1-540.

贵州省植物园. 1989. 贵州省植物园植物名录. 贵阳: 贵州人民出版社: 1-201.

广西壮族自治区、中国科学院桂林植物园. 2008. 桂林植物园栽培植物名录. 南宁: 广西科学技术出版社: 1-252.

郭善基. 1993. 中国果树志·银杏卷. 北京: 中国林业出版社: 1-131.

国家林业局国有林场和林木种苗工作总站. 2001. 中国木本植物种子. 北京: 中国林业出版社: 1-1116.

国家林业局造林绿化管理司, 国家林业局森林病虫害防治总站. 2000. 中国林业网——引进国外林木种子、苗木及其他繁殖材料统计记录. http://www.forestpest.org/senfang/fagui/zwjyfg/2011-09-04/Article_72783.shtml [2017-04-01].

贺士元, 邢其华, 尹祖堂, 等. 1992. 北京植物志: 上、下册(一九九二年修订版). 北京: 北京出版社: 1-1510.

黄宏文. 2014. 中国迁地栽培植物志名录. 北京: 科学出版社: 1- 663.

黄宏文, 张征. 2012. 中国植物引种栽培及迁地保护的现状与展望. 生物多样性, 20(5): 559-571.

李根有, 陈敬佑. 2007. 浙江林学院植物园植物名录. 北京: 中国林业出版社: 1-176.

李广武. 2008. 黑龙江省森林植物园露地栽培植物. 哈尔滨: 东北师范大学出版社: 1-265.

李尚志. 1996. 观赏水草. 北京: 中国林业出版社: 1-84.

刘冰, 叶建飞, 刘夙, 等. 2015. 中国被子植物科属概览: 依据 APGIII系统. 生物多样性, 23(2): 225-231.

龙雅宜. 2004. 园林植物栽培手册. 北京: 中国林业出版社: 1-606.

陆秋农, 贾定贤. 1999. 中国果树志·苹果卷. 北京: 中国林业出版社: 1-538.

马金双. 2014. 中国入侵植物名录. 北京: 高等教育出版社: 1-324.

潘志刚, 游应天. 1994. 中国主要外来树种引种栽培. 北京: 北京科学技术出版社: 1-758.

邱武陵, 章恢志. 1996. 中国果树志·龙眼 枇杷卷. 北京: 中国林业出版社: 1-276.

曲泽洲, 王永蕙. 1993. 中国果树志·枣卷. 北京: 中国林业出版社: 1-498.

深圳仙湖植物园. 1998. 深圳仙湖植物园植物名录. 北京: 中国林业出版社: 1-167.

瓦维洛夫 H N. 1982. 主要栽培植物的世界起源中心. 董玉琛译. 北京: 农业出版社: 1-91.

汪祖华, 庄恩及. 2001. 中国果树志·桃卷. 北京: 中国林业出版社: 1-326.

王成聪. 2011. 仙人掌与多肉植物大全. 武汉: 华中科技大学出版社: 1-395.

王宗训. 1989. 中国资源植物利用手册. 北京: 中国科学技术出版社: 1-266.

吴淑娴. 1998. 中国果树志·荔枝卷. 北京: 中国林业出版社: 1-204.

郗荣庭, 张毅萍. 1996. 中国果树志·核桃卷. 北京: 中国林业出版社: 1-264.

谢凤勋, 胡廷松. 1994. 中药原色图谱及栽培技术. 北京: 金盾出版社: 1-415.

俞德浚. 1979. 中国果树分类学. 农业出版社: 1-421.

云南省园艺博览局. 1999. 中国昆明世界园艺博览会世界园艺博览园植物名录. 昆明: 云南科技出版社: 1-524.

张籍香. 2005. 兴隆热带植物园植物名录. 海口: 南海出版公司: 1-87.

张加延, 张钊. 2003. 中国果树志·杏卷. 北京: 中国林业出版社: 1-626.

张加延, 周恩. 1999. 中国果树志·李卷. 北京: 中国林业出版社: 1-353.

张宇和, 柳鎏, 梁维坚, 等. 2005. 中国果树志·板栗 榛子卷. 北京: 中国林业出版社: 1-287.

赵焕谆, 丰宝田. 1996. 中国果树志·山楂卷. 北京: 中国林业出版社: 1-160.

中国科学院昆明植物研究所昆明植物园. 2006. 昆明植物园栽培植物名录. 昆明: 云南科技出版社, 1-357.

中国科学院植物研究所. 1959. 南京中山植物园栽培植物名录. 上海: 上海科学技术出版社: 1-150.

中国农业科学院果树研究所. 1963. 中国果树志 第三卷 梨. 上海: 上海科学技术出版社: 1-575.

中国农业科学院蔬菜花卉研究所. 2001a. 中国蔬菜品种志（上）. 北京: 中国农业科技出版社: 1-1228.

中国农业科学院蔬菜花卉研究所. 2001b. 中国蔬菜品种志（下）. 北京: 中国农业科技出版社: 1-1296.

中科院植物研究所, 上海辰山植物园. 2008. 中国自然标本馆. http://www.cfh.ac.cn/default.html [2017-04-01].

周国定. 2007. 世界地名翻译大辞典. 北京: 中国对外翻译出版公司: 1-1256.

周开隆, 叶荫民. 2010. 中国果树志·柑橘卷. 北京: 中国林业出版社: 1-456.

Angiosperm Phylogeny Group (APG). 2009. An update of the Angiosperm Phylogeny Group classification for the orders and families of flowering plants: APGIII. Botanical Journal of the Linnean Society, 161(2): 105-121.

Anthony R B, *et al*. 2004. Flora of China. http://www.efloras.org/flora_page.aspx?flora_id=2 [2017-04-01].

Boyle B, *et al*. 2013. Taxonomic Name Resolution Service. http://tnrs.iplantcollaborative.org/TNRSapp.html [2017-04-01].
Christenhusz M J M, Reveal J L, Farjon A, et al. 2011b. A new classification and linear sequence of extant gymnosperms. Phytotaxa, 19: 55-70.
Christenhusz M J M, Schneider H. 2011. Corrections to Phytotaxa 19: linear sequence of lycophytes and ferns. Phytotaxa, 28: 50-52.
Christenhusz M J M, Zhang X C, Schneider H. 2011a. A linear sequence of extant families and genera of lycophytes and ferns. Phytotaxa, 19: 7-54.
Haston E, Richardson J E, Stevens P F, et al. 2009. The Linear Angiosperm Phylogeny Group (LAPG) III: a linear sequence of the families in APG III. Botanical Journal of the Linnean Society, 161(2): 128-131.
Missouri Botanical Garden. 2012. Tropicos. http://www.tropicos.org [2017-04-01].
Royal Botanic Gardens, Kew and Missouri Botanical Garden. 2012. The Plant List. http://www.theplantlist.org [2017-04-01].
The Pteridophyte Phylogeny Group (PPG). 2016. A community-derived classification for extant lycophytes and ferns. Journal of Systematics and Evolution, 54(6): 563-603.
The Royal Botanic Gardens, Kew, the Harvard University Herbaria, and the Australian National Herbarium. 2005. The International Plant Names Index. http://www.ipni.org [2017-04-01].
The Royal Horticultural Society. 2000. RHS Horticultural Database. http://apps.rhs.org.uk/horticulturaldatabase/ [2017-04-01].
Wikimedia Foundation, Inc. 2001. Wikipedia. https://en.wikipedia.org/wiki/Main_Page [2017-04-01].

科属拉丁名索引

C

E

F

G

H

Q

R

S

T

U

V

中文名索引

B

C

E

F

G

H

K

L

O

P

Q

R

W

X

Y

Z

部分内部资料来源、引用的说明和致谢

本书为力求内容完整和客观，引用了以下未正式出版的内部资料。这些内部资料有的年代较早，已经在网络和学术领域内传播使用，有的是新近由各自研究机构或相关同行撰写赠送或在网络等途径进行传播的，在此谨向这些内容的原作者表达诚挚的谢意！

资料名称	资料来源途径
北京市北京植物园. 北京市北京植物园植物名录. 北京: 2006. 1-312.	中国科学院植物研究所图书馆馆藏
陈榕生. 厦门植物园植物名录. 厦门: 厦门大学, 1989. 1-191.	购买于孔夫子旧书网(http://www.kongfz.com/)
福州植物园. 福州植物园植物名录. 福州: 2013.	2015 年，福州植物园黄俊婷赠送
杭州植物园. 杭州植物园栽培植物名录 1984. 杭州: 杭州植物园, 1984. 1-52.	中国科学院植物研究所图书馆馆藏
庐山植物园. 庐山植物园名录. 庐山: 庐山植物园, 1982. 1-325.	中国科学院植物研究所图书馆馆藏
厦门市园林植物园. 厦门市园林植物园植物名录. 厦门: 2010. 1-204.	2010 年，厦门植物园在厦门召开的全国植物园年会上赠送
上海辰山植物园. 上海辰山植物园名录. 上海: 2012.	上海辰山植物园汪远提供电子版
台湾自然科学博物馆. 台湾自然科学博物馆植物名录. 台北: 2005. 1-87.	中国科学院植物研究所图书馆馆藏
台湾省林业试验所台北植物园. 台湾省林业试验所台北植物园栽培植物名录. 台北: 1982. 1-56.	中国科学院植物研究所图书馆馆藏
尹林克. 中国科学院吐鲁番沙漠植物园植物名录. 吐鲁番: 2011. 1-31.	资料获取于百度文库(https://wenku.baidu.com/view/e5d72b6aaf1ffc4ffe47acf5.html)
中国科学院华南植物园. 华南植物园植物名录. 广州: 1981. 1-224.	中国科学院植物研究所图书馆馆藏
中国科学院西安植物园. 西安植物园栽培名录. 西安: 1976. 1-476.	中国科学院植物研究所图书馆馆藏
中国科学院西双版纳热带植物园. 中国科学院西双版纳热带植物园植物名录. 景洪: 2010. 1-308.	2012 年，中国科学院西双版纳热带植物园施济普赠送
中国科学院植物研究所北京植物园. 中国科学院植物研究所北京植物园. 北京: 2011. 1-218.	本人整理编撰